2026 마더텅
수능기출 모의고사 30회

수학 영역

공통 + 선택
[확률과 통계·미적분·기하]

수능 안내 방송 MP3 및 동영상 이용 방법

동영상 스마트폰으로 좌측 QR 코드 스캔

MP3 ① 인터넷 주소창에 toptutor.co.kr 또는 포털에서 마더텅 검색
② 학습자료실 → 교재관련자료 → 고등, 빨간책, 과목, 교재 선택
③ 안내 방송 MP3 내려받기

목차&학습계획표

※ 26회 모의고사는 2026학년도 수능에 따라 유형과 범위가 일치하는 문제들을 선별하여 공통+선택 과목 형식으로 재구성한 것입니다.

제 2 교시

수학 영역

1회 | 시험 시간 100분 | 날짜 월 일 요일 | 시작 시각 : | 종료 시각 :

5지선다형

01 2021년 3월학평 1번

$\log_8 16$의 값은? (2점)

① $\frac{7}{6}$ ② $\frac{4}{3}$ ③ $\frac{3}{2}$
④ $\frac{5}{3}$ ⑤ $\frac{11}{6}$

02 2021년 3월학평 2번

공차가 3인 등차수열 $\{a_n\}$에 대하여 $a_4=100$일 때, a_1의 값은? (2점)

① 91 ② 93 ③ 95
④ 97 ⑤ 99

03 2021년 3월학평 3번

$0 \le x < 2\pi$일 때, 방정식 $\sin 4x = \frac{1}{2}$의 서로 다른 실근의 개수는? (3점)

① 2 ② 4 ③ 6
④ 8 ⑤ 10

04 2021년 3월학평 4번

$\int_{2}^{-2} (x^3+3x^2)dx$의 값은? (3점)

① -16 ② -8 ③ 0
④ 8 ⑤ 16

05 2021년 3월학평 5번

함수 $y=f(x)$의 그래프가 그림과 같다.

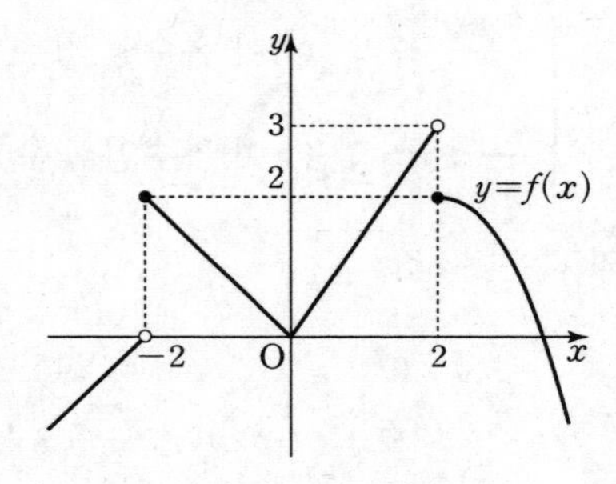

$\lim_{x \to -2+} f(x) + \lim_{x \to 2-} f(x)$의 값은? (3점)

① 6 ② 5 ③ 4
④ 3 ⑤ 2

해설편 7쪽

06 2021년 3월학평 6번

함수

$$f(x)=\begin{cases}\dfrac{x^2+ax+b}{x-3} & (x<3)\\ \dfrac{2x+1}{x-2} & (x\geq 3)\end{cases}$$

이 실수 전체의 집합에서 연속일 때, $a-b$의 값은?
(단, a, b는 상수이다.) (3점)

① 9 ② 10 ③ 11
④ 12 ⑤ 13

07 2021년 3월학평 7번

수열 $\{a_n\}$의 일반항이

$$a_n=\begin{cases}\dfrac{(n+1)^2}{2} & (n\text{이 홀수인 경우})\\ \dfrac{n^2}{2}+n+1 & (n\text{이 짝수인 경우})\end{cases}$$

일 때, $\sum_{n=1}^{10} a_n$의 값은? (3점)

① 235 ② 240 ③ 245
④ 250 ⑤ 255

08 2021년 3월학평 8번

곡선 $y=x^3-3x^2-9x$와 직선 $y=k$가 서로 다른 세 점에서 만나도록 하는 정수 k의 최댓값을 M, 최솟값을 m이라 할 때, $M-m$의 값은? (3점)

① 27 ② 28 ③ 29
④ 30 ⑤ 31

09 2021년 3월학평 9번

최고차항의 계수가 -3인 삼차함수 $y=f(x)$의 그래프 위의 점 $(2, f(2))$에서의 접선 $y=g(x)$가 곡선 $y=f(x)$와 원점에서 만난다. 곡선 $y=f(x)$와 직선 $y=g(x)$로 둘러싸인 도형의 넓이는? (4점)

① $\frac{7}{2}$ ② $\frac{15}{4}$ ③ 4
④ $\frac{17}{4}$ ⑤ $\frac{9}{2}$

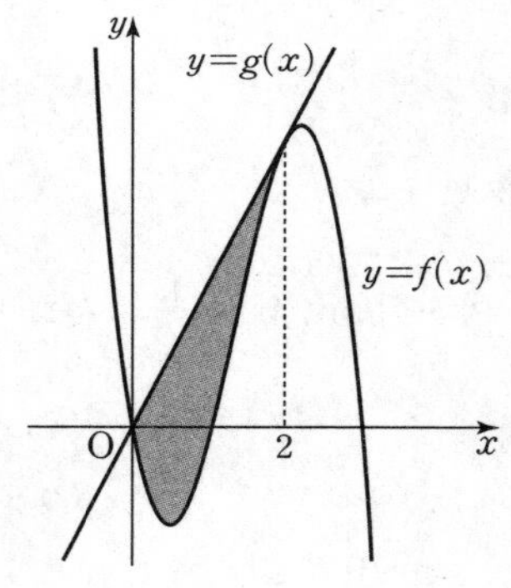

해설편 7쪽

10 2021년 3월학평 10번

자연수 n에 대하여 점 $A_n(n,\ n^2)$을 지나고 직선 $y=nx$에 수직인 직선이 x축과 만나는 점을 B_n이라 하자.

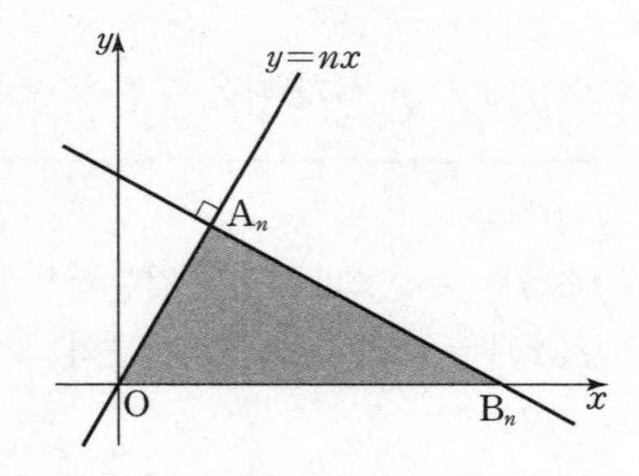

다음은 삼각형 A_nOB_n의 넓이를 S_n이라 할 때, $\sum_{n=1}^{8} \frac{S_n}{n^3}$의 값을 구하는 과정이다. (단, O는 원점이다.)

> 점 $A_n(n,\ n^2)$을 지나고 직선 $y=nx$에 수직인 직선의 방정식은
>
> $y=$ (가) $\times x+n^2+1$
>
> 이므로 두 점 A_n, B_n의 좌표를 이용하여 S_n을 구하면
>
> $S_n=$ (나)
>
> 따라서
>
> $\sum_{n=1}^{8} \frac{S_n}{n^3}=$ (다)
>
> 이다.

위의 (가), (나)에 알맞은 식을 각각 $f(n)$, $g(n)$이라 하고, (다)에 알맞은 수를 r이라 할 때, $f(1)+g(2)+r$의 값은? (4점)

① 105 ② 110 ③ 115 ④ 120 ⑤ 125

11 2021년 3월학평 11번

그림과 같이 두 점 O, O′을 각각 중심으로 하고 반지름의 길이가 3인 두 원 O, O'이 한 평면 위에 있다. 두 원 O, O'이 만나는 점을 각각 A, B라 할 때, $\angle AOB=\frac{5}{6}\pi$이다.

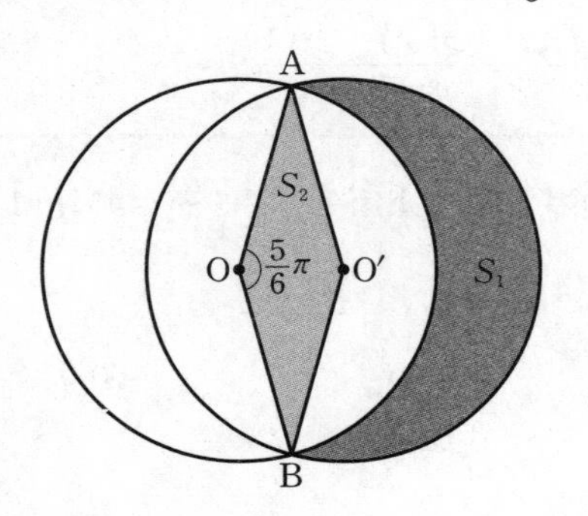

원 O의 외부와 원 O'의 내부의 공통부분의 넓이를 S_1, 마름모 AOBO′의 넓이를 S_2라 할 때, S_1-S_2의 값은? (4점)

① $\frac{5}{4}\pi$ ② $\frac{4}{3}\pi$ ③ $\frac{17}{12}\pi$ ④ $\frac{3}{2}\pi$ ⑤ $\frac{19}{12}\pi$

해설편 8쪽

12 2021년 3월학평 12번

두 다항함수 $f(x)$, $g(x)$가 다음 조건을 만족시킨다.

(가) $\lim_{x\to1}\frac{f(x)-g(x)}{x-1}=5$

(나) $\lim_{x\to1}\frac{f(x)+g(x)-2f(1)}{x-1}=7$

두 실수 a, b에 대하여 $\lim_{x\to1}\frac{f(x)-a}{x-1}=b\times g(1)$일 때, ab의 값은? (4점)

① 4 ② 5 ③ 6 ④ 7 ⑤ 8

13 2021년 3월학평 13번

함수

$$f(x)=\begin{cases}2^x & (x<3)\\ \left(\frac{1}{4}\right)^{x+a}-\left(\frac{1}{4}\right)^{3+a}+8 & (x\geq3)\end{cases}$$

에 대하여 곡선 $y=f(x)$ 위의 점 중에서 y좌표가 정수인 점의 개수가 23일 때, 정수 a의 값은? (4점)

① -7 ② -6 ③ -5 ④ -4 ⑤ -3

14 2021년 3월학평 14번

최고차항의 계수가 1인 삼차함수 $f(x)$에 대하여 함수 $g(x)$를

$$g(x)=f(x)+|f'(x)|$$

라 할 때, 두 함수 $f(x)$, $g(x)$가 다음 조건을 만족시킨다.

(가) $f(0)=g(0)=0$

(나) 방정식 $f(x)=0$은 양의 실근을 갖는다.

(다) 방정식 $|f(x)|=4$의 서로 다른 실근의 개수는 3이다.

$g(3)$의 값은? (4점)

① 9 ② 10 ③ 11 ④ 12 ⑤ 13

해설편 8쪽

15 2021년 3월학평 15번

그림과 같이 $\overline{AB}=5$, $\overline{BC}=4$, $\cos(\angle ABC)=\frac{1}{8}$인 삼각형 ABC가 있다. $\angle ABC$의 이등분선과 $\angle CAB$의 이등분선이 만나는 점을 D, 선분 BD의 연장선과 삼각형 ABC의 외접원이 만나는 점을 E라 할 때, [보기]에서 옳은 것만을 있는 대로 고른 것은? (4점)

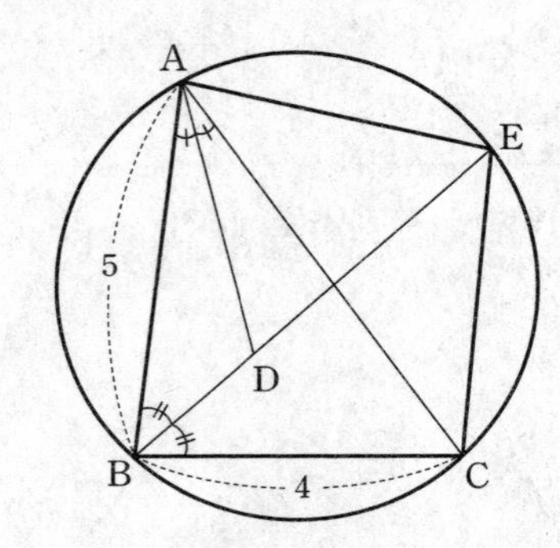

[보기]
ㄱ. $\overline{AC}=6$
ㄴ. $\overline{EA}=\overline{EC}$
ㄷ. $\overline{ED}=\frac{31}{8}$

① ㄱ ② ㄱ, ㄴ ③ ㄱ, ㄷ
④ ㄴ, ㄷ ⑤ ㄱ, ㄴ, ㄷ

단답형

16 2021년 3월학평 16번

두 함수 $f(x)=2x^2+5x+3$, $g(x)=x^3+2$에 대하여 함수 $f(x)g(x)$의 $x=0$에서의 미분계수를 구하시오. (3점)

17 2021년 3월학평 17번

모든 실수 x에 대하여 이차부등식

$$3x^2-2(\log_2 n)x+\log_2 n>0$$

이 성립하도록 하는 자연수 n의 개수를 구하시오. (3점)

18 2021년 3월학평 18번

실수 전체의 집합에서 미분가능한 함수 $F(x)$의 도함수 $f(x)$가

$$f(x)=\begin{cases}-2x & (x<0)\\ k(2x-x^2) & (x\geq 0)\end{cases}$$

이다. $F(2)-F(-3)=21$일 때, 상수 k의 값을 구하시오. (3점)

19 2021년 3월학평 19번

수열 $\{a_n\}$의 첫째항부터 제n항까지의 합을 S_n이라 하자. $a_1=2$, $a_2=4$이고 2 이상의 모든 자연수 n에 대하여

$$a_{n+1}S_n=a_nS_{n+1}$$

이 성립할 때, S_5의 값을 구하시오. (3점)

20 2021년 3월학평 20번

실수 m에 대하여 직선 $y=mx$와 함수

$$f(x)=2x+3+|x-1|$$

의 그래프의 교점의 개수를 $g(m)$이라 하자. 최고차항의 계수가 1인 이차함수 $h(x)$에 대하여 함수 $g(x)h(x)$가 실수 전체의 집합에서 연속일 때, $h(5)$의 값을 구하시오. (4점)

21 2021년 3월학평 21번

그림과 같이 $\overline{AB}=2$, $\overline{AC} /\!/ \overline{BD}$, $\overline{AC} : \overline{BD}=1 : 2$인 두 삼각형 ABC, ABD가 있다. 점 C에서 선분 AB에 내린 수선의 발 H는 선분 AB를 $1 : 3$으로 내분한다.

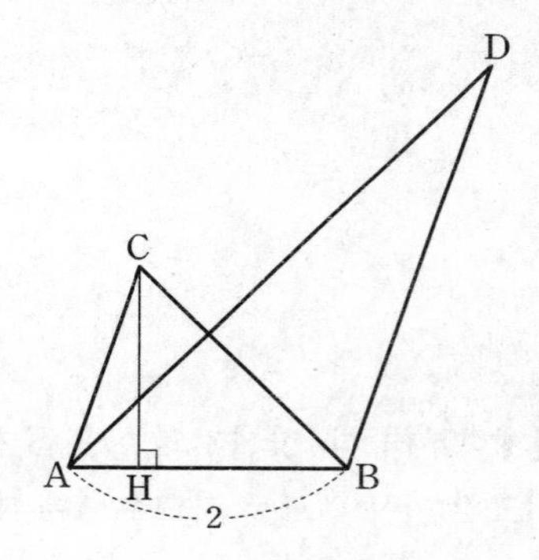

두 삼각형 ABC, ABD의 외접원의 반지름의 길이를 각각 r, R이라 할 때, $4(R^2-r^2)\times\sin^2(\angle CAB)=51$이다. $\overline{AC}^2$의 값을 구하시오. $\left(단,\ \angle CAB<\frac{\pi}{2}\right)$ (4점)

22 2021년 3월학평 22번

양수 a와 일차함수 $f(x)$에 대하여 실수 전체의 집합에서 정의된 함수

$$g(x)=\int_0^x (t^2-4)\{|f(t)|-a\}dt$$

가 다음 조건을 만족시킨다.

(가) 함수 $g(x)$는 극값을 갖지 않는다.
(나) $g(2)=5$

$g(0)-g(-4)$의 값을 구하시오. (4점)

해설편 10쪽

수학 영역 (확률과 통계)

5지선다형

23 2021년 3월학평 확통 23번

${}_{3}\mathrm{H}_{6}$의 값은? (2점)

① 24 ② 26 ③ 28
④ 30 ⑤ 32

24 2021년 3월학평 확통 24번

그림과 같이 직사각형 모양으로 연결된 도로망이 있다. 이 도로망을 따라 A 지점에서 출발하여 P 지점을 지나 B 지점까지 최단거리로 가는 경우의 수는? (3점)

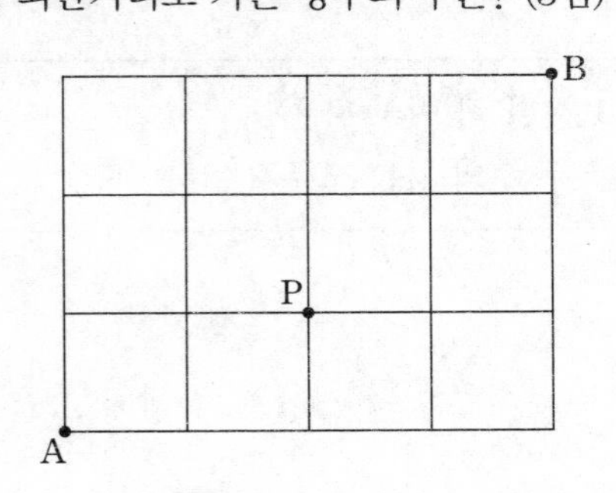

① 12 ② 14 ③ 16
④ 18 ⑤ 20

25 2021년 3월학평 확통 25번

어느 고등학교 3학년의 네 학급에서 대표 2명씩 모두 8명의 학생이 참석하는 회의를 한다. 이 8명의 학생이 일정한 간격을 두고 원 모양의 탁자에 모두 둘러앉을 때, 같은 학급 학생끼리 서로 이웃하게 되는 경우의 수는?

(단, 회전하여 일치하는 것은 같은 것으로 본다.) (3점)

① 92 ② 96 ③ 100
④ 104 ⑤ 108

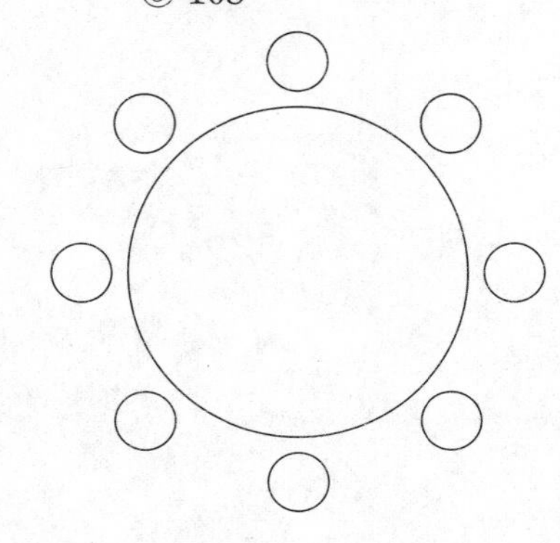

26 2021년 3월학평 확통 26번

같은 종류의 연필 6자루와 같은 종류의 지우개 5개를 세 명의 학생에게 남김없이 나누어 주려고 한다. 각 학생이 적어도 한 자루의 연필을 받도록 나누어 주는 경우의 수는?

(단, 지우개를 받지 못하는 학생이 있을 수 있다.) (3점)

① 210 ② 220 ③ 230
④ 240 ⑤ 250

해설편 11쪽

27 2021년 3월학평 확통 27번

숫자 1, 2, 3, 3, 4, 4, 4가 하나씩 적힌 7장의 카드를 모두 한 번씩 사용하여 일렬로 나열할 때, 1이 적힌 카드와 2가 적힌 카드 사이에 두 장 이상의 카드가 있도록 나열하는 경우의 수는? (3점)

① 180 ② 185 ③ 190 ④ 195 ⑤ 200

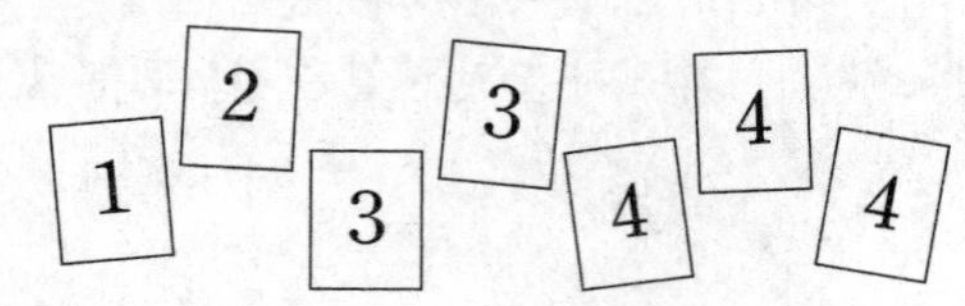

28 2021년 3월학평 확통 28번

두 집합

$X=\{1, 2, 3, 4, 5\}$, $Y=\{2, 4, 6, 8, 10, 12\}$

에 대하여 X에서 Y로의 함수 f 중에서 다음 조건을 만족시키는 함수의 개수는? (4점)

> (가) $f(2)<f(3)<f(4)$
> (나) $f(1)>f(3)>f(5)$

① 100 ② 102 ③ 104 ④ 106 ⑤ 108

단답형

29 2021년 3월학평 확통 29번

5 이하의 자연수 a, b, c, d에 대하여 부등식

$$a \leq b+1 \leq c \leq d$$

를 만족시키는 모든 순서쌍 (a, b, c, d)의 개수를 구하시오. (4점)

30 2021년 3월학평 확통 30번

숫자 1, 2, 3, 4 중에서 중복을 허락하여 네 개를 선택한 후 일렬로 나열할 때, 다음 조건을 만족시키도록 나열하는 경우의 수를 구하시오. (4점)

> (가) 숫자 1은 한 번 이상 나온다.
> (나) 이웃한 두 수의 차는 모두 2 이하이다.

해설편 12쪽

2021학년도 3월 고3 전국연합학력평가

수학 영역 (미적분)

5지선다형

23 2021년 3월학평 미적 23번

$\lim_{n\to\infty}\frac{10n^3-1}{(n+2)(2n^2+3)}$의 값은? (2점)

① 1 ② 2 ③ 3 ④ 4 ⑤ 5

24 2021년 3월학평 미적 24번

수열 $\{a_n\}$의 일반항이

$$a_n=\left(\frac{x^2-4x}{5}\right)^n$$

일 때, 수열 $\{a_n\}$이 수렴하도록 하는 모든 정수 x의 개수는? (3점)

① 7 ② 8 ③ 9 ④ 10 ⑤ 11

25 2021년 3월학평 미적 25번

모든 항이 양수인 수열 $\{a_n\}$이 모든 자연수 n에 대하여

$$a_{n+1}=a_1a_n$$

을 만족시킨다. $\lim_{n\to\infty}\frac{3a_{n+3}-5}{2a_n+1}=12$일 때, a_1의 값은? (3점)

① $\frac{1}{2}$ ② 1 ③ $\frac{3}{2}$ ④ 2 ⑤ $\frac{5}{2}$

26 2021년 3월학평 미적 26번

수열 $\{a_n\}$이 모든 자연수 n에 대하여

$$2n^2-3<a_n<2n^2+4$$

를 만족시킨다. 수열 $\{a_n\}$의 첫째항부터 제n항까지의 합을 S_n이라 할 때, $\lim_{n\to\infty}\frac{S_n}{n^3}$의 값은? (3점)

① $\frac{1}{2}$ ② $\frac{2}{3}$ ③ $\frac{5}{6}$ ④ 1 ⑤ $\frac{7}{6}$

해설편 13쪽

27 2021년 3월학평 미적 27번

수열 $\{a_n\}$이 모든 자연수 n에 대하여

$$\sum_{k=1}^{n} \frac{a_k}{(k-1)!} = \frac{3}{(n+2)!}$$

을 만족시킨다. $\lim_{n\to\infty}(a_1+n^2a_n)$의 값은? (3점)

① $-\frac{7}{2}$ ② -3 ③ $-\frac{5}{2}$
④ -2 ⑤ $-\frac{3}{2}$

28 2021년 3월학평 미적 28번

자연수 n에 대하여 $\angle A=90°$, $\overline{AB}=2$, $\overline{CA}=n$인 삼각형 ABC에서 $\angle A$의 이등분선이 선분 BC와 만나는 점을 D라 하자. 선분 CD의 길이를 a_n이라 할 때, $\lim_{n\to\infty}(n-a_n)$의 값은? (4점)

① 1 ② $\sqrt{2}$ ③ 2
④ $2\sqrt{2}$ ⑤ 4

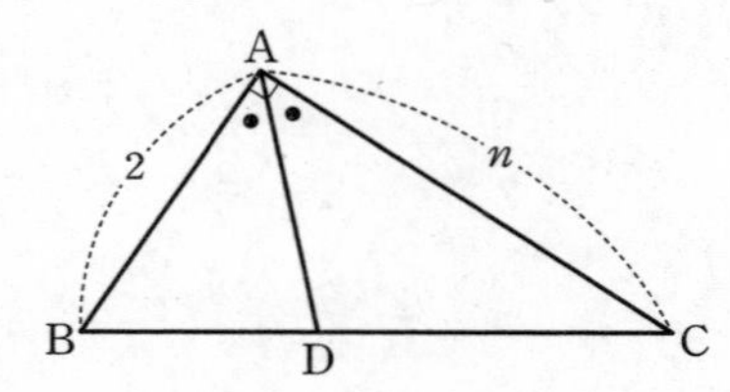

단답형

29 2021년 3월학평 미적 29번

자연수 n에 대하여 곡선 $y=x^2$ 위의 점 $P_n(2n, 4n^2)$에서의 접선과 수직이고 점 $Q_n(0, 2n^2)$을 지나는 직선을 l_n이라 하자. 점 P_n을 지나고 점 Q_n에서 직선 l_n과 접하는 원을 C_n이라 할 때, 원점을 지나고 원 C_n의 넓이를 이등분하는 직선의 기울기를 a_n이라 하자. $\lim_{n\to\infty}\frac{a_n}{n}$의 값을 구하시오.

(4점)

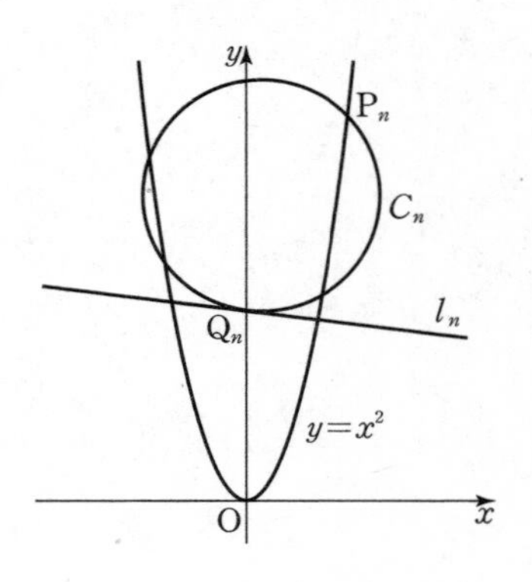

30 2021년 3월학평 미적 30번

자연수 n에 대하여 삼차함수 $f(x)=x(x-n)(x-3n^2)$이 극대가 되는 x를 a_n이라 하자. x에 대한 방정식 $f(x)=f(a_n)$의 근 중에서 a_n이 아닌 근을 b_n이라 할 때, $\lim_{n\to\infty}\frac{a_nb_n}{n^3}=\frac{q}{p}$이다. $p+q$의 값을 구하시오.

(단, p와 q는 서로소인 자연수이다.) (4점)

해설편 13쪽

수학 영역 (기하)

5지선다형

23 2021년 3월학평 기하 23번

타원 $\frac{x^2}{36}+\frac{y^2}{20}=1$의 두 초점을 F, F′이라 할 때, 선분 FF′의 길이는? (2점)

① 6　② 7　③ 8　④ 9　⑤ 10

24 2021년 3월학평 기하 24번

두 초점이 $\mathrm{F}(c,\ 0)$, $\mathrm{F'}(-c,\ 0)$이고 주축의 길이가 8인 쌍곡선의 한 점근선이 직선 $y=\frac{3}{4}x$일 때, 양수 c의 값은? (3점)

① 5　② 6　③ 7　④ 8　⑤ 9

25 2021년 3월학평 기하 25번

꼭짓점이 점 $(-1,\ 0)$이고 준선이 직선 $x=-3$인 포물선의 방정식이 $y^2=ax+b$일 때, 두 상수 a, b의 합 $a+b$의 값은? (3점)

① 14　② 16　③ 18　④ 20　⑤ 22

26 2021년 3월학평 기하 26번

그림과 같이 쌍곡선 $\frac{x^2}{9}-\frac{y^2}{16}=1$의 두 초점 F, F′과 쌍곡선 위의 점 A에 대하여 삼각형 AF′F의 둘레의 길이가 24일 때, 삼각형 AF′F의 넓이는?

(단, 점 A는 제1사분면의 점이다.) (3점)

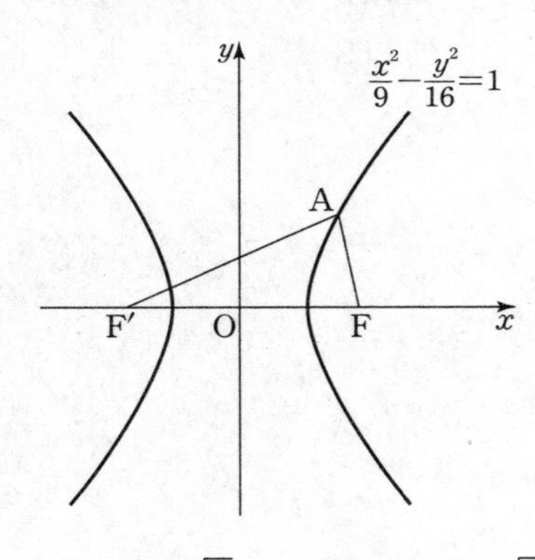

① $4\sqrt{3}$　② $4\sqrt{6}$　③ $8\sqrt{3}$　④ $8\sqrt{6}$　⑤ $16\sqrt{3}$

해설편 15쪽

27 2021년 3월학평 기하 27번

점 A$(6, 12)$와 포물선 $y^2=4x$ 위의 점 P, 직선 $x=-4$ 위의 점 Q에 대하여 $\overline{\mathrm{AP}}+\overline{\mathrm{PQ}}$의 최솟값은? (3점)

① 12 ② 14 ③ 16
④ 18 ⑤ 20

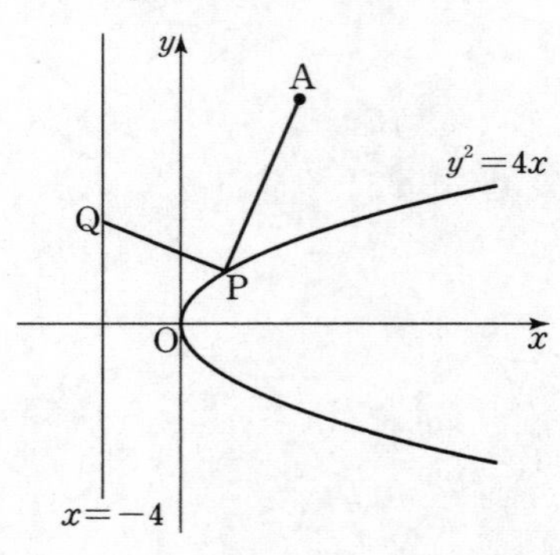

28 2021년 3월학평 기하 28번

자연수 n에 대하여 초점이 F인 포물선 $y^2=2x$ 위의 점 P_n이 $\overline{\mathrm{FP}_n}=2n$을 만족시킬 때, $\sum_{n=1}^{8}\overline{\mathrm{OP}_n}^2$의 값은?

(단, O는 원점이고, 점 P_n은 제1사분면에 있다.) (4점)

① 874 ② 876 ③ 878
④ 880 ⑤ 882

단답형

29 2021년 3월학평 기하 29번

두 초점이 $\mathrm{F}_1(c, 0)$, $\mathrm{F}_2(-c, 0)(c>0)$인 타원이 x축과 두 점 A$(3, 0)$, B$(-3, 0)$에서 만난다. 선분 BO가 주축이고 점 F_1이 한 초점인 쌍곡선의 초점 중 F_1이 아닌 점을 F_3이라 하자. 쌍곡선이 타원과 제1사분면에서 만나는 점을 P라 할 때, 삼각형 $\mathrm{PF}_3\mathrm{F}_2$의 둘레의 길이를 구하시오.

(단, O는 원점이다.) (4점)

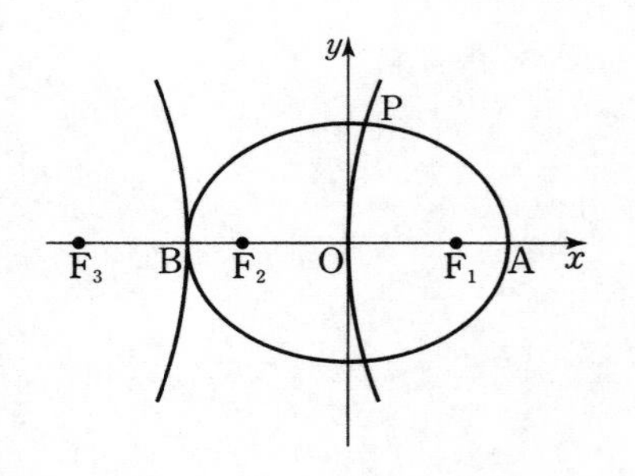

30 2021년 3월학평 기하 30번

그림과 같이 두 초점이 F$(c, 0)$, F$'(-c, 0)(c>0)$이고 장축의 길이가 12인 타원이 있다. 점 F가 초점이고 직선 $x=-k(k>0)$이 준선인 포물선이 타원과 제2사분면의 점 P에서 만난다. 점 P에서 직선 $x=-k$에 내린 수선의 발을 Q라 할 때, 두 점 P, Q가 다음 조건을 만족시킨다.

(가) $\cos(\angle \mathrm{F'FP})=\frac{7}{8}$
(나) $\overline{\mathrm{FP}}-\overline{\mathrm{F'Q}}=\overline{\mathrm{PQ}}-\overline{\mathrm{FF'}}$

$c+k$의 값을 구하시오. (4점)

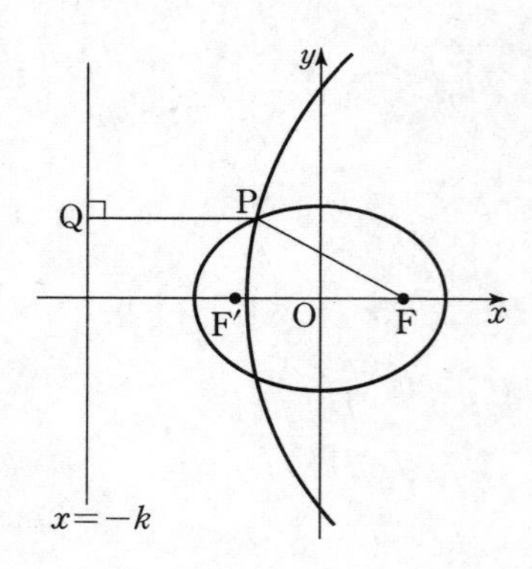

해설편 15쪽

2022학년도 3월 고3 전국연합학력평가

수학 영역

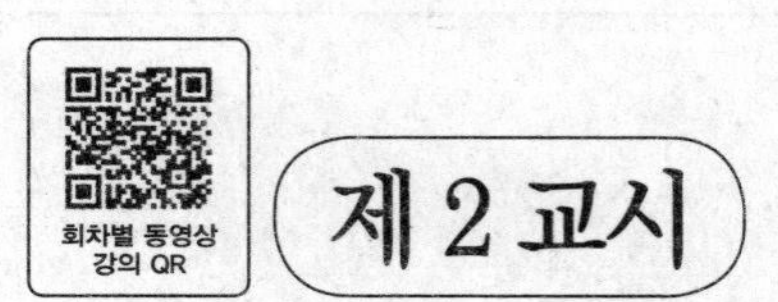

2회	시험 시간	100분
	날짜	월 일 요일
시작 시각 :	종료 시각	:

5지선다형

01 2022년 3월학평 1번

$(3\sqrt{3})^{\frac{1}{3}} \times 3^{\frac{3}{2}}$의 값은? (2점)

① 1　　② $\sqrt{3}$　　③ 3
④ $3\sqrt{3}$　　⑤ 9

02 2022년 3월학평 2번

함수 $f(x)=x^3+2x^2+3x+4$에 대하여 $f'(-1)$의 값은? (2점)

① 1　　② 2　　③ 3
④ 4　　⑤ 5

03 2022년 3월학평 3번

등차수열 $\{a_n\}$에 대하여

$$a_4=6,\ 2a_7=a_{19}$$

일 때, a_1의 값은? (3점)

① 1　　② 2　　③ 3
④ 4　　⑤ 5

04 2022년 3월학평 4번

함수 $y=f(x)$의 그래프가 그림과 같다.

$\lim_{x\to -1+} f(x) + \lim_{x\to 1-} f(x)$의 값은? (3점)

① -2　　② -1　　③ 0
④ 1　　⑤ 2

05 2022년 3월학평 5번

$\frac{\pi}{2}<\theta<\pi$인 θ에 대하여 $\cos\theta\tan\theta=\frac{1}{2}$일 때,

$\cos\theta+\tan\theta$의 값은? (3점)

① $-\frac{5\sqrt{3}}{6}$　　② $-\frac{2\sqrt{3}}{3}$　　③ $-\frac{\sqrt{3}}{2}$
④ $-\frac{\sqrt{3}}{3}$　　⑤ $-\frac{\sqrt{3}}{6}$

해설편 17쪽

06 2022년 3월학평 6번

함수 $f(x)=2x^2-3x+5$에서 x의 값이 a에서 $a+1$까지 변할 때의 평균변화율이 7이다. $\lim_{h \to 0} \frac{f(a+2h)-f(a)}{h}$의 값은? (단, a는 상수이다.) (3점)

① 6 ② 8 ③ 10
④ 12 ⑤ 14

07 2022년 3월학평 7번

그림과 같이 곡선 $y=x^2-4x+6$ 위의 점 $\mathrm{A}(3, 3)$에서의 접선을 l이라 할 때, 곡선 $y=x^2-4x+6$과 직선 l 및 y축으로 둘러싸인 부분의 넓이는? (3점)

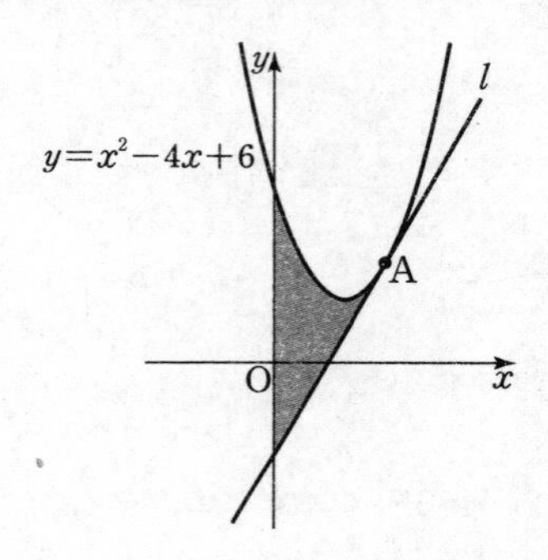

① $\frac{26}{3}$ ② 9 ③ $\frac{28}{3}$
④ $\frac{29}{3}$ ⑤ 10

08 2022년 3월학평 8번

그림과 같이 양의 상수 a에 대하여 곡선 $y=2\cos ax \left(0 \le x \le \frac{2\pi}{a}\right)$와 직선 $y=1$이 만나는 두 점을 각각 A, B라 하자. $\overline{\mathrm{AB}}=\frac{8}{3}$일 때, a의 값은? (3점)

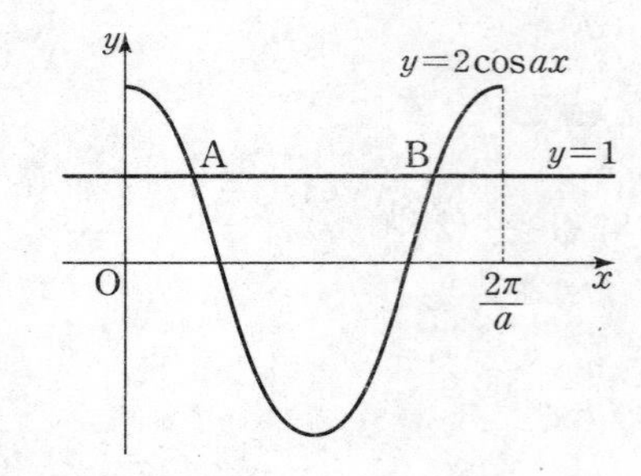

① $\frac{\pi}{3}$ ② $\frac{5\pi}{12}$ ③ $\frac{\pi}{2}$
④ $\frac{7\pi}{12}$ ⑤ $\frac{2\pi}{3}$

09 2022년 3월학평 9번

수직선 위를 움직이는 점 P의 시각 $t(t \ge 0)$에서의 속도 $v(t)$가

$$v(t)=3t^2+at$$

이다. 시각 $t=0$에서의 점 P의 위치와 시각 $t=6$에서의 점 P의 위치가 서로 같을 때, 점 P가 시각 $t=0$에서 $t=6$까지 움직인 거리는? (단, a는 상수이다.) (4점)

① 64 ② 66 ③ 68
④ 70 ⑤ 72

해설편 17쪽

10 2022년 3월학평 10번

두 함수

$$f(x)=x^2+2x+k,\ g(x)=2x^3-9x^2+12x-2$$

에 대하여 함수 $(g\circ f)(x)$의 최솟값이 2가 되도록 하는 실수 k의 최솟값은? (4점)

① 1　② $\frac{9}{8}$　③ $\frac{5}{4}$　④ $\frac{11}{8}$　⑤ $\frac{3}{2}$

11 2022년 3월학평 11번

그림과 같이 두 상수 a, k에 대하여 직선 $x=k$가 두 곡선 $y=2^{x-1}+1$, $y=\log_2(x-a)$와 만나는 점을 각각 A, B라 하고, 점 B를 지나고 기울기가 -1인 직선이 곡선 $y=2^{x-1}+1$과 만나는 점을 C라 하자.
$\overline{AB}=8$, $\overline{BC}=2\sqrt{2}$일 때, 곡선 $y=\log_2(x-a)$가 x축과 만나는 점 D에 대하여 사각형 ACDB의 넓이는?
(단, $0<a<k$) (4점)

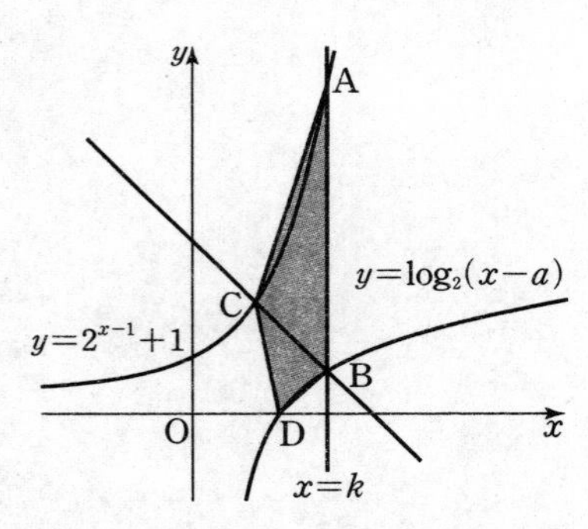

① 14　② 13　③ 12　④ 11　⑤ 10

12 2022년 3월학평 12번

$a>2$인 상수 a에 대하여 함수 $f(x)$를

$$f(x)=\begin{cases} x^2-4x+3 & (x\le 2) \\ -x^2+ax & (x>2) \end{cases}$$

라 하자. 최고차항의 계수가 1인 삼차함수 $g(x)$에 대하여 실수 전체의 집합에서 연속인 함수 $h(x)$가 다음 조건을 만족시킬 때, $h(1)+h(3)$의 값은? (4점)

> (가) $x\neq 1$, $x\neq a$일 때, $h(x)=\frac{g(x)}{f(x)}$이다.
> (나) $h(1)=h(a)$

① $-\frac{15}{6}$　② $-\frac{7}{3}$　③ $-\frac{13}{6}$　④ -2　⑤ $-\frac{11}{6}$

13 2022년 3월학평 13번

첫째항이 양수인 등차수열 $\{a_n\}$의 첫째항부터 제n항까지의 합을 S_n이라 하자.

$$|S_3|=|S_6|=|S_{11}|-3$$

을 만족시키는 모든 수열 $\{a_n\}$의 첫째항의 합은? (4점)

① $\frac{31}{5}$　② $\frac{33}{5}$　③ 7　④ $\frac{37}{5}$　⑤ $\frac{39}{5}$

해설편 18쪽

14 2022년 3월학평 14번

두 함수

$$f(x)=x^3-kx+6,\ g(x)=2x^2-2$$

에 대하여 [보기]에서 옳은 것만을 있는 대로 고른 것은? (4점)

> **[보기]**
> ㄱ. $k=0$일 때, 방정식 $f(x)+g(x)=0$은 오직 하나의 실근을 갖는다.
> ㄴ. 방정식 $f(x)-g(x)=0$의 서로 다른 실근의 개수가 2가 되도록 하는 실수 k의 값은 4뿐이다.
> ㄷ. 방정식 $|f(x)|=g(x)$의 서로 다른 실근의 개수가 5가 되도록 하는 실수 k가 존재한다.

① ㄱ ② ㄱ, ㄴ ③ ㄱ, ㄷ
④ ㄴ, ㄷ ⑤ ㄱ, ㄴ, ㄷ

15 2022년 3월학평 15번

그림과 같이 원에 내접하는 사각형 ABCD에 대하여

$$\overline{AB}=\overline{BC}=2,\ \overline{AD}=3,\ \angle BAD=\frac{\pi}{3}$$

이다. 두 직선 AD, BC의 교점을 E라 하자.

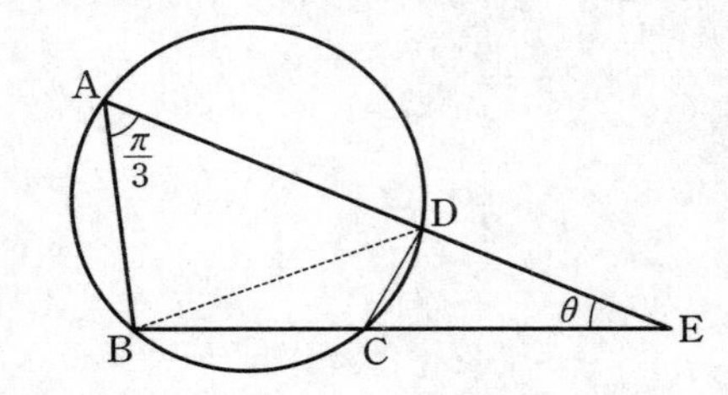

다음은 $\angle AEB=\theta$일 때, $\sin\theta$의 값을 구하는 과정이다.

> 삼각형 ABD와 삼각형 BCD에서 코사인법칙을 이용하면
> $\overline{CD}=$ (가)
> 이다. 삼각형 EAB와 삼각형 ECD에서
> $\angle AEB$는 공통, $\angle EAB=\angle ECD$
> 이므로 삼각형 EAB와 삼각형 ECD는 닮음이다.
> 이를 이용하면
> $\overline{ED}=$ (나)
> 이다. 삼각형 ECD에서 사인법칙을 이용하면
> $\sin\theta=$ (다)
> 이다.

위의 (가), (나), (다)에 알맞은 수를 각각 p, q, r이라 할 때, $(p+q)\times r$의 값은? (4점)

① $\frac{\sqrt{3}}{2}$ ② $\frac{4\sqrt{3}}{7}$ ③ $\frac{9\sqrt{3}}{14}$
④ $\frac{5\sqrt{3}}{7}$ ⑤ $\frac{11\sqrt{3}}{14}$

해설편 19쪽

단답형

16 2022년 3월학평 16번

$\dfrac{\log_5 72}{\log_5 2} - 4\log_2 \dfrac{\sqrt{6}}{2}$의 값을 구하시오. (3점)

17 2022년 3월학평 17번

$\displaystyle\int_{-3}^{2} (2x^3+6|x|)dx - \int_{-3}^{-2} (2x^3-6x)dx$의 값을 구하시오.

(3점)

18 2022년 3월학평 18번

부등식 $\displaystyle\sum_{k=1}^{5} 2^{k-1} < \sum_{k=1}^{n} (2k-1) < \sum_{k=1}^{5} (2\times 3^{k-1})$을 만족시키는 모든 자연수 n의 값의 합을 구하시오. (3점)

19 2022년 3월학평 19번

모든 실수 x에 대하여 부등식

$$3x^4-4x^3-12x^2+k\geq 0$$

이 항상 성립하도록 하는 실수 k의 최솟값을 구하시오. (3점)

20 2022년 3월학평 20번

수열 $\{a_n\}$은 $1<a_1<2$이고, 모든 자연수 n에 대하여

$$a_{n+1}=\begin{cases} -2a_n & (a_n<0) \\ a_n-2 & (a_n\geq 0) \end{cases}$$

을 만족시킨다. $a_7=-1$일 때, $40\times a_1$의 값을 구하시오.

(4점)

해설편 20쪽

21 2022년 3월학평 21번

상수 k에 대하여 다음 조건을 만족시키는 좌표평면의 점 $\mathrm{A}(a, b)$가 오직 하나 존재한다.

> (가) 점 A는 곡선 $y=\log_2(x+2)+k$ 위의 점이다.
> (나) 점 A를 직선 $y=x$에 대하여 대칭이동한 점은 곡선 $y=4^{x+k}+2$ 위에 있다.

$a \times b$의 값을 구하시오. (단, $a \neq b$) (4점)

22 2022년 3월학평 22번

실수 전체의 집합에서 연속인 함수 $f(x)$와 최고차항의 계수가 1이고 상수항이 0인 삼차함수 $g(x)$가 있다. 양의 상수 a에 대하여 두 함수 $f(x)$, $g(x)$가 다음 조건을 만족시킨다.

> (가) 모든 실수 x에 대하여
> $x|g(x)|=\int_{2a}^{x}(a-t)f(t)dt$이다.
> (나) 방정식 $g(f(x))=0$의 서로 다른 실근의 개수는 4이다.

$\int_{-2a}^{2a}f(x)dx$의 값을 구하시오. (4점)

해설편 21쪽

수학 영역 (확률과 통계)

5지선다형

23 2022년 3월학평 확통 23번

${}_{3}\Pi_{4}$의 값은? (2점)

① 63 ② 69 ③ 75
④ 81 ⑤ 87

24 2022년 3월학평 확통 24번

6개의 숫자 1, 1, 2, 2, 2, 3을 일렬로 나열하여 만들 수 있는 여섯 자리의 자연수 중 홀수의 개수는? (3점)

① 20 ② 30 ③ 40
④ 50 ⑤ 60

25 2022년 3월학평 확통 25번

A 학교 학생 5명, B 학교 학생 2명이 일정한 간격을 두고 원 모양의 탁자에 모두 둘러앉을 때, B 학교 학생끼리는 이웃하지 않도록 앉는 경우의 수는? (단, 회전하여 일치하는 것은 같은 것으로 본다.) (3점)

① 320 ② 360 ③ 400
④ 440 ⑤ 480

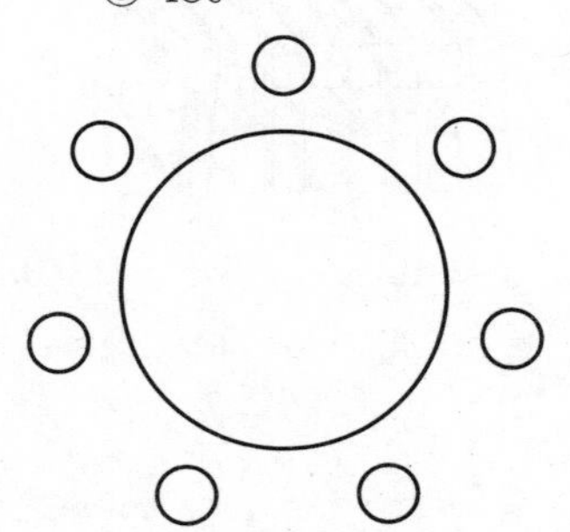

26 2022년 3월학평 확통 26번

그림과 같이 직사각형 모양으로 연결된 도로망이 있다. 이 도로망을 따라 A 지점에서 출발하여 P 지점을 지나 B 지점까지 최단 거리로 가는 경우의 수는? (단, 한 번 지난 도로를 다시 지날 수 있다.) (3점)

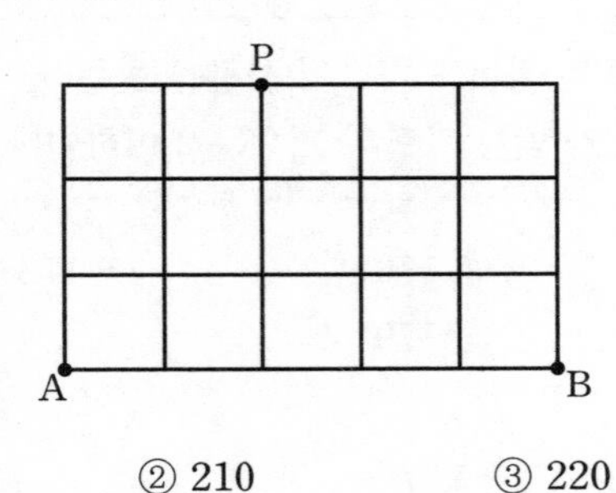

① 200 ② 210 ③ 220
④ 230 ⑤ 240

해설편 22쪽

27 2022년 3월학평 확통 27번

그림과 같이 같은 종류의 책 8권과 이 책을 각 칸에 최대 5권, 5권, 8권을 꽂을 수 있는 3개의 칸으로 이루어진 책장이 있다. 이 책 8권을 책장에 남김없이 나누어 꽂는 경우의 수는? (단, 비어 있는 칸이 있을 수 있다.) (3점)

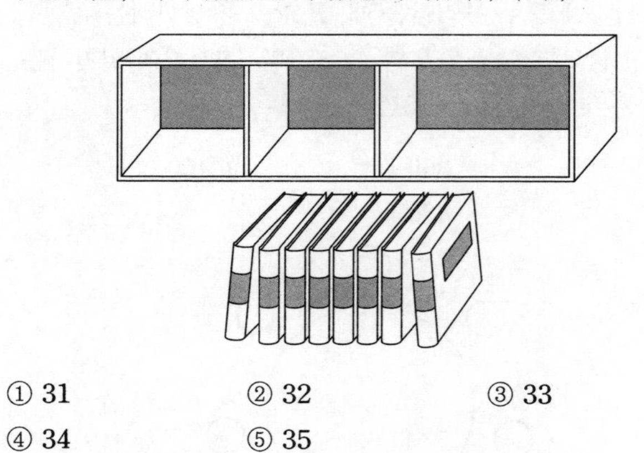

① 31 ② 32 ③ 33 ④ 34 ⑤ 35

28 2022년 3월학평 확통 28번

세 명의 학생 A, B, C에게 서로 다른 종류의 사탕 5개를 다음 규칙에 따라 남김없이 나누어 주는 경우의 수는? (단, 사탕을 받지 못하는 학생이 있을 수 있다.) (4점)

(가) 학생 A는 적어도 하나의 사탕을 받는다.
(나) 학생 B가 받는 사탕의 개수는 2 이하이다.

① 167 ② 170 ③ 173 ④ 176 ⑤ 179

단답형

29 2022년 3월학평 확통 29번

두 집합 $X=\{1, 2, 3, 4, 5\}$, $Y=\{-1, 0, 1, 2, 3\}$에 대하여 다음 조건을 만족시키는 함수 $f : X \longrightarrow Y$의 개수를 구하시오. (4점)

(가) $f(1) \le f(2) \le f(3) \le f(4) \le f(5)$
(나) $f(a)+f(b)=0$을 만족시키는 집합 X의 서로 다른 두 원소 a, b가 존재한다.

30 2022년 3월학평 확통 30번

흰색 원판 4개와 검은색 원판 4개에 각각 A, B, C, D의 문자가 하나씩 적혀 있다. 이 8개의 원판 중에서 4개를 택하여 다음 규칙에 따라 원기둥 모양으로 쌓는 경우의 수를 구하시오. (단, 원판의 크기는 모두 같고, 원판의 두 밑면은 서로 구별하지 않는다.) (4점)

(가) 선택된 4개의 원판 중 같은 문자가 적힌 원판이 있으면 같은 문자가 적힌 원판끼리는 검은색 원판이 흰색 원판보다 아래쪽에 놓이도록 쌓는다.
(나) 선택된 4개의 원판 중 같은 문자가 적힌 원판이 없으면 D가 적힌 원판이 맨 아래에 놓이도록 쌓는다.

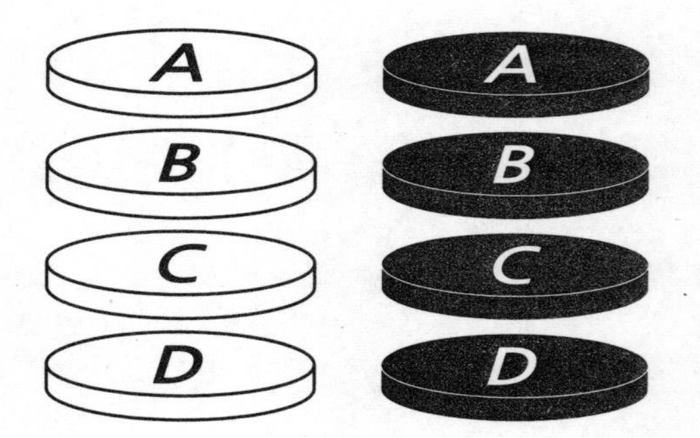

수학 영역 (미적분)

5지선다형

23 2022년 3월학평 미적 23번

$\lim_{n\to\infty}\frac{2^{n+1}+3^{n-1}}{(-2)^n+3^n}$의 값은? (2점)

① $\frac{1}{9}$　② $\frac{1}{3}$　③ 1　④ 3　⑤ 9

24 2022년 3월학평 미적 24번

수열 $\{a_n\}$이 $\lim_{n\to\infty}(3a_n-5n)=2$를 만족시킬 때,

$\lim_{n\to\infty}\frac{(2n+1)a_n}{4n^2}$의 값은? (3점)

① $\frac{1}{6}$　② $\frac{1}{3}$　③ $\frac{1}{2}$　④ $\frac{2}{3}$　⑤ $\frac{5}{6}$

25 2022년 3월학평 미적 25번

$\lim_{n\to\infty}(\sqrt{an^2+n}-\sqrt{an^2-an})=\frac{5}{4}$를 만족시키는 모든 양수 a의 값의 합은? (3점)

① $\frac{7}{2}$　② $\frac{15}{4}$　③ 4　④ $\frac{17}{4}$　⑤ $\frac{9}{2}$

26 2022년 3월학평 미적 26번

첫째항이 1인 두 수열 $\{a_n\}$, $\{b_n\}$이 모든 자연수 n에 대하여

$$a_{n+1}-a_n=3,\ \sum_{k=1}^{n}\frac{1}{b_k}=n^2$$

을 만족시킬 때, $\lim_{n\to\infty}a_nb_n$의 값은? (3점)

① $\frac{7}{6}$　② $\frac{4}{3}$　③ $\frac{3}{2}$　④ $\frac{5}{3}$　⑤ $\frac{11}{6}$

27 2022년 3월학평 미적 27번

수열 $\{a_n\}$이 모든 자연수 n에 대하여

$$a_n^2<4na_n+n-4n^2$$

을 만족시킬 때, $\lim_{n\to\infty}\frac{a_n+3n}{2n+4}$의 값은? (3점)

① $\frac{5}{2}$　② 3　③ $\frac{7}{2}$　④ 4　⑤ $\frac{9}{2}$

해설편 23쪽

28 2022년 3월학평 미적 28번

자연수 n에 대하여 좌표평면 위의 점 A_n을 다음 규칙에 따라 정한다.

(가) A_1은 원점이다.
(나) n이 홀수이면 A_{n+1}은 점 A_n을 x축의 방향으로 a만큼 평행이동한 점이다.
(다) n이 짝수이면 A_{n+1}은 점 A_n을 y축의 방향으로 $a+1$만큼 평행이동한 점이다.

$\lim_{n\to\infty}\frac{\overline{A_1A_{2n}}}{n}=\frac{\sqrt{34}}{2}$일 때, 양수 a의 값은? (4점)

① $\frac{3}{2}$　② $\frac{7}{4}$　③ 2　④ $\frac{9}{4}$　⑤ $\frac{5}{2}$

단답형

29 2022년 3월학평 미적 29번

실수 t에 대하여 직선 $y=tx-2$가 함수

$$f(x)=\lim_{n\to\infty}\frac{2x^{2n+1}-1}{x^{2n}+1}$$

의 그래프와 만나는 점의 개수를 $g(t)$라 하자. 함수 $g(t)$가 $t=a$에서 불연속인 모든 a의 값을 작은 수부터 크기순으로 나열한 것을 $a_1, a_2, \cdots, a_m$ (m은 자연수)라 할 때, $m\times a_m$의 값을 구하시오. (4점)

30 2022년 3월학평 미적 30번

그림과 같이 자연수 n에 대하여 곡선

$$T_n : y=\frac{\sqrt{3}}{n+1}x^2\ (x\geq 0)$$

위에 있고 원점 O와의 거리가 $2n+2$인 점을 P_n이라 하고, 점 P_n에서 x축에 내린 수선의 발을 H_n이라 하자. 중심이 P_n이고 점 H_n을 지나는 원을 C_n이라 할 때, 곡선 T_n과 원 C_n의 교점 중 원점에 가까운 점을 Q_n, 원점에서 원 C_n에 그은 두 접선의 접점 중 H_n이 아닌 점을 R_n이라 하자. 점 R_n을 포함하지 않는 호 Q_nH_n과 선분 P_nH_n, 곡선 T_n으로 둘러싸인 부분의 넓이를 $f(n)$, 점 H_n을 포함하지 않는 호 R_nQ_n과 선분 OR_n, 곡선 T_n으로 둘러싸인 부분의 넓이를 $g(n)$이라 할 때, $\lim_{n\to\infty}\frac{f(n)-g(n)}{n^2}=\frac{\pi}{2}+k$이다. $60k^2$의 값을 구하시오. (단, k는 상수이다.) (4점)

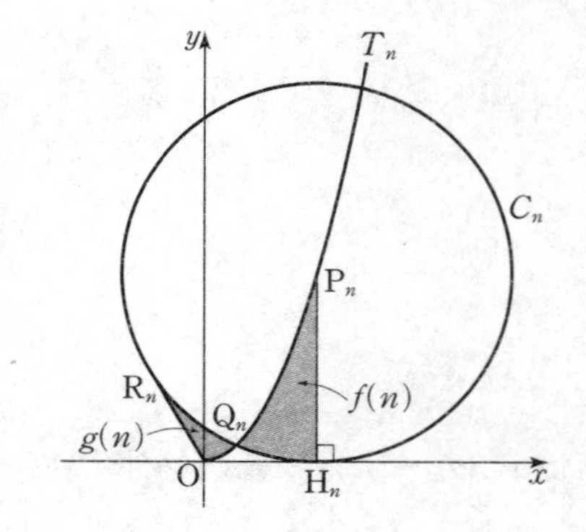

수학 영역 (기하)

5지선다형

23 2022년 3월학평 기하 23번

초점이 F인 포물선 $y^2=8x$ 위의 점 P와 y축 사이의 거리가 3일 때, 선분 PF의 길이는? (2점)

① 4 ② 5 ③ 6
④ 7 ⑤ 8

24 2022년 3월학평 기하 24번

두 초점의 좌표가 $(0,\ 3)$, $(0,\ -3)$인 타원이 y축과 점 $(0,\ 7)$에서 만날 때, 이 타원의 단축의 길이는? (3점)

① $4\sqrt{6}$ ② $4\sqrt{7}$ ③ $8\sqrt{2}$
④ 12 ⑤ $4\sqrt{10}$

25 2022년 3월학평 기하 25번

쌍곡선 $4x^2-8x-y^2-6y-9=0$의 점근선 중 기울기가 양수인 직선과 x축, y축으로 둘러싸인 부분의 넓이는? (3점)

① $\frac{19}{4}$ ② $\frac{21}{4}$ ③ $\frac{23}{4}$
④ $\frac{25}{4}$ ⑤ $\frac{27}{4}$

26 2022년 3월학평 기하 26번

그림과 같이 두 초점이 F, F′인 타원 $\frac{x^2}{25}+\frac{y^2}{9}=1$ 위의 점 중 제1사분면에 있는 점 P에 대하여 세 선분 PF, PF′, FF′의 길이가 이 순서대로 등차수열을 이룰 때, 점 P의 x좌표는? (단, 점 F의 x좌표는 양수이다.) (3점)

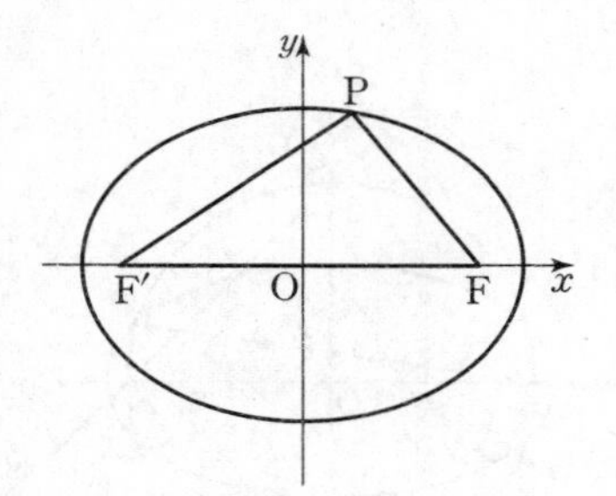

① 1 ② $\frac{9}{8}$ ③ $\frac{5}{4}$
④ $\frac{11}{8}$ ⑤ $\frac{3}{2}$

27 2022년 3월학평 기하 27번

초점이 F인 포물선 $y^2=4px$ $(p>0)$ 위의 점 중 제1사분면에 있는 점 P에서 준선에 내린 수선의 발 H에 대하여 선분 FH가 포물선과 만나는 점을 Q라 하자. 점 Q가 다음 조건을 만족시킬 때, 상수 p의 값은? (3점)

> (가) 점 Q는 선분 FH를 1 : 2로 내분한다.
> (나) 삼각형 PQF의 넓이는 $\frac{8\sqrt{3}}{3}$이다.

① $\sqrt{2}$ ② $\sqrt{3}$ ③ 2
④ $\sqrt{5}$ ⑤ $\sqrt{6}$

해설편 26쪽

28 2022년 3월학평 기하 28번

그림과 같이 타원 $\frac{x^2}{a^2}+\frac{y^2}{b^2}=1$의 두 초점 F, F′에 대하여 선분 FF′을 지름으로 하는 원을 C라 하자. 원 C가 타원과 제1사분면에서 만나는 점을 P라 하고, 원 C가 y축과 만나는 점 중 y좌표가 양수인 점을 Q라 하자. 두 직선 F′P, QF가 이루는 예각의 크기를 θ라 하자. $\cos\theta=\frac{3}{5}$일 때, $\frac{b^2}{a^2}$의 값은? (단, a, b는 $a>b>0$인 상수이고, 점 F의 x좌표는 양수이다.) (4점)

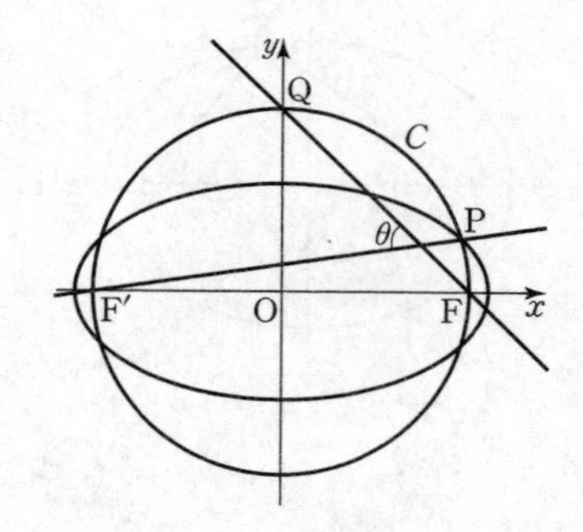

① $\frac{11}{64}$ ② $\frac{3}{16}$ ③ $\frac{13}{64}$
④ $\frac{7}{32}$ ⑤ $\frac{15}{64}$

단답형

29 2022년 3월학평 기하 29번

두 점 F, F′을 초점으로 하는 쌍곡선 $\frac{x^2}{4}-\frac{y^2}{32}=1$ 위의 점 A가 다음 조건을 만족시킨다.

(가) $\overline{\mathrm{AF}}<\overline{\mathrm{AF'}}$
(나) 선분 AF의 수직이등분선은 점 F′을 지난다.

선분 AF의 중점 M에 대하여 직선 MF′과 쌍곡선의 교점 중 점 A에 가까운 점을 B라 할 때, 삼각형 BFM의 둘레의 길이는 k이다. k^2의 값을 구하시오. (4점)

30 2022년 3월학평 기하 30번

그림과 같이 꼭짓점이 $\mathrm{A_1}$이고 초점이 $\mathrm{F_1}$인 포물선 P_1과 꼭짓점이 $\mathrm{A_2}$이고 초점이 $\mathrm{F_2}$인 포물선 P_2가 있다. 두 포물선의 준선은 모두 직선 $\mathrm{F_1F_2}$와 평행하고, 두 선분 $\mathrm{A_1A_2}$, $\mathrm{F_1F_2}$의 중점은 서로 일치한다.
두 포물선 P_1, P_2가 서로 다른 두 점에서 만날 때 두 점 중에서 점 $\mathrm{A_2}$에 가까운 점을 B라 하자. 포물선 P_1이 선분 $\mathrm{F_1F_2}$와 만나는 점을 C라 할 때, 두 점 B, C가 다음 조건을 만족시킨다.

(가) $\overline{\mathrm{A_1C}}=5\sqrt{5}$
(나) $\overline{\mathrm{F_1B}}-\overline{\mathrm{F_2B}}=\frac{48}{5}$

삼각형 $\mathrm{BF_2F_1}$의 넓이가 S일 때, $10S$의 값을 구하시오.
(단, $\angle \mathrm{F_1F_2B}<90°$) (4점)

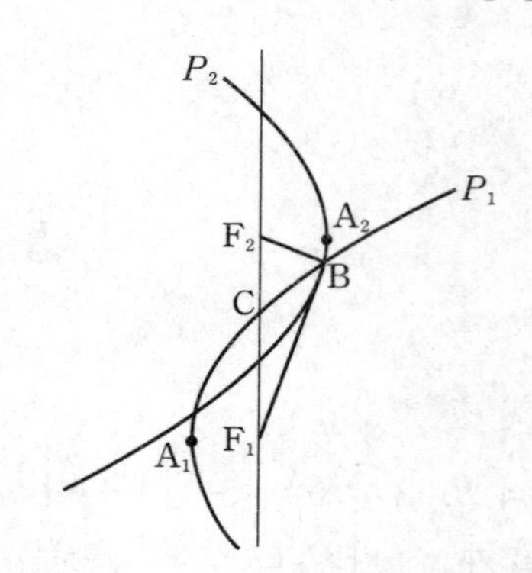

해설편 27쪽

수학 영역

제 2 교시

3회	시험 시간	100분
	날짜	월 일 요일
시작 시각 :	종료 시각	:

5지선다형

01 2023년 3월학평 1번

$\sqrt[3]{8}\times\dfrac{2^{\sqrt{2}}}{2^{1+\sqrt{2}}}$의 값은? (2점)

① 1　② 2　③ 4　④ 8　⑤ 16

02 2023년 3월학평 2번

함수 $f(x)=2x^3-x^2+6$에 대하여 $f'(1)$의 값은? (2점)

① 1　② 2　③ 3　④ 4　⑤ 5

03 2023년 3월학평 3번

등비수열 $\{a_n\}$이

$$a_5=4,\ a_7=4a_6-16$$

을 만족시킬 때, a_8의 값은? (3점)

① 32　② 34　③ 36　④ 38　⑤ 40

04 2023년 3월학평 4번

다항함수 $f(x)$가 모든 실수 x에 대하여

$$\int_1^x f(t)dt=x^3-ax+1$$

을 만족시킬 때, $f(2)$의 값은? (단, a는 상수이다.) (3점)

① 8　② 10　③ 12　④ 14　⑤ 16

05 2023년 3월학평 5번

$\cos(\pi+\theta)=\dfrac{1}{3}$이고 $\sin(\pi+\theta)>0$일 때, $\tan\theta$의 값은? (3점)

① $-2\sqrt{2}$　② $-\dfrac{\sqrt{2}}{4}$　③ 1　④ $\dfrac{\sqrt{2}}{4}$　⑤ $2\sqrt{2}$

해설편 29쪽

06 2023년 3월학평 6번

함수

$$f(x)=\begin{cases} x^2-ax+1 & (x<2) \\ -x+1 & (x\geq 2) \end{cases}$$

에 대하여 함수 $\{f(x)\}^2$이 실수 전체의 집합에서 연속이 되도록 하는 모든 상수 a의 값의 합은? (3점)

① 5 ② 6 ③ 7 ④ 8 ⑤ 9

07 2023년 3월학평 7번

함수 $y=|x^2-2x|+1$의 그래프와 x축, y축 및 직선 $x=2$로 둘러싸인 부분의 넓이는? (3점)

① $\frac{8}{3}$ ② 3 ③ $\frac{10}{3}$ ④ $\frac{11}{3}$ ⑤ 4

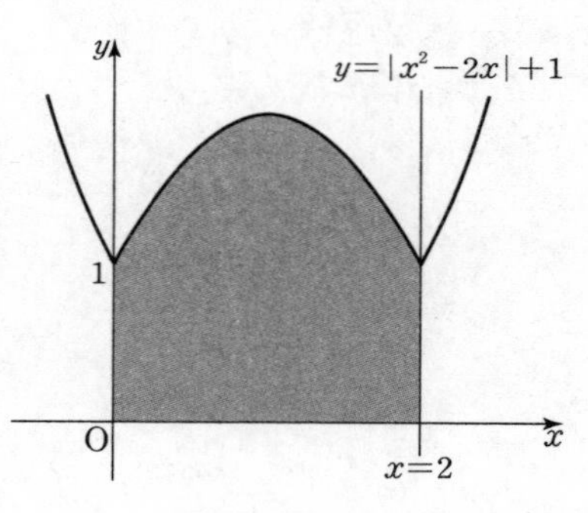

08 2023년 3월학평 8번

두 점 $\mathrm{A}(m,\ m+3)$, $\mathrm{B}(m+3,\ m-3)$에 대하여 선분 AB를 2 : 1로 내분하는 점이 곡선 $y=\log_4(x+8)+m-3$ 위에 있을 때, 상수 m의 값은? (3점)

① 4 ② $\frac{9}{2}$ ③ 5 ④ $\frac{11}{2}$ ⑤ 6

09 2023년 3월학평 9번

함수 $f(x)=|x^3-3x^2+p|$는 $x=a$와 $x=b$에서 극대이다. $f(a)=f(b)$일 때, 실수 p의 값은?

(단, a, b는 $a\neq b$인 상수이다.) (4점)

① $\frac{3}{2}$ ② 2 ③ $\frac{5}{2}$ ④ 3 ⑤ $\frac{7}{2}$

해설편 29쪽

10 2023년 3월학평 10번

공차가 양수인 등차수열 $\{a_n\}$이 다음 조건을 만족시킬 때, a_{10}의 값은? (4점)

> (가) $|a_4|+|a_6|=8$
> (나) $\sum_{k=1}^{9} a_k=27$

① 21 ② 23 ③ 25
④ 27 ⑤ 29

11 2023년 3월학평 11번

그림과 같이 $\angle \mathrm{BAC}=60^\circ$, $\overline{\mathrm{AB}}=2\sqrt{2}$, $\overline{\mathrm{BC}}=2\sqrt{3}$인 삼각형 ABC가 있다. 삼각형 ABC의 내부의 점 P에 대하여 $\angle \mathrm{PBC}=30^\circ$, $\angle \mathrm{PCB}=15^\circ$일 때, 삼각형 APC의 넓이는? (4점)

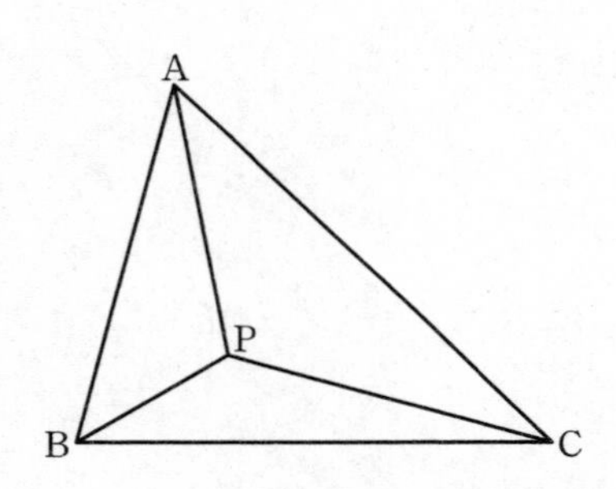

① $\frac{3+\sqrt{3}}{4}$ ② $\frac{3+2\sqrt{3}}{4}$ ③ $\frac{3+\sqrt{3}}{2}$
④ $\frac{3+2\sqrt{3}}{2}$ ⑤ $2+\sqrt{3}$

12 2023년 3월학평 12번

곡선 $y=x^2$과 기울기가 1인 직선 l이 서로 다른 두 점 A, B에서 만난다. 양의 실수 t에 대하여 선분 AB의 길이가 $2t$가 되도록 하는 직선 l의 y절편을 $g(t)$라 할 때, $\lim_{t\to\infty}\frac{g(t)}{t^2}$의 값은? (4점)

① $\frac{1}{16}$ ② $\frac{1}{8}$ ③ $\frac{1}{4}$
④ $\frac{1}{2}$ ⑤ 1

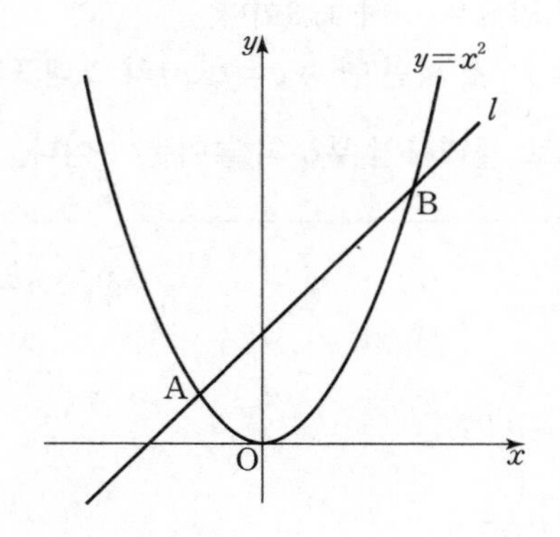

13 2023년 3월학평 13번

두 함수

$$f(x)=x^2+ax+b,\ g(x)=\sin x$$

가 다음 조건을 만족시킬 때, $f(2)$의 값은?
(단, a, b는 상수이고, $0\le a\le 2$이다.) (4점)

> (가) $\{g(a\pi)\}^2=1$
> (나) $0\le x\le 2\pi$일 때, 방정식 $f(g(x))=0$의 모든 해의 합은 $\frac{5}{2}\pi$이다.

① 3 ② $\frac{7}{2}$ ③ 4
④ $\frac{9}{2}$ ⑤ 5

14 2023년 3월학평 14번

세 양수 a, b, k에 대하여 함수 $f(x)$를

$$f(x)=\begin{cases} ax & (x<k) \\ -x^2+4bx-3b^2 & (x\geq k) \end{cases}$$

라 하자. 함수 $f(x)$가 실수 전체의 집합에서 미분가능할 때, [보기]에서 옳은 것만을 있는 대로 고른 것은? (4점)

[보기]

ㄱ. $a=1$이면 $f'(k)=1$이다.

ㄴ. $k=3$이면 $a=-6+4\sqrt{3}$이다.

ㄷ. $f(k)=f'(k)$이면 함수 $y=f(x)$의 그래프와 x축으로 둘러싸인 부분의 넓이는 $\frac{1}{3}$이다.

① ㄱ ② ㄱ, ㄴ ③ ㄱ, ㄷ
④ ㄴ, ㄷ ⑤ ㄱ, ㄴ, ㄷ

15 2023년 3월학평 15번

모든 항이 자연수인 수열 $\{a_n\}$이 모든 자연수 n에 대하여

$$a_{n+2}=\begin{cases} a_{n+1}+a_n & (a_{n+1}+a_n\text{이 홀수인 경우}) \\ \frac{1}{2}(a_{n+1}+a_n) & (a_{n+1}+a_n\text{이 짝수인 경우}) \end{cases}$$

를 만족시킨다. $a_1=1$일 때, $a_6=34$가 되도록 하는 모든 a_2의 값의 합은? (4점)

① 60 ② 64 ③ 68
④ 72 ⑤ 76

단답형

16 2023년 3월학평 16번

$\log_2 96 - \dfrac{1}{\log_6 2}$의 값을 구하시오. (3점)

17 2023년 3월학평 17번

직선 $y=4x+5$가 곡선 $y=2x^4-4x+k$에 접할 때, 상수 k의 값을 구하시오. (3점)

18 2023년 3월학평 18번

n이 자연수일 때, x에 대한 이차방정식

$$x^2-5nx+4n^2=0$$

의 두 근을 α_n, β_n이라 하자. $\sum_{n=1}^{7}(1-\alpha_n)(1-\beta_n)$의 값을 구하시오. (3점)

19 2023년 3월학평 19번

시각 $t=0$일 때 동시에 원점을 출발하여 수직선 위를 움직이는 두 점 P, Q의 시각 t ($t\geq 0$)에서의 속도가 각각

$$v_1(t)=3t^2-15t+k,\ v_2(t)=-3t^2+9t$$

이다. 점 P와 점 Q가 출발한 후 한 번만 만날 때, 양수 k의 값을 구하시오. (3점)

20 2023년 3월학평 20번

최고차항의 계수가 1이고 $f(0)=1$인 삼차함수 $f(x)$와 양의 실수 p에 대하여 함수 $g(x)$가 다음 조건을 만족시킨다.

> (가) $g'(0)=0$
> (나) $g(x)=\begin{cases} f(x-p)-f(-p) & (x<0) \\ f(x+p)-f(p) & (x\geq 0) \end{cases}$

$\int_0^p g(x)dx=20$일 때, $f(5)$의 값을 구하시오. (4점)

해설편 32쪽

21 2023년 3월학평 21번

그림과 같이 1보다 큰 두 실수 a, k에 대하여 직선 $y=k$가 두 곡선 $y=2\log_a x+k$, $y=a^{x-k}$과 만나는 점을 각각 A, B라 하고, 직선 $x=k$가 두 곡선 $y=2\log_a x+k$, $y=a^{x-k}$과 만나는 점을 각각 C, D라 하자. $\overline{AB}\times\overline{CD}=85$이고 삼각형 CAD의 넓이가 35일 때, $a+k$의 값을 구하시오. (4점)

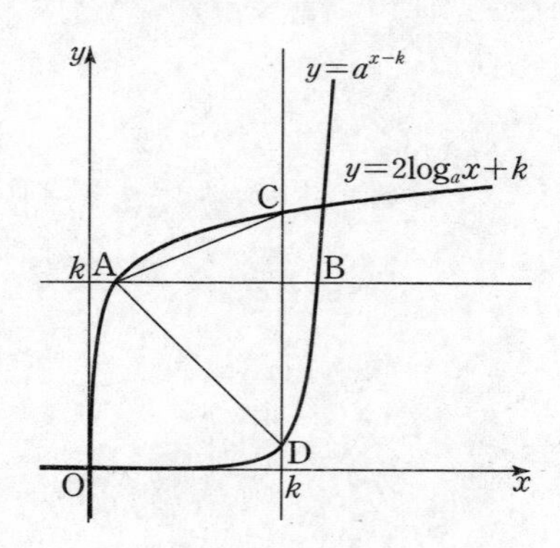

22 2023년 3월학평 22번

최고차항의 계수가 1인 사차함수 $f(x)$가 있다. 실수 t에 대하여 함수 $g(x)$를 $g(x)=|f(x)-t|$라 할 때, $\lim_{x\to k}\frac{g(x)-g(k)}{|x-k|}$의 값이 존재하는 서로 다른 실수 k의 개수를 $h(t)$라 하자. 함수 $h(t)$는 다음 조건을 만족시킨다.

(가) $\lim_{t\to 4+}h(t)=5$
(나) 함수 $h(t)$는 $t=-60$과 $t=4$에서만 불연속이다.

$f(2)=4$이고 $f'(2)>0$일 때, $f(4)+h(4)$의 값을 구하시오. (4점)

해설편 33쪽

수학 영역 (확률과 통계)

5지선다형

23 2023년 3월학평 확통 23번

${}_{3}P_{2}+{}_{3}\Pi_{2}$의 값은? (2점)

① 15 ② 16 ③ 17
④ 18 ⑤ 19

24 2023년 3월학평 확통 24번

5명의 학생이 일정한 간격을 두고 원 모양의 탁자에 모두 둘러앉는 경우의 수는?
(단, 회전하여 일치하는 것은 같은 것으로 본다.) (3점)

① 16 ② 20 ③ 24
④ 28 ⑤ 32

25 2023년 3월학평 확통 25번

문자 A, A, A, B, B, B, C, C가 하나씩 적혀 있는 8장의 카드를 모두 일렬로 나열할 때, 양 끝 모두에 B가 적힌 카드가 놓이도록 나열하는 경우의 수는? (단, 같은 문자가 적혀 있는 카드끼리는 서로 구별하지 않는다.) (3점)

① 45 ② 50 ③ 55
④ 60 ⑤ 65

26 2023년 3월학평 확통 26번

서로 다른 공 6개를 남김없이 세 주머니 A, B, C에 나누어 넣을 때, 주머니 A에 넣은 공의 개수가 3이 되도록 나누어 넣는 경우의 수는?
(단, 공을 넣지 않는 주머니가 있을 수 있다.) (3점)

① 120 ② 130 ③ 140
④ 150 ⑤ 160

27 2023년 3월학평 확통 27번

방정식 $a+b+c+3d=10$을 만족시키는 자연수 a, b, c, d의 모든 순서쌍 (a, b, c, d)의 개수는? (3점)

① 15 ② 18 ③ 21
④ 24 ⑤ 27

해설편 34쪽

28 2023년 3월학평 확통 28번

원 모양의 식탁에 같은 종류의 비어 있는 4개의 접시가 일정한 간격을 두고 원형으로 놓여 있다. 이 4개의 접시에 서로 다른 종류의 빵 5개와 같은 종류의 사탕 5개를 다음 조건을 만족시키도록 남김없이 나누어 담는 경우의 수는? (단, 회전하여 일치하는 것은 같은 것으로 본다.) (4점)

(가) 각 접시에는 1개 이상의 빵을 담는다.
(나) 각 접시에 담는 빵의 개수와 사탕의 개수의 합은 3 이하이다.

① 420 ② 450 ③ 480 ④ 510 ⑤ 540

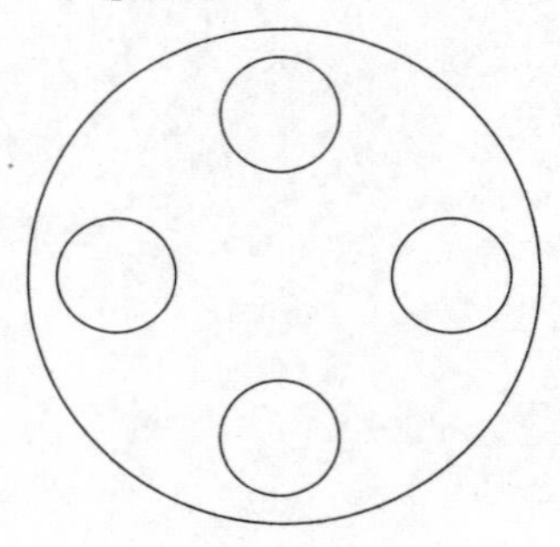

단답형

29 2023년 3월학평 확통 29번

숫자 1, 2, 3 중에서 중복을 허락하여 다음 조건을 만족시키도록 여섯 개를 선택한 후, 선택한 숫자 여섯 개를 모두 일렬로 나열하는 경우의 수를 구하시오. (4점)

(가) 숫자 1, 2, 3을 각각 한 개 이상씩 선택한다.
(나) 선택한 여섯 개의 수의 합이 4의 배수이다.

30 2023년 3월학평 확통 30번

집합 $X=\{1, 2, 3, 4, 5\}$에 대하여 다음 조건을 만족시키는 함수 $f : X \longrightarrow X$의 개수를 구하시오. (4점)

(가) 집합 X의 임의의 두 원소 x_1, x_2에 대하여 $x_1 < x_2$이면 $f(x_1) \leq f(x_2)$이다.
(나) $f(2) \neq 1$이고 $f(4) \times f(5) < 20$이다.

해설편 34쪽

5지선다형

23 2023년 3월학평 미적 23번

$\lim_{n\to\infty}\frac{(2n+1)(3n-1)}{n^2+1}$의 값은? (2점)

① 3 ② 4 ③ 5 ④ 6 ⑤ 7

24 2023년 3월학평 미적 24번

수열 $\{a_n\}$이 모든 자연수 n에 대하여

$$3^n-2^n<a_n<3^n+2^n$$

을 만족시킬 때, $\lim_{n\to\infty}\frac{a_n}{3^{n+1}+2^n}$의 값은? (3점)

① $\frac{1}{6}$ ② $\frac{1}{3}$ ③ $\frac{1}{2}$ ④ $\frac{2}{3}$ ⑤ $\frac{5}{6}$

25 2023년 3월학평 미적 25번

등차수열 $\{a_n\}$에 대하여

$$\lim_{n\to\infty}\frac{a_{2n}-6n}{a_n+5}=4$$

일 때, a_2-a_1의 값은? (3점)

① -1 ② -2 ③ -3 ④ -4 ⑤ -5

26 2023년 3월학평 미적 26번

두 수열 $\{a_n\}$, $\{b_n\}$에 대하여

$$\lim_{n\to\infty}(n^2+1)a_n=3,\ \lim_{n\to\infty}(4n^2+1)(a_n+b_n)=1$$

일 때, $\lim_{n\to\infty}(2n^2+1)(a_n+2b_n)$의 값은? (3점)

① -3 ② $-\frac{7}{2}$ ③ -4 ④ $-\frac{9}{2}$ ⑤ -5

27 2023년 3월학평 미적 27번

$a_1=3$, $a_2=-4$인 수열 $\{a_n\}$과 등차수열 $\{b_n\}$이 모든 자연수 n에 대하여

$$\sum_{k=1}^{n}\frac{a_k}{b_k}=\frac{6}{n+1}$$

을 만족시킬 때, $\lim_{n\to\infty}a_nb_n$의 값은? (3점)

① -54 ② $-\frac{75}{2}$ ③ -24 ④ $-\frac{27}{2}$ ⑤ -6

해설편 35쪽

28 2023년 3월학평 미적 28번

$a>0$, $a\neq 1$인 실수 a와 자연수 n에 대하여 직선 $y=n$이 y축과 만나는 점을 A_n, 직선 $y=n$이 곡선 $y=\log_a(x-1)$과 만나는 점을 B_n이라 하자. 사각형 $\mathrm{A}_n\mathrm{B}_n\mathrm{B}_{n+1}\mathrm{A}_{n+1}$의 넓이를 S_n이라 할 때,

$$\lim_{n\to\infty}\frac{\overline{\mathrm{B}_n\mathrm{B}_{n+1}}}{S_n}=\frac{3}{2a+2}$$

을 만족시키는 모든 a의 값의 합은? (4점)

① 2 ② $\frac{9}{4}$ ③ $\frac{5}{2}$ ④ $\frac{11}{4}$ ⑤ 3

단답형

29 2023년 3월학평 미적 29번

자연수 n에 대하여 x에 대한 부등식 $x^2-4nx-n<0$을 만족시키는 정수 x의 개수를 a_n이라 하자. 두 상수 p, q에 대하여

$$\lim_{n\to\infty}(\sqrt{na_n}-pn)=q$$

일 때, $100pq$의 값을 구하시오. (4점)

30 2023년 3월학평 미적 30번

함수

$$f(x)=\lim_{n\to\infty}\frac{x^{2n+1}-x}{x^{2n}+1}$$

에 대하여 실수 전체의 집합에서 정의된 함수 $g(x)$가 다음 조건을 만족시킨다.

> $2k-2\leq|x|<2k$일 때,
>
> $$g(x)=(2k-1)\times f\left(\frac{x}{2k-1}\right)$$
>
> 이다. (단, k는 자연수이다.)

$0<t<10$인 실수 t에 대하여 직선 $y=t$가 함수 $y=g(x)$의 그래프와 만나지 않도록 하는 모든 t의 값의 합을 구하시오. (4점)

수학 영역 (기하)

5지선다형

23 2023년 3월학평 기하 23번

타원 $\frac{x^2}{16}+\frac{y^2}{5}=1$의 장축의 길이는? (2점)

① $4\sqrt{2}$　② $2\sqrt{10}$　③ $4\sqrt{3}$
④ $2\sqrt{14}$　⑤ 8

24 2023년 3월학평 기하 24번

포물선 $x^2=8y$의 초점과 준선 사이의 거리는? (3점)

① 4　② $\frac{9}{2}$　③ 5
④ $\frac{11}{2}$　⑤ 6

25 2023년 3월학평 기하 25번

한 초점이 $\mathrm{F}(3,\ 0)$이고 주축의 길이가 4인 쌍곡선 $\frac{x^2}{a^2}-\frac{y^2}{b^2}=1$의 점근선 중 기울기가 양수인 것을 l이라 하자. 점 F와 직선 l 사이의 거리는? (단, a, b는 양수이다.) (3점)

① $\sqrt{3}$　② 2　③ $\sqrt{5}$
④ $\sqrt{6}$　⑤ $\sqrt{7}$

26 2023년 3월학평 기하 26번

포물선 $y^2=4x+4y+4$의 초점을 중심으로 하고 반지름의 길이가 2인 원이 포물선과 만나는 두 점을 $\mathrm{A}(a,\ b)$, $\mathrm{B}(c,\ d)$라 할 때, $a+b+c+d$의 값은? (3점)

① 1　② 2　③ 3
④ 4　⑤ 5

27 2023년 3월학평 기하 27번

그림과 같이 두 초점이 $\mathrm{F}(0,\ c)$, $\mathrm{F}'(0,\ -c)$ $(c>0)$인 쌍곡선 $\frac{x^2}{12}-\frac{y^2}{4}=-1$이 있다. 쌍곡선 위의 제1사분면에 있는 점 P와 쌍곡선 위의 제3사분면에 있는 점 Q가

$$\overline{\mathrm{PF}'}-\overline{\mathrm{QF}'}=5,\ \overline{\mathrm{PF}}=\frac{2}{3}\overline{\mathrm{QF}}$$

를 만족시킬 때, $\overline{\mathrm{PF}}+\overline{\mathrm{QF}}$의 값은? (3점)

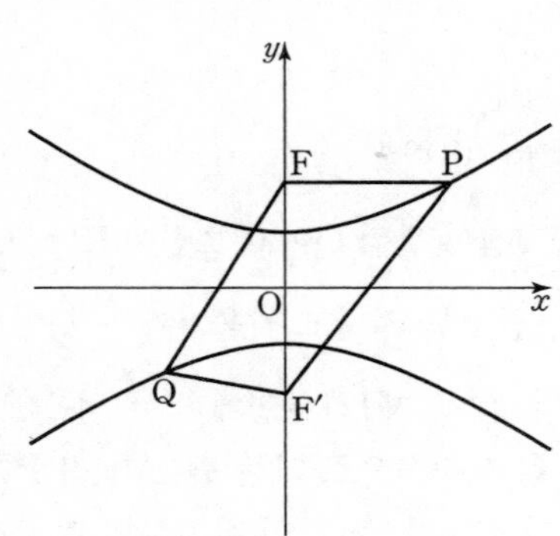

① 10　② $\frac{35}{3}$　③ $\frac{40}{3}$
④ 15　⑤ $\frac{50}{3}$

해설편 37쪽

28 2023년 3월학평 기하 28번

장축의 길이가 6이고 두 초점이 $F(c, 0)$, $F'(-c, 0)$ $(c>0)$인 타원을 C_1이라 하자. 장축의 길이가 6이고 두 초점이 $A(3, 0)$, $F'(-c, 0)$인 타원을 C_2라 하자. 두 타원 C_1과 C_2가 만나는 점 중 제1사분면에 있는 점 P에 대하여 $\cos(\angle AFP)=\frac{3}{8}$일 때, 삼각형 PFA의 둘레의 길이는? (4점)

① $\frac{11}{6}$　② $\frac{11}{5}$　③ $\frac{11}{4}$　④ $\frac{11}{3}$　⑤ $\frac{11}{2}$

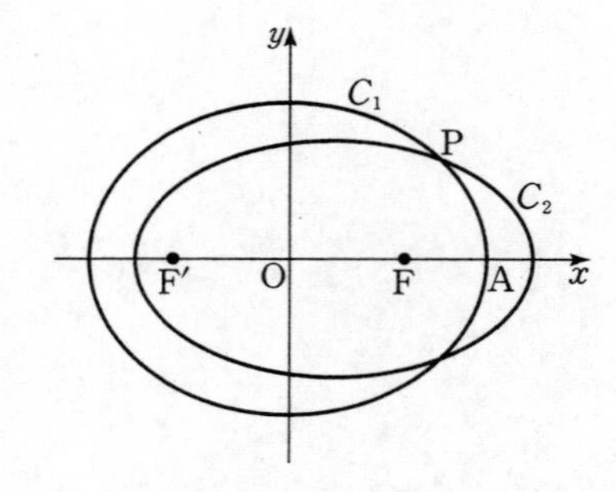

단답형

29 2023년 3월학평 기하 29번

그림과 같이 꼭짓점이 원점 O이고 초점이 $F(p, 0)$ $(p>0)$인 포물선이 있다. 점 F를 지나고 기울기가 $-\frac{4}{3}$인 직선이 포물선과 만나는 점 중 제1사분면에 있는 점을 P라 하자. 직선 FP 위의 점을 중심으로 하는 원 C가 점 P를 지나고, 포물선의 준선에 접한다. 원 C의 반지름의 길이가 3일 때, $25p$의 값을 구하시오. (단, 원 C의 중심의 x좌표는 점 P의 x좌표보다 작다.) (4점)

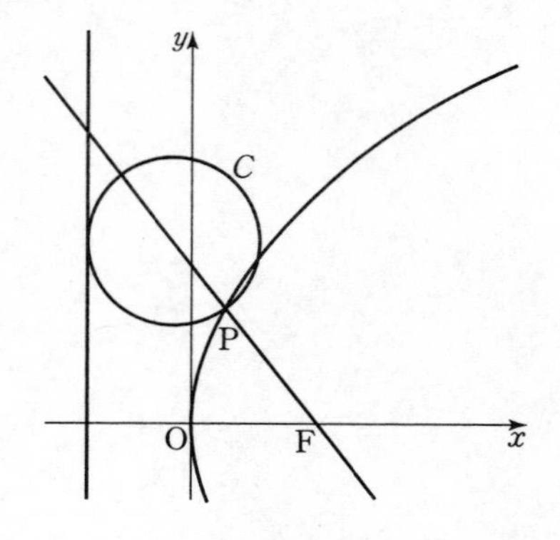

30 2023년 3월학평 기하 30번

그림과 같이 두 초점이 $F(c, 0)$, $F'(-c, 0)$ $(c>0)$인 타원 C가 있다. 타원 C가 두 직선 $x=c$, $x=-c$와 만나는 점 중 y좌표가 양수인 점을 각각 A, B라 하자.
두 초점이 A, B이고 점 F를 지나는 쌍곡선이 직선 $x=c$와 만나는 점 중 F가 아닌 점을 P라 하고, 이 쌍곡선이 두 직선 BF, BP와 만나는 점 중 x좌표가 음수인 점을 각각 Q, R이라 하자.
세 점 P, Q, R이 다음 조건을 만족시킨다.

(가) 삼각형 BFP는 정삼각형이다.
(나) 타원 C의 장축의 길이와 삼각형 BQR의 둘레의 길이의 차는 3이다.

$60\times\overline{AF}$의 값을 구하시오. (4점)

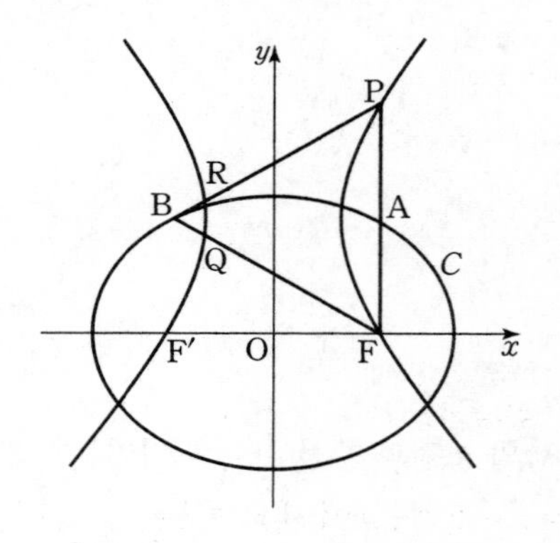

수학 영역

회차별 동영상 강의 QR

제 2 교시

4회	시험 시간	100분
	날짜	월 일 요일
시작 시각 :	종료 시각	:

5지선다형

01 2024년 3월학평 1번

$\sqrt[3]{54}\times 2^{\frac{5}{3}}$의 값은? (2점)

① 4 ② 6 ③ 8 ④ 10 ⑤ 12

02 2024년 3월학평 2번

함수 $f(x)=x^3-3x^2+x$에 대하여 $\lim_{h\to 0}\frac{f(3+h)-f(3)}{2h}$의 값은? (2점)

① 1 ② 3 ③ 5 ④ 7 ⑤ 9

03 2024년 3월학평 3번

$\cos\theta>0$이고 $\sin\theta+\cos\theta\tan\theta=-1$일 때, $\tan\theta$의 값은? (3점)

① $-\sqrt{3}$ ② $-\frac{\sqrt{3}}{3}$ ③ $\frac{\sqrt{3}}{3}$ ④ 1 ⑤ $\sqrt{3}$

04 2024년 3월학평 4번

함수

$$f(x)=\begin{cases} 2x+a & (x<3) \\ \sqrt{x+1}-a & (x\ge 3)\end{cases}$$

이 $x=3$에서 연속일 때, 상수 a의 값은? (3점)

① -2 ② -1 ③ 0 ④ 1 ⑤ 2

05 2024년 3월학평 5번

다항함수 $f(x)$가

$$f'(x)=x(3x+2),\ f(1)=6$$

을 만족시킬 때, $f(0)$의 값은? (3점)

① 1 ② 2 ③ 3 ④ 4 ⑤ 5

해설편 39쪽

06 2024년 3월학평 6번

공비가 1보다 큰 등비수열 $\{a_n\}$의 첫째항부터 제n항까지의 합을 S_n이라 하자.

$$\frac{S_4}{S_2}=5,\ a_5=48$$

일 때, a_1+a_4의 값은? (3점)

① 39 ② 36 ③ 33 ④ 30 ⑤ 27

07 2024년 3월학평 7번

함수 $f(x)=\frac{1}{3}x^3-2x^2-5x+1$이 닫힌구간 $[a,\ b]$에서 감소할 때, $b-a$의 최댓값은?

(단, a, b는 $a<b$인 실수이다.) (3점)

① 6 ② 7 ③ 8 ④ 9 ⑤ 10

08 2024년 3월학평 8번

두 다항함수 $f(x)$, $g(x)$에 대하여

$$(x+1)f(x)+(1-x)g(x)=x^3+9x+1,\ f(0)=4$$

일 때, $f'(0)+g'(0)$의 값은? (3점)

① 1 ② 2 ③ 3 ④ 4 ⑤ 5

09 2024년 3월학평 9번

좌표평면 위의 두 점 $(0,\ 0)$, $(\log_2 9,\ k)$를 지나는 직선이 직선 $(\log_4 3)x+(\log_9 8)y-2=0$에 수직일 때, 3^k의 값은?

(단, k는 상수이다.) (4점)

① 16 ② 32 ③ 64 ④ 128 ⑤ 256

10 2024년 3월학평 10번

시각 $t=0$일 때 동시에 원점을 출발하여 수직선 위를 움직이는 두 점 P, Q의 시각 $t\ (t\geq 0)$에서의 속도가 각각

$$v_1(t)=3t^2-6t-2,\ v_2(t)=-2t+6$$

이다. 출발한 시각부터 두 점 P, Q가 다시 만날 때까지 점 Q가 움직인 거리는? (4점)

① 7 ② 8 ③ 9 ④ 10 ⑤ 11

해설편 39쪽

11 2024년 3월학평 11번

공차가 음의 정수인 등차수열 $\{a_n\}$에 대하여

$$a_6=-2,\ \sum_{k=1}^{8}|a_k|=\sum_{k=1}^{8}a_k+42$$

일 때, $\sum_{k=1}^{8}a_k$의 값은? (4점)

① 40 ② 44 ③ 48
④ 52 ⑤ 56

12 2024년 3월학평 12번

실수 a에 대하여 함수 $f(x)$는

$$f(x)=\begin{cases} 3x^2+3x+a & (x<0) \\ 3x+a & (x\geq 0) \end{cases}$$

이다. 함수

$$g(x)=\int_{-4}^{x}f(t)dt$$

가 $x=2$에서 극솟값을 가질 때, 함수 $g(x)$의 극댓값은? (4점)

① 18 ② 20 ③ 22
④ 24 ⑤ 26

13 2024년 3월학평 13번

그림과 같이

$$2\overline{\mathrm{AB}}=\overline{\mathrm{BC}},\ \cos(\angle\mathrm{ABC})=-\frac{5}{8}$$

인 삼각형 ABC의 외접원을 O라 하자. 원 O 위의 점 P에 대하여 삼각형 PAC의 넓이가 최대가 되도록 하는 점 P를 Q라 할 때, $\overline{\mathrm{QA}}=6\sqrt{10}$이다. 선분 AC 위의 점 D에 대하여 $\angle\mathrm{CDB}=\frac{2}{3}\pi$일 때, 삼각형 CDB의 외접원의 반지름의 길이는? (4점)

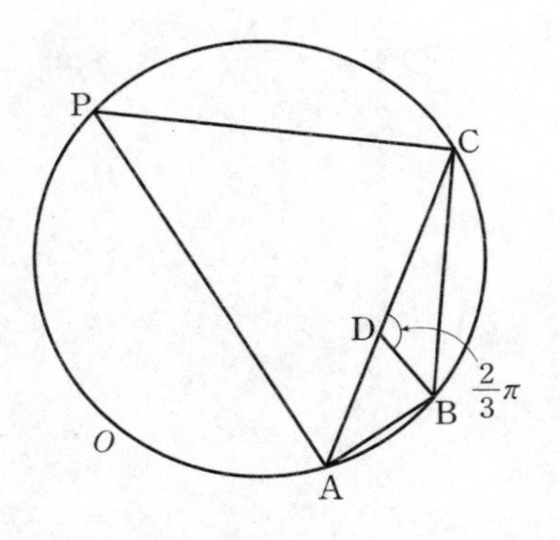

① $3\sqrt{3}$ ② $4\sqrt{3}$ ③ $3\sqrt{6}$
④ $5\sqrt{3}$ ⑤ $4\sqrt{6}$

4회

2024 3월 학력평가

14 2024년 3월학평 14번

두 정수 a, b에 대하여 함수 $f(x)$는

$$f(x)=\begin{cases} x^2-2ax+\dfrac{a^2}{4}+b^2 & (x\le 0) \\ x^3-3x^2+5 & (x>0) \end{cases}$$

이다. 실수 t에 대하여 함수 $y=f(x)$의 그래프와 직선 $y=t$가 만나는 점의 개수를 $g(t)$라 하자. 함수 $g(t)$가 $t=k$에서 불연속인 실수 k의 개수가 2가 되도록 하는 두 정수 a, b의 모든 순서쌍 $(a,\ b)$의 개수는? (4점)

① 3　② 4　③ 5　④ 6　⑤ 7

15 2024년 3월학평 15번

수열 $\{a_n\}$이 모든 자연수 n에 대하여

$$a_{n+1}=\begin{cases} a_n & (a_n>n) \\ 3n-2-a_n & (a_n\le n) \end{cases}$$

을 만족시킬 때, $a_5=5$가 되도록 하는 모든 a_1의 값의 곱은? (4점)

① 20　② 30　③ 40　④ 50　⑤ 60

해설편 41쪽

단답형

16 2024년 3월학평 16번

방정식 $4^x=\left(\frac{1}{2}\right)^{x-9}$을 만족시키는 실수 x의 값을 구하시오. (3점)

17 2024년 3월학평 17번

$\int_0^2 (3x^2-2x+3)dx-\int_2^0 (2x+1)dx$의 값을 구하시오. (3점)

18 2024년 3월학평 18번

수열 $\{a_n\}$에 대하여

$$\sum_{k=1}^{10} a_k+\sum_{k=1}^{9} a_k=137,\ \sum_{k=1}^{10} a_k-\sum_{k=1}^{9} 2a_k=101$$

일 때, a_{10}의 값을 구하시오. (3점)

19 2024년 3월학평 19번

실수 a에 대하여 함수 $f(x)=x^3-\frac{5}{2}x^2+ax+2$이다. 곡선 $y=f(x)$ 위의 두 점 $\mathrm{A}(0,\ 2)$, $\mathrm{B}(2,\ f(2))$에서의 접선을 각각 l, m이라 하자. 두 직선 l, m이 만나는 점이 x축 위에 있을 때, $60\times|f(2)|$의 값을 구하시오. (3점)

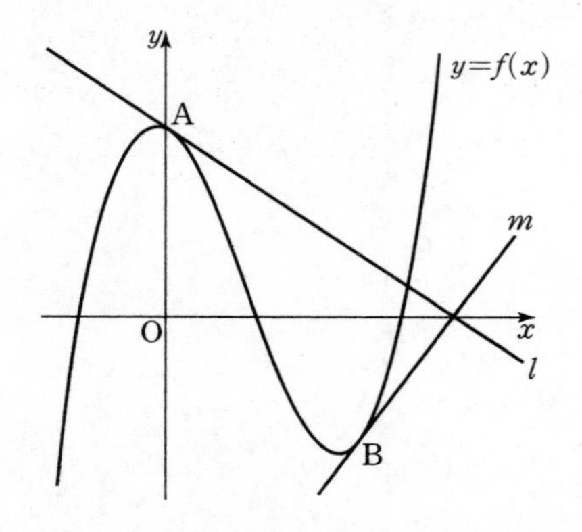

20 2024년 3월학평 20번

두 함수 $f(x)=2x^2+2x-1$, $g(x)=\cos\frac{\pi}{3}x$에 대하여 $0\le x<12$에서 방정식

$$f(g(x))=g(x)$$

를 만족시키는 모든 실수 x의 값의 합을 구하시오. (4점)

4회 2024 3월 학력평가

해설편 42쪽

21 2024년 3월학평 21번

$a>2$인 실수 a에 대하여 기울기가 -1인 직선이 두 곡선

$$y=a^x+2,\ y=\log_a x+2$$

와 만나는 점을 각각 A, B라 하자. 선분 AB를 지름으로 하는 원의 중심의 y좌표가 $\frac{19}{2}$이고 넓이가 $\frac{121}{2}\pi$일 때, a^2의 값을 구하시오. (4점)

22 2024년 3월학평 22번

함수 $f(x)=|x^3-3x+8|$과 실수 t에 대하여 닫힌구간 $[t,\ t+2]$에서의 $f(x)$의 최댓값을 $g(t)$라 하자. 서로 다른 두 실수 α, β에 대하여 함수 $g(t)$는 $t=\alpha$와 $t=\beta$에서만 미분가능하지 않다. $\alpha\beta=m+n\sqrt{6}$일 때, $m+n$의 값을 구하시오. (단, m, n은 정수이다.) (4점)

해설편 43쪽

수학 영역 (확률과 통계)

5지선다형

23 2024년 3월학평 확통 23번

${}_3H_3$의 값은? (2점)

① 10 ② 12 ③ 14
④ 16 ⑤ 18

24 2024년 3월학평 확통 24번

숫자 1, 2, 3 중에서 중복을 허락하여 4개를 택해 일렬로 나열하여 만들 수 있는 네 자리 자연수 중 홀수의 개수는? (3점)

① 30 ② 36 ③ 42
④ 48 ⑤ 54

25 2024년 3월학평 확통 25번

남학생 5명, 여학생 2명이 있다. 이 7명의 학생이 일정한 간격을 두고 원 모양의 탁자에 모두 둘러앉을 때, 여학생끼리 이웃하여 앉는 경우의 수는?
(단, 회전하여 일치하는 것은 같은 것으로 본다.) (3점)

① 200 ② 240 ③ 280
④ 320 ⑤ 360

26 2024년 3월학평 확통 26번

그림과 같이 직사각형 모양으로 연결된 도로망이 있다. 이 도로망을 따라 A 지점에서 출발하여 B 지점까지 최단거리로 갈 때, P 지점을 지나면서 Q 지점을 지나지 않는 경우의 수는? (3점)

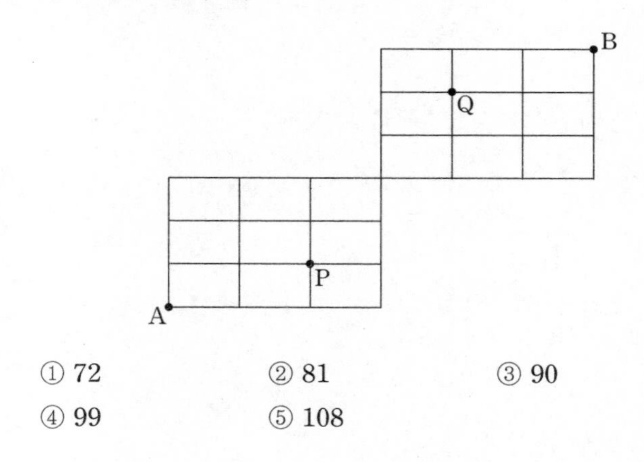

① 72 ② 81 ③ 90
④ 99 ⑤ 108

27 2024년 3월학평 확통 27번

그림과 같이 문자 A, A, A, B, B, C, D가 각각 하나씩 적혀 있는 7장의 카드와 1부터 7까지의 자연수가 각각 하나씩 적혀 있는 7개의 빈 상자가 있다.

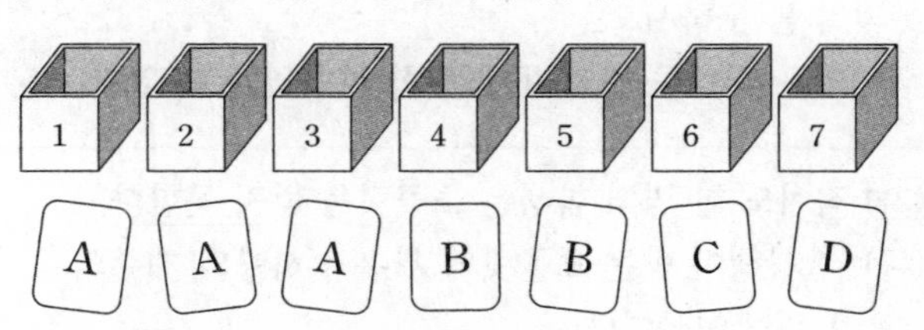

각 상자에 한 장의 카드만 들어가도록 7장의 카드를 나누어 넣을 때, 문자 A가 적혀 있는 카드가 들어간 3개의 상자에 적힌 수의 합이 홀수가 되도록 나누어 넣는 경우의 수는?
(단, 같은 문자가 적힌 카드끼리는 서로 구별하지 않는다.) (3점)

① 144 ② 168 ③ 192
④ 216 ⑤ 240

해설편 44쪽

28 2024년 3월학평 확통 28번

다음 조건을 만족시키는 자연수 a, b, c의 모든 순서쌍 (a, b, c)의 개수는? (4점)

> (가) $ab^2c=720$
> (나) a와 c는 서로소가 아니다.

① 38 ② 42 ③ 46
④ 50 ⑤ 54

단답형

29 2024년 3월학평 확통 29번

세 명의 학생에게 서로 다른 종류의 초콜릿 3개와 같은 종류의 사탕 5개를 다음 규칙에 따라 남김없이 나누어 주는 경우의 수를 구하시오.
(단, 사탕을 받지 못하는 학생이 있을 수 있다.) (4점)

> (가) 적어도 한 명의 학생은 초콜릿을 받지 못한다.
> (나) 각 학생이 받는 초콜릿의 개수와 사탕의 개수의 합은 2 이상이다.

30 2024년 3월학평 확통 30번

집합 $X=\{1, 2, 3, 4, 5\}$에 대하여 다음 조건을 만족시키는 함수 $f : X \longrightarrow X$의 개수를 구하시오. (4점)

> (가) $f(1) \le f(2) \le f(3)$
> (나) $1 < f(5) < f(4)$
> (다) $f(a)=b$, $f(b)=a$를 만족시키는 집합 X의 서로 다른 두 원소 a, b가 존재한다.

5지선다형

23 2024년 3월학평 미적 23번

$\lim_{n\to\infty}\frac{2^{n+1}+3^{n-1}}{2^n-3^n}$의 값은? (2점)

① $-\frac{1}{3}$ ② $-\frac{1}{6}$ ③ 0 ④ $\frac{1}{6}$ ⑤ $\frac{1}{3}$

24 2024년 3월학평 미적 24번

두 수열 $\{a_n\}$, $\{b_n\}$이

$$\lim_{n\to\infty}na_n=1,\ \lim_{n\to\infty}\frac{b_n}{n}=3$$

을 만족시킬 때, $\lim_{n\to\infty}\frac{n^2a_n+b_n}{1+2b_n}$의 값은? (3점)

① $\frac{1}{3}$ ② $\frac{1}{2}$ ③ $\frac{2}{3}$ ④ $\frac{5}{6}$ ⑤ 1

25 2024년 3월학평 미적 25번

수열 $\{a_n\}$이 모든 자연수 n에 대하여

$$2n+3<a_n<2n+4$$

를 만족시킬 때, $\lim_{n\to\infty}\frac{(a_n+1)^2+6n^2}{na_n}$의 값은? (3점)

① 1 ② 2 ③ 3 ④ 4 ⑤ 5

26 2024년 3월학평 미적 26번

수열 $\{a_n\}$이 모든 자연수 n에 대하여

$$a_{n+1}-a_n=a_1+2$$

를 만족시킨다. $\lim_{n\to\infty}\frac{2a_n+n}{a_n-n+1}=3$일 때, a_{10}의 값은?

(단, $a_1>0$) (3점)

① 35 ② 36 ③ 37 ④ 38 ⑤ 39

해설편 46쪽

27 2024년 3월학평 미적 27번

$a_1=3$, $a_2=6$인 등차수열 $\{a_n\}$과 모든 항이 양수인 수열 $\{b_n\}$이 모든 자연수 n에 대하여

$$\sum_{k=1}^{n} a_k(b_k)^2 = n^3 - n + 3$$

을 만족시킬 때, $\lim_{n\to\infty} \frac{a_n}{b_n b_{2n}}$의 값은? (3점)

① $\frac{3}{2}$　② $\frac{3\sqrt{2}}{2}$　③ 3　④ $3\sqrt{2}$　⑤ 6

28 2024년 3월학평 미적 28번

자연수 n에 대하여 직선 $y=2nx$가 곡선 $y=x^2+n^2-1$과 만나는 두 점을 각각 A_n, B_n이라 하자. 원 $(x-2)^2+y^2=1$ 위의 점 P에 대하여 삼각형 $\mathrm{A}_n\mathrm{B}_n\mathrm{P}$의 넓이가 최대가 되도록 하는 점 P를 P_n이라 할 때, 삼각형 $\mathrm{A}_n\mathrm{B}_n\mathrm{P}_n$의 넓이를 S_n이라 하자. $\lim_{n\to\infty} \frac{S_n}{n}$의 값은? (4점)

① 2　② 4　③ 6　④ 8　⑤ 10

해설편 46쪽

4회 2024 3월 학력평가

단답형

29 2024년 3월학평 미적 29번

자연수 n에 대하여 함수 $f(x)$를

$$f(x)=\frac{4}{n^3}x^3+1$$

이라 하자. 원점에서 곡선 $y=f(x)$에 그은 접선을 l_n, 접선 l_n의 접점을 P_n이라 하자. x축과 직선 l_n에 동시에 접하고 점 P_n을 지나는 원 중 중심의 x좌표가 양수인 것을 C_n이라 하자. 원 C_n의 반지름의 길이를 r_n이라 할 때, $40\times\lim_{n\to\infty}n^2(4r_n-3)$의 값을 구하시오. (4점)

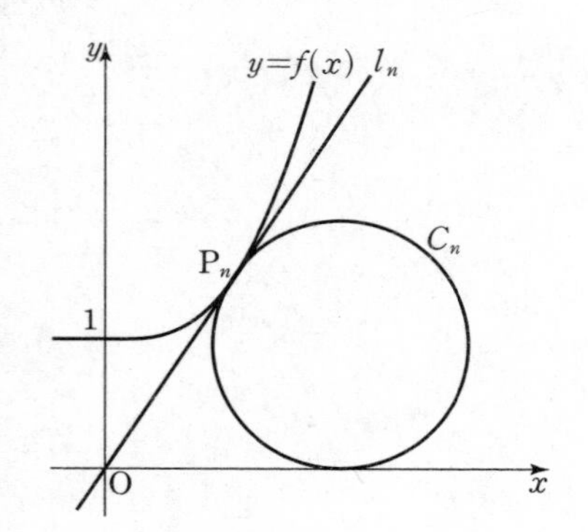

30 2024년 3월학평 미적 30번

최고차항의 계수가 1인 삼차함수 $f(x)$와 자연수 m에 대하여 구간 $(0, \infty)$에서 정의된 함수 $g(x)$를

$$g(x)=\lim_{n\to\infty}\frac{f(x)\left(\frac{x}{m}\right)^n+x}{\left(\frac{x}{m}\right)^n+1}$$

라 하자. 함수 $g(x)$는 다음 조건을 만족시킨다.

(가) 함수 $g(x)$는 구간 $(0, \infty)$에서 미분가능하고, $g'(m+1)\le 0$이다.
(나) $g(k)g(k+1)=0$을 만족시키는 자연수 k의 개수는 3이다.
(다) $g(l)\ge g(l+1)$을 만족시키는 자연수 l의 개수는 3이다.

$g(12)$의 값을 구하시오. (4점)

해설편 47쪽

수학 영역 (기하)

5지선다형

23 2024년 3월학평 기하 23번

타원 $\frac{x^2}{17}+\frac{y^2}{8}=1$의 두 초점 사이의 거리는? (2점)

① 4 ② 5 ③ 6 ④ 7 ⑤ 8

24 2024년 3월학평 기하 24번

초점이 F인 포물선 $y^2=20x$ 위의 점 P에 대하여 $\overline{\mathrm{PF}}=15$일 때, 점 P의 x좌표는? (3점)

① 9 ② 10 ③ 11 ④ 12 ⑤ 13

25 2024년 3월학평 기하 25번

두 초점이 x축 위에 있고, 두 초점 사이의 거리가 30인 쌍곡선의 한 점근선의 방정식이 $y=\frac{3}{4}x$일 때, 이 쌍곡선의 주축의 길이는? (3점)

① 16 ② 18 ③ 20 ④ 22 ⑤ 24

26 2024년 3월학평 기하 26번

두 실수 a, b에 대하여 포물선

$$C:(y-a+1)^2=(a+b)x+1 \text{ (단, } a+b\neq 0)$$

이 있다. 포물선 C가 원점을 지나고 초점과 준선 사이의 거리가 2일 때, $a-b$의 최댓값을 M, 최솟값을 m이라 하자. $M-m$의 값은? (3점)

① 6 ② 8 ③ 10 ④ 12 ⑤ 14

해설편 48쪽

27 2024년 3월학평 기하 27번

두 초점이 F, F′인 쌍곡선 $\frac{x^2}{7}-\frac{y^2}{9}=-1$ 위의 점 중 제1사분면에 있는 점 P에 대하여 각 FPF′의 이등분선이 점 $(0,\ 1)$을 지날 때, $\overline{\mathrm{FP}}+\overline{\mathrm{F'P}}$의 값은? (3점)

① 24 ② 28 ③ 32
④ 36 ⑤ 40

28 2024년 3월학평 기하 28번

두 초점이 $\mathrm{F}(c,\ 0)$, $\mathrm{F'}(-c,\ 0)$ $(c>0)$이고 장축의 길이가 18인 타원을 C_1이라 하자. 점 F를 지나고 x축에 수직인 직선이 타원 C_1과 제1사분면에서 만나는 점을 A라 하고, 두 초점이 F, A이고 점 $\mathrm{P}(9,\ 0)$을 지나는 타원을 C_2라 하자. 두 타원 C_1과 C_2가 만나는 점 중 점 P가 아닌 점을 Q라 하자. $\cos(\angle\mathrm{FF'A})=\frac{12}{13}$일 때, $\overline{\mathrm{F'Q}}-\overline{\mathrm{AQ}}$의 값은? (4점)

① $14-\sqrt{34}$ ② $20-2\sqrt{34}$ ③ $15-\sqrt{34}$
④ $21-2\sqrt{34}$ ⑤ $16-\sqrt{34}$

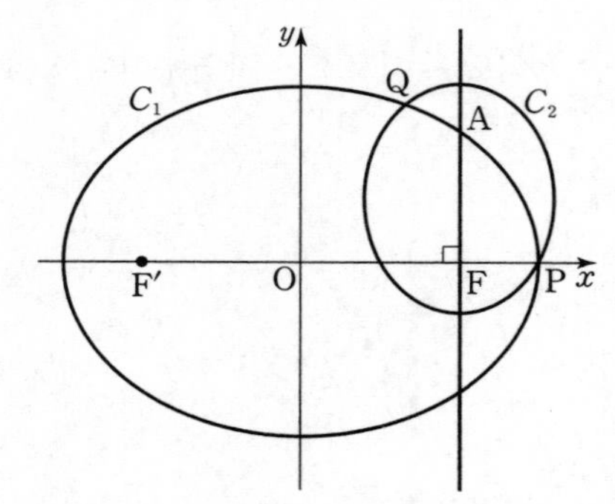

해설편 49쪽

단답형

29 2024년 3월학평 기하 29번

포물선 $x^2=ay$ $(a>0)$이 두 포물선

$$C_1 : y^2=8x,\ C_2 : y^2=-x$$

와 만나는 점 중 원점이 아닌 점을 각각 P, Q라 하고, 두 포물선 C_1, C_2의 초점을 각각 $\mathrm{F_1}$, $\mathrm{F_2}$라 하자. 직선 PQ의 기울기가 $2\sqrt{2}$일 때, $\overline{\mathrm{F_1P}}+\overline{\mathrm{F_2Q}}=\frac{q}{p}$이다. $p+q$의 값을 구하시오. (단, p와 q는 서로소인 자연수이다.) (4점)

30 2024년 3월학평 기하 30번

그림과 같이 두 점 $\mathrm{F}(c,\ 0)$, $\mathrm{F'}(-c,\ 0)$ $(c>0)$을 초점으로 하고 주축의 길이가 6인 쌍곡선이 있다. 이 쌍곡선이 선분 FF′을 지름으로 하는 원과 제1사분면에서 만나는 점을 P라 하자. 선분 F′P가 쌍곡선과 만나는 점 중 점 P가 아닌 점을 Q라 하고, 선분 FQ가 쌍곡선과 만나는 점 중 점 Q가 아닌 점을 R이라 하자. 점 Q가 선분 F′P를 1 : 2로 내분할 때, 삼각형 QF′R의 넓이를 S라 하자. $20S$의 값을 구하시오. (4점)

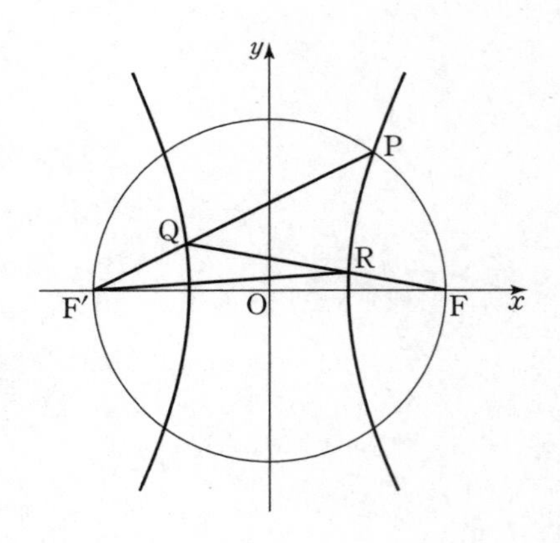

수학 영역

제 2 교시

5회		시험 시간	100분
		날짜	월 일 요일
시작 시각	:	종료 시각	:

5지선다형

01 2021년 4월학평 1번

$\left(\sqrt{3^{\sqrt{2}}}\right)^{\sqrt{2}}$의 값은? (2점)

① 1 ② 3 ③ 5 ④ 7 ⑤ 9

02 2021년 4월학평 2번

공차가 2인 등차수열 $\{a_n\}$에 대하여 a_5-a_2의 값은? (2점)

① 6 ② 7 ③ 8 ④ 9 ⑤ 10

03 2021년 4월학평 3번

닫힌구간 $[0, 4]$에서 함수 $f(x)=\left(\frac{1}{3}\right)^{x-2}+1$의 최댓값은? (3점)

① 2 ② 4 ③ 6 ④ 8 ⑤ 10

04 2021년 4월학평 4번

함수 $y=f(x)$의 그래프가 그림과 같다.

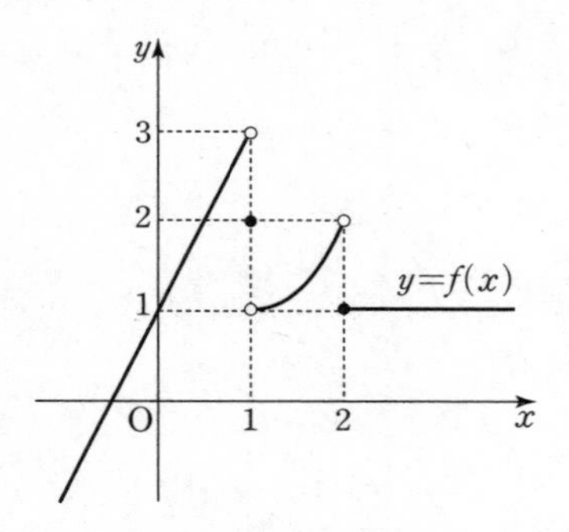

$\lim_{x\to1-}f(x)+\lim_{x\to2+}f(x)$의 값은? (3점)

① 1 ② 2 ③ 3 ④ 4 ⑤ 5

05 2021년 4월학평 5번

함수 $f(x)$에 대하여 $f'(x)=2x+4$이고 $f(-1)+f(1)=0$일 때, $f(2)$의 값은? (3점)

① 9 ② 10 ③ 11 ④ 12 ⑤ 13

해설편 51쪽

06 2021년 4월학평 6번

양수 a에 대하여 함수 $f(x)=\sin\left(ax+\frac{\pi}{6}\right)$의 주기가 4π일 때, $f(\pi)$의 값은? (3점)

① 0 ② $\frac{1}{2}$ ③ $\frac{\sqrt{2}}{2}$
④ $\frac{\sqrt{3}}{2}$ ⑤ 1

07 2021년 4월학평 7번

함수 $f(x)=x^3-3x$에서 x의 값이 1에서 4까지 변할 때의 평균변화율과 곡선 $y=f(x)$ 위의 점 $(k,\ f(k))$에서의 접선의 기울기가 서로 같을 때, 양수 k의 값은? (3점)

① $\sqrt{3}$ ② 2 ③ $\sqrt{5}$
④ $\sqrt{6}$ ⑤ $\sqrt{7}$

08 2021년 4월학평 8번

함수

$$f(x)=\begin{cases} \dfrac{x^2+3x+a}{x-2} & (x<2) \\ -x^2+b & (x\geq 2) \end{cases}$$

가 $x=2$에서 연속일 때, $a+b$의 값은?

(단, a, b는 상수이다.) (3점)

① 1 ② 2 ③ 3
④ 4 ⑤ 5

09 2021년 4월학평 9번

두 함수 $f(x)$, $g(x)$가

$$\lim_{x\to\infty}\{2f(x)-3g(x)\}=1,\ \lim_{x\to\infty}g(x)=\infty$$

를 만족시킬 때, $\lim_{x\to\infty}\frac{4f(x)+g(x)}{3f(x)-g(x)}$의 값은? (4점)

① 1 ② 2 ③ 3
④ 4 ⑤ 5

해설편 51쪽

10 2021년 4월학평 10번

수직선 위를 움직이는 점 P의 시각 $t(t\geq 0)$에서의 속도 $v(t)$가

$$v(t)=4t-10$$

이다. 점 P의 시각 $t=1$에서의 위치와 점 P의 시각 $t=k(k>1)$에서의 위치가 서로 같을 때, 상수 k의 값은? (4점)

① 3 ② $\frac{7}{2}$ ③ 4 ④ $\frac{9}{2}$ ⑤ 5

11 2021년 4월학평 11번

$0<x<2\pi$일 때, 방정식 $2\cos^2 x-\sin(\pi+x)-2=0$의 모든 해의 합은? (4점)

① π ② $\frac{3}{2}\pi$ ③ 2π ④ $\frac{5}{2}\pi$ ⑤ 3π

12 2021년 4월학평 12번

닫힌구간 $[0, 3]$에서 함수 $f(x)=x^3-6x^2+9x+a$의 최댓값이 12일 때, 상수 a의 값은? (4점)

① 2 ② 4 ③ 6 ④ 8 ⑤ 10

13 2021년 4월학평 13번

두 양수 a, $b(a<b)$에 대하여 함수 $f(x)$를 $f(x)=(x-a)(x-b)$라 하자.

$$\int_0^a f(x)dx=\frac{11}{6},\ \int_0^b f(x)dx=-\frac{8}{3}$$

일 때, 곡선 $y=f(x)$와 x축으로 둘러싸인 부분의 넓이는? (4점)

① 4 ② $\frac{9}{2}$ ③ 5 ④ $\frac{11}{2}$ ⑤ 6

해설편 52쪽

14 2021년 4월학평 14번

4 이상의 자연수 n에 대하여 다음 조건을 만족시키는 n 이하의 네 자연수 a, b, c, d가 있다.

> ○ $a>b$
> ○ 좌표평면 위의 두 점 $\mathrm{A}(a,\ b)$, $\mathrm{B}(c,\ d)$와 원점 O에 대하여 삼각형 OAB는 $\angle \mathrm{A}=\frac{\pi}{2}$인 직각이등변삼각형이다.

다음은 a, b, c, d의 모든 순서쌍 $(a,\ b,\ c,\ d)$의 개수를 T_n이라 할 때, $\sum_{n=4}^{20} T_n$의 값을 구하는 과정이다.

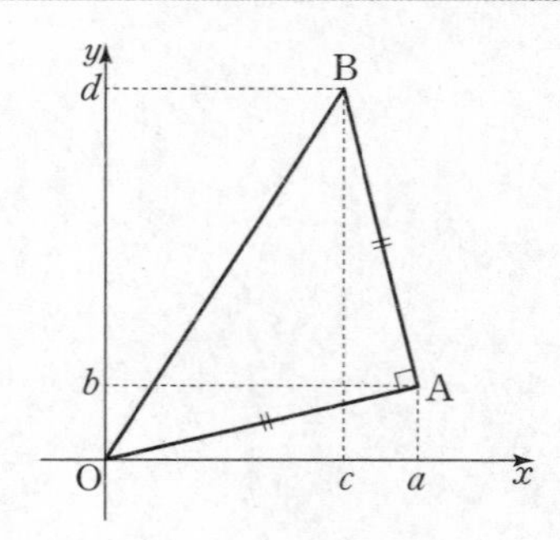

> 점 $\mathrm{A}(a,\ b)$에 대하여
> 점 $\mathrm{B}(c,\ d)$가 $\overline{\mathrm{OA}}\perp\overline{\mathrm{AB}}$, $\overline{\mathrm{OA}}=\overline{\mathrm{AB}}$를 만족시키려면
> $c=a-b$, $d=a+b$이어야 한다.
> 이때, $a>b$이고 d가 n 이하의 자연수이므로 $b<\frac{n}{2}$이다.
> $\frac{n}{2}$ 미만의 자연수 k에 대하여
> $b=k$일 때, $a+b\le n$을 만족시키는 자연수 a의 개수는 $n-2k$이다.
> 2 이상의 자연수 m에 대하여
> (i) $n=2m$인 경우
> b가 될 수 있는 자연수는 1부터 (가) 까지이므로
> $T_{2m}=\sum_{k=1}^{(가)}(2m-2k)=$ (나)
> (ii) $n=2m+1$인 경우
> $T_{2m+1}=$ (다)
> (i), (ii)에 의해 $\sum_{n=4}^{20} T_n=614$

위의 (가), (나), (다)에 알맞은 식을 각각 $f(m)$, $g(m)$, $h(m)$이라 할 때, $f(5)+g(6)+h(7)$의 값은? (4점)

① 71 ② 74 ③ 77
④ 80 ⑤ 83

15 2021년 4월학평 15번

그림과 같이 1보다 큰 실수 k에 대하여 두 곡선 $y=\log_2|kx|$와 $y=\log_2(x+4)$가 만나는 서로 다른 두 점을 A, B라 하고, 점 B를 지나는 곡선 $y=\log_2(-x+m)$이 곡선 $y=\log_2|kx|$와 만나는 점 중 B가 아닌 점을 C라 하자. 세 점 A, B, C의 x좌표를 각각 x_1, x_2, x_3이라 할 때, [보기]에서 옳은 것만을 있는 대로 고른 것은?

(단, $x_1<x_2$이고, m은 실수이다.) (4점)

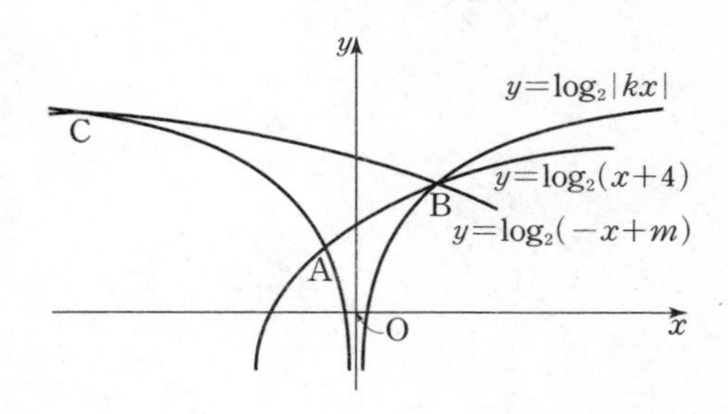

> **[보기]**
> ㄱ. $x_2=-2x_1$이면 $k=3$이다.
> ㄴ. $x_2{}^2=x_1x_3$
> ㄷ. 직선 AB의 기울기와 직선 AC의 기울기의 합이 0일 때, $m+k^2=19$이다.

① ㄱ ② ㄷ ③ ㄱ, ㄴ
④ ㄴ, ㄷ ⑤ ㄱ, ㄴ, ㄷ

해설편 52쪽

단답형

16 2021년 4월학평 16번

함수 $f(x)=x^2+ax$에 대하여 $f'(1)=4$일 때, 상수 a의 값을 구하시오. (3점)

17 2021년 4월학평 17번

$0<\theta<\frac{\pi}{2}$인 θ에 대하여 $\sin\theta\cos\theta=\frac{7}{18}$일 때, $30(\sin\theta+\cos\theta)$의 값을 구하시오. (3점)

18 2021년 4월학평 18번

다항함수 $f(x)$에 대하여 함수 $g(x)$를

$$g(x)=(x^2-2x)f(x)$$

라 하자. 함수 $f(x)$가 $x=3$에서 극솟값 2를 가질 때, $g'(3)$의 값을 구하시오. (3점)

19 2021년 4월학평 19번

첫째항이 $\frac{1}{4}$이고 공비가 양수인 등비수열 $\{a_n\}$에 대하여

$$a_3+a_5=\frac{1}{a_3}+\frac{1}{a_5}$$

일 때, a_{10}의 값을 구하시오. (3점)

20 2021년 4월학평 20번

$\overline{AB}:\overline{BC}:\overline{CA}=1:2:\sqrt{2}$인 삼각형 ABC가 있다. 삼각형 ABC의 외접원의 넓이가 28π일 때, 선분 CA의 길이를 구하시오. (4점)

해설편 53쪽

21 2021년 4월학평 21번

첫째항이 자연수인 수열 $\{a_n\}$이 모든 자연수 n에 대하여

$$a_{n+1}=\begin{cases} a_n-2 & (a_n\geq 0) \\ a_n+5 & (a_n<0) \end{cases}$$

을 만족시킨다. $a_{15}<0$이 되도록 하는 a_1의 최솟값을 구하시오. (4점)

22 2021년 4월학평 22번

실수 a에 대하여 두 함수 $f(x)$, $g(x)$를

$$f(x)=3x+a,\ g(x)=\int_{2}^{x}(t+a)f(t)dt$$

라 하자. 함수 $h(x)=f(x)g(x)$가 다음 조건을 만족시킬 때, $h(-1)$의 최솟값은 $\frac{q}{p}$이다. $p+q$의 값을 구하시오.

(단, p와 q는 서로소인 자연수이다.) (4점)

(가) 곡선 $y=h(x)$ 위의 어떤 점에서의 접선이 x축이다.
(나) 곡선 $y=|h(x)|$가 x축에 평행한 직선과 만나는 서로 다른 점의 개수의 최댓값은 4이다.

해설편 54쪽

5지선다형

23 2021년 4월학평 확통 23번

${}_{n}\Pi_{2}=25$일 때, 자연수 n의 값은? (2점)

① 1 ② 2 ③ 3
④ 4 ⑤ 5

24 2021년 4월학평 확통 24번

다항식 $(x+2a)^5$의 전개식에서 x^3의 계수가 640일 때, 양수 a의 값은? (3점)

① 3 ② 4 ③ 5
④ 6 ⑤ 7

25 2021년 4월학평 확통 25번

빨간색 볼펜 5자루와 파란색 볼펜 2자루를 4명의 학생에게 남김없이 나누어 주는 경우의 수는? (단, 같은 색 볼펜끼리는 서로 구별하지 않고, 볼펜을 1자루도 받지 못하는 학생이 있을 수 있다.) (3점)

① 560 ② 570 ③ 580
④ 590 ⑤ 600

26 2021년 4월학평 확통 26번

숫자 1, 2, 3, 4, 5 중에서 중복을 허락하여 5개를 택해 일렬로 나열하여 만든 다섯 자리의 자연수 중에서 다음 조건을 만족시키는 N의 개수는? (3점)

(가) N은 홀수이다.
(나) $10000<N<30000$

① 720 ② 730 ③ 740
④ 750 ⑤ 760

27 2021년 4월학평 확통 27번

자연수 n에 대하여 $f(n)=\sum_{k=1}^{n}{}_{2n+1}\mathrm{C}_{2k}$일 때, $f(n)=1023$을 만족시키는 n의 값은? (3점)

① 3 ② 4 ③ 5
④ 6 ⑤ 7

해설편 55쪽

28 2021년 4월학평 확통 28번

그림과 같이 직사각형 모양으로 연결된 도로망이 있다. 이 도로망을 따라 A 지점에서 출발하여 P 지점을 지나 B 지점으로 갈 때, 한 번 지난 도로는 다시 지나지 않으면서 최단거리로 가는 경우의 수는? (4점)

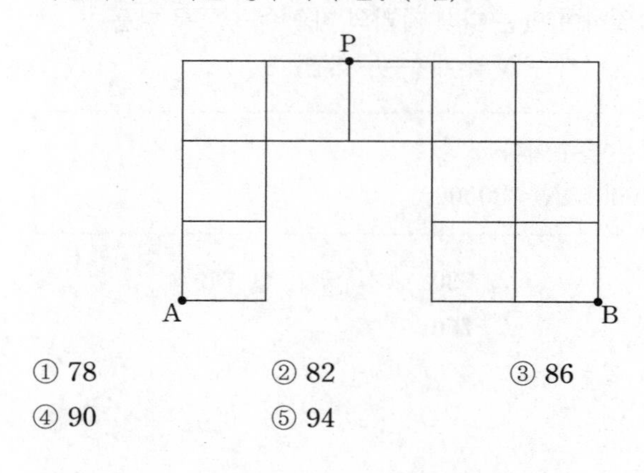

① 78 ② 82 ③ 86 ④ 90 ⑤ 94

단답형

29 2021년 4월학평 확통 29번

두 남학생 A, B를 포함한 4명의 남학생과 여학생 C를 포함한 4명의 여학생이 있다. 이 8명의 학생이 일정한 간격을 두고 원 모양의 탁자에 다음 조건을 만족시키도록 모두 둘러앉는 경우의 수를 구하시오.
(단, 회전하여 일치하는 것은 같은 것으로 본다.) (4점)

(가) A와 B는 이웃한다.
(나) C는 여학생과 이웃하지 않는다.

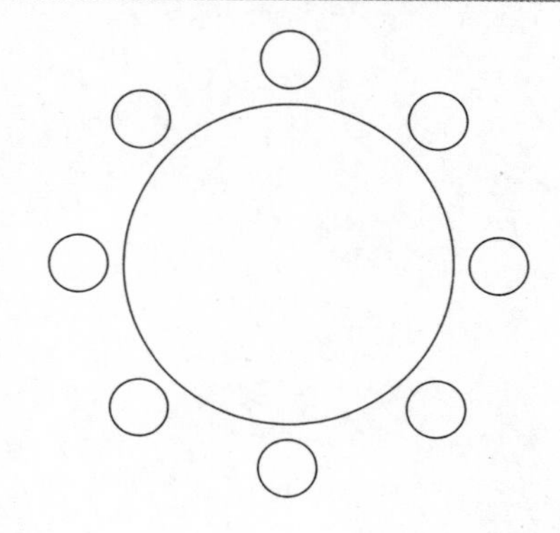

30 2021년 4월학평 확통 30번

다음 조건을 만족시키는 14 이하의 네 자연수 x_1, x_2, x_3, x_4의 모든 순서쌍 (x_1, x_2, x_3, x_4)의 개수를 구하시오. (4점)

(가) $x_1+x_2+x_3+x_4=34$
(나) x_1과 x_3은 홀수이고 x_2와 x_4는 짝수이다.

해설편 55쪽

5지선다형

23 2021년 4월학평 미적 23번

$\lim_{n\to\infty}\frac{2^n+3^{n+1}}{3^n+1}$의 값은? (2점)

① $\frac{5}{3}$　② 2　③ $\frac{7}{3}$　④ $\frac{8}{3}$　⑤ 3

24 2021년 4월학평 미적 24번

함수 $f(x)=\log_3 6x$에 대하여 $f'(9)$의 값은? (3점)

① $\frac{1}{9\ln 3}$　② $\frac{1}{6\ln 3}$　③ $\frac{2}{9\ln 3}$　④ $\frac{5}{18\ln 3}$　⑤ $\frac{1}{3\ln 3}$

25 2021년 4월학평 미적 25번

수열 $\{a_n\}$에 대하여 $\sum_{n=1}^{\infty}\left(\frac{a_n}{n}-2\right)=5$일 때,

$\lim_{n\to\infty}\frac{2n^2+3na_n}{n^2+4}$의 값은? (3점)

① 2　② 4　③ 6　④ 8　⑤ 10

26 2021년 4월학평 미적 26번

좌표평면에서 양의 실수 t에 대하여 직선 $x=t$가 두 곡선 $y=e^{2x+k}$, $y=e^{-3x+k}$과 만나는 점을 각각 P, Q라 할 때, $\overline{PQ}=t$를 만족시키는 실수 k의 값을 $f(t)$라 하자. 함수 $f(t)$에 대하여 $\lim_{t\to 0+}e^{f(t)}$의 값은? (3점)

① $\frac{1}{6}$　② $\frac{1}{5}$　③ $\frac{1}{4}$　④ $\frac{1}{3}$　⑤ $\frac{1}{2}$

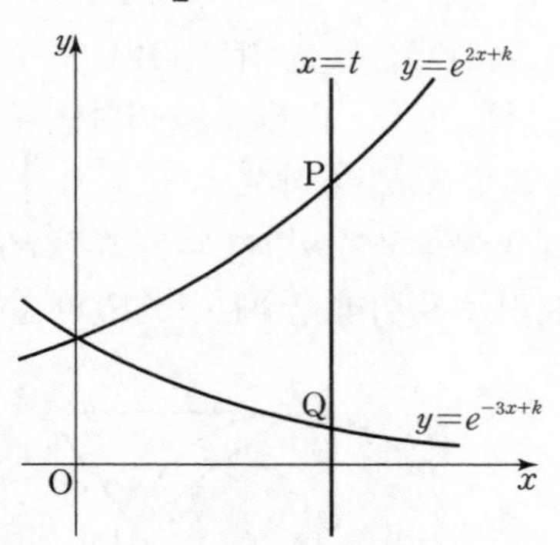

27 2021년 4월학평 미적 27번

그림과 같이 곡선 $y=x\sin x$ 위의 점 $P(t, t\sin t)(0<t<\pi)$를 중심으로 하고 y축에 접하는 원이 선분 OP와 만나는 점을 Q라 하자. 점 Q의 x좌표를 $f(t)$라 할 때, $\lim_{t\to 0+}\frac{f(t)}{t^3}$의 값은? (단, O는 원점이다.) (3점)

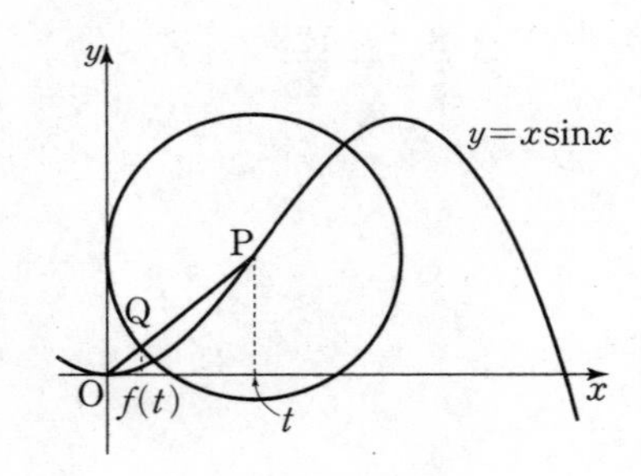

① $\frac{1}{4}$　② $\frac{\sqrt{2}}{4}$　③ $\frac{1}{2}$　④ $\frac{\sqrt{2}}{2}$　⑤ 1

해설편 56쪽

28 2021년 4월학평 미적 28번

그림과 같이 길이가 4인 선분 A_1B_1을 지름으로 하는 원 O_1이 있다. 원 O_1의 외부에 $\angle B_1A_1C_1=\frac{\pi}{2}$, $\overline{A_1B_1}:\overline{A_1C_1}=4:3$이 되도록 점 C_1을 잡고 두 선분 A_1C_1, B_1C_1을 그린다. 원 O_1과 선분 B_1C_1의 교점 중 B_1이 아닌 점을 D_1이라 하고, 점 D_1을 포함하지 않는 호 A_1B_1과 두 선분 A_1D_1, B_1D_1로 둘러싸인 부분에 색칠하여 얻은 그림을 R_1이라 하자.
그림 R_1에서 호 A_1D_1과 두 선분 A_1C_1, C_1D_1에 동시에 접하는 원 O_2를 그리고 선분 A_1C_1과 원 O_2의 교점을 A_2, 점 A_2를 지나고 직선 A_1B_1과 평행한 직선이 원 O_2와 만나는 점 중 A_2가 아닌 점을 B_2라 하자. 그림 R_1에서 얻은 것과 같은 방법으로 두 점 C_2, D_2를 잡고, 점 D_2를 포함하지 않는 호 A_2B_2와 두 선분 A_2D_2, B_2D_2로 둘러싸인 부분에 색칠하여 얻은 그림을 R_2라 하자.
이와 같은 과정을 계속하여 n번째 얻은 그림 R_n에 색칠되어 있는 부분의 넓이를 S_n이라 할 때, $\lim_{n\to\infty} S_n$의 값은? (4점)

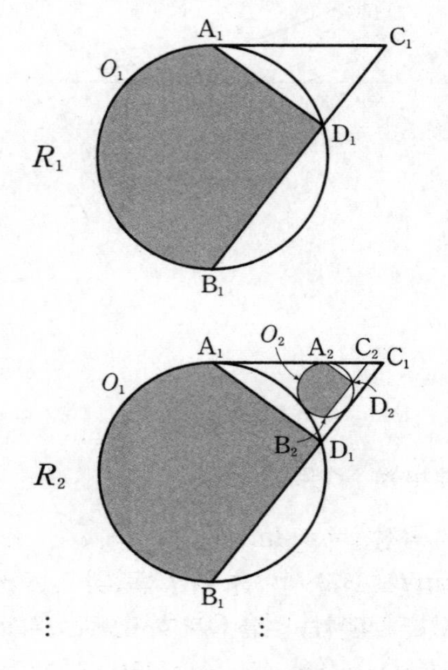

① $\frac{32}{15}\pi+\frac{256}{125}$ ② $\frac{9}{4}\pi+\frac{54}{25}$ ③ $\frac{32}{15}\pi+\frac{512}{125}$
④ $\frac{9}{4}\pi+\frac{108}{25}$ ⑤ $\frac{8}{3}\pi+\frac{128}{25}$

단답형

29 2021년 4월학평 미적 29번

그림과 같이 $\angle BAC=\frac{2}{3}\pi$이고 $\overline{AB}>\overline{AC}$인 삼각형 ABC가 있다. $\overline{BD}=\overline{CD}$인 선분 AB 위의 점 D에 대하여 $\angle CBD=\alpha$, $\angle ACD=\beta$라 하자. $\cos^2\alpha=\frac{7+\sqrt{21}}{14}$일 때, $54\sqrt{3}\times\tan\beta$의 값을 구하시오. (4점)

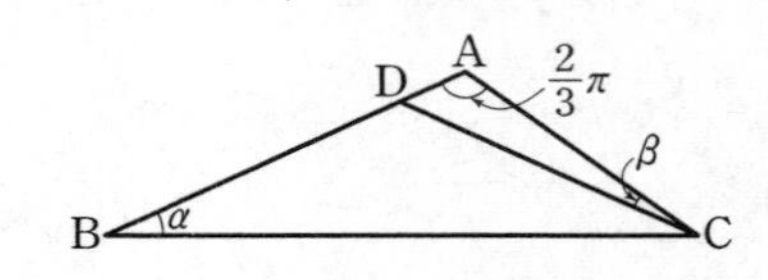

30 2021년 4월학평 미적 30번

함수 $f(x)$를

$$f(x)=\lim_{n\to\infty}\frac{ax^{2n}+bx^{2n-1}+x}{x^{2n}+2}\ (a,\ b\text{는 양의 상수})$$

라 하자. 자연수 m에 대하여 방정식 $f(x)=2(x-1)+m$의 실근의 개수를 c_m이라 할 때, $c_k=5$인 자연수 k가 존재한다. $k+\sum_{m=1}^{\infty}(c_m-1)$의 값을 구하시오. (4점)

해설편 57쪽

수학 영역 (기하)

5지선다형

23 2021년 4월학평 기하 23번

영벡터가 아닌 두 벡터 $\vec{a}$, $\vec{b}$가 서로 평행하지 않을 때, $(2\vec{a}-m\vec{b})-(n\vec{a}-4\vec{b})=\vec{a}-\vec{b}$를 만족시키는 두 상수 m, n의 합 $m+n$의 값은? (2점)

① 6 ② 7 ③ 8
④ 9 ⑤ 10

24 2021년 4월학평 기하 24번

쌍곡선 $\frac{x^2}{2}-\frac{y^2}{7}=1$ 위의 점 $(4,\ 7)$에서의 접선의 x절편은? (3점)

① $\frac{1}{4}$ ② $\frac{3}{8}$ ③ $\frac{1}{2}$
④ $\frac{5}{8}$ ⑤ $\frac{3}{4}$

25 2021년 4월학평 기하 25번

좌표평면 위에 두 초점이 F, F′인 타원 $\frac{x^2}{36}+\frac{y^2}{12}=1$이 있다. 타원 위의 두 점 P, Q에 대하여 직선 PQ가 원점 O를 지나고 삼각형 PF′Q의 둘레의 길이가 20일 때, 선분 OP의 길이는? (단, 점 P는 제1사분면 위의 점이다.) (3점)

① $\frac{11}{3}$ ② 4 ③ $\frac{13}{3}$
④ $\frac{14}{3}$ ⑤ 5

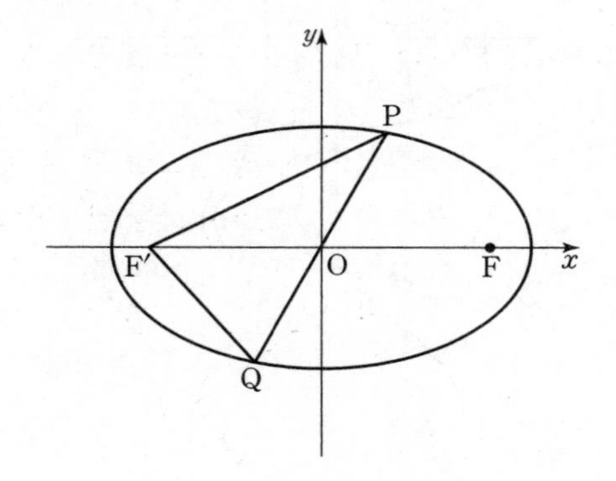

26 2021년 4월학평 기하 26번

그림과 같이 꼭짓점이 원점 O이고 초점이 $\mathrm{F}(p,\ 0)(p>0)$인 포물선이 있다. 포물선 위의 점 A에서 x축, y축에 내린 수선의 발을 각각 B, C라 하자. $\overline{\mathrm{FA}}=8$이고 사각형 OFAC의 넓이와 삼각형 FBA의 넓이의 비가 2 : 1일 때, 삼각형 ACF의 넓이는? (단, 점 A는 제1사분면 위의 점이고, 점 A의 x좌표는 p보다 크다.) (3점)

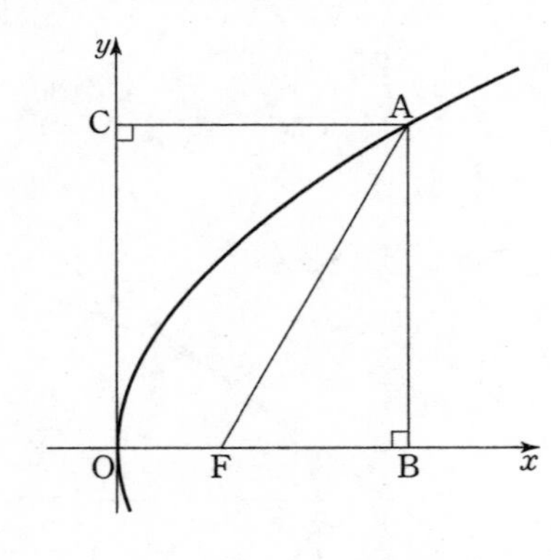

① $\frac{27}{2}$ ② $9\sqrt{3}$ ③ 18
④ $12\sqrt{3}$ ⑤ 24

해설편 59쪽

27 2021년 4월학평 기하 27번

그림과 같이 두 점 F$(c, 0)$, F$'(-c, 0)(c>0)$을 초점으로 하는 타원 $\frac{x^2}{a^2}+\frac{y^2}{7}=1$과 두 점 F, F$'$을 초점으로 하는 쌍곡선 $\frac{x^2}{4}-\frac{y^2}{b^2}=1$이 제1사분면에서 만나는 점을 P라 하자. $\overline{\text{PF}}=3$일 때, a^2+b^2의 값은? (단, a, b는 상수이다.) (3점)

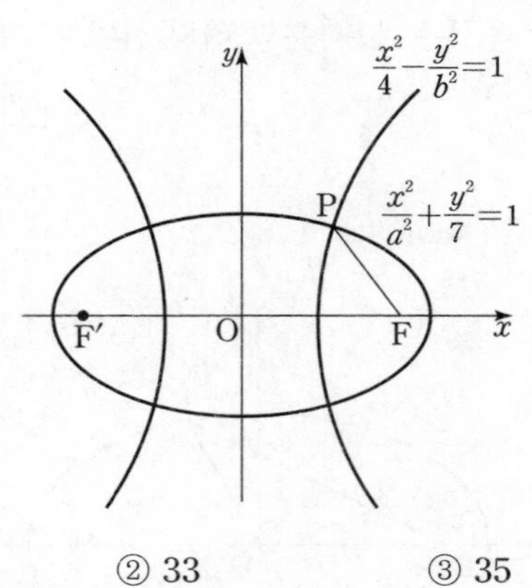

① 31 ② 33 ③ 35
④ 37 ⑤ 39

28 2021년 4월학평 기하 28번

좌표평면에서 두 점 F$\left(\frac{9}{4}, 0\right)$, F$'(-c, 0)(c>0)$을 초점으로 하는 타원과 포물선 $y^2=9x$가 제1사분면에서 만나는 점을 P라 하자. $\overline{\text{PF}}=\frac{25}{4}$이고 포물선 $y^2=9x$ 위의 점 P에서의 접선이 점 F$'$을 지날 때, 타원의 단축의 길이는? (4점)

① 13 ② $\frac{27}{2}$ ③ 14
④ $\frac{29}{2}$ ⑤ 15

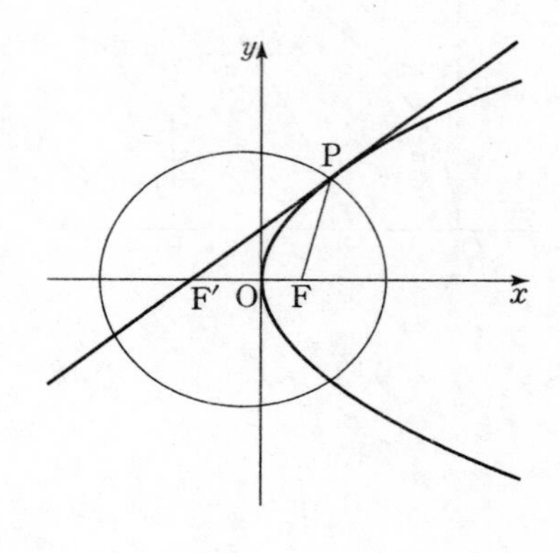

단답형

29 2021년 4월학평 기하 29번

좌표평면 위에 네 점 A$(-2, 0)$, B$(1, 0)$, C$(2, 1)$, D$(0, 1)$이 있다. 반원의 호 $(x+1)^2+y^2=1\ (0\le y\le 1)$ 위를 움직이는 점 P와 삼각형 BCD 위를 움직이는 점 Q에 대하여 $|\overrightarrow{\text{OP}}+\overrightarrow{\text{AQ}}|$의 최댓값을 M, 최솟값을 m이라 하자. $M^2+m^2=p+2\sqrt{q}$일 때, $p\times q$의 값을 구하시오. (단, O는 원점이고, p와 q는 유리수이다.) (4점)

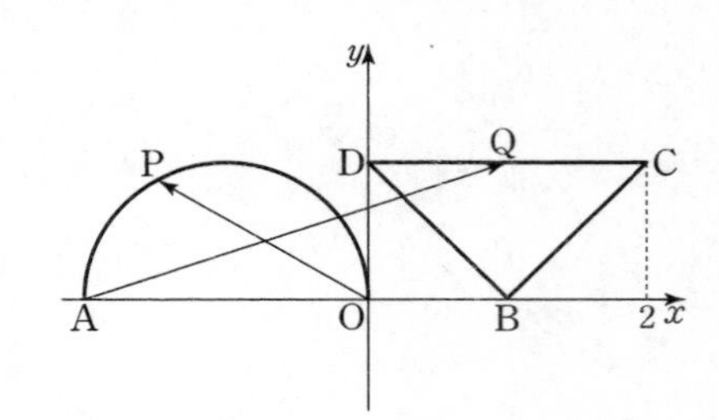

30 2021년 4월학평 기하 30번

그림과 같이 두 초점이 F$(c, 0)$, F$'(-c, 0)(c>0)$인 타원 $\frac{x^2}{16}+\frac{y^2}{7}=1$ 위의 점 P에 대하여 직선 FP와 직선 F$'$P에 동시에 접하고 중심이 선분 F$'$F 위에 있는 원 C가 있다. 원 C의 중심을 C, 직선 F$'$P가 원 C와 만나는 점을 Q라 할 때, $2\overline{\text{PQ}}=\overline{\text{PF}}$이다. $24\times\overline{\text{CP}}$의 값을 구하시오. (단, 점 P는 제1사분면 위의 점이다.) (4점)

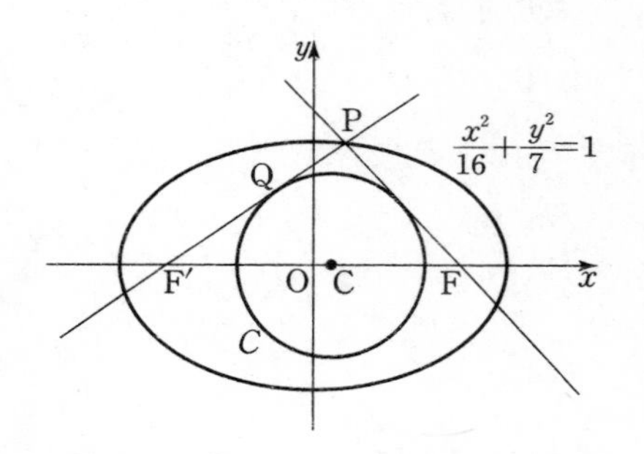

해설편 59쪽

2022학년도 4월 고3 전국연합학력평가

수학 영역

회차별 동영상 강의 QR

제 2 교시

6회	시험 시간	100분
	날짜	월 일 요일
시작 시각 :	종료 시각	:

5지선다형

01 2022년 4월학평 1번

$(27\times\sqrt{8})^{\frac{2}{3}}$의 값은? (2점)

① 9 ② 12 ③ 15 ④ 18 ⑤ 21

02 2022년 4월학평 2번

함수 $f(x)=x^3+7x-4$에 대하여 $f'(1)$의 값은? (2점)

① 6 ② 7 ③ 8 ④ 9 ⑤ 10

03 2022년 4월학평 3번

$\lim_{x\to3}\frac{\sqrt{2x-5}-1}{x-3}$의 값은? (3점)

① 1 ② 2 ③ 3 ④ 4 ⑤ 5

04 2022년 4월학평 4번

등비수열 $\{a_n\}$에 대하여 $a_2=1$, $a_5=2(a_3)^2$일 때, a_6의 값은? (3점)

① 8 ② 10 ③ 12 ④ 14 ⑤ 16

05 2022년 4월학평 5번

부등식 $\log_2 x\le4-\log_2(x-6)$을 만족시키는 모든 정수 x의 값의 합은? (3점)

① 15 ② 19 ③ 23 ④ 27 ⑤ 31

해설편 61쪽

06 2022년 4월학평 6번

$\sin\theta+\cos\theta=\frac{1}{2}$일 때,
$(2\sin\theta+\cos\theta)(\sin\theta+2\cos\theta)$의 값은? (3점)

① $\frac{1}{8}$　② $\frac{1}{4}$　③ $\frac{3}{8}$
④ $\frac{1}{2}$　⑤ $\frac{5}{8}$

07 2022년 4월학평 7번

$f(3)=2$, $f'(3)=1$인 다항함수 $f(x)$와 최고차항의 계수가 1인 이차함수 $g(x)$가

$$\lim_{x\to3}\frac{f(x)-g(x)}{x-3}=1$$

을 만족시킬 때, $g(1)$의 값은? (3점)

① 3　② 4　③ 5
④ 6　⑤ 7

08 2022년 4월학평 8번

공비가 $\sqrt{3}$인 등비수열 $\{a_n\}$과 공비가 $-\sqrt{3}$인 등비수열 $\{b_n\}$에 대하여

$$a_1=b_1,\ \sum_{n=1}^{8}a_n+\sum_{n=1}^{8}b_n=160$$

일 때, a_3+b_3의 값은? (3점)

① 9　② 12　③ 15
④ 18　⑤ 21

09 2022년 4월학평 9번

그림과 같이 두 곡선 $y=2^{-x+a}$, $y=2^x-1$이 만나는 점을 A, 곡선 $y=2^{-x+a}$이 y축과 만나는 점을 B라 하자. 점 A에서 y축에 내린 수선의 발을 H라 할 때, $\overline{OB}=3\times\overline{OH}$이다. 상수 a의 값은? (단, O는 원점이다.) (4점)

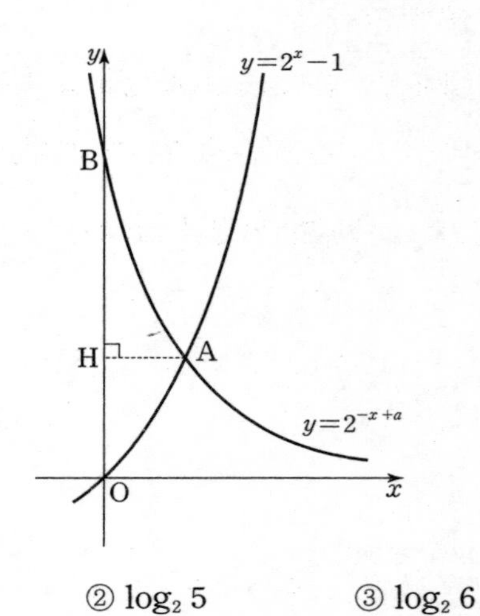

① 2　② $\log_2 5$　③ $\log_2 6$
④ $\log_2 7$　⑤ 3

10 2022년 4월학평 10번

수직선 위를 움직이는 점 P의 시각 $t(t\geq0)$에서의 속도 $v(t)$가

$$v(t)=3(t-2)(t-a)\ (a>2\text{인 상수})$$

이다. 점 P의 시각 $t=0$에서의 위치는 0이고, $t>0$에서 점 P의 위치가 0이 되는 순간은 한 번뿐이다. $v(8)$의 값은? (4점)

① 27 ② 36 ③ 45 ④ 54 ⑤ 63

11 2022년 4월학평 11번

자연수 k에 대하여 $0\leq x<2\pi$일 때, x에 대한 방정식 $\sin kx=\frac{1}{3}$의 서로 다른 실근의 개수가 8이다. $0\leq x<2\pi$일 때, x에 대한 방정식 $\sin kx=\frac{1}{3}$의 모든 해의 합은? (4점)

① 5π ② 6π ③ 7π ④ 8π ⑤ 9π

12 2022년 4월학평 12번

수열 $\{a_n\}$이 다음 조건을 만족시킨다.

(가) $1\leq n\leq4$인 모든 자연수 n에 대하여 $a_n+a_{n+4}=15$ 이다.
(나) $n\geq5$인 모든 자연수 n에 대하여 $a_{n+1}-a_n=n$이다.

$\sum_{n=1}^{4}a_n=6$일 때, a_5의 값은? (4점)

① 1 ② 3 ③ 5 ④ 7 ⑤ 9

13 2022년 4월학평 13번

다항함수 $f(x)$가

$$\lim_{x\to2}\frac{1}{x-2}\int_1^x(x-t)f(t)dt=3$$

을 만족시킬 때, $\int_1^2(4x+1)f(x)dx$의 값은? (4점)

① 15 ② 18 ③ 21 ④ 24 ⑤ 27

해설편 62쪽

14 2022년 4월학평 14번

정수 k와 함수

$$f(x)=\begin{cases} x+1 & (x<0) \\ x-1 & (0\le x<1) \\ 0 & (1\le x\le 3) \\ -x+4 & (x>3) \end{cases}$$

에 대하여 함수 $g(x)$를 $g(x)=|f(x-k)|$라 할 때, [보기]에서 옳은 것만을 있는 대로 고른 것은? (4점)

[보기]

ㄱ. $k=-3$일 때, $\lim_{x\to 0-} g(x)=g(0)$이다.

ㄴ. 함수 $f(x)+g(x)$가 $x=0$에서 연속이 되도록 하는 정수 k가 존재한다.

ㄷ. 함수 $f(x)g(x)$가 $x=0$에서 미분가능하도록 하는 모든 정수 k의 값의 합은 -5이다.

① ㄱ ② ㄷ ③ ㄱ, ㄴ
④ ㄱ, ㄷ ⑤ ㄱ, ㄴ, ㄷ

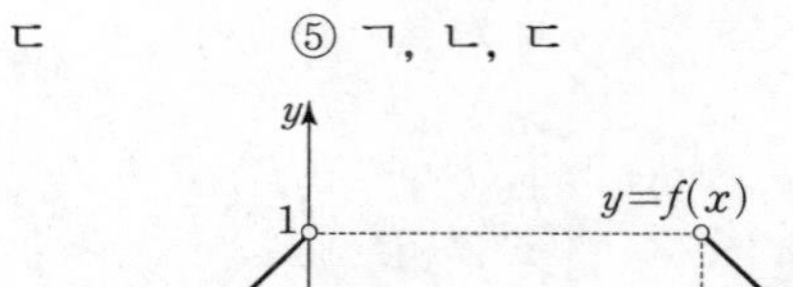

15 2022년 4월학평 15번

그림과 같이 반지름의 길이가 $R(5<R<5\sqrt{5})$인 원에 내접하는 사각형 ABCD가 다음 조건을 만족시킨다.

> ○ $\overline{AB}=\overline{AD}$이고 $\overline{AC}=10$이다.
> ○ 사각형 ABCD의 넓이는 40이다.

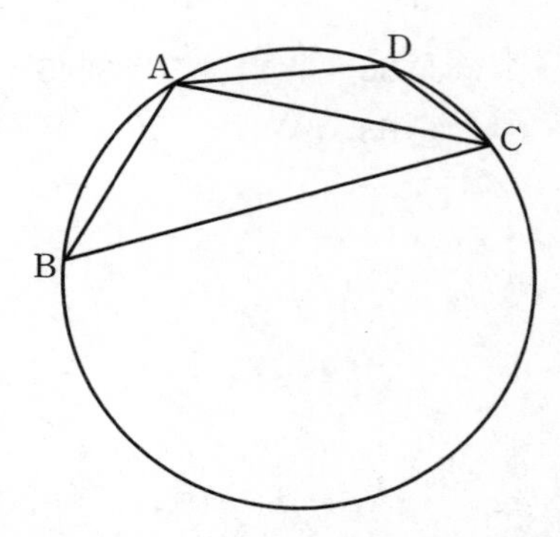

다음은 선분 BD의 길이와 R의 비를 구하는 과정이다.

> $\overline{AB}=\overline{AD}=k$라 할 때
> 두 삼각형 ABC, ACD에서 각각 코사인법칙에 의하여
> $\cos(\angle ACB)=\frac{1}{20}\left(\overline{BC}+\frac{\boxed{(가)}}{\overline{BC}}\right)$,
> $\cos(\angle DCA)=\frac{1}{20}\left(\overline{CD}+\frac{\boxed{(가)}}{\overline{CD}}\right)$
> 이다.
> 이때 두 호 AB, AD에 대한 원주각의 크기가 같으므로
> $\cos(\angle ACB)=\cos(\angle DCA)$이다.
> 사각형 ABCD의 넓이는
> 두 삼각형 ABD, BCD의 넓이의 합과 같으므로
> $\frac{1}{2}k^2\sin(\angle BAD)+\frac{1}{2}\times\overline{BC}\times\overline{CD}$
> $\times\sin(\pi-\angle BAD)=40$
> 에서 $\sin(\angle BAD)=\boxed{(나)}$이다.
> 따라서 삼각형 ABD에서 사인법칙에 의하여
> $\overline{BD}:R=\boxed{(다)}:1$이다.

위의 (가)에 알맞은 식을 $f(k)$라 하고, (나), (다)에 알맞은 수를 각각 p, q라 할 때, $\frac{f(10p)}{q}$의 값은? (4점)

① $\frac{25}{2}$ ② 15 ③ $\frac{35}{2}$
④ 20 ⑤ $\frac{45}{2}$

해설편 62쪽

단답형

16 2022년 4월학평 16번

$\log_2 9\times\log_3 16$의 값을 구하시오. (3점)

17 2022년 4월학평 17번

곡선 $y=-x^2+4x-4$와 x축 및 y축으로 둘러싸인 부분의 넓이를 S라 할 때, $12S$의 값을 구하시오. (3점)

18 2022년 4월학평 18번

다항함수 $f(x)$의 한 부정적분 $F(x)$가 모든 실수 x에 대하여

$$F(x)=(x+2)f(x)-x^3+12x$$

를 만족시킨다. $F(0)=30$일 때, $f(2)$의 값을 구하시오. (3점)

19 2022년 4월학평 19번

모든 실수 x에 대하여 부등식

$$x^4-4x^3+16x+a\geq 0$$

이 항상 성립하도록 하는 실수 a의 최솟값을 구하시오. (3점)

20 2022년 4월학평 20번

최고차항의 계수가 1인 삼차함수 $f(x)$가 모든 실수 x에 대하여 $f(-x)=-f(x)$를 만족시킨다. 양수 t에 대하여 좌표평면 위의 네 점 $(t,\ 0)$, $(0,\ 2t)$, $(-t,\ 0)$, $(0,\ -2t)$를 꼭짓점으로 하는 마름모가 곡선 $y=f(x)$와 만나는 점의 개수를 $g(t)$라 할 때, 함수 $g(t)$는 $t=\alpha$, $t=8$에서 불연속이다. $\alpha^2\times f(4)$의 값을 구하시오.

(단, α는 $0<\alpha<8$인 상수이다.) (4점)

해설편 63쪽

21 2022년 4월학평 21번

공차가 자연수 d이고 모든 항이 정수인 등차수열 $\{a_n\}$이 다음 조건을 만족시키도록 하는 모든 d의 값의 합을 구하시오. (4점)

> (가) 모든 자연수 n에 대하여 $a_n \neq 0$이다.
> (나) $a_{2m} = -a_m$이고 $\sum_{k=m}^{2m} |a_k| = 128$인 자연수 m이 존재한다.

22 2022년 4월학평 22번

양수 a와 최고차항의 계수가 1인 삼차함수 $f(x)$에 대하여 함수

$$g(x) = \int_0^x \{f'(t+a) \times f'(t-a)\} dt$$

가 다음 조건을 만족시킨다.

> 함수 $g(x)$는 $x = \frac{1}{2}$과 $x = \frac{13}{2}$에서만 극값을 갖는다.

$f(0) = -\frac{1}{2}$일 때, $a \times f(1)$의 값을 구하시오. (4점)

해설편 64쪽

수학 영역 (확률과 통계)

5지선다형

23 2022년 4월학평 확통 23번

${}_{n}H_2={}_{9}C_2$일 때, 자연수 n의 값은? (2점)

① 2 ② 4 ③ 6
④ 8 ⑤ 10

24 2022년 4월학평 확통 24번

3 이상의 자연수 n에 대하여 다항식 $(x+2)^n$의 전개식에서 x^2의 계수와 x^3의 계수가 같을 때, n의 값은? (3점)

① 7 ② 8 ③ 9
④ 10 ⑤ 11

25 2022년 4월학평 확통 25번

두 집합 $X=\{1, 2, 3, 4, 5\}$, $Y=\{1, 2, 3\}$에 대하여 다음 조건을 만족시키는 함수 $f : X \longrightarrow Y$의 개수는? (3점)

> 집합 X의 모든 원소 x에 대하여 $x \times f(x) \leq 10$이다.

① 102 ② 105 ③ 108
④ 111 ⑤ 114

26 2022년 4월학평 확통 26번

학생 A를 포함한 4명의 1학년 학생과 학생 B를 포함한 4명의 2학년 학생이 있다. 이 8명의 학생이 일정한 간격을 두고 원 모양의 탁자에 다음 조건을 만족시키도록 모두 둘러앉는 경우의 수는? (단, 회전하여 일치하는 것은 같은 것으로 본다.) (3점)

> (가) 1학년 학생끼리는 이웃하지 않는다.
> (나) A와 B는 이웃한다.

① 48 ② 54 ③ 60
④ 66 ⑤ 72

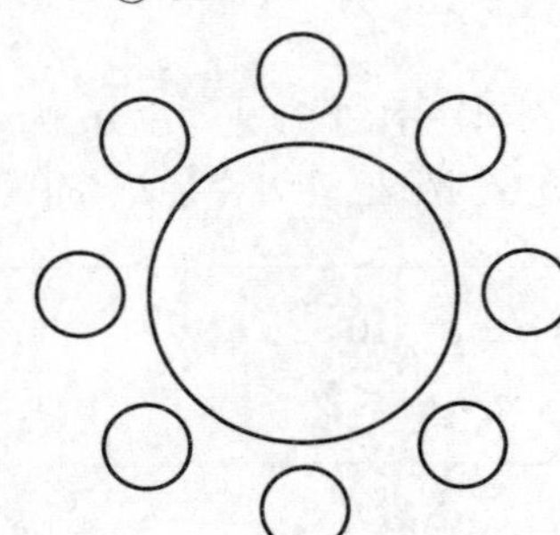

해설편 65쪽

27 2022년 4월학평 확통 27번

그림과 같이 A, B, B, C, D, D의 문자가 각각 하나씩 적힌 6개의 공과 1, 2, 3, 4, 5, 6의 숫자가 각각 하나씩 적힌 6개의 빈 상자가 있다.

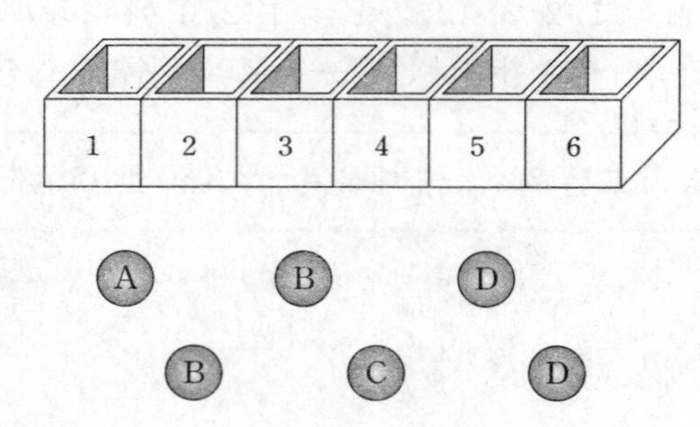

각 상자에 한 개의 공만 들어가도록 6개의 공을 나누어 넣을 때, 다음 조건을 만족시키는 경우의 수는? (단, 같은 문자가 적힌 공끼리는 서로 구별하지 않는다.) (3점)

> (가) 숫자 1이 적힌 상자에 넣는 공은 문자 A 또는 문자 B가 적힌 공이다.
> (나) 문자 B가 적힌 공을 넣는 상자에 적힌 수 중 적어도 하나는 문자 C가 적힌 공을 넣는 상자에 적힌 수보다 작다.

① 80 ② 85 ③ 90 ④ 95 ⑤ 100

28 2022년 4월학평 확통 28번

다음 조건을 만족시키는 음이 아닌 정수 a, b, c, d, e의 모든 순서쌍 (a, b, c, d, e)의 개수는? (4점)

> (가) $a+b+c+d+e=10$
> (나) $|a-b+c-d+e| \leq 2$

① 359 ② 363 ③ 367 ④ 371 ⑤ 375

단답형

29 2022년 4월학평 확통 29번

숫자 0, 1, 2 중에서 중복을 허락하여 5개를 선택한 후 일렬로 나열하여 다섯 자리의 자연수를 만들려고 한다. 숫자 0과 1을 각각 1개 이상씩 선택하여 만들 수 있는 모든 자연수의 개수를 구하시오. (4점)

30 2022년 4월학평 확통 30번

집합 $X=\{1, 2, 3, 4, 5\}$에 대하여 다음 조건을 만족시키는 함수 $f : X \longrightarrow X$의 개수를 구하시오. (4점)

> (가) $f(1)+f(2)+f(3)+f(4)+f(5)$는 짝수이다.
> (나) 함수 f의 치역의 원소의 개수는 3이다.

해설편 66쪽

수학 영역 (미적분)

5지선다형

23 2022년 4월학평 미적 23번

함수 $f(x)=(x+a)e^x$에 대하여 $f'(2)=8e^2$일 때, 상수 a의 값은? (2점)

① 1 ② 2 ③ 3 ④ 4 ⑤ 5

24 2022년 4월학평 미적 24번

$\sec\theta=\frac{\sqrt{10}}{3}$일 때, $\sin^2\theta$의 값은? (3점)

① $\frac{1}{10}$ ② $\frac{3}{20}$ ③ $\frac{1}{5}$ ④ $\frac{1}{4}$ ⑤ $\frac{3}{10}$

25 2022년 4월학평 미적 25번

$\lim_{x\to 0+}\frac{\ln(2x^2+3x)-\ln 3x}{x}$의 값은? (3점)

① $\frac{1}{3}$ ② $\frac{1}{2}$ ③ $\frac{2}{3}$ ④ $\frac{5}{6}$ ⑤ 1

26 2022년 4월학평 미적 26번

함수

$$f(x)=\lim_{n\to\infty}\frac{3\times\left(\frac{x}{2}\right)^{2n+1}-1}{\left(\frac{x}{2}\right)^{2n}+1}$$

에 대하여 $f(k)=k$를 만족시키는 모든 실수 k의 값의 합은? (3점)

① -6 ② -5 ③ -4 ④ -3 ⑤ -2

해설편 67쪽

27 2022년 4월학평 미적 27번

자연수 n에 대하여 곡선 $y=x^2-2nx-2n$이 직선 $y=x+1$과 만나는 두 점을 각각 P_n, Q_n이라 하자. 선분 P_nQ_n을 대각선으로 하는 정사각형의 넓이를 a_n이라 할 때, $\sum_{n=1}^{\infty}\frac{1}{a_n}$의 값은? (3점)

① $\frac{1}{10}$ ② $\frac{2}{15}$ ③ $\frac{1}{6}$
④ $\frac{1}{5}$ ⑤ $\frac{7}{30}$

28 2022년 4월학평 미적 28번

그림과 같이 $\overline{A_1B_1}=2$, $\overline{B_1C_1}=2\sqrt{3}$인 직사각형 $A_1B_1C_1D_1$이 있다. 선분 A_1D_1을 $1:2$로 내분하는 점을 E_1이라 하고 선분 B_1C_1을 지름으로 하는 반원의 호 B_1C_1이 두 선분 B_1E_1, B_1D_1과 만나는 점 중 점 B_1이 아닌 점을 각각 F_1, G_1이라 하자. 세 선분 F_1E_1, E_1D_1, D_1G_1과 호 F_1G_1로 둘러싸인 ▱ 모양의 도형에 색칠하여 얻은 그림을 R_1이라 하자.
그림 R_1에 선분 B_1G_1 위의 점 A_2, 호 G_1C_1 위의 점 D_2와 선분 B_1C_1 위의 두 점 B_2, C_2를 꼭짓점으로 하고 $\overline{A_2B_2}:\overline{B_2C_2}=1:\sqrt{3}$인 직사각형 $A_2B_2C_2D_2$를 그린다. 직사각형 $A_2B_2C_2D_2$에 그림 R_1을 얻은 것과 같은 방법으로 ▱ 모양의 도형을 그리고 색칠하여 얻은 그림을 R_2라 하자. 이와 같은 과정을 계속하여 n번째 얻은 그림 R_n에 색칠되어 있는 부분의 넓이를 S_n이라 할 때, $\lim_{n\to\infty}S_n$의 값은?
(4점)

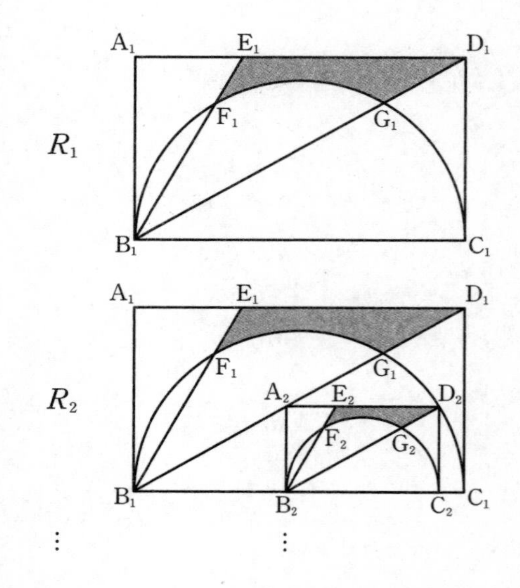

① $\frac{169}{864}(8\sqrt{3}-3\pi)$ ② $\frac{169}{798}(8\sqrt{3}-3\pi)$
③ $\frac{169}{720}(8\sqrt{3}-3\pi)$ ④ $\frac{169}{864}(16\sqrt{3}-3\pi)$
⑤ $\frac{169}{798}(16\sqrt{3}-3\pi)$

해설편 67쪽

단답형

29 2022년 4월학평 미적 29번

그림과 같이 좌표평면 위의 제2사분면에 있는 점 A를 지나고 기울기가 각각 m_1, m_2 $(0<m_1<m_2<1)$인 두 직선을 l_1, l_2라 하고, 직선 l_1을 y축에 대하여 대칭이동한 직선을 l_3이라 하자. 직선 l_3이 두 직선 l_1, l_2와 만나는 점을 각각 B, C라 하면 삼각형 ABC가 다음 조건을 만족시킨다.

> (가) $\overline{AB}=12$, $\overline{AC}=9$
> (나) 삼각형 ABC의 외접원의 반지름의 길이는 $\frac{15}{2}$이다.

$78\times m_1\times m_2$의 값을 구하시오. (4점)

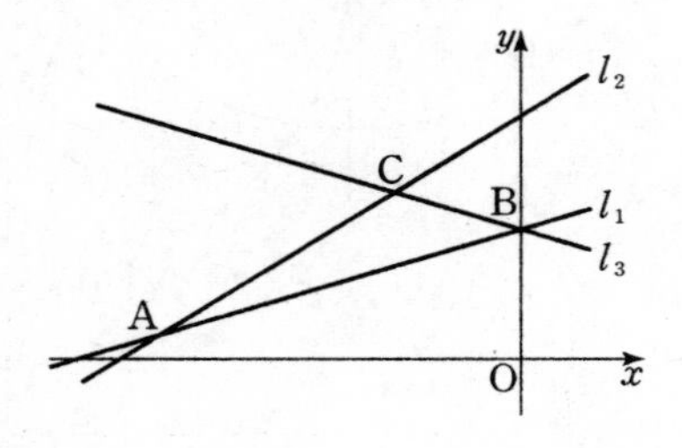

30 2022년 4월학평 미적 30번

함수 $f(x)=a\cos x+x\sin x+b$와 $-\pi<\alpha<0<\beta<\pi$인 두 실수 α, β가 다음 조건을 만족시킨다.

> (가) $f'(\alpha)=f'(\beta)=0$
> (나) $\frac{\tan\beta-\tan\alpha}{\beta-\alpha}+\frac{1}{\beta}=0$

$\lim_{x\to 0}\frac{f(x)}{x^2}=c$일 때, $f\left(\frac{\beta-\alpha}{3}\right)+c=p+q\pi$이다.
두 유리수 p, q에 대하여 $120\times(p+q)$의 값을 구하시오.
(단, a, b, c는 상수이고, $a<1$이다.) (4점)

해설편 68쪽

2022학년도 4월 고3 전국연합학력평가

수학 영역 (기하)

5지선다형

23 2022년 4월학평 기하 23번

그림과 같이 한 변의 길이가 1인 정육각형 ABCDEF에서 $|\overrightarrow{AD}+2\overrightarrow{DE}|$의 값은? (2점)

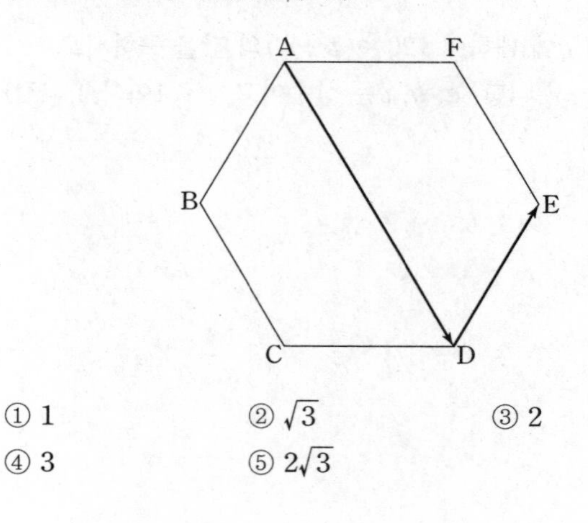

① 1　② $\sqrt{3}$　③ 2
④ 3　⑤ $2\sqrt{3}$

24 2022년 4월학평 기하 24번

그림과 같이 두 초점이 $F(c, 0)$, $F'(-c, 0)$ $(c>0)$인 쌍곡선 $\dfrac{x^2}{9}-\dfrac{y^2}{16}=1$이 있다. 쌍곡선 위의 점 중 제1사분면에 있는 점 P에 대하여 $\overline{FP}=\overline{FF'}$일 때, 삼각형 PF'F의 둘레의 길이는? (3점)

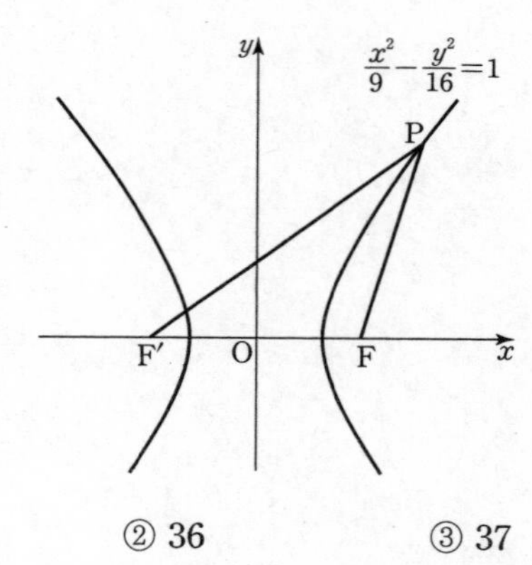

① 35　② 36　③ 37
④ 38　⑤ 39

25 2022년 4월학평 기하 25번

그림과 같이 두 점 $F(c, 0)$, $F'(-c, 0)(c>0)$을 초점으로 하는 타원과 꼭짓점이 원점 O이고 점 F를 초점으로 하는 포물선이 있다. 타원과 포물선이 만나는 점 중 제1사분면 위의 점을 P라 하고, 점 P에서 직선 $x=-c$에 내린 수선의 발을 Q라 하자. $\overline{FP}=8$이고 삼각형 FPQ의 넓이가 24일 때, 타원의 장축의 길이는? (3점)

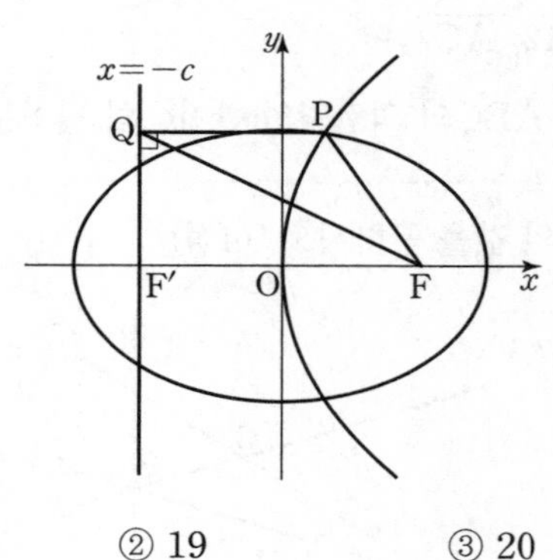

① 18　② 19　③ 20
④ 21　⑤ 22

해설편 69쪽

26 2022년 4월학평 기하 26번

y축 위의 점 A에서 타원 $C : \frac{x^2}{8}+y^2=1$에 그은 두 접선을 l_1, l_2라 하고, 두 직선 l_1, l_2가 타원 C와 만나는 점을 각각 P, Q라 하자. 두 직선 l_1, l_2가 서로 수직일 때, 선분 PQ의 길이는? (단, 점 A의 y좌표는 1보다 크다.) (3점)

① 4 ② $\frac{13}{3}$ ③ $\frac{14}{3}$
④ 5 ⑤ $\frac{16}{3}$

27 2022년 4월학평 기하 27번

쌍곡선 $\frac{x^2}{2}-\frac{y^2}{2}=1$의 꼭짓점 중 x좌표가 양수인 점을 A라 하자. 이 쌍곡선 위의 점 P에 대하여 $|\overrightarrow{OA}+\overrightarrow{OP}|=k$를 만족시키는 점 P의 개수가 3일 때, 상수 k의 값은? (단, O는 원점이다.) (3점)

① 1 ② $\sqrt{2}$ ③ 2
④ $2\sqrt{2}$ ⑤ 4

28 2022년 4월학평 기하 28번

그림과 같이 두 점 F$(c, 0)$, F$'(-c, 0)$을 초점으로 하는 타원이 있다. 타원 위의 점 중 제1사분면에 있는 점 P에 대하여 직선 PF가 타원과 만나는 점 중 점 P가 아닌 점을 Q라 하자. $\overline{OQ}=\overline{OF}$, $\overline{FQ} : \overline{F'Q}=1:4$이고 삼각형 PF$'$Q의 내접원의 반지름의 길이가 2일 때, 양수 c의 값은? (단, O는 원점이다.) (4점)

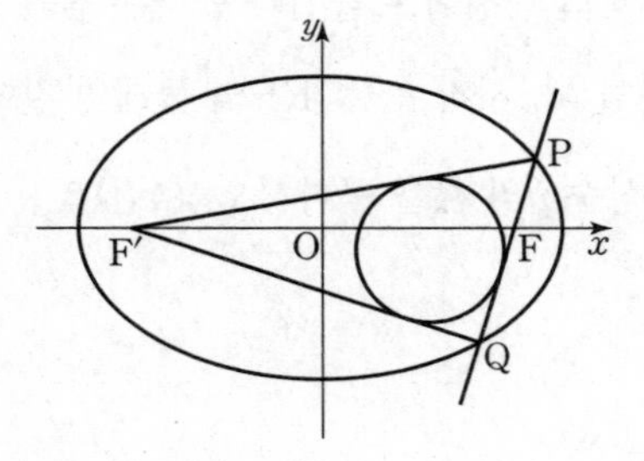

① $\frac{17}{3}$ ② $\frac{7\sqrt{17}}{5}$ ③ $\frac{3\sqrt{17}}{2}$
④ $\frac{51}{8}$ ⑤ $\frac{8\sqrt{17}}{5}$

해설편 69쪽

단답형

29 2022년 4월학평 기하 29번

초점이 F인 포물선 $y^2=4px\ (p>0)$에 대하여 이 포물선 위의 점 중 제1사분면에 있는 점 P에서의 접선이 직선 $x=-p$와 만나는 점을 Q라 하고, 점 Q를 지나고 직선 $x=-p$에 수직인 직선이 포물선과 만나는 점을 R이라 하자. $\angle \mathrm{PRQ}=\frac{\pi}{2}$일 때, 사각형 PQRF의 둘레의 길이가 140이 되도록 하는 상수 p의 값을 구하시오. (4점)

30 2022년 4월학평 기하 30번

그림과 같이 두 점 $\mathrm{F}(c,\ 0)$, $\mathrm{F'}(-c,\ 0)\ (c>0)$을 초점으로 하는 쌍곡선 $\frac{x^2}{10}-\frac{y^2}{a^2}=1$이 있다. 쌍곡선 위의 점 중 제2사분면에 있는 점 P에 대하여 삼각형 F'FP는 넓이가 15이고 $\angle \mathrm{F'PF}=\frac{\pi}{2}$인 직각삼각형이다. 직선 PF'과 평행하고 쌍곡선에 접하는 두 직선을 각각 l_1, l_2라 하자. 두 직선 l_1, l_2가 x축과 만나는 점을 각각 $\mathrm{Q_1}$, $\mathrm{Q_2}$라 할 때, $\overline{\mathrm{Q_1Q_2}}=\frac{q}{p}\sqrt{3}$이다. $p+q$의 값을 구하시오. (단, p와 q는 서로소인 자연수이고, a는 양수이다.) (4점)

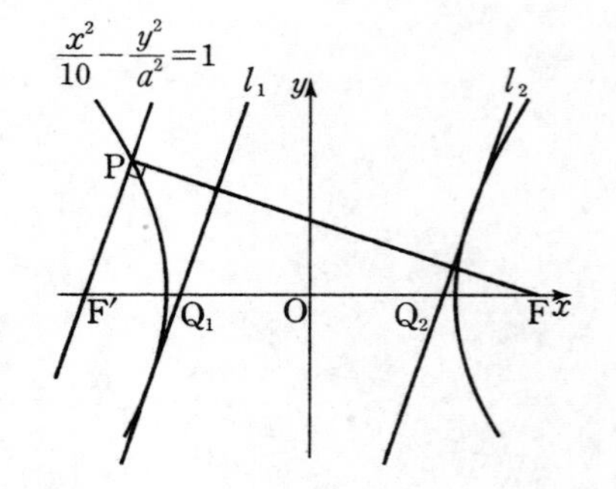

해설편 70쪽

수학 영역

회차별 동영상 강의 QR

제 2 교시

7회	시험 시간	100분
	날짜	월 일 요일
시작 시각 :	종료 시각	:

5지선다형

01 2023년 4월학평 1번

$\log_6 4 + \dfrac{2}{\log_3 6}$ 의 값은? (2점)

① 1　② 2　③ 3
④ 4　⑤ 5

02 2023년 4월학평 2번

모든 항이 양수인 등비수열 $\{a_n\}$에 대하여 $a_1=3$, $\dfrac{a_5}{a_3}=4$일 때, a_4의 값은? (2점)

① 15　② 18　③ 21
④ 24　⑤ 27

03 2023년 4월학평 3번

함수 $y=f(x)$의 그래프가 그림과 같다.

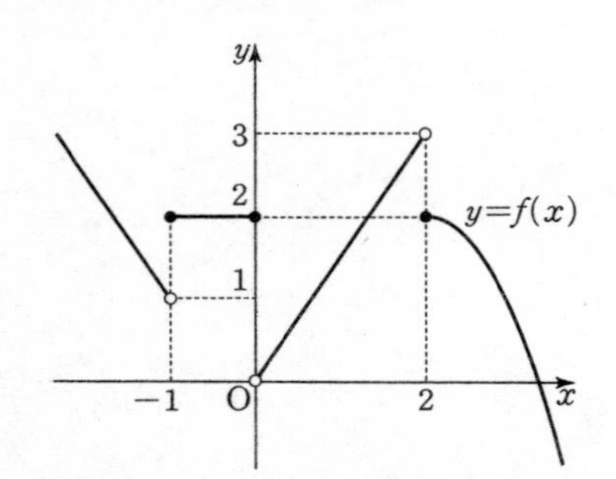

$\lim_{x \to -1+} f(x) + \lim_{x \to 2-} f(x)$의 값은? (3점)

① 1　② 2　③ 3
④ 4　⑤ 5

04 2023년 4월학평 4번

함수 $f(x)=2x^3-6x+a$의 극솟값이 2일 때, 상수 a의 값은? (3점)

① 6　② 7　③ 8
④ 9　⑤ 10

05 2023년 4월학평 5번

0이 아닌 모든 실수 h에 대하여 다항함수 $f(x)$에서 x의 값이 1에서 $1+h$까지 변할 때의 평균변화율이 h^2+2h+3일 때, $f'(1)$의 값은? (3점)

① 1　② $\dfrac{3}{2}$　③ 2
④ $\dfrac{5}{2}$　⑤ 3

06 2023년 4월학평 6번

함수 $y=\log_{\frac{1}{2}}(x-a)+b$가 닫힌구간 $[2, 5]$에서 최댓값 3, 최솟값 1을 갖는다. $a+b$의 값은?

(단, a, b는 상수이다.) (3점)

① 1　② 2　③ 3
④ 4　⑤ 5

해설편 71쪽

07 2023년 4월학평 7번

다항함수 $f(x)$에 대하여 곡선 $y=f(x)$ 위의 점 $(0,\ f(0))$에서의 접선의 방정식이 $y=3x-1$이다. 함수 $g(x)=(x+2)f(x)$에 대하여 $g'(0)$의 값은? (3점)

① 5 ② 6 ③ 7 ④ 8 ⑤ 9

08 2023년 4월학평 8번

그림과 같이 함수 $y=a\tan b\pi x$의 그래프가 두 점 $(2,\ 3)$, $(8,\ 3)$을 지날 때, $a^2\times b$의 값은?

(단, a, b는 양수이다.) (3점)

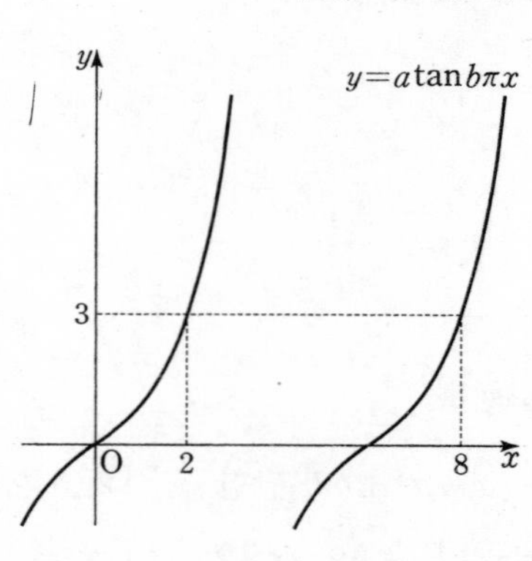

① $\frac{1}{6}$ ② $\frac{1}{3}$ ③ $\frac{1}{2}$ ④ $\frac{2}{3}$ ⑤ $\frac{5}{6}$

09 2023년 4월학평 9번

함수 $f(x)$에 대하여 $f'(x)=3x^2-4x+1$이고 $\lim_{x\to 0}\frac{1}{x}\int_0^x f(t)dt=1$일 때, $f(2)$의 값은? (4점)

① 3 ② 4 ③ 5 ④ 6 ⑤ 7

10 2023년 4월학평 10번

상수 $a\ (a>1)$에 대하여 곡선 $y=a^x-1$과 곡선 $y=\log_a(x+1)$이 원점 O를 포함한 서로 다른 두 점에서 만난다. 이 두 점 중 O가 아닌 점을 P라 하고, 점 P에서 x축에 내린 수선의 발을 H라 하자. 삼각형 OHP의 넓이가 2일 때, a의 값은? (4점)

① $\sqrt{2}$ ② $\sqrt{3}$ ③ 2 ④ $\sqrt{5}$ ⑤ $\sqrt{6}$

해설편 71쪽

11 2023년 4월학평 11번

$0 \le x \le 2\pi$일 때, 방정식 $2\sin^2 x - 3\cos x = k$의 서로 다른 실근의 개수가 3이다. 이 세 실근 중 가장 큰 실근을 α라 할 때, $k \times \alpha$의 값은? (단, k는 상수이다.) (4점)

① $\frac{7}{2}\pi$ ② 4π ③ $\frac{9}{2}\pi$

④ 5π ⑤ $\frac{11}{2}\pi$

12 2023년 4월학평 12번

그림과 같이 삼차함수 $f(x) = x^3 - 6x^2 + 8x + 1$의 그래프와 최고차항의 계수가 양수인 이차함수 $y = g(x)$의 그래프가 점 A(0, 1), 점 B(k, $f(k)$)에서 만나고, 곡선 $y = f(x)$ 위의 점 B에서의 접선이 점 A를 지난다. 곡선 $y = f(x)$와 직선 AB로 둘러싸인 부분의 넓이를 S_1, 곡선 $y = g(x)$와 직선 AB로 둘러싸인 부분의 넓이를 S_2라 하자. $S_1 = S_2$일 때, $\int_0^k g(x)dx$의 값은? (단, k는 양수이다.) (4점)

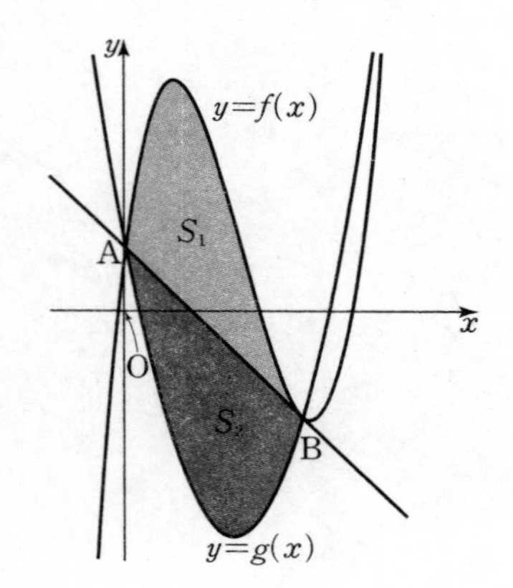

① $-\frac{17}{2}$ ② $-\frac{33}{4}$ ③ -8

④ $-\frac{31}{4}$ ⑤ $-\frac{15}{2}$

13 2023년 4월학평 13번

그림과 같이 닫힌구간 $[0, 2\pi]$에서 정의된 두 함수 $f(x) = k\sin x$, $g(x) = \cos x$에 대하여 곡선 $y = f(x)$와 곡선 $y = g(x)$가 만나는 서로 다른 두 점을 A, B라 하자. 선분 AB를 3 : 1로 외분하는 점을 C라 할 때, 점 C는 곡선 $y = f(x)$ 위에 있다. 점 C를 지나고 y축에 평행한 직선이 곡선 $y = g(x)$와 만나는 점을 D라 할 때, 삼각형 BCD의 넓이는? (단, k는 양수이고, 점 B의 x좌표는 점 A의 x좌표보다 크다.) (4점)

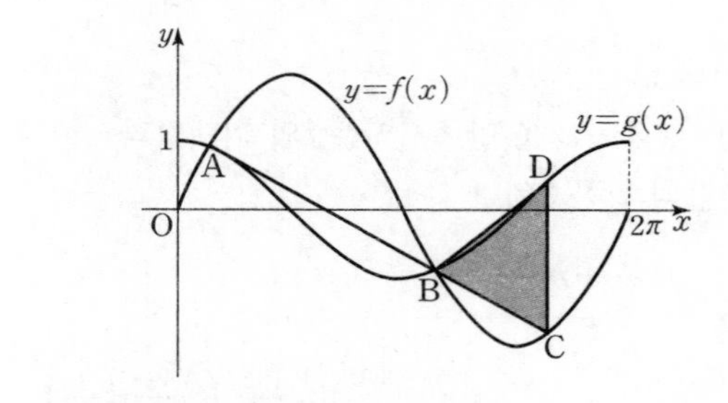

① $\frac{\sqrt{15}}{8}\pi$ ② $\frac{9\sqrt{5}}{40}\pi$ ③ $\frac{\sqrt{5}}{4}\pi$

④ $\frac{3\sqrt{10}}{16}\pi$ ⑤ $\frac{3\sqrt{5}}{10}\pi$

해설편 72쪽

14 2023년 4월학평 14번

양의 실수 t에 대하여 함수 $f(x)$를

$$f(x)=x^3-3t^2x$$

라 할 때, 닫힌구간 $[-2, 1]$에서 두 함수 $f(x)$, $|f(x)|$의 최댓값을 각각 $M_1(t)$, $M_2(t)$라 하자. 함수

$$g(t)=M_1(t)+M_2(t)$$

에 대하여 [보기]에서 옳은 것만을 있는 대로 고른 것은? (4점)

[보기]

ㄱ. $g(2)=32$

ㄴ. $g(t)=2f(-t)$를 만족시키는 t의 최댓값과 최솟값의 합은 3이다.

ㄷ. $\lim_{h\to 0+}\frac{g\left(\frac{1}{2}+h\right)-g\left(\frac{1}{2}\right)}{h}-\lim_{h\to 0-}\frac{g\left(\frac{1}{2}+h\right)-g\left(\frac{1}{2}\right)}{h}=5$

① ㄱ ② ㄷ ③ ㄱ, ㄴ
④ ㄴ, ㄷ ⑤ ㄱ, ㄴ, ㄷ

15 2023년 4월학평 15번

다음 조건을 만족시키는 모든 수열 $\{a_n\}$에 대하여 a_1의 최댓값을 M, 최솟값을 m이라 할 때, $\log_2\frac{M}{m}$의 값은? (4점)

(가) 모든 자연수 n에 대하여

$$a_{n+1}=\begin{cases}2^{n-2} & (a_n<1)\\ \log_2 a_n & (a_n\ge 1)\end{cases}$$

이다.

(나) $a_5+a_6=1$

① 12 ② 13 ③ 14
④ 15 ⑤ 16

해설편 73쪽

단답형

16 2023년 4월학평 16번

$\lim_{x \to 2} \frac{x^2+x-6}{x-2}$의 값을 구하시오. (3점)

17 2023년 4월학평 17번

함수 $y=4^x$의 그래프를 x축의 방향으로 1만큼, y축의 방향으로 a만큼 평행이동한 그래프가 점 $\left(\frac{3}{2}, 5\right)$를 지날 때, 상수 a의 값을 구하시오. (3점)

18 2023년 4월학평 18번

다항함수 $f(x)$가

$$\lim_{x \to \infty} \frac{xf(x)-2x^3+1}{x^2}=5, \ f(0)=1$$

을 만족시킬 때, $f(1)$의 값을 구하시오. (3점)

19 2023년 4월학평 19번

수직선 위를 움직이는 점 P의 시각 t $(t>0)$에서의 위치 $x(t)$가

$$x(t)=\frac{3}{2}t^4-8t^3+15t^2-12t$$

이다. 점 P의 운동 방향이 바뀌는 순간 점 P의 가속도를 구하시오. (3점)

20 2023년 4월학평 20번

등차수열 $\{a_n\}$의 첫째항부터 제n항까지의 합을 S_n이라 하자. S_n이 다음 조건을 만족시킬 때, a_{13}의 값을 구하시오. (4점)

(가) S_n은 $n=7$, $n=8$에서 최솟값을 갖는다.
(나) $|S_m|=|S_{2m}|=162$인 자연수 m $(m>8)$이 존재한다.

해설편 74쪽

21 2023년 4월학평 21번

좌표평면 위의 두 점 O(0, 0), A(2, 0)과 y좌표가 양수인 서로 다른 두 점 P, Q가 다음 조건을 만족시킨다.

(가) $\overline{\mathrm{AP}}=\overline{\mathrm{AQ}}=2\sqrt{15}$이고 $\overline{\mathrm{OP}}>\overline{\mathrm{OQ}}$이다.

(나) $\cos(\angle \mathrm{OPA})=\cos(\angle \mathrm{OQA})=\dfrac{\sqrt{15}}{4}$

사각형 OAPQ의 넓이가 $\dfrac{q}{p}\sqrt{15}$일 때, $p\times q$의 값을 구하시오. (단, p와 q는 서로소인 자연수이다.) (4점)

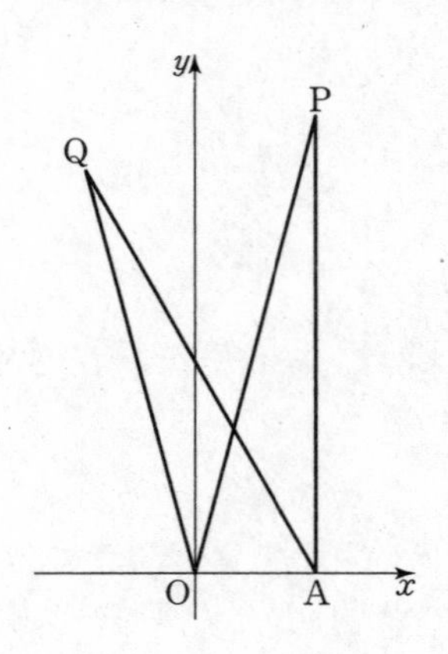

22 2023년 4월학평 22번

두 상수 a, b $(b\neq 1)$과 이차함수 $f(x)$에 대하여 함수 $g(x)$가 다음 조건을 만족시킨다.

(가) 함수 $g(x)$는 실수 전체의 집합에서 미분가능하고, 도함수 $g'(x)$는 실수 전체의 집합에서 연속이다.

(나) $|x|<2$일 때, $g(x)=\int_0^x (-t+a)dt$이고 $|x|\geq 2$일 때, $|g'(x)|=f(x)$이다.

(다) 함수 $g(x)$는 $x=1$, $x=b$에서 극값을 갖는다.

$g(k)=0$을 만족시키는 모든 실수 k의 값의 합이 $p+q\sqrt{3}$일 때, $p\times q$의 값을 구하시오. (단, p와 q는 유리수이다.) (4점)

해설편 75쪽

수학 영역 (확률과 통계)

5지선다형

23 2023년 4월학평 확통 23번

${}_3\Pi_2 + {}_2H_3$의 값은? (2점)

① 13 ② 14 ③ 15 ④ 16 ⑤ 17

24 2023년 4월학평 확통 24번

전체집합 $U=\{1, 2, 3, 4, 5, 6\}$의 두 부분집합 A, B에 대하여

$$n(A \cup B)=5,\ A \cap B=\varnothing$$

을 만족시키는 집합 A, B의 모든 순서쌍 (A, B)의 개수는? (3점)

① 168 ② 174 ③ 180 ④ 186 ⑤ 192

25 2023년 4월학평 확통 25번

세 학생 A, B, C를 포함한 7명의 학생이 있다. 이 7명의 학생 중에서 A, B, C를 포함하여 5명을 선택하고, 이 5명의 학생 모두를 일정한 간격으로 원 모양의 탁자에 둘러앉게 하는 경우의 수는?

(단, 회전하여 일치하는 것은 같은 것으로 본다.) (3점)

① 120 ② 132 ③ 144 ④ 156 ⑤ 168

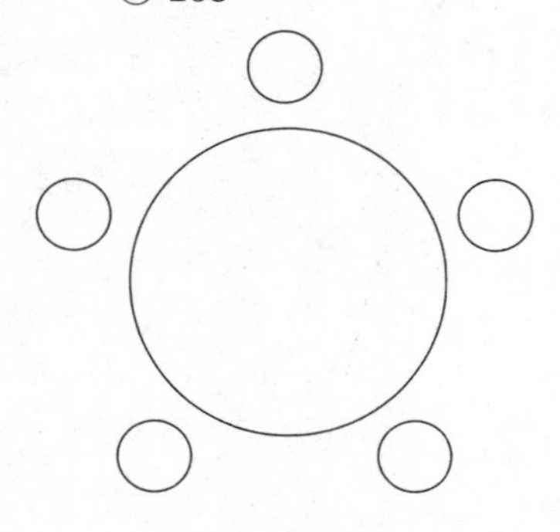

26 2023년 4월학평 확통 26번

방정식 $3x+y+z+w=11$을 만족시키는 자연수 x, y, z, w의 모든 순서쌍 (x, y, z, w)의 개수는? (3점)

① 24 ② 27 ③ 30 ④ 33 ⑤ 36

7회 2023 4월 학력평가

해설편 76쪽

27 2023년 4월학평 확통 27번

양수 a에 대하여 $\left(ax-\frac{2}{ax}\right)^7$의 전개식에서 각 항의 계수의 총합이 1일 때, $\frac{1}{x}$의 계수는? (3점)

① 70 ② 140 ③ 210
④ 280 ⑤ 350

28 2023년 4월학평 확통 28번

숫자 1, 1, 2, 2, 2, 3, 3, 4가 하나씩 적혀 있는 8장의 카드가 있다. 이 8장의 카드 중에서 7장을 택하여 이 7장의 카드 모두를 일렬로 나열할 때, 서로 이웃한 2장의 카드에 적혀 있는 수의 곱 모두가 짝수가 되도록 나열하는 경우의 수는? (단, 같은 숫자가 적힌 카드끼리는 서로 구별하지 않는다.) (4점)

① 264 ② 268 ③ 272
④ 276 ⑤ 280

1 1 2 2 2 3 3 4

단답형

29 2023년 4월학평 확통 29번

두 집합

$X=\{1, 2, 3, 4, 5, 6, 7, 8\}$, $Y=\{1, 2, 3, 4, 5\}$

에 대하여 다음 조건을 만족시키는 X에서 Y로의 함수 f의 개수를 구하시오. (4점)

(가) $f(4)=f(1)+f(2)+f(3)$
(나) $2f(4)=f(5)+f(6)+f(7)+f(8)$

30 2023년 4월학평 확통 30번

세 문자 a, b, c 중에서 중복을 허락하여 각각 5개 이하씩 모두 7개를 택해 다음 조건을 만족시키는 7자리의 문자열을 만들려고 한다.

(가) 한 문자가 연달아 3개 이어지고 그 문자는 a뿐이다.
(나) 어느 한 문자도 연달아 4개 이상 이어지지 않는다.

예를 들어, $baaacca$, $ccbbaaa$는 조건을 만족시키는 문자열이고 $aabbcca$, $aaabccc$, $ccbaaaa$는 조건을 만족시키지 않는 문자열이다. 만들 수 있는 모든 문자열의 개수를 구하시오. (4점)

해설편 76쪽

5지선다형

23 2023년 4월학평 미적 23번

$\lim_{n\to\infty}(\sqrt{4n^2+3n}-\sqrt{4n^2+1})$의 값은? (2점)

① $\frac{1}{2}$ ② $\frac{3}{4}$ ③ 1
④ $\frac{5}{4}$ ⑤ $\frac{3}{2}$

24 2023년 4월학평 미적 24번

함수 $f(x)=e^x(2\sin x+\cos x)$에 대하여 $f'(0)$의 값은? (3점)

① 3 ② 4 ③ 5
④ 6 ⑤ 7

25 2023년 4월학평 미적 25번

수열 $\{a_n\}$에 대하여 급수 $\sum_{n=1}^{\infty}\left(a_n-\frac{2^{n+1}}{2^n+1}\right)$이 수렴할 때, $\lim_{n\to\infty}\frac{2^n\times a_n+5\times 2^{n+1}}{2^n+3}$의 값은? (3점)

① 6 ② 8 ③ 10
④ 12 ⑤ 14

26 2023년 4월학평 미적 26번

두 함수 $f(x)=a^x$, $g(x)=2\log_b x$에 대하여

$$\lim_{x\to e}\frac{f(x)-g(x)}{x-e}=0$$

일 때, $a\times b$의 값은? (단, a와 b는 1보다 큰 상수이다.) (3점)

① $e^{\frac{1}{e}}$ ② $e^{\frac{2}{e}}$ ③ $e^{\frac{3}{e}}$
④ $e^{\frac{4}{e}}$ ⑤ $e^{\frac{5}{e}}$

해설편 78쪽

27 2023년 4월학평 미적 27번

그림과 같이 좌표평면 위에 점 A(0, 1)을 중심으로 하고 반지름의 길이가 1인 원 C가 있다. 원점 O를 지나고 x축의 양의 방향과 이루는 각의 크기가 θ인 직선이 원 C와 만나는 점 중 O가 아닌 점을 P라 하고, 호 OP 위에 점 Q를 $\angle \mathrm{OPQ}=\frac{\theta}{3}$가 되도록 잡는다. 삼각형 POQ의 넓이를 $f(\theta)$라 할 때, $\lim_{\theta \to 0+} \frac{f(\theta)}{\theta^3}$의 값은?

(단, 점 Q는 제1사분면 위의 점이고, $0<\theta<\pi$이다.) (3점)

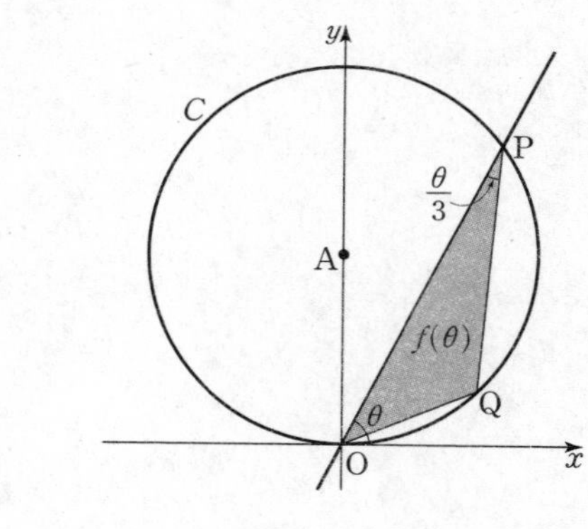

① $\frac{2}{9}$ ② $\frac{1}{3}$ ③ $\frac{4}{9}$
④ $\frac{5}{9}$ ⑤ $\frac{2}{3}$

28 2023년 4월학평 미적 28번

그림과 같이 $\overline{\mathrm{AB_1}}=2$, $\overline{\mathrm{B_1C_1}}=\sqrt{3}$, $\overline{\mathrm{C_1D_1}}=1$이고 $\angle \mathrm{C_1B_1A}=\frac{\pi}{2}$인 사다리꼴 $\mathrm{AB_1C_1D_1}$이 있다. 세 점 A, $\mathrm{B_1}$, $\mathrm{D_1}$을 지나는 원이 선분 $\mathrm{B_1C_1}$과 만나는 점 중 $\mathrm{B_1}$이 아닌 점을 $\mathrm{E_1}$이라 할 때, 두 선분 $\mathrm{C_1D_1}$, $\mathrm{C_1E_1}$과 호 $\mathrm{E_1D_1}$로 둘러싸인 부분과 선분 $\mathrm{B_1E_1}$과 호 $\mathrm{B_1E_1}$로 둘러싸인 부분인 ⌉ 모양의 도형에 색칠하여 얻은 그림을 R_1이라 하자.

그림 R_1에서 선분 $\mathrm{AB_1}$ 위의 점 $\mathrm{B_2}$, 호 $\mathrm{E_1D_1}$ 위의 점 $\mathrm{C_2}$, 선분 $\mathrm{AD_1}$ 위의 점 $\mathrm{D_2}$와 점 A를 꼭짓점으로 하고 $\overline{\mathrm{B_2C_2}}:\overline{\mathrm{C_2D_2}}=\sqrt{3}:1$이고 $\angle \mathrm{C_2B_2A}=\frac{\pi}{2}$인 사다리꼴 $\mathrm{AB_2C_2D_2}$를 그린다. 그림 R_1을 얻은 것과 같은 방법으로 점 $\mathrm{E_2}$를 잡고, 사다리꼴 $\mathrm{AB_2C_2D_2}$에 ⌉ 모양의 도형을 그리고 색칠하여 얻은 그림을 R_2라 하자.

이와 같은 과정을 계속하여 n번째 얻은 그림 R_n에 색칠되어 있는 부분의 넓이를 S_n이라 할 때, $\lim_{n \to \infty} S_n$의 값은? (4점)

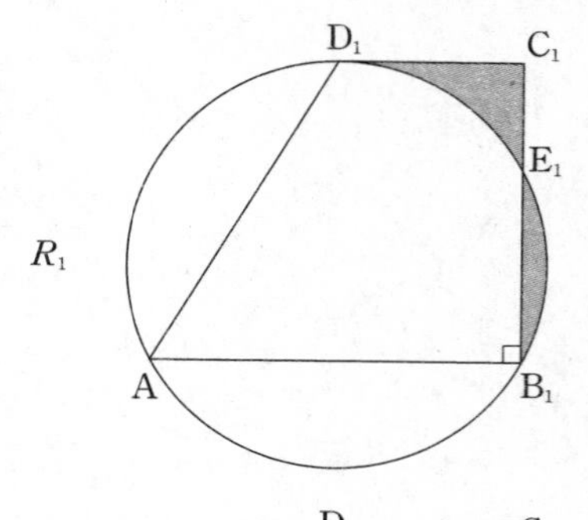

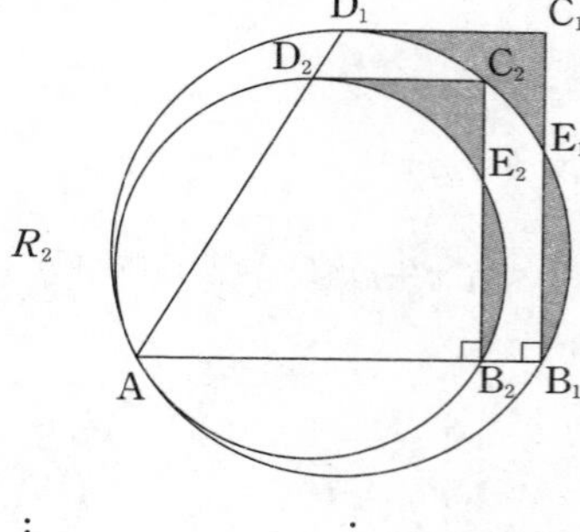

⋮ ⋮

① $\frac{49}{144}\sqrt{3}$ ② $\frac{49}{122}\sqrt{3}$ ③ $\frac{49}{100}\sqrt{3}$
④ $\frac{49}{78}\sqrt{3}$ ⑤ $\frac{7}{8}\sqrt{3}$

해설편 78쪽

단답형

29 2023년 4월학평 미적 29번

그림과 같이 중심이 O, 반지름의 길이가 8이고 중심각의 크기가 $\frac{\pi}{2}$인 부채꼴 OAB가 있다. 호 AB 위의 점 C에 대하여 점 B에서 선분 OC에 내린 수선의 발을 D라 하고, 두 선분 BD, CD와 호 BC에 동시에 접하는 원을 C라 하자. 점 O에서 원 C에 그은 접선 중 점 C를 지나지 않는 직선이 호 AB와 만나는 점을 E라 할 때, $\cos(\angle \mathrm{COE})=\frac{7}{25}$이다. $\sin(\angle \mathrm{AOE})=p+q\sqrt{7}$일 때, $200\times(p+q)$의 값을 구하시오.

(단, p와 q는 유리수이고, 점 C는 점 B가 아니다.) (4점)

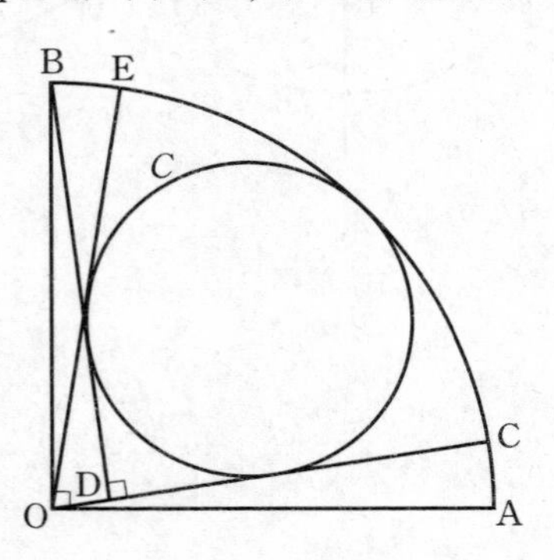

30 2023년 4월학평 미적 30번

$x\geq 0$에서 정의된 함수 $f(x)$가 다음 조건을 만족시킨다.

(가) $f(x)=\begin{cases} 2^x-1 & (0\leq x\leq 1) \\ 4\times\left(\frac{1}{2}\right)^x-1 & (1<x\leq 2) \end{cases}$

(나) 모든 양의 실수 x에 대하여 $f(x+2)=-\frac{1}{2}f(x)$이다.

$x>0$에서 정의된 함수 $g(x)$를

$$g(x)=\lim_{h\to 0+}\frac{f(x+h)-f(x-h)}{h}$$

라 할 때,

$$\lim_{t\to 0+}\{g(n+t)-g(n-t)\}+2g(n)=\frac{\ln 2}{2^{24}}$$

를 만족시키는 모든 자연수 n의 값의 합을 구하시오. (4점)

해설편 79쪽

수학 영역 (기하)

5지선다형

23 2023년 4월학평 기하 23번

그림과 같이 한 변의 길이가 2인 정사각형 ABCD에서 두 선분 AD, CD의 중점을 각각 M, N이라 할 때, $|\overrightarrow{BM}+\overrightarrow{DN}|$의 값은? (2점)

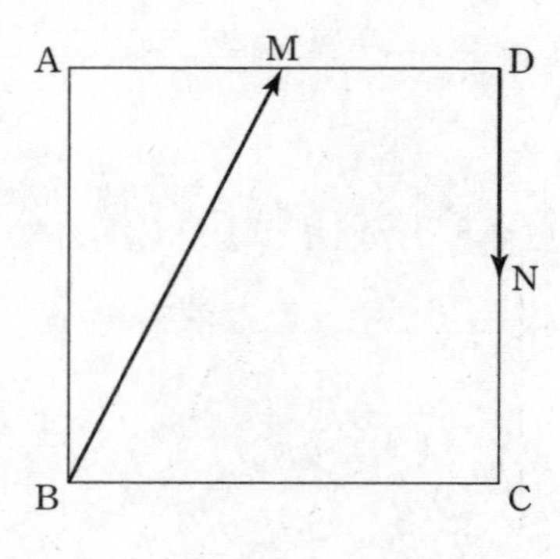

① $\frac{\sqrt{2}}{2}$　② 1　③ $\sqrt{2}$
④ 2　⑤ $2\sqrt{2}$

24 2023년 4월학평 기하 24번

쌍곡선 $\frac{x^2}{a^2}-\frac{y^2}{8}=1$의 한 점근선의 방정식이 $y=\sqrt{2}x$일 때, 이 쌍곡선의 두 초점 사이의 거리는?

(단, a는 양수이다.) (3점)

① $4\sqrt{2}$　② 6　③ $2\sqrt{10}$
④ $2\sqrt{11}$　⑤ $4\sqrt{3}$

25 2023년 4월학평 기하 25번

그림과 같이 타원 $\frac{x^2}{40}+\frac{y^2}{15}=1$의 두 초점 중 x좌표가 양수인 점을 F라 하고, 타원 위의 점 중 제1사분면에 있는 점 P에서의 접선이 x축과 만나는 점을 Q라 하자. $\overline{OF}=\overline{FQ}$일 때, 삼각형 POQ의 넓이는?

(단, O는 원점이다.) (3점)

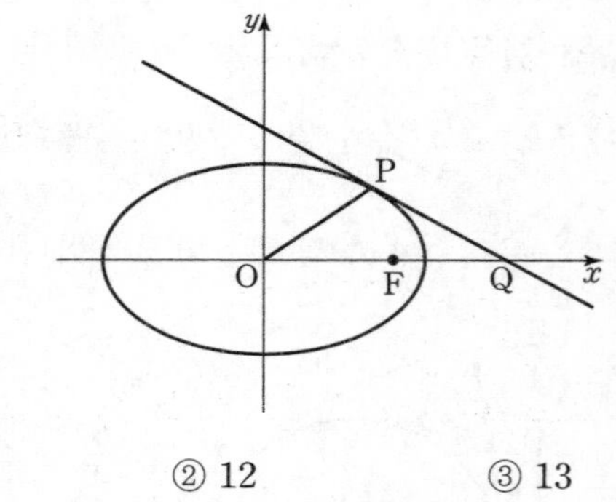

① 11　② 12　③ 13
④ 14　⑤ 15

26 2023년 4월학평 기하 26번

두 초점이 $F(3\sqrt{3},\ 0)$, $F'(-3\sqrt{3},\ 0)$인 쌍곡선 위의 점 중 제1사분면에 있는 점 P에 대하여 직선 PF′이 y축과 만나는 점을 Q라 하자. 삼각형 PQF가 정삼각형일 때, 이 쌍곡선의 주축의 길이는? (3점)

① 6　② 7　③ 8
④ 9　⑤ 10

해설편 81쪽

27 2023년 4월학평 기하 27번

그림과 같이 두 점 F$(5, 0)$, F$'(-5, 0)$을 초점으로 하는 타원이 x축과 만나는 점 중 x좌표가 양수인 점을 A라 하자. 점 F를 중심으로 하고 점 A를 지나는 원을 C라 할 때, 원 C 위의 점 중 y좌표가 양수인 점 P와 타원 위의 점 중 제2사분면에 있는 점 Q가 다음 조건을 만족시킨다.

> (가) 직선 PF′은 원 C에 접한다.
> (나) 두 직선 PF′, QF′은 서로 수직이다.

$\overline{\mathrm{QF'}}=\frac{3}{2}\overline{\mathrm{PF}}$일 때, 이 타원의 장축의 길이는? (단, $\overline{\mathrm{AF}}<\overline{\mathrm{FF'}}$) (3점)

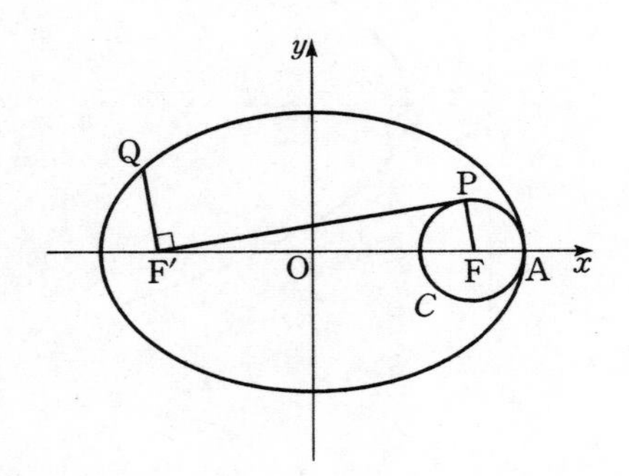

① $\frac{25}{2}$ ② 13 ③ $\frac{27}{2}$ ④ 14 ⑤ $\frac{29}{2}$

28 2023년 4월학평 기하 28번

초점이 F인 포물선 $C : y^2=4x$ 위의 점 중 제1사분면에 있는 점 P가 있다. 선분 PF를 지름으로 하는 원을 O라 할 때, 원 O는 포물선 C와 서로 다른 두 점에서 만난다. 원 O가 포물선 C와 만나는 점 중 P가 아닌 점을 Q, 점 P에서 포물선 C의 준선에 내린 수선의 발을 H라 하자. $\angle\mathrm{QHP}=\alpha$, $\angle\mathrm{HPQ}=\beta$라 할 때, $\frac{\tan\beta}{\tan\alpha}=3$이다. $\frac{\overline{\mathrm{QH}}}{\overline{\mathrm{PQ}}}$의 값은? (4점)

① $\frac{4\sqrt{6}}{7}$ ② $\frac{3\sqrt{11}}{7}$ ③ $\frac{\sqrt{102}}{7}$ ④ $\frac{\sqrt{105}}{7}$ ⑤ $\frac{6\sqrt{3}}{7}$

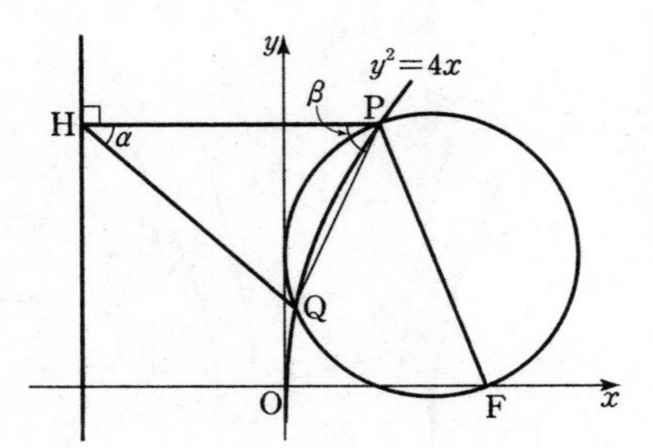

단답형

29 2023년 4월학평 기하 29번

그림과 같이 두 초점이 $\mathrm{F}(c,\ 0)$, $\mathrm{F}'(-c,\ 0)$ $(c>0)$인 쌍곡선 $\dfrac{x^2}{a^2}-\dfrac{y^2}{27}=1$ 위의 점 $\mathrm{P}\left(\dfrac{9}{2},\ k\right)$ $(k>0)$에서의 접선이 x축과 만나는 점을 Q라 하자. 두 점 F, F′을 초점으로 하고 점 Q를 한 꼭짓점으로 하는 쌍곡선이 선분 PF′과 만나는 두 점을 R, S라 하자. $\overline{\mathrm{RS}}+\overline{\mathrm{SF}}=\overline{\mathrm{RF}}+8$일 때, $4\times(a^2+k^2)$의 값을 구하시오. (단, a는 양수이고, 점 R의 x좌표는 점 S의 x좌표보다 크다.) (4점)

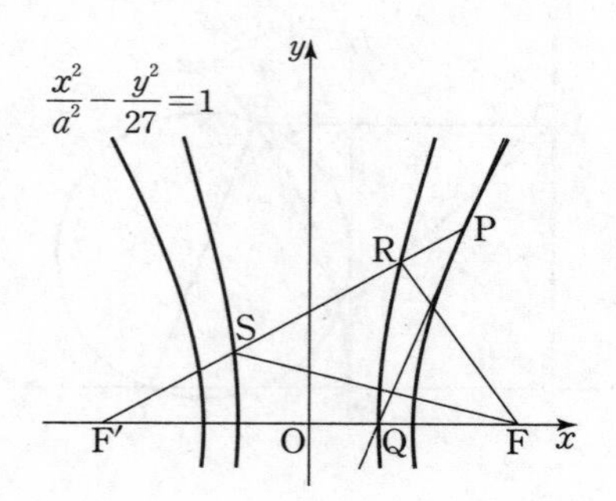

30 2023년 4월학평 기하 30번

좌표평면에서 포물선 $y^2=2x-2$의 꼭짓점을 A라 하자. 이 포물선 위를 움직이는 점 P와 양의 실수 k에 대하여

$$\overrightarrow{\mathrm{OX}}=\overrightarrow{\mathrm{OA}}+\frac{k}{|\overrightarrow{\mathrm{OP}}|}\overrightarrow{\mathrm{OP}}$$

를 만족시키는 점 X가 나타내는 도형을 C라 하자. 도형 C가 포물선 $y^2=2x-2$와 서로 다른 두 점에서 만나도록 하는 실수 k의 최솟값을 m이라 할 때, m^2의 값을 구하시오. (단, O는 원점이다.) (4점)

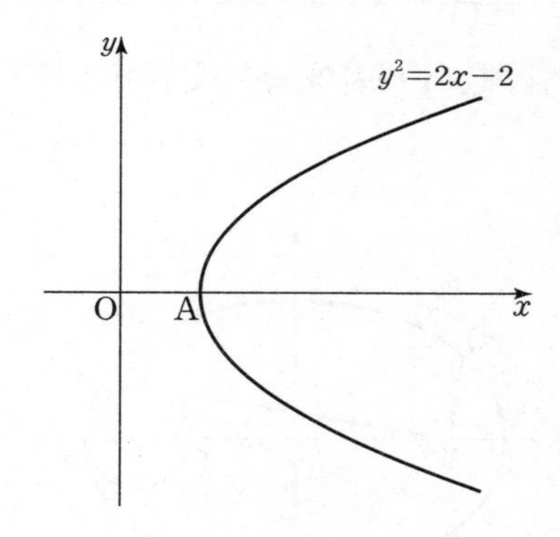

해설편 82쪽

수학 영역

제 2 교시

8회	시험 시간	100분
	날짜	월 일 요일
시작 시각 :	종료 시각	:

5지선다형

01 2024년 5월학평 1번

$4^{1-\sqrt{3}} \times 2^{1+2\sqrt{3}}$의 값은? (2점)

① 1 ② 2 ③ 4 ④ 8 ⑤ 16

02 2024년 5월학평 2번

$\lim_{x\to\infty}(\sqrt{x^2+4x}-x)$의 값은? (2점)

① 1 ② 2 ③ 3 ④ 4 ⑤ 5

03 2024년 5월학평 3번

첫째항이 1인 등차수열 $\{a_n\}$에 대하여 $a_5-a_3=8$일 때, a_2의 값은? (3점)

① 3 ② 4 ③ 5 ④ 6 ⑤ 7

04 2024년 5월학평 4번

다항함수 $f(x)$에 대하여 $\lim_{h\to 0}\frac{f(1+2h)-4}{h}=6$일 때, $f(1)+f'(1)$의 값은? (3점)

① 5 ② 6 ③ 7 ④ 8 ⑤ 9

05 2024년 5월학평 5번

$\sin(-\theta)+\cos\left(\frac{\pi}{2}+\theta\right)=\frac{8}{5}$이고 $\cos\theta<0$일 때, $\tan\theta$의 값은? (3점)

① $-\frac{5}{3}$ ② $-\frac{4}{3}$ ③ 0 ④ $\frac{4}{3}$ ⑤ $\frac{5}{3}$

06 2024년 5월학평 6번

함수 $f(x)=x^3+ax^2+3a$가 $x=-2$에서 극대일 때, 함수 $f(x)$의 극솟값은? (단, a는 상수이다.) (3점)

① 5 ② 6 ③ 7 ④ 8 ⑤ 9

해설편 83쪽

07 2024년 5월학평 7번

다항함수 $f(x)$가 실수 전체의 집합에서 증가하고

$$f'(x)=\{3x-f(1)\}(x-1)$$

을 만족시킬 때, $f(2)$의 값은? (3점)

① 3 ② 4 ③ 5
④ 6 ⑤ 7

08 2024년 5월학평 8번

두 양수 a, b에 대하여 함수 $f(x)=a\cos bx$의 주기가 6π이고 닫힌구간 $[\pi, 4\pi]$에서 함수 $f(x)$의 최댓값이 1일 때, $a+b$의 값은? (3점)

① $\frac{5}{3}$ ② $\frac{11}{6}$ ③ 2
④ $\frac{13}{6}$ ⑤ $\frac{7}{3}$

09 2024년 5월학평 9번

수열 $\{a_n\}$의 첫째항부터 제n항까지의 합을 S_n이라 하자. 모든 자연수 n에 대하여

$$a_{n+1}=1-4\times S_n$$

이고 $a_4=4$일 때, $a_1\times a_6$의 값은? (4점)

① 5 ② 10 ③ 15
④ 20 ⑤ 25

10 2024년 5월학평 10번

실수 m에 대하여 수직선 위를 움직이는 두 점 P, Q의 시각 $t\ (t\geq 0)$에서의 속도를 각각

$$v_1(t)=3t^2+1,\ v_2(t)=mt-4$$

라 하자. 시각 $t=0$에서 $t=2$까지 두 점 P, Q가 움직인 거리가 같도록 하는 모든 m의 값의 합은? (4점)

① 3 ② 4 ③ 5
④ 6 ⑤ 7

해설편 83쪽

11 2024년 5월학평 11번

공차가 정수인 두 등차수열 $\{a_n\}$, $\{b_n\}$과 자연수 m $(m \geq 3)$이 다음 조건을 만족시킨다.

> (가) $|a_1 - b_1| = 5$
> (나) $a_m = b_m$, $a_{m+1} < b_{m+1}$

$\sum_{k=1}^{m} a_k = 9$일 때, $\sum_{k=1}^{m} b_k$의 값은? (4점)

① -6 ② -5 ③ -4 ④ -3 ⑤ -2

12 2024년 5월학평 12번

최고차항의 계수가 1인 사차함수 $f(x)$에 대하여 곡선 $y=f(x)$와 직선 $y=\frac{1}{2}x$가 원점 O에서 접하고 x좌표가 양수인 두 점 A, B $(\overline{OA} < \overline{OB})$에서 만난다. 곡선 $y=f(x)$와 선분 OA로 둘러싸인 영역의 넓이를 S_1, 곡선 $y=f(x)$와 선분 AB로 둘러싸인 영역의 넓이를 S_2라 하자. $\overline{AB} = \sqrt{5}$이고 $S_1 = S_2$일 때, $f(1)$의 값은? (4점)

① $\frac{9}{2}$ ② $\frac{11}{2}$ ③ $\frac{13}{2}$ ④ $\frac{15}{2}$ ⑤ $\frac{17}{2}$

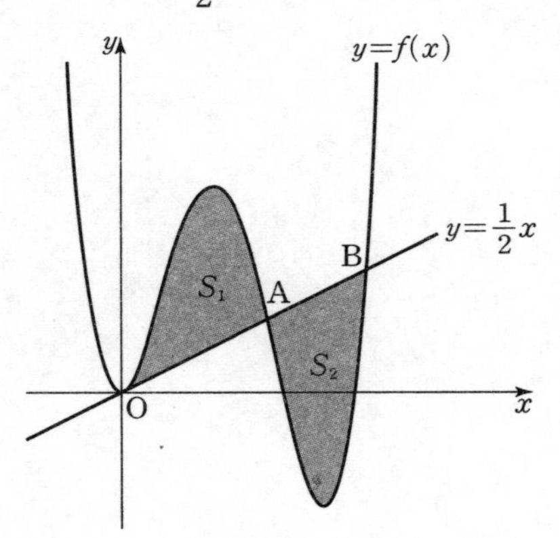

해설편 85쪽

13 2024년 5월학평 13번

두 상수 a, b $(b>0)$에 대하여 함수 $f(x)$를

$$f(x)=\begin{cases} 2^{x+3}+b & (x\le a) \\ 2^{-x+5}+3b & (x>a) \end{cases}$$

라 하자. 다음 조건을 만족시키는 실수 k의 최댓값이 $4b+8$일 때, $a+b$의 값은? (단, $k>b$) (4점)

> $b<t<k$인 모든 실수 t에 대하여 함수 $y=f(x)$의 그래프와 직선 $y=t$의 교점의 개수는 1이다.

① 9 ② 10 ③ 11 ④ 12 ⑤ 13

14 2024년 5월학평 14번

최고차항의 계수가 1인 삼차함수 $f(x)$와 실수 t에 대하여 곡선 $y=f(x)$ 위의 점 $(t,\ f(t))$에서의 접선의 y절편을 $g(t)$라 하자. 두 함수 $f(x)$, $g(t)$가 다음 조건을 만족시킨다.

> $|f(k)|+|g(k)|=0$을 만족시키는 실수 k의 개수는 2이다.

$4f(1)+2g(1)=-1$일 때, $f(4)$의 값은? (4점)

① 46 ② 49 ③ 52 ④ 55 ⑤ 58

15 2024년 5월학평 15번

첫째항이 자연수인 수열 $\{a_n\}$이 모든 자연수 n에 대하여

$$a_{n+1}=\begin{cases} \dfrac{a_n}{3} & (a_n\text{이 3의 배수인 경우}) \\ \dfrac{{a_n}^2+5}{3} & (a_n\text{이 3의 배수가 아닌 경우}) \end{cases}$$

를 만족시킬 때, $a_4+a_5=5$가 되도록 하는 모든 a_1의 값의 합은? (4점)

① 63 ② 66 ③ 69 ④ 72 ⑤ 75

해설편 85쪽

단답형

16 2024년 5월학평 16번

방정식

$$\log_2(x-3)=1-\log_2(x-4)$$

를 만족시키는 실수 x의 값을 구하시오. (3점)

17 2024년 5월학평 17번

함수 $f(x)=(x-1)(x^3+x^2+5)$에 대하여 $f'(1)$의 값을 구하시오. (3점)

18 2024년 5월학평 18번

최고차항의 계수가 3인 이차함수 $f(x)$가 모든 실수 x에 대하여

$$\int_0^x f(t)dt=2x^3+\int_0^{-x} f(t)dt$$

를 만족시킨다. $f(1)=5$일 때, $f(2)$의 값을 구하시오. (3점)

19 2024년 5월학평 19번

집합 $U=\{x \mid -5\le x\le 5,\ x\text{는 정수}\}$의 공집합이 아닌 부분집합 X에 대하여 두 집합 A, B를

$A=\{a \mid a\text{는 } x\text{의 실수인 네제곱근, } x\in X\}$,

$B=\{b \mid b\text{는 } x\text{의 실수인 세제곱근, } x\in X\}$

라 하자. $n(A)=9$, $n(B)=7$이 되도록 하는 집합 X의 모든 원소의 합의 최댓값을 구하시오. (3점)

20 2024년 5월학평 20번

두 다항함수 $f(x)$, $g(x)$가 모든 실수 x에 대하여

$$xf(x)=\left(-\frac{1}{2}x+3\right)g(x)-x^3+2x^2$$

을 만족시킨다. 상수 $k\ (k\neq 0)$에 대하여

$$\lim_{x\to 2}\frac{g(x-1)}{f(x)-g(x)}\times\lim_{x\to\infty}\frac{\{f(x)\}^2}{g(x)}=k$$

일 때, k의 값을 구하시오. (4점)

8회 2024 5월 학력평가

해설편 87쪽

21 2024년 5월학평 21번

그림과 같이 중심이 O, 반지름의 길이가 6이고 중심각의 크기가 $\frac{\pi}{2}$인 부채꼴 OAB가 있다. 호 AB 위에 점 C를 $\overline{AC}=4\sqrt{2}$가 되도록 잡는다. 호 AC 위의 한 점 D에 대하여 점 D를 지나고 선분 OA에 평행한 직선과 점 C를 지나고 선분 AC에 수직인 직선이 만나는 점을 E라 하자. 삼각형 CED의 외접원의 반지름의 길이가 $3\sqrt{2}$일 때, $\overline{AD}=p+q\sqrt{7}$을 만족시키는 두 유리수 p, q에 대하여 $9\times|p\times q|$의 값을 구하시오.

(단, 점 D는 점 A도 아니고 점 C도 아니다.) (4점)

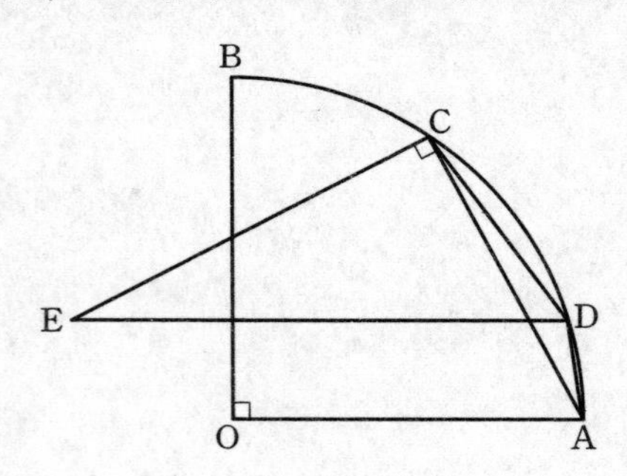

22 2024년 5월학평 22번

최고차항의 계수가 4이고 서로 다른 세 극값을 갖는 사차함수 $f(x)$와 두 함수 $g(x)$,

$$h(x)=\begin{cases} 4x+2 & (x<a) \\ -2x-3 & (x\geq a) \end{cases}$$

가 있다. 세 함수 $f(x)$, $g(x)$, $h(x)$가 다음 조건을 만족시킨다.

> (가) 모든 실수 x에 대하여
>
> $|g(x)|=f(x)$, $\lim_{t\to0+}\frac{g(x+t)-g(x)}{t}=|f'(x)|$
>
> 이다.
>
> (나) 함수 $g(x)h(x)$는 실수 전체의 집합에서 연속이다.

$g(0)=\frac{40}{3}$일 때, $g(1)\times h(3)$의 값을 구하시오.

(단, a는 상수이다.) (4점)

수학 영역 (확률과 통계)

5지선다형

23 2024년 5월학평 확통 23번

두 사건 A, B에 대하여

$$P(A\cup B)=\frac{2}{3},\ P(A)+P(B)=4\times P(A\cap B)$$

일 때, $P(A\cap B)$의 값은? (2점)

① $\frac{5}{9}$　② $\frac{4}{9}$　③ $\frac{1}{3}$
④ $\frac{2}{9}$　⑤ $\frac{1}{9}$

24 2024년 5월학평 확통 24번

다항식 $(ax^2+1)^6$의 전개식에서 x^4의 계수가 30일 때, 양수 a의 값은? (3점)

① 1　② $\sqrt{2}$　③ $\sqrt{3}$
④ 2　⑤ $\sqrt{5}$

25 2024년 5월학평 확통 25번

$4\le x\le y\le z\le w\le 12$를 만족시키는 짝수 x, y, z, w의 모든 순서쌍 (x, y, z, w)의 개수는? (3점)

① 70　② 74　③ 78
④ 82　⑤ 86

26 2024년 5월학평 확통 26번

두 집합 $X=\{1, 2, 3, 4, 5\}$, $Y=\{1, 2, 3, 4\}$에 대하여 다음 조건을 만족시키는 함수 $f: X \longrightarrow Y$의 개수는? (3점)

(가) $f(1)+f(2)=4$
(나) 1은 함수 f의 치역의 원소이다.

① 145　② 150　③ 155
④ 160　⑤ 165

27 2024년 5월학평 확통 27번

다음 조건을 만족시키는 10 이하의 자연수 a, b, c, d의 모든 순서쌍 (a, b, c, d)의 개수는? (3점)

(가) $a\times b\times c\times d=108$
(나) a, b, c, d 중 서로 같은 수가 있다.

① 32　② 36　③ 40
④ 44　⑤ 48

8회 2024 5월 학력평가

해설편 89쪽

28 2024년 5월학평 확통 28번

그림과 같이 A열에 3개, B열에 4개로 구성된 총 7개의 좌석이 있다. 1학년 학생 2명, 2학년 학생 2명, 3학년 학생 3명 모두가 이 7개의 좌석 중 임의로 1개씩 선택하여 앉을 때, 다음 조건을 만족시키도록 앉을 확률은?

(단, 한 좌석에는 한 명의 학생만 앉는다.) (4점)

> (가) A열의 좌석에는 서로 다른 두 학년의 학생들이 앉되, 같은 학년의 학생끼리는 이웃하여 앉는다.
> (나) B열의 좌석에는 같은 학년의 학생끼리 이웃하지 않도록 앉는다.

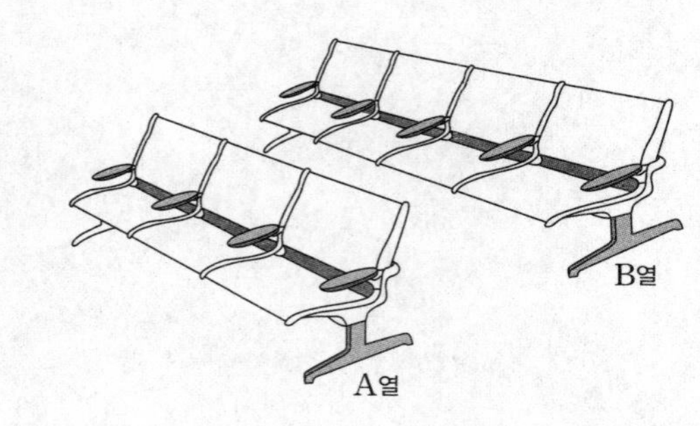

① $\frac{2}{15}$ ② $\frac{16}{105}$ ③ $\frac{6}{35}$
④ $\frac{4}{21}$ ⑤ $\frac{22}{105}$

단답형

29 2024년 5월학평 확통 29번

다음 조건을 만족시키는 자연수 a, b, c, d, e의 모든 순서쌍 (a, b, c, d, e)의 개수를 구하시오. (4점)

> (가) $a+b+c+d+e=11$
> (나) $a+b$는 짝수이다.
> (다) a, b, c, d, e 중에서 짝수의 개수는 2 이상이다.

30 2024년 5월학평 확통 30번

그림과 같이 원판에 반지름의 길이가 1인 원이 그려져 있고, 원의 둘레를 6등분하는 6개의 점과 원의 중심이 표시되어 있다. 이 7개의 점에 1부터 7까지의 숫자가 하나씩 적힌 깃발 7개를 각각 한 개씩 놓으려고 할 때, 다음 조건을 만족시키는 경우의 수를 구하시오.

(단, 회전하여 일치하는 것은 같은 것으로 본다.) (4점)

> 깃발이 놓여 있는 7개의 점 중 3개의 점을 꼭짓점으로 하는 삼각형이 한 변의 길이가 1인 정삼각형일 때, 세 꼭짓점에 놓여 있는 깃발에 적힌 세 수의 합은 12 이하이다.

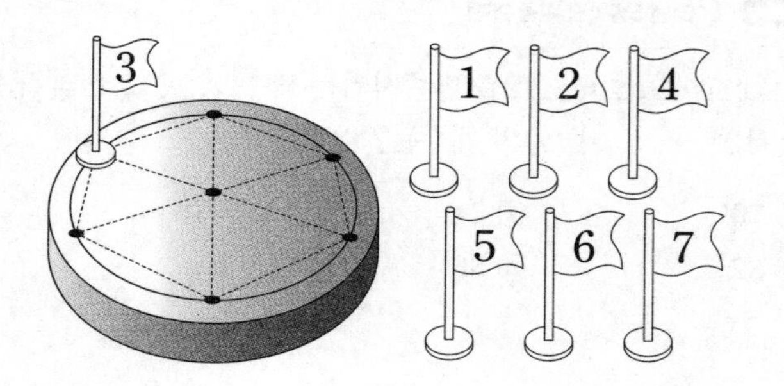

해설편 90쪽

수학 영역 (미적분)

5지선다형

23 2024년 5월학평 미적 23번

함수 $f(x)=\sin 2x$에 대하여 $f''\left(\frac{\pi}{4}\right)$의 값은? (2점)

① -4 ② -2 ③ 0
④ 2 ⑤ 4

24 2024년 5월학평 미적 24번

첫째항이 1이고 공차가 $d\ (d>0)$인 등차수열 $\{a_n\}$에 대하여 $\sum_{n=1}^{\infty}\left(\frac{n}{a_n}-\frac{n+1}{a_{n+1}}\right)=\frac{2}{3}$일 때, d의 값은? (3점)

① 1 ② 2 ③ 3
④ 4 ⑤ 5

25 2024년 5월학평 미적 25번

곡선 $y=e^{2x}-1$ 위의 점 $\mathrm{P}(t,\ e^{2t}-1)\ (t>0)$에 대하여 $\overline{\mathrm{PQ}}=\overline{\mathrm{OQ}}$를 만족시키는 x축 위의 점 Q의 x좌표를 $f(t)$라 할 때, $\lim_{t\to 0+}\frac{f(t)}{t}$의 값은? (단, O는 원점이다.) (3점)

① 1 ② $\frac{3}{2}$ ③ 2
④ $\frac{5}{2}$ ⑤ 3

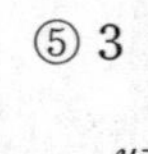
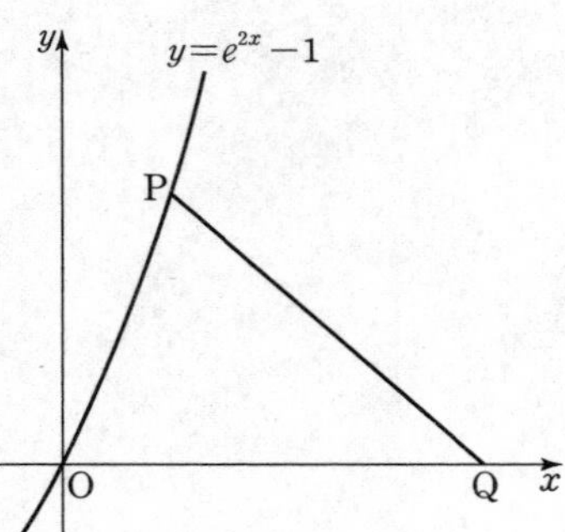

26 2024년 5월학평 미적 26번

열린구간 $(0,\ \infty)$에서 정의된 함수

$$f(x)=\lim_{n\to\infty}\frac{x^{n+1}+\left(\frac{4}{x}\right)^{n}}{x^{n}+\left(\frac{4}{x}\right)^{n+1}}$$

이 있다. $x>0$일 때, 방정식 $f(x)=2x-3$의 모든 실근의 합은? (3점)

① $\frac{41}{7}$ ② $\frac{43}{7}$ ③ $\frac{45}{7}$
④ $\frac{47}{7}$ ⑤ 7

해설편 92쪽

27 2024년 5월학평 미적 27번

함수 $f(x)=x^3+x+1$의 역함수를 $g(x)$라 하자. 매개변수 t로 나타내어진 곡선

$$x=g(t)+t,\ y=g(t)-t$$

에서 $t=3$일 때, $\frac{dy}{dx}$의 값은? (3점)

① $-\frac{1}{5}$ ② $-\frac{3}{10}$ ③ $-\frac{2}{5}$
④ $-\frac{1}{2}$ ⑤ $-\frac{3}{5}$

28 2024년 5월학평 미적 28번

두 상수 a $(a>0)$, b에 대하여 두 함수 $f(x)$, $g(x)$를

$$f(x)=a\sin x-\cos x,\ g(x)=e^{2x-b}-1$$

이라 하자. 두 함수 $f(x)$, $g(x)$가 다음 조건을 만족시킬 때, $\tan b$의 값은? (4점)

(가) $f(k)=g(k)=0$을 만족시키는 실수 k가 열린구간 $\left(-\frac{\pi}{2}, \frac{\pi}{2}\right)$에 존재한다.

(나) 열린구간 $\left(-\frac{\pi}{2}, \frac{\pi}{2}\right)$에서 방정식 $\{f(x)g(x)\}'=2f(x)$의 모든 해의 합은 $\frac{\pi}{4}$이다.

① $\frac{5}{2}$ ② 3 ③ $\frac{7}{2}$
④ 4 ⑤ $\frac{9}{2}$

해설편 92쪽

단답형

29 2024년 5월학평 미적 29번

그림과 같이 길이가 3인 선분 AB를 삼등분하는 점 중 A와 가까운 점을 C, B와 가까운 점을 D라 하고, 선분 BC를 지름으로 하는 원을 O라 하자. 원 O 위의 점 P를 $\angle \mathrm{BAP}=\theta\left(0<\theta<\frac{\pi}{6}\right)$가 되도록 잡고, 두 점 P, D를 지나는 직선이 원 O와 만나는 점 중 P가 아닌 점을 Q라 하자. 선분 AQ의 길이를 $f(\theta)$라 할 때, $\cos\theta_0=\frac{7}{8}$인 θ_0에 대하여 $f'(\theta_0)=k$이다. k^2의 값을 구하시오.

$\left(\text{단, } \angle \mathrm{APD}<\frac{\pi}{2}\text{이고 } 0<\theta_0<\frac{\pi}{6}\text{이다.}\right)$ (4점)

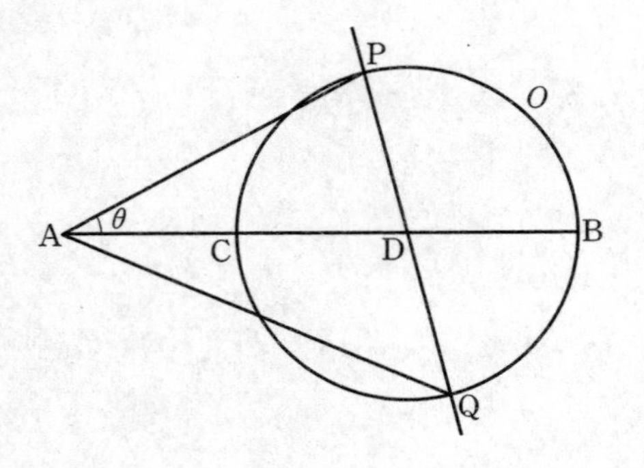

30 2024년 5월학평 미적 30번

수열 $\{a_n\}$은 공비가 0이 아닌 등비수열이고, 수열 $\{b_n\}$을 모든 자연수 n에 대하여

$$b_n=\begin{cases} a_n & (|a_n|<\alpha) \\ -\dfrac{5}{a_n} & (|a_n|\geq\alpha) \end{cases} \quad (\alpha\text{는 양의 상수})$$

라 할 때, 두 수열 $\{a_n\}$, $\{b_n\}$과 자연수 p가 다음 조건을 만족시킨다.

> (가) $\sum_{n=1}^{\infty} a_n=4$
>
> (나) $\sum_{n=1}^{m}\frac{a_n}{b_n}$의 값이 최소가 되도록 하는 자연수 m은 p이고, $\sum_{n=1}^{p} b_n=51$, $\sum_{n=p+1}^{\infty} b_n=\frac{1}{64}$이다.

$32\times(a_3+p)$의 값을 구하시오. (4점)

해설편 93쪽

5지선다형

23 2024년 5월학평 기하 23번

쌍곡선 $\frac{x^2}{a^2}-\frac{y^2}{36}=1$의 한 점근선이 $y=2x$일 때, 양수 a의 값은? (2점)

① 1 ② 2 ③ 3
④ 4 ⑤ 5

24 2024년 5월학평 기하 24번

방향이 같은 두 벡터 $\vec{a}$, $\vec{b}$에 대하여
$|\vec{a}|=3$, $|\vec{a}-2\vec{b}|=6$일 때, 벡터 $\vec{b}$의 크기는? (3점)

① 3 ② $\frac{7}{2}$ ③ 4
④ $\frac{9}{2}$ ⑤ 5

25 2024년 5월학평 기하 25번

한 초점이 $\mathrm{F}(c,\ 0)$ $(c>0)$인 타원 $\frac{x^2}{2}+y^2=1$ 위의 점 중 제1사분면에 있는 점 $\mathrm{P}(x_1,\ y_1)$에서의 접선의 기울기와 직선 PF의 기울기의 곱이 1일 때, ${x_1}^2+{y_1}^2$의 값은?

(단, $x_1 \neq c$) (3점)

① $\frac{11}{9}$ ② $\frac{4}{3}$ ③ $\frac{13}{9}$
④ $\frac{14}{9}$ ⑤ $\frac{5}{3}$

26 2024년 5월학평 기하 26번

그림과 같이 두 초점이 $\mathrm{F}(c,\ 0)$, $\mathrm{F}'(-c,\ 0)$ $(c>0)$인 쌍곡선 $\frac{x^2}{a^2}-\frac{y^2}{16}=1$ 위의 점 중 제1사분면에 있는 점을 P라 하고, 이 쌍곡선과 직선 PF'이 만나는 점 중 P가 아닌 점을 Q라 하자. $\overline{\mathrm{PF}}=\overline{\mathrm{QF}}$이고 $\overline{\mathrm{PQ}}=8$일 때, 선분 FF'의 길이는?

(단, $a>0$) (3점)

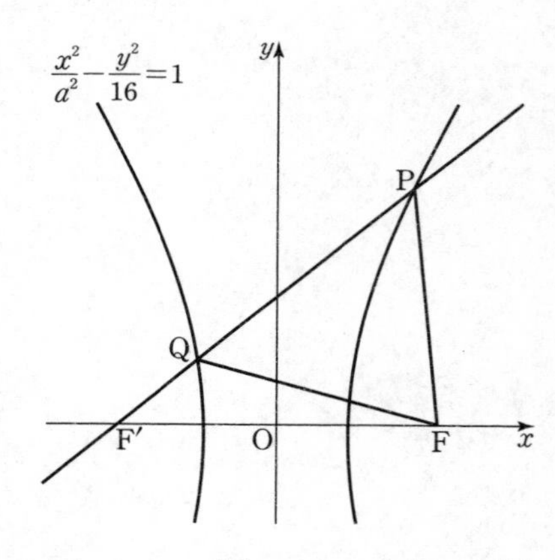

① 8 ② $4\sqrt{5}$ ③ $4\sqrt{6}$
④ $4\sqrt{7}$ ⑤ $8\sqrt{2}$

해설편 94쪽

27 2024년 5월학평 기하 27번

점 F를 초점으로 하는 포물선 $y^2=4x$가 있다. 다음 조건을 만족시키는 포물선 $y^2=4x$ 위의 서로 다른 세 점 P, Q, R에 대하여 $\overline{\mathrm{PF}}+\overline{\mathrm{QF}}+\overline{\mathrm{RF}}$의 값은? (3점)

> 점 P와 직선 $y=x-2$ 사이의 거리를 k라 할 때, 이 직선으로부터의 거리가 k가 되도록 하는 포물선 $y^2=4x$ 위의 점 중 P가 아닌 점은 Q, R뿐이다.

① 17 ② $\frac{35}{2}$ ③ 18 ④ $\frac{37}{2}$ ⑤ 19

28 2024년 5월학평 기하 28번

서로 평행한 두 직선 l_1, l_2가 있다. 직선 l_1 위의 점 A에 대하여 점 A와 직선 l_2 사이의 거리는 d이다. 직선 l_2 위의 점 B에 대하여 $|\overrightarrow{\mathrm{AB}}|=5$이고, 직선 l_1 위의 점 C, 직선 l_2 위의 점 D에 대하여 $|4\overrightarrow{\mathrm{AB}}-\overrightarrow{\mathrm{CD}}|$의 최솟값은 12이다. $|4\overrightarrow{\mathrm{AB}}-\overrightarrow{\mathrm{CD}}|$의 값이 최소일 때의 벡터 $\overrightarrow{\mathrm{CD}}$의 크기를 k라 할 때, $d\times k$의 값은? (단, d는 $d\leq5$인 상수이다.) (4점)

① $16\sqrt{7}$ ② $32\sqrt{2}$ ③ 48 ④ $16\sqrt{10}$ ⑤ $16\sqrt{11}$

8회 2024 5월 학력평가

해설편 95쪽

단답형

29 2024년 5월학평 기하 29번

그림과 같이 초점이 F인 포물선 $y^2=8x$와 이 포물선 위의 제1사분면에 있는 점 P가 있다. 점 P를 초점으로 하고 준선이 $x=k$인 포물선 중 점 F를 지나는 포물선을 C라 하자. 포물선 $y^2=8x$와 포물선 C가 만나는 두 점을 Q, R이라 할 때, 사각형 PRFQ의 둘레의 길이는 18이다. 삼각형 OFP의 넓이를 S라 할 때, S^2의 값을 구하시오.

(단, k는 점 P의 x좌표보다 크고, O는 원점이다.) (4점)

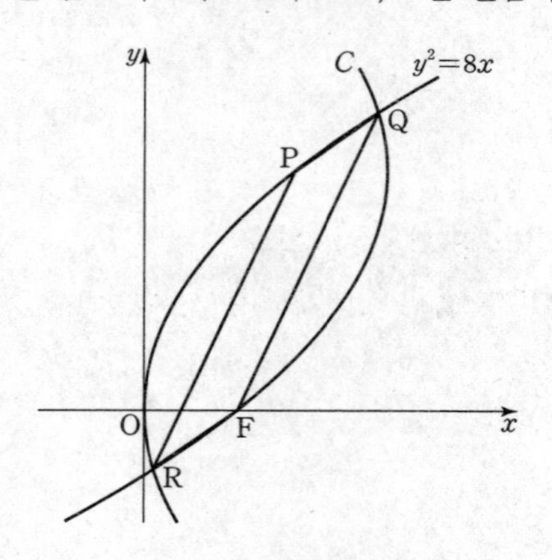

30 2024년 5월학평 기하 30번

그림과 같이 두 초점이 F$(c,\ 0)$, F$'(-c,\ 0)$ $(c>0)$인 타원 E_1이 있다. 타원 E_1의 꼭짓점 중 x좌표가 양수인 점을 A라 하고, 두 점 A, F를 초점으로 하고 점 F$'$을 지나는 타원을 E_2라 하자. 두 타원 E_1, E_2의 교점 중 y좌표가 양수인 점 B에 대하여 $\overline{\text{BF}'}-\overline{\text{BA}}=\frac{1}{5}\overline{\text{AF}'}$이 성립한다. 타원 E_2의 단축의 길이가 $4\sqrt{3}$일 때, $30\times c^2$의 값을 구하시오. (4점)

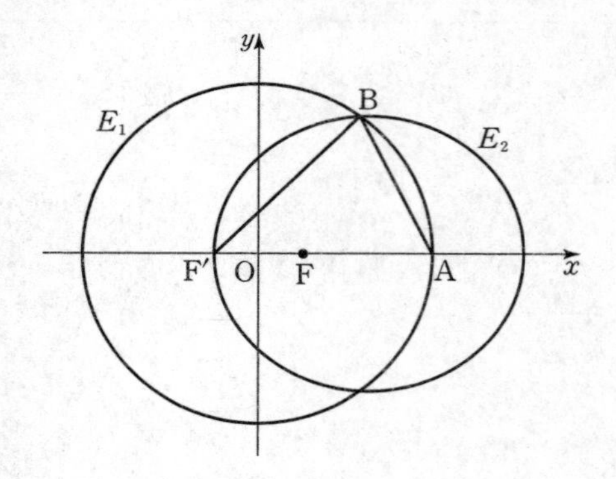

해설편 96쪽

2022학년도 대학수학능력시험 6월 모의평가

수학 영역

제 2 교시

9회	시험 시간	100분
	날짜	월 일 요일
시작 시각 :	종료 시각	:

5지선다형

01 2022학년도 6월모평 1번

$2^{\sqrt{3}} \times 2^{2-\sqrt{3}}$의 값은? (2점)

① $\sqrt{2}$ ② 2 ③ $2\sqrt{2}$ ④ 4 ⑤ $4\sqrt{2}$

02 2022학년도 6월모평 2번

함수 $f(x)$가 $f'(x)=3x^2-2x$, $f(1)=1$을 만족시킬 때, $f(2)$의 값은? (2점)

① 1 ② 2 ③ 3 ④ 4 ⑤ 5

03 2022학년도 6월모평 3번

$\pi<\theta<\frac{3}{2}\pi$인 θ에 대하여 $\tan\theta=\frac{12}{5}$일 때, $\sin\theta+\cos\theta$의 값은? (3점)

① $-\frac{17}{13}$ ② $-\frac{7}{13}$ ③ 0 ④ $\frac{7}{13}$ ⑤ $\frac{17}{13}$

04 2022학년도 6월모평 4번

함수 $y=f(x)$의 그래프가 그림과 같다.

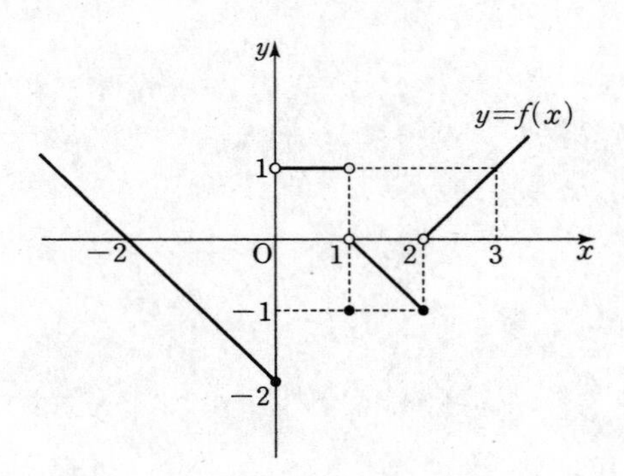

$\lim_{x\to 0-} f(x)+\lim_{x\to 2+} f(x)$의 값은? (3점)

① -2 ② -1 ③ 0 ④ 1 ⑤ 2

05 2022학년도 6월모평 5번

다항함수 $f(x)$에 대하여 함수 $g(x)$를

$$g(x)=(x^2+3)f(x)$$

라 하자. $f(1)=2$, $f'(1)=1$일 때, $g'(1)$의 값은? (3점)

① 6 ② 7 ③ 8 ④ 9 ⑤ 10

해설편 97쪽

06 2022학년도 6월모평 6번

곡선 $y=3x^2-x$와 직선 $y=5x$로 둘러싸인 부분의 넓이는? (3점)

① 1　② 2　③ 3　④ 4　⑤ 5

07 2022학년도 6월모평 7번

첫째항이 2인 등차수열 $\{a_n\}$의 첫째항부터 제n항까지의 합을 S_n이라 하자.

$$a_6=2(S_3-S_2)$$

일 때, S_{10}의 값은? (3점)

① 100　② 110　③ 120　④ 130　⑤ 140

08 2022학년도 6월모평 8번

함수

$$f(x)=\begin{cases}-2x+6 & (x<a)\\ 2x-a & (x\geq a)\end{cases}$$

에 대하여 함수 $\{f(x)\}^2$이 실수 전체의 집합에서 연속이 되도록 하는 모든 상수 a의 값의 합은? (3점)

① 2　② 4　③ 6　④ 8　⑤ 10

09 2022학년도 6월모평 9번

수열 $\{a_n\}$이 모든 자연수 n에 대하여

$$a_{n+1}=\begin{cases}\dfrac{1}{a_n} & (n\text{이 홀수인 경우})\\ 8a_n & (n\text{이 짝수인 경우})\end{cases}$$

이고 $a_{12}=\frac{1}{2}$일 때, a_1+a_4의 값은? (4점)

① $\frac{3}{4}$　② $\frac{9}{4}$　③ $\frac{5}{2}$　④ $\frac{17}{4}$　⑤ $\frac{9}{2}$

해설편 97쪽

10 2022학년도 6월모평 10번

$n\geq 2$인 자연수 n에 대하여 두 곡선

$$y=\log_n x,\ y=-\log_n(x+3)+1$$

이 만나는 점의 x좌표가 1보다 크고 2보다 작도록 하는 모든 n의 값의 합은? (4점)

① 30 ② 35 ③ 40
④ 45 ⑤ 50

11 2022학년도 6월모평 11번

닫힌구간 $[0,\ 1]$에서 연속인 함수 $f(x)$가

$$f(0)=0,\ f(1)=1,\ \int_0^1 f(x)dx=\frac{1}{6}$$

을 만족시킨다. 실수 전체의 집합에서 정의된 함수 $g(x)$가 다음 조건을 만족시킬 때, $\int_{-3}^{2} g(x)dx$의 값은? (4점)

> (가) $g(x)=\begin{cases} -f(x+1)+1 & (-1<x<0) \\ f(x) & (0\leq x\leq 1) \end{cases}$
> (나) 모든 실수 x에 대하여 $g(x+2)=g(x)$이다.

① $\frac{5}{2}$ ② $\frac{17}{6}$ ③ $\frac{19}{6}$
④ $\frac{7}{2}$ ⑤ $\frac{23}{6}$

12 2022학년도 6월모평 12번

그림과 같이 $\overline{AB}=4$, $\overline{AC}=5$이고 $\cos(\angle BAC)=\frac{1}{8}$인 삼각형 ABC가 있다. 선분 AC 위의 점 D와 선분 BC 위의 점 E에 대하여

$$\angle BAC=\angle BDA=\angle BED$$

일 때, 선분 DE의 길이는? (4점)

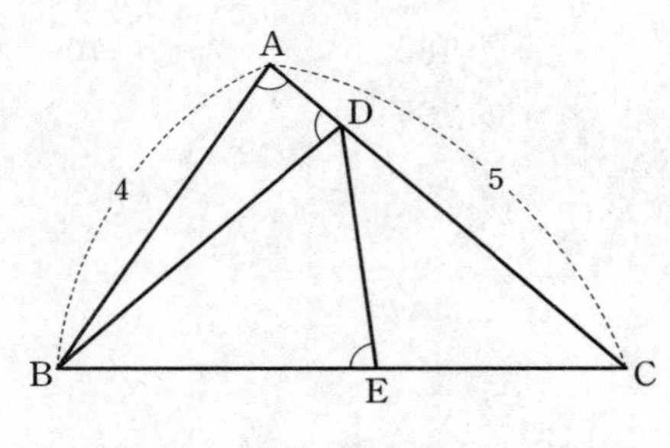

① $\frac{7}{3}$ ② $\frac{5}{2}$ ③ $\frac{8}{3}$
④ $\frac{17}{6}$ ⑤ 3

9회 2022 6월 모의평가

13 2022학년도 6월모평 13번

실수 전체의 집합에서 정의된 함수 $f(x)$가 구간 $(0,\ 1]$에서

$$f(x)=\begin{cases} 3 & (0<x<1) \\ 1 & (x=1) \end{cases}$$

이고, 모든 실수 x에 대하여 $f(x+1)=f(x)$를 만족시킨다.
$\sum_{k=1}^{20} \frac{k\times f(\sqrt{k})}{3}$의 값은? (4점)

① 150 ② 160 ③ 170
④ 180 ⑤ 190

14 2022학년도 6월모평 14번

두 양수 p, q와 함수 $f(x)=x^3-3x^2-9x-12$에 대하여 실수 전체의 집합에서 연속인 함수 $g(x)$가 다음 조건을 만족시킬 때, $p+q$의 값은? (4점)

(가) 모든 실수 x에 대하여
$xg(x)=|xf(x-p)+qx|$이다.
(나) 함수 $g(x)$가 $x=a$에서 미분가능하지 않은 실수 a의 개수는 1이다.

① 6 ② 7 ③ 8
④ 9 ⑤ 10

해설편 98쪽

15 2022학년도 6월모평 15번

$-1 \le t \le 1$인 실수 t에 대하여 x에 대한 방정식

$$\left(\sin\frac{\pi x}{2}-t\right)\left(\cos\frac{\pi x}{2}-t\right)=0$$

의 실근 중에서 집합 $\{x \mid 0 \le x < 4\}$에 속하는 가장 작은 값을 $\alpha(t)$, 가장 큰 값을 $\beta(t)$라 하자. [보기]에서 옳은 것만을 있는 대로 고른 것은? (4점)

[보기]

ㄱ. $-1 \le t < 0$인 모든 실수 t에 대하여 $\alpha(t)+\beta(t)=5$이다.

ㄴ. $\{t \mid \beta(t)-\alpha(t)=\beta(0)-\alpha(0)\}=\left\{t \,\middle|\, 0 \le t \le \frac{\sqrt{2}}{2}\right\}$

ㄷ. $\alpha(t_1)=\alpha(t_2)$인 두 실수 t_1, t_2에 대하여 $t_2-t_1=\frac{1}{2}$이면 $t_1 \times t_2=\frac{1}{3}$이다.

① ㄱ ② ㄱ, ㄴ ③ ㄱ, ㄷ
④ ㄴ, ㄷ ⑤ ㄱ, ㄴ, ㄷ

단답형

16 2022학년도 6월모평 16번

$\log_4 \frac{2}{3}+\log_4 24$의 값을 구하시오. (3점)

17 2022학년도 6월모평 17번

함수 $f(x)=x^3-3x+12$가 $x=a$에서 극소일 때, $a+f(a)$의 값을 구하시오. (단, a는 상수이다.) (3점)

18 2022학년도 6월모평 18번

모든 항이 양수인 등비수열 $\{a_n\}$에 대하여

$$a_2=36,\ a_7=\frac{1}{3}a_5$$

일 때, a_6의 값을 구하시오. (3점)

19 2022학년도 6월모평 19번

수직선 위를 움직이는 점 P의 시각 $t(t \ge 0)$에서의 속도 $v(t)$가

$$v(t)=3t^2-4t+k$$

이다. 시각 $t=0$에서 점 P의 위치는 0이고, 시각 $t=1$에서 점 P의 위치는 -3이다. 시각 $t=1$에서 $t=3$까지 점 P의 위치의 변화량을 구하시오. (단, k는 상수이다.) (3점)

해설편 99쪽

20 2022학년도 6월모평 20번

실수 a와 함수 $f(x)=x^3-12x^2+45x+3$에 대하여 함수

$$g(x)=\int_a^x \{f(x)-f(t)\}\times\{f(t)\}^4 dt$$

가 오직 하나의 극값을 갖도록 하는 모든 a의 값의 합을 구하시오. (4점)

21 2022학년도 6월모평 21번

다음 조건을 만족시키는 최고차항의 계수가 1인 이차함수 $f(x)$가 존재하도록 하는 모든 자연수 n의 값의 합을 구하시오. (4점)

> (가) x에 대한 방정식 $(x^n-64)f(x)=0$은 서로 다른 두 실근을 갖고, 각각의 실근은 중근이다.
> (나) 함수 $f(x)$의 최솟값은 음의 정수이다.

22 2022학년도 6월모평 22번

삼차함수 $f(x)$가 다음 조건을 만족시킨다.

> (가) 방정식 $f(x)=0$의 서로 다른 실근의 개수는 2이다.
> (나) 방정식 $f(x-f(x))=0$의 서로 다른 실근의 개수는 3이다.

$f(1)=4$, $f'(1)=1$, $f'(0)>1$일 때, $f(0)=\frac{q}{p}$이다. $p+q$의 값을 구하시오.

(단, p와 q는 서로소인 자연수이다.) (4점)

해설편 101쪽

수학 영역 (확률과 통계)

5지선다형

23 2022학년도 6월모평 확통 23번

다항식 $(2x+1)^5$의 전개식에서 x^3의 계수는? (2점)

① 20 ② 40 ③ 60
④ 80 ⑤ 100

24 2022학년도 6월모평 확통 24번

어느 동아리의 학생 20명을 대상으로 진로활동 A와 진로활동 B에 대한 선호도를 조사하였다. 이 조사에 참여한 학생은 진로활동 A와 진로활동 B 중 하나를 선택하였고, 각각의 진로활동을 선택한 학생 수는 다음과 같다.

(단위: 명)

구분	진로활동 A	진로활동 B	합계
1학년	7	5	12
2학년	4	4	8
합계	11	9	20

이 조사에 참여한 학생 20명 중에서 임의로 선택한 한 명이 진로활동 B를 선택한 학생일 때, 이 학생이 1학년일 확률은? (3점)

① $\frac{1}{2}$ ② $\frac{5}{9}$ ③ $\frac{3}{5}$
④ $\frac{7}{11}$ ⑤ $\frac{2}{3}$

25 2022학년도 6월모평 확통 25번

숫자 1, 2, 3, 4, 5 중에서 중복을 허락하여 4개를 택해 일렬로 나열하여 만들 수 있는 모든 네 자리의 자연수 중에서 임의로 하나의 수를 선택할 때, 선택한 수가 3500보다 클 확률은? (3점)

① $\frac{9}{25}$ ② $\frac{2}{5}$ ③ $\frac{11}{25}$
④ $\frac{12}{25}$ ⑤ $\frac{13}{25}$

26 2022학년도 6월모평 확통 26번

빨간색 카드 4장, 파란색 카드 2장, 노란색 카드 1장이 있다. 이 7장의 카드를 세 명의 학생에게 남김없이 나누어 줄 때, 3가지 색의 카드를 각각 한 장 이상 받는 학생이 있도록 나누어 주는 경우의 수는? (단, 같은 색 카드끼리는 서로 구별하지 않고, 카드를 받지 못하는 학생이 있을 수 있다.) (3점)

① 78 ② 84 ③ 90
④ 96 ⑤ 102

해설편 102쪽

27 2022학년도 6월모평 확통 27번

주사위 2개와 동전 4개를 동시에 던질 때, 나오는 주사위의 눈의 수의 곱과 앞면이 나오는 동전의 개수가 같을 확률은? (3점)

① $\frac{3}{64}$ ② $\frac{5}{96}$ ③ $\frac{11}{192}$
④ $\frac{1}{16}$ ⑤ $\frac{13}{192}$

28 2022학년도 6월모평 확통 28번

한 개의 주사위를 한 번 던져 나온 눈의 수가 3 이하이면 나온 눈의 수를 점수로 얻고, 나온 눈의 수가 4 이상이면 0점을 얻는다. 이 주사위를 네 번 던져 나온 눈의 수를 차례로 a, b, c, d라 할 때, 얻은 네 점수의 합이 4가 되는 모든 순서쌍 (a, b, c, d)의 개수는? (4점)

① 187 ② 190 ③ 193
④ 196 ⑤ 199

단답형

29 2022학년도 6월모평 확통 29번

1부터 6까지의 자연수가 하나씩 적혀 있는 6개의 의자가 있다. 이 6개의 의자를 일정한 간격을 두고 원형으로 배열할 때, 서로 이웃한 2개의 의자에 적혀 있는 수의 곱이 12가 되지 않도록 배열하는 경우의 수를 구하시오.
(단, 회전하여 일치하는 것은 같은 것으로 본다.) (4점)

30 2022학년도 6월모평 확통 30번

숫자 1, 2, 3이 하나씩 적혀 있는 3개의 공이 들어 있는 주머니가 있다. 이 주머니에서 임의로 한 개의 공을 꺼내어 공에 적혀 있는 수를 확인한 후 다시 넣는 시행을 한다. 이 시행을 5번 반복하여 확인한 5개의 수의 곱이 6의 배수일 확률이 $\frac{q}{p}$일 때, $p+q$의 값을 구하시오.
(단, p와 q는 서로소인 자연수이다.) (4점)

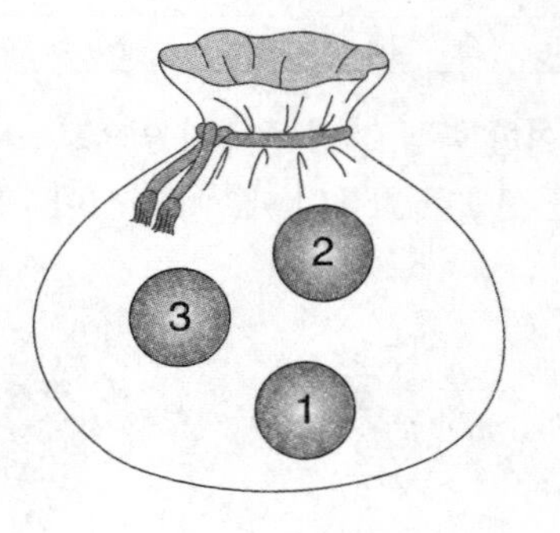

해설편 103쪽

수학 영역 (미적분)

5지선다형

23 2022학년도 6월모평 미적 23번

$\lim_{n \to \infty} \frac{1}{\sqrt{n^2+n+1}-n}$ 의 값은? (2점)

① 1　② 2　③ 3　④ 4　⑤ 5

24 2022학년도 6월모평 미적 24번

매개변수 t로 나타내어진 곡선

$$x=e^t+\cos t,\ y=\sin t$$

에서 $t=0$일 때, $\frac{dy}{dx}$의 값은? (3점)

① $\frac{1}{2}$　② 1　③ $\frac{3}{2}$　④ 2　⑤ $\frac{5}{2}$

25 2022학년도 6월모평 미적 25번

원점에서 곡선 $y=e^{|x|}$에 그은 두 접선이 이루는 예각의 크기를 θ라 할 때, $\tan\theta$의 값은? (3점)

① $\frac{e}{e^2+1}$　② $\frac{e}{e^2-1}$　③ $\frac{2e}{e^2+1}$　④ $\frac{2e}{e^2-1}$　⑤ 1

해설편 104쪽

26 2022학년도 6월모평 미적 26번

그림과 같이 중심이 O_1, 반지름의 길이가 1이고 중심각의 크기가 $\frac{5\pi}{12}$인 부채꼴 $O_1A_1O_2$가 있다. 호 A_1O_2 위에 점 B_1을 $\angle A_1O_1B_1=\frac{\pi}{4}$가 되도록 잡고, 부채꼴 $O_1A_1B_1$에 색칠하여 얻은 그림을 R_1이라 하자.
그림 R_1에서 점 O_2를 지나고 선분 O_1A_1에 평행한 직선이 직선 O_1B_1과 만나는 점을 A_2라 하자. 중심이 O_2이고 중심각의 크기가 $\frac{5\pi}{12}$인 부채꼴 $O_2A_2O_3$을 부채꼴 $O_1A_1B_1$과 겹치지 않도록 그린다. 호 A_2O_3 위에 점 B_2를 $\angle A_2O_2B_2=\frac{\pi}{4}$가 되도록 잡고, 부채꼴 $O_2A_2B_2$에 색칠하여 얻은 그림을 R_2라 하자.
이와 같은 과정을 계속하여 n번째 얻은 그림 R_n에 색칠되어 있는 부분의 넓이를 S_n이라 할 때, $\lim_{n\to\infty} S_n$의 값은? (3점)

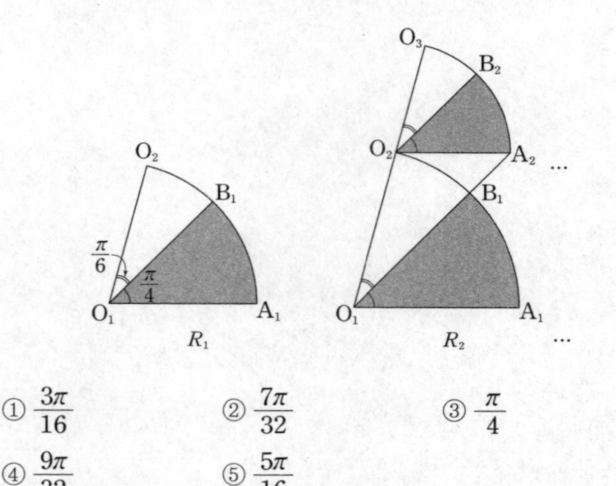

① $\frac{3\pi}{16}$　② $\frac{7\pi}{32}$　③ $\frac{\pi}{4}$
④ $\frac{9\pi}{32}$　⑤ $\frac{5\pi}{16}$

27 2022학년도 6월모평 미적 27번

두 함수

$$f(x)=e^x,\ g(x)=k\sin x$$

에 대하여 방정식 $f(x)=g(x)$의 서로 다른 양의 실근의 개수가 3일 때, 양수 k의 값은? (3점)

① $\sqrt{2}e^{\frac{3\pi}{2}}$　② $\sqrt{2}e^{\frac{7\pi}{4}}$　③ $\sqrt{2}e^{2\pi}$
④ $\sqrt{2}e^{\frac{9\pi}{4}}$　⑤ $\sqrt{2}e^{\frac{5\pi}{2}}$

해설편 104쪽

28 2022학년도 6월모평 미적 28번

그림과 같이 길이가 2인 선분 AB를 지름으로 하는 반원의 호 AB 위에 점 P가 있다. 선분 AB의 중점을 O라 할 때, 점 B를 지나고 선분 AB에 수직인 직선이 직선 OP와 만나는 점을 Q라 하고, ∠OQB의 이등분선이 직선 AP와 만나는 점을 R이라 하자. $\angle OAP=\theta$일 때, 삼각형 OAP의 넓이를 $f(\theta)$, 삼각형 PQR의 넓이를 $g(\theta)$라 하자.

$\lim_{\theta \to 0+} \frac{g(\theta)}{\theta^4 \times f(\theta)}$의 값은? $\left(단,\ 0<\theta<\frac{\pi}{4}\right)$ (4점)

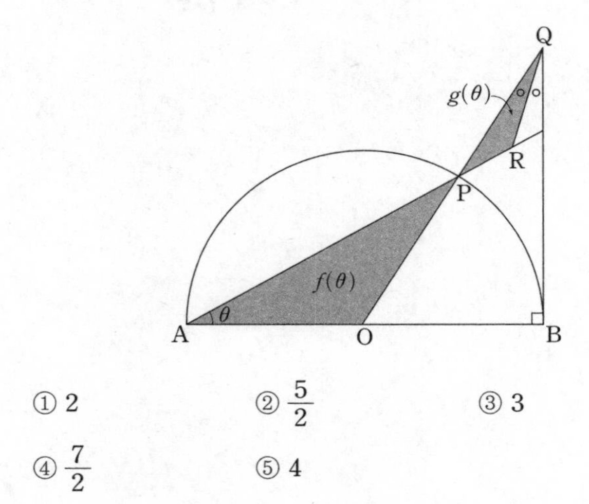

① 2 ② $\frac{5}{2}$ ③ 3 ④ $\frac{7}{2}$ ⑤ 4

단답형

29 2022학년도 6월모평 미적 29번

$t>2e$인 실수 t에 대하여 함수 $f(x)=t(\ln x)^2-x^2$이 $x=k$에서 극대일 때, 실수 k의 값을 $g(t)$라 하면 $g(t)$는 미분가능한 함수이다. $g(\alpha)=e^2$인 실수 α에 대하여 $\alpha \times \{g'(\alpha)\}^2=\frac{q}{p}$일 때, $p+q$의 값을 구하시오.

(단, p와 q는 서로소인 자연수이다.) (4점)

30 2022학년도 6월모평 미적 30번

$t>\frac{1}{2}\ln 2$인 실수 t에 대하여 곡선 $y=\ln(1+e^{2x}-e^{-2t})$과 직선 $y=x+t$가 만나는 서로 다른 두 점 사이의 거리를 $f(t)$라 할 때, $f'(\ln 2)=\frac{q}{p}\sqrt{2}$이다. $p+q$의 값을 구하시오.

(단, p와 q는 서로소인 자연수이다.) (4점)

9회 2022 6월 모의평가

해설편 105쪽

수학 영역 (기하)

5지선다형

23 2022학년도 6월모평 기하 23번

두 벡터 $\vec{a}=(k+3,\ 3k-1)$과 $\vec{b}=(1,\ 1)$이 서로 평행할 때, 실수 k의 값은? (2점)

① 1　② 2　③ 3　④ 4　⑤ 5

24 2022학년도 6월모평 기하 24번

타원 $\dfrac{x^2}{8}+\dfrac{y^2}{4}=1$ 위의 점 $(2,\ \sqrt{2})$에서의 접선의 x절편은? (3점)

① 3　② $\dfrac{13}{4}$　③ $\dfrac{7}{2}$　④ $\dfrac{15}{4}$　⑤ 4

25 2022학년도 6월모평 기하 25번

좌표평면 위의 두 점 $\mathrm{A}(1,\ 2)$, $\mathrm{B}(-3,\ 5)$에 대하여

$$|\overrightarrow{\mathrm{OP}}-\overrightarrow{\mathrm{OA}}|=|\overrightarrow{\mathrm{AB}}|$$

를 만족시키는 점 P가 나타내는 도형의 길이는? (단, O는 원점이다.) (3점)

① 10π　② 12π　③ 14π　④ 16π　⑤ 18π

26 2022학년도 6월모평 기하 26번

그림과 같이 한 변의 길이가 1인 정육각형 ABCDEF에서 $|\overrightarrow{\mathrm{AE}}+\overrightarrow{\mathrm{BC}}|$의 값은? (3점)

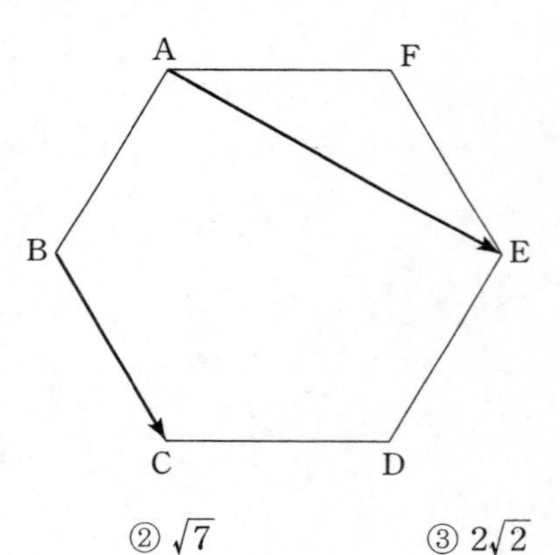

① $\sqrt{6}$　② $\sqrt{7}$　③ $2\sqrt{2}$　④ 3　⑤ $\sqrt{10}$

해설편 106쪽

27 2022학년도 6월모평 기하 27번

그림과 같이 쌍곡선 $\frac{x^2}{a^2}-\frac{y^2}{b^2}=1$ 위의 점 $\mathrm{P}(4,\ k)(k>0)$에서의 접선이 x축과 만나는 점을 Q, y축과 만나는 점을 R이라 하자. 점 $\mathrm{S}(4,\ 0)$에 대하여 삼각형 QOR의 넓이를 A_1, 삼각형 PRS의 넓이를 A_2라 하자. $A_1 : A_2=9:4$일 때, 이 쌍곡선의 주축의 길이는?

(단, O는 원점이고, a와 b는 상수이다.) (3점)

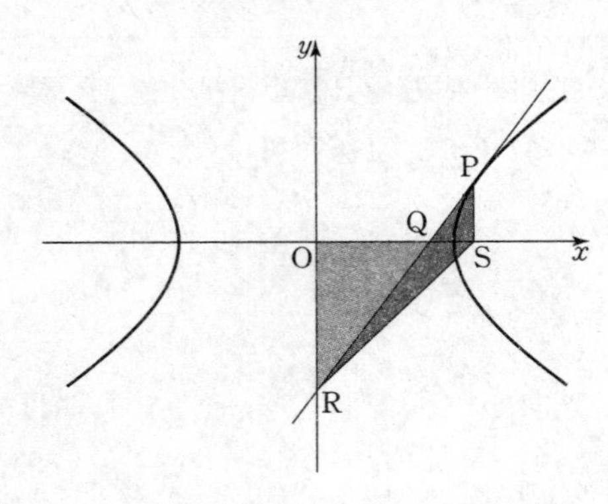

① $2\sqrt{10}$　② $2\sqrt{11}$　③ $4\sqrt{3}$
④ $2\sqrt{13}$　⑤ $2\sqrt{14}$

28 2022학년도 6월모평 기하 28번

두 초점이 F, F′이고 장축의 길이가 $2a$인 타원이 있다. 이 타원의 한 꼭짓점을 중심으로 하고 반지름의 길이가 1인 원이 이 타원의 서로 다른 두 꼭짓점과 한 초점을 지날 때, 상수 a의 값은? (4점)

① $\frac{\sqrt{2}}{2}$　② $\frac{\sqrt{6}-1}{2}$　③ $\sqrt{3}-1$
④ $2\sqrt{2}-2$　⑤ $\frac{\sqrt{3}}{2}$

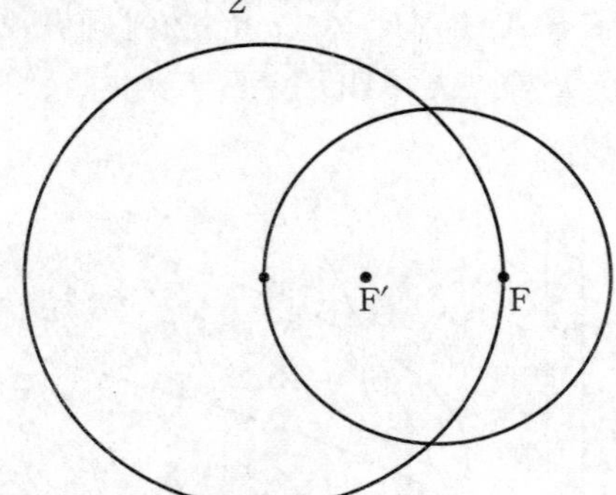

해설편 107쪽

단답형

29 2022학년도 6월모평 기하 29번

포물선 $y^2=8x$와 직선 $y=2x-4$가 만나는 점 중 제1사분면 위에 있는 점을 A라 하자. 양수 a에 대하여 포물선 $(y-2a)^2=8(x-a)$가 점 A를 지날 때, 직선 $y=2x-4$와 포물선 $(y-2a)^2=8(x-a)$가 만나는 점 중 A가 아닌 점을 B라 하자. 두 점 A, B에서 직선 $x=-2$에 내린 수선의 발을 각각 C, D라 할 때, $\overline{AC}+\overline{BD}-\overline{AB}=k$이다. k^2의 값을 구하시오. (4점)

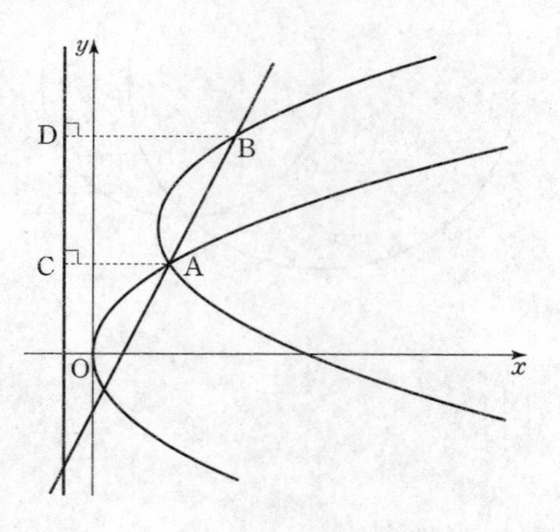

30 2022학년도 6월모평 기하 30번

좌표평면 위의 네 점 A$(2, 0)$, B$(0, 2)$, C$(-2, 0)$, D$(0, -2)$를 꼭짓점으로 하는 정사각형 ABCD의 네 변 위의 두 점 P, Q가 다음 조건을 만족시킨다.

(가) $(\overrightarrow{PQ}\cdot\overrightarrow{AB})(\overrightarrow{PQ}\cdot\overrightarrow{AD})=0$
(나) $\overrightarrow{OA}\cdot\overrightarrow{OP}\geq-2$이고 $\overrightarrow{OB}\cdot\overrightarrow{OP}\geq0$이다.
(다) $\overrightarrow{OA}\cdot\overrightarrow{OQ}\geq-2$이고 $\overrightarrow{OB}\cdot\overrightarrow{OQ}\leq0$이다.

점 R$(4, 4)$에 대하여 $\overrightarrow{RP}\cdot\overrightarrow{RQ}$의 최댓값을 M, 최솟값을 m이라 할 때, $M+m$의 값을 구하시오.

(단, O는 원점이다.) (4점)

해설편 107쪽

회차별 동영상 강의 QR

제 2 교시

수학 영역

10회

시험 시간	100분
날짜	월 일 요일
시작 시각	:
종료 시각	:

5지선다형

01 2023학년도 6월모평 1번

$(-\sqrt{2})^4 \times 8^{-\frac{2}{3}}$의 값은? (2점)

① 1 ② 2 ③ 3 ④ 4 ⑤ 5

02 2023학년도 6월모평 2번

함수 $f(x)=x^3+9$에 대하여 $\lim_{h \to 0} \frac{f(2+h)-f(2)}{h}$의 값은? (2점)

① 11 ② 12 ③ 13 ④ 14 ⑤ 15

03 2023학년도 6월모평 3번

$\frac{\pi}{2}<\theta<\pi$인 θ에 대하여 $\cos^2\theta=\frac{4}{9}$일 때, $\sin^2\theta+\cos\theta$의 값은? (3점)

① $-\frac{4}{9}$ ② $-\frac{1}{3}$ ③ $-\frac{2}{9}$ ④ $-\frac{1}{9}$ ⑤ 0

04 2023학년도 6월모평 4번

함수 $y=f(x)$의 그래프가 그림과 같다.

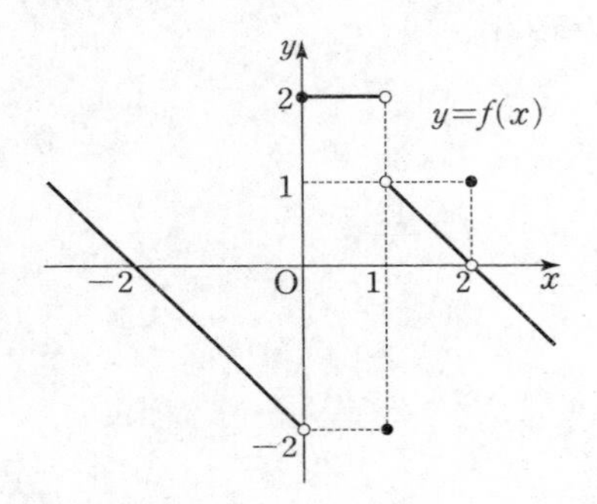

$\lim_{x \to 0-} f(x)+\lim_{x \to 1+} f(x)$의 값은? (3점)

① -2 ② -1 ③ 0 ④ 1 ⑤ 2

05 2023학년도 6월모평 5번

모든 항이 양수인 등비수열 $\{a_n\}$에 대하여

$$a_1=\frac{1}{4},\ a_2+a_3=\frac{3}{2}$$

일 때, a_6+a_7의 값은? (3점)

① 16 ② 20 ③ 24 ④ 28 ⑤ 32

10회 2023 6월 모의평가

해설편 109쪽

06 2023학년도 6월모평 6번

두 양수 a, b에 대하여 함수 $f(x)$가

$$f(x)=\begin{cases} x+a & (x<-1) \\ x & (-1\leq x<3) \\ bx-2 & (x\geq 3) \end{cases}$$

이다. 함수 $|f(x)|$가 실수 전체의 집합에서 연속일 때, $a+b$의 값은? (3점)

① $\frac{7}{3}$ ② $\frac{8}{3}$ ③ 3 ④ $\frac{10}{3}$ ⑤ $\frac{11}{3}$

07 2023학년도 6월모평 7번

닫힌구간 $[0, \pi]$에서 정의된 함수 $f(x)=-\sin 2x$가 $x=a$에서 최댓값을 갖고 $x=b$에서 최솟값을 갖는다. 곡선 $y=f(x)$ 위의 두 점 $(a, f(a))$, $(b, f(b))$를 지나는 직선의 기울기는? (3점)

① $\frac{1}{\pi}$ ② $\frac{2}{\pi}$ ③ $\frac{3}{\pi}$ ④ $\frac{4}{\pi}$ ⑤ $\frac{5}{\pi}$

08 2023학년도 6월모평 8번

실수 전체의 집합에서 미분가능하고 다음 조건을 만족시키는 모든 함수 $f(x)$에 대하여 $f(5)$의 최솟값은? (3점)

(가) $f(1)=3$
(나) $1<x<5$인 모든 실수 x에 대하여 $f'(x)\geq 5$이다.

① 21 ② 22 ③ 23 ④ 24 ⑤ 25

09 2023학년도 6월모평 9번

두 함수

$$f(x)=x^3-x+6,\ g(x)=x^2+a$$

가 있다. $x\geq 0$인 모든 실수 x에 대하여 부등식

$$f(x)\geq g(x)$$

가 성립할 때, 실수 a의 최댓값은? (4점)

① 1 ② 2 ③ 3 ④ 4 ⑤ 5

해설편 109쪽

10 2023학년도 6월모평 10번

그림과 같이 $\overline{AB}=3$, $\overline{BC}=2$, $\overline{AC}>3$이고 $\cos(\angle BAC)=\frac{7}{8}$인 삼각형 ABC가 있다. 선분 AC의 중점을 M, 삼각형 ABC의 외접원이 직선 BM과 만나는 점 중 B가 아닌 점을 D라 할 때, 선분 MD의 길이는? (4점)

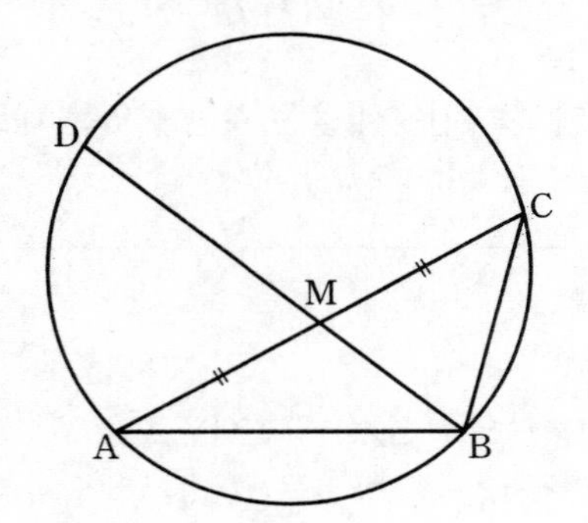

① $\frac{3\sqrt{10}}{5}$ ② $\frac{7\sqrt{10}}{10}$ ③ $\frac{4\sqrt{10}}{5}$
④ $\frac{9\sqrt{10}}{10}$ ⑤ $\sqrt{10}$

11 2023학년도 6월모평 11번

시각 $t=0$일 때 동시에 원점을 출발하여 수직선 위를 움직이는 두 점 P, Q의 시각 $t(t\geq 0)$에서의 속도가 각각

$$v_1(t)=2-t,\ v_2(t)=3t$$

이다. 출발한 시각부터 점 P가 원점으로 돌아올 때까지 점 Q가 움직인 거리는? (4점)

① 16 ② 18 ③ 20
④ 22 ⑤ 24

12 2023학년도 6월모평 12번

공차가 3인 등차수열 $\{a_n\}$이 다음 조건을 만족시킬 때, a_{10}의 값은? (4점)

(가) $a_5\times a_7<0$
(나) $\sum_{k=1}^{6}|a_{k+6}|=6+\sum_{k=1}^{6}|a_{2k}|$

① $\frac{21}{2}$ ② 11 ③ $\frac{23}{2}$
④ 12 ⑤ $\frac{25}{2}$

해설편 110쪽

13 2023학년도 6월모평 13번

두 곡선 $y=16^x$, $y=2^x$과 한 점 $A(64, 2^{64})$이 있다. 점 A를 지나며 x축과 평행한 직선이 곡선 $y=16^x$과 만나는 점을 P_1이라 하고, 점 P_1을 지나며 y축과 평행한 직선이 곡선 $y=2^x$과 만나는 점을 Q_1이라 하자.
점 Q_1을 지나며 x축과 평행한 직선이 곡선 $y=16^x$과 만나는 점을 P_2라 하고, 점 P_2를 지나며 y축과 평행한 직선이 곡선 $y=2^x$과 만나는 점을 Q_2라 하자.
이와 같은 과정을 계속하여 n번째 얻은 두 점을 각각 P_n, Q_n이라 하고 점 Q_n의 x좌표를 x_n이라 할 때, $x_n<\frac{1}{k}$을 만족시키는 n의 최솟값이 6이 되도록 하는 자연수 k의 개수는? (4점)

① 48 ② 51 ③ 54 ④ 57 ⑤ 60

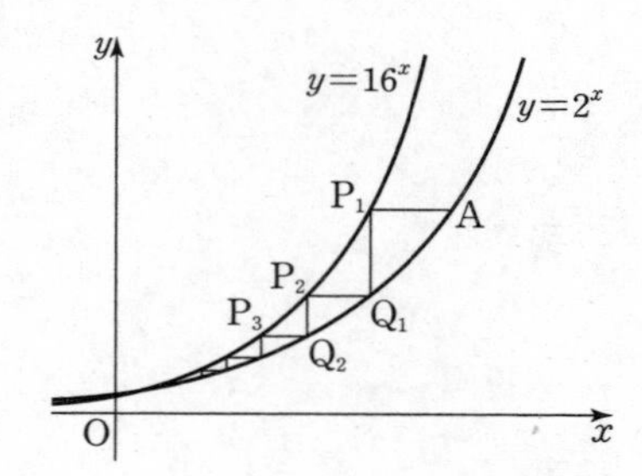

14 2023학년도 6월모평 14번

실수 전체의 집합에서 연속인 함수 $f(x)$와 최고차항의 계수가 1인 삼차함수 $g(x)$가

$$g(x)=\begin{cases} -\int_0^x f(t)dt & (x<0) \\ \int_0^x f(t)dt & (x\geq 0) \end{cases}$$

을 만족시킬 때, [보기]에서 옳은 것만을 있는 대로 고른 것은? (4점)

[보기]

ㄱ. $f(0)=0$
ㄴ. 함수 $f(x)$는 극댓값을 갖는다.
ㄷ. $2<f(1)<4$일 때, 방정식 $f(x)=x$의 서로 다른 실근의 개수는 3이다.

① ㄱ ② ㄷ ③ ㄱ, ㄴ ④ ㄱ, ㄷ ⑤ ㄱ, ㄴ, ㄷ

해설편 110쪽

15 2023학년도 6월모평 15번

자연수 k에 대하여 다음 조건을 만족시키는 수열 $\{a_n\}$이 있다.

> $a_1=0$이고, 모든 자연수 n에 대하여
>
> $$a_{n+1}=\begin{cases} a_n+\dfrac{1}{k+1} & (a_n\le 0) \\ a_n-\dfrac{1}{k} & (a_n>0) \end{cases}$$
>
> 이다.

$a_{22}=0$이 되도록 하는 모든 k의 값의 합은? (4점)

① 12　② 14　③ 16　④ 18　⑤ 20

단답형

16 2023학년도 6월모평 16번

방정식 $\log_2(x+2)+\log_2(x-2)=5$를 만족시키는 실수 x의 값을 구하시오. (3점)

17 2023학년도 6월모평 17번

함수 $f(x)$에 대하여 $f'(x)=8x^3+6x^2$이고 $f(0)=-1$일 때, $f(-2)$의 값을 구하시오. (3점)

18 2023학년도 6월모평 18번

$\sum_{k=1}^{10}(4k+a)=250$일 때, 상수 a의 값을 구하시오. (3점)

19 2023학년도 6월모평 19번

함수 $f(x)=x^4+ax^2+b$는 $x=1$에서 극소이다. 함수 $f(x)$의 극댓값이 4일 때, $a+b$의 값을 구하시오.

(단, a와 b는 상수이다.) (3점)

10회 2023 6월 모의평가

해설편 111쪽

20 2023학년도 6월모평 20번

최고차항의 계수가 2인 이차함수 $f(x)$에 대하여

함수 $g(x)=\int_{x}^{x+1}|f(t)|dt$는 $x=1$과 $x=4$에서 극소이다.

$f(0)$의 값을 구하시오. (4점)

21 2023학년도 6월모평 21번

자연수 n에 대하여 $4\log_{64}\left(\frac{3}{4n+16}\right)$의 값이 정수가 되도록 하는 1000 이하의 모든 n의 값의 합을 구하시오.

(4점)

22 2023학년도 6월모평 22번

두 양수 a, $b(b>3)$과 최고차항의 계수가 1인 이차함수 $f(x)$에 대하여 함수

$$g(x)=\begin{cases}(x+3)f(x) & (x<0)\\(x+a)f(x-b) & (x\geq 0)\end{cases}$$

이 실수 전체의 집합에서 연속이고 다음 조건을 만족시킬 때, $g(4)$의 값을 구하시오. (4점)

> $\lim_{x\to -3}\frac{\sqrt{|g(x)|+\{g(t)\}^2}-|g(t)|}{(x+3)^2}$의 값이 존재하지 않는 실수 t의 값은 -3과 6뿐이다.

해설편 112쪽

수학 영역 (확률과 통계)

5지선다형

23 2023학년도 6월모평 확통 23번

5개의 문자 a, a, a, b, c를 모두 일렬로 나열하는 경우의 수는? (2점)

① 16 ② 20 ③ 24
④ 28 ⑤ 32

24 2023학년도 6월모평 확통 24번

주머니 A에는 1부터 3까지의 자연수가 하나씩 적혀 있는 3장의 카드가 들어 있고, 주머니 B에는 1부터 5까지의 자연수가 하나씩 적혀 있는 5장의 카드가 들어 있다. 두 주머니 A, B에서 각각 카드를 임의로 한 장씩 꺼낼 때, 꺼낸 두 장의 카드에 적힌 수의 차가 1일 확률은? (3점)

① $\frac{1}{3}$ ② $\frac{2}{5}$ ③ $\frac{7}{15}$
④ $\frac{8}{15}$ ⑤ $\frac{3}{5}$

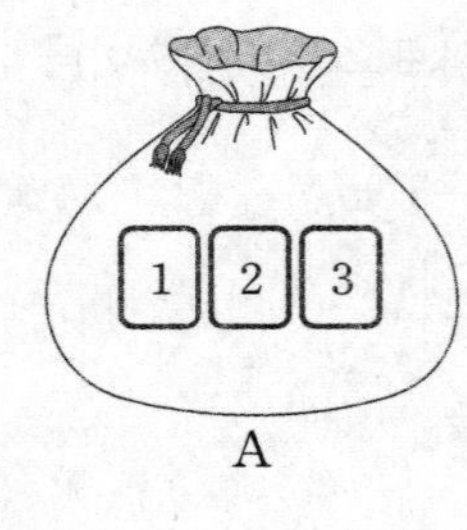

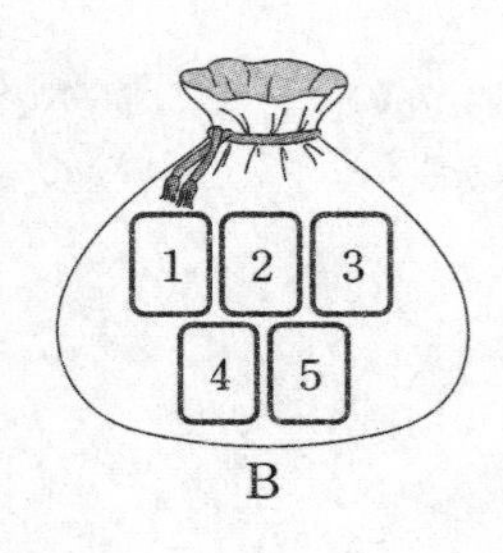

25 2023학년도 6월모평 확통 25번

수직선의 원점에 점 P가 있다. 한 개의 주사위를 사용하여 다음 시행을 한다.

> 주사위를 한 번 던져 나온 눈의 수가
> 6의 약수이면 점 P를 양의 방향으로 1만큼 이동시키고,
> 6의 약수가 아니면 점 P를 이동시키지 않는다.

이 시행을 4번 반복할 때, 4번째 시행 후 점 P의 좌표가 2 이상일 확률은? (3점)

① $\frac{13}{18}$ ② $\frac{7}{9}$ ③ $\frac{5}{6}$
④ $\frac{8}{9}$ ⑤ $\frac{17}{18}$

26 2023학년도 6월모평 확통 26번

다항식 $(x^2+1)^4(x^3+1)^n$의 전개식에서 x^5의 계수가 12일 때, x^6의 계수는? (단, n은 자연수이다.) (3점)

① 6 ② 7 ③ 8
④ 9 ⑤ 10

해설편 114쪽

27 2023학년도 6월모평 확통 27번

네 문자 a, b, X, Y 중에서 중복을 허락하여 6개를 택해 일렬로 나열하려고 한다. 다음 조건이 성립하도록 나열하는 경우의 수는? (3점)

(가) 양 끝 모두에 대문자가 나온다.
(나) a는 한 번만 나온다.

① 384 ② 408 ③ 432
④ 456 ⑤ 480

28 2023학년도 6월모평 확통 28번

숫자 1, 2, 3, 4, 5 중에서 서로 다른 4개를 택해 일렬로 나열하여 만들 수 있는 모든 네 자리의 자연수 중에서 임의로 하나의 수를 택할 때, 택한 수가 5의 배수 또는 3500 이상일 확률은? (4점)

① $\frac{9}{20}$ ② $\frac{1}{2}$ ③ $\frac{11}{20}$
④ $\frac{3}{5}$ ⑤ $\frac{13}{20}$

단답형

29 2023학년도 6월모평 확통 29번

집합 $X=\{1, 2, 3, 4, 5\}$에 대하여 다음 조건을 만족시키는 함수 $f : X \longrightarrow X$의 개수를 구하시오. (4점)

(가) $f(f(1))=4$
(나) $f(1) \leq f(3) \leq f(5)$

30 2023학년도 6월모평 확통 30번

주머니에 1부터 12까지의 자연수가 각각 하나씩 적혀 있는 12개의 공이 들어 있다. 이 주머니에서 임의로 3개의 공을 동시에 꺼내어 공에 적혀 있는 수를 작은 수부터 크기 순서대로 a, b, c라 하자. $b-a \geq 5$일 때, $c-a \geq 10$일 확률은 $\frac{q}{p}$이다. $p+q$의 값을 구하시오.

(단, p와 q는 서로소인 자연수이다.) (4점)

해설편 114쪽

5지선다형

23 2023학년도 6월모평 미적 23번

$\lim_{n\to\infty}\frac{1}{\sqrt{n^2+3n}-\sqrt{n^2+n}}$의 값은? (2점)

① 1 ② $\frac{3}{2}$ ③ 2 ④ $\frac{5}{2}$ ⑤ 3

24 2023학년도 6월모평 미적 24번

곡선 $x^2-y\ln x+x=e$ 위의 점 (e, e^2)에서의 접선의 기울기는? (3점)

① $e+1$ ② $e+2$ ③ $e+3$ ④ $2e+1$ ⑤ $2e+2$

25 2023학년도 6월모평 미적 25번

함수 $f(x)=x^3+2x+3$의 역함수를 $g(x)$라 할 때, $g'(3)$의 값은? (3점)

① 1 ② $\frac{1}{2}$ ③ $\frac{1}{3}$ ④ $\frac{1}{4}$ ⑤ $\frac{1}{5}$

26 2023학년도 6월모평 미적 26번

그림과 같이 $\overline{A_1B_1}=2$, $\overline{B_1A_2}=3$이고 $\angle A_1B_1A_2=\frac{\pi}{3}$인 삼각형 $A_1A_2B_1$과 이 삼각형의 외접원 O_1이 있다.
점 A_2를 지나고 직선 A_1B_1에 평행한 직선이 원 O_1과 만나는 점 중 A_2가 아닌 점을 B_2라 하자. 두 선분 A_1B_2, B_1A_2가 만나는 점을 C_1이라 할 때, 두 삼각형 $A_1A_2C_1$, $B_1C_1B_2$로 만들어진 ⧖ 모양의 도형에 색칠하여 얻은 그림을 R_1이라 하자. 그림 R_1에서 점 B_2를 지나고 직선 B_1A_2에 평행한 직선이 직선 A_1A_2와 만나는 점을 A_3이라 할 때, 삼각형 $A_2A_3B_2$의 외접원을 O_2라 하자. 그림 R_1을 얻은 것과 같은 방법으로 두 점 B_3, C_2를 잡아 원 O_2에 ⧖ 모양의 도형을 그리고 색칠하여 얻은 그림을 R_2라 하자.
이와 같은 과정을 계속하여 n번째 얻은 그림 R_n에 색칠되어 있는 부분의 넓이를 S_n이라 할 때, $\lim_{n\to\infty}S_n$의 값은? (3점)

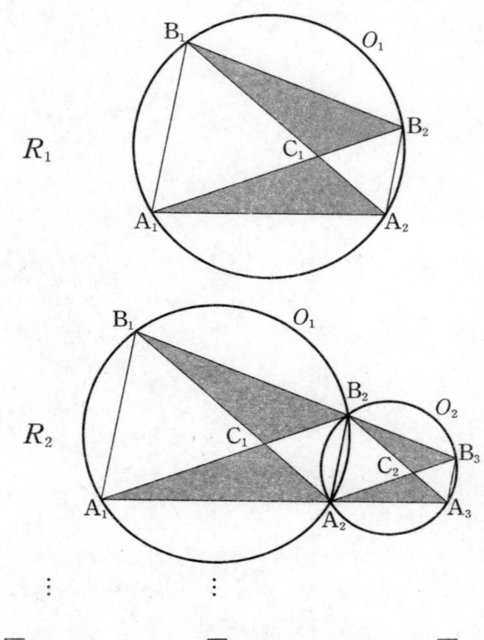

① $\frac{11\sqrt{3}}{9}$ ② $\frac{4\sqrt{3}}{3}$ ③ $\frac{13\sqrt{3}}{9}$ ④ $\frac{14\sqrt{3}}{9}$ ⑤ $\frac{5\sqrt{3}}{3}$

10회 2023 6월 모의평가

해설편 115쪽

27 2023학년도 6월모평 미적 27번

첫째항이 4인 등차수열 $\{a_n\}$에 대하여 급수

$$\sum_{n=1}^{\infty}\left(\frac{a_n}{n}-\frac{3n+7}{n+2}\right)$$

이 실수 S에 수렴할 때, S의 값은? (3점)

① $\frac{1}{2}$ ② 1 ③ $\frac{3}{2}$
④ 2 ⑤ $\frac{5}{2}$

28 2023학년도 6월모평 미적 28번

최고차항의 계수가 $\frac{1}{2}$인 삼차함수 $f(x)$에 대하여
함수 $g(x)$가

$$g(x)=\begin{cases}\ln|f(x)| & (f(x)\neq 0)\\ 1 & (f(x)=0)\end{cases}$$

이고 다음 조건을 만족시킬 때, 함수 $g(x)$의 극솟값은? (4점)

(가) 함수 $g(x)$는 $x\neq 1$인 모든 실수 x에서 연속이다.
(나) 함수 $g(x)$는 $x=2$에서 극대이고, 함수 $|g(x)|$는 $x=2$에서 극소이다.
(다) 방정식 $g(x)=0$의 서로 다른 실근의 개수는 3이다.

① $\ln\frac{13}{27}$ ② $\ln\frac{16}{27}$ ③ $\ln\frac{19}{27}$
④ $\ln\frac{22}{27}$ ⑤ $\ln\frac{25}{27}$

해설편 116쪽

단답형

29 2023학년도 6월모평 미적 29번

그림과 같이 반지름의 길이가 1이고 중심각의 크기가 $\frac{\pi}{2}$인 부채꼴 OAB가 있다. 호 AB 위의 점 P에서 선분 OA에 내린 수선의 발을 H라 하고, $\angle$OAP를 이등분하는 직선과 세 선분 HP, OP, OB의 교점을 각각 Q, R, S라 하자. $\angle$APH$=\theta$일 때, 삼각형 AQH의 넓이를 $f(\theta)$, 삼각형 PSR의 넓이를 $g(\theta)$라 하자.

$\lim\limits_{\theta \to 0+} \frac{\theta^3 \times g(\theta)}{f(\theta)}=k$일 때, $100k$의 값을 구하시오.

(단, $0<\theta<\frac{\pi}{4}$) (4점)

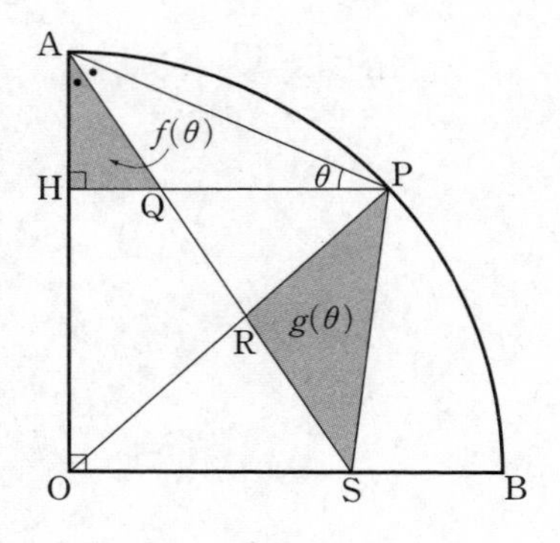

30 2023학년도 6월모평 미적 30번

양수 a에 대하여 함수 $f(x)$는

$$f(x)=\frac{x^2-ax}{e^x}$$

이다. 실수 t에 대하여 x에 대한 방정식

$$f(x)=f'(t)(x-t)+f(t)$$

의 서로 다른 실근의 개수를 $g(t)$라 하자.

$g(5)+\lim\limits_{t \to 5} g(t)=5$일 때, $\lim\limits_{t \to k-} g(t) \neq \lim\limits_{t \to k+} g(t)$를 만족시키는 모든 실수 k의 값의 합은 $\frac{q}{p}$이다. $p+q$의 값을 구하시오. (단, p와 q는 서로소인 자연수이다.) (4점)

해설편 117쪽

2023학년도 대학수학능력시험 6월 모의평가

1

수학 영역 (기하)

5지선다형

23 2023학년도 6월모평 기하 23번

서로 평행하지 않은 두 벡터 $\vec{a}$, $\vec{b}$에 대하여 두 벡터

$$\vec{a}+2\vec{b},\ 3\vec{a}+k\vec{b}$$

가 서로 평행하도록 하는 실수 k의 값은? (단, $\vec{a}\neq\vec{0}$, $\vec{b}\neq\vec{0}$) (2점)

① 2 ② 4 ③ 6 ④ 8 ⑤ 10

24 2023학년도 6월모평 기하 24번

쌍곡선 $\frac{x^2}{a^2}-\frac{y^2}{b^2}=1$의 주축의 길이가 6이고 한 점근선의 방정식이 $y=2x$일 때, 두 초점 사이의 거리는? (단, a와 b는 양수이다.) (3점)

① $4\sqrt{5}$ ② $6\sqrt{5}$ ③ $8\sqrt{5}$ ④ $10\sqrt{5}$ ⑤ $12\sqrt{5}$

25 2023학년도 6월모평 기하 25번

좌표평면에서 두 직선

$$\frac{x-3}{4}=\frac{y-5}{3},\ x-1=\frac{2-y}{3}$$

가 이루는 예각의 크기를 θ라 할 때, $\cos\theta$의 값은? (3점)

① $\frac{\sqrt{11}}{11}$ ② $\frac{\sqrt{10}}{10}$ ③ $\frac{1}{3}$ ④ $\frac{\sqrt{2}}{4}$ ⑤ $\frac{\sqrt{7}}{7}$

26 2023학년도 6월모평 기하 26번

좌표평면에서 타원 $\frac{x^2}{3}+y^2=1$과 직선 $y=x-1$이 만나는 두 점을 A, C라 하자. 선분 AC가 사각형 ABCD의 대각선이 되도록 타원 위에 두 점 B, D를 잡을 때, 사각형 ABCD의 넓이의 최댓값은? (3점)

① 2 ② $\frac{9}{4}$ ③ $\frac{5}{2}$ ④ $\frac{11}{4}$ ⑤ 3

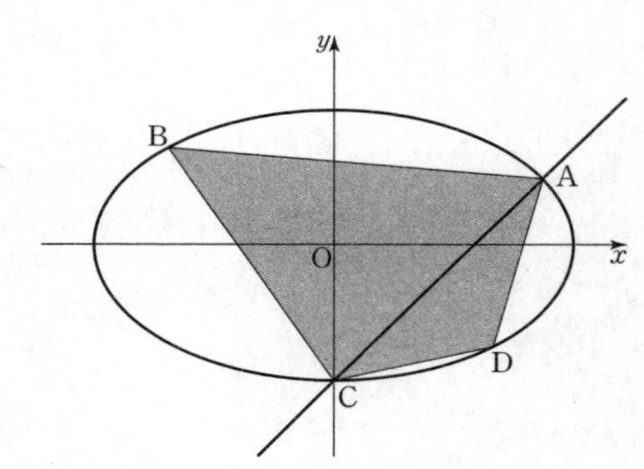

27 2023학년도 6월모평 기하 27번

$\overline{AD}=2$, $\overline{AB}=\overline{CD}=\sqrt{2}$, $\angle ABC=\angle BCD=45°$인 사다리꼴 ABCD가 있다. 두 대각선 AC와 BD의 교점을 E, 점 A에서 선분 BC에 내린 수선의 발을 H, 선분 AH와 선분 BD의 교점을 F라 할 때, $\overrightarrow{AF}\cdot\overrightarrow{CE}$의 값은? (3점)

① $-\frac{1}{9}$ ② $-\frac{2}{9}$ ③ $-\frac{1}{3}$

④ $-\frac{4}{9}$ ⑤ $-\frac{5}{9}$

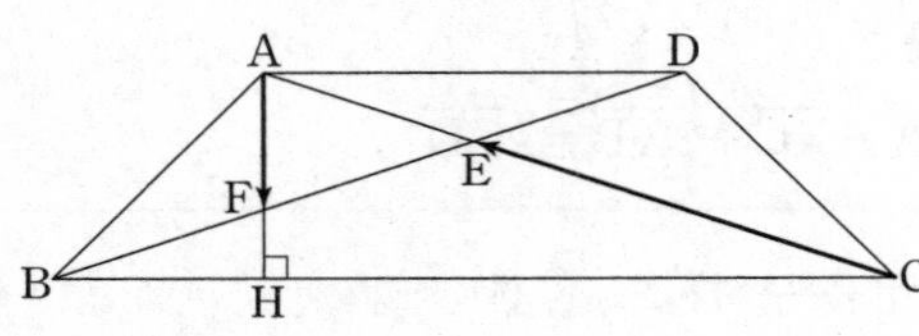

28 2023학년도 6월모평 기하 28번

좌표평면에서 직선 $y=2x-3$ 위를 움직이는 점 P가 있다. 두 점 $A(c,\ 0)$, $B(-c,\ 0)(c>0)$에 대하여 $\overline{PB}-\overline{PA}$의 값이 최대가 되도록 하는 점 P의 좌표가 $(3,\ 3)$일 때, 상수 c의 값은? (4점)

① $\frac{3\sqrt{6}}{2}$ ② $\frac{3\sqrt{7}}{2}$ ③ $3\sqrt{2}$

④ $\frac{9}{2}$ ⑤ $\frac{3\sqrt{10}}{2}$

10회
2023 6월 모의평가

해설편 119쪽

단답형

29 2023학년도 6월모평 기하 29번

초점이 F인 포물선 $y^2=8x$ 위의 점 중 제1사분면에 있는 점 P를 지나고 x축과 평행한 직선이 포물선 $y^2=8x$의 준선과 만나는 점을 F′이라 하자. 점 F′을 초점, 점 P를 꼭짓점으로 하는 포물선이 포물선 $y^2=8x$와 만나는 점 중 P가 아닌 점을 Q라 하자. 사각형 PF′QF의 둘레의 길이가 12일 때, 삼각형 PF′Q의 넓이는 $\frac{q}{p}\sqrt{2}$이다. $p+q$의 값을 구하시오. (단, 점 P의 x좌표는 2보다 작고, p와 q는 서로소인 자연수이다.) (4점)

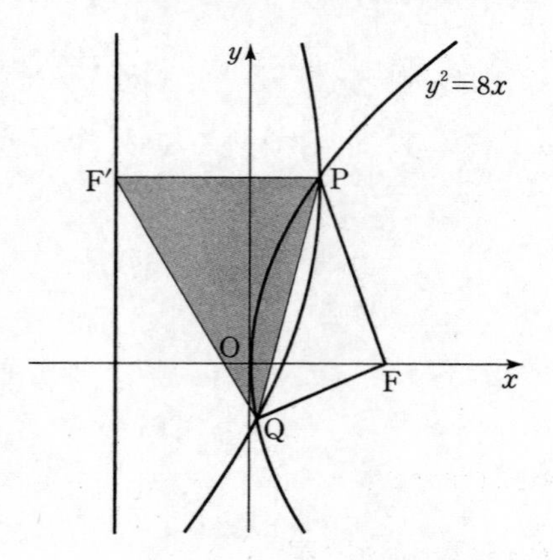

30 2023학년도 6월모평 기하 30번

좌표평면에서 한 변의 길이가 4인 정육각형 ABCDEF의 변 위를 움직이는 점 P가 있고, 점 C를 중심으로 하고 반지름의 길이가 1인 원 위를 움직이는 점 Q가 있다. 두 점 P, Q와 실수 k에 대하여 점 X가 다음 조건을 만족시킬 때, $|\overrightarrow{CX}|$의 값이 최소가 되도록 하는 k의 값을 α, $|\overrightarrow{CX}|$의 값이 최대가 되도록 하는 k의 값을 β라 하자.

(가) $\overrightarrow{CX}=\frac{1}{2}\overrightarrow{CP}+\overrightarrow{CQ}$
(나) $\overrightarrow{XA}+\overrightarrow{XC}+2\overrightarrow{XD}=k\overrightarrow{CD}$

$\alpha^2+\beta^2$의 값을 구하시오. (4점)

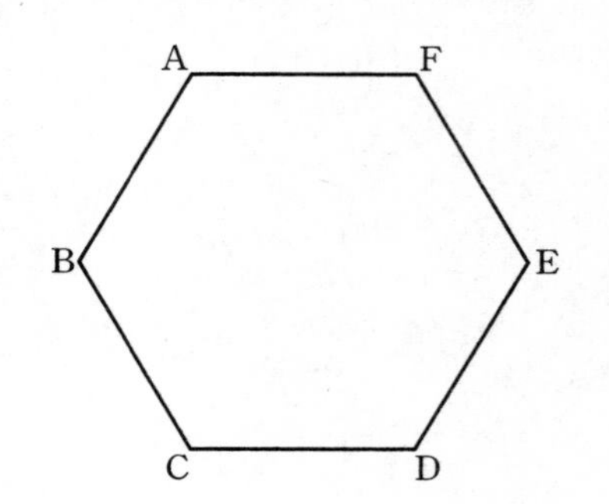

해설편 120쪽

2024학년도 대학수학능력시험 6월 모의평가

수학 영역

회차별 동영상 강의 QR

제 2 교시

11회

시험 시간	100분
날짜	월 일 요일
시작 시각	:
종료 시각	:

5지선다형

01 2024학년도 6월모평 1번

$\sqrt[3]{27} \times 4^{-\frac{1}{2}}$의 값은? (2점)

① $\frac{1}{2}$ ② $\frac{3}{4}$ ③ 1
④ $\frac{5}{4}$ ⑤ $\frac{3}{2}$

02 2024학년도 6월모평 2번

함수 $f(x)=x^2-2x+3$에 대하여 $\lim_{h \to 0} \frac{f(3+h)-f(3)}{h}$의 값은? (2점)

① 1 ② 2 ③ 3
④ 4 ⑤ 5

03 2024학년도 6월모평 3번

수열 $\{a_n\}$에 대하여 $\sum_{k=1}^{10}(2a_k+3)=60$일 때, $\sum_{k=1}^{10} a_k$의 값은? (3점)

① 10 ② 15 ③ 20
④ 25 ⑤ 30

04 2024학년도 6월모평 4번

실수 전체의 집합에서 연속인 함수 $f(x)$가

$$\lim_{x \to 1} f(x)=4-f(1)$$

을 만족시킬 때, $f(1)$의 값은? (3점)

① 1 ② 2 ③ 3
④ 4 ⑤ 5

05 2024학년도 6월모평 5번

다항함수 $f(x)$에 대하여 함수 $g(x)$를

$$g(x)=(x^3+1)f(x)$$

라 하자. $f(1)=2$, $f'(1)=3$일 때, $g'(1)$의 값은? (3점)

① 12 ② 14 ③ 16
④ 18 ⑤ 20

06 2024학년도 6월모평 6번

$\cos\theta<0$이고 $\sin(-\theta)=\frac{1}{7}\cos\theta$일 때, $\sin\theta$의 값은? (3점)

① $-\frac{3\sqrt{2}}{10}$ ② $-\frac{\sqrt{2}}{10}$ ③ 0
④ $\frac{\sqrt{2}}{10}$ ⑤ $\frac{3\sqrt{2}}{10}$

해설편 121쪽

07 2024학년도 6월모평 7번

상수 a $(a>2)$에 대하여 함수 $y=\log_2(x-a)$의 그래프의 점근선이 두 곡선 $y=\log_2\dfrac{x}{4}$, $y=\log_{\frac{1}{2}}x$와 만나는 점을 각각 A, B라 하자. $\overline{\mathrm{AB}}=4$일 때, a의 값은? (3점)

① 4 ② 6 ③ 8
④ 10 ⑤ 12

08 2024학년도 6월모평 8번

두 곡선 $y=2x^2-1$, $y=x^3-x^2+k$가 만나는 점의 개수가 2가 되도록 하는 양수 k의 값은? (3점)

① 1 ② 2 ③ 3
④ 4 ⑤ 5

09 2024학년도 6월모평 9번

수열 $\{a_n\}$이 모든 자연수 n에 대하여

$$\sum_{k=1}^{n}\frac{1}{(2k-1)a_k}=n^2+2n$$

을 만족시킬 때, $\sum_{n=1}^{10}a_n$의 값은? (4점)

① $\dfrac{10}{21}$ ② $\dfrac{4}{7}$ ③ $\dfrac{2}{3}$
④ $\dfrac{16}{21}$ ⑤ $\dfrac{6}{7}$

10 2024학년도 6월모평 10번

양수 k에 대하여 함수 $f(x)$는

$$f(x)=kx(x-2)(x-3)$$

이다. 곡선 $y=f(x)$와 x축이 원점 O와 두 점 P, Q$(\overline{\mathrm{OP}}<\overline{\mathrm{OQ}})$에서 만난다. 곡선 $y=f(x)$와 선분 OP로 둘러싸인 영역을 A, 곡선 $y=f(x)$와 선분 PQ로 둘러싸인 영역을 B라 하자.

$$(A\text{의 넓이})-(B\text{의 넓이})=3$$

일 때, k의 값은? (4점)

① $\dfrac{7}{6}$ ② $\dfrac{4}{3}$ ③ $\dfrac{3}{2}$
④ $\dfrac{5}{3}$ ⑤ $\dfrac{11}{6}$

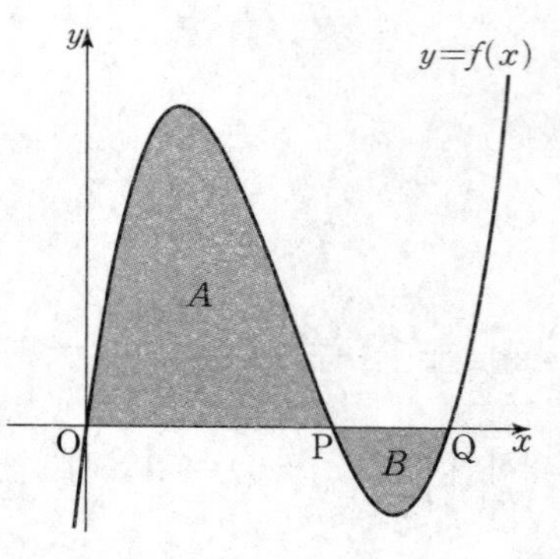

11 2024학년도 6월모평 11번

그림과 같이 실수 t $(0<t<1)$에 대하여 곡선 $y=x^2$ 위의 점 중에서 직선 $y=2tx-1$과의 거리가 최소인 점을 P라 하고, 직선 OP가 직선 $y=2tx-1$과 만나는 점을 Q라 할 때, $\lim_{t \to 1-} \frac{\overline{PQ}}{1-t}$의 값은? (단, O는 원점이다.) (4점)

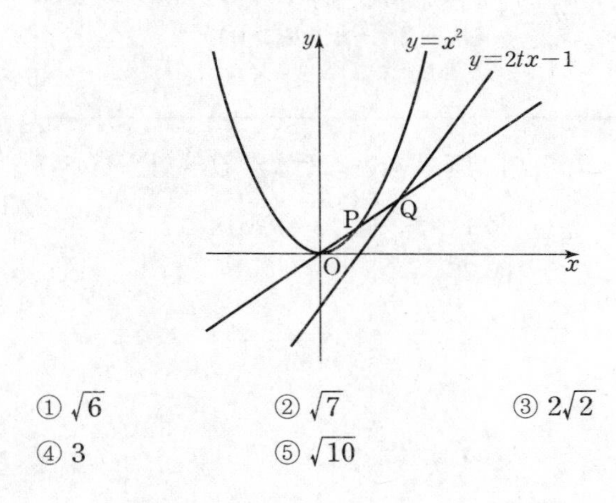

① $\sqrt{6}$ ② $\sqrt{7}$ ③ $2\sqrt{2}$
④ 3 ⑤ $\sqrt{10}$

12 2024학년도 6월모평 12번

$a_2=-4$이고 공차가 0이 아닌 등차수열 $\{a_n\}$에 대하여 수열 $\{b_n\}$을 $b_n=a_n+a_{n+1}$ $(n\geq 1)$이라 하고, 두 집합 A, B를

$$A=\{a_1, a_2, a_3, a_4, a_5\},\ B=\{b_1, b_2, b_3, b_4, b_5\}$$

라 하자. $n(A\cap B)=3$이 되도록 하는 모든 수열 $\{a_n\}$에 대하여 a_{20}의 값의 합은? (4점)

① 30 ② 34 ③ 38
④ 42 ⑤ 46

13 2024학년도 6월모평 13번

그림과 같이

$$\overline{BC}=3,\ \overline{CD}=2,\ \cos(\angle BCD)=-\frac{1}{3},\ \angle DAB>\frac{\pi}{2}$$

인 사각형 ABCD에서 두 삼각형 ABC와 ACD는 모두 예각삼각형이다. 선분 AC를 1 : 2로 내분하는 점 E에 대하여 선분 AE를 지름으로 하는 원이 두 선분 AB, AD와 만나는 점 중 A가 아닌 점을 각각 P_1, P_2라 하고, 선분 CE를 지름으로 하는 원이 두 선분 BC, CD와 만나는 점 중 C가 아닌 점을 각각 Q_1, Q_2라 하자.
$\overline{P_1P_2} : \overline{Q_1Q_2}=3 : 5\sqrt{2}$이고 삼각형 ABD의 넓이가 2일 때, $\overline{AB}+\overline{AD}$의 값은? (단, $\overline{AB}>\overline{AD}$) (4점)

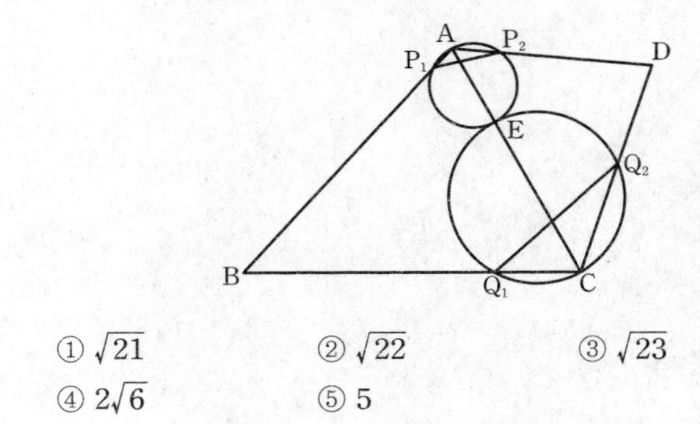

① $\sqrt{21}$ ② $\sqrt{22}$ ③ $\sqrt{23}$
④ $2\sqrt{6}$ ⑤ 5

해설편 122쪽

14 2024학년도 6월모평 14번

실수 $a(a\geq 0)$에 대하여 수직선 위를 움직이는 점 P의 시각 $t(t\geq 0)$에서의 속도 $v(t)$를

$$v(t)=-t(t-1)(t-a)(t-2a)$$

라 하자. 점 P가 시각 $t=0$일 때 출발한 후 운동 방향을 한 번만 바꾸도록 하는 a에 대하여, 시각 $t=0$에서 $t=2$까지 점 P의 위치의 변화량의 최댓값은? (4점)

① $\frac{1}{5}$ ② $\frac{7}{30}$ ③ $\frac{4}{15}$
④ $\frac{3}{10}$ ⑤ $\frac{1}{3}$

15 2024학년도 6월모평 15번

자연수 k에 대하여 다음 조건을 만족시키는 수열 $\{a_n\}$이 있다.

> $a_1=k$이고, 모든 자연수 n에 대하여
> $$a_{n+1}=\begin{cases} a_n+2n-k & (a_n\leq 0) \\ a_n-2n-k & (a_n>0) \end{cases}$$
> 이다.

$a_3\times a_4\times a_5\times a_6<0$이 되도록 하는 모든 k의 값의 합은? (4점)

① 10 ② 14 ③ 18
④ 22 ⑤ 26

해설편 123쪽

단답형

16 2024학년도 6월모평 16번

부등식 $2^{x-6} \le \left(\frac{1}{4}\right)^x$을 만족시키는 모든 자연수 x의 값의 합을 구하시오. (3점)

17 2024학년도 6월모평 17번

함수 $f(x)$에 대하여 $f'(x)=8x^3-1$이고 $f(0)=3$일 때, $f(2)$의 값을 구하시오. (3점)

18 2024학년도 6월모평 18번

두 상수 a, b에 대하여 삼차함수 $f(x)=ax^3+bx+a$는 $x=1$에서 극소이다. 함수 $f(x)$의 극솟값이 -2일 때, 함수 $f(x)$의 극댓값을 구하시오. (3점)

19 2024학년도 6월모평 19번

두 자연수 a, b에 대하여 함수

$$f(x)=a\sin bx+8-a$$

가 다음 조건을 만족시킬 때, $a+b$의 값을 구하시오. (3점)

(가) 모든 실수 x에 대하여 $f(x) \ge 0$이다.
(나) $0 \le x < 2\pi$일 때, x에 대한 방정식 $f(x)=0$의 서로 다른 실근의 개수는 4이다.

20 2024학년도 6월모평 20번

최고차항의 계수가 1인 이차함수 $f(x)$에 대하여 함수

$$g(x)=\int_0^x f(t)\,dt$$

가 다음 조건을 만족시킬 때, $f(9)$의 값을 구하시오. (4점)

$x \ge 1$인 모든 실수 x에 대하여
$g(x) \ge g(4)$이고 $|g(x)| \ge |g(3)|$이다.

11회 2024 6월 모의평가

해설편 124쪽

21 2024학년도 6월모평 21번

실수 t에 대하여 두 곡선 $y=t-\log_2 x$와 $y=2^{x-t}$이 만나는 점의 x좌표를 $f(t)$라 하자.
[보기]의 각 명제에 대하여 다음 규칙에 따라 A, B, C의 값을 정할 때, $A+B+C$의 값을 구하시오.
(단, $A+B+C\neq 0$) (4점)

- 명제 ㄱ이 참이면 $A=100$, 거짓이면 $A=0$이다.
- 명제 ㄴ이 참이면 $B=10$, 거짓이면 $B=0$이다.
- 명제 ㄷ이 참이면 $C=1$, 거짓이면 $C=0$이다.

[보기]

ㄱ. $f(1)=1$이고 $f(2)=2$이다.
ㄴ. 실수 t의 값이 증가하면 $f(t)$의 값도 증가한다.
ㄷ. 모든 양의 실수 t에 대하여 $f(t)\geq t$이다.

22 2024학년도 6월모평 22번

정수 $a(a\neq 0)$에 대하여 함수 $f(x)$를

$$f(x)=x^3-2ax^2$$

이라 하자. 다음 조건을 만족시키는 모든 정수 k의 값의 곱이 -12가 되도록 하는 a에 대하여 $f'(10)$의 값을 구하시오.
(4점)

함수 $f(x)$에 대하여

$$\left\{\frac{f(x_1)-f(x_2)}{x_1-x_2}\right\}\times\left\{\frac{f(x_2)-f(x_3)}{x_2-x_3}\right\}<0$$

을 만족시키는 세 실수 x_1, x_2, x_3이 열린구간 $\left(k, k+\frac{3}{2}\right)$에 존재한다.

해설편 124쪽

수학 영역 (확률과 통계)

5지선다형

23 2024학년도 6월모평 확통 23번

5개의 문자 a, a, b, c, d를 모두 일렬로 나열하는 경우의 수는? (2점)

① 50 ② 55 ③ 60
④ 65 ⑤ 70

24 2024학년도 6월모평 확통 24번

두 사건 A, B에 대하여

$$\mathrm{P}(A\cap B^C)=\frac{1}{9},\ \mathrm{P}(B^C)=\frac{7}{18}$$

일 때, $\mathrm{P}(A\cup B)$의 값은?

(단, B^C은 B의 여사건이다.) (3점)

① $\frac{5}{9}$ ② $\frac{11}{18}$ ③ $\frac{2}{3}$
④ $\frac{13}{18}$ ⑤ $\frac{7}{9}$

25 2024학년도 6월모평 확통 25번

흰색 손수건 4장, 검은색 손수건 5장이 들어 있는 상자가 있다. 이 상자에서 임의로 4장의 손수건을 동시에 꺼낼 때, 꺼낸 4장의 손수건 중에서 흰색 손수건이 2장 이상일 확률은? (3점)

① $\frac{1}{2}$ ② $\frac{4}{7}$ ③ $\frac{9}{14}$
④ $\frac{5}{7}$ ⑤ $\frac{11}{14}$

26 2024학년도 6월모평 확통 26번

다항식 $(x-1)^6(2x+1)^7$의 전개식에서 x^2의 계수는? (3점)

① 15 ② 20 ③ 25
④ 30 ⑤ 35

27 2024학년도 6월모평 확통 27번

한 개의 주사위를 두 번 던질 때 나오는 눈의 수를 차례로 a, b라 하자. $a\times b$가 4의 배수일 때, $a+b\le7$일 확률은? (3점)

① $\frac{2}{5}$ ② $\frac{7}{15}$ ③ $\frac{8}{15}$
④ $\frac{3}{5}$ ⑤ $\frac{2}{3}$

해설편 125쪽

28 2024학년도 6월모평 확통 28번

집합 $X=\{1, 2, 3, 4, 5\}$에 대하여 다음 조건을 만족시키는 함수 $f: X \longrightarrow X$의 개수는? (4점)

(가) $f(1)\times f(3)\times f(5)$는 홀수이다.
(나) $f(2)<f(4)$
(다) 함수 f의 치역의 원소의 개수는 3이다.

① 128 ② 132 ③ 136
④ 140 ⑤ 144

단답형

29 2024학년도 6월모평 확통 29번

그림과 같이 2장의 검은색 카드와 1부터 8까지의 자연수가 하나씩 적혀 있는 8장의 흰색 카드가 있다. 이 카드를 모두 한 번씩 사용하여 왼쪽에서 오른쪽으로 일렬로 배열할 때, 다음 조건을 만족시키는 경우의 수를 구하시오.
(단, 검은색 카드는 서로 구별하지 않는다.) (4점)

(가) 흰색 카드에 적힌 수가 작은 수부터 크기순으로 왼쪽에서 오른쪽으로 배열되도록 카드가 놓여 있다.
(나) 검은색 카드 사이에는 흰색 카드가 2장 이상 놓여 있다.
(다) 검은색 카드 사이에는 3의 배수가 적힌 흰색 카드가 1장 이상 놓여 있다.

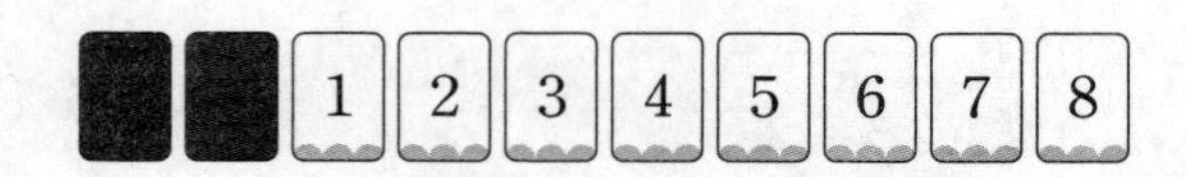

30 2024학년도 6월모평 확통 30번

주머니에 숫자 1, 2, 3, 4가 하나씩 적혀 있는 흰 공 4개와 숫자 4, 5, 6, 7이 하나씩 적혀 있는 검은 공 4개가 들어 있다. 이 주머니를 사용하여 다음 규칙에 따라 점수를 얻는 시행을 한다.

주머니에서 임의로 2개의 공을 동시에 꺼내어 꺼낸 공이 서로 다른 색이면 12를 점수로 얻고, 꺼낸 공이 서로 같은 색이면 꺼낸 두 공에 적힌 수의 곱을 점수로 얻는다.

이 시행을 한 번 하여 얻은 점수가 24 이하의 짝수일 확률이 $\frac{q}{p}$일 때, $p+q$의 값을 구하시오.
(단, p와 q는 서로소인 자연수이다.) (4점)

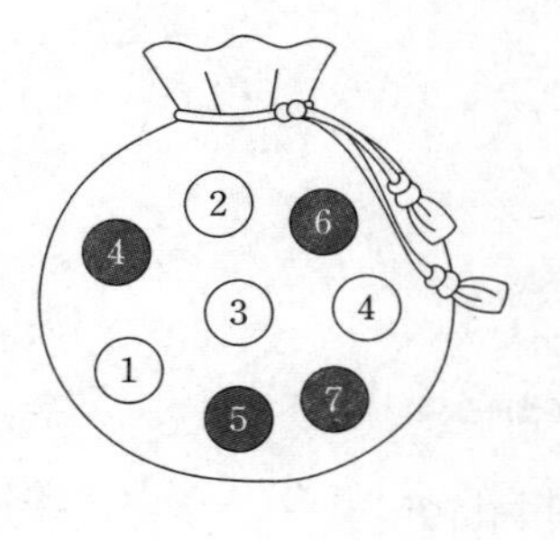

해설편 126쪽

수학 영역 (미적분)

5지선다형

23 2024학년도 6월모평 미적 23번

$\lim_{n\to\infty}(\sqrt{n^2+9n}-\sqrt{n^2+4n})$의 값은? (2점)

① $\frac{1}{2}$ ② 1 ③ $\frac{3}{2}$
④ 2 ⑤ $\frac{5}{2}$

24 2024학년도 6월모평 미적 24번

매개변수 t로 나타내어진 곡선

$$x=\frac{5t}{t^2+1},\ y=3\ln(t^2+1)$$

에서 $t=2$일 때, $\frac{dy}{dx}$의 값은? (3점)

① -1 ② -2 ③ -3
④ -4 ⑤ -5

25 2024학년도 6월모평 미적 25번

$\lim_{x\to0}\frac{2^{ax+b}-8}{2^{bx}-1}=16$일 때, $a+b$의 값은?

(단, a와 b는 0이 아닌 상수이다.) (3점)

① 9 ② 10 ③ 11
④ 12 ⑤ 13

26 2024학년도 6월모평 미적 26번

x에 대한 방정식 $x^2-5x+2\ln x=t$의 서로 다른 실근의 개수가 2가 되도록 하는 모든 실수 t의 값의 합은? (3점)

① $-\frac{17}{2}$ ② $-\frac{33}{4}$ ③ -8
④ $-\frac{31}{4}$ ⑤ $-\frac{15}{2}$

27 2024학년도 6월모평 미적 27번

실수 $t(0<t<\pi)$에 대하여 곡선 $y=\sin x$ 위의 점 $\mathrm{P}(t,\ \sin t)$에서의 접선과 점 P를 지나고 기울기가 -1인 직선이 이루는 예각의 크기를 θ라 할 때, $\lim_{t\to\pi-}\frac{\tan\theta}{(\pi-t)^2}$의 값은? (3점)

① $\frac{1}{16}$ ② $\frac{1}{8}$ ③ $\frac{1}{4}$
④ $\frac{1}{2}$ ⑤ 1

해설편 127쪽

28 2024학년도 6월모평 미적 28번

두 상수 $a(a>0)$, b에 대하여 실수 전체의 집합에서 연속인 함수 $f(x)$가 다음 조건을 만족시킬 때, $a\times b$의 값은? (4점)

> (가) 모든 실수 x에 대하여
> $$\{f(x)\}^2+2f(x)=a\cos^3\pi x\times e^{\sin^2\pi x}+b$$
> 이다.
> (나) $f(0)=f(2)+1$

① $-\frac{1}{16}$ ② $-\frac{7}{64}$ ③ $-\frac{5}{32}$
④ $-\frac{13}{64}$ ⑤ $-\frac{1}{4}$

단답형

29 2024학년도 6월모평 미적 29번

세 실수 a, b, k에 대하여 두 점 $\mathrm{A}(a,\ a+k)$, $\mathrm{B}(b,\ b+k)$가 곡선 $C: x^2-2xy+2y^2=15$ 위에 있다. 곡선 C 위의 점 A에서의 접선과 곡선 C 위의 점 B에서의 접선이 서로 수직일 때, k^2의 값을 구하시오.

(단, $a+2k\neq 0$, $b+2k\neq 0$) (4점)

30 2024학년도 6월모평 미적 30번

수열 $\{a_n\}$은 등비수열이고, 수열 $\{b_n\}$을 모든 자연수 n에 대하여

$$b_n=\begin{cases}-1 & (a_n\leq -1)\\ a_n & (a_n>-1)\end{cases}$$

이라 할 때, 수열 $\{b_n\}$은 다음 조건을 만족시킨다.

> (가) 급수 $\sum_{n=1}^{\infty}b_{2n-1}$은 수렴하고 그 합은 -3이다.
> (나) 급수 $\sum_{n=1}^{\infty}b_{2n}$은 수렴하고 그 합은 8이다.

$b_3=-1$일 때, $\sum_{n=1}^{\infty}|a_n|$의 값을 구하시오. (4점)

해설편 128쪽

5지선다형

23 2024학년도 6월모평 기하 23번

포물선 $y^2=-12(x-1)$의 준선을 $x=k$라 할 때, 상수 k의 값은? (2점)

① 4 ② 7 ③ 10
④ 13 ⑤ 16

24 2024학년도 6월모평 기하 24번

한 직선 위에 있지 않은 서로 다른 세 점 A, B, C에 대하여

$$2\overrightarrow{AB}+p\overrightarrow{BC}=q\overrightarrow{CA}$$

일 때, $p-q$의 값은? (단, p와 q는 실수이다.) (3점)

① 1 ② 2 ③ 3
④ 4 ⑤ 5

25 2024학년도 6월모평 기하 25번

그림과 같이 한 변의 길이가 1인 정사각형 ABCD에서

$$(\overrightarrow{AB}+k\overrightarrow{BC})\cdot(\overrightarrow{AC}+3k\overrightarrow{CD})=0$$

일 때, 실수 k의 값은? (3점)

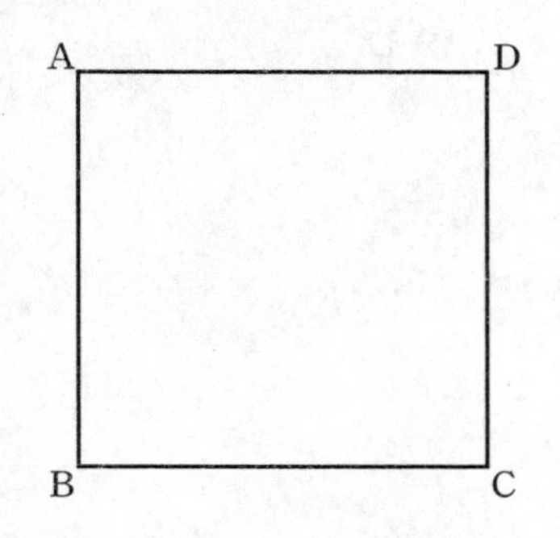

① 1 ② $\frac{1}{2}$ ③ $\frac{1}{3}$
④ $\frac{1}{4}$ ⑤ $\frac{1}{5}$

26 2024학년도 6월모평 기하 26번

두 초점이 $\mathrm{F}(12,\ 0)$, $\mathrm{F'}(-4,\ 0)$이고, 장축의 길이가 24인 타원 C가 있다. $\overline{\mathrm{F'F}}=\overline{\mathrm{F'P}}$인 타원 C 위의 점 P에 대하여 선분 F′P의 중점을 Q라 하자. 한 초점이 F′인 타원 $\frac{x^2}{a^2}+\frac{y^2}{b^2}=1$이 점 Q를 지날 때, $\overline{\mathrm{PF}}+a^2+b^2$의 값은?
(단, a와 b는 양수이다.) (3점)

① 46 ② 52 ③ 58
④ 64 ⑤ 70

11회 2024 6월 모의평가

해설편 129쪽

27 2024학년도 6월모평 기하 27번

포물선 $(y-2)^2=8(x+2)$ 위의 점 P와 점 A$(0, 2)$에 대하여 $\overline{\text{OP}}+\overline{\text{PA}}$의 값이 최소가 되도록 하는 점 P를 P_0이라 하자. $\overline{\text{OQ}}+\overline{\text{QA}}=\overline{\text{OP}_0}+\overline{\text{P}_0\text{A}}$를 만족시키는 점 Q에 대하여 점 Q의 y좌표의 최댓값과 최솟값을 각각 M, m이라 할 때, M^2+m^2의 값은? (단, O는 원점이다.) (3점)

① 8 ② 9 ③ 10
④ 11 ⑤ 12

28 2024학년도 6월모평 기하 28번

좌표평면의 네 점 A$(2, 6)$, B$(6, 2)$, C$(4, 4)$, D$(8, 6)$에 대하여 다음 조건을 만족시키는 모든 점 X의 집합을 S라 하자.

> (가) $\{(\overrightarrow{\text{OX}}-\overrightarrow{\text{OD}})\cdot\overrightarrow{\text{OC}}\}\times\{|\overrightarrow{\text{OX}}-\overrightarrow{\text{OC}}|-3\}=0$
> (나) 두 벡터 $\overrightarrow{\text{OX}}-\overrightarrow{\text{OP}}$와 $\overrightarrow{\text{OC}}$가 서로 평행하도록 하는 선분 AB 위의 점 P가 존재한다.

집합 S에 속하는 점 중에서 y좌표가 최대인 점을 Q, y좌표가 최소인 점을 R이라 할 때, $\overrightarrow{\text{OQ}}\cdot\overrightarrow{\text{OR}}$의 값은?
(단, O는 원점이다.) (4점)

① 25 ② 26 ③ 27
④ 28 ⑤ 29

단답형

29 2024학년도 6월모평 기하 29번

두 점 F$(c, 0)$, F$'(-c, 0)$ $(c>0)$을 초점으로 하는 두 쌍곡선

$$C_1 : x^2-\frac{y^2}{24}=1,\ C_2 : \frac{x^2}{4}-\frac{y^2}{21}=1$$

이 있다. 쌍곡선 C_1 위에 있는 제2사분면 위의 점 P에 대하여 선분 PF$'$이 쌍곡선 C_2와 만나는 점을 Q라 하자. $\overline{\text{PQ}}+\overline{\text{QF}}$, $2\overline{\text{PF}'}$, $\overline{\text{PF}}+\overline{\text{PF}'}$이 이 순서대로 등차수열을 이룰 때, 직선 PQ의 기울기는 m이다. $60m$의 값을 구하시오.
(4점)

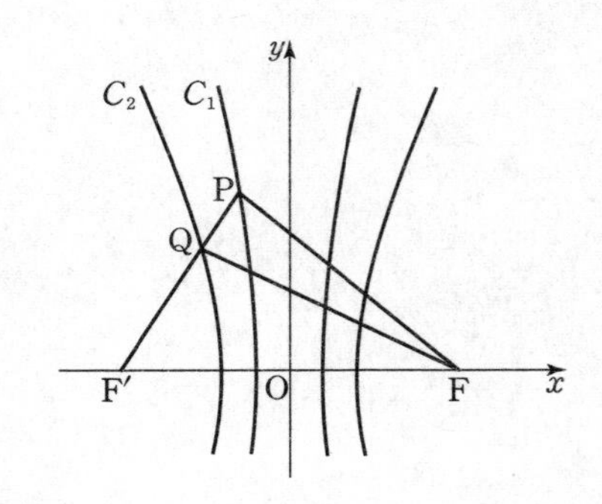

30 2024학년도 6월모평 기하 30번

직선 $2x+y=0$ 위를 움직이는 점 P와
타원 $2x^2+y^2=3$ 위를 움직이는 점 Q에 대하여

$$\overrightarrow{\text{OX}}=\overrightarrow{\text{OP}}+\overrightarrow{\text{OQ}}$$

를 만족시키고, x좌표와 y좌표가 모두 0 이상인 모든 점 X가 나타내는 영역의 넓이는 $\frac{q}{p}$이다. $p+q$의 값을 구하시오.
(단, O는 원점이고, p와 q는 서로소인 자연수이다.) (4점)

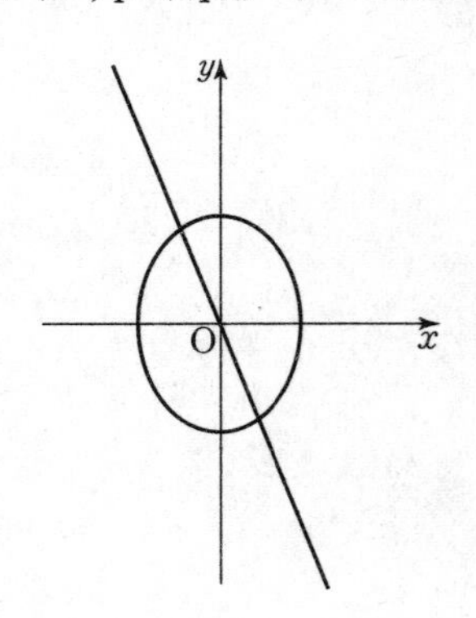

해설편 129쪽

2025학년도 대학수학능력시험 6월 모의평가

수학 영역

제 2 교시

12회	시험 시간	100분
	날짜	월 일 요일
시작 시각 :	종료 시각	:

5지선다형

01 2025학년도 6월모평 1번

$\left(\frac{5}{\sqrt[3]{25}}\right)^{\frac{3}{2}}$의 값은? (2점)

① $\frac{1}{5}$　② $\frac{\sqrt{5}}{5}$　③ 1　④ $\sqrt{5}$　⑤ 5

02 2025학년도 6월모평 2번

함수 $f(x)=x^2+x+2$에 대하여 $\lim_{h\to 0}\frac{f(2+h)-f(2)}{h}$의 값은? (2점)

① 1　② 2　③ 3　④ 4　⑤ 5

03 2025학년도 6월모평 3번

수열 $\{a_n\}$에 대하여 $\sum_{k=1}^{5}(a_k+1)=9$이고 $a_6=4$일 때, $\sum_{k=1}^{6}a_k$의 값은? (3점)

① 6　② 7　③ 8　④ 9　⑤ 10

04 2025학년도 6월모평 4번

함수 $y=f(x)$의 그래프가 그림과 같다.

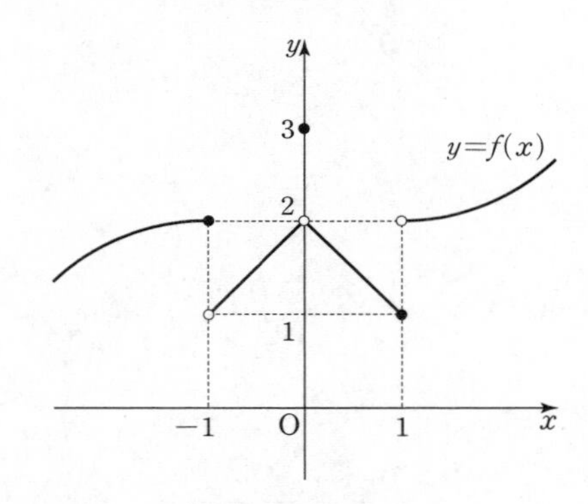

$\lim_{x\to 0+}f(x)+\lim_{x\to 1-}f(x)$의 값은? (3점)

① 1　② 2　③ 3　④ 4　⑤ 5

05 2025학년도 6월모평 5번

함수 $f(x)=(x^2-1)(x^2+2x+2)$에 대하여 $f'(1)$의 값은? (3점)

① 6　② 7　③ 8　④ 9　⑤ 10

12회 2025 6월 모의평가

해설편 131쪽

06 2025학년도 6월모평 6번

$\pi<\theta<\frac{3}{2}\pi$인 θ에 대하여 $\sin\left(\theta-\frac{\pi}{2}\right)=\frac{3}{5}$일 때, $\sin\theta$의 값은? (3점)

① $-\frac{4}{5}$ ② $-\frac{3}{5}$ ③ $\frac{3}{5}$
④ $\frac{3}{4}$ ⑤ $\frac{4}{5}$

07 2025학년도 6월모평 7번

x에 대한 방정식 $x^3-3x^2-9x+k=0$의 서로 다른 실근의 개수가 2가 되도록 하는 모든 실수 k의 값의 합은? (3점)

① 13 ② 16 ③ 19
④ 22 ⑤ 25

08 2025학년도 6월모평 8번

$a_1a_2<0$인 등비수열 $\{a_n\}$에 대하여

$$a_6=16,\ 2a_8-3a_7=32$$

일 때, a_9+a_{11}의 값은? (3점)

① $-\frac{5}{2}$ ② $-\frac{3}{2}$ ③ $-\frac{1}{2}$
④ $\frac{1}{2}$ ⑤ $\frac{3}{2}$

09 2025학년도 6월모평 9번

함수

$$f(x)=\begin{cases} x-\frac{1}{2} & (x<0) \\ -x^2+3 & (x\geq 0) \end{cases}$$

에 대하여 함수 $(f(x)+a)^2$이 실수 전체의 집합에서 연속일 때, 상수 a의 값은? (4점)

① $-\frac{9}{4}$ ② $-\frac{7}{4}$ ③ $-\frac{5}{4}$
④ $-\frac{3}{4}$ ⑤ $-\frac{1}{4}$

해설편 131쪽

10 2025학년도 6월모평 10번

다음 조건을 만족시키는 삼각형 ABC의 외접원의 넓이가 9π일 때, 삼각형 ABC의 넓이는? (4점)

> (가) $3\sin A=2\sin B$
> (나) $\cos B=\cos C$

① $\frac{32}{9}\sqrt{2}$ ② $\frac{40}{9}\sqrt{2}$ ③ $\frac{16}{3}\sqrt{2}$
④ $\frac{56}{9}\sqrt{2}$ ⑤ $\frac{64}{9}\sqrt{2}$

11 2025학년도 6월모평 11번

최고차항의 계수가 1이고 $f(0)=0$인 삼차함수 $f(x)$가

$$\lim_{x\to a}\frac{f(x)-1}{x-a}=3$$

을 만족시킨다. 곡선 $y=f(x)$ 위의 점 $(a,\ f(a))$에서의 접선의 y절편이 4일 때, $f(1)$의 값은?

(단, a는 상수이다.) (4점)

① -1 ② -2 ③ -3
④ -4 ⑤ -5

12 2025학년도 6월모평 12번

그림과 같이 곡선 $y=1-2^{-x}$ 위의 제1사분면에 있는 점 A를 지나고 y축에 평행한 직선이 곡선 $y=2^x$과 만나는 점을 B라 하자. 점 A를 지나고 x축에 평행한 직선이 곡선 $y=2^x$과 만나는 점을 C, 점 C를 지나고 y축에 평행한 직선이 곡선 $y=1-2^{-x}$과 만나는 점을 D라 하자. $\overline{AB}=2\overline{CD}$일 때, 사각형 ABCD의 넓이는? (4점)

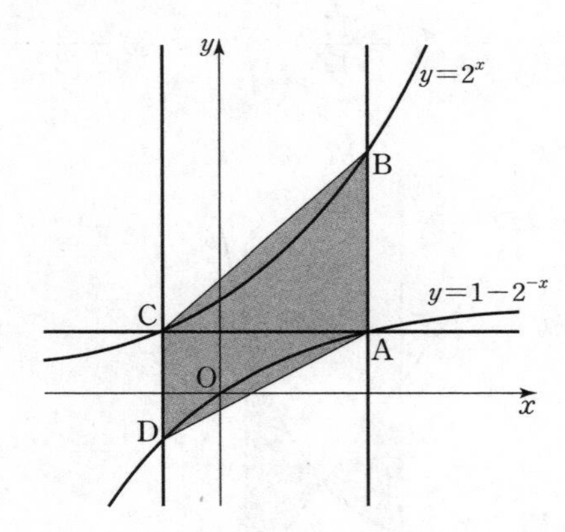

① $\frac{5}{2}\log_2 3-\frac{5}{4}$ ② $3\log_2 3-\frac{3}{2}$
③ $\frac{7}{2}\log_2 3-\frac{7}{4}$ ④ $4\log_2 3-2$
⑤ $\frac{9}{2}\log_2 3-\frac{9}{4}$

12회 2025 6월 모의평가

해설편 132쪽

13 2025학년도 6월모평 13번

곡선 $y=\frac{1}{4}x^3+\frac{1}{2}x$와 직선 $y=mx+2$ 및 y축으로 둘러싸인 부분의 넓이를 A, 곡선 $y=\frac{1}{4}x^3+\frac{1}{2}x$와 두 직선 $y=mx+2$, $x=2$로 둘러싸인 부분의 넓이를 B라 하자. $B-A=\frac{2}{3}$일 때, 상수 m의 값은? (단, $m<-1$) (4점)

① $-\frac{3}{2}$　② $-\frac{17}{12}$　③ $-\frac{4}{3}$
④ $-\frac{5}{4}$　⑤ $-\frac{7}{6}$

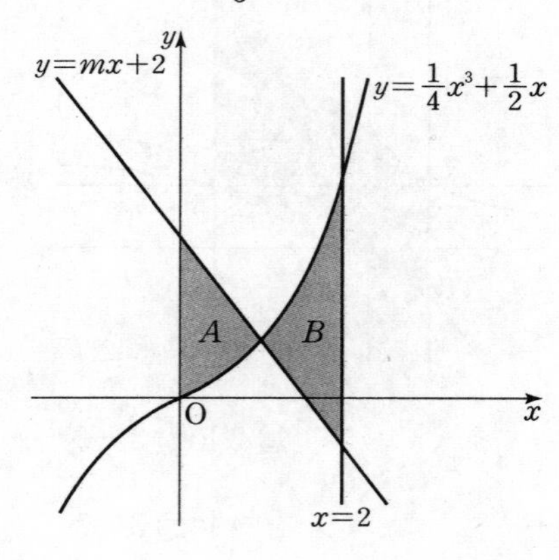

14 2025학년도 6월모평 14번

다음 조건을 만족시키는 모든 자연수 k의 값의 합은? (4점)

$\log_2\sqrt{-n^2+10n+75}-\log_4(75-kn)$의 값이 양수가 되도록 하는 자연수 n의 개수가 12이다.

① 6　② 7　③ 8
④ 9　⑤ 10

15 2025학년도 6월모평 15번

최고차항의 계수가 1인 삼차함수 $f(x)$와 상수 k $(k\geq 0)$에 대하여 함수

$$g(x)=\begin{cases} 2x-k & (x\leq k) \\ f(x) & (x>k) \end{cases}$$

가 다음 조건을 만족시킨다.

(가) 함수 $g(x)$는 실수 전체의 집합에서 증가하고 미분가능하다. (나) 모든 실수 x에 대하여 $\int_0^x g(t)\{\lvert t(t-1)\rvert+t(t-1)\}dt\geq 0$이고 $\int_3^x g(t)\{\lvert(t-1)(t+2)\rvert-(t-1)(t+2)\}dt\geq 0$ 이다.

$g(k+1)$의 최솟값은? (4점)

① $4-\sqrt{6}$　② $5-\sqrt{6}$　③ $6-\sqrt{6}$
④ $7-\sqrt{6}$　⑤ $8-\sqrt{6}$

단답형

16 2025학년도 6월모평 16번

방정식 $\log_2 (x+1)-5=\log_{\frac{1}{2}} (x-3)$을 만족시키는 실수 x의 값을 구하시오. (3점)

17 2025학년도 6월모평 17번

함수 $f(x)$에 대하여 $f'(x)=6x^2+2$이고 $f(0)=3$일 때, $f(2)$의 값을 구하시오. (3점)

18 2025학년도 6월모평 18번

$\sum_{k=1}^{9} (ak^2-10k)=120$일 때, 상수 a의 값을 구하시오. (3점)

19 2025학년도 6월모평 19번

시각 $t=0$일 때 원점을 출발하여 수직선 위를 움직이는 점 P의 시각 t $(t\geq0)$에서의 속도 $v(t)$가

$$v(t)=\begin{cases} -t^2+t+2 & (0\leq t\leq 3) \\ k(t-3)-4 & (t>3) \end{cases}$$

이다. 출발한 후 점 P의 운동 방향이 두 번째로 바뀌는 시각에서의 점 P의 위치가 1일 때, 양수 k의 값을 구하시오. (3점)

20 2025학년도 6월모평 20번

5 이하의 두 자연수 a, b에 대하여 열린구간 $(0, 2\pi)$에서 정의된 함수 $y=a\sin x+b$의 그래프가 직선 $x=\pi$와 만나는 점의 집합을 A라 하고, 두 직선 $y=1$, $y=3$과 만나는 점의 집합을 각각 B, C라 하자. $n(A\cup B\cup C)=3$이 되도록 하는 a, b의 순서쌍 (a, b)에 대하여 $a+b$의 최댓값을 M, 최솟값을 m이라 할 때, $M\times m$의 값을 구하시오. (4점)

해설편 135쪽

21 2025학년도 6월모평 21번

최고차항의 계수가 1인 사차함수 $f(x)$가 다음 조건을 만족시킨다.

(가) $f'(a) \leq 0$인 실수 a의 최댓값은 2이다.
(나) 집합 $\{x \mid f(x)=k\}$의 원소의 개수가 3 이상이 되도록 하는 실수 k의 최솟값은 $\frac{8}{3}$이다.

$f(0)=0$, $f'(1)=0$일 때, $f(3)$의 값을 구하시오. (4점)

22 2025학년도 6월모평 22번

수열 $\{a_n\}$은

$$a_2=-a_1$$

이고, $n \geq 2$인 모든 자연수 n에 대하여

$$a_{n+1}=\begin{cases} a_n-\sqrt{n}\times a_{\sqrt{n}} & (\sqrt{n}\text{이 자연수이고 } a_n>0\text{인 경우}) \\ a_n+1 & (\text{그 외의 경우}) \end{cases}$$

를 만족시킨다. $a_{15}=1$이 되도록 하는 모든 a_1의 값의 곱을 구하시오. (4점)

해설편 136쪽

수학 영역 (확률과 통계)

5지선다형

23 2025학년도 6월모평 확통 23번

네 개의 숫자 1, 1, 2, 3을 모두 일렬로 나열하는 경우의 수는? (2점)

① 8 ② 10 ③ 12 ④ 14 ⑤ 16

24 2025학년도 6월모평 확통 24번

두 사건 A, B는 서로 배반사건이고

$$\mathrm{P}(A^C)=\frac{5}{6},\ \mathrm{P}(A\cup B)=\frac{3}{4}$$

일 때, $\mathrm{P}(B^C)$의 값은? (3점)

① $\frac{3}{8}$ ② $\frac{5}{12}$ ③ $\frac{11}{24}$ ④ $\frac{1}{2}$ ⑤ $\frac{13}{24}$

25 2025학년도 6월모평 확통 25번

다항식 $(x^2-2)^5$의 전개식에서 x^6의 계수는? (3점)

① -50 ② -20 ③ 10 ④ 40 ⑤ 70

26 2025학년도 6월모평 확통 26번

문자 a, b, c, d 중에서 중복을 허락하여 4개를 택해 일렬로 나열하여 만들 수 있는 모든 문자열 중에서 임의로 하나를 선택할 때, 문자 a가 한 개만 포함되거나 문자 b가 한 개만 포함된 문자열이 선택될 확률은? (3점)

① $\frac{5}{8}$ ② $\frac{41}{64}$ ③ $\frac{21}{32}$ ④ $\frac{43}{64}$ ⑤ $\frac{11}{16}$

27 2025학년도 6월모평 확통 27번

1부터 6까지의 자연수가 하나씩 적혀 있는 6개의 의자가 있다. 이 6개의 의자를 일정한 간격을 두고 원형으로 배열할 때, 서로 이웃한 2개의 의자에 적혀 있는 수의 합이 11이 되지 않도록 배열하는 경우의 수는?

(단, 회전하여 일치하는 것은 같은 것으로 본다.) (3점)

① 72 ② 78 ③ 84 ④ 90 ⑤ 96

해설편 137쪽

28 2025학년도 6월모평 확통 28번

탁자 위에 놓인 4개의 동전에 대하여 다음 시행을 한다.

> 4개의 동전 중 임의로 한 개의 동전을 택하여 한 번 뒤집는다.

처음에 3개의 동전은 앞면이 보이도록, 1개의 동전은 뒷면이 보이도록 놓여 있다. 위의 시행을 5번 반복한 후 4개의 동전이 모두 같은 면이 보이도록 놓여 있을 때, 모두 앞면이 보이도록 놓여 있을 확률은? (4점)

① $\frac{17}{32}$ ② $\frac{35}{64}$ ③ $\frac{9}{16}$
④ $\frac{37}{64}$ ⑤ $\frac{19}{32}$

앞면 앞면 앞면 뒷면

단답형

29 2025학년도 6월모평 확통 29번

40개의 공이 들어 있는 주머니가 있다. 각각의 공은 흰 공 또는 검은 공 중 하나이다. 이 주머니에서 임의로 2개의 공을 동시에 꺼낼 때, 흰 공 2개를 꺼낼 확률을 p, 흰 공 1개와 검은 공 1개를 꺼낼 확률을 q, 검은 공 2개를 꺼낼 확률을 r이라 하자. $p=q$일 때, $60r$의 값을 구하시오. (단, $p>0$) (4점)

30 2025학년도 6월모평 확통 30번

집합 $X=\{-2, -1, 0, 1, 2\}$에 대하여 다음 조건을 만족시키는 함수 $f : X \longrightarrow X$의 개수를 구하시오. (4점)

> (가) X의 모든 원소 x에 대하여 $x+f(x) \in X$이다.
> (나) $x=-2, -1, 0, 1$일 때 $f(x) \geq f(x+1)$이다.

해설편 138쪽

수학 영역 (미적분)

5지선다형

23 2025학년도 6월모평 미적 23번

$\lim_{n\to\infty}\dfrac{\left(\frac{1}{2}\right)^{n}+\left(\frac{1}{3}\right)^{n+1}}{\left(\frac{1}{2}\right)^{n+1}+\left(\frac{1}{3}\right)^{n}}$의 값은? (2점)

① 1 ② 2 ③ 3
④ 4 ⑤ 5

24 2025학년도 6월모평 미적 24번

곡선 $x\sin 2y+3x=3$ 위의 점 $\left(1,\ \frac{\pi}{2}\right)$에서의 접선의 기울기는? (3점)

① $\frac{1}{2}$ ② 1 ③ $\frac{3}{2}$
④ 2 ⑤ $\frac{5}{2}$

25 2025학년도 6월모평 미적 25번

수열 $\{a_n\}$이

$$\sum_{n=1}^{\infty}\left(a_n-\frac{3n^2-n}{2n^2+1}\right)=2$$

를 만족시킬 때, $\lim_{n\to\infty}(a_n{}^2+2a_n)$의 값은? (3점)

① $\frac{17}{4}$ ② $\frac{19}{4}$ ③ $\frac{21}{4}$
④ $\frac{23}{4}$ ⑤ $\frac{25}{4}$

26 2025학년도 6월모평 미적 26번

양수 t에 대하여 곡선 $y=e^{x^2}-1\ (x\geq 0)$이 두 직선 $y=t$, $y=5t$와 만나는 점을 각각 A, B라 하고, 점 B에서 x축에 내린 수선의 발을 C라 하자. 삼각형 ABC의 넓이를 $S(t)$라 할 때, $\lim_{t\to 0+}\frac{S(t)}{t\sqrt{t}}$의 값은? (3점)

① $\frac{5}{4}(\sqrt{5}-1)$ ② $\frac{5}{2}(\sqrt{5}-1)$ ③ $5(\sqrt{5}-1)$
④ $\frac{5}{4}(\sqrt{5}+1)$ ⑤ $\frac{5}{2}(\sqrt{5}+1)$

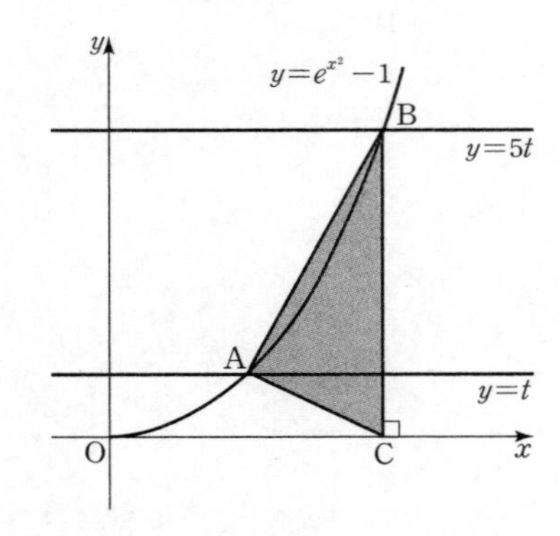

27 2025학년도 6월모평 미적 27번

상수 a $(a>1)$과 실수 t $(t>0)$에 대하여 곡선 $y=a^x$ 위의 점 $\mathrm{A}(t,\ a^t)$에서의 접선을 l이라 하자. 점 A를 지나고 직선 l에 수직인 직선이 x축과 만나는 점을 B, y축과 만나는 점을 C라 하자. $\dfrac{\overline{\mathrm{AC}}}{\overline{\mathrm{AB}}}$의 값이 $t=1$에서 최대일 때, a의 값은? (3점)

① $\sqrt{2}$ ② $\sqrt{e}$ ③ 2
④ $\sqrt{2e}$ ⑤ e

28 2025학년도 6월모평 미적 28번

함수 $f(x)$가

$$f(x)=\begin{cases} (x-a-2)^2e^x & (x\geq a) \\ e^{2a}(x-a)+4e^a & (x<a) \end{cases}$$

일 때, 실수 t에 대하여 $f(x)=t$를 만족시키는 x의 최솟값을 $g(t)$라 하자. 함수 $g(t)$가 $t=12$에서만 불연속일 때, $\dfrac{g'(f(a+2))}{g'(f(a+6))}$의 값은? (단, a는 상수이다.) (4점)

① $6e^4$ ② $9e^4$ ③ $12e^4$
④ $8e^6$ ⑤ $10e^6$

단답형

29 2025학년도 6월모평 미적 29번

함수 $f(x)=\frac{1}{3}x^3-x^2+\ln(1+x^2)+a$ (a는 상수)와 두 양수 b, c에 대하여 함수

$$g(x)=\begin{cases} f(x) & (x\geq b) \\ -f(x-c) & (x<b) \end{cases}$$

는 실수 전체의 집합에서 미분가능하다.
$a+b+c=p+q\ln 2$일 때, $30(p+q)$의 값을 구하시오.
(단, p, q는 유리수이고, $\ln 2$는 무리수이다.) (4점)

30 2025학년도 6월모평 미적 30번

함수 $y=\dfrac{\sqrt{x}}{10}$의 그래프와 함수 $y=\tan x$의 그래프가 만나는 모든 점의 x좌표를 작은 수부터 크기순으로 나열할 때, n번째 수를 a_n이라 하자.

$$\frac{1}{\pi^2}\times\lim_{n\to\infty}a_n^{\ 3}\tan^2(a_{n+1}-a_n)$$

의 값을 구하시오. (4점)

해설편 140쪽

수학 영역 (기하)

5지선다형

23 2025학년도 6월모평 기하 23번

두 벡터 $\vec{a}$와 $\vec{b}$에 대하여

$$\vec{a}+3(\vec{a}-\vec{b})=k\vec{a}-3\vec{b}$$

이다. 실수 k의 값은? (단, $\vec{a}\neq\vec{0}$, $\vec{b}\neq\vec{0}$) (2점)

① 1 ② 2 ③ 3 ④ 4 ⑤ 5

24 2025학년도 6월모평 기하 24번

타원 $\frac{x^2}{18}+\frac{y^2}{b^2}=1$ 위의 점 $(3, \sqrt{5})$에서의 접선의 y절편은? (단, b는 양수이다.) (3점)

① $\frac{3}{2}\sqrt{5}$ ② $2\sqrt{5}$ ③ $\frac{5}{2}\sqrt{5}$ ④ $3\sqrt{5}$ ⑤ $\frac{7}{2}\sqrt{5}$

25 2025학년도 6월모평 기하 25번

좌표평면에서 두 벡터 $\vec{a}=(-3, 3)$, $\vec{b}=(1, -1)$에 대하여 벡터 $\vec{p}$가

$$|\vec{p}-\vec{a}|=|\vec{b}|$$

를 만족시킬 때, $|\vec{p}-\vec{b}|$의 최솟값은? (3점)

① $\frac{3}{2}\sqrt{2}$ ② $2\sqrt{2}$ ③ $\frac{5}{2}\sqrt{2}$ ④ $3\sqrt{2}$ ⑤ $\frac{7}{2}\sqrt{2}$

26 2025학년도 6월모평 기하 26번

쌍곡선 $\frac{x^2}{a^2}-\frac{y^2}{b^2}=1$의 한 초점 $\mathrm{F}(c, 0)$ $(c>0)$을 지나고 y축에 평행한 직선이 쌍곡선과 만나는 두 점을 각각 P, Q라 하자. 쌍곡선의 한 점근선의 방정식이 $y=x$이고 $\overline{\mathrm{PQ}}=8$일 때, $a^2+b^2+c^2$의 값은? (단, a와 b는 양수이다.) (3점)

① 56 ② 60 ③ 64 ④ 68 ⑤ 72

27 2025학년도 6월모평 기하 27번

그림과 같이 직사각형 ABCD의 네 변의 중점 P, Q, R, S를 꼭짓점으로 하는 타원의 두 초점을 F, F′이라 하자. 점 F를 초점, 직선 AB를 준선으로 하는 포물선이 세 점 F′, Q, S를 지난다. 직사각형 ABCD의 넓이가 $32\sqrt{2}$일 때, 선분 FF′의 길이는? (3점)

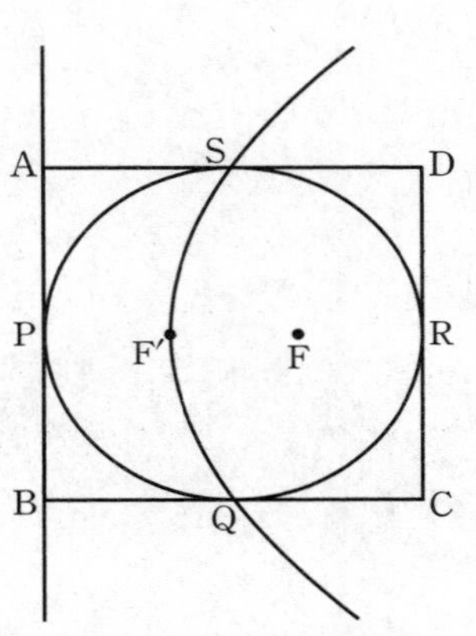

① $\frac{7}{6}\sqrt{3}$ ② $\frac{4}{3}\sqrt{3}$ ③ $\frac{3}{2}\sqrt{3}$ ④ $\frac{5}{3}\sqrt{3}$ ⑤ $\frac{11}{6}\sqrt{3}$

12회 2025 6월 모의평가

해설편 141쪽

28 2025학년도 6월모평 기하 28번

좌표평면에서 두 점 A(1, 0), B(1, 1)에 대하여 두 점 P, Q가

$$|\overrightarrow{OP}|=1,\ |\overrightarrow{BQ}|=3,\ \overrightarrow{AP}\cdot(\overrightarrow{QA}+\overrightarrow{QP})=0$$

을 만족시킨다. $|\overrightarrow{PQ}|$의 값이 최소가 되도록 하는 두 점 P, Q에 대하여 $\overrightarrow{AP}\cdot\overrightarrow{BQ}$의 값은?

(단, O는 원점이고, $|\overrightarrow{AP}|>0$이다.) (4점)

① $\frac{6}{5}$ ② $\frac{9}{5}$ ③ $\frac{12}{5}$ ④ 3 ⑤ $\frac{18}{5}$

단답형

29 2025학년도 6월모평 기하 29번

좌표평면에 곡선 $|y^2-1|=\frac{x^2}{a^2}$과 네 점 A$(0,\ c+1)$, B$(0,\ -c-1)$, C$(c,\ 0)$, D$(-c,\ 0)$이 있다. 곡선 위의 점 중 y좌표의 절댓값이 1보다 작거나 같은 모든 점 P에 대하여 $\overline{PC}+\overline{PD}=\sqrt{5}$이다. 곡선 위의 점 Q가 제1사분면에 있고 $\overline{AQ}=10$일 때, 삼각형 ABQ의 둘레의 길이를 구하시오.

(단, a와 c는 양수이다) (4점)

30 2025학년도 6월모평 기하 30번

두 초점이 F$(5,\ 0)$, F$'(-5,\ 0)$이고, 주축의 길이가 6인 쌍곡선이 있다. 쌍곡선 위의 $\overline{PF}<\overline{PF'}$인 점 P에 대하여 점 Q가

$$(|\overrightarrow{FP}|+1)\overrightarrow{F'Q}=5\overrightarrow{QP}$$

를 만족시킨다. 점 A$(-9,\ -3)$에 대하여 $|\overrightarrow{AQ}|$의 최댓값을 구하시오. (4점)

해설편 142쪽

수학 영역

회차별 동영상 강의 QR

제 2 교시

13회	시험 시간	100분
	날짜	월 일 요일
시작 시각 :	종료 시각	:

5지선다형

01 2021년 7월학평 1번

$4^{\frac{1}{2}}+\log_2 8$의 값은? (2점)

① 1 ② 2 ③ 3
④ 4 ⑤ 5

02 2021년 7월학평 2번

$\int_0^1 (2x+3)dx$의 값은? (2점)

① 1 ② 2 ③ 3
④ 4 ⑤ 5

03 2021년 7월학평 3번

함수 $f(x)=x^2-ax$에 대하여 $f'(1)=0$일 때, 상수 a의 값은? (3점)

① 1 ② 2 ③ 3
④ 4 ⑤ 5

04 2021년 7월학평 4번

닫힌구간 $[-2, 2]$에서 정의된 함수 $y=f(x)$의 그래프가 그림과 같다.

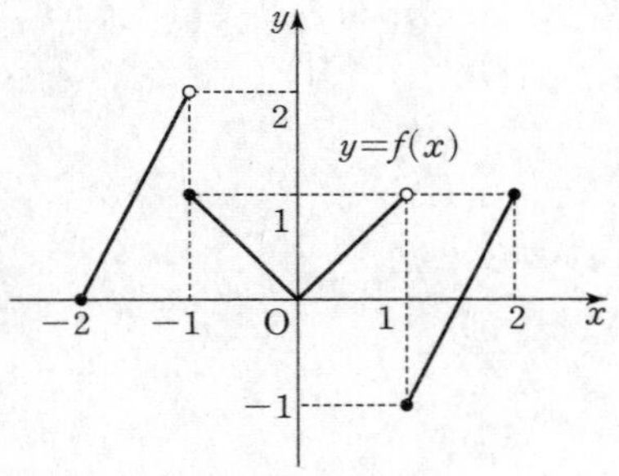

y, $y=f(x)$, 2, 1, -2, -1, O, 1, 2, x, -1

$\lim_{x\to-1-} f(x)+\lim_{x\to1+} f(x)$의 값은? (3점)

① -1 ② 0 ③ 1
④ 2 ⑤ 3

05 2021년 7월학평 5번

부등식 $5^{2x-7}\le\left(\frac{1}{5}\right)^{x-2}$을 만족시키는 자연수 x의 개수는? (3점)

① 1 ② 2 ③ 3
④ 4 ⑤ 5

13회 2021 7월 학력평가

해설편 145쪽

06 2021년 7월학평 6번

$\cos(-\theta)+\sin(\pi+\theta)=\frac{3}{5}$일 때, $\sin\theta\cos\theta$의 값은? (3점)

① $\frac{1}{5}$ ② $\frac{6}{25}$ ③ $\frac{7}{25}$
④ $\frac{8}{25}$ ⑤ $\frac{9}{25}$

07 2021년 7월학평 7번

수열 $\{a_n\}$은 $a_1=10$이고, 모든 자연수 n에 대하여

$$a_{n+1}=\begin{cases} 5-\frac{10}{a_n} & (a_n\text{이 정수인 경우}) \\ -2a_n+3 & (a_n\text{이 정수가 아닌 경우}) \end{cases}$$

를 만족시킨다. a_9+a_{12}의 값은? (3점)

① 5 ② 6 ③ 7
④ 8 ⑤ 9

08 2021년 7월학평 8번

첫째항이 $a\ (a>0)$이고, 공비가 r인 등비수열 $\{a_n\}$의 첫째항부터 제n항까지의 합을 S_n이라 하자.
$2a=S_2+S_3$, $r^2=64a^2$일 때, a_5의 값은? (3점)

① 2 ② 4 ③ 6
④ 8 ⑤ 10

09 2021년 7월학평 9번

2 이상의 두 자연수 a, n에 대하여 $(\sqrt[n]{a})^3$의 값이 자연수가 되도록 하는 n의 최댓값을 $f(a)$라 하자. $f(4)+f(27)$의 값은? (4점)

① 13 ② 14 ③ 15
④ 16 ⑤ 17

해설편 145쪽

10 2021년 7월학평 10번

$0 \le x < 2\pi$일 때, 방정식

$$3\cos^2 x + 5\sin x - 1 = 0$$

의 모든 해의 합은? (4점)

① π ② $\frac{3}{2}\pi$ ③ 2π

④ $\frac{5}{2}\pi$ ⑤ 3π

11 2021년 7월학평 11번

$a>1$인 실수 a에 대하여 두 함수

$$f(x)=\frac{1}{2}\log_a(x-1)-2,\ g(x)=\log_{\frac{1}{a}}(x-2)+1$$

이 있다. 직선 $y=-2$와 함수 $y=f(x)$의 그래프가 만나는 점을 A라 하고, 직선 $x=10$과 두 함수 $y=f(x)$, $y=g(x)$의 그래프가 만나는 점을 각각 B, C라 하자. 삼각형 ACB의 넓이가 28일 때, a^{10}의 값은? (4점)

① 15 ② 18 ③ 21

④ 24 ⑤ 27

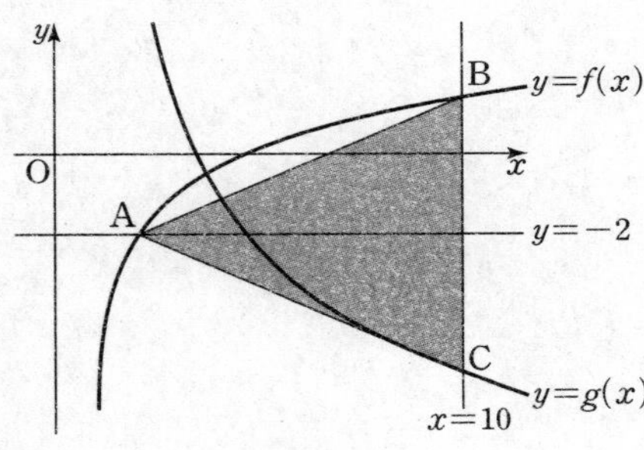

12 2021년 7월학평 12번

다항함수 $f(x)$는 $\lim_{x\to\infty}\frac{f(x)}{x^2-3x-5}=2$를 만족시키고, 함수 $g(x)$는

$$g(x)=\begin{cases}\frac{1}{x-3} & (x\neq 3)\\ 1 & (x=3)\end{cases}$$

이다. 두 함수 $f(x)$, $g(x)$에 대하여 함수 $f(x)g(x)$가 실수 전체의 집합에서 연속일 때, $f(1)$의 값은? (4점)

① 8 ② 9 ③ 10

④ 11 ⑤ 12

해설편 146쪽

13 2021년 7월학평 13번

첫째항이 1인 수열 $\{a_n\}$의 첫째항부터 제n항까지의 합을 S_n이라 하자. 다음은 모든 자연수 n에 대하여

$$(n+1)S_{n+1}=\log_2(n+2)+\sum_{k=1}^{n}S_k \cdots (*)$$

가 성립할 때, $\sum_{k=1}^{n}ka_k$를 구하는 과정이다.

> 주어진 식 $(*)$에 의하여
>
> $$nS_n=\log_2(n+1)+\sum_{k=1}^{n-1}S_k\ (n\ge2) \cdots ㉠$$
>
> 이다. $(*)$에서 ㉠을 빼서 정리하면
>
> $$(n+1)S_{n+1}-nS_n$$
> $$=\log_2(n+2)-\log_2(n+1)+\sum_{k=1}^{n}S_k-\sum_{k=1}^{n-1}S_k\ (n\ge2)$$
>
> 이므로
>
> $$(\boxed{(가)})\times a_{n+1}=\log_2\frac{n+2}{n+1}\ (n\ge2)$$
>
> 이다.
>
> $a_1=1=\log_2 2$이고,
>
> $2S_2=\log_2 3+S_1=\log_2 3+a_1$이므로
>
> 모든 자연수 n에 대하여
>
> $$na_n=\boxed{(나)}$$
>
> 이다. 따라서
>
> $$\sum_{k=1}^{n}ka_k=\boxed{(다)}$$
>
> 이다.

위의 (가), (나), (다)에 알맞은 식을 각각 $f(n)$, $g(n)$, $h(n)$이라 할 때, $f(8)-g(8)+h(8)$의 값은? (4점)

① 12 ② 13 ③ 14 ④ 15 ⑤ 16

14 2021년 7월학평 14번

시각 $t=0$일 때 원점을 출발하여 수직선 위를 움직이는 점 P의 시각 $t(t\ge0)$에서의 속도 $v(t)$가

$$v(t)=3t^2-6t$$

일 때, [보기]에서 옳은 것만을 있는 대로 고른 것은? (4점)

> **[보기]**
>
> ㄱ. 시각 $t=2$에서 점 P의 움직이는 방향이 바뀐다.
>
> ㄴ. 점 P가 출발한 후 움직이는 방향이 바뀔 때 점 P의 위치는 -4이다.
>
> ㄷ. 점 P가 시각 $t=0$일 때부터 가속도가 12가 될 때까지 움직인 거리는 8이다.

① ㄱ ② ㄱ, ㄴ ③ ㄱ, ㄷ ④ ㄴ, ㄷ ⑤ ㄱ, ㄴ, ㄷ

해설편 146쪽

15 2021년 7월학평 15번

최고차항의 계수가 1인 사차함수 $f(x)$의 도함수 $f'(x)$에 대하여 방정식 $f'(x)=0$의 서로 다른 세 실근 α, 0, $\beta(\alpha<0<\beta)$가 이 순서대로 등차수열을 이룰 때, 함수 $f(x)$는 다음 조건을 만족시킨다.

> (가) 방정식 $f(x)=9$는 서로 다른 세 실근을 가진다.
> (나) $f(\alpha)=-16$

함수 $g(x)=|f'(x)|-f'(x)$에 대하여 $\int_0^{10} g(x)dx$의 값은? (4점)

① 48 ② 50 ③ 52 ④ 54 ⑤ 56

단답형

16 2021년 7월학평 16번

두 상수 a, b에 대하여 $\lim_{x\to-1}\frac{x^2+4x+a}{x+1}=b$일 때, $a+b$의 값을 구하시오. (3점)

17 2021년 7월학평 17번

함수 $f(x)$에 대하여 $f'(x)=3x^2+6x-4$이고 $f(1)=5$일 때, $f(2)$의 값을 구하시오. (3점)

18 2021년 7월학평 18번

함수 $f(x)=x^3+ax$에서 x의 값이 1에서 3까지 변할 때의 평균변화율이 $f'(a)$의 값과 같게 되도록 하는 양수 a에 대하여 $3a^2$의 값을 구하시오. (3점)

13회 2021 7월 학력평가

해설편 147쪽

19 2021년 7월학평 19번

두 다항함수 $f(x)$, $g(x)$가

$$\lim_{x\to2}\frac{f(x)-4}{x^2-4}=2,\ \lim_{x\to2}\frac{g(x)+1}{x-2}=8$$

을 만족시킨다. 함수 $h(x)=f(x)g(x)$에 대하여 $h'(2)$의 값을 구하시오. (3점)

20 2021년 7월학평 20번

그림과 같이 선분 AB를 지름으로 하는 원 위의 점 C에 대하여

$$\overline{BC}=12\sqrt{2},\ \cos(\angle CAB)=\frac{1}{3}$$

이다. 선분 AB를 5 : 4로 내분하는 점을 D라 할 때, 삼각형 CAD의 외접원의 넓이는 S이다.

$\frac{S}{\pi}$의 값을 구하시오. (4점)

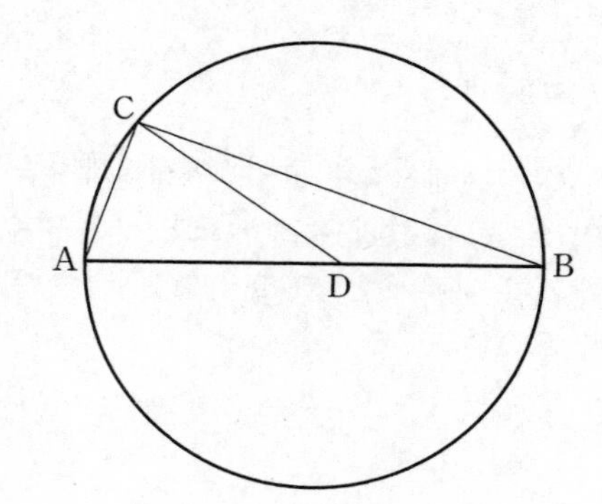

21 2021년 7월학평 21번

공차가 d이고 모든 항이 자연수인 등차수열 $\{a_n\}$이 다음 조건을 만족시킨다.

> (가) $a_1\le d$
> (나) 어떤 자연수 k $(k\ge3)$에 대하여
> 세 항 a_2, a_k, a_{3k-1}이 이 순서대로 등비수열을 이룬다.

$90\le a_{16}\le100$일 때, a_{20}의 값을 구하시오. (4점)

22 2021년 7월학평 22번

삼차함수 $f(x)=\frac{2\sqrt{3}}{3}x(x-3)(x+3)$에 대하여

$x\ge-3$에서 정의된 함수 $g(x)$는

$$g(x)=\begin{cases} f(x) & (-3\le x<3) \\ \frac{1}{k+1}f(x-6k) & (6k-3\le x<6k+3) \end{cases}$$

(단, k는 모든 자연수)

이다. 자연수 n에 대하여 직선 $y=n$과 함수 $y=g(x)$의 그래프가 만나는 점의 개수를 a_n이라 할 때, $\sum_{n=1}^{12}a_n$의 값을 구하시오. (4점)

해설편 148쪽

수학 영역 (확률과 통계)

5지선다형

23 2021년 7월학평 확통 23번

두 사건 A와 B는 서로 배반사건이고

$$\mathrm{P}(A)=\frac{1}{12},\ \mathrm{P}(A\cup B)=\frac{11}{12}$$

일 때, $\mathrm{P}(B)$의 값은? (2점)

① $\frac{1}{2}$　② $\frac{7}{12}$　③ $\frac{2}{3}$　④ $\frac{3}{4}$　⑤ $\frac{5}{6}$

24 2021년 7월학평 확통 24번

다항식 $(2x+1)^7$의 전개식에서 x^2의 계수는? (3점)

① 76　② 80　③ 84　④ 88　⑤ 92

25 2021년 7월학평 확통 25번

확률변수 X의 확률분포를 표로 나타내면 다음과 같다.

X	-1	0	1	합계
$\mathrm{P}(X=x)$	a	$\frac{1}{2}a$	$\frac{3}{2}a$	1

$\mathrm{E}(X)$의 값은? (3점)

① $\frac{1}{12}$　② $\frac{1}{6}$　③ $\frac{1}{4}$　④ $\frac{1}{3}$　⑤ $\frac{5}{12}$

26 2021년 7월학평 확통 26번

한 개의 주사위를 세 번 던져서 나오는 눈의 수를 차례로 a, b, c라 할 때, $(a-2)^2+(b-3)^2+(c-4)^2=2$가 성립할 확률은? (3점)

① $\frac{1}{18}$　② $\frac{1}{9}$　③ $\frac{1}{6}$　④ $\frac{2}{9}$　⑤ $\frac{5}{18}$

27 2021년 7월학평 확통 27번

3개의 문자 A, B, C를 포함한 서로 다른 6개의 문자를 모두 한 번씩 사용하여 일렬로 나열할 때, 두 문자 B와 C 사이에 문자 A를 포함하여 1개 이상의 문자가 있도록 나열하는 경우의 수는? (3점)

① 180　② 200　③ 220　④ 240　⑤ 260

해설편 149쪽

28 2021년 7월학평 확통 28번

확률변수 X는 정규분포 $\mathrm{N}(m,\ 2^2)$, 확률변수 Y는 정규분포 $\mathrm{N}(m,\ \sigma^2)$을 따른다. 상수 a에 대하여 두 확률변수 X, Y가 다음 조건을 만족시킨다.

> (가) $Y=3X-a$
> (나) $\mathrm{P}(X \le 4)=\mathrm{P}(Y \ge a)$

$\mathrm{P}(Y \ge 9)$의 값을 오른쪽 표준정규분포표를 이용하여 구한 것은? (4점)

z	$\mathrm{P}(0 \le Z \le z)$
0.5	0.1915
1.0	0.3413
1.5	0.4332
2.0	0.4772

① 0.0228 ② 0.0668 ③ 0.1587 ④ 0.2417 ⑤ 0.3085

단답형

29 2021년 7월학평 확통 29번

1, 2, 3, 4, 5의 숫자가 하나씩 적힌 카드가 각각 1장, 2장, 3장, 4장, 5장이 있다. 이 15장의 카드 중에서 임의로 2장의 카드를 동시에 선택하는 시행을 한다. 이 시행에서 선택한 2장의 카드에 적힌 두 수의 곱의 모든 양의 약수의 개수가 3 이하일 때, 그 두 수의 합이 짝수일 확률은 $\frac{q}{p}$이다. $p+q$의 값을 구하시오. (단, p와 q는 서로소인 자연수이다.) (4점)

1				
2	2			
3	3	3		
4	4	4	4	
5	5	5	5	5

30 2021년 7월학평 확통 30번

네 명의 학생 A, B, C, D에게 검은 공 4개, 흰 공 5개, 빨간 공 5개를 다음 규칙에 따라 남김없이 나누어 주는 경우의 수를 구하시오.

(단, 같은 색 공끼리는 서로 구별하지 않는다.) (4점)

> (가) 각 학생이 받는 공의 색의 종류의 수는 2이다.
> (나) 학생 A는 흰 공과 검은 공을 받으며 흰 공보다 검은 공을 더 많이 받는다.
> (다) 학생 A가 받는 공의 개수는 홀수이며 학생 A가 받는 공의 개수 이상의 공을 받는 학생은 없다.

해설편 150쪽

수학 영역 (미적분)

5지선다형

23 2021년 7월학평 미적 23번

$0<\theta<\frac{\pi}{2}$인 θ에 대하여 $\sin\theta=\frac{\sqrt{5}}{5}$일 때, $\sec\theta$의 값은? (2점)

① $\frac{\sqrt{5}}{2}$ ② $\frac{3\sqrt{5}}{4}$ ③ $\sqrt{5}$
④ $\frac{5\sqrt{5}}{4}$ ⑤ $\frac{3\sqrt{5}}{2}$

24 2021년 7월학평 미적 24번

$\int_0^{\frac{\pi}{4}} 2\cos 2x \sin^2 2x\,dx$의 값은? (3점)

① $\frac{1}{9}$ ② $\frac{1}{6}$ ③ $\frac{2}{9}$
④ $\frac{5}{18}$ ⑤ $\frac{1}{3}$

25 2021년 7월학평 미적 25번

자연수 r에 대하여 $\lim_{n\to\infty}\frac{3^n+r^{n+1}}{3^n+7\times r^n}=1$이 성립하도록 하는 모든 r의 값의 합은? (3점)

① 7 ② 8 ③ 9
④ 10 ⑤ 11

13회 2021 7월 학력평가

해설편 151쪽

26 2021년 7월학평 미적 26번

그림과 같이 한 변의 길이가 4인 정사각형 $OA_1B_1C_1$의 대각선 OB_1을 3 : 1로 내분하는 점을 D_1이라 하고, 네 선분 A_1B_1, B_1C_1, C_1D_1, D_1A_1로 둘러싸인 ◹ 모양의 도형에 색칠하여 얻은 그림을 R_1이라 하자.
그림 R_1에서 중심이 O이고 두 직선 A_1D_1, C_1D_1에 동시에 접하는 원과 선분 OB_1이 만나는 점을 B_2라 하자.
선분 OB_2를 대각선으로 하는 정사각형 $OA_2B_2C_2$를 그리고 정사각형 $OA_2B_2C_2$에 그림 R_1을 얻는 것과 같은 방법으로 ◹ 모양의 도형을 그리고 색칠하여 얻은 그림을 R_2라 하자.
이와 같은 과정을 계속하여 n번째 얻은 그림 R_n에 색칠되어 있는 부분의 넓이를 S_n이라 할 때, $\lim_{n\to\infty} S_n$의 값은? (3점)

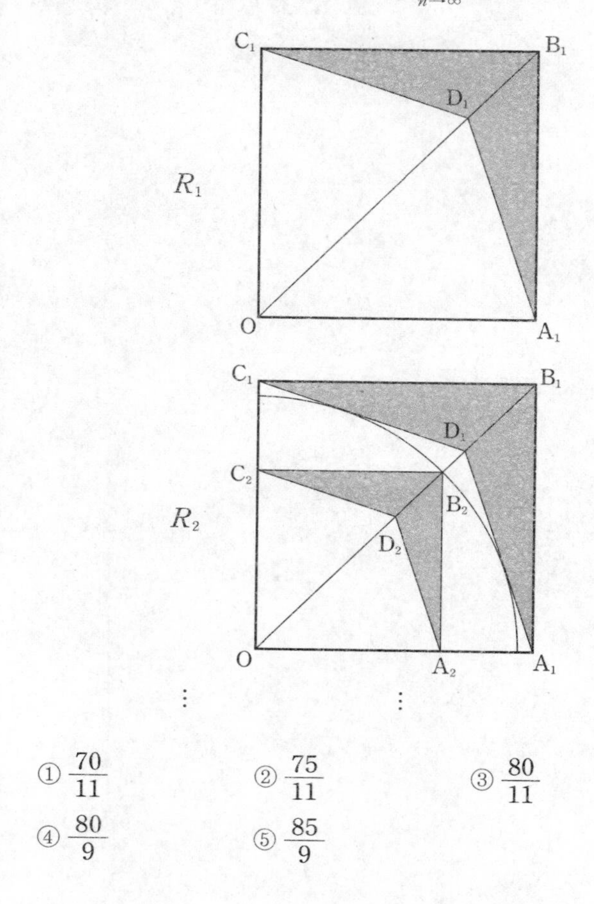

① $\frac{70}{11}$　② $\frac{75}{11}$　③ $\frac{80}{11}$
④ $\frac{80}{9}$　⑤ $\frac{85}{9}$

27 2021년 7월학평 미적 27번

곡선 $y=xe^{-2x}$의 변곡점을 A라 하자. 곡선 $y=xe^{-2x}$ 위의 점 A에서의 접선이 x축과 만나는 점을 B라 할 때, 삼각형 OAB의 넓이는? (단, O는 원점이다.) (3점)

① e^{-2}　② $3e^{-2}$　③ 1
④ e^2　⑤ $3e^2$

28 2021년 7월학평 미적 28번

그림과 같이 반지름의 길이가 5인 원에 내접하고, $\overline{AB}=\overline{AC}$인 삼각형 ABC가 있다. $\angle BAC=\theta$라 하고, 점 B를 지나고 직선 AB에 수직인 직선이 원과 만나는 점 중 B가 아닌 점을 D, 직선 BD와 직선 AC가 만나는 점을 E라 하자. 삼각형 ABC의 넓이를 $f(\theta)$, 삼각형 CDE의 넓이를 $g(\theta)$라 할 때, $\lim_{\theta\to 0+}\frac{g(\theta)}{\theta^2\times f(\theta)}$의 값은? $\left(단,\ 0<\theta<\frac{\pi}{2}\right)$ (4점)

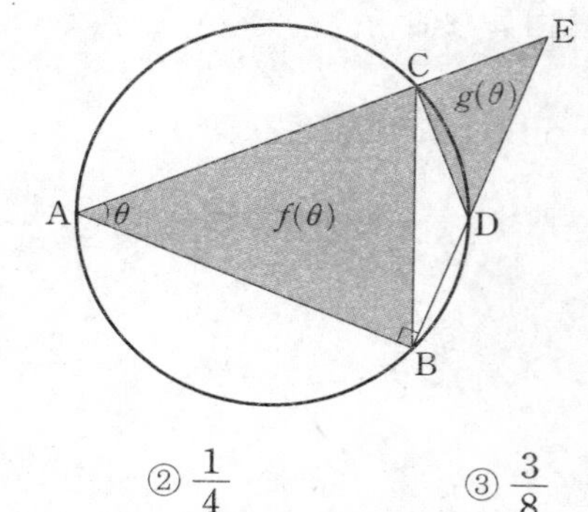

① $\frac{1}{8}$　② $\frac{1}{4}$　③ $\frac{3}{8}$
④ $\frac{1}{2}$　⑤ $\frac{5}{8}$

○ 해설편 151쪽

단답형

29 2021년 7월학평 미적 29번

함수 $f(x)=x^3-x$와 실수 전체의 집합에서 미분가능한 역함수가 존재하는 삼차함수 $g(x)=ax^3+x^2+bx+1$이 있다. 함수 $g(x)$의 역함수 $g^{-1}(x)$에 대하여 함수 $h(x)$를

$$h(x)=\begin{cases} (f \circ g^{-1})(x) & (x<0 \text{ 또는 } x>1) \\ \dfrac{1}{\pi}\sin \pi x & (0 \le x \le 1) \end{cases}$$

이라 하자. 함수 $h(x)$가 실수 전체의 집합에서 미분가능할 때, $g(a+b)$의 값을 구하시오. (단, a, b는 상수이다.) (4점)

30 2021년 7월학평 미적 30번

두 자연수 a, b에 대하여 이차함수 $f(x)=ax^2+b$가 있다. 함수 $g(x)$를

$$g(x)=\ln f(x)-\frac{1}{10}\{f(x)-1\}$$

이라 하자. 실수 t에 대하여 직선 $y=|g(t)|$와 함수 $y=|g(x)|$의 그래프가 만나는 점의 개수를 $h(t)$라 하자. 두 함수 $g(x)$, $h(t)$가 다음 조건을 만족시킨다.

(가) 함수 $g(x)$는 $x=0$에서 극솟값을 갖는다.
(나) 함수 $h(t)$가 $t=k$에서 불연속인 k의 값의 개수는 7이다.

$\int_0^a e^x f(x)dx=me^a-19$일 때, 자연수 m의 값을 구하시오.

(4점)

수학 영역 (기하)

5지선다형

23 2021년 7월학평 기하 23번

두 벡터 $\vec{a}=(2,\ 4)$, $\vec{b}=(-1,\ k)$에 대하여
두 벡터 $\vec{a}$와 $\vec{b}$가 서로 평행하도록 하는 실수 k의 값은? (2점)

① -5 ② -4 ③ -3
④ -2 ⑤ -1

24 2021년 7월학평 기하 24번

쌍곡선 $x^2-y^2=1$ 위의 점 $\mathrm{P}(a,\ b)$에서의 접선의 기울기가 2일 때, ab의 값은?

(단, 점 P는 제1사분면 위의 점이다.) (3점)

① $\frac{1}{3}$ ② $\frac{2}{3}$ ③ 1
④ $\frac{4}{3}$ ⑤ $\frac{5}{3}$

25 2021년 7월학평 기하 25번

점 $\mathrm{A}(2,\ 6)$과 직선 $l : \frac{x-5}{2}=y-5$ 위의 한 점 P에 대하여 벡터 $\overrightarrow{\mathrm{AP}}$와 직선 l의 방향벡터가 서로 수직일 때, $|\overrightarrow{\mathrm{OP}}|$의 값은? (단, O는 원점이다.) (3점)

① 3 ② $2\sqrt{3}$ ③ 4
④ $2\sqrt{5}$ ⑤ 5

26 2021년 7월학평 기하 26번

그림과 같이 두 점 $\mathrm{F}(\sqrt{7},\ 0)$, $\mathrm{F'}(-\sqrt{7},\ 0)$을 초점으로 하고 장축의 길이가 8인 타원이 있다.
$\overline{\mathrm{FF'}}=\overline{\mathrm{PF'}}$, $\overline{\mathrm{FP}}=2\sqrt{3}$ 을 만족시키는 점 P에 대하여
점 F′을 지나고 선분 FP에 수직인 직선이 타원과 만나는 점 중 제1사분면 위의 점을 Q라 할 때, 선분 FQ의 길이는?

(단, 점 P는 제1사분면 위의 점이다.) (3점)

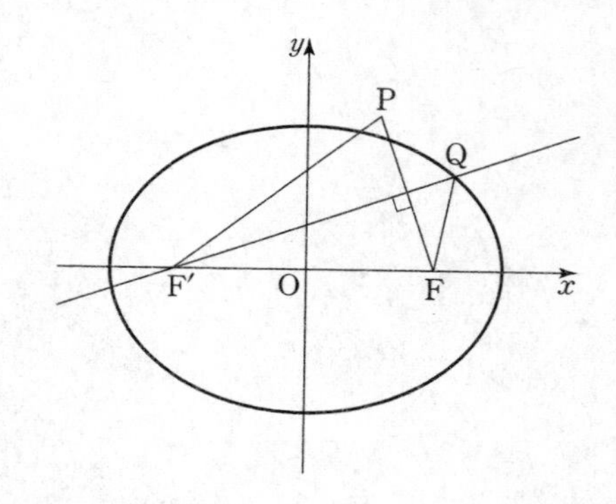

① 2 ② $\sqrt{5}$ ③ $\sqrt{6}$
④ $\sqrt{7}$ ⑤ $2\sqrt{2}$

해설편 154쪽

27 2021년 7월학평 기하 27번

그림과 같이 평면 α 위에 있는 서로 다른 두 점 A, B와 평면 α 위에 있지 않은 서로 다른 네 점 C, D, E, F가 있다. 사각형 ABCD는 한 변의 길이가 6인 정사각형이고 사각형 ABEF는 $\overline{AF}=12$인 직사각형이다.
정사각형 ABCD의 평면 α 위로의 정사영의 넓이는 18이고, 점 F의 평면 α 위로의 정사영을 H라 하면 $\overline{FH}=6$이다.
정사각형 ABCD의 평면 ABEF 위로의 정사영의 넓이는?

$\left(\text{단, } 0<\angle\text{DAF}<\frac{\pi}{2}\right)$ (3점)

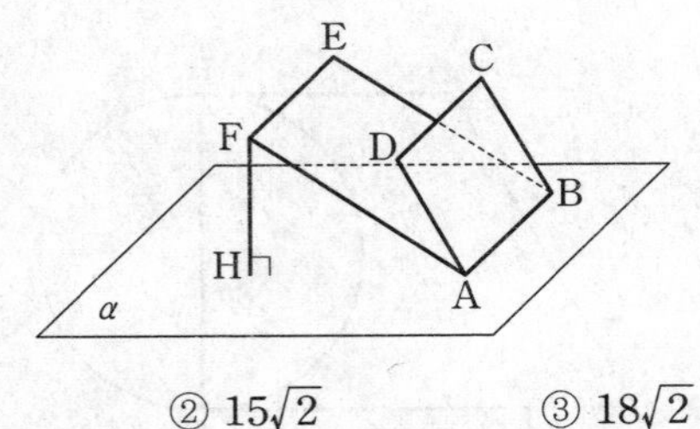

① $12\sqrt{3}$ ② $15\sqrt{2}$ ③ $18\sqrt{2}$
④ $15\sqrt{3}$ ⑤ $18\sqrt{3}$

28 2021년 7월학평 기하 28번

그림과 같이 좌표평면에서 포물선 $y^2=4x$의 초점 F를 지나고 x축과 수직인 직선 l_1이 이 포물선과 만나는 서로 다른 두 점을 각각 A, B라 하고, 점 F를 지나고 기울기가 $m(m>0)$인 직선 l_2가 이 포물선과 만나는 서로 다른 두 점을 각각 C, D라 하자. 삼각형 FCA의 넓이가 삼각형 FDB의 넓이의 5배일 때, m의 값은? (단, 두 점 A, C는 제1사분면 위의 점이고, 두 점 B, D는 제4사분면 위의 점이다.) (4점)

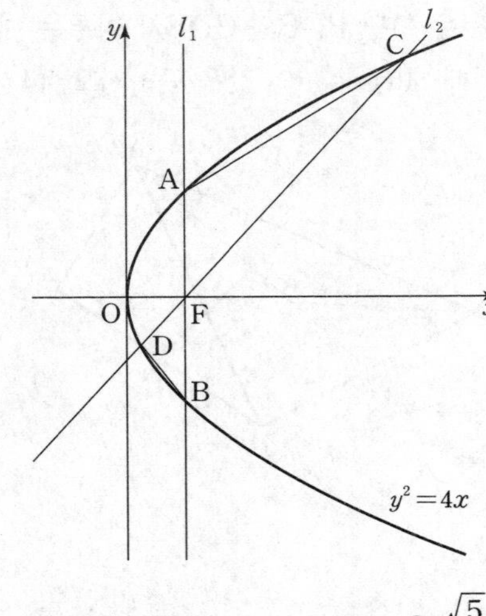

① $\frac{\sqrt{3}}{2}$ ② 1 ③ $\frac{\sqrt{5}}{2}$
④ $\frac{\sqrt{6}}{2}$ ⑤ $\frac{\sqrt{7}}{2}$

13회
2021 7월 학력평가

단답형

29 2021년 7월학평 기하 29번

그림과 같이

$$\overline{AB}=4,\ \overline{CD}=8,\ \overline{BC}=\overline{BD}=4\sqrt{5}$$

인 사면체 ABCD에 대하여 직선 AB와 평면 ACD는 서로 수직이다. 두 선분 CD, DB의 중점을 각각 M, N이라 할 때, 선분 AM 위의 점 P에 대하여 선분 DB와 선분 PN은 서로 수직이다. 두 평면 PDB와 CDB가 이루는 예각의 크기를 θ라 할 때, $40\cos^2\theta$의 값을 구하시오. (4점)

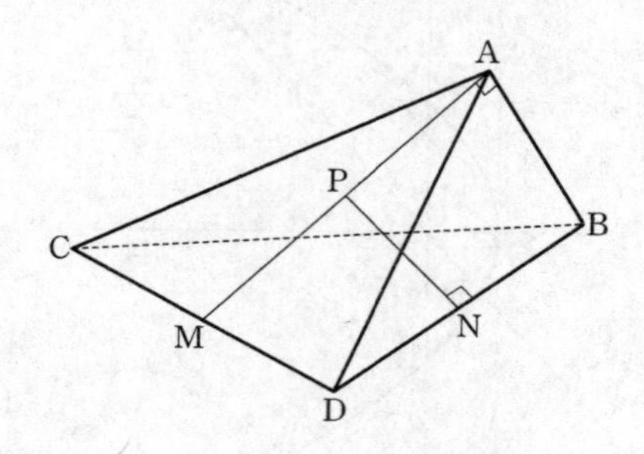

30 2021년 7월학평 기하 30번

평면 위에

$$\overline{OA}=2+2\sqrt{3},\ \overline{AB}=4,\ \angle COA=\frac{\pi}{3},\ \angle A=\angle B=\frac{\pi}{2}$$

를 만족시키는 사다리꼴 OABC가 있다. 선분 AB를 지름으로 하는 원 위의 점 P에 대하여 $\overrightarrow{OC}\cdot\overrightarrow{OP}$의 값이 최대가 되도록 하는 점 P를 Q라 할 때, 직선 OQ가 원과 만나는 점 중 Q가 아닌 점을 D라 하자. 원 위의 점 R에 대하여 $\overrightarrow{DQ}\cdot\overrightarrow{AR}$의 최댓값을 M이라 할 때, M^2의 값을 구하시오. (4점)

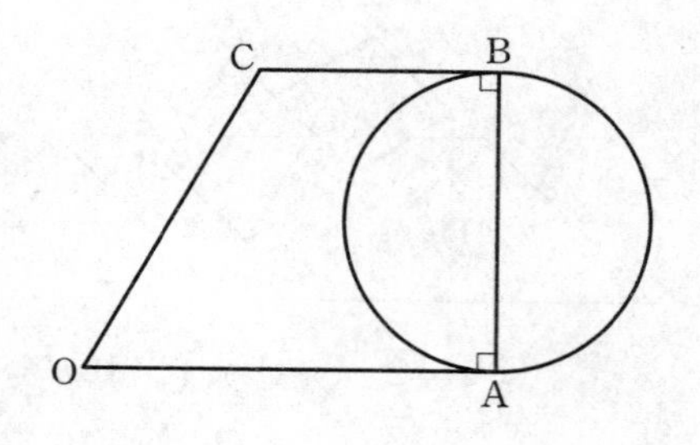

해설편 156쪽

2022학년도 7월 고3 전국연합학력평가

수학 영역

제 2 교시

14회	시험 시간	100분
	날짜	월 일 요일
시작 시각 :	종료 시각	:

5지선다형

01 2022년 7월학평 1번

$3^{2\sqrt{2}} \times 9^{1-\sqrt{2}}$의 값은? (2점)

① $\frac{1}{9}$ ② $\frac{1}{3}$ ③ 1 ④ 3 ⑤ 9

02 2022년 7월학평 2번

등비수열 $\{a_n\}$에 대하여 $a_2=\frac{1}{2}$, $a_3=1$일 때, a_5의 값은? (2점)

① 2 ② 4 ③ 6 ④ 8 ⑤ 10

03 2022년 7월학평 3번

함수 $f(x)=x^3+2x+7$에 대하여 $f'(1)$의 값은? (3점)

① 5 ② 6 ③ 7 ④ 8 ⑤ 9

04 2022년 7월학평 4번

함수 $y=f(x)$의 그래프가 그림과 같다.

$\lim_{x\to-1-} f(x) + \lim_{x\to1+} f(x)$의 값은? (3점)

① 1 ② 2 ③ 3 ④ 4 ⑤ 5

05 2022년 7월학평 5번

함수

$$f(x)=\begin{cases} x-1 & (x<2) \\ x^2-ax+3 & (x\geq2) \end{cases}$$

가 실수 전체의 집합에서 연속일 때, 상수 a의 값은? (3점)

① 1 ② 2 ③ 3 ④ 4 ⑤ 5

해설편 157쪽

06 2022년 7월학평 6번

$0<\theta<\frac{\pi}{2}$인 θ에 대하여 $\sin\theta=\frac{4}{5}$일 때, $\sin\left(\frac{\pi}{2}-\theta\right)-\cos(\pi+\theta)$의 값은? (3점)

① $\frac{9}{10}$ ② 1 ③ $\frac{11}{10}$
④ $\frac{6}{5}$ ⑤ $\frac{13}{10}$

07 2022년 7월학평 7번

첫째항이 $\frac{1}{2}$인 수열 $\{a_n\}$이 모든 자연수 n에 대하여

$$a_{n+1}=\begin{cases} a_n+1 & (a_n<0) \\ -2a_n+1 & (a_n\geq 0) \end{cases}$$

일 때, $a_{10}+a_{20}$의 값은? (3점)

① -2 ② -1 ③ 0
④ 1 ⑤ 2

08 2022년 7월학평 8번

다항함수 $f(x)$가

$$\lim_{x\to\infty}\frac{f(x)}{x^2}=2,\ \lim_{x\to 1}\frac{f(x)}{x-1}=3$$

을 만족시킬 때, $f(3)$의 값은? (3점)

① 11 ② 12 ③ 13
④ 14 ⑤ 15

09 2022년 7월학평 9번

최고차항의 계수가 1인 삼차함수 $f(x)$가

$$\int_0^1 f'(x)dx=\int_0^2 f'(x)dx=0$$

을 만족시킬 때, $f'(1)$의 값은? (4점)

① -4 ② -3 ③ -2
④ -1 ⑤ 0

해설편 157쪽

10 2022년 7월학평 10번

곡선 $y=\sin\frac{\pi}{2}x\ (0\le x\le 5)$가 직선 $y=k\ (0<k<1)$과 만나는 서로 다른 세 점을 y축에서 가까운 순서대로 A, B, C라 하자. 세 점 A, B, C의 x좌표의 합이 $\frac{25}{4}$일 때, 선분 AB의 길이는? (4점)

① $\frac{5}{4}$ ② $\frac{11}{8}$ ③ $\frac{3}{2}$
④ $\frac{13}{8}$ ⑤ $\frac{7}{4}$

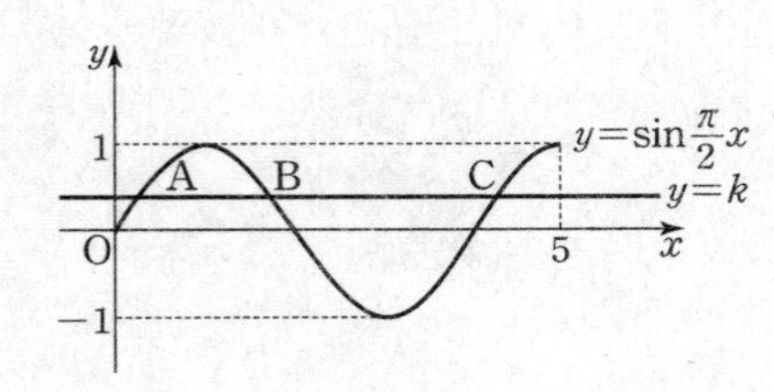

11 2022년 7월학평 11번

기울기가 $\frac{1}{2}$인 직선 l이 곡선 $y=\log_2 2x$와 서로 다른 두 점에서 만날 때, 만나는 두 점 중 x좌표가 큰 점을 A라 하고, 직선 l이 곡선 $y=\log_2 4x$와 만나는 두 점 중 x좌표가 큰 점을 B라 하자. $\overline{AB}=2\sqrt{5}$일 때, 점 A에서 x축에 내린 수선의 발 C에 대하여 삼각형 ACB의 넓이는? (4점)

① 5 ② $\frac{21}{4}$ ③ $\frac{11}{2}$
④ $\frac{23}{4}$ ⑤ 6

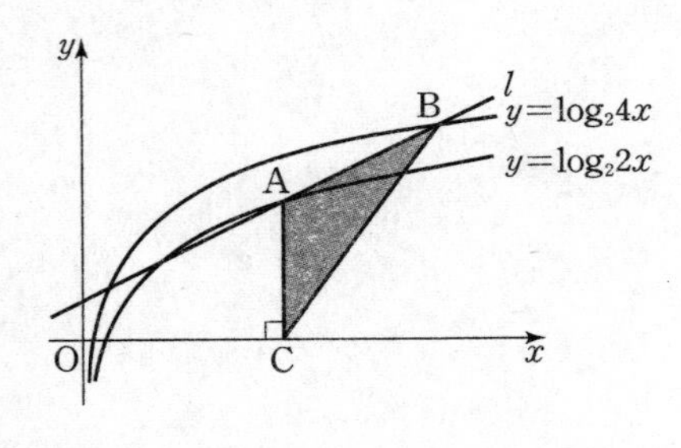

12 2022년 7월학평 12번

첫째항이 2인 수열 $\{a_n\}$의 첫째항부터 제n항까지의 합을 S_n이라 하자. 다음은 모든 자연수 n에 대하여

$$\sum_{k=1}^{n}\frac{3S_k}{k+2}=S_n$$

이 성립할 때, a_{10}의 값을 구하는 과정이다.

> $n\ge 2$인 모든 자연수 n에 대하여
> $$a_n=S_n-S_{n-1}$$
> $$=\sum_{k=1}^{n}\frac{3S_k}{k+2}-\sum_{k=1}^{n-1}\frac{3S_k}{k+2}=\frac{3S_n}{n+2}$$
> 이므로 $3S_n=(n+2)\times a_n\ (n\ge 2)$
> 이다.
> $S_1=a_1$에서 $3S_1=3a_1$이므로
> $3S_n=(n+2)\times a_n\ (n\ge 1)$
> 이다.
> $$3a_n=3(S_n-S_{n-1})$$
> $$=(n+2)\times a_n-(\boxed{(가)})\times a_{n-1}\ (n\ge 2)$$
> $$\frac{a_n}{a_{n-1}}=\boxed{(나)}\ (n\ge 2)$$
> 따라서
> $$a_{10}=a_1\times\frac{a_2}{a_1}\times\frac{a_3}{a_2}\times\frac{a_4}{a_3}\times\cdots\times\frac{a_9}{a_8}\times\frac{a_{10}}{a_9}$$
> $$=\boxed{(다)}$$

위의 (가), (나)에 알맞은 식을 각각 $f(n)$, $g(n)$이라 하고, (다)에 알맞은 수를 p라 할 때, $\frac{f(p)}{g(p)}$의 값은? (4점)

① 109 ② 112 ③ 115
④ 118 ⑤ 121

14회 2022 7월 학력평가

해설편 158쪽

13 2022년 7월학평 13번

최고차항의 계수가 1이고 $f(0)=\frac{1}{2}$인 삼차함수 $f(x)$에 대하여 함수 $g(x)$를

$$g(x)=\begin{cases} f(x) & (x<-2) \\ f(x)+8 & (x\geq -2) \end{cases}$$

라 하자. 방정식 $g(x)=f(-2)$의 실근이 2뿐일 때, 함수 $f(x)$의 극댓값은? (4점)

① 3　② $\frac{7}{2}$　③ 4
④ $\frac{9}{2}$　⑤ 5

14 2022년 7월학평 14번

길이가 14인 선분 AB를 지름으로 하는 반원의 호 AB 위에 점 C를 $\overline{BC}=6$이 되도록 잡는다. 점 D가 호 AC 위의 점일 때, [보기]에서 옳은 것만을 있는 대로 고른 것은?

(단, 점 D는 점 A와 점 C가 아닌 점이다.) (4점)

[보기]

ㄱ. $\sin(\angle CBA)=\frac{2\sqrt{10}}{7}$
ㄴ. $\overline{CD}=7$일 때, $\overline{AD}=-3+2\sqrt{30}$
ㄷ. 사각형 ABCD의 넓이의 최댓값은 $20\sqrt{10}$이다.

① ㄱ　② ㄱ, ㄴ　③ ㄱ, ㄷ
④ ㄴ, ㄷ　⑤ ㄱ, ㄴ, ㄷ

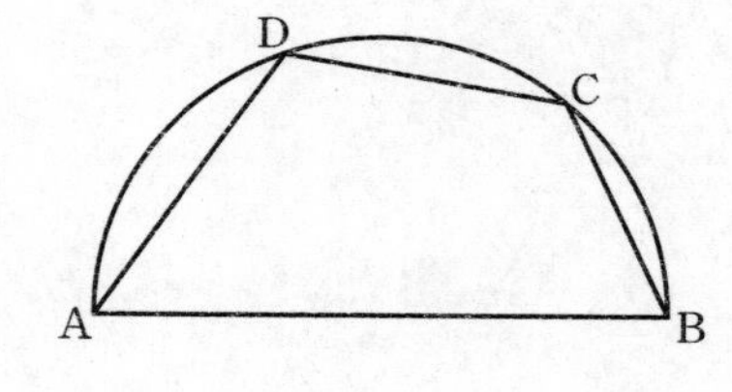

15 2022년 7월학평 15번

최고차항의 계수가 1인 이차함수 $f(x)$에 대하여 함수

$$g(x)=\begin{cases} f(x+2) & (x<0) \\ \int_0^x tf(t)dt & (x\geq 0) \end{cases}$$

이 실수 전체의 집합에서 미분가능하다. 실수 a에 대하여 함수 $h(x)$를

$$h(x)=|g(x)-g(a)|$$

라 할 때, 함수 $h(x)$가 $x=k$에서 미분가능하지 않은 실수 k의 개수가 1이 되도록 하는 모든 a의 값의 곱은? (4점)

① $-\frac{4\sqrt{3}}{3}$　② $-\frac{7\sqrt{3}}{6}$　③ $-\sqrt{3}$
④ $-\frac{5\sqrt{3}}{6}$　⑤ $-\frac{2\sqrt{3}}{3}$

단답형

16 2022년 7월학평 16번

$\log_3 7 \times \log_7 9$의 값을 구하시오. (3점)

17 2022년 7월학평 17번

함수 $f(x)$에 대하여 $f'(x)=6x^2-2x-1$이고
$f(1)=3$일 때, $f(2)$의 값을 구하시오. (3점)

18 2022년 7월학평 18번

시각 $t=0$일 때 원점을 출발하여 수직선 위를 움직이는
점 P의 시각 $t(t\geq 0)$에서의 속도 $v(t)$가

$$v(t)=3t^2+6t-a$$

이다. 시각 $t=3$에서의 점 P의 위치가 6일 때, 상수 a의 값을
구하시오. (3점)

19 2022년 7월학평 19번

$n\geq 2$인 자연수 n에 대하여 $2n^2-9n$의 n제곱근 중에서
실수인 것의 개수를 $f(n)$이라 할 때,
$f(3)+f(4)+f(5)+f(6)$의 값을 구하시오. (3점)

20 2022년 7월학평 20번

최고차항의 계수가 3인 이차함수 $f(x)$에 대하여 함수

$$g(x)=x^2\int_0^x f(t)dt-\int_0^x t^2f(t)dt$$

가 다음 조건을 만족시킨다.

(가) 함수 $g(x)$는 극값을 갖지 않는다.
(나) 방정식 $g'(x)=0$의 모든 실근은 0, 3이다.

$\int_0^3 |f(x)|dx$의 값을 구하시오. (4점)

해설편 160쪽

21 2022년 7월학평 21번

수열 $\{a_n\}$이 모든 자연수 n에 대하여 다음 조건을 만족시킨다.

> (가) $\sum_{k=1}^{2n} a_k = 17n$
> (나) $|a_{n+1} - a_n| = 2n - 1$

$a_2 = 9$일 때, $\sum_{n=1}^{10} a_{2n}$의 값을 구하시오. (4점)

22 2022년 7월학평 22번

삼차함수 $f(x)$에 대하여 곡선 $y=f(x)$ 위의 점 $(0, 0)$에서의 접선의 방정식을 $y=g(x)$라 할 때, 함수 $h(x)$를

$$h(x) = |f(x)| + g(x)$$

라 하자. 함수 $h(x)$가 다음 조건을 만족시킨다.

> (가) 곡선 $y=h(x)$ 위의 점 $(k, 0)$ $(k \neq 0)$에서의 접선의 방정식은 $y=0$이다.
> (나) 방정식 $h(x)=0$의 실근 중에서 가장 큰 값은 12이다.

$h(3) = -\frac{9}{2}$일 때, $k \times \{h(6) - h(11)\}$의 값을 구하시오.

(단, k는 상수이다.) (4점)

해설편 161쪽

수학 영역 (확률과 통계)

5지선다형

23 2022년 7월학평 확통 23번

다항식 $(4x+1)^6$의 전개식에서 x의 계수는? (2점)

① 20 ② 24 ③ 28 ④ 32 ⑤ 36

24 2022년 7월학평 확통 24번

확률변수 X가 이항분포 $\mathrm{B}\left(n,\ \frac{1}{3}\right)$을 따르고 $\mathrm{E}(3X-1)=17$일 때, $\mathrm{V}(X)$의 값은? (3점)

① 2 ② $\frac{8}{3}$ ③ $\frac{10}{3}$ ④ 4 ⑤ $\frac{14}{3}$

25 2022년 7월학평 확통 25번

흰 공 4개, 검은 공 4개가 들어 있는 주머니가 있다. 이 주머니에서 임의로 4개의 공을 동시에 꺼낼 때, 꺼낸 공 중 검은 공이 2개 이상일 확률은? (3점)

① $\frac{7}{10}$ ② $\frac{51}{70}$ ③ $\frac{53}{70}$ ④ $\frac{11}{14}$ ⑤ $\frac{57}{70}$

26 2022년 7월학평 확통 26번

세 문자 a, b, c 중에서 모든 문자가 한 개 이상씩 포함되도록 중복을 허락하여 5개를 택해 일렬로 나열하는 경우의 수는? (3점)

① 135 ② 140 ③ 145 ④ 150 ⑤ 155

14회 2022 7월 학력평가

해설편 162쪽

27 2022년 7월학평 확통 27번

주머니 A에는 숫자 1, 1, 2, 2, 3, 3이 하나씩 적혀 있는 6장의 카드가 들어 있고, 주머니 B에는 3, 3, 4, 4, 5, 5가 하나씩 적혀 있는 6장의 카드가 들어 있다. 두 주머니 A, B와 3개의 동전을 사용하여 다음 시행을 한다.

> 3개의 동전을 동시에 던져
> 앞면이 나오는 동전의 개수가 3이면
> 주머니 A에서 임의로 2장의 카드를 동시에 꺼내고,
> 앞면이 나오는 동전의 개수가 2 이하이면
> 주머니 B에서 임의로 2장의 카드를 동시에 꺼낸다.

이 시행을 한 번 하여 주머니에서 꺼낸 2장의 카드에 적혀 있는 두 수의 합이 소수일 확률은? (3점)

① $\frac{5}{24}$ ② $\frac{7}{30}$ ③ $\frac{31}{120}$
④ $\frac{17}{60}$ ⑤ $\frac{37}{120}$

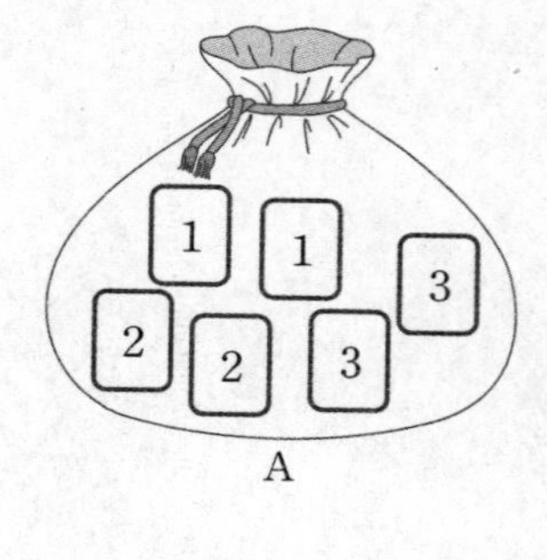

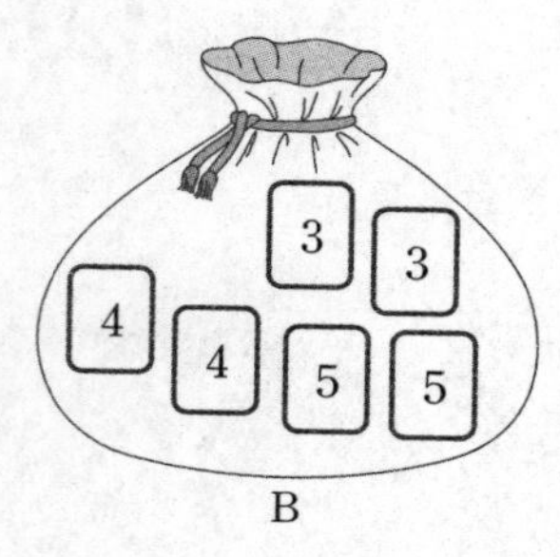

28 2022년 7월학평 확통 28번

두 집합 $X=\{1, 2, 3, 4, 5, 6\}$, $Y=\{1, 2, 3, 4, 5\}$에 대하여 다음 조건을 만족시키는 X에서 Y로의 함수 f의 개수는? (4점)

> (가) $\sqrt{f(1)\times f(2)\times f(3)}$의 값은 자연수이다.
> (나) 집합 X의 임의의 두 원소 x_1, x_2에 대하여 $x_1 < x_2$이면 $f(x_1) \le f(x_2)$이다.

① 84 ② 87 ③ 90
④ 93 ⑤ 96

해설편 162쪽

단답형

29 2022년 7월학평 확통 29번

두 연속확률변수 X와 Y가 갖는 값의 범위는 각각 $0\le X\le a$, $0\le Y\le a$이고, X와 Y의 확률밀도함수를 각각 $f(x)$, $g(x)$라 하자. $0\le x\le a$인 모든 실수 x에 대하여 두 함수 $f(x)$, $g(x)$는

$$f(x)=b,\ g(x)=\mathrm{P}(0\le X\le x)$$

이다. $\mathrm{P}(0\le Y\le c)=\frac{1}{2}$일 때, $(a+b)\times c^2$의 값을 구하시오. (단, a, b, c는 상수이다.) (4점)

30 2022년 7월학평 확통 30번

각 면에 숫자 1, 1, 2, 2, 2, 2가 하나씩 적혀 있는 정육면체 모양의 상자가 있다. 이 상자를 6번 던질 때, n $(1\le n\le 6)$번째에 바닥에 닿은 면에 적혀 있는 수를 a_n이라 하자. $a_1+a_2+a_3>a_4+a_5+a_6$일 때, $a_1=a_4=1$일 확률은 $\frac{q}{p}$이다. $p+q$의 값을 구하시오.

(단, p와 q는 서로소인 자연수이다.) (4점)

해설편 163쪽

수학 영역 (미적분)

5지선다형

23 2022년 7월학평 미적 23번

$\lim_{n\to\infty}(\sqrt{n^4+5n^2+5}-n^2)$의 값은? (2점)

① $\frac{7}{4}$ ② 2 ③ $\frac{9}{4}$
④ $\frac{5}{2}$ ⑤ $\frac{11}{4}$

24 2022년 7월학평 미적 24번

$\int_1^e\left(\frac{3}{x}+\frac{2}{x^2}\right)\ln x\,dx-\int_1^e\frac{2}{x^2}\ln x\,dx$의 값은? (3점)

① $\frac{1}{2}$ ② 1 ③ $\frac{3}{2}$
④ 2 ⑤ $\frac{5}{2}$

25 2022년 7월학평 미적 25번

매개변수 t $(t>0)$으로 나타내어진 곡선

$$x=t^2\ln t+3t,\ y=6te^{t-1}$$

에서 $t=1$일 때, $\frac{dy}{dx}$의 값은? (3점)

① 1 ② 2 ③ 3
④ 4 ⑤ 5

26 2022년 7월학평 미적 26번

양의 실수 전체의 집합에서 정의된 미분가능한 두 함수 $f(x)$, $g(x)$에 대하여 $f(x)$가 함수 $g(x)$의 역함수이고, $\lim_{x\to2}\frac{f(x)-2}{x-2}=\frac{1}{3}$이다. 함수 $h(x)=\frac{g(x)}{f(x)}$라 할 때, $h'(2)$의 값은? (3점)

① $\frac{7}{6}$ ② $\frac{4}{3}$ ③ $\frac{3}{2}$
④ $\frac{5}{3}$ ⑤ $\frac{11}{6}$

해설편 164쪽

27 2022년 7월학평 미적 27번

그림과 같이 $\overline{A_1B_1}=1$, $\overline{B_1C_1}=2$인 직사각형 $A_1B_1C_1D_1$이 있다. 선분 A_1D_1의 중점 E_1에 대하여 두 선분 B_1D_1, C_1E_1이 만나는 점을 F_1이라 하자. $\overline{G_1E_1}=\overline{G_1F_1}$이 되도록 선분 B_1D_1 위에 점 G_1을 잡아 삼각형 $G_1F_1E_1$을 그린다. 두 삼각형 $C_1D_1F_1$, $G_1F_1E_1$로 만들어진 ⋈ 모양의 도형에 색칠하여 얻은 그림을 R_1이라 하자.

그림 R_1에서 선분 B_1F_1 위의 점 A_2, 선분 B_1C_1 위의 두 점 B_2, C_2, 선분 C_1F_1 위의 점 D_2를 꼭짓점으로 하고 $\overline{A_2B_2}:\overline{B_2C_2}=1:2$인 직사각형 $A_2B_2C_2D_2$를 그린다.

직사각형 $A_2B_2C_2D_2$에 그림 R_1을 얻은 것과 같은 방법으로 ⋈ 모양의 도형에 색칠하여 얻은 그림을 R_2라 하자.

이와 같은 과정을 계속하여 n번째 얻은 그림 R_n에 색칠되어 있는 부분의 넓이를 S_n이라 할 때, $\lim_{n\to\infty} S_n$의 값은? (3점)

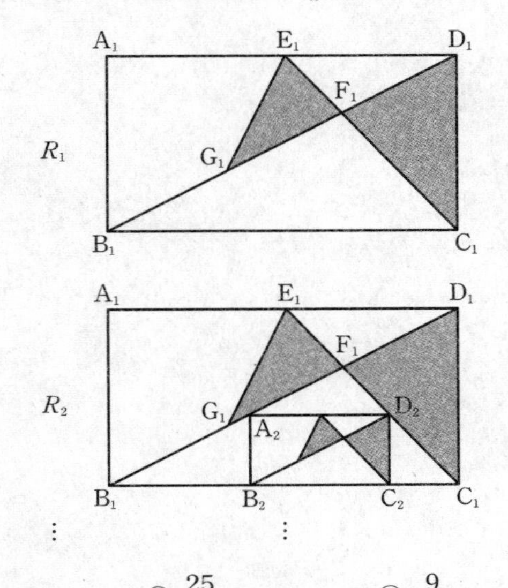

① $\frac{23}{42}$ ② $\frac{25}{42}$ ③ $\frac{9}{14}$ ④ $\frac{29}{42}$ ⑤ $\frac{31}{42}$

28 2022년 7월학평 미적 28번

실수 전체의 집합에서 도함수가 연속인 함수 $f(x)$가 모든 실수 x에 대하여 다음 조건을 만족시킨다.

(가) $f(-x)=f(x)$
(나) $f(x+2)=f(x)$

$\int_{-1}^{5} f(x)(x+\cos 2\pi x)\,dx=\frac{47}{2}$, $\int_{0}^{1} f(x)\,dx=2$일 때, $\int_{0}^{1} f'(x)\sin 2\pi x\,dx$의 값은? (4점)

① $\frac{\pi}{6}$ ② $\frac{\pi}{4}$ ③ $\frac{\pi}{3}$ ④ $\frac{5}{12}\pi$ ⑤ $\frac{\pi}{2}$

14회 2022 7월 학력평가

해설편 164쪽

단답형

29 2022년 7월학평 미적 29번

그림과 같이 길이가 2인 선분 AB를 지름으로 하는 반원의 호 AB 위에 점 P가 있다. 호 AP 위에 점 Q를 호 PB와 호 PQ의 길이가 같도록 잡을 때, 두 선분 AP, BQ가 만나는 점을 R이라 하고 점 B를 지나고 선분 AB에 수직인 직선이 직선 AP과 만나는 점을 S라 하자. $\angle BAP=\theta$라 할 때, 두 선분 PR, QR과 호 PQ로 둘러싸인 부분의 넓이를 $f(\theta)$, 두 선분 PS, BS와 호 BP로 둘러싸인 부분의 넓이를 $g(\theta)$라 하자. $\lim\limits_{\theta \to 0+} \dfrac{f(\theta)+g(\theta)}{\theta^3}$의 값을 구하시오.

$\left(\text{단, } 0<\theta<\dfrac{\pi}{4}\right)$ (4점)

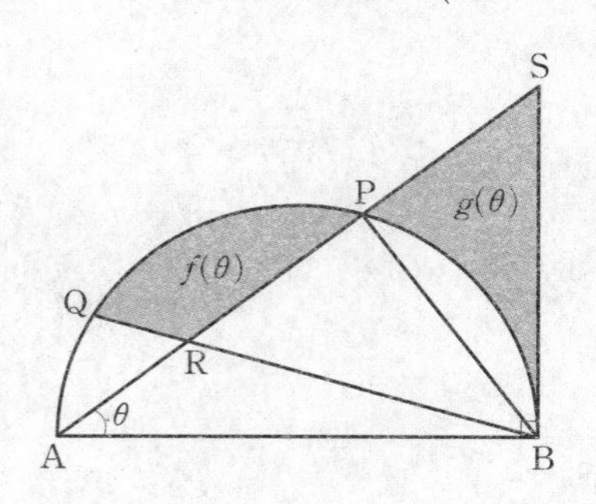

30 2022년 7월학평 미적 30번

최고차항의 계수가 3보다 크고 실수 전체의 집합에서 최솟값이 양수인 이차함수 $f(x)$에 대하여 함수 $g(x)$가

$$g(x)=e^x f(x)$$

이다. 양수 k에 대하여 집합 $\{x \mid g(x)=k,\ x\text{는 실수}\}$의 모든 원소의 합을 $h(k)$라 할 때, 양의 실수 전체의 집합에서 정의된 함수 $h(k)$는 다음 조건을 만족시킨다.

> (가) 함수 $h(k)$가 $k=t$에서 불연속인 t의 개수는 1이다.
> (나) $\lim\limits_{k \to 3e+} h(k) - \lim\limits_{k \to 3e-} h(k) = 2$

$g(-6)\times g(2)$의 값을 구하시오. (단, $\lim\limits_{x \to -\infty} x^2 e^x = 0$) (4점)

해설편 165쪽

5지선다형

23 2022년 7월학평 기하 23번

두 벡터 $\vec{a}=(2m-1,\ 3m+1)$, $\vec{b}=(3,\ 12)$가 서로 평행할 때, 실수 m의 값은? (2점)

① 1 ② 2 ③ 3
④ 4 ⑤ 5

24 2022년 7월학평 기하 24번

포물선 $y^2=4x$ 위의 점 $(9,\ 6)$에서의 접선과 포물선의 준선이 만나는 점이 $(a,\ b)$일 때, $a+b$의 값은? (3점)

① $\frac{7}{6}$ ② $\frac{4}{3}$ ③ $\frac{3}{2}$
④ $\frac{5}{3}$ ⑤ $\frac{11}{6}$

25 2022년 7월학평 기하 25번

좌표평면에서 두 점 $A(-2,\ 0)$, $B(3,\ 3)$에 대하여

$$(\overrightarrow{OP}-\overrightarrow{OA})\cdot(\overrightarrow{OP}-2\overrightarrow{OB})=0$$

을 만족시키는 점 P가 나타내는 도형의 길이는?
(단, O는 원점이다.) (3점)

① 6π ② 7π ③ 8π
④ 9π ⑤ 10π

26 2022년 7월학평 기하 26번

두 초점이 $F(c,\ 0)$, $F'(-c,\ 0)$ $(c>0)$인 쌍곡선 $\frac{x^2}{4}-\frac{y^2}{k}=1$ 위의 제1사분면에 있는 점 P에서의 접선이 x축과 만나는 점의 x좌표가 $\frac{4}{3}$이다. $\overline{PF'}=\overline{FF'}$일 때, 양수 k의 값은? (3점)

① 9 ② 10 ③ 11
④ 12 ⑤ 13

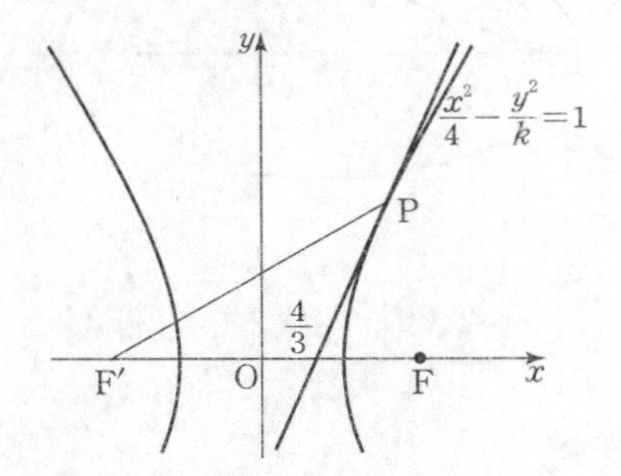

27 2022년 7월학평 기하 27번

공간에서 수직으로 만나는 두 평면 α, β의 교선 위에 두 점 A, B가 있다. 평면 α 위에 $\overline{AC}=2\sqrt{29}$, $\overline{BC}=6$인 점 C와 평면 β 위에 $\overline{AD}=\overline{BD}=6$인 점 D가 있다. $\angle ABC=\frac{\pi}{2}$일 때, 직선 CD와 평면 α가 이루는 예각의 크기를 θ라 하자. $\cos\theta$의 값은? (3점)

① $\frac{\sqrt{3}}{2}$ ② $\frac{\sqrt{7}}{3}$ ③ $\frac{\sqrt{29}}{6}$
④ $\frac{\sqrt{30}}{6}$ ⑤ $\frac{\sqrt{31}}{6}$

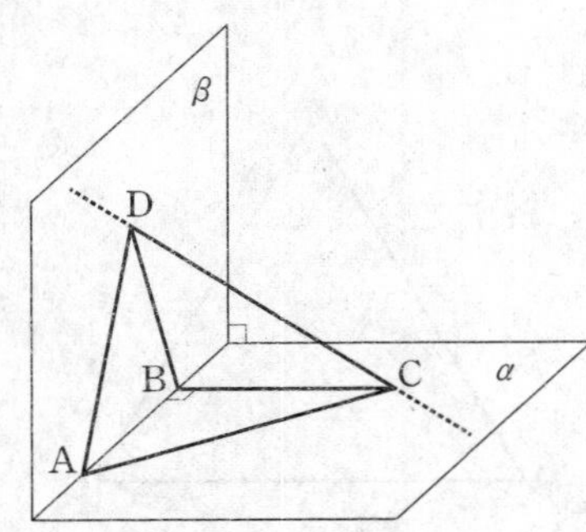

28 2022년 7월학평 기하 28번

그림과 같이 $F(6, 0)$, $F'(-6, 0)$을 두 초점으로 하는 타원 $\frac{x^2}{a^2}+\frac{y^2}{b^2}=1$이 있다. 점 $A\left(\frac{3}{2}, 0\right)$에 대하여 $\angle FPA=\angle F'PA$를 만족시키는 타원의 제1사분면 위의 점을 P라 할 때, 점 F에서 직선 AP에 내린 수선의 발을 B라 하자. $\overline{OB}=\sqrt{3}$일 때, $a\times b$의 값은?

(단, $a>0$, $b>0$이고 O는 원점이다.) (4점)

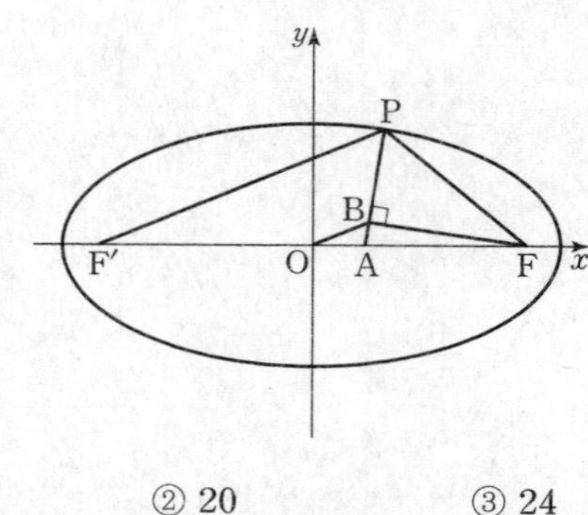

① 16 ② 20 ③ 24 ④ 28 ⑤ 32

단답형

29 2022년 7월학평 기하 29번

평면 위에 한 변의 길이가 6인 정삼각형 ABC의 무게중심 O에 대하여 $\overrightarrow{OD}=\frac{3}{2}\overrightarrow{OB}-\frac{1}{2}\overrightarrow{OC}$를 만족시키는 점을 D라 하자. 선분 CD 위의 점 P에 대하여 $|2\overrightarrow{PA}+\overrightarrow{PD}|$의 값이 최소가 되도록 하는 점 P를 Q라 하자. $|\overrightarrow{OR}|=|\overrightarrow{OA}|$를 만족시키는 점 R에 대하여 $\overrightarrow{QA}\cdot\overrightarrow{QR}$의 최댓값이 $p+q\sqrt{93}$일 때, $p+q$의 값을 구하시오.

(단, p, q는 유리수이다.) (4점)

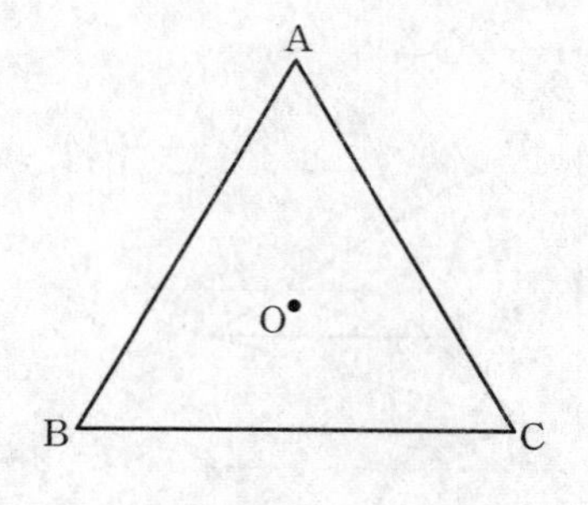

30 2022년 7월학평 기하 30번

공간에서 중심이 O이고 반지름의 길이가 4인 구와 점 O를 지나는 평면 α가 있다. 평면 α와 구가 만나서 생기는 원 위의 서로 다른 세 점 A, B, C에 대하여 두 직선 OA, BC가 서로 수직일 때, 구 위의 점 P가 다음 조건을 만족시킨다.

> (가) $\angle PAO=\frac{\pi}{3}$
> (나) 점 P의 평면 α 위로의 정사영은 선분 OA 위에 있다.

$\cos(\angle PAB)=\frac{\sqrt{10}}{8}$일 때, 삼각형 PAB의 평면 PAC 위로의 정사영의 넓이를 S라 하자. $30\times S^2$의 값을 구하시오.

$\left(단, 0<\angle BAC<\frac{\pi}{2}\right)$ (4점)

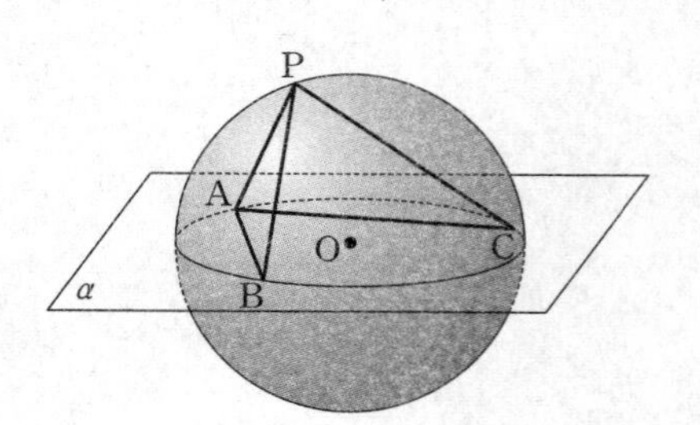

2023학년도 7월 고3 전국연합학력평가

수학 영역

제 2 교시

15회	시험 시간	100분
	날짜	월 일 요일
시작 시각 :	종료 시각	:

5지선다형

01 2023년 7월학평 1번

$4^{1-\sqrt{3}} \times 2^{2\sqrt{3}-1}$의 값은? (2점)

① $\frac{1}{4}$ ② $\frac{1}{2}$ ③ 1
④ 2 ⑤ 4

02 2023년 7월학평 2번

함수 $f(x)=x^3-7x+5$에 대하여 $\lim_{h \to 0} \frac{f(2+h)-f(2)}{h}$의 값은? (2점)

① 1 ② 2 ③ 3
④ 4 ⑤ 5

03 2023년 7월학평 3번

$\sin\left(\frac{\pi}{2}+\theta\right)=\frac{3}{5}$이고 $\sin\theta\cos\theta<0$일 때, $\sin\theta+2\cos\theta$의 값은? (3점)

① $-\frac{2}{5}$ ② $-\frac{1}{5}$ ③ 0
④ $\frac{1}{5}$ ⑤ $\frac{2}{5}$

04 2023년 7월학평 4번

함수 $y=f(x)$의 그래프가 그림과 같다.

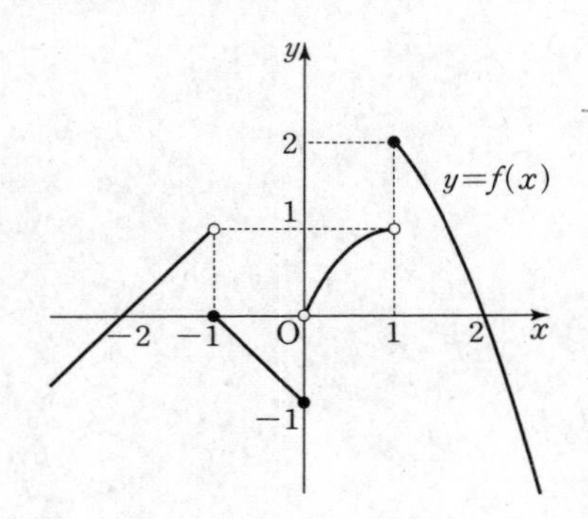

$\lim_{x \to -1+} f(x) + \lim_{x \to 1-} f(x)$의 값은? (3점)

① −1 ② 0 ③ 1
④ 2 ⑤ 3

05 2023년 7월학평 5번

함수

$$f(x)=\begin{cases} 3x+a & (x \le 1) \\ 2x^3+bx+1 & (x>1) \end{cases}$$

이 $x=1$에서 미분가능할 때, $a+b$의 값은?

(단, a, b는 상수이다.) (3점)

① −8 ② −6 ③ −4
④ −2 ⑤ 0

15회 2023 7월 학력평가

해설편 169쪽

06 2023년 7월학평 6번

모든 항이 양수인 등비수열 $\{a_n\}$에 대하여

$$a_3{}^2=a_6,\ a_2-a_1=2$$

일 때, a_5의 값은? (3점)

① 20 ② 24 ③ 28 ④ 32 ⑤ 36

07 2023년 7월학평 7번

함수 $f(x)=x^3+ax^2-9x+4$가 $x=1$에서 극값을 갖는다. 함수 $f(x)$의 극댓값은? (단, a는 상수이다.) (3점)

① 31 ② 33 ③ 35 ④ 37 ⑤ 39

08 2023년 7월학평 8번

수직선 위를 움직이는 점 P의 시각 t $(t\geq 0)$에서의 속도 $v(t)$가

$$v(t)=t^2-4t+3$$

이다. 점 P가 시각 $t=1$, $t=a$ $(a>1)$에서 운동 방향을 바꿀 때, 점 P가 시각 $t=0$에서 $t=a$까지 움직인 거리는? (3점)

① $\frac{7}{3}$ ② $\frac{8}{3}$ ③ 3 ④ $\frac{10}{3}$ ⑤ $\frac{11}{3}$

09 2023년 7월학평 9번

2 이상의 자연수 n에 대하여 x에 대한 방정식

$$(x^n-8)(x^{2n}-8)=0$$

의 모든 실근의 곱이 -4일 때, n의 값은? (4점)

① 2 ② 3 ③ 4 ④ 5 ⑤ 6

10 2023년 7월학평 10번

$0\leq x<2\pi$일 때, 곡선 $y=|4\sin 3x+2|$와 직선 $y=2$가 만나는 서로 다른 점의 개수는? (4점)

① 3 ② 6 ③ 9 ④ 12 ⑤ 15

해설편 169쪽

11 2023년 7월학평 11번

최고차항의 계수가 1인 삼차함수 $f(x)$가 다음 조건을 만족시킨다.

> (가) 모든 실수 x에 대하여 $f(1+x)+f(1-x)=0$이다.
> (나) $\int_{-1}^{3} f'(x)dx=12$

$f(4)$의 값은? (4점)

① 24 ② 28 ③ 32
④ 36 ⑤ 40

12 2023년 7월학평 12번

모든 항이 정수이고 공차가 5인 등차수열 $\{a_n\}$과 자연수 m이 다음 조건을 만족시킨다.

> (가) $\sum_{k=1}^{2m+1} a_k < 0$
> (나) $|a_m|+|a_{m+1}|+|a_{m+2}|<13$

$24<a_{21}<29$일 때, m의 값은? (4점)

① 10 ② 12 ③ 14
④ 16 ⑤ 18

13 2023년 7월학평 13번

그림과 같이 평행사변형 ABCD가 있다. 점 A에서 선분 BD에 내린 수선의 발을 E라 하고, 직선 CE가 선분 AB와 만나는 점을 F라 하자.
$\cos(\angle AFC)=\frac{\sqrt{10}}{10}$, $\overline{EC}=10$이고 삼각형 CDE의 외접원의 반지름의 길이가 $5\sqrt{2}$일 때, 삼각형 AFE의 넓이는? (4점)

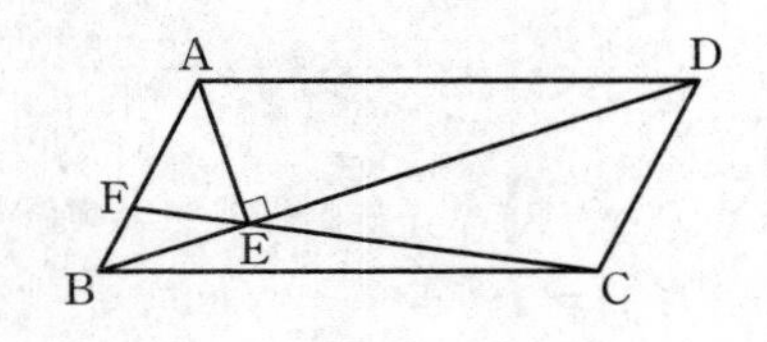

① $\frac{20}{3}$ ② 7 ③ $\frac{22}{3}$
④ $\frac{23}{3}$ ⑤ 8

15회 2023 7월 학력평가

해설편 170쪽

14 2023년 7월학평 14번

최고차항의 계수가 1이고 $f(-3)=f(0)$인 삼차함수 $f(x)$에 대하여 함수 $g(x)$를

$$g(x)=\begin{cases} f(x) & (x<-3 \text{ 또는 } x\geq 0) \\ -f(x) & (-3\leq x<0) \end{cases}$$

이라 하자. 함수 $g(x)g(x-3)$이 $x=k$에서 불연속인 실수 k의 값이 한 개일 때, [보기]에서 옳은 것만을 있는 대로 고른 것은? (4점)

[보기]

ㄱ. 함수 $g(x)g(x-3)$은 $x=0$에서 연속이다.
ㄴ. $f(-6)\times f(3)=0$
ㄷ. 함수 $g(x)g(x-3)$이 $x=k$에서 불연속인 실수 k가 음수일 때 집합 $\{x \mid f(x)=0,\ x\text{는 실수}\}$의 모든 원소의 합이 -1이면 $g(-1)=-48$이다.

① ㄱ　② ㄱ, ㄴ　③ ㄱ, ㄷ
④ ㄴ, ㄷ　⑤ ㄱ, ㄴ, ㄷ

15 2023년 7월학평 15번

모든 항이 자연수인 수열 $\{a_n\}$이 다음 조건을 만족시킨다.

(가) $a_1<300$
(나) 모든 자연수 n에 대하여

$$a_{n+1}=\begin{cases} \frac{1}{3}a_n & (\log_3 a_n\text{이 자연수인 경우}) \\ a_n+6 & (\log_3 a_n\text{이 자연수가 아닌 경우}) \end{cases}$$

이다.

$\sum_{k=4}^{7} a_k=40$이 되도록 하는 모든 a_1의 값의 합은? (4점)

① 315　② 321　③ 327
④ 333　⑤ 339

해설편 171쪽

단답형

16 2023년 7월학평 16번

방정식 $\log_2(x-5)=\log_4(x+7)$을 만족시키는 실수 x의 값을 구하시오. (3점)

17 2023년 7월학평 17번

함수 $f(x)$에 대하여 $f'(x)=9x^2-8x+1$이고 $f(1)=10$일 때, $f(2)$의 값을 구하시오. (3점)

18 2023년 7월학평 18번

두 수열 $\{a_n\}$, $\{b_n\}$에 대하여

$$\sum_{k=1}^{10}(2a_k+3)=40,\ \sum_{k=1}^{10}(a_k-b_k)=-10$$

일 때, $\sum_{k=1}^{10}(b_k+5)$의 값을 구하시오. (3점)

19 2023년 7월학평 19번

곡선 $y=x^3-10$ 위의 점 $\mathrm{P}(-2,\ -18)$에서의 접선과 곡선 $y=x^3+k$ 위의 점 Q에서의 접선이 일치할 때, 양수 k의 값을 구하시오. (3점)

20 2023년 7월학평 20번

실수 $t\left(\sqrt{3}<t<\frac{13}{4}\right)$에 대하여 두 함수

$$f(x)=|x^2-3|-2x,\ g(x)=-x+t$$

의 그래프가 만나는 서로 다른 네 점의 x좌표를 작은 수부터 크기순으로 x_1, x_2, x_3, x_4라 하자. $x_4-x_1=5$일 때, 닫힌구간 $[x_3,\ x_4]$에서 두 함수 $y=f(x)$, $y=g(x)$의 그래프로 둘러싸인 부분의 넓이는 $p-q\sqrt{3}$이다. $p\times q$의 값을 구하시오. (단, p, q는 유리수이다.) (4점)

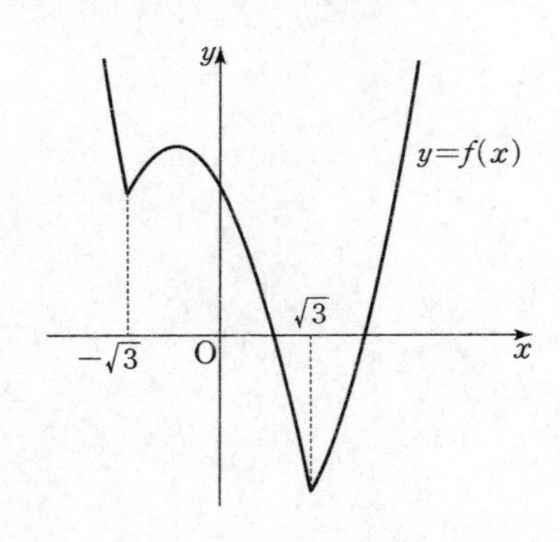

해설편 171쪽

21 2023년 7월학평 21번

그림과 같이 곡선 $y=2^{x-m}+n$ $(m>0,\ n>0)$과 직선 $y=3x$가 서로 다른 두 점 A, B에서 만날 때, 점 B를 지나며 직선 $y=3x$에 수직인 직선이 y축과 만나는 점을 C라 하자. 직선 CA가 x축과 만나는 점을 D라 하면 점 D는 선분 CA를 5 : 3으로 외분하는 점이다.
삼각형 ABC의 넓이가 20일 때, $m+n$의 값을 구하시오.
(단, 점 A의 x좌표는 점 B의 x좌표보다 작다.) (4점)

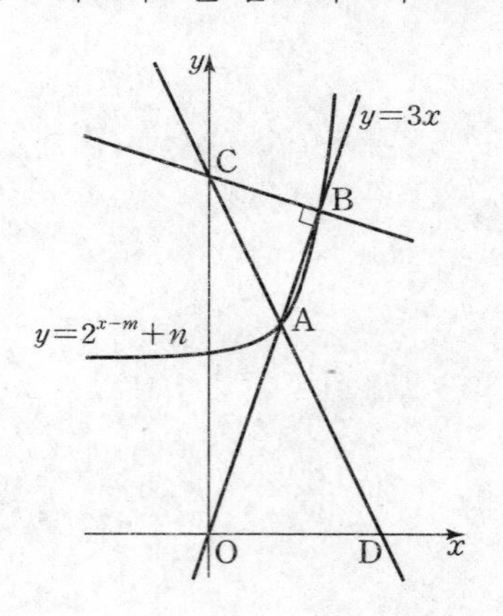

22 2023년 7월학평 22번

최고차항의 계수가 양수인 사차함수 $f(x)$가 있다. 실수 t에 대하여 함수 $g(x)$를

$$g(x)=f(x)-x-f(t)+t$$

라 할 때, 방정식 $g(x)=0$의 서로 다른 실근의 개수를 $h(t)$라 하자. 두 함수 $f(x)$와 $h(t)$가 다음 조건을 만족시킨다.

(가) $\lim_{t\to-1}\{h(t)-h(-1)\}=\lim_{t\to1}\{h(t)-h(1)\}=2$

(나) $\int_0^{\alpha} f(x)dx=\int_0^{\alpha}|f(x)|dx$를 만족시키는 실수 α의 최솟값은 -1이다.

(다) 모든 실수 x에 대하여 $\frac{d}{dx}\int_0^x\{f(u)-ku\}du\ge0$ 이 되도록 하는 실수 k의 최댓값은 $f'(\sqrt{2})$이다.

$f(6)$의 값을 구하시오. (4점)

해설편 172쪽

수학 영역 (확률과 통계)

5지선다형

23 2023년 7월학평 확통 23번

다항식 $(x^2+2)^6$의 전개식에서 x^8의 계수는? (2점)

① 30 ② 45 ③ 60 ④ 75 ⑤ 90

24 2023년 7월학평 확통 24번

한 개의 주사위를 네 번 던질 때 나오는 눈의 수를 차례로 a, b, c, d라 하자. 네 수 a, b, c, d의 곱 $a\times b\times c\times d$가 27의 배수일 확률은? (3점)

① $\frac{1}{9}$ ② $\frac{4}{27}$ ③ $\frac{5}{27}$ ④ $\frac{2}{9}$ ⑤ $\frac{7}{27}$

25 2023년 7월학평 확통 25번

이산확률변수 X의 확률분포를 표로 나타내면 다음과 같다.

X	1	2	3	합계
$\mathrm{P}(X=x)$	a	$a+b$	b	1

$\mathrm{E}(X^2)=a+5$일 때, $b-a$의 값은? (단, a, b는 상수이다.) (3점)

① $\frac{1}{12}$ ② $\frac{1}{6}$ ③ $\frac{1}{4}$ ④ $\frac{1}{3}$ ⑤ $\frac{5}{12}$

26 2023년 7월학평 확통 26번

주머니 A에는 흰 공 1개, 검은 공 2개가 들어 있고, 주머니 B에는 흰 공 3개, 검은 공 3개가 들어 있다. 주머니 A에서 임의로 1개의 공을 꺼내어 주머니 B에 넣은 후 주머니 B에서 임의로 3개의 공을 동시에 꺼낼 때, 주머니 B에서 꺼낸 3개의 공 중에서 적어도 한 개가 흰 공일 확률은? (3점)

① $\frac{6}{7}$ ② $\frac{92}{105}$ ③ $\frac{94}{105}$ ④ $\frac{32}{35}$ ⑤ $\frac{14}{15}$

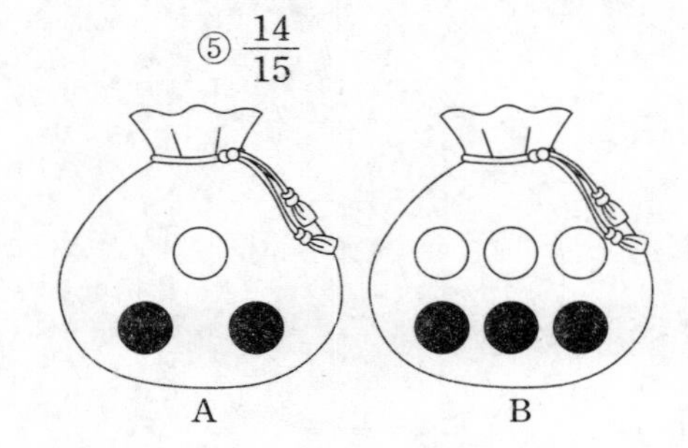

27 2023년 7월학평 확통 27번

숫자 0, 0, 0, 1, 1, 2, 2가 하나씩 적힌 7장의 카드가 있다. 이 7장의 카드를 모두 한 번씩 사용하여 일렬로 나열할 때, 이웃하는 두 장의 카드에 적힌 수의 곱이 모두 1 이하가 되도록 나열하는 경우의 수는? (단, 같은 숫자가 적힌 카드끼리는 서로 구별하지 않는다.) (3점)

① 14 ② 15 ③ 16 ④ 17 ⑤ 18

해설편 173쪽

28 2023년 7월학평 확통 28번

1부터 5까지의 자연수가 하나씩 적힌 5개의 공이 들어 있는 주머니가 있다. 이 주머니에서 공을 임의로 한 개씩 5번 꺼내어 n $(1 \le n \le 5)$번째 꺼낸 공에 적혀 있는 수를 a_n이라 하자. $a_k \le k$를 만족시키는 자연수 k $(1 \le k \le 5)$의 최솟값이 3일 때, $a_1 + a_2 = a_4 + a_5$일 확률은?

(단, 꺼낸 공은 다시 넣지 않는다.) (4점)

① $\frac{4}{19}$ ② $\frac{5}{19}$ ③ $\frac{6}{19}$

④ $\frac{7}{19}$ ⑤ $\frac{8}{19}$

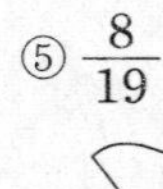

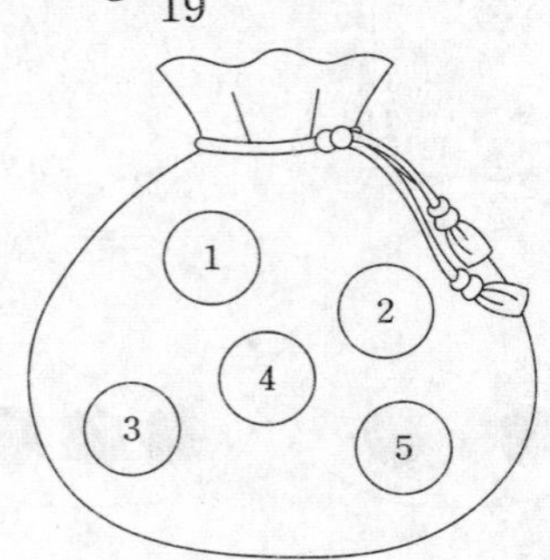

단답형

29 2023년 7월학평 확통 29번

두 연속확률변수 X와 Y가 갖는 값의 범위는 $0 \le X \le 4$, $0 \le Y \le 4$이고, X와 Y의 확률밀도함수는 각각 $f(x)$, $g(x)$이다. 확률변수 X의 확률밀도함수 $f(x)$의 그래프는 그림과 같다.

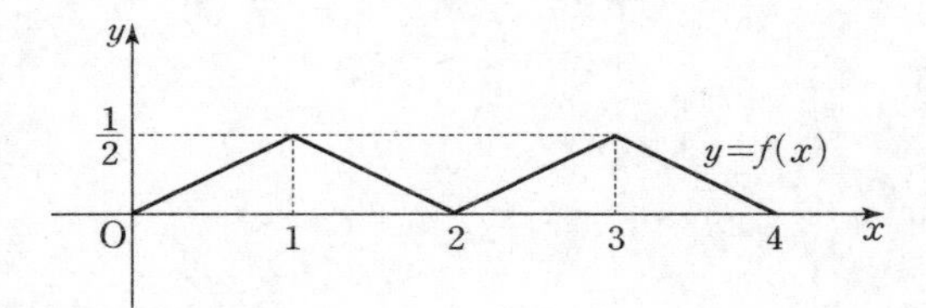

확률변수 Y의 확률밀도함수 $g(x)$는 닫힌구간 $[0, 4]$에서 연속이고 $0 \le x \le 4$인 모든 실수 x에 대하여

$$\{g(x) - f(x)\}\{g(x) - a\} = 0 \ (a\text{는 상수})$$

를 만족시킨다. 두 확률변수 X와 Y가 다음 조건을 만족시킨다.

(가) $\mathrm{P}(0 \le Y \le 1) < \mathrm{P}(0 \le X \le 1)$
(나) $\mathrm{P}(3 \le Y \le 4) < \mathrm{P}(3 \le X \le 4)$

$\mathrm{P}(0 \le Y \le 5a) = p - q\sqrt{2}$일 때, $p \times q$의 값을 구하시오.

(단, p, q는 자연수이다.) (4점)

30 2023년 7월학평 확통 30번

집합 $X = \{1, 2, 3, 4, 5, 6, 7\}$에 대하여 다음 조건을 만족시키는 함수 $f : X \longrightarrow X$의 개수를 구하시오. (4점)

(가) $f(7) - f(1) = 3$
(나) 5 이하의 모든 자연수 n에 대하여
$f(n) \le f(n+2)$이다.
(다) $\frac{1}{3}|f(2) - f(1)|$과 $\frac{1}{3}\sum_{k=1}^{4} f(2k-1)$의 값은 모두 자연수이다.

해설편 174쪽

2023학년도 7월 고3 전국연합학력평가

수학 영역 (미적분)

1

5지선다형

23 2023년 7월학평 미적 23번

$\lim_{n\to\infty} 2n(\sqrt{n^2+4}-\sqrt{n^2+1})$의 값은? (2점)

① 1 ② 2 ③ 3
④ 4 ⑤ 5

24 2023년 7월학평 미적 24번

함수 $f(x)=\ln(x^2-x+2)$와 실수 전체의 집합에서 미분가능한 함수 $g(x)$가 있다. 실수 전체의 집합에서 정의된 합성함수 $h(x)$를 $h(x)=f(g(x))$라 하자.

$\lim_{x\to 2}\frac{g(x)-4}{x-2}=12$일 때, $h'(2)$의 값은? (3점)

① 4 ② 6 ③ 8
④ 10 ⑤ 12

25 2023년 7월학평 미적 25번

곡선 $2e^{x+y-1}=3e^x+x-y$ 위의 점 $(0,\ 1)$에서의 접선의 기울기는? (3점)

① $\frac{2}{3}$ ② 1 ③ $\frac{4}{3}$
④ $\frac{5}{3}$ ⑤ 2

26 2023년 7월학평 미적 26번

함수 $f(x)$는 실수 전체의 집합에서 도함수가 연속이고

$$\int_1^2 (x-1)f'\left(\frac{x}{2}\right)dx=2$$

를 만족시킨다. $f(1)=4$일 때, $\int_{\frac{1}{2}}^1 f(x)dx$의 값은? (3점)

① $\frac{3}{4}$ ② 1 ③ $\frac{5}{4}$
④ $\frac{3}{2}$ ⑤ $\frac{7}{4}$

15회

2023 7월 학력평가

해설편 175쪽

27 2023년 7월학평 미적 27번

그림과 같이 $\overline{AB_1}=\overline{AC_1}=\sqrt{17}$, $\overline{B_1C_1}=2$인 삼각형 AB_1C_1이 있다. 선분 AB_1 위의 점 B_2, 선분 AC_1 위의 점 C_2, 삼각형 AB_1C_1의 내부의 점 D_1을

$\overline{B_1D_1}=\overline{B_2D_1}=\overline{C_1D_1}=\overline{C_2D_1}$, $\angle B_1D_1B_2=\angle C_1D_1C_2=\frac{\pi}{2}$

가 되도록 잡고, 두 삼각형 $B_1D_1B_2$, $C_1D_1C_2$에 색칠하여 얻은 그림을 R_1이라 하자. 그림 R_1에서 선분 AB_2 위의 점 B_3, 선분 AC_2 위의 점 C_3, 삼각형 AB_2C_2의 내부의 점 D_2를

$\overline{B_2D_2}=\overline{B_3D_2}=\overline{C_2D_2}=\overline{C_3D_2}$, $\angle B_2D_2B_3=\angle C_2D_2C_3=\frac{\pi}{2}$

가 되도록 잡고, 두 삼각형 $B_2D_2B_3$, $C_2D_2C_3$에 색칠하여 얻은 그림을 R_2라 하자. 이와 같은 과정을 계속하여 n번째 얻은 그림 R_n에 색칠되어 있는 부분의 넓이를 S_n이라 할 때, $\lim_{n\to\infty}S_n$의 값은? (3점)

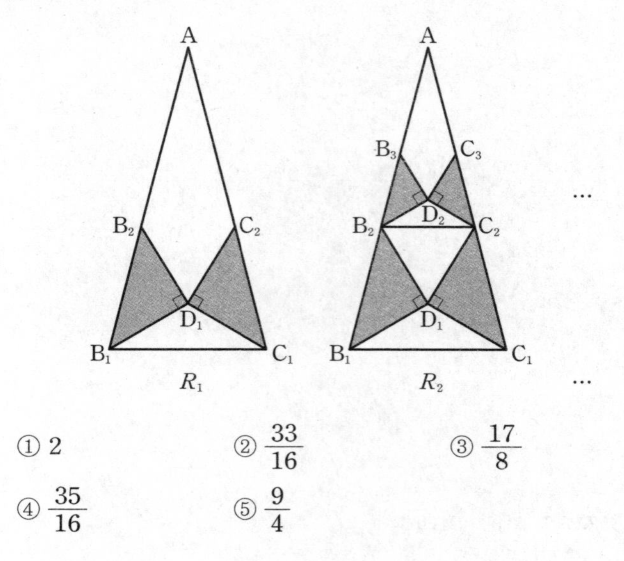

① 2　② $\frac{33}{16}$　③ $\frac{17}{8}$　④ $\frac{35}{16}$　⑤ $\frac{9}{4}$

28 2023년 7월학평 미적 28번

그림과 같이 중심이 O이고 길이가 2인 선분 AB를 지름으로 하는 원이 있다. 원 위에 점 P를 $\angle PAB=\theta$가 되도록 잡고, 점 P를 포함하지 않는 호 AB 위에 점 Q를 $\angle QAB=2\theta$가 되도록 잡는다. 직선 OQ가 원과 만나는 점 중 Q가 아닌 점을 R, 두 선분 PA와 QR이 만나는 점을 S라 하자. 삼각형 BOQ의 넓이를 $f(\theta)$, 삼각형 PRS의 넓이를 $g(\theta)$라 할 때, $\lim_{\theta\to0+}\frac{g(\theta)}{f(\theta)}$의 값은? $\left(단, 0<\theta<\frac{\pi}{6}\right)$ (4점)

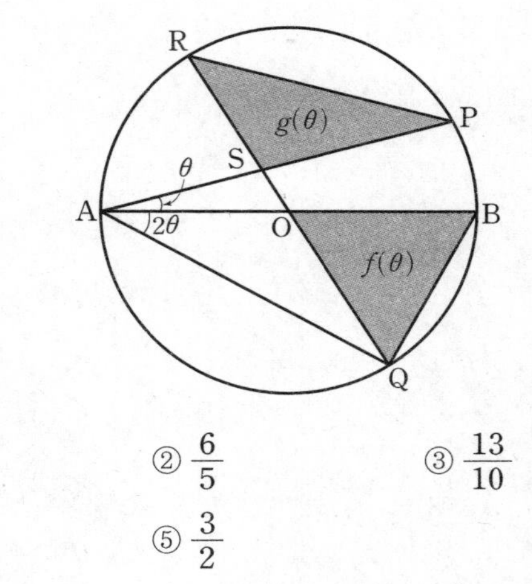

① $\frac{11}{10}$　② $\frac{6}{5}$　③ $\frac{13}{10}$　④ $\frac{7}{5}$　⑤ $\frac{3}{2}$

단답형

29 2023년 7월학평 미적 29번

함수 $f(x)$는 실수 전체의 집합에서 도함수가 연속이고 다음 조건을 만족시킨다.

> (가) $x<1$일 때, $f'(x)=-2x+4$이다.
> (나) $x\geq 0$인 모든 실수 x에 대하여
> $f(x^2+1)=ae^{2x}+bx$이다. (단, a, b는 상수이다.)

$\int_0^5 f(x)dx=pe^4-q$일 때, $p+q$의 값을 구하시오.

(단, p, q는 유리수이다.) (4점)

30 2023년 7월학평 미적 30번

최고차항의 계수가 1인 삼차함수 $f(x)$에 대하여 함수 $g(x)$를

$$g(x)=\sin|\pi f(x)|$$

라 하자. 함수 $y=g(x)$의 그래프와 x축이 만나는 점의 x좌표 중 양수인 것을 작은 수부터 크기순으로 모두 나열할 때, n번째 수를 a_n이라 하자. 함수 $g(x)$와 자연수 m이 다음 조건을 만족시킨다.

> (가) 함수 $g(x)$는 $x=a_4$와 $x=a_8$에서 극대이다.
> (나) $f(a_m)=f(0)$

$f(a_k)\leq f(m)$을 만족시키는 자연수 k의 최댓값을 구하시오.

(4점)

해설편 176쪽

1

수학 영역 (기하)

5지선다형

23 2023년 7월학평 기하 23번

두 벡터 $\vec{a}=(2,\ 3)$, $\vec{b}=(4,\ -2)$에 대하여 벡터 $2\vec{a}+\vec{b}$의 모든 성분의 합은? (2점)

① 10 ② 12 ③ 14 ④ 16 ⑤ 18

24 2023년 7월학평 기하 24번

타원 $\frac{x^2}{32}+\frac{y^2}{8}=1$ 위의 점 중 제1사분면에 있는 점 $(a,\ b)$에서의 접선이 점 $(8,\ 0)$을 지날 때, $a+b$의 값은? (3점)

① 5 ② $\frac{11}{2}$ ③ 6 ④ $\frac{13}{2}$ ⑤ 7

25 2023년 7월학평 기하 25번

좌표평면에서 벡터 $\vec{u}=(3,\ -1)$에 평행한 직선 l과 직선 $m:\frac{x-1}{7}=y-1$이 있다. 두 직선 l, m이 이루는 예각의 크기를 θ라 할 때, $\cos\theta$의 값은? (3점)

① $\frac{2\sqrt{3}}{5}$ ② $\frac{\sqrt{14}}{5}$ ③ $\frac{4}{5}$ ④ $\frac{3\sqrt{2}}{5}$ ⑤ $\frac{2\sqrt{5}}{5}$

26 2023년 7월학평 기하 26번

포물선 $y^2=4px\ (p>0)$의 초점 F를 지나는 직선이 포물선과 서로 다른 두 점 A, B에서 만날 때, 두 점 A, B에서 포물선의 준선에 내린 수선의 발을 각각 C, D라 하자. $\overline{AC}:\overline{BD}=2:1$이고 사각형 ACDB의 넓이가 $12\sqrt{2}$일 때, 선분 AB의 길이는?

(단, 점 A는 제1사분면에 있다.) (3점)

① 6 ② 7 ③ 8 ④ 9 ⑤ 10

해설편 178쪽

27 2023년 7월학평 기하 27번

공간에 선분 AB를 포함하는 평면 α가 있다. 평면 α 위에 있지 않은 점 C에서 평면 α에 내린 수선의 발을 H라 할 때, 점 H가 다음 조건을 만족시킨다.

> (가) $\angle AHB=\dfrac{\pi}{2}$
>
> (나) $\sin(\angle CAH)=\sin(\angle ABH)=\dfrac{\sqrt{3}}{3}$

평면 ABC와 평면 α가 이루는 예각의 크기를 θ라 할 때, $\cos\theta$의 값은? (단, 점 H는 선분 AB 위에 있지 않다.) (3점)

① $\dfrac{\sqrt{7}}{14}$ ② $\dfrac{\sqrt{7}}{7}$ ③ $\dfrac{3\sqrt{7}}{14}$
④ $\dfrac{2\sqrt{7}}{7}$ ⑤ $\dfrac{5\sqrt{7}}{14}$

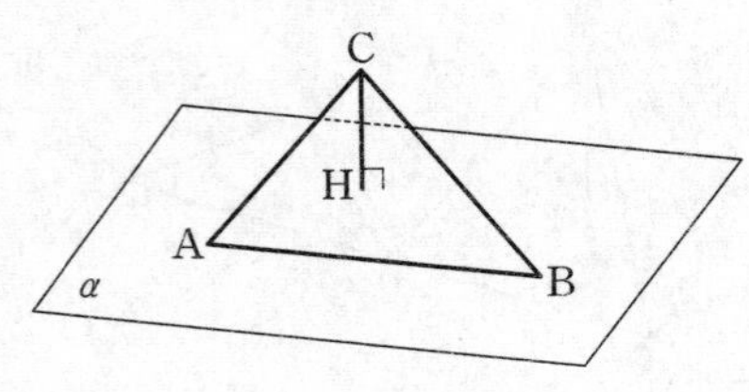

28 2023년 7월학평 기하 28번

두 초점이 $F(c, 0)$, $F'(-c, 0)$ $(c>0)$인 쌍곡선 $\dfrac{x^2}{a^2}-\dfrac{y^2}{b^2}=1$과 점 $A(0, 6)$을 중심으로 하고 두 초점을 지나는 원이 있다. 원과 쌍곡선이 만나는 점 중 제1사분면에 있는 점 P와 두 직선 PF', AF가 만나는 점 Q가

$$\overline{PF} : \overline{PF'}=3 : 4,\ \angle F'QF=\frac{\pi}{2}$$

를 만족시킬 때, b^2-a^2의 값은?
(단, a, b는 양수이고, 점 Q는 제2사분면에 있다.) (4점)

① 30 ② 35 ③ 40
④ 45 ⑤ 50

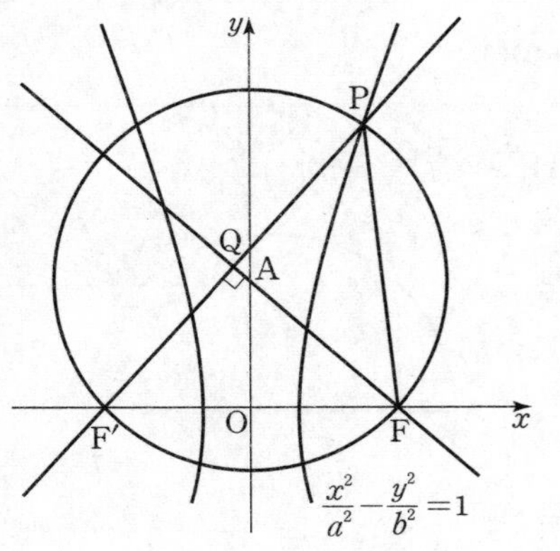

해설편 179쪽

단답형

29 2023년 7월학평 기하 29번

좌표평면 위에 길이가 6인 선분 AB를 지름으로 하는 원이 있다. 원 위의 서로 다른 두 점 C, D가

$$\overrightarrow{AB}\cdot\overrightarrow{AC}=27,\ \overrightarrow{AB}\cdot\overrightarrow{AD}=9,\ \overline{CD}>3$$

을 만족시킨다. 선분 AC 위의 서로 다른 두 점 P, Q와 상수 k가 다음 조건을 만족시킨다.

> (가) $\frac{3}{2}\overrightarrow{DP}-\overrightarrow{AB}=k\overrightarrow{BC}$
> (나) $\overrightarrow{QB}\cdot\overrightarrow{QD}=3$

$k\times(\overrightarrow{AQ}\cdot\overrightarrow{DP})$의 값을 구하시오. (4점)

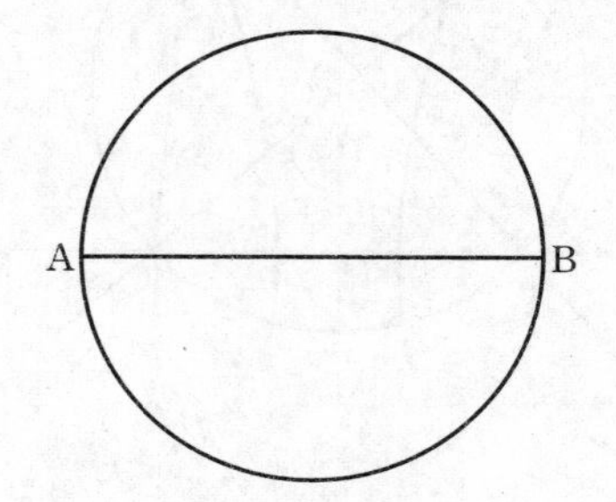

30 2023년 7월학평 기하 30번

공간에 중심이 O이고 반지름의 길이가 4인 구가 있다. 구 위의 서로 다른 세 점 A, B, C가

$$\overline{AB}=8,\ \overline{BC}=2\sqrt{2}$$

를 만족시킨다. 평면 ABC 위에 있지 않은 구 위의 점 D에서 평면 ABC에 내린 수선의 발을 H라 할 때, 점 D가 다음 조건을 만족시킨다.

> (가) 두 직선 OC, OD가 서로 수직이다.
> (나) 두 직선 AD, OH가 서로 수직이다.

삼각형 DAH의 평면 DOC 위로의 정사영의 넓이를 S라 할 때, $8S$의 값을 구하시오. (단, 점 H는 점 O가 아니다.) (4점)

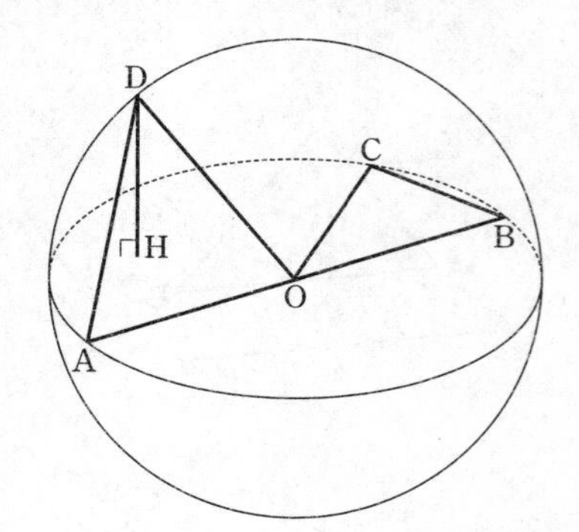

해설편 179쪽

2024학년도 7월 고3 전국연합학력평가

수학 영역

회차별 동영상 강의 QR

제 2 교시

16회 | 시험 시간 100분 | 날짜 월 일 요일 | 시작 시각 : | 종료 시각 :

5지선다형

01 2024년 7월학평 1번

$\sqrt[3]{16}\times 2^{-\frac{1}{3}}$의 값은? (2점)

① $\frac{1}{4}$ ② $\frac{1}{2}$ ③ 1 ④ 2 ⑤ 4

02 2024년 7월학평 2번

함수 $f(x)=2x^2+5x-2$에 대하여 $\lim_{x\to 1}\frac{f(x)-f(1)}{x-1}$의 값은? (2점)

① 6 ② 7 ③ 8 ④ 9 ⑤ 10

03 2024년 7월학평 3번

$\frac{\pi}{2}<\theta<\pi$인 θ에 대하여 $\tan\theta=-2$일 때, $\sin(\pi+\theta)$의 값은? (3점)

① $-\frac{2\sqrt{5}}{5}$ ② $-\frac{\sqrt{10}}{5}$ ③ $-\frac{\sqrt{5}}{5}$ ④ $\frac{\sqrt{5}}{5}$ ⑤ $\frac{2\sqrt{5}}{5}$

04 2024년 7월학평 4번

함수 $y=f(x)$의 그래프가 그림과 같다.

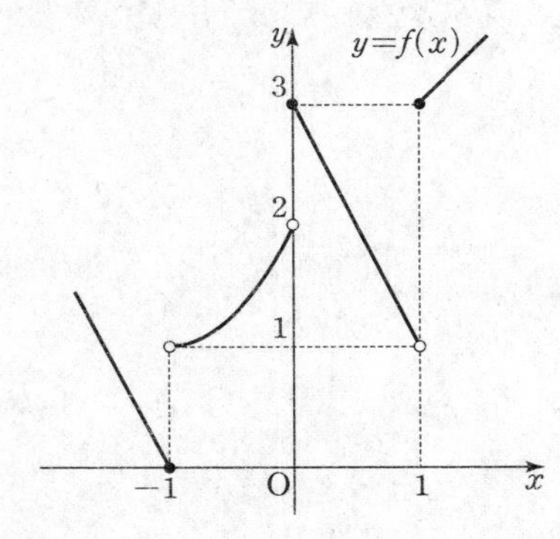

$\lim_{x\to 0-}f(x)+\lim_{x\to 1+}f(x)$의 값은? (3점)

① 1 ② 2 ③ 3 ④ 4 ⑤ 5

05 2024년 7월학평 5번

삼차함수 $f(x)$가 모든 실수 x에 대하여

$$f(x)-f(1)=x^3+4x^2-5x$$

를 만족시킬 때, $\int_1^2 f'(x)dx$의 값은? (3점)

① 10 ② 12 ③ 14 ④ 16 ⑤ 18

16회 2024 7월 학력평가

해설편 181쪽

06 2024년 7월학평 6번

모든 항이 양수인 등비수열 $\{a_n\}$에 대하여

$$\frac{a_3+a_4}{a_1+a_2}=4,\ a_2a_4=1$$

일 때, a_6+a_7의 값은? (3점)

① 16 ② 18 ③ 20
④ 22 ⑤ 24

09 2024년 7월학평 9번

좌표평면 위에 서로 다른 세 점
$A(0,\ -\log_2 9)$, $B(2a,\ \log_2 7)$, $C(-\log_2 9,\ a)$를
꼭짓점으로 하는 삼각형 ABC가 있다. 삼각형 ABC의
무게중심의 좌표가 $(b,\ \log_8 7)$일 때, 2^{a+3b}의 값은? (4점)

① 63 ② 72 ③ 81
④ 90 ⑤ 99

07 2024년 7월학평 7번

함수 $f(x)=x^3-3x+2a$의 극솟값이 $a+3$일 때, 함수
$f(x)$의 극댓값은? (단, a는 상수이다.) (3점)

① 11 ② 12 ③ 13
④ 14 ⑤ 15

10 2024년 7월학평 10번

양수 a에 대하여 수직선 위를 움직이는 점 P의 시각
t $(t\geq 0)$에서의 속도 $v(t)$가

$$v(t)=3t(a-t)$$

이다. 시각 $t=0$에서 점 P의 위치는 16이고, 시각 $t=2a$에서
점 P의 위치는 0이다. 시각 $t=0$에서 $t=5$까지 점 P가
움직인 거리는? (4점)

① 54 ② 58 ③ 62
④ 66 ⑤ 70

08 2024년 7월학평 8번

삼차함수 $f(x)$가 모든 실수 x에 대하여

$$xf'(x)=6x^3-x+f(0)+1$$

을 만족시킬 때, $f(-1)$의 값은? (3점)

① -2 ② -1 ③ 0
④ 1 ⑤ 2

해설편 181쪽

11 2024년 7월학평 11번

공차가 $d\ (0<d<1)$인 등차수열 $\{a_n\}$이 다음 조건을 만족시킨다.

> (가) a_5는 자연수이다.
> (나) 수열 $\{a_n\}$의 첫째항부터 제n항까지의 합을 S_n이라 할 때, $S_8=\frac{68}{3}$이다.

a_{16}의 값은? (4점)

① $\frac{19}{3}$ ② $\frac{77}{12}$ ③ $\frac{13}{2}$ ④ $\frac{79}{12}$ ⑤ $\frac{20}{3}$

12 2024년 7월학평 12번

두 상수 a, b에 대하여 실수 전체의 집합에서 미분가능한 함수 $f(x)$가 다음 조건을 만족시킨다.

> (가) $0\leq x<4$일 때, $f(x)=x^3+ax^2+bx$이다.
> (나) 모든 실수 x에 대하여 $f(x+4)=f(x)+16$이다.

$\int_4^7 f(x)dx$의 값은? (4점)

① $\frac{255}{4}$ ② $\frac{261}{4}$ ③ $\frac{267}{4}$ ④ $\frac{273}{4}$ ⑤ $\frac{279}{4}$

13 2024년 7월학평 13번

그림과 같이

$$\overline{BC}=\frac{36\sqrt{7}}{7},\ \sin(\angle BAC)=\frac{2\sqrt{7}}{7},\ \angle ACB=\frac{\pi}{3}$$

인 삼각형 ABC가 있다. 삼각형 ABC의 외접원의 중심을 O, 직선 AO가 변 BC와 만나는 점을 D라 하자. 삼각형 ADC의 외접원의 중심을 O′이라 할 때, $\overline{AO'}=5\sqrt{3}$이다. $\overline{OO'}^2$의 값은? $\left(\text{단, } 0<\angle BAC<\frac{\pi}{2}\right)$ (4점)

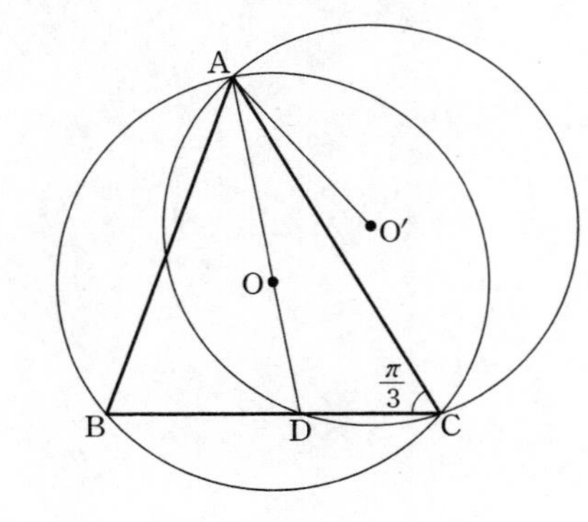

① 21 ② $\frac{91}{4}$ ③ $\frac{49}{2}$ ④ $\frac{105}{4}$ ⑤ 28

16회 2024 7월 학력평가

해설편 182쪽

14 2024년 7월학평 14번

양수 a에 대하여 함수 $f(x)$는

$$f(x)=\begin{cases} -2(x+1)^2+4 & (x\le 0) \\ a(x-5) & (x>0) \end{cases}$$

이다. 함수 $f(x)$와 최고차항의 계수가 1인 삼차함수 $g(x)$에 대하여 $f(k)=g(k)$를 만족시키는 서로 다른 모든 실수 k의 값이 -2, 0, 2일 때, $g(2a)$의 값은? (4점)

① 14 ② 18 ③ 22
④ 26 ⑤ 30

15 2024년 7월학평 15번

첫째항이 자연수인 수열 $\{a_n\}$이 모든 자연수 n에 대하여

$$a_{n+1}=\begin{cases} \frac{1}{2}a_n & \left(\frac{1}{2}a_n\text{이 자연수인 경우}\right) \\ (a_n-1)^2 & \left(\frac{1}{2}a_n\text{이 자연수가 아닌 경우}\right) \end{cases}$$

를 만족시킬 때, $a_7=1$이 되도록 하는 모든 a_1의 값의 합은? (4점)

① 120 ② 125 ③ 130
④ 135 ⑤ 140

해설편 183쪽

단답형

16 2024년 7월학평 16번

방정식 $\log_5(x+9)=\log_5 4+\log_5(x-6)$을 만족시키는 실수 x의 값을 구하시오. (3점)

17 2024년 7월학평 17번

함수 $f(x)=(x-3)(x^2+x-2)$에 대하여 $f'(5)$의 값을 구하시오. (3점)

18 2024년 7월학평 18번

수열 $\{a_n\}$에 대하여

$$\sum_{k=1}^{15}(3a_k+2)=45,\ 2\sum_{k=1}^{15}a_k=42+\sum_{k=1}^{14}a_k$$

일 때, a_{15}의 값을 구하시오. (3점)

19 2024년 7월학평 19번

양수 a에 대하여 $0\le x\le 3$에서 정의된 두 함수

$$f(x)=a\sin\pi x,\ g(x)=a\cos\pi x$$

가 있다. 두 곡선 $y=f(x)$와 $y=g(x)$가 만나는 서로 다른 세 점을 꼭짓점으로 하는 삼각형의 넓이가 2일 때, a^2의 값을 구하시오. (3점)

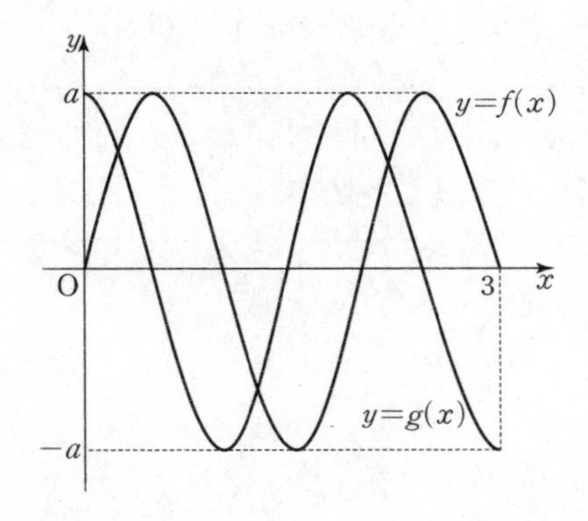

20 2024년 7월학평 20번

두 함수 $f(x)=x^3-12x$, $g(x)=a(x-2)+2\,(a\ne 0)$에 대하여 함수 $h(x)$는

$$h(x)=\begin{cases} f(x) & (f(x)\ge g(x)) \\ g(x) & (f(x)<g(x)) \end{cases}$$

이다. 함수 $h(x)$가 다음 조건을 만족시키도록 하는 모든 실수 a의 값의 범위는 $m<a<M$이다.

> 함수 $y=h(x)$의 그래프와 직선 $y=k$가 서로 다른 네 점에서 만나도록 하는 실수 k가 존재한다.

$10\times(M-m)$의 값을 구하시오. (4점)

16회 2024 7월 학력평가

해설편 183쪽

21 2024년 7월학평 21번

$m\le-10$인 상수 m에 대하여 함수 $f(x)$는

$$f(x)=\begin{cases}|5\log_2(4-x)+m| & (x\le0)\\ 5\log_2 x+m & (x>0)\end{cases}$$

이다. 실수 $t\ (t>0)$에 대하여 x에 대한 방정식 $f(x)=t$의 모든 실근의 합을 $g(t)$라 하자. 함수 $g(t)$가 다음 조건을 만족시킬 때, $f(m)$의 값을 구하시오. (4점)

> $t\ge a$인 모든 실수 t에 대하여 $g(t)=g(a)$가 되도록 하는 양수 a의 최솟값은 2이다.

22 2024년 7월학평 22번

두 자연수 a, $b\ (a<b<8)$에 대하여 함수 $f(x)$는

$$f(x)=\begin{cases}|x+3|-1 & (x<a)\\ x-10 & (a\le x<b)\\ |x-9|-1 & (x\ge b)\end{cases}$$

이다. 함수 $f(x)$와 양수 k는 다음 조건을 만족시킨다.

> (가) 함수 $f(x)f(x+k)$는 실수 전체의 집합에서 연속이다.
> (나) $f(k)<0$

$f(a)\times f(b)\times f(k)$의 값을 구하시오. (4점)

해설편 184쪽

수학 영역 (확률과 통계)

5지선다형

23 2024년 7월학평 확통 23번

다항식 $(2x+1)^5$의 전개식에서 x^2의 계수는? (2점)

① 30 ② 35 ③ 40 ④ 45 ⑤ 50

24 2024년 7월학평 확통 24번

두 사건 A, B가 서로 독립이고,

$$\mathrm{P}(A\cap B)=\frac{1}{2},\ \mathrm{P}(A^C\cap B)=\frac{1}{4}$$

일 때, $\mathrm{P}(A)$의 값은? (단, A^C은 A의 여사건이다.) (3점)

① $\frac{13}{24}$ ② $\frac{7}{12}$ ③ $\frac{5}{8}$ ④ $\frac{2}{3}$ ⑤ $\frac{17}{24}$

25 2024년 7월학평 확통 25번

$0<a<b$인 두 상수 a, b에 대하여 이산확률변수 X의 확률분포를 표로 나타내면 다음과 같다.

X	0	a	b	합계
$\mathrm{P}(X=x)$	$\frac{1}{3}$	a	b	1

$\mathrm{E}(X)=\frac{5}{18}$일 때, ab의 값은? (3점)

① $\frac{1}{24}$ ② $\frac{1}{21}$ ③ $\frac{1}{18}$ ④ $\frac{1}{15}$ ⑤ $\frac{1}{12}$

26 2024년 7월학평 확통 26번

공이 3개 이상 들어 있는 바구니와 숫자 1, 2, 3, 4, 5, 6, 7이 하나씩 적힌 7개의 비어 있는 상자가 있다. 한 개의 주사위를 사용하여 다음 시행을 한다.

> 주사위를 한 번 던져 나온 눈의 수가
> n $(n=1,\ 2,\ 3,\ 4,\ 5,\ 6)$일 때,
> 숫자 n이 적힌 상자에 공이 들어 있지 않으면
> 바구니에 있는 공 1개를 숫자 n이 적힌 상자에 넣고,
> 숫자 n이 적힌 상자에 공이 들어 있으면
> 바구니에 있는 공 1개를 숫자 7이 적힌 상자에 넣는다.

이 시행을 3번 반복한 후 숫자 7이 적힌 상자에 들어 있는 공의 개수가 1 이상일 확률은? (3점)

① $\frac{5}{18}$ ② $\frac{1}{3}$ ③ $\frac{7}{18}$ ④ $\frac{4}{9}$ ⑤ $\frac{1}{2}$

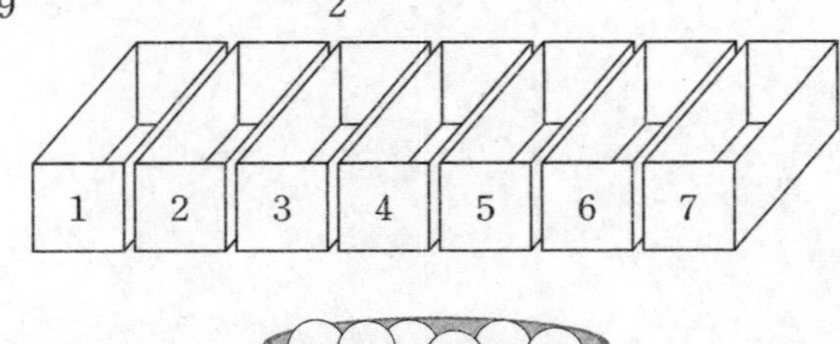

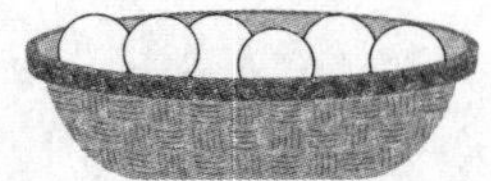

27 2024년 7월학평 확통 27번

세 문자 P, Q, R 중에서 중복을 허락하여 8개를 택해 일렬로 나열하려고 한다. 다음 조건이 성립하도록 나열하는 경우의 수는? (3점)

> 나열된 8개의 문자 중에서 세 문자 P, Q, R의 개수를 각각 p, q, r이라 할 때 $1\le p<q<r$이다.

① 440 ② 448 ③ 456 ④ 464 ⑤ 472

16회 2024 7월 학력평가

해설편 186쪽

28 2024년 7월학평 확통 28번

주머니에 1부터 9까지의 자연수가 하나씩 적혀 있는 9개의 공이 들어 있다. 이 주머니에서 임의로 공을 한 개씩 4번 꺼내어 나온 공에 적혀 있는 수를 꺼낸 순서대로 a, b, c, d라 하자. $a\times b+c+d$가 홀수일 때, 두 수 a, b가 모두 홀수일 확률은? (단, 꺼낸 공은 다시 넣지 않는다.) (4점)

① $\frac{5}{26}$ ② $\frac{3}{13}$ ③ $\frac{7}{26}$ ④ $\frac{4}{13}$ ⑤ $\frac{9}{26}$

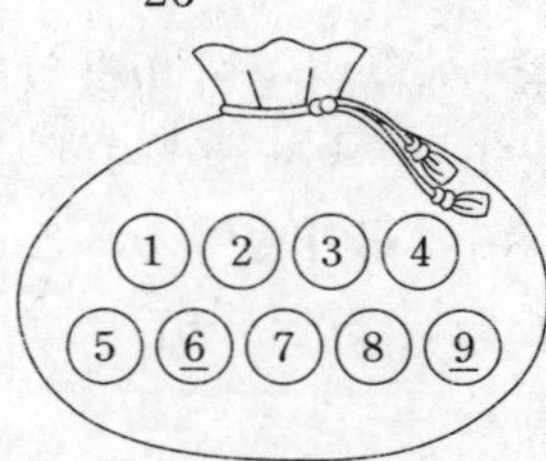

단답형

29 2024년 7월학평 확통 29번

두 양수 m, σ에 대하여 확률변수 X는 정규분포 $\mathrm{N}(m,\ 1^2)$, 확률변수 Y는 정규분포 $\mathrm{N}(m^2+2m+16,\ \sigma^2)$을 따르고, 두 확률변수 X, Y는

$$\mathrm{P}(X\le 0)=\mathrm{P}(Y\le 0)$$

을 만족시킨다. σ의 값이 최소가 되도록 하는 m의 값을 m_1이라 하자. $m=m_1$일 때, 두 확률변수 X, Y에 대하여

$$\mathrm{P}(X\ge 1)=\mathrm{P}(Y\le k)$$

를 만족시키는 상수 k의 값을 구하시오. (4점)

30 2024년 7월학평 확통 30번

두 집합

$$X=\{1,\ 2,\ 3,\ 4\},\ Y=\{1,\ 2,\ 3,\ 4,\ 5,\ 6\}$$

에 대하여 다음 조건을 만족시키는 함수 $f : X \longrightarrow Y$의 개수를 구하시오. (4점)

(가) $f(1)\le f(2)\le f(1)+f(3)\le f(1)+f(4)$
(나) $f(1)+f(2)$는 짝수이다.

해설편 187쪽

수학 영역 (미적분)

5지선다형

23 2024년 7월학평 미적 23번

$\lim_{x\to 0}\frac{5^{2x}-1}{e^{3x}-1}$의 값은? (2점)

① $\frac{\ln 5}{3}$ ② $\frac{1}{\ln 5}$ ③ $\frac{2}{3}\ln 5$ ④ $\frac{2}{\ln 5}$ ⑤ $\ln 5$

24 2024년 7월학평 미적 24번

매개변수 t $(t>0)$으로 나타내어진 함수

$$x=3t-\frac{1}{t},\ y=te^{t-1}$$

에서 $t=1$일 때, $\frac{dy}{dx}$의 값은? (3점)

① $\frac{1}{2}$ ② $\frac{2}{3}$ ③ $\frac{5}{6}$ ④ 1 ⑤ $\frac{7}{6}$

25 2024년 7월학평 미적 25번

모든 항이 양수인 수열 $\{a_n\}$에 대하여

$$\lim_{n\to\infty}\{a_n\times(\sqrt{n^2+4}-n)\}=6$$

일 때, $\lim_{n\to\infty}\frac{2a_n+6n^2}{na_n+5}$의 값은? (3점)

① $\frac{3}{2}$ ② 2 ③ $\frac{5}{2}$ ④ 3 ⑤ $\frac{7}{2}$

26 2024년 7월학평 미적 26번

그림과 같이 $\overline{AB}=\overline{BC}=1$이고 $\angle ABC=\frac{\pi}{2}$인 삼각형 ABC가 있다. 선분 AB 위의 점 D와 선분 BC 위의 점 E가

$$\overline{AD}=2\overline{BE}\ (0<\overline{AD}<1)$$

을 만족시킬 때, 두 선분 AE, CD가 만나는 점을 F라 하자. $\tan(\angle CFE)=\frac{16}{15}$일 때, $\tan(\angle CDB)$의 값은?

(단, $\frac{\pi}{4}<\angle CDB<\frac{\pi}{2}$) (3점)

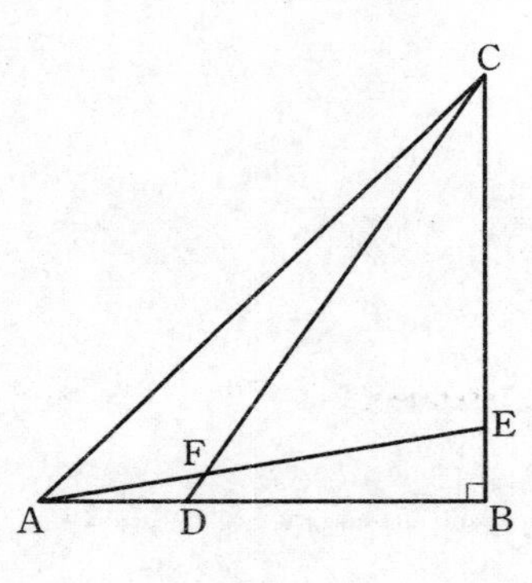

① $\frac{9}{7}$ ② $\frac{4}{3}$ ③ $\frac{7}{5}$ ④ $\frac{3}{2}$ ⑤ $\frac{5}{3}$

해설편 188쪽

27 2024년 7월학평 미적 27번

양수 t에 대하여 곡선 $y=2\ln(x+1)$ 위의 점 $\mathrm{P}(t,\ 2\ln(t+1))$에서 x축, y축에 내린 수선의 발을 각각 Q, R이라 할 때, 직사각형 OQPR의 넓이를 $f(t)$라 하자. $\int_{1}^{3} f(t)dt$의 값은? (단, O는 원점이다.) (3점)

① $-2+12\ln 2$　② $-1+12\ln 2$　③ $-2+16\ln 2$　④ $-1+16\ln 2$　⑤ $-2+20\ln 2$

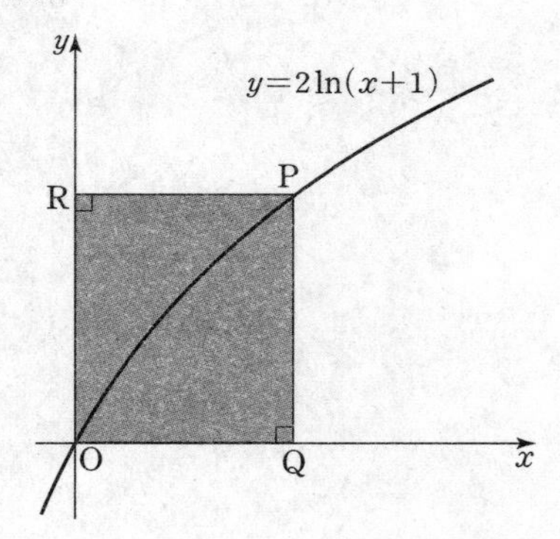

28 2024년 7월학평 미적 28번

최고차항의 계수가 1이고 역함수가 존재하는 삼차함수 $f(x)$에 대하여 함수 $f(x)$의 역함수를 $g(x)$라 하자. 실수 $k\ (k>0)$에 대하여 함수 $h(x)$는

$$h(x)=\begin{cases} \dfrac{g(x)-k}{x-k} & (x\neq k) \\ \dfrac{1}{3} & (x=k) \end{cases}$$

이다. 함수 $h(x)$가 다음 조건을 만족시키도록 하는 모든 함수 $f(x)$에 대하여 $f'(0)$의 값이 최대일 때, k의 값을 α라 하자.

(가) $h(0)=1$
(나) 함수 $h(x)$는 실수 전체의 집합에서 연속이다.

$k=\alpha$일 때, $\alpha\times h(9)\times g'(9)$의 값은? (4점)

① $\dfrac{1}{84}$　② $\dfrac{1}{42}$　③ $\dfrac{1}{28}$　④ $\dfrac{1}{21}$　⑤ $\dfrac{5}{84}$

해설편 189쪽

단답형

29 2024년 7월학평 미적 29번

첫째항이 1이고 공비가 0이 아닌 등비수열 $\{a_n\}$에 대하여 급수 $\sum_{n=1}^{\infty} a_n$이 수렴하고

$$\sum_{n=1}^{\infty} (20a_{2n}+21|a_{3n-1}|)=0$$

이다. 첫째항이 0이 아닌 등비수열 $\{b_n\}$에 대하여 급수 $\sum_{n=1}^{\infty} \frac{3|a_n|+b_n}{a_n}$이 수렴할 때, $b_1 \times \sum_{n=1}^{\infty} b_n$의 값을 구하시오. (4점)

30 2024년 7월학평 미적 30번

상수 $a(0<a<1)$에 대하여 함수 $f(x)$를

$$f(x)=\int_0^x \ln(e^{|t|}-a)dt$$

라 하자. 함수 $f(x)$와 상수 k는 다음 조건을 만족시킨다.

(가) 함수 $f(x)$는 $x=\ln \frac{3}{2}$에서 극값을 갖는다.

(나) $f\left(-\ln \frac{3}{2}\right)=\frac{f(k)}{6}$

$\int_0^k \frac{|f'(x)|}{f(x)-f(-k)}dx=p$일 때, $100 \times a \times e^p$의 값을 구하시오. (4점)

해설편 189쪽

1 수학 영역 (기하)

5지선다형

23 2024년 7월학평 기하 23번

두 벡터 $\vec{a}=(4,\ 1)$, $\vec{b}=(-2,\ 0)$에 대하여 $|\vec{a}+\vec{b}|$의 값은? (2점)

① $\sqrt{3}$ ② 2 ③ $\sqrt{5}$
④ $\sqrt{6}$ ⑤ $\sqrt{7}$

24 2024년 7월학평 기하 24번

타원 $\dfrac{x^2}{8}+\dfrac{y^2}{2a^2}=1$ 위의 점 $(2,\ a)$에서의 접선의 기울기가 -3일 때, a의 값은? (단, a는 양수이다.) (3점)

① 6 ② 7 ③ 8
④ 9 ⑤ 10

25 2024년 7월학평 기하 25번

좌표평면 위의 점 $\mathrm{A}(4,\ 2)$에 대하여

$$(\overrightarrow{\mathrm{OP}}-\overrightarrow{\mathrm{OA}})\cdot\overrightarrow{\mathrm{OA}}=0$$

을 만족시키는 점 P가 나타내는 도형이 x축, y축과 만나는 점을 각각 B, C라 할 때, 삼각형 OBC의 넓이는? (단, O는 원점이다.) (3점)

① 21 ② 22 ③ 23
④ 24 ⑤ 25

26 2024년 7월학평 기하 26번

점 F를 초점으로 하고 직선 l을 준선으로 하는 포물선이 있다. 이 포물선 위의 한 점 P에서 준선 l에 내린 수선의 발을 H라 하고, 선분 FH가 이 포물선과 만나는 점을 A라 하자. 점 F와 직선 l 사이의 거리가 4이고 $\overline{\mathrm{HA}}:\overline{\mathrm{AF}}=3:1$일 때, 선분 PH의 길이는? (3점)

① 15 ② 18 ③ 21
④ 24 ⑤ 27

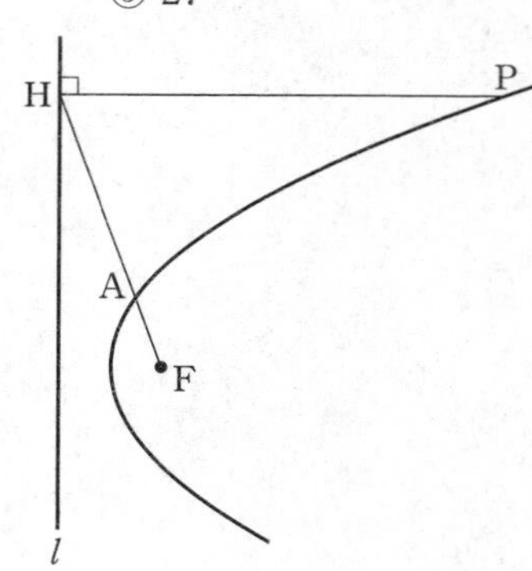

해설편 190쪽

27 2024년 7월학평 기하 27번

밑면의 반지름의 길이가 3, 높이가 3인 원기둥이 있다. 이 원기둥의 한 밑면의 둘레 위의 한 점 P에서 다른 밑면에 내린 수선의 발을 P′이라 하고, 점 P를 포함하는 밑면의 중심을 O라 하자. 점 P′을 포함하는 밑면의 둘레 위의 서로 다른 두 점 A, B에 대하여 점 O에서 선분 AB에 내린 수선의 발을 H라 하자. $\overline{BP'}=6$, $\overline{OH}=\sqrt{13}$일 때, 삼각형 PAH의 넓이는? (3점)

① $\sqrt{5}$ ② $\frac{3\sqrt{5}}{2}$ ③ $2\sqrt{5}$ ④ $\frac{5\sqrt{5}}{2}$ ⑤ $3\sqrt{5}$

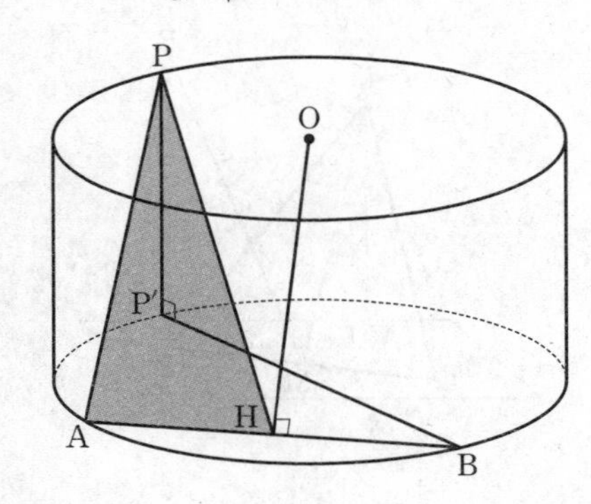

28 2024년 7월학평 기하 28번

두 양수 a, c에 대하여 두 점 $F(c,\ 0)$, $F'(-c,\ 0)$을 초점으로 하는 쌍곡선 $\frac{x^2}{a^2}-\frac{y^2}{3}=1$이 있다. 두 직선 PF, PF′이 서로 수직이 되도록 하는 이 쌍곡선 위의 점 중 제1사분면 위의 점을 P, $\overline{PQ}=\frac{a}{3}$인 선분 PF′ 위의 점을 Q라 하자. 직선 QF와 y축이 만나는 점을 A라 할 때, 점 A에서 두 직선 PF, PF′에 내린 수선의 발을 각각 R, S라 하자. $\overline{AR}=\overline{AS}$일 때, a^2의 값은? (4점)

① $\frac{18}{5}$ ② 4 ③ $\frac{22}{5}$ ④ $\frac{24}{5}$ ⑤ $\frac{26}{5}$

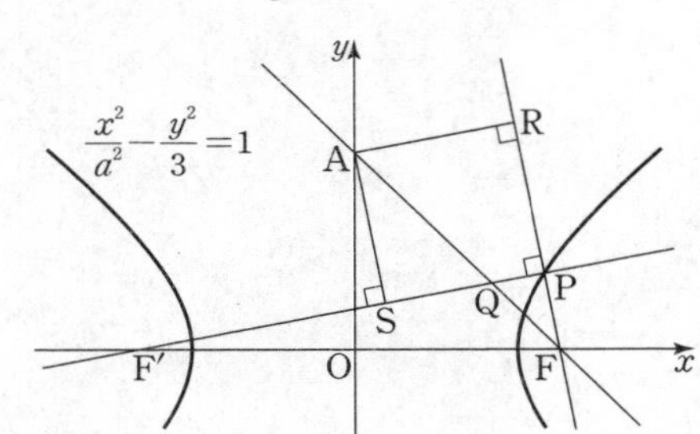

해설편 191쪽

단답형

29 2024년 7월학평 기하 29번

좌표평면 위의 세 점 $A(2, 0)$, $B(6, 0)$, $C(0, 1)$에 대하여 두 점 P, Q가 다음 조건을 만족시킨다.

(가) $\overrightarrow{AP} \cdot \overrightarrow{BP} = 0$, $\overrightarrow{OP} \cdot \overrightarrow{OC} \geq 0$
(나) $\overrightarrow{QB} = 4\overrightarrow{QP} + \overrightarrow{QA}$

$|\overrightarrow{QA}| = 2$일 때, $\overrightarrow{AP} \cdot \overrightarrow{AQ} = k$이다. $20 \times k$의 값을 구하시오. (단, O는 원점이고, k는 상수이다.) (4점)

30 2024년 7월학평 기하 30번

공간에 점 P를 포함하는 평면 α가 있다. 평면 α 위에 있지 않은 서로 다른 두 점 A, B의 평면 α 위로의 정사영을 각각 A′, B′이라 할 때,

$$\overline{AA'} = 9,\ \overline{A'P} = \overline{A'B'} = 5,\ \overline{PB'} = 8$$

이다. 선분 PB′의 중점 M에 대하여 $\angle MAB = \frac{\pi}{2}$일 때, 직선 BM과 평면 APB′이 이루는 예각의 크기를 θ라 하자. $\cos^2\theta = \frac{q}{p}$일 때, $p+q$의 값을 구하시오.

(단, p와 q는 서로소인 자연수이다.) (4점)

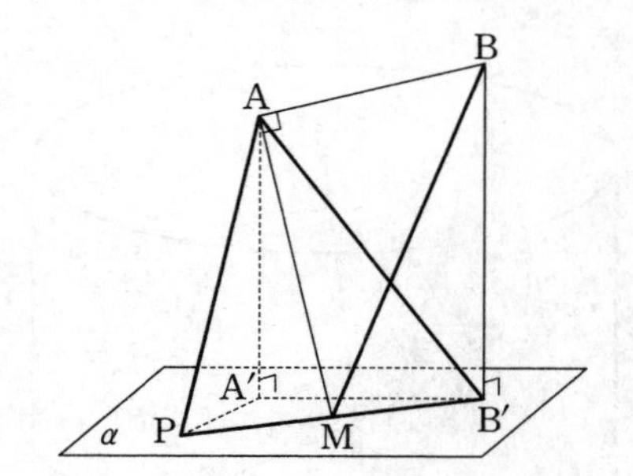

해설편 192쪽

수학 영역

제 2 교시

17회	시험 시간	100분
	날짜	월 일 요일
시작 시각 :	종료 시각	:

5지선다형

01 2022학년도 9월모평 1번

$\frac{1}{\sqrt[4]{3}} \times 3^{-\frac{7}{4}}$의 값은? (2점)

① $\frac{1}{9}$ ② $\frac{1}{3}$ ③ 1 ④ 3 ⑤ 9

02 2022학년도 9월모평 2번

함수 $f(x)=2x^3+4x+5$에 대하여 $f'(1)$의 값은? (2점)

① 6 ② 7 ③ 8 ④ 9 ⑤ 10

03 2022학년도 9월모평 3번

등비수열 $\{a_n\}$에 대하여

$$a_1=2,\ a_2a_4=36$$

일 때, $\frac{a_7}{a_3}$의 값은? (3점)

① 1 ② $\sqrt{3}$ ③ 3 ④ $3\sqrt{3}$ ⑤ 9

04 2022학년도 9월모평 4번

함수

$$f(x)=\begin{cases} 2x+a & (x\le -1) \\ x^2-5x-a & (x>-1) \end{cases}$$

이 실수 전체의 집합에서 연속일 때, 상수 a의 값은? (3점)

① 1 ② 2 ③ 3 ④ 4 ⑤ 5

05 2022학년도 9월모평 5번

함수 $f(x)=2x^3+3x^2-12x+1$의 극댓값과 극솟값을 각각 M, m이라 할 때, $M+m$의 값은? (3점)

① 13 ② 14 ③ 15 ④ 16 ⑤ 17

해설편 193쪽

06 2022학년도 9월모평 6번

$\frac{\pi}{2}<\theta<\pi$인 θ에 대하여 $\frac{\sin\theta}{1-\sin\theta}-\frac{\sin\theta}{1+\sin\theta}=4$일 때, $\cos\theta$의 값은? (3점)

① $-\frac{\sqrt{3}}{3}$　② $-\frac{1}{3}$　③ 0
④ $\frac{1}{3}$　⑤ $\frac{\sqrt{3}}{3}$

07 2022학년도 9월모평 7번

수열 $\{a_n\}$은 $a_1=-4$이고, 모든 자연수 n에 대하여

$$\sum_{k=1}^{n}\frac{a_{k+1}-a_k}{a_k a_{k+1}}=\frac{1}{n}$$

을 만족시킨다. a_{13}의 값은? (3점)

① -9　② -7　③ -5
④ -3　⑤ -1

08 2022학년도 9월모평 8번

삼차함수 $f(x)$가

$$\lim_{x\to 0}\frac{f(x)}{x}=\lim_{x\to 1}\frac{f(x)}{x-1}=1$$

을 만족시킬 때, $f(2)$의 값은? (3점)

① 4　② 6　③ 8
④ 10　⑤ 12

09 2022학년도 9월모평 9번

수직선 위를 움직이는 점 P의 시각 $t(t>0)$에서의 속도 $v(t)$가

$$v(t)=-4t^3+12t^2$$

이다. 시각 $t=k$에서 점 P의 가속도가 12일 때, 시각 $t=3k$에서 $t=4k$까지 점 P가 움직인 거리는?

(단, k는 상수이다.) (4점)

① 23　② 25　③ 27
④ 29　⑤ 31

해설편 193쪽

10 2022학년도 9월모평 10번

두 양수 a, b에 대하여 곡선 $y=a\sin b\pi x\left(0\leq x\leq \frac{3}{b}\right)$이 직선 $y=a$와 만나는 서로 다른 두 점을 A, B라 하자. 삼각형 OAB의 넓이가 5이고 직선 OA의 기울기와 직선 OB의 기울기의 곱이 $\frac{5}{4}$일 때, $a+b$의 값은?

(단, O는 원점이다.) (4점)

① 1 ② 2 ③ 3 ④ 4 ⑤ 5

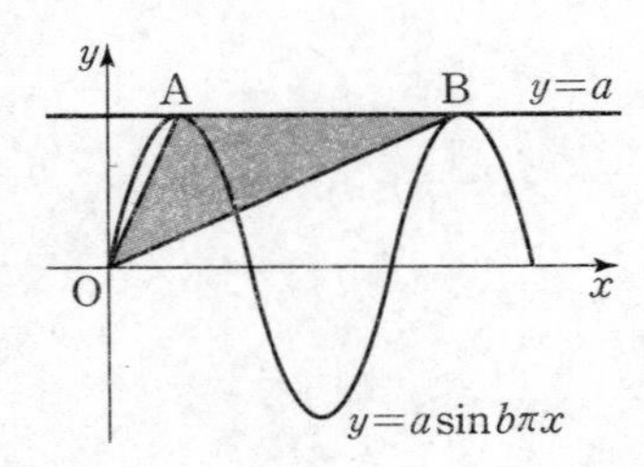

11 2022학년도 9월모평 11번

다항함수 $f(x)$가 모든 실수 x에 대하여

$$xf(x)=2x^3+ax^2+3a+\int_1^x f(t)dt$$

를 만족시킨다. $f(1)=\int_0^1 f(t)dt$일 때, $a+f(3)$의 값은?

(단, a는 상수이다.) (4점)

① 5 ② 6 ③ 7 ④ 8 ⑤ 9

12 2022학년도 9월모평 12번

반지름의 길이가 $2\sqrt{7}$인 원에 내접하고 $\angle A=\frac{\pi}{3}$인 삼각형 ABC가 있다. 점 A를 포함하지 않는 호 BC 위의 점 D에 대하여 $\sin(\angle BCD)=\frac{2\sqrt{7}}{7}$일 때, $\overline{BD}+\overline{CD}$의 값은?

(4점)

① $\frac{19}{2}$ ② 10 ③ $\frac{21}{2}$ ④ 11 ⑤ $\frac{23}{2}$

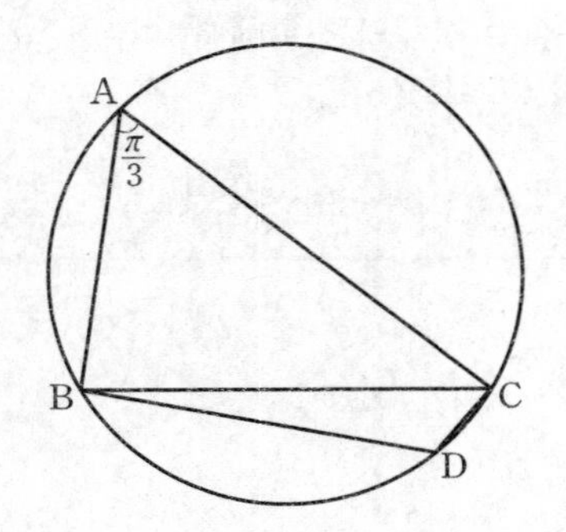

13 2022학년도 9월모평 13번

첫째항이 -45이고 공차가 d인 등차수열 $\{a_n\}$이 다음 조건을 만족시키도록 하는 모든 자연수 d의 값의 합은? (4점)

> (가) $|a_m|=|a_{m+3}|$인 자연수 m이 존재한다.
> (나) 모든 자연수 n에 대하여 $\sum_{k=1}^{n} a_k > -100$이다.

① 44 ② 48 ③ 52 ④ 56 ⑤ 60

해설편 194쪽

14 2022학년도 9월모평 14번

최고차항의 계수가 1이고 $f'(0)=f'(2)=0$인 삼차함수 $f(x)$와 양수 p에 대하여 함수 $g(x)$를

$$g(x)=\begin{cases} f(x)-f(0) & (x\le 0) \\ f(x+p)-f(p) & (x>0) \end{cases}$$

이라 하자. [보기]에서 옳은 것만을 있는 대로 고른 것은? (4점)

[보기]
ㄱ. $p=1$일 때, $g'(1)=0$이다.
ㄴ. $g(x)$가 실수 전체의 집합에서 미분가능하도록 하는 양수 p의 개수는 1이다.
ㄷ. $p\ge 2$일 때, $\int_{-1}^{1} g(x)dx\ge 0$이다.

① ㄱ ② ㄱ, ㄴ ③ ㄱ, ㄷ
④ ㄴ, ㄷ ⑤ ㄱ, ㄴ, ㄷ

15 2022학년도 9월모평 15번

수열 $\{a_n\}$은 $|a_1|\le 1$이고, 모든 자연수 n에 대하여

$$a_{n+1}=\begin{cases} -2a_n-2 & \left(-1\le a_n<-\frac{1}{2}\right) \\ 2a_n & \left(-\frac{1}{2}\le a_n\le \frac{1}{2}\right) \\ -2a_n+2 & \left(\frac{1}{2}<a_n\le 1\right) \end{cases}$$

을 만족시킨다. $a_5+a_6=0$이고 $\sum_{k=1}^{5} a_k>0$이 되도록 하는 모든 a_1의 값의 합은? (4점)

① $\frac{9}{2}$ ② 5 ③ $\frac{11}{2}$
④ 6 ⑤ $\frac{13}{2}$

해설편 195쪽

단답형

16 2022학년도 9월모평 16번

$\log_2 100 - 2\log_2 5$의 값을 구하시오. (3점)

17 2022학년도 9월모평 17번

함수 $f(x)$에 대하여 $f'(x)=8x^3-12x^2+7$이고 $f(0)=3$ 일 때, $f(1)$의 값을 구하시오. (3점)

18 2022학년도 9월모평 18번

두 수열 $\{a_n\}$, $\{b_n\}$에 대하여

$$\sum_{k=1}^{10}(a_k+2b_k)=45,\ \sum_{k=1}^{10}(a_k-b_k)=3$$

일 때, $\sum_{k=1}^{10}\left(b_k-\frac{1}{2}\right)$의 값을 구하시오. (3점)

19 2022학년도 9월모평 19번

함수 $f(x)=x^3-6x^2+5x$에서 x의 값이 0에서 4까지 변할 때의 평균변화율과 $f'(a)$의 값이 같게 되도록 하는 $0<a<4$인 모든 실수 a의 값의 곱은 $\frac{q}{p}$이다. $p+q$의 값을 구하시오. (단, p와 q는 서로소인 자연수이다.) (3점)

20 2022학년도 9월모평 20번

함수 $f(x)=\frac{1}{2}x^3-\frac{9}{2}x^2+10x$에 대하여 x에 대한 방정식

$$f(x)+|f(x)+x|=6x+k$$

의 서로 다른 실근의 개수가 4가 되도록 하는 모든 정수 k의 값의 합을 구하시오. (4점)

17회

2022 9월 모의평가

해설편 195쪽

21 2022학년도 9월모평 21번

$a>1$인 실수 a에 대하여 직선 $y=-x+4$가 두 곡선

$$y=a^{x-1},\ y=\log_a(x-1)$$

과 만나는 점을 각각 A, B라 하고, 곡선 $y=a^{x-1}$이 y축과 만나는 점을 C라 하자. $\overline{\mathrm{AB}}=2\sqrt{2}$일 때, 삼각형 ABC의 넓이는 S이다. $50\times S$의 값을 구하시오. (4점)

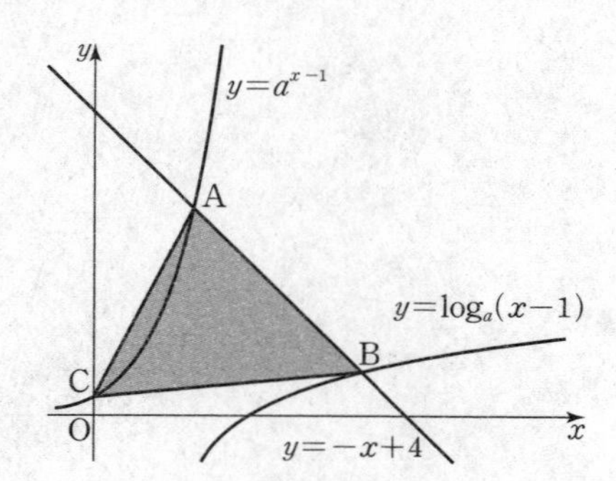

22 2022학년도 9월모평 22번

최고차항의 계수가 1인 삼차함수 $f(x)$에 대하여 함수

$$g(x)=f(x-3)\times\lim_{h\to 0+}\frac{|f(x+h)|-|f(x-h)|}{h}$$

가 다음 조건을 만족시킬 때, $f(5)$의 값을 구하시오. (4점)

(가) 함수 $g(x)$는 실수 전체의 집합에서 연속이다.
(나) 방정식 $g(x)=0$은 서로 다른 네 실근 α_1, α_2, α_3, α_4를 갖고 $\alpha_1+\alpha_2+\alpha_3+\alpha_4=7$이다.

해설편 196쪽

5지선다형

23 2022학년도 9월모평 확통 23번

확률변수 X가 이항분포 $\mathrm{B}\left(60, \frac{1}{4}\right)$을 따를 때, $\mathrm{E}(X)$의 값은? (2점)

① 5 ② 10 ③ 15 ④ 20 ⑤ 25

24 2022학년도 9월모평 확통 24번

네 개의 수 1, 3, 5, 7 중에서 임의로 선택한 한 개의 수를 a라 하고, 네 개의 수 2, 4, 6, 8 중에서 임의로 선택한 한 개의 수를 b라 하자. $a \times b > 31$일 확률은? (3점)

① $\frac{1}{16}$ ② $\frac{1}{8}$ ③ $\frac{3}{16}$ ④ $\frac{1}{4}$ ⑤ $\frac{5}{16}$

25 2022학년도 9월모평 확통 25번

$\left(x^2+\frac{a}{x}\right)^5$의 전개식에서 $\frac{1}{x^2}$의 계수와 x의 계수가 같을 때, 양수 a의 값은? (3점)

① 1 ② 2 ③ 3 ④ 4 ⑤ 5

26 2022학년도 9월모평 확통 26번

주머니 A에는 흰 공 2개, 검은 공 4개가 들어 있고, 주머니 B에는 흰 공 3개, 검은 공 3개가 들어 있다. 두 주머니 A, B와 한 개의 주사위를 사용하여 다음 시행을 한다.

> 주사위를 한 번 던져 나온 눈의 수가 5 이상이면 주머니 A에서 임의로 2개의 공을 동시에 꺼내고, 나온 눈의 수가 4 이하이면 주머니 B에서 임의로 2개의 공을 동시에 꺼낸다.

이 시행을 한 번 하여 주머니에서 꺼낸 2개의 공이 모두 흰색일 때, 나온 눈의 수가 5 이상일 확률은? (3점)

① $\frac{1}{7}$ ② $\frac{3}{14}$ ③ $\frac{2}{7}$ ④ $\frac{5}{14}$ ⑤ $\frac{3}{7}$

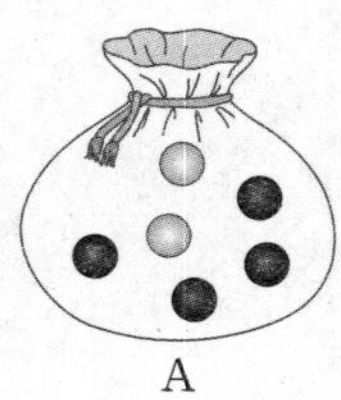

17회 2022 9월 모의평가

해설편 197쪽

27 2022학년도 9월모평 확통 27번

지역 A에 살고 있는 성인들의 1인 하루 물 사용량을 확률변수 X, 지역 B에 살고 있는 성인들의 1인 하루 물 사용량을 확률변수 Y라 하자. 두 확률변수 X, Y는 정규분포를 따르고 다음 조건을 만족시킨다.

> (가) 두 확률변수 X, Y의 평균은 각각 220과 240이다.
> (나) 확률변수 Y의 표준편차는 확률변수 X의 표준편차의 1.5배이다.

지역 A에 살고 있는 성인 중 임의추출한 n명의 1인 하루 물 사용량의 표본평균을 $\overline{X}$, 지역 B에 살고 있는 성인 중 임의추출한 $9n$명의 1인 하루 물 사용량의 표본평균을 $\overline{Y}$라 하자.
$P(\overline{X} \leq 215) = 0.1587$일 때, $P(\overline{Y} \geq 235)$의 값을 오른쪽 표준정규분포표를 이용하여 구한 것은? (단, 물 사용량의 단위는 L이다.) (3점)

z	$P(0 \leq Z \leq z)$
0.5	0.1915
1.0	0.3413
1.5	0.4332
2.0	0.4772

① 0.6915 ② 0.7745 ③ 0.8185
④ 0.8413 ⑤ 0.9772

28 2022학년도 9월모평 확통 28번

집합 $X = \{1, 2, 3, 4, 5, 6\}$에 대하여 다음 조건을 만족시키는 함수 $f : X \longrightarrow X$의 개수는? (4점)

> (가) $f(3) + f(4)$는 5의 배수이다.
> (나) $f(1) < f(3)$이고 $f(2) < f(3)$이다.
> (다) $f(4) < f(5)$이고 $f(4) < f(6)$이다.

① 384 ② 394 ③ 404
④ 414 ⑤ 424

단답형

29 2022학년도 9월모평 확통 29번

두 이산확률변수 X, Y의 확률분포를 표로 나타내면 각각 다음과 같다.

X	1	3	5	7	9	합계
$P(X=x)$	a	b	c	b	a	1

Y	1	3	5	7	9	합계
$P(Y=y)$	$a+\frac{1}{20}$	b	$c-\frac{1}{10}$	b	$a+\frac{1}{20}$	1

$V(X) = \frac{31}{5}$일 때, $10 \times V(Y)$의 값을 구하시오. (4점)

30 2022학년도 9월모평 확통 30번

네 명의 학생 A, B, C, D에게 같은 종류의 사인펜 14개를 다음 규칙에 따라 남김없이 나누어 주는 경우의 수를 구하시오. (4점)

> (가) 각 학생은 1개 이상의 사인펜을 받는다.
> (나) 각 학생이 받는 사인펜의 개수는 9 이하이다.
> (다) 적어도 한 학생은 짝수 개의 사인펜을 받는다.

해설편 198쪽

5지선다형

23 2022학년도 9월모평 미적 23번

$\lim_{n\to\infty} \dfrac{2\times 3^{n+1}+5}{3^n+2^{n+1}}$ 의 값은? (2점)

① 2 ② 4 ③ 6
④ 8 ⑤ 10

24 2022학년도 9월모평 미적 24번

$2\cos\alpha=3\sin\alpha$이고 $\tan(\alpha+\beta)=1$일 때, $\tan\beta$의 값은? (3점)

① $\frac{1}{6}$ ② $\frac{1}{5}$ ③ $\frac{1}{4}$
④ $\frac{1}{3}$ ⑤ $\frac{1}{2}$

25 2022학년도 9월모평 미적 25번

매개변수 t로 나타내어진 곡선

$$x=e^t-4e^{-t},\ y=t+1$$

에서 $t=\ln 2$일 때, $\dfrac{dy}{dx}$의 값은? (3점)

① 1 ② $\frac{1}{2}$ ③ $\frac{1}{3}$
④ $\frac{1}{4}$ ⑤ $\frac{1}{5}$

26 2022학년도 9월모평 미적 26번

그림과 같이 곡선 $y=\sqrt{\dfrac{3x+1}{x^2}}\ (x>0)$과 x축 및 두 직선 $x=1$, $x=2$로 둘러싸인 부분을 밑면으로 하고 x축에 수직인 평면으로 자른 단면이 모두 정사각형인 입체도형의 부피는? (3점)

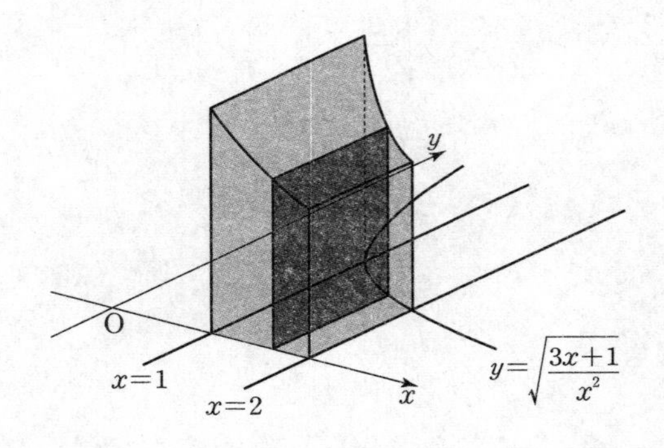

① $3\ln 2$ ② $\frac{1}{2}+3\ln 2$ ③ $1+3\ln 2$
④ $\frac{1}{2}+4\ln 2$ ⑤ $1+4\ln 2$

17회 2022 9월 모의평가

해설편 199쪽

27 2022학년도 9월모평 미적 27번

그림과 같이 $\overline{\mathrm{AB_1}}=1$, $\overline{\mathrm{B_1C_1}}=2$인 직사각형 $\mathrm{AB_1C_1D_1}$이 있다. $\angle \mathrm{AD_1C_1}$을 삼등분하는 두 직선이 선분 $\mathrm{B_1C_1}$과 만나는 점 중 점 $\mathrm{B_1}$에 가까운 점을 $\mathrm{E_1}$, 점 $\mathrm{C_1}$에 가까운 점을 $\mathrm{F_1}$이라 하자. $\overline{\mathrm{E_1F_1}}=\overline{\mathrm{F_1G_1}}$, $\angle \mathrm{E_1F_1G_1}=\frac{\pi}{2}$이고 선분 $\mathrm{AD_1}$과 선분 $\mathrm{F_1G_1}$이 만나도록 점 $\mathrm{G_1}$을 잡아 삼각형 $\mathrm{E_1F_1G_1}$을 그린다.
선분 $\mathrm{E_1D_1}$과 선분 $\mathrm{F_1G_1}$이 만나는 점을 $\mathrm{H_1}$이라 할 때, 두 삼각형 $\mathrm{G_1E_1H_1}$, $\mathrm{H_1F_1D_1}$로 만들어진 ⩘ 모양의 도형에 색칠하여 얻은 그림을 R_1이라 하자.
그림 R_1에 선분 $\mathrm{AB_1}$ 위의 점 $\mathrm{B_2}$, 선분 $\mathrm{E_1G_1}$ 위의 점 $\mathrm{C_2}$, 선분 $\mathrm{AD_1}$ 위의 점 $\mathrm{D_2}$와 점 A를 꼭짓점으로 하고 $\overline{\mathrm{AB_2}} : \overline{\mathrm{B_2C_2}}=1:2$인 직사각형 $\mathrm{AB_2C_2D_2}$를 그린다.
직사각형 $\mathrm{AB_2C_2D_2}$에 그림 R_1을 얻은 것과 같은 방법으로 ⩘ 모양의 도형을 그리고 색칠하여 얻은 그림을 R_2라 하자.
이와 같은 과정을 계속하여 n번째 얻은 그림 R_n에 색칠되어 있는 부분의 넓이를 S_n이라 할 때, $\lim_{n\to\infty} S_n$의 값은? (3점)

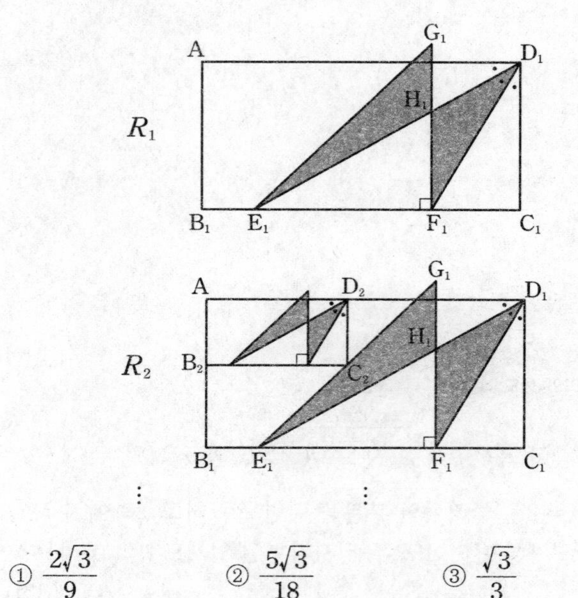

① $\frac{2\sqrt{3}}{9}$　② $\frac{5\sqrt{3}}{18}$　③ $\frac{\sqrt{3}}{3}$
④ $\frac{7\sqrt{3}}{18}$　⑤ $\frac{4\sqrt{3}}{9}$

28 2022학년도 9월모평 미적 28번

좌표평면에서 원점을 중심으로 하고 반지름의 길이가 2인 원 C와 두 점 $\mathrm{A}(2,\ 0)$, $\mathrm{B}(0,\ -2)$가 있다. 원 C 위에 있고 x좌표가 음수인 점 P에 대하여 $\angle \mathrm{PAB}=\theta$라 하자.
점 $\mathrm{Q}(0,\ 2\cos\theta)$에서 직선 BP에 내린 수선의 발을 R이라 하고, 두 점 P와 R 사이의 거리를 $f(\theta)$라 할 때,
$\int_{\frac{\pi}{6}}^{\frac{\pi}{3}} f(\theta)d\theta$의 값은? (4점)

① $\frac{2\sqrt{3}-3}{2}$　② $\sqrt{3}-1$　③ $\frac{3\sqrt{3}-3}{2}$
④ $\frac{2\sqrt{3}-1}{2}$　⑤ $\frac{4\sqrt{3}-3}{2}$

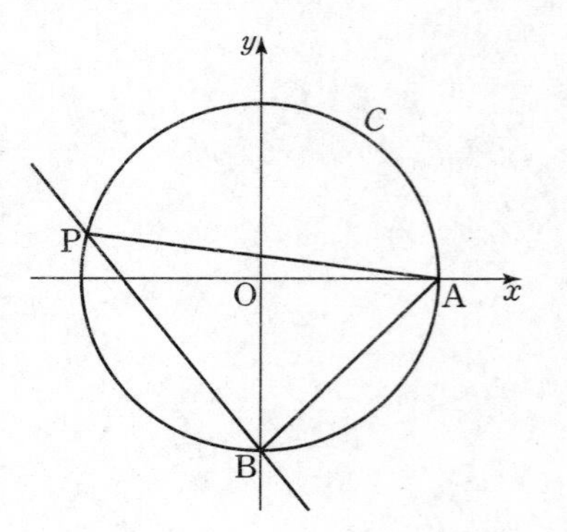

단답형

29 2022학년도 9월모평 미적 29번

이차함수 $f(x)$에 대하여 함수 $g(x)=\{f(x)+2\}e^{f(x)}$이 다음 조건을 만족시킨다.

> (가) $f(a)=6$인 a에 대하여 $g(x)$는 $x=a$에서 최댓값을 갖는다.
> (나) $g(x)$는 $x=b$, $x=b+6$에서 최솟값을 갖는다.

방정식 $f(x)=0$의 서로 다른 두 실근을 α, β라 할 때, $(\alpha-\beta)^2$의 값을 구하시오. (단, a, b는 실수이다.) (4점)

30 2022학년도 9월모평 미적 30번

최고차항의 계수가 9인 삼차함수 $f(x)$가 다음 조건을 만족시킨다.

> (가) $\lim_{x\to 0}\frac{\sin(\pi\times f(x))}{x}=0$
> (나) $f(x)$의 극댓값과 극솟값의 곱은 5이다.

함수 $g(x)$는 $0\le x<1$일 때 $g(x)=f(x)$이고 모든 실수 x에 대하여 $g(x+1)=g(x)$이다.
$g(x)$가 실수 전체의 집합에서 연속일 때, $\int_0^5 xg(x)dx=\frac{q}{p}$이다. $p+q$의 값을 구하시오.
(단, p와 q는 서로소인 자연수이다.) (4점)

해설편 200쪽

수학 영역 (기하)

5지선다형

23 2022학년도 9월모평 기하 23번

좌표공간의 점 A$(3,\ 0,\ -2)$를 xy평면에 대하여 대칭이동한 점을 B라 하자. 점 C$(0,\ 4,\ 2)$에 대하여 선분 BC의 길이는? (2점)

① 1 ② 2 ③ 3
④ 4 ⑤ 5

24 2022학년도 9월모평 기하 24번

쌍곡선 $\frac{x^2}{a^2}-\frac{y^2}{16}=1$의 점근선 중 하나의 기울기가 3일 때, 양수 a의 값은? (3점)

① $\frac{1}{3}$ ② $\frac{2}{3}$ ③ 1
④ $\frac{4}{3}$ ⑤ $\frac{5}{3}$

25 2022학년도 9월모평 기하 25번

좌표평면에서 세 벡터

$$\vec{a}=(3,\ 0),\ \vec{b}=(1,\ 2),\ \vec{c}=(4,\ 2)$$

에 대하여 두 벡터 $\vec{p}$, $\vec{q}$가

$$\vec{p}\cdot\vec{a}=\vec{a}\cdot\vec{b},\ |\vec{q}-\vec{c}|=1$$

을 만족시킬 때, $|\vec{p}-\vec{q}|$의 최솟값은? (3점)

① 1 ② 2 ③ 3
④ 4 ⑤ 5

26 2022학년도 9월모평 기하 26번

초점이 F인 포물선 $y^2=4px$ 위의 한 점 A에서 포물선의 준선에 내린 수선의 발을 B라 하고, 선분 BF와 포물선이 만나는 점을 C라 하자. $\overline{AB}=\overline{BF}$이고 $\overline{BC}+3\overline{CF}=6$일 때, 양수 p의 값은? (3점)

① $\frac{7}{8}$ ② $\frac{8}{9}$ ③ $\frac{9}{10}$
④ $\frac{10}{11}$ ⑤ $\frac{11}{12}$

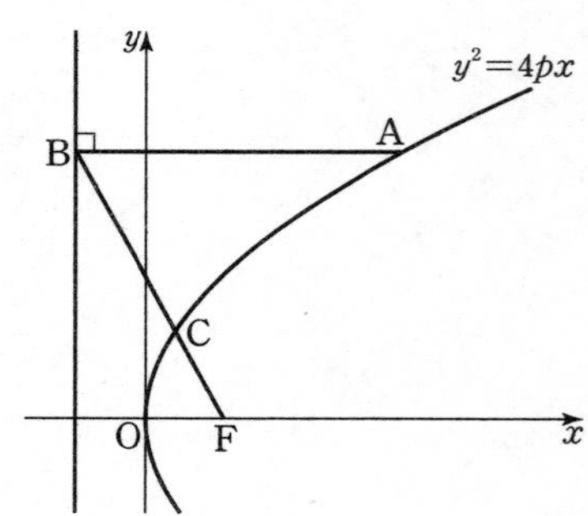

해설편 201쪽

27 2022학년도 9월모평 기하 27번

그림과 같이 $\overline{AD}=3$, $\overline{DB}=2$, $\overline{DC}=2\sqrt{3}$이고

$\angle ADB=\angle ADC=\angle BDC=\frac{\pi}{2}$인 사면체 ABCD가

있다. 선분 BC 위를 움직이는 점 P에 대하여 $\overline{AP}+\overline{DP}$의 최솟값은? (3점)

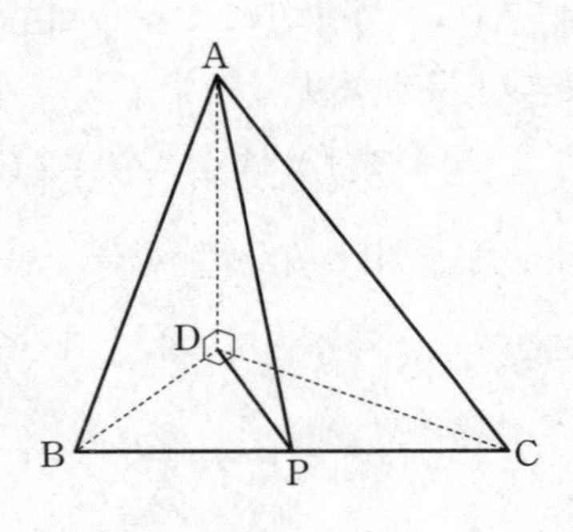

① $3\sqrt{3}$ ② $\frac{10\sqrt{3}}{3}$ ③ $\frac{11\sqrt{3}}{3}$

④ $4\sqrt{3}$ ⑤ $\frac{13\sqrt{3}}{3}$

28 2022학년도 9월모평 기하 28번

그림과 같이 두 점 $F(c,\ 0)$, $F'(-c,\ 0)(c>0)$을 초점으로 하는 타원 $\frac{x^2}{16}+\frac{y^2}{12}=1$ 위의 점 $P(2,\ 3)$에서 타원에 접하는 직선을 l이라 하자. 점 F를 지나고 l과 평행한 직선이 타원과 만나는 점 중 제2사분면 위에 있는 점을 Q라 하자. 두 직선 F'Q와 l이 만나는 점을 R, l과 x축이 만나는 점을 S라 할 때, 삼각형 SRF'의 둘레의 길이는? (4점)

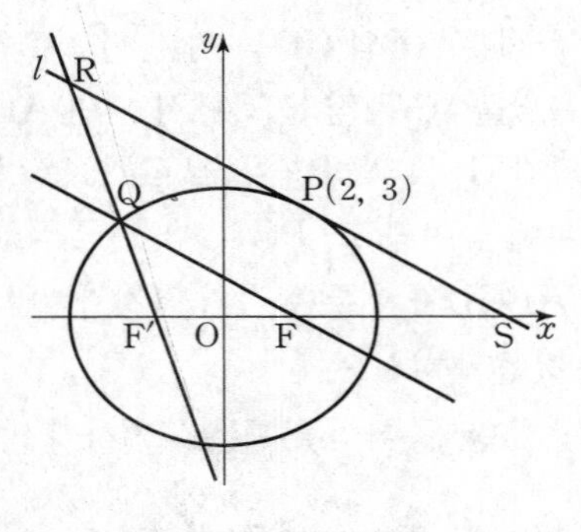

① 30 ② 31 ③ 32

④ 33 ⑤ 34

17회 2022 9월 모의평가

해설편 201쪽

단답형

29 2022학년도 9월모평 기하 29번

그림과 같이 한 변의 길이가 8인 정사각형 ABCD에 두 선분 AB, CD를 각각 지름으로 하는 두 반원이 붙어 있는 모양의 종이가 있다. 반원의 호 AB의 삼등분점 중 점 B에 가까운 점을 P라 하고, 반원의 호 CD를 이등분하는 점을 Q라 하자. 이 종이에서 두 선분 AB와 CD를 접는 선으로 하여 두 반원을 접어 올렸을 때 두 점 P, Q에서 평면 ABCD에 내린 수선의 발을 각각 G, H라 하면 두 점 G, H는 정사각형 ABCD의 내부에 놓여 있고, $\overline{PG}=\sqrt{3}$, $\overline{QH}=2\sqrt{3}$이다. 두 평면 PCQ와 ABCD가 이루는 각의 크기가 θ일 때, $70\times\cos^2\theta$의 값을 구하시오.

(단, 종이의 두께는 고려하지 않는다.) (4점)

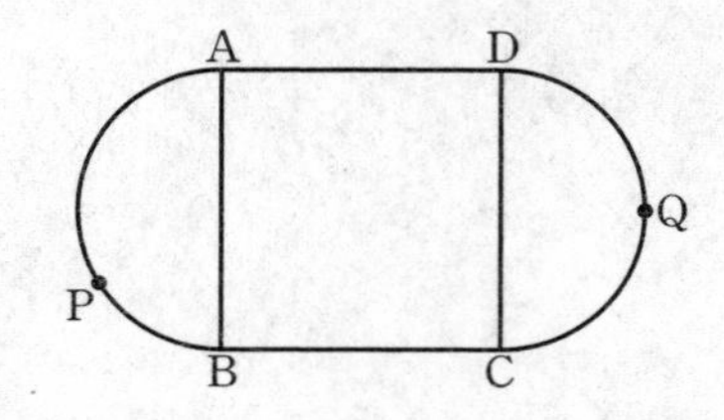

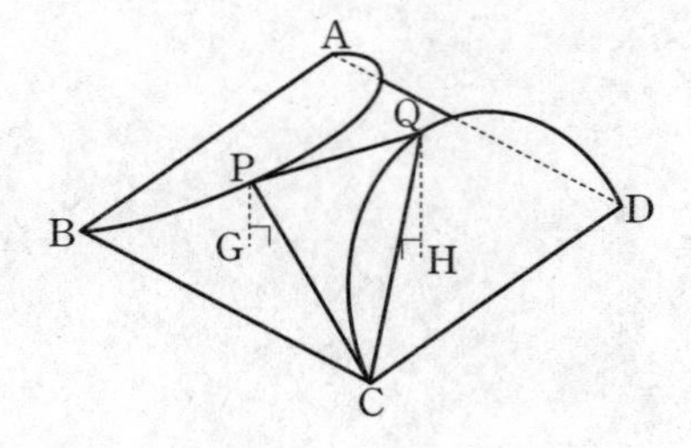

30 2022학년도 9월모평 기하 30번

좌표평면에서 세 점 $A(-3, 1)$, $B(0, 2)$, $C(1, 0)$에 대하여 두 점 P, Q가

$$|\overrightarrow{AP}|=1,\ |\overrightarrow{BQ}|=2,\ \overrightarrow{AP}\cdot\overrightarrow{OC}\geq\frac{\sqrt{2}}{2}$$

를 만족시킬 때, $\overrightarrow{AP}\cdot\overrightarrow{AQ}$의 값이 최소가 되도록 하는 두 점 P, Q를 각각 P_0, Q_0이라 하자.
선분 AP_0 위의 점 X에 대하여 $\overrightarrow{BX}\cdot\overrightarrow{BQ_0}\geq 1$일 때, $|\overrightarrow{Q_0X}|^2$의 최댓값은 $\frac{q}{p}$이다. $p+q$의 값을 구하시오.

(단, O는 원점이고, p와 q는 서로소인 자연수이다.) (4점)

해설편 202쪽

2023학년도 대학수학능력시험 9월 모의평가

수학 영역

회차별 동영상 강의 QR

제 2 교시

18회	시험 시간	100분
	날짜	월 일 요일
시작 시각 :	종료 시각	:

5지선다형

01 2023학년도 9월모평 1번

$\left(\frac{2^{\sqrt{3}}}{2}\right)^{\sqrt{3}+1}$ 의 값은? (2점)

① $\frac{1}{16}$ ② $\frac{1}{4}$ ③ 1
④ 4 ⑤ 16

02 2023학년도 9월모평 2번

함수 $f(x)=2x^2+5$에 대하여 $\lim_{x\to 2}\frac{f(x)-f(2)}{x-2}$의 값은? (2점)

① 8 ② 9 ③ 10
④ 11 ⑤ 12

03 2023학년도 9월모평 3번

$\sin(\pi-\theta)=\frac{5}{13}$이고 $\cos\theta<0$일 때, $\tan\theta$의 값은? (3점)

① $-\frac{12}{13}$ ② $-\frac{5}{12}$ ③ 0
④ $\frac{5}{12}$ ⑤ $\frac{12}{13}$

04 2023학년도 9월모평 4번

함수

$$f(x)=\begin{cases}-2x+a & (x\le a)\\ ax-6 & (x>a)\end{cases}$$

가 실수 전체의 집합에서 연속이 되도록 하는 모든 상수 a의 값의 합은? (3점)

① -1 ② -2 ③ -3
④ -4 ⑤ -5

05 2023학년도 9월모평 5번

등차수열 $\{a_n\}$에 대하여

$$a_1=2a_5,\ a_8+a_{12}=-6$$

일 때, a_2의 값은? (3점)

① 17 ② 19 ③ 21
④ 23 ⑤ 25

06 2023학년도 9월모평 6번

함수 $f(x)=x^3-3x^2+k$의 극댓값이 9일 때, 함수 $f(x)$의 극솟값은? (단, k는 상수이다.) (3점)

① 1 ② 2 ③ 3
④ 4 ⑤ 5

해설편 203쪽

07 2023학년도 9월모평 7번

수열 $\{a_n\}$의 첫째항부터 제n항까지의 합을 S_n이라 하자.
$S_n=\frac{1}{n(n+1)}$일 때, $\sum_{k=1}^{10}(S_k-a_k)$의 값은? (3점)

① $\frac{1}{2}$　② $\frac{3}{5}$　③ $\frac{7}{10}$
④ $\frac{4}{5}$　⑤ $\frac{9}{10}$

08 2023학년도 9월모평 8번

곡선 $y=x^3-4x+5$ 위의 점 $(1, 2)$에서의 접선이
곡선 $y=x^4+3x+a$에 접할 때, 상수 a의 값은? (3점)

① 6　② 7　③ 8
④ 9　⑤ 10

09 2023학년도 9월모평 9번

닫힌구간 $[0, 12]$에서 정의된 두 함수

$$f(x)=\cos\frac{\pi x}{6},\ g(x)=-3\cos\frac{\pi x}{6}-1$$

이 있다. 곡선 $y=f(x)$와 직선 $y=k$가 만나는 두 점의
x좌표를 α_1, α_2라 할 때, $|\alpha_1-\alpha_2|=8$이다. 곡선 $y=g(x)$와
직선 $y=k$가 만나는 두 점의 x좌표를 β_1, β_2라 할 때,
$|\beta_1-\beta_2|$의 값은? (단, k는 $-1<k<1$인 상수이다.) (4점)

① 3　② $\frac{7}{2}$　③ 4
④ $\frac{9}{2}$　⑤ 5

10 2023학년도 9월모평 10번

수직선 위의 점 A(6)과 시각 $t=0$일 때 원점을 출발하여
이 수직선 위를 움직이는 점 P가 있다. 시각 $t\ (t\geq 0)$에서의
점 P의 속도 $v(t)$를

$$v(t)=3t^2+at\ (a>0)$$

이라 하자. 시각 $t=2$에서 점 P와 점 A 사이의 거리가 10일
때, 상수 a의 값은? (4점)

① 1　② 2　③ 3
④ 4　⑤ 5

11 2023학년도 9월모평 11번

함수 $f(x)=-(x-2)^2+k$에 대하여 다음 조건을 만족시키는 자연수 n의 개수가 2일 때, 상수 k의 값은? (4점)

> $\sqrt{3}^{f(n)}$의 네제곱근 중 실수인 것을 모두 곱한 값이 -9이다.

① 8 ② 9 ③ 10 ④ 11 ⑤ 12

12 2023학년도 9월모평 12번

실수 t $(t>0)$에 대하여 직선 $y=x+t$와 곡선 $y=x^2$이 만나는 두 점을 A, B라 하자. 점 A를 지나고 x축에 평행한 직선이 곡선 $y=x^2$과 만나는 점 중 A가 아닌 점을 C, 점 B에서 선분 AC에 내린 수선의 발을 H라 하자.

$\lim_{t \to 0+} \frac{\overline{AH}-\overline{CH}}{t}$의 값은? (단, 점 A의 x좌표는 양수이다.)

(4점)

① 1 ② 2 ③ 3 ④ 4 ⑤ 5

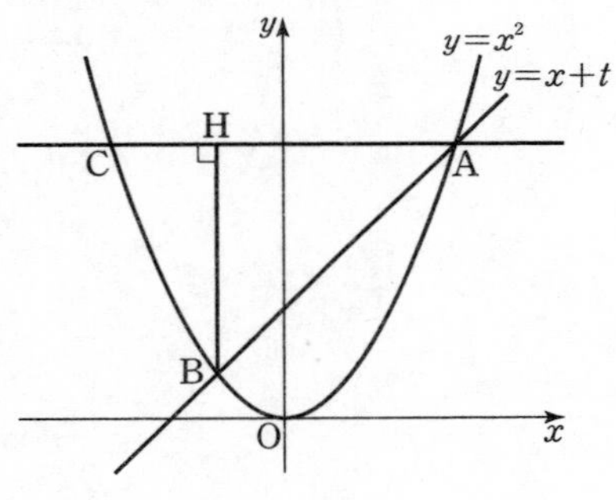

13 2023학년도 9월모평 13번

그림과 같이 선분 AB를 지름으로 하는 반원의 호 AB 위에 두 점 C, D가 있다. 선분 AB의 중점 O에 대하여 두 선분 AD, CO가 점 E에서 만나고,

$$\overline{CE}=4,\ \overline{ED}=3\sqrt{2},\ \angle CEA=\frac{3}{4}\pi$$

이다. $\overline{AC}\times\overline{CD}$의 값은? (4점)

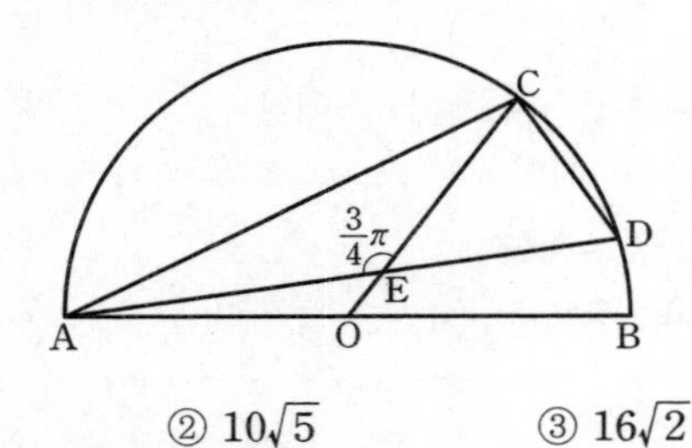

① $6\sqrt{10}$ ② $10\sqrt{5}$ ③ $16\sqrt{2}$ ④ $12\sqrt{5}$ ⑤ $20\sqrt{2}$

해설편 204쪽

14 2023학년도 9월모평 14번

최고차항의 계수가 1이고 $f(0)=0$, $f(1)=0$인 삼차함수 $f(x)$에 대하여 함수 $g(t)$를

$$g(t)=\int_{t}^{t+1} f(x)dx-\int_{0}^{1}|f(x)|dx$$

라 할 때, [보기]에서 옳은 것만을 있는 대로 고른 것은? (4점)

[보기]

ㄱ. $g(0)=0$이면 $g(-1)<0$이다.

ㄴ. $g(-1)>0$이면 $f(k)=0$을 만족시키는 $k<-1$인 실수 k가 존재한다.

ㄷ. $g(-1)>1$이면 $g(0)<-1$이다.

① ㄱ ② ㄱ, ㄴ ③ ㄱ, ㄷ
④ ㄴ, ㄷ ⑤ ㄱ, ㄴ, ㄷ

15 2023학년도 9월모평 15번

수열 $\{a_n\}$이 다음 조건을 만족시킨다.

(가) 모든 자연수 k에 대하여 $a_{4k}=r^k$이다.
(단, r은 $0<|r|<1$인 상수이다.)

(나) $a_1<0$이고, 모든 자연수 n에 대하여

$$a_{n+1}=\begin{cases} a_n+3 & (|a_n|<5) \\ -\frac{1}{2}a_n & (|a_n|\geq 5) \end{cases}$$

이다.

$|a_m|\geq 5$를 만족시키는 100 이하의 자연수 m의 개수를 p라 할 때, $p+a_1$의 값은? (4점)

① 8 ② 10 ③ 12
④ 14 ⑤ 16

해설편 204쪽

단답형

16 2023학년도 9월모평 16번

방정식 $\log_3(x-4)=\log_9(x+2)$를 만족시키는 실수 x의 값을 구하시오. (3점)

17 2023학년도 9월모평 17번

함수 $f(x)$에 대하여 $f'(x)=6x^2-4x+3$이고 $f(1)=5$일 때, $f(2)$의 값을 구하시오. (3점)

18 2023학년도 9월모평 18번

수열 $\{a_n\}$에 대하여 $\sum_{k=1}^{5} a_k=10$일 때,

$$\sum_{k=1}^{5} ca_k=65+\sum_{k=1}^{5} c$$

를 만족시키는 상수 c의 값을 구하시오. (3점)

19 2023학년도 9월모평 19번

방정식 $3x^4-4x^3-12x^2+k=0$이 서로 다른 4개의 실근을 갖도록 하는 자연수 k의 개수를 구하시오. (3점)

20 2023학년도 9월모평 20번

상수 k $(k<0)$에 대하여 두 함수

$$f(x)=x^3+x^2-x,\ g(x)=4|x|+k$$

의 그래프가 만나는 점의 개수가 2일 때, 두 함수의 그래프로 둘러싸인 부분의 넓이를 S라 하자. $30\times S$의 값을 구하시오. (4점)

해설편 205쪽

21 2023학년도 9월모평 21번

그림과 같이 곡선 $y=2^x$ 위에 두 점 $\mathrm{P}(a,\ 2^a)$, $\mathrm{Q}(b,\ 2^b)$이 있다. 직선 PQ의 기울기를 m이라 할 때, 점 P를 지나며 기울기가 $-m$인 직선이 x축, y축과 만나는 점을 각각 A, B라 하고, 점 Q를 지나며 기울기가 $-m$인 직선이 x축과 만나는 점을 C라 하자.

$$\overline{\mathrm{AB}}=4\overline{\mathrm{PB}},\ \overline{\mathrm{CQ}}=3\overline{\mathrm{AB}}$$

일 때, $90\times(a+b)$의 값을 구하시오. (단, $0<a<b$) (4점)

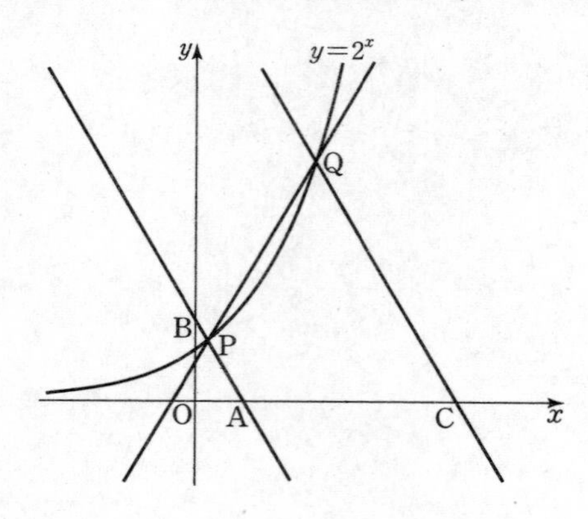

22 2023학년도 9월모평 22번

최고차항의 계수가 1이고 $x=3$에서 극댓값 8을 갖는 삼차함수 $f(x)$가 있다. 실수 t에 대하여 함수 $g(x)$를

$$g(x)=\begin{cases} f(x) & (x\ge t) \\ -f(x)+2f(t) & (x<t) \end{cases}$$

라 할 때, 방정식 $g(x)=0$의 서로 다른 실근의 개수를 $h(t)$라 하자. 함수 $h(t)$가 $t=a$에서 불연속인 a의 값이 두 개일 때, $f(8)$의 값을 구하시오. (4점)

수학 영역 (확률과 통계)

5지선다형

23 2023학년도 9월모평 확통 23번

다항식 $(x^2+2)^6$의 전개식에서 x^4의 계수는? (2점)

① 240 ② 270 ③ 300 ④ 330 ⑤ 360

24 2023학년도 9월모평 확통 24번

두 사건 A, B에 대하여

$$\mathrm{P}(A\cup B)=1,\ \mathrm{P}(A\cap B)=\frac{1}{4},\ \mathrm{P}(A|B)=\mathrm{P}(B|A)$$

일 때, $\mathrm{P}(A)$의 값은? (3점)

① $\frac{1}{2}$ ② $\frac{9}{16}$ ③ $\frac{5}{8}$ ④ $\frac{11}{16}$ ⑤ $\frac{3}{4}$

25 2023학년도 9월모평 확통 25번

어느 인스턴트 커피 제조 회사에서 생산하는 A 제품 1개의 중량은 평균이 9, 표준편차가 0.4인 정규분포를 따르고, B 제품 1개의 중량은 평균이 20, 표준편차가 1인 정규분포를 따른다고 한다. 이 회사에서 생산한 A 제품 중에서 임의로 선택한 1개의 중량이 8.9 이상 9.4 이하일 확률과 B 제품 중에서 임의로 선택한 1개의 중량이 19 이상 k 이하일 확률이 서로 같다. 상수 k의 값은?

(단, 중량의 단위는 g이다.) (3점)

① 19.5 ② 19.75 ③ 20 ④ 20.25 ⑤ 20.5

26 2023학년도 9월모평 확통 26번

세 학생 A, B, C를 포함한 7명의 학생이 원 모양의 탁자에 일정한 간격을 두고 임의로 모두 둘러앉을 때, A가 B 또는 C와 이웃하게 될 확률은? (3점)

① $\frac{1}{2}$ ② $\frac{3}{5}$ ③ $\frac{7}{10}$ ④ $\frac{4}{5}$ ⑤ $\frac{9}{10}$

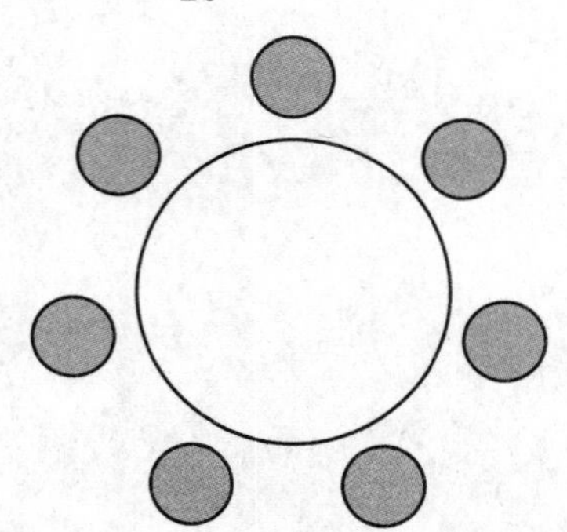

18회 2023 9월 모의평가

해설편 207쪽

27 2023학년도 9월모평 확통 27번

이산확률변수 X의 확률분포를 표로 나타내면 다음과 같다.

X	0	1	a	합계
$\mathrm{P}(X=x)$	$\frac{1}{10}$	$\frac{1}{2}$	$\frac{2}{5}$	1

$\sigma(X)=\mathrm{E}(X)$일 때, $\mathrm{E}(X^2)+\mathrm{E}(X)$의 값은? (단, $a>1$) (3점)

① 29 ② 33 ③ 37 ④ 41 ⑤ 45

28 2023학년도 9월모평 확통 28번

1부터 10까지의 자연수 중에서 임의로 서로 다른 3개의 수를 선택한다. 선택된 세 개의 수의 곱이 5의 배수이고 합은 3의 배수일 확률은? (4점)

① $\frac{3}{20}$ ② $\frac{1}{6}$ ③ $\frac{11}{60}$ ④ $\frac{1}{5}$ ⑤ $\frac{13}{60}$

단답형

29 2023학년도 9월모평 확통 29번

1부터 6까지의 자연수가 하나씩 적힌 6장의 카드가 들어 있는 주머니가 있다. 이 주머니에서 임의로 한 장의 카드를 꺼내어 카드에 적힌 수를 확인한 후 다시 넣는 시행을 한다. 이 시행을 4번 반복하여 확인한 네 개의 수의 평균을 $\overline{X}$라 할 때, $\mathrm{P}\left(\overline{X}=\frac{11}{4}\right)=\frac{q}{p}$이다. $p+q$의 값을 구하시오.
(단, p와 q는 서로소인 자연수이다.) (4점)

30 2023학년도 9월모평 확통 30번

집합 $X=\{1, 2, 3, 4, 5\}$와 함수 $f: X \longrightarrow X$에 대하여 함수 f의 치역을 A, 합성함수 $f\circ f$의 치역을 B라 할 때, 다음 조건을 만족시키는 함수 f의 개수를 구하시오. (4점)

(가) $n(A)\leq 3$
(나) $n(A)=n(B)$
(다) 집합 X의 모든 원소 x에 대하여 $f(x)\neq x$이다.

해설편 208쪽

수학 영역 (미적분)

5지선다형

23 2023학년도 9월모평 미적 23번

$\lim_{x\to 0}\frac{4^x-2^x}{x}$의 값은? (2점)

① $\ln 2$ ② 1 ③ $2\ln 2$
④ 2 ⑤ $3\ln 2$

24 2023학년도 9월모평 미적 24번

$\int_0^{\pi} x\cos\left(\frac{\pi}{2}-x\right)dx$의 값은? (3점)

① $\frac{\pi}{2}$ ② π ③ $\frac{3\pi}{2}$
④ 2π ⑤ $\frac{5\pi}{2}$

25 2023학년도 9월모평 미적 25번

수열 $\{a_n\}$에 대하여 $\lim_{n\to\infty}\frac{a_n+2}{2}=6$일 때, $\lim_{n\to\infty}\frac{na_n+1}{a_n+2n}$의 값은? (3점)

① 1 ② 2 ③ 3
④ 4 ⑤ 5

26 2023학년도 9월모평 미적 26번

그림과 같이 양수 k에 대하여 곡선 $y=\sqrt{\frac{kx}{2x^2+1}}$와 x축 및 두 직선 $x=1$, $x=2$로 둘러싸인 부분을 밑면으로 하고 x축에 수직인 평면으로 자른 단면이 모두 정사각형인 입체도형의 부피가 $2\ln 3$일 때, k의 값은? (3점)

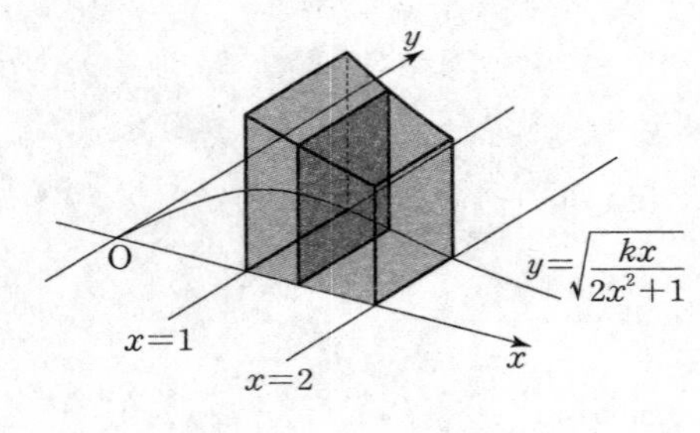

① 6 ② 7 ③ 8
④ 9 ⑤ 10

○ 해설편 209쪽

27 2023학년도 9월모평 미적 27번

그림과 같이 $\overline{A_1B_1}=4$, $\overline{A_1D_1}=1$인 직사각형 $A_1B_1C_1D_1$에서 두 대각선의 교점을 E_1이라 하자.

$\overline{A_2D_1}=\overline{D_1E_1}$, $\angle A_2D_1E_1=\frac{\pi}{2}$이고 선분 D_1C_1과 선분 A_2E_1이 만나도록 점 A_2를 잡고, $\overline{B_2C_1}=\overline{C_1E_1}$, $\angle B_2C_1E_1=\frac{\pi}{2}$이고 선분 D_1C_1과 선분 B_2E_1이 만나도록 점 B_2를 잡는다. 두 삼각형 $A_2D_1E_1$, $B_2C_1E_1$을 그린 후 ◸◹ 모양의 도형에 색칠하여 얻은 그림을 R_1이라 하자.

그림 R_1에서 $\overline{A_2B_2}:\overline{A_2D_2}=4:1$이고 선분 D_2C_2가 두 선분 A_2E_1, B_2E_1과 만나지 않도록 직사각형 $A_2B_2C_2D_2$를 그린다. 그림 R_1을 얻은 것과 같은 방법으로 세 점 E_2, A_3, B_3을 잡고 두 삼각형 $A_3D_2E_2$, $B_3C_2E_2$를 그린 후 ◸◹ 모양의 도형에 색칠하여 얻은 그림을 R_2라 하자.

이와 같은 과정을 계속하여 n번째 얻은 그림 R_n에 색칠되어 있는 부분의 넓이를 S_n이라 할 때, $\lim_{n\to\infty} S_n$의 값은? (3점)

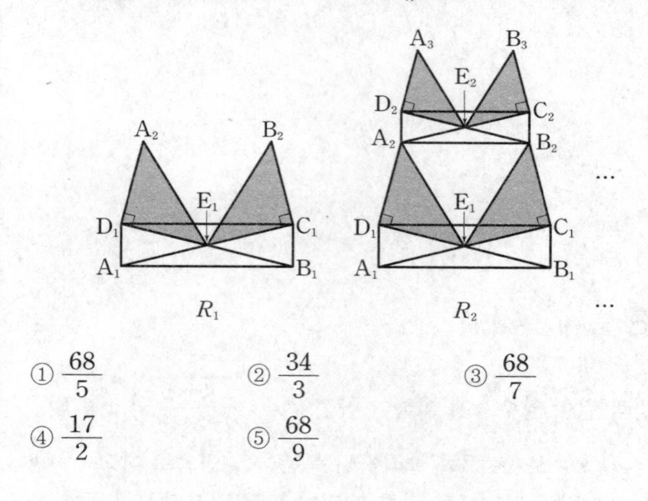

① $\frac{68}{5}$ ② $\frac{34}{3}$ ③ $\frac{68}{7}$ ④ $\frac{17}{2}$ ⑤ $\frac{68}{9}$

28 2023학년도 9월모평 미적 28번

그림과 같이 반지름의 길이가 1이고 중심각의 크기가 $\frac{\pi}{2}$인 부채꼴 OAB가 있다. 호 AB 위의 점 P에 대하여 $\overline{PA}=\overline{PC}=\overline{PD}$가 되도록 호 PB 위에 점 C와 선분 OA 위에 점 D를 잡는다. 점 D를 지나고 선분 OP와 평행한 직선이 선분 PA와 만나는 점을 E라 하자. $\angle POA=\theta$일 때, 삼각형 CDP의 넓이를 $f(\theta)$, 삼각형 EDA의 넓이를 $g(\theta)$라 하자. $\lim_{\theta\to 0+}\frac{g(\theta)}{\theta^2\times f(\theta)}$의 값은? $\left(단,\ 0<\theta<\frac{\pi}{4}\right)$ (4점)

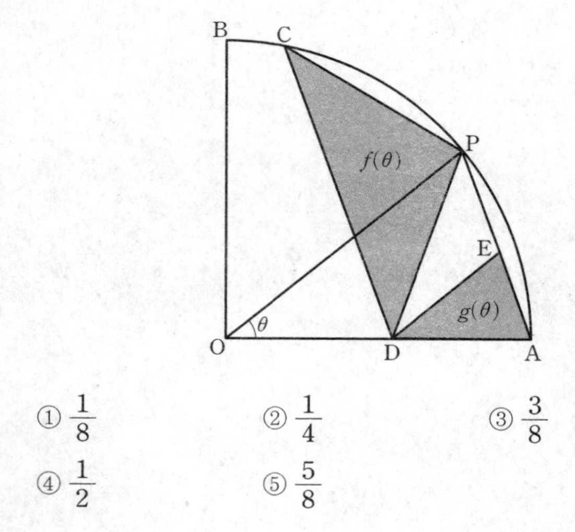

① $\frac{1}{8}$ ② $\frac{1}{4}$ ③ $\frac{3}{8}$ ④ $\frac{1}{2}$ ⑤ $\frac{5}{8}$

해설편 209쪽

단답형

29 2023학년도 9월모평 미적 29번

함수 $f(x)=e^x+x$가 있다. 양수 t에 대하여 점 $(t,\ 0)$과 점 $(x,\ f(x))$ 사이의 거리가 $x=s$에서 최소일 때, 실수 $f(s)$의 값을 $g(t)$라 하자. 함수 $g(t)$의 역함수를 $h(t)$라 할 때, $h'(1)$의 값을 구하시오. (4점)

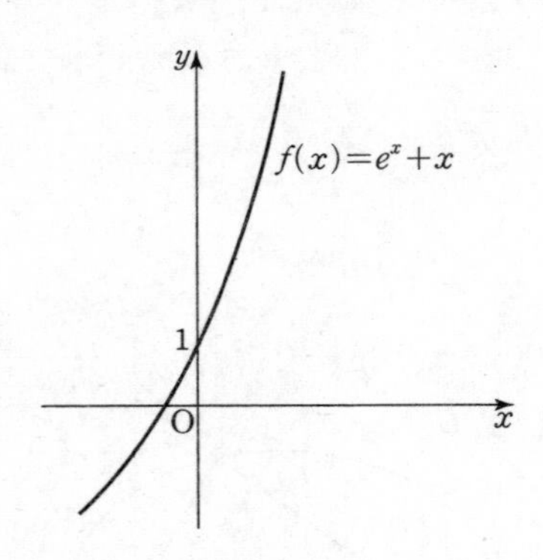

30 2023학년도 9월모평 미적 30번

최고차항의 계수가 1인 사차함수 $f(x)$와 구간 $(0,\ \infty)$에서 $g(x)\geq 0$인 함수 $g(x)$가 다음 조건을 만족시킨다.

> (가) $x\leq -3$인 모든 실수 x에 대하여
> $f(x)\geq f(-3)$이다.
> (나) $x>-3$인 모든 실수 x에 대하여
> $g(x+3)\{f(x)-f(0)\}^2=f'(x)$이다.

$\int_4^5 g(x)dx=\frac{q}{p}$일 때, $p+q$의 값을 구하시오.

(단, p와 q는 서로소인 자연수이다.) (4점)

5지선다형

23 2023학년도 9월모평 기하 23번

좌표공간의 두 점 $A(a,\ 1,\ -1)$, $B(-5,\ b,\ 3)$에 대하여 선분 AB의 중점의 좌표가 $(8,\ 3,\ 1)$일 때, $a+b$의 값은? (2점)

① 20 ② 22 ③ 24 ④ 26 ⑤ 28

24 2023학년도 9월모평 기하 24번

쌍곡선 $\frac{x^2}{a^2}-y^2=1$ 위의 점 $(2a,\ \sqrt{3})$에서의 접선이 직선 $y=-\sqrt{3}x+1$과 수직일 때, 상수 a의 값은? (3점)

① 1 ② 2 ③ 3 ④ 4 ⑤ 5

25 2023학년도 9월모평 기하 25번

타원 $\frac{x^2}{a^2}+\frac{y^2}{5}=1$의 두 초점을 F, F′이라 하자. 점 F를 지나고 x축에 수직인 직선 위의 점 A가 $\overline{AF'}=5$, $\overline{AF}=3$을 만족시킨다. 선분 AF′과 타원이 만나는 점을 P라 할 때, 삼각형 PF′F의 둘레의 길이는?

(단, a는 $a>\sqrt{5}$인 상수이다.) (3점)

① 8 ② $\frac{17}{2}$ ③ 9 ④ $\frac{19}{2}$ ⑤ 10

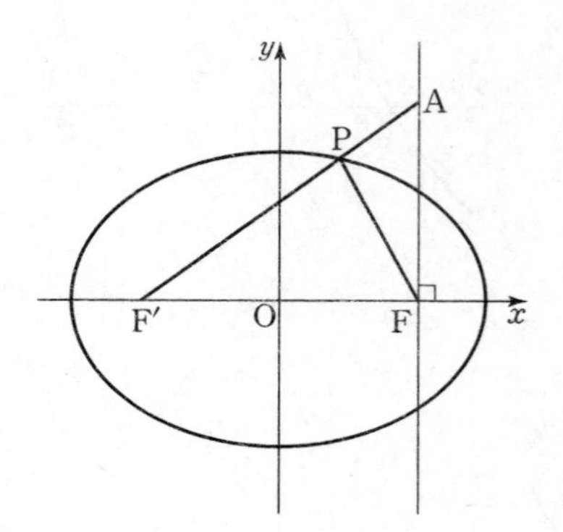

26 2023학년도 9월모평 기하 26번

좌표평면 위의 점 $A(3,\ 0)$에 대하여

$$(\overrightarrow{OP}-\overrightarrow{OA})\cdot(\overrightarrow{OP}-\overrightarrow{OA})=5$$

를 만족시키는 점 P가 나타내는 도형과 직선 $y=\frac{1}{2}x+k$가 오직 한 점에서 만날 때, 양수 k의 값은?

(단, O는 원점이다.) (3점)

① $\frac{3}{5}$ ② $\frac{4}{5}$ ③ 1 ④ $\frac{6}{5}$ ⑤ $\frac{7}{5}$

해설편 211쪽

27 2023학년도 9월모평 기하 27번

그림과 같이 밑면의 반지름의 길이가 4, 높이가 3인 원기둥이 있다. 선분 AB는 이 원기둥의 한 밑면의 지름이고 C, D는 다른 밑면의 둘레 위의 서로 다른 두 점이다. 네 점 A, B, C, D가 다음 조건을 만족시킬 때, 선분 CD의 길이는? (3점)

> (가) 삼각형 ABC의 넓이는 16이다.
> (나) 두 직선 AB, CD는 서로 평행하다.

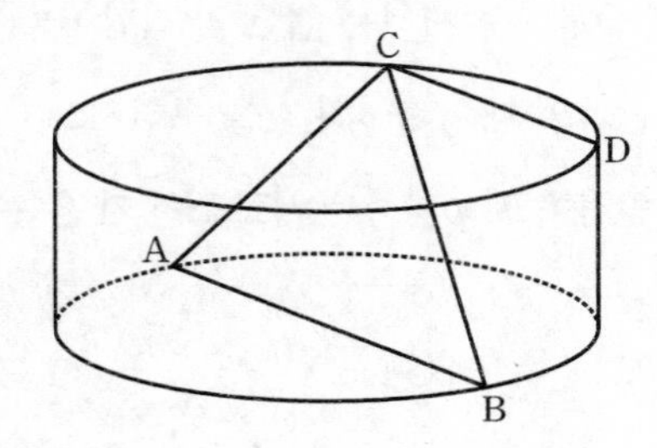

① 5 ② $\frac{11}{2}$ ③ 6 ④ $\frac{13}{2}$ ⑤ 7

28 2023학년도 9월모평 기하 28번

실수 $p(p\geq 1)$과 함수 $f(x)=(x+a)^2$에 대하여 두 포물선

$$C_1 : y^2=4x,\ C_2 : (y-3)^2=4p\{x-f(p)\}$$

가 제1사분면에서 만나는 점을 A라 하자. 두 포물선 C_1, C_2의 초점을 각각 F_1, F_2라 할 때, $\overline{AF_1}=\overline{AF_2}$를 만족시키는 p가 오직 하나가 되도록 하는 상수 a의 값은? (4점)

① $-\frac{3}{4}$ ② $-\frac{5}{8}$ ③ $-\frac{1}{2}$ ④ $-\frac{3}{8}$ ⑤ $-\frac{1}{4}$

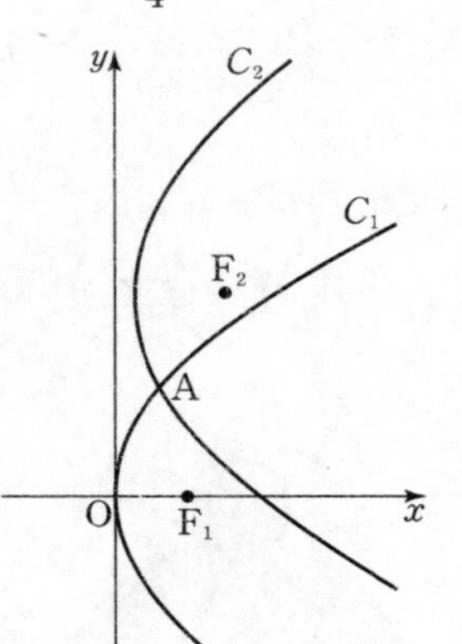

해설편 211쪽

단답형

29 2023학년도 9월모평 기하 29번

좌표공간에 두 개의 구

$$S_1 : x^2+y^2+(z-2)^2=4,\ S_2 : x^2+y^2+(z+7)^2=49$$

가 있다. 점 $\mathrm{A}(\sqrt{5},\ 0,\ 0)$을 지나고 zx평면에 수직이며, 구 S_1과 z좌표가 양수인 한 점에서 접하는 평면을 α라 하자. 구 S_2가 평면 α와 만나서 생기는 원을 C라 할 때, 원 C 위의 점 중 z좌표가 최소인 점을 B라 하고 구 S_2와 점 B에서 접하는 평면을 β라 하자.

원 C의 평면 β 위로의 정사영의 넓이가 $\frac{q}{p}\pi$일 때, $p+q$의 값을 구하시오. (단, p와 q는 서로소인 자연수이다.) (4점)

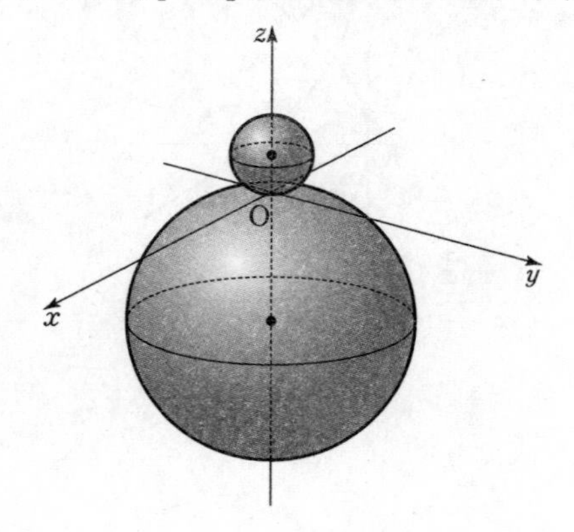

30 2023학년도 9월모평 기하 30번

좌표평면 위에 두 점 $\mathrm{A}(-2,\ 2)$, $\mathrm{B}(2,\ 2)$가 있다.

$$(|\overrightarrow{\mathrm{AX}}|-2)(|\overrightarrow{\mathrm{BX}}|-2)=0,\ |\overrightarrow{\mathrm{OX}}|\geq 2$$

를 만족시키는 점 X가 나타내는 도형 위를 움직이는 두 점 P, Q가 다음 조건을 만족시킨다.

> (가) $\vec{u}=(1,\ 0)$에 대하여 $(\overrightarrow{\mathrm{OP}}\cdot\vec{u})(\overrightarrow{\mathrm{OQ}}\cdot\vec{u})\geq 0$이다.
> (나) $|\overrightarrow{\mathrm{PQ}}|=2$

$\overrightarrow{\mathrm{OY}}=\overrightarrow{\mathrm{OP}}+\overrightarrow{\mathrm{OQ}}$를 만족시키는 점 Y의 집합이 나타내는 도형의 길이가 $\frac{q}{p}\sqrt{3}\pi$일 때, $p+q$의 값을 구하시오.

(단, O는 원점이고, p와 q는 서로소인 자연수이다.) (4점)

수학 영역

회차별 동영상 강의 QR

제 2 교시

19회	시험 시간	100분
	날짜	월 일 요일
시작 시각 :	종료 시각	:

5지선다형

01 2024학년도 9월모평 1번

$3^{1-\sqrt{5}}\times 3^{1+\sqrt{5}}$의 값은? (2점)

① $\frac{1}{9}$　② $\frac{1}{3}$　③ 1
④ 3　⑤ 9

02 2024학년도 9월모평 2번

함수 $f(x)=2x^2-x$에 대하여 $\lim\limits_{x\to1}\frac{f(x)-1}{x-1}$의 값은? (2점)

① 1　② 2　③ 3
④ 4　⑤ 5

03 2024학년도 9월모평 3번

$\frac{3}{2}\pi<\theta<2\pi$인 θ에 대하여 $\cos\theta=\frac{\sqrt{6}}{3}$일 때, $\tan\theta$의 값은? (3점)

① $-\sqrt{2}$　② $-\frac{\sqrt{2}}{2}$　③ 0
④ $\frac{\sqrt{2}}{2}$　⑤ $\sqrt{2}$

04 2024학년도 9월모평 4번

함수 $y=f(x)$의 그래프가 그림과 같다.

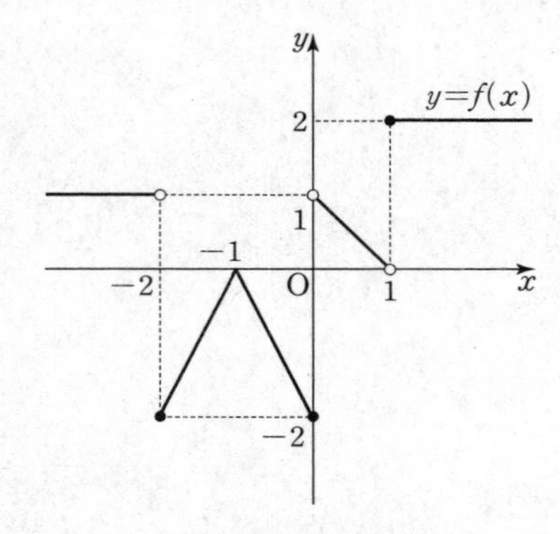

$\lim\limits_{x\to-2+}f(x)+\lim\limits_{x\to1-}f(x)$의 값은? (3점)

① -2　② -1　③ 0
④ 1　⑤ 2

05 2024학년도 9월모평 5번

모든 항이 양수인 등비수열 $\{a_n\}$에 대하여

$$\frac{a_3a_8}{a_6}=12,\ a_5+a_7=36$$

일 때, a_{11}의 값은? (3점)

① 72　② 78　③ 84
④ 90　⑤ 96

19회 2024 9월 모의평가

해설편 213쪽

06 2024학년도 9월모평 6번

함수 $f(x)=x^3+ax^2+bx+1$은 $x=-1$에서 극대이고, $x=3$에서 극소이다. 함수 $f(x)$의 극댓값은?

(단, a, b는 상수이다.) (3점)

① 0 ② 3 ③ 6
④ 9 ⑤ 12

07 2024학년도 9월모평 7번

두 실수 a, b가

$$3a+2b=\log_3 32,\ ab=\log_9 2$$

를 만족시킬 때, $\frac{1}{3a}+\frac{1}{2b}$의 값은? (3점)

① $\frac{5}{12}$ ② $\frac{5}{6}$ ③ $\frac{5}{4}$
④ $\frac{5}{3}$ ⑤ $\frac{25}{12}$

08 2024학년도 9월모평 8번

다항함수 $f(x)$가

$$f'(x)=6x^2-2f(1)x,\ f(0)=4$$

를 만족시킬 때, $f(2)$의 값은? (3점)

① 5 ② 6 ③ 7
④ 8 ⑤ 9

09 2024학년도 9월모평 9번

$0\le x\le 2\pi$일 때, 부등식

$$\cos x\le \sin\frac{\pi}{7}$$

를 만족시키는 모든 x의 값의 범위는 $\alpha\le x\le\beta$이다. $\beta-\alpha$의 값은? (4점)

① $\frac{8}{7}\pi$ ② $\frac{17}{14}\pi$ ③ $\frac{9}{7}\pi$
④ $\frac{19}{14}\pi$ ⑤ $\frac{10}{7}\pi$

10 2024학년도 9월모평 10번

최고차항의 계수가 1인 삼차함수 $f(x)$에 대하여 곡선 $y=f(x)$ 위의 점 $(-2,\ f(-2))$에서의 접선과 곡선 $y=f(x)$ 위의 점 $(2,\ 3)$에서의 접선이 점 $(1,\ 3)$에서 만날 때, $f(0)$의 값은? (4점)

① 31 ② 33 ③ 35
④ 37 ⑤ 39

해설편 213쪽

11 2024학년도 9월모평 11번

두 점 P와 Q는 시각 $t=0$일 때 각각 점 A(1)과 점 B(8)에서 출발하여 수직선 위를 움직인다. 두 점 P, Q의 시각 $t(t\geq0)$에서의 속도는 각각

$$v_1(t)=3t^2+4t-7,\ v_2(t)=2t+4$$

이다. 출발한 시각부터 두 점 P, Q 사이의 거리가 처음으로 4가 될 때까지 점 P가 움직인 거리는? (4점)

① 10 ② 14 ③ 19 ④ 25 ⑤ 32

12 2024학년도 9월모평 12번

첫째항이 자연수인 수열 $\{a_n\}$이 모든 자연수 n에 대하여

$$a_{n+1}=\begin{cases} a_n+1 & (a_n\text{이 홀수인 경우}) \\ \frac{1}{2}a_n & (a_n\text{이 짝수인 경우}) \end{cases}$$

를 만족시킬 때, $a_2+a_4=40$이 되도록 하는 모든 a_1의 값의 합은? (4점)

① 172 ② 175 ③ 178 ④ 181 ⑤ 184

13 2024학년도 9월모평 13번

두 실수 a, b에 대하여 함수

$$f(x)=\begin{cases} -\frac{1}{3}x^3-ax^2-bx & (x<0) \\ \frac{1}{3}x^3+ax^2-bx & (x\geq0) \end{cases}$$

이 구간 $(-\infty, -1]$에서 감소하고 구간 $[-1, \infty)$에서 증가할 때, $a+b$의 최댓값을 M, 최솟값을 m이라 하자. $M-m$의 값은? (4점)

① $\frac{3}{2}+3\sqrt{2}$ ② $3+3\sqrt{2}$ ③ $\frac{9}{2}+3\sqrt{2}$ ④ $6+3\sqrt{2}$ ⑤ $\frac{15}{2}+3\sqrt{2}$

해설편 214쪽

14 2024학년도 9월모평 14번

두 자연수 a, b에 대하여 함수

$$f(x)=\begin{cases} 2^{x+a}+b & (x\le -8) \\ -3^{x-3}+8 & (x>-8) \end{cases}$$

이 다음 조건을 만족시킬 때, $a+b$의 값은? (4점)

> 집합 $\{f(x)\mid x\le k\}$의 원소 중 정수인 것의 개수가 2가 되도록 하는 모든 실수 k의 값의 범위는 $3\le k<4$이다.

① 11 ② 13 ③ 15 ④ 17 ⑤ 19

15 2024학년도 9월모평 15번

최고차항의 계수가 1인 삼차함수 $f(x)$에 대하여 함수 $g(x)$를

$$g(x)=\begin{cases} \dfrac{f(x+3)\{f(x)+1\}}{f(x)} & (f(x)\ne 0) \\ 3 & (f(x)=0) \end{cases}$$

이라 하자. $\lim_{x\to 3} g(x)=g(3)-1$일 때, $g(5)$의 값은? (4점)

① 14 ② 16 ③ 18 ④ 20 ⑤ 22

해설편 215쪽

단답형

16 2024학년도 9월모평 16번

방정식 $\log_2(x-1)=\log_4(13+2x)$를 만족시키는 실수 x의 값을 구하시오. (3점)

17 2024학년도 9월모평 17번

두 수열 $\{a_n\}$, $\{b_n\}$에 대하여

$$\sum_{k=1}^{10}(2a_k-b_k)=34,\ \sum_{k=1}^{10}a_k=10$$

일 때, $\sum_{k=1}^{10}(a_k-b_k)$의 값을 구하시오. (3점)

18 2024학년도 9월모평 18번

함수 $f(x)=(x^2+1)(x^2+ax+3)$에 대하여 $f'(1)=32$일 때, 상수 a의 값을 구하시오. (3점)

19 2024학년도 9월모평 19번

두 곡선 $y=3x^3-7x^2$과 $y=-x^2$으로 둘러싸인 부분의 넓이를 구하시오. (3점)

20 2024학년도 9월모평 20번

그림과 같이

$$\overline{AB}=2,\ \overline{AD}=1,\ \angle DAB=\frac{2}{3}\pi,\ \angle BCD=\frac{3}{4}\pi$$

인 사각형 ABCD가 있다. 삼각형 BCD의 외접원의 반지름의 길이를 R_1, 삼각형 ABD의 외접원의 반지름의 길이를 R_2라 하자.

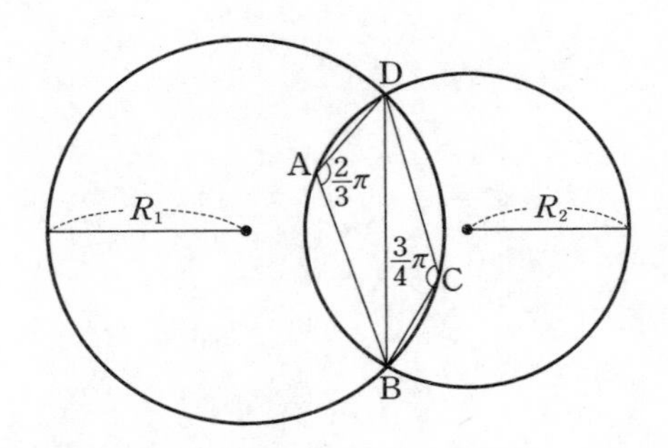

다음은 $R_1\times R_2$의 값을 구하는 과정이다.

> 삼각형 BCD에서 사인법칙에 의하여
> $$R_1=\frac{\sqrt{2}}{2}\times\overline{BD}$$
> 이고, 삼각형 ABD에서 사인법칙에 의하여
> $$R_2=\boxed{(가)}\times\overline{BD}$$
> 이다. 삼각형 ABD에서 코사인법칙에 의하여
> $$\overline{BD}^2=2^2+1^2-(\boxed{(나)})$$
> 이므로
> $$R_1\times R_2=\boxed{(다)}$$
> 이다.

위의 (가), (나), (다)에 알맞은 수를 각각 p, q, r이라 할 때, $9\times(p\times q\times r)^2$의 값을 구하시오. (4점)

○ 해설편 215쪽

21 2024학년도 9월모평 21번

모든 항이 자연수인 등차수열 $\{a_n\}$의 첫째항부터 제n항까지의 합을 S_n이라 하자. a_7이 13의 배수이고 $\sum_{k=1}^{7} S_k = 644$일 때, a_2의 값을 구하시오. (4점)

22 2024학년도 9월모평 22번

두 다항함수 $f(x)$, $g(x)$에 대하여 $f(x)$의 한 부정적분을 $F(x)$라 하고 $g(x)$의 한 부정적분을 $G(x)$라 할 때, 이 함수들은 모든 실수 x에 대하여 다음 조건을 만족시킨다.

(가) $\int_1^x f(t)dt = xf(x) - 2x^2 - 1$

(나) $f(x)G(x) + F(x)g(x) = 8x^3 + 3x^2 + 1$

$\int_1^3 g(x)dx$의 값을 구하시오. (4점)

수학 영역 (확률과 통계)

5지선다형

23 2024학년도 9월모평 확통 23번

확률변수 X가 이항분포 $\mathrm{B}\left(30,\ \frac{1}{5}\right)$을 따를 때, $\mathrm{E}(X)$의 값은? (2점)

① 6 ② 7 ③ 8 ④ 9 ⑤ 10

24 2024학년도 9월모평 확통 24번

그림과 같이 직사각형 모양으로 연결된 도로망이 있다. 이 도로망을 따라 A지점에서 출발하여 P지점을 거쳐 B지점까지 최단 거리로 가는 경우의 수는? (3점)

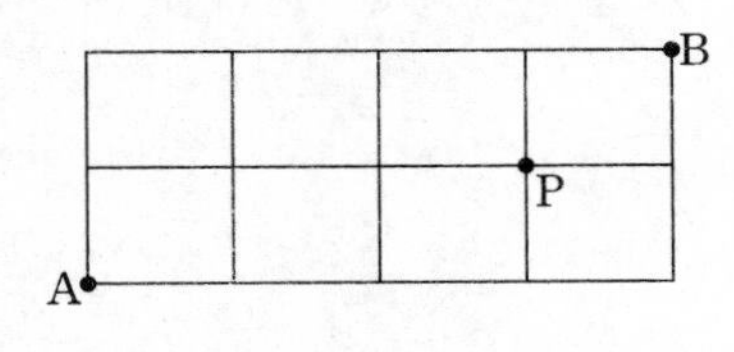

① 6 ② 7 ③ 8 ④ 9 ⑤ 10

25 2024학년도 9월모평 확통 25번

두 사건 A, B에 대하여 A와 B^C은 서로 배반사건이고

$$\mathrm{P}(A\cap B)=\frac{1}{5},\ \mathrm{P}(A)+\mathrm{P}(B)=\frac{7}{10}$$

일 때, $\mathrm{P}(A^C\cap B)$의 값은? (단, A^C은 A의 여사건이다.) (3점)

① $\frac{1}{10}$ ② $\frac{1}{5}$ ③ $\frac{3}{10}$ ④ $\frac{2}{5}$ ⑤ $\frac{1}{2}$

26 2024학년도 9월모평 확통 26번

어느 고등학교의 수학 시험에 응시한 수험생의 시험 점수는 평균이 68점, 표준편차가 10점인 정규분포를 따른다고 한다. 이 수학 시험에 응시한 수험생 중 임의로 선택한 수험생 한 명의 시험 점수가 55점 이상이고 78점 이하일 확률을 오른쪽 표준정규분포표를 이용하여 구한 것은? (3점)

z	$\mathrm{P}(0\le Z\le z)$
1.0	0.3413
1.1	0.3643
1.2	0.3849
1.3	0.4032

① 0.7262 ② 0.7445 ③ 0.7492 ④ 0.7675 ⑤ 0.7881

27 2024학년도 9월모평 확통 27번

두 집합 $X=\{1,\ 2,\ 3,\ 4\}$, $Y=\{1,\ 2,\ 3,\ 4,\ 5,\ 6,\ 7\}$에 대하여 X에서 Y로의 모든 일대일함수 f 중에서 임의로 하나를 선택할 때, 이 함수가 다음 조건을 만족시킬 확률은? (3점)

(가) $f(2)=2$
(나) $f(1)\times f(2)\times f(3)\times f(4)$는 4의 배수이다.

① $\frac{1}{14}$ ② $\frac{3}{35}$ ③ $\frac{1}{10}$ ④ $\frac{4}{35}$ ⑤ $\frac{9}{70}$

해설편 217쪽

28 2024학년도 9월모평 확통 28번

주머니 A에는 숫자 1, 2, 3이 하나씩 적힌 3개의 공이 들어 있고, 주머니 B에는 숫자 1, 2, 3, 4가 하나씩 적힌 4개의 공이 들어 있다. 두 주머니 A, B와 한 개의 주사위를 사용하여 다음 시행을 한다.

> 주사위를 한 번 던져 나온 눈의 수가 3의 배수이면 주머니 A에서 임의로 2개의 공을 동시에 꺼내고, 나온 눈의 수가 3의 배수가 아니면 주머니 B에서 임의로 2개의 공을 동시에 꺼낸다. 꺼낸 2개의 공에 적혀 있는 수의 차를 기록한 후, 공을 꺼낸 주머니에 이 2개의 공을 다시 넣는다.

이 시행을 2번 반복하여 기록한 두 개의 수의 평균을 $\overline{X}$라 할 때, $\mathrm{P}(\overline{X}=2)$의 값은? (4점)

① $\frac{11}{81}$ ② $\frac{13}{81}$ ③ $\frac{5}{27}$ ④ $\frac{17}{81}$ ⑤ $\frac{19}{81}$

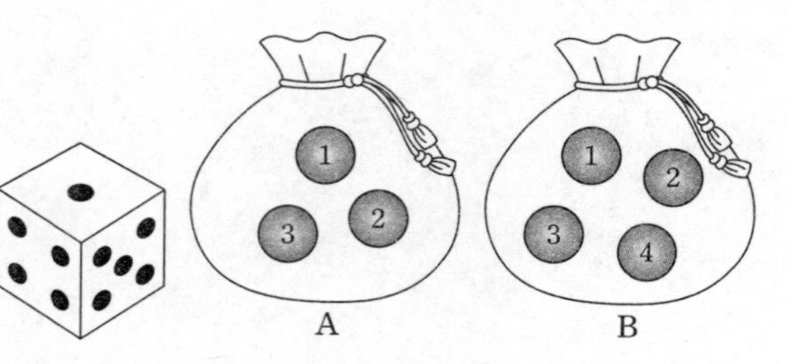

단답형

29 2024학년도 9월모평 확통 29번

앞면에는 문자 A, 뒷면에는 문자 B가 적힌 한 장의 카드가 있다. 이 카드와 한 개의 동전을 사용하여 다음 시행을 한다.

> 동전을 두 번 던져 앞면이 나온 횟수가 2이면 카드를 한 번 뒤집고, 앞면이 나온 횟수가 0 또는 1이면 카드를 그대로 둔다.

처음에 문자 A가 보이도록 카드가 놓여 있을 때, 이 시행을 5번 반복한 후 문자 B가 보이도록 카드가 놓일 확률은 p이다. $128\times p$의 값을 구하시오. (4점)

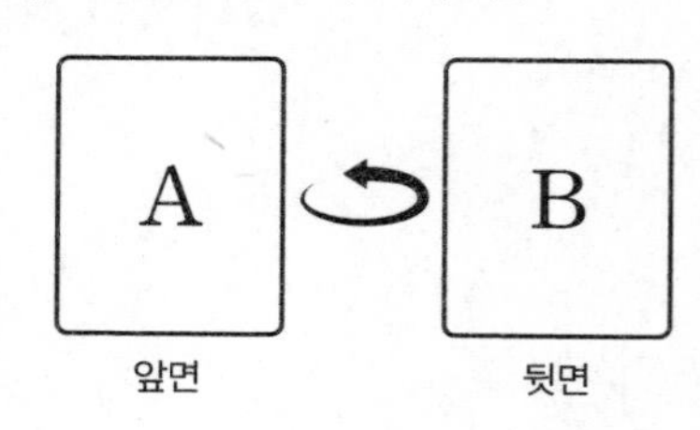

30 2024학년도 9월모평 확통 30번

다음 조건을 만족시키는 13 이하의 자연수 a, b, c, d의 모든 순서쌍 (a, b, c, d)의 개수를 구하시오. (4점)

> (가) $a\le b\le c\le d$
> (나) $a\times d$는 홀수이고, $b+c$는 짝수이다.

해설편 217쪽

수학 영역 (미적분)

5지선다형

23 2024학년도 9월모평 미적 23번

$\lim_{x \to 0} \frac{e^{7x}-1}{e^{2x}-1}$의 값은? (2점)

① $\frac{1}{2}$ ② $\frac{3}{2}$ ③ $\frac{5}{2}$ ④ $\frac{7}{2}$ ⑤ $\frac{9}{2}$

24 2024학년도 9월모평 미적 24번

매개변수 t로 나타내어진 곡선

$$x=t+\cos 2t,\ y=\sin^2 t$$

에서 $t=\frac{\pi}{4}$일 때, $\frac{dy}{dx}$의 값은? (3점)

① -2 ② -1 ③ 0 ④ 1 ⑤ 2

25 2024학년도 9월모평 미적 25번

함수 $f(x)=x+\ln x$에 대하여 $\int_1^e \left(1+\frac{1}{x}\right)f(x)dx$의 값은? (3점)

① $\frac{e^2}{2}+\frac{e}{2}$ ② $\frac{e^2}{2}+e$ ③ $\frac{e^2}{2}+2e$ ④ e^2+e ⑤ e^2+2e

26 2024학년도 9월모평 미적 26번

공차가 양수인 등차수열 $\{a_n\}$과 등비수열 $\{b_n\}$에 대하여 $a_1=b_1=1$, $a_2b_2=1$이고

$$\sum_{n=1}^{\infty}\left(\frac{1}{a_na_{n+1}}+b_n\right)=2$$

일 때, $\sum_{n=1}^{\infty}b_n$의 값은? (3점)

① $\frac{7}{6}$ ② $\frac{6}{5}$ ③ $\frac{5}{4}$ ④ $\frac{4}{3}$ ⑤ $\frac{3}{2}$

27 2024학년도 9월모평 미적 27번

$x=-\ln 4$에서 $x=1$까지의 곡선 $y=\frac{1}{2}(|e^x-1|-e^{|x|}+1)$의 길이는? (3점)

① $\frac{23}{8}$ ② $\frac{13}{4}$ ③ $\frac{29}{8}$ ④ 4 ⑤ $\frac{35}{8}$

해설편 218쪽

28 2024학년도 9월모평 미적 28번

실수 a $(0<a<2)$에 대하여 함수 $f(x)$를

$$f(x)=\begin{cases}2|\sin 4x| & (x<0)\\ -\sin ax & (x\geq 0)\end{cases}$$

이라 하자. 함수

$$g(x)=\left|\int_{-a\pi}^{x} f(t)dt\right|$$

가 실수 전체의 집합에서 미분가능할 때, a의 최솟값은? (4점)

① $\frac{1}{2}$ ② $\frac{3}{4}$ ③ 1
④ $\frac{5}{4}$ ⑤ $\frac{3}{2}$

단답형

29 2024학년도 9월모평 미적 29번

두 실수 a, $b(a>1,\ b>1)$이

$$\lim_{n\to\infty}\frac{3^n+a^{n+1}}{3^{n+1}+a^n}=a,\ \lim_{n\to\infty}\frac{a^n+b^{n+1}}{a^{n+1}+b^n}=\frac{9}{a}$$

를 만족시킬 때, $a+b$의 값을 구하시오. (4점)

30 2024학년도 9월모평 미적 30번

길이가 10인 선분 AB를 지름으로 하는 원과 선분 AB 위에 $\overline{\mathrm{AC}}=4$인 점 C가 있다. 이 원 위의 점 P를 $\angle\mathrm{PCB}=\theta$가 되도록 잡고, 점 P를 지나고 선분 AB에 수직인 직선이 이 원과 만나는 점 중 P가 아닌 점을 Q라 하자. 삼각형 PCQ의 넓이를 $S(\theta)$라 할 때, $-7\times S'\left(\frac{\pi}{4}\right)$의 값을 구하시오.

$\left(단,\ 0<\theta<\frac{\pi}{2}\right)$ (4점)

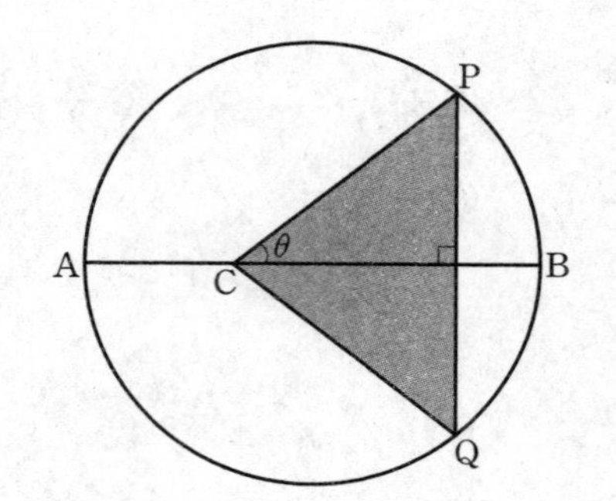

수학 영역 (기하)

5지선다형

23 2024학년도 9월모평 기하 23번

좌표공간의 점 A(8, 6, 2)를 xy평면에 대하여 대칭이동한 점을 B라 할 때, 선분 AB의 길이는? (2점)

① 1 ② 2 ③ 3
④ 4 ⑤ 5

24 2024학년도 9월모평 기하 24번

쌍곡선 $\frac{x^2}{7}-\frac{y^2}{6}=1$ 위의 점 (7, 6)에서의 접선의 x절편은? (3점)

① 1 ② 2 ③ 3
④ 4 ⑤ 5

25 2024학년도 9월모평 기하 25번

좌표평면 위의 점 A(4, 3)에 대하여

$$|\overrightarrow{OP}|=|\overrightarrow{OA}|$$

를 만족시키는 점 P가 나타내는 도형의 길이는? (단, O는 원점이다.) (3점)

① 2π ② 4π ③ 6π
④ 8π ⑤ 10π

26 2024학년도 9월모평 기하 26번

그림과 같이 $\overline{AB}=3$, $\overline{AD}=3$, $\overline{AE}=6$인 직육면체 ABCD−EFGH가 있다. 삼각형 BEG의 무게중심을 P라 할 때, 선분 DP의 길이는? (3점)

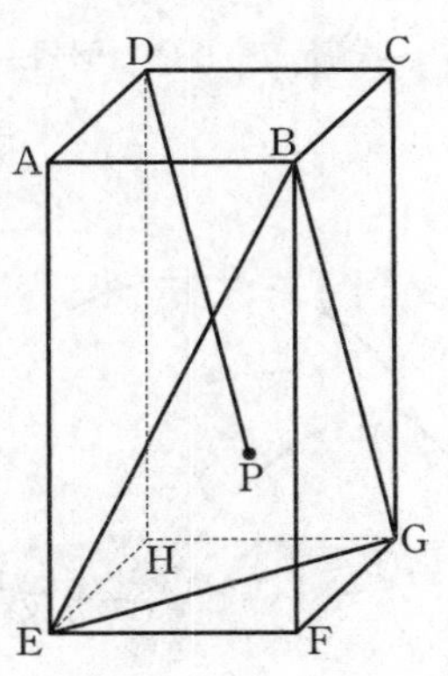

① $2\sqrt{5}$ ② $2\sqrt{6}$ ③ $2\sqrt{7}$
④ $4\sqrt{2}$ ⑤ 6

27 2024학년도 9월모평 기하 27번

양수 p에 대하여 좌표평면 위에 초점이 F인 포물선 $y^2=4px$가 있다. 이 포물선이 세 직선 $x=p$, $x=2p$, $x=3p$와 만나는 제1사분면 위의 점을 각각 P_1, P_2, P_3이라 하자. $\overline{FP_1}+\overline{FP_2}+\overline{FP_3}=27$일 때, p의 값은? (3점)

① 2 ② $\frac{5}{2}$ ③ 3
④ $\frac{7}{2}$ ⑤ 4

19회 2024 9월 모의평가

해설편 220쪽

28 2024학년도 9월모평 기하 28번

좌표공간에 중심이 A$(0,\ 0,\ 1)$이고 반지름의 길이가 4인 구 S가 있다. 구 S가 xy평면과 만나서 생기는 원을 C라 하고, 점 A에서 선분 PQ까지의 거리가 2가 되도록 원 C 위에 두 점 P, Q를 잡는다. 구 S가 선분 PQ를 지름으로 하는 구 T와 만나서 생기는 원 위에서 점 B가 움직일 때, 삼각형 BPQ의 xy평면 위로의 정사영의 넓이의 최댓값은?

(단, 점 B의 z좌표는 양수이다.) (4점)

① 6　② $3\sqrt{6}$　③ $6\sqrt{2}$　④ $3\sqrt{10}$　⑤ $6\sqrt{3}$

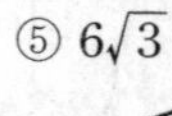

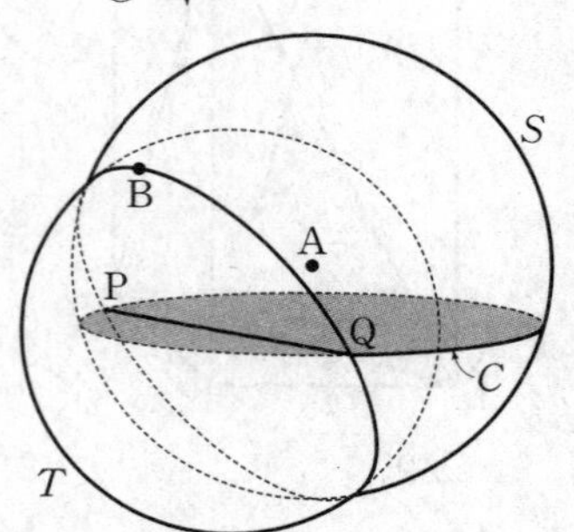

단답형

29 2024학년도 9월모평 기하 29번

한 초점이 F$(c,\ 0)$ $(c>0)$인 타원 $\frac{x^2}{9}+\frac{y^2}{5}=1$과 중심의 좌표가 $(2,\ 3)$이고 반지름의 길이가 r인 원이 있다. 타원 위의 점 P와 원 위의 점 Q에 대하여 $\overline{\mathrm{PQ}}-\overline{\mathrm{PF}}$의 최솟값이 6일 때, r의 값을 구하시오. (4점)

30 2024학년도 9월모평 기하 30번

좌표평면에서 $\overline{\mathrm{AB}}=\overline{\mathrm{AC}}$이고 $\angle\mathrm{BAC}=\frac{\pi}{2}$인 직각삼각형 ABC에 대하여 두 점 P, Q가 다음 조건을 만족시킨다.

(가) 삼각형 APQ는 정삼각형이고,
　$9|\overrightarrow{\mathrm{PQ}}|\overrightarrow{\mathrm{PQ}}=4|\overrightarrow{\mathrm{AB}}|\overrightarrow{\mathrm{AB}}$이다.
(나) $\overrightarrow{\mathrm{AC}}\cdot\overrightarrow{\mathrm{AQ}}<0$
(다) $\overrightarrow{\mathrm{PQ}}\cdot\overrightarrow{\mathrm{CB}}=24$

선분 AQ 위의 점 X에 대하여 $|\overrightarrow{\mathrm{XA}}+\overrightarrow{\mathrm{XB}}|$의 최솟값을 m이라 할 때, m^2의 값을 구하시오. (4점)

해설편 221쪽

수학 영역

제 2 교시

20회	시험 시간	100분
	날짜	월 일 요일
시작 시각 :	종료 시각	:

5지선다형

01 2025학년도 9월모평 1번

$\dfrac{\sqrt[4]{32}}{\sqrt[8]{4}}$의 값은? (2점)

① $\sqrt{2}$ ② 2 ③ $2\sqrt{2}$
④ 4 ⑤ $4\sqrt{2}$

02 2025학년도 9월모평 2번

함수 $f(x)=x^3+3x^2-5$에 대하여 $\lim\limits_{h\to0}\dfrac{f(1+h)-f(1)}{h}$의 값은? (2점)

① 5 ② 6 ③ 7
④ 8 ⑤ 9

03 2025학년도 9월모평 3번

모든 항이 실수인 등비수열 $\{a_n\}$에 대하여

$$a_2a_3=2,\ a_4=4$$

일 때, a_6의 값은? (3점)

① 10 ② 12 ③ 14
④ 16 ⑤ 18

04 2025학년도 9월모평 4번

함수 $y=f(x)$의 그래프가 그림과 같다.

$\lim\limits_{x\to0-}f(x)+\lim\limits_{x\to1+}f(x)$의 값은? (3점)

① -2 ② -1 ③ 0
④ 1 ⑤ 2

05 2025학년도 9월모평 5번

함수 $f(x)=(x+1)(x^2+x-5)$에 대하여 $f'(2)$의 값은? (3점)

① 15 ② 16 ③ 17
④ 18 ⑤ 19

해설편 223쪽

06 2025학년도 9월모평 6번

$\frac{\pi}{2} < \theta < \pi$인 θ에 대하여 $\cos(\pi + \theta) = \frac{2\sqrt{5}}{5}$일 때, $\sin\theta + \cos\theta$의 값은? (3점)

① $-\frac{2\sqrt{5}}{5}$ ② $-\frac{\sqrt{5}}{5}$ ③ 0
④ $\frac{\sqrt{5}}{5}$ ⑤ $\frac{2\sqrt{5}}{5}$

07 2025학년도 9월모평 7번

함수

$$f(x) = \begin{cases} (x-a)^2 & (x < 4) \\ 2x-4 & (x \geq 4) \end{cases}$$

가 실수 전체의 집합에서 연속이 되도록 하는 모든 상수 a의 값의 곱은? (3점)

① 6 ② 9 ③ 12
④ 15 ⑤ 18

08 2025학년도 9월모평 8번

$a > 2$인 상수 a에 대하여 두 수 $\log_2 a$, $\log_a 8$의 합과 곱이 각각 4, k일 때, $a + k$의 값은? (3점)

① 11 ② 12 ③ 13
④ 14 ⑤ 15

09 2025학년도 9월모평 9번

함수 $f(x) = x^2 + x$에 대하여

$$5\int_0^1 f(x)\,dx - \int_0^1 (5x + f(x))\,dx$$

의 값은? (4점)

① $\frac{1}{6}$ ② $\frac{1}{3}$ ③ $\frac{1}{2}$
④ $\frac{2}{3}$ ⑤ $\frac{5}{6}$

해설편 223쪽

10 2025학년도 9월모평 10번

$\angle A > \frac{\pi}{2}$인 삼각형 ABC의 꼭짓점 A에서 선분 BC에 내린 수선의 발을 H라 하자.

$$\overline{AB} : \overline{AC} = \sqrt{2} : 1,\ \overline{AH} = 2$$

이고, 삼각형 ABC의 외접원의 넓이가 50π일 때, 선분 BH의 길이는? (4점)

① 6 ② $\frac{25}{4}$ ③ $\frac{13}{2}$ ④ $\frac{27}{4}$ ⑤ 7

12 2025학년도 9월모평 12번

수열 $\{a_n\}$은 등차수열이고, 수열 $\{b_n\}$은 모든 자연수 n에 대하여

$$b_n = \sum_{k=1}^{n} (-1)^{k+1} a_k$$

를 만족시킨다. $b_2 = -2$, $b_3 + b_7 = 0$일 때, 수열 $\{b_n\}$의 첫째항부터 제9항까지의 합은? (4점)

① -22 ② -20 ③ -18 ④ -16 ⑤ -14

11 2025학년도 9월모평 11번

수직선 위를 움직이는 두 점 P, Q의 시각 t $(t \geq 0)$에서의 위치가 각각

$$x_1 = t^2 + t - 6,\ x_2 = -t^3 + 7t^2$$

이다. 두 점 P, Q의 위치가 같아지는 순간 두 점 P, Q의 가속도를 각각 p, q라 할 때, $p-q$의 값은? (4점)

① 24 ② 27 ③ 30 ④ 33 ⑤ 36

13 2025학년도 9월모평 13번

함수

$$f(x) = \begin{cases} -x^2 - 2x + 6 & (x < 0) \\ -x^2 + 2x + 6 & (x \geq 0) \end{cases}$$

의 그래프가 x축과 만나는 서로 다른 두 점을 P, Q라 하고, 상수 k $(k > 4)$에 대하여 직선 $x = k$가 x축과 만나는 점을 R이라 하자. 곡선 $y = f(x)$와 선분 PQ로 둘러싸인 부분의 넓이를 A, 곡선 $y = f(x)$와 직선 $x = k$ 및 선분 QR로 둘러싸인 부분의 넓이를 B라 하자. $A = 2B$일 때, k의 값은?

(단, 점 P의 x좌표는 음수이다.) (4점)

① $\frac{9}{2}$ ② 5 ③ $\frac{11}{2}$ ④ 6 ⑤ $\frac{13}{2}$

해설편 224쪽

14 2025학년도 9월모평 14번

자연수 n에 대하여 곡선 $y=2^x$ 위의 두 점 A_n, B_n이 다음 조건을 만족시킨다.

> (가) 직선 $\mathrm{A}_n\mathrm{B}_n$의 기울기는 3이다.
> (나) $\overline{\mathrm{A}_n\mathrm{B}_n}=n\times\sqrt{10}$

중심이 직선 $y=x$ 위에 있고 두 점 A_n, B_n을 지나는 원이 곡선 $y=\log_2 x$와 만나는 두 점의 x좌표 중 큰 값을 x_n이라 하자. $x_1+x_2+x_3$의 값은? (4점)

① $\frac{150}{7}$　② $\frac{155}{7}$　③ $\frac{160}{7}$　④ $\frac{165}{7}$　⑤ $\frac{170}{7}$

15 2025학년도 9월모평 15번

두 다항함수 $f(x)$, $g(x)$는 모든 실수 x에 대하여 다음 조건을 만족시킨다.

> (가) $\int_1^x tf(t)dt+\int_{-1}^x tg(t)dt=3x^4+8x^3-3x^2$
> (나) $f(x)=xg'(x)$

$\int_0^3 g(x)dx$의 값은? (4점)

① 72　② 76　③ 80　④ 84　⑤ 88

해설편 224쪽

단답형

16 2025학년도 9월모평 16번

방정식

$$\log_3 (x+2) - \log_{\frac{1}{3}} (x-4) = 3$$

을 만족시키는 실수 x의 값을 구하시오. (3점)

17 2025학년도 9월모평 17번

함수 $f(x)$에 대하여 $f'(x)=6x^2+2x+1$이고 $f(0)=1$일 때, $f(1)$의 값을 구하시오. (3점)

18 2025학년도 9월모평 18번

수열 $\{a_n\}$에 대하여

$$\sum_{k=1}^{10} ka_k = 36, \ \sum_{k=1}^{9} ka_{k+1} = 7$$

일 때, $\sum_{k=1}^{10} a_k$의 값을 구하시오. (3점)

19 2025학년도 9월모평 19번

함수 $f(x)=x^3+ax^2-9x+b$는 $x=1$에서 극소이다. 함수 $f(x)$의 극댓값이 28일 때, $a+b$의 값을 구하시오.

(단, a와 b는 상수이다.) (3점)

20 2025학년도 9월모평 20번

닫힌구간 $[0, 2\pi]$에서 정의된 함수

$$f(x)=\begin{cases} \sin x - 1 & (0 \le x < \pi) \\ -\sqrt{2} \sin x - 1 & (\pi \le x \le 2\pi) \end{cases}$$

가 있다. $0 \le t \le 2\pi$인 실수 t에 대하여 x에 대한 방정식 $f(x)=f(t)$의 서로 다른 실근의 개수가 3이 되도록 하는 모든 t의 값의 합은 $\frac{q}{p}\pi$이다. $p+q$의 값을 구하시오.

(단, p와 q는 서로소인 자연수이다.) (4점)

해설편 225쪽

21 2025학년도 9월모평 21번

최고차항의 계수가 1인 삼차함수 $f(x)$가 모든 정수 k에 대하여

$$2k-8\le\frac{f(k+2)-f(k)}{2}\le4k^2+14k$$

를 만족시킬 때, $f'(3)$의 값을 구하시오. (4점)

22 2025학년도 9월모평 22번

양수 k에 대하여 $a_1=k$인 수열 $\{a_n\}$이 다음 조건을 만족시킨다.

(가) $a_2\times a_3<0$
(나) 모든 자연수 n에 대하여
$\left(a_{n+1}-a_n+\frac{2}{3}k\right)(a_{n+1}+ka_n)=0$이다.

$a_5=0$이 되도록 하는 서로 다른 모든 양수 k에 대하여 k^2의 값의 합을 구하시오. (4점)

해설편 226쪽

수학 영역 (확률과 통계)

5지선다형

23 2025학년도 9월모평 확통 23번

다섯 개의 숫자 1, 2, 2, 3, 3을 모두 일렬로 나열하는 경우의 수는? (2점)

① 10 ② 15 ③ 20
④ 25 ⑤ 30

24 2025학년도 9월모평 확통 24번

두 사건 A, B는 서로 독립이고

$$\mathrm{P}(A)=\frac{2}{3},\ \mathrm{P}(A\cap B)=\frac{1}{6}$$

일 때, $\mathrm{P}(A\cup B)$의 값은? (3점)

① $\frac{3}{4}$ ② $\frac{19}{24}$ ③ $\frac{5}{6}$
④ $\frac{7}{8}$ ⑤ $\frac{11}{12}$

25 2025학년도 9월모평 확통 25번

1부터 11까지의 자연수 중에서 임의로 서로 다른 2개의 수를 선택한다. 선택한 2개의 수 중 적어도 하나가 7 이상의 홀수일 확률은? (3점)

① $\frac{23}{55}$ ② $\frac{24}{55}$ ③ $\frac{5}{11}$
④ $\frac{26}{55}$ ⑤ $\frac{27}{55}$

26 2025학년도 9월모평 확통 26번

정규분포 $\mathrm{N}(m,\ 6^2)$을 따르는 모집단에서 크기가 9인 표본을 임의추출하여 구한 표본평균을 $\overline{X}$, 정규분포 $\mathrm{N}(6,\ 2^2)$을 따르는 모집단에서 크기가 4인 표본을 임의추출하여 구한 표본평균을 $\overline{Y}$라 하자.
$\mathrm{P}(\overline{X}\le 12)+\mathrm{P}(\overline{Y}\ge 8)=1$이 되도록 하는 m의 값은? (3점)

① 5 ② $\frac{13}{2}$ ③ 8
④ $\frac{19}{2}$ ⑤ 11

해설편 227쪽

27 2025학년도 9월모평 확통 27번

이산확률변수 X가 가지는 값이 0부터 4까지의 정수이고

$$\mathrm{P}(X=k)=\mathrm{P}(X=k+2)\ (k=0,\ 1,\ 2)$$

이다. $\mathrm{E}(X^2)=\frac{35}{6}$일 때, $\mathrm{P}(X=0)$의 값은? (3점)

① $\frac{1}{24}$ ② $\frac{1}{12}$ ③ $\frac{1}{8}$
④ $\frac{1}{6}$ ⑤ $\frac{5}{24}$

28 2025학년도 9월모평 확통 28번

집합 $X=\{1,\ 2,\ 3,\ 4\}$에 대하여 $f: X \longrightarrow X$인 모든 함수 f 중에서 임의로 하나를 선택하는 시행을 한다. 이 시행에서 선택한 함수 f가 다음 조건을 만족시킬 때, $f(4)$가 짝수일 확률은? (4점)

> $a \in X$, $b \in X$에 대하여 a가 b의 약수이면 $f(a)$는 $f(b)$의 약수이다.

① $\frac{9}{19}$ ② $\frac{8}{15}$ ③ $\frac{3}{5}$
④ $\frac{27}{40}$ ⑤ $\frac{19}{25}$

해설편 228쪽

단답형

29 2025학년도 9월모평 확통 29번

수직선의 원점에 점 A가 있다. 한 개의 주사위를 사용하여 다음 시행을 한다.

> 주사위를 한 번 던져 나온 눈의 수가 4 이하이면 점 A를 양의 방향으로 1만큼 이동시키고, 5 이상이면 점 A를 음의 방향으로 1만큼 이동시킨다.

이 시행을 16200번 반복하여 이동된 점 A의 위치가 5700 이하일 확률을 오른쪽 표준정규분포표를 이용하여 구한 값을 k라 하자. $1000\times k$의 값을 구하시오. (4점)

z	$\mathrm{P}(0\le Z\le z)$
1.0	0.341
1.5	0.433
2.0	0.477
2.5	0.494

30 2025학년도 9월모평 확통 30번

흰 공 4개와 검은 공 4개를 세 명의 학생 A, B, C에게 다음 규칙에 따라 남김없이 나누어 주는 경우의 수를 구하시오. (단, 같은 색 공끼리는 서로 구별하지 않고, 공을 받지 못하는 학생이 있을 수 있다.) (4점)

> (가) 학생 A가 받는 공의 개수는 0 이상 2 이하이다.
> (나) 학생 B가 받는 공의 개수는 2 이상이다.

해설편 229쪽

수학 영역 (미적분)

5지선다형

23 2025학년도 9월모평 미적 23번

$\lim_{x \to 0} \frac{\sin 5x}{x}$의 값은? (2점)

① 1 ② 2 ③ 3
④ 4 ⑤ 5

24 2025학년도 9월모평 미적 24번

양의 실수 전체의 집합에서 정의된 미분가능한 함수 $f(x)$가 있다. 양수 t에 대하여 곡선 $y=f(x)$ 위의 점 $(t,\ f(t))$에서의 접선의 기울기는 $\frac{1}{t}+4e^{2t}$이다. $f(1)=2e^2+1$일 때, $f(e)$의 값은? (3점)

① $2e^{2e}-1$ ② $2e^{2e}$ ③ $2e^{2e}+1$
④ $2e^{2e}+2$ ⑤ $2e^{2e}+3$

25 2025학년도 9월모평 미적 25번

등비수열 $\{a_n\}$에 대하여

$$\lim_{n \to \infty} \frac{4^n \times a_n - 1}{3 \times 2^{n+1}} = 1$$

일 때, a_1+a_2의 값은? (3점)

① $\frac{3}{2}$ ② $\frac{5}{2}$ ③ $\frac{7}{2}$
④ $\frac{9}{2}$ ⑤ $\frac{11}{2}$

26 2025학년도 9월모평 미적 26번

그림과 같이 곡선 $y=2x\sqrt{x \sin x^2}$ $(0 \le x \le \sqrt{\pi})$와 x축 및 두 직선 $x=\sqrt{\frac{\pi}{6}}$, $x=\sqrt{\frac{\pi}{2}}$로 둘러싸인 부분을 밑면으로 하는 입체도형이 있다. 이 입체도형을 x축에 수직인 평면으로 자른 단면이 모두 반원일 때, 이 입체도형의 부피는? (3점)

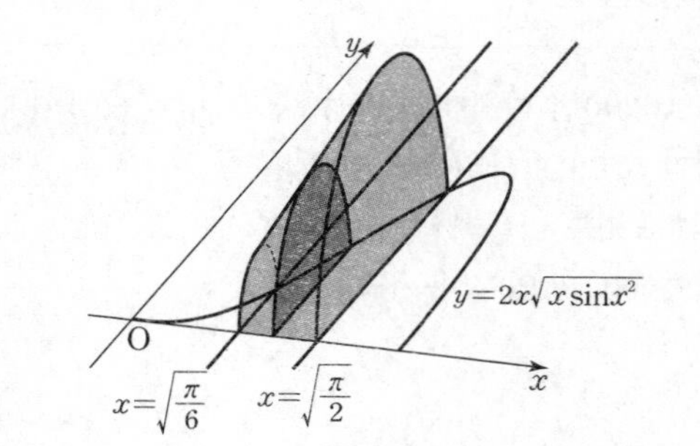

① $\frac{\pi^2+6\pi}{48}$ ② $\frac{\sqrt{2}\pi^2+6\pi}{48}$ ③ $\frac{\sqrt{3}\pi^2+6\pi}{48}$
④ $\frac{\sqrt{2}\pi^2+12\pi}{48}$ ⑤ $\frac{\sqrt{3}\pi^2+12\pi}{48}$

해설편 230쪽

27 2025학년도 9월모평 미적 27번

실수 전체의 집합에서 미분가능한 함수 $f(x)$가 모든 실수 x에 대하여

$$f(x)+f\left(\frac{1}{2}\sin x\right)=\sin x$$

를 만족시킬 때, $f'(\pi)$의 값은? (3점)

① $-\frac{5}{6}$ ② $-\frac{2}{3}$ ③ $-\frac{1}{2}$
④ $-\frac{1}{3}$ ⑤ $-\frac{1}{6}$

28 2025학년도 9월모평 미적 28번

함수 $f(x)$는 실수 전체의 집합에서 연속인 이계도함수를 갖고, 실수 전체의 집합에서 정의된 함수 $g(x)$를

$$g(x)=f'(2x)\sin \pi x+x$$

라 하자. 함수 $g(x)$는 역함수 $g^{-1}(x)$를 갖고,

$$\int_{0}^{1} g^{-1}(x)dx=2\int_{0}^{1} f'(2x)\sin \pi x dx+\frac{1}{4}$$

을 만족시킬 때, $\int_{0}^{2} f(x)\cos \frac{\pi}{2}x dx$의 값은? (4점)

① $-\frac{1}{\pi}$ ② $-\frac{1}{2\pi}$ ③ $-\frac{1}{3\pi}$
④ $-\frac{1}{4\pi}$ ⑤ $-\frac{1}{5\pi}$

해설편 231쪽

단답형

29 2025학년도 9월모평 미적 29번

수열 $\{a_n\}$의 첫째항부터 제m항까지의 합을 S_m이라 하자. 모든 자연수 m에 대하여

$$S_m=\sum_{n=1}^{\infty}\frac{m+1}{n(n+m+1)}$$

일 때, $a_1+a_{10}=\frac{q}{p}$이다. $p+q$의 값을 구하시오.

(단, p와 q는 서로소인 자연수이다.) (4점)

30 2025학년도 9월모평 미적 30번

양수 k에 대하여 함수 $f(x)$를

$$f(x)=(k-|x|)e^{-x}$$

이라 하자. 실수 전체의 집합에서 미분가능하고 다음 조건을 만족시키는 모든 함수 $F(x)$에 대하여 $F(0)$의 최솟값을 $g(k)$라 하자.

> 모든 실수 x에 대하여 $F'(x)=f(x)$이고
> $F(x)\geq f(x)$이다.

$g\left(\frac{1}{4}\right)+g\left(\frac{3}{2}\right)=pe+q$일 때, $100(p+q)$의 값을 구하시오.

(단, $\lim_{x\to\infty}xe^{-x}=0$이고, p와 q는 유리수이다.) (4점)

○ 해설편 231쪽

수학 영역 (기하)

5지선다형

23 2025학년도 9월모평 기하 23번

두 벡터 $\vec{a}=(4,\ 0)$, $\vec{b}=(1,\ 3)$에 대하여 $2\vec{a}+\vec{b}=(9,\ k)$일 때, k의 값은? (2점)

① 1 ② 2 ③ 3 ④ 4 ⑤ 5

24 2025학년도 9월모평 기하 24번

타원 $\frac{x^2}{4^2}+\frac{y^2}{b^2}=1$의 두 초점 사이의 거리가 6일 때, b^2의 값은? (단, $0<b<4$) (3점)

① 4 ② 5 ③ 6 ④ 7 ⑤ 8

25 2025학년도 9월모평 기하 25번

좌표공간의 서로 다른 두 점 $\mathrm{A}(a,\ b,\ -5)$, $\mathrm{B}(-8,\ 6,\ c)$에 대하여 선분 AB의 중점이 zx평면 위에 있고, 선분 AB를 $1:2$로 내분하는 점이 y축 위에 있을 때, $a+b+c$의 값은? (3점)

① -8 ② -4 ③ 0 ④ 4 ⑤ 8

26 2025학년도 9월모평 기하 26번

좌표평면에서 점 $(1,\ 0)$을 중심으로 하고 반지름의 길이가 6인 원을 C라 하자. 포물선 $y^2=4x$ 위의 점 $(n^2,\ 2n)$에서의 접선이 원 C와 만나도록 하는 자연수 n의 개수는? (3점)

① 1 ② 3 ③ 5 ④ 7 ⑤ 9

27 2025학년도 9월모평 기하 27번

그림과 같이 한 변의 길이가 각각 4, 6인 두 정사각형 ABCD, EFGH를 밑면으로 하고

$$\overline{\mathrm{AE}}=\overline{\mathrm{BF}}=\overline{\mathrm{CG}}=\overline{\mathrm{DH}}$$

인 사각뿔대 ABCD−EFGH가 있다. 사각뿔대 ABCD−EFGH의 높이가 $\sqrt{14}$일 때, 사각형 AEHD의 평면 BFGC 위로의 정사영의 넓이는? (3점)

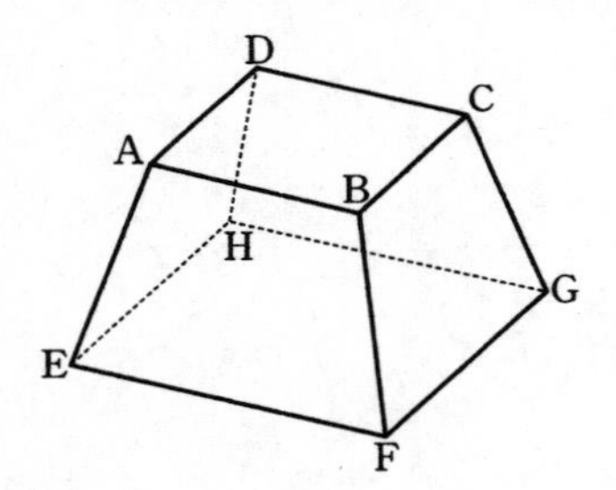

① $\frac{10}{3}\sqrt{15}$ ② $\frac{11}{3}\sqrt{15}$ ③ $4\sqrt{15}$ ④ $\frac{13}{3}\sqrt{15}$ ⑤ $\frac{14}{3}\sqrt{15}$

해설편 232쪽

28 2025학년도 9월모평 기하 28번

좌표공간에 두 점 A$(a,\ 0,\ 0)$, B$(0,\ 10\sqrt{2},\ 0)$과 구 $S : x^2+y^2+z^2=100$이 있다. $\angle \text{APO}=\frac{\pi}{2}$인 구 S 위의 모든 점 P가 나타내는 도형을 C_1, $\angle \text{BQO}=\frac{\pi}{2}$인 구 S 위의 모든 점 Q가 나타내는 도형을 C_2라 하자. C_1과 C_2가 서로 다른 두 점 N_1, N_2에서 만나고 $\cos(\angle \text{N}_1\text{ON}_2)=\frac{3}{5}$일 때, a의 값은? (단, $a>10\sqrt{2}$이고, O는 원점이다.) (4점)

① $\frac{10}{3}\sqrt{30}$ ② $\frac{15}{4}\sqrt{30}$ ③ $\frac{25}{6}\sqrt{30}$
④ $\frac{55}{12}\sqrt{30}$ ⑤ $5\sqrt{30}$

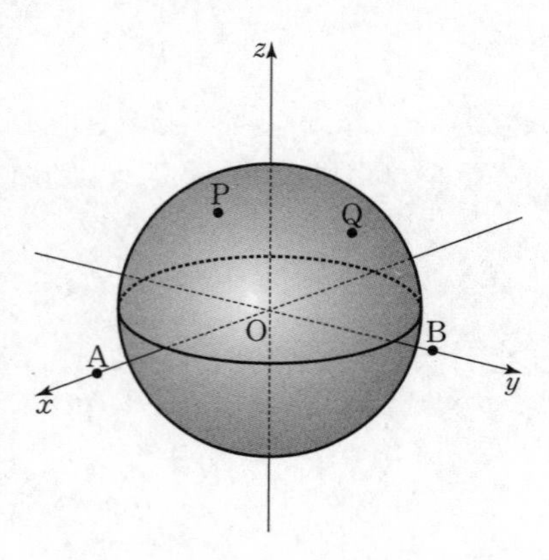

단답형

29 2025학년도 9월모평 기하 29번

그림과 같이 두 점 F$(4,\ 0)$, F$'(-4,\ 0)$을 초점으로 하는 쌍곡선 $C : \frac{x^2}{a^2}-\frac{y^2}{b^2}=1$이 있다. 점 F를 초점으로 하고 y축을 준선으로 하는 포물선이 쌍곡선 C와 만나는 점 중 제1사분면 위의 점을 P라 하자. 점 P에서 y축에 내린 수선의 발을 H라 할 때, $\overline{\text{PH}} : \overline{\text{HF}}=3 : 2\sqrt{2}$이다. $a^2\times b^2$의 값을 구하시오. (단, $a>b>0$) (4점)

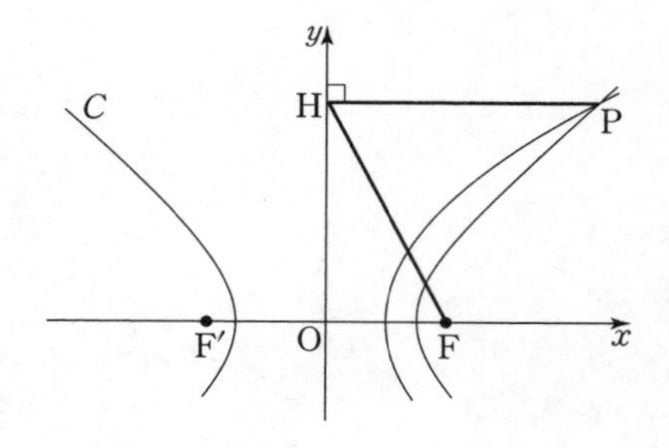

30 2025학년도 9월모평 기하 30번

좌표평면 위에 다섯 점

A$(0,\ 8)$, B$(8,\ 0)$, C$(7,\ 1)$, D$(7,\ 0)$, E$(-4,\ 2)$

가 있다. 삼각형 AOB의 변 위를 움직이는 점 P와 삼각형 CDB의 변 위를 움직이는 점 Q에 대하여 $|\overrightarrow{\text{PQ}}+\overrightarrow{\text{OE}}|^2$의 최댓값을 M, 최솟값을 m이라 할 때, $M+m$의 값을 구하시오. (단, O는 원점이다.) (4점)

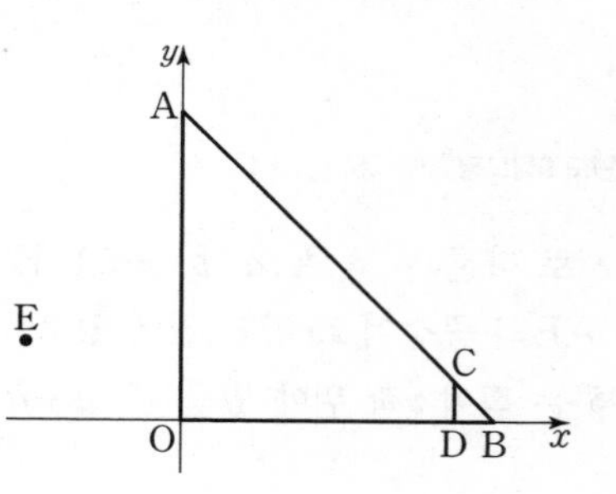

해설편 233쪽

수학 영역

제 2 교시

21회 | 시험 시간 100분 | 날짜 월 일 요일 | 시작 시각 : | 종료 시각 :

5지선다형

01 2021년 10월학평 1번

$\log_3 x=3$일 때, x의 값은? (2점)

① 1 ② 3 ③ 9 ④ 27 ⑤ 81

02 2021년 10월학평 2번

$\int_0^3 (x+1)^2 dx$의 값은? (2점)

① 12 ② 15 ③ 18 ④ 21 ⑤ 24

03 2021년 10월학평 3번

함수 $y=\tan\left(\pi x+\frac{\pi}{2}\right)$의 주기는? (3점)

① $\frac{1}{2}$ ② $\frac{\pi}{4}$ ③ 1 ④ $\frac{3}{2}$ ⑤ $\frac{\pi}{2}$

04 2021년 10월학평 4번

공차가 d인 등차수열 $\{a_n\}$의 첫째항부터 제n항까지의 합이 n^2-5n일 때, a_1+d의 값은? (3점)

① -4 ② -2 ③ 0 ④ 2 ⑤ 4

05 2021년 10월학평 5번

함수 $y=f(x)$의 그래프가 그림과 같다.

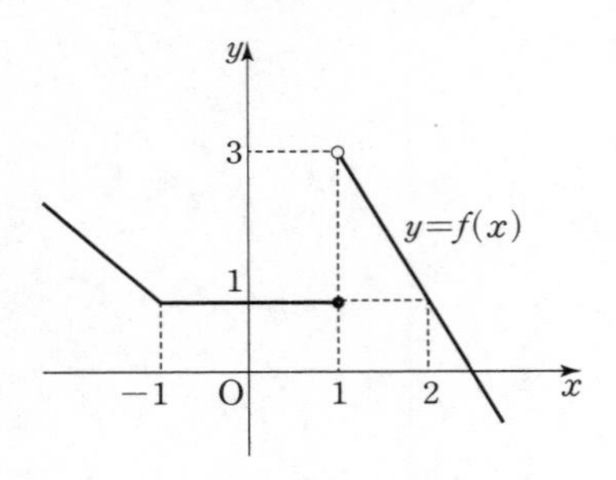

함수 $(x^2+ax+b)f(x)$가 $x=1$에서 연속일 때, $a+b$의 값은? (단, a, b는 실수이다.) (3점)

① -2 ② -1 ③ 0 ④ 1 ⑤ 2

06 2021년 10월학평 6번

곡선 $y=6^{-x}$ 위의 두 점 $\mathrm{A}(a,\ 6^{-a})$, $\mathrm{B}(a+1,\ 6^{-a-1})$에 대하여 선분 AB는 한 변의 길이가 1인 정사각형의 대각선이다. 6^{-a}의 값은? (3점)

① $\frac{6}{5}$ ② $\frac{7}{5}$ ③ $\frac{8}{5}$ ④ $\frac{9}{5}$ ⑤ 2

해설편 235쪽

07 2021년 10월학평 7번

두 함수 $f(x)=|x+3|$, $g(x)=2x+a$에 대하여 함수 $f(x)g(x)$가 실수 전체의 집합에서 미분가능할 때, 상수 a의 값은? (3점)

① 2 ② 4 ③ 6
④ 8 ⑤ 10

08 2021년 10월학평 8번

2보다 큰 상수 k에 대하여 두 곡선 $y=|\log_2(-x+k)|$, $y=|\log_2 x|$가 만나는 세 점 P, Q, R의 x좌표를 각각 x_1, x_2, x_3이라 하자. $x_3-x_1=2\sqrt{3}$일 때, x_1+x_3의 값은? (단, $x_1<x_2<x_3$) (3점)

① $\frac{7}{2}$ ② $\frac{15}{4}$ ③ 4
④ $\frac{17}{4}$ ⑤ $\frac{9}{2}$

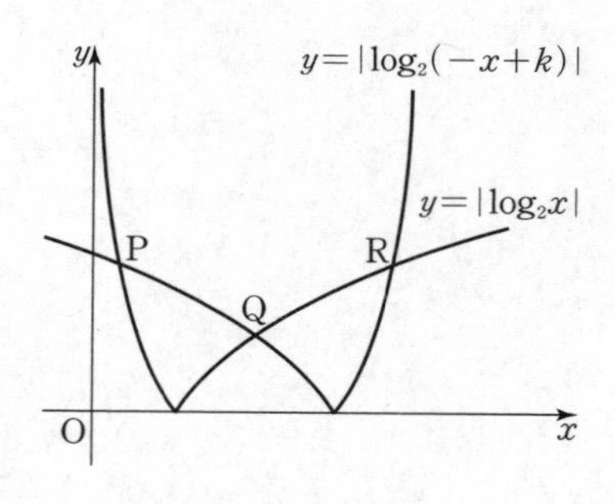

09 2021년 10월학평 9번

수열 $\{a_n\}$이 모든 자연수 n에 대하여

$$a_n+a_{n+1}=2n$$

을 만족시킬 때, a_1+a_{22}의 값은? (4점)

① 18 ② 19 ③ 20
④ 21 ⑤ 22

10 2021년 10월학평 10번

최고차항의 계수가 1인 이차함수 $f(x)$와 3보다 작은 실수 a에 대하여 함수 $g(x)=|(x-a)f(x)|$가 $x=3$에서만 미분가능하지 않다. 함수 $g(x)$의 극댓값이 32일 때, $f(4)$의 값은? (4점)

① 7 ② 9 ③ 11
④ 13 ⑤ 15

해설편 235쪽

11 2021년 10월학평 11번

닫힌구간 $[0, 2\pi]$에서 정의된 함수 $f(x)$는

$$f(x)=\begin{cases} \sin x & \left(0\le x\le \frac{k}{6}\pi\right) \\ 2\sin\left(\frac{k}{6}\pi\right)-\sin x & \left(\frac{k}{6}\pi< x\le 2\pi\right) \end{cases}$$

이다. 곡선 $y=f(x)$와 직선 $y=\sin\left(\frac{k}{6}\pi\right)$의 교점의 개수를 a_k라 할 때, $a_1+a_2+a_3+a_4+a_5$의 값은? (4점)

① 6 ② 7 ③ 8 ④ 9 ⑤ 10

12 2021년 10월학평 12번

곡선 $y=x^2-4$ 위의 점 $\mathrm{P}(t, t^2-4)$에서 원 $x^2+y^2=4$에 그은 두 접선의 접점을 각각 A, B라 하자. 삼각형 OAB의 넓이를 $S(t)$, 삼각형 PBA의 넓이를 $T(t)$라 할 때,

$$\lim_{t\to 2+}\frac{T(t)}{(t-2)S(t)}+\lim_{t\to\infty}\frac{T(t)}{(t^4-2)S(t)}$$

의 값은? (단, O는 원점이고, $t>2$이다.) (4점)

① 1 ② $\frac{5}{4}$ ③ $\frac{3}{2}$ ④ $\frac{7}{4}$ ⑤ 2

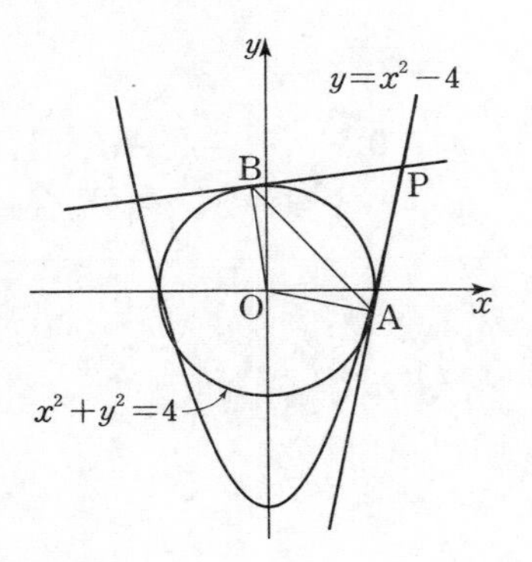

해설편 236쪽

13 2021년 10월학평 13번

실수 전체의 집합에서 정의된 함수 $f(x)$와 역함수가 존재하는 삼차함수 $g(x)=x^3+ax^2+bx+c$가 다음 조건을 만족시킨다.

> 모든 실수 x에 대하여 $2f(x)=g(x)-g(-x)$이다.

[보기]에서 옳은 것만을 있는 대로 고른 것은?
(단, a, b, c는 상수이다.) (4점)

> **[보기]**
> ㄱ. $a^2 \leq 3b$
> ㄴ. 방정식 $f'(x)=0$은 서로 다른 두 실근을 갖는다.
> ㄷ. 방정식 $f'(x)=0$이 실근을 가지면 $g'(1)=1$이다.

① ㄱ ② ㄱ, ㄴ ③ ㄱ, ㄷ
④ ㄴ, ㄷ ⑤ ㄱ, ㄴ, ㄷ

14 2021년 10월학평 14번

모든 자연수 n에 대하여 직선 $l : x-2y+\sqrt{5}=0$ 위의 점 P_n과 x축 위의 점 Q_n이 다음 조건을 만족시킨다.

> • 직선 P_nQ_n과 직선 l이 서로 수직이다.
> • $\overline{P_nQ_n}=\overline{P_nP_{n+1}}$이고 점 P_{n+1}의 x좌표는 점 P_n의 x좌표보다 크다.

다음은 점 P_1이 원 $x^2+y^2=1$과 직선 l의 접점일 때, 2 이상의 모든 자연수 n에 대하여 삼각형 OQ_nP_n의 넓이를 구하는 과정이다. (단, O는 원점이다.)

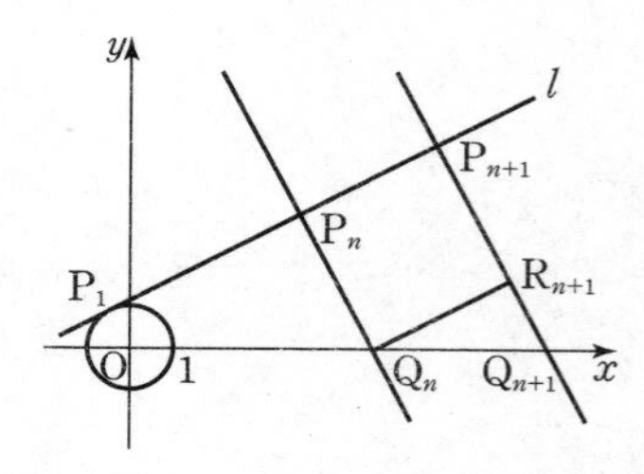

> 자연수 n에 대하여 점 Q_n을 지나고 직선 l과 평행한 직선이 선분 $P_{n+1}Q_{n+1}$과 만나는 점을 R_{n+1}이라 하면 사각형 $P_nQ_nR_{n+1}P_{n+1}$은 정사각형이다.
> 직선 l의 기울기가 $\frac{1}{2}$이므로
> $$\overline{R_{n+1}Q_{n+1}}=\boxed{(가)}\times\overline{P_nP_{n+1}}$$
> 이고
> $$\overline{P_{n+1}Q_{n+1}}=(1+\boxed{(가)})\times\overline{P_nQ_n}$$
> 이다. 이때, $\overline{P_1Q_1}=1$이므로 $\overline{P_nQ_n}=\boxed{(나)}$이다.
> 그러므로 2 이상의 자연수 n에 대하여
> $$\overline{P_1P_n}=\sum_{k=1}^{n-1}\overline{P_kP_{k+1}}=\boxed{(다)}$$
> 이다. 따라서 2 이상의 자연수 n에 대하여 삼각형 OQ_nP_n의 넓이는
> $$\frac{1}{2}\times\overline{P_nQ_n}\times\overline{P_1P_n}=\frac{1}{2}\times\boxed{(나)}\times(\boxed{(다)})$$
> 이다.

위의 (가)에 알맞은 수를 p, (나)와 (다)에 알맞은 식을 각각 $f(n)$, $g(n)$이라 할 때, $f(6p)+g(8p)$의 값은? (4점)

① 3 ② 4 ③ 5
④ 6 ⑤ 7

해설편 237쪽

15 2021년 10월학평 15번

최고차항의 계수가 4이고 $f(0)=f'(0)=0$을 만족시키는 삼차함수 $f(x)$에 대하여 함수 $g(x)$를

$$g(x)=\begin{cases}\int_0^x f(t)dt+5 & (x<c) \\ \left|\int_0^x f(t)dt-\frac{13}{3}\right| & (x\geq c)\end{cases}$$

라 하자. 함수 $g(x)$가 실수 전체의 집합에서 연속이 되도록 하는 실수 c의 개수가 1일 때, $g(1)$의 최댓값은? (4점)

① 2 ② $\frac{8}{3}$ ③ $\frac{10}{3}$

④ 4 ⑤ $\frac{14}{3}$

단답형

16 2021년 10월학평 16번

함수 $f(x)=2x^2+ax+3$에 대하여 $x=2$에서의 미분계수가 18일 때, 상수 a의 값을 구하시오. (3점)

17 2021년 10월학평 17번

수직선 위를 움직이는 점 P의 시각 $t(t\geq 0)$에서의 속도 $v(t)$가 $v(t)=12-4t$일 때, 시각 $t=0$에서 $t=4$까지 점 P가 움직인 거리를 구하시오. (3점)

18 2021년 10월학평 18번

그림과 같이 3 이상의 자연수 n에 대하여 두 곡선 $y=n^x$, $y=2^x$이 직선 $x=1$과 만나는 점을 각각 A, B라 하고, 두 곡선 $y=n^x$, $y=2^x$이 직선 $x=2$와 만나는 점을 각각 C, D라 하자. 사다리꼴 ABDC의 넓이가 18 이하가 되도록 하는 모든 자연수 n의 값의 합을 구하시오. (3점)

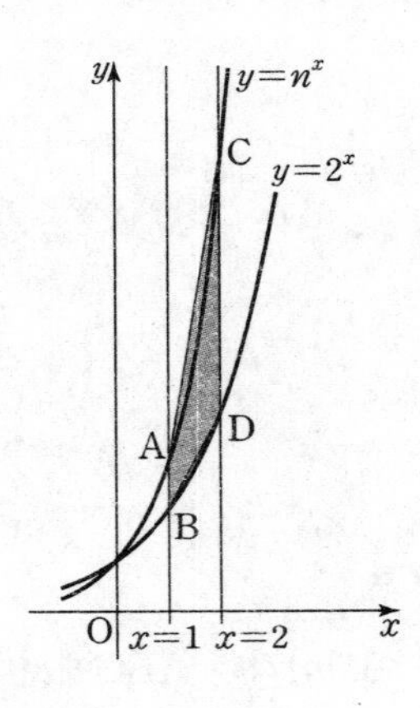

19 2021년 10월학평 19번

수열 $\{a_n\}$이 다음 조건을 만족시킨다.

> (가) $a_{n+2}=\begin{cases}a_n-3 & (n=1,\ 3) \\ a_n+3 & (n=2,\ 4)\end{cases}$
>
> (나) 모든 자연수 n에 대하여 $a_n=a_{n+6}$이 성립한다.

$\sum_{k=1}^{32} a_k=112$일 때, a_1+a_2의 값을 구하시오. (3점)

20 2021년 10월학평 20번

최고차항의 계수가 1인 삼차함수 $f(x)$가 $f(0)=0$이고, 모든 실수 x에 대하여 $f(1-x)=-f(1+x)$를 만족시킨다. 두 곡선 $y=f(x)$와 $y=-6x^2$으로 둘러싸인 부분의 넓이를 S라 할 때, $4S$의 값을 구하시오. (4점)

21 2021년 10월학평 21번

$\overline{AB}=6$, $\overline{AC}=8$인 예각삼각형 ABC에서 $\angle A$의 이등분선과 삼각형 ABC의 외접원이 만나는 점을 D, 점 D에서 선분 AC에 내린 수선의 발을 E라 하자. 선분 AE의 길이를 k라 할 때, $12k$의 값을 구하시오. (4점)

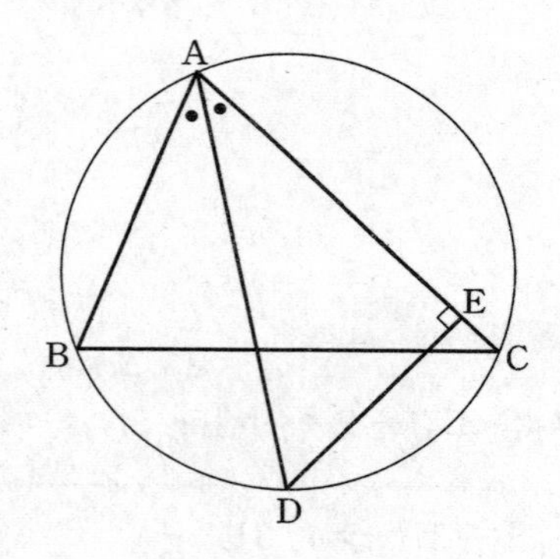

22 2021년 10월학평 22번

양수 a에 대하여 최고차항의 계수가 1인 삼차함수 $f(x)$와 실수 전체의 집합에서 정의된 함수 $g(x)$가 다음 조건을 만족시킨다.

> (가) 모든 실수 x에 대하여
> $$|x(x-2)|g(x)=x(x-2)(|f(x)|-a)$$
> 이다.
> (나) 함수 $g(x)$는 $x=0$과 $x=2$에서 미분가능하다.

$g(3a)$의 값을 구하시오. (4점)

해설편 239쪽

수학 영역 (확률과 통계)

5지선다형

23 2021년 10월학평 확통 23번

확률변수 X가 이항분포 $\mathrm{B}\left(60,\ \frac{5}{12}\right)$를 따를 때, $\mathrm{E}(X)$의 값은? (2점)

① 10 ② 15 ③ 20 ④ 25 ⑤ 30

24 2021년 10월학평 확통 24번

두 사건 A와 B는 서로 배반사건이고

$$\mathrm{P}(A)=\frac{1}{3},\ \mathrm{P}(A^C)\mathrm{P}(B)=\frac{1}{6}$$

일 때, $\mathrm{P}(A\cup B)$의 값은? (단, A^C은 A의 여사건이다.) (3점)

① $\frac{1}{2}$ ② $\frac{7}{12}$ ③ $\frac{2}{3}$ ④ $\frac{3}{4}$ ⑤ $\frac{5}{6}$

25 2021년 10월학평 확통 25번

같은 종류의 공책 10권을 4명의 학생 A, B, C, D에게 남김없이 나누어 줄 때, A와 B가 각각 2권 이상의 공책을 받도록 나누어 주는 경우의 수는?
(단, 공책을 받지 못하는 학생이 있을 수 있다.) (3점)

① 76 ② 80 ③ 84 ④ 88 ⑤ 92

26 2021년 10월학평 확통 26번

한 개의 주사위를 두 번 던져서 나오는 눈의 수를 차례로 a, b라 할 때, 두 수 a, b의 최대공약수가 홀수일 확률은? (3점)

① $\frac{5}{12}$ ② $\frac{1}{2}$ ③ $\frac{7}{12}$ ④ $\frac{2}{3}$ ⑤ $\frac{3}{4}$

27 2021년 10월학평 확통 27번

확률변수 X는 정규분포 $\mathrm{N}(8,\ 2^2)$, 확률변수 Y는 정규분포 $\mathrm{N}(12,\ 2^2)$을 따르고, 확률변수 X와 Y의 확률밀도함수는 각각 $f(x)$와 $g(x)$이다.
두 함수 $y=f(x)$, $y=g(x)$의 그래프가 만나는 점의 x좌표를 a라 할 때, $\mathrm{P}(8\le Y\le a)$의 값을 오른쪽 표준정규분포표를 이용하여 구한 것은? (3점)

z	$\mathrm{P}(0\le Z\le z)$
0.5	0.1915
1.0	0.3413
1.5	0.4332
2.0	0.4772

① 0.1359 ② 0.1587 ③ 0.2417 ④ 0.2857 ⑤ 0.3085

해설편 240쪽

28 2021년 10월학평 확통 28번

집합 $X=\{x|x$는 8 이하의 자연수$\}$에 대하여 X에서 X로의 함수 f 중에서 임의로 하나를 선택한다. 선택한 함수 f가 4 이하의 모든 자연수 n에 대하여 $f(2n-1)<f(2n)$일 때, $f(1)=f(5)$일 확률은? (4점)

① $\frac{1}{7}$ ② $\frac{5}{28}$ ③ $\frac{3}{14}$
④ $\frac{1}{4}$ ⑤ $\frac{2}{7}$

단답형

29 2021년 10월학평 확통 29번

숫자 1, 2, 3 중에서 모든 숫자가 한 개 이상씩 포함되도록 중복을 허락하여 6개를 선택한 후, 일렬로 나열하여 만들 수 있는 여섯 자리의 자연수 중 일의 자리의 수와 백의 자리의 수가 같은 자연수의 개수를 구하시오. (4점)

30 2021년 10월학평 확통 30번

주머니에 12개의 공이 들어 있다. 이 공들 각각에는 숫자 1, 2, 3, 4 중 하나씩이 적혀 있다. 이 주머니에서 임의로 한 개의 공을 꺼내어 공에 적혀 있는 수를 확인한 후 다시 넣는 시행을 한다. 이 시행을 4번 반복하여 확인한 4개의 수의 합을 확률변수 X라 할 때, 확률변수 X는 다음 조건을 만족시킨다.

(가) $\mathrm{P}(X=4)=16\times\mathrm{P}(X=16)=\frac{1}{81}$
(나) $\mathrm{E}(X)=9$

$\mathrm{V}(X)=\frac{q}{p}$일 때, $p+q$의 값을 구하시오.

(단, p와 q는 서로소인 자연수이다.) (4점)

해설편 241쪽

수학 영역 (미적분)

5지선다형

23 2021년 10월학평 미적 23번

$\int_2^4 \frac{6}{x^2}dx$의 값은? (2점)

① $\frac{3}{2}$ ② $\frac{7}{4}$ ③ 2
④ $\frac{9}{4}$ ⑤ $\frac{5}{2}$

24 2021년 10월학평 미적 24번

수열 $\{a_n\}$에 대하여 $\sum_{n=1}^{\infty}\frac{a_n-4n}{n}=1$일 때, $\lim_{n\to\infty}\frac{5n+a_n}{3n-1}$의 값은? (3점)

① 1 ② 2 ③ 3
④ 4 ⑤ 5

25 2021년 10월학평 미적 25번

좌표평면 위를 움직이는 점 P의 시각 $t(t>2)$에서의 위치 (x, y)가

$$x=t\ln t,\ y=\frac{4t}{\ln t}$$

이다. 시각 $t=e^2$에서 점 P의 속력은? (3점)

① $\sqrt{7}$ ② $2\sqrt{2}$ ③ 3
④ $\sqrt{10}$ ⑤ $\sqrt{11}$

26 2021년 10월학평 미적 26번

그림과 같이 길이가 2인 선분 A_1B를 지름으로 하는 반원 O_1이 있다. 호 BA_1 위에 점 C_1을 $\angle BA_1C_1=\frac{\pi}{6}$가 되도록 잡고, 선분 A_2B를 지름으로 하는 반원 O_2가 선분 A_1C_1과 접하도록 선분 A_1B 위에 점 A_2를 잡는다. 반원 O_2와 선분 A_1C_1의 접점을 D_1이라 할 때, 두 선분 A_1A_2, A_1D_1과 호 D_1A_2로 둘러싸인 부분과 선분 C_1D_1과 두 호 BC_1, BD_1로 둘러싸인 부분인 ◸ 모양의 도형에 색칠하여 얻은 그림을 R_1이라 하자.

그림 R_1에서 호 BA_2 위에 점 C_2를 $\angle BA_2C_2=\frac{\pi}{6}$가 되도록 잡고, 선분 A_3B를 지름으로 하는 반원 O_3이 선분 A_2C_2와 접하도록 선분 A_2B 위에 점 A_3을 잡는다. 반원 O_3과 선분 A_2C_2의 접점을 D_2라 할 때, 두 선분 A_2A_3, A_2D_2와 호 D_2A_3으로 둘러싸인 부분과 선분 C_2D_2와 두 호 BC_2, BD_2로 둘러싸인 부분인 ◸ 모양의 도형에 색칠하여 얻은 그림을 R_2라 하자.

이와 같은 과정을 계속하여 n번째 얻은 그림 R_n에 색칠되어 있는 부분의 넓이를 S_n이라 할 때, $\lim_{n\to\infty}S_n$의 값은? (3점)

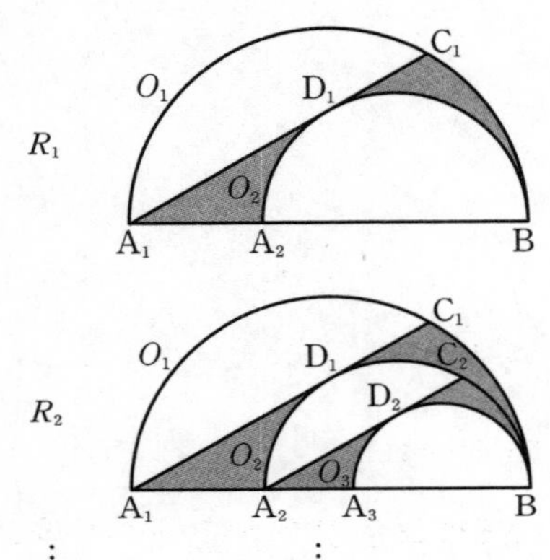

① $\frac{4\sqrt{3}-\pi}{10}$ ② $\frac{9\sqrt{3}-2\pi}{20}$ ③ $\frac{8\sqrt{3}-\pi}{20}$
④ $\frac{5\sqrt{3}-\pi}{10}$ ⑤ $\frac{9\sqrt{3}-\pi}{20}$

해설편 242쪽

27 2021년 10월학평 미적 27번

미분가능한 함수 $f(x)$가 다음 조건을 만족시킨다.

> (가) $x_1 < x_2$인 임의의 두 실수 x_1, x_2에 대하여 $f(x_1) > f(x_2)$이다.
> (나) 닫힌구간 $[-1, 3]$에서 함수 $f(x)$의 최댓값은 1이고 최솟값은 -2이다.

$\int_{-1}^{3} f(x)dx = 3$일 때, $\int_{-2}^{1} f^{-1}(x)dx$의 값은? (3점)

① 4 ② 5 ③ 6
④ 7 ⑤ 8

28 2021년 10월학평 미적 28번

그림과 같이 $\overline{AB}=1$, $\overline{BC}=2$인 삼각형 ABC에 대하여 선분 AC의 중점을 M이라 하고, 점 M을 지나고 선분 AB에 평행한 직선이 선분 BC와 만나는 점을 D라 하자. $\angle$BAC의 이등분선이 두 직선 BC, DM과 만나는 점을 각각 E, F라 하자. $\angle CBA = \theta$일 때, 삼각형 ABE의 넓이를 $f(\theta)$, 삼각형 DFC의 넓이를 $g(\theta)$라 하자.

$\lim_{\theta \to 0+} \frac{g(\theta)}{\theta^2 \times f(\theta)}$의 값은? (단, $0 < \theta < \pi$) (4점)

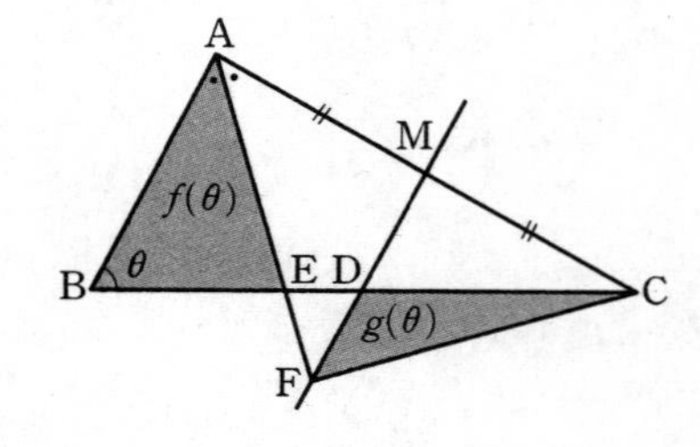

① $\frac{1}{8}$ ② $\frac{1}{4}$ ③ $\frac{1}{2}$
④ 1 ⑤ 2

해설편 243쪽

단답형

29 2021년 10월학평 미적 29번

함수 $f(x)=\sin(ax)$ $(a\neq 0)$에 대하여 다음 조건을 만족시키는 모든 실수 a의 값의 합을 구하시오. (4점)

> (가) $\int_0^{\frac{\pi}{a}} f(x)dx \geq \frac{1}{2}$
> (나) $0<t<1$인 모든 실수 t에 대하여
> $$\int_0^{3\pi} |f(x)+t|dx=\int_0^{3\pi} |f(x)-t|dx$$
> 이다.

30 2021년 10월학평 미적 30번

서로 다른 두 양수 a, b에 대하여 함수 $f(x)$를

$$f(x)=-\frac{ax^3+bx}{x^2+1}$$

라 하자. 모든 실수 x에 대하여 $f'(x)\neq 0$이고, 두 함수 $g(x)=f(x)-f^{-1}(x)$, $h(x)=(g\circ f)(x)$가 다음 조건을 만족시킨다.

> (가) $g(2)=h(0)$
> (나) $g'(2)=-5h'(2)$

$4(b-a)$의 값을 구하시오. (4점)

수학 영역 (기하)

5지선다형

23 2021년 10월학평 기하 23번

두 벡터 $\vec{a}=(m-2,\ 3)$과 $\vec{b}=(2m+1,\ 9)$가 서로 평행할 때, 실수 m의 값은? (2점)

① 3 ② 5 ③ 7
④ 9 ⑤ 11

24 2021년 10월학평 기하 24번

좌표공간의 두 점 $\mathrm{A}(-1,\ 1,\ -2)$, $\mathrm{B}(2,\ 4,\ 1)$에 대하여 선분 AB가 xy평면과 만나는 점을 P라 할 때, 선분 AP의 길이는? (3점)

① $2\sqrt{3}$ ② $\sqrt{13}$ ③ $\sqrt{14}$
④ $\sqrt{15}$ ⑤ 4

25 2021년 10월학평 기하 25번

양수 a에 대하여 기울기가 $\frac{1}{2}$인 직선이 타원 $\frac{x^2}{36}+\frac{y^2}{16}=1$과 포물선 $y^2=ax$에 동시에 접할 때, 포물선 $y^2=ax$의 초점의 x좌표는? (3점)

① 2 ② $\frac{5}{2}$ ③ 3
④ $\frac{7}{2}$ ⑤ 4

26 2021년 10월학평 기하 26번

그림과 같이 변 AD가 변 BC와 평행하고 $\angle\mathrm{CBA}=\angle\mathrm{DCB}$인 사다리꼴 ABCD가 있다.

$$|\overrightarrow{\mathrm{AD}}|=2,\ |\overrightarrow{\mathrm{BC}}|=4,\ |\overrightarrow{\mathrm{AB}}+\overrightarrow{\mathrm{AC}}|=2\sqrt{5}$$

일 때, $|\overrightarrow{\mathrm{BD}}|$의 값은? (3점)

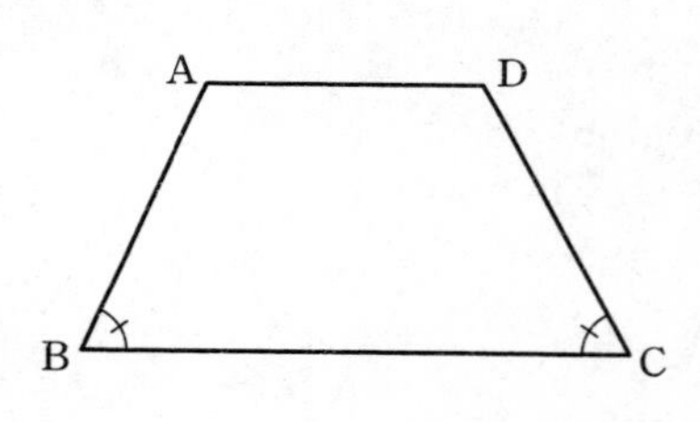

① $\sqrt{10}$ ② $\sqrt{11}$ ③ $2\sqrt{3}$
④ $\sqrt{13}$ ⑤ $\sqrt{14}$

해설편 244쪽

27 2021년 10월학평 기하 27번

좌표공간에 $\overline{\mathrm{OA}}=7$인 점 A가 있다. 점 A를 중심으로 하고 반지름의 길이가 8인 구 S와 xy평면이 만나서 생기는 원의 넓이가 25π이다. 구 S와 z축이 만나는 두 점을 각각 B, C라 할 때, 선분 BC의 길이는? (단, O는 원점이다.) (3점)

① $2\sqrt{46}$ ② $8\sqrt{3}$ ③ $10\sqrt{2}$ ④ $4\sqrt{13}$ ⑤ $6\sqrt{6}$

28 2021년 10월학평 기하 28번

삼각형 ABC와 삼각형 ABC의 내부의 점 P가 다음 조건을 만족시킨다.

(가) $\overrightarrow{\mathrm{PA}} \cdot \overrightarrow{\mathrm{PC}}=0$, $\dfrac{|\overrightarrow{\mathrm{PA}}|}{|\overrightarrow{\mathrm{PC}}|}=3$

(나) $\overrightarrow{\mathrm{PB}} \cdot \overrightarrow{\mathrm{PC}}=-\dfrac{\sqrt{2}}{2}|\overrightarrow{\mathrm{PB}}||\overrightarrow{\mathrm{PC}}|=-2|\overrightarrow{\mathrm{PC}}|^2$

직선 AP와 선분 BC의 교점을 D라 할 때, $\overrightarrow{\mathrm{AD}}=k\overrightarrow{\mathrm{PD}}$이다. 실수 k의 값은? (4점)

① $\dfrac{11}{2}$ ② 6 ③ $\dfrac{13}{2}$ ④ 7 ⑤ $\dfrac{15}{2}$

해설편 245쪽

단답형

29 2021년 10월학평 기하 29번

그림과 같이 두 초점이 F, F′인 쌍곡선 $x^2-\frac{y^2}{16}=1$이 있다. 쌍곡선 위에 있고 제1사분면에 있는 점 P에 대하여 점 F에서 선분 PF′에 내린 수선의 발을 Q라 하고, $\angle$FQP의 이등분선이 선분 PF와 만나는 점을 R이라 하자. $4\overline{\text{PR}}=3\overline{\text{RF}}$일 때, 삼각형 PF′F의 넓이를 구하시오.

(단, 점 F의 x좌표는 양수이고, $\angle$F′PF$<90°$이다.) (4점)

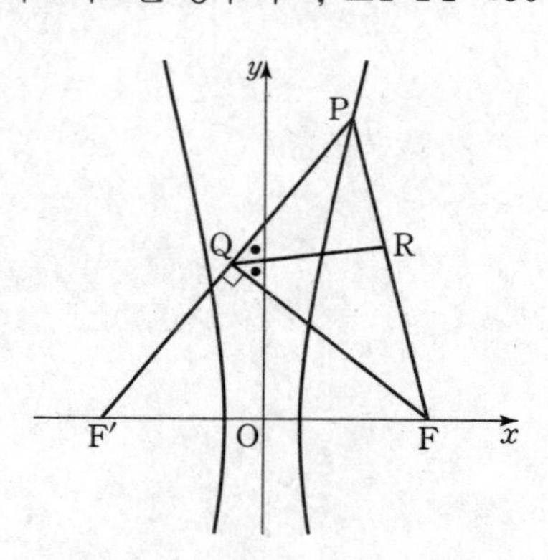

30 2021년 10월학평 기하 30번

한 변의 길이가 4인 정삼각형 ABC를 한 면으로 하는 사면체 ABCD의 꼭짓점 A에서 평면 BCD에 내린 수선의 발을 H라 할 때, 점 H는 삼각형 BCD의 내부에 놓여 있다. 직선 DH가 선분 BC와 만나는 점을 E라 할 때, 점 E가 다음 조건을 만족시킨다.

> (가) $\angle$AEH$=\angle$DAH
> (나) 점 E는 선분 CD를 지름으로 하는 원 위의 점이고 $\overline{\text{DE}}=4$이다.

삼각형 AHD의 평면 ABD 위로의 정사영의 넓이는 $\frac{q}{p}$이다. $p+q$의 값을 구하시오.

(단, p와 q는 서로소인 자연수이다.) (4점)

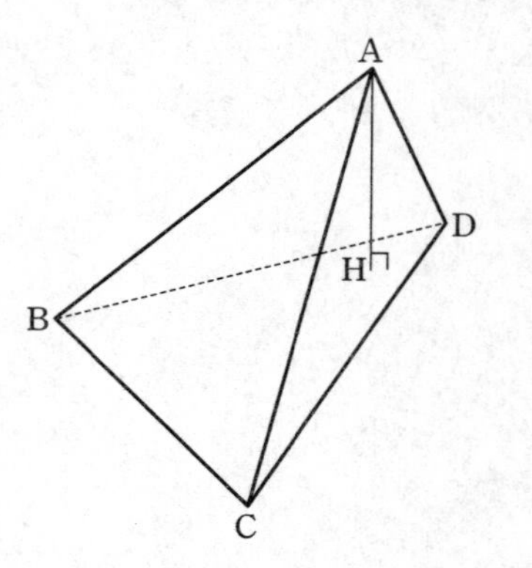

해설편 246쪽

수학 영역

제 2 교시

22회	시험 시간	100분
	날짜	월 일 요일
시작 시각 :	종료 시각	:

5지선다형

01 2022년 10월학평 1번

$\sqrt{8}\times 4^{\frac{1}{4}}$의 값은? (2점)

① 2　② $2\sqrt{2}$　③ 4　④ $4\sqrt{2}$　⑤ 8

02 2022년 10월학평 2번

$\int_{0}^{2}(2x^3+3x^2)dx$의 값은? (2점)

① 14　② 16　③ 18　④ 20　⑤ 22

03 2022년 10월학평 3번

모든 항이 양수인 등비수열 $\{a_n\}$에 대하여

$$a_1a_3=4,\ a_3a_5=64$$

일 때, a_6의 값은? (3점)

① 16　② $16\sqrt{2}$　③ 32　④ $32\sqrt{2}$　⑤ 64

04 2022년 10월학평 4번

함수 $y=f(x)$의 그래프가 그림과 같다.

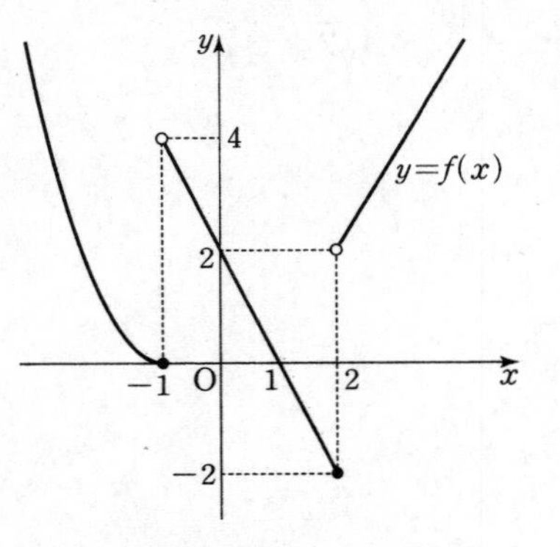

$\lim_{x\to -1+}f(x)+\lim_{x\to 2-}f(x)$의 값은? (3점)

① -4　② -2　③ 0　④ 2　⑤ 4

05 2022년 10월학평 5번

$\frac{\pi}{2}<\theta<\pi$인 θ에 대하여 $\sin\theta=2\cos(\pi-\theta)$일 때, $\cos\theta\tan\theta$의 값은? (3점)

① $-\frac{2\sqrt{5}}{5}$　② $-\frac{\sqrt{5}}{5}$　③ $\frac{1}{5}$　④ $\frac{\sqrt{5}}{5}$　⑤ $\frac{2\sqrt{5}}{5}$

해설편 247쪽

06 2022년 10월학평 6번

함수 $f(x)=x^3-2x^2+2x+a$에 대하여 곡선 $y=f(x)$ 위의 점 $(1,\ f(1))$에서의 접선이 x축, y축과 만나는 점을 각각 P, Q라 하자. $\overline{PQ}=6$일 때, 양수 a의 값은? (3점)

① $2\sqrt{2}$ ② $\frac{5\sqrt{2}}{2}$ ③ $3\sqrt{2}$
④ $\frac{7\sqrt{2}}{2}$ ⑤ $4\sqrt{2}$

07 2022년 10월학평 7번

두 함수

$$f(x)=x^2-4x,\ g(x)=\begin{cases}-x^2+2x & (x<2)\\ -x^2+6x-8 & (x\geq 2)\end{cases}$$

의 그래프로 둘러싸인 부분의 넓이는? (3점)

① $\frac{40}{3}$ ② 14 ③ $\frac{44}{3}$
④ $\frac{46}{3}$ ⑤ 16

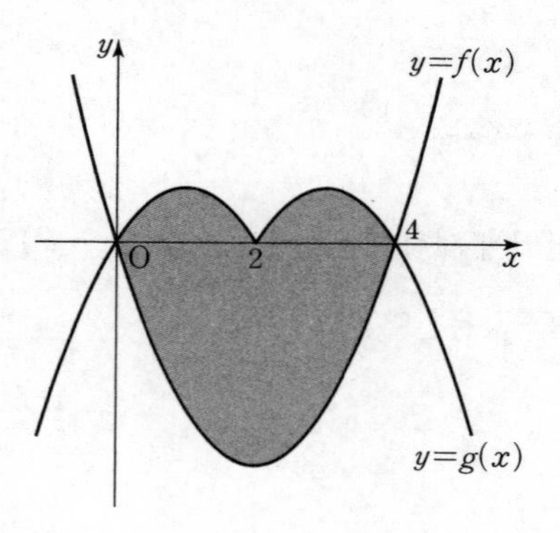

08 2022년 10월학평 8번

첫째항이 20인 수열 $\{a_n\}$이 모든 자연수 n에 대하여

$$a_{n+1}=|a_n|-2$$

를 만족시킬 때, $\sum_{n=1}^{30} a_n$의 값은? (3점)

① 88 ② 90 ③ 92
④ 94 ⑤ 96

09 2022년 10월학평 9번

최고차항의 계수가 1인 다항함수 $f(x)$가 모든 실수 x에 대하여

$$xf'(x)-3f(x)=2x^2-8x$$

를 만족시킬 때, $f(1)$의 값은? (4점)

① 1 ② 2 ③ 3
④ 4 ⑤ 5

해설편 247쪽

10 2022년 10월학평 10번

$a>1$인 실수 a에 대하여 두 곡선

$$y=-\log_2(-x),\ y=\log_2(x+2a)$$

가 만나는 두 점을 A, B라 하자. 선분 AB의 중점이 직선 $4x+3y+5=0$ 위에 있을 때, 선분 AB의 길이는? (4점)

① $\frac{3}{2}$ ② $\frac{7}{4}$ ③ 2 ④ $\frac{9}{4}$ ⑤ $\frac{5}{2}$

11 2022년 10월학평 11번

두 정수 a, b에 대하여 실수 전체의 집합에서 연속인 함수 $f(x)$가 다음 조건을 만족시킨다.

(가) $0\le x<4$에서 $f(x)=ax^2+bx-24$이다.
(나) 모든 실수 x에 대하여 $f(x+4)=f(x)$이다.

$1<x<10$일 때, 방정식 $f(x)=0$의 서로 다른 실근의 개수가 5이다. $a+b$의 값은? (4점)

① 18 ② 19 ③ 20 ④ 21 ⑤ 22

12 2022년 10월학평 12번

양수 a에 대하여 함수

$$f(x)=\left|4\sin\left(ax-\frac{\pi}{3}\right)+2\right|\ \left(0\le x<\frac{4\pi}{a}\right)$$

의 그래프가 직선 $y=2$와 만나는 서로 다른 점의 개수는 n이다. 이 n개의 점의 x좌표의 합이 39일 때, $n\times a$의 값은? (4점)

① $\frac{\pi}{2}$ ② π ③ $\frac{3\pi}{2}$ ④ 2π ⑤ $\frac{5\pi}{2}$

22회 2022 10월 학력평가

13 2022년 10월학평 13번

그림과 같이 $\overline{AB}=2$, $\overline{BC}=3\sqrt{3}$, $\overline{CA}=\sqrt{13}$인 삼각형 ABC가 있다. 선분 BC 위에 점 B가 아닌 점 D를 $\overline{AD}=2$가 되도록 잡고, 선분 AC 위에 양 끝점 A, C가 아닌 점 E를 사각형 ABDE가 원에 내접하도록 잡는다.

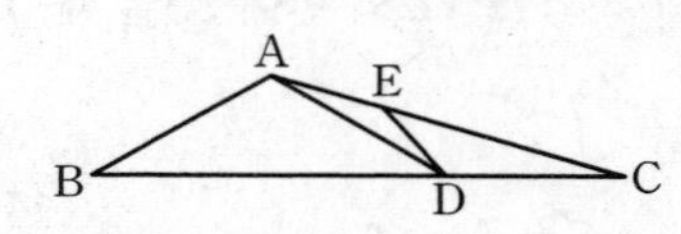

다음은 선분 DE의 길이를 구하는 과정이다.

> 삼각형 ABC에서 코사인법칙에 의하여
> $\cos(\angle ABC)=$ (가)
> 이다. 삼각형 ABD에서
> $\sin(\angle ABD)=\sqrt{1-(\boxed{(가)})^2}$
> 이므로 사인법칙에 의하여 삼각형 ABD의 외접원의 반지름의 길이는 (나) 이다.
> 삼각형 ADC에서 사인법칙에 의하여
> $$\frac{\overline{CD}}{\sin(\angle CAD)}=\frac{\overline{AD}}{\sin(\angle ACD)}$$
> 이므로 $\sin(\angle CAD)=\frac{\overline{CD}}{\overline{AD}}\times\sin(\angle ACD)$이다.
> 삼각형 ADE에서 사인법칙에 의하여
> $\overline{DE}=$ (다)
> 이다.

위의 (가), (나), (다)에 알맞은 수를 각각 p, q, r이라 할 때, $p\times q\times r$의 값은? (4점)

① $\frac{6\sqrt{13}}{13}$ ② $\frac{7\sqrt{13}}{13}$ ③ $\frac{8\sqrt{13}}{13}$
④ $\frac{9\sqrt{13}}{13}$ ⑤ $\frac{10\sqrt{13}}{13}$

14 2022년 10월학평 14번

최고차항의 계수가 1인 삼차함수 $f(x)$와 실수 t에 대하여 x에 대한 방정식

$$\int_t^x f(s)ds=0$$

의 서로 다른 실근의 개수를 $g(t)$라 할 때, [보기]에서 옳은 것만을 있는 대로 고른 것은? (4점)

> **[보기]**
> ㄱ. $f(x)=x^2(x-1)$일 때, $g(1)=1$이다.
> ㄴ. 방정식 $f(x)=0$의 서로 다른 실근의 개수가 3이면 $g(a)=3$인 실수 a가 존재한다.
> ㄷ. $\lim_{t\to b} g(t)+g(b)=6$을 만족시키는 실수 b의 값이 0과 3뿐이면 $f(4)=12$이다.

① ㄱ ② ㄱ, ㄴ ③ ㄱ, ㄷ
④ ㄴ, ㄷ ⑤ ㄱ, ㄴ, ㄷ

15 2022년 10월학평 15번

수열 $\{a_n\}$의 첫째항부터 제n항까지의 합을 S_n이라 하자. 두 자연수 p, q에 대하여 $S_n=pn^2-36n+q$일 때, S_n이 다음 조건을 만족시키도록 하는 p의 최솟값을 p_1이라 하자.

> 임의의 두 자연수 i, j에 대하여 $i\neq j$이면 $S_i\neq S_j$이다.

$p=p_1$일 때, $|a_k|<a_1$을 만족시키는 자연수 k의 개수가 3이 되도록 하는 모든 q의 값의 합은? (4점)

① 372 ② 377 ③ 382
④ 387 ⑤ 392

해설편 249쪽

단답형

16 2022년 10월학평 16번

$\log_2 96+\log_{\frac{1}{4}} 9$의 값을 구하시오. (3점)

17 2022년 10월학평 17번

함수 $f(x)=x^3-3x^2+ax+10$이 $x=3$에서 극소일 때, 함수 $f(x)$의 극댓값을 구하시오. (단, a는 상수이다.) (3점)

18 2022년 10월학평 18번

$\sum_{k=1}^{6}(k+1)^2-\sum_{k=1}^{5}(k-1)^2$의 값을 구하시오. (3점)

19 2022년 10월학평 19번

수직선 위를 움직이는 점 P의 시각 $t\ (t\geq 0)$에서의 속도 $v(t)$가

$$v(t)=4t^3-48t$$

이다. 시각 $t=k\ (k>0)$에서 점 P의 가속도가 0일 때, 시각 $t=0$에서 $t=k$까지 점 P가 움직인 거리를 구하시오.

(단, k는 상수이다.) (3점)

20 2022년 10월학평 20번

최고차항의 계수가 1이고 다음 조건을 만족시키는 모든 삼차함수 $f(x)$에 대하여 $f(5)$의 최댓값을 구하시오. (4점)

(가) $\lim_{x\to 0}\frac{|f(x)-1|}{x}$의 값이 존재한다.

(나) 모든 실수 x에 대하여 $xf(x)\geq -4x^2+x$이다.

해설편 250쪽

21 2022년 10월학평 21번

그림과 같이 $a>1$인 실수 a에 대하여 두 곡선

$$y=a^{-2x}-1,\ y=a^{x}-1$$

이 있다. 곡선 $y=a^{-2x}-1$과 직선 $y=-\sqrt{3}x$가 서로 다른 두 점 O, A에서 만난다. 점 A를 지나고 직선 OA에 수직인 직선이 곡선 $y=a^{x}-1$과 제1사분면에서 만나는 점을 B라 하자. $\overline{\mathrm{OA}}:\overline{\mathrm{OB}}=\sqrt{3}:\sqrt{19}$일 때, 선분 AB의 길이를 구하시오. (단, O는 원점이다.) (4점)

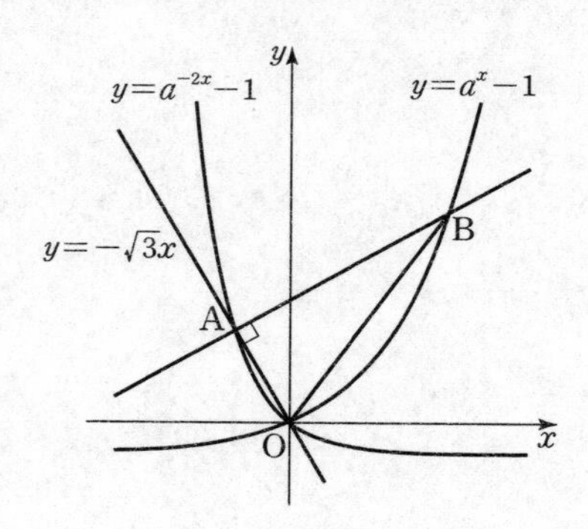

22 2022년 10월학평 22번

최고차항의 계수가 1인 사차함수 $f(x)$와 실수 t에 대하여 구간 $(-\infty,\ t]$에서 함수 $f(x)$의 최솟값을 m_1이라 하고, 구간 $[t,\ \infty)$에서 함수 $f(x)$의 최솟값을 m_2라 할 때,

$$g(t)=m_1-m_2$$

라 하자. $k>0$인 상수 k와 함수 $g(t)$가 다음 조건을 만족시킨다.

> $g(t)=k$를 만족시키는 모든 실수 t의 값의 집합은 $\{t\,|\,0\le t\le 2\}$이다.

$g(4)=0$일 때, $k+g(-1)$의 값을 구하시오. (4점)

해설편 250쪽

수학 영역 (확률과 통계)

5지선다형

23 2022년 10월학평 확통 23번

표준편차가 12인 정규분포를 따르는 모집단에서 크기가 36인 표본을 임의추출하여 구한 표본평균을 $\overline{X}$라 할 때, $\sigma(\overline{X})$의 값은? (2점)

① 1 ② 2 ③ 3 ④ 4 ⑤ 5

24 2022년 10월학평 확통 24번

다항식 $(x^2+1)(x-2)^5$의 전개식에서 x^6의 계수는? (3점)

① -10 ② -8 ③ -6 ④ -4 ⑤ -2

25 2022년 10월학평 확통 25번

이산확률변수 X의 확률분포를 표로 나타내면 다음과 같다.

X	-3	0	a	합계
$\mathrm{P}(X=x)$	$\frac{1}{2}$	$\frac{1}{4}$	$\frac{1}{4}$	1

$\mathrm{E}(X)=-1$일 때, $\mathrm{V}(aX)$의 값은?

(단, a는 상수이다.) (3점)

① 12 ② 15 ③ 18 ④ 21 ⑤ 24

26 2022년 10월학평 확통 26번

다음 조건을 만족시키는 자연수 a, b, c, d의 모든 순서쌍 (a, b, c, d)의 개수는? (3점)

> (가) $a\times b\times c\times d=8$
> (나) $a+b+c+d<10$

① 10 ② 12 ③ 14 ④ 16 ⑤ 18

27 2022년 10월학평 확통 27번

1부터 10까지의 자연수가 하나씩 적혀 있는 10장의 카드가 들어 있는 주머니가 있다. 이 주머니에서 임의로 카드 4장을 동시에 꺼내어 카드에 적혀 있는 수를 작은 수부터 크기 순서대로 a_1, a_2, a_3, a_4라 하자. $a_1\times a_2$의 값이 홀수이고, $a_3+a_4\geq 16$일 확률은? (3점)

① $\frac{1}{14}$ ② $\frac{3}{35}$ ③ $\frac{1}{10}$ ④ $\frac{4}{35}$ ⑤ $\frac{9}{70}$

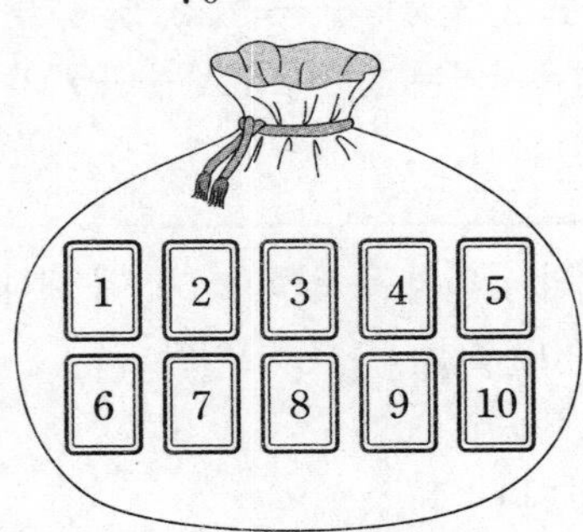

해설편 251쪽

28 2022년 10월학평 확통 28번

정규분포를 따르는 두 확률변수 X, Y의 확률밀도함수를 각각 $f(x)$, $g(x)$라 할 때, 모든 실수 x에 대하여

$$g(x)=f(x+6)$$

이다. 두 확률변수 X, Y와 상수 k가 다음 조건을 만족시킨다.

(가) $\mathrm{P}(X\leq 11)=\mathrm{P}(Y\geq 23)$
(나) $\mathrm{P}(X\leq k)+\mathrm{P}(Y\leq k)=1$

z	$\mathrm{P}(0\leq Z\leq z)$
0.5	0.1915
1.0	0.3413
1.5	0.4332
2.0	0.4772

오른쪽 표준정규분포표를 이용하여 구한 $\mathrm{P}(X\leq k)+\mathrm{P}(Y\geq k)$의 값이 0.1336일 때, $\mathrm{E}(X)+\sigma(Y)$의 값은? (4점)

① $\frac{41}{2}$ ② 21 ③ $\frac{43}{2}$ ④ 22 ⑤ $\frac{45}{2}$

단답형

29 2022년 10월학평 확통 29번

두 집합 $X=\{1, 2, 3, 4\}$, $Y=\{1, 2, 3, 4, 5, 6\}$에 대하여 다음 조건을 만족시키는 함수 $f : X \longrightarrow Y$의 개수를 구하시오. (4점)

(가) 집합 X의 임의의 두 원소 x_1, x_2에 대하여 $x_1<x_2$이면 $f(x_1)\leq f(x_2)$이다.
(나) $f(1)\leq 3$
(다) $f(3)\leq f(1)+4$

30 2022년 10월학평 확통 30번

주머니 A에 흰 공 3개, 검은 공 1개가 들어 있고, 주머니 B에도 흰 공 3개, 검은 공 1개가 들어 있다. 한 개의 동전을 사용하여 [실행 1]과 [실행 2]를 순서대로 하려고 한다.

[실행 1] 한 개의 동전을 던져
앞면이 나오면 주머니 A에서 임의로 2개의 공을 꺼내어 주머니 B에 넣고,
뒷면이 나오면 주머니 A에서 임의로 3개의 공을 꺼내어 주머니 B에 넣는다.
[실행 2] 주머니 B에서 임의로 5개의 공을 꺼내어 주머니 A에 넣는다.

[실행 2]가 끝난 후 주머니 B에 흰 공이 남아 있지 않을 때, [실행 1]에서 주머니 B에 넣은 공 중 흰 공이 2개이었을 확률은 $\frac{q}{p}$이다. $p+q$의 값을 구하시오.

(단, p와 q는 서로소인 자연수이다.) (4점)

해설편 252쪽

수학 영역 (미적분)

5지선다형

23 2022년 10월학평 미적 23번

첫째항이 1이고 공차가 2인 등차수열 $\{a_n\}$에 대하여

$\lim_{n\to\infty}\frac{a_n}{3n+1}$의 값은? (2점)

① $\frac{2}{3}$ ② 1 ③ $\frac{4}{3}$
④ $\frac{5}{3}$ ⑤ 2

24 2022년 10월학평 미적 24번

미분가능한 함수 $f(x)$에 대하여

$$\lim_{x\to0}\frac{f(x)-f(0)}{\ln(1+3x)}=2$$

일 때, $f'(0)$의 값은? (3점)

① 4 ② 5 ③ 6
④ 7 ⑤ 8

25 2022년 10월학평 미적 25번

매개변수 $t\,(0<t<\pi)$로 나타내어진 곡선

$$x=\sin t-\cos t,\ y=3\cos t+\sin t$$

위의 점 $(a,\ b)$에서의 접선의 기울기가 3일 때, $a+b$의 값은? (3점)

① 0 ② $-\frac{\sqrt{10}}{10}$ ③ $-\frac{\sqrt{10}}{5}$
④ $-\frac{3\sqrt{10}}{10}$ ⑤ $-\frac{2\sqrt{10}}{5}$

26 2022년 10월학평 미적 26번

$\lim_{n\to\infty}\sum_{k=1}^{n}\frac{k}{(2n-k)^2}$의 값은? (3점)

① $\frac{3}{2}-2\ln 2$ ② $1-\ln 2$ ③ $\frac{3}{2}-\ln 3$
④ $\ln 2$ ⑤ $2-\ln 3$

해설편 253쪽

27 2022년 10월학평 미적 27번

그림과 같이 $\overline{A_1B_1}=1$, $\overline{B_1C_1}=2\sqrt{6}$인 직사각형 $A_1B_1C_1D_1$이 있다. 중심이 B_1이고 반지름의 길이가 1인 원이 선분 B_1C_1과 만나는 점을 E_1이라 하고, 중심이 D_1이고 반지름의 길이가 1인 원이 선분 A_1D_1과 만나는 점을 F_1이라 하자. 선분 B_1D_1이 호 A_1E_1, 호 C_1F_1과 만나는 점을 각각 B_2, D_2라 하고, 두 선분 B_1B_2, D_1D_2의 중점을 각각 G_1, H_1이라 하자.
두 선분 A_1G_1, G_1B_2와 호 B_2A_1로 둘러싸인 부분인 ◸ 모양의 도형과 두 선분 D_2H_1, H_1F_1과 호 F_1D_2로 둘러싸인 부분인 ▻ 모양의 도형에 색칠하여 얻은 그림을 R_1이라 하자.
그림 R_1에서 선분 B_2D_2가 대각선이고 모든 변이 선분 A_1B_1 또는 선분 B_1C_1에 평행한 직사각형 $A_2B_2C_2D_2$를 그린다.
직사각형 $A_2B_2C_2D_2$에 그림 R_1을 얻은 것과 같은 방법으로 ◸ 모양의 도형과 ▻ 모양의 도형을 그리고 색칠하여 얻은 그림을 R_2라 하자.
이와 같은 과정을 계속하여 n번째 얻은 그림 R_n에 색칠되어 있는 부분의 넓이를 S_n이라 할 때, $\lim_{n\to\infty} S_n$의 값은? (3점)

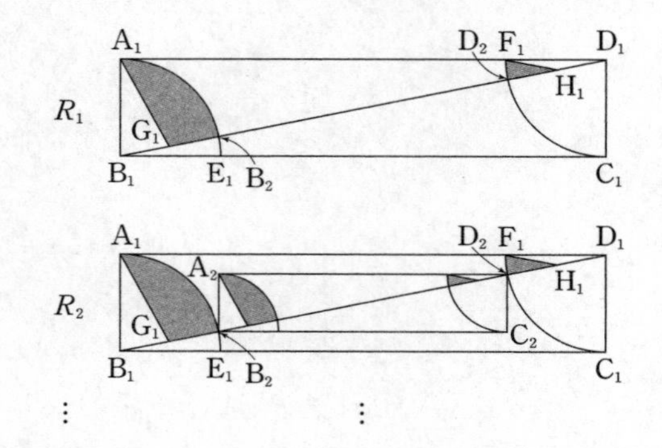

① $\dfrac{25\pi-12\sqrt{6}-5}{64}$ ② $\dfrac{25\pi-12\sqrt{6}-4}{64}$
③ $\dfrac{25\pi-10\sqrt{6}-6}{64}$ ④ $\dfrac{25\pi-10\sqrt{6}-5}{64}$
⑤ $\dfrac{25\pi-10\sqrt{6}-4}{64}$

28 2022년 10월학평 미적 28번

닫힌구간 $[0,\ 4\pi]$에서 연속이고 다음 조건을 만족시키는 모든 함수 $f(x)$에 대하여 $\int_0^{4\pi} |f(x)|\,dx$의 최솟값은? (4점)

(가) $0\le x\le \pi$일 때, $f(x)=1-\cos x$이다.
(나) $1\le n\le 3$인 각각의 자연수 n에 대하여
$$f(n\pi+t)=f(n\pi)+f(t)\ (0<t\le\pi)$$
또는
$$f(n\pi+t)=f(n\pi)-f(t)\ (0<t\le\pi)$$
이다.
(다) $0<x<4\pi$에서 곡선 $y=f(x)$의 변곡점의 개수는 6이다.

① 4π ② 6π ③ 8π
④ 10π ⑤ 12π

해설편 253쪽

단답형

29 2022년 10월학평 미적 29번

그림과 같이 길이가 2인 선분 AB를 지름으로 하는 반원이 있다. 선분 AB의 중점을 O라 하고 호 AB 위에 두 점 P, Q를

$$\angle \mathrm{BOP}=\theta,\ \angle \mathrm{BOQ}=2\theta$$

가 되도록 잡는다. 점 Q를 지나고 선분 AB에 평행한 직선이 호 AB와 만나는 점 중 Q가 아닌 점을 R이라 하고, 선분 BR이 두 선분 OP, OQ와 만나는 점을 각각 S, T라 하자. 세 선분 AO, OT, TR과 호 RA로 둘러싸인 부분의 넓이를 $f(\theta)$라 하고, 세 선분 QT, TS, SP와 호 PQ로 둘러싸인 부분의 넓이를 $g(\theta)$라 하자. $\lim_{\theta \to 0+} \frac{g(\theta)}{f(\theta)}=a$일 때, $80a$의 값을 구하시오. $\left(\text{단, } 0<\theta<\frac{\pi}{4}\right)$ (4점)

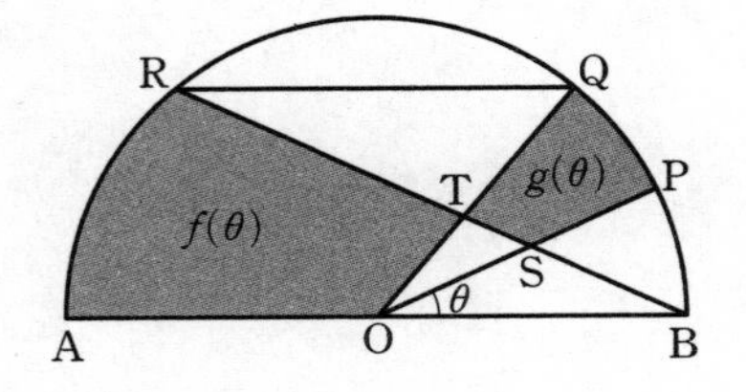

30 2022년 10월학평 미적 30번

최고차항의 계수가 1인 이차함수 $f(x)$에 대하여 실수 전체의 집합에서 정의된 함수

$$g(x)=\ln\{f(x)+f'(x)+1\}$$

이 있다. 상수 a와 함수 $g(x)$가 다음 조건을 만족시킨다.

> (가) 모든 실수 x에 대하여 $g(x)>0$이고
> $$\int_{2a}^{3a+x} g(t)dt=\int_{3a-x}^{2a+2} g(t)dt$$
> 이다.
> (나) $g(4)=\ln 5$

$\int_3^5 \{f'(x)+2a\}g(x)dx=m+n\ln 2$일 때, $m+n$의 값을 구하시오. (단, m, n은 정수이고, $\ln 2$는 무리수이다.) (4점)

22회 2022 10월 학력평가

해설편 254쪽

수학 영역 (기하)

5지선다형

23 2022년 10월학평 기하 23번

좌표공간의 두 점 $A(3,\ a,\ -2)$, $B(-1,\ 3,\ a)$에 대하여 선분 AB의 중점이 xy평면 위에 있을 때, a의 값은? (2점)

① 1 ② $\frac{3}{2}$ ③ 2 ④ $\frac{5}{2}$ ⑤ 3

24 2022년 10월학평 기하 24번

타원 $\frac{x^2}{16}+\frac{y^2}{8}=1$에 접하고 기울기가 2인 두 직선이 y축과 만나는 점을 각각 A, B라 할 때, 선분 AB의 길이는? (3점)

① $8\sqrt{2}$ ② 12 ③ $10\sqrt{2}$ ④ 15 ⑤ $12\sqrt{2}$

25 2022년 10월학평 기하 25번

평면 위의 네 점 A, B, C, D가 다음 조건을 만족시킬 때, $|\overrightarrow{AD}|$의 값은? (3점)

> (가) $|\overrightarrow{AB}|=2$, $\overrightarrow{AB}+\overrightarrow{CD}=\vec{0}$
> (나) $|\overrightarrow{BD}|=|\overrightarrow{BA}-\overrightarrow{BC}|=6$

① $2\sqrt{5}$ ② $2\sqrt{6}$ ③ $2\sqrt{7}$ ④ $4\sqrt{2}$ ⑤ 6

26 2022년 10월학평 기하 26번

그림과 같이 $\overline{BC}=\overline{CD}=3$이고 $\angle BCD=90°$인 사면체 ABCD가 있다. 점 A에서 평면 BCD에 내린 수선의 발을 H라 할 때, 점 H는 선분 BD를 $1:2$로 내분하는 점이다. 삼각형 ABC의 넓이가 6일 때, 삼각형 AHC의 넓이는? (3점)

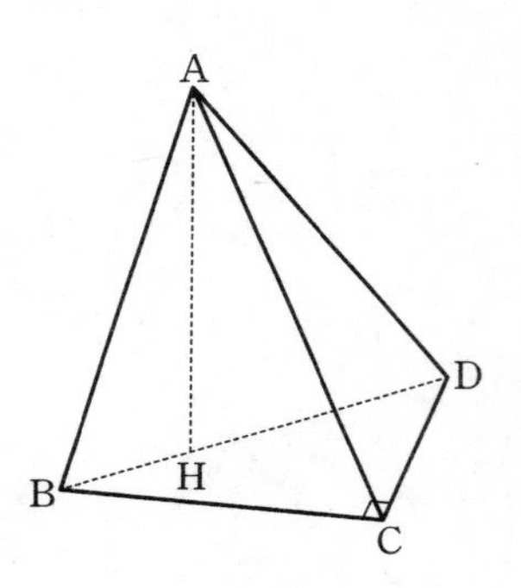

① $2\sqrt{3}$ ② $\frac{5\sqrt{3}}{2}$ ③ $3\sqrt{3}$ ④ $\frac{7\sqrt{3}}{2}$ ⑤ $4\sqrt{3}$

27 2022년 10월학평 기하 27번

양수 p에 대하여 두 포물선 $x^2=8(y+2)$, $y^2=4px$가 만나는 점 중 제1사분면 위의 점을 P라 하자. 점 P에서 포물선 $x^2=8(y+2)$의 준선에 내린 수선의 발 H와 포물선 $x^2=8(y+2)$의 초점 F에 대하여 $\overline{\mathrm{PH}}+\overline{\mathrm{PF}}=40$일 때, p의 값은? (3점)

① $\frac{16}{3}$ ② 6 ③ $\frac{20}{3}$
④ $\frac{22}{3}$ ⑤ 8

28 2022년 10월학평 기하 28번

그림과 같이 한 평면 위에 반지름의 길이가 4이고 중심각의 크기가 $120°$인 부채꼴 OAB와 중심이 C이고 반지름의 길이가 1인 원 C가 있고, 세 벡터 $\overrightarrow{\mathrm{OA}}$, $\overrightarrow{\mathrm{OB}}$, $\overrightarrow{\mathrm{OC}}$가

$$\overrightarrow{\mathrm{OA}}\cdot\overrightarrow{\mathrm{OC}}=24,\ \overrightarrow{\mathrm{OB}}\cdot\overrightarrow{\mathrm{OC}}=0$$

을 만족시킨다. 호 AB 위를 움직이는 점 P와 원 C 위를 움직이는 점 Q에 대하여 $\overrightarrow{\mathrm{OP}}\cdot\overrightarrow{\mathrm{PQ}}$의 최댓값과 최솟값을 각각 M, m이라 할 때, $M+m$의 값은? (4점)

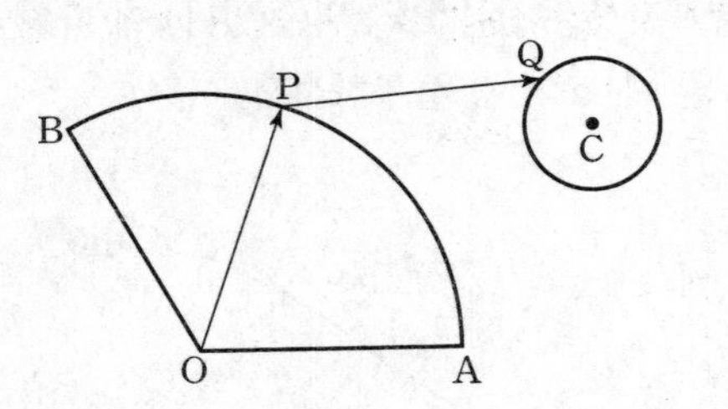

① $12\sqrt{3}-34$ ② $12\sqrt{3}-32$ ③ $16\sqrt{3}-36$
④ $16\sqrt{3}-34$ ⑤ $16\sqrt{3}-32$

해설편 255쪽

단답형

29 2022년 10월학평 기하 29번

두 점 $F_1(4, 0)$, $F_2(-6, 0)$에 대하여 포물선 $y^2=16x$ 위의 점 중 제1사분면에 있는 점 P가 $\overline{PF_2}-\overline{PF_1}=6$을 만족시킨다. 포물선 $y^2=16x$ 위의 점 P에서의 접선이 x축과 만나는 점을 F_3이라 하면 두 점 F_1, F_3을 초점으로 하는 타원의 한 꼭짓점은 선분 PF_3 위에 있다. 이 타원의 장축의 길이가 $2a$일 때, a^2의 값을 구하시오. (4점)

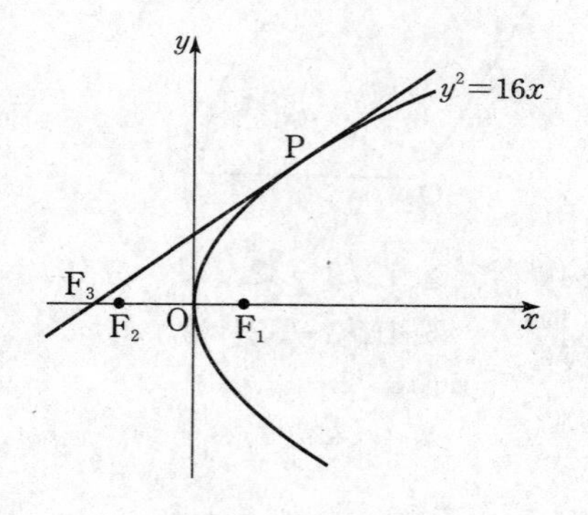

30 2022년 10월학평 기하 30번

그림과 같이 한 변의 길이가 4인 정삼각형을 밑면으로 하고 높이가 $4+2\sqrt{3}$인 정삼각기둥 ABC−DEF와 $\overline{DG}=4$인 선분 AD 위의 점 G가 있다. 점 H가 다음 조건을 만족시킨다.

> (가) 삼각형 CGH의 평면 ADEB 위로의 정사영은 정삼각형이다.
> (나) 삼각형 CGH의 평면 DEF 위로의 정사영의 내부와 삼각형 DEF의 내부의 공통부분의 넓이는 $2\sqrt{3}$이다.

삼각형 CGH의 평면 ADFC 위로의 정사영의 넓이를 S라 할 때, S^2의 값을 구하시오. (4점)

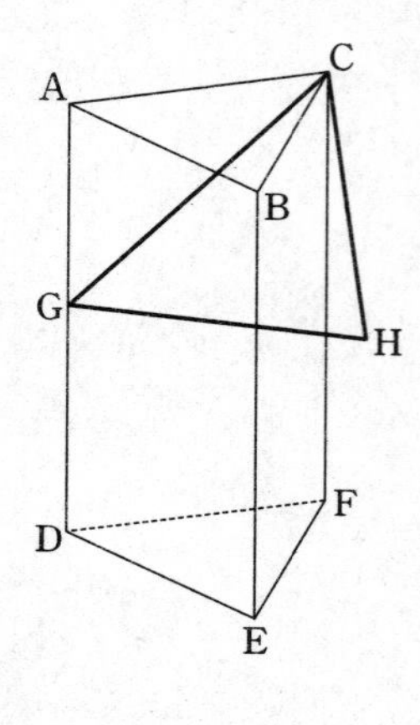

해설편 256쪽

수학 영역

제 2 교시

23회	시험 시간	100분
	날짜	월 일 요일
시작 시각 :	종료 시각	:

5지선다형

01 2023년 10월학평 1번

$2^{\sqrt{2}}\times\left(\frac{1}{2}\right)^{\sqrt{2}-1}$의 값은? (2점)

① 1 ② $\sqrt{2}$ ③ 2
④ $2\sqrt{2}$ ⑤ 4

02 2023년 10월학평 2번

함수 $f(x)=2x^3+3x$에 대하여 $\lim_{h\to 0}\frac{f(2h)-f(0)}{h}$의 값은? (2점)

① 0 ② 2 ③ 4
④ 6 ⑤ 8

03 2023년 10월학평 3번

공차가 3인 등차수열 $\{a_n\}$과 공비가 2인 등비수열 $\{b_n\}$이

$$a_2=b_2,\ a_4=b_4$$

를 만족시킬 때, a_1+b_1의 값은? (3점)

① -2 ② -1 ③ 0
④ 1 ⑤ 2

04 2023년 10월학평 4번

두 자연수 m, n에 대하여 함수 $f(x)=x(x-m)(x-n)$이

$$f(1)f(3)<0,\ f(3)f(5)<0$$

을 만족시킬 때, $f(6)$의 값은? (3점)

① 30 ② 36 ③ 42
④ 48 ⑤ 54

05 2023년 10월학평 5번

$\pi<\theta<\frac{3}{2}\pi$인 θ에 대하여

$$\frac{1}{1-\cos\theta}+\frac{1}{1+\cos\theta}=18$$

일 때, $\sin\theta$의 값은? (3점)

① $-\frac{2}{3}$ ② $-\frac{1}{3}$ ③ 0
④ $\frac{1}{3}$ ⑤ $\frac{2}{3}$

해설편 257쪽

06 2023년 10월학평 6번

곡선 $y=\frac{1}{3}x^2+1$과 x축, y축 및 직선 $x=3$으로 둘러싸인 부분의 넓이는? (3점)

① 6 ② $\frac{20}{3}$ ③ $\frac{22}{3}$
④ 8 ⑤ $\frac{26}{3}$

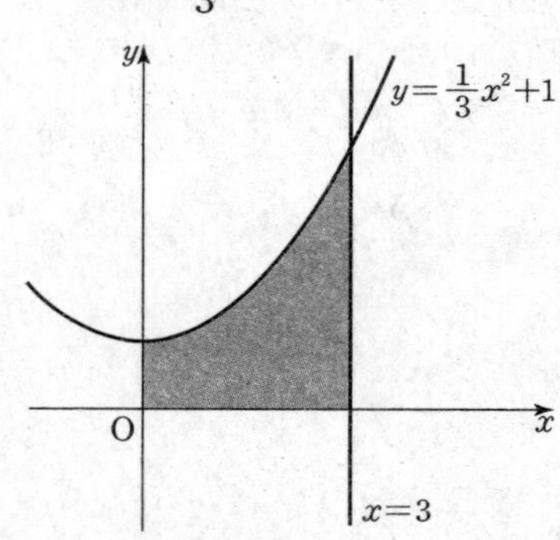

07 2023년 10월학평 7번

등차수열 $\{a_n\}$의 첫째항부터 제n항까지의 합을 S_n이라 할 때,

$$S_7-S_4=0,\ S_6=30$$

이다. a_2의 값은? (3점)

① 6 ② 8 ③ 10
④ 12 ⑤ 14

08 2023년 10월학평 8번

두 함수

$$f(x)=-x^4-x^3+2x^2,\ g(x)=\frac{1}{3}x^3-2x^2+a$$

가 있다. 모든 실수 x에 대하여 부등식

$$f(x)\le g(x)$$

가 성립할 때, 실수 a의 최솟값은? (3점)

① 8 ② $\frac{26}{3}$ ③ $\frac{28}{3}$
④ 10 ⑤ $\frac{32}{3}$

09 2023년 10월학평 9번

자연수 n $(n\ge2)$에 대하여 $n^2-16n+48$의 n제곱근 중 실수인 것의 개수를 $f(n)$이라 할 때, $\sum_{n=2}^{10} f(n)$의 값은? (4점)

① 7 ② 9 ③ 11
④ 13 ⑤ 15

10 2023년 10월학평 10번

실수 t $(t>0)$에 대하여 직선 $y=tx+t+1$과 곡선 $y=x^2-tx-1$이 만나는 두 점을 A, B라 할 때, $\lim_{t\to\infty}\frac{\overline{AB}}{t^2}$의 값은? (4점)

① $\frac{\sqrt{2}}{2}$ ② 1 ③ $\sqrt{2}$
④ 2 ⑤ $2\sqrt{2}$

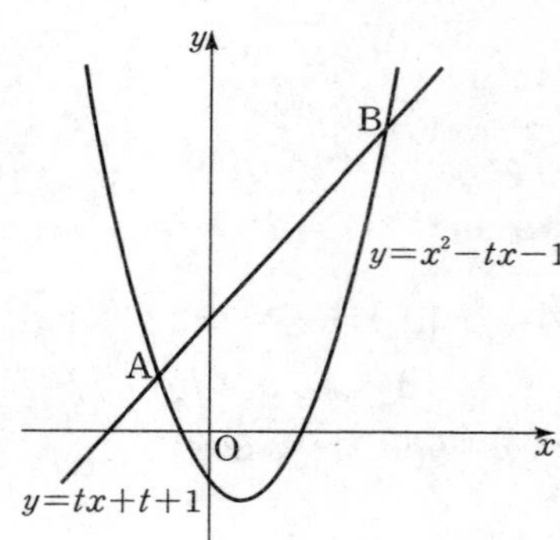

해설편 257쪽

11 2023년 10월학평 11번

그림과 같이 두 상수 a, b에 대하여 함수

$$f(x)=a\sin\frac{\pi x}{b}+1\left(0\le x\le\frac{5}{2}b\right)$$

의 그래프와 직선 $y=5$가 만나는 점을 x좌표가 작은 것부터 차례로 A, B, C라 하자.

$\overline{BC}=\overline{AB}+6$이고 삼각형 AOB의 넓이가 $\frac{15}{2}$일 때, a^2+b^2의 값은? (단, $a>4$, $b>0$이고, O는 원점이다.) (4점)

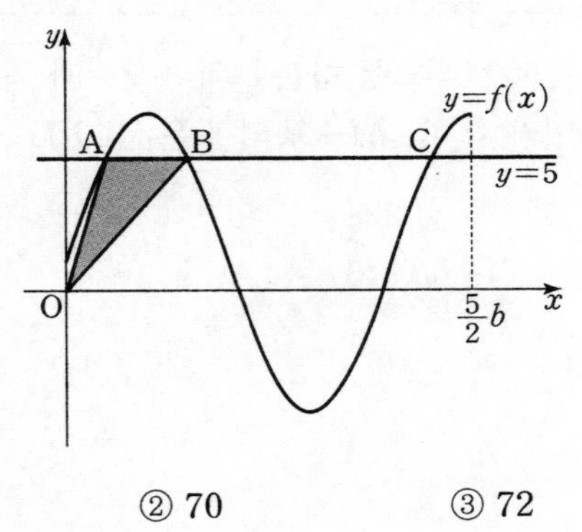

① 68 ② 70 ③ 72 ④ 74 ⑤ 76

12 2023년 10월학평 12번

양수 k에 대하여 함수 $f(x)$를

$$f(x)=|x^3-12x+k|$$

라 하자. 함수 $y=f(x)$의 그래프와 직선 $y=a$ $(a\ge0)$이 만나는 서로 다른 점의 개수가 홀수가 되도록 하는 실수 a의 값이 오직 하나일 때, k의 값은? (4점)

① 8 ② 10 ③ 12 ④ 14 ⑤ 16

13 2023년 10월학평 13번

그림과 같이 두 상수 a $(a>1)$, k에 대하여 두 함수

$$y=a^{x+1}+1,\ y=a^{x-3}-\frac{7}{4}$$

의 그래프와 직선 $y=-2x+k$가 만나는 점을 각각 P, Q라 하자. 점 Q를 지나고 x축에 평행한 직선이 함수 $y=-a^{x+4}+\frac{3}{2}$의 그래프와 점 R에서 만나고 $\overline{PR}=\overline{QR}=5$일 때, $a+k$의 값은? (4점)

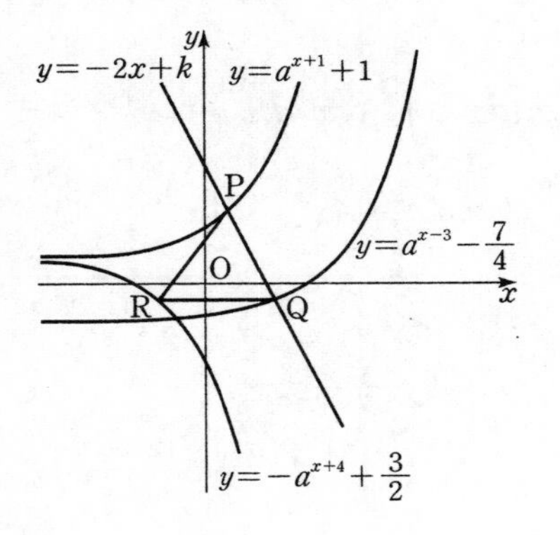

① $\frac{13}{2}$ ② $\frac{27}{4}$ ③ 7 ④ $\frac{29}{4}$ ⑤ $\frac{15}{2}$

해설편 258쪽

14 2023년 10월학평 14번

최고차항의 계수가 1이고 $f'(2)=0$인 이차함수 $f(x)$가 모든 자연수 n에 대하여

$$\int_4^n f(x)dx \geq 0$$

을 만족시킬 때, [보기]에서 옳은 것만을 있는 대로 고른 것은? (4점)

[보기]

ㄱ. $f(2)<0$

ㄴ. $\int_4^3 f(x)dx > \int_4^2 f(x)dx$

ㄷ. $6 \leq \int_4^6 f(x)dx \leq 14$

① ㄱ ② ㄱ, ㄴ ③ ㄱ, ㄷ
④ ㄴ, ㄷ ⑤ ㄱ, ㄴ, ㄷ

15 2023년 10월학평 15번

모든 항이 자연수인 수열 $\{a_n\}$이 다음 조건을 만족시킨다.

(가) 모든 자연수 n에 대하여

$$a_{n+1}=\begin{cases} \frac{1}{2}a_n+2n & (a_n\text{이 4의 배수인 경우}) \\ a_n+2n & (a_n\text{이 4의 배수가 아닌 경우}) \end{cases}$$

이다.

(나) $a_3>a_5$

$50<a_4+a_5<60$이 되도록 하는 a_1의 최댓값과 최솟값을 각각 M, m이라 할 때, $M+m$의 값은? (4점)

① 224 ② 228 ③ 232
④ 236 ⑤ 240

해설편 259쪽

단답형

16 2023년 10월학평 16번

방정식

$$\log_2(x-2)=1+\log_4(x+6)$$

을 만족시키는 실수 x의 값을 구하시오. (3점)

17 2023년 10월학평 17번

삼차함수 $f(x)$에 대하여 함수 $g(x)$를

$$g(x)=(x+2)f(x)$$

라 하자. 곡선 $y=f(x)$ 위의 점 (3, 2)에서의 접선의 기울기가 4일 때, $g'(3)$의 값을 구하시오. (3점)

18 2023년 10월학평 18번

두 수열 $\{a_n\}$, $\{b_n\}$에 대하여

$$\sum_{k=1}^{10}(a_k-b_k+2)=50,\ \sum_{k=1}^{10}(a_k-2b_k)=-10$$

일 때, $\sum_{k=1}^{10}(a_k+b_k)$의 값을 구하시오. (3점)

19 2023년 10월학평 19번

시각 $t=0$일 때 동시에 원점을 출발하여 수직선 위를 움직이는 두 점 P, Q의 시각 $t\ (t\geq 0)$에서의 속도가 각각

$$v_1(t)=12t-12,\ v_2(t)=3t^2+2t-12$$

이다. 시각 $t=k\ (k>0)$에서 두 점 P, Q의 위치가 같을 때, 시각 $t=0$에서 $t=k$까지 점 P가 움직인 거리를 구하시오. (3점)

20 2023년 10월학평 20번

다항함수 $f(x)$가 모든 실수 x에 대하여

$$2x^2f(x)=3\int_0^x(x-t)\{f(x)+f(t)\}dt$$

를 만족시킨다. $f'(2)=4$일 때, $f(6)$의 값을 구하시오. (4점)

23회 2023 10월 학력평가

해설편 259쪽

21 2023년 10월학평 21번

그림과 같이 선분 BC를 지름으로 하는 원에 두 삼각형 ABC와 ADE가 모두 내접한다. 두 선분 AD와 BC가 점 F에서 만나고

$$\overline{BC}=\overline{DE}=4,\ \overline{BF}=\overline{CE},\ \sin(\angle CAE)=\frac{1}{4}$$

이다. $\overline{AF}=k$일 때, k^2의 값을 구하시오. (4점)

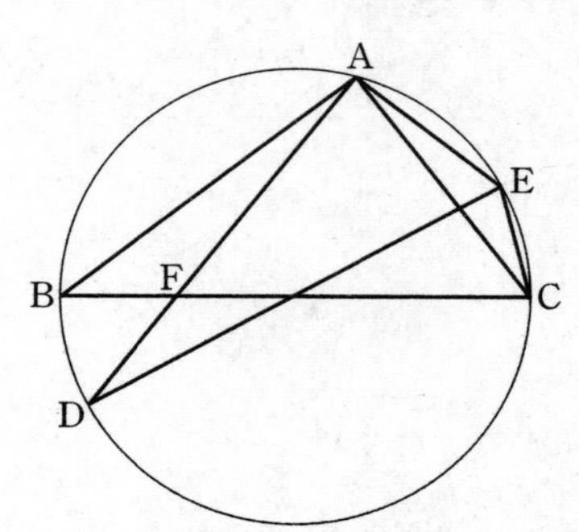

22 2023년 10월학평 22번

삼차함수 $f(x)$에 대하여 구간 $(0, \infty)$에서 정의된 함수 $g(x)$를

$$g(x)=\begin{cases} x^3-8x^2+16x & (0<x\le 4) \\ f(x) & (x>4) \end{cases}$$

라 하자. 함수 $g(x)$가 구간 $(0, \infty)$에서 미분가능하고 다음 조건을 만족시킬 때, $g(10)=\frac{q}{p}$이다. $p+q$의 값을 구하시오.

(단, p와 q는 서로소인 자연수이다.) (4점)

(가) $g\left(\frac{21}{2}\right)=0$

(나) 점 $(-2, 0)$에서 곡선 $y=g(x)$에 그은, 기울기가 0이 아닌 접선이 오직 하나 존재한다.

해설편 260쪽

수학 영역 (확률과 통계)

5지선다형

23 2023년 10월학평 확통 23번

확률변수 X가 이항분포 $\mathrm{B}(45,\ p)$를 따르고 $\mathrm{E}(X)=15$일 때, p의 값은? (2점)

① $\frac{4}{15}$ ② $\frac{1}{3}$ ③ $\frac{2}{5}$
④ $\frac{7}{15}$ ⑤ $\frac{8}{15}$

24 2023년 10월학평 확통 24번

두 사건 A, B가 서로 배반사건이고

$$\mathrm{P}(A\cup B)=\frac{5}{6},\ \mathrm{P}(A^C)=\frac{3}{4}$$

일 때, $\mathrm{P}(B)$의 값은? (단, A^C은 A의 여사건이다.) (3점)

① $\frac{1}{3}$ ② $\frac{5}{12}$ ③ $\frac{1}{2}$
④ $\frac{7}{12}$ ⑤ $\frac{2}{3}$

25 2023년 10월학평 확통 25번

숫자 0, 1, 2 중에서 중복을 허락하여 4개를 택해 일렬로 나열하여 만들 수 있는 네 자리의 자연수 중 각 자리의 수의 합이 7 이하인 자연수의 개수는? (3점)

① 45 ② 47 ③ 49
④ 51 ⑤ 53

26 2023년 10월학평 확통 26번

어느 지역에서 수확하는 양파의 무게는 평균이 m, 표준편차가 16인 정규분포를 따른다고 한다. 이 지역에서 수확한 양파 64개를 임의추출하여 얻은 양파의 무게의 표본평균이 $\overline{x}$일 때, 모평균 m에 대한 신뢰도 95%의 신뢰구간이 $240.12\le m\le a$이다. $\overline{x}+a$의 값은?
(단, 무게의 단위는 g이고, Z가 표준정규분포를 따르는 확률변수일 때, $\mathrm{P}(|Z|\le1.96)=0.95$로 계산한다.) (3점)

① 486 ② 489 ③ 492
④ 495 ⑤ 498

27 2023년 10월학평 확통 27번

1부터 8까지의 자연수가 하나씩 적혀 있는 8개의 의자가 있다. 이 8개의 의자를 일정한 간격을 두고 원형으로 배열할 때, 서로 이웃한 2개의 의자에 적혀 있는 두 수가 서로소가 되도록 배열하는 경우의 수는?
(단, 회전하여 일치하는 것은 같은 것으로 본다.) (3점)

① 72 ② 78 ③ 84
④ 90 ⑤ 96

해설편 261쪽

28 2023년 10월학평 확통 28번

정규분포를 따르는 두 확률변수 X, Y의 확률밀도함수는 각각 $f(x)$, $g(x)$이다. $\mathrm{V}(X)=\mathrm{V}(Y)$이고, 양수 a에 대하여

$f(a)=f(3a)=g(2a)$,

$\mathrm{P}(Y\le 2a)=0.6915$

z	$\mathrm{P}(0\le Z\le z)$
0.5	0.1915
1.0	0.3413
1.5	0.4332
2.0	0.4772

일 때, $\mathrm{P}(0\le X\le 3a)$의 값을 오른쪽 표준정규분포표를 이용하여 구한 것은? (4점)

① 0.5328 ② 0.6247 ③ 0.6687
④ 0.7745 ⑤ 0.8185

단답형

29 2023년 10월학평 확통 29번

다음 조건을 만족시키는 자연수 a, b, c의 모든 순서쌍 (a, b, c)의 개수를 구하시오. (4점)

(가) $a\le b\le c\le 8$
(나) $(a-b)(b-c)=0$

30 2023년 10월학평 확통 30번

주머니에 숫자 1, 2가 하나씩 적혀 있는 흰 공 2개와 숫자 1, 2, 3이 하나씩 적혀 있는 검은 공 3개가 들어 있다. 이 주머니를 사용하여 다음 시행을 한다.

주머니에서 임의로 2개의 공을 동시에 꺼내어 꺼낸 공이 서로 같은 색이면 꺼낸 공 중 임의로 1개의 공을 주머니에 다시 넣고, 꺼낸 공이 서로 다른 색이면 꺼낸 공을 주머니에 다시 넣지 않는다.

이 시행을 한 번 한 후 주머니에 들어 있는 모든 공에 적힌 수의 합이 3의 배수일 때, 주머니에서 꺼낸 2개의 공이 서로 다른 색일 확률은 $\frac{q}{p}$이다. $p+q$의 값을 구하시오.

(단, p와 q는 서로소인 자연수이다.) (4점)

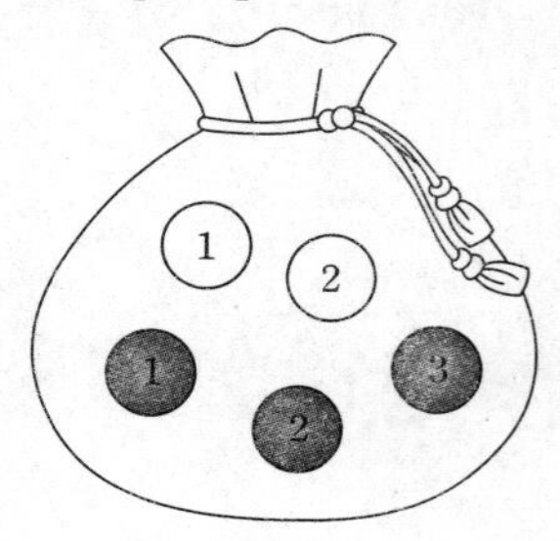

해설편 262쪽

5지선다형

23 2023년 10월학평 미적 23번

$\lim_{n\to\infty}\frac{2n^2+3n-5}{n^2+1}$의 값은? (2점)

① $\frac{1}{2}$ ② 1 ③ $\frac{3}{2}$ ④ 2 ⑤ $\frac{5}{2}$

24 2023년 10월학평 미적 24번

$\lim_{n\to\infty}\frac{2\pi}{n}\sum_{k=1}^{n}\sin\frac{\pi k}{3n}$의 값은? (3점)

① $\frac{5}{2}$ ② 3 ③ $\frac{7}{2}$ ④ 4 ⑤ $\frac{9}{2}$

25 2023년 10월학평 미적 25번

그림과 같이 곡선 $y=\frac{2}{\sqrt{x}}$와 x축 및 두 직선 $x=1$, $x=4$로 둘러싸인 부분을 밑면으로 하고 x축에 수직인 평면으로 자른 단면이 모두 정사각형인 입체도형의 부피는? (3점)

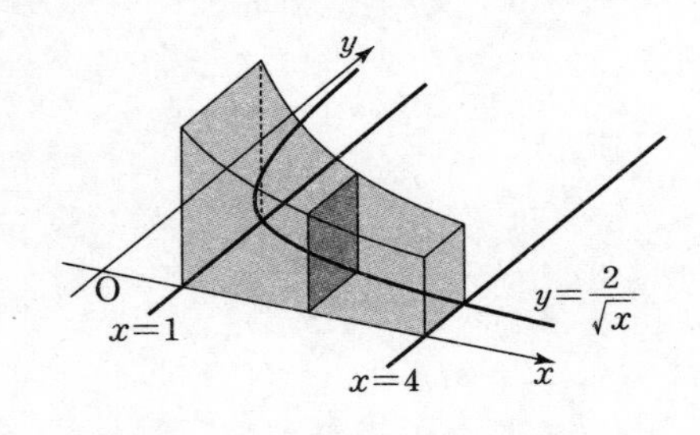

① 6 ln 2 ② 7 ln 2 ③ 8 ln 2 ④ 9 ln 2 ⑤ 10 ln 2

26 2023년 10월학평 미적 26번

함수 $f(x)=e^{2x}+e^{x}-1$의 역함수를 $g(x)$라 할 때, 함수 $g(5f(x))$의 $x=0$에서의 미분계수는? (3점)

① $\frac{1}{2}$ ② $\frac{3}{4}$ ③ 1 ④ $\frac{5}{4}$ ⑤ $\frac{3}{2}$

27 2023년 10월학평 미적 27번

모든 항이 자연수인 등비수열 $\{a_n\}$에 대하여

$$\sum_{n=1}^{\infty}\frac{a_n}{3^n}=4$$

이고 급수 $\sum_{n=1}^{\infty}\frac{1}{a_{2n}}$이 실수 S에 수렴할 때, S의 값은? (3점)

① $\frac{1}{6}$ ② $\frac{1}{5}$ ③ $\frac{1}{4}$ ④ $\frac{1}{3}$ ⑤ $\frac{1}{2}$

해설편 263쪽

28 2023년 10월학평 미적 28번

함수

$$f(x)=\sin x\cos x\times e^{a\sin x+b\cos x}$$

이 다음 조건을 만족시키도록 하는 서로 다른 두 실수 a, b의 순서쌍 (a, b)에 대하여 $a-b$의 최솟값은? (4점)

(가) $ab=0$
(나) $\int_0^{\frac{\pi}{2}} f(x)dx=\frac{1}{a^2+b^2}-2e^{a+b}$

① $-\frac{5}{2}$ ② -2 ③ $-\frac{3}{2}$
④ -1 ⑤ $-\frac{1}{2}$

단답형

29 2023년 10월학평 미적 29번

그림과 같이 $\overline{AB}=\overline{AC}$, $\overline{BC}=2$인 삼각형 ABC에 대하여 선분 AB를 지름으로 하는 원이 선분 AC와 만나는 점 중 A가 아닌 점을 D라 하고, 선분 AB의 중점을 E라 하자. $\angle BAC=\theta$일 때, 삼각형 CDE의 넓이를 $S(\theta)$라 하자. $60\times\lim_{\theta\to0+}\frac{S(\theta)}{\theta}$의 값을 구하시오. $\left(단,\ 0<\theta<\frac{\pi}{2}\right)$ (4점)

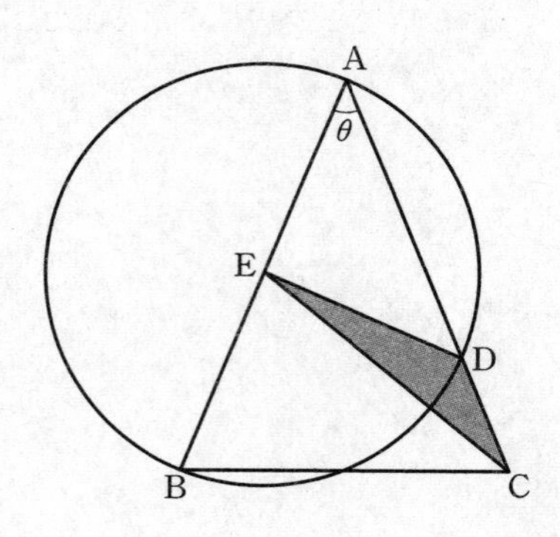

30 2023년 10월학평 미적 30번

두 정수 a, b에 대하여 함수

$$f(x)=(x^2+ax+b)e^{-x}$$

이 다음 조건을 만족시킨다.

(가) 함수 $f(x)$는 극값을 갖는다.
(나) 함수 $|f(x)|$가 $x=k$에서 극대 또는 극소인 모든 k의 값의 합은 3이다.

$f(10)=pe^{-10}$일 때, p의 값을 구하시오. (4점)

해설편 263쪽

수학 영역 (기하)

5지선다형

23 2023년 10월학평 기하 23번

좌표공간의 두 점 $A(a, 0, 1)$, $B(2, -3, 0)$에 대하여 선분 AB를 3 : 2로 외분하는 점이 yz평면 위에 있을 때, a의 값은? (2점)

① 3 ② 4 ③ 5
④ 6 ⑤ 7

24 2023년 10월학평 기하 24번

쌍곡선 $\frac{x^2}{a^2}-\frac{y^2}{27}=1$의 한 점근선의 방정식이 $y=3x$일 때, 이 쌍곡선의 주축의 길이는? (단, a는 양수이다.) (3점)

① $\frac{2}{3}$ ② $\frac{2\sqrt{3}}{3}$ ③ 2
④ $2\sqrt{3}$ ⑤ 6

25 2023년 10월학평 기하 25번

평면 α 위에 $\overline{AB}=6$이고 넓이가 12인 삼각형 ABC가 있다. 평면 α 위에 있지 않은 점 P에서 평면 α에 내린 수선의 발이 점 C와 일치한다. $\overline{PC}=2$일 때, 점 P와 직선 AB 사이의 거리는? (3점)

① $3\sqrt{2}$ ② $2\sqrt{5}$ ③ $\sqrt{22}$
④ $2\sqrt{6}$ ⑤ $\sqrt{26}$

P C A B α

26 2023년 10월학평 기하 26번

그림과 같이 초점이 $F(2, 0)$이고 x축을 축으로 하는 포물선이 원점 O를 지나는 직선과 제1사분면 위의 두 점 A, B에서 만난다. 점 A에서 y축에 내린 수선의 발을 H라 하자.

$$\overline{AF}=\overline{AH},\ \overline{AF}:\overline{BF}=1:4$$

일 때, 선분 AF의 길이는? (3점)

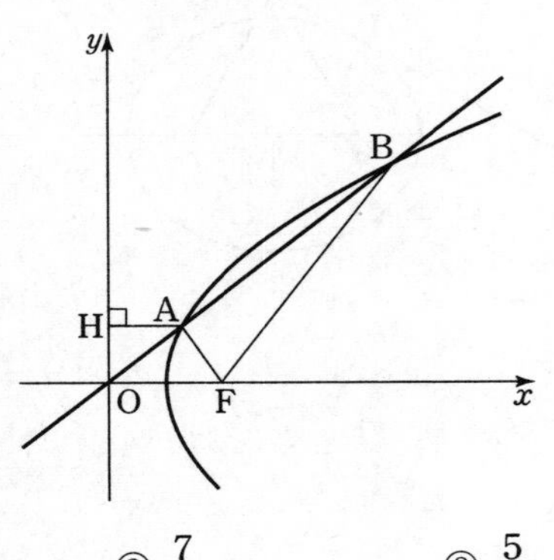

① $\frac{13}{12}$ ② $\frac{7}{6}$ ③ $\frac{5}{4}$
④ $\frac{4}{3}$ ⑤ $\frac{17}{12}$

27 2023년 10월학평 기하 27번

사각형 ABCD가 다음 조건을 만족시킨다.

> (가) 두 벡터 $\overrightarrow{AD}$, $\overrightarrow{BC}$는 서로 평행하다.
> (나) $t\overrightarrow{AC}=3\overrightarrow{AB}+2\overrightarrow{AD}$를 만족시키는 실수 t가 존재한다.

삼각형 ABD의 넓이가 12일 때, 사각형 ABCD의 넓이는? (3점)

① 16 ② 17 ③ 18
④ 19 ⑤ 20

해설편 265쪽

28 2023년 10월학평 기하 28번

그림과 같이 두 초점이 $F(c,\ 0)$, $F'(-c,\ 0)(c>0)$인 타원 $\frac{x^2}{a^2}+\frac{y^2}{18}=1$이 있다. 타원 위의 점 중 제2사분면에 있는 점 P에서의 접선이 x축, y축과 만나는 점을 각각 Q, R이라 하자. 삼각형 RF'F가 정삼각형이고 점 F'은 선분 QF의 중점일 때, c^2의 값은? (단, a는 양수이다.) (4점)

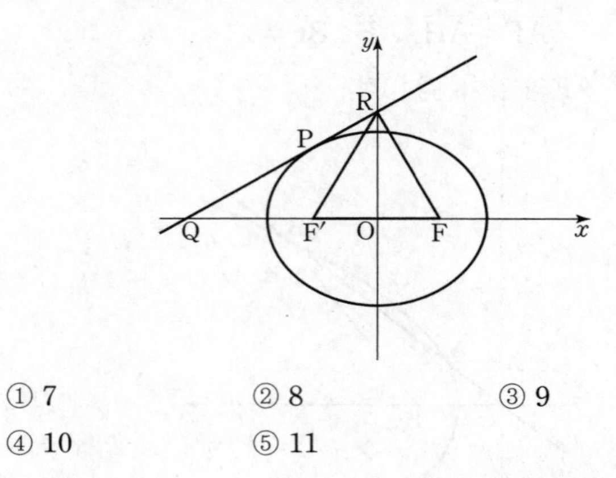

① 7 ② 8 ③ 9 ④ 10 ⑤ 11

단답형

29 2023년 10월학평 기하 29번

좌표평면 위의 점 $A(5,\ 0)$에 대하여 제1사분면 위의 점 P가

$$|\overrightarrow{OP}|=2,\ \overrightarrow{OP}\cdot\overrightarrow{AP}=0$$

을 만족시키고, 제1사분면 위의 점 Q가

$$|\overrightarrow{AQ}|=1,\ \overrightarrow{OQ}\cdot\overrightarrow{AQ}=0$$

을 만족시킬 때, $\overrightarrow{OA}\cdot\overrightarrow{PQ}$의 값을 구하시오.

(단, O는 원점이다.) (4점)

30 2023년 10월학평 기하 30번

좌표공간에 구 $S : x^2+y^2+(z-\sqrt{5})^2=9$가 xy평면과 만나서 생기는 원을 C라 하자. 구 S 위의 네 점 A, B, C, D가 다음 조건을 만족시킨다.

(가) 선분 AB는 원 C의 지름이다.
(나) 직선 AB는 평면 BCD에 수직이다.
(다) $\overline{BC}=\overline{BD}=\sqrt{15}$

삼각형 ABC의 평면 ABD 위로의 정사영의 넓이를 k라 할 때, k^2의 값을 구하시오. (4점)

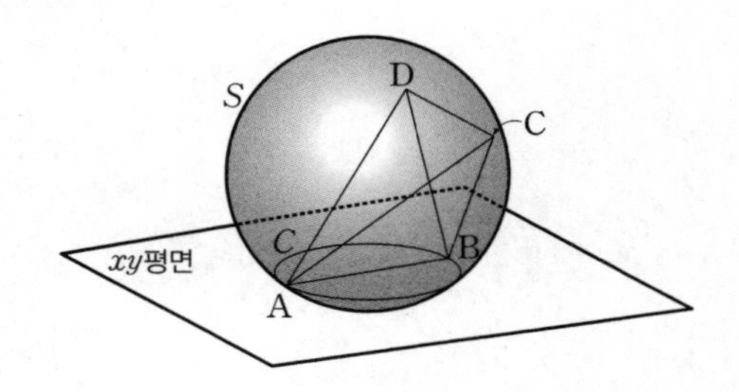

해설편 266쪽

수학 영역

제 2 교시

24회	시험 시간	100분
	날짜	월 일 요일
시작 시각 :	종료 시각	:

5지선다형

01 2024년 10월학평 1번

$\left(\dfrac{4}{\sqrt[3]{2}}\right)^{\frac{6}{5}}$의 값은? (2점)

① 1 ② 2 ③ 3 ④ 4 ⑤ 5

02 2024년 10월학평 2번

함수 $f(x)=x^3-2x^2-4x$에 대하여 $\lim\limits_{x\to1}\dfrac{f(x)+5}{x-1}$의 값은? (2점)

① -1 ② -2 ③ -3 ④ -4 ⑤ -5

03 2024년 10월학평 3번

$\dfrac{3}{2}\pi<\theta<2\pi$인 θ에 대하여 $\sin^2\theta=\dfrac{4}{5}$일 때, $\dfrac{\tan\theta}{\cos\theta}$의 값은? (3점)

① $-3\sqrt{5}$ ② $-2\sqrt{5}$ ③ $-\sqrt{5}$ ④ $\sqrt{5}$ ⑤ $2\sqrt{5}$

04 2024년 10월학평 4번

$\int_1^2(3x+4)dx+\int_1^2(3x^2-3x)dx$의 값은? (3점)

① 7 ② 8 ③ 9 ④ 10 ⑤ 11

05 2024년 10월학평 5번

함수

$$f(x)=\begin{cases}(x-a)^2-3 & (x<1)\\ 2x-1 & (x\ge1)\end{cases}$$

이 실수 전체의 집합에서 연속이 되도록 하는 모든 상수 a의 값의 합은? (3점)

① -4 ② -2 ③ 0 ④ 2 ⑤ 4

06 2024년 10월학평 6번

공비가 양수인 등비수열 $\{a_n\}$의 첫째항부터 제n항까지의 합을 S_n이라 하자.

$$4(S_4-S_2)=S_6-S_4,\ a_3=12$$

일 때, S_3의 값은? (3점)

① 18 ② 21 ③ 24 ④ 27 ⑤ 30

해설편 267쪽

07 2024년 10월학평 7번

상수 k에 대하여 함수 $f(x)=x^3-3x^2-9x+k$의 극솟값이 -17일 때, 함수 $f(x)$의 극댓값은? (3점)

① 11 ② 12 ③ 13
④ 14 ⑤ 15

08 2024년 10월학평 8번

함수 $f(x)=x^2+1$의 그래프와 x축 및 두 직선 $x=0$, $x=1$로 둘러싸인 부분의 넓이를 점 $(1,\ f(1))$을 지나고 기울기가 $m\ (m\geq 2)$인 직선이 이등분할 때, 상수 m의 값은? (3점)

① $\frac{5}{2}$ ② 3 ③ $\frac{7}{2}$
④ 4 ⑤ $\frac{9}{2}$

09 2024년 10월학평 9번

좌표평면 위에 두 점 $\mathrm{A}(4,\ \log_3 a)$, $\mathrm{B}\left(\log_2 2\sqrt{2},\ \log_3 \frac{3}{2}\right)$이 있다. 선분 AB를 3 : 1로 외분하는 점이 직선 $y=4x$ 위에 있을 때, 양수 a의 값은? (4점)

① $\frac{3}{8}$ ② $\frac{7}{16}$ ③ $\frac{1}{2}$
④ $\frac{9}{16}$ ⑤ $\frac{5}{8}$

10 2024년 10월학평 10번

최고차항의 계수가 1인 삼차함수 $f(x)$와 실수 전체의 집합에서 정의된 함수 $g(x)$가 모든 실수 x에 대하여

$$(x-1)g(x)=|f(x)|$$

를 만족시킨다. 함수 $g(x)$가 $x=1$에서 연속이고 $g(3)=0$일 때, $f(4)$의 값은? (4점)

① 9 ② 12 ③ 15
④ 18 ⑤ 21

해설편 267쪽

11 2024년 10월학평 11번

모든 항이 자연수인 두 등차수열 $\{a_n\}$, $\{b_n\}$에 대하여

$$a_5-b_5=a_6-b_7=0$$

이다. $a_7=27$이고 $b_7\le 24$일 때, b_1-a_1의 값은? (4점)

① 4 ② 6 ③ 8
④ 10 ⑤ 12

12 2024년 10월학평 12번

시각 $t=0$일 때 동시에 원점을 출발하여 수직선 위를 움직이는 두 점 P, Q의 시각 $t\ (t\ge 0)$에서의 속도가 각각

$$v_1(t)=-3t^2+at,\ v_2(t)=-t+1$$

이다. 출발한 후 두 점 P, Q가 한 번만 만나도록 하는 양수 a에 대하여 점 P가 시각 $t=0$에서 시각 $t=3$까지 움직인 거리는? (4점)

① $\frac{29}{2}$ ② 15 ③ $\frac{31}{2}$
④ 16 ⑤ $\frac{33}{2}$

13 2024년 10월학평 13번

그림과 같이 한 원에 내접하는 사각형 ABCD에 대하여

$$\overline{AB}=4,\ \overline{BC}=2\sqrt{30},\ \overline{CD}=8$$

이다. $\angle BAC=\alpha$, $\angle ACD=\beta$라 할 때, $\cos(\alpha+\beta)=-\frac{5}{12}$이다. 두 선분 AC와 BD의 교점을 E라 할 때, 선분 AE의 길이는? $\left(단,\ 0<\alpha<\frac{\pi}{2},\ 0<\beta<\frac{\pi}{2}\right)$ (4점)

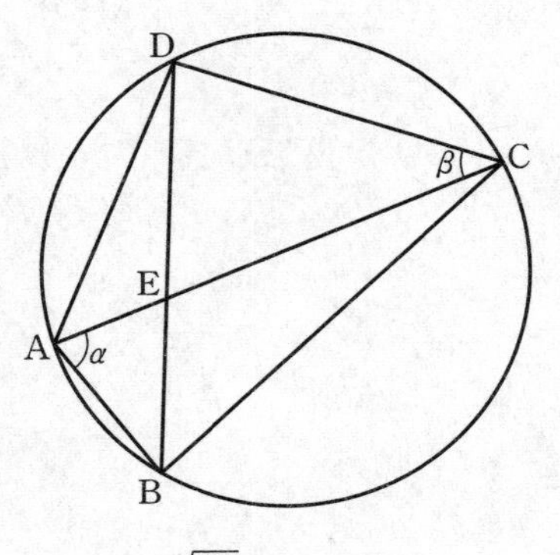

① $\sqrt{6}$ ② $\frac{\sqrt{26}}{2}$ ③ $\sqrt{7}$
④ $\frac{\sqrt{30}}{2}$ ⑤ $2\sqrt{2}$

24회 2024 10월 학력평가

14 2024년 10월학평 14번

최고차항의 계수가 1인 사차함수 $f(x)$에 대하여 함수

$$g(x)=\begin{cases} f(x) & (x\le 1) \\ f(x-1)+2 & (x>1) \end{cases}$$

은 실수 전체의 집합에서 미분가능하고, 곡선 $y=g(x)$ 위의 점 $(0, g(0))$에서의 접선의 방정식이 $y=2x+1$이다. $g'(t)=2$인 서로 다른 모든 실수 t의 값의 합은? (4점)

① 4 ② $\frac{9}{2}$ ③ 5
④ $\frac{11}{2}$ ⑤ 6

15 2024년 10월학평 15번

모든 항이 자연수인 수열 $\{a_n\}$이 모든 자연수 n에 대하여

$$a_{n+1}=\begin{cases} \dfrac{a_n}{n} & (n\text{이 } a_n\text{의 약수인 경우}) \\ 3a_n+1 & (n\text{이 } a_n\text{의 약수가 아닌 경우}) \end{cases}$$

를 만족시킬 때, $a_6=2$가 되도록 하는 모든 a_1의 값의 합은? (4점)

① 254 ② 264 ③ 274
④ 284 ⑤ 294

해설편 269쪽

단답형

16 2024년 10월학평 16번

방정식 $\left(\frac{1}{3}\right)^{x}=27^{x-8}$을 만족시키는 실수 x의 값을 구하시오. (3점)

17 2024년 10월학평 17번

함수 $f(x)=(x^2+3x)(x^2-x+2)$에 대하여 $f'(2)$의 값을 구하시오. (3점)

18 2024년 10월학평 18번

수열 $\{a_n\}$과 상수 c에 대하여

$$\sum_{n=1}^{9} ca_n=16,\ \sum_{n=1}^{9}(a_n+c)=24$$

일 때, $\sum_{n=1}^{9} a_n$의 값을 구하시오. (3점)

19 2024년 10월학평 19번

두 상수 a, b $(a>0)$에 대하여 함수 $f(x)=|\sin a\pi x+b|$가 다음 조건을 만족시킬 때, $60(a+b)$의 값을 구하시오. (3점)

(가) $f(x)=0$이고 $|x|\le\frac{1}{a}$인 모든 실수 x의 값의 합은 $\frac{1}{2}$이다.

(나) $f(x)=\frac{2}{5}$이고 $|x|\le\frac{1}{a}$인 모든 실수 x의 값의 합은 $\frac{3}{4}$이다.

20 2024년 10월학평 20번

실수 전체의 집합에서 미분가능한 함수 $f(x)$가 모든 실수 x에 대하여

$$\{f(x)\}^2=2\int_{3}^{x}(t^2+2t)f(t)dt$$

를 만족시킬 때, $\int_{-3}^{0} f(x)dx$의 최댓값을 M, 최솟값을 m이라 하자. $M-m$의 값을 구하시오. (4점)

24회 2024 10월 학력평가

해설편 269쪽

21 2024년 10월학평 21번

두 자연수 a, b에 대하여 함수 $f(x)$는

$$f(x)=\begin{cases} \dfrac{4}{x-3}+a & (x<2) \\ |5\log_2 x-b| & (x\geq 2) \end{cases}$$

이다. 실수 t에 대하여 x에 대한 방정식 $f(x)=t$의 서로 다른 실근의 개수를 $g(t)$라 하자. 함수 $g(t)$가 다음 조건을 만족시킬 때, $a+b$의 최솟값을 구하시오. (4점)

(가) 함수 $g(t)$의 치역은 $\{0, 1, 2\}$이다.
(나) $g(t)=2$인 자연수 t의 개수는 6이다.

22 2024년 10월학평 22번

최고차항의 계수가 1인 삼차함수 $f(x)$에 대하여 함수 $g(x)$를

$$g(x)=\begin{cases} f(x)+x & (f(x)\geq 0) \\ 2f(x) & (f(x)<0) \end{cases}$$

이라 할 때, 함수 $g(x)$는 다음 조건을 만족시킨다.

(가) 함수 $g(x)$가 $x=t$에서 불연속인 실수 t의 개수는 1이다.
(나) 함수 $g(x)$가 $x=t$에서 미분가능하지 않은 실수 t의 개수는 2이다.

$f(-2)=-2$일 때, $f(6)$의 값을 구하시오. (4점)

해설편 271쪽

수학 영역 (확률과 통계)

5지선다형

23 2024년 10월학평 확통 23번

4개의 문자 a, a, b, b를 모두 일렬로 나열하는 경우의 수는? (2점)

① 6 ② 8 ③ 10
④ 12 ⑤ 14

24 2024년 10월학평 확통 24번

두 사건 A, B는 서로 독립이고

$$\mathrm{P}(A\cap B)=\frac{1}{15},\ \mathrm{P}(A^C\cap B)=\frac{1}{10}$$

일 때, $\mathrm{P}(A)$의 값은? (3점)

① $\frac{4}{15}$ ② $\frac{1}{3}$ ③ $\frac{2}{5}$
④ $\frac{7}{15}$ ⑤ $\frac{8}{15}$

25 2024년 10월학평 확통 25번

다항식 $(2x+5)(x-1)^5$의 전개식에서 x^3의 계수는? (3점)

① 20 ② 30 ③ 40
④ 50 ⑤ 60

26 2024년 10월학평 확통 26번

어느 회사에서 생산하는 다회용 컵 1개의 무게는 평균이 m, 표준편차가 0.5인 정규분포를 따른다고 한다. 이 회사에서 생산한 다회용 컵 중에서 n개를 임의추출하여 얻은 표본평균이 67.27일 때, 모평균 m에 대한 신뢰도 95%의 신뢰구간이 $a\le m\le 67.41$이다. $n+a$의 값은?
(단, 무게의 단위는 g이고, Z가 표준정규분포를 따르는 확률변수일 때, $\mathrm{P}(|Z|\le 1.96)=0.95$로 계산한다.) (3점)

① 92.13 ② 97.63 ③ 103.13
④ 109.63 ⑤ 116.13

27 2024년 10월학평 확통 27번

7개의 공이 들어 있는 상자가 있다. 각각의 공에는 1 또는 2 또는 3 중 하나의 숫자가 적혀 있다. 이 상자에서 임의로 2개의 공을 동시에 꺼내어 확인한 두 개의 수의 곱을 확률변수 X라 하자. 확률변수 X가

$$\mathrm{P}(X=4)=\frac{1}{21},\ 2\mathrm{P}(X=2)=3\mathrm{P}(X=6)$$

을 만족시킬 때, $\mathrm{P}(X\le 3)$의 값은? (3점)

① $\frac{2}{7}$ ② $\frac{3}{7}$ ③ $\frac{4}{7}$
④ $\frac{5}{7}$ ⑤ $\frac{6}{7}$

28 2024년 10월학평 확통 28번

정규분포를 따르는 두 확률변수 X, Y와 X의 확률밀도함수 $f(x)$, Y의 확률밀도함수 $g(x)$가 다음 조건을 만족시킬 때, $\mathrm{P}(X \geq 2.5)$의 값을 오른쪽 표준정규분포표를 이용하여 구한 것은? (4점)

z	$\mathrm{P}(0 \leq Z \leq z)$
0.5	0.1915
1.0	0.3413
1.5	0.4332
2.0	0.4772
2.5	0.4938

(가) $\mathrm{V}(X)=\mathrm{V}(Y)=1$
(나) 어떤 양수 k에 대하여 직선 $y=k$가 두 함수 $y=f(x)$, $y=g(x)$의 그래프와 만나는 모든 점의 x좌표의 집합은 $\{1, 2, 3, 4\}$이다.
(다) $\mathrm{P}(X \leq 2)-\mathrm{P}(Y \leq 2)>0.5$

① 0.3085 ② 0.1587 ③ 0.0668
④ 0.0228 ⑤ 0.0062

단답형

29 2024년 10월학평 확통 29번

두 집합 $X=\{1, 2, 3, 4\}$, $Y=\{0, 1, 2, 3, 4, 5\}$에 대하여 다음 조건을 만족시키는 함수 $f : X \longrightarrow Y$의 개수를 구하시오. (4점)

(가) $x=1, 2, 3$일 때, $f(x) \leq f(x+1)$이다.
(나) $f(a)=a$인 X의 원소 a의 개수는 1이다.

30 2024년 10월학평 확통 30번

수직선의 원점에 점 P가 있다. 주머니에는 숫자 1, 2, 3, 4가 하나씩 적힌 4장의 카드가 들어 있다. 이 주머니를 사용하여 다음 시행을 한다.

> 주머니에서 임의로 한 장의 카드를 꺼내어
> 카드에 적힌 수를 확인한 후 다시 주머니에 넣는다.
> 확인한 수 k가
> 홀수이면 점 P를 양의 방향으로 k만큼 이동시키고,
> 짝수이면 점 P를 음의 방향으로 k만큼 이동시킨다.

이 시행을 4번 반복한 후 점 P의 좌표가 0 이상일 때, 확인한 네 개의 수의 곱이 홀수일 확률은 $\frac{q}{p}$이다. $p+q$의 값을 구하시오. (단, p와 q는 서로소인 자연수이다.) (4점)

수학 영역 (미적분)

5지선다형

23 2024년 10월학평 미적 23번

$\lim_{x \to 0} \frac{e^{3x}-1}{\ln(1+2x)}$의 값은? (2점)

① 1　② $\frac{3}{2}$　③ 2　④ $\frac{5}{2}$　⑤ 3

24 2024년 10월학평 미적 24번

$\int_0^{\frac{\pi}{3}} \cos\left(\frac{\pi}{3}-x\right)dx$의 값은? (3점)

① $\frac{1}{3}$　② $\frac{1}{2}$　③ $\frac{\sqrt{3}}{3}$　④ $\frac{\sqrt{2}}{2}$　⑤ $\frac{\sqrt{3}}{2}$

25 2024년 10월학평 미적 25번

수열 $a_n=\left(\frac{k}{2}\right)^n$이 수렴하도록 하는 모든 자연수 k에 대하여

$$\lim_{n\to\infty} \frac{a\times a_n+\left(\frac{1}{2}\right)^n}{a_n+b\times\left(\frac{1}{2}\right)^n}=\frac{k}{2}$$

일 때, $a+b$의 값은? (단, a와 b는 상수이다.) (3점)

① 1　② 2　③ 3　④ 4　⑤ 5

26 2024년 10월학평 미적 26번

그림과 같이 곡선 $y=\sqrt{(5-x)\ln x}$ $(2\le x\le 4)$와 x축 및 두 직선 $x=2$, $x=4$로 둘러싸인 부분을 밑면으로 하는 입체도형이 있다. 이 입체도형을 x축에 수직인 평면으로 자른 단면이 모두 정사각형일 때, 이 입체도형의 부피는? (3점)

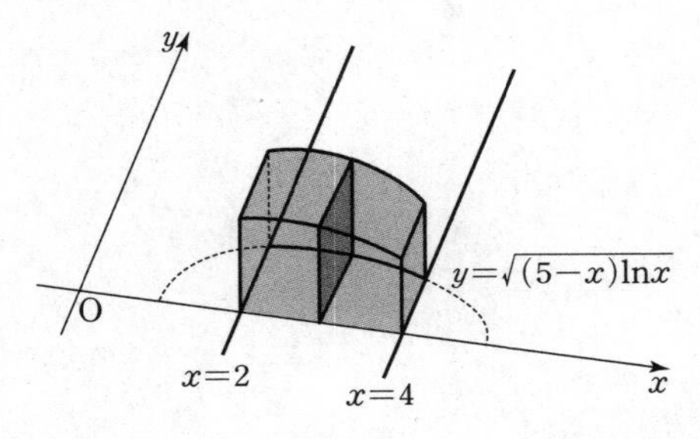

① $14\ln 2-7$　② $14\ln 2-6$　③ $16\ln 2-7$　④ $16\ln 2-6$　⑤ $16\ln 2-5$

27 2024년 10월학평 미적 27번

함수 $f(x)=e^{3x}-ax$ (a는 상수)와 상수 k에 대하여 함수

$$g(x)=\begin{cases} f(x) & (x\ge k) \\ -f(x) & (x<k) \end{cases}$$

가 실수 전체의 집합에서 연속이고 역함수를 가질 때, $a\times k$의 값은? (3점)

① e　② $e^{\frac{3}{2}}$　③ e^2　④ $e^{\frac{5}{2}}$　⑤ e^3

해설편 274쪽

28 2024년 10월학평 미적 28번

함수 $y=\frac{2\pi}{x}$의 그래프와 함수 $y=\cos x$의 그래프가 만나는 점의 x좌표 중 양수인 것을 작은 수부터 크기순으로 모두 나열할 때, m번째 수를 a_m이라 하자.
$\lim_{n\to\infty}\sum_{k=1}^{n}\{n\times\cos^2(a_{n+k})\}$의 값은? (4점)

① $\frac{3}{2}$ ② 2 ③ $\frac{5}{2}$
④ 3 ⑤ $\frac{7}{2}$

단답형

29 2024년 10월학평 미적 29번

점 $(0,\ 1)$을 지나고 기울기가 양수인 직선 l과 곡선 $y=e^{\frac{x}{a}}-1\ (a>0)$이 있다. 직선 l이 x축의 양의 방향과 이루는 각의 크기가 θ일 때, 직선 l이 곡선 $y=e^{\frac{x}{a}}-1\ (a>0)$과 제1사분면에서 만나는 점의 x좌표를 $f(\theta)$라 하자.
$f\left(\frac{\pi}{4}\right)=a$일 때, $\sqrt{f'\left(\frac{\pi}{4}\right)}=pe+q$이다. p^2+q^2의 값을 구하시오. (단, a는 상수이고, p, q는 정수이다.) (4점)

30 2024년 10월학평 미적 30번

두 상수 $a\ (a>0)$, b에 대하여 함수 $f(x)=(ax^2+bx)e^{-x}$이 다음 조건을 만족시킬 때, $60\times(a+b)$의 값을 구하시오. (4점)

(가) $\{x\,|\,f(x)=f'(t)\times x\}=\{0\}$을 만족시키는 실수 t의 개수가 1이다.
(나) $f(2)=2e^{-2}$

해설편 275쪽

수학 영역 (기하)

5지선다형

23 2024년 10월학평 기하 23번

쌍곡선 $\frac{x^2}{2}-y^2=1$의 두 초점 사이의 거리는? (2점)

① $2\sqrt{2}$ ② $2\sqrt{3}$ ③ 4
④ $2\sqrt{5}$ ⑤ $2\sqrt{6}$

24 2024년 10월학평 기하 24번

좌표공간의 점 $\mathrm{A}(3,\ -1,\ a)$를 xy평면에 대하여 대칭이동한 점을 B라 하자. 점 $\mathrm{C}(-3,\ b,\ 4)$에 대하여 선분 BC를 $1:2$로 내분하는 점이 x축 위에 있을 때, $a+b$의 값은? (3점)

① 4 ② 5 ③ 6
④ 7 ⑤ 8

25 2024년 10월학평 기하 25번

두 벡터 $\vec{a}$, $\vec{b}$에 대하여

$$|2\vec{a}+\vec{b}|=\sqrt{13},\ |\vec{a}-\vec{b}|=1,\ |\vec{a}|=\sqrt{2}$$

일 때, $|\vec{a}+\vec{b}|$의 값은? (3점)

① $\sqrt{3}$ ② 2 ③ $\sqrt{5}$
④ $\sqrt{6}$ ⑤ $\sqrt{7}$

26 2024년 10월학평 기하 26번

포물선 $y^2=12x$의 초점 F를 지나고 기울기가 양수인 직선이 포물선과 만나는 두 점을 각각 A, B라 하자. $\overline{\mathrm{AF}}:\overline{\mathrm{BF}}=3:1$일 때, 이 포물선 위의 점 A에서의 접선의 y절편은? (3점)

① $\sqrt{15}$ ② $3\sqrt{2}$ ③ $\sqrt{21}$
④ $2\sqrt{6}$ ⑤ $3\sqrt{3}$

27 2024년 10월학평 기하 27번

그림과 같이 한 모서리의 길이가 2인 정육면체 ABCD−EFGH에서 모서리 DH의 중점을 M, 모서리 GH의 중점을 N이라 하자. 선분 FM 위의 점 P에 대하여 선분 NP의 길이가 최소일 때, 선분 NP의 평면 FHM 위로의 정사영의 길이는? (3점)

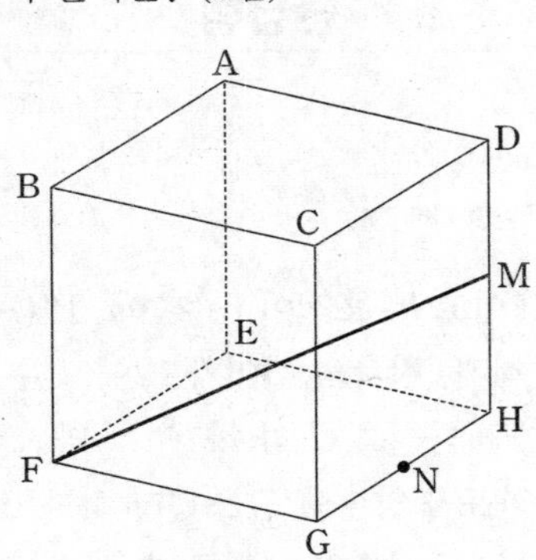

① $\frac{\sqrt{2}}{8}$ ② $\frac{\sqrt{2}}{4}$ ③ $\frac{3\sqrt{2}}{8}$
④ $\frac{\sqrt{2}}{2}$ ⑤ $\frac{5\sqrt{2}}{8}$

해설편 276쪽

28 2024년 10월학평 기하 28번

좌표평면의 두 점 A(9, 0), B(8, 1)에 대하여 다음 조건을 만족시키는 모든 점 X의 집합을 S라 하자.

> (가) $|\overrightarrow{AX}|=2$
> (나) $|\overrightarrow{OB}+k\overrightarrow{BX}|=4$를 만족시키는 실수 k가 존재한다.

집합 S에 속하는 점 중에서 x좌표가 최대인 점을 P라 하자. 두 벡터 $\overrightarrow{OP}$, $\overrightarrow{BP}$가 이루는 각의 크기를 θ라 할 때, $\cos\theta$의 값은? (단, O는 원점이다.) (4점)

① $\frac{3\sqrt{10}}{10}$ ② $\frac{2\sqrt{5}}{5}$ ③ $\frac{\sqrt{10}}{5}$
④ $\frac{\sqrt{5}}{5}$ ⑤ $\frac{\sqrt{10}}{10}$

단답형

29 2024년 10월학평 기하 29번

장축의 길이가 8이고 두 초점이 F(2, 0), F′(−2, 0)인 타원을 C_1이라 하자. 장축의 길이가 12이고 두 초점이 F, P$(a, 0)(a>2)$인 타원을 C_2라 하자. 두 타원 C_1과 C_2가 만나는 점 중 y좌표가 양수인 점을 Q라 하자. $\overline{F'Q}$, $\overline{FQ}$, $\overline{PQ}$가 이 순서대로 등차수열을 이룰 때, $a=p+q\sqrt{10}$이다. p^2+q^2의 값을 구하시오. (단, p, q는 정수이다.) (4점)

30 2024년 10월학평 기하 30번

그림과 같이 한 변의 길이가 2인 정사각형을 밑면으로 하고 $\overline{AB}=\overline{AC}=\overline{AD}=\overline{AE}=4$인 정사각뿔 A−BCDE가 있다. 두 선분 BC, CD의 중점을 각각 P, Q라 하고 선분 CA를 1 : 7로 내분하는 점을 R이라 하자. 네 점 C, P, Q, R을 모두 지나는 구 위의 점 중에서 직선 AB와의 거리가 최소인 점을 S라 하자. 삼각형 ABS의 평면 BCD 위로의 정사영의 넓이가 $p+q\sqrt{2}$일 때, $60\times(p+q)$의 값을 구하시오.

(단, p, q는 유리수이다.) (4점)

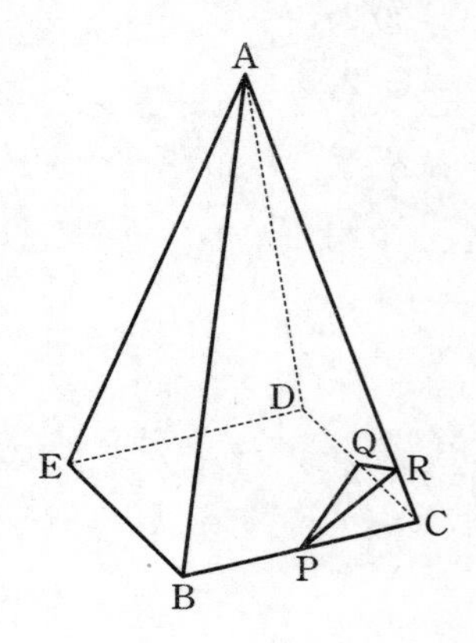

해설편 277쪽

2022학년도 대학수학능력시험 예시문항

수학 영역

회차별 동영상 강의 QR

제 2 교시

25회	시험 시간	100분
	날짜	월 일 요일
시작 시각 :	종료 시각	:

5지선다형

01 2022학년도 수능예시문항 1번

$\dfrac{3^{\sqrt{5}+1}}{3^{\sqrt{5}-1}}$의 값은? (2점)

① 1　② $\sqrt{3}$　③ 3　④ $3\sqrt{3}$　⑤ 9

02 2022학년도 수능예시문항 2번

$\int_{-1}^{1}(x^3+a)dx=4$일 때, 상수 a의 값은? (2점)

① 1　② 2　③ 3　④ 4　⑤ 5

03 2022학년도 수능예시문항 3번

함수 $y=2^x$의 그래프를 y축의 방향으로 m만큼 평행이동한 그래프가 점 $(-1, 2)$를 지날 때, 상수 m의 값은? (3점)

① $\frac{1}{2}$　② 1　③ $\frac{3}{2}$　④ 2　⑤ $\frac{5}{2}$

04 2022학년도 수능예시문항 4번

함수 $y=f(x)$의 그래프가 그림과 같다.

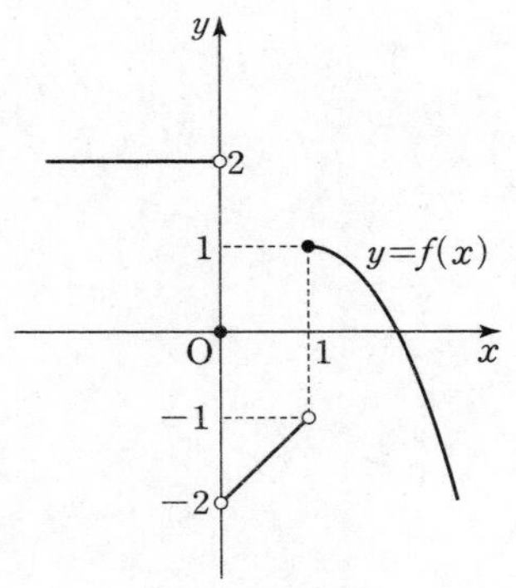

y 2 1 $y=f(x)$ O 1 x −1 −2

$\lim_{x\to 0-} f(x)-\lim_{x\to 1+} f(x)$의 값은? (3점)

① -2　② -1　③ 0　④ 1　⑤ 2

05 2022학년도 수능예시문항 5번

$\frac{\pi}{2}<\theta<\pi$인 θ에 대하여 $\sin\theta\cos\theta=-\frac{12}{25}$일 때, $\sin\theta-\cos\theta$의 값은? (3점)

① $\frac{4}{5}$　② 1　③ $\frac{6}{5}$　④ $\frac{7}{5}$　⑤ $\frac{8}{5}$

25회 2022 수능 예시문항

06 2022학년도 수능예시문항 6번

다항함수 $f(x)$가

$$f'(x)=3x^2-kx+1,\ f(0)=f(2)=1$$

을 만족시킬 때, 상수 k의 값은? (3점)

① 5 ② 6 ③ 7
④ 8 ⑤ 9

07 2022학년도 수능예시문항 7번

함수

$$f(x)=\begin{cases} x-4 & (x<a) \\ x+3 & (x\geq a) \end{cases}$$

에 대하여 함수 $|f(x)|$가 실수 전체의 집합에서 연속일 때, 상수 a의 값은? (3점)

① -1 ② $-\frac{1}{2}$ ③ 0
④ $\frac{1}{2}$ ⑤ 1

08 2022학년도 수능예시문항 8번

함수 $y=6\sin\frac{\pi}{12}x\ (0\leq x\leq 12)$의 그래프와 직선 $y=3$이 만나는 두 점을 각각 A, B라 할 때, 선분 AB의 길이는? (3점)

① 6 ② 7 ③ 8
④ 9 ⑤ 10

09 2022학년도 수능예시문항 9번

원점을 지나고 곡선 $y=-x^3-x^2+x$에 접하는 모든 직선의 기울기의 합은? (4점)

① 2 ② $\frac{9}{4}$ ③ $\frac{5}{2}$
④ $\frac{11}{4}$ ⑤ 3

해설편 279쪽

10 2022학년도 수능예시문항 10번

$\frac{1}{2}<\log a<\frac{11}{2}$인 양수 a에 대하여 $\frac{1}{3}+\log\sqrt{a}$의 값이 자연수가 되도록 하는 모든 a의 값의 곱은? (4점)

① 10^{10} ② 10^{11} ③ 10^{12}
④ 10^{13} ⑤ 10^{14}

11 2022학년도 수능예시문항 11번

최고차항의 계수가 1인 삼차함수 $f(x)$가 다음 조건을 만족시킨다.

> 방정식 $f(x)=9$는 서로 다른 세 실근을 갖고, 이 세 실근은 크기 순서대로 등비수열을 이룬다.

$f(0)=1$, $f'(2)=-2$일 때, $f(3)$의 값은? (4점)

① 6 ② 7 ③ 8
④ 9 ⑤ 10

12 2022학년도 수능예시문항 12번

$0<a<b$인 모든 실수 a, b에 대하여

$$\int_a^b (x^3-3x+k)dx>0$$

이 성립하도록 하는 실수 k의 최솟값은? (4점)

① 1 ② 2 ③ 3
④ 4 ⑤ 5

해설편 280쪽

13 2022학년도 수능예시문항 13번

수열 $\{a_n\}$의 첫째항부터 제n항까지의 합을 S_n이라 하자. 다음은 모든 자연수 n에 대하여

$$\sum_{k=1}^{n} \frac{S_k}{k!} = \frac{1}{(n+1)!}$$

이 성립할 때, $\sum_{k=1}^{n} \frac{1}{a_k}$을 구하는 과정이다.

> $n=1$일 때, $a_1=S_1=\frac{1}{2}$이므로 $\frac{1}{a_1}=2$이다.
>
> $n=2$일 때, $a_2=S_2-S_1=-\frac{7}{6}$이므로 $\sum_{k=1}^{2} \frac{1}{a_k}=\frac{8}{7}$이다.
>
> $n \geq 3$인 모든 자연수 n에 대하여
>
> $$\frac{S_n}{n!}=\sum_{k=1}^{n} \frac{S_k}{k!}-\sum_{k=1}^{n-1} \frac{S_k}{k!}=-\frac{\boxed{(가)}}{(n+1)!}$$
>
> 즉, $S_n=-\frac{\boxed{(가)}}{n+1}$이므로
>
> $$a_n=S_n-S_{n-1}=-(\boxed{(나)})$$
>
> 이다. 한편 $\sum_{k=3}^{n} k(k+1)=-8+\sum_{k=1}^{n} k(k+1)$이므로
>
> $$\sum_{k=1}^{n} \frac{1}{a_k}=\frac{8}{7}-\sum_{k=3}^{n} k(k+1)$$
>
> $$=\frac{64}{7}-\frac{n(n+1)}{2}-\sum_{k=1}^{n} \boxed{(다)}$$
>
> $$=-\frac{1}{3}n^3-n^2-\frac{2}{3}n+\frac{64}{7}$$
>
> 이다.

위의 (가), (나), (다)에 알맞은 식을 각각 $f(n)$, $g(n)$, $h(k)$라 할 때, $f(5) \times g(3) \times h(6)$의 값은? (4점)

① 3 ② 6 ③ 9 ④ 12 ⑤ 15

14 2022학년도 수능예시문항 14번

수직선 위를 움직이는 점 P의 시각 t에서의 가속도가

$$a(t)=3t^2-12t+9 \ (t \geq 0)$$

이고, 시각 $t=0$에서의 속도가 k일 때, [보기]에서 옳은 것만을 있는 대로 고른 것은? (4점)

> **[보기]**
>
> ㄱ. 구간 $(3, \infty)$에서 점 P의 속도는 증가한다.
>
> ㄴ. $k=-4$이면 구간 $(0, \infty)$에서 점 P의 운동 방향이 두 번 바뀐다.
>
> ㄷ. 시각 $t=0$에서 시각 $t=5$까지 점 P의 위치의 변화량과 점 P가 움직인 거리가 같도록 하는 k의 최솟값은 0이다.

① ㄱ ② ㄴ ③ ㄱ, ㄴ ④ ㄱ, ㄷ ⑤ ㄱ, ㄴ, ㄷ

해설편 281쪽

15 2022학년도 수능예시문항 15번

다음 조건을 만족시키는 모든 수열 $\{a_n\}$에 대하여 $\sum_{k=1}^{100} a_k$의 최댓값과 최솟값을 각각 M, m이라 할 때, $M-m$의 값은? (4점)

(가) $a_5=5$
(나) 모든 자연수 n에 대하여
$$a_{n+1}=\begin{cases} a_n-6 & (a_n \geq 0) \\ -2a_n+3 & (a_n<0) \end{cases}$$
이다.

① 64 ② 68 ③ 72
④ 76 ⑤ 80

단답형

16 2022학년도 수능예시문항 16번

등차수열 $\{a_n\}$에 대하여 $a_3=7$, $a_2+a_5=16$일 때, a_{10}의 값을 구하시오. (3점)

17 2022학년도 수능예시문항 17번

미분가능한 함수 $f(x)$가 $f(1)=2$, $f'(1)=4$를 만족시킬 때, 함수 $g(x)=(x+1)f(x)$의 $x=1$에서의 미분계수를 구하시오. (3점)

18 2022학년도 수능예시문항 18번

두 양수 x, y가
$$\log_2(x+2y)=3,\ \log_2 x+\log_2 y=1$$
을 만족시킬 때, x^2+4y^2의 값을 구하시오. (3점)

19 2022학년도 수능예시문항 19번

실수 k에 대하여 함수 $f(x)=x^4+kx+10$이 $x=1$에서 극값을 가질 때, $f(1)$의 값을 구하시오. (3점)

해설편 282쪽

20 2022학년도 수능예시문항 20번

공차가 정수인 등차수열 $\{a_n\}$에 대하여

$$a_3+a_5=0,\ \sum_{k=1}^{6}(|a_k|+a_k)=30$$

일 때, a_9의 값을 구하시오. (4점)

21 2022학년도 수능예시문항 21번

그림과 같이 한 평면 위에 있는 두 삼각형 ABC, ACD의 외심을 각각 O, O′이라 하고 $\angle\mathrm{ABC}=\alpha$, $\angle\mathrm{ADC}=\beta$라 할 때,

$$\frac{\sin\beta}{\sin\alpha}=\frac{3}{2},\ \cos(\alpha+\beta)=\frac{1}{3},\ \overline{\mathrm{OO'}}=1$$

이 성립한다. 삼각형 ABC의 외접원의 넓이가 $\frac{q}{p}\pi$일 때, $p+q$의 값을 구하시오. (단, p와 q는 서로소인 자연수이다.) (4점)

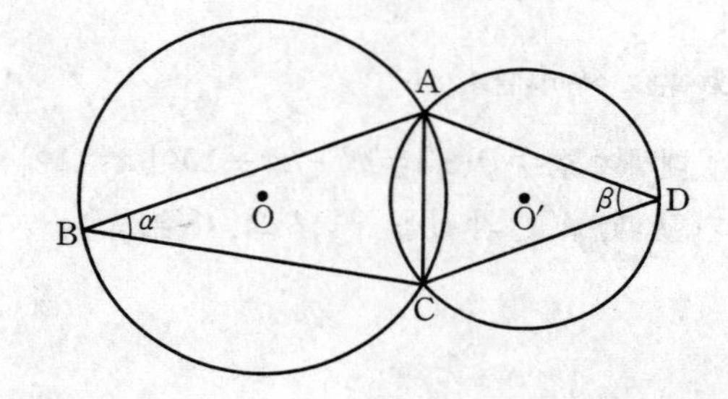

22 2022학년도 수능예시문항 22번

함수

$$f(x)=x^3-3px^2+q$$

가 다음 조건을 만족시키도록 하는 25 이하의 두 자연수 p, q의 모든 순서쌍 (p, q)의 개수를 구하시오. (4점)

> (가) 함수 $|f(x)|$가 $x=a$에서 극대 또는 극소가 되도록 하는 모든 실수 a의 개수는 5이다.
> (나) 닫힌구간 $[-1, 1]$에서 함수 $|f(x)|$의 최댓값과 닫힌구간 $[-2, 2]$에서 함수 $|f(x)|$의 최댓값은 같다.

해설편 283쪽

수학 영역 (확률과 통계)

5지선다형

23 2022학년도 수능예시문항 확통 23번

확률변수 X가 이항분포 $\mathrm{B}\left(80, \frac{1}{8}\right)$을 따를 때, $\mathrm{E}(X)$의 값은? (2점)

① 10 ② 12 ③ 14 ④ 16 ⑤ 18

24 2022학년도 수능예시문항 확통 24번

$\left(x^5+\frac{1}{x^2}\right)^6$의 전개식에서 x^2의 계수는? (3점)

① 3 ② 6 ③ 9 ④ 12 ⑤ 15

25 2022학년도 수능예시문항 확통 25번

두 사건 A, B에 대하여 A^C과 B는 서로 배반사건이고,

$$\mathrm{P}(A)=\frac{1}{2},\ \mathrm{P}(A\cap B^C)=\frac{2}{7}$$

일 때, $\mathrm{P}(B)$의 값은? (단, A^C은 A의 여사건이다.) (3점)

① $\frac{5}{28}$ ② $\frac{3}{14}$ ③ $\frac{1}{4}$ ④ $\frac{2}{7}$ ⑤ $\frac{9}{28}$

26 2022학년도 수능예시문항 확통 26번

확률변수 X가 정규분포 $\mathrm{N}(m,\ 10^2)$을 따르고 $\mathrm{P}(X\le 50)=0.2119$일 때, m의 값을 오른쪽 표준정규분포표를 이용하여 구한 것은? (3점)

z	$\mathrm{P}(0\le Z\le z)$
0.6	0.2257
0.7	0.2580
0.8	0.2881
0.9	0.3159

① 55 ② 56 ③ 57 ④ 58 ⑤ 59

27 2022학년도 수능예시문항 확통 27번

집합 $X=\{1,\ 2,\ 3,\ 4\}$에 대하여 다음 조건을 만족시키는 모든 함수 $f: X \longrightarrow X$의 개수는? (3점)

> (가) $f(1)+f(2)+f(3)\ge 3f(4)$
> (나) $k=1,\ 2,\ 3$일 때 $f(k)\ne f(4)$이다.

① 41 ② 45 ③ 49 ④ 53 ⑤ 57

○ 해설편 285쪽

28 2022학년도 수능예시문항 확통 28번

1부터 10까지의 자연수 중에서 임의로 서로 다른 3개의 수를 선택한다. 선택한 세 개의 수의 곱이 짝수일 때, 그 세 개의 수의 합이 3의 배수일 확률은? (4점)

① $\frac{14}{55}$ ② $\frac{3}{10}$ ③ $\frac{19}{55}$
④ $\frac{43}{110}$ ⑤ $\frac{24}{55}$

단답형

29 2022학년도 수능예시문항 확통 29번

다음 조건을 만족시키는 음이 아닌 정수 a, b, c, d의 모든 순서쌍 (a, b, c, d)의 개수를 구하시오. (4점)

(가) $a+b+c+d=12$
(나) $a\neq 2$이고 $a+b+c\neq 10$이다.

30 2022학년도 수능예시문항 확통 30번

주머니 A에는 숫자 1, 2가 하나씩 적혀 있는 2개의 공이 들어 있고, 주머니 B에는 숫자 3, 4, 5가 하나씩 적혀 있는 3개의 공이 들어 있다. 다음의 시행을 3번 반복하여 확인한 세 개의 수의 평균을 $\overline{X}$라 하자.

> 두 주머니 A, B 중 임의로 선택한 하나의 주머니에서 임의로 한 개의 공을 꺼내어 공에 적혀 있는 수를 확인한 후 꺼낸 주머니에 다시 넣는다.

$\mathrm{P}(\overline{X}=2)=\frac{q}{p}$일 때, $p+q$의 값을 구하시오.

(단, p와 q는 서로소인 자연수이다.) (4점)

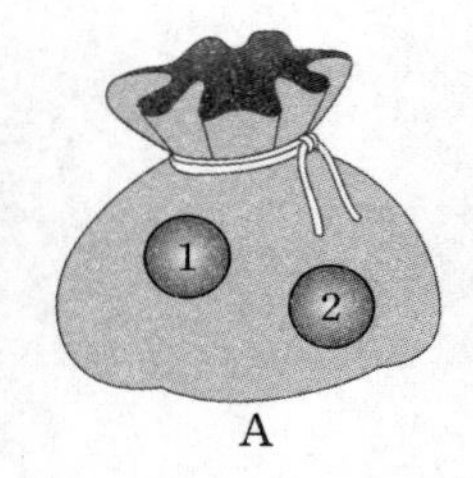

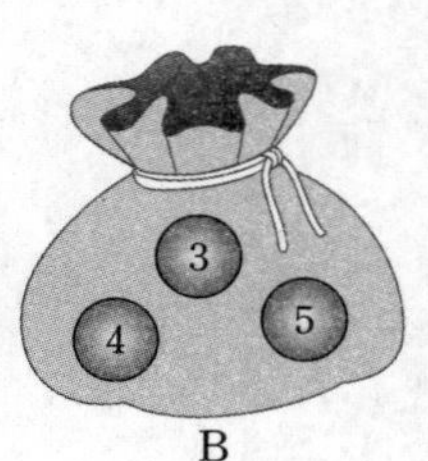

해설편 286쪽

수학 영역 (미적분)

5지선다형

23 2022학년도 수능예시문항 미적 23번

$\int_{-\frac{\pi}{2}}^{\pi} \sin x \, dx$의 값은? (2점)

① -2 ② -1 ③ 0
④ 1 ⑤ 2

24 2022학년도 수능예시문항 미적 24번

정수 k에 대하여 수열 $\{a_n\}$의 일반항을

$$a_n = \left(\frac{|k|}{3} - 2\right)^n$$

이라 하자. 수열 $\{a_n\}$이 수렴하도록 하는 모든 정수 k의 개수는? (3점)

① 4 ② 8 ③ 12
④ 16 ⑤ 20

25 2022학년도 수능예시문항 미적 25번

매개변수 t로 나타낸 곡선

$$x = e^t + 2t, \ y = e^{-t} + 3t$$

에 대하여 $t=0$에 대응하는 점에서의 접선이 점 $(10, a)$를 지날 때, a의 값은? (3점)

① 6 ② 7 ③ 8
④ 9 ⑤ 10

해설편 287쪽

26 2022학년도 수능예시문항 미적 26번

그림과 같이 $\overline{OA_1}=\sqrt{3}$, $\overline{OC_1}=1$인 직사각형 $OA_1B_1C_1$이 있다. 선분 B_1C_1 위의 $\overline{B_1D_1}=2\overline{C_1D_1}$인 점 D_1에 대하여 중심이 B_1이고 반지름의 길이가 $\overline{B_1D_1}$인 원과 선분 OA_1의 교점을 E_1, 중심이 C_1이고 반지름의 길이가 $\overline{C_1D_1}$인 원과 선분 OC_1의 교점을 C_2라 하자. 부채꼴 $B_1D_1E_1$의 내부와 부채꼴 $C_1C_2D_1$의 내부로 이루어진 ◁ 모양의 도형에 색칠하여 얻은 그림을 R_1이라 하자.

그림 R_1에서 선분 OA_1 위의 점 A_2, 호 D_1E_1 위의 점 B_2와 점 C_2, 점 O를 꼭짓점으로 하는 직사각형 $OA_2B_2C_2$를 그리고, 그림 R_1을 얻은 것과 같은 방법으로 직사각형 $OA_2B_2C_2$에 ◁ 모양의 도형을 그리고 색칠하여 얻은 그림을 R_2라 하자.

이와 같은 과정을 계속하여 n번째 얻은 그림 R_n에 색칠되어 있는 부분의 넓이를 S_n이라 할 때, $\lim_{n\to\infty} S_n$의 값은? (3점)

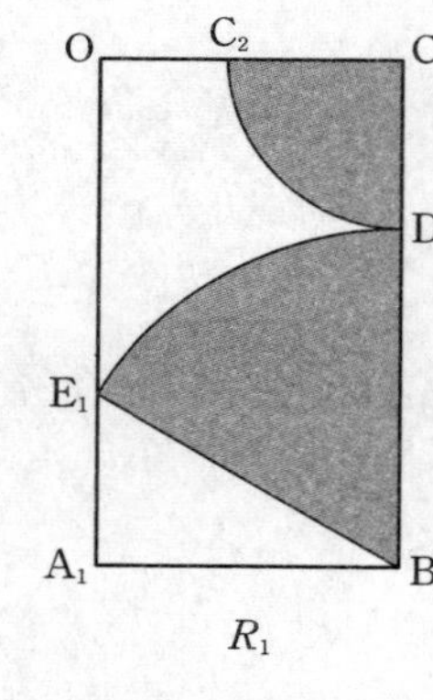

R_1

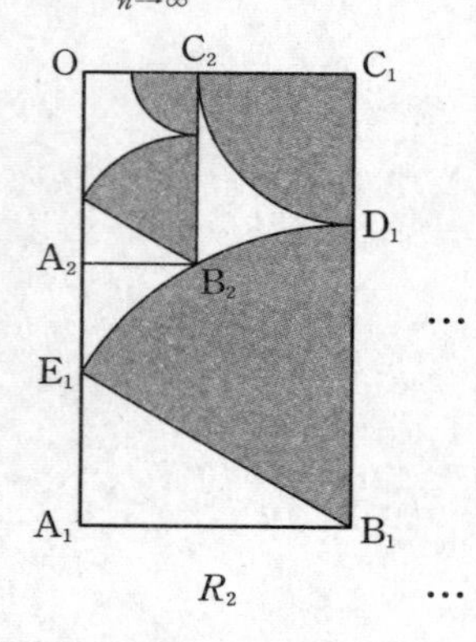

R_2

① $\frac{5+2\sqrt{3}}{12}\pi$ ② $\frac{2+\sqrt{3}}{6}\pi$ ③ $\frac{3+2\sqrt{3}}{12}\pi$
④ $\frac{1+\sqrt{3}}{6}\pi$ ⑤ $\frac{1+2\sqrt{3}}{12}\pi$

27 2022학년도 수능예시문항 미적 27번

곡선 $y=x\ln(x^2+1)$과 x축 및 직선 $x=1$로 둘러싸인 부분의 넓이는? (3점)

① $\ln 2-\frac{1}{2}$ ② $\ln 2-\frac{1}{4}$ ③ $\ln 2-\frac{1}{6}$
④ $\ln 2-\frac{1}{8}$ ⑤ $\ln 2-\frac{1}{10}$

28 2022학년도 수능예시문항 미적 28번

그림과 같이 길이가 2인 선분 AB를 지름으로 하는 반원의 호 위에 점 P가 있고, 선분 AB 위에 점 Q가 있다. $\angle PAB=\theta$이고 $\angle APQ=\frac{\theta}{3}$일 때, 삼각형 PAQ의 넓이를 $S(\theta)$, 선분 PB의 길이를 $l(\theta)$라 하자. $\lim_{\theta\to0+}\frac{S(\theta)}{l(\theta)}$의 값은? $\left(\text{단, } 0<\theta<\frac{\pi}{4}\right)$ (4점)

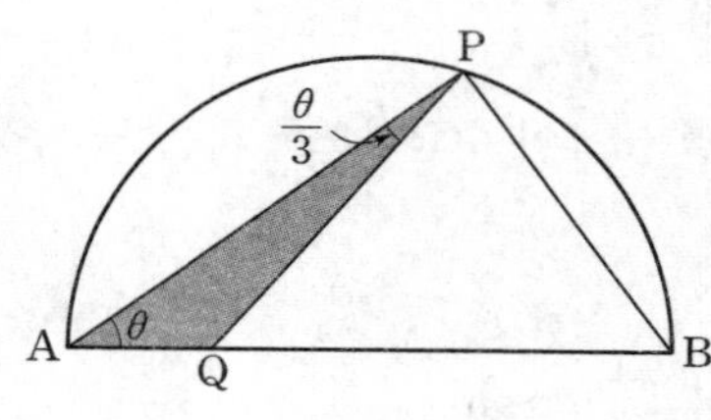

① $\frac{1}{12}$ ② $\frac{1}{6}$ ③ $\frac{1}{4}$
④ $\frac{1}{3}$ ⑤ $\frac{5}{12}$

해설편 287쪽

단답형

29 2022학년도 수능예시문항 미적 29번

함수 $f(x)=e^x+x-1$과 양수 t에 대하여 함수

$$F(x)=\int_0^x \{t-f(s)\}ds$$

가 $x=\alpha$에서 최댓값을 가질 때, 실수 α의 값을 $g(t)$라 하자. 미분가능한 함수 $g(t)$에 대하여 $\int_{f(1)}^{f(5)} \frac{g(t)}{1+e^{g(t)}}dt$의 값을 구하시오. (4점)

30 2022학년도 수능예시문항 미적 30번

두 양수 a, $b(b<1)$에 대하여 함수 $f(x)$를

$$f(x)=\begin{cases} -x^2+ax & (x\leq 0) \\ \frac{\ln(x+b)}{x} & (x>0) \end{cases}$$

이라 하자. 양수 m에 대하여 직선 $y=mx$와 함수 $y=f(x)$의 그래프가 만나는 서로 다른 점의 개수를 $g(m)$이라 할 때, 함수 $g(m)$은 다음 조건을 만족시킨다.

> $\lim_{m\to\alpha-} g(m)-\lim_{m\to\alpha+} g(m)=1$을 만족시키는 양수 α가 오직 하나 존재하고, 이 α에 대하여 점 $(b,\ f(b))$는 직선 $y=\alpha x$와 곡선 $y=f(x)$의 교점이다.

$ab^2=\frac{q}{p}$일 때, $p+q$의 값을 구하시오.

(단, p와 q는 서로소인 자연수이고, $\lim_{x\to\infty} f(x)=0$이다.)

(4점)

25회

2022 수능 예시문항

해설편 289쪽

5지선다형

23 2022학년도 수능예시문항 기하 23번

좌표공간의 점 $\mathrm{P}(1,\ 3,\ 4)$를 zx평면에 대하여 대칭이동한 점을 Q라 하자. 두 점 P와 Q 사이의 거리는? (2점)

① 6 ② 7 ③ 8 ④ 9 ⑤ 10

24 2022학년도 수능예시문항 기하 24번

좌표평면에서 점 $\mathrm{A}(4,\ 6)$과 원 C 위의 임의의 점 P에 대하여

$$|\overrightarrow{\mathrm{OP}}|^2-\overrightarrow{\mathrm{OA}}\cdot\overrightarrow{\mathrm{OP}}=3$$

일 때, 원 C의 반지름의 길이는? (단, O는 원점이다.) (3점)

① 1 ② 2 ③ 3 ④ 4 ⑤ 5

25 2022학년도 수능예시문항 기하 25번

좌표공간에서 수직으로 만나는 두 평면 α, β의 교선을 l이라 하자. 평면 α 위의 직선 m과 평면 β 위의 직선 n은 각각 직선 l과 평행하다. 직선 m 위의 $\overline{\mathrm{AP}}=4$인 두 점 A, P에 대하여 점 P에서 직선 l에 내린 수선의 발을 Q, 점 Q에서 직선 n에 내린 수선의 발을 B라 하자.
$\overline{\mathrm{PQ}}=3$, $\overline{\mathrm{QB}}=4$이고, 점 B가 아닌 직선 n 위의 점 C에 대하여 $\overline{\mathrm{AB}}=\overline{\mathrm{AC}}$일 때, 삼각형 ABC의 넓이는? (3점)

① 18 ② 20 ③ 22 ④ 24 ⑤ 26

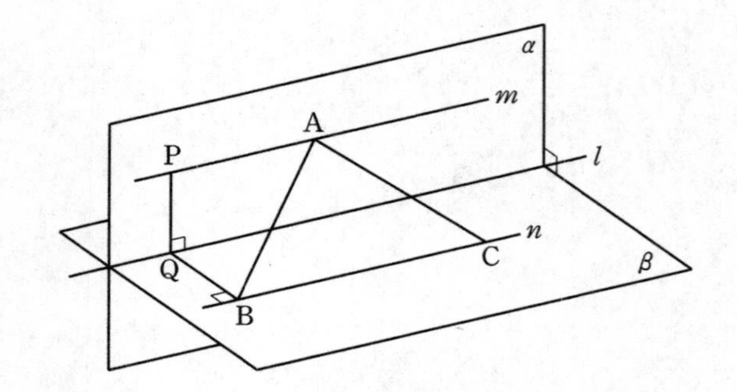

26 2022학년도 수능예시문항 기하 26번

좌표평면에서 타원 $x^2+3y^2=19$와 직선 l은 제1사분면 위의 한 점에서 접하고, 원점과 직선 l 사이의 거리는 $\frac{19}{5}$이다. 직선 l의 기울기는? (3점)

① $-\frac{2}{3}$ ② $-\frac{5}{6}$ ③ -1
④ $-\frac{7}{6}$ ⑤ $-\frac{4}{3}$

27 2022학년도 수능예시문항 기하 27번

그림과 같이 두 점 $F(c,\ 0)$, $F'(-c,\ 0)$ $(c>0)$을 초점으로 하는 쌍곡선 $\frac{x^2}{4}-\frac{y^2}{b^2}=1$이 있다. 점 F를 지나고 x축에 수직인 직선이 쌍곡선과 제1사분면에서 만나는 점을 P라 하고, 직선 PF 위에 $\overline{QP}:\overline{PF}=5:3$이 되도록 점 Q를 잡는다. 직선 F'Q가 y축과 만나는 점을 R이라 할 때, $\overline{QP}=\overline{QR}$이다. b^2의 값은? (단, b는 상수이고, 점 Q는 제1사분면 위의 점이다.) (3점)

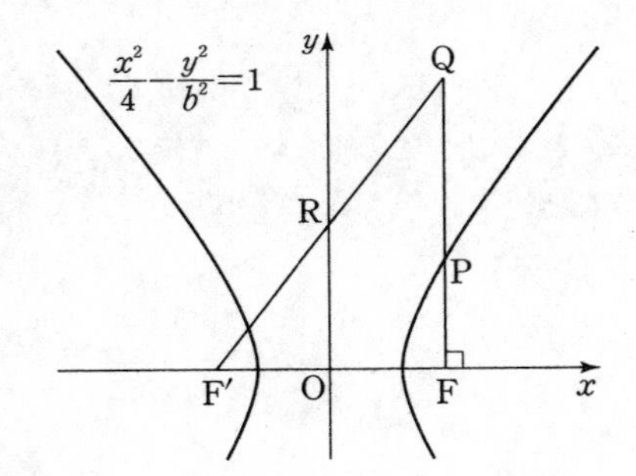

① $\frac{1}{2}+2\sqrt{5}$ ② $1+2\sqrt{5}$ ③ $\frac{3}{2}+2\sqrt{5}$
④ $2+2\sqrt{5}$ ⑤ $\frac{5}{2}+2\sqrt{5}$

28 2022학년도 수능예시문항 기하 28번

좌표평면에서 반원의 호 $x^2+y^2=4$ $(x\geq 0)$ 위의 한 점 $P(a,\ b)$에 대하여

$$\overrightarrow{OP}\cdot\overrightarrow{OQ}=2$$

를 만족시키는 반원의 호 $(x+5)^2+y^2=16$ $(y\geq 0)$ 위의 점 Q가 하나뿐일 때, $a+b$의 값은? (단, O는 원점이다.) (4점)

① $\frac{12}{5}$ ② $\frac{5}{2}$ ③ $\frac{13}{5}$
④ $\frac{27}{10}$ ⑤ $\frac{14}{5}$

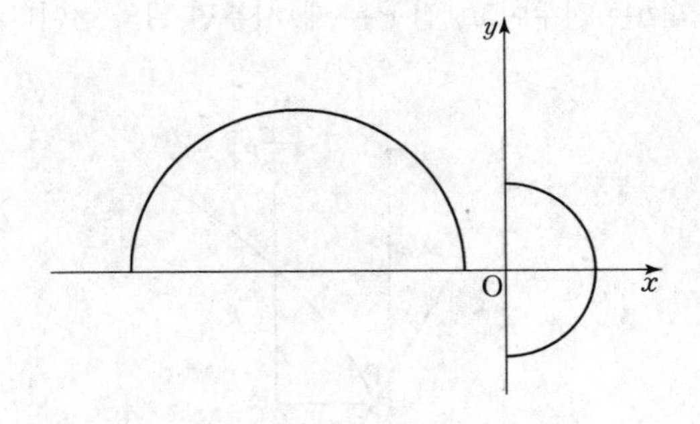

25회 2022 수능 예시문항

해설편 291쪽

단답형

29 2022학년도 수능예시문항 기하 29번

그림과 같이 꼭짓점이 원점 O이고 초점이 F$(p,\ 0)$ $(p>0)$인 포물선이 있다. 포물선 위의 점 P, x축 위의 점 Q, 직선 $x=p$ 위의 점 R에 대하여 삼각형 PQR은 정삼각형이고 직선 PR은 x축과 평행하다. 직선 PQ가 점 S$(-p,\ \sqrt{21})$을 지날 때, $\overline{\mathrm{QF}}=\dfrac{a+b\sqrt{7}}{6}$이다. $a+b$의 값을 구하시오.

(단, a와 b는 정수이고, 점 P는 제1사분면 위의 점이다.)

(4점)

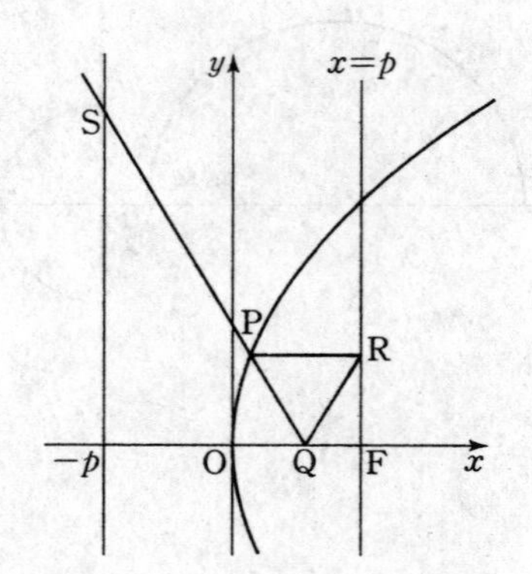

30 2022학년도 수능예시문항 기하 30번

좌표공간에서 점 A$(0,\ 0,\ 1)$을 지나는 직선이 중심이 C$(3,\ 4,\ 5)$이고 반지름의 길이가 1인 구와 한 점 P에서만 만난다. 세 점 A, C, P를 지나는 원의 xy평면 위로의 정사영의 넓이의 최댓값은 $\dfrac{q}{p}\sqrt{41}\pi$이다. $p+q$의 값을 구하시오. (단, p와 q는 서로소인 자연수이다.) (4점)

해설편 293쪽

수학 영역

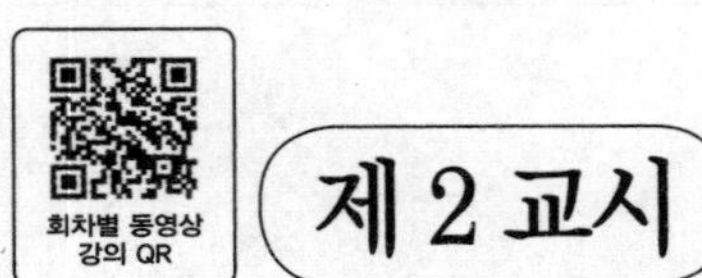

26회	시험 시간	100분
	날짜	월 일 요일
시작 시각 :	종료 시각	:

5지선다형

01 2021학년도 수능 나형 3번

$\lim_{x \to 2} \frac{x^2+2x-8}{x-2}$의 값은? (2점)

① 2 ② 4 ③ 6 ④ 8 ⑤ 10

02 2021학년도 수능 가형 3번

$\frac{\pi}{2}<\theta<\pi$인 θ에 대하여 $\sin\theta=\frac{\sqrt{21}}{7}$일 때, $\tan\theta$의 값은? (2점)

① $-\frac{\sqrt{3}}{2}$ ② $-\frac{\sqrt{3}}{4}$ ③ 0 ④ $\frac{\sqrt{3}}{4}$ ⑤ $\frac{\sqrt{3}}{2}$

03 2021학년도 수능 나형 4번

함수 $f(x)=4\cos x+3$의 최댓값은? (3점)

① 6 ② 7 ③ 8 ④ 9 ⑤ 10

04 2021학년도 수능 나형 6번

함수 $f(x)=x^4+3x-2$에 대하여 $f'(2)$의 값은? (3점)

① 35 ② 37 ③ 39 ④ 41 ⑤ 43

05 2021학년도 수능 나형 7번

부등식 $\left(\frac{1}{9}\right)^x<3^{21-4x}$을 만족시키는 자연수 x의 개수는? (3점)

① 6 ② 7 ③ 8 ④ 9 ⑤ 10

06 2021학년도 수능 나형 9번

곡선 $y=x^3-3x^2+2x+2$ 위의 점 $\mathrm{A}(0, 2)$에서의 접선과 수직이고 점 A를 지나는 직선의 x절편은? (3점)

① 4 ② 6 ③ 8 ④ 10 ⑤ 12

해설편 295쪽

07 2021학년도 수능 가형 10번

$\angle A=\frac{\pi}{3}$이고 $\overline{AB}:\overline{AC}=3:1$인 삼각형 ABC가 있다. 삼각형 ABC의 외접원의 반지름의 길이가 7일 때, 선분 AC의 길이는? (3점)

① $2\sqrt{5}$ ② $\sqrt{21}$ ③ $\sqrt{22}$
④ $\sqrt{23}$ ⑤ $2\sqrt{6}$

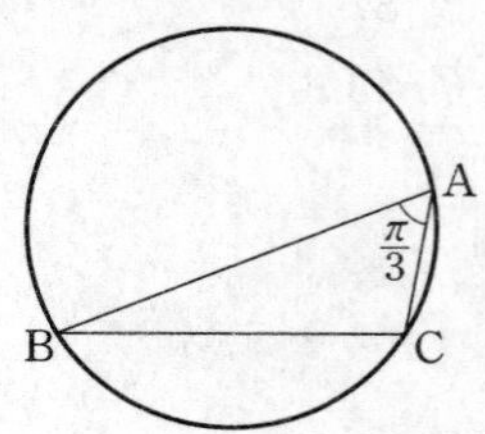

08 2021학년도 수능 나형 12번

수열 $\{a_n\}$은 $a_1=1$이고, 모든 자연수 n에 대하여

$$\sum_{k=1}^{n}(a_k-a_{k+1})=-n^2+n$$

을 만족시킨다. a_{11}의 값은? (3점)

① 88 ② 91 ③ 94
④ 97 ⑤ 100

09 2021학년도 수능 나형 14번

수직선 위를 움직이는 점 P의 시각 $t(t\geq 0)$에서의 속도 $v(t)$가

$$v(t)=2t-6$$

이다. 점 P가 시각 $t=3$에서 $t=k(k>3)$까지 움직인 거리가 25일 때, 상수 k의 값은? (4점)

① 6 ② 7 ③ 8
④ 9 ⑤ 10

10 2021학년도 수능 나형 16번

$0\leq x<4\pi$일 때, 방정식

$$4\sin^2 x-4\cos\left(\frac{\pi}{2}+x\right)-3=0$$

의 모든 해의 합은? (4점)

① 5π ② 6π ③ 7π
④ 8π ⑤ 9π

해설편 296쪽

11 2021학년도 수능 나형 17번

두 다항함수 $f(x)$, $g(x)$가

$$\lim_{x\to 0}\frac{f(x)+g(x)}{x}=3,\ \lim_{x\to 0}\frac{f(x)+3}{xg(x)}=2$$

를 만족시킨다. 함수 $h(x)=f(x)g(x)$에 대하여 $h'(0)$의 값은? (4점)

① 27 ② 30 ③ 33
④ 36 ⑤ 39

12 2021학년도 수능 가형 16번

상수 k $(k>1)$에 대하여 다음 조건을 만족시키는 수열 $\{a_n\}$이 있다.

> 모든 자연수 n에 대하여 $a_n<a_{n+1}$이고 곡선 $y=2^x$ 위의 두 점 $\mathrm{P}_n(a_n,\ 2^{a_n})$, $\mathrm{P}_{n+1}(a_{n+1},\ 2^{a_{n+1}})$을 지나는 직선의 기울기는 $k\times 2^{a_n}$이다.

점 P_n을 지나고 x축에 평행한 직선과 점 P_{n+1}을 지나고 y축에 평행한 직선이 만나는 점을 Q_n이라 하고 삼각형 $\mathrm{P}_n\mathrm{Q}_n\mathrm{P}_{n+1}$의 넓이를 A_n이라 하자.

다음은 $a_1=1$, $\dfrac{A_3}{A_1}=16$일 때, A_n을 구하는 과정이다.

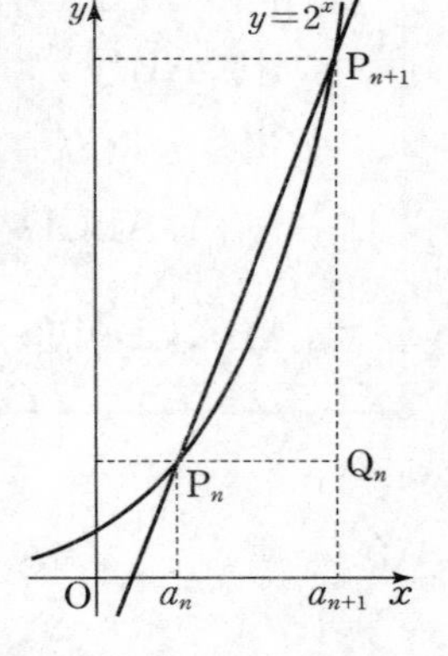

> 두 점 P_n, P_{n+1}을 지나는 직선의 기울기가 $k\times 2^{a_n}$이므로
>
> $$2^{a_{n+1}-a_n}=k(a_{n+1}-a_n)+1$$
>
> 이다. 즉, 모든 자연수 n에 대하여 $a_{n+1}-a_n$은 방정식 $2^x=kx+1$의 해이다.
> $k>1$이므로 방정식 $2^x=kx+1$은 오직 하나의 양의 실근 d를 갖는다. 따라서 모든 자연수 n에 대하여 $a_{n+1}-a_n=d$이고, 수열 $\{a_n\}$은 공차가 d인 등차수열이다.
> 점 Q_n의 좌표가 $(a_{n+1},\ 2^{a_n})$이므로
>
> $$A_n=\frac{1}{2}(a_{n+1}-a_n)(2^{a_{n+1}}-2^{a_n})$$
>
> 이다. $\dfrac{A_3}{A_1}=16$이므로 d의 값은 (가) 이고,
> 수열 $\{a_n\}$의 일반항은
>
> $a_n=$ (나)
>
> 이다. 따라서 모든 자연수 n에 대하여 $A_n=$ (다) 이다.

위의 (가)에 알맞은 수를 p, (나)와 (다)에 알맞은 식을 각각 $f(n)$, $g(n)$이라 할 때, $p+\dfrac{g(4)}{f(2)}$의 값은? (4점)

① 118 ② 121 ③ 124
④ 127 ⑤ 130

26회 2021 대학수학능력시험

해설편 296쪽

13 2021학년도 수능 나형 18번

$\frac{1}{4}<a<1$인 실수 a에 대하여 직선 $y=1$이 두 곡선 $y=\log_a x$, $y=\log_{4a} x$와 만나는 점을 각각 A, B라 하고, 직선 $y=-1$이 두 곡선 $y=\log_a x$, $y=\log_{4a} x$와 만나는 점을 각각 C, D라 하자. [보기]에서 옳은 것만을 있는 대로 고른 것은? (4점)

[보기]
ㄱ. 선분 AB를 1 : 4로 외분하는 점의 좌표는 $(0, 1)$이다.
ㄴ. 사각형 ABCD가 직사각형이라면 $a=\frac{1}{2}$이다.
ㄷ. $\overline{AB}<\overline{CD}$이면 $\frac{1}{2}<a<1$이다.

① ㄱ ② ㄷ ③ ㄱ, ㄴ
④ ㄴ, ㄷ ⑤ ㄱ, ㄴ, ㄷ

14 2021학년도 수능 나형 20번

실수 $a(a>1)$에 대하여 함수 $f(x)$를

$$f(x)=(x+1)(x-1)(x-a)$$

라 하자. 함수

$$g(x)=x^2\int_0^x f(t)dt-\int_0^x t^2 f(t)dt$$

가 오직 하나의 극값을 갖도록 하는 a의 최댓값은? (4점)

① $\frac{9\sqrt{2}}{8}$ ② $\frac{3\sqrt{6}}{4}$ ③ $\frac{3\sqrt{2}}{2}$
④ $\sqrt{6}$ ⑤ $2\sqrt{2}$

해설편 297쪽

15 2021학년도 수능 나형 21번

수열 $\{a_n\}$은 $0<a_1<1$이고, 모든 자연수 n에 대하여 다음 조건을 만족시킨다.

(가) $a_{2n}=a_2\times a_n+1$
(나) $a_{2n+1}=a_2\times a_n-2$

$a_7=2$일 때, a_{25}의 값은? (4점)

① 78 ② 80 ③ 82
④ 84 ⑤ 86

단답형

16 2021학년도 수능 나형 23번

함수 $f(x)$에 대하여 $f'(x)=3x^2+4x+5$이고 $f(0)=4$일 때, $f(1)$의 값을 구하시오. (3점)

17 2021학년도 수능 나형 24번

$\log_3 72-\log_3 8$의 값을 구하시오. (3점)

18 2021학년도 수능 나형 25번

곡선 $y=4x^3-12x+7$과 직선 $y=k$가 만나는 점의 개수가 2가 되도록 하는 양수 k의 값을 구하시오. (3점)

19 2021학년도 수능 나형 27번

곡선 $y=x^2-7x+10$과 직선 $y=-x+10$으로 둘러싸인 부분의 넓이를 구하시오. (3점)

해설편 297쪽

20 2021학년도 수능 나형 26번

함수

$$f(x)=\begin{cases} -3x+a & (x\le 1) \\ \dfrac{x+b}{\sqrt{x+3}-2} & (x>1) \end{cases}$$

이 실수 전체의 집합에서 연속일 때, $a+b$의 값을 구하시오.

(단, a와 b는 상수이다.) (4점)

21 2021학년도 수능 가형 27번

$\log_4 2n^2-\frac{1}{2}\log_2\sqrt{n}$의 값이 40 이하의 자연수가 되도록 하는 자연수 n의 개수를 구하시오. (4점)

22 2021학년도 수능 나형 30번

함수 $f(x)$는 최고차항의 계수가 1인 삼차함수이고, 함수 $g(x)$는 일차함수이다. 함수 $h(x)$를

$$h(x)=\begin{cases} |f(x)-g(x)| & (x<1) \\ f(x)+g(x) & (x\ge 1) \end{cases}$$

이라 하자. 함수 $h(x)$가 실수 전체의 집합에서 미분가능하고, $h(0)=0$, $h(2)=5$일 때, $h(4)$의 값을 구하시오. (4점)

해설편 298쪽

5지선다형

23 2021학년도 수능 나형 5번

두 사건 A와 B는 서로 독립이고

$$\mathrm{P}(A|B)=\mathrm{P}(B),\ \mathrm{P}(A\cap B)=\frac{1}{9}$$

일 때, $\mathrm{P}(A)$의 값은? (2점)

① $\frac{7}{18}$ ② $\frac{1}{3}$ ③ $\frac{5}{18}$
④ $\frac{2}{9}$ ⑤ $\frac{1}{6}$

24 2021학년도 수능 나형 11번

정규분포 $\mathrm{N}(20,\ 5^2)$을 따르는 모집단에서 크기가 16인 표본을 임의추출하여 구한 표본평균을 $\overline{X}$라 할 때, $\mathrm{E}(\overline{X})+\sigma(\overline{X})$의 값은? (3점)

① $\frac{91}{4}$ ② $\frac{89}{4}$ ③ $\frac{87}{4}$
④ $\frac{85}{4}$ ⑤ $\frac{83}{4}$

25 2021학년도 수능 나형 8번

한 개의 주사위를 세 번 던져서 나오는 눈의 수를 차례로 a, b, c라 할 때, $a\times b\times c=4$일 확률은? (3점)

① $\frac{1}{54}$ ② $\frac{1}{36}$ ③ $\frac{1}{27}$
④ $\frac{5}{108}$ ⑤ $\frac{1}{18}$

26 2021학년도 수능 나형 13번

집합 $X=\{1,\ 2,\ 3,\ 4\}$에 대하여 다음 조건을 만족시키는 함수 $f : X \longrightarrow X$의 개수는? (3점)

$$f(2)\leq f(3)\leq f(4)$$

① 64 ② 68 ③ 72
④ 76 ⑤ 80

27 2021학년도 수능 나형 15번

세 학생 A, B, C를 포함한 6명의 학생이 있다. 이 6명의 학생이 일정한 간격을 두고 원 모양의 탁자에 다음 조건을 만족시키도록 모두 둘러앉는 경우의 수는? (단, 회전하여 일치하는 것은 같은 것으로 본다.) (3점)

(가) A와 B는 이웃한다.
(나) B와 C는 이웃하지 않는다.

① 32 ② 34 ③ 36
④ 38 ⑤ 40

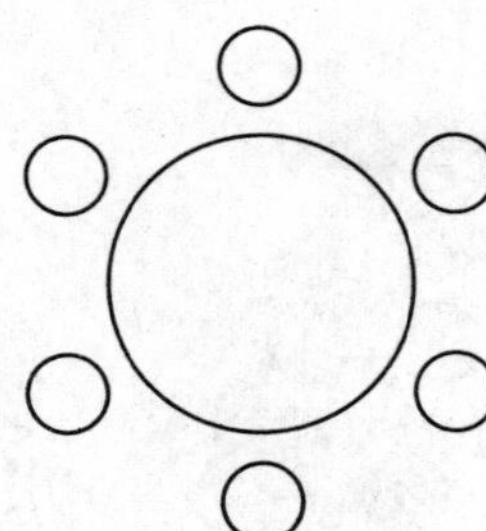

○ 해설편 300쪽

28 2021학년도 수능 나형 19번

확률변수 X는 평균이 8, 표준편차가 3인 정규분포를 따르고, 확률변수 Y는 평균이 m, 표준편차가 σ인 정규분포를 따른다. 두 확률변수 X, Y가

$$\mathrm{P}(4 \le X \le 8)+\mathrm{P}(Y \ge 8)=\frac{1}{2}$$

을 만족시킬 때, $\mathrm{P}\left(Y \le 8+\frac{2\sigma}{3}\right)$의 값을 오른쪽 표준정규분포표를 이용하여 구한 것은? (4점)

z	$\mathrm{P}(0 \le Z \le z)$
1.0	0.3413
1.5	0.4332
2.0	0.4772
2.5	0.4938

① 0.8351 ② 0.8413 ③ 0.9332 ④ 0.9772 ⑤ 0.9938

단답형

29 2021학년도 수능 나형 29번

숫자 3, 3, 4, 4, 4가 하나씩 적힌 5개의 공이 들어 있는 주머니가 있다. 이 주머니와 한 개의 주사위를 사용하여 다음 규칙에 따라 점수를 얻는 시행을 한다.

> 주머니에서 임의로 한 개의 공을 꺼내어
> 꺼낸 공에 적힌 수가 3이면 주사위를 3번 던져서 나오는 세 눈의 수의 합을 점수로 하고,
> 꺼낸 공에 적힌 수가 4이면 주사위를 4번 던져서 나오는 네 눈의 수의 합을 점수로 한다.

이 시행을 한 번 하여 얻은 점수가 10점일 확률은 $\frac{q}{p}$이다. $p+q$의 값을 구하시오. (단, p와 q는 서로소인 자연수이다.) (4점)

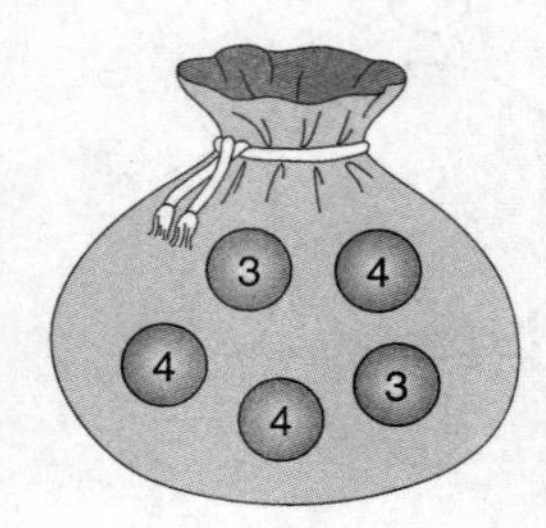

30 2021학년도 수능 가형 29번

네 명의 학생 A, B, C, D에게 검은색 모자 6개와 흰색 모자 6개를 다음 규칙에 따라 남김없이 나누어 주는 경우의 수를 구하시오. (단, 같은 색 모자끼리는 서로 구별하지 않는다.) (4점)

> (가) 각 학생은 1개 이상의 모자를 받는다.
> (나) 학생 A가 받는 검은색 모자의 개수는 4 이상이다.
> (다) 흰색 모자보다 검은색 모자를 더 많이 받는 학생은 A를 포함하여 2명뿐이다.

해설편 300쪽

수학 영역 (미적분)

5지선다형

23 2021학년도 수능 가형 2번

$\lim_{n\to\infty}\frac{1}{\sqrt{4n^2+2n+1}-2n}$의 값은? (2점)

① 1 ② 2 ③ 3 ④ 4 ⑤ 5

24 2021학년도 수능 가형 7번

함수 $f(x)=(x^2-2x-7)e^x$의 극댓값과 극솟값을 각각 a, b라 할 때, $a\times b$의 값은? (3점)

① -32 ② -30 ③ -28 ④ -26 ⑤ -24

25 2021학년도 수능 가형 8번

곡선 $y=e^{2x}$과 x축 및 두 직선 $x=\ln\frac{1}{2}$, $x=\ln 2$로 둘러싸인 부분의 넓이는? (3점)

① $\frac{5}{3}$ ② $\frac{15}{8}$ ③ $\frac{15}{7}$ ④ $\frac{5}{2}$ ⑤ 3

26 2021학년도 수능 가형 11번

$\lim_{n\to\infty}\frac{1}{n}\sum_{k=1}^{n}\sqrt{\frac{3n}{3n+k}}$의 값은? (3점)

① $4\sqrt{3}-6$ ② $\sqrt{3}-1$ ③ $5\sqrt{3}-8$ ④ $2\sqrt{3}-3$ ⑤ $3\sqrt{3}-5$

27 2014학년도 6월모평 A형 10번

함수

$$f(x)=\begin{cases} x+a & (x\le 1) \\ \lim_{n\to\infty}\frac{2x^{n+1}+3x^n}{x^n+1} & (x>1)\end{cases}$$

이 실수 전체의 집합에서 연속일 때, 상수 a의 값은? (3점)

① 2 ② 4 ③ 6 ④ 8 ⑤ 10

28 2021학년도 수능 가형 20번

함수 $f(x)=\pi\sin 2\pi x$에 대하여 정의역이 실수 전체의 집합이고 치역이 집합 $\{0, 1\}$인 함수 $g(x)$와 자연수 n이 다음 조건을 만족시킬 때, n의 값은? (4점)

> 함수 $h(x)=f(nx)g(x)$는 실수 전체의 집합에서 연속이고
>
> $$\int_{-1}^{1}h(x)dx=2,\ \int_{-1}^{1}xh(x)dx=-\frac{1}{32}$$
>
> 이다.

① 8 ② 10 ③ 12 ④ 14 ⑤ 16

26회

2021 대학수학능력시험

해설편 301쪽

단답형

29 2021학년도 수능 가형 28번

두 상수 a, b $(a<b)$에 대하여 함수 $f(x)$를

$$f(x)=(x-a)(x-b)^2$$

이라 하자. 함수 $g(x)=x^3+x+1$의 역함수 $g^{-1}(x)$에 대하여 합성함수 $h(x)=(f\circ g^{-1})(x)$가 다음 조건을 만족시킬 때, $f(8)$의 값을 구하시오. (4점)

(가) 함수 $(x-1)|h(x)|$가 실수 전체의 집합에서 미분가능하다.
(나) $h'(3)=2$

30 2021학년도 수능 가형 30번

최고차항의 계수가 1인 삼차함수 $f(x)$에 대하여 실수 전체의 집합에서 정의된 함수 $g(x)=f(\sin^2 \pi x)$가 다음 조건을 만족시킨다.

(가) $0<x<1$에서 함수 $g(x)$가 극대가 되는 x의 개수가 3이고, 이때 극댓값이 모두 동일하다.
(나) 함수 $g(x)$의 최댓값은 $\frac{1}{2}$이고 최솟값은 0이다.

$f(2)=a+b\sqrt{2}$일 때, a^2+b^2의 값을 구하시오.

(단, a와 b는 유리수이다.) (4점)

해설편 302쪽

5지선다형

23 2018학년도 수능 가형 3번

좌표공간의 두 점 $A(1, 6, 4)$, $B(a, 2, -4)$에 대하여 선분 AB를 $1:3$으로 내분하는 점의 좌표가 $(2, 5, 2)$이다. a의 값은? (2점)

① 1 ② 3 ③ 5 ④ 7 ⑤ 9

24 2007학년도 사관학교 이과 6번

평면 위에 한 변의 길이가 1인 정삼각형 ABC와 정사각형 BDEC가 그림과 같이 변 BC를 공유하고 있다. 이때, $\overrightarrow{AC} \cdot \overrightarrow{AD}$의 값은? (3점)

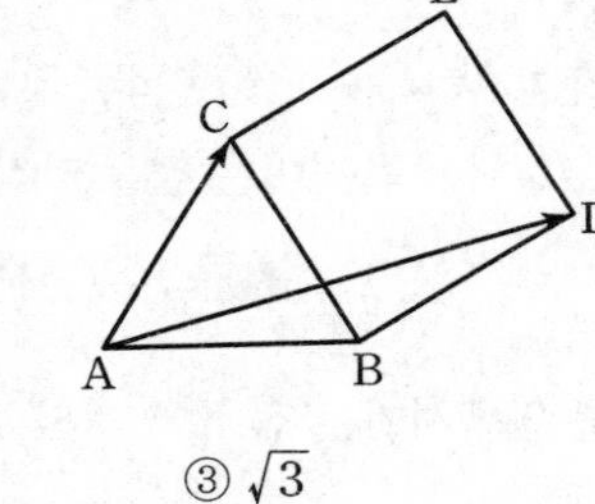

① 1 ② $\sqrt{2}$ ③ $\sqrt{3}$ ④ $\frac{1+\sqrt{2}}{2}$ ⑤ $\frac{1+\sqrt{3}}{2}$

25 2008학년도 수능 가형 5번

로그함수 $y=\log_2(x+a)+b$의 그래프가 포물선 $y^2=x$의 초점을 지나고, 이 로그함수의 그래프의 점근선이 포물선 $y^2=x$의 준선과 일치할 때, 두 상수 a, b의 합 $a+b$의 값은? (3점)

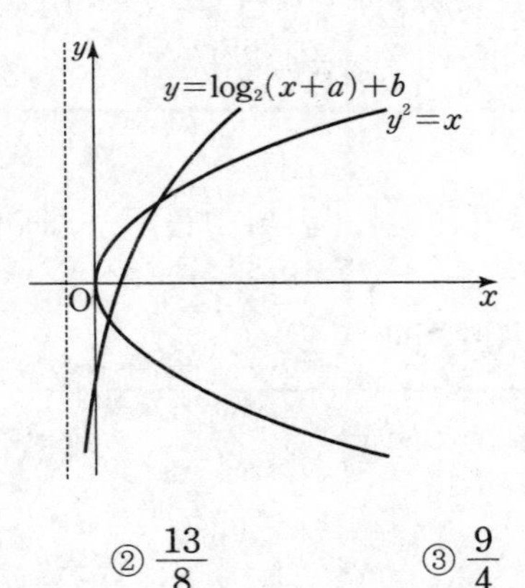

① $\frac{5}{4}$ ② $\frac{13}{8}$ ③ $\frac{9}{4}$ ④ $\frac{21}{8}$ ⑤ $\frac{11}{4}$

26 2018년 4월학평 가형 12번

좌표평면 위에 두 점 $F(c, 0)$, $F'(-c, 0)$ $(c>0)$을 초점으로 하고 점 $A(0, 1)$을 지나는 타원 C가 있다. 두 점 A, F'을 지나는 직선이 타원 C와 만나는 점 중 점 A가 아닌 점을 B라 하자. 삼각형 ABF의 둘레의 길이가 16일 때, 선분 FF'의 길이는? (3점)

① 6 ② $4\sqrt{3}$ ③ $2\sqrt{15}$ ④ $6\sqrt{2}$ ⑤ $2\sqrt{21}$

26회 2021 대학수학능력시험

해설편 304쪽

27 2008년 10월학평 가형 8번

그림은 한 변의 길이가 1인 정사각형 12개를 붙여 만든 도형이다. 20개의 꼭짓점 중 한 점을 시점으로 하고 다른 한 점을 종점으로 하는 모든 벡터들의 집합을 S라 하자.

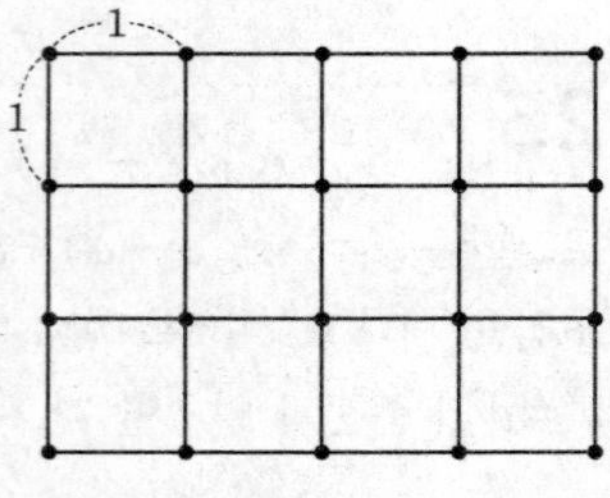

집합 S의 두 원소 $\vec{x}$, $\vec{y}$에 대하여 [보기]에서 항상 옳은 것만을 있는 대로 고른 것은? (3점)

[보기]
ㄱ. $\vec{x}\cdot\vec{y}=0$이면 $|\vec{x}|$, $|\vec{y}|$의 값은 모두 정수이다.
ㄴ. $|\vec{x}|=\sqrt{5}$, $|\vec{y}|=\sqrt{2}$이면 $\vec{x}\cdot\vec{y}\neq0$이다.
ㄷ. $\vec{x}\cdot\vec{y}$는 정수이다.

① ㄴ ② ㄷ ③ ㄱ, ㄴ
④ ㄱ, ㄷ ⑤ ㄴ, ㄷ

28 2014학년도 9월모평 B형 19번

좌표공간에서 y축을 포함하는 평면 α에 대하여 xy평면 위의 원 $C_1 : (x-10)^2+y^2=3$의 평면 α 위로의 정사영의 넓이와 yz평면 위의 원 $C_2 : y^2+(z-10)^2=1$의 평면 α 위로의 정사영의 넓이가 S로 같을 때, S의 값은? (4점)

① $\frac{\sqrt{10}}{6}\pi$ ② $\frac{\sqrt{10}}{5}\pi$ ③ $\frac{7\sqrt{10}}{30}\pi$
④ $\frac{4\sqrt{10}}{15}\pi$ ⑤ $\frac{3\sqrt{10}}{10}\pi$

단답형

29 2017학년도 수능 가형 28번

점근선의 방정식이 $y=\pm\frac{4}{3}x$이고 두 초점이 $\mathrm{F}(c,\ 0)$, $\mathrm{F'}(-c,\ 0)\ (c>0)$인 쌍곡선이 다음 조건을 만족시킨다.

(가) 쌍곡선 위의 한 점 P에 대하여 $\overline{\mathrm{PF'}}=30$, $16\le\overline{\mathrm{PF}}\le20$이다.
(나) x좌표가 양수인 꼭짓점 A에 대하여 선분 AF의 길이는 자연수이다.

이 쌍곡선의 주축의 길이를 구하시오. (4점)

30 2019학년도 수능 가형 29번

좌표평면에서 넓이가 9인 삼각형 ABC의 세 변 AB, BC, CA 위를 움직이는 점을 각각 P, Q, R이라 할 때,

$$\overrightarrow{\mathrm{AX}}=\frac{1}{4}(\overrightarrow{\mathrm{AP}}+\overrightarrow{\mathrm{AR}})+\frac{1}{2}\overrightarrow{\mathrm{AQ}}$$

를 만족시키는 점 X가 나타내는 영역의 넓이가 $\frac{q}{p}$이다. $p+q$의 값을 구하시오. (단, p와 q는 서로소인 자연수이다.) (4점)

해설편 305쪽

수학 영역

제 2 교시

27회	시험 시간	100분
	날짜	월 일 요일
시작 시각 :	종료 시각	:

5지선다형

01 2022학년도 수능 1번

$(2^{\sqrt{3}}\times 4)^{\sqrt{3}-2}$의 값은? (2점)

① $\frac{1}{4}$ ② $\frac{1}{2}$ ③ 1
④ 2 ⑤ 4

02 2022학년도 수능 2번

함수 $f(x)=x^3+3x^2+x-1$에 대하여 $f'(1)$의 값은? (2점)

① 6 ② 7 ③ 8
④ 9 ⑤ 10

03 2022학년도 수능 3번

등차수열 $\{a_n\}$에 대하여

$$a_2=6,\ a_4+a_6=36$$

일 때, a_{10}의 값은? (3점)

① 30 ② 32 ③ 34
④ 36 ⑤ 38

04 2022학년도 수능 4번

함수 $y=f(x)$의 그래프가 그림과 같다.

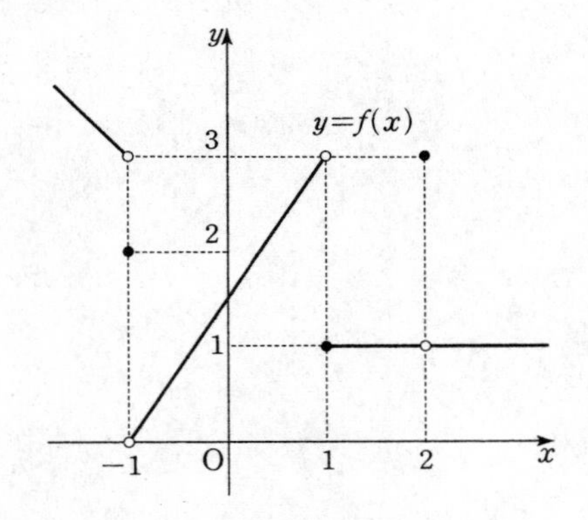

$\lim_{x\to -1-} f(x)+\lim_{x\to 2} f(x)$의 값은? (3점)

① 1 ② 2 ③ 3
④ 4 ⑤ 5

05 2022학년도 수능 5번

첫째항이 1인 수열 $\{a_n\}$이 모든 자연수 n에 대하여

$$a_{n+1}=\begin{cases} 2a_n & (a_n<7) \\ a_n-7 & (a_n\geq 7) \end{cases}$$

일 때, $\sum_{k=1}^{8} a_k$의 값은? (3점)

① 30 ② 32 ③ 34
④ 36 ⑤ 38

해설편 307쪽

06 2022학년도 수능 6번

방정식 $2x^3-3x^2-12x+k=0$이 서로 다른 세 실근을 갖도록 하는 정수 k의 개수는? (3점)

① 20 ② 23 ③ 26
④ 29 ⑤ 32

07 2022학년도 수능 7번

$\pi<\theta<\frac{3}{2}\pi$인 θ에 대하여 $\tan\theta-\frac{6}{\tan\theta}=1$일 때, $\sin\theta+\cos\theta$의 값은? (3점)

① $-\frac{2\sqrt{10}}{5}$ ② $-\frac{\sqrt{10}}{5}$ ③ 0
④ $\frac{\sqrt{10}}{5}$ ⑤ $\frac{2\sqrt{10}}{5}$

08 2022학년도 수능 8번

곡선 $y=x^2-5x$와 직선 $y=x$로 둘러싸인 부분의 넓이를 직선 $x=k$가 이등분할 때, 상수 k의 값은? (3점)

① 3 ② $\frac{13}{4}$ ③ $\frac{7}{2}$
④ $\frac{15}{4}$ ⑤ 4

09 2022학년도 수능 9번

직선 $y=2x+k$가 두 함수

$$y=\left(\frac{2}{3}\right)^{x+3}+1,\ y=\left(\frac{2}{3}\right)^{x+1}+\frac{8}{3}$$

의 그래프와 만나는 점을 각각 P, Q라 하자. $\overline{PQ}=\sqrt{5}$일 때, 상수 k의 값은? (4점)

① $\frac{31}{6}$ ② $\frac{16}{3}$ ③ $\frac{11}{2}$
④ $\frac{17}{3}$ ⑤ $\frac{35}{6}$

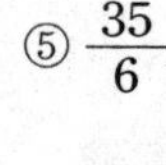

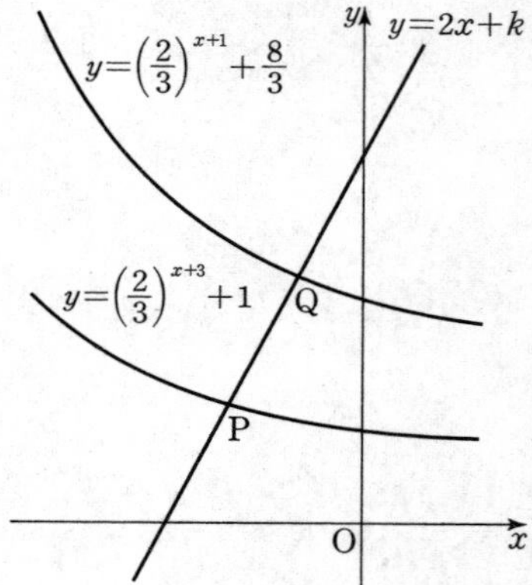

10 2022학년도 수능 10번

삼차함수 $f(x)$에 대하여 곡선 $y=f(x)$ 위의 점 $(0, 0)$에서의 접선과 곡선 $y=xf(x)$ 위의 점 $(1, 2)$에서의 접선이 일치할 때, $f'(2)$의 값은? (4점)

① -18 ② -17 ③ -16
④ -15 ⑤ -14

해설편 307쪽

11 2022학년도 수능 11번

양수 a에 대하여 집합 $\left\{x \,\middle|\, -\frac{a}{2}<x\le a,\ x\ne\frac{a}{2}\right\}$에서

정의된 함수

$$f(x)=\tan\frac{\pi x}{a}$$

가 있다. 그림과 같이 함수 $y=f(x)$의 그래프 위의 세 점 O, A, B를 지나는 직선이 있다. 점 A를 지나고 x축에 평행한 직선이 함수 $y=f(x)$의 그래프와 만나는 점 중 A가 아닌 점을 C라 하자. 삼각형 ABC가 정삼각형일 때, 삼각형 ABC의 넓이는? (단, O는 원점이다.) (4점)

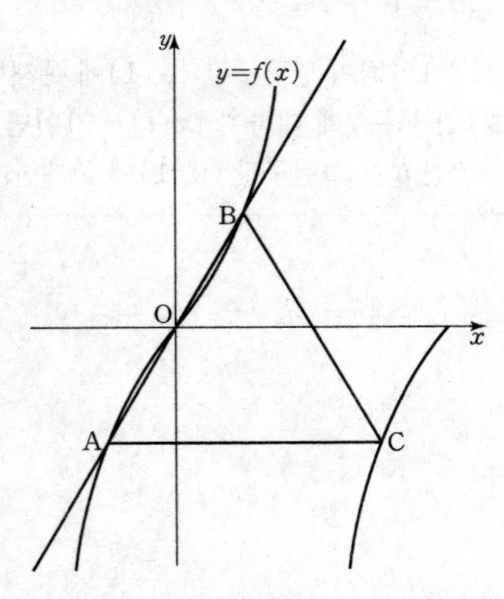

① $\frac{3\sqrt{3}}{2}$ ② $\frac{17\sqrt{3}}{12}$ ③ $\frac{4\sqrt{3}}{3}$

④ $\frac{5\sqrt{3}}{4}$ ⑤ $\frac{7\sqrt{3}}{6}$

12 2022학년도 수능 12번

실수 전체의 집합에서 연속인 함수 $f(x)$가 모든 실수 x에 대하여

$$\{f(x)\}^3-\{f(x)\}^2-x^2f(x)+x^2=0$$

을 만족시킨다. 함수 $f(x)$의 최댓값이 1이고 최솟값이 0일 때, $f\left(-\frac{4}{3}\right)+f(0)+f\left(\frac{1}{2}\right)$의 값은? (4점)

① $\frac{1}{2}$ ② 1 ③ $\frac{3}{2}$

④ 2 ⑤ $\frac{5}{2}$

해설편 308쪽

13 2022학년도 수능 13번

두 상수 a, b $(1<a<b)$에 대하여 좌표평면 위의 두 점 $(a, \log_2 a)$, $(b, \log_2 b)$를 지나는 직선의 y절편과 두 점 $(a, \log_4 a)$, $(b, \log_4 b)$를 지나는 직선의 y절편이 같다. 함수 $f(x)=a^{bx}+b^{ax}$에 대하여 $f(1)=40$일 때, $f(2)$의 값은? (4점)

① 760 ② 800 ③ 840
④ 880 ⑤ 920

14 2022학년도 수능 14번

수직선 위를 움직이는 점 P의 시각 t에서의 위치 $x(t)$가 두 상수 a, b에 대하여

$$x(t)=t(t-1)(at+b) \ (a\neq 0)$$

이다. 점 P의 시각 t에서의 속도 $v(t)$가 $\int_0^1 |v(t)|dt=2$를 만족시킬 때, [보기]에서 옳은 것만을 있는 대로 고른 것은? (4점)

[보기]

ㄱ. $\int_0^1 v(t)dt=0$

ㄴ. $|x(t_1)|>1$인 t_1이 열린구간 $(0, 1)$에 존재한다.

ㄷ. $0\leq t\leq 1$인 모든 t에 대하여 $|x(t)|<1$이면 $x(t_2)=0$인 t_2가 열린구간 $(0, 1)$에 존재한다.

① ㄱ ② ㄱ, ㄴ ③ ㄱ, ㄷ
④ ㄴ, ㄷ ⑤ ㄱ, ㄴ, ㄷ

해설편 309쪽

15 2022학년도 수능 15번

두 점 O_1, O_2를 각각 중심으로 하고 반지름의 길이가 $\overline{O_1O_2}$인 두 원 C_1, C_2가 있다. 그림과 같이 원 C_1 위의 서로 다른 세 점 A, B, C와 원 C_2 위의 점 D가 주어져 있고, 세 점 A, O_1, O_2와 세 점 C, O_2, D가 각각 한 직선 위에 있다.
이때 $\angle BO_1A=\theta_1$, $\angle O_2O_1C=\theta_2$, $\angle O_1O_2D=\theta_3$이라 하자.

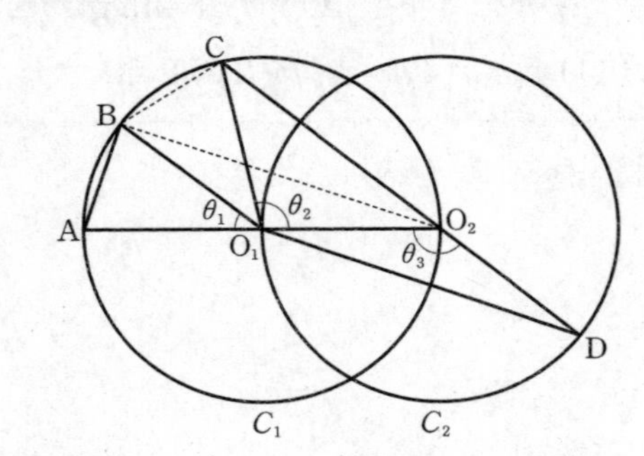

다음은 $\overline{AB}:\overline{O_1D}=1:2\sqrt{2}$이고 $\theta_3=\theta_1+\theta_2$일 때, 선분 AB와 선분 CD의 길이의 비를 구하는 과정이다.

> $\angle CO_2O_1+\angle O_1O_2D=\pi$이므로 $\theta_3=\frac{\pi}{2}+\frac{\theta_2}{2}$이고
> $\theta_3=\theta_1+\theta_2$에서 $2\theta_1+\theta_2=\pi$이므로 $\angle CO_1B=\theta_1$이다.
> 이때 $\angle O_2O_1B=\theta_1+\theta_2=\theta_3$이므로 삼각형 O_1O_2B와 삼각형 O_2O_1D는 합동이다.
> $\overline{AB}=k$라 할 때
> $\overline{BO_2}=\overline{O_1D}=2\sqrt{2}k$이므로 $\overline{AO_2}=$ (가) 이고,
> $\angle BO_2A=\frac{\theta_1}{2}$이므로 $\cos\frac{\theta_1}{2}=$ (나) 이다.
> 삼각형 O_2BC에서
> $\overline{BC}=k$, $\overline{BO_2}=2\sqrt{2}k$, $\angle CO_2B=\frac{\theta_1}{2}$이므로
> 코사인법칙에 의하여 $\overline{O_2C}=$ (다) 이다.
> $\overline{CD}=\overline{O_2D}+\overline{O_2C}=\overline{O_1O_2}+\overline{O_2C}$이므로
> $\overline{AB}:\overline{CD}=k:\left(\frac{\text{(가)}}{2}+\text{(다)}\right)$이다.

위의 (가), (다)에 알맞은 식을 각각 $f(k)$, $g(k)$라 하고, (나)에 알맞은 수를 p라 할 때, $f(p)\times g(p)$의 값은? (4점)

① $\frac{169}{27}$ ② $\frac{56}{9}$ ③ $\frac{167}{27}$ ④ $\frac{166}{27}$ ⑤ $\frac{55}{9}$

단답형

16 2022학년도 수능 16번

$\log_2 120-\frac{1}{\log_{15} 2}$의 값을 구하시오. (3점)

17 2022학년도 수능 17번

함수 $f(x)$에 대하여 $f'(x)=3x^2+2x$이고 $f(0)=2$일 때, $f(1)$의 값을 구하시오. (3점)

18 2022학년도 수능 18번

수열 $\{a_n\}$에 대하여

$$\sum_{k=1}^{10} a_k-\sum_{k=1}^{7}\frac{a_k}{2}=56,\ \sum_{k=1}^{10} 2a_k-\sum_{k=1}^{8} a_k=100$$

일 때, a_8의 값을 구하시오. (3점)

19 2022학년도 수능 19번

함수 $f(x)=x^3+ax^2-(a^2-8a)x+3$이 실수 전체의 집합에서 증가하도록 하는 실수 a의 최댓값을 구하시오. (3점)

27회 2022 대학수학능력시험

해설편 309쪽

20 2022학년도 수능 20번

실수 전체의 집합에서 미분가능한 함수 $f(x)$가 다음 조건을 만족시킨다.

(가) 닫힌구간 $[0,\ 1]$에서 $f(x)=x$이다.
(나) 어떤 상수 a, b에 대하여 구간 $[0,\ \infty)$에서
$f(x+1)-xf(x)=ax+b$이다.

$60\times\int_{1}^{2}f(x)dx$의 값을 구하시오. (4점)

21 2022학년도 수능 21번

수열 $\{a_n\}$이 다음 조건을 만족시킨다.

(가) $|a_1|=2$
(나) 모든 자연수 n에 대하여 $|a_{n+1}|=2|a_n|$이다.
(다) $\sum_{n=1}^{10}a_n=-14$

$a_1+a_3+a_5+a_7+a_9$의 값을 구하시오. (4점)

22 2022학년도 수능 22번

최고차항의 계수가 $\frac{1}{2}$인 삼차함수 $f(x)$와 실수 t에 대하여 방정식 $f'(x)=0$이 닫힌구간 $[t,\ t+2]$에서 갖는 실근의 개수를 $g(t)$라 할 때, 함수 $g(t)$는 다음 조건을 만족시킨다.

(가) 모든 실수 a에 대하여 $\lim_{t\to a+}g(t)+\lim_{t\to a-}g(t)\leq 2$이다.
(나) $g(f(1))=g(f(4))=2$, $g(f(0))=1$

$f(5)$의 값을 구하시오. (4점)

5지선다형

23 2022학년도 수능 확통 23번

다항식 $(x+2)^7$의 전개식에서 x^5의 계수는? (2점)

① 42 ② 56 ③ 70
④ 84 ⑤ 98

24 2022학년도 수능 확통 24번

확률변수 X가 이항분포 $\mathrm{B}\left(n, \frac{1}{3}\right)$을 따르고 $\mathrm{V}(2X)=40$일 때, n의 값은? (3점)

① 30 ② 35 ③ 40
④ 45 ⑤ 50

25 2022학년도 수능 확통 25번

다음 조건을 만족시키는 자연수 a, b, c, d, e의 모든 순서쌍 (a, b, c, d, e)의 개수는? (3점)

(가) $a+b+c+d+e=12$
(나) $|a^2-b^2|=5$

① 30 ② 32 ③ 34
④ 36 ⑤ 38

26 2022학년도 수능 확통 26번

1부터 10까지 자연수가 하나씩 적혀 있는 10장의 카드가 들어 있는 주머니가 있다. 이 주머니에서 임의로 카드 3장을 동시에 꺼낼 때, 꺼낸 카드에 적혀 있는 세 자연수 중에서 가장 작은 수가 4 이하이거나 7 이상일 확률은? (3점)

① $\frac{4}{5}$ ② $\frac{5}{6}$ ③ $\frac{13}{15}$
④ $\frac{9}{10}$ ⑤ $\frac{14}{15}$

27 2022학년도 수능 확통 27번

어느 자동차 회사에서 생산하는 전기 자동차의 1회 충전 주행 거리는 평균이 m이고 표준편차가 σ인 정규분포를 따른다고 한다.
이 자동차 회사에서 생산한 전기 자동차 100대를 임의추출하여 얻은 1회 충전 주행 거리의 표본평균이 $\overline{x_1}$일 때, 모평균 m에 대한 신뢰도 95%의 신뢰구간이 $a \le m \le b$이다.
이 자동차 회사에서 생산한 전기 자동차 400대를 임의추출하여 얻은 1회 충전 주행 거리의 표본평균이 $\overline{x_2}$일 때, 모평균 m에 대한 신뢰도 99%의 신뢰구간이 $c \le m \le d$이다.
$\overline{x_1}-\overline{x_2}=1.34$이고 $a=c$일 때, $b-a$의 값은? (단, 주행 거리의 단위는 km이고, Z가 표준정규분포를 따르는 확률변수일 때 $\mathrm{P}(|Z| \le 1.96)=0.95$, $\mathrm{P}(|Z| \le 2.58)=0.99$로 계산한다.) (3점)

① 5.88 ② 7.84 ③ 9.80
④ 11.76 ⑤ 13.72

28 2022학년도 수능 확통 28번

두 집합 $X=\{1, 2, 3, 4, 5\}$, $Y=\{1, 2, 3, 4\}$에 대하여 다음 조건을 만족시키는 X에서 Y로의 함수 f의 개수는? (4점)

> (가) 집합 X의 모든 원소 x에 대하여 $f(x) \geq \sqrt{x}$이다.
> (나) 함수 f의 치역의 원소의 개수는 3이다.

① 128 ② 138 ③ 148
④ 158 ⑤ 168

단답형

29 2022학년도 수능 확통 29번

두 연속확률변수 X와 Y가 갖는 값의 범위는 $0 \leq X \leq 6$, $0 \leq Y \leq 6$이고, X와 Y의 확률밀도함수는 각각 $f(x)$, $g(x)$이다. 확률변수 X의 확률밀도함수 $f(x)$의 그래프는 그림과 같다.

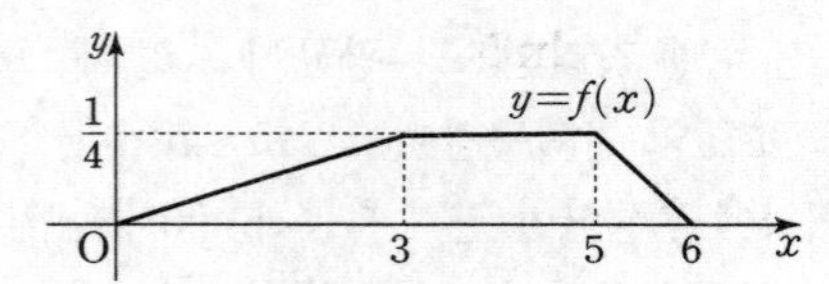

$0 \leq x \leq 6$인 모든 x에 대하여

$$f(x)+g(x)=k \ (k\text{는 상수})$$

를 만족시킬 때, $\mathrm{P}(6k \leq Y \leq 15k)=\frac{q}{p}$이다. $p+q$의 값을 구하시오. (단, p와 q는 서로소인 자연수이다.) (4점)

30 2022학년도 수능 확통 30번

흰 공과 검은 공이 각각 10개 이상 들어 있는 바구니와 비어 있는 주머니가 있다. 한 개의 주사위를 사용하여 다음 시행을 한다.

> 주사위를 한 번 던져 나온 눈의 수가 5 이상이면 바구니에 있는 흰 공 2개를 주머니에 넣고, 나온 눈의 수가 4 이하이면 바구니에 있는 검은 공 1개를 주머니에 넣는다.

위의 시행을 5번 반복할 때, $n(1 \leq n \leq 5)$번째 시행 후 주머니에 들어 있는 흰 공과 검은 공의 개수를 각각 a_n, b_n이라 하자. $a_5+b_5 \geq 7$일 때, $a_k=b_k$인 자연수 $k(1 \leq k \leq 5)$가 존재할 확률은 $\frac{q}{p}$이다. $p+q$의 값을 구하시오. (단, p와 q는 서로소인 자연수이다.) (4점)

해설편 312쪽

5지선다형

23 2022학년도 수능 미적 23번

$\lim_{n\to\infty}\dfrac{\dfrac{5}{n}+\dfrac{3}{n^2}}{\dfrac{1}{n}-\dfrac{2}{n^3}}$의 값은? (2점)

① 1 ② 2 ③ 3 ④ 4 ⑤ 5

24 2022학년도 수능 미적 24번

실수 전체의 집합에서 미분가능한 함수 $f(x)$가 모든 실수 x에 대하여

$$f(x^3+x)=e^x$$

을 만족시킬 때, $f'(2)$의 값은? (3점)

① e ② $\dfrac{e}{2}$ ③ $\dfrac{e}{3}$ ④ $\dfrac{e}{4}$ ⑤ $\dfrac{e}{5}$

25 2022학년도 수능 미적 25번

등비수열 $\{a_n\}$에 대하여

$$\sum_{n=1}^{\infty}(a_{2n-1}-a_{2n})=3,\ \sum_{n=1}^{\infty}a_n^{\ 2}=6$$

일 때, $\sum_{n=1}^{\infty}a_n$의 값은? (3점)

① 1 ② 2 ③ 3 ④ 4 ⑤ 5

26 2022학년도 수능 미적 26번

$\lim_{n\to\infty}\sum_{k=1}^{n}\dfrac{k^2+2kn}{k^3+3k^2n+n^3}$의 값은? (3점)

① $\ln 5$ ② $\dfrac{\ln 5}{2}$ ③ $\dfrac{\ln 5}{3}$ ④ $\dfrac{\ln 5}{4}$ ⑤ $\dfrac{\ln 5}{5}$

해설편 313쪽

27 2022학년도 수능 미적 27번

좌표평면 위를 움직이는 점 P의 시각 t ($t>0$)에서의 위치가 곡선 $y=x^2$과 직선 $y=t^2x-\frac{\ln t}{8}$가 만나는 서로 다른 두 점의 중점일 때, 시각 $t=1$에서 $t=e$까지 점 P가 움직인 거리는? (3점)

① $\frac{e^4}{2}-\frac{3}{8}$ ② $\frac{e^4}{2}-\frac{5}{16}$ ③ $\frac{e^4}{2}-\frac{1}{4}$

④ $\frac{e^4}{2}-\frac{3}{16}$ ⑤ $\frac{e^4}{2}-\frac{1}{8}$

28 2022학년도 수능 미적 28번

함수 $f(x)=6\pi(x-1)^2$에 대하여 함수 $g(x)$를

$$g(x)=3f(x)+4\cos f(x)$$

라 하자. $0<x<2$에서 함수 $g(x)$가 극소가 되는 x의 개수는? (4점)

① 6 ② 7 ③ 8

④ 9 ⑤ 10

해설편 314쪽

단답형

29 2022학년도 수능 미적 29번

그림과 같이 길이가 2인 선분 AB를 지름으로 하는 반원이 있다. 호 AB 위에 두 점 P, Q를 $\angle PAB=\theta$, $\angle QBA=2\theta$가 되도록 잡고, 두 선분 AP, BQ의 교점을 R이라 하자.
선분 AB 위의 점 S, 선분 BR 위의 점 T, 선분 AR 위의 점 U를 선분 UT가 선분 AB에 평행하고 삼각형 STU가 정삼각형이 되도록 잡는다. 두 선분 AR, QR과 호 AQ로 둘러싸인 부분의 넓이를 $f(\theta)$, 삼각형 STU의 넓이를 $g(\theta)$라 할 때, $\lim_{\theta \to 0+} \frac{g(\theta)}{\theta \times f(\theta)} = \frac{q}{p}\sqrt{3}$이다. $p+q$의 값을 구하시오.

$\left(\text{단, } 0<\theta<\frac{\pi}{6}\text{이고 } p\text{와 } q\text{는 서로소인 자연수이다.}\right)$ (4점)

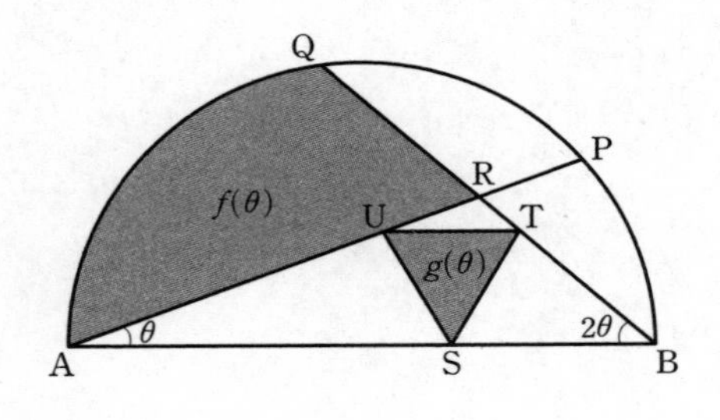

30 2022학년도 수능 미적 30번

실수 전체의 집합에서 증가하고 미분가능한 함수 $f(x)$가 다음 조건을 만족시킨다.

> (가) $f(1)=1$, $\int_1^2 f(x)\,dx=\frac{5}{4}$
> (나) 함수 $f(x)$의 역함수를 $g(x)$라 할 때, $x\geq 1$인 모든 실수 x에 대하여 $g(2x)=2f(x)$이다.

$\int_1^8 xf'(x)\,dx=\frac{q}{p}$일 때, $p+q$의 값을 구하시오.

(단, p와 q는 서로소인 자연수이다.) (4점)

해설편 315쪽

5지선다형

23 2022학년도 수능 기하 23번

좌표공간의 점 A$(2,\ 1,\ 3)$을 xy평면에 대하여 대칭이동한 점을 P라 하고, 점 A를 yz평면에 대하여 대칭이동한 점을 Q라 할 때, 선분 PQ의 길이는? (2점)

① $5\sqrt{2}$ ② $2\sqrt{13}$ ③ $3\sqrt{6}$ ④ $2\sqrt{14}$ ⑤ $2\sqrt{15}$

24 2022학년도 수능 기하 24번

한 초점의 좌표가 $(3\sqrt{2},\ 0)$인 쌍곡선 $\frac{x^2}{a^2}-\frac{y^2}{6}=1$의 주축의 길이는? (단, a는 양수이다.) (3점)

① $3\sqrt{3}$ ② $\frac{7\sqrt{3}}{2}$ ③ $4\sqrt{3}$ ④ $\frac{9\sqrt{3}}{2}$ ⑤ $5\sqrt{3}$

25 2022학년도 수능 기하 25번

좌표평면에서 두 직선

$$\frac{x+1}{2}=y-3,\ x-2=\frac{y-5}{3}$$

가 이루는 예각의 크기를 θ라 할 때, $\cos\theta$의 값은? (3점)

① $\frac{1}{2}$ ② $\frac{\sqrt{5}}{4}$ ③ $\frac{\sqrt{6}}{4}$ ④ $\frac{\sqrt{7}}{4}$ ⑤ $\frac{\sqrt{2}}{2}$

26 2022학년도 수능 기하 26번

두 초점이 F, F′인 타원 $\frac{x^2}{64}+\frac{y^2}{16}=1$ 위의 점 중 제1사분면에 있는 점 A가 있다. 두 직선 AF, AF′에 동시에 접하고 중심이 y축 위에 있는 원 중 중심의 y좌표가 음수인 것을 C라 하자. 원 C의 중심을 B라 할 때 사각형 AFBF′의 넓이가 72이다. 원 C의 반지름의 길이는? (3점)

① $\frac{17}{2}$ ② 9 ③ $\frac{19}{2}$ ④ 10 ⑤ $\frac{21}{2}$

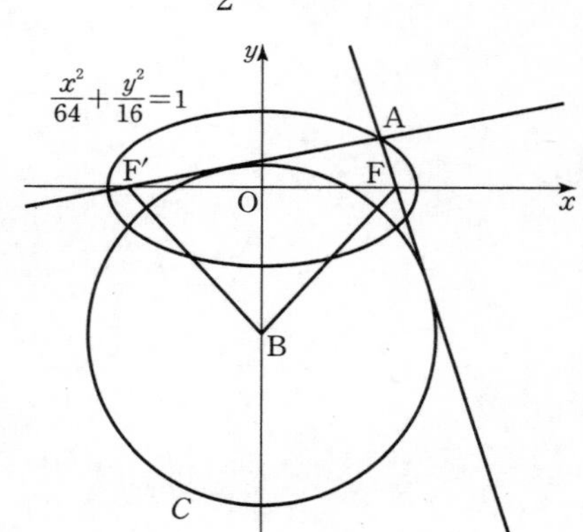

해설편 316쪽

27 2022학년도 수능 기하 27번

그림과 같이 한 모서리의 길이가 4인 정육면체 ABCD−EFGH가 있다. 선분 AD의 중점을 M이라 할 때, 삼각형 MEG의 넓이는? (3점)

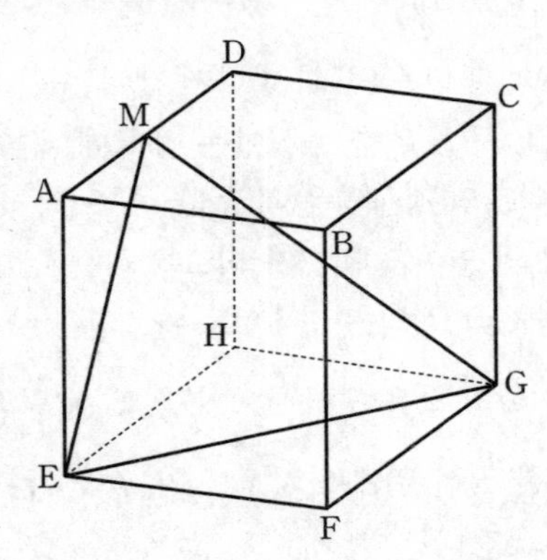

① $\frac{21}{2}$　② 11　③ $\frac{23}{2}$

④ 12　⑤ $\frac{25}{2}$

28 2022학년도 수능 기하 28번

두 양수 a, p에 대하여 포물선 $(y-a)^2=4px$의 초점을 F_1이라 하고, 포물선 $y^2=-4x$의 초점을 F_2라 하자. 선분 F_1F_2가 두 포물선과 만나는 점을 각각 P, Q라 할 때, $\overline{F_1F_2}=3$, $\overline{PQ}=1$이다. a^2+p^2의 값은? (4점)

① 6　② $\frac{25}{4}$　③ $\frac{13}{2}$

④ $\frac{27}{4}$　⑤ 7

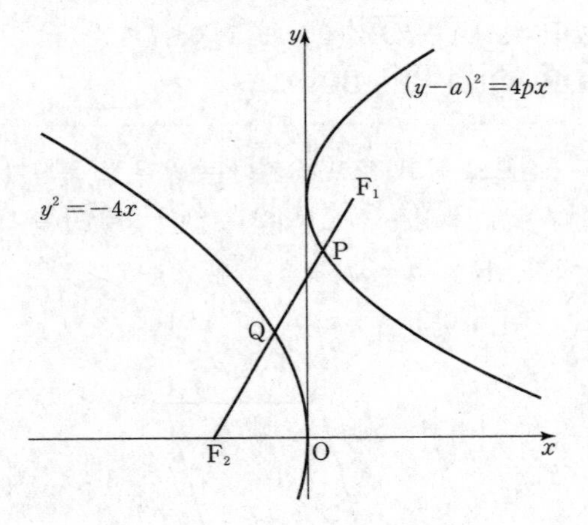

해설편 316쪽

단답형

29 2022학년도 수능 기하 29번

좌표평면에서 $\overline{\mathrm{OA}}=\sqrt{2}$, $\overline{\mathrm{OB}}=2\sqrt{2}$이고 $\cos(\angle \mathrm{AOB})=\frac{1}{4}$ 인 평행사변형 OACB에 대하여 점 P가 다음 조건을 만족시킨다.

(가) $\overrightarrow{\mathrm{OP}}=s\overrightarrow{\mathrm{OA}}+t\overrightarrow{\mathrm{OB}}$ $(0\le s\le 1,\ 0\le t\le 1)$
(나) $\overrightarrow{\mathrm{OP}}\cdot\overrightarrow{\mathrm{OB}}+\overrightarrow{\mathrm{BP}}\cdot\overrightarrow{\mathrm{BC}}=2$

점 O를 중심으로 하고 점 A를 지나는 원 위를 움직이는 점 X에 대하여 $|3\overrightarrow{\mathrm{OP}}-\overrightarrow{\mathrm{OX}}|$의 최댓값과 최솟값을 각각 M, m이라 하자. $M\times m=a\sqrt{6}+b$일 때, a^2+b^2의 값을 구하시오. (단, a와 b는 유리수이다.) (4점)

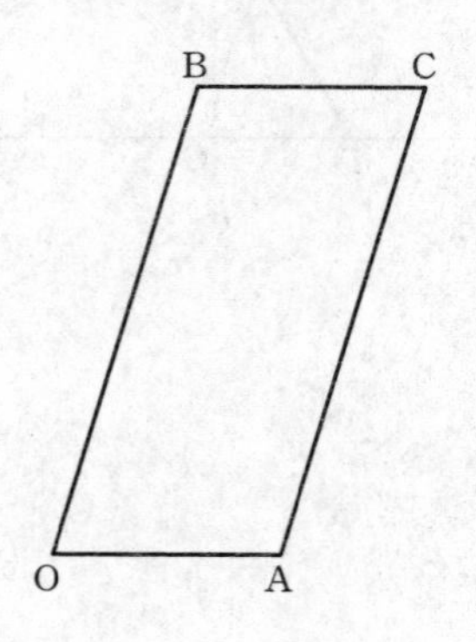

30 2022학년도 수능 기하 30번

좌표공간에 중심이 $\mathrm{C}(2, \sqrt{5}, 5)$이고 점 $\mathrm{P}(0, 0, 1)$을 지나는 구

$$S : (x-2)^2+(y-\sqrt{5})^2+(z-5)^2=25$$

가 있다. 구 S가 평면 OPC와 만나서 생기는 원 위를 움직이는 점 Q, 구 S 위를 움직이는 점 R에 대하여 두 점 Q, R의 xy평면 위로의 정사영을 각각 Q_1, R_1이라 하자. 삼각형 $\mathrm{OQ_1R_1}$의 넓이가 최대가 되도록 하는 두 점 Q, R에 대하여 삼각형 $\mathrm{OQ_1R_1}$의 평면 PQR 위로의 정사영의 넓이는 $\frac{q}{p}\sqrt{6}$이다. $p+q$의 값을 구하시오. (단, O는 원점이고 세 점 O, Q_1, R_1은 한 직선 위에 있지 않으며, p와 q는 서로소인 자연수이다.) (4점)

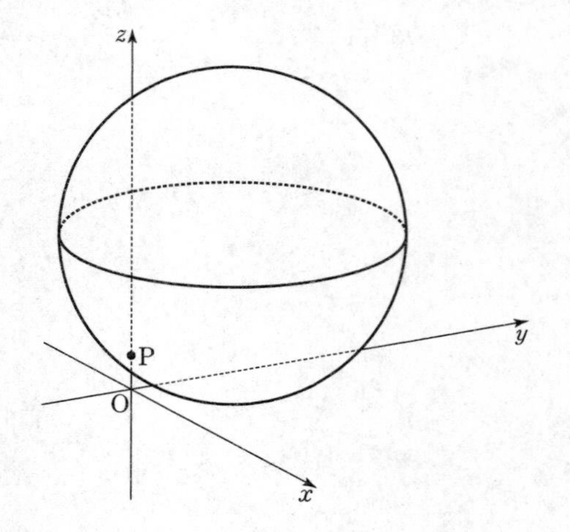

해설편 317쪽

수학 영역

제 2 교시

28회	시험 시간	100분
	날짜	월 일 요일
시작 시각 :	종료 시각	:

5지선다형

01 2023학년도 수능 1번

$\left(\frac{4}{2^{\sqrt{2}}}\right)^{2+\sqrt{2}}$의 값은? (2점)

① $\frac{1}{4}$ ② $\frac{1}{2}$ ③ 1
④ 2 ⑤ 4

02 2023학년도 수능 2번

$\lim_{x\to\infty}\frac{\sqrt{x^2-2}+3x}{x+5}$의 값은? (2점)

① 1 ② 2 ③ 3
④ 4 ⑤ 5

03 2023학년도 수능 3번

공비가 양수인 등비수열 $\{a_n\}$이

$$a_2+a_4=30,\ a_4+a_6=\frac{15}{2}$$

를 만족시킬 때, a_1의 값은? (3점)

① 48 ② 56 ③ 64
④ 72 ⑤ 80

04 2023학년도 수능 4번

다항함수 $f(x)$에 대하여 함수 $g(x)$를

$$g(x)=x^2f(x)$$

라 하자. $f(2)=1$, $f'(2)=3$일 때, $g'(2)$의 값은? (3점)

① 12 ② 14 ③ 16
④ 18 ⑤ 20

05 2023학년도 수능 5번

$\tan\theta<0$이고 $\cos\left(\frac{\pi}{2}+\theta\right)=\frac{\sqrt{5}}{5}$일 때, $\cos\theta$의 값은? (3점)

① $-\frac{2\sqrt{5}}{5}$ ② $-\frac{\sqrt{5}}{5}$ ③ 0
④ $\frac{\sqrt{5}}{5}$ ⑤ $\frac{2\sqrt{5}}{5}$

06 2023학년도 수능 6번

함수 $f(x)=2x^3-9x^2+ax+5$는 $x=1$에서 극대이고, $x=b$에서 극소이다. $a+b$의 값은?

(단, a, b는 상수이다.) (3점)

① 12 ② 14 ③ 16
④ 18 ⑤ 20

해설편 319쪽

07 2023학년도 수능 7번

모든 항이 양수이고 첫째항과 공차가 같은 등차수열 $\{a_n\}$이

$$\sum_{k=1}^{15} \frac{1}{\sqrt{a_k}+\sqrt{a_{k+1}}}=2$$

를 만족시킬 때, a_4의 값은? (3점)

① 6 ② 7 ③ 8
④ 9 ⑤ 10

08 2023학년도 수능 8번

점 $(0, 4)$에서 곡선 $y=x^3-x+2$에 그은 접선의 x절편은? (3점)

① $-\frac{1}{2}$ ② -1 ③ $-\frac{3}{2}$
④ -2 ⑤ $-\frac{5}{2}$

09 2023학년도 수능 9번

함수

$$f(x)=a-\sqrt{3}\tan 2x$$

가 닫힌구간 $\left[-\frac{\pi}{6},\ b\right]$에서 최댓값 7, 최솟값 3을 가질 때, $a\times b$의 값은? (단, a, b는 상수이다.) (4점)

① $\frac{\pi}{2}$ ② $\frac{5\pi}{12}$ ③ $\frac{\pi}{3}$
④ $\frac{\pi}{4}$ ⑤ $\frac{\pi}{6}$

10 2023학년도 수능 10번

두 곡선 $y=x^3+x^2$, $y=-x^2+k$와 y축으로 둘러싸인 부분의 넓이를 A, 두 곡선 $y=x^3+x^2$, $y=-x^2+k$와 직선 $x=2$로 둘러싸인 부분의 넓이를 B라 하자. $A=B$일 때, 상수 k의 값은? (단, $4<k<5$) (4점)

① $\frac{25}{6}$ ② $\frac{13}{3}$ ③ $\frac{9}{2}$
④ $\frac{14}{3}$ ⑤ $\frac{29}{6}$

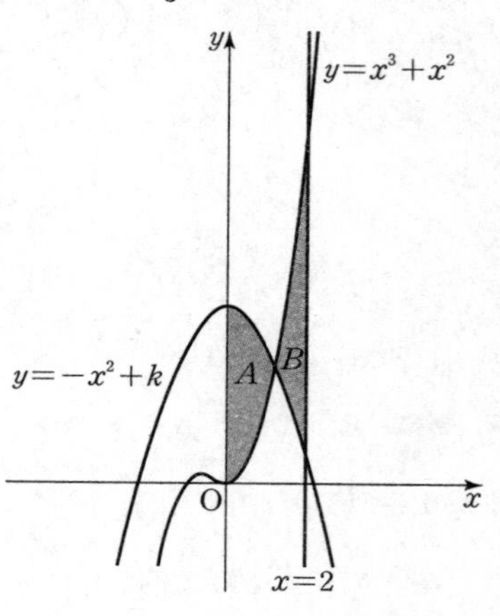

해설편 319쪽

11 2023학년도 수능 11번

그림과 같이 사각형 ABCD가 한 원에 내접하고

$\overline{AB}=5$, $\overline{AC}=3\sqrt{5}$, $\overline{AD}=7$, $\angle BAC=\angle CAD$

일 때, 이 원의 반지름의 길이는? (4점)

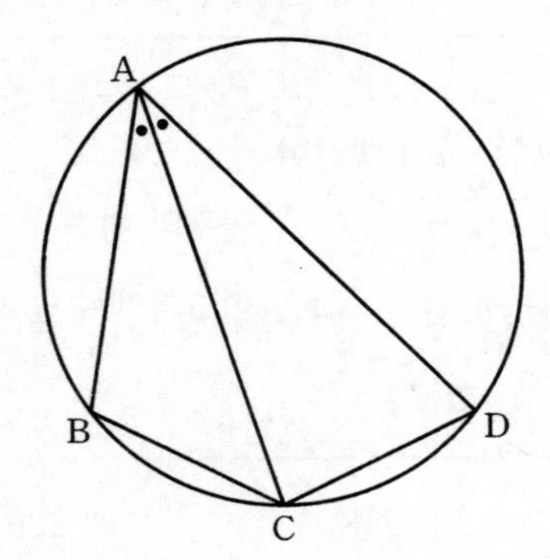

① $\frac{5\sqrt{2}}{2}$ ② $\frac{8\sqrt{5}}{5}$ ③ $\frac{5\sqrt{5}}{3}$

④ $\frac{8\sqrt{2}}{3}$ ⑤ $\frac{9\sqrt{3}}{4}$

12 2023학년도 수능 12번

실수 전체의 집합에서 연속인 함수 $f(x)$가 다음 조건을 만족시킨다.

> $n-1\le x<n$일 때, $|f(x)|=|6(x-n+1)(x-n)|$
> 이다. (단, n은 자연수이다.)

열린구간 $(0, 4)$에서 정의된 함수

$$g(x)=\int_0^x f(t)dt-\int_x^4 f(t)dt$$

가 $x=2$에서 최솟값 0을 가질 때, $\int_{\frac{1}{2}}^4 f(x)dx$의 값은? (4점)

① $-\frac{3}{2}$ ② $-\frac{1}{2}$ ③ $\frac{1}{2}$

④ $\frac{3}{2}$ ⑤ $\frac{5}{2}$

28회 2023 대학수학능력시험

해설편 320쪽

13 2023학년도 수능 13번

자연수 m $(m\geq 2)$에 대하여 m^{12}의 n제곱근 중에서 정수가 존재하도록 하는 2 이상의 자연수 n의 개수를 $f(m)$이라 할 때, $\sum_{m=2}^{9} f(m)$의 값은? (4점)

① 37 ② 42 ③ 47
④ 52 ⑤ 57

14 2023학년도 수능 14번

다항함수 $f(x)$에 대하여 함수 $g(x)$를 다음과 같이 정의한다.

$$g(x)=\begin{cases} x & (x<-1 \text{ 또는 } x>1) \\ f(x) & (-1\leq x\leq 1) \end{cases}$$

함수 $h(x)=\lim_{t\to 0+} g(x+t)\times\lim_{t\to 2+} g(x+t)$에 대하여 [보기]에서 옳은 것만을 있는 대로 고른 것은? (4점)

[보기]
ㄱ. $h(1)=3$
ㄴ. 함수 $h(x)$는 실수 전체의 집합에서 연속이다.
ㄷ. 함수 $g(x)$가 닫힌구간 $[-1, 1]$에서 감소하고 $g(-1)=-2$이면 함수 $h(x)$는 실수 전체의 집합에서 최솟값을 갖는다.

① ㄱ ② ㄴ ③ ㄱ, ㄴ
④ ㄱ, ㄷ ⑤ ㄴ, ㄷ

15 2023학년도 수능 15번

모든 항이 자연수이고 다음 조건을 만족시키는 모든 수열 $\{a_n\}$에 대하여 a_9의 최댓값과 최솟값을 각각 M, m이라 할 때, $M+m$의 값은? (4점)

(가) $a_7=40$
(나) 모든 자연수 n에 대하여

$$a_{n+2}=\begin{cases} a_{n+1}+a_n & (a_{n+1}\text{이 3의 배수가 아닌 경우}) \\ \frac{1}{3}a_{n+1} & (a_{n+1}\text{이 3의 배수인 경우}) \end{cases}$$

이다.

① 216 ② 218 ③ 220
④ 222 ⑤ 224

해설편 321쪽

단답형

16 2023학년도 수능 16번

방정식

$$\log_2(3x+2)=2+\log_2(x-2)$$

를 만족시키는 실수 x의 값을 구하시오. (3점)

17 2023학년도 수능 17번

함수 $f(x)$에 대하여 $f'(x)=4x^3-2x$이고 $f(0)=3$일 때, $f(2)$의 값을 구하시오. (3점)

18 2023학년도 수능 18번

두 수열 $\{a_n\}$, $\{b_n\}$에 대하여

$$\sum_{k=1}^{5}(3a_k+5)=55,\ \sum_{k=1}^{5}(a_k+b_k)=32$$

일 때, $\sum_{k=1}^{5}b_k$의 값을 구하시오. (3점)

19 2023학년도 수능 19번

방정식 $2x^3-6x^2+k=0$의 서로 다른 양의 실근의 개수가 2가 되도록 하는 정수 k의 개수를 구하시오. (3점)

20 2023학년도 수능 20번

수직선 위를 움직이는 점 P의 시각 $t\ (t\geq 0)$에서의 속도 $v(t)$와 가속도 $a(t)$가 다음 조건을 만족시킨다.

(가) $0\leq t\leq 2$일 때, $v(t)=2t^3-8t$이다.
(나) $t\geq 2$일 때, $a(t)=6t+4$이다.

시각 $t=0$에서 $t=3$까지 점 P가 움직인 거리를 구하시오. (4점)

해설편 321쪽

21 2023학년도 수능 21번

자연수 n에 대하여 함수 $f(x)$를

$$f(x)=\begin{cases} |3^{x+2}-n| & (x<0) \\ |\log_2(x+4)-n| & (x\geq 0) \end{cases}$$

이라 하자. 실수 t에 대하여 x에 대한 방정식 $f(x)=t$의 서로 다른 실근의 개수를 $g(t)$라 할 때, 함수 $g(t)$의 최댓값이 4가 되도록 하는 모든 자연수 n의 값의 합을 구하시오. (4점)

22 2023학년도 수능 22번

최고차항의 계수가 1인 삼차함수 $f(x)$와 실수 전체의 집합에서 연속인 함수 $g(x)$가 다음 조건을 만족시킬 때, $f(4)$의 값을 구하시오. (4점)

(가) 모든 실수 x에 대하여
$f(x)=f(1)+(x-1)f'(g(x))$이다.

(나) 함수 $g(x)$의 최솟값은 $\frac{5}{2}$이다.

(다) $f(0)=-3$, $f(g(1))=6$

해설편 322쪽

수학 영역 (확률과 통계)

5지선다형

23 2023학년도 수능 확통 23번

다항식 $(x^3+3)^5$의 전개식에서 x^9의 계수는? (2점)

① 30 ② 60 ③ 90
④ 120 ⑤ 150

24 2023학년도 수능 확통 24번

숫자 1, 2, 3, 4, 5 중에서 중복을 허락하여 4개를 택해 일렬로 나열하여 만들 수 있는 네 자리의 자연수 중 4000 이상인 홀수의 개수는? (3점)

① 125 ② 150 ③ 175
④ 200 ⑤ 225

25 2023학년도 수능 확통 25번

흰색 마스크 5개, 검은색 마스크 9개가 들어 있는 상자가 있다. 이 상자에서 임의로 3개의 마스크를 동시에 꺼낼 때, 꺼낸 3개의 마스크 중에서 적어도 한 개가 흰색 마스크일 확률은? (3점)

① $\frac{8}{13}$ ② $\frac{17}{26}$ ③ $\frac{9}{13}$
④ $\frac{19}{26}$ ⑤ $\frac{10}{13}$

26 2023학년도 수능 확통 26번

주머니에 1이 적힌 흰 공 1개, 2가 적힌 흰 공 1개, 1이 적힌 검은 공 1개, 2가 적힌 검은 공 3개가 들어 있다. 이 주머니에서 임의로 3개의 공을 동시에 꺼내는 시행을 한다. 이 시행에서 꺼낸 3개의 공 중에서 흰 공이 1개이고 검은 공이 2개인 사건을 A, 꺼낸 3개의 공에 적혀 있는 수를 모두 곱한 값이 8인 사건을 B라 할 때, $\mathrm{P}(A\cup B)$의 값은? (3점)

① $\frac{11}{20}$ ② $\frac{3}{5}$ ③ $\frac{13}{20}$
④ $\frac{7}{10}$ ⑤ $\frac{3}{4}$

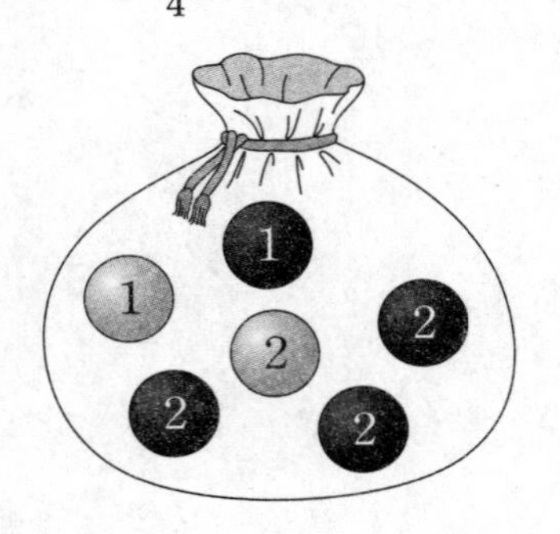

27 2023학년도 수능 확통 27번

어느 회사에서 생산하는 샴푸 1개의 용량은 정규분포 $\mathrm{N}(m, \sigma^2)$을 따른다고 한다. 이 회사에서 생산하는 샴푸 중에서 16개를 임의추출하여 얻은 표본평균을 이용하여 구한 m에 대한 신뢰도 95 %의 신뢰구간이 $746.1\le m\le 755.9$이다. 이 회사에서 생산하는 샴푸 중에서 n개를 임의추출하여 얻은 표본평균을 이용하여 구하는 m에 대한 신뢰도 99 %의 신뢰구간이 $a\le m\le b$일 때, $b-a$의 값이 6 이하가 되기 위한 자연수 n의 최솟값은? (단, 용량의 단위는 mL이고, Z가 표준정규분포를 따르는 확률변수일 때, $\mathrm{P}(|Z|\le 1.96)=0.95$, $\mathrm{P}(|Z|\le 2.58)=0.99$로 계산한다.) (3점)

① 70 ② 74 ③ 78
④ 82 ⑤ 86

28 2023학년도 수능 확통 28번

연속확률변수 X가 갖는 값의 범위는 $0 \le X \le a$이고, X의 확률밀도함수의 그래프가 그림과 같다.

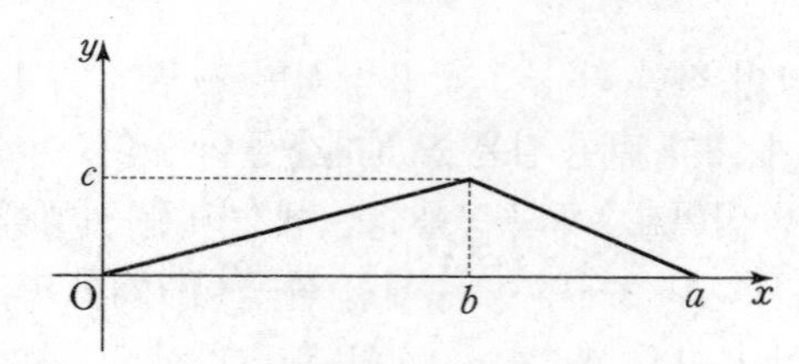

$\mathrm{P}(X \le b) - \mathrm{P}(X \ge b) = \frac{1}{4}$, $\mathrm{P}(X \le \sqrt{5}) = \frac{1}{2}$일 때, $a+b+c$의 값은? (단, a, b, c는 상수이다.) (4점)

① $\frac{11}{2}$　② 6　③ $\frac{13}{2}$
④ 7　⑤ $\frac{15}{2}$

단답형

29 2023학년도 수능 확통 29번

앞면에는 1부터 6까지의 자연수가 하나씩 적혀 있고 뒷면에는 모두 0이 하나씩 적혀 있는 6장의 카드가 있다. 이 6장의 카드가 그림과 같이 6 이하의 자연수 k에 대하여 k번째 자리에 자연수 k가 보이도록 놓여 있다.

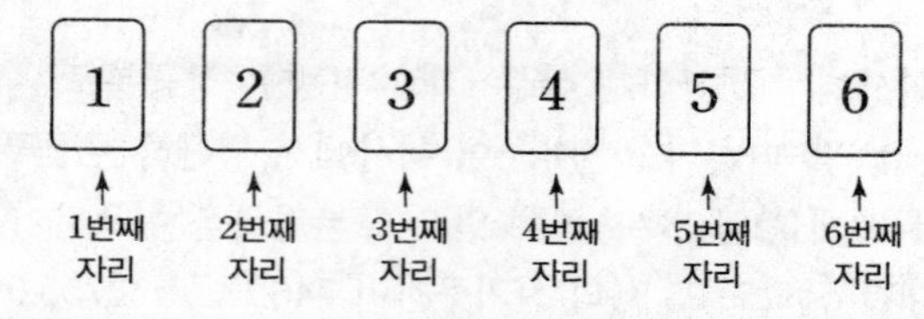

이 6장의 카드와 한 개의 주사위를 사용하여 다음 시행을 한다.

> 주사위를 한 번 던져 나온 눈의 수가 k이면 k번째 자리에 놓여 있는 카드를 한 번 뒤집어 제자리에 놓는다.

위의 시행을 3번 반복한 후 6장의 카드에 보이는 모든 수의 합이 짝수일 때, 주사위의 1의 눈이 한 번만 나왔을 확률은 $\frac{q}{p}$이다. $p+q$의 값을 구하시오.

(단, p와 q는 서로소인 자연수이다.) (4점)

30 2023학년도 수능 확통 30번

집합 $X = \{x \mid x$는 10 이하의 자연수$\}$에 대하여 다음 조건을 만족시키는 함수 $f : X \to X$의 개수를 구하시오. (4점)

> (가) 9 이하의 모든 자연수 x에 대하여 $f(x) \le f(x+1)$이다.
> (나) $1 \le x \le 5$일 때 $f(x) \le x$이고, $6 \le x \le 10$일 때 $f(x) \ge x$이다.
> (다) $f(6) = f(5) + 6$

해설편 324쪽

5지선다형

23 2023학년도 수능 미적 23번

$\lim_{x \to 0} \frac{\ln(x+1)}{\sqrt{x+4}-2}$의 값은? (2점)

① 1 ② 2 ③ 3
④ 4 ⑤ 5

24 2023학년도 수능 미적 24번

$\lim_{n \to \infty} \frac{1}{n} \sum_{k=1}^{n} \sqrt{1+\frac{3k}{n}}$의 값은? (3점)

① $\frac{4}{3}$ ② $\frac{13}{9}$ ③ $\frac{14}{9}$
④ $\frac{5}{3}$ ⑤ $\frac{16}{9}$

25 2023학년도 수능 미적 25번

등비수열 $\{a_n\}$에 대하여 $\lim_{n \to \infty} \frac{a_n+1}{3^n+2^{2n-1}}=3$일 때, a_2의 값은? (3점)

① 16 ② 18 ③ 20
④ 22 ⑤ 24

26 2023학년도 수능 미적 26번

그림과 같이 곡선 $y=\sqrt{\sec^2 x+\tan x}\left(0 \le x \le \frac{\pi}{3}\right)$와 x축, y축 및 직선 $x=\frac{\pi}{3}$로 둘러싸인 부분을 밑면으로 하는 입체도형이 있다. 이 입체도형을 x축에 수직인 평면으로 자른 단면이 모두 정사각형일 때, 이 입체도형의 부피는? (3점)

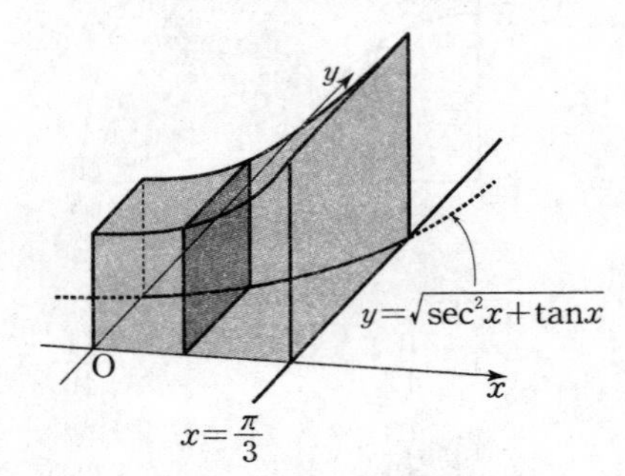

① $\frac{\sqrt{3}}{2}+\frac{\ln 2}{2}$ ② $\frac{\sqrt{3}}{2}+\ln 2$ ③ $\sqrt{3}+\frac{\ln 2}{2}$
④ $\sqrt{3}+\ln 2$ ⑤ $\sqrt{3}+2\ln 2$

해설편 325쪽

27 2023학년도 수능 미적 27번

그림과 같이 중심이 O, 반지름의 길이가 1이고 중심각의 크기가 $\frac{\pi}{2}$인 부채꼴 OA_1B_1이 있다. 호 A_1B_1 위에 점 P_1, 선분 OA_1 위에 점 C_1, 선분 OB_1 위에 점 D_1을 사각형 $OC_1P_1D_1$이 $\overline{OC_1} : \overline{OD_1}=3:4$인 직사각형이 되도록 잡는다. 부채꼴 OA_1B_1의 내부에 점 Q_1을 $\overline{P_1Q_1}=\overline{A_1Q_1}$, $\angle P_1Q_1A_1=\frac{\pi}{2}$가 되도록 잡고, 이등변삼각형 $P_1Q_1A_1$에 색칠하여 얻은 그림을 R_1이라 하자.

그림 R_1에서 선분 OA_1 위의 점 A_2와 선분 OB_1 위의 점 B_2를 $\overline{OQ_1}=\overline{OA_2}=\overline{OB_2}$가 되도록 잡고, 중심이 O, 반지름의 길이가 $\overline{OQ_1}$, 중심각의 크기가 $\frac{\pi}{2}$인 부채꼴 OA_2B_2를 그린다. 그림 R_1을 얻은 것과 같은 방법으로 네 점 P_2, C_2, D_2, Q_2를 잡고, 이등변삼각형 $P_2Q_2A_2$에 색칠하여 얻은 그림을 R_2라 하자. 이와 같은 과정을 계속하여 n번째 얻은 그림 R_n에 색칠되어 있는 부분의 넓이를 S_n이라 할 때, $\lim_{n\to\infty} S_n$의 값은? (3점)

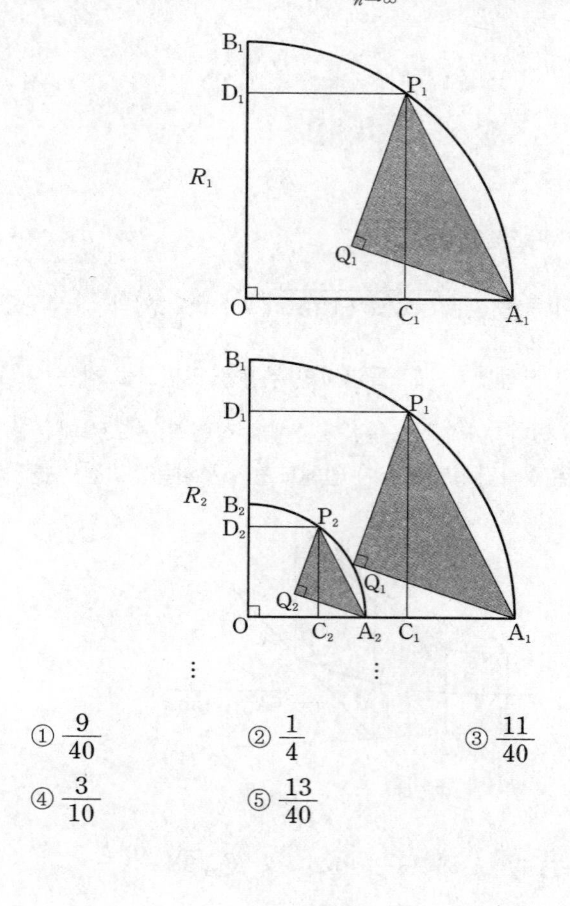

① $\frac{9}{40}$ ② $\frac{1}{4}$ ③ $\frac{11}{40}$
④ $\frac{3}{10}$ ⑤ $\frac{13}{40}$

28 2023학년도 수능 미적 28번

그림과 같이 중심이 O이고 길이가 2인 선분 AB를 지름으로 하는 반원 위에 $\angle AOC=\frac{\pi}{2}$인 점 C가 있다. 호 BC 위에 점 P와 호 CA 위에 점 Q를 $\overline{PB}=\overline{QC}$가 되도록 잡고, 선분 AP 위에 점 R을 $\angle CQR=\frac{\pi}{2}$가 되도록 잡는다. 선분 AP와 선분 CO의 교점을 S라 하자. $\angle PAB=\theta$일 때, 삼각형 POB의 넓이를 $f(\theta)$, 사각형 CQRS의 넓이를 $g(\theta)$라 하자. $\lim_{\theta\to 0+}\frac{3f(\theta)-2g(\theta)}{\theta^2}$의 값은?

$\left(단,\ 0<\theta<\frac{\pi}{4}\right)$ (4점)

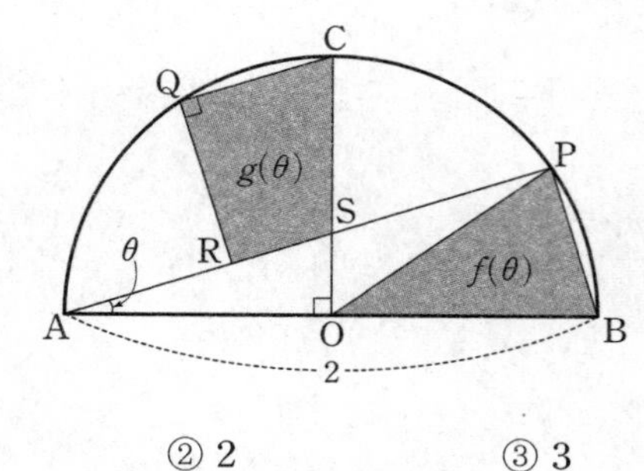

① 1 ② 2 ③ 3
④ 4 ⑤ 5

해설편 325쪽

단답형

29 2023학년도 수능 미적 29번

세 상수 a, b, c에 대하여 함수 $f(x)=ae^{2x}+be^{x}+c$가 다음 조건을 만족시킨다.

(가) $\lim_{x \to -\infty} \frac{f(x)+6}{e^{x}}=1$

(나) $f(\ln 2)=0$

함수 $f(x)$의 역함수를 $g(x)$라 할 때,
$\int_{0}^{14} g(x)dx=p+q\ln 2$이다. $p+q$의 값을 구하시오.
(단, p, q는 유리수이고, $\ln 2$는 무리수이다.) (4점)

30 2023학년도 수능 미적 30번

최고차항의 계수가 양수인 삼차함수 $f(x)$와 함수 $g(x)=e^{\sin \pi x}-1$에 대하여 실수 전체의 집합에서 정의된 합성함수 $h(x)=g(f(x))$가 다음 조건을 만족시킨다.

(가) 함수 $h(x)$는 $x=0$에서 극댓값 0을 갖는다.

(나) 열린구간 $(0, 3)$에서 방정식 $h(x)=1$의 서로 다른 실근의 개수는 7이다.

$f(3)=\frac{1}{2}$, $f'(3)=0$일 때, $f(2)=\frac{q}{p}$이다. $p+q$의 값을 구하시오. (단, p와 q는 서로소인 자연수이다.) (4점)

해설편 326쪽

2023학년도 대학수학능력시험

1 수학 영역 (기하)

5지선다형

23 2023학년도 수능 기하 23번

좌표공간의 점 $\mathrm{A}(2,\ 2,\ -1)$을 x축에 대하여 대칭이동한 점을 B라 하자. 점 $\mathrm{C}(-2,\ 1,\ 1)$에 대하여 선분 BC의 길이는? (2점)

① 1　② 2　③ 3　④ 4　⑤ 5

24 2023학년도 수능 기하 24번

초점이 $\mathrm{F}\left(\frac{1}{3},\ 0\right)$이고 준선이 $x=-\frac{1}{3}$인 포물선이 점 $(a,\ 2)$를 지날 때, a의 값은? (3점)

① 1　② 2　③ 3　④ 4　⑤ 5

25 2023학년도 수능 기하 25번

타원 $\frac{x^2}{a^2}+\frac{y^2}{b^2}=1$ 위의 점 $(2,\ 1)$에서의 접선의 기울기가 $-\frac{1}{2}$일 때, 이 타원의 두 초점 사이의 거리는? (단, a, b는 양수이다.) (3점)

① $2\sqrt{3}$　② 4　③ $2\sqrt{5}$　④ $2\sqrt{6}$　⑤ $2\sqrt{7}$

26 2023학년도 수능 기하 26번

좌표평면에서 세 벡터

$$\vec{a}=(2,\ 4),\ \vec{b}=(2,\ 8),\ \vec{c}=(1,\ 0)$$

에 대하여 두 벡터 $\vec{p}$, $\vec{q}$가

$$(\vec{p}-\vec{a})\cdot(\vec{p}-\vec{b})=0,\ \vec{q}=\frac{1}{2}\vec{a}+t\vec{c}\ (t\text{는 실수})$$

를 만족시킬 때, $|\vec{p}-\vec{q}|$의 최솟값은? (3점)

① $\frac{3}{2}$　② 2　③ $\frac{5}{2}$　④ 3　⑤ $\frac{7}{2}$

해설편 327쪽

27 2023학년도 수능 기하 27번

좌표공간에 직선 AB를 포함하는 평면 α가 있다. 평면 α 위에 있지 않은 점 C에 대하여 직선 AB와 직선 AC가 이루는 예각의 크기를 θ_1이라 할 때 $\sin\theta_1=\frac{4}{5}$이고, 직선 AC와 평면 α가 이루는 예각의 크기는 $\frac{\pi}{2}-\theta_1$이다. 평면 ABC와 평면 α가 이루는 예각의 크기를 θ_2라 할 때, $\cos\theta_2$의 값은? (3점)

① $\frac{\sqrt{7}}{4}$ ② $\frac{\sqrt{7}}{5}$ ③ $\frac{\sqrt{7}}{6}$
④ $\frac{\sqrt{7}}{7}$ ⑤ $\frac{\sqrt{7}}{8}$

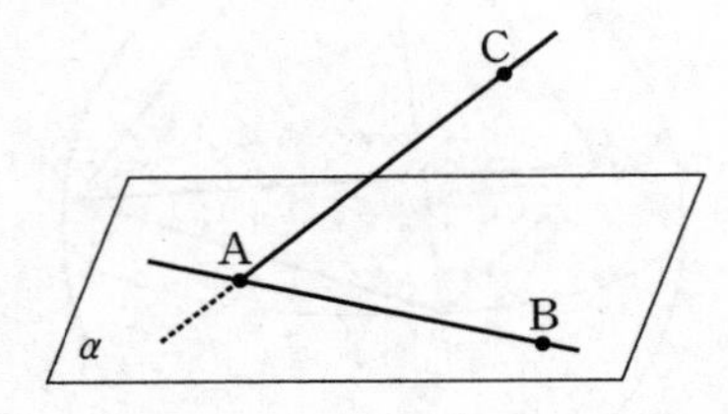

28 2023학년도 수능 기하 28번

두 초점이 $\mathrm{F}(c,\ 0)$, $\mathrm{F'}(-c,\ 0)(c>0)$인 쌍곡선 C와 y축 위의 점 A가 있다. 쌍곡선 C가 선분 AF와 만나는 점을 P, 선분 AF′과 만나는 점을 P′이라 하자.
직선 AF는 쌍곡선 C의 한 점근선과 평행하고

$$\overline{\mathrm{AP}}:\overline{\mathrm{PP'}}=5:6,\ \overline{\mathrm{PF}}=1$$

일 때, 쌍곡선 C의 주축의 길이는? (4점)

① $\frac{13}{6}$ ② $\frac{9}{4}$ ③ $\frac{7}{3}$
④ $\frac{29}{12}$ ⑤ $\frac{5}{2}$

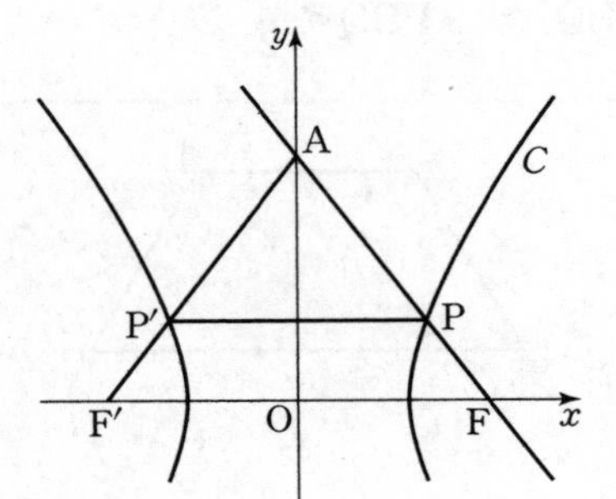

28회 2023 대학수학능력시험

해설편 327쪽

단답형

29 2023학년도 수능 기하 29번

평면 α 위에 $\overline{AB}=\overline{CD}=\overline{AD}=2$, $\angle ABC=\angle BCD=\frac{\pi}{3}$인 사다리꼴 ABCD가 있다. 다음 조건을 만족시키는 평면 α 위의 두 점 P, Q에 대하여 $\overrightarrow{CP}\cdot\overrightarrow{DQ}$의 값을 구하시오. (4점)

(가) $\overrightarrow{AC}=2(\overrightarrow{AD}+\overrightarrow{BP})$
(나) $\overrightarrow{AC}\cdot\overrightarrow{PQ}=6$
(다) $2\times\angle BQA=\angle PBQ<\frac{\pi}{2}$

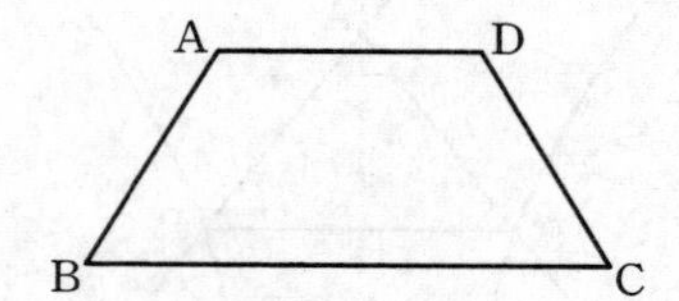

30 2023학년도 수능 기하 30번

좌표공간에 정사면체 ABCD가 있다. 정삼각형 BCD의 외심을 중심으로 하고 점 B를 지나는 구를 S라 하자. 구 S와 선분 AB가 만나는 점 중 B가 아닌 점을 P, 구 S와 선분 AC가 만나는 점 중 C가 아닌 점을 Q, 구 S와 선분 AD가 만나는 점 중 D가 아닌 점을 R이라 하고, 점 P에서 구 S에 접하는 평면을 α라 하자.
구 S의 반지름의 길이가 6일 때, 삼각형 PQR의 평면 α 위로의 정사영의 넓이는 k이다. k^2의 값을 구하시오. (4점)

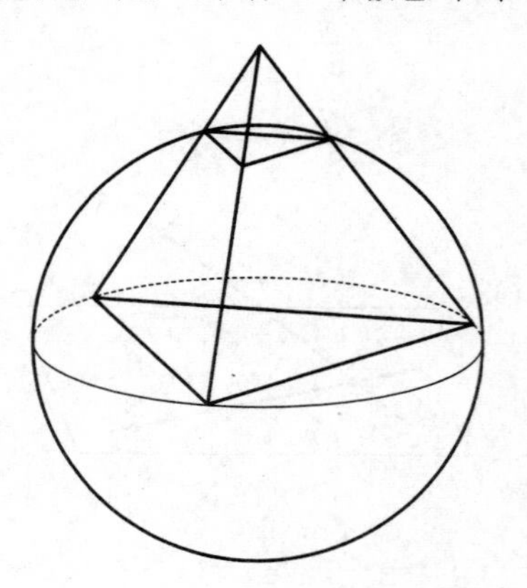

해설편 328쪽

수학 영역

제 2 교시

29회	시험 시간	100분
	날짜	월 일 요일
시작 시각 :	종료 시각	:

5지선다형

01 2024학년도 수능 1번

$\sqrt[3]{24}\times 3^{\frac{2}{3}}$의 값은? (2점)

① 6 ② 7 ③ 8 ④ 9 ⑤ 10

02 2024학년도 수능 2번

함수 $f(x)=2x^3-5x^2+3$에 대하여 $\lim_{h\to 0}\frac{f(2+h)-f(2)}{h}$의 값은? (2점)

① 1 ② 2 ③ 3 ④ 4 ⑤ 5

03 2024학년도 수능 3번

$\frac{3}{2}\pi<\theta<2\pi$인 θ에 대하여 $\sin(-\theta)=\frac{1}{3}$일 때, $\tan\theta$의 값은? (3점)

① $-\frac{\sqrt{2}}{2}$ ② $-\frac{\sqrt{2}}{4}$ ③ $-\frac{1}{4}$ ④ $\frac{1}{4}$ ⑤ $\frac{\sqrt{2}}{4}$

04 2024학년도 수능 4번

함수

$$f(x)=\begin{cases}3x-a & (x<2)\\ x^2+a & (x\geq 2)\end{cases}$$

가 실수 전체의 집합에서 연속일 때, 상수 a의 값은? (3점)

① 1 ② 2 ③ 3 ④ 4 ⑤ 5

05 2024학년도 수능 5번

다항함수 $f(x)$가

$$f'(x)=3x(x-2),\ f(1)=6$$

을 만족시킬 때, $f(2)$의 값은? (3점)

① 1 ② 2 ③ 3 ④ 4 ⑤ 5

06 2024학년도 수능 6번

등비수열 $\{a_n\}$의 첫째항부터 제n항까지의 합을 S_n이라 하자.

$$S_4-S_2=3a_4,\ a_5=\frac{3}{4}$$

일 때, a_1+a_2의 값은? (3점)

① 27 ② 24 ③ 21 ④ 18 ⑤ 15

해설편 329쪽

07 2024학년도 수능 7번

함수 $f(x)=\frac{1}{3}x^3-2x^2-12x+4$가 $x=\alpha$에서 극대이고 $x=\beta$에서 극소일 때, $\beta-\alpha$의 값은?
(단, α와 β는 상수이다.) (3점)

① -4 ② -1 ③ 2
④ 5 ⑤ 8

08 2024학년도 수능 8번

삼차함수 $f(x)$가 모든 실수 x에 대하여

$$xf(x)-f(x)=3x^4-3x$$

를 만족시킬 때, $\int_{-2}^{2} f(x)dx$의 값은? (3점)

① 12 ② 16 ③ 20
④ 24 ⑤ 28

09 2024학년도 수능 9번

수직선 위의 두 점 $\mathrm{P}(\log_5 3)$, $\mathrm{Q}(\log_5 12)$에 대하여 선분 PQ를 $m:(1-m)$으로 내분하는 점의 좌표가 1일 때, 4^m의 값은? (단, m은 $0<m<1$인 상수이다.) (4점)

① $\frac{7}{6}$ ② $\frac{4}{3}$ ③ $\frac{3}{2}$
④ $\frac{5}{3}$ ⑤ $\frac{11}{6}$

10 2024학년도 수능 10번

시각 $t=0$일 때 동시에 원점을 출발하여 수직선 위를 움직이는 두 점 P, Q의 시각 $t(t\geq 0)$에서의 속도가 각각

$$v_1(t)=t^2-6t+5,\ v_2(t)=2t-7$$

이다. 시각 t에서의 두 점 P, Q 사이의 거리를 $f(t)$라 할 때, 함수 $f(t)$는 구간 $[0, a]$에서 증가하고, 구간 $[a, b]$에서 감소하고, 구간 $[b, \infty)$에서 증가한다. 시각 $t=a$에서 $t=b$까지 점 Q가 움직인 거리는? (단, $0<a<b$) (4점)

① $\frac{15}{2}$ ② $\frac{17}{2}$ ③ $\frac{19}{2}$
④ $\frac{21}{2}$ ⑤ $\frac{23}{2}$

11 2024학년도 수능 11번

공차가 0이 아닌 등차수열 $\{a_n\}$에 대하여

$$|a_6|=a_8,\ \sum_{k=1}^{5}\frac{1}{a_k a_{k+1}}=\frac{5}{96}$$

일 때, $\sum_{k=1}^{15} a_k$의 값은? (4점)

① 60 ② 65 ③ 70
④ 75 ⑤ 80

해설편 329쪽

12 2024학년도 수능 12번

함수 $f(x)=\frac{1}{9}x(x-6)(x-9)$와 실수 $t\ (0<t<6)$에 대하여 함수 $g(x)$는

$$g(x)=\begin{cases} f(x) & (x<t) \\ -(x-t)+f(t) & (x\geq t) \end{cases}$$

이다. 함수 $y=g(x)$의 그래프와 x축으로 둘러싸인 영역의 넓이의 최댓값은? (4점)

① $\frac{125}{4}$ ② $\frac{127}{4}$ ③ $\frac{129}{4}$ ④ $\frac{131}{4}$ ⑤ $\frac{133}{4}$

13 2024학년도 수능 13번

그림과 같이

$$\overline{AB}=3,\ \overline{BC}=\sqrt{13},\ \overline{AD}\times\overline{CD}=9,\ \angle BAC=\frac{\pi}{3}$$

인 사각형 ABCD가 있다. 삼각형 ABC의 넓이를 S_1, 삼각형 ACD의 넓이를 S_2라 하고, 삼각형 ACD의 외접원의 반지름의 길이를 R이라 하자.

$S_2=\frac{5}{6}S_1$일 때, $\frac{R}{\sin(\angle ADC)}$의 값은? (4점)

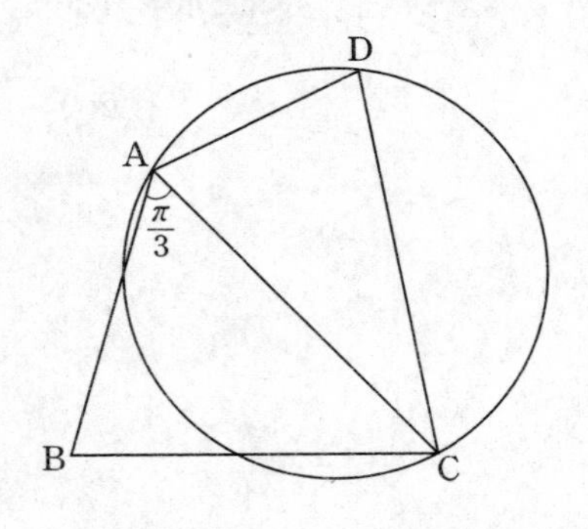

① $\frac{54}{25}$ ② $\frac{117}{50}$ ③ $\frac{63}{25}$ ④ $\frac{27}{10}$ ⑤ $\frac{72}{25}$

해설편 330쪽

14 2024학년도 수능 14번

두 자연수 a, b에 대하여 함수 $f(x)$는

$$f(x)=\begin{cases} 2x^3-6x+1 & (x\le 2) \\ a(x-2)(x-b)+9 & (x>2) \end{cases}$$

이다. 실수 t에 대하여 함수 $y=f(x)$의 그래프와 직선 $y=t$가 만나는 점의 개수를 $g(t)$라 하자.

$$g(k)+\lim_{t\to k-} g(t)+\lim_{t\to k+} g(t)=9$$

를 만족시키는 실수 k의 개수가 1이 되도록 하는 두 자연수 a, b의 순서쌍 (a, b)에 대하여 $a+b$의 최댓값은? (4점)

① 51　② 52　③ 53　④ 54　⑤ 55

15 2024학년도 수능 15번

첫째항이 자연수인 수열 $\{a_n\}$이 모든 자연수 n에 대하여

$$a_{n+1}=\begin{cases} 2^{a_n} & (a_n\text{이 홀수인 경우}) \\ \frac{1}{2}a_n & (a_n\text{이 짝수인 경우}) \end{cases}$$

를 만족시킬 때, $a_6+a_7=3$이 되도록 하는 모든 a_1의 값의 합은? (4점)

① 139　② 146　③ 153　④ 160　⑤ 167

해설편 331쪽

단답형

16 2024학년도 수능 16번

방정식 $3^{x-8}=\left(\frac{1}{27}\right)^{x}$을 만족시키는 실수 x의 값을 구하시오. (3점)

17 2024학년도 수능 17번

함수 $f(x)=(x+1)(x^2+3)$에 대하여 $f'(1)$의 값을 구하시오. (3점)

18 2024학년도 수능 18번

두 수열 $\{a_n\}$, $\{b_n\}$에 대하여

$$\sum_{k=1}^{10} a_k=\sum_{k=1}^{10}(2b_k-1),\ \sum_{k=1}^{10}(3a_k+b_k)=33$$

일 때, $\sum_{k=1}^{10} b_k$의 값을 구하시오. (3점)

19 2024학년도 수능 19번

함수 $f(x)=\sin\frac{\pi}{4}x$라 할 때, $0<x<16$에서 부등식

$$f(2+x)f(2-x)<\frac{1}{4}$$

을 만족시키는 모든 자연수 x의 값의 합을 구하시오. (3점)

20 2024학년도 수능 20번

$a>\sqrt{2}$인 실수 a에 대하여 함수 $f(x)$를

$$f(x)=-x^3+ax^2+2x$$

라 하자. 곡선 $y=f(x)$ 위의 점 $\mathrm{O}(0,\ 0)$에서의 접선이 곡선 $y=f(x)$와 만나는 점 중 O가 아닌 점을 A라 하고, 곡선 $y=f(x)$ 위의 점 A에서의 접선이 x축과 만나는 점을 B라 하자. 점 A가 선분 OB를 지름으로 하는 원 위의 점일 때, $\overline{\mathrm{OA}}\times\overline{\mathrm{AB}}$의 값을 구하시오. (4점)

해설편 332쪽

21 2024학년도 수능 21번

양수 a에 대하여 $x \geq -1$에서 정의된 함수 $f(x)$는

$$f(x)=\begin{cases} -x^2+6x & (-1 \leq x < 6) \\ a\log_4(x-5) & (x \geq 6) \end{cases}$$

이다. $t \geq 0$인 실수 t에 대하여 닫힌구간 $[t-1, t+1]$에서의 $f(x)$의 최댓값을 $g(t)$라 하자. 구간 $[0, \infty)$에서 함수 $g(t)$의 최솟값이 5가 되도록 하는 양수 a의 최솟값을 구하시오. (4점)

22 2024학년도 수능 22번

최고차항의 계수가 1인 삼차함수 $f(x)$가 다음 조건을 만족시킨다.

> 함수 $f(x)$에 대하여
> $$f(k-1)f(k+1)<0$$
> 을 만족시키는 정수 k는 존재하지 않는다.

$f'\left(-\frac{1}{4}\right)=-\frac{1}{4}$, $f'\left(\frac{1}{4}\right)<0$일 때, $f(8)$의 값을 구하시오. (4점)

해설편 333쪽

수학 영역 (확률과 통계)

5지선다형

23 2024학년도 수능 확통 23번

5개의 문자 x, x, y, y, z를 모두 일렬로 나열하는 경우의 수는? (2점)

① 10 ② 20 ③ 30
④ 40 ⑤ 50

24 2024학년도 수능 확통 24번

두 사건 A, B는 서로 독립이고

$$\mathrm{P}(A\cap B)=\frac{1}{4},\ \mathrm{P}(A^C)=2\mathrm{P}(A)$$

일 때, $\mathrm{P}(B)$의 값은? (단, A^C은 A의 여사건이다.) (3점)

① $\frac{3}{8}$ ② $\frac{1}{2}$ ③ $\frac{5}{8}$
④ $\frac{3}{4}$ ⑤ $\frac{7}{8}$

25 2024학년도 수능 확통 25번

숫자 1, 2, 3, 4, 5, 6이 하나씩 적혀 있는 6장의 카드가 있다. 이 6장의 카드를 모두 한 번씩 사용하여 일렬로 임의로 나열할 때, 양 끝에 놓인 카드에 적힌 두 수의 합이 10 이하가 되도록 카드가 놓일 확률은? (3점)

① $\frac{8}{15}$ ② $\frac{19}{30}$ ③ $\frac{11}{15}$
④ $\frac{5}{6}$ ⑤ $\frac{14}{15}$

1 2 3 4 5 6

26 2024학년도 수능 확통 26번

4개의 동전을 동시에 던져서 앞면이 나오는 동전의 개수를 확률변수 X라 하고, 이산확률변수 Y를

$$Y=\begin{cases} X & (X\text{가 0 또는 1의 값을 가지는 경우}) \\ 2 & (X\text{가 2 이상의 값을 가지는 경우}) \end{cases}$$

라 하자. $\mathrm{E}(Y)$의 값은? (3점)

① $\frac{25}{16}$ ② $\frac{13}{8}$ ③ $\frac{27}{16}$
④ $\frac{7}{4}$ ⑤ $\frac{29}{16}$

27 2024학년도 수능 확통 27번

정규분포 $\mathrm{N}(m,\ 5^2)$을 따르는 모집단에서 크기가 49인 표본을 임의추출하여 얻은 표본평균이 $\bar{x}$일 때, 모평균 m에 대한 신뢰도 95%의 신뢰구간이 $a\le m\le\frac{6}{5}a$이다. $\bar{x}$의 값은? (단, Z가 표준정규분포를 따르는 확률변수일 때, $\mathrm{P}(|Z|\le1.96)=0.95$로 계산한다.) (3점)

① 15.2 ② 15.4 ③ 15.6
④ 15.8 ⑤ 16.0

해설편 334쪽

28 2024학년도 수능 확통 28번

하나의 주머니와 두 상자 A, B가 있다. 주머니에는 숫자 1, 2, 3, 4가 하나씩 적힌 4장의 카드가 들어 있고, 상자 A에는 흰 공과 검은 공이 각각 8개 이상 들어 있고, 상자 B는 비어 있다. 이 주머니와 두 상자 A, B를 사용하여 다음 시행을 한다.

> 주머니에서 임의로 한 장의 카드를 꺼내어 카드에 적힌 수를 확인한 후 다시 주머니에 넣는다.
> 확인한 수가 1이면 상자 A에 있는 흰 공 1개를 상자 B에 넣고, 확인한 수가 2 또는 3이면 상자 A에 있는 흰 공 1개와 검은 공 1개를 상자 B에 넣고, 확인한 수가 4이면 상자 A에 있는 흰 공 2개와 검은 공 1개를 상자 B에 넣는다.

이 시행을 4번 반복한 후 상자 B에 들어 있는 공의 개수가 8일 때, 상자 B에 들어 있는 검은 공의 개수가 2일 확률은? (4점)

① $\frac{3}{70}$ ② $\frac{2}{35}$ ③ $\frac{1}{14}$
④ $\frac{3}{35}$ ⑤ $\frac{1}{10}$

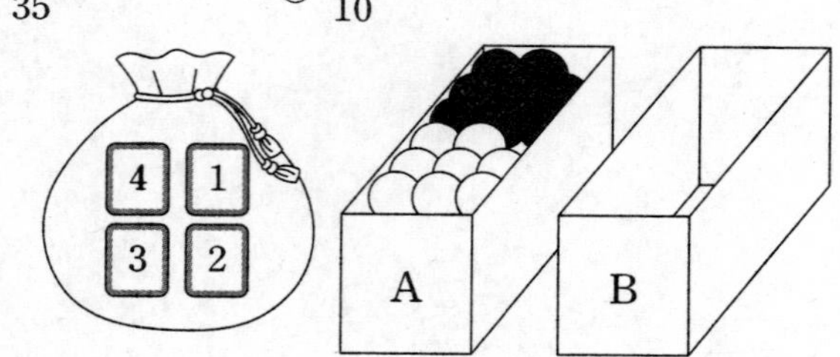

단답형

29 2024학년도 수능 확통 29번

다음 조건을 만족시키는 6 이하의 자연수 a, b, c, d의 모든 순서쌍 (a, b, c, d)의 개수를 구하시오. (4점)

> $a \leq c \leq d$이고 $b \leq c \leq d$이다.

30 2024학년도 수능 확통 30번

양수 t에 대하여 확률변수 X가 정규분포 $\mathrm{N}(1, t^2)$을 따른다.

$$\mathrm{P}(X \leq 5t) \geq \frac{1}{2}$$

이 되도록 하는 모든 양수 t에 대하여 $\mathrm{P}(t^2-t+1 \leq X \leq t^2+t+1)$의 최댓값을 오른쪽 표준정규분포표를 이용하여 구한 값을 k라 하자. $1000 \times k$의 값을 구하시오. (4점)

z	$\mathrm{P}(0 \leq Z \leq z)$
0.6	0.226
0.8	0.288
1.0	0.341
1.2	0.385
1.4	0.419

해설편 335쪽

5지선다형

23 2024학년도 수능 미적 23번

$\lim_{x\to0}\frac{\ln(1+3x)}{\ln(1+5x)}$의 값은? (2점)

① $\frac{1}{5}$ ② $\frac{2}{5}$ ③ $\frac{3}{5}$

④ $\frac{4}{5}$ ⑤ 1

24 2024학년도 수능 미적 24번

매개변수 $t(t>0)$으로 나타내어진 곡선

$$x=\ln(t^3+1),\ y=\sin\pi t$$

에서 $t=1$일 때, $\frac{dy}{dx}$의 값은? (3점)

① $-\frac{1}{3}\pi$ ② $-\frac{2}{3}\pi$ ③ $-\pi$

④ $-\frac{4}{3}\pi$ ⑤ $-\frac{5}{3}\pi$

25 2024학년도 수능 미적 25번

양의 실수 전체의 집합에서 정의되고 미분가능한 두 함수 $f(x)$, $g(x)$가 있다. $g(x)$는 $f(x)$의 역함수이고, $g'(x)$는 양의 실수 전체의 집합에서 연속이다.

모든 양수 a에 대하여

$$\int_1^a \frac{1}{g'(f(x))f(x)}dx=2\ln a+\ln(a+1)-\ln 2$$

이고 $f(1)=8$일 때, $f(2)$의 값은? (3점)

① 36 ② 40 ③ 44

④ 48 ⑤ 52

26 2024학년도 수능 미적 26번

그림과 같이 곡선 $y=\sqrt{(1-2x)\cos x}\left(\frac{3}{4}\pi\le x\le\frac{5}{4}\pi\right)$와 x축 및 두 직선 $x=\frac{3}{4}\pi$, $x=\frac{5}{4}\pi$로 둘러싸인 부분을 밑면으로 하는 입체도형이 있다. 이 입체도형을 x축에 수직인 평면으로 자른 단면이 모두 정사각형일 때, 이 입체도형의 부피는? (3점)

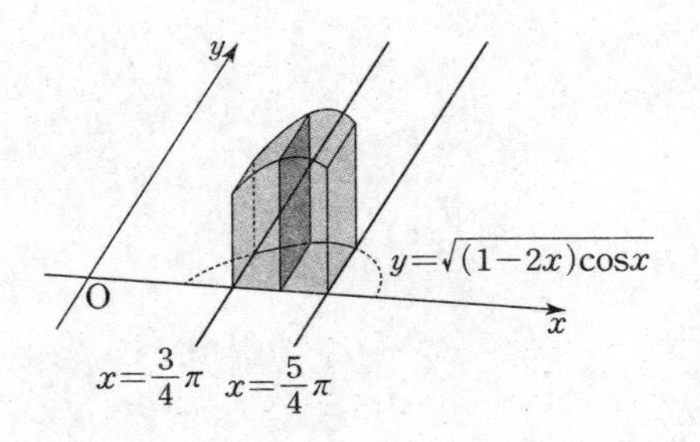

① $\sqrt{2}\pi-\sqrt{2}$ ② $\sqrt{2}\pi-1$ ③ $2\sqrt{2}\pi-\sqrt{2}$

④ $2\sqrt{2}\pi-1$ ⑤ $2\sqrt{2}\pi$

27 2024학년도 수능 미적 27번

실수 t에 대하여 원점을 지나고 곡선 $y=\frac{1}{e^x}+e^t$에 접하는 직선의 기울기를 $f(t)$라 하자. $f(a)=-e\sqrt{e}$를 만족시키는 상수 a에 대하여 $f'(a)$의 값은? (3점)

① $-\frac{1}{3}e\sqrt{e}$ ② $-\frac{1}{2}e\sqrt{e}$ ③ $-\frac{2}{3}e\sqrt{e}$

④ $-\frac{5}{6}e\sqrt{e}$ ⑤ $-e\sqrt{e}$

29회 2024 대학수학능력시험

해설편 336쪽

28 2024학년도 수능 미적 28번

실수 전체의 집합에서 연속인 함수 $f(x)$가 모든 실수 x에 대하여 $f(x) \geq 0$이고, $x<0$일 때 $f(x)=-4xe^{4x^2}$이다.
모든 양수 t에 대하여 x에 대한 방정식 $f(x)=t$의 서로 다른 실근의 개수는 2이고, 이 방정식의 두 실근 중 작은 값을 $g(t)$, 큰 값을 $h(t)$라 하자.
두 함수 $g(t)$, $h(t)$는 모든 양수 t에 대하여

$$2g(t)+h(t)=k \ (k\text{는 상수})$$

를 만족시킨다. $\int_0^7 f(x)dx=e^4-1$일 때, $\frac{f(9)}{f(8)}$의 값은? (4점)

① $\frac{3}{2}e^5$ ② $\frac{4}{3}e^7$ ③ $\frac{5}{4}e^9$
④ $\frac{6}{5}e^{11}$ ⑤ $\frac{7}{6}e^{13}$

단답형

29 2024학년도 수능 미적 29번

첫째항과 공비가 각각 0이 아닌 두 등비수열 $\{a_n\}$, $\{b_n\}$에 대하여 두 급수 $\sum_{n=1}^{\infty}a_n$, $\sum_{n=1}^{\infty}b_n$이 각각 수렴하고

$$\sum_{n=1}^{\infty}a_nb_n=\left(\sum_{n=1}^{\infty}a_n\right)\times\left(\sum_{n=1}^{\infty}b_n\right),$$

$$3\times\sum_{n=1}^{\infty}|a_{2n}|=7\times\sum_{n=1}^{\infty}|a_{3n}|$$

이 성립한다. $\sum_{n=1}^{\infty}\frac{b_{2n-1}+b_{3n+1}}{b_n}=S$일 때, $120S$의 값을 구하시오. (4점)

30 2024학년도 수능 미적 30번

실수 전체의 집합에서 미분가능한 함수 $f(x)$의 도함수 $f'(x)$가

$$f'(x)=|\sin x|\cos x$$

이다. 양수 a에 대하여 곡선 $y=f(x)$ 위의 점 $(a, f(a))$에서의 접선의 방정식을 $y=g(x)$라 하자. 함수

$$h(x)=\int_0^x \{f(t)-g(t)\}dt$$

가 $x=a$에서 극대 또는 극소가 되도록 하는 모든 양수 a를 작은 수부터 크기순으로 나열할 때, n번째 수를 a_n이라 하자.
$\frac{100}{\pi}\times(a_6-a_2)$의 값을 구하시오. (4점)

해설편 337쪽

수학 영역 (기하)

5지선다형

23 2024학년도 수능 기하 23번

좌표공간의 두 점 $\mathrm{A}(a,\ -2,\ 6)$, $\mathrm{B}(9,\ 2,\ b)$에 대하여 선분 AB의 중점의 좌표가 $(4,\ 0,\ 7)$일 때, $a+b$의 값은? (2점)

① 1　② 3　③ 5　④ 7　⑤ 9

24 2024학년도 수능 기하 24번

타원 $\dfrac{x^2}{a^2}+\dfrac{y^2}{6}=1$ 위의 점 $(\sqrt{3},\ -2)$에서의 접선의 기울기는? (단, a는 양수이다.) (3점)

① $\sqrt{3}$　② $\dfrac{\sqrt{3}}{2}$　③ $\dfrac{\sqrt{3}}{3}$　④ $\dfrac{\sqrt{3}}{4}$　⑤ $\dfrac{\sqrt{3}}{5}$

25 2024학년도 수능 기하 25번

두 벡터 $\vec{a}$, $\vec{b}$에 대하여

$$|\vec{a}|=\sqrt{11},\ |\vec{b}|=3,\ |2\vec{a}-\vec{b}|=\sqrt{17}$$

일 때, $|\vec{a}-\vec{b}|$의 값은? (3점)

① $\dfrac{\sqrt{2}}{2}$　② $\sqrt{2}$　③ $\dfrac{3\sqrt{2}}{2}$　④ $2\sqrt{2}$　⑤ $\dfrac{5\sqrt{2}}{2}$

26 2024학년도 수능 기하 26번

좌표공간에 평면 α가 있다. 평면 α 위에 있지 않은 서로 다른 두 점 A, B의 평면 α 위로의 정사영을 각각 A', B'이라 할 때,

$$\overline{\mathrm{AB}}=\overline{\mathrm{A'B'}}=6$$

이다. 선분 AB의 중점 M의 평면 α 위로의 정사영을 M'이라 할 때,

$$\overline{\mathrm{PM'}}\perp\overline{\mathrm{A'B'}},\ \overline{\mathrm{PM'}}=6$$

이 되도록 평면 α 위에 점 P를 잡는다.

삼각형 $\mathrm{A'B'P}$의 평면 ABP 위로의 정사영의 넓이가 $\dfrac{9}{2}$일 때, 선분 PM의 길이는? (3점)

① 12　② 15　③ 18　④ 21　⑤ 24

27 2024학년도 수능 기하 27번

초점이 F인 포물선 $y^2=8x$ 위의 한 점 A에서 포물선의 준선에 내린 수선의 발을 B라 하고, 직선 BF와 포물선이 만나는 두 점을 각각 C, D라 하자. $\overline{\mathrm{BC}}=\overline{\mathrm{CD}}$일 때, 삼각형 ABD의 넓이는?

(단, $\overline{\mathrm{CF}}<\overline{\mathrm{DF}}$이고, 점 A는 원점이 아니다.) (3점)

① $100\sqrt{2}$　② $104\sqrt{2}$　③ $108\sqrt{2}$　④ $112\sqrt{2}$　⑤ $116\sqrt{2}$

해설편 338쪽

28 2024학년도 수능 기하 28번

그림과 같이 서로 다른 두 평면 α, β의 교선 위에 $\overline{AB}=18$인 두 점 A, B가 있다. 선분 AB를 지름으로 하는 원 C_1이 평면 α 위에 있고, 선분 AB를 장축으로 하고 두 점 F, F′을 초점으로 하는 타원 C_2가 평면 β 위에 있다. 원 C_1 위의 한 점 P에서 평면 β에 내린 수선의 발을 H라 할 때, $\overline{HF'}<\overline{HF}$이고 $\angle HFF'=\frac{\pi}{6}$이다. 직선 HF와 타원 C_2가 만나는 점 중 점 H와 가까운 점을 Q라 하면, $\overline{FH}<\overline{FQ}$이다. 점 H를 중심으로 하고 점 Q를 지나는 평면 β 위의 원은 반지름의 길이가 4이고 직선 AB에 접한다. 두 평면 α, β가 이루는 각의 크기를 θ라 할 때, $\cos\theta$의 값은?

(단, 점 P는 평면 β 위에 있지 않다.) (4점)

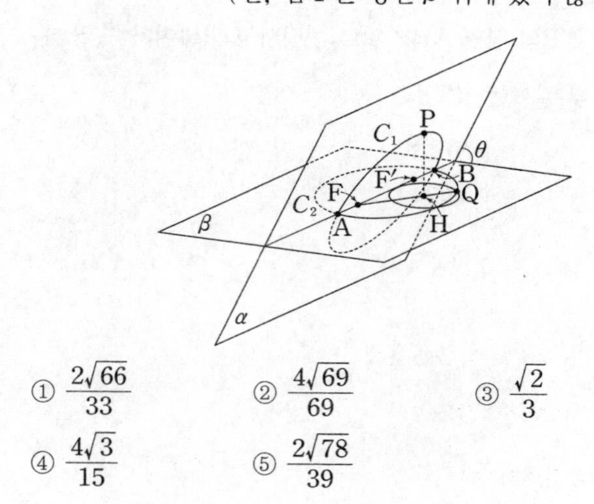

① $\frac{2\sqrt{66}}{33}$ ② $\frac{4\sqrt{69}}{69}$ ③ $\frac{\sqrt{2}}{3}$
④ $\frac{4\sqrt{3}}{15}$ ⑤ $\frac{2\sqrt{78}}{39}$

단답형

29 2024학년도 수능 기하 29번

양수 c에 대하여 두 점 $F(c,\ 0)$, $F'(-c,\ 0)$을 초점으로 하고, 주축의 길이가 6인 쌍곡선이 있다. 이 쌍곡선 위에 다음 조건을 만족시키는 서로 다른 두 점 P, Q가 존재하도록 하는 모든 c의 값의 합을 구하시오. (4점)

> (가) 점 P는 제1사분면 위에 있고,
> 점 Q는 직선 PF′ 위에 있다.
> (나) 삼각형 PF′F는 이등변삼각형이다.
> (다) 삼각형 PQF의 둘레의 길이는 28이다.

30 2024학년도 수능 기하 30번

좌표평면에 한 변의 길이가 4인 정삼각형 ABC가 있다. 선분 AB를 1 : 3으로 내분하는 점을 D, 선분 BC를 1 : 3으로 내분하는 점을 E, 선분 CA를 1 : 3으로 내분하는 점을 F라 하자. 네 점 P, Q, R, X가 다음 조건을 만족시킨다.

> (가) $|\overrightarrow{DP}|=|\overrightarrow{EQ}|=|\overrightarrow{FR}|=1$
> (나) $\overrightarrow{AX}=\overrightarrow{PB}+\overrightarrow{QC}+\overrightarrow{RA}$

$|\overrightarrow{AX}|$의 값이 최대일 때, 삼각형 PQR의 넓이를 S라 하자. $16S^2$의 값을 구하시오. (4점)

해설편 339쪽

2025학년도 대학수학능력시험

수학 영역

회차별 동영상 강의 QR

제 2 교시

30회	시험 시간	100분
	날짜	월 일 요일
시작 시각 :	종료 시각	:

5지선다형

01 2025학년도 수능 1번

$\sqrt[3]{5}\times 25^{\frac{1}{3}}$의 값은? (2점)

① 1 ② 2 ③ 3 ④ 4 ⑤ 5

02 2025학년도 수능 2번

함수 $f(x)=x^3-8x+7$에 대하여 $\lim_{h\to 0}\dfrac{f(2+h)-f(2)}{h}$의 값은? (2점)

① 1 ② 2 ③ 3 ④ 4 ⑤ 5

03 2025학년도 수능 3번

첫째항과 공비가 모두 양수 k인 등비수열 $\{a_n\}$이

$$\frac{a_4}{a_2}+\frac{a_2}{a_1}=30$$

을 만족시킬 때, k의 값은? (3점)

① 1 ② 2 ③ 3 ④ 4 ⑤ 5

04 2025학년도 수능 4번

함수

$$f(x)=\begin{cases}5x+a & (x<-2)\\ x^2-a & (x\geq -2)\end{cases}$$

가 실수 전체의 집합에서 연속일 때, 상수 a의 값은? (3점)

① 6 ② 7 ③ 8 ④ 9 ⑤ 10

05 2025학년도 수능 5번

함수 $f(x)=(x^2+1)(3x^2-x)$에 대하여 $f'(1)$의 값은? (3점)

① 8 ② 10 ③ 12 ④ 14 ⑤ 16

06 2025학년도 수능 6번

$\cos\left(\frac{\pi}{2}+\theta\right)=-\frac{1}{5}$일 때, $\dfrac{\sin\theta}{1-\cos^2\theta}$의 값은? (3점)

① -5 ② $-\sqrt{5}$ ③ 0 ④ $\sqrt{5}$ ⑤ 5

해설편 341쪽

07 2025학년도 수능 7번

다항함수 $f(x)$가 모든 실수 x에 대하여

$$\int_0^x f(t)dt = 3x^3 + 2x$$

를 만족시킬 때, $f(1)$의 값은? (3점)

① 7 ② 9 ③ 11
④ 13 ⑤ 15

08 2025학년도 수능 8번

두 실수 $a = 2\log\frac{1}{\sqrt{10}} + \log_2 20$, $b = \log 2$에 대하여 $a \times b$의 값은? (3점)

① 1 ② 2 ③ 3
④ 4 ⑤ 5

09 2025학년도 수능 9번

함수 $f(x) = 3x^2 - 16x - 20$에 대하여

$$\int_{-2}^{a} f(x)dx = \int_{-2}^{0} f(x)dx$$

일 때, 양수 a의 값은? (4점)

① 16 ② 14 ③ 12
④ 10 ⑤ 8

10 2025학년도 수능 10번

닫힌구간 $[0, 2\pi]$에서 정의된 함수 $f(x) = a\cos bx + 3$이 $x = \frac{\pi}{3}$에서 최댓값 13을 갖도록 하는 두 자연수 a, b의 순서쌍 (a, b)에 대하여 $a+b$의 최솟값은? (4점)

① 12 ② 14 ③ 16
④ 18 ⑤ 20

해설편 341쪽

11 2025학년도 수능 11번

시각 $t=0$일 때 출발하여 수직선 위를 움직이는 점 P의 시각 $t\ (t\geq 0)$에서의 위치 x가

$$x=t^3-\frac{3}{2}t^2-6t$$

이다. 출발한 후 점 P의 운동 방향이 바뀌는 시각에서의 점 P의 가속도는? (4점)

① 6 ② 9 ③ 12
④ 15 ⑤ 18

12 2025학년도 수능 12번

$a_1=2$인 수열 $\{a_n\}$과 $b_1=2$인 등차수열 $\{b_n\}$이 모든 자연수 n에 대하여

$$\sum_{k=1}^{n}\frac{a_k}{b_{k+1}}=\frac{1}{2}n^2$$

을 만족시킬 때, $\sum_{k=1}^{5}a_k$의 값은? (4점)

① 120 ② 125 ③ 130
④ 135 ⑤ 140

13 2025학년도 수능 13번

최고차항의 계수가 1인 삼차함수 $f(x)$가

$$f(1)=f(2)=0,\ f'(0)=-7$$

을 만족시킨다. 원점 O와 점 P$(3,\ f(3))$에 대하여 선분 OP가 곡선 $y=f(x)$와 만나는 점 중 P가 아닌 점을 Q라 하자. 곡선 $y=f(x)$와 y축 및 선분 OQ로 둘러싸인 부분의 넓이를 A, 곡선 $y=f(x)$와 선분 PQ로 둘러싸인 부분의 넓이를 B라 할 때, $B-A$의 값은? (4점)

① $\frac{37}{4}$ ② $\frac{39}{4}$ ③ $\frac{41}{4}$
④ $\frac{43}{4}$ ⑤ $\frac{45}{4}$

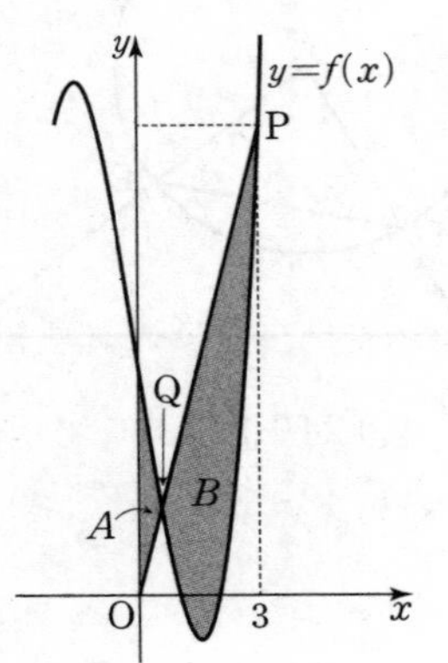

30회 2025 대학수학능력시험

해설편 342쪽

14 2025학년도 수능 14번

그림과 같이 삼각형 ABC에서 선분 AB 위에 $\overline{AD}:\overline{DB}=3:2$인 점 D를 잡고, 점 A를 중심으로 하고 점 D를 지나는 원을 O, 원 O와 선분 AC가 만나는 점을 E라 하자.

$\sin A : \sin C = 8:5$이고, 삼각형 ADE와 삼각형 ABC의 넓이의 비가 $9:35$이다. 삼각형 ABC의 외접원의 반지름의 길이가 7일 때, 원 O 위의 점 P에 대하여 삼각형 PBC의 넓이의 최댓값은? (단, $\overline{AB}<\overline{AC}$) (4점)

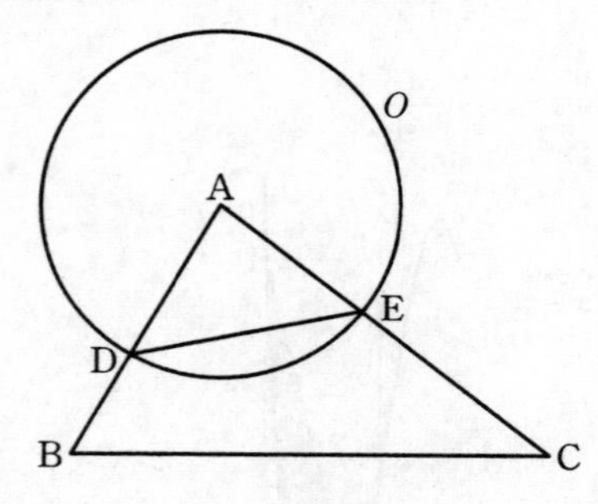

① $18+15\sqrt{3}$ ② $24+20\sqrt{3}$ ③ $30+25\sqrt{3}$
④ $36+30\sqrt{3}$ ⑤ $42+35\sqrt{3}$

15 2025학년도 수능 15번

상수 a $(a\neq 3\sqrt{5})$와 최고차항의 계수가 음수인 이차함수 $f(x)$에 대하여 함수

$$g(x)=\begin{cases} x^3+ax^2+15x+7 & (x\le 0) \\ f(x) & (x>0) \end{cases}$$

이 다음 조건을 만족시킨다.

(가) 함수 $g(x)$는 실수 전체의 집합에서 미분가능하다.
(나) x에 대한 방정식 $g'(x)\times g'(x-4)=0$의 서로 다른 실근의 개수는 4이다.

$g(-2)+g(2)$의 값은? (4점)

① 30 ② 32 ③ 34
④ 36 ⑤ 38

해설편 343쪽

단답형

16 2025학년도 수능 16번

방정식

$$\log_2(x-3)=\log_4(3x-5)$$

를 만족시키는 실수 x의 값을 구하시오. (3점)

17 2025학년도 수능 17번

다항함수 $f(x)$에 대하여 $f'(x)=9x^2+4x$이고 $f(1)=6$일 때, $f(2)$의 값을 구하시오. (3점)

18 2025학년도 수능 18번

수열 $\{a_n\}$이 모든 자연수 n에 대하여

$$a_n+a_{n+4}=12$$

를 만족시킬 때, $\sum_{n=1}^{16} a_n$의 값을 구하시오. (3점)

19 2025학년도 수능 19번

양수 a에 대하여 함수 $f(x)$를

$$f(x)=2x^3-3ax^2-12a^2x$$

라 하자. 함수 $f(x)$의 극댓값이 $\frac{7}{27}$일 때, $f(3)$의 값을 구하시오. (3점)

20 2025학년도 수능 20번

곡선 $y=\left(\frac{1}{5}\right)^{x-3}$과 직선 $y=x$가 만나는 점의 x좌표를 k라 하자. 실수 전체의 집합에서 정의된 함수 $f(x)$가 다음 조건을 만족시킨다.

> $x>k$인 모든 실수 x에 대하여
> $f(x)=\left(\frac{1}{5}\right)^{x-3}$이고 $f(f(x))=3x$이다.

$f\left(\frac{1}{k^3\times 5^{3k}}\right)$의 값을 구하시오. (4점)

해설편 344쪽

21 2025학년도 수능 21번

함수 $f(x)=x^3+ax^2+bx+4$가 다음 조건을 만족시키도록 하는 두 정수 a, b에 대하여 $f(1)$의 최댓값을 구하시오. (4점)

> 모든 실수 α에 대하여 $\lim_{x \to \alpha} \frac{f(2x+1)}{f(x)}$의 값이 존재한다.

22 2025학년도 수능 22번

모든 항이 정수이고 다음 조건을 만족시키는 모든 수열 $\{a_n\}$에 대하여 $|a_1|$의 값의 합을 구하시오. (4점)

> (가) 모든 자연수 n에 대하여
>
> $$a_{n+1}=\begin{cases} a_n-3 & (|a_n|\text{이 홀수인 경우}) \\ \frac{1}{2}a_n & (a_n=0 \text{ 또는 } |a_n|\text{이 짝수인 경우}) \end{cases}$$
>
> 이다.
>
> (나) $|a_m|=|a_{m+2}|$인 자연수 m의 최솟값은 3이다.

해설편 344쪽

5지선다형

23 2025학년도 수능 확통 23번

다항식 $(x^3+2)^5$의 전개식에서 x^6의 계수는? (2점)

① 40 ② 50 ③ 60
④ 70 ⑤ 80

24 2025학년도 수능 확통 24번

두 사건 A, B에 대하여

$$\mathrm{P}(A|B)=\mathrm{P}(A)=\frac{1}{2},\ \mathrm{P}(A\cap B)=\frac{1}{5}$$

일 때, $\mathrm{P}(A\cup B)$의 값은? (3점)

① $\frac{1}{2}$ ② $\frac{3}{5}$ ③ $\frac{7}{10}$
④ $\frac{4}{5}$ ⑤ $\frac{9}{10}$

25 2025학년도 수능 확통 25번

정규분포 $\mathrm{N}(m,\ 2^2)$을 따르는 모집단에서 크기가 256인 표본을 임의추출하여 얻은 표본평균을 이용하여 구한 m에 대한 신뢰도 95%의 신뢰구간이 $a\le m\le b$이다. $b-a$의 값은? (단, Z가 표준정규분포를 따르는 확률변수일 때, $\mathrm{P}(|Z|\le 1.96)=0.95$로 계산한다.) (3점)

① 0.49 ② 0.52 ③ 0.55
④ 0.58 ⑤ 0.61

26 2025학년도 수능 확통 26번

어느 학급의 학생 16명을 대상으로 과목 A와 과목 B에 대한 선호도를 조사하였다. 이 조사에 참여한 학생은 과목 A와 과목 B 중 하나를 선택하였고, 과목 A를 선택한 학생은 9명, 과목 B를 선택한 학생은 7명이다. 이 조사에 참여한 학생 16명 중에서 임의로 3명을 선택할 때, 선택한 3명의 학생 중에서 적어도 한 명이 과목 B를 선택한 학생일 확률은? (3점)

① $\frac{3}{4}$ ② $\frac{4}{5}$ ③ $\frac{17}{20}$
④ $\frac{9}{10}$ ⑤ $\frac{19}{20}$

27 2025학년도 수능 확통 27번

숫자 1, 3, 5, 7, 9가 각각 하나씩 적혀 있는 5장의 카드가 들어 있는 주머니가 있다. 이 주머니에서 임의로 1장의 카드를 꺼내어 카드에 적혀 있는 수를 확인한 후 다시 넣는 시행을 한다. 이 시행을 3번 반복하여 확인한 세 개의 수의 평균을 $\overline{X}$라 하자. $\mathrm{V}(a\overline{X}+6)=24$일 때, 양수 a의 값은? (3점)

① 1 ② 2 ③ 3
④ 4 ⑤ 5

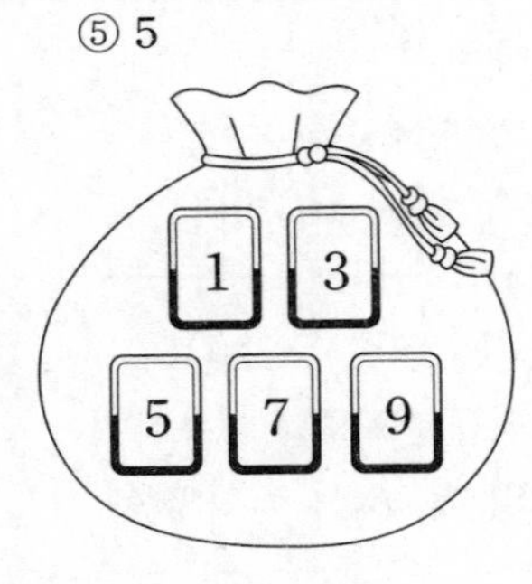

해설편 346쪽

28 2025학년도 수능 확통 28번

집합 $X=\{1, 2, 3, 4, 5, 6\}$에 대하여 다음 조건을 만족시키는 함수 $f: X \longrightarrow X$의 개수는? (4점)

(가) $f(1) \times f(6)$의 값이 6의 약수이다.
(나) $2f(1) \leq f(2) \leq f(3) \leq f(4) \leq f(5) \leq 2f(6)$

① 166 ② 171 ③ 176
④ 181 ⑤ 186

단답형

29 2025학년도 수능 확통 29번

정규분포 $\mathrm{N}(m_1, \sigma_1{}^2)$을 따르는 확률변수 X와 정규분포 $\mathrm{N}(m_2, \sigma_2{}^2)$을 따르는 확률변수 Y가 다음 조건을 만족시킨다.

모든 실수 x에 대하여
$\mathrm{P}(X \leq x)=\mathrm{P}(X \geq 40-x)$이고
$\mathrm{P}(Y \leq x)=\mathrm{P}(X \leq x+10)$이다.

$\mathrm{P}(15 \leq X \leq 20)+\mathrm{P}(15 \leq Y \leq 20)$의 값을 오른쪽 표준정규분포표를 이용하여 구한 것이 0.4772일 때, $m_1+\sigma_2$의 값을 구하시오.

(단, σ_1과 σ_2는 양수이다.) (4점)

z	$\mathrm{P}(0 \leq Z \leq z)$
0.5	0.1915
1.0	0.3413
1.5	0.4332
2.0	0.4772

30 2025학년도 수능 확통 30번

탁자 위에 5개의 동전이 일렬로 놓여 있다. 이 5개의 동전 중 1번째 자리와 2번째 자리의 동전은 앞면이 보이도록 놓여 있고, 나머지 자리의 3개의 동전은 뒷면이 보이도록 놓여 있다. 이 5개의 동전과 한 개의 주사위를 사용하여 다음 시행을 한다.

주사위를 한 번 던져 나온 눈의 수가 k일 때,
$k \leq 5$이면 k번째 자리의 동전을 한 번 뒤집어 제자리에 놓고, $k=6$이면 모든 동전을 한 번씩 뒤집어 제자리에 놓는다.

위의 시행을 3번 반복한 후 이 5개의 동전이 모두 앞면이 보이도록 놓여 있을 확률은 $\frac{q}{p}$이다. $p+q$의 값을 구하시오.

(단, p와 q는 서로소인 자연수이다.) (4점)

해설편 346쪽

5지선다형

23 2025학년도 수능 미적 23번

$\lim_{x\to0}\frac{3x^2}{\sin^2 x}$의 값은? (2점)

① 1 ② 2 ③ 3
④ 4 ⑤ 5

24 2025학년도 수능 미적 24번

$\int_0^{10}\frac{x+2}{x+1}dx$의 값은? (3점)

① $10+\ln 5$ ② $10+\ln 7$ ③ $10+2\ln 3$
④ $10+\ln 11$ ⑤ $10+\ln 13$

25 2025학년도 수능 미적 25번

수열 $\{a_n\}$에 대하여 $\lim_{n\to\infty}\frac{na_n}{n^2+3}=1$일 때, $\lim_{n\to\infty}(\sqrt{a_n^{\,2}+n}-a_n)$의 값은? (3점)

① $\frac{1}{3}$ ② $\frac{1}{2}$ ③ 1
④ 2 ⑤ 3

26 2025학년도 수능 미적 26번

그림과 같이 곡선 $y=\sqrt{\frac{x+1}{x(x+\ln x)}}$과 x축 및 두 직선 $x=1$, $x=e$로 둘러싸인 부분을 밑면으로 하는 입체도형이 있다. 이 입체도형을 x축에 수직인 평면으로 자른 단면이 모두 정사각형일 때, 이 입체도형의 부피는? (3점)

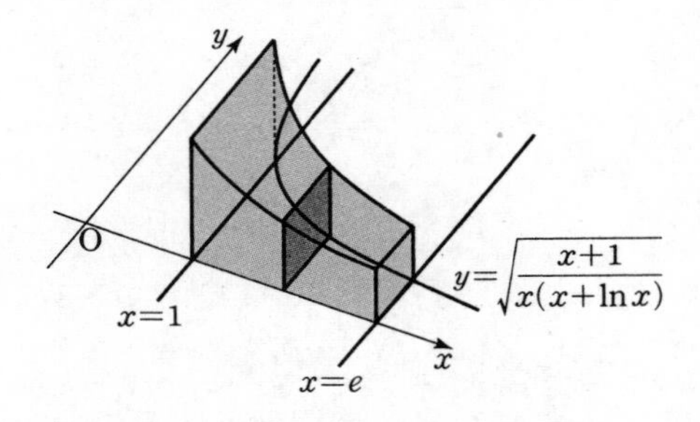

① $\ln(e+1)$ ② $\ln(e+2)$ ③ $\ln(e+3)$
④ $\ln(2e+1)$ ⑤ $\ln(2e+2)$

27 2025학년도 수능 미적 27번

최고차항의 계수가 1인 삼차함수 $f(x)$에 대하여 함수 $g(x)$를

$$g(x)=f(e^x)+e^x$$

이라 하자. 곡선 $y=g(x)$ 위의 점 $(0,\ g(0))$에서의 접선이 x축이고 함수 $g(x)$가 역함수 $h(x)$를 가질 때, $h'(8)$의 값은? (3점)

① $\frac{1}{36}$ ② $\frac{1}{18}$ ③ $\frac{1}{12}$
④ $\frac{1}{9}$ ⑤ $\frac{5}{36}$

28 2025학년도 수능 미적 28번

실수 전체의 집합에서 미분가능한 함수 $f(x)$의 도함수 $f'(x)$가

$$f'(x)=-x+e^{1-x^2}$$

이다. 양수 t에 대하여 곡선 $y=f(x)$ 위의 점 $(t,\ f(t))$에서의 접선과 곡선 $y=f(x)$ 및 y축으로 둘러싸인 부분의 넓이를 $g(t)$라 하자. $g(1)+g'(1)$의 값은? (4점)

① $\frac{1}{2}e+\frac{1}{2}$ ② $\frac{1}{2}e+\frac{2}{3}$ ③ $\frac{1}{2}e+\frac{5}{6}$
④ $\frac{2}{3}e+\frac{1}{2}$ ⑤ $\frac{2}{3}e+\frac{2}{3}$

해설편 348쪽

단답형

29 2025학년도 수능 미적 29번

등비수열 $\{a_n\}$이

$$\sum_{n=1}^{\infty}(|a_n|+a_n)=\frac{40}{3},\ \sum_{n=1}^{\infty}(|a_n|-a_n)=\frac{20}{3}$$

을 만족시킨다. 부등식

$$\lim_{n\to\infty}\sum_{k=1}^{2n}\left((-1)^{\frac{k(k+1)}{2}}\times a_{m+k}\right)>\frac{1}{700}$$

을 만족시키는 모든 자연수 m의 값의 합을 구하시오. (4점)

30 2025학년도 수능 미적 30번

두 상수 $a\ (1\leq a\leq 2)$, b에 대하여 함수
$f(x)=\sin(ax+b+\sin x)$가 다음 조건을 만족시킨다.

(가) $f(0)=0,\ f(2\pi)=2\pi a+b$
(나) $f'(0)=f'(t)$인 양수 t의 최솟값은 4π이다.

함수 $f(x)$가 $x=\alpha$에서 극대인 α의 값 중 열린구간 $(0,\ 4\pi)$에 속하는 모든 값의 집합을 A라 하자. 집합 A의 원소의 개수를 n, 집합 A의 원소 중 가장 작은 값을 α_1이라 하면, $n\alpha_1-ab=\frac{q}{p}\pi$이다. $p+q$의 값을 구하시오.

(단, p와 q는 서로소인 자연수이다.) (4점)

30회 2025 대학수학능력시험

5지선다형

23 2025학년도 수능 기하 23번

두 벡터 $\vec{a}=(k, 3)$, $\vec{b}=(1, 2)$에 대하여 $\vec{a}+3\vec{b}=(6, 9)$일 때, k의 값은? (2점)

① 1 ② 2 ③ 3 ④ 4 ⑤ 5

24 2025학년도 수능 기하 24번

꼭짓점의 좌표가 $(1, 0)$이고 준선이 $x=-1$인 포물선이 점 $(3, a)$를 지날 때, 양수 a의 값은? (3점)

① 1 ② 2 ③ 3 ④ 4 ⑤ 5

25 2025학년도 수능 기하 25번

좌표공간의 두 점 $\mathrm{A}(a, b, 6)$, $\mathrm{B}(-4, -2, c)$에 대하여
선분 AB를 $3:2$로 내분하는 점이 z축 위에 있고,
선분 AB를 $3:2$로 외분하는 점이 xy평면 위에 있을 때,
$a+b+c$의 값은? (3점)

① 11 ② 12 ③ 13 ④ 14 ⑤ 15

26 2025학년도 수능 기하 26번

자연수 $n(n\geq 2)$에 대하여 직선 $x=\frac{1}{n}$이 두 타원

$$C_1 : \frac{x^2}{2}+y^2=1,\ C_2 : 2x^2+\frac{y^2}{2}=1$$

과 만나는 제1사분면 위의 점을 각각 P, Q라 하자.
타원 C_1 위의 점 P에서의 접선의 x절편을 α, 타원 C_2 위의 점 Q에서의 접선의 x절편을 β라 할 때, $6\leq\alpha-\beta\leq 15$가 되도록 하는 모든 n의 개수는? (3점)

① 7 ② 9 ③ 11 ④ 13 ⑤ 15

27 2025학년도 수능 기하 27번

그림과 같이 $\overline{AB}=6$, $\overline{BC}=4\sqrt{5}$인 사면체 ABCD에 대하여 선분 BC의 중점을 M이라 하자. 삼각형 AMD가 정삼각형이고 직선 BC는 평면 AMD와 수직일 때, 삼각형 ACD에 내접하는 원의 평면 BCD 위로의 정사영의 넓이는? (3점)

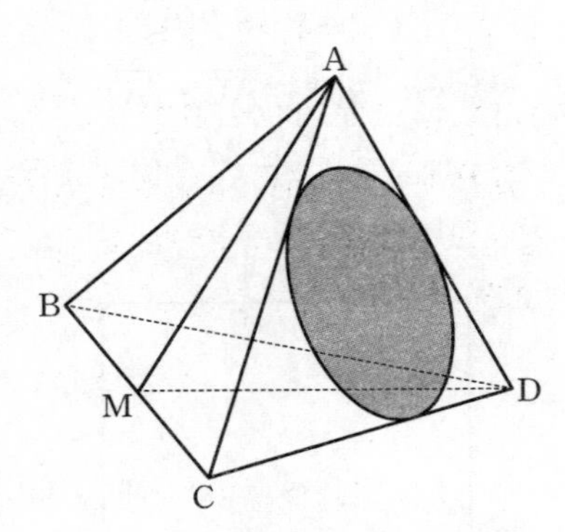

① $\frac{\sqrt{10}}{4}\pi$ ② $\frac{\sqrt{10}}{6}\pi$ ③ $\frac{\sqrt{10}}{8}\pi$
④ $\frac{\sqrt{10}}{10}\pi$ ⑤ $\frac{\sqrt{10}}{12}\pi$

28 2025학년도 수능 기하 28번

좌표공간에 $\overline{AB}=8$, $\overline{BC}=6$, $\angle ABC=\frac{\pi}{2}$인 직각삼각형 ABC와 선분 AC를 지름으로 하는 구 S가 있다. 직선 AB를 포함하고 평면 ABC에 수직인 평면이 구 S와 만나서 생기는 원을 O라 하자. 원 O 위의 점 중에서 직선 AC까지의 거리가 4인 서로 다른 두 점을 P, Q라 할 때, 선분 PQ의 길이는? (4점)

① $\sqrt{43}$ ② $\sqrt{47}$ ③ $\sqrt{51}$
④ $\sqrt{55}$ ⑤ $\sqrt{59}$

해설편 351쪽

단답형

29 2025학년도 수능 기하 29번

두 초점이 F$(c, 0)$, F$'(-c, 0)(c>0)$인 쌍곡선 $x^2-\frac{y^2}{35}=1$이 있다. 이 쌍곡선 위에 있는 제1사분면 위의 점 P에 대하여 직선 PF$'$ 위에 $\overline{\text{PQ}}=\overline{\text{PF}}$인 점 Q를 잡자.
삼각형 QF$'$F와 삼각형 FF$'$P가 서로 닮음일 때,
삼각형 PFQ의 넓이는 $\frac{q}{p}\sqrt{5}$이다. $p+q$의 값을 구하시오.
(단, $\overline{\text{PF}'}<\overline{\text{QF}'}$이고, p와 q는 서로소인 자연수이다.) (4점)

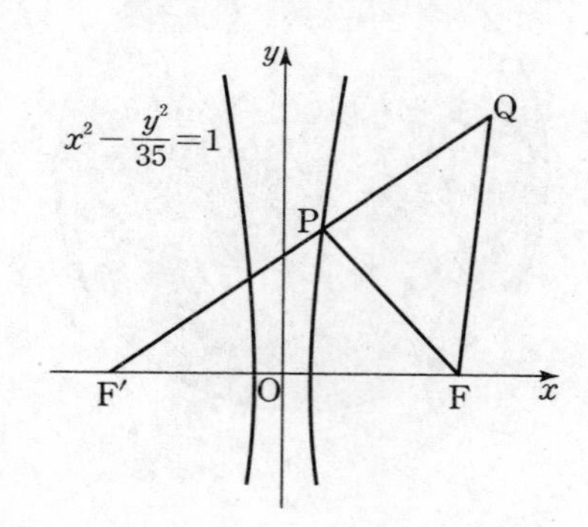

30 2025학년도 수능 기하 30번

좌표평면에 한 변의 길이가 4인 정사각형 ABCD가 있다.

$$|\overrightarrow{\text{XB}}+\overrightarrow{\text{XC}}|=|\overrightarrow{\text{XB}}-\overrightarrow{\text{XC}}|$$

를 만족시키는 점 X가 나타내는 도형을 S라 하자.
도형 S 위의 점 P에 대하여

$$4\overrightarrow{\text{PQ}}=\overrightarrow{\text{PB}}+2\overrightarrow{\text{PD}}$$

를 만족시키는 점을 Q라 할 때, $\overrightarrow{\text{AC}}\cdot\overrightarrow{\text{AQ}}$의 최댓값과 최솟값을 각각 M, m이라 하자. $M\times m$의 값을 구하시오. (4점)

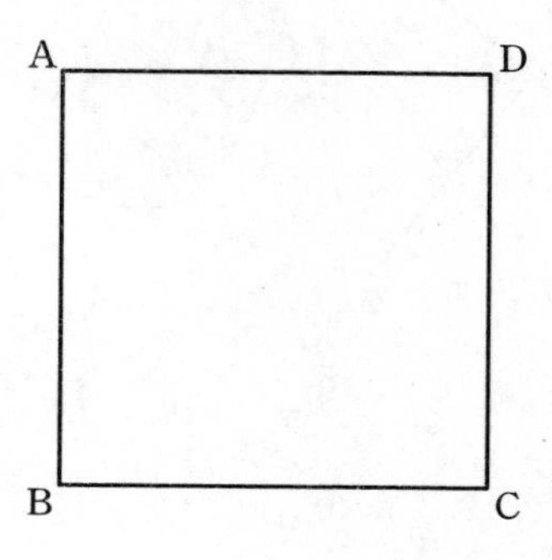

정답표

1회 2021학년도 3월 고3 전국연합학력평가

1 ②	2 ①	3 ④	4 ①	5 ②	6 ⑤	7 ⑤	8 ④	9 ③	10 ⑤
11 ④	12 ③	13 ③	14 ①	15 ②	16 10	17 6	18 9	19 162	20 8
21 15	22 16								
확률과 통계	23 ③	24 ④	25 ②	26 ①	27 ⑤	28 ③	29 55	30 97	
미적분	23 ⑤	24 ①	25 ④	26 ②	27 ③	28 ③	29 12	30 5	
기하	23 ③	24 ①	25 ②	26 ④	27 ③	28 ⑤	29 12	30 15	

2회 2022학년도 3월 고3 전국연합학력평가

1 ⑤	2 ②	3 ④	4 ④	5 ①	6 ③	7 ②	8 ③	9 ①	10 ⑤
11 ⑤	12 ③	13 ①	14 ②	15 ④	16 5	17 24	18 105	19 32	20 70
21 12	22 4								
확률과 통계	23 ④	24 ②	25 ⑤	26 ①	27 ③	28 ④	29 65	30 708	
미적분	23 ②	24 ⑤	25 ④	26 ③	27 ①	28 ①	29 28	30 80	
기하	23 ②	24 ⑤	25 ④	26 ③	27 ①	28 ④	29 128	30 384	

3회 2023학년도 3월 고3 전국연합학력평가

1 ①	2 ④	3 ①	4 ②	5 ⑤	6 ①	7 ③	8 ⑤	9 ②	10 ②
11 ③	12 ④	13 ④	14 ⑤	15 ③	16 4	17 11	18 427	19 18	20 66
21 12	22 729								
확률과 통계	23 ①	24 ③	25 ④	26 ⑤	27 ②	28 ⑤	29 120	30 45	
미적분	23 ④	24 ②	25 ③	26 ⑤	27 ①	28 ②	29 50	30 25	
기하	23 ⑤	24 ①	25 ③	26 ②	27 ④	28 ④	29 96	30 100	

4회 2024학년도 3월 고3 전국연합학력평가

1 ⑤	2 ③	3 ②	4 ①	5 ④	6 ⑤	7 ①	8 ②	9 ③	10 ④
11 ②	12 ⑤	13 ②	14 ③	15 ③	16 3	17 16	18 113	19 80	20 36
21 13	22 2								
확률과 통계	23 ①	24 ⑤	25 ②	26 ④	27 ③	28 ②	29 117	30 90	
미적분	23 ①	24 ③	25 ⑤	26 ④	27 ②	28 ③	29 270	30 84	
기하	23 ③	24 ②	25 ⑤	26 ④	27 ①	28 ③	29 29	30 150	

5회 2021학년도 4월 고3 전국연합학력평가

1 ②	2 ①	3 ⑤	4 ④	5 ③	6 ④	7 ⑤	8 ①	9 ②	10 ③
11 ③	12 ④	13 ②	14 ⑤	15 ③	16 2	17 40	18 8	19 16	20 7
21 5	22 251								
확률과 통계	23 ⑤	24 ②	25 ①	26 ④	27 ③	28 ⑤	29 288	30 206	
미적분	23 ⑤	24 ①	25 ④	26 ②	27 ③	28 ③	29 18	30 13	
기하	23 ①	24 ③	25 ②	26 ④	27 ⑤	28 ⑤	29 115	30 63	

6회 2022학년도 4월 고3 전국연합학력평가

1 ④	2 ⑤	3 ①	4 ⑤	5 ①	6 ①	7 ④	8 ②	9 ③	10 ②
11 ③	12 ③	13 ⑤	14 ④	15 ⑤	16 8	17 32	18 9	19 11	20 240
21 170	22 30								
확률과 통계	23 ④	24 ②	25 ③	26 ⑤	27 ①	28 ④	29 115	30 720	
미적분	23 ⑤	24 ①	25 ③	26 ④	27 ②	28 ②	29 18	30 135	
기하	23 ③	24 ②	25 ①	26 ⑤	27 ④	28 ③	29 21	30 13	

7회 2023학년도 4월 고3 전국연합학력평가

1 ②	2 ④	3 ⑤	4 ①	5 ⑤	6 ④	7 ①	8 ③	9 ①	10 ②
11 ②	12 ②	13 ③	14 ③	15 ④	16 5	17 3	18 8	19 6	20 30
21 22	22 32								
확률과 통계	23 ①	24 ⑤	25 ③	26 ②	27 ④	28 ①	29 523	30 188	
미적분	23 ②	24 ①	25 ④	26 ③	27 ③	28 ④	29 79	30 107	
기하	23 ③	24 ⑤	25 ⑤	26 ①	27 ④	28 ④	29 171	30 24	

8회 2024학년도 5월 고3 전국연합학력평가

1 ④	2 ②	3 ③	4 ③	5 ④	6 ⑤	7 ②	8 ⑤	9 ①	10 ⑤
11 ①	12 ⑤	13 ①	14 ②	15 ④	16 5	17 7	18 16	19 11	20 25
21 64	22 114								
확률과 통계	23 ④	24 ②	25 ①	26 ⑤	27 ③	28 ②	29 75	30 40	
미적분	23 ①	24 ③	25 ④	26 ④	27 ⑤	28 ②	29 40	30 138	
기하	23 ③	24 ④	25 ①	26 ②	27 ③	28 ④	29 24	30 36	

9회 2022학년도 대학수학능력시험 6월 모의평가

1 ④	2 ⑤	3 ①	4 ①	5 ③	6 ④	7 ②	8 ④	9 ⑤	10 ②
11 ②	12 ③	13 ⑤	14 ③	15 ②	16 2	17 11	18 4	19 6	20 8
21 24	22 61								
확률과 통계	23 ④	24 ②	25 ③	26 ③	27 ①	28 ⑤	29 48	30 47	
미적분	23 ②	24 ②	25 ④	26 ③	27 ④	28 ①	29 17	30 11	
기하	23 ②	24 ⑤	25 ①	26 ②	27 ③	28 ③	29 80	30 48	

10회 2023학년도 대학수학능력시험 6월 모의평가

1 ①	2 ②	3 ④	4 ②	5 ③	6 ⑤	7 ④	8 ③	9 ⑤	10 ③
11 ⑤	12 ③	13 ①	14 ④	15 ②	16 6	17 15	18 3	19 2	20 13
21 426	22 19								
확률과 통계	23 ②	24 ①	25 ④	26 ②	27 ③	28 ④	29 115	30 9	
미적분	23 ①	24 ①	25 ②	26 ②	27 ③	28 ⑤	29 50	30 16	
기하	23 ③	24 ②	25 ②	26 ⑤	27 ④	28 ①	29 23	30 8	

11회 2024학년도 대학수학능력시험 6월 모의평가

1 ⑤	2 ④	3 ②	4 ②	5 ①	6 ④	7 ③	8 ③	9 ①	10 ②
11 ③	12 ⑤	13 ①	14 ③	15 ②	16 3	17 33	18 6	19 8	20 39
21 110	22 380								
확률과 통계	23 ③	24 ④	25 ③	26 ①	27 ②	28 ⑤	29 25	30 51	
미적분	23 ⑤	24 ④	25 ①	26 ②	27 ③	28 ②	29 5	30 24	
기하	23 ①	24 ④	25 ②	26 ④	27 ③	28 ⑤	29 80	30 13	

12회 2025학년도 대학수학능력시험 6월 모의평가

1 ④	2 ⑤	3 ③	4 ③	5 ⑤	6 ①	7 ④	8 ①	9 ③	10 ⑤
11 ⑤	12 ③	13 ③	14 ④	15 ②	16 7	17 23	18 2	19 16	20 24
21 15	22 231								
확률과 통계	23 ③	24 ②	25 ④	26 ③	27 ①	28 ①	29 6	30 108	
미적분	23 ②	24 ③	25 ③	26 ②	27 ②	28 ④	29 55	30 25	
기하	23 ④	24 ②	25 ④	26 ③	27 ②	28 ③	29 25	30 10	

13회 2021학년도 7월 고3 전국연합학력평가

1 ⑤	2 ④	3 ②	4 ③	5 ③	6 ④	7 ④	8 ②	9 ③	10 ⑤
11 ④	12 ①	13 ①	14 ⑤	15 ②	16 5	17 17	18 13	19 24	20 27
21 117	22 64								
확률과 통계	23 ⑤	24 ③	25 ②	26 ①	27 ④	28 ⑤	29 25	30 51	
미적분	23 ①	24 ⑤	25 ④	26 ③	27 ①	28 ②	29 15	30 586	
기하	23 ④	24 ②	25 ⑤	26 ①	27 ⑤	28 ③	29 25	30 108	

14회 2022학년도 7월 고3 전국연합학력평가

1 ⑤	2 ②	3 ①	4 ②	5 ③	6 ④	7 ②	8 ④	9 ④	10 ③
11 ⑤	12 ①	13 ③	14 ⑤	15 ①	16 2	17 13	18 16	19 4	20 8
21 180	22 121								
확률과 통계	23 ②	24 ④	25 ③	26 ④	27 ⑤	28 ②	29 5	30 133	
미적분	23 ④	24 ③	25 ③	26 ②	27 ②	28 ①	29 4	30 129	
기하	23 ①	24 ④	25 ⑤	26 ④	27 ②	28 ③	29 15	30 50	

15회 2023학년도 7월 고3 전국연합학력평가

1 ④	2 ⑤	3 ⑤	4 ③	5 ②	6 ④	7 ①	8 ②	9 ②	10 ③
11 ①	12 ③	13 ①	14 ⑤	15 ④	16 9	17 20	18 65	19 22	20 54
21 13	22 182								
확률과 통계	23 ③	24 ①	25 ②	26 ④	27 ⑤	28 ①	29 24	30 150	
미적분	23 ③	24 ②	25 ①	26 ④	27 ③	28 ②	29 12	30 208	
기하	23 ②	24 ③	25 ⑤	26 ①	27 ④	28 ②	29 15	30 27	

16회 2024학년도 7월 고3 전국연합학력평가

1 ④	2 ④	3 ①	4 ⑤	5 ③	6 ⑤	7 ②	8 ①	9 ③	10 ②
11 ⑤	12 ④	13 ①	14 ④	15 ②	16 11	17 50	18 37	19 2	20 35
21 8	22 96								
확률과 통계	23 ③	24 ④	25 ⑤	26 ④	27 ②	28 ②	29 70	30 198	
미적분	23 ③	24 ①	25 ②	26 ④	27 ③	28 ②	29 12	30 144	
기하	23 ③	24 ①	25 ⑤	26 ②	27 ④	28 ④	29 90	30 111	

17회 2022학년도 대학수학능력시험 9월 모의평가

1 ①	2 ⑤	3 ⑤	4 ④	5 ③	6 ①	7 ④	8 ②	9 ③	10 ③
11 ④	12 ②	13 ②	14 ⑤	15 ①	16 2	17 8	18 9	19 11	20 21
21 192	22 108								
확률과 통계	23 ③	24 ③	25 ②	26 ①	27 ⑤	28 ④	29 78	30 218	
미적분	23 ③	24 ②	25 ④	26 ②	27 ③	28 ①	29 24	30 115	
기하	23 ⑤	24 ④	25 ②	26 ③	27 ①	28 ①	29 40	30 45	

18회 2023학년도 대학수학능력시험 9월 모의평가

1 ④	2 ①	3 ②	4 ①	5 ③	6 ⑤	7 ⑤	8 ①	9 ③	10 ④
11 ②	12 ②	13 ⑤	14 ⑤	15 ③	16 7	17 16	18 13	19 4	20 80
21 220	22 58								
확률과 통계	23 ①	24 ③	25 ④	26 ②	27 ⑤	28 ③	29 175	30 260	
미적분	23 ①	24 ②	25 ⑤	26 ③	27 ③	28 ④	29 3	30 283	
기하	23 ④	24 ②	25 ⑤	26 ③	27 ③	28 ①	29 127	30 17	

19회 2024학년도 대학수학능력시험 9월 모의평가

1 ⑤	2 ③	3 ②	4 ①	5 ⑤	6 ③	7 ④	8 ④	9 ③	10 ③
11 ⑤	12 ①	13 ③	14 ②	15 ④	16 6	17 24	18 5	19 4	20 98
21 19	22 10								
확률과 통계	23 ①	24 ③	25 ③	26 ②	27 ④	28 ⑤	29 62	30 336	
미적분	23 ④	24 ②	25 ②	26 ⑤	27 ①	28 ②	29 18	30 32	
기하	23 ④	24 ①	25 ⑤	26 ②	27 ③	28 ①	29 17	30 27	

20회 2025학년도 대학수학능력시험 9월 모의평가

1 ②	2 ⑤	3 ④	4 ②	5 ②	6 ②	7 ③	8 ①	9 ⑤	10 ①
11 ①	12 ②	13 ④	14 ⑤	15 ①	16 7	17 5	18 29	19 4	20 15
21 31	22 8								
확률과 통계	23 ⑤	24 ①	25 ⑤	26 ③	27 ④	28 ④	29 994	30 93	
미적분	23 ⑤	24 ④	25 ④	26 ③	27 ②	28 ③	29 57	30 25	
기하	23 ③	24 ④	25 ⑤	26 ③	27 ④	28 ①	29 63	30 54	

21회 2021학년도 10월 고3 전국연합학력평가

1 ④	2 ④	3 ③	4 ②	5 ②	6 ①	7 ③	8 ③	9 ⑤	10 ①
11 ④	12 ②	13 ①	14 ⑤	15 ⑤	16 10	17 20	18 18	19 7	20 2
21 84	22 108								
확률과 통계	23 ④	24 ②	25 ③	26 ⑤	27 ①	28 ②	29 150	30 23	
미적분	23 ①	24 ③	25 ④	26 ②	27 ⑤	28 ③	29 14	30 10	
기하	23 ③	24 ①	25 ②	26 ④	27 ⑤	28 ①	29 32	30 7	

22회 2022학년도 10월 고3 전국연합학력평가

1 ③	2 ②	3 ③	4 ④	5 ⑤	6 ③	7 ①	8 ②	9 ③	10 ⑤
11 ④	12 ④	13 ①	14 ②	15 ①	16 5	17 15	18 109	19 80	20 226
21 8	22 82								
확률과 통계	23 ②	24 ①	25 ③	26 ④	27 ⑤	28 ④	29 105	30 17	
미적분	23 ①	24 ③	25 ⑤	26 ②	27 ④	28 ②	29 20	30 12	
기하	23 ③	24 ⑤	25 ④	26 ②	27 ①	28 ⑤	29 54	30 48	

23회 2023학년도 10월 고3 전국연합학력평가

1 ③	2 ④	3 ③	4 ④	5 ②	6 ①	7 ②	8 ⑤	9 ①	10 ④
11 ①	12 ⑤	13 ②	14 ③	15 ②	16 10	17 22	18 110	19 102	20 24
21 6	22 29								
확률과 통계	23 ②	24 ④	25 ⑤	26 ③	27 ①	28 ①	29 64	30 5	
미적분	23 ④	24 ②	25 ③	26 ⑤	27 ①	28 ④	29 30	30 91	
기하	23 ①	24 ④	25 ②	26 ③	27 ⑤	28 ③	29 20	30 15	

24회 2024학년도 10월 고3 전국연합학력평가

1 ④	2 ⑤	3 ②	4 ⑤	5 ④	6 ②	7 ⑤	8 ②	9 ①	10 ①
11 ③	12 ①	13 ⑤	14 ③	15 ④	16 6	17 58	18 12	19 84	20 54
21 15	22 486								
확률과 통계	23 ①	24 ③	25 ②	26 ⑤	27 ④	28 ②	29 48	30 61	
미적분	23 ②	24 ⑤	25 ④	26 ③	27 ①	28 ②	29 5	30 40	
기하	23 ②	24 ①	25 ③	26 ⑤	27 ④	28 ①	29 8	30 20	

25회 2022학년도 대학수학능력시험 예시문항

1 ⑤	2 ②	3 ③	4 ④	5 ④	6 ①	7 ④	8 ③	9 ②	10 ①
11 ②	12 ②	13 ⑤	14 ④	15 ③	16 21	17 10	18 56	19 7	20 25
21 26	22 14								
확률과 통계	23 ①	24 ⑤	25 ②	26 ④	27 ⑤	28 ③	29 332	30 71	
미적분	23 ④	24 ③	25 ②	26 ⑤	27 ①	28 ③	29 12	30 5	
기하	23 ①	24 ④	25 ②	26 ⑤	27 ④	28 ⑤	29 6	30 9	

26회 2021학년도 대학수학능력시험

1 ③	2 ①	3 ②	4 ①	5 ⑤	6 ①	7 ②	8 ②	9 ③	10 ②
11 ①	12 ⑤	13 ③	14 ④	15 ③	16 12	17 2	18 15	19 36	20 6
21 13	22 39								
확률과 통계	23 ②	24 ④	25 ②	26 ⑤	27 ③	28 ④	29 587	30 201	
미적분	23 ②	24 ①	25 ②	26 ①	27 ②	28 ⑤	29 72	30 29	
기하	23 ③	24 ⑤	25 ①	26 ③	27 ⑤	28 ⑤	29 12	30 53	

27회 2022학년도 대학수학능력시험

1 ②	2 ⑤	3 ⑤	4 ④	5 ①	6 ③	7 ①	8 ①	9 ④	10 ⑤
11 ③	12 ③	13 ②	14 ③	15 ②	16 3	17 4	18 12	19 6	20 110
21 678	22 9								
확률과 통계	23 ④	24 ④	25 ①	26 ③	27 ②	28 ①	29 31	30 191	
미적분	23 ⑤	24 ④	25 ②	26 ③	27 ①	28 ②	29 11	30 143	
기하	23 ②	24 ③	25 ⑤	26 ②	27 ④	28 ⑤	29 100	30 23	

28회 2023학년도 대학수학능력시험

1 ⑤	2 ④	3 ①	4 ③	5 ⑤	6 ②	7 ④	8 ④	9 ③	10 ④
11 ①	12 ②	13 ③	14 ①	15 ⑤	16 10	17 15	18 22	19 7	20 17
21 33	22 13								
확률과 통계	23 ③	24 ②	25 ⑤	26 ③	27 ②	28 ④	29 49	30 100	
미적분	23 ④	24 ③	25 ⑤	26 ④	27 ②	28 ②	29 26	30 31	
기하	23 ⑤	24 ③	25 ④	26 ②	27 ①	28 ②	29 12	30 24	

29회 2024학년도 대학수학능력시험

1 ①	2 ④	3 ②	4 ①	5 ④	6 ④	7 ⑤	8 ②	9 ④	10 ②
11 ①	12 ③	13 ①	14 ①	15 ③	16 2	17 8	18 9	19 32	20 25
21 10	22 483								
확률과 통계	23 ③	24 ④	25 ⑤	26 ②	27 ②	28 ④	29 196	30 673	
미적분	23 ③	24 ②	25 ④	26 ③	27 ①	28 ②	29 162	30 125	
기하	23 ④	24 ③	25 ②	26 ⑤	27 ③	28 ⑤	29 11	30 147	

30회 2025학년도 대학수학능력시험

1 ⑤	2 ④	3 ⑤	4 ②	5 ④	6 ⑤	7 ③	8 ①	9 ④	10 ③
11 ②	12 ①	13 ⑤	14 ④	15 ②	16 7	17 33	18 96	19 41	20 36
21 16	22 64								
확률과 통계	23 ⑤	24 ③	25 ①	26 ③	27 ③	28 ②	29 25	30 19	
미적분	23 ③	24 ④	25 ②	26 ①	27 ①	28 ②	29 25	30 17	
기하	23 ③	24 ④	25 ③	26 ①	27 ①	28 ④	29 107	30 316	

2026 마더텅 수능기출 모의고사 시리즈

국어 영역, 수학 영역, 영어 영역, 한국사 영역
세계사, 동아시아사, 한국지리, 세계지리, 윤리와 사상, 생활과 윤리, 사회·문화, 정치와 법, 경제
물리학 Ⅰ, 화학 Ⅰ, 생명과학 Ⅰ, 지구과학 Ⅰ

- 철저하게 개정 교육과정에 맞는 기출문제로만 구성 / 실제 시험과 똑같은 구성 / 첨삭 해설 제공
- 자가 진단을 위한 회별 등급컷 제공 / 정답률 표기
- 각 회별 수능·모의평가·학력평가 특징 및 문항 분석 제공
- 시험장 상황을 체험할 수 있는 수능 안내 방송 MP3 및 동영상 제공
- 실제 시험과 같은 실전용 OMR 카드 무료 제공

book.toptutor.co.kr
구하기 어려운 교재는 마더텅 모바일(인터넷)을 이용하세요.
즉시 배송해 드립니다.

9차 개정판 2쇄 2025년 3월 12일 (**초판 1쇄 발행일** 2015년 12월 31일) **발행처** (주)마더텅 **발행인** 문숙영 **책임 편집** 김진국, 이혜림
STAFF 김기현, 문유경, 류혜윤, 박태호, 김소미, 김주영, 박소영, 이예인, 정재원 **원고 및 조판 교정** 김진영, 박옥녀, 박한솔, 박현미, 신현진, 이미옥, 장혜윤, 한승희
감수 최희남(메가스터디 러셀), 손광현(구주이배수학학원), 우수종(이규태수학x대치상상학원) **기획 자문** 고광범(펜타곤에듀케이션), 김백규(뉴-스터디학원), 김응태(스카이에듀학원), 김환철(김환철수학), 민명기(우리수학), 박상보(와이앤딥학원), 백승대(백박사학원), 박태호(프라임수학), 양구근(매쓰피아수학학원), 유아현(수학마루), 이병도(콜럼비아학원), 이보형(숨수학), 이재근(고대수학교습소), 장나영(헤일수학), 전용우(동성고등학교), 조신희(불링거수학학원), 최희철(Speedmath학원), 한승택(스터디케어학원), 황삼철(멘토수학공부방)
디자인 김연실, 양은선 **인디자인 편집** 박경아, 고연화 **제작** 이주영 **홍보** 정반석 **주소** 서울시 금천구 가마산로 96, 708호 **등록번호** 제1-2423호(1999년 1월 8일)

* 이 책의 내용은 (주)마더텅의 사전 동의 없이 어떠한 형태나 수단으로도 전재, 복사, 배포되거나 정보검색시스템에 저장될 수 없습니다.
* 잘못 만들어진 책은 구입처에서 바꾸어 드립니다. * 이 책에는 네이버에서 제공한 나눔글꼴이 적용되어 있습니다.
* 교재 및 기타 문의 사항은 이메일(mothert1004@toptutor.co.kr)로 보내 주시면 감사하겠습니다.
* 교재 구입 시 온/오프라인 서점에 교재가 없는 경우 고객센터 전화 1661-1064(07:00~22:00)로 문의해 주시기 바랍니다.

마더텅 교재를 풀면서 궁금한 점이 생기셨나요?

교재 관련 내용 문의나 오류신고 사항이 있으면 아래 문의처로 보내 주세요!
문의하신 내용에 대해 성심성의껏 답변해 드리겠습니다. 또한 교재의 내용 오류 또는 오·탈자, 그 외 수정이 필요한 사항에 대해
가장 먼저 신고해 주신 분께는 감사의 마음을 담아 네이버페이 포인트 1천 원 을 보내 드립니다!

*기한: 2025년 12월 31일 *오류신고 이벤트는 당사 사정에 따라 조기 종료될 수 있습니다. *홈페이지에 게시된 정오표 기준으로 최초 신고된 오류에 한하여 상품권을 보내 드립니다.

카카오톡 mothertongue **이메일** mothert1004@toptutor.co.kr **고객센터 전화** 1661-1064(07:00~22:00)
문자 010-6640-1064(문자수신전용) **교재 Q&A 게시판** **홈페이지** www.toptutor.co.kr

마더텅 학습 교재 이벤트에 참여해 주세요. 참여해 주신 분께 선물을 드립니다.

이벤트 1 1분 간단 교재 사용 후기 이벤트

마더텅은 고객님의 소중한 의견을 반영하여 보다 좋은 책을 만들고자 합니다. 교재 구매 후, <교재 사용 후기 이벤트>에 참여해 주신 모든 분께 감사의 마음을 담아 네이버페이 포인트 1천 원 을 보내 드립니다.
지금 바로 QR 코드를 스캔해 소중한 의견을 보내 주세요!

이벤트 2 마더텅 교재로 공부하는 인증샷 이벤트

인스타그램에 <마더텅 교재로 공부하는 인증샷>을 올려 주시면 참여해 주신 모든 분께 감사의 마음을 담아 네이버페이 포인트 2천 원 을 보내 드립니다. **지금 바로 QR 코드를 스캔해** 작성한 게시물의 URL을 입력해 주세요!
필수 태그 #마더텅 #마더텅기출 #공스타그램

※ 자세한 사항은 해당 QR 코드를 스캔하거나 홈페이지 이벤트 공지글을 참고해 주세요.
※ 당사 사정에 따라 이벤트의 내용이나 상품이 변경될 수 있으며 변경 시 홈페이지에 공지합니다.
※ 상품은 이벤트 참여일로부터 2~3일(영업일 기준) 내에 발송됩니다. (단, 이벤트 3은 예외)
※ 동일 교재로 세 가지 이벤트 모두 참여 가능합니다. (단, 같은 이벤트 중복 참여는 불가합니다.)
※ 이벤트 기간: 2025년 12월 31일까지 (-해당 이벤트는 당사 사정에 따라 조기 종료될 수 있습니다.)

이벤트 3 1회 모의고사 이벤트

본 교재의 모의고사 1회 문제편 페이지를 오려서 마더텅으로 보내 주세요! 추첨을 통해 소정의 상품을 보내 드립니다.
참여 방법 모의고사 1회(p.3~14) 풀이 및 채점 완료 → 해당 페이지를 모두 오려서 마더텅에 발송(우편, 택배 등) → QR 코드를 스캔하고 발송 인증
주소 (08501) 서울특별시 금천구 가마산로 96, 대륭테크노타운 8차 708호, 마더텅 이벤트 담당자 앞 / 010-6640-1064

마더텅은 1999년 창업 이래 **2024년까지 3,320만 부의 교재를 판매**했습니다. 2024년 판매량은 309만 부로 자사 교재의 품질은 학원 강의와 온/오프라인 서점 판매량으로 검증받았습니다. **[마더텅 수능기출문제집 시리즈]는 친절하고 자세한 해설로 수험생님들의 전폭적인 지지를 받으며 누적 판매 855만 부, 2024년 한 해에만 85만 부가 판매된 베스트셀러**입니다. 또한 **[중학영문법 3800제]는 2007년부터 2024년까지 18년 동안 중학 영문법 부문 판매 1위**를 지키며 명실공히 대한민국 최고의 영문법 교재로 자리매김했습니다. 그리고 2018년 출간된 **[뿌리깊은 초등국어 독해력 시리즈]는 2024년까지 278만 부가 판매되면서 초등 국어 부문 판매 1위**를 차지하였습니다.(교보문고/YES24 판매량 기준, EBS 제외) 이처럼 마더텅은 초·중·고 학습 참고서를 대표하는 대한민국 제일의 교육 브랜드로 자리잡게 되었습니다. 이와 같은 성원에 감사드리며, 앞으로도 효율적인 학습에 보탬이 되는 교재로 보답하겠습니다.

2026 마더텅
수능기출 모의고사 30회
수학 영역
공통 + 선택
[확률과 통계·미적분·기하]
정답과 해설편

MOTHERTONGUE
마더텅출판사
since1999.4.1.

정답표

1회 2021학년도 3월 고3 전국연합학력평가

	1 ②	2 ①	3 ④	4 ①	5 ②	6 ⑤	7 ⑤	8 ④	9 ③	10 ⑤
	11 ④	12 ③	13 ③	14 ①	15 ②	16 10	17 6	18 9	19 162	20 8
	21 15	22 16								
확률과 통계	23 ③	24 ④	25 ②	26 ①	27 ⑤	28 ③	29 55	30 97		
미적분	23 ⑤	24 ①	25 ④	26 ②	27 ③	28 ③	29 12	30 5		
기하	23 ③	24 ①	25 ②	26 ④	27 ③	28 ⑤	29 12	30 15		

2회 2022학년도 3월 고3 전국연합학력평가

	1 ⑤	2 ②	3 ④	4 ④	5 ①	6 ③	7 ②	8 ③	9 ①	10 ⑤
	11 ⑤	12 ③	13 ①	14 ②	15 ④	16 5	17 24	18 105	19 32	20 70
	21 12	22 4								
확률과 통계	23 ④	24 ②	25 ⑤	26 ①	27 ③	28 ④	29 65	30 708		
미적분	23 ②	24 ⑤	25 ④	26 ③	27 ①	28 ①	29 28	30 80		
기하	23 ②	24 ⑤	25 ④	26 ③	27 ①	28 ④	29 128	30 384		

3회 2023학년도 3월 고3 전국연합학력평가

	1 ①	2 ④	3 ①	4 ②	5 ⑤	6 ①	7 ③	8 ⑤	9 ②	10 ②
	11 ③	12 ④	13 ④	14 ⑤	15 ③	16 4	17 11	18 427	19 18	20 66
	21 12	22 729								
확률과 통계	23 ①	24 ③	25 ④	26 ⑤	27 ②	28 ⑤	29 120	30 45		
미적분	23 ④	24 ②	25 ③	26 ⑤	27 ①	28 ②	29 50	30 25		
기하	23 ⑤	24 ①	25 ③	26 ②	27 ④	28 ④	29 96	30 100		

4회 2024학년도 3월 고3 전국연합학력평가

	1 ⑤	2 ③	3 ②	4 ①	5 ④	6 ⑤	7 ①	8 ②	9 ③	10 ④
	11 ②	12 ⑤	13 ②	14 ③	15 ③	16 3	17 16	18 113	19 80	20 36
	21 13	22 2								
확률과 통계	23 ①	24 ⑤	25 ②	26 ④	27 ③	28 ②	29 117	30 90		
미적분	23 ①	24 ③	25 ⑤	26 ④	27 ②	28 ③	29 270	30 84		
기하	23 ③	24 ②	25 ⑤	26 ④	27 ①	28 ③	29 29	30 150		

5회 2021학년도 4월 고3 전국연합학력평가

	1 ②	2 ①	3 ⑤	4 ④	5 ③	6 ④	7 ⑤	8 ①	9 ②	10 ③
	11 ③	12 ④	13 ②	14 ⑤	15 ③	16 2	17 40	18 8	19 16	20 7
	21 5	22 251								
확률과 통계	23 ⑤	24 ②	25 ①	26 ④	27 ③	28 ⑤	29 288	30 206		
미적분	23 ⑤	24 ①	25 ④	26 ②	27 ③	28 ③	29 18	30 13		
기하	23 ①	24 ③	25 ②	26 ④	27 ⑤	28 ⑤	29 115	30 63		

6회 2022학년도 4월 고3 전국연합학력평가

	1 ④	2 ⑤	3 ①	4 ⑤	5 ①	6 ①	7 ④	8 ②	9 ③	10 ②
	11 ③	12 ③	13 ⑤	14 ④	15 ⑤	16 8	17 32	18 9	19 11	20 240
	21 170	22 30								
확률과 통계	23 ④	24 ②	25 ③	26 ⑤	27 ①	28 ④	29 115	30 720		
미적분	23 ⑤	24 ①	25 ③	26 ④	27 ②	28 ②	29 18	30 135		
기하	23 ③	24 ②	25 ①	26 ⑤	27 ④	28 ③	29 21	30 13		

7회 2023학년도 4월 고3 전국연합학력평가

	1 ②	2 ④	3 ⑤	4 ①	5 ⑤	6 ④	7 ①	8 ③	9 ①	10 ②
	11 ②	12 ②	13 ③	14 ③	15 ④	16 5	17 3	18 8	19 6	20 30
	21 22	22 32								
확률과 통계	23 ①	24 ⑤	25 ③	26 ②	27 ④	28 ①	29 523	30 188		
미적분	23 ②	24 ①	25 ④	26 ③	27 ③	28 ④	29 79	30 107		
기하	23 ③	24 ⑤	25 ⑤	26 ①	27 ④	28 ④	29 171	30 24		

8회 2024학년도 5월 고3 전국연합학력평가

	1 ④	2 ②	3 ③	4 ③	5 ④	6 ⑤	7 ②	8 ⑤	9 ①	10 ⑤
	11 ①	12 ⑤	13 ①	14 ②	15 ④	16 5	17 7	18 16	19 11	20 25
	21 64	22 114								
확률과 통계	23 ④	24 ②	25 ①	26 ⑤	27 ③	28 ②	29 75	30 40		
미적분	23 ①	24 ③	25 ④	26 ④	27 ⑤	28 ②	29 40	30 138		
기하	23 ③	24 ④	25 ①	26 ②	27 ③	28 ④	29 24	30 36		

9회 2022학년도 대학수학능력시험 6월 모의평가

	1 ④	2 ⑤	3 ①	4 ①	5 ③	6 ④	7 ②	8 ④	9 ⑤	10 ②
	11 ②	12 ③	13 ⑤	14 ③	15 ②	16 2	17 11	18 4	19 6	20 8
	21 24	22 61								
확률과 통계	23 ④	24 ②	25 ③	26 ③	27 ①	28 ⑤	29 48	30 47		
미적분	23 ②	24 ②	25 ④	26 ③	27 ④	28 ①	29 17	30 11		
기하	23 ②	24 ⑤	25 ①	26 ②	27 ③	28 ③	29 80	30 48		

10회 2023학년도 대학수학능력시험 6월 모의평가

	1 ①	2 ②	3 ④	4 ②	5 ③	6 ⑤	7 ④	8 ③	9 ⑤	10 ③
	11 ⑤	12 ③	13 ①	14 ④	15 ②	16 6	17 15	18 3	19 2	20 13
	21 426	22 19								
확률과 통계	23 ②	24 ①	25 ④	26 ②	27 ③	28 ④	29 115	30 9		
미적분	23 ①	24 ①	25 ②	26 ②	27 ③	28 ⑤	29 50	30 16		
기하	23 ③	24 ②	25 ②	26 ⑤	27 ④	28 ①	29 23	30 8		

11회 2024학년도 대학수학능력시험 6월 모의평가

	1 ⑤	2 ④	3 ②	4 ②	5 ①	6 ④	7 ③	8 ③	9 ①	10 ②
	11 ③	12 ⑤	13 ①	14 ③	15 ②	16 3	17 33	18 6	19 8	20 39
	21 110	22 380								
확률과 통계	23 ③	24 ④	25 ③	26 ①	27 ②	28 ⑤	29 25	30 51		
미적분	23 ⑤	24 ④	25 ①	26 ②	27 ③	28 ②	29 5	30 24		
기하	23 ①	24 ④	25 ②	26 ④	27 ③	28 ⑤	29 80	30 13		

12회 2025학년도 대학수학능력시험 6월 모의평가

	1 ④	2 ⑤	3 ③	4 ③	5 ⑤	6 ①	7 ④	8 ①	9 ③	10 ⑤
	11 ⑤	12 ③	13 ③	14 ④	15 ②	16 7	17 23	18 2	19 16	20 24
	21 15	22 231								
확률과 통계	23 ③	24 ②	25 ④	26 ③	27 ①	28 ①	29 6	30 108		
미적분	23 ②	24 ③	25 ③	26 ②	27 ②	28 ④	29 55	30 25		
기하	23 ④	24 ②	25 ④	26 ③	27 ②	28 ③	29 25	30 10		

13회 2021학년도 7월 고3 전국연합학력평가

	1 ⑤	2 ④	3 ②	4 ③	5 ③	6 ④	7 ④	8 ②	9 ③	10 ⑤
	11 ④	12 ①	13 ①	14 ⑤	15 ②	16 5	17 17	18 13	19 24	20 27
	21 117	22 64								
확률과 통계	23 ⑤	24 ③	25 ②	26 ①	27 ④	28 ⑤	29 25	30 51		
미적분	23 ①	24 ⑤	25 ④	26 ③	27 ①	28 ②	29 15	30 586		
기하	23 ④	24 ②	25 ⑤	26 ①	27 ⑤	28 ③	29 25	30 108		

14회 2022학년도 7월 고3 전국연합학력평가

	1 ⑤	2 ②	3 ①	4 ②	5 ③	6 ④	7 ②	8 ④	9 ④	10 ③
	11 ⑤	12 ①	13 ③	14 ⑤	15 ①	16 2	17 13	18 16	19 4	20 8
	21 180	22 121								
확률과 통계	23 ②	24 ④	25 ③	26 ④	27 ⑤	28 ②	29 5	30 133		
미적분	23 ④	24 ③	25 ③	26 ②	27 ②	28 ①	29 4	30 129		
기하	23 ①	24 ④	25 ⑤	26 ④	27 ②	28 ③	29 15	30 50		

15회 2023학년도 7월 고3 전국연합학력평가

	1 ④	2 ⑤	3 ⑤	4 ③	5 ②	6 ④	7 ①	8 ②	9 ②	10 ③
	11 ①	12 ③	13 ①	14 ⑤	15 ④	16 9	17 20	18 65	19 22	20 54
	21 13	22 182								
확률과 통계	23 ③	24 ①	25 ②	26 ④	27 ⑤	28 ①	29 24	30 150		
미적분	23 ③	24 ②	25 ①	26 ④	27 ③	28 ②	29 12	30 208		
기하	23 ②	24 ③	25 ⑤	26 ①	27 ④	28 ②	29 15	30 27		

16회 2024학년도 7월 고3 전국연합학력평가

	1 ④	2 ④	3 ①	4 ⑤	5 ③	6 ⑤	7 ②	8 ①	9 ③	10 ②
	11 ⑤	12 ④	13 ①	14 ④	15 ②	16 11	17 50	18 37	19 2	20 35
	21 8	22 96								
확률과 통계	23 ③	24 ④	25 ⑤	26 ④	27 ②	28 ②	29 70	30 198		
미적분	23 ③	24 ①	25 ②	26 ④	27 ③	28 ②	29 12	30 144		
기하	23 ③	24 ①	25 ⑤	26 ②	27 ④	28 ④	29 90	30 111		

17회 2022학년도 대학수학능력시험 9월 모의평가

	1 ①	2 ⑤	3 ⑤	4 ④	5 ③	6 ①	7 ④	8 ②	9 ③	10 ③
	11 ④	12 ②	13 ②	14 ⑤	15 ①	16 2	17 8	18 9	19 11	20 21
	21 192	22 108								
확률과 통계	23 ③	24 ③	25 ②	26 ①	27 ⑤	28 ④	29 78	30 218		
미적분	23 ③	24 ②	25 ④	26 ②	27 ③	28 ①	29 24	30 115		
기하	23 ⑤	24 ④	25 ②	26 ③	27 ①	28 ①	29 40	30 45		

18회 2023학년도 대학수학능력시험 9월 모의평가

	1 ④	2 ①	3 ②	4 ①	5 ③	6 ⑤	7 ⑤	8 ①	9 ③	10 ④
	11 ②	12 ②	13 ⑤	14 ⑤	15 ③	16 7	17 16	18 13	19 4	20 80
	21 220	22 58								
확률과 통계	23 ①	24 ③	25 ④	26 ②	27 ⑤	28 ③	29 175	30 260		
미적분	23 ①	24 ②	25 ⑤	26 ③	27 ③	28 ④	29 3	30 283		
기하	23 ④	24 ②	25 ⑤	26 ③	27 ③	28 ①	29 127	30 17		

19회 2024학년도 대학수학능력시험 9월 모의평가

	1 ⑤	2 ③	3 ②	4 ①	5 ⑤	6 ③	7 ④	8 ④	9 ③	10 ③
	11 ⑤	12 ①	13 ③	14 ②	15 ④	16 6	17 24	18 5	19 4	20 98
	21 19	22 10								
확률과 통계	23 ①	24 ③	25 ③	26 ②	27 ④	28 ⑤	29 62	30 336		
미적분	23 ④	24 ②	25 ②	26 ⑤	27 ①	28 ②	29 18	30 32		
기하	23 ④	24 ①	25 ⑤	26 ②	27 ③	28 ①	29 17	30 27		

20회 2025학년도 대학수학능력시험 9월 모의평가

	1 ②	2 ⑤	3 ④	4 ②	5 ②	6 ②	7 ③	8 ①	9 ⑤	10 ①
	11 ①	12 ②	13 ④	14 ⑤	15 ①	16 7	17 5	18 29	19 4	20 15
	21 31	22 8								
확률과 통계	23 ⑤	24 ①	25 ⑤	26 ③	27 ④	28 ④	29 994	30 93		
미적분	23 ⑤	24 ④	25 ④	26 ③	27 ②	28 ③	29 57	30 25		
기하	23 ③	24 ④	25 ⑤	26 ③	27 ④	28 ①	29 63	30 54		

21회 2021학년도 10월 고3 전국연합학력평가

	1 ④	2 ④	3 ③	4 ②	5 ②	6 ①	7 ③	8 ③	9 ⑤	10 ①
	11 ④	12 ②	13 ①	14 ⑤	15 ⑤	16 10	17 20	18 18	19 7	20 2
	21 84	22 108								
확률과 통계	23 ④	24 ②	25 ③	26 ⑤	27 ①	28 ②	29 150	30 23		
미적분	23 ①	24 ③	25 ④	26 ②	27 ⑤	28 ③	29 14	30 10		
기하	23 ③	24 ①	25 ②	26 ④	27 ⑤	28 ①	29 32	30 7		

22회 2022학년도 10월 고3 전국연합학력평가

	1 ③	2 ②	3 ③	4 ④	5 ⑤	6 ③	7 ①	8 ②	9 ③	10 ⑤
	11 ④	12 ④	13 ①	14 ②	15 ①	16 5	17 15	18 109	19 80	20 226
	21 8	22 82								
확률과 통계	23 ②	24 ①	25 ③	26 ④	27 ⑤	28 ④	29 105	30 17		
미적분	23 ①	24 ③	25 ⑤	26 ②	27 ④	28 ②	29 20	30 12		
기하	23 ③	24 ⑤	25 ④	26 ②	27 ①	28 ⑤	29 54	30 48		

23회 2023학년도 10월 고3 전국연합학력평가

	1 ③	2 ④	3 ③	4 ④	5 ②	6 ①	7 ②	8 ⑤	9 ①	10 ④
	11 ①	12 ⑤	13 ②	14 ③	15 ②	16 10	17 22	18 110	19 102	20 24
	21 6	22 29								
확률과 통계	23 ②	24 ④	25 ⑤	26 ③	27 ①	28 ①	29 64	30 5		
미적분	23 ④	24 ②	25 ③	26 ⑤	27 ①	28 ④	29 30	30 91		
기하	23 ①	24 ④	25 ②	26 ③	27 ⑤	28 ③	29 20	30 15		

24회 2024학년도 10월 고3 전국연합학력평가

	1 ④	2 ⑤	3 ②	4 ⑤	5 ④	6 ②	7 ⑤	8 ②	9 ①	10 ①
	11 ③	12 ①	13 ⑤	14 ③	15 ④	16 6	17 58	18 12	19 84	20 54
	21 15	22 486								
확률과 통계	23 ①	24 ③	25 ②	26 ⑤	27 ④	28 ②	29 48	30 61		
미적분	23 ②	24 ⑤	25 ④	26 ③	27 ①	28 ②	29 5	30 40		
기하	23 ②	24 ①	25 ③	26 ⑤	27 ④	28 ①	29 8	30 20		

25회 2022학년도 대학수학능력시험 예시문항

	1 ⑤	2 ②	3 ③	4 ④	5 ④	6 ①	7 ④	8 ③	9 ②	10 ①
	11 ②	12 ②	13 ⑤	14 ④	15 ③	16 21	17 10	18 56	19 7	20 25
	21 26	22 14								
확률과 통계	23 ①	24 ⑤	25 ②	26 ④	27 ⑤	28 ③	29 332	30 71		
미적분	23 ④	24 ③	25 ②	26 ⑤	27 ①	28 ③	29 12	30 5		
기하	23 ①	24 ④	25 ②	26 ⑤	27 ④	28 ⑤	29 6	30 9		

26회 2021학년도 대학수학능력시험

	1 ③	2 ①	3 ②	4 ①	5 ⑤	6 ①	7 ②	8 ②	9 ③	10 ②
	11 ①	12 ⑤	13 ③	14 ④	15 ③	16 12	17 2	18 15	19 36	20 6
	21 13	22 39								
확률과 통계	23 ②	24 ④	25 ②	26 ⑤	27 ③	28 ④	29 587	30 201		
미적분	23 ②	24 ①	25 ②	26 ①	27 ②	28 ⑤	29 72	30 29		
기하	23 ③	24 ⑤	25 ①	26 ③	27 ⑤	28 ⑤	29 12	30 53		

27회 2022학년도 대학수학능력시험

	1 ②	2 ⑤	3 ⑤	4 ④	5 ①	6 ③	7 ①	8 ①	9 ④	10 ⑤
	11 ③	12 ③	13 ②	14 ③	15 ②	16 3	17 4	18 12	19 6	20 110
	21 678	22 9								
확률과 통계	23 ④	24 ④	25 ①	26 ③	27 ②	28 ①	29 31	30 191		
미적분	23 ⑤	24 ④	25 ②	26 ③	27 ①	28 ②	29 11	30 143		
기하	23 ②	24 ③	25 ⑤	26 ②	27 ④	28 ⑤	29 100	30 23		

28회 2023학년도 대학수학능력시험

	1 ⑤	2 ④	3 ①	4 ③	5 ⑤	6 ②	7 ④	8 ④	9 ③	10 ④
	11 ①	12 ②	13 ③	14 ①	15 ⑤	16 10	17 15	18 22	19 7	20 17
	21 33	22 13								
확률과 통계	23 ③	24 ②	25 ⑤	26 ③	27 ②	28 ④	29 49	30 100		
미적분	23 ④	24 ③	25 ⑤	26 ④	27 ②	28 ②	29 26	30 31		
기하	23 ⑤	24 ③	25 ④	26 ②	27 ①	28 ②	29 12	30 24		

29회 2024학년도 대학수학능력시험

	1 ①	2 ④	3 ②	4 ①	5 ④	6 ④	7 ⑤	8 ②	9 ④	10 ②
	11 ①	12 ③	13 ①	14 ①	15 ③	16 2	17 8	18 9	19 32	20 25
	21 10	22 483								
확률과 통계	23 ③	24 ④	25 ⑤	26 ②	27 ②	28 ④	29 196	30 673		
미적분	23 ③	24 ②	25 ④	26 ③	27 ①	28 ②	29 162	30 125		
기하	23 ④	24 ③	25 ②	26 ⑤	27 ③	28 ⑤	29 11	30 147		

30회 2025학년도 대학수학능력시험

	1 ⑤	2 ④	3 ⑤	4 ②	5 ④	6 ⑤	7 ③	8 ①	9 ④	10 ③
	11 ②	12 ①	13 ⑤	14 ④	15 ②	16 7	17 33	18 96	19 41	20 36
	21 16	22 64								
확률과 통계	23 ⑤	24 ③	25 ①	26 ③	27 ③	28 ②	29 25	30 19		
미적분	23 ③	24 ④	25 ②	26 ①	27 ①	28 ②	29 25	30 17		
기하	23 ③	24 ④	25 ③	26 ①	27 ①	28 ④	29 107	30 316		

2026 마더텅 수능기출 모의고사

누적판매 855만 부, 2024년 한 해 동안 85만 부가 판매된 베스트셀러 기출문제집

전 문항 동영상 강의 무료 제공

- 수학 1등급을 위한 기출문제 정복 프로젝트
- 마더텅 기출문제집의 친절하고 자세한 해설에 동영상 강의를 더했습니다.

강의 구성 전 문항 문제 풀이 동영상 강의 제공 ※ 강의 수는 당사 사정에 따라 변경될 수 있습니다.

과목	수학 I	수학 II	확률과 통계	미적분	기하	합계
강의 수	330	330	240	240	240	1,380

개념의 수립은 정직하게!
사고의 힘은 강하게!
문제의 해결은 우아하게!

최희남 선생님

현 마더텅 수능수학 대표강사
현 메가스터디 러셀 강사
현 최희남 수학 연구소 대표
전 이투스 청솔학원 대입단과 강사
전 대치명인학원 대입단과 강사
이화여자대학교 사범대학 수학교육과 졸업
정교사 2급(수학)
마더텅 수능기출문제집 미적분 최고난도 문제 해설 집필
마더텅 수능기출문제집 수학 I, 수학 II, 확률과 통계, 미적분, 기하 해설 감수

응용력을 기르는 풀이!
오늘부터 수학에서 Free

우수종 선생님

현 마더텅 수학 인터넷 강사
현 이규태수학X대치상상학원
전 메가스터디학원
전 베이스캠프학원
마더텅 수능기출문제집 수학 I, 수학 II, 확률과 통계, 미적분, 기하 해설 감수

믿고 따라온다면,
반드시 1등급으로
만들어 드리겠습니다.

손광현 선생님

현 마더텅 수학 인터넷 강사
현 구주이배수학학원 다산본원
전 지성학원 부원장
전 현앤장수학학원 고등부
전 에이선학원 수학과 팀장
성균관대학교 교육대학원 수학교육과 졸업
정교사 2급(수학)
마더텅 수능기출문제집 수학 I, 수학 II, 확률과 통계, 미적분, 기하 해설 감수

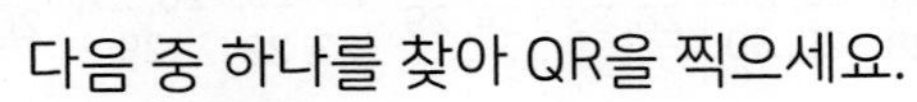

동영상 강의 수강 방법

방법 1

교재 곳곳에 있는 QR 코드를 찍으세요!

교재에 있는 QR 코드가 인식이 안 될 경우
화면을 확대해서 찍으시면 인식이 더 잘 됩니다.

방법 2

[마더텅] 2025학년도 수능 22번 키워드 예시

유튜브 www.youtube.com에
[마더텅] + 문항출처로 검색하세요!

방법 3 동영상 강의 전체 한 번에 보기

[휴대폰 등 모바일 기기] QR 코드

다음 중 하나를 찾아 QR을 찍으세요.
① 겉표지 QR
② 해설편 1쪽 동영상 광고 우측 상단 QR

[PC] 주소창에 URL 입력

다음 단계에 따라 접속하세요.
① www.toptutor.co.kr로 접속
② 학습자료실에서 무료동영상강의 클릭
③ 학년 시리즈 과목 교재 선택
④ 원하는 동영상 강의 수강

문의전화 1661-1064 07:00~22:00 www.toptutor.co.kr 포털에서 마더텅 검색

단원별 문항 분류표

단원별 문항 분류표 활용법 각 단원에 해당하는 문항들이 회차별로 분류되어 표시되어 있습니다. 단원별로 문제를 풀고자 하는 학생, 취약한 부분의 문제를 집중적으로 풀고자 하는 학생들은 아래 표를 참고하여 해당 문항 위주로 공부할 수 있습니다.

단원명		1회 p.3	2회 p.15	3회 p.27	4회 p.39	5회 p.53	6회 p.65	7회 p.79	8회 p.93	9회 p.107	10회 p.121	11회 p.135	12회 p.147	13회 p.159
수학 I														
Ⅰ. 지수함수와 로그함수	1. 지수		1	1	1	1	1		1, 19	1, 21	1	1	1	9
	2. 로그	1	16	16	9		16	1		16	21		14	1
	3. 지수함수와 로그함수의 그래프		11	8, 21	21	3		6, 10, 17				7, 21	12	
	4. 지수함수와 로그함수의 활용	13, 17	21		16	15	5, 9		13, 16	10	13, 16	16	16	5, 11
Ⅱ. 삼각함수	1. 삼각함수	3, 11	5, 8	5, 13	3, 20	6, 11, 17	6, 11	8, 11, 13	5, 8	3, 15	3, 7	6, 19	6, 20	6, 10
	2. 삼각함수의 활용	15, 21	15	11	13	20	15	21	21	12	10	13	10	20
Ⅲ. 수열	1. 등차수열과 등비수열	2	3, 13	3	6	2, 19	4	2, 20	3, 9	7, 18	5	12	8	8, 21
	2. 수열의 합	10	18	10, 18	11, 18	14	8, 21		11	13	12, 18	3, 9	3, 18	13
	3. 수학적 귀납법	7, 19	20	15	15	21	12	15	15	9	15	15	22	7
수학 Ⅱ														
Ⅰ. 함수의 극한과 연속	1. 함수의 극한	5	4	12		4, 9	3	3, 16, 18	2, 20	4	4	11	4	4, 16
	2. 함수의 연속	6, 20	12	6	4	8				8	6, 22	4	9	12
Ⅱ. 미분	1. 미분계수와 도함수	12, 16	2, 6	2	2, 8	7, 16	2, 7, 14	5	4, 17	5	2	2, 5	2, 5	3, 18, 19
	2. 도함수의 활용	8, 14	10, 14, 19	9, 17, 22	7, 14, 19, 22	12, 18	19, 20	4, 7, 14, 19	6, 14, 22	14, 17, 22	8, 9, 19	8, 18, 22	7, 11, 21	22
Ⅲ. 적분	1. 부정적분과 정적분	4, 18, 22	17, 22	4, 20	5, 12, 17	5, 22	13, 18, 22	9, 22	7, 18	2, 11, 20	14, 17, 20	17, 20	15, 17	2, 15, 17
	2. 정적분의 활용	9	7, 9	7, 14, 19	10	10, 13	10, 17	12	10, 12	6, 19	11	10, 14	13, 19	14
확률과 통계														
Ⅰ. 순열과 조합	1. 여러 가지 순열	24, 25, 27, 28, 30	23, 24, 25, 26, 28, 30	23, 24, 25, 26, 28, 29	24, 25, 26, 27, 28	23, 26, 28, 29	25, 26, 27, 29, 30	24, 25, 28, 30	26, 27, 30	28, 29	23, 27	23, 28	23, 27	27
	2. 중복조합	23, 26, 29	27, 29	27, 30	23, 29, 30	25, 30	23, 28	23, 26, 29	25, 29	26	29	29	30	30
	3. 이항정리					24, 27	24	27	24	23	26	26	25	24
Ⅱ. 확률	1. 여러 가지 확률								23, 28	25, 27, 30	24, 25, 28	24, 25, 30	24, 26, 29	23
	2. 조건부확률									24	30	27	28	26, 29
Ⅲ. 통계	1. 이산확률분포													25
	2. 연속확률분포													28
	3. 통계적 추정													
미적분														
Ⅰ. 수열의 극한	1. 수열의 극한	23, 24, 25, 26, 27, 28, 29, 30	23, 24, 25, 26, 27, 28, 29, 30	23, 24, 25, 26, 27, 28, 29, 30	23, 24, 25, 26, 27, 28, 29, 30	23, 30	26	23	26	23	23	23	23	25
	2. 급수					25, 28	27, 28	25, 28	24, 30	26	26, 27	30	25	26
Ⅱ. 미분법	1. 지수함수와 로그함수의 미분					24, 26	23, 25	26, 30	25			25	26	
	2. 삼각함수의 덧셈정리					29	24, 29	29					30	23
	3. 삼각함수의 미분					27	30	24, 27	28	28	29	27		28
	4. 여러 가지 미분법								23, 27, 29	24, 30	24, 25	24, 29	24	29
	5. 도함수의 활용									25, 27, 29	28, 30	26, 28	27, 28, 29	27
Ⅲ. 적분법	1. 여러 가지 적분법													24, 30
	2. 정적분의 활용													
기하														
Ⅰ. 이차곡선	1. 이차곡선	23, 24, 25, 26, 27, 28, 29, 30	23, 24, 25, 26, 27, 28, 29, 30	23, 24, 25, 26, 27, 28, 29, 30	23, 24, 25, 26, 27, 28, 29, 30	25, 26, 27, 30	24, 25, 28	24, 26, 27, 28	23, 26, 29, 30	28, 29	24, 29	23, 26, 27, 29	26, 27, 29	26, 28
	2. 이차곡선과 직선					24, 28	26, 29, 30	25, 29	25, 27	24, 27	26, 28		24	24
Ⅱ. 평면벡터	1. 평면벡터					23, 29	23, 27	23, 30	24, 28	23, 25, 26, 30	23, 25, 27, 30	24, 25, 28, 30	23, 25, 28, 30	23, 25, 30
Ⅲ. 공간도형과 공간좌표	1. 공간도형													27, 29
	2. 공간좌표													

	14회 p.173	15회 p.187	16회 p.201	17회 p.215	18회 p.229	19회 p.243	20회 p.255	21회 p.269	22회 p.283	23회 p.297	24회 p.309	25회 p.321	26회 p.335	27회 p.347	28회 p.361	29회 p.375	30회 p.387
	1, 19	1, 9	1	1	1, 11	1	1		1	1, 9	1	1		1	1	1	1
	16		9	16		7	8		16		9	10, 18	17, 21	13, 16		9	8
		21	21	21	21		14	6, 8, 18	10, 21	13		3			21		20
	11	16	16		16	14, 16	16	1		16	16, 21		5, 13	9	16	16, 21	16
	6, 10	3, 10	3, 19	6, 10	3, 9	3, 9	6, 20	3, 11	5, 12	5, 11	3, 19	5, 8	2, 3, 10	7, 11	5, 9	3, 19	6, 10
	14	13	13	12	13	20	10	21	13	21	13	21	7	15	11	13	14
	2	6	6, 11	3	5	5	3	4	3, 15	3, 7	6, 11	16	12	3	3	6	3
	12, 21	12, 18	18	7, 13, 18	7, 18	17, 21	12, 18	14	18	18	18	20	8	18, 21	7, 13, 18	11, 18	12, 18
	7	15	15	15	15	12	22	9, 19	8	15	15	13, 15	15	5	15	15	22
	4, 8	4	4	8	12	4	4	12	4, 20	10		4	1	4	2		21
	5	14	22	4	4	15	7	5	11	4	5, 10	7	20	12	14	4	4
	3	2, 5	2, 17	2, 19	2	2, 18	2, 5, 21	7, 16	9	2, 17	2, 17	11, 17	4, 11, 22	2	4	2, 17	2, 5
	13, 22	7, 19	7, 14, 20	5, 20, 22	6, 8, 19, 22	6, 10, 13	11, 19	10, 13, 22	6, 17, 22	8, 12, 22	7, 14, 22	9, 19, 22	6, 18	6, 10, 19	6, 8, 19, 22	7, 14, 20, 22	11, 15, 19
	9, 15, 17, 20	11, 17, 22	5, 8, 12	11, 14, 17	14, 17	8, 22	9, 15, 17	2, 15	2, 14	14, 20	4, 20	2, 6, 12	14, 16	17, 20, 22	17	5, 8	7, 9, 17
	18	8, 20	10	9	10, 20	11, 19	13	17, 20	7, 19	6, 19	8, 12	14	9, 19	8, 14	10, 12, 20	10, 12	13
	26	27	27	28	30	24	23	29	26	25, 27	23	27	27	28	24	23	
	28	30	30	30		30	30	25	29	29	29	29	26, 30	25	30	29	28
	23	23	23	25	23				24		25	24		23	23		23
	25		26	24	26, 28	25, 27	25	24, 26	27	24		25, 28	25	26	25, 26	25	26, 30
	27, 30	24, 26, 28	24, 28	26	24	29	24, 28	28	30	30	24, 30		23, 29	30	29	24, 28	24
	24	25	25	23, 29	27	23	27	23	25	23	27	23		24		26	
	29	29	29		25	26	29	27	28	28	28	26	28	29	28	30	29
				27	29	28	26	30	23	26	26	30	24	27	27	27	25, 27
	23	23	25	23	25	29	25		23	23	25	24	23, 27	23	25		25
	27	27	29	27	27	26	29	24, 26	27	27		26		25	27	29	29
			23		23	23			24		23				23	23	
			26	24													
	29	28			28		23	28	29	29		28		29	28		23
	25, 26	24, 25	24	25		24, 30	27	30		26	29			24		24	27
	30	30	28	29	29			25	25	30	27, 30	25, 30	24, 29, 30	28	30	27	30
	24, 28	26, 29	27, 30	28, 30	24, 30	25, 28	24, 28, 30	23, 27, 29	28, 30	28	24	23, 29	28	30		25, 28, 30	24
				26	26	27	26		26	24, 25	26, 28	27	25, 26	26, 27	24, 26, 29	26	26, 28
	28	26, 28	26, 28	24, 26	25, 28	27, 29	24, 29	29	27	24, 26	23, 29	27, 29	25, 26, 29	24, 26, 28	24, 28	27, 29	24, 29
	24, 26	24	24	28	24	24	26	25	24, 29	28	26	26			25	24	26
	23, 25, 29	23, 25, 29	23, 25, 29	25, 30	26, 30	25, 30	23, 30	23, 26, 28	25, 28	27, 29	25, 28	24, 28	24, 27, 30	25, 29	26, 29	25, 30	23, 30
	27, 30	27, 30	27, 30	27, 29	27		27	30	26, 30	25	27, 30	25		27	27, 30	26, 28	27, 28
				23	23, 29	23, 26, 28	25, 28	24, 27	23	23, 30	24	23, 30	23, 28	23, 30	23	23	25

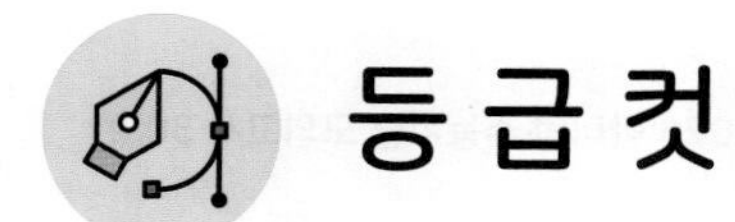

등급컷

등급컷 활용법 등급컷은 자신의 수준을 객관적으로 확인할 수 있는 여러 지표 중 하나입니다.
등급컷을 토대로 본인의 등급을 예측해 보고, 앞으로의 공부 전략을 세우는 데에 참고하시기 바랍니다.
표에서 제시한 원점수 등급컷은 평가원의 공식 자료가 아니라 여러 교육 업체에서 제공하는 자료들의 평균 수치이므로 약간의 오차가 있을 수 있습니다.

회	구분		선택 과목	1등급	2등급	3등급	4등급	5등급	6등급	7등급	8등급
1회	2021학년도 3월 학력평가	• 전반적으로 약간 어렵게 출제되었으며 기하, 확률과 통계에 비해 공통 과목, 미적분에서 다소 어려운 문제가 출제되었다. • 공통문항 중 21번은 사인법칙을 이용하여 삼각형과 외접원 사이의 관계를 파악해 보는 고난도 문항이었으며, 22번은 정적분으로 새롭게 정의된 함수를 주어진 조건을 이용하여 파악한 후, 함숫값을 구하는 고난도 문항이었다. • 미적분에서는 30번이 수열의 극한을 다룬 고난도 문항으로 출제되었는데, 이 문제에서는 b_n을 직접 구하지 않고도 주어진 조건과 a_n, n 사이의 관계식을 이용하여 답을 구할 수 있었다.	확률과 통계	87	74	60	42	27	18	13	10
			미적분	80	69	55	38	23	15	11	7
			기하	85	73	58	40	25	17	12	8
2회	2022학년도 3월 학력평가	• 전반적으로 어려운 문항이 많아 까다로웠으며, 선택 과목에 비해 공통 과목이 어렵게 출제되었다. • 공통문항 14번은 방정식의 실근의 개수에 관련된 문제였으며 ㄱ, ㄴ의 참, 거짓을 판단한 뒤 이를 이용해 ㄷ의 참, 거짓을 판별해야 하는 문제였다. • 오답률이 가장 높았던 22번 문항은 문제에서 주어진 조건을 이용하여 함수 $g(x)$를 유추하고, 함수 $f(x)$가 실수 전체의 집합에서 연속인 점을 통해, 함수 $f(x)$를 구해야 하는 고난도 문항이었다.	확률과 통계	80	67	52	36	24	17	12	8
			미적분	76	63	49	34	22	15	11	8
			기하	75	63	48	34	21	15	11	8
3회	2023학년도 3월 학력평가	• 2023학년도 수능보다 비교적 평이하게 출제되었고 선택과목보다 공통과목이 더 어렵게 출제되었다. • 공통문항 22번은 주어진 극한의 값이 존재하는 조건을 파악한 뒤, 경우를 나누어 두 조건 (가), (나)를 만족시키는 함수 $f(x)$를 파악하는 문제로 두 조건을 만족시키는 함수 $f(x)$의 그래프의 개형을 찾기 위해선 함수의 연속과 극대, 극소에 대한 높은 이해도가 필요한 문제였다. • 확률과 통계의 30번 문항은 함수 f의 개수를 구할 때, 조건 (나)의 여사건을 이용하면 어렵지 않게 해결할 수 있는 문제였다. • 미적분 30번은 수열의 극한으로 정의된 함수 $f(x)$를 이용하여 함수 $g(x)$를 구하는 문제로 생각보다 복잡하지 않고 간단하게 출제되었다. • 기하 30번은 항상 출제되는 이차곡선의 정의를 이용하는 문제였다. 그 중 타원과 쌍곡선의 정의를 동시에 활용하는 문제로 조건을 만족시키는 각 선분 사이의 관계식을 구하고 조건 (가)를 이용하여 코사인법칙을 사용하면 해결할 수 있는 문제였다.	확률과 통계	85	73	61	44	28	19	16	11
			미적분	77	66	55	38	22	14	11	7
			기하	80	69	58	40	25	17	13	8
4회	2024학년도 3월 학력평가	• 전체적으로 평이하게 출제되었으며, 미적분 주관식 문항이 약간 까다로웠다. • 공통문항 22번은 주어진 구간에서 절댓값이 취해진 삼차함수의 최댓값, 최솟값을 파악하여 새로운 함수의 미분가능성을 파악해야 하는 문제였다. 함숫값이 같아지는 지점을 기준으로 하여 함수의 식이 바뀌는 점을 파악해야 하는 고난도 문항이었다. • 확률과 통계 30번은 중복조합을 이용하여 함수의 개수를 구하는 문제로, 자주 출제되는 유형으로 익숙하게 해결했을 것으로 보인다. • 미적분 29번은 직선에 접하는 원의 성질을 이용하여 원의 반지름의 길이를 파악하고, 극한값을 계산해야 하는 고난도 문항이었다. 미적분 30번은 x의 값의 범위에 따라 함수 $g(x)$의 식이 바뀜을 이용하고, 삼차함수의 미분가능성을 이용하는 문항이었다. • 기하 30번은 원주각의 성질과 쌍곡선의 정의를 이용하는 문항이었다. 쌍곡선의 정의를 이용하여 선분의 길이를 구한 뒤, 코사인법칙을 이용하여 삼각형 QF'R의 넓이를 구해야 하는 고난도 문항이었다.	확률과 통계	86	74	62	47	30	18	13	8
			미적분	80	68	56	42	24	14	9	5
			기하	82	71	59	46	28	18	13	8
5회	2021학년도 4월 학력평가	• 2021학년도 3월 학력평가보다 쉽게 출제되었다. 전반적으로 평이하게 출제되었으나 공통 과목과 선택 과목에서 어려운 문제가 1~2문제씩 출제되었다. • 공통문항 22번은 새롭게 정의된 함수 $h(x)$를 추론하는 고난도 문항이었다. 함수 $h(x)$가 어떤 인수를 갖는지에 따라 경우를 나눈 후, 조건을 만족시키는 함수 $h(x)$를 구해야 하므로 시간이 오래 걸릴 수 있는 문제였다. • 기하 30번 문제는 특정한 길이 조건을 만족시키도록 하는 점 P의 위치를 찾아내는 고난도 문항이었다. 문제를 해결하기 위해 타원의 정의를 이용하고, 합동인 삼각형을 찾아내는 것이 중요했다. 기하 29번은 벡터의 분해를 이용하여 벡터의 합의 최댓값과 최솟값을 구하는 변별력 있는 문항이었다.	확률과 통계	88	80	71	55	33	21	15	11
			미적분	83	75	67	51	30	17	12	9
			기하	85	76	69	53	32	19	14	10
6회	2022학년도 4월 학력평가	• 당해 실시된 2022학년도 3월 학력평가에 비해 좀 더 쉽게 출제되었지만, 전반적으로 변별력이 있도록 출제되어 시간을 관리하는 데 어려움이 있었을 것으로 예상된다. • 공통문항의 경우 삼차함수의 개형에 따라 주어진 도형과 교점의 개수를 새로운 함수로 정의하여 함수의 연속과 불연속을 묻는 20번, 함수의 극대, 극소를 이용하여 정적분으로 정의된 함수를 추론하는 22번이 고난도 문항이었다. • 확률과 통계에서는 30번이 순열을 이용해 조건에 맞는 함수의 개수를 구하는 문제로 가장 어려웠으며, 미적분에서는 삼각함수의 극한과 미분을 활용하는 30번이 고난도 문항이었다. 기하에서는 아주 고난도의 문제는 출제되지 않았다.	확률과 통계	81	70	58	41	26	16	14	9
			미적분	76	65	54	38	22	14	11	7
			기하	77	66	55	38	23	14	12	8
7회	2023학년도 4월 학력평가	• 공통문항 14번은 도함수를 이용하여 함수 $g(x)$를 추론하는 까다로운 문제였고 15번은 귀납적으로 정의된 수열에서 조건 (나)를 이용하여 범위를 나누고 같은 과정을 반복하여 a_1의 값을 구하는 문제였다. 또한 22번 문제는 정적분을 이용하여 $g(k)=0$을 만족시키는 k의 값을 구하는 고난도 문제로 이외에도 까다롭고 복잡한 문제들이 많아 같은 해 3월 학력평가에 비해 어려운 시험이었다. • 확률과 통계는 대체적으로 계산이 복잡했다. 특히 30번은 조건 (가)를 만족시키는 문자열을 구하고 각각의 경우에서 조건 (나)를 만족시키지 않는 문자열의 개수를 구해야 했는데 한 가지의 경우도 빠트리면 안 되기 때문에 많이 까다로운 문제였다. • 미적분은 도형문제가 3문제나 출제되었고 29번과 30번의 경우 정답률이 각각 5%, 2%로 난도가 매우 높은 시험이었다.	확률과 통계	81	69	60	46	28	17	13	9
			미적분	74	63	55	42	25	15	11	8
			기하	77	66	58	44	26	16	12	9
8회	2024학년도 5월 학력평가	• 약간 어려운 난도로 출제되어 문제를 해결하기에 어려움이 있었을 것으로 보인다. • 공통문항 15번은 수열의 귀납적 정의를 이용하여 수열의 각 항을 추론하는 고난도 문항이었다. 공통문항 22번은 주어진 조건을 이용하여 새로운 함수 $g(x)$의 개형을 추론하고, 함수의 연속성을 이용하여 a의 값을 구하는 문제였다. 조건 (가)에서 $g(x)$의 우미분계수가 의미하는 것이 무엇인지 파악하기가 어려웠을 것으로 보인다. • 확률과 통계 30번은 조건에 맞게 원판에 깃발을 놓는 문제로, 원판의 중심에 놓는 깃발에 적힌 수에 따라 경우를 나누는 것이 중요했다. • 미적분 28번은 지수함수와 삼각함수의 미분을 이용하는 문제였다. 조건 (나)의 방정식을 풀 때 삼각함수의 덧셈정리를 이용해야 하는 과정이 조금 복잡했을 것으로 보인다. 미적분 30번은 주어진 급수의 값을 이용하여 수열의 각 항을 추론하는 문제로, 최근에 자주 출제되는 유형 중 하나이다. • 기하 30번은 두 타원 사이의 관계를 이용해야 하는 문제였다. 타원 위의 한 점에서 두 초점까지의 거리의 합이 장축의 길이와 같음을 활용하는 문제로, 타원의 정의를 이용한 고난도 문항으로 출제되었다.	확률과 통계	79	64	51	39	25	17	12	9
			미적분	74	59	47	35	22	13	9	7
			기하	76	62	50	38	24	16	12	10
9회	2022학년도 6월 모의평가	• 전반적으로 평이하게 출제되었다. 공통 과목이 선택 과목보다 어렵게 출제되었다. • 공통문항 22번은 주어진 미분계수 조건, 실근의 개수 조건 등을 이용하여 함수를 추론하는 문제였다. 조건 (가)를 이용하여 함수 $f(x)$를 미지수로 나타낸 후, 조건을 만족시키는 함수의 그래프의 개형을 파악하여 미지수를 구하는 고난도 문항이었다. 또한, 공통문항 15번은 주어진 방정식을 만족시키는 삼각함수의 그래프의 개형 및 실근의 위치를 파악해야 하는 어려운 문제였다. • 이 밖에도 방정식의 실근의 개수와 지수의 성질을 이용한 공통문항 21번, 경우를 나누어 여사건 확률을 구하는 확률과 통계 30번이 고난도로 출제되었다.	확률과 통계	90	80	69	56	34	19	13	10
			미적분	84	74	64	52	30	15	10	6
			기하	86	76	66	53	32	16	11	7
10회	2023학년도 6월 모의평가	• 몇몇 고난도의 문제를 제외하고는 대체로 평이한 수준으로 출제되었다. • 공통문항의 22번은 함수의 극한과 연속 문제로 함수 $g(x)$가 실수 전체의 집합에서 연속인 점과 극한값이 존재하지 않는 실수 t의 값을 이용해 해결하는 고난도 문제였다. • 확률과 통계는 고난도 문제가 없었기 때문에 어렵지 않게 문제를 해결할 수 있었을 것으로 보인다. • 미적분 30번은 그래프에 대한 기본기가 잡혀있다면 어렵지 않게 풀 수 있었던 문제로 미분을 두 번 진행한 뒤 이계도함수를 구해 변곡점의 x좌표를 이용해서 해결하면 되는 문제였다.	확률과 통계	90	81	70	56	37	21	16	12
			미적분	85	76	65	52	33	17	12	9
			기하	85	76	65	52	34	19	14	10
11회	2024학년도 6월 모의평가	• 이번 시험은 최고난도 문제의 난도가 약간 낮은 대신 4점대 문항이 비교적 어렵게 출제되었다. • 공통문항 22번은 극대 · 극소를 이용하여 조건을 만족시키는 삼차함수를 구하는 고난도 문제로 출제되었는데 주어진 조건이 뜻하는 바를 파악한다면 생각보다 간단하게 구할 수 있는 문제였다. • 선택문항 중 확률과 통계, 기하는 까다로운 문제가 있을 수는 있지만 고난도 문제가 없었기 때문에 크게 어렵지 않았을 것으로 예상된다. • 미적분 30번은 주어진 급수를 이용하여 수열 $\{a_n\}$을 파악하는 고난도 문항이었다. 문제를 해결하기 위해 범위를 나누어 이 수열의 공비를 찾아내는 것이 중요했다.	확률과 통계	88	80	68	53	36	21	14	9
			미적분	80	72	61	46	29	15	9	4
			기하	82	74	63	49	31	17	11	6

물수능/물모평/물학평 평소보다 쉬운 난도

불수능/불모평/불학평 평소보다 어려운 난도

회	시험	구분	선택 과목	1등급	2등급	3등급	4등급	5등급	6등급	7등급	8등급
12회	2025 학년도 6월 모의평가	• 전체적으로 어렵게 출제되었으며, 선택과목 중에서는 미적분과 기하에 고난도 문항이 많았다. • 공통문항 15번은 절댓값이 포함된 함수의 적분을 이용하여 상수의 값을 정하고, 함수가 실수 전체의 집합에서 증가하고 미분가능하도록 함수의 식을 정하는 문제였다. 경우를 여러 번 따져주어야 하는 고난도 문항이었다. 공통수학 22번은 수열의 귀납적 정의로 출제된 단답형 문항으로, 각 항의 값을 구할 때 계산 실수를 하지 않는 것이 중요하다. • 확률과 통계 29번은 흰 공과 검은 공의 개수의 합이 40임을 이용하고, 조합을 활용하여 확률의 값을 구하는 문제였다. 확률과 통계 30번은 중복조합을 이용하여 함수의 개수를 구하는 문제로, 함수를 빠뜨리지 않고 세는 것이 중요하다. • 미적분 29번은 모든 실수 x에 대하여 $f'(x) \geq 0$ 임을 이용하여 $g(x)$가 미분가능하도록 만들어 주는 문항이었다. 도함수의 부호를 생각하지 않았더라면 어려웠을 수 있다. 미적분 30번은 삼각함수의 덧셈정리를 이용하여 수열의 극한을 구하는 고난도 문항이었다. • 기하 29번은 주어진 곡선이 타원과 쌍곡선이 결합된 형태임을 파악해야 하는 고난도 문항이었다. 기하 30번은 쌍곡선 위의 점에 대하여 주어진 벡터에 대한 조건을 만족시키는 점이 어디에 위치할 수 있는 지 확인해야 하는 문항이었다.	확률과 통계	88	77	64	53	35	22	15	10
			미적분	81	70	59	48	31	18	11	7
			기하	82	72	60	50	33	20	13	9
13회	2021 학년도 7월 학력평가	• 선택 과목 별 각 시험이 모두 대체적으로 쉽게 출제되었다. • 공통문항 22번은 함수의 개형을 파악하여 직선과 만나는 점의 개수를 구하는 변별력 있는 문제였다. 도함수를 이용하여 함수의 개형을 파악하고 이를 통해 답을 도출해내는 문제는 고난도로 자주 출제되고 있다. • 미적분 30번은 주어진 조건을 만족시키도록 경우를 나누어 함수 $f(x)$를 구하는 고난도 문항으로 출제되었다. 함수 $g(x)$를 미분하여 조건 (가)를 만족시키는 b의 값의 범위를 구한 후, $g(0)$의 값의 범위에 따라 함수 $y=\|g(x)\|$의 그래프의 개형을 추론하여 조건 (나)를 만족시키는 함수 $f(x)$를 구하는 복잡한 문제였다.	확률과 통계	91	83	68	51	32	19	13	11
			미적분	87	80	65	48	29	16	11	8
			기하	89	81	67	50	30	17	12	9
14회	2022 학년도 7월 학력평가	• 평이한 수준으로 출제되었지만, 변별력을 주기 위하여 몇몇 문제들이 고난도로 출제되었다. • 22번 문항은 도함수의 활용 문제였다. 범위에 따라 경우를 나누어 주어진 조건을 모두 만족시키는 함수 $y=f(x)$와 $y=g(x)$의 그래프를 추론한 뒤, 상수 k의 값을 구해 함수 $h(x)$를 구하는 고난도의 문제였다. • 확률과 통계에서 기준을 잡아 조건부확률을 계산하는 30번이 고난도 문제로 출제되었고, 미적분에서는 30번이 지수함수와 이차함수를 곱한 함수의 그래프 추론 문제로 고난도 문제였다. 기하에서는 공간도형 문제인 30번이 도형 자체는 어렵지 않았으나 정사영의 넓이를 구하는 데 많은 계산과정이 필요해 계산 실수하지 않게 조심해야 하는 문제였다.	확률과 통계	86	77	65	49	32	19	15	11
			미적분	82	73	61	45	29	17	12	8
			기하	82	74	62	46	30	18	13	9
15회	2023 학년도 7월 학력평가	• 공통문항은 추론 문제들이 많아 난도가 높았을 것으로 예상된다. 22번은 접선의 방정식과 그래프의 개형을 활용하는 문제였다. 함수의 극한, 미분, 적분이 모두 활용된 복합적인 문제로 매우 고차원적이고 해결 과정이 상당히 복잡했다. • 확률과 통계 30번은 중복조합을 이용하여 조건을 만족시키는 함수의 개수를 구하는 고난도 문항이었고 미적분 30번은 여러 가지 미분법을 이용하여 함수 $f(x)$의 개형을 찾는 고난도 문항이었다. • 기하 29번은 벡터의 내적을 이용하는 평면벡터 문제로 주어진 조건을 활용하는 과정에서 계산이 다소 복잡했다. 30번은 삼수선의 정리와 코사인법칙을 이용하여 각 변의 길이와 각의 크기를 구하고 직선과 평면의 위치관계를 통해 정사영의 넓이를 구하는 문제로 여러 개념이 결합되어 해결과정이 복잡하다고 느낄 수 있었다.	확률과 통계	80	69	59	45	27	16	12	10
			미적분	77	67	57	43	25	14	10	8
			기하	81	70	60	46	28	16	13	10
16회	2024 학년도 7월 학력평가	• 객관식, 주관식 후반부 문항이 까다롭게 출제되었다. • 공통문항 14번은 주어진 조건을 이용하여 직선에 함수 $y=g(x)$의 그래프가 접함을 파악해야 하는 고난도 문항이었다. 공통문항 22번은 함수의 연속성을 이용하여 상수의 값을 정하는 문제로, a와 b의 값의 범위에 따라 경우를 여러 개로 나누어 해결해야 하는 고난도 문항이었다. • 확률과 통계는 대체적으로 평이하게 출제되었다. 확률과 통계 29번 문항은 주어진 확률을 표준화하여 나타낸 후, σ와 m 사이의 관계를 파악하여 조건을 만족시키는 상수 k의 값을 구하는 문항이었다. • 미적분 28번은 역함수의 미분법을 이용하는 문항으로, $f'(0)$의 값이 최대가 되는 경우를 파악하는 것이 까다로웠을 수 있다. 미적분 30번은 적분하는 함수의 그래프가 y 축에 대하여 대칭임을 이용하는 고난도 문항으로, 조건 (나)의 내용을 어떻게 활용할지 생각해 보는 과정이 중요했다. • 기하 29번은 조건을 만족시키는 점의 위치를 파악한 후, 벡터의 내적의 값을 구하는 문제였다. 좌표평면에 점을 나타낸 후 해결했다면 좀 더 쉽게 해결했을 수 있다. 기하 30번은 삼수선의 정리를 이용하여 이면각의 크기를 구하는 문제로 살짝 까다롭게 출제되었다.	확률과 통계	84	75	64	49	30	19	13	10
			미적분	77	68	58	44	26	15	10	8
			기하	82	73	62	47	28	17	11	9
17회	2022 학년도 9월 모의평가	• 공통 과목은 대체적으로 2022학년도 6월 모의평가와 비슷한 수준이었지만 선택 과목에 고난도 문항이 출제되어 난도가 약간 높아진 시험이었다. • 공통문항 중 15번과 22번이 변별력 있게 출제되었다. 15번은 a_5의 값을 구한 후, a_4의 값에 따라 경우를 나누어 조건을 만족시키는 수열을 찾아내는 까다로운 문제였다. 22번은 주어진 실근 조건을 이용하여 삼차함수 $f(x)$를 구하는 문제로 함수 $y=f(x)$의 그래프의 개형에 따라 경우를 나눈 후, 주어진 조건을 만족시키는지 하나씩 확인해야 하기 때문에 복잡한 고난도 문항이었다. • 기하 30번은 평면 벡터의 내적을 이용한 문제이다. 벡터의 분해를 이용하여 벡터의 내적의 값이 최소가 되도록 하는 두 점 P, Q의 위치를 파악하는 것이 관건이었다. 어떤 조건일 때 벡터의 내적의 값이 최대가 되는지, 최소가 되는지를 정확히 알아두어야 한다.	확률과 통계	86	77	65	59	38	20	15	11
			미적분	82	74	62	52	30	13	8	4
			기하	85	76	63	55	34	17	11	7
18회	2023 학년도 9월 모의평가	• 2023학년도 6월 모의평가와 비슷한 난이도로 출제되었으며, 선택 과목에 비해 공통 과목이 어렵게 출제되었다. • 공통문항의 22번은 삼차함수의 그래프의 개형, 대칭이동과 평행이동, 방정식의 실근의 개수 등 다양한 개념들을 활용해 해결하는 고난도 문제였다. • 확률과 통계에서 치역인 A의 원소의 개수에 따라 경우를 나누어 조건을 만족시키는 함수 f의 개수를 구하는 30번이 고난도 문제로 출제되었고, 미적분에서는 매개변수와 역함수의 미분법을 이용해서 답을 구하는 29번이 고난도 문제로 출제되었다. 또한 기하에서는 공간좌표 문제인 29번과 벡터의 자취에 관한 문제인 30번이 고난도 문제로 출제되었다.	확률과 통계	88	79	70	55	36	20	15	11
			미적분	85	76	65	52	33	16	11	7
			기하	86	77	67	53	34	18	13	9
19회	2024 학년도 9월 모의평가	• 2024학년도 6월 모의고사와 달리 9월 모의고사는 최고난도 문항의 난도를 낮추고 4점대 문항의 난도를 높여 변별력을 유지하려고 했다. • 공통문항 22번은 적분 문제였다. 조건 (가)를 통해 함수 $f(x)$를 구하고 조건 (나)에서 부정적분을 이용하여 함수 $g(x)$를 추론하는 문제로 기존에 주로 출제되던 고난도 추론문제와 달리 난도가 낮았다. • 확률과 통계에서는 중복조합을 이용해 조건을 만족시키는 순서쌍의 개수를 구하는 30번, 기하에서는 평면벡터의 내적을 이용하여 주어진 벡터의 크기의 범위를 구하는 30번이 고난도 문항으로 출제되었는데 기존과 달리 난도가 살짝 낮았다. • 미적분은 정적분과 절댓값이 포함된 함수가 미분 가능할 조건을 파악하는 28번 문제, 음함수의 미분법을 이용하는 30번 문제가 고난도 문항으로 출제되었는데 특히 28번 문제가 까다롭게 출제되어 해결하는데 생각보다 시간이 많이 걸렸을 것으로 예상된다.	확률과 통계	92	81	69	57	43	25	17	12
			미적분	89	78	65	53	40	21	14	9
			기하	90	79	67	55	41	23	15	10
20회	2025 학년도 9월 모의평가	• 기존 평가원 모의평가에 비해 쉽게 출제되었다. • 공통문항 15번은 적분과 미분의 관계를 이용하고, 곱의 미분법을 거꾸로 적용하여 적분하는 문항이었다. 기존 15번 문항에 비해 쉽게 출제되었다. • 확률과 통계 29번은 이항분포와 정규분포의 관계를 이용하는 문항이었다. 자주 출제되지 않은 개념이라 어려웠을 수 있다. • 미적분 28번은 함수와 역함수의 정적분의 값 사이의 관계를 이용하는 문제로, 치환적분과 부분적분을 모두 이용해야 하는 고난도 문항이었다. 미적분 30번은 절댓값이 포함된 함수를 적분하여 조건을 만족하도록 적분상수의 값을 정하는 문제였다. 구간에 따라 함수의 식이 달라지므로 적분할 때 까다로웠을 수 있다. • 기하 28번은 좌표공간에서 도형 C_1, C_2가 무엇인지 파악하고, 각 선분의 길이를 파악하여 점 A의 x 좌표를 구하는 고난도 문항이었다. 기하 30번은 벡터의 계산이 편리하도록 각 점을 평행이동한 후, 벡터의 크기의 최댓값과 최솟값을 구하는 문항이었다.	확률과 통계	94	90	78	62	44	21	12	5
			미적분	92	88	76	60	42	19	10	3
			기하	92	88	76	61	43	20	12	5
21회	2021 학년도 10월 학력평가	• 전반적으로 문항이 어렵게 출제되었다. 당해 실시된 2022학년도 9월 모의평가에 비해 공통문항은 좀 더 어려웠고, 선택문항은 비슷한 난이도로 출제되었다. • 공통문항 13번은 방정식의 실근과 관련된 개념을 [보기]에서 다양하게 물어보고 있다. 역함수가 존재할 조건을 이용하여 ㄱ의 참, 거짓을 판별한 후에 ㄱ을 이용하여 ㄴ을, ㄴ을 이용하여 ㄷ을 해결한다. • 오답률이 가장 높았던 공통문항 22번은 미분가능성을 이용하여 함수 $f(x)$를 파악한 후, 극값을 이용하여 두 함수 $f(x)$, $g(x)$를 구해야 하는 고난도 문제였다.	확률과 통계	83	69	55	41	26	17	13	10
			미적분	76	63	50	35	22	13	9	7
			기하	80	66	52	38	24	15	10	8

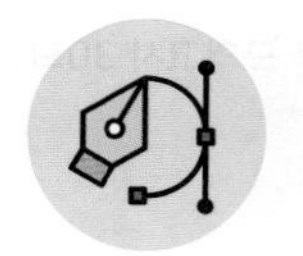

등급컷

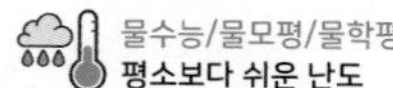
물수능/물모평/물학평
평소보다 쉬운 난도

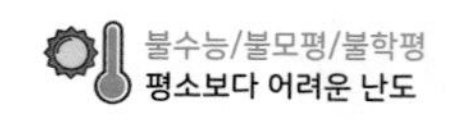
불수능/불모평/불학평
평소보다 어려운 난도

구 분			선택 과목	1등급	2등급	3등급	4등급	5등급	6등급	7등급	8등급
22회	2022학년도 10월 학력평가	• 전반적으로 2023학년도 9월 모의평가와 비슷하거나 약간 어렵게 출제되었다. • 22번 문항은 미분을 활용하여 주어진 조건을 만족시키는 함수의 함숫값을 구하는 문제로 조건을 만족시키는 함수 $y=f(x)$의 그래프를 추론하면 해결할 수 있는 고난도 문제였다. • 미적분의 30번은 미분과 적분을 사용하여 주어진 조건을 만족시키는 함수의 정적분 값을 구하는 고난도 문제였고, 기하의 30번은 공간도형의 성질을 사용하여 정사영의 넓이를 구하는 고난도 문제였다. 확률과 통계에서는 30번이 주어진 조건에 맞춰 조건부확률을 구하는 고난도 문제로 출제되었다.	확률과 통계	84	72	61	49	28	17	14	10
			미적분	79	68	57	45	25	14	10	7
			기하	81	69	59	48	26	16	12	8
23회	2023학년도 10월 학력평가	• 2024학년도 9월 모의평가와 비슷한 난이도로 출제되었으나 계산력이 필요한 문항이 많이 출제되어 체감 난도가 높을 것으로 예상된다. • 공통문항에서 귀납적으로 정의된 수열을 이용하여 a_1 의 값을 추론하는 15번 문제, 접선을 활용하여 함수 $g(x)$를 추론하는 22번 문제가 고난도 문항으로 출제되었는데 해결 과정에서 계산이 복잡하여 실수에 주의해야 했다. • 확률과 통계는 고난도 문항이 출제되는 30번 문제도 어렵지 않아 평이한 시험이었다. 30번은 조건부확률을 구하는 문제로 복잡하게 생각하지 않고 조건을 만족시키는 각 경우의 확률을 하나씩 구하면 어렵지 않게 풀리는 문제였다. • 미적분 30번은 극대 · 극소를 이용하여 조건을 만족시키는 함수 $f(x)$를 추론하는 문제였다. 이때 판별식을 통해 경우를 나누어 조건 (나)를 만족시키는 그래프의 개형을 찾으면 깔끔하게 풀리는 고난도 문제였다. • 기하에서는 공간도형의 성질을 이용하여 정사영의 넓이를 구하는 30번이 고난도로 출제되었다.	확률과 통계	89	78	66	50	28	16	12	10
			미적분	81	71	61	46	25	14	10	7
			기하	85	75	64	49	28	17	13	10
24회	2024학년도 10월 학력평가	• 전체적으로 평이하게 출제되었으나, 미적분과 기하가 살짝 까다롭게 출제되었다. • 공통문항 15번은 수열의 귀납적 정의를 이용한 문항이었다. 공통문항 22번은 함수가 불연속인 점, 미분가능하지 않은 점의 개수를 이용하여 함수의 식을 파악하는 문제로, 한 점에서는 연속이지만 미분가능하지 않아야 함을 이용해야 해결할 수 있는 문항이었다. • 확률과 통계 28번은 정규분포의 확률밀도함수의 그래프의 대칭성을 이용하는 문제로, 두 함수의 그래프의 교점의 x 좌표를 이용하여 그래프의 위치를 정해야 한다. 확률과 통계 30번은 꺼낸 카드에 적힌 수 중에서 홀수의 합이 짝수의 합보다 크거나 같음을 이용해야 하는 문항이었다. • 미적분 28번은 정적분과 급수의 관계와 수열의 극한의 대소 관계를 이용하는 문항으로, 처음 보면 생소하여 약간 까다로웠을 수 있다. 미적분 30번은 주어진 조건을 접선의 방정식으로 접근하여 해결해야 하는 고난도 문항이었다. • 기하 29번은 장축의 길이가 주어진 두 타원에서 선분의 길이가 이루는 등차수열을 이용하여 선분의 길이를 구하고, 삼각형 QF′P가 직각삼각형임을 파악해야 하는 문항이었다. 기하 30번은 네 점을 지나는 구의 성질을 이용하여 정사영의 넓이를 구하는 고난도 문항이었다.	확률과 통계	87	75	64	50	33	18	12	10
			미적분	83	72	62	46	29	14	8	7
			기하	82	72	61	47	30	16	10	9
25회	2022학년도 수능 예시문항	• 전반적으로 평이하게 출제되었지만, 변별력을 확보하기 위하여 고난도 문항도 함께 출제되었다. • 15번 문항은 수열의 귀납적 정의를 이용하여 수열의 각 항을 추론하는 고난도 문제였다. 또한 22번 문항은 다항함수의 미분법을 이용하여 주어진 구간에서 함수가 조건을 만족시키도록 자연수를 설정하는 최고난도 문제였다. • 확률과 통계는 전체적으로 평이하게 출제되었고, 미적분은 30번이 접선의 방정식을 이용하여 특정한 함수가 연속이 되도록 만들어 주어야 하는 고난도 문제로 출제되었다. 또한 기하는 평면벡터의 내적이 특정한 조건을 만족시키도록 하는 28번, 회전하는 면의 정사영의 넓이를 추론해야 하는 30번이 고난도 문제로 출제되었다.	확률과 통계	90	83	68	52	29	18	12	9
			미적분	86	75	60	49	28	15	10	7
			기하	87	78	65	52	30	17	12	7
26회	2021학년도 대학수학능력시험	• 공통 과목에서 변별력을 가르기 위한 고난도 문항을 제외하고는 전반적으로 쉽게 출제되었다. • 22번 문항은 함수 $h(x)$가 실수 전체의 집합에서 미분가능하다는 점과, 문제에서 주어진 조건을 이용하여 함수 $h(x)$의 그래프의 개형을 파악하고, 함수 $h(x)$의 식을 구해야 하는 다소 까다로운 문항이었다. • 각 선택 과목이 비슷한 난이도로 출제되었으나, 미적분 30번 문항은 합성함수의 미분법, 삼각함수의 그래프의 개형, 삼차함수의 그래프의 개형, 극댓값, 극솟값 등 미분법과 관련된 종합적인 내용을 이용하여 해결해야 하는 고난도 문항이었다.	확률과 통계	90	85	68	50	35	20	13	8
			미적분	85	79	67	50	33	21	13	8
			기하	92	84	70	52	35	21	15	7
27회	2022학년도 대학수학능력시험	• 전반적으로 변별력이 있도록 출제되었다. 확률과 통계, 기하에서 몇몇 고난도 문항이 출제되며 이전 수능보다 난도가 상승했다. • 미적분 30번, 확률과 통계 28번과 30번, 기하 29번과 30번 문항이 각 선택 과목별 변별력이 있는 고난도 문항으로 출제되었다. 미적분 30번은 부분적분법과 역함수의 정적분을 이용하는 문제이다. 역대 모의평가, 수능에서 종종 나왔던 문제 유형으로 구하고자 하는 값이 무엇인지 알고 접근하면 큰 어려움 없이 풀 수 있었다. • 확률과 통계 28번은 치역의 경우를 나누어 조건을 만족시키는 함수 f의 개수를 구하는 문제였다. 치역이 될 수 있는 경우를 빠짐없이 구하는 것이 중요했다. 또한, 확률과 통계 30번은 독립시행을 이해하고 조건부확률을 구하는 문제였다. $a_k=b_k$인 자연수 k가 존재하는 경우를 이해하고 그때의 확률을 구할 수 있어야 한다. • 기하 29번은 주어진 조건을 만족시키도록 하는 평면벡터의 최댓값, 최솟값을 구하는 문제였다. 평면벡터의 연산과 내적을 이용하여 주어진 조건을 간단하게 나타내면 점 P의 자취를 구할 수 있었다. 다음 문제인 30번은 공간 도형에서의 위치 관계를 파악해야 하는 고난도 문항으로 출제되었다. 조건을 만족시키는 두 점 Q, R의 위치를 파악하는 것이 중요했다.	확률과 통계	91	78	66	53	36	22	15	10
			미적분	88	76	64	50	34	21	13	8
			기하	88	77	64	51	35	21	14	9
28회	2023학년도 대학수학능력시험	• 2023학년도 9월 모의평가와 2022학년도 수능과 비슷한 수준으로 출제되었다. • 22번 문항은 미분을 활용하여 주어진 조건의 함숫값을 구하는 문제로, 조건 (가)와 (나)를 그래프의 접선의 방정식과 연관 지어 그래프를 추론해야 하는 고난도 문제였다. • 확률과 통계에서는 주어진 조건을 만족하는 함수의 개수를 구하는 30번이 고난도 문제로 출제되었고, 미적분에서는 지수함수와 삼각함수의 미분을 통해 함수를 추론하는 30번이 고난도 문제로 출제되었다. 또한 기하에서는 공간도형에서의 정사영의 넓이를 구하는 30번이 고난도 문제로 출제되었다.	확률과 통계	89	80	71	56	36	22	17	12
			미적분	85	76	67	51	31	17	12	7
			기하	88	79	70	54	33	19	13	8
29회	2024학년도 대학수학능력시험	• 2024학년도 6월 모의평가보다 쉽고 9월 모의평가보다 어려웠던 시험으로 두 모의평가와 매우 유사한 구성으로 출제되었다. • 공통문항에서 객관식은 14번, 주관식은 22번이 가장 어려웠다. 14번은 자주 등장하는 고난도 유형으로 그래프의 개형에 대한 이해도와 많은 경험이 필요했고 22번은 미분을 이용하여 조건을 만족시키는 삼차함수를 구하는 문제로 이번 수능에서 정답률이 가장 낮은 문제였다. • 확률과 통계 30번은 정규분포를 표준화하여 확률의 최댓값을 구하는 문제로 주어진 구간이 정규분포의 중앙에 가까울수록 확률이 커지는 것을 알고 있다면 아주 쉽게 해결할 수 있는 문제였다. • 미적분은 복잡한 계산은 많이 없었지만 27번부터 30번까지 고난도 문항으로 구성되어 체감 난도가 높았을 것으로 예상된다. • 기하의 29번은 쌍곡선의 정의, 30번은 평면벡터의 연산을 이용하여 삼각형의 넓이를 구하는 문제로 적당한 고난도 문항으로 출제되었다.	확률과 통계	94	84	74	59	42	23	15	10
			미적분	84	74	65	51	36	20	12	8
			기하	88	79	69	55	38	21	13	8
30회	2025학년도 대학수학능력시험	• 2025학년도 6월 모의평가보다는 쉽게, 9월 모의평가보다는 약간 어렵게 출제되었다. • 공통문항 15번은 함수의 미분가능성을 이용하고, 도함수로 이루어진 방정식을 해결하는 문항이었다. $g'(x)=0$의 세 실근의 차가 4씩임을 이용하여 해결할 수 있었다. 6월, 9월 모의평가와 마찬가지로 수열의 귀납적 정의를 이용한 문항이 주관식 22번 문항으로 출제되었다. • 확률과 통계 27번은 표본평균의 분산을 구하는 문제로, 모분산과 표본평균의 분산 사이의 관계를 정확히 알고 있어야 풀 수 있었다. 확률과 통계 30번은 조건에 맞게 동전을 뒤집었을 확률을 구하는 문제로, 주사위를 던져 나오는 눈이 무엇인지에 따라 경우를 나누면 쉽게 풀 수 있는 문제였다. • 미적분 28번은 원래의 함수를 구하기 어려운 함수를 적분하는 문제로, 부분적분과 치환적분 모두를 이용해야 하는 고난도 문항이었다. 미적분 30번은 주어진 조건 (가)를 이용하여 a와 b의 값의 범위를 추린 후, 조건 (나)를 이용하여 a와 b의 값을 정하는 문제였다. 극대가 되는 지점의 개수를 구하는 것이 약간 어려웠을 수 있다. • 기하 30번은 점 X가 나타내는 도형이 선분 BC를 지름으로 하는 원임을 파악하여 벡터의 내적의 최댓값과 최솟값을 구하는 문제였다. 벡터의 성분을 이용하여 계산하면 좀 더 쉽게 접근할 수 있다.	확률과 통계	94	84	75	65	47	22	14	10
			미적분	88	77	69	61	42	18	10	6
			기하	90	79	72	63	45	22	14	10

1회 2021학년도 3월 고3 전국연합학력평가 정답과 해설

1	②	2	①	3	④	4	①	5	②
6	⑤	7	⑤	8	④	9	③	10	⑤
11	④	12	③	13	③	14	①	15	②
16	10	17	6	18	9	19	162	20	8
21	15	22	16						

확률과 통계				23	③	24	④	25	②
26	①	27	⑤	28	③	29	55	30	97

미적분				23	⑤	24	①	25	④
26	②	27	③	28	③	29	12	30	5

기하				23	③	24	①	25	②
26	④	27	③	28	⑤	29	12	30	15

01 [정답률 93%] 정답 ②

Step 1 로그의 성질을 이용한다.

$\log_8 16=\log_{2^3} 2^4=\frac{4}{3}$

└ $\log_{a^m} a^n=\frac{n}{m}$ (단, $a>0, a\neq1$)

02 [정답률 93%] 정답 ①

Step 1 등차수열 $\{a_n\}$의 첫째항을 구한다.

등차수열 $\{a_n\}$의 공차가 3이므로

$a_n=a_1+3(n-1)$ → 첫째항이 a, 공차가 d인 등차수열 $\{a_n\}$의 일반항은 $a_n=a+(n-1)d$

$a_4=a_1+3\times3=100$에서 $a_1=91$

03 [정답률 80%] 정답 ④

Step 1 함수 $y=\sin 4x$의 그래프를 이용하여 방정식의 실근의 개수를 구한다.

→ 함수 $y=a\sin bx$의 주기는 $\frac{2\pi}{|b|}$

함수 $y=\sin 4x$의 주기는 $\frac{2\pi}{|4|}=\frac{\pi}{2}$이므로 함수 $y=\sin 4x$ $(0\le x<2\pi)$의 그래프는 다음과 같다.

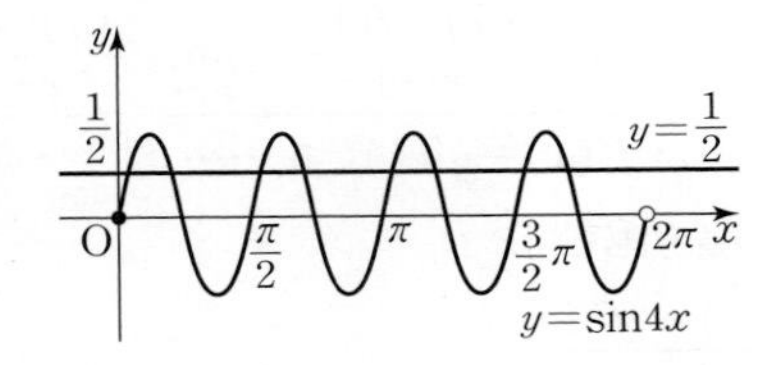

따라서 방정식 $\sin 4x=\frac{1}{2}$의 서로 다른 실근의 개수는 8이다.

04 [정답률 76%] 정답 ①

Step 1 정적분의 값을 계산한다.

$$\int_2^{-2}(x^3+3x^2)dx=-\int_{-2}^{2}(x^3+3x^2)dx$$
$$=-\int_{-2}^{2}x^3dx-\int_{-2}^{2}3x^2dx$$
$$=0-2\int_0^2 3x^2dx$$
$$=-2\Big[x^3\Big]_0^2$$
$$=-2\times8=-16$$

$f(-x)=-f(x)$이면 $\int_{-a}^{a}f(x)dx=0$

$f(-x)=f(x)$이면 $\int_{-a}^{a}f(x)dx=2\int_0^a f(x)dx$

05 [정답률 89%] 정답 ②

Step 1 함수의 그래프를 이용하여 좌극한값과 우극한값을 구한다.

$\lim_{x\to-2+}f(x)=2$, $\lim_{x\to2-}f(x)=3$이므로

$\lim_{x\to-2+}f(x)+\lim_{x\to2-}f(x)=2+3=5$

→ $x\to-2+$일 때 $f(x)\to2-$, $x\to2-$일 때 $f(x)\to3-$

06 [정답률 84%] 정답 ⑤

Step 1 함수 $f(x)$가 $x=3$에서 연속임을 이용한다.

함수 $f(x)$가 실수 전체의 집합에서 연속이므로 $x=3$에서도 연속이다. 즉,

$\lim_{x\to3-}f(x)=\lim_{x\to3+}f(x)=f(3)$

$\lim_{x\to3+}f(x)=f(3)=\frac{2\times3+1}{3-2}=7$ → $x\ge3$일 때 $f(x)=\frac{2x+1}{x-2}$

Step 2 $\lim_{x\to3-}\frac{x^2+ax+b}{x-3}=7$임을 이용한다.

$\lim_{x\to3-}\frac{x^2+ax+b}{x-3}$의 값이 존재하고, $x\to3-$일 때

(분모)→0이므로 (분자)→0이다. → $x<3$일 때 $f(x)=\frac{x^2+ax+b}{x-3}$

즉, $3^2+3a+b=0$에서 $b=-3a-9$

$$\lim_{x\to3-}\frac{x^2+ax+b}{x-3}=\lim_{x\to3-}\frac{x^2+ax-3a-9}{x-3}$$
$$=\lim_{x\to3-}\frac{(x-3)(x+a+3)}{x-3}$$
$$=\lim_{x\to3-}(x+a+3)$$
$$=a+6$$

→ $3-3=0$

이때 $a+6=7$에서 $a=1$이고, $b=-3a-9$에서 $b=-12$

$\therefore a-b=1-(-12)=13$ → $\lim_{x\to3+}f(x)=f(3)$의 값과 같아야 해.

07 [정답률 84%] 정답 ⑤

Step 1 n이 홀수일 때와 짝수일 때로 경우를 나누어 수열 $\{a_n\}$의 일반항을 정리한다.

자연수 k에 대하여

$n=2k-1$일 때, $a_n=a_{2k-1}=\frac{\{(2k-1)+1\}^2}{2}=2k^2$

→ n 대신에 $2k-1$을 대입

$n=2k$일 때, $a_n=a_{2k}=\frac{(2k)^2}{2}+2k+1=2k^2+2k+1$

Step 2 $\sum_{n=1}^{10}a_n$의 값을 계산한다.

$$\sum_{n=1}^{10}a_n=\sum_{k=1}^{5}a_{2k-1}+\sum_{k=1}^{5}a_{2k}$$
$$=\sum_{k=1}^{5}2k^2+\sum_{k=1}^{5}(2k^2+2k+1)$$
$$=\sum_{k=1}^{5}(4k^2+2k+1)$$
$$=4\sum_{k=1}^{5}k^2+2\sum_{k=1}^{5}k+\sum_{k=1}^{5}1$$
$$=4\times\frac{5\times6\times11}{6}+2\times\frac{5\times6}{2}+1\times5$$
$$=255$$

→ $\sum_{k=1}^{n}a_k+\sum_{k=1}^{n}b_k=\sum_{k=1}^{n}(a_k+b_k)$

→ $\sum_{k=1}^{n}k^2=\frac{n(n+1)(2n+1)}{6}$

● 수험생님들의 편의를 위해 해설을 회차별로 자를 수 있게 구성하였습니다.

08 [정답률 81%] 정답 ④

Step 1 함수 $y=x^3-3x^2-9x$의 그래프를 그린다.

$f(x)=x^3-3x^2-9x$라 하면

$f'(x)=3x^2-6x-9=3(x+1)(x-3)$이므로

$f'(x)=0$에서 $x=-1$ 또는 $x=3$

→ 함수 $f(x)$가 극댓값, 극솟값을 언제 가지는지 찾아야 해.

함수 $y=f(x)$의 증가와 감소를 표로 나타내면 다음과 같다.

x	$\cdots$	-1	$\cdots$	3	$\cdots$
$f'(x)$	$+$	0	$-$	0	$+$
$f(x)$	↗	5	↘	-27	↗

따라서 함수 $y=f(x)$의 그래프를 그리면 다음과 같다.

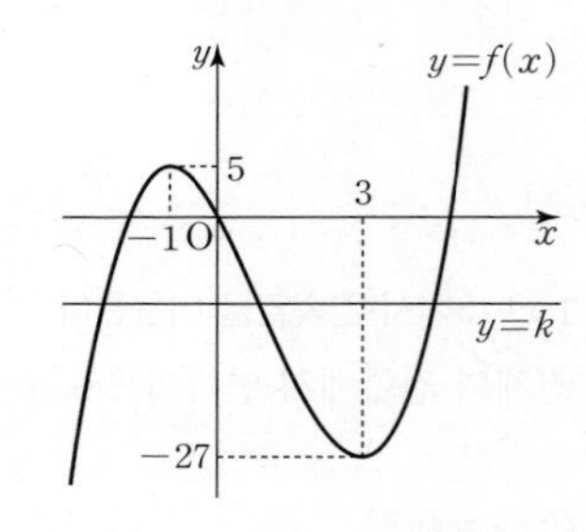

Step 2 직선 $y=k$가 함수 $y=f(x)$의 그래프와 서로 다른 세 점에서 만날 때를 생각한다.

직선 $y=k$가 함수 $y=f(x)$의 그래프와 서로 다른 세 점에서 만나려면 $-27<k<5$이어야 한다.

따라서 정수 k의 최댓값은 4, 최솟값은 -26이므로

$M-m=4-(-26)=30$

→ 위 그림에서 직선 $y=k$를 움직여보면 알 수 있어. $k=-27$, $k=5$일 때는 함수 $y=f(x)$의 그래프와의 교점의 개수가 2야.

09 [정답률 69%] 정답 ③

Step 1 구하고자 하는 도형의 넓이를 정적분을 이용하여 나타낸다.

곡선 $y=f(x)$와 직선 $y=g(x)$로 둘러싸인 도형의 넓이를 S라 하자.

→ $0\le x\le 2$에서 직선 $y=g(x)$가 곡선 $y=f(x)$보다 위에 있기 때문이야.

$S=\int_0^2\{g(x)-f(x)\}dx$

이때 함수 $g(x)-f(x)$의 최고차항의 계수가 3이고, 삼차방정식 $g(x)-f(x)=0$은 한 실근 0과 중근 2를 가지므로

$g(x)-f(x)=3x(x-2)^2$

→ 함수 $f(x)$는 함수 $g(x)$보다 차수가 높기 때문에 함수 $g(x)-f(x)$의 최고차항의 계수는 함수 $-f(x)$의 최고차항의 계수와 같아.

Step 2 정적분을 계산한다.

$S=\int_0^2 3x(x-2)^2dx$ ($(x-2)^2$ → x^2-4x+4)

$=\int_0^2(3x^3-12x^2+12x)dx$

$=\left[\frac{3}{4}x^4-4x^3+6x^2\right]_0^2$

$=\frac{3}{4}\times16-4\times8+6\times4=4$

10 [정답률 71%] 정답 ⑤

Step 1 S_n을 n에 대한 식으로 나타낸다.

점 $A_n(n, n^2)$을 지나고 직선 $y=nx$에 수직인 직선의 기울기는 $-\frac{1}{n}$이므로 직선의 방정식은

$y-n^2=-\frac{1}{n}(x-n)$ $\quad\therefore y=$ (가) $-\frac{1}{n}$ $\times x+n^2+1$

$y=-\frac{1}{n}x+n^2+1$에 $y=0$을 대입하면 $x=n^3+n$

따라서 점 B_n의 좌표는 $B_n(n^3+n, 0)$

→ 점 B_n의 x좌표는 직선 $y=-\frac{1}{n}x+n^2+1$의 x절편이야.

$\therefore S_n=\frac{1}{2}\times(n^3+n)\times n^2=$ (나) $\frac{n^5+n^3}{2}$

(n^3+n → 점 B_n의 x좌표, n^2 → 점 A_n의 y좌표)

Step 2 $\sum_{n=1}^{8}\frac{S_n}{n^3}$의 값을 계산한다.

$\sum_{n=1}^{8}\frac{S_n}{n^3}=\sum_{n=1}^{8}\frac{n^2+1}{2}=\frac{1}{2}\sum_{n=1}^{8}n^2+\frac{1}{2}\sum_{n=1}^{8}1$

$=\frac{1}{2}\times\frac{8\times9\times17}{6}+\frac{1}{2}\times1\times8$

$=$ (다) 106

→ $\sum_{n=1}^{m}n^2=\frac{m(m+1)(2m+1)}{6}$

Step 3 $f(1)+g(2)+r$의 값을 구한다.

$f(n)=-\frac{1}{n}$, $g(n)=\frac{n^5+n^3}{2}$, $r=106$이므로

$f(1)+g(2)+r=-1+\frac{32+8}{2}+106=125$

11 [정답률 66%] 정답 ④

Step 1 부채꼴의 넓이를 이용하여 S_1-S_2의 값을 구한다.

→ □AOBO′이 마름모이므로 $2\pi-\frac{5}{6}\pi=\frac{7}{6}\pi$야.

원 O'에서 중심각의 크기가 $\frac{7}{6}\pi$인 부채꼴 AO′B의 넓이를 S_3, 원 O에서 중심각의 크기가 $\frac{5}{6}\pi$인 부채꼴 AOB의 넓이를 S_4라 하자.

A, S_3, O, O′, $\frac{7}{6}\pi$, B

$S_1=S_3+S_2-S_4$

$=\frac{1}{2}\times3^2\times\frac{7}{6}\pi+S_2-\frac{1}{2}\times3^2\times\frac{5}{6}\pi$

→ 반지름의 길이가 r, 중심각의 크기가 θ인 부채꼴의 넓이는 $\frac{1}{2}r^2\theta$

$=S_2+\frac{3}{2}\pi$

$\therefore S_1-S_2=\frac{3}{2}\pi$

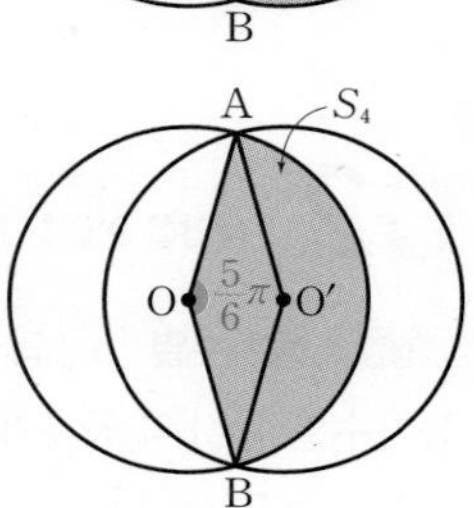

12 [정답률 67%] 정답 ③

Step 1 조건 (가)를 이용한다.

조건 (가)에서 극한값이 존재하고, $x\to1$일 때 (분모)$\to0$이므로 (분자)$\to0$이다.

$\therefore f(1)-g(1)=0$ $\quad\cdots\cdots$ ㉠ (→ $f(1)=g(1)$)

$\lim_{x\to1}\frac{f(x)-g(x)}{x-1}=\lim_{x\to1}\frac{\{f(x)-f(1)\}-\{g(x)-g(1)\}}{x-1}$

$=\lim_{x\to1}\frac{f(x)-f(1)}{x-1}-\lim_{x\to1}\frac{g(x)-g(1)}{x-1}$

$=f'(1)-g'(1)=5$ $\cdots\cdots$ ㉡ → 미분계수의 정의

Step 2 조건 (나)를 이용한다.

$\lim_{x\to1}\frac{f(x)+g(x)-2f(1)}{x-1}$

$=\lim_{x\to1}\frac{\{f(x)-f(1)\}+\{g(x)-f(1)\}}{x-1}$

$=\lim_{x\to1}\frac{\{f(x)-f(1)\}+\{g(x)-g(1)\}}{x-1}$ → ㉠에서 $f(1)=g(1)$

$=f'(1)+g'(1)=7$ $\cdots\cdots$ ㉢

Step 3 $\lim_{x\to1}\frac{f(x)-a}{x-1}$의 극한값이 존재함을 이용하여 ab의 값을 구한다.

$\lim_{x\to1}\frac{f(x)-a}{x-1}=b\times g(1)$에서 $x\to1$일 때 (분모)$\to0$이므로 (분자)$\to0$이다.

→ (분자)→0이어야 극한값이 존재해.

$\therefore f(1)=a$

$\lim_{x\to1}\frac{f(x)-a}{x-1}=\lim_{x\to1}\frac{f(x)-f(1)}{x-1}=f'(1)$

이고, ㉠에서 $g(1)=f(1)$이므로 $f'(1)=bf(1)=ab$

이때 ㉡, ㉢에서 $f'(1)=6$이므로 $ab=6$

→ ㉡+㉢을 하면 $2f'(1)=12$ $\quad\therefore f'(1)=6$

13 [정답률 52%]

정답 ③

Step 1 함수 $y=f(x)$의 그래프를 좌표평면에 나타낸다.

함수 $y=2^x$의 그래프의 점근선의 방정식은 $y=0$,

함수 $y=\left(\frac{1}{4}\right)^{x+a}-\left(\frac{1}{4}\right)^{3+a}+8$의 그래프의 점근선의 방정식은

$y=-\left(\frac{1}{4}\right)^{3+a}+8$이므로 함수 $y=f(x)$의 그래프를 좌표평면에 나타내면 다음과 같다.

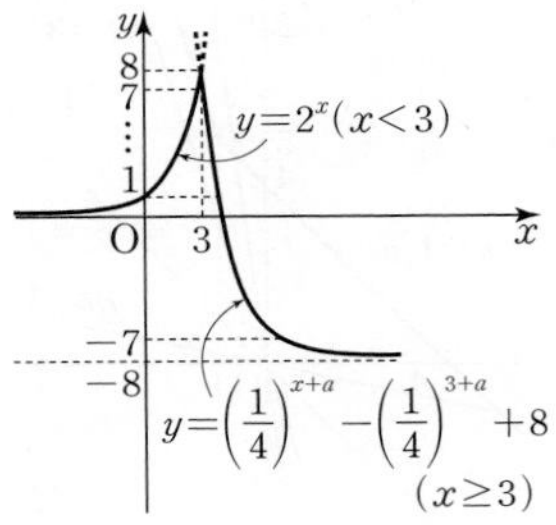

Step 2 그래프를 이용하여 정수 a의 값을 구한다.

곡선 $y=f(x)$ 위의 점 중에서 y좌표가 정수인 점의 개수가 23이고, $y>0$에서 y좌표가 정수인 점의 개수가 15이므로 $y\le 0$에서 y좌표가 정수인 점의 개수는 8이다.

↳ $y=1, 2, \cdots, 7$일 때 각각 2개이고, $y=8$일 때 1개야.

$-8\le -\left(\frac{1}{4}\right)^{3+a}+8<-7$ → 곡선 $y=\left(\frac{1}{4}\right)^{x+a}-\left(\frac{1}{4}\right)^{3+a}+8$의 점근선이야.

$15<\left(\frac{1}{4}\right)^{3+a}\le 16$에서 $4^1<15<4^{-3-a}\le 4^2$

→ 밑 4는 1보다 크므로 부등호의 방향이 바뀌지 않아.

$1<-3-a\le 2$ $\quad\therefore -5\le a<-4$

따라서 정수 a의 값은 -5이다.

14 [정답률 59%]

정답 ①

Step 1 조건 (가)를 이용해 함수 $f(x)$의 식을 세운다.

조건 (가)에서 $f(0)=g(0)=0$이므로

$g(0)=f(0)+|f'(0)|$에서 $f'(0)=0$ → 문제에서 $g(x)=f(x)+|f'(x)|$라고 주어졌어.

$f(x)$는 최고차항의 계수가 1인 삼차함수이므로

$f(x)=x(x^2+mx+n)$ (m, n은 상수)이라 하자.

$f'(x)=(x^2+mx+n)+x(2x+m)$에서 $f'(0)=n=0$ → $f(0)=0$이기 때문이야.

$\therefore f(x)=x^2(x+m)$, $f'(x)=x(3x+2m)$ → 곱의 미분법을 이용

Step 2 함수 $y=f(x)$의 그래프를 좌표평면에 나타낸다.

$f(x)=0$에서 $x^2(x+m)=0$

$\therefore x=0$ 또는 $x=-m$ → 방정식 $f(x)=0$은 양의 실근을 반드시 가져야 하므로 $-m$이 양수이어야 해.

조건 (나)에 의하여 $-m>0$ $\quad\therefore m<0$

$f'(x)=0$에서 $x(3x+2m)=0$ $\quad\therefore x=0$ 또는 $x=-\frac{2}{3}m>0$

함수 $f(x)$의 증가와 감소를 표로 나타내면 다음과 같다.

x	$\cdots$	0	$\cdots$	$-\frac{2}{3}m$	$\cdots$
$f'(x)$	+	0	−	0	+
$f(x)$	↗	0	↘	$\frac{4}{27}m^3$	↗

따라서 함수 $y=f(x)$의 그래프는 다음과 같다.

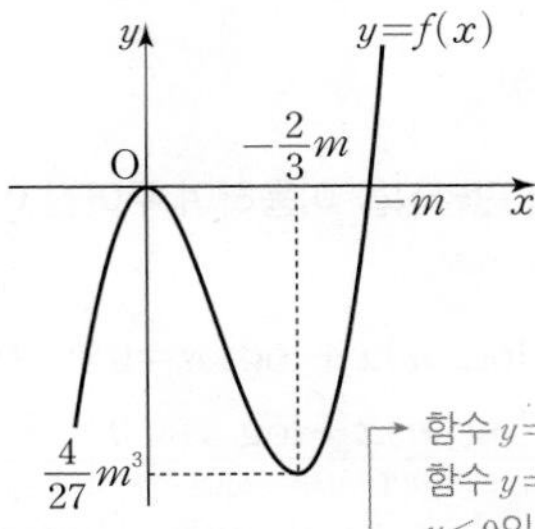

→ 함수 $y=|f(x)|$의 그래프는 함수 $y=f(x)$의 그래프에서 $y<0$인 부분을 x축에 대하여 대칭이동시켜 그릴 수 있어.

Step 3 $g(3)$의 값을 구한다.

오른쪽 그림에서 방정식 $|f(x)|=4$의 서로 다른 실근의 개수가 3이므로

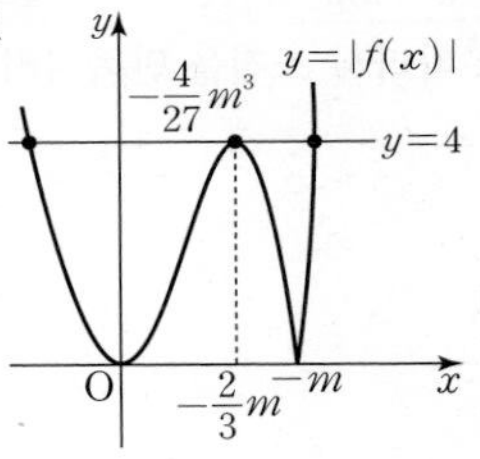

$-\frac{4}{27}m^3=4$ $\quad\therefore m=-3$ → $m^3=-27$

따라서 $f(x)=x^2(x-3)$,

$g(x)=x^2(x-3)+|3x(x-2)|$이므로

$g(3)=9$이다.

15 [정답률 31%]

정답 ②

Step 1 코사인법칙을 이용하여 선분 AC의 길이를 구한다.

ㄱ. $\angle ABC=\theta$라 하면 삼각형 ABC에서 코사인법칙에 의하여

$\overline{AC}^2=\overline{AB}^2+\overline{BC}^2-2\times\overline{AB}\times\overline{BC}\times\cos\theta$ (↳ 5, ↳ 4, ↳ $\frac{1}{8}$)

$=25+16-5=36$

$\therefore \overline{AC}=6$ (참)

Step 2 두 호 EA, EC에 대한 원주각의 크기가 서로 같음을 이용한다.

ㄴ. 호 EA에 대한 원주각은 $\angle ABE$, 호 EC에 대한 원주각은 $\angle EBC$이고, $\angle ABE=\angle EBC$이므로 $\overline{EA}=\overline{EC}$이다. (참)

↳ 한 원에서 크기가 같은 원주각에 대한 현의 길이는 서로 같아.

Step 3 $\overline{EA}=\overline{ED}$임을 이용하여 선분 ED의 길이를 구한다.

ㄷ. $\angle DAB=\angle DAC=x$, $\angle ABE=\angle EBC=y$라 하자.

삼각형 ABD에서 $\angle ADE=\angle DAB+\angle ABD=x+y$

↳ 삼각형의 외각의 성질을 이용했어.

각 EAC는 호 EC에 대한 원주각이므로 $\angle EAC=\angle EBC=y$

따라서 $\angle ADE=\angle EAD$이므로 삼각형 EAD는 $\overline{EA}=\overline{ED}$인 이등변삼각형이다. ↳ $\angle DAC+\angle EAC=x+y$

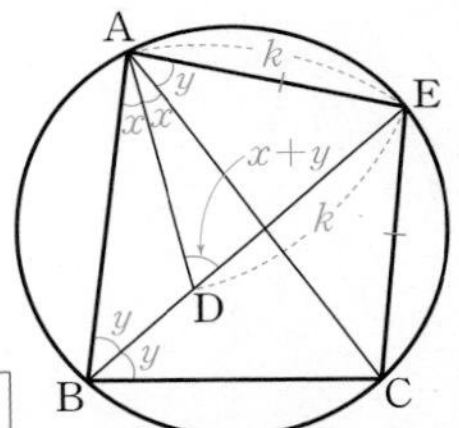

ㄴ에서 $\overline{EA}=\overline{EC}$이므로

$\overline{EA}=\overline{EC}=\overline{ED}=k$ $(k>0)$라 하면

삼각형 EAC에서 코사인법칙에 의하여

$\overline{AC}^2=\overline{EA}^2+\overline{EC}^2-2\times\overline{EA}\times\overline{EC}\times\cos(\angle AEC)$

(ㄱ에서 $\overline{AC}=6$이야.)

$=k^2+k^2-2k^2\cos(\pi-\angle ABC)$ → 사각형 ABCE는 한 원에 내접하므로 $\angle ABC+\angle AEC=\pi$

$=\frac{9}{4}k^2$ ($=-\cos(\angle ABC)=-\frac{1}{8}$)

$\frac{9}{4}k^2=36$ $\quad\therefore k=4$ ($\because k>0$)

따라서 선분 ED의 길이는 4이다. (거짓)

그러므로 옳은 것은 ㄱ, ㄴ이다.

16 [정답률 79%]

정답 10

Step 1 곱의 미분법을 이용한다.

$f(x)=2x^2+5x+3$에서 $f'(x)=4x+5$ → 함수 $y=ax^n+b$ (a, b는 상수, n은 자연수)에서 $y'=anx^{n-1}$

$g(x)=x^3+2$에서 $g'(x)=3x^2$

곱의 미분법에 의하여 $\{f(x)g(x)\}'=f'(x)g(x)+f(x)g'(x)$

따라서 함수 $f(x)g(x)$의 $x=0$에서의 미분계수는

$f'(0)g(0)+f(0)g'(0)=5\times2+3\times0=10$ ↳ 미분한 후 $x=0$을 대입

17 [정답률 66%] 정답 6

Step 1 이차방정식의 판별식을 이용하여 주어진 이차부등식이 항상 성립할 조건을 구한다.

이차방정식 $3x^2-2(\log_2 n)x+\log_2 n=0$의 판별식을 D라 하자.

이차부등식 $3x^2-2(\log_2 n)x+\log_2 n>0$이 항상 성립하려면

→ '모든 실수 x에 대하여 이차부등식이 성립한다'와 의미가 같아.

$\frac{D}{4}=(-\log_2 n)^2-3\log_2 n<0$, $\log_2 n(\log_2 n-3)<0$

→ 로그의 밑이 1보다 크므로 $2^0<n<2^3$

$0<\log_2 n<3$ $\quad\therefore 1<n<8$

따라서 조건을 만족시키는 자연수 n의 개수는 6이다.

→ $1<n<8$에서 양쪽에 등호가 없으므로 자연수 n의 개수는 $8-1-1=6$

18 [정답률 74%] 정답 9

Step 1 함수 $F(x)$를 구한다. → 함수 $F(x)$의 도함수가 $f(x)$인 것과 같은 의미야.

함수 $F(x)$는 함수 $f(x)$의 한 부정적분이므로

$$F(x)=\begin{cases}-x^2+C_1 & (x<0)\\ k\left(x^2-\frac{1}{3}x^3\right)+C_2 & (x\ge 0)\end{cases}$$ (단, C_1, C_2는 적분상수)

→ $x=0$에서 연속이어야 해.

이때 함수 $F(x)$는 $x=0$에서 미분가능하므로 $C_1=C_2$

→ $k\left(x^2-\frac{1}{3}x^3\right)+C_2$에 $x=0$ 대입, $-x^2+C_1$에 $x=0$ 대입

즉, $F(x)=\begin{cases}-x^2+C_1 & (x<0)\\ k\left(x^2-\frac{1}{3}x^3\right)+C_1 & (x\ge 0)\end{cases}$

$F(2)-F(-3)=\left(\frac{4}{3}k+C_1\right)-(-9+C_1)$

$=\frac{4}{3}k+9=21$

→ $x\ge0$인 식에 대입해야 해.

$\frac{4}{3}k=12$ $\quad\therefore k=9$

19 [정답률 54%] 정답 162

Step 1 주어진 식을 변형한다.

$S_{n+1}=S_n+a_{n+1}$이므로 $a_{n+1}S_n=a_nS_{n+1}$에서

$a_{n+1}S_n=a_n(S_n+a_{n+1})$, $a_{n+1}(S_n-a_n)=a_nS_n$ ($S_n-a_n=S_{n-1}$)

→ $a_{n+1}S_n=a_nS_n+a_na_{n+1}$에서 a_na_{n+1}을 좌변으로 이항

$\therefore a_{n+1}=\frac{a_nS_n}{S_{n-1}}$ $(n\ge2)$ $\quad\cdots\cdots$ ㉠

Step 2 $n=2, 3, 4$를 차례로 대입하여 S_5의 값을 구한다.

$S_2=a_1+a_2=6$이므로 ㉠에 $n=2$를 대입하면 ($2+4$)

$a_3=\frac{a_2S_2}{S_1}=\frac{4\times6}{2}=12$ ($S_1=a_1=2$)

$S_3=S_2+a_3=18$이므로 ㉠에 $n=3$을 대입하면

$a_4=\frac{a_3S_3}{S_2}=\frac{12\times18}{6}=36$

$S_4=S_3+a_4=54$이므로 ㉠에 $n=4$를 대입하면

$a_5=\frac{a_4S_4}{S_3}=\frac{36\times54}{18}=108$

$\therefore S_5=S_4+a_5=162$ ($54+108$)

20 [정답률 36%] 정답 8

Step 1 직선 $y=mx$와 함수 $y=f(x)$의 그래프를 이용하여 함수 $g(m)$의 식을 구한다.

$f(x)=\begin{cases}x+4 & (x<1)\\ 3x+2 & (x\ge1)\end{cases}$

→ 함수 $y=|x-1|$은 $x<1$일 때 $y=-x+1$, $x\ge1$일 때 $y=x-1$이야.

직선 $y=mx$는 실수 m의 값에 관계없이 항상 원점을 지나므로 직선 $y=mx$와 함수 $y=f(x)$의 그래프는 다음과 같다.

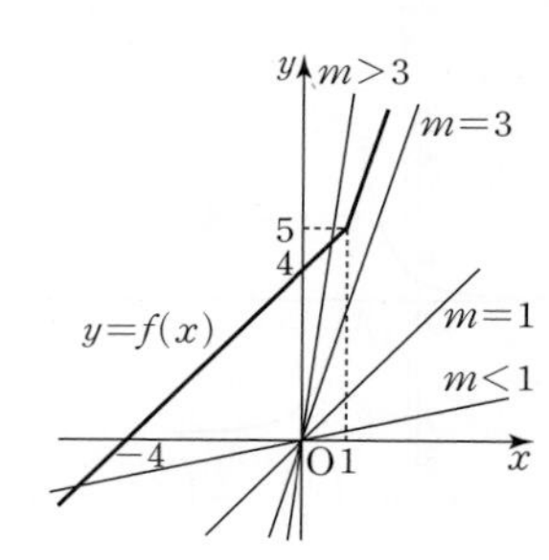

따라서 함수 $g(m)$은 $g(m)=\begin{cases}1 & (m<1 \text{ 또는 } m>3)\\ 0 & (1\le m\le 3)\end{cases}$이므로

함수 $g(m)$은 $m=1$, $m=3$에서 불연속이다.

Step 2 함수 $g(x)h(x)$가 실수 전체의 집합에서 연속임을 이용한다.

함수 $g(x)h(x)$가 실수 전체의 집합에서 연속이므로 $x=1$, $x=3$에서도 연속이어야 한다.

→ 함수 $h(x)$는 이차함수이므로 모든 실수 x에 대하여 연속이야. 따라서 함수 $g(x)$가 불연속인 부분만 생각하면 돼.

(i) $x=1$일 때

$\lim_{x\to1-}g(x)h(x)=1\times h(1)=h(1)$

$\lim_{x\to1+}g(x)h(x)=0\times h(1)=0$

$g(1)h(1)=0\times h(1)=0$

함수 $g(x)h(x)$는 $x=1$에서 연속이어야 하므로 $h(1)=0$

→ $x=1$에서 극한값도 존재해.

(ii) $x=3$일 때

$\lim_{x\to3-}g(x)h(x)=0\times h(3)=0$

$\lim_{x\to3+}g(x)h(x)=1\times h(3)=h(3)$

$g(3)h(3)=0\times h(3)=0$

함수 $g(x)h(x)$는 $x=3$에서 연속이어야 하므로 $h(3)=0$

(i), (ii)에 의하여 $h(x)=(x-1)(x-3)$이므로

$h(5)=4\times2=8$

→ 함수 $h(x)$의 최고차항의 계수는 1이야.

21 [정답률 10%] 정답 15

Step 1 사인법칙을 이용하여 주어진 식을 정리한다.

$\overline{AC}=k$라 하면 $\overline{BD}=2k$ → $\overline{AC}:\overline{BD}=1:2$에서 $\overline{BD}=2\overline{AC}$

$\overline{AH}:\overline{BH}=1:3$이므로 $\overline{AH}=2\times\frac{1}{4}=\frac{1}{2}$

$\angle CAB=\theta$라 하면 두 삼각형 ABC, ABD에서 사인법칙에 의하여

$\frac{\overline{BC}}{\sin(\angle CAB)}=\frac{\overline{BC}}{\sin\theta}=2r$,

$\frac{\overline{AD}}{\sin(\angle DBA)}=\frac{\overline{AD}}{\sin(\pi-\theta)}=2R$ → $=\sin\theta$

→ $\overline{AC}\,/\!/\,\overline{BD}$이므로 선분 AB의 연장선 위의 한 점을 E라 하면 $\angle CAB=\angle DBE=\theta$ (동위각) $\therefore \angle DBA=\pi-\angle DBE=\pi-\theta$

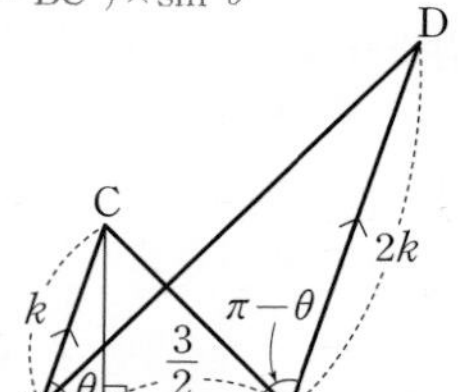

$\therefore r=\frac{\overline{BC}}{2\sin\theta}$, $R=\frac{\overline{AD}}{2\sin\theta}$

$4(R^2-r^2)\times\sin^2(\angle CAB)$

$=4\left(\frac{\overline{AD}^2}{4\sin^2\theta}-\frac{\overline{BC}^2}{4\sin^2\theta}\right)\times\sin^2\theta$

$=\overline{AD}^2-\overline{BC}^2=51$ $\quad\cdots\cdots$ ㉠

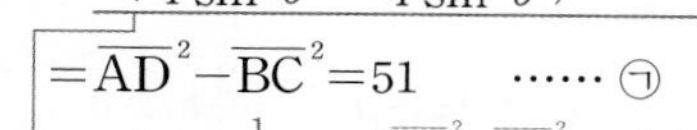

D, C, k, $\pi-\theta$, $2k$, θ, $\frac{3}{2}$, A, H, B, $\frac{1}{2}$

Step 2 코사인법칙을 이용하여 k^2의 값을 구한다.

삼각형 AHC에서 $\cos\theta=\dfrac{\frac{1}{2}}{k}=\dfrac{1}{2k}$ → $\dfrac{\overline{AH}}{\overline{AC}}$

두 삼각형 ABC, ABD에서 코사인법칙에 의하여

$\overline{BC}^2=\overline{AB}^2+\overline{AC}^2-2\times\overline{AB}\times\overline{AC}\times\cos\theta$

$=4+k^2-2=k^2+2$ → $2\times k\times\frac{1}{2k}$

$\overline{AD}^2=\overline{AB}^2+\overline{BD}^2-2\times\overline{AB}\times\overline{BD}\times\cos(\pi-\theta)$

$=4+4k^2+4=4k^2+8$ → $2\times 2k\times(-\cos\theta)=2\times 2k\times\left(-\frac{1}{2k}\right)$

㉠에서 $(4k^2+8)-(k^2+2)=3k^2+6=51$ $\therefore k^2=15$

따라서 $\overline{AC}^2$의 값은 15이다.

22 [정답률 11%]

정답 16

Step 1 $x=-2$, $x=2$의 좌우에서 $g'(x)$의 부호가 변하지 않음을 이용한다.

$g(x)=\int_0^x (t^2-4)\{|f(t)|-a\}dt$에서

$g'(x)=(x^2-4)\{|f(x)|-a\}$ → $g'(x)=0$에서 $x^2=4$ 또는 $|f(x)|-a=0$

$x=-2$, $x=2$가 방정식 $g'(x)=0$의 근이지만 조건 (가)에서 함수 $g(x)$는 극값을 갖지 않으므로 $x=-2$와 $x=2$의 좌우에서 $g'(x)$의 부호가 변하지 않아야 한다.

→ $g'(k)=0$을 만족시켜도 $x=k$의 좌우에서 $g'(x)$의 부호가 바뀌지 않으면 $x=k$에서 극값을 갖지 않아.

또한 $\lim_{x\to\infty}\{|f(x)|-a\}=\lim_{x\to-\infty}\{|f(x)|-a\}=\infty$이므로 $g'(x)$, x^2-4, $|f(x)|-a$의 부호를 표로 나타내면 다음과 같다.

x	$\cdots$	-2	$\cdots$	2	$\cdots$
$g'(x)$	+	0	+	0	+
x^2-4	+	0	−	0	+
$\|f(x)\|-a$	+	0	−	0	+

이때 함수 $|f(x)|-a$는 연속함수이므로 사잇값의 정리에 의하여

$|f(-2)|-a=0$, $|f(2)|-a=0$ → 함수 $f(x)$가 일차함수이기 때문이야.

Step 2 $|f(-2)|=|f(2)|=a$임을 이용하여 함수 $|f(x)|$의 식을 구한다.

$f(x)=bx+c$(b, c는 상수, $b\neq0$)라 하면 → $f(x)$는 일차함수

$|2b+c|=|-2b+c|=a$ ($2b+c$ → $f(2)$, $-2b+c$ → $f(-2)$)

(i) $2b+c=-2b+c$인 경우

$b=0$이므로 주어진 조건에 모순이다.

(ii) $2b+c=-(-2b+c)$인 경우

$\therefore c=0$, $|b|=\dfrac{a}{2}$

(i), (ii)에 의하여 $|f(x)|=|bx|=\dfrac{a}{2}|x|$ → $=|b|\times|x|=\frac{a}{2}\times|x|$

Step 3 조건 (나)를 이용하여 a의 값을 구한다.

조건 (나)에서 $g(2)=5$이므로

$g(2)=\int_0^2 (t^2-4)\{|f(t)|-a\}dt$

$=\int_0^2 (t^2-4)\left\{\dfrac{a}{2}(|t|-2)\right\}dt$ → 적분 구간이 $[0, 2]$이므로 $|t|=t$야.

$=\dfrac{a}{2}\int_0^2 (t^2-4)(t-2)dt$

$=\dfrac{a}{2}\int_0^2 (t^3-2t^2-4t+8)dt$

$=\dfrac{a}{2}\left[\dfrac{1}{4}t^4-\dfrac{2}{3}t^3-2t^2+8t\right]_0^2$

$=\dfrac{10}{3}a=5$ → $=\frac{1}{4}\times16-\frac{2}{3}\times8-2\times4+8\times2=\frac{20}{3}$

$\therefore a=\dfrac{3}{2}$

Step 4 $g(0)$, $g(-4)$의 값을 각각 구한다.

$g(0)=\int_0^0 (t^2-4)\left(\dfrac{3}{4}|t|-\dfrac{3}{2}\right)dt=0$ → 위끝과 아래끝이 같으면 정적분의 값은 0이야.

$g(-4)=\int_0^{-4} (t^2-4)\left(\dfrac{3}{4}|t|-\dfrac{3}{2}\right)dt$

$=-\dfrac{3}{4}\int_{-4}^0 (t^2-4)(-t-2)dt$ → $-4\le t\le0$에서 $|t|=-t$야.

$=\dfrac{3}{4}\int_{-4}^0 (t^3+2t^2-4t-8)dt$

$=\dfrac{3}{4}\left[\dfrac{1}{4}t^4+\dfrac{2}{3}t^3-2t^2-8t\right]_{-4}^0$

$=\dfrac{3}{4}\times\left(-\dfrac{64}{3}\right)=-16$ → $=0-\left\{\frac{1}{4}\times256+\frac{2}{3}\times(-64)-2\times16-8\times(-4)\right\}$

$\therefore g(0)-g(-4)=16$

확률과 통계

23 [정답률 88%]

정답 ③

Step 1 중복조합의 수를 계산한다.

${}_3H_6={}_8C_6={}_8C_2=\dfrac{8\times7}{2\times1}=28$ → ${}_3H_6={}_{3+6-1}C_6$

24 [정답률 88%]

정답 ④

Step 1 A 지점에서 P 지점까지 최단거리로 가는 경우의 수를 구한다.

오른쪽으로 한 칸 가는 것을 x, 위쪽으로 한 칸 가는 것을 y라 하자.

A 지점에서 P 지점까지 최단거리로 가는 경우의 수는 2개의 x와 1개의 y를 일렬로 나열하는 경우의 수와 같다. → 같은 것이 있는 순열을 생각해.

$\therefore \dfrac{3!}{2!}=3$

Step 2 P 지점에서 B 지점까지 최단거리로 가는 경우의 수를 구한다.

P 지점에서 B 지점까지 최단거리로 가는 경우의 수는 2개의 x와 2개의 y를 일렬로 나열하는 경우의 수와 같다. → 4개 중 같은 것이 각각 2개, 2개 있으므로 $4!$을 $2!\times2!$로 나누어야 해.

$\therefore \dfrac{4!}{2!\times2!}=6$

따라서 구하는 경우의 수는 $3\times6=18$이다.

25 [정답률 87%]

정답 ②

Step 1 같은 학급 학생들을 각각 한 사람으로 생각한다.

같은 학급의 대표 2명을 한 사람으로 생각하면 구하는 경우의 수는 네 명을 원순열로 배열하는 경우의 수와 같으므로 → 같은 학급 학생끼리는 서로 이웃하기 때문이야.

$(4-1)!=3!=6$

이때 각 학급의 대표 2명끼리 서로 자리를 바꾸어 앉는 경우의 수는 $2^4=16$

따라서 구하는 경우의 수는 $6\times16=96$

26 [정답률 77%]

정답 ①

Step 1 연필을 나누어 주는 경우의 수를 구한다.

각 학생이 적어도 한 자루의 연필을 받아야 하므로 세 명의 학생에게 연필을 하나씩 나누어 주고 남은 3자루의 연필을 세 명의 학생에게 남김없이 나누어 주는 경우의 수를 구하면 된다. (서로 다른 3개에서 중복을 허락하여 3개를 선택하는 중복조합의 수)

따라서 연필을 나누어 주는 경우의 수는 ${}_3H_3={}_5C_3=10$ ($_{3+3-1}C_3$, $={}_5C_2$)

Step 2 지우개를 나누어 주는 경우의 수를 구한다.

5개의 지우개를 세 명의 학생에게 남김없이 나누어 주는 경우의 수는 ${}_3H_5={}_7C_5=21$ ($_{3+5-1}C_5$, $={}_7C_2=\frac{7\times6}{2\times1}$)

따라서 구하는 경우의 수는 $10\times21=210$

알아야 할 기본개념

중복조합

(1) 중복조합의 뜻

서로 다른 n개에서 중복을 허락하여 r개를 택하는 조합을 중복조합이라 하고, 서로 다른 n개에서 r개를 택하는 중복조합의 수를 기호 ${}_nH_r$로 나타낸다.

(2) 중복조합의 수

${}_nH_r={}_{n+r-1}C_r$

27 [정답률 67%]

정답 ⑤

Step 1 숫자 1, 2가 적힌 카드가 이웃하는 경우의 수를 구한다.

(i) 숫자 1, 2가 적힌 카드가 이웃하는 경우

숫자 1, 2가 적힌 카드를 하나의 카드로 생각하면 구하는 경우의 수는 $\frac{6!}{2!\times3!}\times2!=120$ (숫자 1, 2가 적힌 카드의 자리를 서로 바꾸는 방법의 수)

Step 2 숫자 1, 2가 적힌 카드 사이에 한 장의 카드가 있는 경우의 수를 구한다.

(ii) 숫자 1과 2가 적힌 카드 사이에 한 장의 카드가 있는 경우

숫자 1, 2가 적힌 카드 사이에 숫자 3이 적힌 한 장의 카드가 있을 때, 구하는 경우의 수는 $\frac{5!}{3!}\times2!=40$ (숫자 1, 2가 적힌 카드는 서로 자리를 바꿀 수 있지만 숫자 3이 적힌 카드는 자리를 바꿀 수 없어.)

숫자 1, 2가 적힌 카드 사이에 숫자 4가 적힌 한 장의 카드가 있을 때, 구하는 경우의 수는 $\frac{5!}{2!\times2!}\times2!=60$ (3이 두 개, 4가 두 개 있으므로 같은 것이 있는 순열이야.)

따라서 경우의 수는 $40+60=100$이다.

이때 7장의 카드를 일렬로 나열하는 경우의 수는

$\frac{7!}{2!\times3!}=420$이므로 (i), (ii)에 의하여 구하는 경우의 수는 ($\frac{7\times6\times5\times4\times3\times2\times1}{(2\times1)\times(3\times2\times1)}$)

$420-(120+100)=200$ (여사건을 이용했어.)

28 [정답률 58%]

정답 ③

Step 1 $f(3)=4$ 또는 $f(3)=10$인 경우의 수를 구한다.

조건 (가), (나)에서 $f(2)<f(3)<f(4)$, $f(5)<f(3)<f(1)$이므로 $f(3)\neq2$, $f(3)\neq12$이다. ($f(3)=12$이면 $f(4)$, $f(1)$의 값이 존재하지 않아. $f(3)=2$이면 $f(2)$, $f(5)$의 값이 존재하지 않아.)

(i) $f(3)=4$ 또는 $f(3)=10$인 경우

$f(3)=4$이면 $f(2)=f(5)=2$ (집합 Y의 원소 중 4보다 작은 것은 2뿐이야.)

$f(4)$, $f(1)$의 값을 정하는 경우의 수는 6, 8, 10, 12 중에서 중복을 허락하여 2개를 택하는 중복순열의 수와 같으므로

${}_4\Pi_2=4^2=16$ (${}_n\Pi_r=n^r$)

따라서 $f(3)=4$인 함수의 개수는 16이고, $f(3)=10$인 함수의 개수도 이와 동일하므로 구하는 함수의 개수는 ($f(1)=f(4)=12$이고 $f(2)$, $f(5)$의 값을 정하는 경우의 수는 ${}_4\Pi_2=4^2=16$)

$2\times16=32$

Step 2 $f(3)=6$ 또는 $f(3)=8$인 경우의 수를 구한다.

(ii) $f(3)=6$ 또는 $f(3)=8$인 경우

$f(3)=6$일 때, $f(2)$, $f(5)$의 값을 정하는 경우의 수는 ${}_2\Pi_2$ (2, 4 중에서 중복을 허락하여 2개를 택하는 중복순열의 수)

또한 $f(4)$, $f(1)$의 값을 정하는 경우의 수는 ${}_3\Pi_2$

따라서 $f(3)=6$인 함수의 개수는 ${}_2\Pi_2\times{}_3\Pi_2$이고, $f(3)=8$인 함수의 개수도 이와 동일하므로 구하는 함수의 개수는 (${}_3\Pi_2\times{}_2\Pi_2$)

$2\times{}_2\Pi_2\times{}_3\Pi_2=2\times2^2\times3^2=72$

(i), (ii)에 의하여 함수 f의 개수는 $32+72=104$

29 [정답률 33%]

정답 55

Step 1 b의 값에 따라 경우를 나누어 순서쌍의 개수를 구한다.

c가 5 이하의 자연수이므로 $b+1\leq c$에서 $1\leq b\leq4$ ($b=5$이면 c가 5 이하의 자연수가 될 수 없어.)

(i) $b=1$일 때,

$a\leq2\leq c\leq d$에서 a를 택하는 경우의 수는 ${}_2C_1$이고, c, d를 택하는 경우의 수는 ${}_4H_2$이므로 구하는 경우의 수는 (1, 2 중 하나를 택해야 해.)

${}_2C_1\times{}_4H_2=2\times{}_5C_2=20$ ($\frac{5\times4}{2\times1}=10$)

(ii) $b=2$일 때,

$a\leq3\leq c\leq d$에서 a를 택하는 경우의 수는 ${}_3C_1$이고, c, d를 택하는 경우의 수는 ${}_3H_2$이므로 구하는 경우의 수는 (3, 4, 5 중에서 중복을 허락하여 2개를 택하는 중복조합의 수)

${}_3C_1\times{}_3H_2=3\times{}_4C_2=18$ ($\frac{4\times3}{2\times1}=6$)

(iii) $b=3$일 때,

$a\leq4\leq c\leq d$에서 a를 택하는 경우의 수는 ${}_4C_1$이고, c, d를 택하는 경우의 수는 ${}_2H_2$이므로 구하는 경우의 수는 (4, 5 중에서 중복을 허락하여 2개를 택하는 중복조합의 수)

${}_4C_1\times{}_2H_2=4\times{}_3C_2=12$ (${}_3C_1=3$)

(iv) $b=4$일 때,

$a\leq5\leq c\leq d$에서 a를 택하는 경우의 수는 ${}_5C_1$이고, c, d를 택하는 경우의 수는 ${}_1H_2$이므로 구하는 경우의 수는 ($c=d=5$뿐이야.)

${}_5C_1\times{}_1H_2=5\times{}_2C_2=5$

(i)~(iv)에 의하여 주어진 조건을 만족시키는 모든 순서쌍 (a, b, c, d)의 개수는

$20+18+12+5=55$

30 [정답률 12%]

정답 97

Step 1 선택한 숫자에 따라 경우를 나눈다.

(i) 1, 2, 3만 선택하는 경우 (조건 (가)에서 숫자 1은 반드시 나와야 해.)

1, 2, 3 중에서 중복을 허락하여 4개를 선택하여 나열하는 경우의 수에서 2, 3 중에서 중복을 허락하여 4개를 선택하여 나열하는 경우의 수를 제외하면 된다.

따라서 구하는 경우의 수는 ${}_3\Pi_4-{}_2\Pi_4=3^4-2^4=65$ (${}_n\Pi_r=n^r$)

(ii) 1, 4를 선택하는 경우

1, 4는 서로 이웃할 수 없으므로 1과 4의 위치를 정하는 경우의 수는 $2\times({}_4C_2-3)=6$ (1과 4는 서로 위치를 바꿀 수 있어. 1, 4가 이웃하는 경우)

나머지 두 숫자는 2, 3 중에서 중복을 허락하여 2개를 선택하여 나열하여야 하므로 경우의 수는 ${}_2\Pi_2=2^2=4$

따라서 구하는 경우의 수는 $6\times4=24$

(iii) 1, 1, 4 또는 1, 4, 4를 선택하는 경우 (1과 4가 서로 이웃할 수 없다는 것을 기억해!)

1, 1, 4를 나열하는 경우는 11□4, 4□11의 2가지이고, □에 2 또는 3을 나열할 수 있으므로 경우의 수는 $2\times2=4$

1, 4, 4를 나열하는 경우의 수도 이와 같으므로 4 (1□44 또는 44□1)

따라서 구하는 경우의 수는 $4+4=8$

(i)~(iii)에 의하여 구하는 경우의 수는

$65+24+8=97$

미적분

23 [정답률 95%]

정답 ⑤

Step 1 수열의 극한값을 구한다.

$$\lim_{n\to\infty}\frac{10n^3-1}{(n+2)(2n^2+3)}$$

$$=\lim_{n\to\infty}\frac{10-\frac{1}{n^3}}{\left(1+\frac{2}{n}\right)\left(2+\frac{3}{n^2}\right)}$$

$$=\frac{10}{1\times2}=5$$ ↳ $n^3=n\times n^2$이므로 분자, 분모를 각각 n^3으로 나누었어.

24 [정답률 90%]

정답 ①

Step 1 등비수열이 수렴할 조건을 생각한다.

수열 $\{a_n\}$이 수렴하려면

$-1<\frac{x^2-4x}{5}\le1$이어야 하므로 $-5<x^2-4x\le5$ → 등비수열 $\{r^n\}$이 수렴할 조건은 $-1<r\le1$

$x^2-4x+5>0$에서 $(x-2)^2+1>0$이므로 모든 정수 x에 대하여 성립한다.

$x^2-4x-5\le0$에서 $(x+1)(x-5)\le0$

$\therefore -1\le x\le5$ → 부등식의 양쪽에 등호가 있으므로 정수의 개수는 $5-(-1)+1$

따라서 정수 x의 개수는 7이다.

25 [정답률 80%]

정답 ④

Step 1 $a_{n+1}=a_1a_n$의 의미를 생각한다.

$a_{n+1}=a_1a_n$이므로 수열 $\{a_n\}$은 첫째항과 공비가 모두 a_1인 등비수열이다. ↳ $a_2=a_1\times a_1$, $a_3=a_1\times(a_1)^2$, $\cdots$

$\therefore a_n=(a_1)^n\ (a_1>0)$ → 모든 항이 양수야.

Step 2 a_1의 값의 범위에 따라 경우를 나눈다.

(i) $0<a_1<1$일 때 → $\lim_{n\to\infty}a_n=\lim_{n\to\infty}a_{n+3}=0$

$\lim_{n\to\infty}a_n=0$이므로 $\lim_{n\to\infty}\frac{3a_{n+3}-5}{2a_n+1}=-5$ ↳ 문제에서 12라고 했어.

따라서 문제의 조건에 모순이다.

(ii) $a_1=1$일 때

$\lim_{n\to\infty}a_n=1$이므로 $\lim_{n\to\infty}\frac{3a_{n+3}-5}{2a_n+1}=-\frac{2}{3}$ → $\lim_{n\to\infty}a_{n+3}=1$

따라서 문제의 조건에 모순이다.

(iii) $a_1>1$일 때

$$\lim_{n\to\infty}\frac{3a_{n+3}-5}{2a_n+1}=\lim_{n\to\infty}\frac{3(a_1)^3-\frac{5}{a_n}}{2+\frac{1}{a_n}}$$

↳ $a_{n+3}=a_n\times(a_1)^3$

$=\frac{3}{2}(a_1)^3=12$ ↳ $\lim_{n\to\infty}\frac{1}{a_n}=0$

$(a_1)^3=8\qquad \therefore a_1=2$

(i)~(iii)에 의하여 $a_1=2$이다.

26 [정답률 82%]

정답 ②

Step 1 주어진 부등식을 이용하여 $\frac{S_n}{n^3}$에 대한 부등식을 세운다.

$2n^2-3<a_n<2n^2+4$에서 $\sum_{k=1}^{n}(2k^2-3)<S_n<\sum_{k=1}^{n}(2k^2+4)$ ↳ $\sum_{k=1}^{n}a_k$와 같아.

$\sum_{k=1}^{n}(2k^2-3)=2\sum_{k=1}^{n}k^2-\sum_{k=1}^{n}3$

$=2\times\frac{n(n+1)(2n+1)}{6}-3n$

$=\frac{n(2n^2+3n-8)}{3}$ ↳ $\frac{n(n+1)(2n+1)-9n}{3}=\frac{n\{(n+1)(2n+1)-9\}}{3}$

$\sum_{k=1}^{n}(2k^2+4)=2\sum_{k=1}^{n}k^2+\sum_{k=1}^{n}4$

$=2\times\frac{n(n+1)(2n+1)}{6}+4n$ → $\frac{n(n+1)(2n+1)+12n}{3}=\frac{n\{(n+1)(2n+1)+12\}}{3}$

$=\frac{n(2n^2+3n+13)}{3}$

즉, $\frac{n(2n^2+3n-8)}{3}<S_n<\frac{n(2n^2+3n+13)}{3}$의 각 변을 n^3으로 나누면

$$\frac{2n^2+3n-8}{3n^2}<\frac{S_n}{n^3}<\frac{2n^2+3n+13}{3n^2}$$

$\lim_{n\to\infty}\frac{2n^2+3n-8}{3n^2}=\lim_{n\to\infty}\frac{2n^2+3n+13}{3n^2}=\frac{2}{3}$이므로

$\lim_{n\to\infty}\frac{S_n}{n^3}=\frac{2}{3}$이다. ↳ 분자, 분모의 최고차항의 계수의 비

알아야 할 기본개념

수열의 극한값의 대소 관계

두 수열 $\{a_n\}$, $\{b_n\}$이 수렴할 때

- 모든 자연수 n에 대하여 $a_n<b_n$ (또는 $a_n\le b_n$)이면 $\lim_{n\to\infty}a_n\le\lim_{n\to\infty}b_n$이다.
- 수열 $\{c_n\}$이 모든 자연수 n에 대하여 $a_n<c_n<b_n$ (또는 $a_n\le c_n\le b_n$)을 만족시키고, $\lim_{n\to\infty}a_n=\lim_{n\to\infty}b_n=\alpha$ (α는 상수)이면 $\lim_{n\to\infty}c_n=\alpha$이다.

27 [정답률 59%]

정답 ③

Step 1 주어진 식을 이용하여 a_1의 값과 수열 $\{a_n\}$의 일반항을 구한다.

$\sum_{k=1}^{n}\frac{a_k}{(k-1)!}=\frac{3}{(n+2)!}$에서

$n=1$일 때, $\frac{a_1}{0!}=\frac{3}{3!}\qquad \therefore a_1=\frac{1}{2}$

$n\ge2$일 때, ↳ $0!=1$

$\frac{a_n}{(n-1)!}=\sum_{k=1}^{n}\frac{a_k}{(k-1)!}-\sum_{k=1}^{n-1}\frac{a_k}{(k-1)!}$

$=\frac{3}{(n+2)!}-\frac{3}{(n+1)!}$ ↳ $\frac{3}{(n+2)!}$에서 n 대신 $n-1$을 대입했어.

$\therefore a_n=\frac{3(n-1)!}{(n+2)!}-\frac{3(n-1)!}{(n+1)!}$ → $\frac{3\times(n-1)\times(n-2)\times(n-3)\times\cdots\times1}{(n+2)\times(n+1)\times n\times(n-1)\times\cdots\times1}$

$=\frac{3}{(n+2)(n+1)n}-\frac{3}{(n+1)n}$ ↳ $\frac{3-3(n+2)}{(n+2)(n+1)n}$

$=-\frac{3}{n(n+2)}$

Step 2 $\lim_{n\to\infty}(a_1+n^2a_n)$의 값을 구한다.

$\lim_{n\to\infty}(a_1+n^2a_n)=\lim_{n\to\infty}\left(\frac{1}{2}-\frac{3n}{n+2}\right)$

$=\lim_{n\to\infty}\frac{1}{2}-\lim_{n\to\infty}\frac{3}{1+\frac{2}{n}}$

$=\frac{1}{2}-3=-\frac{5}{2}$

28 [정답률 68%] 정답 ③

Step 1 삼각형의 중선정리를 이용하여 a_n을 구한다.

직각삼각형 ABC에서 피타고라스 정리에 의하여
$\overline{BC}^2=\overline{AB}^2+\overline{CA}^2=4+n^2 \quad \therefore \overline{BC}=\sqrt{n^2+4}$
선분 AD가 ∠A의 이등분선이므로 $\overline{AB}:\overline{AC}=\overline{BD}:\overline{CD}=2:n$
$\therefore a_n=\overline{BC}\times\frac{n}{2+n}=\frac{n\sqrt{n^2+4}}{n+2}$ ($a_n=\overline{CD}$)
→ 삼각형 ABC에서 ∠A의 이등분선이 선분 BC와 만나는 점을 D라 하면 $\overline{AB}:\overline{AC}=\overline{BD}:\overline{CD}$가 성립해.

Step 2 $\lim_{n\to\infty}(n-a_n)$의 값을 구한다.

$$\lim_{n\to\infty}(n-a_n)=\lim_{n\to\infty}\left(n-\frac{n\sqrt{n^2+4}}{n+2}\right)$$
$$=\lim_{n\to\infty}\frac{n(n+2-\sqrt{n^2+4})}{n+2}$$
$$=\lim_{n\to\infty}\left\{\frac{n}{n+2}\times\frac{(n+2)^2-(n^2+4)}{n+2+\sqrt{n^2+4}}\right\}$$
$$=\lim_{n\to\infty}\left(\frac{n}{n+2}\times\frac{4n}{n+2+\sqrt{n^2+4}}\right)$$
→ 분자의 유리화를 위하여 분모, 분자에 각각 $n+2+\sqrt{n^2+4}$를 곱하였어.
$$=\lim_{n\to\infty}\left(\frac{1}{1+\frac{2}{n}}\times\frac{4}{1+\frac{2}{n}+\sqrt{1+\frac{4}{n^2}}}\right)$$
$$=1\times\frac{4}{2}=2$$

29 [정답률 21%] 정답 12

Step 1 점 Q_n을 지나고 직선 l_n에 수직인 직선의 방정식을 구한다.

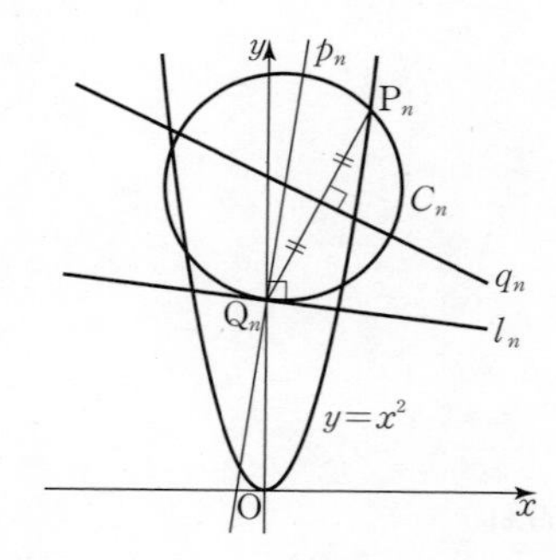

점 Q_n을 지나고 직선 l_n에 수직인 직선을 p_n이라 하면 원 C_n의 중심은 직선 p_n 위에 존재한다.
곡선 $y=x^2$ 위의 점 $P_n(2n, 4n^2)$에서의 접선의 기울기는 $4n$이고, ($y'=2x$에서 $2\times 2n=4n$)
직선 p_n은 이 접선과 평행하므로 직선 p_n의 기울기는 $4n$이다.
따라서 직선 p_n의 방정식은 $y=4nx+2n^2$
→ 점 $Q_n(0, 2n^2)$을 지나므로 y절편은 $2n^2$이야.

Step 2 선분 P_nQ_n의 수직이등분선을 나타내는 직선의 방정식을 구한다.

선분 P_nQ_n의 수직이등분선을 q_n이라 하면 원 C_n의 중심은 직선 q_n 위에 존재한다.
→ 원에서 현의 수직이등분선은 항상 원의 중심을 지나.
직선 P_nQ_n의 기울기는 $\frac{4n^2-2n^2}{2n-0}=n$이고, 선분 P_nQ_n의 중점의 좌표는 $(n, 3n^2)$이므로 직선 q_n의 방정식은
$$y=-\frac{1}{n}(x-n)+3n^2 \qquad \therefore y=-\frac{1}{n}x+3n^2+1$$

Step 3 원 C_n의 중심의 좌표를 구한다.

원 C_n의 중심은 두 직선 p_n, q_n의 교점이므로 원 C_n의 중심의 좌표를 (x_n, y_n)이라 하면
→ 서로 수직인 두 직선의 기울기의 곱은 -1이므로 $n\times$(직선 q_n의 기울기)$=-1$ ∴ (직선 q_n의 기울기)$=-\frac{1}{n}$
$$4nx_n+2n^2=-\frac{1}{n}x_n+3n^2+1$$
$$\left(4n+\frac{1}{n}\right)x_n=n^2+1$$
→ $x_n=\frac{n^2+1}{4n+\frac{1}{n}}$에서 분모, 분자에 각각 n을 곱하였어.
$$\therefore x_n=\frac{n^3+n}{4n^2+1},\ y_n=\frac{12n^4+6n^2}{4n^2+1}$$
→ $4n\times\frac{n^3+n}{4n^2+1}+2n^2$

Step 4 $\lim_{n\to\infty}\frac{a_n}{n}$의 값을 구한다.

구하는 직선은 원점과 원 C_n의 중심을 지나므로
→ 직선이 원의 넓이를 이등분할 때 직선은 원의 중심을 지나.
$$a_n=\frac{\frac{12n^4+6n^2}{4n^2+1}}{\frac{n^3+n}{4n^2+1}}=\frac{12n^3+6n}{n^2+1}$$
$$\therefore \lim_{n\to\infty}\frac{a_n}{n}=\lim_{n\to\infty}\frac{12n^2+6}{n^2+1}=12$$

30 [정답률 18%] 정답 5

Step 1 a_n을 구한다.

$f(x)=x(x-n)(x-3n^2)=x^3-(3n^2+n)x^2+3n^3x$
에서 $f'(x)=3x^2-2(3n^2+n)x+3n^3$
$f'(x)=0$에서 $x=\frac{3n^2+n\pm\sqrt{9n^4-3n^3+n^2}}{3}$ → 근의 공식을 이용했어.
삼차함수 $f(x)$의 최고차항의 계수가 1이므로
$x=\frac{3n^2+n-\sqrt{9n^4-3n^3+n^2}}{3}$에서 극댓값을 갖는다.
$\therefore a_n=\frac{3n^2+n-\sqrt{9n^4-3n^3+n^2}}{3}$
→ 최고차항의 계수가 양수인 삼차함수의 그래프의 개형을 생각해.

Step 2 삼차함수 $y=f(x)$의 그래프를 이용하여 $\frac{a_nb_n}{n^3}$의 식을 구한다.

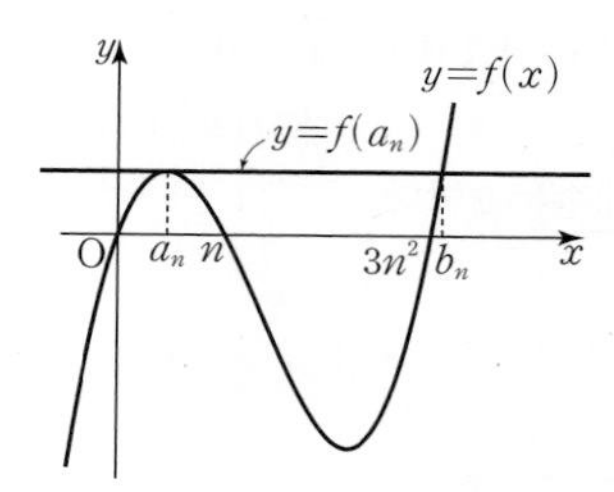

방정식 $f(x)-f(a_n)=0$은 $x=a_n$을 중근으로 가지고, $x=b_n$을 나머지 한 근으로 가지므로
$f(x)-f(a_n)=(x-a_n)^2(x-b_n)$
→ $f(a_n)$은 상수이므로 최고차항의 계수는 $f(x)$의 최고차항의 계수와 같아.
$f(0)=0$이므로 위 식에 $x=0$을 대입하면 $f(a_n)=a_n^2b_n$
$a_n^3-(3n^2+n)a_n^2+3n^3a_n=a_n^2b_n$
$\therefore \frac{a_nb_n}{n^3}=\frac{a_n^2-(3n^2+n)a_n+3n^3}{n^3}$
→ 양변을 n^3a_n으로 나누었어.

Step 3 $\lim_{n\to\infty}\frac{a_n}{n}$의 값을 구한다.

$$\lim_{n\to\infty}\frac{a_n}{n}=\lim_{n\to\infty}\frac{3n^2+n-\sqrt{9n^4-3n^3+n^2}}{3n}$$
$$=\lim_{n\to\infty}\frac{3n+1-\sqrt{9n^2-3n+1}}{3}$$
→ 분모, 분자를 각각 n으로 나누었어.
$$=\lim_{n\to\infty}\frac{(3n+1)^2-(9n^2-3n+1)}{3(3n+1+\sqrt{9n^2-3n+1})}$$
$$=\lim_{n\to\infty}\frac{3n}{3n+1+\sqrt{9n^2-3n+1}}$$
→ 분자의 유리화를 위하여 분모, 분자에 각각 $3n+1+\sqrt{9n^2-3n+1}$을 곱하였어.
$$=\lim_{n\to\infty}\frac{3}{3+\frac{1}{n}+\sqrt{9-\frac{3}{n}+\frac{1}{n^2}}}$$
$$=\frac{1}{2}$$
→ $=\frac{3}{3+0+3}$

Step 4 $\lim_{n\to\infty}\frac{a_nb_n}{n^3}$의 값을 구한다.

$$\lim_{n\to\infty}\frac{a_nb_n}{n^3}=\lim_{n\to\infty}\frac{a_n^2-(3n^2+n)a_n+3n^3}{n^3}$$
$$=\lim_{n\to\infty}\left\{\frac{1}{n}\times\left(\frac{a_n}{n}\right)^2-\frac{3n^2+n}{n^2}\times\frac{a_n}{n}+3\right\}$$
→ $\lim_{n\to\infty}\frac{3n^2+n}{n^2}=3$
$$=0-3\times\frac{1}{2}+3=\frac{3}{2}$$
→ $\lim_{n\to\infty}\frac{1}{n}=0$

따라서 $p=2$, $q=3$이므로 $p+q=5$

기하

23 [정답률 90%]

정답 ③

Step 1 타원의 성질을 이용하여 초점의 좌표를 구한다.

타원 $\frac{x^2}{36}+\frac{y^2}{20}=1$의 두 초점의 좌표를 $(k, 0)$, $(-k, 0)$ $(k>0)$이라 하면

$k^2=36-20=16$ $\therefore k=4$

(타원 $\frac{x^2}{a^2}+\frac{y^2}{b^2}=1$ $(a>b>0)$의 초점의 좌표 $(c, 0)$, $(-c, 0)(c>0)$에 대하여 $c^2=a^2-b^2$)

따라서 선분 FF′의 길이는 $4-(-4)=8$이다.

(중요 타원의 방정식을 알 때 초점의 좌표를 구할 수 있고, 초점의 좌표와 장축의 길이를 알 때 타원의 방정식을 구할 수도 있어야 해.)

알아야 할 기본개념

타원의 방정식

타원의 방정식 $\frac{x^2}{a^2}+\frac{y^2}{b^2}=1$ $(a>0, b>0)$에서

(1) $a>b>0$일 때,
장축의 길이 : $2a$, 단축의 길이 : $2b$
초점의 좌표 : $(c, 0)$, $(-c, 0)$ (단, $c=\sqrt{a^2-b^2}$)

(2) $b>a>0$일 때,
장축의 길이 : $2b$, 단축의 길이 : $2a$
초점의 좌표 : $(0, c)$, $(0, -c)$ (단, $c=\sqrt{b^2-a^2}$)

24 [정답률 86%]

정답 ①

Step 1 주축의 길이가 8임을 이용한다.

쌍곡선의 방정식을 $\frac{x^2}{a^2}-\frac{y^2}{b^2}=1$ $(a>0, b>0)$이라 하면 주축의 길이가 8이므로

$2a=8$ $\therefore a=4$

Step 2 한 점근선의 방정식이 $y=\frac{3}{4}x$임을 이용한다.

한 점근선의 기울기가 $\frac{3}{4}$이므로

$\frac{b}{a}=\frac{3}{4}$ $\therefore b=3$

(쌍곡선 $\frac{x^2}{a^2}-\frac{y^2}{b^2}=1$ $(a>0, b>0)$의 점근선의 방정식은 $y=\pm\frac{b}{a}x$)

따라서 $c^2=a^2+b^2=16+9=25$이므로 양수 c의 값은 5이다.

(쌍곡선 $\frac{x^2}{a^2}-\frac{y^2}{b^2}=1$의 두 초점이 $(c, 0)$, $(-c, 0)$ $(c>a>0)$이면 $c^2=a^2+b^2$)

알아야 할 기본개념

초점이 x축 위에 있는 쌍곡선의 방정식

두 정점 $F(c, 0)$, $F'(-c, 0)$으로부터 거리의 차가 $2a(c>a>0)$인 쌍곡선의 방정식은

$\frac{x^2}{a^2}-\frac{y^2}{b^2}=1$ (단, $b^2=c^2-a^2$)

(1) 주축의 길이 : $2a$

(2) 초점의 좌표 : $F(\sqrt{a^2+b^2}, 0)$, $F'(-\sqrt{a^2+b^2}, 0)$

(3) 꼭짓점의 좌표 : $(a, 0)$, $(-a, 0)$

(4) 점근선의 방정식 : $y=\pm\frac{b}{a}x$

25 [정답률 86%]

정답 ②

Step 1 평행이동을 이용하여 포물선의 방정식을 구한다.

꼭짓점이 원점이고, 준선이 $x=-2$인 포물선의 방정식은 (초점의 좌표는 $(2, 0)$이야.)

$y^2=8x$이다. ($y^2=4\times2\times x$)

구하고자 하는 포물선은 포물선 $y^2=8x$를 x축의 방향으로 -1만큼 평행이동한 것이므로 포물선의 방정식은 $y^2=8(x+1)$, 즉 $y^2=8x+8$

따라서 $a=b=8$이므로 $a+b=16$이다.

26 [정답률 78%]

정답 ④

Step 1 두 선분 AF, AF′의 길이를 각각 구한다.

쌍곡선의 두 초점의 좌표를 $F(c, 0)$, $F'(-c, 0)$ $(c>0)$이라 하면

$c^2=9+16=25$ $\therefore c=5$

(쌍곡선 $\frac{x^2}{a^2}-\frac{y^2}{b^2}=1$의 두 초점의 좌표 $(c, 0)$, $(-c, 0)$ $(c>0)$에 대하여 $c^2=a^2+b^2$)

따라서 $F(5, 0)$, $F'(-5, 0)$이다.

$\overline{AF'}=a$, $\overline{AF}=b$(a, b는 상수)라 하면 쌍곡선의 정의에 의하여

$a-b=6$ …… ㉠

삼각형 AF′F의 둘레의 길이가 24이고, $\overline{FF'}=10$이므로

$a+b=14$ …… ㉡ ($\overline{AF'}+\overline{FF'}+\overline{AF}$)

㉠, ㉡에서 $a=10$, $b=4$

즉, $\overline{AF'}=10$, $\overline{AF}=4$이다.

Step 2 삼각형 AF′F의 넓이를 구한다.

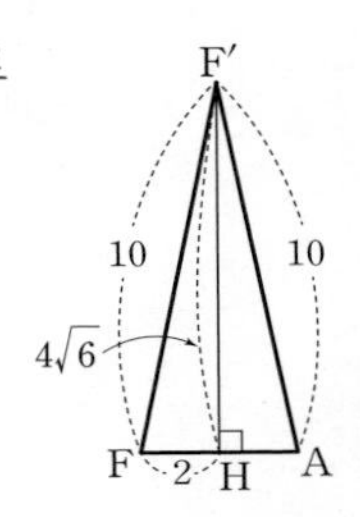

삼각형 AF′F는 $\overline{AF'}=\overline{FF'}$인 이등변삼각형이므로 점 F′에서 선분 FA에 내린 수선의 발을 H라 하면 피타고라스 정리에 의하여

$\overline{F'H}=\sqrt{10^2-2^2}=\sqrt{96}=4\sqrt{6}$

따라서 삼각형 AF′F의 넓이는

$\frac{1}{2}\times4\times4\sqrt{6}=8\sqrt{6}$ (삼각형의 높이)

27 [정답률 69%]

정답 ③

Step 1 포물선의 정의를 이용하여 $\overline{AP}+\overline{PQ}$의 최솟값을 구한다.

포물선 $y^2=4x$의 초점의 좌표는 $F(1, 0)$, ($4\times1\times x$)

준선의 방정식은 $x=-1$이다.

점 P에서 두 직선 $x=-4$, $x=-1$에 내린 수선의 발을 각각 M, N이라 하면

$\overline{PM}=\overline{PN}+\overline{MN}=\overline{PN}+3$ (두 직선 $x=-4$, $x=-1$ 사이의 거리)

포물선의 정의에 의하여 $\overline{PF}=\overline{PN}$이므로

$\overline{AP}+\overline{PQ}\geq\overline{AP}+\overline{PM}$ (선분 PQ의 길이의 최솟값은 선분 PM의 길이와 같아.)

$=\overline{AP}+\overline{PN}+3$

$=\overline{AP}+\overline{PF}+3$

$\geq\overline{AF}+3$

$=16$ ($\sqrt{(6-1)^2+(12-0)^2}=13$)

따라서 $\overline{AP}+\overline{PQ}$의 최솟값은 16이다.

○ 본문 14쪽

28 [정답률 65%]

정답 ⑤

Step 1 포물선의 정의에 의하여 점 P_n의 좌표를 구한다.

포물선 $y^2=2x$의 초점의 좌표는 $F\left(\frac{1}{2}, 0\right)$,
($2x$: $4\times\frac{1}{2}\times x$)

준선의 방정식은 $x=-\frac{1}{2}$이다.

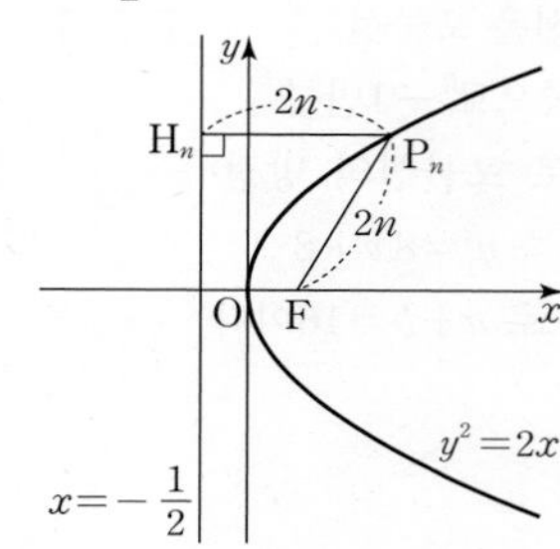

점 P_n에서 준선에 내린 수선의 발을 H_n이라 하면

포물선의 정의에 의하여 $\overline{P_nH_n}=\overline{FP_n}=2n$

따라서 점 P_n의 x좌표는 $2n-\frac{1}{2}$이다.
($x=-\frac{1}{2}$을 기준으로 x축의 양의 방향으로 $2n$만큼 떨어져 있어.)

$y^2=2\left(2n-\frac{1}{2}\right)=4n-1$에서 점 P_n의 y좌표는 $\sqrt{4n-1}$이다.
(점 P_n은 제1사분면에 있으므로 y좌표는 양수)

$\therefore P_n\left(2n-\frac{1}{2}, \sqrt{4n-1}\right)$

Step 2 $\sum_{n=1}^{8}\overline{OP_n}^2$의 값을 구한다.

$$\overline{OP_n}^2=\left(2n-\frac{1}{2}\right)^2+(\sqrt{4n-1})^2$$
$$=4n^2-2n+\frac{1}{4}+4n-1$$
$$=4n^2+2n-\frac{3}{4}$$

$$\therefore \sum_{n=1}^{8}\overline{OP_n}^2=\sum_{n=1}^{8}\left(4n^2+2n-\frac{3}{4}\right)$$
$$=4\sum_{n=1}^{8}n^2+2\sum_{n=1}^{8}n-\sum_{n=1}^{8}\frac{3}{4}$$
$$=4\times\frac{8\times9\times17}{6}+2\times\frac{8\times9}{2}-8\times\frac{3}{4}$$
$$=882$$

($\sum_{k=1}^{n}k^2=\frac{n(n+1)(2n+1)}{6}$, $\sum_{k=1}^{n}c=cn$(단, c는 상수), $\sum_{k=1}^{n}k=\frac{n(n+1)}{2}$)

29 [정답률 55%]

정답 12

Step 1 타원의 성질을 이용한다.

$\overline{PF_3}=a$, $\overline{PF_2}=b$, $\overline{PF_1}=k$라 하면
(타원 위의 점에서 두 초점까지의 거리의 합은 장축의 길이와 같아.)

타원의 성질에 의하여

$b+k=6$ …… ㉠ (타원의 장축의 길이)

Step 2 쌍곡선의 성질을 이용한다.

쌍곡선의 주축의 길이가 $\overline{BO}=3$

이므로 쌍곡선의 성질에 의하여

$a-k=3$ …… ㉡
(쌍곡선 위의 점에서 두 초점까지의 거리의 차는 주축의 길이와 같아.)

㉠, ㉡을 더하면 $a+b=9$

쌍곡선의 두 초점이 F_1, F_3이므로 $\overline{OF_1}=\overline{BF_3}=c$

또한 $\overline{BF_2}=-c-(-3)=3-c$이므로

$\overline{F_3F_2}=\overline{BF_3}+\overline{BF_2}=c+(3-c)=3$

따라서 삼각형 PF_3F_2의 둘레의 길이는

$\overline{PF_3}+\overline{PF_2}+\overline{F_3F_2}=12$ ($a+b=9$)

알아야 할 기본개념

타원의 방정식

타원의 방정식 $\frac{x^2}{a^2}+\frac{y^2}{b^2}=1$ $(a>0, b>0)$에서

(1) $a>b>0$일 때,
장축의 길이 : $2a$, 단축의 길이 : $2b$
초점의 좌표 : $(c, 0)$, $(-c, 0)$ (단, $c=\sqrt{a^2-b^2}$)

(2) $b>a>0$일 때,
장축의 길이 : $2b$, 단축의 길이 : $2a$
초점의 좌표 : $(0, c)$, $(0, -c)$ (단, $c=\sqrt{b^2-a^2}$)

30 [정답률 32%]

정답 15

Step 1 조건 (나)에서 포물선의 정의를 이용한다.

포물선의 정의에 의하여 $\overline{FP}=\overline{PQ}$

조건 (나)에서 $\overline{FP}-\overline{F'Q}=\overline{PQ}-\overline{FF'}$

이므로 $\overline{F'Q}=\overline{FF'}$

두 직선 FF', PQ가 서로 평행하므로 (직선 PQ는 x축과 평행해.)

두 삼각형 PQF, $F'FQ$에서

$\angle PQF=\angle F'FQ$ (엇각)

두 삼각형 PQF, $F'FQ$는 모두

이등변삼각형이므로 $\angle PFQ=\angle PQF=\angle F'FQ=\angle F'QF$이고,

선분 FQ는 공통이므로 두 삼각형 PQF, $F'FQ$는 서로 합동이다. (ASA합동)

$\therefore \overline{FP}=\overline{PQ}=\overline{F'Q}=\overline{FF'}$

Step 2 코사인법칙을 이용하여 c의 값을 구한다.

타원의 장축의 길이가 12이고, (타원의 성질에 의하여 $\overline{FP}+\overline{PF'}=12$)

$\overline{FP}=\overline{FF'}=2c$이므로 $\overline{PF'}=12-2c$

삼각형 PFF'에서 코사인법칙에 의하여

$$\overline{PF'}^2=\overline{FP}^2+\overline{FF'}^2-2\times\overline{FP}\times\overline{FF'}\times\cos(\angle F'FP)$$

$$(12-2c)^2=(2c)^2+(2c)^2-2\times2c\times2c\times\frac{7}{8}$$

$c^2-16c+48=0$, $(c-4)(c-12)=0$

$\therefore c=4$ (장축의 길이가 12이므로 c의 값은 6보다 작아.)

Step 3 k의 값을 구한다.

점 P에서 x축에 내린 수선의 발을

H라 하면 $\overline{FP}=8$이므로 ($2c=2\times4$)

$\overline{FH}=\overline{FP}\times\cos(\angle F'FP)=7$

따라서 점 H의 x좌표는 $4-7=-3$이다.
(점 F의 x좌표는 4이고, 점 H는 점 F로부터 x축의 음의 방향으로 7만큼 떨어져 있어.)

$\overline{PQ}=8$이므로

점 Q의 x좌표는 $-3-8=-11$

$\therefore k=11$

$\therefore c+k=4+11=15$

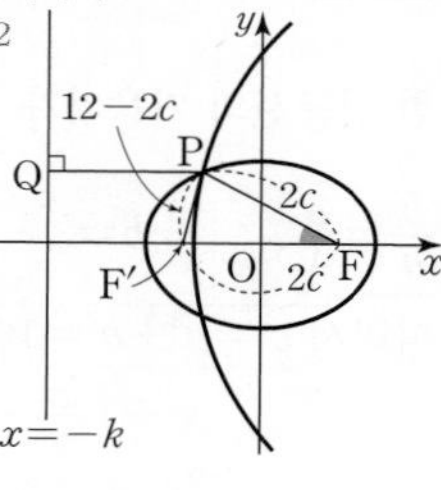

◎ 본문 15쪽

2회 2022학년도 3월 고3 전국연합학력평가 정답과 해설

1	⑤	2	②	3	④	4	④	5	①
6	③	7	②	8	③	9	①	10	⑤
11	⑤	12	③	13	①	14	②	15	④
16	5	17	24	18	105	19	32	20	70
21	12	22	4						

확률과 통계				23	④	24	②	25	⑤
26	①	27	③	28	④	29	65	30	708

미적분				23	②	24	⑤	25	④
26	③	27	①	28	①	29	28	30	80

기하				23	②	24	⑤	25	④
26	③	27	①	28	④	29	128	30	384

01 [정답률 88%]

정답 ⑤

Step 1 지수법칙을 이용한다.

$(3\sqrt{3})^{\frac{1}{3}}\times 3^{\frac{3}{2}}=\left(3^{\frac{3}{2}}\right)^{\frac{1}{3}}\times 3^{\frac{3}{2}}=3^{\frac{1}{2}+\frac{3}{2}}=3^2=9$

↳ $3^{\frac{3}{2}\times\frac{1}{3}}=3^{\frac{1}{2}}$

02 [정답률 93%]

정답 ②

Step 1 다항함수의 미분법을 이용한다.

$f'(x)=3x^2+4x+3$

$f'(-1)=3\times(-1)^2+4\times(-1)+3=2$

03 [정답률 88%]

정답 ④

Step 1 등차수열 $\{a_n\}$의 공차를 d라 할 때 a_4를 a_1, d로 나타낸다.

등차수열 $\{a_n\}$의 공차를 d라 하면

$a_4=a_1+3d=6$ …… ㉠

Step 2 $2a_7=a_{19}$를 이용하여 a_1과 d 사이의 관계식을 구한다.

$2a_7=a_{19}$에서 $2(a_1+6d)=a_1+18d$, $a_1=6d$ …… ㉡

↳ $2a_1+12d=a_1+18d$ $\quad\therefore a_1=6d$

Step 3 ㉠, ㉡을 연립하여 a_1의 값을 구한다.

㉡을 ㉠에 대입하여 풀면

$6d+3d=6$에서 $9d=6$ $\quad\therefore d=\frac{2}{3}$

$\therefore a_1=6d=6\times\frac{2}{3}=4$ (← ㉡)

04 [정답률 86%]

정답 ④

Step 1 함수의 그래프를 이용하여 극한값을 구한다.

$\lim_{x\to -1+}f(x)+\lim_{x\to 1-}f(x)=0+1=1$

05 [정답률 80%]

정답 ①

Step 1 $\cos\theta\tan\theta=\sin\theta$임을 이용한다.

$\cos\theta\tan\theta=\cos\theta\times\frac{\sin\theta}{\cos\theta}=\sin\theta=\frac{1}{2}$

Step 2 $\frac{\pi}{2}<\theta<\pi$, $\sin\theta=\frac{1}{2}$인 θ의 값을 구한다.

$\frac{\pi}{2}<\theta<\pi$이고 $\sin\theta=\frac{1}{2}$이므로 $\theta=\frac{5}{6}\pi$

Step 3 $\cos\theta+\tan\theta$의 값을 구한다.

$$\begin{aligned}\therefore \cos\theta+\tan\theta&=\cos\frac{5}{6}\pi+\tan\frac{5}{6}\pi\\&=\left(-\frac{\sqrt{3}}{2}\right)+\left(-\frac{\sqrt{3}}{3}\right)\\&=\frac{-3\sqrt{3}-2\sqrt{3}}{6}=-\frac{5\sqrt{3}}{6}\end{aligned}$$

06 [정답률 85%]

정답 ③

Step 1 x의 값이 a에서 $a+1$까지 변할 때의 평균변화율이 7임을 이용하여 a의 값을 구한다.

함수 $f(x)$에서 x의 값이 a에서 $a+1$까지 변할 때의 평균변화율이 7이므로

$\frac{f(a+1)-f(a)}{(a+1)-a}=7$

$\{2(a+1)^2-3(a+1)+5\}-(2a^2-3a+5)=7$

$(2a^2+a+4)-(2a^2-3a+5)=7$

$4a-1=7$, $4a=8$ $\quad\therefore a=2$

Step 2 $\lim_{h\to 0}\frac{f(a+2h)-f(a)}{h}=2f'(a)$임을 이용한다.

$f'(x)=4x-3$이므로

$$\begin{aligned}\lim_{h\to 0}\frac{f(a+2h)-f(a)}{h}&=2\lim_{h\to 0}\frac{f(a+2h)-f(a)}{2h}\\&=2f'(a)=2f'(2)\\&=2(4\times 2-3)\\&=10\end{aligned}$$

07 [정답률 78%]

정답 ②

Step 1 접선 l의 방정식을 구한다.

$f(x)=x^2-4x+6$이라 하면 $f'(x)=2x-4$

따라서 접선 l의 방정식은

$y=f'(3)(x-3)+3$ ← $f'(3)=2\times 3-4=2$

$y=2(x-3)+3$

$y=2x-3$ ← $y=2x-6+3$, $y=2x-3$

Step 2 정적분을 이용하여 넓이를 구한다.

따라서 곡선 $y=f(x)$와 직선 l 및 y축으로 둘러싸인 부분의 넓이는

$$\begin{aligned}\int_0^3\{x^2-4x+6-(2x-3)\}dx&=\int_0^3(x^2-6x+9)dx\\&=\left[\frac{1}{3}x^3-3x^2+9x\right]_0^3\\&=9-27+27\\&=9\end{aligned}$$

↳ $0\le x\le 3$에서 $x^2-4x+6\ge 2x-3$

08 [정답률 73%]

정답 ③ 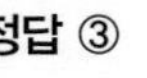

Step 1 곡선 $y=2\cos ax$와 직선 $y=1$이 만나는 두 점의 x좌표를 구한다.

$0\le x\le \frac{2\pi}{a}$에서 곡선 $y=2\cos ax$와 직선 $y=1$이 만나는 교점의 x좌표는 ($\rightarrow 0\le ax<2\pi$)

$2\cos ax=1$, $\cos ax=\frac{1}{2}$

$ax=\frac{\pi}{3}$ 또는 $ax=\frac{5\pi}{3}$

$\therefore x=\frac{\pi}{3a}$ 또는 $x=\frac{5\pi}{3a}$

Step 2 $\overline{\mathrm{AB}}$를 a로 나타낸다.

$\mathrm{A}\left(\frac{\pi}{3a},\ 1\right)$, $\mathrm{B}\left(\frac{5\pi}{3a},\ 1\right)$이므로

$\overline{\mathrm{AB}}=\left|\frac{\pi}{3a}-\frac{5\pi}{3a}\right|=\frac{4\pi}{3a}$ $(\because a>0)$

Step 3 $\overline{\mathrm{AB}}=\frac{8}{3}$임을 이용하여 a의 값을 구한다.

$\overline{\mathrm{AB}}=\frac{8}{3}$에서 $\frac{4\pi}{3a}=\frac{8}{3}$

$\therefore a=\frac{4\pi}{3}\times\frac{3}{8}=\frac{\pi}{2}$

09 [정답률 60%]

정답 ①

Step 1 $\int_0^6 v(t)dt=0$임을 이용한다.

점 P의 위치가 시각 $t=0$일 때와 시각 $t=6$일 때 서로 같으므로 시각 $t=0$에서 $t=6$까지 점 P의 위치의 변화량은 0이다.

$\int_0^6 v(t)dt=0$에서

$\int_0^6 (3t^2+at)dt=\left[t^3+\frac{a}{2}t^2\right]_0^6$

$=216+18a=0$

$\therefore a=-12$

Step 2 $\int_0^6 |v(t)|dt$의 값을 구한다.

$v(t)=3t^2-12t=3t(t-4)$에서

$0\le t\le 4$일 때 $v(t)\le 0$이고, $t>4$일 때 $v(t)>0$이다.

따라서 점 P가 시각 $t=0$에서 $t=6$까지 움직인 거리는

$\int_0^6 |v(t)|dt=\int_0^4 \{-(3t^2-12t)\}dt+\int_4^6 (3t^2-12t)dt$

$=\left[-t^3+6t^2\right]_0^4+\left[t^3-6t^2\right]_4^6$

$=\{(-64+96)-0\}+\{(216-216)-(64-96)\}$

$=32+32$ ($\rightarrow 32-0$, $\rightarrow 0-(-32)$)

$=64$

10 [정답률 59%]

정답 ⑤

Step 1 $f(x)$의 함숫값의 범위를 구한다.

$f(x)=x^2+2x+k=(x+1)^2+k-1$

이므로 함수 $f(x)$는 모든 실수 x에 대하여 $f(x)\ge k-1$

Step 2 함수 $g(x)$의 그래프의 개형을 구한다.

함수 $(g\circ f)(x)=g(f(x))$에서 $f(x)=t$ $(t\ge k-1)$라 하면 함수 $g(t)$는 $t\ge k-1$에서 정의된다.

$g(x)=2x^3-9x^2+12x-2$에서

$g'(x)=6x^2-18x+12=6(x-1)(x-2)$

$g'(x)=0$에서 $x=1$ 또는 $x=2$

$g(1)=2-9+12-2=3$,

$g(2)=16-36+24-2=2$

따라서 함수 $g(x)$는 $x=1$에서 극댓값 3, $x=2$에서 극솟값 2를 가지므로 함수 $y=g(x)$의 그래프의 개형은 다음과 같다.

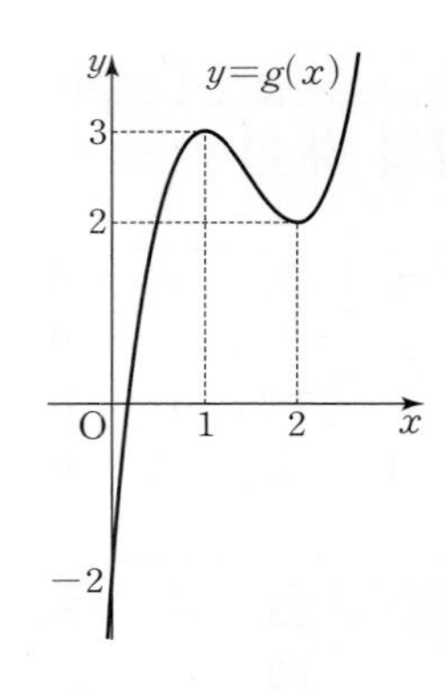

Step 3 방정식 $g(x)=2$를 만족시키는 x의 값을 구한다.

$g(x)=2$에서 $2x^3-9x^2+12x-4=0$ ($\rightarrow$ 함수 $g(x)$는 $x=2$에서 극솟값 2를 갖기 때문이다.)

이때 방정식 $g(x)=2$는 $x=2$를 중근으로 가지므로 조립제법을 이용하여 인수분해하면

$(2x-1)(x-2)^2=0$ $\therefore x=\frac{1}{2}$ 또는 $x=2$

따라서 함수 $g(x)$는 x의 값이 $\frac{1}{2}$ 또는 2일 때 함숫값 2를 갖는다.

Step 4 함수 $g(t)$ $(t\ge k-1)$의 최솟값이 2가 되도록 하는 $k-1$의 값의 범위를 구한다.

함수 $g(t)$ $(t\ge k-1)$의 최솟값이 2가 되도록 하려면 $y=g(t)$의 그래프와 직선 $y=2$는 오른쪽 그림과 같아야 한다.

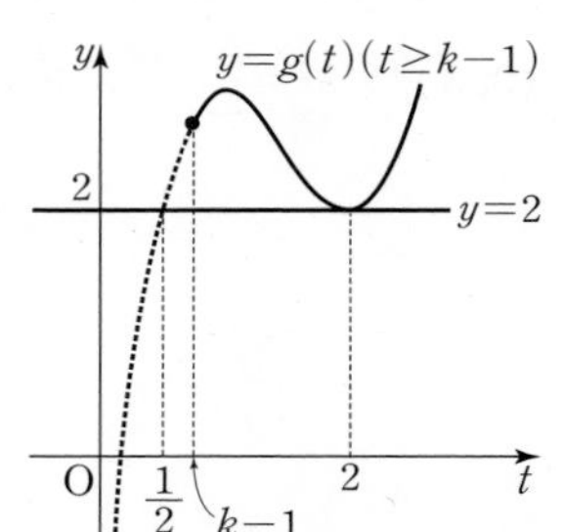

따라서 $\frac{1}{2}\le k-1\le 2$에서 $\frac{3}{2}\le k\le 3$

이므로 k의 최솟값은 $\frac{3}{2}$이다.

11 [정답률 50%]

정답 ⑤

Step 1 세 점 A, B, C의 좌표를 지수로 나타낸다.

점 A의 좌표는 $(k,\ 2^{k-1}+1)$이고 $\overline{\mathrm{AB}}=8$이므로 점 B의 좌표는 $(k,\ 2^{k-1}-7)$ ($\rightarrow$ (점 A의 y좌표)-8)

$\overline{\mathrm{BC}}=2\sqrt{2}$이고 직선 BC의 기울기는 -1이므로 두 점 B, C의 위치 관계는 오른쪽 그림과 같다.

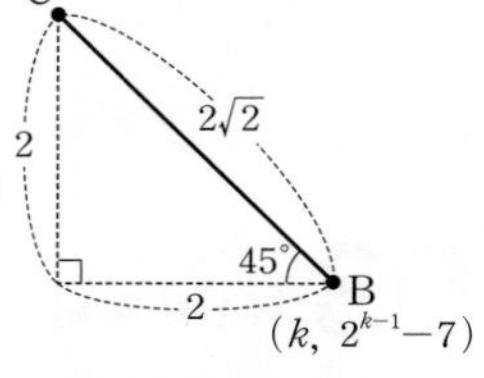

따라서 점 C의 좌표는 $(k-2,\ 2^{k-1}-5)$ ($\rightarrow$ (점 B의 x좌표)-2, (점 B의 y좌표)$+2$ $=(2^{k-1}-7)+2$)

이다.

Step 2 점 C가 곡선 $y=2^{x-1}+1$ 위의 점임을 이용하여 k의 값을 구한다.

점 C가 곡선 $y=2^{x-1}+1$ 위의 점이므로

$2^{k-1}-5=2^{k-3}+1$, $\frac{3}{8}\times 2^k=6$ ($\rightarrow \frac{1}{2}\times 2^k-5=\frac{1}{8}\times 2^k+1$, $\left(\frac{1}{2}-\frac{1}{8}\right)\times 2^k=6$, $\frac{3}{8}\times 2^k=6$)

$2^k=16$ $\therefore k=4$

Step 3 점 B가 곡선 $y=\log_2(x-a)$ 위의 점임을 이용하여 a의 값을 구한다.

따라서 $\mathrm{A}(4,\ 9)$, $\mathrm{B}(4,\ 1)$, $\mathrm{C}(2,\ 3)$이고 점 B가 곡선 $y=\log_2(x-a)$ 위의 점이므로

$1=\log_2(4-a)$, $4-a=2$ $\therefore a=2$

Step 4 점 D의 좌표를 구하고 직선 BD의 기울기와 선분 BD의 길이를 구한다.

점 D는 x축 위의 점이고 곡선 $y=\log_2(x-2)$ 위의 점이므로 점 D의 좌표는 $(3,\ 0)$이다. ($\rightarrow 0=\log_2(x-2)$, $x-2=1$ $\therefore x=3$)

이때 $\mathrm{B}(4,\ 1)$, $\mathrm{D}(3,\ 0)$이므로 직선 BD의 기울기는 1이고 $\overline{\mathrm{BD}}=\sqrt{2}$이다.

Step 5 사각형 ACDB의 넓이를 구한다.

(사각형 ACDB의 넓이)$=\triangle\mathrm{ABC}+\triangle\mathrm{CBD}$ ($\rightarrow$ 직선 BC의 기울기가 -1이고, 직선 BD의 기울기가 1이므로 $\overline{\mathrm{BC}}\perp\overline{\mathrm{BD}}$, 즉 $\triangle\mathrm{CBD}$는 직각삼각형이다.)

$=\frac{1}{2}\times 8\times 2+\frac{1}{2}\times 2\sqrt{2}\times\sqrt{2}$ ($\rightarrow \overline{\mathrm{AB}}$, $\rightarrow \frac{1}{2}\times\overline{\mathrm{BC}}\times\overline{\mathrm{BD}}$)

$=8+2$

$=10$

($\triangle\mathrm{ABC}$에서 $\overline{\mathrm{AB}}$를 밑변으로 하면 높이는 점 C와 직선 AB 사이의 거리이므로 2이다.)

12 [정답률 50%]

정답 ③

Step 1 함수 $h(x)$가 $x=2$에서 연속임을 이용하여 $g(2)$의 값을 구한다.

함수 $h(x)$가 실수 전체의 집합에서 연속이므로 함수 $h(x)$는 $x=2$에서 연속이어야 한다.

$$\lim_{x\to 2-}\frac{g(x)}{f(x)}=\lim_{x\to 2+}\frac{g(x)}{f(x)},\ \lim_{x\to 2-}\frac{g(x)}{x^2-4x+3}=\lim_{x\to 2+}\frac{g(x)}{-x^2+ax}$$

에서

→ $g(x)$는 삼차함수, 즉 다항함수이므로 $x=2$에서 연속이다.

따라서 $\lim_{x\to 2+}g(x)=\lim_{x\to 2-}g(x)=g(2)$

$\frac{g(2)}{-1}=\frac{g(2)}{-4+2a}$이므로 $g(2)=0$ 또는 $-1=-4+2a$

→ $2a=3$, $a=\frac{3}{2}$이므로 $a>2$를 만족시키지 않는다.

$\therefore g(2)=0$

Step 2 함수 $h(x)$가 $x=1$, $x=a$에서 연속임을 이용하여 $g(1)$, $g(a)$의 값을 구한다.

함수 $h(x)$는 실수 전체의 집합에서 연속이므로 함수 $h(x)$는 $x=1$, $x=a$에서 연속이어야 한다.

$\lim_{x\to 1}\frac{g(x)}{f(x)}=h(1)$에서 $\lim_{x\to 1}f(x)=\lim_{x\to 1}(x^2-4x+3)=0$

→ $1-4+3=0$

$\therefore \lim_{x\to 1}g(x)=g(1)=0$

$\lim_{x\to a}\frac{g(x)}{f(x)}=h(a)$에서 $\lim_{x\to a}f(x)=\lim_{x\to a}(-x^2+ax)=0$

→ $-a^2+a^2=0$

→ $a>2$이므로 $f(x)=-x^2+ax$

$\therefore \lim_{x\to a}g(x)=g(a)=0$

따라서 $g(1)=g(2)=g(a)=0$이고 $g(x)$는 최고차항의 계수가 1인 삼차함수이므로 $g(x)=(x-1)(x-2)(x-a)$

Step 3 $h(1)$, $h(a)$를 각각 a로 나타낸다.

$$h(1)=\lim_{x\to 1}\frac{g(x)}{f(x)}=\lim_{x\to 1}\frac{(x-1)(x-2)(x-a)}{x^2-4x+3}$$

→ $(x-1)(x-3)$

$$=\lim_{x\to 1}\frac{(x-2)(x-a)}{x-3}=\frac{1-a}{2}$$

$$h(a)=\lim_{x\to a}\frac{g(x)}{f(x)}=\lim_{x\to a}\frac{(x-1)(x-2)(x-a)}{-x^2+ax}$$

→ $-x(x-a)$

$$=\lim_{x\to a}\frac{(x-1)(x-2)}{-x}=-\frac{(a-1)(a-2)}{a}$$

Step 4 $h(1)=h(a)$임을 이용하여 a의 값을 구한다.

조건 (나)에서 $h(1)=h(a)$이므로

$\frac{1-a}{2}=-\frac{(a-1)(a-2)}{a}$, $a^2-5a+4=0$

→ $-a(1-a)=2(a-1)(a-2)$, $a^2-a=2a^2-6a+4$, $a^2-5a+4=0$

$(a-1)(a-4)=0$ → $a=1$ 또는 $a=4$

$\therefore a=4\ (\because a>2)$

Step 5 $h(1)+h(3)$의 값을 구한다.

$h(1)=\frac{1-a}{2}=-\frac{3}{2}$

→ $\frac{(x-1)(x-2)(x-4)}{-x^2+4x}$에 $x=3$을 대입

$h(3)=\frac{g(3)}{f(3)}=\frac{2\times1\times(-1)}{-9+12}=-\frac{2}{3}$

$\therefore h(1)+h(3)=-\frac{3}{2}+\left(-\frac{2}{3}\right)=-\frac{13}{6}$

→ $x>2$에서 $h(x)=-\frac{(x-1)(x-2)}{x}$이므로 양변에 $x=3$을 대입하여 구할 수도 있다.

13 [정답률 34%]

정답 ①

Step 1 등차수열 $\{a_n\}$의 공차를 d라 하고 d의 값의 범위를 파악한다.

수열 $\{a_n\}$의 공차를 d라 하자. 이때 수열 $\{a_n\}$의 첫째항이 양수이므로 $d\geq0$이면 $|S_3|=|S_6|$을 만족시키지 않는다.

$\therefore d<0$

→ 첫째항이 양수이고 $d\geq0$이면 $a_n>0$이다. 따라서 $|S_3|=|S_6|$을 만족시킬 수 없다.

Step 2 $|S_3|=|S_6|$에서 $S_3=S_6$인 경우와 $S_3=-S_6$인 경우로 나누어 공차 d와 첫째항 a_1을 구한다.

$|S_3|=|S_6|$에서 $S_3=S_6$ 또는 $S_3=-S_6$

(i) $S_3=S_6$인 경우

$\frac{3(2a_1+2d)}{2}=\frac{6(2a_1+5d)}{2}$, $3a_1+3d=6a_1+15d$

$\therefore a_1=-4d$

이때 $S_3=\frac{3(-8d+2d)}{2}=-9d>0$이고,

→ $d<0$이므로 $-9d>0$

$S_{11}=\frac{11(2a_1+10d)}{2}=\frac{11(-8d+10d)}{2}=11d<0$이므로

→ $d<0$이므로 $11d<0$

$|S_3|=|S_{11}|-3$에서 $-9d=-11d-3$ $\quad\therefore d=-\frac{3}{2}$

→ $S_3=-S_{11}-3$이므로 $-9d=-11d-3$

$\therefore a_1=-4\times\left(-\frac{3}{2}\right)=6$

(ii) $S_3=-S_6$인 경우

$\frac{3(2a_1+2d)}{2}=-\frac{6(2a_1+5d)}{2}$, $3a_1+3d=-6a_1-15d$

$\therefore a_1=-2d$

이때 $S_3=\frac{3(-4d+2d)}{2}=-3d>0$이고,

→ $d<0$이므로 $-3d>0$

$S_{11}=\frac{11(-4d+10d)}{2}=33d<0$이므로

→ $d<0$이므로 $33d<0$

$|S_3|=|S_{11}|-3$에서 $-3d=-33d-3$ $\quad\therefore d=-\frac{1}{10}$

→ $S_3=-S_{11}-3$이므로 $-3d=-33d-3$

$\therefore a_1=-2\times\left(-\frac{1}{10}\right)=\frac{1}{5}$

Step 3 모든 수열 $\{a_n\}$의 첫째항의 합을 구한다.

(i), (ii)에서 모든 수열 $\{a_n\}$의 첫째항의 합은 $6+\frac{1}{5}=\frac{31}{5}$

14 [정답률 29%]

정답 ②

Step 1 $k=0$일 때, $h_1(x)=f(x)+g(x)$라 하고 $h_1(x)=0$의 근을 판별하여 ㄱ의 참, 거짓을 판별한다.

ㄱ. $k=0$일 때, $f(x)+g(x)=h_1(x)$라 하면

$h_1(x)=x^3+6+2x^2-2=x^3+2x^2+4$

$h_1'(x)=3x^2+4x$

$h_1'(x)=0$에서 $x(3x+4)=0$

$\therefore x=0$ 또는 $x=-\frac{4}{3}$

따라서 함수 $h_1(x)$는 $x=-\frac{4}{3}$에서 극대, $x=0$에서 극소이고 $h_1(0)=4>0$이므로 방정식 $h_1(x)=0$은 오직 하나의 실근을 갖는다. (참)

Step 2 $f(x)-g(x)=0$을 변형하여 $h_2(x)=x^3-2x^2+8$로 놓고 곡선 $y=h_2(x)$와 직선 $y=kx$ 사이의 위치 관계를 이용하여 ㄴ의 참, 거짓을 판별한다.

ㄴ. $f(x)-g(x)=0$에서 $x^3-kx+6-(2x^2-2)=0$

$x^3-2x^2+8=kx$

$h_2(x)=x^3-2x^2+8$이라 하자.

방정식 $f(x)-g(x)=0$이 서로 다른 두 실근을 가지려면 곡선 $y=h_2(x)$와 직선 $y=kx$가 서로 다른 두 점에서 만나야 한다.

따라서 직선 $y=kx$는 곡선 $y=h_2(x)$에 접해야 한다.

직선 $y=kx$와 곡선 $y=h_2(x)$의 접점의 좌표를 $(a,\ a^3-2a^2+8)$이라 하면 접선의 방정식은 $y-(a^3-2a^2+8)=(3a^2-4a)(x-a)$

→ $h_2'(x)=3x^2-4x$이므로 $h_2'(a)=3a^2-4a$

$y=kx$에서 이 접선이 원점을 지나므로

$-(a^3-2a^2+8)=-a(3a^2-4a)$

$-a^3+2a^2-8=-3a^3+4a^2$

$2a^3-2a^2-8=0$, $a^3-a^2-4=0$

$(a-2)(a^2+a+2)=0$ $\quad\therefore a=2$

→ 판별식 $D=1^2-4\times2<0$이므로 실근이 존재하지 않는다.

k의 값은 접선의 기울기이므로

$k=h_2'(a)=h_2'(2)=3\times2^2-4\times2=4$ (참)

→ $12-8=4$

Step 3 $|f(x)|=g(x)$에서 $g(x)\geq 0$인 x의 값의 범위를 구하고 두 함수 $h_1(x)$, $h_2(x)$의 그래프를 이용하여 ㄷ의 참, 거짓을 판별한다.

ㄷ. $|f(x)|=g(x)$에서 $g(x)\geq 0$이므로

$2x^2-2\geq 0$ $\quad\therefore x\leq -1$ 또는 $x\geq 1$

$|f(x)|=g(x)$에서 $f(x)=g(x)$ 또는 $f(x)=-g(x)$

따라서 주어진 방정식의 해는 $x\leq -1$ 또는 $x\geq 1$의 범위에서 방정식 $f(x)=g(x)$ 또는 $f(x)=-g(x)$를 만족시키는 x의 값이다.

$f(x)=-g(x)$에서 $x^3-kx+6=-2x^2+2$

$\therefore x^3+2x^2+4=kx$

$f(x)=g(x)$에서 $x^3-kx+6=2x^2-2$

$\therefore x^3-2x^2+8=kx$

따라서 $h_1(x)=x^3+2x^2+4$, $h_2(x)=x^3-2x^2+8$이라 하면 주어진 방정식의 실근의 개수는 $x\leq -1$ 또는 $x\geq 1$에서 두 곡선 $y=h_1(x)$, $y=h_2(x)$와 직선 $y=kx$의 교점의 개수와 같다.

$x\leq -1$, $x\geq 1$에서 두 함수 $y=h_1(x)$, $y=h_2(x)$의 그래프의 개형은 오른쪽 그림과 같다.

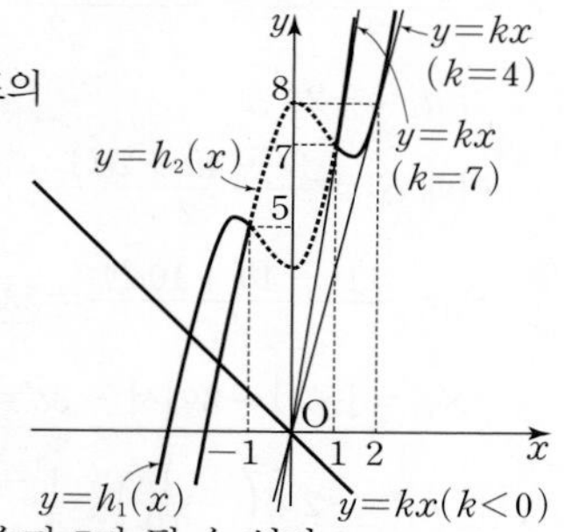

$h_1(-1)=h_2(-1)=5$,

$h_1(1)=h_2(1)=7$

원점을 지나는 직선 $y=kx$는 $k<0$일 때, $x\leq -1$ 또는 $x\geq 1$에서 두 곡선 $y=h_1(x)$, $y=h_2(x)$와 만나는 교점의 개수가 5가 될 수 없다.

원점을 지나는 직선 $y=kx$는 $k=4$일 때, $x=2$에서 $y=h_2(x)$와 접하므로($\because$ ㄴ) $x\leq -1$ 또는 $x\geq 1$에서 두 곡선 $y=h_1(x)$, $y=h_2(x)$와 서로 다른 세 점에서 만난다. ($x\leq -1$에서 두 점, $x\geq 1$에서 한 점에서 만난다.)

또한 $0\leq k<4$일 때, 직선 $y=kx$는 $x\leq -1$ 또는 $x\geq 1$에서 두 곡선 $y=h_1(x)$, $y=h_2(x)$와 서로 다른 두 점에서 만난다.

한편, 원점과 점 $(1, 7)$을 지나는 직선 $y=7x$는 $x=1$에서 함수 $y=h_1(x)$의 그래프와 접한다. ($h_1'(1)=7$)

따라서 $k>4$일 때, 직선 $y=kx$는 $x\leq -1$ 또는 $x\geq 1$에서 두 곡선 $y=h_1(x)$, $y=h_2(x)$와 서로 다른 네 점에서 만난다. 따라서 방정식 $|f(x)|=g(x)$의 서로 다른 실근의 개수는 5가 될 수 없다. (거짓)

따라서 옳은 것은 ㄱ, ㄴ이다.

(위에서 정의한 $h_2(x)$가 ㄴ의 $h_2(x)$와 같다.)

15 [정답률 51%]

정답 ④

Step 1 코사인법칙을 이용하여 두 선분 BD, CD의 길이를 구한다.

삼각형 ABD에서 코사인법칙에 의해

$\overline{BD}^2=\overline{AB}^2+\overline{AD}^2-2\times\overline{AB}\times\overline{AD}\times\cos(\angle BAD)$, ($\cos\frac{\pi}{3}=\frac{1}{2}$)

$\overline{BD}^2=2^2+3^2-2\times 2\times 3\times\frac{1}{2}$, $\overline{BD}^2=7$

$\therefore \overline{BD}=\sqrt{7}$ ($\because \overline{BD}>0$)

사각형 ABCD가 원에 내접하므로

$\angle BAD+\angle BCD=\pi$ $\quad\therefore \angle BCD=\pi-\frac{\pi}{3}=\frac{2}{3}\pi$

삼각형 BCD에서 코사인법칙에 의해

$\overline{BD}^2=\overline{BC}^2+\overline{CD}^2-2\times\overline{BC}\times\overline{CD}\times\cos(\angle BCD)$

$7=2^2+\overline{CD}^2-2\times 2\times\overline{CD}\times\left(-\frac{1}{2}\right)$, ($\cos\frac{2}{3}\pi=-\frac{1}{2}$)

$\overline{CD}^2+2\overline{CD}-3=0$, $(\overline{CD}+3)(\overline{CD}-1)=0$

$\therefore \overline{CD}=$ (가) 1 ($\because \overline{CD}>0$)

Step 2 삼각형 EAB와 삼각형 ECD가 닮음임을 이용하여 선분 ED의 길이를 구한다.

삼각형 EAB와 삼각형 ECD에서 $\angle AEB$는 공통, $\angle EAB=\angle ECD$이므로 $\triangle EAB \backsim \triangle ECD$ (AA 닮음)

($\overline{EB}=\overline{BC}+\overline{EC}$에서 $\overline{EB}=2+\overline{EC}$, $\overline{EA}=\overline{AD}+\overline{ED}$에서 $\overline{EA}=3+\overline{ED}$)

따라서 $\frac{\overline{AB}}{\overline{CD}}=\frac{\overline{EB}}{\overline{ED}}=\frac{\overline{EA}}{\overline{EC}}$에서 $\frac{2}{1}=\frac{2+\overline{EC}}{\overline{ED}}=\frac{3+\overline{ED}}{\overline{EC}}$

$2\overline{ED}=2+\overline{EC}$에서 $\overline{EC}=2\overline{ED}-2$ ⋯⋯ ㉠

$2\overline{EC}=3+\overline{ED}$에 ㉠을 대입하면

$2(2\overline{ED}-2)=3+\overline{ED}$, $3\overline{ED}=7$

$\therefore \overline{ED}=$ (나) $\frac{7}{3}$

Step 3 삼각형 ECD에서 사인법칙을 이용하여 $\sin\theta$의 값을 구한다.

삼각형 ECD에서 사인법칙에 의하여

$\frac{\overline{CD}}{\sin\theta}=\frac{\overline{ED}}{\sin\frac{\pi}{3}}$, $\frac{1}{\sin\theta}=\frac{\frac{7}{3}}{\frac{\sqrt{3}}{2}}$

$\therefore \sin\theta=$ (다) $\frac{3\sqrt{3}}{14}$

Step 4 $(p+q)\times r$의 값을 구한다.

$p=1$, $q=\frac{7}{3}$, $r=\frac{3\sqrt{3}}{14}$이므로

$(p+q)\times r=\left(1+\frac{7}{3}\right)\times\frac{3\sqrt{3}}{14}=\frac{10}{3}\times\frac{3\sqrt{3}}{14}=\frac{5\sqrt{3}}{7}$

16 [정답률 71%]

정답 5

Step 1 $\frac{\log_a c}{\log_a b}=\log_b c$임을 이용한다.

$\frac{\log_5 72}{\log_5 2}-4\log_2\frac{\sqrt{6}}{2}=\log_2 72-\log_2\left(\frac{\sqrt{6}}{2}\right)^4$

$=\log_2 72-\log_2\frac{36}{16}$

$=\log_2\left(72\times\frac{16}{36}\right)$ (→ 32)

$=\log_2 2^5=5$

17 [정답률 50%]

정답 24

Step 1 $-3\leq x\leq -2$에서 $2x^3+6|x|=2x^3-6x$임을 이용한다.

$\int_{-3}^{2}(2x^3+6|x|)dx-\int_{-3}^{-2}(2x^3-6x)dx$

$=\int_{-3}^{-2}(2x^3-6x)dx+\int_{-2}^{2}(2x^3+6|x|)dx-\int_{-3}^{-2}(2x^3-6x)dx$ ($-3\leq x\leq -2$에서 $2x^3+6|x|=2x^3-6x$)

$=\int_{-2}^{2}(2x^3+6|x|)dx$

$=\int_{-2}^{2}2x^3dx+\int_{-2}^{2}6|x|dx$

$=0+2\int_{0}^{2}6xdx$

$=2\left[3x^2\right]_0^2=24$ ($2(3\times 2^2-0)=2\times 12=24$)

18 [정답률 51%]

정답 105

Step 1 $\sum_{k=1}^{5}2^{k-1}$, $\sum_{k=1}^{n}(2k-1)$, $\sum_{k=1}^{5}(2\times 3^{k-1})$의 값을 각각 구한다.

$\sum_{k=1}^{5}2^{k-1}=\frac{1\times(2^5-1)}{2-1}=31$

$\sum_{k=1}^{n}(2k-1)=2\times\frac{n(n+1)}{2}-n=n^2+n-n=n^2$

$\sum_{k=1}^{5}(2\times 3^{k-1})=\frac{2\times(3^5-1)}{3-1}=242$

Step 2 $31<n^2<242$를 만족시키는 자연수 n의 값의 범위를 구하고 모든 자연수 n의 값의 합을 구한다.

주어진 부등식은 $31<n^2<242$이므로 $6\leq n\leq 15$ ($6^2=36$, $15^2=225$)

따라서 모든 자연수 n의 값의 합은 $\frac{10\times(6+15)}{2}=5\times 21=105$

(6부터 15까지 자연수의 개수는 $15-6+1=10$)

19 [정답률 62%] 정답 32

Step 1 $f(x)=3x^4-4x^3-12x^2+k$라 하고 함수 $f(x)$의 최솟값을 구한다.

부등식 $3x^4-4x^3-12x^2+k\geq 0$에서 $f(x)=3x^4-4x^3-12x^2+k$라 하면

$f'(x)=12x^3-12x^2-24x=12x(x+1)(x-2)$

$f'(x)=0$에서 $x=-1$ 또는 $x=0$ 또는 $x=2$

따라서 함수 $f(x)$는 $x=-1$, $x=2$에서 극소이고, $x=0$에서 극대이다.

$f(-1)=3-4\times(-1)-12+k=k-5$

$f(2)=3\times16-4\times8-12\times4+k=k-32$

즉, $f(-1)>f(2)$이므로 함수 $f(x)$의 최솟값은 $f(2)=k-32$

Step 2 $f(2)\geq 0$을 만족하는 k의 최솟값을 구한다.

모든 실수 x에 대하여 주어진 부등식이 항상 성립하려면 $f(2)\geq 0$이어야 하므로

$k-32\geq 0$ $\therefore k\geq 32$

따라서 실수 k의 최솟값은 32이다.

20 [정답률 68%] 정답 70

Step 1 주어진 조건을 만족시키도록 a_6의 값을 a_1로 나타낸다.

$1<a_1<2$이므로 $a_2=a_1-2$ ($\because a_1\geq 0$)

$a_2=a_1-2<0$이므로 $a_3=-2a_2=-2(a_1-2)$

$a_3=-2(a_1-2)>0$이므로 → $1-2<a_1-2<2-2$, $-1<a_1-2<0$

$a_4=a_3-2=-2a_1+4-2=-2(a_1-1)$

$a_4=-2(a_1-1)<0$이므로 $a_5=-2a_4=4(a_1-1)$

$a_5=4(a_1-1)>0$이므로

$a_6=a_5-2=4a_1-4-2=4a_1-6$ …… ㉠

Step 2 $a_7=-1$임을 이용하여 a_6의 값의 범위를 파악한다.

$a_6<0$이면 $a_7=-2a_6>0$이므로 $a_7=-1$을 만족시키지 않는다.

$\therefore a_6\geq 0$

따라서 $a_7=a_6-2$이므로 ㉠을 대입하면

$-1=(4a_1-6)-2$, $4a_1=7$

$\therefore a_1=\frac{7}{4}$

Step 3 $40\times a_1$의 값을 구한다.

$\therefore 40\times a_1=40\times\frac{7}{4}=70$

21 [정답률 19%] 정답 12

Step 1 점 A를 직선 $y=x$에 대하여 대칭이동한 점을 B라 하고 a, b 사이의 관계식을 구한다.

조건 (가)에서 점 $\mathrm{A}(a, b)$가 곡선 $y=\log_2(x+2)+k$ 위의 점이므로

$b=\log_2(a+2)+k$ …… ㉠

점 A를 직선 $y=x$에 대하여 대칭이동한 점을 B라 하면 점 B의 좌표는 (b, a)이다.

조건 (나)에서 점 $\mathrm{B}(b, a)$가 곡선 $y=4^{x+k}+2$ 위의 점이므로

$a=4^{b+k}+2$ …… ㉡

Step 2 ㉠, ㉡을 연립하여 지수방정식을 구한다.

㉠에서 $\log_2(a+2)=b-k$, $a+2=2^{b-k}$

$\therefore a=2^{b-k}-2$ …… ㉢

㉡, ㉢에서 $4^{b+k}+2=2^{b-k}-2$

$4^k\times4^b-2^{-k}\times2^b+4=0$ …… ㉣

Step 3 $2^b=t$ $(t>0)$라 하고 이차방정식의 판별식을 이용하여 k의 값을 구한다.

$2^b=t$ $(t>0)$라 하면 ㉣에서

$4^k\times t^2-2^{-k}\times t+4=0$ …… ㉤

이때 점 $\mathrm{A}(a, b)$가 오직 하나 존재하므로 t에 대한 이차방정식 ㉤은 오직 하나의 양의 실근을 갖는다. 즉, 중근을 가지므로 이차방정식 ㉤의 판별식을 D라 하면

$D=(-2^{-k})^2-4\times4^k\times4=0$

$4^{-k}-4^{k+2}=0$, $4^{-k}=4^{k+2}$

$-k=k+2$, $2k=-2$ $\therefore k=-1$

Step 4 a, b의 값을 구한다.

$k=-1$이므로 ㉣에서

$\frac{1}{4}\times4^b-2\times2^b+4=0$, $\frac{1}{4}(2^b-4)^2=0$

$2^b-4=0$, $2^b=4$ $\therefore b=2$

㉡에서 $a=4^{2+(-1)}+2=6$

$\therefore a\times b=6\times2=12$

22 [정답률 6%] 정답 4

Step 1 조건 (가)의 식에 $x=2a$를 대입하여 삼차함수 $g(x)$의 식을 유추한다.

조건 (가)에서 $x|g(x)|=\int_{2a}^{x}(a-t)f(t)dt$에 $x=2a$를 대입하면

$2a|g(2a)|=0$ → $2a|g(2a)|=0$에서 $2a\neq0$이므로 $g(2a)=0$

$2a>0$이므로 $g(2a)=0$ → 양의 상수 a

$g(x)$는 최고차항의 계수가 1이고 상수항이 0이며 $g(2a)=0$인 삼차함수이므로

$g(x)=x(x-2a)(x-b)$ (b는 실수) …… ㉠

의 꼴이어야 한다.

Step 2 실수 전체의 집합에서 연속인 함수 $f(x)$에 대하여 함수 $(a-x)f(x)$가 연속이므로 함수 $x|g(x)|$가 $x=2a$에서 미분가능함을 이용한다.

함수 $f(x)$가 실수 전체의 집합에서 연속이므로 함수 $(a-x)f(x)$도 실수 전체의 집합에서 연속이다. 따라서 $\int_{2a}^{x}(a-t)f(t)dt$, 즉 함수 $x|g(x)|$는 실수 전체의 집합에서 미분가능하므로 $x=2a$에서도 미분가능하다.

$$\lim_{x\to2a+}\frac{x|g(x)|-2a|g(2a)|}{x-2a}=\lim_{x\to2a-}\frac{x|g(x)|-2a|g(2a)|}{x-2a}$$ ($|g(2a)|=0$)

$$\lim_{x\to2a+}\frac{x|x(x-2a)(x-b)|}{x-2a}=\lim_{x\to2a-}\frac{x|x(x-2a)(x-b)|}{x-2a}$$

$$\lim_{x\to2a+}x^2|x-b|=\lim_{x\to2a-}(-x^2|x-b|)$$

$4a^2|2a-b|=-4a^2|2a-b|$

$8a^2|2a-b|=0$에서 $a>0$이므로 $2a-b=0$

$\therefore b=2a$

따라서 ㉠에 $b=2a$를 대입하면 $g(x)=x(x-2a)^2$ …… ㉡

Step 3 함수 $f(x)$를 구한다.

$x\geq0$일 때 $g(x)\geq0$이고, $x<0$일 때 $g(x)<0$이므로 조건 (가)에서

$$\int_{2a}^{x}(a-t)f(t)dt=\begin{cases}-x^2(x-2a)^2 & (x<0)\\ x^2(x-2a)^2 & (x\geq0)\end{cases}$$ $x|g(x)|=\begin{cases}-xg(x) & (x<0)\\ xg(x) & (x\geq0)\end{cases}$

이때 양변을 x에 대하여 미분하면

$x<0$일 때,

$(a-x)f(x)=-2x(x-2a)^2-2x^2(x-2a)$

$=-2x(x-2a)(x-2a+x)$

$=-4x(x-a)(x-2a)$ → $2x-2a=2(x-a)$

$x\geq0$일 때,

$(a-x)f(x)=2x(x-2a)^2+2x^2(x-2a)$

$=2x(x-2a)(x-2a+x)$

$=4x(x-a)(x-2a)$

즉, $(a-x)f(x)=\begin{cases}-4x(x-a)(x-2a) & (x<0)\\ 4x(x-a)(x-2a) & (x\geq0)\end{cases}$

$\therefore f(x)=\begin{cases}4x(x-2a) & (x<0)\\ -4x(x-2a) & (x\geq0)\end{cases}$

Step 4 방정식 $g(f(x))=0$의 서로 다른 실근이 4개가 되도록 하는 함수 $y=f(x)$의 그래프의 조건을 파악한다.

㉡에서 $g(0)=0$ 또는 $g(2a)=0$이므로 조건 (나)의 방정식 $g(f(x))=0$을 만족시키는 $f(x)$는 $f(x)=0$ 또는 $f(x)=2a$

이때 함수 $y=f(x)$의 그래프는 오른쪽 그림과 같으므로 방정식 $f(x)=0$의 해는 $x=0$ 또는 $x=2a$로 서로 다른 두 실근을 갖는다.

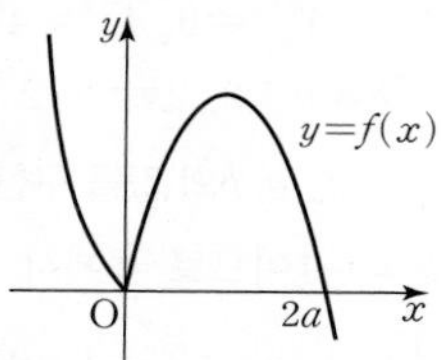

따라서 조건 (나)를 만족하기 위해서는 방정식 $f(x)=2a$가 서로 다른 두 실근을 가져야 한다.

즉, 곡선 $y=f(x)$와 직선 $y=2a$가 서로 다른 두 점에서 만나야 한다.

오른쪽 그림과 같이 함수 $y=-4x(x-2a)$의 꼭짓점의 y좌표가 $2a$이어야 하므로 $f(a)=2a$에서

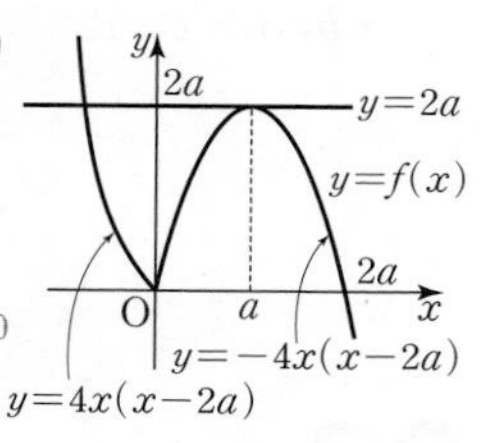

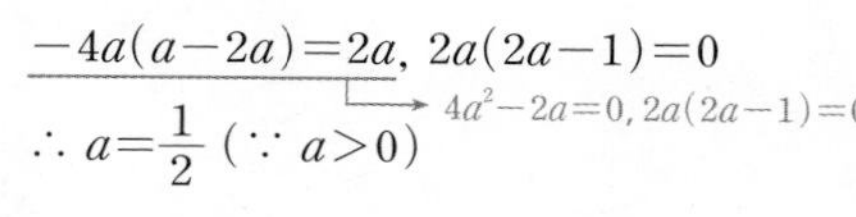

$-4a(a-2a)=2a$, $2a(2a-1)=0$ ← $4a^2-2a=0$, $2a(2a-1)=0$

$\therefore a=\frac{1}{2}$ ($\because a>0$)

Step 5 $\int_{-2a}^{2a} f(x)dx$의 값을 구한다.

$\int_{-2a}^{2a} f(x)dx$

$=\int_{-1}^{1} f(x)dx=\int_{-1}^{0} 4x(x-1)dx+\int_{0}^{1}\{-4x(x-1)\}dx$ ← $\int_{-1}^{0}(4x^2-4x)dx$, $\int_{0}^{1}(-4x^2+4x)dx$

$=\left[\frac{4}{3}x^3-2x^2\right]_{-1}^{0}+\left[-\frac{4}{3}x^3+2x^2\right]_{0}^{1}$

$=4$ ← $0-\left(-\frac{10}{3}\right)=\frac{10}{3}$, $\frac{2}{3}-0=\frac{2}{3}$

확률과 통계

23 [정답률 89%]

정답 ④

Step 1 ${}_n\Pi_r=n^r$임을 이용한다.

${}_3\Pi_4=3^4=81$

24 [정답률 77%]

정답 ②

Step 1 일의 자리의 수가 1, 3인 경우로 나누어 경우의 수를 구한다.

(i) 일의 자리의 수가 1인 경우의 수는 $\frac{5!}{3!}=20$
→ 1, 2, 2, 2, 3을 일렬로 나열하는 경우의 수

(ii) 일의 자리의 수가 3인 경우의 수는 $\frac{5!}{2!3!}=10$
→ 1, 1, 2, 2, 2를 일렬로 나열하는 경우의 수

따라서 (i), (ii)에서 구하는 경우의 수는 $20+10=30$

25 [정답률 80%]

정답 ⑤

Step 1 A 학교 학생 5명을 원 모양의 탁자에 배열하는 원순열을 구한다.

A 학교 학생 5명을 우선 원 모양의 탁자에 앉히는 경우의 수는

$(5-1)!=4!=24$ → $4\times3\times2\times1=24$

Step 2 A 학교 학생 5명 사이의 다섯 자리 중 두 자리에 B 학교 학생 2명을 배열하는 경우의 수를 구한다.

A 학교 학생 5명 사이에 B 학교 학생 2명을 앉히는 경우의 수는

${}_5P_2=5\times4=20$ → 다섯 자리

Step 3 전체 경우의 수를 구한다.

따라서 구하는 경우의 수는 $24\times20=480$

26 [정답률 81%]

정답 ①

Step 1 A 지점에서 P 지점까지 최단 거리로 가는 경우의 수를 구한다.

A 지점에서 출발하여 P 지점까지 최단 거리로 가는 경우의 수는

$\frac{5!}{2!3!}=\frac{5\times4\times3\times2\times1}{(2\times1)\times(3\times2\times1)}=10$ ← $(2+3)!$

Step 2 P 지점에서 B 지점까지 최단 거리로 가는 경우의 수를 구한다.

P 지점에서 출발하여 B 지점까지 최단 거리로 가는 경우의 수는

$\frac{6!}{3!3!}=\frac{6\times5\times4\times3\times2\times1}{(3\times2\times1)\times(3\times2\times1)}=20$ ← $(3+3)!$

Step 3 전체 경우의 수를 구한다.

따라서 구하는 경우의 수는 $10\times20=200$

27 [정답률 60%]

정답 ③

Step 1 8권의 책을 3개의 칸에 남김없이 꽂는 경우의 수를 구한다.

8권의 책을 3개의 칸에 남김없이 나누어 꽂는 경우의 수는

${}_3H_8={}_{3+8-1}C_8={}_{10}C_8={}_{10}C_2=\frac{10\times9}{2\times1}=45$

Step 2 첫 번째 칸 또는 두 번째 칸에 6권 이상의 책을 꽂는 경우의 수를 구한다.

첫 번째 칸에 6권 이상의 책을 꽂는 경우의 수는 첫 번째 칸에 6권의 책을 꽂고 남은 2권의 책을 3개의 칸에 남김없이 나누어 꽂는 경우의 수이므로 ${}_3H_2={}_{3+2-1}C_2={}_4C_2=\frac{4\times3}{2\times1}=6$

마찬가지로 두 번째 칸에 6권 이상의 책을 꽂는 경우의 수도 ${}_3H_2=6$

Step 3 여사건을 이용하여 전체 경우의 수를 구한다.

따라서 구하는 경우의 수는 ${}_3H_8-{}_3H_2-{}_3H_2=45-6-6=33$

28 [정답률 51%]

정답 ④

Step 1 조건 (나)를 이용하여 학생 B가 받는 사탕의 개수에 따라 경우를 나누어 경우의 수를 각각 구한다.

조건 (나)에서 학생 B가 받는 사탕의 개수는 0 또는 1 또는 2이다.

(i) 학생 B가 사탕을 받지 못하는 경우
서로 다른 5개의 사탕을 두 학생 A, C에게 남김없이 나누어 주는 경우의 수는 ${}_2\Pi_5=2^5=32$
이때 학생 A가 사탕을 하나도 받지 못하는 경우는 제외해야 하므로 $32-1=31$

(ii) 학생 B가 받는 사탕의 개수가 1인 경우
서로 다른 5개의 사탕에서 학생 B에게 줄 사탕 1개를 정하는 경우의 수는 ${}_5C_1=5$
학생 B에게 주고 남은 서로 다른 4개의 사탕을 두 학생 A, C에게 남김없이 나누어 주는 경우의 수는 ${}_2\Pi_4=2^4=16$
이때 학생 A가 사탕을 하나도 받지 못하는 경우를 제외해야 하므로 $16-1=15$
따라서 구하는 경우의 수는 $5\times15=75$

(iii) 학생 B가 받는 사탕의 개수가 2인 경우
서로 다른 5개의 사탕에서 학생 B에게 줄 사탕 2개를 정하는 경우의 수는 ${}_5C_2=10$ → $\frac{5\times4}{2\times1}=10$
학생 B에게 주고 남은 서로 다른 3개의 사탕을 두 학생 A, C에게 남김없이 나누어 주는 경우의 수는 ${}_2\Pi_3=2^3=8$
이때 학생 A가 사탕을 하나도 받지 못하는 경우를 제외해야 하므로 $8-1=7$
따라서 구하는 경우의 수는 $10\times7=70$

Step 2 전체 경우의 수를 구한다.

(i)~(iii)에서 구하는 경우의 수는 $31+75+70=176$

29 [정답률 9%]

정답 65

Step 1 조건 (나)를 만족시키기 위한 함숫값의 조건을 파악한다.

조건 (나)를 만족시키기 위해서는 집합 Y의 원소 중 0을 적어도 2개 선택하거나 -1과 1을 각각 적어도 1개씩 선택해야 한다.

Step 2 0을 적어도 2개 선택, -1과 1을 적어도 1개씩 선택, 0을 적어도 2개, -1과 1을 적어도 1개씩 선택하는 경우의 수를 각각 구한다.

(i) 0을 적어도 2개 선택하는 경우

0을 2개 선택하고 집합 Y의 원소 중 중복을 허락하여 3개를 선택하는 중복조합의 수와 같으므로

$_5H_3={}_{5+3-1}C_3={}_7C_3=\frac{7\times6\times5}{3\times2\times1}=35$

(ii) -1과 1을 각각 적어도 1개씩 선택하는 경우

-1과 1을 각각 1개씩 선택하고 집합 Y의 원소 중 중복을 허락하여 3개를 선택하는 중복조합의 수와 같으므로

$_5H_3={}_7C_3=35$

(iii) (i), (ii)를 동시에 만족시키는 경우

0을 2개, -1과 1을 각각 1개씩 선택하고 집합 Y의 원소 중 중복을 허락하여 1개를 선택하는 중복조합의 수와 같으므로

$_5H_1={}_{5+1-1}C_1={}_5C_1=5$

Step 3 합의 법칙을 이용하여 전체 경우의 수를 구한다.

(i)~(iii)에 의하여 구하는 함수 f의 개수는 $35+35-5=65$

30 [정답률 7%]

정답 708

Step 1 원판에 적힌 문자 중 같은 문자가 2종류, 1종류, 없는 경우로 나누어 경우의 수를 구한다.

선택된 4개의 원판에 적힌 문자 중 같은 문자가 2종류인 경우, 1종류인 경우, 없는 경우로 나누자.

(i) 같은 문자가 2종류인 경우

A, B, C, D 중 2종류의 문자를 택하는 경우의 수는 $_4C_2=6$ ($\frac{4\times3}{2\times1}=6$)

조건 (가)에 의하여 4개의 원판을 쌓는 경우의 수는 $\frac{4!}{2!2!}=6$ ($\frac{4\times3\times2\times1}{2\times1\times2\times1}=6$)

따라서 구하는 경우의 수는 $6\times6=36$ ($_4C_2\times\frac{4!}{2!2!}$)

(ii) 같은 문자가 1종류인 경우

A, B, C, D 중 1종류의 문자를 택하는 경우의 수는 $_4C_1=4$

나머지 3종류의 문자 중 서로 다른 2종류의 문자를 택하고 원판의 색을 정하는 경우의 수는 $_3C_2\times2^2=3\times4=12$ ($_3C_2={}_3C_1=3$)

조건 (가)에 의하여 4개의 원판을 쌓는 경우의 수는 $\frac{4!}{2!}=12$ ($\frac{4\times3\times2\times1}{2\times1}=12$)

따라서 구하는 경우의 수는 $4\times12\times12=576$ ($_4C_1\times12\times\frac{4!}{2!}$)

(iii) 같은 문자가 없는 경우

A, B, C, D가 적힌 각각의 원판의 색을 정하는 경우의 수는 $2^4=16$

조건 (나)에서 D가 적힌 원판이 맨 아래에 놓이므로 4개의 원판을 쌓는 경우의 수는 $3!=6$

따라서 구하는 경우의 수는 $16\times6=96$

Step 2 전체 경우의 수를 구한다.

(i)~(iii)에서 구하는 경우의 수는 $36+576+96=708$

미적분

23 [정답률 90%]

정답 ②

Step 1 등비수열의 극한값을 이용한다.

$$\lim_{n\to\infty}\frac{2^{n+1}+3^{n-1}}{(-2)^n+3^n}=\lim_{n\to\infty}\frac{2\times\left(\frac{2}{3}\right)^n+\frac{1}{3}}{\left(-\frac{2}{3}\right)^n+1}$$

(분모, 분자를 각각 3^n으로 나눈다.)

$$=\frac{2\times0+\frac{1}{3}}{0+1}$$

($\lim_{n\to\infty}\left(\frac{2}{3}\right)^n=0$, $\lim_{n\to\infty}\left(-\frac{2}{3}\right)^n=0$)

$$=\frac{1}{3}$$

알아야 할 기본개념

등비수열 $\{r^n\}$의 수렴과 발산

(i) $r>1$일 때, $\lim_{n\to\infty}r^n=\infty$ (발산)

(ii) $r=1$일 때, $\lim_{n\to\infty}r^n=1$ (수렴)

(iii) $-1<r<1$일 때, $\lim_{n\to\infty}r^n=0$ (수렴)

(iv) $r\le-1$일 때, 수열 $\{r^n\}$은 진동한다. (발산)

24 [정답률 87%]

정답 ⑤

Step 1 $3a_n-5n=b_n$이라 하고 a_n을 n, b_n으로 나타낸다.

$3a_n-5n=b_n$이라 하면 $\lim_{n\to\infty}b_n=2$이고

$3a_n-5n=b_n$에서 $a_n=\frac{b_n+5n}{3}$

Step 2 $\lim_{n\to\infty}b_n=2$임을 이용하여 수열의 극한값을 구한다.

$$\lim_{n\to\infty}\frac{(2n+1)a_n}{4n^2}=\lim_{n\to\infty}\left(\frac{2n+1}{4n^2}\times\frac{b_n+5n}{3}\right)$$

$$=\lim_{n\to\infty}\frac{(2n+1)(b_n+5n)}{12n^2}$$

(분모, 분자를 각각 n^2으로 나눈다.)

$$=\lim_{n\to\infty}\frac{\left(2+\frac{1}{n}\right)\left(\frac{b_n}{n}+5\right)}{12}$$

$$=\frac{(2+0)(2\times0+5)}{12}$$

($\lim_{n\to\infty}b_n=2$이므로 $\lim_{n\to\infty}\frac{b_n}{n}=0$)

$$=\frac{5}{6}$$

25 [정답률 83%]

정답 ④

Step 1 주어진 등식의 좌변을 정리한다.

$$\lim_{n\to\infty}(\sqrt{an^2+n}-\sqrt{an^2-an})$$

$$=\lim_{n\to\infty}\frac{(an^2+n)-(an^2-an)}{\sqrt{an^2+n}+\sqrt{an^2-an}}$$

$$=\lim_{n\to\infty}\frac{(a+1)n}{\sqrt{an^2+n}+\sqrt{an^2-an}}$$

$$=\lim_{n\to\infty}\frac{a+1}{\sqrt{a+\frac{1}{n}}+\sqrt{a-\frac{a}{n}}}$$

$$=\frac{a+1}{2\sqrt{a}}$$

본문 23쪽

Step 2 a의 값을 구한다.

$\lim_{n\to\infty}(\sqrt{an^2+n}-\sqrt{an^2-an})=\frac{5}{4}$이므로

$\frac{a+1}{2\sqrt{a}}=\frac{5}{4}$, $\frac{a^2+2a+1}{4a}=\frac{25}{16}$

$4(a^2+2a+1)=25a$, $4a^2-17a+4=0$

$(4a-1)(a-4)=0$

$\therefore a=\frac{1}{4}$ 또는 $a=4$

Step 3 모든 양수 a의 값의 합을 구한다.

따라서 구하는 양수 a의 값의 합은 $\frac{1}{4}+4=\frac{17}{4}$

26 [정답률 84%]

정답 ③

Step 1 수열 $\{a_n\}$의 일반항을 구한다.

수열 $\{a_n\}$은 $a_1=1$이고 $a_{n+1}-a_n=3$에서 공차가 3인 등차수열이므로 $a_n=3n-2$ → $a_n=1+3(n-1)=3n-2$

Step 2 수열 $\{b_n\}$의 일반항을 구한다.

$\frac{1}{b_n}=\sum_{k=1}^{n}\frac{1}{b_k}-\sum_{k=1}^{n-1}\frac{1}{b_k}=n^2-(n-1)^2=2n-1$ $(n\geq 2)$

따라서 $b_n=\frac{1}{2n-1}$ (단, $n\geq 2$)이고 $b_1=1$이므로 모든 자연수 n에 대하여 $b_n=\frac{1}{2n-1}$

→ $b_n=\frac{1}{2n-1}$에 $n=1$을 대입하여도 $b_1=1$을 만족시킨다.

Step 3 $\lim_{n\to\infty}a_nb_n$의 값을 구한다.

$$\lim_{n\to\infty}a_nb_n=\lim_{n\to\infty}\frac{3n-2}{2n-1}=\lim_{n\to\infty}\frac{3-\frac{2}{n}}{2-\frac{1}{n}}=\frac{3}{2}$$

→ $\frac{3-0}{2-0}=\frac{3}{2}$

27 [정답률 68%]

정답 ①

Step 1 주어진 부등식을 변형하여 $\lim_{n\to\infty}\frac{a_n}{n}$의 값을 구한다.

$a_n^2<4na_n+n-4n^2$에서 $a_n^2-4na_n+4n^2<n$

$(a_n-2n)^2<n$, $-\sqrt{n}<a_n-2n<\sqrt{n}$

$2n-\sqrt{n}<a_n<2n+\sqrt{n}$

$2-\frac{1}{\sqrt{n}}<\frac{a_n}{n}<2+\frac{1}{\sqrt{n}}$

이때 $\lim_{n\to\infty}\left(2-\frac{1}{\sqrt{n}}\right)=\lim_{n\to\infty}\left(2+\frac{1}{\sqrt{n}}\right)=2$

이므로 수열의 극한의 대소 관계에 의하여 $\lim_{n\to\infty}\frac{a_n}{n}=2$

Step 2 $\lim_{n\to\infty}\frac{a_n}{n}=2$임을 이용하여 주어진 수열의 극한값을 구한다.

$$\lim_{n\to\infty}\frac{a_n+3n}{2n+4}=\lim_{n\to\infty}\frac{\frac{a_n}{n}+3}{2+\frac{4}{n}}=\frac{2+3}{2+0}=\frac{5}{2}$$

알아야 할 기본개념

수열의 극한값의 대소 관계

두 수열 $\{a_n\}$, $\{b_n\}$이 수렴할 때

- 모든 자연수 n에 대하여 $a_n<b_n$ (또는 $a_n\leq b_n$)이면 $\lim_{n\to\infty}a_n\leq\lim_{n\to\infty}b_n$이다.
- 수열 $\{c_n\}$이 모든 자연수 n에 대하여 $a_n<c_n<b_n$ (또는 $a_n\leq c_n\leq b_n$)을 만족시키고, $\lim_{n\to\infty}a_n=\lim_{n\to\infty}b_n=\alpha$ (α는 상수)이면 $\lim_{n\to\infty}c_n=\alpha$이다.

28 [정답률 58%]

정답 ①

Step 1 점 A_{2n}의 좌표를 구한다.

규칙 (가)에서 $A_1(0, 0)$

규칙 (나)에서 $A_2(a, 0)$

규칙 (다)에서 $A_3(a, a+1)$

규칙 (나)에서 $A_4(2a, a+1)$

규칙 (다)에서 $A_5(2a, 2(a+1))$

규칙 (나)에서 $A_6(3a, 2(a+1))$

규칙 (다)에서 $A_7(3a, 3(a+1))$

규칙 (나)에서 $A_8(4a, 3(a+1))$

⋮

따라서 점 A_{2n}의 좌표를 (x_{2n}, y_{2n})이라 하면 수열 $\{x_{2n}\}$은 첫째항이 a, 공차가 a인 등차수열이고 수열 $\{y_{2n}\}$은 첫째항이 0, 공차가 $a+1$인 등차수열이다.

$\therefore A_{2n}(an, (a+1)(n-1))$ → $a+(n-1)\times a=a+na-a$

Step 2 $\lim_{n\to\infty}\frac{\overline{A_1A_{2n}}}{n}$을 a에 대한 식으로 나타낸다.

$\overline{A_1A_{2n}}=\sqrt{(an)^2+\{(a+1)(n-1)\}^2}$이므로

$$\lim_{n\to\infty}\frac{\overline{A_1A_{2n}}}{n}=\lim_{n\to\infty}\frac{\sqrt{a^2n^2+(a+1)^2(n-1)^2}}{n}$$
$$=\lim_{n\to\infty}\sqrt{a^2+(a+1)^2\left(1-\frac{1}{n}\right)^2}$$
$$=\sqrt{a^2+(a+1)^2}$$
$$=\sqrt{2a^2+2a+1}$$

Step 3 $\sqrt{2a^2+2a+1}=\frac{\sqrt{34}}{2}$를 만족시키는 양수 a의 값을 구한다.

$\lim_{n\to\infty}\frac{\overline{A_1A_{2n}}}{n}=\frac{\sqrt{34}}{2}$에서 $\sqrt{2a^2+2a+1}=\frac{\sqrt{34}}{2}$

$2a^2+2a+1=\frac{34}{4}$, $4a^2+4a+2=17$

$4a^2+4a-15=0$, $(2a+5)(2a-3)=0$ → $a=-\frac{5}{2}$ 또는 $a=\frac{3}{2}$

$\therefore a=\frac{3}{2}$ ($\because a>0$)

29 [정답률 20%]

정답 28

Step 1 $|x|<1$, $x=-1$, $x=1$, $|x|>1$인 경우로 나눈다.

$f(x)=\lim_{n\to\infty}\frac{2x^{2n+1}-1}{x^{2n}+1}$에서

(i) $|x|<1$일 때,

$\lim_{n\to\infty}\frac{2x^{2n+1}-1}{x^{2n}+1}=\frac{2\times 0-1}{0+1}=-1$

$\therefore f(x)=-1$ → $|x|<1$일 때, $\lim_{n\to\infty}x^{2n}=\lim_{n\to\infty}x^{2n+1}=0$

(ii) $x=-1$일 때,

$\lim_{n\to\infty}\frac{2x^{2n+1}-1}{x^{2n}+1}=\frac{2\times(-1)-1}{1+1}=-\frac{3}{2}$

$\therefore f(x)=-\frac{3}{2}$ → $x=-1$일 때, $\lim_{n\to\infty}x^{2n}=1$, $\lim_{n\to\infty}x^{2n+1}=-1$

(iii) $x=1$일 때,

$\lim_{n\to\infty}\frac{2x^{2n+1}-1}{x^{2n}+1}=\frac{2\times 1-1}{1+1}=\frac{1}{2}$

$\therefore f(x)=\frac{1}{2}$ → $x=1$일 때, $\lim_{n\to\infty}x^{2n}=\lim_{n\to\infty}x^{2n+1}=1$

(iv) $|x|>1$일 때,

$\lim_{n\to\infty}\frac{2x^{2n+1}-1}{x^{2n}+1}=\lim_{n\to\infty}\frac{2x-\frac{1}{x^{2n}}}{1+\frac{1}{x^{2n}}}=2x$

$\therefore f(x)=2x$ → $|x|>1$일 때, $\lim_{n\to\infty}\left(\frac{1}{x}\right)^{2n}=0$

(i)~(iv)에서

$$f(x)=\begin{cases} 2x & (x<-1) \\ -\dfrac{3}{2} & (x=-1) \\ -1 & (-1<x<1) \\ \dfrac{1}{2} & (x=1) \\ 2x & (x>1) \end{cases}$$

Step 2 함수 $y=f(x)$의 그래프를 그리고 직선 $y=tx-2$의 기울기 t의 값의 범위에 따른 교점의 개수 $g(t)$를 구한다.

함수 $y=f(x)$의 그래프는 다음과 같다.

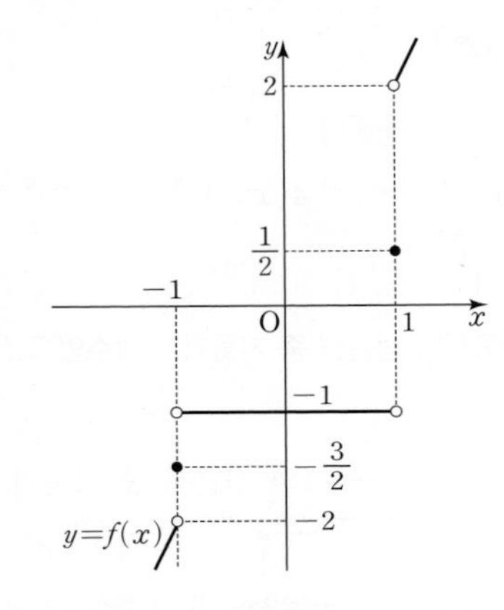

이때 직선 $y=tx-2$는 t의 값에 관계없이 점 $(0,\ -2)$를 지난다.

(i) $t\le 0$일 때, t의 값에 따라 직선 $y=tx-2$와 함수 $y=f(x)$의 그래프의 위치 관계는 다음 그림과 같다.

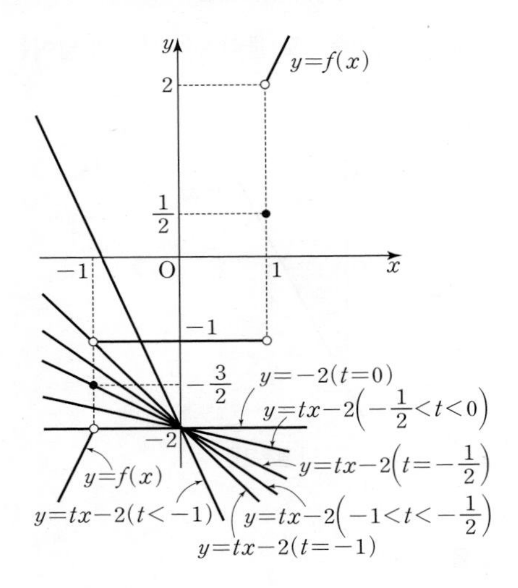

$y=tx-2$에 $x=-1$, $y=-\dfrac{3}{2}$을 대입하면

$-\dfrac{3}{2}=-t-2 \qquad \therefore t=-\dfrac{1}{2}$

$y=tx-2$에 $x=-1$, $y=-1$을 대입하면

$-1=-t-2 \qquad \therefore t=-1$

$$\therefore g(t)=\begin{cases} 0 & \left(-1\le t<-\dfrac{1}{2} \text{ 또는 } -\dfrac{1}{2}<t\le 0\right) \\ 1 & \left(t<-1 \text{ 또는 } t=-\dfrac{1}{2}\right) \end{cases}$$

(ii) $t>0$일 때, t의 값에 따라 직선 $y=tx-2$와 함수 $y=f(x)$의 그래프의 위치 관계는 다음 그림과 같다.

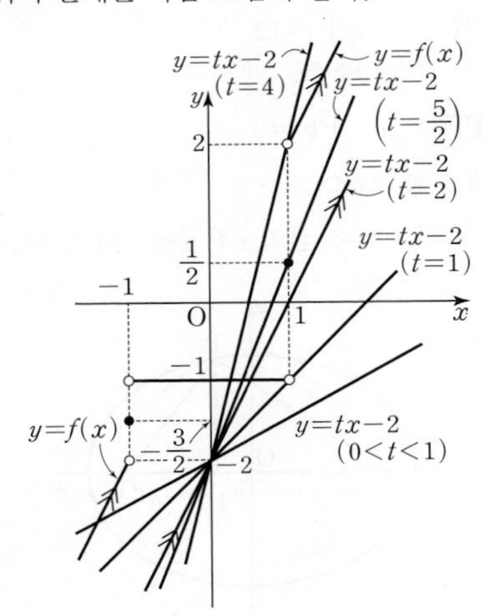

$y=tx-2$에 $x=1$, $y=-1$을 대입하면

$-1=t-2 \qquad \therefore t=1$

$y=tx-2$에 $x=1$, $y=\dfrac{1}{2}$을 대입하면

$\dfrac{1}{2}=t-2 \qquad \therefore t=\dfrac{5}{2}$

$y=tx-2$에 $x=1$, $y=2$를 대입하면

$2=t-2 \qquad \therefore t=4$

$$\therefore g(t)=\begin{cases} 1 & (0<t\le 1 \text{ 또는 } t=2 \text{ 또는 } t\ge 4) \\ 2 & \left(1<t<2 \text{ 또는 } 2<t<\dfrac{5}{2} \text{ 또는 } \dfrac{5}{2}<t<4\right) \\ 3 & \left(t=\dfrac{5}{2}\right) \end{cases}$$

Step 3 함수 $g(t)$가 불연속인 a의 값을 나열하여 m, a_m의 값을 구한다.

따라서 (i), (ii)에서 함수 $g(t)$가 $t=a$에서 불연속인 a의 값을 작은 수부터 크기순으로 나열하면 -1, $-\dfrac{1}{2}$, 0, 1, 2, $\dfrac{5}{2}$, 4이므로

$m=7$, $a_m=4$이다.

$\therefore m\times a_m=7\times 4=28$

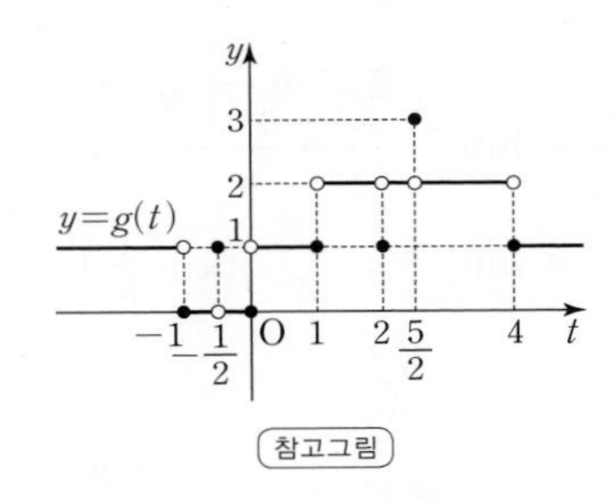

참고그림

30 [정답률 12%]

정답 80

Step 1 점 P_n의 좌표를 구한다.

점 P_n의 x좌표를 a라 하면 점 P_n은 곡선 $T_n : y=\dfrac{\sqrt{3}}{n+1}x^2\ (x\ge 0)$ 위의 점이므로

$P_n\left(a,\ \dfrac{\sqrt{3}}{n+1}a^2\right)$ (단, $a\ge 0$)

이때 $\overline{OP_n}=2n+2$이므로 $\overline{OP_n}=\sqrt{a^2+\left(\dfrac{\sqrt{3}}{n+1}a^2\right)^2}=2n+2$

$a^2+\dfrac{3}{(n+1)^2}a^4=4(n+1)^2$

$3a^4+(n+1)^2a^2-4(n+1)^4=0$

$\{3a^2+4(n+1)^2\}\{a^2-(n+1)^2\}=0$

$\therefore a=n+1\ (\because a\ge 0)$ ← $a^2-(n+1)^2=0$에서 $a^2=(n+1)^2$이므로 $a=\pm(n+1)$ 이때 $a\ge 0$이므로 $a=n+1$이다.

$\therefore P_n(n+1,\ \sqrt{3}(n+1))$

← n이 자연수이고 $a\ge 0$이므로 $3a^2+4(n+1)^2\ne 0$

Step 2 점 R_n을 포함하지 않는 호 Q_nH_n과 선분 OH_n, 곡선 T_n으로 이루어진 도형의 넓이를 $h(n)$이라 하고 $f(n)+h(n)$의 식을 구한다.

오른쪽 그림과 같이 점 R_n을 포함하지 않는 호 Q_nH_n과 선분 OH_n, 곡선 T_n으로 이루어진 도형의 넓이를 $h(n)$이라 하면

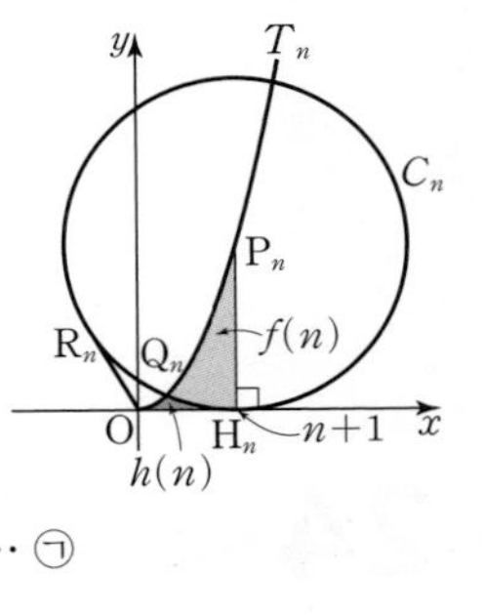

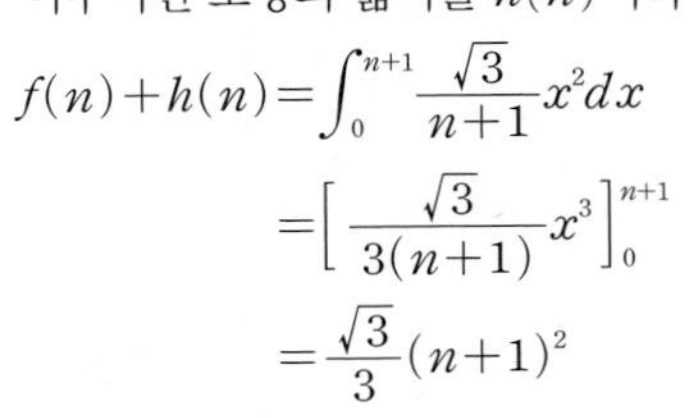

$$\begin{aligned} f(n)+h(n)&=\int_0^{n+1}\frac{\sqrt{3}}{n+1}x^2dx \\ &=\left[\frac{\sqrt{3}}{3(n+1)}x^3\right]_0^{n+1} \\ &=\frac{\sqrt{3}}{3}(n+1)^2 \qquad \cdots\cdots \text{㉠} \end{aligned}$$

Step 3 $\angle P_nOH_n$의 크기를 구하여 $\angle R_nP_nH_n$의 크기를 구하고 $g(n)+h(n)$의 식을 구한다.

$\overline{OP_n}=2n+2$이고 $\overline{OH_n}=n+1$이므로

삼각형 P_nOH_n에서

$\cos(\angle P_nOH_n)=\dfrac{\overline{OH_n}}{\overline{OP_n}}=\dfrac{n+1}{2(n+1)}=\dfrac{1}{2}$

$\therefore \angle P_nOH_n=\dfrac{\pi}{3}$

$\angle OP_nH_n=\dfrac{\pi}{2}-\angle P_nOH_n=\dfrac{\pi}{6}$

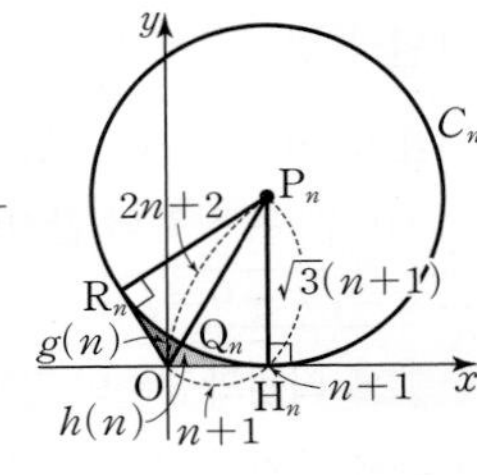

$\angle R_nP_nH_n=2\angle OP_nH_n=\frac{\pi}{3}$ → $\overline{OH_n}=\overline{OR_n}$에서 두 삼각형 OP_nR_n, OP_nH_n은 합동이므로 $\angle OP_nR_n=\angle OP_nH_n$

이때 $g(n)+h(n)$의 식은 사각형 $OH_nP_nR_n$의 넓이에서 중심각의 크기가 $\frac{\pi}{3}$인 부채꼴 $P_nR_nH_n$의 넓이를 뺀 것과 같다.

$g(n)+h(n)$

$=2\times\frac{1}{2}\times(n+1)\times\sqrt{3}(n+1)-\frac{1}{2}\times\{\sqrt{3}(n+1)\}^2\times\frac{\pi}{3}$ → $\triangle OH_nP_n$ / 부채꼴 넓이는 $\frac{1}{2}r^2\theta$

$=\sqrt{3}(n+1)^2-\frac{\pi}{2}(n+1)^2$

$=\left(\sqrt{3}-\frac{\pi}{2}\right)(n+1)^2$ …… ㉡

Step 4 ㉠, ㉡을 이용하여 $f(n)-g(n)$을 구한다.

㉠, ㉡에서

$\{f(n)+h(n)\}-\{g(n)+h(n)\}$

$=\frac{\sqrt{3}}{3}(n+1)^2-\left(\sqrt{3}-\frac{\pi}{2}\right)(n+1)^2$ → $\left(\frac{\sqrt{3}}{3}-\sqrt{3}+\frac{\pi}{2}\right)(n+1)^2=\left(\frac{\pi}{2}-\frac{2\sqrt{3}}{3}\right)(n+1)^2$

$\therefore f(n)-g(n)=\left(\frac{\pi}{2}-\frac{2\sqrt{3}}{3}\right)(n+1)^2$

Step 5 $\lim_{n\to\infty}\frac{f(n)-g(n)}{n^2}$의 값을 구한다.

$$\lim_{n\to\infty}\frac{f(n)-g(n)}{n^2}=\lim_{n\to\infty}\frac{\left(\frac{\pi}{2}-\frac{2\sqrt{3}}{3}\right)(n+1)^2}{n^2}=\lim_{n\to\infty}\left(\frac{\pi}{2}-\frac{2\sqrt{3}}{3}\right)\left(1+\frac{1}{n}\right)^2=\frac{\pi}{2}-\frac{2\sqrt{3}}{3}$$

따라서 $k=-\frac{2\sqrt{3}}{3}$이므로 $60k^2=60\times\left(-\frac{2\sqrt{3}}{3}\right)^2=60\times\frac{12}{9}=80$

기하

23 [정답률 85%] 정답 ②

Step 1 포물선의 준선의 방정식을 구하고 점 P와 포물선의 준선 사이의 거리를 구한다.

포물선 $y^2=8x=4\times2\times x$에서 준선의 방정식은 $x=-2$

점 P와 포물선의 준선 사이의 거리는 $3+|-2|=5$

Step 2 포물선의 정의를 이용하여 선분 PF의 길이를 구한다.

따라서 선분 PF의 길이는 5이다.

24 [정답률 84%] 정답 ⑤

Step 1 타원의 방정식을 $\frac{x^2}{a^2}+\frac{y^2}{b^2}=1$이라 하고 a, b의 값을 구한다.

타원의 방정식을 $\frac{x^2}{a^2}+\frac{y^2}{b^2}=1$ (단, $b>a>0$)이라 하면 두 초점의 좌표가 $(0, 3)$, $(0, -3)$이므로 $b^2-a^2=9$ → 3^2

점 $(0, 7)$은 장축의 끝점이므로 $b=7$

$\therefore a=\sqrt{7^2-9}=\sqrt{40}=2\sqrt{10}$ ($\because a>0$) → $a^2=b^2-9=49-9=40$

Step 2 타원의 단축의 길이를 구한다.

따라서 타원의 단축의 길이는 $2a=2\times2\sqrt{10}=4\sqrt{10}$

알아야 할 기본개념

타원의 방정식

(1) 평면 위의 서로 다른 두 점 F, F′으로부터의 거리의 합이 일정한 점들의 집합을 타원이라 하고 두 정점 F, F′을 그 타원의 초점이라 한다.

(2) 두 초점 $F(c, 0)$, $F'(-c, 0)$에서 거리의 합이 일정한 값 $2a(a>c>0)$인 타원의 방정식은

$\frac{x^2}{a^2}+\frac{y^2}{b^2}=1$ (단, $a>b>0$, $b^2=a^2-c^2$)

25 [정답률 78%] 정답 ④

Step 1 쌍곡선의 식을 변형한다.

$4x^2-8x-y^2-6y-9=0$에서 $4(x-1)^2-(y+3)^2=4$

$\therefore (x-1)^2-\frac{(y+3)^2}{4}=1$

Step 2 주어진 쌍곡선의 점근선 중 기울기가 양수인 직선의 방정식을 구한다.

쌍곡선 $(x-1)^2-\frac{(y+3)^2}{4}=1$의 점근선 중 기울기가 양수인 직선의 방정식은 → $\frac{(x-1)^2}{1^2}-\frac{(y+3)^2}{2^2}=1$에서 점근선의 기울기는 $\pm\frac{2}{1}=\pm2$이다.

$y-(-3)=2(x-1)$ $\therefore y=2x-5$

Step 3 직선 $y=2x-5$와 x축, y축으로 둘러싸인 부분의 넓이를 구한다.

직선 $y=2x-5$의 x절편은 $\frac{5}{2}$, y절편은 -5이므로

직선 $y=2x-5$와 x축, y축으로 둘러싸인 부분의 넓이는

$\frac{1}{2}\times\left|\frac{5}{2}\right|\times|-5|=\frac{25}{4}$

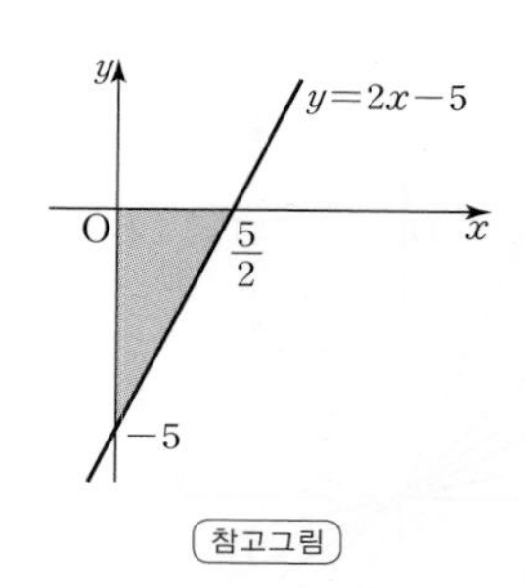

참고그림

26 [정답률 75%] 정답 ③

Step 1 선분 FF′의 길이를 구한다.

$\frac{x^2}{25}+\frac{y^2}{9}=1$에서 $\sqrt{25-9}=4$

따라서 주어진 타원의 두 초점의 좌표는 $F(4, 0)$, $F'(-4, 0)$이므로 $\overline{FF'}=4-(-4)=8$

Step 2 $\overline{PF}+\overline{PF'}=10$, 등차중항을 이용하여 두 선분 PF, PF′의 길이를 구한다.

$\overline{PF}+\overline{PF'}=2\times5=10$ → 타원의 장축의 길이와 같다. $\therefore \overline{PF'}=10-\overline{PF}$

이때 $\overline{PF}$, $\overline{PF'}$, $\overline{FF'}$이 이 순서대로 등차수열을 이루므로 등차중항에 의해 $2\overline{PF'}=\overline{PF}+\overline{FF'}$

$2(10-\overline{PF})=\overline{PF}+8$, $3\overline{PF}=12$ → $20-2\overline{PF}=\overline{PF}+8$, $3\overline{PF}=12$

$\therefore \overline{PF}=4$

$\overline{PF}=4$이므로 $\overline{PF'}=10-\overline{PF}=6$

Step 3 점 P의 좌표를 구한다.

$\overline{PF'}=6<8=\overline{FF'}$이므로 점 P의 x좌표를 a라 할 때, $0<a<4$

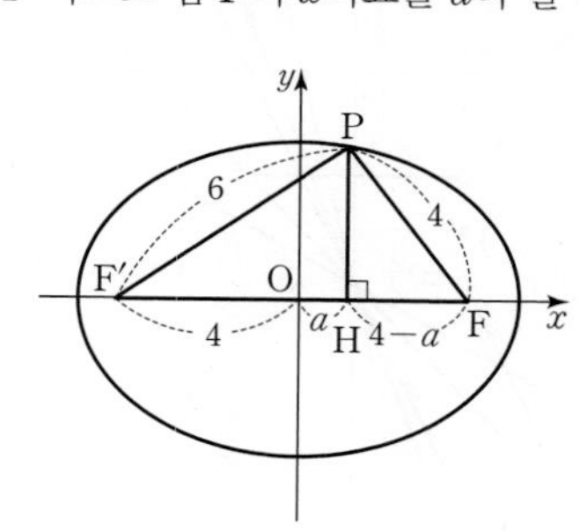

위의 그림과 같이 점 P에서 x축에 내린 수선의 발을 H라 하면

$\overline{HF}=4-a$, $\overline{HF'}=4+a$ → $\overline{OF}=\overline{OF'}=4$이므로 $\overline{HF}=4-a$, $\overline{HF'}=4+a$

$\overline{PH}^2=\overline{PF'}^2-\overline{HF'}^2=\overline{PF}^2-\overline{HF}^2$이므로

$6^2-(4+a)^2=4^2-(4-a)^2$

$20-8a-a^2=8a-a^2$, $16a=20$

$\therefore a=\frac{5}{4}$

알아야 할 기본개념

타원의 방정식

타원의 방정식 $\frac{x^2}{a^2}+\frac{y^2}{b^2}=1$ $(a>0,\ b>0)$에서

(1) $a>b>0$일 때,
장축의 길이 : $2a$, 단축의 길이 : $2b$
초점의 좌표 : $(c,\ 0)$, $(-c,\ 0)$ (단, $c=\sqrt{a^2-b^2}$)

(2) $b>a>0$일 때,
장축의 길이 : $2b$, 단축의 길이 : $2a$
초점의 좌표 : $(0,\ c)$, $(0,\ -c)$ (단, $c=\sqrt{b^2-a^2}$)

27 [정답률 47%]

정답 ①

Step 1 각 PHF의 크기를 구한다.

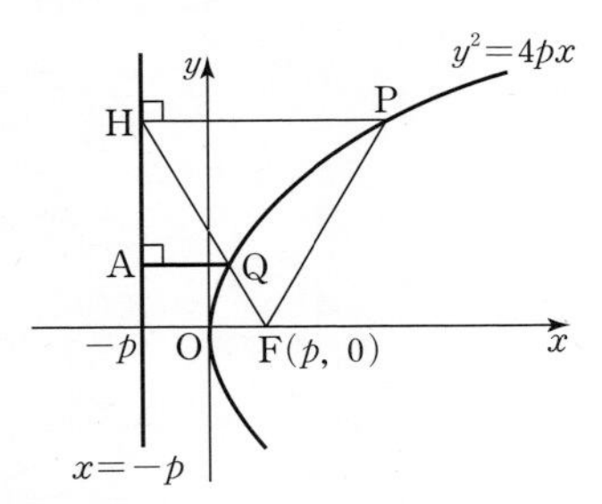

포물선 $y^2=4px$의 준선은 $x=-p$

위의 그림과 같이 점 Q에서 직선 $x=-p$에 내린 수선의 발을 A라 하면 $\overline{QA}=\overline{QF}$ → 포물선의 정의

이때 조건 (가)에서 $\overline{QF}:\overline{QH}=1:2$, 즉 $\overline{QH}=2\overline{QF}$ 이므로

삼각형 HQA에서 $\frac{\overline{QA}}{\overline{QH}}=\frac{\overline{QF}}{2\overline{QF}}=\frac{1}{2}$

$\therefore \angle HQA=60^\circ$

$\overline{PH}\,/\!/\,\overline{QA}$이므로 $\angle PHF=60^\circ$ ($\because$ 엇각)

Step 2 삼각형 PHF의 종류를 파악하고 선분 HF의 길이를 구한다.

$\overline{PH}=\overline{PF}$이므로 삼각형 PHF는 이등변삼각형이다. → 포물선의 정의

$\therefore \angle PHF=\angle PFH=60^\circ$

따라서 $\angle HPF=\angle PHF=\angle PFH=60^\circ$이므로 삼각형 PHF는 정삼각형이다.
→ $180^\circ-\angle PHF-\angle PFH=180^\circ-60^\circ-60^\circ=60^\circ$

이때 조건 (나)에서 $\triangle PQF=\frac{8\sqrt{3}}{3}$이고

$\triangle PHF=3\triangle PQF=3\times\frac{8\sqrt{3}}{3}=8\sqrt{3}$이므로
→ $\overline{QH}=2\overline{QF}$이므로 $\overline{HF}=3\overline{QF}$ 따라서 △PHF는 △PQF와 높이는 같고 밑변의 길이가 3배이므로 넓이가 3배이다.

$\triangle PHF=\frac{\sqrt{3}}{4}\overline{HF}^2=8\sqrt{3}$, $\overline{HF}^2=32$
→ 한 변의 길이가 a인 정삼각형의 넓이는 $\frac{\sqrt{3}}{4}a^2$

$\therefore \overline{HF}=4\sqrt{2}$ ($\because \overline{HF}>0$)

Step 3 p의 값을 구한다.

$\overline{HF}=\frac{2p}{\cos 60^\circ}=4p$이므로 $4p=4\sqrt{2}$

$\therefore p=\sqrt{2}$

→ $\angle HFO=60^\circ$이고 초점 F와 준선 사이의 거리가 $2p$이므로 $\frac{2p}{\overline{HF}}=\cos 60^\circ$, $\overline{HF}=\frac{2p}{\cos 60^\circ}$

28 [정답률 39%]

정답 ④

Step 1 두 직선 F′P, QF의 교점을 A라 하고 $\overline{AQ}=3t$라 하면, $\overline{AP}$, $\overline{FP}$를 각각 t에 대한 식으로 나타낸다.

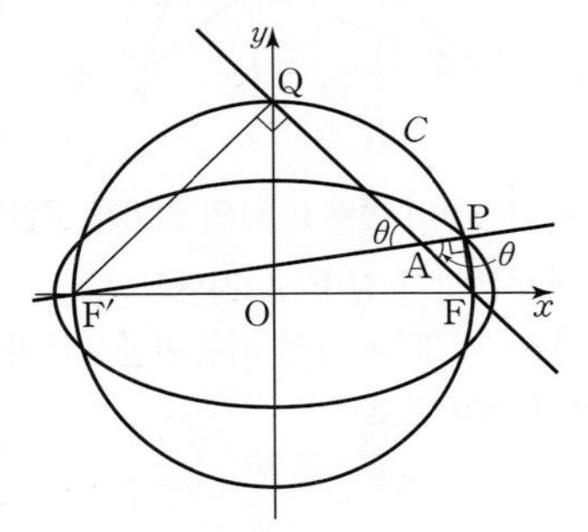

위의 그림과 같이 두 직선 F′P, QF의 교점을 A라 하자.

선분 F′F가 원 C의 지름이고 두 점 Q, P가 각각 원 C 위의 점이므로

$\angle F'QA=\angle FPA=90^\circ$, $\angle F'AQ=\angle FAP=\theta$ ($\because$ 맞꼭지각)

따라서 두 직각삼각형 F′QA, FPA는 서로 닮음이다. → AA 닮음

△F′QA에서 $\overline{AQ}=3t$ $(t>0)$라 하면

$\overline{F'A}=\frac{\overline{AQ}}{\cos\theta}=5t$ → $\frac{3t}{\frac{3}{5}}=5t$

△F′QA에서 $\overline{F'Q}=\sqrt{\overline{F'A}^2-\overline{AQ}^2}=\sqrt{(5t)^2-(3t)^2}=4t$

$\overline{FQ}=\overline{F'Q}=4t$이고 $\overline{AQ}=3t$이므로

$\overline{FA}=\overline{FQ}-\overline{AQ}=4t-3t=t$

△FPA에서

$\overline{AP}=\overline{FA}\cos\theta=t\times\frac{3}{5}=\frac{3}{5}t$

$\overline{FP}=\overline{FA}\sin\theta=t\times\frac{4}{5}=\frac{4}{5}t$ → △F′QA에서 $\sin\theta=\frac{\overline{F'Q}}{\overline{F'A}}=\frac{4}{5}$

Step 2 점 P가 타원 위에 있음을 이용하여 a의 값을 구한다.

타원 $\frac{x^2}{a^2}+\frac{y^2}{b^2}=1$ 위의 점 P에 대하여

$\overline{PF'}=\overline{F'A}+\overline{AP}=5t+\frac{3}{5}t=\frac{28}{5}t$이고 $\overline{PF}=\frac{4}{5}t$이므로

$2a=\overline{PF'}+\overline{PF}$, $2a=\frac{28}{5}t+\frac{4}{5}t$ → 타원의 정의

$\therefore a=\frac{16}{5}t$

Step 3 타원의 초점의 좌표를 구하고 타원의 한 초점의 x좌표를 c라 할 때 $c^2=a^2-b^2$임을 이용한다.

직각이등변삼각형 F′QF에서 $\overline{F'Q}=4t$이므로

$\overline{FF'}=\sqrt{2}\times\overline{F'Q}=4\sqrt{2}t$

즉, $\overline{OF}=\overline{OF'}=\frac{4\sqrt{2}t}{2}=2\sqrt{2}t$이므로 $F(2\sqrt{2}t,\ 0)$

따라서 타원 $\frac{x^2}{a^2}+\frac{y^2}{b^2}=1$에서

$(2\sqrt{2}t)^2=a^2-b^2$, $\frac{(2\sqrt{2}t)^2}{a^2}=1-\frac{b^2}{a^2}$

$\therefore \frac{b^2}{a^2}=1-\left(\frac{2\sqrt{2}t}{a}\right)^2=1-\left(\frac{2\sqrt{2}t}{\frac{16}{5}t}\right)^2$ → $a=\frac{16}{5}t$ 대입

$=1-\left(\frac{5\sqrt{2}}{8}\right)^2=\frac{64-50}{64}=\frac{7}{32}$

29 [정답률 25%]

정답 128

Step 1 쌍곡선의 초점의 좌표를 구한다.

쌍곡선 $\frac{x^2}{4}-\frac{y^2}{32}=1$에서 두 초점 F, F′의 x좌표는

$\pm\sqrt{4+32}=\pm6$이므로 $F'(-6,\ 0)$, $F(6,\ 0)$이라 하고

쌍곡선 $\frac{x^2}{4}-\frac{y^2}{32}=1$과 두 점 A, B, 직선 MF′을 좌표평면 위에 나타내면 다음과 같다.

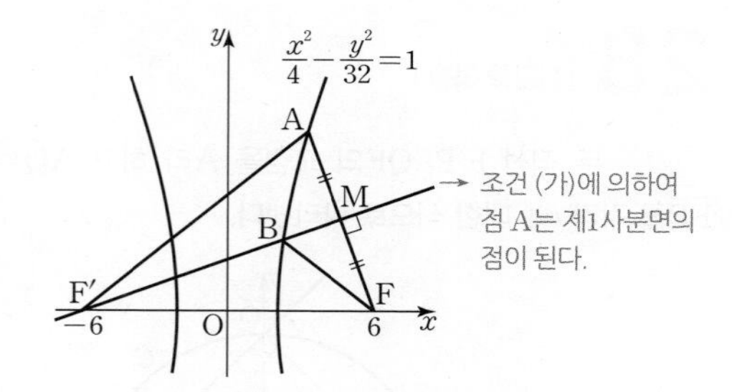

Step 2 조건 (나)를 이용하여 선분 F′M의 길이를 구한다.

선분 AF의 수직이등분선이 점 F′을 지나므로

삼각형 AF′F는 $\overline{AF'}=\overline{FF'}=12$인 이등변삼각형이다.

점 A가 쌍곡선 위의 점이므로

$\overline{AF'}-\overline{AF}=2\times2$ $\quad\therefore \overline{AF}=\overline{AF'}-4=8$

$\therefore \overline{MF}=\frac{1}{2}\overline{AF}=4$

직각삼각형 MF′F에서 $\overline{FF'}=12$, $\overline{MF}=4$이므로

$\overline{F'M}=\sqrt{12^2-4^2}=8\sqrt{2}$

Step 3 두 선분 BM, BF를 $\overline{BF'}$을 이용하여 나타내고 삼각형 BFM의 둘레의 길이를 구한다.

점 B가 쌍곡선 위의 점이므로 $\overline{BF}=\overline{BF'}-4$이고

$\overline{BM}=\overline{F'M}-\overline{BF'}=8\sqrt{2}-\overline{BF'}$이므로

→ $|\overline{BF}-\overline{BF'}|=4$이고 점 B는 점 A에 가까운 점으로 $\overline{BF}<\overline{BF'}$이므로 $\overline{BF}-\overline{BF'}=-4$

(삼각형 BFM의 둘레의 길이)

$=\overline{MF}+\overline{BF}+\overline{BM}$

$=4+(\overline{BF'}-4)+(8\sqrt{2}-\overline{BF'})$

$=8\sqrt{2}$

따라서 $k=8\sqrt{2}$이므로 $k^2=128$

30 [정답률 8%]

정답 384

Step 1 점 F_1이 원점이 되도록 두 포물선을 좌표평면에 나타내고 포물선 P_1의 방정식을 $y^2=4p(x+p)$ $(p>0)$라 할 때 p의 값을 구한다.

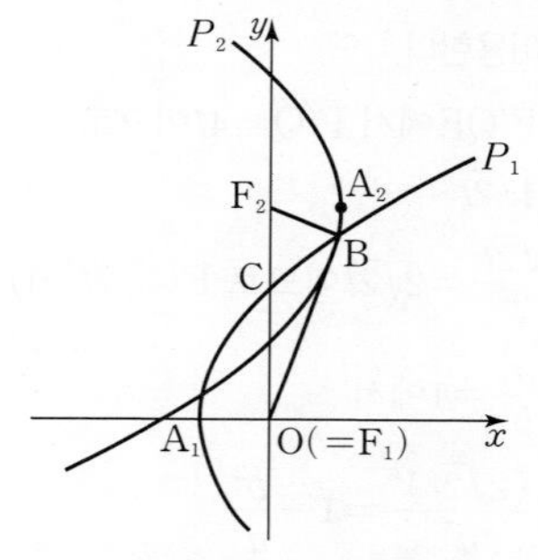

위의 그림과 같이 좌표평면에서 점 F_1을 원점, 직선 A_1F_1을 x축, 직선 F_1F_2를 y축이라 하고, 포물선 P_1의 방정식을 $y^2=4p(x+p)$ $(p>0)$라 하자.

$y^2=4p(x+p)$에 $x=0$을 대입하면

$y^2=4p^2$ $\quad\therefore y=\pm2p$ $(\because p>0)$

→ $y^2=4p(x+p)$에서 $y=0$일 때 $x=-p$ $\quad\therefore A_1(-p, 0)$

따라서 $C(0, 2p)$, $A_1(-p, 0)$이므로

$\overline{A_1C}=5\sqrt{5}$에서 $\sqrt{p^2+(2p)^2}=5\sqrt{5}$, $\sqrt{5}p=5\sqrt{5}$ → 조건 (가)

$\therefore p=5$

Step 2 두 선분 A_1A_2, F_1F_2의 중점이 일치하면 사각형 $A_1F_1A_2F_2$가 평행사변형임을 이용한다.

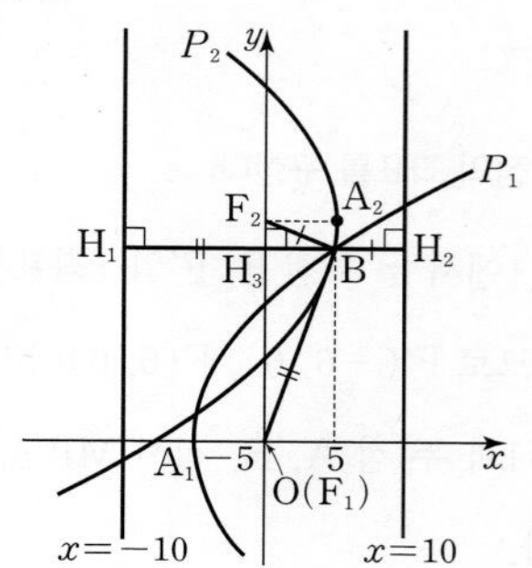

두 선분 A_1A_2, F_1F_2의 중점이 서로 일치하므로

$\square A_1F_1A_2F_2$는 평행사변형이다.

따라서 $\overline{A_1F_1}=\overline{A_2F_2}$이고 포물선 P_1의 준선의 방정식은 $x=-10$,

포물선 P_2의 준선의 방정식은 $x=10$이다.

위의 그림과 같이 점 B에서 직선 $x=-10$에 내린 수선의 발을 H_1이라 하면 $\overline{F_1B}=\overline{H_1B}$ → 포물선 P_1 위의 점

점 B에서 직선 $x=10$에 내린 수선의 발을 H_2라 하면 $\overline{F_2B}=\overline{H_2B}$ → 포물선 P_2 위의 점

$\overline{F_1B}+\overline{F_2B}=\overline{H_1B}+\overline{H_2B}=10-(-10)=20$ → 두 준선 $x=10$, $x=-10$ 사이의 거리

조건 (나)에서 $\overline{F_1B}-\overline{F_2B}=\frac{48}{5}$이므로 $\overline{F_1B}=\frac{74}{5}$, $\overline{F_2B}=\frac{26}{5}$

Step 3 점 B에서 선분 F_1F_2에 내린 수선의 발 H_3을 이용하여 선분 F_1F_2의 길이를 구한다. → $\overline{F_1B}+\overline{F_2B}=20$, $\overline{F_1B}-\overline{F_2B}=\frac{48}{5}$을 연립한다.

점 B에서 선분 F_1F_2에 내린 수선의 발을 H_3이라 할 때,

$\overline{BH_3}=10-\overline{H_2B}=10-\overline{F_2B}=\frac{24}{5}$

$\triangle BH_3F_2$에서 → 직각삼각형

$\overline{F_2H_3}=\sqrt{\overline{F_2B}^2-\overline{BH_3}^2}=\sqrt{\left(\frac{26}{5}\right)^2-\left(\frac{24}{5}\right)^2}=2$

→ $\left(\frac{26}{5}+\frac{24}{5}\right)\left(\frac{26}{5}-\frac{24}{5}\right)=10\times\frac{2}{5}=4$

$\triangle BH_3F_1$에서

$\overline{F_1H_3}=\sqrt{\overline{F_1B}^2-\overline{BH_3}^2}=\sqrt{\left(\frac{74}{5}\right)^2-\left(\frac{24}{5}\right)^2}=14$

→ $\left(\frac{74}{5}+\frac{24}{5}\right)\left(\frac{74}{5}-\frac{24}{5}\right)=\frac{98}{5}\times10=196$

$\therefore \overline{F_1F_2}=\overline{F_1H_3}+\overline{F_2H_3}=14+2=16$

Step 4 $\triangle BF_2F_1=\frac{1}{2}\times\overline{F_1F_2}\times\overline{BH_3}$임을 이용한다.

$S=\frac{1}{2}\times\overline{F_1F_2}\times\overline{BH_3}=\frac{1}{2}\times16\times\frac{24}{5}$이므로

$10S=10\times\left(\frac{1}{2}\times16\times\frac{24}{5}\right)=384$

3회 2023학년도 3월 고3 전국연합학력평가 정답과 해설

1	①	2	④	3	①	4	②	5	⑤
6	①	7	③	8	⑤	9	②	10	②
11	③	12	④	13	④	14	⑤	15	③
16	4	17	11	18	427	19	18	20	66
21	12	22	729						

확률과 통계				23	①	24	③	25	④
26	⑤	27	②	28	⑤	29	120	30	45

미적분				23	④	24	②	25	③
26	⑤	27	①	28	②	29	50	30	25

기하				23	⑤	24	①	25	③
26	②	27	④	28	④	29	96	30	100

01 [정답률 90%] 정답 ①

Step 1 지수법칙을 이용한다.

$\sqrt[3]{8}\times\dfrac{2^{\sqrt{2}}}{2^{1+\sqrt{2}}}=(2^3)^{\frac{1}{3}}\times 2^{\sqrt{2}-(1+\sqrt{2})}=2\times 2^{-1}=1$

→ $\dfrac{2^b}{2^a}=2^{b-a}$

02 [정답률 93%] 정답 ④

Step 1 함수 $f(x)$의 도함수 $f'(x)$를 구한다.

$f(x)=2x^3-x^2+6$에서 $f'(x)=6x^2-2x$ → $(x^n)'=nx^{n-1}$

$\therefore f'(1)=6-2=4$

03 [정답률 85%] 정답 ①

Step 1 등비수열 $\{a_n\}$의 공비 r에 대하여 $a_8=a_5\times r^3$임을 이용한다.

등비수열 $\{a_n\}$의 공비를 r이라 하자.

$a_7=4a_6-16$에서 $a_7=a_5\times r^2$, $a_6=a_5\times r$이므로

$a_5\times r^2=4\times a_5\times r-16$ → $a_5=4$

$4r^2=16r-16$, $r^2-4r+4=0$

$(r-2)^2=0$ $\quad\therefore r=2$

$\therefore a_8=a_5\times r^3=4\times 2^3=32$

04 [정답률 78%] 정답 ②

Step 1 주어진 식의 양변에 $x=1$을 대입한다.

$\int_1^x f(t)dt=x^3-ax+1$의 양변에 $x=1$을 대입하면

$\int_1^1 f(t)dt=1-a+1$, $0=2-a$ $\quad\therefore a=2$

→ 위끝과 아래끝이 같으면 정적분의 값은 0이다.

Step 2 주어진 식의 양변을 x에 대하여 미분한다. → $\left\{\int_1^x f(t)dt\right\}'=f(x)$

$\int_1^x f(t)dt=x^3-2x+1$의 양변을 x에 대하여 미분하면

$f(x)=3x^2-2$

$\therefore f(2)=3\times 4-2=10$

05 [정답률 72%] 정답 ⑤

Step 1 삼각함수의 성질을 이용한다.

$\cos(\pi+\theta)=\frac{1}{3}$에서 $\cos(\pi+\theta)=-\cos\theta$이므로 $\cos\theta=-\frac{1}{3}$

$\sin(\pi+\theta)>0$에서 $\sin(\pi+\theta)=-\sin\theta$이므로 $\sin\theta<0$

이때 $\sin\theta<0$, $\cos\theta<0$이므로 θ는 제3사분면의 각이다. → $\sin\theta<0, \cos\theta<0, \tan\theta>0$

$\sin^2\theta=1-\cos^2\theta=1-\left(-\frac{1}{3}\right)^2=\frac{8}{9}$에서 → $\sin^2\theta+\cos^2\theta=1$

$\sin\theta=-\frac{2\sqrt{2}}{3}$ $(\because \sin\theta<0)$

$$\therefore \tan\theta=\frac{\sin\theta}{\cos\theta}=\frac{-\frac{2\sqrt{2}}{3}}{-\frac{1}{3}}=2\sqrt{2}$$

06 [정답률 75%] 정답 ①

Step 1 함수 $f(x)$가 $x=2$에서 연속임을 이용한다.

함수 $\{f(x)\}^2$이 실수 전체의 집합에서 연속이려면 $x=2$에서도 연속이어야 한다. → 함수가 $x=a$에서 연속이려면 (좌극한값)=(우극한값)=(함숫값)이어야 한다.

즉, $\lim_{x\to 2-}\{f(x)\}^2=\lim_{x\to 2+}\{f(x)\}^2=\{f(2)\}^2$이어야 하므로

$\lim_{x\to 2-}(x^2-ax+1)^2=\lim_{x\to 2+}(-x+1)^2=(-1)^2$ → $x\ge 2$에서의 함수 $f(x)$

$(4-2a+1)^2=(-1)^2$, $4a^2-20a+25=1$ → $=(5-2a)^2$

$a^2-5a+6=0$, $(a-2)(a-3)=0$

$\therefore a=2$ 또는 $a=3$

따라서 구하는 상수 a의 값의 합은 $2+3=5$

→ $x<2$에서의 함수 $f(x)$

07 [정답률 80%] 정답 ③

Step 1 구하는 넓이를 절댓값 기호를 푼 정적분으로 나타낸다.

$f(x)=|x^2-2x|+1$이라 하면 함수 $y=f(x)$의 그래프와 x축, y축 및 직선 $x=2$로 둘러싸인 부분의 넓이는 $\int_0^2(|x^2-2x|+1)dx$

→ 문제에서 주어진 그림과 같이 $0<x<2$에서 $f(x)>0$이므로 $|f(x)|=f(x)$

$|x^2-2x|=\begin{cases}x^2-2x & (x\le 0 \text{ 또는 } x\ge 2)\\ -x^2+2x & (0<x<2)\end{cases}$이므로

$$\begin{aligned}\int_0^2(|x^2-2x|+1)dx&=\int_0^2(-x^2+2x+1)dx\\&=\left[-\frac{1}{3}x^3+x^2+x\right]_0^2\\&=\left(-\frac{8}{3}+4+2\right)-0=\frac{10}{3}\end{aligned}$$

08 [정답률 74%] 정답 ⑤

Step 1 내분점을 구하고 이 점이 주어진 곡선 위의 점임을 이용한다.

두 점 $A(m, m+3)$, $B(m+3, m-3)$에 대하여 선분 AB를 $2:1$로 내분하는 점의 좌표는

$\left(\frac{2\times(m+3)+1\times m}{2+1}, \frac{2\times(m-3)+1\times(m+3)}{2+1}\right)$,

즉 $(m+2, m-1)$ → $=\frac{3m+6}{3}$, $=\frac{3m-3}{3}$

이때 점 $(m+2, m-1)$이 곡선 $y=\log_4(x+8)+m-3$ 위의 점이므로 → $y=\log_4(x+8)+m-3$에서 $x=m+2$, $y=m-1$ 대입

$m-1=\log_4(m+10)+m-3$, $2=\log_4(m+10)$

$4^2=m+10$ $\quad\therefore m=6$ → $\log_a b=c$이면 $a^c=b$

09 [정답률 78%]

정답 ②

Step 1 $g(x)=x^3-3x^2+p$로 놓고 함수 $y=g(x)$의 그래프의 개형을 파악한다.

$f(x)=|x^3-3x^2+p|$에서 $g(x)=x^3-3x^2+p$라 하면 ($f(x)=|g(x)|$)

$g'(x)=3x^2-6x=3x(x-2)$

$g'(x)=0$에서 $x=0$ 또는 $x=2$

함수 $g(x)$의 증가와 감소를 표로 나타내면 다음과 같다.

x	$\cdots$	0	$\cdots$	2	$\cdots$
$g'(x)$	+	0	−	0	+
$g(x)$	↗	p	↘	$p-4$	↗

즉, 함수 $g(x)$는 $x=0$에서 극댓값 p, $x=2$에서 극솟값 $p-4$를 갖는다.

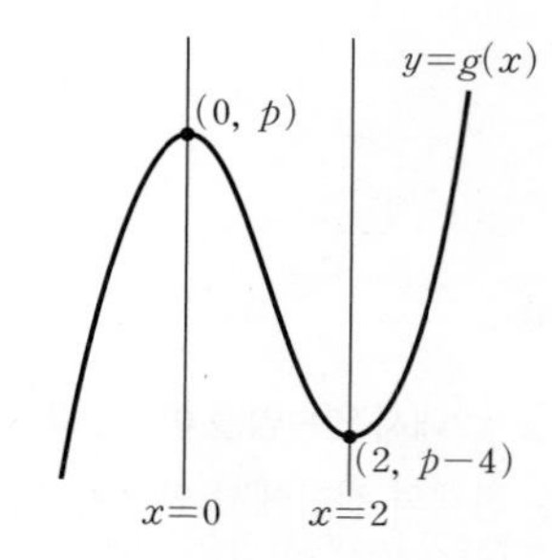

Step 2 함수 $f(x)$가 극대가 되는 점을 2개 가질 조건을 파악한다.

이때 함수 $f(x)=|g(x)|$가 극대가 되는 점을 2개 가지려면 $x=0$과 $x=2$에서 극대가 되어야 하므로 $g(0)>0$에서 $p>0$, $g(2)<0$에서 $p<4$

($g(2)\geq0$이면 함수 $f(x)$는 $x=2$에서 극소이다.) ($g(0)\leq0$이면 함수 $f(x)$는 $x=0$에서 극소이다.)

즉, $0<p<4$이고 $f(0)=f(2)$이므로

$|p|=|p-4|$, $p=-p+4$ $\quad\therefore p=2$

($p>0$) ($p<4$에서 $p-4<0$이므로 $|p-4|=-p+4$)

10 [정답률 73%]

정답 ②

Step 1 조건 (나)에서 등차수열의 합을 이용한다.

등차수열 $\{a_n\}$의 첫째항을 a, 공차를 d라 하면 조건 (나)에서

$\sum_{k=1}^{9}a_k=\dfrac{9(a+a_9)}{2}=\dfrac{9(2a+8d)}{2}=27$ ($a_9=a+8d$)

즉, $a+4d=3$이므로 $a_5=3$

Step 2 조건 (가)에서 경우를 나누어 d의 값을 구한다.

조건 (가)에서 $a_6=a_5+d$, $d>0$이므로 $|a_6|=a_6$ (주어진 조건) ($a_6>0$이므로 $|a_6|=a_6$)

(i) $|a_4|=a_4$일 때, ($a_4\geq0$)

$|a_4|+|a_6|=a_4+a_6=(a_5-d)+(a_5+d)=2a_5$

이때 $a_5=3$이므로 조건 (가)를 만족시키지 않는다.

(ii) $|a_4|=-a_4$일 때, ($a_4<0$)

$|a_4|+|a_6|=-a_4+a_6=-(a_5-d)+(a_5+d)=2d$

$2d=8$이므로 $d=4$

(i), (ii)에서 모든 조건을 만족시키는 d의 값은 4이므로

$a_{10}=a_5+5d=3+5\times4=23$

(자연수 p, q에 대하여 $a_p=a_q+(p-q)d$)

11 [정답률 58%]

정답 ③

Step 1 사인법칙을 이용하여 각 C의 크기와 선분 PC의 길이를 구한다.

삼각형 ABC에서 사인법칙에 의하여 $\dfrac{\overline{BC}}{\sin A}=\dfrac{\overline{AB}}{\sin C}$

$\dfrac{2\sqrt{3}}{\sin 60^\circ}=\dfrac{2\sqrt{2}}{\sin C}$, $\dfrac{2\sqrt{3}}{\frac{\sqrt{3}}{2}}=\dfrac{2\sqrt{2}}{\sin C}$ ($=4$)

$\sin C=\dfrac{2\sqrt{2}}{4}=\dfrac{\sqrt{2}}{2}$ $\quad\therefore C=45^\circ$ ($\because 0<C<120^\circ$)

($A+B+C=180^\circ$이고 $A=60^\circ$이므로 $0^\circ<C<120^\circ$)

이때 $\angle PCB=15^\circ$이므로 $\angle PCA=30^\circ$ ($45^\circ-\angle PCB$)

삼각형 PBC에서 $\angle PBC=30^\circ$, $\angle PCB=15^\circ$이므로

$\angle BPC=180^\circ-30^\circ-15^\circ=135^\circ$

삼각형 PBC에서 사인법칙에 의하여

$\dfrac{\overline{BC}}{\sin(\angle BPC)}=\dfrac{\overline{PC}}{\sin(\angle PBC)}$

$\dfrac{2\sqrt{3}}{\sin 135^\circ}=\dfrac{\overline{PC}}{\sin 30^\circ}$, $\dfrac{2\sqrt{3}}{\frac{\sqrt{2}}{2}}=\dfrac{\overline{PC}}{\frac{1}{2}}$ ($=2\sqrt{6}$) $\quad\therefore \overline{PC}=\sqrt{6}$

Step 2 코사인법칙을 이용하여 선분 AC의 길이를 구한다.

삼각형 ABC에서 코사인법칙에 의하여

$\overline{BC}^2=\overline{AB}^2+\overline{AC}^2-2\times\overline{AB}\times\overline{AC}\times\cos A$이므로

$(2\sqrt{3})^2=(2\sqrt{2})^2+\overline{AC}^2-2\times2\sqrt{2}\times\overline{AC}\times\cos 60^\circ$

$12=8+\overline{AC}^2-2\sqrt{2}\times\overline{AC}$

이때 $\overline{AC}=b$라 하면 $b^2-2\sqrt{2}b-4=0$

$\therefore b=\sqrt{2}+\sqrt{6}$ ($\because b>0$) ($b=\sqrt{2}+\sqrt{6}$ 또는 $b=\sqrt{2}-\sqrt{6}$에서 $\sqrt{2}-\sqrt{6}<0$)

Step 3 삼각형 APC의 넓이를 구한다.

따라서 삼각형 APC의 넓이는

$\dfrac{1}{2}\times\overline{PC}\times\overline{AC}\times\sin(\angle PCA)$

$=\dfrac{1}{2}\times\sqrt{6}\times(\sqrt{2}+\sqrt{6})\times\sin 30^\circ$

$=\dfrac{6+2\sqrt{3}}{2}\times\dfrac{1}{2}=\dfrac{3+\sqrt{3}}{2}$

12 [정답률 56%]

정답 ④

Step 1 근과 계수의 관계를 이용하여 두 점 A, B의 x좌표의 관계식을 구한다.

(기울기가 m이고 y절편이 k인 직선의 방정식은 $y=mx+k$)

직선 l은 기울기가 1이고 y절편이 $g(t)$이므로 직선 l의 방정식은

$y=x+g(t)$

($y=x^2$과 $y=x+g(t)$ 연립)

두 점 A, B의 x좌표를 각각 α, β라 하자.

이차방정식 $x^2=x+g(t)$에서 $x^2-x-g(t)=0$의 두 실근이 α, β이므로 근과 계수의 관계에 의하여 $\alpha+\beta=1$, $\alpha\beta=-g(t)$

Step 2 $\overline{AB}^2$의 값을 구한다.

($y=x+g(t)$에 $x=\alpha$ 대입)

두 점 A, B의 좌표는 $A(\alpha, \alpha+g(t))$, $B(\beta, \beta+g(t))$이므로

$\overline{AB}^2=(\alpha-\beta)^2+[\{\alpha+g(t)\}-\{\beta+g(t)\}]^2$ ($y=x+g(t)$에 $x=\beta$ 대입)

$=(\alpha-\beta)^2+(\alpha-\beta)^2=2(\alpha-\beta)^2$

$=2\{(\alpha+\beta)^2-4\alpha\beta\}$

$=2\{1^2+4g(t)\}=2+8g(t)$

Step 3 $\lim_{t\to\infty}\dfrac{g(t)}{t^2}$의 값을 구한다.

이때 선분 AB의 길이가 $2t$이므로 $2+8g(t)=4t^2$ ($=\overline{AB}^2$)

$8g(t)=4t^2-2$ $\quad\therefore g(t)=\dfrac{2t^2-1}{4}$

$\therefore \lim_{t\to\infty}\dfrac{g(t)}{t^2}=\lim_{t\to\infty}\dfrac{2t^2-1}{4t^2}=\lim_{t\to\infty}\dfrac{2-\frac{1}{t^2}}{4}=\dfrac{1}{2}$

13 [정답률 51%]

정답 ④

Step 1 $0\leq x\leq2\pi$에서 방정식 $f(g(x))=0$의 모든 해의 합이 $\dfrac{5}{2}\pi$일 조건을 생각한다.

조건 (가)에서 $\{g(a\pi)\}^2=1$이므로 $g(a\pi)=-1$ 또는 $g(a\pi)=1$

즉, $\sin a\pi=-1$에서 $a=\dfrac{3}{2}$, $\sin a\pi=1$에서 $a=\dfrac{1}{2}$이다. ($0\leq a\leq2$임에 주의한다.)

조건 (나)에서 $g(x)=t\ (-1\leq t\leq1)$라 하자.

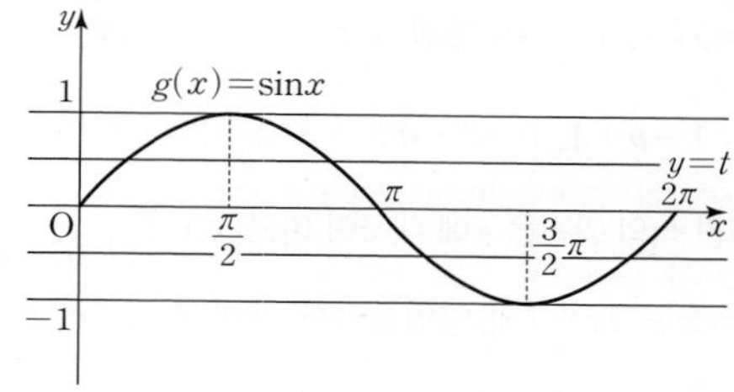

($y=g(x)$와 $y=t$의 교점의 x좌표의 합)

$0\leq x\leq2\pi$에서 방정식 $g(x)=t$의 모든 해의 합은 $t=-1$일 때

$\frac{3}{2}\pi$, $-1<t\le 0$일 때 3π, $0<t<1$일 때 π, $t=1$일 때 $\frac{\pi}{2}$이다.

조건 (나)에서 $0\le x\le 2\pi$일 때, 방정식 $f(g(x))=0$의 모든 해의 합이 $\frac{5}{2}\pi$이므로 이차방정식 $f(x)=0$은 -1, α $(0<\alpha<1)$를 실근으로 가진다. → $\frac{\pi}{2}$, π, $\frac{3}{2}\pi$, 3π 중에서 2개의 합이 $\frac{5}{2}\pi$인 경우는 $\pi+\frac{3}{2}\pi$이다.

Step 2 경우를 나누어 조건을 만족시키는 a의 값을 구한다.

(i) $a=\frac{1}{2}$일 때,

$f(x)=x^2+\frac{1}{2}x+b$에서 $f(-1)=0$이므로 → 이차방정식 $f(x)=0$의 두 실근은 -1, α

$1-\frac{1}{2}+b=0$ $\quad\therefore b=-\frac{1}{2}$

즉, 이차방정식 $x^2+\frac{1}{2}x-\frac{1}{2}=0$에서 $(x+1)\left(x-\frac{1}{2}\right)=0$

$\therefore x=-1$ 또는 $x=\frac{1}{2}$

따라서 $\alpha=\frac{1}{2}$이므로 모든 조건을 만족시킨다. → $0<\alpha<1$

(ii) $a=\frac{3}{2}$일 때,

$f(x)=x^2+\frac{3}{2}x+b$에서 $f(-1)=0$이므로

$1-\frac{3}{2}+b=0$ $\quad\therefore b=\frac{1}{2}$

즉, 이차방정식 $x^2+\frac{3}{2}x+\frac{1}{2}=0$에서 $(x+1)\left(x+\frac{1}{2}\right)=0$

$\therefore x=-1$ 또는 $x=-\frac{1}{2}$

이때 $\alpha=-\frac{1}{2}$에서 $0<\alpha<1$에 모순이다.

(i), (ii)에서 $f(x)=x^2+\frac{1}{2}x-\frac{1}{2}$이므로 $f(2)=4+1-\frac{1}{2}=\frac{9}{2}$

14 [정답률 50%] 정답 ⑤

Step 1 함수 $f(x)$가 $x=k$에서 연속이고 미분계수가 존재함을 이용한다. → 함수 $f(x)$가 $x=a$에서 미분가능하면 $x=a$에서 연속이다. 하지만 역은 일반적으로 성립하지 않는다.

함수 $f(x)$가 실수 전체의 집합에서 미분가능하므로 $x=k$에서 연속이고 미분계수가 존재해야 한다.

함수 $f(x)$가 $x=k$에서 연속이므로 $\lim_{x\to k-}f(x)=\lim_{x\to k+}f(x)=f(k)$에서 → 함수 $f(x)$가 $x=k$에서 연속이면 (좌극한값)=(우극한값)=(함숫값)

$\lim_{x\to k-}ax=\lim_{x\to k+}(-x^2+4bx-3b^2)=-k^2+4bk-3b^2$

$ak=-k^2+4bk-3b^2$이므로 $k^2+(a-4b)k+3b^2=0$ ······ ㉠

함수 $f(x)$가 $x=k$에서 미분계수가 존재하므로 주어진 함수 $f(x)$의 식을 x에 대하여 미분하면

$$f'(x)=\begin{cases} a & (x<k) \\ -2x+4b & (x>k)\end{cases}$$

→ 함수 $f(x)$가 $x=k$에서 미분계수가 존재하려면 $x=k$에서의 좌미분계수와 우미분계수가 같아야 한다.

이때 $x=k$에서의 좌미분계수와 우미분계수가 같으므로

$\lim_{x\to k-}f'(x)=\lim_{x\to k+}f'(x)$에서 $\lim_{x\to k-}a=\lim_{x\to k+}(-2x+4b)$

$\therefore a=-2k+4b$ ······ ㉡

㉡을 ㉠에 대입하면 $k^2+(-2k+4b-4b)k+3b^2=0$

$k^2-2k^2+3b^2=0$, $k^2=3b^2$

$\therefore k=\sqrt{3}b$ ($\because b>0$, $k>0$) ······ ㉢

Step 2 a, k의 값을 대입하여 ㄱ, ㄴ의 참, 거짓을 판별한다.

ㄱ. $f'(k)=\lim_{x\to k-}f'(x)=\lim_{x\to k+}f'(x)$에서 $f'(k)=a$이므로

$a=1$이면 $f'(k)=1$이다. (참)

ㄴ. $k=3$을 ㉢에 대입하면 $b=\sqrt{3}$

$k=3$, $b=\sqrt{3}$을 ㉡에 대입하면 $a=-2k+4b=-6+4\sqrt{3}$ (참)

Step 3 정적분을 이용하여 넓이를 구한다.

ㄷ. $f(k)=ak$, $f'(k)=a$이므로 $f(k)=f'(k)$에서 $ak=a$

$\therefore k=1$ ($\because a>0$)

$k=1$을 ㉢에 대입하면 $b=\frac{\sqrt{3}}{3}$ → $\lim_{x\to k-}f(x)=\lim_{x\to k+}f(x)=f(k)$

$k=1$, $b=\frac{\sqrt{3}}{3}$을 ㉡에 대입하면 $a=\frac{4\sqrt{3}}{3}-2$이므로

$$f(x)=\begin{cases} \frac{4\sqrt{3}-6}{3}x & (x<1) \\ -x^2+\frac{4\sqrt{3}}{3}x-1 & (x\ge 1)\end{cases}$$

따라서 함수 $y=f(x)$의 그래프는 다음 그림과 같다.

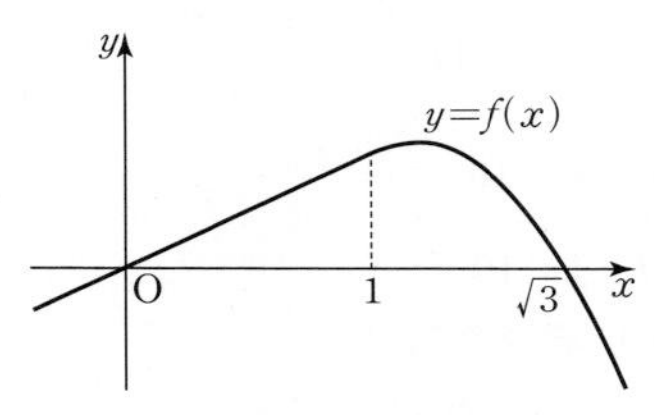

이때 $-x^2+\frac{4\sqrt{3}}{3}x-1=-\left(x-\frac{\sqrt{3}}{3}\right)(x-\sqrt{3})$이므로 함수 $f(x)$의 그래프와 x축으로 둘러싸인 부분의 넓이는

$$\int_0^{\sqrt{3}}f(x)dx=\int_0^1\frac{4\sqrt{3}-6}{3}xdx+\int_1^{\sqrt{3}}\left(-x^2+\frac{4\sqrt{3}}{3}x-1\right)dx$$

$$=\left[\frac{2\sqrt{3}-3}{3}x^2\right]_0^1+\left[-\frac{1}{3}x^3+\frac{2\sqrt{3}}{3}x^2-x\right]_1^{\sqrt{3}}$$

$$=\frac{2\sqrt{3}-3}{3}-0+(-\sqrt{3}+2\sqrt{3}-\sqrt{3})-\left(-\frac{1}{3}+\frac{2\sqrt{3}}{3}-1\right)$$

$$=\frac{2\sqrt{3}}{3}-1+\frac{1}{3}-\frac{2\sqrt{3}}{3}+1=\frac{1}{3}\text{ (참)}$$

따라서 옳은 것은 ㄱ, ㄴ, ㄷ이다.

15 [정답률 43%] 정답 ③

Step 1 a_4, a_5의 값이 짝수인지 홀수인지 판별한다.

$a_6=34$에서 a_6의 값이 짝수이므로 a_5+a_4의 값은 짝수이고 a_4, a_5의 값은 모두 짝수이거나 모두 홀수이다. → a_5+a_4의 값이 홀수이면 $a_6=a_5+a_4$에서 a_6의 값도 홀수이다.

a_4, a_5의 값이 모두 짝수이면 a_4+a_3의 값도 짝수이고 a_4의 값이 짝수이므로 a_3의 값은 짝수이다. → 위와 같은 방법으로 알아낼 수 있다.

같은 방법으로 a_1, a_2의 값이 모두 짝수이어야 하므로 $a_1=1$을 만족시키지 않는다.

따라서 a_4, a_5의 값은 모두 홀수이다.

Step 2 경우를 나누어 조건을 만족시키는 a_2의 값을 구한다.

이때 a_2, a_3의 값이 짝수인지 홀수인지 경우를 나누면 다음과 같다.

(i) a_2, a_3의 값이 모두 짝수일 때,

$a_1=1$이고 a_2의 값이 짝수이므로 a_2+a_1의 값은 홀수이다. 즉, $a_3=a_2+a_1$에서 a_3의 값이 홀수이므로 모순이다. → (짝수)+(홀수)=(홀수) / a_2, a_3의 값이 모두 짝수라는 가정에 모순이다.

(ii) a_2, a_3의 값이 각각 짝수, 홀수일 때,

$a_2=2k$ (k는 자연수)라 하면

$a_2+a_1=2k+1$ $\quad\therefore a_3=2k+1$ → $2k+1=$(홀수)이므로 $a_3=a_2+a_1$ / (짝수)+(홀수)=(홀수)

$a_3+a_2=(2k+1)+2k=4k+1$ $\quad\therefore a_4=4k+1$ → (홀수)+(짝수)=(홀수) / $4k+1=$(홀수)이므로 $a_4=a_3+a_2$

$a_4+a_3=(4k+1)+(2k+1)=6k+2$ → (홀수)+(홀수)=(짝수)

$\therefore a_5=\frac{1}{2}(6k+2)=3k+1$ → $6k+2=$(짝수)이므로 $a_5=\frac{1}{2}(a_4+a_3)$

$a_5+a_4=(3k+1)+(4k+1)=7k+2$ → Step 1에서 a_4, a_5의 값은 모두 홀수이므로 (홀수)+(홀수)=(짝수)

$\therefore a_6=\frac{1}{2}(7k+2)=\frac{7}{2}k+1$

$a_6=34$에서 $\frac{7}{2}k+1=34$ → $7k+2=$(짝수)이므로 $a_6=\frac{1}{2}(a_5+a_4)$

$\frac{7}{2}k=33$ $\quad\therefore k=\frac{66}{7}$

이때 k는 자연수이므로 조건을 만족시키지 않는다.

(iii) a_2, a_3의 값이 각각 홀수, 짝수일 때,

$a_2=2k-1$ (k는 자연수)라 하자.

$a_2+a_1=(2k-1)+1=2k$ → (홀수)+(홀수)=(짝수)

$\therefore a_3=\frac{1}{2}(2k)=k$ → $2k=$(짝수)이므로 $a_3=\frac{1}{2}(a_2+a_1)$

$a_3+a_2=k+(2k-1)=3k-1$ → a_2, a_3의 값이 각각 홀수, 짝수이므로 (짝수)+(홀수)=(홀수)

$\therefore a_4=3k-1$ → $3k-1=$(홀수)이므로 $a_4=a_3+a_2$

$a_4+a_3=(3k-1)+k=4k-1$ → (홀수)+(짝수)=(홀수)

$\therefore a_5=4k-1$ → $4k-1$=(홀수)이므로 $a_5=a_4+a_3$

$a_5+a_4=(4k-1)+(3k-1)=7k-2$ → (홀수)+(홀수)=(짝수)

$\therefore a_6=\frac{1}{2}(7k-2)=\frac{7}{2}k-1$ → $7k-2$=(짝수)이므로 $a_6=\frac{1}{2}(a_5+a_4)$

$a_6=34$에서 $\frac{7}{2}k-1=34$

$\frac{7}{2}k=35 \quad \therefore k=10$

$\therefore a_2=2\times10-1=19$

(iv) a_2, a_3의 값이 모두 홀수일 때,

$a_2=2k-1$ (k는 자연수)라 하자.

$a_2+a_1=(2k-1)+1=2k$ → (홀수)+(홀수)=(짝수)

$\therefore a_3=\frac{1}{2}(2k)=k$ → $2k$=(짝수)이므로 $a_3=\frac{1}{2}(a_2+a_1)$

$a_3+a_2=k+(2k-1)=3k-1$ → a_2, a_3의 값이 모두 홀수이므로 (홀수)+(홀수)=(짝수)

$\therefore a_4=\frac{1}{2}(3k-1)=\frac{3}{2}k-\frac{1}{2}$ → $3k-1$=(짝수)이므로 $a_4=\frac{1}{2}(a_3+a_2)$

$a_4+a_3=\left(\frac{3}{2}k-\frac{1}{2}\right)+k=\frac{5}{2}k-\frac{1}{2}$ → (홀수)+(홀수)=(짝수)

$\therefore a_5=\frac{1}{2}\left(\frac{5}{2}k-\frac{1}{2}\right)=\frac{5}{4}k-\frac{1}{4}$ → $\frac{5}{2}k-\frac{1}{2}$=(짝수)이므로 $a_5=\frac{1}{2}(a_4+a_3)$

Step 1에서 a_4, a_5의 값은 모두 홀수이다.

$a_5+a_4=\left(\frac{5}{4}k-\frac{1}{4}\right)+\left(\frac{3}{2}k-\frac{1}{2}\right)=\frac{11}{4}k-\frac{3}{4}$ → (홀수)+(홀수)=(짝수)

$\therefore a_6=\frac{1}{2}\left(\frac{11}{4}k-\frac{3}{4}\right)=\frac{11}{8}k-\frac{3}{8}$ → $\frac{11}{4}k-\frac{3}{4}$=(짝수)이므로 $a_6=\frac{1}{2}(a_5+a_4)$

$a_6=34$에서 $\frac{11}{8}k-\frac{3}{8}=34$

$11k-3=272$, $11k=275 \quad \therefore k=25$

$\therefore a_2=2\times25-1=49$

(i)~(iv)에서 모든 a_2의 값의 합은 $19+49=68$

16 [정답률 86%]

정답 4

Step 1 로그의 성질을 이용한다.

$$\log_2 96-\frac{1}{\log_6 2}=\log_2 96-\log_2 6=\log_2\frac{96}{6}=\log_2 16=4$$

→ $\frac{1}{\log_b a}=\log_a b$, $\log_a x-\log_a y=\log_a\frac{x}{y}$

17 [정답률 72%]

정답 11

Step 1 접선의 기울기가 4임을 이용하여 상수 k의 값을 구한다.

$f(x)=2x^4-4x+k$라 하면 $f'(x)=8x^3-4$

직선 $y=4x+5$와 곡선 $y=f(x)$의 접점을 $(t, f(t))$라 하자.

$f'(t)=4$에서 → 접선 $y=4x+5$의 기울기는 4

$8t^3-4=4$, $t^3=1 \quad \therefore t=1$

점 $(1, f(1))$이 직선 $y=4x+5$ 위의 점이므로 $f(1)=4+5=9$ → $y=4x+5$에 $x=1$, $y=f(1)$ 대입

$f(x)=2x^4-4x+k$에 $x=1$을 대입하면 $f(1)=2-4+k=k-2$

$k-2=9 \quad \therefore k=11$

18 [정답률 64%]

정답 427

Step 1 근과 계수의 관계를 이용한다.

x에 대한 이차방정식 $x^2-5nx+4n^2=0$의 두 근이 α_n, β_n이므로 근과 계수의 관계에 의하여 $\alpha_n+\beta_n=5n$, $\alpha_n\beta_n=4n^2$

→ 이차방정식 $ax^2+bx+c=0$의 두 근 α, β에 대하여 $\alpha+\beta=-\frac{b}{a}$, $\alpha\beta=\frac{c}{a}$

Step 2 수열의 합의 성질을 이용한다.

$$\sum_{n=1}^{7}(1-\alpha_n)(1-\beta_n)=\sum_{n=1}^{7}\{1-(\alpha_n+\beta_n)+\alpha_n\beta_n\}$$
$$=\sum_{n=1}^{7}(1-5n+4n^2)$$
$$=7-5\times\frac{7\times8}{2}+4\times\frac{7\times8\times15}{6}$$
→ $=28$, $=140$
$$=7-140+560=427$$

19 [정답률 50%]

정답 18

Step 1 정적분을 이용하여 두 점 P, Q의 위치를 구한다.

시각 t에서의 두 점 P, Q의 위치를 각각 $x_1(t)$, $x_2(t)$라 하면

$$x_1(t)=\int_0^t(3x^2-15x+k)dx=\left[x^3-\frac{15}{2}x^2+kx\right]_0^t$$
→ $=v_1$
$$=t^3-\frac{15}{2}t^2+kt$$

$$x_2(t)=\int_0^t(-3x^2+9x)dx=\left[-x^3+\frac{9}{2}x^2\right]_0^t=-t^3+\frac{9}{2}t^2$$
→ $=v_2$

Step 2 이차방정식의 판별식을 이용하여 양수 k의 값을 구한다.

두 점 P, Q가 출발한 후 한 번만 만나므로 방정식 $x_1(t)=x_2(t)$는 1개의 양의 실근을 가진다. → $t>0$

즉, $t^3-\frac{15}{2}t^2+kt=-t^3+\frac{9}{2}t^2$에서

$2t^3-12t^2+kt=0$, $t(2t^2-12t+k)=0$

이차방정식 $2t^2-12t+k=0$은 중근을 가져야 하므로 이 이차방정식의 판별식을 D라 하면

→ 이차함수 $y=2t^2-12t+k$의 그래프는 꼭짓점의 t좌표가 3, y절편이 $k>0$이므로 다음 그림과 같이 두 양의 실근 또는 중근 또는 허근을 가진다.

$\frac{D}{4}=(-6)^2-2\times k=0$

$\therefore k=18$

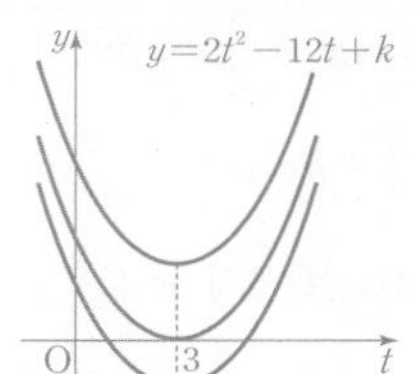

20 [정답률 18%]

정답 66

Step 1 $g'(0)=0$임을 이용하여 함수 $f(x)$를 구한다.

조건 (가)에서 $g'(0)=0$이고 $g(0)=f(p)-f(p)=0$이므로

$$\lim_{h\to0-}\frac{g(0+h)-g(0)}{h}=\lim_{h\to0-}\frac{g(h)}{h}$$
→ $g(x)=f(x+p)-f(p)$에 $x=0$ 대입

→ $x=0$에서의 좌미분계수
$$=\lim_{h\to0-}\frac{f(h-p)-f(-p)}{h}$$
$$=\lim_{h\to0-}\frac{f(-p+h)-f(-p)}{h}$$
$$=f'(-p)$$

$$\lim_{h\to0+}\frac{g(0+h)-g(0)}{h}=\lim_{h\to0+}\frac{g(h)}{h}$$
→ $x=0$에서의 우미분계수
$$=\lim_{h\to0+}\frac{f(h+p)-f(p)}{h}$$
$$=\lim_{h\to0+}\frac{f(p+h)-f(p)}{h}$$
$$=f'(p)$$

$\therefore f'(-p)=f'(p)=0$ → $x=0$에서의 좌미분계수와 우미분계수는 $x=0$에서 미분계수와 같다.

이때 삼차함수 $f(x)$의 최고차항의 계수가 1이므로 $f'(x)$는 최고차항의 계수가 3인 이차함수이다. → $(x^3)'=3x^2$

$f'(x)=3(x+p)(x-p)=3x^2-3p^2$이므로

$f(x)=x^3-3p^2x+C$ (단, C는 적분상수)

$f(0)=1$이므로 $C=1$ → $f'(-p)=f'(p)=0$

$\therefore f(x)=x^3-3p^2x+1$

Step 2 $f(5)$의 값을 구한다.

$\int_0^p g(x)dx=20$에서

$$\int_0^p g(x)dx=\int_0^p\{f(x+p)-f(p)\}dx$$
$$=\int_0^p\{(x+p)^3-3p^2(x+p)+1-(-2p^3+1)\}dx$$
$$=\int_0^p(x^3+3px^2)dx$$
$$=\left[\frac{1}{4}x^4+px^3\right]_0^p$$
$$=\left(\frac{1}{4}p^4+p^4\right)-0$$
$$=\frac{5}{4}p^4$$

$\frac{5}{4}p^4=20$이므로 $p^4=16 \quad \therefore p=2$ ($\because p>0$) → p는 양의 실수

따라서 $f(x)=x^3-12x+1$이므로 $f(5)=125-60+1=66$

본문 32쪽

21 [정답률 22%]

정답 12

Step 1 $\overline{AB}\times\overline{CD}=85$임을 이용한다.

두 점 A, B의 y좌표가 k이므로

$2\log_a x+k=k$에서 $x=1$ $\quad\therefore$ A$(1,\ k)$ → $y=2\log_a x+k$에 $y=k$ 대입

$a^{x-k}=k$에서 $x=\log_a k+k$ $\quad\therefore$ B$(\log_a k+k,\ k)$ → $y=a^{x-k}$에 $y=k$ 대입

두 점 C, D의 x좌표가 k이므로

$y=2\log_a k+k$에서 C$(k,\ 2\log_a k+k)$

$y=a^{k-k}=1$에서 D$(k,\ 1)$ → $a^0=1$

$\log_a k=\alpha,\ k-1=\beta\ (\alpha>0,\ \beta>0)$라 하면 → $a>1, k>1$

$\overline{AB}=\log_a k+k-1,\ \overline{CD}=2\log_a k+k-1$이므로

→ 두 점 A, B와 두 점 C, D는 각각 y좌표와 x좌표가 같으므로 선분의 길이를 구하기 쉽다.

$\overline{AB}\times\overline{CD}=85$에서 $(\alpha+\beta)(2\alpha+\beta)=85$ $\quad\cdots\cdots$ ㉠

Step 2 삼각형 CAD의 넓이가 35임을 이용한다.

두 선분 AB, CD의 교점을 E라 하면 $\overline{AE}=k-1=\beta$

삼각형 CAD의 넓이는 $\frac{1}{2}\times\overline{AE}\times\overline{CD}=\frac{1}{2}\beta(2\alpha+\beta)=35$

$\therefore 2\alpha+\beta=\frac{70}{\beta}\ (\because \beta>0)$ $\quad\cdots\cdots$ ㉡

㉠에 ㉡을 대입하면

$(\alpha+\beta)\times\frac{70}{\beta}=85,\ 70\alpha+70\beta=85\beta$

$70\alpha=15\beta$ $\quad\therefore 14\alpha=3\beta$ $\quad\cdots\cdots$ ㉢

$7\times$㉡에 ㉢을 대입하면 → $14\alpha+7\beta=\frac{490}{\beta}$

$3\beta+7\beta=\frac{490}{\beta},\ 10\beta^2=490$

$\beta^2=49$ $\quad\therefore \beta=7\ (\because \beta>0)$

$\beta=7$을 ㉢에 대입하면 $\alpha=\frac{3}{2}$ → $14\alpha=21$

Step 3 $a+k$의 값을 구한다.

$\beta=7$에서 $k-1=7$이므로 $k=8$

$\alpha=\frac{3}{2}$에서 $\log_a 8=\frac{3}{2}$이므로 $a^{\frac{3}{2}}=8$ $\quad\therefore a=8^{\frac{2}{3}}=4$ → $=(2^3)^{\frac{2}{3}}=2^2$

따라서 $a=4,\ k=8$이므로 $a+k=4+8=12$

22 [정답률 5%]

정답 729

Step 1 $\lim\limits_{x\to k}\frac{g(x)-g(k)}{|x-k|}$의 값이 존재할 조건을 찾는다.

$\lim\limits_{x\to k}\frac{g(x)-g(k)}{|x-k|}$의 값이 존재하려면 → 함수 $f(x)$가 $x=a$에서 극한값이 존재하려면 $x=a$에서의 (좌극한값)=(우극한값)이어야 한다.

$\lim\limits_{x\to k-}\frac{g(x)-g(k)}{|x-k|}=\lim\limits_{x\to k+}\frac{g(x)-g(k)}{|x-k|}$이어야 하므로

$\lim\limits_{x\to k-}\frac{g(x)-g(k)}{|x-k|}=\lim\limits_{x\to k-}\frac{g(x)-g(k)}{-(x-k)}$ → $x<k$에서 $|x-k|=-(x-k)$

$=\lim\limits_{x\to k-}\left\{-\frac{g(x)-g(k)}{x-k}\right\}$

$\lim\limits_{x\to k+}\frac{g(x)-g(k)}{|x-k|}=\lim\limits_{x\to k+}\frac{g(x)-g(k)}{x-k}$ → $x>k$에서 $|x-k|=x-k$

$\therefore \lim\limits_{x\to k-}\left\{-\frac{g(x)-g(k)}{x-k}\right\}=\lim\limits_{x\to k+}\frac{g(x)-g(k)}{x-k}$

즉, $\lim\limits_{x\to k}\frac{g(x)-g(k)}{x-k}=0$이거나 $\lim\limits_{x\to k-}\frac{g(x)-g(k)}{x-k}$와

$\lim\limits_{x\to k+}\frac{g(x)-g(k)}{x-k}$의 절댓값이 같고 부호는 반대이어야 하므로

→ 함수 $g(x)$가 절댓값을 포함한 식이므로 이러한 가능성도 생각해야 한다.

$g'(k)=0$ 또는 $g(k)=0$

$\therefore f'(k)=0$ 또는 $f(k)=t$

→ $g(x)=\begin{cases} f(x)-t & (f(x)\geq t) \\ -f(x)+t & (f(x)<t)\end{cases}$이므로

$g'(x)=\begin{cases} f'(x) & (f(x)>t) \\ -f'(x) & (f(x)<t)\end{cases}$에서 $g'(k)=0$이면 $f'(k)=0$

$g(k)=0$이면 $\frac{g(x)-g(k)}{x-k}=\frac{g(x)}{x-k}=\frac{|f(x)-t|}{x-k}$이므로 $f(k)=t$일 때,

$x=k$에서의 좌극한값과 우극한값의 절댓값이 같고 부호는 반대인 경우가 존재할 수 있다.

즉, $\frac{|f(x)-t|}{x-k}=\frac{|f(x)-f(k)|}{x-k}$이므로 함수 $f(x)$의 좌미분계수와 우미분계수의 절댓값이 같고 부호가 반대인 경우이다.

Step 2 경우를 나누어 함수 $y=f(x)$의 그래프의 개형을 파악한다.

최고차항의 계수가 1인 사차함수 $y=f(x)$의 그래프의 개형의 경우를 나누면 다음과 같다.

(i) $f'(x)=0$의 서로 다른 실근의 개수가 1일 때,

→ $t>\alpha$일 때, 미분계수가 0인 점이 1개, 좌우에서 $f'(x)$의 부호가 반대이고 절댓값이 같은 점이 2개이므로 $h(t)=3$

$y=t$

$t=\alpha$

함수 $f(x)$의 극솟값을 α라 하면 $h(t)=\begin{cases}1 & (t\leq\alpha) \\ 3 & (t>\alpha)\end{cases}$이므로

조건 (나)를 만족시키지 않는다. → $t=\alpha$에서만 불연속이므로 함수 $h(t)$의 불연속점은 1개이다.

(ii) $f'(x)=0$의 서로 다른 실근의 개수가 2일 때,

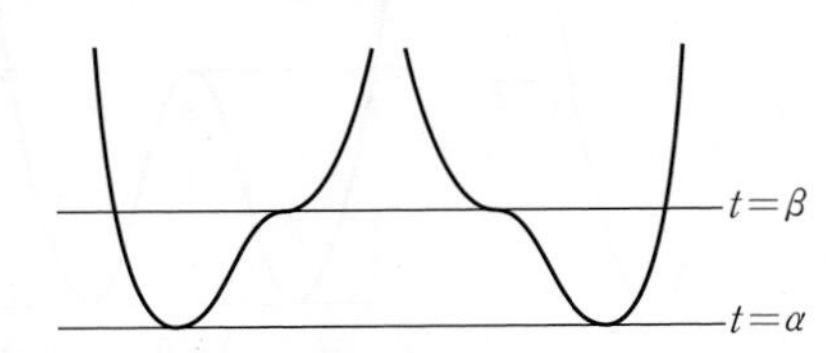

$f'(x)=0$인 x에서의 함숫값을 각각 $\alpha,\ \beta\ (\alpha<\beta)$라 하면

$h(t)=\begin{cases}2 & (t\leq\alpha) \\ 4 & (\alpha<t<\beta) \\ 3 & (t=\beta) \\ 4 & (t>\beta)\end{cases}$이므로 조건 (가)를 만족시키는 t의 값이 존재하지 않는다.

→ 함수 $h(t)$의 불연속점은 2개이지만 우극한값이 5인 t가 존재하지 않는다.

(iii) $f'(x)=0$의 서로 다른 실근의 개수가 3일 때,

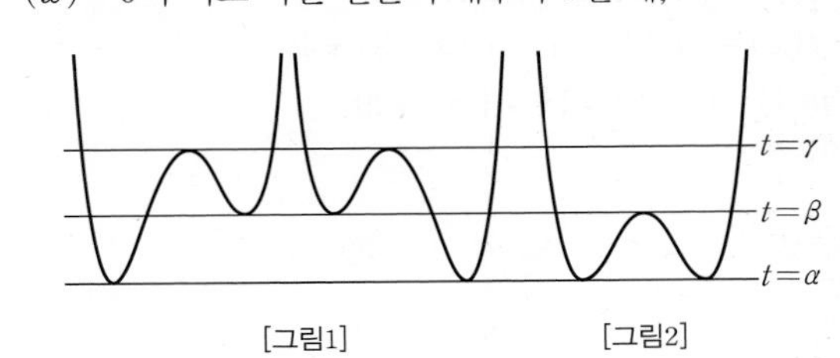

[그림1] [그림2]

$f'(x)=0$인 x에서의 함숫값을 각각 $\alpha,\ \beta,\ \gamma\ (\alpha<\beta<\gamma)$라 하자.

함수 $y=f(x)$의 그래프가 [그림1]과 같으면

$h(t)=\begin{cases}3 & (t\leq\alpha) \\ 5 & (\alpha<t\leq\beta) \\ 7 & (\beta<t<\gamma) \\ 5 & (t\geq\gamma)\end{cases}$이므로 조건 (나)를 만족시키지 않는다.

→ 함수 $h(t)$의 불연속점이 3개이다.

함수 $y=f(x)$의 그래프가 [그림2]와 같으면

$h(x)=\begin{cases}3 & (t\leq\alpha) \\ 7 & (\alpha<t<\beta) \\ 5 & (t\geq\beta)\end{cases}$이므로 $\alpha=-60,\ \beta=4$일 때 두 조건

(가), (나)를 모두 만족시킨다.

(i)~(iii)에서 $f(x)$는 극댓값이 4, 두 극솟값은 모두 -60인 사차함수이다.

Step 3 함수 $f(x)$의 극대가 원점에 오도록 평행이동한 함수를 구한다.

이때 함수 $y=f(x)$의 그래프에서 극대가 원점에 오도록 평행이동한 그래프를 나타내는 함수를 $t(x)$라 하면 함수 $y=t(x)$의 그래프는 $x=0$에서 x축에 접하므로 $t(x)$는 x^2을 인수로 가진다. → $t(0)=0,\ t'(0)=0$

또한, $t(a)=0\ (a>0)$이라 하면 함수 $y=t(x)$의 그래프는 y축에 대하여 대칭이므로 $t(a)=t(-a)=0$ → 함수 $t(x)$는 $x-a$와 $x+a$를 인수로 가진다.

$\therefore t(x)=x^2(x+a)(x-a)=x^4-a^2x^2$

$t'(x)=4x^3-2a^2x=2x(2x^2-a^2)$이므로 $t'(x)=0$에서

$x=-\frac{\sqrt{2}}{2}a$ 또는 $x=0$ 또는 $x=\frac{\sqrt{2}}{2}a$ — 평행이동을 해도 함수의 최고차항의 계수는 변하지 않는다.

$t\left(-\frac{\sqrt{2}}{2}a\right)=t\left(\frac{\sqrt{2}}{2}a\right)=-64$에서 — 함수 $f(x)$의 극댓값이 4, 극솟값이 -60이므로 함수 $t(x)$의 극댓값이 0, 극솟값은 -64이다.

$t\left(\frac{\sqrt{2}}{2}a\right)=\left(\frac{\sqrt{2}}{2}a\right)^4-a^2\left(\frac{\sqrt{2}}{2}a\right)^2=\frac{a^4}{4}-\frac{a^4}{2}=-\frac{a^4}{4}$

즉, $-\frac{a^4}{4}=-64$, $a^4=256$ $\quad\therefore a=4$ ($\because a>0$)

$\therefore t(x)=x^4-16x^2=x^2(x+4)(x-4)$

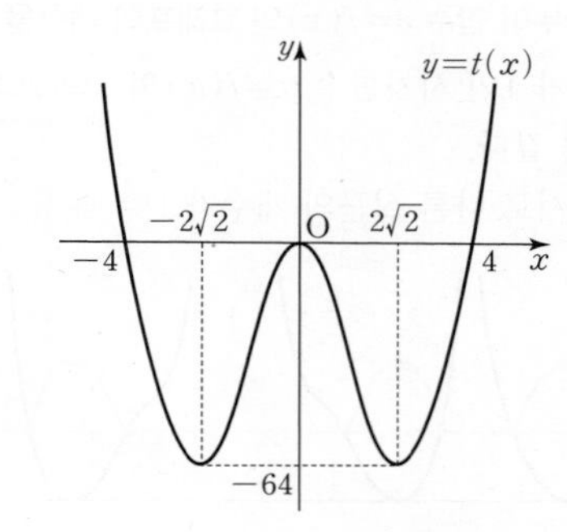

Step 4 $f(2)=4$, $f'(2)>0$임을 이용하여 함수 $f(x)$를 구한다.

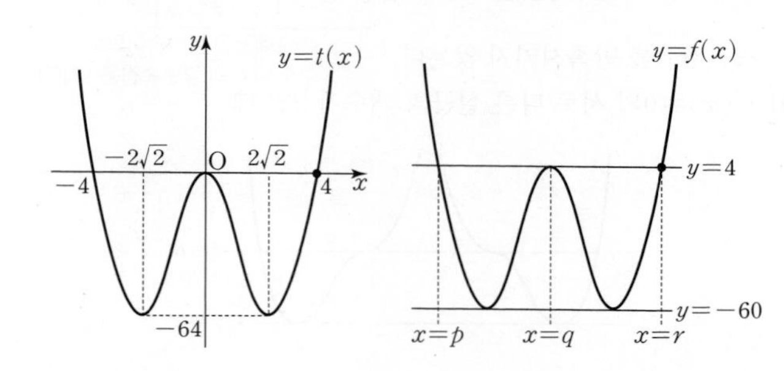

방정식 $f(x)=4$의 실근을 작은 것부터 차례대로 p, q, r이라 하면 $f(2)=4$이므로 p, q, r 중 하나는 2와 같다.

이때 $f'(p)<0$, $f'(q)=0$, $f'(r)>0$이고 $f'(2)>0$이므로 $r=2$ — $x=p$에서 감소 / $x=q$에서 극대 / $x=r$에서 증가

즉, 함수 $y=f(x)$의 그래프 위의 점 $(2, 4)$를 평행이동한 점이 함수 $y=t(x)$의 그래프 위의 점 $(4, 0)$이므로 함수 $y=f(x)$의 그래프는 함수 $y=t(x)$의 그래프를 x축의 방향으로 -2만큼, y축의 방향으로 4만큼 평행이동한 것이다.

따라서 $f(x)=(x+2)^2(x+6)(x-2)+4$이므로

$f(4)+h(4)=6^2\times10\times2+4+5=729$

확률과 통계

23 [정답률 87%] 정답 ①

Step 1 중복순열을 계산한다.

${}_3P_2+{}_3\Pi_2=3\times2+3^2=6+9=15$ — ${}_n\Pi_r=n^r$

24 [정답률 90%] 정답 ③

Step 1 원순열을 이용한다.

5명의 학생을 원형으로 배열하는 경우의 수는 $(5-1)!=4!=24$ — n명을 원형으로 배열하는 경우의 수는 $(n-1)!$

25 [정답률 88%] 정답 ④

Step 1 같은 것이 있는 순열을 이용한다.

양 끝에 B가 적힌 카드를 놓고 그 사이에 A, A, A, B, C, C가 하나씩 적혀 있는 카드를 일렬로 나열하는 경우의 수는

$\frac{6!}{3!\times2!}=\frac{6\times5\times4}{2\times1}=60$

26 [정답률 67%] 정답 ⑤

Step 1 중복순열을 이용하여 경우의 수를 구한다.

서로 다른 6개의 공 중에서 주머니 A에 넣을 3개의 공을 선택하는 경우의 수는 ${}_6C_3=20$

나머지 3개의 공을 두 주머니 B, C에 나누어 넣는 경우의 수는

${}_2\Pi_3=2^3=8$ — 서로 다른 2개에서 중복을 허락하여 3개를 택해 일렬로 나열하는 경우의 수

따라서 구하는 경우의 수는 $20\times8=160$

27 [정답률 72%] 정답 ②

Step 1 주어진 방정식을 변형한다. — 각 문자가 음이 아닌 정수가 되도록 변형한다.

$a'=a-1$, $b'=b-1$, $c'=c-1$, $d'=d-1$이라 하면 a, b, c, d는 자연수이므로 a', b', c', d'은 음이 아닌 정수이다.

이것을 주어진 방정식에 대입하면 — $a+b+c+3d=10$에 $a=a'+1$, $b=b'+1$, $c=c'+1$, $d=d'+1$ 대입

$(a'+1)+(b'+1)+(c'+1)+3(d'+1)=10$

$\therefore a'+b'+c'+3d'=4$

Step 2 경우를 나누어 중복조합을 이용한다.

(i) $d'=0$일 때,

$a'+b'+c'=4$를 만족시키는 순서쌍 (a', b', c')의 개수는 서로 다른 3개의 문자 중에서 중복을 허락하여 4개를 뽑는 경우의 수와 같으므로 ${}_3H_4={}_{3+4-1}C_4={}_6C_4={}_6C_2=15$ — ${}_nH_r={}_{n+r-1}C_r$

(ii) $d'=1$일 때,

$a'+b'+c'=1$을 만족시키는 순서쌍 (a', b', c')의 개수는 서로 다른 3개의 문자 중에서 중복을 허락하여 1개를 뽑는 경우의 수와 같으므로 ${}_3H_1={}_{3+1-1}C_1={}_3C_1=3$

(i), (ii)에서 구하는 순서쌍 (a, b, c, d)의 개수는 $15+3=18$ — ${}_nH_r={}_{n+r-1}C_r$

28 [정답률 38%] 정답 ⑤

Step 1 조건 (가)를 만족시키는 경우를 생각한다.

조건 (가)에 의하여 한 접시에는 빵 2개를 담고, 나머지 세 접시에는 빵을 1개씩 담아야 하므로 5개의 빵 중에서 한 접시에 담을 2개의 빵을 선택하는 경우의 수는 ${}_5C_2=10$

Step 2 경우를 나누어 조건 (나)를 만족시키는 경우의 수를 구한다.

2개의 빵이 담긴 접시를 A, 1개의 빵이 담긴 접시를 각각 B, C, D라 하자. — 빵과 달리 사탕은 종류가 같음에 유의한다.

(i) A 접시에 사탕을 담지 않는 경우

세 접시 중 두 접시에 사탕을 2개씩 담고 나머지 접시에 사탕을 1개 담는 경우의 수는 ${}_3C_1=3$ — B, C, D — 세 접시 중 사탕을 1개 담을 한 접시를 고르는 경우의 수

(ii) A 접시에 사탕을 1개 담는 경우 — 남은 사탕의 개수는 4이다.

① 한 접시에 사탕을 담지 않는 경우

세 접시 중 두 접시에 사탕을 2개씩 담고 나머지 접시에 사탕을 담지 않는 경우의 수는 ${}_3C_1=3$ — 세 접시 중 사탕을 담지 않는 접시를 고르는 경우의 수

② 두 접시에 사탕을 각각 하나씩 담는 경우

세 접시 중 두 접시에 사탕을 각각 1개씩 담고 나머지 접시에 사탕을 2개 담는 경우의 수는 ${}_3C_1=3$ — 세 접시 중 사탕을 2개 담는 접시를 고르는 경우의 수

①, ②에서 구하는 경우의 수는 $3+3=6$

(i), (ii)에서 조건 (나)를 만족시키는 경우의 수는 $3+6=9$

네 접시를 원형으로 배열하는 경우의 수는 $(4-1)!=3!=6$ — 회전하여 일치하는 경우는 제외한다.

따라서 구하는 경우의 수는 $10\times9\times6=540$

29 [정답률 39%]

정답 120

Step 1 주어진 조건을 이용하여 방정식을 세운다.

조건 (가)를 만족시키는 6개의 수를 1, 2, 3, x, y, z (x, y, z는 3 이하의 자연수)라 하자.

$3 \le x+y+z \le 9$이므로 $9 \le 1+2+3+x+y+z \le 15$ (1+1+1, 3+3+3)

이때 조건 (나)에 의하여 6개의 수의 합이 4의 배수이어야 하므로

$1+2+3+x+y+z=12$ $\quad \therefore x+y+z=6$

→ 9 이상 15 이하의 자연수 중 4의 배수는 12뿐이다.

Step 2 경우를 나누고, 같은 것이 있는 순열을 이용한다.

3 이하의 자연수 x, y, z가 $x+y+z=6$을 만족시키려면 x, y, z는 각각 1, 2, 3이거나 2, 2, 2이어야 한다.

(i) 1, 1, 2, 2, 3, 3을 일렬로 나열하는 경우의 수는

$\frac{6!}{2!2!2!}=90$

→ 1, 1, 2, 2, 3, 3 / 1, 2, 2, 2, 2, 3

(ii) 1, 2, 2, 2, 2, 3을 일렬로 나열하는 경우의 수는 $\frac{6!}{4!}=30$

(i), (ii)에서 구하는 경우의 수는 $90+30=120$

30 [정답률 17%]

정답 45

→ 1, 2, 3, 4, 5 중 중복을 허락하여 5개를 택해 크지 않은 것부터 차례대로 $f(1)$, $f(2)$, $f(3)$, $f(4)$, $f(5)$에 대응시키면 된다.

Step 1 조건 (가)를 만족시키는 함수의 개수를 구한다.

조건 (가)를 만족시키는 함수 f의 개수는 서로 다른 5개의 숫자 중에서 중복을 허락하여 5개를 택하는 중복조합의 수와 같으므로

${}_5H_5={}_{5+5-1}C_5={}_9C_5={}_9C_4=126$

Step 2 조건 (나)를 만족시키지 않는 경우의 수를 구한다.

조건 (나)를 만족시키지 않는 경우는 $f(2)=1$ 또는 $f(4)\times f(5)\ge 20$일 때이므로 여사건의 경우의 수는 다음과 같다.

(i) $f(2)=1$일 때, → 조건 (가)

$f(1)=1$이고 $1\le f(3)\le f(4)\le f(5)\le 5$이므로 $f(3)$, $f(4)$, $f(5)$의 값을 선택하는 경우의 수는 ${}_5H_3={}_{5+3-1}C_3={}_7C_3=35$

→ 서로 다른 5개의 숫자 중에서 중복을 허락하여 3개를 택하는 경우의 수

(ii) $f(4)\times f(5)\ge 20$일 때,

① $f(4)=4$, $f(5)=5$인 경우

$1\le f(1)\le f(2)\le f(3)\le 4$이므로 $f(1)$, $f(2)$, $f(3)$의 값을 선택하는 경우의 수는 ${}_4H_3={}_{4+3-1}C_3={}_6C_3=20$

→ 서로 다른 4개의 숫자 중에서 중복을 허락하여 3개를 택하는 경우의 수

② $f(4)=f(5)=5$인 경우

$1\le f(1)\le f(2)\le f(3)\le 5$이므로 $f(1)$, $f(2)$, $f(3)$의 값을 선택하는 경우의 수는 ${}_5H_3={}_{5+3-1}C_3={}_7C_3=35$

①, ②에서 구하는 경우의 수는 $20+35=55$

(iii) $f(2)=1$이고 $f(4)\times f(5)\ge 20$일 때,

① $f(4)=4$, $f(5)=5$인 경우

$f(1)=1$이고 $1\le f(3)\le 4$이므로 $f(3)$의 값을 선택하는 경우의 수는 ${}_4C_1=4$

② $f(4)=f(5)=5$인 경우

$f(1)=1$이고 $1\le f(3)\le 5$이므로 $f(3)$의 값을 선택하는 경우의 수는 ${}_5C_1=5$

①, ②에서 구하는 경우의 수는 $4+5=9$

(i)~(iii)에서 구하는 여사건의 경우의 수는 $35+55-9=81$

따라서 구하는 함수 f의 개수는 $126-81=45$

→ $f(2)=1$인 사건을 A, $f(4)\times f(5)\ge 20$인 사건을 B라 하면 $n(A\cup B)=n(A)+n(B)-n(A\cap B)$

미적분

23 [정답률 95%]

정답 ④

Step 1 분모, 분자를 각각 n^2으로 나눈다.

$$\lim_{n\to\infty}\frac{(2n+1)(3n-1)}{n^2+1}=\lim_{n\to\infty}\frac{6n^2+n-1}{n^2+1}=\lim_{n\to\infty}\frac{6+\frac{1}{n}-\frac{1}{n^2}}{1+\frac{1}{n^2}}=6$$

→ $\lim_{n\to\infty}\frac{1}{n}=0$, $\lim_{n\to\infty}\frac{1}{n^2}=0$

24 [정답률 94%]

정답 ②

Step 1 수열의 극한값의 대소 관계를 이용한다.

$3^n-2^n<a_n<3^n+2^n$에서 $\frac{3^n-2^n}{3^{n+1}+2^n}<\frac{a_n}{3^{n+1}+2^n}<\frac{3^n+2^n}{3^{n+1}+2^n}$

→ $3^{n+1}+2^n>0$이므로 각 변을 $3^{n+1}+2^n$으로 나누어도 부등호 방향은 같다.

이때 $\lim_{n\to\infty}\frac{3^n-2^n}{3^{n+1}+2^n}=\lim_{n\to\infty}\frac{1-\left(\frac{2}{3}\right)^n}{3+\left(\frac{2}{3}\right)^n}=\frac{1}{3}$,

→ $\lim_{n\to\infty}\left(\frac{2}{3}\right)^n=0$

$\lim_{n\to\infty}\frac{3^n+2^n}{3^{n+1}+2^n}=\lim_{n\to\infty}\frac{1+\left(\frac{2}{3}\right)^n}{3+\left(\frac{2}{3}\right)^n}=\frac{1}{3}$

이므로 수열의 극한값의 대소 관계에 의하여

$$\lim_{n\to\infty}\frac{a_n}{3^{n+1}+2^n}=\frac{1}{3}$$

25 [정답률 82%]

정답 ③

Step 1 등차수열 $\{a_n\}$의 공차를 구한다.

등차수열 $\{a_n\}$의 첫째항을 a, 공차를 d라 하면 $a_n=a+(n-1)d$이므로 $a_{2n}=a+(2n-1)d$

→ $a_n=a+(n-1)d$에 n 대신 $2n$ 대입

이때 $\lim_{n\to\infty}\frac{a_{2n}-6n}{a_n+5}=4$에서

$$\lim_{n\to\infty}\frac{a_{2n}-6n}{a_n+5}=\lim_{n\to\infty}\frac{a+(2n-1)d-6n}{a+(n-1)d+5}=\lim_{n\to\infty}\frac{\frac{a}{n}+\left(2-\frac{1}{n}\right)d-6}{\frac{a}{n}+\left(1-\frac{1}{n}\right)d+\frac{5}{n}}=\frac{2d-6}{d}$$

→ $\lim_{n\to\infty}\frac{a}{n}=0$, $\lim_{n\to\infty}\frac{1}{n}=0$, $\lim_{n\to\infty}\frac{5}{n}=0$

$\frac{2d-6}{d}=4$이므로 $2d-6=4d$ $\quad \therefore d=-3$

Step 2 a_2-a_1의 값을 구한다.

따라서 a_2-a_1의 값은 $a_2-a_1=(a+d)-a=d=-3$

26 [정답률 78%]

정답 ⑤

Step 1 수열의 극한의 성질을 이용하여 극한값을 계산한다.

$\lim_{n\to\infty}(n^2+1)a_n=3$에서 $(n^2+1)a_n=c_n$,

$\lim_{n\to\infty}(4n^2+1)(a_n+b_n)=1$에서 $(4n^2+1)(a_n+b_n)=d_n$이라 하자.

$\lim_{n\to\infty}c_n=3$, $\lim_{n\to\infty}d_n=1$이고 $a_n=\frac{c_n}{n^2+1}$, $b_n=\frac{d_n}{4n^2+1}-\frac{c_n}{n^2+1}$

→ $a_n+b_n=\frac{d_n}{4n^2+1}$에서 $b_n=\frac{d_n}{4n^2+1}-a_n$

이므로

$$\lim_{n\to\infty}(2n^2+1)(a_n+2b_n)$$
$$=\lim_{n\to\infty}(2n^2+1)\left(\frac{c_n}{n^2+1}+\frac{2d_n}{4n^2+1}-\frac{2c_n}{n^2+1}\right)$$
$$=\lim_{n\to\infty}\left(\frac{4n^2+2}{4n^2+1}d_n-\frac{2n^2+1}{n^2+1}c_n\right)$$
$$=\lim_{n\to\infty}\left(\frac{4+\frac{2}{n^2}}{4+\frac{1}{n^2}}d_n-\frac{2+\frac{1}{n^2}}{1+\frac{1}{n^2}}c_n\right)=1\times 1-2\times 3=1-6=-5$$

본문 35쪽

27 [정답률 54%] 정답 ①

Step 1 등차수열 $\{b_n\}$의 일반항을 구한다.

등차수열 $\{b_n\}$의 공차를 d라 하자.

$\sum_{k=1}^{n}\frac{a_k}{b_k}=\frac{6}{n+1}$에 $n=1$을 대입하면

$\sum_{k=1}^{1}\frac{a_k}{b_k}=\frac{a_1}{b_1}=3$ $\quad\therefore b_1=\frac{a_1}{3}=1$ ($a_1=3$)

$\sum_{k=1}^{n}\frac{a_k}{b_k}=\frac{6}{n+1}$에 $n=2$를 대입하면 $\sum_{k=1}^{2}\frac{a_k}{b_k}=\frac{a_1}{b_1}+\frac{a_2}{b_2}=2$

$\frac{3}{1}+\frac{-4}{b_2}=2$ $\quad\therefore b_2=4$

이때 $b_2=b_1+d=1+d$이므로 $d=3$

$\therefore b_n=1+(n-1)\times3=3n-2$

Step 2 $\lim_{n\to\infty}a_nb_n$의 값을 구한다.

수열의 합과 일반항 사이의 관계에 의하여 → $a_n=S_n-S_{n-1}\ (n\geq2)$

$\frac{a_n}{b_n}=\sum_{k=1}^{n}\frac{a_k}{b_k}-\sum_{k=1}^{n-1}\frac{a_k}{b_k}=\frac{6}{n+1}-\frac{6}{n}=-\frac{6}{n(n+1)}\ (n\geq2)$

$b_n=3n-2$이므로 $a_n=-\frac{6(3n-2)}{n(n+1)}\ (n\geq2)$ ← $a_n=-\frac{6}{n(n+1)}b_n$

$\therefore \lim_{n\to\infty}a_nb_n=\lim_{n\to\infty}\left\{-\frac{6(3n-2)^2}{n(n+1)}\right\}=\lim_{n\to\infty}\left\{-\frac{6\left(3-\frac{2}{n}\right)^2}{1\times\left(1+\frac{1}{n}\right)}\right\}$

$=-\frac{6\times3^2}{1}=-54$

28 [정답률 34%] 정답 ②

Step 1 선분 B_nB_{n+1}의 길이와 사각형 $A_nB_nB_{n+1}A_{n+1}$의 넓이를 구한다.

직선 $y=n$이 y축과 만나는 점의 좌표는 $(0,\ n)$이므로 $A_n(0,\ n)$

직선 $y=n$이 곡선 $y=\log_a(x-1)$과 만나는 점의 좌표는 $(a^n+1,\ n)$이므로 $B_n(a^n+1,\ n)$ ← $n=\log_a(x-1)$에서 $x-1=a^n$

즉, 점 B_{n+1}의 좌표는 $(a^{n+1}+1,\ n+1)$이므로 (점 B_n에서 n 대신 $n+1$ 대입)

$\overline{B_nB_{n+1}}=\sqrt{\{(a^{n+1}+1)-(a^n+1)\}^2+\{(n+1)-n\}^2}$

$=\sqrt{(a^{n+1}-a^n)^2+1}$

$=\sqrt{\{(a-1)a^n\}^2+1}$

$=\sqrt{(a^2-2a+1)a^{2n}+1}$

또한, 다음 그림과 같이 사각형 $A_nB_nB_{n+1}A_{n+1}$은 사다리꼴이므로

$S_n=\frac{1}{2}\times1\times\{(a^{n+1}+1)+(a^n+1)\}=\frac{a^{n+1}+a^n+2}{2}$ ($\overline{A_{n+1}B_{n+1}}$, $\overline{A_nA_{n+1}}$, $\overline{A_nB_n}$)

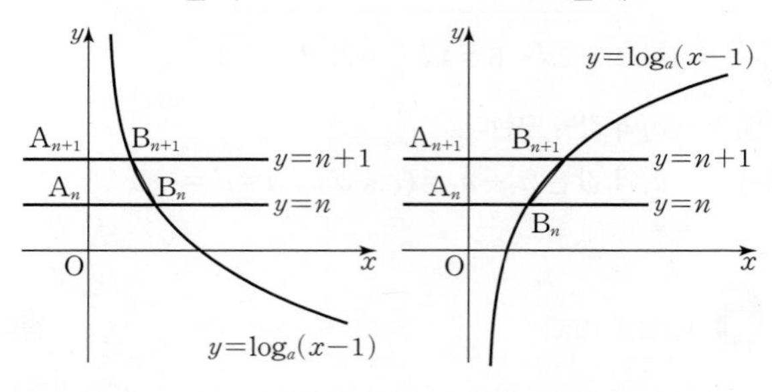

Step 2 경우를 나누어 a의 값을 구한다.

$\therefore \lim_{n\to\infty}\frac{\overline{B_nB_{n+1}}}{S_n}=\lim_{n\to\infty}\frac{\sqrt{(a^2-2a+1)a^{2n}+1}}{\frac{a^{n+1}+a^n+2}{2}}$

$=\lim_{n\to\infty}\frac{2\sqrt{(a^2-2a+1)a^{2n}+1}}{a^{n+1}+a^n+2}$

(i) $0<a<1$일 때,

$\lim_{n\to\infty}a^n=0$이므로

$\lim_{n\to\infty}\frac{\overline{B_nB_{n+1}}}{S_n}=\lim_{n\to\infty}\frac{2\sqrt{(a^2-2a+1)a^{2n}+1}}{a^{n+1}+a^n+2}=\frac{2\sqrt{1}}{2}=1$

이때 $\lim_{n\to\infty}\frac{\overline{B_nB_{n+1}}}{S_n}=\frac{3}{2a+2}$이므로

$1=\frac{3}{2a+2}$, $2a+2=3$ ($2a=1$) $\quad\therefore a=\frac{1}{2}$

(ii) $a>1$일 때,

$\lim_{n\to\infty}\frac{1}{a^n}=0$이므로

$\lim_{n\to\infty}\frac{\overline{B_nB_{n+1}}}{S_n}=\lim_{n\to\infty}\frac{2\sqrt{(a^2-2a+1)a^{2n}+1}}{a^{n+1}+a^n+2}$

$=\lim_{n\to\infty}\frac{2\sqrt{a^2-2a+1+\frac{1}{a^{2n}}}}{a+1+\frac{2}{a^n}}$

$=\frac{2\sqrt{a^2-2a+1}}{a+1}$

$=\frac{2\sqrt{(a-1)^2}}{a+1}$

$=\frac{2(a-1)}{a+1}$ ← $a>1$이므로 $\sqrt{(a-1)^2}=a-1$

이때 $\lim_{n\to\infty}\frac{\overline{B_nB_{n+1}}}{S_n}=\frac{3}{2a+2}$이므로 $\frac{2(a-1)}{a+1}=\frac{3}{2a+2}$ ← 양변에 $2(a+1)$을 곱한다.

$4(a-1)=3$, $a-1=\frac{3}{4}$ $\quad\therefore a=\frac{7}{4}$

(i), (ii)에 의하여 구하는 a의 값의 합은 $\frac{1}{2}+\frac{7}{4}=\frac{9}{4}$

29 [정답률 32%] 정답 50

Step 1 수열 $\{a_n\}$의 일반항을 구한다. ← 근의 공식 사용

x에 대한 이차방정식 $x^2-4nx-n=0$의 해는 $x=2n-\sqrt{4n^2+n}$ 또는 $x=2n+\sqrt{4n^2+n}$이므로 주어진 부등식의 해는

$2n-\sqrt{4n^2+n}<x<2n+\sqrt{4n^2+n}$

$2n<\sqrt{4n^2+n}<2n+1$이므로 $-1<2n-\sqrt{4n^2+n}<0$,

$4n<2n+\sqrt{4n^2+n}<4n+1$ ← $(2n)^2<4n^2+n<(2n+1)^2$

즉, 부등식 $x^2-4nx-n<0$을 만족시키는 정수 x의 개수는 $0,\ 1,\ \cdots,\ 4n$의 $4n+1$이므로 $a_n=4n+1$ ← $2n-\sqrt{4n^2+n}<x<2n+\sqrt{4n^2+n}$에서 $2n-\sqrt{4n^2+n}=-0.\times\times\times$, $2n+\sqrt{4n^2+n}=4n+0.\times\times\times$라 하면 $-0.\times\times\times<x<4n+0.\times\times\times$

Step 2 주어진 식이 수렴함을 이용한다.

$\lim_{n\to\infty}(\sqrt{na_n}-pn)=q$에서 $\lim_{n\to\infty}\sqrt{na_n}=\infty$이므로 $p>0$이어야 한다. ← $p\leq0$이면 $\lim_{n\to\infty}(-pn)=\infty$이므로 $\lim_{n\to\infty}(\sqrt{na_n}-pn)=\infty$

$\lim_{n\to\infty}(\sqrt{na_n}-pn)=\lim_{n\to\infty}(\sqrt{4n^2+n}-pn)$ ← 분자의 유리화

$=\lim_{n\to\infty}\frac{(4n^2+n)-p^2n^2}{\sqrt{4n^2+n}+pn}$

$=\lim_{n\to\infty}\frac{(4-p^2)n^2+n}{\sqrt{4n^2+n}+pn}$ ...... ㉠

이 q로 수렴하므로 $4-p^2=0$ $\quad\therefore p=2\ (\because p>0)$

이를 ㉠에 대입하면 ← $4-p^2\neq0$이면 (분모의 차수)<(분자의 차수)이므로 극한이 발산한다.

$\lim_{n\to\infty}\frac{n}{\sqrt{4n^2+n}+2n}=\lim_{n\to\infty}\frac{1}{\sqrt{4+\frac{1}{n}}+2}=\frac{1}{2+2}=\frac{1}{4}$ $\quad\therefore q=\frac{1}{4}$ ($\lim_{n\to\infty}\frac{1}{n}=0$)

따라서 $p=2,\ q=\frac{1}{4}$이므로 $100pq=100\times2\times\frac{1}{4}=50$

30 [정답률 9%] 정답 25

Step 1 x의 값의 범위를 나누어 함수 $f(x)$를 구한다.

$f(x)=\lim_{n\to\infty}\frac{x^{2n+1}-x}{x^{2n}+1}$에서

(i) $|x|<1$일 때, → $-1<x<1$

$\lim_{n\to\infty}x^{2n}=\lim_{n\to\infty}x^{2n+1}=0$이므로

$f(x)=\lim_{n\to\infty}\frac{x^{2n+1}-x}{x^{2n}+1}=\frac{-x}{1}=-x$

(ii) $x=1$일 때,

$f(x)=\lim_{n\to\infty}\frac{x^{2n+1}-x}{x^{2n}+1}=\frac{1-1}{1+1}=0$

(iii) $x=-1$일 때,

$f(x)=\lim_{n\to\infty}\frac{x^{2n+1}-x}{x^{2n}+1}=\frac{-1-(-1)}{1+1}=0$

→ $|x|=1$일 때, $f(x)=0$

(iv) $|x|>1$일 때, → $x<-1$ 또는 $x>1$

$\lim_{n\to\infty}\frac{1}{x^{2n}}=0$이므로

$$f(x)=\lim_{n\to\infty}\frac{x^{2n+1}-x}{x^{2n}+1}=\lim_{n\to\infty}\frac{x-\frac{x}{x^{2n}}}{1+\frac{1}{x^{2n}}}=x$$

(i)~(iv)에서 $f(x)=\begin{cases} x & (|x|>1) \\ 0 & (|x|=1) \\ -x & (|x|<1) \end{cases}$

Step 2 경우를 나누어 함수 $g(x)$를 구한다.

자연수 k에 대하여 $2k-2\ge0$, $2k>0$이므로 $\frac{x}{2k-1}$의 값은 다음과 같이 경우를 나누어 생각할 수 있다.

(i) $2k-2\le|x|<2k-1$일 때,

부등식의 각 변을 $2k-1$로 나누면 $\frac{2k-2}{2k-1}\le\frac{|x|}{2k-1}<1$ → $0\le\frac{2k-2}{2k-1}<1$

$\therefore \left|\frac{x}{2k-1}\right|<1$ → $\frac{|x|}{2k-1}=\frac{|x|}{|2k-1|}=\left|\frac{x}{2k-1}\right|$

$\therefore g(x)=(2k-1)\times f\left(\frac{x}{2k-1}\right)=(2k-1)\times\left(-\frac{x}{2k-1}\right)$

$=-x$ → $|x|<1$에서 $f(x)=-x$

(ii) $|x|=2k-1$일 때,

$\frac{|x|}{2k-1}=1$이므로 $\left|\frac{x}{2k-1}\right|=1$

$\therefore g(x)=(2k-1)\times f\left(\frac{x}{2k-1}\right)=(2k-1)\times0=0$ → $|x|=1$이면 $f(x)=0$

(iii) $2k-1<|x|<2k$일 때,

부등식의 각 변을 $2k-1$로 나누면

$1<\frac{|x|}{2k-1}<\frac{2k}{2k-1}$ $\quad\therefore \left|\frac{x}{2k-1}\right|>1$ → $\frac{2k}{2k-1}>1$

$\therefore g(x)=(2k-1)\times f\left(\frac{x}{2k-1}\right)=(2k-1)\times\left(\frac{x}{2k-1}\right)=x$ → $|x|>1$에서 $f(x)=x$

(i)~(iii)에 의하여 함수 $y=g(x)$의 그래프는 다음 그림과 같다.

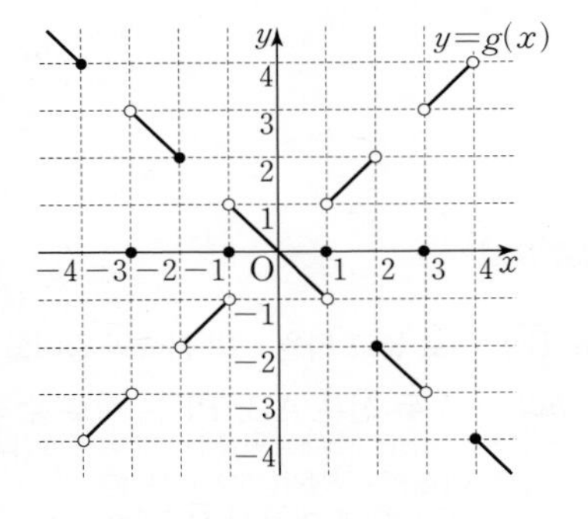

Step 3 조건을 만족시키는 t의 값을 구한다.

즉, $t=2m-1$ (m은 정수)일 때, 직선 $y=t$는 함수 $y=g(x)$의 그래프와 만나지 않고 $t=2m$ (m은 0이 아닌 정수)일 때, 직선 $y=t$는 함수 $y=g(x)$의 그래프와 한 점에서 만난다.

따라서 구하는 t의 값의 합은 $1+3+5+7+9=25$

기하

23 [정답률 88%] 정답 ⑤

Step 1 타원의 방정식을 이용하여 장축의 길이를 구한다.

타원 $\frac{x^2}{16}+\frac{y^2}{5}=1$의 장축의 길이는 $2\times4=8$ → $\frac{x^2}{4^2}+\frac{y^2}{(\sqrt{5})^2}=1$

24 [정답률 90%] 정답 ①

Step 1 포물선 $x^2=8y$의 초점과 준선의 방정식을 구한다.

포물선 $x^2=8y=4\times2y$이므로 초점의 좌표는 $(0,\ 2)$이고 준선의 방정식은 $y=-2$이다. → $y^2=8x$가 아님에 주의한다.

따라서 초점과 준선 사이의 거리는 4이다.

25 [정답률 82%] 정답 ③

Step 1 한 초점이 $F(3,\ 0)$, 주축의 길이가 4임을 이용하여 a, b의 값을 구한다.

한 초점이 $F(3,\ 0)$인 쌍곡선 $\frac{x^2}{a^2}-\frac{y^2}{b^2}=1$의 주축의 길이는 $2a$이므로 $2a=4$ $\quad\therefore a=2$ → 쌍곡선의 두 꼭짓점 사이의 거리

한 초점의 좌표가 $F(3,\ 0)$이므로 $a^2+b^2=3^2$에서 $4+b^2=9$

$b^2=5$ $\quad\therefore b=\sqrt{5}$ ($\because b>0$)

Step 2 점과 직선 사이의 거리를 이용한다.

쌍곡선 $\frac{x^2}{2^2}-\frac{y^2}{(\sqrt{5})^2}=1$의 점근선의 방정식은 $y=\pm\frac{\sqrt{5}}{2}x$이므로 → 쌍곡선 $\frac{x^2}{a^2}-\frac{y^2}{b^2}=1$의 점근선의 방정식은 $y=\pm\frac{b}{a}x$

$l: y=\frac{\sqrt{5}}{2}x$ → 직선 l의 기울기는 양수

따라서 직선 l의 방정식은 $\sqrt{5}x-2y=0$이므로 점 $F(3,\ 0)$과 직선 l 사이의 거리는 $\frac{|3\sqrt{5}|}{\sqrt{(\sqrt{5})^2+(-2)^2}}=\frac{3\sqrt{5}}{3}=\sqrt{5}$

26 [정답률 71%] 정답 ②

Step 1 포물선 $y^2=4x+4y+4$의 초점과 준선의 방정식을 구한다.

포물선 $y^2=4x+4y+4$에서 $y^2-4y+4=4x+8$이므로

$(y-2)^2=4(x+2)$ → 포물선을 $y^2=4x$의 평행이동 꼴로 변형

즉, 주어진 포물선은 포물선 $y^2=4x$를 x축의 방향으로 -2만큼, y축의 방향으로 2만큼 평행이동한 것이다.

따라서 포물선 $y^2=4x$의 초점의 좌표는 $(1,\ 0)$, 준선의 방정식은 $x=-1$이므로 포물선 $(y-2)^2=4(x+2)$의 초점의 좌표는 $(-1,\ 2)$, 준선의 방정식은 $x=-3$이다. → 초점과 준선의 방정식도 x축의 방향으로 -2만큼, y축의 방향으로 2만큼 평행이동한다.

Step 2 포물선의 정의를 이용하여 $a+b+c+d$의 값을 구한다.

포물선 $(y-2)^2=4(x+2)$의 초점을 F, 두 점 A, B에서 준선 $x=-3$에 내린 수선의 발을 각각 H, I라 하면 포물선의 정의에 의하여 $\overline{AF}=\overline{AH}$, $\overline{BF}=\overline{BI}$ → 포물선 위의 한 점에서 준선까지의 거리와 초점까지의 거리는 같다.

이때 두 선분 AF, BF의 길이는 점 F를 중심으로 하는 원의 반지름의 길이와 같으므로 $\overline{AH}=\overline{BI}=2$ → 두 점 A, B는 점 F를 중심으로 하고 반지름의 길이가 2인 원 위에 있다.

$\overline{AH}=a-(-3)=2$ $\quad\therefore a=-1$ → 점 A에서 준선 $x=-3$까지의 거리

$\overline{BI}=c-(-3)=2$ $\quad\therefore c=-1$ → 점 B에서 준선 $x=-3$까지의 거리

또한 두 점 A, B는 포물선 $(y-2)^2=4(x+2)$의 축인 $y=2$에 대하여 대칭이므로

$\frac{b+d}{2}=2$ $\quad\therefore b+d=4$

$\therefore a+b+c+d=-1+(-1)+4=2$

27 [정답률 74%] 정답 ④

Step 1 쌍곡선의 정의를 이용한다.

쌍곡선 $\frac{x^2}{12}-\frac{y^2}{4}=-1$의 주축의 길이는 $2\times2=4$이므로 → 쌍곡선 $\frac{x^2}{a^2}-\frac{y^2}{b^2}=-1$의 주축의 길이는 $2b$이다.

쌍곡선의 정의에 의하여 → 쌍곡선 위의 한 점에서 두 초점까지의 거리의 차는 주축의 길이와 같다.

$\overline{PF'}-\overline{PF}=4$ …… ㉠

$\overline{QF}-\overline{QF'}=4$ …… ㉡

㉠과 ㉡을 더하면 $(\overline{PF'}-\overline{PF})+(\overline{QF}-\overline{QF'})=8$

$(\overline{PF'}-\overline{QF'})+(\overline{QF}-\overline{PF})=8$

$5+\overline{QF}-\overline{PF}=8 \quad \therefore \overline{QF}-\overline{PF}=3$

Step 2 $\overline{PF}=\frac{2}{3}\overline{QF}$임을 이용하여 $\overline{PF}+\overline{QF}$의 값을 구한다.

이때 $\overline{PF}=\frac{2}{3}\overline{QF}$이므로 $\overline{QF}-\overline{PF}=\overline{QF}-\frac{2}{3}\overline{QF}=\frac{1}{3}\overline{QF}=3$

즉, $\overline{QF}=9$이므로 $\overline{PF}=\frac{2}{3}\times 9=6$

따라서 $\overline{PF}+\overline{QF}$의 값은 $6+9=15$

28 [정답률 53%] 정답 ④

Step 1 타원의 정의를 이용한다.

두 타원 C_1, C_2에서 타원의 정의에 의하여 (→ 타원 위의 한 점에서 두 초점까지의 거리의 합은 장축의 길이와 같다.)

$\overline{PF}+\overline{PF'}=6 \quad \cdots\cdots ㉠$

$\overline{PA}+\overline{PF'}=6$

$\overline{PF}+\overline{PF'}=\overline{PA}+\overline{PF'}$이므로 $\overline{PF}=\overline{PA}$

즉, 삼각형 PFA는 이등변삼각형이고 점 P에서 x축에 내린 수선의 발을 H라 하면 삼각형 PFH에서 $\cos(\angle AFP)=\frac{\overline{FH}}{\overline{PF}}=\frac{3}{8}$

Step 2 $\overline{PF}=8k$로 놓고 각 선분의 길이를 k에 대하여 나타낸다.

$\overline{PF}=8k\ (k>0)$라 하면 $\overline{FH}=3k$이므로 이를 ㉠에 대입하면

$8k+\overline{PF'}=6 \quad \therefore \overline{PF'}=6-8k$

$\overline{OF}=\overline{OA}-\overline{FA}=\overline{OA}-2\overline{FH}=3-2\times 3k=3-6k$

$\therefore \overline{F'H}=\overline{F'F}+\overline{FH}=2\overline{OF}+\overline{FH}=2\times(3-6k)+3k=6-9k$

(→ 이등변삼각형 PFA에서 $\overline{PH}\perp\overline{FA}$이므로 $\overline{FH}=\overline{HA}$)

Step 3 피타고라스 정리를 이용하여 k의 값을 구한다.

직각삼각형 PF′H에서 $\overline{PH}^2=\overline{PF'}^2-\overline{F'H}^2$이고, 직각삼각형 PFH에서 $\overline{PH}^2=\overline{PF}^2-\overline{FH}^2$이므로

$\overline{PF'}^2-\overline{F'H}^2=\overline{PF}^2-\overline{FH}^2$

$(6-8k)^2-(6-9k)^2=(8k)^2-(3k)^2$

$36-96k+64k^2-(36-108k+81k^2)=64k^2-9k^2$

$12k-17k^2=55k^2,\ 72k^2=12k$

$\therefore k=\frac{1}{6}\ (\because k>0)$

Step 4 삼각형 PFA의 둘레의 길이를 구한다.

따라서 삼각형 PFA의 둘레의 길이는

$\overline{PF}+\overline{PA}+\overline{FA}=2\overline{PF}+2\overline{FH}=16k+6k=22k=\frac{11}{3}$

(→ $\overline{PF}=\overline{PA}$)

29 [정답률 36%] 정답 96

Step 1 직선 FP의 기울기가 $-\frac{4}{3}$임을 이용한다.

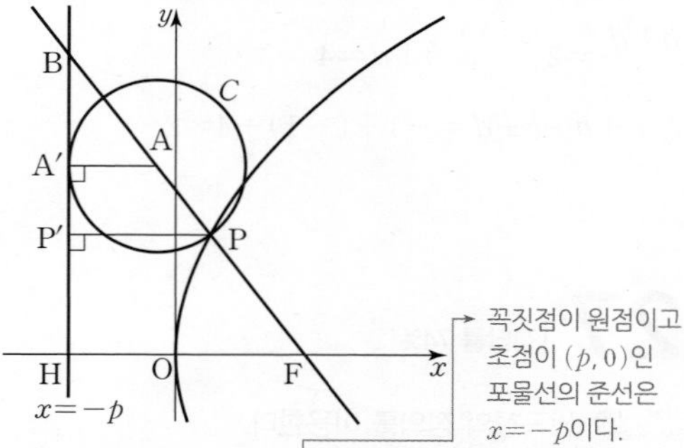

원 C의 중심을 A, 직선 FP가 준선 $x=-p$와 만나는 점을 B, 세 점 A, P, F에서 준선에 내린 수선의 발을 각각 A′, P′, H라 하자.

원 C의 반지름의 길이가 3이므로 $\overline{A'A}=\overline{AP}=3$ (→ 두 점 A′, P는 원 C 위의 점이다.)

직선 FP의 기울기가 $-\frac{4}{3}$이므로 $\frac{\overline{BA'}}{\overline{A'A}}=\frac{4}{3}$에서

$\frac{\overline{BA'}}{3}=\frac{4}{3} \quad \therefore \overline{BA'}=4$

직각삼각형 BA′A에서 $\overline{BA}=\sqrt{\overline{BA'}^2+\overline{A'A}^2}=\sqrt{4^2+3^2}=\sqrt{25}=5$

$\therefore \overline{BP}=\overline{BA}+\overline{AP}=5+3=8$

Step 2 닮음을 이용하여 선분 HF의 길이를 구한다.

이때 두 직각삼각형 BA′A, BP′P는 서로 닮음 (AA닮음)이므로 (→ ∠ABA′은 공통, ∠BA′A=∠BP′P=90°)

$\overline{A'A}:\overline{P'P}=\overline{BA}:\overline{BP}$에서 $3:\overline{P'P}=5:8 \quad \therefore \overline{P'P}=\frac{24}{5}$ (→ $5\overline{P'P}=24$)

포물선의 정의에 의하여 $\overline{PF}=\overline{P'P}=\frac{24}{5}$이므로

$\overline{BF}=\overline{BP}+\overline{PF}=8+\frac{24}{5}=\frac{64}{5}$

또한 두 직각삼각형 BA′A, BHF는 서로 닮음 (AA닮음)이므로 (→ ∠ABA′은 공통, ∠BA′A=∠BHF=90°)

$\overline{A'A}:\overline{HF}=\overline{BA}:\overline{BF}$에서

$3:\overline{HF}=5:\frac{64}{5} \quad \therefore \overline{HF}=\frac{192}{25}$ (→ $5\overline{HF}=\frac{192}{5}$)

Step 3 $25p$의 값을 구한다.

즉, 선분 HF의 길이는 $2p$이므로 $2p=\frac{192}{25} \quad \therefore p=\frac{96}{25}$

(→ 점 $(p, 0)$에서 준선 $x=-p$까지의 거리)

$\therefore 25p=25\times\frac{96}{25}=96$

30 [정답률 17%] 정답 100

Step 1 $\overline{AF}=a$, $\overline{BQ}=b$로 놓고 타원 C의 장축의 길이를 구한다.

$\overline{AF}=a$, $\overline{BQ}=b$라 하면 두 선분 AB, PF는 서로 수직이므로

$\overline{AP}=\overline{AF}=a$ (→ 점 B에서 선분 PF에 내린 수선의 발이 점 A이고 삼각형 BFP는 정삼각형이기 때문이다.)

즉, $\overline{PF}=2a$이므로 조건 (가)에 의하여 $\overline{BF}=2a$

타원 C의 장축의 길이는 타원 위의 한 점과 두 초점 사이의 거리의 합과 같으므로 (→ 타원의 정의)

(장축의 길이)$=\overline{BF}+\overline{BF'}=\overline{BF}+\overline{AF}=2a+a=3a$

Step 2 조건 (나)를 이용하여 a, b 사이의 관계식을 구한다.

두 삼각형 BQR, BFP는 서로 닮음 (AA닮음)이므로 삼각형 BQR은 정삼각형이다. (→ ∠PBF는 공통, ∠BQR=∠BFP (동위각))

∴ (삼각형 BQR의 둘레의 길이)$=3\times\overline{BQ}=3b$

이때 조건 (나)에 의하여 $3a-3b=3$이므로 (→ $3a$=(장축의 길이), $3b$=(삼각형 BQR의 둘레의 길이))

$a-b=1 \quad \therefore b=a-1$

Step 3 코사인법칙을 이용하여 선분 AF의 길이를 구한다.

두 점 F, Q는 쌍곡선 위의 점이므로 쌍곡선의 정의에 의하여 (→ 쌍곡선 위의 한 점에서 두 초점까지의 거리의 차는 일정하다.)

$\overline{BF}-\overline{AF}=\overline{AQ}-\overline{BQ}$에서 $2a-a=\overline{AQ}-b$

$\therefore \overline{AQ}=a+b=a+(a-1)=2a-1$ (→ $b=a-1$)

삼각형 AQF에서 $\overline{QF}=\overline{BF}-\overline{BQ}=2a-b=2a-(a-1)=a+1$

코사인법칙에 의하여

$\overline{AQ}^2=\overline{AF}^2+\overline{QF}^2-2\times\overline{AF}\times\overline{QF}\times\cos(\angle QFA)$

$(2a-1)^2=a^2+(a+1)^2-2a(a+1)\cos 60°$ (→ 정삼각형의 한 내각의 크기는 60°)

$4a^2-4a+1=2a^2+2a+1-a^2-a$

$3a^2-5a=0,\ a(3a-5)=0 \quad \therefore a=\frac{5}{3}\ (\because a>0)$

따라서 선분 AF의 길이는 $\frac{5}{3}$이므로 $60\times\overline{AF}=60\times\frac{5}{3}=100$

4회 2024학년도 3월 고3 전국연합학력평가 정답과 해설

1	⑤	2	③	3	②	4	①	5	④
6	⑤	7	①	8	②	9	③	10	④
11	②	12	⑤	13	②	14	③	15	③
16	3	17	16	18	113	19	80	20	36
21	13	22	2						

확률과 통계				23	①	24	⑤	25	②
26	④	27	③	28	②	29	117	30	90

미적분				23	①	24	③	25	⑤
26	④	27	②	28	③	29	270	30	84

기하				23	③	24	②	25	⑤
26	④	27	①	28	③	29	29	30	150

01 [정답률 91%] 정답 ⑤

Step 1 지수법칙을 이용한다.

$54=2\times3^3$이므로 → $=(2\times3^3)^{\frac{1}{3}}$

$\sqrt[3]{54}\times2^{\frac{5}{3}}=\sqrt[3]{2\times3^3}\times2^{\frac{5}{3}}=\left(2^{\frac{1}{3}}\times3\right)\times2^{\frac{5}{3}}$ → $(3^3)^{\frac{1}{3}}=3^1=3$

$=3\times2^2=12$ → $2^{\frac{1}{3}}\times2^{\frac{5}{3}}=2^{\frac{1}{3}+\frac{5}{3}}=2^2$

02 [정답률 90%] 정답 ③

Step 1 미분계수의 정의를 이용한다.

$f(x)=x^3-3x^2+x$에서 $f'(x)=3x^2-6x+1$이므로

$f'(3)=27-18+1=10$

$\therefore \lim\limits_{h\to0}\frac{f(3+h)-f(3)}{2h}=\frac{1}{2}\times\lim\limits_{h\to0}\frac{f(3+h)-f(3)}{h}$

$=\frac{1}{2}f'(3)=5$

암기 미분가능한 함수 $f(x)$에 대하여 $\lim\limits_{h\to0}\frac{f(a+h)-f(a)}{h}=f'(a)$

03 [정답률 85%] 정답 ②

Step 1 $\sin\theta$의 값을 구한다.

$\sin\theta+\cos\theta\tan\theta=\sin\theta+\cos\theta\times\frac{\sin\theta}{\cos\theta}=2\sin\theta$이므로

$2\sin\theta=-1 \qquad \therefore \sin\theta=-\frac{1}{2}$

Step 2 $\tan\theta$의 값을 구한다.

$\cos^2\theta=1-\sin^2\theta=1-\frac{1}{4}=\frac{3}{4}$이고 $\cos\theta>0$이므로 $\cos\theta=\frac{\sqrt{3}}{2}$

암기 모든 각 α에 대하여 $\sin^2\alpha+\cos^2\alpha=1$

$\therefore \tan\theta=\frac{\sin\theta}{\cos\theta}=\frac{-\frac{1}{2}}{\frac{\sqrt{3}}{2}}=-\frac{1}{\sqrt{3}}=-\frac{\sqrt{3}}{3}$

04 [정답률 91%] 정답 ①

Step 1 함수 $f(x)$의 $x=3$에서의 좌극한, 우극한, 함숫값이 모두 같음을 이용한다.

→ $x<3$에서 $f(x)=2x+a$

$\lim\limits_{x\to3-}f(x)=\lim\limits_{x\to3-}(2x+a)=6+a$

$\lim\limits_{x\to3+}f(x)=\lim\limits_{x\to3+}(\sqrt{x+1}-a)=2-a$

$f(3)=2-a$ → $\sqrt{x+1}-a$에 $x=3$ 대입

함수 $f(x)$가 $x=3$에서 연속이므로

$\lim\limits_{x\to3-}f(x)=\lim\limits_{x\to3+}f(x)=f(3)$에서 $6+a=2-a$

$2a=-4 \qquad \therefore a=-2$

05 [정답률 92%] 정답 ④

Step 1 부정적분을 이용한다.

$f'(x)=x(3x+2)=3x^2+2x$에서

$f(x)=\int(3x^2+2x)dx=x^3+x^2+C$ (단, C는 적분상수) → $=f'(x)$

Step 2 $f(0)$의 값을 구한다.

$f(1)=1+1+C=6$에서 $C=4$

따라서 $f(x)=x^3+x^2+4$이므로 $f(0)=4$

06 [정답률 84%] 정답 ⑤

Step 1 등비수열 $\{a_n\}$의 공비를 구한다.

등비수열 $\{a_n\}$의 공비를 r이라 하자.

$S_2=\frac{a_1(r^2-1)}{r-1}$, $S_4=\frac{a_1(r^4-1)}{r-1}$이므로

→ 첫째항이 a, 공비가 r $(r\neq1)$인 등비수열의 첫째항부터 제n항까지의 합은 $\frac{a(r^n-1)}{r-1}$

$\frac{S_4}{S_2}=\frac{r^4-1}{r^2-1}=\frac{(r^2+1)(r^2-1)}{r^2-1}=r^2+1=5$

$r^2=4 \qquad \therefore r=2\ (\because r>1)$

Step 2 등비수열 $\{a_n\}$의 일반항을 구한다.

$a_n=a_1r^{n-1}=a_1\times2^{n-1}$에서

$a_5=a_1\times2^4=16a_1=48 \qquad \therefore a_1=3$

따라서 $a_n=3\times2^{n-1}$이므로 $a_1+a_4=3+(3\times2^3)=27$

07 [정답률 89%] 정답 ①

Step 1 함수 $f(x)$의 증가와 감소를 확인한다.

함수 $f(x)$를 미분하면 $f'(x)=x^2-4x-5=(x+1)(x-5)$

$f'(x)=0$에서 $x=-1$ 또는 $x=5$ → 이때 함수 $f(x)$가 극값을 갖는다.

이를 이용하여 함수 $f(x)$의 증가와 감소를 표로 나타내면 다음과 같다.

x	$\cdots$	-1	$\cdots$	5	$\cdots$
$f'(x)$	$+$	0	$-$	0	$+$
$f(x)$	↗	극대	↘	극소	↗

Step 2 $b-a$의 최댓값을 구한다.

함수 $f(x)$는 닫힌구간 $[-1, 5]$에서 감소하므로 $b-a$의 최댓값은

$b=5$, $a=-1$일 때 $b-a=5-(-1)=6$

→ b는 최대, a는 최소가 되어야 한다.

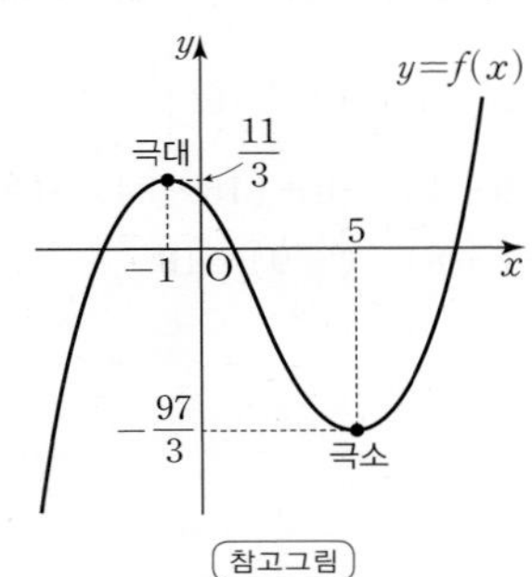

참고그림

08 [정답률 83%] 정답 ②

Step 1 $g(0)$의 값을 구한다.

주어진 등식의 양변에 $x=0$을 대입하면 $f(0)+g(0)=1$

이때 $f(0)=4$이므로 $g(0)=-3$

Step 2 곱의 미분법을 이용한다.

주어진 등식의 양변을 미분하면

$f(x)+(x+1)f'(x)-g(x)+(1-x)g'(x)=3x^2+9$

$x=0$을 대입하면 $f(0)+f'(0)-g(0)+g'(0)=9$ $(1-x)'=-1$

$\therefore f'(0)+g'(0)=-f(0)+g(0)+9=-4-3+9=2$

$(x+1)'=1$

09 [정답률 83%]

정답 ③

Step 1 두 직선의 기울기를 각각 구한다.

두 점 $(0, 0)$, $(\log_2 9, k)$를 지나는 직선의 기울기는

$\frac{k-0}{\log_2 9-0}=\frac{k}{2\log_2 3}$ → $=\log_2 3^2=2\log_2 3$

직선 $(\log_4 3)x+(\log_9 8)y-2=0$의 기울기는

$-\frac{\log_4 3}{\log_9 8}=-\frac{\frac{1}{2}\log_2 3}{\frac{3}{2}\log_3 2}=-\frac{\log_2 3}{3\log_3 2}$ → $=\log_{3^2} 2^3=\frac{3}{2}\log_3 2$

Step 2 두 직선이 서로 수직임을 이용하여 3^k의 값을 구한다.

두 직선이 서로 수직이므로 → 수직인 두 직선의 기울기의 곱이 -1임을 이용

$\frac{k}{2\log_2 3}\times\left(-\frac{\log_2 3}{3\log_3 2}\right)=-1$에서 $k=6\log_3 2$

$\therefore 3^k=3^{6\log_3 2}=3^{\log_3 64}=64$ ($=2^6$, $=64^{\log_3 3}$)

10 [정답률 49%]

정답 ④

Step 1 두 점 P, Q의 시각 t에서의 위치를 구한다.

두 점 P, Q의 시각 t $(t\ge 0)$에서의 위치를 각각 $x_1(t)$, $x_2(t)$라 하면 $x_1(t)=t^3-3t^2-2t$, $x_2(t)=-t^2+6t$ → $=\int_0^t v_2(t)dt$, $=\int_0^t v_1(t)dt$

Step 2 두 점 P, Q가 만나는 시각을 구한다.

두 점 P, Q가 다시 만나는 시각을 구해보면

$x_1(t)=x_2(t)$에서 $t^3-3t^2-2t=-t^2+6t$

$t^3-2t^2-8t=0$, $t(t+2)(t-4)=0$

$\therefore t=4$ $(\because t>0)$ → 출발한 후에 다시 만나므로 시각 t는 0보다 커야 한다.

Step 3 점 Q가 움직인 거리를 구한다.

점 Q가 시각 $t=0$에서 $t=4$까지 움직인 거리는

$\int_0^4 |v_2(t)|dt=\int_0^4 |-2t+6|dt$ → $=\begin{cases}-2t+6 & (t\le 3)\\ 2t-6 & (t>3)\end{cases}$

$=\int_0^3(-2t+6)dt+\int_3^4(2t-6)dt$

$=\left[-t^2+6t\right]_0^3+\left[t^2-6t\right]_3^4$

$=(-9+18)-0+(16-24)-(9-18)$

$=9+(-8)-(-9)=10$

11 [정답률 67%]

정답 ②

Step 1 등차수열 $\{a_n\}$의 공차가 -1일 때, 주어진 조건이 성립하지 않음을 확인한다.

$a_6=-2$이고 등차수열 $\{a_n\}$의 공차가 음의 정수이므로 등차수열 $\{a_n\}$의 모든 항은 정수이다. 등차수열 $\{a_n\}$의 공차를 d $(d<0)$라 할 때, d의 값에 따라 경우를 나누어보면 다음과 같다.

(i) $d=-1$일 때 → $n\le 4$일 때 $a_n\ge 0$, $n>4$일 때 $a_n<0$

$a_n=-n+4$이므로 $|a_n|=\begin{cases}a_n & (n\le 4)\\ -a_n & (n>4)\end{cases}$

$\sum_{k=1}^{8}|a_k|=\sum_{k=1}^{4}a_k-\sum_{k=5}^{8}a_k$이므로 주어진 등식에서

$\sum_{k=1}^{4}a_k-\sum_{k=5}^{8}a_k=\sum_{k=1}^{8}a_k+42$ → $=\sum_{k=1}^{4}a_k+\sum_{k=5}^{8}a_k$

$2\sum_{k=5}^{8}a_k=-42$ $\therefore \sum_{k=5}^{8}a_k=-21$

이때 $\sum_{k=5}^{8}a_k=\sum_{k=5}^{8}(-k+4)=-10$이므로 조건을 만족시키지 않는다. → $(-1)+(-2)+(-3)+(-4)$

Step 2 조건을 만족시키는 등차수열의 공차를 구한다.

(ii) $d\le -2$일 때 → $a_5=a_6-d=-2-d\ge -2+2=0$

$0\le a_5<a_4<a_3<a_2<a_1$이므로

$|a_n|=\begin{cases}a_n & (n\le 5)\\ -a_n & (n>5)\end{cases}$ → $n\le 5$일 때 $a_n\ge 0$, $n>5$일 때 $a_n<0$

$\sum_{k=1}^{8}|a_k|=\sum_{k=1}^{5}a_k-\sum_{k=6}^{8}a_k$이므로 주어진 등식에서

$\sum_{k=1}^{5}a_k-\sum_{k=6}^{8}a_k=\sum_{k=1}^{8}a_k+42$

$2\sum_{k=6}^{8}a_k=-42$ $\therefore \sum_{k=6}^{8}a_k=-21$

$a_6+a_7+a_8=-21$에서 $a_6+(a_6+d)+(a_6+2d)=-21$

$3a_6+3d=-21$, $3d=-15$ $\therefore d=-5$ ($=3\times(-2)=-6$)

Step 3 $\sum_{k=1}^{8}a_k$의 값을 구한다.

$a_1=a_6-5d=23$, $a_8=a_6+2d=-12$이므로 ($-2-5\times(-5)=23$, $-2+2\times(-5)=-12$)

$\sum_{k=1}^{8}a_k=\frac{8(a_1+a_8)}{2}=\frac{8\times(23-12)}{2}=44$

암기 첫째항이 a, 제n항이 l인 등차수열의 첫째항부터 제n항까지의 합은 $\frac{n(a+l)}{2}$이다.

12 [정답률 61%]

정답 ⑤

Step 1 함수 $g(x)$가 $x=2$에서 극솟값을 가짐을 이용하여 a의 값을 구한다.

함수 $g(x)=\int_{-4}^{x}f(t)dt$의 양변을 미분하면 $g'(x)=f(x)$

함수 $g(x)$가 $x=2$에서 극솟값을 가지므로

$g'(2)=f(2)=0$에서 $6+a=0$ $\therefore a=-6$ → $x\ge 0$일 때 $f(x)=3x+a$이므로 $f(2)=6+a$

Step 2 함수 $g(x)$가 극대가 되는 지점을 파악한다.

$3x^2+3x-6=3(x+2)(x-1)$이므로

$g'(x)=f(x)=\begin{cases}3(x+2)(x-1) & (x<0)\\ 3(x-2) & (x\ge 0)\end{cases}$

이를 이용하여 함수 $g(x)$의 증가와 감소를 표로 나타내면 다음과 같다.

x	$\cdots$	-2	$\cdots$	2	$\cdots$
$g'(x)$	$+$	0	$-$	0	$+$
$g(x)$	↗	극대	↘	극소	↗

따라서 함수 $g(x)$는 $x=-2$에서 극댓값을 갖는다. → $x=-2$를 기준으로 $g'(x)$의 부호가 양에서 음으로 바뀐다.

Step 3 함수 $g(x)$의 극댓값을 구한다.

함수 $g(x)$의 극댓값은

$g(-2)=\int_{-4}^{-2}f(t)dt=\int_{-4}^{-2}(3t^2+3t-6)dt$

$=\left[t^3+\frac{3}{2}t^2-6t\right]_{-4}^{-2}=10-(-16)=26$

13 [정답률 43%]

정답 ②

Step 1 cos (∠CQA)의 값을 구한다.

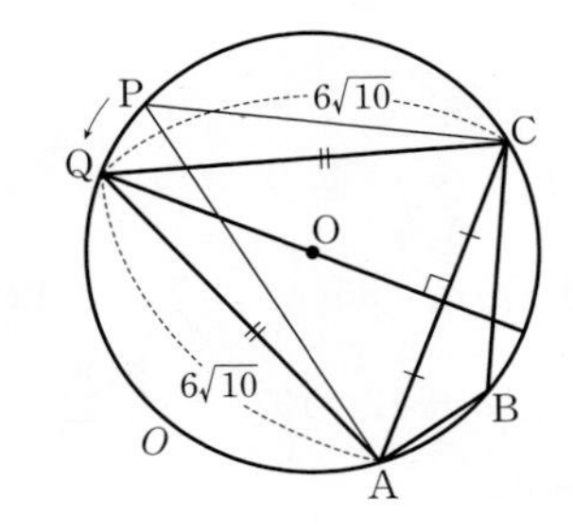

그림과 같이 점 B를 포함하지 않는 호 AC와 선분 AC의 수직이등분선의 교점이 P가 될 때, 삼각형 PAC의 넓이가 최대가 된다.

이때 삼각형 QAC는 이등변삼각형이므로 $\overline{QA}=\overline{QC}=6\sqrt{10}$

→ 이등변삼각형의 꼭지각의 이등분선이 밑변을 수직이등분함을 역으로 이용하였다.

사각형 QABC가 원 O에 내접하므로 $\angle ABC+\angle CQA=\pi$

$\therefore \cos(\angle CQA)=\cos(\pi-\angle ABC)=-\cos(\angle ABC)=\frac{5}{8}$

→ 원에 내접하는 사각형의 한 쌍의 대각의 크기의 합은 $180°(\pi)$

Step 2 $\overline{AC}^2$의 값을 구한다.

삼각형 QAC에서 코사인법칙을 이용하면

$\overline{AC}^2=\overline{QA}^2+\overline{QC}^2-2\times\overline{QA}\times\overline{QC}\times\cos(\angle CQA)$

$=(6\sqrt{10})^2+(6\sqrt{10})^2-2\times6\sqrt{10}\times6\sqrt{10}\times\frac{5}{8}$

$=360+360-450=270$

Step 3 $\overline{BC}$의 길이를 구한다.

$2\overline{AB}=\overline{BC}$이므로 $\overline{AB}=a$, $\overline{BC}=2a\ (a>0)$라 하면 삼각형 ABC에서 코사인법칙에 의하여

$\overline{AC}^2=\overline{AB}^2+\overline{BC}^2-2\times\overline{AB}\times\overline{BC}\times\cos(\angle ABC)$

$=a^2+(2a)^2-2\times a\times2a\times\left(-\frac{5}{8}\right)=\frac{15}{2}a^2$

즉, $\frac{15}{2}a^2=270$에서 $a^2=36$ $\quad\therefore a=6$

따라서 $\overline{BC}=12$이다.

Step 4 삼각형 CDB의 외접원의 반지름의 길이를 구한다.

삼각형 CDB의 외접원의 반지름의 길이를 R이라 하면 사인법칙에 의하여

$2R=\frac{\overline{BC}}{\sin(\angle CDB)}=\frac{12}{\frac{\sqrt{3}}{2}}=8\sqrt{3}$ $\quad\therefore R=4\sqrt{3}$

→ $\sin\frac{2}{3}\pi=\sin\frac{\pi}{3}=\frac{\sqrt{3}}{2}$

14 [정답률 30%]

정답 ③

Step 1 함수 $y=f(x)$의 그래프의 개형을 파악한다.

→ 대칭축이 직선 $x=a$인 이차함수 그래프의 일부이다.

$x\le0$일 때, $f(x)=x^2-2ax+\frac{a^2}{4}+b^2=(x-a)^2-\frac{3}{4}a^2+b^2$

$f(0)=\frac{a^2}{4}+b^2$이고 $a<0$일 때 $f(a)=-\frac{3}{4}a^2+b^2$이므로 $x\le0$에서 함수 $y=f(x)$의 그래프는 다음과 같다.

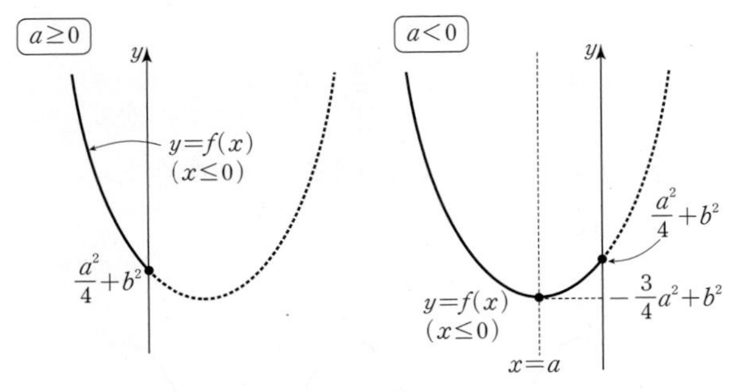

$x>0$일 때, $f(x)=x^3-3x^2+5$에서 $f'(x)=3x^2-6x=3x(x-2)$

$f'(x)=0$에서 $x=0$ 또는 $x=2$

$\lim_{x\to0+}f(x)=5$, $f(2)=1$이므로 $x>0$에서 함수 $y=f(x)$의 그래프는 다음과 같다.

→ $x=2$에서 $f'(x)$의 부호가 음에서 양으로 바뀌므로 $f(x)$는 $x=2$에서 극소이다.

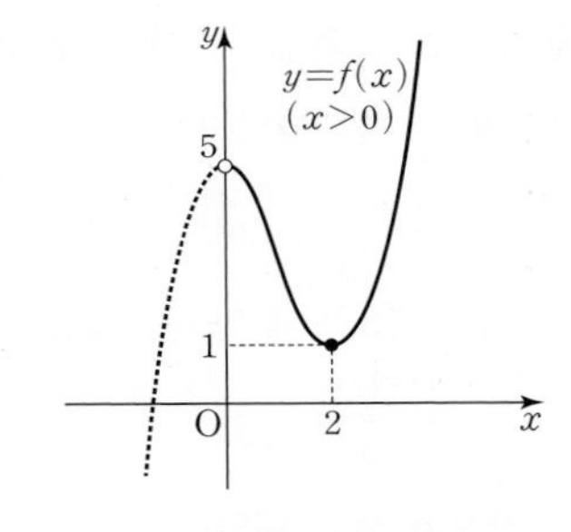

Step 2 함수 $g(t)$가 $t=k$에서 불연속인 실수 k의 개수가 2가 되는 경우를 파악한다.

a의 값의 범위에 따라 경우를 나누어 함수 $g(t)$를 파악해보면 다음과 같다.

(i) $a\ge0$일 때

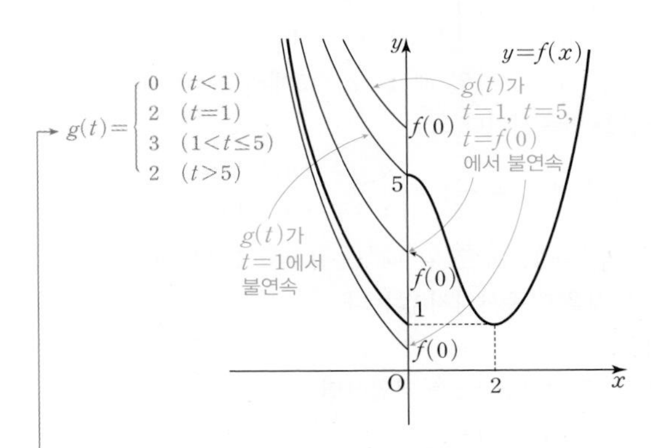

$f(0)<1$ 또는 $1<f(0)<5$ 또는 $f(0)>5$이면 함수 $g(t)$는 $t=f(0)$, $t=1$, $t=5$에서 불연속, $f(0)=1$이면 함수 $g(t)$는 $t=1$, $t=5$에서 불연속, $f(0)=5$이면 함수 $g(t)$는 $t=1$에서 불연속이다.

따라서 함수 $g(t)$가 $t=k$에서 불연속인 실수 k의 개수가 2이려면 $f(0)=1$이어야 하므로 $\frac{a^2}{4}+b^2=1$

이때 a, b는 정수이므로 $a=0$, $b=1$ 또는 $a=0$, $b=-1$ 또는 $a=2$, $b=0$이 가능하다.

(ii) $a<0$일 때 → 주의 $a=-2$, $b=0$인 경우는 $a\ge0$을 만족시키지 않는다.

$g(t)$가 두 점에서만 불연속이어야 하므로 함수 $y=f(x)$의 그래프가 다음과 같아야 한다.

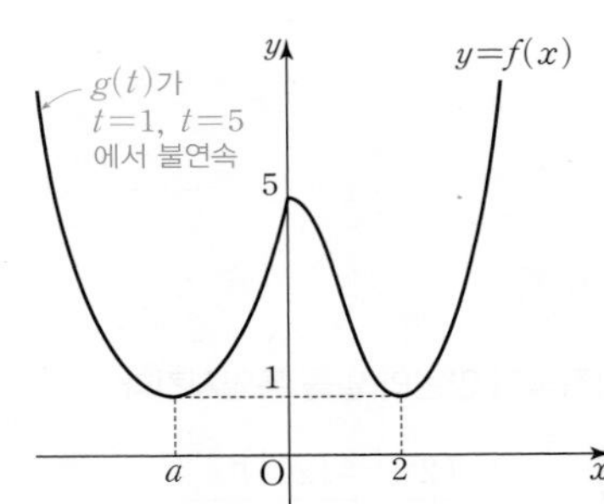

→ 이외의 경우에는 $g(t)$가 $t=1$, $t=5$ 외에 $t=f(a)$ 또는 $t=f(0)$에서 불연속인 경우가 추가로 생긴다.

즉, $f(a)=1$, $f(0)=5$이므로 $-\frac{3}{4}a^2+b^2=1$, $\frac{a^2}{4}+b^2=5$

두 식을 연립하면 $a^2=4$, $b^2=4$

따라서 $a=-2$, $b=2$ 또는 $a=-2$, $b=-2$가 가능하다.

→ 주의 $a=2$인 경우는 $a<0$을 만족시키지 않는다.

Step 3 순서쌍 (a,b)의 개수를 구한다.

(i), (ii)에서 순서쌍 (a,b)는 $(0,-1)$, $(0,1)$, $(2,0)$, $(-2,2)$, $(-2,-2)$이므로 순서쌍의 개수는 5이다.

15 [정답률 58%]

정답 ③

Step 1 a_4의 값을 구한다.

주어진 수열의 정의에 $n=4$를 대입하면

$a_5=\begin{cases}a_4 & (a_4>4)\\10-a_4 & (a_4\le4)\end{cases}$ → 두 식의 경우에 각각 $a_4>4$, $a_4\le4$를 만족시키는지 확인해야 한다.

이때 $a_5=5$이므로 $a_4\le4$이면 $10-a_4=5$에서 $a_4=5$가 되어 모순이다. 따라서 $a_4>4$이고 이때 $a_4=a_5$이므로 $a_4=5$이다.

Step 2 각 경우에 맞는 a_3, a_2, a_1의 값을 차례로 파악한다.

주어진 수열의 정의에 $n=3$을 대입하면

$$a_4=\begin{cases} a_3 & (a_3>3) \\ 7-a_3 & (a_3\le 3) \end{cases}$$

$a_3>3$일 때 $a_3=a_4=5$, $a_3\le 3$일 때 $7-a_3=a_4=5$에서 $a_3=2$이고, 두 값이 모두 조건을 만족시킨다. ($a_3=5>3$, $a_3=2\le 3$)

(i) $a_3=5$일 때

주어진 수열의 정의에 $n=2$를 대입하면

$$a_3=5=\begin{cases} a_2 & (a_2>2) \\ 4-a_2 & (a_2\le 2) \end{cases}$$

$a_2>2$일 때 $a_2=5$, $a_2\le 2$일 때 $4-a_2=5$에서 $a_2=-1$이고, 두 값이 모두 조건을 만족시킨다.

먼저 $a_2=5$일 때, $a_2=5=\begin{cases} a_1 & (a_1>1) \\ 1-a_1 & (a_1\le 1) \end{cases}$

$a_1>1$일 때 $a_1=5$, $a_1\le 1$일 때 $1-a_1=5$에서 $a_1=-4$이고, 두 값 모두 조건을 만족시킨다.

또한 $a_2=-1$일 때, $a_2=-1=\begin{cases} a_1 & (a_1>1) \\ 1-a_1 & (a_1\le 1) \end{cases}$

$a_1>1$일 때 $a_1=-1$, $a_1\le 1$일 때 $1-a_1=-1$에서 $a_1=2$이고, 두 값 모두 조건을 만족시키지 않는다. ($a_1\le 1$에 모순이다.)

(ii) $a_3=2$일 때

주어진 수열의 정의에 $n=2$를 대입하면

$$a_3=2=\begin{cases} a_2 & (a_2>2) \\ 4-a_2 & (a_2\le 2) \end{cases}$$

$a_2>2$일 때 $a_2=2$, $a_2\le 2$일 때 $4-a_2=2$에서 $a_2=2$이므로 조건을 만족시키는 a_2의 값은 2이다. ($a_2>2$에 모순이다.)

$a_2=2$일 때, $a_2=2=\begin{cases} a_1 & (a_1>1) \\ 1-a_1 & (a_1\le 1) \end{cases}$ (주어진 수열의 정의에 $n=1$을 대입)

$a_1>1$일 때 $a_1=2$, $a_1\le 1$일 때 $1-a_1=2$에서 $a_1=-1$이고, 두 값이 모두 조건을 만족시킨다.

Step 3 모든 a_1의 값의 곱을 구한다.

따라서 가능한 a_1의 값은 5, -4, 2, -1이므로 곱은

$5\times(-4)\times 2\times(-1)=40$

16 [정답률 91%]

정답 3

Step 1 주어진 방정식의 양변의 밑을 통일시킨다.

방정식 $4^x=\left(\frac{1}{2}\right)^{x-9}$에서 $(2^2)^x=(2^{-1})^{x-9}$

$\therefore 2^{2x}=2^{-x+9}$ ($(a^b)^c=a^{bc}$임을 이용)

Step 2 x의 값을 구한다.

지수가 서로 같아야 하므로 $2x=-x+9$ ($a>0$, $a\ne 1$일 때 $a^{x_1}=a^{x_2}\Longleftrightarrow x_1=x_2$)

$3x=9$ $\quad\therefore x=3$

17 [정답률 78%]

정답 16

Step 1 정적분의 성질을 이용하여 주어진 정적분을 간단히 한다.

$\int_0^2(3x^2-2x+3)dx-\int_2^0(2x+1)dx$

$=\int_0^2(3x^2-2x+3)dx+\int_0^2(2x+1)dx$ ($\int_a^b f(x)dx=-\int_b^a f(x)dx$)

$=\int_0^2\{(3x^2-2x+3)+(2x+1)\}dx$

$=\int_0^2(3x^2+4)dx=\left[x^3+4x\right]_0^2$ ($\int_a^b f(x)dx+\int_a^b g(x)dx=\int_a^b\{f(x)+g(x)\}dx$)

$=(8+8)-0=16$

18 [정답률 73%]

정답 113

Step 1 $\sum_{k=1}^{10}a_k$, $\sum_{k=1}^{9}a_k$의 값을 각각 구한다.

$\sum_{k=1}^{10}a_k+\sum_{k=1}^{9}a_k=137$ $\quad\cdots\cdots$ ㉠

$\sum_{k=1}^{10}a_k-\sum_{k=1}^{9}2a_k=101$ $\quad\cdots\cdots$ ㉡ ($=2\sum_{k=1}^{9}a_k$)

에서 ㉠$-$㉡을 하면 $3\sum_{k=1}^{9}a_k=36$ $\quad\therefore \sum_{k=1}^{9}a_k=12$

이를 ㉠에 대입하면 $\sum_{k=1}^{10}a_k+12=137$ $\quad\therefore \sum_{k=1}^{10}a_k=125$

Step 2 a_{10}의 값을 구한다.

$a_{10}=\sum_{k=1}^{10}a_k-\sum_{k=1}^{9}a_k=125-12=113$

($=(a_1+a_2+a_3+\cdots+a_9+a_{10})-(a_1+a_2+a_3+\cdots+a_9)=a_{10}$)

19 [정답률 58%]

정답 80

Step 1 두 직선 l, m의 방정식을 구한다.

함수 $f(x)=x^3-\frac{5}{2}x^2+ax+2$에서 $f'(x)=3x^2-5x+a$

$f'(0)=a$이므로 곡선 $y=f(x)$ 위의 점 $\mathrm{A}(0, 2)$에서의 접선의 방정식은 $l: y=ax+2$ (점 A에서의 접선의 기울기)

$f(2)=2a$, $f'(2)=a+2$이므로 곡선 $y=f(x)$ 위의 점 $\mathrm{B}(2, f(2))$에서의 접선의 방정식은 (점 B에서의 접선의 기울기)

$y-2a=(a+2)(x-2)$, $y=(a+2)(x-2)+2a$

$\therefore m: y=(a+2)x-4$ (점 (x_1, y_1)을 지나고 기울기가 m인 직선의 방정식은 $y-y_1=m(x-x_1)$)

Step 2 두 직선 l, m이 x축 위에서 만남을 이용하여 a의 값을 구한다.

두 직선 l, m이 만나는 점이 x축 위에 있으므로 두 직선과 x축의 교점이 서로 같아야 한다.

직선 l과 x축의 교점의 좌표는 $\left(-\frac{2}{a}, 0\right)$

직선 m과 x축의 교점의 좌표는 $\left(\frac{4}{a+2}, 0\right)$

두 점이 같아야 하므로 $-\frac{2}{a}=\frac{4}{a+2}$ (직선 m의 방정식에 $y=0$을 대입하면 $0=(a+2)x-4$, $(a+2)x=4$ $\therefore x=\frac{4}{a+2}$)

$2(a+2)=-4a$, $6a=-4$ $\quad\therefore a=-\frac{2}{3}$

Step 3 $60\times|f(2)|$의 값을 구한다.

$f(2)=2a=-\frac{4}{3}$이므로 $60\times|f(2)|=60\times\frac{4}{3}=80$

20 [정답률 44%]

정답 36

Step 1 $g(x)=t$로 치환하여 방정식을 만족시키는 t의 값을 구한다.

$f(g(x))=g(x)$에서 $g(x)=t$ $(-1\le t\le 1)$로 치환하면

$f(t)=t$에서 $2t^2+2t-1=t$, $2t^2+t-1=0$ (삼각함수의 값의 범위에 유의한다.)

$(t+1)(2t-1)=0$ $\quad\therefore t=-1$ 또는 $t=\frac{1}{2}$

따라서 $g(x)=-1$ 또는 $g(x)=\frac{1}{2}$이어야 한다.

Step 2 $g(x)=-1$ 또는 $g(x)=\frac{1}{2}$을 만족시키는 모든 실수 x의 값의 합을 구한다.

함수 $g(x)=\cos\frac{\pi}{3}x$의 주기는 $\frac{2\pi}{\frac{\pi}{3}}=6$ ($0\le x<12$에서 주기가 두 번 반복됨을 알 수 있다.)

따라서 함수 $g(x)=\cos\frac{\pi}{3}x$의 그래프는 다음과 같다.

(i) $g(x)=-1$일 때

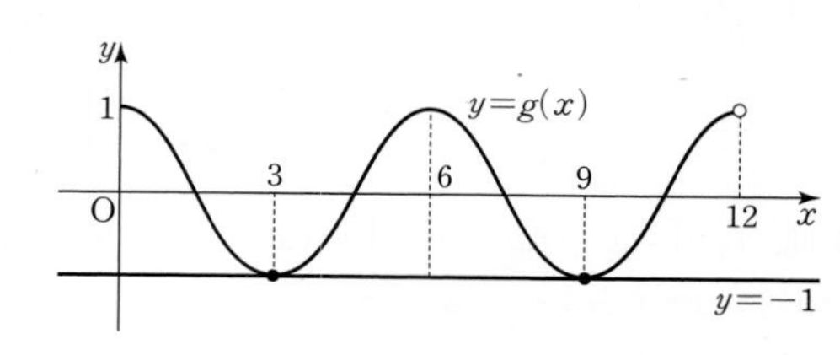

$g(3)=g(9)=-1$이므로 $g(x)=-1$을 만족시키는 x의 값의 합은 $3+9=12$

(ii) $g(x)=\frac{1}{2}$일 때

$\cos\frac{7}{3}\pi=\cos\left(\frac{1}{3}\pi+2\pi\right)=\cos\frac{\pi}{3}=\frac{1}{2}$

$g(1)=g(5)=g(7)=g(11)=\frac{1}{2}$이므로 $g(x)=\frac{1}{2}$을 만족시키는 x의 값의 합은 $1+5+7+11=24$

$\cos\frac{\pi}{3}=\frac{1}{2}$

따라서 주어진 방정식을 만족시키는 모든 실수 x의 값의 합은 $12+24=36$

21 [정답률 33%]

정답 13

Step 1 두 곡선이 직선 $y=x+2$에 대하여 대칭임을 파악한다.

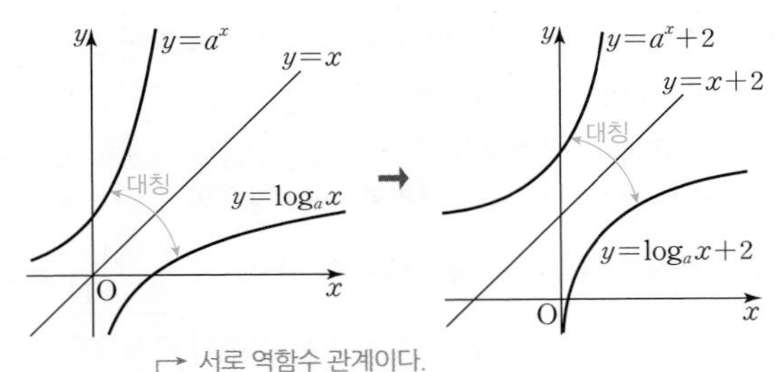

서로 역함수 관계이다.

두 곡선 $y=a^x$, $y=\log_a x$는 직선 $y=x$에 대하여 대칭이므로 두 곡선을 y축의 방향으로 2만큼 평행이동한 곡선 $y=a^x+2$, $y=\log_a x+2$는 직선 $y=x+2$에 대하여 대칭이다.

직선 $y=x$를 y축의 방향으로 2만큼 평행이동

Step 2 선분 AB를 지름으로 하는 원의 중심의 좌표를 구한다.

두 곡선 $y=a^x+2$, $y=\log_a x+2$가 직선 $y=x+2$에 대하여 대칭이므로 기울기가 -1인 직선이 두 곡선과 만나는 두 점 A, B 또한 직선 $y=x+2$에 대하여 대칭이다.

즉, 선분 AB를 지름으로 하는 원의 중심은 직선 $y=x+2$ 위의 점이다.

선분 AB의 중점과 같다.

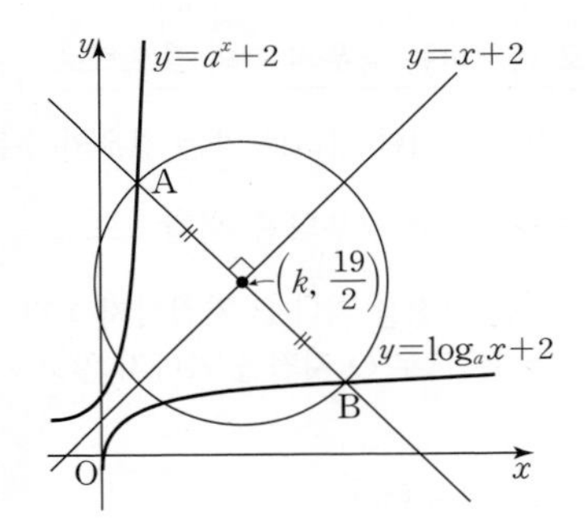

원의 중심의 좌표를 $\left(k, \frac{19}{2}\right)$라 하면

원의 중심의 y좌표가 $\frac{19}{2}$임이 문제에서 주어졌다.

$k+2=\frac{19}{2}$ $\therefore k=\frac{15}{2}$

따라서 원의 중심의 좌표는 $\left(\frac{15}{2}, \frac{19}{2}\right)$이다.

Step 3 점 A의 좌표를 이용하여 a^2의 값을 구한다.

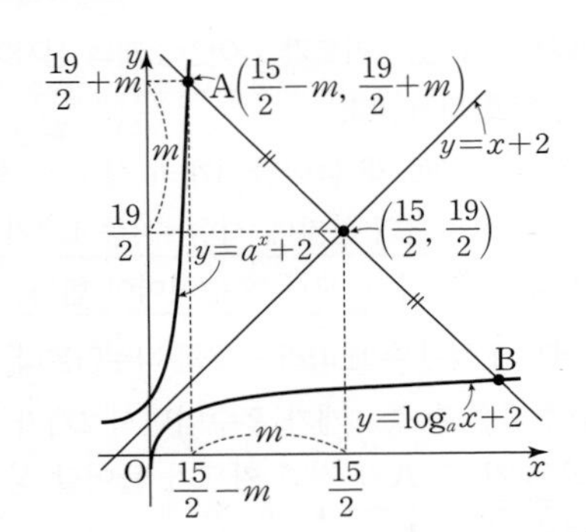

선분 AB를 지름으로 하는 원의 반지름의 길이를 r이라 하면

$\pi r^2=\frac{121}{2}\pi$ $\therefore r=\frac{11\sqrt{2}}{2}$

직선 AB의 기울기가 -1이므로 양수 m에 대하여 점 A의 좌표를 $\left(\frac{15}{2}-m, \frac{19}{2}+m\right)$으로 놓으면

$\sqrt{m^2+m^2}=\sqrt{2}m=\frac{11\sqrt{2}}{2}$ $\therefore m=\frac{11}{2}$

두 점 A, $\left(\frac{15}{2}, \frac{19}{2}\right)$ 사이의 거리

따라서 A(2, 15)이고, 곡선 $y=a^x+2$가 점 A를 지나므로

$15=a^2+2$ $\therefore a^2=13$

22 [정답률 16%]

정답 2

Step 1 함수 $y=f(x)$의 그래프의 개형을 파악한다.

$h(x)=x^3-3x+8$이라 하면 $h'(x)=3x^2-3=3(x+1)(x-1)$

$h'(x)=0$에서 $x=-1$ 또는 $x=1$

이때 함수 $h(x)$가 극값을 갖는다.

따라서 함수 $h(x)$의 증가와 감소를 표로 나타내면 다음과 같다.

x	$\cdots$	-1	$\cdots$	1	$\cdots$
$h'(x)$	$+$	0	$-$	0	$+$
$h(x)$	↗	극대	↘	극소	↗

이를 이용하여 함수 $y=f(x)$의 그래프를 간략히 그려보면 다음과 같다.

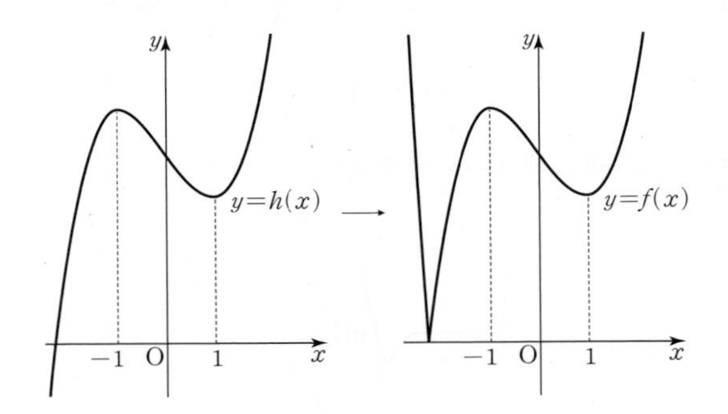

Step 2 극댓값과 동일한 함숫값을 갖는 지점을 파악한다.

$h(-1)=10$이므로 함수 $h(x)$의 극댓값은 10이다.

방정식 $f(x)=10$에서 $|h(x)|=10$

$\therefore h(x)=10$ 또는 $h(x)=-10$

$h(x)=10$에서 $x^3-3x+8=10$

$x^3-3x-2=0$, $(x+1)^2(x-2)=0$

함수 $y=h(x)$의 그래프가 $x=-1$에서 직선 $y=10$에 접하므로 방정식이 $x=-1$을 중근으로 가짐을 이용해 인수분해한다.

$\therefore x=-1$ 또는 $x=2$

$h(x)=-10$에서 $x^3-3x+8=-10$, $x^3-3x+18=0$

$(x+3)(x^2-3x+6)=0$ $\therefore x=-3$

방정식 $x^2-3x+6=0$은 실근을 갖지 않는다.

이를 이용하여 함수 $y=f(x)$의 그래프에 극댓값과 동일한 함숫값을 갖는 지점을 나타내보면 다음과 같다.

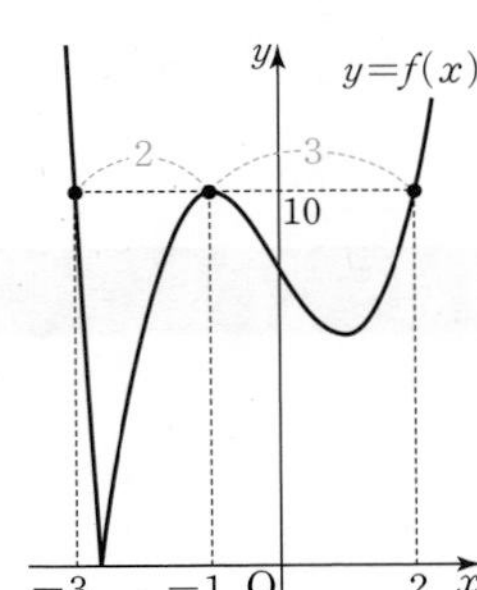

Step 3 구간에 따라 함수 $g(t)$가 어떻게 바뀌는지 살펴본다.

$t<-3$일 때, 닫힌구간 $[t, t+2]$에서의 $f(x)$의 최댓값은 $f(t)$이므로 $g(t)=f(t)$

$-3\le t<-1$일 때, 닫힌구간 $[t, t+2]$에서의 $f(x)$의 최댓값은 10이므로 $g(t)=10$

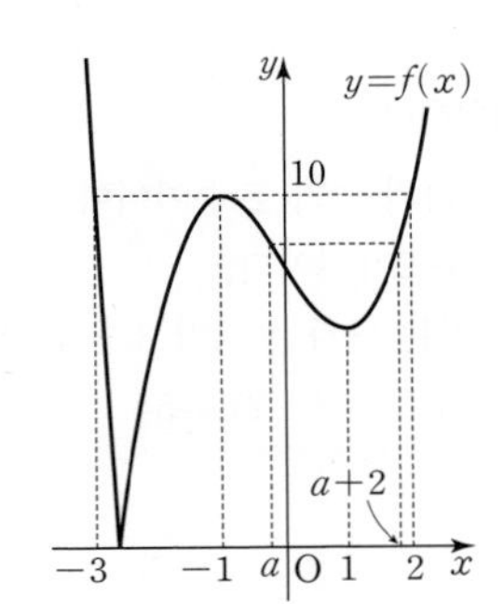

그림과 같이 $-1<a<1$이고 $f(a)=f(a+2)$를 만족시키는 a의 값을 기준으로 함수 $g(t)$의 식을 파악해 보면 $-1\le t<a$일 때, 닫힌구간 $[t, t+2]$에서의 $f(x)$의 최댓값은 $f(t)$이므로 $g(t)=f(t)$

$t\ge a$일 때, 닫힌구간 $[t, t+2]$에서의 $f(x)$의 최댓값은 $f(t+2)$이므로 $g(t)=f(t+2)$

$t=a$일 때를 기준으로 $g(t)$의 식이 변함을 알 수 있다.

이때의 a의 값을 구해보면

$\underline{f(a)=f(a+2)}$에서 $h(a)=h(a+2)$ → $=|h(a+2)|=h(a+2)$

$a^3-3a+8=(a+2)^3-3(a+2)+8$

$a^3-3a+8=a^3+6a^2+9a+10$

$6a^2+12a+2=0$, $3a^2+6a+1=0$

$\therefore a=\dfrac{-3\pm\sqrt{3^2-3\times1}}{3}=\dfrac{-3\pm\sqrt{6}}{3}=-1\pm\dfrac{\sqrt{6}}{3}$

→ $=|h(a)|=h(a)$

이때 $-1<a<1$이므로 $a=-1+\dfrac{\sqrt{6}}{3}$

Step 4 함수 $y=g(t)$의 그래프를 완성하고, $\alpha\beta$의 값을 구한다.

따라서 $g(t)=\begin{cases} f(t) & (t<-3) \\ 10 & (-3\le t<-1) \\ f(t) & \left(-1\le t<-1+\dfrac{\sqrt{6}}{3}\right) \\ f(t+2) & \left(t\ge-1+\dfrac{\sqrt{6}}{3}\right) \end{cases}$이므로

함수 $y=g(t)$의 그래프는 다음과 같다.

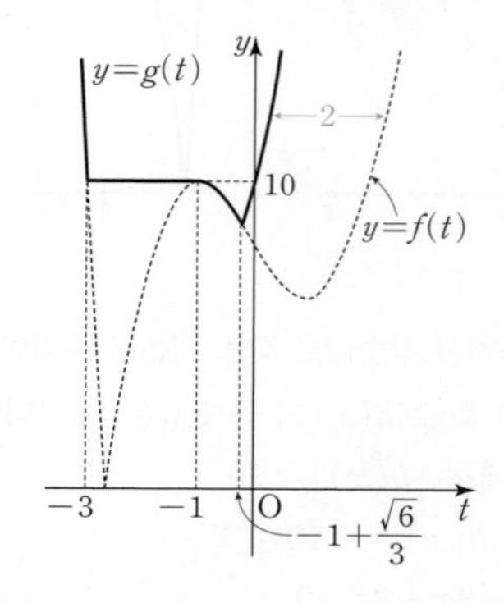

즉, 함수 $g(t)$는 $t=-3$, $t=-1+\dfrac{\sqrt{6}}{3}$에서만 미분가능하지 않으므로 $\alpha\beta=-3\times\left(-1+\dfrac{\sqrt{6}}{3}\right)=3-\sqrt{6}$

→ 이때를 기준으로 $y=g(t)$의 그래프가 꺾인다.

따라서 $m=3$, $n=-1$이므로 $m+n=3+(-1)=2$

확률과 통계

23 [정답률 84%]

정답 ①

Step 1 중복조합의 수를 계산한다.

${}_3H_3={}_5C_3={}_5C_2=\dfrac{5\times4}{2\times1}=10$

→ ${}_nH_r={}_{n+r-1}C_r$

24 [정답률 86%]

정답 ⑤

Step 1 중복순열을 이용한다.

홀수가 되려면 일의 자리의 수가 홀수이어야 하므로 일의 자리에 올 수 있는 숫자는 1, 3으로 2가지이다.

남은 세 자리에 올 수 있는 숫자는 각각 3가지이므로 ${}_3\Pi_3=27$ → ${}_n\Pi_r=n^r$

따라서 구하는 홀수의 개수는 $2\times27=54$

→ 십의 자리, 백의 자리, 천의 자리

25 [정답률 87%]

정답 ②

Step 1 여학생 2명을 묶어 한 명으로 생각하고, 원순열을 이용한다.

여학생 2명을 묶어 한 명으로 생각하고 6명을 배열하는 원순열의 수는 $(6-1)!=5!=120$

→ $n!=$(1부터 n까지의 자연수의 곱)이므로 $5!=5\times4\times3\times2\times1=120$

여학생 2명의 자리를 정하는 방법의 수는 $2!=2$

따라서 구하는 경우의 수는 $120\times2=240$

26 [정답률 68%]

정답 ④

Step 1 두 개의 큰 직사각형 모양의 도로망이 만나는 지점을 X라 하고, A 지점에서 P 지점을 지나 X 지점까지 최단 거리로 가는 경우의 수를 구한다.

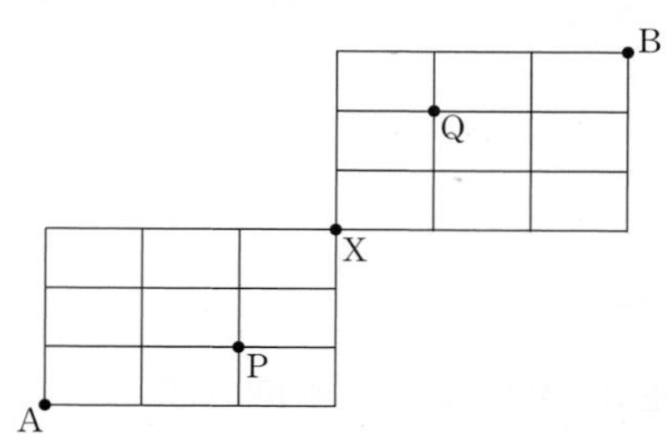

위 그림과 같이 두 개의 큰 직사각형 모양의 도로망이 만나는 지점을 X라 하고, 주어진 도로망에서 오른쪽으로 한 칸 가는 것을 x, 위쪽으로 한 칸 가는 것을 y라 하자.

A 지점에서 P 지점까지 최단 거리로 가는 경우의 수는 2개의 x와 1개의 y를 일렬로 나열하는 경우의 수와 같으므로 $\dfrac{3!}{2!\times1!}=3$

→ 같은 것이 있는 순열을 이용

P 지점에서 X 지점까지 최단 거리로 가는 경우의 수는 1개의 x와 2개의 y를 일렬로 나열하는 경우의 수와 같으므로 $\dfrac{3!}{1!\times2!}=3$

따라서 A 지점에서 P 지점을 지나 X 지점까지 최단 거리로 가는 경우의 수는 $3\times3=9$

Step 2 X 지점에서 Q 지점을 지나지 않고 B 지점까지 최단 거리로 가는 경우의 수를 구한다.

X 지점에서 B 지점까지 최단 거리로 가는 경우의 수는 3개의 x와 3개의 y를 일렬로 나열하는 경우의 수와 같으므로 $\dfrac{6!}{3!\times3!}=20$

X 지점에서 Q 지점까지 최단 거리로 가는 경우의 수는 1개의 x와 2개의 y를 일렬로 나열하는 경우의 수와 같으므로 $\dfrac{3!}{1!\times2!}=3$

→ P 지점에서 X 지점까지 가는 것과 동일하다.

Q 지점에서 B 지점까지 최단 거리로 가는 경우의 수는 2개의 x와 1개의 y를 일렬로 나열하는 경우의 수와 같으므로 $\dfrac{3!}{2!\times1!}=3$

따라서 X 지점에서 Q 지점을 지나 B 지점까지 최단 거리로 가는 경우의 수는 $3\times3=9$이므로 Q 지점을 지나지 않고 가는 경우의 수는 $20-9=11$

Step 3 전체 경우의 수를 구한다.

그러므로 A 지점에서 출발하여 B 지점까지 최단 거리로 갈 때, P 지점을 지나면서 Q 지점을 지나지 않는 경우의 수는 $9\times11=99$

27 [정답률 68%]

정답 ③

Step 1 문자 A가 적혀 있는 카드가 들어간 3개의 상자에 적힌 수의 합이 홀수가 되는 경우를 파악한다.

→ (홀수)+(짝수)+(짝수)=(홀수), (홀수)+(홀수)+(홀수)=(홀수)

문자 A가 적혀 있는 카드가 들어간 3개의 상자에 적힌 수의 합이 홀수가 되어야 하므로 3개의 상자에 적힌 수 중 1개가 홀수이면서 2개가 짝수이거나 3개의 수가 모두 홀수이어야 한다.

Step 2 3개의 상자에 적힌 수에 따라 경우를 나누어본다.

(i) 3개의 상자에 적힌 수 중 1개가 홀수이면서 2개가 짝수인 경우

홀수가 적힌 상자 중 A가 적힌 카드가 들어갈 상자 1개를 고르는 경우의 수는 ${}_4C_1=4$

→ 1, 3, 5, 7로 4개

짝수가 적힌 상자 중 A가 적힌 카드가 들어갈 상자 2개를 고르는 경우의 수는 ${}_3C_2=3$

→ 2, 4, 6으로 3개

남은 4개의 상자에 B, B, C, D가 적힌 카드를 넣는 경우의 수는

$\dfrac{4!}{2!\times1!\times1!}=12$ → B는 구별되지 않으므로 같은 것이 있는 순열을 이용한다.

따라서 경우의 수는 $4\times3\times12=144$

(ii) 3개의 상자에 적힌 수가 모두 홀수인 경우

홀수가 적힌 상자 중 A가 적힌 카드가 들어갈 상자 3개를 고르는 경우의 수는 ${}_4C_3=4$

남은 4개의 상자에 B, B, C, D가 적힌 카드를 넣는 경우의 수는

$\frac{4!}{2!\times1!\times1!}=12$

따라서 경우의 수는 $4\times12=48$

Step 3 전체 경우의 수를 구한다.

그러므로 (i), (ii)에서 조건을 만족시키도록 7장의 카드를 상자에 넣는 경우의 수는 $144+48=192$

28 [정답률 30%]

정답 ②

Step 1 720을 소인수분해하고, 가능한 b^2의 값을 구한다.

720을 소인수분해하면

$720=2\times360=2\times2\times180=2\times2\times2\times90$

$=2\times2\times2\times2\times45=2\times2\times2\times2\times3\times15$

$=2\times2\times2\times2\times3\times3\times5=2^4\times3^2\times5$

이때 $ab^2c=720=2^4\times3^2\times5$이고 b는 자연수이므로 가능한 b^2의 값은 $1,\ 2^2,\ 3^2,\ 2^4,\ 2^2\times3^2,\ 2^4\times3^2$이다. → 소인수의 거듭제곱 횟수가 모두 짝수이어야 한다.

Step 2 b^2의 값에 따라 조건 (나)를 만족시키는 경우의 수를 파악한다.

(i) $b^2=1$일 때

$ac=2^4\times3^2\times5$이므로 a, c는 $2^4\times3^2\times5$의 약수이다. → $=(2^4\times3^2\times5$의 약수의 개수$)$

즉, 가능한 순서쌍 (a, c)의 개수는 $5\times3\times2=30$ → $(4+1)\times(2+1)\times(1+1)$

이때 a, c가 서로소인 경우의 수는 ${}_2\Pi_3=2^3=8$

따라서 a와 c가 서로소가 아닌 경우의 수는 $30-8=22$ → 2^4, 3^2, 5를 각각 a, c 중 하나의 인수로 배정

(ii) $b^2=2^2$일 때

$ac=2^2\times3^2\times5$이므로 a, c는 $2^2\times3^2\times5$의 약수이다.

즉, 가능한 순서쌍 (a, c)의 개수는 $3\times3\times2=18$

이때 a, c가 서로소인 경우의 수는 ${}_2\Pi_3=8$ → ${}_n\Pi_r=n^r$

따라서 a와 c가 서로소가 아닌 경우의 수는 $18-8=10$

(iii) $b^2=3^2$일 때

$ac=2^4\times5$이므로 a, c는 $2^4\times5$의 약수이다.

즉, 가능한 순서쌍 (a, c)의 개수는 $5\times2=10$

이때 a, c가 서로소인 경우의 수는 ${}_2\Pi_2=2^2=4$ → 2^4, 5를 각각 a, c 중 하나의 인수로 배정

따라서 a와 c가 서로소가 아닌 경우의 수는 $10-4=6$

(iv) $b^2=2^4$일 때

$ac=3^2\times5$이므로 a, c는 $3^2\times5$의 약수이다.

즉, 가능한 순서쌍 (a, c)의 개수는 $3\times2=6$

이때 a, c가 서로소인 경우의 수는 ${}_2\Pi_2=4$

따라서 a와 c가 서로소가 아닌 경우의 수는 $6-4=2$

(v) $b^2=2^2\times3^2$일 때

$ac=2^2\times5$이므로 a, c는 $2^2\times5$의 약수이다.

즉, 가능한 순서쌍 (a, c)의 개수는 $3\times2=6$

이때 a, c가 서로소인 경우의 수는 ${}_2\Pi_2=4$

따라서 a와 c가 서로소가 아닌 경우의 수는 $6-4=2$

(vi) $b^2=2^4\times3^2$일 때

$ac=5$이므로 서로소가 아닌 두 자연수 a, c는 존재하지 않는다. → $a=1, c=5$ 또는 $a=5, c=1$

Step 3 순서쌍 (a, b, c)의 개수를 구한다.

따라서 (i)~(vi)에서 조건을 만족시키는 자연수 a, b, c의 순서쌍 (a, b, c)의 개수는 $22+10+6+2+2=42$

29 [정답률 16%]

정답 117

Step 1 한 명의 학생이 초콜릿 3개를 모두 갖는 경우의 수를 구한다. → 두 명의 학생이 초콜릿을 받지 못하는 경우도 가능하다.

적어도 한 명의 학생은 초콜릿을 받지 못하므로 초콜릿을 나누어 주는 방법에 따라 경우를 나누어보면 다음과 같다.

(i) 한 명의 학생이 초콜릿 3개를 모두 가질 때

초콜릿 3개를 갖는 학생을 선택하는 경우의 수는 ${}_3C_1=3$

이때 조건 (나)를 만족시키려면 초콜릿을 받지 못한 두 명의 학생에게 사탕을 2개씩 나누어 주어야 하므로 남은 사탕 1개를 세 명의 학생에게 나누어 주는 경우의 수는 ${}_3H_1={}_3C_1=3$

초콜릿 / 사탕 / 사탕 (적어도 2개)
초콜릿 / 사탕 / 사탕
초콜릿 / 사탕 1개

따라서 경우의 수는 $3\times3=9$

Step 2 두 명의 학생이 초콜릿 3개를 나누어 갖는 경우의 수를 구한다.

(ii) 두 명의 학생이 초콜릿 3개를 나누어 가질 때

초콜릿 2개를 받을 학생, 초콜릿 1개를 받을 학생을 각각 선택하는 경우의 수는 ${}_3P_2=3\times2=6$ → 2명을 골라 일렬로 나열하는 경우와 같다.

초콜릿 1개를 받을 학생에게 줄 초콜릿을 고르는 경우의 수는 ${}_3C_1=3$

이때 조건 (나)를 만족시키려면 초콜릿 1개를 받은 학생에게 사탕 1개를 나누어 주고, 초콜릿을 받지 못한 학생에게 사탕 2개를 나누어 주어야 한다.

남은 사탕 2개를 세 명의 학생에게 나누어 주는 경우의 수는

${}_3H_2={}_4C_2=6$ → ${}_nH_r={}_{n+r-1}C_r$

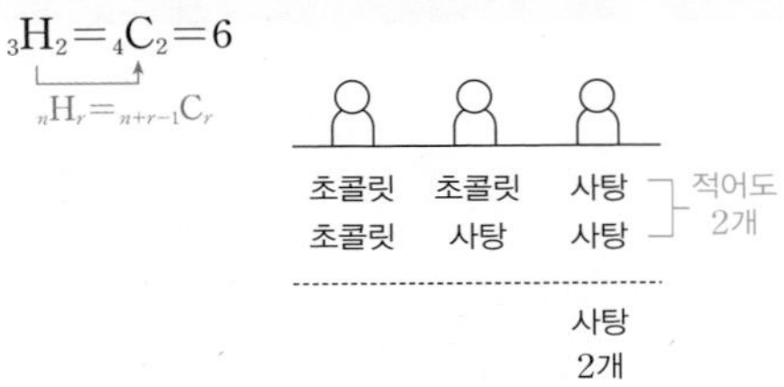

따라서 경우의 수는 $6\times3\times6=108$

Step 3 전체 경우의 수를 구한다.

(i), (ii)에서 주어진 규칙에 따라 초콜릿과 사탕을 남김없이 나누어 주는 경우의 수는 $9+108=117$

30 [정답률 8%]

정답 90

Step 1 $1\le a<b\le3$인 a, b가 조건 (다)를 만족시키지 않음을 확인한다.

조건 (다)에서 $a<b$로 놓고 경우를 나누어보면 다음과 같다.

(i) $1\le a<b\le3$일 때

$f(a)=b$, $f(b)=a$에서 $f(a)>f(b)$이므로 조건 (가)를 만족시키지 않는다. → $f(1)\le f(2)\le f(3)$이므로 $1\le a<b\le3$일 때 $f(a)\le f(b)$이어야 한다.

Step 2 중복조합을 이용하여 각각의 경우에 대한 함수의 개수를 구한다.

(ii) $a=1$, $b=4$일 때

$f(1)=4$, $f(4)=1$이므로 조건 (나)에서 $1<f(5)<1$이 되어 $f(5)$의 값이 존재하지 않는다.

(iii) $a=1$, $b=5$일 때

$f(1)=5$, $f(5)=1$이 되어 조건 (나)에 모순이다. → $1<f(5)=1$이므로 성립하지 않는다.

(iv) $a=2$, $b=4$일 때

$f(2)=4$, $f(4)=2$이므로 조건 (나)에서 $1<f(5)<2$가 되어 $f(5)$의 값이 존재하지 않는다. → $f(5)$의 값은 집합 X의 원소이어야 한다.

(v) $a=2$, $b=5$일 때

$f(2)=5$, $f(5)=2$이므로 두 조건 (가), (나)에서

$f(1)\le5\le f(3)$, $2<f(4)$

$f(1)$의 값을 선택하는 경우의 수는 5

$f(3)$의 값을 선택하는 경우의 수는 1 → $f(3)=5$

$f(4)$의 값을 선택하는 경우의 수는 3 → 3, 4, 5 중 택1

따라서 함수 f의 개수는 $5\times1\times3=15$

(vi) $a=3$, $b=4$일 때

$f(3)=4$, $f(4)=3$이므로 두 조건 (가), (나)에서

$f(1)\le f(2)\le4$, $1<f(5)<3$ → 1, 2, 3, 4 중에서 중복을 허용하여 2개를 선택하는 경우의 수와 같다.

$f(1)$, $f(2)$의 값을 선택하는 경우의 수는 ${}_4H_2={}_5C_2=10$

$f(5)$의 값을 선택하는 경우의 수는 1

따라서 함수 f의 개수는 $10\times1=10$

(vii) $a=3$, $b=5$일 때

$f(3)=5$, $f(5)=3$이므로 두 조건 (가), (나)에서

$f(1)\le f(2)\le 5$, $3<f(4)$

$f(1)$, $f(2)$의 값을 선택하는 경우의 수는 ${}_5H_2={}_6C_2=15$

$f(4)$의 값을 선택하는 경우의 수는 2 ← ${}_5H_2={}_{5+2-1}C_2={}_6C_2$

따라서 함수 f의 개수는 $15\times 2=30$

(viii) $a=4$, $b=5$일 때

$f(4)=5$, $f(5)=4$이므로 조건 (나)를 만족시킨다.

이때 $f(1)$, $f(2)$, $f(3)$의 값을 선택하는 경우의 수는 ← 1, 2, 3, 4, 5 중에서 중복을 허용하여 3개를 선택하는 경우의 수와 같다.

${}_5H_3={}_7C_3=35$이므로 함수 f의 개수는 35이다.

Step 3 전체 함수의 개수를 구한다.

따라서 (i)~(viii)에서 함수 f의 개수는 $15+10+30+35=90$

미적분

23 [정답률 93%]

정답 ①

Step 1 등비수열의 극한을 이용한다.

$$\lim_{n\to\infty}\frac{2^{n+1}+3^{n-1}}{2^n-3^n}=\lim_{n\to\infty}\frac{2\times\left(\frac{2}{3}\right)^n+\frac{1}{3}}{\left(\frac{2}{3}\right)^n-1}=\frac{0+\frac{1}{3}}{0-1}=-\frac{1}{3}$$

← $\lim_{n\to\infty}\left(\frac{2}{3}\right)^n=0$

← 분모, 분자를 각각 3^n으로 나눠주었다.

24 [정답률 93%]

정답 ③

Step 1 주어진 극한의 분모, 분자를 각각 n으로 나누어 정리한다.

$$\lim_{n\to\infty}\frac{n^2a_n+b_n}{1+2b_n}=\lim_{n\to\infty}\frac{na_n+\frac{b_n}{n}}{\frac{1}{n}+\frac{2b_n}{n}}=\frac{1+3}{0+6}=\frac{2}{3}$$

← 분모, 분자를 각각 n으로 나눠주었다.

← $\lim_{n\to\infty}\frac{2b_n}{n}=\lim_{n\to\infty}\left(2\times\frac{b_n}{n}\right)=2\times3=6$

25 [정답률 91%]

정답 ⑤

Step 1 $\lim_{n\to\infty}\frac{a_n}{n}$의 값을 구한다.

$2n+3<a_n<2n+4$에서 각 변을 n으로 나누면 ← n은 자연수이므로 부등호의 방향은 바뀌지 않는다.

$2+\frac{3}{n}<\frac{a_n}{n}<2+\frac{4}{n}$

$\lim_{n\to\infty}\left(2+\frac{3}{n}\right)=\lim_{n\to\infty}\left(2+\frac{4}{n}\right)=2$이므로 수열의 극한의 대소 관계에 의하여 $\lim_{n\to\infty}\frac{a_n}{n}=2$

Step 2 극한값을 구한다.

$$\lim_{n\to\infty}\frac{(a_n+1)^2+6n^2}{na_n}=\lim_{n\to\infty}\frac{\left(\frac{a_n}{n}+\frac{1}{n}\right)^2+6}{\frac{a_n}{n}}=\frac{(2+0)^2+6}{2}=5$$

← $\frac{(a_n+1)^2}{n^2}=\left(\frac{a_n+1}{n}\right)^2=\left(\frac{a_n}{n}+\frac{1}{n}\right)^2$

← 분모, 분자를 각각 n^2으로 나누었다.

26 [정답률 83%]

정답 ④

Step 1 수열 $\{a_n\}$의 일반항을 구한다.

모든 자연수 n에 대하여 $a_{n+1}-a_n=a_1+2$이므로 수열 $\{a_n\}$은 공차가 a_1+2인 등차수열이다.

$\therefore a_n=a_1+(n-1)(a_1+2)=(a_1+2)n-2$ ← 공차가 d인 등차수열 $\{a_n\}$의 일반항은 $a_n=a_1+(n-1)d$와 같이 놓을 수 있다.

Step 2 주어진 극한값을 이용하여 a_n을 구한다.

$$\lim_{n\to\infty}\frac{2a_n+n}{a_n-n+1}=\lim_{n\to\infty}\frac{\{2(a_1+2)n-4\}+n}{\{(a_1+2)n-2\}-n+1}$$

$$=\lim_{n\to\infty}\frac{(2a_1+5)n-4}{(a_1+1)n-1}$$

← (극한값)=(최고차항의 계수의 비)임을 이용한다.

$$=\frac{2a_1+5}{a_1+1}=3$$

에서 $2a_1+5=3(a_1+1)$ $\quad\therefore a_1=2$

따라서 $a_n=4n-2$이므로 $a_{10}=4\times10-2=38$

27 [정답률 70%]

정답 ②

Step 1 수열 $\{a_n\}$의 일반항을 구한다.

등차수열 $\{a_n\}$의 공차는 $a_2-a_1=6-3=3$이므로

$a_n=3+(n-1)\times3=3n$ ($3=a_1$, $3=$(공차))

Step 2 수열 $\{b_n\}$의 일반항을 구한다.

$S_n=\sum_{k=1}^{n}a_k(b_k)^2$이라 하면 $n\ge2$일 때

$a_n(b_n)^2=S_n-S_{n-1}$

$=(n^3-n+3)-\{(n-1)^3-(n-1)+3\}$

$=(n^3-n+3)-(n^3-3n^2+2n+3)$

$=3n^2-3n=3n(n-1)$

$\therefore b_n=\sqrt{n-1}\ (n\ge2)$ ← $(b_n)^2=n-1$이고, $b_n>0$이므로 $n\ge2$일 때 $b_n=\sqrt{n-1}$이다.

$n=1$일 때 $a_1(b_1)^2=3$이므로 $b_1=1$ ← $=3\times(b_1)^2$

Step 3 극한값을 구한다.

$$\lim_{n\to\infty}\frac{a_n}{b_nb_{2n}}=\lim_{n\to\infty}\frac{3n}{\sqrt{n-1}\sqrt{2n-1}}$$

$$=\lim_{n\to\infty}\frac{3}{\sqrt{1-\frac{1}{n}}\sqrt{2-\frac{1}{n}}}$$

$$=\frac{3}{\sqrt{1}\times\sqrt{2}}=\frac{3\sqrt{2}}{2}$$

← $\frac{\sqrt{n-1}\sqrt{2n-1}}{n}=\frac{\sqrt{n-1}\sqrt{2n-1}}{\sqrt{n}\times\sqrt{n}}=\sqrt{\frac{n-1}{n}}\times\sqrt{\frac{2n-1}{n}}=\sqrt{1-\frac{1}{n}}\sqrt{2-\frac{1}{n}}$

28 [정답률 45%]

정답 ③

Step 1 선분 A_nB_n의 길이를 구한다.

두 점 A_n, B_n의 좌표를 구하기 위해 직선 $y=2nx$의 식과 곡선 $y=x^2+n^2-1$의 식을 연립하면

$2nx=x^2+n^2-1$에서 $x^2-2nx+n^2-1=0$ ← $n^2-1=(n+1)(n-1)$

$(x-n+1)(x-n-1)=0$

$\therefore x=n-1$ 또는 $x=n+1$

따라서 두 그래프의 교점의 좌표는 $(n-1,\ 2n^2-2n)$, $(n+1,\ 2n^2+2n)$이므로 ← $y=2nx$에 $x=n-1$을 대입하면 $y=2n(n-1)=2n^2-2n$

$\overline{A_nB_n}=\sqrt{2^2+(4n)^2}=\sqrt{16n^2+4}=2\sqrt{4n^2+1}$

← $(2n^2+2n)-(2n^2-2n)=4n$

← $(n+1)-(n-1)=2$

Step 2 S_n을 구한다.

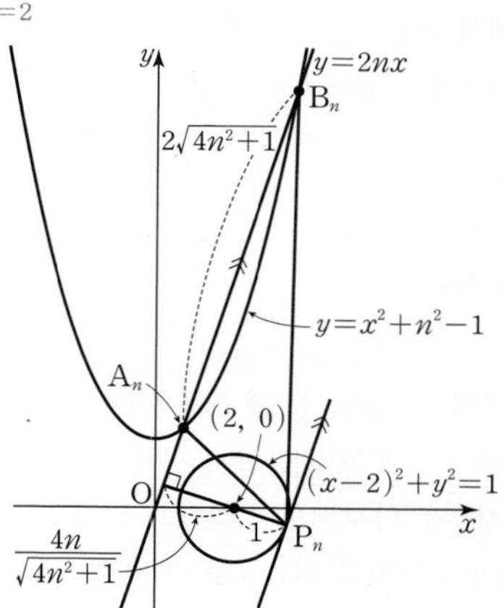

원의 중심 $(2,\ 0)$과 직선 $2nx-y=0$ 사이의 거리는

$$\frac{|2\times2n+0\times(-1)|}{\sqrt{(2n)^2+(-1)^2}}=\frac{4n}{\sqrt{4n^2+1}}$$

따라서 삼각형 $A_nB_nP_n$의 넓이는

$$S_n=\frac{1}{2}\times\overline{A_nB_n}\times\left(\frac{4n}{\sqrt{4n^2+1}}+1\right)$$ → 원 $(x-2)^2+y^2=1$의 반지름의 길이

$$=\frac{1}{2}\times2\sqrt{4n^2+1}\times\left(\frac{4n}{\sqrt{4n^2+1}}+1\right)$$

$$=4n+\sqrt{4n^2+1}$$

Step 3 $\lim_{n\to\infty}\frac{S_n}{n}$의 값을 구한다.

$$\lim_{n\to\infty}\frac{S_n}{n}=\lim_{n\to\infty}\frac{4n+\sqrt{4n^2+1}}{n}$$

$$=\lim_{n\to\infty}\left(4+\frac{\sqrt{4n^2+1}}{n}\right)$$ → $\frac{\sqrt{4n^2+1}}{n}=\frac{\sqrt{4n^2+1}}{\sqrt{n^2}}=\sqrt{\frac{4n^2+1}{n^2}}=\sqrt{4+\frac{1}{n^2}}$

$$=\lim_{n\to\infty}\left(4+\sqrt{4+\frac{1}{n^2}}\right)$$

$$=4+2=6$$ → $\lim_{n\to\infty}\frac{1}{n^2}=0$

29 [정답률 14%] 정답 270

Step 1 점 P_n의 좌표와 직선 l_n의 방정식을 구한다.

함수 $f(x)=\frac{4}{n^3}x^3+1$에서 $f'(x)=\frac{12}{n^3}x^2$ → $\frac{4}{n^3}$는 상수로 생각하고 미분한다.

점 P_n의 좌표를 $P_n(t, f(t))$라 하면 직선 l_n이 곡선 $y=f(x)$와 점 P_n에서 접하므로 직선 l_n의 방정식은

$y-f(t)=f'(t)(x-t)$ $\quad\therefore l_n : y=f'(t)(x-t)+f(t)$

직선 l_n이 원점을 지나므로 → 직선 l_n은 곡선 $y=f(x)$의 점 P_n에서의 접선이다.

$0=f'(t)(0-t)+f(t)$, $tf'(t)=f(t)$

$\frac{12}{n^3}t^3=\frac{4}{n^3}t^3+1$, $\frac{8}{n^3}t^3=1$

$t^3=\frac{n^3}{8}\quad\therefore t=\frac{n}{2}$

따라서 $P_n\left(\frac{n}{2}, \frac{3}{2}\right)$이고 $l_n : y=\frac{3}{n}x$이다.

→ $f'\left(\frac{n}{2}\right)\left(x-\frac{n}{2}\right)+f\left(\frac{n}{2}\right)=\frac{3}{n}\left(x-\frac{n}{2}\right)+\frac{3}{2}=\frac{3}{n}x$

Step 2 r_n을 구한다.

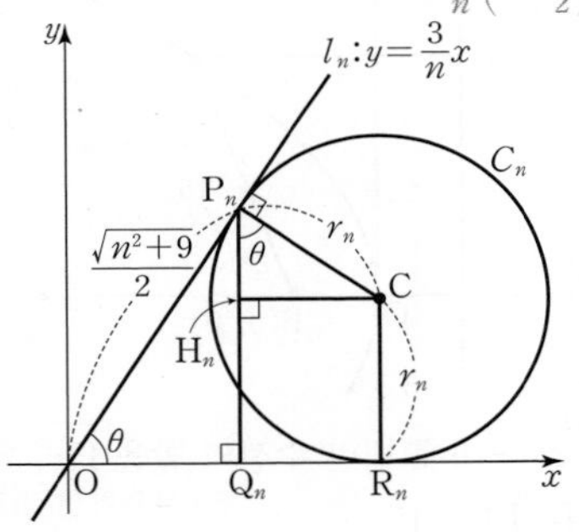

그림과 같이 원 C_n의 중심을 C, 두 점 P_n, C에서 x축에 내린 수선의 발을 각각 Q_n, R_n이라 하고, 점 C에서 선분 P_nQ_n에 내린 수선의 발을 H_n이라 하자.

$\angle P_nOQ_n=\theta$라 하면 $\angle CP_nO=\angle OQ_nP_n=\frac{\pi}{2}$이므로 → $\angle P_nOQ_n+\angle OP_nQ_n=\frac{\pi}{2}$

$\angle CP_nQ_n=\angle P_nOQ_n=\theta$ → $\angle OP_nQ_n+\angle CP_nQ_n=\frac{\pi}{2}$

$$\overline{OP_n}=\sqrt{\left(\frac{n}{2}-0\right)^2+\left(\frac{3}{2}-0\right)^2}=\sqrt{\frac{n^2+9}{4}}=\frac{\sqrt{n^2+9}}{2}$$이므로

직각삼각형 P_nOQ_n에서

$$\cos\theta=\frac{\overline{OQ_n}}{\overline{OP_n}}=\frac{\frac{n}{2}}{\frac{\sqrt{n^2+9}}{2}}=\frac{n}{\sqrt{n^2+9}}$$ → $=$(점 P_n의 x좌표)

직각삼각형 P_nH_nC에서 $\cos\theta=\frac{\overline{P_nH_n}}{\overline{CP_n}}=\frac{\overline{P_nH_n}}{r_n}$ → 원 C_n의 반지름의 길이

$\therefore \overline{P_nH_n}=r_n\cos\theta$

$\overline{P_nQ_n}=\overline{P_nH_n}+\overline{H_nQ_n}=r_n\cos\theta+r_n=\frac{3}{2}$ → $=$(점 P_n의 y좌표)

$r_n(1+\cos\theta)=\frac{3}{2}$이므로

$$r_n=\frac{3}{2(1+\cos\theta)}=\frac{3}{2\times\frac{\sqrt{n^2+9}+n}{\sqrt{n^2+9}}}=\frac{3\sqrt{n^2+9}}{2(\sqrt{n^2+9}+n)}$$

Step 3 극한값을 구한다.

$$\lim_{n\to\infty}n^2(4r_n-3)$$

$$=\lim_{n\to\infty}n^2\left(\frac{6\sqrt{n^2+9}}{\sqrt{n^2+9}+n}-3\right)$$

$$=\lim_{n\to\infty}\left(n^2\times\frac{3\sqrt{n^2+9}-3n}{\sqrt{n^2+9}+n}\right)$$

$$=\lim_{n\to\infty}\left(3n^2\times\frac{\sqrt{n^2+9}-n}{\sqrt{n^2+9}+n}\right)$$ → $(\sqrt{n^2+9}-n)(\sqrt{n^2+9}+n)=(\sqrt{n^2+9})^2-n^2=9$

$$=\lim_{n\to\infty}\left\{3n^2\times\frac{9}{(\sqrt{n^2+9}+n)^2}\right\}$$

$$=\lim_{n\to\infty}\frac{27n^2}{(\sqrt{n^2+9}+n)^2}$$

$$=\lim_{n\to\infty}\frac{27}{\left(\sqrt{1+\frac{9}{n^2}}+1\right)^2}=\frac{27}{4}$$

→ (분모) $=\frac{(\sqrt{n^2+9}+n)^2}{n^2}=\left(\frac{\sqrt{n^2+9}+n}{n}\right)^2=\left(\frac{\sqrt{n^2+9}}{\sqrt{n^2}}+1\right)^2=\left(\sqrt{1+\frac{9}{n^2}}+1\right)^2$

$\therefore 40\times\lim_{n\to\infty}n^2(4r_n-3)=40\times\frac{27}{4}=270$

30 [정답률 9%] 정답 84

Step 1 x의 값의 범위에 따른 함수 $g(x)$의 식을 파악한다.

구간 $(0, \infty)$에서 정의된 함수 $g(x)$를 구해보면 다음과 같다.

(i) $0<x<m$일 때

$\lim_{n\to\infty}\left(\frac{x}{m}\right)^n=0$이므로 $g(x)=\lim_{n\to\infty}\frac{f(x)\left(\frac{x}{m}\right)^n+x}{\left(\frac{x}{m}\right)^n+1}=x$

→ $0<r<1$일 때 $\lim_{n\to\infty}r^n=0$ / → 0으로 수렴

(ii) $x=m$일 때

$\lim_{n\to\infty}\left(\frac{x}{m}\right)^n=1$이므로

$$g(x)=\lim_{n\to\infty}\frac{f(x)\left(\frac{x}{m}\right)^n+x}{\left(\frac{x}{m}\right)^n+1}=\frac{f(x)+x}{2}$$

$$\therefore g(m)=\frac{f(m)+m}{2}$$

(iii) $x>m$일 때

$\lim_{n\to\infty}\left(\frac{x}{m}\right)^n=\infty$이므로 → $r>1$일 때 $\lim_{n\to\infty}r^n=\infty$

$$g(x)=\lim_{n\to\infty}\frac{f(x)\left(\frac{x}{m}\right)^n+x}{\left(\frac{x}{m}\right)^n+1}=\lim_{n\to\infty}\frac{f(x)+\frac{x}{\left(\frac{x}{m}\right)^n}}{1+\frac{1}{\left(\frac{x}{m}\right)^n}}=f(x)$$

→ $\frac{(상수)}{\infty}$ 꼴이므로 0으로 수렴

따라서 (i)~(iii)에서

$$g(x)=\begin{cases}x & (0<x<m)\\ \frac{f(m)+m}{2} & (x=m)\\ f(x) & (x>m)\end{cases}$$

Step 2 함수 $g(x)$가 구간 $(0, \infty)$에서 미분가능할 조건을 파악한다.

함수 $g(x)$가 구간 $(0, \infty)$에서 미분가능하려면 $x=m$에서 미분가능해야 한다. → $x=m$을 기준으로 함수 $g(x)$의 식이 달라지기 때문이다.

먼저 함수 $g(x)$가 $x=m$에서 연속이어야 하므로

$\lim_{x\to m+}g(x)=\lim_{x\to m-}g(x)=g(m)$

$\lim_{x\to m+}g(x)=\lim_{x\to m+}f(x)=f(m)$,

$\lim_{x\to m-}g(x)=\lim_{x\to m-}x=m$, → $0<x<m$일 때 $g(x)=x$

$g(m)=\frac{f(m)+m}{2}$

세 값이 모두 같아야 하므로 $f(m)=m$

함수 $g(x)$를 미분하면 $g'(x)=\begin{cases} 1 & (0<x<m) \\ f'(x) & (x>m) \end{cases}$

$x=m$에서 미분가능해야 하므로 $f'(m)=1$ ($x=m$에서의 $g(x)$의 좌미분계수 / $x=m$에서의 $g(x)$의 우미분계수)

Step 3 조건 (나)가 성립하는 경우를 파악한다.

$g(k)g(k+1)=0$을 만족시키는 자연수 k의 개수가 3이므로 함수 $y=g(x)$의 그래프는 x축과 적어도 두 점에서 만나야 한다.

이때 자연수 m에 대하여 $f(m)=m$, $f'(m)=1$이므로 함수 $y=g(x)$의 그래프는 다음과 같이 x축과 두 점에서 만나게 된다.

그래프 개형상 방정식 $f(x)=0$의 한 근은 m보다 작고, 다른 두 근은 m보다 크다.

만나지 않으면 자연수 k의 값이 존재하지 않고, 한 점에서 만나면 자연수 k의 개수는 최대 2이다.

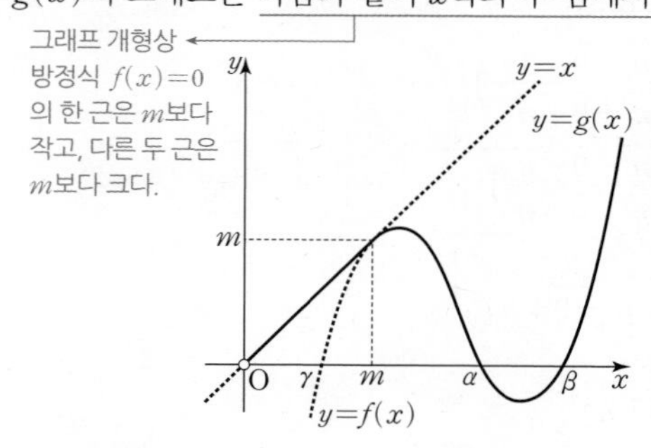

방정식 $g(x)=0$의 두 실근을 α, β $(\alpha<\beta)$라 하면 방정식 $g(x+1)=0$의 두 실근은 $\alpha-1$, $\beta-1$이다. 이때 조건 (나)가 성립하려면 α, β가 자연수이고 $\beta-1=\alpha$이어야 한다.

따라서 $\beta=\alpha+1$이므로 방정식 $g(x)=0$의 실근은 연속하는 두 자연수이다.

Step 4 $g(m)$, $g(m+1)$의 값의 대소 관계에 따라 경우를 나누어본다.

방정식 $f(x)=0$의 α, $\alpha+1$이 아닌 다른 한 근을 γ라 하면

$f(x)=(x-\alpha)(x-\alpha-1)(x-\gamma)$

(i) $g(m)<g(m+1)$일 때

$g'(m+1)\le 0$이므로 조건 (다)를 만족시키는 세 자연수 l은 $m+1$, $m+2$, $m+3$이어야 한다. 즉, $\alpha=m+3$이다. ($g(m+3)\ge g(m+4)$)

$f'(x)=(x-\alpha-1)(x-\gamma)+(x-\alpha)(x-\gamma)+(x-\alpha)(x-\alpha-1)$

$=(x-m-4)(x-\gamma)+(x-m-3)(x-\gamma)+(x-m-3)(x-m-4)$ ($\alpha=m+3$ 대입)

$\therefore f'(m)=-4(m-\gamma)+(-3)\times(m-\gamma)+(-3)\times(-4)$

$=-7(m-\gamma)+12$

이때 $f'(m)=1$이므로 $-7(m-\gamma)+12=1$

$7(m-\gamma)=11 \qquad \therefore m-\gamma=\frac{11}{7}$

$\therefore m=f(m)=(m-\alpha)(m-\alpha-1)(m-\gamma)$

$=(-3)\times(-4)\times\frac{11}{7}=\frac{132}{7}$ ($m-\alpha=m-(m+3)=-3$, $m-\alpha-1=(m-\alpha)-1=-4$)

즉, m이 자연수가 아니므로 모순이다.

(ii) $g(m)\ge g(m+1)$일 때

조건 (다)를 만족시키는 세 자연수 l은 m, $m+1$, $m+2$이어야 한다. 즉, $\alpha=m+2$이다.

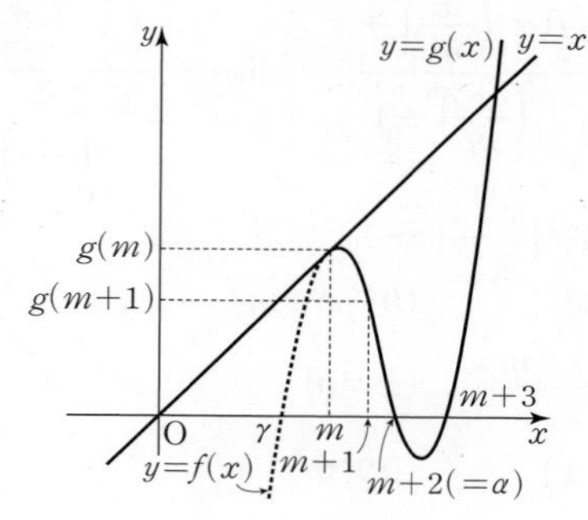

$f'(x)=(x-\alpha-1)(x-\gamma)+(x-\alpha)(x-\gamma)+(x-\alpha)(x-\alpha-1)$

$=(x-m-3)(x-\gamma)+(x-m-2)(x-\gamma)+(x-m-2)(x-m-3)$ ($\alpha=m+2$ 대입)

$\therefore f'(m)=-3(m-\gamma)+(-2)\times(m-\gamma)+(-2)\times(-3)$

$=-5(m-\gamma)+6$

이때 $f'(m)=1$이므로 $-5(m-\gamma)+6=1$

$5(m-\gamma)=5 \qquad \therefore m-\gamma=1$

$\therefore m=f(m)=(m-\alpha)(m-\alpha-1)(m-\gamma)$

$=(-2)\times(-3)\times1=6$

이때 $\gamma=5$이므로 $f(x)=(x-5)(x-8)(x-9)$ ($\alpha=m+2=8$, $\alpha+1=m+3=9$)

따라서 (i), (ii)에서 $f(x)=(x-5)(x-8)(x-9)$이다.

Step 5 $g(12)$의 값을 구한다.

$g(x)=\begin{cases} x & (0<x<6) \\ 6 & (x=6) \\ f(x) & (x>6) \end{cases}$

이므로 $g(12)=f(12)=7\times4\times3=84$

기하

23 [정답률 88%]

정답 ③

Step 1 타원의 초점의 좌표를 구한다.

타원 $\frac{x^2}{17}+\frac{y^2}{8}=1$의 두 초점을 $F(c,\ 0)$, $F'(-c,\ 0)$ $(c>0)$이라 하면

$c^2=17-8=9 \qquad \therefore c=3$

(타원 $\frac{x^2}{a^2}+\frac{y^2}{b^2}=1$ $(a>b>0)$의 두 초점을 $F(c, 0)$, $F'(-c, 0)$ $(a>c>0)$이라 하면 $c^2=a^2-b^2$)

따라서 $F(3,\ 0)$, $F'(-3,\ 0)$이므로 두 초점 사이의 거리는

$3-(-3)=6$

24 [정답률 88%]

정답 ②

Step 1 포물선의 준선의 방정식을 구한다.

포물선 $y^2=20x=4\times5x$의 초점은 $F(5,\ 0)$, 준선은 직선 $x=-5$이다.

(포물선 $y^2=4px(p\ne0)$의 초점의 좌표는 $(p, 0)$, 준선은 직선 $x=-p$이다.)

Step 2 점 P의 x좌표를 구한다.

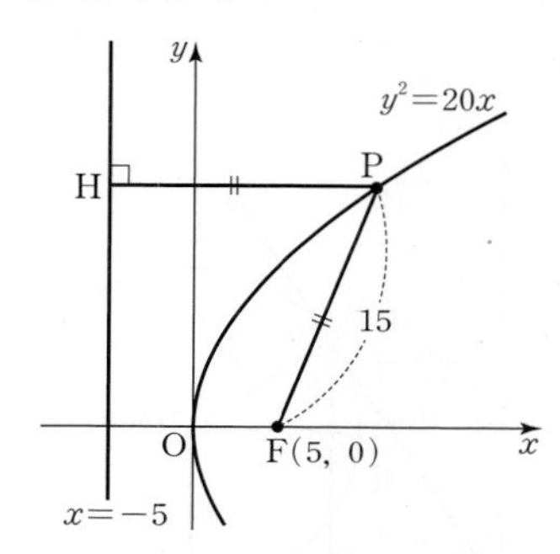

점 P에서 준선 $x=-5$에 내린 수선의 발을 H라 하면 포물선의 정의에 의하여 $\overline{PH}=\overline{PF}=15$

(포물선 위의 한 점(P)에서 초점(F)까지의 거리와 준선($x=-5$)까지의 거리는 같다.)

따라서 점 P의 x좌표를 a라 하면

$a-(-5)=15 \qquad \therefore a=10$ (점 H의 x좌표)

25 [정답률 77%]

정답 ⑤

Step 1 쌍곡선의 점근선의 방정식을 이용하여 쌍곡선의 방정식을 간단히 한다.

쌍곡선의 방정식을 $\frac{x^2}{a^2}-\frac{y^2}{b^2}=1$ $(a>0,\ b>0)$이라 하면 한 점근선의 방정식이 $y=\frac{3}{4}x$이므로

$\frac{b}{a}=\frac{3}{4} \qquad \therefore a:b=4:3$

(쌍곡선의 점근선의 방정식이 $y=\pm\frac{b}{a}x$임을 이용한다.)

따라서 $a=4m$, $b=3m$ $(m>0)$이라 하면 쌍곡선의 방정식은

$\frac{x^2}{(4m)^2}-\frac{y^2}{(3m)^2}=1$

Step 2 쌍곡선의 주축의 길이를 구한다.

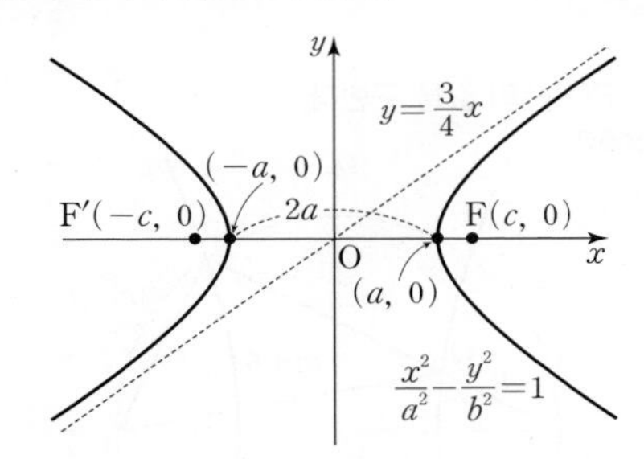

쌍곡선의 두 초점을 $F(c, 0)$, $F'(-c, 0)$ $(c>0)$이라 하면
$\overline{FF'}=2c=30$ $\quad \therefore c=15$
→ 두 초점 사이의 거리
$c^2=a^2+b^2$에서 $225=(4m)^2+(3m)^2=25m^2$
$m^2=9$ $\quad \therefore m=3$
따라서 쌍곡선의 방정식은 $\frac{x^2}{144}-\frac{y^2}{81}=1$이고, 주축의 길이는
$2a=2\times12=24$

26 [정답률 56%]

정답 ④

Step 1 포물선 C가 원점을 지남을 이용한다.

포물선 C가 원점을 지나므로 → 포물선 C의 방정식에 $x=0, y=0$을 대입하면 등식이 성립한다.
$(-a+1)^2=1$ $\quad \therefore a=0$ 또는 $a=2$ $\quad \cdots\cdots$ ㉠
→ $-a+1=1$ 또는 $-a+1=-1$

Step 2 포물선 C의 초점과 준선 사이의 거리가 2임을 이용하여 가능한 a, b의 값을 구한다.

포물선 C의 식을 변형하면 $\{y-(a-1)\}^2=(a+b)\left(x+\frac{1}{a+b}\right)$
즉, 포물선 C는 포물선 $y^2=(a+b)x$를 x축의 방향으로 $-\frac{1}{a+b}$만큼, y축의 방향으로 $a-1$만큼 평행이동한 것과 같다.
→ 평행이동해도 포물선의 개형은 변하지 않으므로 초점과 준선 사이의 거리는 바뀌지 않는다.
포물선 $y^2=(a+b)x$의 초점의 좌표는 $\left(\frac{a+b}{4}, 0\right)$, 준선의 방정식은 $x=-\frac{a+b}{4}$
이때 초점과 준선 사이의 거리가 2이므로
$\left|\frac{a+b}{4}-\left(-\frac{a+b}{4}\right)\right|=2$, $\left|\frac{a+b}{2}\right|=2$
$\therefore |a+b|=4$ $\quad \cdots\cdots$ ㉡
따라서 ㉠, ㉡에서 두 실수 a, b의 값을 순서쌍 (a, b)로 나타내면
$(0, 4)$, $(0, -4)$, $(2, 2)$, $(2, -6)$

Step 3 $M-m$의 값을 구한다.

$a=0$, $b=4$일 때 $a-b=-4$
$a=0$, $b=-4$일 때 $a-b=4$
$a=2$, $b=2$일 때 $a-b=0$
$a=2$, $b=-6$일 때 $a-b=8$
따라서 $M=8$, $m=-4$이므로 $M-m=8-(-4)=12$

27 [정답률 65%]

정답 ①

Step 1 쌍곡선의 두 초점의 좌표를 구한다.

쌍곡선 $\frac{x^2}{7}-\frac{y^2}{9}=-1$의 두 초점을 $F(0, c)$, $F'(0, -c)$ $(c>0)$라 하면
→ 쌍곡선의 방정식이 $\frac{x^2}{a^2}-\frac{y^2}{b^2}=-1$ 꼴이므로 초점이 y축 위에 있다.
$c^2=7+9=16$ $\quad \therefore c=4$

Step 2 각의 이등분선의 성질과 쌍곡선의 정의를 이용하여 두 선분의 길이의 합을 구한다.

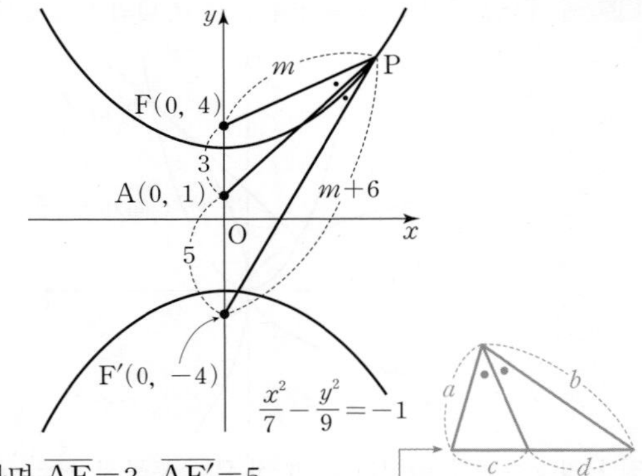

$A(0, 1)$이라 하면 $\overline{AF}=3$, $\overline{AF'}=5$
각 FPF'의 이등분선이 점 $A(0, 1)$을 지나므로 삼각형 FPF'에서
$\overline{FP}:\overline{F'P}=\overline{AF}:\overline{AF'}=3:5$ $\quad \cdots\cdots$ ㉠
쌍곡선의 주축의 길이가 6이므로 $\overline{FP}=m$이라 하면 $\overline{F'P}=m+6$
→ 쌍곡선이 y축과 두 점 $(0, 3)$, $(0, -3)$에서 만난다.
㉠에서 $m:(m+6)=3:5$, $3(m+6)=5m$
$2m=18$ $\quad \therefore m=9$
$\therefore \overline{FP}+\overline{F'P}=9+15=24$

28 [정답률 56%]

정답 ③

Step 1 선분 AF의 길이를 구한다.

$\cos(\angle FF'A)=\frac{12}{13}$이므로 직각삼각형 $AF'F$에서 $\overline{AF'}=13a$, $\overline{FF'}=12a$ $(a>0)$라 하면
$\overline{AF}=\sqrt{\overline{AF'}^2-\overline{FF'}^2}=\sqrt{25a^2}=5a$
→ $=(13a)^2-(12a)^2=169a^2-144a^2=25a^2$
타원 C_1의 장축의 길이가 18이므로
$\overline{AF'}+\overline{AF}=18a=18$ $\quad \therefore a=1$
$\therefore \overline{AF}=5a=5$

Step 2 타원 C_2의 장축의 길이를 구한다.

$\overline{FF'}=12$이므로 $\overline{OF}=6$ ($\overline{FF'}=2c$, $\overline{OF}=c$)
$\therefore \overline{PF}=\overline{OP}-\overline{OF}=9-6=3$
직각삼각형 AFP에서 $\overline{AP}=\sqrt{\overline{AF}^2+\overline{PF}^2}=\sqrt{5^2+3^2}=\sqrt{34}$
따라서 타원 C_2의 장축의 길이는 $\overline{AP}+\overline{PF}=\sqrt{34}+3$
→ 타원 위의 한 점에서 두 초점까지의 거리의 합은 타원의 장축의 길이와 같다.

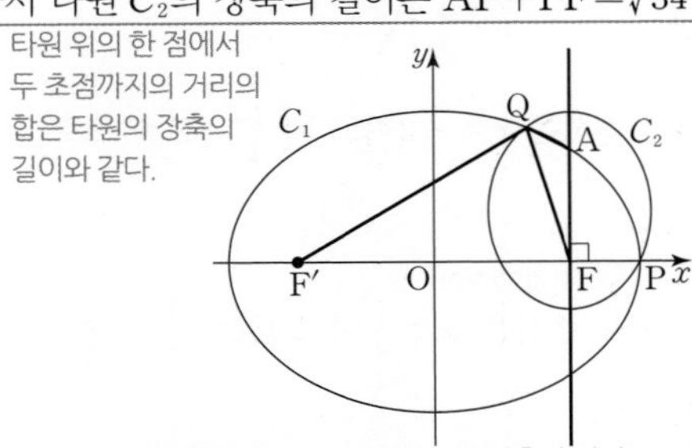

점 Q는 두 타원 C_1, C_2의 교점이므로
→ 타원 C_1의 장축의 길이 / → 타원 C_2의 장축의 길이
$\overline{F'Q}+\overline{FQ}=18$, $\overline{AQ}+\overline{FQ}=\sqrt{34}+3$
$\therefore \overline{F'Q}-\overline{AQ}=(\overline{F'Q}+\overline{FQ})-(\overline{AQ}+\overline{FQ})$
$=18-(\sqrt{34}+3)=15-\sqrt{34}$

본문 52쪽

29 [정답률 16%]

정답 29

Step 1 주어진 조건을 이용하여 두 점 P, Q의 좌표에 대한 식을 세운다.

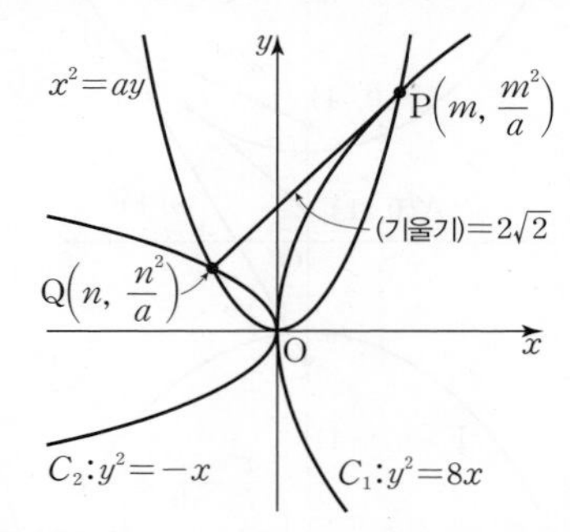

점 P의 x좌표를 m이라 하면 점 P는 포물선 $x^2=ay$ 위의 점이므로

$P\left(m, \dfrac{m^2}{a}\right)$ ← $x^2=ay$에 $x=m$을 대입하면 $m^2=ay$ $\therefore y=\dfrac{m^2}{a}$

점 Q의 x좌표를 n이라 하면 점 Q는 포물선 $x^2=ay$ 위의 점이므로

$Q\left(n, \dfrac{n^2}{a}\right)$

직선 PQ의 기울기가 $2\sqrt{2}$이므로

$\dfrac{\dfrac{m^2}{a}-\dfrac{n^2}{a}}{m-n}=2\sqrt{2}$, $\dfrac{\dfrac{1}{a}(m+n)(m-n)}{m-n}=2\sqrt{2}$ ← $=\dfrac{1}{a}(m^2-n^2)$

$\dfrac{1}{a}(m+n)=2\sqrt{2}$ $\quad\therefore m+n=2\sqrt{2}a$ …… ㉠

점 P는 포물선 $C_1 : y^2=8x$ 위의 점이므로

$\left(\dfrac{m^2}{a}\right)^2=8m$에서 $\dfrac{m^4}{a^2}=8m$ ← $m\neq0$이므로 양변을 m으로 나눈다.

$\dfrac{m^3}{a^2}=8$ $\quad\therefore m^3=8a^2$ …… ㉡

점 Q는 포물선 $C_2 : y^2=-x$ 위의 점이므로

$\left(\dfrac{n^2}{a}\right)^2=-n$에서 $\dfrac{n^4}{a^2}=-n$

$\dfrac{n^3}{a^2}=-1$ $\quad\therefore n^3=-a^2$ …… ㉢

Step 2 a, m, n의 값을 구한다.

㉢에서 $8n^3=-8a^2$ $\quad\therefore 8a^2=-8n^3$

이를 ㉡에 대입하면 $m^3=-8n^3=(-2n)^3$

$m=-2n$ $\quad\therefore n=-\dfrac{1}{2}m$

이를 ㉠에 대입하면 $\dfrac{1}{2}m=2\sqrt{2}a$ $\quad\therefore m=4\sqrt{2}a$

㉡에서 $(4\sqrt{2}a)^3=8a^2$, $128\sqrt{2}a^3=8a^2$

$128\sqrt{2}a=8$ $\quad\therefore a=\dfrac{1}{16\sqrt{2}}$

따라서 $m=4\sqrt{2}\times\dfrac{1}{16\sqrt{2}}=\dfrac{1}{4}$, $n=-\dfrac{1}{2}\times\dfrac{1}{4}=-\dfrac{1}{8}$이다. ($m=4\sqrt{2}a$, $n=-\dfrac{1}{2}m$)

Step 3 $\overline{F_1P}+\overline{F_2Q}$의 값을 구한다.

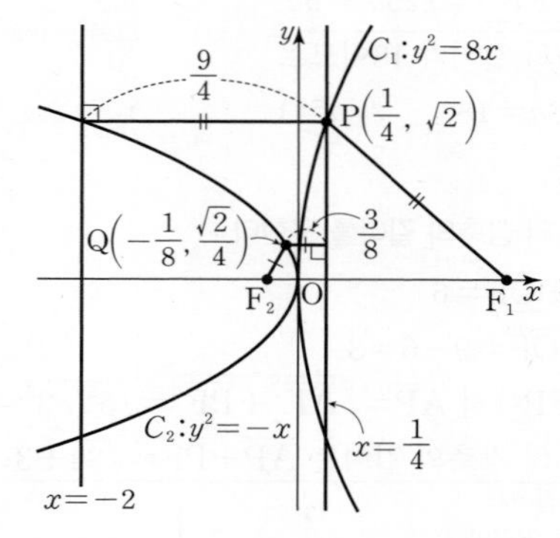

포물선 $C_1 : y^2=8x$의 준선은 $x=-2$이고 $P\left(\dfrac{1}{4}, \sqrt{2}\right)$이므로

$\overline{F_1P}=\dfrac{1}{4}-(-2)=\dfrac{9}{4}$ ← =(점 P에서 준선 $x=-2$까지의 거리)

포물선 $C_2 : y^2=-x$의 준선은 $x=\dfrac{1}{4}$이고 $Q\left(-\dfrac{1}{8}, \dfrac{\sqrt{2}}{4}\right)$이므로

$\overline{F_2Q}=\dfrac{1}{4}-\left(-\dfrac{1}{8}\right)=\dfrac{3}{8}$

$\therefore \overline{F_1P}+\overline{F_2Q}=\dfrac{9}{4}+\dfrac{3}{8}=\dfrac{21}{8}$

따라서 $p=8$, $q=21$이므로 $p+q=8+21=29$

30 [정답률 20%]

정답 150

Step 1 $\cos(\angle PQF)$의 값을 구한다.

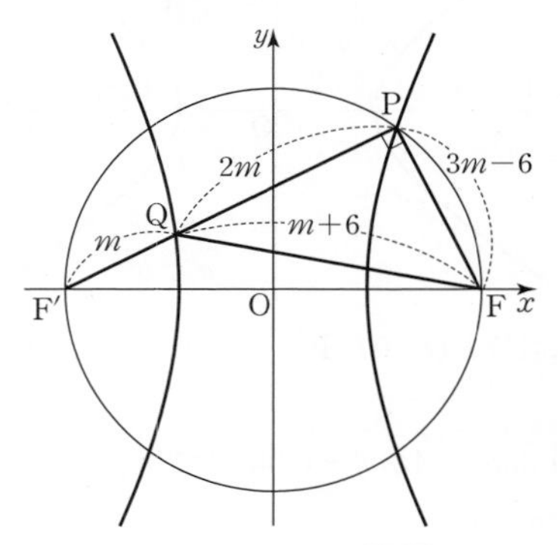

점 Q가 선분 F′P를 1 : 2로 내분하므로 $\overline{F'Q}=m$이라 하면

$\overline{PQ}=2m$, $\overline{F'P}=3m$ ← $=\overline{F'Q}+\overline{PQ}$

두 점 P, Q는 주축의 길이가 6인 쌍곡선 위의 점이므로 ← 두 초점까지의 거리의 차는 6

$\overline{PF}=\overline{F'P}-6=3m-6$, $\overline{QF}=\overline{F'Q}+6=m+6$

점 P는 선분 F′F를 지름으로 하는 원 위의 점이므로 $\angle F'PF=\dfrac{\pi}{2}$ ← $=\angle QPF$

따라서 직각삼각형 QFP에서 $\overline{QF}^2=\overline{PQ}^2+\overline{PF}^2$

$(m+6)^2=(2m)^2+(3m-6)^2$

$m^2+12m+36=13m^2-36m+36$

$12m^2-48m=0$, $12m(m-4)=0$ $\quad\therefore m=4$

$\therefore \cos(\angle PQF)=\dfrac{\overline{PQ}}{\overline{QF}}=\dfrac{8}{10}=\dfrac{4}{5}$ ($\overline{PQ}=2m$, $\overline{QF}=m+6$)

Step 2 선분 QR의 길이를 구한다.

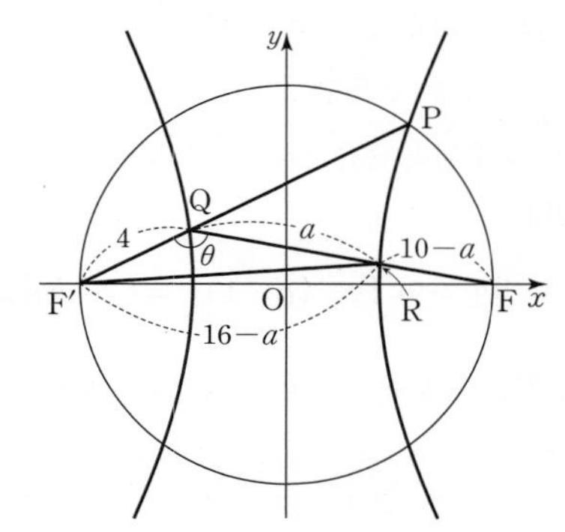

$\angle F'QR=\theta$라 하면 $\theta=\pi-\angle PQF$이므로

$\cos\theta=\cos(\pi-\angle PQF)=-\cos(\angle PQF)=-\dfrac{4}{5}$

$\overline{QR}=a$라 하면 $\overline{FR}=10-a$

점 R은 쌍곡선 위의 점이므로 $\overline{F'R}=\overline{FR}+6=16-a$

삼각형 QF′R에서 코사인법칙을 이용하면

$\cos\theta=\dfrac{\overline{F'Q}^2+\overline{QR}^2-\overline{F'R}^2}{2\times\overline{F'Q}\times\overline{QR}}$

$-\dfrac{4}{5}=\dfrac{4^2+a^2-(16-a)^2}{2\times4\times a}$, $-\dfrac{4}{5}=\dfrac{32a-240}{8a}$

$-32a=160a-1200$, $192a=1200$

$\therefore a=\dfrac{1200}{192}=\dfrac{25}{4}$

Step 3 삼각형 QF′R의 넓이를 구한다.

$\sin\theta=\sqrt{1-\cos^2\theta}=\dfrac{3}{5}$이므로 삼각형 QF′R의 넓이는 ← $\sin^2\theta+\cos^2\theta=1$에서 $\sin^2\theta=1-\cos^2\theta$ $\therefore \sin\theta=\sqrt{1-\cos^2\theta}$ ($\because 0<\theta<\pi$)

$S=\dfrac{1}{2}\times\overline{F'Q}\times\overline{QR}\times\sin\theta=\dfrac{1}{2}\times4\times\dfrac{25}{4}\times\dfrac{3}{5}=\dfrac{15}{2}$

$\therefore 20S=20\times\dfrac{15}{2}=150$

5회 2021학년도 4월 고3 전국연합학력평가 정답과 해설

1	②	2	①	3	⑤	4	④	5	③
6	④	7	⑤	8	①	9	②	10	③
11	③	12	④	13	②	14	⑤	15	③
16	2	17	40	18	8	19	16	20	7
21	5	22	251						

확률과 통계				23	⑤	24	②	25	①
26	④	27	③	28	⑤	29	288	30	206

미적분				23	⑤	24	①	25	④
26	②	27	③	28	③	29	18	30	13

기하				23	①	24	③	25	②
26	④	27	⑤	28	⑤	29	115	30	63

01 [정답률 90%] 정답 ②

Step 1 지수법칙을 이용한다.

$(\sqrt{3^{\sqrt{2}}})^{\sqrt{2}}=\{(3^{\sqrt{2}})^{\frac{1}{2}}\}^{\sqrt{2}}=3^{\sqrt{2}\times\frac{1}{2}\times\sqrt{2}}=3$

$\sqrt{a}=a^{\frac{1}{2}}\ (a>0)$

02 [정답률 92%] 정답 ①

Step 1 a_5-a_2의 의미를 생각한다.

등차수열 $\{a_n\}$의 첫째항을 a_1, 공차를 d라 하면

$a_5-a_2=(a_1+4d)-(a_1+d)=3d$

이때 공차가 2이므로 $a_5-a_2=3\times2=6$

03 [정답률 92%] 정답 ⑤

Step 1 주어진 함수 $f(x)$가 x의 값이 증가할 때 y의 값이 감소함을 이용한다.

함수 $f(x)=\left(\frac{1}{3}\right)^{x-2}+1$의 밑은 $0<\frac{1}{3}<1$이므로 x의 값이 증가하면 $f(x)$의 값은 감소한다. → x의 값이 최소일 때 $f(x)$의 값은 최대야.

따라서 닫힌구간 $[0, 4]$에서 함수 $f(x)$의 최댓값은

$f(0)=\left(\frac{1}{3}\right)^{-2}+1=10$

→ $=3^2$

04 [정답률 91%] 정답 ④

Step 1 그래프를 이용하여 좌극한값과 우극한값을 구한다.

$\lim_{x\to -1-}f(x)+\lim_{x\to 2+}f(x)=3+1=4$

→ $x=1$의 좌측에서 $x=1$에 가까워질 때, y의 값은 어디에 가까워지는지 생각해.

05 [정답률 87%] 정답 ③

Step 1 함수 $f(x)$가 $f'(x)$의 한 부정적분임을 이용한다. → 적분상수를 꼭 기억

$f'(x)=2x+4$에서 $f(x)=\int(2x+4)dx=x^2+4x+C$

(C는 적분상수)

$f(-1)+f(1)=(-3+C)+(5+C)=2C+2=0$

$\therefore C=-1$

따라서 $f(x)=x^2+4x-1$이므로 $f(2)=11$이다.

→ $=2^2+4\times2-1$

06 [정답률 78%] 정답 ④

Step 1 주어진 삼각함수의 주기가 4π임을 이용한다.

함수 $f(x)=\sin\left(ax+\frac{\pi}{6}\right)$의 주기가 4π이므로 $\frac{2\pi}{|a|}=4\pi$

→ 삼각함수 $y=a\sin(bx+c)+d$ (a, b, c, d는 상수)의 주기는 $\frac{2\pi}{|b|}$

$|a|=\frac{1}{2}$ $\therefore a=\frac{1}{2}\ (\because a>0)$

따라서 $f(x)=\sin\left(\frac{1}{2}x+\frac{\pi}{6}\right)$이므로

$f(\pi)=\sin\left(\frac{\pi}{2}+\frac{\pi}{6}\right)=\cos\frac{\pi}{6}=\frac{\sqrt{3}}{2}$

→ $\sin\left(\frac{\pi}{2}+\theta\right)=\cos\theta$

07 [정답률 80%] 정답 ⑤

Step 1 평균변화율을 구한다.

함수 $f(x)=x^3-3x$에서 x의 값이 1에서 4까지 변할 때의 평균변화율은

$\frac{f(4)-f(1)}{4-1}=\frac{(64-12)-(1-3)}{3}=\frac{54}{3}=18$ ...... ㉠

Step 2 곡선 $y=f(x)$ 위의 점 $(k, f(k))$에서의 접선의 기울기를 구한다.

$f(x)=x^3-3x$에서 $f'(x)=3x^2-3$이므로 곡선 $y=f(x)$ 위의 점 $(k, f(k))$에서의 접선의 기울기는 $f'(k)=3k^2-3$

→ $f'(x)$에 $x=k$를 대입하면 돼.

이 값이 ㉠과 같으므로

$3k^2-3=18,\ k^2=7$

$\therefore k=\sqrt{7}\ (\because k>0)$

08 [정답률 88%] 정답 ①

Step 1 함수 $f(x)$가 $x=2$에서 연속일 조건을 찾는다.

함수 $f(x)$가 $x=2$에서 연속이므로

$f(2)=\lim_{x\to 2+}f(x)=\lim_{x\to 2-}f(x)$이어야 한다.

$f(2)=-2^2+b=-4+b$ → $x\ge2$일 때 $f(x)=-x^2+b$이므로 이 식에 $x=2$를 대입해야 해.

$\lim_{x\to 2+}f(x)=\lim_{x\to 2+}(-x^2+b)=-4+b$

$\lim_{x\to 2-}f(x)=\lim_{x\to 2-}\frac{x^2+3x+a}{x-2}$ ...... ㉠

$\therefore \lim_{x\to 2-}\frac{x^2+3x+a}{x-2}=-4+b$ ...... ㉡

Step 2 $x=2$에서의 극한값이 존재함을 이용하여 상수 a, b의 값을 구한다.

$\lim_{x\to 2-}(x-2)=0$이므로 $\lim_{x\to 2-}(x^2+3x+a)=0$

$2^2+3\times2+a=0$ $\therefore a=-10$ → 분자의 극한값이 0이어야 $x=2$에서의 좌극한값이 존재할 수 있어.

이를 ㉠에 대입하면

$\lim_{x\to 2-}\frac{x^2+3x-10}{x-2}=\lim_{x\to 2-}\frac{(x-2)(x+5)}{x-2}=\lim_{x\to 2-}(x+5)=7$

㉡에서 $-4+b=7$ $\therefore b=11$ → $x=2$에서의 우극한값이자 함숫값

$\therefore a+b=-10+11=1$

09 [정답률 76%] 정답 ②

Step 1 $h(x)=2f(x)-3g(x)$라 하고, $\lim_{x\to\infty}\frac{h(x)}{g(x)}$의 값을 구한다.

$h(x)=2f(x)-3g(x)$라 하면 $f(x)=\frac{3g(x)+h(x)}{2}$

$\lim_{x\to\infty} g(x)=\infty$, $\lim_{x\to\infty} h(x)=1$이므로 $\lim_{x\to\infty}\frac{h(x)}{g(x)}=0$

Step 2 주어진 식의 값을 계산한다.

문제에서 $\lim_{x\to\infty}\{2f(x)-3g(x)\}=1$

$$\lim_{x\to\infty}\frac{4f(x)+g(x)}{3f(x)-g(x)}=\lim_{x\to\infty}\frac{4\times\frac{3g(x)+h(x)}{2}+g(x)}{3\times\frac{3g(x)+h(x)}{2}-g(x)}$$

$$=\lim_{x\to\infty}\frac{14g(x)+4h(x)}{7g(x)+3h(x)}$$

$\frac{\{12g(x)+4h(x)\}+2g(x)}{2}$, $\frac{\{9g(x)+3h(x)\}-2g(x)}{2}$

$$=\lim_{x\to\infty}\frac{14+4\times\frac{h(x)}{g(x)}}{7+3\times\frac{h(x)}{g(x)}}=2$$

$\lim_{x\to\infty}\frac{h(x)}{g(x)}=0$을 이용하기 위해 분모, 분자를 각각 $g(x)$로 나누었어.

10 [정답률 85%]

정답 ③

Step 1 시각 $t=1$에서 $t=k$까지 점 P의 위치의 변화량이 0임을 이용한다.

점 P의 시각 $t=1$에서의 위치와 시각 $t=k(k>1)$에서의 위치가 서로 같으므로 시각 $t=1$에서 $t=k$까지 점 P의 위치의 변화량은 0이다.

$$\int_1^k v(t)dt=\int_1^k (4t-10)dt$$

$$=\Big[2t^2-10t\Big]_1^k$$

$$=(2k^2-10k)-(2-10)$$

$$=2k^2-10k+8=0$$

속도 식을 적분해야 위치를 구할 수 있어.

$k^2-5k+4=0$, $(k-1)(k-4)=0$

$\therefore k=4\ (\because k>1)$

11 [정답률 67%]

정답 ③

Step 1 삼각함수를 포함한 방정식을 푼다.

$2\cos^2 x-\sin(\pi+x)-2=0$에서 $2(1-\sin^2 x)+\sin x-2=0$

$\sin(\pi+x)=-\sin x$

$\sin^2 x+\cos^2 x=1$에서 $\cos^2 x=1-\sin^2 x$

$2\sin^2 x-\sin x=0$, $\sin x(2\sin x-1)=0$

$\therefore \sin x=0$ 또는 $\sin x=\frac{1}{2}$

주어진 범위에 $x=0$, $x=2\pi$는 포함되지 않음에 주의

(i) $\sin x=0$에서 $x=\pi$

(ii) $\sin x=\frac{1}{2}$에서 $x=\frac{\pi}{6}$ 또는 $x=\frac{5}{6}\pi$

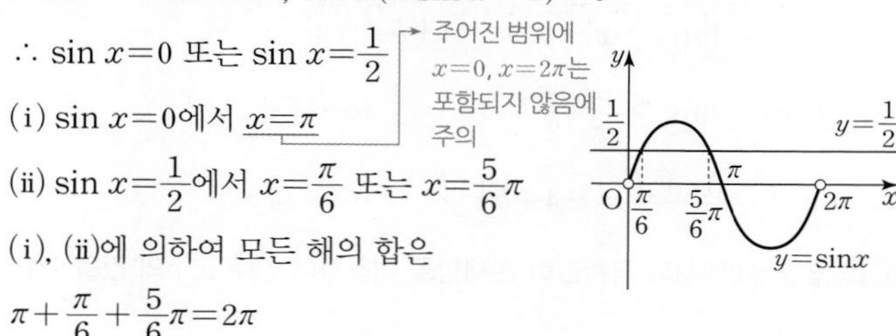

(i), (ii)에 의하여 모든 해의 합은

$\pi+\frac{\pi}{6}+\frac{5}{6}\pi=2\pi$

12 [정답률 89%]

정답 ④

Step 1 함수 $f(x)$의 극값과 $f(0)$, $f(3)$의 값을 각각 구한다.

$f(x)=x^3-6x^2+9x+a$에서 $f'(x)=3x^2-12x+9$

$f'(x)=0$에서 $3x^2-12x+9=0$

미분가능한 함수 $f(x)$의 극댓값과 극솟값은 $f'(x)=0$을 만족시키는 x의 값에서 가져.

$3(x-1)(x-3)=0$ $\quad\therefore x=1$ 또는 $x=3$

함수 $f(x)$의 증가와 감소를 표로 나타내면 다음과 같다.

x	0	$\cdots$	1	$\cdots$	3
$f'(x)$		+	0	−	0
$f(x)$	a	↗	$a+4$	↘	a

닫힌구간 $[0, 3]$에서 함수 $f(x)$의 최댓값은 $f(1)=a+4$이므로

$a+4=12$ $\quad\therefore a=8$

닫힌구간 $[0, 3]$에서 함수 $f(x)$의 최솟값은 $f(0)=f(3)=a$야.

13 [정답률 79%]

정답 ②

Step 1 정적분을 이용하여 곡선과 x축으로 둘러싸인 부분의 넓이를 구한다.

곡선 $y=f(x)$와 x축으로 둘러싸인 부분의 넓이는

$$\int_a^b |f(x)|dx=-\int_a^b f(x)dx$$

$f(x)=(x-a)(x-b)$에서 $a\le x\le b$일 때 $f(x)\le 0$이기 때문이야.

넓이이므로 절댓값을 씌워줘야 해.

$$=-\left\{\int_0^b f(x)dx-\int_0^a f(x)dx\right\}$$

$$=-\int_0^b f(x)dx+\int_0^a f(x)dx$$

$$=-\left(-\frac{8}{3}\right)+\frac{11}{6}$$

$$=\frac{9}{2}$$

14 [정답률 45%]

정답 ⑤

Step 1 T_n의 의미를 생각한다.

점 $A(a, b)$에 대하여 점 $B(c, d)$가 $\overline{OA}\perp\overline{AB}$, $\overline{OA}=\overline{AB}$를 만족시키려면 $c=a-b$, $d=a+b$이어야 한다.

이때 $a>b$이고 d가 n 이하의 자연수이므로 $b<\frac{n}{2}$이다.

$a+b>2b$, $a+b\le n$

$\frac{n}{2}$ 미만의 자연수 k에 대하여 $b=k$일 때, $a+b\le n$을 만족시키는 자연수 a의 개수는 $n-2k$이다.

$a\le n-b=n-k$이고 $a>k$이어야 해.

Step 2 n이 각각 짝수, 홀수일 때의 T_n을 구한다.

2 이상의 자연수 m에 대하여

(i) $n=2m$인 경우

$b<\frac{n}{2}$에서 $b<m$

b가 될 수 있는 자연수는 1부터 (가) $m-1$ 까지이므로

$$T_{2m}=\sum_{k=1}^{(가)\ m-1}(2m-2k)$$

$$=\sum_{k=1}^{m-1}2m-2\sum_{k=1}^{m-1}k$$

$\sum_{k=1}^{n}c=cn$ (단, c는 상수)

$$=(m-1)\times 2m-2\times\frac{(m-1)m}{2}$$

$$=2m(m-1)-m(m-1)$$

$$=\text{(나) } m^2-m$$

(ii) $n=2m+1$인 경우

$b<\frac{n}{2}$에서 $b<\frac{2m+1}{2}=m+\frac{1}{2}$

b가 될 수 있는 자연수는 1부터 m까지이므로

$$T_{2m+1}=\sum_{k=1}^{m}(2m+1-2k)$$

$$=\sum_{k=1}^{m}(2m+1)-2\sum_{k=1}^{m}k$$

$\sum_{k=1}^{n}k=\frac{n(n+1)}{2}$

$$=m(2m+1)-m(m+1)$$

$$=\text{(다) } m^2$$

(i), (ii)에 의해 $\sum_{n=4}^{20}T_n=614$

Step 3 $f(5)+g(6)+h(7)$의 값을 구한다.

따라서 $f(m)=m-1$, $g(m)=m^2-m$, $h(m)=m^2$이므로

$f(5)+g(6)+h(7)=4+30+49=83$

15 [정답률 33%] 정답 ③

Step 1 x_1, x_2의 값을 각각 구하고 관계식을 정리한다.

ㄱ. $\log_2|kx|=\log_2(x+4)$에서 $|kx|=x+4$

$x_1<0$이므로 $-kx_1=x_1+4$ $\quad\therefore x_1=-\dfrac{4}{k+1}$ ($k>1$이므로 $kx_1<0$이야.)

$x_2>0$이므로 $kx_2=x_2+4$ $\quad\therefore x_2=\dfrac{4}{k-1}$ ($(k-1)x_2=4$)

$x_2=-2x_1$에서 $\dfrac{4}{k-1}=\dfrac{8}{k+1}$

$k+1=2k-2$ $\quad\therefore k=3$ (참)

Step 2 두 점 B, C가 곡선 $y=\log_2|kx|$와 곡선 $y=\log_2(-x+m)$의 교점임을 이용한다.

ㄴ. $\log_2|kx|=\log_2(-x+m)$에서 $|kx|=-x+m$

$x_2>0$이므로 $kx_2=-x_2+m$에서

$m=(k+1)x_2=\dfrac{4(k+1)}{k-1}$ ······ ㉠ (ㄱ에서 $x_2=\dfrac{4}{k-1}$)

$x_3<0$이므로 $-kx_3=-x_3+m$에서

$x_3=-\dfrac{m}{k-1}=-\dfrac{4(k+1)}{(k-1)^2}$ (ㄱ에서 $x_1=-\dfrac{4}{k+1}$)

$\therefore x_1x_3=-\dfrac{4}{k+1}\times\left\{-\dfrac{4(k+1)}{(k-1)^2}\right\}=\left(\dfrac{4}{k-1}\right)^2={x_2}^2$ (참)

Step 3 ㄴ을 이용하여 x_1, x_2, x_3 사이의 관계를 알아본다.

ㄷ. ㄴ에서 ${x_2}^2=x_1x_3$, 즉 $\dfrac{x_2}{x_1}=\dfrac{x_3}{x_2}$

$\dfrac{x_2}{x_1}=\dfrac{\frac{4}{k-1}}{-\frac{4}{k+1}}=\dfrac{-k-1}{k-1}=-1-\dfrac{2}{k-1}<-1$ ($k>1$이므로 $k-1>0$ 즉, $\dfrac{2}{k-1}>0$) ($\dfrac{-(k-1)-2}{k-1}$)

$\dfrac{x_2}{x_1}=r$ $(r<-1)$이라 하면 $x_2=x_1r$, $x_3=x_1r^2$ ($\dfrac{x_2}{x_1}=\dfrac{x_3}{x_2}=r$에서 $x_3=x_2r$이므로 x_2 대신 x_1r을 대입하면 $x_3=x_1r^2$)

세 점 A, B, C의 y좌표를 각각 y_1, y_2, y_3이라 하면

$y_1=\log_2|kx_1|$, $y_2=\log_2|kx_2|$, $y_3=\log_2|kx_3|$

두 직선 AB, AC의 기울기의 합이 0이므로

$\dfrac{y_2-y_1}{x_2-x_1}+\dfrac{y_3-y_1}{x_3-x_1}$ (직선 AB의 기울기, 직선 AC의 기울기)

$=\dfrac{\log_2|kx_2|-\log_2|kx_1|}{x_1(r-1)}+\dfrac{\log_2|kx_3|-\log_2|kx_1|}{x_1(r^2-1)}$

(분자에서 $\log_2|kx_3|-\log_2|kx_1|=\log_2\left|\dfrac{kx_3}{kx_1}\right|=\log_2\left|\dfrac{x_3}{x_1}\right|$)

$=\dfrac{\log_2\left|\frac{x_2}{x_1}\right|}{x_1(r-1)}+\dfrac{\log_2\left|\frac{x_3}{x_1}\right|}{x_1(r^2-1)}$

$=\dfrac{\log_2|r|}{x_1(r-1)}+\dfrac{\log_2|r^2|}{x_1(r^2-1)}$ (분자에서 $r<-1$이므로 $\log_2|r|=\log_2(-r)$)

$=\dfrac{\log_2(-r)}{x_1(r-1)}+\dfrac{2\log_2(-r)}{x_1(r^2-1)}=0$ ($(r-1)(r+1)$)

$1+\dfrac{2}{r+1}=0$ $\quad\therefore r=-3$

$x_2=x_1r$에서 $\dfrac{4}{k-1}=-\dfrac{4}{k+1}\times(-3)$

$k+1=3k-3$ $\quad\therefore k=2$

이를 ㉠에 대입하면 $m=\dfrac{4(2+1)}{2-1}=12$이므로

$m+k^2=12+4=16$ (거짓)

따라서 옳은 것은 ㄱ, ㄴ이다.

16 [정답률 91%] 정답 2

Step 1 다항함수의 미분법을 이용하여 도함수 $f'(x)$를 구한다.

$f(x)=x^2+ax$에서 $f'(x)=2x+a$ ($y=kx^n$ (k는 상수, n은 자연수)에서 $y'=knx^{n-1}$)

$f'(1)=2+a=4$이므로 $a=2$

17 [정답률 80%] 정답 40

Step 1 $\sin^2\theta+\cos^2\theta=1$임을 이용하여 $\sin\theta+\cos\theta$의 값을 구한다.

$\sin^2\theta+\cos^2\theta=1$이므로

$(\sin\theta+\cos\theta)^2=\sin^2\theta+\cos^2\theta+2\sin\theta\cos\theta$ ($=1$)

$=1+2\times\dfrac{7}{18}=\dfrac{16}{9}$

$0<\theta<\dfrac{\pi}{2}$에서 $\sin\theta>0$, $\cos\theta>0$이므로 $\sin\theta+\cos\theta=\dfrac{4}{3}$ ($\sin\theta$, $\cos\theta$ 모두 양수이므로 $\sin\theta+\cos\theta$도 양수야.)

$\therefore 30(\sin\theta+\cos\theta)=30\times\dfrac{4}{3}=40$

18 [정답률 78%] 정답 8

Step 1 $f(3)=2$, $f'(3)=0$임을 이용한다.

다항함수 $f(x)$가 $x=3$에서 극솟값 2를 가지므로

$f(3)=2$, $f'(3)=0$ (다항함수 $f(x)$가 $x=k$에서 극값을 가질 때, $f'(k)=0$이야.)

$g(x)=(x^2-2x)f(x)$에서

$g'(x)=(2x-2)f(x)+(x^2-2x)f'(x)$이므로 (곱의 미분법)

$g'(3)=4f(3)+3f'(3)=4\times2+3\times0=8$

19 [정답률 69%] 정답 16

Step 1 먼저 주어진 식을 간단히 한 후, 첫째항과 공비를 이용하여 나타낸다.

$a_3+a_5=\dfrac{1}{a_3}+\dfrac{1}{a_5}$에서

$a_3+a_5=\dfrac{a_3+a_5}{a_3a_5}$ $\quad\therefore a_3a_5=1$ (첫째항과 공비 모두 양수이므로 $a_3\neq-a_5$)

등비수열 $\{a_n\}$의 공비를 r $(r>0)$이라 하면

$a_3a_5=(a_1r^2)(a_1r^4)=1$에서 $\dfrac{1}{16}r^6=1$

$\therefore r^6=16$, $r^3=4$ ($\because r>0$)

$\therefore a_{10}=\dfrac{1}{4}r^9=\dfrac{1}{4}(r^3)^3=\dfrac{1}{4}\times4^3=16$

다른 풀이 주어진 식을 첫째항과 공비를 이용한 풀이

Step 1 공비를 r이라 하고, 주어진 식을 간단히 한다.

등비수열 $\{a_n\}$의 공비를 r $(r>0)$이라 하면 $a_3+a_5=\dfrac{1}{a_3}+\dfrac{1}{a_5}$에서

$a_1r^2+a_1r^4=\dfrac{1}{a_1r^2}+\dfrac{1}{a_1r^4}$

${a_1}^2r^6+{a_1}^2r^8=r^2+1$, ${a_1}^2r^6(1+r^2)=r^2+1$ (양변에 a_1r^4을 곱했어.)

${a_1}^2r^6=1$, $\left(\dfrac{1}{4}\right)^2r^6=1$ ($a_1=\dfrac{1}{4}$)

$r^6=16$ $\quad\therefore r^3=4$ ($\because r>0$) ($(r^3)^2=4^2$)

$\therefore a_{10}=\dfrac{1}{4}r^9=\dfrac{1}{4}(r^3)^3=\dfrac{1}{4}\times4^3=16$

본문 57쪽

20 [정답률 54%] 정답 7

Step 1 코사인법칙을 이용하여 $\cos(\angle ABC)$의 값을 구한다.

$\overline{AB}:\overline{BC}:\overline{CA}=1:2:\sqrt{2}$이므로 삼각형 ABC의 세 변 AB, BC, CA의 길이를 각각 k, $2k$, $\sqrt{2}k$ $(k>0)$라 하자.

삼각형 ABC에서 코사인법칙에 의해

$2k^2=k^2+4k^2-4k^2\cos(\angle ABC)$

$4k^2\cos(\angle ABC)=3k^2$ $\quad\therefore \cos(\angle ABC)=\frac{3}{4}$

→ $\overline{CA}^2=\overline{AB}^2+\overline{BC}^2-2\times\overline{AB}\times\overline{BC}\times\cos(\angle ABC)$

Step 2 사인법칙을 이용하여 선분 CA의 길이를 구한다.

$\sin^2(\angle ABC)+\cos^2(\angle ABC)=1$이므로

$\sin(\angle ABC)=\sqrt{1-\frac{9}{16}}=\frac{\sqrt{7}}{4}$ → $0<\angle ABC<\pi$이므로 $\sin(\angle ABC)$의 값은 양수야.

삼각형 ABC의 외접원의 넓이가 28π이므로 삼각형 ABC의 외접원의 반지름의 길이는 $2\sqrt{7}$이다.

이때 삼각형 ABC에서 사인법칙에 의해 $\dfrac{\overline{CA}}{\frac{\sqrt{7}}{4}}=4\sqrt{7}$

→ $\dfrac{\overline{CA}}{\sin(\angle ABC)}=2\times$(외접원의 반지름의 길이)

$\therefore \overline{CA}=4\sqrt{7}\times\frac{\sqrt{7}}{4}=7$

21 [정답률 34%] 정답 5

Step 1 $a_1=1$일 때 a_{15}의 값을 구한다.

(i) $a_1=1$일 때

$a_1\ge 0$이므로 $a_2=a_1-2=-1$

$a_2<0$이므로 $a_3=a_2+5=4$ → $a_{n+1}=a_n+5$의 식을 이용해야 해.

$a_3\ge 0$이므로 $a_4=a_3-2=2$

$a_4\ge 0$이므로 $a_5=a_4-2=0$

$a_5\ge 0$이므로 $a_6=a_5-2=-2$

$a_6<0$이므로 $a_7=a_6+5=3$

$a_7\ge 0$이므로 $a_8=a_7-2=1=a_1$ → 규칙성을 알아보기 위해 비교했어.

$a_8\ge 0$이므로 $a_9=a_8-2=-1=a_2$

⋮

따라서 수열 $\{a_n\}$이 모든 자연수 n에 대하여 $a_{n+7}=a_n$을 만족시키므로 $a_{15}=a_8=a_1=1$

Step 2 $a_1=2, 3, 4$일 때 a_{15}의 값을 구한다.

(ii) $a_1=2$일 때

(i)과 같은 방법으로 구하면 수열 $\{a_n\}$이 모든 자연수 n에 대하여 $a_{n+7}=a_n$을 만족시키므로 $a_{15}=a_8=a_1=2$

(iii) $a_1=3$일 때

(i)과 같은 방법으로 구하면 수열 $\{a_n\}$이 모든 자연수 n에 대하여 $a_{n+7}=a_n$을 만족시키므로 $a_{15}=a_8=a_1=3$

(iv) $a_1=4$일 때

(i)과 같은 방법으로 구하면 수열 $\{a_n\}$이 모든 자연수 n에 대하여 $a_{n+7}=a_n$을 만족시키므로 $a_{15}=a_8=a_1=4$

Step 3 $a_1=5$일 때 a_{15}의 값을 구한다.

(v) $a_1=5$일 때

$a_1\ge 0$이므로 $a_2=a_1-2=3$

$a_2\ge 0$이므로 $a_3=a_2-2=1$

$a_3\ge 0$이므로 $a_4=a_3-2=-1$

$a_4<0$이므로 $a_5=a_4+5=4$

$a_5\ge 0$이므로 $a_6=a_5-2=2$

$a_6\ge 0$이므로 $a_7=a_6-2=0$

$a_7\ge 0$이므로 $a_8=a_7-2=-2$ → $a_{n+1}=a_n-2$의 식을 이용해야 해.

$a_8<0$이므로 $a_9=a_8+5=3=a_2$ → 앞의 규칙과 다름에 유의

$a_9\ge 0$이므로 $a_{10}=a_9-2=1=a_3$

⋮

따라서 수열 $\{a_n\}$이 2 이상의 모든 자연수 n에 대하여 $a_{n+7}=a_n$을 만족시키므로 $a_{15}=a_8=-2<0$

(i)~(v)에 의해 $a_{15}<0$을 만족시키는 a_1의 최솟값은 5이다.

22 [정답률 6%] 정답 251

Step 1 함수 $h(x)$를 구하고 조건 (가)를 만족시킬 조건을 생각한다.

$f(x)=3x+a$이므로

$g(x)=\int_2^x (t+a)(3t+a)dt$

$=\int_2^x (3t^2+4at+a^2)dt$

$=\left[t^3+2at^2+a^2t\right]_2^x$

$=x^3+2ax^2+a^2x-(2a^2+8a+8)$

→ $f(x)$가 다항식이고, $f(a)=0$이면 인수정리에 의해 $f(x)$는 $x-a$를 인수로 가지므로 $f(x)=k(x-a)Q(x)$(k는 상수)로 나타낼 수 있어.

$g(2)=0$이므로 → 조립제법을 이용해 인수분해했어.

$g(x)=(x-2)\{x^2+2(a+1)x+(a+2)^2\}$

$h(x)=f(x)g(x)=(3x+a)(x-2)\{x^2+2(a+1)x+(a+2)^2\}$

조건 (가)에 의해 곡선 $y=h(x)$ 위의 어떤 점에서의 접선이 x축이므로 $h(k)=h'(k)=0$을 만족시키는 실수 k가 존재한다. → 점 $(k, h(k))$

따라서 다항식 $h(x)$는 $(x-k)^2$을 인수로 갖는다.

Step 2 다항식 $h(x)$가 $(x-2)^2$을 인수로 갖는 경우를 생각한다.

(i) $k=2$인 경우

다항식 $h(x)$가 $(x-2)^2$을 인수로 가지므로 $3x+a=3(x-2)$이거나 다항식 $x^2+2(a+1)x+(a+2)^2$이 $x-2$를 인수로 갖는다.

① $3x+a=3(x-2)$인 경우 → 이미 다항식 $h(x)$가 $x-2$를 인수로 가지므로 나머지 $x-2$만 생각하면 돼.

$a=-6$이므로

$h(x)=(3x-6)(x-2)(x^2-10x+16)$ → $(x-2)(x-8)$

$=3(x-2)^3(x-8)$

곡선 $y=|h(x)|$는 다음 그림과 같으므로 함수 $h(x)$는 조건 (나)를 만족시킨다.

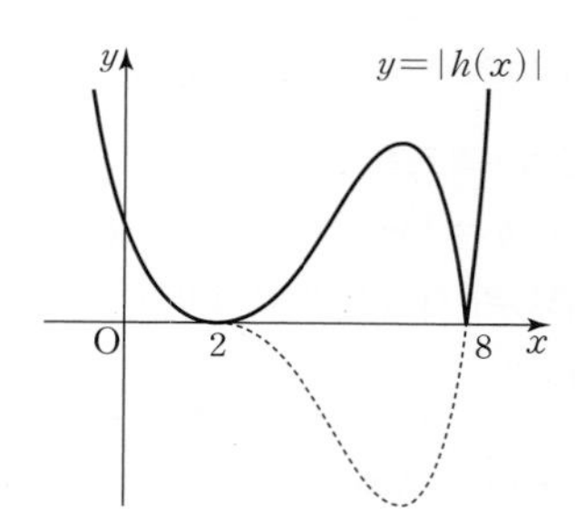

$\therefore h(-1)=3\times(-3)^3\times(-9)=729$

② 다항식 $x^2+2(a+1)x+(a+2)^2$이 $x-2$를 인수로 갖는 경우

$4+4(a+1)+(a+2)^2=0$ → 식에 $x=2$를 대입했을 때 식의 값이 0이어야 해.

$a^2+8a+12=0$, $(a+2)(a+6)=0$

$\therefore a=-2$ 또는 $a=-6$

$a=-6$이면 ①과 같다.

$a=-2$이면

$h(x)=(3x-2)(x-2)(x^2-2x)$

$=x(3x-2)(x-2)^2$

곡선 $y=|h(x)|$는 다음 그림과 같으므로 함수 $h(x)$는 조건 (나)를 만족시키지 않는다.

→ 함수 $y=|h(x)|$의 그래프가 x축에 평행한 직선과 만나는 서로 다른 점의 개수의 최댓값이 6이야.

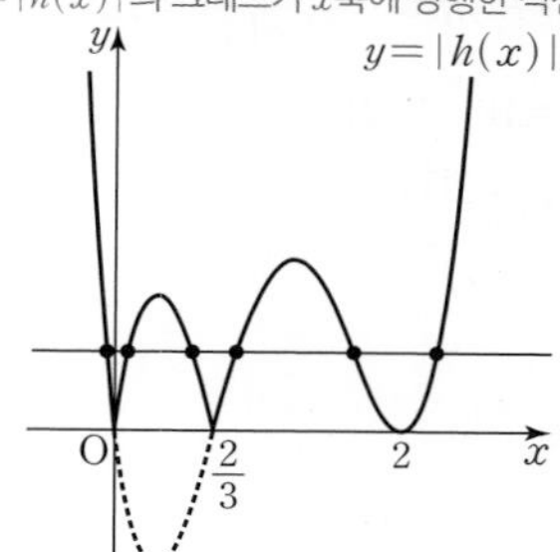

Step 3 다항식 $h(x)$가 $\left(x+\frac{a}{3}\right)^2$을 인수로 갖는 경우를 생각한다.

(ii) $k=-\frac{a}{3}$ $(a\ne -6)$인 경우

다항식 $h(x)$가 $\left(x+\frac{a}{3}\right)^2$을 인수로 가지므로

다항식 $x^2+2(a+1)x+(a+2)^2$이 $x+\frac{a}{3}$를 인수로 갖는다.

$\frac{1}{9}a^2-\frac{2}{3}a(a+1)+(a+2)^2=0$ → 이미 다항식 $h(x)$가 $3x+a=3\left(x+\frac{a}{3}\right)$를 인수로 가지므로 나머지 $x+\frac{a}{3}$만 생각하면 돼.

$\frac{4}{9}a^2+\frac{10}{3}a+4=0$, $\frac{2}{9}(2a+3)(a+6)=0$

$\therefore a=-\frac{3}{2}(\because a\neq-6)$

$\therefore h(x)=\left(3x-\frac{3}{2}\right)(x-2)\left(x^2-x+\frac{1}{4}\right)$

$=3\left(x-\frac{1}{2}\right)^3(x-2)$

곡선 $y=|h(x)|$는 다음 그림과 같으므로 함수 $h(x)$는 조건 (나)를 만족시킨다.

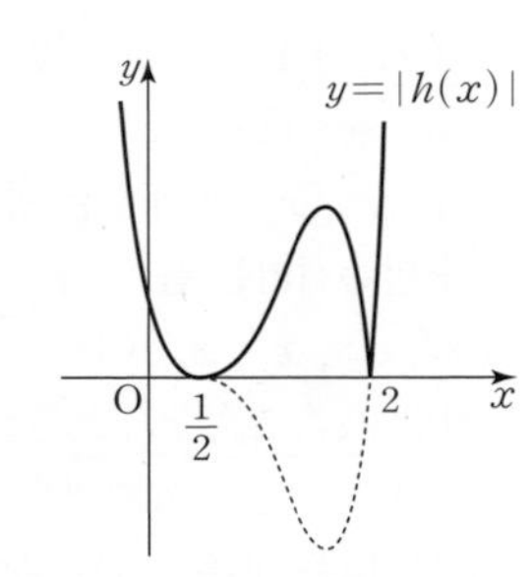

$\therefore h(-1)=3\times\left(-\frac{3}{2}\right)^3\times(-3)=\frac{243}{8}$

Step 4 다항식 $h(x)$가 $(x-k)^2\left(k\neq2,\ k\neq\frac{1}{2}\right)$을 인수로 갖는 경우를 생각한다.

(iii) $x^2+2(a+1)x+(a+2)^2=(x-k)^2\left(k\neq2,\ k\neq\frac{1}{2}\right)$인 경우

$x^2+2(a+1)x+(a+2)^2=x^2-2kx+k^2$

항등식의 성질을 이용하면

$a+1=-k$에서 $k=-a-1$

이를 $(a+2)^2=k^2$에 대입하면

$(a+2)^2=(-a-1)^2$ → $a^2+4a+4=a^2+2a+1$

$2a=-3 \quad \therefore a=-\frac{3}{2}$

이때 $k=\frac{3}{2}-1=\frac{1}{2}$이므로 $k\neq\frac{1}{2}$에 모순이다.

(i)~(iii)에서 $h(-1)$의 최솟값은 $\frac{243}{8}$이므로

$p=8,\ q=243$

$\therefore p+q=251$

확률과 통계

23 [정답률 93%] 정답 ⑤

Step 1 중복순열의 수를 계산한다.

${}_n\Pi_2=n^2=25 \quad \therefore n=5(\because n>0)$

→ ${}_n\Pi_r=n^r$

24 [정답률 88%] 정답 ②

Step 1 다항식 $(x+2a)^5$의 전개식의 일반항을 세운다.

다항식 $(x+2a)^5$의 전개식에서 일반항은

${}_5C_r(2a)^r x^{5-r}={}_5C_r\,2^r a^r x^{5-r}$ → $x^{5-r}=x^3$에서 $5-r=3 \quad \therefore r=2$

x^3의 계수는 $r=2$일 때이므로

${}_5C_2\times2^2\times a^2=40a^2=640$ → $\frac{5\times4}{2}=10$

$a^2=16 \quad \therefore a=4(\because a>0)$

25 [정답률 79%] 정답 ①

Step 1 중복조합을 이용하여 빨간색 볼펜과 파란색 볼펜을 나누어 주는 경우의 수를 각각 구한다.

빨간색 볼펜 5자루를 4명의 학생에게 남김없이 나누어 주는 경우의 수는 서로 다른 4개에서 중복을 허락하여 5개를 택하는 중복조합의 수와 같으므로 ${}_4H_5={}_8C_5={}_8C_3=56$

→ 볼펜을 한 자루도 받지 못하는 학생이 있을 수 있기 때문이야.

→ ${}_{4+5-1}C_5$

→ $\frac{8\times7\times6}{3\times2\times1}$

파란색 볼펜 2자루를 4명의 학생에게 남김없이 나누어 주는 경우의 수는 서로 다른 4개에서 중복을 허락하여 2개를 택하는 중복조합의 수와 같으므로 ${}_4H_2={}_5C_2=10$

→ ${}_{4+2-1}C_2$

따라서 구하는 경우의 수는 $56\times10=560$이다.

→ 두 종류의 볼펜을 동시에 나누어 주기 때문에 경우의 수를 곱해야 해.

26 [정답률 86%] 정답 ④

Step 1 조건 (나)를 이용한다.

조건 (나)에 의하여 만의 자리의 수가 될 수 있는 수는 1 또는 2이므로 만의 자리의 수를 정하는 경우의 수는 2이다.

→ 주어진 숫자가 1, 2, 3, 4, 5이므로 나머지 자리의 숫자와 관계없이 N의 값은 10000보다 커.

천의 자리, 백의 자리, 십의 자리의 수를 정하는 경우의 수는

${}_5\Pi_3=5^3=125$ → 천의 자리, 백의 자리, 십의 자리에는 1, 2, 3, 4, 5가 모두 들어갈 수 있어.

Step 2 조건 (가)를 이용한다.

조건 (가)에서 N은 홀수이므로 일의 자리의 수가 될 수 있는 수는 1, 3, 5이다.

따라서 일의 자리의 수를 정하는 경우의 수는 3이므로 구하는 경우의 수는 $2\times125\times3=750$

27 [정답률 74%] 정답 ③

Step 1 $\sum_{k=1}^{n}{}_{2n+1}C_{2k}$를 간단히 한다.

$\sum_{k=1}^{n}{}_{2n+1}C_{2k}={}_{2n+1}C_2+{}_{2n+1}C_4+\cdots+{}_{2n+1}C_{2n}$

$=2^{(2n+1)-1}-1=2^{2n}-1$

→ ${}_{2n+1}C_0+{}_{2n+1}C_2+{}_{2n+1}C_4+\cdots+{}_{2n+1}C_{2n}=2^{(2n+1)-1}$에서 ${}_{2n+1}C_0=1$이야.

$f(n)=2^{2n}-1=1023$에서 $2^{2n}=1024=2^{10}$

$2n=10 \quad \therefore n=5$

28 [정답률 52%] 정답 ⑤

Step 1 세 점 Q, R, S를 정하고 최단거리로 가는 경우를 나눈다.

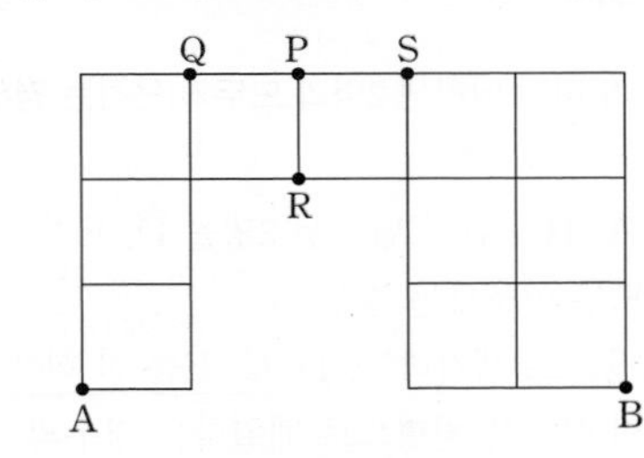

위의 그림과 같이 세 지점 Q, R, S를 정하면 A 지점에서 출발하여 P 지점까지 가기 위해서는 Q 지점 또는 R 지점 중 한 지점을 지나야 하고 P 지점에서 출발하여 B 지점까지 가기 위해서는 R 지점 또는 S 지점 중 한 지점을 지나야 한다.

따라서 A 지점에서 출발하여 P 지점을 지나 B 지점으로 갈 때, 한 번 지난 도로는 다시 지나지 않으면서 최단거리로 가는 경우는

A → Q → P → R → B, A → Q → P → S → B,

A → R → P → S → B의 세 가지이다.

→ A → R → P → R → B는 불가능하다는 의미야.

Step 2 경우의 수를 각각 구한다.

(i) A → Q → P → R → B의 순서로 이동하는 경우

$\frac{4!}{1!\times3!}\times1\times1\times1\times\frac{4!}{2!\times2!}=24$

→ Q 지점에서 P 지점, P 지점에서 R 지점으로 가는 경우의 수는 각각 1이야.

(ii) A → Q → P → S → B의 순서로 이동하는 경우

$\frac{4!}{1!\times3!}\times1\times1\times\frac{5!}{2!\times3!}=40$ → $\frac{5\times4\times3\times2\times1}{(2\times1)\times(3\times2\times1)}$

(iii) A ⟶ R ⟶ P ⟶ S ⟶ B의 순서로 이동하는 경우

$\frac{3!}{1!\times2!}\times1\times1\times1\times\frac{5!}{2!\times3!}=30$

(i)~(iii)에 의해 구하는 경우의 수는 $24+40+30=94$
↳ A 지점에서 R 지점으로 가는 경우의 수

다른 풀이 그림을 이용하는 풀이

Step 1 세 점 Q, R, S를 정하고, A 지점에서 P 지점까지 갈 때 Q 지점을 지나는 경우의 수를 구한다.

그림과 같이 세 점 Q, R, S를 정하자. → Q 지점과 겹치지 않기 때문이야.

(i) A 지점에서 P 지점까지 갈 때 Q 지점을 지났다면 P 지점에서 B 지점까지 갈 때 R 지점, S 지점을 모두 지날 수 있다.

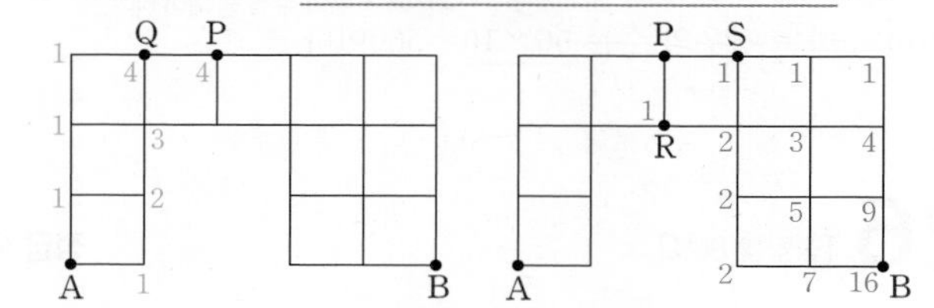

따라서 A 지점에서 P 지점까지 가는 경우의 수는 4이고, P 지점에서 B 지점까지 가는 경우의 수는 16이므로 구하는 경우의 수는 $4\times16=64$

Step 2 A 지점에서 P 지점까지 갈 때 R 지점을 지나는 경우의 수를 구한다.

한 번 지난 도로는 다시 지나면 안 돼.

(ii) A 지점에서 P 지점까지 갈 때 R 지점을 지났다면 P 지점에서 B 지점까지 갈 때 S 지점만을 지나야 한다.

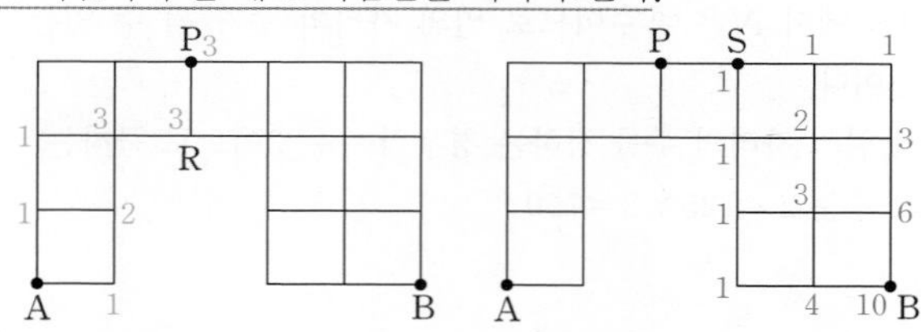

따라서 A 지점에서 P 지점까지 가는 경우의 수는 3이고, P 지점에서 B 지점까지 가는 경우의 수는 10이므로 구하는 경우의 수는 $3\times10=30$

(i), (ii)에 의해 구하는 경우의 수는 $64+30=94$이다.

29 [정답률 30%] 정답 288

Step 1 C가 A, B가 아닌 남학생 2명과 모두 이웃하는 경우의 수를 구한다.

4명의 남학생 중 A, B가 아닌 남학생 2명을 D, E라 하자.

(i) C가 D, E와 모두 이웃하는 경우 → C가 D, E와 모두 이웃하려면 C가 반드시 D, E 사이에 있어야 해.

A, B를 한 학생으로 생각하고, D, C, E를 한 학생으로 생각하여 5명의 학생을 원형으로 배열하는 경우의 수는 $(5-1)!=4!=24$

이 각각에 대하여 A, B가 서로 자리를 바꾸는 경우의 수는 $2!$이고, D, E가 서로 자리를 바꾸는 경우의 수는 $2!$이므로 구하는 경우의 수는 $24\times2!\times2!=96$ ↳ C는 자리를 바꿀 수 없어.

Step 2 C가 A, B 중 한 명과 이웃하는 경우의 수를 구한다.

(ii) C가 A 또는 B 중 한 명과 이웃하는 경우 → A와 B는 반드시 이웃하기 때문이야.

D 또는 E 중 한 명과 C, A, B를 한 학생으로 생각하여 5명의 학생을 원형으로 배열하는 경우의 수는 $(5-1)!=4!=24$

이 각각에 대하여 D 또는 E 중 한 명을 선택하는 경우의 수는 ${}_2C_1$이고, A, B가 서로 자리를 바꾸는 경우의 수는 $2!$, A, B를 한 학생으로 생각하여 C와 이웃한 두 학생이 서로 자리를 바꾸는 경우의 수는 $2!$이므로 구하는 경우의 수는

$24\times{}_2C_1\times2!\times2!=192$ ↳ 예를 들어 D를 선택하고 C가 A와 이웃한 경우 D, C, A, B 또는 B, A, C, D

(i), (ii)에 의해 구하는 경우의 수는 $96+192=288$

30 [정답률 9%] 정답 206

Step 1 전체 경우의 수를 구한다. → x_1, x_2, x_3, x_4가 14 이하의 자연수이기 때문에 x_1', x_2', x_3', x_4'은 7 이상의 자연수가 될 수 없어.

6 이하의 음이 아닌 정수 x_1', x_2', x_3', x_4'에 대하여 $x_1=2x_1'+1$, $x_2=2x_2'+2$, $x_3=2x_3'+1$, $x_4=2x_4'+2$라 하자.

$x_1+x_2+x_3+x_4=34$에서

$(2x_1'+1)+(2x_2'+2)+(2x_3'+1)+(2x_4'+2)=34$

$\therefore x_1'+x_2'+x_3'+x_4'=14$ ...... ㉠

따라서 모든 순서쌍 (x_1, x_2, x_3, x_4)의 개수는 방정식 $x_1'+x_2'+x_3'+x_4'=14$를 만족시키는 음이 아닌 네 정수 x_1', x_2', x_3', x_4'의 모든 순서쌍 (x_1', x_2', x_3', x_4')에서 $x_k'\geq7$인 4 이하의 자연수 k가 존재하는 순서쌍 (x_1', x_2', x_3', x_4')을 제외한 개수와 같다. ↳ x_1', x_2', x_3', x_4'은 7 이상의 자연수가 될 수 없기 때문이야.

방정식 $x_1'+x_2'+x_3'+x_4'=14$를 만족시키는 음이 아닌 네 정수 x_1', x_2', x_3', x_4'의 모든 순서쌍 (x_1', x_2', x_3', x_4')의 개수는 서로 다른 4개에서 중복을 허락하여 14개를 택하는 중복조합의 수와 같으므로

$${}_4H_{14}={}_{17}C_{14}={}_{17}C_3=\frac{17\times16\times15}{3\times2\times1}=680$$

Step 2 $x_k'\geq7$인 4 이하의 자연수 k의 값이 1개인 경우의 수를 구한다.

(i) $x_k'\geq7$인 k의 값이 1개인 경우

$x_1'\geq7$에서 $y_1=x_1'-7$이라 하면 ㉠에서 → y_1은 음이 아닌 정수

$y_1+x_2'+x_3'+x_4'=7$ → $(y_1+7)+x_2'+x_3'+x_4'=14$

위 방정식을 만족시키는 음이 아닌 네 정수 y_1, x_2', x_3', x_4'의 모든 순서쌍 (y_1, x_2', x_3', x_4')의 개수는 서로 다른 4개에서 중복을 허락하여 7개를 택하는 중복조합의 수와 같으므로

${}_4H_7={}_{10}C_7={}_{10}C_3=120$

이때 $x_k'\geq7$인 2 이상 4 이하의 자연수 k가 존재하면 안되므로 순서쌍 (0, 7, 0, 0), (0, 0, 7, 0), (0, 0, 0, 7)의 3가지는 제외해야 한다. ↳ 이 경우 $x_k'\geq7$인 k의 값이 2개야.

따라서 경우의 수는 $120-3=117$

같은 방법으로 $x_2'\geq7$, $x_3'\geq7$, $x_4'\geq7$일 때 순서쌍의 개수도 각각 같다.

따라서 구하는 경우의 수는 $4\times117=468$

Step 3 $x_k'\geq7$인 4 이하의 자연수 k의 값이 2개인 경우의 수를 구한다.

(ii) $x_k'\geq7$인 k의 값이 2개인 경우 → (7, 7, 0, 0), (7, 0, 7, 0), (7, 0, 0, 7), (0, 7, 7, 0), (0, 7, 0, 7), (0, 0, 7, 7)

이를 만족시키는 순서쌍 (x_1', x_2', x_3', x_4')의 개수는 7, 7, 0, 0을 일렬로 나열하는 경우의 수와 같으므로

$\frac{4!}{2!\times2!}=6$ → 같은 숫자가 7이 두 개, 0이 두 개 있으므로 전체 경우의 수 $4!$을 $2!\times2!$로 나눠야 해.

(i), (ii)에 의하여 모든 순서쌍 (x_1, x_2, x_3, x_4)의 개수는

$680-(468+6)=206$

미적분

23 [정답률 95%] 정답 ⑤

Step 1 수열의 극한을 계산한다.

$$\lim_{n\to\infty}\frac{2^n+3^{n+1}}{3^n+1}=\lim_{n\to\infty}\frac{\left(\frac{2}{3}\right)^n+3}{1+\left(\frac{1}{3}\right)^n}=\frac{0+3}{1+0}=3$$

분모, 분자를 각각 3^n으로 나누었어.

24 [정답률 84%]

정답 ①

Step 1 도함수 $f'(x)$를 구한다.

$f(x)=\log_3 6x=\log_3 6+\log_3 x$에서

$f'(x)=(\log_3 6+\log_3 x)'=\dfrac{1}{x\ln 3}$ $\quad\therefore f'(9)=\dfrac{1}{9\ln 3}$

→ $\log_3 6$은 상수이므로 $(\log_3 6+\log_3 x)'=(\log_3 x)'$

25 [정답률 88%]

정답 ④

Step 1 $\lim_{n\to\infty}\left(\dfrac{a_n}{n}-2\right)=0$임을 이용한다.

$\sum_{n=1}^{\infty}\left(\dfrac{a_n}{n}-2\right)=5$이므로 주어진 급수는 수렴한다.

즉, $\lim_{n\to\infty}\left(\dfrac{a_n}{n}-2\right)=0$이므로 $\lim_{n\to\infty}\dfrac{a_n}{n}=2$

$\therefore \lim_{n\to\infty}\dfrac{2n^2+3na_n}{n^2+4}=\lim_{n\to\infty}\dfrac{2+3\times\dfrac{a_n}{n}}{1+\dfrac{4}{n^2}}$

$=\dfrac{2+3\times2}{1+0}=8$

→ 분모, 분자를 각각 n^2으로 나누었어.

26 [정답률 77%]

정답 ②

Step 1 두 점 P, Q의 좌표를 이용하여 $e^{f(t)}$을 구한다.

두 점 P, Q의 좌표는 각각 $\mathrm{P}(t,\ e^{2t+k})$, $\mathrm{Q}(t,\ e^{-3t+k})$이고,

$\overline{\mathrm{PQ}}=t$를 만족시키는 k의 값이 $f(t)$이므로

$e^{2t+f(t)}-e^{-3t+f(t)}=t$, $e^{f(t)}(e^{2t}-e^{-3t})=t$

→ 점 P의 y좌표 → 점 Q의 y좌표

$\therefore e^{f(t)}=\dfrac{t}{e^{2t}-e^{-3t}}$

Step 2 $\lim_{t\to0+}e^{f(t)}$의 값을 구한다.

$\lim_{t\to0+}e^{f(t)}=\lim_{t\to0+}\dfrac{t}{e^{2t}-e^{-3t}}$

→ $\lim_{t\to0+}\dfrac{t}{(e^{2t}-1)-(e^{-3t}-1)}=\lim_{t\to0+}\dfrac{1}{\dfrac{e^{2t}-1}{t}+\dfrac{e^{-3t}-1}{-t}}$

$=\lim_{t\to0+}\dfrac{1}{2\times\dfrac{e^{2t}-1}{2t}+3\times\dfrac{e^{-3t}-1}{-3t}}$

$=\dfrac{1}{2\times1+3\times1}=\dfrac{1}{5}$

→ $\lim_{t\to0+}\dfrac{e^{-3t}-1}{-3t}=1$

→ $\lim_{t\to0+}\dfrac{e^{2t}-1}{2t}=1$

27 [정답률 60%]

정답 ③

Step 1 삼각형의 닮음을 이용하여 $f(t)$를 구한다.

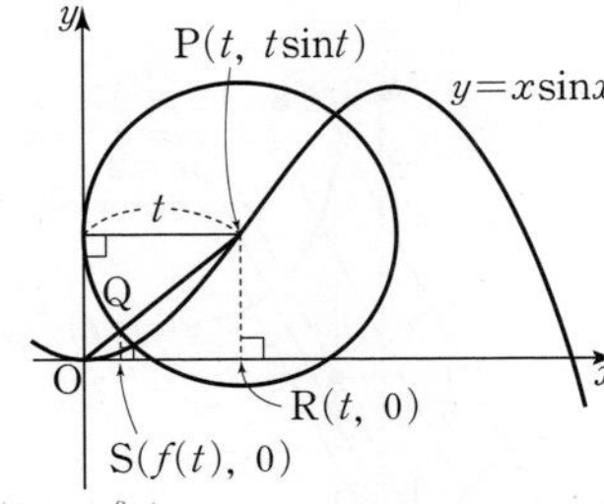

→ $t^2+t^2\sin^2 t=t^2(1+\sin^2 t)$

두 점 P, Q에서 x축에 내린 수선의 발을 각각 R, S라 하면 세 점 P, R, S의 좌표는 각각 $\mathrm{P}(t,\ t\sin t)$, $\mathrm{R}(t,\ 0)$, $\mathrm{S}(f(t),\ 0)$이므로

$\overline{\mathrm{OR}}=t$, $\overline{\mathrm{OS}}=f(t)$, $\overline{\mathrm{OP}}=\sqrt{t^2+(t\sin t)^2}=t\sqrt{1+\sin^2 t}$

원이 y축에 접하므로 원의 반지름의 길이는 점 P의 x좌표와 같다.

$\therefore \overline{\mathrm{OQ}}=\overline{\mathrm{OP}}-\overline{\mathrm{PQ}}=t\sqrt{1+\sin^2 t}-t=t(\sqrt{1+\sin^2 t}-1)$ → t

두 삼각형 ORP, OSQ는 서로 닮음(AA 닮음)이므로 → 원의 반지름의 길이

$\overline{\mathrm{OR}}:\overline{\mathrm{OS}}=\overline{\mathrm{OP}}:\overline{\mathrm{OQ}}$에서

$t:f(t)=t\sqrt{1+\sin^2 t}:t(\sqrt{1+\sin^2 t}-1)$

$f(t)\times t\sqrt{1+\sin^2 t}=t^2(\sqrt{1+\sin^2 t}-1)$

$\therefore f(t)=\dfrac{t(\sqrt{1+\sin^2 t}-1)}{\sqrt{1+\sin^2 t}}$

Step 2 $\lim_{t\to0+}\dfrac{f(t)}{t^3}$의 값을 구한다.

$\lim_{t\to0+}\dfrac{f(t)}{t^3}$

$=\lim_{t\to0+}\dfrac{t(\sqrt{1+\sin^2 t}-1)}{t^3\sqrt{1+\sin^2 t}}$

$=\lim_{t\to0+}\dfrac{(\sqrt{1+\sin^2 t}-1)(\sqrt{1+\sin^2 t}+1)}{t^2\sqrt{1+\sin^2 t}(\sqrt{1+\sin^2 t}+1)}$

$=\lim_{t\to0+}\dfrac{\sin^2 t}{t^2\sqrt{1+\sin^2 t}(\sqrt{1+\sin^2 t}+1)}$ → 분자의 유리화

$=\lim_{t\to0+}\left(\dfrac{\sin t}{t}\right)^2\times\lim_{t\to0+}\dfrac{1}{\sqrt{1+\sin^2 t}(\sqrt{1+\sin^2 t}+1)}$

→ $\lim_{t\to0+}\dfrac{\sin t}{t}=1$

$=1^2\times\dfrac{1}{\sqrt{1}\times(\sqrt{1}+1)}=\dfrac{1}{2}$

28 [정답률 46%]

정답 ③

Step 1 넓이의 비를 이용하여 S_1의 값을 구한다.

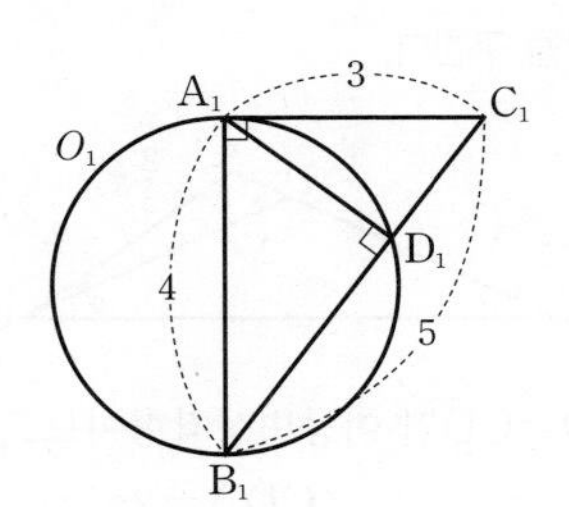

원 O_1의 반지름의 길이가 2이므로 반원의 넓이는 $2^2\pi\times\dfrac{1}{2}=2\pi$

직각삼각형 $\mathrm{C_1A_1B_1}$에서 $\overline{\mathrm{A_1C_1}}=3$, $\overline{\mathrm{A_1B_1}}=4$이므로 피타고라스 정리에 의하여 $\overline{\mathrm{B_1C_1}}=\sqrt{3^2+4^2}=5$

선분 $\mathrm{A_1B_1}$은 원 O_1의 지름이므로 $\angle\mathrm{A_1D_1B_1}=\dfrac{\pi}{2}$

두 직각삼각형 $\mathrm{A_1B_1C_1}$, $\mathrm{D_1B_1A_1}$은 서로 닮음(AA 닮음)이고 닮음비가 $\overline{\mathrm{B_1C_1}}:\overline{\mathrm{B_1A_1}}=5:4$이므로 넓이의 비는 $25:16$이다.

→ 닮음비가 $m:n$일 때 넓이의 비는 $m^2:n^2$

→ $\angle\mathrm{B_1A_1C_1}=\angle\mathrm{B_1D_1A_1}=\dfrac{\pi}{2}$, $\angle\mathrm{A_1B_1C_1}=\angle\mathrm{D_1B_1A_1}$

직각삼각형 $\mathrm{A_1B_1C_1}$의 넓이가

$\dfrac{1}{2}\times\overline{\mathrm{B_1A_1}}\times\overline{\mathrm{A_1C_1}}=\dfrac{1}{2}\times4\times3=6$이므로

$\triangle\mathrm{D_1B_1A_1}=6\times\dfrac{16}{25}=\dfrac{96}{25}$ $\quad\therefore S_1=2\pi+\dfrac{96}{25}$

Step 2 r_n과 r_{n+1} 사이의 관계식을 구한다.

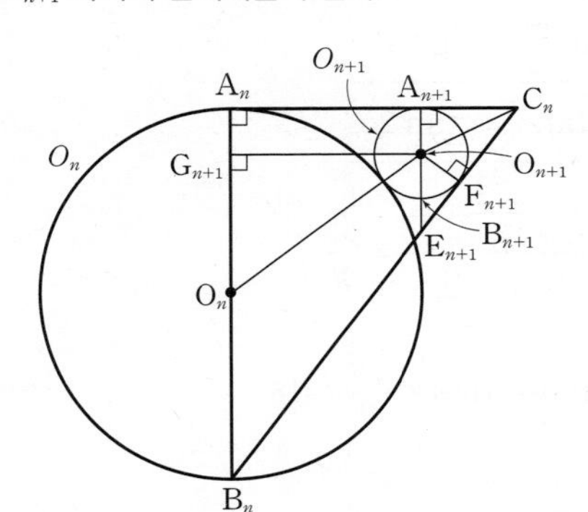

$\angle\mathrm{C}_n\mathrm{A}_n\mathrm{B}_n=\angle\mathrm{C}_n\mathrm{A}_{n+1}\mathrm{E}_{n+1}=\dfrac{\pi}{2}$, $\angle\mathrm{C}_n$은 공통각이므로 AA 닮음이야.

두 원 O_n과 O_{n+1}의 중심을 각각 O_n과 O_{n+1}이라 하고 반지름의 길이를 각각 r_n과 r_{n+1}이라 하자.

직선 $\mathrm{A}_{n+1}\mathrm{B}_{n+1}$이 선분 $\mathrm{B}_n\mathrm{C}_n$과 만나는 점을 E_{n+1}이라 하고, 원 O_{n+1}과 직선 $\mathrm{B}_n\mathrm{C}_n$이 접하는 점을 F_{n+1}이라 하자.

$\overline{\mathrm{A}_{n+1}\mathrm{C}_n}=k_n$이라 하면 $\overline{\mathrm{F}_{n+1}\mathrm{C}_n}=k_n$이고 → 점 C_n에서 원 O_{n+1}에 그은 두 접선의 길이는 서로 같아.

두 삼각형 $\mathrm{A}_n\mathrm{B}_n\mathrm{C}_n$, $\mathrm{A}_{n+1}\mathrm{E}_{n+1}\mathrm{C}_n$은 서로 닮음이므로

$\overline{\mathrm{A}_{n+1}\mathrm{C}_n}:\overline{\mathrm{E}_{n+1}\mathrm{C}_n}=3:5$에서

$\overline{\mathrm{E}_{n+1}\mathrm{C}_n}=\dfrac{5}{3}k_n$이고, $\overline{\mathrm{E}_{n+1}\mathrm{F}_{n+1}}=\overline{\mathrm{E}_{n+1}\mathrm{C}_n}-\overline{\mathrm{F}_{n+1}\mathrm{C}_n}=\dfrac{2}{3}k_n$이다.

두 삼각형 $\mathrm{A}_{n+1}\mathrm{E}_{n+1}\mathrm{C}_n$, $\mathrm{F}_{n+1}\mathrm{E}_{n+1}\mathrm{O}_{n+1}$은 서로 닮음이므로

$\overline{\mathrm{O}_{n+1}\mathrm{F}_{n+1}}:\overline{\mathrm{E}_{n+1}\mathrm{F}_{n+1}}=3:4$에서 $r_{n+1}:\dfrac{2}{3}k_n=3:4$

$\therefore k_n=2r_{n+1}$

→ $\overline{\mathrm{A}_n\mathrm{B}_n}=2r_n$이고 $\overline{\mathrm{A}_n\mathrm{B}_n}:\overline{\mathrm{A}_n\mathrm{C}_n}=4:3$이므로 $\overline{\mathrm{A}_n\mathrm{C}_n}=\dfrac{3}{2}r_n$

점 O_{n+1}에서 선분 $\mathrm{A}_n\mathrm{O}_n$에 내린 수선의 발을 G_{n+1}이라 하면

$\overline{\mathrm{O}_{n+1}\mathrm{G}_{n+1}}=\overline{\mathrm{A}_n\mathrm{C}_n}-\overline{\mathrm{A}_{n+1}\mathrm{C}_n}=\dfrac{3}{2}r_n-2r_{n+1}$

$\overline{O_nG_{n+1}}=r_n-r_{n+1}$, $\overline{O_nO_{n+1}}=r_n+r_{n+1}$이므로
직각삼각형 $O_nO_{n+1}G_{n+1}$에서 피타고라스 정리에 의해

$(r_n+r_{n+1})^2=(r_n-r_{n+1})^2+\left(\frac{3}{2}r_n-2r_{n+1}\right)^2$

$16r_{n+1}^2-40r_{n+1}r_n+9r_n^2=0$ → $r_n^2+2r_nr_{n+1}+r_{n+1}^2=(r_n^2-2r_nr_{n+1}+r_{n+1}^2)+\left(\frac{9}{4}r_n^2-6r_nr_{n+1}+4r_{n+1}^2\right)$

$(4r_{n+1}-r_n)(4r_{n+1}-9r_n)=0$

이때 $r_n>r_{n+1}$이므로 $r_{n+1}=\frac{1}{4}r_n$

즉, 두 원 O_n, O_{n+1}의 닮음비가 4 : 1이므로 넓이의 비는 16 : 1이다.

Step 3 $\lim_{n\to\infty}S_n$의 값을 구한다.

따라서 S_n은 첫째항이 $2\pi+\frac{96}{25}$이고 공비가 $\frac{1}{16}$인 등비수열의 첫째항부터 제n항까지의 합이므로

$$\lim_{n\to\infty}S_n=\frac{2\pi+\frac{96}{25}}{1-\frac{1}{16}}=\frac{32}{15}\pi+\frac{512}{125}$$

29 [정답률 32%]

정답 18

Step 1 $\tan 2\alpha$의 값을 구한다.

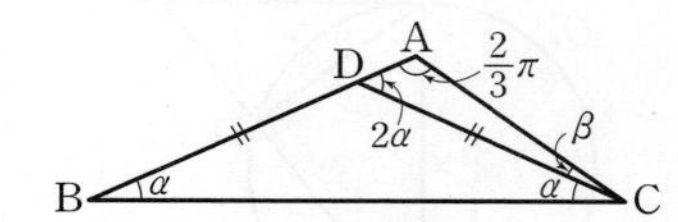

삼각형 BCD는 $\overline{BD}=\overline{CD}$인 이등변삼각형이므로

$\angle CBD=\angle DCB=\alpha$ $\quad\therefore \angle CDA=2\alpha$ → 삼각형의 외각의 성질을 이용했어.

삼각형 ADC에서 $2\alpha+\beta+\frac{2}{3}\pi=\pi$

$\therefore \beta=\frac{\pi}{3}-2\alpha$ …… ㉠

$\cos 2\alpha=2\cos^2\alpha-1=2\times\frac{7+\sqrt{21}}{14}-1=\frac{\sqrt{21}}{7}$

→ $\cos 2\alpha=\cos\alpha\cos\alpha-\sin\alpha\sin\alpha=\cos^2\alpha-\sin^2\alpha=\cos^2\alpha-(1-\cos^2\alpha)=2\cos^2\alpha-1$

$\sin^2 2\alpha=1-\cos^2 2\alpha=1-\frac{21}{49}=\frac{28}{49}$

이때 $0<2\alpha<\pi$이므로 $\sin 2\alpha=\frac{2\sqrt{7}}{7}$ → $0<\theta<\pi$에서 $\sin\theta$의 값은 항상 양수야.

$\therefore \tan 2\alpha=\frac{\sin 2\alpha}{\cos 2\alpha}=\frac{2\sqrt{3}}{3}$

Step 2 α와 β 사이의 관계식을 이용하여 $\tan\beta$의 값을 구한다.

$\tan\beta=\tan\left(\frac{\pi}{3}-2\alpha\right)$ ($\because$ ㉠)

$$=\frac{\tan\frac{\pi}{3}-\tan 2\alpha}{1+\tan\frac{\pi}{3}\times\tan 2\alpha}$$ → $\tan(x-y)=\frac{\tan x-\tan y}{1+\tan x\tan y}$

$$=\frac{\sqrt{3}-\frac{2\sqrt{3}}{3}}{1+\sqrt{3}\times\frac{2\sqrt{3}}{3}}=\frac{\sqrt{3}}{9}$$

$\therefore 54\sqrt{3}\times\tan\beta=54\sqrt{3}\times\frac{\sqrt{3}}{9}=18$

30 [정답률 9%]

정답 13

Step 1 x의 값의 범위에 따라 $f(x)$를 구한다.

$|x|>1$일 때, $\lim_{n\to\infty}\frac{1}{x^{2n}}=0$이므로

$$f(x)=\lim_{n\to\infty}\frac{a+\frac{b}{x}+\frac{1}{x^{2n-1}}}{1+\frac{2}{x^{2n}}}=a+\frac{b}{x}$$ → 분모, 분자를 각각 x^{2n}으로 나누었어.

$x=1$일 때, $f(1)=\frac{a+b+1}{3}$ → $\lim_{n\to\infty}1^{2n}=1$

$x=-1$일 때, $f(-1)=\frac{a-b-1}{3}$

$|x|<1$일 때, $\lim_{n\to\infty}x^{2n}=0$이므로

$$f(x)=\lim_{n\to\infty}\frac{ax^{2n}+bx^{2n-1}+x}{x^{2n}+2}=\frac{0+0+x}{0+2}=\frac{x}{2}$$

따라서 함수 $f(x)$는

$$f(x)=\begin{cases}a+\frac{b}{x} & (|x|>1)\\ \frac{a+b+1}{3} & (x=1)\\ \frac{a-b-1}{3} & (x=-1)\\ \frac{x}{2} & (|x|<1)\end{cases}$$

Step 2 함수 $y=f(x)$의 그래프와 직선 $y=2(x-1)+m$의 교점의 개수가 5일 때를 생각한다.

방정식 $f(x)=2(x-1)+m$의 실근의 개수는 함수 $y=f(x)$의 그래프와 직선 $y=2(x-1)+m$이 만나는 점의 개수와 같다.

$|x|>1$에서 함수 $f(x)$는 감소하므로 곡선과 직선의 교점의 개수의 최댓값은 2이고, $|x|<1$에서 함수 $f(x)$는 최고차항의 계수가 $\frac{1}{2}$인 일차함수이므로 직선 $y=2(x-1)+m$과 만나는 점의 개수의 최댓값은 1이다.

따라서 $c_k=5$인 자연수 k가 존재하려면 직선 $y=2(x-1)+k$와 함수 $y=f(x)$의 그래프의 개형은 다음 그림과 같아야 한다. → $x=1$과 $x=-1$에서도 만나야 해.

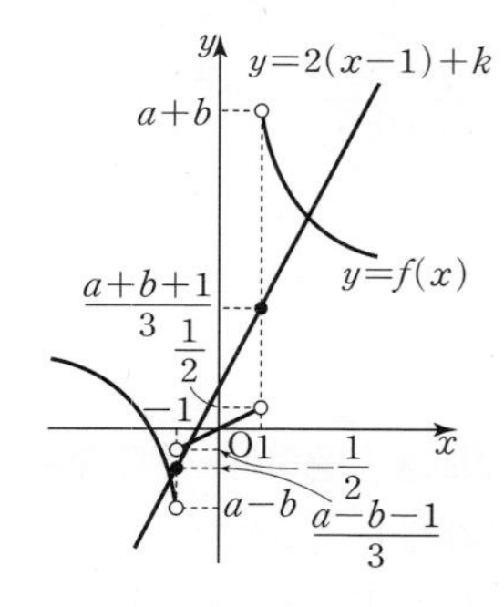

즉, 직선 $y=2(x-1)+k$는

두 점 $\left(1, \frac{a+b+1}{3}\right)$, $\left(-1, \frac{a-b-1}{3}\right)$을 지나야 하므로

$\frac{a+b+1}{3}=k$, $\frac{a-b-1}{3}=k-4$에서 $b=5$ → $\frac{a+b+1}{3}-4=\frac{a-b-1}{3}$, $b-11=-b-1$, $2b=10$

이때 $k=\frac{a}{3}+2$가 자연수이므로 a는 3의 배수이다. …… ㉠

$\lim_{x\to-1-}f(x)<f(-1)<\lim_{x\to-1+}f(x)$이어야 하므로

$a-5<\frac{a}{3}-2<-\frac{1}{2}$ ($a-b$, $-\frac{1}{2}$)

$a-5<\frac{a}{3}-2$에서 $a<\frac{9}{2}$이고, $\frac{a}{3}-2<-\frac{1}{2}$에서 $a<\frac{9}{2}$이므로

$a<\frac{9}{2}$ …… ㉡

또한 $a>0$이므로 $\frac{1}{2}<\frac{a}{3}+2<a+5$가 성립하며

$\lim_{x\to1-}f(x)<f(1)<\lim_{x\to1+}f(x)$를 만족시킨다.

㉠, ㉡에 의해 $0<a<\frac{9}{2}$이므로 $a=3$, $k=3$ → $=\frac{3}{3}+2=3$

Step 3 m의 값에 따라 c_m의 값을 구한다.

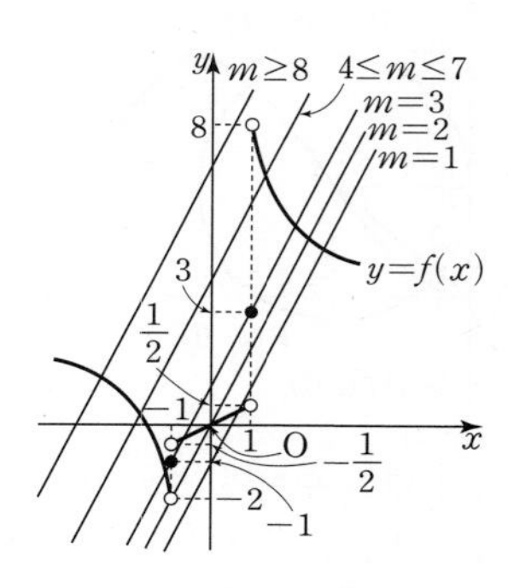

$g(x)=2(x-1)+m$이라 하자.

(i) $m=1$일 때

$g(x)=2x-1$에서 $g(-1)=-3$, $g(1)=1$이므로

두 함수 $y=f(x)$, $y=g(x)$의 그래프는 $-1<x<1$, $x>1$에서 각각 1개씩 교점을 갖는다.

$\therefore c_1=2$

(ii) $m=2$일 때

$g(x)=2x$에서 $g(-1)=-2$, $g(1)=2$이므로 두 함수 $y=f(x)$, $y=g(x)$의 그래프는 $x=0$, $x>1$에서 각각 1개씩 교점을 갖는다.

$\therefore c_2=2$

(iii) $m=3$일 때

$m=k=3$이므로 $c_3=5$

(iv) $4\le m\le 7$일 때

$g(-1)>\lim_{x\to -1+} f(x)=-\frac{1}{2}$, $g(1)<\lim_{x\to 1+} f(x)=8$이므로 ($g(1)=m$이므로 $4\le g(1)\le 7$)

두 함수 $y=f(x)$, $y=g(x)$의 그래프는 $x<-1$, $x>1$에서 각각 1개씩 교점을 갖는다. ($g(-1)=m-4$이므로 $0\le g(-1)\le 3$)

$\therefore c_m=2$

(v) $m\ge 8$일 때

$g(-1)>\lim_{x\to -1+} f(x)=-\frac{1}{2}$, $g(1)\ge\lim_{x\to 1+} f(x)=8$이므로 ($g(1)=m$이므로 $g(1)\ge 8$)

두 함수 $y=f(x)$, $y=g(x)$의 그래프는 $x<-1$에서 1개의 교점을 갖는다.

$\therefore c_m=1$

(i)~(v)에 의해 $k+\sum_{m=1}^{\infty}(c_m-1)=3+1+1+4+1\times 4=13$

기하

23 [정답률 92%]

정답 ①

Step 1 주어진 식을 정리한다.

$(2\vec{a}-m\vec{b})-(n\vec{a}-4\vec{b})=(2-n)\vec{a}-(m-4)\vec{b}=\vec{a}-\vec{b}$

$2-n=1$에서 $n=1$ (이 식이 $\vec{a}-\vec{b}$와 같으므로 $\vec{a}$, $\vec{b}$에 곱해진 값이 각각 $1, -1$이어야 해.)

$m-4=1$에서 $m=5$

$\therefore m+n=5+1=6$

24 [정답률 89%]

정답 ③

Step 1 쌍곡선 위의 점에서의 접선의 방정식을 구한다.

쌍곡선 $\frac{x^2}{2}-\frac{y^2}{7}=1$ 위의 점 $(4, 7)$에서의 접선의 방정식은

$\frac{4x}{2}-\frac{7y}{7}=1$, $2x-y=1$ $\quad\therefore y=2x-1$

(쌍곡선 $\frac{x^2}{a^2}-\frac{y^2}{b^2}=1$ 위의 점 (x_1, y_1)에서의 접선의 방정식은 $\frac{x_1x}{a^2}-\frac{y_1y}{b^2}=1$)

따라서 접선의 x절편은 $\frac{1}{2}$이다.

25 [정답률 89%]

정답 ②

Step 1 $\overline{PF}=\overline{QF'}$임을 이용한다.

점 Q는 점 P와 원점에 대하여 대칭인 점이므로

$\overline{OP}=\overline{OQ}$, $\overline{QF'}=\overline{PF}$ $\quad\therefore \overline{PF'}+\overline{QF'}=\overline{PF'}+\overline{PF}=12$ (타원의 정의)

삼각형 PF'Q의 둘레의 길이가 20이므로 $\overline{PQ}=8$ ($\overline{PF'}+\overline{QF'}+\overline{PQ}=20$)

따라서 $\overline{PQ}=2\overline{OP}$에서 $\overline{OP}=4$이다.

26 [정답률 87%]

정답 ④

Step 1 두 삼각형 FCO, FAB의 넓이의 비를 이용하여 p의 값을 구한다.

삼각형 FCO의 넓이를 S, 삼각형 FBA의 넓이를 T라 하면 삼각형 ACF의 넓이는 $S+T$이다.

이때 사각형 OFAC의 넓이와 삼각형 FBA의 넓이의 비가 $2:1$이므로 $(2S+T):T=2:1$ $\quad\therefore T=2S$ ($S+(S+T)=2S+T$)

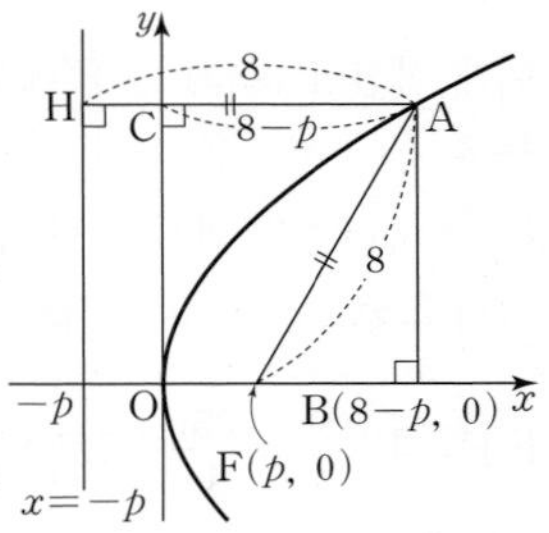

점 A에서 포물선의 준선에 내린 수선의 발을 H라 하면 포물선의 정의에 의하여 $\overline{HA}=\overline{FA}=8$

$\therefore \overline{OB}=\overline{CA}=8-p$ (사각형 OBAC는 직사각형이야.)

$\triangle FCO:\triangle FBA=S:2S=1:2$

이므로 점 F는 선분 OB를 $1:2$로 내분하는 점이다. (높이가 같으므로 두 삼각형의 넓이의 비와 밑변의 길이의 비가 같아.)

$p=\frac{1}{3}(8-p)$, $3p=8-p$

$4p=8$ $\quad\therefore p=2$

Step 2 삼각형 ACF의 넓이를 구한다.

삼각형 FBA에서 $\overline{FA}=8$, $\overline{FB}=\overline{OB}-\overline{OF}=4$이므로 피타고라스 정리에 의하여 $\overline{AB}=\sqrt{8^2-4^2}=4\sqrt{3}$ ($\overline{OF}=p=2$, $\overline{OB}=8-p=8-2=6$)

따라서 삼각형 ACF의 넓이는

$\frac{1}{2}\times\overline{CA}\times\overline{AB}=\frac{1}{2}\times 6\times 4\sqrt{3}=12\sqrt{3}$

27 [정답률 81%]

정답 ⑤

Step 1 쌍곡선의 정의를 이용하여 선분 PF'의 길이를 구한다.

쌍곡선 $\frac{x^2}{4}-\frac{y^2}{b^2}=1$의 주축의 길이가 4이므로

$\overline{PF'}-\overline{PF}=4$에서 $\overline{PF'}-3=4$ (쌍곡선 위의 점에서 두 초점까지의 거리의 차는 주축의 길이와 같아.)

$\therefore \overline{PF'}=7$

Step 2 타원의 정의를 이용하여 a^2, b^2의 값을 각각 구한다.

타원 $\frac{x^2}{a^2}+\frac{y^2}{7}=1$의 장축의 길이가 $2|a|$이므로

$\overline{PF'}+\overline{PF}=7+3=2|a|$, $|a|=5$ (타원 위의 점에서 두 초점까지의 거리의 합은 장축의 길이와 같아.)

$\therefore a^2=25$

타원 $\frac{x^2}{25}+\frac{y^2}{7}=1$에서 $c^2=25-7=18$

쌍곡선 $\frac{x^2}{4}-\frac{y^2}{b^2}=1$에서 $4+b^2=c^2=18$

$\therefore b^2=14$

$\therefore a^2+b^2=25+14=39$

28 [정답률 55%]

정답 ⑤

Step 1 포물선의 성질을 이용하여 점 P의 좌표를 구한다.

점 $F\left(\frac{9}{4}, 0\right)$이 포물선의 초점이므로

준선의 방정식은 $x=-\frac{9}{4}$

점 P의 좌표를 (x_1, y_1), 점 P에서 준선에 내린 수선의 발을 H라 하면 점 P는 포물선 위의 점이므로 ${y_1}^2=9x_1$ ······ ㉠

이때 $\overline{PH}=\overline{PF}=\frac{25}{4}$이므로 $\overline{PH}=x_1+\frac{9}{4}=\frac{25}{4}$ $\quad\therefore x_1=4$

이를 ㉠에 대입하면 ${y_1}^2=9\times 4=36$에서 $y_1=6$ (점 P는 제1사분면 위의 점이므로 $x_1>0$, $y_1>0$이야.)

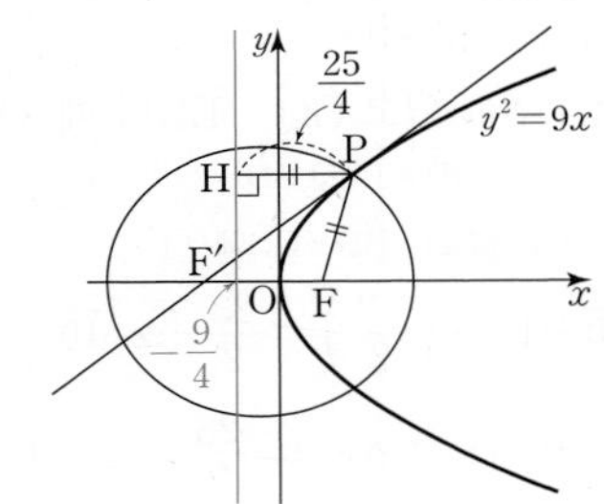

Step 2 타원의 단축의 길이를 구한다.

포물선 $y^2=4px$ 위의 점 (x_1, y_1)에서의 접선의 방정식은 $y_1y=2p(x+x_1)$

포물선 위의 점 P(4, 6)에서의 접선의 방정식은 $6y=\frac{9}{2}(x+4)$

이때 접선이 x축과 점 F′에서 만나므로 $c=4$

두 점 P(4, 6), F′(−4, 0)에 대하여 → 접선이 x축과 만나는 점의 좌표는 $(-4, 0)$이야.

$\overline{PF'}=\sqrt{\{4-(-4)\}^2+(6-0)^2}=10$

타원의 장축의 길이는 $\overline{PF'}+\overline{PF}=10+\frac{25}{4}=\frac{65}{4}$이고

$\overline{F'F}=4+\frac{9}{4}=\frac{25}{4}$이므로 타원의 단축의 길이를 $k(k>0)$라 하면

$\left(\frac{k}{2}\right)^2=\left(\frac{65}{8}\right)^2-\left(\frac{25}{8}\right)^2$에서 $\frac{k^2}{4}=\frac{225}{4}$

$k^2=225 \quad \therefore k=15 \ (\because k>0)$

따라서 타원의 단축의 길이는 15이다.

29 [정답률 11%]

정답 115

Step 1 $|\overrightarrow{OP}+\overrightarrow{AQ}|$의 최댓값을 구한다.

반원의 중심을 E라 하면 $\overrightarrow{OE}+\overrightarrow{AE}=\vec{0}$이므로 (E(−1, 0)) → 크기가 서로 같고 반대 방향이야.

$\overrightarrow{OP}+\overrightarrow{AQ}=(\overrightarrow{OE}+\overrightarrow{EP})+(\overrightarrow{AE}+\overrightarrow{EQ})$

$=(\overrightarrow{OE}+\overrightarrow{AE})+(\overrightarrow{EP}+\overrightarrow{EQ})$ ($=\vec{0}$)

$=\overrightarrow{EP}+\overrightarrow{EQ}$

$|\overrightarrow{EP}|=1$이므로 (반원의 반지름의 길이야.) 두 벡터 $\overrightarrow{EP}$, $\overrightarrow{EQ}$의 방향이 같고 $|\overrightarrow{EQ}|$의 값이 최대일 때 $|\overrightarrow{EP}+\overrightarrow{EQ}|$의 값은 최대이다.

따라서 선분 EC가 반원의 호와 만나는 점을 R이라 하면 점 Q가 점 C이고 점 P가 점 R일 때 $|\overrightarrow{EP}+\overrightarrow{EQ}|$의 값은 최대이다.

$\overline{EC}=\sqrt{\{2-(-1)\}^2+(1-0)^2}=\sqrt{10}$ 이므로

$|\overrightarrow{EP}+\overrightarrow{EQ}|\le|\overrightarrow{ER}+\overrightarrow{EC}|=\sqrt{10}+1$

$\therefore M=\sqrt{10}+1$

Step 2 $|\overrightarrow{OP}+\overrightarrow{AQ}|$의 최솟값을 구한다.

$\overrightarrow{OP}+\overrightarrow{AQ}=(\overrightarrow{OA}+\overrightarrow{AP})+(\overrightarrow{AO}+\overrightarrow{OQ})$

$=(\overrightarrow{OA}+\overrightarrow{AO})+(\overrightarrow{AP}+\overrightarrow{OQ})$ ($=\vec{0}$)

$=\overrightarrow{AP}+\overrightarrow{OQ}$

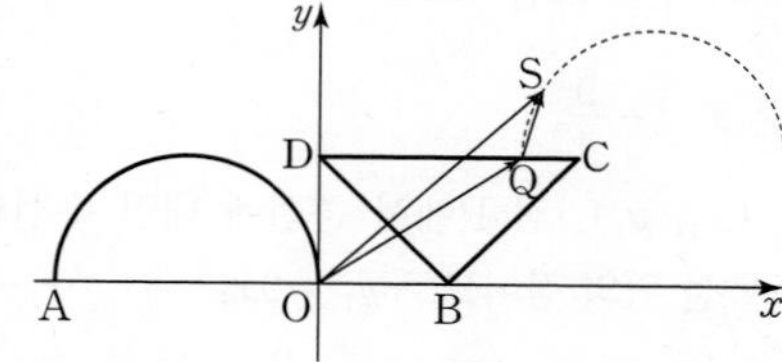

삼각형 BCD 위의 임의의 점 Q에 대하여 $\overrightarrow{QS}=\overrightarrow{AP}$인 점을 S라 하자.

$|\overrightarrow{AP}+\overrightarrow{OQ}|=|\overrightarrow{QS}+\overrightarrow{OQ}|=|\overrightarrow{OS}|\ge|\overrightarrow{OQ}|$이므로 점 S가 점 Q일 때 $|\overrightarrow{AP}+\overrightarrow{OQ}|$의 값은 최소이다. → 벡터가 같다는 건 크기와 방향이 모두 같다는 거야.

즉, 점 Q가 선분 BD 위에 있고 $\overline{OQ}\perp\overline{BD}$일 때 $|\overrightarrow{OQ}|$의 값은 최소이므로 $m=\frac{\sqrt{2}}{2}$

→ $\overline{OB}=\overline{OD}=1$이고 $\overline{BD}=\sqrt{2}$이므로 $\overline{OB}\times\overline{OD}=\overline{BD}\times\overline{OQ}$에서 $1\times1=\sqrt{2}\times\overline{OQ} \quad \therefore \overline{OQ}=\frac{1}{\sqrt{2}}$

$\therefore M^2+m^2=(\sqrt{10}+1)^2+\left(\frac{\sqrt{2}}{2}\right)^2=\frac{23}{2}+2\sqrt{10}$

따라서 $p=\frac{23}{2}$, $q=10$이므로 $p\times q=\frac{23}{2}\times10=115$

30 [정답률 10%]

정답 63

Step 1 $\overline{PQ}=k$, $\overline{CP}=t$라 두고 각 변의 길이를 문자로 나타낸다.

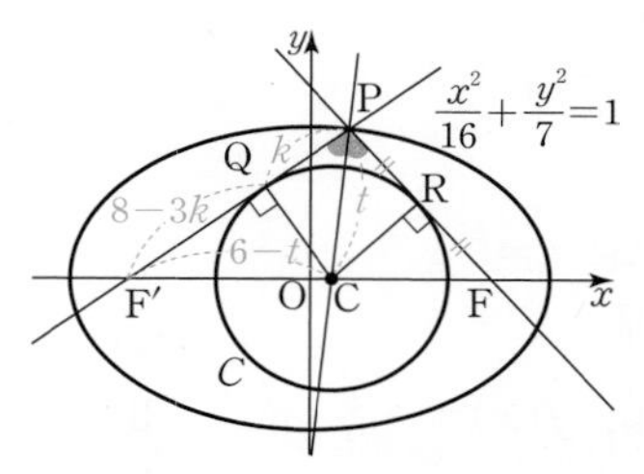

타원의 두 초점의 좌표가 $(c, 0)$, $(-c, 0)$이므로

$c^2=16-7=9 \quad \therefore c=3 \ (\because c>0)$

따라서 $\overline{FF'}=2c=6$

직선 FP가 원 C와 접하는 점을 R이라 하고 $\overline{PQ}=k$라 하면

$\overline{PF}=2\overline{PQ}=2k$이므로 $\overline{RF}=\overline{PF}-\overline{PR}=\overline{PF}-\overline{PQ}=k$ → 점 P에서 원 C에 그은 접선의 접점이 Q, R이므로 $\overline{PQ}=\overline{PR}$

따라서 $\overline{PR}=\overline{RF}$이고, $\angle PRC=90°$이므로

두 삼각형 PCR, FCR이 서로 합동(SAS합동)이다.

$\overline{CP}=t$라 하면 $\overline{CP}=\overline{FC}$에서 $\overline{F'C}=6-t$ → 두 삼각형 PCR, FCR이 합동이기 때문이야.

$\overline{PF'}=\overline{PQ}+\overline{QF'}$이고 $\overline{PF'}+\overline{PF}=8$이므로 $\overline{QF'}=8-3k$ → 타원 위의 점에서 두 초점까지의 거리의 합은 장축의 길이와 같아.

점 P가 제1사분면 위의 점이므로 $\overline{PF'}>\overline{PF}$에서

$8-2k>2k \quad \therefore k<2 \quad \cdots\cdots ㉠$

Step 2 각의 이등분선의 성질과 피타고라스 정리를 이용하여 k, t의 값을 각각 구한다.

삼각형 FPF′에서 $\angle F'PC=\angle CPF$이므로

$\overline{PF'}:\overline{PF}=\overline{F'C}:\overline{CF}$ → 각의 이등분선의 성질을 이용.

$(8-2k):2k=(6-t):t \quad \therefore t=\frac{3}{2}k \quad \cdots\cdots ㉡$

점 Q는 점 C에서 선분 PF′에 내린 수선의 발이므로

$\overline{F'C}^2-\overline{F'Q}^2=\overline{CP}^2-\overline{PQ}^2$ → 두 삼각형 F′CQ, PQC에서 각각 피타고라스 정리를 이용.

$(6-t)^2-(8-3k)^2=t^2-k^2$

㉡을 위의 식에 대입하면

$\left(6-\frac{3}{2}k\right)^2-(8-3k)^2=\left(\frac{3}{2}k\right)^2-k^2$

$36-18k+\frac{9}{4}k^2-(64-48k+9k^2)=\frac{9}{4}k^2-k^2$

$4k^2-15k+14=0, \ (k-2)(4k-7)=0$

이때 ㉠에서 $k<2$이므로 $k=\frac{7}{4}$

이를 ㉡에 대입하면 $t=\frac{3}{2}\times\frac{7}{4}=\frac{21}{8}$

$\therefore 24\times\overline{CP}=24\times t=24\times\frac{21}{8}=63$

6회 2022학년도 4월 고3 전국연합학력평가 정답과 해설

1	④	2	⑤	3	①	4	⑤	5	①
6	①	7	④	8	②	9	③	10	②
11	③	12	③	13	⑤	14	④	15	⑤
16	8	17	32	18	9	19	11	20	240
21	170	22	30						
확률과 통계				23	④	24	②	25	③
26	⑤	27	①	28	④	29	115	30	720
미적분				23	⑤	24	①	25	③
26	④	27	②	28	②	29	18	30	135
기하				23	③	24	②	25	①
26	⑤	27	④	28	③	29	21	30	13

01 [정답률 93%]

정답 ④

Step 1 지수법칙을 이용한다.

$(27\times\sqrt{8})^{\frac{2}{3}}=\left(3^3\times2^{\frac{3}{2}}\right)^{\frac{2}{3}}=3^2\times2=18$

→ $3^{3\times\frac{2}{3}}\times2^{\frac{3}{2}\times\frac{2}{3}}$

02 [정답률 93%]

정답 ⑤

Step 1 $f'(x)$를 구한다.

$f'(x)=3x^2+7$이므로 $f'(1)=10$

→ $(ax^n)'=anx^{n-1}$

03 [정답률 88%]

정답 ①

Step 1 분자를 유리화한 후 극한값을 구한다.

$$\lim_{x\to3}\frac{\sqrt{2x-5}-1}{x-3}=\lim_{x\to3}\frac{(\sqrt{2x-5}-1)(\sqrt{2x-5}+1)}{(x-3)(\sqrt{2x-5}+1)}$$

→ 분자를 유리화한다.

$$=\lim_{x\to3}\frac{2x-6}{(x-3)(\sqrt{2x-5}+1)}$$

$$=\lim_{x\to3}\frac{2}{\sqrt{2x-5}+1}=1$$

04 [정답률 87%]

정답 ⑤

Step 1 등비수열 $\{a_n\}$의 첫째항을 a, 공비를 r이라 할 때, $a_n=ar^{n-1}$임을 이용하여 a, r의 값을 각각 구한다.

등비수열 $\{a_n\}$의 첫째항을 a, 공비를 r이라 하면

$a_5=a_2r^3=r^3$, $a_3=a_2r=r$ → $a_2=1$

$a_5=2(a_3)^2$에서 $r^3=2r^2$

$\therefore r=2$ ($\because r\neq0$) → $a_2=1$이므로 $r\neq0$이다.

$a_2=a\times2=1$에서 $a=\frac{1}{2}$

Step 2 a_6의 값을 구한다.

$\therefore a_6=ar^5=\frac{1}{2}\times2^5=16$

05 [정답률 77%]

정답 ①

Step 1 로그부등식의 해를 구한다.

로그의 진수는 양수이므로 $x>0$, $x-6>0$에서 $x>6$ ⋯⋯ ㉠

$\log_2 x\leq4-\log_2(x-6)$ → $\log_2 x+\log_2(x-6)\leq4$

$\log_2 x(x-6)\leq\log_2 16$

$x^2-6x-16\leq0$에서 $(x+2)(x-8)\leq0$

$\therefore -2\leq x\leq8$ → 밑이 1보다 크므로 부등호의 방향은 바뀌지 않는다. ⋯⋯ ㉡

㉠, ㉡에 의하여 $6<x\leq8$

따라서 모든 정수 x의 값의 합은 $7+8=15$

06 [정답률 84%]

정답 ①

Step 1 $\sin\theta+\cos\theta=\frac{1}{2}$을 이용하여 $\sin\theta\cos\theta$의 값을 구한다.

$\sin\theta+\cos\theta=\frac{1}{2}$의 양변을 제곱하면

→ $\sin^2\theta+\cos^2\theta=1$

$(\sin\theta+\cos\theta)^2=\sin^2\theta+\cos^2\theta+2\sin\theta\cos\theta$

$=1+2\sin\theta\cos\theta=\frac{1}{4}$

에서 $\sin\theta\cos\theta=-\frac{3}{8}$

$\therefore (2\sin\theta+\cos\theta)(\sin\theta+2\cos\theta)$

$=2(\sin^2\theta+\cos^2\theta)+5\sin\theta\cos\theta=2+5\times\left(-\frac{3}{8}\right)=\frac{1}{8}$

→ $=1$

07 [정답률 68%]

정답 ④

Step 1 $\lim_{x\to3}\{f(x)-g(x)\}=0$임을 이용하여 $g(3)$, $g'(3)$의 값을 구한다.

$\lim_{x\to3}\frac{f(x)-g(x)}{x-3}=1$이고 $\lim_{x\to3}(x-3)=0$이므로

$\lim_{x\to3}\{f(x)-g(x)\}=0$ → $f(3)-g(3)=0$

$f(x)$, $g(x)$가 모두 다항함수이므로 $f(3)=g(3)=2$

$$\lim_{x\to3}\frac{f(x)-g(x)}{x-3}=\lim_{x\to3}\frac{\{f(x)-f(3)\}-\{g(x)-g(3)\}}{x-3}$$

$=f'(3)-g'(3)=1$

$f'(3)=1$이므로 $g'(3)=0$ → $\lim_{x\to3}\frac{g(x)-g(3)}{x-3}=g'(3)$

Step 2 $g(x)$를 구한다.

$g(x)=x^2+ax+b$ (a, b는 상수)라 하면 $g'(x)=2x+a$

$g'(3)=6+a=0$에서 $a=-6$

$g(3)=3^2-6\times3+b=2$에서 $b=11$

따라서 $g(x)=x^2-6x+11$이므로 $g(1)=1-6+11=6$

08 [정답률 79%]

정답 ②

Step 1 $a_{2n}+b_{2n}$, $a_{2n+1}+b_{2n+1}$의 규칙성을 찾아 $\sum_{n=1}^{8}a_n+\sum_{n=1}^{8}b_n$을 간단히 한다.

→ 등비수열 $\{a_n\}$과 $\{b_n\}$의 공비가 절댓값은 같고 부호가 반대이며 첫째항이 같기 때문이다.

모든 자연수 n에 대하여 $a_{2n}+b_{2n}=0$이고

$a_{2n+1}+b_{2n+1}=3(a_{2n-1}+b_{2n-1})$이다.

$\therefore \sum_{n=1}^{8}a_n+\sum_{n=1}^{8}b_n=\sum_{n=1}^{8}(a_n+b_n)$

$=\sum_{n=1}^{4}(a_{2n-1}+b_{2n-1})$

$=\frac{(a_1+b_1)(3^4-1)}{3-1}$

$=80a_1=160$ → $b_1=a_1$ 대입

$\therefore a_1=2$

Step 2 a_3+b_3의 값을 구한다.

$\therefore a_3+b_3=3(a_1+b_1)=12$

→ $=3\times2a_1=6a_1$

09 [정답률 76%]

정답 ③

Step 1 점 A가 두 곡선 $y=2^{-x+a}$, $y=2^x-1$의 교점임을 이용한다.

점 B의 좌표가 $B(0,\ 2^a)$이므로 $\overline{OB}=2^a$

$\overline{OB}=3\times\overline{OH}$에서 $\overline{OH}=\frac{2^a}{3}$ → 점 H의 y좌표는 $\frac{2^a}{3}$이다.

점 A의 y좌표와 점 H의 y좌표가 서로 같으므로 점 A의 x좌표를 t라 하면 $A\left(t,\ \frac{2^a}{3}\right)$

점 A는 곡선 $y=2^{-x+a}$ 위의 점이므로

$2^{-t+a}=\frac{2^a}{3}$에서 $2^{-t}=\frac{1}{3}$, $2^t=3$ (← $2^{-t}\times 2^a$)

또한 점 A는 곡선 $y=2^x-1$ 위의 점이므로

$\frac{2^a}{3}=2^t-1=3-1=2$에서 $2^a=6$

$\therefore a=\log_2 6$

10 [정답률 71%]

정답 ②

Step 1 점 P의 시각 t에서의 위치를 식으로 나타낸다.

점 P의 시각 $t\ (t\geq 0)$에서의 위치를 $x(t)$라 하면 점 P의 시각 $t=0$에서의 위치는 0이므로 $x(0)=0$

$x(t)=x(0)+\int_0^t v(t)dt$ → 속도에 대한 식을 적분하면 위치에 대한 식을 얻을 수 있다.

$=\int_0^t 3(t-2)(t-a)dt$

$=\int_0^t \{3t^2-3(a+2)t+6a\}dt$

$=t^3-\frac{3}{2}(a+2)t^2+6at$

점 P가 $0<t<2$, $t>a$에서 양의 방향으로, $2<t<a$에서 음의 방향으로 움직이고 $t>0$에서 점 P의 위치가 0이 되는 순간이 한 번뿐이므로 $x(a)=0$ → $x(a)<0$이면 점 P의 위치가 0이 되는 순간이 두 번이 된다.

$a^3-\frac{3}{2}(a+2)a^2+6a^2=0$에서 $a>2$이므로

$a-\frac{3}{2}(a+2)+6=0$ $\quad\therefore a=6$

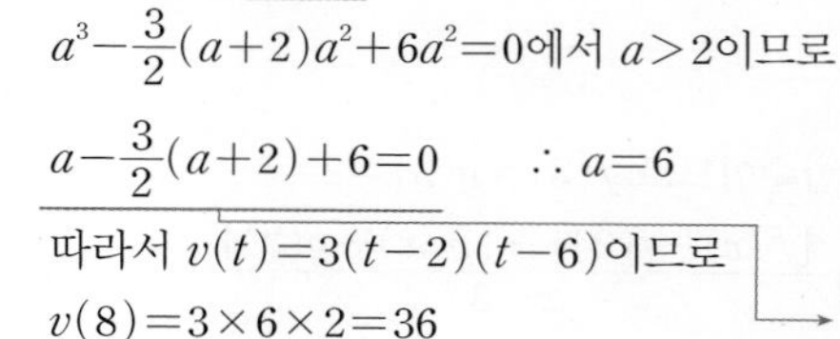

따라서 $v(t)=3(t-2)(t-6)$이므로

$v(8)=3\times 6\times 2=36$ → 양변을 a^2으로 나누었다.

11 [정답률 65%]

정답 ③

Step 1 $\sin kx=\frac{1}{3}$의 서로 다른 실근의 개수가 8임을 이용하여 k의 값을 구한다.

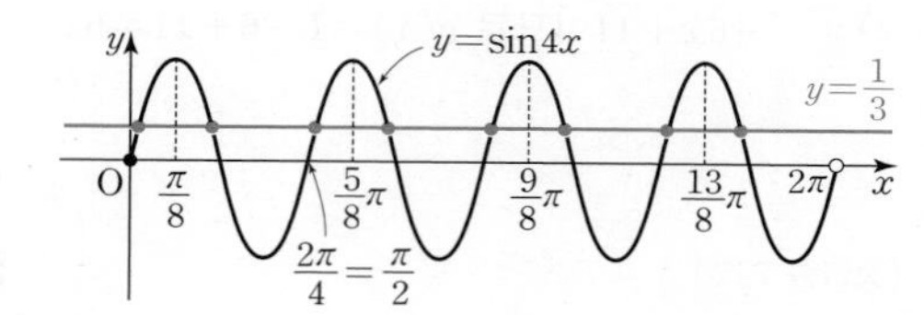

함수 $y=\sin kx$의 주기는 $\frac{2\pi}{k}$

$0\leq x<2\pi$에서 곡선 $y=\sin kx$와 직선 $y=\frac{1}{3}$이 만나는 점의 개수가 8이므로 $k=4$ → $0\leq x<2\pi$에서 그래프가 4번 반복되어야 하고 k는 자연수이므로 $k=4$

Step 2 방정식 $\sin kx=\frac{1}{3}$의 모든 해의 합을 구한다.

$0\leq x<2\pi$일 때, 방정식 $\sin 4x=\frac{1}{3}$의 서로 다른 실근을 작은 수부터 크기순으로 나열한 것을 α_1, α_2, α_3, $\cdots$, α_8이라 하자.

함수 $y=\sin 4x$의 주기는 $\frac{\pi}{2}$이므로

$\alpha_1+\alpha_2=\frac{\pi}{4}$, $\alpha_3+\alpha_4=\frac{5}{4}\pi$, $\alpha_5+\alpha_6=\frac{9}{4}\pi$, $\alpha_7+\alpha_8=\frac{13}{4}\pi$

따라서 구하는 모든 해의 합은 $\frac{\pi}{4}+\frac{5}{4}\pi+\frac{9}{4}\pi+\frac{13}{4}\pi=7\pi$

→ $x=\alpha_1$, $x=\alpha_2$가 서로 직선 $x=\frac{\pi}{8}$에 대하여 대칭

12 [정답률 72%]

정답 ③

Step 1 조건 (가)를 이용하여 $\sum_{n=5}^{8}a_n$의 값을 구한다.

조건 (가)에 의하여

$\sum_{n=1}^{8}a_n=(a_1+a_5)+(a_2+a_6)+(a_3+a_7)+(a_4+a_8)$

$=15\times 4=60$

$\sum_{n=1}^{4}a_n=6$이므로 $\sum_{n=5}^{8}a_n=54$ $\quad\cdots\cdots$ ㉠

Step 2 조건 (나)를 이용하여 a_5의 값을 구한다.

조건 (나)에 의하여

$a_6=a_5+5$,

$a_7=a_6+6=a_5+11$,

$a_8=a_7+7=a_5+18$

㉠에서 $\sum_{n=5}^{8}a_n=4a_5+34=54$

$\therefore a_5=5$

13 [정답률 35%]

정답 ⑤

Step 1 $\int_1^x(x-t)f(t)dt$를 $G(x)$로 치환한 후, 극한의 성질을 이용한다.

$G(x)=\int_1^x(x-t)f(t)dt$라 하자.

함수 $G(x)$는 실수 전체의 집합에서 미분가능하므로

$\lim_{x\to 2}\frac{1}{x-2}\int_1^x(x-t)f(t)dt=\lim_{x\to 2}\frac{G(x)}{x-2}=3$에서

$G(2)=0$, $G'(2)=3$ $\quad\cdots\cdots$ ㉠ → 극한값이 존재하고 $\lim_{x\to 2}(x-2)=0$이므로 $\lim_{x\to 2}G(x)=0$

Step 2 $\int_1^2 f(t)dt$, $\int_1^2 tf(t)dt$의 값을 각각 구한다.

$G(x)=x\int_1^x f(t)dt-\int_1^x tf(t)dt$에서

$G'(x)=\int_1^x f(t)dt+xf(x)-xf(x)=\int_1^x f(t)dt$

$G'(2)=\int_1^2 f(t)dt=3\ (\because ㉠)$

$G(2)=2\int_1^2 f(t)dt-\int_1^2 tf(t)dt=0\ (\because ㉠)$에서 (→ 3)

$\int_1^2 tf(t)dt=2\int_1^2 f(t)dt=6$

$\therefore \int_1^2(4x+1)f(x)dx=4\int_1^2 xf(x)dx+\int_1^2 f(x)dx$

$=4\times 6+3=27$

14 [정답률 36%]

정답 ④

Step 1 함수 $y=|f(x)|$의 그래프를 이용하여 ㄱ의 참, 거짓을 판별한다.

함수 $y=|f(x)|$의 그래프는 그림과 같다.

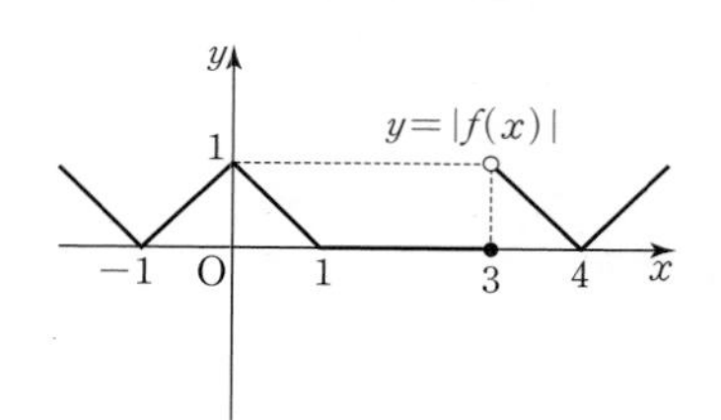

함수 $y=g(x)$의 그래프는 함수 $y=|f(x)|$의 그래프를 x축의 방향으로 k만큼 평행이동한 것이므로 함수 $g(x)$는 $x=k+3$에서만 불연속이다. (← $g(x)=|f(x-k)|$)

ㄱ. $k=-3$일 때 (→ $\lim_{x\to 3-}|f(x)|$와 그 값이 같다.)

$\lim_{x\to 0-}g(x)=\lim_{x\to 0-}|f(x+3)|=0$,

$g(0)=|f(0+3)|=0$에서 $\lim_{x\to 0-}g(x)=g(0)$ (참)

Step 2 함수 $g(x)$가 $x=0$에서 연속일 때와 연속이 아닐 때로 경우를 나누어 생각한다.

ㄴ. $\lim_{x\to 0-}f(x)=1$, $f(0)=-1$에서 $\lim_{x\to 0-}f(x)\neq f(0)$

$k\neq -3$일 때 함수 $g(x)$는 $x=0$에서 연속이므로

$\lim_{x\to 0-}\{f(x)+g(x)\}\neq f(0)+g(0)$ → $\lim_{x\to 0-}g(x)=g(0)$

본문 68쪽

$k=-3$일 때 $\lim_{x\to0-}g(x)=g(0)$이므로

$\lim_{x\to0-}\{f(x)+g(x)\}\neq f(0)+g(0)$ ← $\lim_{x\to0-}f(x)\neq f(0)$이므로 좌변과 우변은 같을 수 없다.

그러므로 모든 정수 k에 대하여 함수 $f(x)+g(x)$는 $x=0$에서 불연속이다. (거짓)

Step 3 함수 $f(x)g(x)$가 $x=0$에서 연속이 되도록 하는 k의 값을 구한다.

ㄷ. 함수 $f(x)g(x)$가 $x=0$에서 미분가능하기 위해서는 함수 $f(x)g(x)$는 $x=0$에서 연속이어야 한다.

$\lim_{x\to0-}f(x)g(x)=\lim_{x\to0-}g(x)$, ← $\lim_{x\to0-}f(x)=1$

$\lim_{x\to0+}f(x)g(x)=-\lim_{x\to0+}g(x)$, ← $\lim_{x\to0+}f(x)=-1$

$f(0)g(0)=-g(0)$

에서 $\lim_{x\to0-}g(x)=-\lim_{x\to0+}g(x)=-g(0)$ …… ㉠

이때 모든 정수 k에 대하여 $\lim_{x\to0-}g(x)=g(0)$이므로 ㉠을 만족시키려면 $\lim_{x\to0}g(x)=g(0)=0$이어야 한다.

따라서 함수 $f(x)g(x)$가 $x=0$에서 연속이 되도록 하는 정수 k의 값은 -4, -2, -1, 1이다.

Step 4 k의 값에 따라 경우를 나누어 생각한다.

(i) $k=-4$ 또는 $k=1$일 때

$$\lim_{x\to0-}\frac{f(x)g(x)-f(0)g(0)}{x-0}=\lim_{x\to0-}\frac{(x+1)(-x)}{x}=-1$$

$$\lim_{x\to0+}\frac{f(x)g(x)-f(0)g(0)}{x-0}=\lim_{x\to0+}\frac{(x-1)x}{x}=-1$$ ← $\lim_{x\to0+}(x-1)=-1$

이므로 함수 $f(x)g(x)$는 $x=0$에서 미분가능하다.

(ii) $k=-2$일 때

$$\lim_{x\to0-}\frac{f(x)g(x)-f(0)g(0)}{x-0}=0$$ ← $\lim_{x\to0-}g(x)=0$

$$\lim_{x\to0+}\frac{f(x)g(x)-f(0)g(0)}{x-0}=0$$ ← $\lim_{x\to0+}g(x)=0$

이므로 함수 $f(x)g(x)$는 $x=0$에서 미분가능하다.

(iii) $k=-1$일 때

$$\lim_{x\to0-}\frac{f(x)g(x)-f(0)g(0)}{x-0}=\lim_{x\to0-}\frac{(x+1)(-x)}{x}=-1$$ ← $-\lim_{x\to0-}(x+1)=-1$

$$\lim_{x\to0+}\frac{f(x)g(x)-f(0)g(0)}{x-0}=0$$ ← $\lim_{x\to0+}g(x)=0$

이므로 함수 $f(x)g(x)$는 $x=0$에서 미분가능하지 않다. ← $x=0$에서의 좌미분계수와 우미분계수가 같지 않다.

(i)~(iii)에 의하여 모든 정수 k의 값의 합은 $-4+(-2)+1=-5$이다. (참)

따라서 옳은 것은 ㄱ, ㄷ이다.

15 [정답률 38%] 정답 ⑤

Step 1 코사인법칙을 이용하여 $\cos(\angle ACB)$, $\cos(\angle DCA)$의 값을 구한다.

$\overline{AB}=\overline{AD}=k$라 할 때 두 삼각형 ABC, ACD에서 각각 코사인법칙에 의하여

$$\cos(\angle ACB)=\frac{10^2+\overline{BC}^2-k^2}{2\times10\times\overline{BC}}=\frac{1}{20}\left(\overline{BC}+\frac{\boxed{(가)\ 100-k^2}}{\overline{BC}}\right)$$

$$\cos(\angle DCA)=\frac{10^2+\overline{CD}^2-k^2}{2\times10\times\overline{CD}}=\frac{1}{20}\left(\overline{CD}+\frac{\boxed{(가)\ 100-k^2}}{\overline{CD}}\right)$$

Step 2 $\sin(\angle BAD)$의 값을 구한다.

$\cos(\angle ACB)=\cos(\angle DCA)$에서

$$\frac{1}{20}\left(\overline{BC}+\frac{100-k^2}{\overline{BC}}\right)=\frac{1}{20}\left(\overline{CD}+\frac{100-k^2}{\overline{CD}}\right)$$

$$\overline{BC}-\overline{CD}=(100-k^2)\times\left(\frac{1}{\overline{CD}}-\frac{1}{\overline{BC}}\right)$$

$$\overline{BC}-\overline{CD}=(100-k^2)\times\frac{\overline{BC}-\overline{CD}}{\overline{BC}\times\overline{CD}}$$

$\overline{AC}=10<2R$이므로 $\overline{BC}\neq\overline{CD}$

$\therefore \overline{BC}\times\overline{CD}=100-k^2$ ← $\overline{BC}\neq\overline{CD}$이므로 $\overline{BC}-\overline{CD}\neq0$

사각형 ABCD의 넓이는 40이므로

$$\frac{1}{2}k^2\sin(\angle BAD)+\frac{1}{2}\times\overline{BC}\times\overline{CD}\times\sin(\pi-\angle BAD)$$ (△ABD, △BCD)

$$=\frac{1}{2}\{k^2+(100-k^2)\}\sin(\angle BAD)$$

$$=50\sin(\angle BAD)=40$$

에서 $\sin(\angle BAD)=\boxed{(나)\ \frac{4}{5}}$이다.

Step 3 사인법칙을 이용한다.

삼각형 ABD에서 사인법칙에 의하여

$$\frac{\overline{BD}}{\sin(\angle BAD)}=2R,\ \overline{BD}=\frac{8}{5}R$$ ← $\frac{\overline{BD}}{\frac{4}{5}}$

$\therefore \overline{BD}:R=\boxed{(다)\ \frac{8}{5}}:1$

Step 4 $\frac{f(10p)}{q}$의 값을 구한다.

따라서 $f(k)=100-k^2$, $p=\frac{4}{5}$, $q=\frac{8}{5}$이므로

$$\frac{f(10p)}{q}=\frac{f(8)}{\frac{8}{5}}=(100-8^2)\times\frac{5}{8}=\frac{45}{2}$$ (8^2 ← 36)

16 [정답률 86%] 정답 8

Step 1 로그의 성질을 이용하여 주어진 식을 계산한다.

$\log_2 9\times\log_3 16=2\log_2 3\times4\log_3 2$ ← $\log_2 3^2$

$=8\times\log_2 3\times\frac{1}{\log_2 3}=8$ ← $\log_m n=\frac{1}{\log_n m}$

17 [정답률 68%] 정답 32

Step 1 곡선과 x축 및 y축으로 둘러싸인 부분의 넓이를 구한다.

$y=-x^2+4x-4=-(x-2)^2$

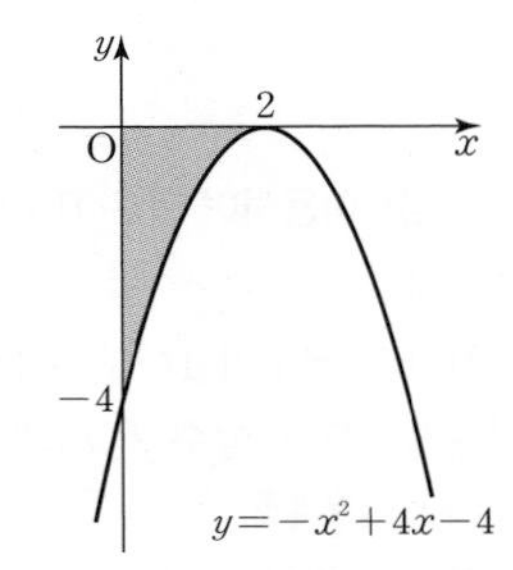

따라서 곡선 $y=-x^2+4x-4$와 x축 및 y축으로 둘러싸인 부분의 넓이 S는

$$S=\int_0^2(x^2-4x+4)dx$$ ← 주어진 곡선이 x축 아래에 존재하므로 $|-x^2+4x-4|=x^2-4x+4$

$$=\left[\frac{1}{3}x^3-2x^2+4x\right]_0^2$$

$$=\frac{1}{3}\times2^3-2\times2^2+4\times2$$

$$=\frac{8}{3}-8+8=\frac{8}{3}$$

$\therefore 12S=32$

18 [정답률 55%] 정답 9

Step 1 주어진 식의 양변을 x에 대하여 미분한다.

$F(x)=(x+2)f(x)-x^3+12x$의 양변을 x에 대하여 미분하면

$f(x)=f(x)+(x+2)f'(x)-3x^2+12$

$(x+2)f'(x)=3(x+2)(x-2)$

$\therefore f'(x)=3(x-2)=3x-6$ ← $f(x)$는 다항함수이므로 $f'(x)$도 다항함수이다. 양변을 $x+2$로 나눈다.

Step 2 $f'(x)=3x-6$을 적분하여 $f(2)$의 값을 구한다.

$f(x)=\int(3x-6)dx=\frac{3}{2}x^2-6x+C$ (단, C는 적분상수)

$F(0)=2f(0)=30$에서 $f(0)=15$이므로 $f(0)=C=15$ ← 주어진 식에 $x=0$을 대입

따라서 $f(x)=\frac{3}{2}x^2-6x+15$이므로

$f(2)=\frac{3}{2}\times2^2-6\times2+15=6-12+15=9$

19 [정답률 67%]

정답 11

Step 1 함수 $f(x)=x^4-4x^3+16x$의 그래프의 개형을 나타낸다.

$x^4-4x^3+16x+a\geq0$에서 $x^4-4x^3+16x\geq-a$

$f(x)=x^4-4x^3+16x$라 하면

$f'(x)=4x^3-12x^2+16=4(x+1)(x-2)^2$ → $4(x^3-3x^2+4)=4(x+1)(x^2-4x+4)=4(x+1)(x-2)^2$

$f'(x)=0$에서 $x=-1$ 또는 $x=2$ (중근)

함수 $f(x)$의 증가와 감소를 표로 나타내면 다음과 같다.

x	$\cdots$	-1	$\cdots$	2	$\cdots$
$f'(x)$	$-$	0	$+$	0	$+$
$f(x)$	↘	-11	↗	16	↗

→ $f(-1)=1+4-16=-11$ → $f(2)=16-32+32=16$

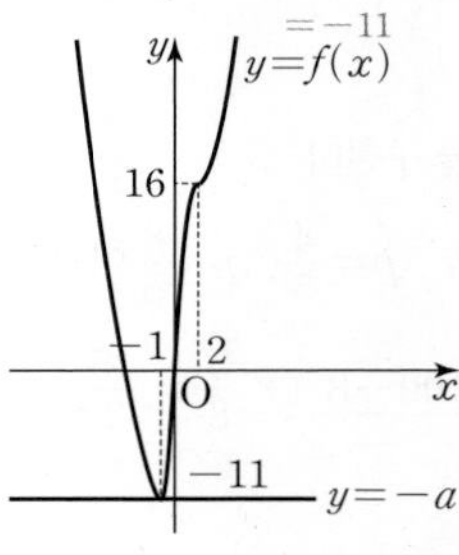

따라서 부등식 $f(x)\geq-a$가 모든 실수 x에 대하여 항상 성립하려면

$-a\leq-11$ $\quad\therefore a\geq11$ → 직선이 곡선보다 아래에 있거나 접해야 한다.

그러므로 a의 최솟값은 11이다.

20 [정답률 21%]

정답 240

Step 1 $f(-x)=-f(x)$임을 이용하여 함수 $f(x)$의 그래프와 x축이 만나는 점의 개수를 파악한다.

삼차함수 $f(x)$는 최고차항의 계수가 1이고 모든 실수 x에 대하여 $f(-x)=-f(x)$를 만족시키므로 함수 $f(x)$의 그래프는 원점에 대하여 대칭이다. → $f(x)=x^3+ax$의 꼴

즉, 함수 $f(x)$의 그래프와 x축이 만나는 점의 개수는 1 또는 3이다.

Step 2 곡선 $y=f(x)$와 x축이 만나는 점의 개수가 1인 경우를 생각한다.

(i) 곡선 $y=f(x)$와 x축이 만나는 점의 개수가 1일 때,
모든 양수 t에 대하여 $g(t)=2$이므로 $g(t)$는 양의 실수 전체의 집합에서 연속이다. → 함수 $g(t)$는 불연속점이 존재해야 하므로 문제의 조건에 모순이다.

Step 3 곡선 $y=f(x)$와 x축이 만나는 점의 개수가 3인 경우를 생각한다.

(ii) 곡선 $y=f(x)$와 x축이 만나는 점의 개수가 3일 때, → 곡선 $y=f(x)$가 x축과 세 점에서 만나므로 인수분해하기 쉽도록 $f(x)=x^3-a^2x$로 두었다.

$f(x)=x^3-a^2x=x(x-a)(x+a)$ $(a>0)$라 하자.

함수 $f(x)$의 $x=a$에서의 접선의 기울기에 따라 경우를 나누어 보면

① $f'(a)\leq2$일 때,
모든 양수 t에 대하여 $g(t)=2$이므로 함수 $g(t)$는 양의 실수 전체의 집합에서 연속이다.

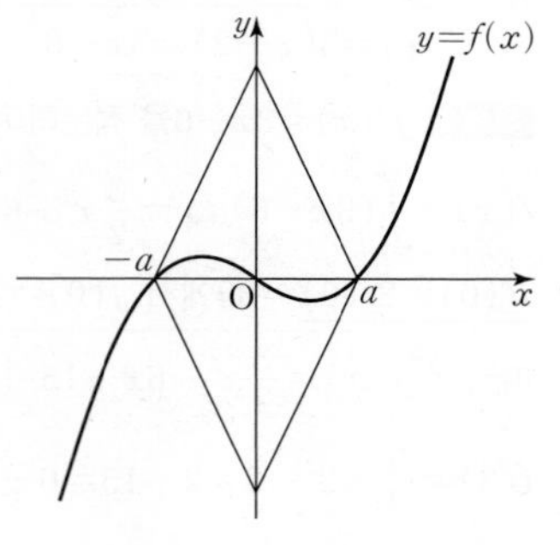

② $f'(a)>2$일 때,
함수 $g(t)$가 $t=\alpha$에서 불연속이므로
$a=\alpha$ → 마름모와 곡선 $y=f(x)$가 접할 때 함수 $g(t)$가 불연속이기 때문이다.
함수 $g(t)$가 $t=8$에서 불연속이므로
직선 $y=2x-16$은
곡선 $y=f(x)$에 접한다.
직선 $y=2x-16$이 곡선 $y=f(x)$에 접하는 점의 x좌표를 $k(0<k<\alpha)$라 하면

$k^3-a^2k=2k-16$ …… ㉠

$f'(x)=3x^2-a^2$에서 $f'(k)=3k^2-a^2=2$ …… → 직선 $y=2x-16$의 기울기와 같다.

$a^2=3k^2-2$ …… ㉡

㉠, ㉡에서 $k^3-(3k^2-2)k=2k-16$, $k^3=8$

$\therefore k=2$, $a^2=\alpha^2=3\times2^2-2=10$

$\therefore f(x)=x^3-10x$ → $a=\alpha$이므로 $a^2=\alpha^2$

(i), (ii)에 의하여 $\alpha^2\times f(4)=10\times(4^3-10\times4)=240$

21 [정답률 6%]

정답 170

Step 1 조건 (가), (나)를 이용하여 m이 홀수임을 알아낸다.

조건 (나)에서 $a_{2m}=-a_m$, $a_m+md=-a_m$

$\therefore 2a_m=-md$ → 2의 배수, 즉 짝수

따라서 m, d 중 적어도 하나는 짝수이다.

m이 짝수, 즉 $m=2p$ (p는 자연수)라 하면

$a_{2m}+a_m=a_{4p}+a_{2p}$ → $a_1+(4p-1)d$, $a_1+(2p-1)d$

$=2\{a_1+(3p-1)d\}$

$=2a_{3p}=0$

이므로 조건 (가)에 모순이다. → $a_n\neq0$이므로 a_{3p}는 0이 될 수 없다.

그러므로 m은 홀수, d는 짝수이다.

Step 2 $\sum_{k=m}^{2m}|a_k|$의 값을 계산한다.

$m=2q-1$ (q는 자연수)이라 하면

$a_{4q-2}=-a_{2q-1}$에서 → $a_{2m}=-a_m$에 $m=2q-1$ 대입

$a_{3q-1}=a_{4q-2}-(q-1)d$

$=-a_{2q-1}-(q-1)d$

$=-a_{3q-2}$ → $-\{a_{2q-1}+(q-1)d\}=-a_{(2q-1)+(q-1)}$

이고 $d>0$이므로 $1\leq n\leq3q-2$일 때 $a_n<0$, $n\geq3q-1$일 때 $a_n>0$이다.

$$\sum_{k=m}^{2m}|a_k|=\sum_{k=2q-1}^{4q-2}|a_k|$$
$$=-a_{2q-1}-a_{2q}-a_{2q+1}-\cdots-a_{3q-2}+a_{3q-1}+a_{3q}+a_{3q+1}+\cdots+a_{4q-2}$$
$$=-a_{2q-1}-(a_{2q-1}+d)-(a_{2q-1}+2d)-\cdots-\{a_{2q-1}+(q-1)d\}+(a_{2q-1}+qd)+\{a_{2q-1}+(q+1)d\}+\cdots+\{a_{2q-1}+(2q-1)d\}$$
→ $a_{2q-1}+\bigcirc$의 형태로 모두 변형했다.
$$=-\frac{q(q-1)}{2}d+\frac{q\{q+(2q-1)\}}{2}d$$
→ $-\{1+2+3+\cdots+(q-1)\}d+\{q+(q+1)+(q+2)+\cdots+(2q-1)\}d$
$$=q^2d=128$$

q는 자연수이고 d는 짝수이므로 모든 순서쌍 (q, d)는 $(1, 128)$, $(2, 32)$, $(4, 8)$, $(8, 2)$이다. → $1^2\times128$, $2^2\times32$, $4^2\times8$, $8^2\times2$

따라서 모든 d의 값의 합은 $2+8+32+128=170$이다.

22 [정답률 9%]

정답 30

Step 1 $g'(x)$를 구한다.

$g(x)=\int_0^x\{f'(t+a)\times f'(t-a)\}dt$의 양변을 x에 대하여 미분하면

$g'(x)=f'(x+a)\times f'(x-a)$ → $f(x)$가 최고차항의 계수가 1인 삼차함수이기 때문이다.

$f'(x)$는 최고차항의 계수가 3인 이차함수이므로 방정식 $f'(x)=0$의 서로 다른 실근의 개수는 0 또는 1 또는 2이다.

Step 2 방정식 $f'(x)=0$의 서로 다른 실근의 개수가 0 또는 1일 때를 알아본다.

→ 이차함수 $f'(x)$의 그래프는 x축과 접하거나 x축보다 위에 있다.

(i) 방정식 $f'(x)=0$의 서로 다른 실근의 개수가 0 또는 1인 경우
모든 실수 x에 대하여 $f'(x)\geq 0$이므로
$g'(x)=f'(x+a)\times f'(x-a)\geq 0$
함수 $g(x)$는 극값을 갖지 않으므로 조건을 만족시키지 않는다.

Step 3 방정식 $f'(x)=0$의 서로 다른 실근의 개수가 2일 때를 알아본다.

(ii) 방정식 $f'(x)=0$의 서로 다른 실근의 개수가 2인 경우
$f'(x)=3(x-\alpha)(x-\beta)$ $(\alpha<\beta)$라 하자.
→ $f'(x)=0$의 해를 $x=\alpha$, $x=\beta$로 두었다.

① $\alpha+a<\beta-a$일 때
두 함수 $y=f'(x+a)$, $y=f'(x-a)$의 그래프의 개형은 다음 그림과 같다.

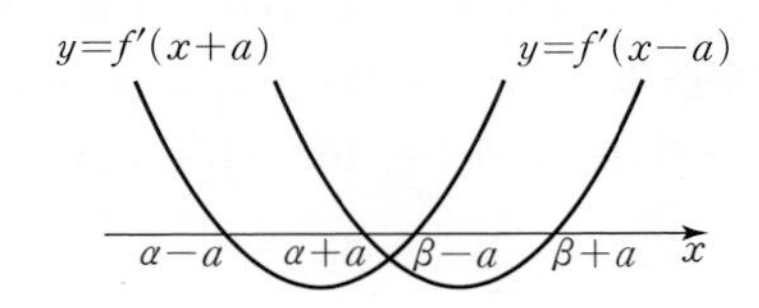

함수 $g(x)$의 증가와 감소를 표로 나타내면

x	$\cdots$	$\alpha-a$	$\cdots$	$\alpha+a$	$\cdots$	$\beta-a$	$\cdots$	$\beta+a$	$\cdots$
$f'(x+a)$	+	0	−	−	−	0	+	+	+
$f'(x-a)$	+	+	+	0	−	−	−	0	+
$g'(x)$	+	0	−	0	+	0	−	0	+
$g(x)$	↗	극대	↘	극소	↗	극대	↘	극소	↗

함수 $g(x)$는 $x=\alpha-a$, $x=\alpha+a$, $x=\beta-a$, $x=\beta+a$에서 극값을 가지므로 조건을 만족시키지 않는다.
→ 함수 $g(x)$는 서로 다른 두 점에서만 극값을 가져야 한다.

② $\alpha+a=\beta-a$일 때
두 함수 $y=f'(x+a)$, $y=f'(x-a)$의 그래프의 개형은 다음 그림과 같다.

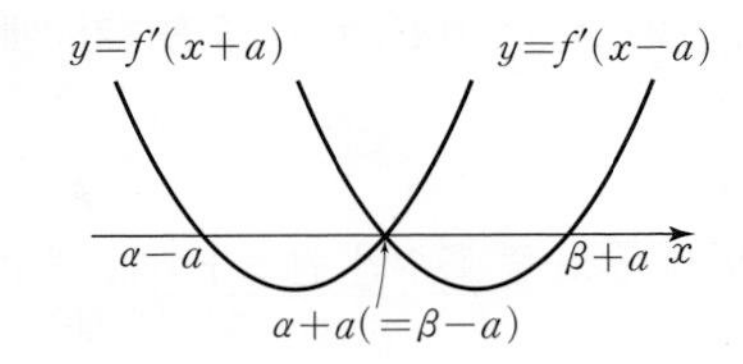

함수 $g(x)$의 증가와 감소를 표로 나타내면

x	$\cdots$	$\alpha-a$	$\cdots$	$\alpha+a$ $(=\beta-a)$	$\cdots$	$\beta+a$	$\cdots$
$f'(x+a)$	+	0	−	0	+	+	+
$f'(x-a)$	+	+	+	0	−	0	+
$g'(x)$	+	0	−	0	−	0	+
$g(x)$	↗	극대	↘		↘	극소	↗

$\alpha+a=\beta-a$이므로 $\beta-\alpha=2a$이고, 함수 $g(x)$는 $x=\alpha-a$, $x=\beta+a$에서만 극값을 가지므로
→ $\frac{1}{2}$, → $\frac{13}{2}$

$(\beta+a)-(\alpha-a)=\frac{13}{2}-\frac{1}{2}=6$

$(\beta-\alpha)+2a=4a=6$
→ $2a$

$\therefore a=\frac{3}{2}$

그러므로 $\alpha-\frac{3}{2}=\frac{1}{2}$에서 $\alpha=2$이고, $\beta+\frac{3}{2}=\frac{13}{2}$에서 $\beta=5$이다.

→ ①의 경우와 같은 이유로 조건을 만족시키지 않는다.

③ $\beta-a<\alpha+a$일 때
두 함수 $y=f'(x+a)$, $y=f'(x-a)$의 그래프의 개형은 그림과 같다.

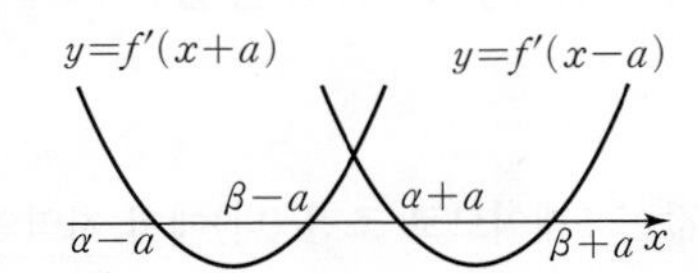

함수 $g(x)$의 증가와 감소를 표로 나타내면

x	$\cdots$	$\alpha-a$	$\cdots$	$\beta-a$	$\cdots$	$\alpha+a$	$\cdots$	$\beta+a$	$\cdots$
$f'(x+a)$	+	0	−	0	+	+	+	+	+
$f'(x-a)$	+	+	+	+	+	0	−	0	+
$g'(x)$	+	0	−	0	+	0	−	0	+
$g(x)$	↗	극대	↘	극소	↗	극대	↘	극소	↗

함수 $g(x)$는 $x=\alpha-a$, $x=\beta-a$, $x=\alpha+a$, $x=\beta+a$에서 극값을 가지므로 조건을 만족시키지 않는다.

(i), (ii)에 의하여 $f'(x)=3(x-2)(x-5)$
→ $\alpha=2$, $\beta=5$

$f(x)=\int(3x^2-21x+30)dx$

$=x^3-\frac{21}{2}x^2+30x+C$ (단, C는 적분상수)

$f(0)=-\frac{1}{2}$이므로 $f(x)=x^3-\frac{21}{2}x^2+30x-\frac{1}{2}$

$\therefore a\times f(1)=\frac{3}{2}\times\left(1-\frac{21}{2}+30-\frac{1}{2}\right)=30$

확률과 통계

23 [정답률 82%]

정답 ④

Step 1 중복조합을 계산한다.

${}_{n}H_2={}_{n+2-1}C_2={}_{9}C_2$에서 $n+1=9$ $\quad\therefore n=8$
→ ${}_{n}H_r={}_{n+r-1}C_r$

24 [정답률 76%]

정답 ②

Step 1 다항식 $(x+2)^n$의 전개식의 일반항을 이용하여 x^2의 계수와 x^3의 계수를 각각 구한다.

다항식 $(x+2)^n$의 전개식에서 일반항은 ${}_{n}C_r x^r 2^{n-r}$
x^2의 계수는 $r=2$일 때이므로 ${}_{n}C_2\times 2^{n-2}$
x^3의 계수는 $r=3$일 때이므로 ${}_{n}C_3\times 2^{n-3}$

Step 2 x^2의 계수와 x^3의 계수가 같음을 이용하여 n의 값을 구한다.

${}_{n}C_2\times 2^{n-2}={}_{n}C_3\times 2^{n-3}$
→ $2\times 2^{n-3}$

$\frac{n(n-1)}{2}\times 2=\frac{n(n-1)(n-2)}{3\times 2\times 1}$
→ 양변을 2^{n-3}으로 나누었다.

$1=\frac{n-2}{6}$ $\quad\therefore n=8$

25 [정답률 80%]

정답 ③

Step 1 x의 값의 범위에 따라 함수 $f: X\longrightarrow Y$의 개수를 구한다.

(i) $x\leq 3$일 때
→ 어느 값을 택해도 $x\times f(x)$의 값이 10을 초과하지 않는다.
$x\times f(x)\leq 10$을 만족시키는 $f(x)$의 값은 1 또는 2 또는 3이다.
$f(1)$, $f(2)$, $f(3)$의 값을 정하는 경우의 수는 서로 다른 3개에서 3개를 택하는 중복순열의 수와 같으므로 ${}_{3}\Pi_3=3^3=27$
→ ${}_{n}\Pi_r=n^r$

(ii) $x\geq 4$일 때
→ $4\times 3=12$, $5\times 3=15$이므로 $f(x)\neq 3$이다.
$x\times f(x)\leq 10$을 만족시키는 $f(x)$의 값은 1 또는 2이다.
$f(4)$, $f(5)$의 값을 정하는 경우의 수는 서로 다른 2개에서 2개를 택하는 중복순열의 수와 같으므로 ${}_{2}\Pi_2=2^2=4$

따라서 (i), (ii)에 의하여 구하는 함수 f의 개수는 $27\times 4=108$

26 [정답률 73%]

정답 ⑤

Step 1 원순열을 이용하여 경우의 수를 구한다.

조건 (가)에서 4명의 1학년 학생과 4명의 2학년 학생은 원 모양의 탁자에 교대로 둘러앉아야 한다.
→ 1학년 학생끼리는 이웃하면 안되므로 1학년 학생 사이에 2학년 학생이 앉아야 한다.
4명의 1학년 학생이 앉는 경우의 수는 서로 다른 4개를 원형으로

배열하는 원순열의 수와 같으므로

$(4-1)!=6$ → $3!=3\times2\times1$

조건 (나)에서 A와 B는 이웃하므로

학생 B가 앉는 경우의 수는 2

학생 B를 제외한 3명의 2학년 학생이 앉는 경우의 수는 $3!=6$

따라서 구하는 경우의 수는 $6\times2\times6=72$

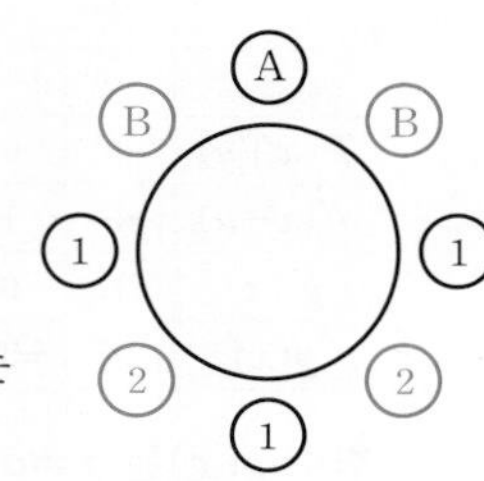

27 [정답률 47%]

정답 ①

Step 1 숫자 1이 적힌 상자에 문자 A가 적힌 공을 넣는 경우를 생각한다.

조건 (가)에서 숫자 1이 적힌 상자에는 문자 A 또는 B가 적힌 공을 넣어야 한다.

(i) 숫자 1이 적힌 상자에 문자 A가 적힌 공을 넣는 경우

구하는 경우의 수는 문자 B, B, C를 X, X, X로 놓고 5개의 문자 D, D, X, X, X를 일렬로 나열한 후 X의 자리에 순서대로 B, B, C 또는 B, C, B를 나열하는 경우의 수와 같으므로 → C, B, B는 조건 (나)에 모순이다.

$\dfrac{5!}{2!\times3!}\times2=20$ → D, D, X, X, X를 일렬로 나열하는 경우의 수

Step 2 숫자 1이 적힌 상자에 문자 B가 적힌 공을 넣는 경우를 생각한다.

(ii) 숫자 1이 적힌 상자에 문자 B가 적힌 공을 넣는 경우

구하는 경우의 수는 5개의 문자 A, B, C, D, D를 일렬로 나열하는 경우의 수와 같으므로 $\dfrac{5!}{2!}=60$ → 이미 문자 B가 적힌 공이 숫자 1이 적힌 상자에 들어갔으므로 조건 (나)를 만족시킨다.

따라서 (i), (ii)에 의하여 구하는 경우의 수는 $20+60=80$ → D가 2개 있으므로 2!로 나누었다.

28 [정답률 50%]

정답 ④

Step 1 조건 (가), (나)를 이용하여 $a+c+e$의 값의 범위를 구한다.

조건 (가)에서 $-b-d=a+c+e-10$

조건 (나)에서 $-2\le a-b+c-d+e\le2$이므로

$8\le2(a+c+e)\le12$ → $a+c+e-b-d=2(a+c+e)-10$

$\therefore 4\le a+c+e\le6$

Step 2 $a+c+e$의 값에 따라 경우를 나누어 순서쌍의 개수를 구한다.

(i) $a+c+e=4$일 때

$b+d=6$이고, 구하는 모든 순서쌍 (a, b, c, d, e)의 개수는 두 방정식 $a+c+e=4$, $b+d=6$을 만족시키는 음이 아닌 정수해의 개수와 같으므로

${}_3H_4\times{}_2H_6={}_6C_4\times{}_7C_6=15\times7=105$

(ii) $a+c+e=5$일 때 → ${}_nH_r={}_{n+r-1}C_r$

$b+d=5$이고, 구하는 모든 순서쌍 (a, b, c, d, e)의 개수는 두 방정식 $a+c+e=5$, $b+d=5$를 만족시키는 음이 아닌 정수해의 개수와 같으므로

${}_3H_5\times{}_2H_5={}_7C_5\times{}_6C_5=21\times6=126$ → $={}_7C_2=\dfrac{7\times6}{2\times1}$

(iii) $a+c+e=6$일 때 → $b+d=10-(a+c+e)=10-6=4$

$b+d=4$이고, 구하는 모든 순서쌍 (a, b, c, d, e)의 개수는 두 방정식 $a+c+e=6$, $b+d=4$를 만족시키는 음이 아닌 정수해의 개수와 같으므로

${}_3H_6\times{}_2H_4={}_8C_6\times{}_5C_4=28\times5=140$ → $={}_8C_2=\dfrac{8\times7}{2\times1}$

따라서 (i)~(iii)에 의하여 구하는 순서쌍의 개수는

$105+126+140=371$

29 [정답률 29%]

정답 115

Step 1 모든 경우의 수를 구한다.

숫자 0은 만의 자리에 올 수 없으므로 만의 자리의 수가 될 수 있는 숫자는 1 또는 2 → 다섯 자리의 자연수이어야 한다.

남은 네 자리의 수를 정하는 경우의 수는 서로 다른 3개에서 4개를 택하는 중복순열의 수와 같으므로 ${}_3\Pi_4=3^4=81$ → ${}_n\Pi_r=n^r$

따라서 다섯 자리의 자연수를 만드는 모든 경우의 수는

$2\times81=162$ → 만의 자리의 수를 정하는 경우의 수

Step 2 숫자 0 또는 1을 선택하지 않는 경우의 수를 구한다.

(i) 숫자 0을 선택하지 않고 다섯 자리의 자연수를 만드는 경우

1, 2의 2개에서 5개를 택하는 중복순열의 수와 같으므로

${}_2\Pi_5=2^5=32$ → 만의 자리에 올 수 있는 수를 고려하지 않아도 된다.

(ii) 숫자 1을 선택하지 않고 다섯 자리의 자연수를 만드는 경우

만의 자리의 수가 될 수 있는 숫자는 2 → 경우의 수는 1이다.

남은 네 자리의 수를 정하는 경우의 수는 서로 다른 2개에서 4개를 택하는 중복순열의 수와 같으므로 ${}_2\Pi_4=2^4=16$ → 숫자 0, 2

따라서 구하는 경우의 수는 $1\times16=16$

(iii) 숫자 0, 1을 모두 선택하지 않고 다섯 자리의 자연수를 만드는 경우 구하는 경우의 수는 자연수 22222의 1개이다.

(i)~(iii)에 의하여 숫자 0 또는 1을 선택하지 않고 만든 다섯 자리의 자연수의 개수는 $32+16-1=47$

따라서 구하는 자연수의 개수는 $162-47=115$ → 여사건을 이용했다.

30 [정답률 12%]

정답 720

Step 1 $f(1)$, $f(2)$, $f(3)$, $f(4)$, $f(5)$ 중 홀수가 0개 있을 경우를 생각한다.

함수 $f: X \longrightarrow X$의 개수는 $f(1)$, $f(2)$, $f(3)$, $f(4)$, $f(5)$의 값을 정하는 경우와 같다.

조건 (가)에서 $f(1)$, $f(2)$, $f(3)$, $f(4)$, $f(5)$ 중 홀수의 개수를 k라 하면 $k=0$ 또는 $k=2$ 또는 $k=4$이다.

(i) $k=0$일 때,

집합 X의 원소 중 짝수는 2개뿐이므로 조건 (나)를 만족시키지 않는다. → 함수 f의 치역의 원소의 개수가 3이어야 한다.

Step 2 $f(1)$, $f(2)$, $f(3)$, $f(4)$, $f(5)$ 중 홀수가 2개 있을 경우를 생각한다.

(ii) $k=2$일 때,

① 치역의 세 원소 중 홀수인 원소가 1개, 짝수인 원소가 2개인 경우 → 홀수인 두 함숫값이 서로 같을 때

집합 X의 원소 1, 2, 3, 4, 5 중에서 홀수 1개와 짝수 2개를 선택하는 경우의 수는 ${}_3C_1\times{}_2C_2=3$ → 홀수 1, 3, 5 중 1개를 선택하는 경우의 수

치역의 세 원소 중 홀수를 a, 두 짝수를 b, c라 하면 $f(1)$, $f(2)$, $f(3)$, $f(4)$, $f(5)$의 값을 정하는 경우의 수는 문자 a, a, b, c, c 또는 문자 a, a, b, b, c를 일렬로 나열하는 경우의 수와 같으므로

$\dfrac{5!}{2!\times2!}+\dfrac{5!}{2!\times2!}=60$ → 같은 것이 있는 순열

따라서 함수의 개수는 $3\times60=180$

② 치역의 세 원소 중 홀수인 원소가 2개, 짝수인 원소가 1개인 경우 → 홀수인 두 함숫값이 서로 다를 때

집합 X의 원소인 1, 2, 3, 4, 5 중에서 홀수 2개와 짝수 1개를 선택하는 경우의 수는 ${}_3C_2\times{}_2C_1=6$ → 짝수 2, 4 중 1개를 선택하는 경우의 수

치역의 세 원소 중 두 홀수를 a, b, 짝수를 c라 하면 $f(1)$, $f(2)$, $f(3)$, $f(4)$, $f(5)$의 값을 정하는 경우의 수는 문자 a, b, c, c, c를 일렬로 나열하는 경우의 수와 같으므로

$\dfrac{5!}{3!}=20$ → c가 3개 있다.

따라서 함수의 개수는 $6\times20=120$

Step 3 $f(1)$, $f(2)$, $f(3)$, $f(4)$, $f(5)$ 중 홀수가 4개 있을 경우를 생각한다.

(iii) $k=4$일 때,

짝수인 함숫값이 1개이므로 조건 (나)에서 치역의 세 원소 중 홀수인 원소는 2개, 짝수인 원소는 1개이다. → 치역의 원소의 개수는 3이어야 한다.

집합 X의 원소인 1, 2, 3, 4, 5 중에서 홀수 2개와 짝수 1개를 선택하는 경우의 수는 ${}_3C_2\times{}_2C_1=6$ → 홀수 1, 3, 5 중 2개를 선택하는 경우의 수

치역의 세 원소 중 두 홀수를 a, b, 짝수를 c라 하면 $f(1)$, $f(2)$, $f(3)$, $f(4)$, $f(5)$의 값을 정하는 경우의 수는 문자 a, b,

b, b, c 또는 문자 a, a, b, b, c 또는 문자 a, a, a, b, c를 일렬로 나열하는 경우의 수와 같으므로

$\frac{5!}{3!}+\frac{5!}{2!\times2!}+\frac{5!}{3!}=70$ → 문자 a, a, b, b, c를 일렬로 나열하는 경우의 수

따라서 함수의 개수는 $6\times70=420$

(i)~(iii)에 의하여 구하는 함수 f의 개수는 $180+120+420=720$

미적분

23 [정답률 89%] 정답 ⑤

Step 1 $f'(x)$를 구한다.

$f'(x)=e^x+(x+a)e^x=(x+a+1)e^x$ → 곱의 미분법을 이용

$f'(2)=(a+3)e^2=8e^2$ $\therefore a=5$

24 [정답률 92%] 정답 ①

Step 1 $\sec\theta=\frac{1}{\cos\theta}$임을 이용한다.

$\sec\theta=\frac{1}{\cos\theta}$에서 $\cos\theta=\frac{3}{\sqrt{10}}$

$\therefore \sin^2\theta=1-\cos^2\theta=1-\left(\frac{3}{\sqrt{10}}\right)^2=\frac{1}{10}$

→ $\sin^2\theta+\cos^2\theta=1$에서 $\sin^2\theta=1-\cos^2\theta$

25 [정답률 85%] 정답 ③

Step 1 로그함수의 극한을 계산한다.

$$\lim_{x\to0+}\frac{\ln(2x^2+3x)-\ln 3x}{x}$$
$$=\lim_{x\to0+}\frac{\ln\frac{2x^2+3x}{3x}}{x}$$
$$=\lim_{x\to0+}\frac{\ln\left(1+\frac{2x}{3}\right)}{x}$$
$$=\frac{2}{3}\times\lim_{x\to0+}\frac{\ln\left(1+\frac{2x}{3}\right)}{\frac{2x}{3}}$$
$$=\frac{2}{3}\times1=\frac{2}{3}$$

→ $\lim_{\Delta\to0+}\frac{\ln(1+\Delta)}{\Delta}=1$임을 이용

26 [정답률 72%] 정답 ④

Step 1 x의 값의 범위에 따라 경우를 나누어 $f(x)$를 구한다.

(i) $\left|\frac{x}{2}\right|>1$, 즉 $|x|>2$일 때,

$$f(x)=\lim_{n\to\infty}\frac{3\times\left(\frac{x}{2}\right)^{2n+1}-1}{\left(\frac{x}{2}\right)^{2n}+1}$$
$$=\lim_{n\to\infty}\frac{3\times\frac{x}{2}-\left(\frac{2}{x}\right)^{2n}}{1+\left(\frac{2}{x}\right)^{2n}}$$

→ 분모, 분자를 각각 $\left(\frac{x}{2}\right)^{2n}$으로 나누었다.

$$=\frac{\frac{3}{2}x-0}{1+0}=\frac{3}{2}x$$

→ $\lim_{n\to\infty}\left(\frac{2}{x}\right)^{2n}=0$

(ii) $\left|\frac{x}{2}\right|<1$, 즉 $|x|<2$일 때, $f(x)=\frac{3\times0-1}{0+1}=-1$

→ $\lim_{n\to\infty}\left(\frac{x}{2}\right)^{2n}=0$, $\lim_{n\to\infty}\left(\frac{x}{2}\right)^{2n+1}=0$

(iii) $\frac{x}{2}=1$, 즉 $x=2$일 때, $f(2)=\frac{3-1}{1+1}=1$

(iv) $\frac{x}{2}=-1$, 즉 $x=-2$일 때, $f(-2)=\frac{3\times(-1)-1}{1+1}=-2$

→ $\left(\frac{x}{2}\right)^{2n}=(-1)^{2n}=1$, $\left(\frac{x}{2}\right)^{2n+1}=(-1)^{2n+1}=-$

(i)~(iv)에 의하여 $f(x)=\begin{cases}\frac{3}{2}x & (|x|>2)\\ -1 & (|x|<2)\\ 1 & (x=2)\\ -2 & (x=-2)\end{cases}$

Step 2 $f(k)=k$를 만족시키는 k의 값을 모두 구한다.

함수 $y=f(x)$의 그래프는 다음과 같다.

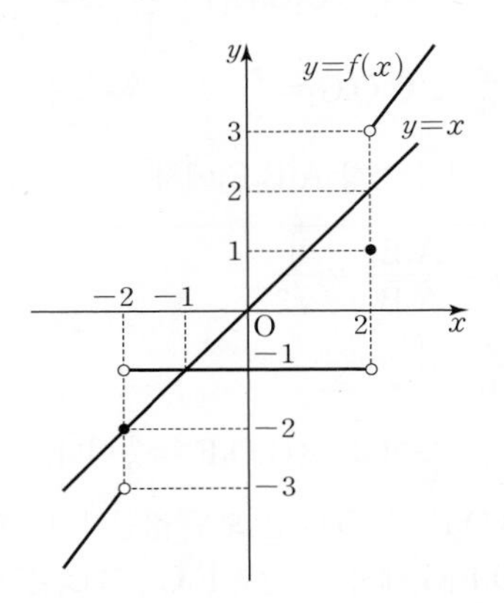

따라서 $f(k)=k$를 만족시키는 모든 실수 k의 값의 합은

$-2+(-1)=-3$

→ 그래프에서 알 수 있다.

27 [정답률 68%] 정답 ②

Step 1 a_n을 구한다.

$y=x^2-2nx-2n$과 $y=x+1$을 연립하면

$x^2-(2n+1)x-(2n+1)=0$ …… ㉠

두 점 P_n, Q_n의 x좌표를 각각 p_n, q_n이라 하면 p_n, q_n은 이차방정식 ㉠의 두 근이다.

이차방정식의 근과 계수의 관계에 의하여

$p_n+q_n=2n+1$, $p_nq_n=-2n-1$

이때 직선 $y=x+1$이 x축의 양의 방향과 이루는 각의 크기가 $\frac{\pi}{4}$이므로 선분 $\mathrm{P}_n\mathrm{Q}_n$을 대각선으로 하는 정사각형의 각 변은 x축 또는 y축과 평행하다.

$\therefore a_n=(p_n-q_n)^2$ → 선분 $\mathrm{P}_n\mathrm{Q}_n$을 대각선으로 하는 정사각형의 한 변의 길이는 $|p_n-q_n|$

$=(p_n+q_n)^2-4p_nq_n$

$=(2n+1)^2-4(-2n-1)$

$=4n^2+12n+5$

$=(2n+1)(2n+5)$

Step 2 $\sum_{n=1}^{\infty}\frac{1}{a_n}$의 값을 구한다.

$$\sum_{n=1}^{\infty}\frac{1}{a_n}=\sum_{n=1}^{\infty}\frac{1}{(2n+1)(2n+5)}$$

→ $\frac{1}{AB}=\frac{1}{B-A}\left(\frac{1}{A}-\frac{1}{B}\right)$

$$=\sum_{n=1}^{\infty}\frac{1}{4}\left(\frac{1}{2n+1}-\frac{1}{2n+5}\right)$$
$$=\frac{1}{4}\lim_{n\to\infty}\left\{\left(\frac{1}{3}-\frac{1}{7}\right)+\left(\frac{1}{5}-\frac{1}{9}\right)+\left(\frac{1}{7}-\frac{1}{11}\right)+\cdots+\left(\frac{1}{2n-1}-\frac{1}{2n+3}\right)+\left(\frac{1}{2n+1}-\frac{1}{2n+5}\right)\right\}$$
$$=\frac{1}{4}\lim_{n\to\infty}\left(\frac{1}{3}+\frac{1}{5}-\frac{1}{2n+3}-\frac{1}{2n+5}\right)$$
$$=\frac{1}{4}\times\frac{8}{15}=\frac{2}{15}$$

→ $\lim_{n\to\infty}\frac{1}{2n+3}=0$, $\lim_{n\to\infty}\frac{1}{2n+5}=0$

→ $\frac{1}{3}+\frac{1}{5}=\frac{8}{15}$

28 [정답률 39%]

정답 ②

Step 1 S_1의 값을 구한다.

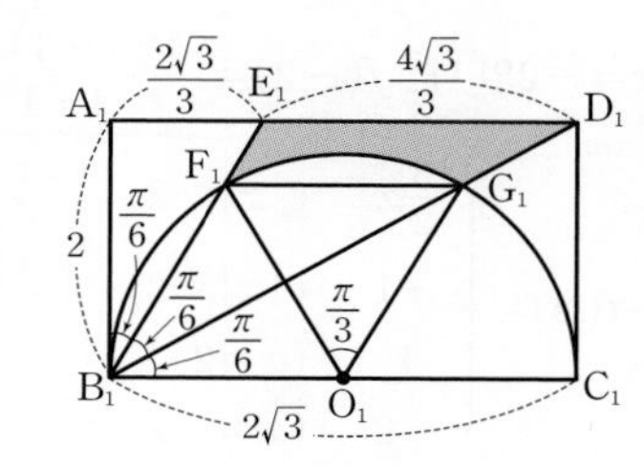

선분 B_1C_1의 중점을 O_1이라 하자.

삼각형 $B_1C_1D_1$에서 $\tan(\angle C_1B_1D_1)=\dfrac{\overline{C_1D_1}}{\overline{B_1C_1}}=\dfrac{1}{\sqrt{3}}$ ($\dfrac{2}{2\sqrt{3}}$)

$\therefore \angle C_1B_1G_1=\dfrac{\pi}{6}$, $\angle C_1O_1G_1=\dfrac{\pi}{3}$

$\overline{A_1E_1}=\dfrac{2\sqrt{3}}{3}$이므로 삼각형 $A_1B_1E_1$에서 ($\frac{1}{3}\overline{A_1D_1}$)

$\tan(\angle E_1B_1A_1)=\dfrac{\overline{A_1E_1}}{\overline{A_1B_1}}=\dfrac{1}{\sqrt{3}}$ ($\dfrac{\frac{2\sqrt{3}}{3}}{2}$)

$\therefore \angle E_1B_1A_1=\dfrac{\pi}{6}$

따라서 $\angle G_1B_1F_1=\dfrac{\pi}{6}$이고, $\angle G_1O_1F_1=\dfrac{\pi}{3}$이다.

즉, 두 삼각형 $B_1O_1F_1$, $F_1O_1G_1$은 모두 정삼각형이므로 $\angle F_1O_1B_1=\angle O_1F_1G_1$에서 두 선분 F_1G_1, B_1C_1은 서로 평행하다. (엇각의 크기가 서로 같다.)

두 삼각형 $B_1G_1F_1$, $F_1O_1G_1$의 넓이는 서로 같으므로 색칠된 부분의 넓이는 삼각형 $E_1B_1D_1$의 넓이에서 부채꼴 $F_1O_1G_1$의 넓이를 뺀 것과 같다. (밑변의 길이가 $\overline{F_1G_1}$로 같고 높이도 서로 같다.)

($\overline{E_1D_1}=\frac{2}{3}\overline{A_1D_1}=\frac{2}{3}\times 2\sqrt{3}=\frac{4\sqrt{3}}{3}$)

$\therefore S_1=\left(\dfrac{1}{2}\times\dfrac{4\sqrt{3}}{3}\times 2\right)-\left\{\dfrac{1}{2}\times(\sqrt{3})^2\times\dfrac{\pi}{3}\right\}=\dfrac{4\sqrt{3}}{3}-\dfrac{\pi}{2}$ (반원의 반지름의 길이)

Step 2 a_n과 a_{n+1}의 비를 구한다.

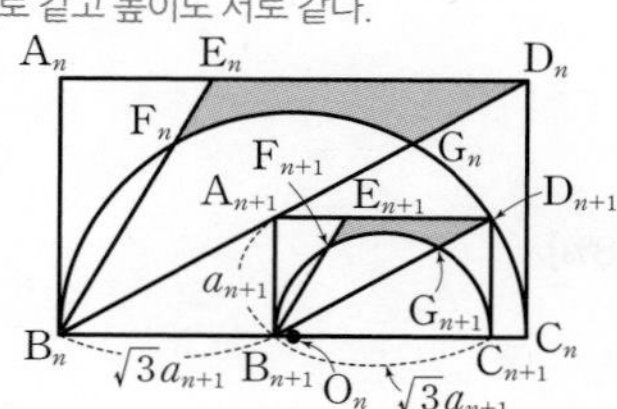

선분 B_nC_n의 중점을 O_n이라 하고 $\overline{A_nB_n}=a_n$, $\overline{A_{n+1}B_{n+1}}=a_{n+1}$이라 하면

$\overline{B_nC_n}=\sqrt{3}a_n$, $\overline{B_{n+1}C_{n+1}}=\sqrt{3}a_{n+1}$

직각삼각형 $B_nB_{n+1}A_{n+1}$에서 $\tan\dfrac{\pi}{6}=\dfrac{\overline{A_{n+1}B_{n+1}}}{\overline{B_nB_{n+1}}}$ ($\frac{\sqrt{3}}{3}$)

$\therefore \overline{B_nB_{n+1}}=\sqrt{3}a_{n+1}$

$\overline{B_nC_{n+1}}=\overline{B_nB_{n+1}}+\overline{B_{n+1}C_{n+1}}=2\sqrt{3}a_{n+1}$

직각삼각형 $O_nC_{n+1}D_{n+1}$에서 $\overline{O_nC_{n+1}}^2+\overline{C_{n+1}D_{n+1}}^2=\overline{O_nD_{n+1}}^2$

이때 $\overline{O_nD_{n+1}}=\dfrac{\sqrt{3}}{2}a_n$이므로 (선분 B_nC_n을 지름으로 하는 반원의 반지름의 길이와 같다.)

$\left(2\sqrt{3}a_{n+1}-\dfrac{\sqrt{3}}{2}a_n\right)^2+a_{n+1}^2=\left(\dfrac{\sqrt{3}}{2}a_n\right)^2$ ($\overline{B_nC_{n+1}}-\overline{B_nO_n}$)

$13a_{n+1}^2-6a_na_{n+1}=0$ ($13a_{n+1}-6a_n=0$)

$\therefore a_{n+1}=\dfrac{6}{13}a_n$ ($\because a_{n+1}\neq 0$)

Step 3 $\lim_{n\to\infty}S_n$의 값을 구한다.

따라서 두 사각형 $A_nB_nC_nD_n$과 $A_{n+1}B_{n+1}C_{n+1}D_{n+1}$의 닮음비가 13 : 6이고 넓이의 비는 169 : 36이다. (닮음비가 $m:n$일 때 넓이의 비는 $m^2:n^2$)

즉, S_n은 첫째항이 $\dfrac{4\sqrt{3}}{3}-\dfrac{\pi}{2}$이고 공비가 $\dfrac{36}{169}$인 등비수열의 첫째항부터 제n항까지의 합이므로

$$\lim_{n\to\infty}S_n=\dfrac{\frac{4\sqrt{3}}{3}-\frac{\pi}{2}}{1-\frac{36}{169}}=\dfrac{169}{798}(8\sqrt{3}-3\pi)$$

29 [정답률 18%]

정답 18

Step 1 두 직선 l_1, l_2가 x축의 양의 방향과 이루는 각의 크기를 각각 α, β라 한 후, 사인법칙을 이용한다.

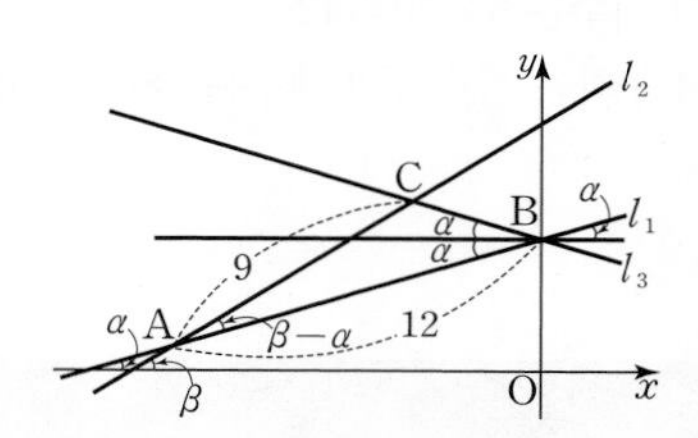

두 직선 l_1, l_2가 x축의 양의 방향과 이루는 각의 크기를 각각 α, β라 하면 $m_1=\tan\alpha$, $m_2=\tan\beta$

$0<m_1<m_2<1$에서 $0<\alpha<\beta<\dfrac{\pi}{4}$

$\angle BAC=\beta-\alpha$이고 직선 l_3은 직선 l_1을 y축에 대하여 대칭이동한 직선이므로 $\angle CBA=2\alpha$ (x축에 평행하고 점 B를 지나는 직선을 그으면 엇각, 동위각, 대칭이동의 성질을 이용하여 구할 수 있다.)

$\angle ACB=\pi-(\beta-\alpha)-2\alpha=\pi-(\alpha+\beta)$

삼각형 ABC에서 사인법칙에 의하여

$\dfrac{9}{\sin 2\alpha}=\dfrac{12}{\sin\{\pi-(\alpha+\beta)\}}=15$ (조건 (나))

$\therefore \sin 2\alpha=\dfrac{3}{5}$, $\sin(\alpha+\beta)=\dfrac{4}{5}$ ($\sin\{\pi-(\alpha+\beta)\}=\sin(\alpha+\beta)$)

Step 2 $\sin 2\alpha=\dfrac{3}{5}$임을 이용하여 $\tan\alpha$의 값을 구한다.

$\sin 2\alpha=\dfrac{3}{5}$이고 $0<2\alpha<\dfrac{\pi}{2}$이므로 ($\cos 2\alpha>0$)

$\cos 2\alpha=\sqrt{1-\left(\dfrac{3}{5}\right)^2}=\dfrac{4}{5}$ ($\sin^2 2\alpha+\cos^2 2\alpha=1$) $\quad\therefore \tan 2\alpha=\dfrac{3}{4}$ ($\frac{\sin 2\alpha}{\cos 2\alpha}$)

$\tan 2\alpha=\tan(\alpha+\alpha)=\dfrac{2\tan\alpha}{1-\tan^2\alpha}=\dfrac{3}{4}$ ($\tan(\alpha+\alpha)=\frac{\tan\alpha+\tan\alpha}{1-\tan\alpha\tan\alpha}=\frac{2\tan\alpha}{1-\tan^2\alpha}$)

$3\tan^2\alpha+8\tan\alpha-3=0$, $(3\tan\alpha-1)(\tan\alpha+3)=0$ (삼각함수의 덧셈정리에 의하여)

$\therefore \tan\alpha=m_1=\dfrac{1}{3}$ ($0<\alpha<\frac{\pi}{4}$이므로 $\tan\alpha>0$이다.)

Step 3 $\sin(\alpha+\beta)=\dfrac{4}{5}$임을 이용하여 $\tan\beta$의 값을 구한다.

$\sin(\alpha+\beta)=\dfrac{4}{5}$이고 $0<\alpha+\beta<\dfrac{\pi}{2}$이므로

$\cos(\alpha+\beta)=\sqrt{1-\left(\dfrac{4}{5}\right)^2}=\dfrac{3}{5}$ ($\sin^2(\alpha+\beta)+\cos^2(\alpha+\beta)=1$)

따라서 $\tan(\alpha+\beta)=\dfrac{4}{3}$에서

$$\tan(\alpha+\beta)=\dfrac{\tan\alpha+\tan\beta}{1-\tan\alpha\tan\beta}=\dfrac{\frac{1}{3}+\tan\beta}{1-\frac{1}{3}\tan\beta}=\dfrac{4}{3}$$

$1+3\tan\beta=4-\dfrac{4}{3}\tan\beta$ ($\frac{13}{3}\tan\beta=3$)

$\therefore \tan\beta=m_2=\dfrac{9}{13}$

따라서 $78\times m_1\times m_2=78\times\dfrac{1}{3}\times\dfrac{9}{13}=18$이다.

30 [정답률 5%]

정답 135

Step 1 $f'(x)=0$을 만족시키는 두 실수 α, β 사이의 관계를 알아본다.

조건 (가)를 이용하자.

$f(x)=a\cos x+x\sin x+b$에서 (곱의 미분법)

$f'(x)=-a\sin x+\sin x+x\cos x$

$\quad=(1-a)\sin x+x\cos x=0$

$x\cos x=(a-1)\sin x$

$\therefore \tan x=\dfrac{x}{a-1}$ ($\frac{\sin x}{\cos x}=\frac{x}{a-1}$) $\cdots\cdots$ ㉠

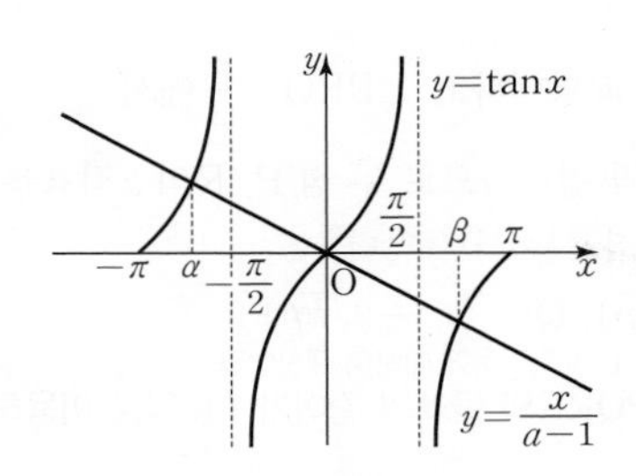

함수 $y=\tan x$의 그래프와 직선 $y=\frac{x}{a-1}$는 모두 원점에 대하여 대칭이고 $\frac{1}{a-1}<0$이므로 $\alpha=-\beta$이다.

→ $a<1$에서 $a-1<0$

→ 곡선과 직선의 교점 중 원점을 제외한 두 점은 원점에 대하여 대칭이다.

Step 2 $\alpha=-\beta$임을 이용하여 a의 값을 구한다.

$\alpha=-\beta$이므로 조건 (나)에서 $\frac{\tan\beta-\tan(-\beta)}{\beta-(-\beta)}+\frac{1}{\beta}=0$ → $\tan(-\beta)=-\tan\beta$

$\frac{\tan\beta+1}{\beta}=0 \quad \therefore \tan\beta=-1$

이때 $0<\beta<\pi$이므로 $\beta=\frac{3}{4}\pi$, $\alpha=-\frac{3}{4}\pi$

㉠에 $x=\frac{3}{4}\pi$를 대입하면 $\tan\frac{3}{4}\pi=\frac{\frac{3}{4}\pi}{a-1}$ → $=-1$

$a-1=-\frac{3}{4}\pi \quad \therefore a=1-\frac{3}{4}\pi$

Step 3 $\lim_{x\to0}\frac{f(x)}{x^2}=c$를 이용하여 c의 값을 구한다.

$\lim_{x\to0}\frac{f(x)}{x^2}=c$에서 극한값 c가 존재하고 $x\to0$일 때 $\lim_{x\to0}x^2=0$이므로 $\lim_{x\to0}f(x)=0$

$\lim_{x\to0}(a\cos x+x\sin x+b)=a+b=0$

$\therefore b=-a$ → $f(x)=a\cos x+x\sin x-a$

$\lim_{x\to0}\frac{f(x)}{x^2}$

$=\lim_{x\to0}\frac{a(\cos x-1)+x\sin x}{x^2}$ → $\frac{a(\cos x-1)(\cos x+1)}{x^2(\cos x+1)}=\frac{-a\sin^2 x}{x^2(\cos x+1)}$

$=\lim_{x\to0}\left\{\frac{a(\cos x-1)}{x^2}+\frac{\sin x}{x}\right\}$ → $\lim_{x\to0}\frac{\sin x}{x}=1$

$=\lim_{x\to0}\left(-a\times\frac{\sin^2 x}{x^2}\times\frac{1}{\cos x+1}+\frac{\sin x}{x}\right)$

$=-a\times\lim_{x\to0}\frac{\sin^2 x}{x^2}\times\lim_{x\to0}\frac{1}{\cos x+1}+\lim_{x\to0}\frac{\sin x}{x}$

$=-\frac{a}{2}+1=c$ → $=1$, → $=\frac{1}{2}$

$\therefore c=-\frac{a}{2}+1=-\frac{1}{2}\times\left(1-\frac{3}{4}\pi\right)+1=\frac{1}{2}+\frac{3}{8}\pi$

Step 4 $f\left(\frac{\beta-\alpha}{3}\right)+c$의 값을 구한다.

$\therefore f\left(\frac{\beta-\alpha}{3}\right)+c=f\left(\frac{\pi}{2}\right)+\frac{1}{2}+\frac{3}{8}\pi$ → $a\cos\frac{\pi}{2}+\frac{\pi}{2}\sin\frac{\pi}{2}-a=\frac{\pi}{2}-\left(1-\frac{3}{4}\pi\right)=\frac{5}{4}\pi-1$

$\frac{1}{3}\left\{\frac{3}{4}\pi-\left(-\frac{3}{4}\pi\right)\right\}=\frac{1}{3}\times\frac{6}{4}\pi=\frac{\pi}{2}$

$=\left(\frac{5}{4}\pi-1\right)+\left(\frac{1}{2}+\frac{3}{8}\pi\right)$

$=-\frac{1}{2}+\frac{13}{8}\pi$

따라서 $p=-\frac{1}{2}$, $q=\frac{13}{8}$이므로

$120\times(p+q)=120\times\left(-\frac{1}{2}+\frac{13}{8}\right)=135$

기하

23 [정답률 79%] 정답 ③

Step 1 $|\overrightarrow{AD}+2\overrightarrow{DE}|$의 값을 계산한다.

$|\overrightarrow{AD}+2\overrightarrow{DE}|=|\overrightarrow{AD}+\overrightarrow{DE}+\overrightarrow{DE}|$

$=|\overrightarrow{AD}+\overrightarrow{BA}+\overrightarrow{DE}|$ → 두 벡터 $\overrightarrow{BA}$, $\overrightarrow{DE}$는 방향과 크기가 모두 같다.

$=|\overrightarrow{BA}+\overrightarrow{AD}+\overrightarrow{DE}|$

$=|\overrightarrow{BE}|=2$

24 [정답률 84%] 정답 ②

Step 1 쌍곡선의 정의를 이용하여 선분 FP의 길이를 구한다.

쌍곡선 $\frac{x^2}{9}-\frac{y^2}{16}=1$의 두 초점의 좌표가 $(c, 0)$, $(-c, 0)$이므로

$c^2=9+16=25 \quad \therefore c=5\ (\because c>0)$

$\overline{FF'}=2c=10$이므로 $\overline{FP}=10$

→ $c-(-c)$ → $\overline{FP}=\overline{FF'}$

Step 2 삼각형 PF'F의 둘레의 길이를 구한다.

쌍곡선 $\frac{x^2}{9}-\frac{y^2}{16}=1$의 주축의 길이가 6이므로 → $\frac{x^2}{3^2}-\frac{y^2}{4^2}=1$에서 주축의 길이는 $2\times3=6$

$\overline{F'P}-\overline{FP}=6$ → 쌍곡선의 성질 $\quad \therefore \overline{F'P}=16$

따라서 삼각형 PF'F의 둘레의 길이는

$\overline{F'P}+\overline{FF'}+\overline{FP}=16+10+10=36$

25 [정답률 74%] 정답 ①

Step 1 포물선의 정의를 이용한다. → 포물선의 초점의 좌표가 $(c, 0)$, 꼭짓점이 원점이므로 준선은 $x=-c$

직선 $x=-c$는 포물선의 준선이므로 $\overline{PQ}=\overline{FP}=8$

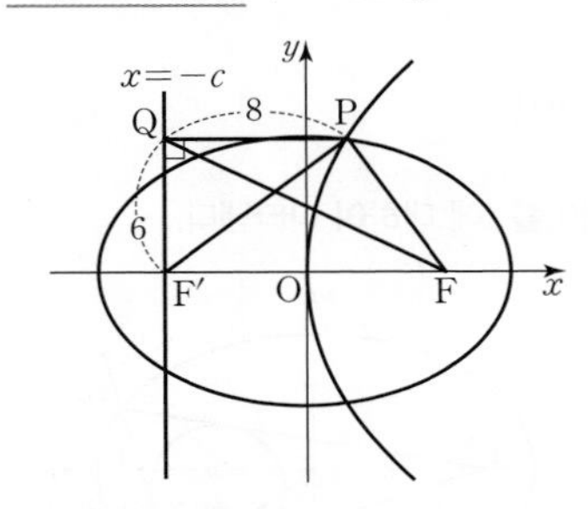

삼각형 FPQ의 넓이가 24이므로

$\triangle FPQ=\frac{1}{2}\times\overline{PQ}\times\overline{F'Q}$

$=\frac{1}{2}\times8\times\overline{F'Q}=24$

$\therefore \overline{F'Q}=6$

직각삼각형 PQF'에서 $\overline{F'P}=\sqrt{8^2+6^2}=10$ → $\sqrt{\overline{PQ}^2+\overline{F'Q}^2}$

따라서 타원의 장축의 길이는 $\overline{FP}+\overline{F'P}=8+10=18$

26 [정답률 62%] 정답 ⑤

Step 1 직선 l_1의 기울기가 1임을 이용하여 점 P의 x좌표를 구한다.

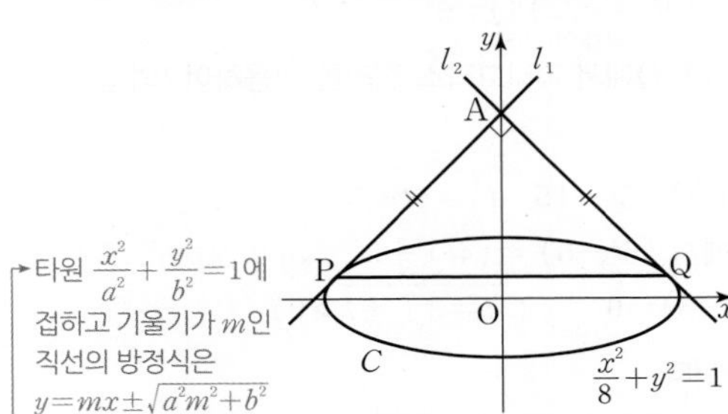

→ 타원 $\frac{x^2}{a^2}+\frac{y^2}{b^2}=1$에 접하고 기울기가 m인 직선의 방정식은 $y=mx\pm\sqrt{a^2m^2+b^2}$

두 점 P, Q는 y축에 대하여 대칭이므로 삼각형 APQ는 직각이등변삼각형이고 직선 l_1의 기울기는 1이다. → $\angle APQ=\frac{\pi}{4}$

타원 C에 접하고 기울기가 1인 직선 l_1의 방정식은

$y=x+\sqrt{8\times1^2+1}=x+3$

점 P의 x좌표를 t라 하면 $P(t, t+3)$은 타원 C 위의 점이므로 → 점 P는 직선 $l_1: y=x+3$ 위의 점이기도 하다.

$\frac{t^2}{8}+(t+3)^2=1$, $\frac{9}{8}t^2+6t+8=0$

$9t^2+48t+64=(3t+8)^2=0 \quad \therefore t=-\frac{8}{3}$

따라서 선분 PQ의 길이는 $2\times\frac{8}{3}=\frac{16}{3}$이다.

→ 선분 PQ는 x축과 평행하고 두 점 P, Q는 y축에 대하여 대칭이므로 선분 PQ의 길이는 두 점 P, Q의 x좌표의 차와 같다.

27 [정답률 64%]

정답 ④

Step 1 $|\overrightarrow{OA}+\overrightarrow{OP}|=k$의 의미를 파악한다.

쌍곡선 $\frac{x^2}{2}-\frac{y^2}{2}=1$의 꼭짓점 중 A가 아닌 점을 A′이라 하자.

$|\overrightarrow{OA}+\overrightarrow{OP}|=|\overrightarrow{A'O}+\overrightarrow{OP}|=|\overrightarrow{A'P}|$

즉, $|\overrightarrow{A'P}|=k$를 만족시키는 점 P는 점 A′을 중심으로 하고 반지름의 길이가 k인 원과 쌍곡선이 만나는 점이다.

(→ 원을 나타낸다.)
(→ 점 P는 쌍곡선 위의 점이기도 하다.)

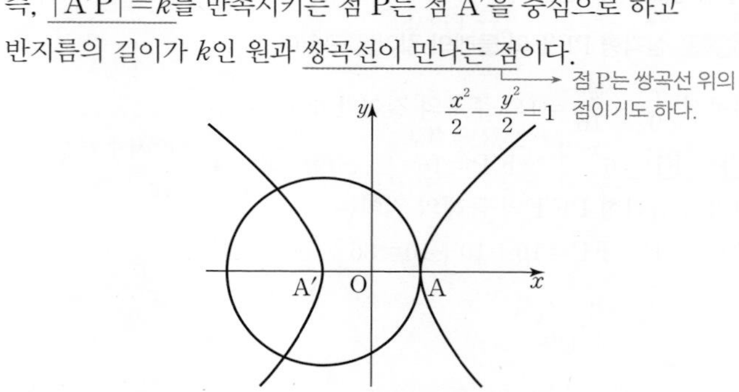

따라서 점 P의 개수가 3이려면 $k=\overline{AA'}=2\sqrt{2}$

(→ $k=\overline{AA'}$이어야 한다. $k<\overline{AA'}$이면 점 P의 개수는 2, $k>\overline{AA'}$이면 점 P의 개수는 4이다.)
(→ 주축의 길이)

28 [정답률 51%]

정답 ③

Step 1 각 변의 길이를 t에 대하여 나타낸다.

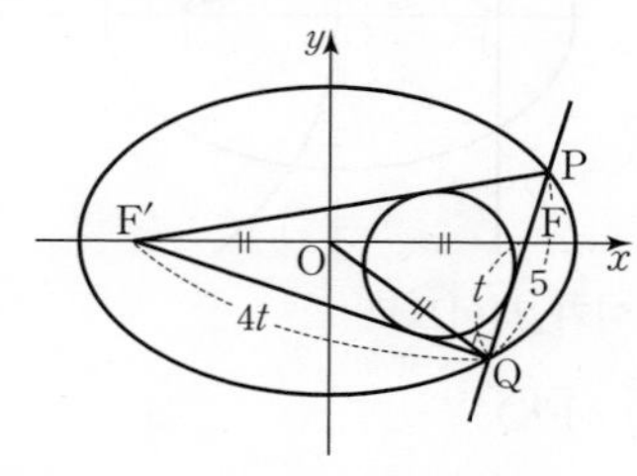

$\overline{OQ}=\overline{OF}$에서 점 Q는 선분 FF′을 지름으로 하는 원 위의 점이므로 $\angle FQF'=\frac{\pi}{2}$

(→ $=\overline{OF'}$)

$\overline{FQ}=t\ (t>0)$라 하면 $\overline{F'Q}=4t$ (→ 문제에서 $\overline{FQ}:\overline{F'Q}=1:4$)

따라서 타원의 장축의 길이는 $\overline{FQ}+\overline{F'Q}=t+4t=5t$

Step 2 삼각형 PF′Q의 내접원의 반지름의 길이가 2임을 이용한다.

삼각형 PF′Q의 넓이는

$\frac{1}{2}\times\overline{F'Q}\times\overline{PQ}=\frac{1}{2}\times2\times(\overline{F'P}+\overline{F'Q}+\overline{PQ})$

(→ 내접원의 반지름의 길이를 이용하여 삼각형의 넓이를 구하는 방법)

$\frac{1}{2}\times4t\times\overline{PQ}=\overline{F'P}+\overline{F'Q}+\overline{PF}+\overline{FQ}$

$=(\overline{F'P}+\overline{PF})+(\overline{F'Q}+\overline{FQ})$ (→ $=\overline{F'F}=5t$)

$2t\times\overline{PQ}=5t+5t=10t$ $\quad\therefore \overline{PQ}=5$

(→ 타원의 장축의 길이)

Step 3 직각삼각형 PF′Q에서 피타고라스 정리를 이용하여 t의 값을 구한다.

$\overline{PF}=5-t$이므로 $\overline{F'P}=5t-(5-t)=6t-5$ (→ $\overline{PQ}-\overline{FQ}$)

직각삼각형 PF′Q에서 $(6t-5)^2=(4t)^2+5^2$ (→ $\overline{F'P}^2=\overline{F'Q}^2+\overline{PQ}^2$)

$20t^2-60t=20t(t-3)=0$ $\quad\therefore t=3\ (\because t>0)$

Step 4 c의 값을 구한다.

직각삼각형 F′QF에서 $\overline{F'F}^2=\overline{F'Q}^2+\overline{FQ}^2$

$(2c)^2=12^2+3^2=153$ (→ $4t=4\times3=12$)

$c^2=\frac{153}{4}$ $\quad\therefore c=\frac{3\sqrt{17}}{2}$

29 [정답률 20%]

정답 21

Step 1 $\angle PRQ=\frac{\pi}{2}$임을 이용하여 두 점 Q, R의 좌표를 구한다.

점 P의 x좌표를 $k\ (k>0)$라 하면

$P(k,\ 2\sqrt{kp})$ (→ $y^2=4kp$에서 $y=\sqrt{4kp}$)

직선 QR은 x축과 평행하고 $\angle PRQ=\frac{\pi}{2}$에서

직선 PR은 y축과 평행하므로 두 점 P, R의 x좌표는 서로 같고 두 점 Q, R의 y좌표는 서로 같다.

$\therefore R(k,\ -2\sqrt{kp}),\ Q(-p,\ -2\sqrt{kp})$

(→ 두 점 P, R은 x축에 대하여 대칭이다.)

Step 2 사각형 PQRF의 둘레의 길이가 140임을 이용하여 k의 값을 구한다.

포물선 위의 점 $P(k,\ 2\sqrt{kp})$에서의 접선의 방정식은

$2\sqrt{kp}y=2p(x+k)$ (→ $y^2=4px$ 위의 점 (x_1, y_1)에서의 접선의 방정식은 $y_1y=2p(x+x_1)$)

이 직선은 점 $Q(-p,\ -2\sqrt{kp})$를 지나므로

$-4kp=2p(-p+k)$ $\quad\therefore p=3k\ (\because p>0)$

$\overline{QR}=p+k=4k$에서 $\overline{RF}=4k$ (→ 포물선의 성질에 의해 $\overline{QR}=\overline{RF}$)

이므로 $\overline{FP}=\overline{RF}=4k$ (→ 두 선분 FP, FR는 x축에 대하여 대칭이다.)

또한 $\overline{PR}=4\sqrt{kp}=4\sqrt{3}k$이므로

직각삼각형 PQR에서 $\overline{PQ}^2=(4k)^2+(4\sqrt{3}k)^2=64k^2$

$\therefore \overline{PQ}=8k\ (\because k>0)$

따라서 사각형 PQRF의 둘레의 길이는

$\overline{PQ}+\overline{QR}+\overline{RF}+\overline{FP}$

$=8k+4k+4k+4k$

$=20k=140$

$\therefore k=7,\ p=3k=21$

30 [정답률 22%]

정답 13

Step 1 삼각형 F′FP의 넓이가 15임을 이용하여 두 선분 PF, PF′의 길이를 구한다.

$\overline{PF}=t\ (t>0)$라 하면 쌍곡선의 주축의 길이가 $2\sqrt{10}$이므로

$\overline{PF'}=t-2\sqrt{10}$ (→ $\overline{PF}-\overline{PF'}$)

삼각형 F′FP는 넓이가 15인 직각삼각형이므로

$\frac{1}{2}\times\overline{PF}\times\overline{PF'}=\frac{1}{2}t(t-2\sqrt{10})=15$

$t^2-2\sqrt{10}t-30=(t+\sqrt{10})(t-3\sqrt{10})=0$

$\therefore t=3\sqrt{10}\ (\because t>0)$

따라서 $\overline{PF}=3\sqrt{10},\ \overline{PF'}=\sqrt{10}$이다. (→ $3\sqrt{10}-2\sqrt{10}=\sqrt{10}$)

Step 2 $c,\ a^2$의 값을 각각 구한다.

직각삼각형 F′FP에서 $\overline{F'F}^2=(\sqrt{10})^2+(3\sqrt{10})^2=100$이므로

(→ $\overline{F'F}=2c$, $\sqrt{10}=\overline{PF'}$, $3\sqrt{10}=\overline{PF}$)

$4c^2=100$ $\quad\therefore c=5\ (\because c>0)$

또한 쌍곡선 $\frac{x^2}{10}-\frac{y^2}{a^2}=1$에서 $c^2=10+a^2=25$이므로 $a^2=15$ (→ 쌍곡선의 성질)

Step 3 두 직선 $l_1,\ l_2$의 방정식을 구한다.

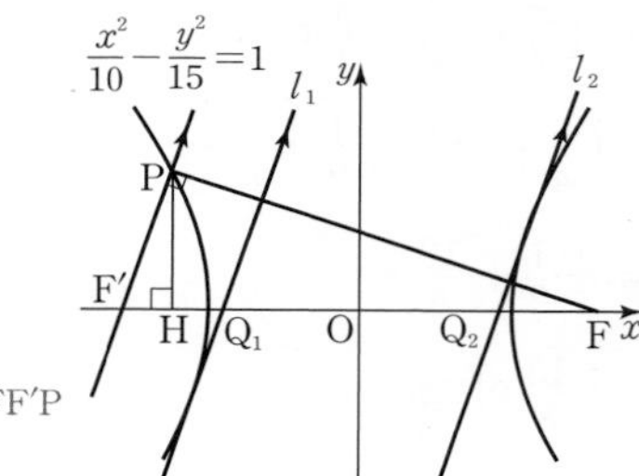

(→ $\triangle PF'H \backsim \triangle FF'P$이므로 $\overline{PH}:\overline{F'H}=\overline{PF}:\overline{PF'}$)

점 P에서 x축에 내린 수선의 발을 H라 하면

$\frac{\overline{PH}}{\overline{F'H}}=\frac{\overline{PF}}{\overline{PF'}}=\frac{3\sqrt{10}}{\sqrt{10}}=3$

이므로 직선 PF′의 기울기는 3이다.

두 직선 $l_1,\ l_2$의 기울기도 3이므로 쌍곡선 $\frac{x^2}{10}-\frac{y^2}{15}=1$에 접하고

(→ 두 직선 l_1, l_2와 직선 PF′은 평행하다.)

기울기가 3인 직선의 방정식은

$y=3x\pm\sqrt{10\times3^2-15}=3x\pm5\sqrt{3}$

$\therefore l_1:y=3x+5\sqrt{3},\ l_2:y=3x-5\sqrt{3}$

두 점 $Q_1,\ Q_2$는 각각 두 직선 $l_1,\ l_2$가 x축과 만나는 점이므로

$Q_1\left(-\frac{5\sqrt{3}}{3},\ 0\right),\ Q_2\left(\frac{5\sqrt{3}}{3},\ 0\right)$ (→ $3x+5\sqrt{3}=0$에서 $x=-\frac{5\sqrt{3}}{3}$)

따라서 $\overline{Q_1Q_2}=\frac{10\sqrt{3}}{3}$이므로 $p=3,\ q=10$

$\therefore p+q=3+10=13$

7회 2023학년도 4월 고3 전국연합학력평가 정답과 해설

1	②	2	④	3	⑤	4	①	5	⑤
6	④	7	①	8	③	9	①	10	②
11	②	12	②	13	③	14	③	15	④
16	5	17	3	18	8	19	6	20	30
21	22	22	32						
확률과 통계				23	①	24	⑤	25	③
26	②	27	④	28	①	29	523	30	188
미적분				23	②	24	①	25	④
26	③	27	③	28	④	29	79	30	107
기하				23	③	24	⑤	25	⑤
26	①	27	④	28	④	29	171	30	24

01 [정답률 87%] 정답 ②

Step 1 로그의 밑의 변환 공식을 이용한다.

$\log_6 4+\dfrac{2}{\log_3 6}=\log_6 4+2\log_6 3=\log_6 4+\log_6 9=\log_6 36=2$

$\log_a b=\dfrac{\log_b b}{\log_b a}=\dfrac{1}{\log_b a}$

$=\log_6 6^2=2\log_6 6$

02 [정답률 93%] 정답 ④

Step 1 주어진 조건을 이용하여 등비수열 $\{a_n\}$의 일반항을 구한다.

등비수열 $\{a_n\}$의 공비를 r $(r>0)$이라 하자. → 등비수열 $\{a_n\}$의 모든 항이 양수이기 때문이다.

$a_3=a_1\times r^2=3r^2$, $a_5=a_1\times r^4=3r^4$이므로

→ $a_n=a_1\times r^{n-1}$에 $a_1=3$, $n=3$ 대입 → $a_n=a_1\times r^{n-1}$에 $a_1=3$, $n=5$ 대입

$\dfrac{a_5}{a_3}=\dfrac{3r^4}{3r^2}=r^2=4$ $\quad\therefore r=2$ $(\because r>0)$

따라서 등비수열 $\{a_n\}$의 일반항은 $a_n=3\times 2^{n-1}$

Step 2 a_4의 값을 구한다.

$\therefore a_4=3\times 2^{4-1}=3\times 8=24$

03 [정답률 90%] 정답 ⑤

Step 1 그래프를 이용하여 좌극한값과 우극한값을 구한다.

$\lim\limits_{x\to -1+}f(x)=2$, $\lim\limits_{x\to 2-}f(x)=3$이므로 → $x=2$에서의 좌극한

$\lim\limits_{x\to -1+}f(x)+\lim\limits_{x\to 2-}f(x)=2+3=5$

→ $x=-1$에서의 우극한

04 [정답률 90%] 정답 ①

Step 1 함수 $f(x)$를 미분한다.

함수 $f(x)=2x^3-6x+a$에서 $f'(x)=6x^2-6=6(x+1)(x-1)$

$f'(x)=0$에서 $x=-1$ 또는 $x=1$

Step 2 함수 $f(x)$의 증가와 감소를 나타내는 표를 이용한다.

함수 $f(x)$의 증가와 감소를 표로 나타내면 다음과 같다.

x	$\cdots$	-1	$\cdots$	1	$\cdots$
$f'(x)$	$+$	0	$-$	0	$+$
$f(x)$	↗	$a+4$ (극대)	↘	$a-4$ (극소)	↗

함수 $f(x)$는 $x=1$에서 극솟값 $a-4$를 가지므로

$a-4=2$ $\quad\therefore a=6$

05 [정답률 70%] 정답 ⑤

Step 1 평균변화율과 미분계수의 정의를 이용한다.

x의 값이 1에서 $1+h$까지 변할 때의 평균변화율이 h^2+2h+3이므로

→ 평균변화율의 정의

$\dfrac{f(1+h)-f(1)}{(1+h)-1}=\dfrac{f(1+h)-f(1)}{h}=h^2+2h+3$

$\therefore f'(1)=\lim\limits_{h\to 0}\dfrac{f(1+h)-f(1)}{h}=\lim\limits_{h\to 0}(h^2+2h+3)=3$

→ 미분계수의 정의

06 [정답률 82%] 정답 ④

Step 1 주어진 로그함수의 밑이 $\dfrac{1}{2}$임을 이용하여 최댓값, 최솟값을 갖는 x의 값을 구한다.

$y=f(x)$라 하면 함수 $f(x)$는 밑이 $\dfrac{1}{2}$인 로그함수이므로 감소함수이다.

→ $0<a<1$일 때, 함수 $y=\log_a x$는 감소함수

즉, $x=2$일 때 최댓값을 갖고, $x=5$일 때 최솟값을 갖는다.

Step 2 $a+b$의 값을 구한다.

$f(2)=\log_{\frac{1}{2}}(2-a)+b=3$ $\quad\cdots\cdots$ ㉠

$f(5)=\log_{\frac{1}{2}}(5-a)+b=1$ $\quad\cdots\cdots$ ㉡

㉠$-$㉡을 하면 $\log_{\frac{1}{2}}(2-a)-\log_{\frac{1}{2}}(5-a)=2$

$\log_{\frac{1}{2}}\left(\dfrac{2-a}{5-a}\right)=2$, $\dfrac{2-a}{5-a}=\dfrac{1}{4}$ → $=\left(\dfrac{1}{2}\right)^2$

$8-4a=5-a$, $3=3a$ $\quad\therefore a=1$

$a=1$을 ㉠에 대입하면 $b=3$ → $\log_{\frac{1}{2}}(2-1)+b=3$

$\therefore a+b=1+3=4$

07 [정답률 79%] 정답 ①

Step 1 $f(0)$, $f'(0)$의 값을 구한다.

곡선 $y=f(x)$ 위의 점 $(0, f(0))$에서의 접선의 방정식은

$y-f(0)=f'(0)(x-0)$, 즉 $y=f'(0)x+f(0)$이므로

$f(0)=-1$, $f'(0)=3$

→ 문제에서 주어진 접선의 방정식 $y=3x-1$과 일치한다.

Step 2 $g'(0)$의 값을 구한다.

$g(x)=(x+2)f(x)$에서 $g'(x)=f(x)+(x+2)f'(x)$

→ $h(x)=f(x)g(x)$에서 $h'(x)=f'(x)g(x)+f(x)g'(x)$

$\therefore g'(0)=f(0)+2f'(0)=-1+2\times 3=5$

→ $=-1$ → $=3$

08 [정답률 77%] 정답 ③

Step 1 주어진 삼각함수의 주기를 이용하여 b의 값을 구한다.

함수 $y=a\tan b\pi x$의 주기는 $8-2=6$이므로

$\dfrac{\pi}{|b\pi|}=\dfrac{1}{b}=6$ $(\because b>0)$ $\quad\therefore b=\dfrac{1}{6}$

→ 삼각함수 $y=a\tan(bx+c)+d$의 주기는 $\dfrac{\pi}{|b|}$이다.

Step 2 주어진 삼각함수의 그래프가 점 $(2, 3)$을 지남을 이용하여 a의 값을 구한다.

→ $y=a\tan\dfrac{\pi}{6}x$에 $x=2$, $y=3$ 대입

함수 $y=a\tan\dfrac{\pi}{6}x$의 그래프가 점 $(2, 3)$을 지나므로

$3=a\tan\left(\dfrac{\pi}{6}\times 2\right)=a\tan\dfrac{\pi}{3}=\sqrt{3}a$ $\quad\therefore a=\sqrt{3}$

따라서 $a=\sqrt{3}$, $b=\dfrac{1}{6}$이므로

$a^2\times b=(\sqrt{3})^2\times\dfrac{1}{6}=3\times\dfrac{1}{6}=\dfrac{1}{2}$

09 [정답률 79%]

정답 ①

Step 1 정적분의 성질과 미분계수의 성질을 이용하여 함수 $f(x)$를 구한다.

($f(x)$의 한 부정적분을 $F(x)$라 하면 $\int_a^b f(x)dx=F(b)-F(a)$)

$f'(x)=3x^2-4x+1$이므로

$f(x)=\int f'(x)dx=\int(3x^2-4x+1)dx$

$=x^3-2x^2+x+C$ (단, C는 적분상수)

$f(x)$의 한 부정적분을 $F(x)$라 하면

($F(x)=\int f(x)dx$이므로 $F'(x)=f(x)$)

$\lim_{x\to 0}\frac{1}{x}\int_0^x f(t)dt=\lim_{x\to 0}\frac{F(x)-F(0)}{x}=F'(0)=f(0)$ (미분계수의 정의)

이때 $\lim_{x\to 0}\frac{1}{x}\int_0^x f(t)dt=1$이므로 $f(0)=1$

즉, $f(0)=1$에서 $C=1$이므로 $f(x)=x^3-2x^2+x+1$

Step 2 $f(2)$의 값을 구한다.

$\therefore f(2)=8-8+2+1=3$

10 [정답률 73%]

정답 ②

Step 1 주어진 두 곡선이 서로 역함수 관계임을 이용한다.

두 곡선 $y=a^x-1$, $y=\log_a(x+1)$은 직선 $y=x$에 대하여 서로 대칭이므로 두 곡선의 교점은 직선 $y=x$ 위의 점이다.

($y=a^x-1$에서 x와 y를 바꾸면 $x=a^y-1$, $a^y=x+1$ $\therefore y=\log_a(x+1)$)

Step 2 삼각형 OHP의 넓이가 2임을 이용하여 k의 값을 구한다.

점 P의 좌표를 (k, k)라 하자.

점 P는 곡선 $y=\log_a(x+1)$ 위의 점이므로

$k+1>0$ $\quad\therefore k>-1$ (진수의 조건)

삼각형 OHP의 넓이가 2이므로

$\frac{1}{2}\times\overline{OH}\times\overline{PH}=2$, $\frac{1}{2}\times k\times k=2$ ($\overline{OH}=k$, $\overline{PH}=k$)

$k^2=4$ $\quad\therefore k=2$ ($\because k>-1$)

Step 3 a의 값을 구한다.

($y=a^x-1$에 $x=2$, $y=2$ 대입)

점 P(2, 2)는 곡선 $y=a^x-1$ 위의 점이므로

$2=a^2-1$, $a^2=3$ $\quad\therefore a=\sqrt{3}$ ($\because a>1$)

11 [정답률 45%]

정답 ②

Step 1 식을 변형한 후 $\cos x=t$로 치환한다.

$2\sin^2 x-3\cos x=k$에서 $2(1-\cos^2 x)-3\cos x=k$

$\therefore -2\cos^2 x-3\cos x+2=k$ ($\sin^2 x+\cos^2 x=1$에서 $\sin^2 x=1-\cos^2 x$)

함수 $y=-2\cos^2 x-3\cos x+2$에서 $\cos x=t$ $(-1\le t\le 1)$라 하자.

($0\le x\le 2\pi$에서 $-1\le\cos x\le 1$)

$y=-2t^2-3t+2=-2\left(t+\frac{3}{4}\right)^2+\frac{25}{8}$의 그래프는 다음 그림과 같다.

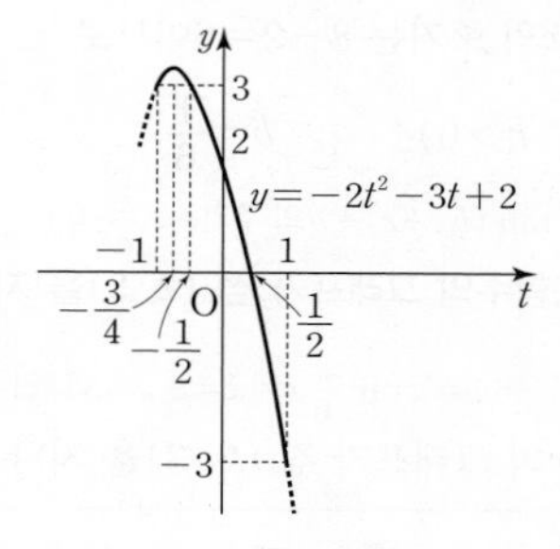

Step 2 주어진 방정식의 서로 다른 실근의 개수가 3인 경우를 찾는다.

(i) $k=\frac{25}{8}$일 때,

방정식 $-2t^2-3t+2=k$의 실근은 $t=-\frac{3}{4}$이므로

$\cos x=-\frac{3}{4}$ $(0\le x\le 2\pi)$의 서로 다른 실근의 개수는 2이다.

즉, 방정식 $2\sin^2 x-3\cos x=k$의 서로 다른 실근의 개수는 2이다.

(ii) $3<k<\frac{25}{8}$일 때,

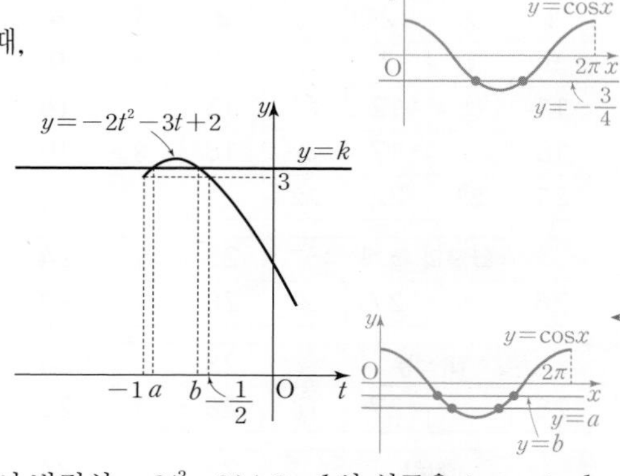

위의 그림과 같이 방정식 $-2t^2-3t+2=k$의 실근을 $t=a$, $t=b$라 하면 $\cos x=a$ $(0\le x\le 2\pi)$의 서로 다른 실근의 개수는 2이고, $\cos x=b$ $(0\le x\le 2\pi)$의 서로 다른 실근의 개수는 2이다.

즉, 방정식 $2\sin^2 x-3\cos x=k$의 서로 다른 실근의 개수는 4이다.

(iii) $k=3$일 때,

방정식 $-2t^2-3t+2=k$의 실근은 $t=-1$, $t=-\frac{1}{2}$이므로

$\cos x=-1$ $(0\le x\le 2\pi)$의 서로 다른 실근의 개수는 1이고,

$\cos x=-\frac{1}{2}$ $(0\le x\le 2\pi)$의 서로 다른 실근의 개수는 2이다.

즉, 방정식 $2\sin^2 x-3\cos x=k$의 서로 다른 실근의 개수는 3이다.

(iv) $-3\le k<3$일 때,

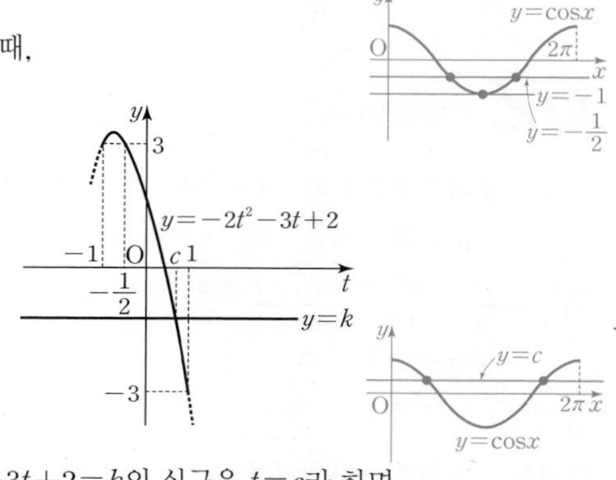

방정식 $-2t^2-3t+2=k$의 실근을 $t=c$라 하면

$\cos x=c$ $(0\le x\le 2\pi)$의 서로 다른 실근의 개수는 2이다.

즉, 방정식 $2\sin^2 x-3\cos x=k$의 서로 다른 실근의 개수는 2이다.

(i)~(iv)에서 조건을 만족시키는 k의 값은 3이다.

Step 3 $k\times\alpha$의 값을 구한다.

$-2\cos^2 x-3\cos x+2=3$, $2\cos^2 x+3\cos x+1=0$

$(2\cos x+1)(\cos x+1)=0$에서 $\cos x=-1$ 또는 $\cos x=-\frac{1}{2}$

$\therefore x=\pi$ 또는 $x=\frac{2}{3}\pi$ 또는 $x=\frac{4}{3}\pi$

따라서 주어진 방정식의 세 실근 중 가장 큰 실근은 $\frac{4}{3}\pi$이므로 ($=\alpha$)

$k\times\alpha=3\times\frac{4}{3}\pi=4\pi$

12 [정답률 50%]

정답 ②

Step 1 k의 값을 구한다.

함수 $f(x)=x^3-6x^2+8x+1$에서 $f'(x)=3x^2-12x+8$

곡선 $y=f(x)$ 위의 점 $B(k, f(k))$에서의 접선의 방정식은

$y-(k^3-6k^2+8k+1)=(3k^2-12k+8)(x-k)$ ($y-f(k)=f'(k)(x-k)$)

이 직선이 점 A(0, 1)을 지나므로 ($=f'(k)$)

$1-(k^3-6k^2+8k+1)=(3k^2-12k+8)(0-k)$

$1-k^3+6k^2-8k-1=-3k^3+12k^2-8k$ (위의 방정식에 $x=0$, $y=1$ 대입)

$2k^3-6k^2=0$, $2k^2(k-3)=0$ $\quad\therefore k=3$ ($\because k>0$) (문제에서 주어진 조건이다.)

($=f(k)$)

Step 2 $\int_0^k g(x)dx$의 값을 구한다.

($y-f(k)=f'(k)(x-k)$에 $k=3$ 대입)

직선 AB의 방정식은 $y=-x+1$이므로

$S_1=\int_0^3\{f(x)-(-x+1)\}dx=\int_0^3\{f(x)+x-1\}dx$
└ $0\le x\le 3$에서 $f(x)\ge -x+1$

$S_2=\int_0^3\{(-x+1)-g(x)\}dx=\int_0^3\{-x+1-g(x)\}dx$
└ $0\le x\le 3$에서 $g(x)\le -x+1$

이때 $S_1=S_2$이므로

$\int_0^3\{f(x)+x-1\}dx=\int_0^3\{-x+1-g(x)\}dx$

$\therefore \int_0^3 g(x)dx=\int_0^3\{-f(x)-2x+2\}dx$

$=\int_0^3(-x^3+6x^2-10x+1)dx$

$=\left[-\frac{1}{4}x^4+2x^3-5x^2+x\right]_0^3$

$=-\frac{81}{4}+54-45+3=-\frac{33}{4}$

13 [정답률 45%] 정답 ③

Step 1 점 A의 x좌표를 α로 놓고 점 B의 좌표를 구한다.

점 A의 x좌표를 α $\left(0<\alpha<\frac{\pi}{2}\right)$라 하면 $A(\alpha, \cos\alpha)$

$f(\alpha)=g(\alpha)$에서 $k\sin\alpha=\cos\alpha$

$\frac{\sin\alpha}{\cos\alpha}=\frac{1}{k}$ $\quad\therefore \tan\alpha=\frac{1}{k}$ $\quad\cdots\cdots$ ㉠

함수 $y=\tan x$의 주기는 π이므로 $\tan(\alpha+\pi)=\tan\alpha=\frac{1}{k}$

즉, $f(\alpha+\pi)=g(\alpha+\pi)$이므로 점 B의 좌표는 $B(\alpha+\pi, -\cos\alpha)$
└ $k\sin(\alpha+\pi)=\cos(\alpha+\pi)$, $\frac{\sin(\alpha+\pi)}{\cos(\alpha+\pi)}=\frac{1}{k}$, $\tan(\alpha+\pi)=\frac{1}{k}$

Step 2 k의 값을 구한다.

선분 AB를 3 : 1로 외분하는 점 C의 좌표는

$\left(\frac{3\times(\alpha+\pi)-1\times\alpha}{3-1}, \frac{3\times(-\cos\alpha)-1\times\cos\alpha}{3-1}\right)$이므로

$C\left(\alpha+\frac{3}{2}\pi, -2\cos\alpha\right)$

└ $y=f(x)$에 $x=\alpha+\frac{3}{2}\pi$, $y=-2\cos\alpha$ 대입

점 C는 곡선 $y=f(x)$ 위의 점이므로 $-2\cos\alpha=k\sin\left(\alpha+\frac{3}{2}\pi\right)$
└ $=-\cos\alpha$

$-2\cos\alpha=-k\cos\alpha$ $\quad\therefore k=2$

Step 3 삼각형 BCD의 넓이를 구한다.

㉠에 $k=2$를 대입하면 $\tan\alpha=\frac{1}{2}$이므로

$\frac{\sin\alpha}{\cos\alpha}=\frac{1}{2}$ $\quad\therefore 2\sin\alpha=\cos\alpha$ $\quad\cdots\cdots$ ㉡

$\sin^2\alpha+\cos^2\alpha=1$에 ㉡을 대입하면

$\sin^2\alpha+4\sin^2\alpha=1$, $\sin^2\alpha=\frac{1}{5}$

$\therefore \sin\alpha=\frac{\sqrt{5}}{5}$ $\left(\because 0<\alpha<\frac{\pi}{2}\right)$

이를 ㉡에 대입하면 $\cos\alpha=\frac{2\sqrt{5}}{5}$
└ 직선 CD는 y축과 평행하므로 두 점 C, D의 x좌표는 서로 같다.

점 D의 x좌표는 $\alpha+\frac{3}{2}\pi$이므로 $D\left(\alpha+\frac{3}{2}\pi, \sin\alpha\right)$
└ $\cos\left(\alpha+\frac{3}{2}\pi\right)=\sin\alpha$

$\therefore \overline{CD}=\sin\alpha-(-2\cos\alpha)=\sin\alpha+2\cos\alpha=\frac{\sqrt{5}}{5}+\frac{4\sqrt{5}}{5}=\sqrt{5}$

점 B와 선분 CD 사이의 거리는 $\alpha+\frac{3}{2}\pi-(\alpha+\pi)=\frac{\pi}{2}$

따라서 삼각형 BCD의 넓이는 $\frac{1}{2}\times\frac{\pi}{2}\times\sqrt{5}=\frac{\sqrt{5}}{4}\pi$

14 [정답률 40%] 정답 ③

Step 1 함수 $f(x)$의 증가와 감소를 표로 나타내어 ㄱ의 참, 거짓을 판별한다.

함수 $f(x)=x^3-3t^2x$에서 $f'(x)=3x^2-3t^2=3(x+t)(x-t)$

$f'(x)=0$에서 $x=-t$ 또는 $x=t$

함수 $f(x)$의 증가와 감소를 표로 나타내면 다음과 같다.

x	$\cdots$	$-t$	$\cdots$	t	$\cdots$
$f'(x)$	+	0	−	0	+
$f(x)$	↗	$2t^3$	↘	$-2t^3$	↗

ㄱ. $t=2$일 때, 닫힌구간 $[-2, 1]$에서 두 함수 $y=f(x)$, $y=|f(x)|$의 그래프는 다음과 같다.

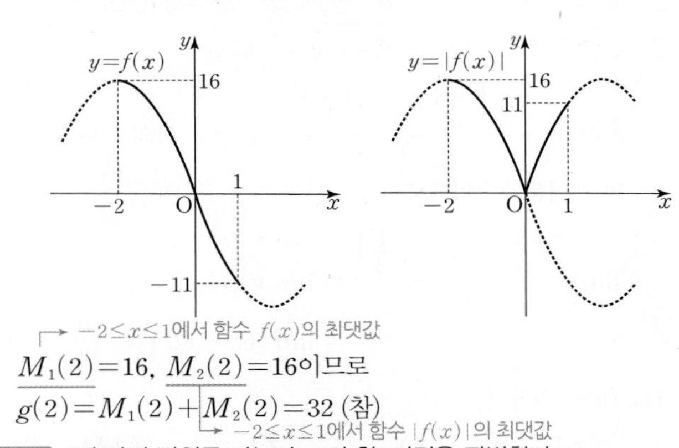

└ $-2\le x\le 1$에서 함수 $f(x)$의 최댓값

$M_1(2)=16$, $M_2(2)=16$이므로

$g(2)=M_1(2)+M_2(2)=32$ (참)
└ $-2\le x\le 1$에서 함수 $|f(x)|$의 최댓값

Step 2 t의 값의 범위를 나누어 ㄴ의 참, 거짓을 판별한다.

ㄴ.

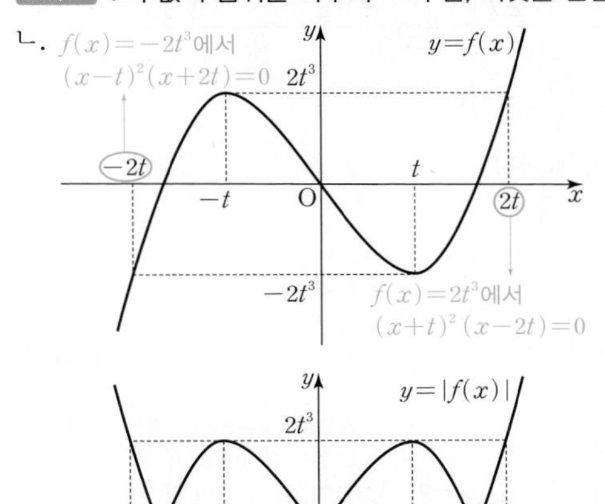

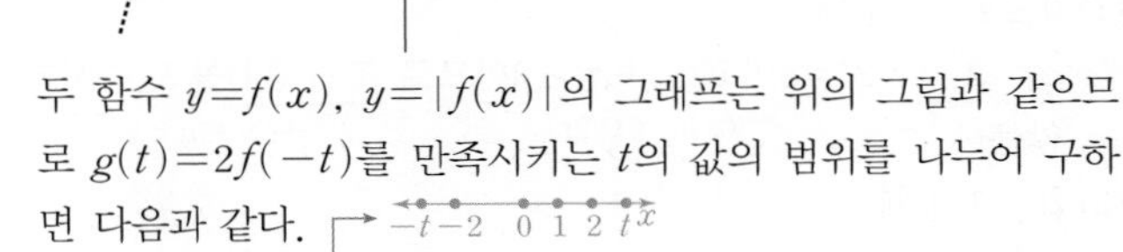

두 함수 $y=f(x)$, $y=|f(x)|$의 그래프는 위의 그림과 같으므로 $g(t)=2f(-t)$를 만족시키는 t의 값의 범위를 나누어 구하면 다음과 같다.

(i) $-t<-2$, $t>1$일 때

즉, $t>2$일 때 $M_1(t)=f(-2)$, $M_2(t)=f(-2)$이므로

$g(t)=M_1(t)+M_2(t)=2f(-2)\ne 2f(-t)$
└ $f(-2)<f(-t)$이므로 $2f(-2)<2f(-t)$

(ii) $-2t\le-2\le-t$, $t\ge1$일 때

즉, $1\le t\le 2$일 때 $M_1(t)=f(-t)$, $M_2(t)=f(-t)$이므로

$g(t)=M_1(t)+M_2(t)=2f(-t)$

(iii) $-2t>-2$, $t<1\le 2t$일 때

즉, $\frac{1}{2}\le t<1$일 때 $M_1(t)=f(-t)$, $M_2(t)=-f(-2)$이므로 $g(t)=M_1(t)+M_2(t)=f(-t)-f(-2)\ne 2f(-t)$
└ $-f(-2)>f(-t)$이므로 $f(-t)-f(-2)>2f(-t)$

(iv) $-2t>-2$, $2t<1$일 때

즉, $0<t<\frac{1}{2}$일 때 $M_1(t)=f(1)$, $M_2(t)=-f(-2)$이므로 $g(t)=M_1(t)+M_2(t)=f(1)-f(-2)\ne 2f(-t)$

(i)~(iv)에서 $g(t)=2f(-t)$를 만족시키는 t의 값의 범위는 $1\le t\le 2$이므로 t의 최댓값과 최솟값의 합은 3이다. (참)
└ 최댓값 $=2$, 최솟값 $=1$

Step 3 $t=\frac{1}{2}$에서 함수 $g(t)$의 좌미분계수와 우미분계수를 각각 구하여 ㄷ의 참, 거짓을 판별한다.
└ $f(1)>f(-t)$, $-f(-2)>f(-t)$이므로 $f(1)-f(-2)>2f(-t)$

ㄷ. (i) $0<t<\frac{1}{2}$일 때,

함수 $g(t)=f(1)-f(-2)=-9t^2+9$이므로
└ $=1-3t^2-(-8+6t^2)$

$g'(t)=-18t$
└ ㄴ의 (iv) 참고

이때 $\lim_{h\to0-}\frac{g\left(\frac{1}{2}+h\right)-g\left(\frac{1}{2}\right)}{h}$은 함수 $g(t)$의 $t=\frac{1}{2}$에서의 좌미분계수이므로

$\lim_{h\to0-}\frac{g\left(\frac{1}{2}+h\right)-g\left(\frac{1}{2}\right)}{h}=\lim_{t\to\frac{1}{2}-}g'(t)=\lim_{t\to\frac{1}{2}-}(-18t)$

$=-9$

(ii) $\frac{1}{2} \le t < 1$일 때,

ㄴ의 (iii) 참고

함수 $g(t)=f(-t)-f(-2)=2t^3-6t^2+8$이므로

$=2t^3-(-8+6t^2)$

$g'(t)=6t^2-12t$

이때 $\lim_{h \to 0+} \frac{g\left(\frac{1}{2}+h\right)-g\left(\frac{1}{2}\right)}{h}$은 함수 $g(t)$의 $t=\frac{1}{2}$에서의 우미분계수이므로

$$\lim_{h \to 0+} \frac{g\left(\frac{1}{2}+h\right)-g\left(\frac{1}{2}\right)}{h} = \lim_{t \to \frac{1}{2}+} g'(t) = \lim_{t \to \frac{1}{2}+} (6t^2-12t) = -\frac{9}{2}$$

(i), (ii)에 의하여

$$\lim_{h \to 0+} \frac{g\left(\frac{1}{2}+h\right)-g\left(\frac{1}{2}\right)}{h} - \lim_{h \to 0-} \frac{g\left(\frac{1}{2}+h\right)-g\left(\frac{1}{2}\right)}{h}$$

$=-\frac{9}{2}-(-9)=\frac{9}{2}$ (거짓)

따라서 옳은 것은 ㄱ, ㄴ이다.

15 [정답률 33%]

정답 ④

Step 1 a_5, a_6의 값을 구한다.

지수함수 $y=2^x$의 치역은 0보다 큰 실수 전체의 집합이다.

조건 (가)에서 $a_n<1$일 때 $a_{n+1}=2^{n-2}>0$이고, $a_n \ge 1$일 때 $a_{n+1}=\log_2 a_n \ge 0$이므로 2 이상의 자연수 n에 대하여 $a_n \ge 0$이다.

$a_n \ge 1$의 양변에 밑이 2인 로그를 취하면 $\log_2 a_n \ge \log_2 1=0$

두 조건 (가), (나)를 만족시키는 a_5, a_6의 값을 구하면 다음과 같다.

(i) $0 \le a_5 < 1$일 때,

$a_6=2^{5-2}=2^3=8$이고 $a_5+a_6 \ge 8$이므로 조건 (나)를 만족시키지 않는다.

$a_{n+1}=2^{n-2}$에 $n=5$ 대입 / $a_5+a_6=1$

(ii) $a_5 \ge 1$일 때,

$a_6=\log_2 a_5$이고 $a_5+a_6=1$이므로 $a_5=1$, $a_6=0$

(i), (ii)에서 $a_5=1$, $a_6=0$

Step 2 a_4의 값의 범위를 나누어 a_4의 값을 구한다.

(i) $0 \le a_4 < 1$일 때,

$a_5=2^{4-2}=2^2=4$이므로 $a_5=1$을 만족시키지 않는다.

(ii) $a_4 \ge 1$일 때,

$a_{n+1}=2^{n-2}$에 $n=4$ 대입

$a_5=\log_2 a_4$에서 $1=\log_2 a_4$ $\quad \therefore a_4=2 \ge 1$

(i), (ii)에서 $a_4=2$

Step 3 a_2, a_3의 값의 범위를 나누어 a_1의 값을 구한다.

(i) $0 \le a_3 < 1$일 때,

$a_4=2^{3-2}=2$이므로 $0 \le a_3 < 1$

① $0 \le a_2 < 1$일 때,

$a_{n+1}=2^{n-2}$에 $n=3$ 대입

$a_3=2^{2-2}=2^0=1$이므로 $0 \le a_3 < 1$을 만족시키지 않는다.

② $a_2 \ge 1$일 때,

$a_{n+1}=2^{n-2}$에 $n=2$ 대입

$a_3=\log_2 a_2$에서 $0 \le \log_2 a_2 < 1$이므로 $1 \le a_2 < 2$

$=a_3$

$a_1<1$이면 $a_2=2^{1-2}=2^{-1}=\frac{1}{2}$이므로 $1 \le a_2 < 2$를 만족시키지 않는다.

$a_{n+1}=2^{n-2}$에 $n=1$ 대입

$=a_2$

$a_1 \ge 1$이면 $a_2=\log_2 a_1$에서 $1 \le \log_2 a_1 < 2$이므로 $2 \le a_1 < 4$

①, ②에서 모든 조건을 만족시키는 a_1의 값의 범위는 $2 \le a_1 < 4$

(ii) $a_3 \ge 1$일 때,

$a_4=\log_2 a_3$에서 $2=\log_2 a_3$ $\quad \therefore a_3=4 \ge 1$

① $0 \le a_2 < 1$일 때,

$a_3=2^{2-2}=2^0=1$이므로 $a_3=4$를 만족시키지 않는다.

② $a_2 \ge 1$일 때,

$a_{n+1}=2^{n-2}$에 $n=2$ 대입

$a_3=\log_2 a_2$에서 $4=\log_2 a_2$ $\quad \therefore a_2=2^4=16 \ge 1$

$a_1<1$이면 $a_2=2^{1-2}=2^{-1}=\frac{1}{2}$이므로 $a_2=16$을 만족시키지 않는다.

$a_{n+1}=2^{n-2}$에 $n=1$ 대입

$a_1 \ge 1$이면 $a_2=\log_2 a_1$에서 $16=\log_2 a_1$ $\quad \therefore a_1=2^{16}$

①, ②에서 모든 조건을 만족시키는 a_1의 값은 2^{16}이다.

(i), (ii)에 의하여 a_1의 값은 $2 \le a_1 < 4$ 또는 $a_1=2^{16}$

따라서 $M=2^{16}$, $m=2$이므로

$\log_2 \frac{M}{m}=\log_2 \frac{2^{16}}{2}=\log_2 2^{15}=15$

16 [정답률 93%]

정답 5

Step 1 식을 간단히 하여 극한값을 계산한다.

$\lim_{x \to 2} \frac{x^2+x-6}{x-2}=\lim_{x \to 2} \frac{(x+3)(x-2)}{x-2}=\lim_{x \to 2}(x+3)=5$

17 [정답률 90%]

정답 3

Step 1 $y=4^x$의 그래프를 평행이동시킨 그래프의 식을 구한다.

함수 $y=4^x$의 그래프를 x축의 방향으로 1만큼, y축의 방향으로 a만큼 평행이동시킨 그래프의 식은 $y=4^{x-1}+a$

Step 2 a의 값을 구한다.

점 $\left(\frac{3}{2}, 5\right)$가 함수 $y=4^{x-1}+a$의 그래프 위의 점이므로

$5=4^{\frac{3}{2}-1}+a$, $5=2+a$ $\quad \therefore a=3$

$=4^{\frac{1}{2}}$ / $y=4^{x-1}+a$에 $x=\frac{3}{2}$, $y=5$ 대입

18 [정답률 82%]

정답 8

Step 1 함수 $f(x)$를 구한다.

$f(x)$는 다항함수이므로 함수 $xf(x)$의 상수항은 0이다. 또한 극한값이 5이므로 x^3의 계수는 5이다.

$xf(x)=2x^3+5x^2+ax$ (a는 상수)로 놓으면

$\lim_{x \to \infty} \frac{xf(x)-2x^3+1}{x^2}=5$이므로 $x \ne 0$일 때 $f(x)=2x^2+5x+a$

$f(0)=1$이므로 $a=1$ $\quad \therefore f(x)=2x^2+5x+1$

$\frac{\infty}{\infty}$ 꼴일 때 0이 아닌 극한값이 존재하면 분자, 분모의 차수가 같다.

Step 2 $f(1)$의 값을 구한다.

$\therefore f(1)=2+5+1=8$

19 [정답률 65%]

정답 6

Step 1 점 P의 시각 t에서의 속도와 가속도를 t에 대한 식으로 나타낸다.

$=\frac{dx}{dt}$ / $=\frac{dv}{dt}$

점 P의 시각 t에서의 속도를 v, 가속도를 a라 하면

$v(t)=6t^3-24t^2+30t-12=6(t-1)^2(t-2)$

$a(t)=18t^2-48t+30$

Step 2 점 P의 운동 방향이 바뀔 때의 시각을 구한다.

점 P의 운동 방향이 바뀔 때의 점 P의 속도는 0이므로 $v(t)=0$에서 $t=1$ 또는 $t=2$

중요 / $6(t-1)^2(t-2)=0$

따라서 함수 $x(t)$의 증가와 감소를 표로 나타내면 다음과 같다.

t	(0)	$\cdots$	1	$\cdots$	2	$\cdots$
$v(t)$		$-$	0	$-$	0	$+$
$x(t)$		↘	$-\frac{7}{2}$	↘	-4	↗

즉, 점 P의 운동 방향은 $t=2$일 때 바뀐다.

$0<t<1$, $1<t<2$에서 점 P의 운동 방향은 같다.

Step 3 $a(2)$의 값을 구한다.

따라서 점 P의 운동 방향이 바뀌는 순간 점 P의 가속도는

$a(2)=18 \times 2^2-48 \times 2+30=6$

20 [정답률 30%] 정답 30

Step 1 조건 (가)를 이용하여 a_1과 공차 d 사이의 관계식을 찾는다.

등차수열 $\{a_n\}$의 공차를 d라 하자.

조건 (가)에서 $S_7=S_8$이므로 $a_8=S_8-S_7=0$

$a_1+7d=0$ ($=a_8$) $\therefore a_1=-7d$ …… ㉠

Step 2 a_1과 d의 값을 구한다.

S_n의 값은 $n=8$에서 최소이므로 $S_9\geq S_8$

$S_9=S_8+a_9$이므로 $S_8+a_9\geq S_8$ $\therefore a_9\geq 0$

이때 $a_9=a_8+d$에서 $a_8=0$이므로 $d\geq 0$

또한 $d=0$이면 ㉠에서 $a_1=0$이므로 조건 (나)를 만족시키지 않는다. ($a_n=0$이므로 $S_n=0\ (n\geq 1)$)

$S_{2m}>S_m$이므로 조건 (나)에서 $S_m=-162$, $S_{2m}=162$ ($\because d>0$)

$S_m=-162$에서 $\dfrac{m\{2a_1+(m-1)d\}}{2}=-162$

$m\{2\times(-7d)+(m-1)d\}=-324$

$\therefore m(m-15)d=-324$ …… ㉡

(첫째항이 a_1, 공차가 d인 등차수열의 합 S_n은 $S_n=\dfrac{n\{2a_1+(n-1)d\}}{2}$)

$S_{2m}=162$에서 $\dfrac{2m\{2a_1+(2m-1)d\}}{2}=162$

$m\{2\times(-7d)+(2m-1)d\}=162$

$\therefore m(2m-15)d=162$ …… ㉢

㉡÷㉢을 계산하면 $\dfrac{m-15}{2m-15}=-2$, $m-15=-4m+30$

$5m=45$ $\therefore m=9$

$m=9$를 ㉡에 대입하면 $d=6$

$\therefore a_1=-7\times 6=-42$

Step 3 a_{13}의 값을 구한다.

따라서 등차수열 $\{a_n\}$의 일반항은 $a_n=6n-48$이므로 ($a_n=-42+(n-1)\times 6=6n-48$)

$a_{13}=6\times 13-48=30$

21 [정답률 20%] 정답 22

Step 1 코사인법칙을 이용하여 두 선분 OP, OQ의 길이를 구한다.

$\overline{OP}=\alpha$, $\overline{OQ}=\beta\ (\alpha>\beta)$라 하면 삼각형 OAP에서 코사인법칙에 의하여 (조건 (가)에서 $\overline{OP}>\overline{OQ}$이기 때문이다.)

$\overline{OA}^2=\overline{OP}^2+\overline{AP}^2-2\times\overline{OP}\times\overline{AP}\times\cos(\angle OPA)$

$2^2=\alpha^2+(2\sqrt{15})^2-2\times\alpha\times 2\sqrt{15}\times\dfrac{\sqrt{15}}{4}$ ($\cos(\angle OPA)=\dfrac{\sqrt{15}}{4}$)

$\therefore \alpha^2-15\alpha+56=0$

삼각형 OAQ에서 코사인법칙에 의하여

$\overline{OA}^2=\overline{OQ}^2+\overline{AQ}^2-2\times\overline{OQ}\times\overline{AQ}\times\cos(\angle OQA)$

$2^2=\beta^2+(2\sqrt{15})^2-2\times\beta\times 2\sqrt{15}\times\dfrac{\sqrt{15}}{4}$ ($\cos(\angle OQA)=\dfrac{\sqrt{15}}{4}$)

$\therefore \beta^2-15\beta+56=0$

즉, 두 실수 α, β는 이차방정식 $x^2-15x+56=0$의 서로 다른 두 실근이므로

$x^2-15x+56=(x-7)(x-8)=0$에서 $x=7$ 또는 $x=8$

$\therefore \alpha=8,\ \beta=7\ (\because \alpha>\beta)$

Step 2 사인법칙을 이용하여 사각형 OAPQ의 넓이를 구한다.

조건 (나)에서 $\cos(\angle OPA)=\cos(\angle OQA)=\dfrac{\sqrt{15}}{4}$이므로

$\angle OPA=\angle OQA$ ($0<\theta_1<\pi$, $0<\theta_2<\pi$에서 $\cos\theta_1=\cos\theta_2$이면 $\theta_1=\theta_2$)

즉, 삼각형 OAP의 외접원을 C라 하면 두 점 P, Q의 y좌표가 모두 양수이므로 점 Q는 원 C 위의 점이다.

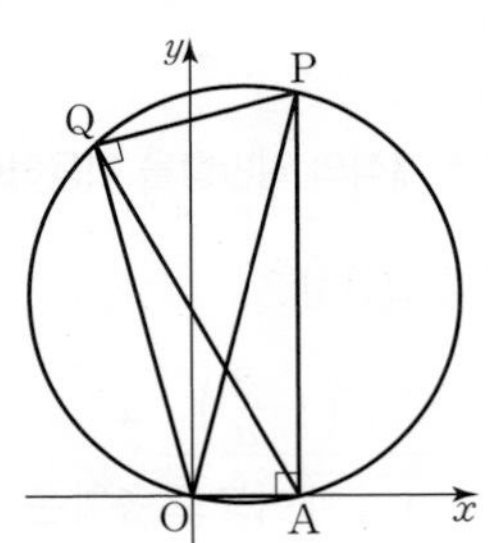

$\sin(\angle OPA)=\sqrt{1-\{\cos(\angle OPA)\}^2}$

$=\sqrt{1-\left(\dfrac{\sqrt{15}}{4}\right)^2}=\dfrac{1}{4}$

이므로 원 C의 반지름의 길이를 R이라 하면 삼각형 OAP에서 사인법칙에 의하여

$\dfrac{\overline{OA}}{\sin(\angle OPA)}=\dfrac{2}{\frac{1}{4}}=8=2R$ ($=\overline{OP}$)

즉, 선분 OP는 원 C의 지름이므로 두 삼각형 OAP, OPQ는 직각삼각형이다. (원에 내접한 삼각형의 빗변이 원의 지름이면 그 삼각형은 직각삼각형이다.)

직각삼각형 OPQ에서 $\angle PQO=90°$이므로

$\overline{PQ}=\sqrt{\overline{OP}^2-\overline{OQ}^2}=\sqrt{8^2-7^2}=\sqrt{15}$

사각형 OAPQ의 넓이는 두 직각삼각형 OAP, OPQ의 넓이의 합과 같으므로

$\square OAPQ=\triangle OAP+\triangle OPQ=\dfrac{1}{2}\times 2\times 2\sqrt{15}+\dfrac{1}{2}\times 7\times\sqrt{15}$ ($2=\overline{OA}$, $2\sqrt{15}=\overline{AP}$, $7=\overline{OQ}$, $\sqrt{15}=\overline{PQ}$)

$=\dfrac{11}{2}\sqrt{15}$

따라서 $p=2$, $q=11$이므로 $p\times q=22$

22 [정답률 3%] 정답 32

Step 1 a의 값을 구한다.

조건 (나)에서 $|x|<2$일 때 $g'(x)=-x+a$이고 ($\dfrac{d}{dx}\displaystyle\int_0^x(-t+a)dt=-x+a$)

조건 (다)에서 함수 $g(x)$는 $x=1$에서 극값을 가지므로 ($g'(1)=0$)

$g'(1)=-1+a=0$ $\therefore a=1$

Step 2 함수 $g'(x)$의 식을 구한다.

$|b|<2$일 때 $g'(b)=-b+1\neq 0\ (\because b\neq 1)$이므로 $|b|\geq 2$ (함수 $g(x)$는 $x=b$에서 극값을 가지므로 $g'(b)=0$이지만 $|b|<2$일 때 $g'(b)\neq 0$이므로 $|b|\geq 2$이다.)

또한 함수 $g'(x)$는 실수 전체의 집합에서 연속이므로 $x=-2$, $x=2$에서도 연속이다.

$g'(-2)=\displaystyle\lim_{x\to -2+}g'(x)=\lim_{x\to -2+}(-x+1)=3$ …… ㉠ ($-2<x<2$에서 $g'(x)$의 식)

$g'(2)=\displaystyle\lim_{x\to 2-}g'(x)=\lim_{x\to 2-}(-x+1)=-1$ …… ㉡

즉, $g'(\pm 2)\neq 0$이므로 $b\neq\pm 2$ $\therefore |b|>2$

조건 (나)에서 $|g'(x)|=f(x)$에 $x=b$를 대입하면

$f(b)=|g'(b)|=0$이고, $|x|\geq 2$일 때 이차함수 $f(x)$는

$f(x)=|g'(x)|\geq 0$이므로

$f(x)=m(x-b)^2\ (m>0)$ ($m<0$일 때, x가 충분히 커지면 $f(x)<0$이므로 $m>0$이어야 한다.)

㉠, ㉡에 의하여

$f(-2)=|g'(-2)|=3$, $f(2)=|g'(2)|=1$ …… ㉢

즉, $f(-2)>f(2)$이므로 $m(-2-b)^2>m(2-b)^2$

$(-2-b)^2>(2-b)^2\ (\because m>0)$

$b^2+4b+4>b^2-4b+4$, $8b>0$ $\therefore b>0$

즉, $b>2$이므로 조건을 모두 만족시키는 함수 $g'(x)$는 ($|b|>2$이고 $b>0$이면 $b>2$이다.)

$$g'(x)=\begin{cases} m(x-b)^2 & (x\leq -2)\\ -x+1 & (-2<x<2)\\ -m(x-b)^2 & (2\leq x<b)\\ m(x-b)^2 & (x\geq b)\end{cases}$$

($g'(-2)=3>0$, $g'(2)=-1<0$이고 $g'(1)=g'(b)=0$이므로 $x<-2$일 때, $g'(x)>0$, $2\leq x<b$일 때, $g'(x)<0$, $x\geq b$일 때, $g'(x)\geq 0$)

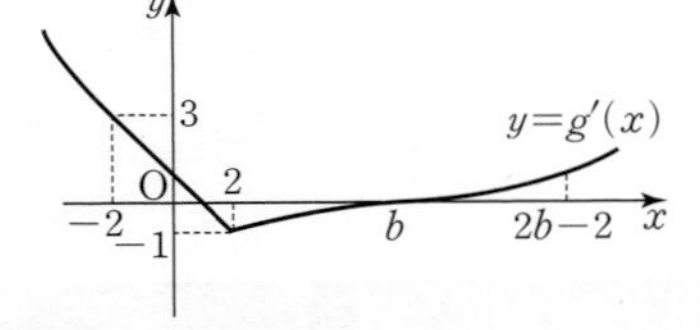

Step 3 b의 값을 구한다.

㉢에서 $f(-2)=3$이므로 $m(-2-b)^2=3$

$f(2)=1$이므로 $m(2-b)^2=1$

두 식을 연립하면 $m(-2-b)^2=3m(2-b)^2$

$b^2+4b+4=3(b^2-4b+4)$

$2b^2-16b+8=0$, $b^2-8b+4=0$

$\therefore b=4+2\sqrt{3}\ (\because b>2)$ (근의 공식 이용)

Step 4 $p\times q$의 값을 구한다.

조건 (나)에서 $g(0)=\int_0^0(-t+1)dt=0$이므로 → 위끝과 아래끝이 같으므로 정적분의 값은 0

$g(k)=\int_0^k g'(t)dt$ → $=g(k)-g(0)=g(k)$

(i) $k<0$일 때,

$x\le0$에서 $g'(x)>0$이므로

$g(k)=\int_0^k g'(t)dt=-\int_k^0 g'(t)dt<0$ (→ >0) $\quad\therefore g(k)\ne0$

(ii) $k=0$일 때,

$g(0)=\int_0^0 g'(t)dt=0$이므로 $g(k)=0$

(iii) $0<k\le2$일 때,

$g(k)=\int_0^k g'(t)dt=\int_0^k(-t+1)dt$

$=\left[-\frac{1}{2}t^2+t\right]_0^k=-\frac{1}{2}k^2+k$

$g(k)=0$에서 $-\frac{1}{2}k^2+k=0$

$-\frac{1}{2}k(k-2)=0\quad\therefore k=2\ (\because 0<k\le2)$

(iv) $k>2$일 때, → (iii) 참고

$\int_0^2 g'(t)dt=0$이고, $2<x<b$에서 $g'(x)<0$이므로

$g(k)=\int_0^k g'(t)dt=0$이려면 $k>b$이어야 한다.

$\therefore g(k)=\int_0^k g'(t)dt$

$=\int_0^2 g'(t)dt+\int_2^b g'(t)dt+\int_b^k g'(t)dt$ ($2<t<b$, $t>b$)

$=0+\int_2^b\{-m(t-b)^2\}dt+\int_b^k m(t-b)^2dt$

$=-m\int_2^b(t^2-2bt+b^2)dt+m\int_b^k(t^2-2bt+b^2)dt$

$=-m\left[\frac{1}{3}t^3-bt^2+b^2t\right]_2^b+m\left[\frac{1}{3}t^3-bt^2+b^2t\right]_b^k$

$=-m\left\{\left(\frac{1}{3}b^3-b^3+b^3\right)-\left(\frac{8}{3}-4b+2b^2\right)\right\}$

$+m\left\{\left(\frac{1}{3}k^3-bk^2+b^2k\right)-\left(\frac{1}{3}b^3-b^3+b^3\right)\right\}$

$=-m\left(\frac{1}{3}b^3-2b^2+4b-\frac{8}{3}\right)$

$+m\left(\frac{1}{3}k^3-bk^2+b^2k-\frac{1}{3}b^3\right)$

$=-\frac{m}{3}(b^3-6b^2+12b-8)$

$+\frac{m}{3}(k^3-3bk^2+3b^2k-b^3)$

$=-\frac{m}{3}(b-2)^3+\frac{m}{3}(k-b)^3$

$g(k)=0$에서 $-\frac{m}{3}(b-2)^3+\frac{m}{3}(k-b)^3=0$

$(k-b)^3=(b-2)^3$, $k-b=b-2$ → $x^3=2^3$에서 $x=2$와 같은 원리이다.

$\therefore k=2b-2=2\times(4+2\sqrt{3})-2=6+4\sqrt{3}$

(i)~(iv)에서 $g(k)=0$을 만족시키는 k의 값은 0, 2, $6+4\sqrt{3}$이므로 그 합은 $8+4\sqrt{3}$이다.

따라서 $p=8$, $q=4$이므로 $p\times q=8\times4=32$

확률과 통계

23 [정답률 82%]

정답 ①

Step 1 중복순열과 중복조합을 계산한다.

${}_3\Pi_2+{}_2H_3=3^2+{}_4C_3=9+4=13$

(${}_2H_3={}_{2+3-1}C_3$, ${}_4C_3={}_4C_1$)

24 [정답률 63%]

정답 ⑤

Step 1 중복순열을 이용하여 순서쌍 (A, B)의 개수를 구한다.

전체집합 U의 6개의 원소 중에서 집합 $A\cup B$의 원소 5개를 택하는 경우의 수는 ${}_6C_5={}_6C_1=6$ → $n(A\cap B)=0$

$A\cap B=\varnothing$이므로 집합 $A\cup B$의 5개의 원소 중에서 두 집합 A, B의 원소를 택하는 경우의 수는 서로 다른 2개에서 5개를 뽑아 일렬로 나열하는 중복순열의 수와 같으므로 ${}_2\Pi_5=2^5=32$

따라서 구하는 순서쌍 (A, B)의 개수는 $6\times32=192$

→ $A\cup B=\{1, 2, 3, 4, 5\}$라 하면

1 2 3 4 5

A 또는 B

25 [정답률 89%]

정답 ③

Step 1 원순열을 이용하여 경우의 수를 구한다.

7명의 학생 중 A, B, C를 포함하여 5명을 선택하는 경우의 수는 A, B, C를 제외한 4명의 학생 중 2명의 학생을 선택하는 경우의 수와 같으므로 ${}_4C_2=6$

A, B, C를 포함한 5명의 학생을 원 모양의 탁자에 둘러앉게 하는 경우의 수는 $(5-1)!=4!=24$ → 회전하여 일치하는 경우는 제외한다.

따라서 구하는 경우의 수는 $6\times24=144$

26 [정답률 79%]

정답 ②

Step 1 주어진 방정식을 변형한다.

$3x+y+z+w=11$에서 $y+z+w=11-3x$

$y'=y-1$, $z'=z-1$, $w'=w-1$이라 하면 y, z, w가 자연수이므로 y', z', w'은 음이 아닌 정수이다.

→ $y\ge1$, $z\ge1$, $w\ge1$이므로 $y'\ge0$, $z'\ge0$, $w'\ge0$

이 식을 주어진 방정식에 대입하면

$(y'+1)+(z'+1)+(w'+1)=11-3x$ ($=y$, $=z$, $=w$)

$\therefore y'+z'+w'=8-3x$

Step 2 x에 자연수를 대입하고 중복조합을 이용하여 방정식을 만족시키는 순서쌍의 개수를 구한다.

(i) $x=1$일 때,

방정식 $y'+z'+w'=5$를 만족시키는 음이 아닌 정수 y', z', w'의 순서쌍 (y', z', w')의 개수는 서로 다른 3개에서 중복을 허락하여 5개를 택하는 중복조합의 수와 같으므로

${}_3H_5={}_{3+5-1}C_5={}_7C_5={}_7C_2=21$

(ii) $x=2$일 때,

방정식 $y'+z'+w'=2$를 만족시키는 음이 아닌 정수 y', z', w'의 순서쌍 (y', z', w')의 개수는 서로 다른 3개에서 중복을 허락하여 2개를 택하는 중복조합의 수와 같으므로

${}_3H_2={}_{3+2-1}C_2={}_4C_2=6$

(iii) $x\ge3$일 때, → $x\ge3$일 때, $8-3x\le-1$

방정식 $y'+z'+w'=8-3x$를 만족시키는 음이 아닌 정수 y', z', w'의 순서쌍 (y', z', w')은 존재하지 않는다.

(i)~(iii)에 의하여 구하는 순서쌍 (x, y, z, w)의 개수는

$21+6=27$

27 [정답률 63%]

정답 ④

Step 1 $\left(ax-\frac{2}{ax}\right)^7$의 전개식의 일반항을 이용하여 a의 값을 구한다.

$\left(ax-\frac{2}{ax}\right)^7$의 전개식의 일반항은

${}_7C_r(ax)^r\left(-\frac{2}{ax}\right)^{7-r}={}_7C_r\,a^r\left(-\frac{2}{a}\right)^{7-r}x^{2r-7}$ …… ㉠

이때 각 항의 계수는 $x=1$일 때이므로 총합은

$\sum_{r=0}^{7} {}_7C_r a^r\left(-\frac{2}{a}\right)^{7-r}=\left(a-\frac{2}{a}\right)^7=1$

$a-\frac{2}{a}=1$, $a^2-a-2=0$

$(a+1)(a-2)=0$ $\therefore a=2$ ($\because a>0$)
→ a는 양수이다.

Step 2 $\frac{1}{x}$의 계수를 구한다.

㉠에서 $\frac{1}{x}$항은 $r=3$일 때이므로 $\frac{1}{x}$의 계수는
→ $x^{-1}=x^{2r-7}$에서 $-1=2r-7$ $\therefore r=3$

${}_7C_3\times 2^3\times\left(-\frac{2}{2}\right)^4=35\times 8=280$

28 [정답률 35%] 정답 ①

Step 1 경우를 나누어 조건을 만족시키는 경우의 수를 구한다.

(i) 1을 제외한 7장의 카드를 택하는 경우

짝수 2, 2, 2, 4가 적혀 있는 카드를 일렬로 나열하는 경우의 수는 $\frac{4!}{3!}=4$
→ 1, 2, 2, 2, 3, 3, 4

다음 그림과 같이 ∨로 표시된 다섯 곳 중 홀수 1, 3, 3이 적혀 있는 카드를 나열할 세 곳을 택하는 경우의 수는 ${}_5C_3=10$

∨□∨□∨□∨□∨

홀수 1, 3, 3이 적혀 있는 카드를 일렬로 나열하는 경우의 수는 $\frac{3!}{2!}=3$
→ 서로 이웃한 2장의 카드에 적혀 있는 수의 곱이 모두 짝수이어야 하므로 홀수끼리 이웃할 수 없다.

따라서 구하는 경우의 수는 $4\times10\times3=120$

(ii) 2를 제외한 7장의 카드를 택하는 경우

짝수 2, 2, 4가 적혀 있는 카드를 일렬로 나열하는 경우의 수는 $\frac{3!}{2!}=3$
→ 1, 1, 2, 2, 3, 3, 4

다음 그림과 같이 ∨로 표시된 네 곳에 홀수 1, 1, 3, 3이 적혀 있는 카드를 일렬로 나열하는 경우의 수는 $\frac{4!}{2!2!}=6$

∨□∨□∨□∨

따라서 구하는 경우의 수는 $3\times6=18$

(iii) 3을 제외한 7장의 카드를 택하는 경우
→ 1, 1, 2, 2, 2, 3, 4

(i)과 같은 방법으로 생각할 수 있으므로 카드를 나열하는 경우의 수는 $4\times10\times3=120$
→ 짝수를 먼저 나열한 후 홀수를 나열한다.

(iv) 4를 제외한 7장의 카드를 택하는 경우

짝수 2, 2, 2가 적혀 있는 카드를 일렬로 나열하는 경우의 수는 1
→ 1, 1, 2, 2, 2, 3, 3
→ $=\frac{3!}{3!}$

다음 그림과 같이 ∨로 표시된 네 곳에 홀수 1, 1, 3, 3이 적혀 있는 카드를 일렬로 나열하는 경우의 수는 $\frac{4!}{2!2!}=6$

∨□∨□∨□∨

따라서 구하는 경우의 수는 $1\times6=6$

Step 2 전체 경우의 수를 구한다.

(i)~(iv)에서 구하는 전체 경우의 수는 $120+18+120+6=264$

29 [정답률 14%] 정답 523

Step 1 a_4의 값의 범위를 구한다.

$f(k)=a_k$ ($k=1, 2, 3, \cdots, 8$)이라 하면 $a_k\in Y$이므로 a_k는 5 이하의 자연수이다.
→ a_k는 함수 f의 치역이므로 집합 Y의 원소이다.

조건 (가)에서 $a_4=a_1+a_2+a_3$이고 $3\le a_1+a_2+a_3\le15$이므로
→ $f(4)=f(1)+f(2)+f(3)$

$3\le a_4\le15$ ⋯⋯ ㉠

조건 (나)에서 $2a_4=a_5+a_6+a_7+a_8$이고 $4\le a_5+a_6+a_7+a_8\le20$이므로 $4\le 2a_4\le20$
→ $2f(4)=f(5)+f(6)+f(7)+f(8)$

$\therefore 2\le a_4\le10$ ⋯⋯ ㉡

㉠, ㉡에서 $3\le a_4\le10$이고 a_4는 5 이하의 자연수이므로 $3\le a_4\le5$

Step 2 a_4의 값에 따라 경우를 나누어 본다.

8 이하의 자연수 k에 대하여 $a_k{}'=a_k-1$이라 하면 a_k가 5 이하의 자연수이므로 $a_k{}'$은 4 이하의 음이 아닌 정수이다.

$a_k=a_k{}'+1$을 두 방정식 $a_1+a_2+a_3=a_4$, $a_5+a_6+a_7+a_8=2a_4$에 대입하면
→ $0\le a_k{}'\le4$

$(a_1{}'+1)+(a_2{}'+1)+(a_3{}'+1)=a_4$

$\therefore a_1{}'+a_2{}'+a_3{}'=a_4-3$

$(a_5{}'+1)+(a_6{}'+1)+(a_7{}'+1)+(a_8{}'+1)=2a_4$

$\therefore a_5{}'+a_6{}'+a_7{}'+a_8{}'=2a_4-4$

(i) $a_4=3$일 때,

$a_1{}'+a_2{}'+a_3{}'=0$을 만족시키는 $a_1{}'$, $a_2{}'$, $a_3{}'$의 순서쌍 $(a_1{}', a_2{}', a_3{}')$의 개수는 ${}_3H_0={}_2C_0=1$ → $={}_{3+0-1}C_0$

$a_5{}'+a_6{}'+a_7{}'+a_8{}'=2$를 만족시키는 $a_5{}'$, $a_6{}'$, $a_7{}'$, $a_8{}'$의 순서쌍 $(a_5{}', a_6{}', a_7{}', a_8{}')$의 개수는 ${}_4H_2={}_5C_2=10$ → $={}_{4+2-1}C_2$

따라서 구하는 함수 f의 개수는 $1\times10=10$

(ii) $a_4=4$일 때,

$a_1{}'+a_2{}'+a_3{}'=1$을 만족시키는 $a_1{}'$, $a_2{}'$, $a_3{}'$의 순서쌍 $(a_1{}', a_2{}', a_3{}')$의 개수는 ${}_3H_1={}_3C_1=3$ → $={}_{3+1-1}C_1$

$a_5{}'+a_6{}'+a_7{}'+a_8{}'=4$를 만족시키는 $a_5{}'$, $a_6{}'$, $a_7{}'$, $a_8{}'$의 순서쌍 $(a_5{}', a_6{}', a_7{}', a_8{}')$의 개수는 ${}_4H_4={}_7C_4={}_7C_3=35$ → $={}_{4+4-1}C_4$

따라서 구하는 함수 f의 개수는 $3\times35=105$

(iii) $a_4=5$일 때,

$a_1{}'+a_2{}'+a_3{}'=2$를 만족시키는 $a_1{}'$, $a_2{}'$, $a_3{}'$의 순서쌍 $(a_1{}', a_2{}', a_3{}')$의 개수는 ${}_3H_2={}_4C_2=6$ → $={}_{3+2-1}C_2$

$a_5{}'+a_6{}'+a_7{}'+a_8{}'=6$을 만족시키는 4 이하의 음이 아닌 정수 $a_5{}'$, $a_6{}'$, $a_7{}'$, $a_8{}'$의 순서쌍 $(a_5{}', a_6{}', a_7{}', a_8{}')$의 개수는 음이 아닌 정수 $a_5{}'$, $a_6{}'$, $a_7{}'$, $a_8{}'$의 순서쌍 $(a_5{}', a_6{}', a_7{}', a_8{}')$의 개수에서 네 수 6, 0, 0, 0을 일렬로 나열한 경우의 수와 네 수 5, 1, 0, 0을 일렬로 나열한 경우의 수를 빼면 되므로
→ $0\le a_k{}'\le4$이므로 $a_k{}'\ge5$인 경우는 제외한다.

${}_4H_6-\frac{4!}{3!}-\frac{4!}{2!}={}_9C_6-4-12=84-16=68$

따라서 구하는 함수 f의 개수는 $6\times68=408$

Step 3 조건을 만족시키는 함수 f의 개수를 구한다.

(i)~(iii)에서 구하는 함수 f의 개수는 $10+105+408=523$

30 [정답률 4%] 정답 188

Step 1 조건을 만족시키는 문자열의 형태를 추론한다.

조건 (가)에 의하여 7자리 문자열에 문자열 aaa는 반드시 포함되고 조건 (나)에 의하여 aaa의 양 옆에는 a가 올 수 없다.
→ 즉, aaa의 양 옆에는 b 또는 c가 와야 한다.

aaa와 이웃한 자리를 △, 이웃하지 않는 자리를 □라 하면 7자리 문자열은 aaa△□□□, △aaa△□□, □△aaa△□, □□△aaa△, □□□△aaa의 5가지이다.

Step 2 각각의 경우의 문자열의 개수를 구한다.

(i) aaa△□□□일 때,

① △에 b가 나열된 경우

3개의 □에 a, b, c 세 문자를 나열하는 경우의 수는 서로 다른 3개에서 중복을 허락하여 3개를 택하는 경우의 수와 같으므로 ${}_3\Pi_3=3^3=27$
→ a, b, c

이때 조건을 만족시키지 않는 문자열은 $aaabbba$, $aaabbbb$, $aaabbbc$, $aaabaaa$, $aaabccc$이다.
→ bbb 또는 ccc는 조건 (가)를 만족시키지 않는다.
→ $bbbb$는 조건 (나)를 만족시키지 않는다.
→ a는 5개 이하로 사용해야 한다.

따라서 만들 수 있는 문자열의 개수는 $27-5=22$

② △에 c가 나열된 경우

①과 같은 방법으로 구하면 만들 수 있는 문자열의 개수는 22이다.

①, ②에서 만들 수 있는 문자열의 개수는 $22+22=44$

(ii) △aaa△□□일 때,

2개의 △에 b 또는 c를 나열하는 경우의 수는 서로 다른 2개에서 중복을 허락하여 2개를 택하는 경우의 수와 같으므로
→ b, c

${}_2\Pi_2=2^2=4$

2개의 □에 a, b, c 세 문자를 나열하는 경우의 수는 서로 다른 3개(a, b, c)에서 중복을 허락하여 2개를 택하는 경우의 수와 같으므로

${}_3\Pi_2=3^2=9$

이때 조건을 만족시키지 않는 문자열은 $baaabbb$, $baaaccc$, $caaabbb$, $caaaccc$이다. (조건 (가)를 만족시키지 않는다.)

따라서 만들 수 있는 문자열의 개수는 $4\times9-4=32$

(iii) □△aaa△□일 때,

2개의 △에 b 또는 c를 나열하는 경우의 수는 서로 다른 2개(b, c)에서 중복을 허락하여 2개를 택하는 경우의 수와 같으므로

${}_2\Pi_2=2^2=4$

2개의 □에 a, b, c 세 문자를 나열하는 경우의 수는 서로 다른 3개(a, b, c)에서 중복을 허락하여 2개를 택하는 경우의 수와 같으므로

${}_3\Pi_2=3^2=9$

따라서 만들 수 있는 문자열의 개수는 $4\times9=36$

(iv) □□△aaa△일 때,

(ii)와 같은 방법으로 구하면 만들 수 있는 문자열의 개수는 32이다. ((ii)의 문자열을 좌우로 뒤집은 것과 같으므로 개수가 같다.)

(v) □□□△aaa일 때,

(i)과 같은 방법으로 구하면 만들 수 있는 문자열의 개수는 44이다. ((i)의 문자열을 좌우로 뒤집은 것과 같으므로 개수가 같다.)

Step 3 모든 문자열의 개수를 구한다.

(i)~(v)에 의하여 만들 수 있는 모든 문자열의 개수는

$44+32+36+32+44=188$

미적분

23 [정답률 94%] 정답 ②

Step 1 주어진 식을 변형하여 수열의 극한값을 계산한다.

$$\lim_{n\to\infty}(\sqrt{4n^2+3n}-\sqrt{4n^2+1})$$

$$=\lim_{n\to\infty}\frac{(\sqrt{4n^2+3n}-\sqrt{4n^2+1})(\sqrt{4n^2+3n}+\sqrt{4n^2+1})}{\sqrt{4n^2+3n}+\sqrt{4n^2+1}}$$ (분자의 유리화)

$$=\lim_{n\to\infty}\frac{(4n^2+3n)-(4n^2+1)}{\sqrt{4n^2+3n}+\sqrt{4n^2+1}}$$

$$=\lim_{n\to\infty}\frac{3n-1}{\sqrt{4n^2+3n}+\sqrt{4n^2+1}}$$

$$=\lim_{n\to\infty}\frac{3-\frac{1}{n}}{\sqrt{4+\frac{3}{n}}+\sqrt{4+\frac{1}{n^2}}}$$ (분모, 분자를 각각 n으로 나눈다.)

$$=\frac{3}{\sqrt{4}+\sqrt{4}}=\frac{3}{4}$$

24 [정답률 94%] 정답 ①

Step 1 함수 $f(x)$를 미분하여 $f'(0)$의 값을 구한다.

함수 $f(x)=e^x(2\sin x+\cos x)$를 미분하면

$f'(x)=e^x(2\sin x+\cos x)+e^x(2\cos x-\sin x)$

$=e^x(\sin x+3\cos x)$ ($f(x)=g(x)h(x)$에서 $f'(x)=g'(x)h(x)+g(x)h'(x)$)

$\therefore f'(0)=e^0(\sin 0+3\cos 0)=3$ ($e^0=1$)

25 [정답률 88%] 정답 ④

Step 1 $\sum_{n=1}^{\infty}a_n$이 수렴할 때, $\lim_{n\to\infty}a_n=0$임을 이용한다. (중요한 내용이므로 꼭 기억해야 한다.)

$\sum_{n=1}^{\infty}\left(a_n-\frac{2^{n+1}}{2^n+1}\right)$이 수렴하므로 $\lim_{n\to\infty}\left(a_n-\frac{2^{n+1}}{2^n+1}\right)=0$

$\therefore \lim_{n\to\infty}a_n=\lim_{n\to\infty}\frac{2^{n+1}}{2^n+1}=2$

Step 2 주어진 극한값을 계산한다.

$$\therefore \lim_{n\to\infty}\frac{2^n\times a_n+5\times2^{n+1}}{2^n+3}=\lim_{n\to\infty}\frac{a_n+10}{1+\frac{3}{2^n}}=\frac{2+10}{1+0}=12$$

(분모, 분자를 각각 2^n으로 나눈다.)

26 [정답률 67%] 정답 ③

Step 1 $x\to e$일 때 극한값이 존재하고 (분모)$\to0$이면 (분자)$\to0$임을 이용한다.

$\lim_{x\to e}\frac{f(x)-g(x)}{x-e}=0$에서 극한값이 존재하고 (분모)$\to0$이므로 (분자)$\to0$이어야 한다.

즉, $\lim_{x\to e}\{f(x)-g(x)\}=0$이므로 $f(e)=g(e)$

$\therefore a^e=2\log_b e=\frac{2}{\ln b}$ ……㉠ ($a^e=f(e)$, $2\log_b e=g(e)$)

Step 2 미분계수의 정의를 이용하여 a, b의 값을 구한다.

두 함수 $f(x)=a^x$, $g(x)=2\log_b x$에서

$f'(x)=a^x\ln a$, $g'(x)=\frac{2}{x\ln b}$이므로

$$\lim_{x\to e}\frac{f(x)-g(x)}{x-e}=\lim_{x\to e}\frac{f(x)-f(e)-g(x)+g(e)}{x-e}$$ ($f(e)=g(e)$이므로 분자에 $f(e)$를 빼고 $g(e)$를 더해도 등식은 성립한다.)

$$=\lim_{x\to e}\frac{\{f(x)-f(e)\}-\{g(x)-g(e)\}}{x-e}$$

$$=f'(e)-g'(e)$$ (미분계수의 정의 이용)

$$=a^e\ln a-\frac{2}{e\ln b}=0$$ ……㉡

㉠을 ㉡에 대입하면

$\frac{2\ln a}{\ln b}-\frac{2}{e\ln b}=0$, $\ln a=\frac{1}{e}$ $\quad\therefore a=e^{\frac{1}{e}}$

이 식을 ㉠에 대입하면

$(e^{\frac{1}{e}})^e=\frac{2}{\ln b}$, $\ln b=\frac{2}{e}$ $\quad\therefore b=e^{\frac{2}{e}}$

따라서 $a=e^{\frac{1}{e}}$, $b=e^{\frac{2}{e}}$이므로 $a\times b=e^{\frac{1}{e}}\times e^{\frac{2}{e}}=e^{\frac{3}{e}}$

27 [정답률 62%] 정답 ③

Step 1 두 선분 OP, OQ의 길이를 θ에 대하여 나타낸다.

원 C와 y축과의 교점 중 O가 아닌 점을 R이라 하자.

$\angle\mathrm{POR}=\frac{\pi}{2}-\theta$이므로 $\angle\mathrm{ORP}=\frac{\pi}{2}-\angle\mathrm{POR}=\theta$

직각삼각형 OPR에서 $\overline{\mathrm{OP}}=\overline{\mathrm{OR}}\sin\theta=2\sin\theta$ ((원 C의 지름의 길이)$=2$)

(반원에 대한 원주각의 크기는 $\frac{\pi}{2}$이므로 $\angle\mathrm{OPR}=\frac{\pi}{2}$)

두 각 ORQ, OPQ는 호 OQ에 대한 원주각이므로

$\angle\mathrm{ORQ}=\angle\mathrm{OPQ}=\frac{\theta}{3}$ (호 OQ에 대한 원주각의 크기는 모두 같다.)

직각삼각형 OQR에서 $\overline{\mathrm{OQ}}=\overline{\mathrm{OR}}\sin\frac{\theta}{3}=2\sin\frac{\theta}{3}$

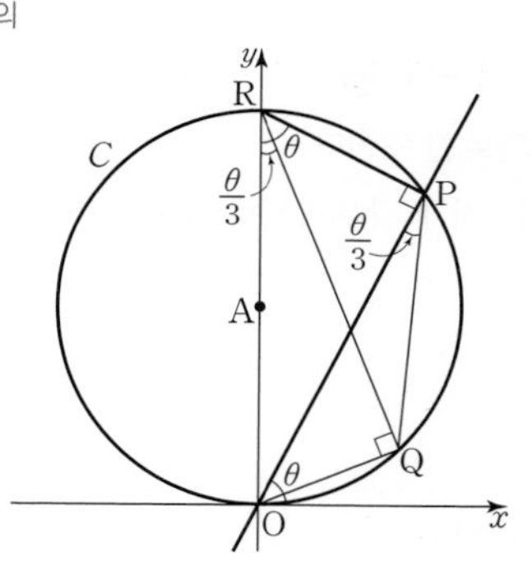

Step 2 삼각형 POQ의 넓이를 구한다.

$\angle\mathrm{QRP}=\angle\mathrm{ORP}-\angle\mathrm{ORQ}=\frac{2}{3}\theta$이고 ($\angle\mathrm{ORP}=\theta$, $\angle\mathrm{ORQ}=\frac{\theta}{3}$) 두 각 QOP, QRP는 호 PQ에 대한 원주각이므로 $\angle\mathrm{QOP}=\angle\mathrm{QRP}=\frac{2}{3}\theta$ (호 PQ에 대한 원주각의 크기는 모두 같다.)

$$\therefore f(\theta)=\frac{1}{2}\times\overline{\mathrm{OP}}\times\overline{\mathrm{OQ}}\times\sin(\angle\mathrm{QOP})$$

$$=\frac{1}{2}\times2\sin\theta\times2\sin\frac{\theta}{3}\times\sin\frac{2}{3}\theta$$

$$=2\sin\theta\sin\frac{\theta}{3}\sin\frac{2}{3}\theta$$

Step 3 $\lim_{\theta \to 0+} \frac{f(\theta)}{\theta^3}$의 값을 구한다.

$$\lim_{\theta \to 0+} \frac{f(\theta)}{\theta^3} = \lim_{\theta \to 0+} \frac{2\sin\theta \sin\frac{\theta}{3} \sin\frac{2}{3}\theta}{\theta^3}$$

$$= 2\lim_{\theta \to 0+}\left(\frac{\sin\theta}{\theta} \times \frac{\sin\frac{\theta}{3}}{\theta} \times \frac{\sin\frac{2}{3}\theta}{\theta}\right)$$

$$= 2\times 1 \times \frac{1}{3} \times \frac{2}{3} = \frac{4}{9}$$

→ $\lim_{\theta \to 0+} \frac{\sin a\theta}{\theta} = \lim_{\theta \to 0+} \frac{\sin a\theta}{a\theta} \times a = a$

28 [정답률 29%]

정답 ④

Step 1 S_1의 값을 구한다.

→ $\square AB_1C_1D_1$은 사다리꼴이므로 $\overline{AB_1} /\!/ \overline{D_1C_1}$
따라서 $\angle B_1C_1D_1 = \frac{\pi}{2}$

삼각형 $B_1C_1D_1$에서 $\angle B_1C_1D_1 = \frac{\pi}{2}$이므로

$\overline{B_1D_1} = \sqrt{\overline{B_1C_1}^2 + \overline{C_1D_1}^2} = \sqrt{(\sqrt{3})^2 + 1^2} = 2$

$\cos(\angle D_1B_1C_1) = \frac{\overline{B_1C_1}}{\overline{B_1D_1}} = \frac{\sqrt{3}}{2}$이므로 $\angle D_1B_1C_1 = \frac{\pi}{6}$ → $\cos\frac{\pi}{6} = \frac{\sqrt{3}}{2}$

$\angle AB_1D_1 = \angle AB_1C_1 - \angle D_1B_1C_1 = \frac{\pi}{3}$이고 $\overline{AB_1} = \overline{B_1D_1} = 2$이므로

삼각형 AB_1D_1은 정삼각형이다. ($\angle AB_1C_1 = \frac{\pi}{2}$, $\angle D_1B_1C_1 = \frac{\pi}{6}$)

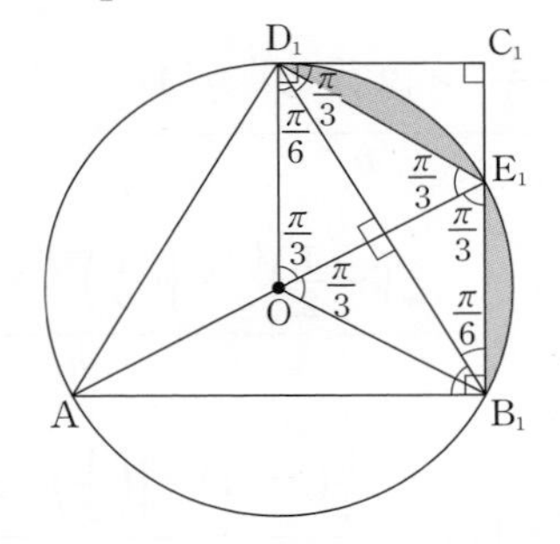

세 점 A, B_1, D_1을 지나는 원의 중심을 O라 하면 그림 R_1에 있는 도형의 내각의 크기는 위의 그림과 같으므로 두 삼각형 OB_1E_1, OE_1D_1은 정삼각형이고 서로 합동이다.

즉, 두 부채꼴 OB_1E_1, OE_1D_1은 서로 합동이므로 색칠한 두 부분의 넓이는 같고

→ 직각삼각형 $C_1D_1E_1$의 세 내각의 크기가 각각 $\frac{\pi}{6}$, $\frac{\pi}{3}$, $\frac{\pi}{2}$이므로 세 변의 길이의 비는 $\overline{C_1E_1} : \overline{C_1D_1} : \overline{D_1E_1} = 1 : \sqrt{3} : 2$

$S_1 = \triangle C_1D_1E_1 = \frac{1}{2} \times \overline{C_1D_1} \times \overline{C_1E_1} = \frac{1}{2} \times 1 \times \frac{\sqrt{3}}{3} = \frac{\sqrt{3}}{6}$

→ $\overline{C_1E_1} = \frac{\overline{C_1D_1}}{\sqrt{3}} = \frac{1}{\sqrt{3}} = \frac{\sqrt{3}}{3}$

Step 2 닮음비를 구한다.

그림 R_{n+1}에서 $\overline{C_nD_n} = a_n$이라 하면

$\overline{B_nC_n} = \sqrt{3}a_n$, $\overline{AB_n} = 2a_n$이고 $\overline{C_{n+1}D_{n+1}} = a_{n+1}$,

$\overline{B_{n+1}C_{n+1}} = \sqrt{3}a_{n+1}$, $\overline{AB_{n+1}} = 2a_{n+1}$이다.

직각삼각형 AB_nC_n에서

$\overline{AC_n} = \sqrt{\overline{AB_n}^2 + \overline{B_nC_n}^2} = \sqrt{(2a_n)^2 + (\sqrt{3}a_n)^2} = \sqrt{7}a_n$

직각삼각형 $AB_{n+1}C_{n+1}$에서

$\overline{AC_{n+1}} = \sqrt{\overline{AB_{n+1}}^2 + \overline{B_{n+1}C_{n+1}}^2} = \sqrt{(2a_{n+1})^2 + (\sqrt{3}a_{n+1})^2}$

$= \sqrt{7}a_{n+1}$

$\therefore \overline{C_nC_{n+1}} = \overline{AC_n} - \overline{AC_{n+1}} = \sqrt{7}a_n - \sqrt{7}a_{n+1} = \sqrt{7}(a_n - a_{n+1})$

정삼각형 AB_nD_n의 외접원을 C_n이라 하면 원 C_n에 내접하는 삼각형 AB_nE_n이 직각삼각형이므로 선분 AE_n은 원 C_n의 지름이다. → 원주각의 성질

정삼각형 AB_nD_n에서 사인법칙에 의하여

$\frac{\overline{AB_n}}{\sin(\angle AD_nB_n)} = \frac{2a_n}{\frac{\sqrt{3}}{2}} = \frac{4\sqrt{3}}{3}a_n = \overline{AE_n}$ → 원 C_n의 지름의 길이

또한 삼각형 AE_nC_{n+1}은 원 C_n의 지름을 빗변으로 하고 원 C_n에 내접하므로 $\angle AC_{n+1}E_n = \frac{\pi}{2}$인 직각삼각형이다. → 원주각의 성질

즉, 직각삼각형 $C_nC_{n+1}E_n$에서 $\overline{C_{n+1}E_n}^2 = \overline{C_nE_n}^2 - \overline{C_nC_{n+1}}^2$,

직각삼각형 AE_nC_{n+1}에서 $\overline{C_{n+1}E_n}^2 = \overline{AE_n}^2 - \overline{AC_{n+1}}^2$이므로

$\overline{C_nE_n}^2 - \overline{C_nC_{n+1}}^2 = \overline{AE_n}^2 - \overline{AC_{n+1}}^2$

$\left(\frac{\sqrt{3}}{3}a_n\right)^2 - \{\sqrt{7}(a_n - a_{n+1})\}^2 = \left(\frac{4\sqrt{3}}{3}a_n\right)^2 - (\sqrt{7}a_{n+1})^2$

$\frac{1}{3}a_n^2 - (7a_n^2 - 14a_na_{n+1} + 7a_{n+1}^2) = \frac{16}{3}a_n^2 - 7a_{n+1}^2$

$14a_na_{n+1} = 12a_n^2$, $14a_{n+1} = 12a_n$ ($\because a_n > 0$)

$\therefore a_{n+1} = \frac{6}{7}a_n$

→ $\overline{C_nD_n} = a_n$에서 $\overline{C_nE_n} = \frac{\overline{C_nD_n}}{\sqrt{3}} = \frac{a_n}{\sqrt{3}} = \frac{\sqrt{3}}{3}a_n$

즉, $\overline{C_nD_n} : \overline{C_{n+1}D_{n+1}} = 7 : 6$이므로 두 사다리꼴 $AB_nC_nD_n$, $AB_{n+1}C_{n+1}D_{n+1}$의 넓이의 비는 $49 : 36$이다.

→ 닮음인 두 도형의 길이의 비가 $a : b$이면 넓이의 비는 $a^2 : b^2$이다.

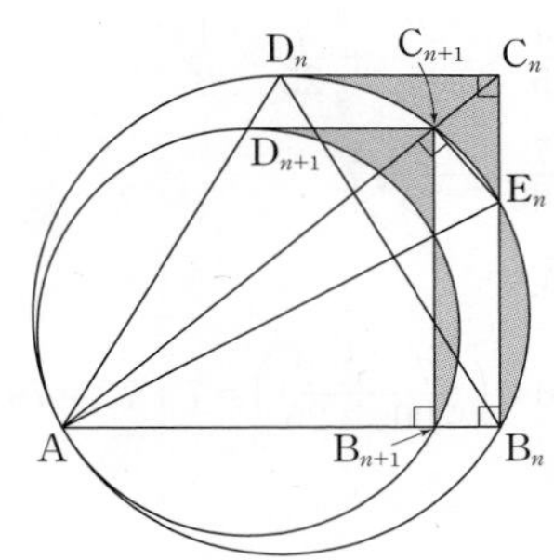

Step 3 $\lim_{n\to\infty} S_n$의 값을 구한다.

수열 $\{S_n\}$은 첫째항이 $\frac{\sqrt{3}}{6}$, 공비가 $\frac{36}{49}$인 등비수열의 첫째항부터 제n항까지의 합이므로 $\lim_{n\to\infty} S_n = \frac{\frac{\sqrt{3}}{6}}{1 - \frac{36}{49}} = \frac{49\sqrt{3}}{78}$

29 [정답률 5%]

정답 79

Step 1 원 C의 반지름의 길이를 구한다.

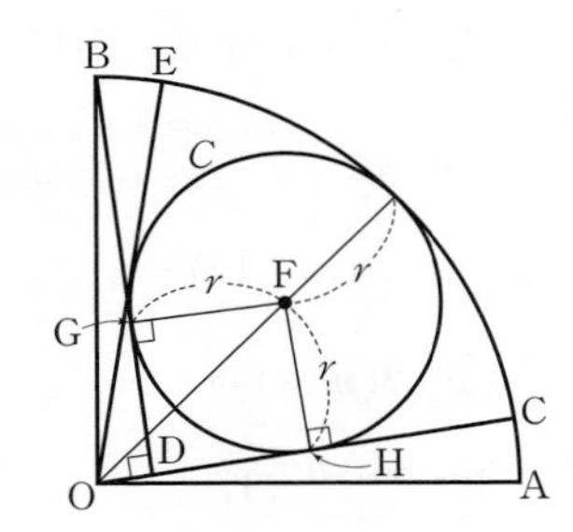

원 C의 중심을 F라 하고 $\angle COF = \alpha$라 하자.

$\angle COF = \angle FOE = \alpha$이므로 $\angle COE = 2\alpha$

$\sin^2 2\alpha = 1 - \cos^2 2\alpha = 1 - \left(\frac{7}{25}\right)^2 = \frac{576}{625}$ $\therefore \sin 2\alpha = \frac{24}{25}$

→ $\sin^2\theta + \cos^2\theta = 1$ 이용

$\cos(\angle COE) = \cos 2\alpha = 2\cos^2\alpha - 1 = \frac{7}{25}$

$2\cos^2\alpha = \frac{32}{25}$, $\cos^2\alpha = \frac{16}{25}$

$\therefore \cos\alpha = \frac{4}{5}$ $\left(\because 0 < \alpha < \frac{\pi}{4}\right)$ → $0 < 2\alpha < \frac{\pi}{2}$

$\sin^2\alpha = 1 - \cos^2\alpha = 1 - \frac{16}{25} = \frac{9}{25}$

$\therefore \sin\alpha = \frac{3}{5}$ $\left(\because 0 < \alpha < \frac{\pi}{4}\right)$

→ $\overline{FG} \perp \overline{GD}$, $\overline{DH} \perp \overline{FH}$

원 C와 두 직선 BD, CD가 접하는 점을 각각 G, H라 하자.

원 C의 반지름의 길이를 r이라 하면 $\overline{OF} = 8 - r$, $\overline{FH} = r$

직각삼각형 OHF에서 $\sin\alpha = \frac{\overline{FH}}{\overline{OF}} = \frac{r}{8-r}$

이때 $\sin\alpha = \frac{3}{5}$이므로 $\frac{r}{8-r} = \frac{3}{5}$

$5r = 24 - 3r$ $\therefore r = 3$

Step 2 $\sin(\angle AOE)$의 값을 구한다.

→ $\angle FGD = \angle GDH = \angle DHF = \frac{\pi}{2}$, $\overline{FG} = \overline{FH} = r$

사각형 DHFG는 한 변의 길이가 3인 정사각형이므로

$\overline{OD} = \overline{OH} - \overline{DH} = 4 - 3 = 1$

→ 직각삼각형 OHF에서 $\overline{OF} = 8 - r = 5$, $\overline{FH} = r = 3$이므로 $\overline{OH} = 4$

$\angle AOC = \frac{\pi}{2} - \angle BOD$이고, 직각삼각형 ODB에서

$\angle OBD = \frac{\pi}{2} - \angle BOD$이므로 $\angle AOC = \beta$라 하면

$\angle OBD = \angle AOC = \beta$이다.

직각삼각형 ODB에서 $\overline{BD} = \sqrt{\overline{OB}^2 - \overline{OD}^2} = \sqrt{8^2 - 1^2} = 3\sqrt{7}$

$\therefore \sin\beta = \frac{\overline{OD}}{\overline{OB}} = \frac{1}{8}$, $\cos\beta = \frac{\overline{BD}}{\overline{OB}} = \frac{3\sqrt{7}}{8}$

이때 $\angle AOE = \angle COE + \angle AOC$이므로

$$\begin{aligned}\sin(\angle AOE) &= \sin(\angle COE + \angle AOC)\\ &= \sin(2\alpha+\beta)\\ &= \sin 2\alpha \cos\beta + \cos 2\alpha \sin\beta\\ &= \frac{24}{25}\times\frac{3\sqrt{7}}{8}+\frac{7}{25}\times\frac{1}{8}\\ &= \frac{7}{200}+\frac{9}{25}\sqrt{7}\end{aligned}$$

$p=\frac{7}{200}$, $q=\frac{9}{25}$이므로

$200\times(p+q)=200\times\left(\frac{7}{200}+\frac{9}{25}\right)=7+72=79$

30 [정답률 2%] 정답 107

Step 1 조건 (나)를 이용하여 $2m-2\le x\le 2m$ (m은 자연수)일 때 함수 $f(x)$를 구한다.

조건 (나)에서 $f(x+2)=-\frac{1}{2}f(x)$이므로

$$\begin{aligned}f(x+2k) &= -\frac{1}{2}f(x+2(k-1))\\ &= \left(-\frac{1}{2}\right)^2 f(x+2(k-2))\\ &\vdots\\ &= \left(-\frac{1}{2}\right)^k f(x)\ (k\text{는 자연수}) \cdots\cdots ①\end{aligned}$$

($2k\to 2k-2$: x의 값은 2만큼 감소하고, y의 값은 $-\frac{1}{2}$배가 된다.)

자연수 m에 대하여 조건 (가)와 같이 범위를 나누어 함수 $f(x)$를 구하면 다음과 같다.

(i) $2m-2\le x\le 2m-1$일 때,

(같은 수를 동시에 더하고 빼주면 식은 변하지 않는다.)

$$\begin{aligned}f(x) &= f(x-2(m-1)+2(m-1))\\ &= \left(-\frac{1}{2}\right)^{m-1} f(x-2(m-1))\\ &= \left(-\frac{1}{2}\right)^{m-1}\times\{2^{x-2(m-1)}-1\}\\ &= \left(-\frac{1}{2}\right)^{m-1}\times\{2^{-2(m-1)}\times 2^x-1\}\end{aligned}$$

(x 대신 $x-2(m-1)$을, $2k$ 대신 $2(m-1)$을 ①에 대입한다.)
($2m-2\le x\le 2m-1$일 때, $f(x)=2^x-1$)

(ii) $2m-1<x\le 2m$일 때,

$$\begin{aligned}f(x) &= f(x-2(m-1)+2(m-1))\\ &= \left(-\frac{1}{2}\right)^{m-1} f(x-2(m-1))\\ &= \left(-\frac{1}{2}\right)^{m-1}\times\left\{4\times\left(\frac{1}{2}\right)^{x-2(m-1)}-1\right\}\\ &= \left(-\frac{1}{2}\right)^{m-1}\times\left\{\left(\frac{1}{2}\right)^{-2m}\times\left(\frac{1}{2}\right)^x-1\right\}\end{aligned}$$

($2m-1<x\le 2m$일 때, $f(x)=4\times\left(\frac{1}{2}\right)^x-1$)

Step 2 $f'(x)$를 구한다.

(함수 $f(x)$의 식이 복잡해 보이지만 도함수 $f'(x)$를 구할 때는 x에 대한 식만 미분하면 된다.)

즉, 자연수 m에 대하여

$2m-2<x<2m-1$에서 $f'(x)=\left(-\frac{1}{2}\right)^{m-1}\times 2^{-2(m-1)}\times 2^x\ln 2$

$2m-1<x<2m$에서 $f'(x)=-\left(-\frac{1}{2}\right)^{m-1}\times\left(\frac{1}{2}\right)^{-2m}\times\left(\frac{1}{2}\right)^x\ln 2$

Step 3 x의 값의 범위를 나누어 함수 $g(x)$를 구한다.

$$\begin{aligned}g(x) &= \lim_{h\to 0+}\frac{f(x+h)-f(x-h)}{h} \cdots\cdots ㉠\\ &= \lim_{h\to 0+}\frac{f(x+h)-f(x)-f(x-h)+f(x)}{h}\\ &= \lim_{h\to 0+}\frac{f(x+h)-f(x)}{h}+\lim_{h\to 0+}\frac{f(x-h)-f(x)}{-h}\end{aligned}$$

($f(x)$를 빼고 더해주면 처음 식과 같다.)

$\lim_{h\to 0+}\frac{f(x+h)-f(x)}{h}$는 함수 $f(x)$의 우미분계수,

$\lim_{h\to 0+}\frac{f(x-h)-f(x)}{-h}$는 함수 $f(x)$의 좌미분계수이므로

($-h=t$라 하면 $\lim_{h\to 0+}\frac{f(x-h)-f(x)}{-h}=\lim_{t\to 0-}\frac{f(x+t)-f(x)}{t}$)

함수 $g(x)$는 함수 $f(x)$의 우미분계수와 좌미분계수의 합이다.

자연수 l에 대하여 $2l-2<x<2l-1$ 또는 $2l-1<x<2l$일 때 함수 $f'(x)$는 연속이므로 좌미분계수와 우미분계수가 같다.

따라서 $g(x)=f'(x)+f'(x)=2f'(x)$

(지수함수의 도함수는 실수 전체의 집합에서 연속이다.)

$x=2l-1$일 때 ㉠에서 (홀수)

$$\begin{aligned}g(x) &= \lim_{h\to 0+}\frac{f(2l-1+h)-f(2l-1-h)}{h}\\ &= \lim_{h\to 0+}\left[\frac{\left(-\frac{1}{2}\right)^{l-1}\times\left\{\left(\frac{1}{2}\right)^{-2l}\times\left(\frac{1}{2}\right)^{2l-1+h}-1\right\}}{h} - \frac{\left(-\frac{1}{2}\right)^{l-1}\times\{2^{-2(l-1)}\times 2^{2l-1-h}-1\}}{h}\right]\\ &= \left(-\frac{1}{2}\right)^{l-1}\times\lim_{h\to 0+}\frac{\left(\frac{1}{2}\right)^{-1+h}-1-(2^{1-h}-1)}{h}\\ &= \left(-\frac{1}{2}\right)^{l-1}\times\lim_{h\to 0+}\frac{2^{1-h}-2^{1-h}}{h}=0\end{aligned}$$

($=2^{(-2l+2)+(2l-1-h)}$)

($x\to(2l-1)+$일 때 $f(x)=\left(-\frac{1}{2}\right)^{l-1}\times\left\{\left(\frac{1}{2}\right)^{-2l}\times\left(\frac{1}{2}\right)^x-1\right\}$, $x\to(2l-1)-$일 때 $f(x)=\left(-\frac{1}{2}\right)^{l-1}\times\{2^{-2(l-1)}\times 2^x-1\}$)

$x=2l$일 때 ㉠에서 (짝수)

$$g(x)=\lim_{h\to 0+}\frac{f(2l+h)-f(2l-h)}{h}$$

($2l-2\le x\le 2l-1$일 때 $f(x)=\left(-\frac{1}{2}\right)^{l-1}\times\{2^{-2(l-1)}\times 2^x-1\}$이므로 $2l\le x\le 2l+1$일 때 $f(x)=\left(-\frac{1}{2}\right)^{l}\times\{2^{-2l}\times 2^x-1\}$)

$$\begin{aligned}&= \lim_{h\to 0+}\left[\frac{\left(-\frac{1}{2}\right)^{l}\times\{2^{-2l}\times 2^{2l+h}-1\}}{h} - \frac{\left(-\frac{1}{2}\right)^{l-1}\times\left\{\left(\frac{1}{2}\right)^{-2l}\times\left(\frac{1}{2}\right)^{2l-h}-1\right\}}{h}\right]\\ &= \left(-\frac{1}{2}\right)^{l-1}\times\lim_{h\to 0+}\frac{-\frac{1}{2}(2^h-1)-\left\{\left(\frac{1}{2}\right)^{-h}-1\right\}}{h}\\ &= \left(-\frac{1}{2}\right)^{l-1}\times\left(-\frac{1}{2}\ln 2-\ln 2\right)\\ &= \left(-\frac{1}{2}\right)^{l}\times 3\ln 2\end{aligned}$$

($\lim_{h\to 0+}\frac{2^h-1}{h}=\ln 2$)

Step 4 경우를 나누어 주어진 등식을 만족시키는 n의 값을 구한다.

$\lim_{t\to 0+}\{g(n+t)-g(n-t)\}+2g(n)=\frac{\ln 2}{2^{24}}$를 만족시키는 자연수 n의 값을 홀수일 때와 짝수일 때로 나누면 다음과 같다.

(i) $n=2s-1$ (s는 자연수)일 때,

$$\begin{aligned}\lim_{t\to 0+}g(n+t) &= \lim_{t\to 0+}g(2s-1+t)\\ &= \lim_{t\to 0+}2f'(2s-1+t)\\ &= 2\left\{-\left(-\frac{1}{2}\right)^{s-1}\times\left(\frac{1}{2}\right)^{-2s}\times\left(\frac{1}{2}\right)^{2s-1}\ln 2\right\}\\ &= \left(-\frac{1}{2}\right)^{s}\times 8\ln 2\end{aligned}$$

($t\to 0+$일 때, $2s-1<2s-1+t<2s$) ($=2\times\left(-\frac{1}{2}\right)^s$) ($=\left(\frac{1}{2}\right)^{-1}$)

$$\begin{aligned}\lim_{t\to 0+}g(n-t) &= \lim_{t\to 0+}g(2s-1-t)\\ &= \lim_{t\to 0+}2f'(2s-1-t)\\ &= 2\times\left(-\frac{1}{2}\right)^{s-1}\times 2^{-2(s-1)}\times 2^{2s-1}\ln 2\\ &= \left(-\frac{1}{2}\right)^{s-1}\times 4\ln 2\end{aligned}$$

($t\to 0+$일 때, $2s-2<2s-1-t<2s-1$) ($=2^{-2s+2+2s-1}$)

$$\begin{aligned}\therefore \lim_{t\to 0+}&\{g(n+t)-g(n-t)\}+2g(n)\\ &= \left(-\frac{1}{2}\right)^{s}\times 8\ln 2-\left(-\frac{1}{2}\right)^{s-1}\times 4\ln 2+0\\ &= \left(-\frac{1}{2}\right)^{s}\times(8\ln 2+8\ln 2)\\ &= \left(-\frac{1}{2}\right)^{s}\times 16\ln 2\end{aligned}$$

(Step 3에서 n이 홀수이면 $g(n)=0$임을 확인했다.)

$\left(-\frac{1}{2}\right)^{s}\times 16\ln 2=\frac{\ln 2}{2^{24}}$에서

$\left(-\frac{1}{2}\right)^{s}=\frac{1}{2^{28}}=\left(-\frac{1}{2}\right)^{28}$이므로 $s=28$

$\therefore n=2\times 28-1=55$

(ii) $n=2s$ (s는 자연수)일 때,

$$\begin{aligned}\lim_{t\to 0+}g(n+t) &= \lim_{t\to 0+}g(2s+t)\\ &= \lim_{t\to 0+}2f'(2s+t)\end{aligned}$$

($t\to 0+$일 때, $2s<2s+t<2s+1$)

$$=2\times\left(-\frac{1}{2}\right)^{s}\times2^{-2s}\times2^{2s}\ln 2$$
$$=\left(-\frac{1}{2}\right)^{s}\times2\ln 2$$
$$\lim_{t\to0+}g(n-t)=\lim_{t\to0+}g(2s-t)$$ ($t\to0+$일 때, $2s-1<2s-t<2s$)
$$=\lim_{t\to0+}2f'(2s-t)$$
$$=2\times\left\{-\left(-\frac{1}{2}\right)^{s-1}\times\left(\frac{1}{2}\right)^{-2s}\times\left(\frac{1}{2}\right)^{2s}\ln 2\right\}$$
$$=\left(-\frac{1}{2}\right)^{s}\times4\ln 2$$
$$\therefore \lim_{t\to0+}\{g(n+t)-g(n-t)\}+2g(n)$$
$$=\left(-\frac{1}{2}\right)^{s}\times2\ln 2-\left(-\frac{1}{2}\right)^{s}\times4\ln 2+2\times\left(-\frac{1}{2}\right)^{s}\times3\ln 2$$ ($g(n)$)
$$=\left(-\frac{1}{2}\right)^{s}\times(2\ln 2-4\ln 2+6\ln 2)$$
$$=\left(-\frac{1}{2}\right)^{s}\times4\ln 2$$
$\left(-\frac{1}{2}\right)^{s}\times4\ln 2=\frac{\ln 2}{2^{24}}$에서 $\left(-\frac{1}{2}\right)^{s}=\frac{1}{2^{26}}=\left(-\frac{1}{2}\right)^{26}$이므로

$s=26$

$\therefore n=2\times26=52$

따라서 구하는 자연수 n의 값의 합은 $55+52=107$

기하

23 [정답률 84%] 정답 ③

Step 1 $\overrightarrow{BM}+\overrightarrow{DN}$을 변형한다.

정사각형 ABCD의 두 대각선의 교점을 E라 하면 $\overrightarrow{DN}=\overrightarrow{ME}$ ($\overline{DN}=\overline{ME}$이고 두 벡터의 방향도 같다.)

$\therefore |\overrightarrow{BM}+\overrightarrow{DN}|=|\overrightarrow{BM}+\overrightarrow{ME}|=|\overrightarrow{BE}|=\frac{1}{2}\times2\sqrt{2}=\sqrt{2}$ ($\overline{BE}=\frac{1}{2}\overline{BD}$)

24 [정답률 83%] 정답 ⑤

Step 1 a의 값을 구한다.

쌍곡선 $\frac{x^2}{a^2}-\frac{y^2}{8}=1$의 점근선의 방정식이 $y=\pm\frac{2\sqrt{2}}{a}x$이므로 (쌍곡선 $\frac{x^2}{a^2}-\frac{y^2}{b^2}=1$의 점근선의 방정식은 $y=\pm\frac{b}{a}x$)

$\frac{2\sqrt{2}}{a}=\sqrt{2}$ $\quad\therefore a=2\ (\because a>0)$

Step 2 주어진 쌍곡선의 두 초점 사이의 거리를 구한다.

쌍곡선 $\frac{x^2}{4}-\frac{y^2}{8}=1$의 두 초점을 $F(c, 0)$, $F'(-c, 0)$ $(c>0)$이라 하면

$c^2=4+8=12$ $\quad\therefore c=2\sqrt{3}$ (두 초점의 좌표는 $F(2\sqrt{3}, 0)$, $F'(-2\sqrt{3}, 0)$)

따라서 구하는 두 초점 사이의 거리는 $4\sqrt{3}$이다.

25 [정답률 82%] 정답 ⑤

Step 1 점 Q의 좌표를 구한다.

점 F의 좌표를 $F(c, 0)$ $(c>0)$이라 하면

$c^2=40-15=25$ $\quad\therefore c=5$

즉, $\overline{OF}=\overline{FQ}=5$이므로 $\overline{OQ}=10$ $\quad\therefore Q(10, 0)$ ($=\overline{OF}+\overline{FQ}$)

Step 2 점 P에서의 접선의 방정식을 구한다.

점 P의 좌표를 (x_1, y_1)이라 하면 점 P에서의 접선의 방정식은 (타원 $\frac{x^2}{a^2}+\frac{y^2}{b^2}=1$ 위의 점 $P(x_1, y_1)$에서의 접선의 방정식은 $\frac{x_1x}{a^2}+\frac{y_1y}{b^2}=1$)

$\frac{x_1}{40}x+\frac{y_1}{15}y=1$

이때 점 Q가 이 직선 위의 점이므로

$\frac{10}{40}x_1=1$ $\quad\therefore x_1=4$ ($\frac{x_1}{40}x+\frac{y_1}{15}y=1$에 $x=10$, $y=0$ 대입)

또한 점 P가 타원 위의 점이므로

$\frac{4^2}{40}+\frac{y_1^2}{15}=1$, $\frac{y_1^2}{15}=\frac{24}{40}$ ($\frac{x^2}{40}+\frac{y^2}{15}=1$에 $x=4$, $y=y_1$ 대입)

$y_1^2=9$ $\quad\therefore y_1=3\ (\because y_1>0)$ (점 P는 제1사분면 위의 점)

Step 3 삼각형 POQ의 넓이를 구한다.

따라서 $P(4, 3)$, $Q(10, 0)$이므로 삼각형 POQ의 넓이는

$\frac{1}{2}\times3\times10=15$

26 [정답률 75%] 정답 ①

Step 1 삼각형 PQF가 정삼각형임을 이용한다.

점 Q가 y축 위의 점이므로 삼각형 QF'F는 $\overline{QF'}=\overline{QF}$인 이등변삼각형이다.

$\angle QF'F=\angle F'FQ=\theta$라 하면 정삼각형 PQF에서

$\angle FPF'=\angle QFP=\frac{\pi}{3}$

삼각형 PF'F에서 $\frac{\pi}{3}+\theta+\left(\theta+\frac{\pi}{3}\right)=\pi$ (삼각형의 세 내각의 합은 π이다.) ($\frac{\pi}{3}=\angle FPF'$, $\theta=\angle PF'F$, $\theta+\frac{\pi}{3}=\angle F'FP$)

$2\theta=\frac{\pi}{3}$ $\quad\therefore \theta=\frac{\pi}{6}$

즉, $\angle F'FP=\frac{\pi}{6}+\frac{\pi}{3}=\frac{\pi}{2}$이므로 삼각형 PF'F는 직각삼각형이다.

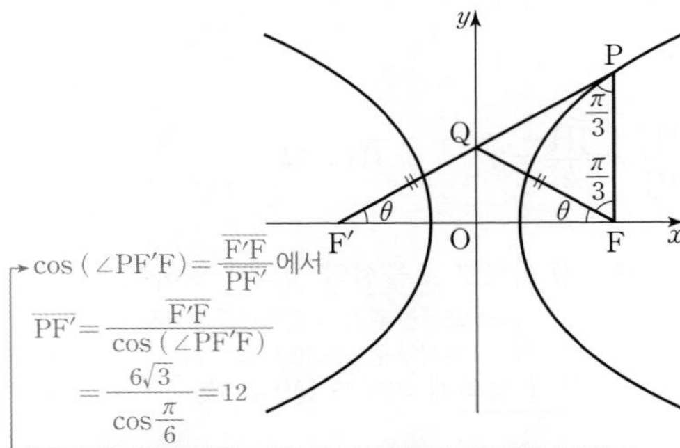

$\cos(\angle PF'F)=\frac{\overline{F'F}}{\overline{PF'}}$에서 $\overline{PF'}=\frac{\overline{F'F}}{\cos(\angle PF'F)}=\frac{6\sqrt{3}}{\cos\frac{\pi}{6}}=12$

Step 2 삼각비를 이용하여 주축의 길이를 구한다.

직각삼각형 PF'F에서 $\angle PF'F=\frac{\pi}{6}$, $\overline{F'F}=6\sqrt{3}$이므로

$\overline{PF}=6$, $\overline{PF'}=12$

따라서 쌍곡선의 주축의 길이는 $\overline{PF'}-\overline{PF}=12-6=6$ (쌍곡선의 정의)

$\tan(\angle PF'F)=\frac{\overline{PF}}{\overline{F'F}}$에서 $\overline{PF}=\overline{F'F}\ \tan(\angle PF'F)=6\sqrt{3}\times\tan\frac{\pi}{6}=6$

27 [정답률 63%] 정답 ④

Step 1 타원의 정의를 이용한다.

원 C의 반지름의 길이를 r이라 하면 $\overline{PF}=\overline{FA}=r$

$\therefore \overline{QF'}=\frac{3}{2}\overline{PF}=\frac{3}{2}r$ (문제에서 주어진 조건이다.)

타원의 장축의 길이는 $2\overline{OA}=2(\overline{OF}+\overline{FA})=2(5+r)$

타원의 정의에 의하여 $\overline{QF}+\overline{QF'}=2(5+r)$ (타원 위의 한 점에서 두 초점까지의 거리의 합은 타원의 장축의 길이와 같다.)

$\therefore \overline{QF}=10+2r-\frac{3}{2}r=10+\frac{r}{2}$

Step 2 타원의 장축의 길이를 구한다.

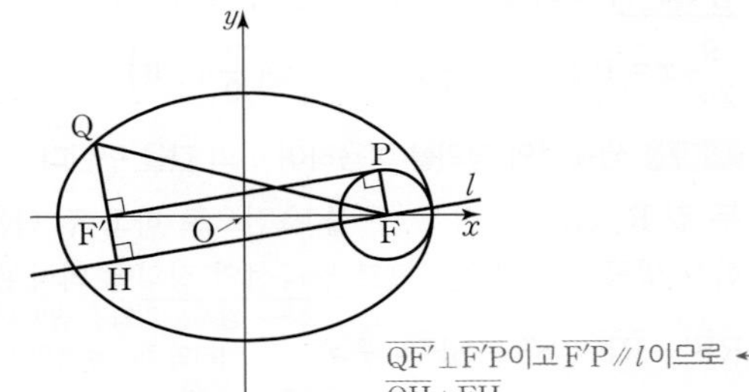

점 F를 지나고 직선 F'P에 평행한 직선을 l이라 하자.

직선 QF'의 연장선이 직선 l과 만나는 점을 H라 하면 $\overline{QH}\perp\overline{FH}$이므로 ($\overline{QF'}\perp\overline{F'P}$이고 $\overline{F'P}\,/\!/\,l$이므로 $\overline{QH}\perp\overline{FH}$)

삼각형 QHF는 직각삼각형이다.

직각삼각형 PF'F에서 $\overline{F'P}=\sqrt{\overline{F'F}^2-\overline{PF}^2}=\sqrt{10^2-r^2}=\sqrt{100-r^2}$

직각삼각형 QHF에서 $\overline{HF}=\overline{F'P}$

$\therefore \overline{HF}=\overline{F'P}=\sqrt{100-r^2}$

$\overline{QH}=\overline{QF'}+\overline{F'H}=\overline{QF'}+\overline{PF}=\frac{3}{2}r+r=\frac{5}{2}r$이므로

$\left(10+\frac{r}{2}\right)^2=\left(\frac{5}{2}r\right)^2+(\sqrt{100-r^2})^2$ ← $\overline{FQ}^2=\overline{QH}^2+\overline{HF}^2$

$100+10r+\frac{r^2}{4}=\frac{25}{4}r^2+100-r^2$

$5r^2-10r=0,\ 5r(r-2)=0$

$\therefore r=2\ (\because r>0)$

따라서 타원의 장축의 길이는 $2(5+r)=2\times7=14$

28 [정답률 45%] 정답 ④

Step 1 포물선의 정의를 이용한다.

점 Q에서 포물선 C의 준선에 내린 수선의 발을 I, 선분 PH에 내린 수선의 발을 J라 하자.

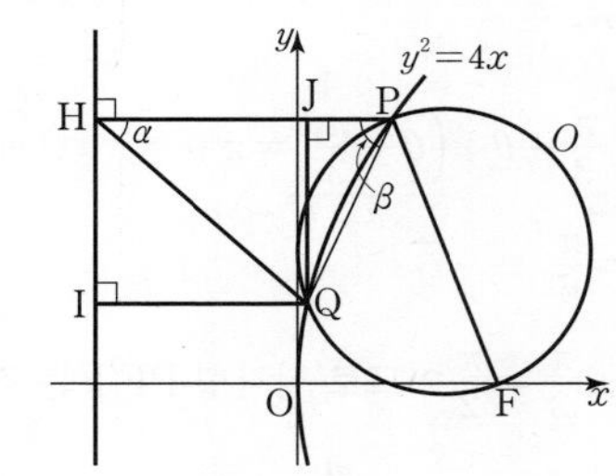

$\overline{PJ}=k$라 하면

$\frac{\tan\beta}{\tan\alpha}=\frac{\frac{\overline{QJ}}{\overline{PJ}}}{\frac{\overline{QJ}}{\overline{JH}}}=\frac{\overline{JH}}{\overline{PJ}}=\frac{\overline{JH}}{k}=3\quad\therefore \overline{JH}=3k$

$\overline{PH}=\overline{PJ}+\overline{JH}=k+3k=4k$이므로 포물선의 정의에 의하여

$\overline{PF}=4k$ ← 포물선 위의 한 점에서 초점까지의 거리와 준선까지의 거리는 같다.

$\overline{QI}=\overline{JH}=3k$이므로 포물선의 정의에 의하여 $\overline{QF}=3k$

Step 2 $\frac{\overline{QH}}{\overline{PQ}}$의 값을 구한다.

삼각형 PQF는 원 O에 내접하고 선분 PF가 원 O의 지름이므로

$\angle PQF=\frac{\pi}{2}$ ← 반원에 대한 원주각의 크기는 $\frac{\pi}{2}$이다.

직각삼각형 PQF에서 $\overline{PQ}=\sqrt{\overline{PF}^2-\overline{QF}^2}=\sqrt{(4k)^2-(3k)^2}=\sqrt{7}k$

직각삼각형 PJQ에서 $\overline{QJ}=\sqrt{\overline{PQ}^2-\overline{PJ}^2}=\sqrt{(\sqrt{7}k)^2-k^2}=\sqrt{6}k$

직각삼각형 QJH에서 $\overline{QH}=\sqrt{\overline{QJ}^2+\overline{JH}^2}=\sqrt{(\sqrt{6}k)^2+(3k)^2}=\sqrt{15}k$

$\therefore \frac{\overline{QH}}{\overline{PQ}}=\frac{\sqrt{15}k}{\sqrt{7}k}=\frac{\sqrt{105}}{7}$

29 [정답률 21%] 정답 171

Step 1 점 Q의 좌표를 a에 대하여 나타낸다.

쌍곡선 $\frac{x^2}{a^2}-\frac{y^2}{27}=1$ 위의 점 $P\left(\frac{9}{2},\ k\right)$에서의 접선의 방정식은

$\frac{9}{2a^2}x-\frac{k}{27}y=1$ ← $\frac{9}{2a^2}x-\frac{k}{27}y=1$에 $y=0$ 대입

점 Q는 접선과 x축이 만나는 점이므로

$\frac{9}{2a^2}x=1$에서 $x=\frac{2}{9}a^2\quad\therefore Q\left(\frac{2}{9}a^2,\ 0\right)$

Step 2 쌍곡선의 정의를 이용하여 a^2의 값을 구한다.

두 점 R, S는 두 점 F, F′을 초점으로 하고 점 Q를 한 꼭짓점으로 하는 쌍곡선 위의 점이므로 쌍곡선의 정의에 의하여

$\overline{RF'}-\overline{RF}=\overline{SF}-\overline{SF'}=\frac{4}{9}a^2$ ← 쌍곡선 위의 한 점에서 두 초점까지의 거리의 차는 주축의 길이와 같다. ($=2\overline{OQ}$)

$\overline{RS}+\overline{SF}=\overline{RF}+8$에서 $\overline{RS}+\overline{SF}-\overline{RF}=8$

$\therefore \overline{RS}+\overline{SF}-\overline{RF}=(\overline{RF'}-\overline{SF'})+\overline{SF}-\overline{RF}$

$=(\overline{SF}-\overline{SF'})+(\overline{RF'}-\overline{RF})$

$=\frac{4}{9}a^2+\frac{4}{9}a^2=\frac{8}{9}a^2$

$\frac{8}{9}a^2=8$이므로 $a^2=9$

Step 3 $4\times(a^2+k^2)$의 값을 구한다.

점 $P\left(\frac{9}{2},\ k\right)$는 쌍곡선 $\frac{x^2}{9}-\frac{y^2}{27}=1$ 위의 점이므로

$\frac{\left(\frac{9}{2}\right)^2}{9}-\frac{k^2}{27}=1,\ \frac{9}{4}-\frac{k^2}{27}=1$

$\frac{k^2}{27}=\frac{5}{4}\quad\therefore k^2=\frac{135}{4}$

따라서 $a^2=9,\ k^2=\frac{135}{4}$이므로

$4\times(a^2+k^2)=4\times\left(9+\frac{135}{4}\right)=36+135=171$

30 [정답률 13%] 정답 24

Step 1 점 X가 나타내는 도형 C의 모양을 파악한다.

직선 OP의 방정식을 $y=ax$(a는 상수)라 하자.

이 식을 포물선 $y^2=2x-2$의 식에 대입하면 $(ax)^2=2x-2$에서 $a^2x^2-2x+2=0$

이차방정식 $a^2x^2-2x+2=0$의 판별식을 D라 하면 점 P는 포물선 위의 한 점이므로

$\frac{D}{4}=(-1)^2-2\times a^2=1-2a^2\geq0$ ← 직선 $y=ax$와 포물선 $y^2=2x-2$는 점 P에서 반드시 만나야 하기 때문이다.

$\therefore -\frac{\sqrt{2}}{2}\leq a\leq\frac{\sqrt{2}}{2}$

$\overrightarrow{OY}=\frac{k}{|\overrightarrow{OP}|}\overrightarrow{OP}$라 하고 중심이 원점이고 반지름의 길이가 k인 원을 O라 하자.

원 O와 두 직선 $y=\frac{\sqrt{2}}{2}x,\ y=-\frac{\sqrt{2}}{2}x$가 만나는 점을 각각 B, C라 하면 점 Y가 나타내는 도형은 호 BC이므로 점 X가 나타내는 도형은 호 BC를 x축의 방향으로 1만큼 평행이동한 것과 같다.

← $\overrightarrow{OX}=\overrightarrow{OA}+\frac{k}{|\overrightarrow{OP}|}\overrightarrow{OP}=\overrightarrow{OA}+\overrightarrow{OY}$

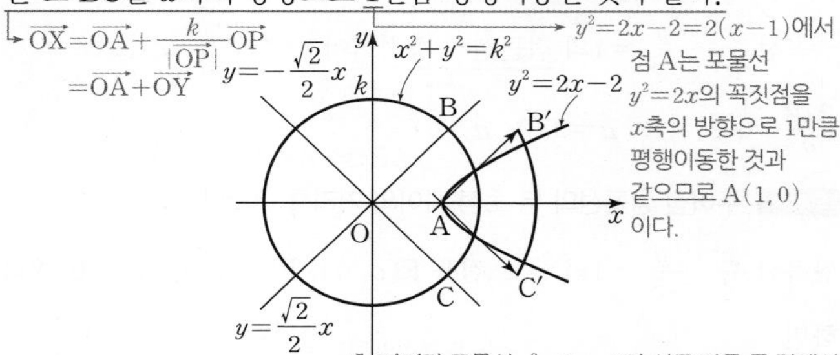

← $y^2=2x-2=2(x-1)$에서 점 A는 포물선 $y^2=2x$의 꼭짓점을 x축의 방향으로 1만큼 평행이동한 것과 같으므로 A(1, 0)이다.

Step 2 m^2의 값을 구한다.

← 호 B′C′과 포물선 $y^2=2x-2$가 서로 다른 두 점에서 만나야 하므로 $k=\overline{AB'}\geq\overline{AP}$이고 $k=\overline{AB'}=\overline{AP}$ 즉, 두 점 B′, P가 일치할 때 최소이다.

두 점 B, C를 x축의 방향으로 1만큼 평행이동한 점을 각각 B′, C′이라 하면 실수 k의 값이 최소인 경우는 두 점 B′, P가 일치할 때이다.

직선 AB′은 직선 $y=\frac{\sqrt{2}}{2}x$를 x축의 방향으로 1만큼 평행이동한 것과 같으므로 $y=\frac{\sqrt{2}}{2}(x-1)$ …… ㉠

이 식을 포물선 $y^2=2x-2$의 식에 대입하면

$\left\{\frac{\sqrt{2}}{2}(x-1)\right\}^2=2x-2$

$\frac{1}{2}(x^2-2x+1)=2x-2,\ x^2-2x+1=4x-4$

$x^2-6x+5=0,\ (x-1)(x-5)=0$

$\therefore x=1$ 또는 $x=5$ ← $x=1$: 점 A의 x좌표

$x=5$를 ㉠에 대입하면 $y=2\sqrt{2}$이므로 $P(5,\ 2\sqrt{2})$

따라서 $m=\overline{AP}=\sqrt{(5-1)^2+(2\sqrt{2})^2}=2\sqrt{6}$이므로

$m^2=24$

본문 93쪽

8회 2024학년도 5월 고3 전국연합학력평가 정답과 해설

1	④	2	②	3	③	4	③	5	④
6	⑤	7	②	8	⑤	9	①	10	⑤
11	①	12	⑤	13	①	14	②	15	④
16	5	17	7	18	16	19	11	20	25
21	64	22	114						

확률과 통계				23	④	24	②	25	①
26	⑤	27	③	28	②	29	75	30	40

미적분				23	①	24	③	25	④
26	④	27	⑤	28	②	29	40	30	138

기하				23	③	24	④	25	①
26	②	27	③	28	④	29	24	30	36

01 [정답률 95%]

정답 ④

Step 1 지수법칙을 이용한다.

$$4^{1-\sqrt{3}}\times 2^{1+2\sqrt{3}}=(2^2)^{1-\sqrt{3}}\times 2^{1+2\sqrt{3}}$$
→ $(2^a)^b=2^{ab}$임을 이용

$$=2^{2-2\sqrt{3}}\times 2^{1+2\sqrt{3}}$$
→ $=2^{(2-2\sqrt{3})+(1+2\sqrt{3})}$

$$=2^3=8$$

02 [정답률 88%]

정답 ②

Step 1 유리화를 이용하여 극한을 계산한다.

$$\lim_{x\to\infty}(\sqrt{x^2+4x}-x)=\lim_{x\to\infty}\frac{(\sqrt{x^2+4x}-x)(\sqrt{x^2+4x}+x)}{\sqrt{x^2+4x}+x}$$
→ $=(\sqrt{x^2+4x})^2-x^2$

$$=\lim_{x\to\infty}\frac{4x}{\sqrt{x^2+4x}+x}$$

분모, 분자를 각각 x로 나눠준다.

$$=\lim_{x\to\infty}\frac{4}{\sqrt{1+\frac{4}{x}}+1}=2$$
→ $\lim_{x\to\infty}\frac{4}{x}=0$

03 [정답률 93%]

정답 ③

Step 1 주어진 식을 이용하여 등차수열의 공차를 구한다.

등차수열 $\{a_n\}$의 공차를 d라 하면

$a_5-a_3=2d=8$ $\therefore d=4$
→ $a_5=a_3+2d$

$\therefore a_2=a_1+d=1+4=5$
→ 첫째항이 1이므로 $a_1=1$

04 [정답률 88%]

정답 ③

Step 1 $f(1)$의 값을 구한다.

$\lim_{h\to 0}\frac{f(1+2h)-4}{h}=6$에서 (분모)→0이고 극한값이 존재하므로 (분자)→0이어야 한다.

$\lim_{h\to 0}\{f(1+2h)-4\}=f(1)-4=0$ $\therefore f(1)=4$
→ $f(x)$는 다항함수이므로 극한값과 함숫값이 같다.

Step 2 $f'(1)$의 값을 구한다.

$$\lim_{h\to 0}\frac{f(1+2h)-4}{h}=\lim_{h\to 0}\frac{f(1+2h)-f(1)}{2h}\times 2=f'(1)\times 2=6$$
→ 두 부분의 식이 동일해야 한다.

이므로 $f'(1)=3$

$\therefore f(1)+f'(1)=4+3=7$

05 [정답률 81%]

정답 ④

Step 1 $\sin\theta$의 값을 구한다.

$\sin(-\theta)=-\sin\theta$, $\cos\left(\frac{\pi}{2}+\theta\right)=-\sin\theta$이므로
→ $y=\sin x$의 그래프가 원점에 대하여 대칭이므로 모든 실수 x에 대하여 $\sin(-x)=-\sin x$

$$\sin(-\theta)+\cos\left(\frac{\pi}{2}+\theta\right)=-\sin\theta-\sin\theta=-2\sin\theta=\frac{8}{5}$$

$\therefore \sin\theta=-\frac{4}{5}$

Step 2 $\cos\theta$의 값을 구한다.

$\cos\theta<0$이므로 $\cos\theta=-\sqrt{1-\sin^2\theta}=-\sqrt{1-\left(-\frac{4}{5}\right)^2}=-\frac{3}{5}$
→ $\sin^2\theta+\cos^2\theta=1$에서 $\cos^2\theta=1-\sin^2\theta$ $\therefore \cos\theta=\pm\sqrt{1-\sin^2\theta}$ 이때 $\cos\theta<0$이므로 $\cos\theta=-\sqrt{1-\sin^2\theta}$

$$\therefore \tan\theta=\frac{\sin\theta}{\cos\theta}=\frac{-\frac{4}{5}}{-\frac{3}{5}}=\frac{4}{3}$$

06 [정답률 88%]

정답 ⑤

Step 1 $f(x)$가 $x=-2$에서 극대임을 이용하여 a의 값을 구한다.

$f(x)=x^3+ax^2+3a$에서 $f'(x)=3x^2+2ax$

함수 $f(x)$가 $x=-2$에서 극대이므로

$f'(-2)=12-4a=0$ $\therefore a=3$
→ 미분가능한 함수가 $x=\alpha$에서 극값을 가지면 $f'(\alpha)=0$

Step 2 $f(x)$의 극솟값을 구한다.

$f'(x)=3x^2+6x=3x(x+2)$이므로

$f'(x)=0$에서 $x=-2$ 또는 $x=0$

이를 이용하여 함수 $f(x)$의 증가와 감소를 표로 나타내면 다음과 같다.

x	$\cdots$	-2	$\cdots$	0	$\cdots$
$f'(x)$	+	0	−	0	+
$f(x)$	↗	극대	↘	극소	↗

함수 $f(x)$는 $x=0$에서 극소이므로 구하는 극솟값은 $f(0)=3a=9$

07 [정답률 69%]

정답 ②

Step 1 $f(1)$의 값을 구한다.

다항함수 $f(x)$가 실수 전체의 집합에서 증가하므로 모든 실수 x에 대하여 $f'(x)\ge 0$이어야 한다.

이때 $f'(1)=0$이므로 $f'(x)\ge 0$이려면 이차함수 $y=f'(x)$의 그래프가 $x=1$에서 x축에 접해야 한다.
→ 즉, 방정식 $f'(x)=0$이 $x=1$을 중근으로 가져야 한다.

그러므로 $f'(x)=\{3x-f(1)\}(x-1)=3(x-1)^2$에서 $f(1)=3$
→ 이 식도 $x-1$을 인수로 가져야 한다.

Step 2 $f(x)$를 구한다.

$f'(x)=3(x-1)^2=3x^2-6x+3$이므로

$$f(x)=\int f'(x)dx=\int(3x^2-6x+3)dx$$
$$=x^3-3x^2+3x+C\ (\text{단, } C\text{는 적분상수})$$

$f(1)=1-3+3+C=1+C=3$이므로 $C=2$

따라서 $f(x)=x^3-3x^2+3x+2$이므로 $f(2)=8-12+6+2=4$

08 [정답률 81%]

정답 ⑤

Step 1 삼각함수의 주기를 이용하여 b의 값을 구한다.

함수 $f(x)=a\cos bx$의 주기가 6π이므로

$\frac{2\pi}{|b|}=6\pi$에서 $|b|=\frac{1}{3}$ $\quad\therefore b=\frac{1}{3}\ (\because b>0)$

암기 함수 $y=m\cos nx$의 주기는 $\frac{2\pi}{|n|}$

Step 2 주어진 구간에서 함수 $f(x)$의 최댓값을 이용하여 a의 값을 구한다.

함수 $f(x)=a\cos\frac{1}{3}x$의 그래프는 다음과 같다.

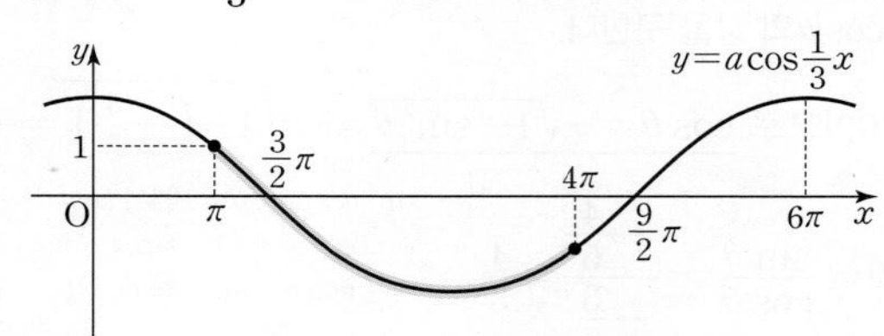

닫힌구간 $[\pi, 4\pi]$에서 함수 $f(x)$는 $x=\pi$일 때 최댓값을 가지므로

$f(\pi)=a\cos\frac{\pi}{3}=\frac{1}{2}a=1$ $\quad\therefore a=2$

$\therefore a+b=2+\frac{1}{3}=\frac{7}{3}$

09 [정답률 67%]

정답 ①

Step 1 $n\geq2$일 때, 수열 $\{a_n\}$이 등비수열을 이룸을 확인한다.

$a_{n+1}=1-4\times S_n$에서 $4S_n=1-a_{n+1}$

$\therefore S_n=\frac{1}{4}-\frac{1}{4}a_{n+1}$

$a_{n+1}=S_{n+1}-S_n$ → $(a_1+a_2+\cdots+a_n+a_{n+1})-(a_1+a_2+\cdots+a_n)$

$=\left(\frac{1}{4}-\frac{1}{4}a_{n+2}\right)-\left(\frac{1}{4}-\frac{1}{4}a_{n+1}\right)$

$=-\frac{1}{4}a_{n+2}+\frac{1}{4}a_{n+1}$

$\frac{3}{4}a_{n+1}=-\frac{1}{4}a_{n+2}$ $\quad\therefore a_{n+2}=-3a_{n+1}$ (등비수열 $\{a_n\}$의 공비)

따라서 수열 $\{a_n\}$은 제2항부터 공비가 -3인 등비수열을 이룬다.

Step 2 a_1, a_6의 값을 구한다.

$a_4=a_2\times(-3)^2=4$이므로 $9a_2=4$ $\quad\therefore a_2=\frac{4}{9}$

$\therefore a_1=S_1=\frac{1}{4}-\frac{1}{4}a_2=\frac{1}{4}-\frac{1}{9}=\frac{5}{36}$

$a_6=a_4\times(-3)^2=9a_4=36$ ($S_n=\frac{1}{4}-\frac{1}{4}a_{n+1}$에 $n=1$ 대입)

$\therefore a_1\times a_6=\frac{5}{36}\times36=5$

10 [정답률 52%]

정답 ⑤

Step 1 점 P가 움직인 거리를 구한다.

시각 $t=0$에서 $t=2$까지 점 P가 움직인 거리는

$\int_0^2|v_1(t)|dt=\int_0^2(3t^2+1)dt=\left[t^3+t\right]_0^2$

$=(2^3+2)-0=10$

($t\geq0$인 실수 t에 대하여 $3t^2+1\geq0$이므로 $|v_1(t)|=v_1(t)=3t^2+1$)

Step 2 m의 값에 따라 경우를 나누어 점 Q가 움직인 거리를 구한다.

시각 $t=0$에서 $t=2$까지 점 Q가 움직인 거리는

$\int_0^2|v_2(t)|dt=\int_0^2|mt-4|dt$

(i) $m\leq2$일 때 ($0\leq t\leq2$에서 $|mt-4|=-mt+4$)

$0\leq t\leq2$에서 $mt-4\leq0$이므로

$\int_0^2|mt-4|dt=\int_0^2(-mt+4)dt$

$=\left[-\frac{1}{2}mt^2+4t\right]_0^2=-2m+8$

$-2m+8=10$에서 $m=-1$ (점 P가 움직인 거리)

(ii) $m>2$일 때

$mt-4=0$에서 $t=\frac{4}{m}$ ($m>2$일 때 $0<\frac{4}{m}<2$이므로 $t=\frac{4}{m}$를 기준으로 $mt-4$의 부호가 바뀐다.)

$0\leq t<\frac{4}{m}$일 때 $mt-4<0$, $\frac{4}{m}\leq t\leq2$일 때 $mt-4\geq0$

이므로

$\int_0^2|mt-4|dt=\int_0^{\frac{4}{m}}(-mt+4)dt+\int_{\frac{4}{m}}^2(mt-4)dt$

$=\left[-\frac{1}{2}mt^2+4t\right]_0^{\frac{4}{m}}+\left[\frac{1}{2}mt^2-4t\right]_{\frac{4}{m}}^2$

$=\left(\frac{8}{m}-0\right)+(2m-8)-\left(-\frac{8}{m}\right)$

$=2m-8+\frac{16}{m}$

$2m-8+\frac{16}{m}=10$에서 $2m-18+\frac{16}{m}=0$

$2m^2-18m+16=0$, $m^2-9m+8=0$

$(m-1)(m-8)=0$ $\quad\therefore m=8$ ($m>2$이므로 m은 1이 될 수 없다.)

(i), (ii)에서 구하는 m의 값의 합은 $-1+8=7$

다른 풀이 그래프를 이용하는 풀이

Step 1 동일

Step 2 m의 값에 따라 경우를 나누어 점 Q가 움직인 거리를 구한다.

(i) $m\leq2$일 때

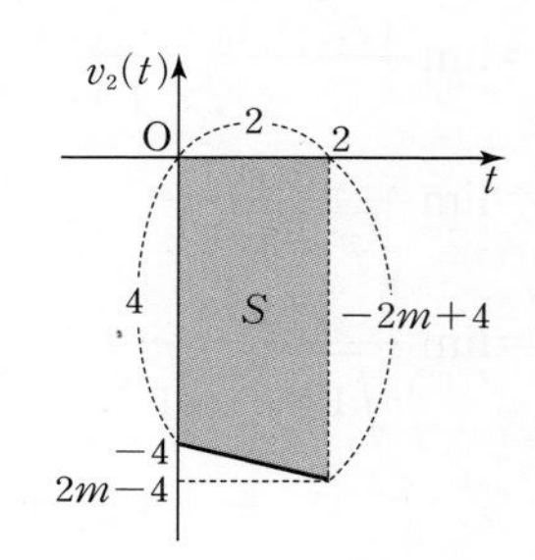

$v_2(0)=-4$, $v_2(2)=2m-4$이므로 그림의 도형의 넓이 S는 ($m\leq2$일 때 $v_2(2)\leq0$)

$S=\frac{1}{2}\times2\times\{4+(-2m+4)\}=-2m+8$ ($|v_2(0)|$, $|v_2(2)|$)

$-2m+8=10$에서 $2m=-2$ $\quad\therefore m=-1$

(ii) $m>2$일 때

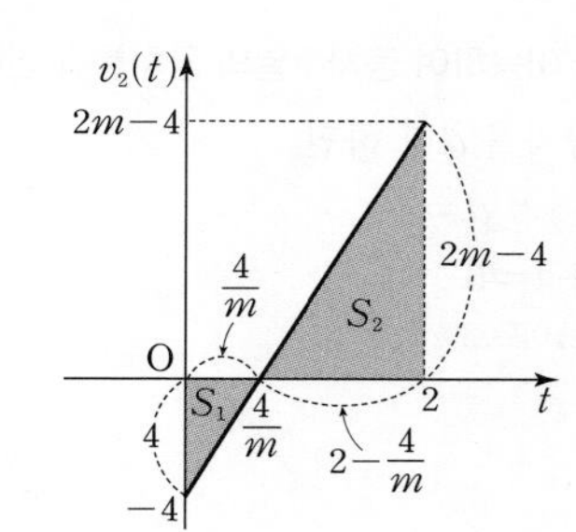

그림의 두 도형의 넓이의 합 S_1+S_2는

$S_1+S_2=\frac{1}{2}\times4\times\frac{4}{m}+\frac{1}{2}\times(2m-4)\times\left(2-\frac{4}{m}\right)$

$=\frac{8}{m}+\left(2m-8+\frac{8}{m}\right)=2m-8+\frac{16}{m}$

$2m-8+\frac{16}{m}=10$에서 $m=8$

(이하 동일)

11 [정답률 50%]

정답 ①

Step 1 두 등차수열의 공차의 대소 관계를 파악한다.

등차수열 $\{a_n\}$의 공차를 d_1, 등차수열 $\{b_n\}$의 공차를 d_2라 하면

$a_n=a_1+(n-1)d_1$, $b_n=b_1+(n-1)d_2$ ...... ㉠

→ 등차수열 $\{a_n\}$, $\{b_n\}$을 일반항으로 나타내었다.

$a_{m+1}<b_{m+1}$에서 $a_m+d_1<b_m+d_2$

이때 $a_m=b_m$이므로 $d_1<d_2$

Step 2 m의 값을 구한다.

㉠에서 $a_m=a_1+(m-1)d_1$, $b_m=b_1+(m-1)d_2$

$a_m=b_m$에서 $a_1+(m-1)d_1=b_1+(m-1)d_2$

$a_1-b_1=(m-1)(d_2-d_1)$ → Step 1의 $d_1<d_2$에서 $0<d_2-d_1$

m은 3 이상의 자연수이고, $d_2-d_1>0$이므로 $a_1-b_1>0$

→ $m-1>0$이 된다.

이때 $|a_1-b_1|=5$이므로 $a_1-b_1=5$

$5=(m-1)(d_2-d_1)$이고, $m-1$, d_2-d_1의 값이 모두 자연수이므로

→ $m-1=1$이면 $m=2$가 되어 $m\ge3$을 만족시키지 않는다.

→ d_2와 d_1이 모두 정수이고, $d_2-d_1>0$이므로 d_2-d_1의 값은 자연수이다.

$m-1=5$ $\quad\therefore m=6$

Step 3 $\sum_{k=1}^{m} b_k$의 값을 구한다.

$$\sum_{k=1}^{m} b_k=\sum_{k=1}^{6} b_k=\frac{6(b_1+b_6)}{2}$$

→ 등차수열의 첫째항이 a, 제n항이 l일 때 첫째항부터 제n항까지의 합은 $\frac{n(a+l)}{2}$

$$=\frac{6\{(a_1-5)+a_6\}}{2}$$

→ $a_1-b_1=5$에서 $b_1=a_1-5$ / $a_m=b_m$이므로 $b_6=a_6$

$$=\frac{6(a_1+a_6)}{2}-15$$

$$=\sum_{k=1}^{6} a_k-15=9-15=-6$$

12 [정답률 40%]

정답 ⑤

Step 1 함수 $f(x)$의 식을 세운다.

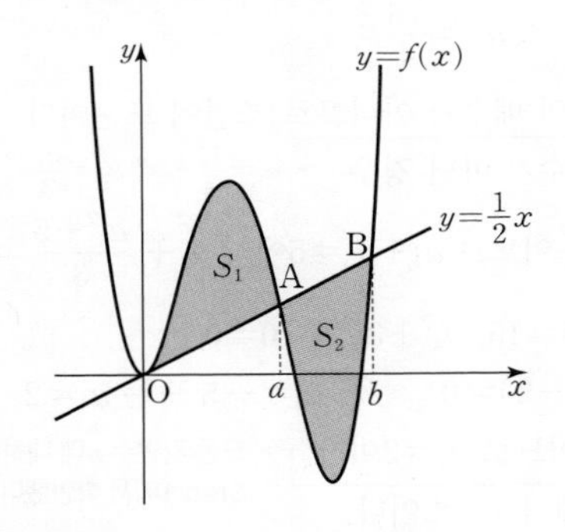

두 점 A, B의 x좌표를 각각 a, b $(a<b)$라 하면 곡선 $y=f(x)$와 직선 $y=\frac{1}{2}x$가 원점 O에서 접하고, 두 점 A, B에서 만나므로

→ $f(x)-\frac{1}{2}x$가 x^2을 인수로 가진다.

→ $f(a)-\frac{1}{2}a=f(b)-\frac{1}{2}b=0$

$$f(x)-\frac{1}{2}x=x^2(x-a)(x-b)$$
$$=x^2\{x^2-(a+b)x+ab\}$$
$$=x^4-(a+b)x^3+abx^2$$

→ 최고차항의 계수가 1인 사차함수

Step 2 $b-a$의 값을 구한다.

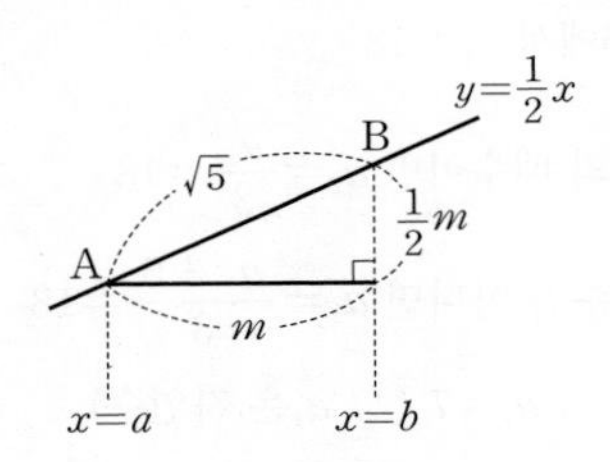

그림과 같이 $b-a=m$ $(m>0)$이라 하면 직선 AB의 기울기가 $\frac{1}{2}$이고, $\overline{AB}=\sqrt{5}$이므로

$m^2+\left(\frac{1}{2}m\right)^2=(\sqrt{5})^2$, $\frac{5}{4}m^2=5$ → 그림의 직각삼각형에서 피타고라스 정리를 이용

$m^2=4$ $\quad\therefore b-a=m=2$ $(\because m>0)$ ...... ㉠

Step 3 $S_1=S_2$임을 이용한다.

$S_1=S_2$에서 $S_1-S_2=0$

$$S_1-S_2=\int_0^a\left|f(x)-\frac{1}{2}x\right|dx-\int_a^b\left|f(x)-\frac{1}{2}x\right|dx$$
$$=\int_0^a\left\{f(x)-\frac{1}{2}x\right\}dx-\int_a^b\left\{\frac{1}{2}x-f(x)\right\}dx$$
$$=\int_0^a\left\{f(x)-\frac{1}{2}x\right\}dx+\int_a^b\left\{f(x)-\frac{1}{2}x\right\}dx$$
$$=\int_0^b\left\{f(x)-\frac{1}{2}x\right\}dx$$

→ $a\le x\le b$에서 $\frac{1}{2}x\ge f(x)$

$$=\int_0^b\{x^4-(a+b)x^3+abx^2\}dx$$
$$=\left[\frac{1}{5}x^5-\frac{1}{4}(a+b)x^4+\frac{1}{3}abx^3\right]_0^b$$
$$=\frac{1}{5}b^5-\frac{1}{4}(a+b)b^4+\frac{1}{3}ab^4$$
$$=-\frac{1}{20}b^5+\frac{1}{12}ab^4=0$$

$b^4\left(-\frac{1}{20}b+\frac{1}{12}a\right)=0$, $-\frac{1}{20}b+\frac{1}{12}a=0$

$\therefore 5a-3b=0$ ...... ㉡

→ $b^4\neq0$이므로 양변을 b^4으로 나눠줄 수 있다.

Step 4 $f(1)$의 값을 구한다.

㉠, ㉡을 연립하여 풀면 $a=3$, $b=5$

따라서 $f(x)=x^2(x-3)(x-5)+\frac{1}{2}x$이므로

$$f(1)=1\times(-2)\times(-4)+\frac{1}{2}=\frac{17}{2}$$

13 [정답률 41%]

정답 ①

Step 1 지수함수의 그래프를 이용하여 함수 $y=f(x)$의 그래프의 개형으로 가능한 경우를 파악해 본다.

$x\le a$에서 함수 $f(x)=2^{x+3}+b$는 x의 값이 증가하면 함숫값도 증가하고, 직선 $y=b$가 곡선 $y=f(x)$의 점근선이 된다.

→ 밑이 2로 1보다 크므로 증가함수

$x>a$에서 함수 $f(x)=2^{-x+5}+3b$는 x의 값이 증가하면 함숫값은 감소하고, 직선 $y=3b$가 곡선 $y=f(x)$의 점근선이 된다.

→ 밑이 $\frac{1}{2}$로 1보다 작으므로 감소함수

이때 $f(a)=2^{a+3}+b$와 $3b$, $2^{-a+5}+3b$의 대소 관계에 따라 다음과 같이 그래프를 그릴 수 있다.

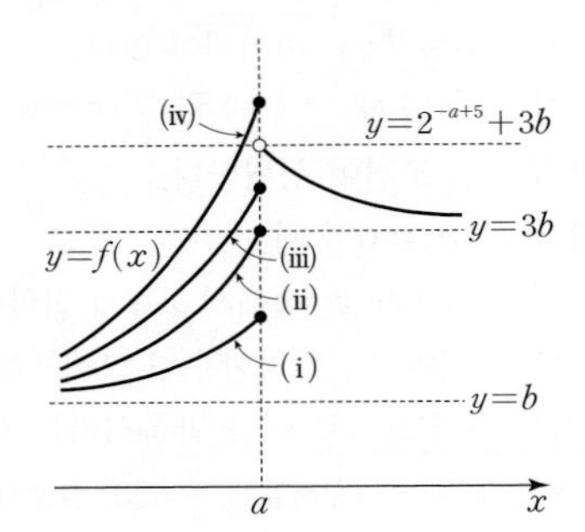

Step 2 경우에 따라 조건을 만족시키는 k의 최댓값이 $4b+8$이 되는지 확인한다.

(i) $2^{a+3}+b<3b$일 때

$2^{a+3}+b<t<3b$일 때 함수 $y=f(x)$의 그래프와 직선 $y=t$가 만나지 않아 실수 k의 값이 $4b+8$이 될 수 없다.
→ $3b<4b+8$임에 유의한다.

(ii) $2^{a+3}+b=3b$일 때

$b<t<2^{-a+5}+3b$인 모든 실수 t에 대하여 함수 $y=f(x)$의 그래프와 직선 $y=t$의 교점의 개수는 1이고, $t\geq 2^{-a+5}+3b$일 때 함수 $y=f(x)$의 그래프와 직선 $y=t$는 만나지 않는다.
→ 즉, 조건을 만족시키는 k의 최댓값은 $2^{-a+5}+3b$

(iii), (iv) $2^{a+3}+b>3b$일 때

$b<t<k$인 모든 실수 t에 대하여 함수 $y=f(x)$의 그래프와 직선 $y=t$의 교점의 개수가 1이 되는 k의 최댓값이 $3b$이므로 조건을 만족시키지 않는다.

따라서 (i)~(iv)에서 $2^{a+3}+b=3b$이고 $2^{-a+5}+3b=4b+8$이어야 한다.
→ t의 값이 $3b$보다 조금만 커져도 함수 $y=f(x)$의 그래프가 직선 $y=t$와 두 점에서 만나게 된다.

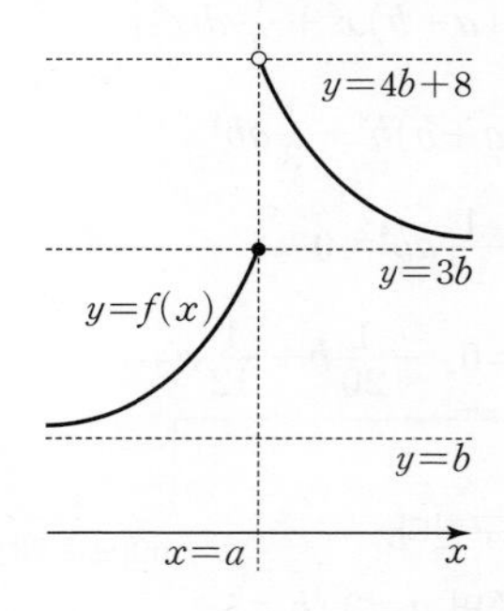

Step 3 a, b의 값을 구한다.

$2^{a+3}+b=3b$에서 $2^{a+3}=2b$ $\quad\therefore b=2^{a+2}$

$2^{-a+5}+3b=4b+8$에서 $2^{-a+5}-b-8=0$

$2^{-a+5}-2^{a+2}-8=0$, $32\times 2^{-a}-4\times 2^{a}-8=0$

$2^{a}+2-8\times 2^{-a}=0$, $2^{2a}+2\times 2^{a}-8=0$
→ 양변에 2^a을 곱한다.

$(2^{a}+4)(2^{a}-2)=0$ $\quad\therefore a=1$, $b=2^3=8$

$\therefore a+b=1+8=9$
→ $2^a>0$이므로 $2^a-2=0$, $2^a=2$ $\quad\therefore a=1$

14 [정답률 36%] 정답 ②

Step 1 $g(t)$를 구한다.

곡선 $y=f(x)$ 위의 점 $(t, f(t))$에서의 접선의 방정식은

$y=f'(t)(x-t)+f(t)$ → (접선의 기울기)$=$($x=t$에서의 미분계수)

접선의 y절편이 $g(t)$이므로 $g(t)=f'(t)(0-t)+f(t)$

$\therefore g(t)=-tf'(t)+f(t)$ → 접선이 점 $(0, g(t))$를 지난다.

Step 2 조건을 만족시키는 함수 $f(x)$의 식을 세운다.

주어진 조건에서 $|f(k)|+|g(k)|=0$이므로

$f(k)=0$이고 $g(k)=-kf'(k)+f(k)=0$ → $f(k)=0$

따라서 $f(k)=0$이면서 $kf'(k)=0$이어야 한다.

(i) $f(k)=0$이면서 $k=0$일 때 → $k=0$ 또는 $f'(k)=0$

$f(0)=0$이면 주어진 조건이 성립한다.

(ii) $f(k)=0$이면서 $f'(k)=0$일 때

함수 $y=f(x)$의 그래프가 $x=k$에서 x축에 접한다.

이때 $f(x)$는 삼차함수이고, 삼차함수의 그래프는 x축에 최대 한 점에서만 접할 수 있으므로 이를 만족시키는 실수 k는 최대 1개이다. → 두 개의 극값이 존재할 때, 두 극값은 항상 서로 다르다.

$|f(k)|+|g(k)|=0$을 만족시키는 실수 k의 개수가 2이므로 두 실수 중 하나는 (i)을 만족시키는 0이다.

이때 다른 하나의 실수를 a라 하면 (ii)에서 함수 $y=f(x)$의 그래프가 $x=a$에서 x축에 접해야 하므로 함수 $f(x)$의 식을 $f(x)=x(x-a)^2$과 같이 놓을 수 있다.
→ $f(x)$가 $(x-a)^2$을 인수로 갖는다.

Step 3 a의 값을 구한다.

$f(x)=x(x-a)^2=x(x^2-2ax+a^2)=x^3-2ax^2+a^2x$

이므로 $f'(x)=3x^2-4ax+a^2$

$\therefore f'(1)=3-4a+a^2$

$g(1)=-f'(1)+f(1)$이므로

$4f(1)+2g(1)=4f(1)+2\{-f'(1)+f(1)\}$

$=6f(1)-2f'(1)=6(1-a)^2-2(3-4a+a^2)$

$=6(1-2a+a^2)-2(3-4a+a^2)=4a^2-4a$

→ $f(x)=x(x-a)^2$에 $x=1$ 대입

$4a^2-4a=-1$에서 $4a^2-4a+1=0$

$(2a-1)^2=0$ $\quad\therefore a=\dfrac{1}{2}$

Step 4 $f(4)$의 값을 구한다.

$f(x)=x\left(x-\dfrac{1}{2}\right)^2$이므로 $f(4)=4\times\left(\dfrac{7}{2}\right)^2=49$

15 [정답률 55%] 정답 ④

Step 1 수열 $\{a_n\}$의 모든 항이 양수임을 확인한다.

수열 $\{a_n\}$의 첫째항이 자연수이므로 $a_1>0$

a_1이 3의 배수일 때 $a_2=\dfrac{a_1}{3}>0$

a_1이 3의 배수가 아닐 때 $a_2=\dfrac{a_1^{\,2}+5}{3}>0$ → (양수)$^2+5>0$

따라서 a_2는 양수이다.

$n=k$일 때 $a_k>0$이라고 가정하면 위와 같은 방법으로 $a_{k+1}>0$
→ a_k가 3의 배수일 때, 3의 배수가 아닐 때 모두 $a_{k+1}>0$

즉, 수학적 귀납법에 의하여 모든 자연수 n에 대하여 $a_n>0$이다.

Step 2 a_4의 값을 구한다.

a_4가 3의 배수일 때와 그렇지 않을 때로 경우를 나누어보면 다음과 같다.

(i) a_4가 3의 배수인 경우

$a_5=\dfrac{a_4}{3}$이므로 $a_4+a_5=5$에서 $a_4+\dfrac{a_4}{3}=5$

$\dfrac{4}{3}a_4=5$ $\quad\therefore a_4=\dfrac{15}{4}$

이때 a_4는 3의 배수가 아니므로 조건에 모순이다. → $a_4=\dfrac{15}{4}$일 때 $a_5\neq\dfrac{a_4}{3}$

(ii) a_4가 3의 배수가 아닌 경우

$a_5=\dfrac{a_4^{\,2}+5}{3}$이므로 $a_4+a_5=5$에서 $a_4+\dfrac{a_4^{\,2}+5}{3}=5$

$3a_4+a_4^{\,2}+5=15$, $a_4^{\,2}+3a_4-10=0$

$(a_4+5)(a_4-2)=0$ $\quad\therefore a_4=-5$ 또는 $a_4=2$

이때 $a_4>0$이므로 $a_4=2$이다. → 모든 자연수 n에 대하여 $a_n>0$임을 Step 1에서 확인했다.

따라서 (i), (ii)에서 $a_4=2$이다.

Step 3 주어진 수열의 정의를 이용하여 a_3, a_2, a_1의 값을 순서대로 구한다.

a_3이 3의 배수일 때와 그렇지 않을 때로 경우를 나누어보면 다음과 같다.

(i) a_3이 3의 배수인 경우

$a_4=\dfrac{a_3}{3}=2$에서 $a_3=6$ → 6은 3의 배수이므로 조건을 만족시킨다.

① a_2가 3의 배수인 경우

$a_3=\dfrac{a_2}{3}=6$에서 $a_2=18$

이때 a_1이 3의 배수이면 $a_2=\dfrac{a_1}{3}=18$ $\quad\therefore a_1=54$

a_1이 3의 배수가 아니면 $a_2=\dfrac{a_1^{\,2}+5}{3}=18$

$a_1^{\,2}=49$ $\quad\therefore a_1=7$ ($\because a_1$은 자연수)

② a_2가 3의 배수가 아닌 경우

$a_3=\frac{a_2^2+5}{3}=6$에서 $a_2^2=13$ $\therefore a_2=\sqrt{13}$ ($\because a_2>0$)

이때 a_1은 자연수이므로 $\frac{a_1}{3}$, $\frac{a_1^2+5}{3}$는 모두 유리수이다.

즉, a_1이 3의 배수일 때와 그렇지 않을 때 모두 $a_2=\sqrt{13}$이 되는 경우는 존재하지 않는다. → a_1이 3의 배수가 아닐 때의 a_2의 값

(ii) a_3이 3의 배수가 아닌 경우

$a_4=\frac{a_3^2+5}{3}=2$에서 $a_3^2=1$ $\therefore a_3=1$ ($\because a_3>0$)

① a_2가 3의 배수인 경우

$a_3=\frac{a_2}{3}=1$에서 $a_2=3$

이때 a_1이 3의 배수이면 $a_2=\frac{a_1}{3}=3$ $\therefore a_1=9$

a_1이 3의 배수가 아니면 $a_2=\frac{a_1^2+5}{3}=3$

$a_1^2=4$ $\therefore a_1=2$ ($\because a_1$은 자연수)

② a_2가 3의 배수가 아닌 경우

$a_3=\frac{a_2^2+5}{3}=1$에서 $a_2^2=-2$가 되어 a_2의 값이 존재하지 않는다.

따라서 (i), (ii)에서 모든 a_1의 값의 합은 $54+7+9+2=72$

16 [정답률 89%]

정답 5

Step 1 로그방정식을 푼다.

로그의 진수 조건에 의하여 $x-3>0$, $x-4>0$

$\therefore x>4$ ...... ㉠

→ $\log_2(x-4)$에서 (진수)$=(x-4)>0$이어야 한다.

$\log_2(x-3)=1-\log_2(x-4)$에서

$\log_2(x-3)+\log_2(x-4)=1$ → $=\log_2(x-3)(x-4)$

$\log_2(x^2-7x+12)=\log_2 2$

$x^2-7x+12=2$, $x^2-7x+10=0$

$(x-2)(x-5)=0$ $\therefore x=5$ ($\because$ ㉠)

→ $x=2$는 진수 조건을 만족시키지 않는다.

17 [정답률 91%]

정답 7

Step 1 곱의 미분법을 이용한다.

$f(x)=(x-1)(x^3+x^2+5)$에서

$f'(x)=(x^3+x^2+5)+(x-1)(3x^2+2x)$

$\therefore f'(1)=1+1+5+0\times5=7$

→ $=(x^3+x^2+5)'$

→ $(x-1)'=1$

18 [정답률 55%]

정답 16

Step 1 주어진 식을 정리하여 $f(x)$의 상수항을 구한다.

$f(x)=3x^2+ax+b$ (a, b는 상수)라 하자.

$\int_0^x f(t)dt=2x^3+\int_0^{-x} f(t)dt$에서

$\int_0^x f(t)dt-\int_0^{-x} f(t)dt=2x^3$ ...... ㉠

(좌변)$=\int_0^x f(t)dt-\int_0^{-x} f(t)dt$

$=\int_0^x f(t)dt+\int_{-x}^0 f(t)dt$ ← 위끝과 아래끝을 바꾸고 정적분의 부호를 바꿔주었다.

$=\int_{-x}^x f(t)dt$ ← 암기 $\int_a^b f(x)dx+\int_b^c f(x)dx=\int_a^c f(x)dx$

$=\int_{-x}^x (3t^2+at+b)dt$

$=\left[t^3+\frac{1}{2}at^2+bt\right]_{-x}^x$

$=\left(x^3+\frac{1}{2}ax^2+bx\right)-\left(-x^3+\frac{1}{2}ax^2-bx\right)$

$=2x^3+2bx$

이므로 ㉠에서 $2x^3+2bx=2x^3$

이 식이 모든 실수 x에 대하여 성립하므로 $b=0$

Step 2 $f(2)$의 값을 구한다.

$f(x)=3x^2+ax$이므로 $f(1)=3+a=5$ $\therefore a=2$

따라서 $f(x)=3x^2+2x$이므로 $f(2)=12+4=16$

19 [정답률 38%]

정답 11

Step 1 집합 X의 원소 중 양수의 개수를 구한다.

x의 실수인 네제곱근은 $x>0$일 때 $\pm\sqrt[4]{x}$로 2개, $x=0$일 때 0으로 1개이고 $x<0$일 때는 존재하지 않는다. → 네제곱하여 음수가 되는 실수는 존재하지 않는다.

즉, 집합 A에 대하여 $n(A)=9$이려면 집합 X가 4개의 양수와 0을 원소로 가져야 한다. → $9=2\times4+1$임을 이용

Step 2 집합 X의 원소 중 음수의 개수를 구한다.

x의 실수인 세제곱근은 x의 값에 관계없이 $\sqrt[3]{x}$로 1개이다.

즉, 집합 B에 대하여 $n(B)=7$이려면 집합 X의 원소의 개수가 7이어야 한다. → 즉, 양수 4개, 음수 2개, 0을 원소로 갖는다.

따라서 집합 X가 2개의 음수를 원소로 가져야 한다.

Step 3 집합 X의 모든 원소의 합의 최댓값을 구한다.

집합 X의 원소의 합이 최대이려면 $X=\{-2, -1, 0, 2, 3, 4, 5\}$이어야 하고, 이때 집합 X의 모든 원소의 합의 최댓값은

→ 최대한 큰 양수 / → 절댓값이 최대한 작은 음수

$-2+(-1)+0+2+3+4+5=11$

20 [정답률 25%]

정답 25

Step 1 $g(0)=g(1)=0$임을 파악한다.

주어진 등식의 양변에 $x=0$을 대입하면

$0\times f(0)=3g(0)-0+0$ $\therefore g(0)=0$

주어진 등식의 양변에 $x=2$를 대입하면

$2f(2)=2g(2)-8+8$, $2f(2)=2g(2)$

$\therefore f(2)-g(2)=0$

→ 극한값이 0이면 $k=0$이 되어 조건을 만족시키지 않고, 수렴하지 않으면 k의 값이 존재하지 않는다.

$\lim_{x\to2}\frac{g(x-1)}{f(x)-g(x)}$의 값이 0이 아닌 실수이고, $x\to2$일 때 (분모)$\to0$이므로 (분자)$\to0$이어야 한다. 즉, $\lim_{x\to2}g(x-1)=0$이므로 $g(1)=0$이다.

→ $\lim_{x\to2}\{f(x)-g(x)\}=f(2)-g(2)=0$

→ 다항함수는 연속함수이므로 $\lim_{x\to2}g(x-1)=g(1)$

Step 2 $f(x)$, $g(x)$의 차수를 파악한다.

$\lim_{x\to\infty}\frac{\{f(x)\}^2}{g(x)}$이 0이 아닌 실수로 수렴하므로 두 함수 $\{f(x)\}^2$, $g(x)$의 차수가 같아야 한다.

즉, $f(x)$의 차수가 n이면 $g(x)$의 차수는 $2n$이어야 한다.

(i) $n=0$일 때

$xf(x)=\left(-\frac{1}{2}x+3\right)g(x)-x^3+2x^2$에서 좌변은 일차식, 우변은 삼차식이 되어 등식이 성립하지 않는다.

→ $f(x)=0$이면 $\lim_{x\to\infty}\frac{\{f(x)\}^2}{g(x)}=0$이므로

$f(x)=a$ (a는 0이 아닌 상수)

(ii) $n=1$일 때 → $g(x)$가 이차식이므로 이 식이 삼차식이다.

$xf(x)=\left(-\frac{1}{2}x+3\right)g(x)-x^3+2x^2$에서 좌변은 이차식이므로

등식이 성립하려면 우변에 삼차항이 존재하지 않아야 한다.

즉, $g(x)$의 이차항의 계수를 a라 하면

$-\frac{1}{2}a-1=0$ → x^3의 계수 $\quad\therefore a=-2$ → $\left(-\frac{1}{2}x+3\right)g(x)$의 삼차항의 계수

따라서 $g(x)$의 이차항의 계수가 -2이고 $g(0)=g(1)=0$이므로 $g(x)=-2x(x-1)=-2x^2+2x$이다.

(iii) $n\ge2$일 때

$xf(x)=\left(-\frac{1}{2}x+3\right)g(x)-x^3+2x^2$에서 좌변은 $n+1$차식,

우변은 $2n+1$차식이 되어 등식이 성립하지 않는다.

따라서 (i)~(iii)에서 $f(x)$는 일차함수, $g(x)$는 이차함수이고 $g(x)=-2x^2+2x$이다.

Step 3 $f(x)$를 구한다.

$$xf(x)=\left(-\frac{1}{2}x+3\right)g(x)-x^3+2x^2$$
$$=\left(-\frac{1}{2}x+3\right)(-2x^2+2x)-x^3+2x^2$$
$$=(x^3-x^2-6x^2+6x)-x^3+2x^2=-5x^2+6x$$

$\therefore f(x)=-5x+6$

Step 4 k의 값을 구한다.

$$\lim_{x\to2}\frac{g(x-1)}{f(x)-g(x)}=\lim_{x\to2}\frac{-2(x-1)(x-2)}{(2x-3)(x-2)}=\lim_{x\to2}\frac{-2(x-1)}{2x-3}=-2$$

$$\lim_{x\to\infty}\frac{\{f(x)\}^2}{g(x)}=\lim_{x\to\infty}\frac{25x^2-60x+36}{-2x^2+2x}=-\frac{25}{2}$$ → =(이차항의 계수의 비)

$\therefore k=-2\times\left(-\frac{25}{2}\right)=25$

→ $=-5x+6+2x^2-2x=2x^2-7x+6=(2x-3)(x-2)$

21 [정답률 7%]

정답 64

Step 1 $\cos(\angle OAC)$의 값을 구한다.

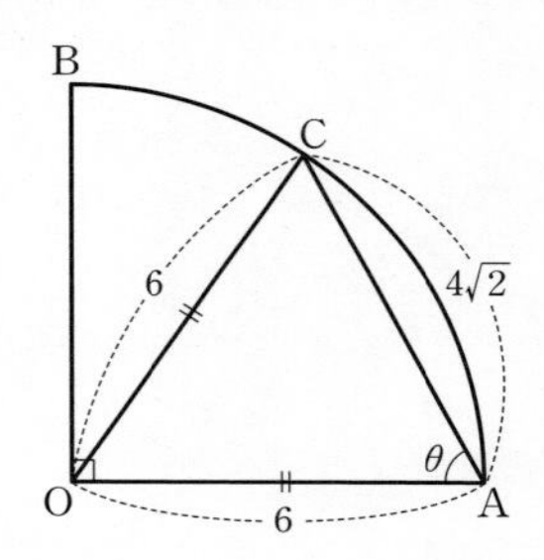

→ 부채꼴 OAC의 반지름의 길이

$\overline{OC}=\overline{OA}=6$, $\overline{AC}=4\sqrt{2}$이므로 $\angle OAC=\theta$라 하면 삼각형 OAC에서 코사인법칙에 의하여

$$\cos\theta=\frac{(4\sqrt{2})^2+6^2-6^2}{2\times4\sqrt{2}\times6}=\frac{32}{48\sqrt{2}}=\frac{2}{3\sqrt{2}}=\frac{\sqrt{2}}{3}$$

Step 2 사인법칙을 이용하여 $\overline{CD}$의 길이를 구한다.

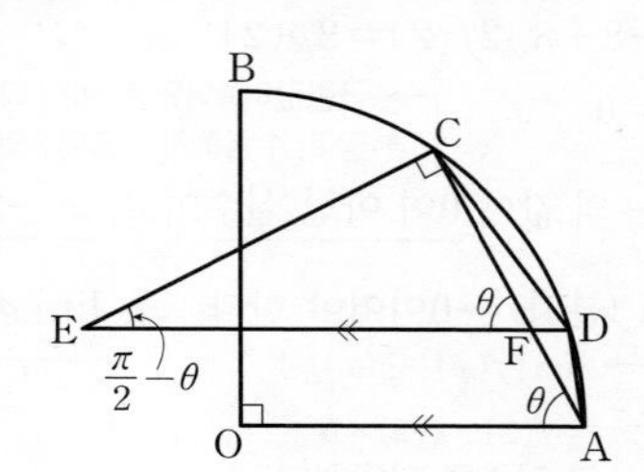

두 선분 AC, ED의 교점을 F라 하면 두 선분 OA, ED는 평행하므로 $\angle EFC=\angle OAC=\theta$ → 동위각

두 선분 AC, EC는 서로 수직이므로 삼각형 EFC는 직각삼각형이다.

즉, $\angle CEF=\frac{\pi}{2}-\angle EFC=\frac{\pi}{2}-\theta$이므로

$\sin(\angle CEF)=\sin\left(\frac{\pi}{2}-\theta\right)=\cos\theta$

삼각형 CED에서 사인법칙을 이용하면 $\frac{\overline{CD}}{\sin(\angle CEF)}=2\times3\sqrt{2}$ → 삼각형 CED의 외접원의 반지름의 길이

$\therefore \overline{CD}=6\sqrt{2}\sin(\angle CEF)=6\sqrt{2}\cos\theta=6\sqrt{2}\times\frac{\sqrt{2}}{3}=4$

Step 3 $\sin(\angle ADC)$의 값을 구한다.

삼각형 CAD의 외접원의 반지름의 길이가 6이므로 사인법칙에 의하여

→ 부채꼴 OAB를 외접원의 일부라고 생각하면 된다.

$$\frac{\overline{AC}}{\sin(\angle ADC)}=2\times6\qquad\therefore \sin(\angle ADC)=\frac{\overline{AC}}{12}=\frac{\sqrt{2}}{3}$$

Step 4 $\overline{AD}$의 길이를 구한다.

$$\cos^2(\angle ADC)=1-\sin^2(\angle ADC)=1-\left(\frac{\sqrt{2}}{3}\right)^2=\frac{7}{9}$$

$\therefore \cos(\angle ADC)=-\frac{\sqrt{7}}{3}\left(\because \angle ADC>\frac{\pi}{2}\right)$

$\overline{AD}=x$라 하면 삼각형 CAD에서 코사인법칙에 의하여

$$-\frac{\sqrt{7}}{3}=\frac{x^2+4^2-(4\sqrt{2})^2}{2\times x\times4},\quad -\frac{\sqrt{7}}{3}=\frac{x^2-16}{8x}$$

$3x^2+8\sqrt{7}x-48=0$

$$\therefore x=\frac{-4\sqrt{7}\pm\sqrt{(4\sqrt{7})^2-3\times(-48)}}{3}=\frac{-4\sqrt{7}\pm16}{3}$$ → $=256$

이때 $x>0$이므로 $x=\frac{-4\sqrt{7}+16}{3}$ → 선분의 길이는 양수이다.

따라서 $p=\frac{16}{3}$, $q=-\frac{4}{3}$이므로

$9\times|p\times q|=9\times\left|\frac{16}{3}\times\left(-\frac{4}{3}\right)\right|=64$

22 [정답률 3%]

정답 114

Step 1 조건 (가)를 이용하여 가능한 함수 $y=g(x)$의 그래프를 간략히 그려본다.

→ 절댓값은 항상 0 이상의 값을 갖는다.

모든 실수 x에 대하여 $|g(x)|=f(x)$이므로 $f(x)\ge0$

$|g(x)|=f(x)$에서 $g(x)=f(x)$ 또는 $g(x)=-f(x)$

즉, 함수 $y=g(x)$의 그래프는 각각의 x에 대하여 $y=f(x)$의 그래프 또는 $y=-f(x)$의 그래프를 따라 그려진다.

→ 각 구간에 따라 두 함수 중 하나를 선택하여 그 그래프를 그릴 수 있다.

$\lim_{t\to0+}\frac{g(x+t)-g(x)}{t}=|f'(x)|$에서 모든 실수 x에 대하여

$\lim_{t\to0+}\frac{g(x+t)-g(x)}{t}\ge0$이므로 함수 $y=g(x)$의 그래프는

$y=f(x)$의 그래프와 $y=-f(x)$의 그래프 중 증가하는 부분을 따라 그려짐을 알 수 있다.

→ $f'(x)\ge0$이면 (우미분계수)$=f'(x)$
$f'(x)<0$이면 (우미분계수)$=-f'(x)$

함수 $f(x)$는 최고차항의 계수가 4이고 서로 다른 세 극값을 갖는 사차함수이므로 임의로 그래프를 그려 함수 $y=g(x)$의 그래프를 그려보면 다음과 같다.

→ $\lim_{t\to0+}\{g(x+t)-g(x)\}=0$이므로 모든 x에 대하여 함수 $g(x)$의 우극한과 함숫값이 같도록 그려주어야 한다.

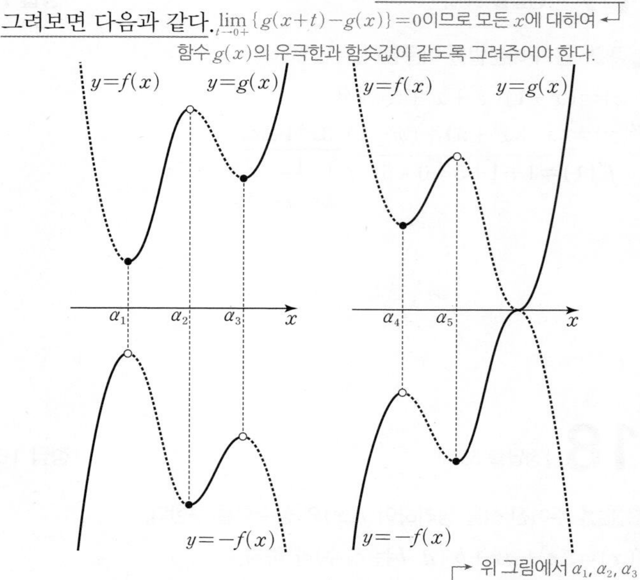

즉, $f(x)$의 세 극값이 모두 0보다 크면 함수 $g(x)$는 세 점에서 불연속이고, $f(x)$의 한 극솟값이 0이면 $g(x)$는 두 점에서 불연속이다.

→ 위 그림에서 α_1, α_2, α_3

→ 위 그림에서 α_4, α_5

Step 2 함수 $g(x)h(x)$가 연속함수가 되는 경우를 파악한다.

함수 $g(x)h(x)$가 실수 전체의 집합에서 연속이므로 함수 $g(x)$가 불연속인 점을 기준으로 함수 $g(x)h(x)$의 연속성을 따져 주어야 한다.

이때 함수 $g(x)$는 $f(x)$가 극값을 갖는 점을 기준으로 식이 바뀌므로 경우를 나누어보면 다음과 같다.

(i) 함수 $f(x)$가 극대가 되는 점에서의 연속성 확인

함수 $f(x)$가 $x=m$에서 극대일 때 ($g(x)=f(x)\to g(x)=-f(x)$ 또는 $g(x)=-f(x)\to g(x)=f(x)$)

$\lim_{x\to m+} g(x)=\lim_{x\to m+}\{-f(x)\}=-f(m)$

$\lim_{x\to m-} g(x)=\lim_{x\to m-} f(x)=f(m)$

$g(m)=-f(m)$

함수 $g(x)h(x)$가 $x=m$에서 연속이어야 하므로

$\lim_{x\to m+} g(x)h(x)=\lim_{x\to m-} g(x)h(x)=g(m)h(m)$

$-f(m)\times\lim_{x\to m+} h(x)=f(m)\times\lim_{x\to m-} h(x)=-f(m)h(m)$

$\therefore \lim_{x\to m+} h(x)=-\lim_{x\to m-} h(x)=h(m)$

(ii) 함수 $f(x)$가 0이 아닌 극솟값을 갖는 점에서의 연속성 확인

함수 $f(x)$가 $x=m$에서 0이 아닌 극솟값을 가질 때 ($f(m)>0$이 된다.)

$\lim_{x\to m+} g(x)=\lim_{x\to m+} f(x)=f(m)$

$\lim_{x\to m-} g(x)=\lim_{x\to m-}\{-f(x)\}=-f(m)$

$g(m)=f(m)$

함수 $g(x)h(x)$가 $x=m$에서 연속이어야 하므로

$\lim_{x\to m+} g(x)h(x)=\lim_{x\to m-} g(x)h(x)=g(m)h(m)$

$f(m)\times\lim_{x\to m+} h(x)=-f(m)\times\lim_{x\to m-} h(x)=f(m)h(m)$

$\therefore \lim_{x\to m+} h(x)=-\lim_{x\to m-} h(x)=h(m)$

($\lim_{x\to m+} h(x)=-\lim_{x\to m-} h(x)$에서 두 극한 모두 0이어야 한다.)

따라서 (i), (ii)에서 $g(x)$가 $x=m$에서 불연속일 때, 함수 $h(x)$가 $x=m$에서 연속이면 $h(m)=\lim_{x\to m} h(x)=0$이고, 함수 $h(x)$가 $x=m$에서 불연속이면 $h(m)=\lim_{x\to m+} h(x)=-\lim_{x\to m-} h(x)$이어야 한다. ($x=m$에서 $h(x)$의 우극한과 좌극한의 부호가 반대)

Step 3 a의 값을 구한다.

함수 $h(x)=\begin{cases}4x+2 & (x<a)\\ -2x-3 & (x\ge a)\end{cases}$에서 $h(x)=0$이 되는 x의 값을 구해보면

$4x+2=0$에서 $x=-\frac{1}{2}$, $-2x-3=0$에서 $x=-\frac{3}{2}$ (이 경우 $h\left(-\frac{1}{2}\right)=0$, 이 경우 $h\left(-\frac{3}{2}\right)=0$)

이때 $-\frac{1}{2}<a$, $-\frac{3}{2}\ge a$를 동시에 만족시키는 a의 값은 존재하지 않으므로 $h(x)=0$을 만족시키는 x의 값은 최대 1개이다.

즉, 함수 $f(x)$의 한 극솟값이 0이 되어 $g(x)$가 두 점에서 불연속이어야 하고, $x=a$에서 $h(a)=\lim_{x\to a+} h(x)=-\lim_{x\to a-} h(x)$가 성립해야 한다.

(함수 $h(x)$가 불연속이 될 수 있는 x의 값은 오직 $x=a$뿐이다.) (즉, $h(x)$가 불연속인 점에서 위에서 구한 좌극한과 우극한의 조건이 성립해야 한다.)

$h(a)=-2a-3$,

$\lim_{x\to a+} h(x)=\lim_{x\to a+}(-2x-3)=-2a-3$,

$\lim_{x\to a-} h(x)=\lim_{x\to a-}(4x+2)=4a+2$

이므로 $-2a-3=-(4a+2)$에서 $-2a-3=-4a-2$

$2a=1 \qquad \therefore a=\frac{1}{2}$

$h(x)=\begin{cases}4x+2 & \left(x<\frac{1}{2}\right)\\ -2x-3 & \left(x\ge\frac{1}{2}\right)\end{cases}$이므로 $h(x)=0$에서 $x=-\frac{1}{2}$

즉, 함수 $f(x)$는 $x=-\frac{1}{2}$, $x=\frac{1}{2}$에서 극값을 갖는다.

$f(x)$가 극솟값을 갖는 다른 한 점을 $x=k$라 하면 ($x=k$에서의 극솟값이 0이어야 한다.)

$f'(x)=16\left(x+\frac{1}{2}\right)\left(x-\frac{1}{2}\right)(x-k)$, $f(k)=0$이어야 한다.

Step 4 k의 값을 구한다.

$f'(x)=16\left(x+\frac{1}{2}\right)\left(x-\frac{1}{2}\right)(x-k)=16\left(x^2-\frac{1}{4}\right)(x-k)$

$=16\left(x^3-kx^2-\frac{1}{4}x+\frac{1}{4}k\right)$

$=16x^3-16kx^2-4x+4k$

이므로 $f(x)=4x^4-\frac{16}{3}kx^3-2x^2+4kx+C$ (단, C는 적분상수) ($=\int f'(x)dx$)

$|g(0)|=f(0)=\frac{40}{3}$이므로 $C=\frac{40}{3}$

$\therefore f(x)=4x^4-\frac{16}{3}kx^3-2x^2+4kx+\frac{40}{3}$

$f(k)=4k^4-\frac{16}{3}k^4-2k^2+4k^2+\frac{40}{3}=-\frac{4}{3}k^4+2k^2+\frac{40}{3}=0$

$-4k^4+6k^2+40=0$, $2k^4-3k^2-20=0$

$(k-2)(2k^3+4k^2+5k+10)=0$

$(k-2)(k+2)(2k^2+5)=0$

$\therefore k=2$ 또는 $k=-2$

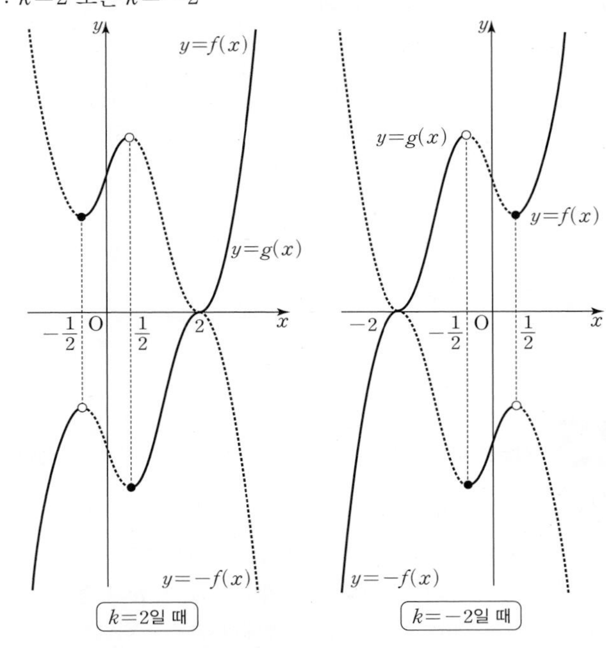

$k=2$일 때 $g(0)=f(0)=\frac{40}{3}$, $k=-2$일 때 $g(0)=-f(0)=-\frac{40}{3}$이므로 조건을 만족시키는 k의 값은 2이다.

Step 5 $g(1)\times h(3)$의 값을 구한다.

$f(x)=4x^4-\frac{32}{3}x^3-2x^2+8x+\frac{40}{3}$이므로

$g(1)=-f(1)=-\left(4-\frac{32}{3}-2+8+\frac{40}{3}\right)=-\frac{38}{3}$

(Step 4의 $k=2$일 때의 그래프에서 $g(1)=-f(1)$)

$h(x)=\begin{cases}4x+2 & \left(x<\frac{1}{2}\right)\\ -2x-3 & \left(x\ge\frac{1}{2}\right)\end{cases}$에서 $h(3)=-9$

$\therefore g(1)\times h(3)=\left(-\frac{38}{3}\right)\times(-9)=114$

확률과 통계

23 [정답률 86%] 정답 ④

Step 1 확률의 덧셈정리를 이용한다. (두 사건 A, B에 대하여 항상 성립하는 식이다.)

$P(A\cup B)=P(A)+P(B)-P(A\cap B)$이므로

$P(A)+P(B)=P(A\cup B)+P(A\cap B)=\frac{2}{3}+P(A\cap B)$

$P(A)+P(B)=4\times P(A\cap B)$에서 $\frac{2}{3}+P(A\cap B)=4\times P(A\cap B)$

$3\times P(A\cap B)=\frac{2}{3} \qquad \therefore P(A\cap B)=\frac{2}{9}$

24 [정답률 81%]

정답 ②

Step 1 x^4의 계수를 구한다.

다항식 $(ax^2+1)^6$의 전개식에서 각 항은 → $=1$

${}_6C_r \times (ax^2)^r \times 1^{6-r} = {}_6C_r a^r x^{2r}$

꼴로 나타낼 수 있으므로 $x^{2r}=x^4$에서 $r=2$

따라서 x^4의 계수는 ${}_6C_2 \times a^2$이다.

Step 2 양수 a의 값을 구한다.

x^4의 계수가 30이므로 ${}_6C_2 \times a^2 = 30$에서 → $=\frac{6\times5}{2\times1}=15$

$15a^2=30 \quad \therefore a=\sqrt{2} \ (\because a>0)$

25 [정답률 72%]

정답 ①

Step 1 중복조합을 이용한다.

4 이상 12 이하의 짝수는 4, 6, 8, 10, 12로 5개이므로

$4\le x\le y\le z\le w\le 12$를 만족시키는 짝수 x, y, z, w의 순서쌍 (x, y, z, w)의 개수는 서로 다른 5개에서 중복을 허락하여 4개를 택하는 중복조합의 수와 같으므로 → 4, 6, 8, 10, 12 중 4개를 골라 작은 수부터 차례로 x, y, z, w에 배정한다.

${}_5H_4 = {}_8C_4 = \frac{8\times7\times6\times5}{4\times3\times2\times1}=70$

$= {}_{5+4-1}C_4$

26 [정답률 56%]

정답 ⑤

Step 1 $f(1)$, $f(2)$로 가능한 값을 구한다. → 함수 $f(x)$는 1, 2, 3, 4를 함숫값으로 가질 수 있다.

집합 $Y=\{1, 2, 3, 4\}$가 함수 f의 공역이므로 $f(1)+f(2)=4$를 만족시키는 경우는 $f(1)=1$, $f(2)=3$ 또는 $f(1)=f(2)=2$ 또는 $f(1)=3$, $f(2)=1$이다.

Step 2 함수 f의 개수를 구한다.

(i) $f(1)=1$, $f(2)=3$일 때

$f(3)$, $f(4)$, $f(5)$의 값을 집합 Y의 네 원소에 대응시키면 되므로 함수의 개수는 ${}_4\Pi_3=4^3=64$ → 서로 다른 4개에서 중복을 허용하여 3개를 택하는 중복순열이라고 생각한다.

(ii) $f(1)=f(2)=2$일 때

1이 함수 f의 치역의 원소이므로 $f(3)$, $f(4)$, $f(5)$ 중 적어도 하나는 1이어야 한다. → 여사건 이용

$f(3)$, $f(4)$, $f(5)$의 값을 집합 Y의 네 원소에 대응시키는 경우의 수는 ${}_4\Pi_3=64$

$f(3)$, $f(4)$, $f(5)$의 값을 집합 Y의 원소 중 1을 제외한 세 원소에 대응시키는 경우의 수는 ${}_3\Pi_3=27$ → 이 경우 f의 치역의 원소에 1이 포함되지 않는다.

따라서 함수의 개수는 $64-27=37$

(iii) $f(1)=3$, $f(2)=1$일 때

(i)의 경우와 같으므로 함수의 개수는 64

따라서 (i)~(iii)에서 함수 f의 개수는 $64+37+64=165$

27 [정답률 52%]

정답 ③

Step 1 서로 같은 수가 있으면서 곱해서 108이 되는 네 자연수를 구해본다.

$108=2^2\times3^3$이므로 서로 같은 수가 있으면서 곱해서 108이 되는 네 자연수를 구해보면 다음과 같다. → 약수 중 제곱수는 1, 4, 9, 36

(i) 같은 수가 1, 1일 때

나머지 두 수의 곱이 108이어야 하고, $10\times10=100<108$이므로 적어도 두 수 중 하나는 10보다 큰 자연수이어야 한다. → 10 이하의 자연수라는 조건에

따라서 조건을 만족시키는 네 자연수는 존재하지 않는다.

(ii) 같은 수가 2, 2일 때

나머지 두 수의 곱이 27이므로 나머지 두 수로 가능한 값은 3, 9이다. → $108\div4=27$

(iii) 같은 수가 3, 3일 때

나머지 두 수의 곱이 12이므로 나머지 두 수로 가능한 값은 2, 6 또는 3, 4이다.

(iv) 같은 수가 6, 6일 때

나머지 두 수의 곱이 3이므로 나머지 두 수로 가능한 값은 1, 3이다.

따라서 (i)~(iv)에서 조건을 만족시키는 네 자연수는 2, 2, 3, 9 또는 3, 3, 2, 6 또는 3, 3, 3, 4 또는 6, 6, 1, 3이다.

Step 2 순서쌍 (a, b, c, d)의 개수를 구한다.

가능한 네 수의 조합에 따라 순서쌍 (a, b, c, d)의 개수를 구해보면 다음과 같다.

(i) 네 수가 2, 2, 3, 9 또는 3, 3, 2, 6 또는 6, 6, 1, 3일 때 → 2개의 수가 서로 같은 경우

각각에 대하여 순서쌍 (a, b, c, d)는 네 수를 일렬로 나열하는 경우와 같으므로 순서쌍의 개수는 $\frac{4!}{2!}=12$

따라서 구하는 순서쌍의 개수는 $12\times3=36$

(ii) 네 수가 3, 3, 3, 4일 때 → 3개의 수가 서로 같은 경우

순서쌍 (a, b, c, d)는 네 수를 일렬로 나열하는 경우와 같으므로 순서쌍의 개수는 $\frac{4!}{3!}=4$ → 같은 것이 있는 순열을 이용

따라서 (i), (ii)에서 구하는 순서쌍 (a, b, c, d)의 개수는

$36+4=40$

28 [정답률 36%]

정답 ②

Step 1 A열에 적어도 1명의 3학년 학생이 앉아야 함을 파악한다.

7명의 학생이 7개의 좌석에 앉는 전체 경우의 수는 $7!=5040$

A열에 1, 2학년 학생 3명이 앉는 경우, B열에 1, 2학년 학생 중 1명과 3학년 학생 3명이 앉게 된다. 이때 B열에 3학년 학생이 이웃하여 앉는 경우가 반드시 생기므로 조건 (나)를 만족시키지 않는다.

따라서 적어도 1명의 3학년 학생이 A열에 앉아야 한다.

Step 2 조건을 만족시키도록 7명의 학생이 앉는 경우의 수를 구한다.

A열에 앉는 학년별 학생 수에 따라 경우를 나누어보면 다음과 같다.

(i) 1학년 학생 1명, 3학년 학생 2명이 A열에 앉는 경우

1학년 학생 2명 중 A열에 앉을 학생 1명을 고르는 경우의 수는 ${}_2C_1=2$ → 남은 1명은 자동으로 B열에 앉게 된다.

3학년 학생 3명 중 A열에 앉을 학생 2명을 고르는 경우의 수는 ${}_3C_2=3$

A열에 앉는 3명의 학생 중 3학년 학생끼리 이웃하게 앉는 경우의 수는 $2!\times2!=4$ → 3학년 학생 2명을 묶어 2명의 학생을 A열에 앉힌다고 생각한다. / 3학년 학생 2명을 배치하는 경우의 수 / 같은 학년의 학생끼리 이웃하게 앉아야 한다.

따라서 A열에 3명의 학생이 앉는 경우의 수는 $2\times3\times4=24$

B열에 앉을 나머지 4명의 학생을 앉히는 전체 경우의 수는 $4!=24$ → 1학년 1명, 2학년 2명, 3학년 1명

B열에 앉는 4명의 학생 중 2학년 학생끼리 이웃하게 앉는 경우의 수는 $3!\times2!=12$

따라서 B열의 좌석에 같은 학년의 학생끼리 이웃하지 않도록 앉는 전체 경우의 수는 $24-12=12$
그러므로 조건을 만족시키면서 앉는 전체 경우의 수는
$24\times 12=288$

(ii) 2학년 학생 1명, 3학년 학생 2명이 A열에 앉는 경우
(i)의 경우와 같으므로 경우의 수는 288

(iii) 1학년 학생 2명, 3학년 학생 1명이 A열에 앉는 경우
3학년 학생 3명 중 A열에 앉을 학생 1명을 고르는 경우의 수는
${}_3C_1=3$
A열에 앉는 3명의 학생 중 1학년 학생끼리 이웃하게 앉는 경우의 수는 $2!\times 2!=4$
따라서 A열에 3명의 학생이 앉는 경우의 수는 $3\times 4=12$
B열에 2학년 학생 2명, 3학년 학생 2명이 같은 학년끼리 이웃하지 않도록 앉아야 하므로 다음과 같이 앉아야 한다.
B열 : 2/3/2/3 또는 3/2/3/2 (두 경우 중 택1)
각각 정한 학년의 자리에 맞게 학생이 앉는 경우의 수는
$2\times 2!\times 2!=8$ (3학년끼리 자리 배치, 2학년끼리 자리 배치)
그러므로 조건을 만족시키면서 앉는 전체 경우의 수는
$12\times 8=96$

(iv) 2학년 학생 2명, 3학년 학생 1명이 A열에 앉는 경우
(iii)의 경우와 같으므로 경우의 수는 96

따라서 (i)~(iv)에서 조건에 맞게 앉는 전체 경우의 수는
$288+288+96+96=768$

Step 3 확률을 구한다.

그러므로 구하는 확률은 $\dfrac{768}{5040}=\dfrac{16}{105}$

$\dfrac{768}{5040}=\dfrac{2^8\times 3}{2^4\times 3^2\times 5\times 7}=\dfrac{2^4}{3\times 5\times 7}=\dfrac{16}{105}$

29 [정답률 11%]

정답 75

Step 1 a, b, c, d, e가 홀수, 짝수 중 어떤 값을 가져야 하는지 파악한다.

조건 (나)에서 $a+b$는 짝수이므로 a, b가 모두 홀수이거나 모두 짝수이어야 한다. ((홀)+(홀)=(짝), (짝)+(짝)=(짝))
이때 $a+b+c+d+e=11$이므로 조건 (다)를 만족시키려면
(i) a, b가 모두 홀수이고 c, d, e 중 홀수가 1개, 짝수가 2개
(ii) a, b가 모두 짝수이고 c, d, e 중 홀수가 1개, 짝수가 2개
(iii) a, b가 모두 짝수이고 c, d, e가 모두 홀수
중 하나의 경우이어야 한다.

주의 5개의 수가 모두 홀수일 수 없다.

Step 2 각 경우에 맞는 순서쌍의 개수를 구한다. (a, b, c, d, e가 자연수임에 유의한다.)

(i) a, b가 모두 홀수이고 c, d, e 중 홀수가 1개, 짝수가 2개일 때
c가 홀수이면 $a=2a'+1$, $b=2b'+1$, $c=2c'+1$, $d=2d'+2$, $e=2e'+2$ (a', b', c', d', e'은 음이 아닌 정수)로 놓을 수 있다.
$a+b+c+d+e=11$에서 $2a'+2b'+2c'+2d'+2e'=4$
$\therefore a'+b'+c'+d'+e'=2$
이를 만족시키는 음이 아닌 정수 a', b', c', d', e'의 순서쌍 (a', b', c', d', e')의 개수는 ${}_5H_2={}_6C_2=15$ (${}_nH_r={}_{n+r-1}C_r$)
d, e가 각각 홀수인 경우도 이와 동일하므로 순서쌍의 개수는
$3\times 15=45$

(ii) a, b가 모두 짝수이고 c, d, e 중 홀수가 1개, 짝수가 2개일 때
c가 홀수이면 $a=2a'+2$, $b=2b'+2$, $c=2c'+1$, $d=2d'+2$, $e=2e'+2$ (a', b', c', d', e'은 음이 아닌 정수)로 놓을 수 있다.
$a+b+c+d+e=11$에서 $2a'+2b'+2c'+2d'+2e'=2$
$\therefore a'+b'+c'+d'+e'=1$
이를 만족시키는 음이 아닌 정수 a', b', c', d', e'의 순서쌍 (a', b', c', d', e')의 개수는 ${}_5H_1={}_5C_1=5$
d, e가 각각 홀수인 경우도 이와 동일하므로 순서쌍의 개수는
$3\times 5=15$

(iii) a, b가 모두 짝수이고 c, d, e가 모두 홀수일 때
$a=2a'+2$, $b=2b'+2$, $c=2c'+1$, $d=2d'+1$, $e=2e'+1$ (a', b', c', d', e'은 음이 아닌 정수)로 놓을 수 있다.
$a+b+c+d+e=11$에서 $2a'+2b'+2c'+2d'+2e'=4$
$\therefore a'+b'+c'+d'+e'=2$
이를 만족시키는 음이 아닌 정수 a', b', c', d', e'의 순서쌍 (a', b', c', d', e')의 개수는 ${}_5H_2={}_6C_2=15$

Step 3 순서쌍 (a, b, c, d, e)의 개수를 구한다.

따라서 (i)~(iii)에서 순서쌍 (a, b, c, d, e)의 개수는
$45+15+15=75$

30 [정답률 7%]

정답 40

Step 1 원의 중심에 놓이는 깃발에 적힌 수가 1인 경우를 확인한다.

구하는 경우는 원의 중심에 1부터 7까지의 자연수 중 하나의 수를 놓고, 나머지 6개의 수를 주어진 조건에 맞게 원형으로 배열하는 경우의 수와 같다.
원의 중심에 놓이는 깃발에 적힌 수를 m이라 하고 경우를 나누어보면 다음과 같다.

(i) $m=1$일 때

($\because 7+5+1=13>12$, $7+6+1=14>12$)

5, 6이 올 수 있는 세 자리

그림과 같이 7이 적힌 깃발이 놓이는 위치를 고정하면 7이 적힌 깃발의 양옆에는 5 또는 6이 적힌 깃발이 올 수 없다.
즉, 남은 세 자리에 5 또는 6이 적힌 깃발이 놓여야 하므로 두 깃발을 먼저 놓고 남은 세 깃발을 놓는 경우의 수는 ${}_3P_2\times 3!=36$ (2, 3, 4가 적힌 깃발; $=3\times 2=6$)

Step 2 원의 중심에 놓이는 깃발에 적힌 수가 2인 경우를 확인한다.

(ii) $m=2$일 때

1, 3이 올 수 있는 두 자리
5, 6이 올 수 있는 두 자리

그림과 같이 7이 적힌 깃발이 놓이는 위치를 고정하면 7이 적힌 깃발의 양옆에는 1 또는 3이 적힌 깃발이 와야 한다.
또한 5와 6이 적힌 깃발은 양옆에 놓일 수 없으므로 5와 6이 적힌 두 깃발 사이에 4가 적힌 깃발이 놓여야 한다. (양옆에 놓이면 $5+6+2=13>12$가 되어 조건에 모순이다.)
따라서 깃발을 놓는 경우의 수는 $2!\times 2!=4$ (1, 3 배치; 5, 6 배치)

Step 3 원의 중심에 놓이는 깃발에 적힌 수가 3 이상인 경우를 확인한다.

(iii) $m=3$일 때

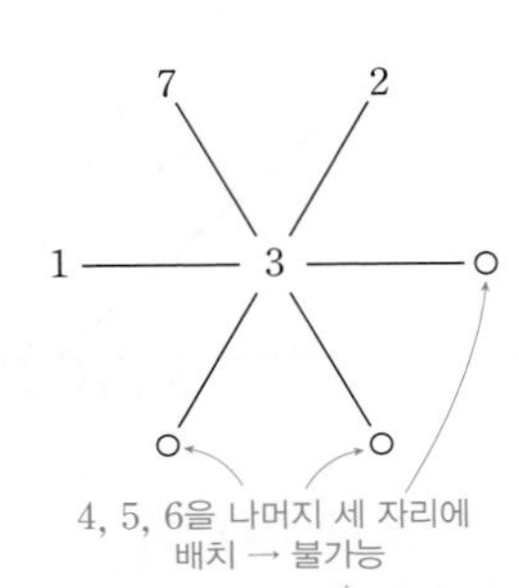

4, 5, 6을 나머지 세 자리에 배치 → 불가능

그림과 같이 7이 적힌 깃발이 놓이는 위치를 고정하면 7이 적힌 깃발의 양옆에는 1 또는 2가 적힌 깃발이 와야 한다.

이때 6이 적힌 깃발은 4 또는 5가 적힌 깃발과 양옆에 놓이므로 조건을 만족시키지 않는다. $6+4+3=13>12$, $6+5+3=14>12$

(iv) $m\geq 4$일 때

m을 제외한 6개의 수 중 가장 큰 수를 M이라 하면 $m+M\geq 11$이고, M이 적힌 깃발의 양옆에 오는 깃발에 적힌 수 중 적어도 하나는 2 이상이므로 조건을 만족시키지 않는다.

따라서 (i)~(iv)에서 구하는 경우의 수는 $36+4=40$

미적분

23 [정답률 87%]

정답 ①

Step 1 $f(x)$의 이계도함수를 구한다.

$f(x)=\sin 2x$에서 $f'(x)=2\cos 2x$

$f''(x)=-4\sin 2x$이므로 $f''\left(\frac{\pi}{4}\right)=-4\sin\frac{\pi}{2}=-4$ ($\sin\frac{\pi}{2}=1$)

24 [정답률 81%]

정답 ③

Step 1 $\sum_{k=1}^{n}\left(\frac{k}{a_k}-\frac{k+1}{a_{k+1}}\right)$을 구한다.

$$\sum_{k=1}^{n}\left(\frac{k}{a_k}-\frac{k+1}{a_{k+1}}\right)$$
$$=\left(\frac{1}{a_1}-\frac{2}{a_2}\right)+\left(\frac{2}{a_2}-\frac{3}{a_3}\right)+\cdots+\left(\frac{n}{a_n}-\frac{n+1}{a_{n+1}}\right)$$
$$=\frac{1}{a_1}-\frac{n+1}{a_{n+1}}=1-\frac{n+1}{a_{n+1}} \quad \cdots\cdots ㉠$$

이웃한 항끼리 상쇄된다.

Step 2 급수가 $\frac{2}{3}$로 수렴함을 이용하여 d의 값을 구한다.

수열 $\{a_n\}$은 첫째항이 1이고 공차가 d인 등차수열이므로

$a_n=1+(n-1)d \qquad \therefore a_{n+1}=1+nd$

$$\sum_{n=1}^{\infty}\left(\frac{n}{a_n}-\frac{n+1}{a_{n+1}}\right)=\lim_{n\to\infty}\sum_{k=1}^{n}\left(\frac{k}{a_k}-\frac{k+1}{a_{k+1}}\right)$$ ($=1-\frac{n+1}{a_{n+1}}=1-\frac{n+1}{1+nd}$)

$$=\lim_{n\to\infty}\left(1-\frac{n+1}{1+nd}\right)\ (\because ㉠)$$
$$=1-\frac{1}{d}$$

$\lim_{n\to\infty}\frac{n+1}{1+nd}=\lim_{n\to\infty}\frac{1+\frac{1}{n}}{\frac{1}{n}+d}=\frac{1}{d}$

$1-\frac{1}{d}=\frac{2}{3}$에서 $\frac{1}{d}=\frac{1}{3} \qquad \therefore d=3$

25 [정답률 64%]

정답 ④

Step 1 t와 $f(t)$ 사이의 관계식을 구한다.

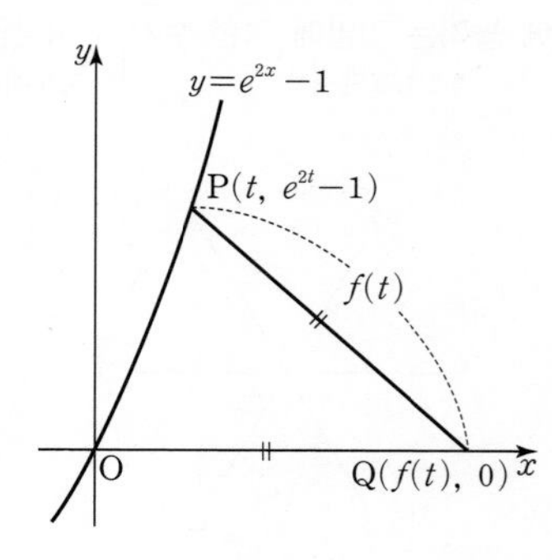

점 Q의 x좌표가 $f(t)$이므로 $Q(f(t), 0) \qquad \therefore \overline{OQ}=f(t)$

$\overline{PQ}=\sqrt{\{f(t)-t\}^2+(e^{2t}-1)^2}$이므로 ($\{0-(e^{2t}-1)\}^2=(e^{2t}-1)^2$)

$\overline{PQ}=\overline{OQ}$에서 $\sqrt{\{f(t)-t\}^2+(e^{2t}-1)^2}=f(t) \quad \cdots\cdots ㉠$

Step 2 $f(t)$를 구한다.

㉠의 양변을 제곱하면 $\{f(t)-t\}^2+(e^{2t}-1)^2=\{f(t)\}^2$

$\{f(t)\}^2-2tf(t)+t^2+(e^{2t}-1)^2=\{f(t)\}^2$

$-2tf(t)+t^2+(e^{2t}-1)^2=0$

$\therefore f(t)=\frac{t^2+(e^{2t}-1)^2}{2t}$

Step 3 $\lim_{t\to 0+}\frac{f(t)}{t}$의 값을 구한다.

$$\lim_{t\to 0+}\frac{f(t)}{t}=\lim_{t\to 0+}\frac{t^2+(e^{2t}-1)^2}{2t^2}=\lim_{t\to 0+}\left\{\frac{1}{2}+\frac{(e^{2t}-1)^2}{2t^2}\right\}$$
$$=\lim_{t\to 0+}\left\{\frac{1}{2}+2\times\left(\frac{e^{2t}-1}{2t}\right)^2\right\}=\frac{1}{2}+2\times 1=\frac{5}{2}$$

$\frac{1}{2t^2}=2\times\frac{1}{4t^2}=2\times\frac{1}{(2t)^2}$

암기 $\lim_{\varDelta\to 0}\frac{e^{\varDelta}-1}{\varDelta}=1$

26 [정답률 74%]

정답 ④

Step 1 x의 값에 따라 경우를 나누어 함수 $f(x)$의 식을 구한다.

$0<x<2$에서 $x<\frac{4}{x}$, $x=2$일 때 $x=\frac{4}{x}$, $x>2$일 때 $x>\frac{4}{x}$이므로 x의 값에 따라 경우를 나누어 $f(x)$의 식과 방정식의 실근을 구해보면 다음과 같다.

(x^n보다 $\left(\frac{4}{x}\right)^n$이 더 빨리 커진다.)

(i) $0<x<2$일 때

분모, 분자를 각각 $\left(\frac{4}{x}\right)^n$으로 나누었다.

$$f(x)=\lim_{n\to\infty}\frac{x^{n+1}+\left(\frac{4}{x}\right)^n}{x^n+\left(\frac{4}{x}\right)^{n+1}}=\lim_{n\to\infty}\frac{x\times\left(\frac{x^2}{4}\right)^n+1}{\left(\frac{x^2}{4}\right)^n+\frac{4}{x}}=\frac{x}{4}$$

$\lim_{n\to\infty}\left(\frac{x^2}{4}\right)^n=0$

방정식 $f(x)=2x-3$에서 $\frac{x}{4}=2x-3$

$\frac{7}{4}x=3 \qquad \therefore x=\frac{12}{7}$

(ii) $x=2$일 때

분모, 분자를 각각 x^n으로 나누었다.

$$f(x)=\lim_{n\to\infty}\frac{x^{n+1}+\left(\frac{4}{x}\right)^n}{x^n+\left(\frac{4}{x}\right)^{n+1}}=\lim_{n\to\infty}\frac{x+1}{1+x}=1$$

$\frac{4}{x}=x$이므로 $\frac{\left(\frac{4}{x}\right)^n}{x^n}=1$

이때 $x=2$는 방정식 $f(x)=2x-3$의 해이다.

(iii) $x>2$일 때

$$f(x)=\lim_{n\to\infty}\frac{x^{n+1}+\left(\frac{4}{x}\right)^n}{x^n+\left(\frac{4}{x}\right)^{n+1}}=\lim_{n\to\infty}\frac{x+\left(\frac{4}{x^2}\right)^n}{1+\frac{4}{x}\times\left(\frac{4}{x^2}\right)^n}=x$$

$\lim_{n\to\infty}\left(\frac{4}{x^2}\right)^n=0$

방정식 $f(x)=2x-3$에서 $x=2x-3 \qquad \therefore x=3$

따라서 (i)~(iii)에서 방정식의 모든 실근의 합은 $\frac{12}{7}+2+3=\frac{47}{7}$

27 [정답률 79%]

정답 ⑤

Step 1 $\frac{dy}{dx}$를 $g'(t)$를 이용하여 나타낸다.

$\frac{dx}{dt}=g'(t)+1$, $\frac{dy}{dt}=g'(t)-1$이므로

($y=g(t)-t$를 t에 대하여 미분)

$$\frac{dy}{dx}=\frac{\frac{dy}{dt}}{\frac{dx}{dt}}=\frac{g'(t)-1}{g'(t)+1}$$

Step 2 $f(a)=3$을 만족시키는 a의 값을 구한다.

$f(a)=3$을 만족시키는 a의 값을 구해보면

$f(a)=a^3+a+1=3$에서 $a^3+a-2=0$

$(a-1)(a^2+a+2)=0 \qquad \therefore a=1$

$\left(a^2+a+\frac{1}{4}\right)+\frac{7}{4}=\left(a+\frac{1}{2}\right)^2+\frac{7}{4}>0$

Step 3 $g'(3)$의 값을 구한다.

$f'(x)=3x^2+1$에서 $f'(1)=4$

$\therefore g'(3)=g'(f(1))=\dfrac{1}{f'(1)}=\dfrac{1}{4}$

따라서 $t=3$일 때 $\dfrac{dy}{dx}$의 값은 → $g(f(x))=x$의 양변을 미분하면 $g'(f(x))f'(x)=1$ $\quad\therefore g'(f(1))=\dfrac{1}{f'(1)}$

$$\frac{g'(3)-1}{g'(3)+1}=\frac{\frac{1}{4}-1}{\frac{1}{4}+1}=\frac{-\frac{3}{4}}{\frac{5}{4}}=-\frac{3}{5}$$

28 [정답률 46%]

정답 ②

Step 1 조건 (가)의 연립방정식 $f(k)=g(k)=0$을 푼다.

$f(k)=0$에서 $a\sin k-\cos k=0$

$a\sin k=\cos k \quad \therefore \tan k=\dfrac{1}{a}$ …… ㉠

→ 양변을 $\cos k$로 나누면 $a\dfrac{\sin k}{\cos k}=1$에서 $a\tan k=1$

$g(k)=0$에서 $e^{2k-b}-1=0$

$e^{2k-b}=1$, $2k-b=0 \quad \therefore k=\dfrac{b}{2}$ …… ㉡

→ $=e^0$

따라서 ㉠, ㉡에서 $\tan\dfrac{b}{2}=\dfrac{1}{a}$이다.

Step 2 조건 (나)의 식을 정리하여 푼다.

방정식 $\{f(x)g(x)\}'=2f(x)$를 풀면

$f'(x)g(x)+f(x)g'(x)=2f(x)$

$f'(x)(e^{2x-b}-1)+f(x)(2e^{2x-b})=2f(x)$

$f'(x)(e^{2x-b}-1)+f(x)(2e^{2x-b}-2)=0$

$f'(x)(e^{2x-b}-1)+2f(x)(e^{2x-b}-1)=0$

$\{f'(x)+2f(x)\}(e^{2x-b}-1)=0$

$f'(x)+2f(x)=0$에서 → $e^{2x-b}-1=0$의 해가 $x=\dfrac{b}{2}$임을 Step 1에서 구했다.

$(a\cos x+\sin x)+(2a\sin x-2\cos x)=0$

$(2a+1)\sin x+(a-2)\cos x=0$

$(2a+1)\sin x=(2-a)\cos x \quad \therefore \tan x=\dfrac{2-a}{2a+1}$ ($\tan x=\dfrac{\sin x}{\cos x}$)

이때 함수 $y=\tan x$는 열린구간 $\left(-\dfrac{\pi}{2}, \dfrac{\pi}{2}\right)$에서 증가하는 함수이므로 방정식 $\tan x=\dfrac{2-a}{2a+1}$를 만족시키는 x는 열린구간 $\left(-\dfrac{\pi}{2}, \dfrac{\pi}{2}\right)$에 오직 하나이다.

이 해를 α라 하면 $\alpha+\dfrac{b}{2}=\dfrac{\pi}{4} \quad \therefore \alpha=\dfrac{\pi}{4}-\dfrac{b}{2}$

Step 3 삼각함수의 덧셈정리를 이용하여 α에 대한 식을 구한다.

$$\tan\alpha=\tan\left(\frac{\pi}{4}-\frac{b}{2}\right)=\frac{\tan\frac{\pi}{4}-\tan\frac{b}{2}}{1+\tan\frac{\pi}{4}\tan\frac{b}{2}}=\frac{1-\frac{1}{a}}{1+\frac{1}{a}}=\frac{a-1}{a+1}$$

이므로 $\dfrac{a-1}{a+1}=\dfrac{2-a}{2a+1}$

$(a-1)(2a+1)=(a+1)(2-a)$, $2a^2-a-1=-a^2+a+2$

$\therefore 3a^2-2a-3=0$

Step 4 $\tan b$의 값을 구한다.

$$\tan b=\frac{2\tan\frac{b}{2}}{1-\tan^2\frac{b}{2}}=\frac{\frac{2}{a}}{1-\frac{1}{a^2}}=\frac{2a}{a^2-1}=\frac{3a^2-3}{a^2-1}=3$$

→ $3a^2-2a-3=0$에서 $2a=3a^2-3$

29 [정답률 6%]

정답 40

Step 1 $\angle APQ=g(\theta)$로 놓고, 코사인법칙을 이용하여 $f(\theta)$를 $g(\theta)$를 이용한 식으로 나타낸다.

두 점 C, D는 길이가 3인 선분 AB를 삼등분하는 점이므로

$\overline{AC}=\overline{CD}=\overline{DB}=1$

이때 선분 BC를 지름으로 하는 원이 O이고, 점 D는 선분 BC의 중점이므로 점 D는 원 O의 중심이다. 따라서 $\overline{PD}=\overline{QD}=1$

→ $\because \overline{CD}=\overline{DB}=1$

→ 원의 반지름의 길이와 같다.

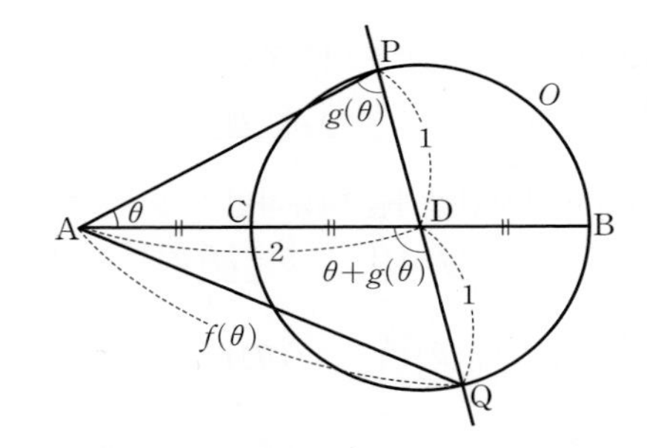

그림과 같이 $\angle APD=g(\theta)$라 하면 삼각형 ADP에서 사인법칙에 의하여

→ $\dfrac{\overline{PD}}{\sin(\angle DAP)}=\dfrac{\overline{AD}}{\sin(\angle APD)}$

$\dfrac{1}{\sin\theta}=\dfrac{2}{\sin g(\theta)} \qquad \therefore \sin g(\theta)=2\sin\theta$ …… ㉠

$\angle ADQ=\theta+g(\theta)$이므로 삼각형 AQD에서 코사인법칙을 이용하면

→ 삼각형에서 한 외각의 크기는 그와 이웃하지 않는 두 내각의 크기의 합과 같다.

$\overline{AQ}^2=\overline{AD}^2+\overline{QD}^2-2\times\overline{AD}\times\overline{QD}\times\cos(\angle ADQ)$

$\therefore \{f(\theta)\}^2=2^2+1^2-2\times2\times1\times\cos(\theta+g(\theta))$

$=5-4\cos(\theta+g(\theta))$ …… ㉡

Step 2 $f(\theta_0)$의 값을 구한다.

$\cos\theta_0=\dfrac{7}{8}$이므로 $\sin\theta_0=\sqrt{1-\cos^2\theta_0}=\sqrt{1-\left(\dfrac{7}{8}\right)^2}=\dfrac{\sqrt{15}}{8}$

㉠에서 $\sin g(\theta_0)=2\sin\theta_0=2\times\dfrac{\sqrt{15}}{8}=\dfrac{\sqrt{15}}{4}$

$\therefore \cos g(\theta_0)=\sqrt{1-\sin^2 g(\theta_0)}=\sqrt{1-\left(\dfrac{\sqrt{15}}{4}\right)^2}=\dfrac{1}{4}$

→ $\angle APD=g(\theta_0)<\dfrac{\pi}{2}$이므로 $\cos g(\theta_0)>0$

㉡에서

$\{f(\theta_0)\}^2=5-4\cos(\theta_0+g(\theta_0))$

$=5-4\{\cos\theta_0\cos g(\theta_0)-\sin\theta_0\sin g(\theta_0)\}$

$=5-4\left(\dfrac{7}{8}\times\dfrac{1}{4}-\dfrac{\sqrt{15}}{8}\times\dfrac{\sqrt{15}}{4}\right)$

$=5-4\times\left(-\dfrac{1}{4}\right)=6$ → $=\dfrac{7}{32}-\dfrac{15}{32}=-\dfrac{8}{32}=-\dfrac{1}{4}$

$\therefore f(\theta_0)=\sqrt{6}$ → $\cos(\theta_0+g(\theta_0))$

Step 3 $g'(\theta_0)$의 값을 구한다.

㉠의 양변을 θ에 대하여 미분하면 $\cos g(\theta)\times g'(\theta)=2\cos\theta$

$\cos g(\theta_0)\times g'(\theta_0)=2\cos\theta_0$에서 → 앞에서 구한 함숫값 $\cos g(\theta_0)=\dfrac{1}{4}$을 대입

$\dfrac{1}{4}\times g'(\theta_0)=\dfrac{7}{4} \qquad \therefore g'(\theta_0)=7$

Step 4 $f'(\theta_0)$의 값을 구한다.

㉡의 양변을 θ에 대하여 미분하면

$2f(\theta)f'(\theta)=4\sin(\theta+g(\theta))\times\{1+g'(\theta)\}$

$2f(\theta_0)f'(\theta_0)=4\sin(\theta_0+g(\theta_0))\times\{1+g'(\theta_0)\}$에서

$2\times\sqrt{6}\times f'(\theta_0)=4\times\dfrac{\sqrt{15}}{4}\times(1+7)=8\sqrt{15}$

$\therefore f'(\theta_0)=\dfrac{8\sqrt{15}}{2\sqrt{6}}=\dfrac{4\sqrt{15}}{\sqrt{6}}=\dfrac{4\sqrt{90}}{6}=\dfrac{4\times3\sqrt{10}}{6}=2\sqrt{10}$

따라서 $k=2\sqrt{10}$이므로 $k^2=(2\sqrt{10})^2=40$

→ $\cos(\theta_0+g(\theta_0))=-\dfrac{1}{4}$이므로 $\sin(\theta_0+g(\theta_0))=\dfrac{\sqrt{15}}{4}$

✪ 다른 풀이 $\overline{AP}$의 길이를 새로운 함수로 놓는 풀이

Step 1 $\overline{AP}=g(\theta)$로 놓고, 코사인법칙을 이용하여 $f(\theta)$와 $g(\theta)$ 사이의 관계식을 구한다.

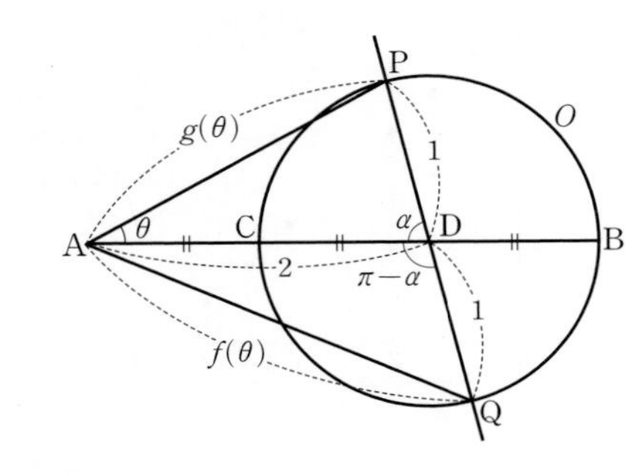

그림과 같이 $\overline{AP}=g(\theta)$라 하면 삼각형 ADP에서 코사인법칙에 의하여

$1^2=2^2+\{g(\theta)\}^2-2\times2\times g(\theta)\times\cos\theta$

$\therefore \{g(\theta)\}^2-4g(\theta)\cos\theta+3=0$ …… ㉠

$\angle ADP=\alpha$라 하면 $\angle QDA=\pi-\alpha$

삼각형 ADP에서 코사인법칙을 이용하면

$\cos\alpha=\frac{1^2+2^2-\{g(\theta)\}^2}{2\times1\times2}=\frac{5-\{g(\theta)\}^2}{4}$ …… ㉡

삼각형 AQD에서 코사인법칙을 이용하면

$\cos(\pi-\alpha)=\frac{1^2+2^2-\{f(\theta)\}^2}{2\times1\times2}=\frac{5-\{f(\theta)\}^2}{4}$ …… ㉢

($=-\cos\alpha$)

두 식 ㉡, ㉢에서 $\frac{5-\{g(\theta)\}^2}{4}=\frac{\{f(\theta)\}^2-5}{4}$

$5-\{g(\theta)\}^2=\{f(\theta)\}^2-5\quad\therefore\{f(\theta)\}^2+\{g(\theta)\}^2=10$ …… ㉣

중선정리를 이용해도 $\{f(\theta)\}^2+\{g(\theta)\}^2=2(1^2+2^2)=10$임을 구할 수 있다.

Step 2 $f(\theta_0)$의 값을 구한다.

㉠에 $\theta=\theta_0$을 대입하면 $\{g(\theta_0)\}^2-4g(\theta_0)\cos\theta_0+3=0$

$\{g(\theta_0)\}^2-\frac{7}{2}g(\theta_0)+3=0,\ 2\{g(\theta_0)\}^2-7g(\theta_0)+6=0$

$\{2g(\theta_0)-3\}\{g(\theta_0)-2\}=0\quad\therefore g(\theta_0)=2$

㉣에서 $\{f(\theta_0)\}^2+\{g(\theta_0)\}^2=10,\ \{f(\theta_0)\}^2=6\quad\therefore f(\theta_0)=\sqrt{6}$

$g(\theta_0)=\frac{3}{2}$이면 $\left(\frac{3}{2}\right)^2+1^2<2^2$이 되어 삼각형 ADP가 $\angle APD>\frac{\pi}{2}$인 둔각삼각형이 된다.

Step 3 $g'(\theta_0)$의 값을 구한다.

㉠의 양변을 θ에 대하여 미분하면

$2g(\theta)g'(\theta)-4g'(\theta)\cos\theta+4g(\theta)\sin\theta=0$

$\theta=\theta_0$을 대입하면

$2g(\theta_0)g'(\theta_0)-4g'(\theta_0)\cos\theta_0+4g(\theta_0)\sin\theta_0=0$

$2\times2\times g'(\theta_0)-4g'(\theta_0)\times\frac{7}{8}+4\times2\times\frac{\sqrt{15}}{8}=0$

$\sin\theta_0=\sqrt{1-\cos^2\theta_0}=\sqrt{1-\left(\frac{7}{8}\right)^2}=\frac{\sqrt{15}}{8}$

$\frac{1}{2}g'(\theta_0)+\sqrt{15}=0\quad\therefore g'(\theta_0)=-2\sqrt{15}$

Step 4 $f'(\theta_0)$의 값을 구한다.

㉣의 양변을 θ에 대하여 미분하면

$2f(\theta)f'(\theta)+2g(\theta)g'(\theta)=0$

$\theta=\theta_0$을 대입하면 $2f(\theta_0)f'(\theta_0)+2g(\theta_0)g'(\theta_0)=0$

$2\times\sqrt{6}\times f'(\theta_0)+2\times2\times(-2\sqrt{15})=0$

$2\sqrt{6}f'(\theta_0)=8\sqrt{15}\quad\therefore f'(\theta_0)=\frac{8\sqrt{15}}{2\sqrt{6}}=2\sqrt{10}$

따라서 $k=2\sqrt{10}$이므로 $k^2=(2\sqrt{10})^2=40$

30 [정답률 6%]

정답 138

Step 1 수열 $\{a_n\}$의 첫째항과 공비 사이의 관계식을 구한다.

등비수열 $\{a_n\}$의 첫째항을 a, 공비를 r이라 하자.

조건 (가)에서 $\sum_{n=1}^{\infty}a_n=4$이므로 $|r|<1$이고 $\sum_{n=1}^{\infty}a_n=\frac{a}{1-r}=4$

$1-r>0$이므로 $a>0$임을 알 수 있다.

등비급수가 수렴하므로 공비가 -1과 1 사이의 값이어야 한다.

Step 2 r^p의 값을 구한다.

$|a_n|=|ar^{n-1}|=a\times|r|^{n-1}$이므로 수열 $\{|a_n|\}$은 공비가 $|r|$인 등비수열이다.

$0<|r|<1$임을 **Step 1**에서 확인했다.

즉, $|a_n|$은 n의 값이 커질 때마다 그 값이 작아지므로 수열 $\{b_n\}$은 $|a_k|\ge a>|a_{k+1}|$을 만족시키는 자연수 k의 값을 기준으로 식이 한 번만 바뀐다.

주의 모든 자연수 n에 대하여 $|a_n|<a$이면 $b_n=a_n$

이때 $\sum_{n=1}^{\infty}a_n=4$,

$\sum_{n=1}^{\infty}b_n=\sum_{n=1}^{p}b_n+\sum_{n=p+1}^{\infty}b_n=51+\frac{1}{64}$

로 두 급수의 값이 다르므로 모순이다.

즉, $|a_k|\ge a$인 자연수 k가 존재한다.

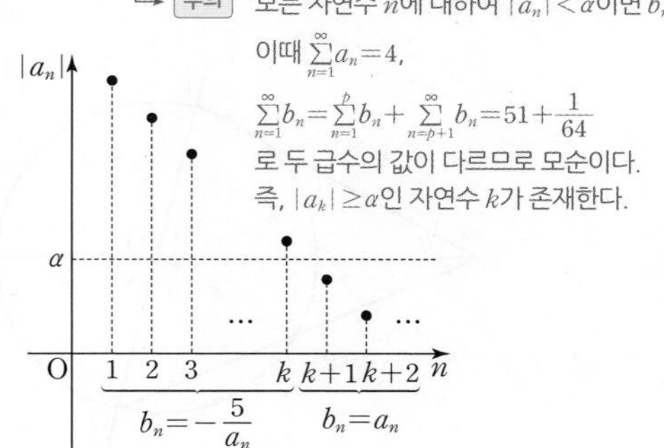

따라서 $\frac{a_n}{b_n}=\begin{cases}1 & (n>k)\\ -\frac{{a_n}^2}{5} & (n\le k)\end{cases}$이므로 수열 $\left\{\frac{a_n}{b_n}\right\}$은 첫째항부터 제$k$항까지는 음수, 제$(k+1)$항부터는 양수이다.

${a_n}^2>0$이므로 $-\frac{{a_n}^2}{5}<0$

즉, $\sum_{n=1}^{m}\frac{a_n}{b_n}$의 값이 최소가 되는 자연수 m은 k이므로 $p=k$이다.

$b_n=\begin{cases}a_n & (n>p)\\ -\frac{5}{a_n} & (n\le p)\end{cases}$이므로 $\sum_{n=p+1}^{\infty}b_n=\sum_{n=p+1}^{\infty}a_n=\frac{1}{64}$

$\sum_{n=p+1}^{\infty}a_n=\frac{ar^p}{1-r}=\frac{a}{1-r}\times r^p$ ($\frac{a}{1-r}=4$)

첫째항이 $a_{p+1}=ar^p$이고 공비가 r인 등비급수의 합

이므로 $4r^p=\frac{1}{64}\quad\therefore r^p=\frac{1}{256}$

Step 3 a, r의 값을 구한다.

$-\frac{5}{a_n}=-\frac{5}{ar^{n-1}}=-\frac{5}{a}\times\left(\frac{1}{r}\right)^{n-1}$이므로 수열 $\left\{-\frac{5}{a_n}\right\}$는 첫째항이 $-\frac{5}{a}$이고 공비가 $\frac{1}{r}$인 등비수열이다.

$\sum_{n=1}^{p}b_n=\sum_{n=1}^{p}\left(-\frac{5}{a_n}\right)=\frac{-\frac{5}{a}\left\{1-\left(\frac{1}{r}\right)^p\right\}}{1-\frac{1}{r}}=51$

$r^p=\frac{1}{256}$에서 $\left(\frac{1}{r}\right)^p=256$이므로

$\frac{-\frac{5}{a}\times(1-256)}{1-\frac{1}{r}}=51,\ \frac{-\frac{5}{a}\times(-255)}{1-\frac{1}{r}}=51$

$\frac{\frac{25}{a}}{1-\frac{1}{r}}=1,\ \frac{25}{a}=1-\frac{1}{r}=\frac{r-1}{r}$

$\frac{a}{1-r}=4$에서 $a=4(1-r)$

$25r=a(r-1)=4(1-r)(r-1),\ 25r=-4(r-1)^2$

$4r^2+17r+4=0,\ (4r+1)(r+4)=0$

$\therefore r=-\frac{1}{4}\ (\because -1<r<1),\ a=4\times\left(1+\frac{1}{4}\right)=5$

$a=4(1-r)$에 $r=-\frac{1}{4}$ 대입

Step 4 a_3, p의 값을 구한다.

$a_n=5\times\left(-\frac{1}{4}\right)^{n-1}$이므로 $a_3=5\times\left(-\frac{1}{4}\right)^2=\frac{5}{16}$

$\left(-\frac{1}{4}\right)^p=\frac{1}{256}$에서 $p=4$

$\frac{1}{256}=\frac{1}{2^8}$임을 이용하여 계산한다.

$\therefore 32\times(a_3+p)=32\times\left(\frac{5}{16}+4\right)=32\times\frac{69}{16}=138$

기하

23 [정답률 89%]

정답 ③

Step 1 쌍곡선의 점근선의 방정식을 구한다.

쌍곡선 $\frac{x^2}{a^2}-\frac{y^2}{36}=1$의 점근선의 방정식은 $y=\pm\frac{6}{a}x$ ($36=6^2$)

한 점근선이 $y=2x$이므로 $\frac{6}{a}=2\quad\therefore a=3$

24 [정답률 88%]

정답 ④

Step 1 $\vec{b}=k\vec{a}\ (k>0)$로 놓고 벡터 $\vec{b}$의 크기를 구한다.

두 벡터 $\vec{a}$, $\vec{b}$의 방향이 같으므로 $\vec{b}=k\vec{a}\ (k>0)$로 놓으면

$k<0$이면 방향이 반대인 벡터가 된다.

$\vec{a}-2\vec{b}=\vec{a}-2k\vec{a}=(1-2k)\vec{a}$

$|\vec{a}-2\vec{b}|=6$에서 $|(1-2k)\vec{a}|=|1-2k||\vec{a}|=6$

$3|1-2k|=6\quad\therefore|1-2k|=2$

$1-2k=2$이면 $k=-\frac{1}{2}$, $1-2k=-2$이면 $k=\frac{3}{2}$

이때 $k>0$이므로 $k=\frac{3}{2}$

따라서 벡터 $\vec{b}$의 크기는 $|\vec{b}|=\frac{3}{2}|\vec{a}|=\frac{3}{2}\times3=\frac{9}{2}$

25 [정답률 62%] 정답 ①

Step 1 두 직선의 기울기를 각각 x_1, y_1을 이용하여 나타낸다.

타원 $\frac{x^2}{2}+y^2=1$의 한 초점 F의 좌표는 F(1, 0) ($=\sqrt{2-1}$)

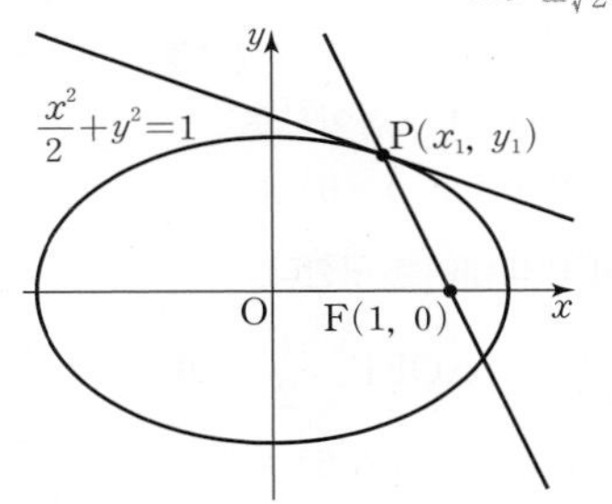

타원 위의 점 P(x_1, y_1)에서의 접선의 방정식은

$\frac{x_1x}{2}+y_1y=1$, $y_1y=-\frac{x_1x}{2}+1$

$\therefore y=-\frac{x_1}{2y_1}x+\frac{1}{y_1}$ (→ 직선의 기울기)

따라서 접선의 기울기는 $-\frac{x_1}{2y_1}$

직선 PF의 기울기는 $\frac{y_1-0}{x_1-1}=\frac{y_1}{x_1-1}$

Step 2 두 직선의 기울기의 곱이 1임을 이용한다.

두 직선의 기울기의 곱이 1이므로

$-\frac{x_1}{2y_1}\times\frac{y_1}{x_1-1}=1$, $-\frac{x_1}{2(x_1-1)}=1$

$\frac{x_1}{x_1-1}=-2$, $x_1=-2(x_1-1)$

$3x_1=2$ $\quad\therefore x_1=\frac{2}{3}$

점 P(x_1, y_1)은 타원 $\frac{x^2}{2}+y^2=1$ 위의 점이므로

$\frac{x_1^2}{2}+y_1^2=1$에서 $\frac{1}{2}\times\left(\frac{2}{3}\right)^2+y_1^2=1$ $\quad\therefore y_1^2=\frac{7}{9}$

$\therefore x_1^2+y_1^2=\left(\frac{2}{3}\right)^2+\frac{7}{9}=\frac{11}{9}$

26 [정답률 73%] 정답 ②

Step 1 각 선분의 길이를 a를 이용하여 나타내고, a의 값을 구한다.

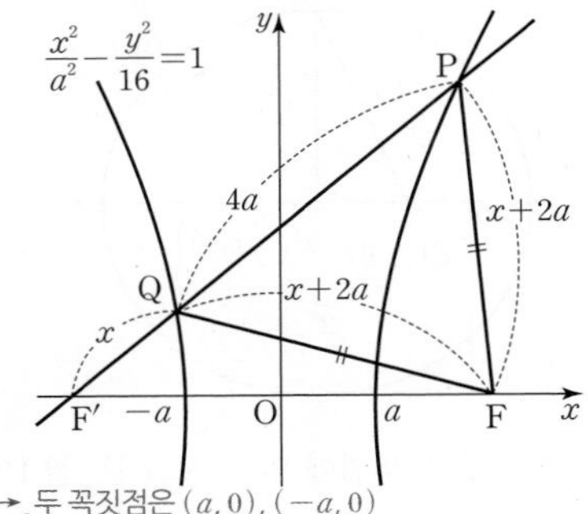

쌍곡선 $\frac{x^2}{a^2}-\frac{y^2}{16}=1$의 주축의 길이는 $2a$ (→ 두 꼭짓점은 $(a, 0)$, $(-a, 0)$)

$\overline{\mathrm{QF'}}=x$라 하면 $\overline{\mathrm{QF}}=x+2a$ (→ 주축의 길이)

$\overline{\mathrm{PF}}=\overline{\mathrm{QF}}=x+2a$이므로 $\overline{\mathrm{PF'}}=(x+2a)+2a=x+4a$

$\therefore \overline{\mathrm{PQ}}=\overline{\mathrm{PF'}}-\overline{\mathrm{QF'}}=(x+4a)-x=4a$

이때 $\overline{\mathrm{PQ}}=8$이므로 $4a=8$ $\quad\therefore a=2$

Step 2 선분 FF′의 길이를 구한다.

$c=\sqrt{a^2+16}=\sqrt{20}=2\sqrt{5}$이므로 F$(2\sqrt{5}, 0)$, F′$(-2\sqrt{5}, 0)$

따라서 선분 FF′의 길이는 $2\sqrt{5}-(-2\sqrt{5})=4\sqrt{5}$

27 [정답률 44%] 정답 ③

Step 1 포물선 위의 점 중 직선 $y=x-2$로부터의 거리가 k가 되는 점이 3개가 되는 경우를 파악한다.

포물선 $y^2=4x$의 초점 F의 좌표는 F(1, 0) (→ 포물선 $y^2=4px$의 초점의 좌표는 $(p, 0)$)

포물선 $y^2=4x$ 위의 점 중 직선 $y=x-2$로부터의 거리가 k가 되도록 하는 점이 P, Q, R 3개이므로 한 점이 기울기가 1인 직선과 포물선 $y^2=4x$의 접점이고, 다른 두 점은 직선 $y=x-2$와의 거리가 k인 직선 중 포물선 $y^2=4x$에 접하지 않는 직선과 포물선 $y^2=4x$의 교점이다.

Step 2 세 점 P, Q, R의 x좌표의 합을 구한다.

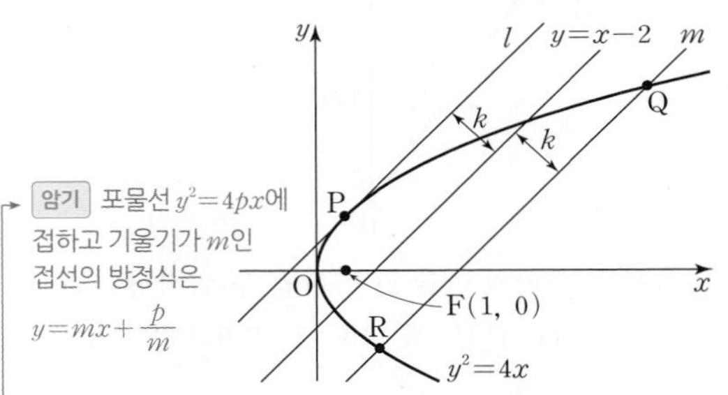

암기 포물선 $y^2=4px$에 접하고 기울기가 m인 접선의 방정식은 $y=mx+\frac{p}{m}$

위 그림과 같이 포물선 $y^2=4x$에 접하고 기울기가 1인 직선을 l, 직선 l이 포물선 $y^2=4x$에 접하는 점을 P라 하고, 직선 $y=x-2$와의 거리가 k인 직선 중 포물선 $y^2=4x$에 접하지 않는 직선을 m, 직선 m과 포물선 $y^2=4x$가 만나는 두 점을 Q, R이라 하자.

포물선 $y^2=4x$에 접하고 기울기가 1인 직선의 방정식은 $y=x+1$

직선 l : $y=x+1$과 포물선 $y^2=4x$의 교점의 x좌표를 구하면

$(x+1)^2=4x$, $(x-1)^2=0$ $\quad\therefore x=1$ (→ $x^2+2x+1=4x$, $x^2-2x+1=0$)

직선 l은 직선 $y=x-2$를 y축의 방향으로 3만큼 평행이동한 직선이므로 직선 $y=x-2$를 y축의 방향으로 -3만큼 평행이동한 직선이 m이어야 한다. (→ 두 직선 l, m에서 직선 $y=x-2$까지의 거리가 같음을 이용)

따라서 직선 m의 방정식은 $y+3=x-2$ $\quad\therefore y=x-5$

직선 m : $y=x-5$와 포물선 $y^2=4x$의 두 교점의 x좌표를 각각 x_1, x_2라 하면 x_1, x_2는 이차방정식 $(x-5)^2=4x$의 두 근이다. (→ $y=x-5$와 $y^2=4x$를 연립)

$(x-5)^2=4x$에서 $x^2-10x+25=4x$

$\therefore x^2-14x+25=0$

이차방정식의 근과 계수의 관계에 의하여 $x_1+x_2=14$ (→ 이차방정식 $ax^2+bx+c=0$에서 (두 근의 합)$=-\frac{b}{a}$, (두 근의 곱)$=\frac{c}{a}$)

따라서 세 점 P, Q, R의 x좌표의 합은 $1+(x_1+x_2)=1+14=15$

Step 3 $\overline{\mathrm{PF}}+\overline{\mathrm{QF}}+\overline{\mathrm{RF}}$의 값을 구한다.

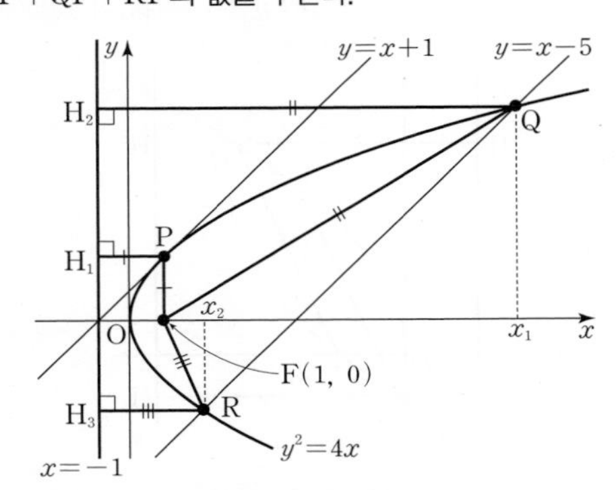

세 점 P, Q, R에서 포물선 $y^2=4x$의 준선 $x=-1$에 내린 수선의 발을 각각 H_1, H_2, H_3이라 하면

$\overline{\mathrm{PF}}+\overline{\mathrm{QF}}+\overline{\mathrm{RF}}=\overline{\mathrm{PH_1}}+\overline{\mathrm{QH_2}}+\overline{\mathrm{RH_3}}$

$=(1+1)+(x_1+1)+(x_2+1)$

$=18$

28 [정답률 37%] 정답 ④

Step 1 $|4\overrightarrow{\mathrm{AB}}-\overrightarrow{\mathrm{CD}}|$의 값이 최소가 되는 경우를 파악한다.

서로 평행한 두 직선 l_1, l_2에 대하여 직선 l_1 위의 점 A, 직선 l_2 위의 점 B를 조건을 만족시키도록 그려보면 다음과 같다. (→ 두 직선 사이의 거리는 d) (→ $|\overrightarrow{\mathrm{AB}}|=\overline{\mathrm{AB}}=5$)

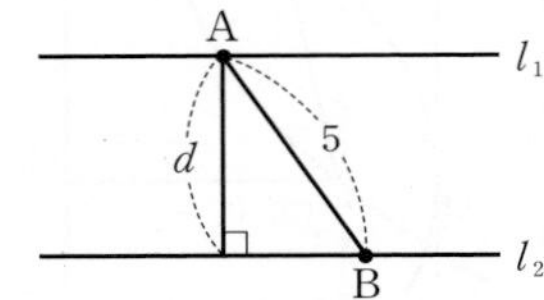

점 A가 시점인 벡터 $4\overrightarrow{AB}$의 종점을 B′, 벡터 $\overrightarrow{CD}$의 시점이 점 A가 되도록 이동했을 때의 벡터의 종점을 D′이라 하면

$4\overrightarrow{AB}-\overrightarrow{CD}=\overrightarrow{AB'}-\overrightarrow{AD'}=\overrightarrow{AB'}+\overrightarrow{D'A}=\overrightarrow{D'B'}$ → 벡터의 시점과 종점을 바꿔주었다.

즉, $|4\overrightarrow{AB}-\overrightarrow{CD}|$가 최소가 되려면 벡터 $\overrightarrow{D'B'}$의 크기가 최소가 되어야 한다.

Step 2 d의 값을 구한다.

점 D′은 직선 l_2 위의 점이므로 $|\overrightarrow{D'B'}|$가 최소가 되려면 점 D′이 점 B′에서 직선 l_2에 내린 수선의 발이어야 한다.

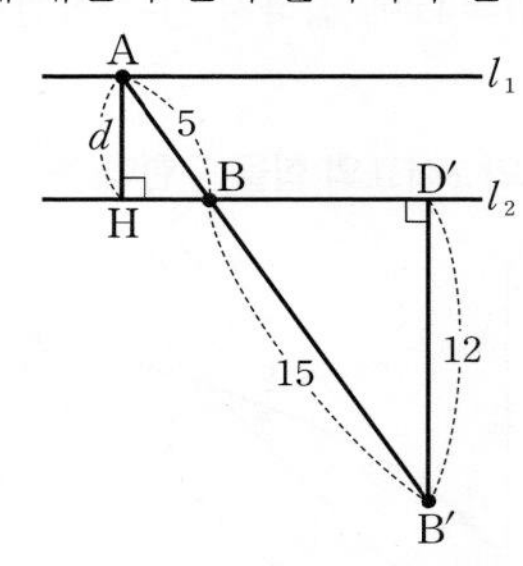

점 A에서 직선 l_2에 내린 수선의 발을 H라 하면 두 삼각형 AHB, B′D′B는 서로 닮음이고 $\overline{AB}:\overline{B'B}=5:15=1:3$이므로 닮음비는 1 : 3이다.

→ $=\overline{AB'}-\overline{AB}=4|\overrightarrow{AB}|-|\overrightarrow{AB}|=3|\overrightarrow{AB}|=15$

벡터 $4\overrightarrow{AB}-\overrightarrow{CD}$의 크기의 최솟값이 12이므로 $|\overrightarrow{D'B'}|=\overline{D'B'}=12$

따라서 $\overline{AH}:\overline{D'B'}=d:12=1:3$에서 $d=4$

Step 3 k의 값을 구한다.

직각삼각형 AHB에서 $\overline{BH}=\sqrt{\overline{AB}^2-\overline{AH}^2}=\sqrt{5^2-4^2}=3$

$\therefore \overline{HD'}=4\overline{BH}=12$ → $=\overline{BH}+\overline{BD'}=\overline{BH}+3\overline{BH}=4\overline{BH}$

직각삼각형 AHD′에서 $\overline{AD'}=\sqrt{\overline{AH}^2+\overline{HD'}^2}=\sqrt{4^2+12^2}=4\sqrt{10}$

따라서 $|4\overrightarrow{AB}-\overrightarrow{CD}|$의 값이 최소일 때 $|\overrightarrow{CD}|=|\overrightarrow{AD'}|=4\sqrt{10}$이므로 $k=4\sqrt{10}$

$\therefore d\times k=4\times 4\sqrt{10}=16\sqrt{10}$

29 [정답률 27%] 정답 24

Step 1 사각형 PRFQ의 둘레의 길이를 이용하여 k의 값을 구한다.

포물선 $y^2=8x$의 초점은 F(2, 0), 준선의 방정식은 $x=-2$이다.

점 Q에서 두 직선 $x=-2$, $x=k$에 내린 수선의 발을 각각 H_1, H_2, 점 R에서 두 직선 $x=-2$, $x=k$에 내린 수선의 발을 각각 H_3, H_4라 하자.

→ 암기 포물선 $y^2=4px$의 초점의 좌표는 $(p, 0)$, 준선의 방정식은 $x=-p$

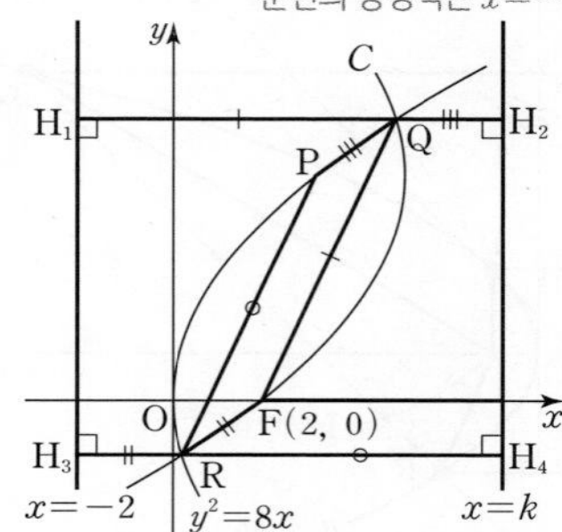

포물선 $y^2=8x$에서 $\overline{QF}=\overline{QH_1}$, $\overline{RF}=\overline{RH_3}$

포물선 C에서 $\overline{QP}=\overline{QH_2}$, $\overline{RP}=\overline{RH_4}$

→ 포물선 위의 한 점에서 초점까지의 거리는 준선까지의 거리와 같음을 이용한다.

사각형 PRFQ의 둘레의 길이가 18이므로

$$\begin{aligned}\overline{QF}+\overline{RF}+\overline{QP}+\overline{RP}&=\overline{QH_1}+\overline{RH_3}+\overline{QH_2}+\overline{RH_4}\\&=(\overline{QH_1}+\overline{QH_2})+(\overline{RH_3}+\overline{RH_4})\\&=\overline{H_1H_2}+\overline{H_3H_4}=2(k+2)=18\end{aligned}$$

$k+2=9$ $\therefore k=7$

Step 2 점 P의 좌표를 구한다.

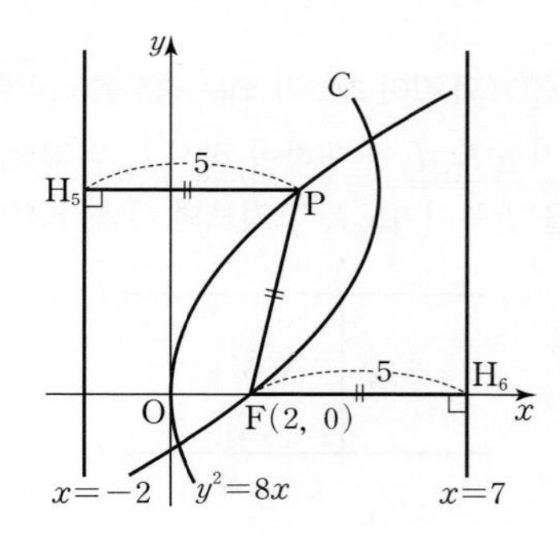

점 P에서 직선 $x=-2$에 내린 수선의 발을 H_5, 직선 $x=7$과 x축의 교점을 $H_6(7, 0)$이라 하자.

포물선 $y^2=8x$에서 $\overline{PF}=\overline{PH_5}$

포물선 C에서 $\overline{PF}=\overline{FH_6}=5$이므로 $\overline{PH_5}=5$

점 P의 좌표를 $P(a, b)$라 하면

$\overline{PH_5}=a-(-2)=a+2=5$ $\therefore a=3$

점 P는 포물선 $y^2=8x$ 위의 점이므로

$b^2=24$ $\therefore b=2\sqrt{6}$ ($\because b>0$)

Step 3 삼각형 OFP의 넓이를 구한다.

삼각형 OFP의 넓이는 $\triangle OFP=\frac{1}{2}\times\overline{OF}\times b=\frac{1}{2}\times 2\times 2\sqrt{6}=2\sqrt{6}$ → 점 P와 x축 사이의 거리

따라서 $S=2\sqrt{6}$이므로 $S^2=(2\sqrt{6})^2=24$

30 [정답률 16%] 정답 36

Step 1 $A(a, 0)$으로 놓고, $\overline{BF'}-\overline{BA}$의 값을 a, c를 이용한 식으로 나타낸다.

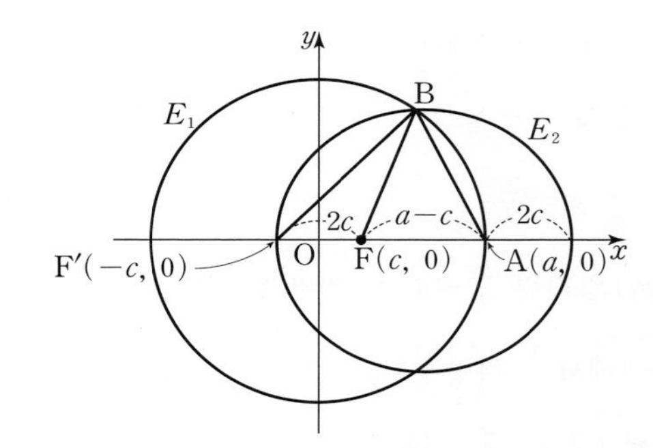

그림과 같이 점 A의 좌표를 $A(a, 0)$이라 하면 타원 E_1의 장축의 길이는 $2a$, 타원 E_2의 장축의 길이는 $a+3c$이다.

→ $\overline{AF}+2\overline{FF'}=(a-c)+2\times 2c=a+3c$

점 B가 두 타원 E_1, E_2의 교점이므로

$\overline{BF}+\overline{BF'}=2a$, $\overline{BF}+\overline{BA}=a+3c$ → 점 A는 타원 E_2의 초점이다.

$\therefore \overline{BF'}-\overline{BA}=(\overline{BF}+\overline{BF'})-(\overline{BF}+\overline{BA})=2a-(a+3c)=a-3c$

Step 2 a, c 사이의 관계식을 구한다.

$\overline{AF'}=(a-c)+2c=a+c$이므로

$\overline{BF'}-\overline{BA}=\frac{1}{5}\overline{AF'}$에서 $a-3c=\frac{1}{5}(a+c)$

$\frac{4}{5}a=\frac{16}{5}c$ $\therefore a=4c$

Step 3 c^2의 값을 구한다.

타원 E_2의 장축의 길이는 $a+3c=7c$

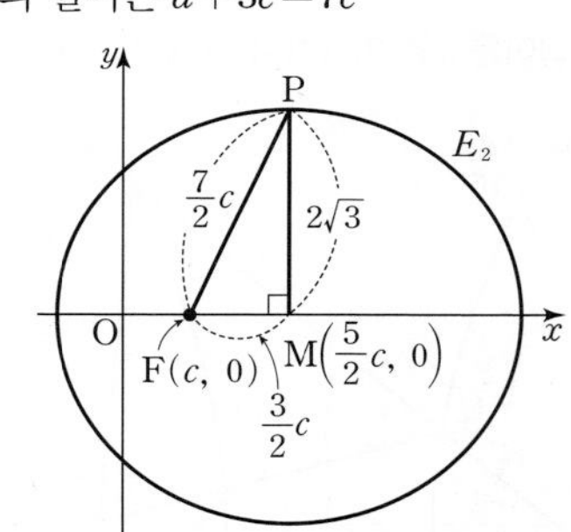

타원 E_2의 꼭짓점 중 제1사분면에 있는 점을 P, 점 P에서 x축에 내린 수선의 발을 M이라 하자.

점 M은 선분 AF의 중점이므로 $M\left(\frac{5}{2}c, 0\right)$ → $\frac{a+c}{2}=\frac{4c+c}{2}=\frac{5}{2}c$

$\overline{PF}=\frac{7}{2}c$, $\overline{FM}=\frac{3}{2}c$이고 $\overline{PM}=2\sqrt{3}$이므로 직각삼각형 PFM에서

→ 타원 E_2의 장축의 길이의 절반 → 타원 E_2의 단축의 길이의 절반

$\overline{PF}^2=\overline{FM}^2+\overline{PM}^2$, $\left(\frac{7}{2}c\right)^2=\left(\frac{3}{2}c\right)^2+(2\sqrt{3})^2$

$\frac{49}{4}c^2=\frac{9}{4}c^2+12$, $10c^2=12$ $\therefore c^2=\frac{6}{5}$

$\therefore 30c^2=30\times\frac{6}{5}=36$

○ 본문 107쪽

9회 2022학년도 대학수학능력시험 6월 모의평가 정답과 해설

1	④	2	⑤	3	①	4	①	5	③
6	④	7	②	8	④	9	⑤	10	②
11	②	12	③	13	⑤	14	③	15	②
16	2	17	11	18	4	19	6	20	8
21	24	22	61						
확률과 통계				23	④	24	②	25	③
26	③	27	①	28	⑤	29	48	30	47
미적분				23	②	24	②	25	④
26	③	27	④	28	①	29	17	30	11
기하				23	②	24	⑤	25	①
26	②	27	③	28	③	29	80	30	48

01 [정답률 95%]

정답 ④

Step 1 지수법칙을 이용한다.

$2^{\sqrt{3}}\times 2^{2-\sqrt{3}}=2^{\sqrt{3}+(2-\sqrt{3})}=2^2=4$

→ $2^a\times 2^b=2^{a+b}$

02 [정답률 91%]

정답 ⑤

Step 1 $f(1)=1$임을 이용하여 부정적분 $f(x)$를 구한다.

$f'(x)=3x^2-2x$이므로 $f(x)=\int(3x^2-2x)dx=x^3-x^2+C$

(C는 적분상수)

→ 부정적분을 할 때 적분상수를 꼭 기억!

$f(1)=1^3-1^2+C=1$에서 $C=1$

따라서 $f(x)=x^3-x^2+1$이므로 $f(2)=8-4+1=5$

03 [정답률 81%]

정답 ①

Step 1 $\tan\theta$의 값을 이용하여 $\sin\theta$, $\cos\theta$의 값을 각각 구한다.

$\pi<\theta<\frac{3}{2}\pi$이고 $\tan\theta=\frac{12}{5}$이므로 각 θ가 나타내는 동경과 원점 O를 중심으로 하는 어떤 원의 교점을 $\mathrm{P}(-5,\ -12)$라 하면

$\overline{\mathrm{OP}}=\sqrt{(-5)^2+(-12)^2}=13$

$\therefore \sin\theta+\cos\theta=-\frac{12}{13}+\left(-\frac{5}{13}\right)=-\frac{17}{13}$

→ $\pi<\theta<\frac{3}{2}\pi$이므로 $\sin\theta<0$, $\cos\theta<0$이야.

04 [정답률 91%]

정답 ①

Step 1 주어진 함수의 그래프를 이용하여 좌극한값과 우극한값을 구한다.

$\lim_{x\to 0-}f(x)+\lim_{x\to 2+}f(x)=-2+0=-2$

→ $x=2$의 오른쪽에서 $x=2$로 점점 가까워질 때, $f(x)$의 값은 어디로 가까워지는지 생각한다.

05 [정답률 92%]

정답 ③

Step 1 곱의 미분법을 이용하여 $g'(1)$의 값을 구한다.

$g(x)=(x^2+3)f(x)$에서

$g'(x)=2xf(x)+(x^2+3)f'(x)$

→ $h(x)=f(x)g(x)$에서 $h'(x)=f'(x)g(x)+f(x)g'(x)$

$\therefore g'(1)=2f(1)+4f'(1)=2\times 2+4\times 1=8$

06 [정답률 85%]

정답 ④

Step 1 곡선 $y=3x^2-x$와 직선 $y=5x$의 교점의 x좌표를 구한다.

$3x^2-x=5x$에서 $3x^2-6x=0$

$3x(x-2)=0$ $\quad\therefore x=0$ 또는 $x=2$

Step 2 곡선과 직선으로 둘러싸인 부분의 넓이를 구한다.

따라서 구하는 넓이는

$\int_0^2\{5x-(3x^2-x)\}dx$

→ 닫힌구간 $[0, 2]$에서 직선 $y=5x$가 곡선 $y=3x^2-x$보다 위쪽에 있거나 만나기 때문이야.

$=\int_0^2(6x-3x^2)dx$

$=\left[3x^2-x^3\right]_0^2$

$=3\times 4-8=4$

07 [정답률 89%]

정답 ②

Step 1 등차수열 $\{a_n\}$의 공차를 구한다.

$S_3-S_2=a_3$이므로 $a_6=2a_3$ → $(a_1+a_2+a_3)-(a_1+a_2)=a_3$

등차수열 $\{a_n\}$의 공차를 d라 하면

$2+5d=2(2+2d)$ $\quad\therefore d=2$

→ $2+5d=4+4d$

Step 2 S_{10}의 값을 구한다.

따라서 등차수열 $\{a_n\}$의 첫째항은 2이고, 공차도 2이므로

$S_{10}=\frac{10\times(2\times 2+9\times 2)}{2}=110$

→ $S_n=\frac{n\{2a_1+(n-1)d\}}{2}$

08 [정답률 82%]

정답 ④

Step 1 함수 $\{f(x)\}^2$이 실수 전체의 집합에서 연속일 조건을 생각한다.

함수 $f(x)$가 $x=a$를 제외한 실수 전체의 집합에서 연속이므로 함수 $\{f(x)\}^2$이 $x=a$에서 연속이면 함수 $\{f(x)\}^2$은 실수 전체의 집합에서 연속이다.

→ 연속인 함수를 제곱해도 연속이기 때문이야.

함수 $\{f(x)\}^2$이 $x=a$에서 연속이려면

$\lim_{x\to a-}\{f(x)\}^2=\lim_{x\to a+}\{f(x)\}^2=\{f(a)\}^2$이어야 한다.

Step 2 모든 상수 a의 값의 합을 구한다.

$\lim_{x\to a-}\{f(x)\}^2=\lim_{x\to a-}(-2x+6)^2=(-2a+6)^2$

$\lim_{x\to a+}\{f(x)\}^2=\lim_{x\to a+}(2x-a)^2=a^2$

$\{f(a)\}^2=(2a-a)^2=a^2$ → $(2a-a)^2$

$(-2a+6)^2=a^2$에서 → $4a^2-24a+36=a^2$

$3a^2-24a+36=0$, $3(a-2)(a-6)=0$

$\therefore a=2$ 또는 $a=6$

따라서 모든 상수 a의 값의 합은 8이다.

09 [정답률 82%]

정답 ⑤

Step 1 n 대신에 11, 10, 9, …을 각각 차례대로 대입한다.

$n=11$이면 $a_{12}=\frac{1}{2}$이고 $a_{12}=\frac{1}{a_{11}}$이므로 $a_{11}=2$

→ $a_{n+1}=\frac{1}{a_n}$에 $n=11$을 대입했어.

$n=10$이면 $a_{11}=8a_{10}$이므로 $a_{10}=\frac{1}{4}$

$n=9$이면 $a_{10}=\frac{1}{a_9}$이므로 $a_9=4$

$n=8$이면 $a_9=8a_8$이므로 $a_8=\frac{1}{2}$

→ $a_8=\frac{1}{8}a_9$

$n=7$이면 $a_8=\frac{1}{a_7}$이므로 $a_7=2$

$n=6$이면 $a_7=8a_6$이므로 $a_6=\frac{1}{4}$

⋮

→ n의 값을 차례로 대입하다 보면 숫자가 반복됨을 알 수 있어.

따라서 $a_4=a_8=\frac{1}{2}$, $a_1=a_5=a_9=4$이므로 $a_1+a_4=\frac{9}{2}$

10 [정답률 73%] 정답 ②

Step 1 등식 $\log_n x=-\log_n(x+3)+1$을 정리한다.

진수 조건에 의하여 $x>0$ ← $\log_n x$에서 $x>0$, $-\log_n(x+3)+1$에서 $x>-3$이므로 공통 부분은 $x>0$

$\log_n x=-\log_n(x+3)+1$에서 $\log_n x=\log_n \frac{n}{x+3}$ ← 밑이 서로 같으므로 진수도 서로 같아야 해.

$x=\frac{n}{x+3}$ $\quad\therefore x^2+3x-n=0$

Step 2 $f(x)=x^2+3x-n$이라 하고 모든 n의 값을 구한다.

$f(x)=x^2+3x-n$이라 하면 두 곡선의 교점의 x좌표가 1보다 크고 2보다 작으므로 $f(1)<0$, $f(2)>0$이어야 한다.

$f(1)=1+3-n=4-n<0$에서 $n>4$

$f(2)=4+6-n=10-n>0$에서 $n<10$

$\therefore 4<n<10$ ← $f(1)<0$, $f(2)>0$을 모두 만족시켜야 해.

따라서 모든 자연수 n의 값의 합은 $5+6+7+8+9=35$

11 [정답률 60%] 정답 ②

Step 1 조건 (가)를 이용하여 $\int_{-1}^{0}g(x)dx$, $\int_{0}^{1}g(x)dx$의 값을 각각 구한다.

조건 (가)에서 함수 $y=-f(x+1)+1$의 그래프는 함수 $y=f(x)$의 그래프를 x축에 대하여 대칭이동시킨 후, x축의 방향으로 -1만큼, y축의 방향으로 1만큼 평행이동시킨 것이다. ← $y=-f(x)$, $y=-f(x+1)$, $y=-f(x+1)+1$

$$\int_{-1}^{0}g(x)dx=\int_{-1}^{0}\{-f(x+1)+1\}dx$$
$$=-\int_{-1}^{0}f(x+1)dx+\Big[x\Big]_{-1}^{0}$$
$$=-\int_{0}^{1}f(x)dx+1$$
$$=-\frac{1}{6}+1=\frac{5}{6}$$

$$\int_{0}^{1}g(x)dx=\int_{0}^{1}f(x)dx=\frac{1}{6}$$

Step 2 조건 (나)를 이용하여 $\int_{-3}^{2}g(x)dx$의 값을 구한다.

조건 (나)에서 $g(x+2)=g(x)$이므로

$\int_{-3}^{-2}g(x)dx=\int_{-1}^{0}g(x)dx=\int_{1}^{2}g(x)dx=\frac{5}{6}$

$\int_{-2}^{-1}g(x)dx=\int_{0}^{1}g(x)dx=\frac{1}{6}$ ← 적분구간의 위끝과 아래끝에 2를 더하거나 뺀다.

$\therefore \int_{-3}^{2}g(x)dx=3\times\frac{5}{6}+2\times\frac{1}{6}=\frac{17}{6}$

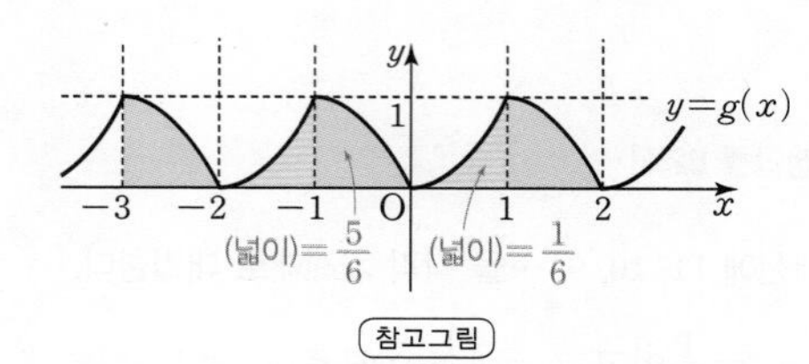

참고그림

12 [정답률 71%] 정답 ③

Step 1 선분 AD의 길이를 구한다.

$\angle BAC=\theta$라 하면 삼각형 ABD에서 $\angle BAC=\angle BDA=\theta$이고 $\overline{AB}=4$이므로 $\overline{BD}=4$이다. ← 삼각형 ABD는 이등변삼각형이야.

점 B에서 선분 AD에 그은 수선의 발을 F라 하면

$\overline{AF}=\overline{AB}\cos\theta=4\times\frac{1}{8}=\frac{1}{2}$ ← $\angle BAC$

$\therefore \overline{AD}=2\overline{AF}=1$

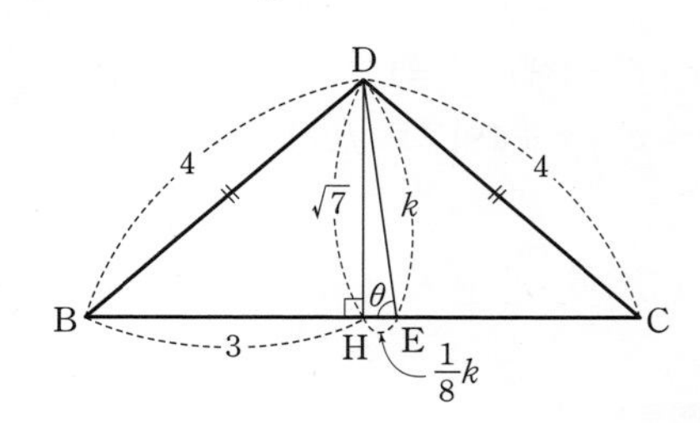

Step 2 코사인법칙을 이용하여 선분 BC의 길이를 구한다.

삼각형 ABC에서 코사인법칙에 의하여

$\overline{BC}^2=\overline{AB}^2+\overline{AC}^2-2\times\overline{AB}\times\overline{AC}\times\cos\theta$ ← $\angle BAC$

$=4^2+5^2-2\times4\times5\times\frac{1}{8}=36$

$\therefore \overline{BC}=6$ ($\because \overline{BC}>0$)

Step 3 삼각형 BCD가 이등변삼각형임을 이용하여 선분 DE의 길이를 구한다.

점 D에서 선분 BC에 내린 수선의 발을 H라 하면 삼각형 BCD는 $\overline{DB}=\overline{DC}=4$인 이등변삼각형이므로 $\overline{BH}=\overline{CH}=3$ ← $\overline{AC}-\overline{AD}=5-1=4$, $\frac{1}{2}\overline{BC}$

$\overline{DE}=k$ $(k>0)$라 하면 $\cos(\angle BED)=\cos\theta=\frac{1}{8}$에서

$\frac{\overline{EH}}{\overline{DE}}=\frac{1}{8}$ $\quad\therefore \overline{EH}=\frac{1}{8}k$

직각삼각형 DHE에서

$\overline{DE}=k$, $\overline{EH}=\frac{1}{8}k$, $\overline{DH}=\sqrt{4^2-3^2}=\sqrt{7}$이므로 피타고라스 정리에 의하여 ← $=\sqrt{\overline{DB}^2-\overline{BH}^2}$

$k^2=\left(\frac{1}{8}k\right)^2+(\sqrt{7})^2$

$\frac{63}{64}k^2=7$, $k^2=\frac{64}{9}$

$\therefore k=\frac{8}{3}$ ($\because k>0$)

따라서 선분 DE의 길이는 $\frac{8}{3}$이다.

13 [정답률 68%] 정답 ⑤

Step 1 $\sqrt{k}$의 값이 자연수인 경우와 자연수가 아닌 경우로 나누어 생각한다.

함수 $y=f(x)$의 그래프는 다음과 같다.

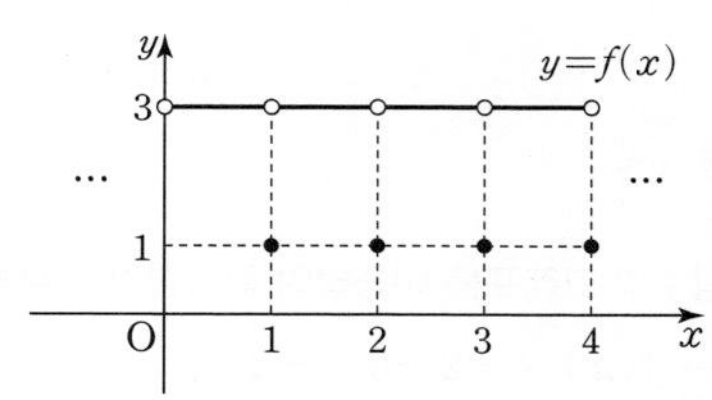

(i) $k=1, 4, 9, 16$일 때 ← $\sqrt{k}$의 값이 자연수인 경우

$f(1)=f(2)=f(3)=f(4)=1$이므로 $f(\sqrt{k})=1$

(ii) $k\neq1, 4, 9, 16$일 때

$f(\sqrt{k})=3$ ← $\sqrt{k}$의 값이 자연수가 아닌 경우

Step 2 $\sum_{k=1}^{20}\frac{k\times f(\sqrt{k})}{3}$의 값을 구한다.

$\therefore \sum_{k=1}^{20}\frac{k\times f(\sqrt{k})}{3}$

$=(1+4+9+16)\times\frac{1}{3}+\left(\sum_{k=1}^{20}k-30\right)\times\frac{3}{3}$ ← 30, $\frac{20\times21}{2}=210$

$=10+180=190$

14 [정답률 44%]

정답 ③

Step 1 함수 $y=f(x)$의 그래프의 개형을 나타낸다.

$f(x)=x^3-3x^2-9x-12$에서

$f'(x)=3x^2-6x-9=3(x+1)(x-3)$ → $3(x^2-2x-3)$

$f'(x)=0$에서 $x=-1$ 또는 $x=3$

함수 $f(x)$의 증가와 감소를 표로 나타내면 다음과 같다.

x	$\cdots$	-1	$\cdots$	3	$\cdots$
$f'(x)$	$+$	0	$-$	0	$+$
$f(x)$	↗	-7	↘	-39	↗

따라서 함수 $y=f(x)$의 그래프는 다음과 같다.

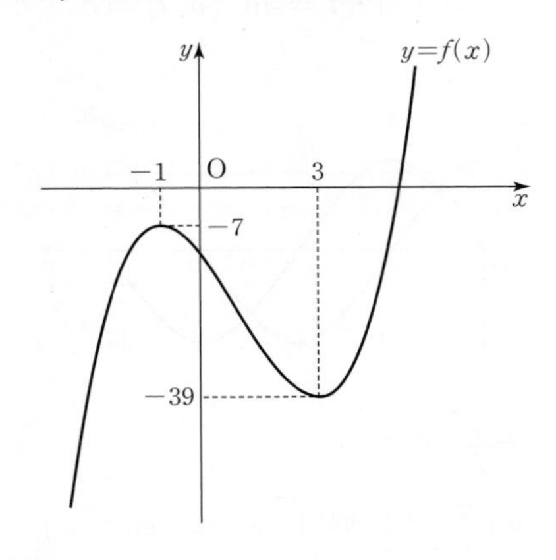

Step 2 $g(0)$의 값을 구한다.

조건 (가)에서 $xg(x)=|xf(x-p)+qx|$이므로 → $|x\{f(x-p)+q\}|=|x||f(x-p)+q|$

$$g(x)=\begin{cases}|f(x-p)+q| & (x>0)\\ -|f(x-p)+q| & (x<0)\end{cases}$$

함수 $g(x)$가 $x=0$에서 연속이므로 → 함수 $g(x)$는 실수 전체의 집합에서 연속이므로 $x=0$에서도 연속이야.

$g(0)=\lim_{x\to0+}\{g(x)\}=\lim_{x\to0-}\{g(x)\}$

즉, $\lim_{x\to0+}|f(x-p)+q|=\lim_{x\to0-}\{-|f(x-p)+q|\}$에서

$|f(-p)+q|=-|f(-p)+q|$

$2|f(-p)+q|=0\qquad\therefore |f(-p)+q|=0$

$\therefore g(0)=|f(-p)+q|=0$

Step 3 함수의 그래프의 개형을 이용하여 조건을 만족시키는 두 양수 p, q의 값을 각각 구한다.

$h(x)=f(x-p)+q$라 하면 $h(0)=0$이고, 함수 $y=h(x)$의 그래프는 함수 $y=f(x)$의 그래프를 x축의 방향으로 p만큼, y축의 방향으로 q만큼 평행이동시킨 것과 같다. → $f(x)\to f(x-p)+q$

함수 $|h(x)|$가 0이 아닌 실수 a에 대하여 $x=a$에서 미분가능하지 않을 때, 함수 $g(x)$도 $x=a$에서 미분가능하지 않다.

따라서 조건 (나)에 의해 함수 $y=h(x)$의 그래프는 x축과 한 점에서 만나거나 x축에 접해야 한다. ← $x=0$일 때는 함수 $|h(x)|$가 미분가능하지 않아도 함수 $g(x)$는 미분가능할 수도 있어.

(i) 함수 $y=h(x)$의 그래프가 x축과 한 점에서만 만날 때

$h(0)=0$이므로 함수 $y=h(x)$의 그래프는 x축과 원점에서 만난다. 즉, 다음과 같이 두 경우로 그래프를 그릴 수 있다.

→ x축과 세 점에서 만나는 경우 함수 $|h(x)|$를 미분가능하지 않게 하는 0이 아닌 x의 값이 2개 존재해.

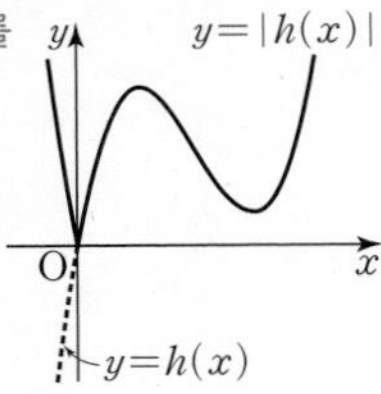

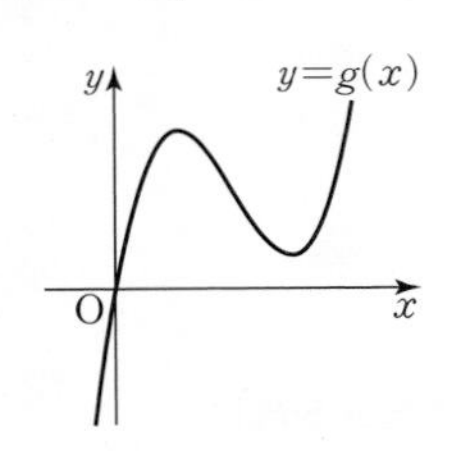

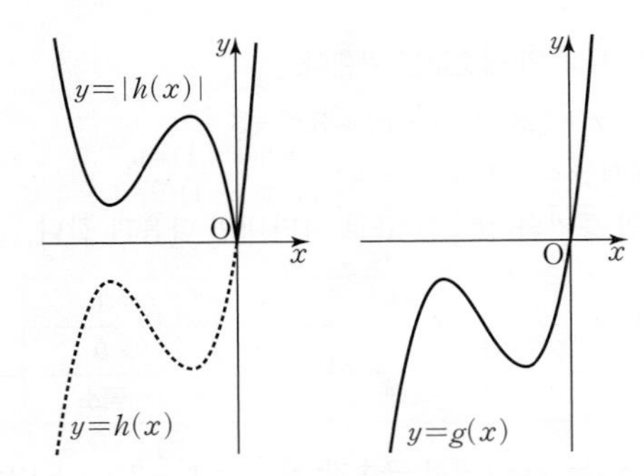

이때 두 경우 모두 함수 $g(x)$는 실수 전체의 집합에서 미분가능하므로 조건 (나)를 만족시키지 않는다.

(ii) 함수 $y=h(x)$의 그래프가 x축에 접할 때

① 함수 $y=h(x)$의 그래프가 원점에서 x축에 접할 때

CASE 1

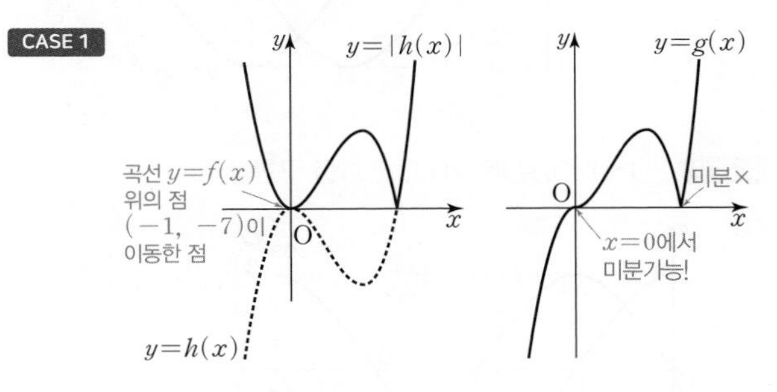

CASE 2

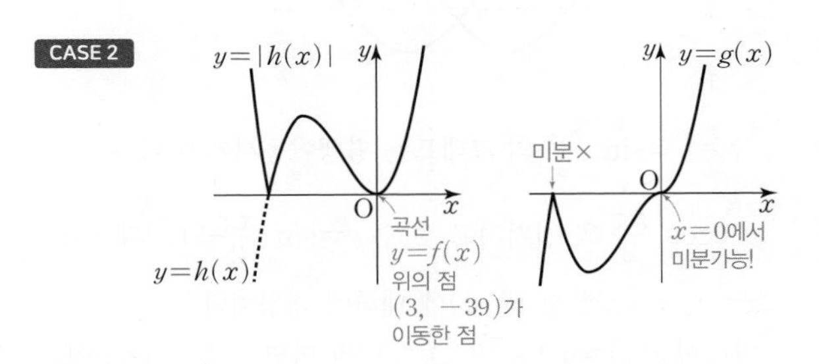

두 경우 모두 함수 $g(x)$가 한 점에서만 미분가능하지 않으므로 조건 (나)를 만족시킨다.

CASE 1의 경우 점 $(-1,\ -7)$이 원점으로 이동하는 평행이동과 같으므로 $p=1$, $q=7$

CASE 2의 경우 점 $(3,\ -39)$가 원점으로 이동하는 평행이동과 같으므로 $p=-3$, $q=39$

이때 p가 음수가 되어 조건을 만족시키지 않는다.

② 함수 $y=h(x)$의 그래프가 원점이 아닌 점에서 x축에 접할 때

함수 $y=|h(x)|$의 그래프는 다음 그림과 같이 두 경우로 그릴 수 있다.

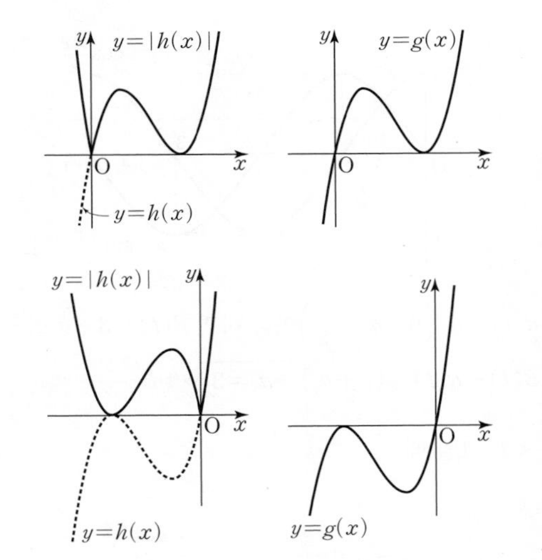

이때 두 경우 모두 함수 $g(x)$는 실수 전체의 집합에서 미분가능하므로 조건 (나)를 만족시키지 않는다.

(i), (ii)에서 $p=1$, $q=7$

$\therefore p+q=8$

15 [정답률 26%]

정답 ②

Step 1 두 함수 $y=\sin\frac{\pi x}{2}$, $y=\cos\frac{\pi x}{2}$의 그래프의 개형을 각각 나타낸다.

$\left(\sin\frac{\pi x}{2}-t\right)\left(\cos\frac{\pi x}{2}-t\right)=0$에서 $\sin\frac{\pi x}{2}=t$ 또는 $\cos\frac{\pi x}{2}=t$

→ 이 방정식의 해는 곡선 $y=\sin\frac{\pi x}{2}$와 직선 $y=t$의 교점의 x좌표와 같아.

따라서 이 방정식의 실근은 두 함수 $y=\sin\frac{\pi x}{2}$, $y=\cos\frac{\pi x}{2}$의 그래프와 직선 $y=t$의 교점의 x좌표이다.

두 함수 $y=\sin\frac{\pi x}{2}$, $y=\cos\frac{\pi x}{2}$의 주기가 모두 4이므로 그래프는 다음과 같다. → $\frac{2\pi}{\frac{\pi}{2}}=4$

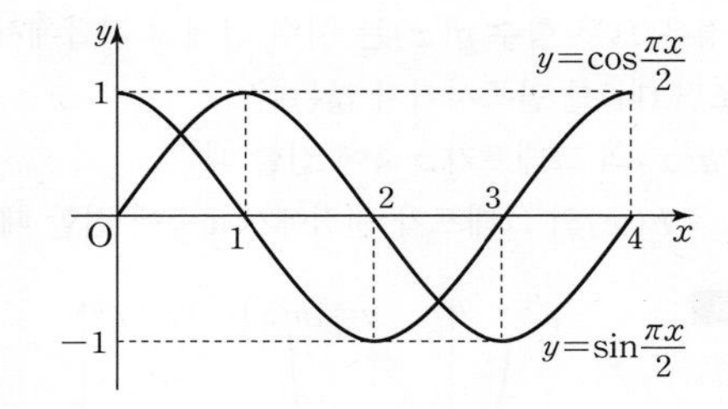

Step 2 $-1\le t<0$일 때, $\alpha(t)$, $\beta(t)$를 구한다.

ㄱ.

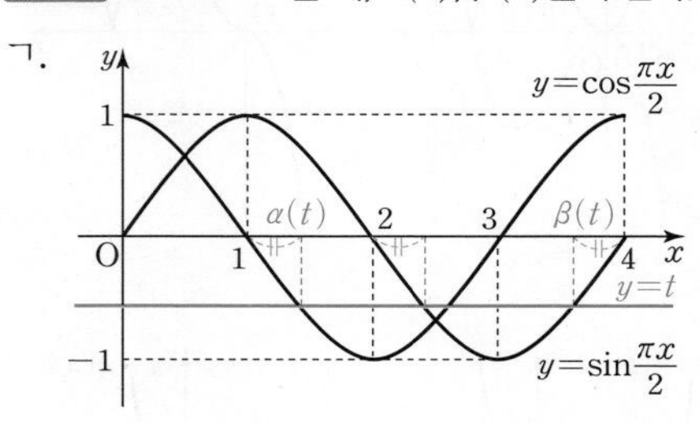

함수 $y=\sin\frac{\pi x}{2}$의 그래프는 평행이동시키면 함수 $y=\cos\frac{\pi x}{2}$와 겹쳐지고, 함수 $y=\sin\frac{\pi x}{2}$의 그래프는 두 직선 $x=1$, $x=3$과 점 $(2,\ 0)$에 대하여 대칭이다.

따라서 $\alpha(t)=1+k\ (0<k\le1)$라 하면 $\beta(t)=4-k$이므로

$-1\le t<0$일 때, $\alpha(t)+\beta(t)=5$이다. (참) → $=(1+k)+(4-k)$

Step 3 실수 t의 값의 범위에 따라 경우를 나누어 $\beta(t)-\alpha(t)$의 값을 구한다.

ㄴ. $\alpha(t)$, $\beta(t)$는 집합 $\{x\mid0\le x<4\}$의 원소이므로

$\alpha(0)=0$, $\beta(0)=3$ …… ㉠ → $0\le\alpha(t)<4,\ 0\le\beta(t)<4$

$\therefore \{t\mid\beta(t)-\alpha(t)=\beta(0)-\alpha(0)\}=\{t\mid\beta(t)-\alpha(t)=3\}$

(i) $0\le t\le\frac{\sqrt2}{2}$일 때

$t=0$이면 $\beta(0)-\alpha(0)=3$ ($\because$ ㉠)

$t\ne0$이면 다음 그림과 같다.

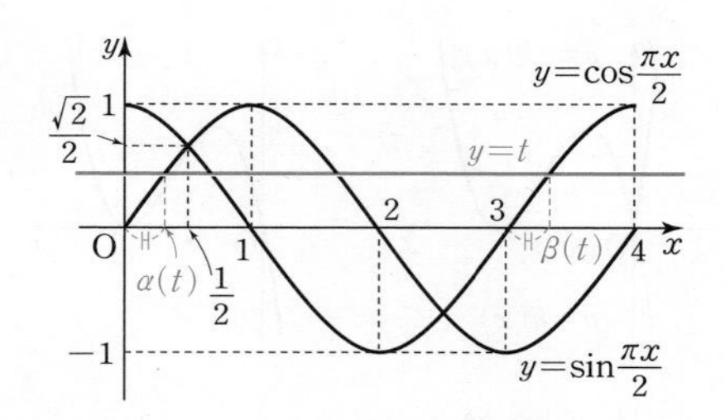

$\alpha(t)=a_1\left(0<a_1\le\frac12\right)$이라 하면 $\beta(t)=3+a_1$이므로

$\beta(t)-\alpha(t)=(3+a_1)-a_1=3$ → $\sin\frac{\pi\times\frac12}{2}=\sin\frac{\pi}{4}=\frac{\sqrt2}{2}$

(ii) $\frac{\sqrt2}{2}<t<1$일 때

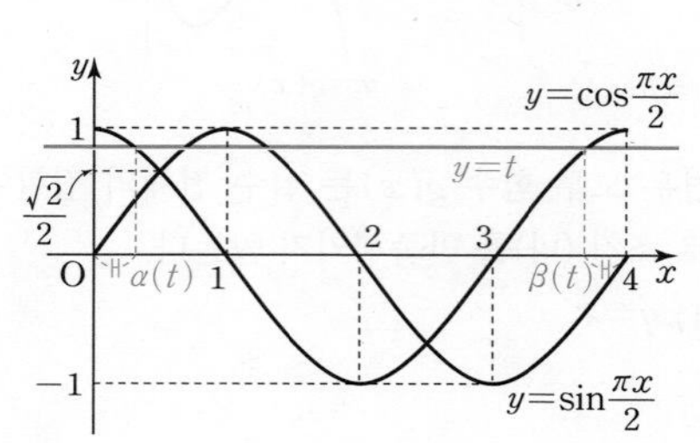

$\alpha(t)=a_2\left(0<a_2<\frac12\right)$라 하면

$\beta(t)=4-a_2$이므로 $\beta(t)-\alpha(t)=(4-a_2)-a_2=4-2a_2$

이때 $0<a_2<\frac12$에서 $-1<-2a_2<0$이므로 $3<4-2a_2<4$

(iii) $t=1$일 때

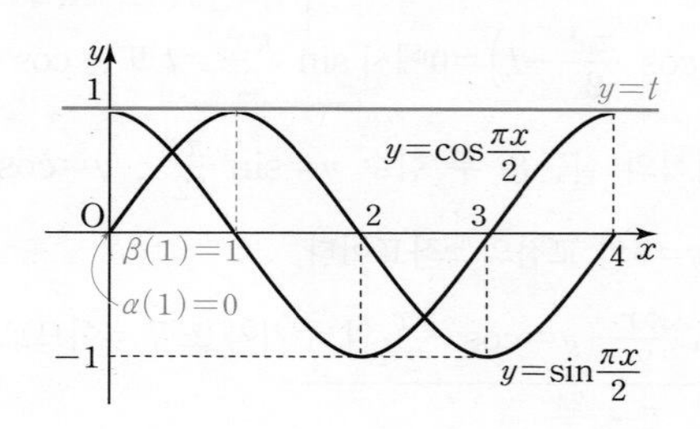

$\alpha(1)=0$, $\beta(1)=1$이므로 $\beta(1)-\alpha(1)=1$

→ $\beta(1)=4$로 착각하지 않기! $\beta(t)$는 집합 $\{x\mid0\le x<4\}$의 원소이므로 $0\le\beta(t)<4$야.

(iv) $-1\le t<0$일 때

ㄱ에 의하여 $\alpha(t)=1+k\ (0<k\le1)$, $\beta(t)=4-k$이므로

$\beta(t)-\alpha(t)=3-2k$

이때 $0<k\le1$에서 $-2\le-2k<0$이므로 $1\le3-2k<3$

따라서 (i)~(iv)에 의하여

$\{t\mid\beta(t)-\alpha(t)=3\}=\left\{t\,\middle|\,0\le t\le\frac{\sqrt2}{2}\right\}$ (참)

Step 4 $\cos^2x+\sin^2x=1$임을 이용하여 t_1, t_2의 값을 구한다.

ㄷ. $\alpha(t_1)=\alpha(t_2)$를 만족시키기 위해서는 $0<t_1<\frac{\sqrt2}{2}<t_2$

$\alpha(t_1)=\alpha(t_2)=\alpha$라 하면 $t_1=\sin\frac{\pi}{2}\alpha$, $t_2=\cos\frac{\pi}{2}\alpha$

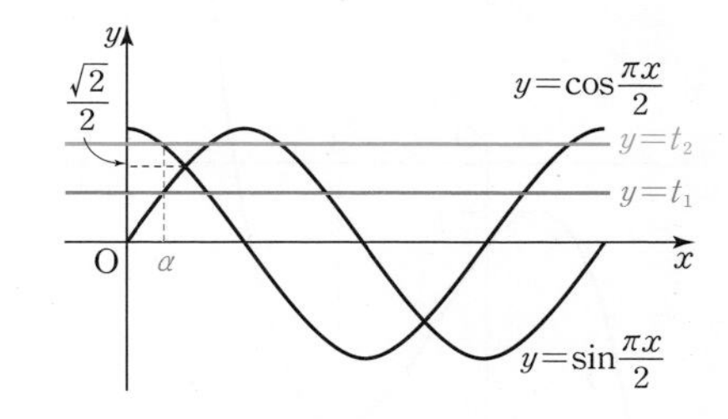

이때 $t_2-t_1=\frac12$이므로

$\cos\frac{\pi}{2}\alpha-\sin\frac{\pi}{2}\alpha=\frac12$에서 $\left(\cos\frac{\pi}{2}\alpha-\sin\frac{\pi}{2}\alpha\right)^2=\frac14$

$\cos^2\frac{\pi}{2}\alpha-2\cos\frac{\pi}{2}\alpha\sin\frac{\pi}{2}\alpha+\sin^2\frac{\pi}{2}\alpha=\frac14$ → 모든 θ에 대하여 $\sin^2\theta+\cos^2\theta=1$임을 기억해!

$1-2\cos\frac{\pi}{2}\alpha\sin\frac{\pi}{2}\alpha=\frac14$, $2\cos\frac{\pi}{2}\alpha\sin\frac{\pi}{2}\alpha=\frac34$

$\therefore \sin\frac{\pi}{2}\alpha\cos\frac{\pi}{2}\alpha=\frac38$

따라서 $t_1\times t_2$의 값은 $\frac38$이다. (거짓)

그러므로 옳은 것은 ㄱ, ㄴ이다.

16 [정답률 90%]

정답 2

Step 1 로그의 성질을 이용하여 식을 계산한다.

$\log_4\frac23+\log_4 24=\log_4\left(\frac23\times24\right)=\log_4 16=2$

$\log_a b+\log_a c=\log_a bc$ (단, $a>0$, $a\ne1$, $b>0$, $c>0$)

→ $\log_4 4^2=2\log_4 4$

17 [정답률 85%]

정답 11

Step 1 함수 $f(x)$의 극솟값을 구한다.

$f(x)=x^3-3x+12$에서 $f'(x)=3x^2-3$

$f'(x)=0$에서 $x=-1$ 또는 $x=1$ → $3(x^2-1)=0$, $3(x+1)(x-1)=0$

함수 $f(x)$의 증가와 감소를 표로 나타내면 다음과 같다.

x	…	-1	…	1	…
$f'(x)$	+	0	−	0	+
$f(x)$	↗	극대	↘	극소	↗

즉, 함수 $f(x)$는 $x=1$에서 극솟값 $f(1)=1^3-3\times1+12=10$을 갖는다.

$\therefore a+f(a)=1+10=11$

18 [정답률 85%]

정답 4

Step 1 $a_7=\frac{1}{3}a_5$를 이용하여 공비의 제곱을 구하고, a_6의 값을 계산한다.

등비수열 $\{a_n\}$의 공비를 r이라 하면 $a_7=\frac{1}{3}a_5$에서

$a_7=r^2\times a_5$이므로 $r^2=\frac{1}{3}$

→ $a_6=a_5\times r$, $a_7=a_6\times r=a_5\times r^2$

$\therefore a_6=a_2\times r^4=36\times\left(\frac{1}{3}\right)^2=4$

19 [정답률 65%]

정답 6

Step 1 시각 $t=0$에서 점 P의 위치가 0임을 이용한다.

시각 t에서 점 P의 위치를 $x(t)$라 하면

$x(t)=\int v(t)dt$

$=\int(3t^2-4t+k)dt$

$=t^3-2t^2+kt+C$ (C는 적분상수)

시각 $t=0$에서 점 P의 위치가 0이므로 $x(0)=C=0$

$\therefore x(t)=t^3-2t^2+kt$ → $x(0)=0$

Step 2 시각 $t=1$에서 $t=3$까지 점 P의 위치의 변화량을 구한다.

시각 $t=1$에서 점 P의 위치가 -3이므로

$x(1)=1-2+k=-3$ $\quad\therefore k=-2$ → $x(1)=-3$

따라서 $x(t)=t^3-2t^2-2t$이므로

시각 $t=1$에서 $t=3$까지 점 P의 위치의 변화량은

$x(3)-x(1)=(3^3-2\times3^2-2\times3)-(-3)=6$

→ 시각 $t=1$에서 $t=3$까지 점 P의 위치의 변화량

20 [정답률 32%]

정답 8

Step 1 함수 $g(x)$의 도함수 $g'(x)$를 구한다.

$f(x)=x^3-12x^2+45x+3$에서

$f'(x)=3x^2-24x+45=3(x-3)(x-5)$ → $3(x^2-8x+15)$

$f'(x)=0$에서 $x=3$ 또는 $x=5$ ...... ㉠

$g(x)=\int_a^x\{f(x)-f(t)\}\times\{f(t)\}^4dt$ → $f(x)\{f(t)\}^4-\{f(t)\}^5$

$=f(x)\int_a^x\{f(t)\}^4dt-\int_a^x\{f(t)\}^5dt$

$g'(x)=f'(x)\int_a^x\{f(t)\}^4dt+\{f(x)\}^5-\{f(x)\}^5$

$=f'(x)\int_a^x\{f(t)\}^4dt$ → 곱의 미분법을 사용했어.

$g'(x)=0$에서 $f'(x)=0$ 또는 $\int_a^x\{f(t)\}^4dt=0$

$F(x)=\int_a^x\{f(t)\}^4dt$라 하면 $F'(x)=\{f(x)\}^4\geq0$이므로

$F(x)$는 실수 전체의 집합에서 증가한다.

이때 $F(a)=\int_a^a\{f(t)\}^4dt=0$이므로 $F(x)=0$을 만족시키는

x의 값은 a뿐이다. → 위끝과 아래끝이 같아. ...... ㉡

따라서 ㉠, ㉡에서 $g'(x)=0$을 만족시키는 x의 값은 $x=3$ 또는 $x=5$ 또는 $x=a$이다.

Step 2 실수 a의 값의 범위를 나누어 조건에 맞는 a의 값을 구한다.

(i) $a\neq3$, $a\neq5$일 때

함수 $g(x)$는 $x=3$, $x=5$, $x=a$에서 모두 극값을 갖는다.

→ 문제의 조건에 맞지 않아.

(ii) $a=3$일 때

$g'(x)=0$에서 $x=3$ 또는 $x=5$

함수 $g(x)$의 증가와 감소를 표로 나타내면 다음과 같다.

x	$\cdots$	3	$\cdots$	5	$\cdots$
$g'(x)$	$-$	0	$-$	0	$+$
$g(x)$	↘		↘	극소	↗

따라서 함수 $g(x)$는 $x=5$에서만 극값을 갖는다.

(iii) $a=5$일 때

$g'(x)=0$에서 $x=3$ 또는 $x=5$

함수 $g(x)$의 증가와 감소를 표로 나타내면 다음과 같다.

x	$\cdots$	3	$\cdots$	5	$\cdots$
$g'(x)$	$-$	0	$+$	0	$+$
$g(x)$	↘	극소	↗		↗

따라서 함수 $g(x)$는 $x=3$에서만 극값을 갖는다.

(i)~(iii)에서 조건을 만족시키는 실수 a의 값은 $a=3$ 또는 $a=5$이다.

따라서 모든 실수 a의 값의 합은 8이다.

21 [정답률 11%]

정답 24

Step 1 n이 홀수일 때, 주어진 방정식의 실근을 알아본다.

함수 $f(x)$는 최고차항의 계수가 1이고 최솟값이 음수이므로 방정식 $f(x)=0$은 서로 다른 두 실근을 갖는다.

(i) n이 홀수일 때

→ n이 홀수일 때 방정식 $x^n=a$ (a는 상수)의 실근의 개수는 상수 a의 값에 관계없이 1이야.

방정식 $x^n=64$의 실근의 개수는 1이므로 방정식 $(x^n-64)f(x)=0$의 실근 중에서 중근이 아닌 것이 존재하게 된다.

Step 2 n이 짝수일 때, 주어진 조건을 만족시키는 n의 값을 구한다.

(ii) n이 짝수일 때

방정식 $x^n=64$의 실근은 $x=\sqrt[n]{64}$ 또는 $x=-\sqrt[n]{64}$

→ $\sqrt[n]{2^6}=2^{\frac{6}{n}}$

$\therefore x=2^{\frac{6}{n}}$ 또는 $x=-2^{\frac{6}{n}}$

이때 조건 (가)를 만족시켜야 하므로

$f(x)=\left(x-2^{\frac{6}{n}}\right)\left(x+2^{\frac{6}{n}}\right)$ → 이차방정식 $f(x)=0$의 실근과 방정식 $x^n=64$의 실근이 같아야 해.

함수 $f(x)=x^2-2^{\frac{12}{n}}$은 $x=0$일 때 최솟값 $-2^{\frac{12}{n}}$을 갖고, 조건 (나)에서 함수 $f(x)$의 최솟값은 음의 정수이므로 $-2^{\frac{12}{n}}$이 음의 정수이어야 한다.

$\therefore n=2, 4, 6, 12$ → n이 짝수임에 유의

(i), (ii)에 의하여 모든 자연수 n의 값의 합은

$2+4+6+12=24$

22 [정답률 4%]

정답 61

Step 1 방정식 $f(x-f(x))=0$의 서로 다른 실근의 개수 3이 의미하는 바를 파악한다.

조건 (가)에 의하여 방정식 $f(x)=0$의 서로 다른 두 실근을 각각 α, β라 하면

→ 두 근 중 하나는 중근이어야 해.

$f(x)=a(x-\alpha)^2(x-\beta)$($a$는 상수)로 놓을 수 있다.

또한, 방정식 $f(x-f(x))=0$에서 $x-f(x)=\alpha$ 또는 $x-f(x)=\beta$

$\therefore f(x)=x-\alpha$ 또는 $f(x)=x-\beta$

이때 조건 (나)에서 방정식 $f(x-f(x))=0$의 서로 다른 실근의 개수가 3이므로 곡선 $y=f(x)$와 두 직선 $y=x-\alpha$, $y=x-\beta$가 서로 다른 세 점에서 만나야 한다.

Step 2 조건을 만족시키는 그래프의 개형을 파악하여 a의 값을 구한다.

a의 값의 부호와 α, β의 대소 관계에 따라 경우를 나누어보면 다음과 같다.

(i) $a>0$일 때

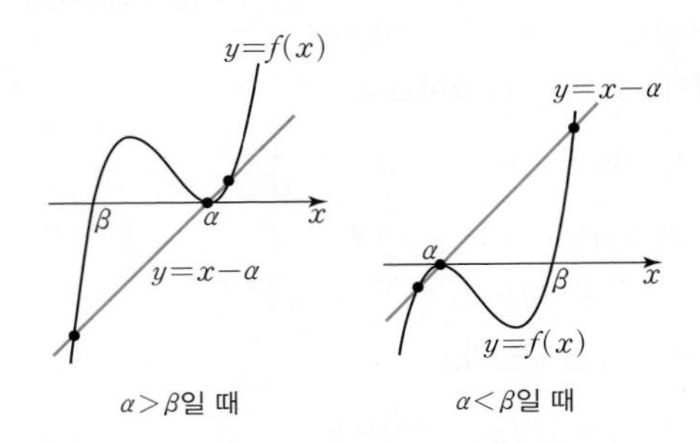

$\alpha>\beta$일 때 $\quad$ $\alpha<\beta$일 때

함수 $y=f(x)$의 그래프와 직선 $y=x-\alpha$는 서로 다른 세 점에서 만나고, 직선 $y=x-\beta$와 적어도 한 점 $(\beta, 0)$에서 만나므로 곡선 $y=f(x)$와 두 직선 $y=x-\alpha$, $y=x-\beta$가 만나는 서로

다른 점의 개수는 4 이상이다.

따라서 조건 (나)를 만족시키지 않는다.

(ii) $\alpha<0$이고 $\alpha>\beta$일 때

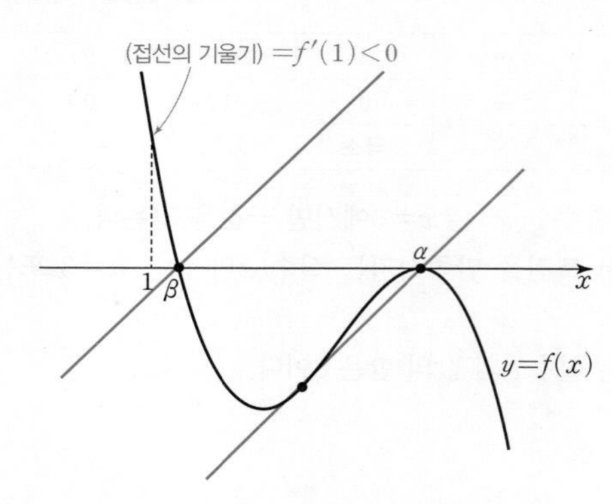

주어진 조건에서 $f(1)=4$이므로 $1<\beta$이어야 한다.

따라서 그림과 같이 $f'(1)<0$이므로 주어진 조건 $f'(1)=1$을 만족시키지 않는다.

↳ x축의 윗부분에 그려지는 함수 $y=f(x)$의 그래프 위의 임의의 점에서의 접선의 기울기가 음수이기 때문이야.

(iii) $\alpha<0$이고 $\alpha<\beta$일 때

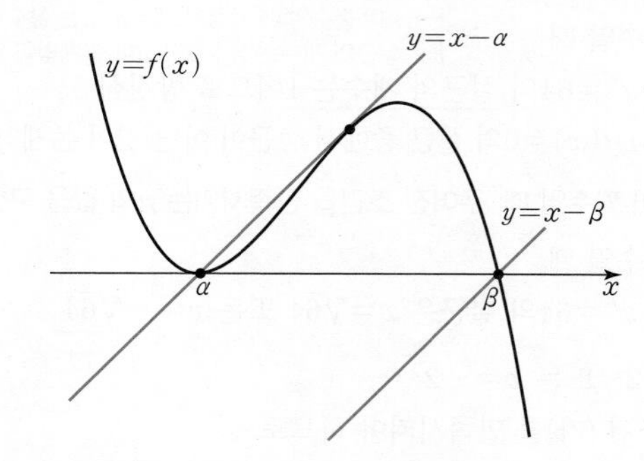

위의 그림과 같이 함수 $y=f(x)$의 그래프가 직선 $y=x-\alpha$에 접할 때, 함수 $y=f(x)$의 그래프와 직선 $y=x-\alpha$가 서로 다른 두 점에서 만나고, 직선 $y=x-\beta$와 한 점에서 만나므로 곡선 $y=f(x)$와 두 직선 $y=x-\alpha$, $y=x-\beta$가 만나는 서로 다른 점의 개수가 3이다.

이때 $f(0)>0$, $f'(0)>1$이므로 곡선 $y=f(x)$와 두 직선 $y=x-\alpha$, $y=x-\beta$는 다음과 같다.

↳ $f(0)=\frac{q}{p}$에서 p, q는 서로소인 자연수이므로 $\frac{q}{p}>0$이야.

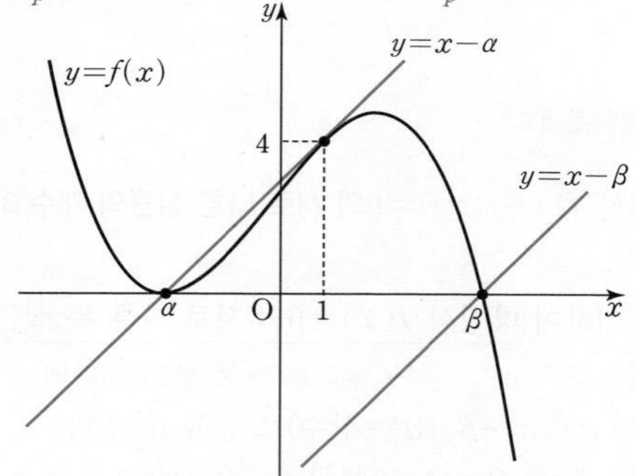

↱ 직선 $y=x-\alpha$의 기울기와 같아.

$f'(1)=1$, $f(1)=4$이므로 곡선 $y=f(x)$ 위의 점 $(1, 4)$에서의 접선의 방정식은 $y-4=x-1$, 즉 $y=x+3$

이 접선의 방정식은 $y=x-\alpha$이므로 $\alpha=-3$이다.

(i)~(iii)에서 $\alpha=-3$이다.

Step 3 a, β의 값을 각각 구한다.

$f(1)=4$에서 $16a(1-\beta)=4$ …… ㉠

또한, $f(x)=a(x+3)^2(x-\beta)$에서

$f'(x)=a(2x+6)(x-\beta)+a(x+3)^2$

$f'(1)=1$이므로 $8a(1-\beta)+16a=1$

↳ $f(x)=a(x+3)^2(x-\beta)$에 $x=1$을 대입했어.

이때 ㉠에서 $8a(1-\beta)=2$이므로

$2+16a=1$, $16a=-1$ $\therefore a=-\frac{1}{16}$

이를 ㉠에 대입하면 $-(1-\beta)=4$

$\beta-1=4$ $\therefore \beta=5$

Step 4 $f(0)$의 값을 구한다.

$f(x)=-\frac{1}{16}(x+3)^2(x-5)$이므로

$f(0)=-\frac{1}{16}\times3^2\times(-5)=\frac{45}{16}$

따라서 $p=16$, $q=45$이므로 $p+q=16+45=61$

확률과 통계

23 [정답률 89%]

정답 ④

Step 1 다항식 $(2x+1)^5$의 전개식의 일반항을 이용하여 x^3의 계수를 구한다.

$(2x+1)^5$의 전개식의 일반항은

${}_5C_r(2x)^{5-r}1^r={}_5C_r\,2^{5-r}\,x^{5-r}$

↳ x^3이어야 해.

$5-r=3$에서 $r=2$

따라서 x^3의 계수는 ${}_5C_2\times2^{5-2}=10\times8=80$

24 [정답률 89%]

정답 ②

Step 1 조건부확률을 이용한다.

조사에 참여한 학생 20명 중에서 임의로 선택한 한 명이 진로활동 B를 선택한 학생인 사건을 X, 1학년 학생인 사건을 Y라 하면 구하는 확률은 $P(Y|X)$이므로

$P(X)=\frac{9}{20}$이고, $P(Y\cap X)=\frac{5}{20}$

↳ 임의로 선택한 한 명이 진로활동 B를 선택한 1학년 학생일 확률

따라서 구하는 확률은

$$P(Y|X)=\frac{P(Y\cap X)}{P(X)}=\frac{\frac{5}{20}}{\frac{9}{20}}=\frac{5}{9}$$

25 [정답률 83%]

정답 ③

Step 1 전체 경우의 수를 구한다.

숫자 1, 2, 3, 4, 5 중에서 중복을 허락하여 4개를 택해 일렬로 나열하여 만들 수 있는 모든 네 자리의 자연수의 개수는

${}_5\Pi_4=5^4$ → ${}_n\Pi_r=n^r$

Step 2 선택한 수가 3500보다 큰 경우의 수를 구한다.

↳ 5보다 큰 수는 없으므로 백의 자리의 수는 반드시 5이어야 해.

(i) 천의 자리의 숫자가 3, 백의 자리의 숫자가 5인 경우

십의 자리의 숫자와 일의 자리의 숫자를 택하는 경우의 수는

${}_5\Pi_2=5^2$

(ii) 천의 자리의 숫자가 4 또는 5인 경우

천의 자리의 숫자를 택하는 경우의 수는 2

각각에 대하여 나머지 세 자리의 숫자를 택하는 경우의 수는

${}_5\Pi_3=5^3$

↳ 1, 2, 3, 4, 5 모두 가능해.

따라서 구하는 경우의 수는 2×5^3

(i), (ii)에서 3500보다 큰 자연수의 개수는 $5^2+2\times5^3$

따라서 구하는 확률은 $\frac{5^2+2\times5^3}{5^4}=\frac{11}{25}$

→ $\frac{5^2(1+2\times5)}{5^4}=\frac{11}{5^2}$

26 [정답률 66%]

정답 ③

Step 1 노란색 카드를 나누어 주는 경우의 수를 구한다.

3가지 색의 카드를 각각 한 장 이상 받는 학생에게는 노란색 카드 1장을 반드시 주어야 한다.

↳ 노란색 카드는 한 장뿐이기 때문이야.

노란색 카드 1장을 받을 학생을 선택하는 경우의 수는 ${}_3C_1=3$

Step 2 파란색 카드를 나누어 주는 경우의 수를 구한다.

그 각각에 대하여 노란색 카드를 받은 학생에게 파란색 카드 1장을 먼저 준 후 나머지 파란색 카드 1장을 줄 학생을 선택하는 경우의 수는 ${}_3C_1=3$

→ 파란색 카드 1장을 먼저 준 학생에게 중복하여 파란색 카드를 줘도 돼.

Step 3 빨간색 카드를 나누어 주는 경우의 수를 구한다.

다시 그 각각에 대하여 노란색 카드를 받은 학생에게 빨간색 카드 1장도 먼저 준 후 나머지 빨간색 카드 3장을 나누어 줄 학생을 선택하는 경우의 수는

$${}_3H_3={}_{3+3-1}C_3={}_5C_3={}_5C_2=\frac{5\times4}{2\times1}=10$$

→ ${}_nH_r={}_{n+r-1}C_r$, ${}_nC_r={}_nC_{n-r}$

따라서 구하는 경우의 수는 $3\times3\times10=90$

27 [정답률 61%] 정답 ①

Step 1 모든 경우의 수를 구한다.

주사위 2개와 동전 4개를 동시에 던질 때 나오는 모든 경우의 수는 $6^2\times2^4$

Step 2 앞면이 나온 동전의 개수에 따라 경우를 나누어 생각한다.

(i) 앞면이 나온 동전의 개수가 1일 때

한 개의 동전만 앞면이 나오는 경우의 수는 ${}_4C_1=4$

이때 두 주사위에서 나온 눈의 수가 (1, 1)이어야 하므로 이 경우의 수는 $4\times1=4$

→ 두 눈의 수의 곱이 1인 경우

(ii) 앞면이 나온 동전의 개수가 2일 때

4개의 동전 중 앞면이 나온 동전을 2개 고른다고 생각해. →

두 개의 동전이 앞면이 나오는 경우의 수는 ${}_4C_2=\frac{4\times3}{2\times1}=6$

이때 두 주사위에서 나온 눈의 수가 (1, 2), (2, 1)이어야 하므로 이 경우의 수는 $6\times2=12$

(iii) 앞면이 나온 동전의 개수가 3일 때

3개의 동전이 앞면이 나오는 경우의 수는 ${}_4C_3={}_4C_1=4$ → ${}_nC_r={}_nC_{n-r}$

이때 두 주사위에서 나온 눈의 수가 (1, 3), (3, 1)이어야 하므로 이 경우의 수는 $4\times2=8$

(iv) 앞면이 나온 동전의 개수가 4일 때

4개의 동전 모두 앞면이 나오는 경우의 수는 ${}_4C_4=1$

이때 두 주사위에서 나온 눈의 수가 (1, 4), (2, 2), (4, 1)이어야 하므로 이 경우의 수는 $1\times3=3$

→ 두 눈의 수의 곱이 4인 경우

Step 3 확률을 구한다.

(i)~(iv)에서 조건을 만족시키는 경우의 수는 $4+12+8+3=27$

따라서 구하는 확률은 $\frac{27}{6^2\times2^4}=\frac{3}{64}$

→ $\frac{3^3}{(2^2\times3^2)\times2^4}=\frac{3}{2^6}$

28 [정답률 62%] 정답 ⑤

Step 1 나온 눈의 수가 4 이상인 경우의 수에 따라 나누어 생각한다.

(i) 나온 눈의 수가 4 이상인 경우의 수가 0일 때

1의 눈만 네 번 나와야 하므로 이 경우의 수는 1

(ii) 나온 눈의 수가 4 이상인 경우의 수가 1일 때

1의 눈이 두 번, 2의 눈이 한 번 나와야 하므로 0, 1, 1, 2를 일렬로 나열하는 경우의 수는 $\frac{4!}{2!}=12$

→ 1+1+2=4

4 이상의 눈이 한 번 나오는 경우의 수는 3이므로 이 경우의 수는 $12\times3=36$

→ 4 또는 5 또는 6

(iii) 나온 눈의 수가 4 이상인 경우의 수가 2일 때

1의 눈이 한 번, 3의 눈이 한 번 나올 때, 0, 0, 1, 3을 일렬로 나열하는 경우의 수는 $\frac{4!}{2!}=12$

→ 0이 2개 있으므로 2!로 나누어 주어야 해.

2의 눈이 두 번 나올 때, 0, 0, 2, 2를 일렬로 나열하는 경우의 수는 $\frac{4!}{2!\times2!}=6$

→ 0이 2개, 2가 2개 있으므로 2!×2!로 나누어 주어야 해.

4 이상의 눈이 두 번 나오는 경우의 수는 $3\times3=9$이므로 이 경우의 수는 $(12+6)\times9=162$

(i)~(iii)에서 구하는 경우의 수는 $1+36+162=199$

29 [정답률 34%] 정답 48

Step 1 2, 6이 적힌 두 의자가 이웃하는 경우의 수를 구한다.

6개의 의자를 원형으로 배열하는 경우의 수는 $(6-1)!=5!=120$

→ $5\times4\times3\times2\times1$

(i) 2, 6이 각각 적힌 두 의자가 이웃하게 배열되는 경우

2, 6이 각각 적힌 두 의자를 1개로 생각하여 원형으로 배열하는 경우의 수는 $(5-1)!=4!=24$ → 의자 5개를 배열하는 것과 같아.

또한, 2, 6이 각각 적힌 두 의자의 자리를 서로 바꾸는 경우의 수는 $2!=2$

즉, 이 경우의 수는 $24\times2=48$

Step 2 3, 4가 적힌 두 의자가 이웃하는 경우의 수를 구한다.

→ (i)과 같아.

(ii) 3, 4가 각각 적힌 두 의자가 이웃하게 배열되는 경우

3, 4가 각각 적힌 두 의자를 1개로 생각하여 원형으로 배열하는 경우의 수는 $(5-1)!=4!=24$

또한, 3, 4가 각각 적힌 두 의자의 자리를 서로 바꾸는 경우의 수는 $2!=2$

즉, 이 경우의 수는 $24\times2=48$

Step 3 2, 6이 적힌 두 의자와 3, 4가 적힌 두 의자가 모두 이웃하는 경우의 수를 구한다.

(iii) 2, 6이 각각 적힌 두 의자와 3, 4가 각각 적힌 두 의자가 모두 이웃하게 배열되는 경우

2, 6이 각각 적힌 두 의자를 1개로 생각하고, 3, 4가 각각 적힌 두 의자를 1개로 생각하여 원형으로 배열하는 경우의 수는 $(4-1)!=3!=6$

→ 의자 4개를 원형으로 배열하는 경우의 수와 같아.

또한, 2, 6이 각각 적힌 두 의자의 자리를 서로 바꾸고, 3, 4가 각각 적힌 두 의자의 자리를 서로 바꾸는 경우의 수는 $2!\times2!=4$

즉, 이 경우의 수는 $6\times4=24$

(i)~(iii)에서 서로 이웃한 2개의 의자에 적혀 있는 수의 곱이 12가 되는 경우가 있도록 배열하는 경우의 수는 $48+48-24=72$

따라서 구하는 경우의 수는 $120-72=48$

→ 여사건을 이용했어.

30 [정답률 26%] 정답 47

Step 1 여사건을 이용하여 5개의 수의 곱이 6의 배수가 아닌 경우의 수를 구한다.

5번의 시행을 반복하여 확인한 5개의 수의 곱이 6의 배수가 아닌 경우는 다음과 같다.

(i) 한 개의 숫자만 나오는 경우

경우의 수는 3

→ 1만 나오거나 2만 나오거나 3만 나오는 경우야.

(ii) 1, 2 또는 1, 3이 적혀 있는 공만 나오는 경우

1, 2가 적혀 있는 공만 나오는 경우의 수는 $2^5-2=30$

→ 1만 나오거나 2만 나오는 경우의 수

1, 3이 적혀 있는 공만 나오는 경우의 수는 $2^5-2=30$

→ 1만 나오거나 3만 나오는 경우의 수

즉, 이 경우의 수는 $30+30=60$

(i), (ii)에서 5개의 수의 곱이 6의 배수가 아닌 경우의 수는 $3+60=63$

Step 2 여사건의 확률을 이용한다.

전체 경우의 수는 3^5이므로 구하는 확률은

→ 한 번 시행할 때 경우의 수는 3이야.

$$1-\frac{63}{3^5}=1-\frac{7}{27}=\frac{20}{27}$$

따라서 $p=27$, $q=20$이므로 $p+q=47$

미적분

23 [정답률 96%] 정답 ②

Step 1 수열의 극한값을 계산한다.

$$\lim_{n\to\infty}\frac{1}{\sqrt{n^2+n+1}-n}$$

$$=\lim_{n\to\infty}\frac{\sqrt{n^2+n+1}+n}{(\sqrt{n^2+n+1}-n)(\sqrt{n^2+n+1}+n)}$$

→ 분모의 유리화

$$=\lim_{n\to\infty}\frac{\sqrt{n^2+n+1}+n}{n+1}$$

→ $(n^2+n+1)-n^2=n+1$

$$=\lim_{n\to\infty}\frac{\sqrt{1+\frac{1}{n}+\frac{1}{n^2}}+1}{1+\frac{1}{n}}$$

$$=\frac{1+1}{1}=2$$

24 [정답률 93%] 정답 ②

Step 1 $\frac{dx}{dt}$, $\frac{dy}{dt}$를 이용하여 $\frac{dy}{dx}$를 구한다.

$x=e^t+\cos t$, $y=\sin t$에서 $\frac{dx}{dt}=e^t-\sin t$, $\frac{dy}{dt}=\cos t$

→ t에 대하여 미분했어.

$$\therefore \frac{dy}{dx}=\frac{\frac{dy}{dt}}{\frac{dx}{dt}}=\frac{\cos t}{e^t-\sin t}$$

따라서 $t=0$일 때 $\frac{dy}{dx}$의 값은 $\frac{1}{1-0}=1$

→ $e^0=1$, $\sin 0=0$, $\cos 0=1$

25 [정답률 78%] 정답 ④

Step 1 원점에서 곡선 $y=e^{|x|}$에 그은 접선의 기울기를 구한다.

곡선 $y=e^{|x|}$은 y축에 대하여 대칭이다.

$x\ge0$일 때 $y=e^x$이므로 접점을 $(t,\ e^t)$이라 하면 접선의 방정식은

$y-e^t=e^t(x-t)$

→ $y=e^x$에서 $y'=e^x$이므로 점 $(t,\ e^t)$에서의 접선의 기울기는 e^t

이 접선이 원점을 지나므로

$-e^t=e^t(-t)$ $\quad\therefore t=1$

따라서 두 접선의 기울기는 e, $-e$이다.

→ 곡선이 y축에 대하여 대칭이므로 접선도 y축에 대하여 대칭이야.

Step 2 $\tan\theta$의 값을 구한다.

직선 $y=ex$가 x축의 양의 방향과 이루는 각의 크기를 α, 직선 $y=-ex$가 x축의 양의 방향과 이루는 각의 크기를 β라 하면 $\theta=\beta-\alpha$

$$\therefore \tan\theta=\tan(\beta-\alpha)=\frac{\tan\beta-\tan\alpha}{1+\tan\beta\tan\alpha}$$

$$=\frac{-e-e}{1+(-e)\times e}=\frac{2e}{e^2-1}$$

→ $\tan\alpha=e$, $\tan\beta=-e$

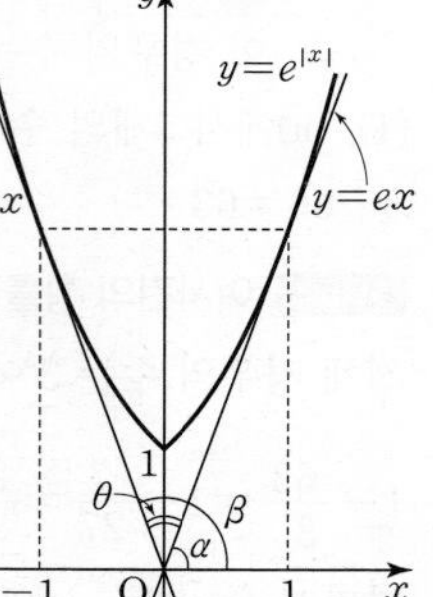

26 [정답률 80%] 정답 ③

Step 1 S_1의 값을 구한다.

부채꼴 $O_1A_1B_1$의 반지름의 길이는 1이고, 중심각의 크기는 $\frac{\pi}{4}$이므로

$S_1=\frac{1}{2}\times1^2\times\frac{\pi}{4}=\frac{\pi}{8}$

→ 반지름의 길이가 r, 중심각의 크기가 θ인 부채꼴의 넓이는 $\frac{1}{2}r^2\theta$

Step 2 닮음비를 이용하여 넓이의 비를 구한다.

→ 두 선분 O_1A_1, O_2A_2가 평행하므로 $\angle A_1O_1B_1$과 엇각으로 그 크기가 같아.

$\angle O_1A_2O_2=\frac{\pi}{4}$이므로 삼각형 $O_1A_2O_2$에서 사인법칙에 의하여

$$\frac{\overline{O_2A_2}}{\sin\frac{\pi}{6}}=\frac{\overline{O_1O_2}}{\sin\frac{\pi}{4}},\quad \frac{\overline{O_2A_2}}{\frac{1}{2}}=\frac{1}{\frac{\sqrt{2}}{2}}\qquad \therefore \overline{O_2A_2}=\frac{1}{\sqrt{2}}$$

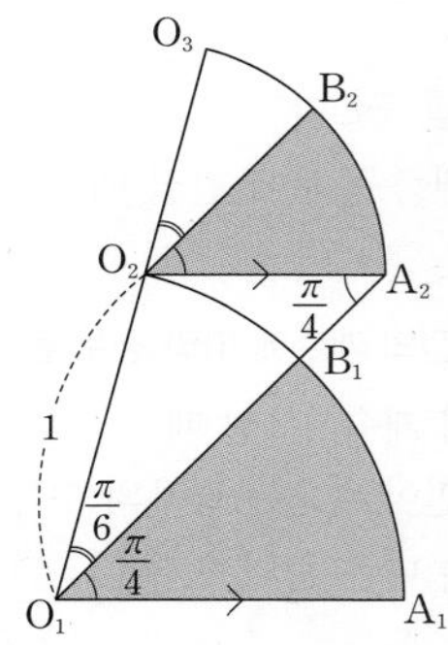

따라서 두 부채꼴 $O_1A_1B_1$, $O_2A_2B_2$의 닮음비는 $1:\frac{1}{\sqrt{2}}$이므로

넓이의 비는 $1:\frac{1}{2}$이다.

→ 닮음비가 $m:n$일 때 넓이의 비는 $m^2:n^2$이야.

Step 3 $\lim_{n\to\infty}S_n$의 값을 구한다.

따라서 S_n은 첫째항이 $\frac{\pi}{8}$이고, 공비가 $\frac{1}{2}$인 등비수열의 첫째항부터 제 n항까지의 합이므로

$$\lim_{n\to\infty}S_n=\frac{\frac{\pi}{8}}{1-\frac{1}{2}}=\frac{\pi}{4}$$

27 [정답률 70%] 정답 ④

Step 1 방정식 $f(x)=g(x)$를 정리한다.

$e^x=k\sin x$에서 $\frac{1}{k}=\frac{\sin x}{e^x}$

$h(x)=\frac{\sin x}{e^x}$라 하면

→ $y=\frac{f(x)}{g(x)}$에서 $y'=\frac{f'(x)g(x)-f(x)g'(x)}{\{g(x)\}^2}$

$$h'(x)=\frac{e^x\cos x-e^x\sin x}{e^{2x}}=\frac{\cos x-\sin x}{e^x}$$

따라서 $x>0$에서 $h'(x)=0$을 만족시키는 x의 값은

→ $\cos x=\sin x$

$x=\frac{\pi}{4}$, $\frac{5}{4}\pi$, $\frac{9}{4}\pi$, $\cdots$

Step 2 함수 $y=h(x)$의 그래프를 좌표평면 위에 나타낸다.

함수 $y=h(x)$의 증가와 감소를 표로 나타내면 다음과 같다.

x	(0)	$\cdots$	$\frac{\pi}{4}$	$\cdots$	$\frac{5}{4}\pi$	$\cdots$
$h'(x)$	1	+	0	−	0	+
$h(x)$	0	↗	$\frac{1}{\sqrt{2}e^{\frac{\pi}{4}}}$	↘	$-\frac{1}{\sqrt{2}e^{\frac{5}{4}\pi}}$	↗

x	$\cdots$	$\frac{9}{4}\pi$	$\cdots$	$\frac{13}{4}\pi$	$\cdots$
$h'(x)$	+	0	−	0	+
$h(x)$	↗	$\frac{1}{\sqrt{2}e^{\frac{9}{4}\pi}}$	↘	$-\frac{1}{\sqrt{2}e^{\frac{13}{4}\pi}}$	↗

따라서 함수 $y=h(x)$의 그래프는 다음과 같다.

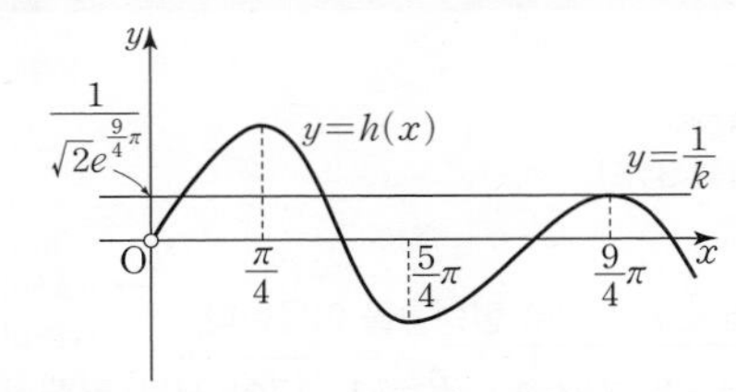

Step 3 조건을 만족시키는 양수 k의 값을 구한다.

방정식 $h(x)=\frac{1}{k}$의 서로 다른 양의 실근의 개수가 3이기 위해서는

직선 $y=\frac{1}{k}$이 $x=\frac{9}{4}\pi$에서 곡선 $y=h(x)$와 접해야 한다.

$\frac{1}{k}=\frac{1}{\sqrt{2}e^{\frac{9}{4}\pi}}$ $\quad\therefore k=\sqrt{2}e^{\frac{9}{4}\pi}$

→ $h\left(\frac{9}{4}\pi\right)$

다른 풀이 두 함수의 그래프가 $2\pi<x<3\pi$에서 접함을 이용하는 풀이

Step 1 두 함수 $y=f(x)$, $y=g(x)$의 그래프가 어떻게 그려지는지 파악한다.

두 함수 $f(x)=e^x$, $g(x)=k\sin x$에 대하여
방정식 $f(x)=g(x)$의 서로 다른 양의 실근의 개수가 3이려면 다음 그림과 같이 두 함수 $y=f(x)$, $y=g(x)$의 그래프가 $2\pi<x<3\pi$인 범위에서 서로 접해야 한다.

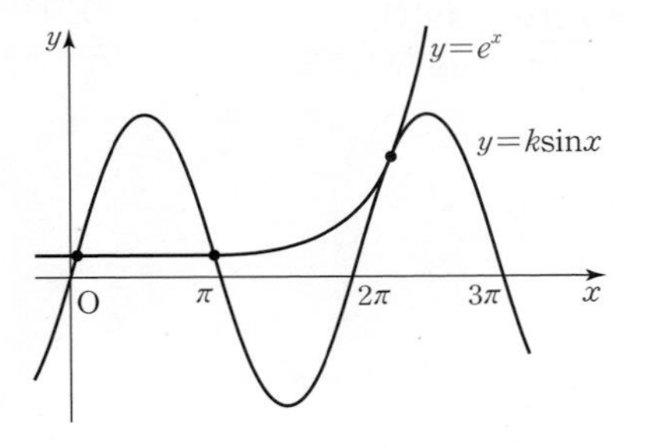

Step 2 두 함수의 그래프가 서로 접함을 이용하여 식을 세운다.

접점의 x좌표를 $\alpha(2\pi<\alpha<3\pi)$라 하면
두 함수 $y=f(x)$, $y=g(x)$의 그래프가 $x=\alpha$에서 만나므로
$f(\alpha)=g(\alpha)$
$\therefore e^{\alpha}=k\sin\alpha$ ...... ㉠
두 함수 $y=f(x)$, $y=g(x)$의 그래프가 $x=\alpha$에서 접하므로
$f'(\alpha)=g'(\alpha)$ → $x=\alpha$에서의 접선의 기울기는 미분계수와 같음을 기억해!
이때 $f'(x)=e^x$, $g'(x)=k\cos x$이므로 $e^{\alpha}=k\cos\alpha$ ...... ㉡

Step 3 구한 두 식을 연립하여 양수 k의 값을 구한다.

㉠, ㉡을 연립하면 $k\sin\alpha=k\cos\alpha$

$\sin\alpha=\cos\alpha$ $\quad\therefore \alpha=\frac{9}{4}\pi$ ($\because 2\pi<\alpha<3\pi$)

이를 ㉠에 대입하면

$e^{\frac{9}{4}\pi}=k\sin\frac{9}{4}\pi=\frac{k}{\sqrt{2}}$ $\quad\therefore k=\sqrt{2}e^{\frac{9}{4}\pi}$

28 [정답률 50%]

정답 ①

Step 1 삼각형 OAP의 넓이 $f(\theta)$를 구한다.

$f(\theta)=\frac{1}{2}\times1\times1\times\sin(\pi-2\theta)=\frac{1}{2}\sin 2\theta$ ($\sin(\pi-2\theta)=\sin 2\theta$)

→ 삼각형의 두 변의 길이가 각각 a, b이고 그 끼인각의 크기가 θ일 때, 삼각형의 넓이는 $\frac{1}{2}ab\sin\theta$

Step 2 선분 PQ의 길이를 θ에 대한 식으로 나타낸다.

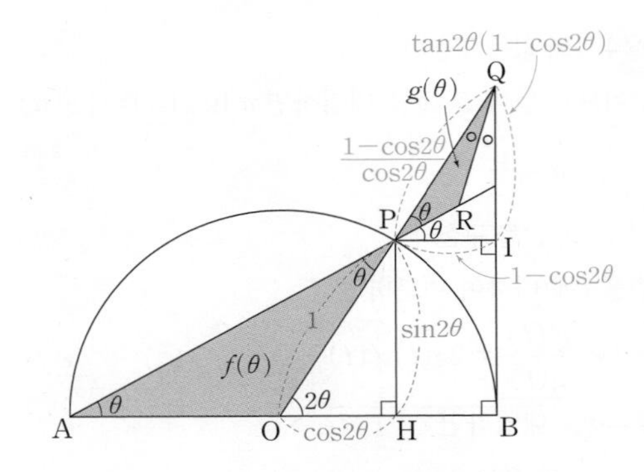

$\angle APO=\angle QPR=\theta$ (맞꼭지각)이므로 점 P에서 두 선분 AB, BQ에 내린 수선의 발을 각각 H, I라 하면
$\angle QPI=\angle POH=2\theta$ (동위각)
즉, 점 R은 삼각형 PIQ의 내심이다. → 점 R에서 꼭짓점에 그은 선분이 각을 이등분해.
이때 $\overline{OH}=\cos 2\theta$, $\overline{PH}=\sin 2\theta$, $\overline{BQ}=\tan 2\theta$이므로
$\overline{PI}=1-\cos 2\theta$, $\overline{QI}=\tan 2\theta-\sin 2\theta=\tan 2\theta(1-\cos 2\theta)$
이고 $\overline{PQ}=\frac{1}{\cos 2\theta}-1=\frac{1-\cos 2\theta}{\cos 2\theta}$

→ $\tan 2\theta$를 공통인수로 묶고, $\tan 2\theta=\frac{\sin 2\theta}{\cos 2\theta}$임을 이용하여 식을 정리했어.

Step 3 내접원의 반지름의 길이를 이용하여 $g(\theta)$를 구한다.

삼각형 PIQ의 내접원의 반지름의 길이를 r이라 하면

$\triangle PIQ=\frac{1}{2}\times(1-\cos 2\theta)\times\tan 2\theta(1-\cos 2\theta)$ → $\frac{1}{2}\times\overline{PI}\times\overline{QI}$

$=\frac{1}{2}\times r\times\left\{\frac{1-\cos 2\theta}{\cos 2\theta}+(1-\cos 2\theta)+\tan 2\theta(1-\cos 2\theta)\right\}$ → $\frac{1}{2}\times r\times(\overline{PQ}+\overline{PI}+\overline{QI})$

$\therefore r=\frac{(1-\cos 2\theta)\sin 2\theta}{1+\sin 2\theta+\cos 2\theta}$

$\therefore g(\theta)=\frac{1}{2}\times\frac{1-\cos 2\theta}{\cos 2\theta}\times\frac{(1-\cos 2\theta)\sin 2\theta}{1+\sin 2\theta+\cos 2\theta}$ (PQ, 내접원의 반지름의 길이)

$=\frac{1}{2}\times\frac{(1-\cos 2\theta)^2\sin 2\theta}{\cos 2\theta(1+\sin 2\theta+\cos 2\theta)}$

$=\frac{1}{2}\times\frac{(1-\cos^2 2\theta)^2\sin 2\theta}{\cos 2\theta(1+\sin 2\theta+\cos 2\theta)(1+\cos 2\theta)^2}$

$=\frac{1}{2}\times\frac{\sin^5 2\theta}{\cos 2\theta(1+\sin 2\theta+\cos 2\theta)(1+\cos 2\theta)^2}$

→ 분모, 분자에 각각 $(1+\cos 2\theta)^2$을 곱했어.

Step 4 극한값을 계산한다.

$\lim_{\theta\to0+}\frac{g(\theta)}{\theta^4\times f(\theta)}$

$=\lim_{\theta\to0+}\frac{\sin^5 2\theta}{\theta^4\times\frac{1}{2}\sin 2\theta\times2\times\cos 2\theta(1+\sin 2\theta+\cos 2\theta)(1+\cos 2\theta)^2}$

$=\lim_{\theta\to0+}\left\{\left(\frac{\sin 2\theta}{2\theta}\right)^4\times16\times\frac{1}{\cos 2\theta(1+\sin 2\theta+\cos 2\theta)(1+\cos 2\theta)^2}\right\}$ → $1\times(1+0+1)\times(1+1)^2$

$=1^4\times16\times\frac{1}{8}=2$

29 [정답률 33%]

정답 17

Step 1 함수 $f(x)$가 $x=k$에서 극대임을 이용한다.

$f(x)=t(\ln x)^2-x^2$에서 $f'(x)=\frac{2t\ln x}{x}-2x=\frac{2t\ln x-2x^2}{x}$ → $(\ln x)'=\frac{1}{x}$

함수 $f(x)$가 $x=k$에서 극대이므로
$2t\ln k-2k^2=0$ $\quad\therefore t\ln k=k^2$ → $f'(k)=0$
이때 실수 k의 값이 $g(t)$이므로 $t\ln g(t)=\{g(t)\}^2$ ...... ㉠

Step 2 실수 a의 값을 구한다.

$g(a)=e^2$이므로 ㉠에 $t=a$를 대입하면 $a\ln g(a)=\{g(a)\}^2$

→ $=\ln e^2=2\ln e=2$

$2a=e^4 \quad \therefore a=\frac{e^4}{2}$

Step 3 $g'(a)$의 값을 구한다.

㉠의 양변을 t에 대하여 미분하면

$\ln g(t)+t\times\frac{g'(t)}{g(t)}=2g(t)g'(t)$ → $\{\ln f(x)\}'=\frac{f'(x)}{f(x)}$

이 식에 $t=a$를 대입하면

$\ln g(a)+a\times\frac{g'(a)}{g(a)}=2g(a)g'(a)$ → $\ln e^2=2\ln e=2$

$2+\frac{e^4}{2}\times\frac{g'(a)}{e^2}=2e^2g'(a)$ → $2+\frac{e^2}{2}g'(a)=2e^2g'(a)$

$\frac{3}{2}e^2g'(a)=2 \quad \therefore g'(a)=\frac{4}{3e^2}$

$\therefore a\times\{g'(a)\}^2=\frac{e^4}{2}\times\left(\frac{4}{3e^2}\right)^2=\frac{e^4}{2}\times\frac{16}{9e^4}=\frac{8}{9}$

따라서 $p=9$, $q=8$이므로 $p+q=17$이다.

30 [정답률 11%] 정답 11

Step 1 두 함수의 그래프의 교점의 좌표를 이용하여 $f(t)$를 나타낸다.

곡선 $y=\ln(1+e^{2x}-e^{-2t})$과 직선 $y=x+t$의 두 교점의 좌표를 각각 $(\alpha, \alpha+t)$, $(\beta, \beta+t)(\alpha<\beta)$라 하면

$f(t)=\sqrt{(\beta-\alpha)^2+\{(\beta+t)-(\alpha+t)\}^2}=\sqrt{2}(\beta-\alpha)$

→ $=\sqrt{(\beta-\alpha)^2+(\beta-\alpha)^2}=\sqrt{2(\beta-\alpha)^2}=\sqrt{2}(\beta-\alpha)$

Step 2 근의 공식을 이용하여 α, β의 값을 구한다.

α, β는 방정식 $\ln(1+e^{2x}-e^{-2t})=x+t$의 서로 다른 두 실근이므로 $\ln(1+e^{2x}-e^{-2t})=x+t$에서

$1+e^{2x}-e^{-2t}=e^{x+t}$ → $=e^x\times e^t$

$e^{2x}-e^t\times e^x+1-e^{-2t}=0$

$e^x=X(X>0)$로 놓으면 → 계산을 간단히 하기 위해 e^x을 X로 치환했어.

$X^2-e^tX+1-e^{-2t}=0$

이차방정식의 근의 공식에 의하여

$X=\frac{e^t\pm\sqrt{e^{2t}-4(1-e^{-2t})}}{2}$

$=\frac{e^t\pm\sqrt{e^{2t}-4+4e^{-2t}}}{2}$

$=\frac{e^t\pm\sqrt{(e^t-2e^{-t})^2}}{2}$

이때 $t>\frac{1}{2}\ln 2$인 실수 t에 대하여 $e^t-2e^{-t}>0$이므로

$X=\frac{e^t\pm(e^t-2e^{-t})}{2} \quad \therefore X=e^{-t}$ 또는 $X=e^t-e^{-t}$

이때 $\alpha<\beta$이므로

$e^\alpha=e^{-t}$에서 $\alpha=-t$

$e^\beta=e^t-e^{-t}$에서 $\beta=\ln(e^t-e^{-t})$ → $\ln(e^\beta)=\beta\ln e=\beta$

Step 3 $f(t)$를 구한다.

$\beta-\alpha=\ln(e^t-e^{-t})+t$이므로

$f(t)=\sqrt{2}(\beta-\alpha)=\sqrt{2}\{\ln(e^t-e^{-t})+t\}$

Step 4 $f'(\ln 2)$의 값을 구한다.

$f'(t)=\sqrt{2}\times\left(\frac{e^t+e^{-t}}{e^t-e^{-t}}+1\right)$이므로 ← $(e^t-e^{-t})'$

$f'(\ln 2)=\sqrt{2}\times\left(\frac{e^{\ln 2}+e^{-\ln 2}}{e^{\ln 2}-e^{-\ln 2}}+1\right)$

→ $e^{-\ln 2}=e^{\ln\frac{1}{2}}=\left(\frac{1}{2}\right)^{\ln e}=\frac{1}{2}$

$=\sqrt{2}\times\left(\frac{2+\frac{1}{2}}{2-\frac{1}{2}}+1\right)$

$=\sqrt{2}\times\left(\frac{5}{3}+1\right)=\frac{8}{3}\sqrt{2}$

따라서 $p=3$, $q=8$이므로 $p+q=11$

기하

23 [정답률 94%] 정답 ②

Step 1 두 벡터 $\vec{a}$, $\vec{b}$가 서로 평행함을 이용한다. → $\vec{a}\,/\!/\,\vec{b}$이면 $\vec{a}=t\vec{b}$ (t는 0이 아닌 실수)

두 벡터 $\vec{a}=(k+3, 3k-1)$, $\vec{b}=(1, 1)$이 서로 평행하므로 0이 아닌 실수 t에 대하여 $\vec{a}=t\vec{b}$

$(k+3, 3k-1)=t(1, 1)$에서 $k+3=t$, $3k-1=t$이므로

$k+3=3k-1$, $2k=4 \quad \therefore k=2$

24 [정답률 88%] 정답 ⑤

Step 1 타원의 접선의 방정식을 구한다.

타원 $\frac{x^2}{8}+\frac{y^2}{4}=1$ 위의 점 $(2, \sqrt{2})$에서의 접선의 방정식은

→ 타원 $\frac{x^2}{a^2}+\frac{y^2}{b^2}=1$ 위의 점 (x_1, y_1)에서의 접선의 방정식은 $\frac{x_1x}{a^2}+\frac{y_1y}{b^2}=1$

$\frac{2x}{8}+\frac{\sqrt{2}y}{4}=1 \quad \therefore y=-\frac{\sqrt{2}}{2}x+2\sqrt{2}$

따라서 접선의 x절편은 4이다. → $y=0$일 때의 x의 값

25 [정답률 84%] 정답 ①

Step 1 점 P가 나타내는 도형이 무엇인지 알아본다.

$|\overrightarrow{OP}-\overrightarrow{OA}|=|\overrightarrow{AB}|$에서 $|\overrightarrow{AP}|=|\overrightarrow{AB}|$

이때 $\overline{AB}=\sqrt{(-3-1)^2+(5-2)^2}=5$이므로 $|\overrightarrow{AP}|=5$ → $|\overrightarrow{AB}|=5$

따라서 점 P가 나타내는 도형은 점 A를 중심으로 하고 반지름의 길이가 5인 원이므로 그 길이는 10π이다.

26 [정답률 77%] 정답 ②

Step 1 $\overrightarrow{AE}+\overrightarrow{BC}$를 변형한다.

두 선분 AD와 BE의 교점을 O라 하고 선분 OE의 중점을 M이라 하자.

→ 길이가 같고 방향도 같아야 해.

$\overrightarrow{BC}=\overrightarrow{AO}$이므로 $\overrightarrow{AE}+\overrightarrow{BC}=\overrightarrow{AE}+\overrightarrow{AO}=2\overrightarrow{AM}$

Step 2 코사인법칙을 이용하여 선분 AM의 길이를 구한다.

삼각형 AOM에서 코사인법칙에 의하여 → 정육각형이므로 각도를 알 수 있어.

$\overline{AM}^2=\overline{AO}^2+\overline{OM}^2-2\times\overline{AO}\times\overline{OM}\times\cos 120°$

$=1^2+\left(\frac{1}{2}\right)^2-2\times1\times\frac{1}{2}\times\left(-\frac{1}{2}\right)$

$=\frac{7}{4}$

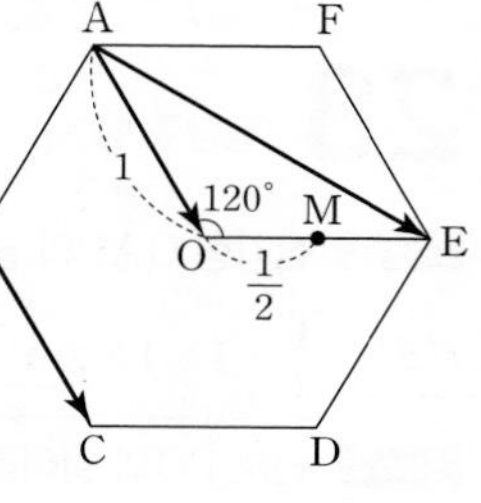

$\therefore \overline{AM}=\frac{\sqrt{7}}{2}$ ($\because \overline{AM}>0$)

$\therefore |\overrightarrow{AE}+\overrightarrow{BC}|=2\overline{AM}=2\times\frac{\sqrt{7}}{2}=\sqrt{7}$ → $=|\overrightarrow{AM}|$

27 [정답률 55%] 정답 ③

Step 1 A_1, A_2의 값을 각각 구한다.

점 P(4, k)는 쌍곡선 $\frac{x^2}{a^2}-\frac{y^2}{b^2}=1$ 위의 점이므로

$\frac{16}{a^2}-\frac{k^2}{b^2}=1$ ⋯⋯ ㉠ (쌍곡선의 방정식에 $x=4$, $y=k$를 대입했어.)

쌍곡선 위의 점 P에서 그은 접선의 방정식은

$\frac{4x}{a^2}-\frac{ky}{b^2}=1$

이때 두 점 Q, R은 각각 접선의 x절편, y절편이므로 두 점 Q, R의 좌표는 각각 Q$\left(\frac{a^2}{4}, 0\right)$, R$\left(0, -\frac{b^2}{k}\right)$ ($\frac{4x}{a^2}=1$에서 $x=\frac{a^2}{4}$, $-\frac{ky}{b^2}=1$에서 $y=-\frac{b^2}{k}$)

따라서 삼각형 QOR의 넓이는 $A_1=\frac{1}{2}\times\frac{a^2}{4}\times\frac{b^2}{k}=\frac{a^2b^2}{8k}$이고, 삼각형 PRS의 넓이는 $A_2=\frac{1}{2}\times k\times 4=2k$ ($\frac{a^2}{4}$ → $\overline{OQ}$, $\frac{b^2}{k}$ → $\overline{OR}$, k → $\overline{PS}$, 4 → $\overline{OS}$)

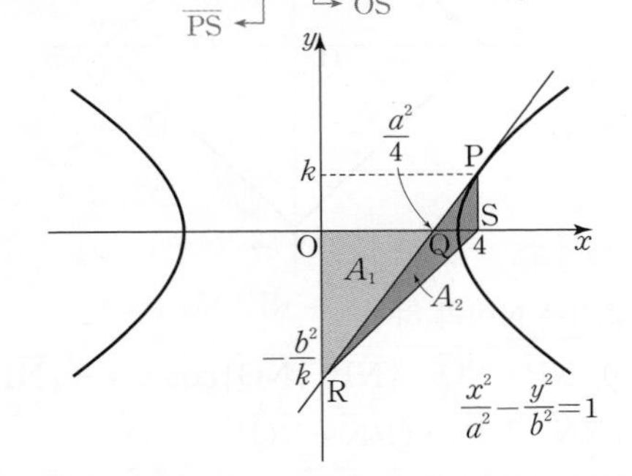

Step 2 $A_1 : A_2=9 : 4$임을 이용하여 쌍곡선의 주축의 길이를 구한다.

$A_1 : A_2=9 : 4$이므로 $\frac{a^2b^2}{8k} : 2k=9 : 4$ ∴ $36k^2=a^2b^2$ ⋯⋯ ㉡ ($\frac{a^2b^2}{8k}\times 4=2k\times 9$, $b^2=\frac{36k^2}{a^2}$)

㉠, ㉡을 연립하면

$\frac{16}{a^2}-\frac{k^2}{\frac{36k^2}{a^2}}=1$, $\frac{16}{a^2}-\frac{a^2}{36}=1$

$a^4+36a^2-16\times 36=0$, $(a^2-12)(a^2+48)=0$

∴ $a^2=12$

따라서 쌍곡선의 주축의 길이는 $2\times 2\sqrt{3}=4\sqrt{3}$이다. ($2|a|$)

28 [정답률 67%] 정답 ③

Step 1 도형을 좌표평면 위에 나타낸다.

다음 그림과 같이 타원의 중심을 원점으로 하고 장축이 x축 위에 놓이도록 주어진 도형을 좌표평면 위에 나타내자.

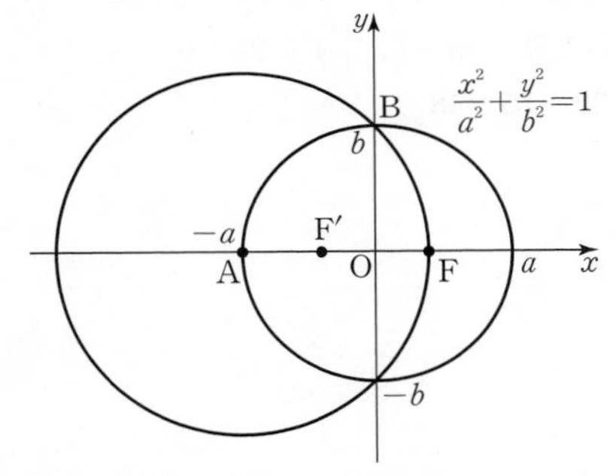

타원의 장축의 길이가 $2a$이므로 타원의 방정식을

$\frac{x^2}{a^2}+\frac{y^2}{b^2}=1$ $(b>0)$이라 하면 두 초점의 좌표는 (초점의 좌표를 $(c, 0)$, $(-c, 0)$ $(c>0)$이라 하면 $c^2=a^2-b^2$)

F′$(-\sqrt{a^2-b^2}, 0)$, F$(\sqrt{a^2-b^2}, 0)$

주어진 타원이 x축의 음의 방향과 만나는 점을 A, y축의 양의 방향과 만나는 점을 B라 하면 두 점 A, B의 좌표는 각각 A$(-a, 0)$, B$(0, b)$이다.

Step 2 상수 a의 값을 구한다.

점 A를 중심으로 하고 두 점 B와 F를 지나는 원의 반지름의 길이는 1이므로

$\overline{AB}=1$에서 $\sqrt{a^2+b^2}=1$ ∴ $b^2=1-a^2$ ⋯⋯ ㉠

$\overline{AF}=1$에서 $\sqrt{a^2-b^2}+a=1$ ⋯⋯ ㉡ ($a^2+b^2=1$, 점 F의 x좌표에서 점 A의 x좌표를 뺐어.)

㉠을 ㉡에 대입하여 정리하면

$\sqrt{a^2-(1-a^2)}=1-a$

$2a^2-1=1-2a+a^2$

$a^2+2a-2=0$

∴ $a=\sqrt{3}-1$ (∵ $a>0$) (근의 공식을 이용했어.)

29 [정답률 24%] 정답 80

Step 1 포물선 $y^2=8x$와 직선 $y=2x-4$의 두 교점의 좌표를 각각 구한다.

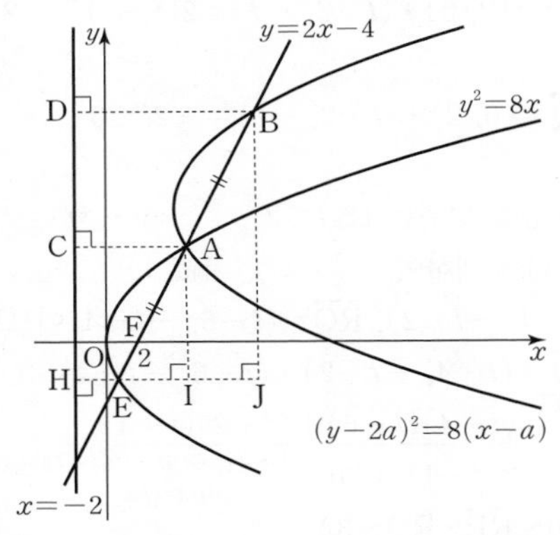

직선 $y=2x-4$가 포물선 $y^2=8x$와 만나는 점 중 A가 아닌 점을 E, x축과 만나는 점을 F라 하고, 점 E에서 직선 $x=-2$에 내린 수선의 발을 H, 두 점 A, B에서 직선 HE에 내린 수선의 발을 각각 I, J라 하자.

점 F의 좌표는 F(2, 0)이므로 포물선 $y^2=8x$의 초점과 일치한다. ($2x-4=0$에서 $x=2$, 포물선 $y^2=4px$의 초점의 좌표는 $(p, 0)$이야.)

연립방정식 $\begin{cases} y^2=8x \\ y=2x-4 \end{cases}$에서 $y^2=8\times\frac{y+4}{2}$ ($2x=y+4$, $x=\frac{y+4}{2}$)

$y^2-4y-16=0$ ∴ $y=2\pm2\sqrt{5}$

따라서 두 점 A, E의 좌표는 각각 A$(3+\sqrt{5}, 2+2\sqrt{5})$, E$(3-\sqrt{5}, 2-2\sqrt{5})$이다. ($y=2+2\sqrt{5}$일 때, $x=3+\sqrt{5}$, $y=2-2\sqrt{5}$일 때, $x=3-\sqrt{5}$)

Step 2 포물선의 정의를 이용하여 $\overline{AC}+\overline{BD}-\overline{AB}$의 값을 구한다.

포물선 $(y-2a)^2=8(x-a)$는 포물선 $y^2=8x$를 x축의 방향으로 a만큼, y축의 방향으로 $2a$만큼 평행이동한 것이므로 $\overline{AB}=\overline{AE}$ ($(y-2a)^2=8(x-a)$, $y^2=8(x-a)$)

포물선의 정의에 의하여

$\overline{AC}+\overline{BD}-\overline{AB}$

$=\overline{AC}+\overline{BD}-\overline{AE}$

$=\overline{AC}+\overline{BD}-(\overline{AF}+\overline{EF})$

$=\overline{AC}+\overline{BD}-(\overline{AC}+\overline{EH})$ (포물선의 정의에 의하여 $\overline{AF}=\overline{AC}$, $\overline{EF}=\overline{EH}$야.)

$=\overline{BD}-\overline{EH}$

$=\overline{EJ}$

$=2\times\overline{EI}$ ($\overline{AB}=\overline{AE}$이므로 $\overline{IJ}=\overline{EI}$야.)

$=2\times\{(3+\sqrt{5})-(3-\sqrt{5})\}$

$=4\sqrt{5}$

따라서 $k=4\sqrt{5}$이므로 $k^2=80$

30 [정답률 8%] 정답 48

Step 1 $\overrightarrow{PQ}\cdot\overrightarrow{AB}=0$일 때, $\overrightarrow{RP}\cdot\overrightarrow{RQ}$의 값의 범위를 구한다.

조건 (가)에서 $\overrightarrow{PQ}\cdot\overrightarrow{AB}=0$ 또는 $\overrightarrow{PQ}\cdot\overrightarrow{AD}=0$

(i) $\overrightarrow{PQ}\cdot\overrightarrow{AB}=0$, 즉 $\overline{PQ}\perp\overline{AB}$인 경우 (내적이 0이라는 건 두 선분이 수직이라는 의미야.)

두 조건 (나), (다)에서 $\overrightarrow{OB}\cdot\overrightarrow{OP}\geq 0$, $\overrightarrow{OB}\cdot\overrightarrow{OQ}\leq 0$이므로 그림과 같이 점 P는 선분 AB 위의 점이고 점 Q는 선분 CD 위의 점이다.

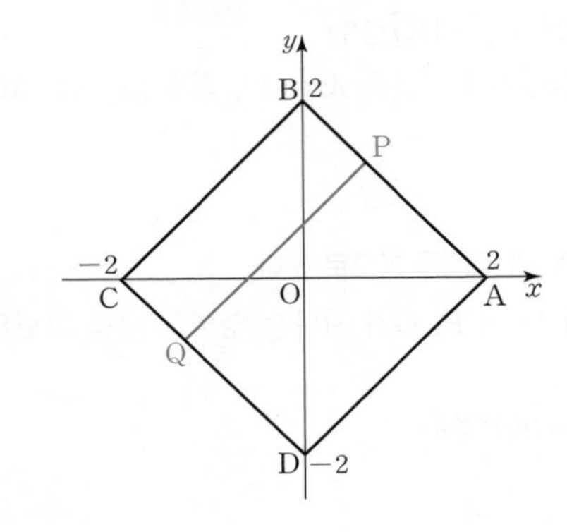

9회 2022 6월 모의평가

점 P의 좌표를 $P(t,\ 2-t)$ $(0\le t\le 2)$라 하면 점 Q의 좌표는 $Q(t-2,\ -t)$이다.

점 P는 직선 $y=-x+2$ 위의 점이야.

두 점 P, Q는 직선 $y=-x$에 대하여 대칭이야.

조건 (나)에서

$\overrightarrow{OA}\cdot\overrightarrow{OP}=(2,\ 0)\cdot(t,\ 2-t)=2t\ge -2$

$\therefore t\ge -1$ …… ㉠

$\overrightarrow{OB}\cdot\overrightarrow{OP}=(0,\ 2)\cdot(t,\ 2-t)=2(2-t)\ge 0$

$(x_1, y_1)\cdot(x_2, y_2)=x_1x_2+y_1y_2$

$\therefore t\le 2$ …… ㉡

조건 (다)에서

$\overrightarrow{OA}\cdot\overrightarrow{OQ}=(2,\ 0)\cdot(t-2,\ -t)=2(t-2)\ge -2$

$\therefore t\ge 1$ …… ㉢

$\overrightarrow{OB}\cdot\overrightarrow{OQ}=(0,\ 2)\cdot(t-2,\ -t)=-2t\le 0$

$\therefore t\ge 0$ …… ㉣

㉠~㉣의 공통 범위는 $1\le t\le 2$ …… ㉤

점 $R(4,\ 4)$에 대하여

$\overrightarrow{RP}=(t-4,\ -t-2)$, $\overrightarrow{RQ}=(t-6,\ -t-4)$이므로 ($=\overrightarrow{OQ}-\overrightarrow{OR}$)

$\overrightarrow{RP}\cdot\overrightarrow{RQ}=(t-4,\ -t-2)\cdot(t-6,\ -t-4)$ ($\overrightarrow{RP}=\overrightarrow{OP}-\overrightarrow{OR}$)

$=(t-4)(t-6)+(t+2)(t+4)$

$(t^2-10t+24)+(t^2+6t+8)=2t^2-4t+32$

$=2(t-1)^2+30$

㉤에서 $30\le\overrightarrow{RP}\cdot\overrightarrow{RQ}\le 32$ ($t=1$일 때, $t=2$일 때)

Step 2 $\overrightarrow{PQ}\cdot\overrightarrow{AD}=0$일 때, $\overrightarrow{RP}\cdot\overrightarrow{RQ}$의 값의 범위를 구한다.

(ii) $\overrightarrow{PQ}\cdot\overrightarrow{AD}=0$, 즉 $\overline{PQ}\perp\overline{AD}$인 경우

두 조건 (나), (다)에서 $\overrightarrow{OB}\cdot\overrightarrow{OP}\ge 0$, $\overrightarrow{OB}\cdot\overrightarrow{OQ}\le 0$이므로 다음 그림과 같이 점 P는 선분 BC 위의 점이고 점 Q는 선분 AD 위의 점이다.

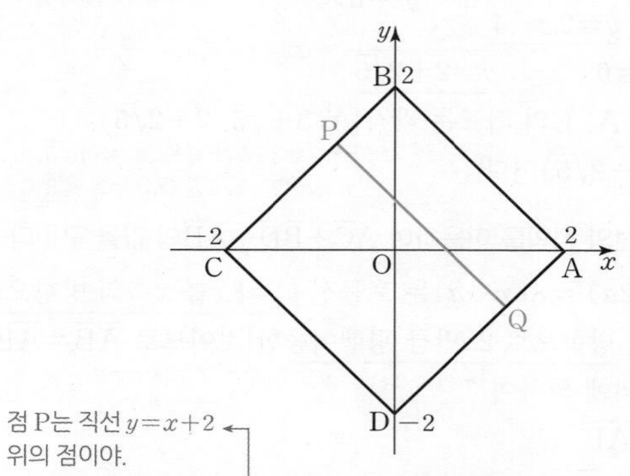

점 P는 직선 $y=x+2$ 위의 점이야.

점 P의 좌표를 $P(t,\ t+2)$ $(-2\le t\le 0)$라 하면

점 Q의 좌표는 $Q(t+2,\ t)$

두 점 P, Q는 직선 $y=x$에 대하여 대칭이야.

조건 (나)에서

$\overrightarrow{OA}\cdot\overrightarrow{OP}=(2,\ 0)\cdot(t,\ t+2)=2t\ge -2$

$\therefore t\ge -1$ …… ㉥

$\overrightarrow{OB}\cdot\overrightarrow{OP}=(0,\ 2)\cdot(t,\ t+2)=2(t+2)\ge 0$

$\therefore t\ge -2$ …… ㉦

조건 (다)에서

$\overrightarrow{OA}\cdot\overrightarrow{OQ}=(2,\ 0)\cdot(t+2,\ t)=2(t+2)\ge -2$

$\therefore t\ge -3$ …… ㉧

$\overrightarrow{OB}\cdot\overrightarrow{OQ}=(0,\ 2)\cdot(t+2,\ t)=2t\le 0$

$\therefore t\le 0$ …… ㉨

㉥~㉨의 공통 범위는 $-1\le t\le 0$ …… ㉩

점 $R(4,\ 4)$에 대하여

$\overrightarrow{RP}=(t-4,\ t-2)$, $\overrightarrow{RQ}=(t-2,\ t-4)$이므로 ($=\overrightarrow{OQ}-\overrightarrow{OR}$)

$\overrightarrow{RP}\cdot\overrightarrow{RQ}=(t-4,\ t-2)\cdot(t-2,\ t-4)$ ($\overrightarrow{RP}=\overrightarrow{OP}-\overrightarrow{OR}$)

$=(t-4)(t-2)+(t-2)(t-4)$

$2(t-4)(t-2)=2(t^2-6t+8)$

$=2(t-3)^2-2$

㉩에서 $16\le\overrightarrow{RP}\cdot\overrightarrow{RQ}\le 30$ ($t=0$일 때, $t=-1$일 때)

(i), (ii)에서 $16\le\overrightarrow{RP}\cdot\overrightarrow{RQ}\le 32$

따라서 $\overrightarrow{RP}\cdot\overrightarrow{RQ}$의 최댓값은 $M=32$, 최솟값은 $m=16$이므로

$M+m=48$

다른 풀이 선분 PQ의 중점을 이용하는 풀이

Step 1 선분 PQ의 중점을 N으로 둔다.

위의 풀이에서 두 점 P, Q가 지나는 영역은 다음 그림의 파란색 선분 위이다.

(i) $\overrightarrow{PQ}\cdot\overrightarrow{AB}=0$인 경우

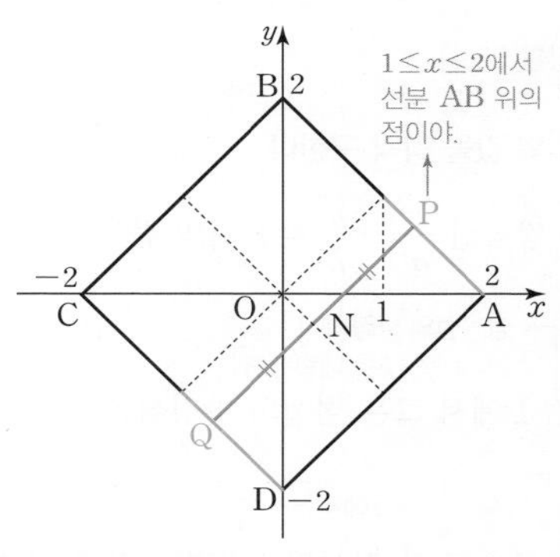

(ii) $\overrightarrow{PQ}\cdot\overrightarrow{AD}=0$인 경우

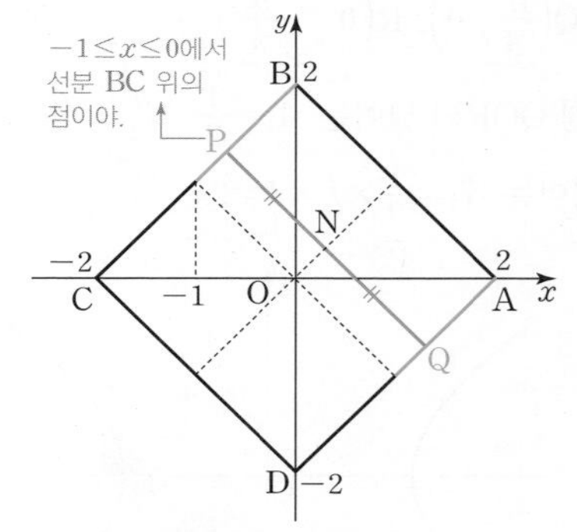

선분 PQ의 중점을 N이라 하면 ($\overline{NP}=\overline{NQ}$)

$\overrightarrow{NP}+\overrightarrow{NQ}=0$, $\overrightarrow{NP}\cdot\overrightarrow{NQ}=|\overrightarrow{NP}||\overrightarrow{NQ}|\cos\pi=-|\overrightarrow{NP}|^2$

$\overrightarrow{RP}\cdot\overrightarrow{RQ}=(\overrightarrow{RN}+\overrightarrow{NP})\cdot(\overrightarrow{RN}+\overrightarrow{NQ})$

$=\overrightarrow{RN}\cdot\overrightarrow{RN}+\overrightarrow{RN}\cdot\overrightarrow{NQ}+\overrightarrow{NP}\cdot\overrightarrow{RN}+\overrightarrow{NP}\cdot\overrightarrow{NQ}$

$=|\overrightarrow{RN}|^2+\overrightarrow{RN}\cdot(\overrightarrow{NQ}+\overrightarrow{NP})+\overrightarrow{NP}\cdot\overrightarrow{NQ}$ ($\overrightarrow{NQ}+\overrightarrow{NP}=0$, $\overrightarrow{NP}\cdot\overrightarrow{NQ}=-|\overrightarrow{NP}|^2$)

$=|\overrightarrow{RN}|^2-|\overrightarrow{NP}|^2$

이때 $\overline{PQ}=2\sqrt{2}$이므로 $\overline{NP}=\frac{1}{2}\overline{PQ}=\sqrt{2}$

$\therefore \overrightarrow{RP}\cdot\overrightarrow{RQ}=|\overrightarrow{RN}|^2-2$

즉, $\overrightarrow{RP}\cdot\overrightarrow{RQ}$의 최댓값과 최솟값은 선분 RN의 길이의 최댓값과 최솟값에 의하여 결정된다.

-2는 변하지 않기 때문이야.

Step 2 $\overrightarrow{RP}\cdot\overrightarrow{RQ}$의 최댓값을 구한다.

선분 RN의 길이가 최대일 때의 두 점 P, Q의 좌표는 각각 $P(2,\ 0)$, $Q(0,\ -2)$이므로 점 N의 좌표는 $N(1,\ -1)$

따라서 $\overline{RN}=\sqrt{(4-1)^2+(4+1)^2}=\sqrt{34}$이므로

$\overrightarrow{RP}\cdot\overrightarrow{RQ}$의 최댓값은 $M=(\sqrt{34})^2-2=32$

Step 3 $\overrightarrow{RP}\cdot\overrightarrow{RQ}$의 최솟값을 구한다.

점 R은 정점이므로 선분 PQ를 움직여가며 언제 선분 RN의 길이가 최소가 되는지 확인한다.

선분 RN의 길이가 최소일 때의 두 점 P, Q의 좌표는 각각 $P(0,\ 2)$, $Q(2,\ 0)$이므로 점 N의 좌표는 $N(1,\ 1)$

따라서 $\overline{RN}=\sqrt{(4-1)^2+(4-1)^2}=\sqrt{18}$이므로

$\overrightarrow{RP}\cdot\overrightarrow{RQ}$의 최솟값은 $m=(\sqrt{18})^2-2=16$

$\therefore M+m=32+16=48$

본문 121쪽

10회 2023학년도 대학수학능력시험 6월 모의평가 정답과 해설

1	①	2	②	3	④	4	②	5	③
6	⑤	7	④	8	③	9	⑤	10	③
11	⑤	12	③	13	①	14	④	15	②
16	6	17	15	18	3	19	2	20	13
21	426	22	19						
확률과 통계				23	②	24	①	25	④
26	②	27	③	28	④	29	115	30	9
미적분				23	①	24	①	25	②
26	②	27	③	28	⑤	29	50	30	16
기하				23	③	24	②	25	②
26	⑤	27	④	28	①	29	23	30	8

01 [정답률 93%] 정답 ①

Step 1 지수법칙을 이용하여 계산한다.

$(-\sqrt{2})^4\times 8^{-\frac{2}{3}}=(\sqrt{2})^4\times(2^3)^{-\frac{2}{3}}$ ← $(-1)^4\times(\sqrt{2})^4$

$=\left(2^{\frac{1}{2}}\right)^4\times(2^3)^{-\frac{2}{3}}$

$=2^2\times 2^{-2}$

$=2^0=1$ ← $2^{2+(-2)}$

02 [정답률 93%] 정답 ②

Step 1 $f'(2)$의 값을 구한다.

$f(x)=x^3+9$에서 $f'(x)=3x^2$

$\therefore \lim_{h\to 0}\frac{f(2+h)-f(2)}{h}=f'(2)=3\times 2^2=12$

→ $\lim_{h\to 0}\frac{f(a+h)-f(a)}{h}=f'(a)$

03 [정답률 92%] 정답 ④

Step 1 $\cos\theta$, $\sin^2\theta$의 값을 각각 구한다.

$\cos^2\theta=\frac{4}{9}$이고 $\frac{\pi}{2}<\theta<\pi$일 때 $\cos\theta<0$이므로 $\cos\theta=-\frac{2}{3}$

또한 $\sin^2\theta=1-\cos^2\theta=\frac{5}{9}$이므로 → $\sin^2\theta+\cos^2\theta=1$

$\sin^2\theta+\cos\theta=\frac{5}{9}+\left(-\frac{2}{3}\right)=-\frac{1}{9}$

04 [정답률 93%] 정답 ②

Step 1 함수의 좌극한, 우극한을 구한다.

$x\to 0-$일 때 $f(x)\to -2$, $x\to 1+$일 때 $f(x)\to 1$이므로

$\lim_{x\to 0-}f(x)+\lim_{x\to 1+}f(x)=-2+1=-1$

→ 함수의 그래프에서 y의 값이 어디에 가까워지는지 살펴본다.

05 [정답률 93%] 정답 ③

Step 1 등비수열 $\{a_n\}$의 공비를 구한다.

등비수열 $\{a_n\}$의 공비를 r $(r>0)$이라 하면 $a_1=\frac{1}{4}$이므로

→ 모든 항이 양수이므로 공비도 양수이어야 한다.

$a_2+a_3=\frac{1}{4}r+\frac{1}{4}r^2=\frac{3}{2}$ ($a_2=a_1r$, $a_3=a_1r^2$)

$r^2+r-6=(r+3)(r-2)=0$

$\therefore r=2$ $(\because r>0)$

$\therefore a_6+a_7=a_1r^5+a_1r^6=\frac{1}{4}\times 2^5+\frac{1}{4}\times 2^6=24$

06 [정답률 83%] 정답 ⑤

Step 1 $x=-1$에서 함수 $|f(x)|$가 연속임을 이용한다.

함수 $|f(x)|$가 실수 전체의 집합에서 연속이므로 $x=-1$, $x=3$에서도 연속이어야 한다.

→ $x=-1$, $x=3$을 경계로 함수 $f(x)$의 식이 달라지기 때문이다.

(i) 함수 $|f(x)|$가 $x=-1$에서 연속일 때,

$\lim_{x\to -1-}|f(x)|=\lim_{x\to -1+}|f(x)|=|f(-1)|$

$\lim_{x\to -1-}|f(x)|=\lim_{x\to -1-}|x+a|=|-1+a|$

$\lim_{x\to -1+}|f(x)|=\lim_{x\to -1+}|x|=|-1|=1$이므로 $|-1+a|=1$

→ $a-1=\pm 1$, $a=0$ 또는 $a=2$

$\therefore a=2$ $(\because a>0)$

Step 2 $x=3$에서 함수 $|f(x)|$가 연속임을 이용한다.

(ii) 함수 $|f(x)|$가 $x=3$에서 연속일 때,

$\lim_{x\to 3-}|f(x)|=\lim_{x\to 3+}|f(x)|=|f(3)|$

$\lim_{x\to 3-}|f(x)|=\lim_{x\to 3-}|x|=3$

$\lim_{x\to 3+}|f(x)|=\lim_{x\to 3+}|bx-2|=|3b-2|$

$|f(3)|=|3b-2|$이므로 $|3b-2|=3$

→ $3b-2=\pm 3$, $b=-\frac{1}{3}$ 또는 $b=\frac{5}{3}$

$\therefore b=\frac{5}{3}$ $(\because b>0)$

(i), (ii)에 의하여 $a+b=2+\frac{5}{3}=\frac{11}{3}$

알아야 할 기본개념

함수의 연속

함수 $y=f(x)$가 다음 세 조건을 모두 만족하면 함수 $f(x)$는 $x=a$에서 연속이라 한다.

① $x=a$에서 함숫값 $f(a)$가 정의되고

② $\lim_{x\to a}f(x)$가 존재하며

③ $\lim_{x\to a}f(x)=f(a)$이다.

07 [정답률 81%] 정답 ④

Step 1 닫힌구간 $[0, \pi]$에서 함수 $f(x)$의 최댓값과 최솟값을 각각 구한다.

함수 $y=f(x)$의 그래프는 다음과 같다.

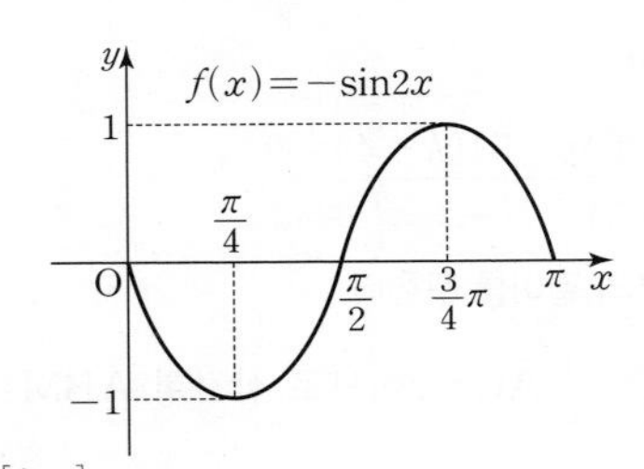

→ 닫힌구간 $[0, \pi]$

$0\le x\le\pi$에서 함수 $f(x)$는

$x=\frac{\pi}{4}$일 때 최솟값 $f\left(\frac{\pi}{4}\right)=-\sin\frac{\pi}{2}=-1$, ($b$)

$x=\frac{3}{4}\pi$일 때 최댓값 $f\left(\frac{3}{4}\pi\right)=-\sin\frac{3}{2}\pi=1$ (a) ← $-(-1)$

을 갖는다.

Step 2 두 점 $(a, f(a))$, $(b, f(b))$를 지나는 직선의 기울기를 구한다.

따라서 $a=\frac{3}{4}\pi$, $b=\frac{\pi}{4}$이므로 두 점 $\left(\frac{3}{4}\pi, 1\right)$, $\left(\frac{\pi}{4}, -1\right)$을 지나는 직선의 기울기는

$\frac{1-(-1)}{\frac{3}{4}\pi-\frac{\pi}{4}}=\frac{2}{\frac{\pi}{2}}=\frac{4}{\pi}$

→ 두 점 (x_1, y_1), (x_2, y_2)를 지나는 직선의 기울기는 $\frac{y_1-y_2}{x_1-x_2}$

08 [정답률 73%]

정답 ③

Step 1 평균값의 정리를 이용하여 $f(5)$의 최솟값을 구한다.

함수 $f(x)$는 닫힌구간 $[1, 5]$에서 연속이고 열린구간 $(1, 5)$에서 미분가능하므로 평균값의 정리에 의하여 (함수 $f(x)$는 실수 전체의 집합에서 미분가능하므로 연속이기도 하다.)

$\dfrac{f(5)-f(1)}{5-1}=f'(c)$ ($\dfrac{f(5)-3}{4}$)

를 만족시키는 상수 c가 열린구간 $(1, 5)$에 적어도 하나 존재한다.

조건 (나)에 의하여 $f'(c)\geq 5$이므로 ($1<c<5$이므로 $x=c$는 조건 (나)를 만족시킨다.)

$\dfrac{f(5)-3}{4}\geq 5$ $\quad\therefore f(5)\geq 23$

따라서 $f(5)$의 최솟값은 23이다.

09 [정답률 85%]

정답 ⑤

Step 1 $h(x)=f(x)-g(x)$라 하고 $h(x)\geq 0$이 성립할 조건을 찾는다.

$h(x)=f(x)-g(x)$라 하면 $h(x)=x^3-x^2-x+6-a$

이때 $x\geq 0$인 모든 실수 x에 대하여 부등식 $h(x)\geq 0$이 성립하려면 $x\geq 0$에서 함수 $h(x)$의 최솟값이 0 이상이어야 한다. (최솟값이 0 이상이면 모든 함숫값이 0 이상이다.)

$h'(x)=3x^2-2x-1=(3x+1)(x-1)$

이므로 $h'(x)=0$일 때 $x=-\dfrac{1}{3}$ 또는 $x=1$

Step 2 함수 $h(x)$의 최솟값을 이용하여 a의 최댓값을 구한다.

$x\geq 0$에서 함수 $h(x)$의 증가와 감소를 표로 나타내면 다음과 같다.

x	0	$\cdots$	1	$\cdots$
$h'(x)$		$-$	0	$+$
$h(x)$	$6-a$	↘	$5-a$	↗

따라서 $x\geq 0$에서 함수 $h(x)$의 최솟값은 $5-a$이다. ($h(1)$)

$5-a\geq 0$에서 $a\leq 5$

즉, 실수 a의 최댓값은 5이다.

10 [정답률 59%]

정답 ③

Step 1 코사인법칙을 이용하여 선분 AC의 길이를 구한다.

$\overline{AC}=k$ ($k>3$)라 하면 삼각형 ABC에서 코사인법칙에 의하여

$\overline{BC}^2=\overline{AB}^2+\overline{AC}^2-2\times\overline{AB}\times\overline{AC}\times\cos(\angle BAC)$

$2^2=3^2+k^2-2\times 3\times k\times\dfrac{7}{8}$

$k^2-\dfrac{21}{4}k+5=0$

$4k^2-21k+20=(4k-5)(k-4)=0$

$\therefore k=4\ (\because k>3)$ ($k=\dfrac{5}{4}$ 또는 $k=4$)

Step 2 선분 BM의 길이를 구한다.

이때 $\overline{AM}=\overline{MC}=\dfrac{1}{2}\overline{AC}=2$이므로 삼각형 ABM에서 코사인법칙에 의하여

$\overline{BM}^2=\overline{AB}^2+\overline{AM}^2-2\times\overline{AB}\times\overline{AM}\times\cos(\angle BAC)$ ($=\angle BAM$)

$=3^2+2^2-2\times 3\times 2\times\dfrac{7}{8}=\dfrac{5}{2}$

$\therefore \overline{BM}=\sqrt{\dfrac{5}{2}}=\dfrac{\sqrt{10}}{2}$

Step 3 원에서의 비례관계를 이용하여 선분 MD의 길이를 구한다.

원에서의 비례관계에 의하여

$\overline{AM}\times\overline{MC}=\overline{BM}\times\overline{MD}$ (두 삼각형 ABM과 DCM은 서로 닮음)

$2\times 2=\dfrac{\sqrt{10}}{2}\times\overline{MD}$ $\quad\therefore \overline{MD}=\dfrac{4\sqrt{10}}{5}$

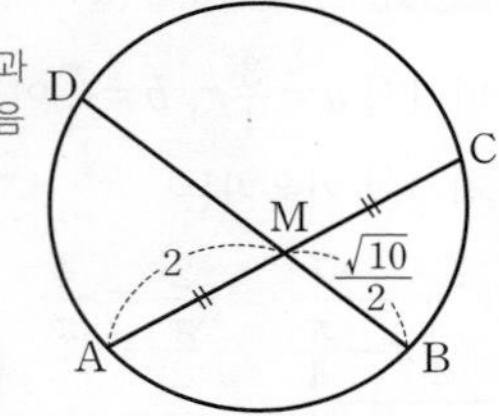

11 [정답률 76%]

정답 ⑤

Step 1 점 P가 원점으로 돌아온 시각을 구한다.

점 P의 시각 $t(t\geq 0)$에서의 위치를 $x(t)$라 하면

$x(t)=\int_0^t(2-t)dt=2t-\dfrac{1}{2}t^2$ ($\left[2t-\dfrac{1}{2}t^2\right]_0^t$)

$2t-\dfrac{1}{2}t^2=0$에서 $t^2-4t=t(t-4)=0$

$\therefore t=4$

따라서 출발 후 점 P가 다시 원점(위치가 0)으로 돌아온 시각은 $t=4$이다.

Step 2 점 Q가 $t=0$에서 $t=4$까지 움직인 거리를 구한다.

점 Q가 $t=0$에서 $t=4$까지 움직인 거리는

$\int_0^4|3t|dt=\int_0^4 3tdt=\left[\dfrac{3}{2}t^2\right]_0^4=24$ ($0\leq t\leq 4$에서 양수)

알아야 할 기본개념

속도와 거리

수직선 위를 움직이는 점 P의 시각 t에서의 속도를 $v(t)$, 시각 t_0에서의 점 P의 위치를 x_0이라 하면

(1) 시각 t에서의 점 P의 위치 : $x=x_0+\int_{t_0}^t v(t)dt$

(2) 시각 $t=a$에서 $t=b$까지 점 P의 위치의 변화량 : $\int_a^b v(t)dt$

(3) 시각 $t=a$에서 $t=b$까지 점 P가 움직인 거리 : $\int_a^b |v(t)|dt$

12 [정답률 63%]

정답 ③

Step 1 조건 (가)를 이용하여 조건 (나)의 식을 정리한다.

등차수열 $\{a_n\}$의 공차가 양수이므로 ($a_n<a_{n+1}$) 조건 (가)에서

$a_5<0,\ a_7>0$ $\cdots\cdots$ ㉠

조건 (나)에서 $\sum_{k=1}^{6}|a_{k+6}|=6+\sum_{k=1}^{6}|a_{2k}|$ ($|a_7|+|a_8|+|a_9|+\cdots+|a_{12}|=6+|a_2|+|a_4|+|a_6|+\cdots+|a_{12}|$)

$\therefore |a_7|+|a_9|+|a_{11}|=6+|a_2|+|a_4|+|a_6|$

㉠에서 $n\leq 5$일 때 $a_n<0$, $n\geq 7$일 때 $a_n>0$이므로

$a_7+a_9+a_{11}=6-a_2-a_4+|a_6|$ (a_6의 값이 양수인지 음수인지 아직 알 수 없다.)

등차수열 $\{a_n\}$의 공차가 3이므로

$(a_1+18)+(a_1+24)+(a_1+30)$

$=6-(a_1+3)-(a_1+9)+|a_1+15|$

$\therefore |a_1+15|=5a_1+78$ $\quad\cdots\cdots$ ㉡

Step 2 a_{10}의 값을 구한다.

㉡에서 $a_1+15\geq 0$이면 $a_1+15=5a_1+78$ $\quad\therefore a_1=-\dfrac{63}{4}$

따라서 조건을 만족시키지 않는다. ($-\dfrac{63}{4}=-15.\times\times$이므로 $a_1<-15$)

즉, $a_1+15<0$이므로 $-a_1-15=5a_1+78$ $\quad\therefore a_1=-\dfrac{31}{2}$

$\therefore a_{10}=a_1+9\times 3=-\dfrac{31}{2}+27=\dfrac{23}{2}$ (3: 공차)

13 [정답률 61%]

정답 ①

Step 1 x_n을 n에 대하여 나타낸다.

점 Q_1의 x좌표가 x_1이므로 점 P_1의 y좌표는 16^{x_1} (x좌표는 점 Q_1의 x좌표와 같고 곡선 $y=16^x$ 위의 점이다.)

점 P_1과 점 A의 y좌표가 같으므로 $16^{x_1}=2^{64}$ (2^{4x_1})

$4x_1=64$ $\quad\therefore x_1=16$

같은 방법으로 모든 자연수 n에 대하여 두 점 P_n, Q_n의 x좌표는 x_n으로 같고, 두 점 P_{n+1}, Q_n의 y좌표도 서로 같으므로 $2^{x_n}=16^{x_{n+1}}$ ($2^{4x_{n+1}}$)

$x_n=4x_{n+1}$ $\quad\therefore x_{n+1}=\dfrac{1}{4}x_n$

따라서 수열 $\{x_n\}$은 첫째항이 16, 공비가 $\frac{1}{4}$인 등비수열이므로

$$x_n = \underset{2^4}{16} \times \left(\frac{1}{4}\right)^{n-1} = 2^{6-2n}$$
→ $(2^{-2})^{n-1} = 2^{2-2n}$

Step 2 $x_n < \frac{1}{k}$을 만족시키는 n의 최솟값이 6이 되도록 하는 자연수 k의 개수를 구한다.

$x_n < \frac{1}{k}$을 만족시키는 n의 최솟값이 6이므로 $x_5 \geq \frac{1}{k}$, $x_6 < \frac{1}{k}$이어야 한다.

→ 2^{6-2n}에 $n=6$ 대입

$x_5 = 2^{-4}$, $x_6 = 2^{-6}$이므로 $2^{-4} \geq \frac{1}{k}$, $2^{-6} < \frac{1}{k}$

$2^{-4} \geq \frac{1}{k}$에서 $\frac{1}{16} \geq \frac{1}{k}$ $\quad \therefore k \geq 16$

→ 부등호의 방향이 바뀐다.

$2^{-6} < \frac{1}{k}$에서 $\frac{1}{64} < \frac{1}{k}$ $\quad \therefore k < 64$

따라서 $16 \leq k < 64$이므로 자연수 k의 개수는 48이다.

→ $64-16=48$

14 [정답률 43%] 정답 ④

Step 1 함수 $g(x)$가 $x=0$에서 미분가능함을 이용한다.

ㄱ. 함수 $g(x)$는 $x=0$에서 미분가능하고

→ 함수 $g(x)$는 삼차함수이기 때문에 모든 실수 x에 대하여 미분가능

$x<0$일 때 $g'(x) = -f(x)$, $x>0$일 때 $g'(x) = f(x)$

이므로 $\lim_{x \to 0-} \{-f(x)\} = \lim_{x \to 0+} f(x)$

이때 함수 $f(x)$는 실수 전체의 집합에서 연속이므로

$-f(0) = f(0)$ $\quad \therefore f(0) = 0$ (참)

Step 2 경우에 따라 함수 $f(x)$의 극댓값의 존재 여부를 확인한다.

ㄴ. ㄱ에서 $g'(0)=0$이고, $g(0) = \int_0^0 f(t)dt = 0$이므로

→ $\int_a^a f(x)dx = 0$

$g(x) = x^2(x-k)$ (k는 상수)라 하면

→ $g(x)$는 최고차항의 계수가 1인 삼차함수

$g'(x) = 3x^2 - 2kx = x(3x-2k)$

$$\therefore f(x) = \begin{cases} -x(3x-2k) & (x<0) \\ x(3x-2k) & (x \geq 0) \end{cases}$$

→ $-g'(x)$, → $g'(x)$

(i) $k>0$일 때,

함수 $f(x)$는 $x=0$에서 극댓값을 갖는다.

(ii) $k<0$일 때,

함수 $f(x)$는 $x=\frac{k}{3}$에서 극댓값을 갖는다.

(iii) $k=0$일 때,

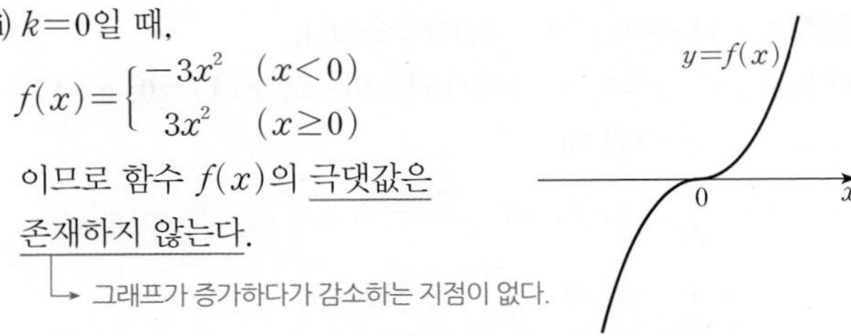

$$f(x) = \begin{cases} -3x^2 & (x<0) \\ 3x^2 & (x \geq 0) \end{cases}$$

이므로 함수 $f(x)$의 극댓값은 존재하지 않는다.

→ 그래프가 증가하다가 감소하는 지점이 없다.

(i)~(iii)에 의하여 함수 $f(x)$의 극댓값이 존재하지 않는 경우가 있다. (거짓)

Step 3 k의 값의 범위에 따라 경우를 나누어 함수 $f(x)$의 그래프와 직선 $y=x$의 교점의 개수를 구한다.

ㄷ. $f(1) = 3-2k$이므로 $2 < 3-2k < 4$에서 $-\frac{1}{2} < k < \frac{1}{2}$

(i) $k>0$일 때, $0<k<\frac{1}{2}$

→ $0+2k=2k$

또한, $x<0$일 때 $f'(x) = -6x+2k$이므로 $\lim_{x \to 0-} f'(x) = 2k$

이때 $0<2k<1$이므로 함수 $f(x)$의 그래프와 직선 $y=x$는 다음 그림과 같이 세 점에서 만난다.

→ $x<0$에서 함수 $f(x)$의 그래프는 직선 $y=x$에 접하지 않는다.

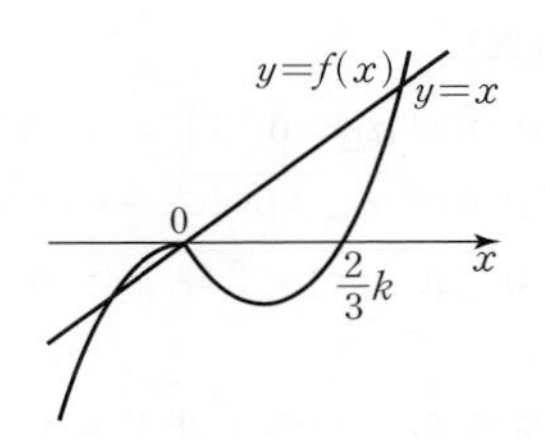

(ii) $k<0$일 때, $-\frac{1}{2}<k<0$

또한, $x>0$일 때 $f'(x) = 6x-2k$이므로 $\lim_{x \to 0+} f'(x) = -2k$

이때 $0<-2k<1$이므로 함수 $f(x)$의 그래프와 직선 $y=x$는 다음 그림과 같이 세 점에서 만난다.

→ $x>0$에서 함수 $f(x)$의 그래프는 직선 $y=x$에 접하지 않는다.

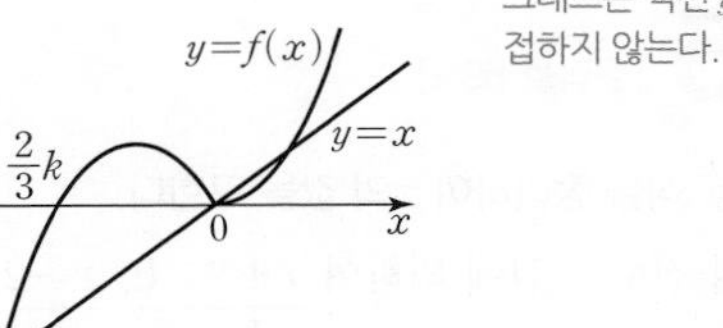

(iii) $k=0$일 때,

$f(1)=3$이고 함수 $f(x)$의 그래프와 직선 $y=x$는 다음 그림과 같이 세 점에서 만난다.

→ $2<f(1)<4$를 만족한다.

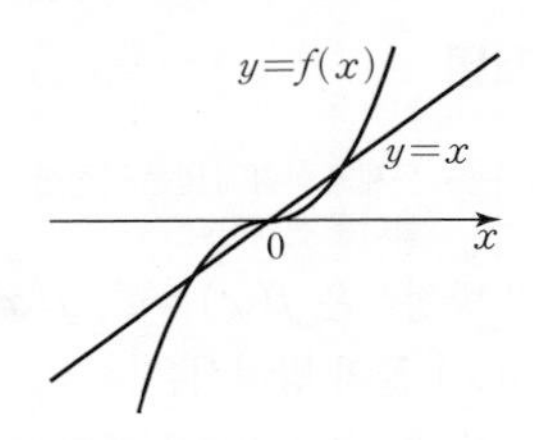

(i)~(iii)에 의하여 $2<f(1)<4$일 때, 방정식 $f(x)=x$의 서로 다른 실근의 개수는 3이다. (참)

그러므로 옳은 것은 ㄱ, ㄷ이다.

15 [정답률 35%] 정답 ②

Step 1 $k=1$이 문제의 조건을 만족시키는지 확인한다.

$a_1 = 0$이므로

$a_2 = a_1 + \frac{1}{k+1} = \frac{1}{k+1} > 0$

→ $=0$, → k는 자연수이므로 양수이다.

$a_3 = a_2 - \frac{1}{k} = \frac{1}{k+1} - \frac{1}{k} < 0$

$a_4 = a_3 + \frac{1}{k+1} = \frac{2}{k+1} - \frac{1}{k} = \frac{k-1}{k(k+1)}$

이때 $k=1$이면 $a_4=0$이므로 $n=3l-2$ (l은 자연수)일 때 $a_n=0$이다.

즉, $a_{22}=0$이므로 $k=1$은 조건을 만족시킨다.

→ $l=8$일 때 $n=22$ → $a_1=0$, $a_4=0$에서 규칙을 찾는다.

Step 2 $k=2$가 문제의 조건을 만족시키는지 확인한다.

한편 $k>1$이면 $a_4>0$이므로

$a_5 = a_4 - \frac{1}{k} = \frac{2}{k+1} - \frac{2}{k} < 0$

→ $2\left(\frac{1}{k+1} - \frac{1}{k}\right)$에서 $\frac{1}{k+1} - \frac{1}{k} < 0$

$a_6 = a_5 + \frac{1}{k+1} = \frac{3}{k+1} - \frac{2}{k} = \frac{k-2}{k(k+1)}$

→ $a_1=0$, $a_6=0$에서 규칙을 찾는다.

이때 $k=2$이면 $a_6=0$이므로 $n=5l-4$ (l은 자연수)일 때 $a_n=0$이다.

그런데 $a_{22} \neq 0$이므로 $k=2$는 조건을 만족시키지 않는다.

→ $5l-4=22$를 만족시키는 자연수 l은 존재하지 않는다.

Step 3 $a_{22}=0$이 되도록 하는 모든 k의 값을 구한다.

한편 $k>2$이면 $a_6>0$이므로

$a_7 = a_6 - \frac{1}{k} = \frac{3}{k+1} - \frac{3}{k} < 0$

$a_8 = a_7 + \frac{1}{k+1} = \frac{4}{k+1} - \frac{3}{k} = \frac{k-3}{k(k+1)}$

같은 방법으로 계속하면

$k=3$일 때 $a_8=0$이고 이때 $a_{22}=0$이다. → $n=7l-6$ (l은 자연수)일 때 $a_n=0$

$k=4$일 때 $a_{10}=0$이고 이때 $a_{22}\neq0$이다. → $n=9l-8$ (l은 자연수)일 때 $a_n=0$

$5\leq k\leq9$일 때 $a_{22}\neq0$이고 $k=10$일 때 $a_{22}=0$, $k\geq11$일 때 $a_{22}\neq0$이다.

따라서 $a_{22}=0$이 되도록 하는 모든 k의 값은 1, 3, 10이므로 구하는 모든 k의 값의 합은 14이다.

16 [정답률 89%]

정답 6

Step 1 식을 정리하여 x의 값을 구한다.

로그의 진수 조건에 의하여 $x+2>0$, $x-2>0$

$\therefore x>2$ …… ㉠ ($x>-2$, $x>2$)

$\log_2(x+2)+\log_2(x-2)=\log_2(x+2)(x-2)$

$=\log_2(x^2-4)=5$

$x^2-4=32$ (2^5) $\quad\therefore x^2=36$ …… ㉡ → $x=-6$ 또는 $x=6$

㉠, ㉡에서 $x=6$이다.

알아야 할 기본개념

로그방정식

$a>0$, $a\neq1$일 때 → 문제의 상황에 맞는 적절한 풀이를 선택한다.

(1) $\log_a f(x)=b$ 꼴의 방정식은 $f(x)=a^b$, $f(x)>0$을 푼다.

(2) $\log_a f(x)=\log_a g(x)$ 꼴의 방정식은 $f(x)=g(x)$, $f(x)>0$, $g(x)>0$을 푼다.

(3) $\log_a x$, $(\log_a x)^2$이 동시에 있는 꼴의 방정식은 $\log_a x=t$로 치환하여 t에 대한 방정식을 푼다.

(4) $x^{\log_a x}=f(x)$ 꼴의 방정식은 양변에 밑이 a인 로그를 취하여 푼다.

17 [정답률 89%]

정답 15

Step 1 부정적분을 이용하여 $f(-2)$의 값을 구한다.

$f'(x)=8x^3+6x^2$이므로

$f(x)=\int(8x^3+6x^2)dx=2x^4+2x^3+C$ (단, C는 적분상수) → $\int f'(x)dx$

이때 $f(0)=C=-1$이므로 $f(x)=2x^4+2x^3-1$

$\therefore f(-2)=15$ → $32-16-1$

18 [정답률 87%]

정답 3

Step 1 Σ의 성질을 이용하여 a의 값을 구한다.

$$\sum_{k=1}^{10}(4k+a)=4\sum_{k=1}^{10}k+\sum_{k=1}^{10}a$$

$$=4\times\frac{10\times11}{2}+10a$$

($\sum_{k=1}^{n}k=\frac{n(n+1)}{2}$, $\sum_{k=1}^{n}c=cn$ (c는 상수))

$=220+10a$

따라서 $220+10a=250$이므로 $a=3$

알아야 할 기본개념

Σ의 기본 성질

① $\sum_{k=1}^{n}(a_k\pm b_k)=\sum_{k=1}^{n}a_k\pm\sum_{k=1}^{n}b_k$ (복호동순)

② $\sum_{k=1}^{n}ca_k=c\sum_{k=1}^{n}a_k$ (c는 상수)

③ $\sum_{k=1}^{n}c=cn$ (c는 상수)

19 [정답률 72%]

정답 2

Step 1 함수 $f(x)$가 $x=1$에서 극소임을 이용하여 a의 값을 구한다.

$f(x)=x^4+ax^2+b$에서 $f'(x)=4x^3+2ax$

함수 $f(x)$가 $x=1$에서 극소이므로

$f'(1)=4+2a=0\quad\therefore a=-2$ → 미분가능한 함수 $f(x)$가 $x=k$에서 극값을 가질 때 $f'(k)=0$

Step 2 함수 $f(x)$의 극댓값이 4임을 이용하여 b의 값을 구한다.

$f'(x)=4x^3-4x=4x(x+1)(x-1)$ → $4x(x^2-1)$

$f'(x)=0$에서 $x=-1$ 또는 $x=0$ 또는 $x=1$

함수 $f(x)$는 $x=0$에서 극댓값 4를 가지므로 $f(0)=b=4$

$\therefore a+b=-2+4=2$ → 최고차항의 계수가 양수인 사차함수

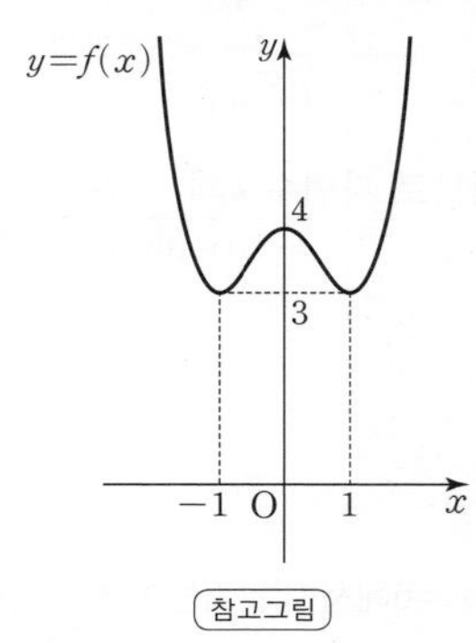

참고그림

20 [정답률 24%]

정답 13

Step 1 함수 $y=|f(x)|$의 그래프의 개형을 나타낸다.

모든 실수 x에 대하여 $f(x)\geq0$이면

$g(x)=\int_x^{x+1}|f(t)|dt=\int_x^{x+1}f(t)dt$ → $|f(t)|=f(t)$

이므로 $g(x)$는 이차함수이고 함수 $g(x)$가 극소인 x의 값은 1개뿐이다. → 함수 $g(x)$는 $x=1$, $x=4$에서 극소이므로 모순이다.

따라서 $f(x)=2(x-\alpha)(x-\beta)$ $(\alpha<\beta)$라 하면 함수 $y=|f(x)|$의 그래프는 다음과 같다.

Step 2 $g'(1)=0$, $g'(4)=0$임을 이용한다.

함수 $g(x)$는 $x=1$, $x=4$에서 극소이므로 $g'(1)=0$, $g'(4)=0$

(i) $x<\alpha<x+1$일 때

$g(x)=\int_x^{x+1}|f(t)|dt$ → 구간에 따라 $f(t)$의 부호가 바뀐다.

$=\int_x^{\alpha}f(t)dt+\int_{\alpha}^{x+1}\{-f(t)\}dt$

$=-\int_{\alpha}^{x}f(t)dt-\int_{\alpha}^{x+1}f(t)dt$ → $\int_a^b f(x)dx=-\int_b^a f(x)dx$

$=-\int_{\alpha}^{x}2(t-\alpha)(t-\beta)dt-\int_{\alpha}^{x+1}2(t-\alpha)(t-\beta)dt$

$=-\int_{\alpha}^{x}2(t-\alpha)(t-\beta)dt$

$\quad-\int_{\alpha-1}^{x}2(t+1-\alpha)(t+1-\beta)dt$ → x축의 방향으로 -1만큼 평행이동

따라서

$g'(x)=-2(x-\alpha)(x-\beta)-2(x+1-\alpha)(x+1-\beta)$ → $g(x)=\int_a^x f(t)dt$에서 $g'(x)=f(x)$ (a는 상수)

$g'(1)=-2(1-\alpha)(1-\beta)-2(2-\alpha)(2-\beta)$

$=6\alpha+6\beta-4\alpha\beta-10=0$

$\therefore 3\alpha+3\beta-2\alpha\beta-5=0$ …… ㉠

(ii) $x<\beta<x+1$일 때

$$g(x)=\int_x^{x+1}|f(t)|dt$$

$\alpha<x<\beta$에서 $|f(x)|=-f(x)$

$$=\int_x^{\beta}\{-f(t)\}dt+\int_{\beta}^{x+1}f(t)dt$$
$$=\int_{\beta}^{x}f(t)dt+\int_{\beta}^{x+1}f(t)dt$$
$$=\int_{\beta}^{x}2(t-\alpha)(t-\beta)dt+\int_{\beta}^{x+1}2(t-\alpha)(t-\beta)dt$$
$$=\int_{\beta}^{x}2(t-\alpha)(t-\beta)dt+\int_{\beta-1}^{x}2(t+1-\alpha)(t+1-\beta)dt$$

$g'(x)=2(x-\alpha)(x-\beta)+2(x+1-\alpha)(x+1-\beta)$

$g'(4)=2(4-\alpha)(4-\beta)+2(5-\alpha)(5-\beta)$

$=82-18\alpha-18\beta+4\alpha\beta=0$ …… ㉡

㉠, ㉡에서 $\alpha\beta=\dfrac{13}{2}$

따라서 $f(0)=2\alpha\beta=13$이다.

✪ 다른 풀이 정적분으로 정의된 함수의 미분을 이용하는 풀이

Step 1 함수 $g(x)$의 도함수를 이용하여 함수 $|f(x)|$의 그래프의 개형을 파악한다.

함수 $g(x)=\int_x^{x+1}|f(t)|dt$를 미분하면

$g'(x)=|f(x+1)|-|f(x)|$ → 미분가능한 함수가 극값을 가질 때 미분계수는 0

이때 함수 $g(x)$가 $x=1$, $x=4$에서 극소이므로

$g'(1)=|f(2)|-|f(1)|=0$에서 $|f(2)|=|f(1)|$

$g'(4)=|f(5)|-|f(4)|=0$에서 $|f(5)|=|f(4)|$

즉, 방정식 $|f(x+1)|=|f(x)|$의 해가 적어도 두 개 있어야 하므로 함수 $y=|f(x)|$의 그래프는 다음과 같아야 한다. → $x=1$, $x=4$가 방정식의 해

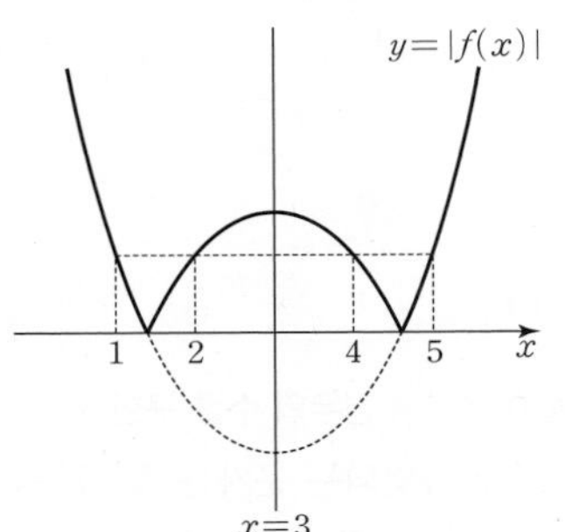

Step 2 함수 $f(x)$의 식을 세운다.

함수 $y=|f(x)|$의 그래프의 대칭축은 직선 $x=3$이므로 함수 $y=f(x)$의 그래프도 직선 $x=3$에 대하여 대칭이다. ($\frac{2+4}{2}=3$)

함수 $f(x)$의 식을 $f(x)=2(x-3)^2+k$ (k는 상수)라 하면

$|f(1)|=f(1)=2\times(1-3)^2+k=8+k$

$|f(2)|=-f(2)=-2\times(2-3)^2-k=-2-k$

이때 $|f(1)|=|f(2)|$이므로

$8+k=-2-k$, $2k=-10$ $\therefore k=-5$

따라서 $f(x)=2(x-3)^2-5$이므로 $f(0)=2\times(0-3)^2-5=13$

> **수능포인트**
> 함수 $f(x+1)$의 그래프는 함수 $f(x)$의 그래프를 x축의 방향으로 -1만큼 평행이동한 것입니다. 즉, 도함수도 평행이동 관계에 있으므로 $f(x+1)$을 미분한 식이 $f'(x+1)$임을 알 수 있습니다.

21 [정답률 28%] 정답 426

Step 1 $4\log_{64}\left(\dfrac{3}{4n+16}\right)$의 값이 정수가 될 조건을 생각한다.

$4\log_{64}\left(\dfrac{3}{4n+16}\right)=\log_8\left(\dfrac{3}{4n+16}\right)^2$의 값이 정수가 되려면

→ $4\log_{8^2}\left(\dfrac{3}{4n+16}\right)=2\log_8\left(\dfrac{3}{4n+16}\right)=\log_8\left(\dfrac{3}{4n+16}\right)^2$

$\left(\dfrac{3}{4n+16}\right)^2=8^k$ (k는 정수) …… ㉠

의 꼴이 되어야 한다.

$4n+16$이 3의 배수가 되어야 하므로 $n=3l-1$ (l은 $1\le l\le333$인 자연수)이어야 한다. ← n은 1000 이하의 자연수

Step 2 조건을 만족시키는 n의 값을 구한다.

㉠에서 $\left(\dfrac{1}{4l+4}\right)^2=2^{3k}$ → $\dfrac{3}{4n+16}=\dfrac{3}{12l+12}=\dfrac{1}{4l+4}$

$16(l+1)^2=2^{-3k}$, $(l+1)^2=2^{-3k-4}$ ($16=2^4$)

$(l+1)^2=2^2,\ 2^8,\ 2^{14}$ → $k=-2,\ -4,\ -6$일 때

$l+1=2,\ 2^4,\ 2^7$

$\therefore l=1,\ 15,\ 127$

따라서 $n=2,\ 44,\ 380$이므로 조건을 만족시키는 모든 n의 값의 합은 $2+44+380=426$

22 [정답률 4%] 정답 19

Step 1 함수 $g(x)$가 실수 전체의 집합에서 연속임을 이용한다.

함수 $g(x)$가 실수 전체의 집합에서 연속이므로 $x=0$에서도 연속이어야 한다. → $x<0$과 $x\ge0$일 때 함수 $g(x)$의 식이 다르므로 $x=0$에서 연속임을 확인한다.

$\lim_{x\to0-}g(x)=\lim_{x\to0+}g(x)=g(0)$

$\lim_{x\to0-}g(x)=\lim_{x\to0-}(x+3)f(x)=3f(0)$

$\lim_{x\to0+}g(x)=\lim_{x\to0+}(x+a)f(x-b)=af(-b)$ → $x\ge0$일 때 $g(x)=(x+a)f(x-b)$

$g(0)=af(-b)$

이므로 $3f(0)=af(-b)$ …… ㉠

Step 2 주어진 식을 정리한 후 극한값이 존재하지 않는 실수 t의 값이 -3과 6뿐임을 이용한다.

$$\lim_{x\to-3}\frac{\sqrt{|g(x)|+\{g(t)\}^2}-|g(t)|}{(x+3)^2}$$
$$=\lim_{x\to-3}\frac{[\sqrt{|g(x)|+\{g(t)\}^2}-|g(t)|][\sqrt{|g(x)|+\{g(t)\}^2}+|g(t)|]}{(x+3)^2[\sqrt{|g(x)|+\{g(t)\}^2}+|g(t)|]}$$

→ 분자를 유리화

$$=\lim_{x\to-3}\frac{|g(x)|}{(x+3)^2[\sqrt{|g(x)|+\{g(t)\}^2}+|g(t)|]}$$
$$=\lim_{x\to-3}\frac{|(x+3)f(x)|}{(x+3)^2[\sqrt{|(x+3)f(x)|+\{g(t)\}^2}+|g(t)|]}\ \cdots\cdots ㉡$$

이때 $t\ne-3$이고 $t\ne6$인 모든 실수 t에 대하여 ㉡의 값이 존재하므로 $f(x)=(x+3)(x+k)$ (k는 상수)의 꼴이어야 한다. → 분모의 $(x+3)^2$이 제거되어야 한다. ($x<0$일 때 $g(x)=(x+3)f(x)$)

㉡의 값이 존재한다면 그 값은

$$\lim_{x\to-3}\frac{|(x+3)^2(x+k)|}{(x+3)^2[\sqrt{|(x+3)^2(x+k)|+\{g(t)\}^2}+|g(t)|]}$$
$$=\lim_{x\to-3}\frac{|x+k|}{\sqrt{|(x+3)^2(x+k)|+\{g(t)\}^2}+|g(t)|}$$
$$=\frac{|k-3|}{2|g(t)|}\ \cdots\cdots ㉢$$

이어야 한다. → $2|g(t)|=0$을 만족시킨다.

$t=-3$, $t=6$에서만 ㉢의 값이 존재하지 않으므로 방정식 $g(x)=0$의 모든 실근은 $x=-3$, $x=6$이다.

$g(-3)=0$, $g(6)=(6+a)f(6-b)=0$

이때 $a>0$이므로 $f(6-b)=0$에서 $6-b=-3$ 또는 $6-b=-k$

$\therefore b=9$ 또는 $k-b=-6$ → $f(x)=(x+3)(x+k)$이므로 $f(x)=0$이면 $x=-3$ 또는 $x=-k$

Step 3 $g(4)$의 값을 구한다.

(i) $b=9$일 때,

$x<0$에서 $g(x)=(x+3)f(x)=(x+3)^2(x+k)$ → $g(x)=0$일 때 $x=-3$ 또는 $x=-k$

이때 $x<0$에서 $g(x)=0$의 해는 -3뿐이므로

$-k\ge0$ 또는 $-k=-3$ …… ㉣

$x\ge0$에서 → $k\le0$ 또는 $k=3$

$g(x)=(x+a)f(x-9)=(x+a)(x-6)(x-9+k)$
이때 $x\geq0$에서 $g(x)=0$의 해는 6뿐이므로
$9-k<0$ 또는 $9-k=6$ …… ㉤
㉣, ㉤에서 $k=3$ ($k>9$ 또는 $k=3$)
따라서 $f(x)=(x+3)^2$이므로 ㉠에서
$3\times3^2=af(-9)$, $27=36a$ $\therefore a=\frac{3}{4}$ ($f(0)=3^2$)
$\therefore g(4)=(4+a)f(4-b)=\frac{19}{4}f(-5)=\frac{19}{4}\times(-2)^2=19$

(ii) $k-b=-6$일 때,
$x<0$에서 (i)과 같다.
$x\geq0$에서
$g(x)=(x+a)f(x-b)$
$=(x+a)(x-b+3)(x-b+k)$
$=(x+a)(x-b+3)(x-6)$ ($=-6$)
이때 $x\geq0$에서 $g(x)=0$의 해는 6뿐이므로
$b-3=6$ $\therefore b=9$ ($b>3$)
$k-b=-6$에서 $k=3$
(i)의 결과와 같다.
(i), (ii)에 의하여 $g(4)=19$이다.

확률과 통계

23 [정답률 91%] 정답 ②

Step 1 같은 것이 있는 순열의 경우의 수를 구한다.

a가 3개 있으므로 5개의 문자를 일렬로 나열하는 경우의 수는
$\frac{5!}{3!}=20$ ($\frac{5\times4\times3\times2\times1}{3\times2\times1}$)

24 [정답률 80%] 정답 ①

Step 1 주머니 A, B에서 꺼낸 두 장의 카드에 적힌 수의 차가 1인 경우를 모두 구한다.

두 주머니 A, B에서 꺼낸 카드에 적혀 있는 수를 각각 a, b라 하자. (가능한 a는 3개, b는 5개이다.)
모든 순서쌍 (a, b)의 개수는 $3\times5=15$
$|a-b|=1$을 만족시키는 a, b의 순서쌍 (a, b)는 $(1, 2)$, $(2, 1)$, $(2, 3)$, $(3, 2)$, $(3, 4)$이므로 그 개수는 5이다.
따라서 구하는 확률은 $\frac{5}{15}=\frac{1}{3}$ (a, b의 차가 1)

25 [정답률 79%] 정답 ④

Step 1 여사건을 이용하여 4번의 시행 후 점 P의 좌표가 2 이상일 확률을 구한다. (모든 경우의 수는 6)

주사위를 한 번 던져 나온 눈의 수가 6의 약수일 확률은
$\frac{4}{6}=\frac{2}{3}$이고, 6의 약수가 아닐 확률은 $1-\frac{2}{3}=\frac{1}{3}$
4번의 시행 후 점 P의 좌표가 2 이상이려면 4번의 시행 중 주사위의 눈의 수가 6의 약수인 경우가 2번 이상이어야 한다.
주사위의 눈의 수가 6의 약수인 경우가 0번일 확률은
${}_4C_0\left(\frac{2}{3}\right)^0\left(\frac{1}{3}\right)^4=\frac{1}{81}$ (독립시행의 확률)
주사위의 눈의 수가 6의 약수인 경우가 1번일 확률은
${}_4C_1\left(\frac{2}{3}\right)^1\left(\frac{1}{3}\right)^3=\frac{8}{81}$
따라서 구하는 확률은 $1-\left(\frac{1}{81}+\frac{8}{81}\right)=\frac{8}{9}$ (여사건의 확률을 이용)

26 [정답률 66%] 정답 ②

Step 1 이항정리를 이용하여 n의 값을 구한다.

$(x^3+1)^n$의 전개식의 일반항은
${}_nC_r(x^3)^r\times1^{n-r}={}_nC_rx^{3r}$(단, $r=0, 1, 2, \cdots, n$) ($=1$)
다항식 $(x^2+1)^4(x^3+1)^n$의 전개식에서 x^5의 계수가 12이므로
$r=1$일 때
${}_4C_1\times1^3\times{}_nC_1=4n=12$ $\therefore n=3$ ($=n$; $(x^2+1)^4$의 전개식에서 x^2의 계수)

Step 2 x^6의 계수를 구한다.

따라서 다항식 $(x^2+1)^4(x^3+1)^3$의 전개식에서 x^6의 계수는
$r=0$일 때 ${}_4C_3\times{}_3C_0=4$ ($(x^2+1)^4$의 전개식에서 x^6의 계수)
$r=2$일 때 ${}_4C_0\times{}_3C_2=3$
따라서 x^6의 계수는 $4+3=7$

알아야 할 기본개념

이항정리

자연수 n에 대하여 $(a+b)^n$의 전개식을 조합을 이용하여 나타내면
$(a+b)^n={}_nC_0a^n+{}_nC_1a^{n-1}b+{}_nC_2a^{n-2}b^2+\cdots+{}_nC_ra^{n-r}b^r+\cdots+{}_nC_nb^n$
$=\sum_{r=0}^{n}{}_nC_ra^{n-r}b^r$
이고, 이를 이항정리라 한다.
이때 ${}_nC_ra^{n-r}b^r$을 전개식의 일반항이라 한다.

이항계수

$(a+b)^n$의 전개식에서 각 항의 계수 ${}_nC_0$, ${}_nC_1$, ${}_nC_2$, $\cdots$, ${}_nC_r$, $\cdots$, ${}_nC_n$을 이항계수라 한다.

27 [정답률 76%] 정답 ③

Step 1 중복순열을 이용하여 경우의 수를 구한다.

조건 (가)에서 양 끝에 나열되는 문자는 X, Y 중 중복을 허락하여 정하면 되므로 경우의 수는 ${}_2\Pi_2=2^2=4$
조건 (나)에서 문자 a의 위치를 정하는 경우의 수는 4 (6자리 중 양 끝 2자리를 제하면 4자리가 남는다.)
나머지 3자리를 정하는 경우의 수는 ${}_3\Pi_3=3^3=27$
따라서 구하는 경우의 수는 $4\times4\times27=432$ (b, X, Y 중 중복을 허락하여 정하면 된다.)

28 [정답률 59%] 정답 ④

Step 1 택한 수가 5의 배수일 확률을 구한다.

만들 수 있는 모든 네 자리 자연수의 개수는 ${}_5P_4=120$ ($5\times4\times3\times2$)
5의 배수인 자연수는 일의 자릿수가 5이어야 하므로 5의 배수인 네 자리 자연수의 개수는 ${}_4P_3=24$ ($4\times3\times2$)
따라서 택한 수가 5의 배수일 확률은 $\frac{24}{120}=\frac{1}{5}$

Step 2 택한 수가 3500 이상일 확률을 구한다. (백의 자리에는 무조건 5가 와야 한다.)

천의 자릿수가 3이고 3500 이상인 네 자리 자연수의 개수는 ${}_3P_2=6$
천의 자릿수가 4인 네 자리 자연수의 개수는 ${}_4P_3=24$
천의 자릿수가 5인 네 자리 자연수의 개수는 ${}_4P_3=24$ (천의 자리를 제외한 나머지 3자리만 정하면 된다.)
따라서 택한 수가 3500 이상일 확률은 $\frac{6+24+24}{120}=\frac{9}{20}$

Step 3 두 경우의 공통된 부분의 확률을 제한다.

이때 5의 배수이고 3500 이상인 네 자리 자연수는 천의 자릿수가 4이고 일의 자릿수가 5인 경우이므로 그 확률은 $\frac{3\times2}{120}=\frac{1}{20}$ (백, 십의 자릿수를 정하는 경우의 수는 ${}_3P_2$)
따라서 구하는 확률은 $\frac{1}{5}+\frac{9}{20}-\frac{1}{20}=\frac{3}{5}$

29 [정답률 29%]

정답 115

Step 1 $f(1)=2$인 경우의 수를 구한다.

$f(1)=1$이면 조건 (가)에서 $f(1)=4$이므로 모순이다.

(i) $f(1)=2$일 때,

조건 (가)에서 $f(2)=4$ → $f(f(1))=f(2)=4$

$f(3)$, $f(5)$의 값을 정하는 경우의 수는 2, 3, 4, 5에서 중복을 허락하여 2개를 택하는 중복조합의 수와 같으므로

${}_4H_2={}_5C_2=10$ → ${}_nH_r={}_{n+r-1}C_r$

$f(4)$의 값을 정하는 경우의 수는 5

따라서 함수 f의 개수는 $10\times5=50$이다.

Step 2 $f(1)=3$인 경우의 수를 구한다.

(ii) $f(1)=3$일 때,

조건 (가)에서 $f(3)=4$ → $f(1)\le f(3)$을 만족한다.

$f(5)$의 값을 정하는 경우의 수는 2 → 4, 5 중 하나

$f(2)$, $f(4)$의 값을 정하는 경우의 수는 $5\times5=25$

따라서 함수 f의 개수는 $2\times25=50$이다.

Step 3 $f(1)=4$인 경우의 수를 구한다.

(iii) $f(1)=4$일 때,

조건 (가)에서 $f(4)=4$

$f(3)$, $f(5)$의 값을 정하는 경우의 수는 4, 5 중에서 중복을 허락하여 2개를 택하는 중복조합의 수와 같으므로 ${}_2H_2={}_3C_2=3$ → $f(1)=4$이므로 4, 5만 가능

$f(2)$의 값을 정하는 경우의 수는 5

따라서 함수 f의 개수는 $3\times5=15$이다.

Step 4 $f(1)=5$인 경우의 수를 구한다.

(iv) $f(1)=5$일 때,

조건 (가)에서 $f(5)=4$ → $f(1)>f(5)$

따라서 조건 (나)에 모순이다.

(i)~(iv)에 의하여 함수 f의 개수는 $50+50+15=115$

30 [정답률 14%]

정답 9

Step 1 $b-a\ge5$인 경우의 수를 구한다.

$b-a\ge5$인 사건을 X, $c-a\ge10$인 사건을 Y라 하자.

모든 순서쌍 (a, b, c)의 개수는 ${}_{12}C_3=\frac{12\times11\times10}{3\times2\times1}=220$ → 3개의 공을 동시에 꺼내므로 조합이다.

$b-a\ge5$를 만족시키는 순서쌍 (a, b)는

$(1, 6)$, $(1, 7)$, $\cdots$, $(1, 11)$

$(2, 7)$, $(2, 8)$, $\cdots$, $(2, 11)$

$\vdots$

$(6, 11)$

$a=1$일 때 c의 개수는 $6+5+4+3+2+1=21$ → b보다 커야 한다.

$a=2$일 때 c의 개수는 $5+4+3+2+1=15$

$a=3$, 4, 5, 6일 때 c의 개수는 각각

$4+3+2+1=10$, $3+2+1=6$, $2+1=3$, 1

따라서 $b-a\ge5$를 만족시키는 순서쌍 (a, b, c)의 개수는

$21+15+10+6+3+1=56$ → c의 개수를 모두 더하면 된다.

$\therefore P(X)=\frac{56}{220}=\frac{14}{55}$

Step 2 $b-a\ge5$이고, $c-a\ge10$인 경우의 수를 구한다.

$b-a\ge5$이고 $c-a\ge10$인 경우는

$a=1$, $c=11$일 때 $b=6$, 7, 8, 9, 10 → $c-a=10$

$a=1$, $c=12$일 때 $b=6$, 7, 8, 9, 10, 11 → $c-a=11$

$a=2$, $c=12$일 때 $b=7$, 8, 9, 10, 11

이므로 모든 순서쌍 (a, b, c)의 개수는 $5+6+5=16$

$\therefore P(X\cap Y)=\frac{16}{220}=\frac{4}{55}$

Step 3 조건부확률을 구한다.

따라서 $b-a\ge5$일 때, $c-a\ge10$일 확률은 → 사건 X, 사건 Y

$$P(Y|X)=\frac{P(X\cap Y)}{P(X)}=\frac{\frac{4}{55}}{\frac{14}{55}}=\frac{2}{7}$$

즉, $p=7$, $q=2$이므로 $p+q=7+2=9$

미적분

23 [정답률 96%]

정답 ①

Step 1 주어진 식을 계산한다.

$$\lim_{n\to\infty}\frac{1}{\sqrt{n^2+3n}-\sqrt{n^2+n}}$$

$$=\lim_{n\to\infty}\frac{\sqrt{n^2+3n}+\sqrt{n^2+n}}{(\sqrt{n^2+3n}-\sqrt{n^2+n})(\sqrt{n^2+3n}+\sqrt{n^2+n})}$$ → 분모를 유리화

$$=\lim_{n\to\infty}\frac{\sqrt{n^2+3n}+\sqrt{n^2+n}}{2n}$$ → $(n^2+3n)-(n^2+n)$

$$=\lim_{n\to\infty}\frac{\sqrt{1+\frac{3}{n}}+\sqrt{1+\frac{1}{n}}}{2}$$

$=1$

24 [정답률 86%]

정답 ①

Step 1 음함수의 미분법을 이용한다.

$x^2-y\ln x+x=e$에서 양변을 x에 대하여 미분하면 → 음함수의 미분법

$$2x-\frac{dy}{dx}\ln x-y\times\frac{1}{x}+1=0$$

$$\therefore \frac{dy}{dx}=\frac{2x-\frac{y}{x}+1}{\ln x}$$

따라서 점 (e, e^2)에서의 접선의 기울기는 $\frac{2e-\frac{e^2}{e}+1}{\ln e}=e+1$ → $\ln e=1$

25 [정답률 84%]

정답 ②

Step 1 역함수의 미분법을 이용한다.

$g(3)=k$라 하면 $f(k)=3$ → 역함수의 미분법을 이용하기 위해 $f(x)=3$을 만족시키는 x의 값을 구해야 한다.

$f(k)=k^3+2k+3=3$에서

$k^3+2k=k(k^2+2)=0$ $\quad\therefore k=0$

$f(x)=x^3+2x+3$에서 $f'(x)=3x^2+2$

$\therefore g'(3)=\frac{1}{f'(0)}=\frac{1}{2}$ → $g'(x)=\frac{1}{f'(g(x))}$

26 [정답률 69%]

정답 ②

Step 1 S_1의 값을 구한다.

원 O_1의 중심을 O라 하고 점 O에서 두 선분 A_1B_1, A_2B_2에 내린 수선의 발을 각각 M_1, M_2라 하면 두 점 M_1, M_2는 각각 두 선분 A_1B_1, A_2B_2의 중점이다.

이때 $\overline{A_1B_1}\,/\!/\,\overline{A_2B_2}$이므로 세 점 M_1, O, M_2는 한 직선 위에 있다.

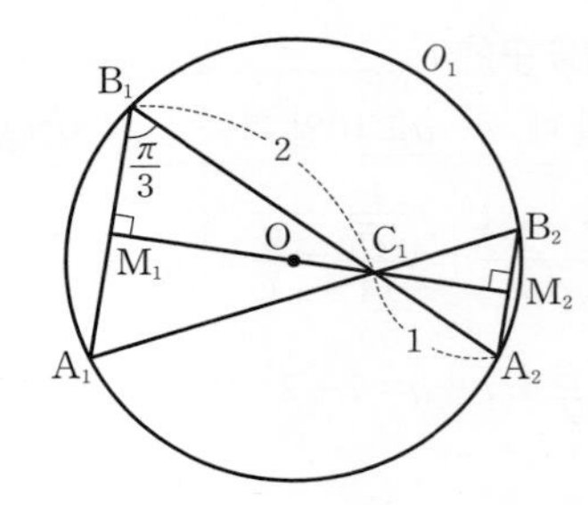

삼각형 $B_1M_1C_1$에서 $\angle M_1B_1C_1=\frac{\pi}{3}$이므로

$\overline{B_1C_1}=\overline{B_1M_1}\times\frac{1}{\cos\frac{\pi}{3}}=1\times\frac{1}{\frac{1}{2}}=2$ ($\overline{B_1M_1}=\frac{1}{2}\overline{A_1B_1}=1$, $\cos\frac{\pi}{3}=\frac{1}{2}$)

그러므로 삼각형 $A_1C_1B_1$은 한 변의 길이가 2인 정삼각형이다.

또한 $\angle A_1B_2A_2=\angle A_1B_1A_2=\frac{\pi}{3}$, $\angle A_2C_1B_2=\angle A_1C_1B_1=\frac{\pi}{3}$

이므로 삼각형 $C_1A_2B_2$도 정삼각형이다. → 같은 호에 대한 원주각의 성질

이때 $\overline{C_1A_2}=\overline{B_1A_2}-\overline{B_1C_1}=1$이므로 삼각형 $C_1A_2B_2$는 한 변의 길이가 1인 정삼각형이다. ($=3$)

$\therefore S_1=2\times(\triangle A_1A_2B_1-\triangle A_1C_1B_1)$

$=2\left(\frac{1}{2}\times2\times3\times\sin\frac{\pi}{3}-\frac{1}{2}\times2\times2\times\sin\frac{\pi}{3}\right)$

$=\sqrt{3}$

($\overline{A_1B_1}$, $\overline{B_1A_2}$, $\angle A_1B_1A_2$, $\frac{\sqrt{3}}{2}$)

Step 2 두 삼각형 $A_1A_2B_1$, $A_2A_3B_2$의 넓이의 비를 구한다.

두 삼각형 $A_1A_2B_1$, $A_2A_3B_2$에서 세 점 A_1, A_2, A_3은 한 직선 위에 있고 $\overline{A_1B_1}\,/\!/\,\overline{A_2B_2}$, $\overline{A_2B_1}\,/\!/\,\overline{A_3B_2}$이므로 $\triangle A_1A_2B_1\backsim\triangle A_2A_3B_2$

$\overline{A_1B_1}=2$, $\overline{A_2B_2}=1$이므로 두 삼각형 $A_1A_2B_1$, $A_2A_3B_2$의 닮음비는 $2:1$이다.

따라서 두 삼각형의 넓이의 비는 $4:1$이므로 → 두 도형의 닮음비가 $m:n$일 때 넓이의 비는 $m^2:n^2$

$\lim_{n\to\infty}S_n=\frac{S_1}{1-\frac{1}{4}}=\frac{\sqrt{3}}{\frac{3}{4}}=\frac{4\sqrt{3}}{3}$

27 [정답률 74%]

정답 ③

Step 1 급수의 수렴 조건을 이용한다.

$\sum_{n=1}^{\infty}\left(\frac{a_n}{n}-\frac{3n+7}{n+2}\right)$이 실수 S에 수렴하므로

$\lim_{n\to\infty}\left(\frac{a_n}{n}-\frac{3n+7}{n+2}\right)=0$ → 급수의 수렴 조건

등차수열 $\{a_n\}$의 첫째항이 4이므로 공차를 d라 하면

$a_n=4+(n-1)d$

$\therefore \lim_{n\to\infty}\left(\frac{a_n}{n}-\frac{3n+7}{n+2}\right)$

$=\lim_{n\to\infty}\left\{\frac{4+(n-1)d}{n}-\frac{3n+7}{n+2}\right\}$

$=\lim_{n\to\infty}\left(\frac{d+\frac{4-d}{n}}{1}-\frac{3+\frac{7}{n}}{1+\frac{2}{n}}\right)$

$=d-3$ → 분모, 분자를 각각 n으로 나누었다.

$d-3=0$이므로 $d=3$

Step 2 S의 값을 구한다.

즉, $a_n=3n+1$이므로

$\sum_{n=1}^{\infty}\left(\frac{a_n}{n}-\frac{3n+7}{n+2}\right)$

$=\sum_{n=1}^{\infty}\left(\frac{3n+1}{n}-\frac{3n+7}{n+2}\right)$

$=\sum_{n=1}^{\infty}\left\{\left(3+\frac{1}{n}\right)-\left(3+\frac{1}{n+2}\right)\right\}$

$=\sum_{n=1}^{\infty}\left(\frac{1}{n}-\frac{1}{n+2}\right)$ ($\frac{3n+7}{n+2}=\frac{3(n+2)+1}{n+2}$)

$=\lim_{n\to\infty}\left\{\left(\frac{1}{1}-\frac{1}{3}\right)+\left(\frac{1}{2}-\frac{1}{4}\right)+\left(\frac{1}{3}-\frac{1}{5}\right)+\cdots+\left(\frac{1}{n-1}-\frac{1}{n+1}\right)+\left(\frac{1}{n}-\frac{1}{n+2}\right)\right\}$

$=\lim_{n\to\infty}\left(1+\frac{1}{2}-\frac{1}{n+1}-\frac{1}{n+2}\right)$

$=\frac{3}{2}$ → $\lim_{n\to\infty}\frac{1}{n+1}=0$, $\lim_{n\to\infty}\frac{1}{n+2}=0$

28 [정답률 46%]

정답 ⑤

Step 1 조건 (가)를 살펴본다.

함수 $f(x)$는 최고차항의 계수가 양수인 삼차함수이므로 함수 $f(x)$의 그래프는 x축과 적어도 한 점에서 만난다.

조건 (가)에서 함수 $g(x)$는 $x\neq1$인 모든 실수 x에서 연속이므로

$x\neq1$일 때 $f(x)\neq0$이고, $x=1$일 때 $f(1)=0$ …… ㉠

$\therefore g(x)=\begin{cases}\ln|f(x)| & (x\neq1)\\ 1 & (x=1)\end{cases}$

Step 2 조건을 만족시키는 두 함수 $f(x)$, $g(x)$의 그래프의 개형을 나타낸다.

$g'(x)=\frac{f'(x)}{f(x)}$ $(f(x)\neq0)$ ($\{\ln|f(x)|\}'=\frac{f'(x)}{f(x)}$)

조건 (나)에서 함수 $g(x)$가 $x=2$에서 극값을 가지고 ㉠을 만족해야 하므로 $f'(2)=0$ …… ㉡

또한 $\ln|f(x)|=0$에서 $|f(x)|=1$

$\therefore f(x)=-1$ 또는 $f(x)=1$

이때 조건 (다)에서 방정식 $g(x)=0$의 서로 다른 실근의 개수가 3이므로 ㉠을 만족하려면 함수 $f(x)$는 극값을 가져야 한다. → 극값을 갖지 않으면 방정식 $g(x)=0$의 서로 다른 실근의 개수는 3이 될 수 없다.

㉡에 의하여 $f'(\alpha)=f'(\beta)=0$ $(1<\alpha<\beta)$이라 하면 $\alpha=2$ 또는 $\beta=2$이다. ($f(x)$는 삼차함수이기 때문이다. / 곡선 $y=f(x)$는 x축과 점 $(1, 0)$에서만 만나기 때문이다. / 함수 $f(x)$가 $x=2$에서 극값을 가지기 때문이다.)

따라서 가능한 두 함수 $f(x)$, $g(x)$의 그래프의 개형은 다음과 같다.

(i)

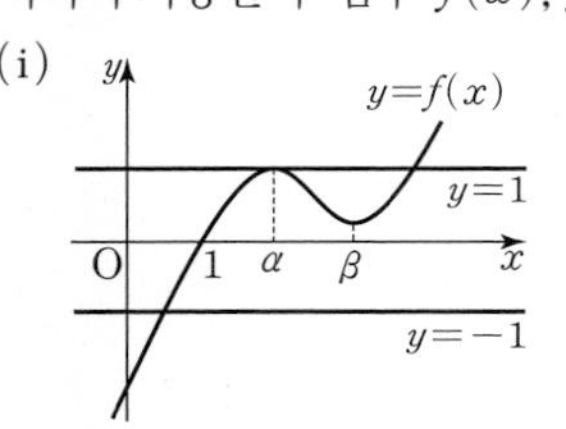

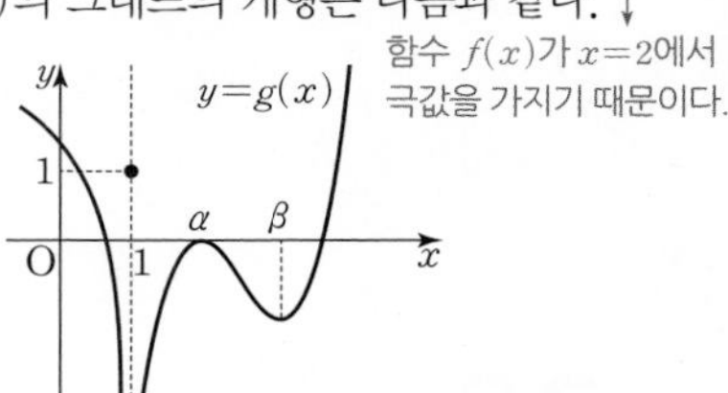

(ii)

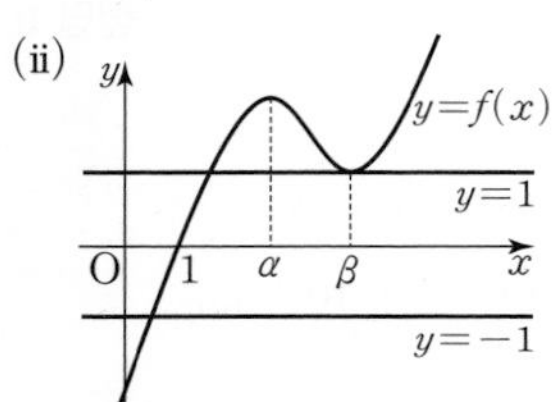

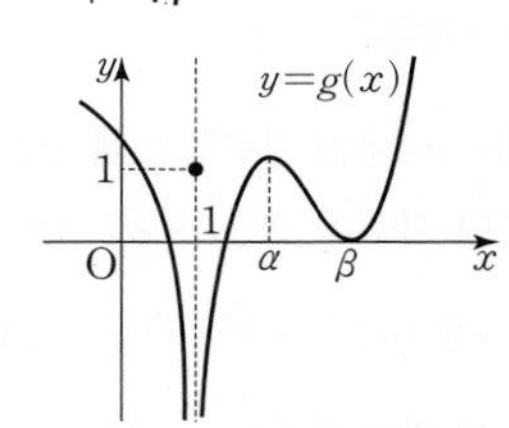

Step 3 함수 $|g(x)|$가 $x=2$에서 극소임을 이용하여 $f(x)$를 구한다.

조건 (나)에 의하여 함수 $g(x)$는 $x=2$에서 극대이고, 함수 $|g(x)|$는 $x=2$에서 극소인 경우인 (i)이다.

$\therefore \alpha=2$ → (ii)에서 함수 $|g(x)|$는 $x=2$에서 극소일 수 없다.

함수 $f(x)$의 최고차항의 계수가 $\frac{1}{2}$이므로

$f(x)-1=\frac{1}{2}(x-2)^2(x-k)$ (k는 상수)라 하자.

즉, $f(x)=\frac{1}{2}(x-2)^2(x-k)+1$ → 함수 $f(x)$의 그래프가 $x=2$에서 직선 $y=1$에 접한다.

㉠에서 $f(1)=\frac{1}{2}(1-k)+1=0$ $\quad\therefore k=3$

따라서 $f(x)=\frac{1}{2}(x-2)^2(x-3)+1$이므로

$f'(x)=(x-2)(x-3)+\frac{1}{2}(x-2)^2=\frac{1}{2}(x-2)(3x-8)$ → 곱의 미분법

$f'(x)=0$에서 $x=2$ 또는 $x=\frac{8}{3}$ $\quad\therefore \beta=\frac{8}{3}$

Step 4 함수 $g(x)$의 극솟값을 구한다.

따라서 함수 $g(x)$는 $x=\frac{8}{3}$에서 극솟값을 가지므로

$\ln\left|f\left(\frac{8}{3}\right)\right|=\ln\left|\frac{1}{2}\times\left(\frac{2}{3}\right)^2\times\left(-\frac{1}{3}\right)+1\right|=\ln\frac{25}{27}$

29 [정답률 17%] 정답 50

Step 1 $f(\theta)$를 구한다.

직각삼각형 AHP에서 $\angle \mathrm{APH}=\theta$이므로

$\angle \mathrm{HAP}=\frac{\pi}{2}-\theta$

(→ 사분원의 반지름의 길이)

삼각형 OPA는 $\overline{\mathrm{OP}}=\overline{\mathrm{OA}}=1$인 이등변삼각형이므로

$\angle \mathrm{AOP}=\pi-2\times\angle \mathrm{HAP}=2\theta$ (→ $\pi-2\left(\frac{\pi}{2}-\theta\right)=\pi-\pi+2\theta$)

$\therefore\ \overline{\mathrm{AH}}=1-\overline{\mathrm{OH}}=1-\overline{\mathrm{OP}}\cos 2\theta=1-\cos 2\theta$ …… ㉠

$\angle \mathrm{HAQ}=\frac{1}{2}\angle \mathrm{HAP}=\frac{\pi}{4}-\frac{\theta}{2}$이므로

$\overline{\mathrm{HQ}}=\overline{\mathrm{AH}}\tan\left(\frac{\pi}{4}-\frac{\theta}{2}\right)=(1-\cos 2\theta)\tan\left(\frac{\pi}{4}-\frac{\theta}{2}\right)$ …… ㉡

㉠, ㉡에서

$f(\theta)=\frac{1}{2}\times\overline{\mathrm{AH}}\times\overline{\mathrm{HQ}}$

$=\frac{1}{2}\times(1-\cos 2\theta)^2\times\tan\left(\frac{\pi}{4}-\frac{\theta}{2}\right)$

$=\frac{1}{2}\times\frac{\sin^4 2\theta}{(1+\cos 2\theta)^2}\times\tan\left(\frac{\pi}{4}-\frac{\theta}{2}\right)$

(→ $(1-\cos 2\theta)^2=\frac{(1-\cos 2\theta)^2(1+\cos 2\theta)^2}{(1+\cos 2\theta)^2}=\frac{(1-\cos^2 2\theta)^2}{(1+\cos 2\theta)^2}=\frac{\sin^4 2\theta}{(1+\cos 2\theta)^2}$)

$\therefore\ \lim_{\theta\to0+}\frac{f(\theta)}{\theta^4}$

$=\frac{1}{2}\times16\lim_{\theta\to0+}\left(\frac{\sin 2\theta}{2\theta}\right)^4\times\lim_{\theta\to0+}\frac{1}{(1+\cos 2\theta)^2}\times\lim_{\theta\to0+}\tan\left(\frac{\pi}{4}-\frac{\theta}{2}\right)$

(→ $=1$), (→ $\frac{1}{2^2}=\frac{1}{4}$), (→ $\tan\frac{\pi}{4}=1$)

$=2$ …… ㉢

Step 2 $g(\theta)$를 구한다.

(→ Step 1에서 $\angle \mathrm{AOP}=2\theta$ 임을 구했어. $\therefore\ \angle \mathrm{H'OP}=\frac{1}{2}\angle \mathrm{AOP}=\theta$)

이등변삼각형 OPA에서 점 O에서 선분 PA에 내린 수선의 발을 H′이라 하면 $\angle \mathrm{H'OP}=\theta$이므로

$\overline{\mathrm{AP}}=2\overline{\mathrm{PH'}}=2\times\overline{\mathrm{OP}}\times\sin\theta=2\sin\theta$ (→ $=1$)

삼각형 AOP에서 각 OAP의 이등분선이 선분 OP와 만나는 점이 R이므로

$\overline{\mathrm{AO}}:\overline{\mathrm{AP}}=\overline{\mathrm{OR}}:\overline{\mathrm{RP}}$

$1:2\sin\theta=\overline{\mathrm{OR}}:(1-\overline{\mathrm{OR}})$

$\therefore\ \overline{\mathrm{OR}}=\frac{1}{2\sin\theta+1}$ …… ㉣

(→ $2\sin\theta\times\overline{\mathrm{OR}}=1-\overline{\mathrm{OR}}$, $(2\sin\theta+1)\overline{\mathrm{OR}}=1$)

$\overline{\mathrm{OS}}=\overline{\mathrm{OA}}\tan(\angle \mathrm{SAO})$

$=1\times\tan\left(\frac{\pi}{4}-\frac{\theta}{2}\right)=\tan\left(\frac{\pi}{4}-\frac{\theta}{2}\right)$ …… ㉤

㉣, ㉤에서

$g(\theta)=\triangle \mathrm{OSP}-\triangle \mathrm{OSR}$

$=\frac{1}{2}\times\overline{\mathrm{OS}}\times\overline{\mathrm{OP}}\times\sin(\angle \mathrm{POS})-\frac{1}{2}\times\overline{\mathrm{OS}}\times\overline{\mathrm{OR}}\times\sin(\angle \mathrm{POS})$

(→ $\frac{1}{2}\times\overline{\mathrm{OS}}\times\sin(\angle \mathrm{POS})\times(\overline{\mathrm{OP}}-\overline{\mathrm{OR}})$)

$=\frac{1}{2}\times\tan\left(\frac{\pi}{4}-\frac{\theta}{2}\right)\times\sin\left(\frac{\pi}{2}-2\theta\right)\times\left(1-\frac{1}{2\sin\theta+1}\right)$

$=\frac{1}{2}\times\tan\left(\frac{\pi}{4}-\frac{\theta}{2}\right)\times\sin\left(\frac{\pi}{2}-2\theta\right)\times\frac{2\sin\theta}{2\sin\theta+1}$

$\therefore\ \lim_{\theta\to0+}\frac{g(\theta)}{\theta}$

$=\frac{1}{2}\times\lim_{\theta\to0+}\tan\left(\frac{\pi}{4}-\frac{\theta}{2}\right)\times\lim_{\theta\to0+}\sin\left(\frac{\pi}{2}-2\theta\right)\times2\lim_{\theta\to0+}\frac{\sin\theta}{\theta}\times\lim_{\theta\to0+}\frac{1}{2\sin\theta+1}$

(→ $\sin\frac{\pi}{2}=1$), (→ $=1$), (→ $=1$)

$=1$ …… ㉥

Step 3 k의 값을 구한다.

㉢, ㉥에서 $\lim_{\theta\to0+}\frac{\theta^3\times g(\theta)}{f(\theta)}=\lim_{\theta\to0+}\frac{\frac{g(\theta)}{\theta}}{\frac{f(\theta)}{\theta^4}}=\frac{1}{2}$

따라서 $k=\frac{1}{2}$이므로 $100k=50$이다.

30 [정답률 11%] 정답 16

Step 1 함수 $f(x)$의 그래프의 개형을 파악한다.

$f(x)=\frac{x^2-ax}{e^x}=(x^2-ax)e^{-x}$에서

$f'(x)=(2x-a)e^{-x}-(x^2-ax)e^{-x}$

$=e^{-x}\{-x^2+(a+2)x-a\}$ (→ 곱의 미분법)

$=-e^{-x}\{x^2-(a+2)x+a\}$

이때 $f'(x)=0$에서 $x^2-(a+2)x+a=0$ …… ㉠ (→ $e^{-x}\neq0$)

이 이차방정식의 판별식을 D_1이라 하면

$D_1=\{-(a+2)\}^2-4\times1\times a$

$=(a^2+4a+4)-4a$

$=a^2+4>0$ (→ 판별식의 값이 0보다 크므로 방정식이 서로 다른 두 실근을 가진다.)

이차방정식 ㉠의 두 실근을 α_1, α_2 $(\alpha_1<\alpha_2)$라 하면 근과 계수의 관계에 의하여

(→ 함수 $f(x)$는 $x=\alpha_1$에서 극소, $x=\alpha_2$에서 극대가 된다.)

$\alpha_1+\alpha_2=a+2>0$, $\alpha_1\alpha_2=a>0$ $(\because\ a>0)$

따라서 α_1, α_2는 모두 양수이다.

$f'(x)=-e^{-x}\{x^2-(a+2)x+a\}$에서

$f''(x)=e^{-x}\{x^2-(a+2)x+a\}-e^{-x}\{2x-(a+2)\}$

$=e^{-x}\{x^2-(a+4)x+2a+2\}$

이때 $f''(x)=0$에서 $x^2-(a+4)x+2a+2=0$ …… ㉡

이 이차방정식의 판별식을 D_2라 하면 (→ 이 식을 만족시키는 x에서 곡선 $y=f(x)$가 변곡점을 가진다.)

$D_2=\{-(a+4)\}^2-4\times1\times(2a+2)$

$=(a^2+8a+16)-8a-8$

$=a^2+8>0$

즉, 이차방정식 ㉡의 두 실근을 β_1, β_2 $(\beta_1<\beta_2)$라 하면 두 점 $(\beta_1, f(\beta_1))$, $(\beta_2, f(\beta_2))$가 함수 $y=f(x)$의 그래프의 변곡점이다.

이때 $f(0)=0$, $f(a)=0$이고

$\lim_{x\to\infty}f(x)=\lim_{x\to\infty}\frac{x^2-ax}{e^x}=0$ (→ $f(a)=\frac{a^2-a^2}{e^a}=0$)

이므로 함수 $y=f(x)$의 그래프는 다음과 같다.

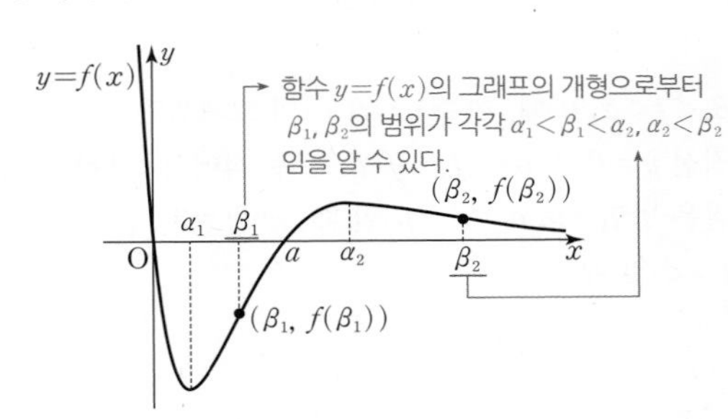

Step 2 함수 $g(t)$의 그래프를 그려본다.

방정식 $f(x)=f'(t)(x-t)+f(t)$의 서로 다른 실근의 개수는 두 함수 $y=f(x)$와 $y=f'(t)(x-t)+f(t)$의 그래프의 교점의 개수와 같다.

이때 $y=f'(t)(x-t)+f(t)$는 곡선 $y=f(x)$ 위의 점 $(t, f(t))$에서의 접선과 같으므로 t의 값에 따라 경우를 나누어보면 다음과 같다.

(i) $t=\alpha_1$, α_2일 때

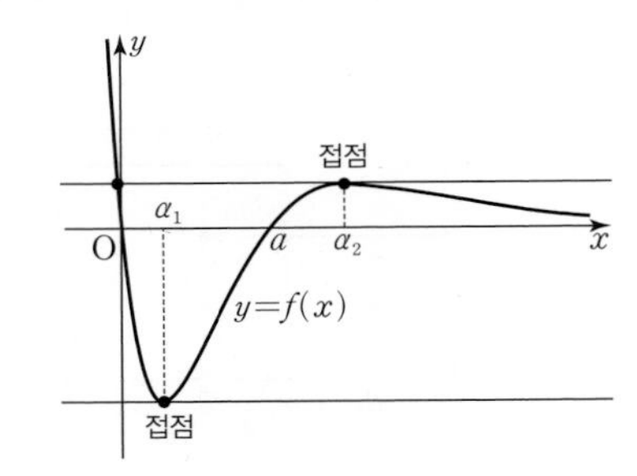

$t=\alpha_1$일 때, 함수 $y=f(x)$의 그래프와 직선 $y=f'(t)(x-t)+f(t)$는 한 점에서만 만나므로 $g(\alpha_1)=1$

같은 방법으로 $t=\alpha_2$일 때, $g(\alpha_2)=2$

(ii) $t=\beta_1$, β_2일 때

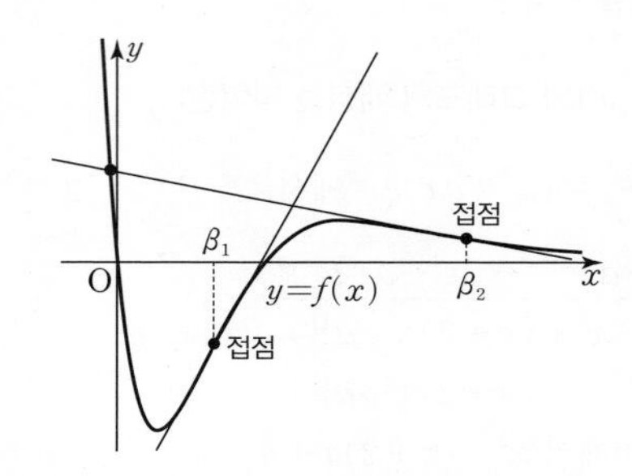

$t=\beta_1$일 때, 함수 $y=f(x)$의 그래프와
직선 $y=f'(t)(x-t)+f(t)$는 한 점에서만 만나므로 $g(\beta_1)=1$
같은 방법으로 $t=\beta_2$일 때, $g(\beta_2)=2$

(iii) $t<\beta_1$일 때

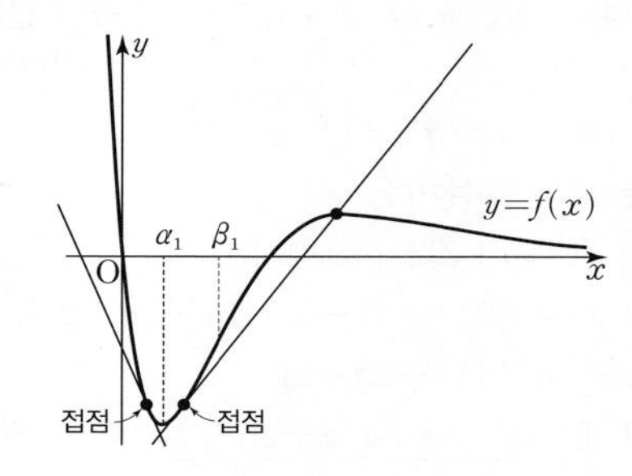

$t<\alpha_1$일 때, 함수 $y=f(x)$의 그래프와
직선 $y=f'(t)(x-t)+f(t)$는 한 점에서만 만나므로 $g(t)=1$
같은 방법으로 $\alpha_1<t<\beta_1$일 때, $g(t)=2$

(iv) $\beta_1<t<\beta_2$일 때

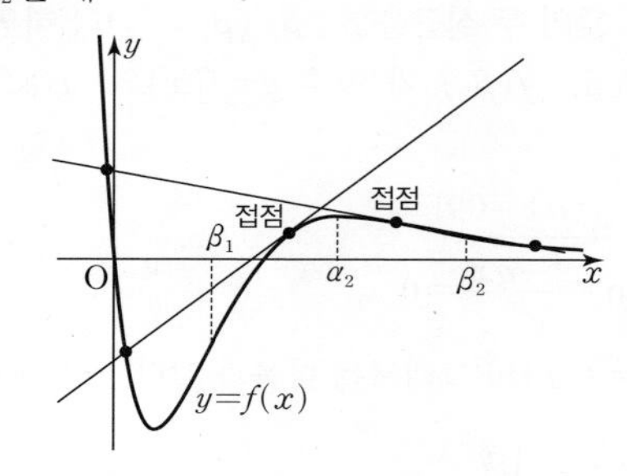

$\beta_1<t<\alpha_2$일 때, 함수 $y=f(x)$의 그래프와
직선 $y=f'(t)(x-t)+f(t)$는 두 점에서 만나므로 $g(t)=2$
같은 방법으로 $\alpha_2<t<\beta_2$일 때, $g(t)=3$

(v) $t>\beta_2$일 때

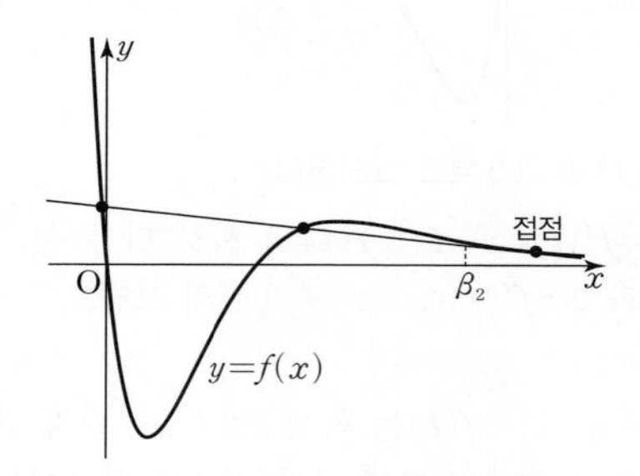

함수 $y=f(x)$의 그래프와 직선 $y=f'(t)(x-t)+f(t)$는 세 점에서 만나므로 $g(t)=3$

따라서 (i)~(v)에서 함수 $y=g(t)$의 그래프는 다음과 같다.

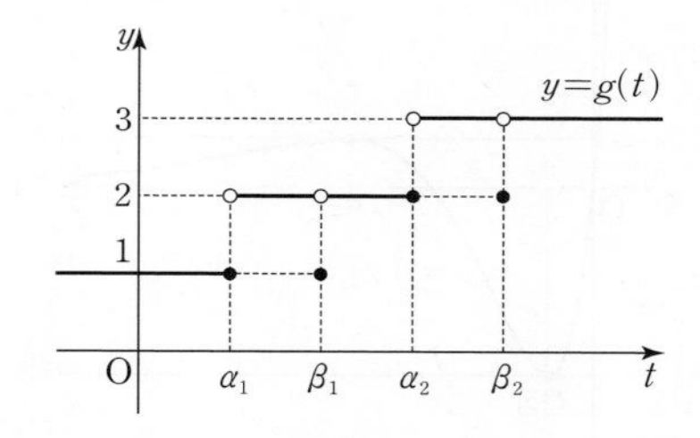

Step 3 a의 값을 구한다.

$g(5)+\lim_{t\to5}g(t)=5$를 만족시키려면 $\beta_2=5$이어야 한다.
(→ 이때 $g(5)=2$, $\lim_{t\to5}g(t)=3$)

즉, 이차방정식 ㉡의 한 실근이 5이므로

$5^2-(a+4)\times5+2a+2=0$

$25-5a-20+2a+2=0$, $3a=7$

$\therefore a=\frac{7}{3}$

Step 4 $\lim_{t\to k-}g(t)\neq\lim_{t\to k+}g(t)$를 만족시키는 모든 실수 k의 값의 합을 구한다.

함수 $y=g(t)$의 그래프에서 좌극한과 우극한이 다른 경우는 $t=\alpha_1$, $t=\alpha_2$일 때이다.

즉, $\lim_{t\to k-}g(t)\neq\lim_{t\to k+}g(t)$를 만족시키는 k의 값은 α_1, α_2이다.

이때 α_1, α_2는 이차방정식 ㉠의 두 실근이므로 근과 계수의 관계에 의하여

$\alpha_1+\alpha_2=a+2=\frac{13}{3}$

따라서 $p=3$, $q=13$이므로 $p+q=3+13=16$

기하

23 [정답률 93%]

정답 ③

Step 1 두 벡터가 서로 평행함을 이용한다.

두 벡터 $\vec{a}+2\vec{b}$, $3\vec{a}+k\vec{b}$가 서로 평행하므로

$3\vec{a}+k\vec{b}=t(\vec{a}+2\vec{b})$

를 만족시키는 0이 아닌 실수 t가 존재한다.

$3\vec{a}+k\vec{b}=t\vec{a}+2t\vec{b}$에서 $3=t$, $k=2t$
(→ 벡터 $\vec{a}$끼리, 벡터 $\vec{b}$끼리 비교한다.)

$\therefore k=6$

24 [정답률 87%]

정답 ②

Step 1 점근선의 방정식을 이용하여 a, b의 값을 구한다.

쌍곡선 $\frac{x^2}{a^2}-\frac{y^2}{b^2}=1$의 주축의 길이가 6이므로

$2a=6$ $\quad\therefore a=3$
(→ 주축이 x축이다.)

쌍곡선 $\frac{x^2}{a^2}-\frac{y^2}{b^2}=1$의 점근선의 방정식은 $y=\pm\frac{b}{a}x$이므로

$\frac{b}{a}=2$에서 $b=2a$ $\quad\therefore b=6$
(→ $a>0$, $b>0$)

Step 2 두 초점 사이의 거리를 구한다.

쌍곡선 $\frac{x^2}{a^2}-\frac{y^2}{b^2}=1$의 두 초점을 $\mathrm{F}(c,\ 0)$, $\mathrm{F}'(-c,\ 0)$ $(c>0)$이라 하면
(→ 쌍곡선의 성질)

$c^2=a^2+b^2=9+36=45$

$\therefore c=3\sqrt{5}$

따라서 두 초점 사이의 거리는 $\overline{\mathrm{FF}'}=2c=6\sqrt{5}$이다.

알아야 할 기본개념

초점이 x축 위에 있는 쌍곡선의 방정식

두 정점 $F(c,\ 0)$, $F'(-c,\ 0)$으로부터 거리의 차가 $2a(c>a>0)$인 쌍곡선의 방정식은

$\frac{x^2}{a^2}-\frac{y^2}{b^2}=1$ (단, $b^2=c^2-a^2$)

(1) 주축의 길이 : $2a$

(2) 초점의 좌표 : $F(\sqrt{a^2+b^2},\ 0)$, $F'(-\sqrt{a^2+b^2},\ 0)$

(3) 꼭짓점의 좌표 : $(a,\ 0)$, $(-a,\ 0)$

(4) 점근선의 방정식 : $y=\pm\frac{b}{a}x$

25 [정답률 73%]

정답 ②

Step 1 두 직선의 방향벡터를 이용하여 $\cos\theta$의 값을 구한다.

두 직선 $\frac{x-3}{4}=\frac{y-5}{3}$, $x-1=\frac{2-y}{3}$의 방향벡터를 각각 $\vec{d_1}$, $\vec{d_2}$라 하면 $\vec{d_1}=(4,\ 3)$, $\vec{d_2}=(1,\ -3)$

$\therefore \cos\theta=\frac{|\vec{d_1}\cdot\vec{d_2}|}{|\vec{d_1}||\vec{d_2}|}=\frac{|4\times1+3\times(-3)|}{\sqrt{4^2+3^2}\sqrt{1^2+(-3)^2}}=\frac{5}{5\sqrt{10}}=\frac{\sqrt{10}}{10}$

θ는 예각이므로 $\cos\theta>0$

26 [정답률 62%]

정답 ⑤

Step 1 사각형 ABCD의 넓이가 최대일 때를 생각한다.

타원 $\frac{x^2}{3}+y^2=1$에 접하고 기울기가 1인 직선의 방정식은

$y=x\pm\sqrt{3\times1+1}=x\pm2$

타원 $\frac{x^2}{a^2}+\frac{y^2}{b^2}=1$에 접하는 기울기가 m인 접선의 방정식은 $y=mx\pm\sqrt{a^2m^2+b^2}$

직선 $y=x+2$와 타원이 접하는 점이 B, 직선 $y=x-2$와 타원이 접하는 점이 D일 때 사각형 ABCD의 넓이는 최대이다.

두 직선 $y=x+2$, $y=x-1$ 사이의 거리를 d_1이라 하면 직선 $y=x+2$ 위의 점 $(0,\ 2)$와 직선 $x-y-1=0$ 사이의 거리와 같으므로

$d_1=\frac{|0-2-1|}{\sqrt{1^2+(-1)^2}}=\frac{3\sqrt{2}}{2}$

점 $(x_1,\ y_1)$과 직선 $ax+by+c=0$ 사이의 거리는 $\frac{|ax_1+by_1+c|}{\sqrt{a^2+b^2}}$

두 직선 $y=x-2$, $y=x-1$ 사이의 거리를 d_2라 하면 직선 $y=x-2$ 위의 점 $(0,\ -2)$와 직선 $x-y-1=0$ 사이의 거리와 같으므로

$d_2=\frac{|0-(-2)-1|}{\sqrt{1^2+(-1)^2}}=\frac{\sqrt{2}}{2}$

Step 2 두 점 A, C의 좌표를 구한다.

두 점 A, C는 타원 $\frac{x^2}{3}+y^2=1$과 직선 $y=x-1$의 교점이므로

$\frac{x^2}{3}+(x-1)^2=1$에서 $2x(2x-3)=0$

$\therefore x=0$ 또는 $x=\frac{3}{2}$

즉, $A\left(\frac{3}{2},\ \frac{1}{2}\right)$, $C(0,\ -1)$이므로

$y=\frac{3}{2}-1=\frac{1}{2}$, $y=0-1=-1$

$\overline{AC}=\sqrt{\left(0-\frac{3}{2}\right)^2+\left(-1-\frac{1}{2}\right)^2}=\frac{3\sqrt{2}}{2}$

Step 3 사각형 ABCD의 넓이의 최댓값을 구한다.

따라서 사각형 ABCD의 넓이는

$\frac{1}{2}\times\overline{AC}\times d_1+\frac{1}{2}\times\overline{AC}\times d_2$

$=\frac{1}{2}\times\frac{3\sqrt{2}}{2}\times\frac{3\sqrt{2}}{2}+\frac{1}{2}\times\frac{3\sqrt{2}}{2}\times\frac{\sqrt{2}}{2}=3$

27 [정답률 74%]

정답 ④

Step 1 선분 AF의 길이를 구한다.

직각삼각형 ABH에서 $\overline{AB}=\sqrt{2}$, $\angle ABC=45°$이므로

$\overline{AH}=\overline{BH}=1$

삼각형 ABH는 직각이등변삼각형

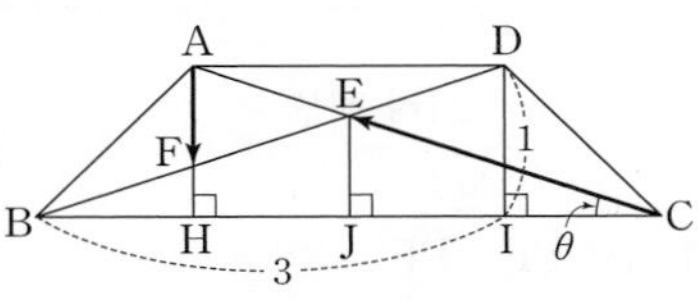

점 D에서 선분 BC에 내린 수선의 발을 I라 하면 $\overline{BI}=3$, $\overline{DI}=1$이고 $\triangle BID\backsim\triangle BHF$이므로

$\overline{BI}:\overline{DI}=\overline{BH}:\overline{FH}$ — $\angle DBI$가 공통이고, $\angle BID=\angle BHF=\frac{\pi}{2}$

$3:1=1:\overline{FH}$ $\quad\therefore \overline{FH}=\frac{1}{3}$

$\therefore \overline{AF}=\overline{AH}-\overline{FH}=1-\frac{1}{3}=\frac{2}{3}$

Step 2 $\vec{AF}=\vec{EJ}$임을 이용하여 $\vec{AF}\cdot\vec{CE}$의 값을 구한다.

한편 점 E에서 선분 BC에 내린 수선의 발을 J라 하면 $\overline{BJ}=\overline{CJ}=2$, $\overline{BH}=\overline{HJ}=1$이므로 $\overline{EJ}=2\overline{FH}=\frac{2}{3}$

직각삼각형 JCE에서 $\angle JCE=\theta$라 하면

$\sin\theta=\frac{|\vec{EJ}|}{|\vec{CE}|}$ ⋯⋯ ㉠

이고, 두 벡터 $\vec{EJ}$, $\vec{CE}$가 이루는 각의 크기는 $\frac{\pi}{2}+\theta$이다.

$\vec{AF}=\vec{EJ}$이므로 — 방향과 크기 모두 같아야 한다.

$\vec{AF}\cdot\vec{CE}=\vec{EJ}\cdot\vec{CE}$

$=|\vec{EJ}||\vec{CE}|\cos\left(\frac{\pi}{2}+\theta\right)$

$=|\vec{EJ}||\vec{CE}|\times(-\sin\theta)$ — $\cos\left(\frac{\pi}{2}+\theta\right)=-\sin\theta$

$=|\vec{EJ}||\vec{CE}|\times\left(-\frac{|\vec{EJ}|}{|\vec{CE}|}\right)$ ($\because$ ㉠)

$=-|\vec{EJ}|^2$ — $\overline{EJ}^2$

$=-\left(\frac{2}{3}\right)^2$

$=-\frac{4}{9}$

28 [정답률 42%]

정답 ①

Step 1 $\overline{PB}-\overline{PA}$의 값이 최대일 때를 생각한다.

두 점 A, B를 초점으로 하는 쌍곡선의 방정식을

$\frac{x^2}{a^2}-\frac{y^2}{b^2}=1$ (a, b는 양수)이라 하자.

이 쌍곡선이 점 $(3,\ 3)$을 지나고 점 $(3,\ 3)$에서 직선 $y=2x-3$에 접할 때, $\overline{PB}-\overline{PA}$의 값은 최대이다.

쌍곡선 $\frac{x^2}{a^2}-\frac{y^2}{b^2}=1$ 위의 점 $(3,\ 3)$에서의 접선의 방정식은

$\frac{3x}{a^2}-\frac{3y}{b^2}=1$

쌍곡선 $\frac{x^2}{a^2}-\frac{y^2}{b^2}=1$ 위의 점 $(x_1,\ y_1)$에서의 접선의 방정식은 $\frac{x_1x}{a^2}-\frac{y_1y}{b^2}=1$

즉, $y=\frac{b^2}{a^2}x-\frac{b^2}{3}$

Step 2 c의 값을 구한다.

이 직선이 $y=2x-3$이어야 하므로

$\frac{b^2}{a^2}=2$, $-\frac{b^2}{3}=-3$

$\therefore a^2=\frac{9}{2}$, $b^2=9$

따라서 $c^2=a^2+b^2=\frac{27}{2}$이므로 $c=\frac{3\sqrt{6}}{2}$이다.

$c>0$

29 [정답률 19%] 정답 23

Step 1 포물선의 방정식을 나타내고 사각형 PF′QF의 둘레의 길이가 12임을 이용한다.

포물선 $y^2=8x$의 초점은 F$(2,\ 0)$이고 → 포물선 $y^2=4px$의 초점의 좌표는 $(p,\ 0)$

준선의 방정식은 $x=-2$이다.

점 P의 x좌표를 $a\,(0<a<2)$라 하면

P$(a,\ 2\sqrt{2a})$, F′$(-2,\ 2\sqrt{2a})$ → 두 점 P, F′의 y좌표가 같다.

포물선의 정의에 의해 $\overline{\text{PF}}=\overline{\text{PF}'}=2+a$

한편, 점 F′을 초점, 점 P를 꼭짓점으로 하는 포물선의 방정식은

$(y-2\sqrt{2a})^2=-4(2+a)(x-a)$

이 포물선의 준선의 방정식은 $x=2a+2$ → $x=(2+a)+a$

점 Q에서 두 직선 $x=-2$, $x=2a+2$에 내린 수선의 발을 각각 R, S라 하면 포물선의 정의에 의해

$\overline{\text{QF}}=\overline{\text{QR}}$, $\overline{\text{QF}'}=\overline{\text{QS}}$

이므로 $\overline{\text{QF}}+\overline{\text{QF}'}=\overline{\text{QR}}+\overline{\text{QS}}=\overline{\text{RS}}=2a+4$ → 두 직선 $x=-2$, $x=2a+2$ 사이의 거리

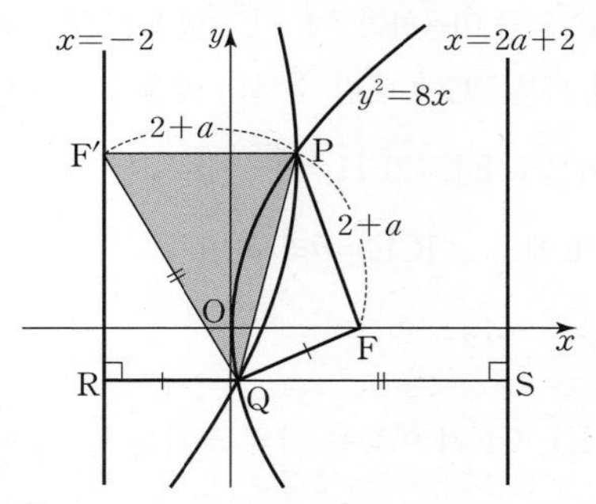

이때 사각형 PF′QF의 둘레의 길이가 12이므로

$\overline{\text{PF}}+\overline{\text{PF}'}+\overline{\text{QF}}+\overline{\text{QF}'}=12$에서 $2\overline{\text{PF}'}+\overline{\text{RS}}=12$

$2(2+a)+(2a+4)=12$ → $4a+8$ $\quad\therefore a=1$

Step 2 점 Q의 y좌표를 구한다.

점 P의 좌표는 $(1,\ 2\sqrt{2})$이고 점 F′을 초점, 점 P를 꼭짓점으로 하는 포물선의 방정식은

$(y-2\sqrt{2})^2=-12(x-1)$

두 포물선

$y^2=8x$ $\quad\cdots\cdots$ ㉠

$(y-2\sqrt{2})^2=-12(x-1)$ $\quad\cdots\cdots$ ㉡

에서 ㉠, ㉡을 연립하면

$(y-2\sqrt{2})^2=-12\left(\dfrac{y^2}{8}-1\right)$ → ㉠에서 $x=\dfrac{y^2}{8}$

$5y^2-8\sqrt{2}y-8=0$

$(5y+2\sqrt{2})(y-2\sqrt{2})=0$

$\therefore y=-\dfrac{2\sqrt{2}}{5}$ 또는 $y=2\sqrt{2}$

점 Q의 y좌표는 $-\dfrac{2\sqrt{2}}{5}$이다. → x축보다 아래에 존재한다.

Step 3 삼각형 PF′Q의 넓이를 구한다.

점 Q에서 선분 PF′에 내린 수선의 발을 H라 하면

$\overline{\text{PF}'}=2+1=3$

$\overline{\text{QH}}=2\sqrt{2}-\left(-\dfrac{2\sqrt{2}}{5}\right)=\dfrac{12}{5}\sqrt{2}$

삼각형 PF′Q의 넓이는

$\dfrac{1}{2}\times\overline{\text{PF}'}\times\overline{\text{QH}}=\dfrac{1}{2}\times3\times\dfrac{12}{5}\sqrt{2}=\dfrac{18}{5}\sqrt{2}$

따라서 $p=5$, $q=18$이므로 $p+q=5+18=23$

30 [정답률 6%] 정답 8

Step 1 조건 (가)를 이용하여 점 X의 위치를 파악한다.

조건 (가)에서 $\overrightarrow{\text{CX}}=\dfrac{1}{2}\overrightarrow{\text{CP}}+\overrightarrow{\text{CQ}}$이므로 선분 CA, CB, CD, CE, CF의 중점을 각각 A′, B′, D′, E′, F′이라 하면 점 X는 정육각형 A′B′CD′E′F′ 위의 점을 중심으로 하고 반지름의 길이가 1인 원 위를 움직인다.

Step 2 조건 (나)를 이용하여 $|\overrightarrow{\text{CX}}|$의 값이 최소일 때와 최대일 때를 찾는다.

조건 (나)에서 $\overrightarrow{\text{XA}}+\overrightarrow{\text{XC}}+2\overrightarrow{\text{XD}}=k\overrightarrow{\text{CD}}$이므로

$(\overrightarrow{\text{CA}}-\overrightarrow{\text{CX}})-\overrightarrow{\text{CX}}+2(\overrightarrow{\text{CD}}-\overrightarrow{\text{CX}})=k\overrightarrow{\text{CD}}$ → $\overrightarrow{\text{AB}}=-\overrightarrow{\text{BA}}$

$\therefore \overrightarrow{\text{CX}}=\dfrac{1}{4}\overrightarrow{\text{CA}}+\dfrac{2-k}{4}\overrightarrow{\text{CD}}$

$\dfrac{1}{4}\overrightarrow{\text{CA}}=\overrightarrow{\text{CG}}$라 하면 점 X는 점 G를 지나고 직선 CD에 평행한 직선 위를 움직인다. → $\overrightarrow{\text{CX}}=\overrightarrow{\text{CG}}+\dfrac{2-k}{4}\overrightarrow{\text{CD}}$

직선 GE′ 위의 점 H가 $\overline{\text{E}'\text{H}}=1$, $\overline{\text{GH}}>\overline{\text{GE}'}$를 만족시키도록 다음 그림과 같이 점 H를 잡는다.

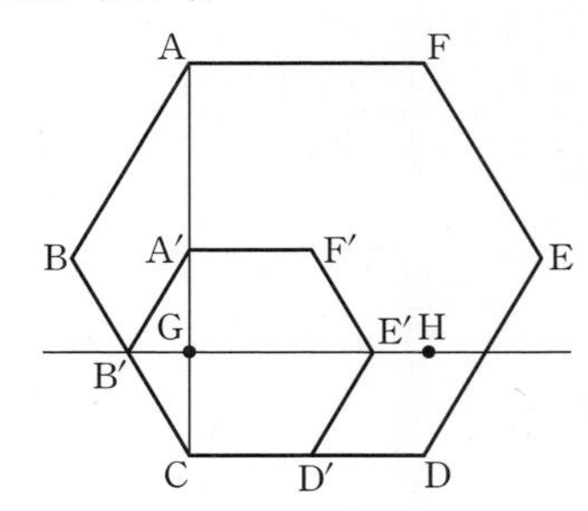

점 X가 점 G일 때, $|\overrightarrow{\text{CX}}|$의 값은 최소이다.

$\overrightarrow{\text{CG}}=\overrightarrow{\text{CG}}+\dfrac{2-k}{4}\overrightarrow{\text{CD}}$에서 $\dfrac{2-k}{4}=0$ $\quad\therefore k=2$ → α

점 X가 점 H일 때, $|\overrightarrow{\text{CX}}|$의 값은 최대이다.

$|\overrightarrow{\text{GH}}|=4$에서 $\left|\dfrac{2-k}{4}\overrightarrow{\text{CD}}\right|=4$

즉 $\dfrac{2-k}{4}|\overrightarrow{\text{CD}}|=4$이므로 $\dfrac{2-k}{4}\times4=4$ $\quad\therefore k=-2$ → β

따라서 $\alpha^2+\beta^2=2^2+(-2)^2=8$이다. → $\left|\dfrac{2-k}{4}\right|=\dfrac{2-k}{4}$

11회 2024학년도 대학수학능력시험 6월 모의평가 정답과 해설

1	⑤	2	④	3	②	4	②	5	①
6	④	7	③	8	③	9	①	10	②
11	③	12	⑤	13	①	14	③	15	②
16	3	17	33	18	6	19	8	20	39
21	110	22	380						
확률과 통계				23	③	24	④	25	③
26	①	27	②	28	⑤	29	25	30	51
미적분				23	⑤	24	④	25	①
26	②	27	③	28	②	29	5	30	24
기하				23	①	24	④	25	②
26	④	27	③	28	⑤	29	80	30	13

01 [정답률 94%] 정답 ⑤

Step 1 지수법칙을 이용하여 계산한다.

$\sqrt[3]{27}\times4^{-\frac{1}{2}}=(3^3)^{\frac{1}{3}}\times(2^2)^{-\frac{1}{2}}=3\times2^{-1}=\frac{3}{2}$

→ $=\frac{1}{2}$

→ $\sqrt[n]{a^m}=a^{\frac{m}{n}}$ ($a>0$이고, m, n은 자연수)

02 [정답률 92%] 정답 ④

Step 1 $\lim_{h\to0}\frac{f(a+h)-f(a)}{h}=f'(a)$임을 이용한다.

$f(x)=x^2-2x+3$에서 $f'(x)=2x-2$

$\therefore \lim_{h\to0}\frac{f(3+h)-f(3)}{h}=f'(3)=4$

→ $f'(x)=2x-2$에 $x=3$ 대입

03 [정답률 90%] 정답 ②

Step 1 $\sum$의 성질을 이용하여 $\sum_{k=1}^{10}a_k$의 값을 구한다.

$\sum_{k=1}^{10}(2a_k+3)=2\sum_{k=1}^{10}a_k+\sum_{k=1}^{10}3=2\sum_{k=1}^{10}a_k+30$

→ $\sum_{k=1}^{n}c=cn$ (단, c는 상수)

이때 $2\sum_{k=1}^{10}a_k+30=60$이므로 $2\sum_{k=1}^{10}a_k=30$

$\therefore \sum_{k=1}^{10}a_k=15$

04 [정답률 86%] 정답 ②

Step 1 함수 $f(x)$가 $x=1$에서 연속임을 이용한다.

함수 $f(x)$가 실수 전체의 집합에서 연속이므로 $x=1$에서도 연속이다.

따라서 $\lim_{x\to1}f(x)=f(1)$이므로 $\lim_{x\to1}f(x)=4-f(1)$에서

$f(1)=4-f(1)$, $2f(1)=4$ $\quad\therefore f(1)=2$

→ 함수 $f(x)$가 $x=1$에서 연속이려면 $x=1$에서의 극한값과 함숫값이 같아야 한다.

05 [정답률 89%] 정답 ①

Step 1 곱의 미분법을 이용하여 $g'(1)$의 값을 구한다.

→ 함수의 곱의 미분법

$g(x)=(x^3+1)f(x)$에서 $g'(x)=3x^2f(x)+(x^3+1)f'(x)$

이때 $f(1)=2$, $f'(1)=3$이므로 $g'(1)=3f(1)+2f'(1)=12$

→ $3\times2+2\times3$

06 [정답률 76%] 정답 ④

Step 1 $\sin(-\theta)=-\sin\theta$임을 이용한다.

$\sin(-\theta)=-\sin\theta$이므로 $\sin(-\theta)=\frac{1}{7}\cos\theta$에서

$\cos\theta=-7\sin\theta$

→ $-\sin\theta=\frac{1}{7}\cos\theta$

Step 2 $\sin^2\theta+\cos^2\theta=1$임을 이용하여 $\sin\theta$의 값을 구한다.

$\sin^2\theta+\cos^2\theta=1$에서 $\sin^2\theta+49\sin^2\theta=1$ $\quad\therefore \sin^2\theta=\frac{1}{50}$

이때 $\cos\theta<0$이므로 $\sin\theta=-\frac{1}{7}\cos\theta>0$ $\quad\therefore \sin\theta=\frac{\sqrt{2}}{10}$

→ $\sin\theta=\sqrt{\frac{1}{50}}=\frac{1}{5\sqrt{2}}=\frac{1\times\sqrt{2}}{5\sqrt{2}\times\sqrt{2}}$

07 [정답률 82%] 정답 ③

Step 1 두 점 A, B의 좌표를 각각 구한다.

함수 $y=\log_2(x-a)$의 그래프의 점근선의 방정식은 $x=a$이다.

→ 함수 $y=\log_2 x$의 그래프의 점근선인 직선 $x=0$을 x축의 방향으로 a만큼 평행이동한 것과 같다.

점 A는 곡선 $y=\log_2\frac{x}{4}$와 직선 $x=a$가 만나는 점이므로

$A\left(a,\ \log_2\frac{a}{4}\right)$

점 B는 곡선 $y=\log_{\frac{1}{2}}x$와 직선 $x=a$가 만나는 점이므로

$B\left(a,\ \log_{\frac{1}{2}}a\right)$

Step 2 $\overline{AB}=4$임을 이용하여 a의 값을 구한다.

→ $=\log_2 a-\log_2 4=\log_2 a-2$

$\overline{AB}=4$이므로 $\left|\log_2\frac{a}{4}-\log_{\frac{1}{2}}a\right|=4$

→ 두 점 A, B의 x좌표가 서로 같으므로 선분 AB의 길이는 두 점 A, B의 y좌표의 차와 같다.

$|(\log_2 a-2)-(-\log_2 a)|=4$

$2|\log_2 a-1|=4$, $|\log_2 a-1|=2$ → $=\log_{2^{-1}}a=-\log_2 a$

이때 $a>2$이므로 $\log_2 a>1$ → $\log_2 a>\log_2 2=1$

따라서 $\log_2 a-1=2$에서 $\log_2 a=3$이므로 $a=2^3=8$

08 [정답률 78%] 정답 ③

Step 1 방정식 $2x^2-1=x^3-x^2+k$가 서로 다른 두 실근을 가짐을 이해한다.

두 곡선 $y=2x^2-1$, $y=x^3-x^2+k$가 만나는 점의 개수가 2이려면 방정식 $2x^2-1=x^3-x^2+k$, 즉 $x^3-3x^2+k+1=0$이 서로 다른 두 실근을 가져야 한다.

Step 2 함수 $y=f(x)$의 그래프의 개형을 이용하여 k의 값을 구한다.

$f(x)=x^3-3x^2+k+1$이라 하면 $f'(x)=3x^2-6x=3x(x-2)$

$f'(x)=0$에서 $x=0$ 또는 $x=2$이므로 함수 $f(x)$의 증가와 감소를 표로 나타내면 다음과 같다.

x	$\cdots$	0	$\cdots$	2	$\cdots$
$f'(x)$	+	0	−	0	+
$f(x)$	↗	극대	↘	극소	↗

따라서 함수 $f(x)$는 $x=0$에서 극댓값 $k+1$을, $x=2$에서 극솟값 $k-3$을 갖는다.

→ $f(2)=8-12+k+1=k-3$

이때 k는 양수이므로 방정식 $f(x)=0$이 서로 다른 두 실근을 가지려면 함수 $y=f(x)$의 그래프는 다음 그림과 같아야 한다.

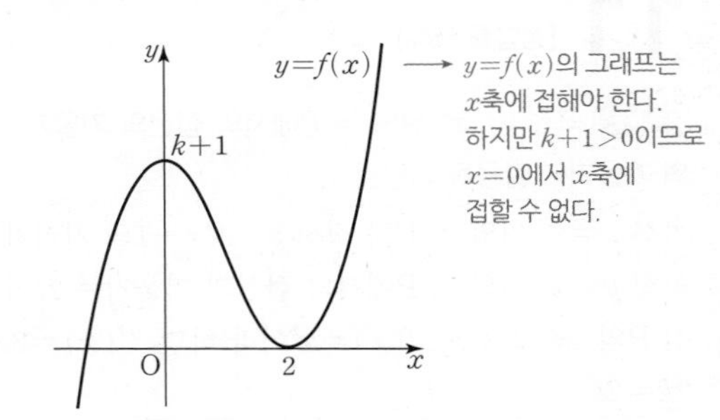

따라서 $k-3=0$이므로 $k=3$

09 [정답률 59%]

정답 ①

Step 1 주어진 식을 이용하여 수열 $\{a_n\}$의 일반항을 구한다.

$$\sum_{k=1}^{n}\frac{1}{(2k-1)a_k}=n^2+2n$$

에서 $n=1$일 때, $\frac{1}{a_1}=3$ $\quad\therefore a_1=\frac{1}{3}$

$n\geq 2$일 때

$$\frac{1}{(2n-1)a_n}=\sum_{k=1}^{n}\frac{1}{(2k-1)a_k}-\sum_{k=1}^{n-1}\frac{1}{(2k-1)a_k}$$
$$=(n^2+2n)-\{(n-1)^2+2(n-1)\}=2n+1$$

→ $=(n^2+2n)-(n^2-1)$

$$\therefore a_n=\frac{1}{(2n-1)(2n+1)}\ (n\geq 2)$$

이때 $n=1$일 때 $a_1=\frac{1}{3}$이므로 $a_n=\frac{1}{(2n-1)(2n+1)}\ (n\geq 1)$

→ $a_n=\frac{1}{(2n-1)(2n+1)}$에 $n=1$을 대입하면 $a_1=\frac{1}{1\times 3}=\frac{1}{3}$

Step 2 $\sum_{n=1}^{10}a_n$의 값을 구한다.

$$\therefore \sum_{n=1}^{10}a_n=\sum_{n=1}^{10}\frac{1}{(2n-1)(2n+1)}$$
$$=\sum_{n=1}^{10}\frac{1}{2}\left(\frac{1}{2n-1}-\frac{1}{2n+1}\right)$$

→ $\frac{1}{AB}=\frac{1}{B-A}\left(\frac{1}{A}-\frac{1}{B}\right)$

$$=\frac{1}{2}\left\{\left(1-\frac{1}{3}\right)+\left(\frac{1}{3}-\frac{1}{5}\right)+\left(\frac{1}{5}-\frac{1}{7}\right)+\cdots+\left(\frac{1}{19}-\frac{1}{21}\right)\right\}$$
$$=\frac{1}{2}\left(1-\frac{1}{21}\right)=\frac{10}{21}$$

→ $=\frac{20}{21}$

10 [정답률 73%]

정답 ②

Step 1 (A의 넓이)$-$(B의 넓이)의 값이 3임을 이용한다.

$f(x)=0$에서 $x=0$ 또는 $x=2$ 또는 $x=3$이므로 P(2, 0), Q(3, 0)이다.

(A의 넓이)$=\int_0^2 f(x)dx$, (B의 넓이)$=\int_2^3\{-f(x)\}dx$이므로

(A의 넓이)$-$(B의 넓이)$=\int_0^2 f(x)dx+\int_2^3 f(x)dx$

→ $=-\int_2^3 f(x)dx$

$$=\int_0^3 f(x)dx$$

→ $\int_a^b f(x)dx+\int_b^c f(x)dx=\int_a^c f(x)dx$

즉, $\int_0^3 f(x)dx=3$이다.

Step 2 정적분을 계산하여 k의 값을 구한다.

$$\int_0^3 f(x)dx=k\int_0^3(x^3-5x^2+6x)dx$$
$$=k\left[\frac{1}{4}x^4-\frac{5}{3}x^3+3x^2\right]_0^3=\frac{9}{4}k$$

→ $=\frac{81}{4}-45+27$

따라서 $\frac{9}{4}k=3$에서 $k=\frac{4}{3}$

11 [정답률 65%]

정답 ③

Step 1 곡선 $y=x^2$ 위의 점 P에서의 접선의 기울기가 직선 $y=2tx-1$의 기울기와 같음을 이용한다.

곡선 $y=x^2$ 위의 점 P와 직선 $y=2tx-1$의 거리가 최소이려면 곡선 $y=x^2$ 위의 점 P에서의 접선의 기울기는 $2t$이어야 한다.

점 P의 x좌표를 k, $f(x)=x^2$이라 하면 $f'(x)=2x$이므로

$2k=2t$ $\quad\therefore k=t$

→ 점 P에서의 접선의 기울기 $f'(k)=2k$

따라서 점 P의 좌표는 P(t, t^2)이다.

Step 2 점 Q의 좌표를 t에 대하여 나타낸다.

직선 OP의 방정식은 $y=tx$이고 점 Q는 직선 OP와 직선 $y=2tx-1$의 교점이므로 $tx=2tx-1$ $\quad\therefore x=\frac{1}{t}$

→ $tx=1$

따라서 점 Q의 좌표는 Q$\left(\frac{1}{t}, 1\right)$이다.

→ $y=2t\times\frac{1}{t}-1=2-1=1$

Step 3 $\lim_{t\to 1-}\frac{\overline{PQ}}{1-t}$의 값을 구한다.

$$\therefore \lim_{t\to 1-}\frac{\overline{PQ}}{1-t}=\lim_{t\to 1-}\frac{\sqrt{\left(\frac{1}{t}-t\right)^2+(1-t^2)^2}}{1-t}$$

→ 분자를 정리하면 $\sqrt{\left\{\frac{1}{t}(1-t^2)\right\}^2+(1-t^2)^2}=\sqrt{\frac{1}{t^2}(1-t^2)^2+(1-t^2)^2}=\sqrt{\left(\frac{1}{t^2}+1\right)(1-t^2)^2}$

$$=\lim_{t\to 1-}\frac{(1-t^2)\sqrt{\frac{1}{t^2}+1}}{1-t}$$
$$=\lim_{t\to 1-}\frac{(1+t)(1-t)\sqrt{\frac{1}{t^2}+1}}{1-t}$$
$$=\lim_{t\to 1-}(1+t)\sqrt{\frac{1}{t^2}+1}=2\sqrt{2}$$

12 [정답률 54%]

정답 ⑤

Step 1 수열 $\{b_n\}$이 어떤 수열인지 알아낸다.

등차수열 $\{a_n\}$의 공차를 $d\ (d\neq 0)$이라 하자.

→ 문제에서 공차가 0이 아닌 등차수열이라 주어졌다.

$b_n=a_n+a_{n+1}$이므로

$b_{n+1}-b_n=(a_{n+1}+a_{n+2})-(a_n+a_{n+1})=a_{n+2}-a_n=2d$

즉, 수열 $\{b_n\}$은 공차가 $2d$인 등차수열이다.

Step 2 경우를 나누어 d의 값을 구한다.

등차수열 $\{a_n\}$의 공차는 d, 등차수열 $\{b_n\}$의 공차는 $2d$이므로 $n(A\cap B)=3$이려면 $A\cap B=\{a_1, a_3, a_5\}$이어야 한다.

→ A의 원소 중 차가 $2d$인 세 원소는 a_1, a_3, a_5 뿐이다.

(i) $\{a_1, a_3, a_5\}=\{b_1, b_2, b_3\}$인 경우

$a_1=b_1$, 즉 $a_1=a_1+a_2$이어야 한다.

이때 문제에서 $a_2=-4$이므로 모순이다.

→ 이 식을 만족시키려면 $a_2=0$이어야 하는데 문제에서 $a_2=-4$라 하였으므로 불가능하다.

(ii) $\{a_1, a_3, a_5\}=\{b_2, b_3, b_4\}$인 경우

$a_3=b_3$, 즉 $a_3=a_3+a_4$이어야 하므로 $a_4=0$

$a_2=-4$, $a_4=0$이므로 $a_4-a_2=2d=0-(-4)$

→ $b_n=a_n+a_{n+1}$에서 $b_3=a_3+a_4$

$2d=4$ $\quad\therefore d=2$

따라서 $a_{20}=a_2+18d=-4+18\times 2=32$

(iii) $\{a_1, a_3, a_5\}=\{b_3, b_4, b_5\}$인 경우

$a_5=b_5$, 즉 $a_5=a_5+a_6$이어야 하므로 $a_6=0$

$a_2=-4$, $a_6=0$이므로 $a_6-a_2=4d=0-(-4)$

$4d=4$ $\quad\therefore d=1$

따라서 $a_{20}=a_2+18d=-4+18\times 1=14$

(i)~(iii)에서 $a_{20}=32$ (ii) 또는 $a_{20}=14$ (iii)이므로 a_{20}의 값의 합은

$32+14=46$

13 [정답률 28%]

정답 ①

Step 1 코사인법칙을 이용한다.

$\overline{AB}=a$, $\overline{AD}=b$, $\angle DAB=\theta\ \left(\frac{\pi}{2}<\theta<\pi\right)$라 하자.

삼각형 BCD에서 $\overline{BC}=3$, $\overline{CD}=2$, $\cos(\angle BCD)=-\frac{1}{3}$이므로

코사인법칙에 의하여

→ $\overline{BC}^2+\overline{CD}^2-2\times\overline{BC}\times\overline{CD}\times\cos(\angle BCD)$

$$\overline{BD}^2=3^2+2^2-2\times 3\times 2\times\left(-\frac{1}{3}\right)=17$$

따라서 삼각형 ABD에서 코사인법칙에 의하여

$a^2+b^2-2ab\cos\theta=17$ $\quad\cdots\cdots$ ㉠

→ $\overline{BD}^2=\overline{AB}^2+\overline{AD}^2-2\times\overline{AB}\times\overline{AD}\times\cos(\angle DAB)$

Step 2 사인법칙을 이용하여 $\sin\theta$의 값을 구한다. → $\overline{AE}:\overline{CE}=1:2$

점 E는 선분 AC를 1 : 2로 내분하는 점이므로 두 삼각형 AP_1P_2, CQ_1Q_2의 외접원의 지름의 길이를 각각 r, $2r$ $(r>0)$이라 하자.

사인법칙에 의하여 $\frac{\overline{P_1P_2}}{\sin\theta}=r$, $\frac{\overline{Q_1Q_2}}{\sin(\angle BCD)}=2r$

$\sin(\angle BCD)=\sqrt{1-\left(-\frac{1}{3}\right)^2}=\frac{2\sqrt{2}}{3}$이므로 → $\sqrt{1-\cos^2(\angle BCD)}$

$\overline{P_1P_2}=r\sin\theta$, $\overline{Q_1Q_2}=\frac{4\sqrt{2}}{3}r$

이때 $\overline{P_1P_2}:\overline{Q_1Q_2}=3:5\sqrt{2}$이므로 $r\sin\theta:\frac{4\sqrt{2}}{3}r=3:5\sqrt{2}$ → $\frac{\overline{Q_1Q_2}}{\frac{2\sqrt{2}}{3}}=2r$에서 $\overline{Q_1Q_2}=\frac{2\sqrt{2}}{3}\times 2r$

$5\sqrt{2}\sin\theta=4\sqrt{2}$ $\quad\therefore \sin\theta=\frac{4}{5}$

Step 3 삼각형 ABD의 넓이와 ㉠을 이용하여 $\overline{AB}+\overline{AD}$의 값을 구한다.

삼각형 ABD의 넓이가 2이므로 $\frac{1}{2}ab\sin\theta=2$

$\frac{1}{2}\times ab\times\frac{4}{5}=2$ $\quad\therefore ab=5$ $\quad\cdots\cdots$ ㉡

$\sin\theta=\frac{4}{5}$이고, $\cos\theta<0$이므로 $\cos\theta=-\sqrt{1-\left(\frac{4}{5}\right)^2}=-\frac{3}{5}$ → $\frac{\pi}{2}<\theta<\pi$일 때 $\cos\theta<0$

㉠에서 $a^2+b^2-2\times5\times\left(-\frac{3}{5}\right)=17$ ($\because$ ㉡)

$\therefore a^2+b^2=11$

즉, $(a+b)^2=a^2+b^2+2ab=11+2\times5=21$이므로

$a+b=\sqrt{21}$

따라서 $\overline{AB}+\overline{AD}$의 값은 $\sqrt{21}$이다.

14 [정답률 53%]

정답 ③

Step 1 $a=0$일 때, 시각 $t=0$에서 $t=2$까지 점 P의 위치의 변화량을 구한다.

$a\neq0$, $a\neq\frac{1}{2}$, $a\neq1$이면 점 P는 시각 $t=0$에서 출발 후 운동 방향을 세 번 바꾼다. → $v(t)=0$을 만족시키고 좌우에서 $v(t)$의 부호가 변화하는 서로 다른 t의 값이 3개이기 때문이다.

따라서 $t=0$일 때 출발한 후 운동 방향을 한 번만 바꾸려면 $a=0$ 또는 $a=\frac{1}{2}$ 또는 $a=1$이어야 한다.

(i) $a=0$일 때, → $v(t)=0$일 때 $t=0$ 또는 $t=1$

$v(t)=-t^3(t-1)$

점 P는 출발 후 운동 방향을 $t=1$에서 한 번만 바꾸므로 조건을 만족시킨다. 그러므로 시각 $t=0$에서 $t=2$까지 점 P의 위치의 변화량은

$\int_0^2\{-t^3(t-1)\}dt=\int_0^2(-t^4+t^3)dt$

$=\left[-\frac{1}{5}t^5+\frac{1}{4}t^4\right]_0^2=-\frac{12}{5}$ → $-\frac{1}{5}\times2^5+\frac{1}{4}\times2^4=-\frac{32}{5}+4=-\frac{12}{5}$

Step 2 $a=\frac{1}{2}$일 때, 시각 $t=0$에서 $t=2$까지 점 P의 위치의 변화량을 구한다.

(ii) $a=\frac{1}{2}$일 때, → $v(t)=0$일 때 $t=0$ 또는 $t=\frac{1}{2}$ 또는 $t=1$ 하지만 $t=1$의 좌우에서 $v(t)$의 부호는 변하지 않는다.

$v(t)=-t\left(t-\frac{1}{2}\right)(t-1)^2$

점 P는 출발 후 운동 방향을 $t=\frac{1}{2}$에서 한 번만 바꾸므로 조건을 만족시킨다. 그러므로 시각 $t=0$에서 $t=2$까지 점 P의 위치의 변화량은

$\int_0^2\left\{-t\left(t-\frac{1}{2}\right)(t-1)^2\right\}dt$

$=\int_0^2\left(-t^4+\frac{5}{2}t^3-2t^2+\frac{1}{2}t\right)dt$

$=\left[-\frac{1}{5}t^5+\frac{5}{8}t^4-\frac{2}{3}t^3+\frac{1}{4}t^2\right]_0^2=-\frac{11}{15}$ → $=-\frac{32}{5}+10-\frac{16}{3}+1=-\frac{11}{15}$

Step 3 $a=1$일 때, 시각 $t=0$에서 $t=2$까지 점 P의 위치의 변화량을 구한다.

(iii) $a=1$일 때, → $v(t)=0$일 때 $t=0$ 또는 $t=1$ 또는 $t=2$ 하지만 $t=1$의 좌우에서 $v(t)$의 부호는 변하지 않는다.

$v(t)=-t(t-1)^2(t-2)$

점 P는 출발 후 운동 방향을 $t=2$에서 한 번만 바꾸므로 조건을 만족시킨다. 그러므로 시각 $t=0$에서 $t=2$까지 점 P의 위치의 변화량은

$\int_0^2\{-t(t-1)^2(t-2)\}dt$

$=\int_0^2(-t^4+4t^3-5t^2+2t)dt$

$=\left[-\frac{1}{5}t^5+t^4-\frac{5}{3}t^3+t^2\right]_0^2=\frac{4}{15}$ → $=-\frac{32}{5}+16-\frac{40}{3}+4=\frac{4}{15}$

(i)~(iii)에 의하여 점 P의 위치의 변화량의 최댓값은 $\frac{4}{15}$이다.

15 [정답률 27%]

정답 ②

Step 1 a_3의 값의 부호에 따라 경우를 나누어 생각한다.

$a_3\times a_4\times a_5\times a_6<0$이므로 $a_3\neq0$, $a_4\neq0$, $a_5\neq0$, $a_6\neq0$이다.

$a_1=k>0$이므로 $a_2=a_1-2-k=-2<0$, $a_3=a_2+4-k=2-k$ → k는 자연수, $a_{n+1}=a_n-2n-k$에 $n=1$ 대입

(i) $a_3=2-k>0$

$2-k>0$에서 $k<2$이므로 $k=1$

$a_4=a_3-6-k=-6<0$ → $a_3=1$

$a_5=a_4+8-k=1>0$

$a_6=a_5-10-k=-10<0$ → $a_5>0$이므로 $a_{n+1}=a_n-2n-k$에 $n=5$ 대입

따라서 $a_3\times a_4\times a_5\times a_6>0$이므로 주어진 조건을 만족시키지 않는다.

(ii) $a_3=2-k<0$

즉, $k>2$

$a_4=a_3+6-k=8-2k$

Step 2 a_4의 값의 부호에 따라 경우를 나누어 생각한다.

① $a_4=8-2k>0$

즉, $k<4$이므로 $2<k<4$에서 $k=3$ $\quad\therefore a_4=2>0$

$a_5=a_4-8-k=-9<0$

$a_6=a_5+10-k=-2<0$

따라서 $a_3\times a_4\times a_5\times a_6<0$이므로 주어진 조건을 만족시킨다.

② $a_4=8-2k<0$ → $a_3<0$

즉, $k>4$

$a_5=a_4+8-k=16-3k$

Step 3 a_5의 값의 부호에 따라 경우를 나누어 생각한다.

㉠ $a_5=16-3k>0$

즉, $k<\frac{16}{3}$이므로 $4<k<\frac{16}{3}$에서 $k=5$ $\quad\therefore a_5=1>0$

$a_6=a_5-10-k=-14<0$

따라서 $a_3\times a_4\times a_5\times a_6<0$이므로 주어진 조건을 만족시킨다. ((−) (−) (+) (−))

㉡ $a_5=16-3k<0$

즉, $k>\frac{16}{3}$

$a_6=a_5+10-k=26-4k$

이때 $a_3\times a_4\times a_5\times a_6<0$이어야 하므로 $a_6>0$ ((−) (−) (−))

$26-4k>0$, $k<\frac{13}{2}$

따라서 $\frac{16}{3}<k<\frac{13}{2}$이므로 $k=6$이다. → k는 자연수

(i), (ii)에 의하여 모든 k의 값의 합은 $3+5+6=14$

16 [정답률 88%] 정답 3

Step 1 지수부등식의 해를 구한다.

$2^{x-6}\le\left(\frac{1}{4}\right)^x$에서 $2^{x-6}\le 2^{-2x}$ ← $=(2^{-2})^x=2^{-2x}$

위 식의 양변의 밑 2는 1보다 크므로 $x-6\le -2x$ ← 밑이 1보다 크므로 부등호의 방향이 바뀌지 않는다.

$3x\le 6$ $\quad\therefore x\le 2$

따라서 모든 자연수 x의 값의 합은 $1+2=3$

17 [정답률 90%] 정답 33

Step 1 부정적분을 이용하여 $f(x)$를 구한다.

$f(x)=\int f'(x)dx=\int(8x^3-1)dx=2x^4-x+C$ ← 적분상수를 빠뜨리지 않아야 한다.

(단, C는 적분상수)

이때 $f(0)=3$이므로 $C=3$

따라서 $f(x)=2x^4-x+3$이므로 $f(2)=2\times16-2+3=33$

18 [정답률 81%] 정답 6

Step 1 함수 $f(x)$가 $x=1$에서 극솟값 -2를 가짐을 이용한다.

함수 $f(x)$가 $x=1$에서 극솟값 -2를 가지므로 $f(1)=-2$, $f'(1)=0$

$f(1)=a+b+a=-2$ $\quad\therefore 2a+b=-2$ …… ㉠

$f'(x)=3ax^2+b$이므로 $f'(1)=3a+b=0$ …… ㉡

㉠, ㉡에서 $a=2$, $b=-6$

Step 2 함수 $f(x)$의 극댓값을 구한다.

따라서 $f(x)=2x^3-6x+2$이고,

$f'(x)=6x^2-6=6(x+1)(x-1)$이다. ← $=6(x^2-1)$

$f'(x)=0$에서 $x=-1$ 또는 $x=1$이므로 함수 $f(x)$의 증가와 감소를 표로 나타내면 다음과 같다.

x	$\cdots$	-1	$\cdots$	1	$\cdots$
$f'(x)$	$+$	0	$-$	0	$+$
$f(x)$	↗	극대	↘	극소	↗

따라서 함수 $f(x)$는 $x=-1$에서 극댓값 6을 갖는다. ← $f(-1)=2\times(-1)^3-6\times(-1)+2=6$

19 [정답률 60%] 정답 8

Step 1 조건 (가)를 이용하여 a의 값을 구한다.

함수 $f(x)=a\sin bx+8-a$의 최솟값이 $-a+8-a=8-2a$이므로 조건 (가)에서 ← $y=a\sin bx+c$의 최솟값은 $c-a$, 최댓값은 $c+a$

$8-2a\ge 0$ $\quad\therefore a\le 4$ ← a는 자연수이므로 $a=1, 2, 3, 4$

이때 $a=1$ 또는 $a=2$ 또는 $a=3$일 때는 함수 $f(x)$의 최솟값이 0보다 크므로 조건 (나)를 만족시킬 수 없다. ← 함수 $f(x)$의 그래프가 x축과 만나지 않는다.

따라서 $a=4$이다. ← 함수 $f(x)$의 최솟값은 0

Step 2 함수 $f(x)$의 주기를 이용하여 b의 값을 구한다.

$f(x)=4\sin bx+4$의 주기는 $\frac{2\pi}{b}$이므로 $0\le x\le\frac{2\pi}{b}$일 때 방정식 $f(x)=0$의 서로 다른 실근의 개수는 1이다.

$0\le x<2\pi$일 때 방정식 $f(x)=0$의 서로 다른 실근의 개수가 4이려면 $\frac{15\pi}{2b}<2\pi\le\frac{19\pi}{2b}$

$b>\frac{15}{4}$, $b\le\frac{19}{4}$

$\frac{15}{4}<b\le\frac{19}{4}$ $\quad\therefore b=4$ ($\because$ b는 자연수)

따라서 $a+b=4+4=8$이다.

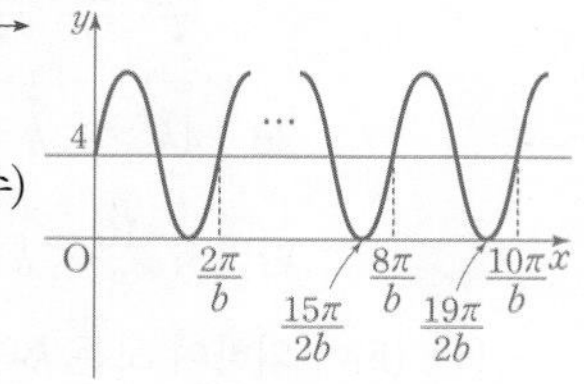

20 [정답률 22%] 정답 39

Step 1 함수 $g(x)$가 $x=4$일 때 극소임을 이용한다.

$g(x)=\int_0^x f(t)dt$에서 $g'(x)=f(x)$ ← 양변을 x에 대하여 미분

즉, 함수 $g(x)$는 최고차항의 계수가 $\frac{1}{3}$인 삼차함수이다.

$x\ge1$인 모든 실수 x에 대하여 $g(x)\ge g(4)$이므로 삼차함수 $g(x)$는 구간 $[1, \infty)$에서 $x=4$일 때 최소이자 극소이다.

$\therefore g'(4)=f(4)=0$ …… ㉠

Step 2 $|g(x)|\ge|g(3)|$임을 이용한다.

(i) $g(4)\ge0$인 경우

$x\ge1$인 모든 실수 x에 대하여 $g(x)\ge g(4)\ge0$이므로 이 범위에서 $|g(x)|=g(x)$

문제의 조건에서 $x\ge1$인 모든 실수 x에 대하여 ← $x\ge1$인 모든 실수 x에 대하여 $|g(x)|=g(x)$이므로 $|g(3)|=g(3)$

$|g(x)|\ge g(3)$, 즉 $g(x)\ge g(3)$이어야 한다.

하지만 $g(3)>g(4)$이므로 이를 만족시키지 않는다. ← $x\ge1$에서 $g(x)<g(3)$을 만족시키는 x의 값도 존재한다.

(ii) $g(4)<0$인 경우

$x\ge1$인 모든 실수 x에 대하여 $|g(x)|\ge|g(3)|$이려면 $g(3)=0$이어야 한다.

(i), (ii)에서 $g(3)=0$ …… ㉡

Step 3 $f(4)=0$, $g(3)=0$임을 이용하여 $f(x)$를 구한다.

㉠에서 $f(x)=(x-4)(x-k)$ (k는 상수)라 하면

$$g(x)=\int_0^x\{t^2-(4+k)t+4k\}dt$$
$$=\left[\frac{1}{3}t^3-\frac{4+k}{2}t^2+4kt\right]_0^x$$
$$=\frac{1}{3}x^3-\frac{4+k}{2}x^2+4kx$$

㉡에 의하여 $g(3)=9-\frac{9}{2}(4+k)+12k=0$ ← $=9-18-\frac{9}{2}k+12k=\frac{15}{2}k-9$

$\frac{15}{2}k=9$ $\quad\therefore k=\frac{6}{5}$

따라서 $f(x)=(x-4)\left(x-\frac{6}{5}\right)$이므로

$f(9)=(9-4)\times\left(9-\frac{6}{5}\right)=39$ ← $=5\times\frac{39}{5}$

다른 풀이 $g(x)$를 구하는 풀이

Step 1 동일

Step 2 동일

Step 3 $g(x)$의 식을 세운 후 $g'(4)=0$임을 이용한다.

$g(x)=\int_0^x f(t)dt$의 양변에 $x=0$을 대입하면 $g(0)=0$

또한 ㉡에서 $g(3)=0$이므로

$g(x)=\frac{1}{3}x(x-3)(x+k)$ (k는 상수)라 하면

$g(x)=\frac{1}{3}x^3+\frac{k-3}{3}x^2-kx$에서 $g'(x)=x^2+\frac{2(k-3)}{3}x-k$

㉠에 의하여 $g'(4)=16+\frac{8(k-3)}{3}-k=0$ $\quad\therefore k=-\frac{24}{5}$ ← $16+\frac{8}{3}k-8-k=\frac{5}{3}k+8$

따라서 $f(x)=g'(x)=x^2-\frac{26}{5}x+\frac{24}{5}$이므로

$f(9)=9^2-\frac{26}{5}\times9+\frac{24}{5}=39$ ← $=\frac{234}{5}$

21 [정답률 16%] 정답 110

Step 1 ㄱ의 참, 거짓을 판별한다.

ㄱ. $y=t-\log_2 x$와 $y=2^{x-t}$을 연립하면 $t-\log_2 x=2^{x-t}$

$t=1$일 때, $1-\log_2 x=2^{x-1}$

위 식에 $x=1$을 대입하면 성립하므로 $f(1)=1$ ← $1-\log_2 1=1$, $2^{1-1}=2^0=1$

$t=2$일 때, $2-\log_2 x=2^{x-2}$

위 식에 $x=2$를 대입하면 성립하므로 $f(2)=2$

따라서 ㄱ은 참이므로 $A=100$ ← $2-\log_2 2=2-1=1$, $2^{2-2}=2^0=1$

Step 2 ㄴ의 참, 거짓을 판별한다.

ㄴ. 곡선 $y=t-\log_2 x$는 곡선 $y=-\log_2 x$를 y축의 방향으로 t만큼 평행이동한 것이다. 이때 t의 값이 증가하면 두 곡선 $y=t-\log_2 x$, $y=2^x$의 교점의 x좌표는 증가한다.
→ 곡선 $y=t-\log_2 x$는 x축의 양의 방향으로 움직이게 된다.

또한 곡선 $y=2^{x-t}$은 곡선 $y=2^x$을 x축의 방향으로 t만큼 평행이동한 것이므로 t의 값이 증가하면 두 곡선 $y=t-\log_2 x$, $y=2^{x-t}$의 교점의 x좌표는 두 곡선 $y=t-\log_2 x$, $y=2^x$의 교점의 x좌표보다 커진다.
→ 곡선 $y=2^{x-t}$은 x축의 양의 방향으로 움직이게 된다.

따라서 t의 값이 증가하면 $f(t)$의 값도 증가하고, ㄴ이 참이므로 $B=10$

Step 3 ㄷ의 참, 거짓을 판별한다.

ㄷ. $g(x)=t-\log_2 x$, $h(x)=2^{x-t}$이라 하면 함수 $g(x)$는 감소함수이고, 함수 $h(x)$는 증가함수이므로 $f(t)\geq t$이기 위해서는 $g(t)\geq h(t)$이어야 한다. 즉, $t-\log_2 t\geq 2^{t-t}$ → $2^0=1$

$\therefore t-1\geq \log_2 t$ …… ㉠

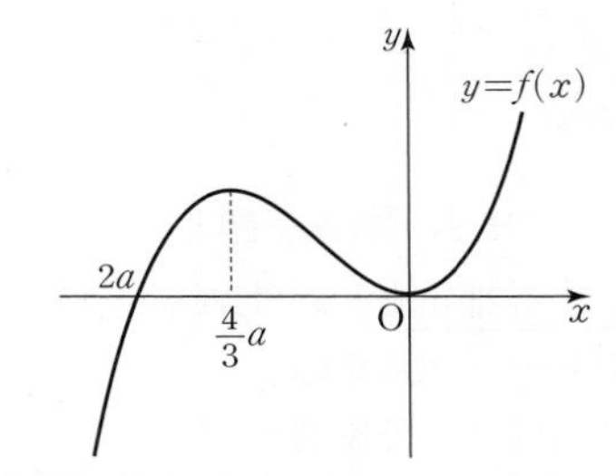

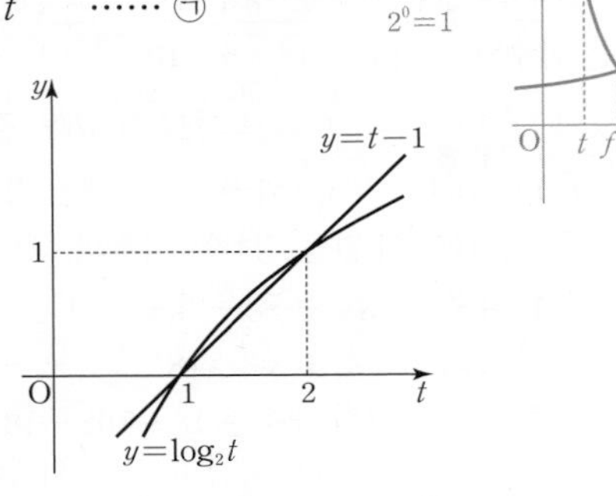

이때 $1<t<2$에서 직선 $y=t-1$이 곡선 $y=\log_2 t$보다 아래쪽에 있으므로 ㉠을 만족시키지 않는다.
→ 그래프를 그리면 쉽게 알 수 있다.

따라서 ㄷ은 거짓이므로 $C=0$

$\therefore A+B+C=100+10+0=110$

22 [정답률 5%] 정답 380

Step 1 문제의 조건을 만족시키는 경우를 생각한다.

$\left\{\dfrac{f(x_1)-f(x_2)}{x_1-x_2}\right\}\times\left\{\dfrac{f(x_2)-f(x_3)}{x_2-x_3}\right\}<0$이므로

두 점 $(x_1, f(x_1))$, $(x_2, f(x_2))$를 지나는 직선의 기울기와 두 점 $(x_2, f(x_2))$, $(x_3, f(x_3))$을 지나는 직선의 기울기의 부호는 서로 다르다.

즉, 함수 $f(x)$의 극대 또는 극소가 되는 점이 구간 $\left(k, k+\dfrac{3}{2}\right)$에 존재해야 한다.

Step 2 $a>0$일 때, 함수 $f(x)$는 $x=\dfrac{4}{3}a$에서 극소임을 이용한다.

$f(x)=x^3-2ax^2$에서 $f'(x)=3x^2-4ax=x(3x-4a)$

$f'(x)=0$에서 $x=0$ 또는 $x=\dfrac{4}{3}a$
→ $f(x)=x^2(x-2a)$이므로 함수 $f(x)$는 $x=0$에서 x축에 접하고 $x=2a$에서 x축과 만난다.

(i) $a>0$일 때,

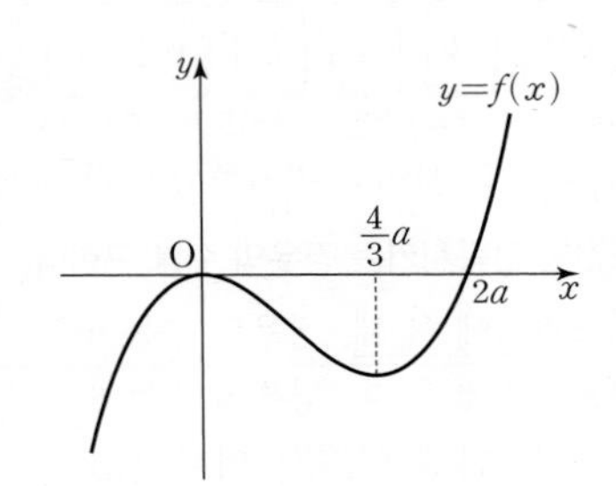

$x=0$이 구간 $\left(k, k+\dfrac{3}{2}\right)$에 존재하려면 $k<0<k+\dfrac{3}{2}$ → $k>-\dfrac{3}{2}$

즉, $-\dfrac{3}{2}<k<0$이므로 $k=-1$ → k는 정수

또한 $x=\dfrac{4}{3}a$가 구간 $\left(k, k+\dfrac{3}{2}\right)$에 존재하려면

$k<\dfrac{4}{3}a<k+\dfrac{3}{2}$ $\quad\therefore \dfrac{4}{3}a-\dfrac{3}{2}<k<\dfrac{4}{3}a$ …… ㉠ → $k>\dfrac{4}{3}a-\dfrac{3}{2}$

이때 조건을 만족시키는 모든 정수 k의 값의 곱이 -12가 되려면 ㉠에 $k=3$, $k=4$가 존재하거나 $k=12$가 존재해야 한다.

① $k=3$, $k=4$가 존재할 때 → ㉠을 만족하는 두 정수 k의 차는 $\dfrac{3}{2}$ 미만이어야 하므로 ㉠에 $k=2$, $k=6$은 존재할 수 없다.

$\dfrac{4}{3}a-\dfrac{3}{2}<3$, $\dfrac{4}{3}a>4$ → $a>3$ $\quad\therefore 3<a<\dfrac{27}{8}$ → $\dfrac{4}{3}a<\dfrac{9}{2}$, $a<\dfrac{27}{8}$

그런데 이 부등식을 만족시키는 정수 a는 존재하지 않는다.

② $k=12$가 존재할 때 → 구간에 $k=12$만 포함되어야 한다.

$\dfrac{4}{3}a-\dfrac{3}{2}\geq 11$, $\dfrac{4}{3}a\leq 13$ $\quad\therefore \dfrac{75}{8}\leq a\leq\dfrac{39}{4}$ → 9.xxx → 9.xxx

그런데 이 부등식을 만족시키는 정수 a는 존재하지 않는다.

Step 3 $a<0$일 때, 함수 $f(x)$는 $x=\dfrac{4}{3}a$에서 극대임을 이용한다.

(ii) $a<0$일 때,

(i)과 마찬가지로 $x=0$ 또는 $x=\dfrac{4}{3}a$가 구간 $\left(k, k+\dfrac{3}{2}\right)$에 존재해야 하므로

$k=-1$ 또는 $\dfrac{4}{3}a-\dfrac{3}{2}<k<\dfrac{4}{3}a$

이때 조건을 만족시키는 모든 정수 k의 값의 곱이 -12가 되려면 이 구간에 $k=-4$, $k=-3$이 존재해야 한다. → 곱이 12인 연속하는 음의 정수

$\dfrac{4}{3}a-\dfrac{3}{2}<-4$, $\dfrac{4}{3}a>-3$ $\quad\therefore -\dfrac{9}{4}<a<-\dfrac{15}{8}$ → $a>-\dfrac{9}{4}$ → $\dfrac{4}{3}a<-\dfrac{5}{2}$, $a<-\dfrac{15}{8}$

따라서 정수 a는 -2이다.

Step 4 $f'(10)$의 값을 구한다.

(i), (ii)에서 $a=-2$이므로 $f'(x)=3x^2+8x$

$\therefore f'(10)=3\times 10^2+8\times 10=380$

확률과 통계

23 [정답률 94%] 정답 ③

Step 1 같은 것이 있는 순열의 수를 구한다.

5개의 문자 a, a, b, c, d를 모두 일렬로 나열하는 경우의 수는

$\dfrac{5!}{2!}=60$
→ a가 두 개 있으므로 $2!$로 나누어 주어야 한다.

24 [정답률 83%] 정답 ④

Step 1 $P(B)=1-P(B^C)$임을 이용하여 $P(A\cup B)$의 값을 구한다.

$P(B)=1-P(B^C)=1-\dfrac{7}{18}=\dfrac{11}{18}$

$\therefore P(A\cup B)=P(A\cap B^C)+P(B)=\dfrac{1}{9}+\dfrac{11}{18}=\dfrac{13}{18}$
→ $=P(A-B)$ → $=\dfrac{2}{18}$

25 [정답률 81%] 정답 ③

Step 1 여사건의 확률을 이용한다.

꺼낸 4장의 손수건 중 흰색 손수건이 2장 이상인 사건을 A라 하면 A^C은 흰색 손수건이 없거나 1장인 사건이다. → 검은색 손수건만 꺼낸 경우

$\mathrm{P}(A^C)=\frac{{}_5\mathrm{C}_4}{{}_9\mathrm{C}_4}+\frac{{}_4\mathrm{C}_1\times{}_5\mathrm{C}_3}{{}_9\mathrm{C}_4}=\frac{5}{126}+\frac{4\times10}{126}=\frac{5}{14}$

$\therefore \mathrm{P}(A)=1-\mathrm{P}(A^C)=1-\frac{5}{14}=\frac{9}{14}$ → 흰색 손수건 1장, 검은색 손수건 3장을 꺼낸 경우

26 [정답률 71%] 정답 ①

Step 1 경우를 나누어 가능한 x^2항을 구한다.

$(x-1)^6(2x+1)^7$의 전개식에서 x^2의 계수는 다음과 같이 경우를 나누어 구할 수 있다. → 이항정리를 이용

(i) $(x-1)^6$의 전개식에서 x^2항을 뽑는 경우

${}_6\mathrm{C}_2x^2(-1)^4=15x^2$ → $(x-1)^6$의 전개식에서 어느 항을 뽑는지에 따라 $(2x+1)^7$의 전개식에서 뽑아야 하는 항이 달라진다.

$(2x+1)^7$의 전개식에서 상수항은 ${}_7\mathrm{C}_0\times1^7=1$

(ii) $(x-1)^6$의 전개식에서 x항을 뽑는 경우

${}_6\mathrm{C}_1x^1(-1)^5=-6x$ → $(x-1)^6$의 전개식에서 x항을 뽑았으므로 $(2x+1)^7$의 전개식에서도 x항을 뽑아야 x^2항이 만들어진다.

$(2x+1)^7$의 전개식에서 x항은 ${}_7\mathrm{C}_1(2x)^11^6=14x$

(iii) $(x-1)^6$의 전개식에서 상수항을 뽑는 경우

${}_6\mathrm{C}_0(-1)^6=1$

$(2x+1)^7$의 전개식에서 x^2항은 ${}_7\mathrm{C}_2(2x)^21^5=84x^2$ → $\frac{7\times6}{2}=21$

Step 2 x^2의 계수를 구한다.

(i)~(iii)에서 x^2항은

$15x^2\times1+(-6x)\times14x+1\times84x^2=15x^2$

따라서 x^2의 계수는 15이다.

27 [정답률 72%] 정답 ②

Step 1 $a\times b$가 4의 배수일 확률을 구한다.

한 개의 주사위를 두 번 던질 때 $a\times b$가 4의 배수인 사건을 A, $a+b\le7$인 사건을 B라 하자.

(i) a, b 중 하나가 4인 경우

나머지 하나는 1, 2, 3, 4, 5, 6 모두 가능하므로 경우의 수는

$2\times6-1=11$ → $a=b=4$인 경우가 중복되므로 제외해야 한다.

(ii) a, b 모두 4가 아닌 짝수인 경우

가능한 순서쌍 (a, b)는 $(2, 2)$, $(2, 6)$, $(6, 2)$, $(6, 6)$이므로 경우의 수는 4이다. → $6\times2=12$이므로 4의 배수이다.

(i), (ii)에 의하여 $\mathrm{P}(A)=\frac{11+4}{6\times6}=\frac{15}{36}$ → 한 개의 주사위를 두 번 던지는 경우의 수는 6×6

Step 2 $a\times b$가 4의 배수이면서 $a+b\le7$일 확률을 구한다.

(i) a, b 중 하나가 4이면서 $a+b\le7$인 경우

가능한 순서쌍 (a, b)는 $(1, 4)$, $(2, 4)$, $(3, 4)$, $(4, 1)$, $(4, 2)$, $(4, 3)$이므로 경우의 수는 6이다. → $4+2=6<7$

(ii) a, b 모두 4가 아닌 짝수이면서 $a+b\le7$인 경우

가능한 순서쌍 (a, b)는 $(2, 2)$뿐이므로 경우의 수는 1이다. → $2+2=4<7$

(i), (ii)에 의하여 $\mathrm{P}(A\cap B)=\frac{6+1}{6\times6}=\frac{7}{36}$

따라서 구하는 확률은 $\mathrm{P}(B|A)=\frac{\mathrm{P}(A\cap B)}{\mathrm{P}(A)}=\frac{\frac{7}{36}}{\frac{15}{36}}=\frac{7}{15}$ → 조건부확률

28 [정답률 54%] 정답 ⑤

Step 1 집합 $\{f(1), f(3), f(5)\}$의 원소가 1개인 경우를 구한다.

조건 (가)에서 $f(1)\times f(3)\times f(5)$는 홀수이므로 $f(1)$, $f(3)$, $f(5)$의 값은 모두 홀수이다.

(i) 집합 $\{f(1), f(3), f(5)\}$의 원소가 1개인 경우

$f(1)$, $f(3)$, $f(5)$의 값을 정하는 경우의 수는 ${}_3\mathrm{C}_1\times1=3$

$f(2)$, $f(4)$의 값을 정하는 경우의 수는 ${}_4\mathrm{C}_2=6$ → 1, 3, 5 중 하나를 뽑는 경우의 수

구하는 함수 f의 개수는 $3\times6=18$ → 조건 (다)에 의하여 $f(1)(=f(3)=f(5))$의 값을 제외한 원소 중 2개를 뽑아야 한다.

Step 2 집합 $\{f(1), f(3), f(5)\}$의 원소가 2개인 경우를 구한다.

(ii) 집합 $\{f(1), f(3), f(5)\}$의 원소가 2개인 경우 → 집합 $\{f(1), f(3), f(5)\}$의 원소 중 1개를 뽑아야 한다.

$f(1)$, $f(3)$, $f(5)$의 값을 정하는 경우의 수는 → 집합 $\{f(1), f(3), f(5)\}$의 원소를 제외한 3개의 원소 중 1개를 뽑아야 한다.

${}_3\mathrm{C}_2\times(2^3-2)=18$ → $f(1)=f(3)=f(5)$인 경우를 제외해야 한다.

$f(2)$, $f(4)$의 값을 정하는 경우의 수는 ${}_3\mathrm{C}_1\times{}_2\mathrm{C}_1=6$

구하는 함수 f의 개수는 $18\times6=108$ → 조건 (나)에서 $f(2)<f(4)$이므로 두 수를 뽑은 뒤 크기순으로 $f(2)$, $f(4)$의 값을 정해주면 된다.

Step 3 집합 $\{f(1), f(3), f(5)\}$의 원소가 3개인 경우를 구한다. → 1, 3, 5 중 2개를 뽑는 경우의 수

(iii) 집합 $\{f(1), f(3), f(5)\}$의 원소가 3개인 경우

$f(1)$, $f(3)$, $f(5)$의 값을 정하는 경우의 수는 ${}_3\mathrm{C}_3\times3!=6$

$f(2)$, $f(4)$의 값을 정하는 경우의 수는 ${}_3\mathrm{C}_2=3$

구하는 함수 f의 개수는 $6\times3=18$

(i)~(iii)에 의하여 함수 f의 개수는 $18+108+18=144$

→ 이미 치역의 원소의 개수는 3이므로 집합 $\{f(1), f(3), f(5)\}$의 원소 중 2개를 뽑아야 한다.

29 [정답률 24%] 정답 25

Step 1 2장의 검은색 카드를 기준으로 영역을 나누어 방정식을 세운다.

검은색 카드의 왼쪽에 있는 흰색 카드의 개수를 a, 두 검은색 카드의 사이에 있는 흰색 카드의 개수를 b, 검은색 카드의 오른쪽에 있는 흰색 카드의 개수를 c라 하면 $a+b+c=8$ → 흰색 카드는 모두 8장이다.

조건 (나)에서 $b\ge2$이므로 음이 아닌 정수 b'에 대하여 $b=b'+2$로 놓으면 → 두 검은색 카드 사이에 흰색 카드가 2장 이상 놓여있다.

$a+(b'+2)+c=8 \qquad \therefore a+b'+c=6$

Step 2 중복조합을 이용하여 경우의 수를 구한다.

방정식 $a+b'+c=6$을 만족시키는 음이 아닌 정수 a, b', c의 모든 순서쌍 (a, b', c)의 개수는 서로 다른 3개에서 중복을 허락하여 6개를 택하는 중복조합의 수와 같으므로 ${}_3\mathrm{H}_6=28$ → ${}_8\mathrm{C}_6={}_8\mathrm{C}_2=\frac{8\times7}{2}$

이때 검은색 카드 사이의 흰색 카드에 적힌 수가 1, 2인 경우, 4, 5인 경우, 7, 8인 경우는 제외해야 한다.

따라서 구하는 경우의 수는 $28-3=25$ → 3의 배수가 1개 이상 있어야 한다.

✪ 다른 풀이 그림을 활용한 풀이

Step 1 각 흰색 카드 사이의 위치를 알파벳 $a\sim i$로 지정한다.

a [1] b [2] c [3] d [4] e [5] f [6] g [7] h [8] i

→ 두 검은색 카드 사이에 3의 배수가 적힌 흰색 카드가 놓여야 한다.

위 그림과 같이 흰색 카드 사이의 위치를 $a\sim i$라 하자.

Step 2 문제의 조건을 만족시키는 경우의 수를 구한다.

왼쪽의 검은색 카드가 a에 올 때, 경우의 수는 6

왼쪽의 검은색 카드가 b에 올 때, 경우의 수는 6

왼쪽의 검은색 카드가 c에 올 때, 경우의 수는 5

왼쪽의 검은색 카드가 d에 올 때, 경우의 수는 3

왼쪽의 검은색 카드가 e에 올 때, 경우의 수는 3

왼쪽의 검은색 카드가 f에 올 때, 경우의 수는 2

따라서 구하는 경우의 수는 $6+6+5+3+3+2=25$

→ 두 검은색 카드 사이에 흰색 카드가 2장 이상 놓여야 하므로 오른쪽의 검은색 카드는 d에 올 수 없다.

30 [정답률 24%]

정답 51

Step 1 전체 경우의 수를 구한다.

주머니에서 임의로 2개의 공을 꺼내는 경우의 수는 ${}_8C_2=28$ ($\frac{8\times7}{2}$)

Step 2 꺼낸 공이 서로 다른 색일 경우의 수를 구한다.

꺼낸 두 공이 서로 다른 색이면 얻는 점수가 12이므로 24 이하의 짝수를 만족시키고 그 경우의 수는 ${}_4C_1\times{}_4C_1=16$ (4개의 흰 공 중 1개를 뽑는 경우의 수)

Step 3 꺼낸 공이 서로 같은 색일 때 얻은 점수가 24 이하의 짝수일 경우의 수를 구한다.

꺼낸 두 공의 색이 모두 흰색이고 두 공에 적힌 수의 곱이 24 이하의 짝수인 경우의 수는 ${}_4C_2-{}_2C_2=6-1=5$ (1, 3이 적힌 공을 뽑는 경우)

꺼낸 두 공의 색이 모두 검은색이고 두 공에 적힌 수의 곱이 24 이하의 짝수인 경우는 $(4, 5)$, $(4, 6)$이므로 경우의 수는 2이다.

Step 4 얻은 점수가 24 이하의 짝수일 확률을 구한다.

따라서 구하는 확률은 $\frac{16+5+2}{28}=\frac{23}{28}$

즉, $p=28$, $q=23$이므로 $p+q=28+23=51$

미적분

23 [정답률 92%]

정답 ⑤

Step 1 수열의 극한값을 계산한다.

$$\lim_{n\to\infty}(\sqrt{n^2+9n}-\sqrt{n^2+4n})$$
$$=\lim_{n\to\infty}\frac{(\sqrt{n^2+9n}-\sqrt{n^2+4n})(\sqrt{n^2+9n}+\sqrt{n^2+4n})}{\sqrt{n^2+9n}+\sqrt{n^2+4n}}$$
$$=\lim_{n\to\infty}\frac{5n}{\sqrt{n^2+9n}+\sqrt{n^2+4n}}$$
분모, 분자를 각각 n으로 나눈다.
$$=\lim_{n\to\infty}\frac{5}{\sqrt{1+\frac{9}{n}}+\sqrt{1+\frac{4}{n}}}$$
$$=\frac{5}{2}$$
($\lim_{n\to\infty}\frac{1}{n}=0$)

24 [정답률 84%]

정답 ④

Step 1 $\frac{dx}{dt}$, $\frac{dy}{dt}$를 이용하여 $\frac{dy}{dx}$를 구한다.

$$\frac{dx}{dt}=\frac{5(t^2+1)-5t\times2t}{(t^2+1)^2}=\frac{-5t^2+5}{(t^2+1)^2}$$
($\left\{\frac{f(x)}{g(x)}\right\}'=\frac{f'(x)g(x)-f(x)g'(x)}{\{g(x)\}^2}$)
$$\frac{dy}{dt}=3\times\frac{2t}{t^2+1}=\frac{6t}{t^2+1}$$
($\{\ln|f(x)|\}'=\frac{f'(x)}{f(x)}$)
$$\therefore \frac{dy}{dx}=\frac{\frac{dy}{dt}}{\frac{dx}{dt}}=\frac{\frac{6t}{t^2+1}}{\frac{-5t^2+5}{(t^2+1)^2}}=\frac{6t(t^2+1)}{-5t^2+5}$$

따라서 $t=2$일 때 $\frac{dy}{dx}$의 값은 $\frac{6\times2\times(2^2+1)}{-5\times2^2+5}=-4$

25 [정답률 79%]

정답 ①

Step 1 (분모)→0이고 극한값이 존재하므로 (분자)→0이어야 함을 이용한다.

$\lim_{x\to0}\frac{2^{ax+b}-8}{2^{bx}-1}=16$에서 $x\to0$일 때, (분모)→0이고 극한값(16)이 존재하므로 (분자)→0이어야 한다.

$$\lim_{x\to0}(2^{ax+b}-8)=0$$
$$2^b-8=0,\ 2^b=2^3 \quad \therefore b=3$$
($8=2^3$)

Step 2 $\lim_{x\to0}\frac{2^{ax+3}-8}{2^{3x}-1}=16$임을 이용하여 a의 값을 구한다.

$$\lim_{x\to0}\frac{2^{ax+3}-8}{2^{3x}-1}=\lim_{x\to0}\frac{8(2^{ax}-1)}{2^{3x}-1}$$
(분자에서 $2^{ax}\times2^3-8=8\times2^{ax}-8$)
$$=\frac{8a}{3}\times\lim_{x\to0}\frac{\frac{2^{ax}-1}{ax}}{\frac{2^{3x}-1}{3x}}$$
$$=\frac{8a}{3}\times\frac{\ln2}{\ln2}=\frac{8a}{3}$$
($\lim_{x\to0}\frac{a^x-1}{x}=\ln a$)

$\frac{8a}{3}=16$에서 $a=6$

따라서 $a+b=6+3=9$이다.

26 [정답률 75%]

정답 ②

Step 1 곡선 $y=x^2-5x+2\ln x$를 좌표평면에 나타낸다.

$x^2-5x+2\ln x=t$에서 $f(x)=x^2-5x+2\ln x$라 하면 ($(\ln x)'=\frac{1}{x}$)
$$f'(x)=2x-5+\frac{2}{x}=\frac{2x^2-5x+2}{x}=\frac{(2x-1)(x-2)}{x}$$
($x>0$)

$f'(x)=0$에서 $x=\frac{1}{2}$ 또는 $x=2$이다.

따라서 함수 $f(x)$의 증가와 감소를 표로 나타내면 다음과 같다.

x	(0)	$\cdots$	$\frac{1}{2}$	$\cdots$	2	$\cdots$
$f'(x)$		$+$	0	$-$	0	$+$
$f(x)$		↗	극대	↘	극소	↗

함수 $f(x)$의 극댓값은 $f\left(\frac{1}{2}\right)=-\frac{9}{4}-2\ln2$ ($=\left(\frac{1}{2}\right)^2-5\times\frac{1}{2}+2\ln\frac{1}{2}=\frac{1}{4}-\frac{5}{2}-2\ln2$)

함수 $f(x)$의 극솟값은 $f(2)=-6+2\ln2$ ($=2^2-5\times2+2\ln2$)

그러므로 함수 $y=f(x)$의 그래프는 다음과 같다.

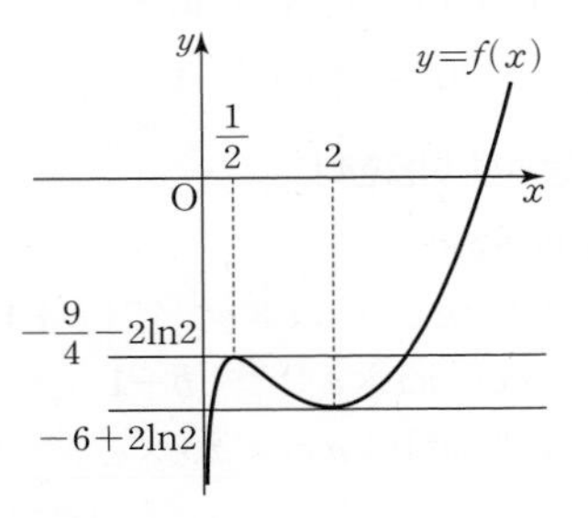

Step 2 t의 값을 구한다.

이때 x에 대한 방정식 $x^2-5x+2\ln x=t$의 서로 다른 실근의 개수가 2이어야 하므로 함수 $y=f(x)$의 그래프와 직선 $y=t$의 교점의 개수가 2가 되어야 한다.

$\therefore t=-\frac{9}{4}-2\ln2$ 또는 $t=-6+2\ln2$

따라서 모든 실수 t의 값의 합은
$$\left(-\frac{9}{4}-2\ln2\right)+(-6+2\ln2)=-\frac{33}{4}$$

27 [정답률 67%]

정답 ③

Step 1 $\tan\theta$를 t에 대하여 나타낸다.

곡선 $y=\sin x$ 위의 점 P에서의 접선이 x축의 양의 방향과 이루는 각의 크기를 α, 점 P를 지나고 기울기가 -1인 직선이 x축의 양의 방향과 이루는 각의 크기를 β라 하면 $\tan\beta=-1$ (직선의 기울기)

$y=\sin x$에서 $y'=\cos x$이므로 곡선 $y=\sin x$ 위의 점 $\mathrm{P}(t, \sin t)$에서의 접선의 기울기는 $\tan\alpha=\cos t$

이때 점 P에서의 접선과 점 P를 지나고 기울기가 -1인 직선이 이루는 예각의 크기가 θ이므로

$\tan\theta = |\tan(\alpha-\beta)| = \left|\dfrac{\cos t-(-1)}{1+\cos t\times(-1)}\right| = \left|\dfrac{1+\cos t}{1-\cos t}\right|$

이때 $0<t<\pi$이므로 $\tan\theta = \dfrac{1+\cos t}{1-\cos t}$ ($\tan(\alpha-\beta)=\dfrac{\tan\alpha-\tan\beta}{1+\tan\alpha\tan\beta}$, $-1<\cos t<1$)

Step 2 $\displaystyle\lim_{t\to\pi-}\frac{\tan\theta}{(\pi-t)^2}$의 값을 구한다.

$$\lim_{t\to\pi-}\frac{\tan\theta}{(\pi-t)^2}=\lim_{t\to\pi-}\frac{\frac{1+\cos t}{1-\cos t}}{(\pi-t)^2}=\lim_{t\to\pi-}\frac{1+\cos t}{(\pi-t)^2(1-\cos t)}$$

$\pi-t=x$라 하면 $t\to\pi-$일 때 $x\to0+$이므로

$$\begin{aligned}\lim_{t\to\pi-}\frac{\tan\theta}{(\pi-t)^2}&=\lim_{x\to0+}\frac{1+\cos(\pi-x)}{x^2\{1-\cos(\pi-x)\}}\\&=\lim_{x\to0+}\frac{1-\cos x}{x^2(1+\cos x)}\\&=\lim_{x\to0+}\frac{(1-\cos x)(1+\cos x)}{x^2(1+\cos x)^2}\\&=\lim_{x\to0+}\frac{1-\cos^2 x}{x^2(1+\cos x)^2}\\&=\lim_{x\to0+}\left\{\left(\frac{\sin x}{x}\right)^2\times\frac{1}{(1+\cos x)^2}\right\}\\&=1^2\times\frac{1}{2^2}=\frac{1}{4}\end{aligned}$$

($\cos(\pi-x)=-\cos x$, $=\dfrac{\sin^2 x}{x^2(1+\cos x)^2}$, $\displaystyle\lim_{x\to0+}\frac{\sin x}{x}=1$)

28 [정답률 26%] 정답 ②

Step 1 $a+b$의 값을 구한다.

조건 (가)의 식에 $x=0$, $x=2$를 대입하면

$\{f(0)\}^2+2f(0)=a+b$ ($\cos^3 0=1$, $e^{\sin^2 0}=e^0=1$)

$\{f(2)\}^2+2f(2)=a+b$ ($\cos^3 2\pi=1$, $e^{\sin^2 2\pi}=e^0=1$)

따라서 $\{f(0)\}^2+2f(0)=\{f(2)\}^2+2f(2)$이므로

$\{f(0)\}^2-\{f(2)\}^2+2\{f(0)-f(2)\}=0$ ($=\{f(0)+f(2)\}\{f(0)-f(2)\}$)

$\{f(0)+f(2)+2\}\{f(0)-f(2)\}=0$

이때 조건 (나)에서 $f(0)\neq f(2)$이므로 $f(0)+f(2)+2=0$ …… ㉠

식 ㉠과 조건 (나)의 식을 연립하면 $f(0)=-\dfrac{1}{2}$, $f(2)=-\dfrac{3}{2}$

$\therefore a+b=-\dfrac{3}{4}$ ($\{f(0)\}^2+2f(0)=\frac{1}{4}-1=-\frac{3}{4}$) …… ㉡

Step 2 사잇값의 정리를 이용한다.

조건 (가)의 식을 변형하면

$\{f(x)\}^2+2f(x)+1=a\cos^3\pi x\times e^{\sin^2\pi x}+b+1$

$\therefore \{f(x)+1\}^2=a\cos^3\pi x\times e^{\sin^2\pi x}+b+1$ …… ㉢

(좌변의 식이 완전제곱식이므로 우변의 식의 값이 0 이상이어야 한다.)

따라서 모든 실수 x에 대하여 $a\cos^3\pi x\times e^{\sin^2\pi x}+b+1\geq0$

이때 함수 $f(x)$는 연속함수이고 $f(0)=-\dfrac{1}{2}$, $f(2)=-\dfrac{3}{2}$이므로

사잇값의 정리에 의하여 $f(c)=-1$을 만족시키는 c가 열린구간 $(0, 2)$에 적어도 하나 존재한다.

$\{f(c)+1\}^2=0$이므로 ㉢에서 $a\cos^3 c\pi\times e^{\sin^2 c\pi}+b+1=0$

따라서 $g(x)=a\cos^3\pi x\times e^{\sin^2\pi x}+b+1$이라 하면 함수 $g(x)$는 $x=c$에서 최솟값 0을 가지므로 $x=c$에서 극소이다.

Step 3 $g(x)$를 미분하여 극솟값이 0임을 이용한다.

함수 $g(x)$를 미분하면

$$\begin{aligned}g'(x)&=3a\cos^2\pi x\times(-\pi\sin\pi x)\times e^{\sin^2\pi x}\\&\quad+a\cos^3\pi x\times e^{\sin^2\pi x}\times2\sin\pi x\times\pi\cos\pi x\\&=a\pi\times\cos^2\pi x\times(-\sin\pi x)\times(3-2\cos^2\pi x)\times e^{\sin^2\pi x}\end{aligned}$$

(문제에서 $a>0$)

이때 열린구간 $(0, 2)$에서 $\cos^2\pi x\geq0$, $3-2\cos^2\pi x>0$, $e^{\sin^2\pi x}>0$이므로 $g'(x)$의 부호는 $-\sin\pi x$에 의해서만 달라진다.

$-\sin\pi=0$이므로 $-\sin\pi x$의 부호는 $x=1$을 기준으로 음에서 양으로 바뀐다. (이때 $g'(x)=0$)

즉, $g'(1)=0$이므로 함수 $g(x)$는 $x=1$에서 극솟값 0을 갖는다. (즉, $c=1$임을 알 수 있다.)

따라서 $a\cos^3\pi\times e^{\sin^2\pi}+b+1=0$이므로 $a-b=1$ …… ㉣

Step 4 $a\times b$의 값을 구한다.

㉡, ㉣에서 $a=\dfrac{1}{8}$, $b=-\dfrac{7}{8}$

$\therefore a\times b=\dfrac{1}{8}\times\left(-\dfrac{7}{8}\right)=-\dfrac{7}{64}$

29 [정답률 22%] 정답 5

Step 1 음함수의 미분법을 이용하여 곡선 C 위의 두 점 A, B에서의 접선의 기울기를 각각 구한다.

$x^2-2xy+2y^2=15$에서 양변을 x에 대하여 미분하면

$2x-2y-2x\times\dfrac{dy}{dx}+4y\times\dfrac{dy}{dx}=0$ ($(2x-4y)\dfrac{dy}{dx}=2x-2y$, $2(x-2y)\dfrac{dy}{dx}=2(x-y)$)

$\therefore \dfrac{dy}{dx}=\dfrac{x-y}{x-2y}$ (단, $x\neq2y$)

점 $\mathrm{A}(a, a+k)$에서의 접선의 기울기는 $\dfrac{a-(a+k)}{a-2(a+k)}=\dfrac{k}{a+2k}$

점 $\mathrm{B}(b, b+k)$에서의 접선의 기울기는 $\dfrac{b-(b+k)}{b-2(b+k)}=\dfrac{k}{b+2k}$

이때 두 점 A, B에서의 접선이 서로 수직이므로

$\dfrac{k}{a+2k}\times\dfrac{k}{b+2k}=-1$ ($(a+2k)(b+2k)=-k^2$, $ab+2(a+b)k+4k^2=-k^2$)

$\therefore ab+2(a+b)k+5k^2=0$ …… ㉠

Step 2 두 점 A, B가 직선 $y=x+k$ 위의 점임을 이용한다.

두 점 $\mathrm{A}(a, a+k)$, $\mathrm{B}(b, b+k)$는 직선 $y=x+k$ 위의 점이다.

즉, 두 점 A, B는 곡선 $(x-y)^2+y^2=15$와 직선 $y=x+k$의 교점이다. ($x^2-2xy+2y^2=15$에서 $(x^2-2xy+y^2)+y^2=15$)

$(x-y)^2+y^2=15$에 $y=x+k$를 대입하면 $k^2+(x+k)^2=15$ ($\{x-(x+k)\}^2+(x+k)^2=15$)

$x^2+2kx+2k^2-15=0$

즉, a, b는 x에 대한 이차방정식 $x^2+2kx+2k^2-15=0$의 두 근이다.

이차방정식의 근과 계수의 관계에 의하여 $a+b=-2k$, $ab=2k^2-15$

이를 ㉠에 대입하면 $(2k^2-15)+2\times(-2k)\times k+5k^2=0$ ($2k^2-15-4k^2+5k^2=3k^2-15$)

$3k^2=15$ $\quad\therefore k^2=5$

30 [정답률 10%] 정답 24

Step 1 등비수열 $\{a_n\}$의 공비의 범위를 구한다.

등비수열 $\{a_n\}$의 공비를 r이라 하자.

$b_3=-1$이므로 $a_3\leq-1$ ($a_3>-1$이면 $b_3=a_3>-1$이므로 모순이다.)

$a_3=a_1r^2\leq-1$이므로 $r\neq0$ …… ㉠

(i) $r>0$인 경우 ($r^2>0$)

조건 (가), (나)에 모순이다. (수열 $\{a_n\}$에는 양수항과 음수항이 모두 존재해야 한다.)

(ii) $r\leq-1$인 경우

$r^2\geq1$이므로 $a_5\leq-1$, $a_7\leq-1$, $a_9\leq-1$, …

즉, $b_5=-1$, $b_7=-1$, $b_9=-1$, … ($a_n\leq-1$일 때 $b_n=-1$이기 때문이다.)

이때 급수 $\displaystyle\sum_{n=1}^{\infty}b_{2n-1}$이 수렴하지 않으므로 조건 (가)에 모순이다.

(i), (ii)에 의하여 $-1<r<0$이다.

Step 2 조건 (가)를 이용하여 식을 세운다.

$-1<r<0$이므로 $0<r^2<1$

㉠에 의하여 $a_1\leq-1$이므로 $b_1=-1$이고, 문제에서 $b_3=-1$이다. ($a_1r^2\leq-1$)

이때 $a_5\leq-1$이면 $b_5=-1$이므로 조건 (가)에 모순이다.

따라서 $a_5=a_1r^4>-1$이고 $b_5=a_5=a_1r^4$이다. ($b_1+b_3+b_5=-3$이고, $r^2>0$에서 $a_7, a_9, a_{11}, \cdots$의 값이 음수이므로 $b_7, b_9, b_{11}, \cdots$의 값도 음수이다. $\therefore \sum_{n=1}^{\infty}b_{2n-1}<-3$)

같은 방법으로 $b_7=a_7$, $b_9=a_9$, …이므로

$\displaystyle\sum_{n=1}^{\infty}b_{2n-1}=-1+(-1)+\frac{a_1r^4}{1-r^2}=-3$ (b_1, b_3, $b_5+b_7+b_9+\cdots$)

$\therefore \dfrac{a_1r^4}{1-r^2}=-1$ …… ㉡

Step 3 조건 (나)를 이용하여 식을 세운다.

$-1<r<0$이고, $a_1\leq-1$이므로 $a_2>0$

또한 $0<r^2<1$이므로 $a_{2n}>0$ $(n\geq1)$

따라서 $b_2=a_2$, $b_4=a_4$, $b_6=a_6$, …이므로 ($a_n>-1$이면 $b_n=a_n$)

$\sum_{n=1}^{\infty} b_{2n} = \frac{a_1 r}{1-r^2} = 8$ ⋯⋯ ㉢ ($\left(-\frac{1}{2}\right)^3$)

㉡, ㉢에서 $r^3 = -\frac{1}{8}$ $\therefore r = -\frac{1}{2}$ ($\frac{\frac{a_1 r^4}{1-r^2}}{\frac{a_1 r}{1-r^2}} = \frac{-1}{8}$)

㉢에 $r = -\frac{1}{2}$을 대입하면 $\frac{a_1 \times \left(-\frac{1}{2}\right)}{1-\left(-\frac{1}{2}\right)^2} = 8$ $\therefore a_1 = -12$ ($\frac{-\frac{1}{2}a_1}{1-\frac{1}{4}} = 8,\ -\frac{1}{2}a_1 = 6$)

Step 4 $\sum_{n=1}^{\infty} |a_n|$의 값을 구한다.

$\therefore \sum_{n=1}^{\infty} |a_n| = \sum_{n=1}^{\infty} \left| (-12) \times \left(-\frac{1}{2}\right)^{n-1} \right| = \sum_{n=1}^{\infty} 12 \times \left(\frac{1}{2}\right)^{n-1}$

$= \frac{12}{1-\frac{1}{2}} = 24$

기하

23 [정답률 91%]

정답 ①

Step 1 포물선의 준선의 방정식을 구한다.

포물선 $y^2 = -12x$의 준선의 방정식은 $x = 3$ ($y^2 = 4 \times (-3)x$)

포물선 $y^2 = -12(x-1)$은 포물선 $y^2 = -12x$를 x축의 방향으로 1만큼 평행이동한 곡선이므로 포물선 $y^2 = -12(x-1)$의 준선은 직선 $x = 3$을 x축의 방향으로 1만큼 평행이동한 직선이다.
(곡선이 평행이동한 만큼 준선도 평행이동한다.)

따라서 $k = 3 + 1 = 4$

24 [정답률 67%]

정답 ④

Step 1 주어진 식을 변형한다.

$2\overrightarrow{AB} + p\overrightarrow{BC} = q\overrightarrow{CA}$에서 $2\overrightarrow{AB} + p(\overrightarrow{AC} - \overrightarrow{AB}) = -q\overrightarrow{AC}$ ($\overrightarrow{CA} = -\overrightarrow{AC}$)

$(2-p)\overrightarrow{AB} = -(p+q)\overrightarrow{AC}$

Step 2 p, q의 값을 각각 구한다.

A, B, C가 서로 다른 세 점이므로 $\overrightarrow{AB} \neq \vec{0}$, $\overrightarrow{AC} \neq \vec{0}$

이때 세 점 A, B, C가 한 직선 위에 있지 않으므로

$2 - p = 0$, $-(p+q) = 0$ ($\overrightarrow{AB} = k\overrightarrow{AC}$ (k는 0이 아닌 실수)를 만족시키지 않는다.) ($q = -p$)

따라서 $p = 2$, $q = -2$이므로 $p - q = 2 - (-2) = 4$

25 [정답률 66%]

정답 ②

Step 1 주어진 식을 변형한다.

$\overrightarrow{AC} + 3k\overrightarrow{CD} = (\overrightarrow{AB} + \overrightarrow{BC}) + 3k(-\overrightarrow{AB}) = (1-3k)\overrightarrow{AB} + \overrightarrow{BC}$ ($\overrightarrow{CD} = -\overrightarrow{DC} = -\overrightarrow{AB}$)

따라서 $(\overrightarrow{AB} + k\overrightarrow{BC}) \cdot \{(1-3k)\overrightarrow{AB} + \overrightarrow{BC}\} = 0$이므로

$(1-3k)|\overrightarrow{AB}|^2 + \overrightarrow{AB} \cdot \overrightarrow{BC} + k(1-3k)\overrightarrow{BC} \cdot \overrightarrow{AB} + k|\overrightarrow{BC}|^2 = 0$

$|\overrightarrow{AB}| = |\overrightarrow{BC}| = 1$이고, $\overrightarrow{AB} \cdot \overrightarrow{BC} = 0$이므로 (두 벡터 $\overrightarrow{AB}$, $\overrightarrow{BC}$는 서로 수직)

$(1-3k) + 0 + 0 + k = 0$ $\therefore k = \frac{1}{2}$

26 [정답률 70%]

정답 ④

Step 1 선분 PF의 길이를 구한다.

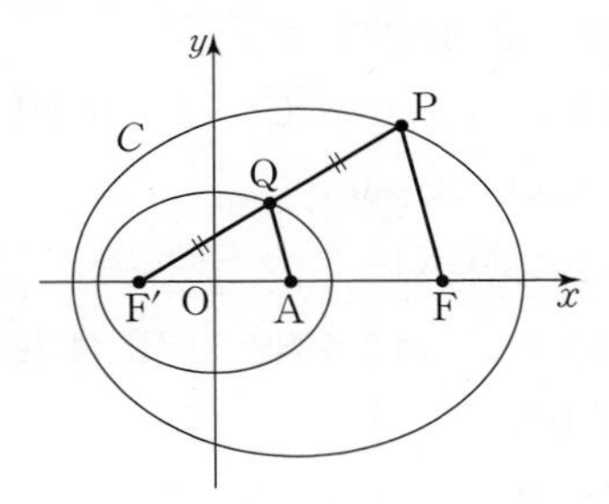

타원 C의 장축의 길이가 24이고 $\overline{F'P} = \overline{F'F} = 16$이므로

$\overline{F'P} + \overline{PF} = 16 + \overline{PF} = 24$ $\therefore \overline{PF} = 8$ (타원의 정의)

Step 2 삼각형의 닮음을 이용하여 a^2, b^2의 값을 각각 구한다.

타원 $\frac{x^2}{a^2} + \frac{y^2}{b^2} = 1$의 한 초점은 $F'(-4, 0)$이고, 중심은 원점이므로 (식 $\frac{x^2}{a^2} + \frac{y^2}{b^2} = 1$에서 알 수 있다.)

나머지 한 초점을 A라 하면 A(4, 0)

$\therefore a^2 - b^2 = 4^2 = 16$ ⋯⋯ ㉠

점 Q는 선분 F′P의 중점이므로 $\overline{F'Q} = 8$ ($= \frac{1}{2}\overline{F'P} = \frac{1}{2} \times 16$)

두 삼각형 F′QA와 F′PF는 서로 닮음이고 닮음비가 1 : 2이므로 ($\overline{F'Q} : \overline{F'P} = \overline{F'A} : \overline{F'F}$이고 ∠QF′A가 공통)

$\overline{QA} = \frac{1}{2}\overline{PF} = 4$

즉, $\overline{F'Q} + \overline{QA} = 8 + 4 = 12$ (타원 $\frac{x^2}{a^2} + \frac{y^2}{b^2} = 1$의 장축의 길이와 같다.)

따라서 타원 $\frac{x^2}{a^2} + \frac{y^2}{b^2} = 1$의 장축의 길이는 12이므로

$2a = 12$ $\therefore a = 6$

㉠에서 $6^2 - b^2 = 16$ $\therefore b^2 = 20$

$\therefore \overline{PF} + a^2 + b^2 = 8 + 36 + 20 = 64$

27 [정답률 57%]

정답 ③

Step 1 포물선의 정의를 이용하여 $\overline{OP_0} + \overline{P_0A}$의 값을 구한다.

포물선 $(y-2)^2 = 8(x+2)$의 초점은 (0, 2), 준선은 직선 $x = -4$이다. (점 A)

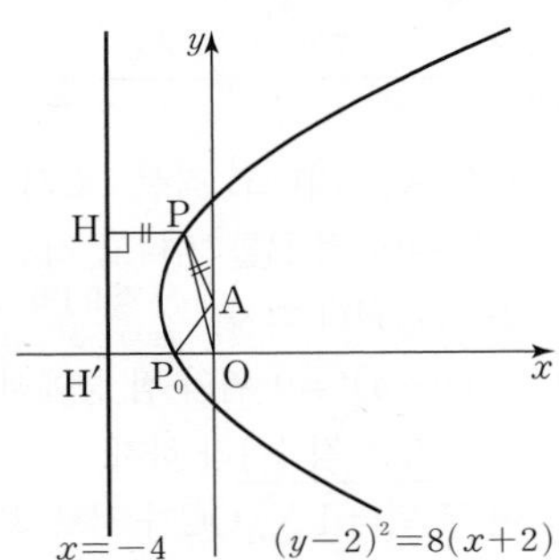

점 P에서 준선 $x = -4$에 내린 수선의 발을 H, 준선이 x축과 만나는 점을 H′이라 하면

$\overline{OP} + \overline{PA} = \overline{OP} + \overline{PH} \geq \overline{OH'}$ (포물선의 정의에 의하여 $\overline{PA} = \overline{PH}$)

즉, $\overline{OP} + \overline{PA}$의 값이 최소가 되도록 하는 점 P_0은

포물선 $(y-2)^2 = 8(x+2)$와 x축이 만나는 점이고,

$\overline{OP_0} + \overline{P_0A} = \overline{OH'} = 4$

Step 2 점 Q가 나타내는 도형을 생각한다.

따라서 $\overline{OQ}+\overline{QA}=4$이므로 점 Q는 두 점 O, A를 초점으로 하고 거리의 합이 4인 타원 위의 점이다.

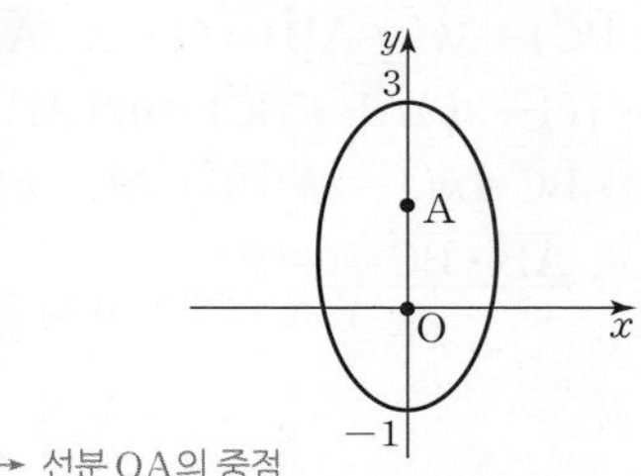

타원의 중심은 (0, 1), 장축의 길이는 4이므로 점 Q의 y좌표의 최댓값은 3, 최솟값은 −1이다. (→ 선분 OA의 중점)

즉, $M=3$, $m=-1$이므로 $M^2+m^2=3^2+(-1)^2=10$

28 [정답률 47%] 정답 ⑤

Step 1 조건 (가)의 식을 정리한다.

$\{(\overrightarrow{OX}-\overrightarrow{OD})\cdot\overrightarrow{OC}\}\times\{|\overrightarrow{OX}-\overrightarrow{OC}|-3\}=0$에서

$(\overrightarrow{DX}\cdot\overrightarrow{OC})\times(|\overrightarrow{CX}|-3)=0$

$\therefore\ \overrightarrow{DX}\cdot\overrightarrow{OC}=0$ 또는 $|\overrightarrow{CX}|=3$ → 두 벡터 $\overrightarrow{DX}$, $\overrightarrow{OC}$가 서로 수직

Step 2 두 벡터 $\overrightarrow{DX}$, $\overrightarrow{OC}$가 서로 수직인 경우를 생각한다.

(i) $\overrightarrow{DX}\cdot\overrightarrow{OC}=0$일 때

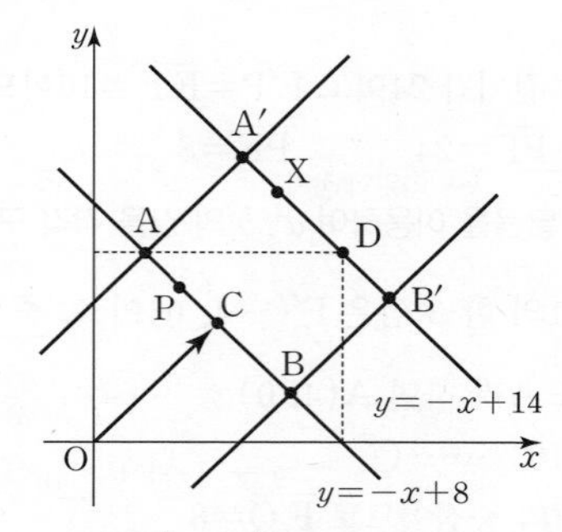

$\overrightarrow{DX}\cdot\overrightarrow{OC}=0$에서 $\overrightarrow{DX}\perp\overrightarrow{OC}$이므로 점 X는 점 D(8, 6)을 지나고 벡터 $\overrightarrow{OC}$에 수직인 직선 위의 점이다. (→ 직선 OC의 기울기가 1이므로 직선 DX의 기울기는 −1)

즉, 점 X는 직선 $y=-x+14$ 위의 점이다.

조건 (나)에서 선분 AB 위의 점 P에 대하여 두 벡터 $\overrightarrow{PX}$, $\overrightarrow{OC}$가 서로 평행하므로 점 X의 y좌표가 최대인 경우는 점 X가 점 A′(5, 9)와 일치하는 경우이고, 점 X의 y좌표가 최소인 경우는 점 X가 점 B′(9, 5)와 일치하는 경우이다. (→ $\overrightarrow{OX}-\overrightarrow{OP}=\overrightarrow{PX}$) (→ 직선 $y=-x+14$와 직선 $y=(x-2)+6$의 교점) (→ 직선 $y=-x+14$와 직선 $y=(x-6)+2$의 교점)

Step 3 $|\overrightarrow{CX}|=3$인 경우를 생각한다.

(ii) $|\overrightarrow{CX}|=3$일 때

점 X는 점 C(4, 4)를 중심으로 하고 반지름의 길이가 3인 원 위의 점이다.

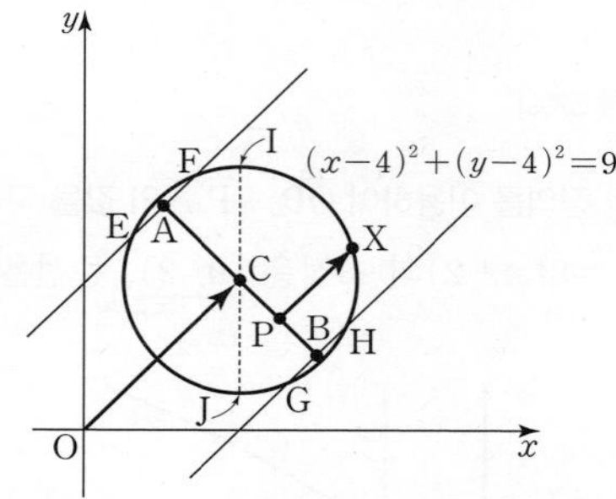

그림과 같이 원이 점 A를 지나고 직선 OC와 평행한 직선과 만나는 두 점을 E, F, 원이 점 B를 지나고 직선 OC와 평행한 직선과 만나는 두 점을 G, H라 하자.

또한 원 $(x-4)^2+(y-4)^2=9$ 위의 점 중에서 y좌표가 가장 큰 점을 I, y좌표가 가장 작은 점을 J라 하자. (→ 두 점 I, J의 x좌표는 모두 원의 중심 C의 x좌표와 같다.)

조건 (나)에 의하여 두 벡터 $\overrightarrow{PX}$, $\overrightarrow{OC}$가 서로 평행하므로 점 X의 y좌표가 최대인 경우는 점 X가 점 I(4, 7)과 일치하는 경우이고, 점 X의 y좌표가 최소인 경우는 점 X가 점 J(4, 1)과 일치하는 경우이다. (→ 점 C의 y좌표에서 반지름의 길이만큼 빼면 된다.)

Step 4 $\overrightarrow{OQ}\cdot\overrightarrow{OR}$의 값을 구한다.

(i), (ii)에서 Q(5, 9), R(4, 1)이므로 (→ 점 A′) (→ 점 J)

$\overrightarrow{OQ}\cdot\overrightarrow{OR}=(5,\ 9)\cdot(4,\ 1)=29$ (→ $5\times4+9\times1$)

29 [정답률 36%] 정답 80

Step 1 두 선분 PF′, PF의 길이를 각각 구한다.

$\overline{QF'}=p$, $\overline{PQ}=q$, $\overline{QF}=r$, $\overline{PF}=s$라 하자.

쌍곡선 C_1의 주축의 길이는 2이므로 $s-(p+q)=2$ ······ ㉠ (→ $s=(p+q)+2$)

쌍곡선 C_2의 주축의 길이는 4이므로 $r-p=4$ ······ ㉡ (→ $r=p+4$)

또한 $q+r$, $2(p+q)$, $p+q+s$가 이 순서대로 등차수열을 이루므로

$2\times2(p+q)=(q+r)+(p+q+s)$

$\therefore\ 3p+2q-r-s=0$ ······ ㉢

㉠, ㉡, ㉢을 연립하면 $p+q=6$, $s=8$ (→ $3p+2q-(p+4)-\{(p+q)+2\}=0$) (→ $s=(p+q)+2=6+2=8$)

Step 2 $\angle F'PF=90°$임을 이용하여 m의 값을 구한다.

두 점 F, F′은 쌍곡선 C_1의 초점이므로 $c^2=1+24=25$

$\therefore$ F(5, 0), F′(−5, 0), $\overline{F'F}=10$ (→ $5-(-5)=10$)

따라서 삼각형 PF′F는 $\angle F'PF=90°$인 직각삼각형이다. (→ $\overline{F'F}=10$, $\overline{PF'}=6$, $\overline{PF}=8$이므로 $\overline{F'F}^2=\overline{PF'}^2+\overline{PF}^2$)

$\tan(\angle PF'F)=\dfrac{\overline{PF}}{\overline{PF'}}=\dfrac{4}{3}$ (→ $\frac{8}{6}=\frac{4}{3}$)

따라서 $m=\dfrac{4}{3}$이므로 $60m=60\times\dfrac{4}{3}=80$ (→ 직선 PQ가 x축의 양의 방향과 이루는 예각)

30 [정답률 25%] 정답 13

Step 1 점 X가 나타내는 영역을 구한다.

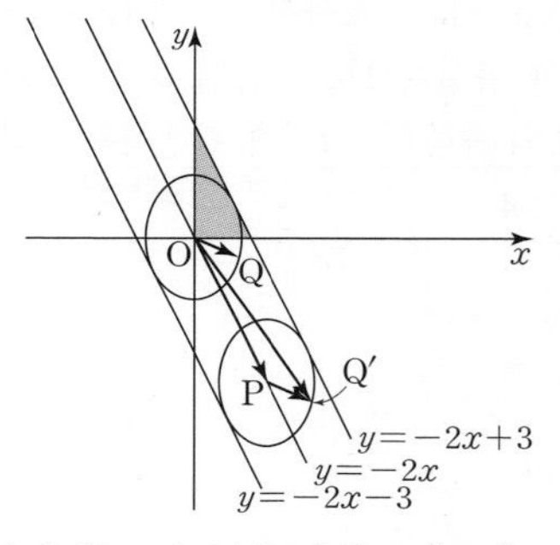

$\overrightarrow{OQ}=\overrightarrow{PQ'}$을 만족시키는 점 Q′은 타원 $2x^2+y^2=3$을 중심이 점 P가 되도록 평행이동시킨 타원 위의 점이다.

$\overrightarrow{OX}=\overrightarrow{OP}+\overrightarrow{OQ}=\overrightarrow{OP}+\overrightarrow{PQ'}=\overrightarrow{OQ'}$

타원 $2x^2+y^2=3$에 접하고 기울기가 −2인 접선의 방정식은 (→ $\frac{x^2}{\frac{3}{2}}+\frac{y^2}{3}=1$) (→ 직선 $2x+y=0$, 즉 $y=-2x$와 평행해야 한다.)

$y=-2x\pm\sqrt{\dfrac{3}{2}\times(-2)^2+3}$ $\quad\therefore\ y=-2x\pm3$

따라서 점 X가 나타내는 점은 직선 $y=-2x+3$ 또는 이 직선의 아래쪽 부분과 직선 $y=-2x-3$ 또는 이 직선의 위쪽 부분의 공통부분이다. (→ 타원 $\frac{x^2}{a^2}+\frac{y^2}{b^2}=1$에 접하고 기울기가 m인 직선의 방정식은 $y=mx\pm\sqrt{a^2m^2+b^2}$)

그러므로 x좌표, y좌표가 모두 0 이상인 모든 점 X가 나타내는 영역은 직선 $y=-2x+3$과 x축, y축으로 둘러싸인 부분이다.

Step 2 점 X가 나타내는 영역의 넓이를 구한다.

직선 $y=-2x+3$이 x축과 만나는 점의 좌표는 $\left(\dfrac{3}{2},\ 0\right)$, (→ $-2x+3=0$에서 $x=\frac{3}{2}$)

y축과 만나는 점의 좌표는 (0, 3)이므로 구하는 영역의 넓이는

$\dfrac{1}{2}\times\dfrac{3}{2}\times3=\dfrac{9}{4}$ (→ 삼각형의 넓이)

따라서 $p=4$, $q=9$이므로 $p+q=4+9=13$

본문 147쪽

12회 2025학년도 대학수학능력시험 6월 모의평가 정답과 해설

1	④	2	⑤	3	③	4	③	5	⑤
6	①	7	④	8	①	9	③	10	⑤
11	⑤	12	③	13	③	14	④	15	②
16	7	17	23	18	2	19	16	20	24
21	15	22	231						

확률과 통계				23	③	24	②	25	④
26	③	27	①	28	①	29	6	30	108

미적분				23	②	24	③	25	③
26	②	27	②	28	④	29	55	30	25

기하				23	④	24	②	25	④
26	③	27	②	28	③	29	25	30	10

01 [정답률 88%] 정답 ④

Step 1 지수법칙을 이용하여 식을 계산한다.

$$\left(\frac{5}{\sqrt[3]{25}}\right)^{\frac{3}{2}}=\left(5^{1-\frac{2}{3}}\right)^{\frac{3}{2}}=\left(5^{\frac{1}{3}}\right)^{\frac{3}{2}}=5^{\frac{1}{2}}=\sqrt{5}$$

↳ $=5^1\div\sqrt[3]{25}=5^1\div\sqrt[3]{5^2}=5^1\div5^{\frac{2}{3}}$

02 [정답률 92%] 정답 ⑤

Step 1 $f'(2)$의 값을 구한다.

$f(x)=x^2+x+2$에서 $f'(x)=2x+1$

$$\therefore \lim_{h\to0}\frac{f(2+h)-f(2)}{h}=f'(2)=2\times2+1=5$$

↳ $\lim_{h\to0}\frac{f(a+h)-f(a)}{h}=f'(a)$

03 [정답률 92%] 정답 ③

Step 1 Σ의 성질을 이용하여 $\sum_{k=1}^{6}a_k$의 값을 구한다.

$\sum_{k=1}^{5}(a_k+1)=\sum_{k=1}^{5}a_k+\sum_{k=1}^{5}1=\sum_{k=1}^{5}a_k+5=9$에서 $\sum_{k=1}^{5}a_k=4$

↳ $\sum_{k=1}^{n}(a_k+b_k)=\sum_{k=1}^{n}a_k+\sum_{k=1}^{n}b_k$

$\therefore \sum_{k=1}^{6}a_k=\sum_{k=1}^{5}a_k+a_6=4+4=8$

04 [정답률 91%] 정답 ③

Step 1 함수의 그래프를 이용하여 좌극한, 우극한을 구한다.

$\lim_{x\to0+}f(x)+\lim_{x\to1-}f(x)=2+1=3$

↳ $x=0$에서의 우극한 ↳ $x=1$에서의 좌극한

05 [정답률 93%] 정답 ⑤

Step 1 곱의 미분법을 이용한다.

$f(x)=(x^2-1)(x^2+2x+2)$에서

$f'(x)=2x(x^2+2x+2)+(x^2-1)(2x+2)$ ← $\{f(x)g(x)\}'=f'(x)g(x)+f(x)g'(x)$

$\therefore f'(1)=2(1+2+2)+(1-1)(2+2)=2\times5+0=10$

06 [정답률 75%] 정답 ①

Step 1 삼각함수의 성질을 이용하여 $\sin\theta$의 값을 구한다.

$$\sin\left(\theta-\frac{\pi}{2}\right)=\sin\left\{-\left(\frac{\pi}{2}-\theta\right)\right\}=-\sin\left(\frac{\pi}{2}-\theta\right)=-\cos\theta$$

이므로 $\sin\left(\theta-\frac{\pi}{2}\right)=\frac{3}{5}$에서 $\cos\theta=-\frac{3}{5}$ (삼각함수의 성질)

이때 $\pi<\theta<\frac{3}{2}\pi$이므로 $\sin\theta<0$ (제3사분면의 각)

$$\therefore \sin\theta=-\sqrt{1-\cos^2\theta}=-\sqrt{1-\left(-\frac{3}{5}\right)^2}$$

↳ $\sin^2\theta+\cos^2\theta=1$임을 이용

$$=-\sqrt{1-\frac{9}{25}}=-\sqrt{\frac{16}{25}}=-\frac{4}{5}$$

07 [정답률 91%] 정답 ④

Step 1 $f(x)=x^3-3x^2-9x$로 놓고 함수 $y=f(x)$의 그래프를 그려본다.

$x^3-3x^2-9x+k=0$에서 $x^3-3x^2-9x=-k$

$f(x)=x^3-3x^2-9x$라 하면

$f'(x)=3x^2-6x-9=3(x+1)(x-3)$ ← $=3(x^2-2x-3)$

$f'(x)=0$에서 $x=-1$ 또는 $x=3$

함수 $f(x)$의 증가와 감소를 표로 나타내면 다음과 같다.

x	$\cdots$	-1 ($x=-1$에서 극대)	$\cdots$	3 ($x=3$에서 극소)	$\cdots$
$f'(x)$	$+$	0	$-$	0	$+$
$f(x)$	↗	5	↘	-27	↗

따라서 곡선 $y=f(x)$는 다음 그림과 같다.

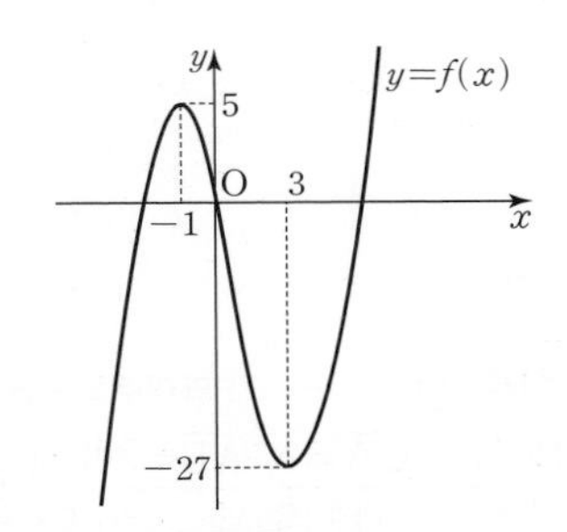

Step 2 조건을 만족시키는 k의 값을 구한다.

주어진 방정식의 서로 다른 실근의 개수가 2이려면 곡선 $y=f(x)$와 직선 $y=-k$가 서로 다른 두 점에서 만나야 하므로 $-k=5$ 또는 $-k=-27$

↳ 위의 그래프에서 직선 $y=-k$의 위치를 생각해본다.

따라서 $k=-5$ 또는 $k=27$이므로 조건을 만족시키는 모든 실수 k의 값의 합은 $-5+27=22$이다.

08 [정답률 86%] 정답 ①

Step 1 등비수열 $\{a_n\}$의 공비를 구한다.

등비수열 $\{a_n\}$의 공비를 r이라 하면

$a_1a_2=a_1\times a_1r=a_1^2r<0$이므로 $r<0$

↳ $a_1^2>0$이므로 양변을 a_1^2으로 나눠준다.

$2a_8-3a_7=32$에서 $a_8=a_6\times r^2$, $a_7=a_6\times r$이므로

$2a_6\times r^2-3a_6\times r=32$, $32r^2-48r=32$

$2r^2-3r-2=0$, $(2r+1)(r-2)=0$

$\therefore r=-\frac{1}{2}$ ($\because r<0$)

↳ 위에서 r이 음수임을 확인했다.

Step 2 a_9+a_{11}의 값을 구한다.

$a_9=a_6\times r^3$, $a_{11}=a_6\times r^5$이므로

$$a_9+a_{11}=a_6\times r^3+a_6\times r^5=16\times\left(-\frac{1}{2}\right)^3+16\times\left(-\frac{1}{2}\right)^5$$

↳ $=-\frac{1}{8}$ ↳ $=-\frac{1}{32}$

$$=-2+\left(-\frac{1}{2}\right)=-\frac{5}{2}$$

09 [정답률 83%] 정답 ③

Step 1 $x=0$에서 함수 $\{f(x)+a\}^2$이 연속임을 이용한다.

함수 $\{f(x)+a\}^2$이 실수 전체의 집합에서 연속이므로 $x=0$에서도 연속이어야 한다.
→ 함수 $f(x)$는 $x=0$에서 불연속

$x=0$에서의 좌극한, 우극한, 함숫값을 구하면

$\lim_{x\to0-}\{f(x)+a\}^2=\lim_{x\to0-}\left(x-\frac{1}{2}+a\right)^2=\left(-\frac{1}{2}+a\right)^2$ → $x=0$에서의 좌극한

$\lim_{x\to0+}\{f(x)+a\}^2=\lim_{x\to0+}(-x^2+3+a)^2=(3+a)^2$ → $x=0$에서의 우극한

$\{f(0)+a\}^2=(3+a)^2$ → $x=0$에서의 함숫값

세 값이 모두 같아야 하므로 $\left(-\frac{1}{2}+a\right)^2=(3+a)^2$
→ 연속의 정의

$a^2-a+\frac{1}{4}=a^2+6a+9$, $7a=-\frac{35}{4}$ $\therefore a=-\frac{5}{4}$

10 [정답률 52%] 정답 ⑤

Step 1 사인법칙을 이용한다.

삼각형 ABC에서 $\overline{BC}=a$, $\overline{CA}=b$, $\overline{AB}=c$라 하자.
→ ∠A와 마주 보는 변, ∠B와 마주 보는 변, ∠C와 마주 보는 변

삼각형 ABC의 외접원의 넓이가 9π이므로 이 원의 반지름의 길이는 3이다.

삼각형 ABC에서 사인법칙을 이용하면

$\frac{a}{\sin A}=\frac{b}{\sin B}=\frac{c}{\sin C}=6$

$\therefore a=6\sin A,\ b=6\sin B,\ c=6\sin C$

조건 (가)에서 $3\sin A=2\sin B$이므로 $\frac{a}{2}=\frac{b}{3}$
→ $=2\sin B$, $=3\sin A$

$\therefore b=\frac{3}{2}a$ …… ㉠

조건 (나)에서 $\cos B=\cos C$이므로 $\sin B=\sin C$

$\therefore b=c$ …… ㉡
→ $\sin^2 B+\cos^2 B=1$, $\sin^2 C+\cos^2 C=1$에서 $\cos B=\cos C$이므로 $\sin^2 B=\sin^2 C$ 이때 $0<B<\pi$, $0<C<\pi$이므로 $\sin B=\sin C$

㉠, ㉡에서 $a=2k\ (k>0)$라 하면 $b=c=3k$
→ 선분의 길이는 양수이다.

Step 2 코사인법칙을 이용하여 k의 값을 구한다.

삼각형 ABC에서 코사인법칙에 의하여

$\cos A=\frac{b^2+c^2-a^2}{2bc}=\frac{(3k)^2+(3k)^2-(2k)^2}{2\times3k\times3k}=\frac{14k^2}{18k^2}=\frac{7}{9}$

$\therefore \sin A=\sqrt{1-\cos^2 A}=\sqrt{1-\left(\frac{7}{9}\right)^2}=\sqrt{\frac{32}{81}}=\frac{4\sqrt{2}}{9}$
→ $\sin^2 A+\cos^2 A=1$임을 이용

$(\because 0<A<\pi)$ → A는 삼각형의 한 내각의 크기이다.

이를 이용하여 삼각형 ABC의 각 변의 길이를 구하면

$a=6\sin A=6\times\frac{4\sqrt{2}}{9}=\frac{8\sqrt{2}}{3}$, $b=c=\frac{3}{2}a=4\sqrt{2}$
→ Step 1에서 얻은 식이다. → ㉠, ㉡

Step 3 삼각형 ABC의 넓이를 구한다.

따라서 구하는 삼각형 ABC의 넓이는

$\frac{1}{2}bc\sin A=\frac{1}{2}\times4\sqrt{2}\times4\sqrt{2}\times\frac{4\sqrt{2}}{9}=\frac{64\sqrt{2}}{9}$

11 [정답률 71%] 정답 ⑤

Step 1 미분계수의 정의를 이용하여 $f'(a)$의 값을 구한다.

$\lim_{x\to a}\frac{f(x)-1}{x-a}=3$에서 $x\to a$일 때 극한값이 존재하고 (분모)$\to0$이므로 (분자)$\to0$이어야 한다.
→ $=3$

즉, $\lim_{x\to a}\{f(x)-1\}=0$에서 $f(a)=1$ → $f(a)-1=0$

또한 미분계수의 정의에 의하여 → 중요

$\lim_{x\to a}\frac{f(x)-1}{x-a}=\lim_{x\to a}\frac{f(x)-f(a)}{x-a}=f'(a)=3$

Step 2 a의 값을 구한다.

곡선 $y=f(x)$ 위의 점 $(a,\ f(a))$에서의 접선의 방정식은

$y-f(a)=f'(a)(x-a)$

$y-1=3(x-a)$ $\therefore y=3x-3a+1$
→ $f(a)=1$, $f'(a)=3$ 대입

이때 이 직선의 y절편이 4이므로 → 문제에서 주어진 조건

$-3a+1=4$ $\therefore a=-1$

Step 3 $f(-1)=1$, $f'(-1)=3$임을 이용하여 $f(1)$의 값을 구한다.

삼차함수 $f(x)$의 최고차항의 계수가 1이고 $f(0)=0$이므로

$f(x)=x^3+px^2+qx$ (p, q는 상수)라 하면 $f'(x)=3x^2+2px+q$

$f(-1)=1$이므로 $-1+p-q=1$ $\therefore p-q=2$ …… ㉠

$f'(-1)=3$이므로 $3-2p+q=3$ $\therefore 2p=q$ …… ㉡

㉠, ㉡을 연립하여 풀면 $p=-2$, $q=-4$

따라서 $f(x)=x^3-2x^2-4x$이므로 $f(1)=1-2-4=-5$

12 [정답률 37%] 정답 ③

Step 1 점 A의 x좌표를 p, 점 C의 x좌표를 q로 놓고 p, q 사이의 관계식을 구한다.

점 A의 x좌표를 p, 점 C의 x좌표를 q라 하면 네 점 A, B, C, D의 좌표는 $A(p,\ 1-2^{-p})$, $B(p,\ 2^p)$, $C(q,\ 2^q)$, $D(q,\ 1-2^{-q})$이므로
→ 점 B는 직선 $x=p$ 위의 점, 점 D는 직선 $x=q$ 위의 점

$\overline{AB}=2^p-(1-2^{-p})=2^p+2^{-p}-1$
→ $=$(점 B의 y좌표)$-$(점 A의 y좌표)

$\overline{CD}=2^q-(1-2^{-q})=2^q+2^{-q}-1$
→ $=$(점 C의 y좌표)$-$(점 D의 y좌표)

이때 두 점 A, C의 y좌표가 같으므로 $1-2^{-p}=2^q$

Step 2 $\overline{AB}=2\overline{CD}$임을 이용한다.

$\overline{AB}=2\overline{CD}$에서 $2^p+2^{-p}-1=2(2^q+2^{-q}-1)$이므로

$2^p+2^{-p}-1=2\left(1-2^{-p}+\frac{1}{1-2^{-p}}-1\right)$
→ $=2^q$, $=2^{-q}$

$=-2^{1-p}+\frac{2}{1-2^{-p}}$

$=-2^{1-p}+\frac{2^{p+1}}{2^p-1}$
→ $\frac{2}{1-2^{-p}}$의 분모와 분자에 2^p을 곱해주었다.

Step 3 $2^p=t\ (t>0)$로 치환하여 p, q의 값을 구한다.

$2^p=t\ (t>0)$라 하면 $t+\frac{1}{t}-1=-\frac{2}{t}+\frac{2t}{t-1}$
→ 치환할 때는 항상 범위를 생각한다.

양변에 $t(t-1)$을 곱하여 정리하면 $t^3-4t^2+4t-3=0$

$(t-3)(t^2-t+1)=0$ $\therefore t=3$
→ (판별식)<0

즉, $2^p=3$에서 $p=\log_2 3$이고 $2^q=1-2^{-p}=1-\frac{1}{3}=\frac{2}{3}$이므로
→ Step 1에서 구한 식이다.

$q=\log_2\frac{2}{3}$

Step 4 사각형 ABCD의 넓이를 구한다.

따라서 사각형 ABCD의 넓이는

$\frac{1}{2}\times(\overline{AB}+\overline{CD})\times\overline{AC}$
→ $=$(점 A의 x좌표)$-$(점 C의 x좌표)

$=\frac{1}{2}\times(2^p+2^{-p}-1+2^q+2^{-q}-1)\times(p-q)$

$=\frac{1}{2}\times\left(3+\frac{1}{3}-1+\frac{2}{3}+\frac{3}{2}-1\right)\times\left(\log_2 3-\log_2\frac{2}{3}\right)$
→ $=\log_2\frac{3}{\frac{2}{3}}=\log_2\frac{9}{2}$

$=\frac{1}{2}\times\frac{7}{2}\times\log_2\frac{9}{2}=\frac{7}{4}\times(\log_2 9-\log_2 2)$
→ $=\log_2 3^2$

$=\frac{7}{4}\times(2\log_2 3-1)=\frac{7}{2}\log_2 3-\frac{7}{4}$

13 [정답률 58%]

정답 ③

Step 1 A, B를 각각 정적분을 이용하여 나타낸다.

$f(x)=\frac{1}{4}x^3+\frac{1}{2}x$, $g(x)=mx+2$라 하고 곡선 $y=f(x)$와 직선 $y=g(x)$의 교점의 x좌표를 a라 하면

$$A=\int_0^a\{g(x)-f(x)\}dx,\ B=\int_a^2\{f(x)-g(x)\}dx$$

($x<a$에서 $f(x)\le g(x)$, $x>a$에서 $f(x)\ge g(x)$)

Step 2 정적분의 성질을 이용하여 m의 값을 구한다.

$$B-A=\int_a^2\{f(x)-g(x)\}dx-\int_0^a\{g(x)-f(x)\}dx$$

($-\int_m^n f(x)dx=\int_m^n\{-f(x)\}dx$)

$$=\int_a^2\{f(x)-g(x)\}dx+\int_0^a\{f(x)-g(x)\}dx$$

(정적분의 성질)

$$=\int_0^2\{f(x)-g(x)\}dx$$

$$=\int_0^2\left\{\left(\frac{1}{4}x^3+\frac{1}{2}x\right)-(mx+2)\right\}dx$$

$$=\left[\frac{1}{16}x^4+\frac{1}{4}x^2-\frac{m}{2}x^2-2x\right]_0^2$$

$$=1+1-2m-4=-2m-2$$

이때 $B-A=\frac{2}{3}$이므로 $-2m-2=\frac{2}{3}$

$-2m=\frac{8}{3}$ $\quad\therefore m=-\frac{4}{3}$

14 [정답률 38%]

정답 ④

Step 1 로그의 진수 조건을 이용하여 n의 값의 범위를 구한다.

$\log_2\sqrt{-n^2+10n+75}$에서 로그의 진수 조건에 의하여 ((진수)>0)

$\sqrt{-n^2+10n+75}>0$

즉, $-n^2+10n+75>0$에서 $n^2-10n-75<0$

($\sqrt{a}$에서 $a<0$이면 $\sqrt{a}$는 허수가 된다.)

$(n+5)(n-15)<0$ $\quad\therefore -5<n<15$

이때 n은 자연수이므로 $1\le n<15$ ...... ㉠

$\log_4(75-kn)$에서 로그의 진수 조건에 의하여 $75-kn>0$

$\therefore n<\frac{75}{k}$ ...... ㉡

Step 2 두 로그의 차가 양수임을 이용하여 n의 값의 범위를 구한다.

$\log_2\sqrt{-n^2+10n+75}-\log_4(75-kn)>0$이어야 하므로

(문제에서 두 로그의 차가 양수라고 주어졌다.)

$\log_2(-n^2+10n+75)^{\frac{1}{2}}>\log_4(75-kn)$

$\log_4(-n^2+10n+75)>\log_4(75-kn)$

(밑이 $4>1$이므로 로그를 제거해도 부등호의 방향은 바뀌지 않는다.)

$-n^2+10n+75>75-kn$, $n^2-(10+k)n<0$

$n(n-10-k)<0$ $\quad\therefore 0<n<10+k$ ($\because k$는 자연수) ...... ㉢

Step 3 경우를 나누어 조건을 만족시키는 k의 값을 구한다.

주어진 조건을 만족시키는 자연수 n의 개수가 12이므로 ㉠, ㉢에서 $10+k>12$, 즉 $k>2$이어야 한다.

(먼저 ㉠, ㉢을 이용하여 k의 값의 범위를 구하고 $k=3, 4, 5, \cdots$일 때 ㉠, ㉡, ㉢이 조건을 만족시키는지 확인한다.)

(i) $k=3$일 때,

㉠, ㉡, ㉢에서 $1\le n<13$이므로 자연수 n의 개수는 1, 2, 3, $\cdots$, 12의 12이다. ($n<25$, $0<n<13$)

(ii) $k=4$일 때,

㉠, ㉡, ㉢에서 $1\le n<14$이므로 자연수 n의 개수는 1, 2, 3, $\cdots$, 13의 13이다. ($n<18.75$, $0<n<14$)

그러므로 주어진 조건을 만족시키지 않는다.

(iii) $k=5$일 때,

㉠, ㉡, ㉢에서 $1\le n<15$이므로 자연수 n의 개수는 1, 2, 3, $\cdots$, 14의 14이다. ($n<15$, $0<n<15$)

그러므로 주어진 조건을 만족시키지 않는다.

(iv) $k=6$일 때,

㉠, ㉡, ㉢에서 $1\le n<\frac{25}{2}$이므로 자연수 n의 개수는 1, 2, 3, $\cdots$, 12의 12이다. ($n<12.5$, $0<n<16$)

(v) $k\ge7$일 때,

㉠, ㉡, ㉢에서 $1\le n<\frac{75}{k}<11$이므로 주어진 조건을 만족시키지 않는다. ($n<\frac{75}{k}<11$, $0<n<10+k$)

(i)~(v)에서 주어진 조건을 만족시키는 k의 값은 3 또는 6이다.

따라서 모든 자연수 k의 값의 합은 $3+6=9$이다.

15 [정답률 51%]

정답 ②

Step 1 함수 $g(x)$가 실수 전체의 집합에서 미분가능함을 이용한다.

함수 $g(x)$가 실수 전체의 집합에서 미분가능하므로 $x=k$에서도 미분가능하다.

함수 $g(x)$가 $x=k$에서 연속이므로 $x=k$에서의 극한값과 함숫값이 같아야 한다.

$\lim_{x\to k-}g(x)=\lim_{x\to k-}(2x-k)=k$, ($x<k$에서 $g(x)=2x-k$)

$\lim_{x\to k+}g(x)=\lim_{x\to k+}f(x)=f(k)$, $g(k)=k$ ($x>k$에서 $g(x)=f(x)$)

세 값이 모두 같아야 하므로 $f(k)=k$

함수 $g(x)$를 미분하면 $g'(x)=\begin{cases}2 & (x<k)\\ f'(x) & (x>k)\end{cases}$

함수 $g(x)$가 $x=k$에서 미분가능하므로 $f'(k)=2$ ($\lim_{x\to k+}g'(x)$, $\lim_{x\to k-}g'(x)$)

Step 2 절댓값이 포함된 함수의 식을 정리한다.

$|t(t-1)|=\begin{cases}t(t-1) & (t\le0\text{ 또는 }t\ge1)\\ -t(t-1) & (0<t<1)\end{cases}$이므로

$|t(t-1)|+t(t-1)=\begin{cases}2t(t-1) & (t\le0\text{ 또는 }t\ge1)\\ 0 & (0<t<1)\end{cases}$

따라서 함수 $y=|t(t-1)|+t(t-1)$의 그래프를 그려보면 다음과 같다.

($t\le0$ 또는 $t\ge1$에서 $t(t-1)\ge0$, $0<t<1$에서 $t(t-1)<0$)

$y=|t(t-1)|+t(t-1)$

($t\le-2$ 또는 $t\ge1$에서 $(t-1)(t+2)\ge0$, $-2<t<1$에서 $(t-1)(t+2)<0$)

$|(t-1)(t+2)|=\begin{cases}(t-1)(t+2) & (t\le-2\text{ 또는 }t\ge1)\\ -(t-1)(t+2) & (-2<t<1)\end{cases}$이므로

$|(t-1)(t+2)|-(t-1)(t+2)$

$=\begin{cases}0 & (t\le-2\text{ 또는 }t\ge1)\\ -2(t-1)(t+2) & (-2<t<1)\end{cases}$

따라서 함수 $y=|(t-1)(t+2)|-(t-1)(t+2)$의 그래프를 그려보면 다음과 같다.

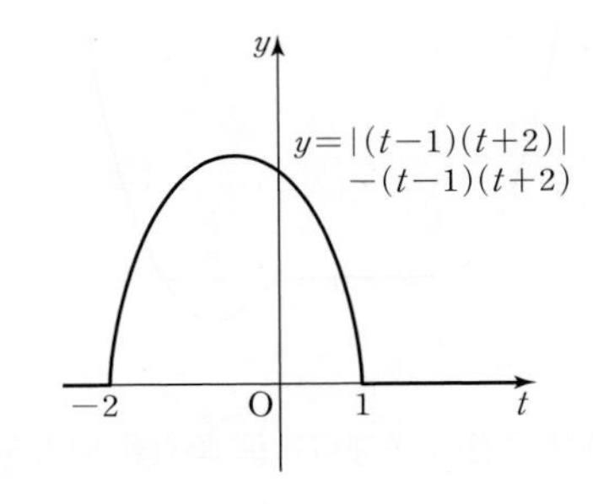

Step 3 정적분으로 정의된 함수의 증가, 감소를 파악하여 k의 값을 구한다.

$g\left(\frac{k}{2}\right)=0$이고, 함수 $g(x)$는 실수 전체의 집합에서 증가하므로

$x<\frac{k}{2}$에서 $g(x)<0$, $x>\frac{k}{2}$에서 $g(x)>0$이다.

함수 $h_1(x)$를 $h_1(x)=\int_0^x g(t)\{|t(t-1)|+t(t-1)\}dt$라 하면

$h_1(0)=0$ → 정적분의 위끝과 아래끝이 0으로 같으므로 함숫값이 0이다.

$h_1(x)$를 미분하면 $h_1'(x)=g(x)\{|x(x-1)|+x(x-1)\}$이므로

$h_1'(x)=\begin{cases} g(x)\{2x(x-1)\} & (x\le 0 \text{ 또는 } x\ge 1) \\ 0 & (0<x<1) \end{cases}$ → Step 2에서 구한 식에 $g(x)$를 곱해주었다.

(i) $0\le\frac{k}{2}\le 1$일 때

$x<0$에서 $g(x)<0$이므로 $h_1'(x)<0$

$0\le x\le 1$에서 $h_1'(x)=0$

$x>1$에서 $g(x)>0$이므로 $h_1'(x)>0$

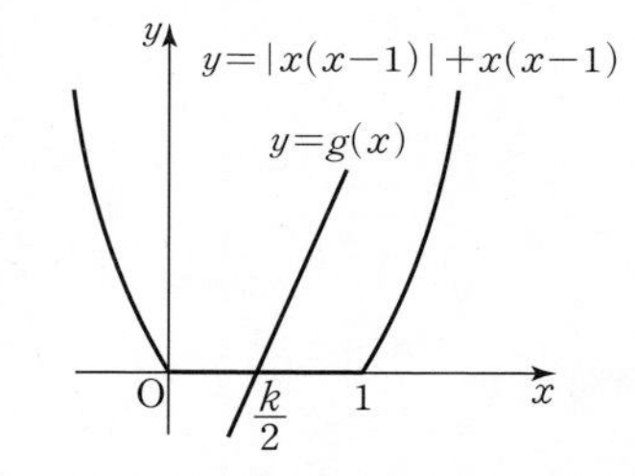

이를 이용하여 함수 $h_1(x)$의 증가와 감소를 표로 나타내면 다음과 같다.

x	$\cdots$	0	$\cdots$	1	$\cdots$
$h_1'(x)$	$-$	0	0	0	$+$
$h_1(x)$	↘				↗

따라서 $h_1(0)=0$임을 이용하여 함수 $y=h_1(x)$의 그래프를 간략히 그려보면 다음과 같다.

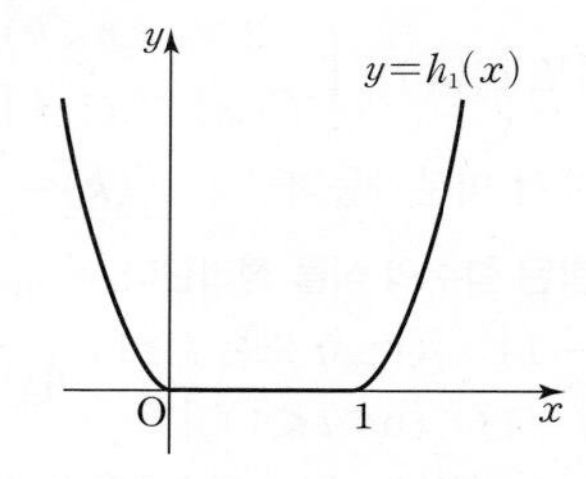

즉, 모든 실수 x에 대하여 $h_1(x)\ge 0$이므로 조건을 만족시킨다.

(ii) $\frac{k}{2}>1$일 때

$x<0$에서 $g(x)<0$이므로 $h_1'(x)<0$

$0\le x\le 1$에서 $h_1'(x)=0$

$1<x<\frac{k}{2}$에서 $g(x)<0$이므로 $h_1'(x)<0$

$x=\frac{k}{2}$에서 $h_1'(x)=0$ → $x=\frac{k}{2}$를 기준으로 $h_1'(x)$의 부호가 음에서 양으로 바뀐다.

$x>\frac{k}{2}$에서 $g(x)>0$이므로 $h_1'(x)>0$

이를 이용하여 함수 $h_1(x)$의 증가와 감소를 표로 나타내면 다음과 같다.

x	$\cdots$	0	$\cdots$	1	$\cdots$	$\frac{k}{2}$	$\cdots$
$h_1'(x)$	$-$	0	0	0	$-$	0	$+$
$h_1(x)$	↘				↘	극소	↗

따라서 $h_1(0)=0$임을 이용하여 함수 $y=h_1(x)$의 그래프를 간략히 그려보면 다음과 같다.

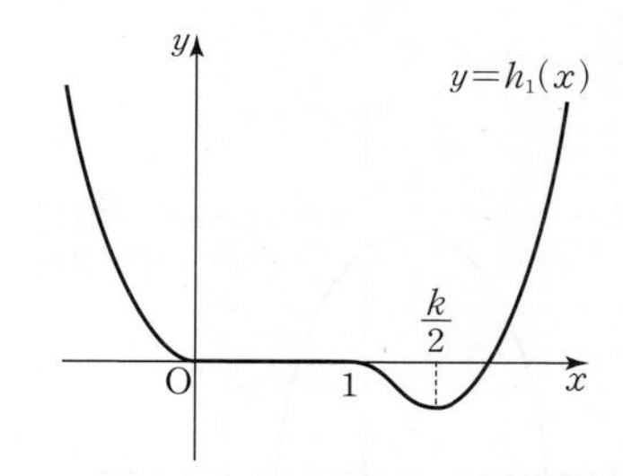

즉, $h_1(x)<0$인 구간이 존재하므로 조건을 만족시키지 않는다.

따라서 (i), (ii)에서 $0\le\frac{k}{2}\le 1$이다. …… ㉠

함수 $h_2(x)$를 $h_2(x)=\int_3^x g(t)\{|(t-1)(t+2)|-(t-1)(t+2)\}dt$라 하면

$h_2(3)=0$ → 정적분의 위끝과 아래끝이 3으로 같으므로 함숫값이 0이다.

$h_2(x)$를 미분하면

$h_2'(x)=g(x)\{|(x-1)(x+2)|-(x-1)(x+2)\}$이므로

$h_2'(x)=\begin{cases} 0 & (x\le -2 \text{ 또는 } x\ge 1) \\ g(x)\{-2(x-1)(x+2)\} & (-2<x<1) \end{cases}$

(i) $0\le\frac{k}{2}<1$일 때

$x\le -2$에서 $h_2'(x)=0$

$-2\le x<\frac{k}{2}$에서 $g(x)<0$이므로 $h_2'(x)<0$

$x=\frac{k}{2}$에서 $h_2'(x)=0$ → 이때 $g\left(\frac{k}{2}\right)=0$

$\frac{k}{2}<x<1$에서 $g(x)>0$이므로 $h_2'(x)>0$

$x\ge 1$에서 $h_2'(x)=0$

이를 이용하여 함수 $h_2(x)$의 증가와 감소를 표로 나타내면 다음과 같다.

x	$\cdots$	-2	$\cdots$	$\frac{k}{2}$	$\cdots$	1	$\cdots$
$h_2'(x)$	0	0	$-$	0	$+$	0	0
$h_2(x)$			↘	극소	↗		

따라서 $h_2(3)=0$임을 이용하여 함수 $y=h_2(x)$의 그래프를 간략히 그려보면 다음과 같다.

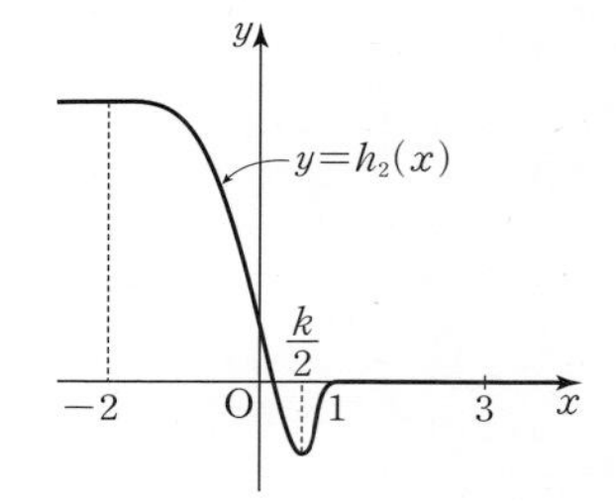

즉, $h_2(x)<0$인 구간이 존재하므로 조건을 만족시키지 않는다.

(ii) $\frac{k}{2}\ge 1$일 때

$x\le -2$에서 $h_2'(x)=0$

$-2<x<1$에서 $g(x)<0$이므로 $h_2'(x)<0$

$x\ge 1$에서 $h_2'(x)=0$

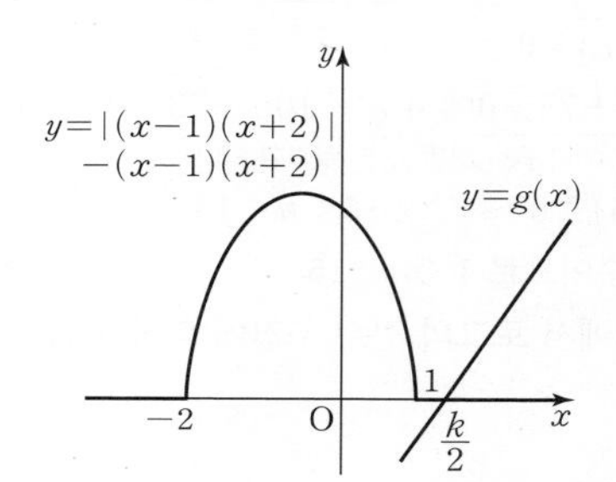

이를 이용하여 함수 $h_2(x)$의 증가와 감소를 표로 나타내면 다음과 같다.

x	$\cdots$	-2	$\cdots$	1	$\cdots$
$h_2'(x)$	0	0	$-$	0	0
$h_2(x)$			↘		

따라서 $h_2(3)=0$임을 이용하여 함수 $y=h_2(x)$의 그래프를 간략히 그려보면 다음과 같다.

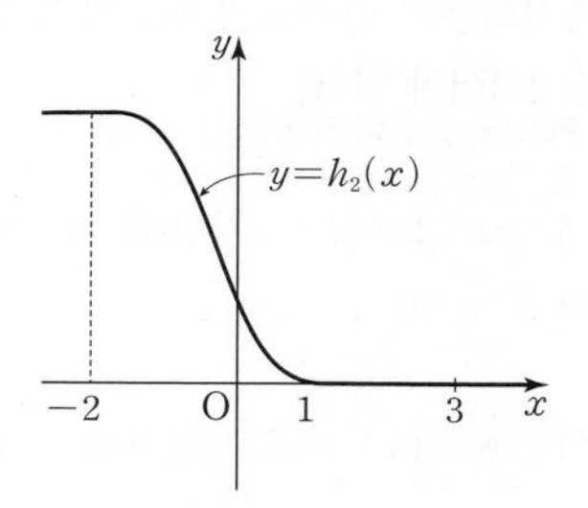

즉, 모든 실수 x에 대하여 $h_2(x)\geq 0$이므로 조건을 만족시킨다.

따라서 (i), (ii)에서 $\frac{k}{2}\geq 1$이다. …… ㉡

그러므로 ㉠, ㉡에서 $\frac{k}{2}=1$ $\quad\therefore k=2$

Step 4 $g(k+1)$의 최솟값을 구한다.

$f(2)=2$, $f'(2)=2$이므로 곡선 $y=f(x)$ 위의 점 $(2, 2)$에서의 접선의 방정식은 $y=2x-2$ (→ $=f'(2)$)

따라서 함수 $f(x)$의 식을 $f(x)=(x-2)^2(x+a)+(2x-2)$와 같이 놓을 수 있다. (→ $f(x)-(2x-2)$가 $(x-2)^2$을 인수로 가짐을 이용한다.)

함수 $g(x)$가 실수 전체의 집합에서 증가하므로 $x>2$에서 $f'(x)\geq 0$이어야 한다. (→ $x\leq 2$에서는 $g'(x)=2$이므로 증가한다.)

$f(x)=(x-2)^2(x+a)+(2x-2)$

$=(x^2-4x+4)(x+a)+(2x-2)$에서

$f'(x)=(2x-4)(x+a)+(x^2-4x+4)+2$ (→ 곱의 미분법)

$=\{2x^2+(2a-4)x-4a\}+x^2-4x+6$

$=3x^2+(2a-8)x-4a+6$

(i) 함수 $y=f'(x)$의 그래프의 축이 직선 $x=2$이거나 직선 $x=2$보다 왼쪽에 있을 때

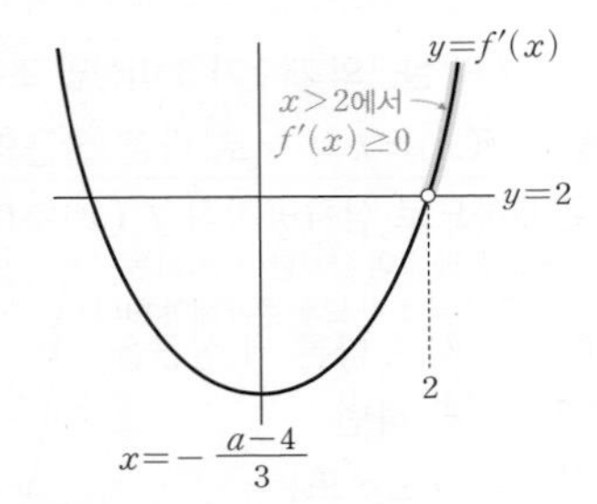

$x>2$에서 $f'(x)>2$이므로 조건을 만족시킨다.

이때 축의 방정식은 $x=-\frac{a-4}{3}$이므로

$-\frac{a-4}{3}\leq 2$에서 $-a+4\leq 6$ $\quad\therefore a\geq -2$

(ii) 함수 $y=f'(x)$의 그래프의 축이 직선 $x=2$보다 오른쪽에 있을 때

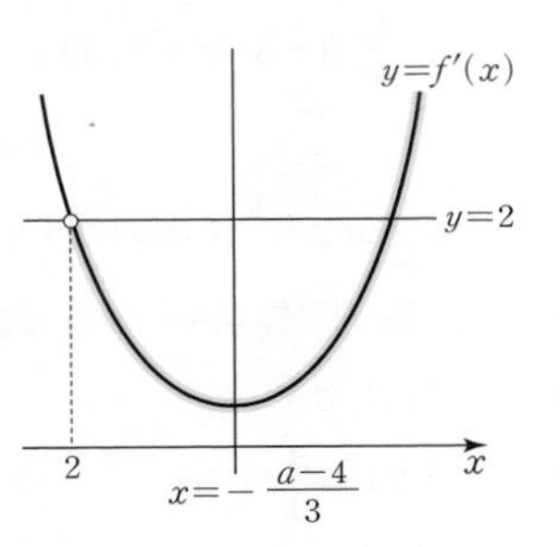

$-\frac{a-4}{3}>2$에서 $-a+4>6$ $\quad\therefore a<-2$

이차방정식 $f'(x)=0$의 판별식을 D라 하면 (→ 중근을 갖거나 실근을 갖지 않아야 $x>2$에서 $f'(x)\geq 0$이 성립한다.)

$\frac{D}{4}=(a-4)^2-3\times(-4a+6)=(a^2-8a+16)+(12a-18)$

$=a^2+4a-2\leq 0$ …… ㉢

이차방정식 $a^2+4a-2=0$을 풀면

$a=-2\pm\sqrt{2^2-1\times(-2)}=-2\pm\sqrt{6}$

따라서 ㉢에서 $-2-\sqrt{6}\leq a\leq -2+\sqrt{6}$이다.

그러므로 (i), (ii)에서 가능한 a의 값의 범위는 $a\geq -2-\sqrt{6}$이다. (→ (i)에서 $a\geq -2$, (ii)에서 $-2-\sqrt{6}\leq a<-2$)

$f(k+1)=f(3)=(3+a)+4=7+a$이므로

$g(k+1)=f(k+1)=7+a\geq 7+(-2-\sqrt{6})=5-\sqrt{6}$

따라서 $g(k+1)$의 최솟값은 $5-\sqrt{6}$이다.

16 [정답률 86%] 정답 7

Step 1 로그방정식의 해를 구한다.

로그의 진수 조건에서 $x+1>0$, $x-3>0$ (→ $x>-1$, $x>3$) $\quad\therefore x>3$

$\log_2(x+1)-5=\log_{\frac{1}{2}}(x-3)$에서

$\log_2(x+1)-\log_2 2^5=-\log_2(x-3)$ (→ $=\log_{2^{-1}}(x-3)$)

$\log_2(x+1)+\log_2(x-3)=\log_2 32$

$\log_2(x+1)(x-3)=\log_2 32$

$(x+1)(x-3)=32$, $x^2-2x-35=0$

$(x+5)(x-7)=0$ $\quad\therefore x=7$ ($\because x>3$) (→ 진수 조건에 주의한다.)

17 [정답률 92%] 정답 23

Step 1 부정적분을 이용하여 함수 $f(x)$를 구한다.

$f'(x)=6x^2+2$이므로 $f(x)=2x^3+2x+C$ (단, C는 적분상수)

이때 $f(0)=C=3$이므로 $f(2)=16+4+3=23$ (→ $f(x)=2x^3+2x+3$)

18 [정답률 86%] 정답 2

Step 1 수열의 합 공식을 이용한다.

$\sum_{k=1}^{9}(ak^2-10k)=a\sum_{k=1}^{9}k^2-10\sum_{k=1}^{9}k$ (→ $\sum_{k=1}^{n}k=\frac{n(n+1)}{2}$, $\sum_{k=1}^{n}k^2=\frac{n(n+1)(2n+1)}{6}$)

$=a\times\frac{9\times 10\times 19}{6}-10\times\frac{9\times 10}{2}$

$=285a-450=120$

$285a=570$ $\quad\therefore a=2$

19 [정답률 39%] 정답 16

Step 1 점 P의 운동 방향이 바뀌는 시각을 구한다. (→ 점 P의 운동 방향이 바뀌는 시각에서의 속도는 0이다.)

$0\leq t\leq 3$에서 점 P의 운동 방향이 바뀌는 시각을 구해보면

$-t^2+t+2=0$에서 $(t+1)(t-2)=0$이므로 $t=2$이다. (→ $0\leq t\leq 3$일 때 점 P의 속도)

$t>3$에서 점 P의 운동 방향이 바뀌는 시각을 구해보면

$k(t-3)-4=0$에서 $t-3=\frac{4}{k}$이므로 $t=3+\frac{4}{k}$이다. (→ $t>3$일 때 점 P의 속도)

따라서 출발한 후 점 P의 운동 방향이 두 번째로 바뀌는 시각은 $t=3+\frac{4}{k}$이다.

Step 2 점 P의 위치를 이용하여 양수 k의 값을 구한다.

원점을 출발한 점 P의 시각 $t=3+\frac{4}{k}$에서의 위치가 1이므로

$\int_0^{3+\frac{4}{k}}v(t)dt=1$에서

$\int_0^{3+\frac{4}{k}}v(t)dt=\int_0^3 v(t)dt+\int_3^{3+\frac{4}{k}}v(t)dt$

$=\int_0^3(-t^2+t+2)dt+\int_3^{3+\frac{4}{k}}(kt-3k-4)dt$ (→ $3+\frac{4}{k}=\frac{3k+4}{k}$)

$=\left[-\frac{1}{3}t^3+\frac{1}{2}t^2+2t\right]_0^3+\left[\frac{1}{2}kt^2-(3k+4)t\right]_3^{3+\frac{4}{k}}$

$=\frac{3}{2}+\left(-\frac{8}{k}\right)=\frac{3}{2}-\frac{8}{k}$ (→ $=-9+\frac{9}{2}+6$)

즉, $\frac{3}{2}-\frac{8}{k}=1$이므로 $\frac{1}{2}=\frac{8}{k}$ $\quad\therefore k=16$

$=\left\{\frac{1}{2}k\left(\frac{3k+4}{k}\right)^2-(3k+4)\times\frac{3k+4}{k}\right\}-\left(\frac{9}{2}k-9k-12\right)$

$=\left\{\frac{(3k+4)^2}{2k}-\frac{(3k+4)^2}{k}\right\}-\left(-\frac{9}{2}k-12\right)$

$=-\frac{(3k+4)^2}{2k}+\frac{9}{2}k+12$

$=\frac{-9k^2-24k-16+9k^2+24k}{2k}=-\frac{16}{2k}=-\frac{8}{k}$

20 [정답률 26%]

정답 24

Step 1 주어진 삼각함수에 $b=1, 2, 3, 4, 5$를 대입하여 조건을 만족시키는 순서쌍 (a, b)를 찾는다.

b의 값에 따라 경우를 나누어 보면 다음과 같다.

(i) $b=1$일 때, $n(A\cup B\cup C)=3$을 만족시키려면 아래의 그림과 같이 $a+1>3$, 즉 $a>2$이어야 하므로 자연수 a, b의 순서쌍 (a, b)는 $(3, 1)$, $(4, 1)$, $(5, 1)$이다.

→ $A=\{(\pi, 1)\}$, $B=\{(\pi, 1)\}$, $C=\{(\alpha_1, 3), (\beta_1, 3)\}$
$\therefore A\cup B\cup C=\{(\pi, 1), (\alpha_1, 3), (\beta_1, 3)\}$

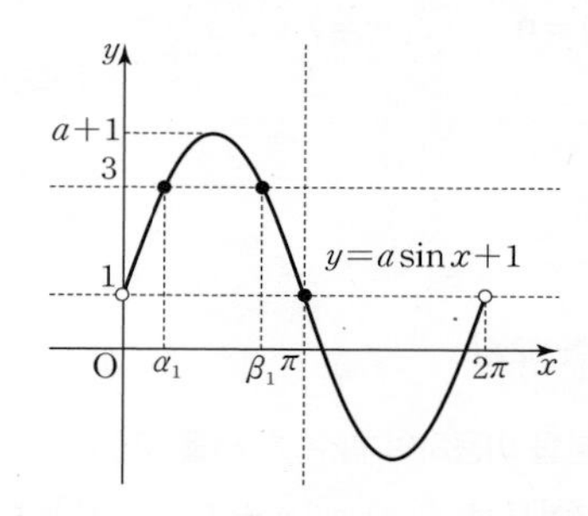

(ii) $b=2$일 때, $n(A\cup B\cup C)=3$을 만족시키려면 아래의 그림과 같이 $a+2=3$, 즉 $a=1$이어야 하므로 자연수 a, b의 순서쌍 (a, b)는 $(1, 2)$이다.

→ $A=\{(\pi, 2)\}$, $B=\left\{\left(\frac{3}{2}\pi, 1\right)\right\}$, $C=\left\{\left(\frac{\pi}{2}, 3\right)\right\}$
$\therefore A\cup B\cup C=\left\{(\pi, 2), \left(\frac{3}{2}\pi, 1\right), \left(\frac{\pi}{2}, 3\right)\right\}$

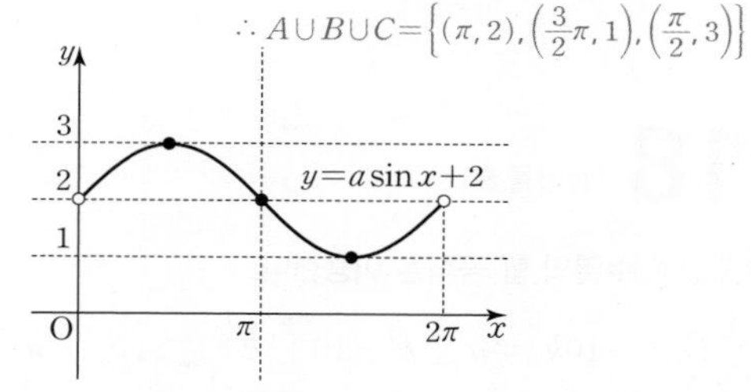

(iii) $b=3$일 때, $n(A\cup B\cup C)=3$을 만족시키려면 아래의 그림과 같이 $-a+3<1$, 즉 $a>2$이어야 하므로 자연수 a, b의 순서쌍 (a, b)는 $(3, 3)$, $(4, 3)$, $(5, 3)$이다.

→ $A=\{(\pi, 3)\}$, $B=\{(\alpha_2, 1), (\beta_2, 1)\}$, $C=\{(\pi, 3)\}$
$\therefore A\cup B\cup C=\{(\pi, 3), (\alpha_2, 1), (\beta_2, 1)\}$

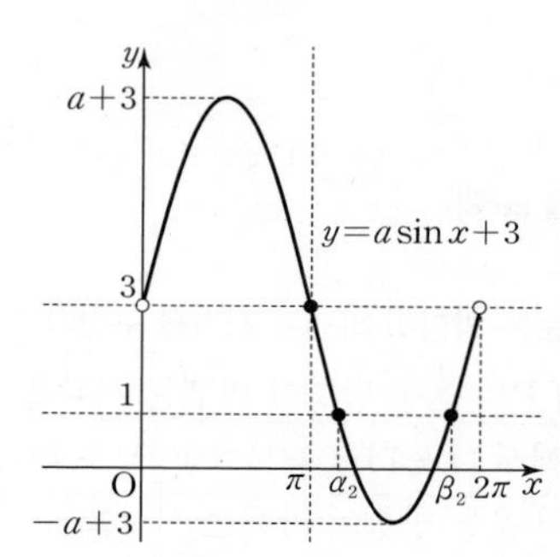

(iv) $b=4$일 때, $n(A\cup B\cup C)=3$을 만족시키려면 아래의 그림과 같이 $1<-a+4<3$, 즉 $1<a<3$이어야 하므로 자연수 a, b의 순서쌍 (a, b)는 $(2, 4)$이다.

→ $A=\{(\pi, 4)\}$, $B=\varnothing$, $C=\{(\alpha_3, 3), (\beta_3, 3)\}$
$\therefore A\cup B\cup C=\{(\pi, 4), (\alpha_3, 3), (\beta_3, 3)\}$

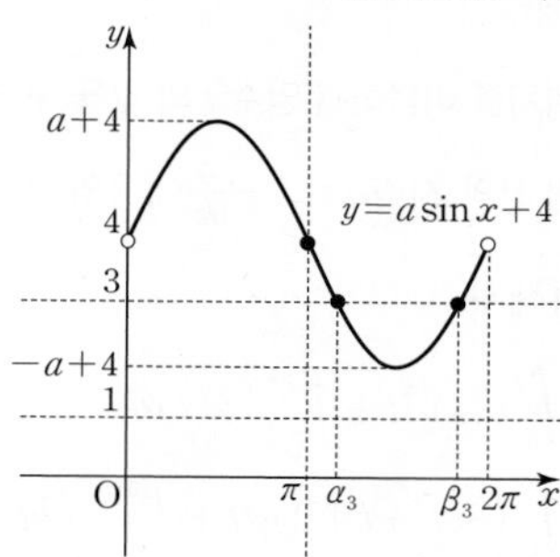

(v) $b=5$일 때, $n(A\cup B\cup C)=3$을 만족시키려면 아래의 그림과 같이 $1<-a+5<3$, 즉 $2<a<4$이어야 하므로 자연수 a, b의 순서쌍 (a, b)는 $(3, 5)$이다.

→ $A=\{(\pi, 5)\}$, $B=\varnothing$, $C=\{(\alpha_4, 3), (\beta_4, 3)\}$
$\therefore A\cup B\cup C=\{(\pi, 5), (\alpha_4, 3), (\beta_4, 3)\}$

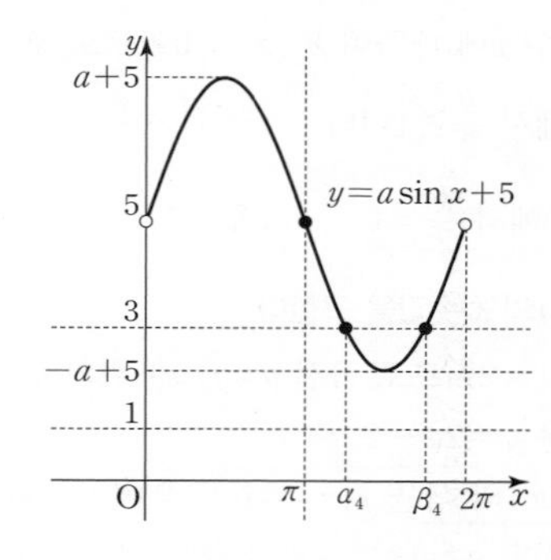

(i)~(v)에서 $n(A\cup B\cup C)=3$을 만족시키는 순서쌍 (a, b)는 $(3, 1)$, $(4, 1)$, $(5, 1)$, $(1, 2)$, $(3, 3)$, $(4, 3)$, $(5, 3)$, $(2, 4)$, $(3, 5)$이다.

Step 2 $M\times m$의 값을 구한다.

따라서 $a+b$의 최댓값은 8, 최솟값은 3이므로 $M\times m=8\times 3=24$

→ 최댓값 8: $a=5, b=3$ 또는 $a=3, b=5$ / 최솟값 3: $a=1, b=2$

21 [정답률 24%]

정답 15

Step 1 방정식 $f(x)=k$의 실근의 개수가 3 이상인 조건을 파악한다.

조건 (나)에서 방정식 $f(x)=k$의 서로 다른 실근의 개수가 3 이상인 실수 k의 값이 존재하므로 삼차방정식 $f'(x)=0$은 서로 다른 세 실근을 갖는다.

→ 그림과 같이 사차함수 $f(x)$는 극대, 극소가 모두 존재해야 한다.

삼차방정식 $f'(x)=0$의 서로 다른 세 실근을 각각 α, β, γ $(\alpha<\beta<\gamma)$라 하면 부등식 $f'(x)\le 0$의 해는 $x\le\alpha$ 또는 $\beta\le x\le\gamma$이므로 조건 (가)에 의하여 $\gamma=2$이다.

→ 그림과 같이 $x>\gamma$에서 $f'(x)>0$

Step 2 부정적분을 이용하여 함수 $f(x)$를 구한다.

$f'(1)=0$, $f'(2)=0$이므로 $b\ne 1$, $b<2$인 상수 b에 대하여

$$f'(x)=4(x-1)(x-2)(x-b)$$
$$=4x^3-4(b+3)x^2+4(3b+2)x-8b$$

라 하면

→ 사차함수 $f(x)$의 최고차항의 계수가 1이므로 $(x^4)'=4x^3$
→ Step 1에서 $f'(\gamma)=0$, $\gamma=2$
→ $f'(1)=0$: 문제에서 주어졌다.

$$f(x)=\int f'(x)dx=x^4-\frac{4}{3}(b+3)x^3+2(3b+2)x^2-8bx+C$$

(단, C는 적분상수)

$f(0)=C=0$이므로 $f(x)=x^4-\frac{4}{3}(b+3)x^3+2(3b+2)x^2-8bx$

Step 3 조건을 만족시키도록 경우를 나누어 b의 값을 구한다.

(i) $b<1$이고 $f(b)<f(2)$인 경우

조건 (나)에 의하여 $f(2)=\frac{8}{3}$이므로

$$f(2)=16-\frac{32}{3}(b+3)+8(3b+2)-16b=-\frac{8}{3}b=\frac{8}{3}$$

즉, $b=-1$이므로 $f(x)=x^4-\frac{8}{3}x^3-2x^2+8x$

$f(-1)=1+\frac{8}{3}-2-8=-\frac{19}{3}<\frac{8}{3}$이므로 조건을 만족시킨다.

→ $f(-1)=f(b)$, $\frac{8}{3}=f(2)$, 조건: $f(b)<f(2)$

$\therefore f(3)=81-72-18+24=15$

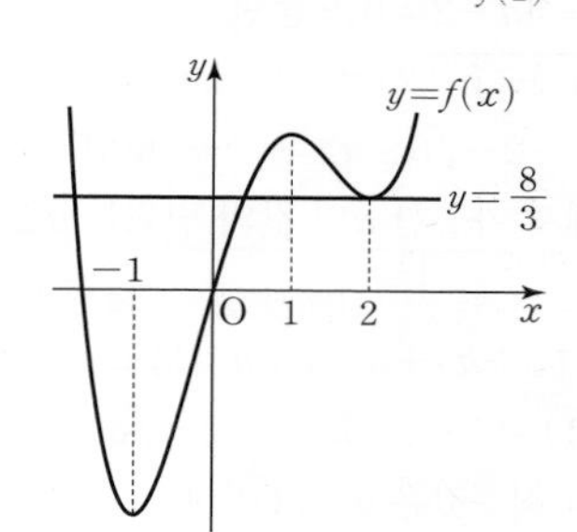

(ii) $b<1$이고 $f(b)>f(2)$인 경우

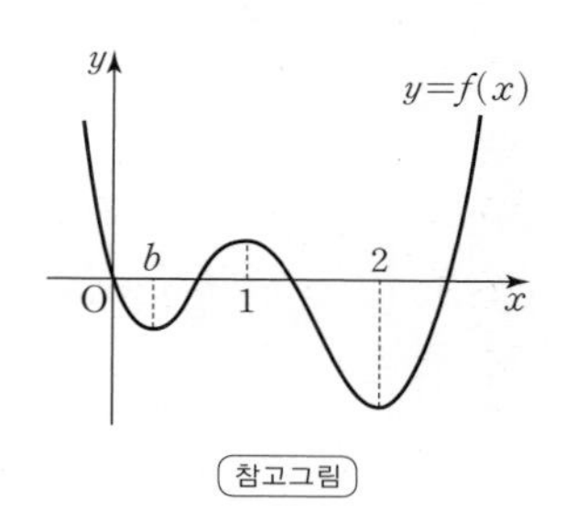

참고그림

함수 $f(x)$는 $x=b$에서 극소이고 $f(0)=0$이므로 $f(b)\le 0$이다. 즉, 방정식 $f(x)=k$의 서로 다른 실근의 개수가 3 이상이 되도록 하는 실수 k의 최솟값은 0 또는 음수이므로 조건 (나)를 만족시키지 않는다.

(0 → $b=0$일 때)

($k=f(b)$일 때 $f(x)=k=f(b)$의 서로 다른 실근의 개수가 3이고, $f(b)\le 0$이므로 실수 k의 최솟값이 $\frac{8}{3}$임에 모순이다.)

(iii) $1<b<2$인 경우

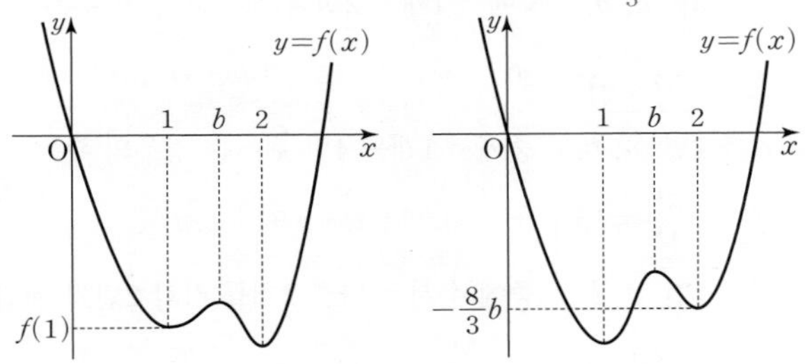

함수 $f(x)$는 $x=1$에서 극소이고 $f(0)=0$이므로 $f(1)<0$이다. $f(2)=-\frac{8}{3}b<0$이므로 방정식 $f(x)=k$의 서로 다른 실근의 개수가 3 이상이 되도록 하는 실수 k의 최솟값은 음수이다.

($k=f(1)$ 또는 $k=-\frac{8}{3}b$일 때 방정식 $f(x)=k$의 서로 다른 실근의 개수는 3이다.)

즉, 조건 (나)를 만족시키지 않는다.

따라서 (i)~(iii)에 의하여 $f(3)=15$이다. ($\because 1<b<2$)

22 [정답률 10%] 정답 231

Step 1 $a_{n+1}=a_n+1$의 조건을 파악한다.

$\sqrt{n}$이 자연수, 즉 n이 제곱수이고 $a_n>0$일 때 $a_{n+1}=a_n-\sqrt{n}\times a_{\sqrt{n}}$

($\sqrt{n}$이 자연수이려면 n은 제곱수이어야 한다.)

이므로 15 이하의 자연수 n에 대하여 $n\ne 4$, $n\ne 9$이면 ($=2^2$, $=3^2$)

$a_{n+1}=a_n+1$이다. ($a_n=a_{n+1}-1$)

$a_{15}=1$에서 $a_{14}=a_{15}-1=0$, $a_{13}=a_{14}-1=-1$, $a_{12}=a_{13}-1=-2$, $a_{11}=a_{12}-1=-3$, $a_{10}=a_{11}-1=-4$

Step 2 $a_9>0$과 $a_9\le 0$인 경우로 나누어 a_1의 값을 구한다.

(i) $a_9>0$일 때 ($a_{n+1}=a_n-\sqrt{n}\times a_{\sqrt{n}}$에 $n=9$ 대입)

$a_{10}=a_9-3a_3=-4$이므로 $a_9=3a_3-4$ (Step 1에서 $a_{10}=-4$)

$a_6=a_5+1$, $a_7=a_6+1$, $a_8=a_7+1$, $a_9=a_8+1$에서 $a_9=a_5+4$

($a_{n+1}=a_n+1$에 $n=5$ 대입, $=a_5+2$, $=a_6+2=a_5+3$, $=a_7+2=a_6+3=a_5+4$)

$a_5+4=3a_3-4$이므로 $a_5=3a_3-8$

① $a_4>0$일 때 ($a_{n+1}=a_n-\sqrt{n}\times a_{\sqrt{n}}$에 $n=4$ 대입)

$a_5=a_4-2a_2$이므로 $a_4-2a_2=3a_3-8$

즉, $a_4=3a_3+2a_2-8$이고 $a_4=a_3+1$에서 ($=a_5$)

$a_3+1=3a_3+2a_2-8$

$2a_3+2a_2=9$ $\quad\therefore a_3+a_2=\frac{9}{2}$

이때 $a_3=a_2+1$이므로 두 식을 연립하면 $a_2=\frac{7}{4}$, $a_3=\frac{11}{4}$

또한 $a_9=3a_3-4=3\times\frac{11}{4}-4=\frac{17}{4}>0$, ((i)의 조건)

$a_4=a_3+1=\frac{15}{4}>0$이므로 모든 조건을 만족시킨다. ((i)-①의 조건)

따라서 $a_1=-a_2=-\frac{7}{4}$

② $a_4\le 0$일 때 ($\sqrt{4}=2$이지만 $a_4\le 0$이므로 $a_{n+1}=a_n+1$에 $n=4$ 대입)

$a_5=a_4+1$이므로 $a_5=3a_3-8$에서 $a_4=3a_3-9$

$a_4=a_3+1$이므로 $a_3+1=3a_3-9$에서 $a_3=5$

이때 $a_3=5$이면 $a_4=5+1=6>0$이므로 모순이다. ($a_4\le 0$이어야 한다.)

(ii) $a_9\le 0$일 때

$a_9=a_{10}-1=-5$, $a_8=a_9-1=-6$, $a_7=a_8-1=-7$, $a_6=a_7-1=-8$, $a_5=a_6-1=-9$

($a_{n+1}=a_n+1$임을 이용)

① $a_4>0$일 때 ($a_{n+1}=a_n-\sqrt{n}\times a_{\sqrt{n}}$에 $n=4$ 대입)

$a_5=a_4-2a_2$이므로 $a_5=-9$에서 $a_4=2a_2-9$

$a_3=a_4-1$에서 $a_3=2a_2-10$ ($2a_2-10=a_2+1$)

이때 $a_3=a_2+1$이므로 두 식을 연립하면 $a_2=11$, $a_3=12$

또한 $a_4=2a_2-9=2\times 11-9=13>0$이므로 모든 조건을 만족시킨다. ((ii)-①의 조건)

따라서 $a_1=-a_2=-11$

② $a_4\le 0$일 때 ($a_4\le 0$ 조건을 만족시킨다.)

$a_4=a_5-1=-10$, $a_3=a_4-1=-11$, $a_2=a_3-1=-12$

$\therefore a_1=-a_2=12$

그러므로 (i), (ii)에 의하여 모든 a_1의 값의 곱은

$-\frac{7}{4}\times(-11)\times 12=231$

확률과 통계

23 [정답률 93%] 정답 ③

Step 1 같은 것이 있는 순열의 경우의 수를 구한다.

1이 2개 있으므로 4개의 숫자를 일렬로 나열하는 경우의 수는

$\frac{4!}{2!}=12$ ($=\frac{4\times 3\times 2\times 1}{2\times 1}$)

24 [정답률 86%] 정답 ②

Step 1 두 사건 A, B가 서로 배반사건임을 이용한다.

$\mathrm{P}(A)=1-\mathrm{P}(A^C)=1-\frac{5}{6}=\frac{1}{6}$

두 사건 A, B가 서로 배반사건이므로 $A\cap B=\varnothing$ (즉, $\mathrm{P}(A\cap B)=0$)

$\mathrm{P}(A\cup B)=\mathrm{P}(A)+\mathrm{P}(B)$이므로 $\frac{1}{6}+\mathrm{P}(B)=\frac{3}{4}$에서

$\mathrm{P}(B)=\frac{3}{4}-\frac{1}{6}=\frac{7}{12}$

$\therefore \mathrm{P}(B^C)=1-\mathrm{P}(B)=1-\frac{7}{12}=\frac{5}{12}$

25 [정답률 88%] 정답 ④

Step 1 이항정리를 이용하여 주어진 식의 x^6의 계수를 구한다.

다항식 $(x^2-2)^5$의 전개식에서 일반항은

${}_5\mathrm{C}_r\times(x^2)^r\times(-2)^{5-r}={}_5\mathrm{C}_r\times(-2)^{5-r}\times x^{2r}$

따라서 $r=3$을 대입하면 x^6의 계수는 ($x^{2r}=x^6$에서 $2r=6$ $\quad\therefore r=3$)

${}_5\mathrm{C}_3\times(-2)^{5-3}=10\times 4=40$

26 [정답률 64%]

정답 ③

Step 1 전체 경우의 수를 구한다.

→ 중복순열을 이용

문자 a, b, c, d 중에서 중복을 허락하여 4개를 택해 일렬로 나열하여 만들 수 있는 모든 문자열의 개수는 ${}_4\Pi_4=4^4$

Step 2 문자 a가 한 개만 포함될 확률과 문자 b가 한 개만 포함될 확률을 각각 구한다.

문자 a가 한 개만 포함될 사건을 A, 문자 b가 한 개만 포함될 사건을 B라 하자.

→ $={}_4C_1$

문자 a가 한 개만 포함되는 경우의 수는 문자 a가 나열될 한 곳을 택한 후 나머지 세 곳에는 b, c, d 중에서 중복을 허락하여 3개를 택해 일렬로 나열하는 경우의 수와 같으므로 ${}_4C_1\times{}_3\Pi_3=4\times3^3$ → $={}_3\Pi_3$

$\therefore \mathrm{P}(A)=\frac{4\times3^3}{4^4}=\frac{27}{64}$

마찬가지로 문자 b가 한 개만 포함되는 경우의 수는

${}_4C_1\times{}_3\Pi_3=4\times3^3$이므로 $\mathrm{P}(B)=\frac{4\times3^3}{4^4}=\frac{27}{64}$

Step 3 문자 a와 문자 b가 각각 한 개씩 포함될 확률을 구한다. → $={}_4P_2$

문자 a와 문자 b가 각각 한 개씩 포함되는 경우의 수는 문자 a와 b가 나열될 두 곳을 택하여 나열하고, 나머지 두 곳에는 c, d 중에서 중복을 허락하여 2개를 택해 일렬로 나열하는 경우의 수와 같으므로

${}_4P_2\times{}_2\Pi_2=4\times3\times2^2=3\times4^2$ → $={}_2\Pi_2$

$\therefore \mathrm{P}(A\cap B)=\frac{3\times4^2}{4^4}=\frac{3}{16}$

Step 4 확률의 덧셈정리를 이용한다.

따라서 구하는 확률은

$\mathrm{P}(A\cup B)=\mathrm{P}(A)+\mathrm{P}(B)-\mathrm{P}(A\cap B)=\frac{27}{64}+\frac{27}{64}-\frac{3}{16}=\frac{21}{32}$

→ 확률의 덧셈정리

27 [정답률 74%]

정답 ①

Step 1 전체 경우의 수를 구한다.

1부터 6까지의 자연수가 하나씩 적혀 있는 6개의 의자를 원형으로 배열하는 경우의 수는 $(6-1)!=5!=120$ → 원순열을 이용

Step 2 서로 이웃한 2개의 의자에 적혀 있는 수의 합이 11인 경우의 수를 구한다.

서로 이웃한 2개의 의자에 적혀 있는 수의 합이 11이 되려면 5와 6이 적힌 의자가 서로 이웃해야 한다. → 의자는 총 5개가 된다.

5와 6이 적혀 있는 의자를 묶어서 하나의 의자로 생각하여 5개의 의자를 원형으로 배열하는 경우의 수는 $(5-1)!=4!=24$

이때 5와 6이 적혀 있는 의자의 위치를 서로 바꾸는 경우의 수는 2이므로 5와 6이 적혀 있는 의자가 서로 이웃하도록 배열하는 경우의 수는 $24\times2=48$

Step 3 여사건을 이용한다.

→ =(전체 경우의 수)−(여사건의 경우의 수)

따라서 구하는 경우의 수는 $120-48=72$

28 [정답률 22%]

정답 ①

Step 1 구하는 확률을 기호로 나타낸다.

시행을 5번 반복한 후 4개의 동전이 모두 같은 면이 보이도록 놓여 있는 사건을 A, 모두 앞면이 보이도록 놓여 있는 사건을 B라 하면 구하는 확률은 $\mathrm{P}(B|A)$이다. → $=\frac{\mathrm{P}(A\cap B)}{\mathrm{P}(A)}$

Step 2 경우를 나누어 각 사건의 경우의 수를 구한다.

주어진 동전을 왼쪽부터 차례대로 a, b, c, d라 하자.

(i) 시행을 5번 반복한 후 4개의 동전이 모두 앞면만 보이도록 놓여 있는 경우 (← 사건 B) → $ddddd$를 일렬로 나열하는 경우의 수와 같다.

① d만 5번 뒤집는 경우의 수는 1

② d를 3번 a, b, c 중에서 1개를 2번 뒤집는 경우의 수는

${}_3C_1\times\frac{5!}{3!\times2!}=30$ → $aaddd$(또는 $bbddd$ 또는 $ccddd$)를 일렬로 나열하는 경우의 수 (${}_3C_1$: a, b, c 중에서 1개를 택하는 경우의 수)

③ d를 1번, a, b, c 중에서 1개를 4번 뒤집는 경우의 수는

${}_3C_1\times\frac{5!}{4!}=15$ → $aaaad$(또는 $bbbbd$ 또는 $ccccd$)를 일렬로 나열하는 경우의 수 (${}_3C_1$: a, b, c 중에서 1개를 택하는 경우의 수)

④ d를 1번, a, b, c 중에서 서로 다른 2개를 각각 2번씩 뒤집는 경우의 수는 ${}_3C_2\times\frac{5!}{2!\times2!}=90$ → $aabbd$(또는 $aaccd$ 또는 $bbccd$)를 일렬로 나열하는 경우의 수 (${}_3C_2$: a, b, c 중에서 2개를 택하는 경우의 수)

①~④에서 구하는 경우의 수는 $1+30+15+90=136$

(ii) 시행을 5번 반복한 후 4개의 동전이 모두 뒷면만 보이도록 놓여 있는 경우

① a, b, c 중에서 1개를 3번, 나머지 2개를 각각 1번씩 뒤집는 경우의 수는 ${}_3C_1\times\frac{5!}{3!}=60$ → $aaabc$(또는 $abbbc$ 또는 $abccc$)를 일렬로 나열하는 경우의 수 (${}_3C_1$: a, b, c 중에서 1개를 택하는 경우의 수)

② a, b, c를 각각 1번씩 뒤집고, d를 2번 뒤집는 경우의 수는

$\frac{5!}{2!}=60$ → $abcdd$를 일렬로 나열하는 경우의 수

①, ②에서 구하는 경우의 수는 $60+60=120$

(i), (ii)에 의하여

$\mathrm{P}(A)=\frac{136+120}{4^5}=\frac{1}{4}$, $\mathrm{P}(A\cap B)=\frac{136}{4^5}=\frac{17}{128}$

Step 3 $\mathrm{P}(B|A)$의 값을 구한다. → 전체 경우의 수는 ${}_4\Pi_5$

$\therefore \mathrm{P}(B|A)=\frac{\mathrm{P}(A\cap B)}{\mathrm{P}(A)}=\frac{\frac{17}{128}}{\frac{1}{4}}=\frac{17}{32}$

29 [정답률 50%]

정답 6

Step 1 흰 공의 개수를 n으로 놓는다.

$p>0$이고 $p=q$이므로 $q>0$ → $n=40$이면 $q=0$이므로 $n\le39$

흰 공의 개수를 n $(2\le n\le39)$이라 하면 검은 공의 개수는 $40-n$이므로 → 흰 공을 2개 꺼낼 확률이 0이 아니므로 흰 공은 2개 이상 들어 있다.

→ n개의 흰 공 중에서 2개를 뽑는 경우의 수

$p=\frac{{}_nC_2}{{}_{40}C_2}$, $q=\frac{{}_nC_1\times{}_{40-n}C_1}{{}_{40}C_2}$에서 → n개의 흰 공 중에서 1개, $40-n$개의 검은 공 중에서 1개를 뽑는 경우의 수

$\frac{{}_nC_2}{{}_{40}C_2}=\frac{{}_nC_1\times{}_{40-n}C_1}{{}_{40}C_2}$, ${}_nC_2={}_nC_1\times{}_{40-n}C_1$

$\frac{n(n-1)}{2}=n\times(40-n)$, $n-1=80-2n$ $(\because n\ne0)$

$3n=81$ $\quad\therefore n=27$

Step 2 $60r$의 값을 구한다.

따라서 검은 공의 개수는 13이므로

$r=\frac{{}_{13}C_2}{{}_{40}C_2}=\frac{\frac{13\times12}{2}}{\frac{40\times39}{2}}=\frac{1}{10}$

$\therefore 60r=60\times\frac{1}{10}=6$

30 [정답률 7%] 정답 108

Step 1 주어진 조건을 이용하여 함수 $f(x)$의 함숫값으로 적절하지 않은 것을 파악한다.

조건 (가)에 의하여 ($f(-2)=-1$이면 $-2+f(-2)=-3\not\in X$, $f(1)=2$이면 $1+f(1)=3\not\in X$)

$f(-2)\neq-2$, $f(-2)\neq-1$, $f(-1)\neq-2$, $f(1)\neq2$, $f(2)\neq1$, $f(2)\neq2$

($f(-2)=-2$이면 $-2+f(-2)=-4\not\in X$, $f(-1)=-2$이면 $-1+f(-1)=-3\not\in X$, $f(2)=1$이면 $2+f(2)=3\not\in X$, $f(2)=2$이면 $2+f(2)=4\not\in X$)

조건 (나)에 의하여 $f(-2)\ge f(-1)\ge f(0)\ge f(1)\ge f(2)$

Step 2 $f(-2)$의 값에 따라 경우를 나눈다.

(i) $f(-2)=0$인 경우 (각 함숫값은 0보다 작거나 같아야 한다.)

$f(-1)$, $f(0)$, $f(1)$, $f(2)$의 값을 정하는 경우의 수는 -2, -1, 0 중에서 중복을 허용하여 4개를 택하는 중복조합의 수에서 $f(-1)=-2$인 경우를 제외하면 되므로 (조건 (가)를 만족시키지 않는다.)

$_3H_4-1={}_6C_4-1={}_6C_2-1=15-1=14$ ($f(-1)=-2$인 경우의 수)

(ii) $f(-2)=1$인 경우

$f(-1)$, $f(0)$, $f(1)$, $f(2)$의 값을 정하는 경우의 수는 -2, -1, 0, 1 중에서 중복을 허용하여 4개를 택하는 중복조합의 수에서 $f(-1)=-2$인 경우와 $f(2)=1$인 경우를 제외하면 되므로 (조건 (가)를 만족시키지 않는다.)

$_4H_4-1-1={}_7C_4-2={}_7C_3-2=35-2=33$ ($f(2)=1$인 경우의 수, $f(-1)=-2$인 경우의 수)

(iii) $f(-2)=2$인 경우

$f(-1)$, $f(0)$, $f(1)$, $f(2)$의 값을 정하는 경우의 수는 -2, -1, 0, 1, 2 중에서 중복을 허용하여 4개를 택하는 중복조합의 수에서 다음의 경우의 수를 제외하면 된다.

① $f(-1)=-2$인 경우, 1가지

② $f(1)=2$인 경우, $f(2)=-2$, $f(2)=-1$, $f(2)=0$, $f(2)=1$, $f(2)=2$의 5가지 ($f(1)=2$, $f(2)=1$인 경우는 ②에서 구했다.)

③ $f(1)\neq2$, $f(2)=1$인 경우, $f(1)=1$이어야 하므로 $f(0)=1$, $f(-1)=1$ 또는 $f(0)=1$, $f(-1)=2$ 또는 $f(0)=2$, $f(-1)=2$의 3가지 ($f(1)\neq2$, $f(1)\ge f(2)=1$)

①~③에서 $f(-2)=2$인 경우의 수는

$_5H_4-1-5-3={}_8C_4-9=70-9=61$

따라서 (i)~(iii)에서 구하는 함수의 개수는 $14+33+61=108$

다른 풀이 여사건을 이용한 풀이

Step 1 동일

Step 2 조건 (나)을 만족시키면서 조건 (가)를 만족시키지 않는 경우의 수를 구한다.

조건 (나)를 만족시키는 함수의 개수는 $_5H_5={}_9C_5={}_9C_4=126$

이때 조건 (가)를 만족시키지 않는 경우의 수를 구하면 다음과 같다.

(i) $f(-2)=-2$인 경우 (조건 (나))

$f(-1)=f(0)=f(1)=f(2)=-2$의 1가지

(ii) $f(-2)=-1$인 경우 (≤-1)

$f(-1)$, $f(0)$, $f(1)$, $f(2)$의 값을 정하는 경우의 수는 -2, -1 중에서 중복을 허용하여 4개를 택하는 중복조합의 수와 같으므로 $_2H_4={}_5C_4={}_5C_1=5$ ((i), (ii)에서 $f(-2)<0$인 경우를 다루었다.)

(iii) $f(-2)\ge0$, $f(-1)=-2$인 경우

$f(-2)$의 값은 0, 1, 2 중에서 1개를 택할 수 있고 $f(0)=f(1)=f(2)=-2$이므로 경우의 수는 3이다.

(iv) $f(2)=2$인 경우 (조건 (나))

$f(-2)=f(-1)=f(0)=f(1)=2$의 1가지

(v) $f(2)=1$인 경우 (조건 (나), ≥1)

$f(-2)$, $f(-1)$, $f(0)$, $f(1)$의 값을 정하는 경우의 수는 1, 2 중에서 중복을 허용하여 4개를 택하는 중복조합의 수와 같으므로 $_2H_4={}_5C_4={}_5C_1=5$ ((iv), (v)에서 $f(2)>0$인 경우를 다루었다.)

(vi) $f(2)\le0$, $f(1)=2$인 경우 (조건 (나))

$f(2)$의 값은 -2, -1, 0 중에서 1개를 택할 수 있고 $f(-2)=f(-1)=f(0)=2$이므로 경우의 수는 3이다.

Step 3 여사건을 이용하여 조건을 만족시키는 함수의 개수를 구한다.

따라서 (i)~(vi)에서 조건 (나)를 만족시키면서 조건 (가)를 만족시키지 않는 함수의 개수는 $1+5+3+1+5+3=18$이므로 구하는 함수의 개수는 $126-18=108$ (조건 (나)를 만족시키는 함수의 총 개수)

미적분

23 [정답률 94%] 정답 ②

Step 1 분모, 분자에 2^n을 곱해준다.

$$\lim_{n\to\infty}\frac{\left(\frac{1}{2}\right)^n+\left(\frac{1}{3}\right)^{n+1}}{\left(\frac{1}{2}\right)^{n+1}+\left(\frac{1}{3}\right)^n}=\lim_{n\to\infty}\frac{1+\frac{1}{3}\left(\frac{2}{3}\right)^n}{\frac{1}{2}+\left(\frac{2}{3}\right)^n}=\frac{1+\frac{1}{3}\times0}{\frac{1}{2}+0}=\frac{1}{\frac{1}{2}}=2$$

($|r|<1$일 때 $\lim_{n\to\infty}r^n=0$)

24 [정답률 87%] 정답 ③

Step 1 음함수의 미분법을 이용하여 접선의 기울기를 구한다.

$x\sin2y+3x=3$의 양변을 x에 대하여 미분하면

$\sin2y+2x\cos2y\times\frac{dy}{dx}+3=0$

$\therefore\ \frac{dy}{dx}=-\frac{\sin2y+3}{2x\cos2y}$ (단, $2x\cos2y\neq0$) (이 식을 $\frac{dy}{dx}$에 대하여 정리한다.)

따라서 점 $\left(1,\ \frac{\pi}{2}\right)$에서의 접선의 기울기는

$-\frac{\sin\pi+3}{2\times1\times\cos\pi}=-\frac{3}{-2}=\frac{3}{2}$ ($\sin\pi=0$, $\cos\pi=-1$)

25 [정답률 91%] 정답 ③

Step 1 급수와 수열의 극한 사이의 관계를 이용한다.

급수 $\sum_{n=1}^{\infty}\left(a_n-\frac{3n^2-n}{2n^2+1}\right)$이 수렴하므로 $\lim_{n\to\infty}\left(a_n-\frac{3n^2-n}{2n^2+1}\right)=0$

$\lim_{n\to\infty}a_n=\lim_{n\to\infty}\left(a_n-\frac{3n^2-n}{2n^2+1}\right)+\lim_{n\to\infty}\frac{3n^2-n}{2n^2+1}=0+\frac{3}{2}=\frac{3}{2}$

$\therefore\ \lim_{n\to\infty}(a_n{}^2+2a_n)=\left(\frac{3}{2}\right)^2+2\times\frac{3}{2}=\frac{9}{4}+3=\frac{21}{4}$

($\lim a_n$의 수렴 여부를 모르므로 $\lim_{n\to\infty}\left(a_n-\frac{3n^2-n}{2n^2+1}\right)=\lim_{n\to\infty}a_n-\lim_{n\to\infty}\frac{3n^2-n}{2n^2+1}$으로 표현할 수 없다.)

26 [정답률 76%] 정답 ②

Step 1 삼각형 ABC의 넓이를 t에 대한 식으로 나타낸다.

점 A는 곡선 $y=e^{x^2}-1$과 직선 $y=t$가 만나는 점이므로

$e^{x^2}-1=t$에서 $e^{x^2}=1+t$ ($e^a=b$에서 $a=\ln b$)

$x^2=\ln(1+t)$ $\quad\therefore\ x=\sqrt{\ln(1+t)}$ ($\because\ x\ge0$)

점 B는 곡선 $y=e^{x^2}-1$과 직선 $y=5t$가 만나는 점이므로

$e^{x^2}-1=5t$에서 $e^{x^2}=1+5t$

$x^2=\ln(1+5t)$ $\quad\therefore\ x=\sqrt{\ln(1+5t)}$ ($\because\ x\ge0$)

즉, $A(\sqrt{\ln(1+t)},\ t)$, $B(\sqrt{\ln(1+5t)},\ 5t)$이므로

$S(t)=\frac{1}{2}\times5t\times(\sqrt{\ln(1+5t)}-\sqrt{\ln(1+t)})$

Step 2 $\lim_{t\to0+}\frac{S(t)}{t\sqrt{t}}$의 값을 구한다.

$$\therefore\ \lim_{t\to0+}\frac{S(t)}{t\sqrt{t}}=\lim_{t\to0+}\frac{\frac{5}{2}t(\sqrt{\ln(1+5t)}-\sqrt{\ln(1+t)})}{t\sqrt{t}}=\frac{5}{2}\lim_{t\to0+}\frac{\sqrt{\ln(1+5t)}-\sqrt{\ln(1+t)}}{\sqrt{t}}=\frac{5}{2}\lim_{t\to0+}\left(\sqrt{\frac{\ln(1+5t)}{t}}-\sqrt{\frac{\ln(1+t)}{t}}\right)=\frac{5}{2}(\sqrt{5}-1)$$

(t를 약분, $\lim_{x\to0}\frac{\ln(1+bx)}{ax}=\frac{b}{a}$)

27 [정답률 38%] 정답 ②

Step 1 점 A를 지나고 직선 l에 수직인 직선의 방정식을 구한다.

$y=a^x$에서 $y'=a^x \ln a$

곡선 $y=a^x$ 위의 점 $A(t,\ a^t)$에서의 접선 l의 기울기는 $a^t \ln a$이므로 직선 l에 수직인 직선의 기울기는 $-\dfrac{1}{a^t \ln a}$ → 서로 수직인 두 직선의 기울기의 곱은 -1

즉, 점 A를 지나고 직선 l에 수직인 직선의 방정식은

$$y-a^t=-\frac{1}{a^t \ln a}(x-t)$$

Step 2 $\dfrac{\overline{AC}}{\overline{AB}}$를 t에 대하여 나타낸다.

이 직선이 x축과 만나는 점이 B이므로 점 B의 좌표는

$B(t+a^{2t} \ln a,\ 0)$

점 A에서 x축에 내린 수선의 발을 H, 원점을 O라 하면

$$\frac{\overline{AC}}{\overline{AB}}=\frac{\overline{HO}}{\overline{HB}}=\frac{t}{a^{2t} \ln a}$$ → $\overline{HB}=(t+a^{2t}\ln a)-t,\ \overline{HO}=t$

Step 3 함수 $f(t)=\dfrac{t}{a^{2t} \ln a}$의 증가와 감소를 표로 나타내어 $f(t)$가 최대가 되는 t의 값을 구한다.

$f(t)=\dfrac{t}{a^{2t} \ln a}$라 하면

$$f'(t)=\frac{a^{2t}\ln a-2ta^{2t}(\ln a)^2}{(a^{2t}\ln a)^2}=\frac{1-2t\ln a}{a^{2t}\ln a}$$ → 몫의 미분법 이용

$f'(t)=0$에서 $t=\dfrac{1}{2\ln a}$

함수 $y=f(t)$의 증가와 감소를 표로 나타내면 다음과 같다.

t	(0)	$\cdots$	$\frac{1}{2\ln a}$	$\cdots$
$f'(t)$		$+$	0	$-$
$f(t)$		↗	극대	↘

따라서 함수 $f(t)$는 $t=\dfrac{1}{2\ln a}$에서 최대이므로 $\dfrac{1}{2\ln a}=1$ → 문제에서 $t=1$에서 최대임을 알려주었다.

$2\ln a=1,\ \ln a=\dfrac{1}{2}$ $\quad\therefore a=e^{\frac{1}{2}}=\sqrt{e}$

→ $t=\dfrac{1}{2\ln a}$에서 극댓값을 갖고 이 점에서 최대이다.

28 [정답률 56%] 정답 ④

Step 1 함수 $f(x)$의 그래프를 그려 본다.

$h_1(x)=(x-a-2)^2e^x,\ h_2(x)=e^{2a}(x-a)+4e^a$이라 하면

$h_1'(x)=2(x-a-2)e^x+(x-a-2)^2e^x$ → 공통인 $(x-a-2)e^x$으로 묶어준다.

$=(x-a)(x-a-2)e^x$ → $x=a$에서 극대, $x=a+2$에서 극소

$h_2'(x)=e^{2a}$이므로 $f'(x)=\begin{cases}(x-a)(x-a-2)e^x & (x>a)\\ e^{2a} & (x<a)\end{cases}$

이때 $\lim\limits_{x\to a-}f(x)=f(a)=4e^a$이므로 함수 $y=f(x)$의 그래프를 그려 보면 다음과 같다. → $(a-a-2)^2e^a=(-2)^2e^a=4e^a$

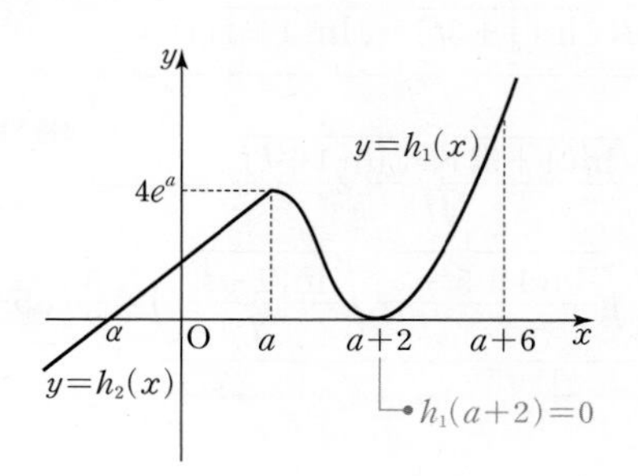

Step 2 함수 $g(t)$가 $t=12$에서만 불연속임을 이용한다.

실수 t에 대하여 $f(x)=t$를 만족시키는 x의 최솟값이 $g(t)$이므로 $t\le 4e^a$일 때, $h_2(g(t))=t$이고 $t>4e^a$일 때, $h_1(g(t))=t$이다.

→ $t\le 4e^a$에서 두 함수 h_2와 g는 서로 역함수 관계이다.
→ $t>4e^a$에서 두 함수 h_1과 g는 서로 역함수 관계이다.

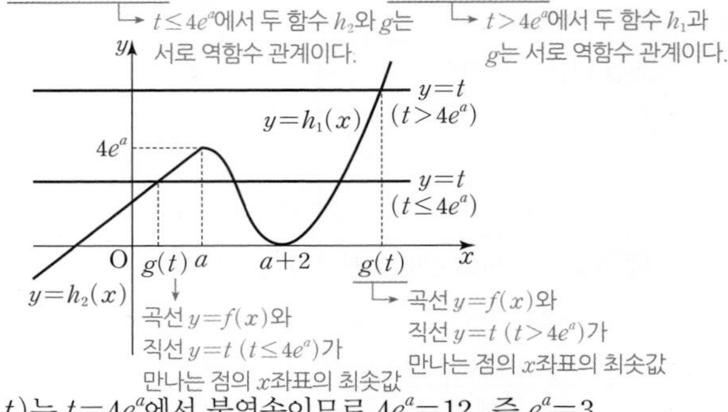

이때 함수 $g(t)$는 $t=4e^a$에서 불연속이므로 $4e^a=12$, 즉 $e^a=3$

→ $t\le 4e^a$에서 $g(t)\le a$이고, $t>4e^a$에서 $g(t)>a+2$이므로 $t=4e^a$에서 함수 $g(t)$는 불연속이다.

Step 3 $g'(f(a+2))$와 $g'(f(a+6))$의 값을 구한다.

(i) $g'(f(a+2))$ 구하기

$f(a+2)=0$이므로 $f(a+2)<4e^a$

$t\le 4e^a$에서 $h_2(g(t))=t$이므로 $h_2'(g(t))g'(t)=1$ → 합성함수의 미분법

직선 $y=h_2(x)$가 x축과 만나는 점의 x좌표를 $\alpha\ (\alpha<a)$라 하면 → Step 2에서 구한 식이다.

$g(0)=\alpha$이므로 → $h_2(\alpha)=0$이므로 $g(0)=\alpha$

$$g'(f(a+2))=\frac{1}{h_2'(g(f(a+2)))}=\frac{1}{h_2'(g(0))}$$ → $=\alpha$

$$=\frac{1}{h_2'(\alpha)}=\frac{1}{e^{2a}}$$ → Step 1에서 $h_2'(x)=e^{2a}$

(ii) $g'(f(a+6))$ 구하기

$f(a+6)=16e^{a+6}$이므로 $f(a+6)>4e^a$

$t>4e^a$에서 $h_1(g(t))=t$이므로 $h_1'(g(t))g'(t)=1$ → 합성함수의 미분법 → Step 2에서 구한 식이다.

$$\therefore g'(f(a+6))=\frac{1}{h_1'(g(f(a+6)))}=\frac{1}{h_1'(a+6)}$$

$$=\frac{1}{6\times4\times e^{a+6}}=\frac{1}{24e^{a+6}}$$

→ $x>a$에서 $f(x)=h_1(x)$이므로 $g(f(a+6))=g(h_1(a+6))=a+6$

Step 4 $\dfrac{g'(f(a+2))}{g'(f(a+6))}$의 값을 구한다.

$$\frac{g'(f(a+2))}{g'(f(a+6))}=\frac{\frac{1}{e^{2a}}}{\frac{1}{24e^{a+6}}}=\frac{24e^{a+6}}{e^{2a}}=\frac{24e^6}{e^a}=\frac{24e^6}{3}=8e^6$$ → $e^a=3$

29 [정답률 50%] 정답 55

Step 1 모든 실수 x에 대하여 $f'(x)\ge0$임을 파악한다.

$f(x)=\dfrac{1}{3}x^3-x^2+\ln(1+x^2)+a$에서

$$f'(x)=x^2-2x+\frac{2x}{1+x^2}=\frac{x^2(1+x^2)-2x(1+x^2)+2x}{1+x^2}$$

$$=\frac{x^4-2x^3+x^2}{1+x^2}=\frac{x^2(x-1)^2}{1+x^2}$$

$f'(x)=0$에서 $x=0$ 또는 $x=1$ → $x=0$과 $x=1$의 좌우에서 $f'(x)$의 부호가 바뀌지 않으므로 극값을 갖지는 않는다.

이때 $f'(x)\ge0$이므로 함수 $f(x)$는 실수 전체의 집합에서 증가한다.

Step 2 함수 $g(x)$가 $x=b$에서 미분가능함을 이용한다.

함수 $g(x)$가 실수 전체의 집합에서 미분가능하므로 $x=b$에서 미분가능하다.

함수 $g(x)$를 미분하면 $g'(x)=\begin{cases}f'(x) & (x>b)\\ -f'(x-c) & (x<b)\end{cases}$

$x=b$에서 미분가능하므로 $f'(b)=-f'(b-c)$

이때 $f'(b)\ge0$, $-f'(b-c)\le0$이므로 → 모든 실수 x에 대하여 $f'(x)\ge0$이므로 $-f'(x)\le0$

$f'(b)=f'(b-c)=0$

이때 $f'(x)=0$을 만족시키는 x의 값은 0, 1뿐이고, b, c는 양수이므로 $b=1$, $c=1$

Step 3 p, q의 값을 구한다.

함수 $g(x)$가 $x=b$에서 연속이므로 $f(b)=-f(b-c)$에서

$f(1)=-f(0)$ ← 어떤 함수가 $x=a$에서 미분가능하면 $x=a$에서 연속이다.

$\frac{1}{3}-1+\ln 2+a=-a$, $2a=\frac{2}{3}-\ln 2$ ($=f(1)$, $=f(0)$)

$\therefore a=\frac{1}{3}-\frac{1}{2}\ln 2$

따라서 $a+b+c=\left(\frac{1}{3}-\frac{1}{2}\ln 2\right)+1+1=\frac{7}{3}-\frac{1}{2}\ln 2$이므로

$p=\frac{7}{3}$, $q=-\frac{1}{2}$

$\therefore 30(p+q)=30\left\{\frac{7}{3}+\left(-\frac{1}{2}\right)\right\}=30\times\frac{11}{6}=55$

30 [정답률 6%]

정답 25

Step 1 삼각함수의 덧셈정리를 이용한다.

두 함수 $y=\frac{\sqrt{x}}{10}$와 $y=\tan x$의 그래프는 다음 그림과 같다.

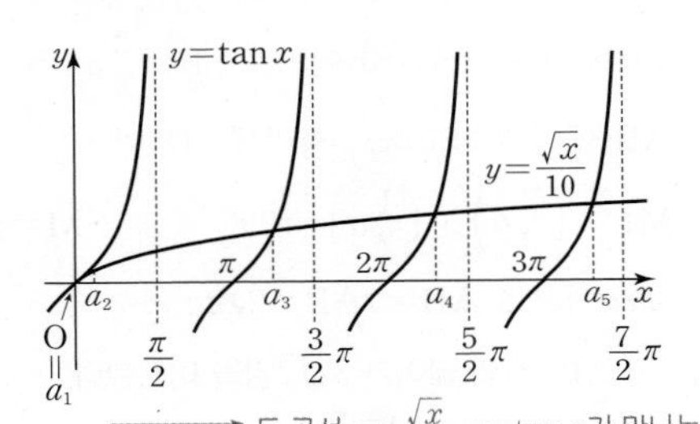

이때 $\frac{\sqrt{a_n}}{10}=\tan a_n$이므로 ← 두 곡선 $y=\frac{\sqrt{x}}{10}$, $y=\tan x$가 만나는 점의 x좌표가 a_n이므로 이 식은 성립한다.

$$\tan(a_{n+1}-a_n)=\frac{\tan a_{n+1}-\tan a_n}{1+\tan a_{n+1}\tan a_n}$$ ← 삼각함수의 덧셈정리

$$=\frac{\frac{\sqrt{a_{n+1}}}{10}-\frac{\sqrt{a_n}}{10}}{1+\frac{\sqrt{a_{n+1}}}{10}\times\frac{\sqrt{a_n}}{10}}=\frac{\frac{\sqrt{a_{n+1}}-\sqrt{a_n}}{10}}{\frac{100+\sqrt{a_{n+1}a_n}}{100}}$$

$$=\frac{10(\sqrt{a_{n+1}}-\sqrt{a_n})}{100+\sqrt{a_{n+1}a_n}}$$

$$=\frac{10(a_{n+1}-a_n)}{(100+\sqrt{a_{n+1}a_n})(\sqrt{a_{n+1}}+\sqrt{a_n})}$$ ← 분자의 유리화

$$\therefore \tan^2(a_{n+1}-a_n)=\frac{100(a_{n+1}-a_n)^2}{(100+\sqrt{a_{n+1}a_n})^2(\sqrt{a_{n+1}}+\sqrt{a_n})^2}$$

Step 2 a_n의 값의 범위를 이용한다.

$0<a_2<\frac{\pi}{2}$, $\pi<a_3<\frac{3}{2}\pi$, $2\pi<a_4<\frac{5}{2}\pi$, $\cdots$ ($\frac{3}{2}\pi=\pi+\frac{\pi}{2}$, $\frac{5}{2}\pi=2\pi+\frac{\pi}{2}$)

이므로 $(n-2)\pi<a_n<(n-2)\pi+\frac{\pi}{2}$

각 변을 n으로 나누면 $\frac{(n-2)\pi}{n}<\frac{a_n}{n}<\frac{(n-2)\pi}{n}+\frac{\pi}{2n}$

각 변에 극한을 취하면

$$\lim_{n\to\infty}\frac{(n-2)\pi}{n}\le\lim_{n\to\infty}\frac{a_n}{n}\le\lim_{n\to\infty}\left\{\frac{(n-2)\pi}{n}+\frac{\pi}{2n}\right\}$$

따라서 $\pi\le\lim_{n\to\infty}\frac{a_n}{n}\le\pi$이므로 $\lim_{n\to\infty}\frac{a_n}{n}=\pi$ ← 수열의 극한값의 대소 관계

$\lim_{n\to\infty}\left\{(n-2)\pi+\frac{\pi}{2}-a_n\right\}=0$이므로 ← 그래프에서 n의 값이 커질수록 두 직선 $x=a_n$, $x=(n-2)\pi+\frac{\pi}{2}$의 거리가 0에 가까워짐을 알 수 있다.

$b_n=(n-2)\pi+\frac{\pi}{2}-a_n$이라 하면

$$\lim_{n\to\infty}(b_{n+1}-b_n)$$
$$=\lim_{n\to\infty}\left[\left\{(n-1)\pi+\frac{\pi}{2}-a_{n+1}\right\}-\left\{(n-2)\pi+\frac{\pi}{2}-a_n\right\}\right]$$
$$=\lim_{n\to\infty}\{\pi-(a_{n+1}-a_n)\}=0$$ ← $\lim_{n\to\infty}b_n=0$이므로 $\lim_{n\to\infty}(b_{n+1}-b_n)=0$

$$\therefore \lim_{n\to\infty}(a_{n+1}-a_n)=\pi$$

Step 3 주어진 극한값을 계산한다.

$$\frac{1}{\pi^2}\times\lim_{n\to\infty}a_n^3\tan^2(a_{n+1}-a_n)$$
$$=\frac{1}{\pi^2}\lim_{n\to\infty}a_n^3\times\frac{100(a_{n+1}-a_n)^2}{(100+\sqrt{a_{n+1}a_n})^2(\sqrt{a_{n+1}}+\sqrt{a_n})^2}$$
$$=\frac{100}{\pi^2}\lim_{n\to\infty}\frac{a_n^3}{n^3}\times\frac{n^3(a_{n+1}-a_n)^2}{(100+\sqrt{a_{n+1}a_n})^2(\sqrt{a_{n+1}}+\sqrt{a_n})^2}$$ ← 분모와 분자에 n^3을 곱한다.
$$=\frac{100}{\pi^2}\times\lim_{n\to\infty}\left\{\frac{a_n^3}{n^3}\times\frac{(a_{n+1}-a_n)^2}{\frac{(100+\sqrt{a_{n+1}a_n})^2(\sqrt{a_{n+1}}+\sqrt{a_n})^2}{n^3}}\right\}$$
$$=\frac{100}{\pi^2}\times\lim_{n\to\infty}\left\{\frac{a_n^3}{n^3}\times\frac{(a_{n+1}-a_n)^2}{\frac{(100+\sqrt{a_{n+1}a_n})^2}{n^2}\times\frac{(\sqrt{a_{n+1}}+\sqrt{a_n})^2}{n}}\right\}$$
$$=\frac{100}{\pi^2}\times\lim_{n\to\infty}\left\{\frac{a_n^3}{n^3}\times\frac{(a_{n+1}-a_n)^2}{\left(\frac{100}{n}+\frac{\sqrt{a_{n+1}a_n}}{n}\right)^2\times\left(\frac{\sqrt{a_{n+1}}}{\sqrt{n}}+\frac{\sqrt{a_n}}{\sqrt{n}}\right)^2}\right\}$$
$$=\frac{100}{\pi^2}\times\lim_{n\to\infty}\left\{\frac{a_n^3}{n^3}\times\frac{(a_{n+1}-a_n)^2}{\left(\frac{100}{n}+\sqrt{\frac{a_{n+1}}{n}\times\frac{a_n}{n}}\right)^2\times\left(\sqrt{\frac{a_{n+1}}{n}}+\sqrt{\frac{a_n}{n}}\right)^2}\right\}$$ ← $\lim_{n\to\infty}(a_{n+1}-a_n)=\pi$
$$=\frac{100}{\pi^2}\times\pi^3\times\frac{\pi^2}{(0+\sqrt{\pi\times\pi})^2(\sqrt{\pi}+\sqrt{\pi})^2}$$
$$=100\pi^3\times\frac{1}{\pi^2\times4\pi}=25$$

기하

23 [정답률 93%]

정답 ④

Step 1 주어진 식을 정리한다.

$\vec{a}+3(\vec{a}-\vec{b})=4\vec{a}-3\vec{b}=k\vec{a}-3\vec{b}$

$\therefore k=4$ ← $\vec{a}$는 $\vec{a}$끼리, $\vec{b}$는 $\vec{b}$끼리 정리

24 [정답률 86%]

정답 ②

Step 1 b^2의 값을 구한다.

점 $(3, \sqrt{5})$는 타원 $\frac{x^2}{18}+\frac{y^2}{b^2}=1$ 위의 점이므로

$\frac{3^2}{18}+\frac{(\sqrt{5})^2}{b^2}=\frac{1}{2}+\frac{5}{b^2}=1$, $\frac{5}{b^2}=\frac{1}{2}$ ← $x=3$, $y=\sqrt{5}$ 대입 $\therefore b^2=10$

Step 2 타원의 접선의 방정식을 구한다.

타원 $\frac{x^2}{18}+\frac{y^2}{10}=1$ 위의 점 $(3, \sqrt{5})$에서의 접선의 방정식은

$\frac{3x}{18}+\frac{\sqrt{5}y}{10}=1$ → $x=0$ 대입

← 타원 $\frac{x^2}{a^2}+\frac{y^2}{b^2}=1$ 위의 점 (x_1, y_1)에서의 접선의 방정식은 $\frac{x_1x}{a^2}+\frac{y_1y}{b^2}=1$

따라서 접선의 y절편은 $2\sqrt{5}$이다.

25 [정답률 72%]

정답 ④

Step 1 $|\vec{p}-\vec{a}|=|\vec{b}|$의 의미를 파악한다.

점 P에 대하여 $\vec{p}=\overrightarrow{OP}$라 하자.
두 점 A, B를 $A(-3, 3)$, $B(1, -1)$이라 하면 $\vec{a}=\overrightarrow{OA}$, $\vec{b}=\overrightarrow{OB}$
$\vec{p}=(x, y)$라 하면 점 P의 좌표는 (x, y)이다.
$\vec{p}-\vec{a}=(x, y)-(-3, 3)=(x+3, y-3)$이므로
$|\vec{p}-\vec{a}|=|\vec{b}|$에서
→ $\vec{v}=(a, b)$일 때 $|\vec{v}|=\sqrt{a^2+b^2}$
$\sqrt{(x+3)^2+(y-3)^2}=\sqrt{2}$ $\quad \therefore (x+3)^2+(y-3)^2=2$
→ $=|\vec{b}|$
따라서 점 P는 점 A를 중심으로 하고 반지름의 길이가 $\sqrt{2}$인 원 위의 점이다.

Step 2 $|\vec{p}-\vec{b}|$의 최솟값을 구한다.

$\vec{p}-\vec{b}=\overrightarrow{OP}-\overrightarrow{OB}=\overrightarrow{BP}$이므로 $|\vec{p}-\vec{b}|$는 벡터 $\overrightarrow{BP}$의 크기, 즉 두 점 B, P 사이의 거리와 같다.
→ $\sqrt{\{1-(-3)\}^2+(-1-3)^2}=4\sqrt{2}$
따라서 $|\vec{p}-\vec{b}|$의 최솟값은 $\overline{AB}-\sqrt{2}=4\sqrt{2}-\sqrt{2}=3\sqrt{2}$
→ 점 P가 위치하는 원의 반지름의 길이

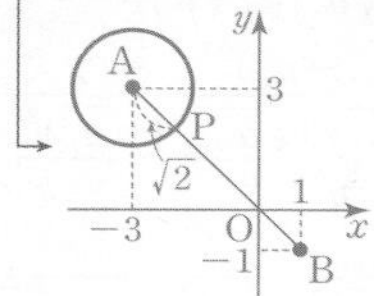

26 [정답률 82%]

정답 ③

Step 1 주어진 쌍곡선의 한 점근선의 방정식이 $y=x$임을 이용한다.

쌍곡선 $\dfrac{x^2}{a^2}-\dfrac{y^2}{b^2}=1$의 한 점근선의 방정식이 $y=x$이므로
→ 주어진 쌍곡선의 점근선의 방정식은 $y=\pm\dfrac{b}{a}x$
$\dfrac{b}{a}=1 \qquad \therefore b=a$
이때 $c^2=a^2+b^2=a^2+a^2=2a^2$이므로 $c=\sqrt{2}a$ ($\because a>0, c>0$)

Step 2 $\overline{PQ}=8$임을 이용한다.

두 점 P, Q의 x좌표는 점 F의 x좌표와 같으므로
$\dfrac{(\sqrt{2}a)^2}{a^2}-\dfrac{y^2}{a^2}=1$, $\dfrac{2a^2}{a^2}-\dfrac{y^2}{a^2}=1$
$\dfrac{y^2}{a^2}=1$, $y^2=a^2 \qquad \therefore y=\pm a$
→ 두 점 P, Q의 y좌표
즉, $\overline{PQ}=2a$이므로 $\overline{PQ}=8$에서 $a=4$
→ $=a-(-a)$
$\therefore a^2+b^2+c^2=a^2+a^2+2a^2=4a^2=64$

27 [정답률 70%]

정답 ②

Step 1 주어진 그림을 좌표평면 위에 나타낸다.

선분 FF′의 중점을 원점 O로 놓고 주어진 그림을 좌표평면 위에 나타내면 다음과 같다.

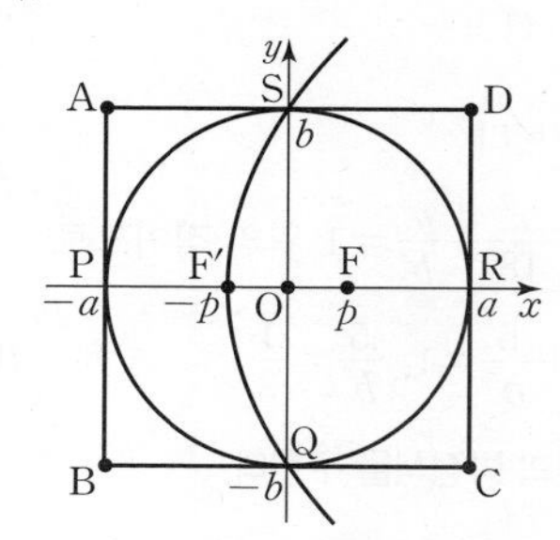

세 양수 a, b, p에 대하여 점 R의 좌표를 $(a, 0)$, 점 S의 좌표를 $(0, b)$, 초점 F의 좌표를 $(p, 0)$이라 하면 타원의 방정식은
$\dfrac{x^2}{a^2}+\dfrac{y^2}{b^2}=1$

Step 2 포물선의 방정식을 구한다.

→ $\overline{FF'}=2p$
주어진 포물선은 꼭짓점이 원점이고 초점의 좌표가 $(2p, 0)$인 포물선을 x축의 방향으로 $-p$만큼 평행이동한 도형이므로 방정식은
$y^2=8p(x+p)$
→ 준선의 방정식도 x축의 방향으로 $-p$만큼 평행이동
이 포물선의 준선의 방정식은 $x=-2p-p=-3p$
이때 이 포물선의 준선의 방정식은 직선 AB, 즉 $x=-a$이므로
$-a=-3p \qquad \therefore a=3p$
또한 포물선은 점 $S(0, b)$를 지나므로
$b^2=8p^2 \qquad \therefore b=2\sqrt{2}p$ ($\because b>0, p>0$)

Step 3 선분 FF′의 길이를 구한다.

→ $=\overline{AB}$
직사각형 ABCD의 넓이가 $32\sqrt{2}$이므로 $2a\times 2b=32\sqrt{2}$에서
→ $=\overline{AD}$
$ab=8\sqrt{2}$
이때 $ab=3p\times 2\sqrt{2}p=6\sqrt{2}p^2$이므로 $6\sqrt{2}p^2=8\sqrt{2}$
$p^2=\dfrac{4}{3} \qquad \therefore p=\dfrac{2\sqrt{3}}{3}$ ($\because p>0$)
따라서 선분 FF′의 길이는 $2p=\dfrac{4\sqrt{3}}{3}$

다른 풀이 포물선의 정의를 이용하는 풀이

Step 1 $\overline{FF'}=a$로 놓고, 포물선의 정의를 이용하여 각 선분의 길이를 a로 나타낸다.

$\overline{FF'}=a$라 하면 포물선의 정의에 의하여 $\overline{PF'}=\overline{FF'}=a$
→ 점 F′에서 포물선의 준선까지의 거리

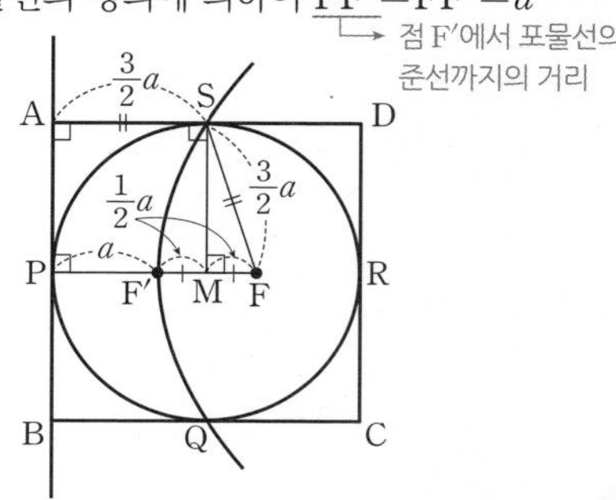

네 점 P, Q, R, S를 꼭짓점으로 하는 타원의 중심을 M이라 하면 점 M은 선분 FF′의 중점이므로 $\overline{PM}=\dfrac{3}{2}a$
→ $\overline{F'M}=\dfrac{1}{2}a$이므로 $\overline{PM}=a+\dfrac{1}{2}a=\dfrac{3}{2}a$
따라서 $\overline{AS}=\dfrac{3}{2}a$이므로 $\overline{AD}=2\overline{AS}=3a$
→ 점 S는 선분 AD의 중점
포물선의 정의에 의하여 $\overline{AS}=\overline{SF}$이므로 $\overline{SF}=\dfrac{3}{2}a$
직각삼각형 SMF에서 피타고라스 정리에 의하여
$\overline{SM}^2=\overline{SF}^2-\overline{MF}^2=\left(\dfrac{3}{2}a\right)^2-\left(\dfrac{1}{2}a\right)^2=2a^2 \qquad \therefore \overline{SM}=\sqrt{2}a$
따라서 $\overline{AP}=\sqrt{2}a$이므로 $\overline{AB}=2\overline{AP}=2\sqrt{2}a$

Step 2 직사각형 ABCD의 넓이가 $32\sqrt{2}$임을 이용한다.

직사각형 ABCD의 넓이가 $32\sqrt{2}$이므로
$\overline{AD}\times\overline{AB}=3a\times 2\sqrt{2}a=6\sqrt{2}a^2=32\sqrt{2}$
$a^2=\dfrac{16}{3} \qquad \therefore a=\dfrac{4}{\sqrt{3}}=\dfrac{4}{3}\sqrt{3}$
따라서 선분 FF′의 길이는 $\dfrac{4}{3}\sqrt{3}$이다.

28 [정답률 21%]

정답 ③

Step 1 주어진 조건을 이용하여 점 Q의 좌표를 구한다.

$|\overrightarrow{OP}|=1$에서 점 P는 원점 O를 중심으로 하고 반지름의 길이가 1인 원 위의 점이다. 또한 $|\overrightarrow{BQ}|=3$에서 점 Q는 점 B를 중심으로 하고 반지름의 길이가 3인 원 위의 점이다.

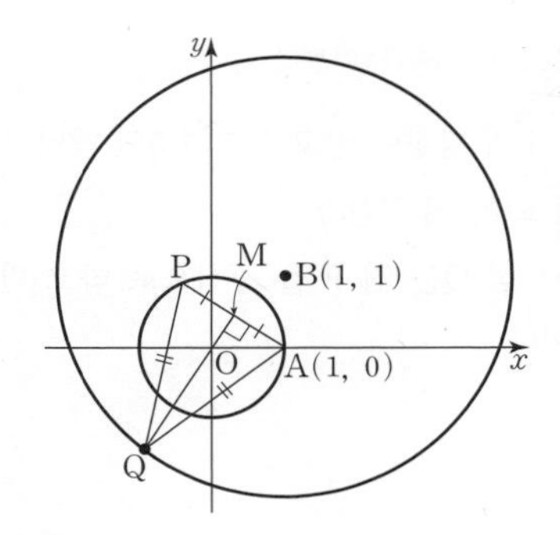

선분 AP의 중점을 M이라 하면

$\overrightarrow{AP}\cdot(\overrightarrow{QA}+\overrightarrow{QP})=\overrightarrow{AP}\cdot 2\overrightarrow{QM}=0$ → 두 벡터 $\overrightarrow{AP}$, $\overrightarrow{QM}$은 서로 수직

즉, $\triangle QMP\equiv\triangle QMA$이므로 $|\overrightarrow{PQ}|$의 최솟값은 $\overline{AQ}$의 최솟값 2와 같고 이때 점 Q의 좌표는 $(1,\ -2)$

→ 점 Q에서 선분 AP에 내린 수선의 발이 선분 AP의 중점 M과 일치하므로 삼각형 APQ는 $\overline{AQ}=\overline{PQ}$인 이등변삼각형이다.

$\therefore\ \overrightarrow{BQ}=(0,\ -3)$ → $\overline{AQ}$의 값이 최소가 되려면 세 점 B, A, Q가 이 순서대로 한 직선 위에 있어야 한다.

Step 2 점 P의 좌표를 구한다.

점 P의 좌표를 $(a,\ b)$라 하면 $M\left(\frac{a+1}{2},\ \frac{b}{2}\right)$이고 → 두 점 $A(1, 0)$, $P(a, b)$에 대하여 선분 AP의 중점

$\overrightarrow{AP}\cdot\overrightarrow{QM}=0$이므로

$\overrightarrow{AP}\cdot\overrightarrow{QM}=(a-1,\ b)\cdot\left(\frac{a-1}{2},\ \frac{b+4}{2}\right)$

$=(a, b)-(1, 0)$ / $=\left(\frac{a+1}{2},\ \frac{b}{2}\right)-(1,\ -2)$

$=\frac{1}{2}(a-1)^2+\frac{1}{2}b(b+4)=0$

$\therefore\ (a-1)^2+b(b+4)=0$ …… ㉠

$|\overrightarrow{OP}|=1$이므로 $a^2+b^2=1$ …… ㉡

㉠, ㉡을 연립하면 $-2a+4b+2=0$

$\therefore\ a=2b+1$ …… ㉢

㉢을 ㉡에 대입하면 $(2b+1)^2+b^2=1$, $5b^2+4b=0$

$b(5b+4)=0$ $\quad\therefore\ b=-\frac{4}{5}$ 또는 $b=0$

이때 $b=0$이면 $P(1,\ 0)$이므로 $|\overrightarrow{AP}|=0$ $\quad\therefore\ b=-\frac{4}{5}$

→ $b=0$을 ㉢에 대입하면 $a=1$

→ 문제에서 $|\overrightarrow{AP}|>0$으로 주어졌다. 즉 $b\neq0$

$b=-\frac{4}{5}$를 ㉢에 대입하면 $a=-\frac{3}{5}$

즉, 점 P의 좌표는 $\left(-\frac{3}{5},\ -\frac{4}{5}\right)$이므로 $\overrightarrow{AP}=\left(-\frac{8}{5},\ -\frac{4}{5}\right)$

→ $=\left(-\frac{3}{5},\ -\frac{4}{5}\right)-(1, 0)$

Step 3 $\overrightarrow{AP}\cdot\overrightarrow{BQ}$의 값을 구한다.

$\therefore\ \overrightarrow{AP}\cdot\overrightarrow{BQ}=\left(-\frac{8}{5},\ -\frac{4}{5}\right)\cdot(0,\ -3)=0+\left(-\frac{4}{5}\right)\times(-3)=\frac{12}{5}$

29 [정답률 21%] 정답 25

Step 1 곡선 $|y^2-1|=\frac{x^2}{a^2}$을 좌표평면 위에 그려 본다.

(i) $|y|\le1$일 때, → $-1\le y\le1$이므로 $y^2\le1$

$y^2-1\le0$이므로 주어진 곡선의 방정식은

$-(y^2-1)=\frac{x^2}{a^2}$ $\quad\therefore\ \frac{x^2}{a^2}+y^2=1$

(ii) $|y|>1$일 때, → $y<-1$ 또는 $y>1$이므로 $y^2>1$

$y^2-1>0$이므로 주어진 곡선의 방정식은

$y^2-1=\frac{x^2}{a^2}$ $\quad\therefore\ \frac{x^2}{a^2}-y^2=-1$

(i)에서 $|y|\le1$일 때 주어진 곡선은 타원, (ii)에서 $|y|>1$일 때 주어진 곡선은 쌍곡선이다. 이를 이용하여 곡선 $|y^2-1|=\frac{x^2}{a^2}$을 그려 보면 다음과 같다.

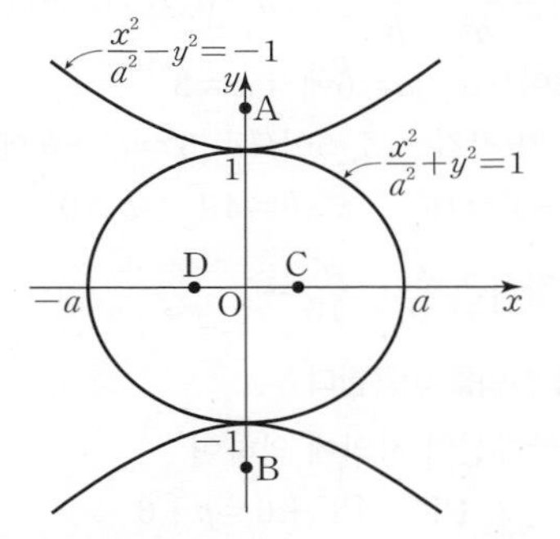

Step 2 $\overline{PC}+\overline{PD}=\sqrt{5}$임을 이용한다.

곡선 위의 점 중 y좌표의 절댓값이 1보다 작거나 같은 모든 점 P에 대하여 $\overline{PC}+\overline{PD}=\sqrt{5}$이므로 타원 $\frac{x^2}{a^2}+y^2=1$ 위의 모든 점에 대하여 $\overline{PC}+\overline{PD}=\sqrt{5}$ → 타원의 정의 → 장축의 길이

즉, $\frac{x^2}{a^2}+y^2=1$은 두 점 $C(c,\ 0)$, $D(-c,\ 0)$을 초점으로 하고 장축의 길이가 $\sqrt{5}$인 타원의 방정식이다.

이때 $2a=\sqrt{5}$이므로 $a=\frac{\sqrt{5}}{2}$

$c^2=a^2-1=\frac{5}{4}-1=\frac{1}{4}$이므로 $c=\frac{1}{2}$ ($\because\ c>0$)

Step 3 주어진 쌍곡선의 초점의 좌표를 구한다.

쌍곡선 $\frac{4x^2}{5}-y^2=-1$의 한 초점의 y좌표를 d $(d>0)$라 하자.

$d^2=\frac{5}{4}+1=\frac{9}{4}$이므로 $d=\frac{3}{2}$

즉, 두 점 $A\left(0,\ \frac{3}{2}\right)$, $B\left(0,\ -\frac{3}{2}\right)$은 쌍곡선 $\frac{4x^2}{5}-y^2=-1$의 두 초점이다. → $A(0, c+1)$, $B(0, -c-1)$에 $c=\frac{1}{2}$ 대입

Step 4 삼각형 ABQ의 둘레의 길이를 구한다.

타원 $\frac{4x^2}{5}+y^2=1$과 x축이 만나는 점 중 x좌표가 양수인 점을 R이라 하면 $R\left(\frac{\sqrt{5}}{2},\ 0\right)$

점 Q를 타원 $\frac{4x^2}{5}+y^2=1$ 위의 점이라 하면

$\overline{AQ}<\overline{AR}\left(=\frac{\sqrt{14}}{2}\right)<10$이므로 조건을 만족시키지 않는다.

→ $=\sqrt{\left(\frac{\sqrt{5}}{2}\right)^2+\left(-\frac{3}{2}\right)^2}$ → $\overline{AQ}=10$

즉, 점 Q는 쌍곡선 $\frac{4x^2}{5}-y^2=-1$ 위의 점이므로 쌍곡선의 정의에 의하여 → 주축의 길이가 2인 쌍곡선

$\overline{BQ}-\overline{AQ}=2$ $\quad\therefore\ \overline{BQ}=12$ ($\because\ \overline{AQ}=10$)

→ 점 Q는 제1사분면 위의 점이므로 $\overline{BQ}>\overline{AQ}$

따라서 삼각형 ABQ의 둘레의 길이는

$\overline{AB}+\overline{BQ}+\overline{AQ}=3+12+10=25$

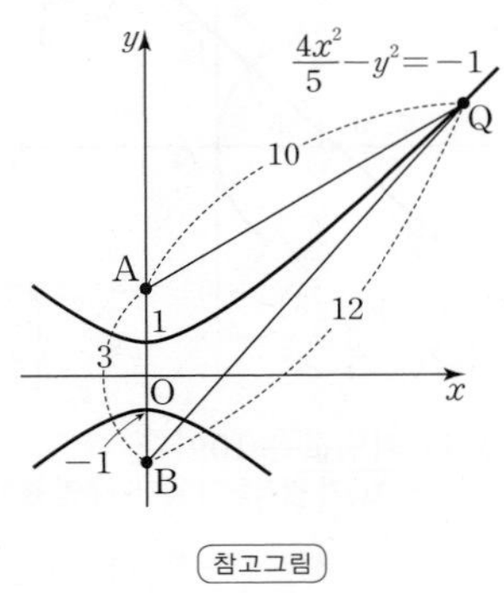

참고그림

본문 158쪽

30 [정답률 16%]

정답 10

Step 1 쌍곡선의 방정식을 구한다.

쌍곡선의 방정식을 $\frac{x^2}{a^2}-\frac{y^2}{b^2}=1$ $(a>0,\ b>0)$이라 하자.

주축의 길이가 6이므로 $2a=6$에서 $a=3$

두 초점의 x좌표가 각각 -5, 5이므로 $5^2=a^2+b^2$에서

$b^2=5^2-a^2=5^2-3^2=16$ $\quad\therefore b=4$ $(\because b>0)$

즉, 쌍곡선의 방정식은 $\frac{x^2}{9}-\frac{y^2}{16}=1$

Step 2 쌍곡선의 정의를 이용한다.

$\overline{\mathrm{PF}}=p$라 하면 쌍곡선의 정의에 의하여

$\overline{\mathrm{PF'}}-\overline{\mathrm{PF}}=6$ $\quad\therefore \overline{\mathrm{PF'}}=\overline{\mathrm{PF}}+6=p+6$ ($\overline{\mathrm{PF}}<\overline{\mathrm{PF'}}$)

$|\overrightarrow{\mathrm{FP}}|=\overline{\mathrm{PF}}=p$이므로 $(|\overrightarrow{\mathrm{FP}}|+1)\overrightarrow{\mathrm{F'Q}}=5\overrightarrow{\mathrm{QP}}$에서

$(p+1)\overrightarrow{\mathrm{F'Q}}=5\overrightarrow{\mathrm{QP}}$ $\quad\therefore \overrightarrow{\mathrm{F'Q}}=\frac{5}{p+1}\overrightarrow{\mathrm{QP}}$ ($\overline{\mathrm{F'Q}}:\overline{\mathrm{QP}}=5:(p+1)$)

즉, 세 점 F′, Q, P는 한 직선 위의 점이고 점 Q는 선분 F′P를 $5:(p+1)$로 내분하는 점이다.

→ $\overrightarrow{\mathrm{F'Q}}=k\overrightarrow{\mathrm{QP}}$ (k는 실수) 꼴이므로 두 벡터 $\overrightarrow{\mathrm{F'Q}}$, $\overrightarrow{\mathrm{QP}}$는 서로 평행이다. 이때 $\overrightarrow{\mathrm{F'Q}}$의 종점과 $\overrightarrow{\mathrm{QP}}$의 시점이 Q로 같으므로 세 점 F′, Q, P는 한 직선 위의 점이다.

Step 3 $|\overrightarrow{\mathrm{AQ}}|$의 최댓값을 구한다.

$|\overrightarrow{\mathrm{F'P}}|=\overline{\mathrm{PF'}}=p+6$이므로 $|\overrightarrow{\mathrm{F'Q}}|=5$, $|\overrightarrow{\mathrm{QP}}|=p+1$

따라서 $|\overrightarrow{\mathrm{F'Q}}|=5$에서 점 Q는 점 F′을 중심으로 하고 반지름의 길이가 5인 원 위의 점이다.

(F′ —5— Q —$p+1$— P)

쌍곡선 $\frac{x^2}{9}-\frac{y^2}{16}=1$의 두 점근선의 방정식은 $y=\pm\frac{4}{3}x$

즉, 직선 F′P의 기울기는 $-\frac{4}{3}$보다 크고 $\frac{4}{3}$보다 작으므로 조건을 만족시키는 점 Q는 다음과 같이 반지름의 길이가 5인 원의 호 위에 있다.

→ 쌍곡선 $\frac{x^2}{a^2}-\frac{y^2}{b^2}=1$ $(a>0, b>0)$의 점근선의 방정식은 $y=\pm\frac{b}{a}x$

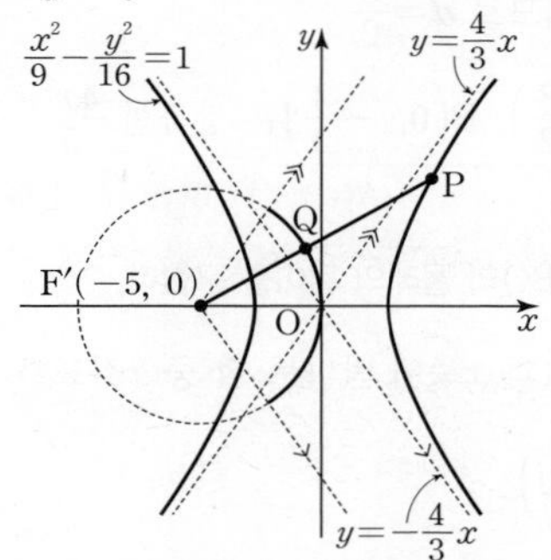

점 A$(-9,\ -3)$에 대하여 $\overline{\mathrm{AF'}}=\sqrt{(-5+9)^2+(0+3)^2}=5$이므로 점 A는 중심이 F′이고 반지름의 길이가 5인 원 위에 있다.

이때 직선 AF′의 기울기가 $\frac{0-(-3)}{-5-(-9)}=\frac{3}{4}$이므로 다음 그림과 같이 직선 AF′과 호가 만나는 점이 Q가 될 때 $|\overrightarrow{\mathrm{AQ}}|$의 값이 최대가 된다.

→ (직선 AF′의 기울기)$<\frac{4}{3}$

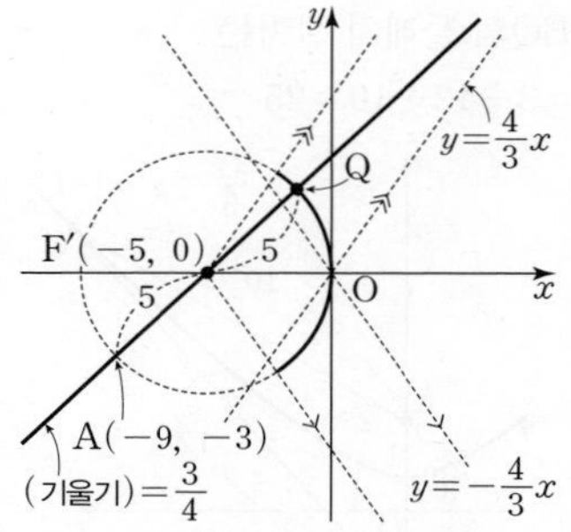

따라서 구하는 $|\overrightarrow{\mathrm{AQ}}|$의 최댓값은 10이다.

→ $\overline{\mathrm{AQ}}$가 반지름의 길이가 5인 원의 지름이 된다.

다른 풀이 주어진 벡터의 식을 다른 방법으로 정리하는 풀이

Step 1 동일

Step 2 쌍곡선의 정의를 이용한다.

쌍곡선의 정의에 의하여 $\overline{\mathrm{PF'}}-\overline{\mathrm{PF}}=6$ $\quad\therefore \overline{\mathrm{PF}}=\overline{\mathrm{PF'}}-6$

따라서 $|\overrightarrow{\mathrm{FP}}|=|\overrightarrow{\mathrm{F'P}}|-6$으로 놓을 수 있다.

($|\overrightarrow{\mathrm{F'P}}|$: 선분 PF′의 길이와 같다. $|\overrightarrow{\mathrm{FP}}|$: 선분 PF의 길이와 같다.)

이를 주어진 식에 대입하면

$(|\overrightarrow{\mathrm{FP}}|+1)\overrightarrow{\mathrm{F'Q}}=5\overrightarrow{\mathrm{QP}}$에서 $(|\overrightarrow{\mathrm{F'P}}|-6+1)\overrightarrow{\mathrm{F'Q}}=5\overrightarrow{\mathrm{QP}}$

$(|\overrightarrow{\mathrm{F'P}}|-5)\overrightarrow{\mathrm{F'Q}}=5\overrightarrow{\mathrm{QP}}$, $|\overrightarrow{\mathrm{F'P}}|\overrightarrow{\mathrm{F'Q}}=5\overrightarrow{\mathrm{F'Q}}+5\overrightarrow{\mathrm{QP}}=5\overrightarrow{\mathrm{F'P}}$

$\therefore \overrightarrow{\mathrm{F'Q}}=5\frac{\overrightarrow{\mathrm{F'P}}}{|\overrightarrow{\mathrm{F'P}}|}$ → 크기가 1인 벡터

따라서 $\overrightarrow{\mathrm{F'Q}}$는 $\overrightarrow{\mathrm{F'P}}$와 방향이 같고 크기가 5인 벡터이다.

Step 3 $|\overrightarrow{\mathrm{AQ}}|$의 최댓값을 구한다.

$|\overrightarrow{\mathrm{F'Q}}|=5$이므로 점 Q는 점 F′을 중심으로 하고 반지름의 길이가 5인 원 위의 점이다.

(이하 동일)

13회 2021학년도 7월 고3 전국연합학력평가 정답과 해설

1	⑤	2	④	3	②	4	③	5	③
6	④	7	④	8	②	9	③	10	⑤
11	④	12	①	13	①	14	⑤	15	②
16	5	17	17	18	13	19	24	20	27
21	117	22	64						

확률과 통계									
				23	⑤	24	③	25	②
26	①	27	④	28	⑤	29	25	30	51

미적분									
				23	①	24	⑤	25	④
26	③	27	①	28	②	29	15	30	586

기하									
				23	④	24	②	25	⑤
26	①	27	⑤	28	③	29	25	30	108

01 [정답률 95%] 정답 ⑤

Step 1 지수와 로그의 성질을 이용하여 식을 간단히 정리한다.

$4^{\frac{1}{2}}+\log_2 8=(2^2)^{\frac{1}{2}}+\log_2 2^3$ ($2^{2\times\frac{1}{2}}=2$)

$=2+3=5$ ($3\log_2 2=3$)

02 [정답률 90%] 정답 ④

Step 1 다항함수의 적분을 이용한다.

$\int_0^1 (2x+3)dx=\left[x^2+3x\right]_0^1$

$=1+3=4$

$\int f(x)dx=F(x)$라 하면 $\int_a^b f(x)dx=\left[F(x)\right]_a^b=F(b)-F(a)$

03 [정답률 94%] 정답 ②

Step 1 주어진 미분계수를 이용하여 상수 a의 값을 구한다.

$f'(x)=2x-a$이므로

$f'(1)=2-a=0$ $\therefore a=2$

$f'(x)$에 $x=1$을 대입해.

04 [정답률 93%] 정답 ③

Step 1 그래프를 이용하여 함수의 극한값을 구한다.

$\lim_{x\to-1-} f(x)=2$, $\lim_{x\to1+} f(x)=-1$이므로

$\lim_{x\to-1-} f(x)+\lim_{x\to1+} f(x)=2+(-1)=1$

$x\to-1-$일 때 $f(x)\to2-$, $x\to1+$일 때 $f(x)\to-1+$

05 [정답률 93%] 정답 ③

Step 1 지수함수의 증가, 감소를 판단하여 지수부등식을 푼다.

부등식 $5^{2x-7}\le\left(\frac{1}{5}\right)^{x-2}$의 양변의 밑을 5로 같게 하면

$5^{2x-7}\le(5^{-1})^{x-2}$

밑이 5인 지수함수는 증가함수이므로 부등호의 방향이 그대로 유지돼.

즉, $5^{2x-7}\le5^{-x+2}$이므로 $2x-7\le-x+2$에서

$3x\le9$ $\therefore x\le3$

따라서 주어진 부등식을 만족시키는 자연수 x는 1, 2, 3의 3개이다.

06 [정답률 85%] 정답 ④

Step 1 삼각함수의 성질을 이용하여 주어진 식을 간단히 정리한다.

$\cos(-\theta)=\cos\theta$, $\sin(\pi+\theta)=-\sin\theta$이므로

$\cos(-\theta)+\sin(\pi+\theta)=\cos\theta-\sin\theta=\frac{3}{5}$ …… ㉠

Step 2 식의 양변을 제곱하여 $\sin\theta\cos\theta$의 값을 구한다.

㉠의 양변을 제곱하면

$(\cos\theta-\sin\theta)^2=\cos^2\theta-2\cos\theta\sin\theta+\sin^2\theta=\frac{9}{25}$

$\sin^2\theta+\cos^2\theta=1$

$1-2\sin\theta\cos\theta=\frac{9}{25}$

$2\sin\theta\cos\theta=\frac{16}{25}$ $\therefore \sin\theta\cos\theta=\frac{8}{25}$

07 [정답률 91%] 정답 ④

Step 1 n에 1, 2, 3, …을 차례로 대입하여 주어진 수열의 규칙을 파악한다.

$a_1=10$이므로

$a_2=5-\frac{10}{a_1}=5-\frac{10}{10}=4$

$a_3=5-\frac{10}{a_2}=5-\frac{10}{4}=\frac{5}{2}$

$a_4=-2\times a_3+3=-2\times\frac{5}{2}+3=-2$

$a_5=5-\frac{10}{a_4}=5-\frac{10}{(-2)}=10$

⋮

$a_9=a_5=a_1=10$, $a_{12}=a_8=a_4=-2$

$\therefore a_9+a_{12}=10+(-2)=8$

수열 $\{a_n\}$은 10, 4, $\frac{5}{2}$, -2가 이 순서대로 반복되는 수열이야.

08 [정답률 84%] 정답 ②

Step 1 등비수열의 일반항을 이용하여 주어진 식을 a, r에 대한 식으로 나타낸다.

첫째항이 a, 공비가 r인 등비수열 $\{a_n\}$의 일반항은 $a_n=ar^{n-1}$

$\therefore a_2=ar$, $a_3=ar^2$ ($S_2=a_1+a_2=a+ar$)

$2a=S_2+S_3$에서 $2a=a+ar+a+ar+ar^2$ ($S_3=a_1+a_2+a_3=a+ar+ar^2$)

$2ar+ar^2=0$, $ar(2+r)=0$

이때 $a\ne0$, $r\ne0$이므로 $r=-2$ …… ㉠

$r^2=64a^2$에 ㉠을 대입하면 $4=64a^2$에서 $a=\frac{1}{4}$

$a^2=\frac{1}{16}$에서 $a>0$이므로 $a=\frac{1}{4}$

$\therefore a_5=a\times r^4=\frac{1}{4}\times(-2)^4=4$

09 [정답률 86%] 정답 ③

Step 1 지수법칙을 이용하여 식을 간단히 하고, $f(4)$, $f(27)$의 값을 각각 구한다.

$(\sqrt[n]{a})^3=a^{\frac{3}{n}}$ …… ㉠ ($=(a^{\frac{1}{n}})^3=a^{\frac{3}{n}}$)

㉠에 $a=4$를 대입하면 $4^{\frac{3}{n}}=2^{\frac{6}{n}}$ ($=(2^2)^{\frac{3}{n}}=2^{\frac{6}{n}}$)

이 값이 자연수가 되려면 $n(n\ge2)$이 6의 양의 약수이어야 하므로

$n=2, 3, 6$ $\therefore f(4)=6$

$\frac{6}{n}$이 0 이상의 정수가 되어야 해.

㉠에 $a=27$을 대입하면 $27^{\frac{3}{n}}=3^{\frac{9}{n}}$ ($=(3^3)^{\frac{3}{n}}=3^{\frac{9}{n}}$)

이 값이 자연수가 되려면 $n(n\ge2)$이 9의 양의 약수이어야 하므로

$n=3, 9$ $\therefore f(27)=9$

$\frac{9}{n}$가 0 이상의 정수가 되어야 해.

$\therefore f(4)+f(27)=6+9=15$

10 [정답률 73%] 정답 ⑤

Step 1 $\sin^2 x+\cos^2 x=1$임을 이용하여 주어진 식을 간단히 한다.

(삼각함수의 성질에 의하여 $\sin^2 x+\cos^2 x=1$이야.)

$\cos^2 x=1-\sin^2 x$이므로 $3\cos^2 x+5\sin x-1=0$에서

$3(1-\sin^2 x)+5\sin x-1=0,\ -3\sin^2 x+5\sin x+2=0$

즉, $3\sin^2 x-5\sin x-2=0$이므로 $(3\sin x+1)(\sin x-2)=0$

(이 식을 인수분해하면 돼.)

이때 $-1\le\sin x\le1$이므로 $\sin x=-\frac{1}{3}$ …… ㉠

Step 2 삼각함수의 대칭성을 이용하여 방정식 $\sin x=-\frac{1}{3}$의 모든 해의 합을 구한다.

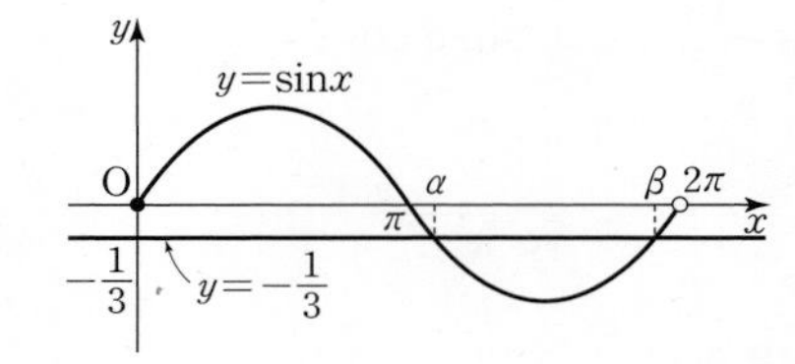

방정식 ㉠을 만족시키는 x의 값을 $\alpha,\ \beta\ (\alpha<\beta)$라 하면

$\frac{\alpha+\beta}{2}=\frac{3}{2}\pi$ $\quad\therefore \alpha+\beta=3\pi$

(α, β가 $x=\frac{3}{2}\pi$에 대하여 대칭이므로 두 점 $(\alpha, 0)$, $(\beta, 0)$을 이은 선분의 중점의 좌표는 $\left(\frac{3}{2}\pi, 0\right)$이야.)

따라서 주어진 방정식의 모든 해의 합은 3π이다.

11 [정답률 81%] 정답 ④

Step 1 점 A의 좌표를 구한다.

점 A는 직선 $y=-2$와 함수 $y=f(x)$의 그래프의 교점이므로

$\frac{1}{2}\log_a(x-1)-2=-2$에서 $x=2$ $\quad\therefore A(2,\ -2)$

($\frac{1}{2}\log_a(x-1)=0,\ x-1=1\quad\therefore x=2$)

Step 2 선분 BC의 길이를 구한다.

두 점 B, C는 각각 직선 $x=10$과 두 함수 $y=f(x)$, $y=g(x)$의 그래프의 교점이므로

$B\left(10,\ \frac{1}{2}\log_a 9-2\right)$, $C(10,\ -\log_a 8+1)$

$\therefore \overline{BC}=\left(\frac{1}{2}\log_a 9-2\right)-(-\log_a 8+1)$

$=\log_a 3+\log_a 8-3$ ($\log_a(3\times8)=\log_a 24$)

$=\log_a 24-3$

(이 거리를 높이로 생각하고, 선분 BC를 삼각형의 밑변으로 생각해.)

Step 3 삼각형 ACB의 넓이를 구하고, a^{10}의 값을 구한다.

점 A와 직선 $x=10$ 사이의 거리는 $10-2=8$이므로

삼각형 ACB의 넓이는 $\frac{1}{2}\times8\times(\log_a 24-3)=28$

$\log_a 24=10$ $\quad\therefore a^{10}=24$

12 [정답률 77%] 정답 ①

Step 1 함수 $f(x)g(x)$가 실수 전체의 집합에서 연속이 되도록 하는 다항함수 $f(x)$를 구한다.

(함수 $f(x)$는 최고차항의 계수가 2인 이차함수야.)

다항함수 $f(x)$가 $\lim_{x\to\infty}\frac{f(x)}{x^2-3x-5}=2$를 만족시키므로

$f(x)=2x^2+ax+b$ (a, b는 실수)라 하자.

함수 $f(x)g(x)$는 실수 전체의 집합에서 연속이므로 $x=3$에서 연속이다.

$\therefore \lim_{x\to3}f(x)g(x)=f(3)g(3)$

$\lim_{x\to3}f(x)g(x)=\lim_{x\to3}\frac{2x^2+ax+b}{x-3}$에서 (분모)→0이므로 (분자)→0

(분자의 극한값이 0이 아니면 극한값이 존재하지 않아.)

$\lim_{x\to3}(2x^2+ax+b)=18+3a+b=0$에서 $b=-3a-18$

즉, $f(x)=2x^2+ax-3(a+6)$이므로

$f(x)=(x-3)(2x+a+6)$

$\lim_{x\to3}\frac{(x-3)(2x+a+6)}{x-3}=\lim_{x\to3}(2x+a+6)$

$=12+a=0$

($\lim_{x\to3}f(x)g(x)=f(3)g(3)$에서 $f(3)=0$이므로 $\lim_{x\to3}f(x)g(x)=0$)

$\therefore a=-12,\ b=18$ ($b=-3a-18$에 $a=-12$ 대입)

따라서 $f(x)=2x^2-12x+18$이므로

$f(1)=2-12+18=8$

13 [정답률 60%] 정답 ①

Step 1 주어진 식을 적절히 활용하여 빈칸에 들어갈 내용을 추론한다.

주어진 식 (＊)에 의하여

(주어진 식 (＊)의 n 대신에 $n-1$을 대입한 거야.)

$nS_n=\log_2(n+1)+\sum_{k=1}^{n-1}S_k\ (n\ge2)$ …… ㉠

이다. (＊)에서 ㉠을 빼서 정리하면

$(n+1)S_{n+1}-nS_n$

$=\log_2(n+2)-\log_2(n+1)+\sum_{k=1}^{n}S_k-\sum_{k=1}^{n-1}S_k\ (n\ge2)$ ($=S_n$)

이므로

$($(가) $n+1$$)\times a_{n+1}=\log_2\frac{n+2}{n+1}\ (n\ge2)$

이다.

$a_1=1=\log_2 2$이고

$2S_2=\log_2 3+S_1=\log_2 3+a_1$이므로

$2a_2=\log_2 3-a_1=\log_2 3-1=\log_2\frac{3}{2}$ ($1=\log_2 2$)

모든 자연수 n에 대하여

$na_n=$ (나) $\log_2\frac{n+1}{n}$ ($n=1$, $n=2$일 때에도 성립함을 확인할 수 있어.)

이다. 따라서

$\sum_{k=1}^{n}ka_k=\sum_{k=1}^{n}\log_2\frac{k+1}{k}$

$=\log_2\frac{2}{1}+\log_2\frac{3}{2}+\cdots+\log_2\frac{n+1}{n}$

$=\log_2\left(\frac{2}{1}\times\frac{3}{2}\times\cdots\times\frac{n+1}{n}\right)$

$=$ (다) $\log_2(n+1)$

이다.

Step 2 $f(8)-g(8)+h(8)$의 값을 구한다.

$f(n)=n+1$, $g(n)=\log_2\frac{n+1}{n}$, $h(n)=\log_2(n+1)$이므로

$f(8)-g(8)+h(8)=9-\log_2\frac{9}{8}+\log_2 9$

$=9+3=12$

14 [정답률 60%] 정답 ⑤

Step 1 $v(t)$를 이용하여 점 P의 움직이는 방향이 바뀌는 시각을 구한다.

ㄱ. $v(t)=3t^2-6t=3t(t-2)$이므로

$0<t<2$일 때 $v(t)<0$

$t=2$일 때 $v(2)=0$

$t>2$일 때 $v(t)>0$

따라서 $t=2$에서 점 P의 움직이는 방향이 바뀐다. (참)

Step 2 정적분을 이용하여 점 P의 위치를 구한다.

ㄴ. 시각 t에서 점 P의 위치를 $x(t)$라 하면

$x(2)=0+\int_0^2(3t^2-6t)dt$

$=\left[t^3-3t^2\right]_0^2$ ($x(t)=x(0)+\int_0^t v(s)ds$)

$=8-12=-4$ (참)

본문 163쪽

Step 3 점 P가 시각 $t=0$일 때부터 가속도가 12가 될 때까지 움직인 거리를 구한다.

ㄷ. 시각 t에서 점 P의 가속도를 $a(t)$라 하면

$a(t)=v'(t)=6t-6$

$6t-6=12$에서 $t=3$

따라서 점 P의 가속도가 12가 되는 시각은 $t=3$이므로 점 P가 $t=0$에서 $t=3$까지 움직인 거리는

$\int_0^3 |v(t)|dt$

$=\int_0^2 (-3t^2+6t)dt+\int_2^3 (3t^2-6t)dt$

$=\left[-t^3+3t^2\right]_0^2+\left[t^3-3t^2\right]_2^3$

$=4+0+0-(-4)=8$ (참)

따라서 옳은 것은 ㄱ, ㄴ, ㄷ이다.

15 [정답률 54%] 정답 ②

Step 1 주어진 조건을 이용하여 함수 $y=f'(x)$의 그래프의 개형 및 식을 구한다.

방정식 $f'(x)=0$의 실근 α, 0, β가 순서대로 등차수열을 이루므로

$\frac{\alpha+\beta}{2}=0$ $\quad\therefore \beta=-\alpha$

→ 함수 $f(x)$의 최고차항이 x^4이므로 도함수 $f'(x)$의 최고차항은 $4x^3$이 돼.

이때 함수 $f(x)$의 최고차항 계수가 1이므로

$f'(x)=4x(x+\alpha)(x-\alpha)$

함수 $f(x)$는 $x=0$에서 극대, $x=\alpha$, $x=-\alpha$에서 극소이므로 함수 $y=f(x)$의 그래프의 개형은 다음과 같다.

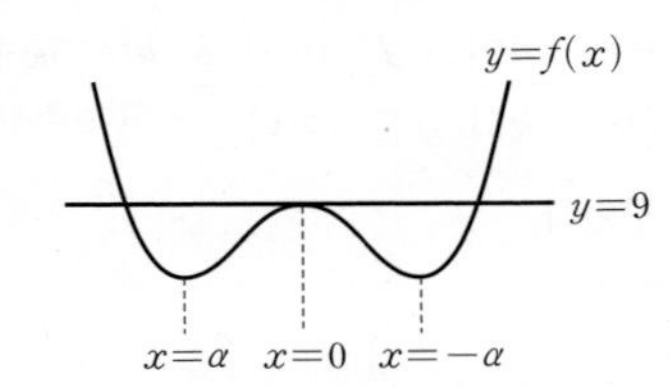

조건 (가)에서 방정식 $f(x)=9$가 서로 다른 세 실근을 가지므로

$f(0)=9$

→ $f'(x)=4x(x+\alpha)(x-\alpha)=4x^3-4\alpha^2x$에서 $f(x)=x^4-2\alpha^2x^2+C$ (C는 적분상수) 이때 $f(0)=C=9$이므로 $f(x)=x^4-2\alpha^2x^2+9$

$\therefore f(x)=x^4-2\alpha^2x^2+9$

조건 (나)에서 $f(\alpha)=-16$이므로 $f(\alpha)=-\alpha^4+9=-16$

$\alpha^4-25=0$, $(\alpha^2+5)(\alpha^2-5)=0$

$(\alpha^2+5)(\alpha+\sqrt{5})(\alpha-\sqrt{5})=0$

$\therefore \alpha=-\sqrt{5}$ ($\because \alpha<0$)

따라서 $f'(x)=4x(x+\sqrt{5})(x-\sqrt{5})$이므로

도함수 $y=f'(x)$의 그래프의 개형은 다음과 같다.

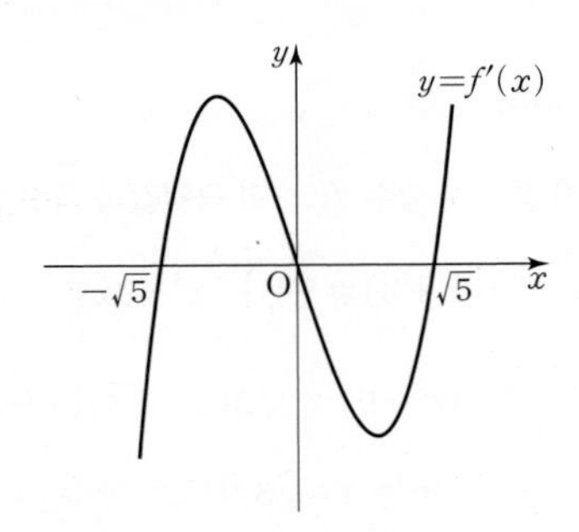

Step 2 함수 $g(x)$를 구한 후, $\int_0^{10} g(x)dx$의 값을 계산한다.

$g(x)=|f'(x)|-f'(x)$이므로

$$g(x)=\begin{cases}0 & (f'(x)\geq 0)\\ -2f'(x) & (f'(x)<0)\end{cases}$$

이고, 함수 $y=g(x)$의 그래프의 개형은 다음과 같다.

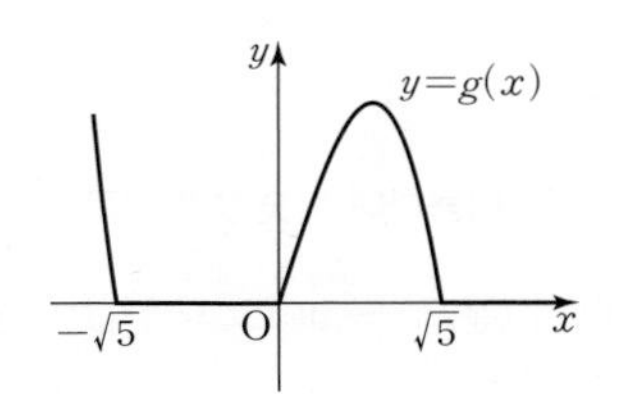

$\therefore \int_0^{10} g(x)dx=\int_0^{\sqrt{5}} \{-2f'(x)\}dx$

$=-2\left[f(x)\right]_0^{\sqrt{5}}$

$=-2f(\sqrt{5})+2f(0)$

$=-2\times(-16)+2\times 9=50$

→ $f(x)=x^4-2\alpha^2x^2+9$에 $\alpha=-\sqrt{5}$를 대입하면 $f(x)=x^4-10x^2+9$

16 [정답률 89%] 정답 5

Step 1 주어진 함수의 극한을 이용하여 두 상수 a, b의 값을 구한다.

$\lim_{x\to-1}\frac{x^2+4x+a}{x+1}=b$에서 (분모)→0이고 극한값이 존재하므로 (분자)→0

→ 분수식의 극한값이 존재할 때, (분모)→0이면 (분자)→0

$\lim_{x\to-1}(x^2+4x+a)=0$에서 $1-4+a=0$

$\therefore a=3$

$\lim_{x\to-1}\frac{x^2+4x+3}{x+1}=\lim_{x\to-1}\frac{(x+1)(x+3)}{x+1}$

$=\lim_{x\to-1}(x+3)$

$=2=b$

$\therefore a+b=3+2=5$

17 [정답률 90%] 정답 17

Step 1 부정적분을 이용하여 함수 $f(x)$를 구한다.

$f(x)=\int f'(x)dx$

$=\int(3x^2+6x-4)dx$

$=x^3+3x^2-4x+C$ (C는 적분상수)

→ n이 음이 아닌 정수일 때, $\int x^n dx=\frac{1}{n+1}x^{n+1}+C$ (단, C는 적분상수)

$f(1)=5$이므로 $f(1)=1+3-4+C=C=5$

따라서 $f(x)=x^3+3x^2-4x+5$이므로 $f(2)=8+12-8+5=17$

18 [정답률 80%] 정답 13

Step 1 평균변화율과 미분계수를 이용하여 양수 a의 값을 구한다.

x의 값이 1에서 3까지 변할 때의 평균변화율은

$\frac{f(3)-f(1)}{3-1}=\frac{(27+3a)-(1+a)}{2}=13+a$

→ 함수 $f(x)$가 $x=a$에서 $x=b$까지 변할 때의 평균변화율은 $\frac{f(b)-f(a)}{b-a}$

$f'(x)=3x^2+a$이므로 $f'(a)=3a^2+a$

x의 값이 1에서 3까지 변할 때의 평균변화율과 $f'(a)$의 값이 같으므로

$13+a=3a^2+a$ $\quad\therefore 3a^2=13$

19 [정답률 74%] 정답 24

Step 1 주어진 극한값을 이용하여 함숫값과 미분계수를 구한다.

$\lim_{x\to2}\frac{f(x)-4}{x^2-4}=2$에서 (분모)$\to0$이고 극한값이 존재하므로 (분자)$\to0$

→ $f(x)$는 다항함수이므로 모든 실수 x에 대하여 연속이야.

$\lim_{x\to2}\{f(x)-4\}=f(2)-4=0$　　$\therefore f(2)=4$

즉, $\lim_{x\to2}\frac{f(x)-4}{x-2}=\lim_{x\to2}\frac{f(x)-f(2)}{x-2}=f'(2)$이므로

$\lim_{x\to2}\frac{f(x)-4}{x^2-4}=\lim_{x\to2}\left\{\frac{1}{x+2}\times\frac{f(x)-4}{x-2}\right\}=\frac{1}{4}f'(2)=2$

$\therefore f'(2)=8$

마찬가지로 $\lim_{x\to2}\frac{g(x)+1}{x-2}=8$에서 (분모)$\to0$이고 극한값이 존재하므로 (분자)$\to0$

$\lim_{x\to2}\{g(x)+1\}=g(2)+1=0$　　$\therefore g(2)=-1$

즉, $\lim_{x\to2}\frac{g(x)+1}{x-2}=\lim_{x\to2}\frac{g(x)-g(2)}{x-2}=g'(2)=8$

Step 2 곱의 미분법을 이용하여 $h'(2)$의 값을 구한다.

함수 $h(x)=f(x)g(x)$에 대하여

$h'(x)=f'(x)g(x)+f(x)g'(x)$

$\therefore h'(2)=f'(2)g(2)+f(2)g'(2)$

$=8\times(-1)+4\times8$

$=24$

20 [정답률 47%] 정답 27

Step 1 외접원의 지름을 이용하여 직각삼각형을 찾고, 선분 AD의 길이를 구한다.

선분 AB는 삼각형 ABC의 외접원의 지름이므로 $\angle BCA=\frac{\pi}{2}$

이때 $\angle CAB=\theta$라 하면 주어진 조건에 의하여 $\cos\theta=\frac{1}{3}$이므로

→ $\sin^2\theta+\cos^2\theta=1$을 변형한 거야.

$\sin\theta=\sqrt{1-\cos^2\theta}=\frac{2\sqrt{2}}{3}$

$\overline{BC}=\overline{AB}\times\sin\theta$이므로 → $\sin\theta=\frac{\overline{BC}}{\overline{AB}}$에서 $\overline{BC}=\overline{AB}\times\sin\theta$

$12\sqrt{2}=\overline{AB}\times\frac{2\sqrt{2}}{3}$　　$\therefore \overline{AB}=18$

→ $\cos\theta=\frac{\overline{AC}}{\overline{AB}}$에서 $\overline{AC}=\overline{AB}\times\cos\theta$

$\overline{AC}=\overline{AB}\times\cos\theta$이므로 $\overline{AC}=18\times\frac{1}{3}=6$

이때 점 D는 선분 AB를 5 : 4로 내분하는 점이므로 $\overline{AD}=10$

→ $=18\times\frac{5}{9}=10$

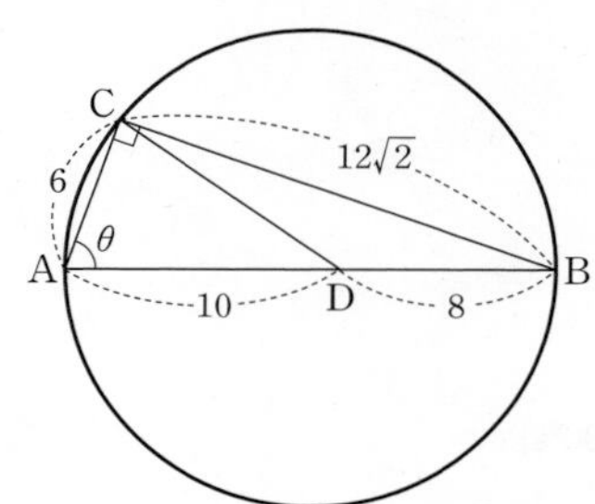

Step 2 삼각형 CAD에서 코사인법칙, 사인법칙을 이용하여 외접원의 넓이를 구한다.

→ $\overline{CD}^2=\overline{CA}^2+\overline{AD}^2-2\times\overline{CA}\times\overline{AD}\times\cos(\angle CAD)$

삼각형 CAD에서 코사인법칙에 의하여

$\overline{CD}^2=6^2+10^2-2\times6\times10\times\cos\theta=96$

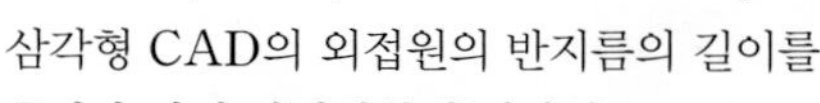

→ $=\frac{1}{3}$

$\therefore \overline{CD}=\sqrt{96}=4\sqrt{6}$

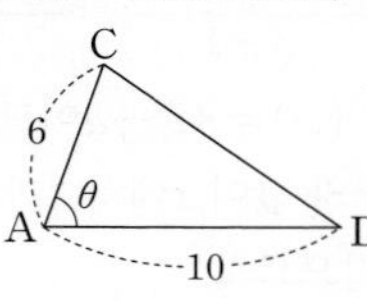

삼각형 CAD의 외접원의 반지름의 길이를 R이라 하면 사인법칙에 의하여

$\frac{\overline{CD}}{\sin\theta}=2R$, $2R=\frac{4\sqrt{6}}{\frac{2\sqrt{2}}{3}}$

$\therefore R=3\sqrt{3}$

따라서 삼각형 CAD의 외접원의 넓이는 $S=R^2\pi=27\pi$이므로

$\frac{S}{\pi}=27$

21 [정답률 28%] 정답 117

Step 1 조건 (나)에서 등비중항과 등차수열의 일반항을 이용하여 공차 d와 k 사이의 관계식을 구한다.

수열 $\{a_n\}$은 등차수열이므로 $a_n=a_1+(n-1)d$이고, 조건 (나)에 의하여

→ 일반항에 각각 $n=k, 2, 3k-1$을 대입하여 아래의 식을 얻을 수 있어.

$(a_k)^2=a_2\times a_{3k-1}$

$\{a_1+(k-1)d\}^2=(a_1+d)\{a_1+(3k-2)d\}$

$\therefore d(k^2-5k+3)=a_1(k+1)$　　…… ㉠

Step 2 위에서 구한 관계식과 조건 (가)를 활용하여 k의 값의 범위를 구한다.

→ 수열 $\{a_n\}$의 모든 항이 자연수이기 때문에 모든 항이 양수야.

수열 $\{a_n\}$의 모든 항이 자연수이므로 조건 (가)에서 $0<a_1\le d$

즉, $0<a_1(k+1)\le d(k+1)$이므로 → 부등식의 각 변에 $k+1$을 곱해줘.

$a_1(k+1)\le d(k+1)$의 좌변에 ㉠을 대입하면

$d(k^2-5k+3)\le d(k+1)$ → $d>0$이므로 양변을 d로 나누어도 부등호의 방향이 바뀌지 않아.

$k^2-5k+3\le k+1$

$k^2-6k+2\le0$ → 근의 공식을 이용하여 k의 값의 범위를 구할 수 있어.

$\therefore 3-\sqrt{7}\le k\le3+\sqrt{7}$

Step 3 자연수 k의 값을 구한다.

조건 (나)에서 $k\ge3$이므로 $3\le k\le3+\sqrt{7}$

즉, 자연수 k는 3, 4, 5 중 하나이다.

이때 ㉠에서 $a_1(k+1)>0$이고 $d>0$이므로 $k^2-5k+3>0$이고, 이를 만족시키는 자연수 k의 값은 5이다. → Step 2에서 구했어.

Step 4 a_{20}의 값을 구한다.

$k=5$를 ㉠에 대입하면

$3d=6a_1$　　$\therefore d=2a_1$ → $a_{16}=a_1+15d=31a_1$

$90\le a_{16}\le100$에서 $90\le31a_1\le100$이므로 주어진 부등식을 만족시키는 자연수 a_1의 값은 3이다.

$\therefore a_1=3,\ d=6$

$\therefore a_{20}=a_1+19d=117$

22 [정답률 16%] 정답 64

Step 1 도함수를 이용하여 함수 $f(x)$의 극댓값과 극솟값을 각각 구한다.

$f(x)=\frac{2\sqrt{3}}{3}x(x-3)(x+3)=\frac{2\sqrt{3}}{3}(x^3-9x)$

이므로 $f'(x)=\frac{2\sqrt{3}}{3}(3x^2-9)=2\sqrt{3}(x+\sqrt{3})(x-\sqrt{3})$

$f'(x)=0$에서 $x=-\sqrt{3}$ 또는 $x=\sqrt{3}$이므로 함수 $y=f(x)$는 $x=-\sqrt{3}$에서 극댓값 $f(-\sqrt{3})=12$, $x=\sqrt{3}$에서 극솟값 $f(\sqrt{3})=-12$를 갖는다.

Step 2 함수 $y=g(x)$의 그래프의 개형을 파악한다.

$$g(x)=\begin{cases} f(x) & (-3\le x<3) \\ \frac{1}{k+1}f(x-6k) & (6k-3\le x<6k+3) \end{cases}$$

이므로 구간 $[6k-3,\ 6k+3)$에서 함수 $g(x)$는 극댓값 $\frac{12}{k+1}$, 극솟값 $-\frac{12}{k+1}$를 갖는다.

따라서 함수 $y=g(x)$의 그래프의 개형을 그리면 다음과 같다.

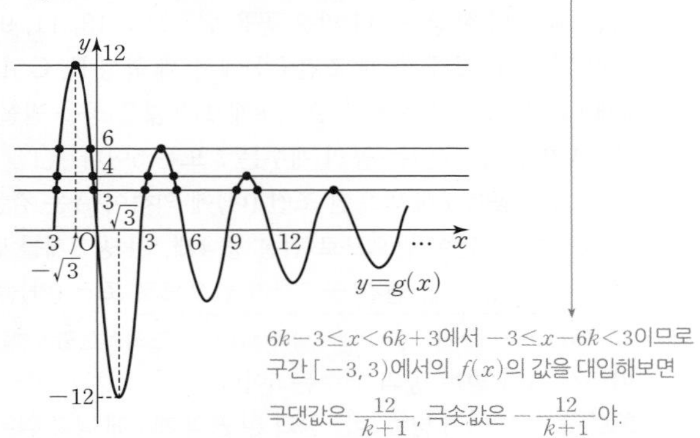

$6k-3\le x<6k+3$에서 $-3\le x-6k<3$이므로 구간 $[-3, 3)$에서의 $f(x)$의 값을 대입해보면 극댓값은 $\frac{12}{k+1}$, 극솟값은 $-\frac{12}{k+1}$야.

Step 3 직선 $y=n$과 함수 $y=g(x)$의 그래프가 만나는 상황을 파악하여 a_n을 구한다.

함수 $g(x)$의 극댓값이 자연수인 경우를 생각해보면 $k+1$이 12의 양의 약수일 때이므로

→ k는 자연수이므로 $k+1\neq1$이야.

$k+1=2,\ 3,\ 4,\ 6,\ 12$

즉 $k=1,\ 2,\ 3,\ 5,\ 11$일 때 함수 $g(x)$의 극댓값은 각각 6, 4, 3, 2, 1이다.

$n=1,\ 2,\ 3,\ \cdots$을 차례대로 대입하여 a_n의 값을 구하면

(i) $n=1$일 때, $a_1=2\times11+1=23$

→ 극댓값이 1인 경우는 $k=11$일 때이므로 함수 $y=g(x)$의 그래프에서 1보다 큰 극댓값이 11개 존재해. 따라서 교점의 개수는 $2\times11+1=23$

(ii) $n=2$일 때, $a_2=2\times5+1=11$

(iii) $n=3$일 때, $a_3=7$

(iv) $n=4$일 때, $a_4=5$

(v) $n=5$일 때, $a_5=4$

→ 극댓값이 5인 경우는 없으므로 극댓값이 4인 경우를 생각해보면 $k=2$일 때이므로 4보다 큰 극댓값이 2개 존재해. 따라서 교점의 개수는 $2\times2=4$

(vi) $n=6$일 때, $a_6=3$

(vii) $7\le n\le11$일 때, $a_n=2$

(viii) $n=12$일 때, $a_{12}=1$

$\therefore \sum_{n=1}^{12}a_n=23+11+7+5+4+3+2\times5+1=64$

확률과 통계

23 [정답률 92%]

정답 ⑤

Step 1 두 사건 A, B가 서로 배반사건임을 이용하여 $\mathrm{P}(B)$의 값을 구한다.

→ $A\cap B=\varnothing$이므로 $\mathrm{P}(A\cap B)=0$이야.

두 사건 A, B가 서로 배반사건이므로 $\mathrm{P}(A\cap B)=0$

즉, $\mathrm{P}(A\cup B)=\mathrm{P}(A)+\mathrm{P}(B)$이므로 $\frac{11}{12}=\frac{1}{12}+\mathrm{P}(B)$

$\therefore \mathrm{P}(B)=\frac{5}{6}$

24 [정답률 91%]

정답 ③

Step 1 이항정리를 이용하여 x^2의 계수를 구한다.

다항식 $(2x+1)^7$의 전개식의 일반항은 이항정리에 의하여

${}_7\mathrm{C}_n(2x)^n1^{7-n}={}_7\mathrm{C}_n\times2^n\times x^n\ (n=0,\ 1,\ 2,\ \cdots,\ 7)$

따라서 x^2의 계수는 ${}_7\mathrm{C}_2\times2^2=\frac{7\times6}{2}\times4=84$

→ $n=2$일 때이므로 위의 식에 $n=2$를 대입

25 [정답률 85%]

정답 ②

Step 1 확률분포의 성질을 이용하여 a의 값을 구한다.

주어진 확률분포표에서 확률의 총합이 1이므로

$a+\frac{1}{2}a+\frac{3}{2}a=1,\ 3a=1$

$\therefore a=\frac{1}{3}$

Step 2 구한 확률을 이용하여 $\mathrm{E}(X)$의 값을 구한다.

$\mathrm{E}(X)=-1\times\mathrm{P}(X=-1)+0\times\mathrm{P}(X=0)+1\times\mathrm{P}(X=1)$

$=-a+0+\frac{3}{2}a$

$=\frac{1}{2}a=\frac{1}{6}$

26 [정답률 71%]

정답 ①

Step 1 주어진 식을 만족시키는 조건을 찾는다.

$(a-2)^2+(b-3)^2+(c-4)^2=2$를 만족시키려면 세 식 $(a-2)^2$, $(b-3)^2$, $(c-4)^2$의 값 중 한 개가 0, 두 개가 1이어야 한다.

→ 각각이 가질 수 있는 값이 0, 1, 4, … 이므로 세 값의 합이 2이려면 한 개가 0, 두 개가 1이어야만 가능해.

Step 2 조건을 만족시킬 확률을 구한다.

(i) $(a-2)^2=0$, 즉 $a=2$일 때, $(b-3)^2=1$에서 $b=2$ 또는 $b=4$

$(c-4)^2=1$에서 $c=3$ 또는 $c=5$

따라서 주어진 조건을 만족시키는 확률은 $\frac{1}{6}\times\frac{1}{3}\times\frac{1}{3}=\frac{1}{54}$

($a=2$일 확률, $b=2$ 또는 $b=4$일 확률, $c=3$ 또는 $c=5$일 확률)

(ii) $(b-3)^2=0$, 즉 $b=3$일 때, $(a-2)^2=1$에서 $a=1$ 또는 $a=3$

$(c-4)^2=1$에서 $c=3$ 또는 $c=5$

따라서 주어진 조건을 만족시키는 확률은 $\frac{1}{6}\times\frac{1}{3}\times\frac{1}{3}=\frac{1}{54}$

(iii) $(c-4)^2=0$, 즉 $c=4$일 때, $(a-2)^2=1$에서 $a=1$ 또는 $a=3$

$(b-3)^2=1$에서 $b=2$ 또는 $b=4$

따라서 주어진 조건을 만족시키는 확률은 $\frac{1}{6}\times\frac{1}{3}\times\frac{1}{3}=\frac{1}{54}$

(i)~(iii)에서 구하는 확률은 $\frac{1}{54}+\frac{1}{54}+\frac{1}{54}=\frac{3}{54}=\frac{1}{18}$

27 [정답률 78%]

정답 ④

Step 1 A, B, C를 같은 문자로 생각하고 같은 것이 있는 순열을 이용하여 6개의 문자를 일렬로 나열하는 경우의 수를 구한다.

3개의 문자 A, B, C를 같은 문자 X라 하자.

→ 일단 같은 문자로 두고 배열한 다음, A, B, C의 순서를 나중에 정해주면 돼.

A, B, C를 포함한 6개의 문자를 일렬로 배열하는 경우의 수는 같은 문자를 3개 포함한 6개의 문자를 일렬로 배열하는 경우의 수와 같으므로

$\frac{6!}{3!}=6\times5\times4=120$

Step 2 A, B, C를 배열하는 경우의 수를 구한 후, **Step 1**에서 구한 경우의 수를 곱하여 전체 경우의 수를 구한다.

→ A는 B와 C 사이에 위치한다고 했어.

3개의 X 중 가운데 문자 X는 항상 A이므로 A, B, C를 배열하는 경우의 수는 B와 C를 일렬로 나열하는 경우의 수와 같다.

따라서 3개의 문자 A, B, C를 배열하는 경우의 수는 2!이므로 구하는 경우의 수는 $120\times2!=240$

28 [정답률 44%] 정답 ⑤

Step 1 조건 (가)를 이용하여 확률변수 Y에 대한 조건을 파악한다.

조건 (가)에서 $Y=3X-a$이므로

$\mathrm{E}(Y)=\mathrm{E}(3X-a)=3\mathrm{E}(X)-a=3m-a$ ← $X\sim\mathrm{N}(m, 2^2)$이므로 $\mathrm{E}(X)=m$

이때 $\mathrm{E}(Y)=m$이므로 ← $Y\sim\mathrm{N}(m, \sigma^2)$이므로 $\mathrm{E}(Y)=m$

$3m-a=m \quad \therefore a=2m$ …… ㉠

$\sigma(Y)=\sigma(3X-a)=3\sigma(X)=6$

이때 $\sigma(Y)=\sigma$이므로 $\sigma=6$ …… ㉡

Step 2 조건 (나)를 표준화하여 조건을 만족시키는 m의 값을 구한다.

조건 (나)에 ㉠을 대입하면 $\mathrm{P}(X\le4)=\mathrm{P}(Y\ge2m)$

표준정규분포 $\mathrm{N}(0, 1^2)$을 따르는 확률변수 Z에 대하여

$\mathrm{P}(X\le4)=\mathrm{P}\left(Z\le\frac{4-m}{2}\right)$

$\mathrm{P}(Y\ge2m)=\mathrm{P}\left(Z\ge\frac{m}{6}\right)$

← 두 확률변수 X, Y를 각각 표준화한 거야.

따라서 $\frac{4-m}{2}=-\frac{m}{6}$이므로 $m=6$ …… ㉢

Step 3 $\mathrm{P}(Y\ge9)$의 값을 구한다.

㉡, ㉢에 의하여 확률변수 Y는 정규분포 $\mathrm{N}(6, 6^2)$을 따르므로

$\mathrm{P}(Y\ge9)=\mathrm{P}\left(Z\ge\frac{9-6}{6}\right)$ ← 확률변수 Y를 표준화한 거야.

$=\mathrm{P}(Z\ge0.5)$

$=\mathrm{P}(Z\ge0)-\mathrm{P}(0\le Z\le0.5)$

$=0.5-0.1915$

$=0.3085$

29 [정답률 21%] 정답 25

Step 1 선택한 2장의 카드에 적힌 두 수의 곱의 모든 양의 약수의 개수가 3 이하인 경우를 파악한다.

두 수의 곱의 모든 양의 약수의 개수가 3 이하인 사건을 A, 두 수의 합이 짝수인 사건을 B라 하자. ← 1과 $a(a=2, 3, 4, 5)$를 선택하면 두 수의 곱은 a이므로 양의 약수의 개수는 2 또는 3이야.

사건 A를 만족시키는 경우는 1을 포함하여 두 수를 선택하는 경우와 선택한 두 수가 서로 같은 소수인 경우이다.

(i) 1을 포함하여 두 수를 선택하는 경우

1을 선택하고, 나머지 14장의 카드 중 하나를 선택하면 되므로

구하는 확률은 $\frac{{}_1\mathrm{C}_1\times{}_{14}\mathrm{C}_1}{{}_{15}\mathrm{C}_2}=\frac{2}{15}$

← 소수 $b(b=2, 3, 5)$를 2번 선택할 경우 두 수의 곱은 b^2이므로 양의 약수는 $1, b, b^2$의 3개야.

(ii) 선택한 두 수가 서로 같은 소수인 경우

두 수가 2인 경우의 수는 ${}_2\mathrm{C}_2$

두 수가 3인 경우의 수는 ${}_3\mathrm{C}_2$

두 수가 5인 경우의 수는 ${}_5\mathrm{C}_2$

따라서 구하는 확률은 $\frac{{}_2\mathrm{C}_2+{}_3\mathrm{C}_2+{}_5\mathrm{C}_2}{{}_{15}\mathrm{C}_2}=\frac{2}{15}$

(i), (ii)에서 사건 A의 확률은 $\mathrm{P}(A)=\frac{2}{15}+\frac{2}{15}=\frac{4}{15}$

← 1이 홀수이므로 두 수의 합이 짝수이려면 다른 수도 홀수이어야 해.

Step 2 위의 경우 중 두 수의 합이 짝수인 경우를 파악한다.

두 사건 A, B를 동시에 만족시키는 경우는 (i)에서 선택한 두 수가 1, 3 또는 1, 5인 경우와 (ii)인 경우이므로 구하는 확률은

$\mathrm{P}(A\cap B)=\frac{{}_1\mathrm{C}_1\times{}_3\mathrm{C}_1+{}_1\mathrm{C}_1\times{}_5\mathrm{C}_1}{{}_{15}\mathrm{C}_2}+\frac{2}{15}=\frac{8}{105}+\frac{14}{105}=\frac{22}{105}$

← 선택한 두 소수가 서로 같으므로 합은 무조건 짝수야.

Step 3 구하고자 하는 확률을 계산한다.

$\mathrm{P}(B|A)=\frac{\mathrm{P}(A\cap B)}{\mathrm{P}(A)}=\frac{\frac{22}{105}}{\frac{4}{15}}=\frac{11}{14}$

따라서 $p=14$, $q=11$이므로 $p+q=14+11=25$

30 [정답률 7%] 정답 51

Step 1 학생 A가 받는 공의 개수를 구한다.

조건 (다)에 의하여 학생 A가 받는 공의 개수는 홀수이고, 다른 세 명의 학생들보다 많은 공을 받으므로 13, 11, 9, 7, 5개의 공을 받을 수 있다. 이때 조건 (가)에서 세 학생 B, C, D도 각각 2개 이상의 공을 받으므로 A는 8개보다 많은 공을 받을 수 없다.

즉, A가 받을 수 있는 공의 개수는 7 또는 5이다.

만약 A가 공을 7개 받으면 조건 (나)에 의하여 A는 검은 공을 흰 공보다 더 많이 받으므로 검은 공 4개, 흰 공 3개를 받는다.

이 경우 흰 공 2개, 빨간 공 5개가 남으므로 조건 (가)를 만족시키지 않는다. ← 흰 공이 2개 남아서 B, C, D 중 최소 한 명이 빨간 공만 받게 돼.

따라서 A가 받는 공의 개수는 5이다.

Step 2 학생 A가 받는 검은 공과 흰 공의 개수에 따라 경우를 나눈 후, 경우의 수를 구한다.

학생 A가 받는 공의 개수는 5이므로 가능한 경우는 다음과 같다.

(i) A가 검은 공 4개, 흰 공 1개를 받는 경우

흰 공 4개와 빨간 공 5개가 남으므로 세 학생 B, C, D에게 흰 공과 빨간 공을 각각 한 개씩 나누어 준 뒤, 남은 흰 공 1개와 빨간 공 2개를 나누어 주는 경우의 수를 구하면 된다.

흰 공 1개를 받는 학생을 정하는 경우의 수는 ${}_3\mathrm{C}_1=3$

빨간 공 2개를 3명의 학생에게 나누어 주는 경우의 수는

${}_3\mathrm{H}_2={}_4\mathrm{C}_2=6$

이때 흰 공을 2개 받는 학생이 빨간 공을 3개 받는 경우를 제외해야 하므로 구하는 경우의 수는 $6-1=5$

따라서 A가 검은 공 4개, 흰 공 1개를 받는 경우의 수는

$3\times5=15$이다. ← 세 학생 B, C, D는 5개 미만의 공을 받을 수 있어.

(ii) A가 검은 공 3개, 흰 공 2개를 받는 경우

검은 공 1개, 흰 공 3개, 빨간 공 5개가 남으므로 다음 두 경우로 나눌 수 있다.

← 조건 (가)에 의해 검은 공과 흰 공을 받은 학생에게 나누어 줄 수는 없어.

① B, C, D 중 한 학생이 검은 공과 흰 공만 받는 경우

검은 공과 흰 공을 받는 학생을 정하는 경우의 수는 ${}_3\mathrm{C}_1=3$

나머지 두 명의 학생들에게 흰 공과 빨간 공을 하나씩 나누어 준 뒤, 남은 빨간 공 3개를 2명에게 나누어 주는 경우의 수는

${}_2\mathrm{H}_3-2={}_4\mathrm{C}_3-2=2$ ← 한 명이 남은 빨간 공 3개를 모두 받으면 조건 (다)를 만족시키지 않아.

따라서 구하는 경우의 수는 $3\times2=6$

② B, C, D 중 한 학생이 검은 공과 빨간 공만 받는 경우

검은 공과 빨간 공을 받는 학생을 정하는 경우의 수는 ${}_3\mathrm{C}_1=3$

나머지 두 명의 학생들에게 흰 공과 빨간 공을 하나씩 나누어 준 뒤, 남은 흰 공 1개와 빨간 공 2개를 나누어 주는 경우의 수를 구하면 된다. 이때 흰 공을 검은 공을 받지 않은 두 명에게 나누어 주는 경우의 수는 ${}_2\mathrm{C}_1=2$이고, 빨간 공 2개를 세 명에게 나누어 주는 경우의 수는 ${}_3\mathrm{H}_2-1={}_4\mathrm{C}_2-1=5$이다.

← 흰 공을 2개 받은 학생이 빨간 공을 3개 받는 경우를 제외해야 돼.

따라서 구하는 경우의 수는 $3\times2\times5=30$

즉, ①과 ②에서 경우의 수는 $6+30=36$이다.

따라서 (i), (ii)에서 구하는 경우의 수는 $15+36=51$이다.

미적분

23 [정답률 94%] 정답 ①

Step 1 $\sin^2\theta+\cos^2\theta=1$임을 이용하여 주어진 삼각함수의 값을 계산한다.

→ θ가 제1사분면의 각이므로 $\sin\theta>0$, $\cos\theta>0$이야.

$0<\theta<\frac{\pi}{2}$에서 $\cos\theta>0$이므로

$$\cos\theta=\sqrt{1-\sin^2\theta}=\sqrt{1-\left(\frac{\sqrt{5}}{5}\right)^2}=\frac{2\sqrt{5}}{5}$$

$$\therefore \sec\theta=\frac{1}{\cos\theta}=\frac{\sqrt{5}}{2}$$

→ $=\frac{5}{2\sqrt{5}}=\frac{\sqrt{5}}{2}$

24 [정답률 83%] 정답 ⑤

Step 1 치환적분법을 이용하여 주어진 정적분의 값을 구한다.

$\sin 2x=t$라 하면 $2\cos 2x=\frac{dt}{dx}$이고, $x=0$일 때 $t=0$,

$x=\frac{\pi}{4}$일 때 $t=1$이므로 → 양변을 x에 대하여 미분한 거야.

$$\int_0^{\frac{\pi}{4}}2\cos 2x\sin^2 2x\,dx=\int_0^1 t^2dt$$
$$=\left[\frac{1}{3}t^3\right]_0^1$$
$$=\frac{1}{3}$$

25 [정답률 87%] 정답 ④

Step 1 r의 값의 범위에 따라 극한값을 구한다.

(i) $1\le r<3$일 때, → $r=3$을 기준으로 범위를 나누면 돼.

$\lim_{n\to\infty}\left(\frac{r}{3}\right)^n=0$이므로 주어진 식의 분모, 분자를 각각 3^n으로 나누면

$$\lim_{n\to\infty}\frac{1+r\times\left(\frac{r}{3}\right)^n}{1+7\times\left(\frac{r}{3}\right)^n}=1$$

→ $=\frac{1+0}{1+0}=1$

따라서 자연수 r의 값은 1, 2이다.

(ii) $r=3$일 때, 주어진 식에 $r=3$을 대입하면

→ 3×3^n

$$\lim_{n\to\infty}\frac{3^n+3^{n+1}}{3^n+7\times3^n}=\lim_{n\to\infty}\frac{4\times3^n}{8\times3^n}=\frac{1}{2}\neq1$$

따라서 주어진 식은 성립하지 않는다.

(iii) $r>3$일 때,

$\lim_{n\to\infty}\left(\frac{3}{r}\right)^n=0$이므로 주어진 식의 분모, 분자를 각각 r^n으로 나누면

$$\lim_{n\to\infty}\frac{\left(\frac{3}{r}\right)^n+r}{\left(\frac{3}{r}\right)^n+7}=\frac{r}{7}=1 \qquad \therefore r=7$$

→ $=\frac{0+r}{0+7}=\frac{r}{7}$

(i)~(iii)에 의하여 주어진 식을 만족시키는 r의 값은 1, 2, 7이다.

따라서 모든 r의 값의 합은 $1+2+7=10$

26 [정답률 80%] 정답 ③

Step 1 S_1의 값을 구한다.

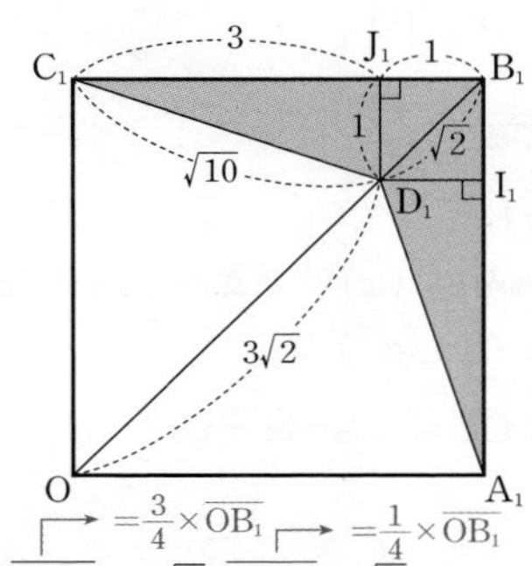

→ $=\sqrt{4^2+4^2}=4\sqrt{2}$ → $=\frac{3}{4}\times\overline{OB_1}$ → $=\frac{1}{4}\times\overline{OB_1}$

$\overline{OB_1}=4\sqrt{2}$이므로 $\overline{OD_1}=3\sqrt{2}$, $\overline{B_1D_1}=\sqrt{2}$

점 D_1에서 직선 A_1B_1에 내린 수선의 발을 I_1이라 하면

$\triangle B_1D_1I_1\backsim\triangle B_1OA_1$이므로 $\overline{D_1I_1}=1$

또한, 점 D_1에서 직선 B_1C_1에 내린 수선의 발을 J_1이라 하면

같은 이유로 $\overline{D_1J_1}=1$

따라서 두 삼각형 $A_1B_1D_1$, $B_1C_1D_1$의 넓이는 서로 같으므로

$S_1=2\times\left(\frac{1}{2}\times4\times1\right)=4$ → 밑변의 길이가 4, 높이가 1인 삼각형이야.

Step 2 두 선분 OB_1과 OB_2의 닮음비를 구한다.

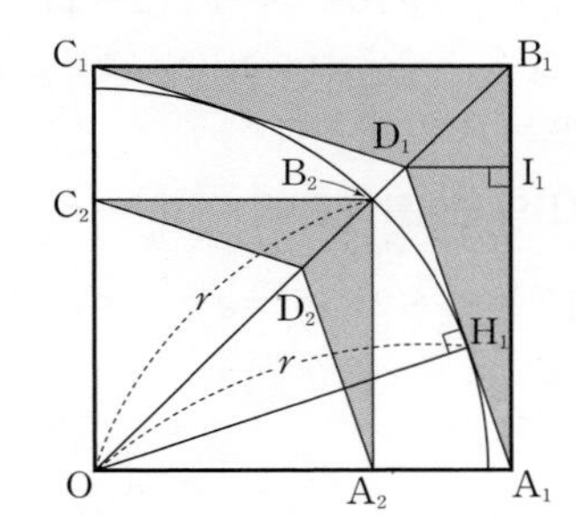

그림 R_2에서 중심이 O이고 두 선분 A_1D_1, C_1D_1에 동시에 접하는 원과 선분 A_1D_1이 접하는 점을 H_1, 원의 반지름의 길이를 r이라 하자.

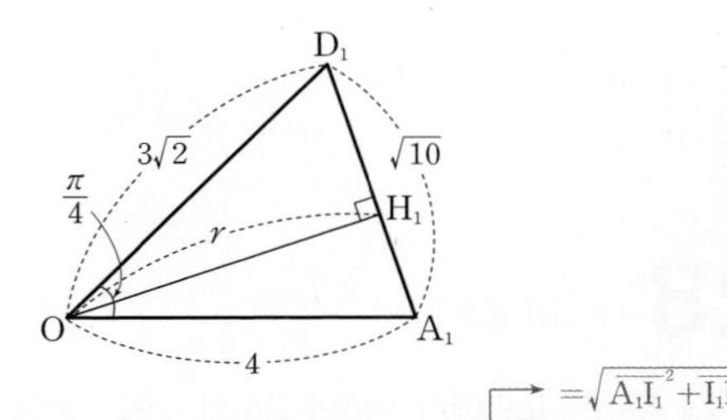

→ $=\sqrt{\overline{A_1I_1}^2+\overline{I_1D_1}^2}$

삼각형 $A_1I_1D_1$에서 피타고라스 정리에 의하여 $\overline{A_1D_1}=\sqrt{10}$

삼각형 OA_1D_1의 넓이를 k라 하면

$$k=\frac{1}{2}\times\overline{OH_1}\times\overline{A_1D_1}=\frac{1}{2}\times\overline{OA_1}\times\overline{OD_1}\times\sin\frac{\pi}{4}$$

즉, $\frac{1}{2}\times r\times\sqrt{10}=\frac{1}{2}\times4\times3\sqrt{2}\times\frac{\sqrt{2}}{2}$이므로 $r=\frac{12}{\sqrt{10}}$

이때 $\overline{OB_2}=r=\frac{12}{\sqrt{10}}$이므로 $\overline{OB_1}:\overline{OB_2}=4\sqrt{2}:\frac{12}{\sqrt{10}}=\sqrt{20}:3$

이다. → 삼각형의 넓이를 구하는 방법 중 서로 다른 두 방법을 이용해도 넓이는 같음을 활용한 거야.

Step 3 그림 R_n에서 새로 색칠된 도형의 넓이가 이루는 등비수열의 공비를 구한다.

그림 R_n에서 새로 색칠된 도형과 그림 R_{n+1}에서 새로 색칠된 도형의 닮음비가 $\sqrt{20}:3$이므로 두 도형의 넓이의 비는 $20:9$이다.

즉, 그림 R_n에서 새로 색칠된 도형의 넓이를 T_n이라 하면

수열 $\{T_n\}$은 첫째항이 4이고 공비가 $\frac{9}{20}$인 등비수열이다.

→ 두 도형의 닮음비가 $m:n$일 때, 넓이의 비는 $m^2:n^2$

Step 4 $\lim_{n\to\infty}S_n$의 값을 구한다.

→ $\sum_{k=1}^{n}T_k=S_n$이야.

$$\lim_{n\to\infty}S_n=\frac{4}{1-\frac{9}{20}}=\frac{4}{\frac{11}{20}}=\frac{80}{11}$$

→ 그림 R_1과 R_2에서 각각 새로 색칠된 도형의 닮음비와 같아.

본문 168쪽

27 [정답률 85%]

정답 ①

Step 1 점 A의 좌표를 구한다.

함수 $f(x)=xe^{-2x}$이라 하면

$f'(x)=(1-2x)e^{-2x}$ → $=e^{-2x}-2xe^{-2x}$

$f''(x)=(4x-4)e^{-2x}$ → $=-2e^{-2x}-2(1-2x)e^{-2x}$

$f''(x)=0$에서 $x=1$

이때 $x=1$의 좌우에서 $f''(x)$의 부호가 음에서 양으로 바뀌므로 변곡점 A의 좌표는 $A(1,\ e^{-2})$

Step 2 점 A에서의 접선의 방정식을 구한다.

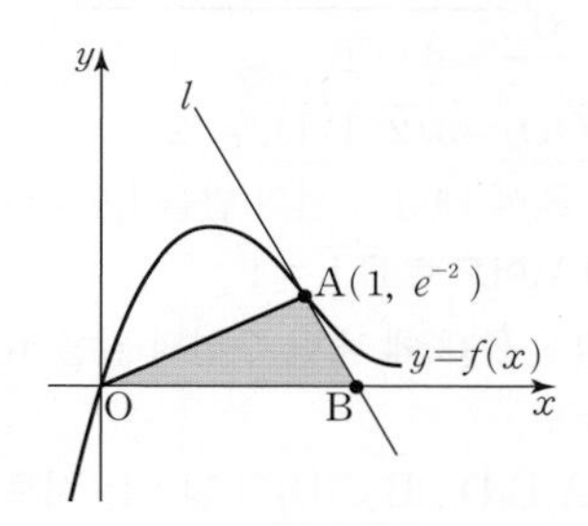

함수 $y=f(x)$의 그래프 위의 점 A에서의 접선을 l이라 하면 직선 l의 기울기는 $f'(1)=-e^{-2}$이고, 직선 l은 점 $A(1,\ e^{-2})$을 지나므로 접선의 방정식은 $y-e^{-2}=-e^{-2}(x-1)$

$\therefore\ y=-e^{-2}\times x+2e^{-2}$ → 점 B는 직선 l과 x축의 교점이야.

따라서 점 B의 좌표는 $B(2,\ 0)$이다.

Step 3 삼각형 OAB의 넓이를 구한다.

삼각형 OAB의 넓이는 $\frac{1}{2}\times2\times e^{-2}=e^{-2}$

→ 밑변의 길이가 2, 높이가 e^{-2}인 삼각형이야.

28 [정답률 62%]

정답 ②

Step 1 주어진 도형에서 선분의 길이와 각의 크기에 대하여 파악한다.

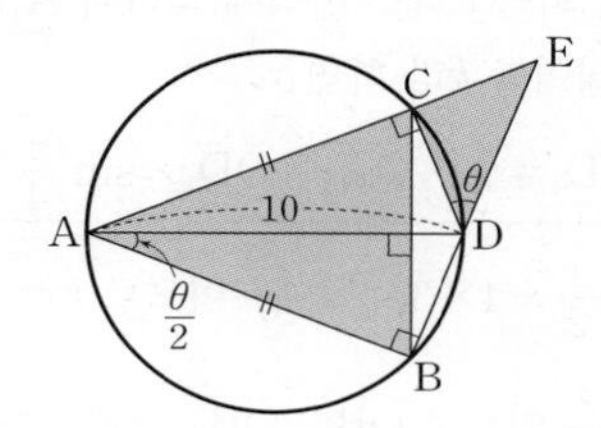

$\angle ABD=\frac{\pi}{2}$이므로 선분 AD는 원의 지름이고 $\overline{AD}=10$

→ 반지름의 길이가 5이므로 지름의 길이는 10

선분 AD가 원의 지름이므로 $\angle ECD=\frac{\pi}{2}$

이때 $\overline{AB}=\overline{AC}$이므로 $\overline{AD}\perp\overline{BC}$이고, $\angle DAB=\angle CAD=\frac{\theta}{2}$이다.

→ 두 삼각형 ABD, ACD가 합동이기 때문이야.

따라서 $\angle AEB=\frac{\pi}{2}-\theta$이므로 $\angle CDE=\theta$이다.

→ 삼각형 ABE의 세 내각의 크기의 합은 $180°$이므로 $\angle AEB=\frac{\pi}{2}-\theta$야.

$\overline{CD}=10\sin\frac{\theta}{2}$이므로 $\overline{CE}=10\sin\frac{\theta}{2}\tan\theta$

→ 직각삼각형 ADC에서 $\sin\frac{\theta}{2}=\frac{\overline{CD}}{\overline{AD}}$

→ 직각삼각형 CDE에서 $\tan\theta=\frac{\overline{CE}}{\overline{CD}}$

Step 2 $f(\theta)$, $g(\theta)$의 식을 구한다.

$f(\theta)=\frac{1}{2}\times\overline{AB}\times\overline{AC}\times\sin\theta$

$=\frac{1}{2}\times\left(10\cos\frac{\theta}{2}\right)^2\times\sin\theta=50\cos^2\frac{\theta}{2}\sin\theta$

→ $\cos\frac{\theta}{2}=\frac{\overline{AB}}{\overline{AD}}$에서 $\overline{AB}=10\cos\frac{\theta}{2}$

$g(\theta)=\frac{1}{2}\times\overline{CD}\times\overline{CE}$

$=\frac{1}{2}\times10\sin\frac{\theta}{2}\times10\sin\frac{\theta}{2}\tan\theta=50\sin^2\frac{\theta}{2}\tan\theta$

Step 3 삼각함수의 극한값을 구한다.

$$\lim_{\theta\to0+}\frac{g(\theta)}{\theta^2\times f(\theta)}$$

$$=\lim_{\theta\to0+}\frac{50\sin^2\frac{\theta}{2}\tan\theta}{\theta^2\times50\cos^2\frac{\theta}{2}\sin\theta}=\lim_{\theta\to0+}\left(\frac{1}{\cos^2\frac{\theta}{2}}\times\frac{\sin^2\frac{\theta}{2}\tan\theta}{\theta^2\times\sin\theta}\right)$$

($\frac{1}{\cos^2\frac{\theta}{2}}$ → 1)

$$=\lim_{\theta\to0+}\left\{1\times\frac{1}{4}\times\frac{\sin^2\frac{\theta}{2}}{\left(\frac{\theta}{2}\right)^2}\times\frac{\tan\theta}{\theta}\times\frac{\theta}{\sin\theta}\right\}=\frac{1}{4}$$

(각각 → 1, → 1, → 1)

29 [정답률 38%]

정답 15

Step 1 함수 $h(x)$는 $x=0$과 $x=1$에서 연속이어야 함을 이용하여 $g^{-1}(0)$의 값을 구한다.

함수 $h(x)$는 실수 전체의 집합에서 미분가능하므로 연속함수이다.

즉, $x=0$과 $x=1$에서 연속이어야 한다.

(i) $x=0$에서 연속

함수 $h(x)$는 $x=0$에서 연속이므로

$h(0)=\lim_{x\to0-}h(x)=\lim_{x\to0+}h(x)$이어야 한다.

$h(0)=0$, $\lim_{x\to0+}h(x)=\lim_{x\to0+}\frac{1}{\pi}\sin\pi x=0$,

$\lim_{x\to0-}h(x)=(f\circ g^{-1})(0)=f(g^{-1}(0))$

$\therefore\ f(g^{-1}(0))=0$

이때 $g^{-1}(0)=\alpha$라 하면 $g(\alpha)=0$이고 $f(\alpha)=0$이다.

→ 역함수의 성질에 의하여 $g(p)=q$이면 $g^{-1}(q)=p$

$f(x)=x^3-x$에서 $f(\alpha)=\alpha^3-\alpha=\alpha(\alpha+1)(\alpha-1)=0$

$\therefore\ \alpha=-1$ 또는 $\alpha=0$ 또는 $\alpha=1$ ...... ㉠

(ii) $x=1$에서 연속

함수 $h(x)$는 $x=1$에서 연속이므로

$h(1)=\lim_{x\to1-}h(x)=\lim_{x\to1+}h(x)$이어야 한다.

$h(1)=0$, $\lim_{x\to1-}h(x)=\lim_{x\to1-}\frac{1}{\pi}\sin\pi x=0$,

$\lim_{x\to1+}h(x)=(f\circ g^{-1})(1)=f(g^{-1}(1))$

$\therefore\ f(g^{-1}(1))=0$

$g(x)=ax^3+x^2+bx+1$에서 $g(0)=1$이므로 $g^{-1}(1)=0$

즉, $f(g^{-1}(1))=f(0)=0$이 성립하므로 함수 $h(x)$는 $x=1$에서 항상 연속이다.

따라서 (i), (ii)에서 $g^{-1}(0)$의 값은 -1 또는 0 또는 1이어야 한다.

Step 2 함수 $h(x)$는 $x=0$과 $x=1$에서 미분가능해야 함을 이용하여 상수 b의 값을 구한다.

함수 $h(x)$는 실수 전체의 집합에서 미분가능하므로 $x=0$과 $x=1$에서 미분가능해야 한다.

(i) $x=0$에서 미분가능

함수 $h(x)$는 $x=0$에서 미분가능하므로

$\lim_{x\to0-}\frac{h(x)-h(0)}{x-0}=\lim_{x\to0+}\frac{h(x)-h(0)}{x-0}$

→ $\lim_{x\to0+}\frac{\sin\pi x}{\pi x}=1$

$\lim_{x\to0+}\frac{\frac{1}{\pi}\sin\pi x}{x}=1$이므로 $\lim_{x\to0-}\frac{f(g^{-1}(x))}{x}=1$이어야 한다.

$\therefore\ f'(g^{-1}(0))\times(g^{-1})'(0)=1$

→ 역함수의 성질에 의하여 $g(p)=q$이면 $(g^{-1})'(q)=\frac{1}{g'(p)}$

이때 $g^{-1}(0)=\alpha$이고 $(g^{-1})'(0)=\frac{1}{g'(\alpha)}$이므로

$f'(\alpha)\times\frac{1}{g'(\alpha)}=1$ $\quad\therefore\ f'(\alpha)=g'(\alpha)$

$f'(x)=3x^2-1$, $g'(x)=3ax^2+2x+b$에서

$3\alpha^2-1=3a\alpha^2+2\alpha+b$ ...... ㉡

(ii) $x=1$에서 미분가능

함수 $h(x)$는 $x=1$에서 미분가능하므로

본문 169쪽

$$\lim_{x\to 1-}\frac{h(x)-h(1)}{x-1}=\lim_{x\to 1+}\frac{h(x)-h(1)}{x-1}$$

$$\lim_{x\to 1-}\frac{h(x)-h(1)}{x-1}=\lim_{x\to 1-}\frac{\frac{1}{\pi}\sin \pi x}{x-1}$$ 에서 $x-1=t$라 하면

→ $x=t+1$이고 $x\to 1-$일 때, $t\to 0-$

$$\lim_{x\to 1-}\frac{\frac{1}{\pi}\sin \pi x}{x-1}=\lim_{t\to 0-}\frac{\sin \pi(t+1)}{\pi t}$$

$$=\lim_{t\to 0-}\frac{\sin(\pi+\pi t)}{\pi t}$$

$$=\lim_{t\to 0-}\frac{-\sin \pi t}{\pi t}=-1$$

즉, $\lim_{x\to 1+}\frac{f(g^{-1}(x))}{x-1}=-1$이어야 하므로

$f'(g^{-1}(1))\times(g^{-1})'(1)=-1$

이때 $g^{-1}(1)=0$이고 $(g^{-1})'(1)=\frac{1}{g'(0)}$이므로

$f'(0)\times\frac{1}{g'(0)}=-1 \quad \therefore f'(0)=-g'(0)$

$f'(0)=-1$이므로 $g'(0)=1$

따라서 $g'(x)=3ax^2+2x+b$에서 $g'(0)=b$이므로 $b=1$

Step 3 함수 $g(x)$의 역함수가 존재함을 이용하여 상수 a의 값을 구한다.

삼차함수 $g(x)$는 역함수 $g^{-1}(x)$가 존재하고 $g'(0)=1>0$이므로 증가함수이다.

→ 함수 $g(x)$는 일대일대응이고 증가함수 또는 감소함수야.

이때 $g(\alpha)=0$, $g(0)=1$이므로 $\alpha<0$

따라서 ㉠에 의하여 $\alpha=-1$이므로 ㉡에 $\alpha=-1$, $b=1$을 각각 대입하면

$3\times(-1)^2-1=3a\times(-1)^2+2\times(-1)+1$

$2=3a-1 \quad \therefore a=1$

Step 4 $g(a+b)$의 값을 구한다.

따라서 $g(x)=x^3+x^2+x+1$이므로

$g(a+b)=g(2)=2^3+2^2+2+1=15$

30 [정답률 17%] 정답 586

Step 1 함수 $g(x)$를 미분하여 $g(x)$가 $x=0$에서 극솟값을 갖도록 하는 상수 b의 값의 범위를 구한다.

함수 $g(x)$를 미분하면

$$g'(x)=\frac{f'(x)}{f(x)}-\frac{1}{10}f'(x)$$ → 합성함수의 미분법

$$=\frac{f'(x)}{10f(x)}\{10-f(x)\}$$

$g'(x)=0$에서 $f'(x)=0$ 또는 $f(x)=10$

이때 a, b는 자연수이므로 $f(x)=ax^2+b>0$

$f'(x)=2ax$이므로 $f'(0)=0$

$x>0$일 때, $f'(x)>0$

$x<0$일 때, $f'(x)<0$

(i) 방정식 $f(x)=10$이 실근을 갖지 않을 때, → $f'(0)=0$, $f(x)>10$

$f(0)=b>10$이므로 함수 $y=f(x)$의 그래프의 개형은 다음과 같다.

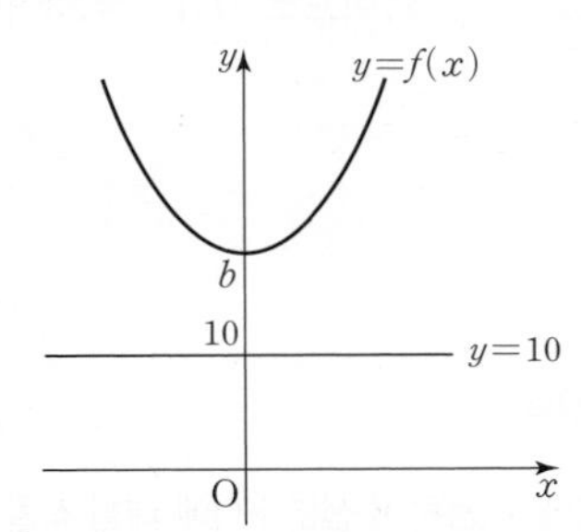

함수 $g(x)$의 증가와 감소를 표로 나타내면 다음과 같다.

x	$\cdots$	0	$\cdots$
$g'(x)$	+	0	−
$g(x)$	↗	극대	↘

(ii) 방정식 $f(x)=10$이 중근을 가질 때,

$f(0)=b=10$이므로 함수 $y=f(x)$의 그래프의 개형은 다음과 같다.

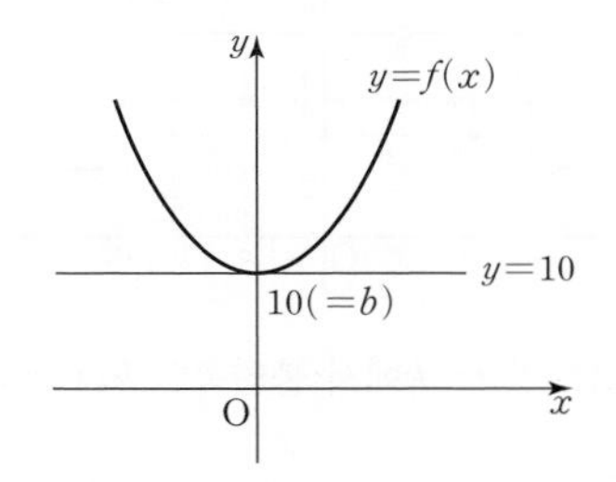

$x=0$일 때, $10-f(x)=0$

$x\neq 0$일 때, $10-f(x)<0$

따라서 함수 $g(x)$의 증가와 감소를 표로 나타내면 다음과 같다.

x	$\cdots$	0	$\cdots$
$g'(x)$	+	0	−
$g(x)$	↗	극대	↘

(iii) 방정식 $f(x)=10$이 서로 다른 두 실근을 가질 때,

$f(0)=b<10$이므로 함수 $y=f(x)$의 그래프의 개형은 다음과 같다.

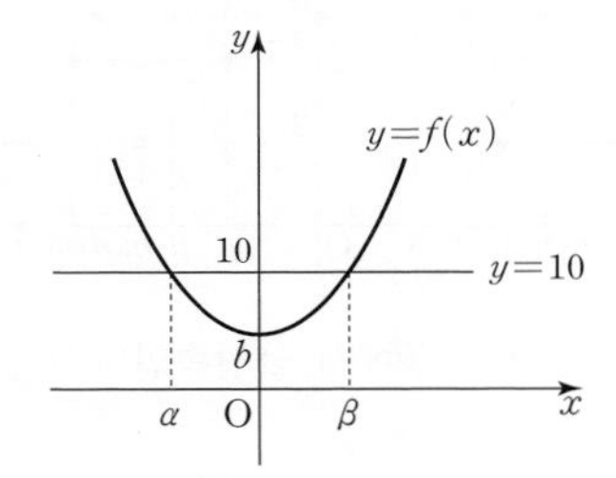

함수 $y=f(x)$의 그래프가 직선 $y=10$과 만나는 두 점의 x좌표를 각각 α, β $(\alpha<\beta)$라 하면

$x<\alpha$ 또는 $x>\beta$일 때, $10-f(x)<0$

$x=\alpha$ 또는 $x=\beta$일 때, $10-f(x)=0$

$\alpha<x<\beta$일 때, $10-f(x)>0$

따라서 함수 $g(x)$의 증가와 감소를 표로 나타내면 다음과 같다.

x	$\cdots$	α	$\cdots$	0	$\cdots$	β	$\cdots$
$g'(x)$	+	0	−	0	+	0	−
$g(x)$	↗	극대	↘	극소	↗	극대	↘

(i)~(iii)에서 함수 $g(x)$가 $x=0$에서 극솟값을 가지려면

$f(0)=b<10$이어야 한다.

$\therefore 1\le b<10$ → 문제에서 b는 자연수라고 했어.

Step 2 $g(0)$의 값의 범위를 구한다.

$$g(0)=\ln f(0)-\frac{1}{10}\{f(0)-1\}$$

$$=\ln b-\frac{1}{10}(b-1)$$

이때 $p(x)=\ln x-\frac{1}{10}(x-1)$이라 하면

$$p'(x)=\frac{1}{x}-\frac{1}{10}=\frac{10-x}{10x}$$

$1\le x<10$일 때, $p'(x)>0$이므로 함수 $p(x)$는 증가함수이다.

$\therefore g(0)=p(b)\ge p(1)=0 \quad \cdots\cdots$ ㉠

Step 3 $g(0)$의 값의 범위에 따라 함수 $y=|g(x)|$의 그래프의 개형을 그려 함수 $h(t)$가 $t=k$에서 불연속인 k의 값의 개수를 구한다.

$f(-x)=f(x)$이므로 $g(-x)=g(x)$

즉, 함수 $y=g(x)$의 그래프는 y축에 대하여 대칭이므로 이를 이용하여 함수 $y=|g(x)|$의 그래프의 개형을 그리면 다음과 같다.

→ 함수 $y=|g(x)|$의 그래프는 함수 $y=g(x)$의 그래프를 x축 위로 접어올린 거야.

(i) $g(0)=0$일 때,

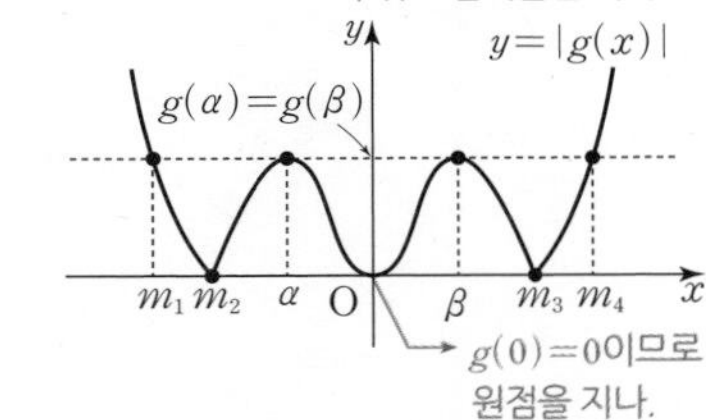

함수 $y=|g(x)|$의 그래프를 이용하여 함수 $y=h(t)$의 그래프를 그리면 다음과 같다.

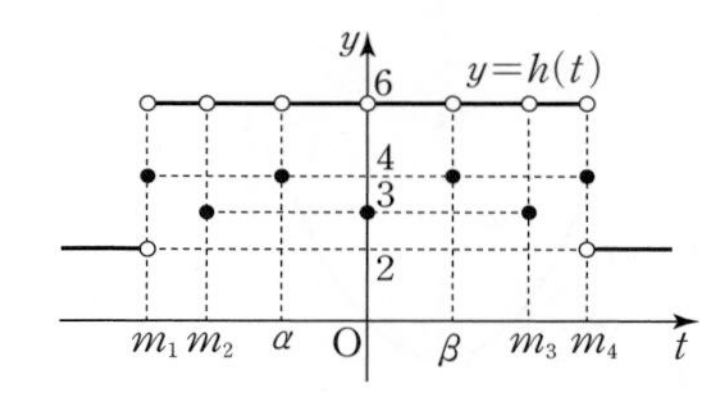

따라서 함수 $h(t)$가 $t=k$에서 불연속인 k의 값의 개수는 7이다.

(ii) $g(0)>0$일 때,

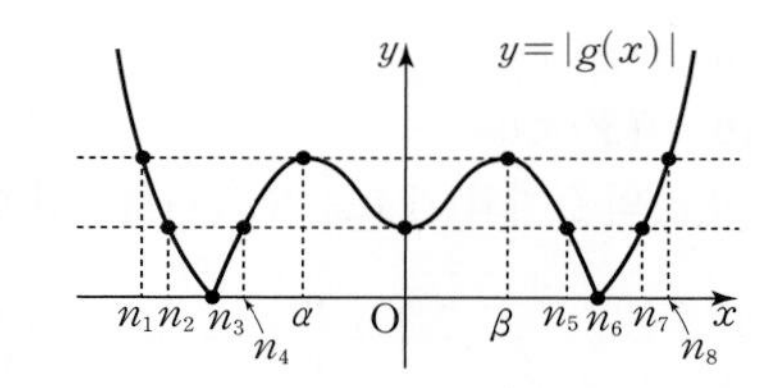

함수 $y=|g(x)|$의 그래프를 이용하여 함수 $y=h(t)$의 그래프를 그리면 다음과 같다.

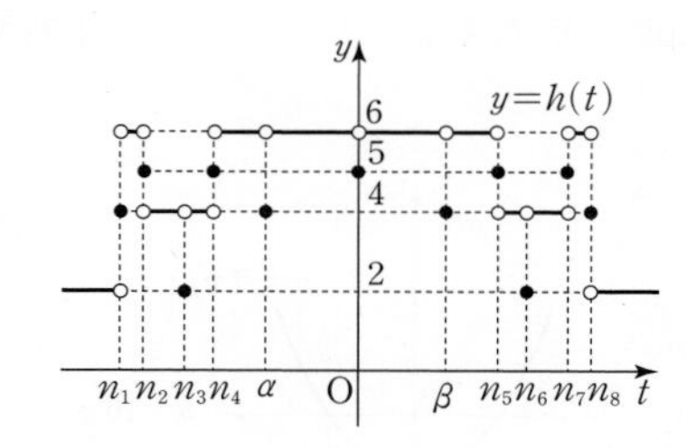

따라서 함수 $h(t)$가 $t=k$에서 불연속인 k의 값의 개수는 11이다.

Step 4 조건 (나)를 만족시키는 함수 $f(x)$의 식을 구한다.

(i), (ii)에서 함수 $h(t)$가 $t=k$에서 불연속인 k의 값의 개수가 7이려면 $g(0)=0$이어야 한다.

이때 ㉠에서 $0=g(0)=p(b)\geq p(1)=0$이므로 $p(b)=p(1)$

그런데 함수 $p(x)$는 $1\leq x<10$에서 증가함수이므로 $b=1$

$\therefore f(x)=ax^2+1$ (증가함수에서 함숫값이 같으면 그에 해당되는 x의 값도 같아.)

Step 5 부분적분법을 이용하여 $\int_0^a e^x f(x)dx$를 계산한 다음 상수 a의 값을 구한다.

$\int_0^a e^x f(x)dx$

$=\int_0^a e^x(ax^2+1)dx$

$=\left[e^x(ax^2+1)\right]_0^a-\int_0^a e^x\times 2ax\,dx$

$=\{e^a(a^3+1)-1\}-\left[e^x\times 2ax\right]_0^a+\int_0^a e^x\times 2a\,dx$

$=e^a(a^3+1)-1-e^a\times 2a^2+\left[2ae^x\right]_0^a$

$=(a^3-2a^2+2a+1)e^a-2a-1$

즉, $me^a-19=(a^3-2a^2+2a+1)e^a-2a-1$이므로

$-19=-2a-1 \quad \therefore a=9$

$\therefore m=a^3-2a^2+2a+1=9^3-2\times 9^2+2\times 9+1=586$

(유리수 p_1, p_2, q_1, q_2와 무리수 r에 대하여 $p_1r+q_1=p_2r+q_2$이면 $p_1=p_2, q_1=q_2$)

기하

23 [정답률 92%]

정답 ④

Step 1 두 벡터가 서로 평행할 조건을 이용한다.

두 벡터 $\vec{a}$와 $\vec{b}$가 서로 평행하면 $\vec{a}=t\vec{b}$를 만족시키는 실수 $t(t\neq 0)$가 존재한다.

즉, $(2, 4)=t(-1, k)=(-t, tk)$이므로

(벡터 $\vec{a}=(a_1, a_2)$에 대하여 m이 실수일 때, $m\vec{a}=m(a_1, a_2)=(ma_1, ma_2)$)

$2=-t$에서 $t=-2$

$4=tk$에서 $-2k=4$

$\therefore k=-2$

24 [정답률 84%]

정답 ②

Step 1 쌍곡선 위의 점에서 그은 접선의 방정식을 이용하여 a, b의 값을 각각 구한다.

쌍곡선 $x^2-y^2=1$ 위의 점 $P(a, b)$에서의 접선의 방정식은

$ax-by=1$

이 직선의 기울기가 2이므로 $y=\frac{a}{b}x-\frac{1}{b}$에서 $\frac{a}{b}=2$

$\therefore a=2b$

점 (a, b)가 쌍곡선 $x^2-y^2=1$ 위의 점이므로

$a^2-b^2=1$에서 $4b^2-b^2=1$

$b^2=\frac{1}{3} \qquad \therefore b=\frac{\sqrt{3}}{3}$ (점 (a, b)는 제1사분면 위의 점이므로 $b>0$)

따라서 $a=2b=\frac{2\sqrt{3}}{3}$이므로

$ab=\frac{2\sqrt{3}}{3}\times\frac{\sqrt{3}}{3}=\frac{2}{3}$

25 [정답률 75%]

정답 ⑤

Step 1 벡터 $\overrightarrow{AP}$와 직선 l의 방향벡터가 수직이 되도록 하는 점 P의 좌표를 구한 후, $|\overrightarrow{OP}|$의 값을 구한다.

점 P의 좌표를 (a, b)라 하면

$\frac{a-5}{2}=b-5 \qquad \therefore a=2b-5$ …… ㉠

(직선 l의 방정식에 점 P의 좌표를 대입했어.)

직선 l의 방향벡터는 $(2, 1)$, $\overrightarrow{AP}=(a-2, b-6)$이고 두 벡터는 서로 수직이므로 ($\overrightarrow{AP}=\overrightarrow{OP}-\overrightarrow{OA}$)

$\overrightarrow{AP}\cdot(2, 1)=2(a-2)+b-6=0 \qquad \therefore b=-2a+10$ …… ㉡

㉠과 ㉡을 연립하여 풀면

$a=2(-2a+10)-5$에서 $5a=15 \qquad \therefore a=3$

㉡에 $a=3$을 대입하면 $b=-2\times 3+10=4$

따라서 점 P의 좌표는 $(3, 4)$이므로 $|\overrightarrow{OP}|=\sqrt{3^2+4^2}=5$

26 [정답률 83%]

정답 ①

Step 1 타원의 성질을 이용하여 선분 FQ에 대한 식을 구한다.

직선 F′Q와 직선 FP의 교점을 R이라 하면 $\overline{FF'}=\overline{PF'}$이므로 점 R은 선분 PF의 중점이다. 즉, $\overline{PR}=\overline{FR}=\sqrt{3}$, $\overline{FF'}=2\sqrt{7}$이므로

$\overline{F'R}=5$ ($\overline{F'R}=\sqrt{\overline{FF'}^2-\overline{FR}^2}=\sqrt{28-3}=\sqrt{25}=5$)

타원의 장축의 길이가 8이므로 타원 위의 점 Q에 대하여

$\overline{F'Q}+\overline{FQ}=\overline{F'R}+\overline{RQ}+\overline{FQ}=8 \qquad \therefore \overline{RQ}+\overline{FQ}=3$

Step 2 피타고라스 정리를 이용하여 선분 FQ의 길이를 구한다.

$\overline{FQ}=a$라 하면 $\overline{RQ}=3-a$

이때 삼각형 FQR은 직각삼각형이므로 피타고라스 정리를 이용하면

$\overline{FQ}^2=\overline{FR}^2+\overline{RQ}^2$에서 $a^2=(\sqrt{3})^2+(3-a)^2$ → $a^2=3+9-6a+a^2$, $6a=12$ $\therefore a=2$

$\therefore a=2$

따라서 선분 FQ의 길이는 2이다.

27 [정답률 78%] 정답 ⑤

Step 1 정사영의 넓이를 이용하여 두 평면 α, ABCD가 이루는 이면각의 크기를 구한다.

한 변의 길이가 6인 정사각형 ABCD의 넓이는 $6\times6=36$

두 평면 α, ABCD가 이루는 이면각의 크기를 θ_1이라 하면 정사각형 ABCD의 평면 α 위로의 정사영의 넓이는

$36\cos\theta_1=18$, $\cos\theta_1=\frac{1}{2}$ $\therefore \theta_1=\frac{\pi}{3}$

Step 2 삼수선의 정리와 이면각의 정의를 이용하여 두 평면 α, ABEF가 이루는 이면각의 크기를 구한다.

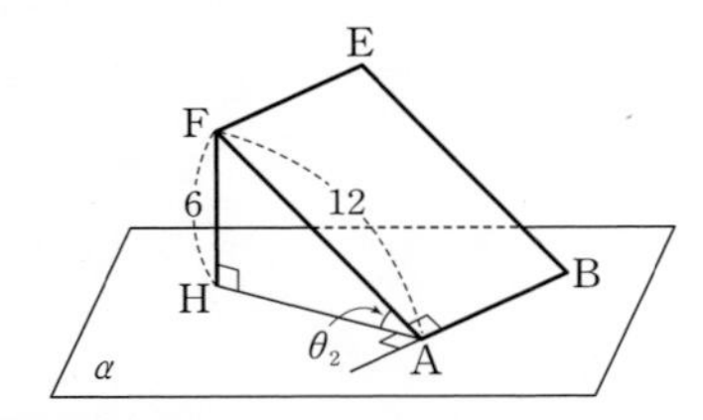

두 평면 α, ABEF가 이루는 이면각의 크기를 θ_2라 하자.

사각형 ABEF는 직사각형이므로 $\overline{AB}\perp\overline{AF}$이고, 선분 FH는 평면 α와 수직이므로 삼수선의 정리에 의하여 $\overline{AH}\perp\overline{AB}$이고, $\angle FAH=\theta_2$이다.

→ 직선 AB는 두 평면의 교선이고, 두 직선 AH와 AF는 직선 AB에 수직이므로 두 직선이 이루는 예각의 크기는 두 평면 α와 ABEF의 이면각의 크기와 같아.

$\overline{AF}=12$, $\overline{FH}=6$이므로 $\sin\theta_2=\frac{1}{2}$ $\therefore \theta_2=\frac{\pi}{6}$ → $\sin\theta_2=\frac{\overline{FH}}{\overline{AF}}=\frac{6}{12}=\frac{1}{2}$

Step 3 두 평면 ABCD, ABEF가 이루는 이면각의 크기를 구한 후, 정사각형 ABCD의 평면 ABEF 위로의 정사영의 넓이를 구한다.

세 평면 ABCD, ABEF, α가 직선 AB를 교선으로 가지므로 두 평면 ABCD와 ABEF가 이루는 예각의 크기는 두 평면과 평면 α가 이루는 각각의 이면각의 크기의 차와 같다.

즉, 두 평면 ABCD와 ABEF가 이루는 예각의 크기를 θ라 하면

$\theta=\theta_1-\theta_2=\frac{\pi}{6}$

따라서 정사각형 ABCD의 평면 ABEF 위로의 정사영의 넓이는

$36\times\cos\frac{\pi}{6}=36\times\frac{\sqrt{3}}{2}=18\sqrt{3}$ → $\cos(\theta_1-\theta_2)$

28 [정답률 74%] 정답 ③

Step 1 삼각형의 넓이를 이용하여 두 선분 FD와 FC 사이의 관계식을 구한다. $\frac{1}{2}\times\overline{FA}\times\overline{FC}\times\sin(\angle AFC)=5\times\frac{1}{2}\times\overline{FB}\times\overline{FD}\times\sin(\angle BFD)$

$\angle AFC=\angle BFD$이고 $\overline{AF}=\overline{BF}$이므로 두 삼각형 AFC, BFD의 넓이의 비는 두 선분 FC와 FD의 길이의 비와 같다.

$\therefore \overline{FC}=5\overline{FD}$

Step 2 포물선의 정의를 이용하여 m의 값을 구한다.

포물선의 준선을 l이라 하고 두 점 C, D에서 직선 l에 내린 수선의 발을 각각 P, Q, 점 C를 지나고 x축에 수직인 직선과 직선 QD의 교점을 R이라 하자.

포물선의 정의에 의하여 $\overline{FC}=\overline{PC}$, $\overline{FD}=\overline{QD}$

$\overline{FD}=a$라 하면 $\overline{QD}=\overline{FD}=a$, $\overline{PC}=\overline{FC}=5a$이므로 $\overline{DR}=4a$

직각삼각형 CDR에서 $\overline{CD}=6a$, $\overline{DR}=4a$이므로

$\overline{CR}=\sqrt{\overline{CD}^2-\overline{DR}^2}=\sqrt{20a^2}=2\sqrt{5}a$

$\therefore m=\frac{\overline{CR}}{\overline{DR}}=\frac{2\sqrt{5}a}{4a}=\frac{\sqrt{5}}{2}$

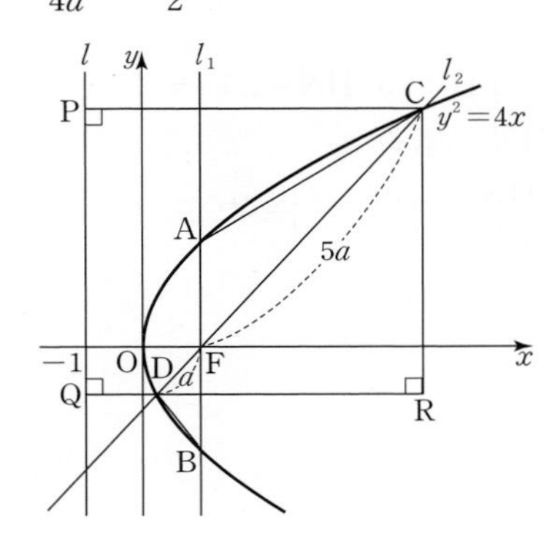

29 [정답률 39%] 정답 25

Step 1 삼수선의 정리를 이용하여 도형 사이의 위치 관계를 파악한다.

삼각형 BCD는 이등변삼각형이므로 $\overline{BM}\perp\overline{CD}$이고, 직선 AB가 평면 ACD와 수직이므로 삼수선의 정리에 의하여 $\overline{AM}\perp\overline{CD}$이다.

평면 AMB 위의 평행하지 않은 두 직선 AM과 BM이 직선 CD와 수직이므로 $\overline{CD}\perp$(평면 AMB)

점 P에서 평면 BCD에 내린 수선의 발을 H라 하면 점 H는 선분 BM 위의 점이다.

$\overline{PH}\perp$(평면 BCD)이고 $\overline{PN}\perp\overline{BD}$이므로 삼수선의 정리에 의하여 $\overline{HN}\perp\overline{BD}$이다.

따라서 두 평면 PDB와 CDB가 이루는 예각의 크기 θ는 각 PNH의 크기와 같다.

→ $\overline{PH}\perp$(평면 BCD), $\overline{PM}\perp\overline{CD}$이므로 삼수선의 정리에 의해 $\overline{HM}\perp\overline{CD}$야. 이때 삼각형 BCD는 이등변삼각형이므로 선분 HM은 선분 BM의 일부가 돼.

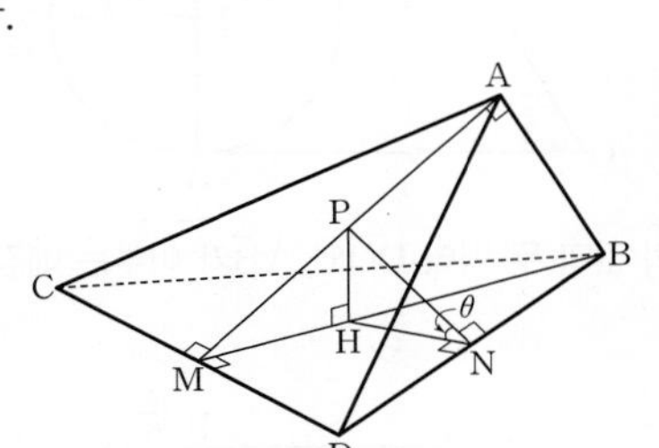

Step 2 평면도형을 통해 두 선분 PN과 HN의 길이를 구한 후, $\cos\theta$의 값을 구한다.

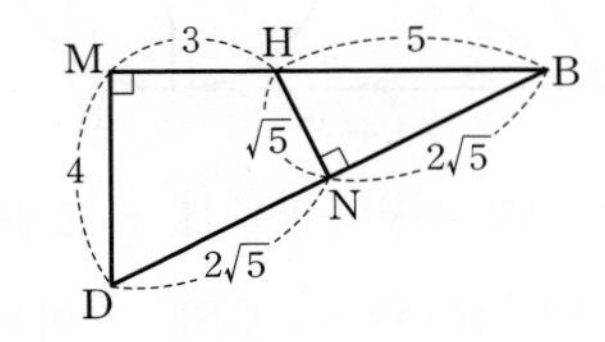

삼각형 BMD에서 $\angle BMD=\frac{\pi}{2}$이고 $\overline{BD}=4\sqrt{5}$, $\overline{DM}=4$이므로

피타고라스 정리에 의하여 $\overline{BM}=\sqrt{(4\sqrt{5})^2-4^2}=8$ → $\sqrt{\overline{BD}^2-\overline{DM}^2}$

두 삼각형 BMD와 BNH는 닮음이고 $\overline{BN}=2\sqrt{5}$이므로

$\overline{HN}:\overline{DM}=\overline{BN}:\overline{BM}$에서 $\overline{HN}:4=2\sqrt{5}:8$

$8\overline{HN}=8\sqrt{5}$ $\therefore \overline{HN}=\sqrt{5}$

→ $\angle B$는 공통, $\angle BMD=\angle BNH=90°$이므로 AA 닮음

따라서 삼각형 BNH에서 피타고라스 정리에 의해

$\overline{BH}=5$이므로 $\overline{HM}=3$

→ $\overline{BH}=\sqrt{\overline{BN}^2+\overline{HN}^2}=\sqrt{(2\sqrt{5})^2+(\sqrt{5})^2}=\sqrt{25}=5$

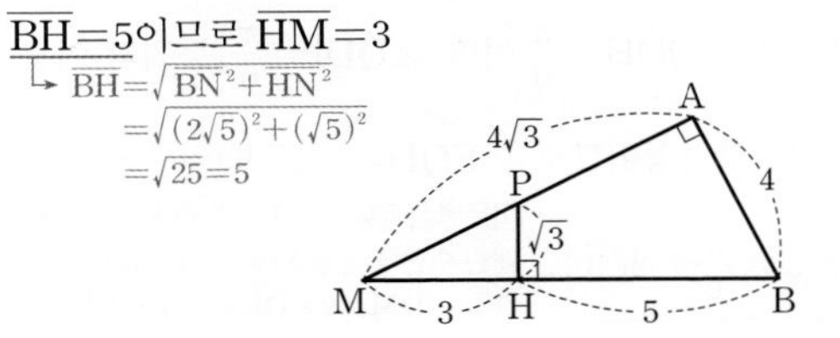

삼각형 ABM에서 $\angle BAM=\frac{\pi}{2}$이고 $\overline{AB}=4$, $\overline{BM}=8$이므로

피타고라스 정리에 의하여 $\overline{AM}=\sqrt{8^2-4^2}=4\sqrt{3}$이다.

두 삼각형 PMH와 BMA는 닮음이므로 → $\angle$M은 공통, $\angle MHP=\angle MAB=90°$이므로 AA 닮음

$\overline{PH}:\overline{BA}=\overline{MH}:\overline{MA}$에서 $\overline{PH}:4=3:4\sqrt{3}$ → 비례식 $a:b=c:d$에서 외항의 곱과 내항의 곱은 서로 같아. 즉, $ad=bc$야.

$4\sqrt{3}\times\overline{PH}=12 \quad \therefore \overline{PH}=\sqrt{3}$

삼각형 PNH에서 $\overline{PH}=\sqrt{3}$, $\overline{HN}=\sqrt{5}$이므로

$\overline{PN}=\sqrt{\overline{PH}^2+\overline{HN}^2}=2\sqrt{2}$

따라서 $\cos\theta=\frac{\overline{HN}}{\overline{PN}}=\frac{\sqrt{5}}{2\sqrt{2}}=\frac{\sqrt{10}}{4}$이므로

$40\cos^2\theta=40\times\frac{10}{16}=25$

30 [정답률 20%]

정답 108

Step 1 $\overrightarrow{OC}\cdot\overrightarrow{OP}$의 값이 최대가 되도록 하는 원 위의 점을 구한다.

선분 AB를 지름으로 하는 원의 중심을 E라 하자. 원 위의 점 P에 대하여

$\overrightarrow{OC}\cdot\overrightarrow{OP}=\overrightarrow{OC}\cdot(\overrightarrow{OE}+\overrightarrow{EP})$
$=\overrightarrow{OC}\cdot\overrightarrow{OE}+\overrightarrow{OC}\cdot\overrightarrow{EP}$

→ 원 위의 점이 벡터의 종점일 때는 원의 중심을 경유하도록 벡터를 쪼개면 문제를 수월하게 풀 수 있어.

$\overrightarrow{OC}\cdot\overrightarrow{OE}$의 값은 일정하므로 두 벡터 $\overrightarrow{OC}$와 $\overrightarrow{EP}$의 방향이 같을 때, $\overrightarrow{OC}\cdot\overrightarrow{OP}$의 값은 최대가 된다.

이때의 점 P, 즉 점 Q를 원 위에 나타내면 다음과 같다.

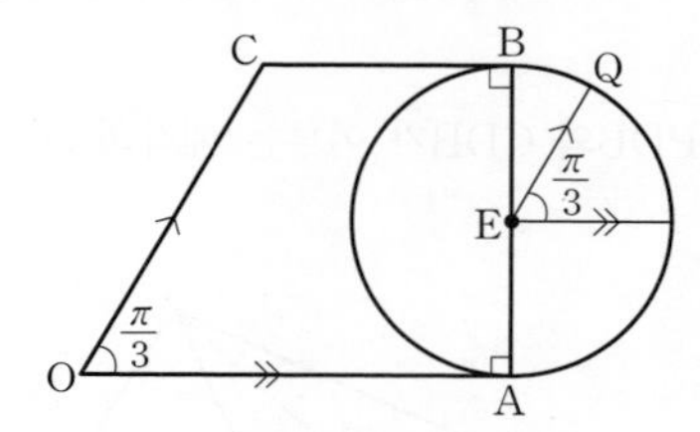

Step 2 $|\overrightarrow{DQ}|$의 값과 두 벡터 $\overrightarrow{DQ}$와 $\overrightarrow{AB}$가 이루는 예각의 크기를 구한다.

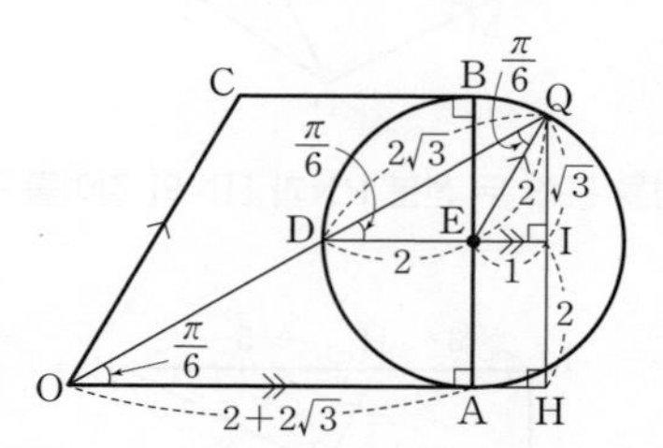

점 Q에서 직선 OA에 내린 수선의 발을 H, 점 E에서 선분 QH에 내린 수선의 발을 I라 하면 $\angle COA=\angle QEI=\frac{\pi}{3}$이고, $\overline{EQ}=2$이므로 → $\overrightarrow{OC}/\!/\overrightarrow{EQ}$이고 $\overrightarrow{OH}/\!/\overrightarrow{EI}$야.

$\overline{EI}=1$, $\overline{QI}=\sqrt{3}$

또한, $\overline{IH}=\overline{EA}=2$, $\overline{AH}=\overline{EI}=1$이므로 → 원의 반지름의 길이

$\overline{QH}=2+\sqrt{3}$, $\overline{OH}=3+2\sqrt{3}$

이때 $\tan(\angle QOH)=\frac{\overline{QH}}{\overline{OH}}=\frac{2+\sqrt{3}}{3+2\sqrt{3}}=\frac{\sqrt{3}}{3}$이므로

$\angle QOH=\frac{\pi}{6}$

직각삼각형 QOH에서 $\angle QOH=\frac{\pi}{6}$이면 $\angle QDI=\frac{\pi}{6}$(동위각)이고

삼각형 EQD는 이등변삼각형이므로 $\angle EQD=\angle EDQ=\frac{\pi}{6}$

$\therefore |\overrightarrow{DQ}|=2\times2\times\cos\frac{\pi}{6}=2\sqrt{3}$ → 이등변삼각형 EQD의 점 E에서 선분 DQ에 내린 수선의 발을 M이라 하면 $\overline{DM}=\overline{MQ}$이므로 $\overline{DQ}=2\overline{DM}=2\times\overline{DE}\times\cos(\angle EDM)$

또, 선분 DQ와 선분 AB의 교점을 F라 하면 직각삼각형 OAF에서 $\angle OFA=\frac{\pi}{3}$이므로 두 벡터 $\overrightarrow{DQ}$와 $\overrightarrow{AB}$가 이루는 예각의 크기는 $\frac{\pi}{3}$이다.

Step 3 $\overrightarrow{DQ}\cdot\overrightarrow{AR}$이 최대가 되도록 하는 점 R의 위치와 그때의 최댓값을 구한다.

$\overrightarrow{DQ}\cdot\overrightarrow{AR}=\overrightarrow{DQ}\cdot(\overrightarrow{AE}+\overrightarrow{ER})$
$=\overrightarrow{DQ}\cdot\overrightarrow{AE}+\overrightarrow{DQ}\cdot\overrightarrow{ER}$

$\overrightarrow{DQ}\cdot\overrightarrow{AE}$의 값은 일정하므로 두 벡터 $\overrightarrow{DQ}$와 $\overrightarrow{ER}$의 방향이 같을 때 $\overrightarrow{DQ}\cdot\overrightarrow{AR}$의 값은 최대가 된다.

이때의 점 R을 원 위에 나타내면 다음과 같다.

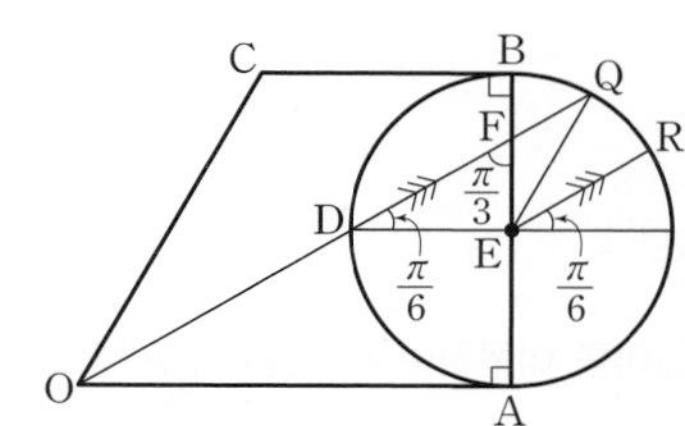

$\overrightarrow{DQ}\cdot\overrightarrow{AR}=\overrightarrow{DQ}\cdot\overrightarrow{AE}+\overrightarrow{DQ}\cdot\overrightarrow{ER}$
$=|\overrightarrow{DQ}||\overrightarrow{AE}|\times\cos\frac{\pi}{3}+|\overrightarrow{DQ}||\overrightarrow{ER}|\times\cos 0$ → 두 벡터 $\overrightarrow{DQ}$와 $\overrightarrow{AB}$가 이루는 예각의 크기와 같아.
$=2\sqrt{3}\times2\times\frac{1}{2}+2\sqrt{3}\times2\times1$
$=6\sqrt{3}=M$

$\therefore M^2=108$

14회 2022학년도 7월 고3 전국연합학력평가 정답과 해설

1	⑤	2	②	3	①	4	②	5	③
6	④	7	②	8	④	9	④	10	③
11	⑤	12	①	13	③	14	⑤	15	①
16	2	17	13	18	16	19	4	20	8
21	180	22	121						

확률과 통계				23	②	24	④	25	③
26	④	27	⑤	28	②	29	5	30	133

미적분				23	④	24	③	25	③
26	②	27	②	28	①	29	4	30	129

기하				23	①	24	④	25	⑤
26	④	27	②	28	③	29	15	30	50

01 [정답률 94%]

정답 ⑤

Step 1 $a^m \times a^n = a^{m+n}$임을 이용한다.

$3^{2\sqrt{2}} \times 9^{1-\sqrt{2}} = 3^{2\sqrt{2}} \times 3^{2-2\sqrt{2}} = 3^{2\sqrt{2}+2-2\sqrt{2}} = 3^2 = 9$

└→ $(3^2)^{1-\sqrt{2}}$

02 [정답률 89%]

정답 ②

Step 1 등비수열의 성질을 이용하여 a_5의 값을 구한다.

등비수열 $\{a_n\}$의 공비를 r이라 하면

$a_2 = \frac{1}{2}$, $a_3 = 1$이므로 $r = \frac{a_3}{a_2} = \frac{1}{\frac{1}{2}} = 2$

$r = \frac{a_{n+1}}{a_n}$

$\therefore a_5 = a_1 r^4 = a_1 r^2 \times r^2 = a_3 r^2 = 1 \times 2^2 = 4$

└→ a_3

03 [정답률 95%]

정답 ①

Step 1 다항함수의 미분법을 이용한다.

함수 $f(x) = x^3 + 2x + 7$에서 $f'(x) = 3x^2 + 2$

$\therefore f'(1) = 3 \times 1^2 + 2 = 5$

└→ $(x^n)' = nx^{n-1}$ (n은 자연수)

04 [정답률 80%]

정답 ②

Step 1 주어진 함수의 그래프를 이용하여 극한값을 구한다.

주어진 함수 $y = f(x)$의 그래프에서

$\lim_{x \to -1} f(x) = 1$, $\lim_{x \to 1+} f(x) = 1$이므로

→ $x=1$에서의 우극한

$\lim_{x \to -1} f(x) + \lim_{x \to 1+} f(x) = 1 + 1 = 2$

└→ $x=-1$에서의 극한

05 [정답률 93%]

정답 ③

Step 1 함수 $f(x)$가 $x=2$에서 연속임을 이용한다.

함수 $f(x)$가 실수 전체의 집합에서 연속이므로 $x=2$에서 연속이다.

즉, $\lim_{x \to 2-} f(x) = \lim_{x \to 2+} f(x) = f(2)$이어야 하므로

→ $x=2$에서 연속일 조건

$2 - 1 = 2^2 - 2a + 3$, $2a = 6$ $\quad \therefore a = 3$

06 [정답률 89%]

정답 ④

Step 1 삼각함수의 성질을 이용하여 주어진 식을 간단히 나타낸다.

$\sin\left(\frac{\pi}{2} - \theta\right) = \cos\theta$, $\cos(\pi + \theta) = -\cos\theta$임을 이용하여 주어진 식을 간단히 하면

$\sin\left(\frac{\pi}{2} - \theta\right) - \cos(\pi + \theta) = \cos\theta - (-\cos\theta) = 2\cos\theta$

Step 2 삼각함수 사이의 관계를 이용하여 $\cos\theta$의 값을 구한다.

$\sin^2\theta + \cos^2\theta = 1$에서 $\cos^2\theta = 1 - \sin^2\theta = 1 - \left(\frac{4}{5}\right)^2 = \frac{9}{25}$

└→ 모든 θ에 대하여 항상 성립한다.

$\therefore \cos\theta = \pm\frac{3}{5}$

이때 $0 < \theta < \frac{\pi}{2}$인 θ에 대하여 $\cos\theta > 0$이므로 $\cos\theta = \frac{3}{5}$

└→ θ의 값의 범위에 따라 $\cos\theta$의 부호가 결정된다.

$\therefore 2\cos\theta = 2 \times \frac{3}{5} = \frac{6}{5}$

07 [정답률 81%]

정답 ②

Step 1 수열 $\{a_n\}$의 규칙성을 파악한다.

주어진 조건에 따라 수열 $\{a_n\}$의 각 항을 나열해 보면

$a_2 = -2a_1 + 1 = -2 \times \frac{1}{2} + 1 = -1 + 1 = 0$

└→ $a_1 \geq 0$이므로 $a_{n+1} = -2a_n + 1$에 $n=1$을 대입한다.

$a_3 = -2a_2 + 1 = -2 \times 0 + 1 = 1$

└→ $a_2 \geq 0$이므로 $a_{n+1} = -2a_n + 1$에 $n=2$를 대입한다.

$a_4 = -2a_3 + 1 = -2 \times 1 + 1 = -2 + 1 = -1$

└→ $a_3 \geq 0$이므로 $a_{n+1} = -2a_n + 1$에 $n=3$을 대입한다.

$a_5 = a_4 + 1 = -1 + 1 = 0$ → $= a_2$

└→ $a_4 < 0$이므로 $a_{n+1} = a_n + 1$에 $n=4$를 대입한다.

⋮

따라서 수열 $\{a_n\}$은 $a_1 = \frac{1}{2}$, $a_2 = 0$, $a_3 = 1$, $a_4 = -1$이고 2 이상의 자연수 n에 대하여 $a_{n+3} = a_n$임을 알 수 있다.

Step 2 $a_{10} + a_{20}$의 값을 구한다.

$a_{10} = a_{2 \times 3 + 4} = a_4 = -1$, $a_{20} = a_{6 \times 3 + 2} = a_2 = 0$이므로

$a_{10} + a_{20} = -1 + 0 = -1$

└→ $a_{10} = a_{3 \times 3 + 1} = a_1$로 착각하지 않도록 주의한다.

08 [정답률 87%]

정답 ④

Step 1 극한의 성질을 이용하여 함수 $f(x)$를 구한다.

다항함수 $f(x)$에 대하여 $\lim_{x \to \infty} \frac{f(x)}{x^2} = 2$이므로 함수 $f(x)$는 최고차항의 계수가 2인 이차함수이다.

$\lim_{x \to 1} \frac{f(x)}{x-1} = 3$에서 $x \to 1$일 때 극한값이 존재하고 (분모)$\to 0$이므로 (분자)$\to 0$이어야 한다.

└→ $x \to 1$일 때 (분자)$\to 0$이므로 함수 $f(x)$는 $(x-1)$을 인수로 갖는다.

즉, $f(1) = 0$이므로 $f(x) = (x-1)(2x+a)$ (a는 상수)로 나타낼 수 있다.

└→ 함수 $f(x)$는 최고차항의 계수가 2이고 $(x-1)$을 인수로 갖는 이차함수이다.

$\lim_{x \to 1} \frac{f(x)}{x-1} = \lim_{x \to 1} \frac{(x-1)(2x+a)}{x-1} = \lim_{x \to 1}(2x+a) = 2 + a = 3$

$\therefore a = 1$

따라서 $f(x) = (x-1)(2x+1)$이므로 $f(3) = 2 \times 7 = 14$

09 [정답률 75%]

정답 ④

Step 1 $\int_a^b f'(x)dx=f(b)-f(a)$임을 이용한다.

$\int_0^1 f'(x)dx=\int_0^2 f'(x)dx=0$에서

$f(1)-f(0)=f(2)-f(0)=0$ ↳ $\int_a^b f'(x)dx=f(b)-f(a)$

즉, $f(0)=f(1)=f(2)$이므로 이 값을 k (k는 상수)라 하면

$f(x)=x(x-1)(x-2)+k=x^3-3x^2+2x+k$ ↳ $f(0)=f(1)=f(2)=k$

따라서 $f'(x)=3x^2-6x+2$이므로 $f'(1)=3-6+2=-1$

↳ x에 0, 1, 2를 대입하면 $f(0)=f(1)=f(2)=k$임을 알 수 있다.

10 [정답률 81%]

정답 ③

Step 1 함수 $y=\sin\frac{\pi}{2}x$의 주기를 구하고 삼각함수의 그래프의 대칭성을 이용하여 세 점의 x좌표를 구한다.

↳ 함수 $y=a\sin bx+c$의 주기는 $\frac{2\pi}{|b|}$

함수 $y=\sin\frac{\pi}{2}x$ $(0\le x\le 5)$의 주기는 $\frac{2\pi}{\frac{\pi}{2}}=4$

세 점 A, B, C의 x좌표를 각각 x_1, x_2, x_3이라 하면

$x_1+x_2=2$, $x_3=4+x_1$이므로 ↳ 주어진 삼각함수의 주기는 4이다.

↳ x_1, x_2가 $x=1$에 대하여 대칭이다.

$x_1+x_2+x_3=2+4+x_1=6+x_1=\frac{25}{4}$

$\therefore x_1=\frac{25}{4}-6=\frac{1}{4}$, $x_2=2-x_1=2-\frac{1}{4}=\frac{7}{4}$

따라서 선분 AB의 길이는 $\overline{AB}=\frac{7}{4}-\frac{1}{4}=\frac{3}{2}$

↳ $=x_2-x_1$

11 [정답률 64%]

정답 ⑤

Step 1 두 점 A, B의 좌표를 각각 구한다.

두 점 A, B의 x좌표를 각각 a, b라 하면

점 A는 곡선 $y=\log_2 2x$ 위의 점이므로 $A(a, \log_2 2a)$

점 B는 곡선 $y=\log_2 4x$ 위의 점이므로 $B(b, \log_2 4b)$

이때 직선 AB의 기울기가 $\frac{1}{2}$이므로

$\frac{\log_2 4b-\log_2 2a}{b-a}=\frac{1}{2}$에서 ↳ 직선 AB의 기울기

$\log_2 4b-\log_2 2a=\frac{1}{2}(b-a)$ …… ㉠

선분 AB의 길이가 $2\sqrt{5}$이므로

$\overline{AB}=\sqrt{(b-a)^2+(\log_2 4b-\log_2 2a)^2}$

$=\sqrt{(b-a)^2+\left\{\frac{1}{2}(b-a)\right\}^2}$ ↳ ㉠을 대입

$=\sqrt{\frac{5}{4}(b-a)^2}=\frac{\sqrt{5}}{2}(b-a)=2\sqrt{5}$

$\therefore b-a=4$ ↳ 점 B가 점 A의 오른쪽에 위치하므로 $b>a$ …… ㉡

㉡을 ㉠에 대입하면

$\log_2 4b-\log_2 2a=\log_2\frac{2b}{a}=\frac{1}{2}\times 4=2$

↳ $\log_a b-\log_a c=\log_a\frac{b}{c}$ $(a>0, b>0, c>0, a\ne 1)$

$\frac{2b}{a}=2^2=4$, $b=2a$ …… ㉢

㉡과 ㉢을 연립하여 풀면 $a=4$, $b=8$

$\therefore A(4, 3)$, $B(8, 5)$

Step 2 삼각형 ACB의 넓이를 구한다.

점 C는 점 A에서 x축에 내린 수선의 발이므로 $C(4, 0)$

따라서 삼각형 ACB의 넓이는 $\frac{1}{2}\times 3\times 4=6$

↳ 점 A의 y좌표

↳ 두 점 A, B의 x좌표의 차

12 [정답률 59%]

정답 ①

Step 1 주어진 과정을 따라가며 (가), (나), (다)에 알맞은 것을 구한다.

$3S_n=(n+2)\times a_n$ $(n\ge 1)$이므로

$3a_n=3(S_n-S_{n-1})=3S_n-3S_{n-1}$

$=(n+2)\times a_n-(\boxed{(가)\ n+1})\times a_{n-1}$ $(n\ge 2)$

이 식을 정리하면 ↳ $=3S_n$ ↳ $=3S_{n-1}$

$3a_n-(n+2)\times a_n=-(n+1)\times a_{n-1}$

$-(n-1)\times a_n=-(n+1)\times a_{n-1}$

$\therefore \frac{a_n}{a_{n-1}}=\boxed{(나)\ \frac{n+1}{n-1}}$ $(n\ge 2)$

따라서

$a_{10}=a_1\times\frac{a_2}{a_1}\times\frac{a_3}{a_2}\times\frac{a_4}{a_3}\times\cdots\times\frac{a_9}{a_8}\times\frac{a_{10}}{a_9}$

$=2\times\frac{3}{1}\times\frac{4}{2}\times\frac{5}{3}\times\cdots\times\frac{10}{8}\times\frac{11}{9}$

$=2\times\frac{1}{1}\times\frac{1}{2}\times 10\times 11=\boxed{(다)\ 110}$

Step 2 구한 $f(n)$, $g(n)$, p를 이용하여 $\frac{f(p)}{g(p)}$의 값을 구한다.

$f(n)=n+1$, $g(n)=\frac{n+1}{n-1}$, $p=110$이므로

$\frac{f(110)}{g(110)}=\frac{111}{\frac{111}{109}}=109$

13 [정답률 43%]

정답 ③

Step 1 함수 $g(x)$의 그래프의 개형을 이용하여 함수 $f(x)$의 식을 구한다.

삼차함수 $f(x)$가 극댓값을 가지므로 극솟값 또한 갖는다.

함수 $f(x)$가 $x=\alpha$에서 극댓값을 갖고 $x=\beta$에서 극솟값을 갖는다고 하자.

↳ 삼차함수 $f(x)$의 최고차항의 계수가 1이므로 $\alpha<\beta$

(i) $\alpha<\beta\le -2$인 경우 ↳ $x\ge -2$에서 $f(x)$가 증가하므로 $g(x)$도 증가 ↳ $f(2)+8$

함수 $g(x)$는 $x\ge -2$에서 증가하므로 $f(-2)<g(-2)<g(2)$

즉, $g(2)\ne f(-2)$이므로 방정식 $g(x)=f(-2)$는 $x=2$를 실근으로 갖지 않는다. ↳ $f(-2)+8$

(ii) $\alpha<-2<\beta$인 경우

방정식 $g(x)=f(-2)$의 실근이 열린구간 $(-\infty, \alpha)$에 존재하므로 주어진 조건을 만족시키지 않는다.

↳ $x=2$에서의 실근의 존재 여부와 상관없이 $x=2$ 이외의 실근이 존재한다는 뜻이다.

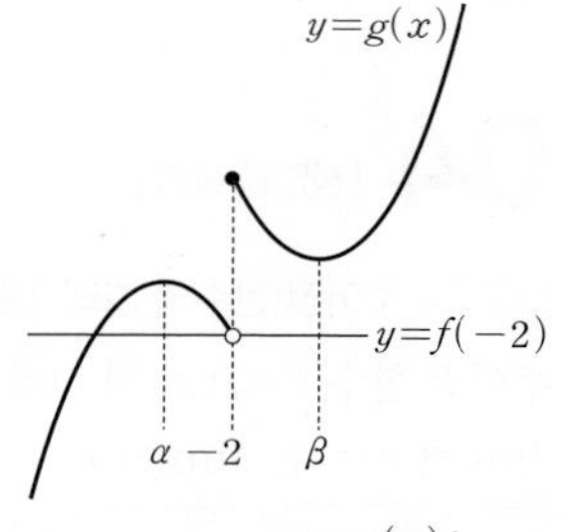

(iii) $\alpha=-2$인 경우

방정식 $g(x)=f(-2)$의 실근이 2뿐이므로 함수 $f(x)$는 $x=2$에서 극솟값을 가져야 한다.

$f'(x)=3(x+2)(x-2)=3x^2-12$

$f(x)=x^3-12x+\frac{1}{2}$ ↳ $f(0)=\frac{1}{2}$

이때 $g(2)=f(2)+8=8-24+\frac{1}{2}+8=-\frac{15}{2}$,

$f(-2)=-8+24+\frac{1}{2}=\frac{33}{2}$

즉, $g(2)\ne f(-2)$이므로 방정식 $g(x)=f(-2)$는 $x=2$를 실근으로 갖지 않는다.

(iv) $-2<\alpha<\beta$인 경우

방정식 $g(x)=f(-2)$의 실근이 2뿐이므로 함수 $f(x)$는 $x=2$에서 극솟값을 갖는다.

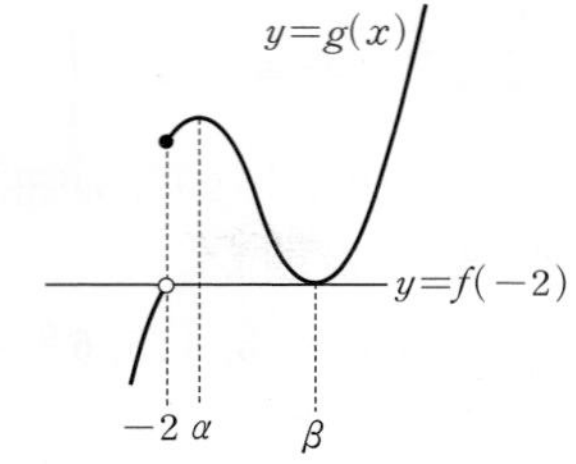

$f(x)=x^3+ax^2+bx+\frac{1}{2}$

(a, b는 상수)이라 하자.

$g(2)=f(-2)$에서 $f(2)+8=f(-2)$이므로

$8+4a+2b+\frac{1}{2}+8=-8+4a-2b+\frac{1}{2}$

$4b=-24$ $\quad\therefore b=-6$

$f(x)=x^3+ax^2-6x+\frac{1}{2}$에서 $f'(x)=3x^2+2ax-6$

이때 함수 $f(x)$는 $x=2$에서 극솟값을 가지므로

$f'(2)=12+4a-6=6+4a=0$ $\quad\therefore a=-\frac{3}{2}$

(i)~(iv)에서 주어진 조건을 만족시키는 함수 $f(x)$는

$f(x)=x^3-\frac{3}{2}x^2-6x+\frac{1}{2}$

Step 2 $f(x)$의 극댓값을 구한다.

$f'(x)=3x^2-3x-6=3(x+1)(x-2)$이므로 함수 $f(x)$는 $x=-1$에서 극댓값을 갖는다.

따라서 함수 $f(x)$의 극댓값은 $f(-1)=-1-\frac{3}{2}+6+\frac{1}{2}=4$

14 [정답률 45%] 정답 ⑤

Step 1 삼각함수를 이용하여 [보기]의 참, 거짓을 판별한다.

ㄱ. 선분 AB는 삼각형 ABC의 외접원의 지름이므로 $\angle ACB=\frac{\pi}{2}$

이때 $\overline{AB}=14$, $\overline{BC}=6$이므로 $\overline{AC}=\sqrt{14^2-6^2}=4\sqrt{10}$

$\therefore \sin(\angle CBA)=\frac{\overline{AC}}{\overline{AB}}=\frac{4\sqrt{10}}{14}=\frac{2\sqrt{10}}{7}$ (참)

ㄴ. $\overline{AD}=k\ (k>0)$, $\angle CBA=\theta$라 하면 $\angle ADC=\pi-\theta$이므로 (원에 내접하는 사각형에서 마주보는 두 대각의 크기의 합은 π이다.)

$\triangle ACD$에서 코사인법칙에 의하여

$\overline{AC}^2=\overline{AD}^2+\overline{CD}^2-2\times\overline{AD}\times\overline{CD}\times\cos(\angle ADC)$

$=k^2+7^2-2\times k\times7\times\cos(\pi-\theta)$

$=k^2+49+14k\cos\theta$

$=k^2+49+14k\times\frac{3}{7}$ ($\cos\theta=\frac{\overline{BC}}{\overline{AB}}=\frac{6}{14}=\frac{3}{7}$)

$=k^2+49+6k=160$ ($=\overline{AC}^2$)

$k^2+6k-111=0$이므로 $k=-3\pm2\sqrt{30}$

$\therefore \overline{AD}=k=-3+2\sqrt{30}$ ($\because k>0$) (참)

ㄷ. $\square ABCD=\triangle ABC+\triangle ACD$에서 삼각형 ACD의 넓이가 최대일 때, 사각형 ABCD의 넓이가 최대이므로 점 D는 선분 AC의 수직이등분선과 호 AC의 교점이다.

($\triangle ABC=\frac{1}{2}\times\overline{BC}\times\overline{AC}=\frac{1}{2}\times6\times4\sqrt{10}=12\sqrt{10}$으로 점 D의 위치에 관계없이 항상 넓이가 같다.)

이때 $\overline{AD}=x\ (x>0)$, $\angle CBA=\theta$라 하면 $\overline{AD}=\overline{CD}=x$, $\angle ADC=\pi-\theta$이므로 $\triangle ACD$에서 코사인법칙에 의하여

$(4\sqrt{10})^2=x^2+x^2-2\times x\times x\times\cos(\pi-\theta)$

$=2x^2+2x^2\cos\theta$

$=2x^2+2x^2\times\frac{3}{7}=\frac{20}{7}x^2$

$160=\frac{20}{7}x^2$, $x^2=56$ $\quad\therefore x=2\sqrt{14}$ ($\because x>0$)

따라서 $\overline{AD}=\overline{CD}=2\sqrt{14}$일 때 사각형 ABCD의 넓이가 최대이므로 최댓값은

$\square ABCD=\triangle ABC+\triangle ACD$

$=\frac{1}{2}\times\overline{BC}\times\overline{AC}+\frac{1}{2}\times\overline{AD}\times\overline{CD}\times\sin(\pi-\theta)$

$=\frac{1}{2}\times6\times4\sqrt{10}+\frac{1}{2}\times2\sqrt{14}\times2\sqrt{14}\times\sin\theta$

$=12\sqrt{10}+28\times\frac{2\sqrt{10}}{7}$

$=12\sqrt{10}+8\sqrt{10}=20\sqrt{10}$ (참)

그러므로 옳은 것은 ㄱ, ㄴ, ㄷ이다.

15 [정답률 37%] 정답 ①

Step 1 함수 $g(x)$가 실수 전체의 집합에서 미분가능함을 이용하여 함수 $g(x)$를 구한다.

함수 $g(x)$가 $x=0$에서 미분가능하므로 $x=0$에서 연속이다.

즉, $\lim_{x\to0-}g(x)=\lim_{x\to0+}g(x)=g(0)$에서 $f(2)=0$ ($\int_0^0 tf(t)dt=0$)

$f(x)$는 최고차항의 계수가 1인 이차함수이므로

$f(x)=(x-2)(x-p)$ (p는 상수)라 하면

$f(x+2)=x(x+2-p)$

$x=0$에서의 좌미분계수와 우미분계수가 같아야 하므로

$\lim_{s\to0-}\frac{g(0+s)-g(0)}{s}=\lim_{s\to0-}\frac{f(s+2)-f(2)}{s}$

$=\lim_{s\to0-}\frac{s(s+2-p)}{s}=2-p$ ($x=0$에서의 좌미분계수)

함수 $xf(x)$의 한 부정적분을 $F(x)$라 하면 ($g(s)=\int_0^s tf(t)dt=F(s)-F(0)$)

$\lim_{s\to0+}\frac{g(0+s)-g(0)}{s}=\lim_{s\to0+}\frac{F(s)-F(0)}{s}=F'(0)=0$ ($x=0$에서의 우미분계수, $F'(x)=xf(x)$이므로 $F'(0)=0$)

$g'(0)=2-p=0$ $\quad\therefore p=2$

$f(x)=(x-2)^2$이므로

$$g(x)=\begin{cases}x^2 & (x<0)\\ \int_0^x t(t-2)^2dt & (x\ge0)\end{cases}$$

$$\therefore g'(x)=\begin{cases}2x & (x<0)\\ x(x-2)^2 & (x>0)\end{cases}$$

함수 $y=g(x)$의 그래프의 개형은 다음과 같다.

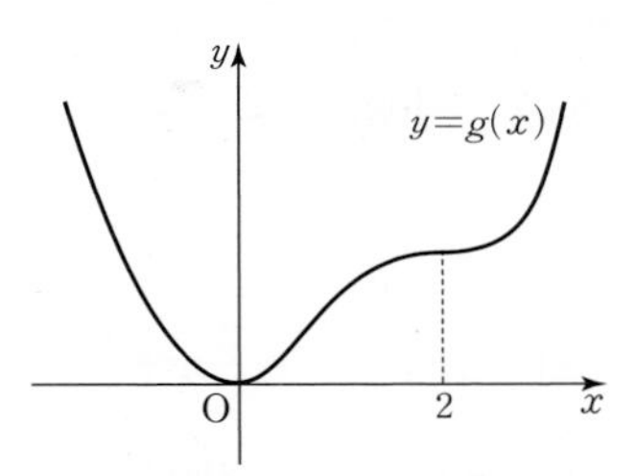

Step 2 $g(a)$의 범위를 나누어 조건을 만족시키는 경우를 찾는다.

(i) $g(a)=0$인 경우

$h(x)=g(x)$이므로 함수 $h(x)$는 실수 전체의 집합에서 미분가능하다. ($g(x)\ge0$이므로 $g(a)=0$이면 $h(x)=|g(x)|=g(x)$)

(ii) $0<g(a)<g(2)$ 또는 $g(2)<g(a)$인 경우

① $0<g(a)<g(2)$ ② $g(2)<g(a)$

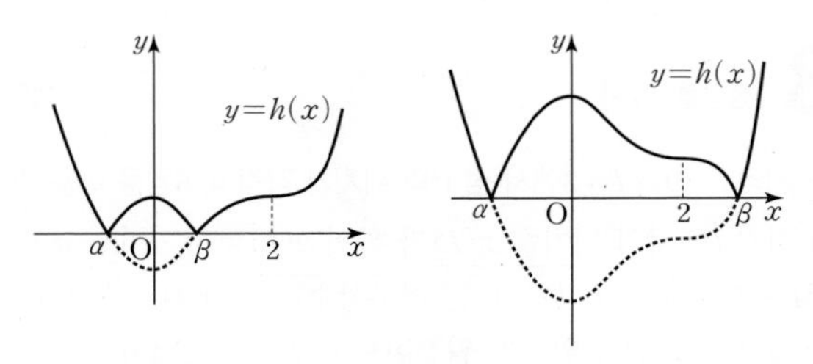

방정식 $h(x)=0$의 두 근을 α, β ($\alpha<\beta$)라 하면 함수 $h(x)$는 $x=\alpha$, $x=\beta$에서 미분가능하지 않으므로 k의 개수는 2이다. (뾰족점에서는 미분이 불가능하다.)

(iii) $g(a)=g(2)$인 경우

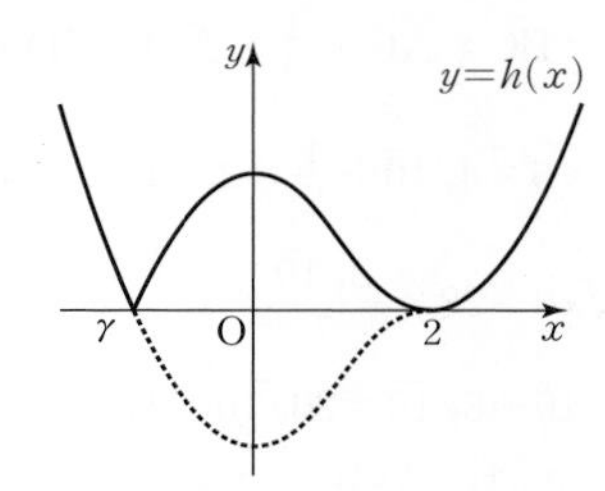

방정식 $h(x)=0$의 두 근을 $\gamma(\gamma<0)$, 2라 하면 함수 $h(x)$는 $x=\gamma$에서 미분가능하지 않다. ($g(a)=g(2)$를 만족시키는 a의 값)

$$\lim_{x\to2-}\frac{h(x)-h(2)}{x-2}=\lim_{x\to2-}\frac{-\{g(x)-g(2)\}}{x-2}=-g'(2)=0$$

($h(2)=0$, $\gamma<x<2$에서 $h(x)=-\{g(x)-g(2)\}$, $x>0$에서 $g'(x)=x(x-2)^2$)

$$\lim_{x\to2+}\frac{h(x)-h(2)}{x-2}=\lim_{x\to2+}\frac{g(x)-g(2)}{x-2}=g'(2)=0$$

($x\geq2$에서 $h(x)=g(x)-g(2)$)

즉, 함수 $h(x)$는 $x=2$에서 미분가능하다. ($x=2$에서의 좌미분계수와 우미분계수가 같다.)

따라서 함수 $h(x)$가 $x=k$에서 미분가능하지 않은 실수 k의 개수는 1이다.

(i)~(iii)에서 조건을 만족시키는 경우는 (iii)이다.

Step 3 조건을 만족시키는 모든 a의 값의 곱을 구한다.

$$g(2)=\int_0^2 t(t-2)^2dt=\left[\frac{1}{4}t^4-\frac{4}{3}t^3+2t^2\right]_0^2$$
$$=\left(4-\frac{32}{3}+8\right)-0=\frac{4}{3}$$

이므로 $g(\gamma)=\gamma^2=\frac{4}{3}$에서 $\gamma=-\frac{2\sqrt{3}}{3}$ $(\gamma<0)$ ($x<0$일 때 $g(x)=x^2$)

따라서 함수 $h(x)$가 $x=k$에서 미분가능하지 않은 실수 k의 개수가 1이 되도록 하는 a의 값은 2, $-\frac{2\sqrt{3}}{3}$이므로 모든 a의 값의 곱은

$$2\times\left(-\frac{2\sqrt{3}}{3}\right)=-\frac{4\sqrt{3}}{3}$$

16 [정답률 91%] 정답 2

Step 1 로그의 성질을 이용한다.

$$\log_3 7\times\log_7 9=\log_3 7\times\frac{\log_3 9}{\log_3 7}=\log_3 9=2\log_3 3=2$$

($=\log_3 3^2=2\log_3 3$)

다른 풀이 $\log_a b\times\log_b a=1$을 이용한 풀이

Step 1 $\log_a b\times\log_b a=1$임을 이용한다.

$\log_7 9=\log_7 3^2=2\log_7 3$이므로

$\log_3 7\times\log_7 9=\log_3 7\times2\log_7 3=2$

17 [정답률 88%] 정답 13

Step 1 부정적분을 이용하여 $f(x)$를 구한다.

$f'(x)=6x^2-2x-1$이므로

$f(x)=\int(6x^2-2x-1)dx=2x^3-x^2-x+C$ (단, C는 적분상수) (부정적분을 구할 때 반드시 적어주어야 한다.)

이때 $f(1)=3$이므로 $f(1)=2\times1^3-1^2-1+C=C=3$

따라서 $f(x)=2x^3-x^2-x+3$이므로 $f(2)=16-4-2+3=13$

18 [정답률 76%] 정답 16

Step 1 시각 $t=0$과 $t=3$에서 점 P의 위치가 각각 0, 6임을 이용한다.

점 P의 시각 t에서의 위치를 $x(t)$라 하면 $v(t)=3t^2+6t-a$이므로

$x(t)=t^3+3t^2-at+C$ (단, C는 적분상수) ($x(t)=\int v(t)dt$)

시각 $t=0$에서 점 P의 위치가 원점이므로 $x(0)=C=0$ ($x(0)=0$)

시각 $t=3$에서 점 P의 위치가 6이므로

$x(3)=3^3+3\times3^2-3a=54-3a=6$

$3a=48$ $\therefore a=16$

19 [정답률 63%] 정답 4

Step 1 x가 $2n^2-9n$의 n제곱근일 때, $f(n)$은 $x^n=2n^2-9n$의 실근의 개수임을 이용한다.

$2n^2-9n$에 $n=3, 4, 5, 6$을 차례로 대입하면

(i) $n=3$일 때,

$2\times3^2-9\times3=-9$이므로 -9의 세제곱근 중에서 실수인 것의 개수는 1이다. (n이 홀수일 때 n제곱근 중에서 실수인 것의 개수는 1이다.)

$\therefore f(3)=1$

(ii) $n=4$일 때,

$2\times4^2-9\times4=-4$이므로 -4의 네제곱근 중에서 실수인 것의 개수는 0이다. (n이 짝수일 때 음수의 n제곱근 중에서 실수인 것의 개수는 0이다.)

$\therefore f(4)=0$

(iii) $n=5$일 때,

$2\times5^2-9\times5=5$이므로 5의 다섯제곱근 중에서 실수인 것의 개수는 1이다.

$\therefore f(5)=1$

(iv) $n=6$일 때,

$2\times6^2-9\times6=18$이므로 18의 여섯제곱근 중에서 실수인 것의 개수는 2이다. (n이 짝수일 때 양수의 n제곱근 중에서 실수인 것의 개수는 2이다.)

$\therefore f(6)=2$

(i)~(iv)에 의하여 $f(3)+f(4)+f(5)+f(6)=1+0+1+2=4$

20 [정답률 35%] 정답 8

Step 1 주어진 식의 양변을 x에 대하여 미분한다.

주어진 식의 양변을 x에 대하여 미분하면

$$g'(x)=2x\int_0^x f(t)dt+x^2f(x)-x^2f(x)=2x\int_0^x f(t)dt$$

Step 2 조건 (가), (나)를 만족시키는 함수 $f(x)$를 구한다.

$h(x)=\int_0^x f(t)dt$라 하면 $h(0)=0$ → $h(x)$는 x를 인수로 갖는다.

이때 함수 $f(x)$는 최고차항의 계수가 3인 이차함수이므로

$h(x)=\int_0^x f(t)dt$는 최고차항의 계수가 1인 삼차함수이고

조건 (나)에 의하여 방정식 $h(x)=0$은 $x=0$과 $x=3$을 실근으로 갖는다. ($g'(x)=2xh(x)$이므로 방정식 $h(x)=0$은 $x=3$을 실근으로 갖고, $h(0)=0$이므로 $x=0$ 또한 실근으로 갖는다.)

(i) $h(x)=x^2(x-3)$인 경우

$g'(x)=2xh(x)=2x^3(x-3)$이므로 함수 $g(x)$는 $x=0$과 $x=3$에서 극값을 갖는다.

함수 $g(x)$의 증가와 감소를 표로 나타내면

x	$\cdots$	0	$\cdots$	3	$\cdots$
$g'(x)$	+	0	−	0	+
$g(x)$	↗		↘		↗

(ii) $h(x)=x(x-3)^2$인 경우

$g'(x)=2xh(x)=2x^2(x-3)^2$이므로 함수 $g(x)$는 극값을 갖지 않는다.

즉, 조건 (가)를 만족한다.

함수 $g(x)$의 증가와 감소를 표로 나타내면

x	$\cdots$	0	$\cdots$	3	$\cdots$
$g'(x)$	+	0	+	0	+
$g(x)$	↗		↗		↗

(i), (ii)에서 $h(x)=x(x-3)^2$이므로 $f(x)=h'(x)=3x^2-12x+9$

Step 3 $\int_0^3|f(x)|dx$의 값을 구한다.

$f(x)=3(x^2-4x+3)$
$=3(x-1)(x-3)$

이므로 $|f(x)|=\begin{cases}3x^2-12x+9 & (x\leq1 \text{ 또는 } x\geq3)\\ -3x^2+12x-9 & (1<x<3)\end{cases}$ (적분 구간에 따라 식이 달라진다.)

따라서 주어진 정적분에서 절댓값 기호를 풀어 나타내면

$$\int_0^3|f(x)|dx=\int_0^1(3x^2-12x+9)dx+\int_1^3(-3x^2+12x-9)dx$$
$$=\left[x^3-6x^2+9x\right]_0^1+\left[-x^3+6x^2-9x\right]_1^3$$
$$=(1-6+9)+\{(-27+54-27)-(-1+6-9)\}$$
$$=4+0-(-4)=8$$

본문 178쪽

21 [정답률 34%] 정답 180

Step 1 주어진 조건을 이용하여 a_{2n-1}과 a_{2n} 사이의 관계식을 구한다.

조건 (가)에서

$$a_{2n-1}+a_{2n}=\sum_{k=1}^{2n-1}a_k-\sum_{k=1}^{2n-2}a_k+\sum_{k=1}^{2n}a_k-\sum_{k=1}^{2n-1}a_k$$
$$=\sum_{k=1}^{2n}a_k-\sum_{k=1}^{2(n-1)}a_k$$
$$=17n-17(n-1)=17\ (n\ge 2)$$

조건 (나)에서 n 대신 $2n-1$을 대입하면

$|a_{2n}-a_{2n-1}|=2(2n-1)-1=4n-3\ (n\ge 1)$

Step 2 위에서 구한 관계식에 $n=2, 3, 4, \cdots$를 차례로 대입하여 a_{2n}의 값의 규칙성을 찾는다.

$n=2$일 때 $a_3+a_4=17$, $|a_4-a_3|=5$이므로

$a_3=6$, $a_4=11$ 또는 $a_3=11$, $a_4=6$ → $|a_{2n}-a_{2n-1}|=4n-3$에 $n=2$ 대입

이때 조건 (나)에 의하여 $|a_3-a_2|=|a_3-9|=3$ → $|a_{n+1}-a_n|=2n-1$에 $n=2$ 대입

$\therefore a_3=6$, $a_4=11$

$n=3$일 때 $a_5+a_6=17$, $|a_6-a_5|=9$이므로

$a_5=4$, $a_6=13$ 또는 $a_5=13$, $a_6=4$ → $|a_{2n}-a_{2n-1}|=4n-3$에 $n=3$ 대입

이때 조건 (나)에 의하여 $|a_5-a_4|=|a_5-11|=7$ → $|a_{n+1}-a_n|=2n-1$에 $n=4$ 대입

$\therefore a_5=4$, $a_6=13$

$n=4$일 때 $a_7+a_8=17$, $|a_8-a_7|=13$이므로

$a_7=2$, $a_8=15$ 또는 $a_7=15$, $a_8=2$ → $|a_{2n}-a_{2n-1}|=4n-3$에 $n=4$ 대입

이때 조건 (나)에 의하여 $|a_7-a_6|=|a_7-13|=11$ → $|a_{n+1}-a_n|=2n-1$에 $n=6$ 대입

$\therefore a_7=2$, $a_8=15$

⋮

즉, $a_2=9$, $a_4=11$, $a_6=13$, $a_8=15$, $\cdots$이므로 수열 $\{a_{2n}\}$은 첫째항이 9, 공차가 2인 등차수열이다.

Step 3 $\sum_{n=1}^{10}a_{2n}$의 값을 구한다.

$$\sum_{n=1}^{10}a_{2n}=\sum_{n=1}^{10}(2n+7)=2\sum_{n=1}^{10}n+\sum_{n=1}^{10}7$$

→ 첫째항이 9, 공차가 2인 등차수열의 일반항

$$=2\times\frac{10\times 11}{2}+7\times 10=110+70=180$$

22 [정답률 2%] 정답 121

Step 1 a, c의 값의 범위에 따라 경우를 나누어 주어진 조건을 모두 만족시키는 두 함수 $y=f(x)$, $y=g(x)$의 그래프의 개형을 찾는다.

점 $(0, 0)$이 곡선 $y=f(x)$ 위의 점이므로 $f(0)=0$

함수 $f(x)$를 $f(x)=ax^3+bx^2+cx$ (a, b, c는 상수, $a\neq 0$)라 하면 → 함수 $f(x)$는 삼차함수이다.

$f'(x)=3ax^2+2bx+c$이므로 $f'(0)=c$

$\therefore g(x)=cx$ → 점 $(0, 0)$을 지나고 기울기가 $f'(0)$인 직선의 방정식

즉, $h(x)=|f(x)|+g(x)=|ax^3+bx^2+cx|+cx$이다.

이때 곡선 $y=f(x)$ 위의 점 $(0, 0)$에서의 접선의 기울기 c에 대하여

(i) $c=0$일 때,

$h(x)=|ax^3+bx^2|=x^2|ax+b|$에서 점 $(k, 0)$이 곡선 $y=h(x)$ 위의 점이므로 $h(k)=k^2|ak+b|=0$

$\therefore k=-\dfrac{b}{a}$ ($\because k\neq 0$) → (가)에서 주어진 조건이다.

이때 $x=k$에서 뾰족점이므로 접선의 방정식이 존재하지 않는다.

즉, 조건 (가)를 만족시키지 않는다.

(ii) $c>0$일 때,

$h(12)=|f(12)|+g(12)=|f(12)|+12c>0$이므로 조건 (나)를 만족시키지 않는다. ($|f(12)|\ge 0$, $12c>0$)

(iii) $c<0$, $a>0$일 때,

두 함수 $y=f(x)$, $y=g(x)$의 그래프의 개형은 다음과 같다.

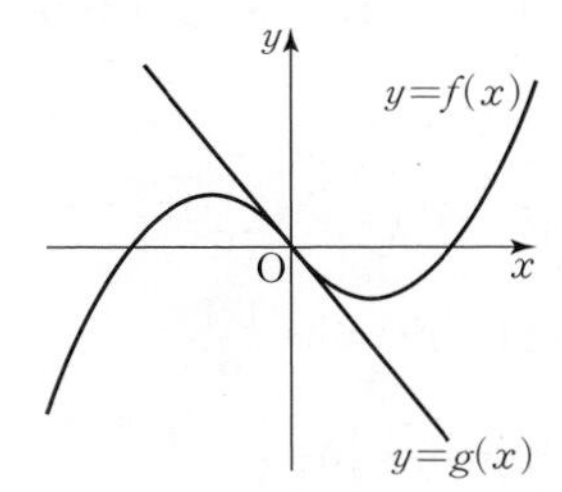

조건 (가)에서 $h(k)=0$, $h'(k)=0$ $(k\neq 0)$이다. → 점 $(k, 0)$에서의 접선의 기울기가 0이다.

이때 두 가지를 동시에 만족시키는 k는 0뿐이므로 조건 (가)를 만족시키지 않는다. → $k<0$일 때 $|f(k)|+g(k)=0$을 만족시키는 k는 존재하지 않으며, $k>0$일 때 $|f(k)|+g(k)=0$을 만족시키는 k는 존재하지만 $|f'(k)|+g'(k)=0$을 만족시키지 않는다.

(iv) $c<0$, $a<0$일 때,

① 두 함수 $y=f(x)$, $y=g(x)$의 그래프가 오른쪽 그림과 같은 경우, 조건 (가)를 만족시키지 않는다. → $|f(k)|+g(k)=0$을 만족시키는 $k(k\neq 0)$가 존재하지 않는다.

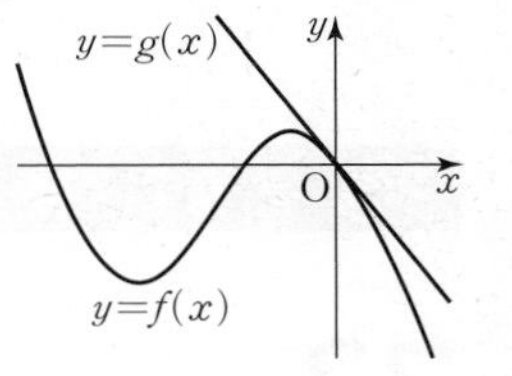

② 두 함수 $y=f(x)$, $y=g(x)$의 그래프가 오른쪽 그림과 같은 경우에만 주어진 조건을 모두 만족시킨다.

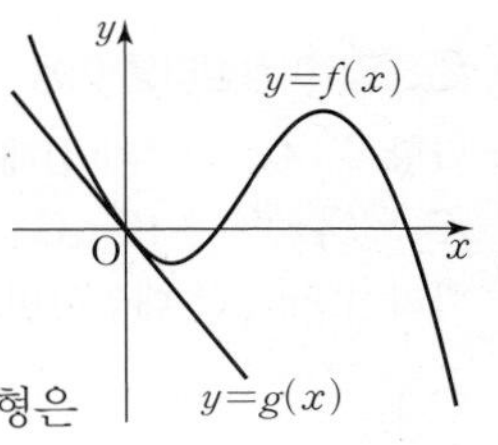

(i)~(iv)에서 조건 (가), (나)를 만족시키는 두 함수 $y=f(x)$, $y=g(x)$의 그래프의 개형은 (iv)-②이다.

$y=-g(x)$, $y=g(x)$, $x=k$인 점에서의 접선

Step 2 k의 값을 구한다.

$y=-g(x)$, $y=|f(x)|$, $y=g(x)$

→ 두 함수 $f(x)$와 $-g(x)$의 그래프는 $x=0$인 점에서 만나고 $x=k$인 점에서 접한다.

조건 (가)에 의하여 $f(x)-\{-g(x)\}=ax(x-k)^2$ ⋯⋯ ㉠

조건 (나)에 의하여 $f(x)-g(x)=ax^2(x-12)$ ⋯⋯ ㉡

→ 두 함수 $f(x)$와 $g(x)$의 그래프는 $x=0$인 점에서 접하고 $x=12$인 점에서 만난다.

㉠, ㉡을 연립하여 풀면

$f(x)=\dfrac{1}{2}ax(2x^2-2kx-12x+k^2)$

$g(x)=\dfrac{1}{2}ax(12x-2kx+k^2)$

이때 $g(x)$는 일차함수이므로 $12-2k=0$ $\therefore k=6$

Step 3 $h(3)=-\dfrac{9}{2}$임을 이용하여 함수 $h(x)$를 구한다.

$f(x)=ax(x^2-12x+18)$, $g(x)=18ax$이므로

방정식 $x^2-12x+18=0$의 두 실근을 α, β $(\alpha<\beta)$라 하면

$\alpha=6-3\sqrt{2}$, $\beta=6+3\sqrt{2}$ (=1.××, =10.××)

$$\therefore h(x)=\begin{cases}ax(x-6)^2 & (x<0\text{ 또는 }\alpha\le x<\beta)\\ -ax^2(x-12) & (0\le x<\alpha\text{ 또는 }x\ge\beta)\end{cases}$$

$\alpha<3<\beta$이므로 $h(3)=a\times 3\times(3-6)^2=27a=-\dfrac{9}{2}$

따라서 $a=-\dfrac{1}{6}$이므로

$$h(x)=\begin{cases} -\frac{1}{6}x(x-6)^2 & (x<0 \text{ 또는 } \alpha\le x<\beta) \\ \frac{1}{6}x^2(x-12) & (0\le x<\alpha \text{ 또는 } x\ge\beta) \end{cases}$$

또한 $\alpha<6<\beta<11$이므로

$h(6)=-\frac{1}{6}\times6\times(6-6)^2=0$,

$h(11)=\frac{1}{6}\times11^2\times(11-12)=-\frac{121}{6}$

$\therefore k\times\{h(6)-h(11)\}=6\times\left\{0-\left(-\frac{121}{6}\right)\right\}=121$

확률과 통계

23 [정답률 89%]

정답 ②

Step 1 이항정리를 이용하여 주어진 식의 x의 계수를 구한다.

다항식 $(4x+1)^6$의 전개식에서 일반항은

${}_6C_r\times(4x)^{6-r}\times1^r={}_6C_r\times4^{6-r}\times x^{6-r}$ → $x^{6-r}=x$에서 $6-r=1$ $\therefore r=5$

따라서 $r=5$를 대입하면 x의 계수는 ${}_6C_5\times4^{6-5}=6\times4=24$

24 [정답률 75%]

정답 ④

Step 1 이항분포의 평균을 이용하여 n의 값을 구한다.

이항분포 $B\left(n, \frac{1}{3}\right)$을 따르는 확률변수 X의 평균은

$E(X)=n\times\frac{1}{3}=\frac{n}{3}$이므로

$E(3X-1)=3E(X)-1=3\times\frac{n}{3}-1=n-1=17$

→ $E(aX+b)=aE(X)+b$

$\therefore n=18$

Step 2 $V(X)$의 값을 구한다.

$V(X)=18\times\frac{1}{3}\times\frac{2}{3}=4$

25 [정답률 84%]

정답 ③

Step 1 주어진 사건의 여사건을 파악한다.

주머니에서 임의로 4개의 공을 동시에 꺼내는 모든 경우의 수는

${}_8C_4=\frac{8\times7\times6\times5}{4\times3\times2\times1}=70$

이때 꺼낸 공 중 검은 공이 2개 이상일 확률은 전체 확률에서 꺼낸 공 중 검은 공이 1개 이하일 확률을 뺀 것과 같다.

→ $=1$

→ 2개 이상인 사건의 여사건은 2개 미만, 즉 1개 이하인 사건이다.

Step 2 여사건의 확률을 구한다.

여사건의 확률을 구해보면

(i) 꺼낸 공 중 검은 공이 0개일 때,

이 경우 흰 공을 4개 꺼내야 하므로 경우의 수는

${}_4C_4\times{}_4C_0=1\times1=1$

따라서 이 경우의 확률은 $\frac{1}{70}$

(ii) 꺼낸 공 중 검은 공이 1개일 때,

이 경우 흰 공을 3개, 검은 공을 1개 꺼내야 하므로 경우의 수는

${}_4C_3\times{}_4C_1=4\times4=16$

따라서 이 경우의 확률은 $\frac{16}{70}=\frac{8}{35}$

(i), (ii)에서 꺼낸 공 중 검은 공이 1개 이하일 확률은

$\frac{1}{70}+\frac{8}{35}=\frac{17}{70}$

Step 3 꺼낸 공 중 검은 공이 2개 이상일 확률을 구한다.

따라서 꺼낸 공 중 검은 공이 2개 이상일 확률은 $1-\frac{17}{70}=\frac{53}{70}$

26 [정답률 75%]

정답 ④

Step 1 같은 것이 있는 순열을 이용하여 경우의 수를 구한다.

(i) 한 개의 문자를 3개 나열하는 경우 → $(a, a, a, b, c), (a, b, b, b, c), (a, b, c, c, c)$

a, b, c 중 3개를 나열할 문자를 선택하는 경우의 수는 ${}_3C_1=3$

5개의 문자를 일렬로 나열하는 경우의 수는 $\frac{5!}{3!}=20$

즉, 구하는 경우의 수는 $3\times20=60$

(ii) 두 개의 문자를 각각 2개씩 나열하는 경우

a, b, c 중 2개를 나열할 문자 2개를 선택하는 경우의 수는

${}_3C_2=3$ → $(a, a, b, b, c), (a, a, b, c, c), (a, b, b, c, c)$

5개의 문자를 일렬로 나열하는 경우의 수는 $\frac{5!}{2!\times2!}=30$

즉, 구하는 경우의 수는 $3\times30=90$

(i), (ii)에 의하여 구하는 경우의 수는 $60+90=150$

27 [정답률 58%]

정답 ⑤

Step 1 $P(Y|X)$를 구한다.

3개의 동전을 동시에 던져 앞면이 나오는 동전의 개수가 3인 사건을 X, 주머니에서 임의로 꺼낸 2장의 카드에 적혀 있는 두 수의 합이 소수인 사건을 Y라 하면

$P(X)=\frac{1}{8}$, $P(X^C)=1-P(X)=\frac{7}{8}$

→ 모두 앞면이 나오는 경우의 확률이므로 $\frac{1}{2}\times\frac{1}{2}\times\frac{1}{2}=\frac{1}{8}$

주머니 A에서 임의로 꺼낸 2장의 카드에 적혀 있는 두 수의 합이 소수일 확률은 다음과 같다.

(i) 1이 적혀 있는 카드를 2장 꺼낼 확률

$\frac{{}_2C_2}{{}_6C_2}=\frac{1}{15}$ → $\frac{(\text{1이 적혀 있는 카드를 2장 꺼내는 경우의 수})}{(\text{주머니 A에서 2장을 꺼내는 경우의 수})}$

(ii) 1과 2가 적혀 있는 카드를 각각 1장씩 꺼낼 확률

$\frac{{}_2C_1\times{}_2C_1}{{}_6C_2}=\frac{2\times2}{15}=\frac{4}{15}$ → $\frac{(\text{1과 2가 적힌 카드를 각각 1장씩 꺼내는 경우의 수})}{(\text{주머니 A에서 2장을 꺼내는 경우의 수})}$

(iii) 2와 3이 적혀 있는 카드를 각각 1장씩 꺼낼 확률

$\frac{{}_2C_1\times{}_2C_1}{{}_6C_2}=\frac{2\times2}{15}=\frac{4}{15}$

(i)~(iii)에 의하여 $P(Y|X)=\frac{1}{15}+\frac{4}{15}+\frac{4}{15}=\frac{9}{15}=\frac{3}{5}$

→ 3개의 동전을 동시에 던져 모두 앞면이 나왔을 때, 주머니 A에서 꺼낸 2장의 카드의 합이 소수일 확률

Step 2 $P(Y|X^C)$을 구한다.

주머니 B에서 임의로 꺼낸 2장의 카드에 적혀 있는 두 수의 합이 소수인 경우는 3과 4가 적혀 있는 카드를 각각 1장씩 꺼내는 경우이므로

$P(Y|X^C)=\frac{{}_2C_1\times{}_2C_1}{{}_6C_2}=\frac{4}{15}$

→ 앞면이 나오는 동전의 개수가 2 이하일 때, 주머니 B에서 꺼낸 2장의 카드의 합이 소수일 확률

Step 3 확률의 곱셈정리를 이용한다.

확률의 곱셈정리에 의하여

$P(Y)=P(X\cap Y)+P(X^C\cap Y)$

$=P(X)P(Y|X)+P(X^C)P(Y|X^C)$

$=\frac{1}{8}\times\frac{3}{5}+\frac{7}{8}\times\frac{4}{15}$

$=\frac{3}{40}+\frac{7}{30}=\frac{37}{120}$

28 [정답률 38%]

정답 ②

Step 1 조건 (가)를 파악한다.

조건 (가)에서 $\sqrt{f(1)\times f(2)\times f(3)}$의 값이 자연수이려면 세 수 $f(1)$, $f(2)$, $f(3)$ 중 하나의 수가 제곱수, 즉 1 또는 4이고 나머지 두 수가 서로 같아야 한다.

→ $f(1)\times f(2)\times f(3)$의 값이 제곱수이다.

Step 2 경우를 나누어 조건 (나)를 만족시키는 함수의 개수를 구한다.

(i) $f(3)=1$일 때,
조건 (가), (나)에 의하여 순서쌍 $(f(1), f(2), f(3))$은 $(1, 1, 1)$이고, $f(4)$, $f(5)$, $f(6)$을 택하는 경우의 수는 ${}_5H_3$이므로 구하는 함수의 개수는
$1\times{}_5H_3={}_7C_3=35$
→ 1, 2, 3, 4, 5 중 중복을 허락하여 3개 선택

(ii) $f(3)=2$일 때,
조건 (가), (나)에 의하여 순서쌍 $(f(1), f(2), f(3))$은 $(1, 2, 2)$이고, $f(4)$, $f(5)$, $f(6)$을 택하는 경우의 수는 ${}_4H_3$이므로 구하는 함수의 개수는
$1\times{}_4H_3={}_6C_3=20$
→ 2, 3, 4, 5 중 중복을 허락하여 3개 선택

(iii) $f(3)=3$일 때,
조건 (가), (나)에 의하여 순서쌍 $(f(1), f(2), f(3))$은 $(1, 3, 3)$이고, $f(4)$, $f(5)$, $f(6)$을 택하는 경우의 수는 ${}_3H_3$이므로 구하는 함수의 개수는
$1\times{}_3H_3={}_5C_3={}_5C_2=10$
→ 3, 4, 5 중 중복을 허락하여 3개 선택

(iv) $f(3)=4$일 때,
조건 (가), (나)에 의하여 순서쌍 $(f(1), f(2), f(3))$은 $(1, 1, 4)$, $(1, 4, 4)$, $(2, 2, 4)$, $(3, 3, 4)$, $(4, 4, 4)$이고, $f(4)$, $f(5)$, $f(6)$을 택하는 경우의 수는 ${}_2H_3$이므로 구하는 함수의 개수는
$5\times{}_2H_3=5\times{}_4C_3=5\times{}_4C_1=20$
→ 4, 5 중 중복을 허락하여 3개 선택

(v) $f(3)=5$일 때,
조건 (가), (나)에 의하여 순서쌍 $(f(1), f(2), f(3))$은 $(1, 5, 5)$, $(4, 5, 5)$이고, $f(4)$, $f(5)$, $f(6)$을 택하는 경우의 수는 ${}_1H_3$이므로 구하는 함수의 개수는
$2\times{}_1H_3=2\times{}_3C_3=2$
→ $f(4)=f(5)=f(6)=5$인 경우

(i)~(v)에 의하여 구하는 함수 f의 개수는

$35+20+10+20+2=87$

29 [정답률 12%]

정답 5

Step 1 확률밀도함수의 성질을 이용하여 a, b의 값을 구한다.

$f(x)=b$이므로 $P(0\le X\le a)=1$에서

$ab=1$ …… ㉠

$g(x)=P(0\le X\le x)=bx$이므로

$P(0\le Y\le a)=1$에서

$\frac{1}{2}\times a\times ab=\frac{a^2b}{2}=1$ …… ㉡

㉠, ㉡을 연립하여 풀면 $a=2$, $b=\frac{1}{2}$

$\therefore g(x)=\frac{1}{2}x$

Step 2 c의 값을 구한다.

$P(0\le Y\le c)=\frac{1}{2}\times c\times\frac{c}{2}=\frac{c^2}{4}=\frac{1}{2}$이므로 $c^2=2$ (→ $\frac{c}{2}$: $g(c)$)

$\therefore (a+b)\times c^2=\left(2+\frac{1}{2}\right)\times 2=4+1=5$

30 [정답률 8%]

정답 133

Step 1 독립시행의 확률을 이용하여 $P(A)$를 구한다.

정육면체 모양의 상자를 한 번 던져서 바닥에 닿는 면에 적혀 있는 수가 1일 확률은 $\frac{2}{6}=\frac{1}{3}$, 2일 확률은 $\frac{4}{6}=\frac{2}{3}$

$a_1+a_2+a_3>a_4+a_5+a_6$일 사건을 A,

$a_1=a_4=1$일 사건을 B라 할 때,

$a_1+a_2+a_3>a_4+a_5+a_6\ge3$이므로 경우를 나누어 각각의 확률을 구해보면 다음과 같다.

(i) $a_1+a_2+a_3=4$인 경우

$a_1+a_2+a_3=4$일 확률은 ${}_3C_2\left(\frac{1}{3}\right)^2\left(\frac{2}{3}\right)^1=\frac{6}{3^3}$ → 1이 2번, 2가 1번 나올 확률

$a_4+a_5+a_6=3$일 확률은 ${}_3C_3\left(\frac{1}{3}\right)^3\left(\frac{2}{3}\right)^0=\frac{1}{3^3}$ → $3\le a_4+a_5+a_6<4$ / 1이 3번 나올 확률

$\therefore \frac{6}{3^3}\times\frac{1}{3^3}=\frac{6}{3^6}$

(ii) $a_1+a_2+a_3=5$인 경우

$a_1+a_2+a_3=5$일 확률은 ${}_3C_1\left(\frac{1}{3}\right)^1\left(\frac{2}{3}\right)^2=\frac{12}{3^3}$ → 1이 1번, 2가 2번 나올 확률

$a_4+a_5+a_6=3$ 또는 $a_4+a_5+a_6=4$일 확률은 → $3\le a_4+a_5+a_6<5$

${}_3C_3\left(\frac{1}{3}\right)^3\left(\frac{2}{3}\right)^0+{}_3C_2\left(\frac{1}{3}\right)^2\left(\frac{2}{3}\right)^1=\frac{7}{3^3}$

$\therefore \frac{12}{3^3}\times\frac{7}{3^3}=\frac{84}{3^6}$

(iii) $a_1+a_2+a_3=6$인 경우

$a_1+a_2+a_3=6$일 확률은 ${}_3C_0\left(\frac{1}{3}\right)^0\left(\frac{2}{3}\right)^3=\frac{8}{3^3}$ → 2가 3번 나올 확률

$a_4+a_5+a_6=3$ 또는 $a_4+a_5+a_6=4$ 또는 $a_4+a_5+a_6=5$일 확률은 → $3\le a_4+a_5+a_6<6$

${}_3C_3\left(\frac{1}{3}\right)^3\left(\frac{2}{3}\right)^0+{}_3C_2\left(\frac{1}{3}\right)^2\left(\frac{2}{3}\right)^1+{}_3C_1\left(\frac{1}{3}\right)^1\left(\frac{2}{3}\right)^2$

$=\frac{1}{3^3}+\frac{6}{3^3}+\frac{12}{3^3}=\frac{19}{3^3}$

$\therefore \frac{8}{3^3}\times\frac{19}{3^3}=\frac{152}{3^6}$

(i)~(iii)에 의하여 $P(A)=\frac{6}{3^6}+\frac{84}{3^6}+\frac{152}{3^6}=\frac{242}{3^6}$

Step 2 $P(A\cap B)$의 값을 구하고 조건부확률을 이용하여 p, q의 값을 각각 구한다.

$a_1=a_4=1$이면 $a_2+a_3>a_5+a_6\ge2$이므로 경우를 나누어 각각의 확률을 구해 보면 다음과 같다.

(iv) $a_1=a_4=1$이고 $a_2+a_3=3$인 경우

$a_1=a_4=1$일 확률은 ${}_2C_2\left(\frac{1}{3}\right)^2\left(\frac{2}{3}\right)^0=\frac{1}{3^2}$

$a_2+a_3=3$일 확률은 ${}_2C_1\left(\frac{1}{3}\right)^1\left(\frac{2}{3}\right)^1=\frac{4}{3^2}$ → 1이 1번, 2가 1번 나올 확률

($2\le a_5+a_6<3$) $a_5+a_6=2$일 확률은 ${}_2C_2\left(\frac{1}{3}\right)^2\left(\frac{2}{3}\right)^0=\frac{1}{3^2}$ (1이 2번 나올 확률)

$\therefore \frac{1}{3^2}\times\frac{4}{3^2}\times\frac{1}{3^2}=\frac{4}{3^6}$

(v) $a_1=a_4=1$이고 $a_2+a_3=4$인 경우

$a_1=a_4=1$일 확률은 $\frac{1}{3^2}$

$a_2+a_3=4$일 확률은 ${}_2C_2\left(\frac{1}{3}\right)^0\left(\frac{2}{3}\right)^2=\frac{4}{3^2}$ (2가 2번 나올 확률)

$a_5+a_6=2$ 또는 $a_5+a_6=3$일 확률은 ($2\le a_5+a_6<4$)

${}_2C_2\left(\frac{1}{3}\right)^2\left(\frac{2}{3}\right)^0+{}_2C_1\left(\frac{1}{3}\right)^1\left(\frac{2}{3}\right)^1=\frac{5}{3^2}$

$\therefore \frac{1}{3^2}\times\frac{4}{3^2}\times\frac{5}{3^2}=\frac{20}{3^6}$

(iv), (v)에 의하여 $P(A\cap B)=\frac{4}{3^6}+\frac{20}{3^6}=\frac{24}{3^6}$이므로

$$P(B|A)=\frac{P(A\cap B)}{P(A)}=\frac{\frac{24}{3^6}}{\frac{242}{3^6}}=\frac{24}{242}=\frac{12}{121}$$

따라서 $p=121$, $q=12$이므로 $p+q=121+12=133$

미적분

23 [정답률 96%]

정답 ④

Step 1 분자를 유리화하여 수열의 극한값을 계산한다.

$$\lim_{n\to\infty}(\sqrt{n^4+5n^2+5}-n^2)$$
$$=\lim_{n\to\infty}\frac{(\sqrt{n^4+5n^2+5}-n^2)(\sqrt{n^4+5n^2+5}+n^2)}{\sqrt{n^4+5n^2+5}+n^2}$$

(분자, 분모에 각각 $\sqrt{n^4+5n^2+5}+n^2$을 곱한다.)

$$=\lim_{n\to\infty}\frac{(n^4+5n^2+5)-n^4}{\sqrt{n^4+5n^2+5}+n^2}$$
$$=\lim_{n\to\infty}\frac{5n^2+5}{\sqrt{n^4+5n^2+5}+n^2}$$

(분자, 분모를 각각 n^2으로 나눈다.)

$$=\lim_{n\to\infty}\frac{5+\frac{5}{n^2}}{\sqrt{1+\frac{5}{n^2}+\frac{5}{n^4}}+1}$$
$$=\frac{5}{1+1}=\frac{5}{2}$$

24 [정답률 82%]

정답 ③

Step 1 치환적분법을 이용하여 정적분의 값을 구한다.

$$\int_1^e\left(\frac{3}{x}+\frac{2}{x^2}\right)\ln x\,dx-\int_1^e\frac{2}{x^2}\ln x\,dx$$
$$=\int_1^e\left\{\left(\frac{3}{x}+\frac{2}{x^2}\right)\ln x-\frac{2}{x^2}\ln x\right\}dx$$

(정적분의 적분 구간이 같으므로 하나의 정적분으로 합쳐서 계산한다.)

$$=\int_1^e\frac{3}{x}\ln x\,dx$$

($\ln x=t$의 양변을 t에 대하여 미분하면 $\frac{1}{x}\frac{dx}{dt}=1$)

$\ln x=t$라 하면 $\frac{1}{x}\frac{dx}{dt}=1$이므로 $\frac{1}{x}dx=dt$

$x=1$일 때 $t=0$이고, $x=e$일 때 $t=1$이므로 ($\ln e=1$, $\ln 1=0$)

$$\int_1^e\frac{3}{x}\ln x\,dx=\int_0^1 3t\,dt=\left[\frac{3}{2}t^2\right]_0^1=\frac{3}{2}$$

25 [정답률 89%]

정답 ③

Step 1 $\frac{dx}{dt}$, $\frac{dy}{dt}$를 이용하여 $\frac{dy}{dx}$를 구한다.

$x=t^2\ln t+3t$에서 $\frac{dx}{dt}=2t\ln t+t^2\times\frac{1}{t}+3=2t\ln t+t+3$

$y=6te^{t-1}$에서 $\frac{dy}{dt}=6e^{t-1}+6te^{t-1}=6(1+t)e^{t-1}$ (x, y를 각각 t에 대하여 미분)

$$\therefore \frac{dy}{dx}=\frac{\frac{dy}{dt}}{\frac{dx}{dt}}=\frac{6(1+t)e^{t-1}}{2t\ln t+t+3}\ (\text{단, } 2t\ln t+t+3\ne0)$$

따라서 $t=1$일 때 $\frac{dy}{dx}$의 값은 $\frac{6\times2\times e^0}{2\times1\times\ln1+1+3}=\frac{12}{4}=3$ ($e^0=1$, $\ln 1=0$)

26 [정답률 82%]

정답 ②

Step 1 $\lim_{x\to2}\frac{f(x)-2}{x-2}=\frac{1}{3}$을 이용하여 $f(2)$, $f'(2)$의 값을 구한다.

$\lim_{x\to2}\frac{f(x)-2}{x-2}=\frac{1}{3}$에서 $x\to2$일 때 극한값이 존재하고 ($\frac{1}{3}$)

(분모)$\to0$이므로 (분자)$\to0$이어야 한다.

즉, $\lim_{x\to2}\{f(x)-2\}=0$에서 $f(2)=2$

$$\therefore \lim_{x\to2}\frac{f(x)-2}{x-2}=\lim_{x\to2}\frac{f(x)-f(2)}{x-2}=f'(2)=\frac{1}{3}$$

Step 2 역함수의 미분법을 이용하여 $g'(2)$의 값을 구한다.

$f(x)$는 함수 $g(x)$의 역함수이므로 $g(2)=2$

$$\therefore g'(2)=\frac{1}{f'(g(2))}=\frac{1}{f'(2)}=3$$

Step 3 $h'(2)$의 값을 구한다.

두 함수 $f(x)$, $g(x)$는 양의 실수 전체의 집합에서 미분가능하고 $f(2)\ne0$이므로 함수 $h(x)$는 $x=2$에서 미분가능하다.

$h'(x)=\frac{g'(x)f(x)-g(x)f'(x)}{\{f(x)\}^2}$에서 (몫의 미분법)

$$h'(2)=\frac{g'(2)f(2)-g(2)f'(2)}{\{f(2)\}^2}=\frac{3\times2-2\times\frac{1}{3}}{2^2}=\frac{6-\frac{2}{3}}{4}=\frac{4}{3}$$

27 [정답률 49%]

정답 ②

Step 1 S_1의 값을 구한다.

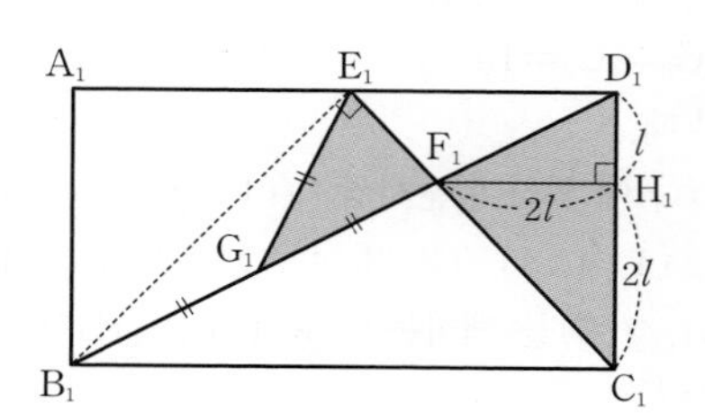

점 F_1에서 선분 C_1D_1에 내린 수선의 발을 H_1이라 하자.

$\overline{D_1H_1}=l\ (l>0)$이라 하면 두 삼각형 $D_1B_1C_1$, $D_1F_1H_1$은 서로 닮음이므로 ($\angle B_1D_1C_1$은 공통이고 $\angle D_1H_1F_1=\angle D_1C_1B_1=\frac{\pi}{2}$이므로 AA 닮음)

$\overline{B_1C_1}:\overline{C_1D_1}=\overline{F_1H_1}:\overline{H_1D_1}$에서 $2:1=\overline{F_1H_1}:\overline{H_1D_1}$

$\therefore \overline{F_1H_1}=2\overline{H_1D_1}=2l$

이때 삼각형 $C_1H_1F_1$은 직각이등변삼각형이므로 $\overline{C_1H_1}=2l$ (직각이등변삼각형 $C_1D_1E_1$과 닮음이다.)

$\overline{C_1D_1}=2l+l=3l=1\quad \therefore l=\frac{1}{3}$

즉, 삼각형 $C_1D_1F_1$의 넓이는 $\frac{1}{2}\times1\times\frac{2}{3}=\frac{1}{3}$ ($\overline{C_1D_1}\times\overline{F_1H_1}$)

삼각형 $B_1F_1E_1$에서 $\angle B_1E_1F_1=\frac{\pi}{2}$이고, $\overline{G_1E_1}=\overline{G_1F_1}$이므로 ($\pi-\angle C_1E_1D_1-\angle B_1E_1A_1=\pi-\frac{\pi}{4}-\frac{\pi}{4}=\frac{\pi}{2}$)

점 G_1은 삼각형 $B_1F_1E_1$의 외접원의 중심이다.

즉, $\overline{B_1G_1}=\overline{G_1F_1}$이므로 삼각형 $G_1F_1E_1$의 넓이는 삼각형 $B_1F_1E_1$의 넓이의 $\frac{1}{2}$이다.

($\triangle C_1H_1F_1$과 $\triangle C_1D_1E_1$의 닮음비가 $2l:3l=2:3$이므로 $\overline{E_1F_1}=\overline{C_1E_1}-\overline{C_1F_1}=\overline{C_1E_1}-\frac{2}{3}\overline{C_1E_1}=\frac{1}{3}\overline{C_1E_1}=\frac{\sqrt{2}}{3}$)

$\overline{B_1E_1}=\sqrt{2}$, $\overline{E_1F_1}=\frac{\sqrt{2}}{3}$이므로 삼각형 $G_1F_1E_1$의 넓이는

$\frac{1}{2}\times\left(\frac{1}{2}\times\sqrt{2}\times\frac{\sqrt{2}}{3}\right)=\frac{1}{6}$ $\quad\therefore S_1=\frac{1}{3}+\frac{1}{6}=\frac{1}{2}$

(삼각형 $A_1B_1E_1$에서 $\overline{A_1B_1}=\overline{A_1E_1}=1$, $\angle E_1A_1B_1=90°$이므로 피타고라스 정리에 의하여 $\overline{B_1E_1}=\sqrt{2}$)

Step 2 색칠되어 있는 부분의 넓이의 비를 구한다.

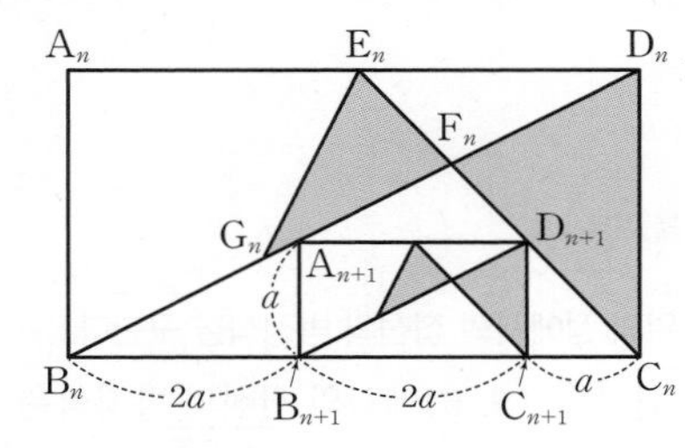

$\overline{A_{n+1}B_{n+1}}=a\ (a>0)$라 하면 $\overline{A_{n+1}B_{n+1}}:\overline{B_{n+1}C_{n+1}}=1:2$이므로

$\overline{B_{n+1}C_{n+1}}=2a$

삼각형 $C_{n+1}C_nD_{n+1}$은 직각이등변삼각형이므로 $\overline{C_{n+1}C_n}=a$

두 삼각형 $B_nB_{n+1}A_{n+1}$, $B_nC_nD_n$은 닮음이므로 (AA 닮음)

$\overline{B_nB_{n+1}}:\overline{A_{n+1}B_{n+1}}=\overline{B_nC_n}:\overline{D_nC_n}$에서 $\overline{B_nB_{n+1}}=2a$

즉, $\overline{B_nC_n}=5a$이므로 $\overline{B_{n+1}C_{n+1}}=\frac{2}{5}\overline{B_nC_n}$이다.

두 직사각형 $A_nB_nC_nD_n$, $A_{n+1}B_{n+1}C_{n+1}D_{n+1}$의 닮음비는 $1:\frac{2}{5}$

이므로 넓이의 비는 $1:\frac{4}{25}$이다. (닮음비가 $m:n$인 두 도형의 넓이의 비는 $m^2:n^2$이다.)

따라서 S_n은 첫째항이 $\frac{1}{2}$이고 공비가 $\frac{4}{25}$인 등비수열의 첫째항부터 제n항까지의 합과 같다.

Step 3 $\lim_{n\to\infty}S_n$의 값을 구한다.

$$\lim_{n\to\infty}S_n=\lim_{n\to\infty}\sum_{k=1}^{n}\left\{\frac{1}{2}\times\left(\frac{4}{25}\right)^{k-1}\right\}=\frac{\frac{1}{2}}{1-\frac{4}{25}}=\frac{25}{42}$$

28 [정답률 33%] 정답 ①

Step 1 $\int_{-1}^{5}xf(x)\,dx$의 값을 구한다.

조건 (가)에 의하여 함수 $f(x)$는 우함수이므로 (함수 $f(x)$가 우함수이므로 함수 $xf(x)$는 기함수이다.)

$\int_{-1}^{1}f(x)\,dx=2\int_{0}^{1}f(x)\,dx=2\times2=4$, $\int_{-1}^{1}xf(x)\,dx=0$

$\int_{-1}^{5}f(x)(x+\cos2\pi x)dx=\int_{-1}^{5}xf(x)\,dx+\int_{-1}^{5}f(x)\cos2\pi x\,dx$

$\int_{-1}^{5}xf(x)\,dx$

$=\int_{-1}^{1}xf(x)\,dx+\int_{1}^{3}xf(x)\,dx+\int_{3}^{5}xf(x)\,dx$

$=0+\int_{-1}^{1}(x+2)f(x+2)dx+\int_{-1}^{1}(x+4)f(x+4)dx$ ($f(x+2)=f(x)$, $f(x+4)=f(x+2)=f(x)$)

$=\int_{-1}^{1}(x+2)f(x)\,dx+\int_{-1}^{1}(x+4)f(x)\,dx$

$=2\int_{-1}^{1}xf(x)\,dx+6\int_{-1}^{1}f(x)\,dx$ ($=0$)

$=12\int_{0}^{1}f(x)\,dx=12\times2=24$

Step 2 $\int_{-1}^{5}f(x)\cos2\pi x\,dx$의 값을 간단히 한 후, $\int_{0}^{1}f(x)\cos2\pi x\,dx$의 값을 구한다.

조건 (가)에 의하여 $f(-x)\cos2\pi(-x)=f(x)\cos2\pi x$

조건 (나)에 의하여 $f(x+2)\cos2\pi(x+2)=f(x)\cos2\pi x$

즉, 함수 $f(x)\cos2\pi x$는 주기가 2인 우함수이므로 ($\cos(4\pi+2\pi x)=\cos2\pi x$)

$\int_{-1}^{5}f(x)\cos2\pi x\,dx$

$=\int_{-1}^{1}f(x)\cos2\pi x\,dx+\int_{1}^{3}f(x)\cos2\pi x\,dx+\int_{3}^{5}f(x)\cos2\pi x\,dx$

$=\int_{-1}^{1}f(x)\cos2\pi x\,dx+\int_{-1}^{1}f(x+2)\cos2\pi(x+2)dx+\int_{-1}^{1}f(x+4)\cos2\pi(x+4)dx$ (세 값이 모두 같다.)

$=3\int_{-1}^{1}f(x)\cos2\pi x\,dx=6\int_{0}^{1}f(x)\cos2\pi x\,dx$

이때

$\int_{-1}^{5}f(x)(x+\cos2\pi x)dx=\int_{-1}^{5}xf(x)\,dx+\int_{-1}^{5}f(x)\cos2\pi x\,dx$

에서 $\int_{-1}^{5}f(x)\cos2\pi x\,dx=\frac{47}{2}-24=-\frac{1}{2}$이므로

$\int_{0}^{1}f(x)\cos2\pi x\,dx=\frac{1}{6}\times\left(-\frac{1}{2}\right)=-\frac{1}{12}$

Step 3 부분적분법을 이용하여 $\int_{0}^{1}f'(x)\sin2\pi x\,dx$를 계산한다.

$\therefore\int_{0}^{1}f'(x)\sin2\pi x\,dx$

$=\Big[f(x)\sin2\pi x\Big]_{0}^{1}-2\pi\int_{0}^{1}f(x)\cos2\pi x\,dx$

$=0-2\pi\int_{0}^{1}f(x)\cos2\pi x\,dx$ ($\int u'v\,dx=uv-\int uv'\,dx$에서 $u'=f'(x)$, $v=\sin2\pi x$로 놓고 부분적분법을 이용한다.)

$=-2\pi\times\left(-\frac{1}{12}\right)=\frac{\pi}{6}$

29 [정답률 17%] 정답 4

Step 1 삼각함수를 이용하여 $f(\theta)+g(\theta)$를 나타낸다.

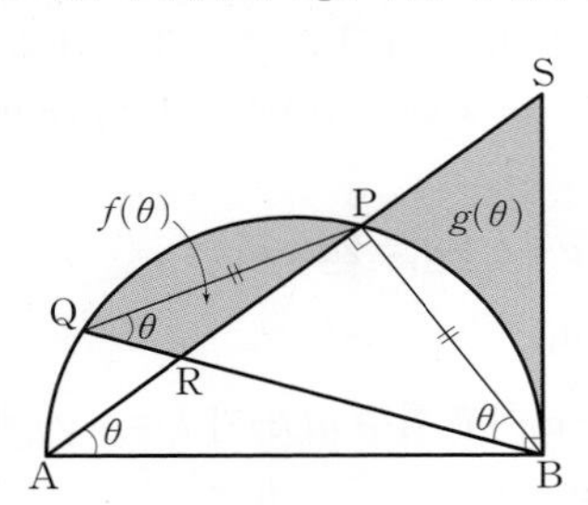

호 PB와 호 PQ의 길이가 서로 같으므로 원주각의 성질에 의하여 (호의 길이가 같으면 원주각의 크기도 같다.)

$\angle PAB=\angle QBP=\theta$, $\angle ABS=\angle APB=\frac{\pi}{2}$이고 (지름에 대한 원주각의 크기는 $\frac{\pi}{2}$이다.)

$\angle PBA=\frac{\pi}{2}-\theta$이므로 $\angle SBP=\theta$

즉, 두 삼각형 SPB, RPB는 서로 합동이므로 넓이가 서로 같다. (ASA 합동)

또한 선분 PQ와 호 PQ로 둘러싸인 부분의 넓이와 선분 PB와 호 PB로 둘러싸인 부분의 넓이가 서로 같으므로 $f(\theta)+g(\theta)$는 삼각형 PQB의 넓이와 같다.

직각삼각형 ABP에서

$\sin\theta=\frac{\overline{BP}}{\overline{AB}}=\frac{\overline{BP}}{2}$ $\quad\therefore\overline{BP}=\overline{PQ}=2\sin\theta$ (호의 길이가 같은 두 현의 길이는 같다.)

$f(\theta)+g(\theta)=\frac{1}{2}\times\overline{BP}\times\overline{PQ}\times\sin(\pi-2\theta)$ ($\angle BPQ$)

$=\frac{1}{2}\times4\sin^2\theta\times\sin2\theta$

$=2\sin^2\theta\sin2\theta$

Step 2 $\lim_{\theta\to0+}\frac{f(\theta)+g(\theta)}{\theta^3}$의 값을 구한다.

$$\lim_{\theta\to0+}\frac{f(\theta)+g(\theta)}{\theta^3}=\lim_{\theta\to0+}\frac{2\sin^2\theta\sin2\theta}{\theta^3}$$

$$=\lim_{\theta\to0+}\left(2\times\frac{\sin^2\theta}{\theta^2}\times\frac{\sin2\theta}{\theta}\right)$$

$$=2\times\lim_{\theta\to0+}\left(\frac{\sin\theta}{\theta}\right)^2\times\lim_{\theta\to0+}\left(\frac{\sin2\theta}{2\theta}\times2\right)$$

$$=2\times1^2\times2=4$$

본문 184쪽

30 [정답률 4%] 정답 129

Step 1 $f(x)=ax^2+bx+c$ $(a>3)$로 놓고 함수 $g(x)$가 극값을 가짐을 확인한다.

함수 $f(x)$는 최고차항의 계수가 3보다 큰 이차함수이므로
$f(x)=ax^2+bx+c$ $(a>3)$라 하면 $f'(x)=2ax+b$
$g(x)=e^xf(x)$에서
$g'(x)=e^xf(x)+e^xf'(x)$
$=e^x\{f(x)+f'(x)\}$
$=e^x\{ax^2+(2a+b)x+b+c\}$

→ 실수 전체의 집합에서 미분가능한 함수에 대하여 증가와 감소가 동시에 나타나면 극값이 존재한다.

이때 함수 $g(x)$가 극값을 갖지 않으면 실수 전체의 집합에서 $g'(x)\geq 0$이거나 $g'(x)\leq 0$이므로 조건 (가)를 만족시키지 않는다.
→ 불연속인 점이 없다.

즉, 함수 $g(x)$는 극값을 갖는다.

Step 2 함수 $h(k)$가 불연속일 수 있는 점을 찾는다.

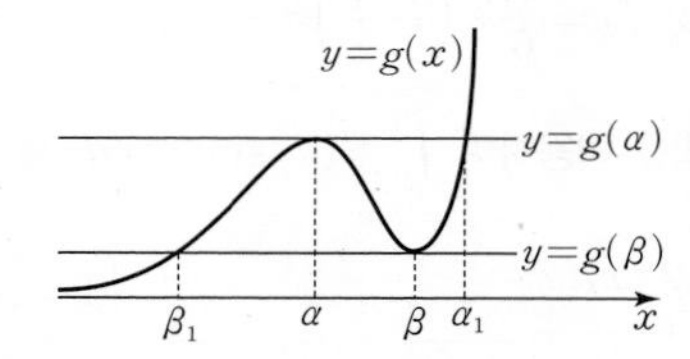

함수 $g(x)$가 $x=\alpha$에서 극댓값, $x=\beta$에서 극솟값을 갖는다고 하면
$g'(x)=e^x\{a(x-\alpha)(x-\beta)\}$
이때 함수 $h(k)$는 $k=t$ $(t\neq g(\alpha),\ t\neq g(\beta))$에서
$\lim_{k\to t-}h(k)=\lim_{k\to t+}h(k)=h(t)$
이므로 함수 $h(k)$는 $k=t$ $(t\neq g(\alpha),\ t\neq g(\beta))$에서 연속이다.
조건 (가)에 의하여 함수 $h(k)$가 $k=t$에서 불연속인 t의 개수는 1이므로 함수 $h(k)$는 $k=g(\alpha)$에서 연속이고 $k=g(\beta)$에서 불연속 또는 $k=g(\alpha)$에서 불연속이고 $k=g(\beta)$에서 연속이다.

Step 3 $k=g(\alpha)$에서 불연속일 때와 $k=g(\beta)$에서 불연속일 때를 나누어 함수 $g(x)$를 구한다.

$g(x)=g(\alpha)$를 만족시키는 x의 값 중 α가 아닌 값을 α_1,
$g(x)=g(\beta)$를 만족시키는 x의 값 중 β가 아닌 값을 β_1이라 하자.

(i) 함수 $h(k)$가 $k=g(\alpha)$에서 연속이고 $k=g(\beta)$에서 불연속인 경우

$\lim_{k\to g(\alpha)-}h(k)=\alpha+\alpha+\alpha_1=2\alpha+\alpha_1$
$\lim_{k\to g(\alpha)+}h(k)=\alpha_1$,
$h(g(\alpha))=\alpha+\alpha_1$이고 함수 $h(k)$가 $k=g(\alpha)$에서 연속이므로
$2\alpha+\alpha_1=\alpha_1=\alpha+\alpha_1$ $\therefore \alpha=0$
$\lim_{k\to g(\beta)-}h(k)=\beta_1$,
$\lim_{k\to g(\beta)+}h(k)=\beta_1+\beta+\beta=2\beta+\beta_1$
$h(g(\beta))=\beta+\beta_1$

→ $k=3e$에서 연속이려면 좌극한과 우극한의 값이 같으므로 (우극한값)$-$(좌극한값)$=0$이어야 한다. 즉, $k=3e$에서 불연속이다.

함수 $h(k)$가 $k=g(\beta)$에서 불연속이므로 $\beta\neq 0$ (→ $\beta_1\neq 2\beta+\beta_1$)
조건 (나)에 의하여 $g(\beta)=3e$이므로
$\lim_{k\to g(\beta)+}h(k)-\lim_{k\to g(\beta)-}h(k)=(2\beta+\beta_1)-\beta_1=2\beta=2$ $\therefore \beta=1$
따라서 $g'(x)=e^x\{ax(x-1)\}$이므로
$g(x)=e^x\{a(x^2-3x+3)\}$
$g(1)=3e$에서 $a=3$이므로 주어진 조건을 만족시키지 않는다.
→ ae / a는 3보다 큰 실수

→ $2a+b=-a$에서 $b=-3a$
$b+c=0$에서 $c=-b=3a$
$\therefore g(x)=e^x(ax^2+bx+c)$
$=e^x(ax^2-3ax+3a)$
$=e^x\{a(x^2-3x+3)\}$

(ii) 함수 $h(k)$가 $k=g(\alpha)$에서 불연속이고 $k=g(\beta)$에서 연속인 경우

함수 $h(k)$가 $k=g(\beta)$에서 연속이므로
$\beta_1=2\beta+\beta_1=\beta+\beta_1$ $\therefore \beta=0$
함수 $h(k)$가 $k=g(\alpha)$에서 불연속이므로 $\alpha\neq 0$ (→ $2\alpha+\alpha_1\neq\alpha_1$)
조건 (나)에 의하여 $g(\alpha)=3e$이므로
$\lim_{k\to g(\alpha)+}h(k)-\lim_{k\to g(\alpha)-}h(k)=\alpha_1-(2\alpha+\alpha_1)=-2\alpha=2$
$\therefore \alpha=-1$

→ 각각 (i)에서 구한 $k=g(\beta)$에서의 좌극한값, 우극한값, 함숫값이다.

따라서 $g'(x)=e^x\{ax(x+1)\}$이므로 $g(x)=e^x\{a(x^2-x+1)\}$
$g(-1)=3e$에서 $3ae^{-1}=3e$
즉, $a=e^2$이므로 주어진 조건을 만족시킨다.

→ $2a+b=a$에서 $b=-a$
$b+c=0$에서 $c=-b=a$
$\therefore g(x)=e^x(ax^2+bx+c)$
$=e^x(ax^2-ax+a)$
$=e^x\{a(x^2-x+1)\}$

(i), (ii)에서 $g(x)=e^{x+2}(x^2-x+1)$이므로
$g(-6)\times g(2)=(e^{-4}\times 43)\times(e^4\times 3)=129$
→ a는 3보다 큰 실수

기하

23 [정답률 86%] 정답 ①

Step 1 두 벡터가 서로 평행할 조건을 이용한다.

두 벡터 $\vec{a}$, $\vec{b}$가 서로 평행하므로 $\vec{a}=k\vec{b}$를 만족시키는 0이 아닌 실수 k가 존재한다. (→ 실수배)
즉, $(2m-1,\ 3m+1)=k(3,\ 12)$에서 (→ $=(3k,\ 12k)$)
$2m-1=3k$, $3m+1=12k$이므로
$4(2m-1)=3m+1$ $\therefore m=1$

24 [정답률 79%] 정답 ④

Step 1 포물선 위의 점에서의 접선의 방정식을 구한다.

포물선 $y^2=4x$ 위의 점 $(9,\ 6)$에서의 접선의 방정식은
$6y=2(x+9)$에서 $y=\frac{1}{3}(x+9)$

→ 포물선 $y^2=4px$ 위의 점 $(x_1,\ y_1)$에서의 접선의 방정식은 $y_1y=2p(x+x_1)$

Step 2 접선과 포물선의 준선의 교점을 구한다.

이때 포물선 $y^2=4x$의 준선의 방정식이 $x=-1$이므로 $a=-1$
점 $(-1,\ b)$가 접선 $y=\frac{1}{3}(x+9)$ 위의 점이므로
$b=\frac{1}{3}(-1+9)=\frac{8}{3}$
$\therefore a+b=-1+\frac{8}{3}=\frac{5}{3}$

25 [정답률 61%] 정답 ⑤

Step 1 두 벡터 $\overrightarrow{OP}-\overrightarrow{OA}$, $\overrightarrow{OP}-2\overrightarrow{OB}$를 각각 구한다.

점 P의 좌표를 $P(x,\ y)$라 하면
$\overrightarrow{OP}-\overrightarrow{OA}=(x,\ y)-(-2,\ 0)=(x+2,\ y)$
$\overrightarrow{OP}-2\overrightarrow{OB}=(x,\ y)-2(3,\ 3)=(x-6,\ y-6)$

Step 2 점 P가 나타내는 도형의 방정식을 구한다.

$(\overrightarrow{OP}-\overrightarrow{OA})\cdot(\overrightarrow{OP}-2\overrightarrow{OB})=0$에서
$(x+2,\ y)\cdot(x-6,\ y-6)=0$ (→ $(a,b)\cdot(c,d)=ac+bd$)
$(x+2)(x-6)+y(y-6)=0$, $x^2-4x-12+y^2-6y=0$
$\therefore (x-2)^2+(y-3)^2=25$
즉, 점 P가 나타내는 도형은 중심이 $(2,\ 3)$이고 반지름의 길이가 5인 원이다.

Step 3 점 P가 나타내는 도형의 길이를 구한다.

따라서 점 P가 나타내는 도형의 길이는 $2\pi\times 5=10\pi$

26 [정답률 61%] 정답 ④

Step 1 주어진 쌍곡선 위의 점 P에서의 접선의 방정식의 x절편이 $\frac{4}{3}$임을 이용하여 점 P의 x좌표를 구한다.

점 P의 좌표를 $P(x_1,\ y_1)$이라 하면 점 P에서의 접선의 방정식은
$\frac{x_1x}{4}-\frac{y_1y}{k}=1$
이때 이 접선이 x축과 만나는 점의 x좌표가 $\frac{4}{3}$이므로
$\frac{4}{x_1}=\frac{4}{3}$ $\therefore x_1=3$
→ 접선의 방정식의 x절편이다.

Step 2 초점의 좌표를 이용하여 양수 k의 값을 구한다.

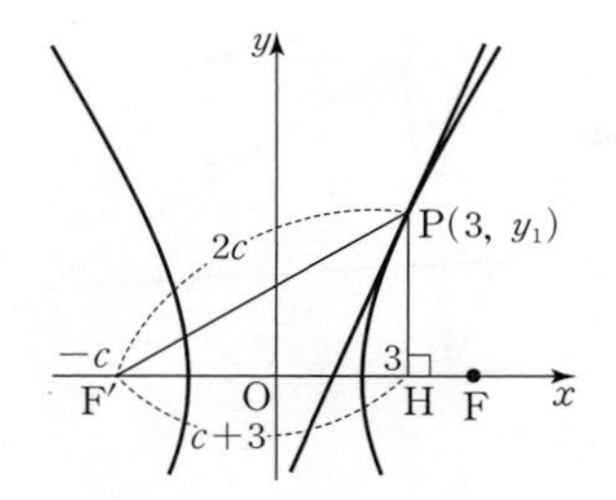

점 P에서 x축에 내린 수선의 발을 H라 하면
$\overline{HF'}=c+3$, $\overline{PF'}=\overline{FF'}=2c$이므로
$(2c)^2=(c+3)^2+y_1^2$, $4c^2=c^2+6c+9+y_1^2$ → 직각삼각형 PF′H에서 피타고라스 정리를 이용
$\therefore y_1^2=3c^2-6c-9$ ······ ㉠
점 P$(3, y_1)$은 쌍곡선 위의 점이므로
$\frac{9}{4}-\frac{y_1^2}{k}=1$, $y_1^2=\frac{5}{4}k$ ← 대입
이때 쌍곡선의 초점의 x좌표가 $\pm c$이므로
$c^2=4+k$에서 $k=c^2-4$
$\therefore y_1^2=\frac{5}{4}c^2-5$ ······ ㉡
㉠, ㉡을 연립하면
$3c^2-6c-9=\frac{5}{4}c^2-5$
$7c^2-24c-16=0$, $(7c+4)(c-4)=0$
$\therefore c=4$ ($\because c>0$) → 문제에서 주어진 조건이다.
따라서 양수 k의 값은 $4^2-4=12$

27 [정답률 59%]

정답 ②

Step 1 점 D에서 선분 AB에 수선의 발 H를 내린 후, 선분 DH와 선분 CH의 길이를 구한다.

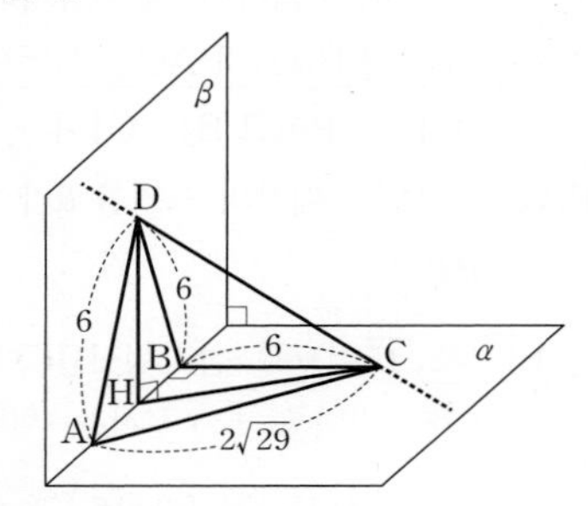

삼각형 ABC가 직각삼각형이므로
$\overline{AB}=\sqrt{\overline{AC}^2-\overline{BC}^2}=\sqrt{(2\sqrt{29})^2-6^2}=4\sqrt{5}$
점 D에서 선분 AB에 내린 수선의 발을 H라 하면 삼각형 DAB가 이등변삼각형이므로 $\overline{AH}=\overline{BH}=2\sqrt{5}$에서 → 선분 AB의 중점
$\overline{DH}=\sqrt{\overline{AD}^2-\overline{AH}^2}=\sqrt{6^2-(2\sqrt{5})^2}=4$
삼각형 HBC가 직각삼각형이므로
$\overline{CH}=\sqrt{\overline{BH}^2+\overline{BC}^2}=\sqrt{(2\sqrt{5})^2+6^2}=2\sqrt{14}$

→ 두 선분 DH, CB 모두 선분 AB에 수직이고 두 평면 α, β가 서로 수직이므로 $\overline{DH}\perp\overline{BC}$

Step 2 정사영을 이용하여 $\cos\theta$의 값을 구한다.

두 평면 α, β는 서로 수직이므로 $\overline{DH}\perp\overline{BC}$이고 $\overline{DH}\perp\overline{AB}$이므로 $\overline{DH}\perp\alpha$이다.

→ 평면 β에 있는 직선 DH가 평면 α 위에 있는 서로 다른 두 직선과 수직이므로 $\overline{DH}\perp\alpha$

즉, 직각삼각형 DHC에서
$\overline{CD}=\sqrt{\overline{DH}^2+\overline{HC}^2}=\sqrt{4^2+(2\sqrt{14})^2}=6\sqrt{2}$
점 D의 평면 α 위로의 정사영이 점 H이므로
$\cos\theta=\frac{\overline{CH}}{\overline{CD}}=\frac{2\sqrt{14}}{6\sqrt{2}}=\frac{\sqrt{7}}{3}$

28 [정답률 60%]

정답 ③

Step 1 각의 이등분선의 성질과 타원의 정의를 이용한다.

$A\left(\frac{3}{2}, 0\right)$, F$(6, 0)$, F′$(-6, 0)$에서 $\overline{AF}=\frac{9}{2}$, $\overline{AF'}=\frac{15}{2}$

삼각형 PFF′에서 $\angle FPA=\angle F'PA$이므로
$\overline{PF}:\overline{PF'}=\overline{AF}:\overline{AF'}$에서 $\overline{PF}:\overline{PF'}=\frac{9}{2}:\frac{15}{2}=3:5$ → 각의 이등분선의 성질
$\overline{PF}=3k$, $\overline{PF'}=5k$ $(k>0)$라 하면 타원의 정의에 의하여
$\overline{PF}+\overline{PF'}=8k=2a$ $\quad\therefore a=4k$

Step 2 삼각형의 닮음을 이용하여 a, b의 값을 각각 구한다.

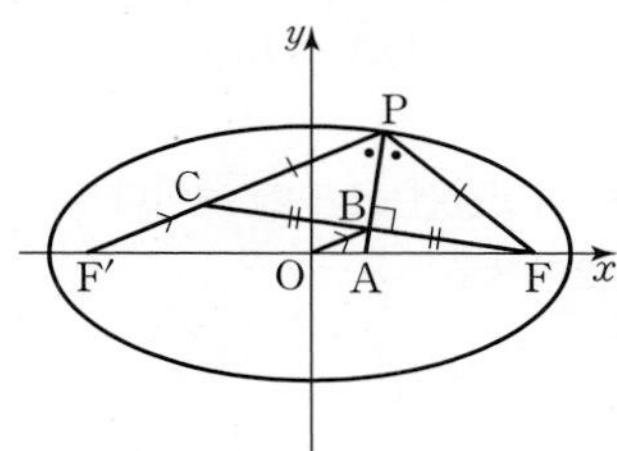

직선 BF와 선분 PF′이 만나는 점을 C라 하면
두 삼각형 BPC, BPF는 합동이다. → $\angle CPB=\angle FPB$, $\angle PBC=\angle PBF=90°$, $\overline{BP}$는 공통이므로 ASA 합동이다.
따라서 $\overline{CB}=\overline{FB}$이므로 $\overline{FB}:\overline{FC}=1:2$
이때 두 삼각형 FBO와 FCF′에서 $\overline{FB}:\overline{FC}=\overline{FO}:\overline{FF'}=1:2$이고
두 삼각형 FBO, FCF′은 서로 닮음이므로 → $\overline{FB}:\overline{FC}=\overline{FO}:\overline{FF'}=1:2$이고 $\angle BFO$는 공통이므로 SAS 닮음이다.
$\overline{OB}:\overline{F'C}=1:2$ $\quad\therefore \overline{F'C}=2\overline{OB}=2\sqrt{3}$
$\overline{F'C}=\overline{PF'}-\overline{PC}=\overline{PF'}-\overline{PF}=5k-3k=2k$이므로
$2k=2\sqrt{3}$에서 $k=\sqrt{3}$, $a=4\sqrt{3}$
타원의 정의에 의하여 $c^2=a^2-b^2$에서 $6^2=(4\sqrt{3})^2-b^2$
$b^2=12$ $\quad\therefore b=2\sqrt{3}$
$\therefore a\times b=4\sqrt{3}\times2\sqrt{3}=24$

29 [정답률 10%]

정답 15

Step 1 $|2\overrightarrow{PA}+\overrightarrow{PD}|$의 값이 최소가 되도록 하는 점 P를 찾는다.

$\overrightarrow{OD}=\frac{3}{2}\overrightarrow{OB}-\frac{1}{2}\overrightarrow{OC}=\frac{3\overrightarrow{OB}-\overrightarrow{OC}}{3-1}$에서 점 D는 선분 CB를 $3:1$로 외분하는 점이다.
선분 DA를 $2:1$로 내분하는 점을 G라 하면 선분 CD 위의 점 P에 대하여
$\frac{2\overrightarrow{PA}+\overrightarrow{PD}}{2+1}=\overrightarrow{PG}$에서 $|2\overrightarrow{PA}+\overrightarrow{PD}|=3|\overrightarrow{PG}|$이므로 선분 PG의 길이가 최소일 때 $|2\overrightarrow{PA}+\overrightarrow{PD}|$가 최소이다.
즉, 점 Q는 점 G에서 선분 CD에 내린 수선의 발이다.

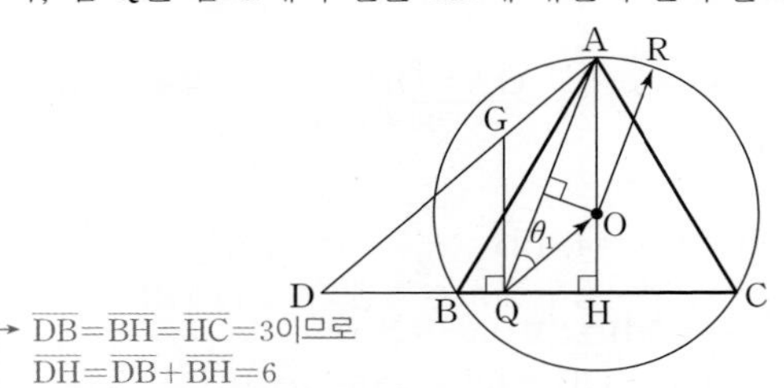

→ $\overline{DB}=\overline{BH}=\overline{HC}=3$이므로 $\overline{DH}=\overline{DB}+\overline{BH}=6$

Step 2 $\overline{QA}$, $\overline{OQ}$, $\overline{OA}$의 길이를 각각 구한다.

점 A에서 선분 BC에 내린 수선의 발을 H라 하면
$\overline{DH}=6$, $\overline{QH}=\frac{1}{3}\overline{DH}=2$, $\overline{AH}=3\sqrt{3}$이므로
→ $\overline{DA}:\overline{DG}=3:2$이므로 두 삼각형 ADH, GDQ의 닮음비는 $3:2$이다.
→ 한 변의 길이가 6인 정삼각형의 높이이므로 $\frac{\sqrt{3}}{2}\times6=3\sqrt{3}$
$\overline{QA}=\sqrt{\overline{QH}^2+\overline{AH}^2}=\sqrt{2^2+(3\sqrt{3})^2}=\sqrt{31}$
$\overline{OA}=\frac{2}{3}\times\overline{AH}=2\sqrt{3}$ → 점 O는 정삼각형의 무게중심이므로 $\overline{OA}:\overline{OH}=2:1$
$\overline{OQ}=\sqrt{\overline{QH}^2+\overline{OH}^2}=\sqrt{2^2+(\sqrt{3})^2}=\sqrt{7}$

Step 3 $\overrightarrow{QA}\cdot\overrightarrow{QR}$의 최댓값을 구한다.

정삼각형은 무게중심과 외심이 같으므로 $|\overrightarrow{OR}|=|\overrightarrow{OA}|$에서 점 R은 삼각형 ABC의 외접원 위의 점이다.
$\overrightarrow{QA}\cdot\overrightarrow{QR}=\overrightarrow{QA}\cdot(\overrightarrow{QO}+\overrightarrow{OR})=\overrightarrow{QA}\cdot\overrightarrow{QO}+\overrightarrow{QA}\cdot\overrightarrow{OR}$
두 벡터 $\overrightarrow{QA}$, $\overrightarrow{QO}$가 이루는 각의 크기를 θ_1 $(0\le\theta_1\le\pi)$이라 하자.
$\overrightarrow{QA}\cdot\overrightarrow{QO}=|\overrightarrow{QA}||\overrightarrow{QO}|\cos\theta_1$ → 코사인법칙의 변형
$=\overline{QA}\times\overline{QO}\times\frac{\overline{QA}^2+\overline{QO}^2-\overline{OA}^2}{2\times\overline{QA}\times\overline{QO}}$
$=\frac{1}{2}(\overline{QA}^2+\overline{QO}^2-\overline{OA}^2)$
$=\frac{1}{2}\{(\sqrt{31})^2+(\sqrt{7})^2-(2\sqrt{3})^2\}=13$

두 벡터 $\overrightarrow{QA}$, $\overrightarrow{OR}$이 이루는 각의 크기를 θ_2 $(0\le\theta_2\le\pi)$라 하자.

$\overrightarrow{QA}\cdot\overrightarrow{OR}=|\overrightarrow{QA}|\,|\overrightarrow{OR}|\cos\theta_2$

$=\sqrt{31}\times2\sqrt{3}\times\cos\theta_2$ ← 삼각형 ABC의 외접원의 반지름으로 $|\overrightarrow{OR}|=\overline{OA}=2\sqrt{3}$

$=2\sqrt{93}\cos\theta_2$

이때 $-1\le\cos\theta_2\le1$이므로 $\overrightarrow{QA}\cdot\overrightarrow{OR}$의 값은 $\cos\theta_2=1$일 때 최대이다.
← 두 벡터 $\overrightarrow{QA}$, $\overrightarrow{OR}$의 방향이 같을 때 최대

$\overrightarrow{QA}\cdot\overrightarrow{QR}=(\overrightarrow{QA}\cdot\overrightarrow{QO})+(\overrightarrow{QA}\cdot\overrightarrow{OR})$

$\le13+2\sqrt{93}$

이므로 $\overrightarrow{QA}\cdot\overrightarrow{QR}$의 최댓값은 $13+2\sqrt{93}$이다.

따라서 $p=13$, $q=2$이므로

$p+q=13+2=15$

30 [정답률 3%]

정답 50

Step 1 피타고라스 정리와 코사인법칙의 변형을 이용하여 점 O와 선분 BC 사이의 거리를 구한다.

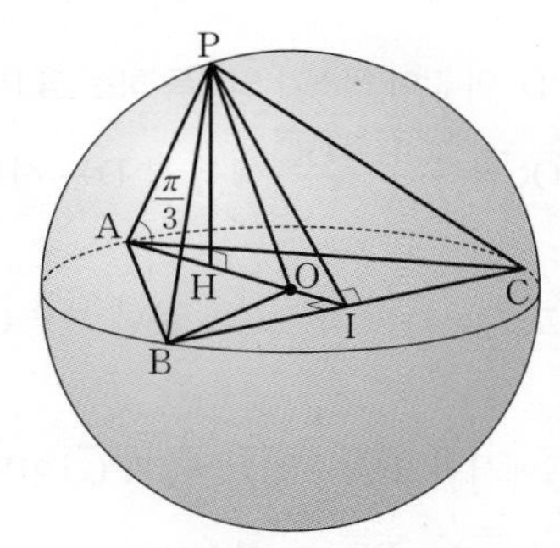

점 P에서 평면 α에 내린 수선의 발을 H, 점 A에서 선분 BC에 내린 수선의 발을 I라 하자.

조건 (가)에서 $\angle PAO=\frac{\pi}{3}$이고 $\overline{OA}=\overline{OP}$이므로 삼각형 PAO는 정삼각형이다.
← 구의 반지름의 길이

$\overline{OI}=a$ $(a>0)$라 하면 $\overline{PA}=4$, $\overline{PH}=\frac{\sqrt{3}}{2}\times4=2\sqrt{3}$,
← 삼각형 PAO는 한 변의 길이가 4인 정삼각형이다.

$\overline{AH}=\overline{OH}=2$이므로 ← 점 H는 선분 OA의 중점이다.

직각삼각형 OIB에서 $\overline{IB}=\sqrt{\overline{OB}^2-\overline{OI}^2}=\sqrt{16-a^2}$
← 구의 반지름의 길이

직각삼각형 AIB에서

$\overline{AB}=\sqrt{\overline{AI}^2+\overline{IB}^2}=\sqrt{(a+4)^2+(16-a^2)}=\sqrt{8a+32}$
← $\overline{AI}=\overline{OA}+\overline{OI}$

직각삼각형 PHI에서

$\overline{PI}=\sqrt{\overline{PH}^2+\overline{HI}^2}=\sqrt{(2\sqrt{3})^2+(a+2)^2}=\sqrt{a^2+4a+16}$

이때 $\overline{PH}\perp\alpha$, $\overline{HI}\perp\overline{BC}$이므로 삼수선의 정리에 의하여 $\overline{PI}\perp\overline{BC}$
← $\overline{HI}=\overline{OH}+\overline{OI}$

직각삼각형 PIB에서

$\overline{PB}=\sqrt{\overline{PI}^2+\overline{IB}^2}=\sqrt{(a^2+4a+16)+(16-a^2)}=\sqrt{4a+32}$

삼각형 PAB에서 코사인법칙의 변형에 의하여

$\cos(\angle PAB)=\frac{\overline{AP}^2+\overline{AB}^2-\overline{PB}^2}{2\times\overline{AP}\times\overline{AB}}$ ← 코사인법칙의 변형 $\cos A=\frac{b^2+c^2-a^2}{2bc}$

$=\frac{16+(8a+32)-(4a+32)}{2\times4\times\sqrt{8a+32}}$

$=\frac{a+4}{4\sqrt{2a+8}}$

즉, $\frac{a+4}{4\sqrt{2a+8}}=\frac{\sqrt{10}}{8}$에서 양변을 제곱하여 정리하면

$(a+4)^2=5(a+4)$

$(a+4)(a-1)=0$

$\therefore a=1$ ($\because a>0$)
← a는 선분 OI의 길이이므로 양수이다.

Step 2 삼각형 PAB의 넓이를 구한다.

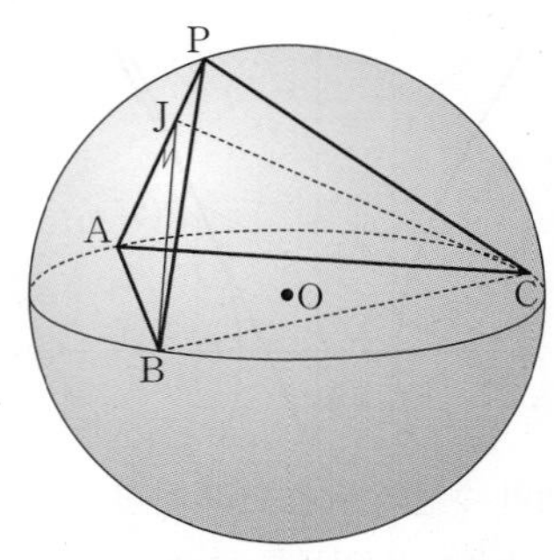

점 B에서 선분 PA에 내린 수선의 발을 J라 하자.

삼각형 JAB에서

$\sin(\angle PAB)=\frac{\overline{BJ}}{\overline{AB}}=\frac{\overline{BJ}}{2\sqrt{10}}$ ← $\overline{AB}=\sqrt{8a+32}$에서 $a=1$이므로 $\overline{AB}=2\sqrt{10}$

이때 $\cos(\angle PAB)=\frac{\sqrt{10}}{8}$이므로

$\sin(\angle PAB)=\sqrt{1-\left(\frac{\sqrt{10}}{8}\right)^2}=\frac{3\sqrt{6}}{8}$

$\therefore \overline{BJ}=2\sqrt{10}\times\frac{3\sqrt{6}}{8}=\frac{3\sqrt{15}}{2}$

삼각형 PAB의 넓이를 S'이라 하면

$S'=\frac{1}{2}\times\overline{PA}\times\overline{BJ}=\frac{1}{2}\times4\times\frac{3\sqrt{15}}{2}=3\sqrt{15}$

Step 3 정사영을 이용하여 S의 값을 구한다.

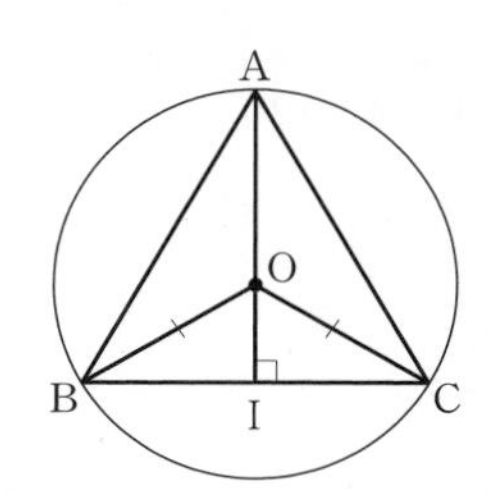

← $\overline{BI}=\overline{CI}$, $\overline{PI}$는 공통, $\angle PIB=\angle PIC=90°$이므로 두 삼각형 PIB, PIC는 SAS 합동이다.

평면 α와 구가 만나서 생기는 원 위의 서로 다른 세 점 A, B, C에 대하여 두 직선 OA, BC가 서로 수직이고 $\overline{OB}=\overline{OC}$이므로 이등변삼각형의 수직이등분선의 성질에 의하여 $\overline{BI}=\overline{CI}$이다.
← 구의 반지름의 길이

즉, $\overline{PB}=\overline{PC}$이므로 두 삼각형 PAB, PAC는 합동이다.
← SSS 합동

따라서 $\overline{BJ}\perp\overline{AP}$이므로 $\overline{CJ}\perp\overline{AP}$이고 $\overline{BJ}=\overline{CJ}$이다.

두 평면 PAB, PAC가 이루는 예각의 크기를 θ라 하면 $\overline{BJ}\perp\overline{AP}$, $\overline{CJ}\perp\overline{AP}$이므로 $\theta=\angle BJC$

$\overline{BJ}=\overline{CJ}=\frac{3\sqrt{15}}{2}$, $\overline{BC}=2\sqrt{15}$이므로 삼각형 BJC에서 코사인법칙의 변형에 의하여
← $\overline{BC}=2\overline{IB}=2\sqrt{16-a^2}$에서 $a=1$이므로 $\overline{BC}=2\sqrt{15}$

$\cos\theta=\frac{\overline{BJ}^2+\overline{CJ}^2-\overline{BC}^2}{2\times\overline{BJ}\times\overline{CJ}}=\frac{\left(\frac{3\sqrt{15}}{2}\right)^2+\left(\frac{3\sqrt{15}}{2}\right)^2-(2\sqrt{15})^2}{2\times\frac{3\sqrt{15}}{2}\times\frac{3\sqrt{15}}{2}}=\frac{1}{9}$

따라서 $S=S'\times\cos\theta=3\sqrt{15}\times\frac{1}{9}=\frac{\sqrt{15}}{3}$이므로

$30\times S^2=30\times\frac{15}{9}=50$

15회 2023학년도 7월 고3 전국연합학력평가 정답과 해설

1	④	2	⑤	3	⑤	4	③	5	②
6	④	7	①	8	②	9	②	10	③
11	①	12	③	13	①	14	⑤	15	④
16	9	17	20	18	65	19	22	20	54
21	13	22	182						
확률과 통계				23	③	24	①	25	②
26	④	27	⑤	28	①	29	24	30	150
미적분				23	③	24	②	25	①
26	④	27	③	28	②	29	12	30	208
기하				23	②	24	③	25	⑤
26	①	27	④	28	②	29	15	30	27

01 [정답률 94%] 정답 ④

Step 1 지수법칙을 이용하여 계산한다.

$4^{1-\sqrt{3}}\times 2^{2\sqrt{3}-1}=2^{2(1-\sqrt{3})}\times 2^{2\sqrt{3}-1}=2^{2-2\sqrt{3}+2\sqrt{3}-1}=2$

└ $a^m\times a^n=a^{m+n}$

02 [정답률 93%] 정답 ⑤

Step 1 $\lim\limits_{h\to0}\dfrac{f(2+h)-f(2)}{h}=f'(2)$임을 이용한다.

$f(x)=x^3-7x+5$에서 $f'(x)=3x^2-7$

$\therefore \lim\limits_{h\to0}\dfrac{f(2+h)-f(2)}{h}=f'(2)=5$

└ $f'(2)=3\times2^2-7=5$

03 [정답률 72%] 정답 ⑤

Step 1 $\sin^2\theta+\cos^2\theta=1$임을 이용한다.

$\sin\left(\dfrac{\pi}{2}+\theta\right)=\cos\theta=\dfrac{3}{5}$이므로

$\sin^2\theta=1-\cos^2\theta=1-\left(\dfrac{3}{5}\right)^2=\dfrac{16}{25}$

이때 $\sin\theta<0$이므로 $\sin\theta=-\dfrac{4}{5}$

└ $\sin\theta\cos\theta<0$에서 $\cos\theta>0$이므로 $\sin\theta<0$

$\therefore \sin\theta+2\cos\theta=-\dfrac{4}{5}+2\times\dfrac{3}{5}=\dfrac{2}{5}$

04 [정답률 92%] 정답 ③

Step 1 함수 $f(x)$의 그래프를 이용하여 극한값을 구한다.

$\lim\limits_{x\to-1+}f(x)=0,\ \lim\limits_{x\to1-}f(x)=1$

$\therefore \lim\limits_{x\to-1+}f(x)+\lim\limits_{x\to1-}f(x)=1$

└ x의 값이 1보다 작으면서 1에 한없이 가까워질 때 함수 $f(x)$의 값은 1에 가까워진다.

05 [정답률 92%] 정답 ②

Step 1 함수 $f(x)$가 $x=1$에서 연속임을 이용한다.

함수 $f(x)$가 $x=1$에서 미분가능하므로 $x=1$에서 연속이다.

$\lim\limits_{x\to1-}f(x)=\lim\limits_{x\to1+}f(x)=f(1)$

$\lim\limits_{x\to1-}f(x)=\lim\limits_{x\to1-}(3x+a)=3+a$

$\lim\limits_{x\to1+}f(x)=\lim\limits_{x\to1+}(2x^3+bx+1)=b+3$

└ $=2+b+1$

$f(1)=3+a$

$3+a=b+3$에서 $a=b$ …… ㉠

Step 2 함수 $f(x)$가 $x=1$에서 미분가능함을 이용한다.

함수 $f(x)$가 $x=1$에서 미분가능하므로

$\lim\limits_{x\to1-}\dfrac{f(x)-f(1)}{x-1}=\lim\limits_{x\to1+}\dfrac{f(x)-f(1)}{x-1}$

$\lim\limits_{x\to1-}\dfrac{f(x)-f(1)}{x-1}=\lim\limits_{x\to1-}\dfrac{(3x+a)-(3+a)}{x-1}=3$

└ $\lim\limits_{x\to1-}\dfrac{3(x-1)}{x-1}=\lim\limits_{x\to1-}3$

$\lim\limits_{x\to1+}\dfrac{f(x)-f(1)}{x-1}=\lim\limits_{x\to1+}\dfrac{(2x^3+ax+1)-(3+a)}{x-1}$

$=\lim\limits_{x\to1+}\dfrac{(x-1)(2x^2+2x+a+2)}{x-1}=a+6$

└ $=\lim\limits_{x\to1+}(2x^2+2x+a+2)$

$3=a+6$에서 $a=-3$, ㉠에서 $b=-3$

$\therefore a+b=-3+(-3)=-6$

06 [정답률 93%] 정답 ④

Step 1 $a_3^2=a_6$임을 이용한다.

등비수열 $\{a_n\}$의 첫째항을 a, 공비를 r $(a>0,\ r>0)$이라 하자.

└ 등비수열 $\{a_n\}$의 모든 항이 양수이기 때문이다.

$a_3^2=a_6$이므로 $(ar^2)^2=ar^5$, $a^2r^4=ar^5$

$\therefore a=r$ $(\because a>0,\ r>0)$

└ $a^2r^4=ar^5$의 양변을 ar^4으로 나누었다.

Step 2 $a_2-a_1=2$임을 이용하여 a의 값을 구한다.

$a_2-a_1=2$이므로 $ar-a=2$ → $r=a$이므로 $a^2-a=2$

$a^2-a-2=(a+1)(a-2)=0$ $\therefore a=2$ $(\because a>0)$

따라서 $a_5=ar^4=a^5=32$ → $=2^5$

07 [정답률 91%] 정답 ①

Step 1 함수 $f(x)$가 $x=1$에서 극값을 가짐을 이용한다.

함수 $f(x)$가 $x=1$에서 극값을 가지므로 $f'(1)=0$

$f(x)=x^3+ax^2-9x+4$에서 $f'(x)=3x^2+2ax-9$이므로

$f'(1)=3+2a-9=0$ $\therefore a=3$

$f'(x)=3x^2+6x-9=3(x+3)(x-1)=0$에서 $x=-3$ 또는 $x=1$이므로 함수 $f(x)$는 $x=-3$에서 극댓값을 갖는다.

└ $x=1$에서는 극솟값을 갖는다.

따라서 함수 $f(x)$의 극댓값은 $f(-3)=31$

└ $f(x)=x^3+3x^2-9x+4$에서 $f(-3)=-27+27+27+4=31$

08 [정답률 77%] 정답 ②

Step 1 점 P가 운동 방향을 바꾸는 지점을 찾는다.

→ 문제에서 점 P는 $t=1$, $t=a$에서 운동 방향을 바꾼다고 주어졌다.

점 P가 운동 방향을 바꿀 때 $v(t)=0$

$v(t)=t^2-4t+3=(t-1)(t-3)=0$이므로 $t=1$ 또는 $t=3$

$\therefore a=3$

Step 2 점 P가 시각 $t=0$에서 $t=3$까지 움직인 거리를 구한다.

점 P가 시각 $t=0$에서 $t=3$까지 움직인 거리는

$\displaystyle\int_0^3|v(t)|dt=\int_0^1v(t)dt+\int_1^3\{-v(t)\}dt$

$\displaystyle=\int_0^1(t^2-4t+3)dt+\int_1^3(-t^2+4t-3)dt$

$=\left[\dfrac{1}{3}t^3-2t^2+3t\right]_0^1+\left[-\dfrac{1}{3}t^3+2t^2-3t\right]_1^3=\dfrac{8}{3}$

└ $=\dfrac{1}{3}-2+3=\dfrac{1}{3}+1=\dfrac{4}{3}$

└ $=(-9+18-9)-\left(-\dfrac{1}{3}+2-3\right)=\dfrac{1}{3}+1=\dfrac{4}{3}$

09 [정답률 70%]

정답 ②

Step 1 n이 짝수일 때 주어진 방정식의 실근을 구한다.

(i) n이 짝수일 때

$(x^n-8)(x^{2n}-8)=0$의 실근은 $x=\pm\sqrt[n]{8}$ 또는 $x=\pm\sqrt[2n]{8}$

즉, $x=\pm 2^{\frac{3}{n}}$ 또는 $x=\pm 2^{\frac{3}{2n}}$

이때 모든 실근의 곱이 양수이므로 모순이다.

↳ 문제에서 모든 실근의 곱이 -4이므로 음수이어야 한다.

Step 2 n이 홀수일 때 주어진 방정식의 실근을 구한다.

(ii) n이 홀수일 때

$(x^n-8)(x^{2n}-8)=0$의 실근은 $x=\sqrt[n]{8}$ 또는 $x=\pm\sqrt[2n]{8}$

즉, $x=2^{\frac{3}{n}}$ 또는 $x=\pm 2^{\frac{3}{2n}}$

↳ $2n$은 짝수이므로 방정식 $x^{2n}-8=0$의 실근은 두 개이다.

모든 실근의 곱이 -4이므로 $2^{\frac{3}{n}}\times 2^{\frac{3}{2n}}\times\left(-2^{\frac{3}{2n}}\right)=-2^{\frac{6}{n}}=-4$

↳ $=-2^{\frac{3}{n}+\frac{3}{2n}+\frac{3}{2n}}$

$2^{\frac{6}{n}}=2^2$, $\frac{6}{n}=2$ $\quad\therefore n=3$

↳ 밑이 서로 같으므로 지수도 서로 같아야 한다.

(i), (ii)에 의하여 $n=3$이다.

10 [정답률 65%]

정답 ③

Step 1 함수 $y=|4\sin 3x+2|$의 그래프의 개형을 이용하여 교점의 개수를 구한다.

↳ 삼각함수 $y=a\sin bx+c$의 주기는 $\frac{2\pi}{|b|}$, 최댓값은 $|a|+c$, 최솟값은 $-|a|+c$

삼각함수 $y=4\sin 3x+2$의 주기는 $\frac{2\pi}{3}$, 최댓값과 최솟값은 각각 6, -2이므로 $0\le x<2\pi$일 때 곡선 $y=|4\sin 3x+2|$는 다음 그림과 같다.

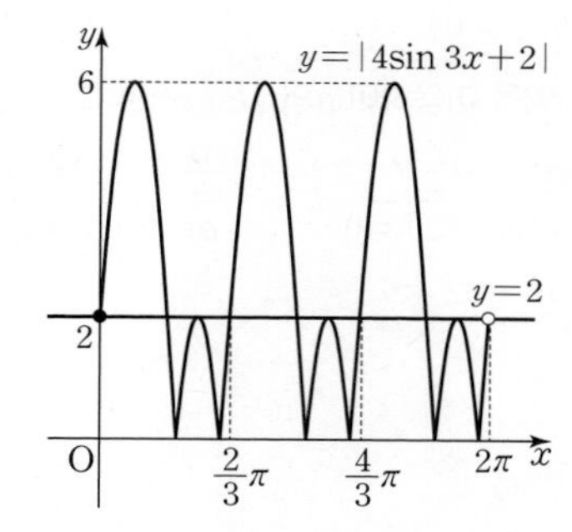

따라서 $0\le x<2\pi$일 때 곡선 $y=|4\sin 3x+2|$와 직선 $y=2$의 서로 다른 교점의 개수는 9이다.

11 [정답률 65%]

정답 ①

Step 1 $f(1)=0$임을 이용하여 함수 $f(x)$의 식을 세운다.

조건 (가)에서 $f(1+x)+f(1-x)=0$이므로 $x=0$을 대입하면

$f(1)=0$ ↳ $f(1)+f(1)=0$, $2f(1)=0$

함수 $f(x)$는 최고차항의 계수가 1인 삼차함수이므로

$f(x)=(x-1)(x^2+ax+b)$ (a, b는 상수) ...... ㉠

라 하자. ↳ $f(1)=0$이므로 함수 $f(x)$는 $x-1$을 인수로 갖는다.

Step 2 $\int_{-1}^{3}f'(x)dx=f(3)-f(-1)$임을 이용하여 a, b의 값을 구한다.

조건 (나)에서 $\int_{-1}^{3}f'(x)dx=f(3)-f(-1)=12$ ...... ㉡ ↳ $=\left[f(x)\right]_{-1}^{3}$

또한 (가)에서 $f(1+x)+f(1-x)=0$에 $x=2$를 대입하면

$f(3)+f(-1)=0$ ...... ㉢

㉡, ㉢을 연립하여 풀면 $f(3)=6$, $f(-1)=-6$

㉠에서

$f(3)=2(9+3a+b)=6$, $3a+b=-6$ ...... ㉣

$f(-1)=-2(1-a+b)=-6$, $a-b=-2$ ...... ㉤

㉣, ㉤을 연립하여 풀면 $a=-2$, $b=0$

따라서 $f(x)=x(x-1)(x-2)$이므로 $f(4)=4\times3\times2=24$

↳ ㉠에서 $f(x)=(x-1)(x^2-2x)$

12 [정답률 64%]

정답 ③

Step 1 조건 (가)의 식을 변형한다.

등차수열 $\{a_n\}$의 첫째항을 a라 하자.

조건 (가)에서

$\sum_{k=1}^{2m+1}a_k=\frac{(2m+1)(2a+2m\times5)}{2}=(2m+1)(a+5m)<0$

↳ 등차수열 $\{a_n\}$의 첫째항부터 제$(2m+1)$항까지의 합

이때 $2m+1>0$이므로 $a+5m=a_{m+1}<0$

↳ m은 자연수 ↳ $a_{m+1}=a+\{(m+1)-1\}\times5$

Step 2 a_{m+1}의 값에 따라 경우를 나누어 생각한다.

↳ a_{m+1}은 음수이고 등차수열 $\{a_n\}$의 모든 항이 정수이므로 $a_{m+1}=-1$인 경우부터 차례대로 생각한다.

(i) $a_{m+1}=-1$일 때

$a_m=-6$, $a_{m+2}=4$이므로 $|a_m|+|a_{m+1}|+|a_{m+2}|=11$

따라서 조건 (나)를 만족시킨다.

$a_{m+6}=24$, $a_{m+7}=29$이므로 $24<a_{21}<29$인 a_{21}은 존재하지 않는다.

↳ $a_{m+7}=a_{m+1}+6\times5$ ↳ 공차가 5이므로 $a_{m+6}=a_{m+1}+5\times5$

(ii) $a_{m+1}=-2$일 때

$a_m=-7$, $a_{m+2}=3$이므로 $|a_m|+|a_{m+1}|+|a_{m+2}|=12$

따라서 조건 (나)를 만족시킨다.

$a_{m+7}=28$이므로 $m+7=21$ $\quad\therefore m=14$

(iii) $a_{m+1}\le-3$일 때 ↳ $24<a_{21}=a_{m+7}<29$

$a_m\le-8$, $a_{m+2}\le2$이므로 $|a_m|+|a_{m+1}|+|a_{m+2}|\ge13$

따라서 조건 (나)를 만족시키지 않는다.

(i)~(iii)에 의하여 $m=14$이다.

13 [정답률 36%]

정답 ①

Step 1 사인법칙을 이용하여 각 CDE의 크기와 선분 ED의 길이를 구한다.

↳ $\sqrt{1-\left(\frac{\sqrt{10}}{10}\right)^2}=\sqrt{\frac{90}{100}}$

$\angle AFC=\alpha$라 하면 $\cos\alpha=\frac{\sqrt{10}}{10}$이므로 $\sin\alpha=\frac{3\sqrt{10}}{10}$

↳ $\overline{AB}\,/\!/\,\overline{DC}$

$\angle ECD=\angle EFB=\pi-\alpha$이므로 $\angle CDE=\beta$라 하면 삼각형 CDE에서 사인법칙에 의하여 $\frac{10}{\sin\beta}=\frac{\overline{ED}}{\sin(\pi-\alpha)}=10\sqrt{2}$

$\frac{10}{\sin\beta}=10\sqrt{2}$에서 $\sin\beta=\frac{\sqrt{2}}{2}$, $\beta=\frac{\pi}{4}$ ↳ 각 CDE는 예각

$\frac{\overline{ED}}{\frac{3\sqrt{10}}{10}}=10\sqrt{2}$에서 $\overline{ED}=6\sqrt{5}$

↳ $\sin(\pi-\alpha)=\sin\alpha=\frac{3\sqrt{10}}{10}$

Step 2 코사인법칙을 이용하여 선분 CD의 길이를 구한다.

$\overline{CD}=k$라 하면 삼각형 CDE에서 코사인법칙에 의하여

$\overline{ED}^2=\overline{EC}^2+\overline{CD}^2-2\times\overline{EC}\times\overline{CD}\times\cos(\pi-\alpha)$ ↳ $=-\cos\alpha$

$180=100+k^2-20k\times\left(-\frac{\sqrt{10}}{10}\right)$

$k^2+2\sqrt{10}k-80=(k+4\sqrt{10})(k-2\sqrt{10})=0$

$\therefore k=2\sqrt{10}$ ($\because k>0$)

Step 3 삼각형의 닮음을 이용하여 선분 AF의 길이를 구한다.

$\angle ABE=\angle CDE=\frac{\pi}{4}$이므로 삼각형 ABE는 직각이등변삼각형이다.

↳ $\overline{AB}\,/\!/\,\overline{DC}$

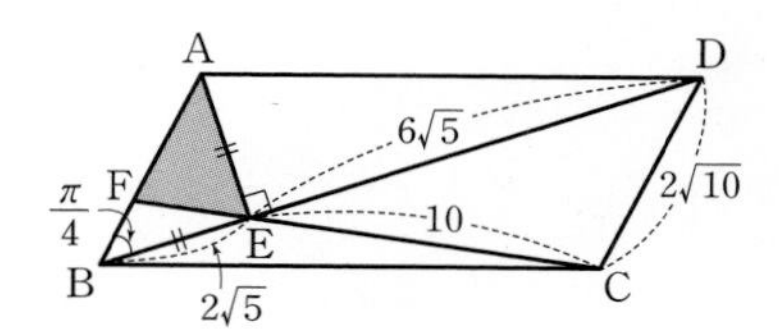

↳ $=\overline{CD}$

$\overline{AB}=2\sqrt{10}$이므로 $\overline{BE}=\overline{AE}=2\sqrt{5}$

↳ $\overline{BE}:\overline{ED}=2\sqrt{5}:6\sqrt{5}=1:3$

두 삼각형 BEF와 DEC는 서로 닮음이고 닮음비가 $1:3$이므로

$\overline{AF}=\frac{2}{3}\times\overline{AB}=\frac{4\sqrt{10}}{3}$

↳ $\overline{BF}=\frac{1}{3}\overline{CD}=\frac{1}{3}\overline{AB}$이므로 $\overline{AF}=\frac{2}{3}\overline{AB}$

따라서 삼각형 AFE의 넓이는

$\frac{1}{2}\times\overline{AF}\times\overline{AE}\times\sin\frac{\pi}{4}=\frac{1}{2}\times\frac{4\sqrt{10}}{3}\times2\sqrt{5}\times\frac{\sqrt{2}}{2}=\frac{20}{3}$

본문 190쪽

14 [정답률 56%] 정답 ⑤

Step 1 함수 $g(x)g(x-3)$이 $x=0$에서 연속인지 판별한다.

ㄱ. $\lim_{x\to 0-} g(x)g(x-3)=-f(0)\times f(-3)$ ← $\lim_{x\to 0-} g(x-3)=\lim_{x\to -3-} g(x)=\lim_{x\to -3-} f(x)$

$\lim_{x\to 0+} g(x)g(x-3)=f(0)\times\{-f(-3)\}=-f(0)\times f(-3)$ ← $\lim_{x\to 0+} g(x-3)=\lim_{x\to -3+} g(x)=\lim_{x\to -3+}\{-f(x)\}$

$g(0)g(-3)=f(0)\times\{-f(-3)\}=-f(0)\times f(-3)$

따라서 함수 $g(x)g(x-3)$은 $x=0$에서 연속이다. (참)

Step 2 $f(-6)\times f(3)$의 값을 구한다.

ㄴ. 함수 $g(x)g(x-3)$이 $x=k$에서 불연속인 실수 k의 값이 한 개이므로 $k=-3$ 또는 $k=3$

(i) 함수 $g(x)g(x-3)$이 $x=-3$에서 연속이고, $x=3$에서 불연속인 경우
← $g(x)$의 식이 $x=-3$, $x=0$을 기준으로 달라지기 때문이다. 그리고 $k=0$일 때는 연속임을 ㄱ에서 구했다.

$\lim_{x\to -3-} g(x)g(x-3)=f(-3)\times f(-6)$

$\lim_{x\to -3+} g(x)g(x-3)=-f(-3)\times f(-6)$

$g(-3)g(-6)=-f(-3)\times f(-6)$이므로

$f(-3)\times f(-6)=0$ …… ㉠ ← $x=-3$에서 연속이어야 한다.

$\lim_{x\to 3-} g(x)g(x-3)=f(3)\times\{-f(0)\}$

$\lim_{x\to 3+} g(x)g(x-3)=f(3)\times f(0)$

$g(3)g(0)=f(3)\times f(0)$이므로

$f(3)\times f(0)\neq 0$ …… ㉡ ← $x=3$에서 불연속이어야 한다.

문제에서 $f(-3)=f(0)$이므로 ㉠, ㉡에 의하여 $f(-6)=0$
← ㉡에서 $f(3)\neq 0$, $f(0)\neq 0$이므로 $f(-3)=f(0)\neq 0$ 따라서 ㉠에서 $f(-6)=0$

(ii) 함수 $g(x)g(x-3)$이 $x=3$에서 연속이고, $x=-3$에서 불연속인 경우

(i)과 같은 방법에 의하여 $f(3)=0$

(i), (ii)에 의하여 $f(-6)=0$ 또는 $f(3)=0$이므로

$f(-6)\times f(3)=0$ (참)

Step 3 방정식 $x^2+ax+6a-18=0$의 해에 따라 경우를 나누어 생각한다.

ㄷ. $k=-3$이므로 $f(3)=0$ ($\because$ ㄴ) ← k는 음수

$f(x)=(x-3)(x^2+ax+b)$ (a, b는 상수)라 하자.

$f(-3)=f(0)$이므로 $-6(9-3a+b)=-3b$ $\therefore b=6a-18$

$f(x)=(x-3)(x^2+ax+6a-18)$ ← 최고차항의 계수가 1인 삼차함수

(i) 방정식 $x^2+ax+6a-18=0$이 3이 아닌 서로 다른 두 실근을 갖는 경우

방정식 $f(x)=0$의 세 실근의 합은 $3+(-a)=-1$

$\therefore a=4$

하지만 방정식 $x^2+4x+6=0$은 실근을 갖지 않으므로 모순이다. ← 이차방정식의 판별식을 D라 하면 $\frac{D}{4}=4-6<0$

(ii) 방정식 $x^2+ax+6a-18=0$이 중근을 갖는 경우

방정식 $f(x)=0$의 서로 다른 두 실근의 합은

$3+\left(-\frac{a}{2}\right)=-1$ $\therefore a=8$

하지만 방정식 $x^2+8x+30=0$은 중근을 갖지 않으므로 모순이다. ← $(x+4)^2+14=0$

(iii) 방정식 $x^2+ax+6a-18=0$이 3을 실근으로 갖는 경우

방정식 $f(x)=0$의 세 실근의 합이 -1이어야 하므로 이차방정식 $x^2+ax+6a-18=0$의 다른 한 근은 -4이다.

따라서 이차방정식의 근과 계수의 관계에 의하여

$3+(-4)=-a$, $3\times(-4)=6a-18$ $\therefore a=1$

$f(x)=(x-3)(x^2+x-12)=(x-3)^2(x+4)$

$\therefore g(-1)=-f(-1)=-48$

(i)~(iii)에 의하여 $g(-1)=-48$이다. (참)

그러므로 옳은 것은 ㄱ, ㄴ, ㄷ이다.

15 [정답률 39%] 정답 ④

Step 1 $4\le n\le 7$인 모든 자연수 n에 대하여 $\log_3 a_n$이 자연수가 아닌 경우를 구한다.

(i) $4\le n\le 7$인 모든 자연수 n에 대하여 $\log_3 a_n$이 자연수가 아닌 경우 ← $\log_3 a_n$이 자연수가 아닐 때 $a_{n+1}=a_n+6$

$a_5=a_4+6$, $a_6=a_5+6=a_4+12$, $a_7=a_6+6=a_4+18$이므로

$\sum_{k=4}^{7} a_k=4a_4+36=40$ $\therefore a_4=1$

따라서 순서쌍 (a_1, a_2, a_3)은 $(27, 9, 3)$이므로 $a_1=27$

← $\log_3 a_3$이 자연수가 아닌 경우, $a_4=a_3+6$에서 $a_3=-5$이므로 모든 항이 자연수라는 조건에 모순이다. 따라서 $\log_3 a_3$은 자연수이고 $a_4=\frac{1}{3}a_3$에서 $a_3=3$
같은 이유로 $a_2=9$
또한 $\log_3 a_1$이 자연수가 아닌 경우, $a_2=a_1+6$에서 $a_1=3$
이때 $\log_3 3=1$로 $\log_3 a_1$이 자연수가 되어 모순이다.
따라서 $a_2=\frac{1}{3}a_1$에서 $a_1=27$

Step 2 $4\le n\le 7$인 자연수 n에 대하여 $\log_3 a_n$이 자연수인 n이 존재하는 경우를 구한다.

(ii) $4\le n\le 7$인 자연수 n에 대하여 $\log_3 a_n$이 자연수인 n인 존재하는 경우

$a_n=3^m$ (m은 자연수)인 n $(4\le n\le 7)$이 존재한다. ← $\log_3 a_n=\log_3 3^m=m$

a_4, a_5, a_6, a_7 중 3^m $(m\ge 4)$가 존재하면 $\sum_{k=4}^{7} a_k>40$이므로 주어진 조건을 만족시키지 않는다. ← $3^4=81$이므로 그 값이 40보다 크다.

그러므로 a_4, a_5, a_6, a_7 중 3^m $(m\ge 4)$가 존재하지 않는다.

또한 a_4, a_5, a_6, a_7 중 27이 존재하지 않으면 $n=4$, 5, 6, 7에 대하여 $\sum_{k=4}^{7} a_k<40$ ← 3^m $(m<4)$인 수 중에서 가장 큰 수

따라서 a_4, a_5, a_6, a_7 중 하나가 27이다.

이때 a_5, a_6, a_7 중 하나가 27이면 $\sum_{k=4}^{7} a_k>40$이므로 $a_4=27$

$\therefore a_4+a_5+a_6+a_7=27+9+3+1=40$ ← $a_{n+1}=\frac{1}{3}a_n$이므로 $a_5=\frac{1}{3}\times 27=9$

조건 (가)에서 $a_1<300$을 만족시키는 순서쌍 (a_1, a_2, a_3)은 $(69, 75, 81)$, $(237, 243, 81)$이므로 $a_1=69$ 또는 $a_1=237$
← $a_3=21$인 경우 a_1의 값이 모두 모순이 되므로 $a_3\neq 21$

(i), (ii)에 의하여 모든 a_1의 값의 합은 $27+69+237=333$

16 [정답률 85%] 정답 9

Step 1 로그방정식의 해를 구한다.

로그의 진수 조건에 의하여

$x-5>0$, $x+7>0$ $\therefore x>5$ …… ㉠ ← $x>-7$

$\log_2(x-5)=\log_{2^2}(x-5)^2=\log_4(x-5)^2$이므로

$\log_4(x-5)^2=\log_4(x+7)$

$(x-5)^2=x+7$, $x^2-11x+18=(x-2)(x-9)=0$ ← $x=2$ 또는 $x=9$이지만 로그의 진수 조건에 의해 $x=2$는 불가능하다.

$\therefore x=9$ ($\because$ ㉠) ← 밑이 4로 같으므로 진수도 같아야 한다.

17 [정답률 89%] 정답 20

Step 1 부정적분을 이용하여 $f(x)$를 구한다.

$f'(x)=9x^2-8x+1$이므로

$f(x)=\int f'(x)dx=3x^3-4x^2+x+C$ (단, C는 적분상수)

이때 $f(1)=10$이므로 $3-4+1+C=10$ $\therefore C=10$

따라서 $f(x)=3x^3-4x^2+x+10$이므로 $f(2)=20$ ← $3\times 2^3-4\times 2^2+2+10=24-16+2+10$

18 [정답률 79%] 정답 65

Step 1 Σ의 성질을 이용하여 $\sum_{k=1}^{10} b_k$의 값을 구한다.

$\sum_{k=1}^{10}(2a_k+3)=2\sum_{k=1}^{10}a_k+\sum_{k=1}^{10}3=40$ $\quad\therefore \sum_{k=1}^{10}a_k=5$ ($\sum_{k=1}^{10}3=3\times10=30$)

$\sum_{k=1}^{10}(a_k-b_k)=\sum_{k=1}^{10}a_k-\sum_{k=1}^{10}b_k=-10$ $\quad\therefore \sum_{k=1}^{10}b_k=15$ ($\sum_{k=1}^{10}a_k=5$)

따라서 $\sum_{k=1}^{10}(b_k+5)=\sum_{k=1}^{10}b_k+\sum_{k=1}^{10}5=15+50=65$

→ $\sum_{k=1}^{n}c=cn$ (단, c는 상수)

19 [정답률 68%] 정답 22

Step 1 점 P에서의 접선의 방정식을 구한다.

$f(x)=x^3-10$이라 하면 $f'(x)=3x^2$

곡선 $y=f(x)$ 위의 점 P$(-2, -18)$에서의 접선의 기울기는

$f'(-2)=12$이므로 접선의 방정식은 ($3\times(-2)^2$)

$y-(-18)=12\{x-(-2)\}$ $\quad\therefore y=12x+6$

→ 곡선 $y=f(x)$ 위의 점 (x_1, y_1)에서의 접선의 방정식은 $y-y_1=f'(x_1)(x-x_1)$

Step 2 점 Q에서의 접선의 방정식을 이용하여 k의 값을 구한다.

$g(x)=x^3+k$라 하면 $g'(x)=3x^2$

점 Q의 좌표를 Q(a, a^3+k) (a는 상수)라 하자.

곡선 $y=g(x)$ 위의 점 Q에서의 접선의 기울기는 $g'(a)=3a^2$이므로 접선의 방정식은

$y-(a^3+k)=3a^2(x-a)$ $\quad\therefore y=3a^2x-2a^3+k$ ($y=12x+6$과 같아야 한다.)

두 접선이 일치하므로 $3a^2=12$, $-2a^3+k=6$ ($a^2=4$, $a=\pm2$)

$a=2$이면 $k=22$, $a=-2$이면 $k=-10$ ($-2\times2^3+k=6$, $-2\times(-2)^3+k=6$)

이때 k는 양수이므로 $k=22$이다.

20 [정답률 26%] 정답 54

Step 1 이차방정식의 근과 계수의 관계를 이용하여 t의 값을 구한다.

$f(x)=\begin{cases} x^2-2x-3 & (x\le-\sqrt{3} \text{ 또는 } x\ge\sqrt{3}) \\ -x^2-2x+3 & (-\sqrt{3}<x<\sqrt{3}) \end{cases}$

→ $x^2-3\ge0$일 때와 $x^2-3<0$일 때 $f(x)$가 달라진다.

x_1, x_4는 이차방정식 $x^2-2x-3=-x+t$의 두 근이므로 근과 계수의 관계에 의하여 $x_1+x_4=1$, $x_1x_4=-t-3$ ($x^2-x-t-3=0$)

이때 문제에서 $x_4-x_1=5$이므로 $x_1=-2$, $x_4=3$ (두 식 $x_1+x_4=1$, $x_4-x_1=5$를 연립)

따라서 $x_1x_4=-6$이므로 $-6=-t-3$에서 $t=3$

x_2, x_3은 이차방정식 $-x^2-2x+3=-x+3$의 두 근이므로

$x_2=-1$, $x_3=0$ ($x^2+x=x(x+1)=0$ $\therefore x=0$ 또는 $x=-1$)

Step 2 닫힌구간 $[0, 3]$에서 두 함수 $y=f(x)$, $y=g(x)$의 그래프로 둘러싸인 부분의 넓이를 구한다.

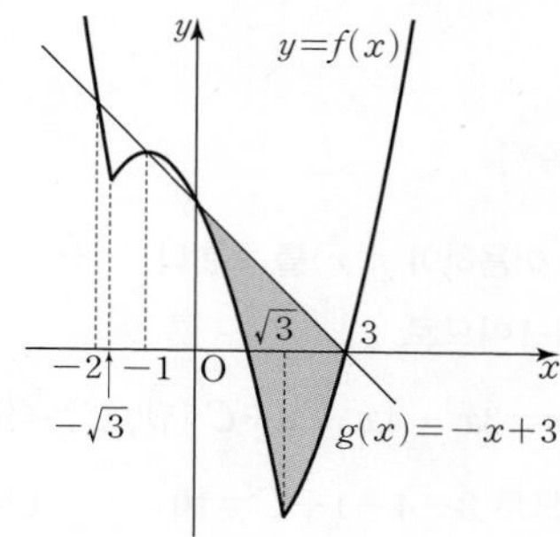

→ $x_3=0$, $x_4=3$이므로 $[x_3, x_4]$는 $[0, 3]$이다.

닫힌구간 $[0, 3]$에서 두 함수 $y=f(x)$, $y=g(x)$의 그래프로 둘러싸인 부분의 넓이는

$\int_0^3|f(x)-g(x)|dx$

$=\int_0^{\sqrt{3}}\{(-x+3)-(-x^2-2x+3)\}dx$ ($=x^2+x$)

$\quad+\int_{\sqrt{3}}^3\{(-x+3)-(x^2-2x-3)\}dx$ ($=-x^2+x+6$)

$=\left[\frac{1}{3}x^3+\frac{1}{2}x^2\right]_0^{\sqrt{3}}+\left[-\frac{1}{3}x^3+\frac{1}{2}x^2+6x\right]_{\sqrt{3}}^3=\frac{27}{2}-4\sqrt{3}$

($=\sqrt{3}+\frac{3}{2}$), ($=\left(-9+\frac{9}{2}+18\right)-\left(-\sqrt{3}+\frac{3}{2}+6\sqrt{3}\right)$)

따라서 $p=\frac{27}{2}$, $q=4$이므로 $p\times q=\frac{27}{2}\times4=54$

21 [정답률 23%] 정답 13

Step 1 $\overline{CA}:\overline{AD}=2:3$임을 이용하여 네 점 A, B, C, D의 좌표를 문자로 나타낸다.

점 D의 좌표를 D$(k, 0)$ $(k>0)$이라 하자.

$\overline{CA}:\overline{AD}=2:3$이고 점 A는 직선 $y=3x$ 위의 점이므로

A$\left(\frac{2}{5}k, \frac{6}{5}k\right)$ → 점 D는 선분 CA를 5 : 3으로 외분하는 점이다.

따라서 점 C의 좌표는 C$(0, 2k)$이므로 직선 BC의 방정식은 ($\overline{CD}:\overline{AD}=5:3$임을 이용)

$y=-\frac{1}{3}x+2k$ → 직선 $y=3x$와 수직이므로 기울기는 $-\frac{1}{3}$이고 점 C를 지난다.

점 B는 두 직선 $y=3x$, $y=-\frac{1}{3}x+2k$의 교점이므로 B$\left(\frac{3}{5}k, \frac{9}{5}k\right)$

Step 2 삼각형 ABC의 넓이가 20임을 이용하여 k의 값을 구한다.

$\overline{AB}=\overline{BC}=\frac{\sqrt{10}}{5}k$

→ $\sqrt{\left(-\frac{3}{5}k\right)^2+\left(2k-\frac{9}{5}k\right)^2}=\sqrt{\frac{9}{25}k^2+\frac{1}{25}k^2}=\sqrt{\frac{10}{25}k^2}$

→ $\sqrt{\left(\frac{3}{5}k-\frac{2}{5}k\right)^2+\left(\frac{9}{5}k-\frac{6}{5}k\right)^2}=\sqrt{\frac{1}{25}k^2+\frac{9}{25}k^2}=\sqrt{\frac{10}{25}k^2}$

삼각형 ABC의 넓이가 20이므로

$\triangle ABC=\frac{1}{2}\times\overline{AB}\times\overline{BC}=\frac{1}{2}\times\left(\frac{\sqrt{10}}{5}k\right)^2=\frac{k^2}{5}=20$

즉, $k^2=100$에서 $k=10$ $(\because k>0)$

Step 3 두 점 A, B가 곡선 위의 점임을 이용하여 m, n의 값을 구한다.

A$(4, 12)$, B$(6, 18)$이고 두 점 A, B는 곡선 $y=2^{x-m}+n$ 위의 점이므로

$12=2^{4-m}+n$, $18=2^{6-m}+n$ ($n=12-2^{4-m}$, $n=18-2^{6-m}$)

$12-2^{4-m}=18-2^{6-m}$, $2^{6-m}-2^{4-m}=6$

$2^{4-m}(2^2-1)=6$, $2^{4-m}=2^1$ ($2^{6-m}=2^2\times2^{4-m}$)

즉, $4-m=1$에서 $m=3$ → 밑이 2로 같으므로 지수도 서로 같아야 한다.

$12=2+n$에서 $n=10$ → $12=2^{4-m}+n$에 $m=3$ 대입

$\therefore m+n=3+10=13$

22 [정답률 2%] 정답 182

Step 1 함수 $h(t)$에 대하여 알아본다.

$g(x)=0$에서 $x=t$일 때 $f(t)-t-f(t)+t=0$이므로 $g(t)=0$

$x\ne t$일 때 $f(x)-x-f(t)+t=0$에서 $\frac{f(x)-f(t)}{x-t}=1$

그러므로 함수 $h(t)$는 곡선 $y=f(x)$ 위의 한 점 $(t, f(t))$를 지나고 기울기가 1인 직선 l과 곡선 $y=f(x)$의 교점의 개수이다.

또한 임의의 실수 s에 대하여 $h(s)\ge1$이다. → 점 $(s, f(s))$는 직선 l과 곡선 $y=f(x)$의 교점이므로 $h(s)\ge1$이다.

Step 2 $h(s)$의 값에 따라 경우를 나누어 생각한다.

(i) $h(s)=1$인 경우

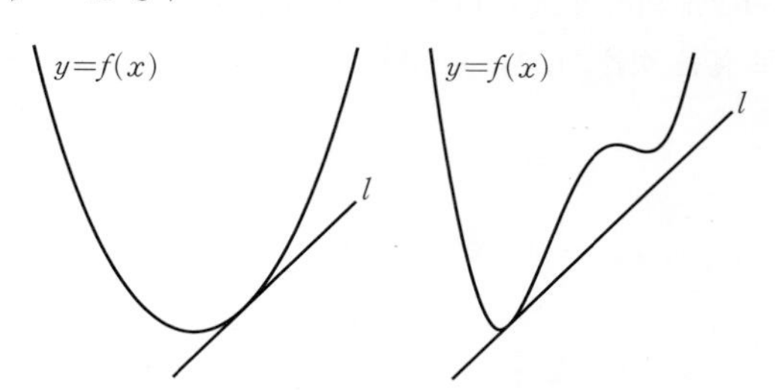

$\lim_{t\to s}h(t)=2$이므로 $\lim_{t\to s}\{h(t)-h(s)\}=1$ ($=\lim_{t\to s}h(t)-\lim_{t\to s}h(s)$)

(ii) $h(s)=2$인 경우

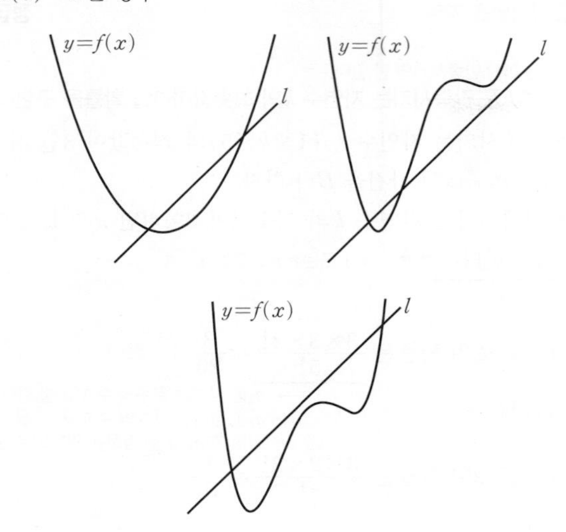

$\lim_{t \to s} h(t)=2$이므로 $\lim_{t \to s}\{h(t)-h(s)\}=0$

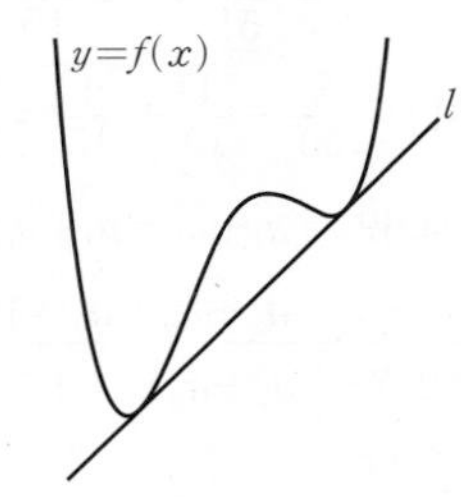

$\lim_{t \to s} h(t)=4$이므로 $\lim_{t \to s}\{h(t)-h(s)\}=2$

(iii) $h(s)=3$인 경우

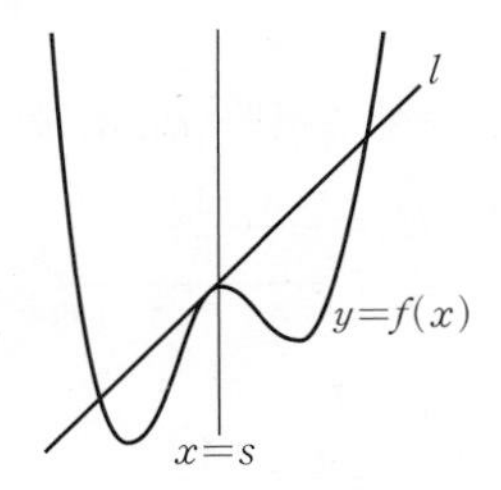

$\lim_{t \to s} h(t)=4$이므로 $\lim_{t \to s}\{h(t)-h(s)\}=1$

①

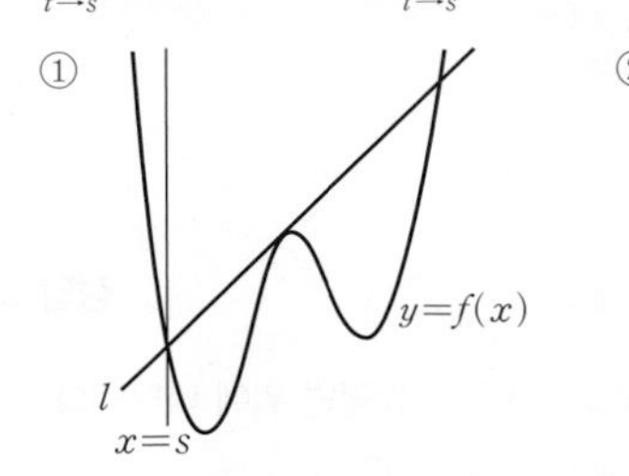

②

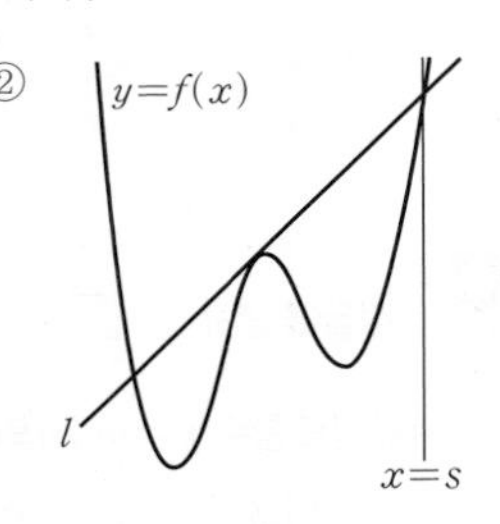

$\lim_{t \to s} h(t)$의 값이 존재하지 않는다.

→ ① $\lim_{t \to s-} h(t)=2$, $\lim_{t \to s+} h(t)=4$ 이므로 극한값이 존재하지 않는다.
② $\lim_{t \to s-} h(t)=4$, $\lim_{t \to s+} h(t)=2$ 이므로 극한값이 존재하지 않는다.

(iv) $h(s)=4$인 경우

y=f(x)
l

$\lim_{t \to s} h(t)=4$이므로 $\lim_{t \to s}\{h(t)-h(s)\}=0$

(i)~(iv)에 의하여 곡선 $y=f(x)$와 직선 l이 두 점 $(-1,\ f(-1))$, $(1,\ f(1))$에서 접할 때 (→ 조건 (가))
$\lim_{t \to -1}\{h(t)-h(-1)\}=\lim_{t \to 1}\{h(t)-h(1)\}=2$를 만족시킨다.

Step 3 조건 (나), (다)를 만족시키는 경우를 찾는다.

함수 $f(x)$의 최고차항의 계수를 $a\ (a>0)$, 직선 l의 방정식을 $y=x+b$라 하자.
(→ 곡선 $y=f(x)$와 직선 l이 $x=-1$, $x=1$에서 접하기 때문이다.)

$f(x)-(x+b)=a(x-1)^2(x+1)^2$

$\therefore\ f(x)=a(x-1)^2(x+1)^2+x+b$

조건 (나)에서 $\int_0^\alpha\{f(x)-|f(x)|\}dx=0$을 만족시키는 실수 α의 최솟값이 -1이므로 $-1\le x\le 0$에서 $f(x)\ge 0$, $f(-1)\ge 0$

$f(-1)>0$이면 실수 α의 최솟값이 -1이 아니므로 $f(-1)=0$

$-1+b=0 \qquad \therefore\ b=1$
(→ $f(x)=a(x-1)^2(x+1)^2+x+b$에 $x=-1$을 대입)

조건 (다)에서 $\frac{d}{dx}\int_0^x\{f(u)-ku\}du=f(x)-kx\ge 0$

$f(x)\ge kx$이므로 곡선 $y=f(x)$와 직선 $y=kx$는 접하거나 만나지 않는다.
(→ 접하거나: $f(x)=kx$, 만나지: $f(x)>kx$)

실수 k의 최댓값이 $f'(\sqrt{2})$이므로 곡선 $y=f(x)$와 직선 $y=f'(\sqrt{2})x$는 점 $(\sqrt{2},\ f(\sqrt{2}))$에서 접한다.

→ 직선 $y=f'(\sqrt{2})x$는 점 $(\sqrt{2},\ f(\sqrt{2}))$를 지나므로 $f(\sqrt{2})=f'(\sqrt{2})\times\sqrt{2}$

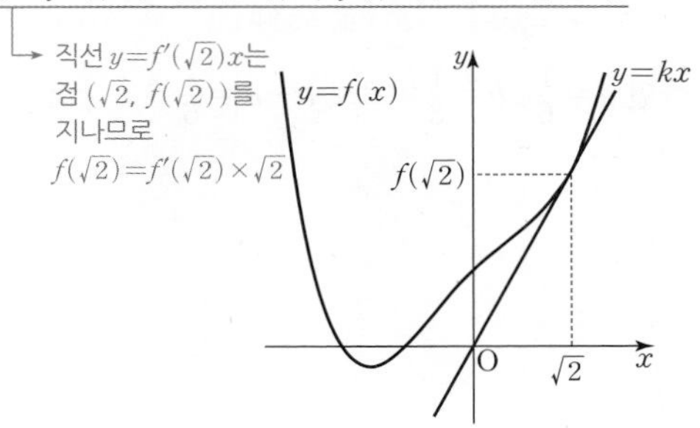

Step 4 $f(\sqrt{2})=\sqrt{2}f'(\sqrt{2})$임을 이용하여 a의 값을 구한다.

$f(x)=a(x-1)^2(x+1)^2+x+1=ax^4-2ax^2+x+a+1$
(→ $=(x^2-1)^2=x^4-2x^2+1$)

$\therefore\ f'(x)=4ax^3-4ax+1$

$f(\sqrt{2})=a+\sqrt{2}+1$, $f'(\sqrt{2})=4\sqrt{2}a+1$이므로
(→ $4a\times 2\sqrt{2}-4a\times\sqrt{2}+1$, $=4a-2a\times 2+\sqrt{2}+a+1$)

$f(\sqrt{2})=\sqrt{2}f'(\sqrt{2})$에서 $a+\sqrt{2}+1=\sqrt{2}(4\sqrt{2}a+1) \qquad \therefore\ a=\frac{1}{7}$

따라서 $f(x)=\frac{1}{7}(x-1)^2(x+1)^2+x+1$이므로

$f(6)=\frac{1}{7}\times 5^2\times 7^2+6+1=182$

확률과 통계

23 [정답률 89%]

정답 ③

Step 1 다항식의 전개식에서 x^8의 계수를 구한다.

다항식 $(x^2+2)^6$의 전개식의 일반항은

${}_6C_r(x^2)^{6-r}2^r={}_6C_r2^rx^{12-2r}\ (r=0,\ 1,\ 2,\ \cdots,\ 6)$

이때 x^8의 계수는 $r=2$일 때이므로 ${}_6C_2\times 2^2=60$
(→ $x^{12-2r}=x^8$에서 $12-2r=8$, → $\frac{6\times 5}{2}=15$)

24 [정답률 44%]

정답 ①

Step 1 한 개의 주사위를 네 번 던질 때 3의 배수의 눈이 세 번 또는 네 번 나올 확률을 구한다.

한 개의 주사위를 네 번 던질 때 나오는 네 눈의 수의 곱이 27의 배수이려면 3의 배수의 눈이 세 번 또는 네 번 나와야 한다. (→ 3^3)

한 개의 주사위를 한 번 던질 때 3의 배수의 눈이 나올 확률은 $\frac{1}{3}$이므로 한 개의 주사위를 네 번 던질 때 (→ 3, 6)

3의 배수의 눈이 세 번 나올 확률은 ${}_4C_3\left(\frac{1}{3}\right)^3\left(\frac{2}{3}\right)^1=\frac{8}{81}$

3의 배수의 눈이 네 번 나올 확률은 ${}_4C_4\left(\frac{1}{3}\right)^4\left(\frac{2}{3}\right)^0=\frac{1}{81}$

따라서 구하는 확률은 $\frac{8}{81}+\frac{1}{81}=\frac{1}{9}$
(← 주사위를 던지는 시행을 반복하므로 독립시행의 확률을 이용)

25 [정답률 76%]

정답 ②

Step 1 확률의 총합이 1임을 이용한다.

주어진 표에서 $a+(a+b)+b=1$ $\quad\therefore a+b=\frac{1}{2}$ …… ㉠

($=2a+2b$)

Step 2 $\mathrm{E}(X^2)=a+5$임을 이용한다.

$\mathrm{E}(X^2)=1^2\times a+2^2\times(a+b)+3^2\times b=a+5$

$\therefore 4a+13b=5$ …… ㉡

($=a+4(a+b)+9b=5a+13b$)

㉠, ㉡을 연립하여 풀면 $a=\frac{1}{6}$, $b=\frac{1}{3}$이므로 $b-a=\frac{1}{6}$

26 [정답률 74%]

정답 ④

Step 1 주머니 A에서 흰 공을 꺼내는 경우를 생각해본다.

주머니 A에서 임의로 꺼낸 1개의 공이 흰 공인 사건을 A, 주머니 B에서 임의로 꺼낸 3개의 공 중에서 적어도 한 개가 흰 공인 사건을 B라 하면 $\mathrm{P}(A)=\frac{1}{3}$, $\mathrm{P}(A^C)=1-\frac{1}{3}=\frac{2}{3}$

(→ 주머니 A에서 임의로 꺼낸 1개의 공이 검은 공일 확률)

(i) 주머니 A에서 임의로 꺼낸 공이 흰 공일 때

주머니 B에서 임의로 꺼낸 3개의 공 중에서 적어도 한 개가 흰 공일 확률은 $1-\frac{{}_3\mathrm{C}_3}{{}_7\mathrm{C}_3}=1-\frac{1}{35}=\frac{34}{35}$

(→ 주머니 B에 흰 공 4개, 검은 공 3개가 있게 된다.)
(→ 여사건의 확률을 이용)

Step 2 주머니 A에서 검은 공을 꺼내는 경우를 생각해본다.

(ii) 주머니 A에서 임의로 꺼낸 공이 검은 공일 때

주머니 B에서 임의로 꺼낸 3개의 공 중에서 적어도 한 개가 흰 공일 확률은 $1-\frac{{}_4\mathrm{C}_3}{{}_7\mathrm{C}_3}=1-\frac{4}{35}=\frac{31}{35}$

(→ 주머니 B에 흰 공 3개, 검은 공 4개가 있게 된다.)

(i), (ii)에 의하여 $\mathrm{P}(B)=\frac{1}{3}\times\frac{34}{35}+\frac{2}{3}\times\frac{31}{35}=\frac{32}{35}$

(→ $\mathrm{P}(A\cap B)+\mathrm{P}(A^C\cap B)=\mathrm{P}(A)\mathrm{P}(B|A)+\mathrm{P}(A^C)\mathrm{P}(B|A^C)$)

27 [정답률 46%]

정답 ⑤

Step 1 숫자 1이 적힌 카드 두 장이 이웃하지 않는 경우의 수를 구한다.

7장의 카드를 일렬로 나열할 때 이웃하는 두 장의 카드에 적힌 수의 곱이 모두 1 이하가 되려면 1과 2, 2와 2는 각각 서로 이웃하지 않아야 한다.

(→ 이웃하는 두 장의 카드에 적힌 수의 곱이 4)

(i) 1, 1이 서로 이웃하지 않는 경우

0, 0, 0 사이와 양 끝에 1, 1, 2, 2를 하나씩 넣는 경우의 수와 같으므로 $\frac{4!}{2!2!}=6$

(→ 1, 1, 2, 2를 일렬로 나열하는 경우의 수)

Step 2 숫자 1이 적힌 카드 두 장이 이웃하는 경우의 수를 구한다.

(ii) 1, 1이 서로 이웃하는 경우

0, 0, 0 사이와 양 끝에 1, 1을 이웃하게 넣는 경우의 수는 ${}_4\mathrm{C}_1=4$

(→ 1, 1을 하나로 생각한 후 네 곳 중 배치할 한 곳을 고른다.)

남은 자리에 2, 2를 하나씩 넣는 경우의 수는 ${}_3\mathrm{C}_2=3$

따라서 구하는 경우의 수는 $4\times3=12$

(i), (ii)에 의하여 구하는 경우의 수는 $6+12=18$이다.

28 [정답률 28%]

정답 ①

(→ $k=1, 2$는 이를 만족시키면 안 된다.)

Step 1 $a_k\le k$를 만족시키는 자연수 k의 최솟값이 3일 확률을 구한다.

$a_k\le k$를 만족시키는 자연수 k $(1\le k\le5)$의 최솟값이 3인 사건을 A, $a_1+a_2=a_4+a_5$인 사건을 B라 하자.

$a_k\le k$를 만족시키는 자연수 k의 최솟값이 3이려면 $a_1>1$, $a_2>2$, $a_3\le3$이어야 한다. (→ $a_3=1$ 또는 $a_3=2$ 또는 $a_3=3$)

(i) $a_3=1$일 때

$a_1>1$, $a_2>2$일 확률은 $\frac{3\times3\times2!}{5!}=\frac{3}{20}$

(→ a_2를 정하는 경우의 수 3, a_2를 정한 후 a_1을 정하는 경우의 수 3, a_2, a_1을 정한 후 a_4, a_5를 정하는 경우의 수 2!이다.)

(ii) $a_3=2$일 때

$a_1>1$, $a_2>2$일 확률은 $\frac{3\times2\times2!}{5!}=\frac{1}{10}$

(iii) $a_3=3$일 때

$a_1>1$, $a_2>2$일 확률은 $\frac{2\times2\times2!}{5!}=\frac{1}{15}$ (→ $5!=120$)

(i)~(iii)에 의하여 $\mathrm{P}(A)=\frac{3}{20}+\frac{1}{10}+\frac{1}{15}=\frac{19}{60}$

Step 2 **Step 1**을 만족시키면서 $a_1+a_2=a_4+a_5$인 경우를 생각한다.

$a_1+a_2=a_4+a_5$이면 $a_1+a_2+a_3+a_4+a_5=15$에서

$a_3=15-2(a_1+a_2)=2\{7-(a_1+a_2)\}+1$

따라서 a_3의 값은 홀수이다. (→ $(a_1+a_2)+a_3+(a_4+a_5)=15$, $a_3+2(a_1+a_2)=15$)

(i) $a_3=1$일 때 (→ $a_3=1$ 또는 $a_3=3$)

$a_1+a_2=7$이므로 가능한 순서쌍 (a_1, a_2)는 $(2, 5)$, $(3, 4)$, $(4, 3)$

(→ $a_1>1$, $a_2>2$도 만족시켜야 한다.)

(ii) $a_3=3$일 때

$a_1+a_2=6$이므로 가능한 순서쌍 (a_1, a_2)는 $(2, 4)$

(i), (ii)에 의하여 $\mathrm{P}(A\cap B)=\frac{(3+1)\times2!}{5!}=\frac{1}{15}$

(→ a_4, a_5를 정하는 경우의 수 2!도 곱해야 한다.)

따라서 구하는 확률은

$$\mathrm{P}(B|A)=\frac{\mathrm{P}(A\cap B)}{\mathrm{P}(A)}=\frac{\frac{1}{15}}{\frac{19}{60}}=\frac{4}{19}$$

29 [정답률 9%]

정답 24

Step 1 확률밀도함수 $y=g(x)$의 그래프를 좌표평면 위에 나타낸다.

$\{g(x)-f(x)\}\{g(x)-a\}=0$에서 $g(x)=f(x)$ 또는 $g(x)=a$

또한 두 조건 (가), (나)를 모두 만족시키려면 확률밀도함수 $y=g(x)$의 그래프는 다음 그림과 같아야 한다.

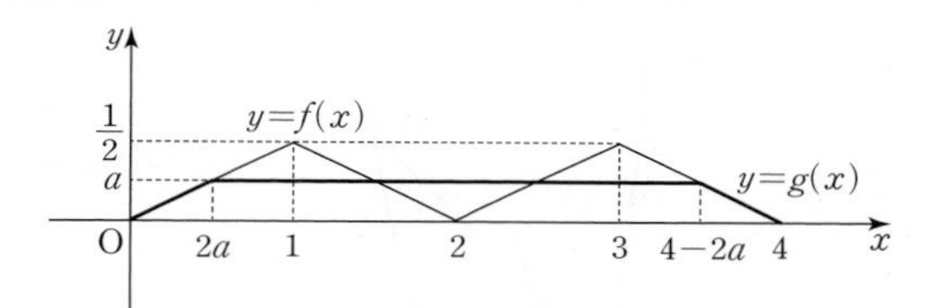

Step 2 확률밀도함수의 성질을 이용하여 a의 값을 구한다.

$\mathrm{P}(0\le Y\le4)=1$이므로 (→ 확률의 총합은 1)

$\frac{1}{2}\times2a\times a+\{(4-2a)-2a\}\times a+\frac{1}{2}\times\{4-(4-2a)\}\times a=1$

(→ $=4-4a$) (→ $=2a$)

$2a^2-4a+1=0$ $\quad\therefore a=\frac{2\pm\sqrt{2}}{2}$

(→ 그래프에서 $0<2a<1$)

이때 $0<a<\frac{1}{2}$이므로 $a=\frac{2-\sqrt{2}}{2}$

Step 3 $\mathrm{P}(0\le Y\le5a)$의 값을 구한다.

$1<5a<2$이므로 (→ $5a=\frac{10-5\sqrt{2}}{2}=\frac{10-\sqrt{50}}{2}=1.\times\times\times$)

$\mathrm{P}(0\le Y\le5a)=\mathrm{P}(0\le Y\le2a)+\mathrm{P}(2a\le Y\le5a)$

$=\frac{1}{2}\times2a\times a+(5a-2a)\times a$

$=4a^2=4\times\left(\frac{2-\sqrt{2}}{2}\right)^2=6-4\sqrt{2}$

(→ $=\frac{6-4\sqrt{2}}{4}$)

따라서 $p=6$, $q=4$이므로 $p\times q=24$

30 [정답률 4%]

정답 150

Step 1 조건 (가), (나), (다)를 만족시키는 경우를 생각해본다.

조건 (가)에 의하여 순서쌍 $(f(1),\ f(7))$은 $(1,\ 4)$, $(2,\ 5)$, $(3,\ 6)$, $(4,\ 7)$이다. → $f(7)-f(1)=3$

조건 (나)에 의하여 $f(1)\le f(3)\le f(5)\le f(7)$이고 $f(2)\le f(4)\le f(6)$이다. → 조건 (나)의 식에 $n=1, 2, 3, 4, 5$를 대입

조건 (다)에 의하여 $|f(2)-f(1)|$과 $f(1)+f(3)+f(5)+f(7)$의 값은 모두 3의 배수인 자연수이다.

Step 2 조건 (가)를 만족시키는 $f(1)$, $f(7)$의 값에 따라 경우를 나누어 생각해본다.

(i) $f(1)=1$, $f(7)=4$인 경우 → $1\le f(3)\le f(5)\le 4$를 만족시켜야 한다.

$f(3)+f(5)=4$ 또는 $f(3)+f(5)=7$ → $f(1)+f(3)+f(5)+f(7)$은 3의 배수인 자연수이어야 한다.

가능한 순서쌍 $(f(3),\ f(5))$는 $(1,\ 3)$, $(2,\ 2)$, $(3,\ 4)$

$f(1)=1$이므로 $f(2)=4$ 또는 $f(2)=7$ → $|f(2)-f(1)|$은 3의 배수인 자연수이어야 한다.

$f(2)=4$이면 순서쌍 $(f(4),\ f(6))$의 개수는 ${}_4\mathrm{H}_2$, $f(2)=7$이면 순서쌍 $(f(4),\ f(6))$의 개수는 ${}_1\mathrm{H}_2$ → $f(2)\le f(4)\le f(6)$을 만족시켜야 한다.

따라서 구하는 경우의 수는 $3\times({}_4\mathrm{H}_2+{}_1\mathrm{H}_2)=3\times(10+1)=33$

→ 순서쌍 $(f(2),\ f(4),\ f(6))$의 개수
→ 순서쌍 $(f(3),\ f(5))$의 개수

(ii) $f(1)=2$, $f(7)=5$인 경우

$f(3)+f(5)=5$ 또는 $f(3)+f(5)=8$ → $f(3)+f(5)=5$

가능한 순서쌍 $(f(3),\ f(5))$는 $(2,\ 3)$, $(3,\ 5)$, $(4,\ 4)$

$f(1)=2$이므로 $f(2)=5$이고 순서쌍 $(f(4),\ f(6))$의 개수는 ${}_3\mathrm{H}_2$이다. → $f(3)+f(5)=8$

→ 5, 6, 7 중 중복을 허락하여 2개를 택하는 경우의 수

따라서 구하는 경우의 수는 $3\times{}_3\mathrm{H}_2=3\times6=18$

(iii) $f(1)=3$, $f(7)=6$인 경우

$f(3)+f(5)=6$ 또는 $f(3)+f(5)=9$ 또는 $f(3)+f(5)=12$

가능한 순서쌍 $(f(3),\ f(5))$는 $(3,\ 3)$, $(3,\ 6)$, $(4,\ 5)$, $(6,\ 6)$

$f(1)=3$이므로 $f(2)=6$이고 순서쌍 $(f(4),\ f(6))$의 개수는 ${}_2\mathrm{H}_2$이다.

→ $|f(2)-f(1)|=3$이므로 조건 (다)를 만족시킨다.
→ 6, 7 중 중복을 허락하여 2개를 택하는 경우의 수

따라서 구하는 경우의 수는 $4\times{}_2\mathrm{H}_2=4\times3=12$ → $={}_3\mathrm{C}_2=3$

(iv) $f(1)=4$, $f(7)=7$인 경우

$f(3)+f(5)=10$ 또는 $f(3)+f(5)=13$

가능한 순서쌍 $(f(3),\ f(5))$는 $(4,\ 6)$, $(5,\ 5)$, $(6,\ 7)$

$f(1)=4$이므로 $f(2)=1$ 또는 $f(2)=7$ → $|f(2)-f(1)|$의 값이 3의 배수이므로 $f(2)$는 $f(1)$보다 작아도 된다.

$f(2)=1$이면 순서쌍 $(f(4),\ f(6))$의 개수는 ${}_7\mathrm{H}_2$, $f(2)=7$이면 순서쌍 $(f(4),\ f(6))$의 개수는 ${}_1\mathrm{H}_2$이다. → ${}_2\mathrm{C}_2=1$

따라서 구하는 경우의 수는 $3\times({}_7\mathrm{H}_2+{}_1\mathrm{H}_2)=3\times(28+1)=87$

(i)~(iv)에 의하여 함수의 개수는 $33+18+12+87=150$ → $={}_8\mathrm{C}_2=28$

미적분

23 [정답률 90%]

정답 ③

Step 1 수열의 극한을 계산한다.

$$\lim_{n\to\infty}2n(\sqrt{n^2+4}-\sqrt{n^2+1})$$

$$=\lim_{n\to\infty}\frac{2n(\sqrt{n^2+4}-\sqrt{n^2+1})(\sqrt{n^2+4}+\sqrt{n^2+1})}{\sqrt{n^2+4}+\sqrt{n^2+1}}$$

$$=\lim_{n\to\infty}\frac{6n}{\sqrt{n^2+4}+\sqrt{n^2+1}}$$

$$=\lim_{n\to\infty}\frac{6}{\sqrt{1+\frac{4}{n^2}}+\sqrt{1+\frac{1}{n^2}}}=3$$

→ $=\frac{6}{\sqrt{1+0}+\sqrt{1+0}}=\frac{6}{2}=3$

24 [정답률 91%]

정답 ②

Step 1 합성함수의 미분법을 이용한다.

$\lim_{x\to2}\frac{g(x)-4}{x-2}=12$에서 $x\to2$일 때 (분모)$\to0$이므로

→ 극한값이 존재하므로 (분자)$\to0$

$\lim_{x\to2}\{g(x)-4\}=0$

$\therefore g(2)=4$

$\lim_{x\to2}\frac{g(x)-g(2)}{x-2}=g'(2)=12$

$h(x)=f(g(x))$에서 $h'(x)=f'(g(x))g'(x)$이므로

$h'(2)=f'(g(2))g'(2)=f'(4)g'(2)$ → $g(2)=4$

$f(x)=\ln(x^2-x+2)$에서 $f'(x)=\frac{2x-1}{x^2-x+2}$

$\therefore f'(4)=\frac{8-1}{16-4+2}=\frac{1}{2}$

따라서 $h'(2)=\frac{1}{2}\times12=6$이다.

25 [정답률 74%]

정답 ①

Step 1 음함수의 미분법을 이용한다.

주어진 식의 양변을 x에 대하여 미분하면

$$2e^{x+y-1}\left(1+\frac{dy}{dx}\right)=3e^x+1-\frac{dy}{dx}$$

$$\therefore \frac{dy}{dx}=\frac{3e^x+1-2e^{x+y-1}}{2e^{x+y-1}+1}$$

→ $(2e^{x+y-1}+1)\frac{dy}{dx}=3e^x+1-2e^{x+y-1}$

따라서 곡선 위의 점 $(0,\ 1)$에서의 접선의 기울기는

$$\frac{dy}{dx}=\frac{3e^0+1-2e^0}{2e^0+1}=\frac{2}{3}$$

→ $e^0=1$

26 [정답률 69%]

정답 ④

Step 1 부분적분법을 이용하여 주어진 식을 변형한다.

$$\int_1^2(x-1)f'\left(\frac{x}{2}\right)dx$$

$$=\left[2(x-1)f\left(\frac{x}{2}\right)\right]_1^2-\int_1^2 2f\left(\frac{x}{2}\right)dx$$

$$=2f(1)-2\int_1^2 f\left(\frac{x}{2}\right)dx=2$$ → 부분적분법

이때 $f(1)=4$이므로 $\int_1^2 f\left(\frac{x}{2}\right)dx=3$

Step 2 $\frac{x}{2}=t$로 치환하여 $\int_{\frac{1}{2}}^1 f(x)dx$의 값을 구한다.

$\frac{x}{2}=t$라 하면 $\frac{1}{2}=\frac{dt}{dx}$

$x=1$일 때 $t=\frac{1}{2}$, $x=2$일 때 $t=1$이므로

$\int_1^2 f\left(\frac{x}{2}\right)dx=2\int_{\frac{1}{2}}^1 f(t)dt=3$ $\qquad\therefore \int_{\frac{1}{2}}^1 f(x)dx=\frac{3}{2}$

→ $dx=2dt$

본문 196쪽

27 [정답률 49%]

정답 ③

Step 1 S_1의 값을 구한다.

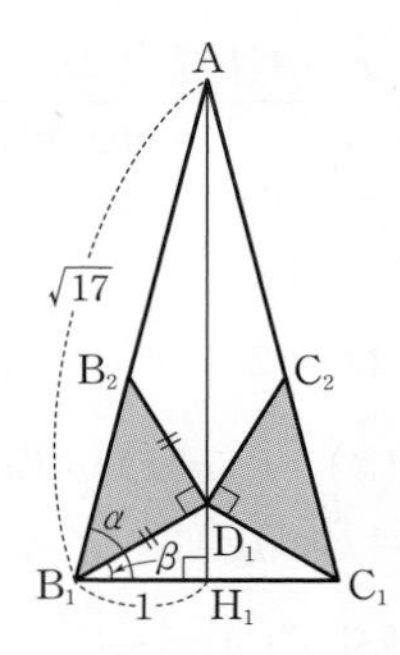

점 A에서 선분 B_1C_1에 내린 수선의 발을 H_1이라 하면 점 D_1은 선분 AH_1 위에 존재한다.

$\angle AB_1H_1=\alpha$, $\angle D_1B_1H_1=\beta$라 하자.

$\overline{AH_1}=\sqrt{17-1}=4$이므로 $\tan\alpha=4$

→ $\overline{AH_1}=\sqrt{\overline{AB_1}^2-\overline{B_1H_1}^2}=\sqrt{(\sqrt{17})^2-1^2}$

$$\tan\beta=\tan\left(\alpha-\frac{\pi}{4}\right)=\frac{\tan\alpha-\tan\frac{\pi}{4}}{1+\tan\alpha\tan\frac{\pi}{4}}=\frac{3}{5}$$

→ $\overline{B_1D_1}=\overline{B_2D_1}$이므로 $\angle B_2B_1D_1=\angle B_1B_2D_1=\frac{\pi}{4}$

$\therefore\ \overline{D_1H_1}=\frac{3}{5}$

→ $\overline{B_1H_1}\times\tan\beta=1\times\frac{3}{5}$

따라서 $\overline{B_1D_1}=\sqrt{1^2+\left(\frac{3}{5}\right)^2}=\frac{\sqrt{34}}{5}$이므로

→ $\overline{B_1D_1}=\sqrt{\overline{B_1H_1}^2+\overline{D_1H_1}^2}$

$$S_1=2\times\left\{\frac{1}{2}\times\left(\frac{\sqrt{34}}{5}\right)^2\right\}=\frac{34}{25}$$

Step 2 그림 R_n에 새로 색칠된 부분과 그림 R_{n+1}에 새로 색칠된 부분의 넓이의 비를 구한다.

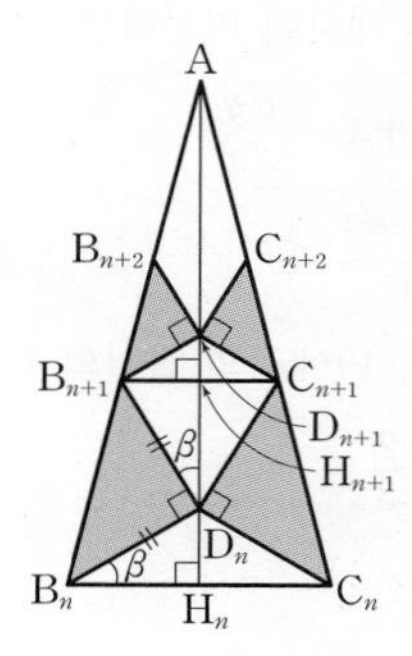

점 A에서 선분 B_nC_n에 내린 수선의 발을 H_n, 선분 $B_{n+1}C_{n+1}$에 내린 수선의 발을 H_{n+1}이라 하면 점 D_n과 점 D_{n+1} 모두 선분 AH_n 위에 존재한다.

두 삼각형 $D_nB_nH_n$과 $B_{n+1}D_nH_{n+1}$은 서로 합동이므로

$\overline{B_{n+1}H_{n+1}}=\overline{D_nH_n}=\overline{B_nH_n}\times\tan\beta=\frac{3}{5}\overline{B_nH_n}$ → $=\frac{3}{5}$

두 삼각형 $B_nD_nB_{n+1}$, $C_nD_nC_{n+1}$로 만들어진 도형의 넓이를 T_n이라 하면 두 삼각형 $D_nB_nH_n$, $D_{n+1}B_{n+1}H_{n+1}$은 서로 닮음이고 닮음비가 $1:\frac{3}{5}$이므로 $T_{n+1}=\frac{9}{25}T_n$ → 넓이의 비는 $1^2:\left(\frac{3}{5}\right)^2$, 즉 $1:\frac{9}{25}$

따라서 수열 $\{T_n\}$은 첫째항이 $T_1=S_1=\frac{34}{25}$, 공비가 $\frac{9}{25}$인 등비수열이다.

$$\therefore\ \lim_{n\to\infty}S_n=\sum_{n=1}^{\infty}T_n=\frac{\frac{34}{25}}{1-\frac{9}{25}}=\frac{17}{8}$$

28 [정답률 42%]

정답 ②

Step 1 $f(\theta)$를 구한다.

$\overline{OA}=\overline{OB}=\overline{OQ}=1$이므로 $\angle OQA=2\theta$, $\angle BOQ=4\theta$ → $=\angle OAQ+\angle OQA$

따라서 삼각형 BOQ의 넓이는

$f(\theta)=\frac{1}{2}\times\overline{OB}\times\overline{OQ}\times\sin4\theta=\frac{1}{2}\sin4\theta$ (→ $=1$, → $=1$)

Step 2 $g(\theta)$를 구한다.

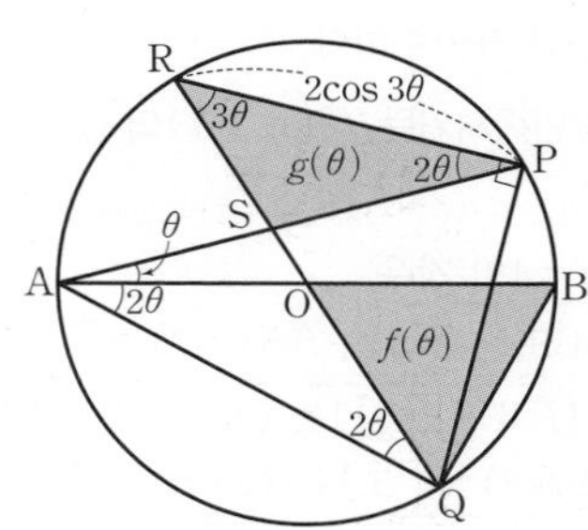

→ 원의 중심 O를 지난다.

선분 RQ는 원의 지름이므로 $\angle RPQ=\frac{\pi}{2}$

원주각의 성질에 의하여

$\angle PRQ=\angle PAQ=3\theta$, $\angle RPA=\angle RQA=2\theta$이므로

$\overline{RP}=\overline{RQ}\cos3\theta=2\cos3\theta$ → 원의 지름

삼각형 PRS에서 $\angle PSR=\pi-5\theta$이므로 사인법칙에 의하여

$$\frac{\overline{RS}}{\sin2\theta}=\frac{2\cos3\theta}{\sin(\pi-5\theta)}\qquad\therefore\ \overline{RS}=\frac{2\cos3\theta\sin2\theta}{\sin5\theta}$$

→ $\sin(\pi-5\theta)=\sin5\theta$

따라서 삼각형 PRS의 넓이는

$$g(\theta)=\frac{1}{2}\times\overline{RP}\times\overline{RS}\times\sin3\theta$$
$$=\frac{1}{2}\times2\cos3\theta\times\frac{2\cos3\theta\sin2\theta}{\sin5\theta}\times\sin3\theta$$
$$=\frac{2\cos^2 3\theta\times\sin2\theta\times\sin3\theta}{\sin5\theta}$$

Step 3 $\lim_{\theta\to0+}\frac{g(\theta)}{f(\theta)}$의 값을 구한다.

$$\therefore\ \lim_{\theta\to0+}\frac{g(\theta)}{f(\theta)}=\lim_{\theta\to0+}\frac{\frac{2\cos^2 3\theta\times\sin2\theta\times\sin3\theta}{\sin5\theta}}{\frac{1}{2}\sin4\theta}$$
$$=\lim_{\theta\to0+}\frac{24\times\cos^2 3\theta\times\frac{\sin2\theta}{2\theta}\times\frac{\sin3\theta}{3\theta}}{20\times\frac{\sin4\theta}{4\theta}\times\frac{\sin5\theta}{5\theta}}=\frac{6}{5}$$

→ $\lim_{\theta\to0+}\frac{\sin a\theta}{a\theta}=1$ (a는 0이 아닌 상수),
$\lim_{\theta\to0+}\cos^2 3\theta=\cos^2 0=1^2=1$

29 [정답률 16%]

정답 12

Step 1 함수 $f(x)$의 도함수가 $x=1$에서 연속임을 이용하여 a, b의 값을 구한다.

조건 (가)에 의하여 $x<1$일 때,

$f(x)=-x^2+4x+C$ (단, C는 적분상수)

조건 (나)에 의하여 $x>0$일 때, $2xf'(x^2+1)=2ae^{2x}+b$ → 양변을 x에 대하여 미분

$\therefore\ f'(x^2+1)=\frac{2ae^{2x}+b}{2x}$ → $x\neq0$이므로 양변을 $2x$로 나누었다.

함수 $f(x)$의 도함수 $f'(x)$는 $x=1$에서 연속이므로 → 실수 전체의 집합에서 연속이므로 $x=1$에서도 연속이다.

$f'(1)=\lim_{x\to1-}f'(x)=\lim_{x\to1+}f'(x)$

$\therefore\ f'(1)=\lim_{x\to1-}(-2x+4)=\lim_{x\to0+}\frac{2ae^{2x}+b}{2x}$ → $=\lim_{x\to0+}f'(x^2+1)$

→ $x<1$일 때 $f'(x)=-2x+4$

$\lim_{x\to1-}(-2x+4)=-2+4=2$이므로 $\lim_{x\to0+}\frac{2ae^{2x}+b}{2x}=2$이어야 한다.

$x\to0$일 때 (분모)$\to0$이고 극한값이 존재하므로

$\lim_{x\to0+}(2ae^{2x}+b)=0$

$2a+b=0$, $b=-2a$ ⟶ $\lim_{x\to0+}\frac{e^{2x}-1}{2x}=1$

$\lim_{x\to0+}\frac{2ae^{2x}-2a}{2x}=\lim_{x\to0+}\frac{2a(e^{2x}-1)}{2x}=2a=2$

$\therefore a=1$, $b=-2$ ⟶ $b=-2a=-2\times1=-2$

Step 2 함수 $f(x)$가 $x=1$에서 연속임을 이용하여 적분상수 C의 값을 구한다.

⟶ $x=1$에서 미분가능하므로 연속

함수 $f(x)$가 $x=1$에서 연속이므로 $f(1)=\lim_{x\to1-}f(x)=\lim_{x\to1+}f(x)$

$\therefore f(1)=\lim_{x\to1-}(-x^2+4x+C)=\lim_{x\to0+}(e^{2x}-2x)$ ⟶ $=\lim_{x\to0+}f(x^2+1)$

$\lim_{x\to1-}(-x^2+4x+C)=C+3$, $\lim_{x\to0+}(e^{2x}-2x)=1$이므로

$C+3=1$ $\quad\therefore C=-2$

Step 3 $\int_0^5 f(x)dx$의 값을 구한다.

$x<1$일 때, $f(x)=-x^2+4x-2$

$x\ge0$일 때, $f(x^2+1)=e^{2x}-2x$

$\int_0^5 f(x)dx=\int_0^1 f(x)dx+\int_1^5 f(x)dx$ ⟶ $x<1$일 때와 $x\ge1$일 때 함수 $f(x)$의 식은 서로 다르다.

$\int_0^1 f(x)dx=\int_0^1(-x^2+4x-2)dx$

$=\left[-\frac{1}{3}x^3+2x^2-2x\right]_0^1=-\frac{1}{3}$ ⟶ $=-\frac{1}{3}+2-2$

$\int_1^5 f(x)dx$에서 $x=t^2+1$ $(t\ge0)$이라 하면 $\frac{dx}{dt}=2t$

$x=1$일 때 $t=0$, $x=5$일 때 $t=2$이므로

$\int_1^5 f(x)dx=\int_0^2 f(t^2+1)\times2tdt$ ⟶ $t\ge0$일 때 $f(t^2+1)=e^{2t}-2t$

$=\int_0^2 2t(e^{2t}-2t)dt$

$=\int_0^2(2te^{2t}-4t^2)dt$ ⟶ 부분적분법

$=\left[te^{2t}\right]_0^2-\int_0^2 e^{2t}dt-\left[\frac{4}{3}t^3\right]_0^2$

$=\left[te^{2t}-\frac{1}{2}e^{2t}-\frac{4}{3}t^3\right]_0^2=\frac{3}{2}e^4-\frac{61}{6}$

$\therefore \int_0^5 f(x)dx=-\frac{1}{3}+\left(\frac{3}{2}e^4-\frac{61}{6}\right)=\frac{3}{2}e^4-\frac{21}{2}$

따라서 $p=\frac{3}{2}$, $q=\frac{21}{2}$이므로 $p+q=12$

30 [정답률 5%] 정답 208

Step 1 $g(a_n)=0$을 만족시키는 a_n이 어떤 특징을 가지는지 생각해본다.

모든 자연수 n에 대하여 $g(a_n)=\sin|\pi f(a_n)|=0$이므로

$f(a_n)$ (n은 자연수)는 정수이다. 따라서

$\cos\{\pi f(a_n)\}=\begin{cases}1 & (f(a_n)=2s)\\ -1 & (f(a_n)=2s-1)\end{cases}$ (s는 정수) ⋯⋯ ㉠

함수 $y=\sin|\pi x|$의 그래프는 다음과 같다.

⟶ $x\ge0$일 때 $y=\sin\pi x$의 그래프를 그린 후 y축에 대하여 대칭하여 그리면 된다.

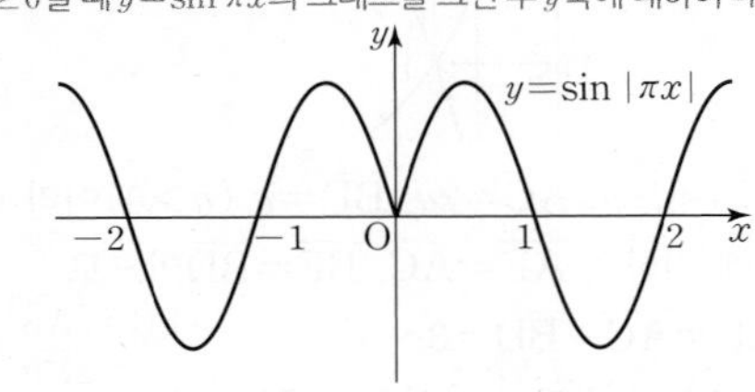

$-1<x<0$ 또는 $0<x<1$일 때 $\sin|\pi x|>0$

$f(a_4)=0$이면 $g(a_4)=\sin|\pi f(a_4)|=0$이고, $f(a_3)$, $f(a_5)$의 값은 각각 -1 또는 0 또는 1이다.

따라서 $a_3<x<a_4$ 또는 $a_4<x<a_5$일 때 $0<|f(x)|<1$이므로

$g(x)=\sin|\pi f(x)|>0$

함수 $g(x)$는 $x=a_4$에서 극대가 아니므로 조건 (가)를 만족시키지 않으며 $f(a_4)\ne0$

Step 2 함수 $g(x)$의 도함수, 이계도함수를 이용한다.

함수 $g(x)$가 $x=a_4$에서 미분가능하고 조건 (가)에 의하여

$g'(a_4)=0$이다. ⟶ 함수 $g(x)$는 $x=a_4$에서 극값을 갖는다.

$g(x)=\begin{cases}\sin\{\pi f(x)\} & (f(x)\ge0)\\ -\sin\{\pi f(x)\} & (f(x)<0)\end{cases}$

$g'(x)=\begin{cases}\pi f'(x)\cos\{\pi f(x)\} & (f(x)>0)\\ -\pi f'(x)\cos\{\pi f(x)\} & (f(x)<0)\end{cases}$

$g''(x)=\begin{cases}\pi f''(x)\cos\{\pi f(x)\}-\pi^2\{f'(x)\}^2\sin\{\pi f(x)\} & (f(x)>0)\\ -\pi f''(x)\cos\{\pi f(x)\}+\pi^2\{f'(x)\}^2\sin\{\pi f(x)\} & (f(x)<0)\end{cases}$

$g'(a_4)=0$이므로 $f'(a_4)=0$ ⟶ $\cos\{\pi f(a_4)\}\ne0$이므로 $f'(a_4)=0$

같은 방법으로 $f(a_8)\ne0$이고 $f'(a_8)=0$이다.

따라서 $f'(x)=3(x-a_4)(x-a_8)$, $f''(a_4)<0$, $f''(a_8)>0$

⟶ $f(x)$는 최고차항의 계수가 1인 삼차함수

Step 3 $f(a_4)$, $f(a_8)$의 값의 범위에 따라 경우를 나누어 조건을 만족시키는지 판별한다.

함수 $y=f(x)$의 그래프의 개형은 그림과 같다.

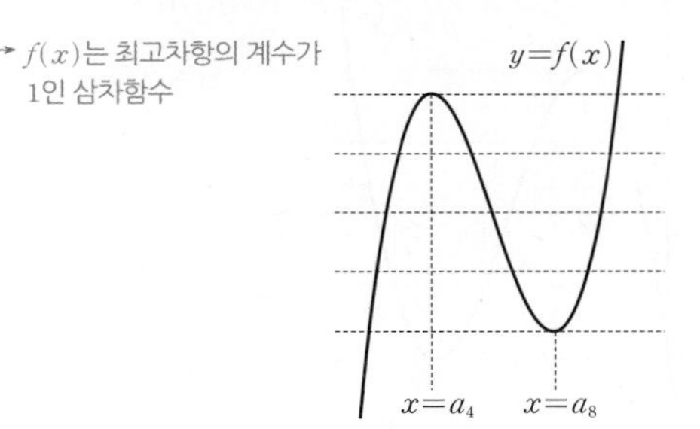

그러므로 $f(a_8)=f(a_4)-4$이다.

⟶ $y=f(x)$의 그래프의 개형과 $f(a_n)$이 정수임을 이용하면 알 수 있다.

(i) $f(a_4)<0$인 경우

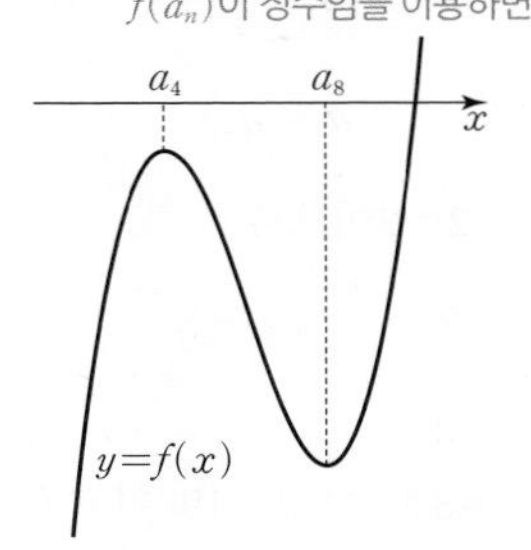

함수 $g(x)$가 $x=a_4$에서 극대이므로

$g''(a_4)=-\pi f''(a_4)\cos\{\pi f(a_4)\}+\pi^2\{f'(a_4)\}^2\sin\{\pi f(a_4)\}<0$

($f''(a_4)$: $(-)$, $f'(a_4)=0$)

$f''(a_4)<0$이므로 $\cos\{\pi f(a_4)\}<0$

㉠에 의하여 $\cos\{\pi f(a_4)\}=-1$

$f(a_4)=2p+1$ (p는 음의 정수)

$f(a_8)=f(a_4)-4=2p-3$에서 $\cos\{\pi f(a_8)\}=-1$이고

$f''(a_8)>0$이므로

$g''(a_8)=-\pi f''(a_8)\cos\{\pi f(a_8)\}>0$ ($f''(a_8)$: $(+)$, $\cos\{\pi f(a_8)\}$: $(-)$)

따라서 함수 $g(x)$가 $x=a_8$에서 극소이므로 조건 (가)를 만족시키지 않는다.

(ii) $f(a_8)>0$인 경우

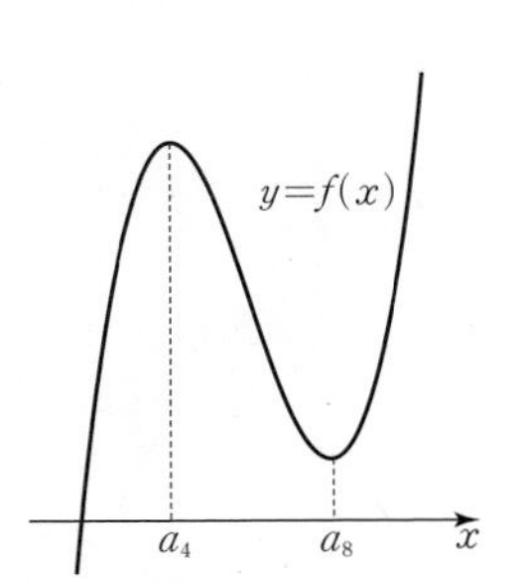

함수 $g(x)$가 $x=a_8$에서 극대이므로

$g''(a_8)=\pi f''(a_8)\cos\{\pi f(a_8)\}<0$

$f''(a_8)>0$이므로 $\cos\{\pi f(a_8)\}<0$

㉠에 의하여 $\cos\{\pi f(a_8)\}=-1$

$f(a_8)=2q-1$ (q는 자연수) ⟶ $f(a_8)>0$이므로 $q>0$

$f(a_4)=f(a_8)+4=2q+3$에서 $\cos\{\pi f(a_4)\}=-1$이고

$f''(a_4)<0$이므로

$g''(a_4)=\pi f''(a_4)\cos\{\pi f(a_4)\}>0$

따라서 함수 $g(x)$가 $x=a_4$에서 극소이므로 조건 (가)를 만족시키지 않는다.

(iii) $f(a_8)<0<f(a_4)$인 경우 → $f(a_8)=f(a_4)-4$

$f(a_4)-4<0<f(a_4)$에서 $0<f(a_4)<4$

$\therefore f(a_4)=1$ 또는 $f(a_4)=2$ 또는 $f(a_4)=3$

함수 $g(x)$가 $x=a_4$에서 극대이므로

$g''(a_4)=\pi f''(a_4)\cos\{\pi f(a_4)\}<0$

$f''(a_4)<0$이므로 $\cos\{\pi f(a_4)\}>0$

㉠에 의하여 $\cos\{\pi f(a_4)\}=1$

$f(a_4)=2r$ (r은 자연수) → 이 조건과 $0<f(a_4)<4$를 만족시키는 함숫값은 $f(a_4)=2$ 뿐이다.

그러므로 $f(a_4)=2$, $f(a_8)=-2$

(i)~(iii)에 의하여 $f(a_4)=2$, $f(a_8)=-2$이므로 조건 (나)에서 → $f(a_8)=f(a_4)-4=2-4=-2$

$f(a_8)=f(0)=-2$ $\quad\therefore m=8$

→ 그래프로부터 $f(a_3)=f(a_5)=1$, $f(a_2)=f(a_6)=0$, $f(a_1)=f(a_7)=-1$, $f(0)=f(a_8)=-2$ 임을 알 수 있다.

Step 4 $f(x)$를 구한 후 k의 최댓값을 구한다.

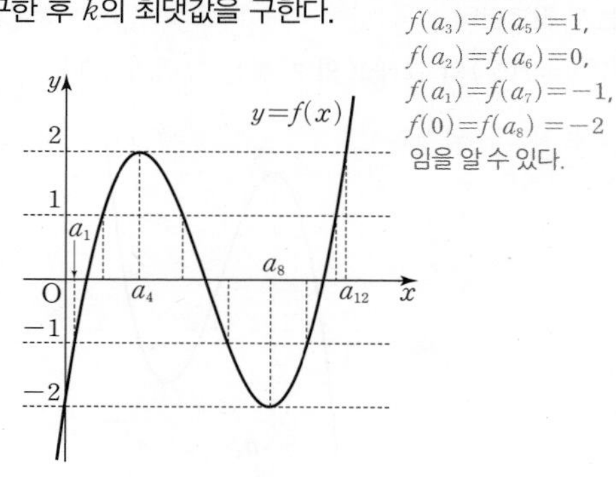

$f(x)=x(x-a_8)^2-2$

$f'(x)=(x-a_8)^2+2x(x-a_8)=3(x-a_8)\left(x-\frac{a_8}{3}\right)$

$f'(a_4)=0$에서 $a_4=\frac{a_8}{3}$ ($\because a_4<a_8$)

$f(a_4)=a_4(a_4-a_8)^2-2=2$이므로

$\frac{a_8}{3}\times\left(-\frac{2a_8}{3}\right)^2-2=2 \quad\therefore a_8=3$

$\therefore f(x)=x(x-3)^2-2$

따라서 $f(m)=f(8)=8\times5^2-2=198$이고 $k\geq8$일 때 $f(a_k)=k-10$이므로 $f(a_k)\leq f(8)$인 k의 최댓값은 208이다.

→ $k-10\leq198$에서 $k\leq208$

→ $f(a_8)=-2$, $f(a_9)=-1$, $f(a_{10})=0$, $f(a_{11})=1$, $f(a_{12})=2$, $\cdots$

기하

23 [정답률 89%]

정답 ②

Step 1 벡터의 합을 계산한다.

$\vec{a}=(2, 3)$, $\vec{b}=(4, -2)$이므로

$2\vec{a}+\vec{b}=(4, 6)+(4, -2)=(8, 4)$ → $4+4$, $6+(-2)$

따라서 모든 성분의 합은 12이다.

24 [정답률 88%]

정답 ③

Step 1 점 (a, b)에서의 접선의 방정식을 구한다.

타원 위의 점 (a, b)에서의 접선의 방정식은 $\frac{ax}{32}+\frac{by}{8}=1$

이때 접선이 점 $(8, 0)$을 지나므로 → 타원 $\frac{x^2}{a^2}+\frac{y^2}{b^2}=1$ 위의 점 (x_1, y_1)에서의 접선의 방정식은 $\frac{x_1x}{a^2}+\frac{y_1y}{b^2}=1$

$\frac{a}{4}=1 \quad\therefore a=4$

또한 점 $(4, b)$가 타원 $\frac{x^2}{32}+\frac{y^2}{8}=1$ 위의 점이므로

$\frac{16}{32}+\frac{b^2}{8}=1$, $b^2=4 \quad\therefore b=2$ ($\because b>0$)

→ 점 (a, b)는 제1사분면 위의 점이므로 $a>0$, $b>0$

따라서 $a+b=4+2=6$이다.

25 [정답률 77%]

정답 ⑤

Step 1 두 직선 l, m의 방향벡터를 이용하여 $\cos\theta$의 값을 구한다.

직선 l이 벡터 $\vec{u}=(3, -1)$에 평행하므로 직선 l의 방향벡터는 $\vec{u}=(3, -1)$

직선 m의 방향벡터를 $\vec{v}$라 하면 $\vec{v}=(7, 1)$ → $m: \frac{x-1}{7}=\frac{y-1}{1}$

$|\vec{u}|=\sqrt{3^2+(-1)^2}=\sqrt{10}$, $|\vec{v}|=\sqrt{7^2+1^2}=5\sqrt{2}$

$\vec{u}\cdot\vec{v}=(3, -1)\cdot(7, 1)=20$ → $=3\times7+(-1)\times1$

$\therefore \cos\theta=\frac{|\vec{u}\cdot\vec{v}|}{|\vec{u}||\vec{v}|}=\frac{20}{\sqrt{10}\times5\sqrt{2}}=\frac{2\sqrt{5}}{5}$

→ θ는 예각이므로 $\cos\theta>0$

26 [정답률 75%]

정답 ①

Step 1 포물선의 정의를 이용하여 선분 CD의 길이를 문자로 나타낸다.

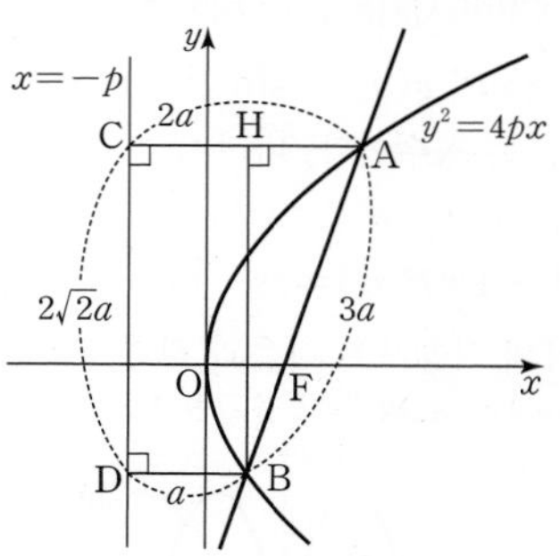

$\overline{AC}:\overline{BD}=2:1$이므로 $\overline{AC}=2a$, $\overline{BD}=a$ $(a>0)$이라 하자.

포물선의 정의에 의하여 $\overline{AF}=\overline{AC}$, $\overline{BF}=\overline{BD}$이므로

$\overline{AB}=\overline{AF}+\overline{BF}=\overline{AC}+\overline{BD}=3a$ → $2a$, a

점 B에서 직선 AC에 내린 수선의 발을 H라 하면

$\overline{BH}=\sqrt{(3a)^2-a^2}=2\sqrt{2}a \quad\therefore \overline{CD}=\overline{BH}=2\sqrt{2}a$

→ $\overline{BH}=\sqrt{\overline{AB}^2-\overline{AH}^2}=\sqrt{(3a)^2-(2a-a)^2}$

Step 2 사각형 ACDB의 넓이가 $12\sqrt{2}$임을 이용하여 a의 값을 구한다.

사각형 ACDB의 넓이가 $12\sqrt{2}$이므로

$\frac{1}{2}\times(2a+a)\times2\sqrt{2}a=3\sqrt{2}a^2=12\sqrt{2}$ → 사다리꼴의 넓이

$a^2=4 \quad\therefore a=2$ ($\because a>0$)

따라서 선분 AB의 길이는 $3a=6$이다.

27 [정답률 74%] 정답 ④

Step 1 조건 (나)를 이용하여 변의 길이를 구한다.

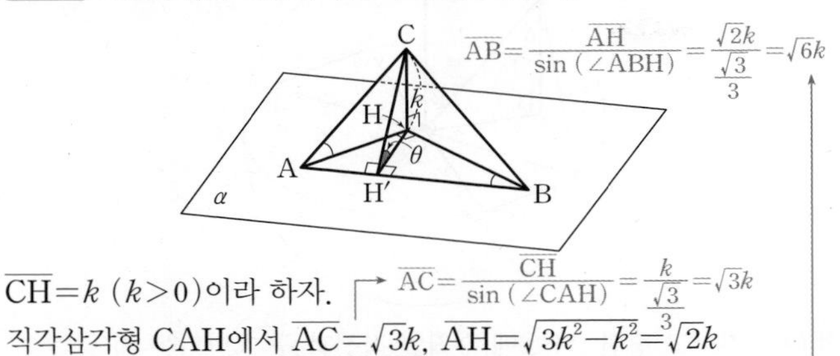

$\overline{CH}=k\ (k>0)$이라 하자. ($\overline{AC}=\frac{\overline{CH}}{\sin(\angle CAH)}=\frac{k}{\frac{\sqrt{3}}{3}}=\sqrt{3}k$)

직각삼각형 CAH에서 $\overline{AC}=\sqrt{3}k$, $\overline{AH}=\sqrt{3k^2-k^2}=\sqrt{2}k$

직각삼각형 ABH에서 $\overline{AB}=\sqrt{6}k$, $\overline{BH}=\sqrt{6k^2-2k^2}=2k$

Step 2 삼수선의 정리를 이용하여 $\cos\theta$의 값을 구한다.

점 C에서 선분 AB에 내린 수선의 발을 H′이라 하면

$\overline{CH}\perp\alpha$, $\overline{CH'}\perp\overline{AB}$이므로 삼수선의 정리에 의하여 $\overline{HH'}\perp\overline{AB}$이다.

직각삼각형 HBH′에서 $\overline{HH'}=\frac{2\sqrt{3}}{3}k$ ($\overline{HH'}=\overline{BH}\sin(\angle ABH)=2k\times\frac{\sqrt{3}}{3}=\frac{2\sqrt{3}}{3}k$)

직각삼각형 CHH′에서 $\overline{CH'}=\sqrt{k^2+\left(\frac{2\sqrt{3}}{3}k\right)^2}=\frac{\sqrt{21}}{3}k$ ($\sqrt{\overline{CH}^2+\overline{HH'}^2}$)

따라서 $\cos\theta=\frac{\overline{HH'}}{\overline{CH'}}=\frac{2\sqrt{7}}{7}$이다.

28 [정답률 45%] 정답 ②

Step 1 쌍곡선의 정의와 원의 성질을 이용하여 선분의 길이를 a에 대하여 나타낸다.

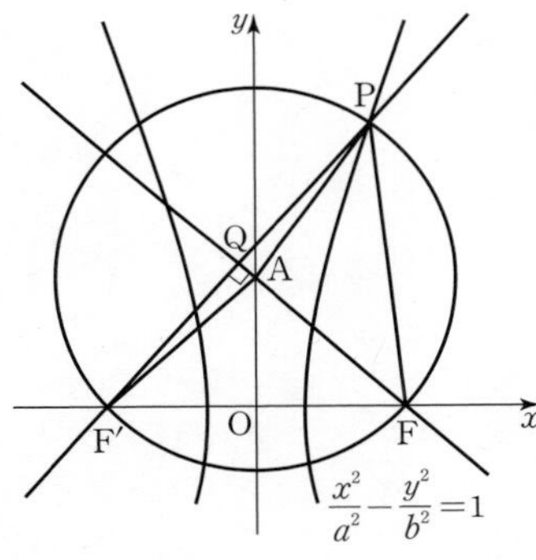

$\overline{PF}:\overline{PF'}=3:4$이므로 $\overline{PF}=3k$, $\overline{PF'}=4k\ (k>0)$라 하자.

쌍곡선의 정의에 의하여 $\overline{PF'}-\overline{PF}=k=2a$ (주축의 길이)

$\overline{AF}=\overline{AF'}$이므로 삼각형 APF′은 $\overline{AP}=\overline{AF'}$인 이등변삼각형이고 (점 A는 원의 중심이고, 두 점 F, F′은 원 위의 점이다.)

$\overline{QP}=\overline{QF'}=4a$ ($=\frac{1}{2}\overline{PF'}$)

$\overline{QF}=\sqrt{\overline{PF}^2-\overline{QP}^2}=\sqrt{(6a)^2-(4a)^2}=2\sqrt{5}a$ ($\overline{PF}=3k=6a$)

삼각형 FPF′에서 선분 FQ가 선분 PF′을 수직이등분하므로 삼각형 FPF′은 이등변삼각형이고 $\overline{FF'}=\overline{PF}=6a$

$\therefore \overline{OF}=c=3a$

Step 2 $c^2=a^2+b^2$임을 이용하여 b^2-a^2의 값을 구한다.

$\angle AFF'=\theta$라 하면 직각삼각형 QFF′에서

$\tan\theta=\frac{\overline{QF'}}{\overline{QF}}=\frac{4a}{2\sqrt{5}a}=\frac{2\sqrt{5}}{5}$

직각삼각형 OFA에서 $\tan\theta=\frac{\overline{OA}}{\overline{OF}}=\frac{6}{3a}=\frac{2}{a}$

따라서 $\frac{2}{a}=\frac{2\sqrt{5}}{5}$에서 $a=\sqrt{5}$

$c^2=a^2+b^2$에서 $9a^2=a^2+b^2$, $b^2=8a^2$

$\therefore b^2-a^2=8a^2-a^2=7a^2=35$ ($7\times(\sqrt{5})^2$)

29 [정답률 11%] 정답 15

Step 1 사각형 ADBC가 직사각형임을 알아낸다.

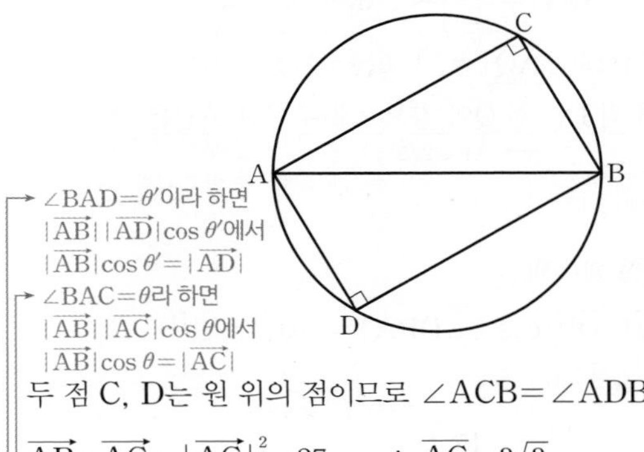

두 점 C, D는 원 위의 점이므로 $\angle ACB=\angle ADB=\frac{\pi}{2}$

$\overrightarrow{AB}\cdot\overrightarrow{AC}=|\overrightarrow{AC}|^2=27\quad\therefore \overline{AC}=3\sqrt{3}$ ($\angle BAC=\theta$라 하면 $|\overrightarrow{AB}||\overrightarrow{AC}|\cos\theta$에서 $|\overrightarrow{AB}|\cos\theta=|\overrightarrow{AC}|$)

$\overrightarrow{AB}\cdot\overrightarrow{AD}=|\overrightarrow{AD}|^2=9\quad\therefore \overline{AD}=3$ ($\angle BAD=\theta'$이라 하면 $|\overrightarrow{AB}||\overrightarrow{AD}|\cos\theta'$에서 $|\overrightarrow{AB}|\cos\theta'=|\overrightarrow{AD}|$)

그러므로 $\overline{BC}=\sqrt{6^2-(3\sqrt{3})^2}=3$, $\overline{BD}=\sqrt{6^2-3^2}=3\sqrt{3}$

이때 $\overline{CD}>3$이므로 두 점 C, D는 선분 AB를 기준으로 반대편에 있어야 한다. (두 점 C, D가 선분 AB를 기준으로 같은 쪽에 있을 경우 $\overline{CD}=3$이 되므로 두 점 C, D는 선분 AB를 기준으로 서로 반대쪽에 있어야 한다.)

따라서 사각형 ADBC는 직사각형이므로 $\overrightarrow{AC}=\overrightarrow{DB}$, $\overrightarrow{DA}=\overrightarrow{BC}$이고 $\overline{CD}=6$ ($\overline{AC}=\overline{DB}=3\sqrt{3}$, $\overline{AD}=\overline{CB}=3$, $\angle ACB=\angle ADB=\frac{\pi}{2}$이므로 사각형 ADBC는 직사각형)

Step 2 삼각형의 닮음을 이용하여 선분 AP의 길이를 구한다.

조건 (가)에 의하여 $\frac{3}{2}\overrightarrow{DP}-\overrightarrow{AB}=k\overrightarrow{BC}$에서

$\frac{3}{2}\overrightarrow{DP}-(\overrightarrow{DB}-\overrightarrow{DA})=k\overrightarrow{BC}$

$\frac{3}{2}\overrightarrow{DP}-\overrightarrow{DB}=k\overrightarrow{BC}-\overrightarrow{DA}=k\overrightarrow{BC}-\overrightarrow{BC}=(k-1)\overrightarrow{BC}$

$\overrightarrow{DE}=\frac{3}{2}\overrightarrow{DP}$를 만족시키는 점을 E라 하면

$\overrightarrow{DE}-\overrightarrow{DB}=(k-1)\overrightarrow{BC}\quad\therefore \overrightarrow{BE}=(k-1)\overrightarrow{BC}$

그러므로 점 E는 직선 BC 위에 있다.

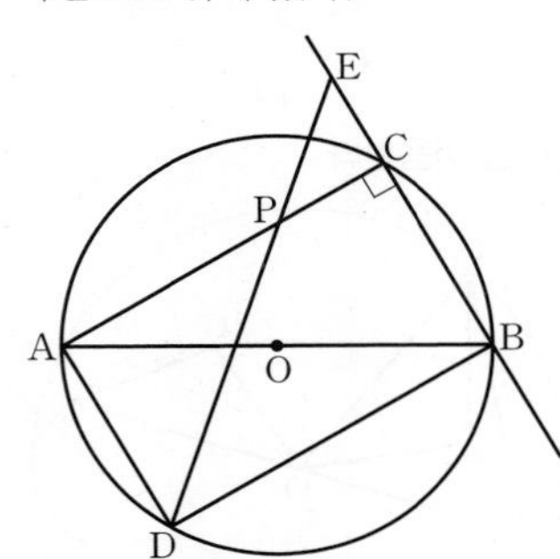

두 삼각형 EPC, EDB는 서로 닮음이고 닮음비가 $1:3$이므로 ($\overrightarrow{DE}=\frac{3}{2}\overrightarrow{DP}$에서 $\overline{DP}:\overline{DE}=2:3$, 즉 $\overline{PE}:\overline{DE}=1:3$)

$\overrightarrow{BE}=\frac{3}{2}\overrightarrow{BC}$ ($\overrightarrow{BE}=(k-1)\overrightarrow{BC}$와 비교)

즉, $k-1=\frac{3}{2}$에서 $k=\frac{5}{2}$

$\overline{PC}=\frac{1}{3}\overline{DB}=\sqrt{3}\quad\therefore \overline{AP}=\overline{AC}-\overline{PC}=2\sqrt{3}$

Step 3 선분 AQ의 길이를 구한다.

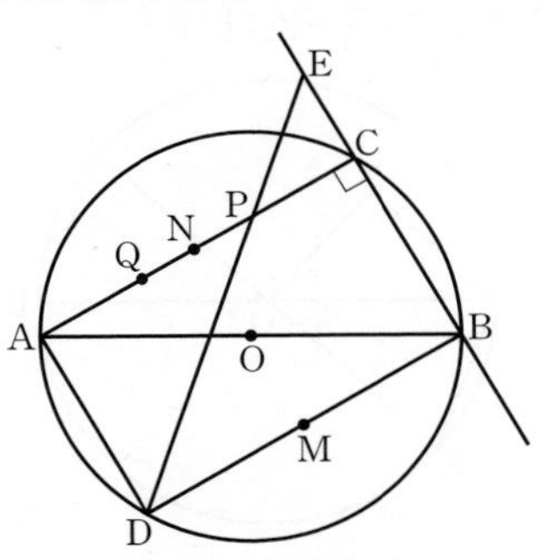

선분 BD의 중점을 M이라 하면 조건 (나)에서

$\overrightarrow{QB}\cdot\overrightarrow{QD}=(\overrightarrow{QM}+\overrightarrow{MB})\cdot(\overrightarrow{QM}+\overrightarrow{MD})$

$=|\overrightarrow{QM}|^2+\overrightarrow{QM}\cdot(\overrightarrow{MB}+\overrightarrow{MD})+\overrightarrow{MB}\cdot\overrightarrow{MD}$ ($=\overrightarrow{MB}-\overrightarrow{MB}=\vec{0}$)

$=|\overrightarrow{QM}|^2-|\overrightarrow{MB}|^2$

$=|\overrightarrow{QM}|^2-\left(\frac{3\sqrt{3}}{2}\right)^2=3$

$\therefore |\overrightarrow{QM}|^2=\frac{39}{4}$

선분 AC의 중점을 N이라 하면 $\overline{MN}=\overline{BC}=3$

$|\overrightarrow{QM}|^2=|\overrightarrow{QN}|^2+|\overrightarrow{MN}|^2=|\overrightarrow{QN}|^2+9$ (→ $\frac{39}{4}$)

$|\overrightarrow{QN}|^2=\frac{3}{4}$ $\therefore$ $|\overrightarrow{QN}|=\frac{\sqrt{3}}{2}$

$\overrightarrow{AQ}=\overrightarrow{AC}-\overrightarrow{QC}$이므로 $|\overrightarrow{AQ}|=\sqrt{3}$ 또는 $|\overrightarrow{AQ}|=2\sqrt{3}$ (→ $=\overline{AN}-|\overrightarrow{QN}|$, $=\overline{AN}+|\overrightarrow{QN}|$)

$|\overrightarrow{AQ}|=2\sqrt{3}$이면 점 P는 점 Q와 같으므로 주어진 조건을 만족시키지 않는다. (→ $\overline{AP}=2\sqrt{3}$) (→ 문제에서 서로 다른 두 점 P, Q라 주어졌다.)

$\therefore |\overrightarrow{AQ}|=\sqrt{3}$

Step 4 $\overrightarrow{AQ}\cdot\overrightarrow{DP}$를 계산한다.

$\overrightarrow{AQ}\cdot\overrightarrow{DP}=|\overrightarrow{AQ}||\overrightarrow{DP}|\cos(\angle DPA)=|\overrightarrow{AQ}||\overrightarrow{AP}|$
$=\sqrt{3}\times2\sqrt{3}=6$

$\therefore k\times(\overrightarrow{AQ}\cdot\overrightarrow{DP})=\frac{5}{2}\times6=15$

30 [정답률 14%]

정답 27

Step 1 삼수선의 정리를 이용한다.

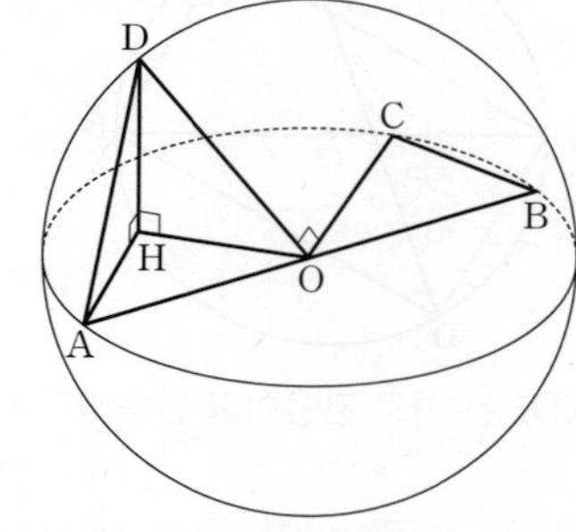

조건 (가)에 의하여 $\overline{OC}\perp\overline{OD}$, $\overline{DH}\perp$(평면 COH)이므로 삼수선의 정리에 의하여 $\overline{OH}\perp\overline{OC}$이고, $\overline{DH}\perp\overline{OH}$이다.
(→ 점 H는 점 D에서 평면 ABC에 내린 수선의 발이므로 선분 DH는 평면 ABC, 평면 COH와 모두 수직이다.)

조건 (나)에 의하여 $\overline{AD}\perp\overline{OH}$, $\overline{OH}\perp\overline{DH}$이므로 $\overline{OH}\perp$(평면 DAH)이고, $\overline{OH}\perp\overline{AH}$

Step 2 삼각형 DAH의 넓이를 구한다.

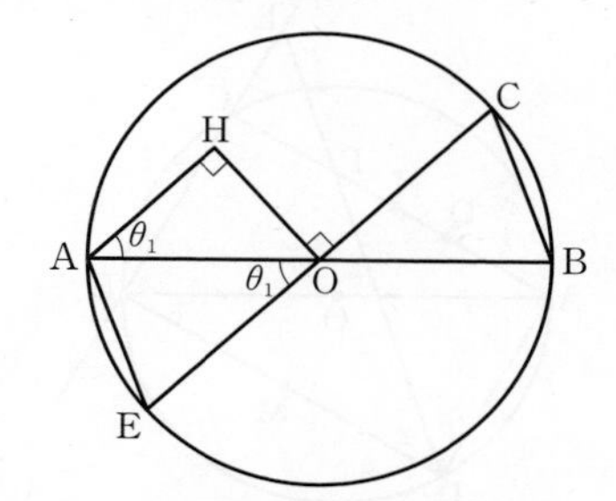

직선 OC와 구가 만나는 점 중 C가 아닌 점을 E라 하면
$\overline{AE}=\overline{BC}=2\sqrt{2}$

$\angle AOE=\theta_1$이라 하면 $\angle OAH=\angle AOE=\theta_1$ (→ $\overline{AH}\,/\!/\,\overline{EO}$이므로 $\angle OAH=\angle AOE$)

삼각형 OAE에서 $\cos\theta_1=\frac{4^2+4^2-(2\sqrt{2})^2}{2\times4\times4}=\frac{3}{4}$ (→ 코사인법칙을 이용)

$\therefore \overline{AH}=\overline{OA}\cos\theta_1=3$ (→ $4\times\frac{3}{4}$)

$\overline{OH}=\sqrt{\overline{OA}^2-\overline{AH}^2}=\sqrt{16-9}=\sqrt{7}$

직각삼각형 DHO에서 $\overline{DH}=\sqrt{\overline{OD}^2-\overline{OH}^2}=\sqrt{16-7}=3$

직각삼각형 DAH의 넓이는 $\frac{1}{2}\times\overline{AH}\times\overline{DH}=\frac{1}{2}\times3\times3=\frac{9}{2}$

Step 3 $\cos\theta$의 값을 구한다.

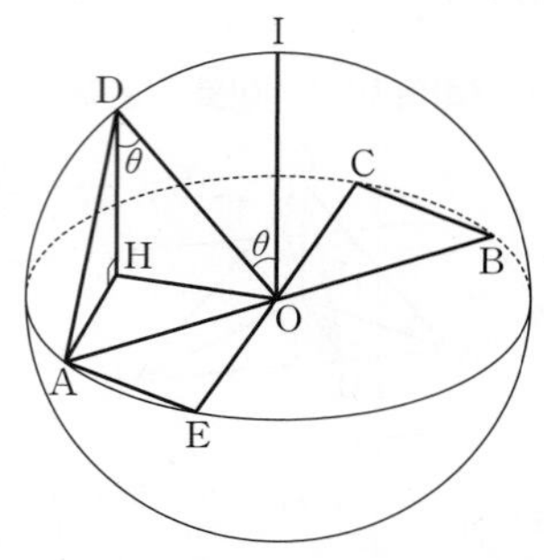

점 O를 지나고 평면 ABC에 수직인 직선과 구가 만나는 점 중 D에 가까운 점을 I라 하자.

$\overline{DH}\,/\!/\,\overline{OI}$이므로 $\overline{DH}\,/\!/$(평면 IEC)

$\overline{AH}\,/\!/\,\overline{EC}$이므로 $\overline{AH}\,/\!/$(평면 IEC)

따라서 평면 DAH와 평면 IEC는 평행하다.

직선 CE는 두 평면 IEC, DOC의 교선이고 $\overline{CE}\perp\overline{OI}$, $\overline{CE}\perp\overline{OD}$이므로 두 평면 IEC, DOC가 이루는 예각의 크기를 θ라 하면
(→ 두 평면 DAH, DOC가 이루는 예각의 크기와 같다.)

$\angle DOI=\theta$

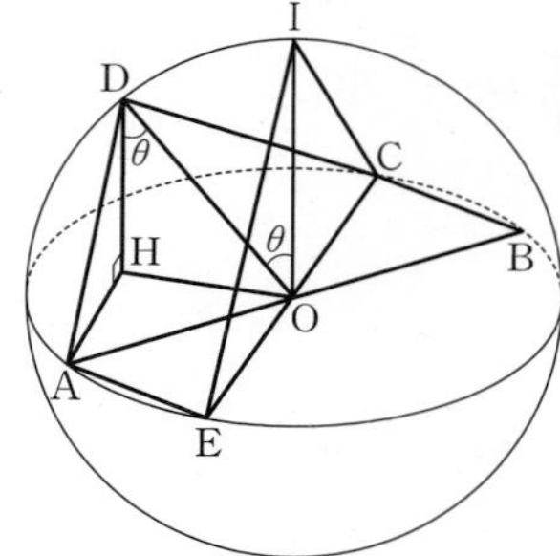

$\angle ODH=\angle DOI=\theta$이므로 (→ $\overline{DH}\,/\!/\,\overline{IO}$이므로 $\angle ODH=\angle DOI$)

$\cos\theta=\cos(\angle ODH)=\frac{\overline{DH}}{\overline{OD}}=\frac{3}{4}$ (→ 선분 OD의 길이는 구의 반지름의 길이와 같다.)

따라서 삼각형 DAH의 평면 DOC 위로의 정사영의 넓이는

$S=\triangle DAH\times\cos\theta=\frac{9}{2}\times\frac{3}{4}=\frac{27}{8}$ $\quad\therefore 8S=27$

16회 2024학년도 7월 고3 전국연합학력평가 정답과 해설

1	④	2	④	3	①	4	⑤	5	③
6	⑤	7	②	8	①	9	③	10	②
11	⑤	12	④	13	①	14	④	15	②
16	11	17	50	18	37	19	2	20	35
21	8	22	96						

확률과 통계				23	③	24	④	25	⑤
26	④	27	②	28	②	29	70	30	198

미적분				23	③	24	①	25	②
26	④	27	③	28	②	29	12	30	144

기하				23	③	24	①	25	⑤
26	②	27	④	28	④	29	90	30	111

01 [정답률 95%] 정답 ④

Step 1 지수법칙을 이용한다.

$\sqrt[3]{16}\times 2^{-\frac{1}{3}}=(2^4)^{\frac{1}{3}}\times 2^{-\frac{1}{3}}=2^{\frac{4}{3}+\left(-\frac{1}{3}\right)}=2^1=2$

→ $a^b\times a^c=a^{b+c}$

02 [정답률 95%] 정답 ④

Step 1 미분계수의 정의를 이용한다.

$\lim\limits_{x\to 1}\frac{f(x)-f(1)}{x-1}=f'(1)$이고, $f(x)=2x^2+5x-2$에서

→ 미분계수의 정의

$f'(x)=4x+5$이므로

$\lim\limits_{x\to 1}\frac{f(x)-f(1)}{x-1}=f'(1)=4+5=9$

→ $x=1$ 대입

03 [정답률 78%] 정답 ①

Step 1 $\sin^2\theta+\cos^2\theta=1$임을 이용하여 $\sin\theta$의 값을 구한다.

$\tan\theta=\frac{\sin\theta}{\cos\theta}=-2$에서 $\cos\theta=-\frac{1}{2}\sin\theta$

$\sin^2\theta+\cos^2\theta=1$이므로 $\sin^2\theta+\left(-\frac{1}{2}\sin\theta\right)^2=1$

→ $\cos\theta=-\frac{1}{2}\sin\theta$ 대입

$\frac{5}{4}\sin^2\theta=1$, $\sin^2\theta=\frac{4}{5}$ $\quad\therefore \sin\theta=\frac{2\sqrt{5}}{5}$ $\left(\because \frac{\pi}{2}<\theta<\pi\right)$

→ $\frac{\pi}{2}<\theta<\pi$에서 $\sin\theta>0$

Step 2 삼각함수의 성질을 이용한다.

$\therefore \sin(\pi+\theta)=-\sin\theta=-\frac{2\sqrt{5}}{5}$

→ 삼각함수의 성질

04 [정답률 94%] 정답 ⑤

Step 1 그래프를 이용하여 극한값을 구한다.

$\lim\limits_{x\to 0-}f(x)=2$, $\lim\limits_{x\to 1+}f(x)=3$이므로

→ $x=1$에서의 우극한

$\lim\limits_{x\to 0-}f(x)+\lim\limits_{x\to 1+}f(x)=2+3=5$

→ $x=0$에서의 좌극한

05 [정답률 91%] 정답 ③

Step 1 정적분의 정의를 이용한다.

함수 $f(x)$는 함수 $f'(x)$의 한 부정적분이므로

$\int_1^2 f'(x)dx=f(2)-f(1)=8+16-10=14$

→ $f(x)-f(1)=x^3+4x^2-5x$에 $x=2$ 대입

06 [정답률 90%] 정답 ⑤

Step 1 등비수열 $\{a_n\}$의 첫째항과 공비를 구한다.

등비수열 $\{a_n\}$의 첫째항을 a $(a>0)$, 공비를 r $(r>0)$이라 하자.

→ 등비수열 $\{a_n\}$의 모든 항이 양수이기 때문이다.

$a_1+a_2=a+ar=a(1+r)$,

$a_3+a_4=ar^2+ar^3=ar^2(1+r)$이므로

$\frac{a_3+a_4}{a_1+a_2}=\frac{ar^2(1+r)}{a(1+r)}=r^2=4$ $\quad\therefore r=2$ $(\because r>0)$

$a_2a_4=a^2r^4=16a^2=1$

$a^2=\frac{1}{16}$ $\quad\therefore a=\frac{1}{4}$ $(\because a>0)$

Step 2 a_6+a_7의 값을 구한다.

$\therefore a_6+a_7=ar^5+ar^6=\frac{1}{4}\times 2^5+\frac{1}{4}\times 2^6=8+16=24$

→ $a=\frac{1}{4}$, $r=2$ 대입

07 [정답률 92%] 정답 ②

Step 1 함수 $f(x)$의 극솟값이 $a+3$임을 이용한다.

$f(x)=x^3-3x+2a$에서 $f'(x)=3x^2-3=3(x+1)(x-1)$

$f'(x)=0$에서 $x=-1$ 또는 $x=1$

함수 $f(x)$의 증가와 감소를 표로 나타내면 다음과 같다.

x	$\cdots$	-1	$\cdots$	1	$\cdots$
$f'(x)$	$+$	0	$-$	0	$+$
$f(x)$	↗	극대	↘	극소	↗

즉, 함수 $f(x)$는 $x=1$일 때 극소이므로

$f(1)=2a-2=a+3$ $\quad\therefore a=5$

→ 함수 $f(x)$의 극솟값은 $a+3$

따라서 $f(x)=x^3-3x+10$이므로 함수 $f(x)$의 극댓값은

$f(-1)=-1-(-3)+10=12$

→ $x=-1$일 때 극대

08 [정답률 81%] 정답 ①

Step 1 $f(0)$의 값을 구한다.

$xf'(x)=6x^3-x+f(0)+1$의 양변에 $x=0$을 대입하면

$0=f(0)+1$ $\quad\therefore f(0)=-1$

→ $f(x)$가 삼차함수이므로 $f'(x)$는 이차함수이다.

Step 2 부정적분을 이용하여 함수 $f(x)$를 구한다.

즉, $xf'(x)=6x^3-x=x(6x^2-1)$이므로 $f'(x)=6x^2-1$

→ 주어진 식에 $f(0)=-1$ 대입

$f(x)=\int f'(x)dx=\int(6x^2-1)dx=2x^3-x+C$ (단, C는 적분상수)

→ $f(0)=0-0+C=-1$

이때 $f(0)=-1$이므로 $C=-1$

따라서 $f(x)=2x^3-x-1$이므로 $f(-1)=-2$

09 [정답률 88%]

정답 ③

Step 1 삼각형 ABC의 무게중심의 좌표가 $(b, \log_8 7)$임을 이용하여 a와 b 사이의 관계식을 구한다.

삼각형 ABC의 무게중심의 좌표는

$$\left(\frac{0+2a+(-\log_2 9)}{3}, \frac{-\log_2 9+\log_2 7+a}{3}\right)$$

$\frac{2a-\log_2 9}{3}=b$에서 $b=\frac{2}{3}a-\frac{1}{3}\log_2 9$ …… ㉠

→ 문제에서 주어진 무게중심의 x좌표

$\frac{-\log_2 9+\log_2 7+a}{3}=\log_8 7$에서 $a=\log_2 9$ …… ㉡

→ 문제에서 주어진 무게중심의 y좌표

Step 2 2^{a+3b}의 값을 구한다.

㉠에 ㉡을 대입하면 $b=\frac{2}{3}\log_2 9-\frac{1}{3}\log_2 9=\frac{1}{3}\log_2 9$이므로

$a+3b=\log_2 9+\log_2 9=2\log_2 9=\log_2 81$

$\therefore 2^{a+3b}=2^{\log_2 81}=81^{\log_2 2}=81^1=81$

→ $m^{\log_a n}=n^{\log_a m}=n$

10 [정답률 70%]

정답 ②

Step 1 시각 $t=0$에서 점 P의 위치가 16임을 이용한다.

시각 t에서 점 P의 위치를 $x(t)$라 하면

$x(t)=x(0)+\int_0^t v(t)dt$ → 시각 $t=0$에서 점 P의 위치가 16이므로 $x(0)=16$

$=16+\int_0^t 3t(a-t)dt=16+\int_0^t(-3t^2+3at)dt$

$=16+\left[-t^3+\frac{3}{2}at^2\right]_0^t=-t^3+\frac{3}{2}at^2+16$

Step 2 a의 값을 구한다. → $x(2a)=0$

시각 $t=2a$에서 점 P의 위치가 0이므로

$x(2a)=-8a^3+6a^3+16=-2a^3+16=0$

$2a^3=16, a^3=8$ $\therefore a=2$

Step 3 시각 $t=0$에서 $t=5$까지 점 P가 움직인 거리를 구한다.

따라서 $v(t)=-3t^2+6t$이므로 시각 $t=0$에서 $t=5$까지 점 P가 움직인 거리는

→ $0\le t\le 2$일 때 $v(t)\ge 0$, $t>2$일 때 $v(t)<0$

$\int_0^5|v(t)|dt=\int_0^5|-3t^2+6t|dt$

$=\int_0^2(-3t^2+6t)dt+\int_2^5(3t^2-6t)dt$ (→ $=v(t)$, → $=-v(t)$)

$=\left[-t^3+3t^2\right]_0^2+\left[t^3-3t^2\right]_2^5$

$=(4-0)+\{50-(-4)\}=4+54=58$

11 [정답률 71%]

정답 ⑤

Step 1 주어진 조건을 이용하여 d의 값을 구한다.

조건 (가)에서 $a_5=a_1+4d$는 자연수이다.

→ $a_n=a_1+(n-1)d$에 $n=5$ 대입

조건 (나)에서 $S_8=\frac{8(2a_1+7d)}{2}=4(2a_1+7d)=\frac{68}{3}$

→ $S_n=\frac{n(a_1+a_n)}{2}$

$2a_1+7d=\frac{17}{3}$, $2(a_1+4d)-d=2a_5-d=\frac{17}{3}$

$2a_5=d+\frac{17}{3}$ $\therefore a_5=\frac{1}{2}d+\frac{17}{6}$

이때 $0<d<1$이므로 $\frac{17}{6}<a_5<\frac{10}{3}$

→ 문제에서 주어진 조건이다.

따라서 $a_5=3$이므로 $d=\frac{1}{3}$

→ 조건 (가)에 의해 $\frac{17}{6}<a_5<\frac{10}{3}$을 만족시키는 자연수 a_5의 값은 3

Step 2 a_{16}의 값을 구한다.

$\therefore a_{16}=a_5+11d=3+\frac{11}{3}=\frac{20}{3}$

→ $a_{16}=a_1+15d=(a_1+4d)+11d$

12 [정답률 60%]

정답 ④

Step 1 함수 $f(x)$가 $x=4$에서 연속임을 이용한다.

함수 $f(x)$가 실수 전체의 집합에서 미분가능하므로 $x=4$에서도 미분가능하다. → 어떤 함수가 $x=a$에서 미분가능하면 $x=a$에서 연속이다.

즉, 함수 $f(x)$는 $x=4$에서 연속이므로

$\lim_{x\to4+}f(x)=\lim_{x\to4-}f(x)=f(4)$이어야 한다. → (우극한)=(좌극한)=(함숫값)

$\lim_{x\to4+}f(x)=\lim_{x\to0+}f(x+4)=\lim_{x\to0+}\{f(x)+16\}=f(0)+16=16$ → 조건 (나)

$\lim_{x\to4-}f(x)=\lim_{x\to4-}(x^3+ax^2+bx)=64+16a+4b$

$f(4)=f(0)+16=16$ → $=0$

즉, $16=64+16a+4b$이어야 하므로 $4a+b=-12$ …… ㉠

Step 2 함수 $f(x)$가 $x=4$에서 미분가능함을 이용하여 두 상수 a, b의 값을 구한다.

$0<x<4$일 때, $f(x)=x^3+ax^2+bx$에서 $f'(x)=3x^2+2ax+b$

함수 $f(x)$가 $x=4$에서 미분가능하므로 $\lim_{x\to4+}f'(x)=\lim_{x\to4-}f'(x)$이어야 한다.

→ (우미분계수)=(좌미분계수)

$\lim_{x\to4+}f'(x)=\lim_{x\to0+}f'(x)=\lim_{x\to0+}(3x^2+2ax+b)=b$

$\lim_{x\to4-}f'(x)=\lim_{x\to4-}(3x^2+2ax+b)=48+8a+b$

즉, $b=48+8a+b$이므로 $a=-6$

$a=-6$을 ㉠에 대입하면 $b=12$

→ $-24+b=-12$

→ $4<x<8$에서 함수 $y=f(x)$의 그래프는 $0<x<4$에서 함수 $y=f(x)$의 그래프를 평행이동한 형태이므로 $\lim_{x\to4+}f'(x)=\lim_{x\to0+}f'(x)$

Step 3 $\int_4^7 f(x)dx$의 값을 구한다.

따라서 $0\le x<4$일 때 $f(x)=x^3-6x^2+12x$이므로

$\int_4^7 f(x)dx=\int_0^3 f(x+4)dx=\int_0^3\{f(x)+16\}dx$ → 조건 (나)

$=\int_0^3(x^3-6x^2+12x+16)dx$

$=\left[\frac{1}{4}x^4-2x^3+6x^2+16x\right]_0^3$

$=\left(\frac{81}{4}-54+54+48\right)-0=\frac{273}{4}$

13 [정답률 40%]

정답 ①

Step 1 사인법칙을 이용하여 삼각형 ABC의 외접원의 반지름의 길이를 구한다.

삼각형 ABC의 외접원을 C_1, 삼각형 ADC의 외접원을 C_2, 원 C_1의 반지름의 길이를 R이라 하자. 삼각형 ABC에서 사인법칙에 의하여

$$\frac{\overline{BC}}{\sin(\angle BAC)}=\frac{\frac{36\sqrt{7}}{7}}{\frac{2\sqrt{7}}{7}}=18=2R \quad \therefore R=9$$

Step 2 코사인법칙을 이용하여 $\overline{OO'}^2$의 값을 구한다.

원 C_2에서 $\angle ACD=\frac{\pi}{3}$이므로 $\angle AO'D=2\angle ACD=\frac{2}{3}\pi$

→ 원 C_2에서 $\angle AO'D$는 호 AD의 중심각이고 $\angle ACD$는 호 AD의 원주각이기 때문이다.

삼각형 AO'D는 이등변삼각형이고 $\angle AO'D=\frac{2}{3}\pi$이므로

$\angle DAO'=\frac{\pi}{6}$ → $\angle DAO'=\angle ADO'=\frac{1}{2}\left(\pi-\frac{2}{3}\pi\right)$

삼각형 OAO'에서 코사인법칙에 의하여

$\overline{OO'}^2=\overline{AO}^2+\overline{AO'}^2-2\times\overline{AO}\times\overline{AO'}\times\cos(\angle OAO')$

$=9^2+(5\sqrt{3})^2-2\times9\times5\sqrt{3}\times\frac{\sqrt{3}}{2}$

$=81+75-135=21$

14 [정답률 51%]

정답 ④

Step 1 $f(-2)=g(-2)$, $f(0)=g(0)$임을 이용하여 함수 $g(x)$를 구한다.

$g(x)=x^3+ax^2+\beta x+\gamma$ (α, β, γ는 실수)라 하자.

$f(-2)=g(-2)=2$, $f(0)=g(0)=2$이므로 ($f(x)=-2(x+1)^2+4$에 $x=-2$ 대입, $f(x)=-2(x+1)^2+4$에 $x=0$ 대입)

$g(-2)=-8+4a-2\beta+\gamma=2$, $g(0)=\gamma=2$

두 식을 연립하면 $\beta=2a-4$이므로

$g(x)=x^3+ax^2+(2a-4)x+2$ ($g(x)=x^3+ax^2+\beta x+\gamma$에 $\beta=2a-4$, $\gamma=2$ 대입)

Step 2 두 함수 $y=f(x)$, $y=g(x)$의 그래프가 $x=2$에서 접함을 이용한다.

$f(k)=g(k)$를 만족시키는 서로 다른 모든 실수 k의 값이 -2, 0, 2이므로 두 함수 $y=f(x)$, $y=g(x)$의 그래프의 개형은 다음과 같다.

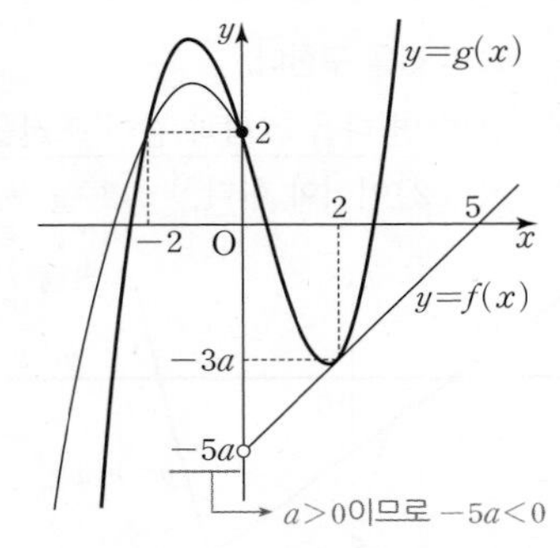

$f(2)=g(2)$이고 $x=2$에서 두 함수 $y=f(x)$, $y=g(x)$의 그래프가 접하므로 $f'(2)=g'(2)$이다.

$f(2)=g(2)$이므로 $-3a=8+4a+4a-8+2$

$\therefore -3a=8a+2$ …… ㉠

$x>0$에서 $f(x)=a(x-5)$이므로 $f'(x)=a$

$g(x)=x^3+ax^2+(2a-4)x+2$에서 $g'(x)=3x^2+2ax+2a-4$

$f'(2)=g'(2)$이므로 $a=12+4a+2a-4$

$\therefore a=6a+8$ …… ㉡

㉠, ㉡을 연립하여 풀면 $a=-1$, $a=2$

Step 3 $g(2a)$의 값을 구한다.

따라서 $g(x)=x^3-x^2-6x+2$이므로

$g(2a)=g(4)=64-16-24+2=26$

15 [정답률 48%]

정답 ②

Step 1 a_{n+1}의 값에 따라 가능한 a_n의 값을 구한다.

수열 $\{a_n\}$의 첫째항 a_1이 자연수이고, 모든 자연수 n에 대하여

$a_{n+1}=\frac{1}{2}a_n$ 또는 $a_{n+1}=(a_n-1)^2$이므로 수열 $\{a_n\}$의 모든 항은 음이 아닌 정수이다.

따라서 a_{n+1}의 값에 따라 가능한 a_n의 값은 다음과 같다.

① a_{n+1}의 값이 1보다 큰 제곱수인 경우,

$a_n=2a_{n+1}$ 또는 $a_n=\sqrt{a_{n+1}}+1$ ($a_{n+1}=\frac{1}{2}a_n$, $a_{n+1}=(a_n-1)^2$)

② $a_{n+1}=1$인 경우, $a_n=0$ 또는 $a_n=2$ ($a_{n+1}=\frac{1}{2}a_n$에서 $1=\frac{1}{2}a_n$ $\therefore a_n=2$ / $a_{n+1}=(a_n-1)^2$에서 $1=(a_n-1)^2$이므로 $\pm1=a_n-1$ $\therefore a_n=0$)

③ $a_{n+1}=0$인 경우, $a_n=1$ ($a_{n+1}=(a_n-1)^2$에 $a_{n+1}=0$ 대입 / $a_{n+1}=\frac{1}{2}a_n$에 $a_{n+1}=0$을 대입하면 $a_n=0$이므로 $\frac{1}{2}a_n$이 자연수임에 모순이다.)

④ a_{n+1}의 값이 제곱수가 아니고 $a_{n+1}\neq0$인 경우, $a_n=2a_{n+1}$

즉, $a_7=1$이므로 $a_6=0$ 또는 $a_6=2$

Step 2 경우를 나누어 $a_7=1$이 되도록 하는 모든 a_1의 값을 구한다.

(i) $a_6=0$일 때

$a_5=1$이고 가능한 순서쌍 (a_4, a_3, a_2, a_1)은 $(0, 1, 0, 1)$, $(0, 1, 2, 4)$, $(2, 4, 3, 6)$, $(2, 4, 8, 16)$이므로 $a_1=1$ 또는 $a_1=4$ 또는 $a_1=6$ 또는 $a_1=16$

(ii) $a_6=2$일 때

$a_5=4$이고 가능한 순서쌍 (a_4, a_3, a_2, a_1)은 $(3, 6, 12, 24)$, $(8, 16, 5, 10)$, $(8, 16, 32, 64)$이므로 $a_1=24$ 또는 $a_1=10$ 또는 $a_1=64$

따라서 (i), (ii)에 의하여 모든 a_1의 값의 합은

$1+4+6+16+24+10+64=125$

16 [정답률 92%]

정답 11

Step 1 로그방정식의 해를 구한다.

로그의 진수 조건에 의하여 $x+9>0$, $x-6>0$ ($x>-9$, $x>6$) $\therefore x>6$

$\log_5(x+9)=\log_5 4+\log_5(x-6)$에서

$\log_5(x+9)=\log_5 4(x-6)$

(밑이 5로 같으므로 진수도 같아야 한다.)

$x+9=4(x-6)$, $x+9=4x-24$

$3x=33$ $\therefore x=11$

17 [정답률 89%]

정답 50

Step 1 곱의 미분법을 이용한다.

$f(x)=(x-3)(x^2+x-2)$를 미분하면

$f'(x)=(x^2+x-2)+(x-3)(2x+1)$ ($(x-3)'(x^2+x-2)$, $(x-3)(x^2+x-2)'$)

$\therefore f'(5)=28+2\times11=50$

18 [정답률 82%]

정답 37

Step 1 $\sum$의 성질을 이용하여 a_{15}의 값을 구한다.

$\sum_{k=1}^{15}(3a_k+2)=3\sum_{k=1}^{15}a_k+30=45$ ($=\sum_{k=1}^{15}2$) $\therefore \sum_{k=1}^{15}a_k=5$

$2\sum_{k=1}^{15}a_k=42+\sum_{k=1}^{14}a_k$에서 $10=42+\sum_{k=1}^{14}a_k$ ($=5$)

$\sum_{k=1}^{14}a_k=-32$이므로 $a_{15}=\sum_{k=1}^{15}a_k-\sum_{k=1}^{14}a_k=5-(-32)=37$ ($a_n=\sum_{k=1}^{n}a_k-\sum_{k=1}^{n-1}a_k$)

본문 205쪽

19 [정답률 68%]

정답 2

Step 1 삼각형의 세 꼭짓점의 좌표를 구한다.

두 함수 $f(x)$, $g(x)$의 주기는 $\frac{2\pi}{\pi}=2$이다.

곡선 $y=f(x)$와 곡선 $y=g(x)$가 만나는 점의 x좌표는 방정식 $f(x)=g(x)$의 실근이므로

$a\sin\pi x=a\cos\pi x$, $\frac{\sin\pi x}{\cos\pi x}=1$, $\tan\pi x=1$

$\pi x=\frac{\pi}{4}$ 또는 $\pi x=\frac{5}{4}\pi$ 또는 $\pi x=\frac{9}{4}\pi$ ($\because 0\le\pi x\le3\pi$)

$\therefore x=\frac{1}{4}$ 또는 $x=\frac{5}{4}$ 또는 $x=\frac{9}{4}$

삼각형의 꼭짓점을 x좌표가 작은 것부터 차례대로 A, B, C라 하면

$A\left(\frac{1}{4}, \frac{\sqrt{2}}{2}a\right)$, $B\left(\frac{5}{4}, -\frac{\sqrt{2}}{2}a\right)$, $C\left(\frac{9}{4}, \frac{\sqrt{2}}{2}a\right)$

└ $=a\sin\frac{\pi}{4}$ └ $=a\sin\frac{5}{4}\pi$ └ $=a\sin\frac{9}{4}\pi$

Step 2 a^2의 값을 구한다.

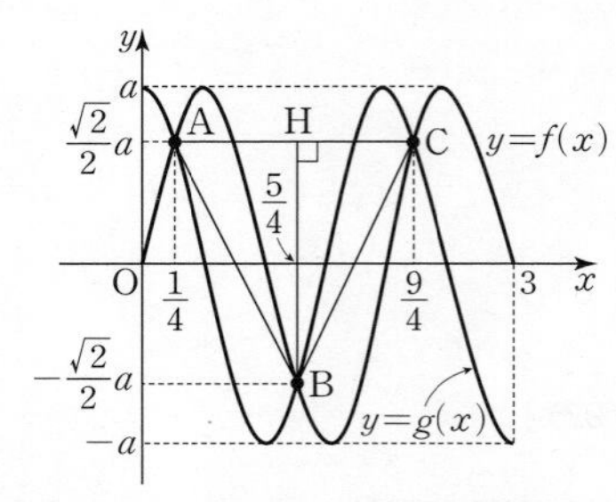

점 B에서 선분 AC에 내린 수선의 발을 H라 하자.
삼각형 ABC의 넓이가 2이므로

$2=\frac{1}{2}\times\overline{AC}\times\overline{BH}=\frac{1}{2}\times2\times\sqrt{2}a=\sqrt{2}a$

$\overline{AC}=\frac{9}{4}-\frac{1}{4}$, $\overline{BH}=\frac{\sqrt{2}}{2}a-\left(-\frac{\sqrt{2}}{2}a\right)$

따라서 $a=\sqrt{2}$이므로 $a^2=2$

20 [정답률 22%]

정답 35

Step 1 경우를 나누어 조건을 만족시키는 a의 값의 범위를 찾는다.

$f(x)=x^3-12x$에서 $f'(x)=3x^2-12=3(x+2)(x-2)$

$f'(x)=0$에서 $x=-2$ 또는 $x=2$

함수 $f(x)$의 증가와 감소를 표로 나타내면 다음과 같다.

x	$\cdots$	-2	$\cdots$	2	$\cdots$
$f'(x)$	$+$	0	$-$	0	$+$
$f(x)$	↗	극대	↘	극소	↗

직선 $y=g(x)$는 항상 점 $(2, 2)$를 지나므로 a의 값에 따라 경우를 나누어 함수 $y=h(x)$의 그래프를 그려 보면 다음과 같다.

(i) $a>0$인 경우

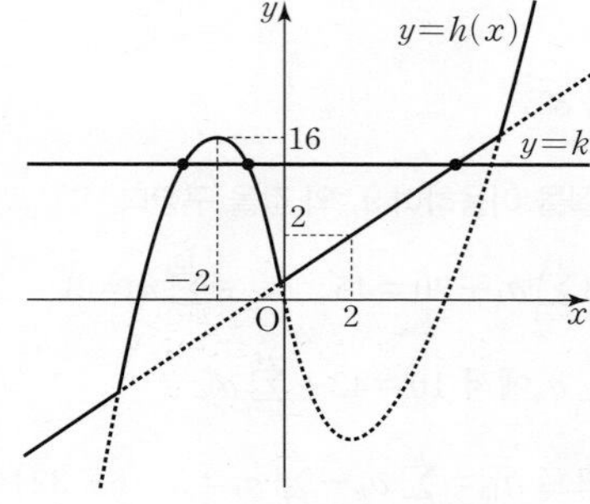

a가 양수인 경우 함수 $y=h(x)$의 그래프와 직선 $y=k$가 만나는 서로 다른 점의 개수의 최댓값은 3이므로 주어진 조건을 만족시키지 않는다.

└ 서로 다른 네 점에서 만나도록 하는 실수 k가 존재한다.

(ii) $a<0$인 경우

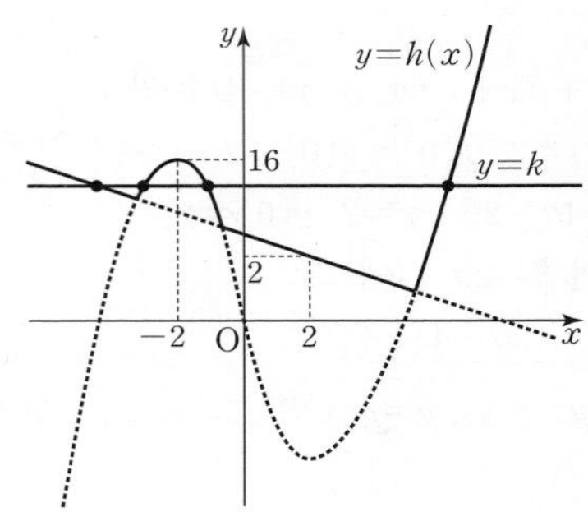

a가 음수인 경우 함수 $h(x)$의 그래프와 직선 $y=k$가 서로 다른 네 점에서 만나도록 하는 실수 k가 존재한다.

(i), (ii)에서 조건을 만족시키는 경우는 $a<0$인 경우이다.

Step 2 $10\times(M-m)$의 값을 구한다.

이때 $f(-2)\le g(-2)$이면 다음 그림과 같이 조건을 만족시키지 않으므로 $f(-2)>g(-2)$이어야 한다.

└ 함수 $f(x)$의 극댓값

└ 함수 $y=h(x)$의 그래프와 직선 $y=k$가 만나는 서로 다른 점의 개수의 최댓값은 2이다.

$16>-4a+2$, $4a>-14$ $\quad\therefore a>-\frac{7}{2}$

(16 $=f(-2)$, $-4a+2=g(-2)$)

따라서 $-\frac{7}{2}<a<0$이므로 $M=0$, $m=-\frac{7}{2}$

└ Step 1에서 구한 범위

$\therefore 10\times(M-m)=10\times\left\{0-\left(-\frac{7}{2}\right)\right\}=10\times\frac{7}{2}=35$

21 [정답률 23%]

정답 8

Step 1 함수 $y=f(x)$의 그래프의 개형을 파악한다.

$f(0)=|10+m|$, $f(4)=10+m$이므로 함수 $y=f(x)$의 그래프의 개형은 다음과 같다.

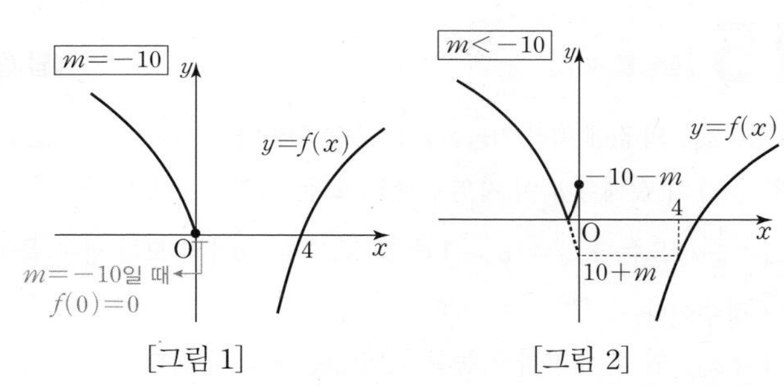

[그림 1] [그림 2]

Step 2 m의 값의 범위를 나누어 조건을 만족시키는 경우를 찾는다.

(i) $m=-10$일 때

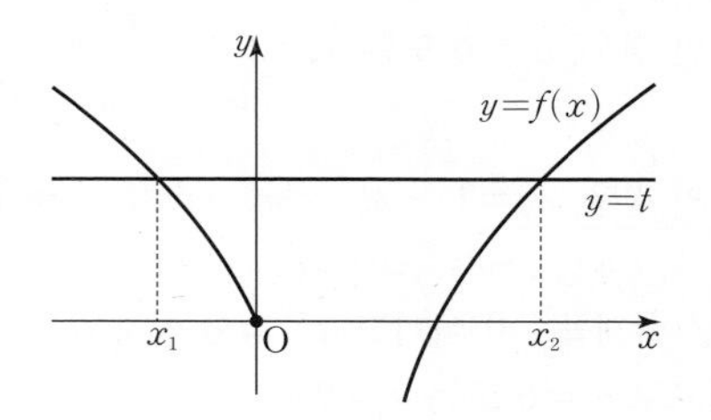

○ 본문 206쪽

($m=-10$일 때 $|5\log_2(4-x)+m|=5\log_2(4-x)+m$)

방정식 $5\log_2(4-x)-10=t$의 실근을 x_1, 방정식

$5\log_2 x-10=t$의 실근을 x_2라 하자.

$5\log_2(4-x_1)-10=5\log_2 x_2-10$

$\log_2(4-x_1)=\log_2 x_2$, $4-x_1=x_2$

$\therefore g(t)=x_1+x_2=4$

즉, $t>0$인 모든 실수 t에 대하여 $g(t)=4$이므로 조건을 만족시키지 않는다.

└ $g(t)=g(1)=4$이므로 $t\geq a$인 모든 실수 t에 대하여 $g(t)=g(a)$가 되도록 하는 2보다 작은 양수 a가 존재하므로 주어진 조건을 만족시키지 않는다.

(ii) $m<-10$일 때

$x<0$에서 함수 $y=f(x)$의 그래프가 x축과 만나는 점의 x좌표를 α라 하면 $f(x)=\begin{cases} 5\log_2(4-x)+m & (x\leq\alpha) \\ -5\log_2(4-x)-m & (\alpha<x\leq 0) \\ 5\log_2 x+m & (x>0)\end{cases}$

($m<-10$일 때 $x\leq\alpha$에서 $|5\log_2(4-x)+m|=5\log_2(4-x)+m$
$\alpha<x\leq 0$에서 $|5\log_2(4-x)+m|=-5\log_2(4-x)-m$)

① $t>-10-m$일 때

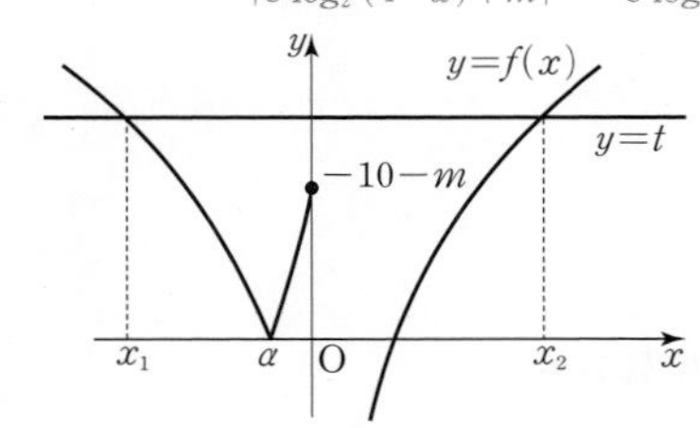

방정식 $5\log_2(4-x)+m=t$의 실근을 x_1, 방정식

$5\log_2 x+m=t$의 실근을 x_2라 하면 (i)과 같이

$g(t)=x_1+x_2=4$ → $t>-10-m$인 모든 실수 t에 대하여 $g(t)=4$

② $t=-10-m$일 때

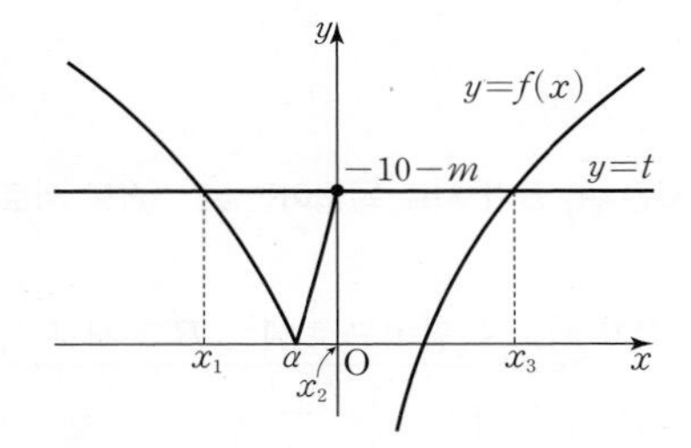

방정식 $5\log_2(4-x)+m=t$의 실근을 x_1, 방정식

$-5\log_2(4-x)-m=t$의 실근을 x_2, 방정식

$5\log_2 x+m=t$의 실근을 x_3이라 하면 $x_1+x_3=4$이고

$x_2=0$이므로 $g(t)=x_1+x_2+x_3=4$

③ $0<t<-10-m$일 때

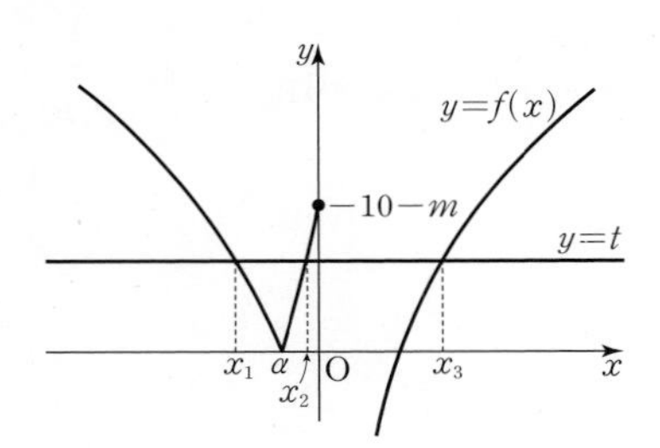

방정식 $5\log_2(4-x)+m=t$의 실근을 x_1, 방정식

$-5\log_2(4-x)-m=t$의 실근을 x_2, 방정식

$5\log_2 x+m=t$의 실근을 x_3이라 하면 $x_1+x_3=4$이고

$x_2<0$이므로 $g(t)=x_1+x_2+x_3=x_2+4<4$

①~③에서 $t\geq-10-m$인 모든 실수 t에 대하여 $g(t)=4$이다.

Step 3 $f(m)$의 값을 구한다.

(i), (ii)에 의하여 $t\geq a$인 모든 실수 t에 대하여 $g(t)=g(a)$가 되도록 하는 a의 최솟값은 $-10-m$이므로

$-10-m=2$ $\quad\therefore m=-12$ └ 문제에서 2로 주어졌다.

$\therefore f(m)=f(-12)=|5\log_2 16-12|=|20-12|=8$

22 [정답률 5%]

정답 96

Step 1 조건 (가)를 만족시키는 경우를 찾는다.

a는 자연수이므로

$\lim_{x\to a-}f(x)=\lim_{x\to a-}(|x+3|-1)=a+3-1=a+2$

$\lim_{x\to a+}f(x)=f(a)=a-10$

이때 $a+2\neq a-10$이므로 $x=a$에서 불연속이다.

$\lim_{x\to b-}f(x)=\lim_{x\to b-}(x-10)=b-10$

$\lim_{x\to b+}f(x)=f(b)=|b-9|-1=-b+8$ ($\because b<8$)

$b-10=-b+8$에서 $b=9$

이때 $b<8$에 모순이므로 $x=b$에서 불연속이다.

이때 함수 $y=f(x+k)$의 그래프는 함수 $y=f(x)$의 그래프를 x축의 방향으로 $-k$만큼 평행이동한 것이므로

$f(x+k)=\begin{cases} |x+k+3|-1 & (x<a-k) \\ x+k-10 & (a-k\leq x<b-k) \\ |x+k-9|-1 & (x\geq b-k)\end{cases}$

즉, 함수 $f(x)$는 $x=a$와 $x=b$에서 불연속이고, 함수 $f(x+k)$는 $x=a-k$와 $x=b-k$에서 불연속이므로 조건 (가)를 만족시키려면 함수 $f(x)f(x+k)$가 $x=a$, $x=b$, $x=a-k$, $x=b-k$에서 연속이어야 한다.

└ 불연속일 가능성이 있는 점만 확인해 준다.

Step 2 경우를 나누어 a, b, k의 값을 구한다.

이때 $a-k<a$, $b-k<b$이므로 두 수 a와 $b-k$에 대하여 다음과 같이 경우를 나눌 수 있다.

(i) $a\neq b-k$인 경우

① 함수 $f(x)f(x+k)$가 $x=a-k$에서 연속이므로

$\lim_{x\to(a-k)+}f(x)f(x+k)=\lim_{x\to(a-k)-}f(x)f(x+k)$
$=f(a-k)f(a-k+k)$이어야 한다. └ $x=a-k$에서 연속일 조건

$\lim_{x\to(a-k)+}f(x)f(x+k)=f(a-k)\times\lim_{x\to(a-k)+}(x+k-10)$
$=f(a-k)\times(a-10)$

$\lim_{x\to(a-k)-}f(x)f(x+k)$
$=f(a-k)\times\lim_{x\to(a-k)-}(|x+k+3|-1)$
$=f(a-k)\times(|a+3|-1)=f(a-k)\times(a+2)$ ┌ a는 자연수이므로 $a+3>0$

$f(a-k)f(a-k+k)=f(a-k)\times(a-10)$

즉, $f(a-k)\times(a-10)=f(a-k)\times(a+2)$이어야 하므로

$f(a-k)=0$ └ $a-10\neq a+2$

② 함수 $f(x)f(x+k)$가 $x=a$에서 연속이므로

$\lim_{x\to a+}f(x)f(x+k)=\lim_{x\to a-}f(x)f(x+k)=f(a)f(a+k)$
이어야 한다. └ $x=a$에서 연속일 조건

$\lim_{x\to a+}f(x)f(x+k)=\lim_{x\to a+}(x-10)\times f(a+k)$
$=(a-10)\times f(a+k)$

$\lim_{x\to a-}f(x)f(x+k)=\lim_{x\to a-}(|x+3|-1)\times f(a+k)$
$=(|a+3|-1)\times f(a+k)$ ┌ a는 자연수이므로 $a+3>0$
$=(a+2)\times f(a+k)$

$f(a)f(a+k)=(a-10)\times f(a+k)$

즉, $(a-10)\times f(a+k)=(a+2)\times f(a+k)$이어야 하므로

$f(a+k)=0$ └ $a-10\neq a+2$

③ 함수 $f(x)f(x+k)$가 $x=b-k$에서 연속이므로

$\lim_{x\to(b-k)+}f(x)f(x+k)=\lim_{x\to(b-k)-}f(x)f(x+k)$
$=f(b-k)f(b-k+k)$이어야 한다. └ $x=b-k$에서 연속일 조건

$\lim_{x\to(b-k)+}f(x)f(x+k)$
$=f(b-k)\times\lim_{x\to(b-k)+}(|x+k-9|-1)$
$=f(b-k)\times(|b-9|-1)=f(b-k)\times(-b+8)$ ┌ $b<8$이므로 $b-9<0$

$\lim_{x\to(b-k)-}f(x)f(x+k)=f(b-k)\times\lim_{x\to(b-k)-}(x+k-10)$
$=f(b-k)\times(b-10)$

$f(b-k)f(b-k+k)=f(b-k)\times(|b-9|-1)$ ┌ $b<8$이므로 $b-9<0$
$=f(b-k)\times(-b+8)$

즉, $f(b-k)\times(-b+8)=f(b-k)\times(b-10)$이어야 하므로 $f(b-k)=0$

└ $-b+8\neq b-10$ ($\because$ b는 $b<8$인 자연수)

16회 2024 7월 학력평가

④ 함수 $f(x)f(x+k)$가 $x=b$에서 연속이므로

$\lim_{x\to b+} f(x)f(x+k)=\lim_{x\to b-} f(x)f(x+k)=f(b)f(b+k)$

이어야 한다. → $x=b$에서 연속일 조건

$\lim_{x\to b+} f(x)f(x+k)=\lim_{x\to b+} (|x-9|-1)\times f(b+k)$

$=(|b-9|-1)\times f(b+k)$ → $b<8$이므로 $b-9<0$

$=(-b+8)\times f(b+k)$

$\lim_{x\to b-} f(x)f(x+k)=\lim_{x\to b-} (x-10)\times f(b+k)$

$=(b-10)\times f(b+k)$

$f(b)f(b+k)=(|b-9|-1)\times f(b+k)$ → $b<8$이므로 $b-9<0$

$=(-b+8)\times f(b+k)$

즉, $(-b+8)\times f(b+k)=(b-10)\times f(b+k)$이어야 하므로 $f(b+k)=0$ → $-b+8\neq b-10$ ($\because$ b는 $b<8$인 자연수)

①~④에 의하여 → $a-k,\ a+k,\ b-k,\ b+k$는 방정식 $f(x)=0$의 실근이다.

$f(a-k)=f(a+k)=f(b-k)=f(b+k)=0$

또한 방정식 $f(x)=0$의 모든 실근은 $-4,\ -2,\ 8,\ 10$이므로

$\{a-k,\ a+k,\ b-k,\ b+k\}=\{-4,\ -2,\ 8,\ 10\}$

$a>0,\ b>0,\ k>0$에서 $0<a+k<b+k$이므로 $a+k=8$, $b+k=10$ → $a,\ b$는 자연수, k는 양수라고 주어졌다.

$a-k<b-k$이므로 $a-k=-4,\ b-k=-2$

$\therefore a=2,\ b=4,\ k=6$

따라서 $f(x)=\begin{cases} |x+3|-1 & (x<2) \\ x-10 & (2\le x<4) \\ |x-9|-1 & (x\ge 4)\end{cases}$

이때 $f(k)=f(6)=2>0$이므로 조건 (나)를 만족시키지 않는다. → $=|6-9|-1=2$

(ii) $a=b-k$인 경우

① 함수 $f(x)f(x+k)$가 $x=a-k$에서 연속이므로 (i)의 ①에 의하여 $f(a-k)=0$

② 함수 $f(x)f(x+k)$가 $x=a(=b-k)$에서 연속이므로

$\lim_{x\to a+} f(x)f(x+k)=\lim_{x\to a-} f(x)f(x+k)=f(a)f(a+k)$

이어야 한다. → $x=a$에서 연속일 조건

$\lim_{x\to a+} f(x)f(x+k)=\lim_{x\to a+} \{(x-10)\times(|x+k-9|-1)\}$

$=(a-10)\times(|a+k-9|-1)$

$=(a-10)\times(|b-9|-1)$

$=(a-10)\times(-b+8)$

$\lim_{x\to a-} f(x)f(x+k)=\lim_{x\to a-} \{(|x+3|-1)\times(x+k-10)\}$

$=(|a+3|-1)\times(a+k-10)$

$=(a+2)\times(b-10)$

$f(a)f(a+k)=f(a)f(b-k+k)$

$=(a-10)\times(|b-9|-1)$

$=(a-10)\times(-b+8)$

즉, $(a-10)\times(-b+8)=(a+2)\times(b-10)$이어야 하므로

$-ab+8a+10b-80=ab-10a+2b-20$

$2ab-18a=8b-60,\ ab-9a=4b-30$

$a(b-9)=4b-30 \qquad \therefore a=\dfrac{4b-30}{b-9}=4+\dfrac{6}{b-9}$

$a<b<8$이므로 이를 만족시키는 두 자연수 $a,\ b$의 순서쌍 $(a,\ b)$는 $(1,\ 7),\ (2,\ 6)$이다.

③ 함수 $f(x)f(x+k)$가 $x=b$에서 연속이므로 (i)의 ④에 의하여 $f(b+k)=0$

①~③에 의하여 $f(a-k)=0,\ f(b+k)=0$

$a=1,\ b=7$일 때 $k=6$이고 $a-k=-5$이므로 → $a=b-k$이므로 $k=b-a$

$f(a-k)=f(-5)$이어야 하지만 $f(a-k)=0,\ f(-5)=1$이므로 모순이다. → $=|-5+3|-1=1$

$a=2,\ b=6$일 때 $k=4$이고 $f(a-k)=f(-2)=0$이다.

또한 $f(k)=f(4)=-6$이므로 조건 (나)를 만족시킨다. → $=4-10=-6$

Step 3 $f(a)\times f(b)\times f(k)$의 값을 구한다.

따라서 (i), (ii)에 의하여 $a=2,\ b=6,\ k=4$이므로

$f(a)\times f(b)\times f(k)=f(2)\times f(6)\times f(4)=(-8)\times 2\times(-6)=96$

확률과 통계

23 [정답률 93%]

정답 ③

Step 1 이항정리를 이용하여 주어진 식의 x^2의 계수를 구한다.

다항식 $(2x+1)^5$의 전개식에서 일반항은

${}_5C_r\times(2x)^r\times 1^{5-r}={}_5C_r\times 2^r\times x^r$

따라서 x^2의 계수는 ${}_5C_2\times 2^2=10\times 4=40$ → $x^r=x^2$에서 $r=2$

24 [정답률 76%]

정답 ④

Step 1 두 사건 $A,\ B$가 서로 독립임을 이용한다.

$P(B)=P(A\cap B)+P(A^C\cap B)=\dfrac{1}{2}+\dfrac{1}{4}=\dfrac{3}{4}$

두 사건 $A,\ B$가 서로 독립이므로 $P(A\cap B)=P(A)P(B)$에서

$\dfrac{1}{2}=P(A)\times\dfrac{3}{4} \qquad \therefore P(A)=\dfrac{2}{3}$

다른 풀이 독립사건의 성질을 이용한 풀이

Step 1 두 사건 $A,\ B$가 서로 독립이면 $A^C,\ B$도 서로 독립임을 이용한다.

두 사건 $A,\ B$가 서로 독립이므로 $A^C,\ B$도 서로 독립이다. → 중요

$P(A\cap B)=P(A)P(B)=\dfrac{1}{2}$

$P(A^C\cap B)=P(A^C)P(B)=\{1-P(A)\}P(B)$ → 여사건의 확률

$=P(B)-P(A)P(B)=P(B)-\dfrac{1}{2}=\dfrac{1}{4}$

$P(B)=\dfrac{1}{2}+\dfrac{1}{4}=\dfrac{3}{4}$

$\therefore P(A)=\dfrac{1}{2}\times\dfrac{4}{3}=\dfrac{2}{3}$ → $P(A)P(B)=\frac{1}{2}$에서 $P(A)=\frac{1}{2}\times\frac{1}{P(B)}$

25 [정답률 80%]

정답 ⑤

Step 1 확률의 총합이 1임을 이용한다.

확률의 총합은 1이므로 $\dfrac{1}{3}+a+b=1 \qquad \therefore a+b=\dfrac{2}{3}$ → $P(X=0)+P(X=a)+P(X=b)=1$

Step 2 $E(X)=\dfrac{5}{18}$임을 이용한다.

$E(X)=\dfrac{5}{18}$이므로 $a^2+b^2=\dfrac{5}{18}$ → $=0\times\frac{1}{3}+a\times a+b\times b$

Step 3 ab의 값을 구한다.

$a^2+b^2=(a+b)^2-2ab$이므로 $\dfrac{5}{18}=\left(\dfrac{2}{3}\right)^2-2ab$

$2ab=\dfrac{4}{9}-\dfrac{5}{18}=\dfrac{1}{6} \qquad \therefore ab=\dfrac{1}{12}$

26 [정답률 61%] 정답 ④

Step 1 여사건의 확률을 이용한다.

시행을 3번 반복한 후 숫자 7이 적힌 상자에 들어 있는 공의 개수가 0인 사건을 A라 하자.

주사위를 3번 던져 나온 눈의 수가 모두 다를 확률은

$\mathrm{P}(A)=\frac{{}_6\mathrm{P}_3}{6^3}=\frac{120}{216}=\frac{5}{9}$ → 주사위의 눈이 모두 달라야 7이 적힌 상자에 들어 있는 공의 개수가 0이 된다.

따라서 구하는 확률은 $\mathrm{P}(A^C)=1-\mathrm{P}(A)=1-\frac{5}{9}=\frac{4}{9}$

→ 세 개의 눈의 수가 모두 다른 경우

다른 풀이 확률을 직접 구하는 풀이

Step 1 시행을 3번 반복한 후 숫자 7이 적힌 상자에 들어 있는 공의 개수로 가능한 것을 찾는다.

→ 세 개의 눈의 수가 모두 같은 경우

시행을 3번 반복한 후 숫자 7이 적힌 상자에 들어 있는 공의 개수는 0 또는 1 또는 2이므로 1인 사건을 A, 2인 사건을 B라 하자.

→ 두 개의 눈의 수가 같은 경우

Step 2 $\mathrm{P}(A)$와 $\mathrm{P}(B)$의 값을 각각 구한다.

(i) 사건 A가 일어날 확률은 두 개의 눈의 수가 같고 나머지 하나는 다른 눈이 나올 확률과 같으므로

두 번 나올 눈의 수 선택, 한 번 나올 눈의 수 선택

$\mathrm{P}(A)=\frac{{}_6\mathrm{C}_1\times{}_5\mathrm{C}_1\times\frac{3!}{2!}}{6^3}=\frac{90}{216}=\frac{5}{12}$ → 같은 것이 있는 순열 이용

(ii) 사건 B가 일어날 확률은 세 개의 눈의 수가 모두 동일할 확률과 같으므로 $\mathrm{P}(B)=\frac{{}_6\mathrm{C}_1}{6^3}=\frac{6}{216}=\frac{1}{36}$

따라서 (i), (ii)에 의하여 구하는 확률은

$\mathrm{P}(A)+\mathrm{P}(B)=\frac{5}{12}+\frac{1}{36}=\frac{4}{9}$

27 [정답률 67%] 정답 ②

Step 1 조건을 만족시키는 경우를 파악한다.

$p+q+r=8$, $1\le p<q<r$을 만족시키는 순서쌍 (p, q, r)은 $(1, 2, 5)$ 또는 $(1, 3, 4)$이다. → 8개를 택해 일렬로 나열한다.

Step 2 같은 것이 있는 순열을 이용한다.

(i) $p=1$, $q=2$, $r=5$인 경우

8개의 문자 P, Q, Q, R, R, R, R, R을 일렬로 나열하는 경우의 수는 (1개, 2개, 5개) $\frac{8!}{2!\times5!}=168$

(ii) $p=1$, $q=3$, $r=4$인 경우

8개의 문자 P, Q, Q, Q, R, R, R, R을 일렬로 나열하는 경우의 수는 (1개, 3개, 4개) $\frac{8!}{3!\times4!}=280$

따라서 (i), (ii)에 의하여 구하는 경우의 수는 $168+280=448$

28 [정답률 43%] 정답 ②

Step 1 $a\times b+c+d$가 홀수인 경우를 찾는다.

$a\times b+c+d$가 홀수인 사건을 A, 두 수 a, b가 모두 홀수인 사건을 B라 하자.

→ (홀수)+(짝수)=(홀수)

$a\times b+c+d$가 홀수인 경우는 $a\times b$가 홀수이고 $c+d$가 짝수인 경우 또는 $a\times b$가 짝수이고 $c+d$가 홀수인 경우이다.

→ (짝수)+(홀수)=(홀수)

Step 2 경우를 나누어 각각의 확률을 구한다.

(i) $a\times b$가 홀수이고 $c+d$가 짝수인 경우 → (홀수)×(홀수), (홀수)+(홀수) 또는 (짝수)+(짝수)

순서쌍 (a, b, c, d)는 (홀수, 홀수, 홀수, 홀수) 또는 (홀수, 홀수, 짝수, 짝수)이어야 한다.

a, b, c, d가 모두 홀수일 확률은 $\frac{5}{9}\times\frac{4}{8}\times\frac{3}{7}\times\frac{2}{6}=\frac{5}{126}$

a, b는 홀수, c, d는 짝수일 확률은 $\frac{5}{9}\times\frac{4}{8}\times\frac{4}{7}\times\frac{3}{6}=\frac{5}{63}$

그러므로 구하는 확률은 $\frac{5}{126}+\frac{5}{63}=\frac{5}{42}$

(ii) $a\times b$가 짝수이고 $c+d$가 홀수인 경우 → (홀수)+(짝수) 또는 (짝수)+(홀수), (홀수)×(짝수) 또는 (짝수)×(홀수) 또는 (짝수)×(짝수)

순서쌍 (a, b, c, d)는 (홀수, 짝수, 홀수, 짝수) 또는 (홀수, 짝수, 짝수, 홀수) 또는 (짝수, 홀수, 홀수, 짝수) 또는 (짝수, 홀수, 짝수, 홀수) 또는 (짝수, 짝수, 홀수, 짝수) 또는 (짝수, 짝수, 짝수, 홀수)이어야 한다.

a, c가 홀수, b, d가 짝수일 확률은 $\frac{5}{9}\times\frac{4}{8}\times\frac{4}{7}\times\frac{3}{6}=\frac{5}{63}$

a, d가 홀수, b, c가 짝수일 확률은 $\frac{5}{9}\times\frac{4}{8}\times\frac{3}{7}\times\frac{4}{6}=\frac{5}{63}$

a, d가 짝수, b, c가 홀수일 확률은 $\frac{4}{9}\times\frac{5}{8}\times\frac{4}{7}\times\frac{3}{6}=\frac{5}{63}$

a, c가 짝수, b, d가 홀수일 확률은 $\frac{4}{9}\times\frac{5}{8}\times\frac{3}{7}\times\frac{4}{6}=\frac{5}{63}$

a, b, d가 짝수, c가 홀수일 확률은 $\frac{4}{9}\times\frac{3}{8}\times\frac{5}{7}\times\frac{2}{6}=\frac{5}{126}$

a, b, c가 짝수, d가 홀수일 확률은 $\frac{4}{9}\times\frac{3}{8}\times\frac{2}{7}\times\frac{5}{6}=\frac{5}{126}$

그러므로 구하는 확률은

$\frac{5}{63}+\frac{5}{63}+\frac{5}{63}+\frac{5}{63}+\frac{5}{126}+\frac{5}{126}=\frac{25}{63}$

Step 3 $a\times b+c+d$가 홀수일 때, 두 수 a, b가 모두 홀수일 확률을 구한다.

→ $a\times b+c+d$가 홀수인 사건

(i), (ii)에 의하여 $\mathrm{P}(A)=\frac{5}{42}+\frac{25}{63}=\frac{65}{126}$

$a\times b+c+d$가 홀수이고 두 수 a, b가 모두 홀수일 확률은

$\mathrm{P}(A\cap B)=\frac{5}{42}$ → (i)

따라서 구하는 확률은

$$\mathrm{P}(B|A)=\frac{\mathrm{P}(A\cap B)}{\mathrm{P}(A)}=\frac{\frac{5}{42}}{\frac{65}{126}}=\frac{3}{13}$$

다른 풀이 홀수의 개수에 따라 경우를 나누는 풀이

Step 1 a, b, c, d 중 홀수의 개수를 구한다.

$a\times b+c+d$가 홀수인 사건을 A, 두 수 a, b가 모두 홀수인 사건을 B라 하자.

a, b, c, d가 모두 짝수이면 $a\times b+c+d$는 짝수이므로 1개 이상의 홀수를 포함해야 한다. 이 경우에는 여사건의 확률을 이용할 수 없다.

Step 2 경우를 나누어 각각의 확률을 구한다.

(i) 홀수의 개수가 1인 경우

순서쌍 (a, b, c, d)는 (짝수, 짝수, 홀수, 짝수) 또는 (짝수, 짝수, 짝수, 홀수)이므로 $2\times\frac{{}_5\mathrm{P}_1\times{}_4\mathrm{P}_3}{{}_9\mathrm{P}_4}=\frac{5}{63}$

→ 2, 4, 6, 8 중 3개 나열 / 1, 3, 5, 7, 9 중 1개 나열

(ii) 홀수의 개수가 2인 경우

순서쌍 (a, b, c, d)는 (홀수, 홀수, 짝수, 짝수) 또는 (홀수, 짝수, 홀수, 짝수) 또는 (홀수, 짝수, 짝수, 홀수) 또는 (짝수, 홀수, 홀수, 짝수) 또는 (짝수, 홀수, 짝수, 홀수)이므로

$5\times\frac{{}_5\mathrm{P}_2\times{}_4\mathrm{P}_2}{{}_9\mathrm{P}_4}=\frac{25}{63}$

→ 2, 4, 6, 8 중 2개 나열 / 1, 3, 5, 7, 9 중 2개 나열

(iii) 홀수의 개수가 3인 경우 조건을 만족시키지 않는다.

(iv) 홀수의 개수가 4인 경우

순서쌍 (a, b, c, d)는 (홀수, 홀수, 홀수, 홀수)이므로

$\frac{{}_5\mathrm{P}_4}{{}_9\mathrm{P}_4}=\frac{5}{126}$ → 1, 3, 5, 7, 9 중 4개 나열

Step 3 $a\times b+c+d$가 홀수일 때, 두 수 a, b가 모두 홀수일 확률을 구한다.

→ (홀수, 홀수, 짝수, 짝수) 또는 (홀수, 홀수, 홀수, 홀수)

(i)~(iv)에 의하여 $\mathrm{P}(A)=\frac{5}{63}+\frac{25}{63}+\frac{5}{126}=\frac{65}{126}$

$a\times b+c+d$가 홀수이고 두 수 a, b가 모두 홀수일 확률은

$\mathrm{P}(A\cap B)=\frac{{}_5\mathrm{P}_2\times{}_4\mathrm{P}_2}{{}_9\mathrm{P}_4}+\frac{{}_5\mathrm{P}_4}{{}_9\mathrm{P}_4}=\frac{5}{63}+\frac{5}{126}=\frac{5}{42}$

따라서 구하는 확률은

$$\mathrm{P}(B|A)=\frac{\mathrm{P}(A\cap B)}{\mathrm{P}(A)}=\frac{\frac{5}{42}}{\frac{65}{126}}=\frac{3}{13}$$

29 [정답률 17%]

정답 70

Step 1 $P(X\le 0)$과 $P(Y\le 0)$을 표준화한다.

확률변수 X는 정규분포 $N(m,\ 1^2)$을 따르므로

$P(X\le 0)=P(Z\le -m)$ → $=\frac{0-m}{1}$

확률변수 Y는 정규분포 $N(m^2+2m+16,\ \sigma^2)$을 따르므로

$P(Y\le 0)=P\left(Z\le \frac{-m^2-2m-16}{\sigma}\right)$ → $=\frac{0-(m^2+2m+16)}{\sigma}$

Step 2 산술평균과 기하평균의 관계를 이용하여 m의 값을 구한다.

$P(X\le 0)=P(Y\le 0)$이므로

$P(Z\le -m)=P\left(Z\le \frac{-m^2-2m-16}{\sigma}\right)$

$-m=\frac{-m^2-2m-16}{\sigma}$, $\sigma=\frac{m^2+2m+16}{m}=m+\frac{16}{m}+2$

$m>0$, $\frac{16}{m}>0$이므로 산술평균과 기하평균의 관계에 의하여

$\sigma=m+\frac{16}{m}+2\ge 2\sqrt{m\times\frac{16}{m}}+2=10$ → $=\sqrt{16}=4$

$\left(\text{단, 등호는 } m=\frac{16}{m}\text{일 때 성립한다.}\right)$

즉, $m=\frac{16}{m}$일 때 σ의 값이 최소가 되므로

$m^2=16$ $\quad\therefore m=4$ ($\because m>0$) → 문제에서 주어진 조건이다.

Step 3 k의 값을 구한다.

확률변수 X는 정규분포 $N(4,\ 1^2)$을 따르므로 → $=\frac{1-4}{1}$

$P(X\ge 1)=P(Z\ge -3)=P(Z\le 3)$ → $P(Z\ge -a)=P(Z\le a)$임을 이용

확률변수 Y는 정규분포 $N(40,\ 10^2)$을 따르므로

$P(Y\le k)=P\left(Z\le \frac{k-40}{10}\right)$

$P(X\ge 1)=P(Y\le k)$이므로 $P(Z\le 3)=P\left(Z\le \frac{k-40}{10}\right)$

$3=\frac{k-40}{10}$, $k-40=30$ $\quad\therefore k=70$

30 [정답률 16%]

정답 198

Step 1 조건 (가), (나)를 만족시키는 경우를 찾는다.

조건 (가)에서 각 변에 $-f(1)$을 더하면

$0\le f(2)-f(1)\le f(3)\le f(4)$

조건 (나)에서 $f(1)+f(2)$가 짝수이므로 두 수 $f(1)$, $f(2)$는 모두 홀수이거나 모두 짝수이다.

→ 두 수 $f(1)$, $f(2)$가 모두 홀수이거나 모두 짝수이므로 $f(2)-f(1)=0$ 또는 $f(2)-f(1)=2$ 또는 $f(2)-f(1)=4$

Step 2 $f(2)-f(1)$의 값에 따라 경우를 나눈다.

(i) $f(2)-f(1)=0$인 경우

순서쌍 $(f(1),\ f(2))$는 $(1,\ 1)$ 또는 $(2,\ 2)$ 또는 $(3,\ 3)$ 또는 $(4,\ 4)$ 또는 $(5,\ 5)$ 또는 $(6,\ 6)$이다.

$0\le f(3)\le f(4)$에서 순서쌍 $(f(3),\ f(4))$의 개수는 ($0=f(2)-f(1)$)

${}_6H_2={}_7C_2=21$ ($={}_{6+2-1}C_2$)

따라서 구하는 함수의 개수는 $6\times 21=126$

(ii) $f(2)-f(1)=2$인 경우

순서쌍 $(f(1),\ f(2))$는 $(1,\ 3)$ 또는 $(2,\ 4)$ 또는 $(3,\ 5)$ 또는 $(4,\ 6)$이다.

$2\le f(3)\le f(4)$에서 순서쌍 $(f(3),\ f(4))$의 개수는 ($2=f(2)-f(1)$)

${}_5H_2={}_6C_2=15$ ($={}_{5+2-1}C_2$)

따라서 구하는 함수의 개수는 $4\times 15=60$

(iii) $f(2)-f(1)=4$인 경우

순서쌍 $(f(1),\ f(2))$는 $(1,\ 5)$ 또는 $(2,\ 6)$이다.

$4\le f(3)\le f(4)$에서 순서쌍 $(f(3),\ f(4))$의 개수는 ($4=f(2)-f(1)$)

${}_3H_2={}_4C_2=6$ ($={}_{3+2-1}C_2$)

따라서 구하는 함수의 개수는 $2\times 6=12$

Step 3 조건을 만족시키는 함수 f의 개수를 구한다.

(i)~(iii)에 의하여 구하는 함수의 개수는 $126+60+12=198$

미적분

23 [정답률 94%]

정답 ③

Step 1 지수함수의 극한값을 구한다.

$\lim_{x\to 0}\frac{5^{2x}-1}{e^{3x}-1}=\lim_{x\to 0}\left(\frac{5^{2x}-1}{2x}\times\frac{3x}{e^{3x}-1}\times\frac{2}{3}\right)$

$=\ln 5\times 1\times\frac{2}{3}=\frac{2}{3}\ln 5$

→ $\lim_{x\to 0}\frac{a^x-1}{x}=\ln a$, $\lim_{x\to 0}\frac{e^x-1}{x}=1$을 이용할 수 있도록 변형한다.

24 [정답률 88%]

정답 ①

Step 1 $\frac{dx}{dt}$, $\frac{dy}{dt}$를 이용하여 $\frac{dy}{dx}$를 구한다.

$x=3t-\frac{1}{t}$에서 $\frac{dx}{dt}=3+\frac{1}{t^2}$ → 양변을 t에 대하여 미분

$y=te^{t-1}$에서 $\frac{dy}{dt}=e^{t-1}+te^{t-1}=(t+1)e^{t-1}$

$\therefore \frac{dy}{dx}=\frac{\frac{dy}{dt}}{\frac{dx}{dt}}=\frac{(t+1)e^{t-1}}{3+\frac{1}{t^2}}=\frac{(t^3+t^2)e^{t-1}}{3t^2+1}$

따라서 $t=1$일 때 $\frac{dy}{dx}$의 값은 $\frac{(1+1)e^0}{3+1}=\frac{2}{4}=\frac{1}{2}$

25 [정답률 89%]

정답 ②

Step 1 $a_n\times(\sqrt{n^2+4}-n)=b_n$이라 하고 a_n을 n, b_n으로 나타낸다.

$b_n=a_n\times(\sqrt{n^2+4}-n)$이라 하면 $\lim_{n\to\infty}b_n=6$이고

$a_n=\frac{b_n}{\sqrt{n^2+4}-n}=\frac{b_n(\sqrt{n^2+4}+n)}{(\sqrt{n^2+4}-n)(\sqrt{n^2+4}+n)}$ → 분모의 유리화

$=\frac{b_n}{4}(\sqrt{n^2+4}+n)$

Step 2 $\lim_{n\to\infty}\frac{2a_n+6n^2}{na_n+5}$의 값을 구한다.

$\lim_{n\to\infty}\frac{2a_n+6n^2}{na_n+5}=\lim_{n\to\infty}\frac{\frac{b_n}{2}(\sqrt{n^2+4}+n)+6n^2}{\frac{nb_n}{4}(\sqrt{n^2+4}+n)+5}$

$=\lim_{n\to\infty}\frac{2b_n(\sqrt{n^2+4}+n)+24n^2}{b_n(n\sqrt{n^2+4}+n^2)+20}$

$=\lim_{n\to\infty}\frac{2b_n\left(\frac{\sqrt{n^2+4}+n}{n^2}\right)+24}{b_n\left(\frac{\sqrt{n^2+4}}{n}+1\right)+\frac{20}{n^2}}$ ← 분모와 분자를 각각 n^2으로 나눈다.

$=\frac{12\times 0+24}{6\times 2+0}=\frac{24}{12}=2$

→ $\lim_{n\to\infty}\left(\frac{\sqrt{n^2+4}}{n}+1\right)=\lim_{n\to\infty}\left(\sqrt{1+\frac{4}{n^2}}+1\right)=1+1=2$

26 [정답률 65%]

정답 ④

Step 1 삼각함수의 덧셈정리를 이용하여 선분 BE의 길이를 구한다.

$\angle EAB=\alpha$, $\angle CDB=\beta$, $\overline{BE}=x$ $\left(0<x<\frac{1}{2}\right)$라 하자.

→ $x\ge\frac{1}{2}$이면 $\overline{AD}\ge 1$이므로 $\overline{DB}\le 0$이 된다.

$\overline{AD}=2x$이므로 $\overline{DB}=1-2x$ ($\overline{AD}=2\overline{BE}$, $=1-\overline{AD}$)

$\tan\alpha=x$, $\tan\beta=\frac{1}{1-2x}$이므로 ($=\frac{\overline{BE}}{\overline{AB}}$, $=\frac{\overline{BC}}{\overline{DB}}$)

$\tan(\angle CFE)=\tan(\beta-\alpha)=\frac{\tan\beta-\tan\alpha}{1+\tan\beta\tan\alpha}$ → 삼각함수의 덧셈정리 이용

$=\frac{\frac{1}{1-2x}-x}{1+\frac{1}{1-2x}\times x}=\frac{1-x(1-2x)}{1-2x+x}$

$=\frac{2x^2-x+1}{1-x}=\frac{16}{15}$

$15(2x^2-x+1)=16(1-x)$, $30x^2-15x+15=16-16x$

$30x^2+x-1=0$, $(5x+1)(6x-1)=0$

$\therefore x=\frac{1}{6}\left(\because 0<x<\frac{1}{2}\right)$

Step 2 $\tan(\angle CDB)$의 값을 구한다.

따라서 $\overline{DB}=\frac{2}{3}$, $\overline{BC}=1$이므로 $\tan(\angle CDB)=\frac{3}{2}$ ($=\frac{\overline{BC}}{\overline{DB}}$)

27 [정답률 71%] 정답 ③

Step 1 $f(t)$를 구한다.

$Q(t, 0)$, $R(0, 2\ln(t+1))$이므로

$f(t)=t\times 2\ln(t+1)=2t\ln(t+1)$ ($=\overline{OQ}\times\overline{OR}$)

Step 2 부분적분법을 이용하여 $\int_1^3 f(t)dt$의 값을 구한다.

$$\int_1^3 f(t)dt=\int_1^3 2t\ln(t+1)dt$$

$u(t)=\ln(t+1)$, $v'(t)=2t$로 놓으면 $u'(t)=\frac{1}{t+1}$, $v(t)=t^2$

$$=\Big[t^2\ln(t+1)\Big]_1^3-\int_1^3\frac{t^2}{t+1}dt$$

적분하기 쉽게 바꿔준다.

$$=\Big[t^2\ln(t+1)\Big]_1^3-\int_1^3\left(t-1+\frac{1}{t+1}\right)dt$$

$$=\Big[t^2\ln(t+1)\Big]_1^3-\Big[\frac{1}{2}t^2-t+\ln(t+1)\Big]_1^3$$

$$=(9\ln 4-\ln 2)-\left\{\left(\frac{3}{2}+\ln 4\right)-\left(-\frac{1}{2}+\ln 2\right)\right\}$$

$$=\left(-\frac{3}{2}-\frac{1}{2}\right)+(18\ln 2-\ln 2-2\ln 2+\ln 2)$$

$$=-2+16\ln 2$$

28 [정답률 20%] 정답 ②

Step 1 함수 $h(x)$가 실수 전체의 집합에서 연속임을 이용한다.

조건 (가)에서 $h(0)=\frac{g(0)-k}{0-k}=1$

$\therefore g(0)=0$, $f(0)=0$

두 함수 $f(x)$, $g(x)$는 역함수 관계이므로 $f(a)=b$이면 $g(b)=a$

조건 (나)에서 함수 $h(x)$는 실수 전체의 집합에서 연속이므로 $x=k$에서 연속이어야 한다.

$h(k)=\lim_{x\to k}h(x)$에서 $h(k)=\frac{1}{3}$

(함숫값)=(극한값)

$\lim_{x\to k}h(x)=\lim_{x\to k}\frac{g(x)-k}{x-k}=\lim_{x\to k}\frac{g(x)-g(k)}{x-k}=g'(k)$

이 극한값이 존재하여야 하고 $x\to k$일 때 (분모)$\to 0$이므로 (분자)$\to 0$이어야 한다. 즉, $\lim_{x\to k}\{g(x)-k\}=0$에서 $g(k)=k$

$\therefore g'(k)=\frac{1}{3}$, $g(k)=k$, $f(k)=k$

역함수 관계

역함수의 미분법에 의하여

$g'(k)=\frac{1}{f'(g(k))}=\frac{1}{f'(k)}=\frac{1}{3}$ $\quad\therefore f'(k)=3$

Step 2 조건을 만족시키는 함수 $f(x)$를 구한다.

$f(0)=0$, $f(k)=k$이고 삼차함수 $f(x)$의 최고차항의 계수가 1이므로

$f(g(x))=x$의 양변을 미분하면 $f'(g(x))g'(x)=1$ $\quad\therefore g'(x)=\frac{1}{f'(g(x))}$

$f(x)-x=x(x-k)(x-t)$ (t는 실수)

$f(x)=x(x-k)(x-t)+x=x^3-(k+t)x^2+(tk+1)x$

$\therefore f'(x)=3x^2-2(k+t)x+tk+1$

$f'(k)=3$이므로 $3k^2-2(k+t)k+tk+1=3$ (Step 1에서 구한 값)

$k^2-tk-2=0$, $tk=k^2-2$

$\therefore t=\frac{k^2-2}{k}=k-\frac{2}{k}$

Step 3 함수 $f(x)$의 역함수가 존재함을 이용하여 k의 값을 구한다.

삼차함수 $f(x)$의 역함수가 존재하므로 모든 실수 x에 대하여

$f'(x)=3x^2-2(k+t)x+tk+1\ge 0$이어야 한다.

최고차항의 계수가 양수이므로 모든 실수 x에 대하여 증가해야 한다.

이차방정식 $3x^2-2(k+t)x+tk+1=0$의 판별식을 D라 하면

$\frac{D}{4}=\{-(k+t)\}^2-3(tk+1)\le 0$

$\{-(k+t)\}^2-3(tk+1)=k^2+2tk+t^2-3tk-3$

$=k^2-tk+t^2-3$

$=k^2-k\left(k-\frac{2}{k}\right)+\left(k-\frac{2}{k}\right)^2-3$ ($t=k-\frac{2}{k}$를 대입)

$=k^2-k^2+2+k^2-4+\frac{4}{k^2}-3$

$=k^2-5+\frac{4}{k^2}$

$k^2-5+\frac{4}{k^2}\le 0$이므로 $k^4-5k^2+4\le 0$

$k^2>0$이므로 양변에 k^2을 곱해도 부등호의 방향은 바뀌지 않는다.

$(k^2-1)(k^2-4)\le 0$, $(k+1)(k-1)(k+2)(k-2)\le 0$

이때 $k+1>0$, $k+2>0$이므로 $(k-1)(k-2)\le 0$

$\therefore 1\le k\le 2$ ($k>0$으로 주어졌다.)

$f'(0)=tk+1=k\left(k-\frac{2}{k}\right)+1=k^2-1$이므로 $k=2$일 때 $f'(0)$의 값이 최대이다.

그러므로 $a=k=2$이고 $t=1$이므로

$f(x)=x^3-3x^2+3x$, $f'(x)=3x^2-6x+3=3(x-1)^2$

Step 4 $a\times h(9)\times g'(9)$의 값을 구한다.

$h(x)=\begin{cases}\frac{g(x)-2}{x-2} & (x\ne 2)\\ \frac{1}{3} & (x=2)\end{cases}$에서 $h(9)=\frac{g(9)-2}{9-2}$

$g(9)=p$라 하면 $f(p)=9$이므로

$p^3-3p^2+3p=9$, $p^3-3p^2+3p-9=0$

$(p-3)(p^2+3)=0$ $\quad\therefore p=3$

3	1	−3	3	−9
		3	0	9
	1	0	3	0

즉, $h(9)=\frac{g(9)-2}{9-2}=\frac{3-2}{9-2}=\frac{1}{7}$

역함수의 미분법에 의하여

$g'(9)=\frac{1}{f'(g(9))}=\frac{1}{f'(3)}=\frac{1}{12}$ ($g(9)=3$)

$\therefore a\times h(9)\times g'(9)=2\times\frac{1}{7}\times\frac{1}{12}=\frac{1}{42}$

29 [정답률 19%] 정답 12

Step 1 등비수열 $\{a_n\}$의 공비의 값의 범위를 찾는다.

등비수열 $\{a_n\}$의 공비를 r이라 하면 $a_n=r^{n-1}$ (등비수열 $\{a_n\}$의 첫째항은 1)

급수 $\sum_{n=1}^{\infty}a_n$이 수렴하므로 $-1<r<0$ 또는 $0<r<1$

이때 $\sum_{n=1}^{\infty}(20a_{2n}+21|a_{3n-1}|)=0$이므로 $-1<r<0$

$0<r<1$이면 $\sum_{n=1}^{\infty}a_{2n}>0$, $\sum_{n=1}^{\infty}|a_{3n-1}|>0$이므로 $\sum_{n=1}^{\infty}(20a_{2n}+21|a_{3n-1}|)>0$

Step 2 r의 값을 구한다.

$a_{2n}=r^{2n-1}=r\times(r^2)^{n-1}$이므로 수열 $\{a_{2n}\}$은 첫째항이 r, 공비가 r^2인 등비수열이다. ($=r^{2n-1-1+1}$)

$|a_{3n-1}|=|r^{3n-2}|=|r\times(r^3)^{n-1}|=-r\times(-r^3)^{n-1}$이므로 수열 $\{|a_{3n-1}|\}$은 첫째항이 $-r$, 공비가 $-r^3$인 등비수열이다.

$-1<r<0$이므로 $0<-r<1$ ($=r^{3n-2-1+1}$)

따라서 두 급수 $\sum_{n=1}^{\infty}a_{2n}$, $\sum_{n=1}^{\infty}|a_{3n-1}|$이 수렴하므로

$0<r^2<1$, $0<-r^3<1$이므로 두 급수는 수렴한다.

$\sum_{n=1}^{\infty}(20a_{2n}+21|a_{3n-1}|)=20\sum_{n=1}^{\infty}a_{2n}+21\sum_{n=1}^{\infty}|a_{3n-1}|$

$=\frac{20r}{1-r^2}+\frac{-21r}{1-(-r^3)}$

$=\frac{20r}{1-r^2}-\frac{21r}{1+r^3}=0$

$1+r^3=(1+r)(1-r+r^2)$, $1-r^2=(1+r)(1-r)$

$20r(1-r+r^2)-21r(1-r)=0$

$20r-20r^2+20r^3-21r+21r^2=0$

$20r^3+r^2-r=0$, $20r^2+r-1=0$ ($\because r\ne 0$)

$(4r+1)(5r-1)=0$ $\quad\therefore r=-\frac{1}{4}$ ($\because -1<r<0$)

Step 3 경우를 나누어 등비수열 $\{b_n\}$의 일반항을 구한다.

$a_n=\left(-\frac{1}{4}\right)^{n-1}$이므로 $|a_n|=\left(\frac{1}{4}\right)^{n-1}$

급수 $\sum_{n=1}^{\infty}\frac{3|a_n|+b_n}{a_n}$이 수렴하므로 $\lim_{n\to\infty}\frac{3|a_n|+b_n}{a_n}=0$ (급수의 수렴 조건)

등비수열 $\{b_n\}$의 공비를 s라 하면

$$\lim_{n\to\infty}\frac{3|a_n|+b_n}{a_n}=\lim_{n\to\infty}\left(\frac{3|a_n|}{a_n}+\frac{b_n}{a_n}\right)$$

$$=\lim_{n\to\infty}\left\{\frac{3\times\left(\frac{1}{4}\right)^{n-1}}{\left(-\frac{1}{4}\right)^{n-1}}+\frac{b_1\times s^{n-1}}{\left(-\frac{1}{4}\right)^{n-1}}\right\}$$

$$=\lim_{n\to\infty}\{3\times(-1)^{n-1}+b_1\times(-4s)^{n-1}\}$$

$$=\lim_{n\to\infty}[(-1)^{n-1}\{3+b_1\times(4s)^{n-1}\}]$$

(i) $-1<4s<1$일 때,

$\lim_{n\to\infty}(4s)^{n-1}=0$이므로

$\lim_{n\to\infty}[(-1)^{n-1}\{3+\underline{b_1\times(4s)^{n-1}}\}]=\lim_{n\to\infty}\{3\times(-1)^{n-1}\}$이므로 (→ 0으로 수렴)

$\lim_{n\to\infty}\frac{3|a_n|+b_n}{a_n}$은 발산한다.

(ii) $4s<-1$ 또는 $4s>1$일 때,

$\lim_{n\to\infty}(4s)^{n-1}$은 발산하므로 $\lim_{n\to\infty}\frac{3|a_n|+b_n}{a_n}$은 발산한다.

(iii) $4s=-1$일 때,

$\lim_{n\to\infty}[(-1)^{n-1}\{3+b_1\times\underline{(4s)^{n-1}}\}]=\lim_{n\to\infty}\{3\times(-1)^{n-1}+b_1\}$ (→ $=(-1)^{n-1}$)

이므로 $\lim_{n\to\infty}\frac{3|a_n|+b_n}{a_n}$은 발산한다.

(iv) $4s=1$일 때,

$\lim_{n\to\infty}[(-1)^{n-1}\{3+\underline{b_1\times(4s)^{n-1}}\}]$ (→ b_1로 수렴)

$=\lim_{n\to\infty}\{(3+b_1)\times(-1)^{n-1}\}=0$

$\therefore b_1=-3$

(i)~(iv)에 의하여 $b_1=-3$, $s=\frac{1}{4}$이므로 등비수열 $\{b_n\}$의 일반항은 (→ $4s=1$)

$b_n=-3\times\left(\frac{1}{4}\right)^{n-1}$

Step 4 $b_1\times\sum_{n=1}^{\infty}b_n$의 값을 구한다.

$$\therefore b_1\times\sum_{n=1}^{\infty}b_n=-3\times\sum_{n=1}^{\infty}\left\{-3\times\left(\frac{1}{4}\right)^{n-1}\right\}$$

$$=-3\times\frac{-3}{1-\frac{1}{4}}=\frac{9}{\frac{3}{4}}=12$$

30 [정답률 3%]

정답 144

Step 1 조건 (가)를 이용하여 a의 값을 구한다.

$f(x)=\int_0^x \ln(e^{|t|}-a)dt$의 양변을 미분하면 $\underline{f'(x)=\ln(e^{|x|}-a)}$

(→ $\left\{\int_0^x g(t)dt\right\}'=g(x)$)

조건 (가)에서 $f'\left(\ln\frac{3}{2}\right)=0$이므로

$f'\left(\ln\frac{3}{2}\right)=\ln(e^{|\ln\frac{3}{2}|}-a)=\ln(\underline{e^{\ln\frac{3}{2}}}-a)=\ln\left(\frac{3}{2}-a\right)=0$

(→ $=\left(\frac{3}{2}\right)^{\ln e}=\frac{3}{2}$)

$\frac{3}{2}-a=1$ $\quad\therefore a=\frac{1}{2}$ ($\because 0<a<1$)

Step 2 함수 $f(x)$의 증가와 감소를 표로 나타낸다.

모든 실수 x에 대하여 $\underline{f'(-x)=f'(x)}$이고 이 식의 양변을 적분하면 $-f(-x)=f(x)+C$ (C는 적분상수)

(→ 함수 $y=f'(x)$의 그래프는 y축에 대하여 대칭이다.)

이때 $\underline{f(0)=0}$이므로 $C=0$ (→ $f(0)=\int_0^0\ln(e^{|t|}-a)dt=0$)

그러므로 모든 실수 x에 대하여 $\underline{f(-x)=-f(x)}$

(→ 함수 $y=f(x)$의 그래프는 원점에 대하여 대칭이다.)

$x>0$일 때, $f'(x)=\ln\left(e^x-\frac{1}{2}\right)$이므로

$$f''(x)=\frac{e^x}{e^x-\frac{1}{2}}>0$$

$x<0$일 때, $f'(x)=\ln\left(e^{-x}-\frac{1}{2}\right)$이므로 $f''(x)=\frac{-e^{-x}}{e^{-x}-\frac{1}{2}}<0$

따라서 함수 $f(x)$의 증가와 감소를 표로 나타내면 다음과 같다.

x	$\cdots$	$-\ln\frac{3}{2}$	$\cdots$	0	$\cdots$	$\ln\frac{3}{2}$	$\cdots$
$f'(x)$	$+$	0	$-$		$-$	0	$+$
$f''(x)$	$-$	$-$	$-$		$+$	$+$	$+$
$f(x)$	↗	극대	↘	0	↘	극소	↗

$f\left(\ln\frac{3}{2}\right)=m$ ($m<0$)이라 하면

$\underline{f\left(-\ln\frac{3}{2}\right)=-f\left(\ln\frac{3}{2}\right)}=-m$ (→ 모든 실수 x에 대하여 $f(-x)=-f(x)$)

조건 (나)에 의하여

$f\left(-\ln\frac{3}{2}\right)=\frac{f(k)}{6}$에서 $f(k)=-6m$

이때 $f(k)=-6m>0$이므로 $k>\ln\frac{3}{2}$이다.

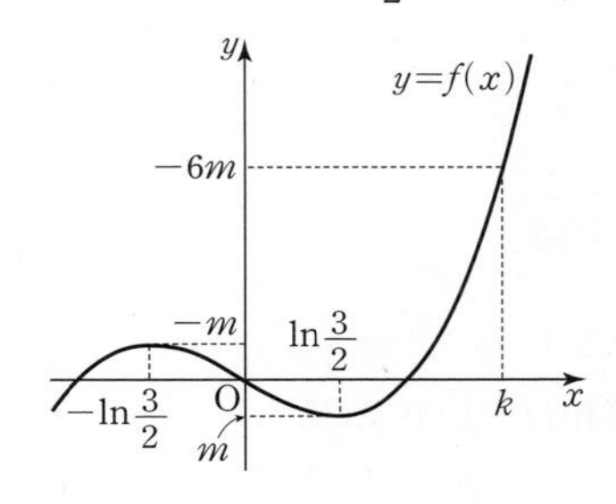

Step 3 정적분을 계산한다.

$$\int_0^k\frac{|f'(x)|}{f(x)-\underline{f(-k)}}dx$$ (→ $=-f(k)$)

$$=\int_0^k\frac{|f'(x)|}{f(x)+f(k)}dx$$

(→ $0<x<\ln\frac{3}{2}$에서 $f'(x)<0$, $x>\ln\frac{3}{2}$에서 $f'(x)>0$)

$$=\int_0^{\ln\frac{3}{2}}\frac{-f'(x)}{f(x)+f(k)}dx+\int_{\ln\frac{3}{2}}^k\frac{f'(x)}{f(x)+f(k)}dx$$

$$=-\Big[\ln|f(x)+f(k)|\Big]_0^{\ln\frac{3}{2}}+\Big[\ln|f(x)+f(k)|\Big]_{\ln\frac{3}{2}}^k$$

$$=-\left\{\ln\left|\underline{f\left(\ln\frac{3}{2}\right)+f(k)}\right|-\ln|\underline{f(0)+f(k)}|\right\}$$ (→ $=0+(-6m)$)

(→ $=m+(-6m)$)

$$+\left\{\ln|\underline{f(k)+f(k)}|-\ln\left|\underline{f\left(\ln\frac{3}{2}\right)+f(k)}\right|\right\}$$

$$=-\{\ln(-5m)-\ln(-6m)\}+\{\ln(-12m)-\ln(-5m)\}$$

(→ $=-6m+(-6m)$) (→ $=m+(-6m)$)

$$=-\ln\left(\frac{-5m}{-6m}\right)+\ln\left(\frac{-12m}{-5m}\right)$$

$$=\ln\frac{6}{5}+\ln\frac{12}{5}=\ln\frac{72}{25}$$

따라서 $a=\frac{1}{2}$, $p=\ln\frac{72}{25}$이므로

$100\times a\times e^p=100\times\frac{1}{2}\times\underline{e^{\ln\frac{72}{25}}}=100\times\frac{1}{2}\times\frac{72}{25}=144$

(→ $e^{\ln a}=a^{\ln e}=a$)

기하

23 [정답률 88%]

정답 ③

Step 1 벡터의 덧셈을 이용하여 주어진 벡터의 크기를 구한다.

$\vec{a}+\vec{b}=(4, 1)+(-2, 0)=(2, 1)$

$\therefore \underline{|\vec{a}+\vec{b}|}=\sqrt{2^2+1^2}=\sqrt{5}$

(→ $\vec{x}=(x_1, x_2)$에 대하여 $|\vec{x}|=\sqrt{x_1^2+x_2^2}$)

24 [정답률 86%]

정답 ①

Step 1 타원 위의 점 $(2, a)$에서의 접선의 기울기가 -3임을 이용한다.

타원 $\frac{x^2}{8}+\frac{y^2}{2a^2}=1$ 위의 점 $(2, a)$에서의 $\underline{\text{접선의 방정식은}}$

(→ 타원 $\frac{x^2}{a^2}+\frac{y^2}{b^2}=1$ 위의 점 (x_1, y_1)에서의 접선의 방정식은 $\frac{x_1x}{a^2}+\frac{y_1y}{b^2}=1$)

$\frac{2x}{8}+\frac{ay}{2a^2}=1$, $\frac{x}{4}+\frac{y}{2a}=1$

$\therefore y=-\frac{a}{2}x+2a$

이 직선의 기울기가 -3이므로 $-\frac{a}{2}=-3$ $\quad\therefore a=6$

25 [정답률 74%]

정답 ⑤

Step 1 $\overrightarrow{OP}=(x, y)$로 놓고 점 P가 나타내는 도형을 찾는다.

$\overrightarrow{OP}=(x, y)$라 하면 $\overrightarrow{OP}-\overrightarrow{OA}=(x-4, y-2)$이므로 ($=(x,y)-(4,2)$)

$(\overrightarrow{OP}-\overrightarrow{OA})\cdot\overrightarrow{OA}=(x-4, y-2)\cdot(4, 2)=0$

$4(x-4)+2(y-2)=0$, $4x+2y-20=0$

$\therefore y=-2x+10$

따라서 B(5, 0), C(0, 10)이므로 삼각형 OBC의 넓이는 ($0=-2x+10$에서 $x=5$, $y=0+10$에서 $y=10$)

$\frac{1}{2}\times\overline{OB}\times\overline{OC}=\frac{1}{2}\times5\times10=25$

26 [정답률 77%]

정답 ②

Step 1 포물선의 성질을 이용한다.

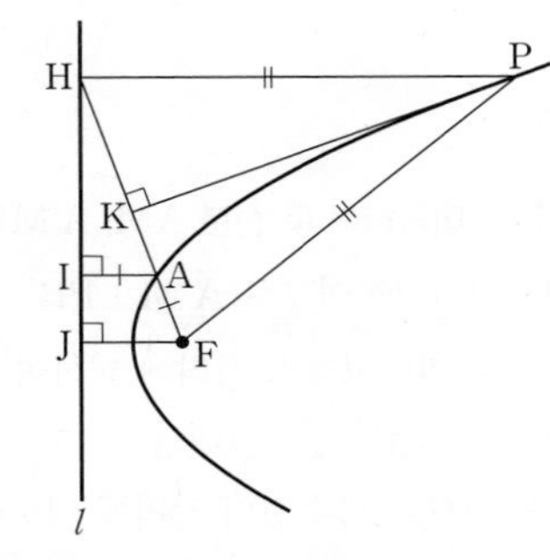

두 점 A, F에서 준선 l에 내린 수선의 발을 각각 I, J라 하자.

$\overline{AF}=k\ (k>0)$라 하면 $\overline{HA}=3k$, $\overline{HF}=4k$이고, 포물선의 정의에 의하여 $\overline{AI}=\overline{AF}=k$

($\overline{HA}:\overline{AF}=3:1$임을 이용)

(포물선 위의 한 점에서 초점까지의 거리와 준선까지의 거리가 같다.)

$\overline{HA}:\overline{HF}=\overline{AI}:\overline{FJ}$이므로 $3k:4k=k:4$ ($\overline{FJ}$=(초점 F와 직선 l 사이의 거리))

$4k^2=12k$ $\quad\therefore k=3$

Step 2 선분 PH의 길이를 구한다.

점 P에서 선분 HF에 내린 수선의 발을 K라 하자.

포물선의 정의에 의하여 $\overline{PH}=\overline{PF}$이므로 삼각형 HFP는 이등변삼각형이다. 즉, $\overline{HK}=\overline{KF}=2k=6$ ($\overline{HF}=4k=12$)

두 삼각형 HJF, PKH는 서로 닮음 (AA 닮음)이므로 ($\angle FHJ=\angle HPK$, $\angle HJF=\angle PKH=\frac{\pi}{2}$)

$\overline{HF}:\overline{PH}=\overline{FJ}:\overline{HK}=2:3$ ($\overline{FJ}=4$, $\overline{HK}=6$)

$\therefore \overline{PH}=\frac{3}{2}\overline{HF}=\frac{3}{2}\times12=18$

다른 풀이 피타고라스 정리를 이용한 풀이

Step 1 동일

Step 2 피타고라스 정리를 이용하여 선분 PH의 길이를 구한다.

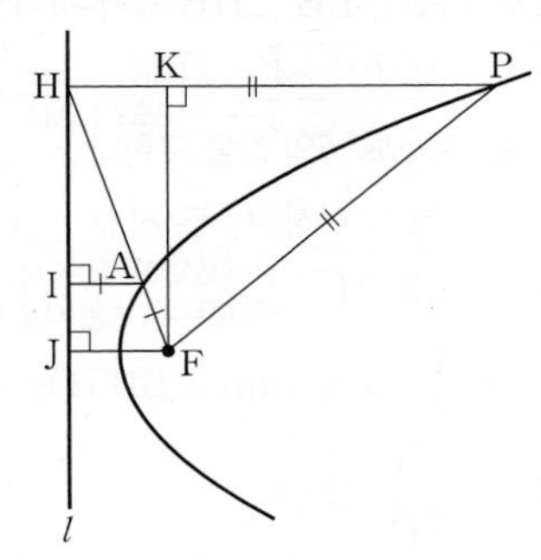

점 F에서 선분 PH에 내린 수선의 발을 K라 하자.

삼각형 HJF에서 피타고라스 정리에 의하여

$\overline{HJ}=\sqrt{\overline{HF}^2-\overline{FJ}^2}=\sqrt{12^2-4^2}=8\sqrt{2}$

$\therefore \overline{KF}=\overline{HJ}=8\sqrt{2}$

$\overline{PH}=\overline{PF}=x$라 하면 $\overline{PK}=\overline{PH}-\overline{KH}=\overline{PH}-\overline{FJ}=x-4$

직각삼각형 PKF에서 피타고라스 정리에 의하여

$\overline{FP}^2=\overline{PK}^2+\overline{KF}^2$, $x^2=(x-4)^2+(8\sqrt{2})^2$

$x^2=x^2-8x+16+128$, $8x=144$

따라서 $x=18$이므로 $\overline{PH}=18$

27 [정답률 71%]

정답 ④

Step 1 삼수선의 정리를 이용한다.

$\overline{BP'}=6$이므로 선분 BP'은 점 P'을 포함하는 밑면의 지름이다. (밑면의 반지름의 길이가 3이므로 지름의 길이는 6)

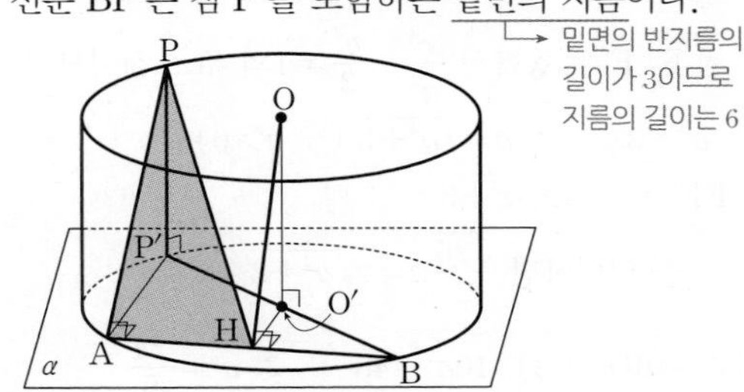

선분 BP'의 중점을 O', 직선 OO'에 수직이고 점 O'을 포함하는 평면을 α라 하자.

$\overline{OO'}\perp\alpha$, $\overline{OH}\perp\overline{AB}$이므로 삼수선의 정리(중요)에 의하여 $\overline{O'H}\perp\overline{AB}$

직각삼각형 OHO'에서 $\overline{O'H}=\sqrt{(\sqrt{13})^2-3^2}=2$ ($=\overline{OH}^2-\overline{OO'}^2$)

직각삼각형 O'HB에서 $\overline{BH}=\sqrt{3^2-2^2}=\sqrt{5}$ ($=\overline{O'B}^2-\overline{O'H}^2$)

Step 2 삼각형 PAH의 넓이를 구한다.

점 A가 선분 BP'을 지름으로 하는 원 위의 점이므로 $\overline{P'A}\perp\overline{AB}$ (반원에 대한 원주각은 $\frac{\pi}{2}$)

두 삼각형 P'AB, O'HB는 서로 닮음이고 닮음비는 $2:1$이므로 ($\overline{P'B}:\overline{O'B}=6:3=2:1$)

$\overline{P'A}=2\overline{O'H}=4$, $\overline{PA}=\sqrt{3^2+4^2}=5$, $\overline{AH}=\overline{BH}=\sqrt{5}$

$\overline{PP'}\perp\alpha$, $\overline{P'A}\perp\overline{AB}$이므로 삼수선의 정리에 의하여 $\overline{PA}\perp\overline{AB}$

따라서 삼각형 PAH의 넓이는 ($=\overline{PP'}^2+\overline{P'A}^2$)

$\frac{1}{2}\times\overline{PA}\times\overline{AH}=\frac{1}{2}\times5\times\sqrt{5}=\frac{5\sqrt{5}}{2}$

28 [정답률 45%]

정답 ④

Step 1 $\overline{PF}=t$로 놓고 쌍곡선의 정의를 이용한다.

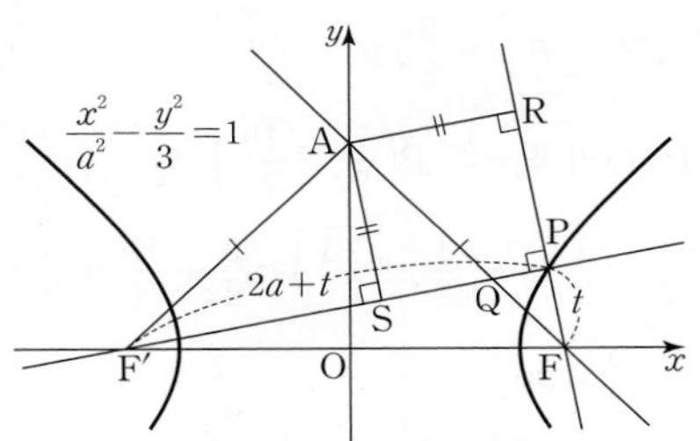

$\overline{PF}=t$라 하면 쌍곡선의 정의에 의하여 (쌍곡선 위의 한 점에서 두 초점까지의 거리의 차가 일정하다.)

$\overline{PF'}-\overline{PF}=2a$ $\quad\therefore \overline{PF'}=2a+t$

$\overline{AF}=\overline{AF'}$, $\overline{AR}=\overline{AS}$, $\angle ARF=\angle ASF'=\frac{\pi}{2}$이므로 두 직각삼각형 ARF, ASF'은 서로 합동이다.

Step 2 각 선분의 길이를 a에 대하여 나타낸다.

$\overline{AR}=\overline{AS}=s$라 하면

$\overline{RF}=s+t$, $\overline{SF'}=(2a+t)-s=2a+t-s$ ($=\overline{RP}+\overline{PF}$, $\overline{PF'}-\overline{PS}$)

$\overline{RF}=\overline{SF'}$이므로 $s+t=2a+t-s$ $\quad\therefore s=a$ (두 직각삼각형 ARF, ASF'은 서로 합동이다.)

따라서 $\overline{AR}=\overline{AS}=a$이고, $\angle ARP=\angle ASP=\angle SPR=\frac{\pi}{2}$이므로 사각형 ASPR은 한 변의 길이가 a인 정사각형이다.

$\overline{PQ}=\frac{a}{3}$이므로 $\overline{QS}=a-\frac{a}{3}=\frac{2}{3}a$

두 직각삼각형 QAS, QFP는 서로 닮음이고 닮음비가 $2:1$이므로 ($\overline{QS}:\overline{PQ}$)

$\overline{PF}=\frac{1}{2}\overline{AS}=\frac{a}{2}$ ($\angle ASQ=\angle FPQ=\frac{\pi}{2}$, $\angle SQA=\angle PQF$(맞꼭지각))

즉, $\overline{PF'}=\overline{PF}+2a=\frac{5}{2}a$

직각삼각형 PF′F에서 피타고라스 정리에 의하여

$\overline{\text{FF}'}=\sqrt{\left(\frac{a}{2}\right)^2+\left(\frac{5}{2}a\right)^2}=\frac{\sqrt{26}}{2}a$ …… ㉠ ($=\overline{\text{PF}}^2+\overline{\text{PF}'}^2$)

Step 3 a^2의 값을 구한다.

두 점 F, F′은 쌍곡선 $\frac{x^2}{a^2}-\frac{y^2}{3}=1$의 두 초점이므로

$c^2=a^2+3 \quad \therefore c=\sqrt{a^2+3}\ (\because c>0)$

$\therefore \overline{\text{FF}'}=2c=2\sqrt{a^2+3}$ …… ㉡

㉠, ㉡을 연립하면 $\frac{\sqrt{26}}{2}a=2\sqrt{a^2+3}$

$26a^2=16(a^2+3),\ 10a^2=48 \quad \therefore a^2=\frac{24}{5}$

29 [정답률 21%] 정답 90

Step 1 조건 (가)가 의미하는 것을 파악한다.

조건 (가)에서 $\overrightarrow{\text{AP}}\cdot\overrightarrow{\text{BP}}=0$이므로 점 P는 선분 AB를 지름으로 하는 원 위에 있다. ($\overrightarrow{\text{AP}}\perp\overrightarrow{\text{BP}}$)

또한 $\text{P}(a, b)$라 하면 $\overrightarrow{\text{OP}}\cdot\overrightarrow{\text{OC}}=(a, b)\cdot(0, 1)=b\geq 0$ ($=a\times 0+b\times 1$)

즉, 점 P의 y좌표는 0보다 크거나 같다.

그러므로 점 P는 반원의 호 $(x-4)^2+y^2=4\ (y\geq 0)$ 위의 점이다. (중심이 선분 AB의 중점, 반지름의 길이가 $\frac{1}{2}\overline{\text{AB}}$인 원)

Step 2 조건 (나)가 의미하는 것을 파악한다.

조건 (나)에서 $\overrightarrow{\text{QB}}-\overrightarrow{\text{QA}}=4\overrightarrow{\text{QP}}$ ($\overrightarrow{\text{QA}}$를 좌변으로 이항했다.)

$\overrightarrow{\text{AQ}}+\overrightarrow{\text{QB}}=4\overrightarrow{\text{QP}} \quad \therefore \overrightarrow{\text{AB}}=4\overrightarrow{\text{QP}}$

즉, 두 벡터 $\overrightarrow{\text{AB}}$, $\overrightarrow{\text{QP}}$는 방향이 서로 같고 $|\overrightarrow{\text{QP}}|=\frac{1}{4}|\overrightarrow{\text{AB}}|=1$이므로 점 Q는 점 P를 x축의 방향으로 -1만큼 평행이동한 점이다. (x축과 평행)

그러므로 점 Q는 반원의 호 $(x-3)^2+y^2=4\ (y\geq 0)$ …… ㉠

위의 점이다.

Step 3 $20\times k$의 값을 구한다.

또한 $|\overrightarrow{\text{QA}}|=2$이므로 점 Q는 중심이 A이고 반지름의 길이가 2인 원 $(x-2)^2+y^2=4$ …… ㉡

위의 점이다.

㉠, ㉡을 연립하여 풀면 $x=\frac{5}{2},\ y=\frac{\sqrt{15}}{2}$ (㉠−㉡을 하면 계산이 간편하다.)

따라서 두 점 P, Q의 좌표가 $\text{P}\left(\frac{7}{2}, \frac{\sqrt{15}}{2}\right)$, $\text{Q}\left(\frac{5}{2}, \frac{\sqrt{15}}{2}\right)$이므로

$\overrightarrow{\text{AP}}\cdot\overrightarrow{\text{AQ}}=\left(\frac{3}{2}, \frac{\sqrt{15}}{2}\right)\cdot\left(\frac{1}{2}, \frac{\sqrt{15}}{2}\right)=\frac{3}{4}+\frac{15}{4}=\frac{9}{2}=k$

$\therefore 20\times k=20\times\frac{9}{2}=90$

다른 풀이 주어진 내적을 변형하는 풀이

Step 1 동일

Step 2 $\overrightarrow{\text{AP}}=\overrightarrow{\text{AQ}}+\overrightarrow{\text{QP}}$임을 이용한다.

조건 (나)에서 $\overrightarrow{\text{QB}}-\overrightarrow{\text{QA}}=4\overrightarrow{\text{QP}}$

$\overrightarrow{\text{AQ}}+\overrightarrow{\text{QB}}=4\overrightarrow{\text{QP}} \quad \therefore \overrightarrow{\text{AB}}=4\overrightarrow{\text{QP}}$

두 벡터 $\overrightarrow{\text{AB}}$, $\overrightarrow{\text{QP}}$는 방향이 서로 같고 $|\overrightarrow{\text{QP}}|=\frac{1}{4}|\overrightarrow{\text{AB}}|=1$이므로 점 Q는 점 P를 x축의 방향으로 -1만큼 평행이동한 점이다.

또한, $|\overrightarrow{\text{QA}}|=2$에서 점 Q는 중심이 A이고 반지름의 길이가 2인 원 위의 점이므로 두 점 P, Q는 다음 그림과 같다.

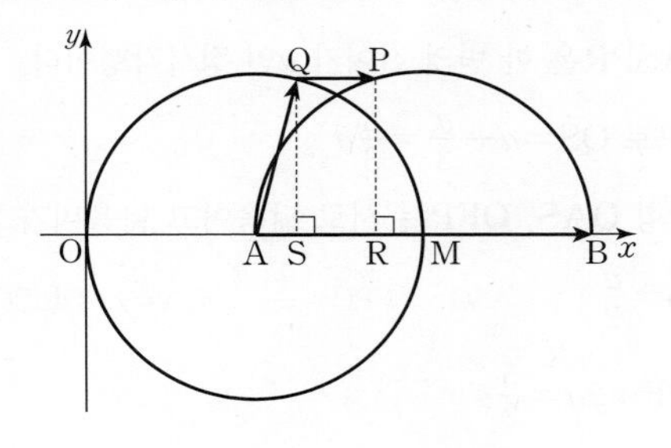

선분 AB의 중점을 M이라 하고 두 점 P, Q에서 직선 AB에 내린 수선의 발을 각각 R, S라 하면 $\overline{\text{AS}}=\overline{\text{RM}}=\frac{1}{2}$이므로 ($\overline{\text{AM}}=2$이고 $\overline{\text{SR}}=\overline{\text{PQ}}=1$, $\overline{\text{AQ}}=\overline{\text{PM}}=2$이기 때문이다.)

$\overrightarrow{\text{AP}}\cdot\overrightarrow{\text{AQ}}=(\overrightarrow{\text{AQ}}+\overrightarrow{\text{QP}})\cdot\overrightarrow{\text{AQ}}$ (분배법칙)

$=|\overrightarrow{\text{AQ}}|^2+\overrightarrow{\text{QP}}\cdot\overrightarrow{\text{AQ}}$ ($\overrightarrow{\text{QP}}=\overrightarrow{\text{SR}}$)

$=2^2+\overrightarrow{\text{SR}}\cdot\overrightarrow{\text{AQ}}$ ($\overrightarrow{\text{SR}}=2\overrightarrow{\text{AS}}$)

$=4+2\overrightarrow{\text{AS}}\cdot\overrightarrow{\text{AQ}}$ ($\angle\text{QAS}=\theta$라 하면 $\overrightarrow{\text{AS}}\cdot\overrightarrow{\text{AQ}}=|\overrightarrow{\text{AS}}||\overrightarrow{\text{AQ}}|\cos\theta$에서 $|\overrightarrow{\text{AQ}}|\cos\theta=|\overrightarrow{\text{AS}}|$)

$=4+2|\overrightarrow{\text{AS}}|^2$

$=4+2\times\frac{1}{4}=\frac{9}{2}=k$

$\therefore 20\times k=20\times\frac{9}{2}=90$

30 [정답률 7%] 정답 111

Step 1 $\overline{\text{A}'\text{P}}=\overline{\text{A}'\text{B}'}$임을 이용하여 두 선분 AM, A′M의 길이를 구한다.

삼각형 A′PB′은 이등변삼각형이므로 $\overline{\text{A}'\text{M}}\perp\overline{\text{PB}'}$ ($\overline{\text{A}'\text{P}}=\overline{\text{A}'\text{B}'}$)

직각삼각형 A′MB′에서 피타고라스 정리에 의하여

$\overline{\text{A}'\text{M}}=\sqrt{\overline{\text{A}'\text{B}'}^2-\overline{\text{B}'\text{M}}^2}=\sqrt{5^2-4^2}=\sqrt{9}=3$

$\overline{\text{AA}'}\perp\alpha$, $\overline{\text{A}'\text{M}}\perp\overline{\text{PB}'}$이므로 삼수선의 정리에 의하여 $\overline{\text{AM}}\perp\overline{\text{PB}'}$

직각삼각형 AA′M에서 피타고라스 정리에 의하여

$\overline{\text{AM}}=\sqrt{\overline{\text{AA}'}^2+\overline{\text{A}'\text{M}}^2}=\sqrt{9^2+3^2}=\sqrt{90}=3\sqrt{10}$

Step 2 삼수선의 정리를 이용한다.

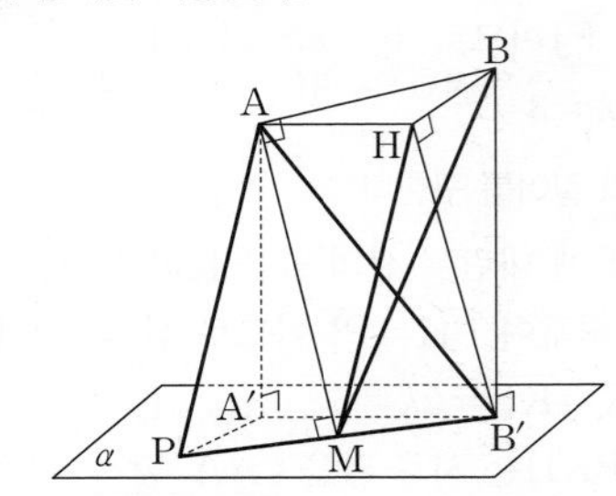

점 B의 평면 APB′ 위로의 정사영을 점 H라 하면 선분 BM의 평면 APB′ 위로의 정사영은 선분 HM이다.

직각삼각형 MAB에서 $\overline{\text{AM}}\perp\overline{\text{AB}}$이고 $\overline{\text{BH}}\perp$(평면 APB′)이므로 삼수선의 정리에 의하여 $\overline{\text{AM}}\perp\overline{\text{AH}}$ ($\angle\text{MAB}=\frac{\pi}{2}$로 주어졌다.)

$\overline{\text{BH}}\perp$(평면 APB′), $\overline{\text{PB}'}\perp\overline{\text{BB}'}$이므로 삼수선의 정리에 의하여 $\overline{\text{PB}'}\perp\overline{\text{HB}'}$ ($\overline{\text{BB}'}\perp\alpha$이고 선분 PB′은 평면 α 위의 선분이기 때문이다.)

즉, $\overline{\text{AM}}\perp\overline{\text{PB}'}$, $\overline{\text{AM}}\perp\overline{\text{AH}}$, $\overline{\text{PB}'}\perp\overline{\text{HB}'}$에서 사각형 AMB′H가 직사각형이므로 $\overline{\text{HM}}=\sqrt{(3\sqrt{10})^2+4^2}=\sqrt{106}$ ($=\overline{\text{AM}}^2+\overline{\text{AH}}^2$)

Step 3 정사영을 이용하여 $\cos^2\theta$의 값을 구한다.

두 직선 AM, HB′은 서로 평행하고, 두 직선 AA′, BB′은 서로 평행하므로 $\angle\text{MAA}'=\angle\text{BB}'\text{H}$ (사각형 AMB′H가 직사각형이므로 마주보는 두 변은 서로 평행하다.)

$\tan(\angle\text{MAA}')=\frac{3}{9}=\frac{1}{3}$이므로 $\tan(\angle\text{BB}'\text{H})=\frac{1}{3}$ ($\frac{\overline{\text{A}'\text{M}}}{\overline{\text{AA}'}}$)

이때 $\tan(\angle\text{BB}'\text{H})=\frac{\overline{\text{BH}}}{\overline{\text{B}'\text{H}}}$이므로

$\overline{\text{BH}}=\overline{\text{B}'\text{H}}\times\tan(\angle\text{BB}'\text{H})=3\sqrt{10}\times\frac{1}{3}=\sqrt{10}$

직각삼각형 BHM에서 피타고라스 정리에 의하여

$\overline{\text{BM}}=\sqrt{\overline{\text{BH}}^2+\overline{\text{HM}}^2}=\sqrt{(\sqrt{10})^2+(\sqrt{106})^2}=\sqrt{116}=2\sqrt{29}$

직선 BM과 평면 APB′이 이루는 예각의 크기는 $\angle\text{BMH}$와 같으므로 $\theta=\angle\text{BMH}$

$\therefore \cos^2\theta=\left(\frac{\overline{\text{HM}}}{\overline{\text{BM}}}\right)^2=\left(\frac{\sqrt{106}}{2\sqrt{29}}\right)^2=\frac{106}{116}=\frac{53}{58}$

따라서 $p=58,\ q=53$이므로 $p+q=111$ (정사영을 이용하여 $\cos\theta$의 값을 구한다.)

17회 2022학년도 대학수학능력시험 9월 모의평가 정답과 해설

1	①	2	⑤	3	⑤	4	④	5	③
6	①	7	④	8	②	9	③	10	③
11	④	12	②	13	②	14	⑤	15	①
16	2	17	8	18	9	19	11	20	21
21	192	22	108						

확률과 통계				23	③	24	③	25	②
26	①	27	⑤	28	④	29	78	30	218

미적분				23	③	24	②	25	④
26	②	27	③	28	①	29	24	30	115

기하				23	⑤	24	④	25	②
26	③	27	①	28	①	29	40	30	45

01 [정답률 94%] 정답 ①

Step 1 식을 계산한다.

$$\frac{1}{\sqrt[4]{3}}\times3^{-\frac{7}{4}}=3^{-\frac{1}{4}}\times3^{-\frac{7}{4}}=3^{-\frac{1}{4}+\left(-\frac{7}{4}\right)}=3^{-2}=\frac{1}{9}$$

→ $\frac{1}{3^{\frac{1}{4}}}=3^{-\frac{1}{4}}$ → $\frac{1}{3^2}$

02 [정답률 95%] 정답 ⑤

Step 1 $f'(x)$를 구한다.

$f(x)=2x^3+4x+5$에서 $f'(x)=6x^2+4$

→ $y=ax^n$에서 $y'=anx^{n-1}$

$\therefore f'(1)=6+4=10$

03 [정답률 90%] 정답 ⑤

Step 1 등비수열 $\{a_n\}$의 공비를 r이라 한다.

등비수열 $\{a_n\}$의 공비를 r이라 하면

$a_2a_4=2r\times2r^3=4r^4=36$ $\quad\therefore r^4=9$

→ $a_2=a_1r,\ a_4=a_1r^3$

따라서 $\frac{a_7}{a_3}=r^4=9$이다.

→ $\frac{a_1r^6}{a_1r^2}$

04 [정답률 92%] 정답 ④

Step 1 함수 $f(x)$가 $x=-1$에서 연속임을 이용한다.

함수 $f(x)$가 실수 전체의 집합에서 연속이므로

→ $x=-1$에서도 연속이어야 해.

$\lim_{x\to-1+}f(x)=\lim_{x\to-1+}(x^2-5x-a)=1+5-a=6-a$

$\lim_{x\to-1-}f(x)=\lim_{x\to-1-}(2x+a)=-2+a$

$f(-1)=-2+a$에서 $6-a=-2+a$

$\therefore a=4$

05 [정답률 92%] 정답 ③

Step 1 $f'(x)=0$의 해를 구한다.

→ 극댓값, 극솟값을 구하기 위해 함수를 미분했어.

$f(x)=2x^3+3x^2-12x+1$에서 $f'(x)=6x^2+6x-12$

$f'(x)=6(x+2)(x-1)=0$에서 $x=-2$ 또는 $x=1$

$\therefore M=f(-2)=-16+12+24+1=21,$

$m=f(1)=2+3-12+1=-6$

→ 함수 $f(x)$의 최고차항의 계수가 양수이므로 $x=-2$에서 극댓값, $x=1$에서 극솟값을 가져.

따라서 $M+m=15$이다.

06 [정답률 80%] 정답 ①

Step 1 주어진 식의 좌변을 정리한다.

$$\frac{\sin\theta}{1-\sin\theta}-\frac{\sin\theta}{1+\sin\theta}=\frac{\sin\theta(1+\sin\theta)-\sin\theta(1-\sin\theta)}{(1-\sin\theta)(1+\sin\theta)}$$

$$=\frac{2\sin^2\theta}{1-\sin^2\theta}=\frac{2(1-\cos^2\theta)}{\cos^2\theta}=4$$

→ $\sin^2\theta+\cos^2\theta=1$

$2-2\cos^2\theta=4\cos^2\theta$ $\quad\therefore \cos^2\theta=\frac{1}{3}$

→ $\cos\theta$의 값을 구해야 하므로 $\cos\theta$에 대하여 나타냈어.

이때 $\frac{\pi}{2}<\theta<\pi$이므로 $\cos\theta=-\frac{\sqrt{3}}{3}$이다.

→ $\frac{\pi}{2}<\theta<\pi$에서 $\cos\theta<0$이야.

07 [정답률 76%] 정답 ④

Step 1 $\sum_{k=1}^{n}\frac{a_{k+1}-a_k}{a_ka_{k+1}}$를 간단히 정리한다.

$$\sum_{k=1}^{n}\frac{a_{k+1}-a_k}{a_ka_{k+1}}=\sum_{k=1}^{n}\left(\frac{1}{a_k}-\frac{1}{a_{k+1}}\right)$$

→ $\frac{1}{A}-\frac{1}{B}=\frac{B-A}{AB}$임을 이용

$$=\left(\frac{1}{a_1}-\frac{1}{a_2}\right)+\left(\frac{1}{a_2}-\frac{1}{a_3}\right)+\cdots+\left(\frac{1}{a_n}-\frac{1}{a_{n+1}}\right)$$

$$=\frac{1}{a_1}-\frac{1}{a_{n+1}}=\frac{1}{n}$$

$\frac{1}{a_{n+1}}=-\frac{1}{n}-\frac{1}{4}=-\frac{n+4}{4n}$ $\quad\therefore a_{n+1}=-\frac{4n}{n+4}$

→ $\frac{1}{a_1}$에 $a_1=-4$ 대입

따라서 $a_{13}=-\frac{4\times12}{12+4}=-3$이다.

→ 위 식에 $n=12$를 대입했어.

08 [정답률 81%] 정답 ②

Step 1 $\lim_{x\to0}\frac{f(x)}{x}$, $\lim_{x\to1}\frac{f(x)}{x-1}$의 극한값이 존재함을 이용한다.

$\lim_{x\to0}\frac{f(x)}{x}=1$에서 $x\to0$이면 (분모)$\to0$이고 극한값이 존재하므로 (분자)$\to0$이다.

→ 1이야.

$\therefore f(0)=0$ $\quad\cdots\cdots$ ㉠

$\lim_{x\to1}\frac{f(x)}{x-1}=1$에서 $x\to1$이면 (분모)$\to0$이고 극한값이 존재하므로 (분자)$\to0$이다.

→ (분자)$\not\to0$이면 극한값이 존재하지 않아.

$\therefore f(1)=0$ $\quad\cdots\cdots$ ㉡

Step 2 $f(x)=0$이 $x=0$, $x=1$을 근으로 갖는 방정식임을 이용한다.

㉠, ㉡에서 삼차함수 $f(x)$를 $f(x)=x(x-1)(ax+b)$ (단, $a\neq0$이고, a, b는 상수)라 하자.

→ $f(x)$의 최고차항의 계수와 나머지 한 근을 모르기 때문이야.

$\lim_{x\to0}\frac{f(x)}{x}=\lim_{x\to0}(x-1)(ax+b)=-b=1$ $\quad\therefore b=-1$

$\lim_{x\to1}\frac{f(x)}{x-1}=\lim_{x\to1}x(ax+b)=a-1=1$ $\quad\therefore a=2$

→ $x(ax-1)$

따라서 $f(x)=x(x-1)(2x-1)$이므로 $f(2)=2\times1\times3=6$이다.

09 [정답률 89%] 정답 ③

Step 1 점 P의 시각 t에서의 가속도에 대한 식을 세운다.

점 P의 시각 $t(t>0)$에서의 가속도를 $a(t)$라 하면

$a(t)=v'(t)=-12t^2+24t$

→ 가속도에 대한 식은 속도에 대한 식을 미분하여 구할 수 있어.

시각 $t=k$에서 점 P의 가속도가 12이므로

$a(k)=-12k^2+24k=12$

$k^2-2k+1=(k-1)^2=0$ $\quad\therefore k=1$

→ $12k^2-24k+12=0$의 양변을 12로 나누었어.

Step 2 시각 $t=3$에서 $t=4$까지 점 P가 움직인 거리를 구한다.

따라서 시각 $t=3$에서 $t=4$까지 점 P가 움직인 거리는

$$\int_3^4 |v(t)|dt=\int_3^4 |-4t^3+12t^2|dt$$
$$=\int_3^4 (4t^3-12t^2)dt$$
→ $3\le t\le 4$에서 $v(t)\le 0$이야.
$$=\Big[t^4-4t^3\Big]_3^4$$
$$=(256-256)-(81-108)$$
$$=27$$

참고그림

10 [정답률 77%] 정답 ③

Step 1 삼각함수의 주기를 이용하여 두 점 A, B의 좌표를 구한다.

곡선 $y=a\sin b\pi x$의 주기는 $\dfrac{2\pi}{b\pi}=\dfrac{2}{b}$이고, 최댓값은 a이므로 두 점 A, B의 좌표는 $\text{A}\left(\dfrac{1}{2b},\ a\right)$, $\text{B}\left(\dfrac{5}{2b},\ a\right)$이다.

→ $y=\sin bx$의 주기는 $\dfrac{2\pi}{|b|}$야.

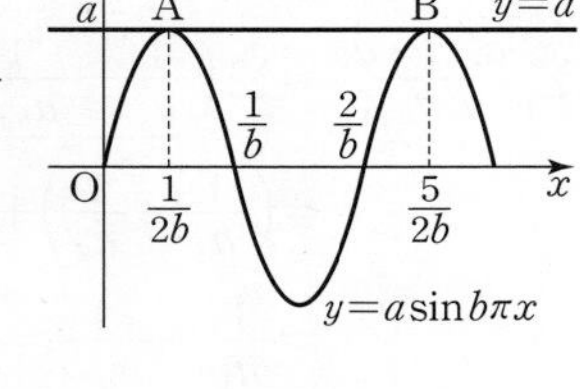

이때 삼각형 OAB의 넓이가 5이므로 $\dfrac{1}{2}\times\dfrac{2}{b}\times a=5$

→ 선분 AB의 길이는 $y=a\sin b\pi x$의 주기와 같아.

$\therefore a=5b$ …… ㉠

Step 2 두 직선 OA, OB의 기울기의 곱이 $\dfrac{5}{4}$임을 이용한다.

직선 OA의 기울기는 $\dfrac{a}{\frac{1}{2b}}=2ab$이고, 직선 OB의 기울기는

$\dfrac{a}{\frac{5}{2b}}=\dfrac{2ab}{5}$이므로

$2ab\times\dfrac{2ab}{5}=\dfrac{4a^2b^2}{5}=\dfrac{5}{4}$

$a^2b^2=\dfrac{25}{16}$ $\quad\therefore ab=\dfrac{5}{4}$ …… ㉡

→ a, b 모두 양수이므로 $ab>0$이야.

㉠, ㉡에서 $a=\dfrac{5}{2}$, $b=\dfrac{1}{2}$이므로 $a+b=3$

11 [정답률 74%] 정답 ④

Step 1 주어진 식의 양변에 $x=1$, $x=0$을 각각 대입한다.

$xf(x)=2x^3+ax^2+3a+\displaystyle\int_1^x f(t)dt$ …… ㉠

㉠의 양변에 $x=1$을 대입하면

$f(1)=2+a+3a+0=2+4a$ → $\displaystyle\int_k^k f(x)dx=0$ (k는 실수)

㉠의 양변에 $x=0$을 대입하면

→ $\displaystyle\int_a^b f(x)dx=-\int_b^a f(x)dx$

$0=3a+\displaystyle\int_1^0 f(t)dt=3a-\int_0^1 f(t)dt$

이때 $f(1)=\displaystyle\int_0^1 f(t)dt$이므로

$3a-(2+4a)=0$ $\quad\therefore a=-2,\ f(1)=-6$

→ $f(1)=2+4a=2-8=-6$

Step 2 주어진 식의 양변을 미분한다.

㉠의 양변을 미분하면 → $3a-\displaystyle\int_0^1 f(t)dt=0$에 $\displaystyle\int_0^1 f(t)dt=2+4a$를 대입했어.

$f(x)+xf'(x)=6x^2-4x+f(x)$

$\therefore f'(x)=6x-4$

→ $\displaystyle\int_1^x f(t)dt$를 x에 대하여 미분하면 $f(x)$야.

$f(x)=\displaystyle\int f'(x)dx=\int(6x-4)dx$

$\quad=3x^2-4x+C$ (단, C는 적분상수)

이때 $f(1)=-6$이므로 $3-4+C=-6$ $\quad\therefore C=-5$

→ $f(x)=3x^2-4x-5$

따라서 $a=-2$, $f(3)=27-12-5=10$이므로 $a+f(3)=8$

12 [정답률 72%] 정답 ②

Step 1 사인법칙을 이용하여 선분 BC의 길이를 구한다.

삼각형 ABC의 외접원의 반지름의 길이가 $2\sqrt{7}$이고 $\angle\text{BAC}=\dfrac{\pi}{3}$

이므로 사인법칙에 의하여 $\dfrac{\overline{\text{BC}}}{\sin\frac{\pi}{3}}=4\sqrt{7}$

→ 삼각형 ABC에서 $\dfrac{a}{\sin A}=\dfrac{b}{\sin B}=\dfrac{c}{\sin C}=2R$ (R은 삼각형 ABC의 외접원의 반지름의 길이)

$\therefore \overline{\text{BC}}=4\sqrt{7}\times\sin\dfrac{\pi}{3}=2\sqrt{21}$ → $\dfrac{\sqrt{3}}{2}$

Step 2 사인법칙을 이용하여 선분 BD의 길이를 구한다.

삼각형 BCD의 외접원의 반지름의 길이가 $2\sqrt{7}$이고

→ 삼각형 ABC의 외접원과 같아.

$\sin(\angle\text{BCD})=\dfrac{2\sqrt{7}}{7}$이므로 사인법칙에 의하여

$\dfrac{\overline{\text{BD}}}{\frac{2\sqrt{7}}{7}}=4\sqrt{7}$ $\quad\therefore \overline{\text{BD}}=8$

Step 3 코사인법칙을 이용하여 선분 CD의 길이를 구한다.

$\angle\text{BDC}=\pi-\angle\text{BAC}=\dfrac{2}{3}\pi$이므로

→ 원에 내접하는 사각형에서 마주보는 두 각의 크기의 합은 π야.

$\overline{\text{CD}}=x$라 하면 삼각형 BCD에서 코사인법칙에 의하여

$\overline{\text{BC}}^2=\overline{\text{BD}}^2+\overline{\text{CD}}^2-2\times\overline{\text{BD}}\times\overline{\text{CD}}\times\cos\dfrac{2}{3}\pi$

$84=64+x^2-16x\times\left(-\dfrac{1}{2}\right)$

$x^2+8x-20=(x+10)(x-2)=0$

$\therefore x=2$ ($\because x>0$) → x는 선분의 길이야.

따라서 $\overline{\text{BD}}+\overline{\text{CD}}=8+2=10$이다.

13 [정답률 56%] 정답 ②

Step 1 조건 (가)에서 $a_m<0$, $a_{m+3}>0$임을 이용한다.

$a_1=-45<0$, $d>0$이므로 → d는 자연수

$|a_m|=|a_{m+3}|$에서 $a_m<0$, $a_{m+3}>0$

$-a_m=a_{m+3}$에서 $a_m+a_{m+3}=0$ → $a_m<0$이므로 $|a_m|=-a_m$

$\{-45+(m-1)d\}+\{-45+(m+2)d\}=0$

$\therefore (2m+1)d=90$ → m은 자연수이므로 $2m+1$은 홀수야. 홀수를 곱했을 때 짝수가 되려면 d는 짝수이어야 해.

따라서 d는 짝수이면서 90의 양의 약수이므로 이를 만족시키는 순서쌍 $(d,\ m)$을 구하면 $(2,\ 22)$, $(6,\ 7)$, $(10,\ 4)$, $(18,\ 2)$, $(30,\ 1)$

Step 2 조건 (나)를 이용한다.

수열 $\{a_n\}$에 대하여 점 $(n,\ a_n)$을 좌표평면 위에 나타내면 다음과 같다.

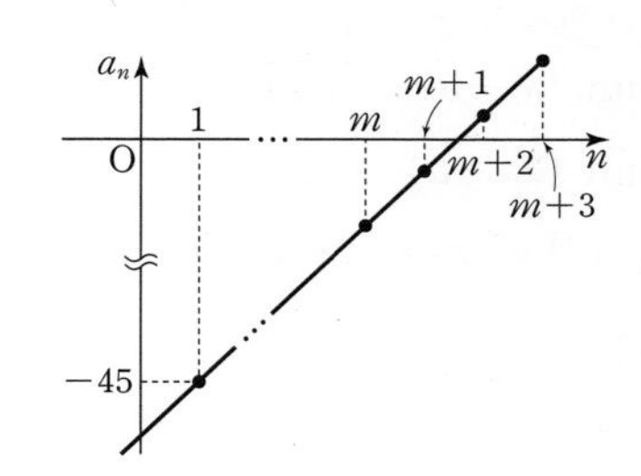

위 그림에서 $a_n<0$인 가장 큰 자연수 n은 $m+1$이므로

$\displaystyle\sum_{k=1}^{n}a_k$의 최솟값은 $\displaystyle\sum_{k=1}^{m+1}a_k$이다.

→ 두 값 a_m, a_{m+3}이 절댓값은 같고 부호는 반대이며 그 차가 $3d$이므로 $a_{m+1}=-\dfrac{1}{2}d$, $a_{m+2}=\dfrac{1}{2}d$야.

즉, 조건 (나)를 만족시키려면 $\displaystyle\sum_{k=1}^{m+1}a_k>-100$이어야 한다.

이때, $\displaystyle\sum_{k=1}^{m+1}a_k=\dfrac{(m+1)\{2\times(-45)+md\}}{2}$

$\quad=\dfrac{(m+1)(-90+md)}{2}$

→ 첫째항이 a, 공차가 d인 등차수열의 합 $\displaystyle\sum_{k=1}^{n}a_k=\dfrac{n\{2a+(n-1)d\}}{2}$

이고, $(2m+1)d=90$에서 $md=45-\dfrac{d}{2}$이므로

본문 218쪽

$$\frac{(m+1)\left\{-90+\left(45-\frac{d}{2}\right)\right\}}{2}>-100$$

$(m+1)(90+d)<400$

Step 1 의 순서쌍 $(d,\ m)$ 중 이를 만족하는 것은 $(18,\ 2)$, $(30,\ 1)$ 이므로 조건을 만족시키는 모든 자연수 d의 값의 합은 $18+30=48$

14 [정답률 60%]

정답 ⑤

Step 1 함수 $g(x)$를 구한다.

$f(x)$는 최고차항의 계수가 1인 삼차함수이고

$f'(0)=f'(2)=0$이므로 $f'(x)=3x(x-2)$ → $f(x)=x^3+\cdots$이므로 $f'(x)=3x^2+\cdots$

$\therefore f(x)=\int f'(x)dx=\int(3x^2-6x)dx$

$=x^3-3x^2+C$ (단, C는 적분상수)

따라서 $g(x)=\begin{cases} x^3-3x^2 & (x\le 0) \\ x^3+(3p-3)x^2+(3p^2-6p)x & (x>0)\end{cases}$

Step 2 $p=1$일 때 $g'(x)$를 구한다. → $f(x+p)-f(p)=(x+p)^3-3(x+p)^2+C-(p^3-3p^2+C)$

ㄱ. $p=1$일 때, $g(x)=\begin{cases} x^3-3x^2 & (x\le 0) \\ x^3-3x & (x>0)\end{cases}$

따라서 $g'(x)=\begin{cases} 3x^2-6x & (x<0) \\ 3x^2-3 & (x>0)\end{cases}$

$\therefore g'(1)=0$ (참) → $g'(x)=3x^2-3$에 $x=1$을 대입해야 해.

Step 3 $x=0$에서 함수 $g(x)$가 미분가능하도록 하는 p의 값을 구한다.

ㄴ. $\lim_{x\to 0-}g(x)=\lim_{x\to 0+}g(x)=g(0)=0$이므로 함수 $g(x)$는 $x=0$에서 연속이다. → 극한값이 존재하고 극한값과 함숫값이 같아.

$\lim_{x\to 0-}g'(x)=\lim_{x\to 0-}(3x^2-6x)=0$

$\lim_{x\to 0+}g'(x)=\lim_{x\to 0+}\{3x^2+2(3p-3)x+(3p^2-6p)\}=3p^2-6p$

함수 $g(x)$가 $x=0$에서 미분가능하려면 → $x=0$에서의 좌미분계수와 우미분계수가 같아야 해.

$3p^2-6p=0 \quad \therefore p=2\ (\because p>0)$

따라서 함수 $g(x)$가 실수 전체의 집합에서 미분가능하도록 하는 양수 p의 개수는 1이다. (참)

$3p(p-2)$

Step 4 $\int_{-1}^{1}g(x)dx$를 구한다.

ㄷ. $\int_{-1}^{1}g(x)dx=\int_{-1}^{0}g(x)dx+\int_{0}^{1}g(x)dx$

$\int_{-1}^{0}g(x)dx=\int_{-1}^{0}(x^3-3x^2)dx$

$=\left[\frac{1}{4}x^4-x^3\right]_{-1}^{0}=-\frac{5}{4}$ → $0-\left(\frac{1}{4}+1\right)$

$\int_{0}^{1}g(x)dx=\int_{0}^{1}\{x^3+(3p-3)x^2+(3p^2-6p)x\}dx$

$=\left[\frac{1}{4}x^4+(p-1)x^3+\frac{3p^2-6p}{2}x^2\right]_{0}^{1}$

$=\frac{3}{2}p^2-2p-\frac{3}{4}$ → $\frac{1}{4}+p-1+\frac{3p^2-6p}{2}$

$\therefore \int_{-1}^{1}g(x)dx=-\frac{5}{4}+\left(\frac{3}{2}p^2-2p-\frac{3}{4}\right)$

$=\frac{1}{2}(3p+2)(p-2)$ → $\frac{3}{2}p^2-2p-2=\frac{1}{2}(3p^2-4p-4)$

따라서 $p\ge 2$일 때, $\int_{-1}^{1}g(x)dx\ge 0$이다. (참)

그러므로 옳은 것은 ㄱ, ㄴ, ㄷ이다.

15 [정답률 37%]

정답 ①

Step 1 $a_5+a_6=0$임을 이용하여 a_5의 값을 구한다.

$a_5+a_6=0$에서 $a_6=-a_5$

(ⅰ) $-1\le a_5<-\frac{1}{2}$일 때,

$a_6=-2a_5-2=-a_5$에서 $a_5=-2$

이때 $-1\le a_5<-\frac{1}{2}$을 만족하지 않으므로 -2는 a_5의 값이 될 수 없다.

(ⅱ) $-\frac{1}{2}\le a_5\le\frac{1}{2}$일 때,

$a_6=2a_5=-a_5$에서 $a_5=0$ → $-\frac{1}{2}\le a_5\le\frac{1}{2}$을 만족해.

(ⅲ) $\frac{1}{2}<a_5\le 1$일 때,

$a_6=-2a_5+2=-a_5$에서 $a_5=2$

이때 $\frac{1}{2}<a_5\le 1$을 만족하지 않으므로 2는 a_5의 값이 될 수 없다.

(ⅰ)~(ⅲ)에 의하여 $a_5=0$이다.

Step 2 a_4의 값에 따라 경우를 나누어 가능한 a_1의 값을 모두 구한다.

$a_5=0$이므로 $a_4=-1$ 또는 $a_4=0$ 또는 $a_4=1$이다. → $-2a_4-2=0$ / $2a_4=0$ / $-2a_4+2=0$

(ⅳ) $a_4=-1$일 때,

$a_3<0$, $a_2<0$, $a_1<0$이므로 조건을 만족시키지 않는다. → $a_3=-\frac{1}{2}$이므로 음수야. / $\sum_{k=1}^{5}a_k>0$

(ⅴ) $a_4=0$일 때, → $a_5=0$일 때와 동일한 원리야.

① $a_3=-1$일 때, $a_2<0$, $a_1<0$이므로 조건을 만족시키지 않는다.

② $a_3=0$일 때, $a_2=0$ 또는 $a_2=1$ 또는 $a_2=-1$

$a_2=0$일 때 $a_1=1$이고, $a_2=1$일 때 $a_1=\frac{1}{2}$이다.

$a_2=-1$일 경우 $|a_1|\le 1$에서 a_1의 최댓값이 1이므로 조건을 만족시키지 않는다. → $a_1=-1$, $a_1=0$일 때는 $\sum_{k=1}^{5}a_k>0$을 만족하지 않아.

③ $a_3=1$일 때, $a_2=\frac{1}{2}$ → $2a_2=a_3=1$에서 $a_2=\frac{1}{2}$

$a_1=\frac{1}{4}$ 또는 $a_1=\frac{3}{4}$

(ⅵ) $a_4=1$일 때, $a_3=\frac{1}{2}$

$a_2=\frac{1}{4}$ 또는 $a_2=\frac{3}{4}$ → $-2a_2+2=a_3=\frac{1}{2}$

① $a_2=\frac{1}{4}$일 때, $a_1=\frac{1}{8}$ 또는 $a_1=\frac{7}{8}$

② $a_2=\frac{3}{4}$일 때, $a_1=\frac{3}{8}$ 또는 $a_1=\frac{5}{8}$

(ⅳ)~(ⅵ)에 의하여 모든 a_1의 값의 합은

$$\left(1+\frac{1}{2}\right)+\left(\frac{1}{4}+\frac{3}{4}\right)+\left(\frac{1}{8}+\frac{7}{8}\right)+\left(\frac{3}{8}+\frac{5}{8}\right)=\frac{9}{2}$$

16 [정답률 91%]

정답 2

Step 1 로그의 성질을 이용한다.

$\log_2 100-2\log_2 5=\log_2 100-\log_2 5^2=\log_2\frac{100}{5^2}$

$=\log_2 4=2$ → $\log_a m-\log_a n=\log_a\frac{m}{n}$

17 [정답률 92%]

정답 8

Step 1 부정적분을 이용하여 $f(x)$를 구한다.

$f(x)=\int f'(x)dx=\int(8x^3-12x^2+7)dx$

$=2x^4-4x^3+7x+C$ (단, C는 적분상수)

이때 $f(0)=C=3$이므로 $f(1)=2-4+7+3=8$

→ $f(x)=2x^4-4x^3+7x+3$

18 [정답률 77%]

정답 9

Step 1 $\sum$의 성질을 이용하여 $\sum_{k=1}^{10} b_k$의 값을 구한다.

$\sum_{k=1}^{10}(a_k+2b_k)=\sum_{k=1}^{10}a_k+2\sum_{k=1}^{10}b_k=45$ ······ ㉠

$\sum_{k=1}^{10}(a_k-b_k)=\sum_{k=1}^{10}a_k-\sum_{k=1}^{10}b_k=3$ ······ ㉡

㉠, ㉡에서 $3\sum_{k=1}^{10}b_k=42$ $\quad\therefore \sum_{k=1}^{10}b_k=14$

→ ㉠−㉡

따라서 $\sum_{k=1}^{10}\left(b_k-\frac{1}{2}\right)=\sum_{k=1}^{10}b_k-10\times\frac{1}{2}=14-5=9$

→ $\sum_{k=1}^{10}b_k-\sum_{k=1}^{10}\frac{1}{2}$

19 [정답률 72%]

정답 11

Step 1 함수 $f(x)$에서 x의 값이 0에서 4까지 변할 때의 평균변화율을 구한다.

함수 $f(x)$에서 x의 값이 0에서 4까지 변할 때의 평균변화율은

$\frac{f(4)-f(0)}{4-0}=\frac{(64-96+20)-0}{4-0}=-3$

→ m에서 n까지 변할 때의 평균변화율은 $\frac{f(n)-f(m)}{n-m}$

Step 2 $f'(x)$를 구한다.

$f'(x)=3x^2-12x+5$이므로

$f'(a)=3a^2-12a+5=-3$에서 $3a^2-12a+8=0$

Step 3 모든 실수 a의 값의 곱을 구한다.

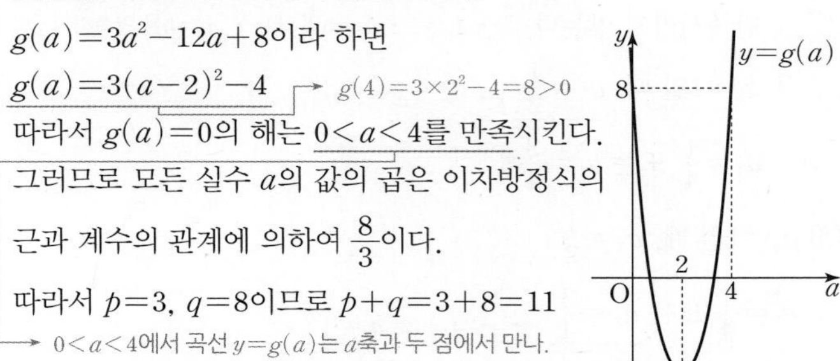

$g(a)=3a^2-12a+8$이라 하면

$g(a)=3(a-2)^2-4$ → $g(4)=3\times2^2-4=8>0$

따라서 $g(a)=0$의 해는 $0<a<4$를 만족시킨다.

그러므로 모든 실수 a의 값의 곱은 이차방정식의 근과 계수의 관계에 의하여 $\frac{8}{3}$이다.

따라서 $p=3$, $q=8$이므로 $p+q=3+8=11$

→ $0<a<4$에서 곡선 $y=g(a)$는 a축과 두 점에서 만나.

20 [정답률 31%]

정답 21

Step 1 $g(x)=f(x)+|f(x)+x|-6x$라 한 후, $f(x)+x=0$을 만족하는 x의 값을 기준으로 $g(x)$의 식을 구한다.

주어진 식에서 $f(x)+|f(x)+x|-6x=k$이므로

$g(x)=f(x)+|f(x)+x|-6x$라 하자.

→ 방정식의 해는 함수 $y=g(x)$의 그래프와 직선 $y=k$의 교점의 x좌표와 같아.

$$g(x)=\begin{cases}-7x & (f(x)<-x)\\ 2f(x)-5x & (f(x)\geq -x)\end{cases}$$

$f(x)+x=0$에서

$\frac{1}{2}x^3-\frac{9}{2}x^2+11x=\frac{1}{2}x(x^2-9x+22)=0$

이때 이차방정식 $x^2-9x+22=0$의 판별식을 D라 하면 $D<0$이므로 $f(x)+x=0$의 해는 $x=0$뿐이다.

즉, 곡선 $y=f(x)$와 직선 $y=-x$는 오직 원점에서만 만난다.

→ 모든 실수 x에 대하여 $x^2-9x+22>0$이야.

$$\therefore g(x)=\begin{cases}-7x & (x<0)\\ 2f(x)-5x & (x\geq 0)\end{cases}$$

Step 2 함수 $y=g(x)$의 그래프를 좌표평면 위에 나타낸다.

$h(x)=2f(x)-5x$라 하면

$h(x)=2\left(\frac{1}{2}x^3-\frac{9}{2}x^2+10x\right)-5x=x^3-9x^2+15x$

$h'(x)=3x^2-18x+15=3(x-1)(x-5)=0$에서

$x=1$ 또는 $x=5$ → $h(x)$의 극댓값, 극솟값을 알아보기 위해 미분했어.

따라서 함수 $h(x)$는 $x=1$에서 극댓값 $h(1)=1-9+15=7$, $x=5$에서 극솟값 $h(5)=125-225+75=-25$를 갖는다.

그러므로 함수 $g(x)=\begin{cases}-7x & (x<0)\\ h(x) & (x\geq 0)\end{cases}$의 그래프를 좌표평면 위에 나타내면 다음과 같다.

→ 함수 $h(x)$의 최고차항의 계수가 양수이기 때문이야.

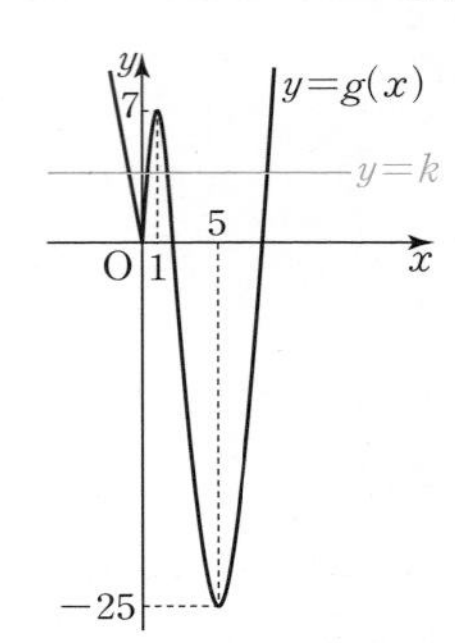

주어진 방정식의 서로 다른 실근의 개수가 4이려면 함수 $y=g(x)$의 그래프와 직선 $y=k$가 서로 다른 네 점에서 만나야 하므로

$0<k<7$

따라서 모든 정수 k의 값의 합은 21이다.

→ $k=1, 2, 3, 4, 5, 6$

21 [정답률 17%]

정답 192

Step 1 두 곡선 $y=a^{x-1}$, $y=\log_a(x-1)$이 직선 $y=x-1$에 대하여 대칭임을 이용한다.

곡선 $y=a^{x-1}$은 곡선 $y=a^x$을 x축의 방향으로 1만큼 평행이동한 것이고, 곡선 $y=\log_a(x-1)$은 곡선 $y=\log_a x$를 x축의 방향으로 1만큼 평행이동한 것이다. → x 대신 $x-1$ 대입

이때 두 곡선 $y=a^x$, $y=\log_a x$는 직선 $y=x$에 대하여 서로 대칭이므로 두 곡선 $y=a^{x-1}$, $y=\log_a(x-1)$은 직선 $y=x-1$에 대하여 서로 대칭이다.

→ 대칭인 직선도 x축의 방향으로 1만큼 평행이동하면 돼.

Step 2 $\overline{AB}=2\sqrt{2}$임을 이용한다.

두 직선 $y=x-1$, $y=-x+4$의 교점을 H라 하면 $H\left(\frac{5}{2}, \frac{3}{2}\right)$

→ $x-1=-x+4$에서 $x=\frac{5}{2}$

점 A는 직선 $y=-x+4$ 위의 점이므로 $A(m, -m+4)$라 하면

$\overline{AH}=\frac{1}{2}\overline{AB}=\sqrt{2}$이므로

$\sqrt{\left(m-\frac{5}{2}\right)^2+\left(-m+\frac{5}{2}\right)^2}=\sqrt{2}$ → $=\left(m-\frac{5}{2}\right)^2+\left(m-\frac{5}{2}\right)^2=2\left(m-\frac{5}{2}\right)^2$

$\sqrt{2}\left|m-\frac{5}{2}\right|=\sqrt{2}$, $\left|m-\frac{5}{2}\right|=1$

$\therefore m=\frac{3}{2}$ $\left(\because m<\frac{5}{2}\right)$

→ 점 H의 x좌표보다 작아야 해.

$\therefore A\left(\frac{3}{2}, \frac{5}{2}\right)$

점 $A\left(\frac{3}{2}, \frac{5}{2}\right)$는 곡선 $y=a^{x-1}$ 위의 점이므로

$\frac{5}{2}=a^{\frac{1}{2}}$ $\quad\therefore a=\frac{25}{4}$ → $\left(\frac{5}{2}\right)^2=\left(a^{\frac{1}{2}}\right)^2$

Step 3 삼각형 ABC의 넓이를 구한다.

점 C의 좌표는 $C\left(0, \frac{4}{25}\right)$이므로 점 C와 직선 $y=-x+4$ 사이의 거리는

→ $y=\left(\frac{25}{4}\right)^{x-1}$에 $x=0$ 대입 → $x+y-4=0$

$\frac{\left|0+\frac{4}{25}-4\right|}{\sqrt{1+1}}=\frac{48\sqrt{2}}{25}$

따라서 삼각형 ABC의 넓이는

$S=\frac{1}{2}\times2\sqrt{2}\times\frac{48\sqrt{2}}{25}=\frac{96}{25}$

→ $\overline{AB}$ → 점 C와 직선 $y=-x+4$ 사이의 거리

$\therefore 50\times S=50\times\frac{96}{25}=192$

본문 220쪽

22 [정답률 5%]

정답 108

Step 1 $k(x)=|f(x)|$로 놓고 주어진 식을 변형한다.

$k(x)=|f(x)|$라 하면 함수 $f(x)$는 삼차함수이므로 모든 x에 대하여
→ 다항함수야.

$$\lim_{h\to0+}\frac{k(x+h)-k(x)}{h},\ \lim_{h\to0-}\frac{k(x+h)-k(x)}{h}$$

의 값이 항상 존재한다.

$$\lim_{h\to0+}\frac{|f(x+h)|-|f(x-h)|}{h}$$

$$=\lim_{h\to0+}\frac{\{|f(x+h)|-|f(x)|\}-\{|f(x-h)|-|f(x)|\}}{h}$$

→ 함수 $k(x)$의 우미분계수 → 함수 $k(x)$의 좌미분계수

$$=\lim_{h\to0+}\frac{k(x+h)-k(x)}{h}+\lim_{h\to0+}\frac{k(x-h)-k(x)}{-h}$$

Step 2 함수 $y=f(x)$의 그래프의 개형에 따라 경우를 나눈다.

(i) 함수 $f(x)$의 극값이 존재하지 않고 $f(\alpha)=0$, $f'(\alpha)\neq0$인 경우

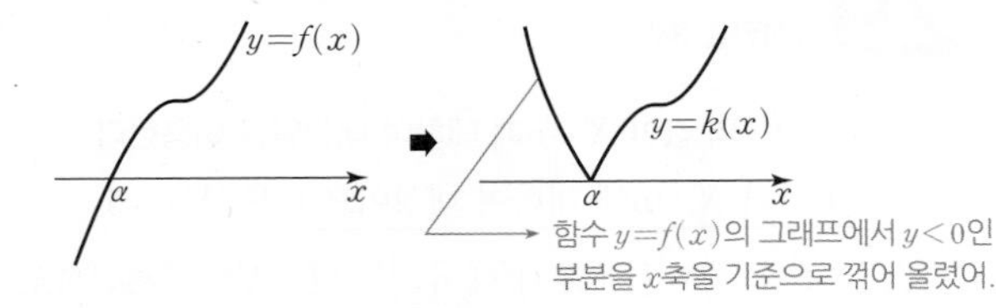

$$g(x)=f(x-3)\times\left\{\lim_{h\to0+}\frac{k(x+h)-k(x)}{h}+\lim_{h\to0+}\frac{k(x-h)-k(x)}{-h}\right\}$$

$$=\begin{cases}f(x-3)\times\{-2f'(x)\} & (x<\alpha)\\ 0 & (x=\alpha)\\ f(x-3)\times2f'(x) & (x>\alpha)\end{cases}$$

→ $x<\alpha$일 때 $k(x)=-f(x)$야.
→ $x=\alpha$에서의 좌미분계수와 우미분계수의 값은 절댓값이 같고 부호가 반대야.

이때 조건 (가)를 만족시키려면 $\lim_{x\to\alpha-}g(x)=\lim_{x\to\alpha+}g(x)=g(\alpha)$

이어야 하므로

$f(\alpha-3)\times\{-2f'(\alpha)\}=f(\alpha-3)\times2f'(\alpha)=0$

그런데 $f'(\alpha)\neq0$, $f(\alpha-3)\neq0$이므로 조건에 모순이다.

(ii) 함수 $f(x)$의 극값이 존재하지 않고 $f(\alpha)=0$, $f'(\alpha)=0$인 경우
→ $f(\alpha-3)\times f'(\alpha)\neq0$

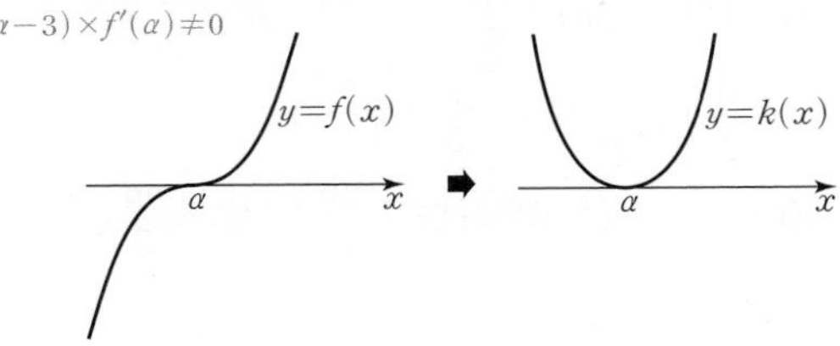

$f'(\alpha)=0$이므로 $f(\alpha-3)\times\{-2f'(\alpha)\}=f(\alpha-3)\times2f'(\alpha)=0$

을 만족시킨다.

그런데 방정식 $g(x)=0$을 만족시키는 실근이 $x=\alpha$ 또는 $x=\alpha+3$뿐이므로 조건 (나)를 만족시키지 않는다.
→ $f'(x)=0$을 만족시키는 x의 값이 α 하나뿐이야.
→ $f(x-3)=f(\alpha)=0$

(iii) 함수 $f(x)$의 극값이 존재하고 $f(\alpha)\neq0$, $f(\beta)\neq0$, $f'(\alpha)=f'(\beta)=0$인 경우

(i)과 마찬가지로 $f(t)=0$을 만족시키는 $x=t$에서 함수 $g(x)$가 연속이 아니므로 조건 (가)를 만족시키지 않는다.

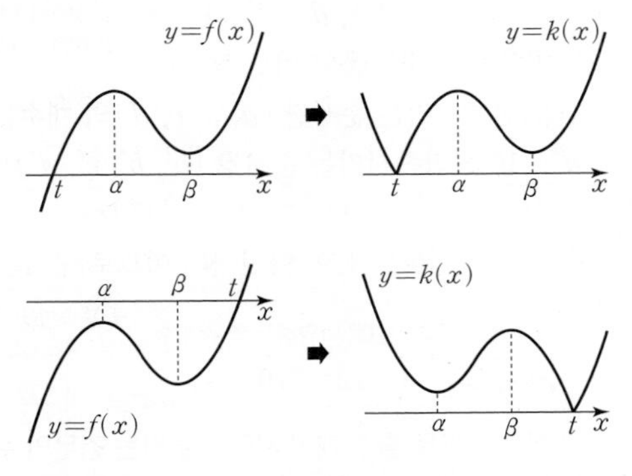

(iv) 함수 $f(x)$의 극값이 존재하고 $f(t)=0$, $f(\alpha)\neq0$, $f(\beta)=0$, $f'(\alpha)=f'(\beta)=0$ $(t<\alpha<\beta)$인 경우

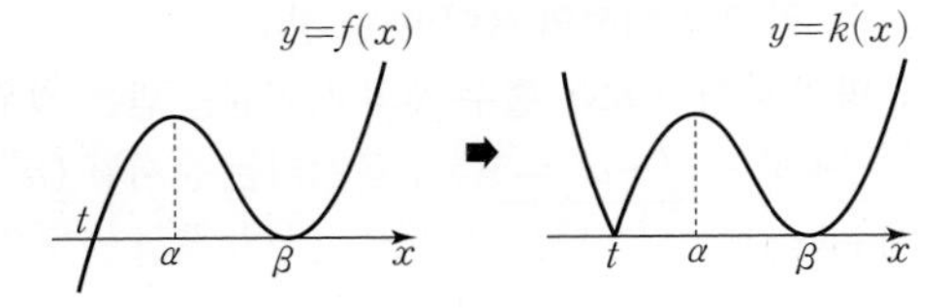

(i)과 마찬가지로 $f(t)=0$을 만족시키는 $x=t$에서 함수 $g(x)$가 연속이 아니므로 조건 (가)를 만족시키지 않는다.

(v) 함수 $f(x)$의 극값이 존재하고 $f(l)=0$, $f(m)=0$, $f(n)=0$, $f'(\alpha)=f'(\beta)=0$ $(l<\alpha<m<\beta<n)$인 경우
→ $x=l, m, n$에서 x축과 만나고 $x=\alpha, \beta$에서 극값을 가져.

(i)과 마찬가지로 $f(x)=0$을 만족시키는 x의 값에서 함수 $g(x)$가 연속이 아니므로 조건 (가)를 만족시키지 않는다.
→ l, m, n

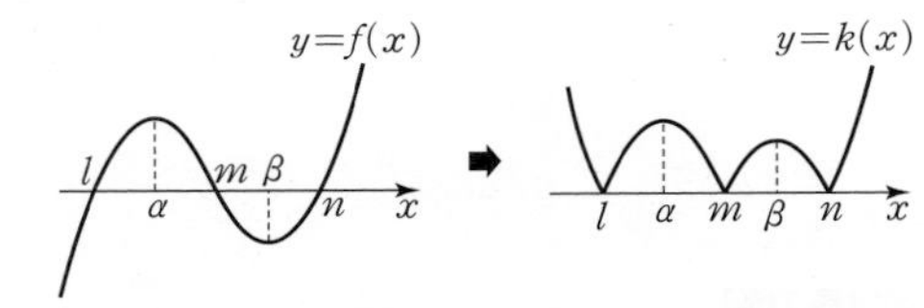

(vi) 함수 $f(x)$의 극값이 존재하고 $f(t)=0$, $f(\alpha)=0$, $f(\beta)\neq0$, $f'(\alpha)=f'(\beta)=0$ $(\alpha<\beta<t)$인 경우
→ $x=\alpha$에서 x축에 접해.

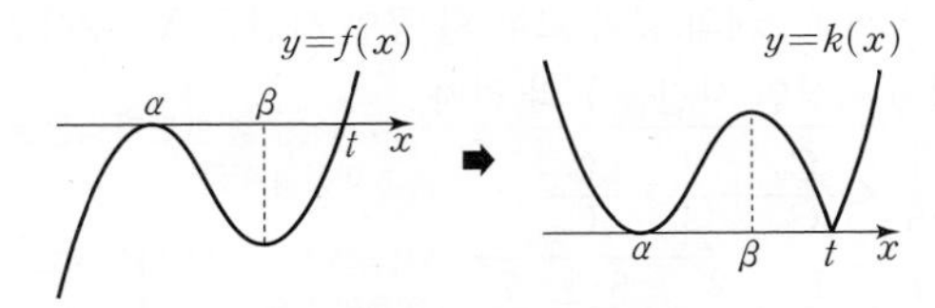

$f(t-3)\times\{-2f'(t)\}=f(t-3)\times2f'(t)=0$에서 $f'(t)\neq0$이므로 $f(t-3)=0$이어야 한다.
→ 그래프를 보면 알 수 있어.

$t-3=\alpha\quad\therefore t=\alpha+3$ ⋯⋯ ㉠
→ $f(\alpha)=0$

또한 방정식 $g(x)=0$의 서로 다른 실근은 $x<t$일 때 $x=\alpha$ 또는 $x=\beta$, $x=t$, $x>t$일 때 $x=t+3$
→ $f((t+3)-3)=f(t)=0$이므로 $g(t+3)=0$

조건 (나)에서 서로 다른 네 실근의 합이 7이므로

$\alpha+\beta+t+(t+3)=7\quad\therefore \alpha+\beta+2t=4$ ⋯⋯ ㉡

$f(x)=(x-\alpha)^2(x-t)$에서 $f'(x)=(x-\alpha)(3x-2t-\alpha)$

이므로
→ $f'(\alpha)=f'(\beta)=0$이므로 $g(\alpha)=g(\beta)=0$

$\beta=\dfrac{\alpha+2t}{3}$ ⋯⋯ ㉢

→ $f'(x)=0$에서 $x=\alpha$ 또는 $x=\dfrac{\alpha+2t}{3}$
$f'(\alpha)=f'(\beta)=0$이므로 $\beta=\dfrac{\alpha+2t}{3}$

㉢을 ㉡에 대입하여 정리하면 $\alpha+2t=3$ ⋯⋯ ㉣

㉠, ㉣을 연립하여 풀면 $\alpha=-1$, $t=2$이므로

$f(x)=(x+1)^2(x-2)$

$\therefore f(5)=6^2\times3=108$

확률과 통계

23 [정답률 91%]

정답 ③

Step 1 $\mathrm{E}(X)$의 값을 구한다.

$\mathrm{E}(X)=60\times\dfrac{1}{4}=15$
→ 확률변수 X가 이항분포 $\mathrm{B}(n, p)$를 따를 때 $\mathrm{E}(X)=np$

24 [정답률 86%]

정답 ③

Step 1 $a\times b>31$을 만족시키는 순서쌍 (a, b)를 모두 구한다.

$a\times b>31$을 만족시키는 a, b의 순서쌍 (a, b)는 $(5, 8)$, $(7, 6)$, $(7, 8)$

모든 a, b의 순서쌍 (a, b)의 개수는 $4\times4=16$
→ 가능한 a, b의 개수는 각각 4야.

따라서 구하는 확률은 $\dfrac{3}{16}$이다.

25 [정답률 83%]

정답 ②

Step 1 $\left(x^2+\dfrac{a}{x}\right)^5$의 전개식의 일반항을 구한다.

$\left(x^2+\dfrac{a}{x}\right)^5$의 전개식의 일반항은

${}_5\mathrm{C}_r(x^2)^{5-r}\left(\dfrac{a}{x}\right)^r={}_5\mathrm{C}_ra^rx^{10-3r}$ (단, $r=0, 1, 2, 3, 4, 5$)
→ x^{10-2r} → $\dfrac{a^r}{x^r}=a^rx^{-r}$

Step 2 $\frac{1}{x^2}$의 계수와 x의 계수를 구한다.

$10-3r=-2$에서 $r=4$이므로 $\frac{1}{x^2}$의 계수는 ${}_5C_4a^4=5a^4$ (x^{-2})

$10-3r=1$에서 $r=3$이므로 x의 계수는 ${}_5C_3a^3=10a^3$

따라서 $5a^4=10a^3$에서 $a=2$이다. ($a>0$)

26 [정답률 71%] 정답 ①

Step 1 주머니에서 꺼낸 2개의 공이 모두 흰색일 확률을 구한다.

주머니에서 꺼낸 2개의 공이 모두 흰 공인 사건을 X, 주사위의 눈의 수가 5 이상인 사건을 Y라 하자.

$$\mathrm{P}(X)=\frac{1}{3}\times\frac{{}_2C_2}{{}_6C_2}+\frac{2}{3}\times\frac{{}_3C_2}{{}_6C_2}=\frac{1}{3}\times\frac{1}{15}+\frac{2}{3}\times\frac{3}{15}=\frac{7}{45}$$

($\frac{1}{3}$: 주사위를 한 번 던져 나온 눈의 수가 5 이상일 확률, $\frac{2}{3}$: 주사위를 한 번 던져 나온 눈의 수가 4 이하일 확률)

Step 2 나온 눈의 수가 5 이상이면서 2개의 공이 모두 흰색일 확률을 구한다.

$$\mathrm{P}(X\cap Y)=\frac{1}{3}\times\frac{{}_2C_2}{{}_6C_2}=\frac{1}{3}\times\frac{1}{15}=\frac{1}{45}$$

$$\therefore \mathrm{P}(Y|X)=\frac{\mathrm{P}(X\cap Y)}{\mathrm{P}(X)}=\frac{\frac{1}{45}}{\frac{7}{45}}=\frac{1}{7}$$

27 [정답률 62%] 정답 ⑤

Step 1 두 확률변수 $\overline{X}$, $\overline{Y}$가 따르는 정규분포를 각각 구한다.

확률변수 X의 표준편차를 σ라 하면 확률변수 X는 정규분포 $\mathrm{N}(220,\ \sigma^2)$을 따른다.

또한 확률변수 Y는 정규분포 $\mathrm{N}(240,\ (1.5\sigma)^2)$을 따른다. (조건 (나)에서 확률변수 Y의 표준편차는 $1.5\times\sigma$야.)

따라서 확률변수 $\overline{X}$는 정규분포 $\mathrm{N}\left(220,\ \left(\frac{\sigma}{\sqrt{n}}\right)^2\right)$, 확률변수 $\overline{Y}$는 정규분포 $\mathrm{N}\left(240,\ \left(\frac{0.5\sigma}{\sqrt{n}}\right)^2\right)$을 따른다. ($\frac{1.5\sigma}{\sqrt{9n}}=\frac{1.5\sigma}{3\sqrt{n}}=\frac{0.5\sigma}{\sqrt{n}}$)

Step 2 $\mathrm{P}(\overline{Y}\geq 235)$의 값을 구한다.

$$\mathrm{P}(\overline{X}\leq 215)=\mathrm{P}\left(Z\leq\frac{215-220}{\frac{\sigma}{\sqrt{n}}}\right)=\mathrm{P}\left(Z\leq\frac{-5}{\frac{\sigma}{\sqrt{n}}}\right)=0.1587$$

(정규분포의 표준화)

이때 $\mathrm{P}(Z\leq -1)=0.5-0.3413=0.1587$이므로 ($0.5-\mathrm{P}(0\leq Z\leq 1)$)

$\frac{-5}{\frac{\sigma}{\sqrt{n}}}=-1 \quad \therefore \frac{\sigma}{\sqrt{n}}=5$

(정규분포의 표준화)

$$\therefore \mathrm{P}(\overline{Y}\geq 235)=\mathrm{P}\left(Z\geq\frac{235-240}{\frac{0.5\sigma}{\sqrt{n}}}\right)=\mathrm{P}\left(Z\geq\frac{-5}{0.5\times\frac{\sigma}{\sqrt{n}}}\right)$$

$$=\mathrm{P}(Z\geq -2)=0.9772$$

($\frac{-5}{0.5\times5}=-\frac{1}{0.5}=-2$)

($\mathrm{P}(-2\leq Z\leq 0)+0.5=\mathrm{P}(0\leq Z\leq 2)+0.5=0.4772+0.5=0.9772$)

28 [정답률 69%] 정답 ④

Step 1 가능한 순서쌍 $(f(3),\ f(4))$를 모두 구한다. ($f(3)=1$이면 가능한 $f(1)$, $f(2)$의 값이 존재하지 않아.)

조건 (나)에 의하여 $f(3)\neq 1$, 조건 (다)에 의하여 $f(4)\neq 6$이다.

조건 (가)에서 $f(3)$, $f(4)$의 순서쌍 $(f(3),\ f(4))$는 $(2,\ 3)$, $(3,\ 2)$, $(4,\ 1)$, $(5,\ 5)$, $(6,\ 4)$

Step 2 함수 f의 개수를 구한다.

(i) $f(3)=2$, $f(4)=3$일 때,
함수 f의 개수는 $1\times1\times3\times3=9$ ($f(5)$, $f(6)$의 값은 4, 5, 6 중 하나가 될 수 있어. $f(1)=1$, $f(2)=1$)

(ii) $f(3)=3$, $f(4)=2$일 때,
함수 f의 개수는 $2\times2\times4\times4=64$ ($f(5)$, $f(6)$의 값은 3, 4, 5, 6 중 하나가 될 수 있어.)

(iii) $f(3)=4$, $f(4)=1$일 때, ($f(1)$, $f(2)$의 값은 1, 2 중 하나가 될 수 있어.)
함수 f의 개수는 $3\times3\times5\times5=225$

(iv) $f(3)=5$, $f(4)=5$일 때, ($f(5)$, $f(6)$의 값은 2, 3, 4, 5, 6 중 하나가 될 수 있어.)
함수 f의 개수는 $4\times4\times1\times1=16$

(v) $f(3)=6$, $f(4)=4$일 때, ($f(5)$, $f(6)$의 값은 오직 6만 가능해.)
함수 f의 개수는 $5\times5\times2\times2=100$

(i)~(v)에 의하여 함수 f의 개수는 $9+64+225+16+100=414$

29 [정답률 34%] 정답 78

Step 1 $\mathrm{P}(X)$의 값이 $X=5$에 대하여 대칭임을 이용한다.

$\mathrm{P}(X)$의 값이 $X=5$에 대하여 대칭이므로 $\mathrm{E}(X)=5$

$\mathrm{V}(X)=\mathrm{E}(X^2)-\{\mathrm{E}(X)\}^2$에서 $\frac{31}{5}=\mathrm{E}(X^2)-25$이므로

($\mathrm{P}(X=1)=\mathrm{P}(X=9)=a$, $\mathrm{P}(X=3)=\mathrm{P}(X=7)=b$)

$\mathrm{E}(X^2)=25+\frac{31}{5}$

$\therefore \mathrm{E}(X^2)=1^2\times a+3^2\times b+5^2\times c+7^2\times b+9^2\times a$ ($a+9b+25c+49b+81a$)

$=82a+58b+25c=25+\frac{31}{5}$ ······ ㉠

Step 2 $\mathrm{V}(Y)$의 값을 구한다. ($\mathrm{P}(Y=1)=\mathrm{P}(Y=9)$, $\mathrm{P}(Y=3)=\mathrm{P}(Y=7)$)

$\mathrm{P}(Y)$의 값이 $Y=5$에 대하여 대칭이므로 $\mathrm{E}(Y)=5$

$$\mathrm{E}(Y^2)=1^2\times\left(a+\frac{1}{20}\right)+3^2\times b+5^2\times\left(c-\frac{1}{10}\right)+7^2\times b+9^2\times\left(a+\frac{1}{20}\right)$$

$$=82\left(a+\frac{1}{20}\right)+58b+25\left(c-\frac{1}{10}\right)$$

$$=(82a+58b+25c)+\frac{8}{5}$$

($82\times\frac{1}{20}-25\times\frac{1}{10}=\frac{41-25}{10}=\frac{16}{10}$)

$$=\left(25+\frac{31}{5}\right)+\frac{8}{5}=25+\frac{39}{5}\ (\because ㉠)$$

$$\therefore \mathrm{V}(Y)=\mathrm{E}(Y^2)-\{\mathrm{E}(Y)\}^2=\left(25+\frac{39}{5}\right)-25=\frac{39}{5}$$

따라서 $10\times\mathrm{V}(Y)=78$이다.

30 [정답률 19%] 정답 218

Step 1 모든 경우의 수를 구한다.

A, B, C, D가 받는 사인펜의 개수를 각각 a, b, c, d라 하면

$a+b+c+d=14$ (단, a, b, c, d는 9 이하인 자연수)

$a=a'+1$, $b=b'+1$, $c=c'+1$, $d=d'+1$ (조건 (가)에서 1 이상이어야 하고, 조건 (나)에서 9 이하이어야 해.)

(단, a', b', c', d'은 8 이하의 음이 아닌 정수)

이라 하면 조건을 만족시키는 순서쌍 $(a,\ b,\ c,\ d)$의 개수는 방정식 $a'+b'+c'+d'=10$을 만족시키는 순서쌍 $(a',\ b',\ c',\ d')$의 개수와 같다. ($(a'+1)+(b'+1)+(c'+1)+(d'+1)=14$)

이때 a', b', c', d'은 8 이하의 음이 아닌 정수이므로 구하는 순서쌍의 개수는

$${}_4H_{10}-\frac{4!}{3!}-\frac{4!}{2!}={}_{13}C_{10}-4-12=270$$

(중복조합의 수 ${}_nH_r={}_{n+r-1}C_r$; 9, 1, 0, 0을 일렬로 나열하는 경우의 수; 10, 0, 0, 0을 일렬로 나열하는 경우의 수; $={}_{13}C_3=\frac{13\times12\times11}{3\times2\times1}$)

Step 2 네 명의 학생이 모두 홀수 개의 사인펜을 받는 경우의 수를 구한다.

$a=2a''+1$, $b=2b''+1$, $c=2c''+1$, $d=2d''+1$

(단, a'', b'', c'', d''은 4 이하의 음이 아닌 정수)

이라 하면 네 명의 학생이 모두 홀수 개의 사인펜을 받는 경우의 수는 방정식 $a''+b''+c''+d''=5$를 만족시키는 순서쌍 $(a'',\ b'',\ c'',\ d'')$의 개수와 같다. ($(2a''+1)+(2b''+1)+(2c''+1)+(2d''+1)=14$)

이때 a'', b'', c'', d''은 4 이하의 음이 아닌 정수이므로 구하는 순서쌍의 개수는

$${}_4H_5-\frac{4!}{3!}={}_8C_5-4=52$$

→ 5, 0, 0, 0을 일렬로 나열하는 경우의 수

→ $={}_8C_3=\frac{8\times7\times6}{3\times2\times1}$

따라서 모든 조건을 만족시키는 경우의 수는 $270-52=218$

다른 풀이 조건 (다)를 만족시키는 경우를 각각 구하는 풀이

Step 1 두 명의 학생은 짝수 개, 두 명의 학생은 홀수 개의 사인펜을 받는 경우의 수를 구한다.

A, B, C, D가 받는 사인펜의 개수를 각각 a, b, c, d라 하면

$a+b+c+d=14$ (단, a, b, c, d는 9 이하인 자연수)

조건 (가), (다)에 의하여 네 명의 학생 중 2명은 짝수 개, 2명은 홀수 개의 사인펜을 받거나 네 명의 학생 모두 짝수 개의 사인펜을 받는다.

→ 짝수 개를 받는 학생이 1명 또는 3명일 때는 합이 짝수인 14가 되도록 a, b, c, d의 값을 정해줄 수 없어.

(i) 2명은 짝수 개, 2명은 홀수 개의 사인펜을 받는 경우

4명의 학생 중 짝수 개의 사인펜을 받는 2명의 학생을 택하는 경우의 수는 ${}_4C_2$

$a=2a'+2$, $b=2b'+2$, $c=2c'+1$, $d=2d'+1$

(단, a', b'은 3 이하의 음이 아닌 정수, c', d'은 4 이하의 음이 아닌 정수)

→ $a'=4$일 때 $a=10$이므로 조건 (나)를 만족시키지 않아.

→ $(2a'+2)+(2b'+2)+(2c'+1)+(2d'+1)=14$

이라 하면 구하는 경우의 수는 방정식 $a'+b'+c'+d'=4$를 만족시키는 순서쌍 (a', b', c', d')의 개수와 같으므로

$${}_4H_4-2={}_{4+4-1}C_4-2={}_7C_4-2$$

→ $(4, 0, 0, 0)$, $(0, 4, 0, 0)$

따라서 조건을 만족시키는 경우의 수는 ${}_4C_2\times({}_7C_4-2)=198$

→ $=\frac{4\times3}{2\times1}=6$

Step 2 네 명의 학생이 모두 짝수 개의 사인펜을 받는 경우의 수를 구한다.

→ $={}_7C_3=\frac{7\times6\times5}{3\times2\times1}=35$

(ii) 4명 모두 짝수 개의 사인펜을 받는 경우

$a=2a'+2$, $b=2b'+2$, $c=2c'+2$, $d=2d'+2$

(단, a', b', c', d'은 3 이하의 음이 아닌 정수)

라 하면 구하는 경우의 수는 방정식 $a'+b'+c'+d'=3$을 만족시키는 순서쌍 (a', b', c', d')의 개수와 같다.

→ $(2a'+2)+(2b'+2)+(2c'+2)+(2d'+2)=14$

$${}_4H_3={}_{4+3-1}C_3={}_6C_3=20$$

(i), (ii)에 의하여 모든 조건을 만족시키는 경우의 수는

$198+20=218$

미적분

23 [정답률 94%]

정답 ③

Step 1 분모, 분자를 각각 3^n으로 나눈다.

$$\lim_{n\to\infty}\frac{2\times3^{n+1}+5}{3^n+2^{n+1}}=\lim_{n\to\infty}\frac{2\times3+\frac{5}{3^n}}{1+2\times\left(\frac{2}{3}\right)^n}$$

$$=\frac{6+0}{1+2\times0}=6$$

→ $\lim_{n\to\infty}\left(\frac{2}{3}\right)^n=0$, $\lim_{n\to\infty}\frac{5}{3^n}=0$

24 [정답률 92%]

정답 ②

Step 1 $\tan(\alpha+\beta)=\frac{\tan\alpha+\tan\beta}{1-\tan\alpha\tan\beta}$임을 이용한다.

$2\cos\alpha=3\sin\alpha$에서 $\tan\alpha=\frac{2}{3}$

→ $\frac{2}{3}=\frac{\sin\alpha}{\cos\alpha}$

$$\tan(\alpha+\beta)=\frac{\frac{2}{3}+\tan\beta}{1-\frac{2}{3}\tan\beta}=1\text{에서}$$

$$\frac{2}{3}+\tan\beta=1-\frac{2}{3}\tan\beta \qquad \therefore \tan\beta=\frac{1}{5}$$

→ $\frac{5}{3}\tan\beta=\frac{1}{3}$

25 [정답률 94%]

정답 ④

Step 1 $\frac{dx}{dt}$, $\frac{dy}{dt}$를 각각 구한다.

$x=e^t-4e^{-t}$에서 $\frac{dx}{dt}=e^t+4e^{-t}$

→ $(e^{-t})'=-e^{-t}$

$y=t+1$에서 $\frac{dy}{dt}=1$ $\qquad \therefore \frac{dy}{dx}=\frac{1}{e^t+4e^{-t}}$

→ $\frac{\frac{dy}{dt}}{\frac{dx}{dt}}$

따라서 $t=\ln 2$일 때, $\frac{dy}{dx}=\frac{1}{e^{\ln 2}+4e^{-\ln 2}}=\frac{1}{2+4\times\frac{1}{2}}=\frac{1}{4}$

→ $e^{\ln 2^{-1}}=e^{\ln\frac{1}{2}}=\frac{1}{2}$

26 [정답률 83%]

정답 ②

Step 1 x축에 수직인 평면으로 자른 단면의 넓이를 구한다.

x좌표가 t $(1\le t\le2)$인 점을 지나고 x축에 수직인 평면으로 자른 단면은 한 변의 길이가 $\sqrt{\frac{3t+1}{t^2}}$인 정사각형이므로 단면의 넓이를 $S(t)$라 하면

→ $y=\sqrt{\frac{3x+1}{x^2}}$에서 $x=t$일 때의 y좌표가 한 변의 길이야.

$$S(t)=\left(\sqrt{\frac{3t+1}{t^2}}\right)^2=\frac{3t+1}{t^2}$$

따라서 입체도형의 부피는

$$\int_1^2 S(t)dt=\int_1^2\frac{3t+1}{t^2}dt=\int_1^2\left(\frac{3}{t}+\frac{1}{t^2}\right)dt$$

$$=\left[3\ln|t|-\frac{1}{t}\right]_1^2$$

$$=\left(3\ln 2-\frac{1}{2}\right)-(0-1)=\frac{1}{2}+3\ln 2$$

→ $\int\frac{1}{t^2}dt=\int t^{-2}dt=-t^{-1}+C=-\frac{1}{t}+C$

(단, C는 적분상수)

27 [정답률 52%]

정답 ③

Step 1 S_1의 값을 구한다.

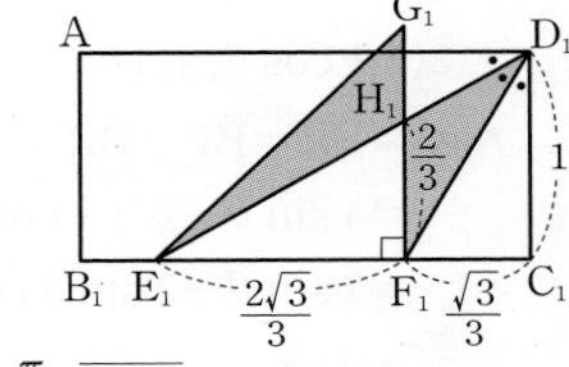

삼각형 $D_1F_1C_1$에서

$\angle F_1D_1C_1=\frac{\pi}{6}$, $\overline{D_1C_1}=1$이므로

$\overline{F_1C_1}=1\times\tan\frac{\pi}{6}=\frac{\sqrt{3}}{3}$ → $\frac{\sqrt{3}}{3}$

또한 삼각형 $D_1E_1C_1$에서 $\angle E_1D_1C_1=\frac{\pi}{3}$, $\overline{D_1C_1}=1$이므로

$\overline{E_1C_1}=1\times\tan\frac{\pi}{3}=\sqrt{3}$ → $\overline{D_1C_1}\times\tan(\angle E_1D_1C_1)$

$\therefore \overline{E_1F_1}=\sqrt{3}-\frac{\sqrt{3}}{3}=\frac{2\sqrt{3}}{3}$ → $\overline{E_1C_1}-\overline{F_1C_1}$

삼각형 $H_1E_1F_1$에서 $\angle H_1E_1F_1=\frac{\pi}{6}$, $\overline{E_1F_1}=\frac{2\sqrt{3}}{3}$이므로

→ $\angle AD_1E_1$과 엇각

$\overline{H_1F_1}=\frac{2\sqrt{3}}{3}\times\tan\frac{\pi}{6}=\frac{2}{3}$ → $\frac{1}{\sqrt{3}}$

$\therefore S_1=\triangle E_1F_1G_1+\triangle D_1E_1F_1-2\times\triangle H_1E_1F_1$

$=\frac{1}{2}\times\overline{E_1F_1}\times\overline{F_1G_1}+\frac{1}{2}\times\overline{E_1F_1}\times\overline{D_1C_1}-2\times\frac{1}{2}\times\overline{E_1F_1}\times\overline{H_1F_1}$

→ 문제에서 $\overline{E_1F_1}=\overline{F_1G_1}$이라 했어.

$=\frac{1}{2}\times\left(\frac{2\sqrt{3}}{3}\right)^2+\frac{1}{2}\times\frac{2\sqrt{3}}{3}\times1-2\times\frac{1}{2}\times\frac{2\sqrt{3}}{3}\times\frac{2}{3}$

$=\frac{6-\sqrt{3}}{9}$

$\angle C_2E_1I=\frac{\pi}{4}$이므로 삼각형 C_2E_1I는 $\overline{E_1I}=\overline{C_2I}$인 직각이등변삼각형이야.

Step 2 두 선분 AB_1, AB_2의 길이의 비를 구한다.

$\overline{AB_2}:\overline{B_2C_2}=1:2$이므로

$\overline{AB_2}=k$, $\overline{B_2C_2}=2k$ $(k>0)$라 하자.

점 C_2에서 선분 B_1C_1에 내린 수선의 발을 I라 하면

$\overline{E_1I}=\overline{C_2I}=1-k$, $\overline{IC_1}=2-2k$

→ $\overline{B_1C_1}-\overline{B_1I}$

이때 $\overline{E_1C_1}=\sqrt{3}$이므로 → $\overline{D_2I}-\overline{D_2C_2}$

$(1-k)+(2-2k)=\sqrt{3}$ $\qquad \therefore k=\frac{3-\sqrt{3}}{3}$

→ $\overline{E_1I}+\overline{IC_1}$

따라서 그림 R_1에서 ⩘ 모양의 도형과 그림 R_2에서 새로 그려지는 ⩘ 모양의 도형의 닮음비가 $1 : \frac{3-\sqrt{3}}{3}$이므로 넓이의 비는

$\overline{AB_1} : \overline{AB_2}$

$1^2 : \left(\frac{3-\sqrt{3}}{3}\right)^2 = 1 : \frac{4-2\sqrt{3}}{3}$이다.

$\frac{9-6\sqrt{3}+3}{9} = \frac{12-6\sqrt{3}}{9}$

Step 3 $\lim_{n\to\infty} S_n$의 값을 구한다.

그러므로 S_n은 첫째항이 $\frac{6-\sqrt{3}}{9}$이고, 공비가 $\frac{4-2\sqrt{3}}{3}$인 등비수열의 첫째항부터 제n항까지의 합이므로

$$\lim_{n\to\infty} S_n = \frac{\frac{6-\sqrt{3}}{9}}{1-\frac{4-2\sqrt{3}}{3}} = \frac{\sqrt{3}}{3}$$

$\frac{\frac{6-\sqrt{3}}{9}}{\frac{2\sqrt{3}-1}{3}} = \frac{6-\sqrt{3}}{3(2\sqrt{3}-1)} = \frac{(6-\sqrt{3})(2\sqrt{3}+1)}{3(2\sqrt{3}-1)(2\sqrt{3}+1)} = \frac{11\sqrt{3}}{3\times 11}$

28 [정답률 44%] 정답 ①

Step 1 $f(\theta)$를 구한다.

삼각형 PAB에서 사인법칙에 의하여

$\frac{\overline{BP}}{\sin\theta} = 2\times 2$ (외접원인 원 C의 반지름의 길이가 2야.)

$\therefore \overline{BP} = 4\sin\theta$

각 APB는 호 AB에 대한 원주각이므로 $\angle APB = \frac{\pi}{4}$

또한 삼각형 OAB는 직각이등변삼각형이므로 $\angle OBA = \frac{\pi}{4}$ (호 AB에 대한 중심각이 $\angle AOB = \frac{\pi}{2}$야.)

$\therefore \angle OBP = \pi - \left(\frac{\pi}{4}+\theta+\frac{\pi}{4}\right) = \frac{\pi}{2} - \theta$

삼각형 QBR에서 $\overline{QB} = 2+2\cos\theta$, $\angle QBR = \frac{\pi}{2}-\theta$이므로

$\overline{BR} = \overline{QB}\cos(\angle QBR) = (2+2\cos\theta)\cos\left(\frac{\pi}{2}-\theta\right)$ ($\cos\left(\frac{\pi}{2}-\theta\right) = \sin\theta$)

$= 2(1+\cos\theta)\sin\theta$

$\therefore f(\theta) = \overline{PR} = \overline{BP} - \overline{BR}$

$= 4\sin\theta - 2(1+\cos\theta)\sin\theta$

$= 2\sin\theta - 2\sin\theta\cos\theta$

Step 2 $\int_{\frac{\pi}{6}}^{\frac{\pi}{3}} f(\theta)d\theta$의 값을 구한다.

$\int_{\frac{\pi}{6}}^{\frac{\pi}{3}} f(\theta)d\theta = \int_{\frac{\pi}{6}}^{\frac{\pi}{3}} (2\sin\theta - 2\sin\theta\cos\theta)d\theta$

$= \left[-2\cos\theta - \sin^2\theta\right]_{\frac{\pi}{6}}^{\frac{\pi}{3}}$ ($(\sin^2\theta)' = 2\sin\theta\cos\theta$)

$= \left(-2\cos\frac{\pi}{3} - \sin^2\frac{\pi}{3}\right) - \left(-2\cos\frac{\pi}{6} - \sin^2\frac{\pi}{6}\right)$

$= \frac{2\sqrt{3}-3}{2}$

($\cos\frac{\pi}{3} = \frac{1}{2}$, $\sin^2\frac{\pi}{3} = \left(\frac{\sqrt{3}}{2}\right)^2$, $\cos\frac{\pi}{6} = \frac{\sqrt{3}}{2}$, $\sin^2\frac{\pi}{6} = \left(\frac{1}{2}\right)^2$)

29 [정답률 28%] 정답 24

Step 1 $g(x)$를 미분한 후 조건 (가), (나)를 이용한다.

$g(x) = \{f(x)+2\}e^{f(x)}$에서

$g'(x) = f'(x)e^{f(x)} + \{f(x)+2\}\times f'(x)e^{f(x)}$ ($(e^{f(x)})' = e^{f(x)}\times f'(x)$)

$= f'(x)\{f(x)+3\}e^{f(x)}$ ($e^{f(x)} \neq 0$)

$g'(x) = 0$에서 $f'(x) = 0$ 또는 $f(x)+3 = 0$

조건 (가)에 의하여 $g'(a) = 0$이므로 $f'(a) = 0$

($f'(a)=0$ 또는 $f(a)=-3$이어야 하는데 조건 (가)에서 $f(a)=6$이므로 $f'(a)=0$이야.)

조건 (나)에 의하여 $g'(b) = g'(b+6) = 0$이므로

$f(b)+3 = 0$, $f(b+6)+3 = 0$ …… ㉠

Step 2 방정식 $f(x)=0$의 두 근을 구한다.

($f'(x)$는 일차함수이므로 $f'(x)=0$의 해는 $x=a$뿐이야.)

$f(x)$의 최고차항의 계수를 m이라 하면 ㉠에 의해

$f(x)+3 = m(x-b)(x-b-6)$

$\therefore f(x) = m(x-b)(x-b-6)-3$ …… ㉡

이때 $f'(a) = 0$이므로

$\frac{b+(b+6)}{2} = a$ $\therefore b = a-3$ …… ㉢

($f(b)=f(b+6)$이고 $f(x)$는 이차함수이기 때문이야.)

㉢을 ㉡에 대입하면 $f(x) = m(x-a+3)(x-a-3)-3$

조건 (가)에서 $f(a) = 6$이므로

$f(a) = m\times 3\times(-3)-3 = -9m-3 = 6$ $\therefore m = -1$

$f(x) = -(x-a+3)(x-a-3)-3 = 0$에서

$(x-a)^2 = 6$ $\therefore x = a\pm\sqrt{6}$

($-\{(x-a)+3\}\{(x-a)-3\} = -\{(x-a)^2-3^2\}$)

($x-a = \pm\sqrt{6}$)

따라서 $(\alpha-\beta)^2$의 값은 $\{(a+\sqrt{6})-(a-\sqrt{6})\}^2 = (2\sqrt{6})^2 = 24$

($\alpha = a+\sqrt{6}$, $\beta = a-\sqrt{6}$으로 계산했어. $\alpha = a-\sqrt{6}$, $\beta = a+\sqrt{6}$으로 계산해도 결과는 같아.)

30 [정답률 7%] 정답 115

Step 1 조건 (가)를 이용하여 $f(0)$, $f'(0)$의 값을 알아본다.

조건 (가)에서 $x\to 0$일 때 (분모)$\to 0$이고, 극한값이 존재하므로 (분자)$\to 0$이다.

($\sin\pi = 0$, $\sin 2\pi = 0$, $\sin(-\pi) = 0$, $\sin(-2\pi) = 0$, $\cdots$)

$\sin(\pi\times f(0)) = 0$ $\therefore f(0) = k$ (k는 정수) …… ㉠

함수 $g(x)$가 $x=1$에서 연속이므로 $\lim_{x\to 1-} g(x) = \lim_{x\to 1+} g(x)$

이때 $g(x+1) = g(x)$에서 $\lim_{x\to 1+} g(x) = \lim_{x\to 0+} g(x)$이고,

($\lim_{x\to 0+} g(x+1) = \lim_{x\to 1+} g(x)$)

$0\le x<1$에서 $g(x) = f(x)$이므로 $f(0) = f(1)$ …… ㉡

($\lim_{x\to 1-} g(x) = \lim_{x\to 1-} f(x) = f(1)$, $\lim_{x\to 0+} g(x) = \lim_{x\to 0+} f(x) = f(0)$)

조건 (가)에서 $h(x) = \sin(\pi\times f(x))$라 하면

$\lim_{x\to 0}\frac{h(x)}{x} = h'(0) = 0$

이때 $h'(x) = \pi f'(x)\cos(\pi\times f(x))$이므로

$h'(0) = \pi f'(0)\cos(\pi\times f(0))$ $\therefore f'(0) = 0$ …… ㉢

($f(0)$의 값은 정수이므로 $\cos(\pi\times f(0))$의 값은 0이 될 수 없어.)

Step 2 조건 (나)를 이용하여 k의 값을 구한다.

㉠~㉢에서 $f(x) = 9x^2(x-1)+k$라 하면

(㉠, ㉢에 의해 $y=f(x)$의 그래프는 $x=0$일 때 직선 $y=k$에 접해.)

$f'(x) = 18x(x-1)+9x^2 = 27x\left(x-\frac{2}{3}\right)$

$f'(x) = 0$일 때, $x=0$ 또는 $x=\frac{2}{3}$이다.

즉, $x=0$일 때 극댓값, $x=\frac{2}{3}$일 때 극솟값을 갖는다.

$f\left(\frac{2}{3}\right) = 9\times\left(\frac{2}{3}\right)^2\times\left(\frac{2}{3}-1\right)+k = k-\frac{4}{3}$이므로 조건 (나)에 의해

$k\left(k-\frac{4}{3}\right) = 5$ $\therefore k = 3$ ($\because$ ㉠)

($k^2-\frac{4}{3}k-5 = 0$, $3k^2-4k-15 = (3k+5)(k-3) = 0$)

Step 3 $\int_0^5 xg(x)dx$의 값을 계산한다.

$f(x) = 9x^2(x-1)+3 = 9x^3-9x^2+3$

$\int_0^5 xg(x)dx = \int_0^1 xg(x)dx + \int_1^2 xg(x)dx + \int_2^3 xg(x)dx + \int_3^4 xg(x)dx + \int_4^5 xg(x)dx$

$= \int_0^1 xg(x)dx + \int_0^1 (x+1)g(x+1)dx + \int_0^1 (x+2)g(x+2)dx + \int_0^1 (x+3)g(x+3)dx + \int_0^1 (x+4)g(x+4)dx$

(x축의 방향으로 -1만큼 평행이동했어.)

($g(x+3) = g(x+2) = g(x+1) = g(x)$)

(x축의 방향으로 -4만큼 평행이동했어.)

$= \int_0^1 xf(x)dx + \int_0^1 (x+1)f(x)dx + \int_0^1 (x+2)f(x)dx + \int_0^1 (x+3)f(x)dx + \int_0^1 (x+4)f(x)dx$

($0\le x<1$에서 $g(x) = f(x)$)

$= 5\int_0^1 xf(x)dx + 10\int_0^1 f(x)dx$

$= 5\int_0^1 (9x^4-9x^3+3x)dx + 10\int_0^1 (9x^3-9x^2+3)dx$

$= 5\left[\frac{9}{5}x^5 - \frac{9}{4}x^4 + \frac{3}{2}x^2\right]_0^1 + 10\left[\frac{9}{4}x^4 - 3x^3 + 3x\right]_0^1$

$= \frac{111}{4}$

($\frac{9}{5}-\frac{9}{4}+\frac{3}{2} = \frac{21}{20}$, $\frac{9}{4}-3+3 = \frac{9}{4}$)

따라서 $p=4$, $q=111$이므로 $p+q = 115$

기하

23 [정답률 92%]

정답 ⑤

Step 1 점 (a, b, c)를 xy평면에 대하여 대칭이동한 점의 좌표는 $(a, b, -c)$임을 이용한다.

점 $A(3, 0, -2)$를 xy평면에 대하여 대칭이동한 점 B의 좌표는 $B(3, 0, 2)$

따라서 선분 BC의 길이는 $\sqrt{(0-3)^2+(4-0)^2+(2-2)^2}=5$

→ 두 점 (x_1, y_1, z_1), (x_2, y_2, z_2) 사이의 거리는 $\sqrt{(x_2-x_1)^2+(y_2-y_1)^2+(z_2-z_1)^2}$

24 [정답률 93%]

정답 ④

Step 1 쌍곡선의 점근선의 방정식을 구한다.

쌍곡선 $\frac{x^2}{a^2}-\frac{y^2}{16}=1$의 점근선의 방정식은 $y=\pm\frac{4}{a}x$

이때 점근선 중 하나의 기울기가 3이고, $a>0$이므로

$\frac{4}{a}=3 \quad \therefore a=\frac{4}{3}$

→ 쌍곡선 $\frac{x^2}{a^2}-\frac{y^2}{b^2}=1\ (a>0, b>0)$의 점근선의 방정식은 $y=\pm\frac{b}{a}x$

25 [정답률 69%]

정답 ②

Step 1 $\vec{p}=(x, y)$라 한 후, $\vec{p}\cdot\vec{a}=\vec{a}\cdot\vec{b}$임을 이용한다.

점 $P(x, y)$에 대하여 $\vec{p}=\overrightarrow{OP}=(x, y)$라 하면 $\vec{p}\cdot\vec{a}=\vec{a}\cdot\vec{b}$이므로

$(x, y)\cdot(3, 0)=(3, 0)\cdot(1, 2)$ ($x\times3+y\times0$, $3\times1+0\times2$)

$3x=3 \quad \therefore x=1$

따라서 점 P는 직선 $x=1$ 위의 점이다.

→ y의 값은 알 수 없지만 x의 값은 항상 1이야.

Step 2 $|\vec{q}-\vec{c}|=1$임을 이용한다.

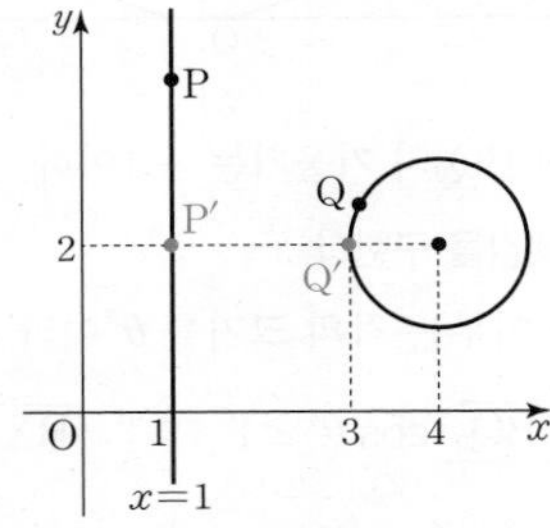

$|\vec{q}-\vec{c}|=1$이고, $\vec{c}=(4, 2)$이므로 $\vec{q}=\overrightarrow{OQ}$라 하면 점 Q는 중심이 $(4, 2)$이고 반지름의 길이가 1인 원 위의 점이다.

$|\vec{p}-\vec{q}|=|\overrightarrow{OP}-\overrightarrow{OQ}|=|\overrightarrow{QP}|=\overline{PQ}$

따라서 $|\vec{p}-\vec{q}|$의 최솟값은 위 그림에서 선분 P′Q′의 길이와 같으므로 2이다.

→ 선분 PQ의 길이의 최솟값

26 [정답률 80%]

정답 ③

Step 1 포물선의 성질을 이용한다.

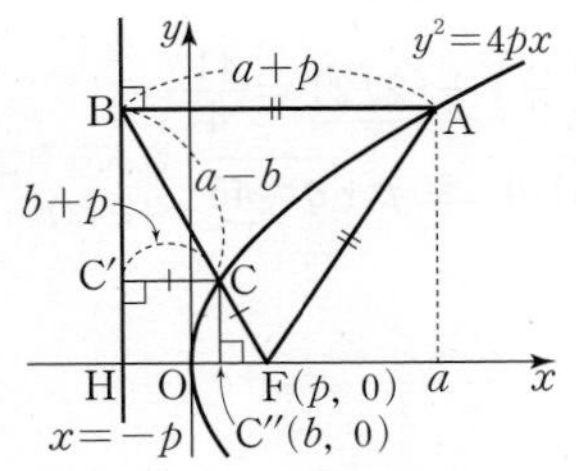

두 점 A, C의 x좌표를 각각 a, b라 하자.

$\overline{AB}=\overline{BF}$이므로 $\overline{BF}=a+p$

점 C에서 준선에 내린 수선의 발을 C′이라 하면

$\overline{CC'}=b+p$이므로 $\overline{CF}=b+p$ → 포물선의 정의를 생각해.

$\therefore \overline{BC}=(a+p)-(b+p)=a-b$ ($\overline{BF}-\overline{CF}$)

$\overline{BC}+3\overline{CF}=6$이므로 $(a-b)+3(b+p)=6$

$\therefore a+2b+3p=6 \quad \cdots\cdots$ ㉠

Step 2 삼각형 ABF가 정삼각형임을 이용한다.

선분 AF를 그으면 포물선의 정의에 의하여 $\overline{AF}=\overline{AB}$이므로 삼각형 ABF는 정삼각형이다.

준선 $x=-p$와 x축의 교점을 H, 점 C에서 x축에 내린 수선의 발을 C″이라 하자.

$\angle OFB=60°$이므로 $\overline{BF}=2\overline{FH}$에서 → $\angle ABF=60°$이므로 엇각인 $\angle OFB=60°$야.

$a+p=2\times2p \quad \therefore a=3p \quad \cdots\cdots$ ㉡ → 초점에서 준선까지의 거리

또한 $\overline{CF}=2\overline{C''F}$이므로

$b+p=2(p-b) \quad \therefore b=\frac{1}{3}p \quad \cdots\cdots$ ㉢ → (점 F의 x좌표) − (점 C″의 x좌표)

㉡, ㉢을 ㉠에 대입하면

$3p+\frac{2}{3}p+3p=6 \quad \therefore p=\frac{9}{10}$

27 [정답률 79%]

정답 ①

Step 1 삼수선의 정리를 이용한다.

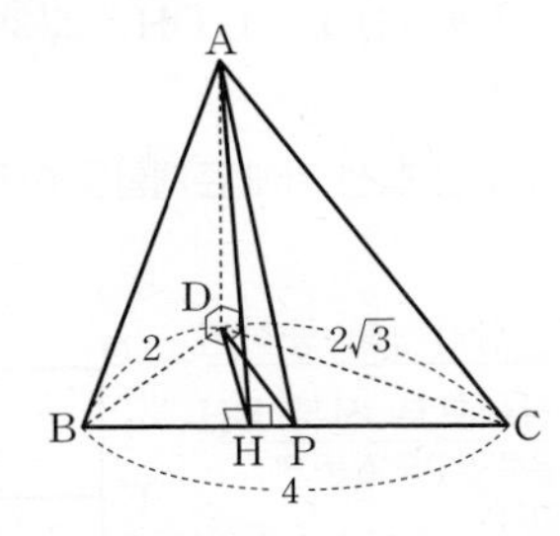

점 A에서 $\overline{BC}$에 내린 수선의 발과 점 D에서 $\overline{BC}$에 내린 수선의 발이 일치하기 때문이야. 만약 일치하지 않는다면 $\overline{AP}+\overline{DP}$의 최솟값은 $\overline{AH}+\overline{DH}$가 아니야.

점 A에서 선분 BC에 내린 수선의 발을 H라 하면

$\overline{AD}\perp$(면 BCD), $\overline{AH}\perp\overline{BC}$이므로 삼수선의 정리에 의하여

$\overline{DH}\perp\overline{BC}$

따라서 $\overline{AP}+\overline{DP}$의 값은 점 P의 위치가 H와 일치할 때 최소이다.

Step 2 두 선분 DH, AH의 길이를 각각 구한다.

$\overline{BC}=\sqrt{2^2+(2\sqrt{3})^2}=4$ → $\sqrt{\overline{DB}^2+\overline{DC}^2}$

$\overline{DB}\times\overline{DC}=\overline{BC}\times\overline{DH}$에서 $\overline{DH}=\sqrt{3}$ → $2\times2\sqrt{3}=4\times\overline{DH}$

삼각형 ADH에서 $\overline{AH}=\sqrt{3^2+(\sqrt{3})^2}=2\sqrt{3}$ → $\sqrt{\overline{AD}^2+\overline{DH}^2}$

$\therefore \overline{AP}+\overline{DP}\geq\overline{AH}+\overline{DH}=2\sqrt{3}+\sqrt{3}=3\sqrt{3}$

따라서 $\overline{AP}+\overline{DP}$의 최솟값은 $3\sqrt{3}$이다.

28 [정답률 62%]

정답 ①

Step 1 두 점 F, F′의 좌표를 각각 구한다.

두 점 F, F′은 타원 $\frac{x^2}{16}+\frac{y^2}{12}=1$의 초점이므로 $c=\sqrt{16-12}=2$

$\therefore F(2, 0), F'(-2, 0)$ → 타원 $\frac{x^2}{a^2}+\frac{y^2}{b^2}=1\ (a>b>0)$의 두 초점의 좌표는 $(\sqrt{a^2-b^2}, 0)$, $(-\sqrt{a^2-b^2}, 0)$

또한 점 $P(2, 3)$에서의 접선의 방정식은

$\frac{2x}{16}+\frac{3y}{12}=1 \quad \therefore \frac{x}{8}+\frac{y}{4}=1$

따라서 $S(8, 0)$이다. → 접선 l이 x축과 만나는 점

Step 2 두 삼각형 FQF′, SRF′의 닮음비를 이용한다.

$\overline{F'F}=4$, $\overline{F'S}=10$이므로 두 삼각형 FQF′, SRF′의 닮음비는 $2:5$이다. → $4:10=2:5$

타원의 정의에 의하여 $\overline{F'Q}+\overline{FQ}=2\times4=8$ → 타원의 장축의 길이

삼각형 SRF′의 둘레의 길이를 k라 하면

$12:k=2:5 \quad \therefore k=30$ → $(\overline{F'Q}+\overline{FQ})+\overline{F'F}=8+4=12$

본문 228쪽

29 [정답률 29%]

정답 40

Step 1 문제에 주어진 첫 번째 그림에서 두 점 G, H의 위치를 확인한다.

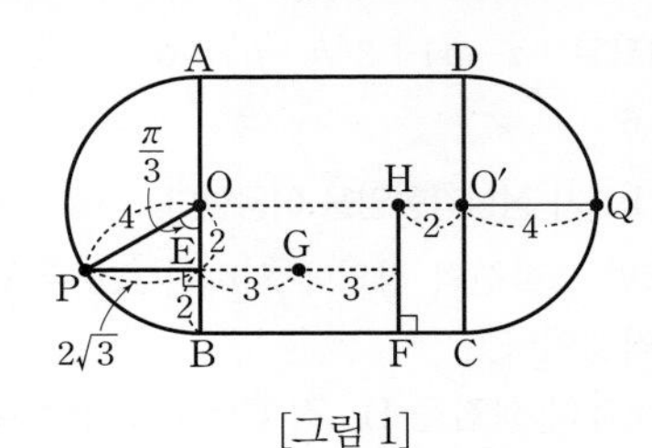

[그림 1]

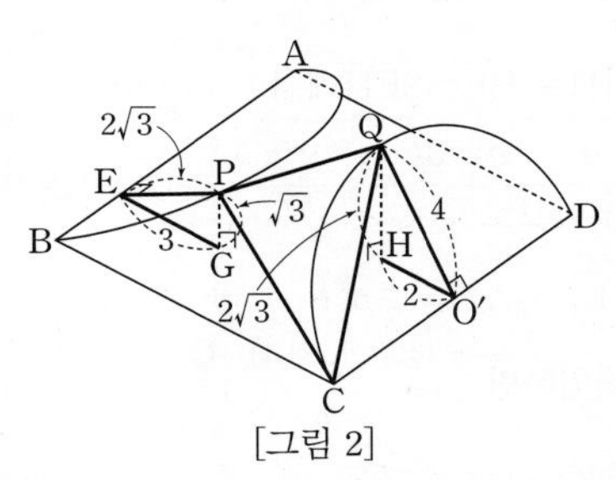

[그림 2]

[그림 1]에서 두 반원의 중심을 각각 O, O′이라 하고, 점 P에서 선분 AB에 내린 수선의 발을 E라 하자.

삼각형 OPE에서 $\overline{OP}=4$, $\angle POE=\frac{\pi}{3}$이므로 ($\overset{\frown}{PB}=\frac{1}{3}\overset{\frown}{AB}$)

$\overline{PE}=4\sin\frac{\pi}{3}=2\sqrt{3}$, $\overline{OE}=4\cos\frac{\pi}{3}=2$ ($\sin\frac{\pi}{3}=\frac{\sqrt{3}}{2}$, $\cos\frac{\pi}{3}=\frac{1}{2}$)

[그림 2]의 직각삼각형 PEG에서 $\overline{PE}=2\sqrt{3}$, $\overline{PG}=\sqrt{3}$이므로

$\overline{EG}=\sqrt{(2\sqrt{3})^2-(\sqrt{3})^2}=3$

또한 직각삼각형 QO′H에서 $\overline{QO'}=4$, $\overline{QH}=2\sqrt{3}$이므로

$\overline{O'H}=\sqrt{4^2-(2\sqrt{3})^2}=2$

Step 2 세 점 B, G, H가 한 직선 위에 존재함을 이용하여 $\cos\theta$의 값을 구한다.

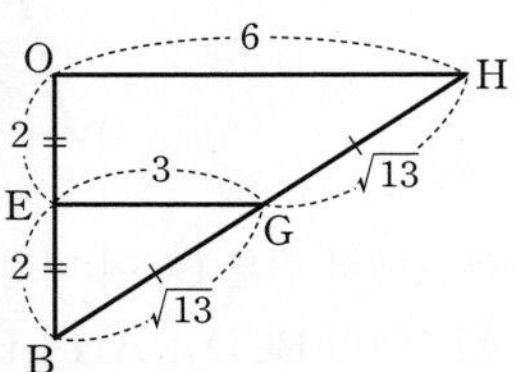

△BOH에서 점 G는 삼각형의 중점연결정리를 만족하는 점이므로 선분 BH 위에 있다. (같은 이유로 점 P도 선분 BQ 위의 점이야.)

즉, [그림 2]에서 삼각형 PCQ와 삼각형 BCQ는 같은 평면 위에 있으므로 θ는 두 평면 BCQ와 BCH가 이루는 각의 크기와 같다.

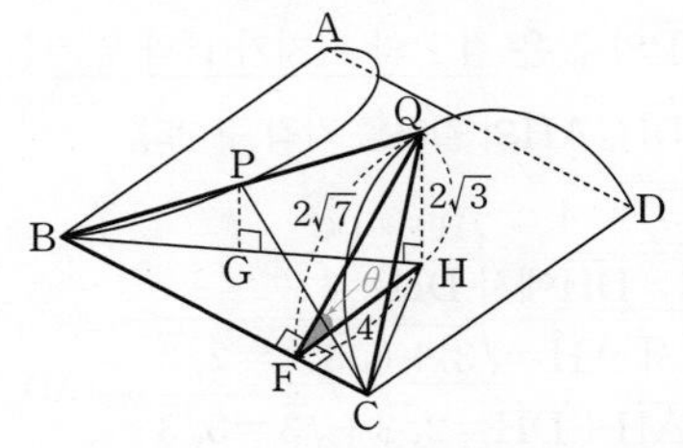

위의 그림과 같이 점 Q에서 선분 BC에 내린 수선의 발을 F라 하면 삼수선의 정리에 의해 $\overline{HF}\perp\overline{BC}$이고 $\angle QFH=\theta$이다.

삼각형 QFH에서 $\overline{QH}=2\sqrt{3}$, $\overline{HF}=4$이므로 ([그림 1]의 점 H에서 $\overline{BC}$에 내린 수선의 발이 F이므로 $\overline{HF}=4$이다.)

$\overline{QF}=\sqrt{(2\sqrt{3})^2+4^2}=2\sqrt{7}$ ($\sqrt{\overline{QH}^2+\overline{HF}^2}$)

$\therefore \cos\theta=\frac{\overline{HF}}{\overline{QF}}=\frac{2}{\sqrt{7}}$

따라서 $70\times\cos^2\theta=70\times\frac{4}{7}=40$이다.

30 [정답률 9%]

정답 45

Step 1 점 P의 위치를 좌표평면 위에 나타낸다.

$|\overrightarrow{AP}|=1$이므로 점 P는 점 A$(-3, 1)$을 중심으로 하고 반지름의 길이가 1인 원 위의 점이다.

$|\overrightarrow{BQ}|=2$이므로 점 Q는 점 B$(0, 2)$를 중심으로 하고 반지름의 길이가 2인 원 위의 점이다.

두 벡터 $\overrightarrow{AP}$, $\overrightarrow{OC}$가 이루는 각의 크기를 θ라 하면

$\overrightarrow{AP}\cdot\overrightarrow{OC}=|\overrightarrow{AP}||\overrightarrow{OC}|\cos\theta=\cos\theta\geq\frac{\sqrt{2}}{2}$ ($|\overrightarrow{OC}|=1$, $|\overrightarrow{AP}|=1$)

따라서 점 P의 위치로 가능한 부분을 좌표평면 위에 나타내면 다음과 같다.

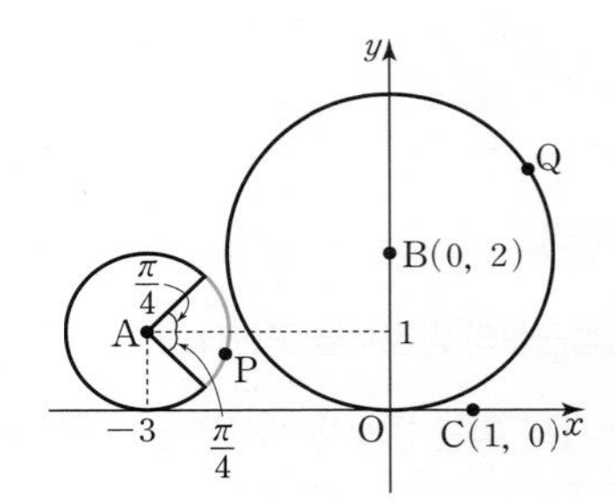

Step 2 두 점 P_0, Q_0의 위치를 구한다.

$\overrightarrow{AP}\cdot\overrightarrow{AQ}=\overrightarrow{AP}\cdot(\overrightarrow{AB}+\overrightarrow{BQ})$ (점 Q는 점 B를 중심으로 하는 원 위의 점이기 때문이야.)

$=\overrightarrow{AP}\cdot\overrightarrow{AB}+\overrightarrow{AP}\cdot\overrightarrow{BQ}$

두 벡터 $\overrightarrow{AP}$, $\overrightarrow{AB}$가 이루는 각을 θ'이라 하면

$\overrightarrow{AP}\cdot\overrightarrow{AB}=|\overrightarrow{AP}||\overrightarrow{AB}|\cos\theta'$ (값이 정해져 있어.)

이 값이 최소이려면 θ'의 값이 최대이어야 한다. (θ'의 값이 최대일 때 $\cos\theta'$의 값은 최소가 돼.)

또한 $\overrightarrow{AP}\cdot\overrightarrow{BQ}$의 값이 최소이려면 $\overrightarrow{BQ}$는 $\overrightarrow{AP}$와 평행하면서 방향이 반대이어야 한다.

따라서 두 점 P_0, Q_0를 좌표평면 위에 나타내면 다음과 같다.

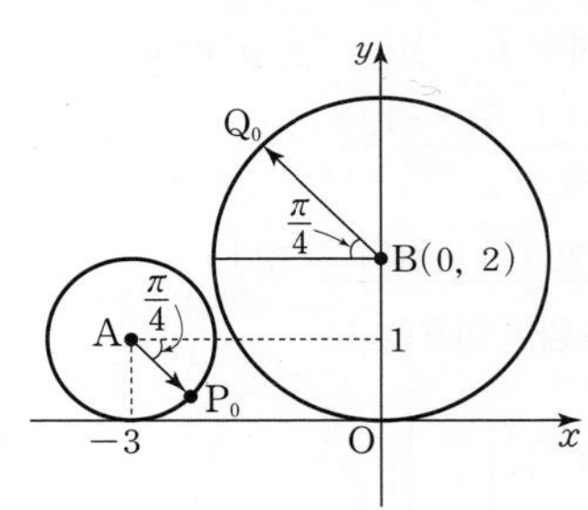

이때 직선 AP_0, 직선 BQ_0의 기울기는 -1이다.

Step 3 $|\overrightarrow{Q_0X}|$의 최댓값을 구한다.

두 벡터 $\overrightarrow{BX}$, $\overrightarrow{BQ_0}$가 이루는 각의 크기를 θ''이라 하면

$\overrightarrow{BX}\cdot\overrightarrow{BQ_0}=|\overrightarrow{BX}||\overrightarrow{BQ_0}|\cos\theta''\geq1$ ($|\overrightarrow{BQ_0}|=2$)　　$\therefore |\overrightarrow{BX}|\cos\theta''\geq\frac{1}{2}$

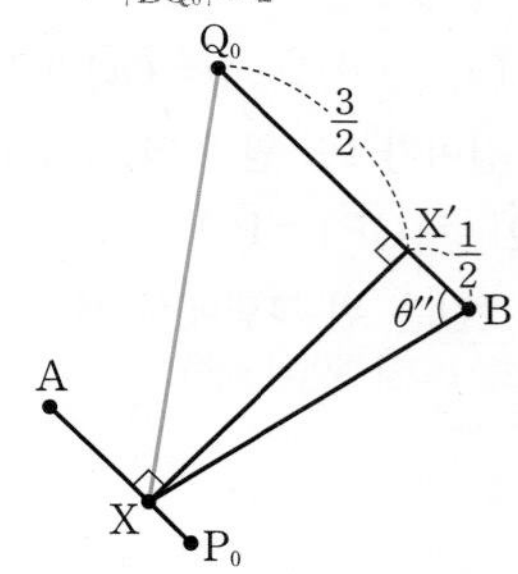

점 X에서 $\overline{BQ_0}$에 내린 수선의 발을 X′이라 하면

$|\overrightarrow{BX}|\cos\theta''=\overline{BX'}$이므로 $\overline{BX'}\geq\frac{1}{2}$

이때 $|\overrightarrow{Q_0X}|$는 점 X가 $\overline{BX'}=\frac{1}{2}$을 만족할 때 최대이므로

$|\overrightarrow{Q_0X}|^2=\overline{Q_0X}^2=\overline{Q_0X'}^2+\overline{XX'}^2$

$=\left(\frac{3}{2}\right)^2+(2\sqrt{2})^2=\frac{41}{4}$ ($\overline{BQ_0}-\overline{BX'}=2-\frac{1}{2}=\frac{3}{2}$; 점 A와 직선 BQ_0 사이의 거리. 이때 직선 BQ_0의 식은 $y=-x+2$이다.)

따라서 $p=4$, $q=41$이므로 $p+q=45$

18회 2023학년도 대학수학능력시험 9월 모의평가 정답과 해설

1	④	2	①	3	②	4	①	5	③
6	⑤	7	⑤	8	①	9	③	10	④
11	②	12	②	13	⑤	14	⑤	15	③
16	7	17	16	18	13	19	4	20	80
21	220	22	58						
확률과 통계				23	①	24	③	25	④
26	②	27	⑤	28	③	29	175	30	260
미적분				23	①	24	②	25	⑤
26	③	27	③	28	④	29	3	30	283
기하				23	④	24	②	25	⑤
26	③	27	③	28	①	29	127	30	17

01 [정답률 93%] 정답 ④

Step 1 지수법칙을 이용하여 식을 계산한다.

$\left(\frac{2^{\sqrt{3}}}{2}\right)^{\sqrt{3}+1}=(2^{\sqrt{3}-1})^{\sqrt{3}+1}=2^{(\sqrt{3}-1)(\sqrt{3}+1)}=2^{3-1}=2^2=4$

→ $2^{\sqrt{3}}\div2^1=2^{\sqrt{3}-1}$

02 [정답률 94%] 정답 ①

Step 1 $\lim_{x\to2}\frac{f(x)-f(2)}{x-2}=f'(2)$임을 이용한다.

$f(x)=2x^2+5$에서 $f'(x)=4x$

$\therefore \lim_{x\to2}\frac{f(x)-f(2)}{x-2}=f'(2)=4\times2=8$

→ $f'(a)=\lim_{x\to a}\frac{f(x)-f(a)}{x-a}$

03 [정답률 86%] 정답 ②

Step 1 $\sin\theta$의 값을 이용하여 $\tan\theta$의 값을 구한다.

$\sin(\pi-\theta)=\sin\theta=\frac{5}{13}$이므로 $\cos^2\theta=1-\left(\frac{5}{13}\right)^2=\frac{144}{169}$

→ $\sin^2\theta+\cos^2\theta=1$ → $\left(\frac{12}{13}\right)^2$

이때 $\cos\theta<0$이므로 $\cos\theta=-\frac{12}{13}$

$\therefore \tan\theta=\frac{\sin\theta}{\cos\theta}=-\frac{5}{12}$

04 [정답률 89%] 정답 ①

Step 1 함수 $f(x)$가 $x=a$에서 연속임을 이용한다.

함수 $f(x)$가 실수 전체의 집합에서 연속이므로 $x=a$에서 연속이어야 한다.

→ $x=a$를 기준으로 함수 $f(x)$의 식이 다르다.

$\lim_{x\to a-}f(x)=\lim_{x\to a+}f(x)=f(a)$

$\lim_{x\to a-}f(x)=\lim_{x\to a-}(-2x+a)=-a$ → $-2a+a=-a$

$\lim_{x\to a+}f(x)=\lim_{x\to a+}(ax-6)=a^2-6$

$f(a)=-2a+a=-a$ → $x\le a$일 때 $f(x)=-2x+a$

$-a=a^2-6$에서 $a^2+a-6=(a+3)(a-2)=0$

$\therefore a=-3$ 또는 $a=2$

따라서 모든 상수 a의 값의 합은 $-3+2=-1$이다.

05 [정답률 94%] 정답 ③

Step 1 등차수열의 공차를 d라 두고 식을 세운다.

등차수열 $\{a_n\}$의 공차를 d라 하면

$a_1=2a_5=2(a_1+4d)$ → $a_n=a_1+(n-1)d$

$\therefore a_1+8d=0$ …… ㉠

$a_8+a_{12}=(a_1+7d)+(a_1+11d)=2a_1+18d=-6$

$\therefore a_1+9d=-3$ …… ㉡

㉠, ㉡에서 $d=-3$, $a_1=24$이므로 $a_2=a_1+d=21$

→ ㉡−㉠을 하면 $d=-3$

06 [정답률 90%] 정답 ⑤

Step 1 함수 $f(x)$의 도함수 $f'(x)$를 이용하여 함수 $f(x)$가 극대, 극소인 점을 찾는다.

$f(x)=x^3-3x^2+k$에서 $f'(x)=3x^2-6x$

$f'(x)=0$에서 $x=0$ 또는 $x=2$ → $3x(x-2)=0$

함수 $f(x)$의 증가와 감소를 표로 나타내면 다음과 같다.

x	$\cdots$	0	$\cdots$	2	$\cdots$
$f'(x)$	+	0	−	0	+
$f(x)$	↗	극대	↘	극소	↗

즉, 함수 $f(x)$는 $x=0$일 때 극대이므로 $f(0)=k=9$

$\therefore f(x)=x^3-3x^2+9$

따라서 함수 $f(x)$의 극솟값은 $f(2)=8-12+9=5$

→ $x=2$일 때 극소

07 [정답률 81%] 정답 ⑤

Step 1 $S_n=\frac{1}{n}-\frac{1}{n+1}$임을 이용한다.

$S_n=\frac{1}{n(n+1)}=\frac{1}{n}-\frac{1}{n+1}$이므로

→ 부분분수 공식 $\frac{1}{AB}=\frac{1}{B-A}\left(\frac{1}{A}-\frac{1}{B}\right)$

$\sum_{k=1}^{10}S_k=\left(\frac{1}{1}-\frac{1}{2}\right)+\left(\frac{1}{2}-\frac{1}{3}\right)+\cdots+\left(\frac{1}{10}-\frac{1}{11}\right)=1-\frac{1}{11}=\frac{10}{11}$

Step 2 $\sum_{k=1}^{10}a_k=S_{10}$임을 이용한다.

$\sum_{k=1}^{10}a_k=S_{10}=\frac{1}{10\times11}=\frac{1}{10}-\frac{1}{11}$

→ $a_1+a_2+\cdots+a_{10}$

$\therefore \sum_{k=1}^{10}(S_k-a_k)=\sum_{k=1}^{10}S_k-\sum_{k=1}^{10}a_k=\frac{10}{11}-\left(\frac{1}{10}-\frac{1}{11}\right)=\frac{9}{10}$

→ $\frac{10}{11}-\frac{1}{10}+\frac{1}{11}=1-\frac{1}{10}$

08 [정답률 78%] 정답 ①

Step 1 곡선 $y=x^3-4x+5$ 위의 점 $(1, 2)$에서의 접선의 방정식을 구한다.

$y=x^3-4x+5$에서 $y'=3x^2-4$이므로 점 $(1, 2)$에서의 접선의 방정식은 $y=-(x-1)+2=-x+3$

→ $x=1$일 때 $y'=-1$

Step 2 직선 $y=-x+3$이 곡선 $y=x^4+3x+a$에 접함을 이용한다.

곡선 $y=x^4+3x+a$와 직선 $y=-x+3$의 접점을 $(t, -t+3)$이라 하자.

→ 직선 $y=-x+3$ 위의 점

$y=x^4+3x+a$에서 $y'=4x^3+3$이므로 $4t^3+3=-1$, $t^3=-1$

$\therefore t=-1$

→ 점 $(t, -t+3)$에서의 접선의 기울기는 직선 $y=-x+3$의 기울기와 같다.

따라서 접점의 좌표는 $(-1, 4)$이므로

$4=(-1)^4+3\times(-1)+a$ $\therefore a=6$

→ 접점 $(-1, 4)$는 곡선 $y=x^4+3x+a$ 위의 점이기도 하다.

09 [정답률 74%] 정답 ③

Step 1 함수 $y=f(x)$의 그래프를 이용하여 α_1, α_2의 값을 각각 구한다.

함수 $f(x)=\cos\frac{\pi x}{6}$의 주기는 $\frac{2\pi}{\frac{\pi}{6}}=12$

→ $f(x)=a\cos bx+c$의 주기는 $\frac{2\pi}{|b|}$

따라서 함수 $f(x)=\cos\frac{\pi x}{6}$의 그래프는 다음과 같다.

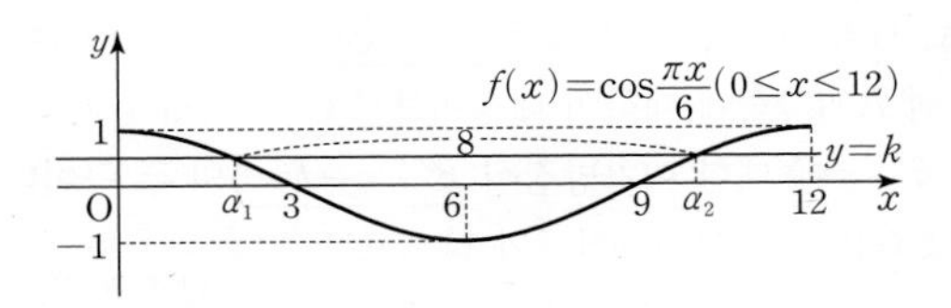

$\alpha_1<\alpha_2$라 하면 $\alpha_1-\alpha_2=-8$ → 문제에서 $|\alpha_1-\alpha_2|=8$이라고 했다.

또한 그래프에서 $\alpha_1+\alpha_2=12$이므로 $\alpha_1=2$, $\alpha_2=10$이다.

$\therefore k=\cos\frac{\pi\times2}{6}=\cos\frac{\pi}{3}=\frac{1}{2}$

→ $f(\alpha_1)=f(\alpha_2)$ → $\frac{\alpha_1+\alpha_2}{2}=6$

Step 2 $g(x)=k$를 만족시키는 x의 값을 구한다.

$g(x)=-3\cos\dfrac{\pi x}{6}-1=\dfrac{1}{2}$에서 $\cos\dfrac{\pi x}{6}=-\dfrac{1}{2}$ ($\dfrac{1}{2}$ → $=k$)

이때 $0\le x\le 12$에서 $0\le\dfrac{\pi x}{6}\le 2\pi$이므로 $\dfrac{\pi x}{6}=\dfrac{2}{3}\pi,\ \dfrac{4}{3}\pi$

$\therefore x=4$ 또는 $x=8$ (→ $x=\dfrac{2}{3}\pi\times\dfrac{6}{\pi},\ x=\dfrac{4}{3}\pi\times\dfrac{6}{\pi}$)

따라서 $|\beta_1-\beta_2|=|4-8|=4$이다.

10 [정답률 75%]

정답 ④

Step 1 $t=2$에서의 점 P의 위치를 구한다.

시각 $t=2$에서의 점 P의 위치는 (→ (현재 위치)=(처음 위치)+$\int$(속도)dt)

$\displaystyle\int_0^2 v(t)dt=\int_0^2(3t^2+at)dt=\left[t^3+\frac{a}{2}t^2\right]_0^2=8+2a$

Step 2 시각 $t=2$에서 점 P와 점 A 사이의 거리가 10임을 이용한다.

$t=2$에서 점 P와 점 A(6) 사이의 거리가 10이므로

$|(8+2a)-6|=10,\ |2a+2|=10$ (→ 거리이므로 절댓값 기호를 포함해야 한다.)

$2a+2=\pm10$ $\quad\therefore a=4\ (\because a>0)$

(→ $2a=-12$ 또는 $2a=8$)

11 [정답률 55%]

정답 ②

Step 1 $\sqrt{3}^{f(n)}$의 네제곱근 중 실수인 것만을 곱한다.

$\sqrt{3}^{f(n)}$의 네제곱근 중 실수인 것은 $\sqrt[4]{\sqrt{3}^{f(n)}},\ -\sqrt[4]{\sqrt{3}^{f(n)}}$이므로

$\sqrt[4]{\sqrt{3}^{f(n)}}\times\left(-\sqrt[4]{\sqrt{3}^{f(n)}}\right)$

$=3^{\frac{1}{8}f(n)}\times\left(-3^{\frac{1}{8}f(n)}\right)$ (→ $\{\sqrt{3}^{f(n)}\}^{\frac{1}{4}}=\sqrt{3}^{\frac{1}{4}f(n)}=\left(3^{\frac{1}{2}}\right)^{\frac{1}{4}f(n)}=3^{\frac{1}{2}\times\frac{1}{4}f(n)}$)

$=-3^{\frac{1}{4}f(n)}=-9$ (→ $-3^{\frac{1}{8}f(n)+\frac{1}{8}f(n)}$)

$3^{\frac{1}{4}f(n)}=3^2$ $\quad\therefore f(n)=8$ (→ $\frac{1}{4}f(n)=2$에서 $f(n)=8$)

Step 2 k의 값을 구한다.

이때 이차함수 $f(x)=-(x-2)^2+k$의 그래프의 대칭축이 $x=2$이므로 $f(n)=8$을 만족시키는 자연수 n이 2개이려면 이차함수 $y=f(x)$의 그래프가 점 (1, 8)을 지나야 한다. (→ 2보다 작은 자연수는 1 하나뿐이기 때문이다.)

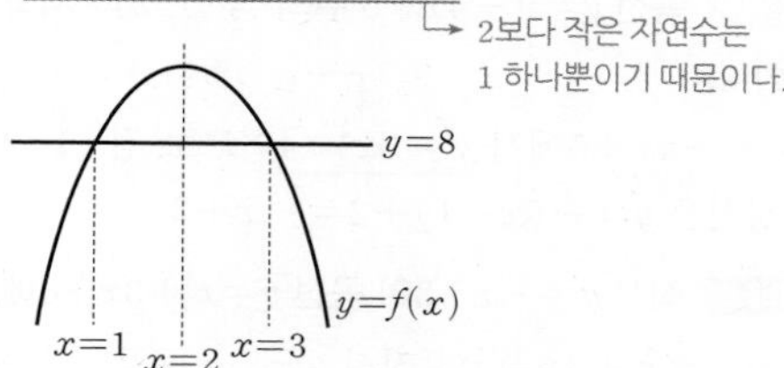

따라서 $f(1)=-1+k=8$에서 $k=9$이다.

12 [정답률 63%]

정답 ②

Step 1 세 점 A, B, C의 좌표를 각각 문자로 두고, $\overline{AH}-\overline{CH}$를 간단히 정리한다.

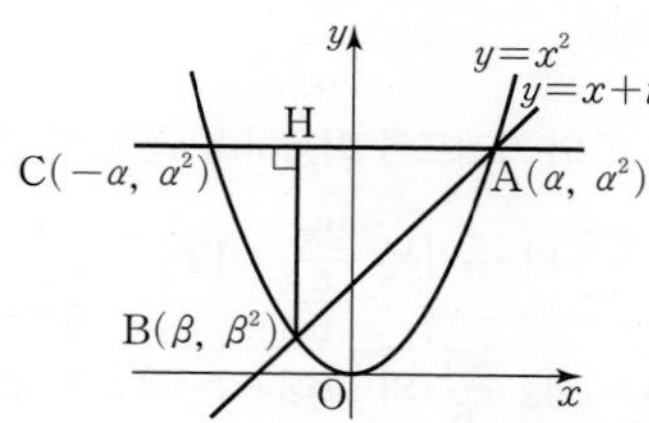

(→ 두 점 모두 곡선 $y=x^2$ 위의 점)

두 점 A, B의 좌표를 각각 $A(\alpha,\ \alpha^2),\ B(\beta,\ \beta^2)\ (\alpha>\beta)$이라 하면 점 C는 점 A와 y축에 대하여 대칭이므로 $C(-\alpha,\ \alpha^2)$

또한 $\alpha,\ \beta$는 x에 대한 이차방정식 $x^2-x-t=0$의 두 근이다. (→ $y=x^2$과 $y=x+t$를 연립한 식이다.)

점 H의 x좌표는 점 B의 x좌표와 같으므로

$\overline{AH}=\alpha-\beta,\ \overline{CH}=\beta-(-\alpha)=\alpha+\beta$

$\therefore \overline{AH}-\overline{CH}=(\alpha-\beta)-(\alpha+\beta)=-2\beta$ $\quad\cdots\cdots$ ㉠

Step 2 β를 t에 관하여 나타낸 후 $\displaystyle\lim_{t\to0+}\frac{\overline{AH}-\overline{CH}}{t}$의 값을 계산한다.

β는 이차방정식 $x^2-x-t=0$의 한 근이므로

$\beta=\dfrac{1-\sqrt{1+4t}}{2}\ (\because \alpha>\beta)$ (→ 근의 공식을 이용)

$\displaystyle\therefore \lim_{t\to0+}\frac{\overline{AH}-\overline{CH}}{t}=\lim_{t\to0+}\frac{-2\beta}{t}\ (\because ㉠)$

$\displaystyle=\lim_{t\to0+}\frac{\sqrt{1+4t}-1}{t}$

$\displaystyle=\lim_{t\to0+}\frac{(\sqrt{1+4t}-1)(\sqrt{1+4t}+1)}{t(\sqrt{1+4t}+1)}$

$\displaystyle=\lim_{t\to0+}\frac{4}{\sqrt{1+4t}+1}$ (→ $\dfrac{(1+4t)-1}{t(\sqrt{1+4t}+1)}=\dfrac{4t}{t(\sqrt{1+4t}+1)}$)

$=2$ (→ $\dfrac{4}{\sqrt{1+0}+1}=\dfrac{4}{2}$)

13 [정답률 36%]

정답 ⑤

Step 1 삼각형 CDE에서 선분 CD의 길이와 $\sin(\angle CDE)$의 값을 구한다.

삼각형 CDE에서 $\angle CED=\dfrac{\pi}{4}$이므로 코사인법칙에 의하여 (→ $\pi-\angle CEA$)

$\overline{CD}^2=\overline{CE}^2+\overline{ED}^2-2\times\overline{CE}\times\overline{ED}\times\cos\dfrac{\pi}{4}$

$=4^2+(3\sqrt{2})^2-2\times4\times3\sqrt{2}\times\dfrac{1}{\sqrt{2}}$

$=10$

$\therefore \overline{CD}=\sqrt{10}$

$\angle CDE=\theta$라 하면 삼각형 CDE에서 코사인법칙에 의하여

$\cos\theta=\dfrac{\overline{ED}^2+\overline{CD}^2-\overline{CE}^2}{2\times\overline{ED}\times\overline{CD}}$

$=\dfrac{(3\sqrt{2})^2+(\sqrt{10})^2-4^2}{2\times3\sqrt{2}\times\sqrt{10}}$

$=\dfrac{1}{\sqrt{5}}$ (→ $\dfrac{18+10-16}{12\sqrt{5}}=\dfrac{12}{12\sqrt{5}}$)

$\therefore \sin\theta=\sqrt{1-\left(\dfrac{1}{\sqrt{5}}\right)^2}=\dfrac{2}{\sqrt{5}}\ (\because 0<\theta<\pi)$ (→ $\sin^2\theta+\cos^2\theta=1$)

Step 2 두 선분 AC, AE의 길이를 문자로 두고 이에 관한 식을 세운다.

$\overline{AC}=a,\ \overline{AE}=b$라 하면 삼각형 ACE에서 코사인법칙에 의하여

$a^2=b^2+4^2-2\times b\times4\times\cos\dfrac{3}{4}\pi$ (→ $=-\dfrac{\sqrt{2}}{2}$)

$\therefore a^2=b^2+4\sqrt{2}b+16$ $\quad\cdots\cdots$ ㉠

한편, 삼각형 ACD의 외접원의 반지름의 길이를 R이라 하면 사인법칙에 의하여

$\dfrac{a}{\sin\theta}=2R$ $\quad\therefore 2R=\dfrac{\sqrt{5}}{2}a$ (→ $\sin\theta=\dfrac{2}{\sqrt{5}}$, $2R=\overline{AB}$)

삼각형 ABC는 직각삼각형이므로 $\angle CAB=\alpha$라 하면

$\cos\alpha=\dfrac{\overline{AC}}{\overline{AB}}=\dfrac{a}{\frac{\sqrt{5}}{2}a}=\dfrac{2}{\sqrt{5}},\ \sin\alpha=\sqrt{1-\left(\dfrac{2}{\sqrt{5}}\right)^2}=\dfrac{1}{\sqrt{5}}$

$\angle ACO=\angle CAO=\alpha$이므로 삼각형 ACE에서 사인법칙에 의하여

$\dfrac{a}{\sin\frac{3}{4}\pi}=\dfrac{b}{\sin\alpha},\ \dfrac{a}{\frac{1}{\sqrt{2}}}=\dfrac{b}{\frac{1}{\sqrt{5}}}$

$\therefore \sqrt{2}a=\sqrt{5}b$ $\quad\cdots\cdots$ ㉡

㉠, ㉡을 연립하면 $\dfrac{5}{2}b^2=b^2+4\sqrt{2}b+16$ (→ $\dfrac{3}{2}b^2-4\sqrt{2}b-16=0,\ 3b^2-8\sqrt{2}b-32=0$)

$(3b+4\sqrt{2})(b-4\sqrt{2})=0$ $\quad\therefore b=4\sqrt{2}\ (\because b>0)$

㉡에서 $a=\dfrac{\sqrt{5}}{\sqrt{2}}\times4\sqrt{2}=4\sqrt{5}$이므로 $\overline{AC}\times\overline{CD}=4\sqrt{5}\times\sqrt{10}=20\sqrt{2}$

14 [정답률 50%]

정답 ⑤

Step 1 $g(0)=0$일 때, 함수 $y=f(x)$의 그래프의 개형을 생각한다.

삼차함수 $f(x)$의 최고차항의 계수가 1이고, $f(0)=0,\ f(1)=0$이므로 (→ 방정식 $f(x)=0$의 두 근이 $x=0,\ x=1$이다.)

$f(x)=x(x-1)(x-\alpha)$ (α는 상수)

라 하자.

ㄱ. $g(0)=\int_0^1 f(x)dx-\int_0^1 |f(x)|dx=0$에서

$\int_0^1 f(x)dx=\int_0^1 |f(x)|dx$ → 문제에서 주어진 $g(t)$의 식에 $t=0$을 대입

즉, $0\le x\le 1$일 때 $f(x)\ge 0$이므로 함수 $y=f(x)$의 그래프의 개형은 다음과 같다.

$y=f(x)$, 0, 1, α, x ($\alpha>1$) $y=f(x)$, 0, 1, x ($\alpha=1$)

→ 위 그래프에서 두 경우 모두 $\int_{-1}^0 f(x)dx<0$

$\therefore g(-1)=\int_{-1}^0 f(x)dx-\int_0^1 |f(x)|dx<0$ (참)

Step 2 $g(-1)>0$일 때 α의 값의 범위를 구한다.

ㄴ. $g(-1)=\int_{-1}^0 f(x)dx-\int_0^1 |f(x)|dx>0$이므로

$0\le x\le 1$일 때 $f(x)\le 0$이다. …… ㉠

→ ㄱ의 그래프의 개형에서 알 수 있듯이 $0\le x\le 1$일 때 $f(x)>0$이면 $\int_{-1}^0 f(x)dx<0$, $\int_0^1 |f(x)|dx>0$이므로 $g(-1)<0$이 되어 조건을 만족하지 않는다.

$g(-1)=\int_{-1}^0 f(x)dx+\int_0^1 f(x)dx$ → $-\int_0^1|f(x)|dx=-\left(-\int_0^1 f(x)dx\right)$

$=\int_{-1}^1 f(x)dx$

$=\int_{-1}^1 x(x-1)(x-\alpha)dx$

$=\int_{-1}^1 \{x^3-(\alpha+1)x^2+\alpha x\}dx$

$=2\int_0^1 \{-(\alpha+1)x^2\}dx$ → $f(-x)=-f(x)$일 때, $\int_{-a}^a f(x)dx=0$

$=-2(\alpha+1)\left[\frac{1}{3}x^3\right]_0^1$

$=-\frac{2(\alpha+1)}{3}>0$

따라서 $\alpha<-1$이므로 $f(k)=0$을 만족시키는 $k<-1$인 실수 k가 존재한다. (참)

→ $f(x)=x(x-1)(x-\alpha)$라 두었으므로 $f(\alpha)=0$

Step 3 $g(-1)>1$일 때 $g(0)$의 값의 범위를 구한다.

ㄷ. $g(-1)=-\frac{2(\alpha+1)}{3}>1$에서 $\alpha<-\frac{5}{2}$ → $g(-1)>0$인 경우이므로 ㄴ의 식을 사용하면 된다.

→ $\alpha+1<-\frac{3}{2}$

$0\le x\le 1$일 때 $f(x)\le 0$ ($\because$ ㉠)

$\therefore g(0)=\int_0^1 f(x)dx-\int_0^1 |f(x)|dx$

$=\int_0^1 f(x)dx+\int_0^1 f(x)dx$ → $=-\int_0^1 f(x)dx$

$=2\int_0^1 f(x)dx$

$=2\int_0^1 \{x^3-(\alpha+1)x^2+\alpha x\}dx$

$=2\left[\frac{1}{4}x^4-\frac{\alpha+1}{3}x^3+\frac{\alpha}{2}x^2\right]_0^1$ → $\frac{1}{4}-\frac{\alpha+1}{3}+\frac{\alpha}{2}=\frac{\alpha}{6}-\frac{1}{12}$

$=\frac{\alpha}{3}-\frac{1}{6}<-1$ (참) → $\alpha<-\frac{5}{2}$이므로 $\frac{\alpha}{3}<-\frac{5}{6}$, $\frac{\alpha}{3}-\frac{1}{6}<-1$

따라서 옳은 것은 ㄱ, ㄴ, ㄷ이다.

15 [정답률 37%]

정답 ③

Step 1 조건 (가), (나)를 이용하여 r의 값을 구한다.

조건 (가)에서 $a_4=r$, $a_8=r^2$ …… ㉠ → $a_{4k}=r^k$에서 $k=2$ 대입

조건 (나)에 의하여 $a_4=r$, $0<|r|<1$에서 → 조건 (가)

$|a_4|<5$이므로 $a_5=r+3$

$|a_5|<5$이므로 $a_6=a_5+3=r+6$

→ $-1<r<1$에서 $2<r+3<4$

$|a_6|\ge 5$이므로 $a_7=-\frac{1}{2}a_6=-\frac{r}{2}-3$

→ $5<r+6<7$

$|a_7|<5$이므로 $a_8=a_7+3=-\frac{r}{2}$

→ $-\frac{1}{2}<-\frac{r}{2}<\frac{1}{2}$, $-\frac{7}{2}<-\frac{r}{2}-3<-\frac{5}{2}$

이때 ㉠에 의하여 $r^2=-\frac{r}{2}$이므로 $r=-\frac{1}{2}$ ($\because r\ne 0$)

→ $0<|r|<1$이므로 r은 0이 될 수 없다.

$\therefore a_4=-\frac{1}{2}$

Step 2 a_3, a_2, a_1의 값을 차례로 구한다.

$|a_3|<5$이면 $a_3=-\frac{7}{2}$, $|a_3|\ge 5$이면 $a_3=1$인데 이것은 조건을 만족시키지 않으므로 $a_3=-\frac{7}{2}$이다.

→ $-\frac{1}{2}a_3=-\frac{1}{2}$에서 $a_3=1$
→ $a_3+3=-\frac{1}{2}$에서 $a_3=-\frac{7}{2}$

$|a_2|<5$이면 $a_2=-\frac{13}{2}$인데 이것은 조건을 만족시키지 않고, → $\left|-\frac{13}{2}\right|\ge 5$

$|a_2|\ge 5$이면 $a_2=7$이며 조건을 만족시키므로 $a_2=7$이다.

$|a_1|<5$이면 $a_1=4$이고, $|a_1|\ge 5$이면 $a_1=-14$인데 조건 (나)에서 $a_1<0$이므로 $a_1=-14$이다.

Step 3 수열 $\{a_n\}$을 나열해 $|a_m|\ge 5$를 만족시키는 m의 규칙성을 찾는다.

따라서 $a_1=-14$, $a_2=7$, $a_3=-\frac{7}{2}$, $a_4=-\frac{1}{2}$, $a_5=\frac{5}{2}$, $a_6=\frac{11}{2}$,

$a_7=-\frac{11}{4}$, $a_8=\frac{1}{4}$, $a_9=\frac{13}{4}$, $a_{10}=\frac{25}{4}$, …

→ $|a_1|\ge 5$, $|a_2|\ge 5$, $|a_6|\ge 5$, $|a_{10}|\ge 5$

이와 같은 과정을 계속하면 $|a_1|\ge 5$이고, 자연수 t에 대하여 $|a_{4t-2}|\ge 5$임을 알 수 있다.

즉, $|a_m|\ge 5$를 만족시키는 100 이하의 자연수 m의 값은 1, 2, 6, 10, …, 98이므로 $p=26$이다. → $4\times 25-2$

$\therefore p+a_1=26+(-14)=12$

16 [정답률 87%]

정답 7

Step 1 로그의 진수 조건을 이용한다.

로그의 진수 조건에 의하여 $x-4>0$이고 $x+2>0$이므로

$x>4$ …… ㉠ → $x>4$, $x>-2$

Step 2 방정식의 해를 구한다.

$\log_3(x-4)=\log_9(x+2)$에서 $\log_3(x-4)=\frac{1}{2}\log_3(x+2)$ → $\log_{3^2}(x+2)$

$2\log_3(x-4)=\log_3(x+2)$, $(x-4)^2=x+2$ → $=\log_3(x-4)^2$

$x^2-9x+14=(x-2)(x-7)=0$ → $x=2$ 또는 $x=7$

$\therefore x=7$ ($\because$ ㉠)

17 [정답률 90%]

정답 16

Step 1 부정적분을 이용하여 $f(x)$를 구한다.

$f(x)=\int f'(x)dx$

$=\int (6x^2-4x+3)dx$

$=2x^3-2x^2+3x+C$ (단, C는 적분상수)

이때 $f(1)=2-2+3+C=5$이므로 $C=2$ → $f(x)=2x^3-2x^2+3x+2$

$\therefore f(2)=16-8+6+2=16$

18 [정답률 84%]

정답 13

Step 1 $\sum_{k=1}^{5} c=5\times c$임을 이용한다.

$\sum_{k=1}^{5} ca_k=65+\sum_{k=1}^{5} c$에서 $c\sum_{k=1}^{5} a_k=65+5c$ → $=10$

→ c는 상수이므로 $c\sum_{k=1}^{5} a_k$로 변형시킬 수 있다.

$10c=65+5c$ $\quad\therefore c=13$

19 [정답률 75%]

정답 4

Step 1 $f(x)=3x^4-4x^3-12x^2$으로 두고 함수 $y=f(x)$의 그래프의 개형을 알아본다.

$f(x)=3x^4-4x^3-12x^2$이라 하면

$f'(x)=12x^3-12x^2-24x=12x(x+1)(x-2)$ → $=12x(x^2-x-2)$

$f'(x)=0$에서 $x=-1$ 또는 $x=0$ 또는 $x=2$

함수 $f(x)$의 증가와 감소를 표로 나타내면 다음과 같다.

x	…	-1	…	0	…	2	…
$f'(x)$	$-$	0	$+$	0	$-$	0	$+$
$f(x)$	↘	극소	↗	극대	↘	극소	↗

$f(-1)=-5$, $f(0)=0$, $f(2)=-32$이므로 함수 $y=f(x)$의 그래프의 개형은 다음과 같다.

$3+4-12$

$48-32-48$

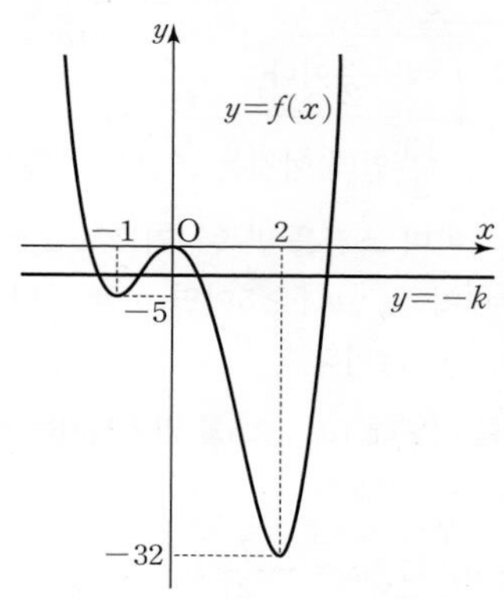

Step 2 함수 $y=f(x)$의 그래프와 직선 $y=-k$의 서로 다른 교점의 개수가 4일 때를 구한다.

주어진 방정식의 서로 다른 실근의 개수는 함수 $y=f(x)$의 그래프와 직선 $y=-k$의 교점의 개수와 같으므로

$-5<-k<0$ $\quad\therefore 0<k<5$ → $k=1, 2, 3, 4$

따라서 자연수 k의 개수는 4이다.

20 [정답률 38%]

정답 80

Step 1 함수 $f(x)$의 그래프의 개형을 나타낸다.

$f(x)=x^3+x^2-x$에서 $f'(x)=3x^2+2x-1=(x+1)(3x-1)$

$f'(x)=0$에서 $x=-1$ 또는 $x=\frac{1}{3}$

함수 $f(x)$의 증가와 감소를 표로 나타내면 다음과 같다.

x	$\cdots$	-1	$\cdots$	$\frac{1}{3}$	$\cdots$
$f'(x)$	+	0	−	0	+
$f(x)$	↗	극대	↘	극소	↗

$f(-1)=1$, $f\left(\frac{1}{3}\right)=-\frac{5}{27}$이므로 함수 $f(x)$의 그래프의 개형은 다음과 같다.

$-1+1-(-1)$

$\frac{1}{27}+\frac{1}{9}-\frac{1}{3}=\frac{1+3-9}{27}$

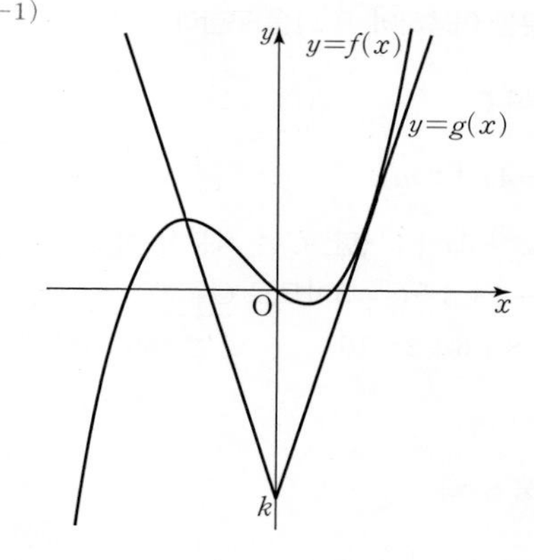

즉, 두 함수 $f(x)$, $g(x)$의 그래프가 서로 다른 두 점에서 만나기 위해서는 $x>0$일 때 두 함수 $f(x)$, $g(x)$의 그래프가 접해야 한다.

$x<0$일 때, 교점이 반드시 한 개 존재하기 때문이다.

Step 2 $x>0$일 때 두 함수 $f(x)$, $g(x)$의 그래프가 접함을 이용하여 k의 값을 구한다.

두 함수 $y=f(x)$, $y=g(x)$의 그래프의 접점을 (t, t^3+t^2-t) $(t>0)$라 하면 $x>0$일 때 $g(x)=4x+k$이므로

$f'(t)=3t^2+2t-1=4$ → 점 (t, t^3+t^2-t)에서의 함수 $y=f(x)$의 그래프의 접선의 기울기는 직선 $g(x)=4x+k$의 기울기와 같아야 한다.

$3t^2+2t-5=(3t+5)(t-1)=0$

$\therefore t=1$ $(\because t>0)$

즉, 접점의 좌표는 $(1, 1)$이고 $g(1)=4+k=1$에서 $k=-3$이다.

$f(1)=1+1-1=1$

Step 3 $x<0$일 때 두 곡선 $y=f(x)$, $y=g(x)$의 교점의 x좌표를 구한다.

$x<0$일 때 $g(x)=-4x-3$이므로 $x^3+x^2-x=-4x-3$에서 (-3: $=k$)

$x^3+x^2+3x+3=(x+1)(x^2+3)=0$ $\quad\therefore x=-1$

따라서 $x<0$일 때 두 곡선 $y=f(x)$, $y=g(x)$의 교점의 x좌표는 -1이다.

Step 4 S의 값을 구한다. → $x<0$일 때와 $x>0$일 때 $g(x)$의 식이 다르기 때문에 구간을 나누어 계산한다.

$$\therefore S=\int_{-1}^{0}(x^3+x^2+3x+3)dx+\int_{0}^{1}(x^3+x^2-5x+3)dx$$

$$=\left[\frac{1}{4}x^4+\frac{1}{3}x^3+\frac{3}{2}x^2+3x\right]_{-1}^{0}+\left[\frac{1}{4}x^4+\frac{1}{3}x^3-\frac{5}{2}x^2+3x\right]_{0}^{1}$$

$$=\frac{19}{12}+\frac{13}{12}=\frac{8}{3}$$

따라서 $30\times S=30\times\frac{8}{3}=80$이다.

21 [정답률 18%]

정답 220

Step 1 삼각형의 닮음을 이용하여 a, b 사이의 관계식을 구한다.

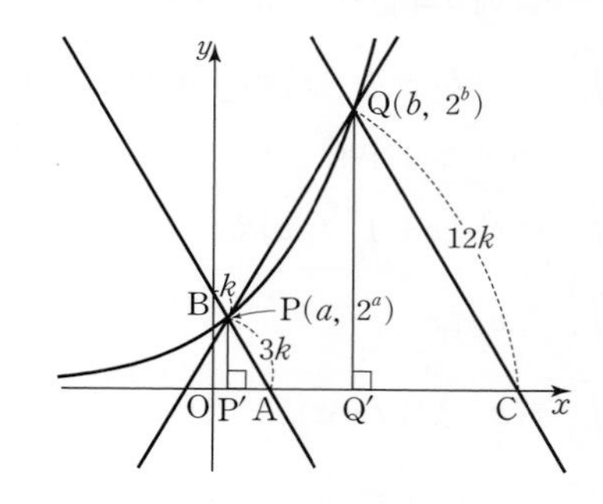

두 점 P, Q에서 x축에 내린 수선의 발을 각각 P′, Q′이라 하자.

$\overline{PB}=k$라 하면 $\overline{AB}=4k$, $\overline{CQ}=12k$

두 삼각형 APP′, CQQ′에서 △APP′∽△CQQ′이고

$\overline{AP}:\overline{CQ}=1:4$이므로 ($\overline{AP}$: $\overline{AB}-\overline{PB}=3k$, $\overline{CQ}$: $12k$)

$\overline{PP'}:\overline{QQ'}=2^a:2^b=1:4$

$2^b=4\times 2^a=2^{a+2}$ $\quad\therefore b=a+2$ $\quad\cdots\cdots$ ㉠

(4×2^a: $2^2\times2^a$)

Step 2 직선 PQ의 기울기를 이용하여 점 A의 좌표를 구한다.

직선 PQ의 기울기가 m이므로

$m=\frac{2^b-2^a}{b-a}=\frac{2^{a+2}-2^a}{(a+2)-a}=\frac{3}{2}\times 2^a$ → $\frac{2^a(2^2-1)}{2}=\frac{2^a\times 3}{2}$

직선 AB는 기울기가 $-m$이고 점 $P(a, 2^a)$을 지나므로 직선 AB의 방정식은 $y=-\frac{3}{2}\times 2^a(x-a)+2^a$

$y=0$을 대입하면 $\frac{3}{2}\times 2^a(x-a)=2^a$ $\quad\therefore x=a+\frac{2}{3}$

→ $2^a\neq0$이므로 양변을 2^a으로 나누면 $\frac{3}{2}(x-a)=1$, $x-a=\frac{2}{3}$

즉, $A\left(a+\frac{2}{3}, 0\right)$이다.

Step 3 삼각형의 닮음을 이용하여 a의 값을 구한다.

두 삼각형 APP′, ABO에서 △APP′∽△ABO이고

$\overline{AP}:\overline{AB}=3:4$이므로

$\overline{AP'}:\overline{AO}=\left|\left(a+\frac{2}{3}\right)-a\right|:\left(a+\frac{2}{3}\right)=3:4$

→ $A\left(a+\frac{2}{3}, 0\right)$, $P'(a, 0)$이므로 $\overline{AP'}=\left|\left(a+\frac{2}{3}\right)-a\right|$

$\frac{2}{3}:\left(a+\frac{2}{3}\right)=3:4$

$3\left(a+\frac{2}{3}\right)=\frac{2}{3}\times 4$ $\quad\therefore a=\frac{2}{9}$

($3a+2=\frac{8}{3}$)

$\therefore 90\times(a+b)=90\times(2a+2)$ $(\because$ ㉠$)$

$=90\times\frac{22}{9}=220$

22 [정답률 9%]

정답 58

Step 1 함수 $g(x)$의 그래프가 어떻게 나타나는지 생각해본다.

$$g(x)=\begin{cases} f(x) & (x\geq t) \\ -f(x)+2f(t) & (x<t)\end{cases}$$

에서 $\lim_{x\to t-}g(x)=\lim_{x\to t+}g(x)=g(t)=f(t)$이므로 함수 $g(x)$는 실수 전체의 집합에서 연속이다.

→ $-f(t)+2f(t)=f(t)$

함수 $f(x)$가 $x=k$에서 극솟값을 갖는다고 하자.

이때 함수 $y=-f(x)+2f(t)$의 그래프는 함수 $y=f(x)$의 그래프를 x축에 대하여 대칭이동한 후, y축의 방향으로 $2f(t)$만큼 평행이동한 것이다.

방정식 $g(x)=0$의 서로 다른 실근의 개수는 함수 $y=g(x)$의 그래프와 x축과의 교점의 개수와 같으므로 $f(k)$의 값에 따라 나누어 생각할 수 있다.

본문 235쪽

$f(k)<0$인 경우 함수 $h(t)$가 불연속일 때 함수 $y=g(x)$의 그래프는 다음과 같다.

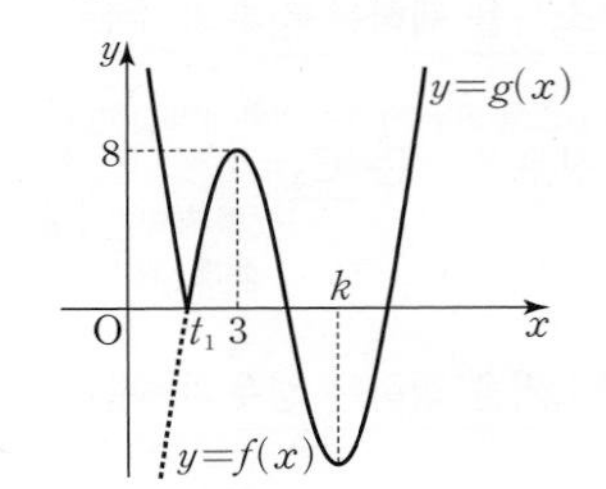
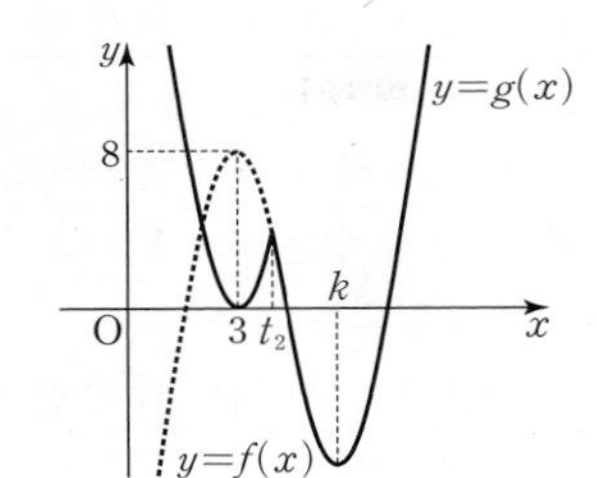
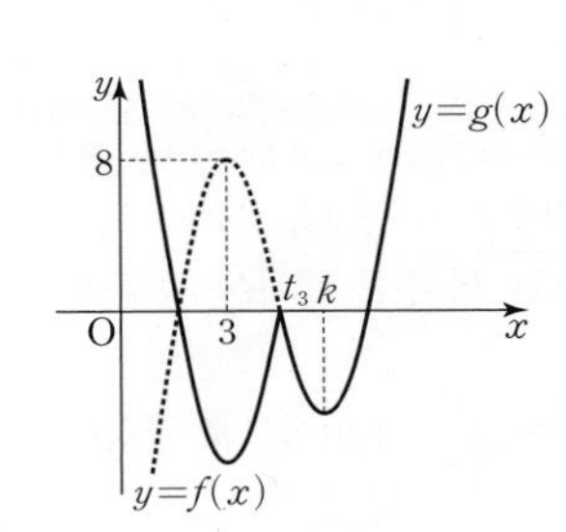
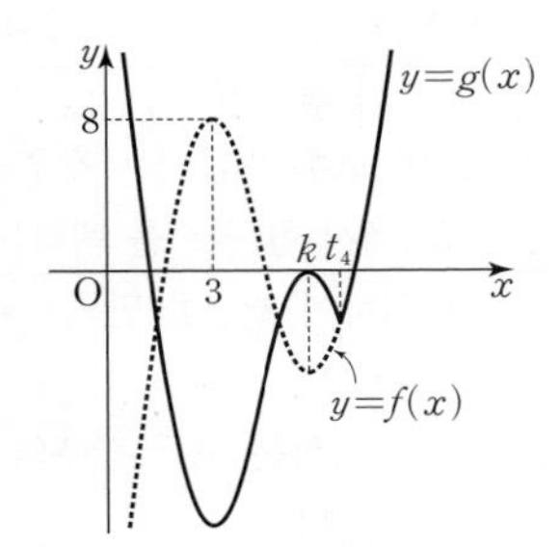
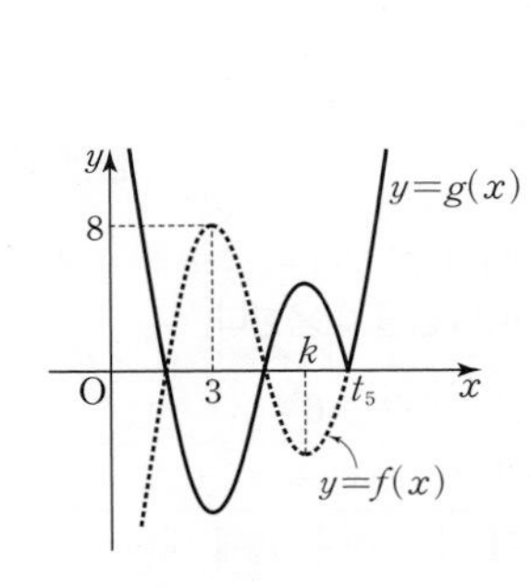
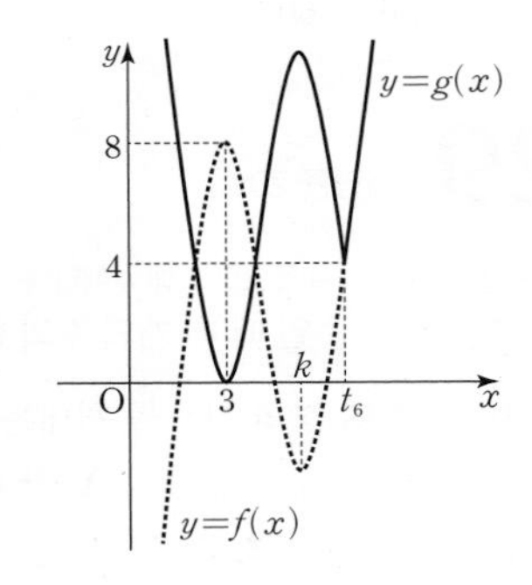

따라서 함수 $h(t)$는 $t=t_i$ $(i=1, 2, 3, 4, 5, 6)$에서 불연속이므로 주어진 조건을 만족시키지 않는다.
위와 같은 방법으로 함수 $y=f(x)$의 그래프에 따라 함수 $y=g(x)$의 그래프를 그려보면 함수 $h(t)$가 $t=a$에서 불연속인 a의 값이 두 개인 경우는 다음과 같이 $t=k$일 때 $g(3)=0$이 되는 경우뿐이다.
(교점 1개일 때의 t의 값에서 불연속이다.)

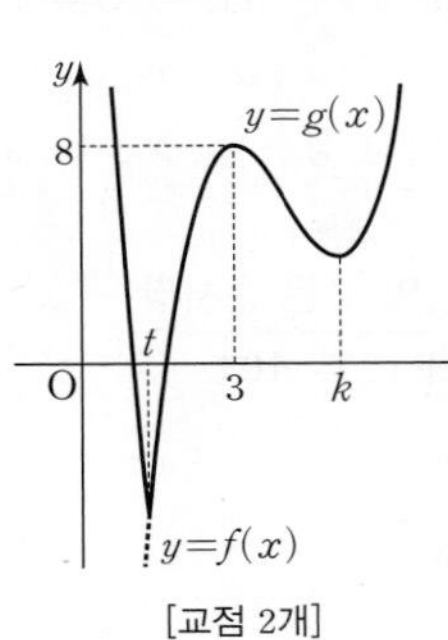
[교점 2개]

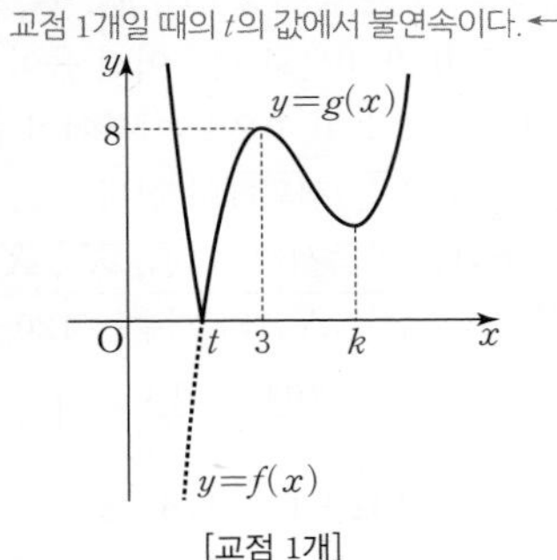
[교점 1개]

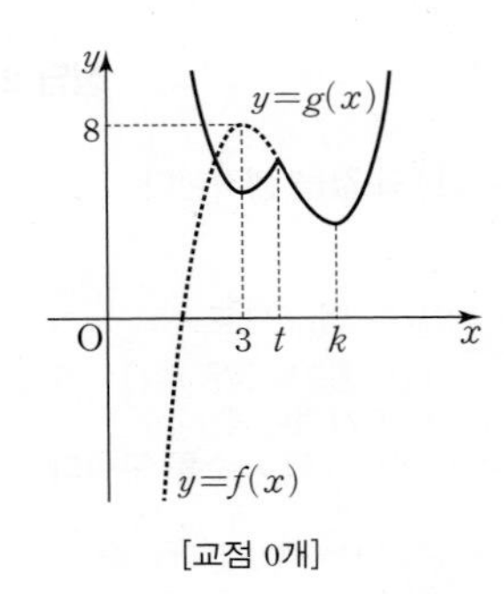
[교점 0개]

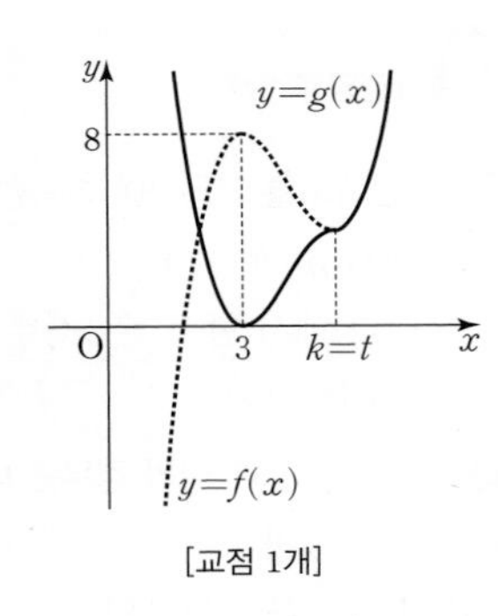
[교점 1개]

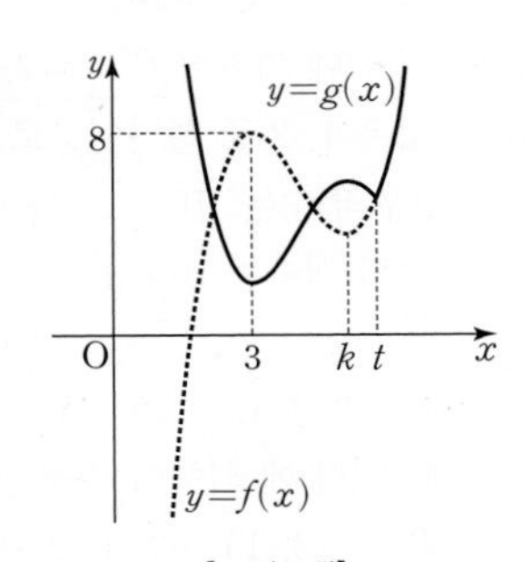
[교점 0개]

Step 2 함수 $f(x)$의 극솟값을 구한다.

$t=k$일 때 $g(x)=\begin{cases} f(x) & (x\geq k) \\ -f(x)+2f(k) & (x<k)\end{cases}$

$g(3)=0$에서 $-f(3)+2f(k)=0$ (← $f(3)=8$) $\quad\therefore f(k)=4$

Step 3 k의 값을 이용하여 $f(x)$를 구한다.

$f'(x)=3(x-3)(x-k)=3x^2-3(3+k)x+9k$이므로

$f(x)=x^3-\frac{3}{2}(3+k)x^2+9kx+C$ (단, C는 적분상수)

$f(3)=8$에서 $27-\frac{27}{2}(3+k)+27k+C=8$

(→ $27-\frac{81}{2}-\frac{27}{2}k+27k+C=C+\frac{27}{2}k-\frac{27}{2}$)

$\therefore C=\frac{43}{2}-\frac{27}{2}k$

$f(x)=x^3-\frac{3}{2}(3+k)x^2+9kx+\frac{43}{2}-\frac{27}{2}k$

이때 $f(k)=4$이므로 $k^3-\frac{3}{2}(3+k)k^2+9k^2+\frac{43}{2}-\frac{27}{2}k=4$

$-\frac{k^3}{2}+\frac{9}{2}k^2-\frac{27}{2}k+\frac{35}{2}=0$

$k^3-9k^2+27k-35=(k-5)(k^2-4k+7)=0$

(→ 모든 실수 k에 대하여 $k^2-4k+7=(k-2)^2+3>0$)

$\therefore k=5$

따라서 $f(x)=x^3-12x^2+45x-46$이므로

$f(8)=512-768+360-46=58$

확률과 통계

23 [정답률 87%]

정답 ①

Step 1 이항정리를 이용하여 x^4의 계수를 구한다.

다항식 $(x^2+2)^6$의 전개식의 일반항은

${}_6C_r(x^2)^r2^{6-r}={}_6C_r2^{6-r}x^{2r}$ $(r=0, 1, \cdots, 6)$ (→ $2r=4$에서 $r=2$)

따라서 $r=2$일 때 x^4의 계수는 ${}_6C_2\times2^4=240$

(→ $=\frac{6\times5}{2}=15$)

24 [정답률 77%]

정답 ③

Step 1 $P(A|B)=P(B|A)$를 간단히 한다.

$P(A|B)=\frac{P(A\cap B)}{P(B)}=\frac{\frac{1}{4}}{P(B)}$

$P(B|A)=\frac{P(A\cap B)}{P(A)}=\frac{\frac{1}{4}}{P(A)}$

이때 $P(A|B)=P(B|A)$이므로 $P(A)=P(B)$ (→ 분자가 서로 같으므로 분모도 서로 같아야 한다.)

$P(A\cup B)=P(A)+P(B)-P(A\cap B)$에서 (→ $P(B)=P(A)$)

$1=2P(A)-\frac{1}{4}\quad\therefore P(A)=\frac{5}{8}$

25 [정답률 74%]

정답 ④

Step 1 A, B 제품 1개의 중량을 각각 확률변수 X, Y로 둔다.

A 제품 1개의 중량을 X라 하면 확률변수 X는 정규분포 $N(9, 0.4^2)$을 따르고, $Z=\frac{X-9}{0.4}$라 하면 확률변수 Z는 표준정규분포 $N(0, 1)$을 따른다.

또한, B 제품 1개의 중량을 Y라 하면 확률변수 Y는 정규분포 $N(20, 1^2)$을 따르고, $Z=\frac{Y-20}{1}$이라 하면 확률변수 Z는 표준정규분포 $N(0, 1)$을 따른다.

Step 2 $P(8.9\leq X\leq9.4)=P(19\leq Y\leq k)$임을 이용하여 k의 값을 구한다.

$P(8.9\leq X\leq9.4)=P\left(\frac{8.9-9}{0.4}\leq Z\leq\frac{9.4-9}{0.4}\right)$ (→ $Z=\frac{X-9}{0.4}$)

$=P(-0.25\leq Z\leq1)$

$P(19\leq Y\leq k)=P\left(\frac{19-20}{1}\leq Z\leq\frac{k-20}{1}\right)$ (→ $Z=\frac{Y-20}{1}$)

$=P(-1\leq Z\leq k-20)$

주어진 조건에 의해 $P(8.9\le X\le 9.4)=P(19\le Y\le k)$이므로
$P(-0.25\le Z\le 1)=P(-1\le Z\le k-20)$
이때 $P(-0.25\le Z\le 1)=P(-1\le Z\le 0.25)$이므로
$k-20=0.25$ $\quad\therefore k=20.25$

26 [정답률 72%] 정답 ②

Step 1 전체 경우의 수를 구한다.

7명이 원 모양의 탁자에 일정한 간격을 두고 둘러앉는 경우의 수는 $(7-1)!=6!$ → 원순열

Step 2 A가 누구와 이웃하는지에 따라 경우를 나누어 확률을 구한다.

A가 B와 이웃하는 사건을 X, A가 C와 이웃하는 사건을 Y라 하면 구하는 확률은 $P(X\cup Y)$이다.

(i) A가 B와 이웃하는 경우
A와 B를 한 명이라 생각하고 6명이 원 모양의 탁자에 둘러앉는 경우의 수는 $5!$ → $(6-1)!$
A와 B가 서로 자리를 바꾸는 경우의 수는 2
$\therefore P(X)=\frac{5!\times 2}{6!}=\frac{1}{3}$

(ii) A가 C와 이웃하는 경우
A와 C를 한 명이라 생각하고 6명이 원 모양의 탁자에 둘러앉는 경우의 수는 $5!$
A와 C가 서로 자리를 바꾸는 경우의 수는 2
$\therefore P(Y)=\frac{5!\times 2}{6!}=\frac{1}{3}$

(iii) A가 B, C와 모두 이웃하는 경우
A, B, C를 한 명이라 생각하고 5명이 원 모양의 탁자에 둘러앉는 경우의 수는 $4!$ → $(5-1)!$
A를 가운데 두고 B와 C가 서로 자리를 바꾸는 경우의 수는 2
$\therefore P(X\cap Y)=\frac{4!\times 2}{6!}=\frac{1}{15}$ → $\frac{(4\times3\times2\times1)\times2}{6\times5\times4\times3\times2\times1}$

(i)~(iii)에 의하여 구하는 확률은
$P(X\cup Y)=P(X)+P(Y)-P(X\cap Y)=\frac{1}{3}+\frac{1}{3}-\frac{1}{15}=\frac{3}{5}$
(i), (ii)에서 중복되는 경우인 (iii)의 확률을 빼야 한다.

27 [정답률 65%] 정답 ⑤

Step 1 $\sigma(X)=E(X)$에서 $\{\sigma(X)\}^2=V(X)=\{E(X)\}^2$임을 이용한다.

$E(X)=0\times\frac{1}{10}+1\times\frac{1}{2}+a\times\frac{2}{5}=\frac{1}{2}+\frac{2}{5}a$

$E(X^2)=0^2\times\frac{1}{10}+1^2\times\frac{1}{2}+a^2\times\frac{2}{5}=\frac{1}{2}+\frac{2}{5}a^2$

$\sigma(X)=E(X)$에서 $\{\sigma(X)\}^2=\{E(X)\}^2$이고, → 양변을 제곱한다.
$\{\sigma(X)\}^2=V(X)=E(X^2)-\{E(X)\}^2$이므로 → 분산 공식
$\{E(X)\}^2=E(X^2)-\{E(X)\}^2$, $2\{E(X)\}^2=E(X^2)$ → $=\frac{1}{2}+\frac{2}{5}a^2$
$2\times\left(\frac{1}{2}+\frac{2}{5}a\right)^2=\frac{1}{2}+\frac{2}{5}a^2$ → $=\frac{1}{2}+\frac{2}{5}a$
$\frac{2}{25}a(a-10)=0$ $\quad\therefore a=10\ (\because a>1)$

Step 2 $E(X^2)+E(X)$의 값을 구한다.

$\therefore E(X^2)+E(X)=\left(\frac{1}{2}+\frac{2}{5}a^2\right)+\left(\frac{1}{2}+\frac{2}{5}a\right)$
$=\frac{2}{5}\times100+\frac{2}{5}\times10+1=45$

28 [정답률 51%] 정답 ③

Step 1 세 개의 수의 곱이 5의 배수이고 합이 3의 배수일 경우를 생각해 본다.

3의 배수의 집합을 X_0, 3으로 나누었을 때의 나머지가 1인 수의 집합을 X_1, 3으로 나누었을 때의 나머지가 2인 수의 집합을 X_2라 하면
$X_0=\{3, 6, 9\}$, $X_1=\{1, 4, 7, 10\}$, $X_2=\{2, 5, 8\}$
세 수의 곱이 5의 배수이려면 5 또는 10이 반드시 포함되어야 한다.
또한 세 수의 합이 3의 배수이려면 세 집합 X_0, X_1, X_2에서 각각 한 원소씩 택하거나 하나의 집합에서 세 원소를 모두 택해야 한다.

Step 2 각 경우에 따라 경우의 수를 구한다.

(i) 세 수에 5가 포함되는 경우
두 집합 X_0, X_1에서 각각 한 원소씩을 택하는 경우의 수는 → 세 집합 X_0, X_1, X_2에서 각각 한 원소씩 택하는 경우에 해당한다.
${}_3C_1\times{}_4C_1=12$
집합 X_2에서 두 원소를 택하는 경우의 수는 ${}_2C_2=1$ → 하나의 집합에서 세 원소를 모두 택하는 경우에 해당한다. / 5를 제외한 2, 8 중에 2개 선택
즉, 경우의 수는 $12+1=13$

(ii) 10이 포함되는 경우
두 집합 X_0, X_2에서 각각 한 원소씩을 택하는 경우의 수는
${}_3C_1\times{}_3C_1=9$
집합 X_1에서 두 원소를 택하는 경우의 수는 ${}_3C_2=3$ → 10을 제외한 1, 4, 7 중에 2개 선택
즉, 경우의 수는 $9+3=12$

(iii) 5와 10이 모두 포함되는 경우 → 집합 X_1, X_2에서 각각 10과 5를 택했으므로 남은 집합 X_0에서 하나를 택해야 한다.
집합 X_0에서 한 원소를 택하는 경우의 수는 ${}_3C_1=3$

(i)~(iii)에 의하여 조건을 만족시키도록 세 수를 택하는 경우의 수는
$13+12-3=22$
이때 세 수를 택하는 모든 경우의 수는 ${}_{10}C_3=120$이므로 구하는 확률은 $\frac{22}{120}=\frac{11}{60}$ → $\frac{10\times9\times8}{3\times2\times1}$

29 [정답률 20%] 정답 175

Step 1 $\bar{X}=\frac{11}{4}$일 때 네 개의 수의 합이 11임을 이용한다.

주머니에서 네 장의 카드를 꺼내는 경우의 수는 6^4 → 카드를 꺼낸 후 다시 넣으므로 매 시행마다 한 장의 카드를 꺼내는 경우의 수는 6이다.
네 수를 각각 X_1, X_2, X_3, X_4라 하면 $X_1+X_2+X_3+X_4=11$ → 네 개의 수의 평균이 $\frac{11}{4}$이므로 합은 11이다.
$1\le X_i\le 6\ (i=1, 2, 3, 4)$이므로 음이 아닌 정수 x_i에 대하여
$X_i=x_i+1$로 놓으면
$x_1+x_2+x_3+x_4=7$ → $(x_1+1)+(x_2+1)+(x_3+1)+(x_4+1)=11$

Step 2 순서쌍 (x_1, x_2, x_3, x_4)의 개수를 구한다.

방정식 $x_1+x_2+x_3+x_4=7$을 만족시키는 음이 아닌 정수 x_1, x_2, x_3, x_4의 모든 순서쌍 (x_1, x_2, x_3, x_4)의 개수는 ${}_4H_7={}_{10}C_7=120$ → ${}_{10}C_3=\frac{10\times9\times8}{3\times2\times1}$
이때 7, 0, 0, 0으로 이루어진 음이 아닌 정수 x_1, x_2, x_3, x_4의 순서쌍 4개와 6, 1, 0, 0으로 이루어진 음이 아닌 정수 x_1, x_2, x_3, x_4의 순서쌍 12개는 제외해야 한다. → $0\le x_i\le 5\ (i=1, 2, 3, 4)$이므로 제외해야 한다. ($\frac{4!}{3!}$, $\frac{4!}{2!}$)
즉, 조건을 만족시키는 X_1, X_2, X_3, X_4의 모든 순서쌍 (X_1, X_2, X_3, X_4)의 개수는 $120-(4+12)=104$
따라서 확률은 $\frac{104}{6^4}=\frac{13}{162}$이다.
$\therefore p+q=162+13=175$

30 [정답률 10%] 정답 260

Step 1 조건 (다)를 이용하여 가능한 $n(A)$의 값을 생각한다.

조건 (가)에서 $n(A)\le 3$
이때 조건 (다)에서 함수 f는 상수함수일 수 없으므로
$n(A)=2$ 또는 $n(A)=3$ → 함수 f가 상수함수일 경우 $f(x)=x$인 원소 x가 반드시 하나 생긴다.

Step 2 $n(A)$의 값에 따라 경우를 나누어 함수 f의 개수를 구한다.

(i) $n(A)=2$인 경우
집합 A를 정하는 경우의 수는 ${}_5C_2=10$ → 5개의 원소 중 2개의 원소를 택한다.
$A=\{1, 2\}$일 때 조건 (다)에 의하여 $f(1)=2$, $f(2)=1$이고,
$f(3)$, $f(4)$, $f(5)$의 값은 1, 2 중 하나이므로 $f(3)$, $f(4)$, $f(5)$의 값을 정하는 경우의 수는 ${}_2\Pi_3=2^3=8$ → $f(1)\ne1$, $f(2)\ne2$
즉, $n(A)=2$인 함수 f의 개수는 $10\times8=80$

(ii) $n(A)=3$인 경우
집합 A를 정하는 경우의 수는 ${}_5C_3=10$ → $={}_5C_2=\frac{5\times4}{2}$
$A=\{1, 2, 3\}$일 때 조건 (다)에 의하여 순서쌍 $(f(1), f(2), f(3))$은 $(2, 3, 1)$, $(3, 1, 2)$뿐이므로 $f(1)$, $f(2)$, $f(3)$의 값을 정하는 경우의 수는 2이다.
또한 $f(4)$, $f(5)$의 값은 1, 2, 3 중 하나이므로 $f(4)$, $f(5)$의 값을 정하는 경우의 수는 ${}_3\Pi_2=3^2=9$ → 조건 (다)를 항상 만족시킨다.
즉, $n(A)=3$인 함수 f의 개수는 $10\times2\times9=180$

(i), (ii)에서 함수 f의 개수는 $80+180=260$

미적분

23 [정답률 87%] 정답 ①

Step 1 지수함수의 극한값을 구한다.

$\lim_{x\to0}\frac{4^x-2^x}{x}$

$=\lim_{x\to0}\frac{(4^x-1)-(2^x-1)}{x}$

$=\lim_{x\to0}\frac{4^x-1}{x}-\lim_{x\to0}\frac{2^x-1}{x}$ → $\lim_{x\to0}\frac{a^x-1}{x}=\ln a$

$=\ln 4-\ln 2$

$=\ln 2$ → $\ln 2^2-\ln 2=2\ln 2-\ln 2=\ln 2$

24 [정답률 86%] 정답 ②

Step 1 부분적분법을 이용하여 식을 계산한다.

$\int_0^\pi x\cos\left(\frac{\pi}{2}-x\right)dx$

$=\int_0^\pi x\sin x\,dx$

$=\left[-x\cos x\right]_0^\pi-\int_0^\pi(-\cos x)dx$ → $=\int_0^\pi \cos x\,dx$

$=-\pi\cos\pi+\left[\sin x\right]_0^\pi$

$=\pi$ → -1 → $\sin\pi-\sin 0=0-0=0$

25 [정답률 87%] 정답 ⑤

Step 1 $\frac{a_n+2}{2}=b_n$이라 두고 $\lim_{n\to\infty}b_n$의 값을 구한다.

$\lim_{n\to\infty}\frac{a_n+2}{2}=6$에서 $\frac{a_n+2}{2}=b_n$이라 하면 $a_n=2b_n-2$이고

$\lim_{n\to\infty}b_n=6$

$\therefore \lim_{n\to\infty}\frac{na_n+1}{a_n+2n}$

$=\lim_{n\to\infty}\frac{n(2b_n-2)+1}{(2b_n-2)+2n}$

$=\lim_{n\to\infty}\frac{2b_n-2+\frac{1}{n}}{\frac{2b_n}{n}-\frac{2}{n}+2}$ → 분모, 분자를 n으로 나눈다.

$=\frac{2\times6-2+0}{0-0+2}=5$

→ $\lim_{n\to\infty}\frac{1}{n}=0$, $\lim_{n\to\infty}\frac{b_n}{n}=0$

26 [정답률 83%] 정답 ③

Step 1 정사각형의 넓이를 구한다.

단면은 정사각형이고, 정사각형의 한 변의 길이는 $\sqrt{\frac{kx}{2x^2+1}}$이므로 → 함숫값과 같다.

정사각형의 넓이는 $\left(\sqrt{\frac{kx}{2x^2+1}}\right)^2=\frac{kx}{2x^2+1}$

Step 2 입체도형의 부피가 $2\ln 3$임을 이용하여 k의 값을 구한다.

따라서 입체도형의 부피는 $\int_1^2\frac{kx}{2x^2+1}dx$

이때 $2x^2+1=t$로 놓으면

$4x\,dx=dt$ → 적분식이 까다로우므로 치환을 이용

따라서 $x=1$일 때 $t=3$, $x=2$일 때 $t=9$이므로 주어진 식은

$\int_3^9\left(\frac{k}{4}\times\frac{1}{t}\right)dt=\frac{k}{4}\int_3^9\frac{1}{t}dt$

$=\frac{k}{4}\left[\ln t\right]_3^9$

$=\frac{k}{4}(\ln 9-\ln 3)$ → $\ln\frac{9}{3}=\ln 3$

$=\frac{k}{4}\ln 3=2\ln 3$

$\therefore k=8$ → $\frac{k}{4}=2$

27 [정답률 60%] 정답 ③

Step 1 S_1의 값을 구한다.

직각삼각형 $A_1B_1D_1$에서 $\overline{B_1D_1}=\sqrt{\overline{A_1B_1}^2+\overline{A_1D_1}^2}=\sqrt{4^2+1^2}=\sqrt{17}$

사각형 $A_1B_1C_1D_1$은 직사각형이므로 $\overline{D_1E_1}=\frac{1}{2}\overline{B_1D_1}=\frac{\sqrt{17}}{2}$

$\therefore S_1=2\triangle A_2D_1E_1=2\times\left(\frac{1}{2}\times\frac{\sqrt{17}}{2}\times\frac{\sqrt{17}}{2}\right)=\frac{17}{4}$ → 두 대각선은 서로 이등분하므로 $\overline{D_1E_1}=\overline{B_1E_1}$

→ $\overline{A_2D_1}=\overline{D_1E_1}$

Step 2 선분 A_2B_2의 길이를 구한다.

직각삼각형 $D_1B_1C_1$에서 $\angle C_1D_1B_1=\theta$라 하면 $\sin\theta=\frac{1}{\sqrt{17}}$

두 점 A_2, B_2에서 선분 D_1C_1에 내린 수선의 발을 각각 H_1, H_2라 하자. → $\frac{\overline{B_1C_1}}{\overline{D_1B_1}}$

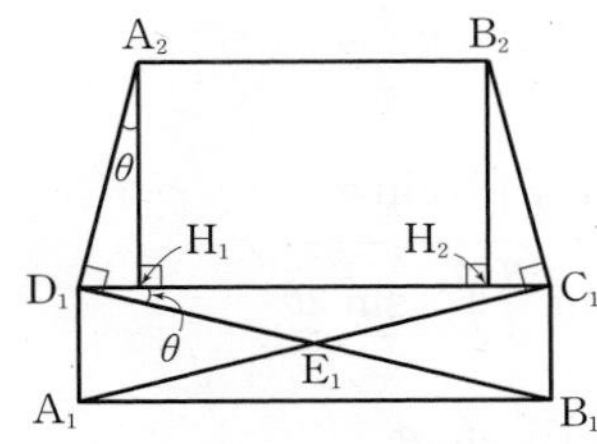

$\angle D_1A_2H_1=\angle C_1D_1B_1=\theta$이므로 직각삼각형 $A_2D_1H_1$에서

$\overline{D_1H_1}=\overline{A_2D_1}\sin\theta=\frac{\sqrt{17}}{2}\times\frac{1}{\sqrt{17}}=\frac{1}{2}$ → $\angle A_2D_1H_1=\frac{\pi}{2}-\angle C_1D_1B_1=\frac{\pi}{2}-\theta$, $\angle D_1A_2H_1=\frac{\pi}{2}-\angle A_2D_1H_1=\frac{\pi}{2}-\left(\frac{\pi}{2}-\theta\right)$

$\overline{C_1H_2}=\overline{D_1H_1}=\frac{1}{2}$이므로 → $\sin(\angle D_1A_2H_1)$

$\overline{A_2B_2}=\overline{H_1H_2}=\overline{D_1C_1}-2\overline{D_1H_1}=4-2\times\frac{1}{2}=3$

Step 3 $\lim_{n\to\infty}S_n$의 값을 구한다.

$\overline{A_1B_1}:\overline{A_2B_2}=4:3$이므로 길이의 비는 $\frac{3}{4}$, 넓이의 비는 $\frac{9}{16}$이다.

$\therefore \lim_{n\to\infty}S_n=\frac{\frac{17}{4}}{1-\frac{9}{16}}=\frac{68}{7}$ → 첫째항이 a이고 공비가 r인 등비급수의 합 : $\frac{a}{1-r}$ (단, $|r|<1$)

→ 첫째항이 $\frac{17}{4}$, 공비가 $\frac{9}{16}$인 등비급수이다.

28 [정답률 61%] 정답 ④

Step 1 $f(\theta)$를 구한다.

선분 OC를 그으면 $\overline{PA}=\overline{PC}$이므로

$\angle POC=\angle POA=\theta$

점 O에서 선분 PA에 내린 수선의 발을 H라 하면 $\angle AOH=\frac{\theta}{2}$이므로 → $\overline{AH}=\overline{PH}$

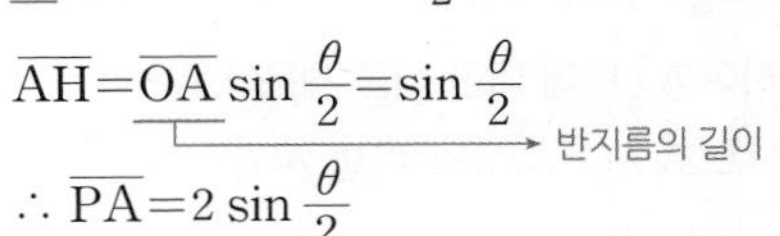

$\overline{AH}=\overline{OA}\sin\frac{\theta}{2}=\sin\frac{\theta}{2}$ → 반지름의 길이

$\therefore \overline{PA}=2\sin\frac{\theta}{2}$

삼각형 OAP에서 $\angle OAP=\frac{1}{2}\left(\pi-\angle POA\right)=\frac{\pi}{2}-\frac{\theta}{2}$ → θ

점 P에서 선분 DA에 내린 수선의 발을 H′이라 하면

$\angle APH'=\pi-\angle AH'P-\angle PAH'$ → $=\angle OAP$

$=\pi-\frac{\pi}{2}-\left(\frac{\pi}{2}-\frac{\theta}{2}\right)=\frac{\theta}{2}$

$\therefore \angle APD=2\angle APH'=\theta$

따라서 (→ $=\angle\text{OAP}$)

$\angle\text{DPC}=\angle\text{OPA}+\angle\text{OPC}-\angle\text{APD}$

$=\left(\frac{\pi}{2}-\frac{\theta}{2}\right)+\left(\frac{\pi}{2}-\frac{\theta}{2}\right)-\theta=\pi-2\theta$

$\overline{\text{PC}}=\overline{\text{PD}}=\overline{\text{PA}}=2\sin\frac{\theta}{2}$이므로 (→ $\frac{1}{2}\times\overline{\text{PC}}\times\overline{\text{PD}}\times\sin(\angle\text{DPC})$)

$f(\theta)=\frac{1}{2}\times\left(2\sin\frac{\theta}{2}\right)^2\times\sin(\pi-2\theta)=2\times\left(\sin\frac{\theta}{2}\right)^2\times\sin 2\theta$

Step 2 닮음비를 이용하여 $g(\theta)$를 구한다.

삼각형 APH′에서 $\overline{\text{PA}}=2\sin\frac{\theta}{2}$, $\angle\text{APH}'=\frac{\theta}{2}$이므로

$\overline{\text{AH}'}=2\sin\frac{\theta}{2}\times\sin\frac{\theta}{2}=2\left(\sin\frac{\theta}{2}\right)^2$ (→ $\overline{\text{PA}}\sin(\angle\text{APH}')$)

$\therefore\ \overline{\text{DA}}=4\left(\sin\frac{\theta}{2}\right)^2$

두 삼각형 POA, EDA는 닮음이고 $\overline{\text{OA}}:\overline{\text{DA}}=1:4\left(\sin\frac{\theta}{2}\right)^2$

이므로 넓이의 비는 $\overline{\text{OA}}^2:\overline{\text{DA}}^2=1:16\left(\sin\frac{\theta}{2}\right)^4$이다. (→ 두 삼각형의 닮음비가 $m:n$일 때 넓이의 비는 $m^2:n^2$)

$g(\theta)=\triangle\text{OAP}\times16\left(\sin\frac{\theta}{2}\right)^4$

$=\frac{1}{2}\sin\theta\times16\left(\sin\frac{\theta}{2}\right)^4$ (→ $\triangle\text{OAP}=\frac{1}{2}\times\overline{\text{OA}}\times\overline{\text{OP}}\times\sin\theta$)

$=8\times\left(\sin\frac{\theta}{2}\right)^4\times\sin\theta$

Step 3 $\lim_{\theta\to0+}\frac{g(\theta)}{\theta^2\times f(\theta)}$의 값을 구한다.

$\lim_{\theta\to0+}\frac{g(\theta)}{\theta^2\times f(\theta)}$

$=\lim_{\theta\to0+}\frac{8\times\left(\sin\frac{\theta}{2}\right)^4\times\sin\theta}{\theta^2\times2\times\left(\sin\frac{\theta}{2}\right)^2\times\sin2\theta}$

$=\lim_{\theta\to0+}\frac{4\times\left(\sin\frac{\theta}{2}\right)^2\times\sin\theta}{\theta^2\times\sin2\theta}$

$=\lim_{\theta\to0+}\frac{4\times\left(\frac{\sin\frac{\theta}{2}}{\frac{\theta}{2}}\right)^2\times\frac{\sin\theta}{\theta}\times\frac{1}{4}}{\frac{\sin2\theta}{2\theta}\times2}$

$=\frac{1}{2}$ (→ $\lim_{\theta\to0+}\frac{\sin2\theta}{2\theta}=1$, $\lim_{\theta\to0+}\frac{\sin\frac{\theta}{2}}{\frac{\theta}{2}}=1$, $\lim_{\theta\to0+}\frac{\sin\theta}{\theta}=1$)

29 [정답률 20%]

정답 3

Step 1 두 점 $\text{P}(s,\ f(s))$, $\text{Q}(t,\ 0)$에 대하여 점 P에서의 접선과 직선 PQ가 수직임을 이용한다.

두 점 P, Q를 각각 $\text{P}(s,\ f(s))$, $\text{Q}(t,\ 0)$이라 하자.

점 $(t,\ 0)$과 점 $(x,\ f(x))$ 사이의 거리가 $x=s$에서 최소이므로 곡선 $y=f(x)$ 위의 점 P에서의 접선과 직선 PQ는 수직이어야 한다.

$f(x)=e^x+x$에서 $f'(x)=e^x+1$이므로 $f'(s)=e^s+1$ …… ㉠

직선 PQ의 기울기는 $\frac{f(s)-0}{s-t}=\frac{e^s+s}{s-t}$ …… ㉡ (→ $f(s)=e^s+s$)

㉠, ㉡에서 $(e^s+1)\times\frac{e^s+s}{s-t}=-1$ (→ 점 P에서의 접선과 직선 PQ가 수직이므로 기울기의 곱은 -1이어야 한다.)

$(e^s+1)(e^s+s)=t-s$ $\quad\therefore\ t=(e^s+1)(e^s+s)+s$ …… ㉢

한편, $f(s)$의 값이 $g(t)$이므로 $g(t)=e^s+s$ …… ㉣

Step 2 역함수의 성질을 이용하여 $h'(1)$에 대한 식을 세운다.

함수 $g(t)$의 역함수가 $h(t)$이므로 $h(1)=k$라 하면 $g(k)=1$

㉣에서 $g(k)=e^s+s=1$ $\quad\therefore\ s=0$ (→ $e^0+0=1$)

$s=0$, $t=k$를 ㉢에 대입하면 $k=(e^0+1)(e^0+0)+0=2$ → $h(1)=2$

$g(h(t))=t$의 양변을 t에 대하여 미분하면

$g'(h(t))h'(t)=1$ $\quad\therefore\ h'(t)=\frac{1}{g'(h(t))}$ (→ t 대신에 k를 넣었다.)

위 식에 $t=1$을 대입하면 $h'(1)=\frac{1}{g'(h(1))}=\frac{1}{g'(2)}$ …… ㉤

Step 3 $g'(t)$의 식을 구한 후 $h'(1)$의 값을 계산한다.

㉢의 양변을 t에 대하여 미분하면

$1=\{e^s(e^s+s)+(e^s+1)^2+1\}\frac{ds}{dt}$ (→ 곱의 미분법)

$\frac{ds}{dt}=\frac{1}{e^s(e^s+s)+(e^s+1)^2+1}$

또한 ㉣의 양변을 t에 대하여 미분하면

$g'(t)=(e^s+1)\frac{ds}{dt}=\frac{e^s+1}{e^s(e^s+s)+(e^s+1)^2+1}$

$s=0$일 때 $t=2$이므로 $g'(2)=\frac{e^0+1}{e^0(e^0+0)+(e^0+1)^2+1}=\frac{1}{3}$ (→ Step 2에서 k의 값) (→ $\frac{2}{1\times1+2^2+1}$)

$\therefore\ h'(1)=\frac{1}{g'(2)}=3$ ($\because$ ㉤)

30 [정답률 7%]

정답 283

Step 1 조건 (가), (나)를 이용하여 $f'(x)$를 구한다.

함수 $g(x)$는 구간 $(0,\ \infty)$에서 $g(x)\geq0$이므로 $x>-3$인 모든 실수 x에 대하여 $g(x+3)\geq0$이다.

조건 (나)에서 $x>-3$인 모든 실수 x에 대하여

$g(x+3)\{f(x)-f(0)\}^2\geq0$이므로 구간 $(-3,\ \infty)$에서 $f'(x)\geq0$ 이다. (→ 음수가 될 수 없다.) (→ $x>-3$에서 함수 $f(x)$는 증가)

또한 조건 (나)의 식에 $x=0$을 대입하면 $f'(0)=0$

따라서 조건 (가), (나)에 의하여 함수 $y=f'(x)$의 그래프의 개형은 다음과 같다. (→ (좌변)$=g(3)\{f(0)-f(0)\}^2=0$)

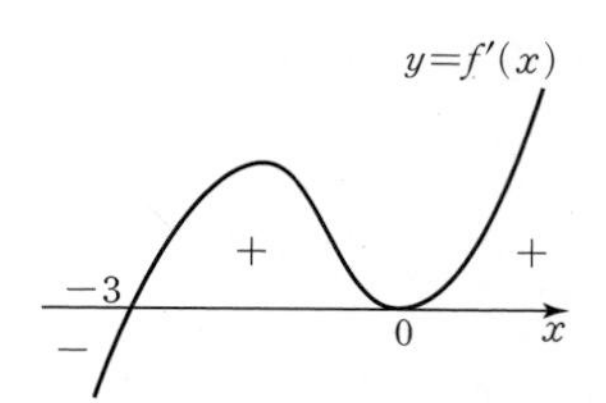

이때 함수 $f(x)$는 최고차항의 계수가 1인 사차함수이므로

$f'(x)=4x^2(x+3)=4x^3+12x^2$ (→ $f'(x)$는 최고차항의 계수가 4인 삼차함수)

$\therefore\ f(x)=x^4+4x^3+C$ (단, C는 적분상수)

Step 2 $g(x+3)$의 식을 이용하여 $\int_4^5 g(x)dx$의 값을 구한다.

$g(x+3)(x^4+4x^3)^2=4x^3+12x^2$ …… ㉠ (→ 조건 (나)의 식에 $f(x)=x^4+4x^3+C$를 대입)

한편, $\int_4^5 g(x)dx$에서 구간 $[4,\ 5]$에서의 $g(x)$의 값은

구간 $[1,\ 2]$에서의 $g(x+3)$의 값과 같다.

구간 $[1,\ 2]$에서 $x^4+4x^3\neq0$이므로 ㉠에서

$g(x+3)=\frac{4x^3+12x^2}{(x^4+4x^3)^2}$ (→ $g(x+3)$의 식만 알고 있으므로 식을 변형시키기 위해 치환한다.)

$\int_4^5 g(x)dx$에서 $x-3=t$로 놓으면 $\frac{dx}{dt}=1$이고

$x=4$일 때 $t=1$, $x=5$일 때 $t=2$이므로

$\int_4^5 g(x)dx=\int_1^2 g(t+3)dt=\int_1^2\frac{4t^3+12t^2}{(t^4+4t^3)^2}dt$

이때 $t^4+4t^3=s$로 놓으면 $4t^3+12t^2=\frac{ds}{dt}$ (→ 적분을 바로 계산하기 까다로우므로 치환한다.)

$t=1$일 때 $s=5$, $t=2$일 때 $s=48$이므로

$\int_1^2\frac{4t^3+12t^2}{(t^4+4t^3)^2}dt=\int_5^{48}\frac{1}{s^2}ds=\left[-\frac{1}{s}\right]_5^{48}$ (→ $=s^{-2}$)

$=-\frac{1}{48}+\frac{1}{5}=\frac{43}{240}$

따라서 $p=240$, $q=43$이므로 $p+q=283$

기하

23 [정답률 94%]

정답 ④

Step 1 선분 AB의 중점의 좌표를 구한다.

$A(a,\ 1,\ -1)$, $B(-5,\ b,\ 3)$이므로 선분 AB의 중점의 좌표는

$\left(\frac{a-5}{2},\ \frac{1+b}{2},\ 1\right)$

└→ 점 $(8,\ 3,\ 1)$과 같아야 한다.

$\frac{a-5}{2}=8$에서 $a=21$

$\frac{1+b}{2}=3$에서 $b=5$

$\therefore\ a+b=26$

24 [정답률 86%]

정답 ②

Step 1 쌍곡선 위의 점 $(2a,\ \sqrt{3})$에서의 접선의 방정식을 구한다.

쌍곡선 $\frac{x^2}{a^2}-y^2=1$ 위의 점 $(2a,\ \sqrt{3})$에서의 접선의 방정식은

$\frac{2ax}{a^2}-\sqrt{3}y=1$ (→ $\frac{2}{a}x-\sqrt{3}y=1$)　　$\therefore\ y=\frac{2}{\sqrt{3}a}x-\frac{1}{\sqrt{3}}$

이때 직선 $y=-\sqrt{3}x+1$과 수직이므로

└→ 두 직선의 기울기의 곱이 -1이어야 한다.

$\frac{2}{\sqrt{3}a}\times(-\sqrt{3})=-1$　　$\therefore\ a=2$

25 [정답률 89%]

정답 ⑤

Step 1 선분 OF의 길이를 이용하여 a의 값을 구한다.

직각삼각형 AF'F에서 $\overline{F'F}=\sqrt{\overline{AF'}^2-\overline{AF}^2}=\sqrt{5^2-3^2}=4$

따라서 $\overline{OF}=\overline{OF'}=2$이므로

두 초점 F, F'의 좌표는 $F(2,\ 0)$, $F'(-2,\ 0)$

$a^2-5=2^2$에서 $a=3$ $(\because\ a>\sqrt{5})$

└→ 타원의 성질

따라서 삼각형 PF'F의 둘레의 길이는

$(\overline{PF}+\overline{PF'})+\overline{F'F}=2\times3+4=10$

└→ 장축의 길이와 같다.

26 [정답률 77%]

정답 ③

Step 1 $\overrightarrow{OP}-\overrightarrow{OA}=\overrightarrow{AP}$임을 이용한다.

$(\overrightarrow{OP}-\overrightarrow{OA})\cdot(\overrightarrow{OP}-\overrightarrow{OA})=5$에서

$\overrightarrow{AP}\cdot\overrightarrow{AP}=|\overrightarrow{AP}|^2=5$　　$\therefore\ |\overrightarrow{AP}|=\sqrt{5}$

즉, 점 P가 나타내는 도형은 점 $A(3,\ 0)$을 중심으로 하고 반지름의 길이가 $\sqrt{5}$인 원이다.

Step 2 점 P가 나타내는 원과 직선 $y=\frac{1}{2}x+k$가 접함을 이용한다.

점 P가 나타내는 도형과 직선 $y=\frac{1}{2}x+k$가 오직 한 점에서 만나므로

└→ 직선이 원에 접한다는 의미이다.

점 $A(3,\ 0)$에서 직선 $y=\frac{1}{2}x+k$까지의 거리는 원의 반지름의 길이인 $\sqrt{5}$이다.

└→ 원의 중심　　└→ $x-2y+2k=0$

$\frac{|1\times3-2\times0+2k|}{\sqrt{1^2+(-2)^2}}=\sqrt{5}$ (→ $\frac{|3+2k|}{\sqrt{5}}$), $|3+2k|=5$

$3+2k=-5$ 또는 $3+2k=5$

└→ $k=-4$　　└→ $k=1$

$\therefore\ k=1$ $(\because\ k>0)$

27 [정답률 63%]

정답 ③

Step 1 삼수선의 정리를 이용하여 삼각형 ABC의 높이를 구한다.

두 점 C, D에서 두 점 A, B를 포함하는 밑면에 내린 수선의 발을 각각 C', D'이라 하고 두 점 C', D'에서 선분 AB에 내린 수선의 발을 각각 H, H'이라 하자.

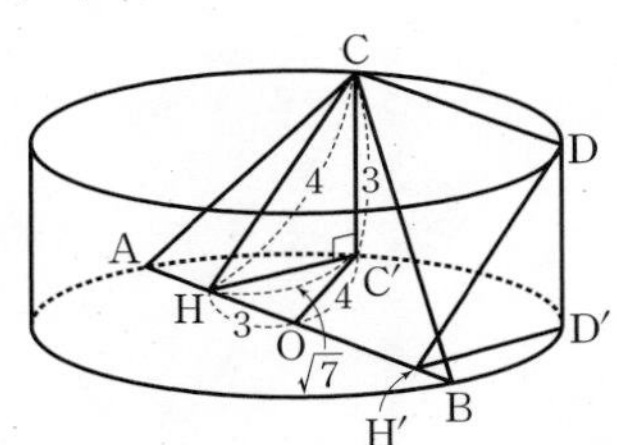

$\overline{CC'}\perp$(평면 ABD'C'), $\overline{C'H}\perp\overline{AB}$이므로

삼수선의 정리에 의해 $\overline{CH}\perp\overline{AB}$

조건 (가)에서 삼각형 ABC의 넓이가 16이고 $\overline{AB}=8$이므로

└→ 원기둥의 밑면의 지름의 길이

$\frac{1}{2}\times8\times\overline{CH}=16$에서 $\overline{CH}=4$

Step 2 선분 HH'의 길이를 구한다.

직각삼각형 CC'H에서 $\overline{C'H}=\sqrt{\overline{CH}^2-\overline{CC'}^2}=\sqrt{4^2-3^2}=\sqrt{7}$

선분 AB의 중점을 O라 하면 직각삼각형 OC'H에서

└→ 원기둥의 높이

$\overline{OH}=\sqrt{\overline{OC'}^2-\overline{C'H}^2}=\sqrt{4^2-(\sqrt{7})^2}=3$

같은 방법으로 $\overline{OH'}=3$

조건 (나)에서 두 직선 AB, CD는 서로 평행하므로

└→ 사각형 CHH'D는 직사각형이다.

$\overline{CD}=\overline{HH'}=\overline{OH}+\overline{OH'}=6$

28 [정답률 54%]

정답 ①

Step 1 $\overline{AF_1}=\overline{AF_2}$를 이용하여 p에 대한 이차방정식을 세운다.

포물선 $C_1 : y^2=4x$의 초점의 좌표는 $F_1(1,\ 0)$,

준선의 방정식은 $x=-1$이다.

└→ 포물선 $y^2=4px$의 초점의 좌표는 $(p,\ 0)$, 준선의 방정식은 $x=-p$이다.

포물선 $C_2 : (y-3)^2=4p\{x-f(p)\}$의 초점의 좌표는

$F_2(p+f(p),\ 3)$, 준선의 방정식은 $x=-p+f(p)$이다.

점 A의 x좌표를 a라 하고, 점 A에서 포물선 C_1의 준선에 내린 수선의 발을 H_1, 포물선 C_2의 준선에 내린 수선의 발을 H_2라 하자.

└→ $a>0$

$\overline{AF_1}=\overline{AH_1}=a+1$, $\overline{AF_2}=\overline{AH_2}=a+p-f(p)$

└→ $a-\{-p+f(p)\}$

이때 $\overline{AF_1}=\overline{AF_2}$이므로

$a+1=a+p-f(p)$에서 $f(p)-p+1=0$

└→ $f(p)=(p+a)^2=p^2+2ap+a^2$

$\therefore\ p^2+(2a-1)p+a^2+1=0$　　…… ㉠

Step 2 $\overline{AF_1}=\overline{AF_2}$를 만족시키는 p가 오직 하나가 되도록 하는 a의 값을 구한다.

p에 대한 이차방정식 ㉠의 판별식을 D라 하자.

(i) $D=0$일 때,

$D=(2a-1)^2-4(a^2+1)=-4a-3$

└→ $(4a^2-4a+1)-(4a^2+4)$

$-4a-3=0$이므로 $a=-\frac{3}{4}$

$a=-\frac{3}{4}$을 ㉠에 대입하면

$p^2-\frac{5}{2}p+\frac{25}{16}=\left(p-\frac{5}{4}\right)^2=0$　　$\therefore\ p=\frac{5}{4}$

└→ $p\geq1$을 만족시킨다.

(ii) $D>0$일 때,

$D=-4a-3>0$　　$\therefore\ a<-\frac{3}{4}$

㉠에서 $g(p)=p^2+(2a-1)p+a^2+1$이라 하면

함수 $g(p)$의 그래프는 $p\geq1$에서 p축과 한 점에서 만나야 한다.

└→ 조건을 만족시키는 p가 오직 하나이기 때문이다.

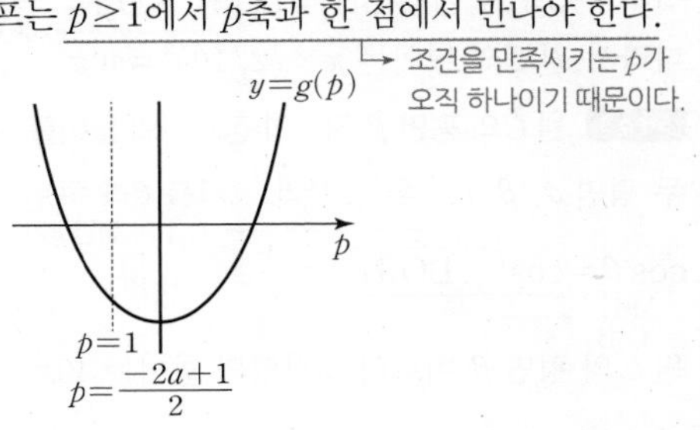

즉, $g(1)<0$이어야 한다.

$g(1)=1+(2a-1)+a^2+1$
$=a^2+2a+1$
$=(a+1)^2<0$

이를 만족시키는 실수 a의 값은 존재하지 않는다.

(i), (ii)에 의하여 $a=-\frac{3}{4}$

29 [정답률 12%]

정답 127

Step 1 삼각형의 닮음을 이용하여 k의 값을 구한다.

두 구 S_1, S_2의 중심을 각각 O_1, O_2라 하면 $O_1(0, 0, 2)$, $O_2(0, 0, -7)$이고, 두 구 S_1, S_2의 반지름의 길이는 각각 2, 7이다. ($\overline{O_1H_1}=2$, $\overline{OO_2}=7$)

두 점 O_1, O_2에서 평면 α에 내린 수선의 발을 각각 H_1, H_2라 하고, 평면 α와 z축이 만나는 점을 P라 하자.

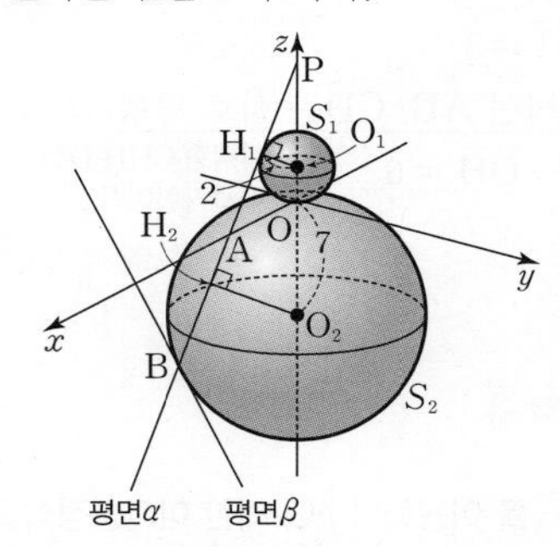

직각삼각형 O_1PH_1에서 $\overline{O_1P}=k\ (k>0)$라 하면

$\overline{PH_1}=\sqrt{\overline{O_1P}^2-\overline{O_1H_1}^2}=\sqrt{k^2-2^2}=\sqrt{k^2-4}$

두 삼각형 O_1PH_1, APO에서 $\triangle O_1PH_1 \backsim \triangle APO$이고 ($\angle O_1PH_1=\angle APO$)

$\overline{OP}=2+k$이므로 ($\overline{OO_1}+\overline{O_1P}=2+k$)

$\overline{O_1H_1} : \overline{AO}=\overline{PH_1} : \overline{PO}$ (점 A의 x좌표가 $\sqrt{5}$)

$2 : \sqrt{5}=\sqrt{k^2-4} : (2+k)$

$\sqrt{5}\times\sqrt{k^2-4}=2(2+k)$ ($5(k^2-4)=(4+2k)^2$)

$k^2-16k-36=0$, $(k+2)(k-18)=0$

$\therefore k=18\ (\because k>0)$

Step 2 선분 O_2H_2의 길이를 이용하여 원 C의 반지름의 길이를 구한다.

두 삼각형 O_1PH_1, O_2PH_2에서 $\triangle O_1PH_1 \backsim \triangle O_2PH_2$이고,

$\overline{O_1P}=18$, $\overline{O_2P}=27$이므로 ($\overline{O_1P}=k$, $\overline{O_1P}+\overline{OO_1}+\overline{OO_2}=18+2+7$)

$\overline{O_1P} : \overline{O_2P}=\overline{O_1H_1} : \overline{O_2H_2}$

$18 : 27=2 : \overline{O_2H_2}$　　$\therefore \overline{O_2H_2}=3$

평면 α와 구 S_2가 만나서 생기는 원 C의 중심은 점 H_2이고 반지름의 길이는 $\overline{BH_2}$이다.

삼각형 O_2BH_2에서 $\overline{BH_2}=\sqrt{\overline{O_2B}^2-\overline{O_2H_2}^2}=\sqrt{7^2-3^2}=2\sqrt{10}$ (구 S_2의 반지름의 길이)

따라서 원 C의 넓이는 $\pi\times(2\sqrt{10})^2=40\pi$

Step 3 원 C의 평면 β 위로의 정사영의 넓이를 구한다.

두 평면 α, β가 이루는 각의 크기를 θ라 하면

$\cos\theta=\cos(\angle BO_2H_2)=\frac{3}{7}$ ($\frac{\overline{O_2H_2}}{\overline{O_2B}}$)

($\overline{O_2B}$와 평면 β가 수직이므로 $\angle H_2BO_2=\frac{\pi}{2}-\theta$　$\therefore \angle BO_2H_2=\theta$)

원 C의 평면 β 위로의 정사영의 넓이는 $40\pi\times\frac{3}{7}=\frac{120}{7}\pi$

따라서 $p=7$, $q=120$이므로 $p+q=127$이다.

30 [정답률 13%]

정답 17

Step 1 점 X가 나타내는 도형을 좌표평면 위에 그린다.

$(|\overrightarrow{AX}|-2)(|\overrightarrow{BX}|-2)=0$에서 $|\overrightarrow{AX}|=2$ 또는 $|\overrightarrow{BX}|=2$

즉, 점 X는 점 $A(-2, 2)$를 중심으로 하고 반지름의 길이가 2인 원 또는 점 $B(2, 2)$를 중심으로 하고 반지름의 길이가 2인 원 위를 움직인다. (점 X는 점 B와 항상 2만큼 떨어져 있다는 의미이다. 즉, 원을 나타낸다.)

이때 $|\overrightarrow{OX}|\ge2$이므로 점 X가 나타내는 도형은 다음 그림과 같다. (두 원에서 $|\overrightarrow{OX}|<2$를 만족시키는 부분은 제외한다.)

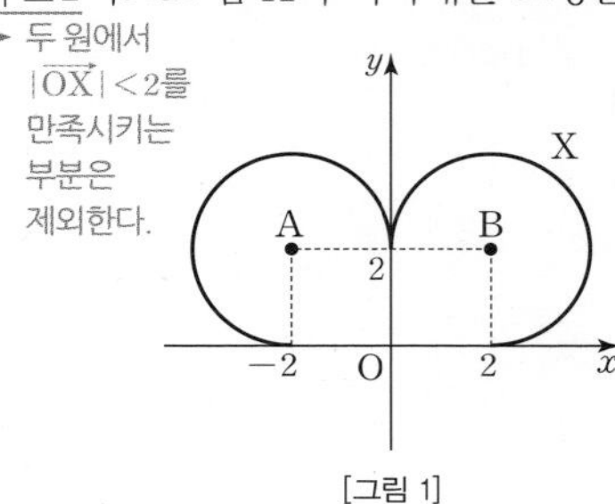

[그림 1]

Step 2 점 Y의 집합이 나타내는 도형을 좌표평면 위에 그린다.

두 벡터 $\overrightarrow{OP}$, $\vec{u}$가 이루는 각의 크기를 θ, 두 벡터 $\overrightarrow{OQ}$, $\vec{u}$가 이루는 각의 크기를 θ'이라 하면

$(\overrightarrow{OP}\cdot\vec{u})(\overrightarrow{OQ}\cdot\vec{u})$ (조건 (가))

$=|\overrightarrow{OP}||\vec{u}|\cos\theta\times|\overrightarrow{OQ}||\vec{u}|\cos\theta'$ ($\vec{u}=(1, 0)$이므로 $|\vec{u}|=1$)

$=|\overrightarrow{OP}||\overrightarrow{OQ}|\cos\theta\cos\theta'\ge0$ ($|\overrightarrow{OP}|\ge0$, $|\overrightarrow{OQ}|\ge0$이므로 $\cos\theta\cos\theta'\ge0$이어야 한다.)

즉, [그림 1]에서 두 점 P, Q 모두 제1사분면, x축, y축에 있거나 제2사분면, x축, y축에 있어야 한다.

(i) 두 점 P, Q가 [그림 1]에서 제1사분면 또는 x축 또는 y축 위에 있는 경우 → $\cos\theta\ge0$, $\cos\theta'\ge0$

선분 PQ의 중점을 M이라 하면 ($\frac{\overrightarrow{OP}+\overrightarrow{OQ}}{2}=\overrightarrow{OM}$)

$\overrightarrow{OY}=\overrightarrow{OP}+\overrightarrow{OQ}=2\overrightarrow{OM}$
$=2(\overrightarrow{OB}+\overrightarrow{BM})$
$=2\overrightarrow{OB}+2\overrightarrow{BM}$

이때 $|\overrightarrow{BM}|=\sqrt{\overline{BP}^2-\overline{PM}^2}=\sqrt{2^2-1^2}=\sqrt{3}$이므로 (조건 (나)에서 $|\overrightarrow{PQ}|=2$이므로 $\overline{PM}=1$)

점 Y의 집합이 나타내는 도형은 중심이 (4, 4)이고 반지름의 길이가 $2\sqrt{3}$, 중심각의 크기가 $\frac{7}{6}\pi$인 부채꼴의 호이다. ($|\overrightarrow{BX}|=2$이고 점 P는 점 X가 나타내는 도형 위를 움직인다.)

($\overline{PM}=1$, $\overline{PB}=2$, $\overline{BM}=\sqrt{3}$이므로 직각삼각형의 특수각의 성질에 의해 $\angle PBM=\frac{\pi}{6}$이고 같은 이유로 $\angle QBM=\frac{\pi}{6}$이다. 따라서 부채꼴의 중심각의 크기는 $2\pi-\frac{\pi}{2}-\frac{\pi}{6}\times2=\frac{7}{6}\pi$이다.)

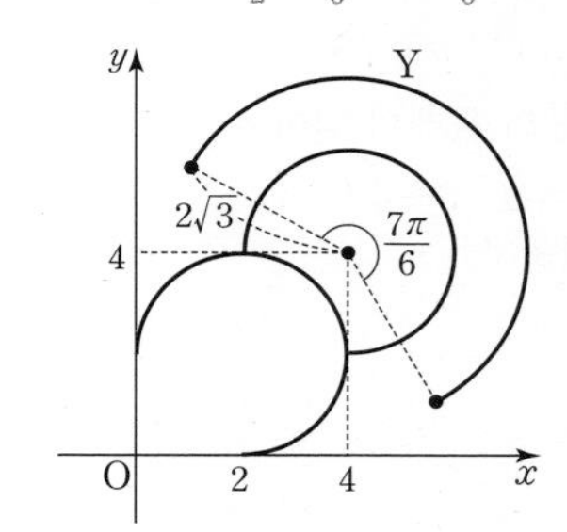

(ii) 두 점 P, Q가 [그림 1]에서 제2사분면 또는 x축 또는 y축 위에 있는 경우 → $\cos\theta\le0$, $\cos\theta'\le0$

(i)과 마찬가지로 점 Y의 집합이 나타내는 도형은 중심이 $(-4, 4)$이고 반지름의 길이가 $2\sqrt{3}$, 중심각의 크기가 $\frac{7}{6}\pi$인 부채꼴의 호이다.

Step 3 점 Y의 집합이 나타내는 도형의 길이를 구한다.

(i), (ii)에서 점 Y의 집합이 나타내는 도형의 길이는

$2\times2\sqrt{3}\times\frac{7}{6}\pi=\frac{14\sqrt{3}}{3}\pi$ (부채꼴의 호의 길이는 $r\theta$ (r은 반지름의 길이, θ는 중심각의 크기))

따라서 $p=3$, $q=14$이므로 $p+q=17$

본문 243쪽

19회 2024학년도 대학수학능력시험 9월 모의평가 정답과 해설

1	⑤	2	③	3	②	4	①	5	⑤
6	③	7	④	8	④	9	③	10	③
11	⑤	12	①	13	③	14	②	15	④
16	6	17	24	18	5	19	4	20	98
21	19	22	10						
확률과 통계				23	①	24	③	25	③
26	②	27	④	28	⑤	29	62	30	336
미적분				23	④	24	②	25	②
26	⑤	27	①	28	②	29	18	30	32
기하				23	④	24	①	25	⑤
26	②	27	③	28	①	29	17	30	27

01 [정답률 94%]

정답 ⑤

Step 1 지수법칙을 이용하여 식을 계산한다.

$3^{1-\sqrt{5}}\times 3^{1+\sqrt{5}}=3^{(1-\sqrt{5})+(1+\sqrt{5})}=3^2=9$

$a^m\times a^n=a^{m+n}$

02 [정답률 93%]

정답 ③

Step 1 $\lim_{x\to 1}\frac{f(x)-f(1)}{x-1}=f'(1)$임을 이용한다.

$f(1)=2\times 1^2-1=1$이고 $f'(x)=4x-1$이므로

$\lim_{x\to 1}\frac{f(x)-1}{x-1}=\lim_{x\to 1}\frac{f(x)-f(1)}{x-1}=f'(1)=3$

$\lim_{x\to a}\frac{f(x)-f(a)}{x-a}=f'(a)$

03 [정답률 85%]

정답 ②

Step 1 $\sin^2\theta+\cos^2\theta=1$을 이용하여 $\sin\theta$의 값을 구한 후, $\tan\theta$의 값을 구한다.

$\cos\theta=\frac{\sqrt{6}}{3}$이고 $\frac{3}{2}\pi<\theta<2\pi$이므로

θ는 제4사분면의 각이므로 $\sin\theta<0$

$\sin\theta=-\sqrt{1-\left(\frac{\sqrt{6}}{3}\right)^2}=-\frac{\sqrt{3}}{3}$

$\sin^2\theta+\cos^2\theta=1$이므로 $\sin^2\theta=1-\cos^2\theta$ $\therefore \sin\theta=-\sqrt{1-\cos^2\theta}$

$\therefore \tan\theta=\frac{\sin\theta}{\cos\theta}=\frac{-\frac{\sqrt{3}}{3}}{\frac{\sqrt{6}}{3}}=-\frac{\sqrt{2}}{2}$

04 [정답률 90%]

정답 ①

Step 1 주어진 그래프를 이용하여 함수의 좌극한과 우극한을 구한다.

$\lim_{x\to -2+}f(x)+\lim_{x\to 1-}f(x)=-2+0=-2$

$\lim_{x\to -2+}f(x)=-2,\ \lim_{x\to -2-}f(x)=1$

05 [정답률 90%]

정답 ⑤

Step 1 $a_n=a_1r^{n-1}$ (r은 공비)임을 이용하여 a_{11}의 값을 구한다.

등비수열 $\{a_n\}$의 공비를 r $(r>0)$이라 하자.

$\frac{a_3a_8}{a_6}=12$에서 $\frac{a_1r^2\times a_1r^7}{a_1r^5}=a_1r^4=12$ ...... ㉠

$a_5+a_7=36$에서 $a_1r^4+a_1r^6=a_1r^4(1+r^2)=36$ ...... ㉡

㉠, ㉡에서 $1+r^2=3$ $\therefore r^2=2$

$\frac{a_1r^4(1+r^2)}{a_1r^4}=\frac{36}{12}$

$\therefore a_{11}=a_1r^{10}=a_1r^4\times(r^2)^3=12\times 2^3=96$

㉠

06 [정답률 89%]

정답 ③

Step 1 $f'(-1)=0,\ f'(3)=0$임을 이용한다.

$f(x)=x^3+ax^2+bx+1$에서 $f'(x)=3x^2+2ax+b$

함수 $f(x)$는 $x=-1$에서 극대, $x=3$에서 극소이므로

$f'(-1)=f'(3)=0$ → $f'(x)$는 $\{x-(-1)\}$과 $(x-3)$을 인수로 갖는다.

즉, $f'(x)=3(x+1)(x-3)=3x^2-6x-9$ ($-6=2a$, $-9=b$)

$\therefore a=-3,\ b=-9$

따라서 $f(x)=x^3-3x^2-9x+1$이므로 함수 $f(x)$의 극댓값은

$f(-1)=-1-3+9+1=6$

07 [정답률 89%]

정답 ④

Step 1 로그의 성질을 이용하여 $\frac{1}{3a}+\frac{1}{2b}$을 간단히 한다.

$\frac{1}{3a}+\frac{1}{2b}=\frac{3a+2b}{6ab}=\frac{\log_3 32}{6\log_9 2}=\frac{\log_3 2^5}{6\log_{3^2}2}=\frac{5\log_3 2}{3\log_3 2}=\frac{5}{3}$

$6\log_{3^2}2=6\times\frac{1}{2}\times\log_3 2$

08 [정답률 92%]

정답 ④

Step 1 부정적분을 이용하여 $f(x)$를 구한다.

$f'(x)=6x^2-2f(1)x$에서 $f(x)=2x^3-f(1)x^2+C$

$f(x)=\int f'(x)dx$ (단, C는 적분상수)

$f(0)=C=4$이므로 $f(x)=2x^3-f(1)x^2+4$

위 식에 $x=1$을 대입하면 $f(1)=2-f(1)+4$ $\therefore f(1)=3$

따라서 $f(x)=2x^3-3x^2+4$이므로 $f(2)=2\times 8-3\times 4+4=8$

우변의 식에 $f(1)$이 포함되어 있으므로 $x=1$을 대입

09 [정답률 62%]

정답 ③

Step 1 $\sin\frac{\pi}{7}=\cos\frac{5}{14}\pi=\cos\frac{23}{14}\pi$임을 이용하여 주어진 부등식의 해를 구한다.

$\sin\frac{\pi}{7}=\sin\left(\frac{\pi}{2}-\frac{5}{14}\pi\right)=\cos\frac{5}{14}\pi$이므로 $\cos x\le\sin\frac{\pi}{7}$에서

$\sin\left(\frac{\pi}{2}-\theta\right)=\cos\theta$

$\cos x\le\cos\frac{5}{14}\pi$

이때 $\cos\frac{5}{14}\pi=\cos\left(2\pi-\frac{23}{14}\pi\right)=\cos\frac{23}{14}\pi$

$\cos(2\pi-\theta)=\cos\theta$

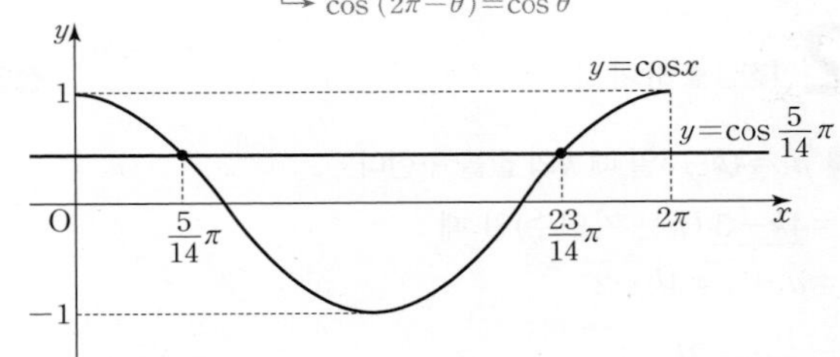

따라서 부등식 $\cos x\le\cos\frac{5}{14}\pi$의 해는 $\frac{5}{14}\pi\le x\le\frac{23}{14}\pi$

$\therefore \beta-\alpha=\frac{23}{14}\pi-\frac{5}{14}\pi=\frac{18}{14}\pi=\frac{9}{7}\pi$

10 [정답률 66%]

정답 ③

Step 1 삼차함수 $f(x)$의 그래프가 직선 $y=3$에 접함을 이용한다.

곡선 $y=f(x)$ 위의 점 $(2, 3)$에서의 접선이 점 $(1, 3)$을 지나므로 점 $(2, 3)$에서의 접선의 방정식은 $y=3$이다. (→ 두 점 $(2, 3)$, $(1, 3)$을 지나는 직선)

즉, 곡선 $y=f(x)$는 점 $(2, 3)$에서 직선 $y=3$에 접한다.

$f(x)-3=(x-2)^2(x-k)$ (k는 상수) (→ 최고차항의 계수는 1이다.)

$\therefore f(x)=(x-2)^2(x-k)+3$

Step 2 곡선 $y=f(x)$ 위의 점 $(-2, f(-2))$에서의 접선이 점 $(1, 3)$을 지남을 이용한다.

$f'(x)=2(x-2)(x-k)+(x-2)^2$이므로

$f'(-2)=8k+32$, $f(-2)=-16k-29$ (→ $=(-4)^2\times(-2-k)+3$)

(→ $f'(-2)=2\times(-4)\times(-2-k)+(-4)^2$)

이때 곡선 $y=f(x)$ 위의 점 $(-2, f(-2))$에서의 접선의 방정식은 $y-(-16k-29)=(8k+32)(x+2)$

이 접선이 점 $(1, 3)$을 지나므로 $3-(-16k-29)=(8k+32)\times3$ (→ $16k+32=24k+96$)

$8k=-64$ $\quad\therefore k=-8$

따라서 $f(x)=(x-2)^2(x+8)+3$이므로

$f(0)=(-2)^2\times8+3=35$

11 [정답률 44%]

정답 ⑤

Step 1 두 점 P, Q의 시각 t에서의 위치를 각각 구한다.

두 점 P, Q의 시각 t에서의 위치를 각각 $x_1(t)$, $x_2(t)$라 하자.

점 P는 점 A(1)에서 출발하므로

$x_1(t)=1+\int_0^t(3t^2+4t-7)dt=t^3+2t^2-7t+1$

점 Q는 점 B(8)에서 출발하므로

$x_2(t)=8+\int_0^t(2t+4)dt=t^2+4t+8$

Step 2 두 점 P, Q 사이의 거리가 처음으로 4가 되는 시각을 구한다.

이때 두 점 P, Q 사이의 거리가 4가 되는 시각 t에 대하여

$|x_1(t)-x_2(t)|=4$ (→ 거리이므로 절댓값이어야 한다.) $\quad\therefore |t^3+t^2-11t-7|=4$ (→ $|(t^3+2t^2-7t+1)-(t^2+4t+8)|$)

(i) $t^3+t^2-11t-7=4$일 경우

$t^3+t^2-11t-11=(t+1)(t^2-11)=0$ (→ $t=-1$ 또는 $t^2=11$, 즉 $t=-1$ 또는 $t=\pm\sqrt{11}$) $\quad\therefore t=\sqrt{11}$ ($\because t>0$)

(ii) $t^3+t^2-11t-7=-4$일 경우

$t^3+t^2-11t-3=(t-3)(t^2+4t+1)=0$ (→ $t=-2\pm\sqrt{3}$) $\quad\therefore t=3$ ($\because t>0$)

(i), (ii)에 의하여 두 점 P, Q 사이의 거리가 처음으로 4가 되는 시각은 $t=3$이다. (→ $3<\sqrt{11}$)

Step 3 점 P가 $t=0$에서 $t=3$까지 움직인 거리를 구한다.

$v_1(t)=3t^2+4t-7=(3t+7)(t-1)$이므로

$0\le t<1$일 때, $v_1(t)<0$, $t\ge1$일 때, $v_1(t)\ge0$

따라서 점 P가 시각 $t=0$에서 시각 $t=3$까지 움직인 거리는

$$\int_0^3|v_1(t)|dt$$

$$=\int_0^1\{-v_1(t)\}dt+\int_1^3 v_1(t)dt$$

$$=\int_0^1(-3t^2-4t+7)dt+\int_1^3(3t^2+4t-7)dt$$

$$=\Big[-t^3-2t^2+7t\Big]_0^1+\Big[t^3+2t^2-7t\Big]_1^3=32$$

(→ $=-1-2+7=4$) (→ $=(27+18-21)-(1+2-7)=28$)

12 [정답률 61%]

정답 ①

Step 1 $a_1=4k-3$일 때 k의 값을 구한다.

(i) $a_1=4k-3$ (k는 자연수)일 때 (→ 홀수)

$a_2=a_1+1=4k-2$ (→ 짝수)

$a_3=\frac{1}{2}a_2=2k-1$ (→ 홀수)

$a_4=a_3+1=2k$

$a_2+a_4=6k-2=40$ $\quad\therefore k=7$

따라서 $a_1=4\times7-3=25$이다.

Step 2 $a_1=4k-2$일 때 k의 값을 구한다.

(ii) $a_1=4k-2$ (k는 자연수)일 때 (→ 짝수)

$a_2=\frac{1}{2}a_1=2k-1$ (→ 홀수)

$a_3=a_2+1=2k$ (→ 짝수)

$a_4=\frac{1}{2}a_3=k$

$a_2+a_4=3k-1=40$ $\quad\therefore k=\frac{41}{3}$

이는 조건을 만족시키지 않는다. (→ k는 자연수이어야 한다.)

Step 3 $a_1=4k-1$일 때 k의 값을 구한다.

(iii) $a_1=4k-1$ (k는 자연수)일 때 (→ 홀수)

$a_2=a_1+1=4k$ (→ 짝수)

$a_3=\frac{1}{2}a_2=2k$ (→ 짝수)

$a_4=\frac{1}{2}a_3=k$

$a_2+a_4=5k=40$ $\quad\therefore k=8$

따라서 $a_1=4\times8-1=31$이다.

Step 4 $a_1=4k$일 때 k의 값을 구한다.

(iv) $a_1=4k$ (k는 자연수)일 때 (→ 짝수)

$a_2=\frac{1}{2}a_1=2k$ (→ 짝수)

$a_3=\frac{1}{2}a_2=k$ (→ 홀수인지 짝수인지 알 수 없다.)

① k가 홀수일 때

$a_4=a_3+1=k+1$

$a_2+a_4=3k+1=40$ $\quad\therefore k=13$

따라서 $a_1=4\times13=52$이다.

② k가 짝수일 때

$a_4=\frac{1}{2}a_3=\frac{k}{2}$

$a_2+a_4=\frac{5}{2}k=40$ $\quad\therefore k=16$

따라서 $a_1=4\times16=64$이다.

(i)~(iv)에 의하여 모든 a_1의 값의 합은 $25+31+52+64=172$

13 [정답률 31%]

정답 ③

Step 1 $f'(-1)=0$임을 이용한다.

$$f'(x)=\begin{cases}-x^2-2ax-b & (x<0)\\ x^2+2ax-b & (x>0)\end{cases}$$

함수 $f(x)$가 $x=-1$의 좌우에서 감소하다가 증가하고, 함수 $f(x)$가 $x=-1$에서 미분가능하므로 $f'(-1)=0$ (→ $\lim_{x\to-1-}f'(x)=\lim_{x\to-1+}f'(x)$)

$-1+2a-b=0$ $\quad\therefore b=2a-1$

Step 2 구간 $(-\infty, -1)$에서 $f'(x)\le0$, 구간 $(-1, 0)$에서 $f'(x)\ge0$임을 이용하여 a의 값의 범위를 구한다.

$x<0$일 때, $f'(x)=-x^2-2ax-(2a-1)=-(x+1)(x+2a-1)$ (→ $b=2a-1$)

$f'(x)=0$일 때, $x=-1$ 또는 $x=-2a+1$

이때 함수 $f(x)$는 구간 $(-\infty, -1]$에서 감소하고 구간 $[-1, 0]$에서 증가하므로

구간 $(-\infty, -1)$에서 $f'(x)\le0$,

구간 $(-1, 0)$에서 $f'(x)\ge0$이어야 한다.

$y=-x^2-2ax-(2a-1)$, -1, O, $-2a+1$, x

즉, $f'(-2a+1)=0$에서 $-2a+1\ge0$이어야 하므로 $a\le\frac{1}{2}$ $\quad\cdots\cdots$ ㉠

Step 3 구간 $(0, \infty)$에서 $f'(x) \geq 0$임을 이용하여 a의 값의 범위를 구한다.

$x>0$일 때, $f'(x)=x^2+2ax-(2a-1)=(x+a)^2-a^2-2a+1$ (축은 $x=-a$)

이때 함수 $f(x)$는 구간 $[0, \infty)$에서 증가하므로 구간 $(0, \infty)$에서 $f'(x) \geq 0$이어야 한다.

(i) $-a<0$일 때 ($a>0$)
구간 $(0, \infty)$에서 $f'(x) \geq 0$이려면 $f'(0)=-2a+1 \geq 0$이어야 하므로 $0<a \leq \frac{1}{2}$

(ii) $-a \geq 0$일 때 ($a \leq 0$)
구간 $(0, \infty)$에서 $f'(x) \geq 0$이려면 $f'(-a)=-a^2-2a+1 \geq 0$
$a^2+2a-1 \leq 0$, $-1-\sqrt{2} \leq a \leq -1+\sqrt{2}$ ($(a+1-\sqrt{2})(a+1+\sqrt{2}) \leq 0$)
$\therefore -1-\sqrt{2} \leq a \leq 0$

(i), (ii)에 의하여 $-1-\sqrt{2} \leq a \leq \frac{1}{2}$ …… ㉡

㉠, ㉡에서 $-1-\sqrt{2} \leq a \leq \frac{1}{2}$이므로 $a+b=3a-1$의 값의 최댓값은 $a=\frac{1}{2}$일 때 $M=\frac{1}{2}$, 최솟값은 $a=-1-\sqrt{2}$일 때 $m=-4-3\sqrt{2}$이다.

$\therefore M-m=\frac{1}{2}-(-4-3\sqrt{2})=\frac{9}{2}+3\sqrt{2}$

14 [정답률 46%] 정답 ②

Step 1 함수 $f(x)$의 그래프를 이용하여 조건을 만족시키는 a, b의 값을 구한다.

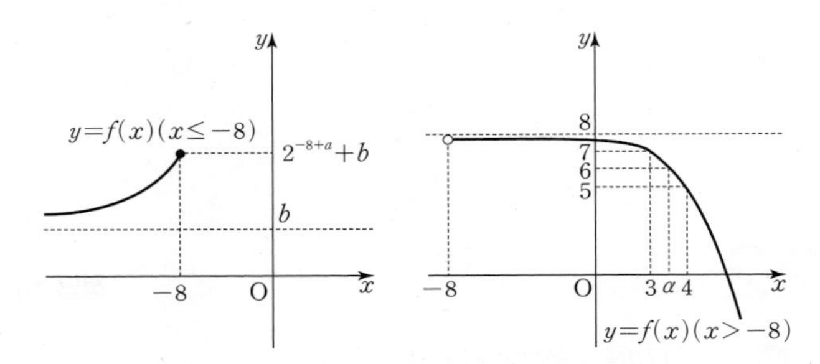

$x \leq -8$에서 $f(x)$의 값이 정수가 되는 개수에 따라 경우를 나누어 보면 다음과 같다.

(i) $x \leq -8$에서 $f(x)$의 값이 정수가 되는 경우가 존재하지 않을 때
$k=3$일 때 주어진 집합의 원소 중 정수인 것은 7뿐이므로 조건을 만족시키지 않는다. ($f(3)=7$)

(ii) $x \leq -8$에서 정수 $f(x)$의 값이 1개 존재할 때
그 정수를 m이라 하면 $k=3$일 때 주어진 집합의 원소 중 정수인 것의 개수가 2가 되어야 하므로 m은 7이 아닌 정수이어야 한다.
이때 $f(\alpha)=6$을 만족시키는 α $(3<\alpha<4)$에 대하여 $\alpha \leq k<4$일 때 주어진 집합의 원소 중 정수인 것의 개수가 2가 되어야 하므로 가능한 정수 $f(x)$의 값은 6, 7이다.
이때 m은 7이 아닌 정수이므로 m의 값이 6이어야 한다.

(iii) $x \leq -8$에서 정수 $f(x)$의 값이 2개 이상 존재할 때
3보다 작은 k에 대하여 주어진 집합의 원소 중 정수인 것의 개수가 2가 되는 경우가 생기므로 조건을 만족시키지 않는다.

따라서 (i)~(iii)에서 주어진 조건을 만족시키기 위해서는 $x \leq -8$일 때 정수 $f(x)$는 6뿐이어야 한다.

즉, $b=5$이고 $6 \leq f(-8)<7$

$6 \leq 2^{-8+a}+b<7$, $1 \leq 2^{-8+a}<2$ ($=2^{-8+a}+5$, $=2^0$, $=2^1$)

$0 \leq -8+a<1$ $\quad \therefore 8 \leq a<9$

이때 a는 자연수이므로 $a=8$

$\therefore a+b=8+5=13$

15 [정답률 41%] 정답 ④

Step 1 $f(3) \neq 0$일 때를 생각한다.

$\lim_{x \to 3} g(x)=g(3)-1$이므로 $x=3$일 때 $f(3)$의 값에 따라 다음과 같이 경우를 나눌 수 있다.

(i) $f(3) \neq 0$일 때

$$g(x)=\frac{f(x+3)\{f(x)+1\}}{f(x)}$$

이때 $f(x)$는 다항함수이므로 $f(x)$, $f(x+3)$, $f(x)+1$은 모두 연속이다.
따라서 함수 $g(x)$는 $f(x) \neq 0$인 x에 대하여 연속이다.
즉, $x=3$에서 연속이므로 $\lim_{x \to 3} g(x)=g(3)$
이때 문제의 조건을 만족시키지 않는다. ($\lim_{x \to 3} g(x)=g(3)-1$)

Step 2 $\lim_{x \to 3} g(x)=2$임을 이용한다.

(ii) $f(3)=0$일 때
$g(3)=3$이고, $\lim_{x \to 3} g(x)=g(3)-1=3-1=2$ ($f(x)=0$일 때 $g(x)=3$)

$$\lim_{x \to 3} g(x)=\lim_{x \to 3} \frac{f(x+3)\{f(x)+1\}}{f(x)}=2 \quad \cdots\cdots ㉠$$

$x \to 3$일 때 극한값이 존재하고 (분모)$\to 0$이므로 (분자)$\to 0$이어야 한다. ($f(6) \times (0+1)$, $f(3)=0$)

$f(6)\{f(3)+1\}=0 \quad \therefore f(6)=0$

$f(x)=(x-3)(x-6)(x-a)$ (a는 상수)라 하자. (최고차항의 계수가 1인 삼차함수) ㉠에서

$$\lim_{x \to 3} \frac{x(x-3)(x+3-a)\{(x-3)(x-6)(x-a)+1\}}{(x-3)(x-6)(x-a)}$$

$$=\lim_{x \to 3} \frac{x(x+3-a)\{(x-3)(x-6)(x-a)+1\}}{(x-6)(x-a)}$$ (분모, 분자를 $x-3$으로 나눈다.)

$$=\frac{3 \times (6-a) \times 1}{-3 \times (3-a)}=\frac{6-a}{a-3}=2$$

$6-a=2a-6 \quad \therefore a=4$

Step 3 $g(5)$의 값을 구한다.

$f(x)=(x-3)(x-4)(x-6)$이고 $f(5) \neq 0$이므로

$$g(5)=\frac{f(8)\{f(5)+1\}}{f(5)}=\frac{40 \times (-2+1)}{-2}=20$$

($f(5)=2 \times 1 \times (-1)=-2$, $f(8)=5 \times 4 \times 2=40$)

16 [정답률 90%] 정답 6

Step 1 로그의 진수 조건을 생각한다.

로그의 진수 조건에 의하여 $x-1>0$에서 $x>1$ …… ㉠

$13+2x>0$에서 $x>-\frac{13}{2}$ …… ㉡

㉠, ㉡에서 $x>1$

Step 2 로그방정식의 해를 구한다.

$\log_2(x-1)=\log_4(13+2x)$에서 $\log_2(x-1)=\frac{1}{2}\log_2(13+2x)$ ($=\log_{2^2}(13+2x)$)

$2\log_2(x-1)=\log_2(13+2x)$, $(x-1)^2=13+2x$ ($\log_2(x-1)^2$)

$x^2-4x-12=(x+2)(x-6)=0$

$\therefore x=6$ ($\because x>1$) (로그의 진수 조건에 의해 $x>1$)

17 [정답률 89%] 정답 24

Step 1 $\sum$의 성질을 이용한다.

$$\sum_{k=1}^{10}(a_k-b_k)=\sum_{k=1}^{10}\{(2a_k-b_k)-a_k\}$$
$$=\sum_{k=1}^{10}(2a_k-b_k)-\sum_{k=1}^{10}a_k$$
$$=34-10=24$$

($\sum_{k=1}^{n}(p_k-q_k)=\sum_{k=1}^{n}p_k-\sum_{k=1}^{n}q_k$)

○ 본문 247쪽

18 [정답률 90%] 정답 5

Step 1 곱의 미분법을 이용한다.

$f(x)=(x^2+1)(x^2+ax+3)$에서

$f'(x)=2x(x^2+ax+3)+(x^2+1)(2x+a)$ → $\{g(x)h(x)\}'=g'(x)h(x)+g(x)h'(x)$

이때 $f'(1)=32$이므로

$f'(1)=2(a+4)+2(a+2)=4a+12=32$ $\quad\therefore a=5$

19 [정답률 79%] 정답 4

Step 1 두 함수의 그래프의 개형을 이용하여 둘러싸인 부분의 넓이를 구한다.

두 곡선 $y=3x^3-7x^2$, $y=-x^2$의 교점의 x좌표는 $3x^3-7x^2=-x^2$

$3x^2(x-2)=0$ $\quad\therefore x=0$ 또는 $x=2$

따라서 두 함수 $y=3x^3-7x^2$, $y=-x^2$의 그래프는 다음과 같다.
→ 두 곡선은 $x=0$에서 접한다.

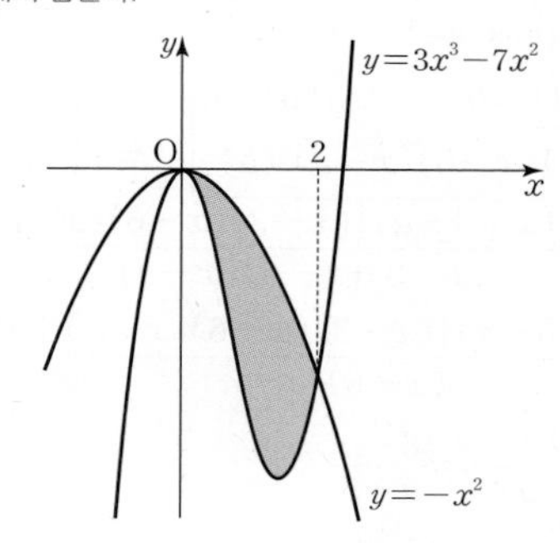

두 함수 $y=3x^3-7x^2$, $y=-x^2$의 그래프로 둘러싸인 부분의 넓이는

$$\int_0^2\{-x^2-(3x^3-7x^2)\}dx=\int_0^2(-3x^3+6x^2)dx$$

$$=\left[-\frac{3}{4}x^4+2x^3\right]_0^2=4$$

→ $=-\frac{3}{4}\times16+2\times8$

20 [정답률 47%] 정답 98

Step 1 사인법칙을 이용한다.

삼각형 BCD에서 사인법칙에 의하여

$\dfrac{\overline{BD}}{\sin\frac{3}{4}\pi}=2R_1$ $\quad\therefore R_1=\dfrac{\sqrt{2}}{2}\times\overline{BD}$

→ $\sin\frac{3}{4}\pi=\frac{\sqrt{2}}{2}$

삼각형 ABD에서 사인법칙에 의하여

$\dfrac{\overline{BD}}{\sin\frac{2}{3}\pi}=2R_2$ $\quad\therefore R_2=$ (가) $\dfrac{\sqrt{3}}{3}$ $\times\overline{BD}$

→ $\sin\frac{2}{3}\pi=\frac{\sqrt{3}}{2}$

Step 2 코사인법칙을 이용한다.

삼각형 ABD에서 코사인법칙에 의하여 → $\cos\frac{2}{3}\pi=-\frac{1}{2}$

$\overline{BD}^2=2^2+1^2-2\times2\times1\times\cos\frac{2}{3}\pi=2^2+1^2-($(나) $-2$$)=7$

$R_1\times R_2=\left(\dfrac{\sqrt{2}}{2}\times\overline{BD}\right)\times\left(\dfrac{\sqrt{3}}{3}\times\overline{BD}\right)=\dfrac{\sqrt{6}}{6}\times\overline{BD}^2=$ (다) $\dfrac{7\sqrt{6}}{6}$

→ $=7$

Step 3 $9\times(p\times q\times r)^2$의 값을 구한다.

따라서 $p=\dfrac{\sqrt{3}}{3}$, $q=-2$, $r=\dfrac{7\sqrt{6}}{6}$이므로

$$9\times(p\times q\times r)^2=9\times\left\{\frac{\sqrt{3}}{3}\times(-2)\times\frac{7\sqrt{6}}{6}\right\}^2$$

$$=9\times\left(-\frac{7\sqrt{2}}{3}\right)^2=98$$

→ $=\frac{98}{9}$

21 [정답률 21%] 정답 19

Step 1 $\sum_{k=1}^{7}S_k=644$임을 이용한다.

등차수열 $\{a_n\}$의 첫째항을 a, 공차를 d (a는 자연수, d는 0 이상의 정수)라 하자.
→ 등차수열 $\{a_n\}$의 모든 항은 자연수

$S_n=\dfrac{n\{2a+(n-1)d\}}{2}=\dfrac{d}{2}n^2+\dfrac{2a-d}{2}n$이고,

$\sum_{k=1}^{7}S_k=644$이므로

$$\sum_{k=1}^{7}S_k=\sum_{k=1}^{7}\left(\frac{d}{2}k^2+\frac{2a-d}{2}k\right)$$

$$=\frac{d}{2}\times\sum_{k=1}^{7}k^2+\frac{2a-d}{2}\times\sum_{k=1}^{7}k$$

→ $\sum_{k=1}^{n}k^2=\frac{n(n+1)(2n+1)}{6}$

$$=\frac{d}{2}\times\frac{7\times8\times15}{6}+\frac{2a-d}{2}\times\frac{7\times8}{2}$$

$$=28a+56d=644$$

$\therefore a+2d=23$ $\quad\cdots\cdots$ ㉠

Step 2 a_7이 13의 배수임을 이용한다.

a_7은 13의 배수이므로 $a_7=a+6d=13t$ (t는 자연수) $\quad\cdots\cdots$ ㉡
→ $a_n=a+(n-1)d$

㉡−㉠에서 $4d=13t-23$, $d=\dfrac{13t-23}{4}$ $\quad\cdots\cdots$ ㉢

→ d는 0 이상의 정수이므로 $13t-23$의 값은 0 또는 4의 배수이어야 한다.

㉡에서 $a=13t-6d=13t-6\times\dfrac{13t-23}{4}=-\dfrac{13}{2}t+\dfrac{69}{2}$

a는 자연수이므로 $-\dfrac{13}{2}t+\dfrac{69}{2}\ge1$ $\quad\therefore t\le\dfrac{67}{13}$ → $=5.\times\times\times$

따라서 ㉢을 만족시키는 경우는 $t=3$, $d=4$일 때이다.

㉠에서 $a=23-2\times4=15$

$\therefore a_2=a+d=15+4=19$

22 [정답률 21%] 정답 10

Step 1 조건 (가)를 이용하여 $f(x)$를 구한다.

조건 (가)의 식의 양변에 $x=1$을 대입하면

$0=f(1)-3$ $\quad\therefore f(1)=3$ → $\int_1^1 f(t)dt=0$

조건 (가)의 식의 양변을 x에 대하여 미분하면

$f(x)=f(x)+xf'(x)-4x$ $\quad\therefore f'(x)=4$ → $f(x)$는 다항함수이므로 $xf'(x)=4x$에서 $f'(x)=4$

$f(x)=4x+C_1$ (단, C_1은 적분상수)이라 하자.

이때 $f(1)=3$이므로 $f(1)=4+C_1=3$에서 $C_1=-1$

$\therefore f(x)=4x-1$ $\quad\cdots\cdots$ ㉠

Step 2 조건 (나)를 이용하여 $G(x)$를 구한다.

조건 (나)의 식의 양변을 x에 대하여 적분하면 → $f(x)G(x)+F(x)g(x)=\{F(x)G(x)\}'$

$F(x)G(x)=2x^4+x^3+x+C_2$ (단, C_2는 적분상수)

㉠에서 $F(x)=2x^2-x+C_3$ (단, C_3은 적분상수)이고, $G(x)$도 다항함수이므로 $G(x)$는 최고차항의 계수가 1인 이차함수이다.

$G(x)=x^2+ax+b$ (a, b는 상수)라 하면

$(2x^2-x+C_3)(x^2+ax+b)=2x^4+x^3+x+C_2$

양변의 x^3의 계수를 비교하면 $2a-1=1$ $\quad\therefore a=1$

$\therefore G(x)=x^2+x+b$

→ $2x^2\times ax+(-x)\times x^2$

→ $F(x)G(x)$는 최고차항의 계수가 2인 사차함수, $F(x)$는 최고차항의 계수가 2인 이차함수이기 때문이다.

Step 3 $\int_1^3 g(x)dx$의 값을 구한다.

$$\therefore \int_1^3 g(x)dx=\Big[G(x)\Big]_1^3=G(3)-G(1)$$

$$=(9+3+b)-(1+1+b)=10$$

→ 어차피 b는 소거되므로 $G(x)$에서 b의 값은 구하지 않아도 된다.

본문 249쪽

확률과 통계

23 [정답률 91%]

정답 ①

Step 1 이항분포의 평균 공식을 이용한다.

이항분포 $B\left(30, \frac{1}{5}\right)$을 따르는 확률변수 X의 평균은

$E(X)=30\times\frac{1}{5}=6$

→ 이항분포 $B(n, p)$를 따르는 확률변수 X의 평균은 $E(X)=np$

24 [정답률 89%]

정답 ③

Step 1 A지점에서 P지점까지, P지점에서 B지점까지로 구간을 나누어 최단 거리로 가는 경우의 수를 구한다.

같은 것이 있는 순열 이용

A지점에서 P지점까지 최단 거리로 가는 경우의 수는 $\frac{4!}{3!\times1!}=4$

P지점에서 B지점까지 최단 거리로 가는 경우의 수는 $\frac{2!}{1!\times1!}=2$

따라서 구하는 경우의 수는 $4\times2=8$

25 [정답률 60%]

정답 ③

Step 1 두 사건 A, B^C이 서로 배반사건임을 이용한다.

두 사건 A, B^C이 서로 배반사건이므로 $A\cap B^C=\varnothing$, 즉 $A\subset B$

→ $A-B=\varnothing$

$\therefore P(A\cap B)=P(A)=\frac{1}{5}$

$P(A)+P(B)=\frac{7}{10}$에서 $P(B)=\frac{7}{10}-\frac{1}{5}=\frac{1}{2}$

$\therefore P(A^C\cap B)=P(B)-P(A)=\frac{1}{2}-\frac{1}{5}=\frac{3}{10}$

→ $=B-A$

26 [정답률 81%]

정답 ②

Step 1 표준정규분포표를 이용하여 $P(55\le X\le78)$을 구한다.

수학 시험 점수를 확률변수 X라 하면 X는 정규분포 $N(68, 10^2)$을 따른다.

$Z=\frac{X-68}{10}$로 놓으면 확률변수 Z는 표준정규분포 $N(0, 1)$을 따른다.

$\therefore P(55\le X\le78)=P\left(\frac{55-68}{10}\le Z\le\frac{78-68}{10}\right)$

$=P(-1.3\le Z\le1)$

$=P(-1.3\le Z\le0)+P(0\le Z\le1)$

$=P(0\le Z\le1.3)+P(0\le Z\le1)=0.7445$

→ $=0.4032$ → $=0.3413$

27 [정답률 62%]

정답 ④

Step 1 함수 f의 치역에 4가 포함되는 경우의 수와 6이 포함되는 경우의 수를 각각 구한다.

X에서 Y로의 일대일함수 f의 개수는 ${}_7P_4=7\times6\times5\times4=840$

$f(2)=2$이므로 $f(1)\times f(2)\times f(3)\times f(4)$가 4의 배수이려면 함수 f의 치역에 4 또는 6이 포함되어야 한다.

→ $f(1)\times f(3)\times f(4)$가 2의 배수이어야 한다.

(i) 함수 f의 치역에 4가 포함되는 경우

나머지 두 치역의 원소를 정하는 경우의 수는 ${}_5C_2$

3개의 치역의 원소를 $f(1)$, $f(3)$, $f(4)$에 대응시키는 경우의 수는 $3!$

→ 2, 4를 제외한 1, 3, 5, 6, 7에서 2개를 선택해야 한다.

즉, 구하는 확률은 $\frac{{}_5C_2\times3!}{840}=\frac{1}{14}$ → $=\frac{10\times6}{840}$

(ii) 함수 f의 치역에 6이 포함되는 경우

(i)과 같은 방법으로 구하는 확률은 $\frac{{}_5C_2\times3!}{840}=\frac{1}{14}$

Step 2 함수 f의 치역에 4, 6이 모두 포함되는 경우의 수를 구한다.

(iii) 함수 f의 치역에 4, 6이 모두 포함되는 경우

나머지 1개의 치역의 원소를 정하는 경우의 수는 ${}_4C_1$

3개의 치역의 원소를 $f(1)$, $f(3)$, $f(4)$에 대응시키는 경우의 수는 $3!$

→ 2, 4, 6을 제외한 1, 3, 5, 7에서 1개를 선택해야 한다.

즉, 구하는 확률은 $\frac{{}_4C_1\times3!}{840}=\frac{1}{35}$ → $=\frac{4\times6}{840}$

(i)~(iii)에 의하여 구하는 확률은 $\frac{1}{14}+\frac{1}{14}-\frac{1}{35}=\frac{4}{35}$

→ (i), (ii)에서 중복되는 경우의 확률을 빼야 한다.

28 [정답률 41%]

정답 ⑤

Step 1 꺼낸 2개의 공에 적혀 있는 수의 차가 1, 2, 3일 확률을 각각 구한다.

주머니 A에서 꺼낸 2개의 공에 적혀 있는 수의 차가 1일 확률은 → (1, 2), (2, 3)

$\frac{2}{{}_3C_2}=\frac{2}{3}$

주머니 A에서 꺼낸 2개의 공에 적혀 있는 수의 차가 2일 확률은 → (1, 3)

$\frac{1}{{}_3C_2}=\frac{1}{3}$

주머니 B에서 꺼낸 2개의 공에 적혀 있는 수의 차가 1일 확률은 → (1, 2), (2, 3), (3, 4)

$\frac{3}{{}_4C_2}=\frac{1}{2}$

주머니 B에서 꺼낸 2개의 공에 적혀 있는 수의 차가 2일 확률은 → (1, 3), (2, 4)

$\frac{2}{{}_4C_2}=\frac{1}{3}$

주머니 B에서 꺼낸 2개의 공에 적혀 있는 수의 차가 3일 확률은 → (1, 4)

$\frac{1}{{}_4C_2}=\frac{1}{6}$

Step 2 $P(\overline{X}=2)$의 값을 구한다.

첫 번째 시행에서 기록한 수를 X_1, 두 번째 시행에서 기록한 수를 X_2라 하면 $\overline{X}=2$인 경우는 $X_1+X_2=4$일 때이다. → $\overline{X}=\frac{X_1+X_2}{2}$

(i) $(X_1, X_2)=(1, 3)$일 때

→ 주사위를 한 번 던져 나온 눈의 수가 3의 배수일 확률

첫 번째 시행에서는 주머니 A, 두 번째 시행에서는 주머니 B에서 공을 꺼내는 경우의 확률은 $\left(\frac{1}{3}\times\frac{2}{3}\right)\times\left(\frac{2}{3}\times\frac{1}{6}\right)=\frac{2}{81}$

첫 번째, 두 번째 시행 모두 주머니 B에서만 공을 꺼내는 경우의 확률은 $\left(\frac{2}{3}\times\frac{1}{2}\right)\times\left(\frac{2}{3}\times\frac{1}{6}\right)=\frac{1}{27}$

→ 주사위를 한 번 던져 나온 눈의 수가 3의 배수가 아닐 확률

즉, 구하는 확률은 $\frac{2}{81}+\frac{1}{27}=\frac{5}{81}$

(ii) $(X_1, X_2)=(2, 2)$일 때

첫 번째, 두 번째 시행 모두 주머니 A에서만 공을 꺼내는 경우의 확률은 $\left(\frac{1}{3}\times\frac{1}{3}\right)\times\left(\frac{1}{3}\times\frac{1}{3}\right)=\frac{1}{81}$

주머니 A와 B에서 한 번씩 공을 꺼내는 경우의 확률은

$2\times\left(\frac{1}{3}\times\frac{1}{3}\right)\times\left(\frac{2}{3}\times\frac{1}{3}\right)=\frac{4}{81}$ → 첫 번째 시행에서 A, 두 번째 시행에서 B에서 꺼낼 확률과 첫 번째 시행에서 B, 두 번째 시행에서 A에서 꺼낼 확률은 서로 같다.

첫 번째, 두 번째 시행 모두 주머니 B에서만 공을 꺼내는 경우의 확률은 $\left(\frac{2}{3}\times\frac{1}{3}\right)\times\left(\frac{2}{3}\times\frac{1}{3}\right)=\frac{4}{81}$

즉, 구하는 확률은 $\frac{1}{81}+\frac{4}{81}+\frac{4}{81}=\frac{1}{9}$

(iii) $(X_1, X_2)=(3, 1)$일 때 → 주머니 A에서 꺼낸 2개의 공에 적혀 있는 수의 차가 3일 수는 없다.

(i)과 같은 방법으로 구하는 확률은 $\frac{2}{81}+\frac{1}{27}=\frac{5}{81}$

(i)~(iii)에 의하여 $\mathrm{P}(\overline{X}=2)=\frac{5}{81}+\frac{1}{9}+\frac{5}{81}=\frac{19}{81}$

29 [정답률 28%]

정답 62

Step 1 독립시행의 확률을 이용하여 p의 값을 구한다.

동전을 두 번 던져 앞면이 나온 횟수가 2일 확률은 $\frac{1}{2}\times\frac{1}{2}=\frac{1}{4}$

동전을 두 번 던져 앞면이 나온 횟수가 0 또는 1일 확률은

$1-\frac{1}{4}=\frac{3}{4}$

문자 B가 보이도록 카드가 놓이려면 뒤집는 횟수가 홀수이어야 한다. → 뒤집는 횟수가 짝수이면 문자 A가 보인다.

즉, 5번의 시행 중 앞면이 나온 횟수가 2인 경우가 1번 또는 3번 또는 5번이어야 한다.

$p={}_5\mathrm{C}_1\left(\frac{1}{4}\right)^1\left(\frac{3}{4}\right)^4+{}_5\mathrm{C}_3\left(\frac{1}{4}\right)^3\left(\frac{3}{4}\right)^2+{}_5\mathrm{C}_5\left(\frac{1}{4}\right)^5\left(\frac{3}{4}\right)^0=\frac{31}{64}$

(각 항: $=\frac{405}{4^5}$, $=\frac{90}{4^5}$, $=\frac{1}{4^5}$)

$\therefore 128\times p=128\times\frac{31}{64}=62$

30 [정답률 14%]

정답 336

Step 1 조건 (나)를 생각한다.

조건 (나)에서 $a\times d$가 홀수이므로 a, d는 모두 홀수이고, $b+c$가 짝수이므로 b, c는 모두 홀수이거나 모두 짝수이다. → b, c 중 하나가 홀수, 하나가 짝수이면 $b+c$는 홀수이다.

Step 2 b, c가 모두 홀수인 경우의 수를 구한다.

(i) b, c가 모두 홀수인 경우 → 1, 3, 5, 7, 9, 11, 13

13 이하의 홀수의 개수는 7이고, 조건 (가)에서 $a\le b\le c\le d$ 조건을 만족시키는 모든 순서쌍 (a, b, c, d)의 개수는 서로 다른 7개에서 중복을 허락하여 4개를 택하는 경우의 수와 같으므로 ${}_7\mathrm{H}_4={}_{10}\mathrm{C}_4=210$ → $=\frac{10\times9\times8\times7}{4\times3\times2\times1}$

Step 3 b, c가 모두 짝수인 경우의 수를 구한다.

(ii) b, c가 모두 짝수인 경우

a, d가 모두 홀수, b, c가 모두 짝수이고 $a\le b\le c\le d$이므로 $d-a$의 값은 12 이하의 자연수이다.

① $d-a=12$인 경우 → (1, 13)

순서쌍 (a, d)의 개수는 1이고, 순서쌍 (b, c)의 개수는 서로 다른 6개의 짝수에서 중복을 허락하여 2개를 택하는 경우의 수와 같으므로 $1\times{}_6\mathrm{H}_2=1\times{}_7\mathrm{C}_2=21$ → $=\frac{7\times6}{2\times1}$

② $d-a=10$인 경우 → (1, 11), (3, 13)

순서쌍 (a, d)의 개수는 2이고, 순서쌍 (b, c)의 개수는 서로 다른 5개의 짝수에서 중복을 허락하여 2개를 택하는 경우의 수와 같으므로 $2\times{}_5\mathrm{H}_2=2\times{}_6\mathrm{C}_2=30$ → $=\frac{6\times5}{2\times1}$

③ $d-a=8$인 경우 → (1, 9), (3, 11), (5, 13)

순서쌍 (a, d)의 개수는 3이고, 순서쌍 (b, c)의 개수는 ${}_4\mathrm{H}_2$이므로 $3\times{}_4\mathrm{H}_2=3\times{}_5\mathrm{C}_2=30$ → 서로 다른 4개의 짝수에서 2개를 택하는 중복조합의 수

④ $d-a=6$인 경우 → (1, 7), (3, 9), (5, 11), (7, 13)

순서쌍 (a, d)의 개수는 4이고, 순서쌍 (b, c)의 개수는 ${}_3\mathrm{H}_2$이므로 $4\times{}_3\mathrm{H}_2=4\times{}_4\mathrm{C}_2=24$

⑤ $d-a=4$인 경우 → (1, 5), (3, 7), (5, 9), (7, 11), (9, 13)

순서쌍 (a, d)의 개수는 5이고, 순서쌍 (b, c)의 개수는 ${}_2\mathrm{H}_2$이므로 $5\times{}_2\mathrm{H}_2=5\times{}_3\mathrm{C}_2=15$

⑥ $d-a=2$인 경우

순서쌍 (a, d)의 개수는 6이고, 순서쌍 (b, c)의 개수는 ${}_1\mathrm{H}_2$이므로 $6\times{}_1\mathrm{H}_2=6\times{}_2\mathrm{C}_2=6$ → $=1$

(i), (ii)에 의하여 모든 순서쌍 (a, b, c, d)의 개수는

$210+21+30+30+24+15+6=336$

미적분

23 [정답률 96%]

정답 ④

Step 1 지수함수의 극한을 이용한다.

$$\lim_{x\to0}\frac{e^{7x}-1}{e^{2x}-1}=\lim_{x\to0}\left(\frac{e^{7x}-1}{7x}\times\frac{2x}{e^{2x}-1}\times\frac{7}{2}\right)$$

$$=\frac{7}{2}\times\lim_{x\to0}\frac{e^{7x}-1}{7x}\times\lim_{x\to0}\frac{2x}{e^{2x}-1}$$

$$=\frac{7}{2}\times1\times1=\frac{7}{2}$$

→ $=\lim_{x\to0}\frac{1}{\frac{e^{2x}-1}{2x}}=\frac{1}{1}=1$

24 [정답률 85%]

정답 ②

Step 1 $\frac{dy}{dx}$를 구한다.

$\frac{dx}{dt}=1-2\sin 2t$, $\frac{dy}{dt}=2\sin t\cos t$

$\therefore \frac{dy}{dx}=\frac{\frac{dy}{dt}}{\frac{dx}{dt}}=\frac{2\sin t\cos t}{1-2\sin 2t}$ (단, $1-2\sin 2t\neq0$)

따라서 $t=\frac{\pi}{4}$일 때 $\frac{dy}{dx}=\frac{2\sin\frac{\pi}{4}\cos\frac{\pi}{4}}{1-2\sin\frac{\pi}{2}}=-1$

→ $=\frac{2\times\frac{\sqrt{2}}{2}\times\frac{\sqrt{2}}{2}}{1-2\times1}=\frac{1}{-1}$

25 [정답률 81%]

정답 ②

Step 1 치환적분법을 이용한다.

$f(x)=x+\ln x$에서 $f'(x)=1+\frac{1}{x}$이므로

$\int_1^e\left(1+\frac{1}{x}\right)f(x)dx=\int_1^e f'(x)f(x)dx$

$f(x)=t$라 하면 $f'(x)dx=dt$이고 $x=1$일 때 $t=1$, $x=e$일 때 $t=e+1$이므로 (→ $f(1)$, → $f(e)$)

$$\int_1^e f'(x)f(x)dx=\int_1^{e+1}t\,dt=\left[\frac{1}{2}t^2\right]_1^{e+1}$$

$$=\frac{1}{2}(e+1)^2-\frac{1}{2}=\frac{e^2}{2}+e$$

→ $=\frac{1}{2}(e^2+2e+1)-\frac{1}{2}=\frac{e^2+2e}{2}$

본문 251쪽

26 [정답률 72%]

정답 ⑤

Step 1 $\sum_{n=1}^{\infty}\frac{1}{a_na_{n+1}}$을 구한다.

등차수열 $\{a_n\}$의 공차를 d $(d>0)$라 하자. ← $=\frac{1}{a_{k+1}-a_k}\left(\frac{1}{a_k}-\frac{1}{a_{k+1}}\right)$

$$\sum_{n=1}^{\infty}\frac{1}{a_na_{n+1}}=\lim_{n\to\infty}\sum_{k=1}^{n}\frac{1}{a_ka_{k+1}}=\lim_{n\to\infty}\sum_{k=1}^{n}\frac{1}{d}\left(\frac{1}{a_k}-\frac{1}{a_{k+1}}\right)$$

$$=\frac{1}{d}\lim_{n\to\infty}\left\{\left(\frac{1}{a_1}-\frac{1}{a_2}\right)+\left(\frac{1}{a_2}-\frac{1}{a_3}\right)+\cdots+\left(\frac{1}{a_n}-\frac{1}{a_{n+1}}\right)\right\}$$

$$=\frac{1}{d}\lim_{n\to\infty}\left(\frac{1}{a_1}-\frac{1}{a_{n+1}}\right)=\frac{1}{d}\lim_{n\to\infty}\left(1-\frac{1}{1+nd}\right)$$

$$=\frac{1}{d}\lim_{n\to\infty}\frac{nd}{1+nd}=\frac{1}{d}\times1=\frac{1}{d}$$

$a_n=a_1+(n-1)d=1+(n-1)d$ 이므로 $a_{n+1}=1+\{(n+1)-1\}d$

분자, 분모 모두 최고차항의 계수가 d이므로 $\lim_{n\to\infty}\frac{nd}{1+nd}=\lim_{n\to\infty}\frac{d}{\frac{1}{n}+d}=\frac{d}{d}=1$

Step 2 $\frac{1}{a_na_{n+1}}+b_n=c_n$이라 하고 $\sum_{n=1}^{\infty}c_n=2$임을 이용한다.

$\frac{1}{a_na_{n+1}}+b_n=c_n$이라 하면 $\sum_{n=1}^{\infty}c_n=2$

$b_n=c_n-\frac{1}{a_na_{n+1}}$이므로 급수의 성질에 의하여

$$\sum_{n=1}^{\infty}b_n=\sum_{n=1}^{\infty}\left(c_n-\frac{1}{a_na_{n+1}}\right)=\sum_{n=1}^{\infty}c_n-\sum_{n=1}^{\infty}\frac{1}{a_na_{n+1}}=2-\frac{1}{d}\quad\cdots\cdots ㉠$$

(Step1에서 구했다.)

Step 3 d의 값을 구한다.

등비급수 $\sum_{n=1}^{\infty}b_n$이 수렴하므로 등비수열 $\{b_n\}$의 공비를 r이라 하면 $-1<r<1$이다. ← $2-\frac{1}{d}$로 수렴

$a_2b_2=(1+d)\times(1\times r)=1$에서 $r=\frac{1}{1+d}$

($b_n=b_1r^{n-1}=1\times r^{n-1}$이므로 $b_2=1\times r^{2-1}$)

$$\sum_{n=1}^{\infty}b_n=\frac{b_1}{1-r}=\frac{1}{1-\frac{1}{1+d}}=\frac{1+d}{d}=1+\frac{1}{d}\quad\cdots\cdots ㉡$$

㉠, ㉡에서 $2-\frac{1}{d}=1+\frac{1}{d}$, $\frac{2}{d}=1$ $\quad\therefore d=2$

㉡에서 $\sum_{n=1}^{\infty}b_n=1+\frac{1}{2}=\frac{3}{2}$

27 [정답률 51%]

정답 ①

Step 1 $\frac{dy}{dx}$를 구한다.

$$y=\begin{cases}-\frac{e^x+e^{-x}}{2}+1 & (x<0)\\ 0 & (x\ge0)\end{cases}\text{에서 }\frac{dy}{dx}=\begin{cases}-\frac{e^x-e^{-x}}{2} & (x<0)\\ 0 & (x\ge0)\end{cases}$$

$x<0$일 때 $1+\left(\frac{dy}{dx}\right)^2=1+\left(-\frac{e^x-e^{-x}}{2}\right)^2=\left(\frac{e^x+e^{-x}}{2}\right)^2$이므로

($1+\frac{e^{2x}-2+e^{-2x}}{4}=\frac{e^{2x}+2+e^{-2x}}{4}$)

$$\sqrt{1+\left(\frac{dy}{dx}\right)^2}=\sqrt{\left(\frac{e^x+e^{-x}}{2}\right)^2}=\left|\frac{e^x+e^{-x}}{2}\right|=\frac{e^x+e^{-x}}{2}$$ ← $e^x>0$, $e^{-x}>0$

$x\ge0$일 때 $1+\left(\frac{dy}{dx}\right)^2=1+0=1$이므로 $\sqrt{1+\left(\frac{dy}{dx}\right)^2}=\sqrt{1}=1$

Step 2 $-\ln 4\le x\le1$에서의 곡선의 길이를 구한다.

따라서 $-\ln 4\le x\le 1$에서의 곡선의 길이는

$$\int_{-\ln 4}^{1}\sqrt{1+\left(\frac{dy}{dx}\right)^2}dx$$

$$=\int_{-\ln 4}^{0}\frac{e^x+e^{-x}}{2}dx+\int_0^1 1dx$$

$$=\left[\frac{e^x-e^{-x}}{2}\right]_{-\ln 4}^{0}+\left[x\right]_0^1$$

$$=\left(\frac{e^0-e^0}{2}-\frac{e^{-\ln 4}-e^{\ln 4}}{2}\right)+(1-0)$$

($e^{-\ln 4}=e^{\ln 4^{-1}}=e^{\ln\frac{1}{4}}=\frac{1}{4}$, $e^{\ln 4}=4^{\ln e}=4^1$)

$$=\left(0-\frac{\frac{1}{4}-4}{2}\right)+1=\frac{23}{8}$$

28 [정답률 20%]

정답 ②

Step 1 함수 $f(x)$의 그래프를 나타낸다.

함수 $y=f(x)$의 그래프는 다음과 같다.

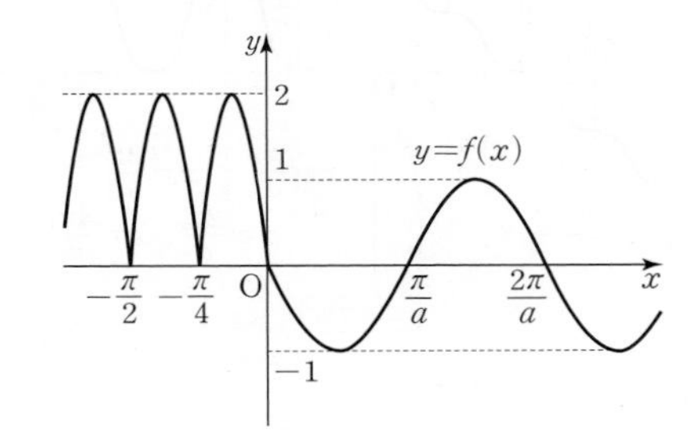

$g(x)=\left|\int_{-a\pi}^{x}f(t)dt\right|$에서 $\int_{-a\pi}^{x}f(t)dt=F(x)$라 하면

$F'(x)=f(x)$이고, $g(x)=|F(x)|$이다. ← 위 식의 양변을 x에 대하여 미분

$$g(x)=\begin{cases}-F(x) & (F(x)<0)\\ F(x) & (F(x)\ge0)\end{cases}\text{에서}$$

$$g'(x)=\begin{cases}-f(x) & (F(x)<0)\\ f(x) & (F(x)>0)\end{cases}$$

따라서 함수 $g(x)$가 실수 전체의 집합에서 미분가능하려면 $F(k)=0$인 실수 k가 존재하지 않거나 $F(k)=0$인 모든 실수 k에 대하여 $F'(k)=f(k)=0$이어야 한다.

Step 2 $x<0$일 때 함수 $g(x)$가 미분가능함을 이용한다.

$-a\pi<0$이고 모든 음의 실수 x에 대하여 $f(x)\ge0$이므로

$F(k)=\int_{-a\pi}^{k}f(t)dt=0$을 만족시키는 음의 실수 k의 값은 $-a\pi$ 뿐이다. ($F(-a\pi)=\int_{-a\pi}^{-a\pi}f(t)dt=0$)

이때 $f(k)=f(-a\pi)=2|\sin(-4a\pi)|=0$이어야 하므로

$-4a\pi=-n\pi$ $\quad\therefore a=\frac{n}{4}$ (n은 자연수) $\quad\cdots\cdots ㉠$

Step 3 $x\ge0$일 때 함수 $g(x)$가 미분가능함을 이용한다.

$$\int_{-\frac{\pi}{4}}^{0}f(t)dt=\int_{-\frac{\pi}{4}}^{0}(-2\sin 4t)dt=\left[\frac{1}{2}\cos 4t\right]_{-\frac{\pi}{4}}^{0}=1$$

($=\frac{1}{2}\cos 0-\frac{1}{2}\cos(-\pi)=\frac{1}{2}+\frac{1}{2}$)

모든 음의 실수 x에 대하여 $f\left(x-\frac{\pi}{4}\right)=f(x)$가 성립하므로

$$\int_{-a\pi}^{0}f(t)dt=\int_{-\frac{n}{4}\pi}^{0}f(t)dt\ (\because ㉠)$$

$$=n\int_{-\frac{\pi}{4}}^{0}f(t)dt=n$$

따라서 양의 실수 x에 대하여

$$F(x)=\int_{-a\pi}^{x}f(t)dt$$

$$=\int_{-\frac{n}{4}\pi}^{0}f(t)dt+\int_0^x f(t)dt$$

$$=n+\int_0^x(-\sin at)dt$$

$$=n+\frac{1}{a}\cos ax-\frac{1}{a}$$ ← $=\left[\frac{1}{a}\cos at\right]_0^x=\frac{1}{a}\cos ax-\frac{1}{a}$

$$=n+\frac{4}{n}\cos\frac{n}{4}x-\frac{4}{n}\ (\because ㉠)$$

이때 $F(k)=0$인 양수 k가 존재하면 $n=\frac{4}{n}\left(1-\cos\frac{n}{4}k\right)$

$\therefore \cos\frac{n}{4}k=1-\frac{n^2}{4}$ $\quad\cdots\cdots ㉡$

$f(k)=-\sin ak=-\sin\frac{n}{4}k=0$이어야 하므로 $\frac{n}{4}k=m\pi$

(㉠에서 $a=\frac{n}{4}$) (m은 자연수)

㉡에서 $\cos m\pi=1-\frac{n^2}{4}$

m, n은 자연수이므로 $\cos m\pi=1-\frac{n^2}{4}=\pm1$, 즉 $n^2=0$ 또는 $n^2=8$을 만족시키는 자연수 n은 존재하지 않는다.

그러므로 함수 $g(x)$가 구간 $[0,\infty)$에서 미분가능하려면 $x\ge0$인 모든 실수 x에 대하여 $F(x)=n+\frac{4}{n}\cos\frac{n}{4}x-\frac{4}{n}>0$이어야 하므로

$\cos\frac{n}{4}x>1-\frac{n^2}{4}$이 성립해야 한다. ← $-1\le\cos\frac{n}{4}x\le1$

즉, $1-\frac{n^2}{4}<-1$이어야 하므로 $n^2>8$

따라서 자연수 n의 최솟값은 3이므로 a의 최솟값은 $\frac{3}{4}$이다.
→ $a=\frac{n}{4}$ ($\because$ ㉠)

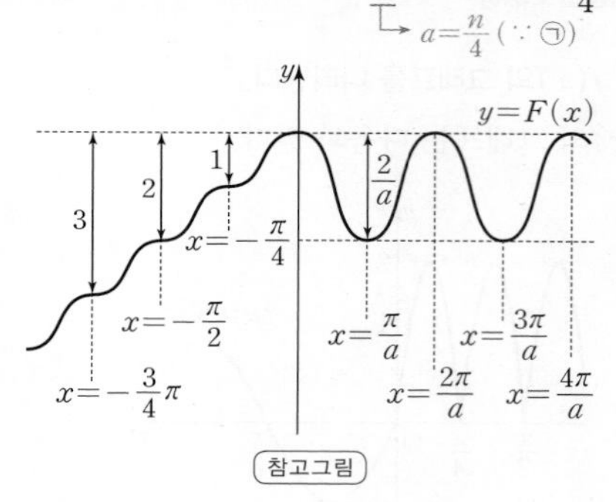

참고그림

29 [정답률 62%]

정답 18

Step 1 $\lim\limits_{n\to\infty}\frac{3^n+a^{n+1}}{3^{n+1}+a^n}=a$임을 이용한다.

(i) $1<a<3$일 때

$$\lim_{n\to\infty}\frac{3^n+a^{n+1}}{3^{n+1}+a^n}=\lim_{n\to\infty}\frac{1+a\times\left(\frac{a}{3}\right)^n}{3+\left(\frac{a}{3}\right)^n}=\frac{1+a\times0}{3+0}=\frac{1}{3}=a$$

→ $a<3$이므로 분모, 분자를 각각 3^n으로 나눈다.
→ $\lim\limits_{n\to\infty}\left(\frac{a}{3}\right)^n=0$

이때 $a=\frac{1}{3}<1$이므로 모순이다.

(ii) $a=3$일 때

$$\lim_{n\to\infty}\frac{3^n+a^{n+1}}{3^{n+1}+a^n}=\lim_{n\to\infty}\frac{3^n+3^{n+1}}{3^{n+1}+3^n}=\lim_{n\to\infty}1=1=a$$

→ $a=3$이므로 불가능

이므로 모순이다.

(iii) $a>3$일 때

$$\lim_{n\to\infty}\frac{3^n+a^{n+1}}{3^{n+1}+a^n}=\lim_{n\to\infty}\frac{\left(\frac{3}{a}\right)^n+a}{3\times\left(\frac{3}{a}\right)^n+1}=\frac{0+a}{3\times0+1}=a$$

이므로 조건을 만족시킨다. → $\lim\limits_{n\to\infty}\left(\frac{3}{a}\right)^n=0$

(i)~(iii)에 의하여 $a>3$이다.

Step 2 $\lim\limits_{n\to\infty}\frac{a^n+b^{n+1}}{a^{n+1}+b^n}=\frac{9}{a}$임을 이용한다.

(i) $3<a<b$일 때

→ $a<b$이므로 분모, 분자를 각각 b^n으로 나눈다.

$$\lim_{n\to\infty}\frac{a^n+b^{n+1}}{a^{n+1}+b^n}=\lim_{n\to\infty}\frac{\left(\frac{a}{b}\right)^n+b}{a\times\left(\frac{a}{b}\right)^n+1}=\frac{0+b}{a\times0+1}=b=\frac{9}{a}$$

→ $a>3$, $b>3$이므로 $ab>9$
→ $\lim\limits_{n\to\infty}\left(\frac{a}{b}\right)^n=0$

이때 $ab=9$이므로 모순이다.

(ii) $3<a=b$일 때

$$\lim_{n\to\infty}\frac{a^n+b^{n+1}}{a^{n+1}+b^n}=\lim_{n\to\infty}\frac{a^n+a^{n+1}}{a^{n+1}+a^n}=1=\frac{9}{a}$$

→ $a=9$

$\therefore a=b=9$

(iii) $3<b<a$일 때

$$\lim_{n\to\infty}\frac{a^n+b^{n+1}}{a^{n+1}+b^n}=\lim_{n\to\infty}\frac{1+b\times\left(\frac{b}{a}\right)^n}{a+\left(\frac{b}{a}\right)^n}=\frac{1+b\times0}{a+0}=\frac{1}{a}\neq\frac{9}{a}$$

이므로 등식을 만족시키지 않는다. → $\lim\limits_{n\to\infty}\left(\frac{b}{a}\right)^n=0$

(i)~(iii)에 의하여 $a=9$, $b=9$이므로 $a+b=18$

30 [정답률 15%]

정답 32

Step 1 코사인법칙을 이용하여 선분 CP에 대한 식을 세운다.

선분 AB의 중점을 O라 하면 → 원의 중심

$\overline{\mathrm{OP}}=\overline{\mathrm{OA}}=5$, → $\frac{1}{2}\overline{\mathrm{AB}}$

$\overline{\mathrm{OC}}=\overline{\mathrm{OA}}-\overline{\mathrm{AC}}=5-4=1$

삼각형 PCO에서 코사인법칙에 의하여

$\overline{\mathrm{OP}}^2=\overline{\mathrm{CP}}^2+\overline{\mathrm{OC}}^2-2\times\overline{\mathrm{CP}}\times\overline{\mathrm{OC}}\times\cos\theta$

$\overline{\mathrm{CP}}=x$라 하면

$25=x^2+1^2-2\times x\times1\times\cos\theta$

$\therefore x^2-2x\cos\theta-24=0$ ······ ㉠

Step 2 $\frac{dx}{d\theta}$를 구한다.

㉠을 θ에 대하여 미분하면 → 음함수의 미분법 이용

$2x\times\frac{dx}{d\theta}-2\cos\theta\times\frac{dx}{d\theta}+2x\sin\theta=0$

→ $2(x-\cos\theta)\frac{dx}{d\theta}+2x\sin\theta=0$

$\therefore \frac{dx}{d\theta}=\frac{x\sin\theta}{\cos\theta-x}$ ······ ㉡

Step 3 $S'(\theta)$를 구한다.

선분 PQ의 중점을 R이라 하면 두 삼각형 PCR, QCR은 서로 합동이므로 $\angle\mathrm{QCR}=\angle\mathrm{PCR}=\theta$, $\overline{\mathrm{QC}}=\overline{\mathrm{PC}}=x$

→ 위 그림에서 선분 AB와 선분 PQ의 교점이다.

$\therefore S(\theta)=\frac{1}{2}\times\overline{\mathrm{PC}}\times\overline{\mathrm{QC}}\times\sin(\angle\mathrm{PCQ})=\frac{1}{2}x^2\sin2\theta$

위 식의 양변을 θ에 대하여 미분하면 → 음함수의 미분법 이용

$\frac{dS(\theta)}{d\theta}=x\sin2\theta\times\frac{dx}{d\theta}+x^2\cos2\theta$ ······ ㉢

→ $S'(\theta)$

Step 4 $S'\left(\frac{\pi}{4}\right)$의 값을 구한다.

㉠에 $\theta=\frac{\pi}{4}$를 대입하면 $x^2-\sqrt{2}x-24=0$

$\therefore x=4\sqrt{2}$ ($\because x>0$)

→ $x=\frac{\sqrt{2}\pm\sqrt{(-\sqrt{2})^2-4\times(-24)}}{2}=\frac{\sqrt{2}\pm7\sqrt{2}}{2}$

㉡에 $x=4\sqrt{2}$, $\theta=\frac{\pi}{4}$를 대입하면 $\frac{dx}{d\theta}=\frac{4\sqrt{2}\times\sin\frac{\pi}{4}}{\cos\frac{\pi}{4}-4\sqrt{2}}=-\frac{4\sqrt{2}}{7}$

→ $\sin\frac{\pi}{4}=\cos\frac{\pi}{4}=\frac{\sqrt{2}}{2}$

㉢에서

$S'\left(\frac{\pi}{4}\right)=4\sqrt{2}\times\sin\frac{\pi}{2}\times\left(-\frac{4\sqrt{2}}{7}\right)+(4\sqrt{2})^2\times\cos\frac{\pi}{2}=-\frac{32}{7}$

→ $\sin\frac{\pi}{2}=1$, $\cos\frac{\pi}{2}=0$

$\therefore -7\times S'\left(\frac{\pi}{4}\right)=-7\times\left(-\frac{32}{7}\right)=32$

기하

23 [정답률 90%]

정답 ④

Step 1 점 B의 좌표를 구한다.

점 B는 점 A(8, 6, 2)를 xy평면에 대하여 대칭이동한 점이므로 B(8, 6, −2)이다.

→ z좌표에만 −를 붙이면 된다.

따라서 선분 AB의 길이는 $\overline{\mathrm{AB}}=|-2-2|=4$

→ 두 점 A, B의 z좌표의 차

24 [정답률 90%]

정답 ①

Step 1 쌍곡선의 접선의 방정식을 구한다.

쌍곡선 $\frac{x^2}{7}-\frac{y^2}{6}=1$ 위의 점 $(7, 6)$에서의 접선의 방정식은

$\frac{7x}{7}-\frac{6y}{6}=1$ $\quad\therefore x-y=1$

쌍곡선 $\frac{x^2}{a^2}-\frac{y^2}{b^2}=1$ 위의 점 (x_1, y_1)에서의 접선의 방정식은 $\frac{x_1x}{a^2}-\frac{y_1y}{b^2}=1$

따라서 접선의 x절편은 1이다.

25 [정답률 91%]

정답 ⑤

Step 1 점 P가 나타내는 도형을 알아낸다.

점 $A(4, 3)$이므로 $|\overrightarrow{OA}|=\sqrt{4^2+3^2}=5$ $\quad\therefore |\overrightarrow{OP}|=5$

점 P는 점 O로부터 거리가 5인 점들을 나타낸다.

따라서 점 P가 나타내는 도형은 중심이 원점이고 반지름의 길이가 5인 원이므로 점 P가 나타내는 도형의 길이는 $2\pi\times5=10\pi$

원의 둘레의 길이

26 [정답률 74%]

정답 ②

Step 1 직육면체를 좌표공간 위에 놓고 점 P의 좌표를 구한다.

다음 그림과 같이 점 H를 원점, 반직선 HE를 x축의 양의 방향, 반직선 HG를 y축의 양의 방향, 반직선 HD를 z축의 양의 방향이 되도록 직육면체 ABCD−EFGH를 좌표공간 위에 놓는다.

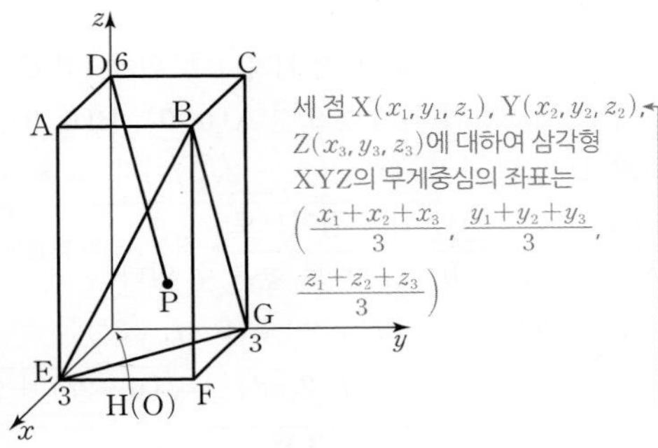

세 점 $X(x_1, y_1, z_1)$, $Y(x_2, y_2, z_2)$, $Z(x_3, y_3, z_3)$에 대하여 삼각형 XYZ의 무게중심의 좌표는 $\left(\frac{x_1+x_2+x_3}{3}, \frac{y_1+y_2+y_3}{3}, \frac{z_1+z_2+z_3}{3}\right)$

즉, $B(3, 3, 6)$, $E(3, 0, 0)$, $G(0, 3, 0)$이고 점 P는 삼각형 BEG의 무게중심이므로 점 P의 좌표는

$P\left(\frac{3+3+0}{3}, \frac{3+0+3}{3}, \frac{6+0+0}{3}\right)$, 즉 $P(2, 2, 2)$이다.

또한 $D(0, 0, 6)$이므로 $\overline{DP}=\sqrt{(2-0)^2+(2-0)^2+(2-6)^2}=2\sqrt{6}$

다른 풀이 삼수선의 정리를 이용하는 풀이

Step 1 삼수선의 정리를 이용한다.

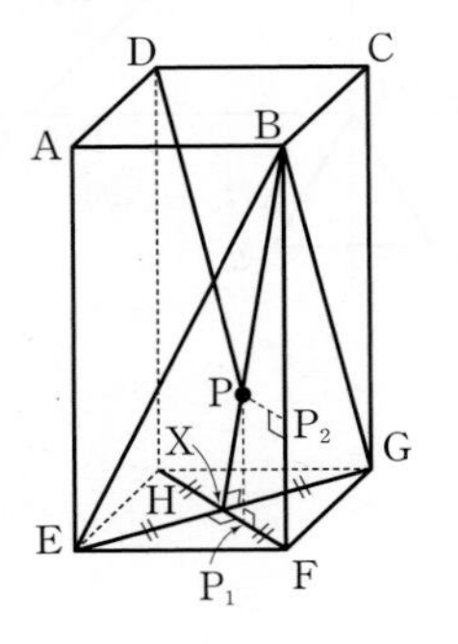

점 B에서 선분 EG에 내린 수선의 발을 X라 하면 삼수선의 정리에 의하여 $\overline{FX}\perp\overline{EG}$이다.

$\overline{BF}\perp$(평면 EFGH)이고 $\overline{BX}\perp\overline{EG}$이므로 삼수선의 정리에 의하여 $\overline{FX}\perp\overline{EG}$

이때 점 X는 정사각형 EFGH의 대각선인 선분 FH의 중점이다.

따라서 $\overline{FX}=\frac{1}{2}\overline{FH}=\frac{1}{2}\times3\sqrt{2}=\frac{3\sqrt{2}}{2}$

한 변의 길이가 3인 정사각형의 대각선의 길이

Step 2 점 P에서 평면 EFGH에 내린 수선의 발을 P_1, 점 P에서 선분 BF에 내린 수선의 발을 P_2라 하고, 두 선분 HP_1, BP_2의 길이를 구한다.

점 P에서 평면 EFGH에 내린 수선의 발을 P_1, 점 P에서 선분 BF에 내린 수선의 발을 P_2라 하자.

두 삼각형 PXP_1, BXF는 닮음이고, $\overline{PX}:\overline{BX}=1:3$이므로 닮음비는 $1:3$이다.

삼각형의 무게중심은 중선의 길이를 $1:2$로 나눈다.

즉, 점 P_1은 선분 FX를 $2:1$로 내분하는 점이므로

$\overline{P_1X}=\frac{1}{3}\overline{FX}=\frac{1}{3}\times\frac{3\sqrt{2}}{2}=\frac{\sqrt{2}}{2}$

$\therefore \overline{HP_1}=\overline{HX}+\overline{P_1X}=\frac{3\sqrt{2}}{2}+\frac{\sqrt{2}}{2}=2\sqrt{2}$

점 P_2는 선분 BF를 $2:1$로 내분하는 점이므로

$\overline{BP_2}=\frac{2}{3}\overline{BF}=\frac{2}{3}\times6=4$

Step 3 선분 DP의 길이를 구한다.

따라서 주어진 직육면체를 평면 DHFB로 잘라보면 다음과 같다.

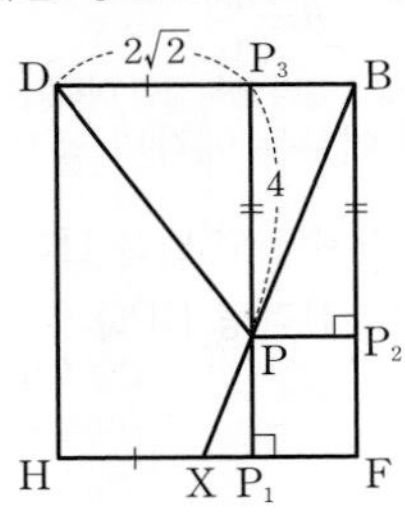

점 P에서 선분 BD에 내린 수선의 발을 P_3이라 하면

$\overline{DP_3}=\overline{HP_1}=2\sqrt{2}$, $\overline{PP_3}=\overline{BP_2}=4$

$\therefore \overline{DP}=\sqrt{(2\sqrt{2})^2+4^2}=2\sqrt{6}$

27 [정답률 89%]

정답 ③

Step 1 포물선의 성질을 이용한다.

포물선 $y^2=4px$의 준선의 방정식은 $x=-p$이다.

초점의 좌표는 $(p, 0)$

이 포물선 위의 세 점 P_1, P_2, P_3에서 포물선의 준선에 내린 수선의 발을 각각 H_1, H_2, H_3이라 하면 세 점 P_1, P_2, P_3의 x좌표가 각각 p, $2p$, $3p$이므로

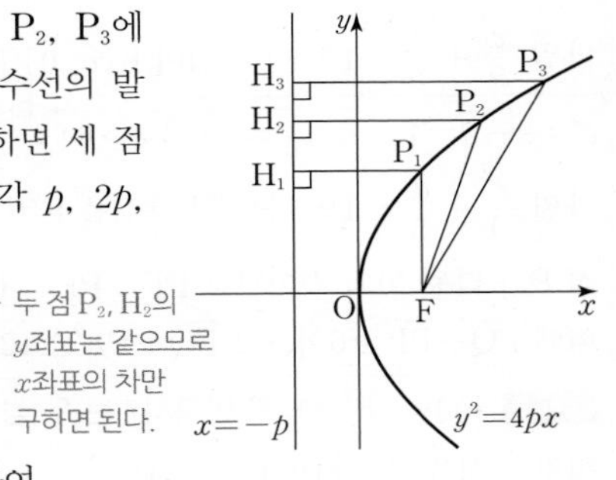

$\overline{P_1H_1}=p-(-p)=2p$,

$\overline{P_2H_2}=2p-(-p)=3p$,

$\overline{P_3H_3}=3p-(-p)=4p$

두 점 P_2, H_2의 y좌표는 같으므로 x좌표의 차만 구하면 된다.

이때 포물선의 성질에 의하여

$\overline{FP_1}=\overline{P_1H_1}=2p$, $\overline{FP_2}=\overline{P_2H_2}=3p$, $\overline{FP_3}=\overline{P_3H_3}=4p$

$\overline{FP_1}+\overline{FP_2}+\overline{FP_3}=27$에서 $2p+3p+4p=9p=27$ $\quad\therefore p=3$

28 [정답률 43%]

정답 ①

Step 1 삼수선의 정리를 이용하여 $\overline{PQ}$의 길이를 구한다.

점 P와 Q는 중심이 $A(0, 0, 1)$이고 반지름의 길이가 4인 구 위의 점이므로 $\overline{AP}=4$, $\overline{AQ}=4$이다.

원점을 O라 하면 $\overline{OA}\perp(xy$평면)이고, 점 P가 xy평면 위에 있으므로 $\overline{OA}\perp\overline{OP}$이다.

원점 O에서 선분 PQ에 내린 수선의 발을 M이라 하면 $\overline{PM}=\overline{QM}$이고, 삼수선의 정리에 의하여 $\overline{AM}\perp\overline{PQ}$이다. (삼각형 OPQ는 이등변삼각형)
($\overline{OA}\perp(xy$평면), $\overline{OM}\perp\overline{PQ}$)
점 A에서 선분 PQ까지의 거리가 2이므로 $\overline{AM}=2$
직각삼각형 APM에서 $\overline{PM}=\sqrt{\overline{AP}^2-\overline{AM}^2}=\sqrt{4^2-2^2}=2\sqrt{3}$
$\therefore \overline{PQ}=2\overline{PM}=4\sqrt{3}$

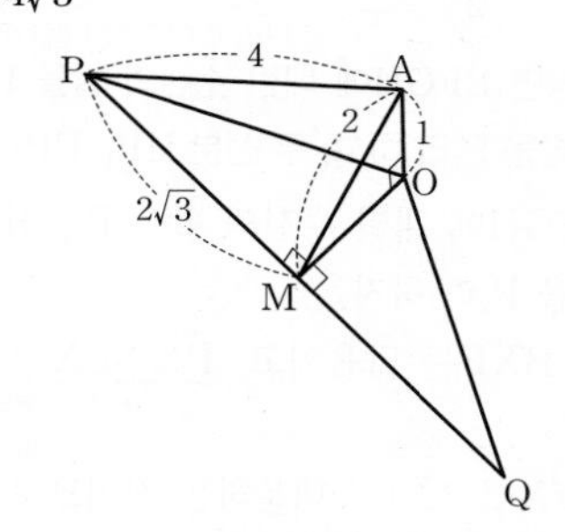

Step 2 삼각형 BPQ의 xy평면 위로의 정사영의 넓이의 최댓값을 구한다.

선분 PQ를 지름으로 하는 구 T는 중심이 M이고 반지름의 길이가 $2\sqrt{3}$이다.
구 S와 구 T가 만나서 생기는 원을 C_1, 원 C_1을 포함하는 평면을 α라 하면 $\alpha\perp\overline{AM}$이다.
삼각형 OAM에서 $\overline{OM}=\sqrt{\overline{AM}^2-\overline{OA}^2}=\sqrt{2^2-1^2}=\sqrt{3}$
따라서 $\angle AMO=\theta$라 하면

$\cos\theta=\dfrac{\overline{OM}}{\overline{AM}}=\dfrac{\sqrt{3}}{2}\qquad \therefore \theta=\dfrac{\pi}{6}$

(평면 OPQ라 생각하면 이해하기 쉽다.)
이때 평면 α와 xy평면이 이루는 예각의 크기는 $\dfrac{\pi}{3}$이다.

점 B에서 선분 PQ에 내린 수선의 발을 H라 하면 $\overline{BH}\le 2\sqrt{3}$
삼각형 BPQ의 넓이를 S, 삼각형 BPQ의 xy평면 위로의 정사영의 넓이를 S'이라 하면 (선분 BH의 길이는 구 T의 반지름의 길이보다 클 수 없다.)

$S=\dfrac{1}{2}\times\overline{PQ}\times\overline{BH}$

$\le\dfrac{1}{2}\times4\sqrt{3}\times2\sqrt{3}=12$

$S'=S\times\cos\dfrac{\pi}{3}$ (평면 α와 xy평면이 이루는 예각의 크기)

$\le 12\times\dfrac{1}{2}=6$

따라서 구하는 정사영의 넓이의 최댓값은 6이다.

29 [정답률 18%] 정답 17

Step 1 타원의 성질을 이용하여 식을 세운다.

타원 $\dfrac{x^2}{9}+\dfrac{y^2}{5}=1$의 한 초점이 $F(c,\ 0)\ (c>0)$이므로
$c^2=9-5=4\qquad \therefore c=2\ (\because c>0)$
(타원 $\dfrac{x^2}{a^2}+\dfrac{y^2}{b^2}=1$의 초점 $(c,\ 0)$, $(-c,\ 0)$에 대하여 $c^2=a^2-b^2$)
타원 $\dfrac{x^2}{9}+\dfrac{y^2}{5}=1$의 다른 한 초점을 F′이라 하면 $F'(-2,\ 0)$
점 P가 타원 위의 점이므로 $\overline{PF}+\overline{PF'}=6$
이때 $\overline{PQ}-\overline{PF}\ge6$이므로 $\overline{PQ}+\overline{PF'}\ge12$ ($(\overline{PF}+\overline{PF'})+(\overline{PQ}-\overline{PF})\ge12$)

Step 2 $\overline{PQ}+\overline{PF'}\ge12$를 만족시키는 두 점 P, Q의 위치를 생각한다.

원의 중심을 C라 하면 $C(2,\ 3)$
$\therefore \overline{CF'}=\sqrt{(-2-2)^2+(0-3)^2}=5$
따라서 타원 $\dfrac{x^2}{9}+\dfrac{y^2}{5}=1$과 주어진 조건을 만족시키는 중심이 $C(2,\ 3)$이고 반지름의 길이가 r인 원은 다음과 같다.

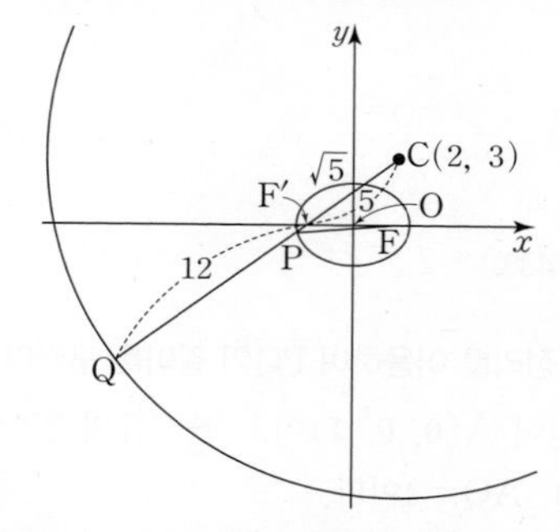

즉, $\overline{PQ}+\overline{PF'}$의 값이 최소일 때 원의 반지름의 길이는
$r=\overline{CF'}+(\overline{PF'}+\overline{PQ})=5+12=17$ ($\overline{PQ}+\overline{PF'}=12$)

30 [정답률 21%] 정답 27

Step 1 조건 (가)를 이용한다.

조건 (가)에서 두 벡터 $\overrightarrow{AB}$, $\overrightarrow{PQ}$의 방향은 같다.

$9|\overrightarrow{PQ}|\overrightarrow{PQ}=9|\overrightarrow{PQ}|^2\times\dfrac{\overrightarrow{PQ}}{|\overrightarrow{PQ}|}$,

$4|\overrightarrow{AB}|\overrightarrow{AB}=4|\overrightarrow{AB}|^2\times\dfrac{\overrightarrow{AB}}{|\overrightarrow{AB}|}$이고,

$\dfrac{\overrightarrow{PQ}}{|\overrightarrow{PQ}|}=\dfrac{\overrightarrow{AB}}{|\overrightarrow{AB}|}$이므로 $9|\overrightarrow{PQ}|^2=4|\overrightarrow{AB}|^2$ (두 벡터 $\overrightarrow{AB}$, $\overrightarrow{PQ}$의 방향이 같다.)

$\therefore |\overrightarrow{PQ}|=\dfrac{2}{3}|\overrightarrow{AB}|$ …… ㉠

Step 2 조건 (나), (다)를 이용한다.

조건 (나)에서 $\dfrac{\pi}{2}<\angle CAQ<\pi$ (둔각)
조건 (다)에서
$\overrightarrow{PQ}\cdot\overrightarrow{CB}=|\overrightarrow{PQ}||\overrightarrow{CB}|\cos(\angle ABC)=|\overrightarrow{PQ}||\overrightarrow{CB}|\times\dfrac{\sqrt{2}}{2}$ ($=\cos\dfrac{\pi}{4}$)
이때 $|\overrightarrow{CB}|=\sqrt{2}|\overrightarrow{AB}|$이므로 (삼각형 ABC는 변 CB가 빗변인 직각이등변삼각형)

$\overrightarrow{PQ}\cdot\overrightarrow{CB}=\dfrac{2}{3}|\overrightarrow{AB}|\times\sqrt{2}|\overrightarrow{AB}|\times\dfrac{\sqrt{2}}{2}\ (\because ㉠)$

$=\dfrac{2}{3}|\overrightarrow{AB}|^2=24$

$\therefore |\overrightarrow{AB}|=6$ ($|\overrightarrow{AB}|^2=36$)

㉠에서 $|\overrightarrow{PQ}|=\dfrac{2}{3}\times6=4$

삼각형 APQ가 정삼각형이므로 $|\overrightarrow{AP}|=|\overrightarrow{AQ}|=4$, $\angle BAQ=\dfrac{\pi}{3}$ ($\overline{AB}/\!/\overline{PQ}$이므로 엇각의 성질 이용)

Step 3 m의 값을 구한다.

($\overrightarrow{XM}=\dfrac{\overrightarrow{XA}+\overrightarrow{XB}}{2}$)
선분 AB의 중점을 M, 점 M에서 선분 AQ에 내린 수선의 발을 H라 하면
$|\overrightarrow{XA}+\overrightarrow{XB}|=|2\overrightarrow{XM}|\ge2|\overrightarrow{HM}|$
$=2\times|\overrightarrow{AM}|\sin\dfrac{\pi}{3}=3\sqrt{3}$ ($|\overrightarrow{AM}|=\dfrac{1}{2}|\overrightarrow{AB}|=3$, $\sin\dfrac{\pi}{3}=\dfrac{\sqrt{3}}{2}$)
따라서 $m=3\sqrt{3}$이므로 $m^2=27$이다.

다른 풀이 점의 좌표를 이용하는 풀이

Step 1 동일

Step 2 동일

Step 3 세 점 A, B, X의 좌표를 나타낸 후 $|\overrightarrow{XA}+\overrightarrow{XB}|$의 최솟값을 구한다.

점 A를 원점으로 하고 점 B가 x축 위에, 점 C가 y축 위에 오도록 도형을 좌표평면 위에 놓으면 $A(0,\ 0)$, $B(6,\ 0)$, $C(0,\ 6)$
또한 $P(-2,\ -2\sqrt{3})$, $Q(2,\ -2\sqrt{3})$이다. (한 변의 길이가 4인 정삼각형의 높이가 $2\sqrt{3}$)
점 X는 선분 AQ 위의 점이므로 (직선 AQ의 방정식은 $y=-\sqrt{3}x$)
$X(t,\ -\sqrt{3}t)\ (0\le t\le2)$로 놓을 수 있다.
$|\overrightarrow{XA}+\overrightarrow{XB}|=|(-t,\ \sqrt{3}t)+(6-t,\ \sqrt{3}t)|$
$=|(6-2t,\ 2\sqrt{3}t)|=\sqrt{(6-2t)^2+(2\sqrt{3}t)^2}$ ($=16t^2-24t+36$)
$=\sqrt{16\left(t-\dfrac{3}{4}\right)^2+27}$

따라서 $|\overrightarrow{XA}+\overrightarrow{XB}|$의 최솟값은 $t=\dfrac{3}{4}$일 때 $\sqrt{27}=3\sqrt{3}$
$\therefore m^2=(3\sqrt{3})^2=27$

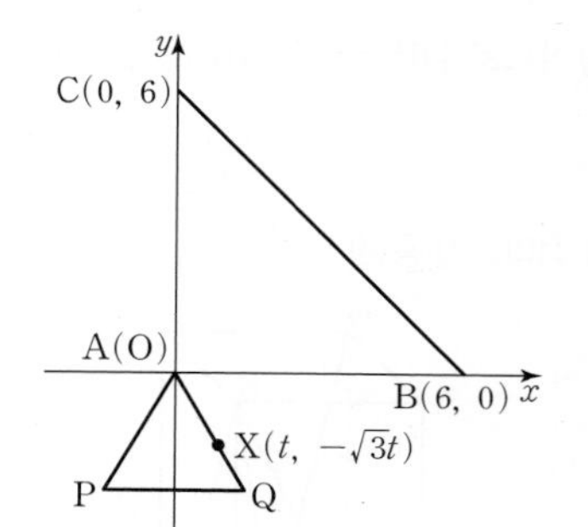

20회 2025학년도 대학수학능력시험 9월 모의평가 정답과 해설

1	②	2	⑤	3	④	4	②	5	②
6	②	7	③	8	①	9	⑤	10	①
11	①	12	②	13	④	14	⑤	15	①
16	7	17	5	18	29	19	4	20	15
21	31	22	8						
확률과 통계				23	⑤	24	①	25	⑤
26	③	27	④	28	④	29	994	30	93
미적분				23	⑤	24	④	25	④
26	③	27	②	28	③	29	57	30	25
기하				23	③	24	④	25	⑤
26	③	27	④	28	①	29	63	30	54

01 [정답률 93%] 정답 ②

Step 1 지수법칙을 이용한다.

$$\frac{\sqrt[4]{32}}{\sqrt[8]{4}}=\frac{(2^5)^{\frac{1}{4}}}{(2^2)^{\frac{1}{8}}}=2^{\frac{5}{4}-\frac{1}{4}}=2^1=2$$

→ $\frac{2^b}{2^a}=2^{b-a}$

02 [정답률 95%] 정답 ⑤

Step 1 미분계수의 정의를 이용하여 극한값을 구한다.

$f(x)=x^3+3x^2-5$에서 $f'(x)=3x^2+6x$

$$\therefore \lim_{h\to0}\frac{f(1+h)-f(1)}{h}=f'(1)=3+6=9$$

→ $\lim_{h\to0}\frac{f(a+h)-f(a)}{h}=f'(a)$

03 [정답률 96%] 정답 ④

Step 1 등비수열 $\{a_n\}$의 공비를 구한다.

등비수열 $\{a_n\}$의 공비를 r이라 하면 → $a_n=a_1r^{n-1}$

$a_2a_3=a_1r\times a_1r^2=a_1^{\,2}r^3=2$ ...... ㉠

→ $a_n=a_1r^{n-1}$에 각각 $n=2, 3, 4$ 대입

$a_4=a_1r^3=4$ ...... ㉡

㉡을 ㉠에 대입하면 $4a_1=2$ $\quad\therefore a_1=\frac{1}{2}$ ...... ㉢

㉢을 ㉡에 대입하면 $\frac{1}{2}r^3=4$

$r^3=8$ $\quad\therefore r=2$

Step 2 a_6의 값을 구한다.

$a_6=a_1r^5=\frac{1}{2}\times2^5=2^4=16$

→ $a_n=a_1r^{n-1}$에 $n=6$ 대입

04 [정답률 95%] 정답 ②

Step 1 주어진 그래프를 이용하여 극한값을 구한다.

$\lim_{x\to0-}f(x)=-2$, $\lim_{x\to1+}f(x)=1$이므로

→ $x=1$에서의 우극한

$\lim_{x\to0-}f(x)+\lim_{x\to1+}f(x)=-2+1=-1$

→ $x=0$에서의 좌극한

05 [정답률 93%] 정답 ②

→ $\{f(x)g(x)\}'=f'(x)g(x)+f(x)g'(x)$

Step 1 곱의 미분법을 이용한다.

$f(x)=(x+1)(x^2+x-5)$에서

$f'(x)=(x^2+x-5)+(x+1)(2x+1)$

$\therefore f'(2)=(2^2+2-5)+(2+1)\times(4+1)=1+15=16$

06 [정답률 86%] 정답 ②

Step 1 삼각함수의 성질을 이용하여 $\cos\theta$의 값을 구한다.

$\cos(\pi+\theta)=\frac{2\sqrt{5}}{5}$에서 $\cos(\pi+\theta)=-\cos\theta$이므로

$-\cos\theta=\frac{2\sqrt{5}}{5}$ $\quad\therefore \cos\theta=-\frac{2\sqrt{5}}{5}$

Step 2 삼각함수 사이의 관계를 이용하여 $\sin\theta$의 값을 구한다.

$\sin^2\theta+\cos^2\theta=1$에서 $\sin^2\theta=1-\cos^2\theta=1-\left(-\frac{2\sqrt{5}}{5}\right)^2=\frac{1}{5}$

→ 모든 θ에 대해 성립

$\frac{\pi}{2}<\theta<\pi$이므로 $\sin\theta=\frac{\sqrt{5}}{5}$

→ 제2사분면의 각이므로 $\sin\theta>0$, $\cos\theta<0$, $\tan\theta<0$

$\therefore \sin\theta+\cos\theta=\frac{\sqrt{5}}{5}+\left(-\frac{2\sqrt{5}}{5}\right)=-\frac{\sqrt{5}}{5}$

07 [정답률 95%] 정답 ③

Step 1 함수 $f(x)$가 $x=4$에서 연속임을 이용한다.

함수 $f(x)$가 실수 전체의 집합에서 연속이므로 $x=4$에서 연속이다.

→ $x=4$에서 연속일 조건

즉, $\lim_{x\to4-}f(x)=\lim_{x\to4+}f(x)=f(4)$이어야 하므로

$(4-a)^2=8-4$, $a^2-8a+12=0$

→ $=\lim_{x\to4+}f(x)=f(4)$

$(a-2)(a-6)=0$ $\quad\therefore a=2$ 또는 $a=6$

따라서 조건을 만족시키는 모든 상수 a의 값의 곱은 $2\times6=12$

→ $=\lim_{x\to4-}f(x)$

08 [정답률 92%] 정답 ①

Step 1 $\log_2 a+\log_a 8=4$임을 이용하여 a의 값을 구한다.

두 수 $\log_2 a$, $\log_a 8$의 합이 4이므로

$\log_2 a+\log_a 8=4$에서 $\log_2 a+3\log_a 2=4$

→ $=\log_a 2^3$

$\therefore \log_2 a+\frac{3}{\log_2 a}=4$

→ $\log_a b=\frac{1}{\log_b a}$

$\log_2 a=t\ (t>1)$라 하면

→ $a>2$이므로 $\log_2 a>1$

$t+\frac{3}{t}=4$, $t^2-4t+3=0$

$(t-1)(t-3)=0$ $\quad\therefore t=3\ (\because t>1)$

즉, $\log_2 a=3$이므로 $a=8$

Step 2 k의 값을 구한다.

두 수 $\log_2 a$, $\log_a 8$의 곱이 k이므로

$k=\log_2 a\times\log_a 8=\log_2 8\times\log_8 8=3\times1=3$

→ $=\log_2 2^3$

$\therefore a+k=8+3=11$

09 [정답률 92%] 정답 ⑤

Step 1 정적분의 성질을 이용한다.

$5\int_0^1 f(x)dx-\int_0^1\{5x+f(x)\}dx$

$=\int_0^1\{5f(x)-5x-f(x)\}dx$

→ $\int_a^b f(x)dx-\int_a^b g(x)dx=\int_a^b\{f(x)-g(x)\}dx$

$=\int_0^1\{4f(x)-5x\}dx=\int_0^1(4x^2-x)dx$

$=\left[\frac{4}{3}x^3-\frac{1}{2}x^2\right]_0^1=\frac{4}{3}-\frac{1}{2}=\frac{5}{6}$

본문 257쪽

10 [정답률 60%]

정답 ①

Step 1 삼각형 ABC의 외접원의 반지름의 길이를 구한다.

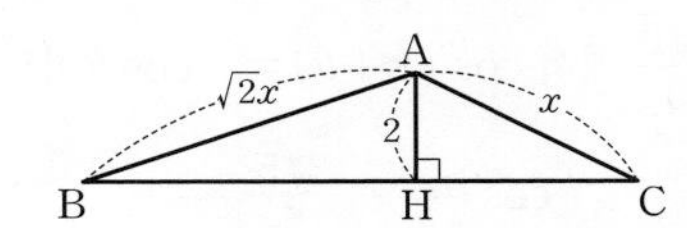

$\overline{AC}=x$라 하면 $\overline{AB}:\overline{AC}=\sqrt{2}:1$이므로 $\overline{AB}=\sqrt{2}x$

삼각형 ABC의 외접원의 반지름의 길이를 R이라 하면

$\pi R^2=50\pi$, $R^2=50$ $\quad\therefore R=5\sqrt{2}\ (\because R>0)$

└ 삼각형 ABC의 외접원의 넓이

Step 2 사인법칙을 이용하여 x의 값을 구한다.

직각삼각형 AHC에서 $\sin C=\dfrac{\overline{AH}}{\overline{AC}}=\dfrac{2}{x}$

삼각형 ABC에서 사인법칙을 이용하면 $\dfrac{\overline{AB}}{\sin C}=2R$이므로

└ $\dfrac{\overline{BC}}{\sin A}=\dfrac{\overline{AC}}{\sin B}=\dfrac{\overline{AB}}{\sin C}=2R$

$$\frac{\sqrt{2}x}{\frac{2}{x}}=10\sqrt{2}$$

$\sqrt{2}x=\dfrac{20\sqrt{2}}{x}$, $x^2=20$ $\quad\therefore x=2\sqrt{5}\ (\because x>0)$

└ x는 선분 AC의 길이

Step 3 선분 BH의 길이를 구한다.

삼각형 ABH에서 $\overline{AB}=2\sqrt{10}$, $\overline{AH}=2$이므로

$\overline{BH}=\sqrt{\overline{AB}^2-\overline{AH}^2}=\sqrt{(2\sqrt{10})^2-2^2}=\sqrt{36}=6$

11 [정답률 82%]

정답 ①

Step 1 두 점 P, Q의 위치가 같아지는 순간의 시각을 구한다.

두 점 P, Q의 위치가 같아지는 순간의 시각 t는 $x_1=x_2$에서

$t^2+t-6=-t^3+7t^2$, $t^3-6t^2+t-6=0$

$(t^2+1)(t-6)=0$ $\quad\therefore t=6$

6	1	−6	1	−6
		6	0	6
	1	0	1	0

즉, $t=6$일 때 두 점 P, Q의 위치가 같아진다.

Step 2 $p-q$의 값을 구한다.

두 점 P, Q의 시각 t에서의 속도를 각각 v_1, v_2라 하면

$v_1=\dfrac{dx_1}{dt}=2t+1$, $v_2=\dfrac{dx_2}{dt}=-3t^2+14t$ → 위치를 미분하면 속도

두 점 P, Q의 시각 t에서의 가속도를 각각 a_1, a_2라 하면

$a_1=\dfrac{dv_1}{dt}=2$, $a_2=\dfrac{dv_2}{dt}=-6t+14$ → 속도를 미분하면 가속도

따라서 $p=2$, $q=-22$이므로 $p-q=2-(-22)=24$

└ $a_2=-6t+14$에 $t=6$ 대입

└ $a_1=2$이므로 점 P의 가속도는 t의 값에 관계없이 항상 2이다.

12 [정답률 72%]

정답 ②

Step 1 등차수열 $\{a_n\}$의 공차를 구한다.

등차수열 $\{a_n\}$의 공차를 d라 하자. → $a_n=a_1+(n-1)d$

$b_2=\displaystyle\sum_{k=1}^{2}(-1)^{k+1}a_k=(-1)^2a_1+(-1)^3a_2=a_1-a_2=-2$

이때 $a_2=a_1+d$이므로

$a_1-(a_1+d)=-2$, $-d=-2$ $\quad\therefore d=2$

Step 2 $b_3+b_7=0$임을 이용하여 a_1의 값을 구한다.

$b_3=\displaystyle\sum_{k=1}^{3}(-1)^{k+1}a_k=a_1-a_2+a_3=a_1+d=a_1+2$

└ $=-a_2+(a_2+d)$

$b_7=\displaystyle\sum_{k=1}^{7}(-1)^{k+1}a_k=a_1-a_2+a_3-a_4+a_5-a_6+a_7$

└ $=d$ └ $=d$ └ $=d$

$=a_1+3d=a_1+6$

$b_3+b_7=0$이므로 $(a_1+2)+(a_1+6)=0$

$2a_1+8=0$ $\quad\therefore a_1=-4$

Step 3 수열 $\{b_n\}$의 첫째항부터 제9항까지의 합을 구한다.

$b_1=a_1=-4$, $b_2=a_1-a_2=-2$

$b_3=a_1-a_2+a_3=-2$

$b_4=a_1-a_2+a_3-a_4=-4$

$b_5=a_1-a_2+a_3-a_4+a_5=0$

$b_6=a_1-a_2+a_3-a_4+a_5-a_6=-6$

$b_7=a_1-a_2+a_3-a_4+a_5-a_6+a_7=2$

$b_8=a_1-a_2+a_3-a_4+a_5-a_6+a_7-a_8=-8$

$b_9=a_1-a_2+a_3-a_4+a_5-a_6+a_7-a_8+a_9=4$

($a_{n+1}-a_n=d$임을 이용)

$\therefore b_1+b_2+\cdots+b_9$

$=-4+(-2)+(-2)+(-4)+0+(-6)+2+(-8)+4$

$=-20$

13 [정답률 73%]

정답 ④

Step 1 함수 $y=f(x)$의 그래프를 그린다.

함수 $y=f(x)$의 그래프는 y축에 대하여 대칭이고 점 P, Q의 x좌표는 각각 $-1-\sqrt{7}$, $1+\sqrt{7}$이므로 함수 $y=f(x)$의 그래프는 다음과 같다.

└ $-x^2-2x+6$에 x 대신 $-x$를 대입하면 $-x^2+2x+6$

└ $-x^2-2x+6=0$의 해를 구해보면 근의 공식에 의하여 $x=\dfrac{1\pm\sqrt{(-1)^2-(-1)\times 6}}{-1}=-1\pm\sqrt{7}$
점 P의 x좌표는 음수이므로 $x=-1-\sqrt{7}$

Step 2 $A=2B$임을 이용하여 k의 값을 구한다.

곡선 $y=f(x)$와 선분 PQ로 둘러싸인 부분의 넓이는 y축에 의하여 이등분되고 $A=2B$이므로

→ $A=\displaystyle\int_{-1-\sqrt{7}}^{1+\sqrt{7}}f(x)dx=2\int_0^{1+\sqrt{7}}f(x)dx$, $B=\displaystyle\int_{1+\sqrt{7}}^{k}\{-f(x)\}dx$

$\displaystyle\int_0^k(-x^2+2x+6)dx=0$에서

$\left[-\dfrac{1}{3}x^3+x^2+6x\right]_0^k=-\dfrac{1}{3}k^3+k^2+6k=0$

└ $\displaystyle\int_0^{1+\sqrt{7}}f(x)dx=\int_{1+\sqrt{7}}^{k}\{-f(x)\}dx$임을 이용

$-\dfrac{1}{3}k(k+3)(k-6)=0$ $\quad\therefore k=6\ (\because k>4)$

14 [정답률 45%]

정답 ⑤

Step 1 두 점 A_n, B_n의 x좌표를 각각 a_n, b_n으로 놓고 a_n, b_n 사이의 관계식을 구한다.

두 점 A_n, B_n의 x좌표를 각각 a_n, b_n $(a_n<b_n)$이라 하면

$A_n(a_n,\ 2^{a_n})$, $B_n(b_n,\ 2^{b_n})$

조건 (가)에 의하여 $\dfrac{2^{b_n}-2^{a_n}}{b_n-a_n}=3$이므로 → (직선 A_nB_n의 기울기)$=3$

$2^{b_n}-2^{a_n}=3(b_n-a_n)$ $\quad\cdots\cdots$ ㉠

조건 (나)에서 $\overline{A_nB_n}^2=10n^2$이므로

$(b_n-a_n)^2+(2^{b_n}-2^{a_n})^2=10n^2$ $\quad\cdots\cdots$ ㉡

㉡에 ㉠을 대입하면 $10(b_n-a_n)^2=10n^2$

$b_n-a_n=n$ ($\because a_n<b_n$) $\quad\therefore a_n=b_n-n$

본문 258쪽

이것을 ㉠에 대입하여 정리하면 $2^{b_n}-2^{b_n-n}=3n$

$2^{b_n}\left(1-\frac{1}{2^n}\right)=3n$ ($=\frac{2^n-1}{2^n}$) $\therefore 2^{b_n}=3n\times\frac{2^n}{2^n-1}$

Step 2 역함수의 성질을 이용하여 x_n의 값을 구한다.

곡선 $y=2^x$과 곡선 $y=\log_2 x$는 직선 $y=x$에 대하여 대칭이므로 x_n은 점 B_n의 y좌표와 같다.

따라서 $x_n=2^{b_n}=3n\times\frac{2^n}{2^n-1}$이므로

$x_1+x_2+x_3=6+8+\frac{72}{7}=\frac{170}{7}$

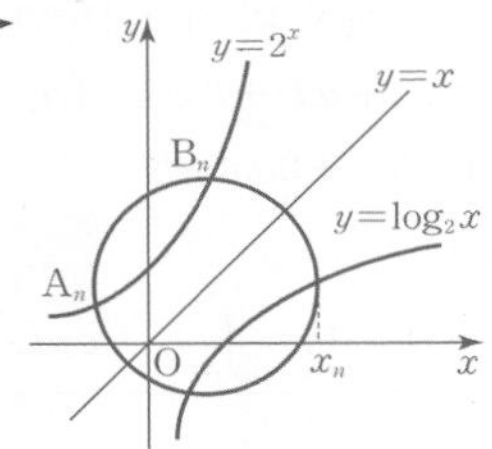

15 [정답률 57%]

정답 ①

Step 1 조건 (가)를 이용하여 함수 $f(x)+g(x)$를 구한다.

조건 (가)의 양변을 x에 대하여 미분하면 ($\frac{d}{dx}\int_a^x f(t)dt=f(x)$)

$xf(x)+xg(x)=12x^3+24x^2-6x$

$\therefore f(x)+g(x)=12x^2+24x-6$ ...... ㉠

Step 2 조건 (나)를 이용하여 함수 $g(x)$를 구한다.

조건 (나)에서 $f(x)=xg'(x)$이므로 ㉠에 대입하면

$xg'(x)+g(x)=12x^2+24x-6$

$\{xg(x)\}'=12x^2+24x-6$

$xg(x)=\int(12x^2+24x-6)dx$

$=4x^3+12x^2-6x+C$ (단, C는 적분상수)

이때 함수 $g(x)$는 다항함수이므로 $C=0$

($C\neq0$이면 $g(x)=4x^2+12x-6+\frac{C}{x}$이므로 $g(x)$는 다항함수임에 모순이다.)

$\therefore g(x)=4x^2+12x-6$

Step 3 정적분을 계산한다.

$\int_0^3 g(x)dx=\int_0^3(4x^2+12x-6)dx=\left[\frac{4}{3}x^3+6x^2-6x\right]_0^3$

$=36+54-18=72$

16 [정답률 94%]

정답 7

Step 1 로그방정식의 해를 구한다.

로그의 진수 조건에 의하여

$x+2>0,\ x-4>0$ $\quad\therefore x>4$

$\log_3(x+2)-\log_{\frac{1}{3}}(x-4)=\log_3(x+2)+\log_3(x-4)$ ($=\log_{(\frac{1}{3})^{-1}}(x-4)$; $\log_a b+\log_a c=\log_a bc$)

$=\log_3(x+2)(x-4)$

이므로 $\log_3(x+2)(x-4)=3$

$(x+2)(x-4)=27,\ x^2-2x-35=0$

$(x+5)(x-7)=0$ $\quad\therefore x=7$ ($\because x>4$) (로그의 진수 조건)

17 [정답률 94%]

정답 5

Step 1 부정적분을 이용하여 $f(x)$를 구한다.

$f'(x)=6x^2+2x+1$이므로 $f(x)=2x^3+x^2+x+C$ ($=\int f'(x)dx$) (단, C는 적분상수)

$f(0)=1$이므로 $C=1$

따라서 $f(x)=2x^3+x^2+x+1$이므로 $f(1)=2+1+1+1=5$

18 [정답률 86%]

정답 29

Step 1 Σ의 성질을 이용한다.

$\sum_{k=1}^{10}ka_k=36$에서 $a_1+2a_2+3a_3+\cdots+10a_{10}=36$ ...... ㉠

$\sum_{k=1}^{9}ka_{k+1}=7$에서 $a_2+2a_3+3a_4+\cdots+9a_{10}=7$ ...... ㉡

㉠−㉡을 하면 $a_1+a_2+a_3+\cdots+a_{10}=29$

$\therefore \sum_{k=1}^{10}a_k=a_1+a_2+a_3+\cdots+a_{10}=29$

다른 풀이 $\sum_{k=1}^{9}ka_{k+1}$을 변형하는 풀이

Step 1 $\sum_{k=1}^{9}ka_{k+1}$을 변형하여 정리한다.

$\sum_{k=1}^{9}ka_{k+1}=\sum_{k=1}^{9}\{(k+1)a_{k+1}-a_{k+1}\}$

$=\sum_{k=2}^{10}(ka_k-a_k)$

$=\sum_{k=2}^{10}ka_k-\sum_{k=2}^{10}a_k=7$ ($\sum_{k=1}^{n}(a_k-b_k)=\sum_{k=1}^{n}a_k-\sum_{k=1}^{n}b_k$)

$\therefore \sum_{k=2}^{10}ka_k=\sum_{k=2}^{10}a_k+7$

$\sum_{k=1}^{10}ka_k=a_1+\sum_{k=2}^{10}ka_k=a_1+\sum_{k=2}^{10}a_k+7=\sum_{k=1}^{10}a_k+7=36$

$\therefore \sum_{k=1}^{10}a_k=29$

19 [정답률 86%]

정답 4

Step 1 $x=1$에서 극소임을 이용하여 a의 값을 구한다.

$f(x)=x^3+ax^2-9x+b$에서 $f'(x)=3x^2+2ax-9$

함수 $f(x)$가 $x=1$에서 극소이므로 $f'(1)=0$

$3+2a-9=0$ $\quad\therefore a=3$ (함수 $f(x)$가 $x=a$에서 극값을 가지면 $f'(a)=0$)

Step 2 함수 $f(x)$의 극댓값이 28임을 이용한다.

$f'(x)=3x^2+6x-9=3(x+3)(x-1)$

$f'(x)=0$에서 $x=-3$ 또는 $x=1$

이때 함수 $f(x)$는 $x=1$에서 극소이므로 $x=-3$에서 극대이다.

$f(-3)=-27+27+27+b=28$ $\quad\therefore b=1$

$\therefore a+b=3+1=4$ ($f(x)=x^3+3x^2-9x+b$에 $x=-3$ 대입)

20 [정답률 52%]

정답 15

Step 1 함수 $y=f(x)$의 그래프를 그려본다.

$0\le x\le 2\pi$에서 함수 $y=\sin x-1$의 그래프와 함수 (함수 $y=\sin x$의 그래프를 y축의 방향으로 -1만큼 평행이동) $y=-\sqrt{2}\sin x-1$의 그래프는 다음 그림과 같다. (함수 $y=\sqrt{2}\sin x$의 그래프를 x축에 대하여 대칭이동한 뒤, y축의 방향으로 -1만큼 평행이동)

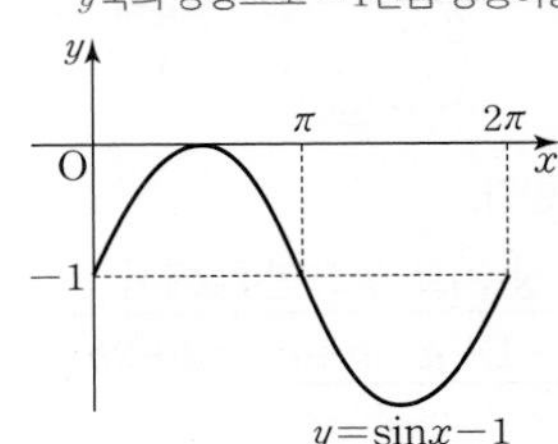

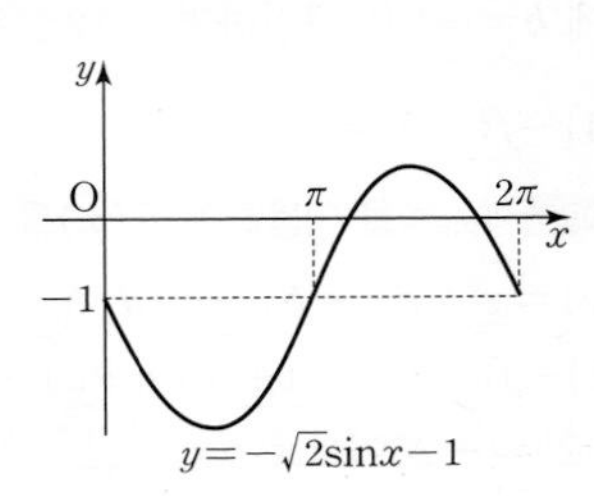

따라서 함수 $y=f(x)$의 그래프는 다음과 같다.

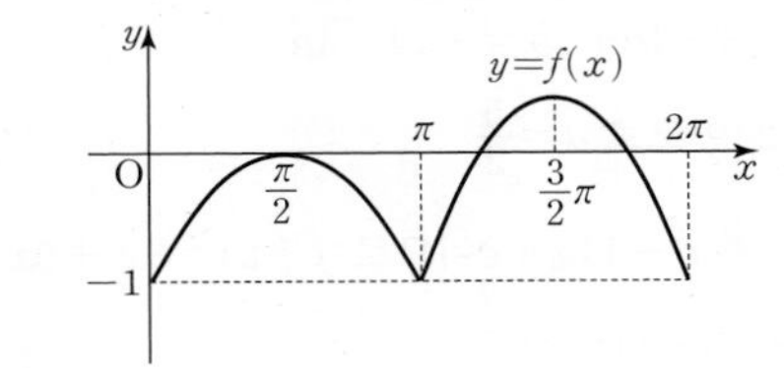

Step 2 $f(x)=f(t)$를 만족시키는 x의 개수가 3이 되도록 하는 t의 값을 구한다.

방정식 $f(x)=f(t)$의 서로 다른 실근의 개수가 3이려면, 함수 $y=f(x)$의 그래프와 직선 $y=f(t)$가 서로 다른 세 점에서 만나야 하므로 $f(t)=-1$ 또는 $f(t)=0$

(i) $f(t)=-1$일 때,
위의 그래프에서 $f(0)=-1$, $f(\pi)=-1$, $f(2\pi)=-1$이므로
$t=0$ 또는 $t=\pi$ 또는 $t=2\pi$

(ii) $f(t)=0$일 때,
위의 그래프에서 $f\left(\frac{\pi}{2}\right)=0$이므로 $t=\frac{\pi}{2}$

또한 $-\sqrt{2}\sin t-1=0$ ($\pi\le t\le 2\pi$)에서 $\sin t=-\frac{\sqrt{2}}{2}$이므로
(범위 중요)

$t=\frac{5}{4}\pi$ 또는 $t=\frac{7}{4}\pi$

(i), (ii)에 의하여 조건을 만족시키는 모든 t의 값의 합은

$0+\pi+2\pi+\frac{\pi}{2}+\frac{5}{4}\pi+\frac{7}{4}\pi=\frac{13}{2}\pi$

따라서 $p=2$, $q=13$이므로 $p+q=2+13=15$

21 [정답률 17%]

정답 31

Step 1 주어진 부등식에서 세 값이 모두 같은 경우를 찾는다.

부등식

$2k-8\le\frac{f(k+2)-f(k)}{2}\le 4k^2+14k$ …… ㉠

에서 $2k-8=4k^2+14k$이면

$2k-8=\frac{f(k+2)-f(k)}{2}=4k^2+14k$가 성립한다.

$4k^2+12k+8=0$, $k^2+3k+2=0$ ($a\le b\le c$에서 $a=c$이면 $a=b=c$)

$(k+1)(k+2)=0$ $\quad\therefore k=-1$ 또는 $k=-2$

Step 2 ㉠에 $k=-1$, $k=-2$를 대입한다.

㉠에 $k=-1$을 대입하면 $-10\le\frac{f(1)-f(-1)}{2}\le-10$이므로

$f(1)-f(-1)=-20$ …… ㉡

㉠에 $k=-2$를 대입하면 $-12\le\frac{f(0)-f(-2)}{2}\le-12$이므로

$f(0)-f(-2)=-24$ …… ㉢

Step 3 ㉡, ㉢을 이용하여 $f'(x)$를 구한다.

$f(x)=x^3+ax^2+bx+c$ (a, b, c는 상수)로 놓으면 ㉡에서

$f(1)-f(-1)=(1+a+b+c)-(-1+a-b+c)=2+2b$

($=f(1)$, $=f(-1)$; 삼차함수 $f(x)$의 최고차항의 계수는 1로 문제에 주어졌다.)

$2+2b=-20$이므로 $b=-11$

㉢에서

$f(0)-f(-2)=c-(-8+4a-2b+c)$ ($=f(0)$, $=f(-2)$)

$=8-4a+2b=-14-4a$

$-14-4a=-24$이므로 $a=\frac{5}{2}$

즉, $f(x)=x^3+\frac{5}{2}x^2-11x+c$이므로 $f'(x)=3x^2+5x-11$

$\therefore f'(3)=27+15-11=31$

다른 풀이 정적분을 이용한 풀이

Step 1 동일

Step 2 동일

Step 3 정적분을 이용하여 $f'(x)$를 구한다.

삼차함수 $f(x)$의 최고차항의 계수가 1이므로

$f(x)=x^3+ax^2+bx+c$ (a, b, c는 상수)라 하면

$f'(x)=3x^2+2ax+b$

㉡에서

$f(1)-f(-1)=\int_{-1}^{1}f'(x)dx=\int_{-1}^{1}(3x^2+2ax+b)dx$ (정적분의 정의)

$=\left[x^3+ax^2+bx\right]_{-1}^{1}$

$=(1+a+b)-(-1+a-b)=2+2b$

$2+2b=-20$이므로 $b=-11$

㉢에서

$f(0)-f(-2)=\int_{-2}^{0}f'(x)dx=\int_{-2}^{0}(3x^2+2ax+b)dx$ (정적분의 정의)

$=\left[x^3+ax^2+bx\right]_{-2}^{0}=0-(-8+4a-2b)$

$=8-4a+2b=-14-4a$

$-14-4a=-24$이므로 $a=\frac{5}{2}$

따라서 $f'(x)=3x^2+5x-11$이므로 $f'(3)=27+15-11=31$

22 [정답률 27%]

정답 8

Step 1 조건 (나)를 이용하여 a_2의 값을 구한다.

조건 (나)에서 $\left(a_{n+1}-a_n+\frac{2}{3}k\right)(a_{n+1}+ka_n)=0$ …… ㉠

이므로 ㉠에 $n=1$을 대입하면 $\left(a_2-a_1+\frac{2}{3}k\right)(a_2+ka_1)=0$ ($a_1=k$)

$\left(a_2-\frac{k}{3}\right)(a_2+k^2)=0$

$\therefore a_2=\frac{k}{3}$ 또는 $a_2=-k^2$

Step 2 $a_2=\frac{k}{3}$일 때 조건을 만족시키는 k의 값을 모두 구한다.

$a_2=\frac{k}{3}$일 때, ㉠에 $n=2$를 대입하면

$\left(a_3-a_2+\frac{2}{3}k\right)(a_3+ka_2)=0$ ($a_2=\frac{k}{3}$)

$\left(a_3+\frac{k}{3}\right)\left(a_3+\frac{k^2}{3}\right)=0$

$\therefore a_3=-\frac{k}{3}$ 또는 $a_3=-\frac{k^2}{3}$

(i) $a_3=-\frac{k}{3}$일 때

$a_2\times a_3=\frac{k}{3}\times\left(-\frac{k}{3}\right)=-\frac{k^2}{9}<0$이므로 조건 (가)를 만족시킨다.

㉠에 $n=3$을 대입하면 $\left(a_4-a_3+\frac{2}{3}k\right)(a_4+ka_3)=0$ ($a_3=-\frac{k}{3}$)

$(a_4+k)\left(a_4-\frac{k^2}{3}\right)=0$

$\therefore a_4=-k$ 또는 $a_4=\frac{k^2}{3}$

① $a_4=-k$일 때

㉠에 $n=4$를 대입하면 $\left(a_5-a_4+\frac{2}{3}k\right)(a_5+ka_4)=0$ ($a_4=-k$)

$\left(a_5+\frac{5}{3}k\right)(a_5-k^2)=0$

$\therefore a_5=-\frac{5}{3}k$ 또는 $a_5=k^2$

이때 $-\frac{5}{3}k<0$, $k^2>0$이므로 $a_5=0$을 만족시키는 k는 존재하지 않는다. (k는 양수이기 때문이다.)

② $a_4=\frac{k^2}{3}$일 때

①과 같이 ㉠에 $n=4$를 대입하면

$\left(a_5-\frac{k^2}{3}+\frac{2}{3}k\right)\left(a_5+\frac{k^3}{3}\right)=0$

$\therefore a_5=\frac{k^2}{3}-\frac{2}{3}k$ 또는 $a_5=-\frac{k^3}{3}$

$a_5=\frac{k^2}{3}-\frac{2}{3}k$일 때 $a_5=0$에서 $\frac{k^2}{3}-\frac{2}{3}k=0$

$k^2-2k=0,\ k(k-2)=0$

$\therefore k=2\ (\because k>0)$

$a_5=-\frac{k^3}{3}$일 때 $-\frac{k^3}{3}<0$이므로 $a_5=0$을 만족시키는 k는 존재하지 않는다.

(ii) $a_3=-\frac{k^2}{3}$일 때

$a_2\times a_3=\frac{k}{3}\times\left(-\frac{k^2}{3}\right)=-\frac{k^3}{9}<0$이므로 조건 (가)를 만족시킨다.

㉠에 $n=3$을 대입하면 $\left(a_4-a_3+\frac{2}{3}k\right)(a_4+ka_3)=0$ ($a_3=-\frac{k^2}{3}$)

$\left(a_4+\frac{k^2}{3}+\frac{2}{3}k\right)\left(a_4-\frac{k^3}{3}\right)=0$

$\therefore a_4=-\frac{k^2}{3}-\frac{2}{3}k$ 또는 $a_4=\frac{k^3}{3}$

① $a_4=-\frac{k^2}{3}-\frac{2}{3}k$일 때

㉠에 $n=4$를 대입하면 $\left(a_5-a_4+\frac{2}{3}k\right)(a_5+ka_4)=0$ ($a_4=-\frac{k^2}{3}-\frac{2}{3}k$)

$\left(a_5+\frac{k^2}{3}+\frac{4}{3}k\right)\left(a_5-\frac{k^3}{3}-\frac{2}{3}k^2\right)=0$

$\therefore a_5=-\frac{k^2}{3}-\frac{4}{3}k$ 또는 $a_5=\frac{k^3}{3}+\frac{2}{3}k^2$

이때 $-\frac{k^2}{3}-\frac{4}{3}k<0,\ \frac{k^3}{3}+\frac{2}{3}k^2>0$이므로 $a_5=0$을 만족시키는 k는 존재하지 않는다.
(→ $k>0$이므로 $-\frac{k^2}{3}<0,\ -\frac{4}{3}k<0$ / → $k>0$이므로 $\frac{k^3}{3}>0,\ \frac{2}{3}k^2>0$)

② $a_4=\frac{k^3}{3}$일 때

①과 같이 ㉠에 $n=4$를 대입하면

$\left(a_5-\frac{k^3}{3}+\frac{2}{3}k\right)\left(a_5+\frac{k^4}{3}\right)=0$

$\therefore a_5=\frac{k^3}{3}-\frac{2}{3}k$ 또는 $a_5=-\frac{k^4}{3}$

$a_5=\frac{k^3}{3}-\frac{2}{3}k$일 때 $a_5=0$에서 $\frac{k^3}{3}-\frac{2}{3}k=0$

$k^3-2k=0,\ k(k+\sqrt{2})(k-\sqrt{2})=0$

$\therefore k=\sqrt{2}\ (\because k>0)$

$a_5=-\frac{k^4}{3}$일 때 $-\frac{k^4}{3}<0$이므로 $a_5=0$을 만족시키는 k는 존재하지 않는다.

(i), (ii)에 의하여 조건을 만족시키는 k의 값은 $2,\ \sqrt{2}$이다.

Step 3 $a_2=-k^2$일 때 조건을 만족시키는 k의 값을 모두 구한다.

$a_2=-k^2$일 때, ㉠에 $n=2$를 대입하면

$\left(a_3-a_2+\frac{2}{3}k\right)(a_3+ka_2)=0$ ($a_2=-k^2$)

$\left(a_3+k^2+\frac{2}{3}k\right)(a_3-k^3)=0$

$\therefore a_3=-k^2-\frac{2}{3}k$ 또는 $a_3=k^3$

(i) $a_3=-k^2-\frac{2}{3}k$일 때

$a_2\times a_3=-k^2\times\left(-k^2-\frac{2}{3}k\right)=k^4+\frac{2}{3}k^3>0$이므로 조건 (가)를 만족시키지 않는다.
(→ $k>0$이므로 $k^4>0,\ \frac{2}{3}k^3>0$)

(ii) $a_3=k^3$일 때

$a_2\times a_3=-k^2\times k^3=-k^5<0$이므로 조건 (가)를 만족시킨다.

㉠에 $n=3$을 대입하면 $\left(a_4-a_3+\frac{2}{3}k\right)(a_4+ka_3)=0$ ($a_3=k^3$)

$\left(a_4-k^3+\frac{2}{3}k\right)(a_4+k^4)=0$

$\therefore a_4=k^3-\frac{2}{3}k$ 또는 $a_4=-k^4$

① $a_4=k^3-\frac{2}{3}k$일 때

㉠에 $n=4$를 대입하면 $\left(a_5-a_4+\frac{2}{3}k\right)(a_5+ka_4)=0$ ($a_4=k^3-\frac{2}{3}k$)

$\left(a_5-k^3+\frac{4}{3}k\right)\left(a_5+k^4-\frac{2}{3}k^2\right)=0$

$\therefore a_5=k^3-\frac{4}{3}k$ 또는 $a_5=-k^4+\frac{2}{3}k^2$

$a_5=k^3-\frac{4}{3}k$일 때 $a_5=0$에서

$k^3-\frac{4}{3}k=0,\ k\left(k+\frac{2\sqrt{3}}{3}\right)\left(k-\frac{2\sqrt{3}}{3}\right)=0$

$\therefore k=\frac{2\sqrt{3}}{3}\ (\because k>0)$

$a_5=-k^4+\frac{2}{3}k^2$일 때 $a_5=0$에서

$-k^4+\frac{2}{3}k^2=0,\ -k^2\left(k+\frac{\sqrt{6}}{3}\right)\left(k-\frac{\sqrt{6}}{3}\right)=0$

$\therefore k=\frac{\sqrt{6}}{3}\ (\because k>0)$

② $a_4=-k^4$일 때

①과 같이 ㉠에 $n=4$를 대입하면

$\left(a_5+k^4+\frac{2}{3}k\right)(a_5-k^5)=0$

$\therefore a_5=-k^4-\frac{2}{3}k$ 또는 $a_5=k^5$

이때 $-k^4-\frac{2}{3}k<0,\ k^5>0$이므로 $a_5=0$을 만족시키는 k는 존재하지 않는다.
(→ $k>0$이므로 $-k^4<0,\ -\frac{2}{3}k<0$)

(i), (ii)에 의하여 조건을 만족시키는 k의 값은 $\frac{2\sqrt{3}}{3},\ \frac{\sqrt{6}}{3}$이다.

따라서 조건을 만족시키는 k는 $2,\ \sqrt{2},\ \frac{2\sqrt{3}}{3},\ \frac{\sqrt{6}}{3}$이므로 k^2의 값의 합은

$2^2+(\sqrt{2})^2+\left(\frac{2\sqrt{3}}{3}\right)^2+\left(\frac{\sqrt{6}}{3}\right)^2=4+2+\frac{4}{3}+\frac{2}{3}=8$

확률과 통계

23 [정답률 91%]

정답 ⑤

Step 1 같은 것이 있는 순열을 이용한다.

2가 2개, 3이 2개 있으므로 다섯 개의 숫자를 일렬로 나열하는 경우의 수는 $\frac{5!}{2!2!}=30$ (→ $=\frac{5\times4\times3\times2\times1}{2\times1\times2\times1}$)

24 [정답률 69%]

정답 ①

Step 1 두 사건 A, B가 서로 독립임을 이용한다.

두 사건 A, B가 서로 독립이고 $P(A)=\frac{2}{3}$, $P(A\cap B)=\frac{1}{6}$이므로

$P(A\cap B)=P(A)P(B)=\frac{2}{3}P(B)=\frac{1}{6}$

따라서 $P(B)=\frac{1}{4}$이므로

$P(A\cup B)=P(A)+P(B)-P(A\cap B)=\frac{2}{3}+\frac{1}{4}-\frac{1}{6}=\frac{3}{4}$
(→ 확률의 덧셈정리)

25 [정답률 78%]

정답 ⑤

Step 1 경우를 나누어 확률을 구한다.

11 이하의 자연수 중에서 7 이상의 홀수는 7, 9, 11이므로 다음과 같이 경우를 나눌 수 있다.

(i) 선택한 2개의 수 중 1개만 7 이상의 홀수인 경우

나머지 1개는 11개의 자연수 중 3개를 제외한 8개 중에서 하나를 선택해야 하므로 (3개 → 7 이상의 홀수인 7, 9, 11)

$\frac{{}_3C_1 \times {}_8C_1}{{}_{11}C_2} = \frac{3\times 8}{55} = \frac{24}{55}$ (${}_3C_1$ → 7 이상의 홀수 중 1개 선택, ${}_8C_1$ → 나머지 8개의 수 중 1개 선택, ${}_{11}C_2$ → 전체 경우의 수)

(ii) 선택한 2개의 수가 모두 7 이상의 홀수인 경우

$\frac{{}_3C_2}{{}_{11}C_2} = \frac{3}{55}$ (${}_3C_2$ → 7 이상의 홀수 중 2개 선택)

따라서 (i), (ii)에 의하여 구하는 확률은 $\frac{24}{55}+\frac{3}{55}=\frac{27}{55}$

다른 풀이 여사건의 확률을 이용하는 풀이

Step 1 여사건의 확률을 이용한다.

구하는 사건의 여사건은 7, 9, 11을 제외한 8개의 수 중에서 2개를 선택하는 사건이다.

따라서 구하는 확률은 $1-\frac{{}_8C_2}{{}_{11}C_2}=1-\frac{28}{55}=\frac{27}{55}$ ($\frac{{}_8C_2}{{}_{11}C_2}$ → 여사건의 확률)

26 [정답률 72%]

정답 ③

Step 1 확률변수 $\overline{X}$와 $\overline{Y}$가 따르는 분포를 파악한다.

정규분포 $N(m, 6^2)$을 따르는 모집단에서 크기가 9인 표본을 임의추출하여 구한 표본평균이 $\overline{X}$이므로 확률변수 $\overline{X}$는 정규분포 $N(m, 2^2)$을 따른다. ($2^2 = \frac{6^2}{9}=\frac{6^2}{3^2}=\left(\frac{6}{3}\right)^2$)

또한 정규분포 $N(6, 2^2)$을 따르는 모집단에서 크기가 4인 표본을 임의추출하여 구한 표본평균이 $\overline{Y}$이므로 확률변수 $\overline{Y}$는 정규분포 $N(6, 1^2)$을 따른다. ($1^2 = \frac{2^2}{4}=\frac{2^2}{2^2}=\left(\frac{2}{2}\right)^2$)

Step 2 표준화를 이용하여 $P(\overline{X}\le 12)$와 $P(\overline{Y}\ge 8)$의 값을 구한다.

$P(\overline{X}\le 12)$, $P(\overline{Y}\ge 8)$을 표준화하여 나타내면

$P(\overline{X}\le 12)=P\left(Z\le\frac{12-m}{2}\right)$ ($Z=\frac{\overline{X}-m}{2}$)

$P(\overline{Y}\ge 8)=P\left(Z\ge\frac{8-6}{1}\right)=P(Z\ge 2)$ ($Z=\frac{\overline{Y}-6}{1}$)

Step 3 m의 값을 구한다.

$P(\overline{X}\le 12)+P(\overline{Y}\ge 8)=1$이므로

$P\left(Z\le\frac{12-m}{2}\right)+P(Z\ge 2)=1$

$P\left(Z\le\frac{12-m}{2}\right)=1-P(Z\ge 2)=P(Z\le 2)$

따라서 $\frac{12-m}{2}=2$이므로 $m=8$

27 [정답률 75%]

정답 ④

Step 1 이산확률변수 X의 확률분포를 표로 나타낸다.

$k=0$일 때, $P(X=0)=P(X=2)$이고

$k=2$일 때, $P(X=2)=P(X=4)$이므로

$P(X=0)=P(X=2)=P(X=4)$

$k=1$일 때, $P(X=1)=P(X=3)$

$P(X=0)=a$, $P(X=1)=b$라 할 때, 이산확률변수 X의 확률분포를 표로 나타내면 다음과 같다.

X	0	1	2	3	4	합계
$P(X=x)$	a	b	a	b	a	1

Step 2 a, b의 값을 구한다.

확률의 총합은 1이므로 ($\sum_{k=0}^{4}P(X=k)=1$)

$a+b+a+b+a=3a+2b=1$ ...... ㉠

$E(X^2)=\frac{35}{6}$이므로

$0^2\times a+1^2\times b+2^2\times a+3^2\times b+4^2\times a=\frac{35}{6}$

$\therefore 20a+10b=\frac{35}{6}$ ...... ㉡

㉠, ㉡을 연립하여 풀면 $a=\frac{1}{6}$, $b=\frac{1}{4}$

($\text{㉡}-5\times\text{㉠}$을 하면

$20a+10b=\frac{35}{6}$

$-\ 15a+10b=5$

$5a=\frac{5}{6}$

$\therefore a=\frac{1}{6}$, $b=\frac{1}{2}-\frac{3}{2}a=\frac{1}{4}$)

$\therefore P(X=0)=a=\frac{1}{6}$

28 [정답률 41%]

정답 ④

Step 1 각 사건을 A, B로 놓고 구하는 확률을 나타낸다.

$f: X \longrightarrow X$인 모든 함수 f 중에서 임의로 선택한 함수 f가 조건을 만족시키는 사건을 A, $f(4)$가 짝수인 사건을 B라 하면 구하는 확률은 $P(B|A)=\frac{P(A\cap B)}{P(A)}$

한편, 주어진 조건은 '$a\in X$, $b\in X$에 대하여 b가 a의 배수이면 $f(b)$는 $f(a)$의 배수이다.'와 같으므로 다음과 같이 경우를 나눌 수 있다. (2는 1의 배수이고 4는 2의 배수이므로 $f(2)$는 $f(1)$의 배수, $f(4)$는 $f(2)$의 배수이다. 또한 3은 1의 배수이므로 $f(3)$은 $f(1)$의 배수이다.)

Step 2 경우를 나누어 조건을 만족시키는 함수의 개수를 구한다.

(i) $f(1)=1$인 경우

$f(2)$는 $f(1)$의 배수이고 $f(4)$는 $f(2)$의 배수이므로 조건을 만족시키는 순서쌍 $(f(2), f(4))$의 개수는 (1, 1), (1, 2), (1, 3), (1, 4), (2, 2), (2, 4), (3, 3), (4, 4)의 8이다.

또한 $f(3)$은 $f(1)$의 배수이므로 위의 각각의 경우에 대하여 $f(3)$은 1 또는 2 또는 3 또는 4이므로 조건을 만족시키는 함수 f의 개수는 $8\times 4=32$

$f(4)$가 짝수인 함수 f의 개수는 $5\times 4=20$ ($(f(2), f(4))$는 (1, 2), (1, 4), (2, 2), (2, 4), (4, 4))

(ii) $f(1)=2$인 경우

(i)과 같이 조건을 만족시키는 순서쌍 $(f(2), f(4))$의 개수는 (2, 2), (2, 4), (4, 4)의 3이다.

또한 위의 각각의 경우에 대하여 $f(3)$은 2 또는 4이므로 조건을 만족시키는 함수 f의 개수는 $3\times 2=6$

$f(4)$가 짝수인 함수 f의 개수는 $3\times 2=6$ ($(f(2), f(4))$는 (2, 2), (2, 4), (4, 4))

(iii) $f(1)=3$인 경우

$f(2)$, $f(3)$, $f(4)$ 모두 $f(1)$의 배수이므로

$f(2)=f(3)=f(4)=3$

즉, 조건을 만족시키는 함수 f의 개수는 1이고 $f(4)$가 짝수인 함수 f의 개수는 0이다.

(iv) $f(1)=4$인 경우

$f(2)$, $f(3)$, $f(4)$ 모두 $f(1)$의 배수이므로

$f(2)=f(3)=f(4)=4$

즉, 조건을 만족시키는 함수 f의 개수는 1이고 $f(4)$가 짝수인 함수 f의 개수는 1이다.

(i)~(iv)에서 조건을 만족시키는 함수 f의 개수는 40이고 $f(4)$가 짝수인 함수 f의 개수는 27이다.

→ $=32+6+1+1$

→ $=20+6+0+1$

Step 3 $\mathrm{P}(B|A)$의 값을 구한다.

따라서 구하는 확률은

$$\mathrm{P}(B|A)=\frac{\mathrm{P}(A\cap B)}{\mathrm{P}(A)}=\frac{n(A\cap B)}{n(A)}=\frac{27}{40}$$

→ $=\dfrac{\dfrac{n(A\cap B)}{(\text{전체 함수의 개수})}}{\dfrac{n(A)}{(\text{전체 함수의 개수})}}$

29 [정답률 24%]

정답 994

Step 1 이항분포를 구하여 평균과 분산을 구한다.

주사위를 한 번 던져 나온 눈의 수가 4 이하일 확률은 $\frac{2}{3}$이고, 5 이상일 확률은 $\frac{1}{3}$이므로 주사위를 16200번 던졌을 때 4 이하의 눈이 나오는 횟수를 확률변수 X라 하면 확률변수 X는 이항분포 $\mathrm{B}\left(16200, \frac{2}{3}\right)$를 따른다.

→ $=\frac{4}{6}$, $=\frac{2}{6}$

따라서 확률변수 X의 평균과 분산은

$\mathrm{E}(X)=16200\times\frac{2}{3}=10800$

$\mathrm{V}(X)=16200\times\frac{2}{3}\times\frac{1}{3}=60^2$

→ 확률변수 X가 이항분포 $\mathrm{B}(n, p)$를 따르면 $\mathrm{E}(X)=np$, $\mathrm{V}(X)=npq$ (단, $q=1-p$)

Step 2 이항분포를 정규분포로 나타내고 표준화한다.

이때 16200은 충분히 크므로 확률변수 X는 근사적으로 정규분포 $\mathrm{N}(10800, 60^2)$을 따른다.

4 이하의 눈이 나오는 횟수가 X이므로 5 이상의 눈이 나오는 횟수는 $16200-X$이다.

점 A의 위치가 5700 이하이려면 $X-(16200-X)\le 5700$

→ 양의 방향으로 X번, 음의 방향으로 $16200-X$번

$2X\le 21900 \quad \therefore X\le 10950$

따라서 구하는 확률은

$k=\mathrm{P}(X\le 10950)=\mathrm{P}\left(Z\le\frac{10950-10800}{60}\right)$

→ $=\frac{X-10800}{60}$

$=\mathrm{P}(Z\le 2.5)=0.5+\mathrm{P}(0\le Z\le 2.5)$

→ $0.5=\mathrm{P}(Z\le 0)$

$=0.5+0.494=0.994$

이므로 $1000\times k=1000\times 0.994=994$

30 [정답률 15%]

정답 93

Step 1 학생 A가 받는 공의 개수에 따라 경우를 나눈다.

조건 (가)에서 학생 A가 받는 공의 개수는 0 또는 1 또는 2이다.

(i) 학생 A가 0개의 공을 받는 경우 (공을 받지 못하는 경우)

흰 공 4개를 두 학생 B, C에게 남김없이 나누어 주는 경우의 수는 ${}_2\mathrm{H}_4={}_{2+4-1}\mathrm{C}_4={}_5\mathrm{C}_4={}_5\mathrm{C}_1=5$

검은 공 4개를 두 학생 B, C에게 남김없이 나누어 주는 경우의 수는 ${}_2\mathrm{H}_4=5$

→ 흰 공과 검은 공 모두 학생 C가 받는 경우

→ 학생 B가 흰 공 1개 또는 검은 공 1개만 받는 경우

이때 학생 B가 받는 공의 개수가 0인 경우의 수는 1이고, 학생 B가 받는 공의 개수가 1인 경우의 수는 2이므로 조건 (나)를 만족시키지 않는 경우의 수는 3이다.

따라서 조건을 모두 만족시키는 경우의 수는 $5\times 5-3=22$

(ii) 학생 A가 1개의 공을 받는 경우

① 학생 A가 흰 공 1개를 받는 경우

→ 같은 색 공끼리는 서로 구별하지 않으므로 경우의 수는 ${}_4\mathrm{C}_1$이 아닌 1이다.

남은 흰 공 3개를 두 학생 B, C에게 남김없이 나누어 주는 경우의 수는 ${}_2\mathrm{H}_3={}_{2+3-1}\mathrm{C}_3={}_4\mathrm{C}_3={}_4\mathrm{C}_1=4$

→ 학생 A에게 흰 공 1개를 나누어 주고 3개가 남았다.

검은 공 4개를 두 학생 B, C에게 남김없이 나누어 주는 경우의 수는 ${}_2\mathrm{H}_4=5$

이때 조건 (나)를 만족시키지 않는 경우의 수는 (i)과 같이 3이므로 조건을 모두 만족시키는 경우의 수는 $4\times 5-3=17$

② 학생 A가 검은 공 1개를 받는 경우

①과 같은 방법으로 조건을 모두 만족시키는 경우의 수는 17이다.

①, ②에서 구하는 경우의 수는 $17+17=34$

(iii) 학생 A가 2개의 공을 받는 경우

① 학생 A가 흰 공 2개를 받는 경우

→ 같은 색 공끼리는 서로 구별하지 않으므로 경우의 수는 ${}_4\mathrm{C}_2$가 아닌 1이다.

남은 흰 공 2개를 두 학생 B, C에게 남김없이 나누어 주는 경우의 수는 ${}_2\mathrm{H}_2={}_{2+2-1}\mathrm{C}_2={}_3\mathrm{C}_2={}_3\mathrm{C}_1=3$

→ 학생 A에게 흰 공 2개를 나누어 주고 2개가 남았다.

검은 공 4개를 두 학생 B, C에게 남김없이 나누어 주는 경우의 수는 ${}_2\mathrm{H}_4=5$

이때 조건 (나)를 만족시키지 않는 경우의 수는 (i)과 같이 3이므로 조건을 모두 만족시키는 경우의 수는 $3\times 5-3=12$

② 학생 A가 검은 공 2개를 받는 경우

①과 같은 방법으로 조건을 만족시키는 경우의 수는 12이다.

③ 학생 A가 흰 공 1개, 검은 공 1개를 받는 경우

→ 같은 색 공끼리는 서로 구별하지 않으므로 경우의 수는 ${}_4\mathrm{C}_1\times{}_4\mathrm{C}_1$이 아닌 1이다.

남은 흰 공 3개를 두 학생 B, C에게 남김없이 나누어 주는 경우의 수는 ${}_2\mathrm{H}_3=4$

남은 검은 공 3개를 두 학생 B, C에게 남김없이 나누어 주는 경우의 수는 ${}_2\mathrm{H}_3=4$

→ 학생 A에게 흰 공 1개, 검은 공 1개를 나누어 주고 각각 3개씩 남았다.

이때 조건 (나)를 만족시키지 않는 경우의 수는 (i)과 같이 3이므로 조건을 모두 만족시키는 경우의 수는 $4\times 4-3=13$

①, ②, ③에서 구하는 경우의 수는 $12+12+13=37$

Step 2 조건을 만족시키는 경우의 수를 구한다.

(i)~(iii)에 의하여 구하는 경우의 수는 $22+34+37=93$

→ (i), (ii), (iii)

본문 264쪽

미적분

23 [정답률 97%] 정답 ⑤

Step 1 $\lim_{x\to 0}\frac{\sin x}{x}=1$임을 이용한다.

$$\lim_{x\to 0}\frac{\sin 5x}{x}=\lim_{x\to 0}\left(\frac{\sin 5x}{5x}\times 5\right)=1\times 5=5$$

→ $\frac{\sin 5x}{x}$를 변형

24 [정답률 91%] 정답 ④

Step 1 부정적분을 이용하여 $f(x)$를 구한다.

곡선 $y=f(x)$ 위의 점 $(t,\ f(t))$에서의 접선의 기울기가 $\frac{1}{t}+4e^{2t}$이므로

→ 양수 t에 대하여 $f'(t)=\frac{1}{t}+4e^{2t}$이므로 양수 x에 대하여 $f'(x)=\frac{1}{x}+4e^{2x}$

$f'(x)=\frac{1}{x}+4e^{2x}\ (x>0)$

$f(x)=\int f'(x)dx=\int\left(\frac{1}{x}+4e^{2x}\right)dx$

$=\ln x+2e^{2x}+C$ (단, C는 적분상수)

$f(1)=2e^2+1$이므로 $0+2e^2+C=2e^2+1$ $\quad\therefore C=1$

따라서 $f(x)=\ln x+2e^{2x}+1$이므로

$f(e)=\ln e+2e^{2e}+1=2e^{2e}+2$

25 [정답률 89%] 정답 ④

Step 1 등비수열 $\{a_n\}$의 공비를 r로 놓고 주어진 극한을 정리한다.

등비수열 $\{a_n\}$의 공비를 r이라 하면 $a_n=a_1\times r^{n-1}$이므로

$$\lim_{n\to\infty}\frac{4^n\times a_n-1}{3\times 2^{n+1}}=\lim_{n\to\infty}\frac{a_n-\left(\frac{1}{4}\right)^n}{6\times\left(\frac{1}{2}\right)^n}=\lim_{n\to\infty}\frac{a_1\times r^{n-1}-\left(\frac{1}{4}\right)^n}{6\times\left(\frac{1}{2}\right)^n}$$

→ 분모와 분자를 4^n으로 나눈다.

$$\therefore \lim_{n\to\infty}\frac{a_1\times r^{n-1}-\left(\frac{1}{4}\right)^n}{6\times\left(\frac{1}{2}\right)^n}=1 \quad\cdots\cdots ㉠$$

Step 2 r의 값의 범위를 나누어 a_1과 r의 값을 구한다.

(i) $|r|<\frac{1}{2}$일 때,

㉠에서

$$\lim_{n\to\infty}\frac{a_1\times r^{n-1}-\left(\frac{1}{4}\right)^n}{6\times\left(\frac{1}{2}\right)^n}=\lim_{n\to\infty}\frac{\frac{a_1}{r}\times(2r)^n-\left(\frac{1}{2}\right)^n}{6}$$

$$=\frac{0+0}{6}=0$$

→ $|2r|<1$이므로 $\lim_{n\to\infty}(2r)^n=0$

그러므로 ㉠을 만족시키지 않는다.

(ii) $|r|>\frac{1}{2}$일 때,

㉠에서

$$\lim_{n\to\infty}\frac{a_1\times r^{n-1}-\left(\frac{1}{4}\right)^n}{6\times\left(\frac{1}{2}\right)^n}=\lim_{n\to\infty}\frac{\frac{a_1}{r}\times(2r)^n-\left(\frac{1}{2}\right)^n}{6} \quad\cdots\cdots ㉡$$

이때 $|2r|>1$이므로 $\lim_{n\to\infty}(2r)^n$은 발산한다.

즉, ㉡이 발산하므로 ㉠을 만족시키지 않는다.

(iii) $r=\frac{1}{2}$일 때,

㉠에서

$$\lim_{n\to\infty}\frac{a_1\times r^{n-1}-\left(\frac{1}{4}\right)^n}{6\times\left(\frac{1}{2}\right)^n}=\lim_{n\to\infty}\frac{\frac{a_1}{r}\times(2r)^n-\left(\frac{1}{2}\right)^n}{6}$$

→ $r=\frac{1}{2}$이므로 $(2r)^n=\left(\frac{2}{2}\right)^n=1^n$

$$=\lim_{n\to\infty}\frac{2a_1-\left(\frac{1}{2}\right)^n}{6}=\frac{a_1}{3}=1$$

$\therefore a_1=3$

(iv) $r=-\frac{1}{2}$일 때,

㉠에서

$$\lim_{n\to\infty}\frac{a_1\times r^{n-1}-\left(\frac{1}{4}\right)^n}{6\times\left(\frac{1}{2}\right)^n}=\lim_{n\to\infty}\frac{\frac{a_1}{r}\times(2r)^n-\left(\frac{1}{2}\right)^n}{6}$$

$$=\lim_{n\to\infty}\frac{-2a_1\times(-1)^n-\left(\frac{1}{2}\right)^n}{6}$$

이므로 주어진 극한은 발산한다.

→ 수열 $\left\{\frac{-2a_1\times(-1)^n}{6}\right\}$이 $\frac{a_1}{3}$, $-\frac{a_1}{3}$, $\frac{a_1}{3}$, $-\frac{a_1}{3}$, …으로 진동한다.

그러므로 ㉠을 만족시키지 않는다.

Step 3 a_1+a_2의 값을 구한다.

따라서 (i)~(iv)에 의하여 $a_1=3$, $r=\frac{1}{2}$이므로

$a_1+a_2=a_1+a_1r=3+\frac{3}{2}=\frac{9}{2}$

26 [정답률 82%] 정답 ③

Step 1 주어진 입체도형의 단면의 넓이를 구한다.

입체도형을 x축에 수직인 평면으로 자른 단면의 넓이를 $S(x)$라 하면

$S(x)=\frac{1}{2}\times\pi\times(x\sqrt{x\sin x^2})^2=\frac{\pi}{2}x^3\sin x^2$

→ 단면의 지름의 길이는 $2x\sqrt{x\sin x^2}$

Step 2 치환적분법을 이용하여 입체도형의 부피를 구한다.

따라서 구하는 입체도형의 부피는

$\int_{\sqrt{\frac{\pi}{6}}}^{\sqrt{\frac{\pi}{2}}}S(x)dx=\int_{\sqrt{\frac{\pi}{6}}}^{\sqrt{\frac{\pi}{2}}}\frac{\pi}{2}x^3\sin x^2dx$

$x^2=t$라 하면 $2xdx=dt$이고

$x=\sqrt{\frac{\pi}{6}}$일 때 $t=\frac{\pi}{6}$, $x=\sqrt{\frac{\pi}{2}}$일 때 $t=\frac{\pi}{2}$이므로

$\int_{\sqrt{\frac{\pi}{6}}}^{\sqrt{\frac{\pi}{2}}}\frac{\pi}{2}x^3\sin x^2dx$

$=\frac{\pi}{4}\int_{\frac{\pi}{6}}^{\frac{\pi}{2}}t\sin t\,dt$

→ $u=t$, $v'=\sin t$라 하면 $u'=1$, $v=-\cos t$

$=\frac{\pi}{4}\times\Big[-t\cos t\Big]_{\frac{\pi}{6}}^{\frac{\pi}{2}}-\frac{\pi}{4}\int_{\frac{\pi}{6}}^{\frac{\pi}{2}}(-\cos t)dt$

→ $=\frac{\pi}{4}\int_{\frac{\pi}{6}}^{\frac{\pi}{2}}\cos t\,dt$

$=\frac{\pi}{4}\times\left\{0-\left(-\frac{\pi}{6}\times\frac{\sqrt{3}}{2}\right)\right\}+\frac{\pi}{4}\times\Big[\sin t\Big]_{\frac{\pi}{6}}^{\frac{\pi}{2}}$

$=\frac{\sqrt{3}}{48}\pi^2+\frac{\pi}{4}\times\left(1-\frac{1}{2}\right)$

$=\frac{\sqrt{3}}{48}\pi^2+\frac{\pi}{8}=\frac{\sqrt{3}\pi^2+6\pi}{48}$

27 [정답률 79%] 정답 ②

Step 1 $f'(0)$의 값을 구한다.

주어진 식의 양변을 x에 대하여 미분하면

$f'(x)+f'\left(\frac{1}{2}\sin x\right)\times\frac{1}{2}\cos x=\cos x$ …… ㉠

→ $\{f(g(x))\}'=f'(g(x))g'(x)$

㉠에 $x=0$을 대입하면 $f'(0)+f'(0)\times\frac{1}{2}=1$

→ $=\frac{1}{2}\cos 0$, → $=\frac{1}{2}\sin 0$

$\frac{3}{2}f'(0)=1$ $\therefore f'(0)=\frac{2}{3}$

Step 2 $f'(\pi)$의 값을 구한다.

→ $=\frac{1}{2}\sin\pi$

㉠에 $x=\pi$를 대입하면 $f'(\pi)+f'(0)\times\left(-\frac{1}{2}\right)=-1$

→ $=\frac{1}{2}\cos\pi$

$f'(\pi)+\frac{2}{3}\times\left(-\frac{1}{2}\right)=-1$, $f'(\pi)-\frac{1}{3}=-1$

$\therefore f'(\pi)=-\frac{2}{3}$

28 [정답률 54%] 정답 ③

Step 1 $\int_0^1 g(x)dx$와 $\int_0^1 g^{-1}(x)dx$ 사이의 관계식을 구한다.

$g(0)=f'(0)\sin 0+0=0$, $g(1)=f'(2)\sin\pi+1=1$이므로

→ 한 변의 길이가 1인 정사각형의 넓이

$\int_0^1 g^{-1}(x)dx=1-\int_{g^{-1}(0)}^{g^{-1}(1)} g(x)dx=1-\int_0^1 g(x)dx$

$\therefore \int_0^1 g(x)dx+\int_0^1 g^{-1}(x)dx=1$ …… ㉠

Step 2 ㉠에 주어진 식을 대입한다.

㉠에 $g(x)=f'(2x)\sin\pi x+x$와

$\int_0^1 g^{-1}(x)dx=2\int_0^1 f'(2x)\sin\pi x dx+\frac{1}{4}$을 대입하면

$\int_0^1 \{f'(2x)\sin\pi x+x\}dx+2\int_0^1 f'(2x)\sin\pi x dx+\frac{1}{4}$

$=\int_0^1 \{3f'(2x)\sin\pi x+x\}dx+\frac{1}{4}$ ← 정적분의 적분구간이 같으므로 합쳐서 계산한다.

$=3\int_0^1 f'(2x)\sin\pi x dx+\left[\frac{1}{2}x^2\right]_0^1+\frac{1}{4}$

$=3\int_0^1 f'(2x)\sin\pi x dx+\frac{1}{2}+\frac{1}{4}=1$

$\therefore \int_0^1 f'(2x)\sin\pi x dx=\frac{1}{12}$ …… ㉡

Step 3 치환적분과 부분적분을 이용하여 $\int_0^2 f(x)\cos\frac{\pi}{2}x dx$를 변형한다.

$\int_0^2 f(x)\cos\frac{\pi}{2}x dx$에서 $x=2t$라 하면 $dx=2dt$이고

$x=0$일 때 $t=0$, $x=2$일 때 $t=1$이므로

$\int_0^2 f(x)\cos\frac{\pi}{2}x dx$

$=2\int_0^1 f(2t)\cos\pi t dt$

$=2\times\left[\frac{1}{\pi}f(2t)\sin\pi t\right]_0^1-2\int_0^1\frac{2}{\pi}f'(2t)\sin\pi t dt$ ← 부분적분법

$=2\times(0-0)-\frac{4}{\pi}\int_0^1 f'(2t)\sin\pi t dt$

→ $\sin 0=0$, $\sin\pi=0$이므로 정적분의 값은 0

$=-\frac{4}{\pi}\times\frac{1}{12}$ ($\because$ ㉡)

$=-\frac{1}{3\pi}$

29 [정답률 49%] 정답 57

Step 1 부분분수를 이용하여 S_m을 나타낸다.

$S_m=\sum_{n=1}^{\infty}\frac{m+1}{n(n+m+1)}$

$=\lim_{n\to\infty}\sum_{k=1}^{n}\left(\frac{1}{k}-\frac{1}{k+m+1}\right)$ ← 부분분수 분해 $\frac{1}{AB}=\frac{1}{B-A}\left(\frac{1}{A}-\frac{1}{B}\right)$

$=\lim_{n\to\infty}\left\{\left(1-\frac{1}{m+2}\right)+\left(\frac{1}{2}-\frac{1}{m+3}\right)+\cdots+\left(\frac{1}{n}-\frac{1}{n+m+1}\right)\right\}$

Step 2 $S_{n+1}-S_n=a_{n+1}$임을 이용하여 a_{10}의 값을 구한다.

$a_1=S_1=\lim_{n\to\infty}\left\{\left(1-\frac{1}{3}\right)+\left(\frac{1}{2}-\frac{1}{4}\right)+\left(\frac{1}{3}-\frac{1}{5}\right)+\cdots+\left(\frac{1}{n-1}-\frac{1}{n+1}\right)+\left(\frac{1}{n}-\frac{1}{n+2}\right)\right\}$

$=\lim_{n\to\infty}\left(1+\frac{1}{2}-\frac{1}{n+1}-\frac{1}{n+2}\right)=1+\frac{1}{2}=\frac{3}{2}$

$S_9=\lim_{n\to\infty}\left\{\left(1-\frac{1}{11}\right)+\left(\frac{1}{2}-\frac{1}{12}\right)+\left(\frac{1}{3}-\frac{1}{13}\right)+\cdots+\left(\frac{1}{n}-\frac{1}{n+10}\right)\right\}$

→ $\lim_{n\to\infty}\frac{1}{n+10}=\lim_{n\to\infty}\frac{1}{n+9}=\cdots=0$

$=1+\frac{1}{2}+\frac{1}{3}+\cdots+\frac{1}{10}$

$S_{10}=\lim_{n\to\infty}\left\{\left(1-\frac{1}{12}\right)+\left(\frac{1}{2}-\frac{1}{13}\right)+\left(\frac{1}{3}-\frac{1}{14}\right)+\cdots+\left(\frac{1}{n}-\frac{1}{n+11}\right)\right\}$

$=1+\frac{1}{2}+\frac{1}{3}+\cdots+\frac{1}{10}+\frac{1}{11}=S_9+\frac{1}{11}$

$a_{10}=S_{10}-S_9=\frac{1}{11}$이므로 $a_1+a_{10}=\frac{3}{2}+\frac{1}{11}=\frac{35}{22}$

따라서 $p=22$, $q=35$이므로 $p+q=22+35=57$

30 [정답률 15%] 정답 25

Step 1 부정적분을 이용하여 $F(x)$를 구한다.

$f(x)=\begin{cases}(k+x)e^{-x} & (x<0)\\(k-x)e^{-x} & (x\geq 0)\end{cases}$

이므로 함수 $f(x)$의 한 부정적분 $F(x)$는

$F(x)=\begin{cases}(-x-k-1)e^{-x}+C_1 & (x<0)\\(x-k+1)e^{-x}+C_2 & (x\geq 0)\end{cases}$ (단, C_1, C_2는 적분상수)

→ $=\int(k+x)e^{-x}dx$
$=-(k+x)e^{-x}-\int(-e^{-x})dx$
$=-(k+x)e^{-x}-e^{-x}+C_1$
$=(-x-k-1)e^{-x}+C_1$

이때 함수 $F(x)$가 실수 전체의 집합에서 미분가능하므로 $x=0$에서 연속이다.

즉, $-k-1+C_1=-k+1+C_2$이므로 $C_2=C_1-2$

$\therefore F(0)=-k+1+C_2=-k+C_1-1$ …… ㉠

Step 2 $g\left(\frac{1}{4}\right)$의 값을 구한다.

→ $F(x)\geq f(x)$이므로 $h(x)=F(x)-f(x)\geq 0$

$h(x)=F(x)-f(x)$라 하면 $h(x)\geq 0$이고

$h(x)=\begin{cases}(-2x-2k-1)e^{-x}+C_1 & (x<0)\\(2x-2k+1)e^{-x}+C_1-2 & (x\geq 0)\end{cases}$

→ $=\int(k-x)e^{-x}dx$
$=-(k-x)e^{-x}-\int e^{-x}dx$
$=-(k-x)e^{-x}+e^{-x}+C_2$
$=(x-k+1)e^{-x}+C_2$

$k=\frac{1}{4}$일 때, $h(x)=\begin{cases}\left(-2x-\frac{3}{2}\right)e^{-x}+C_1 & (x<0)\\\left(2x+\frac{1}{2}\right)e^{-x}+C_1-2 & (x\geq 0)\end{cases}$이므로

$h'(x)=\begin{cases}\left(2x-\frac{1}{2}\right)e^{-x} & (x<0)\\\left(-2x+\frac{3}{2}\right)e^{-x} & (x>0)\end{cases}$

$p_1(x)=\left(-2x-\frac{3}{2}\right)e^{-x}+C_1$, $p_2(x)=\left(2x+\frac{1}{2}\right)e^{-x}+C_1-2$라 하면

→ $x<0$에서의 $h(x)$, → $x\geq 0$에서의 $h(x)$

$p_1'(x)=\left(2x-\frac{1}{2}\right)e^{-x}=0$에서 $x=\frac{1}{4}$

$p_2'(x)=\left(-2x+\frac{3}{2}\right)e^{-x}=0$에서 $x=\frac{3}{4}$

따라서 두 함수 $p_1(x)$, $p_2(x)$의 증가와 감소를 표로 나타내면 다음과 같다.

x	$\cdots$	$\frac{1}{4}$	$\cdots$
$p_1'(x)$	$-$	0	$+$
$p_1(x)$	↘		↗

x	$\cdots$	$\frac{3}{4}$	$\cdots$
$p_2'(x)$	$+$	0	$-$
$p_2(x)$	↗		↘

$\lim_{x\to-\infty} p_1(x)=\infty$, $\lim_{x\to\infty} p_1(x)=C_1$, $\lim_{x\to-\infty} p_2(x)=-\infty$,
$\lim_{x\to\infty} p_2(x)=C_1-2$이므로 함수 $h(x)$의 그래프는 다음 그림과 같다.

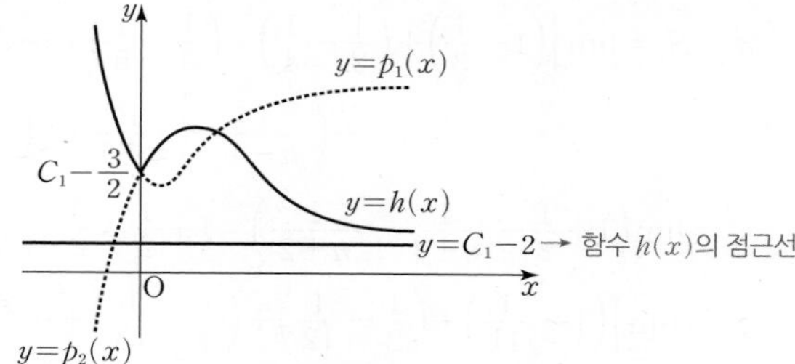

이때 $h(x)\ge 0$이므로 $C_1-2\ge 0$이어야 한다.

즉, $C_1\ge 2$이므로 $F(0)=C_1-\frac{5}{4}\ge\frac{3}{4}$ $\quad\therefore g\left(\frac{1}{4}\right)=\frac{3}{4}$

→ $k=\frac{1}{4}$일 때 $F(0)$의 최솟값

→ ㉠에서 $F(0)=-k+C_1-1=-\frac{1}{4}+C_1-1$

Step 3 $g\left(\frac{3}{2}\right)$의 값을 구한다.

$k=\frac{3}{2}$일 때, $h(x)=\begin{cases}(-2x-4)e^{-x}+C_1 & (x<0)\\(2x-2)e^{-x}+C_1-2 & (x\ge 0)\end{cases}$이므로

$h'(x)=\begin{cases}(2x+2)e^{-x} & (x<0)\\(-2x+4)e^{-x} & (x>0)\end{cases}$

$q_1(x)=(-2x-4)e^{-x}+C_1$, $q_2(x)=(2x-2)e^{-x}+C_1-2$라 하면

$q_1'(x)=(2x+2)e^{-x}=0$에서 $x=-1$ → $x\ge 0$에서의 $h(x)$

$q_2'(x)=(-2x+4)e^{-x}=0$에서 $x=2$

따라서 두 함수 $q_1(x)$, $q_2(x)$의 증가와 감소를 표로 나타내면 다음과 같다.

→ $x<0$에서의 $h(x)$

x	$\cdots$	-1	$\cdots$
$q_1'(x)$	$-$	0	$+$
$q_1(x)$	↘		↗

x	$\cdots$	2	$\cdots$
$q_2'(x)$	$+$	0	$-$
$q_2(x)$	↗		↘

$\lim_{x\to-\infty} q_1(x)=\infty$, $\lim_{x\to\infty} q_1(x)=C_1$, $\lim_{x\to-\infty} q_2(x)=-\infty$,
$\lim_{x\to\infty} q_2(x)=C_1-2$이므로 함수 $h(x)$의 그래프는 다음 그림과 같다.

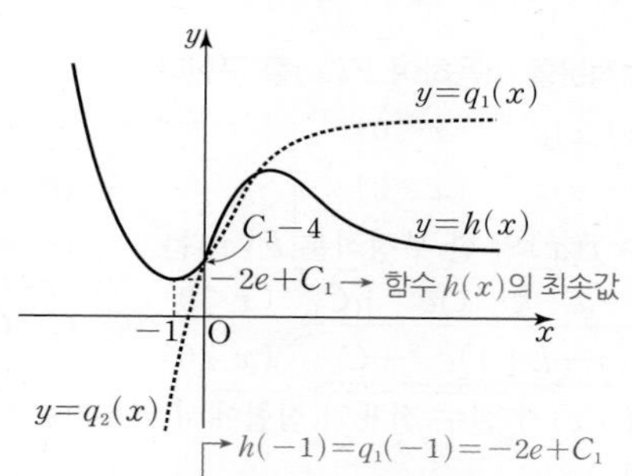

→ $h(-1)=q_1(-1)=-2e+C_1$

이때 $h(x)\ge 0$이므로 $-2e+C_1\ge 0$이어야 한다.

즉, $C_1\ge 2e$이므로 $F(0)=C_1-\frac{5}{2}\ge 2e-\frac{5}{2}$

$\therefore g\left(\frac{3}{2}\right)=2e-\frac{5}{2}$ → ㉠에서 $F(0)=-k+C_1-1=-\frac{3}{2}+C_1-1$

$g\left(\frac{1}{4}\right)+g\left(\frac{3}{2}\right)=\frac{3}{4}+2e-\frac{5}{2}=2e-\frac{7}{4}$

→ $k=\frac{3}{2}$일 때 $F(0)$의 최솟값

따라서 $p=2$, $q=-\frac{7}{4}$이므로

$100(p+q)=100\left\{2+\left(-\frac{7}{4}\right)\right\}=100\times\frac{1}{4}=25$

기하

23 [정답률 96%]

정답 ③

Step 1 벡터의 연산을 이용하여 k의 값을 구한다.

두 벡터 $\vec{a}=(4,\ 0)$, $\vec{b}=(1,\ 3)$에 대하여

$2\vec{a}+\vec{b}=(2\times4+1,\ 2\times0+3)=(9,\ 3)$ → x성분은 x성분끼리, y성분은 y성분끼리 계산

따라서 $(9,\ k)=(9,\ 3)$이므로 $k=3$

24 [정답률 90%]

정답 ④

Step 1 타원의 두 초점의 좌표를 구한다.

타원 $\frac{x^2}{4^2}+\frac{y^2}{b^2}=1$의 두 초점의 좌표는

$(-\sqrt{16-b^2},\ 0)$, $(\sqrt{16-b^2},\ 0)$

→ 타원 $\frac{x^2}{a^2}+\frac{y^2}{b^2}=1\ (a^2>b^2)$의 두 초점의 좌표는 $(-\sqrt{a^2-b^2},\ 0)$, $(\sqrt{a^2-b^2},\ 0)$

Step 2 b^2의 값을 구한다.

두 초점 사이의 거리가 6이므로 $2\sqrt{16-b^2}=6$

$\sqrt{16-b^2}=3$, $16-b^2=9$ $\quad\therefore b^2=7$

→ $=\sqrt{16-b^2}-(-\sqrt{16-b^2})$

25 [정답률 85%]

정답 ⑤

Step 1 선분 AB의 중점이 zx평면 위에 있음을 이용하여 b의 값을 구한다.

두 점 $\mathrm{A}(a,\ b,\ -5)$, $\mathrm{B}(-8,\ 6,\ c)$에 대하여 선분 AB의 중점이 zx평면 위에 있으므로

→ 중점의 y좌표가 0

$\left(\frac{a-8}{2},\ \frac{b+6}{2},\ \frac{-5+c}{2}\right)$에서 $\frac{b+6}{2}=0$ $\quad\therefore b=-6$

Step 2 선분 AB를 $1:2$로 내분하는 점이 y축 위에 있음을 이용한다.

선분 AB를 $1:2$로 내분하는 점의 좌표는

$\left(\frac{1\times(-8)+2\times a}{1+2},\ \frac{1\times6+2\times(-6)}{1+2},\ \frac{1\times c+2\times(-5)}{1+2}\right)$

즉, 점 $\left(\frac{2a-8}{3},\ -2,\ \frac{c-10}{3}\right)$이 y축 위에 있으므로

→ 내분점의 x좌표, z좌표가 0

$\frac{2a-8}{3}=0$, $\frac{c-10}{3}=0$에서 $a=4$, $c=10$

$\therefore a+b+c=4+(-6)+10=8$

26 [정답률 65%] 정답 ③

Step 1 포물선 $y^2=4x$ 위의 점 $(n^2, 2n)$에서의 접선을 구한다.

포물선 $y^2=4x$ 위의 점 $(n^2, 2n)$에서의 접선의 방정식은
$2ny=2(x+n^2)$ $\quad\therefore x-ny+n^2=0$

→ 포물선 $y^2=4px$ 위의 점 (x_1, y_1)에서의 접선의 방정식은 $y_1y=2p(x+x_1)$

Step 2 점과 직선 사이의 거리를 이용한다.

이 접선이 원 C와 만나려면 원의 중심까지의 거리가 6 이하여야 하므로

→ 6이면 원과 접선이 접하고 6보다 작으면 두 점에서 만난다.

$$\frac{|1+n^2|}{\sqrt{1^2+(-n)^2}}\le 6,\ 1+n^2\le 6\sqrt{1+n^2}$$

→ $1+n^2>0$이므로 $|1+n^2|=1+n^2$

$\sqrt{1+n^2}\le 6,\ 1+n^2\le 36$ $\quad\therefore n^2\le 35$

따라서 구하는 자연수의 개수는 1, 2, 3, 4, 5의 5이다.

27 [정답률 62%] 정답 ④

Step 1 코사인법칙을 이용한다.

사각형 AEHD와 평면 BFGC가 이루는 예각의 크기를 θ라 하자.
네 선분 AD, BC, FG, EH의 중점을 각각 P, Q, R, S라 하면 사각형 PQRS는 등변사다리꼴이다.

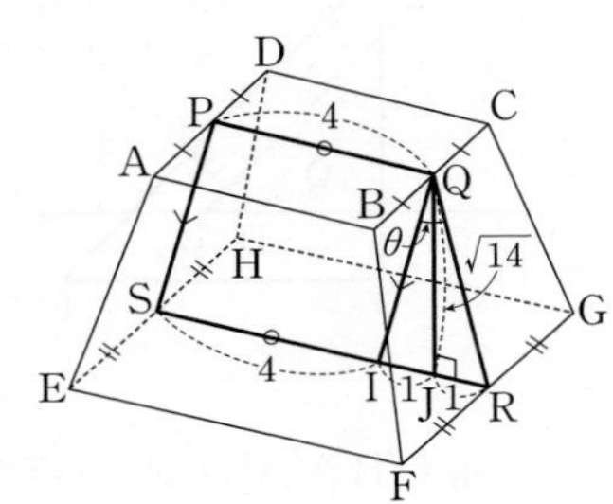

선분 PS에 평행하고 점 Q를 지나는 직선이 선분 SR과 만나는 점을 I, 점 Q에서 선분 SR에 내린 수선의 발을 J라 하면 두 직각삼각형 QIJ, QRJ는 서로 합동이다.

직각삼각형 QIJ에서 $\overline{QI}=\sqrt{\overline{IJ}^2+\overline{QJ}^2}=\sqrt{1^2+(\sqrt{14})^2}=\sqrt{15}$

→ 피타고라스 정리 이용

$\therefore \overline{QI}=\overline{QR}=\sqrt{15}$

삼각형 QIR에서 코사인법칙에 의하여

$$\cos\theta=\frac{\overline{QI}^2+\overline{QR}^2-\overline{IR}^2}{2\times\overline{QI}\times\overline{QR}}=\frac{(\sqrt{15})^2+(\sqrt{15})^2-2^2}{2\times\sqrt{15}\times\sqrt{15}}=\frac{26}{30}=\frac{13}{15}$$

Step 2 정사영의 넓이를 구한다.

점 A에서 선분 EH에 내린 수선의 발을 K라 하면
$\overline{AK}=\overline{PS}=\overline{QR}$이므로 $\overline{AK}=\sqrt{15}$

→ $=\sqrt{15}$

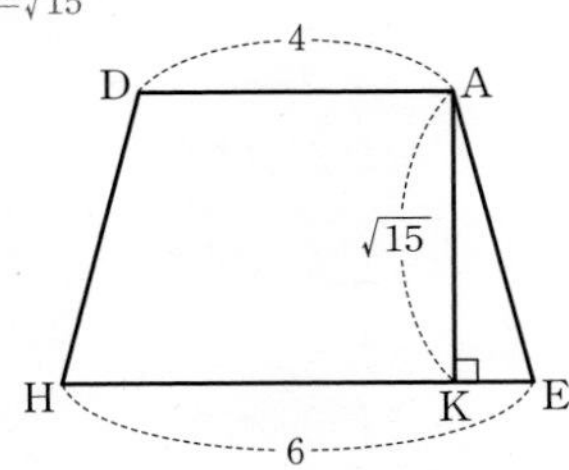

즉, 사각형 AEHD의 넓이는 $\frac{1}{2}\times(4+6)\times\sqrt{15}=5\sqrt{15}$

→ 사다리꼴의 넓이

이므로 구하는 정사영의 넓이는

$5\sqrt{15}\times\cos\theta=5\sqrt{15}\times\frac{13}{15}=\frac{13}{3}\sqrt{15}$

28 [정답률 47%] 정답 ①

Step 1 두 점 P, Q가 나타내는 도형을 파악한다.

$\angle APO=\frac{\pi}{2}$이므로 점 P는 선분 OA를 지름으로 하는 구 위의 점이다.
이때 점 P는 구 S 위의 점이므로 점 P가 나타내는 도형 C_1은 선분 OA를 지름으로 하는 구와 구 S가 만나서 생기는 원이다.

→ 중심이 x축 위에 있다.

같은 방법으로 $\angle BQO=\frac{\pi}{2}$이므로 점 Q는 선분 OB를 지름으로 하는 구 위의 점이다.
이때 점 Q는 구 S 위의 점이므로 점 Q가 나타내는 도형 C_2는 선분 OB를 지름으로 하는 구와 구 S가 만나서 생기는 원이다.

→ 중심이 y축 위에 있다.

Step 2 선분 N_1N_2의 길이를 구한다.

삼각형 ON_1N_2에서 $\overline{ON_1}=\overline{ON_2}=10$이므로 코사인법칙에 의하여

→ 구 S의 반지름의 길이

$$\overline{N_1N_2}^2=\overline{ON_1}^2+\overline{ON_2}^2-2\times\overline{ON_1}\times\overline{ON_2}\times\cos(\angle N_1ON_2)$$

→ $=\frac{3}{5}$

$$=10^2+10^2-2\times10\times10\times\frac{3}{5}$$
$$=200-120=80$$

$\therefore \overline{N_1N_2}=4\sqrt{5}$

Step 3 a의 값을 구한다.

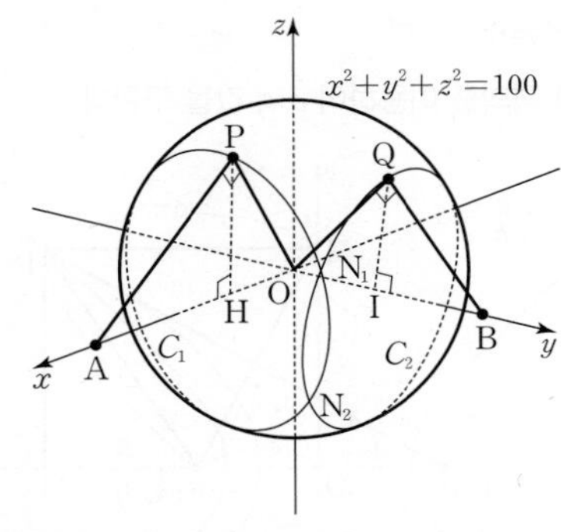

점 P에서 x축에 내린 수선의 발을 H라 하면 원 C_1의 반지름의 길이는 $\overline{PH}$이고, 점 Q에서 y축에 내린 수선의 발을 I라 하면 원 C_2의 반지름의 길이는 $\overline{QI}$이다.

→ $\overline{N_1R}=\frac{1}{2}\overline{N_1N_2}$

선분 N_1N_2와 xy평면이 만나는 점을 R이라 하면 $\overline{N_1R}=2\sqrt{5}$
직각삼각형 OBQ에서 $\overline{OQ}=10$, $\overline{OB}=10\sqrt{2}$이므로

→ 구 S의 반지름의 길이

$\overline{BQ}=\sqrt{\overline{OB}^2-\overline{OQ}^2}=\sqrt{(10\sqrt{2})^2-10^2}=10$

즉, 삼각형 OBQ는 직각이등변삼각형이므로

→ $\overline{OQ}=\overline{BQ}$, $\angle OQB=\frac{\pi}{2}$

$\overline{QI}=\overline{OI}=\overline{OQ}\times\sin(\angle QOI)=10\times\frac{\sqrt{2}}{2}=5\sqrt{2}$

→ $=\frac{\pi}{4}$

이때 $\overline{OI}$는 원 C_1의 중심에서 선분 N_1N_2까지의 거리와 같으므로
$\overline{HR}=\overline{OI}=5\sqrt{2}$

→ H

직각삼각형 N_1HR에서
$\overline{N_1H}=\sqrt{\overline{HR}^2+\overline{N_1R}^2}=\sqrt{(5\sqrt{2})^2+(2\sqrt{5})^2}=\sqrt{70}$

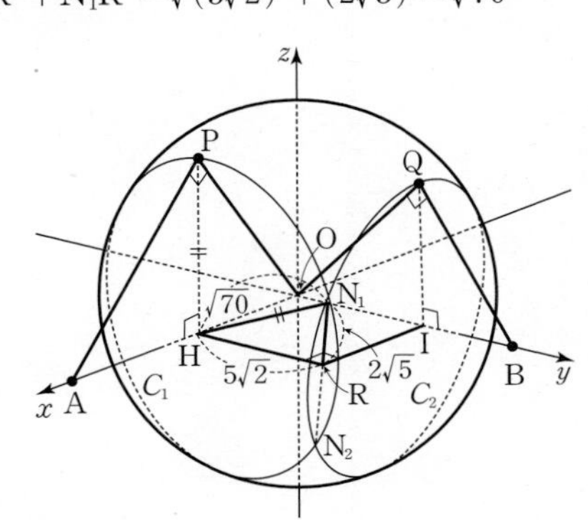

$\overline{PH}=\overline{N_1H}=\sqrt{70}$이므로 직각삼각형 OPH에서

→ 원 C_1의 반지름의 길이

$\overline{OH}=\sqrt{\overline{OP}^2-\overline{PH}^2}=\sqrt{10^2-(\sqrt{70})^2}=\sqrt{30}$

→ 구 S의 반지름

직각삼각형 OPA에서 $\frac{\overline{OH}}{\overline{OP}}=\frac{\overline{OP}}{\overline{OA}}$, $\overline{OA}\times\overline{OH}=\overline{OP}^2$

→ 두 값이 모두 $\cos(\angle POH)$이다.

$\therefore a=\overline{OA}=\frac{\overline{OP}^2}{\overline{OH}}=\frac{100}{\sqrt{30}}=\frac{10}{3}\sqrt{30}$

→ $\overline{OA}=$(점 A의 x좌표)

29 [정답률 49%]

정답 63

Step 1 포물선의 정의를 이용하여 두 선분 PH, HF의 길이를 구한다.

$\overline{PH}:\overline{HF}=3:2\sqrt{2}$이므로 $\overline{PH}=3k$, $\overline{HF}=2\sqrt{2}k$ $(k>0)$라 하자.

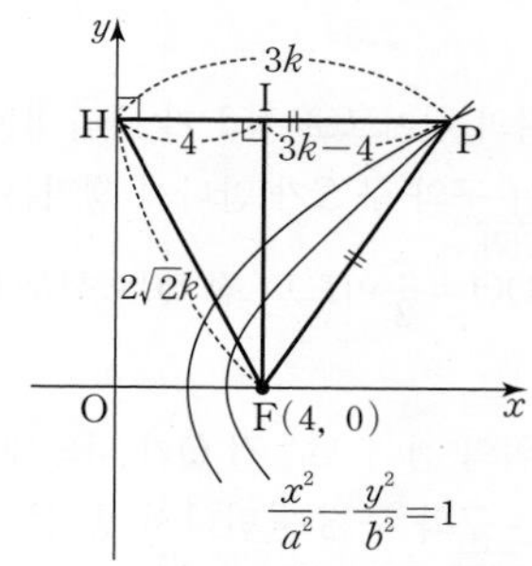

점 F에서 선분 PH에 내린 수선의 발을 I라 하면

$\overline{HI}=4$, $\overline{PI}=3k-4$ ($=\overline{PH}-\overline{HI}$, $=\overline{OF}$)

포물선의 정의에 의하여 $\overline{PF}=\overline{PH}=3k$

두 직각삼각형 HFI, PIF에서

$\overline{FI}^2=\overline{HF}^2-\overline{HI}^2=(2\sqrt{2}k)^2-4^2=8k^2-16$

$\overline{FI}^2=\overline{PF}^2-\overline{PI}^2=(3k)^2-(3k-4)^2=24k-16$

이므로 $8k^2-16=24k-16$

$k^2-3k=0$ $\quad\therefore k=3$ $(\because k>0)$

즉, $\overline{PH}=9$, $\overline{HF}=6\sqrt{2}$이다.

Step 2 쌍곡선의 정의를 이용하여 a의 값을 구한다.

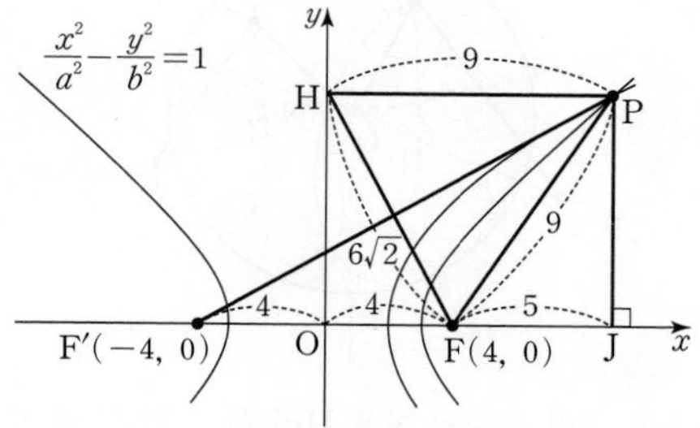

점 P에서 x축에 내린 수선의 발을 J라 하면

직각삼각형 PFJ에서

$\overline{PJ}=\sqrt{\overline{PF}^2-\overline{FJ}^2}=\sqrt{9^2-5^2}=2\sqrt{14}$ ($\overline{FJ}=\overline{OJ}-\overline{OF}=9-4$)

직각삼각형 PF′J에서

$\overline{PF'}=\sqrt{\overline{F'J}^2+\overline{PJ}^2}=\sqrt{13^2+(2\sqrt{14})^2}=15$ ($\overline{F'J}=\overline{OF'}+\overline{OJ}=4+9$)

쌍곡선의 정의에 의하여

$\overline{PF'}-\overline{PF}=15-9=6=2a$ $\quad\therefore a=3$

Step 3 $a^2\times b^2$의 값을 구한다.

쌍곡선 $\dfrac{x^2}{a^2}-\dfrac{y^2}{b^2}=1$의 두 초점이 F(4, 0), F′(−4, 0)이므로

$16=a^2+b^2=9+b^2$, $b^2=7$

$\therefore a^2\times b^2=9\times 7=63$

30 [정답률 13%]

정답 54

Step 1 점 E가 원점 O에 오도록 다섯 개의 점 O, A, B, P, E를 평행이동한다.

점 E가 원점 O에 오도록 다섯 개의 점 O, A, B, P, E를 x축의 방향으로 4만큼, y축의 방향으로 −2만큼 평행이동하고 각 점을 O′, A′, B′, P′, E′이라 하면 O′(4, −2), A′(4, 6), B′(12, −2), E′(0, 0)이므로 다음 그림과 같다.

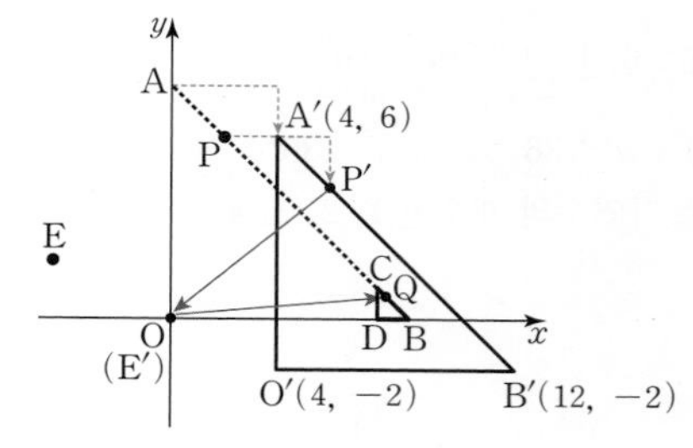

Step 2 $|\overrightarrow{PQ}+\overrightarrow{OE}|^2$을 변형한다.

$\overrightarrow{PQ}+\overrightarrow{OE}=\overrightarrow{PO}+\overrightarrow{OQ}+\overrightarrow{OE}=\overrightarrow{OQ}+\overrightarrow{PE}$ ($\overrightarrow{AB}+\overrightarrow{BC}=\overrightarrow{AC}$)

이때 $\overrightarrow{PE}=\overrightarrow{P'E'}=\overrightarrow{P'O}$이므로

$\overrightarrow{OQ}+\overrightarrow{PE}=\overrightarrow{OQ}+\overrightarrow{P'O}=\overrightarrow{P'Q}$

$\therefore \overrightarrow{PQ}+\overrightarrow{OE}=\overrightarrow{P'Q}$

그러므로 $|\overrightarrow{PQ}+\overrightarrow{OE}|^2$의 최댓값과 최솟값은 $\overline{P'Q}^2$의 최댓값, 최솟값과 같다.

Step 3 M, m의 값을 구한다.

(i) $\overline{P'Q}^2$의 최솟값

직선 A′B′의 방정식은 $y-6=\dfrac{-2-6}{12-4}(x-4)$

즉, $x+y-10=0$이고 직선 CB와 직선 A′B′이 서로 평행하므로

$m=\left(\dfrac{|8-10|}{\sqrt{1^2+1^2}}\right)^2=\left(\dfrac{2}{\sqrt{2}}\right)^2=2$

(두 직선 CB, A′B′ 사이의 거리) (이때 점 P′은 선분 A′B′ 위에, 점 Q는 선분 BC 위에 있고 $\overline{P'Q}\perp\overline{A'B'}$이다.)

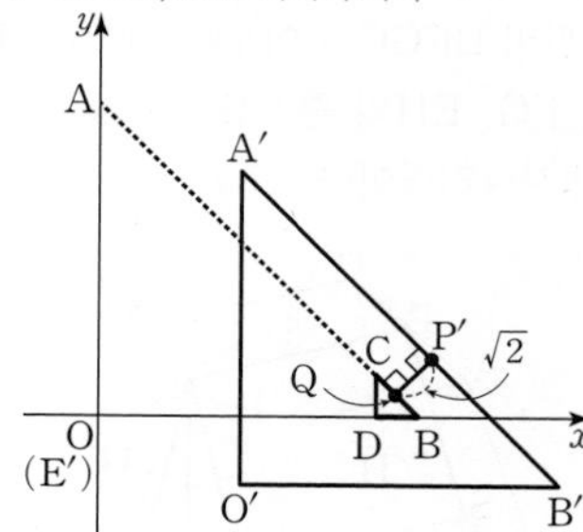

(ii) $\overline{P'Q}^2$의 최댓값

$\overline{P'Q}$의 최댓값은 삼각형 O′B′A′ 위의 점과 삼각형 CDB 위의 점 사이의 거리 중 최댓값이므로 점 A′(4, 6)과 점 B(8, 0) 사이의 거리이다.

$M=\left\{\sqrt{(8-4)^2+(0-6)^2}\right\}^2=(\sqrt{16+36})^2=52$

(이때 점 P′이 점 A′에, 점 Q가 점 B에 위치한다.)

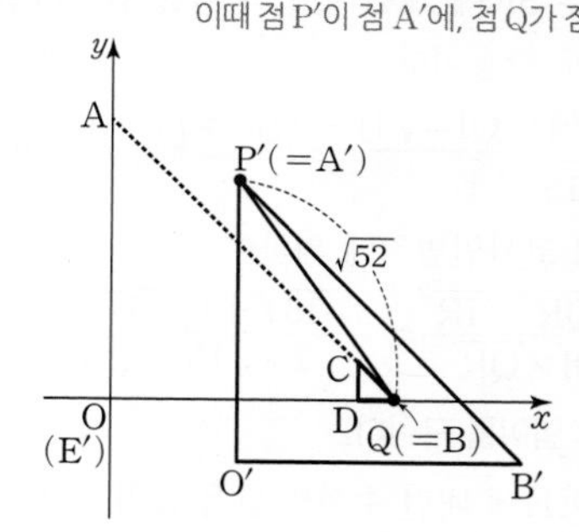

따라서 (i), (ii)에 의하여 $M+m=52+2=54$

21회 2021학년도 10월 고3 전국연합학력평가 정답과 해설

1	④	2	④	3	③	4	②	5	②
6	①	7	③	8	③	9	⑤	10	①
11	④	12	②	13	①	14	⑤	15	⑤
16	10	17	20	18	18	19	7	20	2
21	84	22	108						

확률과 통계		23	④	24	②	25	③
26	⑤	27	①	28	②	29	150	30	23

미적분		23	①	24	③	25	④
26	②	27	⑤	28	③	29	14	30	10

기하		23	③	24	①	25	②
26	④	27	⑤	28	①	29	32	30	7

01 [정답률 94%] 정답 ④

Step 1 로그의 성질을 이용한다.

로그의 성질을 이용하면

$\log_3 x=3$에서 $x=3^3=27$

02 [정답률 87%] 정답 ④

Step 1 정적분의 값을 계산한다.

$$\int_0^3 (x+1)^2dx=\int_0^3 (x^2+2x+1)dx$$
$$=\left[\frac{1}{3}x^3+x^2+x\right]_0^3$$
$$=\frac{1}{3}\times3^3+3^2+3=21$$

→ $=\frac{1}{3}\times27+9+3=9+9+3=21$

03 [정답률 83%] 정답 ③

Step 1 삼각함수의 주기를 구한다.

함수 $y=\tan\left(\pi x+\frac{\pi}{2}\right)$의 주기는 $\frac{\pi}{|\pi|}=1$

04 [정답률 84%] 정답 ②

Step 1 주어진 식에 $n=1$, $n=2$를 차례대로 대입하여 a_1+d의 값을 구한다.

등차수열 $\{a_n\}$의 첫째항부터 제n항까지의 합을 S_n이라 하면

$S_n=n^2-5n$

위의 식에 $n=1$, $n=2$를 차례대로 대입하면

$S_1=1^2-5\times1=-4$, $S_2=2^2-5\times2=-6$

따라서 $S_2-S_1=a_2=-6-(-4)=-2$이므로 $a_1+d=a_2=-2$

→ $S_2-S_1=(a_1+a_2)-a_1=a_2$

다른 풀이 등차수열 $\{a_n\}$의 일반항을 구하는 풀이

Step 1 $S_n-S_{n-1}=a_n$ $(n\ge2)$임을 이용하여 등차수열 $\{a_n\}$의 일반항을 구한다.

등차수열 $\{a_n\}$의 첫째항부터 제n항까지의 합을 S_n이라 하면

$S_n=n^2-5n$

$n=1$을 대입하면 $S_1=1^2-5\times1=-4$ (→ a_1)

수열 $\{a_n\}$의 일반항을 구하면

$a_n=S_n-S_{n-1}$ $(n\ge2)$

$=n^2-5n-\{(n-1)^2-5(n-1)\}$

$=n^2-5n-(n^2-2n+1-5n+5)$

$=2n-6$

이때 $a_1=2\times1-6=-4=S_1$이므로 $a_n=2n-6$ $(n\ge1)$

Step 2 a_1+d의 값을 구한다.

$a_1=-4$, $d=2$이므로 $a_1+d=-4+2=-2$

→ 등차수열 $\{a_n\}$의 일반항은 $a_n=a_1+(n-1)d$이므로 등차수열의 일반항이 n에 대한 일차식일 때, n의 계수가 공차야.

05 [정답률 82%] 정답 ②

Step 1 주어진 함수가 $x=1$에서 연속일 조건을 파악한다.

함수 $(x^2+ax+b)f(x)$가 $x=1$에서 연속이려면 $x=1$에서의 극한값과 함숫값이 서로 같아야 한다.

Step 2 $a+b$의 값을 구한다.

$\lim_{x\to1+}f(x)=3$이므로 $\lim_{x\to1+}(x^2+ax+b)f(x)=(1+a+b)\times3$

$\lim_{x\to1-}f(x)=1$이므로 $\lim_{x\to1-}(x^2+ax+b)f(x)=1+a+b$

$x=1$에서의 함숫값은 $(1+a+b)\times f(1)=1+a+b$

→ 주어진 그래프에서 $x=1$을 기준으로 오른쪽에서 다가가는 거야.

세 값이 모두 같아야 하므로

$(1+a+b)\times3=1+a+b$에서 $1+a+b=0$

$\therefore a+b=-1$

06 [정답률 83%] 정답 ①

Step 1 두 점 A, B의 y좌표의 차가 1이어야 함을 이용한다.

선분 AB는 한 변의 길이가 1인 정사각형의 대각선이므로 두 점 A, B의 y좌표의 차가 1이어야 한다. 즉,

$6^{-a}-6^{-a-1}=1$, $6^{-a}\left(1-\frac{1}{6}\right)=1$

→ $6^{-a-1}=6^{-a}\times6^{-1}=6^{-a}\times\frac{1}{6}$, $1-\frac{1}{6}=\frac{5}{6}$

$\therefore 6^{-a}=\frac{6}{5}$

07 [정답률 86%] 정답 ③

Step 1 $f(x)g(x)$의 식을 구간을 나누어 구한다.

$x<-3$일 때 $f(x)=|x+3|=-(x+3)$,

$x\ge-3$일 때 $f(x)=|x+3|=x+3$이므로

→ $x+3<0$이므로 $|x+3|=-(x+3)$

$$f(x)g(x)=\begin{cases}-(x+3)(2x+a) & (x<-3)\\(x+3)(2x+a) & (x\ge-3)\end{cases}$$

→ $=-2x^2-(a+6)x-3a$, $=2x^2+(a+6)x+3a$

Step 2 상수 a의 값을 구한다.

함수 $f(x)g(x)$가 실수 전체의 집합에서 미분가능하려면 $x=-3$에서 미분가능해야 한다.

두 함수 $f(x)$, $g(x)$는 모두 연속함수이므로 함수 $f(x)g(x)$는 연속함수이다.

→ 연속함수의 곱은 연속함수야.

함수 $f(x)g(x)$를 미분하면

$$\{f(x)g(x)\}'=\begin{cases}-4x-(a+6) & (x<-3)\\4x+(a+6) & (x>-3)\end{cases}$$

$x=-3$에서의 좌미분계수와 우미분계수가 같아야 하므로

$\lim_{x\to-3-}\{f(x)g(x)\}'=\lim_{x\to-3+}\{f(x)g(x)\}'$에서

$\lim_{x\to-3-}\{-4x-(a+6)\}=\lim_{x\to-3+}\{4x+(a+6)\}$

$12-a-6=-12+a+6$, $2a-12=0$ $\quad\therefore a=6$

08 [정답률 57%] 정답 ③

Step 1 로그의 성질을 이용하여 x_1, x_3에 대한 식을 각각 구한다.

점 P는 두 곡선 $y=\log_2(-x+k)$, $y=-\log_2 x$의 교점이므로

$\log_2(-x_1+k)=-\log_2 x_1$, $-x_1+k=\frac{1}{x_1}$

$\therefore x_1^2-kx_1+1=0$ ······ ㉠

점 R은 두 곡선 $y=-\log_2(-x+k)$, $y=\log_2 x$의 교점이므로

$-\log_2(-x_3+k)=\log_2 x_3$, $\frac{1}{-x_3+k}=x_3$

$\therefore x_3^2-kx_3+1=0$ ······ ㉡

Step 2 근과 계수의 관계와 곱셈 공식의 변형을 이용하여 x_1+x_3의 값을 구한다.

㉠, ㉡에서 x_1, x_3은 이차방정식 $x^2-kx+1=0$의 두 실근이다.
이때 근과 계수의 관계에 의하여 $x_1x_3=1$이므로

$(x_1+x_3)^2=(x_3-x_1)^2+4x_1x_3$ ← $=(x_1-x_3)^2$

$=(2\sqrt{3})^2+4\times1=16$

$\therefore x_1+x_3=4$ ($\because x_1+x_3>0$)
→ 주어진 그림에서 두 점 P, R은 제1사분면 위의 점이므로 x_1+x_3의 값은 양수!

09 [정답률 78%]

정답 ⑤

Step 1 n이 홀수일 때와 짝수일 때로 나누어 각각의 수열의 합을 구한다.

(i) $n=2k-1$ (k는 자연수)일 때

$a_{2k-1}+a_{2k}=2(2k-1)=4k-2$임을 이용하면

$\sum_{n=1}^{22} a_n=\sum_{k=1}^{11}(a_{2k-1}+a_{2k})$ → $=(a_1+a_2)+(a_3+a_4)+\cdots+(a_{21}+a_{22})$

$=\sum_{k=1}^{11}(4k-2)$

$=4\times\frac{11\times12}{2}-2\times11=242$

(ii) $n=2k$ (k는 자연수)일 때

$a_{2k}+a_{2k+1}=2\times2k=4k$임을 이용하면

$\sum_{n=2}^{21} a_n=\sum_{k=1}^{10}(a_{2k}+a_{2k+1})$ → $=(a_2+a_3)+(a_4+a_5)+\cdots+(a_{20}+a_{21})$

$=\sum_{k=1}^{10}4k$

$=4\times\frac{10\times11}{2}=220$

Step 2 a_1+a_{22}의 값을 구한다.

$a_1+a_{22}=\sum_{n=1}^{22}a_n-\sum_{n=2}^{21}a_n$

$=242-220=22$

10 [정답률 50%]

정답 ①

Step 1 함수 $g(x)$의 미분가능성을 이용하여 함수 $g(x)$를 구한다.

함수 $g(x)$는 $x=3$에서만 미분가능하지 않으므로 $x=a$에서 미분가능하고 $g(a)=0$이다. 즉,

$\lim_{x\to a-}\frac{g(x)-g(a)}{x-a}=\lim_{x\to a+}\frac{g(x)-g(a)}{x-a}$ ($g(a)=0$)

$\lim_{x\to a-}\frac{|(x-a)f(x)|}{x-a}=\lim_{x\to a+}\frac{|(x-a)f(x)|}{x-a}$

$\lim_{x\to a-}\frac{-(x-a)|f(x)|}{x-a}=\lim_{x\to a+}\frac{(x-a)|f(x)|}{x-a}$

$-|f(a)|=|f(a)|$, $2|f(a)|=0$ $\quad\therefore f(a)=0$

이때 $f(x)=(x-a)(x-k)$ (k는 상수)라 하면

함수 $g(x)=|(x-a)^2(x-k)|$가 $x=3$에서만 미분가능하지 않으므로 $k=3$
→ 함수 $g(x)=|(x-a)^2(x-k)|$는 $x=k$에서만 미분가능하지 않으므로 $k=3$이야. 그래프를 떠올리면 돼.

$\therefore g(x)=|(x-a)^2(x-3)|$

Step 2 함수 $g(x)$의 극댓값이 32임을 이용하여 실수 a의 값을 구한다.

함수 $h(x)$에 대하여 $h(x)=(x-a)^2(x-3)$이라 하면 $a<3$이므로 함수 $y=h(x)$의 그래프의 개형은 다음과 같다.

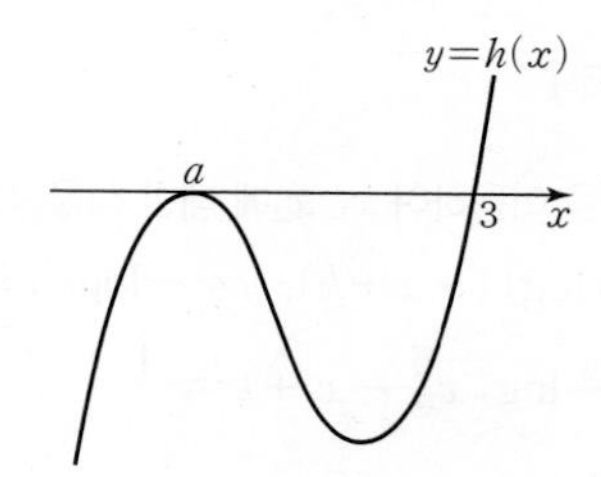

이때 함수 $g(x)$의 극댓값이 32이므로 함수 $h(x)$의 극솟값은 -32이다.

$h(x)=(x-a)^2(x-3)$에서

$h'(x)=2(x-a)(x-3)+(x-a)^2$ ← 곱의 미분법

$=(x-a)(2x-6+x-a)$

$=(x-a)(3x-6-a)$ → $h(a)=0$이므로 $x=\frac{6+a}{3}$에서 극솟값을 가져.

$h'(x)=0$에서 $x=a$ 또는 $x=\frac{6+a}{3}$

따라서 함수 $h(x)$는 $x=\frac{6+a}{3}$에서 극솟값 -32를 갖는다.

$h\left(\frac{6+a}{3}\right)=\left(\frac{6+a}{3}-a\right)^2\left(\frac{6+a}{3}-3\right)$

$=\left(\frac{6-2a}{3}\right)^2\left(\frac{a-3}{3}\right)$ → $\frac{2(3-a)}{3}$

$=4\times\left(\frac{a-3}{3}\right)^3=-32$

즉, $\left(\frac{a-3}{3}\right)^3=-8$이므로 $\frac{a-3}{3}=-2$ $\quad\therefore a=-3$
→ $=(-2)^3$

Step 3 $f(4)$의 값을 구한다.

$f(x)=(x+3)(x-3)$이므로 $f(4)=7\times1=7$

✪ 다른 풀이 그래프를 이용하여 함수 $g(x)$의 개형을 파악하는 풀이

Step 1 주어진 조건을 그래프를 이용하여 파악한 후, 함수 $g(x)$를 구한다.

함수 $g(x)$에서 미분가능하지 않은 점의 개수가 1인 함수 $y=g(x)$의 그래프의 개형으로 가능한 것은 다음과 같다.

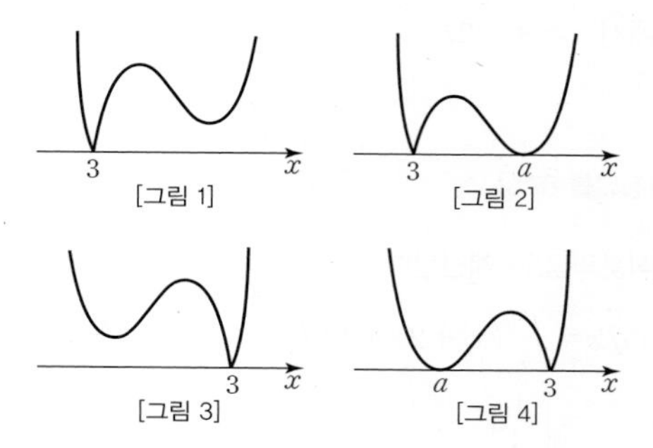

함수 $g(x)=|(x-a)f(x)|$에서 $g(a)=0$이고 $x=3$에서만 미분가능하지 않다.
→ $a\neq3$이므로 x축과 적어도 두 점에서 만나야 돼.

[그림 1], [그림 3]은 $g(a)=0$인 a가 존재하지 않고 [그림 2]는 $a>3$이므로 a가 3보다 작은 실수라는 조건을 만족시키지 않는다.
따라서 함수 $y=g(x)$의 그래프의 개형은 [그림 4]와 같다.

$\therefore g(x)=|(x-a)^2(x-3)|$

Step 2, **Step 3** 동일

11 [정답률 46%]

정답 ④

Step 1 방정식 $f(x)=\sin\left(\frac{k}{6}\pi\right)$를 푼다.

곡선 $y=f(x)$와 직선 $y=\sin\left(\frac{k}{6}\pi\right)$의 교점의 개수는 방정식 $f(x)=\sin\left(\frac{k}{6}\pi\right)$의 서로 다른 실근의 개수와 같다.
→ 이 값은 상수임을 기억해.

(i) $0\le x\le\frac{k}{6}\pi$일 때

$f(x)=\sin\left(\frac{k}{6}\pi\right)$에서 $\sin x=\sin\left(\frac{k}{6}\pi\right)$

(ii) $\frac{k}{6}\pi<x\le2\pi$일 때

$f(x)=\sin\left(\frac{k}{6}\pi\right)$에서 $2\sin\left(\frac{k}{6}\pi\right)-\sin x=\sin\left(\frac{k}{6}\pi\right)$

$\therefore \sin x=\sin\left(\frac{k}{6}\pi\right)$

따라서 구하는 교점의 개수는 닫힌구간 $[0, 2\pi]$에서 방정식 $\sin x=\sin\left(\frac{k}{6}\pi\right)$의 서로 다른 실근의 개수와 같다.

Step 2 k의 값에 따른 방정식의 실근의 개수를 구한다.

(i) $k=1$ 또는 $k=5$일 때

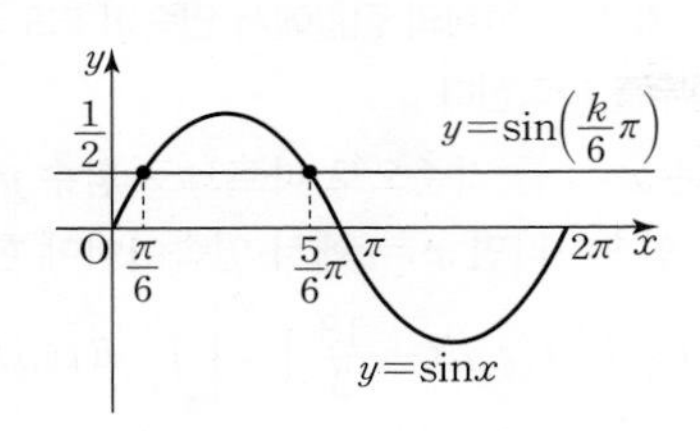

$\sin\frac{\pi}{6}=\sin\frac{5}{6}\pi=\frac{1}{2}$이므로 방정식 $\sin x=\sin\left(\frac{k}{6}\pi\right)$, 즉 방정식 $\sin x=\frac{1}{2}$의 실근의 개수는 2이다.

(ii) $k=2$ 또는 $k=4$일 때 → $0\le x\le 2\pi$인 범위를 기억해.

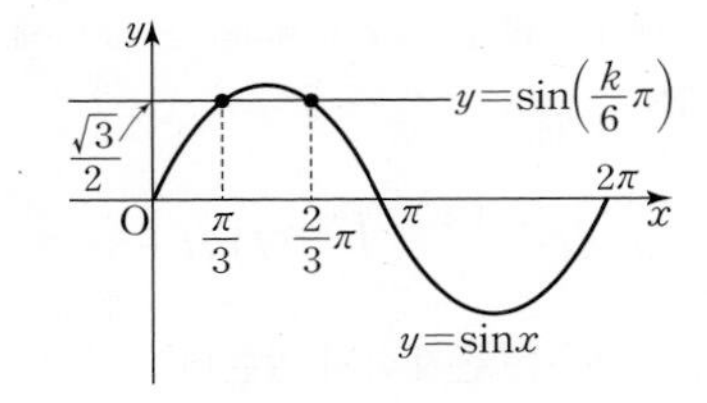

$\sin\frac{\pi}{3}=\sin\frac{2}{3}\pi=\frac{\sqrt{3}}{2}$이므로 방정식 $\sin x=\sin\left(\frac{k}{6}\pi\right)$, 즉 방정식 $\sin x=\frac{\sqrt{3}}{2}$의 실근의 개수는 2이다.

(iii) $k=3$일 때

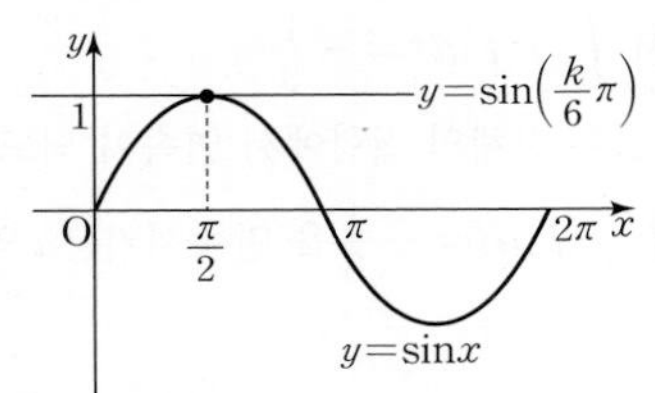

→ $k=3$일 때 $\sin\left(\frac{k}{6}\pi\right)=\sin\frac{3}{6}\pi=\sin\frac{\pi}{2}$

$\sin\frac{\pi}{2}=1$이므로 방정식 $\sin x=\sin\left(\frac{k}{6}\pi\right)$, 즉 방정식 $\sin x=1$의 실근의 개수는 1이다.

Step 3 $a_1+a_2+a_3+a_4+a_5$의 값을 구한다.

따라서 (i)~(iii)에서 $a_1=a_2=a_4=a_5=2$, $a_3=1$

$\therefore a_1+a_2+a_3+a_4+a_5=2+2+1+2+2=9$

12 [정답률 34%]

정답 ②

Step 1 도형의 닮음을 이용하여 $\frac{T(t)}{S(t)}$를 t에 대한 식으로 나타낸다.

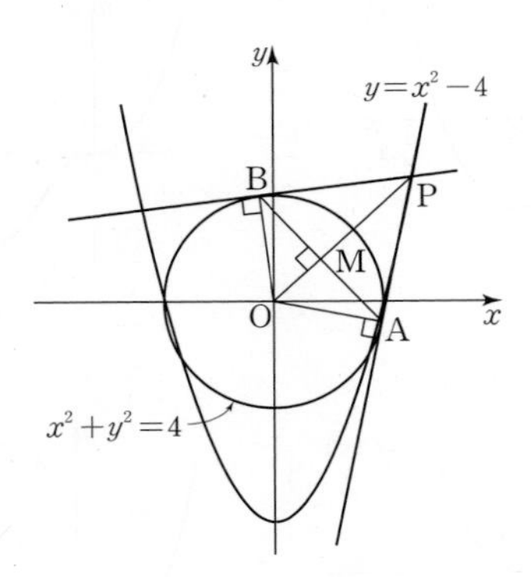

위의 그림과 같이 두 선분 AB, OP의 교점을 M이라 하면 직선 OP는 선분 AB를 수직이등분한다. 중요

직각삼각형 OAP와 직각삼각형 OMA에서

$\angle OAP=\angle OMA=90°$, $\angle AOM$은 공통이므로 두 삼각형은 닮음이다. → AA 닮음

삼각형 OAP와 삼각형 OMA의 닮음비는 $\overline{OP}:\overline{OA}$이므로 넓이의 비는 $\overline{OP}^2:\overline{OA}^2$이다.

삼각형 OAP의 넓이는 $\frac{S(t)+T(t)}{2}$, 삼각형 OMA의 넓이는 $\frac{S(t)}{2}$이므로

→ $=\frac{1}{2}\times$(사각형 OAPB의 넓이)

→ $=\frac{1}{2}\times$(삼각형 OAB의 넓이)

$\overline{OP}^2:\overline{OA}^2=\frac{S(t)+T(t)}{2}:\frac{S(t)}{2}$

$\overline{OA}^2\times\frac{S(t)+T(t)}{2}=\overline{OP}^2\times\frac{S(t)}{2}$

$\frac{S(t)+T(t)}{S(t)}=\frac{\overline{OP}^2}{\overline{OA}^2}$, $1+\frac{T(t)}{S(t)}=\frac{\overline{OP}^2}{\overline{OA}^2}$

$\therefore \frac{T(t)}{S(t)}=\frac{\overline{OP}^2}{\overline{OA}^2}-1=\frac{\overline{OP}^2-\overline{OA}^2}{\overline{OA}^2}$

이때 $\overline{OA}=2$, $\overline{OP}=\sqrt{t^2+(t^2-4)^2}$이므로

$$\frac{T(t)}{S(t)}=\frac{t^2+(t^2-4)^2-2^2}{2^2}$$
$$=\frac{1}{4}\{(t^2-4)^2+(t^2-4)\}$$
$$=\frac{1}{4}(t^2-4)(t^2-3)$$
$$=\frac{1}{4}(t+2)(t-2)(t^2-3)$$

→ (t^2-4)로 묶었어.

Step 2 주어진 식의 값을 구한다.

$$\lim_{t\to 2+}\frac{T(t)}{(t-2)S(t)}+\lim_{t\to\infty}\frac{T(t)}{(t^4-2)S(t)}$$
$$=\lim_{t\to 2+}\frac{(t+2)(t-2)(t^2-3)}{4(t-2)}+\lim_{t\to\infty}\frac{(t+2)(t-2)(t^2-3)}{4(t^4-2)}$$
$$=1+\frac{1}{4}=\frac{5}{4}$$

→ $\frac{\infty}{\infty}$ 꼴이므로 분모, 분자의 최고차항인 t^4의 계수를 찾으면 돼.

13 [정답률 37%]

정답 ①

Step 1 역함수가 존재할 조건을 이용하여 ㄱ의 참, 거짓을 판별한다.

ㄱ. 함수 $g(x)=x^3+ax^2+bx+c$를 미분하면

$g'(x)=3x^2+2ax+b$ → 최고차항의 계수가 1로 양수이므로 감소함수가 될 수는 없어.

$g(x)$의 역함수가 존재하므로 함수 $g(x)$가 증가함수이어야 한다. 즉, 모든 실수 x에 대하여 $g'(x)\ge 0$이므로 방정식 $g'(x)=0$의 판별식을 D라 하면 → 이 방정식의 실근이 없거나 1개이어야 해.

$\frac{D}{4}=a^2-3b\le 0$ $\quad\therefore a^2\le 3b$ (참)

Step 2 $f(x)$의 식을 정리하여 ㄴ의 참, 거짓을 판별한다.

ㄴ. $g(-x)=(-x)^3+a\times(-x)^2+b\times(-x)+c$

$=-x^3+ax^2-bx+c$

이므로

$2f(x)=g(x)-g(-x)$

$=(x^3+ax^2+bx+c)-(-x^3+ax^2-bx+c)$

$=2x^3+2bx$

$\therefore f(x)=x^3+bx$

$f'(x)=3x^2+b$이므로 $f'(x)=0$에서 $3x^2+b=0$

이때 ㄱ에서 $0\le a^2\le 3b$이므로 $b\ge 0$

따라서 함수 $y=f'(x)$의 그래프는 다음과 같이 x축에 접하거나 x축과 만나지 않는다.

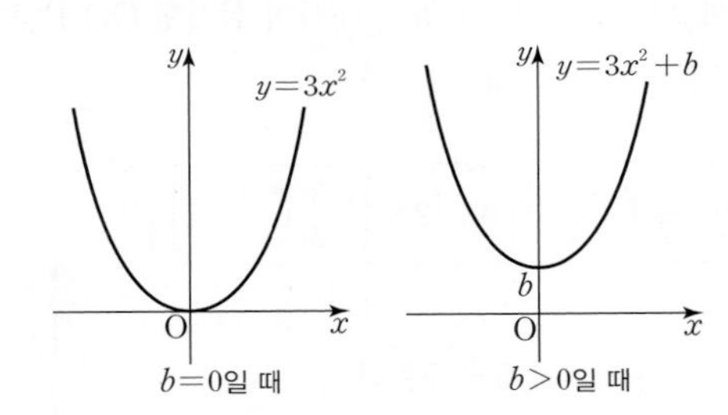

그러므로 방정식 $f'(x)=0$은 서로 다른 두 실근을 갖지 않는다. (거짓)

Step 3 방정식 $f'(x)=0$이 실근을 가질 때, $b=0$임을 이용하여 ㄷ의 참, 거짓을 판별한다.

ㄷ. ㄴ에서 방정식 $f'(x)=0$이 실근을 가질 때 $b=0$이고, ㄱ에서 $a^2\le 3b=0$이어야 하므로 $a=0$

따라서 $g(x)=x^3+c$이므로 $g'(x)=3x^2$

$\therefore g'(1)=3$ (거짓)

그러므로 옳은 것은 ㄱ이다.

본문 272쪽

14 [정답률 47%]

정답 ⑤

Step 1 등비수열의 합을 이용하여 빈칸에 들어갈 알맞은 것을 구한다.

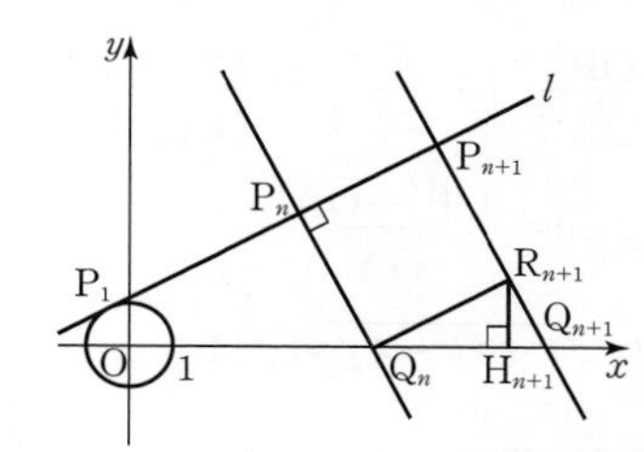

자연수 n에 대하여 점 Q_n을 지나고 점 l과 평행한 직선이 선분 $P_{n+1}Q_{n+1}$과 만나는 점을 R_{n+1}이라 하면 사각형 $P_nQ_nR_{n+1}P_{n+1}$은 정사각형이다.

→ $\overline{P_nQ_n}\perp\overline{P_nP_{n+1}}$, $\overline{P_nQ_n}=\overline{P_nP_{n+1}}$이고, $\overline{P_nQ_n}/\!/\overline{P_{n+1}Q_{n+1}}$, $\overline{P_nP_{n+1}}/\!/\overline{Q_nR_{n+1}}$이기 때문이야.

또한, 위의 그림과 같이 점 R_{n+1}에서 x축에 내린 수선의 발을 H_{n+1}이라 하면 $\overline{P_nP_{n+1}}/\!/\overline{Q_nR_{n+1}}$이고 직선 l의 기울기가 $\frac{1}{2}$이므로 직선 Q_nR_{n+1}의 기울기도 $\frac{1}{2}$이다.

즉, $\overline{Q_nH_{n+1}}:\overline{H_{n+1}R_{n+1}}=2:1$

직각삼각형 $Q_nR_{n+1}Q_{n+1}$과 직각삼각형 $Q_nH_{n+1}R_{n+1}$에서

$\angle Q_nR_{n+1}Q_{n+1}=\angle Q_nH_{n+1}R_{n+1}=90°$, $\angle R_{n+1}Q_nQ_{n+1}$은 공통이므로 두 삼각형은 닮음이다. 즉, (→ AA 닮음)

$\overline{Q_nR_{n+1}}:\overline{R_{n+1}Q_{n+1}}=\overline{Q_nH_{n+1}}:\overline{H_{n+1}R_{n+1}}=2:1$

이므로 $2\times\overline{R_{n+1}Q_{n+1}}=\overline{Q_nR_{n+1}}$에서

$\overline{R_{n+1}Q_{n+1}}=\frac{1}{2}\times\overline{Q_nR_{n+1}}=$ (가) $\frac{1}{2}$ $\times\overline{P_nP_{n+1}}$이고

$$\begin{aligned}\overline{P_{n+1}Q_{n+1}}&=\overline{P_{n+1}R_{n+1}}+\overline{R_{n+1}Q_{n+1}}\\&=\overline{P_nQ_n}+\frac{1}{2}\times\overline{P_nQ_n}\\&=\left(1+\text{(가) }\frac{1}{2}\right)\times\overline{P_nQ_n}\\&=\frac{3}{2}\times\overline{P_nQ_n}\end{aligned}$$

이다. 이때, $\overline{P_1Q_1}=1$이므로 선분 P_nQ_n의 길이는 첫째항이 1, 공비가 $\frac{3}{2}$인 등비수열이다.

→ 점 P_1에서 직선 l에 수직인 직선은 원점을 지나. 즉, 점 Q_1은 원점이야.

즉, $\overline{P_nQ_n}=$ (나) $\left(\frac{3}{2}\right)^{n-1}$ 이다.

그러므로 2 이상의 자연수 n에 대하여

$$\begin{aligned}\overline{P_1P_n}&=\sum_{k=1}^{n-1}\overline{P_kP_{k+1}}=\sum_{k=1}^{n-1}\overline{P_kQ_k}\\&=\frac{1\times\left\{\left(\frac{3}{2}\right)^{n-1}-1\right\}}{\frac{3}{2}-1}\\&=\text{(다) }2\times\left\{\left(\frac{3}{2}\right)^{n-1}-1\right\}\end{aligned}$$

→ 첫째항이 a, 공비가 r인 등비수열의 첫째항부터 제n항까지의 합 S_n은 $S_n=\frac{a(r^n-1)}{r-1}$

이다. 따라서 2 이상의 자연수 n에 대하여 삼각형 OQ_nP_n의 넓이는

$\frac{1}{2}\times\overline{P_nQ_n}\times\overline{P_1P_n}$

$=\frac{1}{2}\times$ (나) $\left(\frac{3}{2}\right)^{n-1}$ $\times\left[\text{(다) }2\times\left\{\left(\frac{3}{2}\right)^{n-1}-1\right\}\right]$

이다.

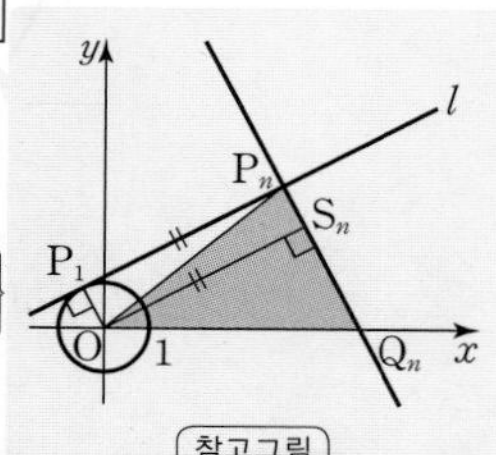

참고그림

원점 O에서 직선 P_nQ_n에 내린 수선의 발을 S_n이라 하면 $\overline{OS_n}=\overline{P_1P_n}$이므로

$\triangle OQ_nP_n=\frac{1}{2}\times\overline{P_nQ_n}\times\overline{OS_n}$

$=\frac{1}{2}\times\overline{P_nQ_n}\times\overline{P_1P_n}$

Step 2 $f(6p)+g(8p)$의 값을 구한다.

$p=\frac{1}{2}$, $f(n)=\left(\frac{3}{2}\right)^{n-1}$, $g(n)=2\times\left\{\left(\frac{3}{2}\right)^{n-1}-1\right\}$

이므로

$$\begin{aligned}f(6p)+g(8p)&=f(3)+g(4)\\&=\left(\frac{3}{2}\right)^{3-1}+\left[2\times\left\{\left(\frac{3}{2}\right)^{4-1}-1\right\}\right]\\&=\frac{9}{4}+\frac{19}{4}=7\end{aligned}$$

15 [정답률 39%]

정답 ⑤

Step 1 함수 $g(x)$가 실수 전체의 집합에서 연속이 되도록 하는 실수 c의 개수가 1인 경우를 파악한다.

함수 $g(x)$의 식은 $x=c$를 기준으로 다르므로 함수 $g(x)$가 실수 전체의 집합에서 연속이려면 $x=c$에서 연속이어야 한다.

$$\lim_{x\to c+}g(x)=\lim_{x\to c+}\left|\int_0^x f(t)dt-\frac{13}{3}\right|=\left|\int_0^c f(t)dt-\frac{13}{3}\right|$$

$$\lim_{x\to c-}g(x)=\lim_{x\to c-}\left\{\int_0^x f(t)dt+5\right\}=\int_0^c f(t)dt+5$$

$$g(c)=\left|\int_0^c f(t)dt-\frac{13}{3}\right|$$

세 값이 모두 같아야 하므로 $\left|\int_0^c f(t)dt-\frac{13}{3}\right|=\int_0^c f(t)dt+5$ …… ㉠

→ 그래야 ($x=c$에서의 극한값)$=$($x=c$에서의 함숫값)이 돼.

(i) $\int_0^c f(t)dt\ge\frac{13}{3}$일 때

㉠을 풀면 $\int_0^c f(t)dt-\frac{13}{3}=\int_0^c f(t)dt+5$

이를 만족시키는 경우는 존재하지 않는다.

(ii) $\int_0^c f(t)dt<\frac{13}{3}$일 때 (→ 이때 $\int_0^c f(t)dt-\frac{13}{3}<0$)

㉠을 풀면 $-\int_0^c f(t)dt+\frac{13}{3}=\int_0^c f(t)dt+5$

$2\int_0^c f(t)dt=-\frac{2}{3}$ $\therefore \int_0^c f(t)dt=-\frac{1}{3}$

따라서 (i), (ii)에서 $\int_0^c f(t)dt=-\frac{1}{3}$

즉, 함수 $g(x)$가 실수 전체의 집합에서 연속이 되도록 하는 c의 개수가 1이려면 $\int_0^c f(t)dt=-\frac{1}{3}$을 만족시키는 c의 개수가 1이어야 한다.

그러므로 방정식 $\int_0^x f(t)dt=-\frac{1}{3}$의 실근의 개수가 1이어야 한다.

Step 2 함수 $y=\int_0^x f(t)dt$의 그래프의 개형을 파악한다.

함수 $f(x)$에서 $f(0)=0$이므로 $f(x)=4x^3+ax^2+bx$라 하고 $f(x)$를 미분하면 $f'(x)=12x^2+2ax+b$

$f'(0)=0$에서 $b=0$

$\therefore f(x)=4x^3+ax^2=x^2(4x+a)$ (→ $f(x)=0$에서 $x=0$ 또는 $x=-\frac{1}{4}a$)

$\frac{d}{dx}\int_0^x f(t)dt=f(x)$이므로 함수 $y=f(x)$의 그래프를 이용하여 함수 $y=\int_0^x f(t)dt$의 그래프를 그려보면 다음과 같다.

(i) $a<0$일 때

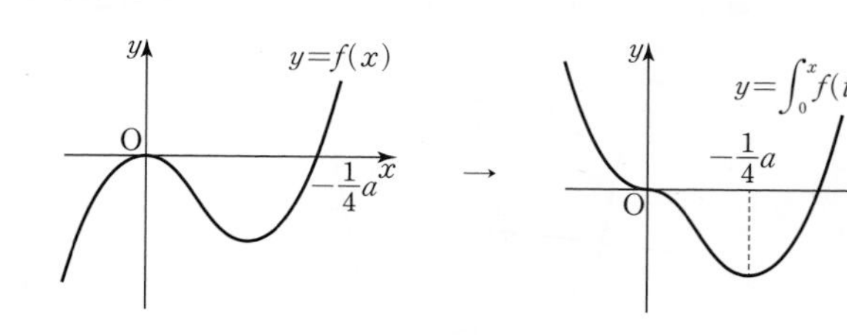

(ii) $a=0$일 때

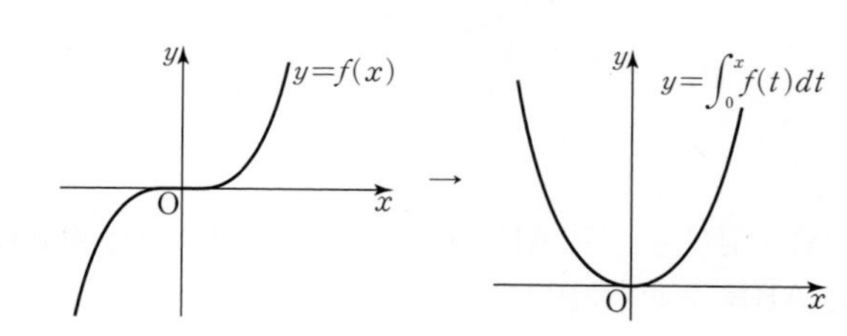

(iii) $a>0$일 때

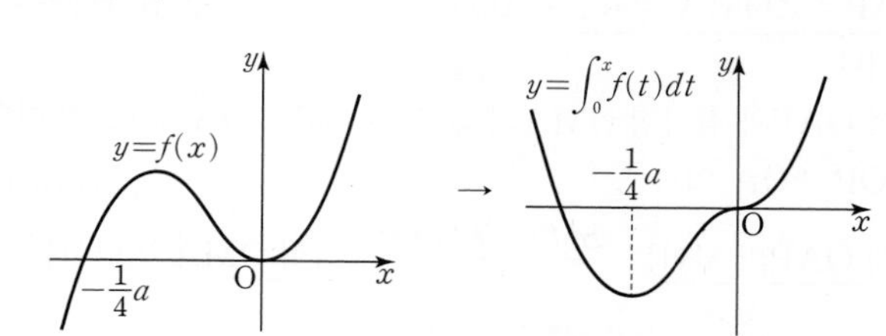

Step 3 함수 $\int_0^x f(t)dt$의 극솟값이 $-\frac{1}{3}$임을 파악한다.

방정식 $\int_0^x f(t)dt=-\frac{1}{3}$의 서로 다른 실근의 개수가 1이려면 함수 $y=\int_0^x f(t)dt$의 그래프와 직선 $y=-\frac{1}{3}$이 한 점에서 만나야 한다.

따라서 (i)~(iii)에서 $a<0$ 또는 $a>0$일 때, 함수 $\int_0^x f(t)dt$의 극솟값이 $-\frac{1}{3}$이어야 한다.

Step 4 a의 값을 구한다.

$$\int_0^x f(t)dt=\int_0^x (4t^3+at^2)dt$$
$$=\left[t^4+\frac{1}{3}at^3\right]_0^x$$
$$=x^4+\frac{1}{3}ax^3$$

함수 $\int_0^x f(t)dt$는 $x=-\frac{1}{4}a$에서 극소이므로

$$\left(-\frac{1}{4}a\right)^4+\frac{1}{3}a\times\left(-\frac{1}{4}a\right)^3=-\frac{1}{3}$$ ← $\int_0^{-\frac{1}{4}a} f(t)dt$

$$\frac{1}{256}a^4-\frac{1}{192}a^4=-\frac{1}{3}$$

$$a^4-\frac{4}{3}a^4=-\frac{256}{3},\ -\frac{1}{3}a^4=-\frac{256}{3}$$

$a^4=256$ ← $=4^4=(-4)^4$ $\quad\therefore a=\pm4$

Step 5 $g(1)$의 최댓값을 구한다.

$a=\pm4$일 때 $\int_0^{-\frac{1}{4}a} f(t)dt=-\frac{1}{3}$이므로

$c=-\frac{1}{4}a$에서 $c=\mp1$ (복호동순)

(i) $a=4$, $c=-1$일 때

$f(x)=4x^3+4x^2$에서 $\int_0^x f(t)dt=x^4+\frac{4}{3}x^3$이므로

$$g(x)=\begin{cases} x^4+\frac{4}{3}x^3+5 & (x<-1) \\ \left|x^4+\frac{4}{3}x^3-\frac{13}{3}\right| & (x\geq-1) \end{cases}$$

$\therefore g(1)=\left|1+\frac{4}{3}-\frac{13}{3}\right|=2$

(ii) $a=-4$, $c=1$일 때

$f(x)=4x^3-4x^2$에서 $\int_0^x f(t)dt=x^4-\frac{4}{3}x^3$이므로

$$g(x)=\begin{cases} x^4-\frac{4}{3}x^3+5 & (x<1) \\ \left|x^4-\frac{4}{3}x^3-\frac{13}{3}\right| & (x\geq1) \end{cases}$$

$\therefore g(1)=\left|1-\frac{4}{3}-\frac{13}{3}\right|=\frac{14}{3}$

따라서 (i), (ii)에서 $g(1)$의 최댓값은 $\frac{14}{3}$이다.

16 [정답률 89%]

정답 10

Step 1 함수 $f(x)$의 도함수를 구한 후, $x=2$를 대입하여 상수 a의 값을 구한다.

함수 $f(x)=2x^2+ax+3$에 대하여 $f'(x)=4x+a$

즉 $f'(2)=8+a=18$이므로 $a=10$

17 [정답률 47%]

정답 20

→ $12-4t=0$에서 $t=3$이므로 $t=3$일 때를 기준으로 $v(t)$의 부호가 바뀌어.

Step 1 t의 값의 범위에 다른 $v(t)$의 부호를 파악한다.

$0\leq t\leq3$일 때 $v(t)\geq0$이므로 $|v(t)|=v(t)$

$t>3$일 때 $v(t)<0$이므로 $|v(t)|=-v(t)$

Step 2 시각 $t=0$에서 $t=4$까지 점 P가 움직인 거리를 구한다.

시각 $t=0$에서 $t=4$까지 점 P가 움직인 거리는

$$\int_0^4 |v(t)|dt=\int_0^3 |v(t)|dt+\int_3^4 |v(t)|dt$$
$$=\int_0^3 (12-4t)dt+\int_3^4 (4t-12)dt$$
$$=\left[12t-2t^2\right]_0^3+\left[2t^2-12t\right]_3^4$$
$$=(18-0)+\{-16-(-18)\}=20$$

18 [정답률 29%]

정답 18

Step 1 사다리꼴 ABDC의 넓이를 n에 대한 식으로 나타낸다.

네 점 A, B, C, D의 좌표를 각각 구하면

A$(1,\ n)$, B$(1,\ 2)$, C$(2,\ n^2)$, D$(2,\ 4)$ → n은 3 이상의 자연수

이때 $\overline{AB}=n-2$, $\overline{CD}=n^2-4$이므로

사다리꼴 ABDC의 넓이는 $\frac{1}{2}(n-2+n^2-4)=\frac{1}{2}(n^2+n-6)$

→ 윗변 또는 아랫변이 선분 AB 또는 선분 CD이고 높이가 1인 사다리꼴이야.

Step 2 사다리꼴 ABDC의 넓이가 18 이하가 되도록 하는 모든 자연수 n의 값의 합을 구한다.

사다리꼴 ABDC의 넓이가 18 이하이므로

$\frac{1}{2}(n^2+n-6)\leq18$, $n^2+n-6\leq36$

$n^2+n-42\leq0$, $(n+7)(n-6)\leq0$

$\therefore -7\leq n\leq6$ → 주의

따라서 3 이상의 자연수 n의 값은 3, 4, 5, 6이므로 조건을 만족시키는 모든 자연수 n의 값의 합은 $3+4+5+6=18$

19 [정답률 72%]

정답 7

Step 1 $\sum_{k=1}^{6} a_k$의 값을 구한다.

조건 (가)의 식에 $n=1$, 2, 3, 4를 각각 대입하면

$a_3=a_1-3$, $a_4=a_2+3$, $a_5=a_3-3$, $a_6=a_4+3$

$$\therefore \sum_{k=1}^{6} a_k=a_1+a_2+a_3+a_4+a_5+a_6$$
$$=a_1+a_2+(a_1-3)+(a_2+3)+(a_3-3)+(a_4+3)$$ → 네 값은 상쇄되어 사라져.
$$=2a_1+2a_2+a_3+a_4$$
$$=2a_1+2a_2+(a_1-3)+(a_2+3)$$
$$=3a_1+3a_2$$
$$=3(a_1+a_2)$$

Step 2 a_1+a_2의 값을 구한다.

모든 자연수 n에 대하여 $a_n=a_{n+6}$이므로

$$\sum_{k=1}^{6} a_k=\sum_{k=7}^{12} a_k=\sum_{k=13}^{18} a_k=\sum_{k=19}^{24} a_k=\sum_{k=25}^{30} a_k$$

$$\sum_{k=1}^{32} a_k=\sum_{k=1}^{6} a_k+\sum_{k=7}^{12} a_k+\sum_{k=13}^{18} a_k+\sum_{k=19}^{24} a_k+\sum_{k=25}^{30} a_k+a_{31}+a_{32}$$

→ $=a_{25}+a_{26}=a_{19}+a_{20}=a_{13}+a_{14}=a_7+a_8=a_1+a_2$

$$=5\sum_{k=1}^{6} a_k+a_1+a_2$$
$$=15(a_1+a_2)+a_1+a_2$$
$$=16(a_1+a_2)$$

에서 $16(a_1+a_2)=112$ $\quad\therefore a_1+a_2=7$

20 [정답률 37%]

정답 2

Step 1 $f(1-x)=-f(1+x)$를 이용하여 함수 $f(x)$를 구한다.

$f(1-x)=-f(1+x)$에 $x=0$을 대입하면

$f(1)=-f(1)$, $2f(1)=0$ $\quad\therefore f(1)=0$

$x=1$을 대입하면 $f(0)=-f(2)=0$ $\quad\therefore f(2)=0$ (← $f(0)$은 0)

즉, 최고차항의 계수가 1인 삼차함수 $f(x)$는

$f(0)=f(1)=f(2)=0$이므로

$f(x)=x(x-1)(x-2)$

Step 2 두 곡선 $y=f(x)$와 $y=-6x^2$으로 둘러싸인 부분의 넓이를 구한다.

→ 먼저 두 곡선의 교점의 x좌표를 구해야 돼.

방정식 $f(x)=-6x^2$에서

$x(x-1)(x-2)=-6x^2$, $x^3-3x^2+2x=-6x^2$

$x^3+3x^2+2x=0$, $x(x+1)(x+2)=0$

$\therefore x=0$ 또는 $x=-1$ 또는 $x=-2$

이때 $-2\le x\le -1$에서 $x^3+3x^2+2x\ge 0$,
$-1\le x\le 0$에서 $x^3+3x^2+2x\le 0$이므로

$S=\int_{-2}^{0}|x^3+3x^2+2x|dx$ → 주의 절댓값을 꼭 써야 해.

$=\int_{-2}^{-1}(x^3+3x^2+2x)dx+\int_{-1}^{0}\{-(x^3+3x^2+2x)\}dx$

$=\left[\frac{1}{4}x^4+x^3+x^2\right]_{-2}^{-1}+\left[-\frac{1}{4}x^4-x^3-x^2\right]_{-1}^{0}$

$=\frac{1}{4}+\frac{1}{4}=\frac{1}{2}$ → $=\frac{1}{4}\times(-1)^4+(-1)^3+(-1)^2-\left\{\frac{1}{4}\times(-2)^4+(-2)^3+(-2)^2\right\}$ $=\frac{1}{4}-1+1-(4-8+4)=\frac{1}{4}$

$\therefore 4S=4\times\frac{1}{2}=2$

21 [정답률 14%]

정답 84

Step 1 $\overline{BD}=\overline{CD}$임을 확인한다.

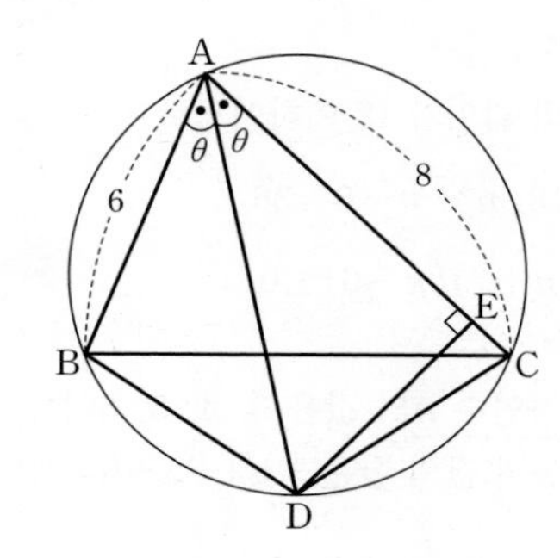

그림과 같이 선분 BD, CD를 그으면 두 호 BD, CD에 대한 원주각 ∠BAD, ∠CAD의 크기가 같으므로 $\overline{BD}=\overline{CD}$
→ 원주각의 크기가 같은 호에 대한 현의 길이는 같아.

Step 2 코사인법칙을 이용한다.

$\angle BAD=\angle CAD=\theta$라 하고 삼각형 BAD에서 코사인법칙을 이용하면

$\overline{BD}^2=\overline{AB}^2+\overline{AD}^2-2\times\overline{AB}\times\overline{AD}\times\cos\theta$

$=36+\overline{AD}^2-12\times\overline{AD}\times\cos\theta$ …… ㉠

삼각형 CAD에서 코사인법칙을 이용하면

$\overline{CD}^2=\overline{AC}^2+\overline{AD}^2-2\times\overline{AC}\times\overline{AD}\times\cos\theta$

$=64+\overline{AD}^2-16\times\overline{AD}\times\cos\theta$ …… ㉡

두 식 ㉠, ㉡의 값이 서로 같아야 하므로 → $\overline{BD}=\overline{CD}$에서 $\overline{BD}^2=\overline{CD}^2$

$36+\overline{AD}^2-12\times\overline{AD}\times\cos\theta=64+\overline{AD}^2-16\times\overline{AD}\times\cos\theta$

$4\times\overline{AD}\cos\theta=28$ $\quad\therefore \overline{AD}\cos\theta=7$

Step 3 $12k$의 값을 구한다.

직각삼각형 ADE에서 $\cos\theta=\frac{\overline{AE}}{\overline{AD}}$이므로 $\overline{AE}=\overline{AD}\cos\theta=7$

$\therefore 12k=12\times 7=84$

22 [정답률 8%]

정답 108

Step 1 주어진 조건을 이용하여 함수 $f(x)$에서 극값을 갖는 x의 값을 구한다.

조건 (가)에서 $x\ne 0$, $x\ne 2$일 때, $g(x)=\frac{x(x-2)}{|x(x-2)|}(|f(x)|-a)$

$x<0$ 또는 $x>2$일 때, $x(x-2)>0$이고

$0<x<2$일 때, $x(x-2)<0$이므로 함수 $g(x)$는 다음과 같다.

$g(x)=\begin{cases}|f(x)|-a & (x<0\text{ 또는 }x>2)\\ a-|f(x)| & (0<x<2)\end{cases}$

→ $x(x-2)<0$이므로 $|x(x-2)|=-x(x-2)$

조건 (나)에 의하여 함수 $g(x)$는 $x=0$과 $x=2$에서 미분가능하므로 $x=0$과 $x=2$에서 연속이다.
연속 —×→ 미분가능
미분가능 —○→ 연속

즉, $\lim_{x\to 0-}g(x)=\lim_{x\to 0+}g(x)$에서

$\lim_{x\to 0-}(|f(x)|-a)=\lim_{x\to 0+}(a-|f(x)|)$, $|f(0)|-a=a-|f(0)|$

$2|f(0)|=2a$, $|f(0)|=a$ $\quad\therefore \lim_{x\to 0-}g(x)=\lim_{x\to 0+}g(x)=g(0)=0$

마찬가지로 $\lim_{x\to 2-}g(x)=\lim_{x\to 2+}g(x)$에서

$\lim_{x\to 2-}(|f(x)|-a)=\lim_{x\to 2+}(a-|f(x)|)$, $|f(2)|-a=a-|f(2)|$

$2|f(2)|=2a$, $|f(2)|=a$ $\quad\therefore \lim_{x\to 2-}g(x)=\lim_{x\to 2+}g(x)=g(2)=0$

$\therefore g(x)=\begin{cases}|f(x)|-a & (x<0\text{ 또는 }x>2)\\ a-|f(x)| & (0\le x\le 2)\end{cases}$

→ $g(x)=\begin{cases}|f(x)|-a & (x\le 0\text{ 또는 }x\ge 2)\\ a-|f(x)| & (0<x<2)\end{cases}$ 로 두어도 돼.

이때 함수 $g(x)$는 $x=0$에서 미분가능하므로

$\lim_{x\to 0-}\frac{g(x)-g(0)}{x}=\lim_{x\to 0+}\frac{g(x)-g(0)}{x}$
(좌미분계수) (우미분계수)

즉, $\lim_{x\to 0-}\frac{|f(x)|-a}{x}=\lim_{x\to 0+}\frac{a-|f(x)|}{x}$ …… ㉠

$|f(0)|=a$이므로 $f(0)=a$ 또는 $f(0)=-a$이다.

(i) $f(0)=a$인 경우

함수 $f(x)$는 $x=0$에서 연속이고 $f(0)>0$이므로 $\lim_{x\to 0}f(x)>0$이다. 그러므로

$\lim_{x\to 0-}\frac{|f(x)|-a}{x}=\lim_{x\to 0-}\frac{f(x)-f(0)}{x}=f'(0)$,

$\lim_{x\to 0+}\frac{a-|f(x)|}{x}=\lim_{x\to 0+}\frac{f(0)-f(x)}{x}=-f'(0)$

→ $=-\lim_{x\to 0+}\frac{f(x)-f(0)}{x}=-f'(0)$

이때 ㉠에 의하여 $f'(0)=-f'(0)$이므로

$2f'(0)=0$ $\quad\therefore f'(0)=0$

(ii) $f(0)=-a$인 경우

함수 $f(x)$는 $x=0$에서 연속이고 $f(0)<0$이므로 $\lim_{x\to 0}f(x)<0$이다. 그러므로

$\lim_{x\to 0-}\frac{|f(x)|-a}{x}=\lim_{x\to 0-}\frac{-f(x)+f(0)}{x}=-f'(0)$,

→ $=-\lim_{x\to 0-}\frac{f(x)-f(0)}{x}=-f'(0)$

$\lim_{x\to 0+}\frac{a-|f(x)|}{x}=\lim_{x\to 0+}\frac{-f(0)+f(x)}{x}=f'(0)$

이때 ㉠에 의하여 $-f'(0)=f'(0)$이므로

$-2f'(0)=0$ $\quad\therefore f'(0)=0$

(i), (ii)에 의하여 $f'(0)=0$이다.

마찬가지로 함수 $g(x)$는 $x=2$에서도 미분가능하므로 같은 방법으로 구하면 $f'(2)=0$이다.

따라서 삼차함수 $f(x)$는 $x=0$과 $x=2$에서 극값을 갖고 최고차항의 계수가 1이므로 $x=0$에서 극댓값 a, $x=2$에서 극솟값 $-a$를 갖는다.
→ 최고차항의 계수가 양수인 삼차함수의 그래프의 개형을 떠올려 봐.

Step 2 함수 $f(x)$를 구한다.

세 상수 α, β, γ에 대하여 함수 $f(x)$를 $f(x)=x^3+\alpha x^2+\beta x+\gamma$라 하자.

$f(0)=a$이므로 $\gamma=a$

$f'(x)=3x^2+2\alpha x+\beta$

$=3x(x-2)$ → $f'(0)=f'(2)=0$이야.

$=3x^2-6x$

이므로 $\alpha=-3$, $\beta=0$

즉, $f(x)=x^3-3x^2+a$에서 $f(2)=-a$이므로

$f(2)=2^3-3\times 2^2+a=-4+a=-a$

$2a=4$ $\quad\therefore a=2$

$\therefore f(x)=x^3-3x^2+2$

Step 3 $g(3a)$의 값을 구한다.

$a=2$이고 $x>2$일 때, $g(x)=|f(x)|-a$

즉, $g(x)=|x^3-3x^2+2|-2$이므로

$g(3a)=g(6)=|6^3-3\times 6^2+2|-2=108$

확률과 통계

23 [정답률 92%]

정답 ④

Step 1 이항분포를 따르는 확률변수 X의 평균을 구한다.

이항분포 $B\left(60, \frac{5}{12}\right)$를 따르는 확률변수 X의 평균은

$E(X)=60\times\frac{5}{12}=25$

24 [정답률 88%]

정답 ②

Step 1 $P(A^C)$와 $P(B)$의 값을 각각 구한다.

$P(A)=\frac{1}{3}$이므로 $P(A^C)=1-P(A)=1-\frac{1}{3}=\frac{2}{3}$

$P(A^C)P(B)=\frac{2}{3}P(B)=\frac{1}{6}$에서 $P(B)=\frac{1}{6}\times\frac{3}{2}=\frac{1}{4}$

Step 2 $P(A\cup B)$의 값을 구한다.

두 사건 A, B는 서로 배반사건이므로

$P(A\cup B)=P(A)+P(B)=\frac{1}{3}+\frac{1}{4}=\frac{7}{12}$

→ $P(A\cup B)=P(A)+P(B)-P(A\cap B)$에서 $P(A\cap B)=0$이므로 $P(A\cup B)=P(A)+P(B)$가 돼.

25 [정답률 84%]

정답 ③

Step 1 중복조합의 수를 이용한다.

A와 B가 각각 2권 이상의 공책을 받도록 나누어 주는 경우의 수는 먼저 A, B에게 각각 2권씩 공책을 나누어 주고 남은 6권의 공책을 4명의 학생에게 나누어 주는 중복조합의 수와 같다.

→ 공책이 모두 같은 종류이므로 공책의 종류에 따라 경우를 나눌 필요는 없어.

따라서 구하는 경우의 수는

${}_4H_6={}_9C_6={}_9C_3=\frac{9\times8\times7}{3\times2\times1}=84$

${}_nH_r={}_{n+r-1}C_r$

26 [정답률 61%]

정답 ⑤

Step 1 여사건을 이용한다.

한 개의 주사위를 두 번 던져서 나오는 모든 경우의 수는

$6\times6=36$

(홀수, 홀수)의 최대공약수 ⇨ 홀수
(홀수, 짝수)의 최대공약수 ⇨ 홀수
(짝수, 짝수)의 최대공약수 ⇨ 짝수

두 수 a, b의 최대공약수가 홀수인 사건을 A라 하면 사건 A의 여사건 A^C은 두 수 a, b의 최대공약수가 짝수인 사건이다.

이때 두 수 a, b의 최대공약수가 짝수인 경우는 a, b 모두 짝수인 경우뿐이므로 경우의 수는 $3\times3=9$

→ (a가 짝수인 경우의 수)×(b가 짝수인 경우의 수)

따라서 $P(A^C)=\frac{9}{36}=\frac{1}{4}$이므로 구하는 확률은

$P(A)=1-P(A^C)=1-\frac{1}{4}=\frac{3}{4}$

27 [정답률 65%]

정답 ①

Step 1 a의 값을 구한다.

확률변수 X와 Y는 표준편차가 2로 같고, 둘 다 정규분포를 따르므로 두 함수 $y=f(x)$, $y=g(x)$의 그래프의 개형은 동일하다.

이때 함수 $y=f(x)$의 그래프는 직선 $x=8$, 함수 $y=g(x)$의 그래프는 직선 $x=12$에 대하여 대칭이므로 두 함수의 그래프가 만나는 점의 x좌표는 10이다.

→ 확률변수 X의 평균 / 확률변수 Y의 평균

$\therefore a=10$

$y=f(x)$
$y=g(x)$
10
x
$x=8$
$x=12$

참고그림

Step 2 $P(8\le Y\le a)$의 값을 구한다.

$P(8\le Y\le a)=P(8\le Y\le 10)$

$=P\left(\frac{8-12}{2}\le Z\le\frac{10-12}{2}\right)$

$=P(-2\le Z\le -1)$

→ $\frac{x-m}{\sigma}$의 꼴로 표준화해주었어.

$=P(1\le Z\le 2)$

$=P(0\le Z\le 2)-P(0\le Z\le 1)$

$=0.4772-0.3413=0.1359$

28 [정답률 44%]

정답 ②

Step 1 함수 f에 대하여 $f(2n-1)<f(2n)$일 확률을 구한다.

선택한 함수 f가 4 이하의 모든 자연수 n에 대하여 $f(2n-1)<f(2n)$인 사건을 A, $f(1)=f(5)$인 사건을 B라 하자.

→ 구하고자 하는 확률은 $P(B|A)$

집합 $X=\{x|x$는 8 이하의 자연수$\}$에 대하여 X에서 X로의 모든 함수 f의 개수는 8^8

이때 4 이하의 임의의 자연수 n에 대하여 $f(2n-1)<f(2n)$을 만족시키도록 $f(2n-1)$, $f(2n)$을 정하는 경우의 수는

${}_8C_2=\frac{8\times7}{2\times1}=28$

즉, 4 이하의 모든 자연수 n에 대하여 $f(2n-1)<f(2n)$인 경우의 수는 28^4이므로 $P(A)=\frac{28^4}{8^8}$

Step 2 $f(2)=f(6)$인 경우와 $f(2)\ne f(6)$인 경우로 나누어 $f(1)=f(5)$일 확률을 구한다.

(i) $f(1)=f(5)$, $f(2)=f(6)$인 경우

$f(1)=f(5)<f(2)=f(6)$이므로

$f(1)$, $f(2)$, $f(5)$, $f(6)$을 정하는 경우의 수는 ${}_8C_2$

→ 8개의 숫자 중에서 택한 2개의 숫자를 a, b $(a<b)$라 할 때, $a=f(1)=f(5)$, $b=f(2)=f(6)$이 돼.

$f(3)$, $f(4)$를 정하는 경우의 수는 ${}_8C_2$

$f(7)$, $f(8)$을 정하는 경우의 수는 ${}_8C_2$

따라서 경우의 수는 $({}_8C_2)^3=28^3$이다.

(ii) $f(1)=f(5)$, $f(2)\ne f(6)$인 경우

$f(1)=f(5)<f(2)<f(6)$ 또는 $f(1)=f(5)<f(6)<f(2)$이므로

$f(1)$, $f(2)$, $f(5)$, $f(6)$을 정하는 경우의 수는 ${}_8C_3\times2$

→ 8개의 숫자 중에서 택한 3개의 숫자를 a, b, c $(a<b<c)$라 할 때, $a=f(1)=f(5)$, $b=f(2)$, $c=f(6)$ 또는 $a=f(1)=f(5)$, $b=f(6)$, $c=f(2)$가 돼.

$f(3)$, $f(4)$를 정하는 경우의 수는 ${}_8C_2$

$f(7)$, $f(8)$을 정하는 경우의 수는 ${}_8C_2$

따라서 경우의 수는

${}_8C_3\times2\times({}_8C_2)^2=112\times28^2$

그러므로 (i), (ii)에 의하여

→ $=28\times28^2+112\times28^2=(28+112)\times28^2=140\times28^2$

$P(A\cap B)=\frac{28^3+112\times28^2}{8^8}=\frac{140\times28^2}{8^8}$

Step 3 조건부확률을 이용한다.

따라서 구하는 확률은

$$P(B|A)=\frac{P(A\cap B)}{P(A)}=\frac{\frac{140\times28^2}{8^8}}{\frac{28^4}{8^8}}=\frac{140}{28^2}=\frac{5}{28}$$

29 [정답률 32%]

정답 150

Step 1 일의 자리의 수와 백의 자리의 수가 1로 같은 자연수의 개수를 구한다.

(i) 일의 자리의 수와 백의 자리의 수가 1로 같은 경우

_ _ _ 1 _ 1

→ 남은 네 자리에 숫자를 배열한다고 생각하면 돼.

남은 네 자리에 1, 1, 2, 3을 배열하는 경우의 수는

$\frac{4!}{2!}=3\times4=12$

→ 암기 $n!=$(1부터 n까지의 자연수의 곱)

남은 네 자리에 1, 2, 2, 3을 배열하는 경우의 수는

$\frac{4!}{2!}=3\times4=12$

남은 네 자리에 1, 2, 3, 3을 배열하는 경우의 수는

$\frac{4!}{2!}=3\times4=12$

→ 주의 1, 1, 1, 2 등은 3이 들어가지 않아 모든 숫자가 포함되지 않게 되어 조건에 모순이 돼.

남은 네 자리에 2, 2, 2, 3을 배열하는 경우의 수는 $\frac{4!}{3!}=4$

→ 암기 같은 수 2가 3개 있어.

남은 네 자리에 2, 2, 3, 3을 배열하는 경우의 수는

$\frac{4!}{2!\times2!}=6$

남은 네 자리에 2, 3, 3, 3을 배열하는 경우의 수는 $\frac{4!}{3!}=4$

따라서 자연수의 개수는 $12+12+12+4+6+4=50$

Step 2 나머지 경우의 자연수의 개수를 구한다.

(ii) 일의 자리의 수와 백의 자리의 수가 2 또는 3으로 같은 경우
(i)의 경우와 같으므로 자연수의 개수는 $2\times50=100$

Step 3 전체 자연수의 개수를 구한다.

따라서 (i), (ii)에서 구하는 전체 자연수의 개수는 $50+100=150$

30 [정답률 5%] 정답 23

Step 1 주어진 조건을 이용하여 주머니에서 임의로 꺼낸 한 개의 공에 적혀 있는 확률변수에 대한 확률분포를 표로 나타낸다.

주머니에서 임의로 꺼낸 한 개의 공에 적혀 있는 수를 확률변수 Y라 할 때, Y의 확률분포를 표로 나타내면 다음과 같다.
(단, $0\le a,\ b,\ c,\ d\le1$)

Y	1	2	3	4	합계
$P(Y=y)$	a	b	c	d	1

→ 한 개의 공에 적혀 있는 시행을 4번 반복했을 때 4개의 수의 합이 4인 경우는 $1+1+1+1$ 뿐이야.

$X=4$인 경우는 4개의 수가 모두 1이어야 하므로 $P(X=4)=a^4$

$X=16$인 경우는 4개의 수가 모두 4이어야 하므로 $P(X=16)=d^4$

→ 공에 적혀 있는 숫자의 최댓값이 4이므로 4개의 수의 합이 16인 경우는 $4+4+4+4$ 뿐이야.

조건 (가)에 의하여

$a^4=\frac{1}{81}=\left(\pm\frac{1}{3}\right)^4$, $16d^4=\frac{1}{81}$에서 $d^4=\frac{1}{16\times81}=\left(\pm\frac{1}{6}\right)^4$

이때 $0\le a\le1$, $0\le d\le1$이므로 $a=\frac{1}{3}$, $d=\frac{1}{6}$

위의 확률변수 Y의 확률분포표에서

$a+b+c+d=1$이므로 $b+c=\frac{1}{2}$ ⋯⋯ ㉠

→ $a=\frac{1}{3}$, $d=\frac{1}{6}$이므로 $\frac{1}{3}+b+c+\frac{1}{6}=1$, $b+c=1-\left(\frac{1}{3}+\frac{1}{6}\right)=1-\frac{1}{2}=\frac{1}{2}$

확인한 4개의 수의 표본평균을 $\overline{Y}$라 하면 $X=4\overline{Y}$ → 주의

$E(X)=E(4\overline{Y})=4E(\overline{Y})=4E(Y)$

$=4(a+2b+3c+4d)$

$=4\left(\frac{1}{3}+2b+3c+\frac{4}{6}\right)$

$=4(1+2b+3c)$

조건 (나)에 의하여 $E(X)=9$이므로

$4(1+2b+3c)=9$, $1+2b+3c=\frac{9}{4}$

$\therefore 2b+3c=\frac{5}{4}$ ⋯⋯ ㉡

㉠, ㉡을 연립하면 $b=\frac{1}{4}$, $c=\frac{1}{4}$

Y	1	2	3	4	합계
$P(Y=y)$	$\frac{1}{3}$	$\frac{1}{4}$	$\frac{1}{4}$	$\frac{1}{6}$	1

Step 2 $V(X)$의 값을 구한다.

$V(X)=V(4\overline{Y})=4^2V(\overline{Y})=4V(Y)$ → $V(\overline{Y})=\frac{V(Y)}{4}$

$=4[E(Y^2)-\{E(Y)\}^2]$

$=4\left\{\frac{1^2}{3}+\frac{2^2}{4}+\frac{3^2}{4}+\frac{4^2}{6}-\left(\frac{1}{3}+\frac{2}{4}+\frac{3}{4}+\frac{4}{6}\right)^2\right\}$

$=4\left(\frac{25}{4}-\frac{81}{16}\right)=\frac{19}{4}$

따라서 $p=4$, $q=19$이므로 $p+q=23$

미적분

23 [정답률 91%] 정답 ①

Step 1 정적분의 값을 계산한다.

$\int_2^4\frac{6}{x^2}dx=\left[-\frac{6}{x}\right]_2^4$ → $\int_2^4 6x^{-2}dx=\left[-6x^{-1}\right]_2^4=\left[-\frac{6}{x}\right]_2^4$

$=-\frac{6}{4}-\left(-\frac{6}{2}\right)$

$=-\frac{3}{2}+3=\frac{3}{2}$

24 [정답률 91%] 정답 ③

Step 1 $\lim_{n\to\infty}\frac{a_n}{n}$의 값을 구한다.

수열 $\{b_n\}$을 $b_n=\frac{a_n-4n}{n}$이라 하면

$b_n=\frac{a_n}{n}-4$ $\quad\therefore \frac{a_n}{n}=b_n+4$

이때 $\sum_{n=1}^{\infty}\frac{a_n-4n}{n}=\sum_{n=1}^{\infty}b_n=1$이므로 $\lim_{n\to\infty}b_n=0$

→ 급수가 수렴하므로 극한값은 0이야.

$\therefore \lim_{n\to\infty}\frac{a_n}{n}=\lim_{n\to\infty}(b_n+4)=4$

Step 2 주어진 극한값을 구한다.

$\lim_{n\to\infty}\frac{5n+a_n}{3n-1}=\lim_{n\to\infty}\frac{5+\frac{a_n}{n}}{3-\frac{1}{n}}$

분모, 분자를 각각 n으로 나눠주었어.

$=\frac{5+4}{3-0}=3$

→ $\lim_{n\to\infty}\frac{1}{n}=0$

25 [정답률 81%] 정답 ④

Step 1 미분법을 이용하여 시각 $t=e^2$에서 점 P의 속력을 구한다.

$x=t\ln t$, $y=\frac{4t}{\ln t}$에 대하여

$\frac{dx}{dt}=\ln t+1$, $\frac{dy}{dt}=\frac{4\ln t-4}{(\ln t)^2}$이므로 시각 t에서의 점 P의 속력은

$\sqrt{\left(\frac{dx}{dt}\right)^2+\left(\frac{dy}{dt}\right)^2}=\sqrt{(\ln t+1)^2+\left\{\frac{4\ln t-4}{(\ln t)^2}\right\}^2}$

따라서 시각 $t=e^2$에서 점 P의 속력은

$\sqrt{(\ln e^2+1)^2+\left\{\frac{4\ln e^2-4}{(\ln e^2)^2}\right\}^2}=\sqrt{3^2+1^2}=\sqrt{10}$

→ $\frac{8\ln e-4}{(2\ln e)^2}=\frac{8-4}{2^2}=\frac{4}{4}=1$

26 [정답률 73%] 정답 ②

Step 1 S_1의 값을 구한다.

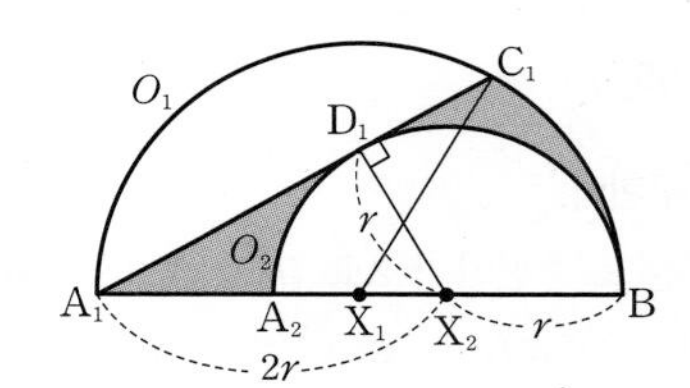

그림과 같이 선분 A_1B의 중점을 X_1, 선분 A_2B의 중점을 X_2라 하자.

반원 O_2의 반지름의 길이를 r이라 하면 $\overline{D_1X_2}=\overline{X_2B}=r$

삼각형 $D_1A_1X_2$에서 $\angle D_1A_1X_2=\frac{\pi}{6}$이므로

$\overline{A_1X_2}:\overline{D_1X_2}=2:1$ $\quad\therefore \overline{A_1X_2}=2r$ → 문제에서 주어진 조건이야.

따라서 $\overline{A_1B}=\overline{A_1X_2}+\overline{X_2B}=3r$이므로

→ 반원 O_1의 지름의 길이는 2

$3r=2$ $\quad\therefore r=\frac{2}{3}$

그러므로 그림 R_1에 색칠되어 있는 부분의 넓이 S_1은

(삼각형 $A_1X_1C_1$의 넓이)+(부채꼴 C_1X_1B의 넓이) −(반원 O_2의 넓이)

→ $=\angle A_1X_1C_1$

$=\frac{1}{2}\times1\times1\times\sin\frac{2}{3}\pi+\frac{1}{2}\times1^2\times\frac{\pi}{3}-\frac{1}{2}\times\left(\frac{2}{3}\right)^2\times\pi$

$=\frac{\sqrt{3}}{4}+\frac{\pi}{6}-\frac{2\pi}{9}=\frac{\sqrt{3}}{4}-\frac{\pi}{18}$

→ 중심각의 크기가 θ, 반지름의 길이가 r인 부채꼴의 넓이는 $\frac{1}{2}r^2\theta$야.

$\therefore S_1=\frac{\sqrt{3}}{4}-\frac{\pi}{18}$

Step 2 넓이가 이루는 등비수열의 공비를 구한다.

두 반원 O_1, O_2의 반지름의 길이의 비는 $1:\frac{2}{3}$이므로 색칠되는 부분의 넓이의 비는 $1^2:\left(\frac{2}{3}\right)^2=1:\frac{4}{9}$이다.

따라서 S_n은 첫째항이 $\frac{\sqrt{3}}{4}-\frac{\pi}{18}$이고 공비가 $\frac{4}{9}$인 등비수열의 첫째항부터 제n항까지의 합이다.

Step 3 $\lim_{n\to\infty} S_n$의 값을 구한다.

$$\lim_{n\to\infty} S_n=\frac{\frac{\sqrt{3}}{4}-\frac{\pi}{18}}{1-\frac{4}{9}}=\frac{9\sqrt{3}-2\pi}{20}$$

→ 첫째항이 a, 공비가 $r(|r|<1)$인 등비급수의 합은 $\frac{a}{1-r}$야.

27 [정답률 41%]

정답 ⑤

Step 1 치환적분법과 부분적분법을 이용한다.

조건 (가)에 의하여 함수 $f(x)$는 감소함수이므로 조건 (나)에 의하여 $f(-1)=1$, $f(3)=-2$

즉, 역함수 $f^{-1}(x)$에 대하여 $f^{-1}(1)=-1$, $f^{-1}(-2)=3$이다.

$f^{-1}(x)=t$로 치환하면 $x=-2$일 때 $t=3$, $x=1$일 때 $t=-1$이고,

→ 함수 $f(x)$의 역함수 $f^{-1}(x)$에 대하여 $f(a)=b$일 때, $f^{-1}(b)=a$

$x=f(t)$에서 $\frac{dx}{dt}=f'(t)$이므로

$$\int_{-2}^{1} f^{-1}(x)dx=\int_{3}^{-1} tf'(t)dt$$

→ $dx=f'(t)dt$

$$=\Big[tf(t)\Big]_3^{-1}-\int_3^{-1} f(t)dt$$

$$=-f(-1)-3f(3)+\int_{-1}^{3} f(t)dt$$

$$=-1-3\times(-2)+3=8$$

두 함수 $f(x)$, $g(x)$가 미분가능할 때, $\int f(x)g'(x)dx=f(x)g(x)-\int f'(x)g(x)dx$

→ 문제에서 $\int_{-1}^{3} f(x)dx=3$이라고 주어졌어.

28 [정답률 34%]

정답 ③

Step 1 코사인법칙과 각의 이등분선의 성질을 이용하여 $f(\theta)$를 구한다.

삼각형 ABC에서 $\overline{AB}=1$, $\overline{BC}=2$이므로 코사인법칙에 의하여

$$\overline{AC}^2=\overline{AB}^2+\overline{BC}^2-2\times\overline{AB}\times\overline{BC}\times\cos\theta$$
$$=1+4-2\times1\times2\times\cos\theta$$
$$=5-4\cos\theta$$

$\therefore \overline{AC}=\sqrt{5-4\cos\theta}$

→ $0<\theta<\pi$에서 $-1<\cos\theta<1$이므로 $5-4\cos\theta>0$이야.

$\angle$BAC의 이등분선이 선분 BC와 만나는 점이 E이므로

$\overline{AB}:\overline{AC}=\overline{BE}:\overline{CE}$에서 $1:\sqrt{5-4\cos\theta}=\overline{BE}:\overline{CE}$

$$\therefore \overline{BE}=\frac{1}{1+\sqrt{5-4\cos\theta}}\times\overline{BC}=\frac{2}{1+\sqrt{5-4\cos\theta}}$$

따라서 삼각형 ABE의 넓이 $f(\theta)$는 → $=\frac{\overline{BE}}{\overline{BC}}$

$$f(\theta)=\frac{1}{2}\times\overline{AB}\times\overline{BE}\times\sin\theta$$
$$=\frac{1}{2}\times1\times\frac{2}{1+\sqrt{5-4\cos\theta}}\times\sin\theta$$
$$=\frac{\sin\theta}{1+\sqrt{5-4\cos\theta}}$$

Step 2 삼각형 AFM이 이등변삼각형임을 이용하여 선분 DF의 길이를 구한다.

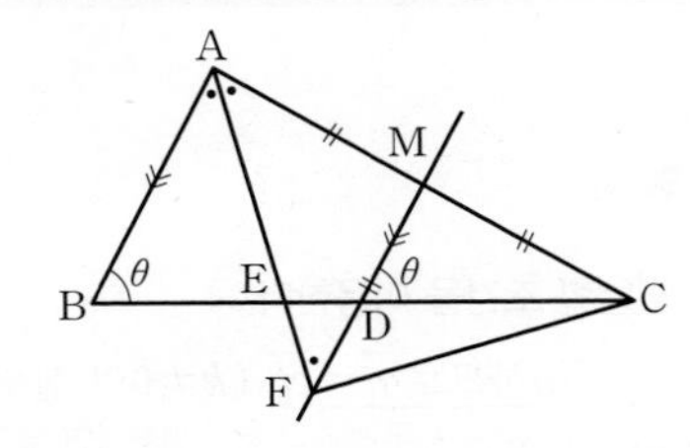

두 직선 AB, MF가 서로 평행하므로 $\angle$BAE$=\angle$DFE (엇각)

따라서 삼각형 AFM은 이등변삼각형이다.

점 M이 선분 AC의 중점이므로 → 두 밑각 $\angle$MAF, $\angle$MFA의 크기가 같아.

$$\overline{AM}=\frac{1}{2}\overline{AC}=\frac{1}{2}\times\sqrt{5-4\cos\theta}$$

$$\therefore \overline{FM}=\overline{AM}=\frac{\sqrt{5-4\cos\theta}}{2}$$

→ $\angle$C는 공통이고, $\angle$ABC$=\angle$MDC$=\theta$이므로 AA 닮음

두 삼각형 ABC, MDC는 서로 닮음이므로

$\overline{AB}:\overline{DM}=\overline{AC}:\overline{CM}$에서 $1:\overline{DM}=2:1$ $\quad\therefore \overline{DM}=\frac{1}{2}$

$$\therefore \overline{DF}=\overline{FM}-\overline{DM}=\frac{\sqrt{5-4\cos\theta}-1}{2}$$

Step 3 $g(\theta)$를 구한다.

같은 방법으로 $\overline{BC}:\overline{CD}=\overline{AC}:\overline{CM}$에서

$2:\overline{CD}=2:1$ $\quad\therefore \overline{CD}=1$

따라서 삼각형 DFC의 넓이 $g(\theta)$는

$$g(\theta)=\frac{1}{2}\times\overline{CD}\times\overline{DF}\times\sin(\angle\text{CDF})$$
$$=\frac{1}{2}\times1\times\frac{\sqrt{5-4\cos\theta}-1}{2}\times\sin\theta$$
$$=\frac{\sqrt{5-4\cos\theta}-1}{4}\times\sin\theta$$

→ $=\sin(\pi-\angle\text{MDC})=\sin(\pi-\theta)=\sin\theta$

Step 4 극한값을 구한다.

$$\lim_{\theta\to0+}\frac{g(\theta)}{\theta^2\times f(\theta)}$$
$$=\lim_{\theta\to0+}\frac{\frac{\sqrt{5-4\cos\theta}-1}{4}\times\sin\theta}{\theta^2\times\frac{\sin\theta}{1+\sqrt{5-4\cos\theta}}}$$

→ $\sin\theta$는 약분되어 사라져.

$$=\lim_{\theta\to0+}\frac{(\sqrt{5-4\cos\theta}+1)(\sqrt{5-4\cos\theta}-1)}{4\theta^2}$$

→ $=(\sqrt{5-4\cos\theta})^2-1^2$

$$=\lim_{\theta\to0+}\frac{(5-4\cos\theta)-1}{4\theta^2}$$

→ $=4-4\cos\theta=4(1-\cos\theta)$

$$=\lim_{\theta\to0+}\frac{1-\cos\theta}{\theta^2}$$
$$=\lim_{\theta\to0+}\frac{(1+\cos\theta)(1-\cos\theta)}{(1+\cos\theta)\times\theta^2}$$
$$=\lim_{\theta\to0+}\frac{\sin^2\theta}{(1+\cos\theta)\times\theta^2}$$
$$=\lim_{\theta\to0+}\left\{\frac{1}{1+\cos\theta}\times\left(\frac{\sin\theta}{\theta}\right)^2\right\}$$
$$=\frac{1}{2}\times1^2=\frac{1}{2}$$

29 [정답률 14%]

정답 14

Step 1 조건 (가)를 만족시키는 실수 a의 값의 범위를 구한다.

조건 (가)에서

$$\int_0^{\frac{\pi}{a}} f(x)dx=\int_0^{\frac{\pi}{a}}\sin(ax)dx$$
$$=\left[-\frac{1}{a}\cos(ax)\right]_0^{\frac{\pi}{a}}$$
$$=-\frac{1}{a}(\cos\pi-\cos0)$$

→ $=-1-1=-2$

$$=\frac{2}{a}$$

→ $a<0$이면 $\frac{2}{a}\geq\frac{1}{2}$에서 (음수)$\geq$(양수)가 되므로 성립하지 않아.

이때 $\frac{2}{a}\geq\frac{1}{2}$이므로 $0<a\leq4$ …… ㉠

Step 2 함수 $y=|f(x)+t|-|f(x)-t|$의 그래프를 그린 후, 조건을 모두 만족시키는 모든 실수 a의 값의 합을 구한다.

조건 (나)에서 $\int_0^{3\pi}|f(x)+t|dx=\int_0^{3\pi}|f(x)-t|dx$이므로

$$\int_0^{3\pi}\{|f(x)+t|-|f(x)-t|\}dx=0 \quad\cdots\cdots ㉡$$

함수 $g(x)$에 대하여

$$g(x)=|f(x)+t|-|f(x)-t|$$
$$=|\sin(ax)+t|-|\sin(ax)-t|$$

라 하면 $0<t<1$이므로 함수 $g(x)$는 다음과 같다.

$$g(x)=\begin{cases}-2t & (-1\leq\sin(ax)<-t)\\ 2\sin(ax) & (-t\leq\sin(ax)<t)\\ 2t & (t\leq\sin(ax)\leq1)\end{cases}$$

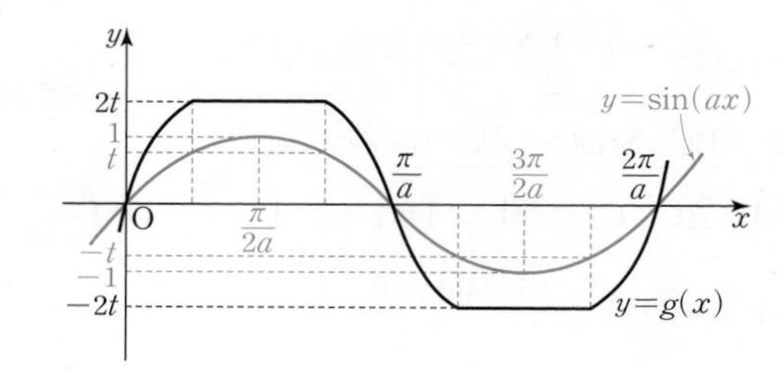

$0<k<\frac{\pi}{a}$인 모든 실수 k에 대하여

$\int_0^k g(x)dx>0$, $\int_0^{\frac{2\pi}{a}} g(x)dx=0$

함수 $g(x)$의 주기는 $\frac{2\pi}{a}$이고 $\int_0^{3\pi} g(x)dx=0$ (∵ ㉡)

이므로 $3\pi=\frac{2\pi}{a}\times n$ (n은 자연수), $a=\frac{2}{3}n$

㉠에서 $0<\frac{2}{3}n\le 4$이므로 $0<n\le 6$, 즉 가능한 자연수 n의 값은

1, 2, 3, ⋯, 6

따라서 주어진 조건을 모두 만족시키는 모든 실수 a의 값은

$\frac{2}{3}$, $\frac{4}{3}$, 2, $\frac{8}{3}$, $\frac{10}{3}$, 4이므로 그 합은 14이다.

30 [정답률 7%]

정답 10

Step 1 $f'(x)$를 구한다.

함수 $f(x)$를 미분하면 (몫의 미분법)

$$f'(x)=-\frac{(3ax^2+b)(x^2+1)-(ax^3+bx)\times 2x}{(x^2+1)^2}$$

($(ax^3+bx)'$, $(x^2+1)'$)

$$=-\frac{(3ax^4+3ax^2+bx^2+b)-(2ax^4+2bx^2)}{(x^2+1)^2}$$

$$=-\frac{ax^4+(3a-b)x^2+b}{(x^2+1)^2} \quad \cdots\cdots ㉠$$

이때 b가 양수이므로 ㉠에서 $f'(0)=-b<0$

또한 $f'(x)$는 연속함수이고, 모든 실수 x에 대하여 $f'(x)\ne 0$

이므로 모든 실수 x에 대하여 $f'(x)<0$이다.

즉, 함수 $f(x)$는 감소함수이다.

Step 2 $f(2)=f^{-1}(2)$임을 확인한다.

$h(x)$의 식을 간단히 하면

$h(x)=(g\circ f)(x)=g(f(x))$

$=f(f(x))-f^{-1}(f(x))$

$=f(f(x))-x$ (함수와 그 역함수를 합성한 함수는 x가 돼.)

이때 $f(0)=0$이므로 $h(0)=f(f(0))-0=f(0)=0$

따라서 조건 (가)에서 $g(2)=0$이므로

$f(2)-f^{-1}(2)=0$ ∴ $f(2)=f^{-1}(2)$ ⋯⋯ ㉡

Step 3 함수 $y=f(x)$의 그래프가 원점에 대하여 대칭임을 확인한다.

$$f(-x)=-\frac{a\times(-x)^3+b\times(-x)}{(-x)^2+1}$$

$$=-\frac{-ax^3-bx}{x^2+1}$$

$$=\frac{ax^3+bx}{x^2+1}$$

이므로 모든 실수 x에 대하여 $f(-x)=-f(x)$이다.

즉, 함수 $y=f(x)$의 그래프는 원점에 대하여 대칭이다.

Step 4 a, b 사이의 관계식을 구한다.

㉡에서 $f(2)=f^{-1}(2)=\alpha$라 하면 **Step 3**에서 구한 조건에 의하여

$f(-2)=-f(2)=-\alpha$

이때 $f(\alpha)=2$이므로 $\alpha\ne -2$이면 평균값 정리에 의하여

$$\frac{f(\alpha)-f(-2)}{\alpha-(-2)}=\frac{2+\alpha}{\alpha+2}=1=f'(c)$$

($f^{-1}(2)=\alpha$에서 $f(\alpha)=2$)

를 만족하는 c가 α와 -2 사이에 존재한다.

그러나 이 경우 $f'(x)<0$에 모순이므로 $\alpha=-2$임을 알 수 있다.

$$f(2)=-\frac{a\times 2^3+b\times 2}{2^2+1}=-\frac{8a+2b}{5}=-2$$

이므로 $8a+2b=10$ ∴ $4a+b=5$ ⋯⋯ ㉢

Step 5 가능한 $f'(2)$의 값을 구한다.

$f^{-1}(x)=p(x)$라 하면 $f(f^{-1}(x))=f(p(x))=x$

양변을 x에 대하여 미분하면

$f'(p(x))\times p'(x)=1$, $p'(x)=\frac{1}{f'(p(x))}$

∴ $p'(2)=\frac{1}{f'(p(2))}=\frac{1}{f'(-2)}$

따라서 함수 $g(x)=f(x)-p(x)$에서 $g'(x)=f'(x)-p'(x)$

∴ $g'(2)=f'(2)-\frac{1}{f'(-2)}$ ⋯⋯ ㉣

$f(-x)=-f(x)$의 양변을 x에 대하여 미분하면

$-f'(-x)=-f'(x)$ ∴ $f'(x)=f'(-x)$

따라서 $f'(2)=f'(-2)$이므로 ㉣에서 $g'(2)=f'(2)-\frac{1}{f'(2)}$

또한, 함수 $h(x)=f(f(x))-x$에서

$h'(x)=f'(f(x))\times f'(x)-1$

∴ $h'(2)=f'(f(2))\times f'(2)-1$

$=f'(-2)\times f'(2)-1$

$=\{f'(2)\}^2-1$ ($=f'(2)$)

따라서 조건 (나)에서

$f'(2)-\frac{1}{f'(2)}=-5[\{f'(2)\}^2-1]$

$5\{f'(2)\}^2+f'(2)-5-\frac{1}{f'(2)}=0$

$5\{f'(2)\}^3+\{f'(2)\}^2-5f'(2)-1=0$

$\{f'(2)\}^2\{5f'(2)+1\}-\{5f'(2)+1\}=0$

$[\{f'(2)\}^2-1]\{5f'(2)+1\}=0$

$\{f'(2)+1\}\{f'(2)-1\}\{5f'(2)+1\}=0$

∴ $f'(2)=-1$ 또는 $f'(2)=1$ 또는 $f'(2)=-\frac{1}{5}$

이때 모든 실수 x에 대하여 $f'(x)<0$이므로 가능한 $f'(2)$의 값은

-1 또는 $-\frac{1}{5}$이다.

Step 6 a, b의 값을 구한다.

㉠에서 $f'(2)=-\frac{16a+4(3a-b)+b}{(4+1)^2}=-\frac{28a-3b}{25}$

(i) $f'(2)=-\frac{1}{5}$일 때

$-\frac{28a-3b}{25}=-\frac{1}{5}$에서 $28a-3b=5$ ⋯⋯ ㉤

㉢, ㉤을 연립하여 풀면 $a=\frac{1}{2}$, $b=3$

(ii) $f'(2)=-1$일 때

$-\frac{28a-3b}{25}=-1$에서 $28a-3b=25$ ⋯⋯ ㉥

㉢, ㉥을 연립하여 풀면 $a=1$, $b=1$

따라서 조건에 모순이다. (a, b는 서로 다른 양수이어야 해.)

그러므로 (i), (ii)에서 $a=\frac{1}{2}$, $b=3$

∴ $4(b-a)=4\times\left(3-\frac{1}{2}\right)=10$

기하

23 [정답률 90%]

정답 ③

Step 1 두 벡터가 평행할 조건을 이용한다.

두 벡터 $\vec{a}$, $\vec{b}$가 서로 평행하므로 $\vec{a}=k\vec{b}$ ($k\ne 0$인 실수)라 하면

$(m-2, 3)=k(2m+1, 9)$ (두 벡터가 서로 평행하면 실수배 관계야.)

$3=9k$ ∴ $k=\frac{1}{3}$

$m-2=\frac{1}{3}(2m+1)$, $\frac{1}{3}m=\frac{7}{3}$

∴ $m=7$

24 [정답률 75%] 정답 ①

Step 1 점 P와 두 점 A, B 사이의 관계를 파악한다.

→ 점 A, P, B는 한 직선 위에 있고 세 점의 z좌표는 차례대로 -2, 0, 1이므로 점 P는 선분 AB를 2 : 1로 내분하는 점이야.

점 P는 직선 AB 위의 점이고 이 점의 z좌표는 0이다.

따라서 점 P는 선분 AB를 2 : 1로 내분하는 점이므로 점 P의 좌표는

$\mathrm{P}\left(\frac{2\times2+1\times(-1)}{2+1}, \frac{2\times4+1\times1}{2+1}, 0\right)$ $\quad\therefore \mathrm{P}(1, 3, 0)$

Step 2 선분 AP의 길이를 구한다.

따라서 선분 AP의 길이는 $\sqrt{(-1-1)^2+(1-3)^2+(-2-0)^2}=2\sqrt{3}$

25 [정답률 80%] 정답 ②

Step 1 타원의 접선의 방정식을 구한다.

타원 $\frac{x^2}{36}+\frac{y^2}{16}=1$에 접하고 기울기가 $\frac{1}{2}$인 접선의 방정식은

$y=\frac{1}{2}x\pm\sqrt{36\times\frac{1}{4}+16}$

> 타원 $\frac{x^2}{a^2}+\frac{y^2}{b^2}=1$에 접하고 기울기가 m인 접선의 방정식은 $y=mx\pm\sqrt{a^2m^2+b^2}$

$\therefore y=\frac{1}{2}x\pm5$ …… ㉠

Step 2 포물선의 접선의 방정식을 구한다.

포물선 $y^2=ax$, 즉 $y^2=4\times\left(\frac{a}{4}\right)\times x$에 접하고 기울기가 $\frac{1}{2}$인 접선의 방정식은 $y=\frac{1}{2}x+\frac{\frac{a}{4}}{\frac{1}{2}}$

> 포물선 $y^2=4px$에 접하고 기울기가 m인 접선의 방정식은 $y=mx+\frac{p}{m}$

$\therefore y=\frac{1}{2}x+\frac{a}{2}$ …… ㉡

Step 3 a의 값을 통해 포물선의 초점의 x좌표를 구한다.

직선 ㉠과 직선 ㉡이 일치하고, a가 양수이므로

$5=\frac{a}{2}$ $\quad\therefore a=10$

따라서 포물선 $y^2=ax$, 즉 $y^2=10x$의 초점의 x좌표는 $\frac{10}{4}=\frac{5}{2}$

26 [정답률 68%] 정답 ④

Step 1 주어진 식을 이용하여 사다리꼴 ABCD에 대해 파악한다.

선분 BC의 중점을 M이라 하면 $|\overrightarrow{AB}+\overrightarrow{AC}|=2\sqrt{5}$이므로

$|\overrightarrow{AM}|=\sqrt{5}$

→ $\left|\frac{\overrightarrow{AB}+\overrightarrow{AC}}{2}\right|=|\overrightarrow{AM}|=\sqrt{5}$

이를 사다리꼴 ABCD에 나타내면 다음과 같다.

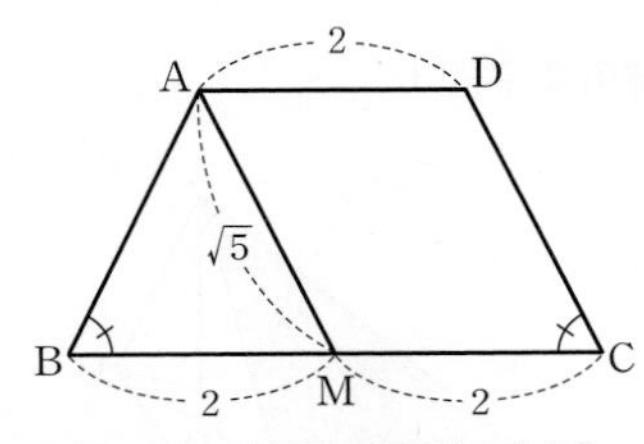

변 AD와 변 BC가 평행하고 $\overline{AD}=\overline{BM}=\overline{CM}$이므로

사각형 ABMD와 사각형 AMCD는 평행사변형이다.

평행사변형 AMCD에서 $\overline{AM}=\overline{CD}=\sqrt{5}$ → 평행사변형의 마주보는 두 변의 길이는 같아.

또 평행사변형 ABMD에서 $\angle\mathrm{ABM}=\angle\mathrm{DMC}=\angle\mathrm{DCM}$이므로

삼각형 DMC는 이등변삼각형이다.

$\therefore \overline{DM}=\sqrt{5}$

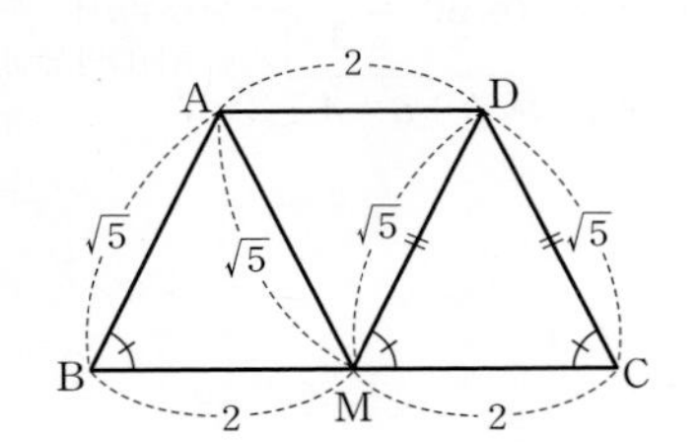

Step 2 직각삼각형을 통해 $|\overrightarrow{BD}|$의 값을 구한다.

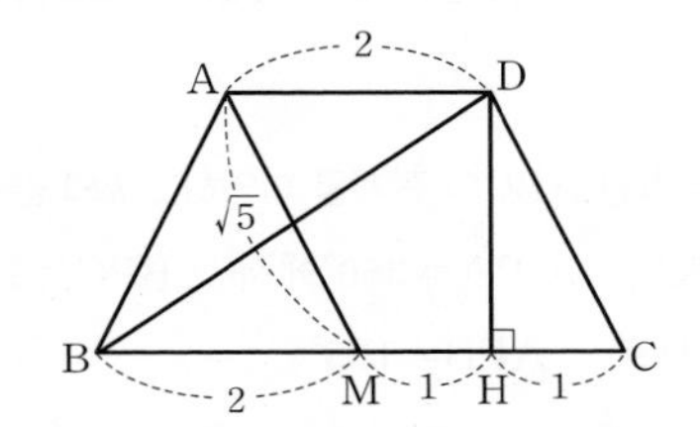

→ △DMC가 이등변삼각형이고 $\overline{DH}\perp\overline{CM}$이므로 점 H는 선분 CM의 중점이야.

점 D에서 선분 BC에 내린 수선의 발을 H라 하면 $\overline{CH}=\overline{HM}=1$

이때 직각삼각형 CDH에서 $\overline{DH}=\sqrt{\overline{CD}^2-\overline{CH}^2}=\sqrt{5-1}=2$

또한 $\overline{BH}=\overline{BM}+\overline{HM}=2+1=3$이므로 직각삼각형 BDH에서

$\overline{BD}=\sqrt{\overline{BH}^2+\overline{DH}^2}=\sqrt{9+4}=\sqrt{13}$

따라서 $|\overrightarrow{BD}|=\overline{BD}=\sqrt{13}$

27 [정답률 59%] 정답 ⑤

Step 1 점 A의 좌표를 A(a, b, c)라 놓고 a, b, c 사이의 관계식을 파악한다.

좌표공간의 점 A의 좌표를 A(a, b, c)라 놓으면 구 S는 반지름의 길이가 8이고 중심의 좌표가 (a, b, c)인 구이므로 구 S의 방정식은

$(x-a)^2+(y-b)^2+(z-c)^2=64$

> 중심이 (a, b, c)이고 반지름의 길이가 r인 구의 방정식은 $(x-a)^2+(y-b)^2+(z-c)^2=r^2$

$\overline{OA}=7$이므로 $a^2+b^2+c^2=49$ …… ㉠

구 S와 xy평면이 만나서 생기는 원의 넓이는 25π이므로 이 원의 반지름의 길이는 5이다. → xy평면 위의 모든 점은 z좌표가 0이야.

이때 점 A에서 xy평면에 내린 수선의 발을 H라 하면 $\overline{AH}=|c|$이므로 $8^2-5^2=c^2$ $\quad\therefore c^2=39$

이를 ㉠에 대입하면 $a^2+b^2=49-39=10$

Step 2 선분 BC의 길이를 구한다.

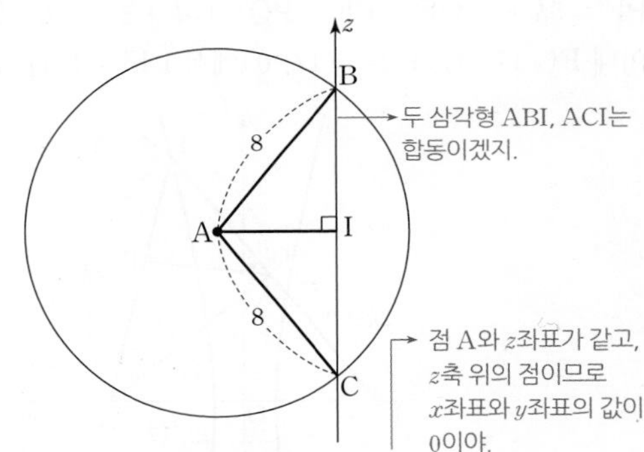

→ 두 삼각형 ABI, ACI는 합동이겠지.

→ 점 A와 z좌표가 같고, z축 위의 점이므로 x좌표와 y좌표의 값이 0이야.

점 A에서 z축에 내린 수선의 발을 I라 하면 I$(0, 0, c)$이므로

$\overline{AI}=\sqrt{(a-0)^2+(b-0)^2+(c-c)^2}=\sqrt{a^2+b^2}=\sqrt{10}$,

$\overline{AB}=\overline{AC}=8$

$\therefore \overline{BI}=\overline{CI}=\sqrt{8^2-(\sqrt{10})^2}=3\sqrt{6}$

따라서 $\overline{BC}=2\times\overline{BI}=6\sqrt{6}$이다.

28 [정답률 31%] 정답 ①

Step 1 조건 (가)를 이용하여 PA와 PC의 관계를 파악한다.

$\overrightarrow{PA}\cdot\overrightarrow{PC}=0$이므로 두 벡터 $\overrightarrow{PA}$, $\overrightarrow{PC}$가 이루는 각의 크기는 90°이다.

→ 점 P는 선분 AC를 지름으로 하는 원 위의 점이겠지! 이 문제에서는 쓰이지 않지만 반드시 파악할 수 있어야 해.

$\frac{|\overrightarrow{PA}|}{|\overrightarrow{PC}|}=3$에서 $|\overrightarrow{PC}|=t\ (t>0)$라 하면 $|\overrightarrow{PA}|=3t$

Step 2 조건 (나)를 이용하여 $\overrightarrow{PB}$와 $\overrightarrow{PC}$의 관계를 파악한다.

두 벡터 $\overrightarrow{PB}$와 $\overrightarrow{PC}$가 이루는 각의 크기를 θ라 하면

$\overrightarrow{PB}\cdot\overrightarrow{PC}=|\overrightarrow{PB}||\overrightarrow{PC}|\cos\theta=-\frac{\sqrt{2}}{2}|\overrightarrow{PB}||\overrightarrow{PC}|$이므로

$\cos\theta=-\frac{\sqrt{2}}{2}$, $\theta=135°$ → 두 벡터 $\overrightarrow{PB}$와 $\overrightarrow{PC}$가 이루는 각의 크기는 180°보다 작아야 해.

$-\frac{\sqrt{2}}{2}|\overrightarrow{PB}||\overrightarrow{PC}|=-2|\overrightarrow{PC}|^2$에서 $|\overrightarrow{PB}|=2\sqrt{2}|\overrightarrow{PC}|$이므로

$|\overrightarrow{PB}|=2\sqrt{2}t$

Step 3 점 P와 삼각형 ABC의 관계를 파악하고 k의 값을 구한다.

$\angle APB+\angle BPC+\angle CPA=360°$에서 $\angle BPC=135°$,

$\angle CPA=90°$이므로 $\angle APB=135°$

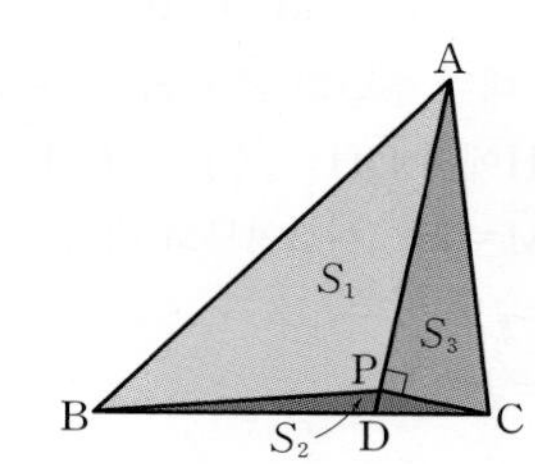

따라서 세 삼각형 APB, BPC, CPA의 넓이를 각각 S_1, S_2, S_3이라 하면

$S_1 : S_2 : S_3$

$=\frac{1}{2}\times 3t\times 2\sqrt{2}t\times \sin 135° : \frac{1}{2}\times 2\sqrt{2}t\times t\times \sin 135° : \frac{1}{2}\times t\times 3t$

$=3t^2 : t^2 : \frac{3}{2}t^2=6:2:3$

이때 점 D는 직선 AP와 변 BC의 교점이므로

$\overline{AD}:\overline{DP}=(S_1+S_2+S_3):S_2=11:2$

→ 삼각형 ABC와 삼각형 BCP는 밑변의 길이가 $\overline{BC}$로 같고, 높이의 비는 선분 AD와 선분 DP의 길이의 비와 같으므로 두 삼각형의 넓이의 비는 $\overline{AD}:\overline{DP}$와 같아.

따라서 $\overrightarrow{AD}=\frac{11}{2}\overrightarrow{PD}$이므로 $k=\frac{11}{2}$

29 [정답률 29%]

정답 32

Step 1 각의 이등분선의 성질을 이용하여 $\overline{PQ}:\overline{QF}$의 값을 구한다.

직선 QR이 $\angle FQP$를 이등분하므로 $\overline{PQ}:\overline{QF}=\overline{PR}:\overline{RF}$

→ 각의 이등분선의 성질

이때 $4\overline{PR}=3\overline{RF}$이므로 $\overline{PQ}:\overline{QF}=3:4$

$\overline{PQ}=3k$ $(k>0)$라 하면 $\overline{QF}=4k$이므로

직각삼각형 PQF에서 $\overline{PF}=5k$이다.

$a:b=c:d$

Step 2 쌍곡선의 정의를 이용해 k의 값을 구한다.

→ 쌍곡선 위의 한 점에서 두 초점까지의 거리의 차는 쌍곡선의 주축의 길이와 같아.

쌍곡선의 정의에 의하여 $\overline{PF'}-\overline{PF}=2$이므로

$\overline{PF'}=5k+2$, $\overline{QF'}=\overline{PF'}-\overline{PQ}=(5k+2)-3k=2k+2$

이때 $F(\sqrt{17}, 0)$, $F'(-\sqrt{17}, 0)$에서 $\overline{FF'}=2\sqrt{17}$이다.

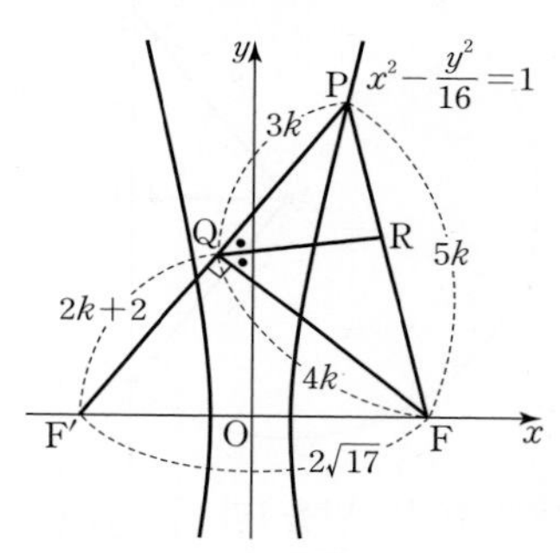

직각삼각형 QF′F에서 $\overline{FF'}^2=\overline{QF}^2+\overline{QF'}^2$

$(2\sqrt{17})^2=(4k)^2+(2k+2)^2$

$5k^2+2k-16=0$, $(5k-8)(k+2)=0$

$\therefore k=\frac{8}{5}$ $(\because k>0)$

따라서 삼각형 PF′F의 넓이는

$\frac{1}{2}\times\overline{PF'}\times\overline{QF}=\frac{1}{2}\times 10\times\frac{32}{5}=32$

→ $4k=4\times\frac{8}{5}=\frac{32}{5}$

→ $5k+2=5\times\frac{8}{5}+2=10$

30 [정답률 18%]

정답 7

Step 1 삼수선의 정리를 이용하여 직선 사이의 수직 관계를 파악한다.

조건 (나)에서 $\angle CED=90°$이므로 $\overline{BC}\perp\overline{DE}$이다.

이때 $\overline{AH}\perp$(평면 BCD), $\overline{HE}\perp\overline{BC}$이므로 삼수선의 정리에 의하여 $\overline{AE}\perp\overline{BC}$

→ $\overline{BC}\perp\overline{DE}$에서 알 수 있어.

이때 $\overline{BC}\perp\overline{AE}$, $\overline{BC}\perp\overline{DE}$에서 직선 BC와 평면 ADE는 서로 수직이므로 두 직선 BC, AD는 서로 수직이다. …… ㉠

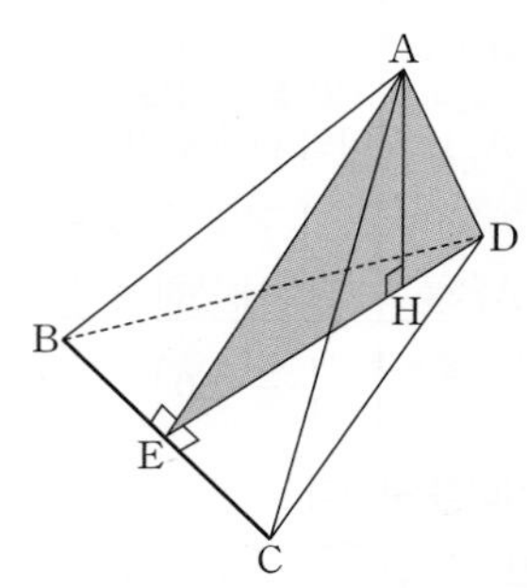

Step 2 삼각형의 닮음을 통해 수직을 파악하고, 직선과 평면의 수직 관계를 파악한다.

조건 (가)에서 $\angle AEH=\angle DAH=\theta$라 하자.

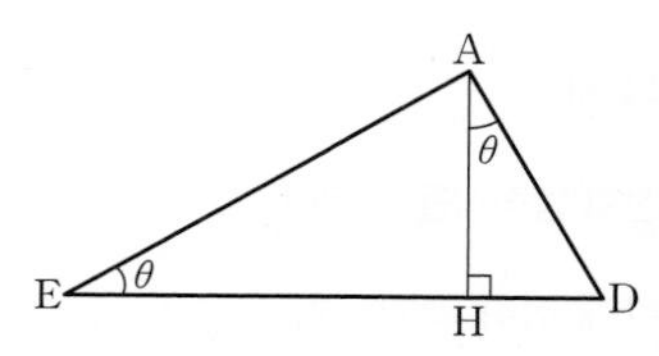

→ 두 삼각형 모두 직각삼각형이고 직각이 아닌 한 각의 크기가 θ로 일치하므로 AA 닮음이야.

두 삼각형 AEH, DAH는 닮음이므로 $\angle EAD=90°$에서 두 직선 AE, AD는 서로 수직이다. …… ㉡

㉠, ㉡에서 직선 AD는 직선 BC, 직선 AE와 각각 수직이므로 직선 AD와 평면 ABC는 서로 수직이다.

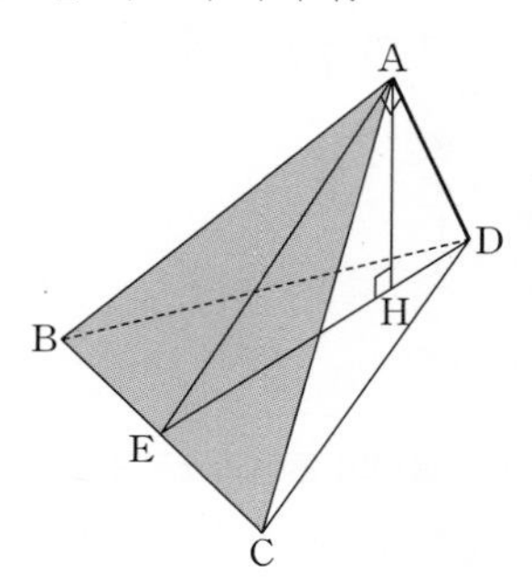

Step 3 삼각형 AHD의 넓이를 구한다.

정삼각형 ABC에서 $\overline{AE}\perp\overline{BC}$이므로 점 E는 선분 BC의 중점이다.

$\therefore \overline{AE}=\frac{\sqrt{3}}{2}\times 4=2\sqrt{3}$ → 한 변의 길이가 4인 정삼각형의 높이야.

직각삼각형 AED에서 $\overline{AD}=\sqrt{\overline{DE}^2-\overline{AE}^2}=\sqrt{4^2-(2\sqrt{3})^2}=2$

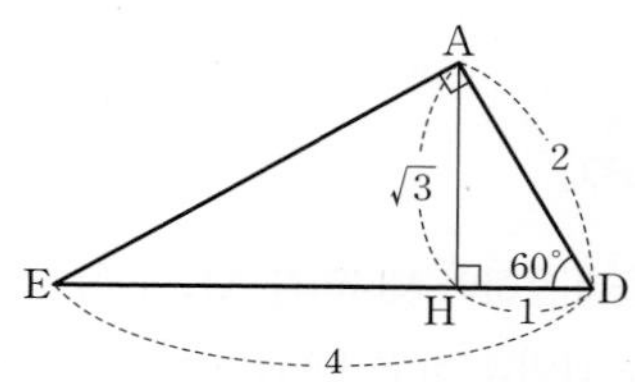

따라서 $\angle ADE=60°$이므로 $\overline{AH}=\sqrt{3}$, $\overline{DH}=1$이고 삼각형 AHD의 넓이는 $\frac{1}{2}\times 1\times\sqrt{3}=\frac{\sqrt{3}}{2}$

→ $\cos(\angle ADE)=\frac{2}{4}=\frac{1}{2}$에서 $\angle ADE=60°$

Step 4 정사영의 넓이를 구한다.

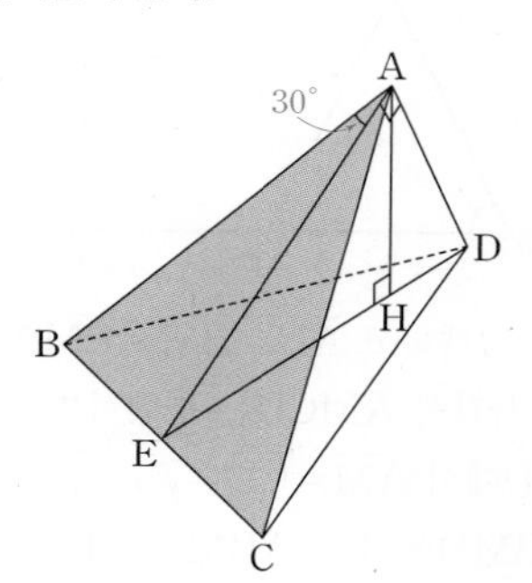

→ 이등변삼각형의 성질에 의해 $\overline{BC}$의 수직이등분선은 $\angle A$를 이등분한다.

두 평면 ABD, AHD가 이루는 예각의 크기는 30°이므로 구하는 정사영의 넓이는 $\frac{\sqrt{3}}{2}\times\cos 30°=\frac{3}{4}$

→ Step3에서 구한 △AHD의 넓이야.

따라서 $p=4$, $q=3$이므로 $p+q=4+3=7$

○ 본문 283쪽

22회 2022학년도 10월 고3 전국연합학력평가 정답과 해설

1	③	2	②	3	③	4	④	5	⑤
6	③	7	①	8	②	9	③	10	⑤
11	④	12	④	13	①	14	②	15	①
16	5	17	15	18	109	19	80	20	226
21	8	22	82						
확률과 통계				23	②	24	①	25	③
26	④	27	⑤	28	④	29	105	30	17
미적분				23	①	24	③	25	⑤
26	②	27	④	28	②	29	20	30	12
기하				23	③	24	⑤	25	④
26	②	27	①	28	⑤	29	54	30	48

01 [정답률 93%]

정답 ③

Step 1 지수법칙을 이용하여 계산한다.

$\sqrt{8}\times 4^{\frac{1}{4}}=2^{\frac{3}{2}}\times(2^2)^{\frac{1}{4}}=2^{\frac{3}{2}}\times 2^{\frac{1}{2}}=2^{\frac{3}{2}+\frac{1}{2}}=2^2=4$

→ $\sqrt{2^3}$ → $2^{2\times\frac{1}{4}}$

02 [정답률 92%]

정답 ②

Step 1 정적분의 값을 계산한다.

$\int_0^2(2x^3+3x^2)dx=\left[\frac{1}{2}x^4+x^3\right]_0^2=8+8=16$

→ $\left(\frac{1}{2}\times 2^4+2^3\right)-\left(\frac{1}{2}\times 0^4+0^3\right)$

03 [정답률 90%]

정답 ③

Step 1 주어진 수열의 항을 첫째항과 공비로 나타낸다.

등비수열 $\{a_n\}$의 첫째항을 a, 공비를 r이라 하면 수열 $\{a_n\}$의 모든 항이 양수이므로 $a>0$, $r>0$

$a_1a_3=a\times ar^2=a^2r^2=4$ ...... ㉠

$a_3a_5=ar^2\times ar^4=a^2r^6=64$ ...... ㉡

Step 2 두 식을 활용하여 첫째항과 공비를 구하고 a_6의 값을 구한다.

㉠, ㉡에서 $r^4=16$ $\quad\therefore r=2,\ a=1\ (\because r>0,\ a>0)$

$\therefore a_6=a\times r^5=1\times 2^5=32$ → ㉡÷㉠

04 [정답률 94%]

정답 ④

Step 1 그래프를 이용하여 극한값을 구한다.

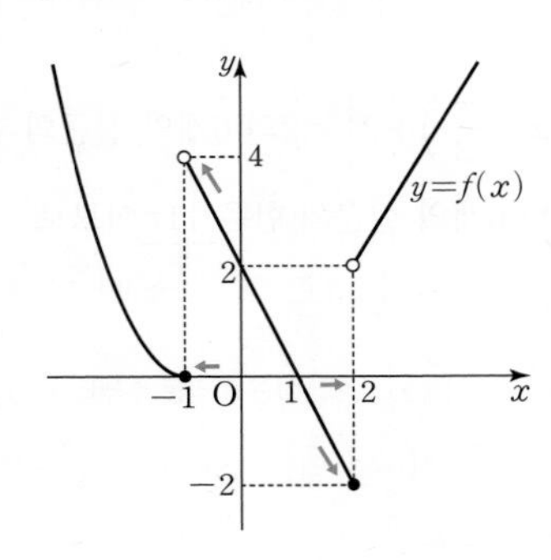

$\lim_{x\to -1+}f(x)=4$, $\lim_{x\to 2-}f(x)=-2$이므로

$\lim_{x\to -1+}f(x)+\lim_{x\to 2-}f(x)=4+(-2)=2$

05 [정답률 76%]

정답 ⑤

Step 1 $\sin^2\theta+\cos^2\theta=1$임을 이용하여 $\sin\theta$의 값을 구한다.

$\sin\theta=2\cos(\pi-\theta)=-2\cos\theta$에서 $\cos\theta=-\frac{1}{2}\sin\theta$

이를 $\sin^2\theta+\cos^2\theta=1$에 대입하면

$\sin^2\theta+\frac{1}{4}\sin^2\theta=1$, $\frac{5}{4}\sin^2\theta=1$

$\sin^2\theta=\frac{4}{5}$ $\quad\therefore \sin\theta=\frac{2\sqrt{5}}{5}\ \left(\because \frac{\pi}{2}<\theta<\pi\right)$

Step 2 $\cos\theta\tan\theta$의 값을 구한다.

$\tan\theta=\frac{\sin\theta}{\cos\theta}$이므로

$\cos\theta\tan\theta=\cos\theta\times\frac{\sin\theta}{\cos\theta}=\sin\theta=\frac{2\sqrt{5}}{5}$

06 [정답률 84%]

정답 ③

Step 1 점 $(1,\ f(1))$에서의 접선의 방정식을 구한다.

$f(x)=x^3-2x^2+2x+a$에서 $f'(x)=3x^2-4x+2$이므로

$f(1)=1+a$, $f'(1)=1$ → 곡선 $y=f(x)$ 위의 점 $(1,\ f(1))$에서의 접선의 기울기

따라서 곡선 $y=f(x)$ 위의 점 $(1,\ f(1))$에서의 접선의 방정식은

$y=(x-1)+1+a=x+a$

Step 2 $\overline{PQ}=6$임을 이용하여 양수 a의 값을 구한다.

$P(-a,\ 0)$, $Q(0,\ a)$이므로 $\overline{PQ}=\sqrt{a^2+a^2}=\sqrt{2}a=6$

→ $y=x+a$에 $y=0$을 대입하면 $x=-a$ → a는 양수

$\therefore a=3\sqrt{2}$

→ $\sqrt{2}a=6$에서 $a=\frac{6}{\sqrt{2}}=\frac{6\times\sqrt{2}}{\sqrt{2}\times\sqrt{2}}=3\sqrt{2}$

07 [정답률 82%]

정답 ①

Step 1 그래프로 둘러싸인 부분이 직선 $x=2$에 대하여 대칭임을 이용한다.

두 함수 $y=f(x)$, $y=g(x)$의 그래프로 둘러싸인 부분에서 $0\le x\le 2$인 부분과 $2\le x\le 4$인 부분의 넓이가 같으므로

$\int_0^4\{g(x)-f(x)\}dx=2\int_0^2\{g(x)-f(x)\}dx$

→ $(-x^2+2x)-(x^2-4x)=-2x^2+6x$

$=2\int_0^2(-2x^2+6x)dx$

$=4\int_0^2(-x^2+3x)dx$

$=4\left[-\frac{1}{3}x^3+\frac{3}{2}x^2\right]_0^2=\frac{40}{3}$

→ $-\frac{8}{3}+\frac{3}{2}\times 4=\frac{10}{3}$

08 [정답률 83%]

정답 ②

Step 1 수열 $\{a_n\}$의 규칙을 찾는다.

$a_1=20$

$a_2=a_1-2=18$ ← 2씩 감소

$a_3=a_2-2=16$

⋮

$a_{10}=2$

$a_{11}=a_{10}-2=0$

$a_{12}=a_{11}-2=-2$

$a_{13}=|a_{12}|-2=0$ → $|-2|-2=2-2=0$

$a_{14}=a_{13}-2=-2$

⋮

Step 2 $\sum_{n=1}^{30} a_n$의 값을 구한다.

$1\le n\le 10$일 때, $a_n=-2n+22$이므로

$\sum_{n=1}^{10} a_n=\sum_{n=1}^{10}(-2n+22)=-2\sum_{n=1}^{10} n+22\times 10=110$ ($\sum_{n=1}^{10} n=\frac{10\times 11}{2}=55$)

$11\le n\le 30$일 때, $a_n=\begin{cases} 0 & (n\text{은 홀수}) \\ -2 & (n\text{은 짝수}) \end{cases}$이므로

$\sum_{n=11}^{30} a_n=(-2)\times 10=-20$ (→ $11\le n\le 30$에서 짝수가 10개이다.)

$\therefore \sum_{n=1}^{30} a_n=110+(-20)=90$

09 [정답률 77%]

정답 ③

Step 1 함수 $f(x)$의 최고차항의 차수를 구한다.

함수 $f(x)$의 최고차항의 차수를 n (n은 0 이상의 정수)이라 하자.

(i) $n\le 1$일 때
좌변의 최고차항의 차수가 1 이하이고, 우변의 최고차항의 차수가 2이므로 주어진 등식을 만족시키지 않는다.

(ii) $n=2$일 때
좌변의 최고차항은 $-x^2$이고, 우변의 최고차항은 $2x^2$이므로 주어진 등식을 만족시키지 않는다.

(iii) $n=3$일 때
$n-3=0$이므로 좌변의 최고차항의 차수는 2이다. 우변의 최고차항의 차수도 2이므로 주어진 등식을 만족시킨다.

(iv) $n\ge 4$일 때
(→ 함수 $f(x)$의 최고차항이 x^n이므로 좌변의 최고차항만 계산하면 $x\times(nx^{n-1})-3x^n=nx^n-3x^n$)
좌변의 최고차항은 $(n-3)x^n$이고, 우변의 최고차항은 $2x^2$이므로 주어진 등식을 만족시키지 않는다.

따라서 함수 $f(x)$는 최고차항의 계수가 1인 삼차함수이다.

Step 2 $f(x)=x^3+ax^2+bx+c$로 놓고 미지수 a, b, c의 값을 각각 구한다.

$f(x)=x^3+ax^2+bx+c$ (a, b, c는 상수)라 하면

$f'(x)=3x^2+2ax+b$

$\therefore xf'(x)-3f(x)=x(3x^2+2ax+b)-3(x^3+ax^2+bx+c)$
$=-ax^2-2bx-3c$

$-ax^2-2bx-3c=2x^2-8x$이어야 하므로 $a=-2$, $b=4$, $c=0$

따라서 $f(x)=x^3-2x^2+4x$이므로 $f(1)=1-2+4=3$

(→ 항등식이므로 미정계수를 비교하면 $-a=2$, $-2b=-8$, $-3c=0$)

10 [정답률 56%]

정답 ⑤

Step 1 두 점 A, B의 좌표를 미지수로 놓고 관계식을 구한다.

두 점 A, B의 좌표를 각각 $A(x_1, y_1)$, $B(x_2, y_2)$라 하자.

두 점 A, B는 두 곡선 $y=-\log_2(-x)$, $y=\log_2(x+2a)$의 교점이므로 두 식을 연립하면

$-\log_2(-x)=\log_2(x+2a)$, $\log_2(-x)+\log_2(x+2a)=0$

$\log_2\{-x(x+2a)\}=0$, $-x(x+2a)=1$

$\therefore x^2+2ax+1=0$ ...... ㉠

이 이차방정식의 두 실근이 x_1, x_2이므로 근과 계수의 관계에 의하여

$x_1+x_2=-2a$, $x_1x_2=1$ ...... ㉡

(→ ㉡을 이용하기 위해 y_1, y_2를 더한다.)

Step 2 y_1, y_2를 x_1, x_2에 대하여 표현하고 관계식을 구한다.

이때 $y_1=-\log_2(-x_1)$, $y_2=-\log_2(-x_2)$이므로

$y_1+y_2=-\log_2(-x_1)-\log_2(-x_2)$
$=-\log_2 x_1x_2$ ...... ㉢

($-\{\log_2(-x_1)+\log_2(-x_2)\}=-\log_2\{(-x_1)\times(-x_2)\}=-\log_2 x_1x_2$)

㉡, ㉢에서 $y_1+y_2=-\log_2 1=0$

따라서 선분 AB의 중점의 좌표는 $\left(\frac{x_1+x_2}{2}, \frac{y_1+y_2}{2}\right)$이므로

$(-a, 0)$이다.

이 점이 직선 $4x+3y+5=0$ 위의 점이므로

$-4a+5=0$ $\therefore a=\frac{5}{4}$

Step 3 두 교점의 좌표를 구하여 선분 AB의 길이를 구한다.

㉠에서 $x^2+\frac{5}{2}x+1=0$이므로 $2x^2+5x+2=0$

$(x+2)(2x+1)=0$ $\therefore x=-2$ 또는 $x=-\frac{1}{2}$

따라서 두 교점의 좌표는 $(-2, -1)$, $\left(-\frac{1}{2}, 1\right)$이므로

$\overline{AB}=\sqrt{\left\{-\frac{1}{2}-(-2)\right\}^2+\{1-(-1)\}^2}=\sqrt{\left(\frac{3}{2}\right)^2+2^2}=\frac{5}{2}$

11 [정답률 59%]

정답 ④

Step 1 조건 (나)에서 $f(0)=f(4)$임을 이용한다.

함수 $f(x)$가 실수 전체의 집합에서 연속이므로 조건 (가), (나)에서

$f(4)=\lim_{x\to 4-} f(x)=\lim_{x\to 4-}(ax^2+bx-24)=16a+4b-24$

$f(0)=f(4)$이므로 $16a+4b-24=-24$ $\therefore b=-4a$ ...... ㉠

(→ $f(0)=-24$)

Step 2 $1<x<10$일 때 방정식 $f(x)=0$의 서로 다른 실근의 개수가 5인 경우를 생각해본다.

$f(x)=ax^2+bx-24=a(x-2)^2-4a-24$ ($\because$ ㉠)

(→ $ax^2-4ax-24=a(x^2-4x+4)-4a-24$)

이므로 $0\le x<4$에서 함수 $y=f(x)$의 그래프는 직선 $x=2$에 대하여 대칭이다.

(→ 이차함수 $f(x)$의 그래프의 대칭축은 $x=2$)

모든 실수 x에 대하여 $f(x+4)=f(x)$이므로 $1<x<10$일 때 방정식 $f(x)=0$의 서로 다른 실근의 개수가 5이려면 $1<x<2$일 때 방정식 $f(x)=0$이 실근을 1개 가져야 한다.

함수 $f(x)$는 닫힌구간 $[1, 2]$에서 연속이므로

$f(1)f(2)=(-3a-24)(-4a-24)=12(a+8)(a+6)<0$

($\{-3(a+8)\}\times\{-4(a+6)\}=(-3)\times(-4)\times(a+8)(a+6)$)

$\therefore -8<a<-6$

이때 a는 정수이므로 $a=-7$이고, ㉠에서 $b=28$이므로

$a+b=21$이다.

12 [정답률 52%]

정답 ④

Step 1 $ax-\frac{\pi}{3}=t$로 치환하여 t에 대한 방정식을 푼 후 n의 값을 구한다.

$0\le x<\frac{4\pi}{a}$일 때, 함수 $y=f(x)$의 그래프가 직선 $y=2$와 만나는 점의 x좌표는 방정식 $\left|4\sin\left(ax-\frac{\pi}{3}\right)+2\right|=2$의 실근과 같다.

$ax-\frac{\pi}{3}=t$라 하면

$|4\sin t+2|=2$에서 $4\sin t+2=2$ 또는 $4\sin t+2=-2$

$\therefore \sin t=0$ 또는 $\sin t=-1$

이때 t의 값의 범위는 $-\frac{\pi}{3}\le t<\frac{11\pi}{3}$이므로

($x=\frac{4\pi}{a}$일 때 $t=a\times\frac{4\pi}{a}-\frac{\pi}{3}=4\pi-\frac{\pi}{3}=\frac{11\pi}{3}$)

방정식 $\sin t=0$에서 $t=0$ 또는 $t=\pi$ 또는 $t=2\pi$ 또는 $t=3\pi$

방정식 $\sin t=-1$에서 $t=\frac{3\pi}{2}$ 또는 $t=\frac{7\pi}{2}$

따라서 함수 $y=f(x)$의 그래프가 직선 $y=2$와 만나는 점의 개수는 6이므로 $n=6$

Step 2 주어진 조건을 만족시키는 점의 x좌표의 합이 39임을 이용하여 a의 값을 구한다.

방정식 $\left|4\sin\left(ax-\frac{\pi}{3}\right)+2\right|=2$의 6개의 실근의 합은 39, 방정식 $|4\sin t+2|=2$의 6개의 실근의 합은 11π이므로

($0+\pi+2\pi+3\pi+\frac{3\pi}{2}+\frac{7\pi}{2}=11\pi$)

$39a-\frac{\pi}{3}\times 6=11\pi$ $\therefore a=\frac{\pi}{3}$

(→ 방정식 $\left|4\sin\left(ax-\frac{\pi}{3}\right)+2\right|=2$의 실근을 작은 수부터 x_1, x_2, x_3, $\cdots$, x_6이라 하면
$\left(ax_1-\frac{\pi}{3}\right)+\left(ax_2-\frac{\pi}{3}\right)+\left(ax_3-\frac{\pi}{3}\right)+\cdots+\left(ax_6-\frac{\pi}{3}\right)=11\pi$
$a(x_1+x_2+x_3+\cdots+x_6)-\frac{\pi}{3}\times 6=11\pi$
$39a-\frac{\pi}{3}\times 6=11\pi$)

$\therefore n\times a=6\times\frac{\pi}{3}=2\pi$

13 [정답률 52%]

정답 ①

Step 1 빈칸에 들어갈 알맞은 수를 구한다.

삼각형 ABC에서 코사인법칙에 의하여

$$\cos(\angle ABC)=\frac{\overline{AB}^2+\overline{BC}^2-\overline{CA}^2}{2\times\overline{AB}\times\overline{BC}}$$

$$=\frac{2^2+(3\sqrt{3})^2-(\sqrt{13})^2}{2\times2\times3\sqrt{3}}$$

$$=\frac{18}{12\sqrt{3}}=\boxed{(가)\ \frac{\sqrt{3}}{2}}$$

이다. 삼각형 ABD에서

$$\sin(\angle ABD)=\sqrt{1-\left(\boxed{(가)\ \frac{\sqrt{3}}{2}}\right)^2}=\frac{1}{2}$$

이므로 사인법칙에 의하여 삼각형 ABD의 외접원의 반지름의 길이를 R이라 하면

$$R=\frac{\overline{AD}}{2\sin(\angle ABD)}=\frac{2}{2\times\frac{1}{2}}=\boxed{(나)\ 2}$$

삼각형 ADC에서 사인법칙에 의하여

$$\frac{\overline{CD}}{\sin(\angle CAD)}=\frac{\overline{AD}}{\sin(\angle ACD)}$$

이므로 $\sin(\angle CAD)=\frac{\overline{CD}}{\overline{AD}}\times\sin(\angle ACD)$이다. …… ㉠

점 A에서 선분 BC에 내린 수선의 발을 H라 하면 $\sin(\angle ABC)=\frac{1}{2}$,

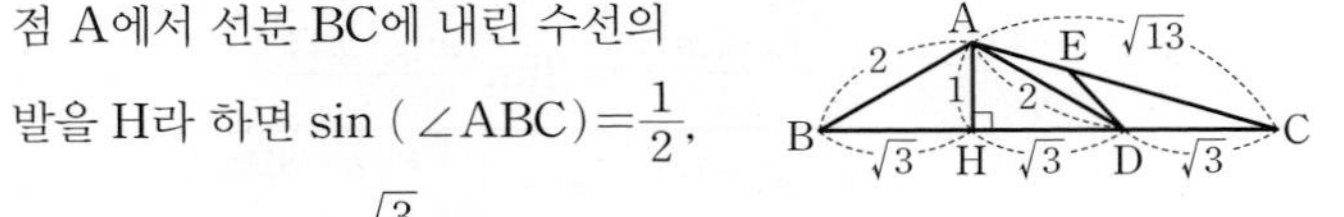

$\cos(\angle ABC)=\frac{\sqrt{3}}{2}$이므로

$\overline{BH}=\sqrt{3}$, $\overline{DH}=\sqrt{3}$

이때 $\overline{BC}=3\sqrt{3}$이므로 $\overline{CD}=\sqrt{3}$

또한, 삼각형 ADC에서 코사인법칙에 의하여

$$\cos(\angle ACD)=\frac{\overline{CD}^2+\overline{CA}^2-\overline{AD}^2}{2\times\overline{CD}\times\overline{CA}}$$

$$=\frac{(\sqrt{3})^2+(\sqrt{13})^2-2^2}{2\times\sqrt{3}\times\sqrt{13}}$$

$$=\frac{6}{\sqrt{39}}$$

이므로 $\sin(\angle ACD)=\sqrt{1-\left(\frac{6}{\sqrt{39}}\right)^2}=\frac{\sqrt{3}}{\sqrt{39}}=\frac{\sqrt{13}}{13}$

㉠에 이를 대입하면 $\sin(\angle CAD)=\frac{\sqrt{3}}{2}\times\frac{\sqrt{13}}{13}=\frac{\sqrt{39}}{26}$

삼각형 ADE에서 사인법칙에 의하여

$\overline{DE}=2R\times\sin(\angle EAD)$

→ 사각형 ABDE가 원에 내접하므로 삼각형 ABD의 외접원과 삼각형 ADE의 외접원이 같다.

$$=2\times2\times\frac{\sqrt{39}}{26}$$

$$=\boxed{(다)\ \frac{2\sqrt{39}}{13}}$$

이다.

Step 2 $p\times q\times r$의 값을 구한다.

따라서 $p=\frac{\sqrt{3}}{2}$, $q=2$, $r=\frac{2\sqrt{39}}{13}$이므로

$$p\times q\times r=\frac{\sqrt{3}}{2}\times2\times\frac{2\sqrt{39}}{13}=\frac{6\sqrt{13}}{13}$$

14 [정답률 29%]

정답 ②

Step 1 함수 $f(x)$와 부정적분의 관계를 이용하여 [보기]의 참, 거짓을 판별한다.

함수 $f(x)$의 한 부정적분을 $F(x)$라 하면 (→ $F'(x)=f(x)$)

$\int_t^x f(s)ds=F(x)-F(t)=0$이므로 $F(x)=F(t)$이다.

즉, $g(t)$는 곡선 $y=F(x)$와 직선 $y=F(t)$의 서로 다른 교점의 개수와 같다.

ㄱ. $f(x)=x^2(x-1)$이므로

$$\int_t^x f(s)ds=\int_t^x s^2(s-1)ds=\int_t^x (s^3-s^2)ds$$

$$=\left[\frac{1}{4}s^4-\frac{1}{3}s^3\right]_t^x$$

$$=\frac{1}{4}x^4-\frac{1}{3}x^3-\left(\frac{1}{4}t^4-\frac{1}{3}t^3\right)=0$$

$t=1$일 때, $\frac{1}{4}x^4-\frac{1}{3}x^3-\left(\frac{1}{4}-\frac{1}{3}\right)=0$

$\frac{1}{4}x^4-\frac{1}{3}x^3+\frac{1}{12}=0$, $3x^4-4x^3+1=0$

1	3	−4	0	0	1
		3	−1	−1	−1
1	3	−1	−1	−1	0
		3	2	1	
	3	2	1	0	

$(x-1)^2(3x^2+2x+1)=0$

따라서 주어진 방정식을 만족시키는 실근은 1뿐이므로 $g(1)=1$ (참)

ㄴ. 방정식 $f(x)=0$의 서로 다른 실근을 각각 α, β, γ ($\alpha<\beta<\gamma$)라 하면 함수 $F(x)$는 $x=\alpha$, $x=\gamma$에서 극솟값을 갖고, $x=\beta$에서 극댓값을 갖는다.

→ 삼차함수 $f(x)$의 최고차항의 계수가 1이고 $F'(x)=f(x)$이므로 함수 $F(x)$는 $x=\alpha$, $x=\beta$, $x=\gamma$에서 극값을 갖는다.

곡선 $y=F(x)$와 직선 $y=F(a)$는 아래의 그림과 같이 서로 다른 교점의 개수가 3인 경우가 존재하므로 $g(a)=3$인 실수 a가 존재한다. (참)

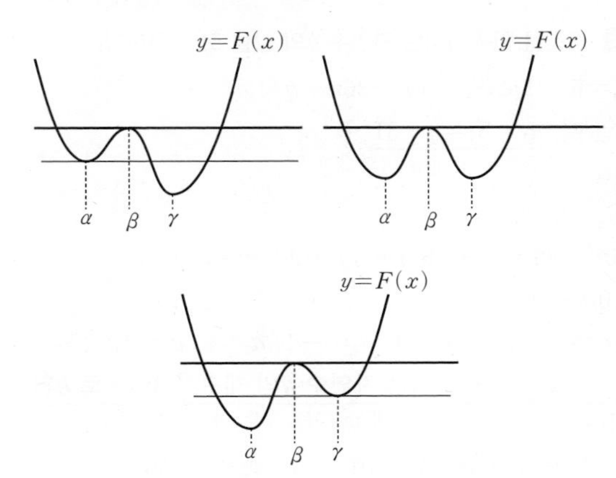

ㄷ. 함수 $F(x)$가 극댓값을 갖지 않는 경우, 방정식 $F(x)=F(b)$는 1개 또는 2개의 서로 다른 실근을 가지므로 $\lim_{t\to b}g(t)+g(b)=6$을 만족시키는 실수 b의 값은 존재하지 않는다.

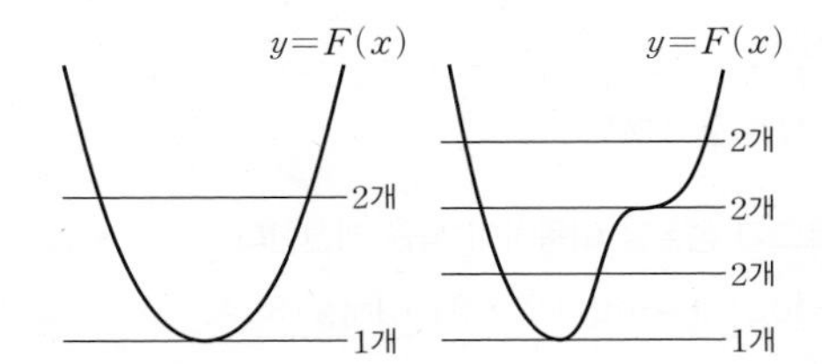

함수 $F(x)$가 극댓값을 갖고, 극솟값이 서로 다른 경우, 방정식 $F(x)=F(b)$는 1개 또는 2개 또는 3개 또는 4개의 서로 다른 실근을 갖지만 $\lim_{t\to b}g(t)+g(b)=6$을 만족시키는 실수 b의 값은 존재하지 않는다.

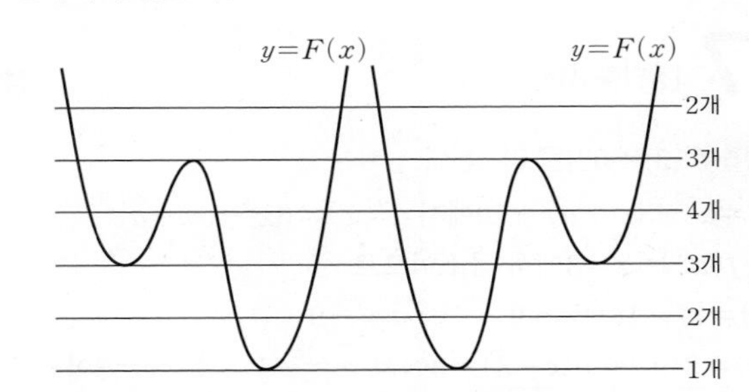

따라서 함수 $F(x)$는 극댓값을 갖고 극솟값이 서로 같아야 하므로 아래의 그림과 같다.

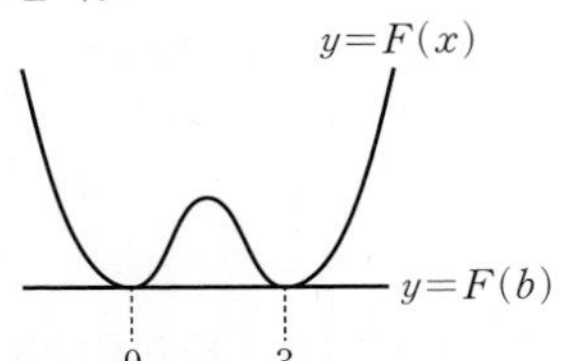

→ 함수 $F(x)$는 $x=0$, $x=3$에서 극솟값을 갖는다.

즉, $F'(0)=f(0)=0$, $F'(3)=f(3)=0$이므로

$$F(x)-F(0)=\frac{1}{4}x^2(x-3)^2=\frac{1}{4}x^4-\frac{3}{2}x^3+\frac{9}{4}x^2$$

→ 함수 $F(x)-F(0)$의 그래프는 $x=0$, $x=3$에서 x축과 접하고 삼차함수 $f(x)$의 최고차항의 계수가 1이므로 함수 $F(x)-F(0)$의 최고차항의 계수는 $\frac{1}{4}$이다.

양변을 x에 대하여 미분하면 $f(x)=x^3-\frac{9}{2}x^2+\frac{9}{2}x$

→ $F'(x)=f(x)$이고 $F(0)$은 상수이므로 $\{F(x)-F(0)\}'=f(x)$

$\therefore f(4)=64-72+18=10$ (거짓)

그러므로 옳은 것은 ㄱ, ㄴ이다.

15 [정답률 20%]

정답 ①

Step 1 주어진 조건을 이용하여 p_1의 값을 구한다.

S_n이 주어진 조건을 만족시키므로 $i\neq j$인 임의의 두 자연수 i, j에 대하여

$$\begin{aligned}S_i-S_j&=(pi^2-36i+q)-(pj^2-36j+q)\\&=p(i^2-j^2)-36(i-j)\\&=p(i+j)(i-j)-36(i-j)\\&=(i-j)(pi+pj-36)\neq 0\end{aligned}$$

→ 문제에서 주어진 조건이다.

즉, $pi+pj-36\neq 0$이므로 $i+j\neq\frac{36}{p}$

→ $pi+pj-36=0$이면 $S_i-S_j=0$이므로 주어진 조건을 만족시키지 않는다.

이때 $p\leq 4$이면 $i+j=\frac{36}{p}$인 서로 다른 두 자연수 i, j가 존재하고

$p=5$일 때 $i+j=\frac{36}{p}$인 서로 다른 두 자연수 i, j가 존재하지 않는다.

→ $p=1$일 때, $i+j=36$, $p=2$일 때, $i+j=18$, $p=3$일 때, $i+j=12$, $p=4$일 때, $i+j=9$

$\therefore p_1=5$

Step 2 조건을 만족시키는 자연수 q의 값을 모두 구한다.

$p=p_1=5$이므로 $S_n=5n^2-36n+q$

$n=1$일 때, $a_1=S_1=q-31$ → S_n에 $n=1$을 대입

$n\geq 2$일 때,

$$\begin{aligned}a_n&=S_n-S_{n-1}\\&=5n^2-36n+q-\{5(n-1)^2-36(n-1)+q\}\\&=10n-41\end{aligned}$$

이때 $a_2=-21$, $a_3=-11$, $a_4=-1$, $a_5=9$, $a_6=19$, $a_7=29$, $\cdots$이고 $|a_k|<a_1$을 만족시키는 자연수 k의 개수가 3이므로 k의 값은 3, 4, 5이다. → $|a_k|$의 값이 가장 작은 3개

$11<a_1\leq 19$, $11<q-31\leq 19$ $\quad\therefore 42<q\leq 50$

→ $|a_3|<a_1$, $|a_4|<a_1$, $|a_5|<a_1$에서 $11<a_1$이고, $a_1>19$이면 $|a_6|<a_1$이므로 $|a_k|<a_1$을 만족시키는 자연수 k의 개수가 4가 된다. 따라서 $a_1\leq 19$이다.

따라서 모든 q의 값의 합은

$$43+44+\cdots+50=\frac{8\times(43+50)}{2}=372$$

16 [정답률 87%]

정답 5

Step 1 로그의 성질을 이용하여 식을 계산한다.

$$\begin{aligned}\log_2 96+\log_{\frac{1}{4}} 9&=\log_2(2^5\times 3)+\log_{2^{-2}} 3^2\\&=\log_2(2^5\times 3)-\log_2 3\\&=\log_2\frac{2^5\times 3}{3}\\&=\log_2 2^5=5\end{aligned}$$

→ $\frac{2}{-2}\log_2 3=-\log_2 3$

→ $5\log_2 2=5\times 1$

17 [정답률 84%]

정답 15

Step 1 $f'(3)=0$임을 이용한다.

$f(x)=x^3-3x^2+ax+10$에서 $f'(x)=3x^2-6x+a$

함수 $f(x)$는 $x=3$에서 극소이므로

$f'(3)=27-18+a=0$ $\quad\therefore a=-9$

$f'(x)=3(x+1)(x-3)=0$에서 $x=-1$ 또는 $x=3$이므로 함수 $f(x)$는 $x=-1$에서 극댓값을 갖는다.

→ $f'(x)=3x^2-6x-9=3(x^2-2x-3)$

따라서 함수 $f(x)$의 극댓값은 $f(-1)=-1-3+9+10=15$

→ $f(x)=x^3-3x^2-9x+10$에 $x=-1$ 대입

18 [정답률 72%]

정답 109

Step 1 $\sum_{k=1}^{n} f(k)=f(n)+\sum_{k=1}^{n-1} f(k)$임을 이용하여 주어진 식의 값을 구한다.

$$\begin{aligned}\sum_{k=1}^{6}(k+1)^2-\sum_{k=1}^{5}(k-1)^2&=(6+1)^2+\sum_{k=1}^{5}(k+1)^2-\sum_{k=1}^{5}(k-1)^2\\&=49+\sum_{k=1}^{5}4k\\&=49+4\times\frac{5\times 6}{2}\\&=109\end{aligned}$$

→ $\sum_{k=1}^{5}\{(k^2+2k+1)-(k^2-2k+1)\}=\sum_{k=1}^{5}4k$

19 [정답률 74%]

정답 80

Step 1 시각 $t=k$에서 점 P의 가속도가 0임을 이용한다.

점 P의 시각 t에서의 가속도를 $a(t)$라 하면

$a(t)=v'(t)=12t^2-48$

$a(k)=12k^2-48=0$에서 $k^2=4$

$\therefore k=2$ ($\because k>0$)

Step 2 시각 $t=0$에서 $t=k$까지 점 P가 움직인 거리를 구한다.

$$\begin{aligned}\int_0^2|v(t)|dt&=\int_0^2(-4t^3+48t)dt\\&=\Big[-t^4+24t^2\Big]_0^2\\&=-16+96=80\end{aligned}$$

→ $0\leq t\leq 2$에서 $v(t)\leq 0$

→ 움직인 거리이므로 절댓값을 붙여줘야 한다.

20 [정답률 18%]

정답 226

Step 1 조건 (가)를 이용한다.

조건 (가)에서 $\lim_{x\to 0}\frac{|f(x)-1|}{x}$의 값이 존재하고 $\lim_{x\to 0}x=0$이므로

$\lim_{x\to 0}|f(x)-1|=0$ → $f(x)$가 삼차함수이므로 $f(x)-1$도 삼차식이다.

따라서 삼차식 $f(x)-1$은 x를 인수로 갖는다.

이차식 $g(x)$에 대하여 $f(x)-1=xg(x)$라 하면

$$\begin{aligned}\lim_{x\to 0+}\frac{|f(x)-1|}{x}&=\lim_{x\to 0+}\frac{|xg(x)|}{x}=\lim_{x\to 0+}\frac{x|g(x)|}{x}\\&=\lim_{x\to 0+}|g(x)|=|g(0)|\end{aligned}$$

→ $x>0$이므로 $|x|=x$

$$\begin{aligned}\lim_{x\to 0-}\frac{|f(x)-1|}{x}&=\lim_{x\to 0-}\frac{|xg(x)|}{x}=\lim_{x\to 0-}\frac{-x|g(x)|}{x}\\&=-\lim_{x\to 0-}|g(x)|=-|g(0)|\end{aligned}$$

→ $x<0$이므로 $|x|=-x$

$|g(0)|=-|g(0)|$이므로 $g(0)=0$ → $x=0$일 때 극한값이 존재해야 하므로 좌극한값과 우극한값이 같아야 한다.

따라서 이차식 $g(x)$도 x를 인수로 가지므로

$f(x)-1=x^2(x+k)$ (k는 실수) → $f(x)$의 최고차항의 계수는 1

$\therefore f(x)=x^3+kx^2+1$

Step 2 조건 (나)를 이용하여 $f(5)$의 최댓값을 구한다.

조건 (나)에서 $xf(x)\geq -4x^2+x$이므로

$x(x^3+kx^2+1)\geq -4x^2+x$, $x^4+kx^3+4x^2\geq 0$

$\therefore x^2(x^2+kx+4)\geq 0$ → $(x^4+kx^3+x)-(-4x^2+x)=x^4+kx^3+4x^2$

이때 모든 실수 x에 대하여 $x^2\geq 0$이므로 $x^2+kx+4\geq 0$이어야 한다.

이차방정식 $x^2+kx+4=0$의 판별식을 D라 하면

$D=k^2-16\leq 0$ $\quad\therefore -4\leq k\leq 4$ → $(k+4)(k-4)\leq 0$

따라서 $f(5)=25k+126$의 최댓값은 $k=4$일 때 226이다.

21 [정답률 19%]

정답 8

Step 1 직선 $y=-\sqrt{3}x$의 기울기를 이용하여 점 A의 좌표를 구한다.

점 A에서 x축에 내린 수선의 발을 H라 하고, $\overline{OA}=\sqrt{3}k$, $\overline{OB}=\sqrt{19}k$ ($k>0$)라 하자.

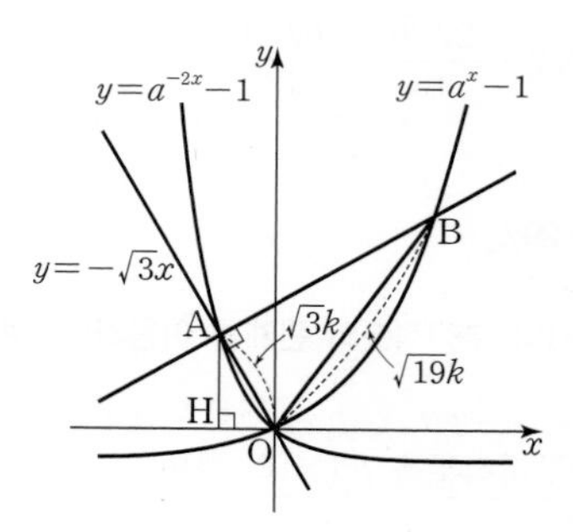

삼각형 OAB에서 $\overline{AB}=\sqrt{(\sqrt{19}k)^2-(\sqrt{3}k)^2}=4k$이고 직선 OA의 기울기가 $-\sqrt{3}$이므로 $\angle AOH=60°$

따라서 $\overline{OH}=\frac{\sqrt{3}}{2}k$, $\overline{AH}=\frac{3}{2}k$이므로 점 A의 좌표는

$A\left(-\frac{\sqrt{3}}{2}k, \frac{3}{2}k\right)$이다.

Step 2 특수각인 삼각형을 이용하여 점 B의 좌표를 구한다.

직선 AB가 x축과 만나는 점을 C라 하고, 점 B에서 x축에 내린 수선의 발을 I라 하자.

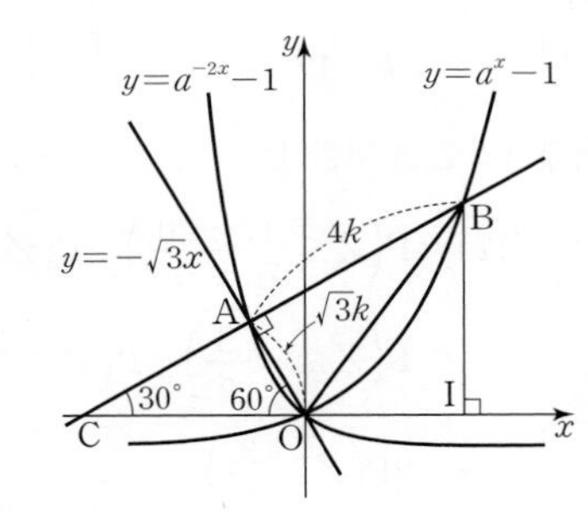

삼각형 OAC에서 $\angle AOC=60^\circ$이고 $\angle OAC=90^\circ$이므로 $\angle ACO=30^\circ$이고, $\overline{OA}=\sqrt{3}k$이므로 $\overline{AC}=3k$, $\overline{OC}=2\sqrt{3}k$이다.

따라서 $\overline{BC}=7k$이므로 삼각형 BCI에서 $\overline{BI}=\frac{7}{2}k$, $\overline{CI}=\frac{7}{2}\sqrt{3}k$

$\overline{OI}=\frac{7}{2}\sqrt{3}k-2\sqrt{3}k=\frac{3}{2}\sqrt{3}k$이므로 점 B의 좌표는 $\left(\frac{3}{2}\sqrt{3}k,\ \frac{7}{2}k\right)$

Step 3 점 A가 곡선 $y=a^{-2x}-1$ 위의 점이고, 점 B가 곡선 $y=a^x-1$ 위의 점임을 이용하여 k의 값을 구한다.

점 A는 곡선 $y=a^{-2x}-1$ 위의 점이므로

$a^{\sqrt{3}k}-1=\frac{3}{2}k$에서 $a^{\sqrt{3}k}=\frac{3k+2}{2}$ …… ㉠

점 B는 곡선 $y=a^x-1$ 위의 점이므로

$a^{\frac{3\sqrt{3}}{2}k}-1=\frac{7}{2}k$에서 $a^{\frac{3\sqrt{3}}{2}k}=\frac{7k+2}{2}$ …… ㉡

㉠, ㉡에서 $\left(\frac{3k+2}{2}\right)^3=\left(\frac{7k+2}{2}\right)^2$ → ㉠, ㉡에서 a의 지수를 맞추기 위해 ㉠을 세제곱, ㉡을 제곱하여 정리한다.

$27k^3-44k^2-20k=0$, $k(k-2)(27k+10)=0$

$\therefore k=2$ ($\because k>0$)

따라서 $\overline{AB}=4k=8$

22 [정답률 6%] 정답 82

Step 1 조건을 만족시키는 함수 $f(x)$의 그래프의 개형을 생각해본다.

사차함수 $f(x)$가 $x=a$에서 극솟값만 갖는다고 하면 함수 $g(t)$는 → 사차함수 $f(x)$의 최고차항의 계수가 양수이므로 극솟값을 반드시 가진다.

$$g(t)=\begin{cases} f(t)-f(a) & (t<a) \\ f(a)-f(t) & (t\ge a) \end{cases}$$

이때 함수 $g(t)$는 실수 전체의 집합에서 감소하므로 조건을 만족시키는 양수 k가 존재하지 않는다.

그러므로 함수 $f(x)$는 극댓값을 갖는다.

함수 $f(x)$가 $x=a$, $x=b$ $(a<b)$에서 극솟값을 갖고, $f(a)=p$, $f(b)=q$라 하자.

(i) $f(a)=f(b)$인 경우

$$g(t)=\begin{cases} f(t)-p & (t<a) \\ 0 & (a\le t\le b) \\ p-f(t) & (t>b) \end{cases}$$

→ $g(t)=k$ $(k>0)$를 만족시키는 t가 존재해야 하므로 조건에 모순이다.

따라서 조건을 만족시키지 않는다.

(ii) $f(a)<f(b)$인 경우

$f(c)=f(b)$ (단, $a<c<b$)라 하면

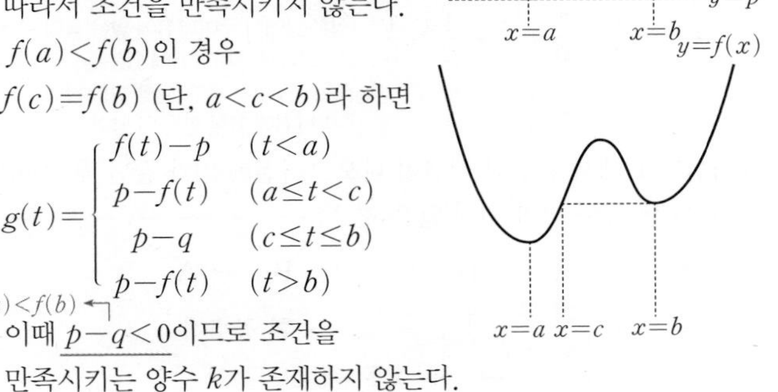

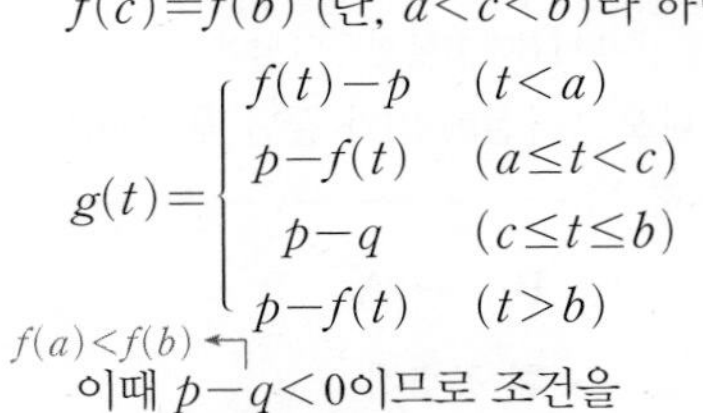

$$g(t)=\begin{cases} f(t)-p & (t<a) \\ p-f(t) & (a\le t<c) \\ p-q & (c\le t\le b) \\ p-f(t) & (t>b) \end{cases}$$

$f(a)<f(b)$ ← 이때 $p-q<0$이므로 조건을 만족시키는 양수 k가 존재하지 않는다.

(iii) $f(a)>f(b)$인 경우

$f(c)=f(a)$ (단, $a<c<b$)라 하면

$$g(t)=\begin{cases} f(t)-q & (t<a) \\ p-q & (a\le t\le c) \\ f(t)-q & (c<t<b) \\ q-f(t) & (t\ge b) \end{cases}$$

$p-q>0$이므로 $k=p-q$, $a=0$, $c=2$이다. → $g(t)=p-q=k$를 만족시키는 t의 값의 범위는 $0\le t\le 2$

Step 2 $f(x)$의 식을 이용하여 k, $g(-1)$의 값을 각각 구한다.

(i)~(iii)에 의하여 $f'(0)=0$, $f(0)=f(2)$

또한 $g(4)=0$이므로 $b=4$, $f'(4)=0$이다.

$x>4$일 때, $f(x)=f(0)$의 해를 α라 하면

$f(x)-f(0)=x^2(x-2)(x-\alpha)$ → $f(x)$의 최고차항의 계수가 1이고, $f(0)=f(2)=f(\alpha)$

위 식의 양변을 x에 대하여 미분하면

$f'(x)=2x(x-2)(x-\alpha)+x^2(x-\alpha)+x^2(x-2)$ → 곱의 미분법

$f'(4)=16(4-\alpha)+16(4-\alpha)+32=160-32\alpha=0$ $\quad\therefore \alpha=5$

$f(x)=x^2(x-2)(x-5)+f(0)$

$k=f(0)-f(4)$이므로 $k=f(0)-\{-32+f(0)\}=32$ → $p-q=f(a)-f(b)=f(0)-f(4)$

$g(-1)=f(-1)-f(4)=\{18+f(0)\}-\{-32+f(0)\}=50$

따라서 $k+g(-1)=32+50=82$이다. → $f(0)$의 값을 모르더라도 $f(0)$이 소거가 되므로 $g(-1)$의 값을 구할 수 있다.

확률과 통계

23 [정답률 67%] 정답 ②

Step 1 모표준편차와 표본의 크기를 이용하여 $\sigma(\overline{X})$의 값을 구한다.

모표준편차가 12이고 표본의 크기가 36이므로

$\sigma(\overline{X})=\frac{1}{\sqrt{36}}\times 12=2$

24 [정답률 80%] 정답 ①

Step 1 x^6의 계수를 구한다.

$(x-2)^5$의 전개식에서 일반항은 ${}_5C_r x^{5-r}(-2)^r$ $(r=0, 1, 2, 3, 4, 5)$

따라서 $r=1$일 때 x^4의 계수는 ${}_5C_1\times(-2)^1=-10$ → $=5$

그러므로 다항식 $(x^2+1)(x-2)^5$의 전개식에서 x^6의 계수는

$1\times(-10)=-10$이다.

→ 다항식 x^2+1에서 x^2의 계수

25 [정답률 80%] 정답 ③

Step 1 a의 값을 구한다.

$E(X)=-1$이므로 $-3\times\frac{1}{2}+0\times\frac{1}{4}+a\times\frac{1}{4}=-1$

$-\frac{3}{2}+\frac{a}{4}=-1$, $\frac{a}{4}=\frac{1}{2}$

$\therefore a=2$

Step 2 $V(2X)$의 값을 구한다. → -1이라고 문제에서 주어졌다.

$V(2X)=4V(X)$, $V(X)=E(X^2)-\{E(X)\}^2$이므로

$$\begin{aligned} V(2X)&=4V(X)=4\times[E(X^2)-\{E(X)\}^2] \\ &=4\times\left[\left\{(-3)^2\times\frac{1}{2}+0^2\times\frac{1}{4}+2^2\times\frac{1}{4}\right\}-(-1)^2\right] \\ &=4\times\left(\frac{9}{2}+0+1-1\right)=18 \end{aligned}$$

26 [정답률 74%]

정답 ④

Step 1 **조건 (가), (나)를 모두 만족시키는 경우를 생각한다.**

조건 (가)를 만족시키는 네 자연수는 1, 1, 1, 8 또는 1, 1, 2, 4 또는 1, 2, 2, 2이다.

이때 조건 (나)에서 $a+b+c+d<10$이므로 1, 1, 2, 4 또는 1, 2, 2, 2만 가능하다.

→ $1+1+1+8=11>10$이므로 조건 (나)를 만족시키지 않는다.

Step 2 **순서쌍 (a, b, c, d)의 개수를 구한다.**

네 자연수가 1, 1, 2, 4일 때, 모든 순서쌍 (a, b, c, d)의 개수는

$\frac{4!}{2!}=12$ → 같은 것이 있는 순열

네 자연수가 1, 2, 2, 2일 때, 모든 순서쌍 (a, b, c, d)의 개수는

$\frac{4!}{3!}=4$ → 1, 2, 2, 2에 2가 3개 있다.

따라서 구하는 순서쌍의 개수는 $12+4=16$이다.

27 [정답률 56%]

정답 ⑤

Step 1 **전체 경우의 수를 구한다.**

10장의 카드 중 임의로 4장의 카드를 동시에 꺼내는 경우의 수는

$${}_{10}C_4=\frac{10\times9\times8\times7}{4\times3\times2\times1}=210$$

Step 2 **$a_3+a_4\geq16$을 만족시키는 순서쌍 (a_3, a_4)와 이때의 a_1, a_2의 경우의 수를 구한다.**

→ a_3+a_4의 값이 최대인 경우는 $(9, 10)$인 19이므로 16, 17, 18, 19인 경우를 구하면 된다.

$a_3+a_4\geq16$을 만족시키는 순서쌍 (a_3, a_4)와 각각의 경우에서 가능한 a_1, a_2의 경우의 수는 다음과 같다.

(i) $a_3+a_4=16$인 경우, 순서쌍 (a_3, a_4)는

$(7, 9)$일 때, a_1, a_2는 1, 3, 5 중 2개를 선택하는 경우의 수이므로 ${}_3C_2=3$

$(6, 10)$일 때, a_1, a_2는 1, 3, 5 중 2개를 선택하는 경우의 수이므로 ${}_3C_2=3$

(ii) $a_3+a_4=17$인 경우, 순서쌍 (a_3, a_4)는

$(8, 9)$일 때, a_1, a_2는 1, 3, 5, 7 중 2개를 선택하는 경우의 수이므로 ${}_4C_2=6$

$(7, 10)$일 때, a_1, a_2는 1, 3, 5 중 2개를 선택하는 경우의 수이므로 ${}_3C_2=3$

(iii) $a_3+a_4=18$인 경우, 순서쌍 (a_3, a_4)는

$(8, 10)$일 때, a_1, a_2는 1, 3, 5, 7 중 2개를 선택하는 경우의 수이므로 ${}_4C_2=6$

(iv) $a_3+a_4=19$인 경우, 순서쌍 (a_3, a_4)는

$(9, 10)$일 때, a_1, a_2는 1, 3, 5, 7 중 2개를 선택하는 경우의 수이므로 ${}_4C_2=6$

Step 3 **구하는 확률을 계산한다.**

따라서 구하는 확률은 $\frac{3+3+6+3+6+6}{210}=\frac{27}{210}=\frac{9}{70}$

28 [정답률 46%]

정답 ④

Step 1 **두 확률변수 X, Y의 평균을 구한다.**

확률변수 X의 평균을 m, 표준편차를 σ라고 하면 곡선 $y=g(x)$는 곡선 $y=f(x)$를 x축의 방향으로 -6만큼 평행이동한 것이므로 확률변수 Y의 평균은 $m-6$, 표준편차는 σ이다.

→ 평행이동을 해도 그래프의 개형은 변하지 않으므로 표준편차는 같다.

조건 (가)에서 $P(X\leq11)=P(Y\geq23)$이므로

$$P\left(Z\leq\frac{11-m}{\sigma}\right)=P\left(Z\geq\frac{29-m}{\sigma}\right)$$

→ $=23-(m-6)$

$$\frac{11-m}{\sigma}=-\frac{29-m}{\sigma}\qquad\therefore m=20$$

Step 2 **k의 값을 구한다.**

조건 (나)에서 $P(X\leq k)+P(Y\leq k)=1$이므로

$$P\left(Z\leq\frac{k-20}{\sigma}\right)+P\left(Z\leq\frac{k-14}{\sigma}\right)=1$$

$$P\left(Z\leq\frac{k-20}{\sigma}\right)=1-P\left(Z\leq\frac{k-14}{\sigma}\right)$$

$$=P\left(Z\leq-\frac{k-14}{\sigma}\right)$$

→ $1-P\left(Z\leq\frac{k-14}{\sigma}\right)=P\left(Z\geq\frac{k-14}{\sigma}\right)=P\left(Z\leq-\frac{k-14}{\sigma}\right)$

$$\frac{k-20}{\sigma}=-\frac{k-14}{\sigma}\qquad\therefore k=17$$

Step 3 **$E(X)+\sigma(Y)$의 값을 구한다.**

$$P(X\leq17)+P(Y\geq17)=P\left(Z\leq\frac{17-20}{\sigma}\right)+P\left(Z\geq\frac{17-14}{\sigma}\right)$$

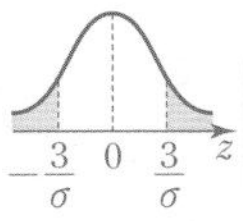

$$=P\left(Z\leq-\frac{3}{\sigma}\right)+P\left(Z\geq\frac{3}{\sigma}\right)$$

$$=2P\left(Z\geq\frac{3}{\sigma}\right)$$

$$=0.1336$$

$\therefore P\left(Z\geq\frac{3}{\sigma}\right)=0.0668$

이때 $P(0\leq Z\leq1.5)=0.4332$에서

$P(Z\geq1.5)=0.5-0.4332=0.0668$

즉, $\frac{3}{\sigma}=1.5$이므로 $\sigma=2$

$\therefore E(X)+\sigma(Y)=20+2=22$

→ $E(X)=m$, $\sigma(Y)=\sigma$

29 [정답률 29%]

정답 105

Step 1 **조건 (가)를 만족시키는 경우에서 조건 (나), (다)를 만족시키지 않는 경우를 제외한다.**

조건 (가)를 만족시키는 함수 f의 개수는

$${}_6H_4={}_9C_4=\frac{9\times8\times7\times6}{4\times3\times2\times1}=126$$

→ ${}_{6+4-1}C_4$

이때 $f(1)\geq4$인 함수 f의 개수는 ${}_3H_4={}_6C_4=15$

→ 조건 (나)의 여사건, $={}_6C_2=\frac{6\times5}{2\times1}$

또한 $f(3)>f(1)+4$, 즉 $f(3)-f(1)>4$이려면 $f(1)=1$, $f(3)=6$이어야 하므로

→ 조건 (다)의 여사건

$f(4)=6$, $1\leq f(2)\leq6$

→ $f(1)$, $f(3)$, $f(4)$의 값은 정해져 있으므로 $f(2)$의 값의 개수가 함수 f의 개수이다.

따라서 이를 만족시키는 함수 f의 개수는 6이다.

그러므로 구하는 함수 f의 개수는 $126-15-6=105$이다.

30 [정답률 17%]

정답 17

Step 1 **[실행 1]에서 동전의 앞면 또는 뒷면이 나오는 경우로 나누고 [실행 2]가 끝난 후 주머니 B에 흰 공이 남아 있지 않을 확률을 각각 구한다.**

[실행 2]가 끝난 후, 주머니 B에 흰 공이 남아 있지 않은 사건을 X, [실행 1]에서 주머니 B에 넣은 공 중 흰 공이 2개인 사건을 Y라 하자.

(i) [실행 1]에서 동전의 앞면이 나오고, [실행 2]가 끝난 후 주머니 B에 흰 공이 남아 있지 않은 경우

A → B　　B → A

앞면 → 흰 공 2개 → 흰 공 5개 (주머니 B : 흰 공 5개, 검은 공 1개)

앞면 → 흰 공 1개, 검은 공 1개 → 흰 공 4개, 검은 공 1개 (주머니 B : 흰 공 4개, 검은 공 2개)

각각의 경우의 확률을 구하면

$$\frac{1}{2}\times\frac{{}_3C_2}{{}_4C_2}\times\frac{{}_5C_5}{{}_6C_5}+\frac{1}{2}\times\frac{{}_3C_1\times{}_1C_1}{{}_4C_2}\times\frac{{}_4C_4\times{}_2C_1}{{}_6C_5}$$

$$=\frac{1}{2}\times\frac{1}{2}\times\frac{1}{6}+\frac{1}{2}\times\frac{1}{2}\times\frac{1}{3}$$

$$=\frac{1}{24}+\frac{1}{12}=\frac{1}{8}$$

(ii) [실행 1]에서 동전의 뒷면이 나오고, [실행 2]가 끝난 후 주머니 B에 흰 공이 남아 있지 않은 경우

→ [실행 1]에서 주머니 B에 넣은 공이 흰 공 3개이면 주머니 B에 있는 공이 흰 공 6개, 검은 공 1개가 되어 [실행 2]를 하여도 주머니 B에 항상 흰 공이 남아 있다.

A → B　　B → A

뒷면 → 흰 공 2개 검은 공 1개 → 흰 공 5개 (주머니 B : 흰 공 5개, 검은 공 2개)

이 경우 확률을 구하면

$$\frac{1}{2}\times\frac{{}_3C_2\times{}_1C_1}{{}_4C_3}\times\frac{{}_5C_5}{{}_7C_5}=\frac{1}{2}\times\frac{3}{4}\times\frac{1}{21}=\frac{1}{56}$$

Step 2 조건부확률을 이용한다.

(i), (ii)에서

$$P(X)=\frac{1}{8}+\frac{1}{56}=\frac{8}{56}=\frac{1}{7}$$

$$P(X\cap Y)=\frac{1}{24}+\frac{1}{56}=\frac{10}{168}=\frac{5}{84}$$

→ (i)의 첫 번째 경우의 확률

그러므로 구하는 확률은

$$P(Y|X)=\frac{P(X\cap Y)}{P(X)}=\frac{\frac{5}{84}}{\frac{1}{7}}=\frac{5}{12}$$

따라서 $p=12$, $q=5$이므로 $p+q=17$

미적분

23 [정답률 96%]

정답 ①

Step 1 등차수열 $\{a_n\}$의 일반항을 구한다.

수열 $\{a_n\}$은 첫째항이 1이고 공차가 2인 등차수열이므로

$a_n=2(n-1)+1=2n-1$

Step 2 극한값을 구한다.

$$\lim_{n\to\infty}\frac{a_n}{3n+1}=\lim_{n\to\infty}\frac{2n-1}{3n+1}=\lim_{n\to\infty}\frac{2-\frac{1}{n}}{3+\frac{1}{n}}=\frac{2}{3}$$

→ $\lim_{n\to\infty}\frac{1}{n}=0$

24 [정답률 94%]

정답 ③

Step 1 로그함수의 극한값을 이용하여 $f'(0)$의 값을 구한다.

$$\lim_{x\to0}\frac{f(x)-f(0)}{\ln(1+3x)}=\lim_{x\to0}\frac{\frac{f(x)-f(0)}{x}}{\frac{\ln(1+3x)}{3x}\times3}=\frac{\lim_{x\to0}\frac{f(x)-f(0)}{x}}{3\lim_{x\to0}\frac{\ln(1+3x)}{3x}}$$

$$=\frac{f'(0)}{3}=2$$

→ 분모, 분자를 모두 x로 나눈다.

→ $\lim_{x\to0}\ln(1+3x)^{\frac{1}{3x}}=\ln e=1$

$\therefore f'(0)=6$

25 [정답률 74%]

정답 ⑤

Step 1 $\frac{dy}{dx}=\frac{\frac{dy}{dt}}{\frac{dx}{dt}}$임을 이용한다.

$x=\sin t-\cos t$, $y=3\cos t+\sin t$의 양변을 각각 t에 대하여 미분하면

$$\frac{dx}{dt}=\cos t+\sin t,\ \frac{dy}{dt}=-3\sin t+\cos t$$

→ 매개변수로 나타내어진 함수의 미분법

$$\therefore \frac{dy}{dx}=\frac{\frac{dy}{dt}}{\frac{dx}{dt}}=\frac{-3\sin t+\cos t}{\cos t+\sin t}\ (\text{단, }\cos t+\sin t\neq0)$$

Step 2 점 (a, b)에서의 접선의 기울기가 3임을 이용한다.

곡선 위의 한 점 (a, b)에서의 접선의 기울기가 3이므로

$$\frac{-3\sin t+\cos t}{\cos t+\sin t}=3,\ -3\sin t+\cos t=3\cos t+3\sin t$$

→ $\frac{dy}{dx}=3$

$-2\cos t=6\sin t\quad\therefore \cos t=-3\sin t\quad\cdots\cdots$ ㉠

이때 $\sin^2 t+\cos^2 t=1$이므로 $\sin^2 t+(-3\sin t)^2=10\sin^2 t=1$

→ ㉠ 대입

$$\sin^2 t=\frac{1}{10}\quad\therefore \sin t=\frac{\sqrt{10}}{10}\ (\because 0<t<\pi)$$

이 값을 ㉠에 대입하면 $\cos t=-\frac{3\sqrt{10}}{10}$

$$a=\sin t-\cos t=\frac{\sqrt{10}}{10}-\left(-\frac{3\sqrt{10}}{10}\right)=\frac{4\sqrt{10}}{10}=\frac{2\sqrt{10}}{5}$$

$$b=3\cos t+\sin t=3\times\left(-\frac{3\sqrt{10}}{10}\right)+\frac{\sqrt{10}}{10}=-\frac{8\sqrt{10}}{10}$$

$$=-\frac{4\sqrt{10}}{5}$$

$$\therefore a+b=\frac{2\sqrt{10}}{5}+\left(-\frac{4\sqrt{10}}{5}\right)=-\frac{2\sqrt{10}}{5}$$

26 [정답률 62%]

정답 ②

Step 1 주어진 식을 정적분을 이용하여 나타낸다.

$$\lim_{n\to\infty}\sum_{k=1}^{n}\frac{k}{(2n-k)^2}=\lim_{n\to\infty}\sum_{k=1}^{n}\frac{\frac{k}{n}}{\left(\frac{k}{n}-2\right)^2}\times\frac{1}{n}=\int_{-2}^{-1}\frac{x+2}{x^2}dx$$

$$=\int_{-2}^{-1}\left(\frac{1}{x}+\frac{2}{x^2}\right)dx=\left[\ln|x|-\frac{2}{x}\right]_{-2}^{-1}$$

$$=1-\ln 2$$

→ $=2x^{-2}$ → $(\ln 1+2)-(\ln 2+1)$

분모, 분자를 n^2으로 나누면

$$\frac{\frac{k}{n^2}}{\frac{(2n-k)^2}{n^2}}=\frac{\frac{k}{n}\times\frac{1}{n}}{\left(2-\frac{k}{n}\right)^2}=\frac{\frac{k}{n}}{\left(\frac{k}{n}-2\right)^2}\times\frac{1}{n}$$

27 [정답률 72%]

정답 ④

Step 1 S_1의 값을 구한다.

$\angle A_1B_1D_1=\theta$라 하면 삼각형 $A_1B_1D_1$에서

$\overline{B_1D_1}=\sqrt{(2\sqrt{6})^2+1^2}=5$이고 $\angle A_1D_1B_1=\frac{\pi}{2}-\theta$이므로

$$\sin\theta=\frac{\overline{A_1D_1}}{\overline{B_1D_1}}=\frac{2\sqrt{6}}{5},\ \cos\theta=\frac{\overline{A_1B_1}}{\overline{B_1D_1}}=\frac{1}{5}$$

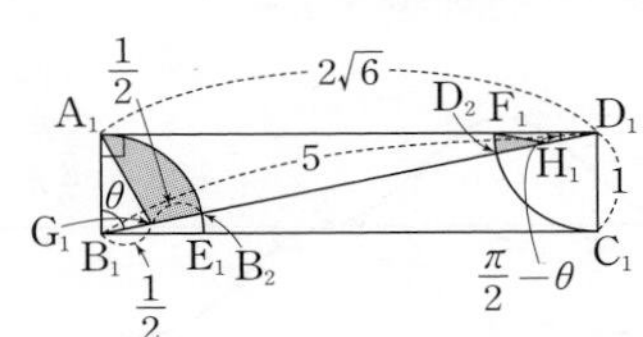

두 선분 A_1G_1, G_1B_2와 호 B_2A_1로 둘러싸인 부분의 넓이는 부채꼴 $B_1A_1B_2$의 넓이에서 삼각형 $A_1B_1G_1$의 넓이를 뺀 것과 같으므로

$$\frac{1}{2}\times1^2\times\theta-\frac{1}{2}\times1\times\frac{1}{2}\times\sin\theta=\frac{\theta}{2}-\frac{\sqrt{6}}{10}$$

두 선분 D_2H_1, H_1F_1과 호 F_1D_2로 둘러싸인 부분의 넓이는 부채꼴 $D_1D_2F_1$의 넓이에서 삼각형 $D_1F_1H_1$의 넓이를 뺀 것과 같으므로

$$\frac{1}{2}\times1^2\times\left(\frac{\pi}{2}-\theta\right)-\frac{1}{2}\times1\times\frac{1}{2}\times\sin\left(\frac{\pi}{2}-\theta\right)=\frac{\pi}{4}-\frac{\theta}{2}-\frac{1}{20}$$

$$\therefore S_1=\left(\frac{\theta}{2}-\frac{\sqrt{6}}{10}\right)+\left(\frac{\pi}{4}-\frac{\theta}{2}-\frac{1}{20}\right)=\frac{\pi}{4}-\frac{\sqrt{6}}{10}-\frac{1}{20}$$

Step 2 넓이의 비를 구하여 극한값을 계산한다.

$\overline{B_2D_2}=\overline{B_1D_1}-(\overline{B_1B_2}+\overline{D_1D_2})=5-(1+1)=3$이므로

$$\frac{\overline{B_{n+1}D_{n+1}}}{\overline{B_nD_n}}=\frac{\overline{B_2D_2}}{\overline{B_1D_1}}=\frac{3}{5}$$

따라서 두 직사각형 $A_nB_nC_nD_n$, $A_{n+1}B_{n+1}C_{n+1}D_{n+1}$의 닮음비는 5 : 3이므로 넓이의 비는 25 : 9이다.

$$\therefore \lim_{n\to\infty}S_n=\frac{S_1}{1-\frac{9}{25}}=\frac{25\pi-10\sqrt{6}-5}{64}$$

28 [정답률 37%]

정답 ②

Step 1 조건 (가)를 통해 구간 $[0, \pi]$에서 함수 $y=f(x)$의 그래프의 개형과 변곡점의 위치를 파악한다.

조건 (가)에서 구간 $[0, \pi]$에서 $f(x)=1-\cos x$이고,

함수 $y=f(x)$의 그래프는 다음과 같다.

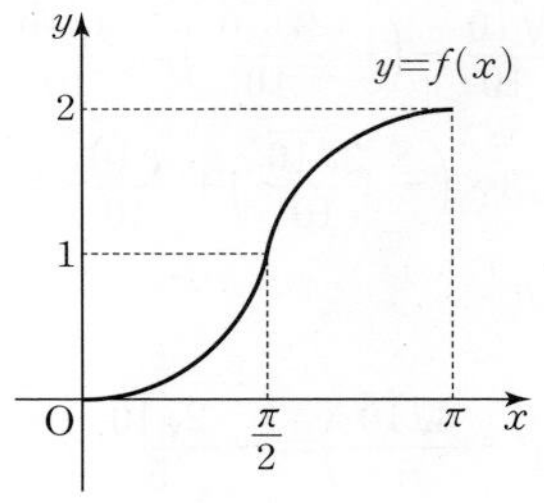

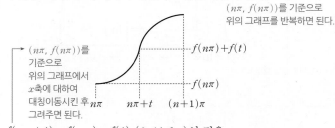

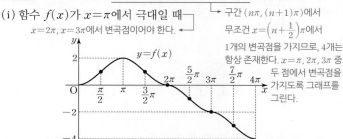

이 그래프는 구간 $\left(0,\ \frac{\pi}{2}\right)$에서 아래로 볼록이고 구간 $\left(\frac{\pi}{2},\ \pi\right)$에서 위로 볼록이므로 $x=\frac{\pi}{2}$에서 변곡점을 갖는다.

Step 2 조건 (나)를 통해 구간 $[n\pi,\ (n+1)\pi]$에서 곡선의 모양을 파악한다.

$\underline{f(n\pi+t)=f(n\pi)+f(t)}$ $(0<t\leq\pi)$인 경우,
구간 $[n\pi,\ (n+1)\pi]$에서 곡선의 모양은 다음과 같다.
$(n\pi,\ f(n\pi))$를 기준으로 위의 그래프를 반복하면 된다.

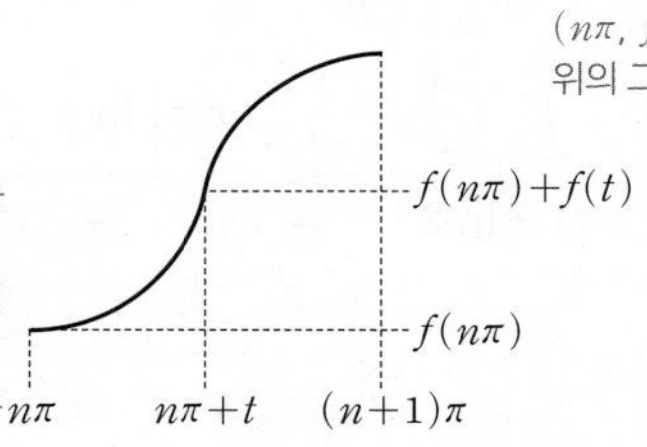

$(n\pi,\ f(n\pi))$를 기준으로 위의 그래프에서 x축에 대하여 대칭이동시킨 후 그려주면 된다.

$\underline{f(n\pi+t)=f(n\pi)-f(t)}$ $(0<t\leq\pi)$인 경우,
구간 $[n\pi,\ (n+1)\pi]$에서 곡선의 모양은 다음과 같다.

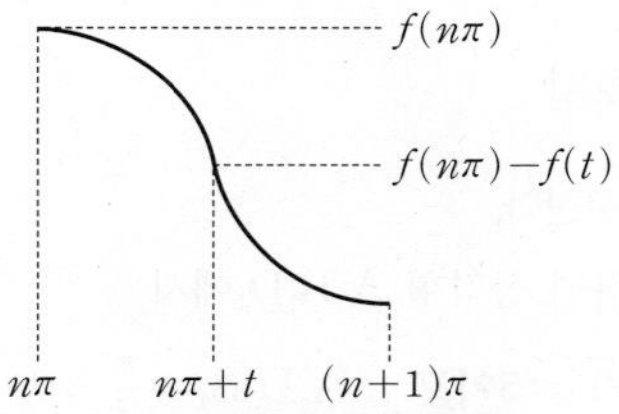

Step 3 $0<x<4\pi$에서 $\underline{\text{변곡점의 개수가 6이 되는 경우}}$를 파악한다.

구간 $(n\pi,\ (n+1)\pi)$에서 무조건 $x=\left(n+\frac{1}{2}\right)\pi$에서 1개의 변곡점을 가지므로, 4개는 항상 존재한다. $x=\pi,\ 2\pi,\ 3\pi$ 중 두 점에서 변곡점을 가지도록 그래프를 그린다.

(i) 함수 $f(x)$가 $x=\pi$에서 극대일 때 → $x=2\pi$, $x=3\pi$에서 변곡점이어야 한다.

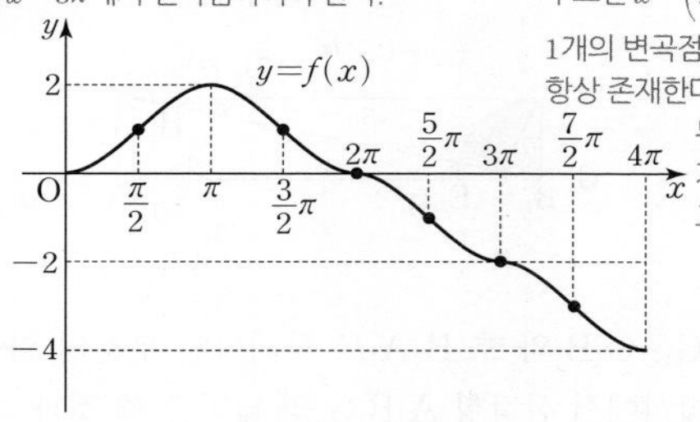

$$\begin{aligned}\int_0^{4\pi}|f(x)|dx&=4\int_0^{\pi}f(x)dx+2\times(4\pi-3\pi)\\&=4\int_0^{\pi}(1-\cos x)dx+2\pi\\&=4\Big[x-\sin x\Big]_0^{\pi}+2\pi=6\pi\end{aligned}$$

(ii) 함수 $f(x)$가 $x=2\pi$에서 극대일 때 → $x=\pi$, $x=3\pi$에서 변곡점이어야 한다.

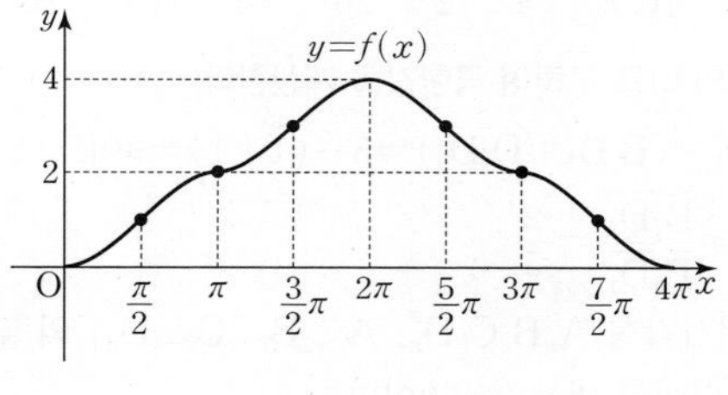

$$\int_0^{4\pi}|f(x)|dx=4\int_0^{\pi}f(x)dx+2\times(3\pi-\pi)=8\pi$$

(iii) 함수 $f(x)$가 $x=3\pi$에서 극대일 때 → $x=\pi$, $x=2\pi$에서 변곡점이어야 한다.

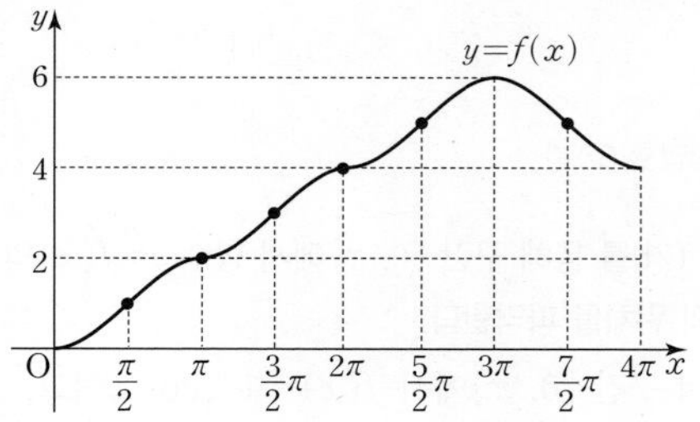

$$\begin{aligned}\int_0^{4\pi}|f(x)|dx&=4\int_0^{\pi}f(x)dx+2\times(2\pi-\pi)+4\times(4\pi-2\pi)\\&=14\pi\end{aligned}$$

(i)~(iii)에서 구하는 최솟값은 6π이다.

29 [정답률 32%] 정답 20

Step 1 선분 OT의 길이를 이용하여 $f(\theta)$를 구한다.

$\angle RBA=\angle BRQ$이고 호 BQ에 대한 $\underbrace{\text{원주각의 크기}}_{\angle BRQ}$는 $\underbrace{\text{중심각의 크기}}_{\angle BOQ}$의 $\frac{1}{2}$이므로 $\angle BRQ=\theta$

즉, $\angle RBA=\theta$이므로 $\overset{\pi-\angle OSB=\pi-(\pi-2\theta)}{\underline{\angle OST=2\theta}}$, $\angle OTB=\pi-\underbrace{3\theta}_{\angle BOQ+\angle OBR=2\theta+\theta}$

또한 삼각형 OBR은 이등변삼각형이므로 $\angle ORB=\theta$

$\therefore \angle ROT=\angle ROB-2\theta=(\pi-2\theta)-2\theta=\pi-4\theta$

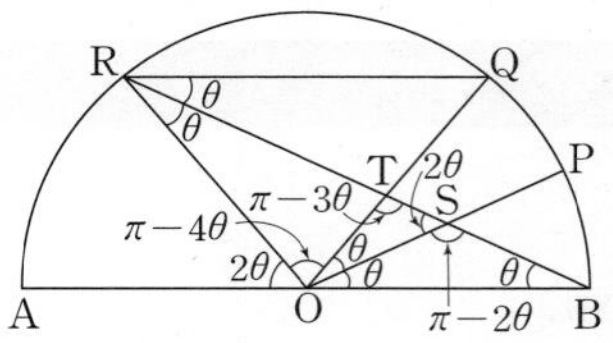

삼각형 OBT에서 사인법칙에 의하여

$$\frac{\overline{OB}}{\sin(\angle OTB)}=\frac{\overline{OT}}{\sin(\angle OBT)}$$

$$\frac{1}{\underbrace{\sin(\pi-3\theta)}_{=\sin 3\theta}}=\frac{\overline{OT}}{\sin\theta}\qquad\therefore\ \overline{OT}=\frac{\sin\theta}{\sin 3\theta}$$

$$\begin{aligned}\therefore\ f(\theta)&=\underbrace{\frac{1}{2}\times1^2\times\overset{\angle AOR}{2\theta}}_{\text{부채꼴 ORA의 넓이}}+\underbrace{\frac{1}{2}\times\overset{\overline{OR}}{1}\times\overset{\overline{OT}}{\frac{\sin\theta}{\sin 3\theta}}\times\sin(\overset{\angle ROT}{\pi-4\theta})}_{\text{삼각형 OTR의 넓이}}\\&=\theta+\frac{\sin\theta\sin 4\theta}{2\sin 3\theta}\end{aligned}$$

Step 2 $g(\theta)$를 구한다.

삼각형 OBS에서 사인법칙에 의하여

$$\frac{\overline{OB}}{\sin(\angle OSB)}=\frac{\overline{OS}}{\sin(\angle OBS)}$$

$$\frac{1}{\underbrace{\sin(\pi-2\theta)}_{=\sin 2\theta}}=\frac{\overline{OS}}{\sin\theta}\qquad\therefore\ \overline{OS}=\frac{\sin\theta}{\sin 2\theta}$$

$$\begin{aligned}\therefore\ g(\theta)&=\underbrace{\frac{1}{2}\times1^2\times\overset{\angle POQ}{\theta}}_{\text{부채꼴 POQ의 넓이}}-\underbrace{\frac{1}{2}\times\overset{\overline{OT}}{\frac{\sin\theta}{\sin 3\theta}}\times\overset{\overline{OS}}{\frac{\sin\theta}{\sin 2\theta}}\times\sin\overset{\angle TOS}{\theta}}_{\text{삼각형 OST의 넓이}}\\&=\frac{1}{2}\theta-\frac{\sin^3\theta}{2\sin 2\theta\sin 3\theta}\end{aligned}$$

Step 3 $\lim\limits_{\theta\to0+}\frac{g(\theta)}{f(\theta)}$의 값을 구한다.

$$\begin{aligned}\lim_{\theta\to0+}\frac{g(\theta)}{f(\theta)}&=\lim_{\theta\to0+}\frac{\frac{1}{2}\theta-\frac{\sin^3\theta}{2\sin 2\theta\sin 3\theta}}{\theta+\frac{\sin\theta\sin 4\theta}{2\sin 3\theta}}\\&=\lim_{\theta\to0+}\frac{\frac{1}{2}\theta\times\frac{1}{\theta}-\frac{\sin^3\theta}{2\sin 2\theta\sin 3\theta}\times\frac{1}{\theta}}{\theta\times\frac{1}{\theta}+\frac{\sin\theta\sin 4\theta}{2\sin 3\theta}\times\frac{1}{\theta}}\\&=\frac{\frac{1}{2}-\frac{1}{2\times2\times3}}{1+\frac{4}{2\times3}}\\&=\frac{\frac{5}{12}}{\frac{10}{6}}=\frac{1}{4}\end{aligned}$$

→ 분모와 분자에 $\frac{1}{\theta}$을 곱한다.

→ $\frac{\sin\theta}{\theta}$ 꼴로 바꾸어 $\lim\limits_{\theta\to0}\frac{\sin\theta}{\theta}=1$임을 이용한다.

따라서 $a=\frac{1}{4}$이므로 $80a=80\times\frac{1}{4}=20$

30 [정답률 10%] 정답 12

Step 1 조건 (가)를 이용하여 함수 $y=g(x)$의 그래프가 직선 $x=3a$에 대하여 대칭임을 안다.

함수 $g(x)$의 한 부정적분을 $G(x)$라 하자.

조건 (가)에서 $\int_{2a}^{3a+x}g(t)dt=\int_{3a-x}^{2a+2}g(t)dt$

$G(3a+x)-G(2a)=G(2a+2)-G(3a-x)$

위 등식의 양변을 x에 대하여 미분하면 $g(3a+x)=g(3a-x)$

모든 실수 x에 대하여 위 등식이 성립하므로 함수 $y=g(x)$의 그래프는 직선 $x=3a$에 대하여 대칭이다.

Step 2 정적분의 성질을 이용하여 a의 값을 구한다.

조건 (가)에서

$\int_{2a}^{3a+x} g(t)dt=\int_{3a-x}^{2a+2} g(t)dt=\int_{3a-x}^{4a} g(t)dt+\int_{4a}^{2a+2} g(t)dt$

이때 함수 $y=g(x)$의 그래프는 직선 $x=3a$에 대하여 대칭이므로

$\int_{2a}^{3a+x} g(t)dt=\int_{3a-x}^{4a} g(t)dt \qquad \therefore \int_{4a}^{2a+2} g(t)dt=0$

$g(x)>0$이므로 $2a+2=4a \qquad \therefore a=1$

Step 3 부분적분법을 이용하여 두 정수 m, n의 값을 각각 구한다.

함수 $h(x)$에 대하여 $h(x)=f(x)+f'(x)+1$이라 하면 $f(x)$는 최고차항의 계수가 1인 이차함수이므로 $h(x)=x^2+px+q$ (p, q는 상수)라 하자.

함수 $y=g(x)$의 그래프는 직선 $x=3$에 대하여 대칭이므로

$g(4)=g(2)$, 즉 $h(4)=h(2)$ → $g(x)=\ln h(x)$이므로 함수 $y=h(x)$의 그래프도 직선 $x=3$에 대하여 대칭이다.

$16+4p+q=4+2p+q \qquad \therefore p=-6$

조건 (나)에서 $h(4)=5$이므로 → $f(x)=x^2+\alpha x+\beta$라 하면 $f'(x)=2x+\alpha$이므로 $h(x)=x^2+(2+\alpha)x+\alpha+\beta+1$ 즉, 함수 $h(x)$도 최고차항의 계수가 1인 이차함수이다.

$16-24+q=5 \qquad \therefore q=13$

$h(x)=x^2-6x+13$에서 $h(3)=4$, $h(5)=8$

$h'(x)=f'(x)+f''(x)=f'(x)+2$

$\int_3^5 \{f'(x)+2a\}g(x)dx$ → $f(x)=x^2+\alpha x+\beta$라 하면 $f'(x)=2x+\alpha$, $f''(x)=2$

$=\int_3^5 \{f'(x)+2\}g(x)dx=\int_3^5 h'(x)\ln h(x)dx$

$=\Big[h(x)\ln h(x)\Big]_3^5-\int_3^5 h'(x)dx$ → $=h(x)\times\frac{h'(x)}{h(x)}$

$=h(5)\ln h(5)-h(3)\ln h(3)-\{h(5)-h(3)\}$

$=8\ln 8-4\ln 4-(8-4)=-4+16\ln 2$ → $=8\ln 2^3-4\ln 2^2$ $=24\ln 2-8\ln 2=16\ln 2$

따라서 $m=-4$, $n=16$이므로 $m+n=12$

기하

23 [정답률 90%] 정답 ③

Step 1 선분 AB의 중점의 z좌표가 0임을 이용한다.

두 점 A$(3,\ a,\ -2)$, B$(-1,\ 3,\ a)$에 대하여 선분 AB의 중점이 xy평면 위에 있으므로

$\frac{-2+a}{2}=0 \qquad \therefore a=2$

24 [정답률 81%] 정답 ⑤

Step 1 타원의 접선의 방정식을 구한다.

타원 $\frac{x^2}{16}+\frac{y^2}{8}=1$에 접하고 기울기가 2인 접선의 방정식은

$y=2x\pm\sqrt{16\times4+8}$ → 타원 $\frac{x^2}{a^2}+\frac{y^2}{b^2}=1$에 접하고 기울기가 m인 접선의 방정식은 $y=mx\pm\sqrt{a^2m^2+b^2}$

$\therefore y=2x\pm6\sqrt{2}$

Step 2 선분 AB의 길이를 구한다.

두 접선의 y절편은 각각 $6\sqrt{2}$, $-6\sqrt{2}$이므로

$\overline{AB}=6\sqrt{2}-(-6\sqrt{2})=12\sqrt{2}$

25 [정답률 78%] 정답 ④

Step 1 사각형 ABCD가 직사각형임을 이용한다.

조건 (가)에서 $\overrightarrow{AB}=-\overrightarrow{CD}=\overrightarrow{DC}$ → 두 벡터 AB, DC의 방향과 크기가 서로 같으므로 두 선분 AB, DC는 서로 평행하고 그 길이가 같다.

조건 (나)에서 $|\overrightarrow{BD}|=|\overrightarrow{BA}-\overrightarrow{BC}|=|\overrightarrow{CA}|=6$

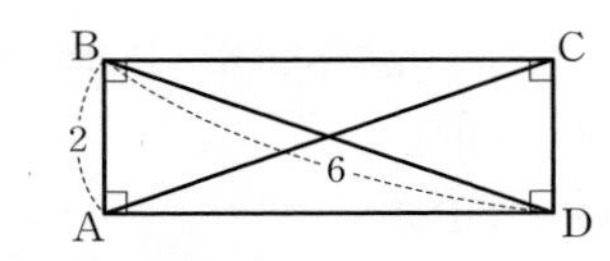

따라서 사각형 ABCD는 평행사변형이면서 두 대각선의 길이가 같으므로 직사각형이다. → $\overline{BD}=\overline{CA}=6$

$\therefore |\overrightarrow{AD}|=\overline{AD}=\sqrt{\overline{BD}^2-\overline{AB}^2}=\sqrt{6^2-2^2}=4\sqrt{2}$

26 [정답률 73%] 정답 ②

Step 1 점 A에서 선분 BC에 수선의 발을 내려 삼수선의 정리를 이용한다.

점 A에서 선분 BC에 내린 수선의 발을 H'이라 하자.

삼각형 ABC의 넓이가 6이고 $\overline{BC}=3$이므로

$\frac{1}{2}\times\overline{BC}\times\overline{AH'}=6$에서 $\overline{AH'}=4$ → $\frac{3}{2}\overline{AH'}$

$\overline{AH}\perp$(평면 BCD), $\overline{AH'}\perp\overline{BC}$이므로 삼수선의 정리에 의하여

$\overline{HH'}\perp\overline{BC}$

Step 2 두 선분 AH, HC의 길이를 각각 구한다.

두 직각삼각형 BH'H, BCD가 서로 닮음이므로

$\overline{HH'}:\overline{CD}=\overline{BH}:\overline{BD}$, $\overline{HH'}:3=1:3$ → 점 H가 선분 BD를 $1:2$로 내분하므로 $\overline{BH}:\overline{DH}=1:2$, $\overline{BH}:\overline{BD}=1:3$

$\therefore \overline{HH'}=1$

또한 $\overline{BH'}:\overline{H'C}=1:2$이므로 $\overline{H'C}=2$

선분 HC를 그으면 직각삼각형 HH'C에서

$\overline{HC}=\sqrt{\overline{HH'}^2+\overline{H'C}^2}=\sqrt{5}$ → $\sqrt{1^2+2^2}$

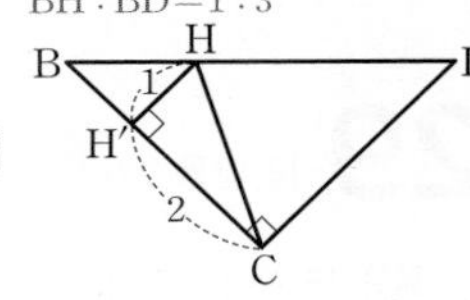

직각삼각형 AH'H에서

$\overline{AH}=\sqrt{\overline{AH'}^2-\overline{HH'}^2}=\sqrt{15}$ → $\sqrt{4^2-1^2}$

따라서 삼각형 AHC의 넓이는

$\frac{1}{2}\times\overline{HC}\times\overline{AH}=\frac{1}{2}\times\sqrt{5}\times\sqrt{15}=\frac{5\sqrt{3}}{2}$

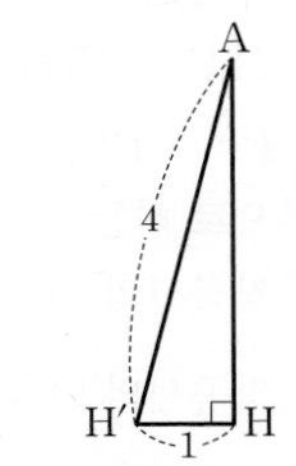

27 [정답률 66%] 정답 ①

Step 1 포물선의 정의를 이용하여 점 P의 좌표를 구한다.

포물선 $x^2=8(y+2)$에서 초점은 F$(0,\ 0)$, 준선의 방정식은 $y=-4$ → 포물선 $x^2=8y$의 초점의 좌표는 $(0,\ 2)$, 준선의 방정식은 $y=-2$이므로 포물선 $x^2=8(y+2)$에서는 각각 y축의 방향으로 -2만큼 평행이동

점 P의 좌표를 $(a,\ b)$ $(a>0,\ b>0)$라 하자.

점 P는 포물선 위의 점이므로 $\overline{PF}=\overline{PH}$

$\overline{PH}+\overline{PF}=40$에서 $\overline{PF}=\overline{PH}=20$

$\overline{PH}=|b-(-4)|=20 \qquad \therefore b=16\ (\because b>0)$

$\overline{PF}=\sqrt{a^2+16^2}=20 \qquad \therefore a=12\ (\because a>0)$ → 양변을 제곱하면 $a^2+256=400$, $a^2=144$ $\therefore a=12\ (\because a>0)$

따라서 점 P의 좌표는 $(12,\ 16)$이다.

Step 2 p의 값을 구한다.

점 P$(12,\ 16)$은 포물선 $y^2=4px$ 위의 점이므로

$16^2=48p \qquad \therefore p=\frac{16}{3}$

28 [정답률 48%] 정답 ⑤

Step 1 주어진 조건을 이용하여 $|\overrightarrow{OC}|$의 값을 구한다.

$\angle AOB=120°$이고 $\overrightarrow{OB}\cdot\overrightarrow{OC}=0$이므로

$\angle COB=90°$, $\angle AOC=30°$

$\overrightarrow{OA}\cdot\overrightarrow{OC}=24$에서

$|\overrightarrow{OA}||\overrightarrow{OC}|\times\cos(\angle AOC)=4\times|\overrightarrow{OC}|\times\cos 30°$

$=2\sqrt{3}\times|\overrightarrow{OC}|=24$

$\therefore |\overrightarrow{OC}|=4\sqrt{3}$

Step 2 벡터의 내적의 성질을 이용하여 $\overrightarrow{OP}\cdot\overrightarrow{PQ}$의 값의 범위를 구한다.

$\overrightarrow{OP}\cdot\overrightarrow{PQ}=\overrightarrow{OP}\cdot(\overrightarrow{OQ}-\overrightarrow{OP})$

$=\overrightarrow{OP}\cdot\overrightarrow{OQ}-|\overrightarrow{OP}|^2$

$=\overrightarrow{OP}\cdot\overrightarrow{OQ}-16$ …… ㉠

→ $\angle COB=90°$이므로 θ의 값은 $90°$보다 클 수 없다.

두 벡터 $\overrightarrow{OP}$, $\overrightarrow{OC}$가 이루는 각의 크기를 θ $(0°\le\theta\le90°)$라 하면

$\overrightarrow{OP}\cdot\overrightarrow{OQ}=\overrightarrow{OP}\cdot(\overrightarrow{OC}+\overrightarrow{CQ})$

$=\overrightarrow{OP}\cdot\overrightarrow{OC}+\overrightarrow{OP}\cdot\overrightarrow{CQ}$

→ $=|\overrightarrow{OP}||\overrightarrow{OC}|\cos(\angle COP)$ $=4\times4\sqrt{3}\times\cos\theta$ $=16\sqrt{3}\cos\theta$

$=16\sqrt{3}\cos\theta+\overrightarrow{OP}\cdot\overrightarrow{CQ}$ …… ㉡

$\theta=0°$이고 두 벡터 $\overrightarrow{OP}$, $\overrightarrow{CQ}$의 방향이 같을 때, $\overrightarrow{OP}\cdot\overrightarrow{OQ}$의 값이 최대이므로 ㉡에서

$\overrightarrow{OP}\cdot\overrightarrow{OQ}\le16\sqrt{3}\cos0°+|\overrightarrow{OP}||\overrightarrow{CQ}|\cos0°$

$=16\sqrt{3}+4$ …… ㉢

$\theta=90°$이고 두 벡터 $\overrightarrow{OP}$, $\overrightarrow{CQ}$의 방향이 반대일 때, $\overrightarrow{OP}\cdot\overrightarrow{OQ}$의 값이 최소이므로 ㉡에서

→ 두 벡터 $\overrightarrow{OP}$, $\overrightarrow{CQ}$가 이루는 각의 크기는 $180°$이다.

$\overrightarrow{OP}\cdot\overrightarrow{OQ}\ge16\sqrt{3}\cos90°+|\overrightarrow{OP}||\overrightarrow{CQ}|\cos180°$

→ $4\times1\times(-1)=-4$

$=-4$ …… ㉣

㉠, ㉢, ㉣에서

$-4-16\le\overrightarrow{OP}\cdot\overrightarrow{PQ}\le16\sqrt{3}+4-16$

$\therefore -20\le\overrightarrow{OP}\cdot\overrightarrow{PQ}\le16\sqrt{3}-12$

따라서 $M=16\sqrt{3}-12$, $m=-20$이므로 $M+m=16\sqrt{3}-32$

29 [정답률 19%] 정답 54

Step 1 두 점 F_1, F_2를 초점으로 하는 쌍곡선의 방정식을 이용하여 점 P의 좌표를 구한다.

$\overline{PF_2}-\overline{PF_1}=6$이므로 점 P는 두 점 $F_1(4, 0)$, $F_2(-6, 0)$을 초점으로 하는 쌍곡선 위의 점이다.

→ 쌍곡선의 주축의 길이

쌍곡선의 중심의 좌표는 $(-1, 0)$이고, 주축의 길이는 6이므로

쌍곡선의 방정식은 $\frac{(x+1)^2}{3^2}-\frac{y^2}{4^2}=1$

→ 쌍곡선의 방정식을 $\frac{(x+1)^2}{3^2}-\frac{y^2}{k^2}=1$이라 하면 쌍곡선의 중심과 한 초점 사이의 거리가 5이므로 $5^2=3^2+k^2$

이때 점 P는 쌍곡선과 포물선 $y^2=16x$의 교점이므로

$\frac{(x+1)^2}{9}-\frac{16x}{16}=1$

→ $\frac{x^2+2x+1}{9}-x=1$

$x^2-7x-8=(x+1)(x-8)=0$

$\therefore x=-1$ 또는 $x=8$

점 P는 제1사분면 위의 점이므로 $P(8, 8\sqrt{2})$이다.

Step 2 포물선 위의 점 P에서의 접선의 방정식을 이용하여 점 F_3의 좌표를 구한다.

→ 포물선 $y^2=4px$ 위의 점 (x_1, y_1)에서의 접선의 방정식은 $y_1y=2p(x+x_1)$

포물선 $y^2=16x$ 위의 점 $P(8, 8\sqrt{2})$에서의 접선의 방정식은

$8\sqrt{2}y=8(x+8)$ $\quad\therefore y=\frac{\sqrt{2}}{2}(x+8)$ …… ㉠

점 F_3은 위 접선의 방정식의 x절편이므로 $F_3(-8, 0)$

Step 3 두 점 F_1, F_3을 초점으로 하는 타원의 단축의 길이를 구한다.

두 점 $F_1(4, 0)$, $F_3(-8, 0)$을 초점으로 하는 타원의 중심의 좌표는 $(-2, 0)$이므로 타원의 꼭짓점은 x축 또는 직선 $x=-2$ 위에 있다.

→ 선분 F_1F_3의 중점

이때 선분 PF_3 위에 있는 꼭짓점은 직선 $x=-2$ 위에 있으므로 ㉠에 $x=-2$를 대입하면 $y=3\sqrt{2}$

따라서 타원의 단축의 길이는 $6\sqrt{2}$이고, 두 초점 사이의 거리는 12이므로 $6^2=a^2-(3\sqrt{2})^2$ $\quad\therefore a^2=54$

→ $y=\frac{\sqrt{2}}{2}\times6=3\sqrt{2}$

30 [정답률 16%] 정답 48

Step 1 점 H의 평면 ADEB 위로의 수선의 발을 내려 조건 (가)를 이용한다.

두 점 C, H의 평면 ADEB 위로의 수선의 발을 각각 C_1, H_1이라 하자.

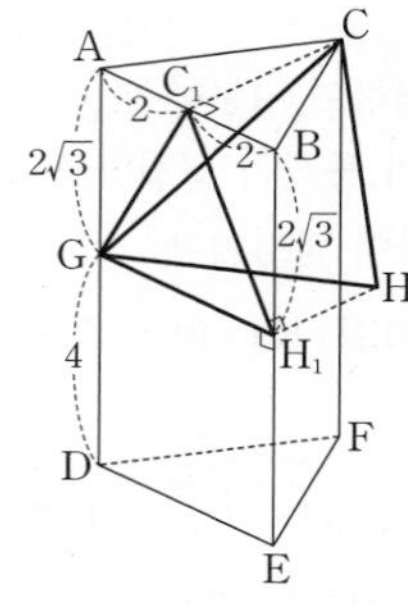

점 C_1은 선분 AB의 중점이고, $\overline{AC_1}=2$, $\overline{AG}=2\sqrt{3}$이므로

$\overline{GC_1}=\sqrt{2^2+(2\sqrt{3})^2}=4$

$\therefore \angle AGC_1=30°$, $\angle AC_1G=60°$

이때 조건 (가)에서 삼각형 GH_1C_1은 정삼각형이므로

$\angle C_1GH_1=60°$, $\overline{GH_1}=4$이고, 두 직선 AB, GH_1은 서로 평행하므로 $\overline{GH_1}\perp\overline{BE}$이다.

Step 2 점 H의 평면 DEF 위로의 수선의 발을 내려 조건 (나)를 이용한다.

두 점 C, G의 평면 DEF 위로의 수선의 발을 각각 F, D라 하고

점 H의 평면 DEF 위로의 수선의 발을 H_2라 하자.

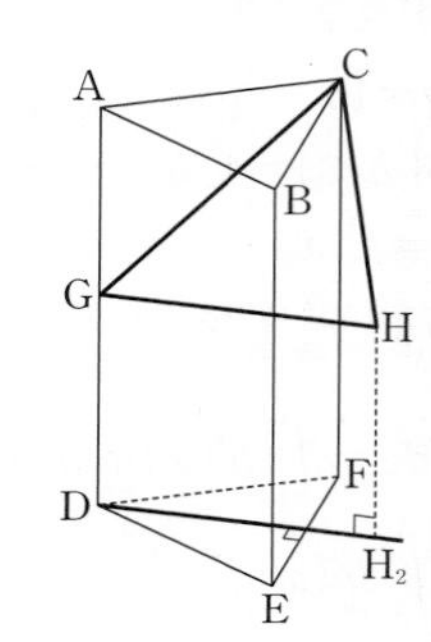

삼각형 DEF의 넓이는 $\frac{\sqrt{3}}{4}\times4^2=4\sqrt{3}$이고, 조건 (나)를 만족시키려면 직선 DH_2는 선분 EF의 중점을 지나야 한다.

→ 삼각형 CGH의 평면 DEF 위로의 정사영의 내부와 삼각형 DEF의 내부의 공통부분의 넓이가 $4\sqrt{3}$의 절반인 $2\sqrt{3}$이기 때문이다.

따라서 $\overline{DH_2}\perp\overline{EF}$이고, 두 삼각형 DEH_2, DFH_2는 합동이다.

Step 3 점 H의 평면 ADFC 위로의 수선의 발을 내려 정사영의 넓이 S를 구한다.

점 H의 평면 ADFC 위로의 정사영을 H_3이라 하자.

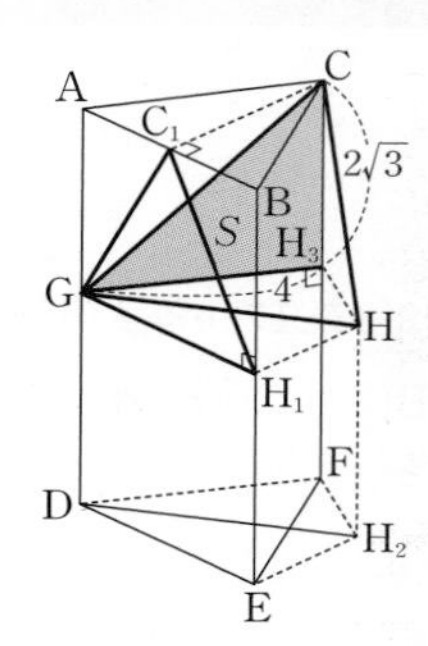

두 삼각형 DEH_2, DFH_2가 합동이므로 두 삼각형 GH_1H, GH_3H도 합동이다.

그러므로 점 H_3은 점 G의 직선 CF 위로의 수선의 발과 같다.

따라서 삼각형 CGH의 평면 ADFC 위로의 정사영은 삼각형 CGH_3이므로 구하는 넓이 S는

$S=\frac{1}{2}\times4\times2\sqrt{3}=4\sqrt{3}$ $\qquad\therefore S^2=48$

23회 2023학년도 10월 고3 전국연합학력평가 정답과 해설

1	③	2	④	3	③	4	④	5	②
6	①	7	②	8	⑤	9	①	10	④
11	①	12	⑤	13	②	14	③	15	②
16	10	17	22	18	110	19	102	20	24
21	6	22	29						

확률과 통계				23	②	24	④	25	⑤
26	③	27	①	28	①	29	64	30	5

미적분				23	④	24	②	25	③
26	⑤	27	①	28	④	29	30	30	91

기하				23	①	24	④	25	②
26	③	27	⑤	28	③	29	20	30	15

01 [정답률 94%] 정답 ③

Step 1 지수법칙을 이용하여 식을 계산한다.

$2^{\sqrt{2}}\times\left(\frac{1}{2}\right)^{\sqrt{2}-1}=2^{\sqrt{2}}\times2^{-\sqrt{2}+1}=2$

→ $\frac{1}{2}=2^{-1}$

→ $a^m\times a^n=a^{m+n}$

02 [정답률 92%] 정답 ④

Step 1 $\lim\limits_{h\to0}\frac{f(2h)-f(0)}{2h}=f'(0)$임을 이용한다.

$f'(x)=6x^2+3$이므로

$\lim\limits_{h\to0}\frac{f(2h)-f(0)}{h}=\lim\limits_{h\to0}\frac{f(2h)-f(0)}{2h}\times2=2f'(0)=2\times3=6$

→ $\lim\limits_{h\to0}\frac{f(a+h)-f(a)}{h}=f'(a)$

03 [정답률 91%] 정답 ③

Step 1 a_1, b_1에 대한 식을 세워 연립한다.

등차수열 $\{a_n\}$의 공차가 3, 등비수열 $\{b_n\}$의 공비가 2이므로

$a_2=b_2$에서 $a_1+3=b_1\times2$ → $a_n=a_1+(n-1)\times$(공차)

$\therefore a_1-2b_1=-3$ ...... ㉠

$a_4=b_4$에서 $a_1+3\times3=b_1\times2^3$ → $b_n=b_1\times$(공비)$^{n-1}$

$\therefore a_1-8b_1=-9$ ...... ㉡

㉠, ㉡을 연립하면 $a_1=-1$, $b_1=1$이므로 $a_1+b_1=0$

04 [정답률 80%] 정답 ④

Step 1 사잇값의 정리를 이용하여 $f(x)=0$을 만족시키는 x의 값을 구한다.

→ 함수 $f(x)$가 닫힌구간 $[a, b]$에서 연속이고 $f(a)f(b)<0$일 때 방정식 $f(x)=0$은 열린구간 (a, b)에서 적어도 하나의 실근을 갖는다.

방정식 $f(x)=0$의 실근은 0, m, n이고 m, n은 자연수이므로

사잇값의 정리에 의하여 → $1<x<3$을 만족시키는 자연수 x는 2뿐이다.

$f(1)f(3)<0$에서 $f(2)=0$, $f(3)f(5)<0$에서 $f(4)=0$

즉, $f(x)=x(x-2)(x-4)$이므로 $f(6)=6\times4\times2=48$

05 [정답률 87%] 정답 ②

Step 1 주어진 식을 간단히 정리하여 $\sin\theta$의 값을 구한다.

$\frac{1}{1-\cos\theta}+\frac{1}{1+\cos\theta}=\frac{2}{1-\cos^2\theta}=\frac{2}{\sin^2\theta}=18$

→ $\sin^2\theta+\cos^2\theta=1$

→ $=\frac{(1+\cos\theta)+(1-\cos\theta)}{(1-\cos\theta)(1+\cos\theta)}$

$\therefore \sin^2\theta=\frac{1}{9}$

이때 $\pi<\theta<\frac{3}{2}\pi$에서 $\sin\theta<0$이므로 $\sin\theta=-\frac{1}{3}$

06 [정답률 84%] 정답 ①

Step 1 정적분을 이용하여 색칠한 부분의 넓이를 구한다.

색칠한 부분의 넓이는 $\int_0^3\left(\frac{1}{3}x^2+1\right)dx=\left[\frac{1}{9}x^3+x\right]_0^3=6$

→ $=\left(\frac{1}{9}\times3^3+3\right)-0$

07 [정답률 83%] 정답 ②

Step 1 $S_7-S_4=0$을 이용한다.

$S_7-S_4=a_5+a_6+a_7=0$

→ $S_4=a_1+a_2+a_3+a_4$

→ $S_7=a_1+a_2+\cdots+a_7$

등차수열 $\{a_n\}$의 공차를 d라 하면 $a_5=a_6-d$, $a_7=a_6+d$이므로

$(a_6-d)+a_6+(a_6+d)=3a_6=0$ $\quad\therefore a_6=0$

Step 2 $S_6=30$을 이용한다.

$S_6=30$이므로 $S_6=\frac{6(a_1+a_6)}{2}=3a_1=30$ ($\because a_6=0$)

→ $S_n=\frac{n(a_1+a_n)}{2}$

$\therefore a_1=10$

$a_6=a_1+5d$에서 $0=10+5d$ $\quad\therefore d=-2$

따라서 $a_2=a_1+d=10+(-2)=8$이다.

08 [정답률 83%] 정답 ⑤

Step 1 $h(x)=g(x)-f(x)$로 놓고 함수 $h(x)$의 그래프의 증가와 감소를 알아본다.

$f(x)\le g(x)$에서 $g(x)-f(x)\ge0$

즉, $x^4+\frac{4}{3}x^3-4x^2+a\ge0$

→ 모든 실수 x에 대하여 $h(x)\ge0$이어야 한다.

$h(x)=x^4+\frac{4}{3}x^3-4x^2+a$라 하면

$h'(x)=4x^3+4x^2-8x=4x(x^2+x-2)=4x(x+2)(x-1)$

$h'(x)=0$에서 $x=-2$ 또는 $x=0$ 또는 $x=1$

함수 $h(x)$의 증가와 감소를 표로 나타내면 다음과 같다.

x	$\cdots$	-2	$\cdots$	0	$\cdots$	1	$\cdots$
$h'(x)$	$-$	0	$+$	0	$-$	0	$+$
$h(x)$	↘	$a-\frac{32}{3}$	↗	a	↘	$a-\frac{5}{3}$	↗

Step 2 a의 최솟값을 구한다.

→ 극댓값 a, 극솟값 $a-\frac{32}{3}$, $a-\frac{5}{3}$의 크기를 비교했을 때 가장 작은 값

함수 $h(x)$는 $x=-2$에서 최솟값 $a-\frac{32}{3}$를 가지므로

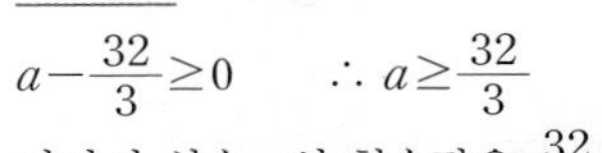

$a-\frac{32}{3}\ge0$ $\quad\therefore a\ge\frac{32}{3}$

따라서 실수 a의 최솟값은 $\frac{32}{3}$이다.

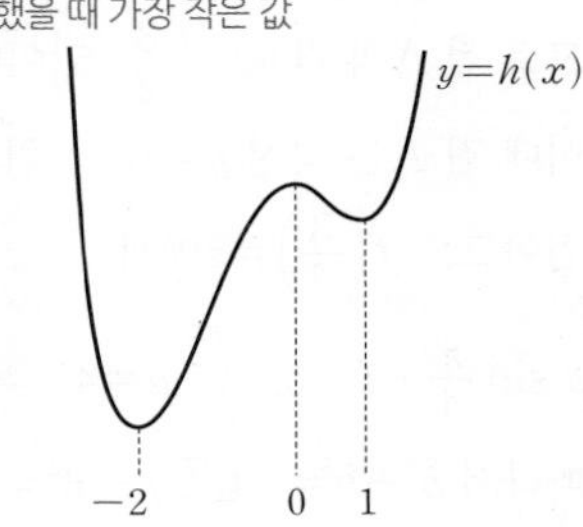

23회 2023 10월 학력평가

09 [정답률 66%] 정답 ①

Step 1 n이 홀수일 때 $f(n)$의 값을 구한다.

n이 홀수이면 $n^2-16n+48$의 n제곱근 중 실수인 것의 개수는 항상 1이므로 ↳ $n^2-16n+48$의 부호에 관계없이 항상 동일

$f(3)=f(5)=f(7)=f(9)=1$

Step 2 n이 짝수일 때 $f(n)$의 값을 구한다.

n이 짝수이면 다음과 같이 경우를 나누어 생각할 수 있다.

(i) $n^2-16n+48>0$일 때

$(n-4)(n-12)>0$에서 $n<4$ 또는 $n>12$

이때 $f(n)=2$이므로 $f(2)=2$ ↳ $\sum_{n=2}^{10}f(n)$의 값을 구해야 하므로 $2\le n\le 10$인 경우만 생각하면 된다.

(ii) $n^2-16n+48=0$일 때

$(n-4)(n-12)=0$에서 $n=4$ 또는 $n=12$

이때 $f(n)=1$이므로 $f(4)=1$

(iii) $n^2-16n+48<0$일 때

$(n-4)(n-12)<0$에서 $4<n<12$

이때 $f(n)=0$이므로 $f(6)=f(8)=f(10)=0$ ↳ $4<n<12$를 만족시키는 짝수는 6, 8, 10

따라서 $\sum_{n=2}^{10}f(n)=4\times1+2+1+3\times0=7$

10 [정답률 68%] 정답 ④

Step 1 두 점 A, B의 x좌표의 차를 t에 대하여 나타낸다.

두 점 A, B의 x좌표를 각각 a, b $(a<b)$라 하자.

a, b는 이차방정식 $x^2-tx-1=tx+t+1$, 즉 $x^2-2tx-t-2=0$의 두 실근이므로 ↳ 근의 공식 이용

$a=t-\sqrt{t^2+t+2}$, $b=t+\sqrt{t^2+t+2}$

$\therefore b-a=2\sqrt{t^2+t+2}$ ↳ 두 점 A, B의 x좌표의 차

Step 2 선분 AB의 길이를 t에 대하여 나타낸다.

직선 AB의 기울기가 t이므로 $\overline{AB}=2\sqrt{t^2+t+2}\sqrt{t^2+1}$

$$\therefore \lim_{t\to\infty}\frac{\overline{AB}}{t^2}=\lim_{t\to\infty}\frac{2\sqrt{(t^2+t+2)(t^2+1)}}{t^2}$$
$$=2\lim_{t\to\infty}\sqrt{\left(1+\frac{1}{t}+\frac{2}{t^2}\right)\left(1+\frac{1}{t^2}\right)}=2$$

↳ 두 점 A, B의 x좌표의 차를 k라 하면 두 점 A, B의 y좌표의 차는 $(tb+t+1)-(ta+t+1)=tk$이므로 $\overline{AB}=\sqrt{k^2+(tk)^2}=k\sqrt{t^2+1}$

11 [정답률 56%] 정답 ①

Step 1 함수 $f(x)$의 주기를 이용하여 b의 값을 구한다.

$\overline{AB}=k$라 하면 삼각형 AOB의 넓이가 $\frac{15}{2}$이므로 $\frac{1}{2}\times k\times5=\frac{15}{2}$

$k=3$이므로 $\overline{AB}=3$, $\overline{BC}=9$ ↳ $=\overline{AB}+6$

함수 $f(x)$의 주기가 $\frac{2\pi}{\frac{\pi}{b}}=2b$이므로

$2b=\overline{AC}=\overline{AB}+\overline{BC}=12$ $\therefore b=6$

Step 2 점 A가 곡선 $y=f(x)$ 위의 점임을 이용하여 a의 값을 구한다.

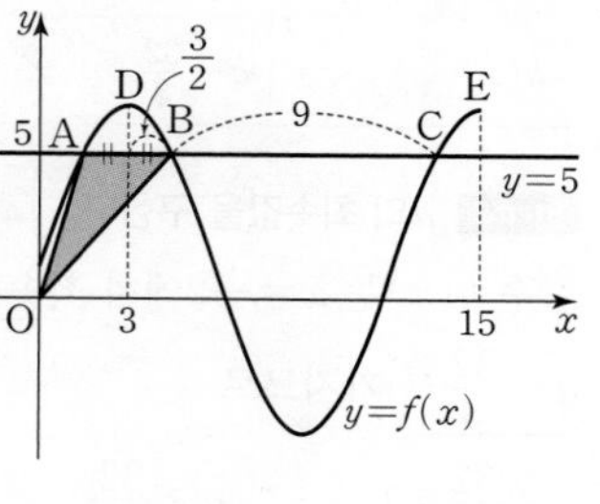

선분 AB의 중점의 x좌표가 3이 ↳ 점 E의 x좌표가 $\frac{5}{2}b=15$이고 함수 $f(x)$의 주기가 $2b=12$이므로 점 D의 x좌표는 $15-12=3$

므로 점 A의 좌표는 $\left(\frac{3}{2}, 5\right)$이다.

이때 점 A는 곡선 $y=f(x)$ 위의 점이므로 $f\left(\frac{3}{2}\right)=5$에서

$a\sin\frac{\pi}{4}+1=5$, $\frac{\sqrt{2}}{2}a=4$ $\therefore a=4\sqrt{2}$

따라서 $a^2+b^2=(4\sqrt{2})^2+6^2=68$이다.

12 [정답률 72%] 정답 ⑤

Step 1 $g(x)=x^3-12x+k$로 놓고 함수 $g(x)$의 그래프의 개형을 생각한다.

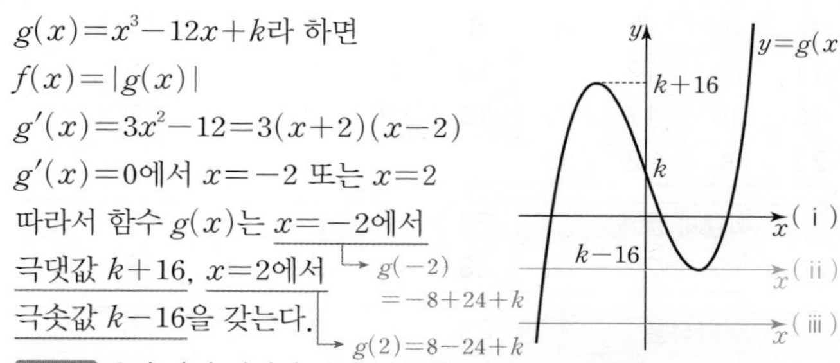

$g(x)=x^3-12x+k$라 하면

$f(x)=|g(x)|$

$g'(x)=3x^2-12=3(x+2)(x-2)$

$g'(x)=0$에서 $x=-2$ 또는 $x=2$

따라서 함수 $g(x)$는 $x=-2$에서 극댓값 $k+16$, $x=2$에서 극솟값 $k-16$을 갖는다.

↳ $g(-2)=-8+24+k$

↳ $g(2)=8-24+k$

Step 2 k의 값의 범위에 따라 경우를 나눈 후 조건을 만족시키는 경우를 찾는다.

(i) $0<k<16$일 때

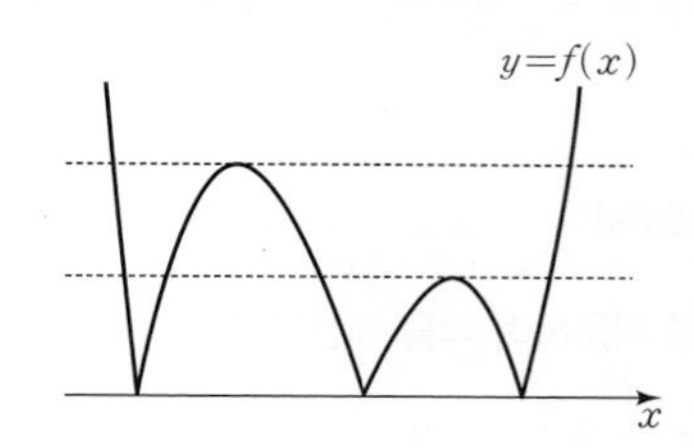

함수 $y=f(x)$의 그래프와 직선 $y=a$가 만나는 서로 다른 점의 개수가 홀수가 되는 실수 a의 값이 3개 존재하므로 조건을 만족시키지 않는다.

(ii) $k=16$일 때

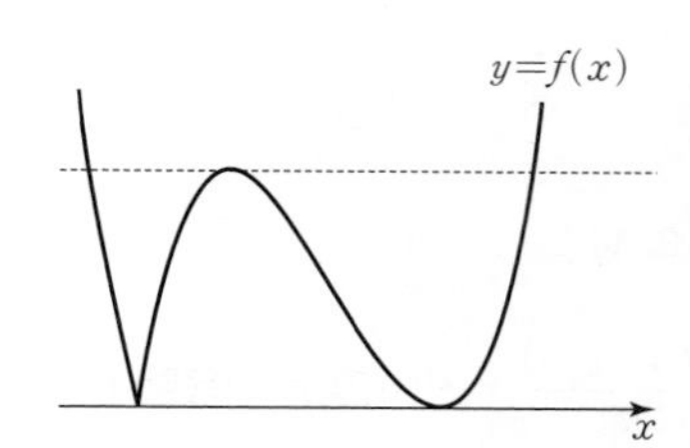

함수 $y=f(x)$의 그래프와 직선 $y=a$가 만나는 서로 다른 점의 개수가 홀수가 되는 실수 a의 값이 오직 하나이다.

(iii) $k>16$일 때

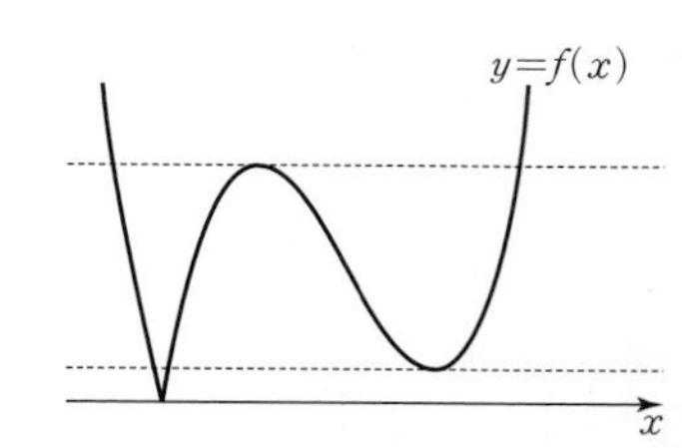

함수 $y=f(x)$의 그래프와 직선 $y=a$가 만나는 서로 다른 점의 개수가 홀수가 되는 실수 a의 값이 3개 존재하므로 조건을 만족시키지 않는다. ↳ $a=0$일 때도 함수 $y=f(x)$의 그래프와 직선 $y=a$의 교점의 개수는 홀수이다.

(i)~(iii)에서 $k=16$이다.

13 [정답률 42%] 정답 ②

Step 1 피타고라스 정리를 이용하여 선분 HQ의 길이를 구한다.

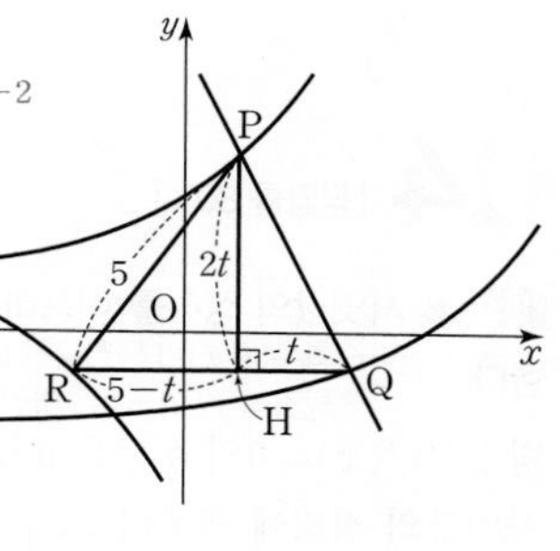

점 P에서 직선 QR에 내린 수선의 발을 H라 하자.

$\overline{HQ}=t$ $(t>0)$라 하면 직선 PQ의 기울기가 -2이므로 ↳ $-\frac{\overline{PH}}{\overline{HQ}}=-2$

$\overline{PH}=2t$이고 $\overline{HR}=5-t$이다.

직각삼각형 PRH에서 피타고라스 정리에 의하여

$(5-t)^2+(2t)^2=5^2$, $t(t-2)=0$

$\therefore t=2$ $(\because t>0)$ ↳ $\overline{HR}^2+\overline{PH}^2=\overline{PR}^2$

따라서 $\overline{HQ}=2$, $\overline{PH}=4$, $\overline{HR}=3$이다.

본문 300쪽

Step 2 세 점 P, Q, R의 좌표를 이용하여 a, k의 값을 각각 구한다.

점 R의 x좌표를 r이라 하면 (곡선 $y=a^{x+1}+1$ 위의 점)

$R\left(r,\ -a^{r+4}+\frac{3}{2}\right)$, $P(r+3,\ a^{r+4}+1)$, $Q\left(r+5,\ a^{r+2}-\frac{7}{4}\right)$

점 P의 y좌표는 점 R의 y좌표보다 4만큼 크므로 (곡선 $y=a^{x-3}-\frac{7}{4}$ 위의 점) ($\overline{PH}=4$)

$a^{r+4}+1=\left(-a^{r+4}+\frac{3}{2}\right)+4$ $\quad\therefore a^{r+4}=\frac{9}{4}$ …… ㉠

또한 두 점 Q, R의 y좌표가 같으므로

$a^{r+2}-\frac{7}{4}=-a^{r+4}+\frac{3}{2}$ $\quad\therefore a^{r+2}=1$ ($\because$ ㉠)

$a>1$에서 $r+2=0$이므로 $r=-2$ ($a^{r+2}-\frac{7}{4}=-\frac{9}{4}+\frac{3}{2}$)

㉠에서 $a^2=\frac{9}{4}$ $\quad\therefore a=\frac{3}{2}$ ($\because a>1$)

점 $P\left(1,\ \frac{13}{4}\right)$이 직선 $y=-2x+k$ 위의 점이므로

$\frac{13}{4}=-2+k$ $\quad\therefore k=\frac{21}{4}$ ($P(r+3, a^{r+4}+1)$에서 $r+3=(-2)+3=1$, $a^{r+4}+1=\left(\frac{3}{2}\right)^2+1=\frac{13}{4}$)

따라서 $a+k=\frac{3}{2}+\frac{21}{4}=\frac{27}{4}$이다.

14 [정답률 42%]

정답 ③

Step 1 $f(2)\ge 0$이라 가정하고 ㄱ의 참, 거짓을 판별한다.

$f'(2)=0$에서 $f'(x)=2(x-2)=2x-4$이므로 ($f'(x)$는 최고차항의 계수가 2인 일차함수)

$f(x)=x^2-4x+k$ (k는 실수)라 하자.

ㄱ. $f(2)\ge 0$이면 $x>2$일 때 $f(x)>0$이므로

$\int_4^2 f(x)dx=-\int_2^4 f(x)dx<0$ (모든 자연수 n에 대하여 $\int_4^n f(x)dx\ge 0$이어야 한다.)

따라서 주어진 조건을 만족시키지 않으므로 $f(2)<0$ (참)

Step 2 $\int_4^3 f(x)dx$, $\int_4^2 f(x)dx$의 값을 각각 계산하여 ㄴ의 참, 거짓을 판별한다.

ㄴ. $\int_4^3 f(x)dx=\int_4^3 (x^2-4x+k)dx=\left[\frac{1}{3}x^3-2x^2+kx\right]_4^3$

$=-k+\frac{5}{3}$ ($=(9-18+3k)-\left(\frac{64}{3}-32+4k\right)$)

$-k+\frac{5}{3}\ge 0$에서 $k\le\frac{5}{3}$ …… ㉠

$\int_4^2 f(x)dx=\left[\frac{1}{3}x^3-2x^2+kx\right]_4^2=-2k+\frac{16}{3}$

$\int_4^3 f(x)dx-\int_4^2 f(x)dx=k-\frac{11}{3}$ ($k\le\frac{5}{3}$일 때 $-2k+\frac{16}{3}\ge 0$)

㉠에서 $k-\frac{11}{3}\le -2<0$이므로 $\int_4^3 f(x)dx<\int_4^2 f(x)dx$

(거짓)

Step 3 모든 자연수 n에 대하여 $\int_4^n f(x)dx\ge 0$이 성립하도록 하는 k의 값의 범위를 구한다.

ㄷ. ㄴ에서 $k\le\frac{5}{3}$이므로 $f(3)=k-3\le-\frac{4}{3}<0$ (이차함수 그래프의 대칭성에 의하여 $f(1)<0$이고 $f(2)<0$이므로 $n<3$일 때 $\int_3^n f(x)dx=-\int_n^3 f(x)dx>0$)

$\int_4^5 f(x)dx=\left[\frac{1}{3}x^3-2x^2+kx\right]_4^5=k+\frac{7}{3}$

$k+\frac{7}{3}\ge 0$에서 $k\ge-\frac{7}{3}$ …… ㉡ ($=\left(\frac{125}{3}-50+5k\right)-\left(\frac{64}{3}-32+4k\right)$)

$f(5)=k+5\ge\frac{8}{3}>0$

모든 자연수 n에 대하여 $\int_4^n f(x)dx\ge 0$을 만족시키려면

$\int_4^3 f(x)dx\ge 0$, $\int_4^5 f(x)dx\ge 0$이어야 하므로 ㉠, ㉡에서

$-\frac{7}{3}\le k\le\frac{5}{3}$ (구간 $[5, \infty)$에서 $f(x)>0$이므로 $n>5$일 때 $\int_5^n f(x)dx>0$)

따라서 $\int_4^6 f(x)dx=2k+\frac{32}{3}$이므로

$6\le\int_4^6 f(x)dx\le 14$이다. (참) ($-\frac{14}{3}\le 2k\le\frac{10}{3}$, $\frac{18}{3}\le 2k+\frac{32}{3}\le\frac{42}{3}$)

그러므로 옳은 것은 ㄱ, ㄷ이다.

15 [정답률 30%]

정답 ②

Step 1 a_3이 4의 배수인 경우 가능한 a_1의 값을 구한다.

(i) a_3이 4의 배수인 경우 ($a_4=\frac{1}{2}a_3+6$)

$a_3=4k$ (k는 자연수)라 하면 $a_4=2k+6$

① k가 홀수일 때

a_4는 4의 배수이므로 $a_5=k+11$

$a_4+a_5=3k+17$이므로 ($a_5=\frac{1}{2}a_4+8$)

$50<3k+17<60$에서 $11<k<\frac{43}{3}$ …… ㉠

또한 $a_3>a_5$에서 $4k>k+11$ $\quad\therefore k>\frac{11}{3}$ …… ㉡ (조건 (나))

㉠, ㉡에서 $11<k<\frac{43}{3}$ ($a_3=a_2+4$인 경우는 $a_2=48$이므로 모순이다.)

k는 홀수이므로 $k=13$, $a_3=52$, $a_2=96$이고 $a_1=94$ 또는 ($a_2=a_1+2$일 때)

$a_1=188$이다. ($a_2=\frac{1}{2}a_1+2$일 때)

② k가 짝수일 때

a_4는 4의 배수가 아니므로 $a_5=2k+14$

$a_4+a_5=4k+20$이므로 ($a_5=a_4+8$)

$50<4k+20<60$에서 $\frac{15}{2}<k<10$ …… ㉢

또한 $a_3>a_5$에서 $4k>2k+14$ $\quad\therefore k>7$ …… ㉣

㉢, ㉣에서 $\frac{15}{2}<k<10$

k는 짝수이므로 $k=8$, $a_3=32$, $a_2=56$이고 $a_1=54$ 또는 ($a_2=a_1+2$일 때)

$a_1=108$이다. ($a_2=\frac{1}{2}a_1+2$일 때)

Step 2 a_3이 4의 배수가 아닌 경우 가능한 a_1의 값을 구한다.

(ii) a_3이 4의 배수가 아닌 경우

① $a_3=4k-1$ 또는 $a_3=4k-3$ (k는 자연수)일 때

a_3, a_4, a_5는 모두 홀수이고 $a_5=a_4+8=a_3+14>a_3$이므로

($a_4=4k+5$ 또는 $a_4=4k+3$) ($a_5=4k+13$ 또는 $a_5=4k+11$)

조건 (나)를 만족시키지 않는다.

② $a_3=4k-2$ (k는 자연수)일 때

$a_4=4k+4$, $a_5=2k+10$ ($4(k+1)$이므로 4의 배수이다.)

$a_4+a_5=6k+14$이므로

$50<6k+14<60$ $\quad\therefore 6<k<\frac{23}{3}$ …… ㉤

$a_3>a_5$에서 $4k-2>2k+10$ $\quad\therefore k>6$ …… ㉥

㉤, ㉥에서 $6<k<\frac{23}{3}$

따라서 $k=7$, $a_3=26$, $a_2=22$ 또는 $a_2=44$이고 $a_1=40$ 또는 ($a_2=22$일 때)

$a_1=42$ 또는 $a_1=84$이다. ($a_2=44$일 때)

(i), (ii)에서 $M=188$, $m=40$이므로 $M+m=228$이다.

16 [정답률 85%]

정답 10

Step 1 로그방정식의 해를 구한다.

로그의 진수 조건에 의하여 $x-2>0$, $x+6>0$이므로 $x>2$ ($x>2$) ($x>-6$)

$\log_2(x-2)=1+\log_4(x+6)$에서 ($=\log_{2^2}(x-2)^2$) ($=\log_4 4$)

$\log_4(x-2)^2=\log_4 4(x+6)$

$(x-2)^2=4(x+6)$, $x^2-8x-20=(x+2)(x-10)=0$

$\therefore x=10$ ($\because x>2$)

17 [정답률 81%] 정답 22

Step 1 곱의 미분법을 이용하여 $g'(3)$의 값을 구한다.

곡선 $y=f(x)$ 위의 점 $(3,\ 2)$에서의 접선의 기울기가 4이므로

$f(3)=2,\ f'(3)=4$

$g(x)=(x+2)f(x)$에서 $g'(x)=f(x)+(x+2)f'(x)$이므로

$g'(3)=f(3)+5f'(3)=2+5\times4=22$

→ $g'(x)=(x+2)'f(x)+(x+2)\{f(x)\}'$

18 [정답률 82%] 정답 110

Step 1 $\sum_{k=1}^{10} a_k$, $\sum_{k=1}^{10} b_k$의 값을 각각 구한다.

$\sum_{k=1}^{10}(a_k-b_k+2)=50$에서 $\sum_{k=1}^{10}a_k-\sum_{k=1}^{10}b_k+\sum_{k=1}^{10}2=50$

→ $\sum_{k=1}^{n}c=cn$ (c는 상수)

$\therefore \sum_{k=1}^{10}a_k-\sum_{k=1}^{10}b_k=30$ …… ㉠

$\sum_{k=1}^{10}(a_k-2b_k)=-10$에서 $\sum_{k=1}^{10}a_k-2\sum_{k=1}^{10}b_k=-10$ …… ㉡

㉠, ㉡에서 $\sum_{k=1}^{10}a_k=70,\ \sum_{k=1}^{10}b_k=40$

$\therefore \sum_{k=1}^{10}(a_k+b_k)=110$ → $=\sum_{k=1}^{10}a_k+\sum_{k=1}^{10}b_k$

19 [정답률 42%] 정답 102

Step 1 시각 $t=k$에서 두 점 P, Q의 위치가 같음을 이용하여 k의 값을 구한다.

점 P의 시각 $t=k$에서의 위치는

$\int_0^k v_1(t)dt=\int_0^k(12t-12)dt=\Big[6t^2-12t\Big]_0^k=6k^2-12k$

점 Q의 시각 $t=k$에서의 위치는

$\int_0^k v_2(t)dt=\int_0^k(3t^2+2t-12)dt$

$=\Big[t^3+t^2-12t\Big]_0^k=k^3+k^2-12k$

시각 $t=k$에서 두 점 P, Q의 위치가 같으므로

$6k^2-12k=k^3+k^2-12k$

$k^2(k-5)=0 \quad \therefore k=5\ (\because k>0)$

Step 2 시각 $t=0$에서 $t=k$까지 점 P가 움직인 거리를 구한다.

따라서 시각 $t=0$에서 $t=5$까지 점 P가 움직인 거리는

$\int_0^5|12t-12|dt=\int_0^1(-12t+12)dt+\int_1^5(12t-12)dt$

$=\Big[-6t^2+12t\Big]_0^1+\Big[6t^2-12t\Big]_1^5=102$

→ 움직인 거리이므로 절댓값이 있어야 한다.

→ $t<1$일 때 $12t-12<0$, $t>1$일 때 $12t-12>0$

→ $=-6+12=6$, $(150-60)-(6-12)=96$

20 [정답률 16%] 정답 24

Step 1 주어진 식을 간단히 정리한 후 양변을 x에 대하여 미분한다.

$2x^2f(x)=3\int_0^x(x-t)\{f(x)+f(t)\}dt$에서

$2x^2f(x)$

$=3\Big\{xf(x)\int_0^x 1dt-f(x)\int_0^x tdt+x\int_0^x f(t)dt-\int_0^x tf(t)dt\Big\}$

→ $=\Big[t\Big]_0^x=x$, $=\Big[\frac{1}{2}t^2\Big]_0^x=\frac{1}{2}x^2$

$=3x^2f(x)-\frac{3}{2}x^2f(x)+3x\int_0^x f(t)dt-3\int_0^x tf(t)dt$

$\therefore x^2f(x)=6x\int_0^x f(t)dt-6\int_0^x tf(t)dt$

위 식의 양변을 x에 대하여 미분하면

→ 곱의 미분법 이용

$2xf(x)+x^2f'(x)=6\int_0^x f(t)dt+6xf(x)-6xf(x)$

$\therefore 2xf(x)+x^2f'(x)=6\int_0^x f(t)dt$ …… ㉠

Step 2 함수 $f(x)$의 차수와 최고차항의 계수를 구한다.

$f'(2)=4$이므로 다항함수 $f(x)$의 차수는 1 이상이다.

함수 $f(x)$의 차수를 n, 최고차항의 계수를 $a\ (a\neq0)$라 하자.

㉠의 양변의 최고차항의 계수를 비교하면 $2a+na=\frac{6a}{n+1}$

→ $f(x)=ax^n+\cdots,\ f'(x)=nax^{n-1}+\cdots,$ $\int_0^x f(t)dt=\frac{a}{n+1}x^{n+1}+\cdots$

$(n+1)(n+2)=6\ (\because a\neq0)$

$n^2+3n-4=(n+4)(n-1)=0 \quad \therefore n=1\ (\because n$은 자연수)

따라서 함수 $f(x)$는 일차함수이고 $f'(2)=4$이므로 $a=4$이다.

→ $f'(x)=a$

$f(x)=4x+b$ (b는 상수)라 하면 ㉠에서

$2x(4x+b)+4x^2=6\Big[2t^2+bt\Big]_0^x$

$12x^2+2bx=12x^2+6bx$ → $=2x^2+bx$

모든 실수 x에 대하여 위 식이 성립해야 하므로 $b=0$

따라서 $f(x)=4x$이므로 $f(6)=24$

21 [정답률 17%] 정답 6

Step 1 $\sin(\angle ABC)$와 선분 AC의 길이를 k에 대하여 나타낸다.

$\angle CAE=\theta$라 하면 $\sin\theta=\frac{1}{4}$

삼각형 ACE에서 사인법칙에 의하여 $\frac{\overline{CE}}{\sin\theta}=4 \quad \therefore \overline{CE}=1$

→ 삼각형 ACE의 외접원의 지름은 선분 BC이다.

이때 $\overline{BF}=\overline{CE}=1$이므로 $\overline{FC}=3$이다.

$\overline{DE}=\overline{BC}$에서 선분 DE도 원의 지름이므로

→ $\overline{BC}-\overline{BF}$

$\angle DAE=\angle BAC=\frac{\pi}{2}$

$\therefore \angle BAD=\frac{\pi}{2}-\angle DAC=\angle CAE=\theta$

삼각형 ABF에서 사인법칙에 의하여

$\frac{\overline{AF}}{\sin(\angle ABF)}=\frac{\overline{BF}}{\sin(\angle BAF)}$

$\frac{k}{\sin(\angle ABF)}=\frac{1}{\sin\theta} \quad \therefore \sin(\angle ABF)=\frac{k}{4}$

→ $\frac{1}{\sin\theta}=\frac{1}{\frac{1}{4}}=4$

직각삼각형 ABC에서 $\overline{AC}=\overline{BC}\sin(\angle ABC)=k$

→ $=4$, $=\sin(\angle ABF)=\frac{k}{4}$

Step 2 코사인법칙을 이용하여 k^2의 값을 구한다.

직각삼각형 ABC에서 $\cos(\angle BCA)=\frac{k}{4}$이므로 삼각형 AFC에서 코사인법칙에 의하여

→ $\sin(\angle ABC)=\sin\left(\frac{\pi}{2}-\angle BCA\right)=\cos(\angle BCA)$

$\overline{AF}^2=\overline{AC}^2+\overline{FC}^2-2\times\overline{AC}\times\overline{FC}\times\cos(\angle FCA)$

→ $=\angle BCA$

$k^2=k^2+3^2-2\times k\times3\times\frac{k}{4}$

$\frac{3}{2}k^2=9 \quad \therefore k^2=6$

본문 302쪽

22 [정답률 8%]

정답 29

Step 1 함수 $f(x)$의 식을 세운다.

$0<x\le4$에서 $g(x)=x(x-4)^2$이고 함수 $g(x)$가 $x=4$에서 연속이므로 $\lim_{x\to4+}g(x)=\lim_{x\to4-}g(x)=g(4)$ (→ 함수 $g(x)$는 $x>0$인 모든 실수 x에 대하여 연속이다.)

$\lim_{x\to4+}f(x)=\lim_{x\to4-}x(x-4)^2=0$ $\quad\therefore f(4)=0$

함수 $g(x)$가 $x=4$에서 미분가능하므로 (→ 함수 $g(x)$는 $x>0$인 모든 실수 x에 대하여 미분가능하다.)

$\lim_{x\to4+}\frac{g(x)-g(4)}{x-4}=\lim_{x\to4-}\frac{g(x)-g(4)}{x-4}$ (→ $=\lim_{x\to4-}x(x-4)=0$)

$\lim_{x\to4+}\frac{f(x)-f(4)}{x-4}=\lim_{x\to4-}\frac{x(x-4)^2}{x-4}$ $\quad\therefore f'(4)=0$

$f(4)=f'(4)=0$이고 조건 (가)에서 $g\left(\frac{21}{2}\right)=f\left(\frac{21}{2}\right)=0$이므로

$f(x)=a(x-4)^2(2x-21)$ $(a\ne0)$이라 하자. (→ $\frac{21}{2}>4$이므로 $g\left(\frac{21}{2}\right)=f\left(\frac{21}{2}\right)$)

Step 2 조건 (나)를 만족시키는 경우를 생각한다.

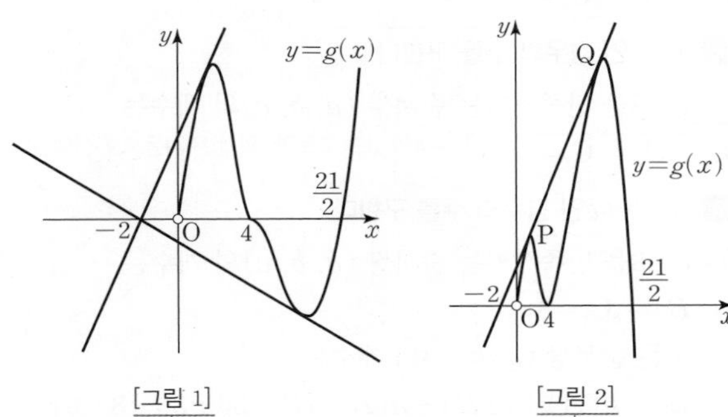

[그림 1] (→ $a>0$일 때) [그림 2] (→ $a<0$일 때)

$a>0$이면 함수 $g(x)$의 그래프의 개형이 [그림 1]과 같으므로 조건 (나)를 만족시키지 않는다. (→ 접선이 두 개이다.)

$a<0$이면 [그림 2]와 같이 조건 (나)를 만족시키는 경우가 존재한다.

[그림 2]에서 점 $(-2,\ 0)$에서 곡선 $y=g(x)$에 그은 기울기가 0이 아닌 접선과 곡선 $y=g(x)$의 두 접점을 각각 P, Q라 하자.

Step 3 곡선 $y=g(x)$ 위의 점 P에서의 접선의 방정식을 구한다.

두 점 P, Q의 x좌표를 각각 t, s $\left(0<t<4,\ 4<s<\frac{21}{2}\right)$이라 하자.

$0<x<4$에서 $g'(x)=3x^2-16x+16$이므로 점 P에서의 접선의 방정식은

$y=(3t^2-16t+16)(x-t)+t^3-8t^2+16t$

이때 이 접선이 점 $(-2,\ 0)$을 지나므로

$(3t^2-16t+16)(-2-t)+t^3-8t^2+16t=0$ (→ $=-2t^3+2t^2+32t-32$)

$(t+4)(t-1)(t-4)=0$ $\quad\therefore t=1$ $(\because 0<t<4)$

즉, 접선의 방정식은 $y=3x+6$이고 이 접선은 점 Q에서 곡선 $y=f(x)$ $(x>4)$에 접한다. (→ $y=3(x-1)+9$)

Step 4 **Step 3**에서 구한 접선의 방정식이 곡선 $y=g(x)$ 위의 점 Q에서의 접선의 방정식과 같음을 이용한다.

$f(x)=a(x-4)^2(2x-21)$에서 $f'(x)=2a(x-4)(3x-25)$

점 Q에서의 접선의 방정식은 (→ $f'(x)=a\times2(x-4)\times(2x-21)+a(x-4)^2\times2$)

$y=2a(s-4)(3s-25)(x-s)+a(s-4)^2(2s-21)$

이 접선이 점 $(-2,\ 0)$을 지나므로

$2a(s-4)(3s-25)(-2-s)+a(s-4)^2(2s-21)=0$

이때 $a\ne0$, $s-4>0$이므로 (→ 양변을 $a(s-4)$로 나눈다.)

$2(3s-25)(-2-s)+(s-4)(2s-21)=0$

$4s^2-9s-184=(4s+23)(s-8)=0$ $\quad\therefore s=8$ $\left(\because 4<s<\frac{21}{2}\right)$

$f'(8)=3$이므로 $-8a=3$ $\quad\therefore a=-\frac{3}{8}$

(→ Step 3에서 접선의 방정식이 $y=3x+6$이므로 접선의 기울기는 3이다.)

$f(x)=-\frac{3}{8}(x-4)^2(2x-21)$이므로 $g(10)=f(10)=\frac{27}{2}$

따라서 $p=2$, $q=27$이므로 $p+q=29$이다. (→ $10>4$이므로 $g(10)=f(10)$)

확률과 통계

23 [정답률 89%]

정답 ②

Step 1 $E(X)$를 이용하여 p의 값을 구한다.

확률변수 X는 이항분포 $B(45,\ p)$를 따르므로

$E(X)=45p=15$ $\quad\therefore p=\frac{1}{3}$

(→ 이항분포 $B(n,\ p)$를 따르는 확률변수 X에 대하여 $E(X)=np$)

24 [정답률 86%]

정답 ④

Step 1 두 사건 A, B가 서로 배반사건임을 이용한다.

두 사건 A, B가 서로 배반사건이므로 $P(A\cap B)=0$

$P(A\cup B)=P(A)+P(B)=\frac{5}{6}$이고 $P(A)=1-P(A^C)=\frac{1}{4}$이므로 (→ $A\cap B=\varnothing$)

$P(B)=\frac{5}{6}-\frac{1}{4}=\frac{7}{12}$

25 [정답률 77%]

정답 ⑤

Step 1 조건을 만족시키는 자연수의 개수를 구한다.

숫자 0, 1, 2 중에서 중복을 허락하여 4개를 택하여 일렬로 나열할 때 만들 수 있는 네 자리의 자연수의 개수는 $2\times{}_3\Pi_3=2\times3^3=54$ (→ 천의 자리에는 0이 올 수 없으므로 1, 2의 2가지)

이때 각 자리의 수의 합이 7보다 큰 자연수는 2222뿐이므로 구하는 자연수의 개수는 $54-1=53$ (→ $2+2+2+2=8$)

26 [정답률 71%]

정답 ③

Step 1 신뢰도 95%의 신뢰구간을 구한 후 $240.12\le m\le a$와 비교한다.

양파 64개를 임의추출하여 얻은 표본평균이 $\overline{x}$이므로 모평균 m에 대한 신뢰도 95%의 신뢰구간은

$\overline{x}-1.96\times\frac{16}{\sqrt{64}}\le m\le\overline{x}+1.96\times\frac{16}{\sqrt{64}}$

$\overline{x}-3.92\le m\le\overline{x}+3.92$ (→ $\overline{x}-k\frac{\sigma}{\sqrt{n}}\le m\le\overline{x}+k\frac{\sigma}{\sqrt{n}}$ (n은 표본의 크기, σ는 모표준편차, k는 신뢰도에 따라 정해지는 상수))

이때 신뢰구간이 $240.12\le m\le a$이므로

$\overline{x}-3.92=240.12$, $\overline{x}+3.92=a$

따라서 $\overline{x}=244.04$, $a=247.96$이므로 $\overline{x}+a=492$

27 [정답률 52%]

정답 ①

Step 1 원순열을 이용하여 경우의 수를 구한다.

서로 이웃한 2개의 의자에 적힌 두 수가 서로소가 되려면 짝수가 적힌 의자끼리 서로 이웃하면 안 되고 3과 6이 적힌 의자도 서로 이웃하면 안 된다. → 4와 8이 적힌 의자는 여기에 포함된다.

홀수가 적힌 의자를 일정한 간격을 두고 원형으로 배열하는 경우의 수는 $(4-1)!=3!=6$ → 서로 다른 n개를 일정한 간격을 두고 원형으로 배열하는 원순열의 수는 $(n-1)!$

홀수가 적힌 의자들 사이에 있는 4개의 자리 중 3이 적힌 의자와 이웃하지 않는 자리에 6이 적힌 의자를 배열하고, 남은 3개의 자리에 나머지 3개의 의자를 배열하는 경우의 수는 ${}_2C_1\times3!=12$ → 두 자리가 있다.

따라서 구하는 경우의 수는 $6\times12=72$

28 [정답률 38%]

정답 ①

Step 1 두 함수 $y=f(x)$, $y=g(x)$의 그래프의 대칭성을 이용하여 $E(X)$, $E(Y)$를 구한다. → 정규분포를 따르는 확률밀도함수의 그래프의 형태를 생각해본다.

$E(X)=m_1$, $E(Y)=m_2$, $V(X)=V(Y)=\sigma^2$이라 하면 두 확률변수 X, Y는 각각 정규분포 $N(m_1, \sigma^2)$, $N(m_2, \sigma^2)$을 따른다.
함수 $y=f(x)$의 그래프는 직선 $x=m_1$에 대하여 대칭이고

$f(a)=f(3a)$이므로 $m_1=\dfrac{a+3a}{2}=2a$

$f(a)=f(3a)=g(2a)$이고 함수 $y=f(x)$의 그래프를 x축의 방향으로 평행이동하면 함수 $y=g(x)$의 그래프와 일치하므로

$g(0)=g(2a)$ 또는 $g(2a)=g(4a)$ → $V(X)=V(Y)$이기 때문이다.

이때 함수 $y=g(x)$의 그래프는 직선 $x=m_2$에 대하여 대칭이므로

$m_2=\dfrac{0+2a}{2}=a$ 또는 $m_2=\dfrac{2a+4a}{2}=3a$

Step 2 $P(0\le X\le 3a)$의 값을 구한다.

$P(Y\le 2a)=0.6915>0.5$이므로 $m_2<2a$ $\quad\therefore m_2=a$

확률변수 Z가 표준정규분포 $N(0, 1)$을 따를 때

$$P(Y\le 2a)=P\left(Z\le\frac{2a-a}{\sigma}\right)=P\left(Z\le\frac{a}{\sigma}\right)$$
$$=0.5+P\left(0\le Z\le\frac{a}{\sigma}\right)=0.6915$$

$\therefore P\left(0\le Z\le\dfrac{a}{\sigma}\right)=0.1915$

이때 $P(0\le Z\le 0.5)=0.1915$이므로 $\dfrac{a}{\sigma}=0.5$, $\sigma=2a$

$$\therefore P(0\le X\le 3a)=P\left(\frac{0-2a}{2a}\le Z\le\frac{3a-2a}{2a}\right)$$
$$=P(-1\le Z\le 0.5)=0.5328$$

→ $=P(-1\le Z\le 0)+P(0\le Z\le 0.5)$
$=P(0\le Z\le 1)+P(0\le Z\le 0.5)$
$=0.3413+0.1915$

29 [정답률 47%]

정답 64

Step 1 조건 (가)를 만족시키는 경우의 수를 구한다.

조건 (가)를 만족시키는 순서쌍 (a, b, c)의 개수는 ${}_8H_3={}_{10}C_3=120$ → $=\dfrac{10\times9\times8}{3\times2\times1}$

Step 2 조건 (나)를 만족시키지 않는 경우의 수를 제외시킨다.

이때 조건 (나)를 만족시키지 않는 경우는 $a\ne b$이고 $b\ne c$이다.
즉, $a<b<c\le 8$을 만족시키는 순서쌍 (a, b, c)의 개수는 ${}_8C_3=56$ → $=\dfrac{8\times7\times6}{3\times2\times1}$
따라서 모든 순서쌍 (a, b, c)의 개수는 $120-56=64$

✪ 다른 풀이 경우의 수의 합의 법칙을 이용하는 풀이

Step 1 $a=b$인 경우의 수를 구한다.

조건 (나)에서 $a=b$ 또는 $b=c$
$a=b$인 사건을 A, $b=c$인 사건을 B라 하자.
$a=b\le c\le 8$을 만족시키는 순서쌍 (a, b, c)의 개수는
$n(A)={}_8H_2={}_9C_2=36$ → $=\dfrac{9\times8}{2}$

Step 2 $b=c$인 경우의 수를 구한다.

$a\le b=c\le 8$을 만족시키는 순서쌍 (a, b, c)의 개수는
$n(B)={}_8H_2={}_9C_2=36$ → b의 값만 고르면 c의 값은 자동으로 선택된다.

Step 3 $a=b=c$인 경우의 수를 구한다.

$a=b=c\le 8$을 만족시키는 순서쌍 (a, b, c)의 개수는
$n(A\cap B)={}_8C_1=8$
따라서 모든 순서쌍 (a, b, c)의 개수는
$n(A\cup B)=n(A)+n(B)-n(A\cap B)=36+36-8=64$

30 [정답률 22%]

정답 5

Step 1 꺼낸 2개의 공이 서로 다른 색일 확률을 구한다.

시행을 한 번 한 후 주머니에 들어 있는 모든 공에 적힌 수의 합이 3의 배수인 사건을 A, 주머니에서 꺼낸 2개의 공이 서로 다른 색인 사건을 B라 하자.
시행 전 주머니에 들어 있는 모든 공에 적힌 수의 합은 9이므로 시행을 한 번 한 후 주머니에 들어 있는 공에 적힌 수의 합이 3의 배수가 되는 경우는 다음과 같다.

(i) 꺼낸 2개의 공이 서로 다른 색인 경우
꺼낸 2개의 공이 (①, ❷) 또는 (②, ❶)이어야 하므로

$P(A\cap B)=\dfrac{2}{{}_5C_2}=\dfrac{1}{5}$ → 시행을 한 번 한 후 주머니에 들어 있는 모든 공에 적힌 수의 합은 $1+2+3=6$ → $=\dfrac{2}{10}$

Step 2 꺼낸 2개의 공이 서로 같은 색일 확률을 구한다.

(ii) 꺼낸 2개의 공이 서로 같은 색인 경우
꺼낸 2개의 공이 (❶, ❸)이고 이 2개의 공 중 ❶을 다시 넣거나, 꺼낸 2개의 공이 (❷, ❸)이고 이 2개의 공 중 ❷를 다시 넣어야 하므로 → 시행을 한 번 한 후 주머니에 들어 있는 모든 공에 적힌 수의 합은 $1+2+1+2=6$

$P(A\cap B^C)=\dfrac{1}{{}_5C_2}\times\dfrac{1}{2}+\dfrac{1}{{}_5C_2}\times\dfrac{1}{2}=\dfrac{1}{10}$

(i), (ii)에 의하여 $P(B|A)=\dfrac{P(A\cap B)}{P(A)}=\dfrac{\frac{1}{5}}{\frac{1}{5}+\frac{1}{10}}=\dfrac{2}{3}$ → $P(A)=P(A\cap B)+P(A\cap B^C)$

따라서 $p=3$, $q=2$이므로 $p+q=5$이다.

미적분

23 [정답률 97%]

정답 ④

Step 1 수열의 극한값을 구한다.

$$\lim_{n\to\infty}\frac{2n^2+3n-5}{n^2+1}=\lim_{n\to\infty}\frac{2+\frac{3}{n}-\frac{5}{n^2}}{1+\frac{1}{n^2}}=2$$

→ $\lim_{n\to\infty}\frac{3}{n}=\lim_{n\to\infty}\frac{5}{n^2}=\lim_{n\to\infty}\frac{1}{n^2}=0$

24 [정답률 78%]

정답 ②

Step 1 주어진 식을 정적분이 포함된 식으로 변형한 후 계산한다.

$x_k=\frac{\pi k}{3n}$라 하면 $\Delta x=\frac{\pi}{3n}$이므로

$$\lim_{n\to\infty}\frac{2\pi}{n}\sum_{k=1}^{n}\sin\frac{\pi k}{3n}=6\int_0^{\frac{\pi}{3}}\sin x\,dx=6\Big[-\cos x\Big]_0^{\frac{\pi}{3}}=3$$

→ $=6\times\frac{\pi}{3n}$

→ $=-\cos\frac{\pi}{3}+\cos 0=-\frac{1}{2}+1=\frac{1}{2}$

25 [정답률 88%]

정답 ③

Step 1 정적분을 이용하여 입체도형의 부피를 구한다.

x좌표가 $t\ (1\le t\le 4)$인 점을 지나고 x축에 수직인 평면으로 자른 단면의 넓이를 $S(t)$라 하면 $S(t)=\left(\frac{2}{\sqrt{t}}\right)^2=\frac{4}{t}$

→ 한 변의 길이가 $\frac{2}{\sqrt{t}}$인 정사각형

따라서 입체도형의 부피는

$$\int_1^4 S(t)dt=\int_1^4\frac{4}{t}dt=\Big[4\ln t\Big]_1^4=8\ln 2$$

→ $=4\ln 4-4\ln 1=4\ln 2^2-0$

26 [정답률 74%]

정답 ⑤

Step 1 역함수의 미분법을 이용한다.

$h(x)=g(5f(x))$라 하면 $h'(x)=g'(5f(x))\times 5f'(x)$

$\therefore h'(0)=g'(5f(0))\times 5f'(0)$

$f(x)=e^{2x}+e^x-1$에서 $f(0)=1$이고 $f'(x)=2e^{2x}+e^x$에서

→ $=e^0+e^0-1=1+1-1$

$f'(0)=3$이므로 $h'(0)=15g'(5)$

→ $=2e^0+e^0=2+1$

$g(5)=k$라 하면 $f(k)=5$에서

→ 두 함수 $f(x)$, $g(x)$는 서로 역함수 관계이다.

$e^{2k}+e^k-1=5,\ (e^k+3)(e^k-2)=0$

$\therefore e^k=2\ (\because e^k>0)$

따라서 $k=\ln 2$이므로 $f'(\ln 2)=2e^{2\ln 2}+e^{\ln 2}=10$

→ $=e^{\ln 2^2}=e^{\ln 4}=4^{\ln e}=4$

$$\therefore h'(0)=15g'(5)=15\times\frac{1}{f'(\ln 2)}=\frac{3}{2}$$

27 [정답률 54%]

정답 ①

Step 1 등비급수의 수렴 조건을 이용하여 r의 값을 구한다.

→ 등비수열 $\{a_n\}$의 모든 항은 자연수

등비수열 $\{a_n\}$의 첫째항을 a, 공비를 r (a, r은 자연수)라 하자.

급수 $\sum_{n=1}^{\infty}\frac{a_n}{3^n}$은 첫째항이 $\frac{a}{3}$, 공비가 $\frac{r}{3}$인 등비급수이고 수렴하므로

→ $\frac{a_1}{3^1}=\frac{a}{3},\ \frac{a_2}{3^2}=\frac{ar}{3^2},\ \cdots$

$-1<\frac{r}{3}<1 \qquad \therefore -3<r<3$ …… ㉠

또한 급수 $\sum_{n=1}^{\infty}\frac{1}{a_{2n}}$은 첫째항이 $\frac{1}{ar}$, 공비가 $\frac{1}{r^2}$인 등비급수이고 수렴하므로

→ $\frac{1}{a_2}=\frac{1}{ar},\ \frac{1}{a_4}=\frac{1}{ar^3},\ \cdots$

$-1<\frac{1}{r^2}<1,\ r^2>1 \qquad \therefore r>1$ …… ㉡

㉠, ㉡에서 $1<r<3$이므로 $r=2$

Step 2 S의 값을 구한다.

$$\sum_{n=1}^{\infty}\frac{a_n}{3^n}=\frac{\frac{a}{3}}{1-\frac{2}{3}}=a=4\text{이므로 } a_n=4\times 2^{n-1}$$

$$\therefore S=\sum_{n=1}^{\infty}\frac{1}{a_{2n}}=\frac{\frac{1}{8}}{1-\frac{1}{4}}=\frac{1}{6}$$

28 [정답률 30%]

정답 ④

Step 1 $a\ne 0$, $b=0$일 때 a의 값을 구한다.

$a\ne b$이므로 조건 (가)에서 $a\ne 0$, $b=0$ 또는 $a=0$, $b\ne 0$

(i) $a\ne 0$, $b=0$일 때

$\sin x=t$로 놓으면 $\cos x\,dx=dt$

$x=0$일 때 $t=0$, $x=\frac{\pi}{2}$일 때 $t=1$이므로

$$\int_0^{\frac{\pi}{2}}f(x)dx=\int_0^{\frac{\pi}{2}}(\sin x\cos x\times e^{a\sin x})dx$$

→ 부분적분법 이용

$$=\int_0^1 te^{at}dt=\Big[\frac{t}{a}e^{at}\Big]_0^1-\int_0^1\frac{1}{a}e^{at}dt$$

$$=\frac{e^a}{a}-\Big[\frac{1}{a^2}e^{at}\Big]_0^1=\frac{(a-1)e^a+1}{a^2}$$

조건 (나)에서 $\frac{(a-1)e^a+1}{a^2}=\frac{1}{a^2}-2e^a$

→ $=\frac{1}{a^2}e^a-\frac{1}{a^2}$

$a-1=-2a^2,\ (a+1)(2a-1)=0$

→ $\frac{(a-1)e^a}{a^2}=-2e^a$, $e^a\ne 0$이므로 $\frac{a-1}{a^2}=-2$

$\therefore a=-1$ 또는 $a=\frac{1}{2}$

Step 2 $a=0$, $b\ne 0$일 때 b의 값을 구한다.

(ii) $a=0$, $b\ne 0$일 때

$\cos x=t$로 놓으면 $-\sin x\,dx=dt$

$x=0$일 때 $t=1$, $x=\frac{\pi}{2}$일 때 $t=0$이므로

$$\int_0^{\frac{\pi}{2}}f(x)dx=\int_0^{\frac{\pi}{2}}(\sin x\cos x\times e^{b\cos x})dx$$

$$=-\int_1^0 te^{bt}dt=\int_0^1 te^{bt}dt$$

→ $\int_a^b f(x)dx=-\int_b^a f(x)dx$

$$=\Big[\frac{t}{b}e^{bt}\Big]_0^1-\int_0^1\frac{1}{b}e^{bt}dt$$

$$=\frac{e^b}{b}-\Big[\frac{1}{b^2}e^{bt}\Big]_0^1=\frac{(b-1)e^b+1}{b^2}$$

조건 (나)에서 $\frac{(b-1)e^b+1}{b^2}=\frac{1}{b^2}-2e^b$

$b-1=-2b^2,\ (b+1)(2b-1)=0$

→ $\frac{(b-1)e^b}{b^2}=-2e^b$에서 $e^b\ne 0$이므로 $\frac{b-1}{b^2}=-2$

$\therefore b=-1$ 또는 $b=\frac{1}{2}$

(i), (ii)에 의하여 순서쌍 (a, b)는 $(-1, 0)$, $\left(\frac{1}{2}, 0\right)$, $(0, -1)$, $\left(0, \frac{1}{2}\right)$이므로 $a-b$의 최솟값은 $-1-0=-1$

→ 순서쌍 (a, b)가 $(-1, 0)$일 때

29 [정답률 35%] 정답 30

Step 1 두 선분 CD, EH의 길이를 θ에 대하여 나타낸다.

삼각형 ABC에서 $\overline{AB}=\overline{AC}$이고

$\angle BAC=\theta$이므로

$\angle BCA=\frac{1}{2}(\pi-\theta)=\frac{\pi}{2}-\frac{\theta}{2}$

선분 BD를 그으면 점 D는 선분 AB를 지름으로 하는 원 위에 있으므로

$\angle ADB=\frac{\pi}{2}$ (→ $=\angle BDC$)

$\therefore \overline{CD}=\overline{BC}\cos\left(\frac{\pi}{2}-\frac{\theta}{2}\right)=2\sin\frac{\theta}{2}$ (→ $=\sin\frac{\theta}{2}$)

점 E에서 선분 AC에 내린 수선의 발을 H라 하면 두 삼각형 AEH, ABD는 서로 닮음이고 닮음비는 1 : 2이다. (→ $\overline{AE}=\overline{EB}$이므로 $\overline{AE}:\overline{AB}=1:2$)

$\overline{EH}=\frac{1}{2}\overline{BD}=\frac{1}{2}\overline{BC}\sin\left(\frac{\pi}{2}-\frac{\theta}{2}\right)=\cos\frac{\theta}{2}$이므로 (→ $\overline{BC}=2$, → $=\cos\frac{\theta}{2}$)

$S(\theta)=\frac{1}{2}\times\overline{CD}\times\overline{EH}=\sin\frac{\theta}{2}\cos\frac{\theta}{2}$

Step 2 $\lim_{\theta\to0+}\frac{S(\theta)}{\theta}$의 값을 구한다.

$$\lim_{\theta\to0+}\frac{S(\theta)}{\theta}=\lim_{\theta\to0+}\frac{\sin\frac{\theta}{2}\cos\frac{\theta}{2}}{\theta}$$

(→ $\lim_{\theta\to0+}\frac{\sin a\theta}{a\theta}=1$)

$$=\lim_{\theta\to0+}\left(\frac{1}{2}\times\frac{\sin\frac{\theta}{2}}{\frac{\theta}{2}}\times\cos\frac{\theta}{2}\right)=\frac{1}{2}$$

(→ $\lim_{\theta\to0+}\cos\frac{\theta}{2}=1$)

$$\therefore 60\times\lim_{\theta\to0+}\frac{S(\theta)}{\theta}=60\times\frac{1}{2}=30$$

30 [정답률 15%] 정답 91

Step 1 조건 (가)를 이용한다.

$f(x)=(x^2+ax+b)e^{-x}$에서

$f'(x)=(2x+a)e^{-x}-(x^2+ax+b)e^{-x}$

$=-\{x^2+(a-2)x+b-a\}e^{-x}$

$f'(x)=0$에서 모든 실수 x에 대하여 $e^{-x}>0$이므로

$x^2+(a-2)x+b-a=0$ …… ㉠

(→ 이차방정식 ㉠이 중근이나 허근을 가지면 함수 $f(x)$는 극값을 갖지 않는다.)

조건 (가)에 의하여 ㉠은 서로 다른 두 실근을 가져야 한다. 이 두 실근을 α, β ($\alpha<\beta$)라 하고 이차방정식 ㉠의 판별식을 D_1이라 하면

$D_1=(a-2)^2-4(b-a)=a^2-4b+4>0$ …… ㉡

Step 2 $D_2>0$인 경우를 알아본다.

$f(x)=0$에서 모든 실수 x에 대하여 $e^{-x}>0$이므로

$x^2+ax+b=0$ …… ㉢

이차방정식 ㉢의 판별식을 D_2라 하면 $D_2=a^2-4b$ …… ㉣

(i) $D_2>0$인 경우

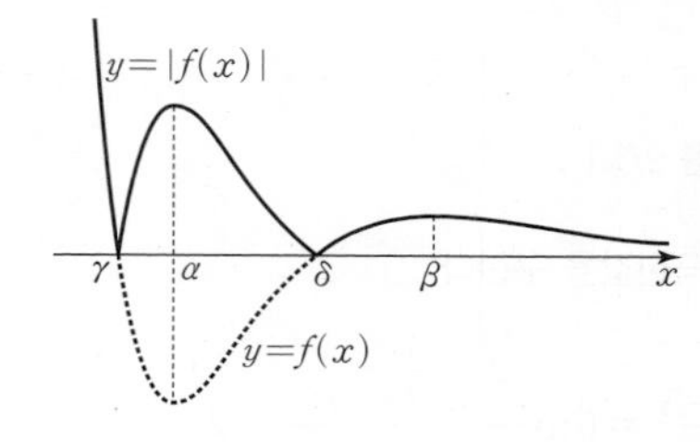

함수 $y=f(x)$의 그래프가 x축과 만나는 서로 다른 두 점의 x좌표를 각각 γ, δ ($\gamma<\delta$)라 하자.

함수 $|f(x)|$는 $x=\alpha$, β에서 극대이고 $x=\gamma$, δ에서 극소이므로 조건 (나)에 의하여

$(\alpha+\beta)+(\gamma+\delta)=(-a+2)+(-a)=3$

(→ ㉠과 ㉢에서 이차방정식의 근과 계수의 관계 이용)

$-2a=1$ $\quad\therefore a=-\frac{1}{2}$

이때 a는 정수가 아니므로 조건을 만족시키지 않는다. (→ 문제에서 a, b는 정수라고 주어졌다.)

Step 3 $D_2=0$인 경우를 알아본다.

(ii) $D_2=0$인 경우

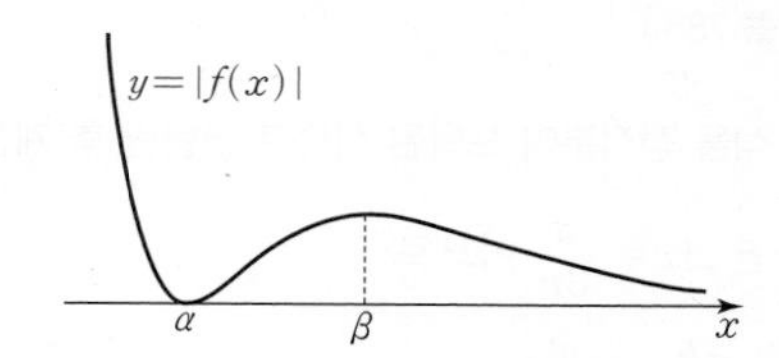

함수 $y=f(x)$의 그래프는 x축에 접하고 접점의 x좌표는 α이다.

함수 $|f(x)|$는 $x=\beta$에서 극대이고 $x=\alpha$에서 극소이므로 조건 (나)에 의하여

(→ ㉠에서 이차방정식의 근과 계수의 관계 이용)

$\alpha+\beta=-a+2=3$ $\quad\therefore a=-1$

㉣에서 $D_2=(-1)^2-4b=0$ $\quad\therefore b=\frac{1}{4}$

이때 b는 정수가 아니므로 조건을 만족시키지 않는다.

Step 4 $D_2<0$인 경우를 알아본다.

(iii) $D_2<0$인 경우

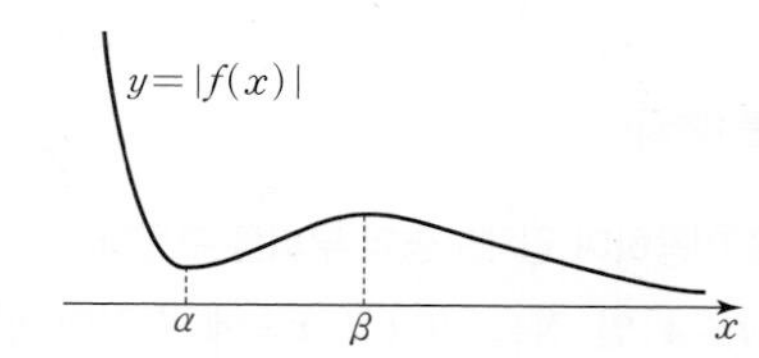

함수 $y=f(x)$의 그래프는 x축과 만나지 않는다.

함수 $|f(x)|$는 $x=\beta$에서 극대이고 $x=\alpha$에서 극소이므로 조건 (나)에 의하여

$\alpha+\beta=-a+2=3$ $\quad\therefore a=-1$

㉡에서 $D_1=(-1)^2-4b+4>0$ $\quad\therefore b<\frac{5}{4}$

㉣에서 $D_2=(-1)^2-4b<0$ $\quad\therefore b>\frac{1}{4}$

즉, $\frac{1}{4}<b<\frac{5}{4}$이고 b는 정수이므로 $b=1$이다. (→ $=0.25$, → $=1.25$)

(i)~(iii)에 의하여 $a=-1$, $b=1$이므로 $f(x)=(x^2-x+1)e^{-x}$

따라서 $f(10)=91e^{-10}$이므로 $p=91$이다.

(→ $=(100-10+1)e^{-10}$)

기하

23 [정답률 81%] 정답 ①

Step 1 선분 AB를 3 : 2로 외분하는 점의 좌표를 구한다.

선분 AB를 3 : 2로 외분하는 점의 좌표는

$$\left(\frac{3\times2-2\times a}{3-2},\ \frac{3\times(-3)-2\times0}{3-2},\ \frac{3\times0-2\times1}{3-2}\right)$$

즉, $(6-2a,\ -9,\ -2)$이다.

이때 이 점은 yz평면 위에 있으므로 $6-2a=0$ $\quad\therefore a=3$

↳ x좌표는 0

24 [정답률 84%] 정답 ④

Step 1 쌍곡선의 점근선의 기울기를 이용하여 a의 값을 구한다.

쌍곡선 $\frac{x^2}{a^2}-\frac{y^2}{27}=1$의 점근선의 기울기는 $\pm\frac{3\sqrt{3}}{a}$

이때 쌍곡선의 한 점근선의 방정식이 $y=3x$이므로

↳ 쌍곡선 $\frac{x^2}{a^2}-\frac{y^2}{b^2}=1$의 점근선의 방정식은 $y=\pm\frac{b}{a}x$

$\frac{3\sqrt{3}}{a}=3$ $\quad\therefore a=\sqrt{3}$

따라서 쌍곡선의 주축의 길이는 $2a=2\sqrt{3}$이다.

25 [정답률 88%] 정답 ②

Step 1 삼수선의 정리를 이용하여 선분 PH의 길이를 구한다.

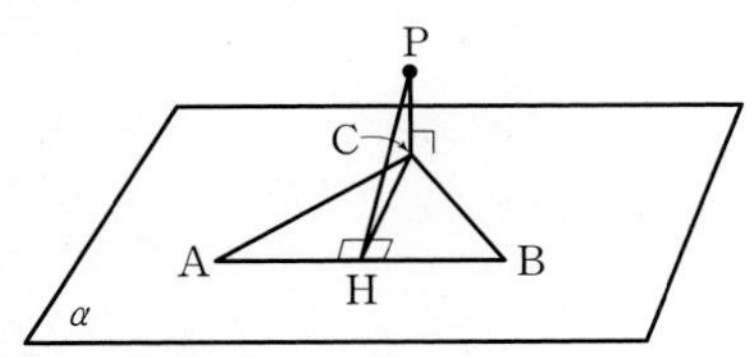

점 C에서 직선 AB에 내린 수선의 발을 H라 하자.

삼각형 ABC의 넓이가 12이므로

$\frac{1}{2}\times6\times\overline{CH}=12$ $\quad\therefore \overline{CH}=4$

↳ $\overline{AB}$

$\overline{PC}\perp\alpha$, $\overline{CH}\perp\overline{AB}$이므로 삼수선의 정리에 의하여 $\overline{PH}\perp\overline{AB}$

직각삼각형 PHC에서 $\overline{PH}=\sqrt{2^2+4^2}=2\sqrt{5}$

따라서 점 P와 직선 AB 사이의 거리는 $2\sqrt{5}$이다.

↳ $\overline{PH}=\sqrt{\overline{PC}^2+\overline{CH}^2}$

26 [정답률 71%] 정답 ③

Step 1 포물선의 방정식을 구한다.

$\overline{AF}=\overline{AH}$이고 포물선의 축이 x축이므로 포물선의 준선은 y축이다.

포물선의 꼭짓점의 좌표가 $(1,\ 0)$이고 초점과 꼭짓점 사이의 거리가 1이므로 포물선의 방정식은 $y^2=4(x-1)$

↳ 선분 OF의 중점

Step 2 선분 AF의 길이를 구한다.

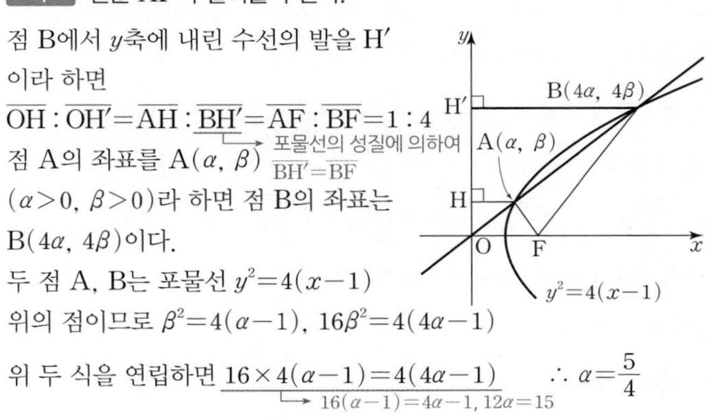

점 B에서 y축에 내린 수선의 발을 H′이라 하면

$\overline{OH}:\overline{OH'}=\overline{AH}:\overline{BH'}=\overline{AF}:\overline{BF}=1:4$

↳ 포물선의 성질에 의하여 $\overline{BH'}=\overline{BF}$

점 A의 좌표를 $A(\alpha,\ \beta)$ $(\alpha>0,\ \beta>0)$라 하면 점 B의 좌표는 $B(4\alpha,\ 4\beta)$이다.

두 점 A, B는 포물선 $y^2=4(x-1)$ 위의 점이므로 $\beta^2=4(\alpha-1)$, $16\beta^2=4(4\alpha-1)$

위 두 식을 연립하면 $16\times4(\alpha-1)=4(4\alpha-1)$ $\quad\therefore \alpha=\frac{5}{4}$

↳ $16(\alpha-1)=4\alpha-1,\ 12\alpha=15$

따라서 $\overline{AF}=\overline{AH}=\alpha=\frac{5}{4}$이다.

27 [정답률 61%] 정답 ⑤

Step 1 선분 BD를 2 : 3으로 내분하는 점을 잡는다.

선분 BD를 2 : 3으로 내분하는 점을 P라 하면 $\overrightarrow{AP}=\frac{3\overrightarrow{AB}+2\overrightarrow{AD}}{5}$

조건 (나)에서 $t\overrightarrow{AC}=3\overrightarrow{AB}+2\overrightarrow{AD}=5\overrightarrow{AP}$를 만족시키는 실수 t가 존재하므로 점 P는 선분 AC 위의 점이다.

Step 2 조건 (가)를 이용한다.

조건 (가)에서 두 벡터 $\overrightarrow{AD}$, $\overrightarrow{BC}$가 서로 평행하고 $\overline{BP}:\overline{PD}=2:3$이므로 두 삼각형 PDA, PBC는 서로 닮음이고 닮음비는 3 : 2이다.

↳ $\overline{PD}:\overline{PB}=3:2$

$|\overrightarrow{AD}|:|\overrightarrow{BC}|=3:2$에서 $|\overrightarrow{BC}|=\frac{2}{3}|\overrightarrow{AD}|$ $\quad\cdots\cdots$ ㉠

Step 3 사각형 ABCD의 넓이를 구한다.

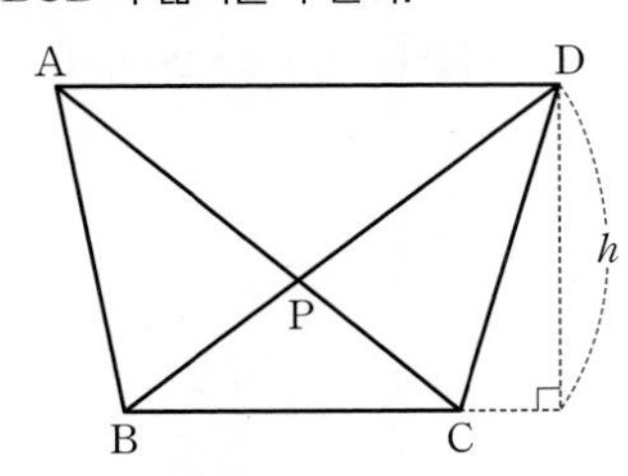

사다리꼴 ABCD의 높이를 h라 하면 삼각형 ABD의 넓이가 12이므로

↳ $\overline{AD}\,/\!/\,\overline{BC}$

$\frac{1}{2}\times|\overrightarrow{AD}|\times h=12$ $\quad\therefore |\overrightarrow{AD}|\times h=24$ $\quad\cdots\cdots$ ㉡

㉠, ㉡에서 사다리꼴 ABCD의 넓이는

$\frac{1}{2}\times(|\overrightarrow{AD}|+|\overrightarrow{BC}|)\times h=\frac{1}{2}\times\frac{5}{3}|\overrightarrow{AD}|\times h=\frac{5}{6}\times24=20$

↳ $=\frac{2}{3}|\overrightarrow{AD}|$

28 [정답률 66%] 정답 ③

Step 1 주어진 조건을 이용하여 각 선분의 길이를 구한다.

타원 $\frac{x^2}{a^2}+\frac{y^2}{18}=1$의 두 초점이 F$(c, 0)$, F$'(-c, 0)(c>0)$이므로

$a^2-18=c^2$ …… ㉠

삼각형 RF′F는 한 변의 길이가 $2c$인 정삼각형이므로 $\overline{OR}=\sqrt{3}c$ ($\overline{F'F}=c-(-c)$; 정삼각형 RF′F의 높이이므로 $\overline{OR}=\frac{\sqrt{3}}{2}\times 2c$)

또한 점 F′이 선분 QF의 중점이므로 $\overline{QO}=3c$ ($=\overline{QF'}+\overline{OF'}=2c+c$)

Step 2 점 P에서의 접선의 방정식을 구한다.

직선 QR의 기울기가 $\frac{\overline{OR}}{\overline{QO}}=\frac{\sqrt{3}c}{3c}=\frac{\sqrt{3}}{3}$이므로 타원 위의 점 P에서의 접선의 방정식은 (기울기가 m인 타원 $\frac{x^2}{a^2}+\frac{y^2}{b^2}=1$의 접선의 방정식은 $y=mx\pm\sqrt{a^2m^2+b^2}$)

$y=\frac{\sqrt{3}}{3}x+\sqrt{\left(\frac{\sqrt{3}}{3}\right)^2a^2+18}=\frac{\sqrt{3}}{3}x+\sqrt{\frac{1}{3}a^2+18}$

이때 직선 QR의 y절편이 $\sqrt{3}c$이므로

$\sqrt{\frac{1}{3}a^2+18}=\sqrt{3}c$

$\therefore \frac{1}{3}a^2+18=3c^2$ …… ㉡

㉠, ㉡에서 $c^2=9$ ($3\times$㉡$-$㉠을 하면 $8c^2=72$)

29 [정답률 31%] 정답 20

Step 1 $\cos(\angle AOP)$, $\cos(\angle QAO)$의 값을 각각 구한다.

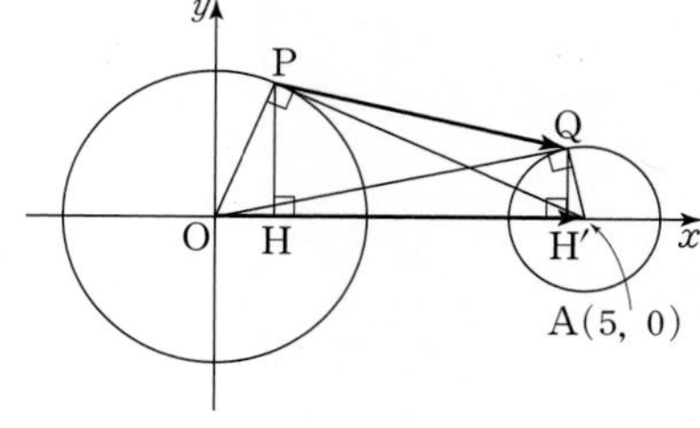

$\overrightarrow{OP}\cdot\overrightarrow{AP}=0$이므로 $\overline{OP}\perp\overline{AP}$

$\overrightarrow{OQ}\cdot\overrightarrow{AQ}=0$이므로 $\overline{OQ}\perp\overline{AQ}$

직각삼각형 OAP에서 $\overline{OA}=5$, $\overline{OP}=2$이므로 $\cos(\angle AOP)=\frac{2}{5}$ ($=\frac{\overline{OP}}{\overline{OA}}$)

직각삼각형 OAQ에서 $\overline{AQ}=1$이므로 $\cos(\angle OAQ)=\frac{1}{5}$ ($=\frac{\overline{AQ}}{\overline{OA}}$)

Step 2 $\overrightarrow{OA}\cdot\overrightarrow{PQ}$의 값을 구한다.

두 점 P, Q에서 x축에 내린 수선의 발을 각각 H, H′이라 하자.

$\overline{OH}=\overline{OP}\cos(\angle AOP)=\frac{4}{5}$ ($=2\times\frac{2}{5}$)

$\overline{H'A}=\overline{QA}\cos(\angle OAQ)=\frac{1}{5}$ ($=1\times\frac{1}{5}$)

$\therefore \overline{HH'}=\overline{OA}-\overline{OH}-\overline{H'A}=4$

따라서 $\overrightarrow{OA}\cdot\overrightarrow{PQ}=\overline{OA}\times\overline{HH'}=5\times4=20$이다.

30 [정답률 13%] 정답 15

Step 1 원 C의 반지름의 길이를 구한다.

구 S의 중심을 S$(0, 0, \sqrt{5})$라 하면 점 S에서 xy평면에 내린 수선의 발은 원점 O이다.

점 O는 원 C의 중심이므로 $\overline{OB}=\sqrt{\overline{SB}^2-\overline{OS}^2}=\sqrt{3^2-(\sqrt{5})^2}=2$ (구의 반지름 $\overline{SB}=3$; 구의 중심과 xy평면 사이의 거리)

따라서 원 C의 반지름의 길이는 2이다.

Step 2 원 C'의 반지름의 길이를 구한다.

삼각형 BCD의 외접원을 C'이라 하고 구의 중심 S에서 평면 BCD에 내린 수선의 발을 H라 하면 점 H는 원 C'의 중심이다.

조건 (나)에 의하여 $\overline{SH}=\overline{OB}=2$

직각삼각형 SBH에서 $\overline{HB}=\sqrt{\overline{SB}^2-\overline{SH}^2}=\sqrt{3^2-2^2}=\sqrt{5}$

따라서 원 C'의 반지름의 길이는 $\sqrt{5}$이다.

Step 3 삼각형 ABC의 평면 ABD 위로의 정사영의 넓이를 구한다.

선분 BC의 중점을 M이라 하면 $\overline{HM}\perp\overline{BC}$이고 $\overline{BM}=\frac{\sqrt{15}}{2}$이다. ($=\frac{1}{2}\overline{BC}$)

$\cos(\angle HBM)=\frac{\overline{BM}}{\overline{HB}}=\frac{\sqrt{3}}{2}$이므로 $\angle HBM=\frac{\pi}{6}$

조건 (다)에 의하여 $\angle CBD=2\angle HBM=\frac{\pi}{3}$

조건 (나)에서 직선 AB가 평면 BCD에 수직이므로 평면 ABC와 평면 ABD가 이루는 예각의 크기를 θ라 하면 $\theta=\angle CBD=\frac{\pi}{3}$

또한 조건 (나)에서 $\overline{AB}\perp\overline{BC}$이므로 삼각형 ABC의 넓이는

$\frac{1}{2}\times4\times\sqrt{15}=2\sqrt{15}$ ($4=\overline{AB}$, $\sqrt{15}=\overline{BC}$)

따라서 삼각형 ABC의 평면 ABD 위로의 정사영의 넓이는

$k=2\sqrt{15}\times\cos\frac{\pi}{3}=\sqrt{15}$ ($\cos\frac{\pi}{3}=\frac{1}{2}$) $\quad\therefore k^2=(\sqrt{15})^2=15$

24회 2024학년도 10월 고3 전국연합학력평가 정답과 해설

1	④	2	⑤	3	②	4	⑤	5	④
6	②	7	⑤	8	②	9	①	10	①
11	③	12	①	13	⑤	14	③	15	④
16	6	17	58	18	12	19	84	20	54
21	15	22	486						

확률과 통계				23	①	24	③	25	②
26	⑤	27	④	28	②	29	48	30	61

미적분				23	②	24	⑤	25	④
26	③	27	①	28	②	29	5	30	40

기하				23	②	24	①	25	③
26	⑤	27	④	28	①	29	8	30	20

01 [정답률 94%] 정답 ④

Step 1 지수법칙을 이용한다.

$$\left(\frac{4}{\sqrt[3]{2}}\right)^{\frac{6}{5}}=\left(2^{2-\frac{1}{3}}\right)^{\frac{6}{5}}=\left(2^{\frac{5}{3}}\right)^{\frac{6}{5}}=2^2=4$$

$\frac{4}{\sqrt[3]{2}}=\frac{2^2}{2^{\frac{1}{3}}}$, $(a^b)^c=a^{bc}$

02 [정답률 92%] 정답 ⑤

Step 1 다항함수의 미분법을 이용한다.

$f(x)=x^3-2x^2-4x$에서 $f(1)=-5$이고 $f'(x)=3x^2-4x-4$ 이므로

($y=x^n$ (n은 양의 정수)에서 $y'=nx^{n-1}$)

$$\lim_{x\to1}\frac{f(x)+5}{x-1}=\lim_{x\to1}\frac{f(x)-f(1)}{x-1}=f'(1)=-5$$

($f(x)+5=f(x)-(-5)$)

03 [정답률 89%] 정답 ②

Step 1 삼각함수 사이의 관계를 이용한다.

$\sin^2\theta=\frac{4}{5}$에서 $\frac{3}{2}\pi<\theta<2\pi$이므로 $\sin\theta=-\frac{2\sqrt{5}}{5}$

(θ는 제4사분면의 각이므로 $\sin\theta<0$)

$$\therefore \frac{\tan\theta}{\cos\theta}=\frac{\frac{\sin\theta}{\cos\theta}}{\cos\theta}=\frac{\sin\theta}{\cos^2\theta}=\frac{\sin\theta}{1-\sin^2\theta}$$

($\tan\theta=\frac{\sin\theta}{\cos\theta}$, $\sin^2\theta+\cos^2\theta=1$임을 이용)

$$=\frac{-\frac{2\sqrt{5}}{5}}{1-\frac{4}{5}}=\frac{-\frac{2\sqrt{5}}{5}}{\frac{1}{5}}=-2\sqrt{5}$$

04 [정답률 88%] 정답 ⑤

Step 1 정적분의 성질을 이용한다.

$$\int_1^2(3x+4)dx+\int_1^2(3x^2-3x)dx$$
$$=\int_1^2(3x+4+3x^2-3x)dx$$

($\int_a^b f(x)dx+\int_a^b g(x)dx=\int_a^b\{f(x)+g(x)\}dx$)

$$=\int_1^2(3x^2+4)dx=\Big[x^3+4x\Big]_1^2$$
$$=(8+8)-(1+4)=11$$

05 [정답률 92%] 정답 ④

Step 1 함수의 연속일 조건을 이용한다. ((좌극한)=(우극한)=(함숫값))

주어진 함수 $f(x)$가 실수 전체의 집합에서 연속이므로 $x=1$에서도 연속이어야 한다.

$$\lim_{x\to1-}\{(x-a)^2-3\}=\lim_{x\to1+}(2x-1)=f(1)$$

($x\geq1$에서 $f(x)=2x-1$, $x<1$에서 $f(x)=(x-a)^2-3$)

$(1-a)^2-3=1$, $a^2-2a-2=1$

$a^2-2a-3=0$, $(a+1)(a-3)=0$

$\therefore a=-1$ 또는 $a=3$

따라서 구하는 모든 a의 값의 합은 $-1+3=2$

06 [정답률 88%] 정답 ②

Step 1 $S_{n+2}-S_n=a_{n+1}+a_{n+2}$임을 이용한다.

등비수열 $\{a_n\}$의 공비를 r $(r>0)$이라 하면 ($a_n=a_1\times r^{n-1}$)

$S_4-S_2=a_3+a_4=a_1r^2+a_1r^3=a_1r^2(1+r)$

($=(a_1+a_2+a_3+a_4)-(a_1+a_2)$)

$S_6-S_4=a_5+a_6=a_1r^4+a_1r^5=a_1r^4(1+r)$

($=(a_1+a_2+\cdots+a_6)-(a_1+a_2+a_3+a_4)$)

이므로 $4(S_4-S_2)=S_6-S_4$에서 $4a_1r^2(1+r)=a_1r^4(1+r)$

$r^2=4$ $\quad\therefore r=2$ ($\because r>0$)

Step 2 S_3의 값을 구한다.

$a_3=a_1r^2=4a_1=12$ $\quad\therefore a_1=3$

$\therefore S_3=a_1+a_2+a_3=3+3\times2+3\times2^2=3+6+12=21$

07 [정답률 92%] 정답 ⑤

Step 1 함수 $f(x)$의 증가와 감소를 나타내는 표를 이용한다.

$f(x)=x^3-3x^2-9x+k$에서 $f'(x)=3x^2-6x-9$

($=3(x^2-2x-3)=3(x+1)(x-3)$)

$f'(x)=0$에서 $x=-1$ 또는 $x=3$

함수 $f(x)$의 증가와 감소를 표로 나타내면 다음과 같다.

x	$\cdots$	-1	$\cdots$	3	$\cdots$
$f'(x)$	$+$	0	$-$	0	$+$
$f(x)$	↗	극대	↘	극소	↗

즉, 함수 $f(x)$는 $x=3$에서 극소이므로

$f(3)=-27+k=-17$ $\quad\therefore k=10$ ($=27-27-27+k$)

따라서 $f(x)=x^3-3x^2-9x+10$이므로 극댓값은 ($x=-1$일 때 극대)

$f(-1)=-1-3+9+10=15$

08 [정답률 72%] 정답 ②

Step 1 정적분을 이용하여 넓이를 구한다.

함수 $f(x)=x^2+1$의 그래프와 x축 및 두 직선 $x=0$, $x=1$로 둘러싸인 부분의 넓이를 S라 하면

$S=\int_0^1 (x^2+1)dx=\left[\frac{1}{3}x^3+x\right]_0^1=\frac{4}{3}$

Step 2 상수 m의 값을 구한다.

점 $(1, f(1))$을 지나고 기울기가 m인 직선의 방정식은

$y-f(1)=m(x-1)$, ($f(1)=2$)

즉 $y=mx-m+2$

이때 오른쪽 그림과 같이 x축 및 두 직선 $y=mx-m+2$, $x=1$이 만드는 삼각형의 넓이가 $\frac{S}{2}$이므로

$\frac{2}{3}=\frac{1}{2}\times\frac{2}{m}\times 2$ $\therefore m=3$

→ 직선 $y=mx-m+2$가 S를 이등분하기 때문이다.

($y=f(x)$, $y=mx-m+2$, $1-\frac{2}{m}$, $x=1$, 2, O, x, y)

09 [정답률 74%] 정답 ①

Step 1 선분 AB를 3 : 1로 외분하는 점이 직선 $y=4x$ 위에 있음을 이용한다.

선분 AB를 3 : 1로 외분하는 점의 좌표는

$\left(\frac{3\times\log_2 2\sqrt{2}-1\times 4}{3-1}, \frac{3\times\log_3\frac{3}{2}-1\times\log_3 a}{3-1}\right)$ ($\log_2 2\sqrt{2}=\log_2 2^{\frac{3}{2}}=\frac{3}{2}$)

$\therefore \left(\frac{1}{4}, \frac{3\log_3\frac{3}{2}-\log_3 a}{2}\right)$ → $y=4x$에 $x=\frac{1}{4}$, $y=\frac{3\log_3\frac{3}{2}-\log_3 a}{2}$ 대입

이 점이 직선 $y=4x$ 위에 있으므로 $\frac{3\log_3\frac{3}{2}-\log_3 a}{2}=1$

$3\log_3\frac{3}{2}-\log_3 a=2$, $\log_3\frac{27}{8}-\log_3 a=\log_3 9$

$\log_3\frac{27}{8a}=\log_3 9$, $\frac{27}{8a}=9$ $\therefore a=\frac{3}{8}$

10 [정답률 76%] 정답 ①

Step 1 주어진 조건을 이용하여 함수 $g(x)$의 식을 구한다.

$(x-1)g(x)=|f(x)|$에 $x=1$을 대입하면 $f(1)=0$ → $f(x)$는 $x-1$을 인수로 갖는다.

$x=3$을 대입하면 $2g(3)=|f(3)|$에서 $g(3)=0$이므로 $f(3)=0$ → $f(x)$는 $x-3$을 인수로 갖는다.

$f(x)=(x-1)(x-3)(x-a)$ (a는 상수)라 하면 → $f(x)$는 최고차항의 계수가 1인 삼차함수로 문제에서 주어졌다.

$g(x)=\frac{|(x-1)(x-3)(x-a)|}{x-1}$ $(x\neq 1)$

Step 2 함수 $g(x)$가 $x=1$에서 연속임을 이용하여 a의 값을 구한다.

함수 $g(x)$가 $x=1$에서 연속이므로

$\lim_{x\to 1-} g(x)=\lim_{x\to 1-}\frac{|(x-1)(x-3)(x-a)|}{x-1}=-2|1-a|$

$\lim_{x\to 1+} g(x)=\lim_{x\to 1+}\frac{|(x-1)(x-3)(x-a)|}{x-1}=2|1-a|$

에서 $-2|1-a|=2|1-a|$ → (좌극한)=(우극한)

$4|1-a|=0$ $\therefore a=1$

따라서 $f(x)=(x-1)^2(x-3)$이므로 $f(4)=3^2\times 1=9$

11 [정답률 71%] 정답 ③

Step 1 두 등차수열 $\{a_n\}$, $\{b_n\}$의 공차 사이의 관계식을 찾는다.

두 등차수열 $\{a_n\}$, $\{b_n\}$의 공차를 각각 d_1, d_2라 하자.

$a_5-b_5=a_6-b_7$에서 $a_6-a_5=b_7-b_5$이므로 $d_1=2d_2$

($a_6-a_5=(a_1+5d_1)-(a_1+4d_1)$, $b_7-b_5=(b_1+6d_2)-(b_1+4d_2)$)

이때 $d_1=0$이면 $a_6=a_7=27$이고 $a_6-b_7=0$에서 $a_6=b_7=27$이므로 ($a_1=a_2=a_3=\cdots$)

$b_7\leq 24$를 만족시키지 않는다.

따라서 $d_1\neq 0$이다.

Step 2 경우를 나누어 d_1, d_2의 값을 구한다.

d_2는 자연수이므로 d_1은 2의 배수이고 $a_7=a_1+6d_1=27$에서 ($\because d_1=2d_2$)

→ 등차수열 $\{b_n\}$의 모든 항이 자연수이기 때문이다.

$a_1=27-6d_1>0$이므로 $d_1=2$ 또는 $d_1=4$이다.

(i) $d_1=2$일 때, ($d_1<4.5$)

$a_1=27-6\times 2=15$이고, $b_7=a_6$이므로 $b_7=a_1+5d_1=25$

즉, $b_7\leq 24$를 만족시키지 않는다.

(ii) $d_1=4$일 때,

$a_1=27-6\times 4=3$이고, $b_7=a_6$이므로 $b_7=a_1+5d_1=23$

(i), (ii)에 의하여 $d_1=4$, $d_2=2$, $a_1=3$이다.

Step 3 b_1-a_1의 값을 구한다.

$a_5=a_1+4d_1=3+16=19$, $b_5=b_1+4d_2=b_1+8$

이므로 $a_5=b_5$에서 $19=b_1+8$

따라서 $b_1=11$이므로 $b_1-a_1=11-3=8$

12 [정답률 72%] 정답 ①

Step 1 출발한 후 두 점 P, Q가 한 번만 만나도록 하는 양수 a의 값을 구한다.

출발한 후 두 점 P, Q가 만나는 시각을 $t=k$ $(k>0)$라 하면

$\int_0^k (-3t^2+at)dt=\int_0^k (-t+1)dt$

$\left[-t^3+\frac{1}{2}at^2\right]_0^k=\left[-\frac{1}{2}t^2+t\right]_0^k$ (좌변: 시각 $t=k$에서 점 P의 위치, 우변: 시각 $t=k$에서 점 Q의 위치)

$-k^3+\frac{1}{2}ak^2=-\frac{1}{2}k^2+k$, $k^3-\frac{a+1}{2}k^2+k=0$

$\therefore k\left(k^2-\frac{a+1}{2}k+1\right)=0$

이때 두 점 P, Q가 출발한 후 한 번만 만나므로 이차방정식 $k^2-\frac{a+1}{2}k+1=0$이 양수인 중근을 가져야 한다.

이 이차방정식의 판별식을 D라 하면 $D=\left(-\frac{a+1}{2}\right)^2-4=0$

$\frac{(a+1)^2}{4}=4$, $(a+1)^2=16$ $\therefore a=3$ $(\because a>0)$ ($a=-5$ 또는 $a=3$)

Step 2 점 P가 시각 $t=0$에서 시각 $t=3$까지 움직인 거리를 구한다.

따라서 점 P가 시각 $t=0$에서 시각 $t=3$까지 움직인 거리는

$\int_0^3 |v_1(t)|dt=\int_0^3 |-3t^2+3t|dt$

$=\int_0^1 (-3t^2+3t)dt+\int_1^3 (3t^2-3t)dt$ ($0\leq t\leq 1$에서 $|v_1(t)|=v_1(t)$, $1\leq t\leq 3$에서 $|v_1(t)|=-v_1(t)$)

$=\left[-t^3+\frac{3}{2}t^2\right]_0^1+\left[t^3-\frac{3}{2}t^2\right]_1^3$

$=\left(-1+\frac{3}{2}\right)+\left\{\left(27-\frac{27}{2}\right)-\left(1-\frac{3}{2}\right)\right\}$

$=\frac{1}{2}+14=\frac{29}{2}$

13 [정답률 49%] 정답 ⑤

Step 1 $\overline{BE}=k$로 놓고 코사인법칙을 이용한다.

원주각의 성질에 의하여 $\angle BAC=\angle BDC=\alpha$, (호 BC의 원주각) $\angle ACD=\angle ABD=\beta$이므로 (호 AD의 원주각) 두 삼각형 ABE, DCE는 서로 닮음 (AA 닮음)

이고 $\overline{AB}:\overline{DC}=1:2$이므로 $\overline{BE}:\overline{CE}=1:2$이다.

$\overline{BE}=k$라 하면 $\overline{CE}=2k$이고 $\angle BEC=\alpha+\beta$이므로 삼각형 BEC에서 코사인법칙에 의하여

$\overline{BC}^2=\overline{BE}^2+\overline{CE}^2-2\times\overline{BE}\times\overline{CE}\times\cos(\angle BEC)$

$(2\sqrt{30})^2=k^2+4k^2-2\times k\times 2k\times\cos(\alpha+\beta)$

$120=5k^2-4k^2\times\left(-\frac{5}{12}\right)=\frac{20}{3}k^2$

$k^2=18 \quad \therefore k=3\sqrt{2}\ (\because k>0)$

Step 2 코사인법칙을 이용하여 선분 AE의 길이를 구한다.

$\overline{AE}=t$라 하면 삼각형 ABE에서 $0<\alpha<\frac{\pi}{2}$이므로

$\overline{AE}^2+\overline{AB}^2>\overline{BE}^2$, 즉 $t^2+16>18$에서 $t>\sqrt{2}$이다.

(코사인법칙에 의하여 $\overline{BE}^2=\overline{AB}^2+\overline{AE}^2-2\times\overline{AB}\times\overline{AE}\times\cos\alpha<\overline{AB}^2+\overline{AE}^2$)

삼각형 ABE에서 코사인법칙에 의하여

$\overline{AB}^2=\overline{AE}^2+\overline{BE}^2-2\times\overline{AE}\times\overline{BE}\times\cos(\angle AEB)$

$4^2=t^2+(3\sqrt{2})^2-2\times t\times 3\sqrt{2}\times\cos(\pi-(\alpha+\beta))$

$16=t^2+18-6\sqrt{2}t\times\{-\cos(\alpha+\beta)\}$ ($=-\left(-\frac{5}{12}\right)$)

$16=t^2+18-6\sqrt{2}t\times\frac{5}{12}$, $16=t^2+18-\frac{5\sqrt{2}}{2}t$

$t^2-\frac{5\sqrt{2}}{2}t+2=0$, $2t^2-5\sqrt{2}t+4=0$

$(2t-\sqrt{2})(t-2\sqrt{2})=0$

$\therefore t=2\sqrt{2}\ (\because t>\sqrt{2})$

따라서 선분 AE의 길이는 $2\sqrt{2}$이다.

14 [정답률 60%] 정답 ③

Step 1 곡선 $y=g(x)$ 위의 점 $(0, g(0))$에서의 접선의 방정식이 $y=2x+1$임을 이용한다.

곡선 $y=g(x)$ 위의 점 $(0, g(0))$에서의 접선의 방정식은

$y-g(0)=g'(0)(x-0)$, 즉 $y=g'(0)x+g(0)$이므로 $g(0)=1$, $g'(0)=2$이고 $f(0)=1$, $f'(0)=2$이다. ($=2x+1$)

Step 2 함수 $g(x)$가 $x=1$에서 연속이어야 함을 이용한다.

함수 $g(x)$가 실수 전체의 집합에서 미분가능하므로 $x=1$에서도 미분가능하다.

즉, 함수 $g(x)$는 $x=1$에서 연속이므로 (어떤 함수가 $x=a$에서 미분가능하면 $x=a$에서 연속이어야 한다.)

$\lim_{x\to1-}g(x)=\lim_{x\to1-}f(x)=f(1)$

$\lim_{x\to1+}g(x)=\lim_{x\to1+}\{f(x-1)+2\}=f(0)+2$

$g(1)=f(1)$ ((좌극한)=(우극한)=(함숫값))

에서 $f(1)=f(0)+2=1+2=3$

Step 3 $x=1$에서 좌미분계수와 우미분계수가 같음을 이용한다.

함수 $g(x)$를 x에 대하여 미분하면

$$g'(x)=\begin{cases}f'(x) & (x<1)\\ f'(x-1) & (x>1)\end{cases}$$

이때 함수 $g(x)$가 $x=1$에서 미분가능하므로

$\lim_{x\to1-}g'(x)=\lim_{x\to1-}f'(x)=f'(1)$

$\lim_{x\to1+}g'(x)=\lim_{x\to1+}f'(x-1)=f'(0)$

에서 $f'(1)=f'(0)=2$ ((좌미분계수)=(우미분계수))

Step 4 함수 $f(x)$의 식을 구한다.

곡선 $y=f(x)$ 위의 점 $(1, f(1))$에서의 접선의 방정식은

$y-f(1)=f'(1)(x-1)$, 즉 $y-3=2(x-1)$

$\therefore y=2x+1$

곡선 $y=f(x)$는 직선 $y=2x+1$과 두 점 $(0, f(0))$, $(1, f(1))$에서 접하므로 $f(x)-(2x+1)=x^2(x-1)^2$ (함수 $f(x)-(2x+1)$은 x^2과 $(x-1)^2$을 인수로 갖는다.)

$\therefore f(x)=x^4-2x^3+x^2+2x+1$ ($f(x)$는 최고차항의 계수가 1인 사차함수)

Step 5 $g'(t)=2$인 서로 다른 모든 실수 t의 값의 합을 구한다.

함수 $f(x)$를 x에 대하여 미분하면

$f'(x)=4x^3-6x^2+2x+2$이므로 $f'(x)=2$에서

$4x^3-6x^2+2x=0$, $2x(2x-1)(x-1)=0$ ($=2x(2x^2-3x+1)$)

$g(x)=f(x)\ (x\le1)$이므로 $x\le1$에서 $g'(x)=2$인 x의 값은 $x=0$ ($g'(x)=f'(x)=2$)

또는 $x=\frac{1}{2}$ 또는 $x=1$

$f'(x-1)=2$에서 $2(x-1)(2x-3)(x-2)=0$ (위의 $f'(x)=2$의 식에 x 대신 $x-1$ 대입)

$g(x)=f(x-1)+2\ (x>1)$이므로 $x>1$에서 $g'(x)=2$인 x의 값은 $x=\frac{3}{2}$ 또는 $x=2$ ($g'(x)=f'(x-1)=2$)

따라서 $g'(t)=2$인 모든 실수 t의 값의 합은 $0+\frac{1}{2}+1+\frac{3}{2}+2=5$

15 [정답률 65%] 정답 ④

Step 1 a_5의 값을 구한다.

자연수 k에 대하여 $a_{n+1}=3k-1$ 또는 $a_{n+1}=3k$이면 (n이 a_n의 약수가 아닌 경우 $a_{n+1}=3a_n+1$임을 이용하여 $a_{n+1}=3k-1$, $a_{n+1}=3k$, $a_{n+1}=3k+1$로 나누어 생각한다.)

$a_{n+1}\ne3a_n+1$이므로 $a_{n+1}=\frac{a_n}{n}$, 즉 $a_n=na_{n+1}$이다.

$a_6=2=3\times1-1$이므로 ($3k-1$의 꼴) $a_5=5a_6=10$

$a_5=10=3\times3+1$이므로 ($3k+1$의 꼴) $a_4=\frac{a_5-1}{3}=3$ ($a_5=3a_4+1$) 또는 $a_4=4\times a_5=40$

Step 2 경우를 나누어 조건을 만족시키는 a_1의 값을 구한다.

(i) $a_4=3$인 경우

$3=3\times1$이므로 ($3k$의 꼴) $a_3=3\times a_4=9$

$9=3\times3$이므로 ($3k$의 꼴) $a_2=2\times a_3=18$

$18=3\times6$이므로 ($3k$의 꼴) $a_1=1\times a_2=18$

(ii) $a_4=40$인 경우

$40=3\times13+1$이므로 ($3k+1$의 꼴) $a_3=\frac{a_4-1}{3}=13$ ($a_4=3a_3+1$) 또는 $a_3=3\times a_4=120$

① $a_3=13$인 경우

$13=3\times4+1$이므로 ($3k+1$의 꼴) $a_2=\frac{a_3-1}{3}=4$ ($a_3=3a_2+1$) 또는 $a_2=2\times a_3=26$

$a_2=4$이면 2는 a_2($=4$)의 약수이므로 $a_3=\frac{4}{2}=2$가 되어 $a_3=13$을 만족시키지 않는다.

$a_2=26$이면 $26=3\times9-1$이므로 ($3k-1$의 꼴) $a_1=1\times a_2=26$

② $a_3=120$인 경우

$120=3\times40$이므로 ($3k$의 꼴) $a_2=2\times a_3=240$

$240=3\times80$이므로 ($3k$의 꼴) $a_1=1\times a_2=240$

따라서 (i), (ii)에 의하여 모든 a_1의 값의 합은 $18+26+240=284$

16 [정답률 89%] 정답 6

Step 1 양변의 밑을 같게 하여 지수방정식을 푼다.

$\left(\frac{1}{3}\right)^x=3^{-x}$, $27^{x-8}=3^{3(x-8)}=3^{3x-24}$이므로 $3^{-x}=3^{3x-24}$ (밑을 모두 3으로 바꾼다.)

$-x=3x-24$, $4x=24 \quad \therefore x=6$

본문 313쪽

17 [정답률 83%]

정답 58

Step 1 곱의 미분법을 이용한다.

함수 $f(x)$의 식을 미분하면

$f'(x)=(2x+3)(x^2-x+2)+(x^2+3x)(2x-1)$

$\therefore f'(2)=7\times4+10\times3=58$

$(2x+3)=(x^2+3x)'$, $(2x-1)=(x^2-x+2)'$

18 [정답률 84%]

정답 12

Step 1 $\sum$의 성질을 이용한다.

$\sum_{n=1}^{9}a_n=k$라 하면

$\sum_{n=1}^{9}ca_n=c\sum_{n=1}^{9}a_n=ck=16$ …… ㉠

$\sum_{n=1}^{9}(a_n+c)=\sum_{n=1}^{9}a_n+\sum_{n=1}^{9}c=k+9c=24$ …… ㉡

→ $\sum_{k=1}^{n}c=cn$ (단, c는 상수)

$k\times$㉡에 ㉠을 대입하면 $k^2+144=24k$

→ $k^2+9ck=24k$

$k^2-24k+144=0$, $(k-12)^2=0$

$\therefore \sum_{n=1}^{9}a_n=k=12$

19 [정답률 33%]

정답 84

Step 1 함수 $f(x)$의 그래프를 이용하여 조건 (가)를 만족시키는 a의 값을 구한다.

조건 (가)에서 $f(x)=0$이고 $-\frac{1}{a}\le x\le\frac{1}{a}$인 모든 실수 x의 값의 합이 $\frac{1}{2}$이 되기 위해서는 함수 $y=f(x)$의 그래프는 다음 그림과 같아야 한다.

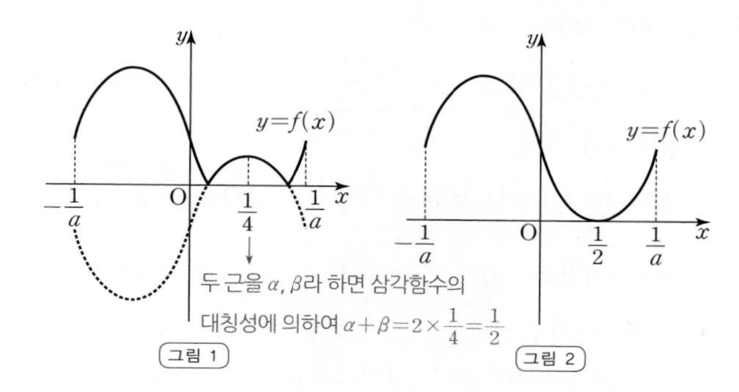

즉, $\frac{1}{2a}=\frac{1}{4}$ 또는 $\frac{1}{2a}=\frac{1}{2}$이므로 $a=1$ 또는 $a=2$

Step 2 $a=1$, $a=2$일 때 조건 (나)를 만족시키는 b의 값을 구한다.

(i) $a=1$일 때,

$f(x)=|\sin\pi x+b|$에서 $f\left(\frac{1}{2}\right)=0$이므로 $b=-1$

이때 $f(x)=\frac{2}{5}$이고 $|x|\le\frac{1}{a}$인 모든 실수 x의 값의 합은 1이므로 조건 (나)를 만족시키지 않는다.

→ $f(x)=\frac{2}{5}$의 두 실근을 α, β라 하면 삼각함수의 대칭성에 의하여 $\alpha+\beta=2\times\frac{1}{2}=1$

(ii) $a=2$일 때,

조건 (나)를 만족시키려면 함수 $y=f(x)$의 그래프와 직선 $y=\frac{2}{5}$가 세 점에서 만나야 하므로 $f\left(\frac{1}{4}\right)=\frac{2}{5}$이어야 한다.

$\left|\sin\frac{\pi}{2}+b\right|=\frac{2}{5}$, $|1+b|=\frac{2}{5}$, $1+b=\pm\frac{2}{5}$

→ $=f\left(\frac{1}{4}\right)$

$\therefore b=-\frac{7}{5}$ 또는 $b=-\frac{3}{5}$

이때 $b=-\frac{7}{5}$이면 조건 (가)를 만족시키지 않으므로 $b=-\frac{3}{5}$

→ 함수 $y=f(x)$의 그래프와 x축이 만나지 않는다.

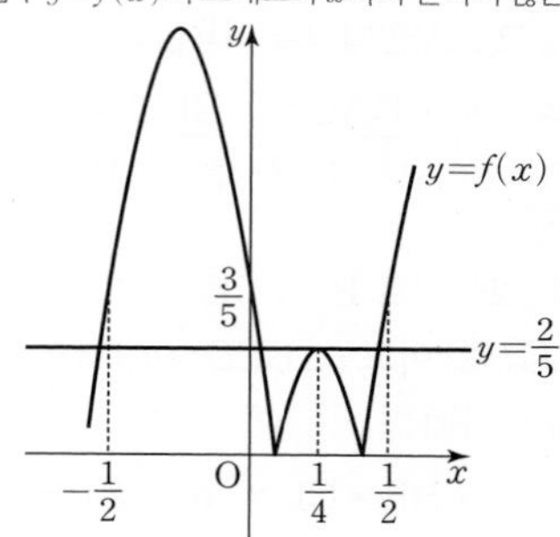

따라서 (i), (ii)에 의하여 $a=2$, $b=-\frac{3}{5}$이므로

$60(a+b)=60\left\{2+\left(-\frac{3}{5}\right)\right\}=60\times\frac{7}{5}=84$

20 [정답률 14%]

정답 54

Step 1 주어진 식의 양변을 x에 대하여 미분한다.

$\{f(x)\}^2=2\int_3^x(t^2+2t)f(t)dt$ …… ㉠

㉠에 $x=3$을 대입하면 $f(3)=0$ → 위끝과 아래끝이 같으면 정적분의 값은 0이다.

㉠의 양변을 x에 대하여 미분하면

$2f(x)f'(x)=2(x^2+2x)f(x)$, $2f(x)\{f'(x)-(x^2+2x)\}=0$

$\therefore f(x)=0$ 또는 $f'(x)=x^2+2x$

Step 2 조건을 만족시키는 함수 $f(x)$의 그래프의 개형을 찾는다.

$f'(x)=x^2+2x$일 때, $f'(x)=0$에서 $x=-2$ 또는 $x=0$ → $x(x+2)=0$

함수 $f(x)$의 증가와 감소를 표로 나타내면 다음과 같다.

x	$\cdots$	-2	$\cdots$	0	$\cdots$
$f'(x)$	$+$	0	$-$	0	$+$
$f(x)$	↗	극대	↘	극소	↗

따라서 모든 조건을 만족시키는 함수 $y=f(x)$의 그래프는 다음과 같다.

→ ① 실수 전체의 집합에서 미분가능 ② $f(3)=0$ ③ $f(x)=0$ 또는 $f'(x)=x^2+2x$

(i)

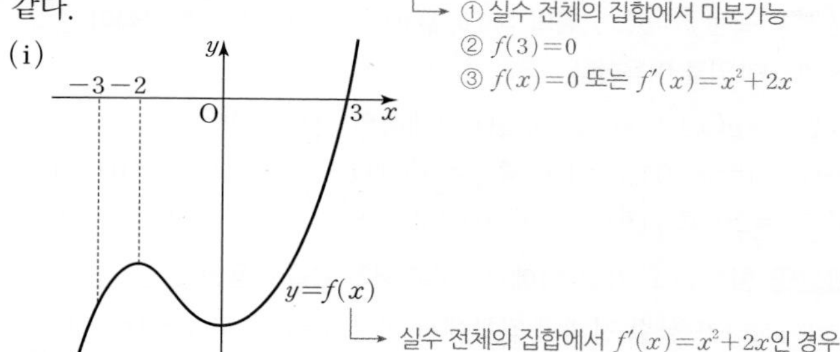

→ 실수 전체의 집합에서 $f'(x)=x^2+2x$인 경우

(ii)

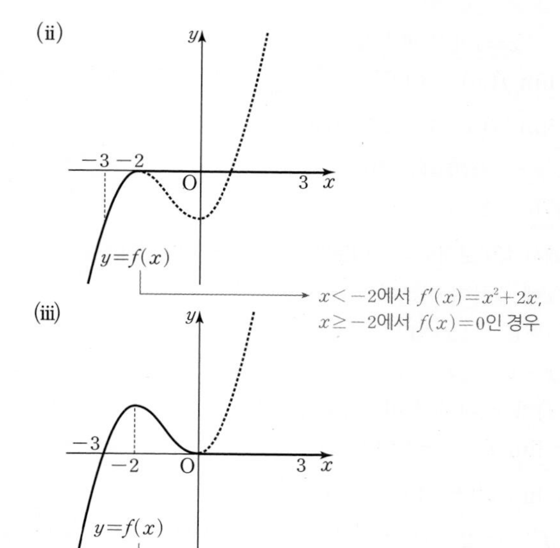

→ $x<-2$에서 $f'(x)=x^2+2x$, $x\ge-2$에서 $f(x)=0$인 경우

(iii)

→ $x<0$에서 $f'(x)=x^2+2x$, $x\ge0$에서 $f(x)=0$인 경우

Step 3 $M-m$의 값을 구한다.

$\int_{-3}^{0}f(x)dx$가 최댓값을 갖는 경우는 (iii)이고 최솟값을 갖는 경우는 (i)이다.

$f'(x)=x^2+2x$에서

$f(x)=\int f'(x)dx=\int(x^2+2x)dx=\frac{1}{3}x^3+x^2+C$

(단, C는 적분상수)

(iii)에서 $f(0)=0$이므로 $x\le0$에서 $f(x)=\frac{1}{3}x^3+x^2$ ($C=0$)

$M=\int_{-3}^{0}f(x)dx=\int_{-3}^{0}\left(\frac{1}{3}x^3+x^2\right)dx$

$=\left[\frac{1}{12}x^4+\frac{1}{3}x^3\right]_{-3}^{0}=0-\left(\frac{81}{12}-9\right)=\frac{9}{4}$

(i)에서 $f(3)=0$이므로 $f(x)=\frac{1}{3}x^3+x^2-18$ ($C=-18$)

$m=\int_{-3}^{0}f(x)dx=\int_{-3}^{0}\left(\frac{1}{3}x^3+x^2-18\right)dx$

$=\left[\frac{1}{12}x^4+\frac{1}{3}x^3-18x\right]_{-3}^{0}=0-\left(\frac{81}{12}-9+54\right)=\frac{9}{4}-54$

$\therefore M-m=\frac{9}{4}-\left(\frac{9}{4}-54\right)=54$

21 [정답률 16%]

정답 15

Step 1 함수 $f(x)$의 $x=2$에서의 극한값과 함숫값을 구한다.

$\lim_{x\to2-}f(x)=\lim_{x\to2-}\left(\frac{4}{x-3}+a\right)=a-4$

$f(2)=\lim_{x\to2+}f(x)=\lim_{x\to2+}|5\log_2 x-b|=|5-b|$

Step 2 조건을 만족시키는 함수 $f(x)$의 그래프의 개형을 파악한다.

(i) $5-b<0$일 때,

$a-4<b-5$이면 함수 $y=f(x)$의 그래프의 개형은 다음과 같다.

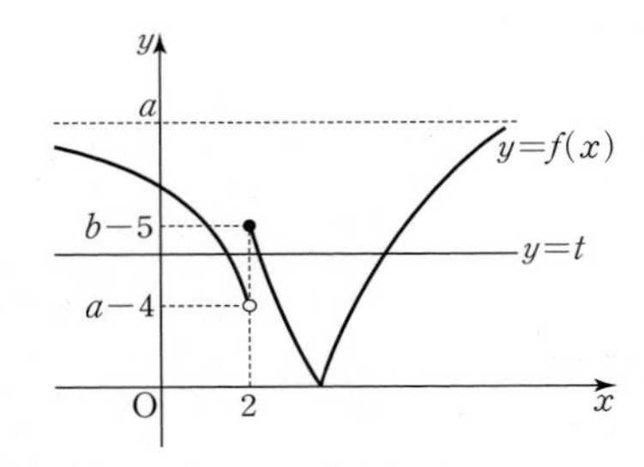

$a-4<t<b-5$인 t에 대하여 방정식 $f(x)=t$는 서로 다른 세 실근을 가지므로 조건 (가)를 만족시키지 않는다.

(→ 방정식 $f(x)=t$의 실근의 개수는 0 또는 1 또는 2이어야 한다.)

$a-4\ge b-5$이면 함수 $y=f(x)$의 그래프의 개형은 다음과 같다.

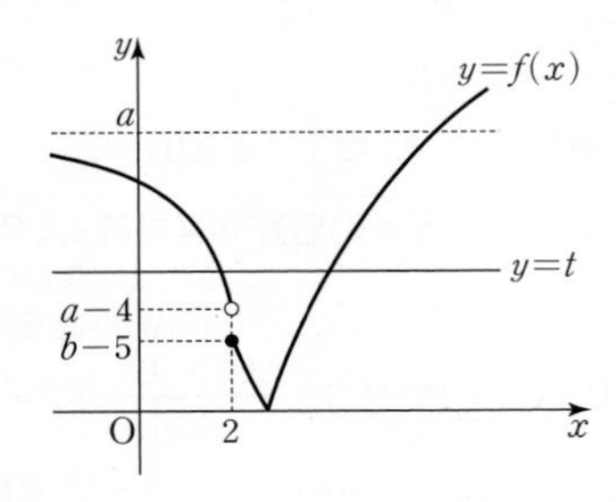

조건 (나)를 만족시키려면 $g(t)=2$가 되도록 하는 자연수 t는 $a-1$, $a-2$, $a-3$, $b-5$, $b-6$, $b-7$의 6개이어야 하므로

(→ $a-4<t<a$에서 3개, → $0<t<b-5$에서 3개)

$b-7=1$에서 $b=8$이다.

$a-4\ge b-5$에서 $a\ge7$이므로 $a+b$의 최솟값은 15이다. (→ $b=8$ 대입)

(ii) $5-b\ge0$일 때,

함수 $y=f(x)$의 그래프의 개형은 다음과 같다.

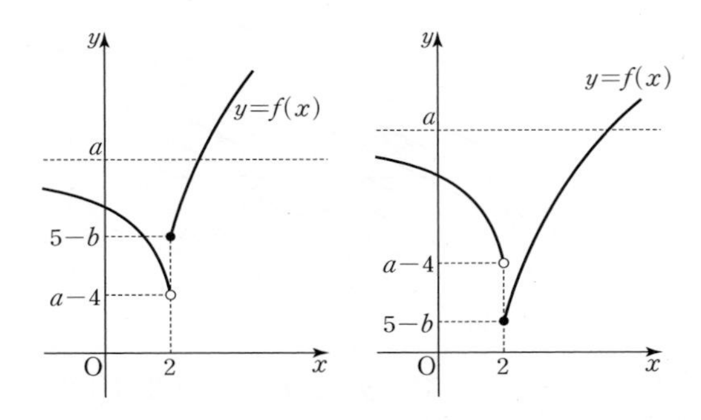

$g(t)=2$가 되도록 하는 자연수 t는 $a-4<t<a$에서 최대 3개이므로 조건 (나)를 만족시키지 않는다. (→ $a-3$, $a-2$, $a-1$의 3개)

따라서 (i), (ii)에 의하여 $a+b$의 최솟값은 15이다.

22 [정답률 8%]

정답 486

Step 1 두 조건 (가), (나)의 의미를 파악한다.

$g(x)=\begin{cases}f(x)+x & (f(x)\ge0)\\ 2f(x) & (f(x)<0)\end{cases}$에서

$g(x)-f(x)=\begin{cases}x & (f(x)\ge0)\\ f(x) & (f(x)<0)\end{cases}$

$f(x)$는 삼차함수이므로 함수 $g(x)-f(x)$는 함수 $g(x)$와 같이 한 점에서 불연속이고, 두 점에서 미분가능하지 않다. (→ 조건 (나))

즉, 함수 $y=g(x)-f(x)$의 그래프는 불연속인 점이 1개, 연속이지만 미분가능하지 않은 점이 1개 있다. (→ 조건 (가))

(→ 어떤 함수가 $x=k$에서 불연속이면 $x=k$에서 미분가능하지 않다.)

Step 2 조건을 만족시키는 경우를 찾는다.

(i) $f(x)=0$의 실근의 개수가 1인 경우

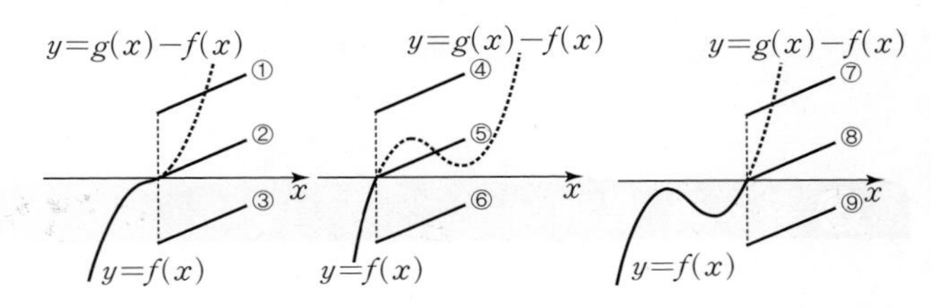

①, ③, ④, ⑥, ⑦, ⑨의 경우 함수 $y=g(x)-f(x)$의 그래프는 미분가능하지 않은 점이 1개이므로 조건을 만족시키지 않는다.

②, ⑤, ⑧의 경우 함수 $y=g(x)-f(x)$는 실수 전체의 집합에서 연속이므로 조건을 만족시키지 않는다.

(ii) $f(x)=0$의 실근의 개수가 2인 경우

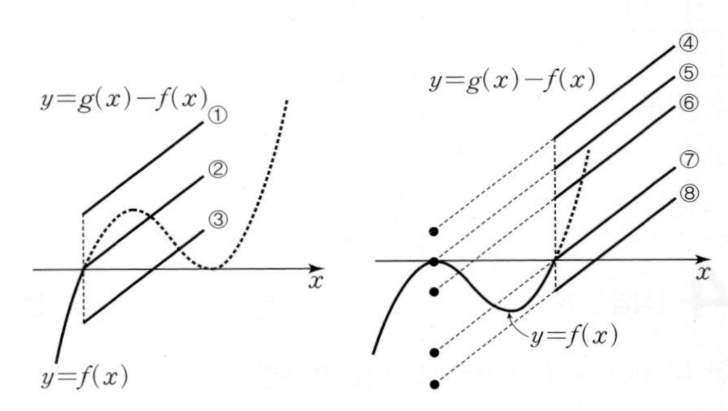

①, ③, ⑤의 경우 함수 $y=g(x)-f(x)$의 그래프는 미분가능하지 않은 점이 1개이므로 조건을 만족시키지 않는다.

②의 경우 함수 $y=g(x)-f(x)$는 실수 전체의 집합에서 연속이므로 조건을 만족시키지 않는다.

④, ⑥, ⑧의 경우 함수 $y=g(x)-f(x)$의 그래프는 두 점에서 불연속이므로 조건을 만족시키지 않는다.

⑦의 경우 함수 $y=g(x)-f(x)$의 그래프는 불연속인 점이 1개, 연속이지만 미분가능하지 않은 점이 1개 있으므로 조건을 만족시킨다.

(iii) $f(x)=0$의 실근의 개수가 3인 경우

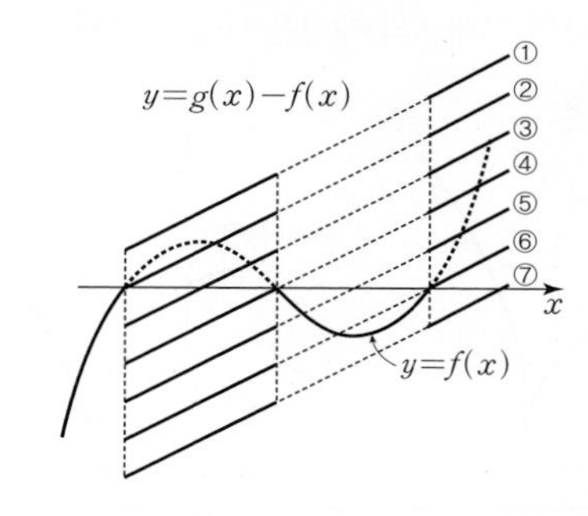

①, ③, ⑤, ⑦의 경우 함수 $y=g(x)-f(x)$의 그래프는 세 점에서 불연속이므로 조건을 만족시키지 않는다.

②, ④, ⑥의 경우 함수 $y=g(x)-f(x)$의 그래프는 두 점에서 불연속이므로 조건을 만족시키지 않는다.

(i)~(iii)에 의하여 함수 $y=g(x)-f(x)$의 그래프는 다음과 같다.

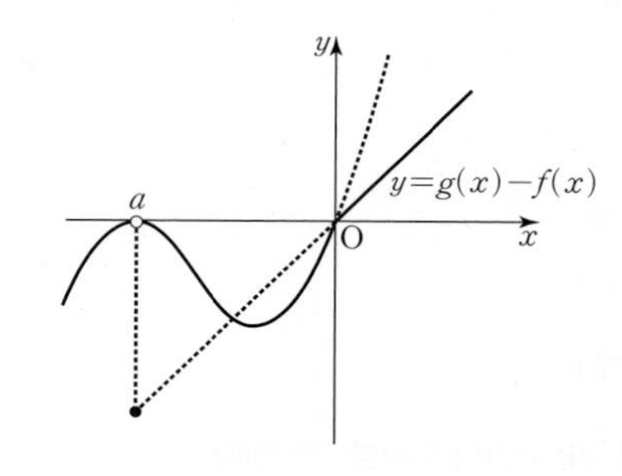

Step 3 $f(6)$의 값을 구한다.

위의 그림에서 $f(x)=x(x-a)^2$이고 $f(-2)=-2$이므로

$-2(-2-a)^2=-2$

$(a+2)^2=1 \quad \therefore a=-3$ 또는 $a=-1$

이때 $a=-1$이면 $f(x)=x(x+1)^2=x^3+2x^2+x$에서

$f'(x)=3x^2+4x+1$

이므로 $f'(0)=1$, 즉 $x=0$에서 함수 $g(x)-f(x)$는 좌미분계수와 우미분계수가 같으므로 조건을 만족시키지 않는다. (→ $f'(0)$)

따라서 $f(x)=x(x+3)^2$이므로 $f(6)=6\times9^2=486$

→ $(x)'$

→ 미분가능하지 않은 점이 1개이기 때문이다.

확률과 통계

23 [정답률 91%]

정답 ①

Step 1 같은 것이 있는 순열을 이용한다.

a가 2개, b가 2개 있으므로 4개의 문자를 일렬로 나열하는 경우의 수는 $\dfrac{4!}{2!\times2!}=6$ → $\dfrac{4\times3\times2\times1}{2\times1\times2\times1}$

24 [정답률 79%]

정답 ③

Step 1 두 사건 A, B가 서로 독립임을 이용한다.

$P(B)=P(A\cap B)+P(A^C\cap B)=\dfrac{1}{15}+\dfrac{1}{10}=\dfrac{1}{6}$

두 사건 A, B는 서로 독립이므로

$P(A\cap B)=P(A)P(B)=P(A)\times\dfrac{1}{6}$

→ $=\dfrac{1}{15}$

에서 $P(A)\times\dfrac{1}{6}=\dfrac{1}{15} \quad \therefore P(A)=\dfrac{2}{5}$

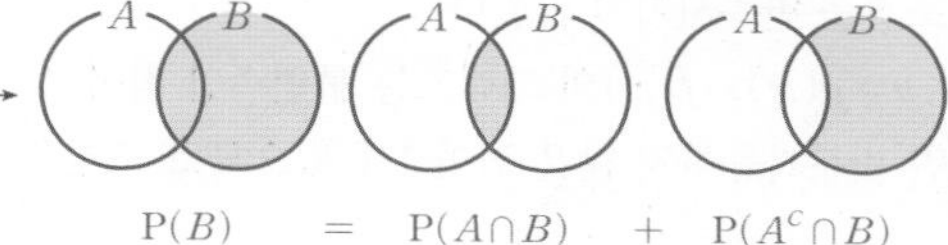

25 [정답률 78%]

정답 ②

Step 1 이항정리를 이용하여 $(x-1)^5$의 전개식에서 x^2, x^3의 계수를 각각 구한다.

$(x-1)^5$의 전개식의 일반항은 ${}_5C_r\times(-1)^r\times x^{5-r}$

x^2의 계수는 ${}_5C_3\times(-1)^3={}_5C_2\times(-1)=-10$ (← $r=3$)

x^3의 계수는 ${}_5C_2\times(-1)^2={}_5C_2=10$ (← $r=2$)

Step 2 x^3의 계수를 구한다.

$(2x+5)(x-1)^5$의 전개식에서 x^3의 계수는

$2\times(-10)+5\times10=30$

→ ($2x+5$의 상수항)×($(x-1)^5$의 전개식에서 x^3의 계수)

→ ($2x+5$에서 x의 계수)×($(x-1)^5$의 전개식에서 x^2의 계수)

26 [정답률 67%]

정답 ⑤

Step 1 표본평균의 신뢰구간을 이용하여 n, a의 값을 구한다.

표본평균 67.27에 대하여 모평균 m에 대한 신뢰도 95%의 신뢰구간은 (→ $\overline{X}-1.96\frac{\sigma}{\sqrt{n}}\le m\le\overline{X}+1.96\frac{\sigma}{\sqrt{n}}$)

$67.27-1.96\times\dfrac{0.5}{\sqrt{n}}\le m\le67.27+1.96\times\dfrac{0.5}{\sqrt{n}}$

이 신뢰구간이 $a\le m\le67.41$이므로 $67.27+1.96\times\dfrac{0.5}{\sqrt{n}}=67.41$

$1.96\times\dfrac{0.5}{\sqrt{n}}=0.14$, $\sqrt{n}=\dfrac{1.96\times0.5}{0.14}=7 \quad \therefore n=49$

$a=67.27-1.96\times\dfrac{0.5}{7}=67.27-0.14=67.13$ (→ $7=\sqrt{n}$)

$\therefore n+a=49+67.13=116.13$

27 [정답률 65%]

정답 ④

Step 1 $P(X=4)=\dfrac{1}{21}$임을 이용하여 2가 적혀 있는 공의 개수를 구한다.

숫자 1, 2, 3이 적혀 있는 공의 개수를 각각 a, b, c라 하면

$a+b+c=7$

$P(X=4)=\dfrac{{}_bC_2}{{}_7C_2}=\dfrac{b(b-1)}{42}=\dfrac{1}{21}$

→ 2가 적힌 공을 2개 꺼내는 경우의 수

→ $=2\times2$

$b(b-1)=2$, $b^2-b-2=0$

$(b+1)(b-2)=0 \quad \therefore b=2\ (\because b\ge0)$

Step 2 $2P(X=2)=3P(X=6)$임을 이용하여 a, c의 값을 구한다.

$b=2$이므로 $a+c=5$ ······ ㉠

$2P(X=2)=3P(X=6)$에서 $2\times\dfrac{{}_aC_1\times{}_bC_1}{{}_7C_2}=3\times\dfrac{{}_bC_1\times{}_cC_1}{{}_7C_2}$

(→ $2=1\times2$, $6=2\times3$)

→ 2가 적힌 공 1개, 3이 적힌 공 1개를 꺼내는 경우의 수

→ 1이 적힌 공 1개, 2가 적힌 공 1개를 꺼내는 경우의 수

$2ab=3bc \quad \therefore 2a=3c$ ······ ㉡

㉠, ㉡을 연립하여 풀면 $a=3$, $c=2$

$\therefore P(X\le3)=P(X=1)+P(X=2)+P(X=3)$

$=\dfrac{{}_3C_2}{{}_7C_2}+\dfrac{{}_3C_1\times{}_2C_1}{{}_7C_2}+\dfrac{{}_3C_1\times{}_2C_1}{{}_7C_2}$

$=\dfrac{3+6+6}{21}=\dfrac{5}{7}$

본문 316쪽

28 [정답률 44%] 정답 ②

Step 1 주어진 조건을 이용하여 $\mathrm{E}(X)$와 $\mathrm{E}(Y)$ 사이의 관계를 나타낸다.

$\mathrm{E}(X)=m_1$, $\mathrm{E}(Y)=m_2$라 하면 두 확률변수 X, Y는 각각 정규분포 $\mathrm{N}(m_1, 1^2)$, $\mathrm{N}(m_2, 1^2)$을 따른다. ($1^2=\mathrm{V}(X)$, $1^2=\mathrm{V}(Y)$)

$m_1>m_2$이면 $\mathrm{P}(X\le 2)<\mathrm{P}(Y\le 2)$이므로 조건 (다)를 만족시키지 않는다.

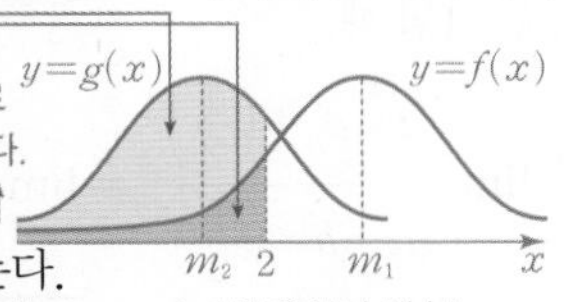

$m_1=m_2$이면 $f(x)=g(x)$이므로 두 조건 (나), (다)를 만족시키지 않는다.

($\mathrm{P}(X\le 2)=\mathrm{P}(Y\le 2)$이므로 조건 (다)를 만족시키지 않는다.)

(직선 $y=k$와 두 곡선 $y=f(x)$, $y=g(x)$의 교점의 개수는 2이므로 조건 (나)를 만족시키지 않는다.)

따라서 $m_1<m_2$

Step 2 두 함수 $y=f(x)$, $y=g(x)$의 그래프를 이용하여 m_1, m_2의 값을 구한다.

$f(x)=g(x)$를 만족시키는 x를 a라 하자.

(i) $k<f(a)$인 경우

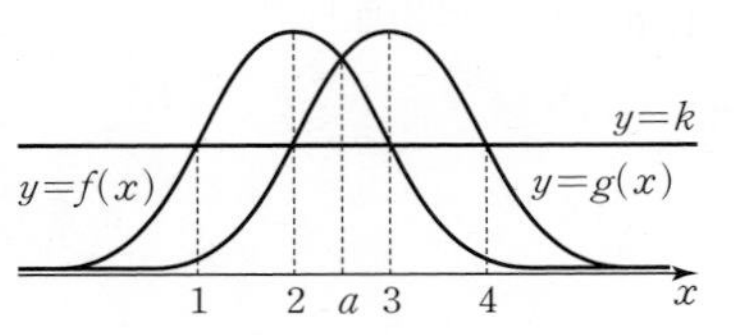

두 함수 $y=f(x)$, $y=g(x)$의 그래프가 위와 같으므로

$f(1)=f(3)=k$에서 $m_1=2$ → 정규분포곡선의 대칭성을 이용

즉, $\mathrm{P}(X\le 2)=0.5$이고 $\mathrm{P}(X\le 2)-\mathrm{P}(Y\le 2)<0.5$이므로 조건 (다)를 만족시키지 않는다.

(ii) $k>f(a)$인 경우

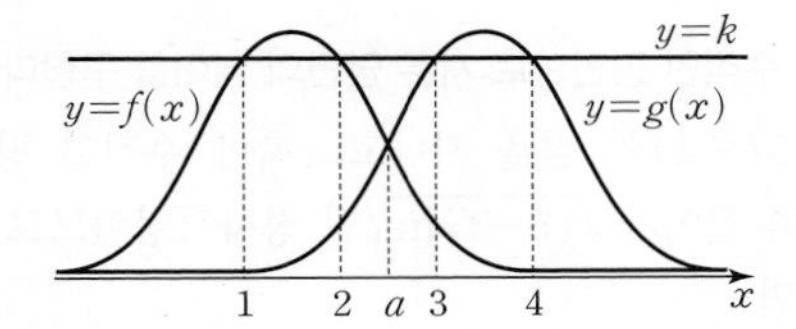

두 함수 $y=f(x)$, $y=g(x)$의 그래프가 위와 같으므로

$f(1)=f(2)=k$에서 $m_1=1.5$

$g(3)=g(4)=k$에서 $m_2=3.5$ → 정규분포곡선의 대칭성을 이용

즉, 두 확률변수 X, Y는 각각 정규분포 $\mathrm{N}(1.5, 1^2)$, $\mathrm{N}(3.5, 1^2)$을 따른다.

$$\mathrm{P}(X\le 2)-\mathrm{P}(Y\le 2)$$
$$=\mathrm{P}\left(Z\le \frac{2-1.5}{1}\right)-\mathrm{P}\left(Z\le \frac{2-3.5}{1}\right)$$
$$=\mathrm{P}(Z\le 0.5)-\mathrm{P}(Z\le -1.5) \quad (=\mathrm{P}(Z\ge 1.5))$$
$$=\{0.5+\mathrm{P}(0\le Z\le 0.5)\}-\{0.5-\mathrm{P}(0\le Z\le 1.5)\} \quad (0.5=\mathrm{P}(Z\le 0),\ 0.5=\mathrm{P}(Z\ge 0))$$
$$=(0.5+0.1915)-(0.5-0.4332)=0.6247$$

이므로 모든 조건을 만족시킨다.

따라서 (i), (ii)에 의하여 확률변수 X는 정규분포 $\mathrm{N}(1.5, 1^2)$을 따르므로

$$\mathrm{P}(X\ge 2.5)=\mathrm{P}\left(Z\ge \frac{2.5-1.5}{1}\right)=\mathrm{P}(Z\ge 1)$$
$$=0.5-\mathrm{P}(0\le Z\le 1) \quad (0.5=\mathrm{P}(Z\ge 0))$$
$$=0.5-0.3413=0.1587$$

29 [정답률 13%] 정답 48

Step 1 $f(1)=1$, $f(2)=2$인 함수 f의 개수를 구한다.

조건 (가)에 의하여 $f(1)\le f(2)\le f(3)\le f(4)$

조건 (나)에 의하여 $f(a)=a$인 X의 원소 a의 값에 따라 경우를 나누면 다음과 같다.

(i) $f(1)=1$인 경우

$f(2)=1$이면 $f(3)$, $f(4)$의 값을 정하는 경우의 수는

${}_5\mathrm{H}_2-{}_3\mathrm{C}_1-{}_4\mathrm{C}_1+1={}_6\mathrm{C}_2-3-4+1=9$

(${}_5\mathrm{H}_2$: 1~5에서 중복을 허락하여 2개 선택, ${}_3\mathrm{C}_1$: $f(3)=3$인 경우, ${}_4\mathrm{C}_1$: $f(4)=4$인 경우, 1: $f(3)=3$, $f(4)=4$인 경우)

$f(2)=3$이면 $f(3)$, $f(4)$의 값을 정하는 경우의 수는

${}_3\mathrm{H}_2-{}_3\mathrm{C}_1-{}_2\mathrm{C}_1+1={}_4\mathrm{C}_2-3-2+1=2$ (${}_3\mathrm{H}_2$: 3~5에서 중복을 허락하여 2개 선택)

$f(2)=4$이면 $f(3)$, $f(4)$의 값을 정하는 경우의 수는

${}_2\mathrm{H}_2-1={}_3\mathrm{C}_2-1=2$ (${}_2\mathrm{H}_2$: 4, 5에서 중복을 허락하여 2개 선택, 1: $f(4)=4$인 경우)

$f(2)=5$이면 $f(3)$, $f(4)$의 값을 정하는 경우의 수는 1이므로 함수 f의 개수는 $9+2+2+1=14$

(ii) $f(2)=2$인 경우

$f(3)$, $f(4)$의 값을 정하는 경우의 수는

${}_4\mathrm{H}_2-{}_3\mathrm{C}_1-{}_3\mathrm{C}_1+1={}_5\mathrm{C}_2-3-3+1=5$ (${}_4\mathrm{H}_2$: 2~5에서 중복을 허락하여 2개 선택)

이때 각 경우에 $f(1)$의 값을 정하는 경우의 수는 2이므로 함수 f의 개수는 $5\times 2=10$ ($f(1)=0$ 또는 $f(1)=2$)

Step 2 (i), (ii)를 이용하여 $f(3)=3$, $f(4)=4$인 함수 f의 개수를 구한다.

(iii) $f(3)=3$인 경우

$f(1)$, $f(2)$의 값을 정하는 경우의 수는 (ii)와 같이 5이고, 각 경우에 $f(4)$의 값을 정하는 경우의 수는 2이므로 함수 f의 개수는 $5\times 2=10$ ($f(4)=3$ 또는 $f(4)=5$)

(iv) $f(4)=4$인 경우

(i)과 같이 $f(3)=4$, $f(3)=2$, $f(3)=1$, $f(3)=0$인 경우의 수는 각각 9, 2, 2, 1이므로 함수 f의 개수는 14이다.

(i)~(iv)에 의하여 구하는 함수 f의 개수는 $14+10+10+14=48$

30 [정답률 9%] 정답 61

Step 1 확인한 네 개의 수의 곱이 홀수일 확률을 구한다.

시행을 4번 반복한 후 점 P의 좌표가 0 이상인 사건을 A, 확인한 네 개의 수의 곱이 홀수인 사건을 B라 하자.

(i) 확인한 네 개의 수의 곱이 홀수인 경우

확인한 네 개의 수가 모두 홀수이어야 하므로 점 P의 좌표는 항상 양수이다. (네 번 모두 점 P를 양의 방향으로 이동)

$\therefore \mathrm{P}(A\cap B)={}_4\mathrm{C}_4\times\left(\frac{1}{2}\right)^4=\frac{1}{16}$ (독립시행의 확률)

Step 2 확인한 네 개의 수의 곱이 짝수일 확률을 구한다.

(ii) 확인한 네 개의 수의 곱이 짝수인 경우

확인한 네 개의 수의 곱이 짝수이려면 적어도 한 개의 수가 짝수이어야 하고 짝수의 개수가 3 또는 4이면 점 P의 좌표가 0 미만이다.

① 짝수의 개수가 1인 경우

확인한 네 개의 수가 짝수 1개와 홀수 3개인 경우에서 1, 1, 1, 4인 경우만 제외하면 점 P의 좌표가 0 이상이므로 구하는 확률은 (1, 1, 1, 4: 점 P의 좌표는 -1이 된다.)

$${}_4\mathrm{C}_1\times\left(\frac{1}{2}\right)^1\times\left(\frac{1}{2}\right)^3-{}_4\mathrm{C}_1\times\left(\frac{1}{4}\right)^1\times\left(\frac{1}{4}\right)^3=\frac{4}{16}-\frac{4}{256}=\frac{15}{64}$$

(앞의 $\frac{1}{4}$: 4가 적힌 카드를 꺼낼 확률, 뒤의 $\frac{1}{4}$: 1이 적힌 카드를 꺼낼 확률)

② 짝수의 개수가 2인 경우

확인한 네 개의 수가 1, 2, 2, 3 또는 2, 2, 3, 3 또는 2, 3, 3, 4이면 점 P의 좌표가 0 이상이므로 확인한 네 개의 수가 (1, 2, 2, 3: 점 P의 좌표는 0, 2, 2, 3, 3: 점 P의 좌표는 0, 2, 3, 3, 4: 점 P의 좌표는 2)

1, 2, 2, 3일 확률은 $\frac{4!}{2!}\times\left(\frac{1}{4}\right)^4=\frac{12}{256}$

2, 2, 3, 3일 확률은 $\frac{4!}{2!\times 2!}\times\left(\frac{1}{4}\right)^4=\frac{6}{256}$

2, 3, 3, 4일 확률은 $\frac{4!}{2!}\times\left(\frac{1}{4}\right)^4=\frac{12}{256}$

따라서 구하는 확률은 $\frac{12}{256}+\frac{6}{256}+\frac{12}{256}=\frac{15}{128}$

①, ②에 의하여 $P(A\cap B^C)=\frac{15}{64}+\frac{15}{128}=\frac{45}{128}$

→ 4번의 시행 후 점 P의 좌표가 양수이고 네 개의 수의 곱이 짝수인 사건

Step 3 조건부확률을 구한다.

(i), (ii)에 의하여 구하는 확률은

$$P(B\mid A)=\frac{P(A\cap B)}{P(A)}=\frac{P(A\cap B)}{P(A\cap B)+P(A\cap B^C)}$$

$$=\frac{\frac{1}{16}}{\frac{1}{16}+\frac{45}{128}}=\frac{\frac{1}{16}}{\frac{53}{128}}=\frac{8}{53}$$

따라서 $p=53$, $q=8$이므로 $p+q=53+8=61$

미적분

23 [정답률 95%]

정답 ②

Step 1 $\lim_{x\to0}\frac{e^{ax}-1}{ax}=1$, $\lim_{x\to0}\frac{\ln(1+ax)}{ax}=1$임을 이용한다.

$$\lim_{x\to0}\frac{e^{3x}-1}{\ln(1+2x)}=\lim_{x\to0}\left\{\frac{e^{3x}-1}{3x}\times3x\times\frac{1}{\frac{\ln(1+2x)}{2x}}\times\frac{1}{2x}\right\}=\frac{3}{2}$$

→ $=e^{3x}-1$

→ $=\frac{1}{\ln(1+2x)}$

24 [정답률 89%]

정답 ⑤

Step 1 치환적분을 이용한다.

$\frac{\pi}{3}-x=t$, 즉 $x=\frac{\pi}{3}-t$로 놓으면 $dx=-dt$이고

$x=0$일 때 $t=\frac{\pi}{3}$, $x=\frac{\pi}{3}$일 때 $t=0$이므로

$$\int_0^{\frac{\pi}{3}}\cos\left(\frac{\pi}{3}-x\right)dx=\int_{\frac{\pi}{3}}^0(-\cos t)dt=\int_0^{\frac{\pi}{3}}\cos t\,dt$$

$$=\Big[\sin t\Big]_0^{\frac{\pi}{3}}=\frac{\sqrt{3}}{2}$$

→ $=\sin\frac{\pi}{3}-\sin0=\frac{\sqrt{3}}{2}-0$

✪ 다른 풀이 정적분의 값을 바로 구하는 풀이

Step 1 정적분의 값을 구한다.

$$\int_0^{\frac{\pi}{3}}\cos\left(\frac{\pi}{3}-x\right)dx=\left[-\sin\left(\frac{\pi}{3}-x\right)\right]_0^{\frac{\pi}{3}}$$

$$=-\sin0-\left(-\sin\frac{\pi}{3}\right)=\frac{\sqrt{3}}{2}$$

→ $\int\cos(ax+b)dx=\frac{1}{a}\sin(ax+b)+C$ (단, C는 적분상수)

25 [정답률 76%]

정답 ④

Step 1 수열 $\{a_n\}$이 수렴하도록 하는 자연수 k의 값을 구한다.

수열 $\{a_n\}$이 수렴하려면 $-1<\frac{k}{2}\le1$에서 $-2<k\le2$이므로

자연수 k의 값은 1 또는 2이다. → 등비수열이 수렴할 조건

Step 2 $a+b$의 값을 구한다.

(i) $k=1$일 때,

$$\lim_{n\to\infty}\frac{a\times a_n+\left(\frac{1}{2}\right)^n}{a_n+b\times\left(\frac{1}{2}\right)^n}=\lim_{n\to\infty}\frac{a\times\left(\frac{1}{2}\right)^n+\left(\frac{1}{2}\right)^n}{\left(\frac{1}{2}\right)^n+b\times\left(\frac{1}{2}\right)^n}=\frac{a+1}{1+b}=\frac{1}{2}$$

→ 분모, 분자에 2^n을 곱해준다.

$\therefore 2a-b=-1$

(ii) $k=2$일 때, → $a_n=\left(\frac{2}{2}\right)^n=1$

$$\lim_{n\to\infty}\frac{a\times a_n+\left(\frac{1}{2}\right)^n}{a_n+b\times\left(\frac{1}{2}\right)^n}=\frac{a}{1}=1$$

→ $\lim_{n\to\infty}\left(\frac{1}{2}\right)^n=0$

(i), (ii)에서 $a=1$, $b=3$

$\therefore a+b=1+3=4$

26 [정답률 84%]

정답 ③

Step 1 x축에 수직인 평면으로 자른 단면의 넓이를 구한다.

x좌표가 $t\,(2\le t\le4)$인 점을 지나고 x축에 수직인 평면으로 자른 단면은 한 변의 길이가 $\sqrt{(5-t)\ln t}$인 정사각형이므로 단면의 넓이를 $S(t)$라 하면

$S(t)=\left(\sqrt{(5-t)\ln t}\right)^2=(5-t)\ln t$

Step 2 부분적분법을 이용하여 부피를 구한다.

따라서 구하는 부피는

$\int_2^4S(t)dt$ → $\int u'vdt=uv-\int uv'dt$에서 $u'=5-t$, $v=\ln t$로 놓고 부분적분법을 이용

$=\int_2^4(5-t)\ln t\,dt$ → $\left(5t-\frac{1}{2}t^2\right)\times\frac{1}{t}$

$=\left[\left(5t-\frac{1}{2}t^2\right)\ln t\right]_2^4-\int_2^4\left(5-\frac{1}{2}t\right)dt$

$=(12\ln4-8\ln2)-\left[5t-\frac{1}{4}t^2\right]_2^4$ → $=24\ln2$

$=16\ln2-(16-9)=16\ln2-7$

27 [정답률 74%]

정답 ①

Step 1 함수 $g(x)$가 역함수를 가질 조건을 파악한다.

$f(x)=e^{3x}-ax$에서 $f'(x)=3e^{3x}-a$

$g(x)=\begin{cases}f(x) & (x\ge k)\\-f(x) & (x<k)\end{cases}$에서 $g'(x)=\begin{cases}f'(x) & (x>k)\\-f'(x) & (x<k)\end{cases}$

함수 $g(x)$가 실수 전체의 집합에서 연속이고 역함수를 가지려면 $g(x)$는 일대일대응이어야 한다.

즉, 함수 $g(x)$는 증가함수이거나 감소함수이다. (증가함수 → $g'(x)\ge0$, 감소함수 → $g'(x)\le0$)

Step 2 a의 값의 범위를 나누어 조건을 만족시키는 경우를 찾는다.

(i) $a\le0$일 때,

$g'(x)=\begin{cases}3e^{3x}-a & (x>k)\\-3e^{3x}+a & (x<k)\end{cases}$의 그래프의 개형은 다음과 같다.

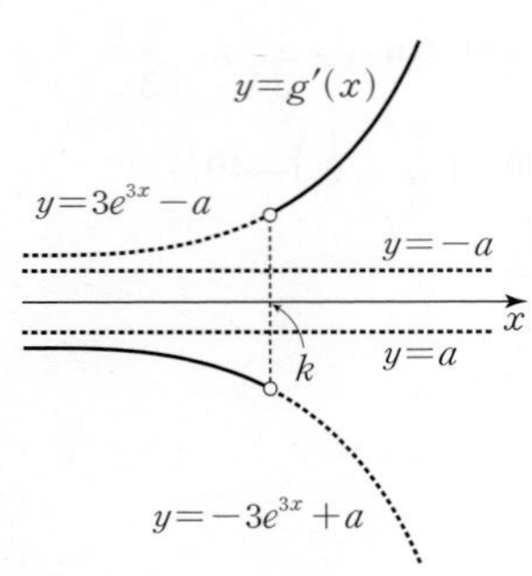

$x<k$에서 $g'(x)<0$, $x>k$에서 $g'(x)>0$이므로 $g(x)$는 역함수를 갖지 않는다.

→ 함수 $g(x)$는 $x<k$에서 감소하고, $x>k$에서 증가한다.

(ii) $a>0$일 때,

주어진 조건을 만족시키려면 $g'(x)=\begin{cases} 3e^{3x}-a & (x>k) \\ -3e^{3x}+a & (x<k) \end{cases}$의 그래프의 개형은 다음과 같아야 한다.

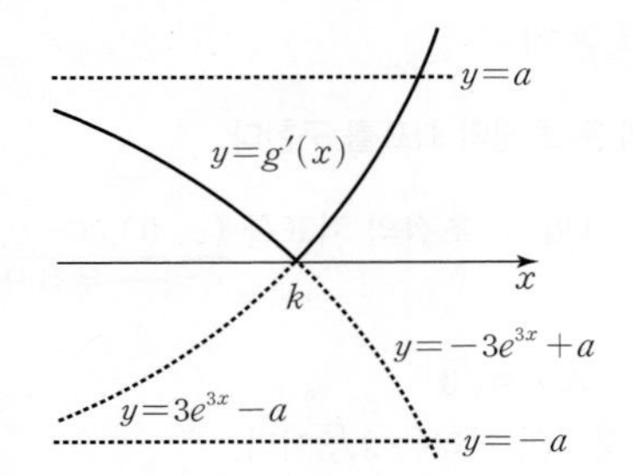

$f'(k)=0$이므로 $3e^{3k}-a=0$

$e^{3k}=\dfrac{a}{3}$ $\quad\therefore k=\dfrac{1}{3}\ln\dfrac{a}{3}$ $\quad\cdots\cdots$ ㉠

함수 $g(x)$가 $x=k$에서 연속이므로

$f(k)=-f(k)$ $\quad\therefore f(k)=0$

㉠에서 $f(k)=e^{3k}-ak=\dfrac{a}{3}-\dfrac{a}{3}\ln\dfrac{a}{3}=0$

($e^{3k}=\dfrac{a}{3}$, $ak=a\times\dfrac{1}{3}\ln\dfrac{a}{3}$)

$\ln\dfrac{a}{3}=1$ $\quad\therefore a=3e$

이를 ㉠에 대입하면 $k=\dfrac{1}{3}$

따라서 (i), (ii)에 의하여 $a=3e$, $k=\dfrac{1}{3}$이므로 $a\times k=3e\times\dfrac{1}{3}=e$

28 [정답률 26%] 정답 ②

Step 1 두 함수 $y=\dfrac{2\pi}{x}$, $y=\cos x$의 그래프를 그려본다.

방정식 $\dfrac{2\pi}{x}=\cos x$의 근이 a_m이므로 $\dfrac{2\pi}{a_m}=\cos a_m$

이를 이용하면 $n\times\cos^2(a_{n+k})=n\times\left(\dfrac{2\pi}{a_{n+k}}\right)^2$이다.

두 함수 $y=\dfrac{2\pi}{x}$, $y=\cos x$의 그래프를 그리면 다음과 같다.

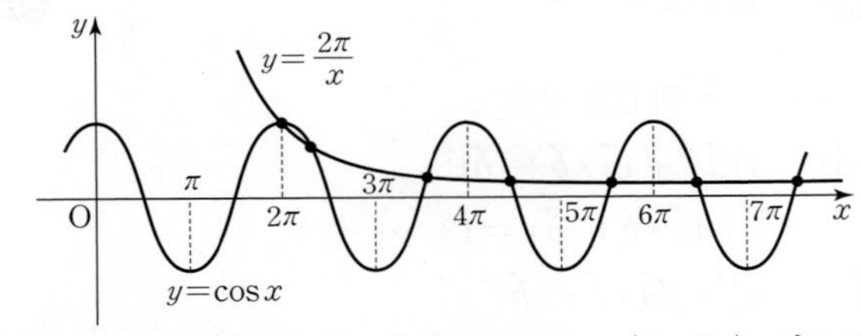

위와 같이 $a_1=2\pi$이고 $m>1$에서 $m\pi<a_m<(m+1)\pi$이므로

→ 그래프를 이용하여 규칙을 확인할 수 있다.

$\dfrac{1}{(m+1)\pi}<\dfrac{1}{a_m}<\dfrac{1}{m\pi}$ (각 변에 2π를 곱한다.)

$\dfrac{2}{m+1}<\dfrac{2\pi}{a_m}<\dfrac{2}{m}$ (각 변을 제곱한 후 m 대신 $n+k$ 대입)

$\left(\dfrac{2}{n+k+1}\right)^2<\left(\dfrac{2\pi}{a_{n+k}}\right)^2<\left(\dfrac{2}{n+k}\right)^2$

$\therefore n\times\left(\dfrac{2}{n+k+1}\right)^2<n\times\left(\dfrac{2\pi}{a_{n+k}}\right)^2<n\times\left(\dfrac{2}{n+k}\right)^2$

→ $n\times\cos^2(a_{n+k})$

Step 2 수열의 극한의 대소 관계를 이용한다.

$$\lim_{n\to\infty}\sum_{k=1}^{n}\left\{n\times\left(\frac{2}{n+k}\right)^2\right\}=\lim_{n\to\infty}\sum_{k=1}^{n}\left\{n\times\left(\frac{\frac{2}{n}}{1+\frac{k}{n}}\right)^2\right\}$$

$$=\lim_{n\to\infty}\sum_{k=1}^{n}\left\{\frac{1}{n}\times\left(\frac{2}{1+\frac{k}{n}}\right)^2\right\}$$

($1+\dfrac{k}{n}=x$라 하면 $\dfrac{1}{n}\to dx$)

$$=\int_1^2\frac{4}{x^2}dx$$

$$=\left[-\frac{4}{x}\right]_1^2=2$$

$$\lim_{n\to\infty}\sum_{k=1}^{n}\left\{n\times\left(\frac{2}{n+k+1}\right)^2\right\}=\lim_{n\to\infty}\sum_{k=1}^{n}\left\{n\times\left(\frac{\frac{2}{n}}{1+\frac{k+1}{n}}\right)^2\right\}$$

$$=\lim_{n\to\infty}\sum_{k=1}^{n}\left\{\frac{1}{n}\times\left(\frac{2}{1+\frac{k+1}{n}}\right)^2\right\}$$

$$=\int_1^2\frac{4}{x^2}dx=2$$

($1+\dfrac{k+1}{n}=x$라 하면 $\dfrac{1}{n}\to dx$)

따라서 수열의 극한의 대소 관계에 의하여

$\displaystyle\lim_{n\to\infty}\sum_{k=1}^{n}\left\{n\times\left(\frac{2\pi}{a_{n+k}}\right)^2\right\}=2$이므로

$$\lim_{n\to\infty}\sum_{k=1}^{n}\{n\times\cos^2(a_{n+k})\}=\lim_{n\to\infty}\sum_{k=1}^{n}\left\{n\times\left(\frac{2\pi}{a_{n+k}}\right)^2\right\}=2$$

29 [정답률 39%] 정답 5

Step 1 $f\left(\dfrac{\pi}{4}\right)=a$임을 이용하여 a의 값을 구한다.

직선 l의 기울기는 $\tan\theta$이므로 $l: y=(\tan\theta)x+1$

직선 l과 곡선 $y=e^{\frac{x}{a}}-1$의 교점의 x좌표가 $f(\theta)$이므로

$f(\theta)\tan\theta+1=e^{\frac{f(\theta)}{a}}-1$ $\quad\cdots\cdots$ ㉠

→ 직선 l이 x축의 양의 방향과 이루는 각의 크기가 θ임을 이용한다.

$\theta=\dfrac{\pi}{4}$를 대입하면 $f\left(\dfrac{\pi}{4}\right)\tan\dfrac{\pi}{4}+1=e^{\frac{f\left(\frac{\pi}{4}\right)}{a}}-1$

$a\times1+1=e^{\frac{a}{a}}-1$ $\quad\therefore a=e-2$

Step 2 ㉠을 이용하여 $\sqrt{f'\left(\dfrac{\pi}{4}\right)}$의 값을 구한다.

㉠의 양변을 θ에 대하여 미분하면

$f'(\theta)\tan\theta+f(\theta)\sec^2\theta=\dfrac{f'(\theta)}{a}e^{\frac{f(\theta)}{a}}$

→ $(\tan\theta)'=\sec^2\theta$

$\theta=\dfrac{\pi}{4}$를 대입하면

$f'\left(\dfrac{\pi}{4}\right)\tan\dfrac{\pi}{4}+f\left(\dfrac{\pi}{4}\right)\sec^2\dfrac{\pi}{4}=\dfrac{f'\left(\frac{\pi}{4}\right)}{a}e^{\frac{f\left(\frac{\pi}{4}\right)}{a}}$

($\sec^2\dfrac{\pi}{4}=(\sqrt{2})^2$, $f\left(\dfrac{\pi}{4}\right)=a$, $e^{\frac{f(\frac{\pi}{4})}{a}}=e^{\frac{a}{a}}=e^1$)

$f'\left(\dfrac{\pi}{4}\right)+2a=\dfrac{e}{a}f'\left(\dfrac{\pi}{4}\right)$, $\dfrac{e-a}{a}f'\left(\dfrac{\pi}{4}\right)=2a$

$\therefore f'\left(\dfrac{\pi}{4}\right)=\dfrac{2a^2}{e-a}$

$a=e-2$이므로 $f'\left(\dfrac{\pi}{4}\right)=\dfrac{2(e-2)^2}{2}=(e-2)^2$

$\therefore \sqrt{f'\left(\dfrac{\pi}{4}\right)}=\sqrt{(e-2)^2}=e-2$

따라서 $p=1$, $q=-2$이므로 $p^2+q^2=1^2+(-2)^2=5$

본문 318쪽

30 [정답률 25%]

정답 40

Step 1 평균변화율과 순간변화율을 이용한다.

$f(x)=(ax^2+bx)e^{-x}$에서

$f'(x)=(2ax+b)e^{-x}-(ax^2+bx)e^{-x}$

$=\{-ax^2+(2a-b)x+b\}e^{-x}$

$f''(x)=(-2ax+2a-b)e^{-x}-\{-ax^2+(2a-b)x+b\}e^{-x}$

$=\{ax^2-(4a-b)x+2a-2b\}e^{-x}$

원점에서 함수 $y=f(x)$의 그래프에 그은 접선 중 기울기가 $f'(0)$이 아닌 접선이 존재할 때 그 접선을 l이라 하자.

접선 l의 접점의 좌표를 $(k,\ f(k))$라 하면 $k\neq0$이다. ($k=0$이면 접선 l의 기울기는 $f'(0)$이 된다.)

이때 $\dfrac{f(k)-f(0)}{k-0}=f'(k)$, 즉 $\dfrac{f(k)}{k}=f'(k)$이므로

(열린구간 $(0,\ k)$에서 $f(x)$의 평균변화율 / $x=k$에서 $f(x)$의 순간변화율)

$(ak+b)e^{-k}=\{-ak^2+(2a-b)k+b\}e^{-k}$

$ak+b=-ak^2+(2a-b)k+b$

$ak^2-(a-b)k=0 \qquad \therefore k=\dfrac{a-b}{a}$ $(\because k\neq0)$

Step 2 조건 (가)를 만족시키는 경우를 찾는다.

(i) $b<0$일 때

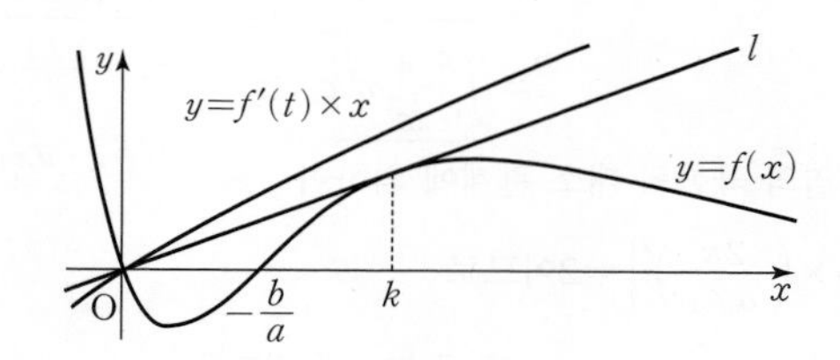

그림과 같이 $f'(t)>f'(k)$인 t가 존재하면 방정식 $f(x)=f'(t)\times x$의 실근은 0뿐이다. (이를 만족시키는 t가 1개이면 조건 (가)를 만족시킨다.)

$f''(0)>0$이고 $f''(k)<0$이므로 사잇값 정리에 의하여 $f''(\alpha)=0$을 만족시키는 α가 열린구간 $(0,\ k)$에 존재하고 $\alpha<t<k$인 임의의 t에 대하여 $f''(t)<0$이다.

이때 $\alpha<t_1<t_2<k$인 두 실수 $t_1,\ t_2$가 존재하고 $f'(t_1)>f'(k)$, $f'(t_2)>f'(k)$이므로 조건 (가)를 만족시키지 않는다.

(ii) $b\geq0,\ a\neq b$일 때

($a=b$이면 $k=\dfrac{a-b}{a}=0$이므로 따로 경우를 나누어준다.)

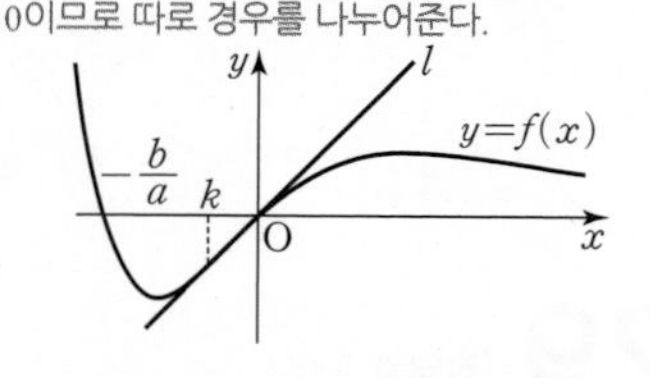

$\alpha<x<k$에서 함수 $f'(x)$는 감소한다.

$f''(0)\times f''(k)<0$이므로 (i)과 마찬가지로 조건 (가)를 만족시키지 않는다. (방정식 $f(x)=f'(t)\times x$의 실근이 0뿐이도록 하는 t가 2개 이상이다.)

(함수 $y=f(x)$의 그래프는 $x=0$에서 아래로 볼록하므로 $f''(0)>0$, $x=k$에서 위로 볼록하므로 $f''(k)<0$)

(iii) $a=b$일 때

함수 $y=f(x)$의 그래프 위의 점 $(0,\ 0)$에서의 접선을 l'이라 하면 직선 l'과 함수 $y=f(x)$의 그래프는 다음과 같다.

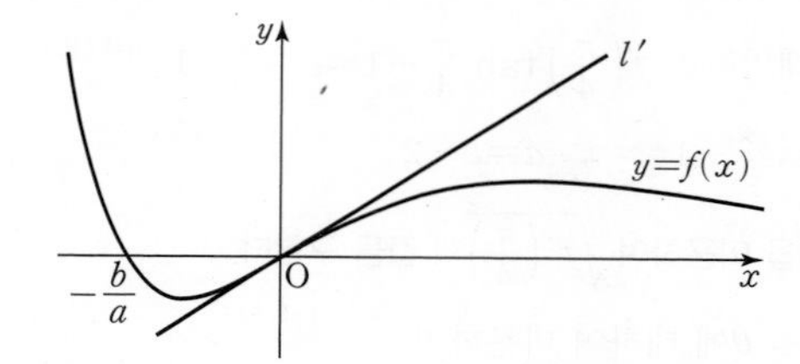

방정식 $f(x)=f'(t)\times x$에서 $a=b$이므로

$a(x^2+x)e^{-x}=f'(t)\times x$

$t=0$일 때 위의 방정식은 $ax(x+1)e^{-x}=f'(0)\times x=ax$ ($f'(0)=b=a$)

$\therefore ax\{(x+1)e^{-x}-1\}=0$

즉, $x=0$ 또는 $(x+1)e^{-x}-1=0$이므로 방정식 $f(x)=f'(0)\times x$의 실근은 0뿐이다.

또한 $f''(0)=0$이고 0이 아닌 모든 실수 t에 대하여 $f'(t)<f'(0)$이므로 조건 (가)를 만족시킨다.

(i)~(iii)에 의하여 $a=b$이다.

함수 $y=(x+1)e^{-x}-1$의 그래프는 다음과 같다.

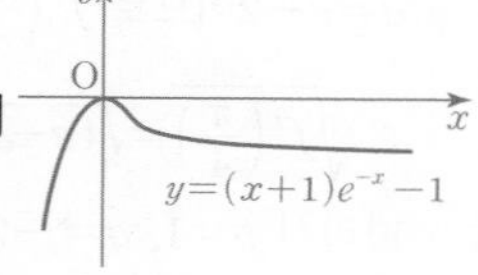

Step 3 $a,\ b$의 값을 구한다.

$f(2)=(4a+2b)e^{-2}$이므로 조건 (나)에 의하여

$(4a+2b)e^{-2}=2e^{-2}$

$4a+2b=2 \qquad \therefore 2a+b=1$

위의 식을 $a=b$와 연립하면 $a=\dfrac{1}{3},\ b=\dfrac{1}{3}$

$\therefore 60\times(a+b)=60\times\left(\dfrac{1}{3}+\dfrac{1}{3}\right)=40$

기하

23 [정답률 86%]

정답 ②

Step 1 쌍곡선의 두 초점의 좌표를 구한다.

쌍곡선 $\dfrac{x^2}{2}-y^2=1$의 두 초점의 좌표를 $(c,\ 0),\ (-c,\ 0)$ $(c>0)$이라 하면 (두 점 사이의 거리는 $2c$)

$c^2=2+1=3 \qquad \therefore c=\sqrt{3}$

따라서 두 초점 사이의 거리는 $2\sqrt{3}$이다.

24 [정답률 89%]

정답 ①

Step 1 선분 BC를 1 : 2로 내분하는 점의 좌표를 구한다.

점 B의 좌표는 $B(3,\ -1,\ -a)$이므로 선분 BC를 1 : 2로 내분하는 점의 좌표는

$\left(\dfrac{1\times(-3)+2\times3}{1+2},\ \dfrac{1\times b+2\times(-1)}{1+2},\ \dfrac{1\times4+2\times(-a)}{1+2}\right)$,

즉 $\left(1,\ \dfrac{b-2}{3},\ \dfrac{4-2a}{3}\right)$이다.

이때 이 점은 x축 위에 있으므로 $\dfrac{b-2}{3}=0,\ \dfrac{4-2a}{3}=0$ (x축 위의 점은 y좌표와 z좌표가 모두 0이다.)

따라서 $a=2,\ b=2$이므로 $a+b=4$

25 [정답률 82%]

정답 ③

Step 1 $\vec{a}\cdot\vec{b},\ |\vec{b}|^2$의 값을 구한다.

$|2\vec{a}+\vec{b}|^2=4|\vec{a}|^2+4\vec{a}\cdot\vec{b}+|\vec{b}|^2$

$=8+4\vec{a}\cdot\vec{b}+|\vec{b}|^2=13$ …… ㉠

$|\vec{a}-\vec{b}|^2=|\vec{a}|^2-2\vec{a}\cdot\vec{b}+|\vec{b}|^2$

$=2-2\vec{a}\cdot\vec{b}+|\vec{b}|^2=1$ …… ㉡

㉠, ㉡을 연립하여 풀면 $\vec{a}\cdot\vec{b}=1$, $|\vec{b}|^2=1$ (㉠−㉡, ㉠+2×㉡)

Step 2 $|\vec{a}+\vec{b}|$의 값을 구한다.

$|\vec{a}+\vec{b}|^2=|\vec{a}|^2+2\vec{a}\cdot\vec{b}+|\vec{b}|^2=2+2+1=5$

$\therefore |\vec{a}+\vec{b}|=\sqrt{5}$ (벡터의 크기는 양수이다.)

26 [정답률 77%] 정답 ⑤

Step 1 포물선의 정의를 이용한다.

(포물선 $y^2=4px$의 초점은 $(p, 0)$)

$y^2=12x=4\times3x$이므로 초점은 $F(3, 0)$이고 $\overline{AF}:\overline{BF}=3:1$이므로 두 양수 a, b에 대하여 $B(3-a, -b)$라 하면 $A(3+3a, 3b)$

이 포물선의 준선은 $x=-3$이므로 포물선의 정의에 의하여

$\overline{AF}=6+3a$, $\overline{BF}=6-a$ (두 직선 $x=-3$, $x=3-a$ 사이의 거리) (두 직선 $x=-3$, $x=3+3a$ 사이의 거리)

$(6+3a):(6-a)=3:1$, $6+3a=3(6-a)$

$6a=12$ $\quad\therefore a=2$

점 B는 포물선 $y^2=12x$ 위의 점이므로

$(-b)^2=12\times1$, $b^2=12$ $\quad\therefore b=2\sqrt{3}$ $(\because b>0)$ ($y^2=12x$에 $x=1$, $y=-b$ 대입)

Step 2 점 A에서의 접선의 y절편을 구한다.

점 A의 좌표는 $A(9, 6\sqrt{3})$이므로 이 포물선 위의 점 A에서의 접선의 방정식은

$6\sqrt{3}y=6(x+9)$, 즉 $y=\frac{\sqrt{3}}{3}x+3\sqrt{3}$

따라서 접선의 y절편은 $3\sqrt{3}$이다.

27 [정답률 75%] 정답 ④

Step 1 점 N에서 평면 FHM에 내린 수선의 발을 Q로 놓고 각 선분의 길이를 구한다.

$\overline{FH}=2\sqrt{2}$, $\overline{HM}=1$이므로 $\overline{FM}=3$ ($=\sqrt{\overline{FH}^2+\overline{HM}^2}$)

점 N에서 평면 FHM에 내린 수선의 발을 Q라 하면 두 평면 FHM, FGH는 서로 수직이므로 점 Q는 선분 FH 위에 있다.

삼각형 HNQ는 직각이등변삼각형이고 $\overline{HN}=1$이므로 $\overline{HQ}=\frac{\sqrt{2}}{2}$

($\angle NQH=\frac{\pi}{2}$, $\angle QHN=\angle FHN=\frac{\pi}{4}$이므로 $\angle HNQ=\frac{\pi}{4}$)

$\overline{FH}=2\sqrt{2}$이므로 $\overline{FQ}=\frac{3\sqrt{2}}{2}$ ($=\overline{FH}-\overline{HQ}$)

Step 2 삼수선의 정리를 이용한다.

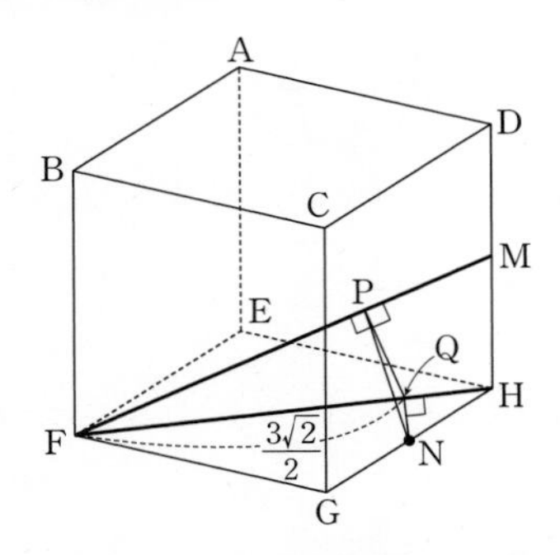

선분 NP의 길이가 최소이려면 $\overline{NP}\perp\overline{FM}$이어야 한다.

즉, $\overline{NP}\perp\overline{FM}$, $\overline{NQ}\perp$(평면 FHM)이므로 삼수선의 정리에 의하여 $\overline{FM}\perp\overline{PQ}$

삼각형 FHM에서 $\sin(\angle MFH)=\frac{1}{3}$ ($\frac{\overline{HM}}{\overline{FM}}$)

선분 NP의 평면 FHM 위로의 정사영은 선분 PQ이므로

$\overline{PQ}=\overline{FQ}\times\sin(\angle MFH)=\frac{3\sqrt{2}}{2}\times\frac{1}{3}=\frac{\sqrt{2}}{2}$

28 [정답률 24%] 정답 ①

Step 1 $k\overrightarrow{BX}$의 종점을 X′으로 놓고 두 점 X, X′이 나타내는 도형을 파악한다.

조건 (가)에서 점 X는 중심이 $A(9, 0)$이고 반지름의 길이가 2인 원 위의 점이다.

조건 (나)에서 $k\overrightarrow{BX}$의 종점을 X′이라 하면 (시점이 B, 종점이 X′인 벡터)

$|\overrightarrow{OB}+k\overrightarrow{BX}|=|\overrightarrow{OB}+\overrightarrow{BX'}|=|\overrightarrow{OX'}|=4$

이므로 X′은 원점 O를 중심으로 하고 반지름의 길이가 4인 원 위의 점이다.

조건 (가)에서 점 X가 나타내는 원을 C_1, 조건 (나)에서 점 X′이 나타내는 원을 C_2라 하면 직선 BX는 원 C_2와 만난다.

($k\overrightarrow{BX}$의 종점이 X′이므로 세 점 B, X, X′은 한 직선 위에 있다.)

Step 2 점 B에서 원 C_2에 그은 접선의 기울기를 구한다.

점 B에서 원 C_2에 그은 접선의 기울기를 m이라 하면 접선의 방정식은

$y=m(x-8)+1$, 즉 $mx-y-8m+1=0$

이때 이 직선이 원 C_2에 접하므로 $\frac{|-8m+1|}{\sqrt{m^2+(-1)^2}}=4$

(이 직선과 원 C_2의 중심 사이의 거리가 원 C_2의 반지름의 길이와 같다.)

$|-8m+1|=4\sqrt{m^2+1}$, $64m^2-16m+1=16m^2+16$

$48m^2-16m-15=0$, $(4m-3)(12m+5)=0$

$\therefore m=-\frac{5}{12}$ 또는 $m=\frac{3}{4}$

Step 3 벡터의 내적을 이용하여 $\cos\theta$의 값을 구한다.

집합 S에 속하는 모든 점 X에 대하여 직선 BX의 기울기는 $-\frac{5}{12}$ 이상 $\frac{3}{4}$ 이하이다.

(직선 BX의 기울기가 $-\frac{5}{12}$보다 작거나 $\frac{3}{4}$보다 큰 경우 원 C_2와 만나지 않는다.)

원 C_1 위의 점 중에서 x좌표가 최대인 점의 좌표는 $(11, 0)$이다.

두 점 $B(8, 1)$, $(11, 0)$을 지나는 직선의 기울기는 $\frac{0-1}{11-8}=-\frac{1}{3}$

이고 $-\frac{5}{12}<-\frac{1}{3}<\frac{3}{4}$이므로 점 $(11, 0)$은 집합 S에 속한다.

따라서 점 P의 좌표는 $(11, 0)$이다.

$\overrightarrow{OP}=(11, 0)$, $\overrightarrow{BP}=(3, -1)$이므로 $\overrightarrow{OP}\cdot\overrightarrow{BP}=|\overrightarrow{OP}||\overrightarrow{BP}|\cos\theta$ ($=11\times3+0\times(-1)$)

$33=11\sqrt{10}\cos\theta$ $\quad\therefore \cos\theta=\frac{3\sqrt{10}}{10}$

29 [정답률 46%] 정답 8

Step 1 등차중항을 이용한다.

$\overline{FQ}=k$라 하면 두 타원의 장축의 길이가 각각 8, 12이므로 타원의 정의에 의하여 $\overline{F'Q}=8-k$, $\overline{PQ}=12-k$ ($\overline{FQ}+\overline{PQ}=12$, $\overline{F'Q}+\overline{FQ}=8$)

$\overline{F'Q}$, $\overline{FQ}$, $\overline{PQ}$가 이 순서대로 등차수열을 이루므로 $2\overline{FQ}=\overline{F'Q}+\overline{PQ}$

$2k=(8-k)+(12-k)$, $4k=20$ $\quad\therefore k=5$

Step 2 p^2+q^2의 값을 구한다.

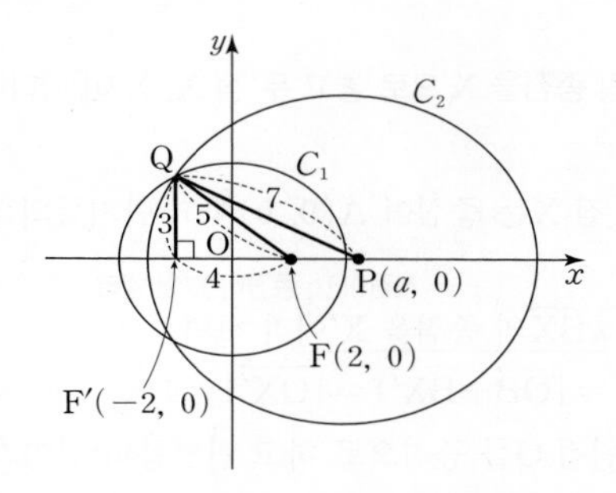

$\overline{F'Q}=3$, $\overline{FQ}=5$, $\overline{PQ}=7$이고 $\overline{FF'}=4$이므로 $\angle QF'F=\frac{\pi}{2}$ (삼각형 QF′F에서 $\overline{FQ}^2=\overline{QF'}^2+\overline{F'F}^2$)

즉, 삼각형 QF′P는 직각삼각형이므로 ($\angle QF'F=\angle QF'P=\frac{\pi}{2}$)

$\overline{F'P}^2=\overline{PQ}^2-\overline{QF'}^2=7^2-3^2=40$ $\quad\therefore \overline{F'P}=2\sqrt{10}$

이때 $\overline{F'P}=\overline{F'O}+\overline{OP}=2+a$이므로 $a=-2+2\sqrt{10}$

따라서 $p=-2$, $q=2$이므로 $p^2+q^2=(-2)^2+2^2=8$

30 [정답률 8%] 정답 20

Step 1 네 점 C, P, Q, R을 모두 지나는 구의 중심을 찾는다.

$\cos(\angle RCP)=\cos(\angle ACP)=\frac{1}{4}$ ($\frac{\overline{PC}}{\overline{AC}}$)

$\overline{RC}=\frac{1}{2}$, $\overline{PC}=1$이므로 삼각형 RCP에서 코사인법칙에 의하여 (점 R은 선분 CA를 $1:7$로 내분하는 점이므로 $\overline{AR}=\frac{7}{2}$, $\overline{RC}=\frac{1}{2}$)

$\overline{RP}^2=\overline{RC}^2+\overline{PC}^2-2\times\overline{RC}\times\overline{PC}\times\cos(\angle RCP)$

$=\left(\frac{1}{2}\right)^2+1^2-2\times\frac{1}{2}\times1\times\frac{1}{4}=1$

이므로 $\overline{RP}=1$이고 마찬가지로 $\overline{QR}=1$이다.

즉, 두 삼각형 PQC, PQR은 서로 합동이므로 (SSS 합동)

$\angle PCQ=\angle PRQ=\frac{\pi}{2}$

네 점 C, P, Q, R을 모두 지나는 구를 S라 하면

$\angle PCQ=\angle PRQ=\frac{\pi}{2}$이므로 선분 PQ는 구 S의 지름이고 반지름의 길이는 $\frac{\sqrt{2}}{2}$이다. ($\overline{PQ}=\sqrt{2}$)

Step 2 삼각형 ABS의 넓이를 구한다.

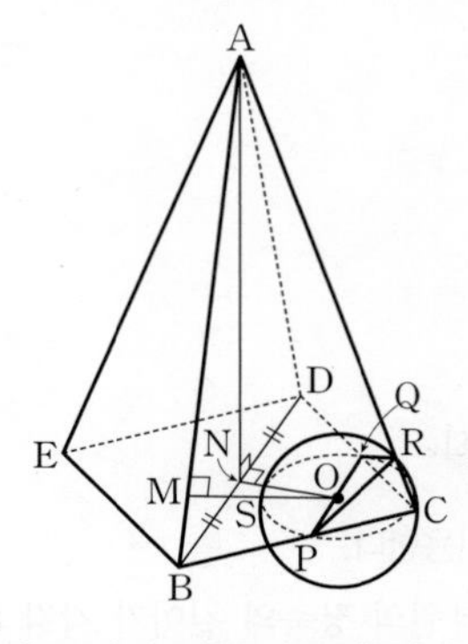

구 S의 중심을 O, 점 O에서 선분 AB에 내린 수선의 발을 M이라 하면 삼각형 ABS의 넓이는

$\frac{1}{2}\times\overline{AB}\times\overline{MS}=\frac{1}{2}\times\overline{AB}\times(\overline{OM}-\overline{OS})=\frac{1}{2}\times\overline{AB}\times\left(\overline{OM}-\frac{\sqrt{2}}{2}\right)$

점 O에서 선분 BD에 내린 수선의 발을 N이라 하면 점 N은 선분 BD의 중점이다. ($\overline{BD}=2\sqrt{2}$)

$\overline{AB}=4$, $\overline{BN}=\sqrt{2}$이므로 직각삼각형 ABN에서

$\overline{AN}=\sqrt{\overline{AB}^2-\overline{BN}^2}=\sqrt{4^2-(\sqrt{2})^2}=\sqrt{14}$

$\overline{ON}=\frac{\sqrt{2}}{2}$이므로 두 직각삼각형 OAN, OBN에서

$\overline{OA}=\sqrt{\overline{AN}^2+\overline{ON}^2}=\sqrt{(\sqrt{14})^2+\left(\frac{\sqrt{2}}{2}\right)^2}=\sqrt{\frac{29}{2}}$

$\overline{OB}=\sqrt{\overline{BN}^2+\overline{ON}^2}=\sqrt{(\sqrt{2})^2+\left(\frac{\sqrt{2}}{2}\right)^2}=\sqrt{\frac{5}{2}}$

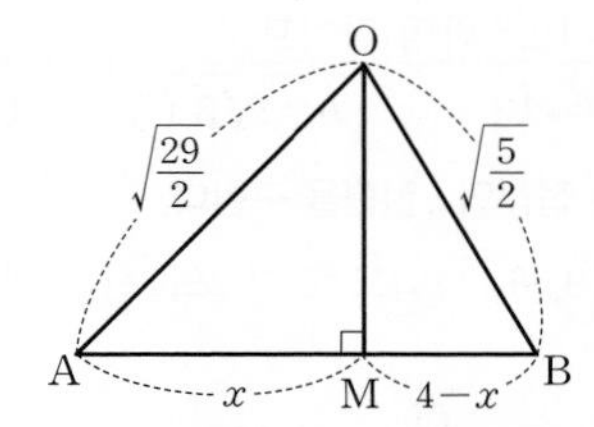

삼각형 OAB에서 $\overline{AM}=x$라 하면 $\overline{MB}=4-x$ ($=\overline{AB}-\overline{AM}$)

두 직각삼각형 OAM, OMB에서

$\overline{OM}^2=\overline{OA}^2-\overline{AM}^2=\overline{OB}^2-\overline{MB}^2$이므로

$\left(\sqrt{\frac{29}{2}}\right)^2-x^2=\left(\sqrt{\frac{5}{2}}\right)^2-(4-x)^2$

$\frac{29}{2}-x^2=\frac{5}{2}-(16-8x+x^2)$

$8x=\frac{29}{2}-\frac{5}{2}+16=28 \qquad \therefore x=\frac{7}{2}$

즉, $\overline{AM}=\frac{7}{2}$이므로 $\overline{OM}=\sqrt{\frac{29}{2}-\frac{49}{4}}=\frac{3}{2}$ ($=\overline{OA}^2-\overline{AM}^2$)

따라서 삼각형 ABS의 넓이는

$\frac{1}{2}\times\overline{AB}\times\left(\overline{OM}-\frac{\sqrt{2}}{2}\right)=\frac{1}{2}\times4\times\left(\frac{3}{2}-\frac{\sqrt{2}}{2}\right)=3-\sqrt{2}$

Step 3 삼각형 ABS의 평면 BCD 위로의 정사영의 넓이를 구한다.

삼각형 OAB의 넓이는 $\frac{1}{2}\times\overline{AB}\times\overline{OM}=\frac{1}{2}\times4\times\frac{3}{2}=3$

삼각형 OBN의 넓이는 $\frac{1}{2}\times\overline{BN}\times\overline{ON}=\frac{1}{2}\times\sqrt{2}\times\frac{\sqrt{2}}{2}=\frac{1}{2}$

두 평면 OAB, BCD가 이루는 각의 크기를 θ라 하면 삼각형 OAB의 평면 BCD 위로의 정사영은 삼각형 OBN이므로

$\cos\theta=\frac{\triangle OBN}{\triangle OAB}=\frac{\frac{1}{2}}{3}=\frac{1}{6}$ (삼각형 OAB의 평면 BCD 위로의 정사영이 삼각형 OBN이므로 $\triangle OAB\times\cos\theta=\triangle OBN$)

즉, 삼각형 ABS의 평면 BCD 위로의 정사영의 넓이는

$\triangle ABS\times\cos\theta=(3-\sqrt{2})\times\frac{1}{6}=\frac{1}{2}-\frac{1}{6}\sqrt{2}$

따라서 $p=\frac{1}{2}$, $q=-\frac{1}{6}$이므로

$60\times(p+q)=60\times\left\{\frac{1}{2}+\left(-\frac{1}{6}\right)\right\}=20$

25회 2022학년도 대학수학능력시험 예시문항 정답과 해설

1	⑤	2	②	3	③	4	④	5	④
6	①	7	④	8	③	9	②	10	①
11	②	12	②	13	⑤	14	④	15	③
16	21	17	10	18	56	19	7	20	25
21	26	22	14						
확률과 통계				23	①	24	⑤	25	②
26	④	27	⑤	28	③	29	332	30	71
미적분				23	④	24	③	25	②
26	⑤	27	①	28	③	29	12	30	5
기하				23	①	24	④	25	②
26	⑤	27	④	28	⑤	29	6	30	9

01

정답 ⑤

Step 1 지수법칙을 이용한다.

$\dfrac{3^{\sqrt{5}+1}}{3^{\sqrt{5}-1}}=3^{(\sqrt{5}+1)-(\sqrt{5}-1)}=3^2=9$

↳ $\dfrac{a^m}{a^n}=a^{m-n}$

02

정답 ②

Step 1 주어진 정적분을 계산하여 상수 a의 값을 구한다.

$\displaystyle\int_{-1}^{1}(x^3+a)dx=4$에서

$\left[\dfrac{1}{4}x^4+ax\right]_{-1}^{1}=4$ ↳ $\displaystyle\int_{-1}^{1}x^n dx=\left[\dfrac{1}{n+1}x^{n+1}\right]_{-1}^{1}$ (단, n은 음이 아닌 정수)

$\left(\dfrac{1}{4}+a\right)-\left(\dfrac{1}{4}-a\right)=2a=4$

$\therefore a=2$

03

정답 ③

Step 1 함수 $y=2^x$의 그래프를 평행이동시킨 그래프의 식을 구한다.

함수 $y=2^x$의 그래프를 y축의 방향으로 m만큼 평행이동시킨 그래프의 식은 $y=2^x+m$

↳ 함수 $y=f(x)$의 그래프를 y축의 방향으로 m만큼 평행이동: $y-m=f(x)$

이때 $y=2^x+m$의 그래프가 점 $(-1,\ 2)$를 지나므로

$2=2^{-1}+m \qquad \therefore m=\dfrac{3}{2}$

↳ $2-2^{-1}=2-\dfrac{1}{2}=\dfrac{3}{2}=m$

04

정답 ④

Step 1 주어진 함수의 그래프를 이용하여 $\lim\limits_{x\to0-}f(x)$, $\lim\limits_{x\to1+}f(x)$의 값을 각각 구한다.

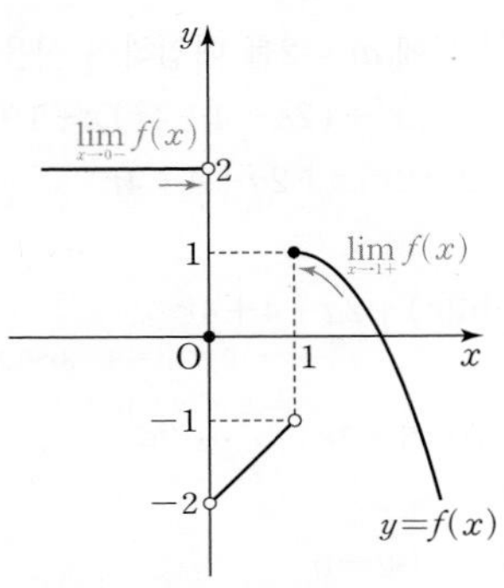

$\lim\limits_{x\to0-}f(x)=2$, $\lim\limits_{x\to1+}f(x)=1$이므로 ↳ $x=1$을 기준으로 오른쪽에서 다가가는 거야!

$\lim\limits_{x\to0-}f(x)-\lim\limits_{x\to1+}f(x)=2-1=1$

05

정답 ④

Step 1 $\sin^2\theta+\cos^2\theta=1$임을 이용하여 $(\sin\theta-\cos\theta)^2$의 값을 구한다.

$(\sin\theta-\cos\theta)^2=\sin^2\theta-2\sin\theta\cos\theta+\cos^2\theta$ ↳ $\sin^2\theta+\cos^2\theta=1$

$=1-2\sin\theta\cos\theta$

$=\dfrac{49}{25}$ ↳ $=1-2\times\left(-\dfrac{12}{25}\right)=1+\dfrac{24}{25}=\dfrac{49}{25}$

Step 2 $\dfrac{\pi}{2}<\theta<\pi$에서 $\sin\theta-\cos\theta$의 부호를 찾아 그 값을 결정한다.

$\dfrac{\pi}{2}<\theta<\pi$에서 $\sin\theta>0$, $\cos\theta<0$이므로 $\sin\theta-\cos\theta>0$

↳ θ는 제2사분면의 각!

이때 $(\sin\theta-\cos\theta)^2=\dfrac{49}{25}$이므로

$\sin\theta-\cos\theta=\dfrac{7}{5}$ ↳ $x^2=a\ (a>0)$일 때 $x=\pm\sqrt{a}$

06

정답 ①

Step 1 주어진 도함수 $f'(x)$의 부정적분을 구한다.

$f'(x)=3x^2-kx+1$이므로

$f(x)=\displaystyle\int(3x^2-kx+1)dx$ ↳ $f(x)=\displaystyle\int f'(x)dx$

$=x^3-\dfrac{1}{2}kx^2+x+C$ (단, C는 적분상수)

Step 2 $f(0)=f(2)=1$을 이용하여 상수 k의 값을 구한다.

함수 $f(x)$에 $x=0$을 대입하면

$f(0)=C=1$

함수 $f(x)$에 $x=2$를 대입하면

$f(2)=8-2k+2+C=1$

이때 $C=1$이므로 $11-2k=1$

$2k=10 \qquad \therefore k=5$

07

정답 ④

Step 1 함수 $|f(x)|$가 실수 전체의 집합에서 연속이기 위한 조건을 구한다.

함수 $f(x)=\begin{cases}x-4 & (x<a)\\ x+3 & (x\ge a)\end{cases}$에서

$|f(x)|=\begin{cases}|x-4| & (x<a)\\ |x+3| & (x\ge a)\end{cases}$

이때 a의 값에 따라 그래프의 모양이 달라지므로 상수 a의 값의 범위를 나누어서 생각해야 한다.

(i) $a<-3$일 때

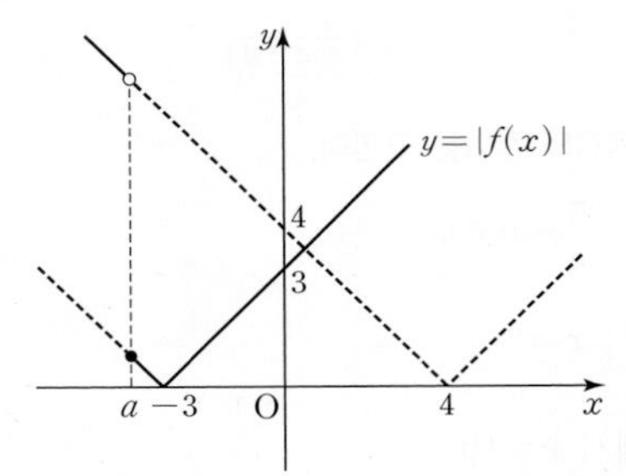

$x=a$에서 불연속이므로 함수 $|f(x)|$는 실수 전체의 집합에서 연속이 아니다.

(ii) $-3\le a<4$일 때

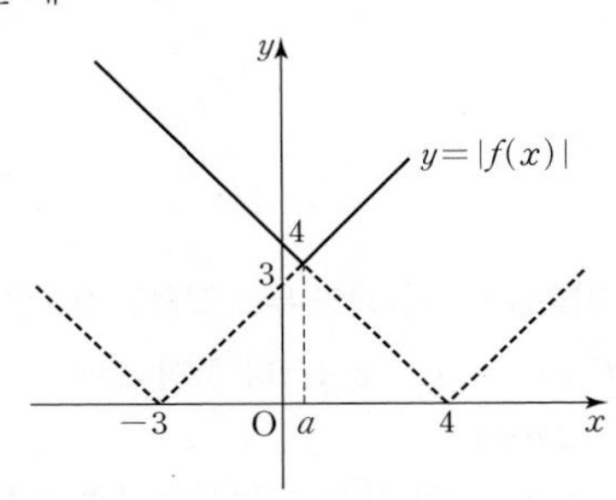

$\lim\limits_{x\to a-}|f(x)|=\lim\limits_{x\to a+}|f(x)|=|f(a)|$이면 함수 $|f(x)|$는 실수 전체의 집합에서 연속이다.

(iii) $a \ge 4$일 때

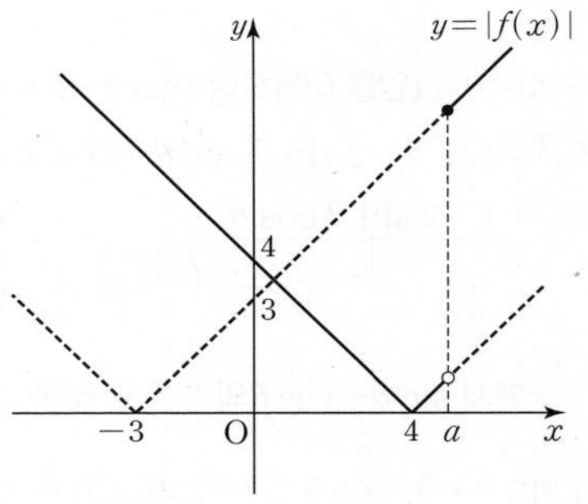

$x=a$에서 불연속이므로 함수 $|f(x)|$는 실수 전체의 집합에서 연속이 아니다.

(i)~(iii)에서 함수 $|f(x)|$는 $-3 \le a < 4$일 때 $\lim_{x \to a-}|f(x)| = \lim_{x \to a+}|f(x)| = |f(a)|$를 만족시킨다면 실수 전체의 집합에서 연속이다.

Step 2 상수 a의 값을 구한다.

$-3 \le a < 4$에서

$\lim_{x \to a-}|f(x)| = \lim_{x \to a-}|x-4| = |a-4| = -a+4$ (→ $-3 \le a < 4$에서 $a-4<0$이므로 $|a-4|=-a+4$)

$\lim_{x \to a+}|f(x)| = \lim_{x \to a+}|x+3| = |a+3| = a+3$ (→ $-3 \le a < 4$에서 $a+3 \ge 0$이므로 $|a+3|=a+3$)

$|f(a)| = |a+3| = a+3$

세 값이 모두 같아야 하므로

$-a+4=a+3$ $\quad \therefore a=\frac{1}{2}$ (→ $1=2a$ $\quad \therefore a=\frac{1}{2}$)

08

정답 ③

Step 1 $\frac{\pi}{12}x=t$로 치환한 후 t의 값을 구한다.

$\frac{\pi}{12}x=t$로 치환하면 $0 \le t \le \pi$이고 $y=6\sin t$ (→ $0 \le x \le 12$에서 각 변에 $\frac{\pi}{12}$를 곱하면 $0 \le \frac{\pi}{12}x \le \pi$, 즉 $0 \le t \le \pi$야!)

이때 함수 $y=6\sin t$의 그래프와 직선 $y=3$이 만나는 점의 t좌표를 구해보면

$6\sin t=3$에서 $\sin t=\frac{1}{2}$

$\therefore t=\frac{\pi}{6}$ 또는 $t=\frac{5}{6}\pi$ (→ $\because 0 \le t \le \pi$)

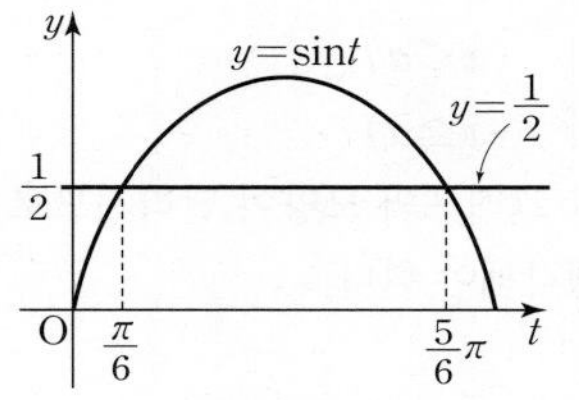

참고그림

Step 2 선분 AB의 길이를 구한다.

$t=\frac{\pi}{6}$ 또는 $t=\frac{5}{6}\pi$이므로

$\frac{\pi}{12}x=\frac{\pi}{6}$에서 $x=2$

$\frac{\pi}{12}x=\frac{5}{6}\pi$에서 $x=10$

따라서 두 점 A(2, 3), B(10, 3)이므로

$\overline{AB}=10-2=8$ (→ 두 점 A, B의 y좌표는 3으로 같아.)

09

정답 ②

Step 1 접점의 좌표를 $(t, f(t))$라 두고 접점의 좌표를 구한다.

함수 $f(x)$를 $f(x)=-x^3-x^2+x$라 하면

$f'(x)=-3x^2-2x+1$

따라서 곡선 $y=f(x)$ 위의 점 $(t, f(t))$에서의 접선의 방정식을 구하면 ($y=f'(t)(x-t)+f(t)$임을 이용!)

$y=(-3t^2-2t+1)(x-t)-t^3-t^2+t$

이때 접선이 원점을 지나야 하므로

$x=0$, $y=0$을 대입하면

$0=3t^3+2t^2-t-t^3-t^2+t$

$\quad =2t^3+t^2=t^2(2t+1)$

$\therefore t=0$ 또는 $t=-\frac{1}{2}$

Step 2 접선의 기울기를 구한다.

$t=0$에서의 접선의 기울기는 $f'(0)$이므로

$f'(0)=-3\times0^2-2\times0+1=1$

$t=-\frac{1}{2}$에서의 접선의 기울기는 $f'\left(-\frac{1}{2}\right)$이므로

$f'\left(-\frac{1}{2}\right)=-3\times\left(-\frac{1}{2}\right)^2-2\times\left(-\frac{1}{2}\right)+1=\frac{5}{4}$ (→ $=(-3)\times\frac{1}{4}+1+1$ $=-\frac{3}{4}+2=\frac{5}{4}$)

따라서 접하는 모든 직선의 기울기의 합은

$1+\frac{5}{4}=\frac{9}{4}$

10

정답 ①

Step 1 $\frac{1}{3}+\log\sqrt{a}$의 값의 범위를 구한다.

$\frac{1}{3}+\log\sqrt{a}=\frac{1}{3}+\frac{1}{2}\log a$에서 $\frac{1}{2}<\log a<\frac{11}{2}$이므로 (→ $=\log a^{\frac{1}{2}}=\frac{1}{2}\log a$)

$\frac{1}{4}<\frac{1}{2}\log a<\frac{11}{4}$, $\frac{7}{12}<\frac{1}{3}+\frac{1}{2}\log a<\frac{37}{12}$이 성립한다. (→ $=\frac{1}{4}+\frac{1}{3}$) (→ $=\frac{11}{4}+\frac{1}{3}$)

따라서 자연수 $\frac{1}{3}+\frac{1}{2}\log a$의 값은 1, 2, 3이다.

Step 2 a의 값을 모두 구한다.

$\frac{1}{3}+\frac{1}{2}\log a=1$에서 $\log a=\frac{4}{3}$이므로 $a=10^{\frac{4}{3}}$ (→ $\frac{1}{2}\log a=\frac{2}{3}$ $\quad \therefore \log a=\frac{4}{3}$)

$\frac{1}{3}+\frac{1}{2}\log a=2$에서 $\log a=\frac{10}{3}$이므로 $a=10^{\frac{10}{3}}$ (→ $\frac{1}{2}\log a=\frac{5}{3}$ $\quad \therefore \log a=\frac{10}{3}$)

$\frac{1}{3}+\frac{1}{2}\log a=3$에서 $\log a=\frac{16}{3}$이므로 $a=10^{\frac{16}{3}}$ (→ $\frac{1}{2}\log a=\frac{8}{3}$ $\quad \therefore \log a=\frac{16}{3}$)

따라서 모든 a의 값의 곱은

$10^{\frac{4}{3}}\times10^{\frac{10}{3}}\times10^{\frac{16}{3}}=10^{\frac{4}{3}+\frac{10}{3}+\frac{16}{3}}=10^{10}$

11

정답 ②

Step 1 세 실근을 a, ar, ar^2으로 두고, ar의 값을 구한다.

방정식 $f(x)-9=0$의 서로 다른 세 실근을 a, ar, $ar^2(a<ar<ar^2)$이라 하면

$(x-a)(x-b)(x-c)$
$=x^3-(a+b+c)x^2$
$+(ab+bc+ca)x-abc$

$f(x)-9=(x-a)(x-ar)(x-ar^2)$

$f(x)=x^3-(a+ar+ar^2)x^2+(a^2r+a^2r^2+a^2r^3)x-a^3r^3+9$

$f(0)=1$이므로 $-a^3r^3+9=1$

$a^3r^3=8$ $\quad \therefore ar=2$ $\quad \cdots\cdots$ ㉠

Step 2 $f(x)$의 식을 정리하고, $f'(2)=-2$를 이용하여 a, r의 값을 각각 구한다.

위에서 구한 $f(x)$의 식에 $ar=2$를 대입하여 식을 정리하면

$f(x)=x^3-(a+2+2r)x^2+(2a+4+4r)x+1$이므로

$f'(x)=3x^2-2(a+2+2r)x+2a+4+4r$

$f'(2)=-2$이므로

$-2=12-4(a+2+2r)+2a+4+4r$

$\quad =8-2a-4r$ (→ $=12-4a-8-8r+2a+4+4r$ $=8-2a-4r$)

$2a=10-4r$ $\quad \therefore a=5-2r$ $\quad \cdots\cdots$ ㉡

㉡을 ㉠에 대입하면

$(5-2r)r=2$, $2r^2-5r+2=0$

$(2r-1)(r-2)=0$

$\therefore r=\frac{1}{2}$ 또는 $r=2$

이때 $r=\frac{1}{2}$이면 $a=4$이므로 조건을 만족시키지 않는다.

$\therefore a=1, r=2$

세 근이 4, 2, 1이 되므로 $a<ar<ar^2$을 만족시키지 않아.

ⓒ의 식에 $r=2$를 대입하여 a의 값을 구했어!

Step 3 $f(3)$의 값을 구한다.

$f(x)$의 식에 $a=1, r=2$를 각각 대입하면

$f(x)=x^3-7x^2+14x+1$ — $f(x)=x^3-(1+2+4)x^2+(2+4+8)x+1 = x^3-7x^2+14x+1$

$\therefore f(3)=27-7\times9+14\times3+1=7$

12

정답 ②

Step 1 $\int_a^b (x^3-3x+k)dx>0$이 성립하기 위한 조건을 파악한다.

함수 $f(x)$를 $f(x)=x^3-3x+k$라 하자.

0<a<b인 모든 실수 a, b에 대하여 $\int_a^b (x^3-3x+k)dx>0$이 성립하려면 $x>0$인 모든 실수 x에 대하여 $f(x)\ge0$이 성립해야 한다.

함수 $f(x)$의 그래프가 x축 아래로 내려가면 그 부분을 적분했을 때 정적분의 값이 음수가 돼.

즉, $x>0$에서 함수 $f(x)$의 최솟값이 0 이상이어야 한다.

Step 2 함수 $f(x)=x^3-3x+k$의 최솟값을 구한다.

$f(x)$를 미분하면 $f'(x)=3x^2-3=3(x+1)(x-1)$

$f'(x)=0$에서 $x=-1$ 또는 $x=1$ — 이때 $f(x)$가 극대 또는 극소가 돼.

이를 이용하여 함수 $f(x)$의 증가와 감소를 표로 나타내면 다음과 같다.

x	$\cdots$	-1	$\cdots$	1	$\cdots$
$f'(x)$	$+$	0	$-$	0	$+$
$f(x)$	↗	$2+k$	↘	$-2+k$	↗

극대 / 극소

따라서 함수 $y=f(x)$의 그래프는 다음과 같다.

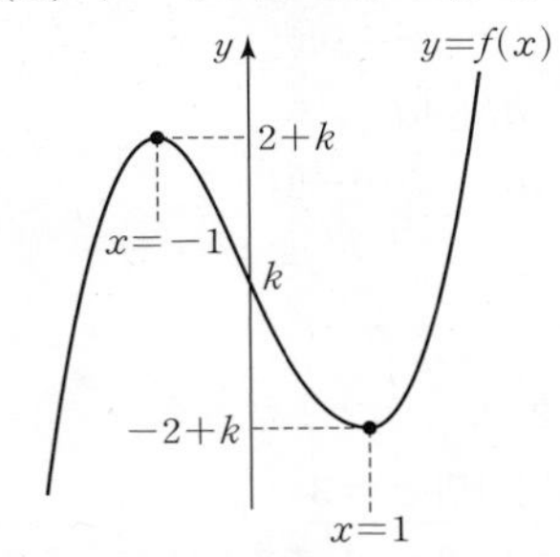

즉, 함수 $f(x)$는 $x>0$일 때 $x=1$에서 극솟값이자 최솟값 $-2+k$를 갖는다.

Step 3 실수 k의 최솟값을 구한다.

$f(1)\ge0$이어야 하므로 $-2+k\ge0$ $\quad\therefore k\ge2$

따라서 구하는 실수 k의 최솟값은 2이다.

13

정답 ⑤

Step 1 (가), (나)에 알맞은 식을 구한다.

$n=1$일 때, $a_1=S_1=\frac{1}{2}$이므로 $\frac{1}{a_1}=2$이다.

$n=2$일 때, $a_2=S_2-S_1=-\frac{7}{6}$이므로 $\sum_{k=1}^{2}\frac{1}{a_k}=\frac{8}{7}$이다.

$n\ge3$인 모든 자연수 n에 대하여

문제에서 $\sum_{k=1}^{n}\frac{S_k}{k!}=\frac{1}{(n+1)!}$이라고 주어졌어.

$$\frac{S_n}{n!}=\sum_{k=1}^{n}\frac{S_k}{k!}-\sum_{k=1}^{n-1}\frac{S_k}{k!}=\frac{1}{(n+1)!}-\frac{1}{n!}$$
$$=\frac{1-(n+1)}{(n+1)!}$$
$$=-\frac{\boxed{(가)\ n}}{(n+1)!}$$

즉, $S_n=-\frac{\boxed{(가)\ n}}{n+1}$이므로

$$a_n=S_n-S_{n-1}=-\frac{n}{n+1}+\frac{n-1}{n}$$

S_n의 식에 n 대신 $(n-1)$ 대입!

$$=-\left(\frac{n}{n+1}-\frac{n-1}{n}\right)$$
$$=-\frac{n^2-(n-1)(n+1)}{n(n+1)}$$
$$=-\left\{\boxed{(나)\ \frac{1}{n(n+1)}}\right\}$$

Step 2 (다)에 알맞은 식을 구한다.

한편 $\sum_{k=3}^{n}k(k+1)=-8+\sum_{k=1}^{n}k(k+1)$이므로

$\sum_{k=1}^{n}k(k+1)-\sum_{k=1}^{2}k(k+1)$

$$\sum_{k=1}^{n}\frac{1}{a_k}=\frac{8}{7}-\sum_{k=3}^{n}k(k+1)$$
$$=\frac{8}{7}-\left\{\sum_{k=1}^{n}k(k+1)-8\right\}$$
$$=\frac{64}{7}-\sum_{k=1}^{n}(k^2+k)$$
$$=\frac{64}{7}-\sum_{k=1}^{n}k^2-\sum_{k=1}^{n}k$$
$$=\frac{64}{7}-\frac{n(n+1)}{2}-\sum_{k=1}^{n}\boxed{(다)\ k^2}$$
$$=-\frac{1}{3}n^3-n^2-\frac{2}{3}n+\frac{64}{7}$$

이다.

Step 3 $f(5)\times g(3)\times h(6)$의 값을 구한다.

$f(n)=n$, $g(n)=\frac{1}{n(n+1)}$, $h(k)=k^2$이므로

$f(5)=5$, $g(3)=\frac{1}{3\times4}=\frac{1}{12}$, $h(6)=6^2=36$

$\therefore f(5)\times g(3)\times h(6)=5\times\frac{1}{12}\times36=15$

14

정답 ④

Step 1 속도, 가속도 사이의 관계를 이용하여 ㄱ, ㄴ의 참, 거짓을 판별한다.

속도를 미분하면 가속도가 돼.

ㄱ. 점 P의 시각 t에서의 속도를 $v(t)$라 하면 $v'(t)=a(t)$

이때 $a(t)=3t^2-12t+9=3(t-1)(t-3)$이므로 $t\ge0$에서 $v(t)$의 증가와 감소를 표로 나타내면 다음과 같다.

t	$\cdots$	1	$\cdots$	3	$\cdots$
$a(t)$	$+$	0	$-$	0	$+$
$v(t)$	증가		감소		증가

$v'(t)=a(t)$이므로 $a(t)>0$일 때 $v(t)$는 증가, $a(t)<0$일 때 $v(t)$는 감소해!

따라서 구간 $(3, \infty)$에서 점 P의 속도는 증가한다. (참)

ㄴ. $v(t)=\int a(t)dt=\int(3t^2-12t+9)dt$

$=t^3-6t^2+9t+C$ (단, C는 적분상수)

이때 $t=0$에서의 속도가 k이므로 $C=k$

$k=-4$이면

$v(t)=t^3-6t^2+9t-4$

$=(t-1)^2(t-4)$

	1	−6	9	−4
1		1	−5	4
	1	−5	4	0
1		1	−4	
	1	−4	0	

$t\ge0$에서 함수 $v(t)$의 그래프는 다음과 같다.

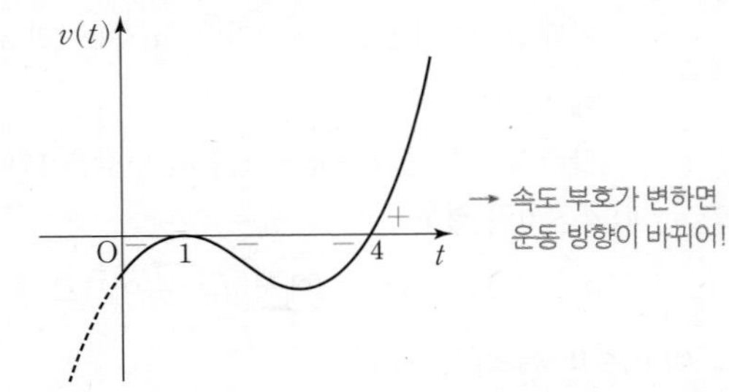

따라서 $k=-4$이면 구간 $(0, \infty)$에서 점 P의 운동 방향은 한 번 바뀐다. (거짓)

$t=4$에서만 $v(t)$의 부호가 바뀜을 알 수 있어.

Step 2 ㄷ의 참, 거짓을 판별한다.

ㄷ. 시각 $t=0$에서 시각 $t=5$까지 점 P의 위치의 변화량은

$\int_0^5 v(t)dt$이고 시각 $t=0$에서 시각 $t=5$까지 점 P가 움직인 거리는 $\int_0^5 |v(t)|dt$이다.

이때 $\int_0^5 v(t)dt=\int_0^5 |v(t)|dt$이려면 $0<t<5$에서 $v(t)\ge 0$이 성립해야 한다.

$v(t)=t^3-6t^2+9t+k$이고 $v'(1)=a(1)=0$, $v'(3)=a(3)=0$이므로 $0<t<5$에서 $v(t)$는 $t=3$일 때 극소이자 최소가 된다.

$0<t<5$에서 $v(t)\ge 0$이려면 최솟값인 $v(3)$의 값이 0 이상이어야 하므로

$v(3)=3^3-6\times3^2+9\times3+k\ge 0$에서 $k\ge 0$ ($=27-54+27+k=k$)

따라서 k의 최솟값은 0이다. (참)

그러므로 옳은 것은 ㄱ, ㄷ이다.

15

정답 ③

Step 1 규칙을 이용하여 $a_5+a_6+a_7+a_8+\cdots+a_{100}$의 값을 구한다.

$a_5=5>0$이므로

$a_6=5-6=-1$

$a_7=-2\times(-1)+3=5$

$a_8=5-6=-1$

$a_9=-2\times(-1)+3=5$

⋮

$a_5+a_6+a_7+a_8+\cdots+a_{99}+a_{100}$

$=\{5+(-1)\}+\{5+(-1)\}+\cdots+\{5+(-1)\}$

$=4\times48=192$

(a_5부터 a_{100}까지 96개의 항이 2개씩 묶였으니까 총 48묶음이 생겨!)

$\therefore \sum_{k=1}^{100} a_k=a_1+a_2+a_3+a_4+192$

즉, $\sum_{k=1}^{100} a_k$의 값은 $a_1+a_2+a_3+a_4$의 값이 결정한다.

Step 2 경우에 따라 $a_1+a_2+a_3+a_4$의 값을 각각 구한다.

(i) $a_4\ge0$, $a_3\ge0$인 경우

$a_5=a_4-6=5$ $\therefore a_4=11$

$a_4=a_3-6=11$ $\therefore a_3=17$

i) $a_2\ge0$인 경우

$a_3=a_2-6=17$ $\therefore a_2=23$

이때 $a_1\ge0$이면 $a_1=29$이고, $a_1<0$이면 $a_1=-10$이다.

따라서 가능한 $a_1+a_2+a_3+a_4$의 값은 80, 41이다.

($=29+23+17+11$, $=-10+23+17+11$)

ii) $a_2<0$인 경우

$a_3=-2a_2+3=17$ $\therefore a_2=-7$

이때 $a_1\ge0$이면 $a_1=-1$이 나오므로 조건에 모순이고 $a_1<0$이면 $a_1=5$이므로 조건에 모순이다.

(ii) $a_4\ge0$, $a_3<0$인 경우

$a_5=a_4-6=5$ $\therefore a_4=11$

$a_4=-2a_3+3=11$ $\therefore a_3=-4$

i) $a_2\ge0$인 경우

$a_3=a_2-6=-4$ $\therefore a_2=2$

이때 $a_1\ge0$이면 $a_1=8$이지만, $a_1<0$이면 $a_1=\frac{1}{2}$이므로 조건에 모순이다.

따라서 가능한 $a_1+a_2+a_3+a_4$의 값은 17이다.

($=8+2+(-4)+11$)

ii) $a_2<0$인 경우

$a_3=-2a_2+3=-4$에서 $a_2=\frac{7}{2}$이므로 조건에 모순이다.

(iii) $a_4<0$, $a_3\ge0$인 경우

$a_5=-2a_4+3=5$ $\therefore a_4=-1$

$a_4=a_3-6=-1$ $\therefore a_3=5$

i) $a_2\ge0$인 경우

$a_3=a_2-6=5$ $\therefore a_2=11$

이때 $a_1\ge0$이면 $a_1=17$이고, $a_1<0$이면 $a_1=-4$이다.

따라서 가능한 $a_1+a_2+a_3+a_4$의 값은 32, 11이다.

($=17+11+5+(-1)$, $=-4+11+5+(-1)$)

ii) $a_2<0$인 경우

$a_3=-2a_2+3=5$ $\therefore a_2=-1$

이때 $a_1\ge0$이면 $a_1=5$이지만, $a_1<0$이면 $a_1=2$가 되어 조건에 모순이다.

따라서 가능한 $a_1+a_2+a_3+a_4$의 값은 8이다.

($=5+(-1)+5+(-1)$)

(iv) $a_4<0$, $a_3<0$인 경우

$a_5=-2a_4+3=5$ $\therefore a_4=-1$

$a_4=-2a_3+3=-1$에서 $a_3=2$이므로 조건에 모순이다.

($a_3<0$을 만족시키지 않아.)

따라서 (i)~(iv)에서 가능한 $a_1+a_2+a_3+a_4$의 값은 8, 11, 17, 32, 41, 80이다.

Step 3 $\sum_{k=1}^{100} a_k$의 최댓값과 최솟값을 각각 구한다.

$\sum_{k=1}^{100} a_k=a_1+a_2+a_3+a_4+192$에서 $\sum_{k=1}^{100} a_k$의 최댓값과 최솟값은

$M=80+192=272$, $m=8+192=200$

($a_1+a_2+a_3+a_4$의 최댓값 80, 최솟값 8을 192에 각각 더해주면 돼.)

$\therefore M-m=272-200=72$

16

정답 21

Step 1 등차수열 $\{a_n\}$의 공차를 구한다.

등차수열 $\{a_n\}$의 공차를 d라 하면

$a_3=a_1+2d=7$ ...... ㉠

$a_2+a_5=(a_1+d)+(a_1+4d)$

$=2a_1+5d=16$ ...... ㉡

㉠$\times2-$㉡을 하면

$-d=-2$ $\therefore d=2$

Step 2 a_{10}의 값을 구한다.

$d=2$이므로 ㉠에 대입하면 $a_1=3$

($a_1+2\times2=7$, $a_1+4=7$ $\therefore a_1=3$)

$\therefore a_n=3+(n-1)\times2=2n+1$

따라서 a_{10}의 값은 21이다.

($a_{10}=2\times10+1=21$)

알아야 할 기본개념

등차수열의 일반항

첫째항이 a이고 공차가 d인 등차수열의 일반항 a_n은

$a_n=a+(n-1)d$

17

정답 10

Step 1 곱의 미분법을 이용한다.

> 곱의 미분법
> $f(x)g(x)$를 x에 대하여 미분하면
> $f'(x)g(x)+f(x)g'(x)$

$g(x)=(x+1)f(x)$를 x에 대하여 미분하면

$g'(x)=f(x)+(x+1)f'(x)$

따라서 함수 $g(x)$의 $x=1$에서의 미분계수는 $g'(1)$이므로 $g'(x)$의 식에 $x=1$을 대입하면

$g'(1)=f(1)+2\times f'(1)$

$=2+2\times4=10$

18

정답 56

Step 1 로그의 정의를 이용하여 $x+2y$, xy의 값을 각각 구한다.

$\log_2(x+2y)=3$에서 $x+2y=2^3=8$

$\log_2 x+\log_2 y=1$에서 $\log_2 xy=1$이므로 $xy=2$

$\log_a x+\log_a y=\log_a xy$

Step 2 곱셈 공식을 이용하여 x^2+4y^2의 값을 구한다.

$x+2y=8$, $xy=2$에서

$x+2y=8$의 양변을 제곱하면

$(x+2y)^2=x^2+4xy+4y^2$ ($xy=2$)

$=x^2+8+4y^2=64$

$\therefore x^2+4y^2=56$

19

정답 7

Step 1 상수 k의 값을 구한 후, $f(x)$의 식을 구한다.

$f(x)=x^4+kx+10$이 $x=1$에서 극값을 가지므로 $f'(1)=0$

$x=a$에서 극값을 가진다는 것은 $x=a$에서 접선의 기울기가 0인거야. 즉, $f'(a)=0$

$f'(x)=4x^3+k$이므로

$f'(1)=4+k=0 \quad \therefore k=-4$

따라서 $f(x)=x^4-4x+10$이므로

$f(1)=1-4+10=7$

20

정답 25

Step 1 $a_3+a_5=0$임을 이용하여 첫째항 a_1을 공차 d에 대한 식으로 나타낸다.

등차수열 $\{a_n\}$의 첫째항을 a_1, 공차를 d라 하면 $a_3+a_5=0$에서

$(a_1+2d)+(a_1+4d)=0 \quad \therefore a_1=-3d$

$\therefore a_1=-3d,\ a_2=-2d,\ a_3=-d,\ a_4=0,\ a_5=d,\ a_6=2d$

$a_2=a_1+d=-3d+d=-2d$

Step 2 $\sum_{k=1}^{6}(|a_k|+a_k)=30$을 이용하여 a_1, d의 값을 각각 구한다.

$\sum_{k=1}^{6}(|a_k|+a_k)=\sum_{k=1}^{6}|a_k|+\sum_{k=1}^{6}a_k=\sum_{k=1}^{6}|a_k|-3d=30$

$\sum_{k=1}^{6}a_k=-3d+(-2d)+(-d)+0+d+2d=-3d$

$\therefore \sum_{k=1}^{6}|a_k|=30+3d$

(i) $d>0$인 경우

$|a_1|=|-3d|=3d,\ |a_2|=|-2d|=2d,$ ($-2d<0$이므로 부호가 반대가 돼!)

$|a_3|=|-d|=d,\ |a_4|=|0|=0,$

$|a_5|=|d|=d,\ |a_6|=|2d|=2d$ ($2d>0$이므로 부호 그대로 나와!)

이므로 $\sum_{k=1}^{6}|a_k|=9d=30+3d$에서 $d=5$, $a_1=-15$이다. ($a_1=-3d$에 $d=5$를 대입!)

(ii) $d<0$인 경우

$|a_1|=|-3d|=-3d,\ |a_2|=|-2d|=-2d,$ ($-2d>0$이므로 부호 그대로 나와!)

$|a_3|=|-d|=-d,\ |a_4|=|0|=0,$

$|a_5|=|d|=-d,\ |a_6|=|2d|=-2d$ ($2d<0$이므로 부호가 반대가 돼!)

이므로 $\sum_{k=1}^{6}|a_k|=-9d=30+3d$에서 $d=-\frac{5}{2}$, $a_1=\frac{15}{2}$이다.

이때 $d=-\frac{5}{2}$는 정수가 아니므로 조건을 만족시키지 않는다.

(iii) $d=0$인 경우

$|a_1|=|a_2|=\cdots=|a_6|=0$이므로 $\sum_{k=1}^{6}|a_k|=0$

이때 $\sum_{k=1}^{6}|a_k|=30+3d=30$이므로 조건을 만족시키지 않는다. ($3d=0$)

(i)~(iii)에서 $a_1=-15$, $d=5$

Step 3 a_9의 값을 구한다.

등차수열 $\{a_n\}$의 일반항은 ($a_n=a_1+(n-1)d$)

$a_n=-15+(n-1)\times 5=5n-20$

$\therefore a_9=5\times 9-20=25$

21

정답 26

Step 1 사인법칙을 이용한다.

삼각형 ABC의 외접원의 반지름의 길이를 R, 삼각형 ACD의 외접원의 반지름의 길이를 r이라 하면 $\frac{\overline{AC}}{\sin\alpha}=2R$, $\frac{\overline{AC}}{\sin\beta}=2r$이 성립한다. (사인법칙을 이용했어!)

$\sin\alpha=\frac{\overline{AC}}{2R}$, $\sin\beta=\frac{\overline{AC}}{2r}$에서

$\frac{\sin\beta}{\sin\alpha}=\frac{\frac{\overline{AC}}{2r}}{\frac{\overline{AC}}{2R}}=\frac{R}{r}=\frac{3}{2} \qquad \therefore R=\frac{3}{2}r$

사인법칙
$\triangle$ABC의 외접원의 반지름의 길이를 R이라 하면
$\frac{a}{\sin A}=\frac{b}{\sin B}=\frac{c}{\sin C}=2R$

Step 2 코사인법칙의 변형을 이용한다.

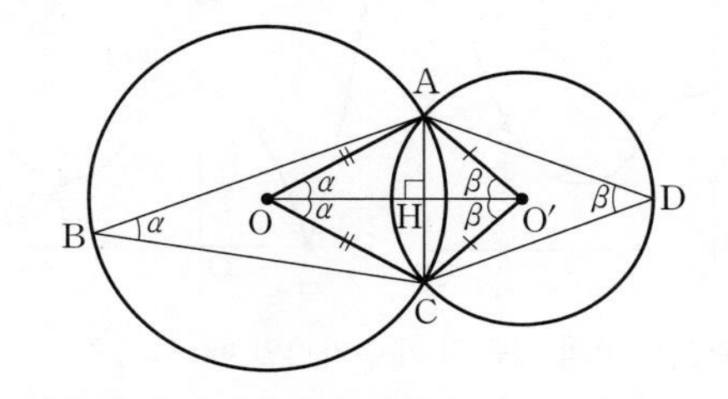

점 O에서 $\overline{AC}$에 내린 수선의 발을 H라 하면 $\angle AOH=\alpha$,
점 O′에서 $\overline{AC}$에 내린 수선의 발도 H이므로 $\angle AO'H=\beta$이다.
따라서 삼각형 AOO′에서 $\angle OAO'=\pi-(\alpha+\beta)$이고

$\cos(\alpha+\beta)=\frac{1}{3}$이므로 $\cos(\angle OAO')=-\frac{1}{3}$이 성립한다.

$\cos(\angle OAO')=\cos\{\pi-(\alpha+\beta)\}=-\cos(\alpha+\beta)=-\frac{1}{3}$

삼각형 AOO′에서 코사인법칙의 변형 공식을 이용하면 ($\triangle$ABC에서 $\cos A=\frac{b^2+c^2-a^2}{2bc}$)

$\cos(\angle OAO')=\frac{R^2+r^2-1^2}{2\times R\times r}=-\frac{1}{3}$ ($\overline{OO'}=1$)

$R=\frac{3}{2}r$을 대입하여 정리하면

$\frac{\frac{9}{4}r^2+r^2-1}{3r^2}=\frac{\frac{13}{4}r^2-1}{3r^2}=-\frac{1}{3} \qquad \therefore r^2=\frac{4}{17}$

$\frac{13}{4}r^2-1=-r^2$, $\frac{17}{4}r^2=1 \quad \therefore r^2=\frac{4}{17}$

즉, $r=\frac{2\sqrt{17}}{17}$이므로 $R=\frac{3\sqrt{17}}{17}$이다. ($R=\frac{3}{2}r$에 $r=\frac{2\sqrt{17}}{17}$을 대입했어!)

Step 3 삼각형 ABC의 외접원의 넓이를 구한다.

$R=\frac{3\sqrt{17}}{17}$이므로 삼각형 ABC의 외접원의 넓이는 $\frac{9}{17}\pi$이다.

(반지름의 길이가 a인 원의 넓이는 πa^2이야.)

따라서 $p=17$, $q=9$이므로

$p+q=17+9=26$

22

정답 14

Step 1 함수 $y=f(x)$의 그래프의 개형을 파악한다.

함수 $f(x)=x^3-3px^2+q$를 미분하면

$f'(x)=3x^2-6px=3x(x-2p)$

$f'(x)=0$에서 $x=0$ 또는 $x=2p$ (이를 만족시키는 x의 값에서 함수 $f(x)$는 극대 또는 극소가 돼.)

따라서 함수 $f(x)$의 증가와 감소를 표로 나타내면 다음과 같다.

x	$\cdots$	0	$\cdots$	$2p$	$\cdots$
$f'(x)$	+	0	−	0	+
$f(x)$	↗	극대	↘	극소	↗

이를 이용하여 함수 $y=f(x)$의 그래프를 그려 보면 다음과 같다.

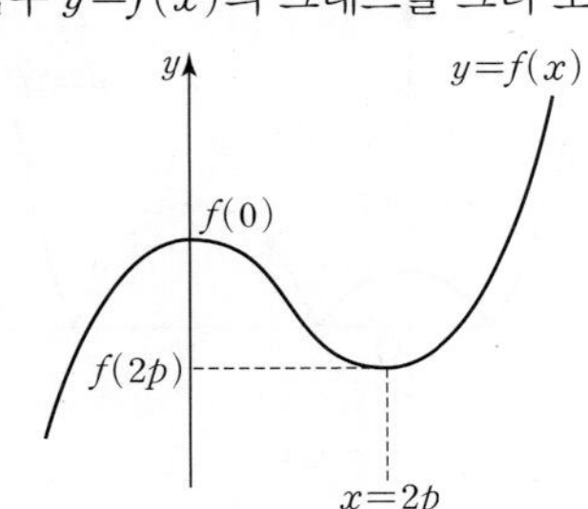

Step 2 **조건 (가)를 만족시키는 함수 $f(x)$의 조건을 파악한다.**

방정식 $f(x)=0$의 실근의 개수에 따라 함수 $f(x)$가 조건 (가)를 만족시키는지 확인해 보면 다음과 같다.
(→ 함수 $y=f(x)$의 그래프와 x축의 교점의 개수와 같아.)

(i) 방정식 $f(x)=0$의 실근의 개수가 1일 때
함수 $y=f(x)$의 그래프와 x축이 한 점에서만 만나므로 그림과 같이 함수 $|f(x)|$가 $x=a$에서 극대 또는 극소가 되도록 하는 모든 실수 a의 개수는 3이다.

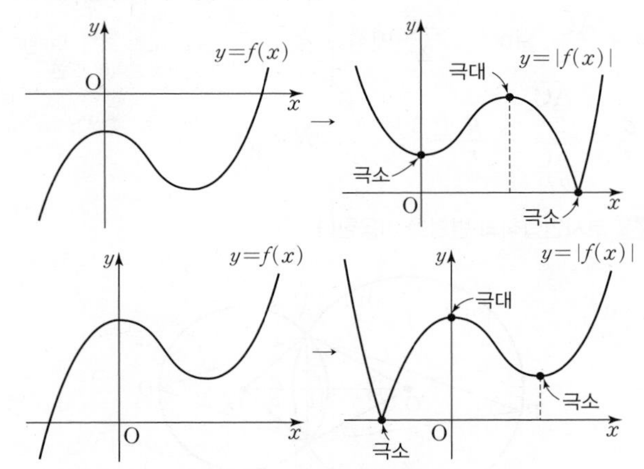

(ii) 방정식 $f(x)=0$의 실근의 개수가 2일 때
함수 $y=f(x)$의 그래프와 x축이 두 점에서 만나므로 그림과 같이 함수 $|f(x)|$가 $x=a$에서 극대 또는 극소가 되도록 하는 모든 실수 a의 개수는 3이다.

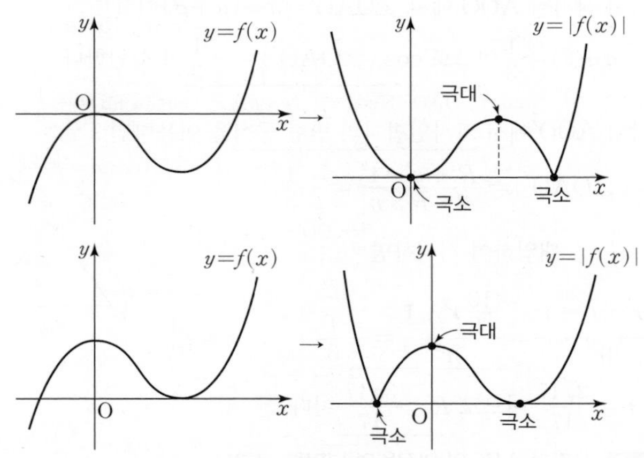

(iii) 방정식 $f(x)=0$의 실근의 개수가 3일 때
함수 $y=f(x)$의 그래프와 x축이 세 점에서 만나므로 그림과 같이 함수 $|f(x)|$가 $x=a$에서 극대 또는 극소가 되도록 하는 모든 실수 a의 개수는 5이다.

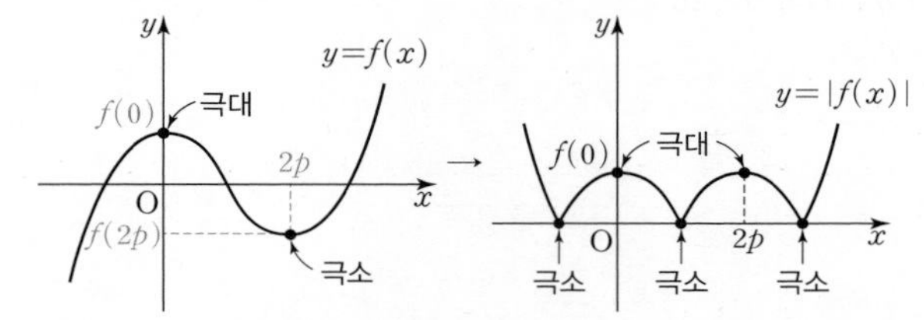

(i)~(iii)에서 조건 (가)를 만족시키기 위해 방정식 $f(x)=0$의 실근의 개수가 3이어야 한다.
즉, 함수 $f(x)$의 극댓값은 0보다 크고, 극솟값은 0보다 작아야 하므로
(→ $f(x)$가 $x=0$에서 극대이므로 $f(0)$) (→ $f(x)$가 $x=2p$에서 극소이므로 $f(2p)$)

$f(0)>0$에서 $q>0$

$f(2p)<0$에서 $-4p^3+q<0$ …… ㉠
(→ $f(2p)=8p^3-12p^3+q$ $=-4p^3+q$)

Step 3 **주어진 구간에서 함수 $|f(x)|$가 언제 최댓값을 가져야 하는지 확인한다.**

닫힌구간 $[-1, 1]$에서 함수 $|f(x)|$의 값이 최대가 되는 x의 값에 따라 경우를 나누어 보면 다음과 같다.
(→ 구간의 끝값인 $|f(-1)|$, $|f(1)|$과 극댓값인 $|f(0)|$을 비교해 본다.)

(i) 함수 $|f(x)|$가 $x=-1$에서 최댓값을 가질 때

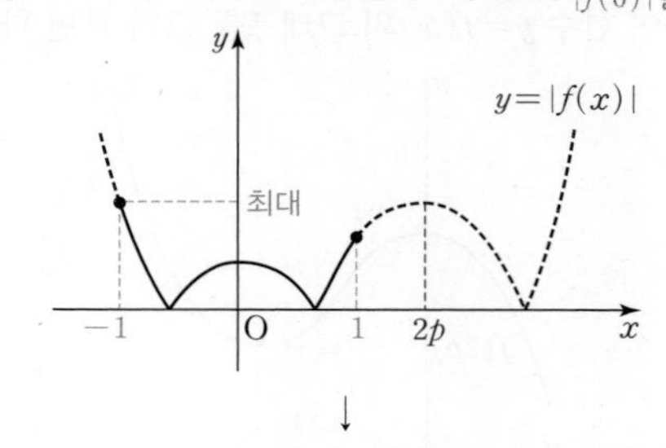

↓

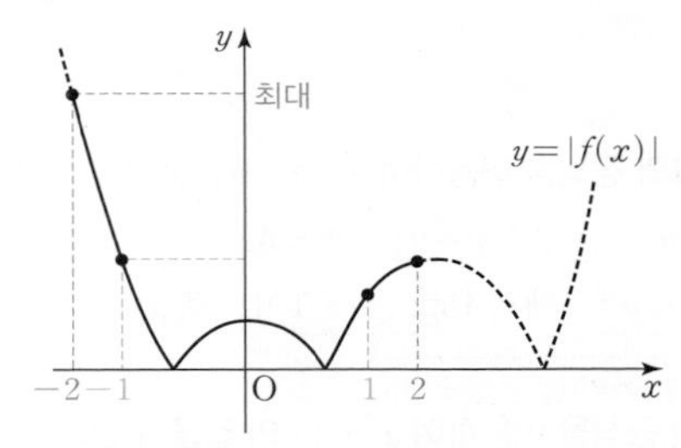

위 그림과 같이 모든 경우에 대하여 $|f(-1)|<|f(-2)|$이므로 함수 $|f(x)|$의 닫힌구간 $[-1, 1]$에서의 최댓값보다 닫힌구간 $[-2, 2]$에서의 최댓값이 더 크다. (→ $|f(-1)|$)

(ii) 함수 $|f(x)|$가 $x=0$에서 최댓값을 가질 때

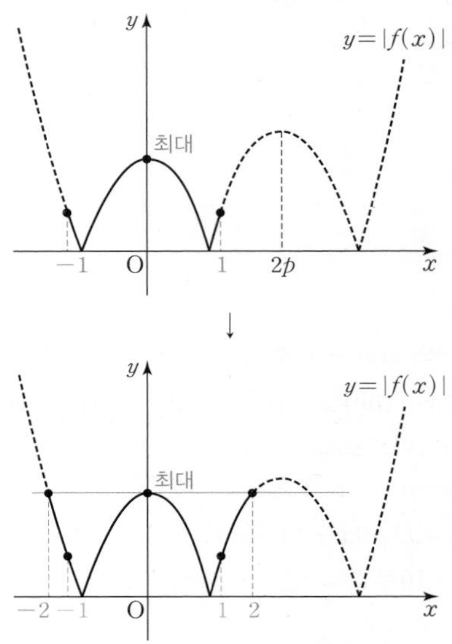

위 그림과 같이 $|f(-2)|\le|f(0)|$, $|f(2)|\le|f(0)|$이면 닫힌구간 $[-1, 1]$에서 함수 $|f(x)|$의 최댓값과 닫힌구간 $[-2, 2]$에서 함수 $|f(x)|$의 최댓값은 $|f(0)|$으로 같다.

(iii) 함수 $|f(x)|$가 $x=1$에서 최댓값을 가질 때

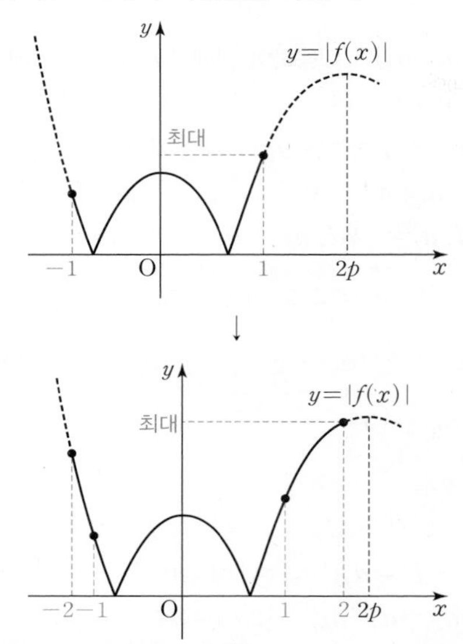

위 그림과 같이 모든 경우에 대하여 $|f(1)|<|f(2)|$이므로 함수 $|f(x)|$는 닫힌구간 $[-1, 1]$에서의 최댓값보다 닫힌구간 $[-2, 2]$에서의 최댓값이 더 크다. (→ $|f(1)|$)

(i)~(iii)에서 조건 (나)를 만족시키기 위해 닫힌구간 $[-2, 2]$에서 함수 $|f(x)|$의 최댓값이 $x=0$일 때 $|f(0)|=q$이어야 한다.

Step 4 **두 닫힌구간 $[-1, 1]$, $[-2, 2]$에서 함수 $|f(x)|$의 최댓값이 $|f(0)|$이 되도록 하는 p, q의 조건을 파악한다.**

닫힌구간 $[-1, 1]$에서 함수 $|f(x)|$의 최댓값이 $|f(0)|$이어야 하므로

$|f(-1)|\le|f(0)|$에서 $|f(-1)|\le q$

$-q\le f(-1)\le q$

$\therefore -q\le -1-3p+q\le q$
(→ $-1-3p+q\le q$는 당연히 성립해.)

이때 모든 자연수 p에 대하여 $-1-3p<0$이므로

$-q\le -1-3p+q$ $\quad\therefore 1+3p\le 2q$ …… ㉡

$|f(1)|\le|f(0)|$에서 $|f(1)|\le q$

$-q\le f(1)\le q$

$\therefore -q\le 1-3p+q\le q$

이때 모든 자연수 p에 대하여 $1-3p<0$이므로 (→ $1-3p+q\le q$는 당연히 성립해.)

$-q\le 1-3p+q$ $\quad\therefore -1+3p\le 2q$ ······ ㉢

$1+3p>-1+3p$이므로 ㉡, ㉢에서 $1+3p\le 2q$ (→ $1+3p$보다 작은 $-1+3p$는 당연히 $2q$ 이하의 값이 돼.)

닫힌구간 $[-2, 2]$에서 함수 $|f(x)|$의 최댓값이 $|f(0)|$이어야 하므로

$|f(-2)|\le|f(0)|$에서 $|f(-2)|\le q$

$-q\le f(-2)\le q$

$\therefore -q\le -8-12p+q\le q$

이때 모든 자연수 p에 대하여 $-8-12p<0$이므로

$-q\le -8-12p+q$ $\quad\therefore 8+12p\le 2q$ ······ ㉣

$|f(2)|\le|f(0)|$에서 $|f(2)|\le q$

$-q\le f(2)\le q$

$\therefore -q\le 8-12p+q\le q$

이때 모든 자연수 p에 대하여 $8-12p<0$이므로

$-q\le 8-12p+q$ $\quad\therefore -8+12p\le 2q$ ······ ㉤

$8+12p>-8+12p$이므로 ㉣, ㉤에서 $8+12p\le 2q$

두 조건 $1+3p\le 2q$, $8+12p\le 2q$에서 모든 자연수 p에 대하여 $1+3p<8+12p$이므로 $8+12p\le 2q$, 즉 $4+6p\le q$만 만족시키면 된다. (→ $8+12p\le 2q$이면 당연히 $1+3p\le 2q$가 돼.)

이때 ㉠에서 $q<4p^3$이므로 문제의 조건을 만족시키는 두 자연수 p, q의 값은 부등식

$4+6p\le q<4p^3$ ······ ㉥

을 만족시킨다.

Step 5 조건을 만족시키는 25 이하의 두 자연수 p, q의 순서쌍 (p, q)의 개수를 구한다.

$p=1$이면 ㉥에서 $10\le q$, $q<4$이므로 조건을 만족시키는 자연수 q의 값이 존재하지 않는다. (주의 q는 25 이하의 자연수야!)

$p=2$이면 ㉥에서 $16\le q<32$이므로 조건을 만족시키는 자연수 q의 값의 개수는 16, 17, 18, 19, 20, 21, 22, 23, 24, 25로 10이다.

$p=3$이면 ㉥에서 $22\le q<108$이므로 조건을 만족시키는 자연수 q의 값의 개수는 22, 23, 24, 25로 4이다.

$p\ge 4$이면 ㉥에서 $28\le 4+6p\le q$이므로 25 이하의 자연수 q가 존재하지 않는다. (→ 이 식이 성립하면 q는 당연히 28 이상이 되어야 해.)

따라서 조건을 만족시키는 25 이하의 두 자연수 p, q의 순서쌍 (p, q)의 개수는 $10+4=14$

확률과 통계

23

정답 ①

Step 1 이항분포의 평균을 이용한다.

$\mathrm{E}(X)=80\times\frac{1}{8}=10$

24

정답 ⑤

Step 1 이항정리를 이용하여 x^2의 계수를 구한다.

$\left(x^5+\frac{1}{x^2}\right)^6$의 전개식에서 일반항은 (→ $(a+b)^n$의 전개식의 일반항은 ${}_n\mathrm{C}_r a^r b^{n-r}$)

${}_6\mathrm{C}_r(x^5)^r\left(\frac{1}{x^2}\right)^{6-r}={}_6\mathrm{C}_r\times x^{5r}\times x^{-12+2r}$ (→ $\left(\frac{1}{x^2}\right)^{6-r}=(x^{-2})^{6-r}=x^{-12+2r}$)

$={}_6\mathrm{C}_r\times x^{7r-12}$

따라서 x^2의 계수는 $7r-12=2$, 즉 $r=2$일 때이므로

${}_6\mathrm{C}_2=\frac{6\times5}{2\times1}=15$

25

정답 ②

Step 1 벤다이어그램을 이용하여 $\mathrm{P}(B)$의 값을 구한다.

두 사건 A^C, B가 서로 배반사건이므로 사건 B는 사건 A에 포함된다. 따라서 사건 A와 사건 $A\cap B^C$을 벤다이어그램으로 나타내면 다음과 같다.

A, $A\cap B^C$, B

S, A^C, B, A

벤다이어그램으로 확인할 수 있어!

$\therefore \mathrm{P}(B)=\mathrm{P}(A)-\mathrm{P}(A\cap B^C)$

$=\frac{1}{2}-\frac{2}{7}=\frac{3}{14}$

26

정답 ④

Step 1 $\mathrm{P}(X\le 50)$을 표준화한 다음 표준정규분포표를 이용한다.

확률변수 X는 정규분포 $\mathrm{N}(m, 10^2)$을 따르므로

$\mathrm{P}(X\le 50)=\mathrm{P}\left(Z\le\frac{50-m}{10}\right)$ (→ $Z=\frac{X-m}{\sigma}$)

$=\mathrm{P}\left(Z\ge\frac{m-50}{10}\right)$ (→ $\mathrm{P}(Z\le -a)=\mathrm{P}(Z\ge a)$를 이용했어!)

$=0.5-\mathrm{P}\left(0\le Z\le\frac{m-50}{10}\right)$

$=0.2119$

$\therefore \mathrm{P}\left(0\le Z\le\frac{m-50}{10}\right)=0.2881$ (→ $=0.5-0.2119$)

이때 표준정규분포표에서 $\mathrm{P}(0\le Z\le 0.8)=0.2881$이므로

$\frac{m-50}{10}=0.8$

$\therefore m=58$

27

정답 ⑤

Step 1 $f(4)$의 값에 따라 경우를 나누어 생각해본다.

조건 (나)에 의하여 $f(1)$, $f(2)$, $f(3)$의 값은 $f(4)$의 값과 같을 수 없다.

$f(4)$의 값에 따라 경우를 나누어 생각해보자.

(i) $f(4)=1$일 때 (→ $f: X\longrightarrow X$이므로 정의역도, 공역도 $\{1, 2, 3, 4\}$야.)

$f(1)$, $f(2)$, $f(3)$의 값은 2, 3, 4 중 하나이어야 한다.

이때 $f(1)$, $f(2)$, $f(3)$의 값이 어떤 값을 가지더라도 $f(1)+f(2)+f(3)\ge 3$이 항상 성립하므로 함수 $f(x)$의 개수는

$3\times3\times3=27$(개) (→ $=3f(4)=3\times1=3$)

(ii) $f(4)=2$일 때

$f(1)$, $f(2)$, $f(3)$의 값은 1, 3, 4 중 하나이어야 한다.

한편 $f(1)+f(2)+f(3)\ge 6$이 성립하지 않는 경우를 구하면 다음과 같다.

㉠ $f(x)=1$의 값이 세 번 나오는 경우 : 1개 (→ $f(1)=f(2)=f(3)=1$인 경우)

㉡ $f(x)=1$의 값이 두 번 나오는 경우 : $3\times1=3$(개) (→ $f(1)$, $f(2)$, $f(3)$ 중 함숫값이 1이 아닌 경우를 고르는 가짓수) (→ 1을 제외한 함숫값 3, 4 중 3만 가능하므로 1가지)

따라서 함수 $f(x)$의 개수는 $27-1-3=23$(개) (→ $f(4)=2$일 때 가능한 전체 함수의 개수 $3\times3\times3=27$)

(iii) $f(4)=3$일 때

$f(1)$, $f(2)$, $f(3)$의 값은 1, 2, 4 중 하나이어야 한다.

이때 $f(1)+f(2)+f(3)\geq 9$가 성립하는 경우를 구하면 다음과 같다.

㉠ $f(x)=4$의 값이 세 번 나오는 경우 : 1개 → $f(1)=f(2)=f(3)=4$인 경우

㉡ $f(x)=4$의 값이 두 번 나오는 경우 : $3\times 2=6$(개) → 4를 제외한 함숫값 1, 2 중 1개를 선택하는 가짓수

따라서 함수 $f(x)$의 개수는 $1+6=7$(개) → $f(1)$, $f(2)$, $f(3)$ 중 함숫값이 4가 아닌 경우를 고르는 가짓수

(iv) $f(4)=4$일 때

$f(1)$, $f(2)$, $f(3)$의 값은 1, 2, 3 중 하나이어야 한다.

그런데 $f(1)+f(2)+f(3)\geq 12$를 만족시키는 경우는 존재하지 않는다.

따라서 (i)~(iv)에서 구하는 함수의 개수는 $27+23+7=57$(개)

28

정답 ③

Step 1 선택한 세 개의 수의 곱이 짝수인 경우의 수를 구한다.

1부터 10까지의 자연수 중에서 임의의 서로 다른 3개의 수를 선택하는 경우의 수는 → 순서를 생각하지 않고 고르는 거야!

$${}_{10}C_3=\frac{10\times 9\times 8}{3\times 2\times 1}=120$$

이때 선택한 세 개의 수의 곱이 홀수이려면 세 수 모두 홀수이어야 하므로 세 개의 수의 곱이 홀수가 되도록 선택하는 경우의 수는 → 5개의 수 1, 3, 5, 7, 9 중에서 3개를 선택하는 거야.

$${}_5C_3={}_5C_2=\frac{5\times 4}{2\times 1}=10$$

따라서 선택한 세 개의 수의 곱이 짝수인 경우의 수는

$120-10=110$ → =(전체 경우의 수)−(홀수인 경우의 수)

Step 2 선택한 세 개의 수의 곱이 짝수이면서 세 개의 수의 합이 3의 배수인 경우의 수를 구한다.

1부터 10까지의 자연수를 3으로 나누었을 때의 나머지에 따라 나누어보면 다음과 같다.

3으로 나눈 나머지	홀수	짝수
0	3, 9	6
1	1, 7	4, 10
2	5	2, 8

이때 세 수의 합이 3의 배수이려면 세 수 각각을 3으로 나눈 나머지가 모두 같거나 모두 달라야 한다. → 세 수 각각을 3으로 나눈 나머지가 0, 1, 2이어야 해.

(i) 세 수 각각을 3으로 나눈 나머지가 모두 같을 때

㉠ 3으로 나눈 나머지가 모두 0인 세 수를 뽑는 경우의 수는

${}_3C_3=1$ → 3, 6, 9 중 3개 선택

㉡ 3으로 나눈 나머지가 모두 1인 세 수를 뽑는 경우의 수는

${}_4C_3={}_4C_1=4$ → 1, 4, 7, 10 중 3개 선택

㉢ 3으로 나눈 나머지가 모두 2인 세 수를 뽑는 경우의 수는

${}_3C_3=1$ → 2, 5, 8 중 3개 선택

(ii) 세 수 각각을 3으로 나눈 나머지가 모두 다를 때

3으로 나눈 나머지가 0, 1, 2인 세 수를 뽑는 것과 같으므로 경우의 수는

$3\times 4\times 3=36$

(i), (ii)에서 뽑은 세 수의 합이 3의 배수인 경우의 수는

$1+4+1+36=42$

이때 세 수의 곱이 홀수이면서 세 수의 합이 3의 배수인 경우는 3으로 나눈 나머지가 0인 홀수, 3으로 나눈 나머지가 1인 홀수, 3으로 나눈 나머지가 2인 홀수를 뽑는 것과 같으므로 경우의 수는 (→ 3, 9로 2가지 / → 1, 7로 2가지 / → 5로 1가지)

$2\times 2\times 1=4$

그러므로 세 수의 곱이 짝수이면서 세 수의 합이 3의 배수인 경우의 수는 $42-4=38$

Step 3 선택한 세 개의 수의 곱이 짝수일 때, 그 세 개의 수의 합이 3의 배수일 확률을 구한다.

따라서 선택한 세 개의 수의 곱이 짝수일 때, 그 세 개의 수의 합이 3의 배수일 확률은

$$\frac{38}{110}=\frac{19}{55}$$

29

정답 332

Step 1 조건 (가)를 만족시키는 순서쌍의 개수를 구한다.

$a+b+c+d=12$를 만족시키는 음이 아닌 정수 a, b, c, d의 순서쌍 (a, b, c, d)의 개수는

$${}_4H_{12}={}_{15}C_{12}={}_{15}C_3=\frac{15\times 14\times 13}{3\times 2\times 1}=455$$

→ ${}_nH_r={}_{n+r-1}C_r$

Step 2 여사건에 해당하는 순서쌍의 개수를 구한다.

조건 (나)의 사건의 여사건은

'$a=2$ 또는 $a+b+c=10$이다.' → 주의 '~이고'는 '또는'으로 반드시 바꿔주어야 해.

이므로 각 조건을 만족시키는 순서쌍의 개수를 확인해보면 다음과 같다.

(i) $a=2$일 때 → a는 신경쓰지 않아도 돼.

조건 (가)에서 $b+c+d=10$이므로 음이 아닌 정수 a, b, c, d의 순서쌍 (a, b, c, d)의 개수는

$${}_3H_{10}={}_{12}C_{10}={}_{12}C_2=\frac{12\times 11}{2\times 1}=66$$

→ b, c, d의 3개의 수

(ii) $a+b+c=10$일 때 → a, b, c의 값에 상관없이 d는 고정!

조건 (가)에서 $d=2$이므로 음이 아닌 정수 a, b, c, d의 순서쌍 (a, b, c, d)의 개수는

$${}_3H_{10}={}_{12}C_{10}={}_{12}C_2=\frac{12\times 11}{2\times 1}=66$$

→ $a+b+c=10$을 만족시키는 음이 아닌 정수 a, b, c의 순서쌍 (a, b, c)의 개수와 같아.

(iii) $a=2$이고 $a+b+c=10$일 때

$a=2$, $b+c=8$, $d=2$이므로 음이 아닌 정수 a, b, c, d의 순서쌍 (a, b, c, d)의 개수는 → 이 경우의 순서쌍만 생각해주면 돼.

${}_2H_8={}_9C_8={}_9C_1=9$

따라서 (i)~(iii)에서 조건 (나)의 여사건에 해당하는 순서쌍의 개수는

$66+66-9=123$

Step 3 순서쌍 (a, b, c, d)의 개수를 구한다.

그러므로 조건을 만족시키는 음이 아닌 정수 a, b, c, d의 모든 순서쌍 (a, b, c, d)의 개수는

$455-123=332$

30

정답 71

Step 1 세 수의 평균이 2가 되도록 공을 뽑는 경우를 파악한다.

세 번 공을 꺼내어 확인한 세 수의 평균이 2가 되려면 세 수의 합이 6이 되어야 한다. → 세 수를 a, b, c라 하면 $\frac{a+b+c}{3}=2$이므로 $a+b+c=6$

즉, 꺼낸 공에 적힌 수가 4, 1, 1 또는 3, 2, 1 또는 2, 2, 2이어야 한다.

Step 2 각각의 경우의 확률을 구한다.

꺼낸 공에 적힌 수가 1, 2일 확률은 각각 $\frac{1}{2}\times\frac{1}{2}=\frac{1}{4}$ (→ 두 주머니 A, B 중에서 A 선택 / → 두 공 1, 2 중 택 1)

꺼낸 공에 적힌 수가 3, 4, 5일 확률은 각각 $\frac{1}{2}\times\frac{1}{3}=\frac{1}{6}$ → 주머니 B에서 한 개의 공을 꺼낼 확률

따라서 꺼낸 세 공에 적힌 수에 따라 경우를 나누어보면 다음과 같다.

(i) 꺼낸 공에 적힌 수가 4, 1, 1인 경우

$3\times\frac{1}{6}\times\frac{1}{4}\times\frac{1}{4}=\frac{1}{32}$ → 4, 1, 1을 일렬로 나열하는 경우의 수

(ii) 꺼낸 공에 적힌 수가 3, 2, 1인 경우

$3!\times\frac{1}{6}\times\frac{1}{4}\times\frac{1}{4}=\frac{1}{16}$

(iii) 꺼낸 공에 적힌 수가 2, 2, 2인 경우

$\frac{1}{4}\times\frac{1}{4}\times\frac{1}{4}=\frac{1}{64}$ → 뽑는 세 수가 2로 같으니까 순서는 고려하지 않아도 돼.

Step 3 $P(\overline{X}=2)$의 값을 구한다.

(i)~(iii)에서

$P(\overline{X}=2)=\frac{1}{32}+\frac{1}{16}+\frac{1}{64}=\frac{7}{64}$

따라서 $p=64$, $q=7$이므로

$p+q=64+7=71$

미적분

23

정답 ④

Step 1 삼각함수의 정적분을 이용한다.

$$\int_{-\frac{\pi}{2}}^{\pi}\sin x\,dx=\left[-\cos x\right]_{-\frac{\pi}{2}}^{\pi}$$
$$=-\cos\pi+\cos\left(-\frac{\pi}{2}\right)$$
$$=-(-1)+0$$
$$=1$$

→ $\cos\left(-\frac{\pi}{2}\right)=\cos\frac{\pi}{2}=0$

24

정답 ③

Step 1 수열 $\{a_n\}$이 수렴할 조건을 파악한다.

수열 $\{a_n\}$은 첫째항과 공비가 $\frac{|k|}{3}-2$인 등비수열이므로

→ 공비가 r인 등비수열이 수렴하려면 $-1<r\le1$이어야 해.

수열 $\{a_n\}$이 수렴하려면 $-1<\frac{|k|}{3}-2\le1$이어야 한다.

Step 2 수열 $\{a_n\}$이 수렴하도록 하는 정수 k의 개수를 구한다.

$-1<\frac{|k|}{3}-2\le1$에서 $1<\frac{|k|}{3}\le3$

$3<|k|\le9$

→ $3<|k|$이면 $k>3$ 또는 $k<-3$, $|k|\le9$이면 $-9\le k\le9$

$\therefore -9\le k<-3$ 또는 $3<k\le9$

따라서 구하는 정수 k는

$-9, -8, \cdots, -4$와 $4, 5, \cdots, 9$이므로 k의 개수는 12이다.

본문 329쪽

25

정답 ②

Step 1 $t=0$에 대응하는 점의 좌표를 구한다.

주어진 매개변수의 식에 $t=0$을 대입하면

$x=e^0+2\times0=1$, $y=e^{-0}+3\times0=1$

따라서 $t=0$에 대응하는 점의 좌표는 $(1, 1)$이다.

→ 곡선과 구하는 접선의 접점이야.

Step 2 접선의 기울기를 구한다.

$\frac{dx}{dt}=e^t+2$, $\frac{dy}{dt}=-e^{-t}+3$이므로

$$\frac{dy}{dx}=\frac{\frac{dy}{dt}}{\frac{dx}{dt}}=\frac{-e^{-t}+3}{e^t+2}$$

→ 매개변수의 미분을 이용!

따라서 $t=0$에 대응하는 점에서의 접선의 기울기는

$\frac{-e^{-0}+3}{e^0+2}=\frac{2}{3}$

→ $\frac{dy}{dx}$의 식에 $t=0$ 대입!

Step 3 a의 값을 구한다.

→ 접점이 $(1, 1)$, 기울기가 $\frac{2}{3}$인 접선

$t=0$에 대응하는 점에서의 접선의 방정식은

$y=\frac{2}{3}(x-1)+1$에서 $y=\frac{2}{3}x+\frac{1}{3}$

이 직선이 점 $(10, a)$를 지나므로

$a=\frac{2}{3}\times10+\frac{1}{3}=\frac{21}{3}=7$

26

정답 ⑤

Step 1 S_1의 값을 구한다.

선분 B_1C_1 위의 점 D_1에 대하여 $\overline{B_1D_1}=2\overline{C_1D_1}$이므로

→ 점 D_1이 선분 B_1C_1을 $2:1$로 내분하는 점이야.

$\overline{B_1D_1}=\frac{2}{3}\overline{B_1C_1}=\frac{2\sqrt{3}}{3}$

$\overline{C_1D_1}=\frac{1}{3}\overline{B_1C_1}=\frac{\sqrt{3}}{3}$

→ 선분 B_1C_1은 직사각형 $OA_1B_1C_1$의 세로에 해당하므로 $\overline{B_1C_1}=\overline{OA_1}=\sqrt{3}$

부채꼴 $B_1D_1E_1$은 반지름의 길이가 $\frac{2\sqrt{3}}{3}$이므로 $\overline{B_1E_1}=\frac{2\sqrt{3}}{3}$

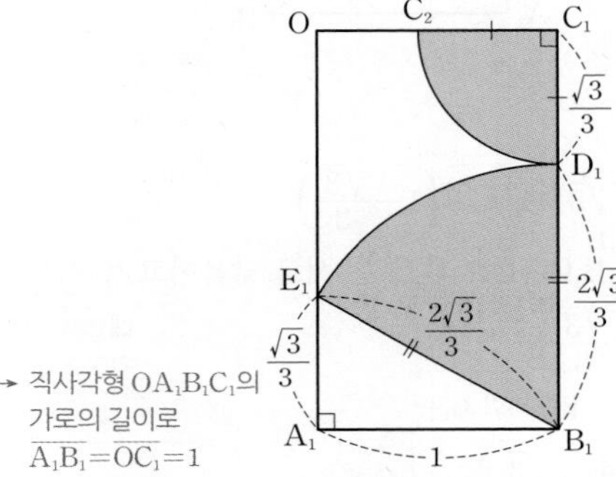

→ 직사각형 $OA_1B_1C_1$의 가로의 길이로 $\overline{A_1B_1}=\overline{OC_1}=1$

$\overline{A_1B_1}=1$이므로 직각삼각형 $E_1A_1B_1$에서 피타고라스 정리에 의하여

$$\overline{E_1A_1}^2=\overline{E_1B_1}^2-\overline{A_1B_1}^2=\left(\frac{2\sqrt{3}}{3}\right)^2-1^2$$
$$=\frac{4}{3}-1=\frac{1}{3}$$

$\therefore \overline{E_1A_1}=\frac{\sqrt{3}}{3}$

이때 직각삼각형 $E_1A_1B_1$에서

$$\cos(\angle A_1B_1E_1)=\frac{\overline{A_1B_1}}{\overline{E_1B_1}}=\frac{1}{\frac{2\sqrt{3}}{3}}=\frac{\sqrt{3}}{2}$$

→ $\cos\frac{\pi}{6}=\frac{\sqrt{3}}{2}$임을 이용해야지!

이므로 $\angle A_1B_1E_1=\frac{\pi}{6}$

$\therefore \angle E_1B_1D_1=\angle A_1B_1D_1-\angle A_1B_1E_1$

$$=\frac{\pi}{2}-\frac{\pi}{6}=\frac{\pi}{3}$$

→ $\angle A_1B_1D_1$은 직각이야.

즉, 부채꼴 $E_1B_1D_1$은 중심각의 크기가 $\frac{\pi}{3}$이고 반지름의 길이가 $\frac{2\sqrt{3}}{3}$이므로 넓이는

→ 반지름의 길이가 r, 중심각의 크기가 θ인 부채꼴의 넓이는 $\frac{1}{2}r^2\theta$

$$\frac{1}{2}\times\left(\frac{2\sqrt{3}}{3}\right)^2\times\frac{\pi}{3}=\frac{1}{2}\times\frac{4}{3}\times\frac{\pi}{3}=\frac{2}{9}\pi$$

부채꼴 $C_1C_2D_1$은 중심각의 크기가 $\frac{\pi}{2}$이고 반지름의 길이가 $\frac{\sqrt{3}}{3}$이므로 넓이는

$\frac{1}{2}\times\left(\frac{\sqrt{3}}{3}\right)^2\times\frac{\pi}{2}=\frac{1}{2}\times\frac{1}{3}\times\frac{\pi}{2}=\frac{\pi}{12}$

$\therefore S_1=\frac{2}{9}\pi+\frac{\pi}{12}=\frac{11}{36}\pi$ → (부채꼴 $E_1B_1D_1$의 넓이)+(부채꼴 $C_1C_2D_1$의 넓이)

Step 2 새로 색칠되는 부분의 넓이가 이루는 등비수열의 공비를 구한다.

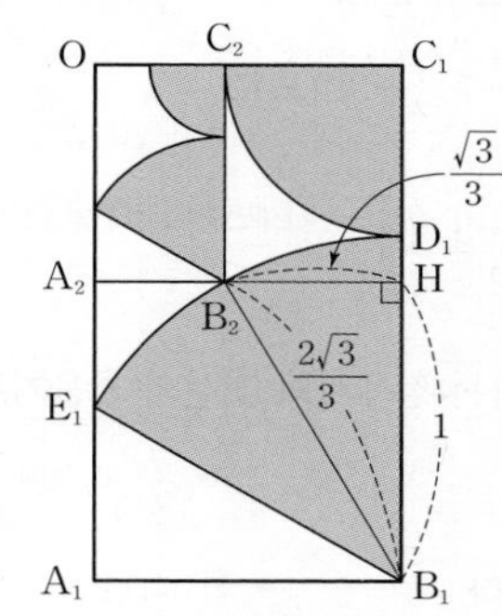

위 그림과 같이 점 B_2에서 선분 B_1C_1에 내린 수선의 발을 H라 하자.

$\overline{B_1B_2}=\frac{2\sqrt{3}}{3}$, $\overline{B_2H}=\frac{\sqrt{3}}{3}$이므로 직각삼각형 B_2B_1H에서 (→ $=\overline{C_2C_1}$) (→ 부채꼴 $E_1B_1D_1$의 반지름이야.)

$\overline{B_1H}^2=\overline{B_1B_2}^2-\overline{B_2H}^2$

$=\left(\frac{2\sqrt{3}}{3}\right)^2-\left(\frac{\sqrt{3}}{3}\right)^2$

$=\frac{4}{3}-\frac{1}{3}=1$

$\therefore \overline{B_1H}=1$

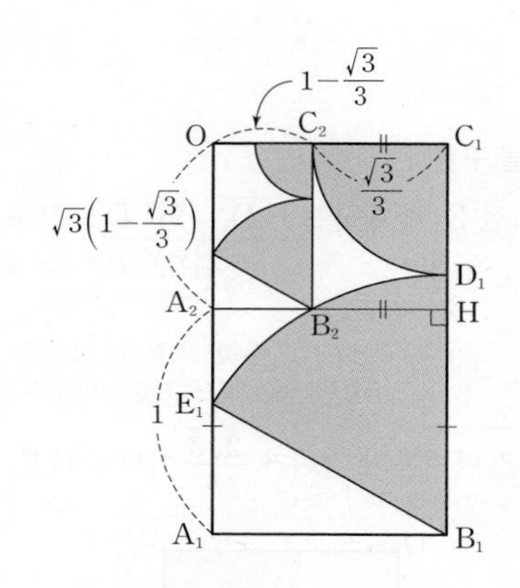

$\overline{OC_2}=\overline{OC_1}-\overline{C_2C_1}=1-\frac{\sqrt{3}}{3}$

$\overline{OA_2}=\overline{OA_1}-\overline{A_1A_2}=\sqrt{3}-1=\sqrt{3}\left(1-\frac{\sqrt{3}}{3}\right)$ (→ $\overline{A_1A_2}=\overline{B_1H}$)

이때 두 직사각형 $OA_1B_1C_1$, $OA_2B_2C_2$는 서로 닮음이고, 닮음비는 $\overline{OC_1}:\overline{OC_2}=1:\left(1-\frac{\sqrt{3}}{3}\right)$ (→ 대응하는 변의 길이의 비)

이므로 넓이의 비는 (→ 닮음비의 제곱)

$1^2:\left(1-\frac{\sqrt{3}}{3}\right)^2=1:\frac{4-2\sqrt{3}}{3}$ (→ $=\left(\frac{3-\sqrt{3}}{3}\right)^2=\frac{12-6\sqrt{3}}{9}=\frac{4-2\sqrt{3}}{3}$)

따라서 S_n은 첫째항이 $\frac{11}{36}\pi$이고 공비가 $\frac{4-2\sqrt{3}}{3}$인 등비수열의 첫째항부터 제n항까지의 합이다.

Step 3 $\lim_{n\to\infty} S_n$의 값을 구한다.

$$\lim_{n\to\infty} S_n=\frac{\frac{11}{36}\pi}{1-\frac{4-2\sqrt{3}}{3}}$$

→ 첫째항이 a이고 공비가 r인 등비수열 $\{a_n\}$에 대하여 $\sum_{n=1}^{\infty} a_n=\frac{a}{1-r}$ (단, $-1<r<1$)

$$=\frac{\frac{11}{36}\pi}{\frac{2\sqrt{3}-1}{3}}$$

$$=\frac{33}{36(2\sqrt{3}-1)}\pi$$

$$=\frac{33(2\sqrt{3}+1)}{36(2\sqrt{3}-1)(2\sqrt{3}+1)}\pi$$

$$=\frac{33(2\sqrt{3}+1)}{36\times 11}\pi$$

$$=\frac{1+2\sqrt{3}}{12}\pi$$

27

정답 ①

Step 1 구하는 넓이를 정적분을 이용하여 나타낸다.

$x\ge 0$인 모든 실수 x에 대하여 $x\ln(x^2+1)\ge 0$이므로 (→ $\ln(x^2+1)\ge \ln 1=0$)

곡선 $y=x\ln(x^2+1)$과 x축 및 직선 $x=1$로 둘러싸인 부분의 넓이는

$\int_0^1 |x\ln(x^2+1)|dx=\int_0^1 x\ln(x^2+1)dx$ ······ ㉠

Step 2 치환적분, 부분적분을 적절히 이용하여 정적분의 값을 구한다.

$x^2+1=t$라 하고 양변을 x에 대하여 미분하면

$2x=\frac{dt}{dx}$ $\quad\therefore dx=\frac{dt}{2x}$

$x=0$일 때 $t=1$, $x=1$일 때 $t=2$이므로 ㉠에서 (→ 적분 구간을 t에 맞게 바꿔주기 위한 과정이야.)

$\int_0^1 x\ln(x^2+1)dx=\int_1^2 x\ln t\cdot\frac{dt}{2x}$

$=\int_1^2 \frac{1}{2}\ln t\,dt$ (→ $u=\ln t$, $v'=\frac{1}{2}$)

$=\left[\frac{1}{2}t\ln t\right]_1^2-\int_1^2\frac{1}{2}dt$ (→ $u'v=\frac{1}{t}\times\frac{1}{2}t=\frac{1}{2}$) ($uv=\ln t\times\frac{1}{2}t=\frac{1}{2}t\ln t$)

$=\left(\frac{1}{2}\times 2\ln 2-0\right)-\left[\frac{1}{2}t\right]_1^2$

$=\ln 2-\left(1-\frac{1}{2}\right)$

$=\ln 2-\frac{1}{2}$

28

정답 ③

Step 1 $l(\theta)$를 구한다.

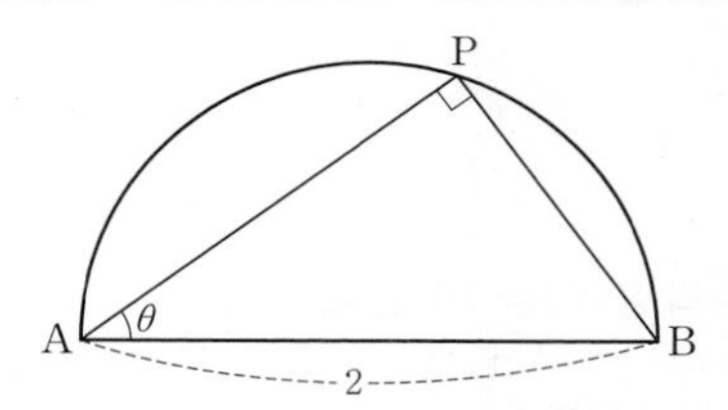

반원에 대한 원주각의 크기는 $\frac{\pi}{2}$이므로 (→ 도형의 극한에서 자주 사용되는 내용이니 꼭 기억해.)

$\angle APB=\frac{\pi}{2}$

직각삼각형 ABP에서

$\sin\theta=\frac{\overline{PB}}{\overline{AB}}=\frac{\overline{PB}}{2}$ $\quad\therefore \overline{PB}=2\sin\theta$

$\therefore l(\theta)=\overline{PB}=2\sin\theta$

Step 2 사인법칙을 이용하여 $S(\theta)$를 구한다.

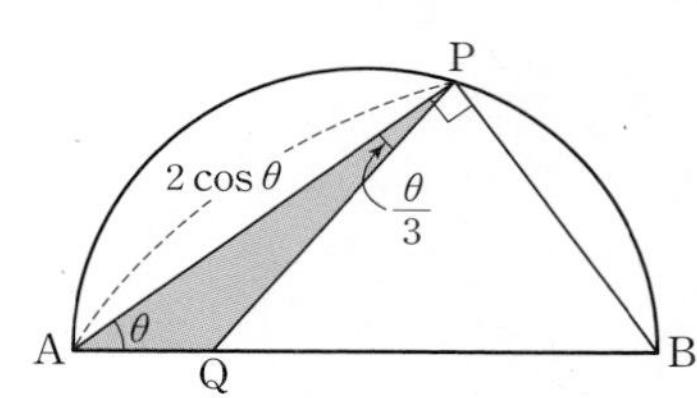

직각삼각형 ABP에서

$\cos\theta=\frac{\overline{AP}}{\overline{AB}}=\frac{\overline{AP}}{2}$ $\quad\therefore \overline{AP}=2\cos\theta$

삼각형 PAQ에서 사인법칙을 이용하면

$\frac{\overline{AP}}{\sin(\angle AQP)}=\frac{\overline{AQ}}{\sin(\angle APQ)}$에서

$\frac{2\cos\theta}{\sin\left(\pi-\frac{4}{3}\theta\right)}=\frac{\overline{AQ}}{\sin\frac{\theta}{3}}$ (→ 삼각형 PAQ의 세 내각의 크기의 합 π에서 θ, $\frac{\theta}{3}$의 합을 빼주었어.)

$\therefore \overline{AQ}=\frac{2\cos\theta}{\sin\left(\pi-\frac{4}{3}\theta\right)}\times\sin\frac{\theta}{3}$ (→ $\sin(\pi-\alpha)=\sin\alpha$임을 이용해!)

$=\frac{2\cos\theta\sin\frac{\theta}{3}}{\sin\frac{4}{3}\theta}$

본문 331쪽

따라서 삼각형 PAQ의 넓이 $S(\theta)$는

$$S(\theta)=\frac{1}{2}\times\overline{AP}\times\overline{AQ}\times\sin\theta$$ → $=\angle PAQ$

$$=\frac{1}{2}\times 2\cos\theta\times\frac{2\cos\theta\sin\frac{\theta}{3}}{\sin\frac{4}{3}\theta}\times\sin\theta$$

$$=\frac{2\cos^2\theta\sin\frac{\theta}{3}\sin\theta}{\sin\frac{4}{3}\theta}$$

Step 3 $\lim_{\theta\to0+}\frac{S(\theta)}{l(\theta)}$의 값을 구한다.

$$\lim_{\theta\to0+}\frac{S(\theta)}{l(\theta)}=\lim_{\theta\to0+}\left(\frac{1}{2\sin\theta}\times\frac{2\cos^2\theta\sin\frac{\theta}{3}\sin\theta}{\sin\frac{4}{3}\theta}\right)$$

$$=\lim_{\theta\to0+}\frac{\cos^2\theta\times\sin\frac{\theta}{3}}{\sin\frac{4}{3}\theta}$$

$$=\lim_{\theta\to0+}\left(\cos^2\theta\times\frac{\frac{\sin\frac{\theta}{3}}{\theta}}{\frac{\sin\frac{4}{3}\theta}{\theta}}\right)$$

분모, 분자를 각각 θ로 나눠주었어.

$$=1^2\times\frac{\frac{1}{3}}{\frac{4}{3}}=\frac{1}{4}$$

29

정답 12

Step 1 두 함수 $f(t)$, $g(t)$가 서로 역함수 관계임을 확인한다.

함수 $F(x)=\int_0^x\{t-f(s)\}ds$에 대하여

함수 $F(x)$가 $x=\alpha$에서 최댓값을 가지므로 $F'(\alpha)=0$이어야 한다.

함수 $F(x)$의 양변을 x에 대하여 미분하면 → $x=\alpha$에서 극대이어야 해.

$F'(x)=t-f(x)$

이때 $F'(\alpha)=0$에서 $t-f(\alpha)=0$

$\therefore f(\alpha)=t$ → 주의 함수 $F(x)$의 식에서 t는 상수로 취급!

이때 실수 α의 값이 $g(t)$이므로 $f(g(t))=t$ ...... ㉠

따라서 두 함수 $f(t)$, $g(t)$는 서로 역함수 관계임을 알 수 있다.

Step 2 주어진 정적분의 식을 정리한다.

㉠의 양변을 t에 대하여 미분하면

$f'(g(t))g'(t)=1$ $\quad\therefore f'(g(t))=\frac{1}{g'(t)}$ ...... ㉡

→ 합성함수의 미분 이용!

함수 $f(x)$의 양변을 x에 대하여 미분하면 $f'(x)=e^x+1$

따라서 $f'(g(t))=e^{g(t)}+1$이므로

$$\int_{f(1)}^{f(5)}\frac{g(t)}{1+e^{g(t)}}dt=\int_{f(1)}^{f(5)}\frac{g(t)}{f'(g(t))}dt$$

$$=\int_{f(1)}^{f(5)}g(t)g'(t)\,dt$$

㉡을 대입했어.

Step 3 정적분의 값을 구한다.

$g(t)=u$라 하고 양변을 t에 대하여 미분하면

$g'(t)=\frac{du}{dt}$ $\quad\therefore dt=\frac{du}{g'(t)}$

이때 $t=f(1)$이면 $u=g(f(1))=1$, $t=f(5)$이면 $u=g(f(5))=5$

이므로 → 역함수의 성질을 이용!

$$\int_{f(1)}^{f(5)}g(t)g'(t)\,dt=\int_1^5 ug'(t)\times\frac{du}{g'(t)}$$

$$=\int_1^5 u\,du$$

$$=\left[\frac{1}{2}u^2\right]_1^5$$

$$=\frac{1}{2}\times(5^2-1^2)=12$$

30

정답 5

Step 1 함수 $y=f(x)$의 그래프의 개형을 파악한다.

$x\le0$에서

$f(x)=-x^2+ax=-x(x-a)$ → 원점을 지나고 위로 볼록한 이차함수

이므로 함수 $y=f(x)$의 그래프는 다음과 같다.

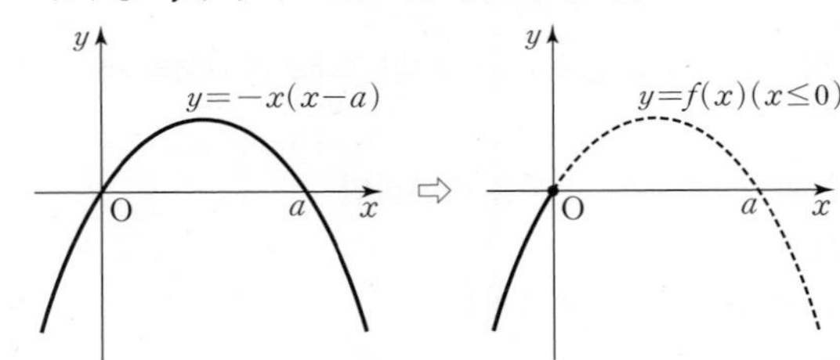

$x>0$에서의 함수 $f(x)$의 식을 미분하면

$f(x)=\frac{\ln(x+b)}{x}$에서

$$f'(x)=\frac{\frac{1}{x+b}\times x-\ln(x+b)\times1}{x^2}$$

→ 몫의 미분법을 이용했어.

$$=\frac{\frac{x}{x+b}-\ln(x+b)}{x^2}$$

이때 함수 $h(x)$를 $h(x)=\frac{x}{x+b}-\ln(x+b)$라 하고 $h(x)$를 미분하면 → 함수 $f'(x)$의 분자에 해당해.

$$h'(x)=\frac{1\times(x+b)-x\times1}{(x+b)^2}-\frac{1}{x+b}$$

$$=\frac{b}{(x+b)^2}-\frac{1}{x+b}$$

$$=\frac{-x}{(x+b)^2}$$

모든 양수 x에 대하여 $h'(x)<0$이므로 함수 $h(x)$는 양의 실수 전체의 집합에서 감소한다. → $(x+b)^2>0$, $x>0$이니까 $-\frac{x}{(x+b)^2}<0$이 돼.

$$\lim_{x\to0+}h(x)=\lim_{x\to0+}\left\{\frac{x}{x+b}-\ln(x+b)\right\}$$

$=-\ln b>0$ → 분자가 0으로 수렴

→ b가 1보다 작은 양수이니까 $\ln b<\ln 1=0$

$$h(e-b)=\frac{e-b}{e}-\ln e$$

$$=1-\frac{b}{e}-1$$

$$=-\frac{b}{e}<0$$

$e\approx2.7$이고 b는 1보다 작은 양수이니까 $e-b>0$

함수 $h(x)$는 다음 그림과 같이 열린구간 $(0, e-b)$에서 $h(c)=0$을 만족시키는 c의 값을 오직 하나만 갖는다.

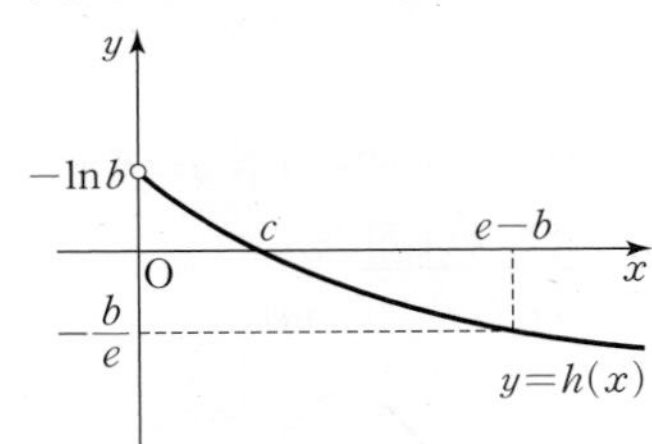

$f'(x)=\frac{h(x)}{x^2}$에서 양수 x에 대하여 $x^2>0$이므로 $f'(x)=0$을 만족시키는 x의 값은 오직 c 하나뿐이다.

이를 이용하여 함수 $f(x)$의 증가와 감소를 표로 나타내면 다음과 같다.

x	(0)	···	c	···
$h(x)$		+	0	−
$f'(x)$		+	0	−
$f(x)$		↗	극대	↘

따라서 $x>0$에서 함수 $y=f(x)$의 그래프는 다음과 같다.

$\lim_{x\to\infty}f(x)=0$을 생각하면 오른쪽 그림과 같아.

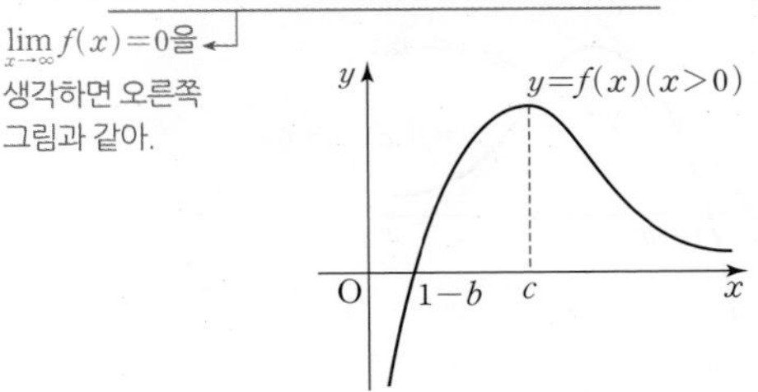

그러므로 함수 $y=f(x)$의 그래프를 종합하여 그려 보면 다음과

같다.

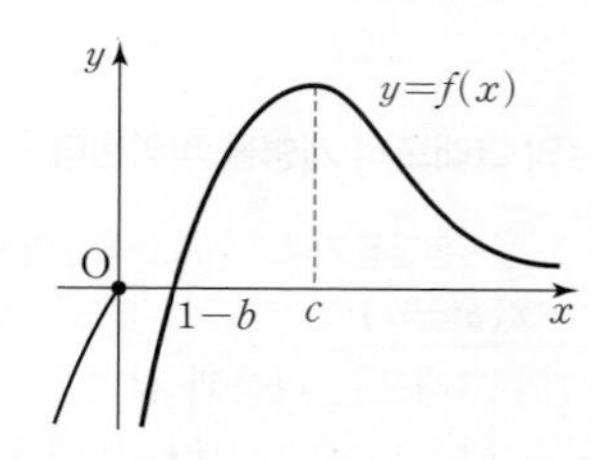

Step 2 직선 $y=mx$와 함수 $y=f(x)$의 그래프의 교점의 개수를 파악한다.

이차함수 $y=-x^2+ax$의 식을 미분하면

$y'=-2x+a$

점 $(0,\ 0)$에서의 접선의 기울기는

$-2\times 0+a=a$

따라서 점 $(0,\ 0)$에서의 접선의 방정식은 $y=ax$이므로 직선 $y=ax$와 함수 $y=f(x)$의 그래프는 $x\le 0$일 때 점 $(0,\ 0)$에서만 만남을 알 수 있다.

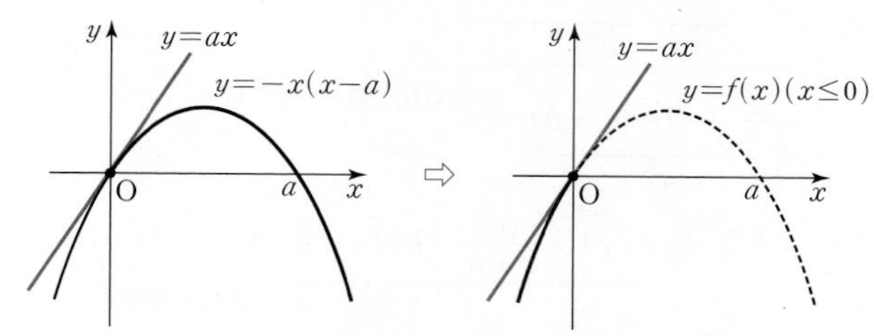

즉, 직선 $y=mx$와 함수 $y=f(x)$의 그래프가 $x\le 0$일 때 만나는 서로 다른 점의 개수를 $p_1(m)$이라 하면 함수 $p_1(m)$은 다음과 같다.

(i) $m\le a$일 때

직선 $y=mx$와 함수 $y=f(x)$의 그래프가 오직 한 점에서만 만나므로 $p_1(m)=1$ (→ 원점에서만 만나.)

(ii) $m>a$일 때

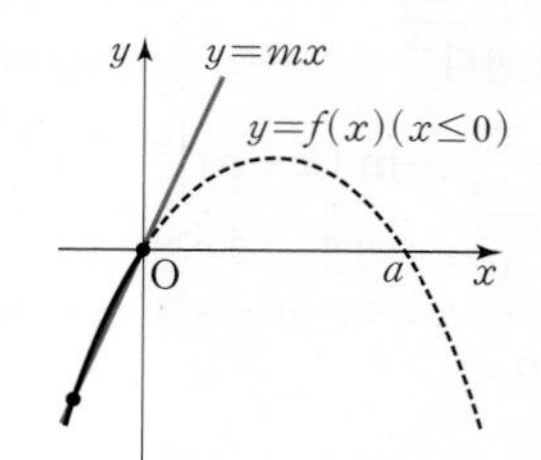

직선 $y=mx$와 함수 $y=f(x)$의 그래프가 두 점에서 만나므로 $p_1(m)=2$

(i), (ii)에서

$$p_1(m)=\begin{cases}1 & (m\le a)\\ 2 & (m>a)\end{cases}$$

임을 알 수 있다.

다음 그림과 같이 직선 $y=mx$와 함수 $y=f(x)$의 그래프가 $x>0$에서 접할 때의 m의 값을 k라 하자. (즉, 직선 $y=kx$가 함수 $y=f(x)$의 그래프의 접선이 돼.)

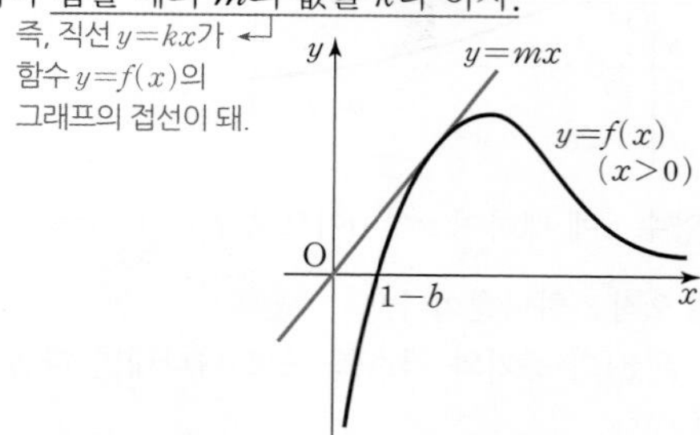

직선 $y=mx$와 함수 $y=f(x)$의 그래프가 $x>0$일 때 만나는 서로 다른 점의 개수를 $p_2(m)$이라 하면 함수 $p_2(m)$은 다음과 같다.

(i) $m<k$일 때

직선 $y=mx$와 함수 $y=f(x)$의 그래프가 두 점에서 만나므로 $p_2(m)=2$

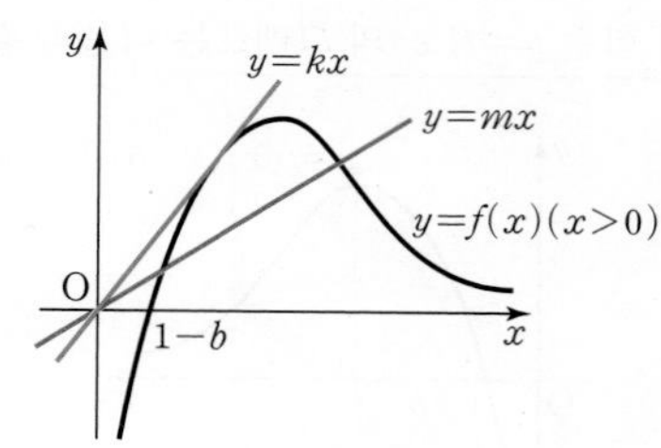

(ii) $m=k$일 때

직선 $y=mx$와 함수 $y=f(x)$의 그래프가 오직 한 점에서만 만나므로 $p_2(m)=1$

(iii) $m>k$일 때

직선 $y=mx$와 함수 $y=f(x)$의 그래프가 만나지 않으므로 $p_2(m)=0$

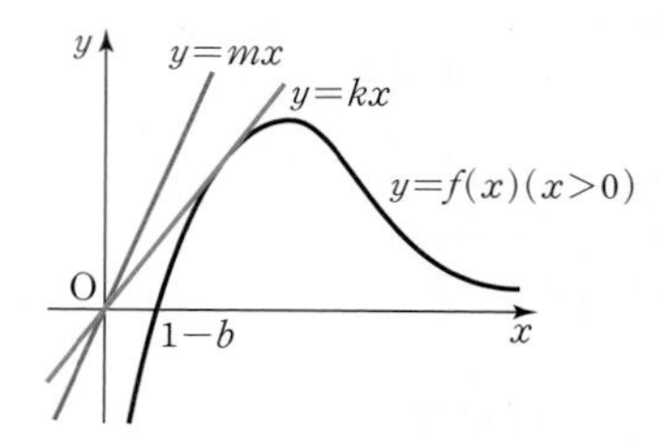

(i)~(iii)에서

$$p_2(m)=\begin{cases}2 & (m<k)\\ 1 & (m=k)\\ 0 & (m>k)\end{cases}$$

임을 알 수 있다.

Step 3 $\lim_{m\to a-}g(m)-\lim_{m\to a+}g(m)=1$을 만족시키는 양수 α가 오직 하나만 존재하는 경우를 파악한다.

이때 $g(m)=p_1(m)+p_2(m)$이므로 $a,\ k$의 값의 대소 관계에 따라 경우를 나누어 조건을 만족시키는지 확인해 보면 다음과 같다. ($g(m)$: 전체 교점의 개수, $p_1(m)$: $x\le 0$에서의 교점의 개수, $p_2(m)$: $x>0$에서의 교점의 개수)

(i) $a<k$일 때

$$g(m)=\begin{cases}3 & (m\le a)\\ 4 & (a<m<k)\\ 3 & (m=k)\\ 2 & (m>k)\end{cases}$$

이므로 함수 $y=g(m)$의 그래프는 다음과 같다.

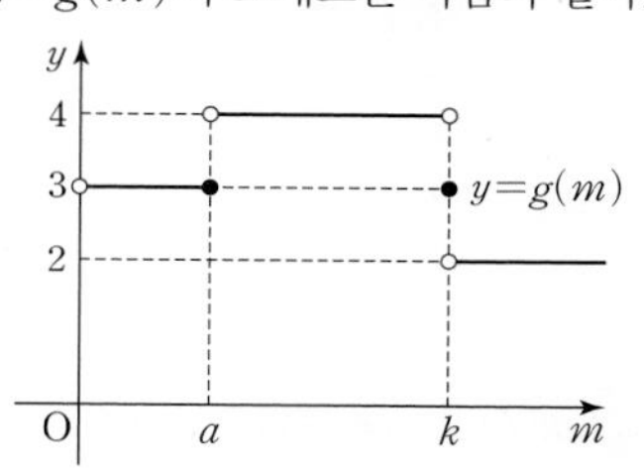

따라서 $\lim_{m\to \alpha-}g(m)-\lim_{m\to \alpha+}g(m)=1$을 만족시키는 α의 값이 존재하지 않는다.

(예를 들어, $\alpha=k$이면 $\lim_{m\to k-}g(m)-\lim_{m\to k+}g(m)=4-2=2$, $\alpha=a$이면 $\lim_{m\to a-}g(m)-\lim_{m\to a+}g(m)=3-4=-1$이 돼.)

(ii) $a=k$일 때

$$g(m)=\begin{cases}3 & (m<a)\\ 2 & (m\ge a)\end{cases}$$

이므로 함수 $y=g(m)$의 그래프는 다음과 같다.

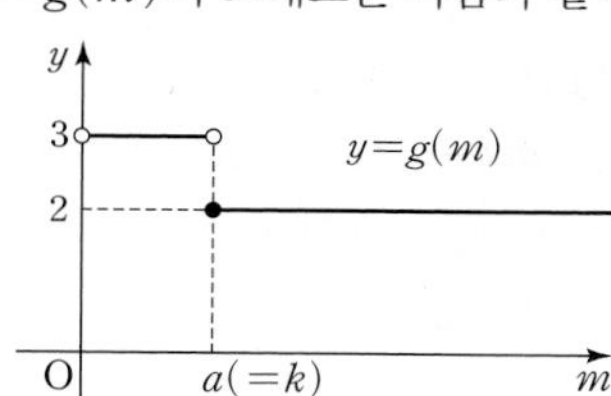

따라서 $\alpha=a$일 때,

$\lim_{m\to a-}g(m)-\lim_{m\to a+}g(m)=3-2=1$

로 조건을 만족시키는 α의 값이 오직 하나 존재한다.

(iii) $a>k$일 때

$$g(m)=\begin{cases}3 & (m<k)\\ 2 & (m=k)\\ 1 & (k<m\le a)\\ 2 & (m>a)\end{cases}$$

이므로 함수 $y=g(m)$의 그래프는 다음과 같다.

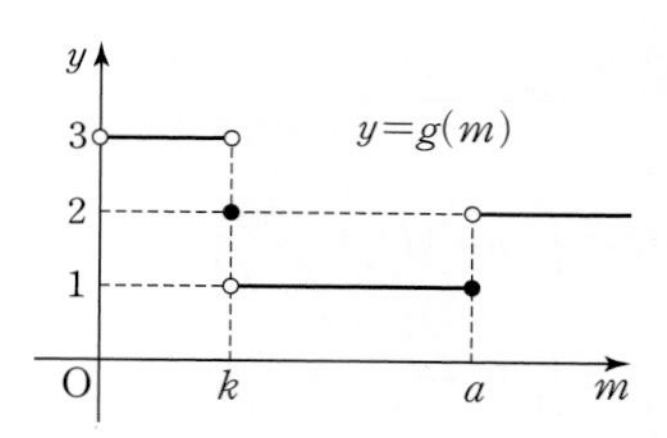

따라서 $\lim_{m\to \alpha-}g(m)-\lim_{m\to \alpha+}g(m)=1$을 만족시키는 α의 값이 존재하지 않는다.

(i)~(iii)에서 $\alpha=a$이고, 직선 $y=ax$가 $x>0$에서 함수 $y=f(x)$의

그래프에 접해야 한다.

Step 4 ab^2의 값을 구한다.

점 $(b,\ f(b))$가 직선 $y=ax$ 위의 점이므로

$f(b)=ab$에서 $ab=\dfrac{\ln 2b}{b}$ …… ㉠

└ b는 양수이니까 $x>0$일 때의 함수 $f(x)$의 식을 이용!

→ $f(x)=\dfrac{\ln(x+b)}{x}$에 $x=b$ 대입

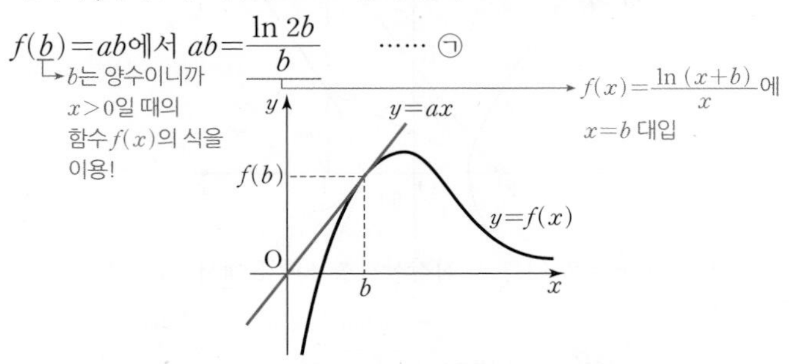

점 $(b,\ f(b))$에서의 접선의 방정식이 $y=ax$이므로

└ 접선의 기울기가 a

$a=f'(b)$에서

$a=\dfrac{\frac{1}{2}-\ln 2b}{b^2}$ …… ㉡

㉠에서 $ab^2=\ln 2b$

㉡에서 $ab^2=\dfrac{1}{2}-\ln 2b$

→ 두 식의 값이 ab^2으로 같아.

두 식의 우변을 서로 비교하면

$\ln 2b=\dfrac{1}{2}-\ln 2b$에서 $2\ln 2b=\dfrac{1}{2}$

$\therefore \ln 2b=\dfrac{1}{4}$

따라서 $ab^2=\ln 2b=\dfrac{1}{4}$이므로

$p+q=4+1=5$

└ $ab^2=\dfrac{q}{p}$이므로 $p=4,\ q=1$이야.

기하

23

정답 ①

Step 1 점 Q의 좌표를 구한다.

점 $\mathrm{P}(1,\ 3,\ 4)$를 zx평면에 대하여 대칭이동한 점 Q의 좌표는 $(1,\ -3,\ 4)$이다.

→ y좌표의 부호를 바꿔주었어.

Step 2 P와 Q 사이의 거리를 구한다.

따라서 두 점 P, Q 사이의 거리는

$\overline{\mathrm{PQ}}=|3-(-3)|=6$

→ |(점 P의 y좌표)−(점 Q의 y좌표)|

24

정답 ④

Step 1 점 P의 좌표를 $\mathrm{P}(x,\ y)$라 하고, 주어진 식을 $x,\ y$를 이용하여 나타낸다.

점 P의 좌표를 $\mathrm{P}(x,\ y)$라 하면 $\overrightarrow{\mathrm{OP}}=(x,\ y)$, $\overrightarrow{\mathrm{OA}}=(4,\ 6)$이므로

주어진 식에서

→ $|\overrightarrow{\mathrm{OP}}|^2=\overrightarrow{\mathrm{OP}}\cdot\overrightarrow{\mathrm{OP}}$

$(x,\ y)\cdot(x,\ y)-(4,\ 6)\cdot(x,\ y)=3$

$x^2+y^2-(4x+6y)=3$ …… ㉠

Step 2 원 C의 반지름의 길이를 구한다.

㉠의 식을 정리하면

→ 원의 반지름의 길이를 알기 위해서는 x의 완전제곱식, y의 완전제곱식 꼴로 나타내야 해.

$x^2-4x+y^2-6y=3$

$(x^2-4x+4)+(y^2-6y+9)=3+13$

$\therefore (x-2)^2+(y-3)^2=16$

따라서 점 P는 중심이 $(2,\ 3)$이고 반지름의 길이가 4인 원 위의 점이므로 원 C의 반지름의 길이는 4이다.

25

정답 ②

Step 1 선분 BC의 길이를 구한다.

점 Q를 지나고 직선 l과 수직인 평면 β 위의 직선을 l'이라 하면

두 평면 $\alpha,\ \beta$가 이루는 이면각의 크기는 선분 PQ와 직선 l'이 이루는 각의 크기와 같다.

→ 이면각의 크기의 정의를 이용한 거야.

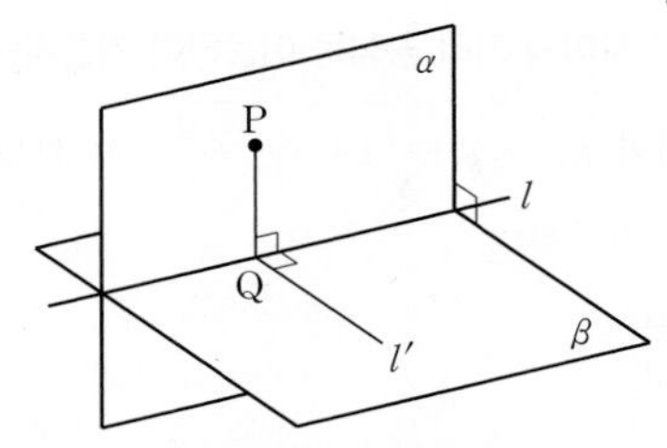

이때 두 평면 $\alpha,\ \beta$는 서로 수직이므로 선분 PQ와 직선 l'도 서로 수직이다.

→ 평면 β 위의 두 직선 $l,\ l'$이 $\overline{\mathrm{PQ}}$와 서로 수직이기 때문이야.

따라서 선분 PQ와 평면 β는 서로 수직이다.

$\overline{\mathrm{PQ}}\perp\beta$, $\overline{\mathrm{QB}}\perp n$이므로 삼수선의 정리에 의하여 $\overline{\mathrm{PB}}\perp n$

직선 m과 직선 l이 서로 평행하고, 직선 n과 직선 l이 서로 평행하므로 $m\,/\!/\,n$

따라서 점 A에서 직선 n에 내린 수선의 발을 H라 하면

사각형 APBH는 직사각형이므로 $\overline{\mathrm{AP}}=\overline{\mathrm{BH}}$, $\overline{\mathrm{PB}}=\overline{\mathrm{AH}}$

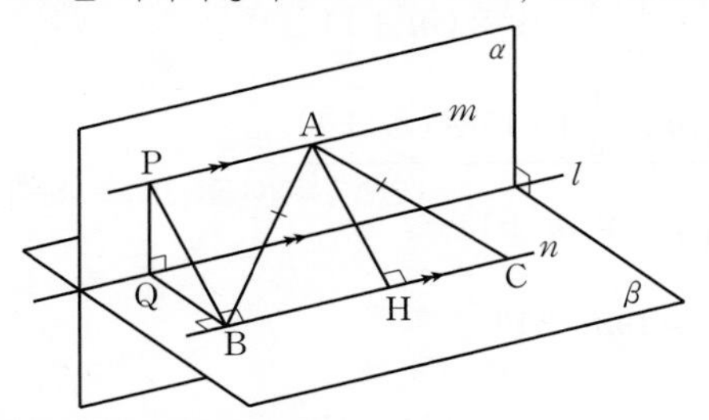

이때 삼각형 ABC는 $\overline{\mathrm{AB}}=\overline{\mathrm{AC}}$인 이등변삼각형이므로

$\overline{\mathrm{BH}}=\overline{\mathrm{CH}}$

→ 이등변삼각형의 꼭짓점에서 밑변에 내린 수선의 발은 밑변을 수직이등분해.

$\therefore \overline{\mathrm{BC}}=\overline{\mathrm{BH}}+\overline{\mathrm{CH}}=2\overline{\mathrm{BH}}=2\overline{\mathrm{AP}}=8$

Step 2 선분 AH의 길이를 구한다.

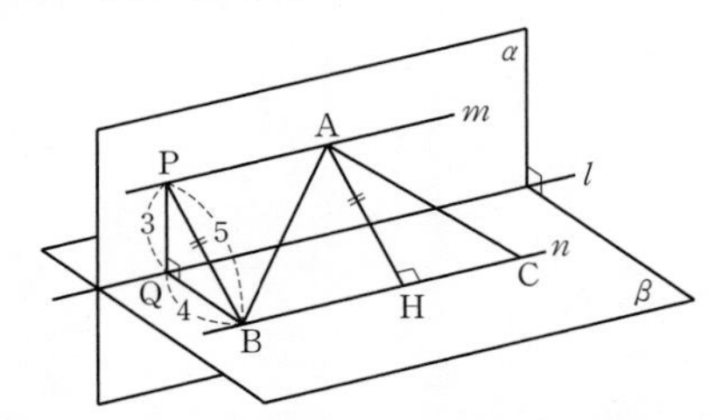

직각삼각형 PQB에서 피타고라스 정리를 이용하면

$\overline{\mathrm{PB}}=\sqrt{\overline{\mathrm{PQ}}^2+\overline{\mathrm{QB}}^2}=\sqrt{3^2+4^2}=5$

$\therefore \overline{\mathrm{AH}}=\overline{\mathrm{PB}}=5$

Step 3 삼각형 ABC의 넓이를 구한다.

따라서 삼각형 ABC의 넓이는

$\dfrac{1}{2}\times\overline{\mathrm{BC}}\times\overline{\mathrm{AH}}=\dfrac{1}{2}\times8\times5=20$

($\overline{\mathrm{BC}}$: 밑변, $\overline{\mathrm{AH}}$: 높이)

26

정답 ⑤

Step 1 직선의 기울기를 m으로 놓고 직선 l의 방정식을 세운다.

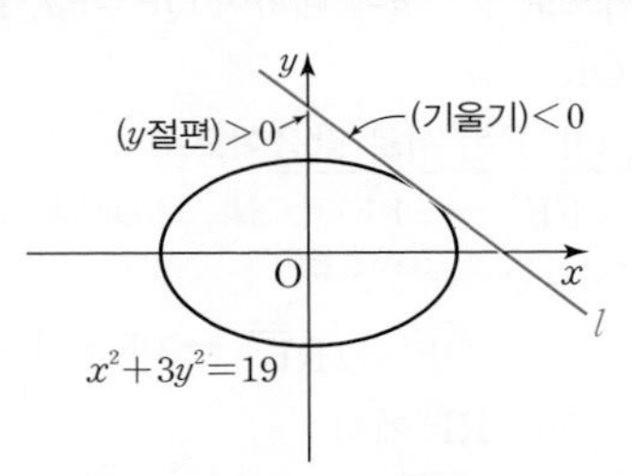

위 그림과 같이 타원 $x^2+3y^2=19$와 제1사분면에서 접하는 직선 l은 기울기가 음수이고 y절편이 양수이다.

→ 직접 그려보면 쉽게 알 수 있어.

타원의 식을 정리하면

$x^2+3y^2=19$에서 $\dfrac{x^2}{19}+\dfrac{3y^2}{19}=1$

→ $\dfrac{x^2}{a^2}+\dfrac{y^2}{b^2}=1$에서 $a^2=19,\ b^2=\dfrac{19}{3}$가 돼.

타원에 접하는 직선 l의 기울기를 $m(m<0)$이라 하면 접선의 방정식은

$y=mx\pm\sqrt{19m^2+\frac{19}{3}}$

이때 직선 l의 y절편이 양수이므로 직선 l의 방정식은

$y=mx+\sqrt{19m^2+\frac{19}{3}}$

Step 2 점과 직선 사이의 거리 공식을 이용하여 기울기를 구한다.

직선 l의 방정식이 $mx-y+\sqrt{19m^2+\frac{19}{3}}=0$이므로 원점과 직선 l 사이의 거리를 d라 하면

$$d=\frac{\sqrt{19m^2+\frac{19}{3}}}{\sqrt{m^2+1}}$$

이때 원점과 직선 l 사이의 거리가 $\frac{19}{5}$이므로

$$\frac{\sqrt{19m^2+\frac{19}{3}}}{\sqrt{m^2+1}}=\frac{19}{5}$$

$5\sqrt{19m^2+\frac{19}{3}}=19\sqrt{m^2+1}$

양변을 제곱하여 정리하면

$5^2\times\left(19m^2+\frac{19}{3}\right)=19^2\times(m^2+1)$

$25\times19\times\left(m^2+\frac{1}{3}\right)=19^2\times(m^2+1)$

$25\left(m^2+\frac{1}{3}\right)=19(m^2+1)$ ← 양변에 똑같이 곱해진 19로 나눈다.

$25m^2+\frac{25}{3}=19m^2+19$

$6m^2=\frac{32}{3}$, $m^2=\frac{16}{9}$

$\therefore m=-\frac{4}{3}$ ($\because m<0$)

27

정답 ④

Step 1 쌍곡선의 정의를 이용하여 각 선분의 길이를 한 문자로 나타낸다.

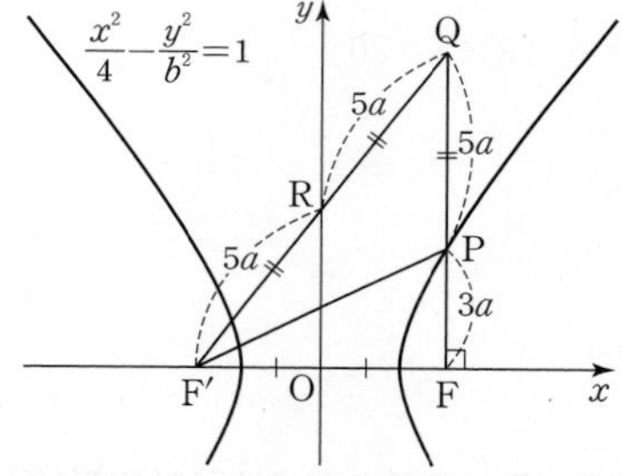

$\overline{QP}:\overline{PF}=5:3$이므로 양수 a에 대하여 $\overline{QP}=5a$, $\overline{PF}=3a$라 하면

$\overline{QP}=\overline{QR}$이므로 $\overline{QR}=5a$

두 삼각형 RF′O, QF′F는 서로 닮음이므로

$\overline{RF'}:\overline{QF'}=\overline{OF'}:\overline{FF'}$ ← $\angle RF'O$는 공통, $\angle ROF'=\angle QFF'=90°$이므로 AA 닮음이야.

이때 $\overline{FF'}=2\overline{OF'}$이므로

$\overline{RF'}:\overline{QF'}=1:2$ $\quad\therefore \overline{QF'}=2\overline{RF'}$ ← $\overline{OF'}=\overline{OF}$임을 이용!

$\overline{QF'}=\overline{QR}+\overline{RF'}=5a+\overline{RF'}$에서

$5a+\overline{RF'}=2\overline{RF'}$ $\quad\therefore \overline{RF'}=5a$

쌍곡선 $\frac{x^2}{4}-\frac{y^2}{b^2}=1$의 주축의 길이는 4이므로 쌍곡선의 정의에 의하여 ← 쌍곡선이 x축과 두 점 $(-2, 0)$, $(2, 0)$에서 만나.

$\overline{PF'}-\overline{PF}=4$ $\quad\therefore \overline{PF'}=\overline{PF}+4=3a+4$

Step 2 피타고라스 정리를 이용하여 a의 값을 구한다.

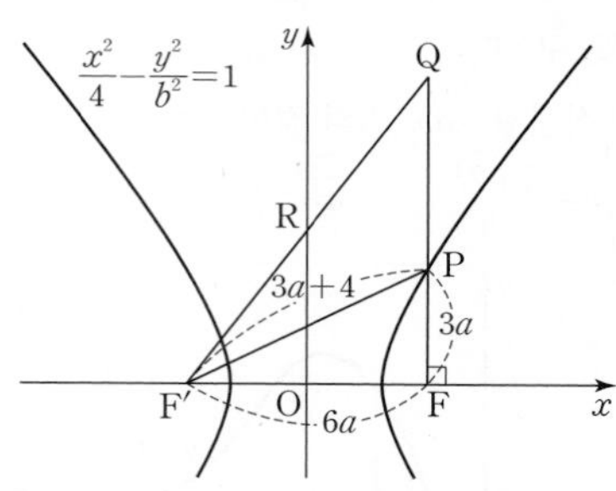

$\overline{QF'}=10a$, $\overline{QF}=8a$이므로 직각삼각형 QF′F에서 피타고라스 정리를 이용하면

$\overline{FF'}=\sqrt{\overline{QF'}^2-\overline{QF}^2}=\sqrt{(10a)^2-(8a)^2}=6a$ ← $=\sqrt{100a^2-64a^2}=\sqrt{36a^2}=6a$

직각삼각형 PF′F에서 $\overline{PF'}^2=\overline{PF}^2+\overline{FF'}^2$이므로

$(3a+4)^2=(3a)^2+(6a)^2$에서

$9a^2+24a+16=9a^2+36a^2$

$36a^2-24a-16=0$, $9a^2-6a-4=0$

$\therefore a=\frac{3\pm\sqrt{3^2-9\times(-4)}}{9}=\frac{3\pm3\sqrt{5}}{9}=\frac{1\pm\sqrt{5}}{3}$

이때 $a>0$이므로 $a=\frac{1+\sqrt{5}}{3}$

Step 3 b^2의 값을 구한다.

두 초점의 좌표가 $F(\sqrt{4+b^2}, 0)$, $F'(-\sqrt{4+b^2}, 0)$이므로

$\overline{FF'}=2\sqrt{4+b^2}$에서 $6a=2\sqrt{4+b^2}$

$\sqrt{4+b^2}=3a=1+\sqrt{5}$ → $4+b^2=(1+\sqrt{5})^2$

$\therefore b^2=(1+\sqrt{5})^2-4=(1+2\sqrt{5}+5)-4$

$=2+2\sqrt{5}$

↳ Step 2에서 이 값이 $6a$였어.

28

정답 ⑤

Step 1 조건을 만족시키는 점 Q가 하나뿐인 경우를 생각해본다.

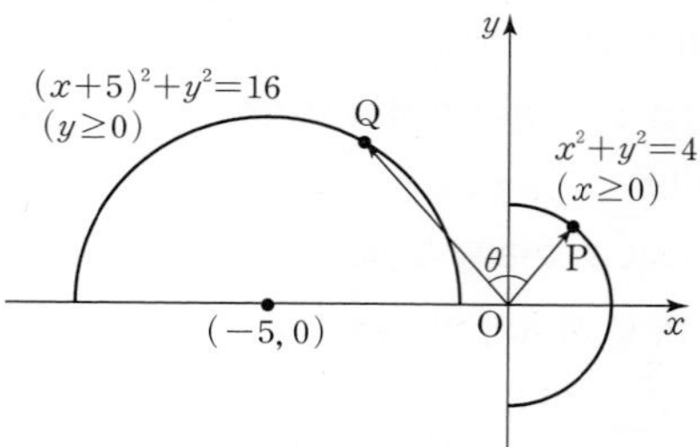

위 그림과 같이 반원의 호 $x^2+y^2=4$ $(x\geq0)$ 위의 점 P, 반원의 호 $(x+5)^2+y^2=16$ $(y\geq0)$ 위의 점 Q에 대하여 두 벡터 $\overrightarrow{OP}$, $\overrightarrow{OQ}$가 이루는 각의 크기를 θ라 하면

$\overrightarrow{OP}\cdot\overrightarrow{OQ}=|\overrightarrow{OP}||\overrightarrow{OQ}|\cos\theta$ ← $=$(선분 OP의 길이) $=2$

$=2|\overrightarrow{OQ}|\cos\theta$

$\overrightarrow{OP}\cdot\overrightarrow{OQ}=2$에서 $2|\overrightarrow{OQ}|\cos\theta=2$

$\therefore |\overrightarrow{OQ}|\cos\theta=1$

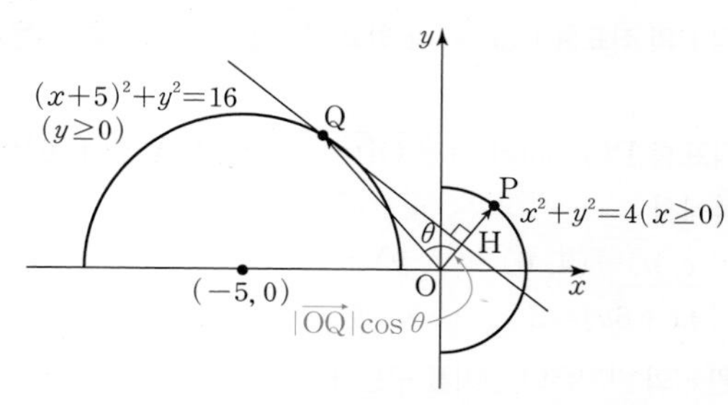

위 그림과 같이 점 Q에서 직선 OP에 내린 수선의 발을 H라 하면

$|\overrightarrow{OH}|=|\overrightarrow{OQ}|\cos\theta$ → 직각삼각형 QOH에서 $\cos\theta=\frac{\overline{OH}}{\overline{OQ}}$임을 이용!

$\therefore |\overrightarrow{OH}|=1$ ← 중심이 $(0, 0)$이고 반지름의 길이가 1인 원 위의 점이라고 생각한다.

이때 $|\overrightarrow{OH}|=1$을 만족시키는 점 H는 반원의 호 $x^2+y^2=1$ $(x\geq0)$ 위의 점이고, 조건을 만족시키는 점 Q가 하나만 존재하려면 다음 그림과 같이 점 H를 지나고 $\overline{OP}$에 수직인 직선이

반원의 호 $(x+5)^2+y^2=16\ (y\geq0)$에 접해야 한다.
→ 접할 때의 접점이 하나뿐인 점 Q가 돼.

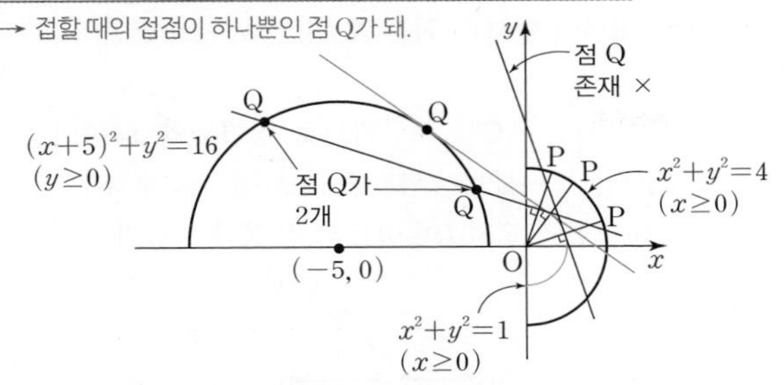

따라서 다음 그림과 같이 벡터 $\overrightarrow{OP}$에 수직이면서 점 H를 지나는 직선이 두 반원의 호 $(x+5)^2+y^2=16\ (y\geq0)$, $x^2+y^2=1\ (x\geq0)$에 모두 접해야 한다.

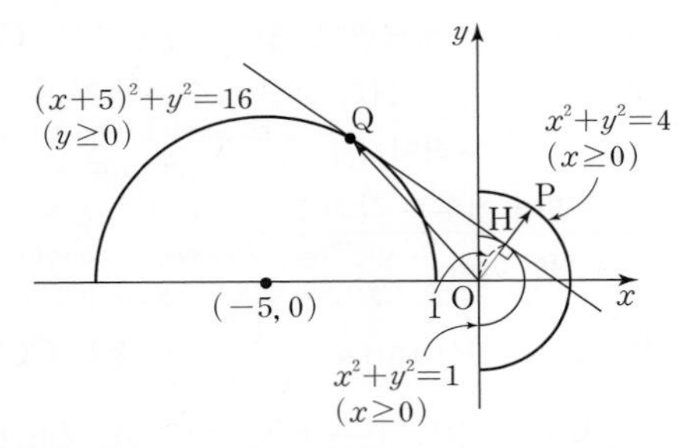

Step 2 두 반원의 호에 동시에 접하는 직선의 방정식을 이용하여 점 H의 좌표를 구한다.

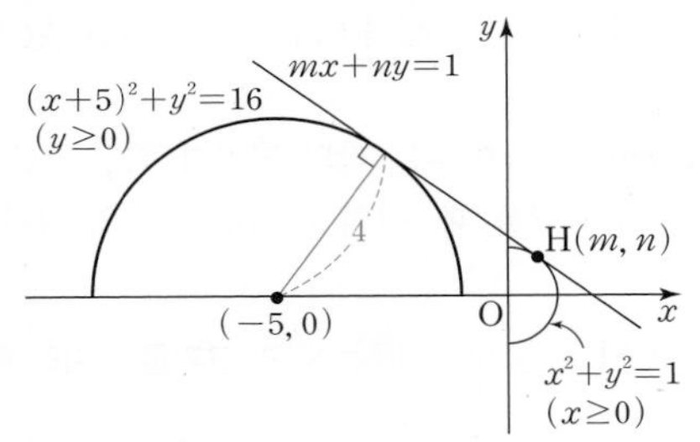

위 그림과 같이 반원의 호 $x^2+y^2=1\ (x\geq0)$ 위의 점 H의 좌표를 (m, n)이라 하면 점 H에서의 접선의 방정식은

$mx+ny=1 \quad \therefore mx+ny-1=0$

점 H는 호 위의 점이므로 $m^2+n^2=1$ ······ ㉠

점 H에서의 접선이 반원의 호 $(x+5)^2+y^2=16\ (y\geq0)$에도 접해야 하므로 점 $(-5, 0)$과 접선 사이의 거리 d가 4이어야 한다.
→ 중심이 점 $(-5, 0)$, 반지름의 길이가 4인 원의 일부야.

$\therefore d=\dfrac{|-5m-1|}{\sqrt{m^2+n^2}}=|-5m-1|=4$
→ 이 값이 1임을 ㉠에서 확인했어.

양변을 제곱하여 정리하면

$25m^2+10m+1=16,\ 25m^2+10m-15=0$

$5m^2+2m-3=0,\ (5m-3)(m+1)=0$

$\therefore m=\dfrac{3}{5}$ 또는 $m=-1$

이때 점 H의 x좌표는 양수이므로 $m=\dfrac{3}{5}$
→ m

이를 ㉠에 대입하면

$\left(\dfrac{3}{5}\right)^2+n^2=1,\ n^2=\dfrac{16}{25}$

$\therefore n=\dfrac{4}{5}\ (\because n>0)$
→ Step 2의 그림을 통해 점 H의 y좌표, 즉 n의 값이 양수임을 알 수 있어.

따라서 점 H의 좌표는 $H\left(\dfrac{3}{5}, \dfrac{4}{5}\right)$이다.

Step 3 $a+b$의 값을 구한다.

다음 그림과 같이 세 점 O, H, P는 한 직선 위에 있고 $\overline{OH}=1$, $\overline{OP}=2$이므로 두 벡터 $\overrightarrow{OH}$, $\overrightarrow{OP}$에 대하여 $\overrightarrow{OP}=2\overrightarrow{OH}$가 성립한다.

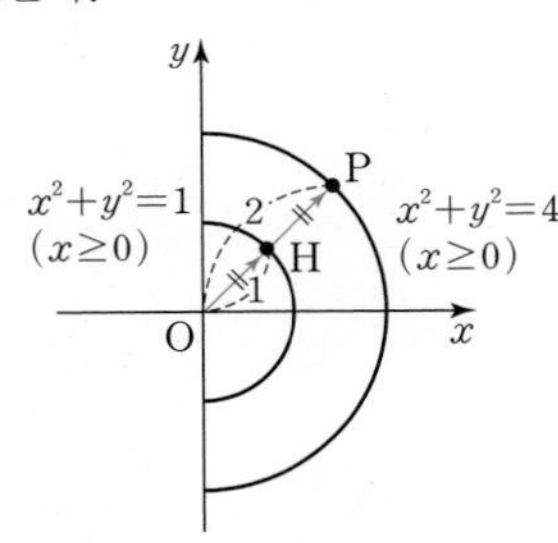

이때 $\overrightarrow{OH}=\left(\dfrac{3}{5}, \dfrac{4}{5}\right)$, $\overrightarrow{OP}=(a, b)$이므로
→ 점 P의 위치벡터로 생각해도 돼.

$\overrightarrow{OP}=2\overrightarrow{OH}$에서

$(a, b)=2\left(\dfrac{3}{5}, \dfrac{4}{5}\right)=\left(\dfrac{6}{5}, \dfrac{8}{5}\right)$

따라서 $a=\dfrac{6}{5}$, $b=\dfrac{8}{5}$이므로

$a+b=\dfrac{6}{5}+\dfrac{8}{5}=\dfrac{14}{5}$

29

정답 6

Step 1 각 선분의 길이를 한 문자를 이용하여 나타낸다.

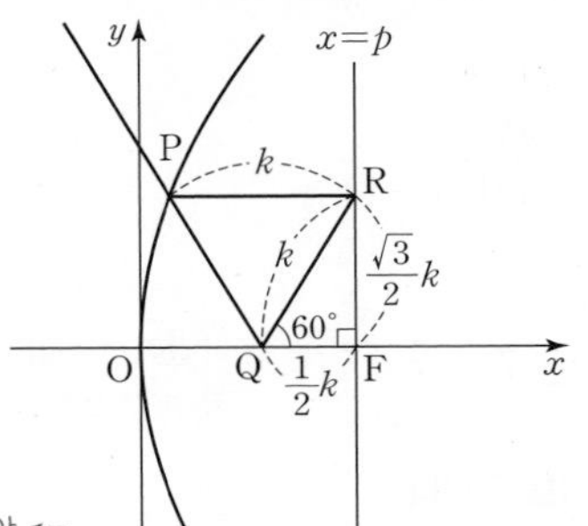

한 내각의 크기가 60°야.

삼각형 PQR은 정삼각형이고 직선 PR이 x축과 평행하므로

$\angle RQF=\angle PRQ=60°$ → 엇각의 성질을 이용!

정삼각형 PQR의 한 변의 길이를 $k\ (k>0)$라 하면

직각삼각형 RQF에서

$\overline{QF}=\overline{RQ}\cos 60°=k\times\dfrac{1}{2}=\dfrac{1}{2}k$

$\overline{RF}=\overline{RQ}\sin 60°=k\times\dfrac{\sqrt{3}}{2}=\dfrac{\sqrt{3}}{2}k$

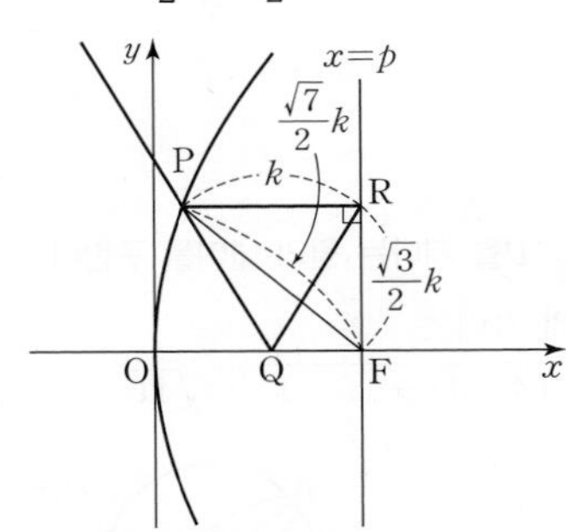

위 그림과 같이 선분 PF를 그으면 직각삼각형 PFR에서

$\overline{PF}^2=\overline{PR}^2+\overline{RF}^2=k^2+\left(\dfrac{\sqrt{3}}{2}k\right)^2=\dfrac{7}{4}k^2$

$\therefore \overline{PF}=\dfrac{\sqrt{7}}{2}k$

Step 2 포물선의 정의를 이용하여 점 Q와 준선 사이의 거리를 구한다.

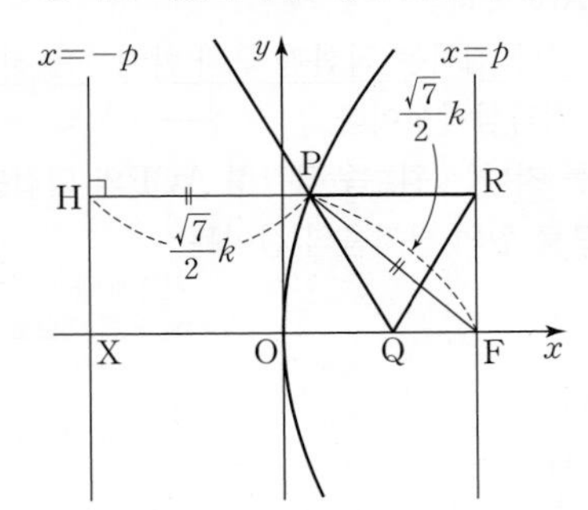

점 P에서 포물선의 준선 $x=-p$에 내린 수선의 발을 H라 하면

$\overline{PH}=\overline{PF}=\dfrac{\sqrt{7}}{2}k$ → 포물선의 정의를 이용하였어.

이때 준선 $x=-p$와 x축의 교점을 X라 하면

$\overline{XQ}=\overline{HR}-\overline{QF}=(\overline{PH}+\overline{PR})-\overline{QF}$

$=\left(\dfrac{\sqrt{7}}{2}k+k\right)-\dfrac{1}{2}k$

$=\dfrac{\sqrt{7}}{2}k+\dfrac{1}{2}k$

$=\dfrac{\sqrt{7}+1}{2}k$

Step 3 삼각비를 이용하여 k의 값을 구한다.

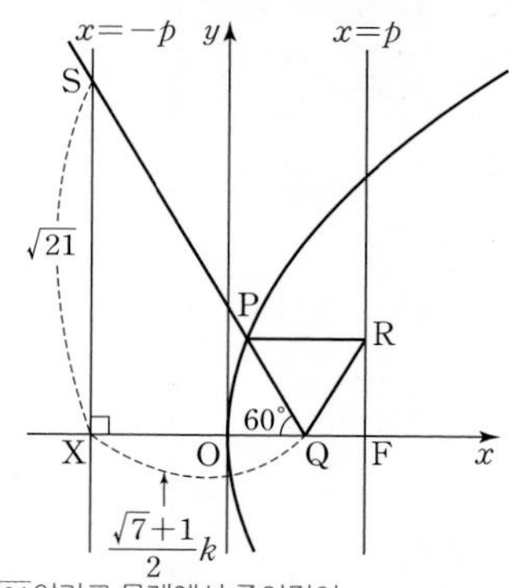

점 S의 y좌표가 $\sqrt{21}$이라고 문제에서 주어졌어.

$\overline{SX}=\sqrt{21}$이고 $\angle SQX=60°$이므로 직각삼각형 SQX에서 ($\angle SQX=\angle RPQ=60°$ (엇각))

$\tan 60°=\frac{\overline{SX}}{\overline{XQ}}$, $\overline{SX}=\overline{XQ}\tan 60°$

$\sqrt{21}=\frac{\sqrt{7}+1}{2}k\times\sqrt{3}$, $\sqrt{7}=\frac{\sqrt{7}+1}{2}k$

$\therefore k=\sqrt{7}\times\frac{2}{\sqrt{7}+1}$

$=\sqrt{7}\times\frac{2(\sqrt{7}-1)}{(\sqrt{7}+1)(\sqrt{7}-1)}$

$=\sqrt{7}\times\frac{2\sqrt{7}-2}{6}$

$=\frac{14-2\sqrt{7}}{6}=\frac{7-\sqrt{7}}{3}$

주의 이 값이 선분 QF의 길이라고 착각하면 안 돼!

Step 4 $\overline{QF}$의 길이를 구한다.

$\overline{QF}=\frac{1}{2}k=\frac{1}{2}\times\frac{7-\sqrt{7}}{3}=\frac{7-\sqrt{7}}{6}$

따라서 $a=7$, $b=-1$이므로

$a+b=7+(-1)=6$

Step 1에서 구했어.

30

정답 9

Step 1 세 점 A, C, P를 지나는 원의 넓이를 구한다.

두 점 A, C 사이의 거리는

$\overline{AC}=\sqrt{(3-0)^2+(4-0)^2+(5-1)^2}=\sqrt{41}$

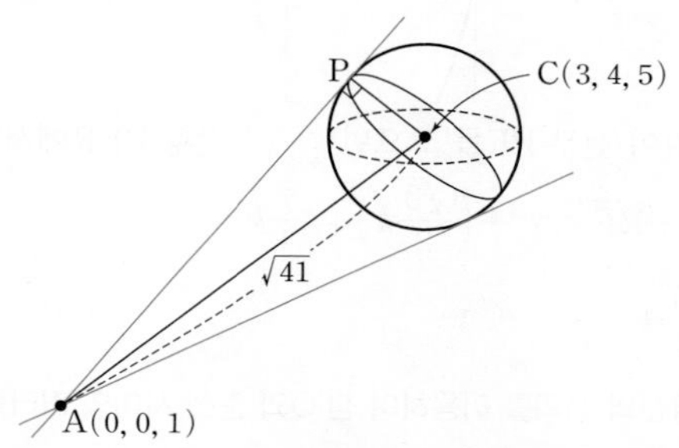

위 그림과 같이 구에 접하는 직선과 구의 반지름은 서로 수직이므로 삼각형 ACP는 직각삼각형이다. ($\angle APC=90°$)

세 점 A, C, P를 지나는 원, 즉 삼각형 ACP의 외접원은 지름이 선분 AC인 원이므로 원의 반지름의 길이는

$\frac{1}{2}\overline{AC}=\frac{\sqrt{41}}{2}$

지름에 대한 원주각의 크기가 90°임을 역으로 이용한 거야.

따라서 원의 넓이는

$\pi\times\left(\frac{\sqrt{41}}{2}\right)^2=\frac{41}{4}\pi$

Step 2 정사영의 넓이가 최대가 되는 경우를 구한다.

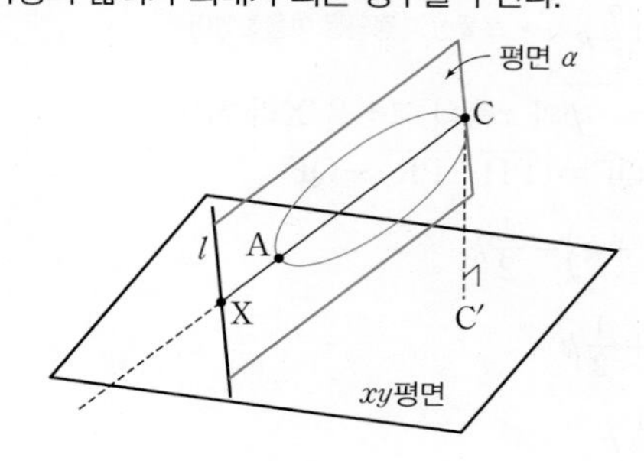

위 그림과 같이 세 점 A, C, P를 지나는 원이 존재하는 평면을 α, 직선 AC와 xy평면이 만나는 점을 X, 평면 α와 xy평면의 교선을 l이라 하자.

평면 α는 반드시 직선 AC를 포함하므로 평면 α와 xy평면은 반드시 점 X를 지난다. (평면 α 위의 원이 선분 AC를 지름으로 하기 때문!)

즉, 평면 α와 xy평면의 교선 l이 반드시 점 X를 지난다.

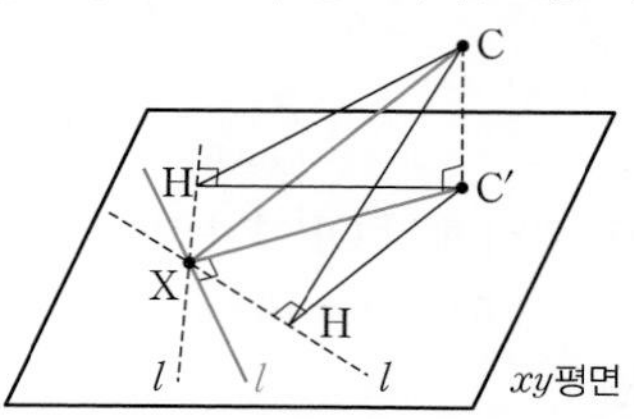

위 그림과 같이 점 C에서 xy평면에 내린 수선의 발을 C′, 점 C′에서 직선 l에 내린 수선의 발을 H라 하면 삼수선의 정리에 의하여 직선 l과 선분 CH는 서로 수직이다. (Step 1에서 구한 원과 xy평면이 이루는 각의 크기이기도 해.)

즉, 평면 α와 xy평면이 이루는 각의 크기를 θ라 하면 이면각의 정의에 의하여 $\theta=\angle CHC'$이다. (이면각의 크기가 작을수록 $\cos\theta$의 값이 커지므로 정사영의 넓이 $S'=S\cos\theta$가 최대가 돼.)

이때 직각삼각형 CHC′에서 $\tan\theta=\frac{\overline{CC'}}{\overline{C'H}}$이고 선분 CC′의 길이는 일정하므로 선분 C′H의 길이가 최대가 될 때 $\tan\theta$의 값, 즉 θ의 크기가 최소가 된다. ($0<\theta<\frac{\pi}{2}$일 때 θ의 크기가 커지면 $\tan\theta$의 값이 커짐을 이용한 거야.)

선분 C′H의 길이가 최대이려면 점 C′에서 직선 l에 내린 수선의 발 H가 점 X와 같아야 하고 이때의 θ의 크기는 직선 AC와 xy평면이 이루는 각의 크기와 같다.

즉, 평면 α와 xy평면이 이루는 각의 크기가 직선 AC와 xy평면이 이루는 각의 크기와 같을 때, 원의 xy평면 위로의 정사영의 넓이가 최대가 된다.

Step 3 직선 AC와 xy평면이 이루는 각의 크기를 θ_1이라 하고 $\cos\theta_1$의 값을 구한다.

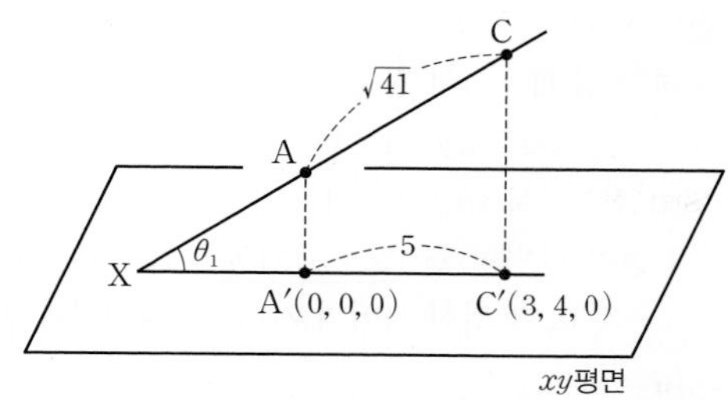

점 A에서 xy평면에 내린 수선의 발을 A′이라 하면 A′(0, 0, 0)

이때 C′(3, 4, 0)이므로 선분 A′C′의 길이는

$\overline{A'C'}=\sqrt{(3-0)^2+(4-0)^2+(0-0)^2}=5$ (z좌표를 0으로 만들어 주었어.)

따라서 직선 AC와 xy평면이 이루는 각의 크기를 θ_1이라 하면

$\cos\theta_1=\frac{\overline{A'C'}}{\overline{AC}}=\frac{5}{\sqrt{41}}$ ($\overline{A'C'}$이 $\overline{AC}$의 xy평면 위로의 정사영임을 기억해!)

Step 4 세 점 A, C, P를 지나는 원의 xy평면 위로의 정사영의 넓이의 최댓값을 구한다.

세 점 A, C, P를 지나는 원의 xy평면 위로의 정사영의 넓이의 최댓값은

$\frac{41}{4}\pi\times\cos\theta_1=\frac{41}{4}\pi\times\frac{5}{\sqrt{41}}=\frac{5}{4}\sqrt{41}\pi$

따라서 $p=4$, $q=5$이므로

$p+q=4+5=9$

26회 2021학년도 대학수학능력시험 정답과 해설

1	③	2	①	3	②	4	①	5	⑤
6	①	7	②	8	②	9	③	10	②
11	①	12	⑤	13	③	14	④	15	③
16	12	17	2	18	15	19	36	20	6
21	13	22	39						

확률과 통계				23	②	24	④	25	②
26	⑤	27	③	28	④	29	587	30	201

미적분				23	②	24	①	25	②
26	①	27	②	28	⑤	29	72	30	29

기하				23	③	24	⑤	25	①
26	③	27	⑤	28	⑤	29	12	30	53

01 [정답률 94%] 정답 ③

Step 1 x^2+2x-8을 인수분해하여 극한값을 구한다.

$$\lim_{x\to2}\frac{x^2+2x-8}{x-2}=\lim_{x\to2}\frac{(x-2)(x+4)}{x-2}=\lim_{x\to2}(x+4)=6$$

→ $2+4$

02 [정답률 90%] 정답 ①

Step 1 삼각함수 사이의 관계를 이용하여 $\cos\theta$의 값을 구한다.

$\sin^2\theta+\cos^2\theta=1$에서 → 모든 θ에 대하여 성립하는 식이야.

$\cos^2\theta=1-\sin^2\theta=1-\left(\frac{\sqrt{21}}{7}\right)^2=\frac{28}{49}$

$\therefore \cos\theta=\pm\frac{2\sqrt7}{7}$

→ θ의 범위에 따라 $\cos\theta$의 부호가 바뀜에 주의해야 해.

이때 $\frac{\pi}{2}<\theta<\pi$인 θ에 대하여 $\cos\theta<0$이므로 $\cos\theta=-\frac{2\sqrt7}{7}$

Step 2 $\tan\theta$의 값을 구한다.

→ $\sqrt{21}=\sqrt3\times\sqrt7$이므로 $\sqrt7$로 약분

$$\tan\theta=\frac{\sin\theta}{\cos\theta}=\frac{\frac{\sqrt{21}}{7}}{-\frac{2\sqrt7}{7}}=-\frac{\sqrt{21}}{2\sqrt7}=-\frac{\sqrt3}{2}$$

03 [정답률 90%] 정답 ②

Step 1 $-1\le\cos x\le1$임을 이용한다.

$-1\le\cos x\le1$이므로 $-1\le4\cos x+3\le7$

→ $-4\le4\cos x\le4$

따라서 $-1\le f(x)\le7$이므로 함수 $f(x)$의 최댓값은 7이다.

04 [정답률 93%] 정답 ①

Step 1 함수 $f(x)$의 도함수 $f'(x)$를 구한다.

함수 $f(x)$가 모든 x의 값에서 미분가능하므로 $f'(x)=4x^3+3$

Step 2 미분계수 $f'(2)$의 값을 구한다.

$\therefore f'(2)=4\times2^3+3=32+3=35$

함수 $y=ax^n$(n은 자연수, a는 실수)과 상수함수의 도함수
$y=ax^n$이면 $y'=anx^{n-1}$
$y=c$(c는 상수)이면 $y'=0$

✪ 다른 풀이 미분계수의 정의를 이용하는 풀이

Step 1 함수 $f(x)$가 미분가능함을 이용하여 $f'(2)$의 값을 구한다.

함수 $f(x)$가 미분가능하므로

$$\begin{aligned}f'(2)&=\lim_{x\to2}\frac{f(x)-f(2)}{x-2}\\&=\lim_{x\to2}\frac{(x^4+3x-2)-(2^4+3\times2-2)}{x-2}\\&=\lim_{x\to2}\frac{x^4+3x-2-20}{x-2}\\&=\lim_{x\to2}\frac{x^4+3x-22}{x-2}\\&=\lim_{x\to2}\frac{(x-2)(x^3+2x^2+4x+11)}{x-2}\\&=\lim_{x\to2}(x^3+2x^2+4x+11)\\&=2^3+2\times2^2+4\times2+11=35\end{aligned}$$

05 [정답률 86%] 정답 ⑤

Step 1 지수에 미지수를 포함한 부등식의 해를 구한다.

$\left(\frac{1}{9}\right)^x<3^{21-4x}$에서 $\left(\frac{1}{9}\right)^x=3^{-2x}$이므로

$3^{-2x}<3^{21-4x}$

이때, (밑)$=3$이므로

$-2x<21-4x$

→ 지수함수 $y=a^x$ $(a>0, a\ne1)$에 대하여 다음이 성립한다.
i) $a>1$일 때 $a^{x_1}>a^{x_2} \iff x_1>x_2$
ii) $0<a<1$일 때 $a^{x_1}>a^{x_2} \iff x_1<x_2$

$-2x+4x<21$, $2x<21$

$\therefore x<\frac{21}{2}$

따라서 부등식 $\left(\frac{1}{9}\right)^x<3^{21-4x}$을 만족시키는 자연수 x는 1, 2, 3, $\cdots$, 9, 10으로 10개이다.

06 [정답률 80%] 정답 ①

Step 1 다항함수의 미분을 이용하여 접선의 기울기를 구한다.

$y=x^3-3x^2+2x+2$에서 $y'=3x^2-6x+2$ → $y=x^n$(n은 자연수)에서 $y'=nx^{n-1}$

이때 점 A(0, 2)에서의 접선의 기울기는 $0-0+2=2$

→ $y'=3x^2-6x+2$에 $x=0$ 대입

Step 2 서로 수직인 직선의 기울기의 곱이 -1임을 이용하여 직선의 방정식을 구한다.

곡선 $y=x^3-3x^2+2x+2$ 위의 점 A에서의 접선과 수직인 직선의 방정식을 $y=ax+b$라 하면

$2\times a=-1$

→ 구하는 직선의 기울기
→ 점 A에서의 접선의 기울기

$\therefore a=-\frac{1}{2}$ ······ ㉠

이 직선은 점 A(0, 2)를 지나므로

$2=0+b$

→ $y=ax+b$에 $x=0$, $y=2$를 대입했어!

$\therefore b=2$ ······ ㉡

Step 3 x절편을 구한다.

㉠, ㉡으로부터 직선의 방정식은 $y=-\frac{1}{2}x+2$

따라서 이 직선의 x절편은 $-\frac{2}{-\frac{1}{2}}=4$이다.

→ 직선 $y=cx+d$의 x절편은 $-\frac{d}{c}$야!

07 [정답률 93%]

정답 ②

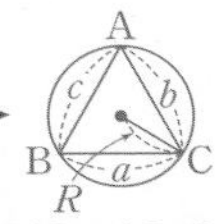

$\dfrac{a}{\sin A}=\dfrac{b}{\sin B}=\dfrac{c}{\sin C}=2R$

Step 1 사인법칙을 이용하여 선분 BC의 길이를 구한다.

삼각형 ABC의 외접원의 반지름의 길이가 7이므로 사인법칙에 의하여

$\dfrac{\overline{BC}}{\sin A}=2\times 7,\ \dfrac{\overline{BC}}{\sin\frac{\pi}{3}}=14$

$\overline{BC}=14\times\sin\frac{\pi}{3}=14\times\frac{\sqrt{3}}{2}=7\sqrt{3}$

Step 2 코사인법칙을 이용하여 k^2의 값을 구한다.

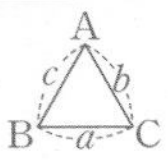

$\cos A=\dfrac{b^2+c^2-a^2}{2bc}$

$\overline{AB}:\overline{AC}=3:1$이고 $\overline{AC}=k\ (k>0)$이므로 $\overline{AB}=3k$이다.

따라서 삼각형 ABC에서 코사인법칙에 의하여

$\cos A=\dfrac{\overline{AB}^2+\overline{AC}^2-\overline{BC}^2}{2\times\overline{AB}\times\overline{AC}}$

$\cos\frac{\pi}{3}=\dfrac{(3k)^2+k^2-(7\sqrt{3})^2}{2\times 3k\times k}$

$\dfrac{1}{2}=\dfrac{10k^2-147}{6k^2}$

$3k^2=10k^2-147$

$7k^2=147$

$k^2=21$

$\therefore\ \overline{AC}=k=\sqrt{21}$

08 [정답률 81%]

정답 ②

Step 1 $\sum\limits_{k=1}^{n}(a_k-a_{k+1})=-n^2+n$의 좌변을 전개하여 식을 간단히 한다.

$\sum\limits_{k=1}^{n}(a_k-a_{k+1})$

$=(a_1-a_2)+(a_2-a_3)+\cdots+(a_n-a_{n+1})$ ← 덧셈의 결합법칙에 의하여 식을 간단히 할 수 있어.

$=a_1+\underbrace{(-a_2+a_2)}_{=0}+\underbrace{(-a_3+a_3)}_{=0}+\cdots+\underbrace{(-a_n+a_n)}_{=0}-a_{n+1}$

$=a_1-a_{n+1}$

$=1-a_{n+1}=-n^2+n$

이므로 $a_{n+1}=n^2-n+1$ $\cdots\cdots$ ㉠

Step 2 a_{11}의 값을 구한다.

㉠에 $n=10$을 대입하면 $a_{11}=10^2-10+1=91$

→ a_{11}의 값을 구하기 위해 $n=11$을 대입하면 안 돼. ㉠은 a_{n+1}임에 주의해.

09 [정답률 82%]

정답 ③

Step 1 속도 $v(t)$를 이용하여 점 P가 움직인 거리를 구한다.

$v(t)=2t-6$이므로 $t=3$부터 $t=k\,(k>3)$까지 점 P가 움직인 거리는

$\int_3^k|2t-6|\,dt=\int_3^k(2t-6)\,dt$

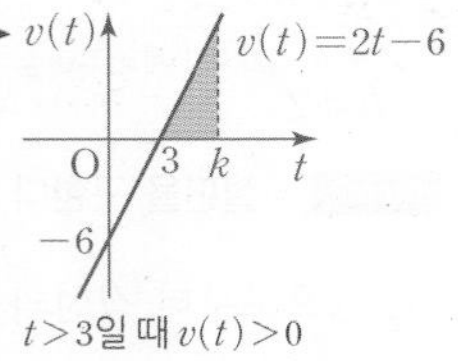

$t>3$일 때 $v(t)>0$

$=\Big[t^2-6t\Big]_3^k$

$=(k^2-6k)-(3^2-6\times 3)$

$=k^2-6k+9=25$

Step 2 상수 k의 값을 구한다.

$k^2-6k-16=0,\ (k+2)(k-8)=0$

$k=-2$ 또는 $k=8$

$\therefore\ k=8\ (\because\ k>3)$

10 [정답률 68%]

정답 ②

Step 1 주어진 삼각방정식을 변형한다.

$4\sin^2 x-4\cos\left(\frac{\pi}{2}+x\right)-3=0$

$4\sin^2 x+4\sin x-3=0$ ← 암기 $\cos\left(\frac{\pi}{2}\pm\theta\right)=\mp\sin\theta$ (복호동순)

$(2\sin x-1)(2\sin x+3)=0$

$\therefore\ \sin x=\frac{1}{2}\ (\because\ -1\le\sin x\le 1)$

Step 2 방정식의 모든 실근의 합을 구한다.

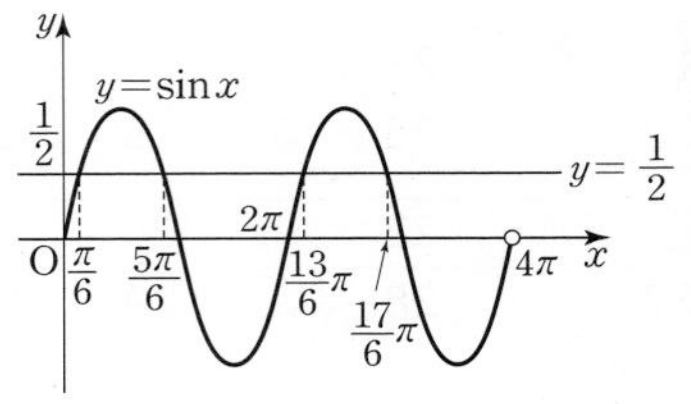

이때 $0\le x<4\pi$이므로 $x=\frac{\pi}{6},\ \frac{5}{6}\pi,\ \frac{13}{6}\pi,\ \frac{17}{6}\pi$

따라서 모든 해의 합은 $\frac{\pi}{6}+\frac{5}{6}\pi+\frac{13}{6}\pi+\frac{17}{6}\pi=6\pi$

11 [정답률 69%]

정답 ①

Step 1 $f(0)$과 $g(0)$의 값을 각각 구한다.

$\lim\limits_{x\to 0}\dfrac{f(x)+g(x)}{x}=3$에서 $\lim\limits_{x\to 0}x=0$이므로 $\lim\limits_{x\to 0}\{f(x)+g(x)\}=0$

$\therefore\ f(0)+g(0)=0$ $\cdots\cdots$ ㉠

$\lim\limits_{x\to 0}\dfrac{f(x)+3}{xg(x)}=2$에서 $\lim\limits_{x\to 0}xg(x)=0$이므로 $\lim\limits_{x\to 0}\{f(x)+3\}=0$

$f(0)+3=0$ $\quad\therefore\ f(0)=-3$

→ $f(x)$와 $g(x)$는 다항함수니까 연속함수야!

따라서 ㉠에서 $g(0)=3$

Step 2 $f'(0)$과 $g'(0)$의 값을 각각 구한다.

$\lim\limits_{x\to 0}\dfrac{f(x)+g(x)}{x}$

$=\lim\limits_{x\to 0}\dfrac{f(x)+3+g(x)-3}{x}$

$=\lim\limits_{x\to 0}\dfrac{f(x)-f(0)}{x}+\lim\limits_{x\to 0}\dfrac{g(x)-g(0)}{x}$ ← $f(x)$와 $g(x)$는 다항함수이므로 미분가능해서 미분계수의 값이 존재해.

$=f'(0)+g'(0)$

$\therefore\ f'(0)+g'(0)=3$ $\cdots\cdots$ ㉡

$\lim\limits_{x\to 0}\dfrac{f(x)+3}{xg(x)}$

$=\lim\limits_{x\to 0}\dfrac{f(x)-f(0)}{x}\times\lim\limits_{x\to 0}\dfrac{1}{g(x)}$

$=f'(0)\times\dfrac{1}{g(0)}$

$=\dfrac{f'(0)}{3}$

$=2$

따라서 $f'(0)=6$이므로 ㉡에서 $g'(0)=-3$

Step 3 $h'(0)$의 값을 구한다.

곱의 미분법에 의해

$h'(x)=f'(x)g(x)+f(x)g'(x)$이므로

$h'(0)=f'(0)g(0)+f(0)g'(0)$

$=6\times 3+(-3)\times(-3)$

$=18+9$

$=27$

12 [정답률 83%] 정답 ⑤

Step 1 $\frac{A_3}{A_1}=16$임을 이용하여 d의 값을 구한다.

$A_n=\frac{1}{2}(a_{n+1}-a_n)(2^{a_{n+1}}-2^{a_n})$이고, $a_1=1$, $a_{n+1}-a_n=d$이므로

$$\frac{A_3}{A_1}=\frac{\frac{1}{2}(a_4-a_3)(2^{a_4}-2^{a_3})}{\frac{1}{2}(a_2-a_1)(2^{a_2}-2^{a_1})}=\frac{\frac{1}{2}\times d\times(2^{1+3d}-2^{1+2d})}{\frac{1}{2}\times d\times(2^{1+d}-2^1)}$$

→ $a_{n+1}-a_n=d$에 $n=1$을 대입하면 $a_2-a_1=d$

$$=\frac{2^{1+2d}(2^d-1)}{2(2^d-1)}=2^{2d}=16$$

→ $\frac{2^{1+2d}}{2}=2^{(1+2d)-1}=2^{2d}$

$2^{2d}=2^4$ $\therefore d=2$

→ $2d=4$

Step 2 수열 $\{a_n\}$의 일반항을 구한다.

수열 $\{a_n\}$은 첫째항이 1이고, 공차가 2인 등차수열이므로

$a_n=1+(n-1)\times2=2n-1$

→ $a_1+(n-1)d$

Step 3 A_n을 n을 이용한 식으로 나타내고, $p+\frac{g(4)}{f(2)}$의 값을 구한다.

$A_n=\frac{1}{2}(a_{n+1}-a_n)(2^{a_{n+1}}-2^{a_n})=2^{2n+1}-2^{2n-1}$

→ $a_{n+1}-a_n=d=2$, $a_{n+1}=2(n+1)-1=2n+1$

따라서 $p=2$, $f(n)=2n-1$, $g(n)=2^{2n+1}-2^{2n-1}$이므로

$$p+\frac{g(4)}{f(2)}=2+\frac{2^9-2^7}{3}=2+\frac{2^7(2^2-1)}{3}=2+2^7=130$$

13 [정답률 50%] 정답 ③

Step 1 두 함수 $y=\log_a x$와 $y=\log_{4a} x$의 그래프를 그리고 점 A, B, C, D의 좌표를 구한다.

$\frac{1}{4}<a<1$에서 $1<4a<4$이므로 $y=\log_a x$와 $y=\log_{4a} x$의 그래프는 다음 그림과 같이 그려진다.

→ 로그함수의 밑에 따라 그래프의 모양이 다르게 그려지므로 주의해야 해!

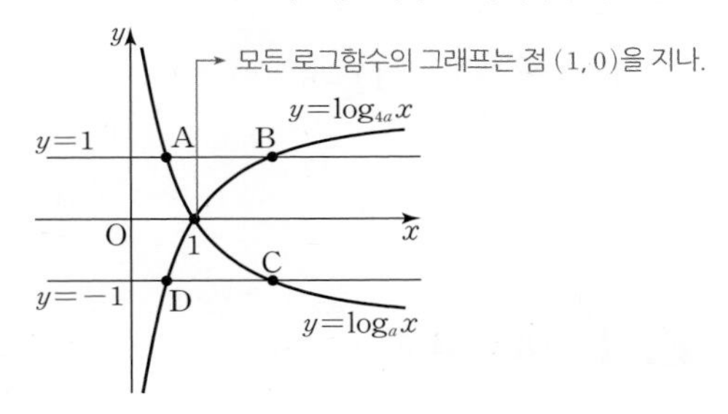

이때 점 A, B, C, D의 좌표는 각각 A$(a, 1)$, B$(4a, 1)$, C$\left(\frac{1}{a}, -1\right)$, D$\left(\frac{1}{4a}, -1\right)$이다.

> 두 점 A(a, b), B(c, d)에 대하여 선분 AB를 $m:n$으로 외분하는 점 C
> C$\left(\frac{mc-na}{m-n}, \frac{md-nb}{m-n}\right)$

Step 2 ㄱ, ㄴ, ㄷ의 참, 거짓을 판별한다.

ㄱ. 선분 AB를 1 : 4로 외분하는 점의 좌표는 $\left(\frac{4a-4a}{1-4}, \frac{1-4}{1-4}\right)$,

즉 $(0, 1)$이다. (참)

ㄴ. 사각형 ABCD가 직사각형이면 점 A와 점 D의 x좌표가 같으므로

$a=\frac{1}{4a}$, $4a^2=1$

→ 이 경우에 점 B와 C의 x좌표는 같아져.

$a^2=\frac{1}{4}$ $\therefore a=\frac{1}{2}\left(\because a>\frac{1}{4}\right)$ (참)

ㄷ. $\overline{AB}=4a-a=3a$, $\overline{CD}=\frac{1}{a}-\frac{1}{4a}=\frac{3}{4a}$

$\overline{AB}<\overline{CD}$이면 $3a<\frac{3}{4a}$에서 $a^2<\frac{1}{4}$

$\therefore \frac{1}{4}<a<\frac{1}{2}\left(\because a>\frac{1}{4}\right)$ (거짓)

따라서 옳은 것은 ㄱ, ㄴ이다.

14 [정답률 22%] 정답 ④

Step 1 함수 $g(x)$가 오직 하나의 극값을 갖는 경우를 파악한다.

$g(x)=x^2\int_0^x f(t)dt-\int_0^x t^2f(t)dt$에서

$g'(x)=2x\int_0^x f(t)dt+x^2f(x)-x^2f(x)=2x\int_0^x f(t)dt$

→ $g'(k)=0$이라 해서 함수 $g(x)$가 항상 $x=k$에서 극값을 갖는 것은 아니므로 $x=k$의 좌우에서 $g'(x)$의 부호 변화가 있는지 확인해야 해!

함수 $f(x)$의 한 부정적분 $F(x)$에 대하여

$y=\int_0^x f(t)dt=F(x)-F(0)$이라 하면 이 함수의 그래프는 다음과 같다.

(i)

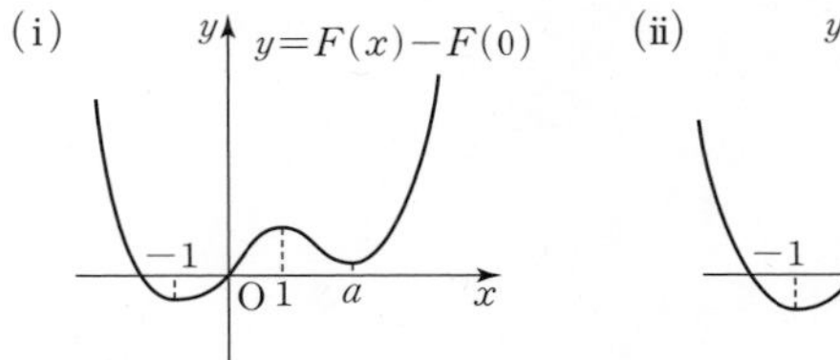

(ii)

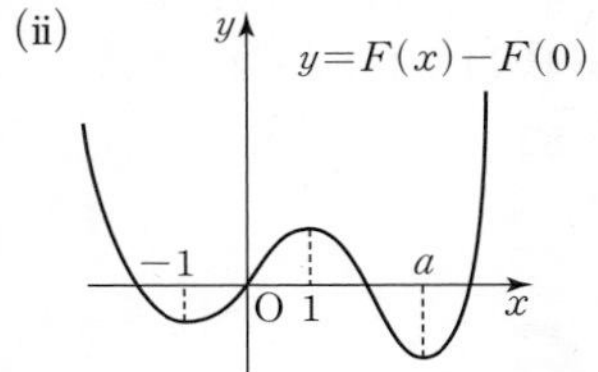

이때 함수 $g(x)$가 오직 하나의 극값을 가져야 하므로 (i)의 경우가 적합하다.

Step 2 a의 최댓값을 구한다.

$g'(x)=2x\int_0^x f(t)dt$에서 $x<-1$일 때 부호 변화가 한 번 일어나므로 $\int_0^a f(t)dt\geq0$을 만족해야 한다.

$$\int_0^a(t+1)(t-1)(t-a)dt=\int_0^a(t^3-at^2-t+a)dt$$
$$=\left[\frac{1}{4}t^4-\frac{a}{3}t^3-\frac{1}{2}t^2+at\right]_0^a$$
$$=\frac{1}{4}a^4-\frac{1}{3}a^4-\frac{1}{2}a^2+a^2$$
$$=-\frac{1}{12}a^4+\frac{1}{2}a^2\geq0$$

$-\frac{1}{12}a^2(a^2-6)\geq0$에서 $a^2-6\leq0$, $-\sqrt{6}\leq a\leq\sqrt{6}$

$a>1$이므로 $1<a\leq\sqrt{6}$

따라서 a의 최댓값은 $\sqrt{6}$이다.

15 [정답률 51%] 정답 ③

Step 1 조건을 이용하여 a_1의 값을 구한다.

→ 조건 (가)에서 $n=1$일 때

$a_2=a_2\times a_1+1$, $a_2(1-a_1)=1$이므로

$a_2=\frac{1}{1-a_1}$

→ $0<a_1<1$이므로 $1-a_1>0$야. 즉, $1-a_1\neq0$이므로 양변을 $1-a_1$로 나누어도 괜찮아.

$a_3=a_2\times a_1-2$ → 조건 (나)에서 $n=1$일 때

$=\frac{a_1}{1-a_1}-2$

$=\frac{3a_1-2}{1-a_1}$

$a_7=a_2\times a_3-2$ → 조건 (나)에서 $n=3$일 때

$=\frac{1}{1-a_1}\times\frac{3a_1-2}{1-a_1}-2$

$=\frac{3a_1-2}{(1-a_1)^2}-2=2$

$\frac{3a_1-2}{(1-a_1)^2}=4$

$3a_1-2=4(1-a_1)^2$

$4a_1^2-11a_1+6=0$

$(4a_1-3)(a_1-2)=0$

$a_1=\frac{3}{4}$ 또는 $a_1=2$

$0<a_1<1$이므로 $a_1=\frac{3}{4}$

Step 2 a_1의 값을 이용하여 a_2, a_3의 값을 구한다.

$$a_2=\frac{1}{1-a_1}=\frac{1}{1-\frac{3}{4}}=4$$

$$a_3=\frac{3a_1-2}{1-a_1}=\frac{3\times\frac{3}{4}-2}{1-\frac{3}{4}}=1$$

Step 3 a_{25}의 값을 구한다.

$a_{25}=a_2\times a_{12}-2$ → 조건 (나)에서 $n=12$일 때

$=a_2\times(a_2\times a_6+1)-2$

$=a_2{}^2\times a_6+a_2-2$ → 조건 (가)에서 $n=6$일 때

$=a_2{}^2\times(a_2\times a_3+1)+a_2-2$

$=a_2{}^3\times a_3+a_2{}^2+a_2-2$ → 조건 (가)에서 $n=3$일 때

$=4^3\times1+4^2+4-2$

$=82$

16 [정답률 90%] 정답 12

Step 1 부정적분을 이용하여 $f(x)$를 구한다.

부정적분을 이용하면

$f(x)=\int f'(x)dx$

$=\int(3x^2+4x+5)dx$

$=x^3+2x^2+5x+C$ (단, C는 적분상수) → 적분상수를 붙이는 걸 잊으면 안 돼!

Step 2 $f(1)$의 값을 구한다.

이때 $f(0)=4$이므로 $C=4$

$\therefore f(1)=1+2+5+4=12$

17 [정답률 87%] 정답 2

Step 1 로그의 성질을 이용한다.

$\log_3 72-\log_3 8=\log_3\frac{72}{8}=\log_3 9=2$

→ $\log_a b-\log_a c=\log_a\frac{b}{c}$ → $=\log_3 3^2=2\log_3 3$

18 [정답률 76%] 정답 15

Step 1 두 함수의 그래프의 교점의 개수가 2가 되도록 하는 양수 k의 값을 구한다.

$f(x)=4x^3-12x+7$이라 하면 곡선 $y=f(x)$와 직선 $y=k$가 만나는 점의 개수가 2이므로 k는 함수 $f(x)$의 극댓값 또는 극솟값이다.

$f(x)=4x^3-12x+7$에서 $f'(x)=12x^2-12$이므로 $f'(x)=0$이 되도록 하는 x의 값은 $1, -1$이다.

따라서 함수 $f(x)$는 $x=-1$일 때 극댓값 15, $x=1$일 때 극솟값 -1을 가지므로 구하는 양수 k의 값은 15이다.

증가와 감소를 나타내는 표

x	$\cdots$	-1	$\cdots$	1	$\cdots$
$f'(x)$	+	0	−	0	+
$f(x)$	↗	15	↘	−1	↗

19 [정답률 72%] 정답 36

Step 1 곡선 $y=x^2-7x+10$과 직선 $y=-x+10$이 만나는 점의 x좌표를 구한다.

곡선 $y=x^2-7x+10$과 직선 $y=-x+10$의 교점은

$x^2-7x+10=-x+10$에서 $x^2-6x=0$

$\therefore x=0$ 또는 $x=6$

Step 2 닫힌구간 $[0, 6]$에서 곡선 $y=x^2-7x+10$과 직선 $y=-x+10$으로 둘러싸인 부분의 넓이를 구한다.

닫힌구간 $[0, 6]$에서 $x^2-7x+10\le-x+10$이므로 넓이를 S라 하면

$S=\int_0^6\{(-x+10)-(x^2-7x+10)\}dx$

$=\int_0^6(-x^2+6x)dx$

$=\left[-\frac{1}{3}x^3+3x^2\right]_0^6=\left(-\frac{1}{3}\times6^3+3\times6^2\right)-(0+0)$

$=-72+108=36$

20 [정답률 69%] 정답 6

Step 1 함수 $f(x)$가 $x=1$에서 연속임을 이용하여 a와 b의 값을 각각 구한다.

함수 $f(x)$가 $x=1$에서 연속이므로 극한값 $\lim_{x\to1}f(x)$가 존재해야 한다.

→ (i) 함수 $f(x)$가 $x=1$에서 정의되어 있음 → $f(1)$의 값이 존재함
(ii) 극한값 $\lim_{x\to1}f(x)$가 존재한다 → $\lim_{x\to1-}f(x)=\lim_{x\to1+}f(x)$
(iii) $\lim_{x\to1}f(x)=f(1)$

즉, $\lim_{x\to1-}f(x)=\lim_{x\to1+}f(x)$를 만족해야 한다.

$\lim_{x\to1-}f(x)=\lim_{x\to1-}(-3x+a)=-3+a$

$\lim_{x\to1+}f(x)=\lim_{x\to1+}\frac{x+b}{\sqrt{x+3}-2}=\lim_{x\to1+}\frac{(x+b)(\sqrt{x+3}+2)}{(\sqrt{x+3}-2)(\sqrt{x+3}+2)}$

$=\lim_{x\to1+}\frac{(x+b)(\sqrt{x+3}+2)}{(x+3)-4}$

$=\lim_{x\to1+}\frac{(x+b)(\sqrt{x+3}+2)}{x-1}$

이때 $\lim_{x\to1+}\frac{x+b}{\sqrt{x+3}-2}$의 극한값이 존재하고 (분모)→0이므로 (분자)→0이어야 한다.

즉 $1+b=0$에서 $b=-1$이므로

$\lim_{x\to1+}f(x)=\lim_{x\to1+}\frac{(x-1)(\sqrt{x+3}+2)}{x-1}=\lim_{x\to1+}(\sqrt{x+3}+2)=4$

따라서 $\lim_{x\to1-}f(x)=\lim_{x\to1+}f(x)$에서 $-3+a=4$

$\therefore a=7$

따라서 $a+b=7+(-1)=6$

21 [정답률 44%] 정답 13

Step 1 주어진 로그의 식을 간단히 정리한다.

주어진 식을 간단히 하면

$\log_4 2n^2-\frac{1}{2}\log_2\sqrt{n}$

$=\frac{1}{2}\log_2 2n^2-\frac{1}{2}\log_2\sqrt{n}$ ← 밑을 2로 통일했어.

$=\frac{1}{2}\log_2\frac{2n^2}{\sqrt{n}}=\frac{1}{2}\log_2 2n^{\frac{3}{2}}$ → $\frac{2n^2}{\sqrt{n}}=2\times\frac{n^2}{n^{\frac{1}{2}}}=2\times n^{2-\frac{1}{2}}=2n^{\frac{3}{2}}$

Step 2 조건을 만족시키는 자연수 n의 개수를 구한다.

주어진 식의 값이 40 이하의 자연수이어야 하므로 어떤 자연수 k에 대하여 $\frac{1}{2}\log_2 2n^{\frac{3}{2}}=k$로 놓고 정리하면

$\log_2 2n^{\frac{3}{2}}=2k$, $2n^{\frac{3}{2}}=2^{2k}$

$n^{\frac{3}{2}}=2^{2k-1}$ $\quad\therefore n=2^{\frac{4k-2}{3}}$

이때 n이 자연수가 되려면 2의 지수인 $\frac{4k-2}{3}$가 0 또는 자연수가 되어야 한다. → $4k-2$가 3의 배수이어야 해.

즉, 가능한 자연수 k는 2, 5, 8, 11, $\cdots$, 35, 38로 13개이고, 각각의 k의 값에 대하여 n의 값이 대응되므로 구하는 자연수 n의 개수는 13이다. ($3\times1-1$, $3\times2-1$, $3\times13-1$)

22 [정답률 7%]

정답 39

Step 1 $p(x)=f(x)-g(x)$라 하고 함수 $p(x)$의 식을 간단히 세운다.

두 함수 $f(x)$, $g(x)$에 대하여 $p(x)=f(x)-g(x)$라 하면 함수 $h(x)$의 식을 다음과 같이 놓을 수 있다.

$$h(x)=\begin{cases}|p(x)| & (x<1)\\ p(x)+2g(x) & (x\geq 1)\end{cases}$$

→ $f(x)+g(x)=\{f(x)-g(x)\}+2g(x)$

이때 $p(x)$는 최고차항의 계수가 1인 삼차함수이고 $x<1$에서 $h(x)=|p(x)|$이므로 함수 $h(x)$가 $x<1$에서 미분가능하려면 $p(x)$의 값이 0이 되는 x에서 함수 $|p(x)|$가 미분가능해야 한다.

문제의 조건에서 $p(0)=0$이므로 함수 $|p(x)|$가 $x=0$에서 미분가능하려면 다음 그림과 같이 함수 $y=p(x)$의 그래프가 $x=0$에서 x축에 접해야 한다.

→ 이때의 미분계수가 0이야.

→ x^2을 인수로 가져.

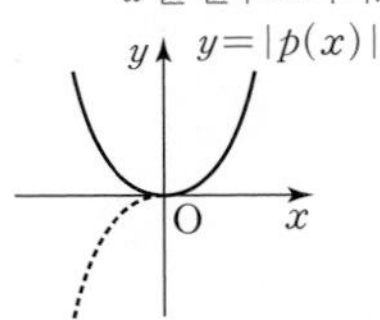

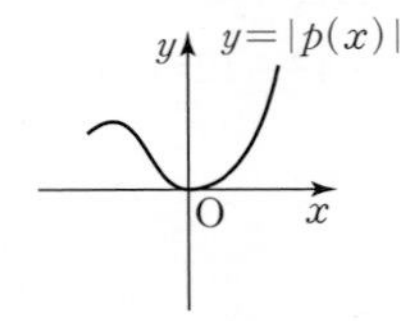

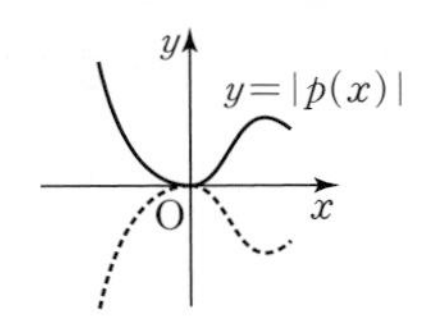

따라서 $p(x)=x^2(x-a)$와 같이 놓을 수 있다.

Step 2 조건을 만족시키는 a의 값의 범위를 확인한다.

이때 $a<0$ 또는 $0<a<1$이면 함수 $p(x)$의 그래프가 다음과 같이 그려져 $x<1$에서 함수 $|p(x)|$가 미분가능하지 않은 점이 생긴다.

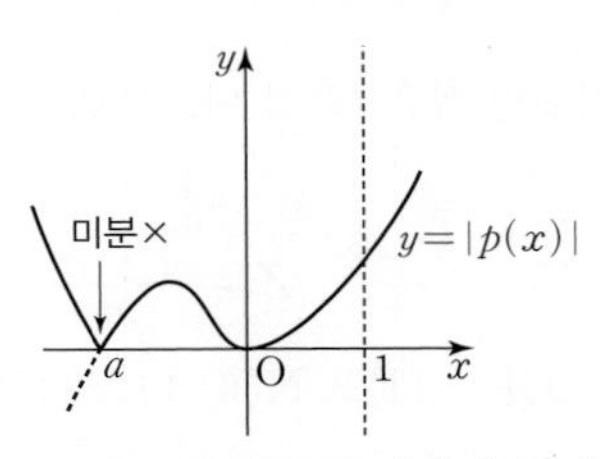

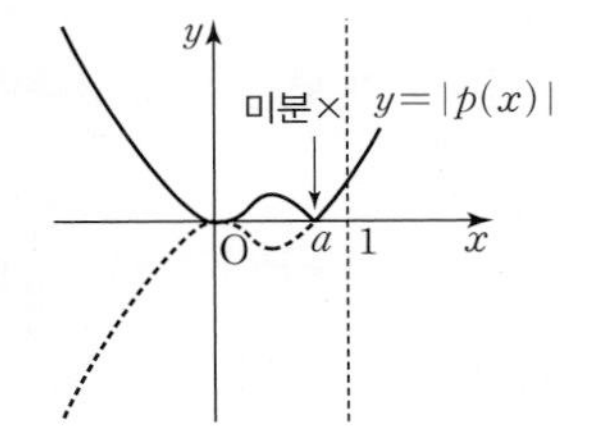

즉, $a=0$ 또는 $a\geq 1$이어야 한다.

각각의 a의 값에 따라 함수 $h(x)$가 $x=1$에서 미분가능한 경우가 생기는지 파악해보면 다음과 같다.

→ $a\geq 1$이면 미분불가능한 점이 $x<1$에 포함되지 않아.

(i) $a=0$일 때

$p(x)=x^3$이므로 $x\geq 0$인 모든 실수 x에 대하여 $p(x)\geq 0$이다.

이를 이용하면 함수 $h(x)$의 식을 다음과 같이 쓸 수 있다.

$$h(x)=\begin{cases}-p(x) & (x<0)\\ p(x) & (0\leq x<1)\\ p(x)+2g(x) & (x\geq 1)\end{cases}$$

함수 $h(x)$가 $x=1$에서 미분가능해야 하므로 $x=1$에서의 연속성을 먼저 확인해보면

→ $x=1$에서의 좌극한, 우극한, 함숫값이 모두 같아야 해.

$\lim_{x\to 1-}h(x)=\lim_{x\to 1-}p(x)=p(1)$,

$\lim_{x\to 1+}h(x)=\lim_{x\to 1+}\{p(x)+2g(x)\}=p(1)+2g(1)$

$h(1)=p(1)+2g(1)$

세 값이 모두 같아야 하므로

$p(1)=p(1)+2g(1)$ $\quad\therefore g(1)=0$

함수 $h(x)$를 미분하면

$$h'(x)=\begin{cases}-p'(x) & (x<0)\\ p'(x) & (0<x<1)\\ p'(x)+2g'(x) & (x>1)\end{cases}$$

$x=1$에서의 좌미분계수와 우미분계수를 비교해보면

→ 두 값이 같아야 $x=1$에서 미분가능해.

$\lim_{x\to 1-}h'(x)=\lim_{x\to 1-}p'(x)=p'(1)$

$\lim_{x\to 1+}h'(x)=\lim_{x\to 1+}\{p'(x)+2g'(x)\}=p'(1)+2g'(1)$

두 값이 같아야 하므로

$p'(1)=p'(1)+2g'(1)$ $\quad\therefore g'(1)=0$

이때 함수 $g(x)$는 일차함수이므로 그래프의 기울기가 0이 되는 점이 존재하지 않는다.

→ 미분계수와 같아.

즉, $g'(1)\neq 0$이므로 구한 조건에 모순이다.

(ii) $a\geq 1$일 때

$p(x)=x^2(x-a)$에서 $x<a$인 모든 실수 x에 대하여 $p(x)\leq 0$이다.

이를 이용하면 함수 $h(x)$의 식을 다음과 같이 쓸 수 있다.

$$h(x)=\begin{cases}-p(x) & (x<1)\\ p(x)+2g(x) & (x\geq 1)\end{cases}$$

함수 $h(x)$가 $x=1$에서 미분가능해야 하므로 $x=1$에서의 연속성을 먼저 확인해보면

$\lim_{x\to 1-}h(x)=\lim_{x\to 1-}\{-p(x)\}=-p(1)$,

$\lim_{x\to 1+}h(x)=\lim_{x\to 1+}\{p(x)+2g(x)\}=p(1)+2g(1)$

$h(1)=p(1)+2g(1)$

세 값이 모두 같아야 하므로

$-p(1)=p(1)+2g(1)$, $2p(1)+2g(1)=0$

$\therefore p(1)+g(1)=0$ $\quad\cdots\cdots$ ㉠

함수 $h(x)$를 미분하면

$$h'(x)=\begin{cases}-p'(x) & (x<1)\\ p'(x)+2g'(x) & (x>1)\end{cases}$$

$x=1$에서의 좌미분계수와 우미분계수를 비교해보면

$\lim_{x\to 1-}h'(x)=\lim_{x\to 1-}\{-p'(x)\}=-p'(1)$

$\lim_{x\to 1+}h'(x)=\lim_{x\to 1+}\{p'(x)+2g'(x)\}=p'(1)+2g'(1)$

두 값이 같아야 하므로

$-p'(1)=p'(1)+2g'(1)$, $2p'(1)+2g'(1)=0$

$\therefore p'(1)+g'(1)=0$ $\quad\cdots\cdots$ ㉡

즉, (i), (ii)에서 $a\geq 1$이고 조건 ㉠, ㉡을 만족시키는 경우를 확인해야 함을 알 수 있다.

→ 실제로 $f(x)=p(x)+g(x)$이니까 $f(1)=0$, $f'(1)=0$임을 이용할 수도 있어.

Step 3 두 함수 $p(x)$, $g(x)$의 식을 구한다.

함수 $p(x)=x^2(x-a)=x^3-ax^2$을 미분하면

$p'(x)=3x^2-2ax$

일차함수 $g(x)$를 $g(x)=mx+n$이라 하면 $g'(x)=m$

따라서 ㉠에서 $p(1)+g(1)=(1-a)+(m+n)=0$

$\therefore a=1+m+n$ $\quad\cdots\cdots$ ㉢

㉡에서 $p'(1)+g'(1)=(3-2a)+m=0$, $2a=3+m$

$\therefore a=\frac{3}{2}+\frac{m}{2}$ $\quad\cdots\cdots$ ㉣

또한 $h(2)=p(2)+2g(2)=5$이므로

$(8-4a)+2\times(2m+n)=5$

$8-4a+4m+2n=5$, $4a=4m+2n+3$

$\therefore a=m+\frac{1}{2}n+\frac{3}{4}$ $\quad\cdots\cdots$ ㉤

㉢－㉤을 하면

→ 구한 관계식을 연립할 때 실수하지 않도록 해.

$0=(1+n)-\left(\frac{1}{2}n+\frac{3}{4}\right)$, $\frac{1}{2}n=-\frac{1}{4}$

$\therefore n=-\frac{1}{2}$

이를 ㉢에 대입하면

$a=1+m-\frac{1}{2}=m+\frac{1}{2}$

이 식과 ㉣을 비교해보면

$\frac{3}{2}+\frac{m}{2}=m+\frac{1}{2}$, $\frac{m}{2}=1$

$\therefore m=2$

이를 ㉣에 대입하면

$a=\frac{3}{2}+\frac{2}{2}=\frac{5}{2}$

따라서 $p(x)=x^2\left(x-\frac{5}{2}\right)$, $g(x)=2x-\frac{1}{2}$이다.

Step 4 $h(4)$의 값을 구한다.

$h(4)=p(4)+2g(4)$

$=4^2\times\left(4-\frac{5}{2}\right)+2\times\left(8-\frac{1}{2}\right)$

$=16\times\frac{3}{2}+15=39$

확률과 통계

23 [정답률 83%]

정답 ②

Step 1 두 사건 A, B가 서로 독립임을 이용한다.

$P(A|B)=P(B)$에서 $\frac{P(A\cap B)}{P(B)}=P(B)$

$\{P(B)\}^2=P(A\cap B)=\frac{1}{9}$

$\therefore P(B)=\frac{1}{3}$ → 확률은 0 이상 1 이하의 값만 가능해.

두 사건 A, B가 서로 독립이므로 $P(A\cap B)=P(A)P(B)$

→ $\frac{1}{9}=P(A)\times\frac{1}{3}$

$\therefore P(A)=\frac{1}{3}$

24 [정답률 83%]

정답 ④

Step 1 표본평균의 평균과 표준편차를 구한다.

모평균과 표본평균의 평균 $E(\overline{X})$는 같으므로 $E(\overline{X})=20$

→ $E(X)=20$ / 모표준편차 $\sigma(X)=5$

표본의 크기가 16인 표본평균의 표준편차는 $\sigma(\overline{X})=\frac{5}{\sqrt{16}}=\frac{5}{4}$

→ 표본의 크기가 n일 때 $\sigma(\overline{X})=\frac{\sigma(X)}{\sqrt{n}}$

Step 2 $E(\overline{X})+\sigma(\overline{X})$의 값을 구한다.

$E(\overline{X})+\sigma(\overline{X})=20+\frac{5}{4}=\frac{85}{4}$

정규분포를 따르는 모집단에서 크기가 16인 표본을 임의추출하여 구한 표본평균 $\overline{X}$도 역시 정규분포를 따라. 즉, 표본평균 $\overline{X}$는 정규분포 $N\left(20, \left(\frac{5}{4}\right)^2\right)$을 따르지.

25 [정답률 89%]

정답 ②

Step 1 주사위를 3번 던졌을 때 각 눈의 수의 곱이 4가 되는 경우를 구한다.

각 눈의 수를 모두 곱하였을 때 4가 나오는 경우는 $(4, 1, 1)$, $(2, 2, 1)$이다.

이때 주사위를 세 번 던져 나오는 눈의 수를 차례로 a, b, c라 하면 순서쌍 (a, b, c)의 경우의 수는 각각 $\frac{3!}{2!}$, $\frac{3!}{2!}$으로 6이다.

→ 같은 것이 있는 순열의 수를 이용해 $(4, 1, 1)$, $(2, 2, 1)$을 나열한 거야.

Step 2 $a\times b\times c=4$일 확률을 구한다.

(전체 경우의 수)$=6\times6\times6=216$

$\therefore \frac{\text{(눈의 수의 곱이 4가 되는 경우의 수)}}{\text{(전체 경우의 수)}}=\frac{6}{216}=\frac{1}{36}$

→ 주사위를 한 번 던졌을 때 나올 수 있는 경우의 수는 6이야.

26 [정답률 69%]

정답 ⑤

Step 1 문제 조건을 이해한다.

$f(1)$의 값은 X의 원소 1, 2, 3, 4 중에서 1개를 선택하면 된다.

$f(2)$, $f(3)$, $f(4)$의 값은 X의 원소 1, 2, 3, 4 중에서 중복을 허락하여 3개 선택한 후 크지 않은 것부터 차례로 대응시키면 된다.

→ 3개를 선택하면 $f(2)\le f(3)\le f(4)$에 맞춰 대응되기 때문에 우리가 순서를 고려해 줄 필요는 없어.

Step 2 함수 f의 개수를 구한다.

따라서 함수 f의 개수는

${}_4C_1\times{}_4H_3={}_4C_1\times{}_6C_3$ → ${}_nH_r={}_{n+r-1}C_r$

$=4\times\frac{6\times5\times4}{3\times2\times1}$ (곱의 법칙)

$=80$

27 [정답률 86%]

정답 ③

Step 1 원순열의 수를 이용하여 조건 (가)를 만족하는 경우의 수를 구한다.

조건 (가)에서 A와 B가 이웃하므로 A, B를 한 묶음으로 생각하면 서로 다른 5개를 원형으로 배열하는 원순열의 수와 같고, A와 B가 자리를 바꿀 수 있으므로 경우의 수는

→ 서로 다른 n개를 원형으로 배열하는 원순열의 수는 $\frac{n!}{n}=(n-1)!$

$(5-1)!\times2=4!\times2=24\times2=48$ → 곱의 법칙

Step 2 조건 (가)를 만족하지만 조건 (나)를 만족하지 않는 경우의 수를 구한다.

조건 (가)를 만족하지만 조건 (나)를 만족하지 않는 경우는 다음 그림과 같다.

→ 즉, B와 C가 이웃하는 경우야.

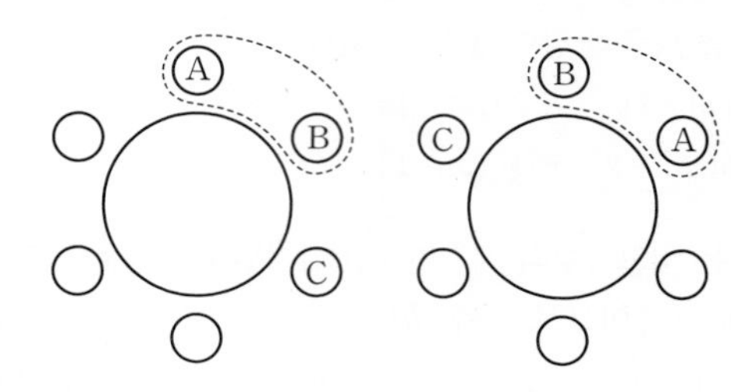

즉, 6명의 학생에서 세 학생 A, B, C를 제외한 3명의 학생을 나열하는 것과 같고 2가지 경우가 있으므로 경우의 수는

$3!\times2=6\times2=12$

Step 3 여사건을 이용하여 답을 구한다.

따라서 구하는 경우의 수는 $48-12=36$

28 [정답률 67%]

정답 ④

Step 1 정규분포와 표준정규분포 사이의 관계를 이용한다.

확률변수 X가 평균이 8, 표준편차가 3인 정규분포를 따르므로 $N(8, 3^2)$

확률변수 Y가 평균이 m, 표준편차가 σ인 정규분포를 따르므로 $N(m, \sigma^2)$

$P(4\le X\le8)+P(Y\ge8)=\frac{1}{2}$에서 $Z_1=\frac{X-8}{3}$, $Z_2=\frac{Y-m}{\sigma}$이라 하면 두 확률변수 Z_1, Z_2는 모두 표준정규분포 $N(0, 1)$을 따르므로

$P(4\le X\le8)+P(Y\ge8)$

$=P\left(\frac{4-8}{3}\le Z_1\le\frac{8-8}{3}\right)+P\left(Z_2\ge\frac{8-m}{\sigma}\right)$

$=P\left(-\frac{4}{3}\le Z_1\le0\right)+P\left(Z_2\ge\frac{8-m}{\sigma}\right)$

$=P\left(0\le Z_1\le\frac{4}{3}\right)+P\left(Z_2\ge\frac{8-m}{\sigma}\right)=\frac{1}{2}$

$\therefore \frac{4}{3}=\frac{8-m}{\sigma}$

⇒ $\frac{4}{3}=\frac{8-m}{\sigma}$일 때 등식이 성립한다.

Step 2 표준정규분포표를 이용하여 $P\left(Y\le8+\frac{2\sigma}{3}\right)$의 값을 구한다.

$P\left(Y\le8+\frac{2\sigma}{3}\right)=P\left(Z_2\le\frac{8+\frac{2\sigma}{3}-m}{\sigma}\right)$

$=P\left(Z_2\le\frac{8-m}{\sigma}+\frac{2}{3}\right)$ → $=\frac{4}{3}$

$=P(Z_2\le2)=0.5+0.4772=0.9772$

29 [정답률 26%]

정답 587

Step 1 주사위를 3번 던져서 나오는 세 눈의 수의 합이 10이 되는 경우를 구한다.

주머니에서 꺼낸 공에 적힌 수에 따라 경우를 나눈다.

(i) 주머니에서 꺼낸 공에 적힌 수가 3일 때

주사위를 3번 던져 나오는 세 눈의 수의 합이 10인 경우를 순서를 생각하지 않고 순서쌍으로 나타내면

순서를 생각하여 경우의 수를 구하면 각각 $\frac{3!}{2!}=3$이야.

$(1, 3, 6)$, $(1, 4, 5)$, $(2, 2, 6)$, $(2, 3, 5)$, $(2, 4, 4)$, $(3, 3, 4)$

순서를 생각하여 경우의 수를 구하면 각각 $3!=6$이야.

이때 주머니에서 임의로 한 개의 공을 꺼냈을 때 적힌 수가 3인 공이 나올 확률은 $\frac{2}{5}$이므로 구하는 확률은

→ 다섯 개의 공 중 3이 적힌 공은 2개야.

$$\frac{2}{5}\times\frac{3!\times3+\frac{3!}{2!}\times3}{6^3}=\frac{1}{20}$$

→ 주사위의 눈은 6개이고 주사위를 총 3번 던졌으므로 모든 경우의 수는 $6\times6\times6$이야.

Step 2 주사위를 4번 던져서 나오는 네 눈의 수의 합이 10이 되는 경우를 구한다.

→ 순서를 생각하여 경우의 수를 구하면 $\frac{4!}{2!}=12$야.

→ 순서를 생각하여 경우의 수를 구하면 $\frac{4!}{2!2!}=6$이야.

(ii) 주머니에서 꺼낸 공에 적힌 수가 4일 때

주머니를 4번 던져 나오는 네 눈의 수의 합이 10인 경우를 순서를 생각하지 않고 순서쌍으로 나타내면

(1, 1, 2, 6), (1, 1, 3, 5), (1, 1, 4, 4), (1, 2, 2, 5),

(1, 2, 3, 4), (1, 3, 3, 3), (2, 2, 2, 4), (2, 2, 3, 3)

이때 주머니에서 임의로 한 개의 공을 꺼냈을 때 적힌 수가 4인 공이 나올 확률은 $\frac{3}{5}$이므로 구하는 확률은

→ 순서를 생각하여 경우의 수를 구하면 $\frac{4!}{3!}=4$야.

$$\frac{3}{5}\times\frac{\frac{4!}{2!}\times3+\frac{4!}{2!2!}\times2+4!\times1+\frac{4!}{3!}\times2}{6^4}=\frac{1}{27}$$

→ 주사위를 총 4번 던졌으므로 모든 경우의 수는 $6\times6\times6\times6$이야.

(i), (ii)에 의하여 구하는 확률은 $\frac{1}{20}+\frac{1}{27}=\frac{47}{540}$

따라서 $p=540$, $q=47$이므로 $p+q=587$이다.

→ 순서를 생각하여 경우의 수를 구하면 $4!=24$야.

30 [정답률 21%]

정답 201

Step 1 학생 A가 검은색 모자를 4개 받는 경우의 수를 구한다.

조건 (나), (다)에 의하여 학생 A가 받을 수 있는 검은색 모자는 4개 또는 5개이다.

→ 학생 A가 6개의 검은색 모자를 받으면 다른 학생이 받을 수 있는 검은색 모자가 없으므로 조건 (다)에 모순이야.

(i) 학생 A가 검은색 모자를 4개 받는 경우

① 나머지 세 학생 중 한 명이 검은색 모자를 2개 받을 때 검은색 모자를 2개 받는 학생을 정하는 방법의 수는 3이다. 학생 A가 받는 흰색 모자의 개수를 a, 2개의 검은색 모자를 받는 학생이 받게 되는 흰색 모자의 개수를 b, 나머지 두 학생이 받는 흰색 모자의 개수를 각각 c, d라 하면

→ 두 학생이 받는 검은색 모자는 없으므로 흰색 모자를 1개 이상 받아야 해.

$a+b+c+d=6\,(0\le a\le3,\ 0\le b\le1,\ c\ge1,\ d\ge1)$

→ 검은색 모자의 개수보다 흰색 모자의 개수가 적어야 해.

$b=0$일 때, $c=1+c'$, $d=1+d'$이라 하면 $a+c'+d'=4$를 만족시키는 음이 아닌 정수 a, c', d'의 순서쌍의 개수는

${}_3H_4-1={}_6C_4-1=14$ → $0\le a\le3$이므로 $a=4$인 경우를 제외해야 해.

$b=1$일 때, $c=1+c'$, $d=1+d'$이라 하면 $a+c'+d'=3$을 만족시키는 음이 아닌 정수 a, c', d'의 순서쌍의 개수는

→ $b=0$ 또는 $b=1$이므로 b의 값에 따라 경우를 나누었어.

${}_3H_3={}_5C_3=10$ → $={}_5C_2=\frac{5\times4}{2}$

따라서 구하는 경우의 수는 $3\times(14+10)=72$

② 나머지 세 학생 중 두 명이 각각 검은색 모자를 한 개 받을 때 검은색 모자를 1개 받는 두 학생을 정하는 방법의 수는 3이고, 이 두 학생 중 검은색 모자를 흰색 모자보다 많이 받는 학생을 정하는 방법의 수는 2이다.

→ ${}_3C_2$

학생 A가 받는 흰색 모자의 개수를 a, 검은색 모자를 흰색 모자보다 많이 받는 학생을 제외한 나머지 두 학생이 받는 흰색 모자의 개수를 각각 b, c라 하면

→ 검은색 모자를 흰색 모자보다 많이 받는 학생은 1개의 검은색 모자를 받았으므로 흰색 모자는 받을 수 없어.

$a+b+c=6\,(0\le a\le3,\ b\ge1,\ c\ge1)$

이때 $b=1+b'$, $c=1+c'$이라 하면 $a+b'+c'=4$를 만족시키는 음이 아닌 정수 a, b', c'의 순서쌍의 개수는

${}_3H_4-1=14$ → $a=4$인 경우를 제외해야 해.

따라서 구하는 경우의 수는 $3\times2\times14=84$

Step 2 학생 A가 검은색 모자를 5개 받는 경우의 수를 구한다.

(ii) 학생 A가 검은색 모자를 5개 받는 경우

나머지 세 학생 중 검은색 모자 한 개를 받는 학생을 정하는 방법의 수는 3이다.

→ 이 학생은 조건 (다)에 의하여 흰색 모자는 받을 수 없어.

학생 A가 받는 흰색 모자의 개수를 a, 검은색 모자를 받지 않은 두 학생이 받는 흰색 모자의 개수를 각각 b, c라 하면

$a+b+c=6\,(0\le a\le4,\ b\ge1,\ c\ge1)$

→ A가 받는 흰색 모자의 개수는 검은색 모자의 개수보다 적어야 해.

이때 $b=1+b'$, $c=1+c'$이라 하면 $a+b'+c'=4$를 만족시키는 음이 아닌 정수 a, b', c'의 순서쌍의 개수는

${}_3H_4={}_6C_4=15$

따라서 구하는 경우의 수는 $3\times15=45$

(i), (ii)에 의하여 구하는 경우의 수는 $72+84+45=201$

미적분

23 [정답률 95%]

정답 ②

Step 1 주어진 식의 분모를 유리화하여 극한값을 구한다.

$$\lim_{n\to\infty}\frac{1}{\sqrt{4n^2+2n+1}-2n}$$

$$=\lim_{n\to\infty}\frac{\sqrt{4n^2+2n+1}+2n}{(\sqrt{4n^2+2n+1}-2n)(\sqrt{4n^2+2n+1}+2n)}$$

→ $=(\sqrt{4n^2+2n+1})^2-(2n)^2$

$$=\lim_{n\to\infty}\frac{\sqrt{4n^2+2n+1}+2n}{(4n^2+2n+1)-4n^2}$$

$$=\lim_{n\to\infty}\frac{\sqrt{4n^2+2n+1}+2n}{2n+1}$$

→ 극한값을 구하기 위해 분모, 분자를 각각 n으로 나눠주었어.

$$=\lim_{n\to\infty}\frac{\sqrt{4+\frac{2}{n}+\frac{1}{n^2}}+2}{2+\frac{1}{n}}$$

$$=\frac{\sqrt{4}+2}{2+0}=2$$

24 [정답률 94%]

정답 ①

Step 1 도함수를 이용한다.

함수 $f(x)=(x^2-2x-7)e^x$에 대하여 도함수 $f'(x)$를 구하면

$f'(x)=(2x-2)e^x+(x^2-2x-7)e^x$

$=(x^2-9)e^x$

$=(x-3)(x+3)e^x$

→ 증감표를 이용해서 극값을 갖는지 확인해.

$x=-3$ 또는 $x=3$일 때 $f'(x)=0$

이때 함수 $f(x)$의 증가 · 감소를 표로 나타내면

x	$\cdots$	-3	$\cdots$	3	$\cdots$
$f'(x)$	$+$	0	$-$	0	$+$
$f(x)$	↗	$8e^{-3}$	↘	$-4e^3$	↗

따라서 함수 $f(x)$는 $x=-3$일 때 극댓값 $8e^{-3}$, $x=3$일 때 극솟값 $-4e^3$이므로

$a=8e^{-3}$, $b=-4e^3$

$\therefore a\times b=8e^{-3}\times(-4e^3)=-32$

25 [정답률 93%]

정답 ②

Step 1 정적분을 이용한다.

곡선 $y=e^{2x}$과 x축 및 두 직선 $x=\ln\frac{1}{2}$, $x=\ln 2$로 둘러싸인 부분의 넓이를 구하면

$$\int_{\ln\frac{1}{2}}^{\ln 2}e^{2x}dx=\left[\frac{1}{2}e^{2x}\right]_{\ln\frac{1}{2}}^{\ln 2}$$

$$=\frac{1}{2}\left(e^{2\ln 2}-e^{2\ln\frac{1}{2}}\right)$$

→ $a\ln b=\ln b^a$ (단, $b>0$)

$$=\frac{1}{2}\left(e^{\ln 4}-e^{\ln\frac{1}{4}}\right)$$

→ $e^{\ln c}=c^{\ln e}=c$

$$=\frac{1}{2}\left(4-\frac{1}{4}\right)$$

$$=\frac{1}{2}\times\frac{15}{4}=\frac{15}{8}$$

26 [정답률 79%]

정답 ①

Step 1 정적분을 이용하여 급수의 합을 구한다.

$\lim_{n\to\infty}\frac{1}{n}\sum_{k=1}^{n}\sqrt{\frac{3n}{3n+k}}=\lim_{n\to\infty}\frac{1}{n}\sum_{k=1}^{n}\sqrt{\frac{1}{1+\frac{k}{3n}}}$에서

$x_k=1+\frac{k}{3n}$라 하면

$\Delta x=\frac{1}{3n}$, $x_0=1$, $x_n=\frac{4}{3}$이므로 → 적분구간의 길이가 $\frac{1}{3}$

$$\lim_{n\to\infty}\frac{1}{n}\sum_{k=1}^{n}\sqrt{\frac{3n}{3n+k}}=3\lim_{n\to\infty}\frac{1}{3n}\sum_{k=1}^{n}\sqrt{\frac{1}{1+\frac{k}{3n}}}$$

$\Delta x=\frac{1}{3n}$이므로 식을 변형하면서 빼먹으면 안 돼.

$$=3\int_1^{\frac{4}{3}}\sqrt{\frac{1}{x}}\,dx$$
$$=6\left[x^{\frac{1}{2}}\right]_1^{\frac{4}{3}}$$
$$=6\left(\frac{2\sqrt{3}}{3}-1\right)$$
$$=4\sqrt{3}-6$$

27 [정답률 82%]

정답 ②

Step 1 등비수열의 극한을 통해 $\lim_{n\to\infty}\frac{2x^{n+1}+3x^n}{x^n+1}$을 간단히 한다.

함수 $f(x)=\begin{cases}x+a & (x\le 1)\\ \lim_{n\to\infty}\frac{2x^{n+1}+3x^n}{x^n+1} & (x>1)\end{cases}$에서

$x>1$일 때, $\lim_{n\to\infty}x^n=\infty$이므로

$$\lim_{n\to\infty}\frac{2x^{n+1}+3x^n}{x^n+1}=\lim_{n\to\infty}\frac{2x+3}{1+\frac{1}{x^n}}=\frac{2x+3}{1+0}=2x+3$$

분자, 분모를 x^n으로 나눈다. ($\frac{1}{x^n}\to 0$)

Step 2 $x=1$에서 함수 $f(x)$의 연속성을 조사한다.

이때 함수 $f(x)$가 실수 전체의 집합에서 연속이므로

$x=1$에서도 연속이어야 한다. → 끊어진 곳이 $x=1$뿐이니까 $x=1$에서만 연속이면 $f(x)$가 실수 전체의 집합에서 연속

즉, $\lim_{x\to 1-}f(x)=\lim_{x\to 1+}f(x)=f(1)$이어야 하므로

$\lim_{x\to 1-}f(x)=\lim_{x\to 1-}(x+a)=1+a$ → 좌극한

$\lim_{x\to 1+}f(x)=\lim_{x\to 1+}(2x+3)=2+3=5$ → 우극한

$f(1)=1+a$에서 $1+a=5$ → 함숫값

$\therefore a=4$

> **수능포인트**
>
> 이 문제의 경우 $\lim_{n\to\infty}\frac{2x^{n+1}+3x^n}{x^n+1}$ $(x>1)$에서 $n\to\infty$이므로 밑이 x $(x>1)$인 지수함수 x^n의 극한이라고 생각하면 편합니다. 만약 x의 값의 범위가 나와 있지 않으면 $|x|<1$, $x=-1$, $x=1$, $|x|>1$의 네 구간으로 x의 값의 범위를 직접 나누어서 풀어야 합니다.

28 [정답률 38%]

정답 ⑤

Step 1 주어진 조건을 만족시키는 함수 $h(x)$를 구한다.

두 함수 $f(x)=\pi\sin 2\pi x$, $g(x)=\begin{cases}0\\1\end{cases}$에 대하여 함수 $h(x)$를 구하면

$h(x)=f(nx)g(x)=\begin{cases}0\\ \pi\sin 2n\pi x\end{cases}$

함수 $y=\pi\sin 2n\pi x$는 주기가 $\frac{1}{n}$이므로 그래프는 오른쪽 그림과 같다.

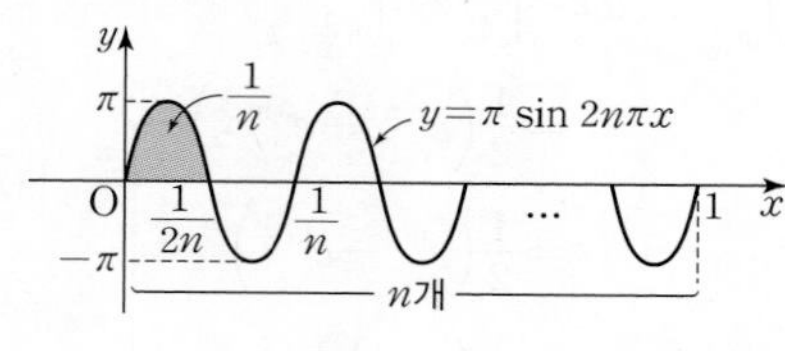

$$\int_0^{\frac{1}{2n}}\pi\sin 2n\pi x\,dx$$
$$=-\frac{1}{2n}\left[\cos 2n\pi x\right]_0^{\frac{1}{2n}}=\frac{1}{n}$$

$[-1, 1]$에서 주기가 $\frac{1}{n}$인 함수 $y=\pi\sin 2n\pi x$의 그래프가 총 $2n$번 반복되므로 x축 위쪽 부분의 넓이의 합은 2가 된다.

$2n\int_0^{\frac{1}{2n}}\pi\sin 2n\pi x\,dx=2n\times\frac{1}{n}=2$

따라서 주어진 조건에 의하여 $f(nx)\ge 0$일 때 $g(x)=1$, $f(nx)<0$일 때 $g(x)=0$이므로 함수 $h(x)$의 그래프는 다음 그림과 같다.

$\int_{-1}^{1}h(x)dx=2$이므로 함수 $h(x)$는 함수 $f(nx)$의 음수인 부분을 함숫값으로 가지지 않아.

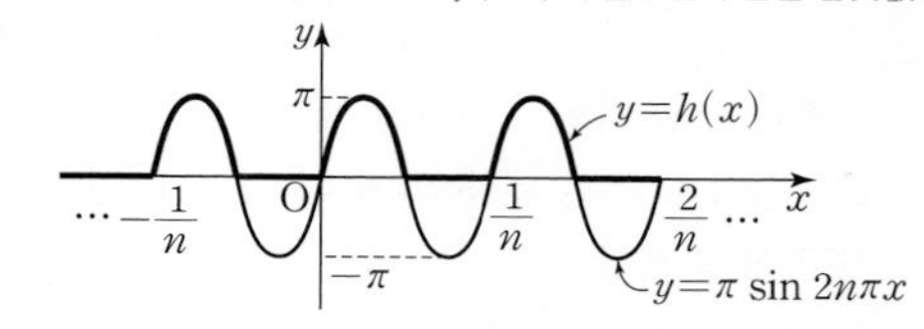

Step 2 그래프의 성질을 이용하여 $\int_{-1}^{1}xh(x)dx=-\frac{1}{32}$을 만족시키는 자연수 n의 값을 구한다.

함수 $y=xh(x)$의 그래프를 나타내면 다음 그림과 같다.

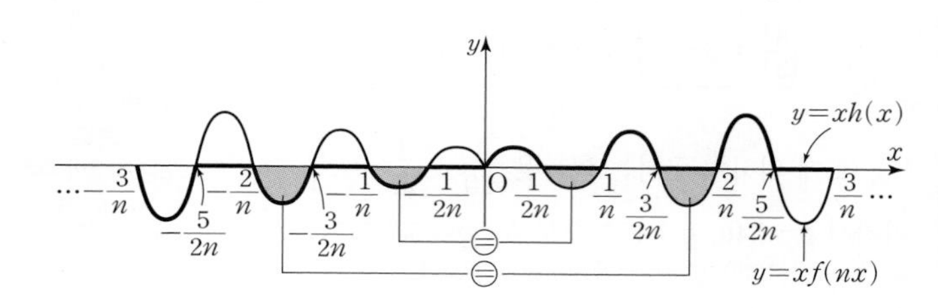

이때 $y=xf(nx)$의 그래프는 y축에 대하여 대칭이므로

$$\int_{-\frac{1}{n}}^{-\frac{1}{2n}}xh(x)dx=\int_{\frac{1}{2n}}^{\frac{1}{n}}xf(nx)dx,$$
$$\int_{-\frac{2}{n}}^{-\frac{3}{2n}}xh(x)dx=\int_{\frac{3}{2n}}^{\frac{2}{n}}xf(nx)dx,\ \cdots$$

따라서 $\int_{-1}^{1}xh(x)dx=\int_0^1 xf(nx)dx$이므로

$$\int_0^1 xf(nx)dx=\pi\int_0^1 x\sin 2n\pi x\,dx$$ → 부분적분을 이용

$$=\left[-\frac{x}{2n}\cos 2n\pi x\right]_0^1-\int_0^1\left(-\frac{1}{2n}\cos 2n\pi x\right)dx$$
$$=-\frac{1}{2n}+\frac{1}{4n^2\pi}\left[\sin 2n\pi x\right]_0^1$$
$$=-\frac{1}{2n}$$

→ $\sin 2n\pi=0$, $\sin 0=0$이므로 $\left[\sin 2n\pi x\right]_0^1=0$이야.

이때 $\int_{-1}^{1}xh(x)dx=-\frac{1}{32}$이므로 $n=16$

29 [정답률 34%]

정답 72

Step 1 함수 $(x-1)|h(x)|$가 미분가능할 조건을 파악한다.

함수 $(x-1)|h(x)|$를

$$(x-1)|h(x)|=\begin{cases}(x-1)h(x) & (h(x)\ge 0)\\ -(x-1)h(x) & (h(x)<0)\end{cases}$$

→ $h(x)=0$일 때를 기준으로 식이 바뀌어.

와 같이 놓을 수 있다.

이때 조건 (가)에서 함수 $(x-1)|h(x)|$가 실수 전체의 집합에서 미분가능해야 하므로 $h(x)$의 부호가 바뀌는 지점, 즉 $h(x)=0$이 되는 x에서 미분가능해야 한다. → 이때만 $(x-1)|h(x)|$의 식이 다르게 표현됨을 알 수 있어.

함수 $(x-1)|h(x)|$를 미분하면

$h(x)>0$일 때

$$\{(x-1)|h(x)|\}'=\{(x-1)h(x)\}'$$
$$=h(x)+(x-1)h'(x)$$

$h(x)<0$일 때

$$\{(x-1)|h(x)|\}'=\{-(x-1)h(x)\}'$$
$$=-h(x)-(x-1)h'(x)$$

즉 어떤 a에 대하여 $h(a)=0$이고 $x=a$에서 $h(x)$의 부호가 양에서 음으로 바뀔 때, 함수 $(x-1)|h(x)|$가 $x=a$에서 미분가능하면 $x=a$에서의 좌미분계수와 우미분계수가 같아야 하므로

$$\lim_{x\to a-}\{(x-1)|h(x)|\}'=\lim_{x\to a-}\{h(x)+(x-1)h'(x)\}$$ → 좌미분계수

$$=h(a)+(a-1)h'(a)$$ → 이 값이 0이라고 했어.
$$=(a-1)h'(a)$$

$$\lim_{x\to a+}\{(x-1)|h(x)|\}'=\lim_{x\to a+}\{-h(x)-(x-1)h'(x)\}$$ → 우미분계수

$=-h(a)-(a-1)h'(a)$
$=-(a-1)h'(a)$

즉, $(a-1)h'(a)=-(a-1)h'(a)$에서 $(a-1)h'(a)=0$

$\therefore a=1$ 또는 $h'(a)=0$

같은 방법으로 $h(x)$의 부호가 음에서 양으로 바뀌는 점에서 확인해도 동일한 결과를 얻는다. 따라서 함수 $(x-1)|h(x)|$가 실수 전체의 집합에서 미분가능하려면 $h(m)=0$인 모든 m에 대하여 $m=1$ 또는 $h'(m)=0$ …… ㉠

이어야 한다.

Step 2 $h'(x)$를 구한다.

함수 $g(x)$의 역함수 $g^{-1}(x)$에 대하여 $g(g^{-1}(x))=x$이므로 양변을 x에 대하여 미분하면

→ 역함수의 중요한 성질이야.

$g'(g^{-1}(x))\times\{g^{-1}(x)\}'=1$

$\therefore \{g^{-1}(x)\}'=\dfrac{1}{g'(g^{-1}(x))}$

이를 이용하여 함수 $h(x)$를 미분하면

$h'(x)=f'(g^{-1}(x))\times\{g^{-1}(x)\}'=\dfrac{f'(g^{-1}(x))}{g'(g^{-1}(x))}$

Step 3 조건 (가)를 이용하여 a의 값을 구한다.

조건 (가)에서 함수 $(x-1)|h(x)|$가 실수 전체의 집합에서 미분가능해야 하므로 $h(x)=0$인 x의 값을 찾아보면

$h(x)=f(g^{-1}(x))=0$에서

$g^{-1}(x)=a$ 또는 $g^{-1}(x)=b$ → 이때의 x에서 함수 $(x-1)|h(x)|$가 미분가능한지 확인해야 해.

각각의 경우에 따라 함수 $(x-1)|h(x)|$가 미분가능한지 확인해보면 다음과 같다.

(i) $g^{-1}(x)=a$일 때

$g^{-1}(k)=a$를 만족시키는 k에 대하여

$h'(k)=\dfrac{f'(g^{-1}(k))}{g'(g^{-1}(k))}=\dfrac{f'(a)}{g'(a)}$

이때 함수 $f(x)$를 미분하면

$f'(x)=(x-b)^2+2(x-a)(x-b)$ …… ㉡

이므로 $f'(a)=(a-b)^2\neq0$ → 문제에서 $a<b$라고 했어.

즉, $h'(k)\neq0$이므로 ㉠에 의하여 $k=1$이어야 한다.

따라서 $g^{-1}(1)=a$이므로

$g(a)=a^3+a+1=1$

$a^3+a=0 \quad \therefore a=0$

(ii) $g^{-1}(x)=b$일 때

$g^{-1}(k)=b$를 만족시키는 k에 대하여

$h'(k)=\dfrac{f'(g^{-1}(k))}{g'(g^{-1}(k))}=\dfrac{f'(b)}{g'(b)}$

이때 ㉡에서 $f'(b)=0$이므로 $h'(k)=0$

즉, ㉠이 성립하므로 함수 $(x-1)|h(x)|$는 $x=k$에서 미분가능하다.

따라서 (i), (ii)에서 $a=0$임을 알 수 있다.

Step 4 조건 (나)를 이용하여 b의 값을 구한다.

$g(1)=3$이므로 $g^{-1}(3)=1$

조건 (나)에서 $h'(3)=2$이므로

$h'(3)=\dfrac{f'(g^{-1}(3))}{g'(g^{-1}(3))}=\dfrac{f'(1)}{g'(1)}=2$ …… ㉢

함수 $g(x)$를 미분하면

$g'(x)=3x^2+1 \quad \therefore g'(1)=4$

이를 ㉢에 대입하면 $f'(1)=8$

따라서 ㉡에서 → 앞에서 $a=0$임을 구했어.

$f'(1)=(1-b)^2+2(1-a)(1-b)$
$=(1-b)^2+2(1-b)=8$

$(b^2-2b+1)+(2-2b)=8$

$b^2-4b+3=8,\ b^2-4b-5=0$

$(b+1)(b-5)=0$

$\therefore b=5\ (\because a<b)$

Step 5 $f(8)$의 값을 구한다.

따라서 $f(x)=x(x-5)^2$이므로

$f(8)=8\times3^2=72$

○ 본문 344쪽

30 [정답률 10%]

정답 29

Step 1 함수 $g(x)$가 $x=\frac{1}{2}$에서 극대가 됨을 파악한다.

함수 $y=\sin^2\pi x$의 그래프는 다음 그림과 같이 직선 $x=\frac{1}{2}$에 대하여 대칭이다.

→ 함수 $y=\sin x$의 그래프가 직선 $x=\frac{\pi}{2}$에 대하여 대칭임을 알면 쉽게 생각해낼 수 있어.

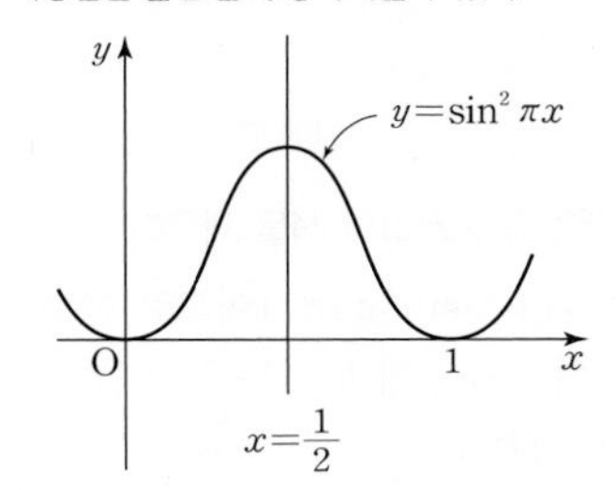

즉, 모든 실수 x에 대하여 $\sin^2\pi x=\sin^2\pi(1-x)$가 성립한다.

이를 이용하면

$g(1-x)=f(\sin^2\pi(1-x))$
$=f(\sin^2\pi x)$
$=g(x)$

이므로 함수 $y=g(x)$의 그래프 또한 직선 $x=\frac{1}{2}$에 대하여 대칭임을 알 수 있다.

$0<\alpha<\frac{1}{2}$인 실수 α에 대하여 함수 $g(x)$가 $x=\alpha$에서 극대이면 그래프의 대칭성에 의하여 $x=1-\alpha$에서도 극대가 된다.

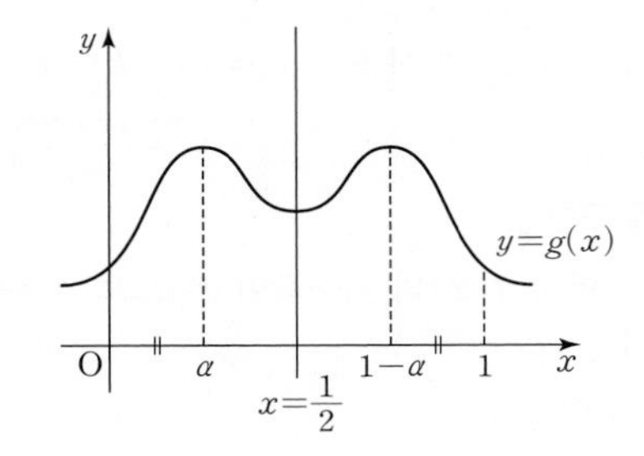

따라서 함수 $g(x)$가 $x=\frac{1}{2}$에서 극대가 되지 않으면 극대가 되는 x의 개수가 짝수가 되어 조건 (가)를 만족시키지 않는다.

즉, 함수 $g(x)$는 $x=\frac{1}{2}$에서 극대이다.

→ $0<x<\frac{1}{2}$에서, $\frac{1}{2}<x<1$에서 대칭으로 극댓값이 생기기 때문이다.

Step 2 함수 $f(x)$의 그래프의 개형을 파악한다.

함수 $g(x)=f(\sin^2\pi x)$를 미분하면

$g'(x)=f'(\sin^2\pi x)\times(\sin^2\pi x)'$
$=f'(\sin^2\pi x)\times2\sin\pi x\times\cos\pi x\times\pi$ …… ㉠

→ $=(\sin\pi x)'$

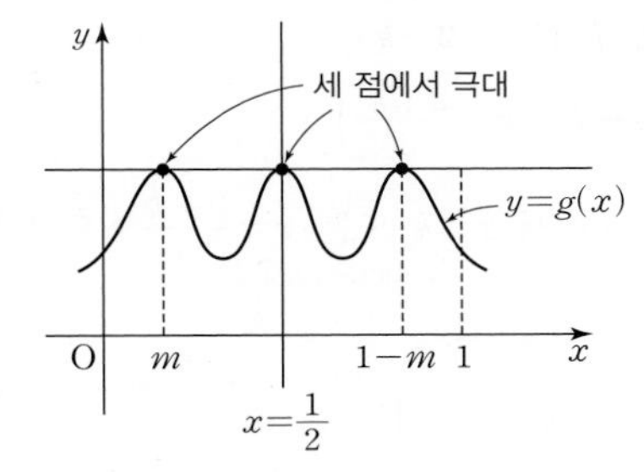

위 그림과 같이 $0<m<\frac{1}{2}$인 실수 m에 대하여 함수 $g(x)$가 $x=m,\ x=\frac{1}{2},\ x=1-m$인 세 점에서 극대가 된다고 하면

→ 미분가능한 함수는 극값을 가질 때 미분계수의 값이 0이어야 해.

$g'(m)=0$이어야 한다.

이때 $\sin m\pi\neq0,\ \cos m\pi\neq0$이므로 ㉠에서

$f'(\sin^2 m\pi)=0$ → $0<x<\frac{\pi}{2}$일 때 방정식 $\sin x=0$, $\cos x=0$의 해가 없음을 이용!

따라서 $0<k<1$인 실수 k에 대하여 $\sin^2 m\pi=k$라 하면

$f'(k)=0$ → $0<x<\frac{\pi}{2}$에서 $0<\sin^2 x<1$임을 이용하면 돼. …… ㉡

세 점에서의 극댓값이 모두 같음을 이용하면

$g\left(\frac{1}{2}\right)=f\left(\sin^2\frac{\pi}{2}\right)=f(1)$이므로

$g(m)=g\left(\frac{1}{2}\right)$에서 $f(k)=f(1)$ …… ㉢

→ $g(m)=f(\sin^2 m\pi)=f(k)$

본문 345쪽

즉, 조건 ㉡, ㉢을 만족시키고 최고차항의 계수가 1인 삼차함수의 그래프를 그려보면 다음과 같다.

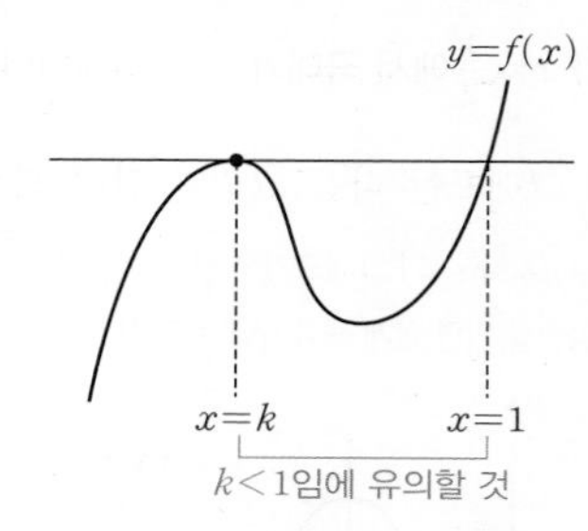

Step 3 $g(x)$의 최댓값을 이용하여 식을 세운다.

모든 실수 x에 대하여 $0\le\sin^2\pi x\le1$이므로 함수 $g(x)=f(\sin^2\pi x)$의 함숫값의 범위는 구간 $[0, 1]$에서 함수 $f(x)$가 갖는 함숫값의 범위와 같다.

이때 조건 (나)에서 $g(x)$의 최댓값이 $\frac{1}{2}$, 최솟값이 0이므로 구간 $[0, 1]$에서 $f(x)$의 최댓값과 최솟값이 각각 $\frac{1}{2}$, 0임을 알 수 있다.

따라서 그래프의 개형을 통해 $f(k)=f(1)=\frac{1}{2}$임을 알 수 있다.

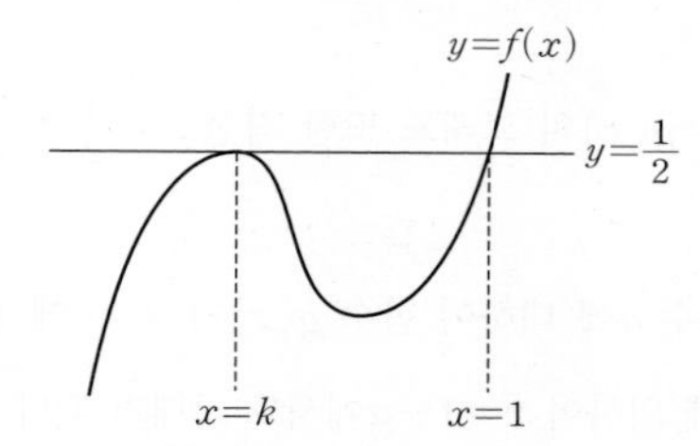

이를 이용하면 함수 $f(x)$의 식을 $f(x)=(x-k)^2(x-1)+\frac{1}{2}$과 같이 놓을 수 있다.

($(x-k)^2$: $x=k$에서 직선 $y=\frac{1}{2}$에 접해.)

Step 4 k의 값을 구한다.

이때 구간 $[0, 1]$에서 $f(x)$의 최솟값이 0이므로 경우를 나누어 확인해보면 다음과 같다.

(i) $f(x)$의 극솟값이 0일 때

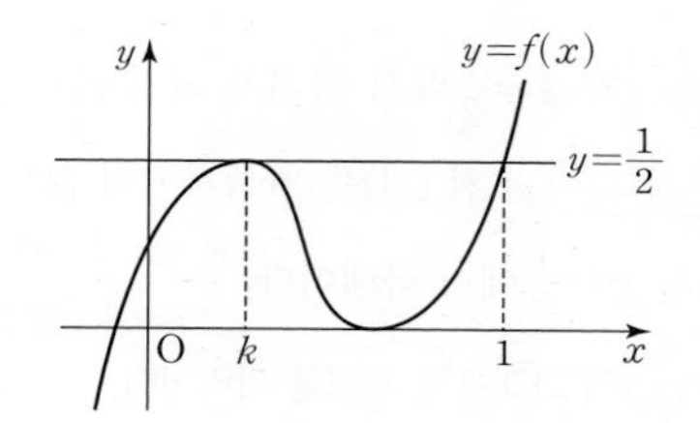

함수 $f(x)$를 미분하면

$$\begin{aligned}f'(x)&=2(x-k)(x-1)+(x-k)^2\\&=(x-k)(2x-2+x-k)\\&=(x-k)(3x-2-k)\\&=3(x-k)\left(x-\frac{2+k}{3}\right)\end{aligned}$$

즉, $f'(x)=0$에서 $x=k$ 또는 $x=\frac{2+k}{3}$이므로 함수 $f(x)$는 $x=\frac{2+k}{3}$에서 극소이다.

($x=k$: 이때는 극대)

이때 $f(x)$의 극솟값이 0이므로

$$\begin{aligned}f\left(\frac{2+k}{3}\right)&=\left(\frac{2+k}{3}-k\right)^2\times\left(\frac{2+k}{3}-1\right)+\frac{1}{2}\\&=\left(\frac{2}{3}-\frac{2}{3}k\right)^2\times\left(\frac{k}{3}-\frac{1}{3}\right)+\frac{1}{2}\\&=\frac{4}{9}\times(1-k)^2\times\frac{1}{3}\times(k-1)+\frac{1}{2}\\&=\frac{4}{27}(k-1)^3+\frac{1}{2}=0\end{aligned}$$

($\left(\frac{2}{3}-\frac{2}{3}k\right)^2=\left(\frac{2}{3}\right)^2\times(1-k)^2$)

$(k-1)^3=-\frac{27}{8}$, $k-1=-\frac{3}{2}$

$\therefore k=-\frac{1}{2}$

이때 $k>0$에 모순이므로 조건을 만족시키는 함수는 존재하지 않는다.

(**Step 2**에서 $0<k<1$이라고 했어.)

(ii) $f(0)=0$일 때

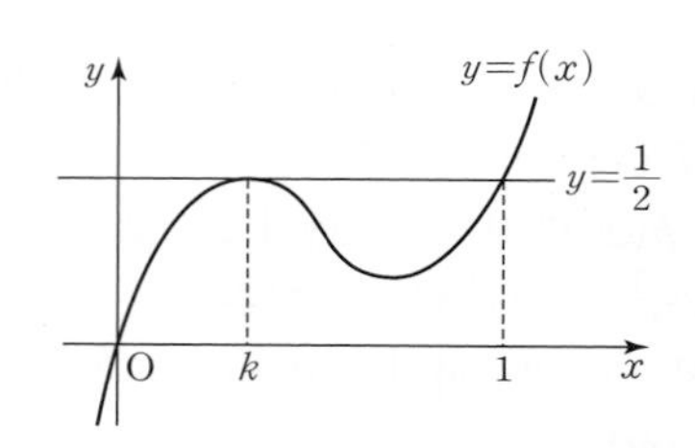

$$\begin{aligned}f(0)&=(0-k)^2\times(0-1)+\frac{1}{2}\\&=-k^2+\frac{1}{2}=0\end{aligned}$$

에서 $k^2=\frac{1}{2}$ $\quad\therefore k=\frac{\sqrt{2}}{2}$ ($\because k>0$)

따라서 (i), (ii)에서 $k=\frac{\sqrt{2}}{2}$이다.

Step 5 $f(2)$의 값을 구한다.

함수 $f(x)$의 식을 구해보면

$f(x)=\left(x-\frac{\sqrt{2}}{2}\right)^2(x-1)+\frac{1}{2}$

$$\begin{aligned}\therefore f(2)&=\left(2-\frac{\sqrt{2}}{2}\right)^2\times(2-1)+\frac{1}{2}\\&=\left(4-2\sqrt{2}+\frac{1}{2}\right)+\frac{1}{2}\\&=5-2\sqrt{2}\end{aligned}$$

따라서 $a=5$, $b=-2$이므로 $a^2+b^2=5^2+(-2)^2=29$

기하

23 [정답률 96%]

정답 ③

Step 1 내분점을 구하는 공식을 이용한다.

두 점 $A(1, 6, 4)$, $B(a, 2, -4)$에 대하여 선분 AB를 $1:3$으로 내분하는 점의 좌표는

$$\left(\frac{1\times a+3\times1}{1+3}, \frac{1\times2+3\times6}{1+3}, \frac{1\times(-4)+3\times4}{1+3}\right)$$

$=\left(\frac{a+3}{4}, 5, 2\right)$ → $=(2, 5, 2)$

따라서 $\frac{a+3}{4}=2$에서 $a=5$

좌표공간의 두 점 $A(x_1, y_1, z_1)$, $B(x_2, y_2, z_2)$에 대하여 선분 AB를 $m:n(m>0, n>0)$으로 내분하는 점 P의 좌표는 $P\left(\frac{mx_2+nx_1}{m+n}, \frac{my_2+ny_1}{m+n}, \frac{mz_2+nz_1}{m+n}\right)$

수능포인트

문제에서 주어진 두 점 A, B의 성분을 보면 y좌표와 z좌표는 미지수가 없으니 굳이 식을 세우지 않아도 괜찮습니다.

24

정답 ⑤

Step 1 $\overrightarrow{AC}\cdot\overrightarrow{AB}$의 값을 구한다.

암기 두 벡터 $\vec{a}$, $\vec{b}$가 이루는 각의 크기가 θ일 때, $\vec{a}\cdot\vec{b}=|\vec{a}||\vec{b}|\cos\theta$

삼각형 ABC는 정삼각형이므로 $\angle A=60°$

$\therefore \overrightarrow{AC}\cdot\overrightarrow{AB}=|\overrightarrow{AC}||\overrightarrow{AB}|\cos60°=1\times1\times\frac{1}{2}=\frac{1}{2}$

Step 2 $\overrightarrow{BD}=\overrightarrow{CE}$임을 이용하여 $\overrightarrow{AC}\cdot\overrightarrow{BD}$의 값을 구한다.

$\overrightarrow{BD}=\overrightarrow{CE}$이고 오른쪽 그림과 같이 $\overline{AC}$의 연장선 위에 $\overline{CF}=1$인 점 F를 잡으면 (크기와 방향이 서로 같다.)

$\overrightarrow{AC}=\overrightarrow{CF}$, $\overrightarrow{BD}=\overrightarrow{CE}$, $\angle FCE=30°$

$\therefore\ \overrightarrow{AC}\cdot\overrightarrow{BD}=\overrightarrow{CF}\cdot\overrightarrow{CE}$

$=|\overrightarrow{CF}||\overrightarrow{CE}|\cos 30°$

$=1\times1\times\frac{\sqrt{3}}{2}=\frac{\sqrt{3}}{2}$

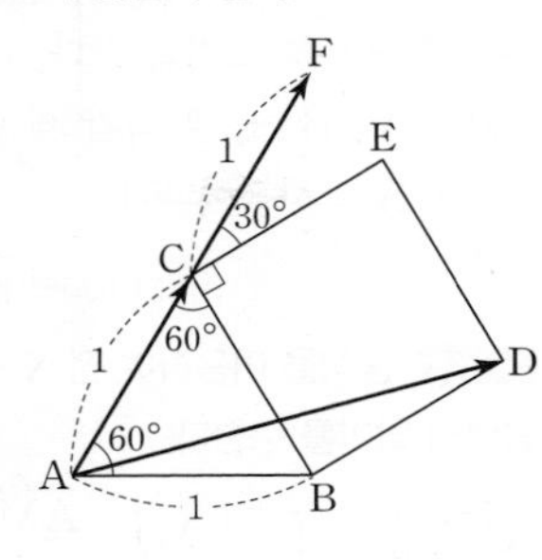

Step 3 내적의 성질을 이용하여 $\overrightarrow{AC}\cdot\overrightarrow{AD}$의 값을 구한다.

$\overrightarrow{AD}=\overrightarrow{AB}+\overrightarrow{BD}$이므로 (벡터를 분해할 때, 앞의 벡터의 종점과 뒤의 벡터의 시점이 같도록 해준다.)

$\overrightarrow{AC}\cdot\overrightarrow{AD}=\overrightarrow{AC}\cdot(\overrightarrow{AB}+\overrightarrow{BD})=\overrightarrow{AC}\cdot\overrightarrow{AB}+\overrightarrow{AC}\cdot\overrightarrow{BD}$

$=\frac{1}{2}+\frac{\sqrt{3}}{2}=\frac{1+\sqrt{3}}{2}$

25 [정답률 86%]

정답 ①

Step 1 주어진 포물선의 초점과 준선을 구한다.

$y^2=x=4\times\frac{1}{4}x$에서 초점은 $\left(\frac{1}{4},\ 0\right)$, 준선의 방정식 $x=-\frac{1}{4}$이다.

(포물선 $y^2=4px\ (p\neq0)$의 초점 F의 좌표는 $F(p,\ 0)$이고 준선의 방정식은 $x=-p$이다.)

Step 2 문제의 조건을 이용하여 a, b의 값을 구한다.

$y=\log_2(x+a)+b$의 그래프가 점 $\left(\frac{1}{4},\ 0\right)$을 지나므로 (포물선의 초점)

$0=\log_2\left(\frac{1}{4}+a\right)+b$ …… ㉠ → $x=\frac{1}{4}$, $y=0$을 대입

또한, $y=\log_2(x+a)+b$의 그래프의 점근선이 $x=-a$이고, 이 점근선은 포물선의 준선 $x=-\frac{1}{4}$과 일치한다.

$\therefore\ a=\frac{1}{4}$ ($-a=-\frac{1}{4}$ $\therefore\ a=\frac{1}{4}$)

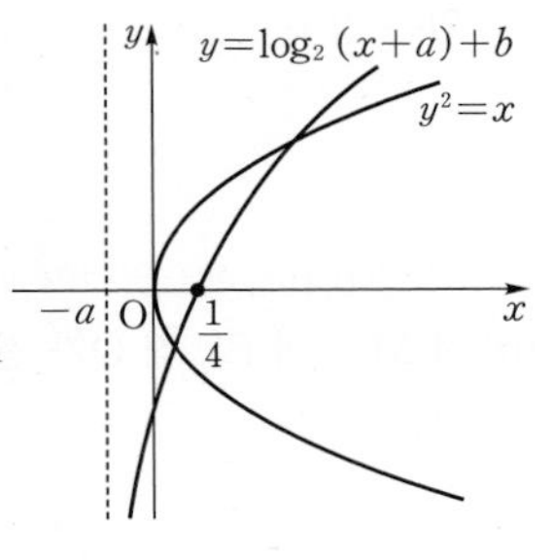

$a=\frac{1}{4}$을 ㉠에 대입하면

$\log_2\frac{1}{4}+b=0$, $-1+b=0$

$\therefore\ b=1$ ($\log_2\frac{1}{2}+b=\log_2 2^{-1}+b=-1+b$)

$\therefore\ a+b=\frac{1}{4}+1=\frac{5}{4}$

26 [정답률 90%]

정답 ③

Step 1 타원 C의 방정식을 구한다.

두 점 $F(c,\ 0)$, $F'(-c,\ 0)\ (c>0)$을 초점으로 하는 타원 C의 방정식을 $\frac{x^2}{a^2}+\frac{y^2}{b^2}=1\ (a>0,\ b>0)$이라 하자.

이때 타원 C가 점 $A(0,\ 1)$을 지나므로 $\frac{1^2}{b^2}=1$, $b^2=1$

$\therefore\ b=1\ (\because\ b>0)$ ($\frac{x^2}{a^2}+\frac{y^2}{b^2}=1$에 $x=0$, $y=1$을 대입한 거야.)

따라서 타원 C의 방정식은 $\frac{x^2}{a^2}+y^2=1\ (a>0)$

Step 2 타원의 정의를 이용한다.

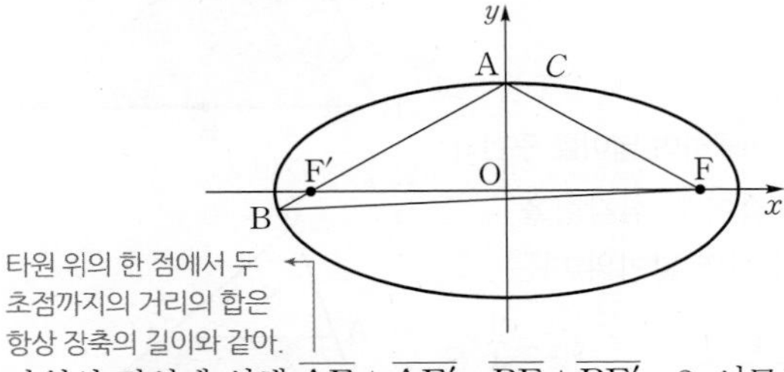

(타원 위의 한 점에서 두 초점까지의 거리의 합은 항상 장축의 길이와 같아.)

타원의 정의에 의해 $\overline{AF}+\overline{AF'}=\overline{BF}+\overline{BF'}=2a$이므로

(삼각형 ABF의 둘레의 길이)$=\overline{AB}+\overline{BF}+\overline{AF}$

$=\overline{AF'}+\overline{F'B}+\overline{BF}+\overline{AF}$

$=(\overline{AF}+\overline{AF'})+(\overline{BF}+\overline{F'B})$

$=2a+2a=4a=16$

$\therefore\ a=4$

따라서 $c^2=a^2-b^2=4^2-1^2=16-1=15$에서 ($c=\sqrt{a^2-b^2}$)

$c=\sqrt{15}\ (\because\ c>0)$이므로

선분 FF′의 길이는 $2c=2\sqrt{15}$

27 [정답률 67%]

정답 ⑤

Step 1 두 벡터의 내적과 수직 조건을 이용하여 [보기]의 참, 거짓을 판별한다.

ㄱ. [반례] 오른쪽 그림과 같이 $\vec{x}\cdot\vec{y}=0$이지만 (두 벡터 $\vec{x}$, $\vec{y}$가 서로 수직이다.)

$|\vec{x}|=\sqrt{2}$, $|\vec{y}|=\sqrt{2}$인 경우가 있다. (거짓)

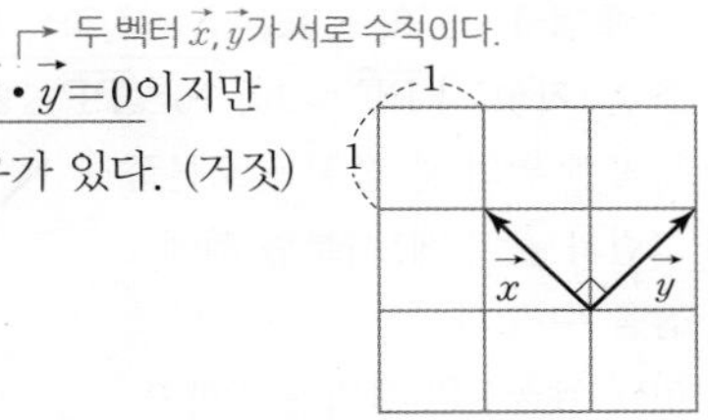

ㄴ. $|\vec{x}|=\sqrt{5}$, $|\vec{y}|=\sqrt{2}$이면 두 벡터 $\vec{x}$, $\vec{y}$는 수직이 될 수 없다.

$\therefore\ \vec{x}\cdot\vec{y}\neq0$ (참)

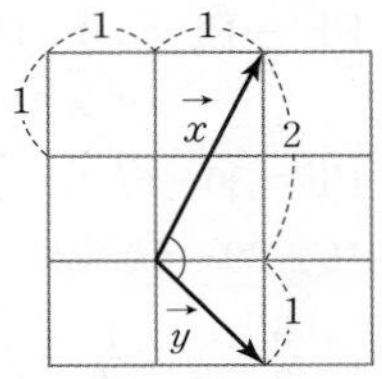

ㄷ. 주어진 도형을 좌표평면에서 생각하여

$\vec{x}=(a,\ b)$, $\vec{y}=(c,\ d)$ (a, b, c, d는 정수)

라 하면 $\vec{x}\cdot\vec{y}=ac+bd$는 항상 정수이다. (참)

따라서 옳은 것은 ㄴ, ㄷ이다. 중요

28 [정답률 72%]

정답 ⑤

Step 1 두 원 C_1과 C_2의 평면 α 위로의 정사영의 넓이를 각각 구한다.

(평면 α와 원 C_1이 있는 xy평면이 이루는 예각의 크기를 θ라 놓고 두 원의 평면 α 위로의 정사영의 넓이를 θ에 대한 식으로 나타내어 본다.)

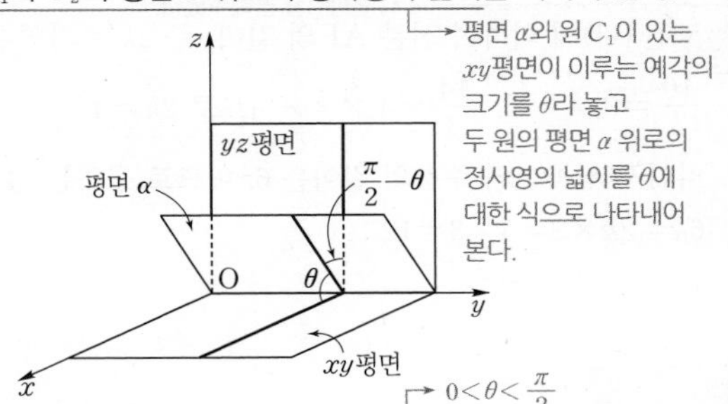

위와 같이 평면 α가 xy평면과 이루는 예각의 크기를 θ라 하자. ($0<\theta<\frac{\pi}{2}$)

이때 xy평면과 yz평면이 서로 수직이므로 평면 α와 yz평면이 이루는 예각의 크기는 $\frac{\pi}{2}-\theta$이다.

((평면 α와 xy평면이 이루는 예각의 크기) + (평면 α와 yz평면이 이루는 예각의 크기) $=\frac{\pi}{2}$)

원 C_1의 넓이는 3π이므로 이 원의 평면 α 위로의 정사영의 넓이는 $3\pi\cos\theta$ (반지름의 길이가 $\sqrt{3}$인 원이므로 $\pi\times(\sqrt{3})^2=3\pi$)

원 C_2의 넓이는 π이므로 이 원의 평면 α 위로의 정사영의 넓이는

$\pi\cos\left(\frac{\pi}{2}-\theta\right)=\pi\sin\theta$

Step 2 두 정사영의 넓이가 서로 같음을 이용한다.

두 정사영의 넓이가 서로 같으므로

$3\pi\cos\theta=\pi\sin\theta$에서

$3=\frac{\sin\theta}{\cos\theta}$ $\quad\therefore\ \tan\theta=3$ (양변을 $\pi\cos\theta$로 나눈다.)

오른쪽 그림과 같이 $\tan\theta=3$을 만족시키는 직각삼각형을 그려 보면 (θ가 예각임을 이용!)

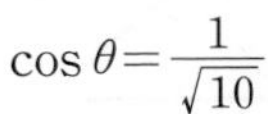

$\cos\theta=\frac{1}{\sqrt{10}}$

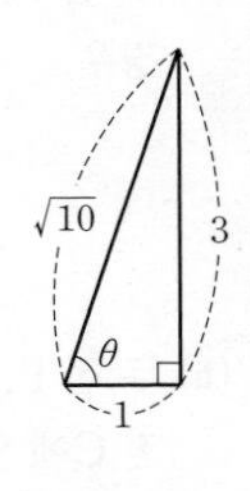

따라서 구하는 정사영의 넓이 S는

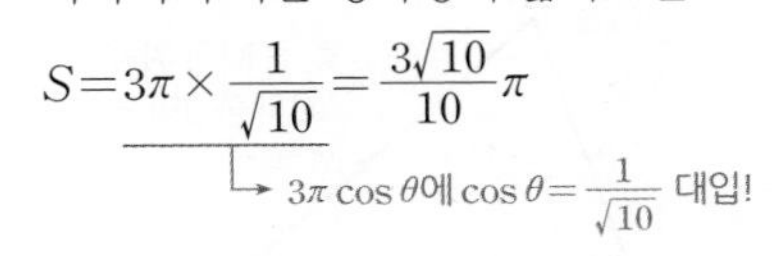

$S=3\pi\times\frac{1}{\sqrt{10}}=\frac{3\sqrt{10}}{10}\pi$

($3\pi\cos\theta$에 $\cos\theta=\frac{1}{\sqrt{10}}$ 대입!)

29 [정답률 79%]

정답 12

Step 1 조건 (가)와 주어진 점근선의 방정식을 이용하여 좌표평면에 쌍곡선을 그린다.

쌍곡선의 방정식을 $\frac{x^2}{a^2}-\frac{y^2}{b^2}=1$이라 하면

점근선의 방정식은 $y=\pm\frac{b}{a}x$이고 (중요한 내용이니까 꼭 외워!)

이때 문제에서 점근선의 방정식이 $y=\pm\frac{4}{3}x$라 하였으므로

$a=3k$, $b=4k\ (k>0)$라 할 수 있다.

따라서 두 직선 $y=\pm\frac{4}{3}x$를 점근선으로 갖는 쌍곡선의 방정식은

$\frac{x^2}{(3k)^2}-\frac{y^2}{(4k)^2}=1$이므로 ⌐ $\pm\sqrt{(3k)^2+(4k)^2}=\pm\sqrt{9k^2+16k^2}=\pm\sqrt{25k^2}=\pm5k$

두 초점 F, F′의 좌표는 $F(5k,\ 0)$, $F'(-5k,\ 0)$이다.

조건 (가)에서 $\overline{PF'}=30$, $16\le\overline{PF}\le20$이므로 조건을 만족시키는 쌍곡선 위의 한 점 P를 오른쪽 그림과 같이 제1사분면 위에 잡을 수 있다.

이때 쌍곡선의 정의에 의하여

$\overline{PF'}-\overline{PF}=30-\overline{PF}$

$=2\times3k=6k$,

$\overline{PF}=30-6k$이므로

$16\le30-6k\le20$, $10\le6k\le14$

$\therefore\ \frac{5}{3}\le k\le\frac{7}{3}$

Step 2 조건 (나)를 이용하여 쌍곡선의 주축의 길이를 구한다.

x좌표가 양수인 쌍곡선의 꼭짓점 A의 좌표는 $A(3k,\ 0)$이므로 (쌍곡선과 x축이 만나는 점이야.)

선분 AF의 길이는 $2k$이다. ($5k-3k$)

따라서 $\frac{5}{3}\times2\le2k\le\frac{7}{3}\times2$

$\therefore\ \frac{10}{3}\le2k\le\frac{14}{3}$ (각 변에 2를 곱해주었어.)

조건 (나)에 의하여 선분 AF의 길이, 즉 $2k$는 자연수이어야 하고

$\frac{10}{3}=3.\times\times\times$, $\frac{14}{3}=4.\times\times\times$이므로 $2k=4$

따라서 쌍곡선의 주축의 길이는 $6k$이므로 구하는 값은

$6k=2k\times3=4\times3=12$

30 [정답률 11%]

정답 53

Step 1 주어진 식을 변형하여 $\overrightarrow{AM}=\frac{\overrightarrow{AP}+\overrightarrow{AR}}{2}$을 만족하는 점 M이 나타내는 영역을 구한다.

$\overrightarrow{AX}=\frac{1}{4}(\overrightarrow{AP}+\overrightarrow{AR})+\frac{1}{2}\overrightarrow{AQ}$

$=\frac{1}{2}\left(\frac{\overrightarrow{AP}+\overrightarrow{AR}}{2}\right)+\frac{1}{2}\overrightarrow{AQ}$

두 점 P, R을 이은 선분 PR의 중점을 M이라 하면

$\overrightarrow{AM}=\frac{\overrightarrow{AP}+\overrightarrow{AR}}{2}$ (두 점 P, R이 모두 움직일 수 있어서 점 M이 나타내는 부분이 영역이 돼.)

이를 만족하는 점 M이 나타내는 영역을 구하면 다음과 같다.

(i) 두 점 P, R이 모두 점 A에 있는 경우

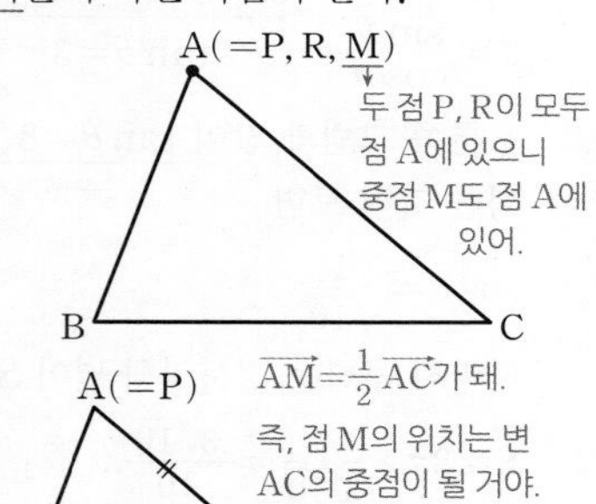

두 점 P, R이 모두 점 A에 있으니 중점 M도 점 A에 있어.

(ii) 두 점 P, R이 각각 점 A, 점 C에 있는 경우

A(=P), M, B, C(=R)

$\overrightarrow{AM}=\frac{1}{2}\overrightarrow{AC}$가 돼. 즉, 점 M의 위치는 변 AC의 중점이 될 거야.

(iii) 두 점 P, R이 각각 점 B, 점 A에 있는 경우

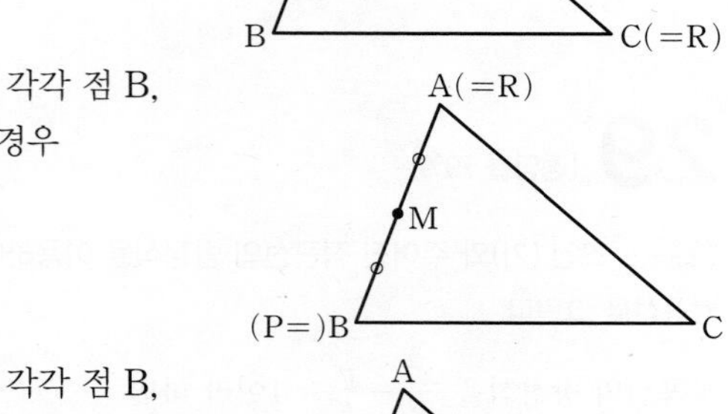

(iv) 두 점 P, R이 각각 점 B, 점 C에 있는 경우

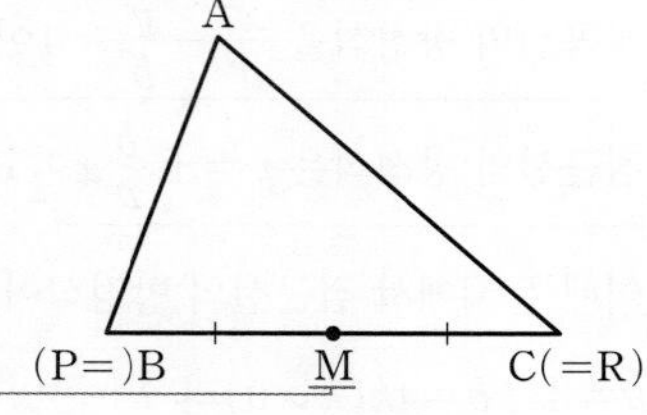

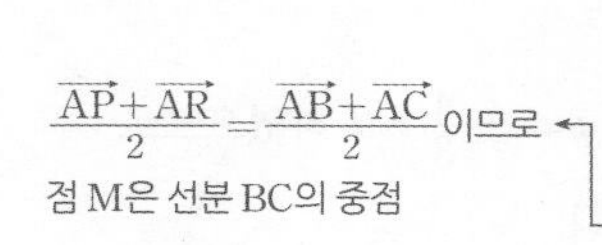

$\frac{\overrightarrow{AP}+\overrightarrow{AR}}{2}=\frac{\overrightarrow{AB}+\overrightarrow{AC}}{2}$이므로 점 M은 선분 BC의 중점

(i)~(iv)에서 점 M이 나타내는 영역은 오른쪽 그림과 같다.

(세 점 A′, B′, C′은 각각 세 변 AB, BC, CA의 중점이다.)

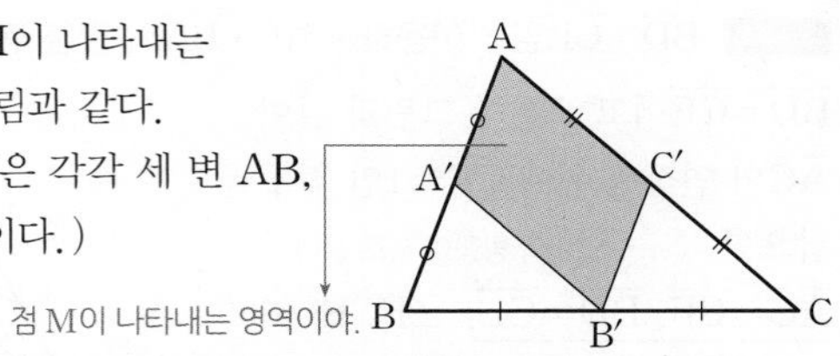

점 M이 나타내는 영역이야.

Step 2 등식을 이용하여 점 X의 위치를 판단하고 점 X가 나타내는 영역의 넓이를 구한다.

$\overrightarrow{AX}=\frac{1}{2}\overrightarrow{AM}+\frac{1}{2}\overrightarrow{AQ}=\frac{\overrightarrow{AM}+\overrightarrow{AQ}}{2}$

이므로 점 X는 두 점 M, Q를 이은 선분 MQ의 중점이다.

Step 1에서 구한 점 M의 영역에 따라 점 X가 나타내는 영역을 구하면 다음과 같다. (점 M이 네 점 A, A′, B′, C′에 있을 때와 점 Q가 두 점 B, C에 있을 때 경우를 나누어 각각 점 X의 위치를 파악할 거야.)

(i) 점 M이 점 A, 점 Q가 점 B에 있는 경우

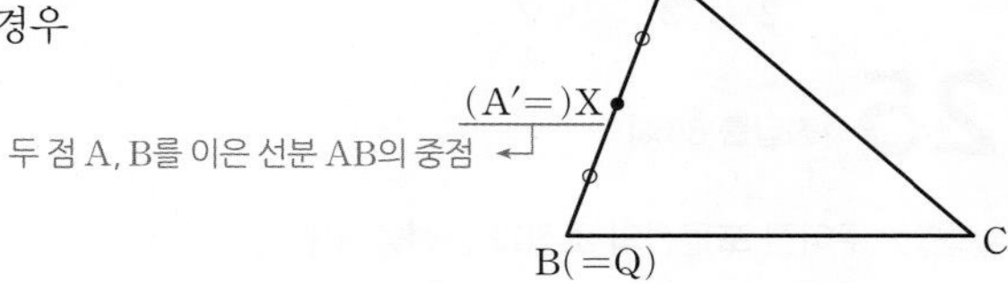

두 점 A, B를 이은 선분 AB의 중점

(ii) 점 M이 점 A′, 점 Q가 점 B에 있는 경우

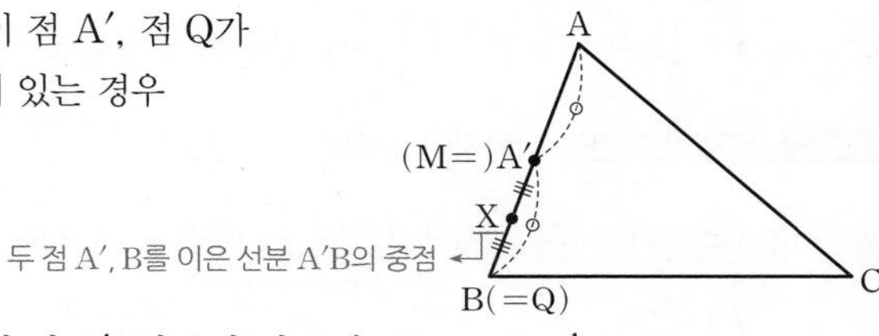

두 점 A′, B를 이은 선분 A′B의 중점

(iii) 점 M이 점 B′, 점 Q가 점 B에 있는 경우

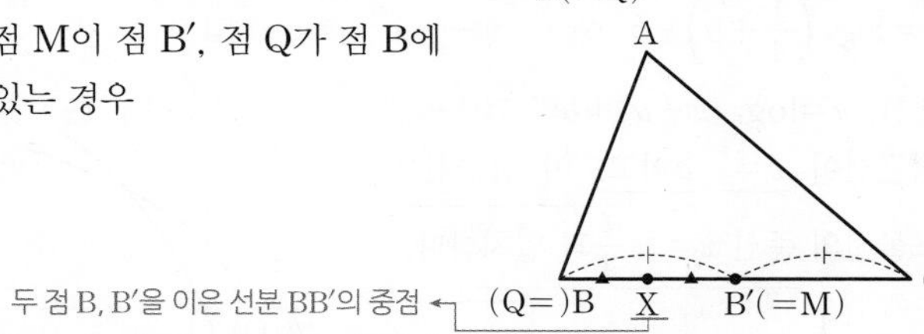

두 점 B, B′을 이은 선분 BB′의 중점

(iv) 점 M이 점 B′, 점 Q가 점 C에 있는 경우

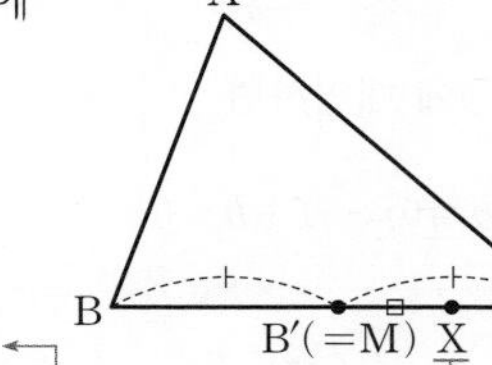

두 점 B′, C를 이은 선분 B′C의 중점

(v) 점 M이 점 C′, 점 Q가 점 C에 있는 경우

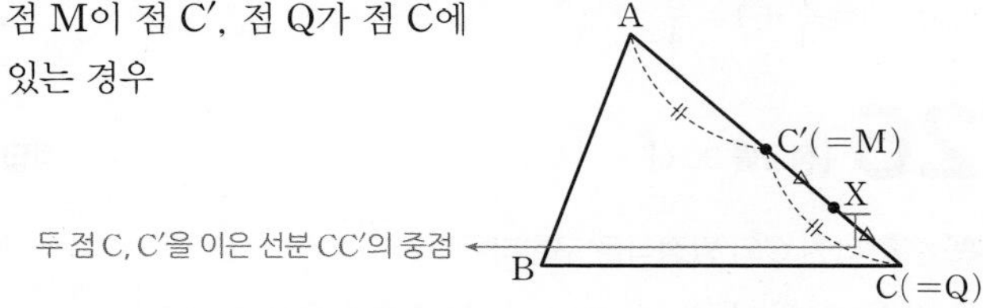

두 점 C, C′을 이은 선분 CC′의 중점

(vi) 점 M이 점 A, 점 Q가 점 C에 있는 경우

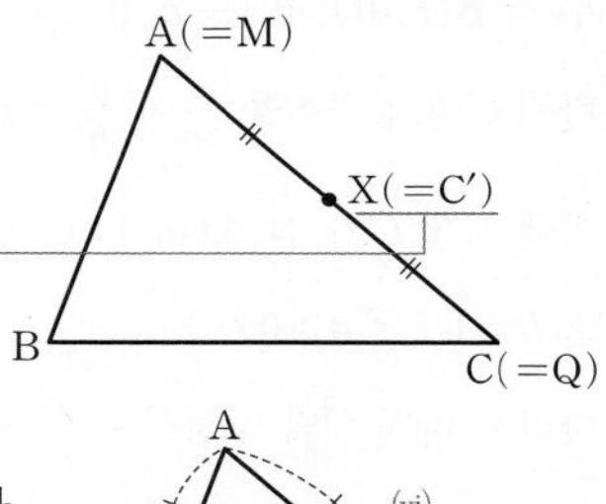

두 점 A, C를 이은 선분 AC의 중점

따라서 (i)~(vi)에서 점 X가 나타내는 영역은 오른쪽 그림과 같다.

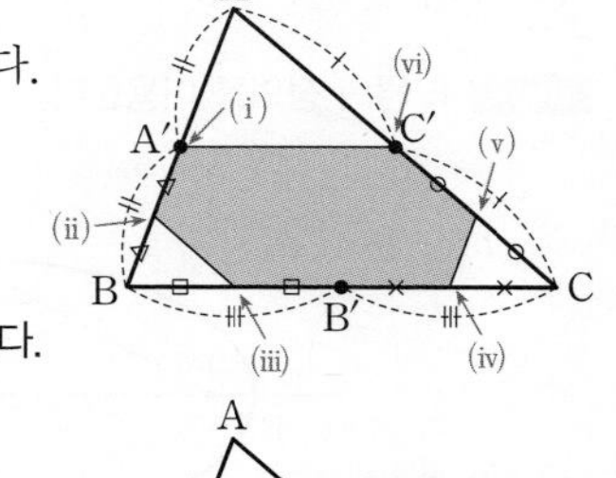

Step 3 닮음을 이용하여 넓이를 구한다.

오른쪽 그림과 같이 각 삼각형을 S_1, S_2, S_3이라 하면 넓이의 비는

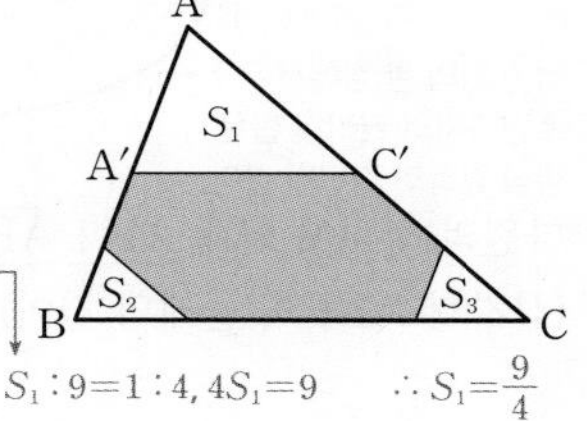

$S_1:\triangle ABC=1:4$ (닮음비가 1 : 2이므로 넓이의 비는 1 : 4야.)　　$\therefore\ S_1=\frac{9}{4}$ ($S_1:9=1:4$, $4S_1=9$　$\therefore\ S_1=\frac{9}{4}$)

$S_2:\triangle ABC=S_3:\triangle ABC=1:16$ (닮음비가 1 : 4이므로 넓이의 비는 1 : 16이야.)

$\therefore\ S_2=S_3=\frac{9}{16}$ (△ABC=9를 대입한 후 정리)

$\therefore$ (구하는 넓이)$=9-(S_1+S_2+S_3)=9-\left(\frac{9}{4}+\frac{9}{16}+\frac{9}{16}\right)=\frac{45}{8}$

($9-\frac{36+9+9}{16}=9-\frac{54}{16}=9-\frac{27}{8}=\frac{72-27}{8}=\frac{45}{8}$)

따라서 $p=8$, $q=45$이므로

$p+q=8+45=53$ ($\frac{q}{p}=\frac{45}{8}$이므로 $p=8$, $q=45$)

27회 2022학년도 대학수학능력시험 정답과 해설

1	②	2	⑤	3	⑤	4	④	5	①
6	③	7	①	8	①	9	④	10	⑤
11	③	12	③	13	②	14	③	15	②
16	3	17	4	18	12	19	6	20	110
21	678	22	9						
확률과 통계				23	④	24	④	25	①
26	③	27	②	28	①	29	31	30	191
미적분				23	⑤	24	④	25	②
26	③	27	①	28	②	29	11	30	143
기하				23	②	24	③	25	⑤
26	②	27	④	28	⑤	29	100	30	23

01 [정답률 89%]

정답 ②

Step 1 지수법칙을 이용하여 계산한다.

$(2^{\sqrt{3}}\times 4)^{\sqrt{3}-2}=(2^{\sqrt{3}}\times 2^2)^{\sqrt{3}-2}=(2^{\sqrt{3}+2})^{\sqrt{3}-2}$

$=2^{(\sqrt{3}+2)(\sqrt{3}-2)}=2^{-1}=\frac{1}{2}$

→ $(a+b)(a-b)=a^2-b^2$을 이용

02 [정답률 93%]

정답 ⑤

Step 1 $f'(x)$를 구한다.

$f'(x)=3x^2+6x+1$ → $y=ax^n$에서 $y'=anx^{n-1}$ (단, a는 상수, n은 자연수)

$\therefore f'(1)=3+6+1=10$

03 [정답률 92%]

정답 ⑤

Step 1 등차수열의 일반항을 구한다.

등차수열 $\{a_n\}$의 일반항을 $a_n=a+(n-1)d$라 하면 (→ 첫째항 a, → 공차 d)

$a_2=a+d=6$ ...... ㉠

$a_4+a_6=(a+3d)+(a+5d)$

$=2a+8d=36$ ...... ㉡

㉠$\times 2-$㉡을 하면 $(2a+2d)-(2a+8d)=-24$

$-6d=-24$ $\quad\therefore d=4$

이를 ㉠에 대입하면 $a=2$

Step 2 a_{10}의 값을 구한다.

따라서 $a_n=2+4(n-1)$이므로 $a_{10}=2+4\times 9=38$

04 [정답률 90%]

정답 ④

Step 1 주어진 그래프를 이용하여 극한을 구한다.

주어진 함수 $y=f(x)$의 그래프에서

$x\to -1-$일 때 $f(x)\to 3$

$x\to 2$일 때 $f(x)\to 1$ → $x\to 2+$, $x\to 2-$일 때를 모두 포함하는 거야.

$\therefore \lim_{x\to -1-}f(x)+\lim_{x\to 2}f(x)=3+1=4$

05 [정답률 87%]

정답 ①

Step 1 a_2, $\cdots$, a_7, a_8의 값을 각각 구한다.

$a_2=2a_1=2$ ($\because a_1<7$)

$a_3=2a_2=4$ ($\because a_2<7$) → $a_2=2$

$a_4=2a_3=8$ ($\because a_3<7$) → $a_3=4$

$a_5=a_4-7=1$ ($\because a_4\geq 7$) → $a_4=8$

$a_6=2a_5=2$ ($\because a_5<7$) → $a_5=1$

$a_7=2a_6=4$ ($\because a_6<7$) → $a_6=2$

$a_8=2a_7=8$ ($\because a_7<7$) → $a_7=4$

Step 2 $\sum_{k=1}^{8}a_k=a_1+a_2+\cdots+a_7+a_8$임을 이용한다.

$\therefore \sum_{k=1}^{8}a_k=a_1+a_2+a_3+a_4+a_5+a_6+a_7+a_8$

$=1+2+4+8+1+2+4+8$

$=30$

06 [정답률 87%]

정답 ③

Step 1 $f(x)=2x^3-3x^2-12x+k$라 하고 $f'(x)=0$을 만족시키는 x의 값을 구한다.

$f(x)=2x^3-3x^2-12x+k$라 하면 $f'(x)=6x^2-6x-12$

$f'(x)=0$에서 $6x^2-6x-12=0$, $6(x-2)(x+1)=0$

$\therefore x=2$ 또는 $x=-1$

Step 2 $f'(x)=0$을 만족시키는 두 근을 p, q라 할 때 $f(p)f(q)<0$을 만족시키면 삼차방정식 $f(x)=0$은 서로 다른 세 실근을 가짐을 이용한다.

→ 함수 $y=f(x)$는 $x=-1$에서 극댓값, $x=2$에서 극솟값을 가진다.

$f(2)f(-1)<0$이어야 하므로

$(16-12-24+k)(-2-3+12+k)<0$

→ $2\times 2^3-3\times 2^2-12\times 2+k$

→ $2\times(-1)^3-3\times(-1)^2-12\times(-1)+k$

$(-20+k)(7+k)<0$

$\therefore -7<k<20$

따라서 구하는 정수 k의 개수는 $20-(-7)-1=26$

→ $-7<k<20$이므로 정수 k의 값은 $-6, -5, -4, \cdots, 17, 18, 19$야.

07 [정답률 71%]

정답 ①

Step 1 $\pi<\theta<\frac{3}{2}\pi$에서 삼각함수 값의 부호를 판단한다.

$\pi<\theta<\frac{3}{2}\pi$일 때 θ는 제3사분면의 각이므로

$\sin\theta<0$, $\cos\theta<0$, $\tan\theta>0$

Step 2 주어진 식을 통해 $\tan\theta$의 값을 구한다.

$\tan\theta>0$이므로 방정식 $\tan\theta-\frac{6}{\tan\theta}=1$의 양변에 $\tan\theta$를 곱하면

$\tan^2\theta-6=\tan\theta$, $\tan^2\theta-\tan\theta-6=0$

$(\tan\theta-3)(\tan\theta+2)=0$

$\therefore \tan\theta=3$ ($\because \tan\theta>0$)

→ $0<\alpha<\frac{\pi}{2}$인 α에 대하여 $\tan\alpha=3$이면 $\sin\alpha=\frac{3\sqrt{10}}{10}$, $\cos\alpha=\frac{\sqrt{10}}{10}$이므로 $\sin\theta=-\frac{3\sqrt{10}}{10}$, $\cos\theta=-\frac{\sqrt{10}}{10}$이야.

Step 3 $\sin\theta$, $\cos\theta$의 값을 구하고, 구하는 값을 계산한다.

따라서 $\sin\theta=-\frac{3\sqrt{10}}{10}$, $\cos\theta=-\frac{\sqrt{10}}{10}$이므로

$\sin\theta+\cos\theta=-\frac{3\sqrt{10}}{10}-\frac{\sqrt{10}}{10}=-\frac{2\sqrt{10}}{5}$

08 [정답률 73%]

정답 ①

Step 1 곡선 $y=x^2-5x$와 직선 $y=x$로 둘러싸인 부분의 넓이를 구한다.

곡선 $y=x^2-5x$와 직선 $y=x$가 만나는 점의 x좌표를 구하면

$x^2-5x=x$

$x^2-6x=0$, $x(x-6)=0$ → 이차함수의 넓이 공식인 $\frac{|a|}{6}(\beta-\alpha)^3$을 이용하면 $\frac{1}{6}(6-0)^3=36$임을 바로 구할 수 있어.

$\therefore x=0$ 또는 $x=6$

따라서 곡선 $y=x^2-5x$와 직선 $y=x$로 둘러싸인 부분의 넓이는

$$\int_0^6 \{x-(x^2-5x)\}dx=\int_0^6(-x^2+6x)dx$$
$$=\left[-\frac{1}{3}x^3+3x^2\right]_0^6$$
$$=-72+108=36$$

Step 2 상수 k의 값을 구한다.

이때 직선 $x=k$로 이등분된 넓이는 18이므로

$$\int_0^k \{x-(x^2-5x)\}dx=\int_0^k(-x^2+6x)dx$$
$$=\left[-\frac{1}{3}x^3+3x^2\right]_0^k$$
$$=-\frac{1}{3}k^3+3k^2=18$$

$-\frac{1}{3}k^3+3k^2=18$, $k^3-9k^2+54=0$

$(k-3)(k^2-6k-18)=0$ → 조립제법을 이용하면

3	1	−9	0	54
		3	−18	−54
	1	−6	−18	0

$\therefore k=3$ ($\because 0<k<6$)

09 [정답률 65%]

정답 ④

Step 1 두 교점의 x좌표의 차가 1임을 확인한다.

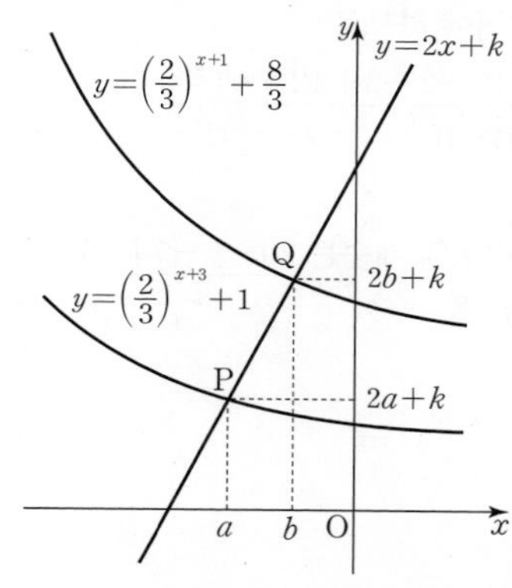

위 그림과 같이 직선 $y=2x+k$가 두 함수 $y=\left(\frac{2}{3}\right)^{x+3}+1$, $y=\left(\frac{2}{3}\right)^{x+1}+\frac{8}{3}$의 그래프와 만나는 두 점 P, Q의 x좌표를 각각 a, b라 하자.

두 점 P, Q는 직선 $y=2x+k$ 위의 점이므로

$\mathrm{P}(a, 2a+k)$, $\mathrm{Q}(b, 2b+k)$ → $y=2x+k$에 $x=a$, $x=b$를 각각 대입

$$\overline{\mathrm{PQ}}=\sqrt{(b-a)^2+\{(2b+k)-(2a+k)\}^2}$$
$$=\sqrt{(b-a)^2+(2b-2a)^2}$$
$$=\sqrt{5(b-a)^2}=\sqrt{5}$$

이므로 $(b-a)^2=1$ $\therefore b-a=1$ → 그림을 통해 $b>a$임을 알 수 있어.

Step 2 두 점의 y좌표의 차를 이용하여 식을 세운다.

두 점 P, Q의 y좌표의 차는

$(2b+k)-(2a+k)=2(b-a)=2$

이를 이용하여 식을 세우면

$$\left\{\left(\frac{2}{3}\right)^{b+1}+\frac{8}{3}\right\}-\left\{\left(\frac{2}{3}\right)^{a+3}+1\right\}=2$$
$$\left\{\left(\frac{2}{3}\right)^{a+2}+\frac{8}{3}\right\}-\left\{\left(\frac{2}{3}\right)^{a+3}+1\right\}=2$$

→ $b=a+1$임을 이용해!

$$\left(\frac{2}{3}\right)^{a+2}-\left(\frac{2}{3}\right)^{a+3}-\frac{1}{3}=0 \quad \cdots\cdots ㉠$$

Step 3 지수방정식을 푼다.

$\left(\frac{2}{3}\right)^a=X$라 하면 ㉠에서

$\frac{4}{9}X-\frac{8}{27}X-\frac{1}{3}=0$, $\frac{4}{27}X-\frac{1}{3}=0$

$\frac{4}{27}X=\frac{1}{3}$ $\therefore X=\frac{9}{4}$

따라서 $\left(\frac{2}{3}\right)^a=\frac{9}{4}$에서 $a=-2$

Step 4 k의 값을 구한다.

직선 $y=2x+k$가 점 $\mathrm{P}\left(-2, \frac{5}{3}\right)$를 지나므로 → $\left(\frac{2}{3}\right)^{x+3}+1$에 $x=-2$ 대입

$\frac{5}{3}=2\times(-2)+k$ $\therefore k=\frac{17}{3}$

10 [정답률 60%]

정답 ⑤

Step 1 두 접선의 방정식을 각각 구한다.

삼차함수 $f(x)$에 대하여 곡선 $y=f(x)$가 점 $(0, 0)$을 지나므로

$f(0)=0$

점 $(0, 0)$에서의 접선의 방정식은

$y=f'(0)(x-0)+0$에서 $y=f'(0)x$ $\cdots\cdots$ ㉠

곡선 $y=xf(x)$가 점 $(1, 2)$를 지나므로

$1\times f(1)=2$ $\therefore f(1)=2$

$\{xf(x)\}'=f(x)+xf'(x)$이므로 점 $(1, 2)$에서의 접선의 방정식은

$y=\{f(1)+f'(1)\}(x-1)+2$에서 → 곱의 미분법 이용

$y=\{2+f'(1)\}(x-1)+2$

$=\{2+f'(1)\}x-f'(1)$ $\cdots\cdots$ ㉡

Step 2 두 접선의 방정식이 서로 같음을 이용한다.

이때 두 접선이 일치하므로 두 접선의 방정식 ㉠, ㉡에서

상수항끼리 비교하면 $f'(1)=0$,

x의 계수끼리 비교하면 $f'(0)=2+f'(1)=2$

Step 3 $f(x)$의 식을 완성한다.

$f(x)=ax^3+bx^2+cx$ (a, b, c는 상수)라 하면 → $f(0)=0$이므로 상수항은 없어.

$f(1)=a+b+c=2$ $\cdots\cdots$ ㉢

$f'(x)=3ax^2+2bx+c$이므로 $f'(1)=3a+2b+c=0$ $\cdots\cdots$ ㉣

$f'(0)=c=2$

$c=2$를 ㉢, ㉣에 대입하면

$a+b=0$, $3a+2b=-2$

$\therefore a=-2$, $b=2$

따라서 $f(x)=-2x^3+2x^2+2x$이므로 $f'(x)=-6x^2+4x+2$

$\therefore f'(2)=-24+8+2=-14$

11 [정답률 61%]

정답 ③

Step 1 함수 $f(x)=\tan\frac{\pi x}{a}$의 주기를 이용하여 점 B의 좌표를 구한다.

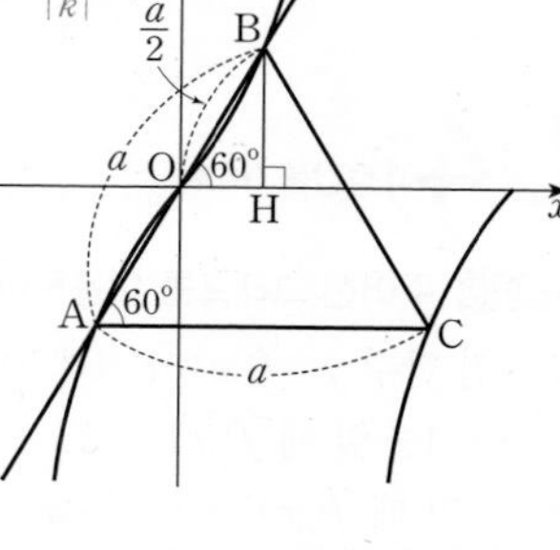

$f(x)=\tan\frac{\pi x}{a}$에서 함수 $f(x)$의 주기는 $\frac{\pi}{\frac{\pi}{a}}=a$이므로 $\overline{\mathrm{AC}}=a$ → $y=\tan kx$의 주기는 $\frac{\pi}{|k|}$야.

△ABC는 정삼각형이므로

$\overline{\mathrm{AB}}=\overline{\mathrm{AC}}=a$

$-\frac{a}{2}<x<\frac{a}{2}$에서 곡선 $y=\tan\frac{\pi x}{a}$는 원점 대칭이므로

두 점 A, B는 서로 원점 대칭이고,

$\overline{\mathrm{AB}}=a$이므로 $\overline{\mathrm{BO}}=\frac{1}{2}\overline{\mathrm{AB}}=\frac{a}{2}$

점 B에서 x축에 내린 수선의 발을 H라 하면

$\overline{BH}=\overline{BO}\sin 60^\circ=\frac{a}{2}\times\frac{\sqrt{3}}{2}=\frac{\sqrt{3}}{4}a$ → △BOH에서 $\sin 60^\circ=\frac{\overline{BH}}{\overline{BO}}$

$\overline{OH}=\overline{BO}\cos 60^\circ=\frac{a}{2}\times\frac{1}{2}=\frac{a}{4}$ → △BOH에서 $\cos 60^\circ=\frac{\overline{OH}}{\overline{BO}}$

따라서 점 B의 좌표는 $\left(\frac{a}{4},\ \frac{\sqrt{3}}{4}a\right)$이다.

Step 2 점 B가 함수 $y=f(x)$의 그래프 위의 점임을 이용한다.

점 $B\left(\frac{a}{4},\ \frac{\sqrt{3}}{4}a\right)$는 함수 $y=f(x)$의 그래프 위의 점이므로

$\frac{\sqrt{3}}{4}a=\tan\left(\frac{\pi}{a}\times\frac{a}{4}\right)$, $\frac{\sqrt{3}}{4}a=\tan\frac{\pi}{4}$ → $y=\tan\frac{\pi x}{a}$에 $x=\frac{a}{4}$, $y=\frac{\sqrt{3}}{4}a$를 각각 대입

$\frac{\sqrt{3}}{4}a=1 \quad \therefore a=\frac{4}{\sqrt{3}}$

Step 3 정삼각형 ABC의 넓이를 구한다.

$\triangle ABC=\frac{\sqrt{3}}{4}a^2=\frac{\sqrt{3}}{4}\times\left(\frac{4}{\sqrt{3}}\right)^2$

$=\frac{\sqrt{3}}{4}\times\frac{16}{3}=\frac{4\sqrt{3}}{3}$

12 [정답률 56%] 정답 ③

Step 1 주어진 식을 인수분해한다.

주어진 식을 인수분해하면

$\{f(x)\}^2\{f(x)-1\}-x^2\{f(x)-1\}=0$

$[\{f(x)\}^2-x^2]\{f(x)-1\}=0$

$\{f(x)+x\}\{f(x)-x\}\{f(x)-1\}=0$

$\therefore f(x)=-x$ 또는 $f(x)=x$ 또는 $f(x)=1$ → 함수 $f(x)$는 구간에 따라 $y=-x$ 또는 $y=x$ 또는 $y=1$의 그래프를 가질 수 있음을 의미해.

Step 2 함수 $f(x)$가 실수 전체의 집합에 대하여 연속이고 최댓값이 1, 최솟값이 0임을 이용한다.

세 함수 $y=x$, $y=-x$, $y=1$의 그래프를 각각 좌표평면에 나타내면 오른쪽 그림과 같으므로 함수 $f(x)$가 모든 실수 x에 대하여 연속이고 최댓값이 1, 최솟값이 0임을 만족시키려면 함수 $y=f(x)$의 그래프는 다음과 같다.

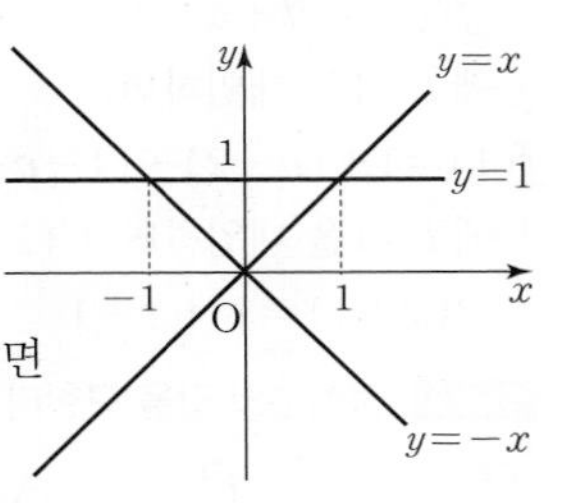

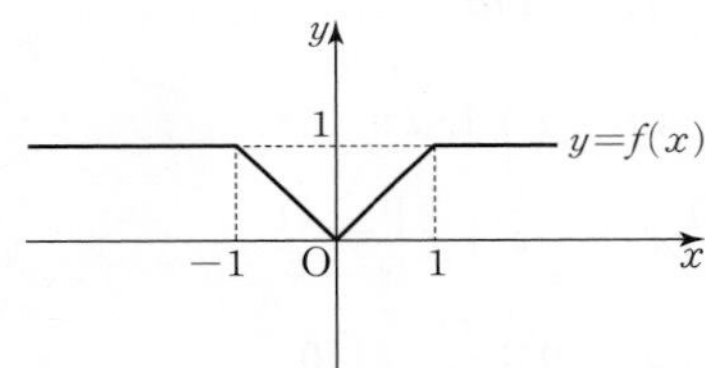

$$\therefore f(x)=\begin{cases}1 & (x\le -1 \text{ 또는 } x\ge 1)\\ x & (0\le x<1)\\ -x & (-1<x<0)\end{cases}$$

Step 3 $f\left(-\frac{4}{3}\right)$, $f(0)$, $f\left(\frac{1}{2}\right)$의 값을 구한다.

$\therefore f\left(-\frac{4}{3}\right)+f(0)+f\left(\frac{1}{2}\right)=1+0+\frac{1}{2}=\frac{3}{2}$

13 [정답률 52%] 정답 ②

Step 1 두 직선의 방정식을 각각 구한 후, y절편이 서로 같음을 이용하여 a^b, b^a의 값을 구한다.

두 점 $(a,\ \log_2 a)$, $(b,\ \log_2 b)$를 지나는 직선을 l_1이라 하면

$l_1 : y=\frac{\log_2 b-\log_2 a}{b-a}(x-a)+\log_2 a$

두 점 $(a,\ \log_4 a)$, $(b,\ \log_4 b)$, 즉 $\left(a,\ \frac{1}{2}\log_2 a\right)$, $\left(b,\ \frac{1}{2}\log_2 b\right)$를 지나는 직선을 l_2라 하면

$l_2 : y=\frac{\frac{1}{2}(\log_2 b-\log_2 a)}{b-a}(x-a)+\frac{1}{2}\log_2 a$

이때 두 직선 l_1, l_2의 y절편이 서로 같으므로 → l_1, l_2의 식에 각각 $x=0$을 대입해.

$-a\times\frac{\log_2 b-\log_2 a}{b-a}+\log_2 a$

$=-a\times\frac{\log_2 b-\log_2 a}{2(b-a)}+\frac{1}{2}\log_2 a$

$\frac{1}{2}\log_2 a=a\times\frac{\log_2 b-\log_2 a}{2(b-a)}$

$(b-a)\log_2 a=a(\log_2 b-\log_2 a)$ → 양변의 $-a\log_2 a$는 서로 상쇄돼.

$b\log_2 a=a\log_2 b$, $\log_2 a^b=\log_2 b^a$

$\therefore a^b=b^a$

함수 $f(x)=a^{bx}+b^{ax}$에서 $f(1)=a^b+b^a=40$

이때 $a^b=b^a$이므로 $a^b=b^a=20$ → $a^b+b^a=a^b+a^b=2a^b=40$ $\therefore a^b=20,\ b^a=20$

Step 2 $f(2)$의 값을 구한다.

$\therefore f(2)=a^{2b}+b^{2a}=(a^b)^2+(b^a)^2$

$=20^2+20^2$

$=400+400=800$

14 [정답률 30%] 정답 ③

Step 1 $\int_\alpha^\beta v(t)dt=\int_\alpha^\beta x'(t)dt=x(\beta)-x(\alpha)$임을 이용한다.

방정식 $x(t)=t(t-1)(at+b)=0$에서

$t=0$ 또는 $t=1$ 또는 $t=-\frac{b}{a}$

ㄱ. $v(t)=x'(t)$이므로

$\int_0^1 v(t)dt=\int_0^1 x'(t)dt=\Big[x(t)\Big]_0^1=x(1)-x(0)$

이때 $x(1)=x(0)=0$이므로 $\int_0^1 v(t)dt=0-0=0$ (참)

Step 2 $\int_0^1 |v(t)|dt=2$, $x(1)=x(0)=0$의 조건을 이용한다.

ㄴ. 점 P는 $x(0)=0$이므로 원점에서 출발한다.

열린구간 $(0,\ 1)$에서 움직인 거리는 2이고 $t=1$일 때 점 P는 원점에 있어야 하므로 점 P의 원점에서부터 움직인 최대 거리 $|x(t)|$는 1이다. → $x(1)=0$ ← $\int_0^1 |v(t)|dt=2$

따라서 $|x(t_1)|>1$을 만족하는 t_1은 열린구간 $(0,\ 1)$에 존재하지 않는다. (거짓)

Step 3 점 P의 운동 방향이 바뀌는 경우를 나누어 생각한다.

ㄷ. $0\le t\le 1$에서 점 P가 운동 방향을 바꿀 수 있는 횟수의 최댓값은 2, 최솟값은 1이다.

운동 방향을 1번 바꿀 경우 점 P는 임의의 시각 t_a에 1 또는 -1에 위치해야 한다.

즉, $|x(t_a)|=1$이다.

이때 $0\le t\le 1$인 모든 t에 대하여 $|x(t)|<1$이려면 점 P는 운동 방향을 2번 바꾸는 경우이므로 $\int_0^1 |v(t)|dt=2$의 조건을 만족시키기 위해서는 $x(t_2)=0$인 t_2가 열린구간 $(0,\ 1)$에 존재해야 한다. (참)

그러므로 옳은 것은 ㄱ, ㄷ이다.

15 [정답률 46%] 정답 ②

Step 1 삼각형 ABO_2가 직각삼각형임을 이용하여 $\overline{AO_2}$와 $\cos\frac{\theta_1}{2}$의 값을 구한다.

$\angle CO_2O_1+\angle O_1O_2D=\pi$이므로 $\angle O_1O_2C=\angle O_1CO_2=\pi-\theta_3$이다.

삼각형 CO_1O_2의 내각의 크기의 합은 $\theta_2+2(\pi-\theta_3)=\pi$이므로

$\theta_3=\frac{\pi}{2}+\frac{\theta_2}{2}$

$\theta_3=\theta_1+\theta_2$에서 $\theta_1+\theta_2=\frac{\pi}{2}+\frac{\theta_2}{2}$, $2\theta_1+\theta_2=\pi$이므로

$\angle CO_1B=\theta_1$이다.

이때 $\angle O_2O_1B=\theta_1+\theta_2=\theta_3$이므로 삼각형 O_1O_2B와 삼각형 O_2O_1D는 합동이다.

$\overline{AB}=k$라 할 때 $\overline{BO_2}=\overline{O_1D}=2\sqrt{2}k$ ($\because \triangle O_1O_2B\equiv\triangle O_2O_1D$)이다.

원주각의 성질에 의하여 $\angle ABO_2=90°$이므로

$\overline{AO_2}^2=\overline{AB}^2+\overline{BO_2}^2=k^2+(2\sqrt{2}k)^2=9k^2$

$\therefore \overline{AO_2}=\boxed{(가)\ 3k}$ ($\because k>0$)

원주각의 성질에 의하여 $\angle BO_2A=\frac{1}{2}\angle BO_1A=\frac{\theta_1}{2}$이므로

$\cos\frac{\theta_1}{2}=\frac{\overline{BO_2}}{\overline{AO_2}}=\frac{2\sqrt{2}k}{3k}=\boxed{(나)\ \frac{2\sqrt{2}}{3}}$이다.

Step 2 코사인법칙을 이용하여 $\overline{O_2C}$의 값을 구한다.

삼각형 O_2BC에서 $\angle AO_1B=\angle CO_1B$이므로 $\overline{AB}=\overline{BC}=k$,

→ 반지름의 길이가 같은 원에서 중심각의 크기가 같으면 그 현의 길이도 같아.

$\overline{BO_2}=2\sqrt{2}k$, $\angle CO_2B=\frac{1}{2}\angle CO_1B$이므로 $\angle CO_2B=\frac{\theta_1}{2}$이다.

$\overline{CO_2}=l$이라고 하면 코사인법칙에 의하여

$\overline{BC}^2=\overline{BO_2}^2+\overline{CO_2}^2-2\overline{BO_2}\times\overline{CO_2}\times\cos(\angle CO_2B)$

$k^2=(2\sqrt{2}k)^2+l^2-2\times2\sqrt{2}k\times l\times\cos\frac{\theta_1}{2}$

$l^2-\frac{16}{3}kl+7k^2=0$, $(3l-7k)(l-3k)=0$

$\therefore l=\frac{7}{3}k$ ($\because l<3k$)

따라서 $\overline{O_2C}=\boxed{(다)\ \frac{7}{3}k}$이다.

$\overline{CD}=\overline{O_2D}+\overline{O_2C}=\overline{O_1O_2}+\overline{O_2C}$이므로

$\overline{AB}:\overline{CD}=k:\left(\frac{\boxed{(가)\ 3k}}{2}+\boxed{(다)\ \frac{7}{3}k}\right)$이다.

Step 3 $f(p)\times g(p)$의 값을 구한다.

따라서 $f(k)=3k$, $g(k)=\frac{7}{3}k$, $p=\frac{2\sqrt{2}}{3}$이므로

$f(p)\times g(p)=3\times\frac{2\sqrt{2}}{3}\times\frac{7}{3}\times\frac{2\sqrt{2}}{3}=\frac{56}{9}$

16 [정답률 88%] 정답 3

Step 1 로그의 밑의 변환 공식을 이용하여 주어진 식을 정리한다.

$\frac{1}{\log_{15}2}=\log_2 15$이므로 $\log_2 120-\frac{1}{\log_{15}2}=\log_2 120-\log_2 15$

Step 2 로그의 성질을 이용하여 주어진 식의 값을 계산한다.

$\log_2 120-\log_2 15=\log_2\frac{120}{15}=\log_2 8=3$

17 [정답률 91%] 정답 4

Step 1 함수 $f'(x)$를 적분하여 함수 $f(x)$의 식을 구한다.

$f'(x)=3x^2+2x$이므로 $f(x)=x^3+x^2+C$ (단, C는 적분상수)

이때 $f(0)=C=2$이므로 $f(x)=x^3+x^2+2$

$\therefore f(1)=1+1+2=4$

18 [정답률 77%] 정답 12

Step 1 Σ의 성질을 이용한다.

주어진 식 $\sum_{k=1}^{10}a_k-\sum_{k=1}^{7}\frac{a_k}{2}=56$의 양변에 2를 곱하면

$\sum_{k=1}^{10}2a_k-\sum_{k=1}^{7}a_k=112$ ...... ㉠

$\sum_{k=1}^{10}2a_k-\sum_{k=1}^{8}a_k=100$ ...... ㉡

㉠$-$㉡을 하면 $-\sum_{k=1}^{7}a_k-\left(-\sum_{k=1}^{8}a_k\right)=12$

→ $=\sum_{k=1}^{8}a_k-\sum_{k=1}^{7}a_k=a_8+\sum_{k=1}^{7}a_k-\sum_{k=1}^{7}a_k=a_8$

$\therefore a_8=12$

19 [정답률 66%] 정답 6

Step 1 모든 실수 x에 대하여 $f'(x)\ge0$임을 이용한다.

$f(x)=x^3+ax^2-(a^2-8a)x+3$에서

$f'(x)=3x^2+2ax-(a^2-8a)$

함수 $f(x)$가 실수 전체의 집합에서 증가하므로 모든 실수 x에 대하여 $f'(x)\ge0$이 성립해야 한다. → $3x^2+2ax-(a^2-8a)\ge0$

이차방정식 $3x^2+2ax-(a^2-8a)=0$의 판별식을 D라 하면

$\frac{D}{4}=a^2+3(a^2-8a)=4a(a-6)\le0$

$\therefore 0\le a\le6$

→ 이차함수 $y=f'(x)$의 그래프가 x축과 만나지 않거나 접해야 해.

따라서 a의 최댓값은 6이다.

20 [정답률 21%] 정답 110

Step 1 조건 (가)를 이용해 함숫값과 미분계수를 파악한다.

닫힌구간 $[0, 1]$에서 $f(x)=x$이고 함수 $f(x)$는 실수 전체의 집합에서 미분가능하므로

$f(0)=0$, $f(1)=1$, $f'(0)=f'(1)=1$ ...... ㉠

Step 2 조건 (나)를 이용해 닫힌구간 $[0, 1]$에서의 함수 $f(x+1)$의 식을 구한다.

조건 (나)에서 닫힌구간 $[0, 1]$에서

$f(x+1)=xf(x)+ax+b=x^2+ax+b$

이때 $x+1=t$라 하면 $x=t-1$이고 $1\le t\le2$이므로

$f(t)=(t-1)^2+a(t-1)+b$

$=t^2+(a-2)t+(1-a+b)$ ...... ㉡

$\therefore f'(t)=2t+a-2$ ...... ㉢

㉡에 $t=1$을 대입하면

$f(1)=1+(a-2)+(1-a+b)=b=1$ ($\because$ ㉠)

㉢에 $t=1$을 대입하면 $f'(1)=a=1$ ($\because$ ㉠)

$\therefore f(x+1)=x^2+x+1$

Step 3 정적분의 값을 구한다.

$\int_1^2 f(x)dx=\int_0^1 f(x+1)dx$

$=\int_0^1(x^2+x+1)dx$

$=\left[\frac{1}{3}x^3+\frac{1}{2}x^2+x\right]_0^1=\frac{11}{6}$

$\therefore 60\times\int_1^2 f(x)dx=60\times\frac{11}{6}=110$

21 [정답률 36%] 정답 678

Step 1 $|a_n|=2^n$임을 확인한다.

$|a_1|=2$이고 모든 자연수 n에 대하여 $|a_{n+1}|=2|a_n|$이므로 수열 $\{|a_n|\}$은 첫째항이 2이고 공비가 2인 등비수열이다.

$\therefore |a_n|=2^n$

Step 2 a_{10}의 값에 따라 경우를 나누어본다.

$|a_{10}|=2^{10}=1024$에서 $a_{10}=1024$ 또는 -1024

(i) $a_{10}=1024$일 때

→ 이때가 $\sum_{n=1}^{10}a_n$의 값이 최소야.

$1\le n\le9$인 모든 자연수 n에 대하여 $a_n=-2^n$이어도

$\sum_{n=1}^{10}a_n=1024-1022=2$이므로 조건 (다)를 만족시키지 않는다.

→ $\frac{-2\times(2^9-1)}{2-1}=-1022$

(ii) $a_{10}=-1024$일 때

$1\le n\le9$인 모든 자연수 n에 대하여 $a_n=2^n$이면

$\sum_{n=1}^{10}a_n=1022-1024=-2$이다. → (다)의 값과 12만큼 차이가 나.

→ $\frac{2\times(2^9-1)}{2-1}=1022$

이때 a_1, a_2의 값의 부호만 바꿔주면 $\sum_{n=1}^{10}a_n=-14$가 성립한다.

○ 본문 352쪽

Step 3 $a_1+a_3+a_5+a_7+a_9$의 값을 구한다.

따라서 (i), (ii)에서 $a_n=\begin{cases}-2^n & (n=1,\ 2,\ 10) \\ 2^n & (3\leq n\leq 9)\end{cases}$이므로

$a_1+a_3+a_5+a_7+a_9$
$=-2+8+32+128+512=678$

22 [정답률 10%] 정답 9

Step 1 조건 (가), (나)를 이용하여 함수 $f'(x)$의 그래프의 개형을 생각한다.

조건 (나)에 의하여 이차함수 $f'(x)$의 그래프는 x축과 서로 다른 두 점에서 만나므로 함수 $f'(x)$의 그래프와 x축의 두 교점의 x좌표를 α, β $(\alpha<\beta)$라 하자.

→ x축과 만나지 않거나 접하면 $g(f(1))=g(f(4))=2$가 성립하지 않아.

이때 조건 (가), (나)에 의하여 $\beta-\alpha=2$

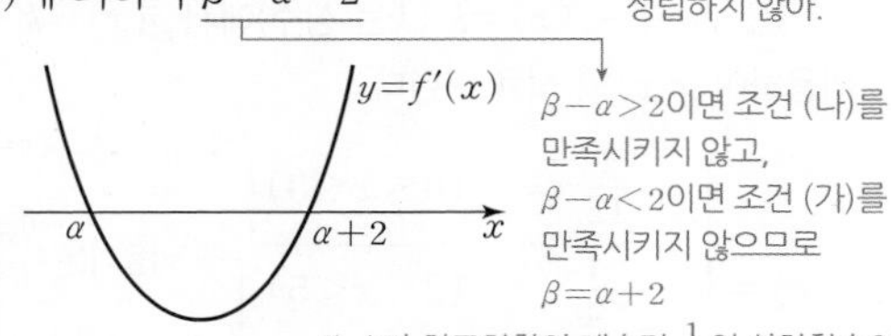

→ $\beta-\alpha>2$이면 조건 (나)를 만족시키지 않고, $\beta-\alpha<2$이면 조건 (가)를 만족시키지 않으므로 $\beta=\alpha+2$

$\therefore\ f'(x)=\dfrac{3}{2}(x-\alpha)(x-\alpha-2)$

→ $f(x)$가 최고차항의 계수가 $\frac{1}{2}$인 삼차함수이므로 $f'(x)$는 최고차항의 계수가 $\frac{3}{2}$인 이차함수야.

따라서 함수 $y=g(t)$의 그래프를 좌표평면에 나타내면 다음과 같다.

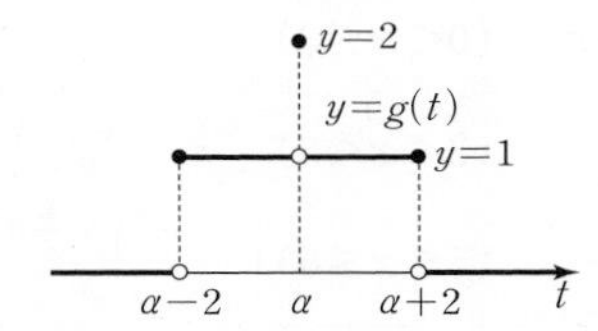

Step 2 $f(4)-f(1)=0$임을 이용하여 α의 값을 구한다.

$g(f(1))=g(f(4))=2$이므로 $f(1)=f(4)=\alpha$

→ $g(t)=2$인 경우는 $t=\alpha$일 때 밖에 없어.

$f'(x)=\dfrac{3}{2}(x-\alpha)(x-\alpha-2)=\dfrac{3}{2}(x-\alpha)^2-3(x-\alpha)$

에서 $f(x)=\dfrac{1}{2}(x-\alpha)^3-\dfrac{3}{2}(x-\alpha)^2+C$ (단, C는 적분상수) …… ㉠

이고, $f(4)-f(1)=0$이므로

$f(4)-f(1)=\dfrac{1}{2}(4-\alpha)^3-\dfrac{3}{2}(4-\alpha)^2-\left\{\dfrac{1}{2}(1-\alpha)^3-\dfrac{3}{2}(1-\alpha)^2\right\}$

$=\dfrac{9}{2}\alpha^2-\dfrac{27}{2}\alpha+\dfrac{18}{2}=0$

$=\dfrac{9}{2}(\alpha-1)(\alpha-2)=0$

$\therefore\ \alpha=1$ 또는 $\alpha=2$

Step 3 α의 값에 따라 경우를 나누어 판단한다.

(i) $\alpha=1$일 때,

$f(1)=f(4)=1$이므로 ㉠에 $\alpha=1$을 대입하면

$f(x)=\dfrac{1}{2}(x-1)^3-\dfrac{3}{2}(x-1)^2+1$

이때 $f(0)=-\dfrac{1}{2}-\dfrac{3}{2}+1=-1$

이므로 $g(f(0))=g(-1)=1$은 조건을 만족시킨다.

→ 오른쪽 그래프에서 성립해.

(ii) $\alpha=2$일 때,

$f(1)=f(4)=2$이므로 ㉠에 $\alpha=2$를 대입하면

$f(x)=\dfrac{1}{2}(x-2)^3-\dfrac{3}{2}(x-2)^2+4$

이때 $f(0)=-4-6+4=-6$

이므로 $g(f(0))=g(-6)=0$으로 조건에 모순이다.

→ 오른쪽 그래프에서 $g(-6)=0$이어야 해.

(i), (ii)에 의하여 $\alpha=1$

$\therefore\ f(x)=\dfrac{1}{2}(x-1)^3-\dfrac{3}{2}(x-1)^2+1$

Step 4 $f(5)$의 값을 구한다.

따라서 $f(5)=\dfrac{1}{2}\times 64-\dfrac{3}{2}\times 16+1=9$이다.

확률과 통계

23 [정답률 88%] 정답 ④

Step 1 전개식의 일반항을 이용한다.

다항식 $(x+2)^7$의 전개식의 일반항은 ${}_7\mathrm{C}_r\times x^r\times 2^{7-r}$

x^5의 계수는 $r=5$일 때이므로

${}_7\mathrm{C}_5\times 2^{7-5}={}_7\mathrm{C}_2\times 2^2$

$=\dfrac{7\times 6}{2\times 1}\times 4=84$

24 [정답률 77%] 정답 ④

Step 1 이항분포 $\mathrm{B}\left(n,\ \dfrac{1}{3}\right)$에서 $\mathrm{V}(X)$의 값을 구한다.

$\mathrm{B}\left(n,\ \dfrac{1}{3}\right)$에서 $\mathrm{V}(X)=n\times\dfrac{1}{3}\times\dfrac{2}{3}=\dfrac{2}{9}n$

Step 2 $\mathrm{V}(2X)$의 값을 통해 n의 값을 구한다.

$\mathrm{V}(2X)=2^2\mathrm{V}(X)=4\times\dfrac{2}{9}n=\dfrac{8}{9}n=40$

이므로 $n=45$

25 [정답률 67%] 정답 ①

→ 자연수의 제곱수 1, 4, 9, 16, …에서 그 차가 5인 수는 4와 9뿐이야.

Step 1 조건 (나)를 만족시키는 두 자연수 a, b의 값을 구한다.

두 자연수 a, b에 대하여 조건 (나)를 만족시키려면 두 제곱수의 차가 5이어야 하므로 $a=2$, $b=3$ 또는 $a=3$, $b=2$이어야 한다.

Step 2 중복조합을 이용하여 주어진 조건을 모두 만족시키는 순서쌍 $(a,\ b,\ c,\ d,\ e)$의 개수를 구한다.

(i) $a=2$, $b=3$인 경우

조건 (가)에 의하여 $c+d+e=7$

음이 아닌 정수 c', d', e'에 대하여

$c=c'+1$, $d=d'+1$, $e=e'+1$이라 하면

$c'+d'+e'=4$

→ $c+d+e=7$에서 $(c'+1)+(d'+1)+(e'+1)=7$, 즉 $c'+d'+e'=4$가 돼.

중복조합을 이용하여 순서쌍 $(c',\ d',\ e')$의 개수를 구하면

${}_3\mathrm{H}_4={}_6\mathrm{C}_4={}_6\mathrm{C}_2=\dfrac{6\times 5}{2\times 1}=15$

따라서 순서쌍 $(c,\ d,\ e)$의 개수는 15이다.

(ii) $a=3$, $b=2$인 경우

(i)의 경우와 마찬가지로 순서쌍 $(c,\ d,\ e)$의 개수는 15이다.

(i), (ii)에 의하여 순서쌍 $(a,\ b,\ c,\ d,\ e)$의 개수는 $15\times 2=30$

26 [정답률 75%] 정답 ③

Step 1 여사건의 확률을 구한다.

임의로 카드 3장을 동시에 꺼낼 때,
꺼낸 카드에 적혀 있는 세 자연수 중에서 가장 작은 수가 4 이하이거나 7 이상일 확률은 1에서 가장 작은 수가 5이거나 6일 확률을 뺀 것과 같다.

→ 6, 7, 8, 9, 10이 적힌 다섯 장의 카드 중 두 장을 꺼낼 확률과 같아.

가장 작은 수가 5일 확률은 $\dfrac{{}_5\mathrm{C}_2}{{}_{10}\mathrm{C}_3}=\dfrac{10}{120}$

→ 7, 8, 9, 10이 적힌 네 장의 카드 중 두 장을 꺼낼 확률과 같아.

이고, 가장 작은 수가 6일 확률은 $\dfrac{{}_4\mathrm{C}_2}{{}_{10}\mathrm{C}_3}=\dfrac{6}{120}$

따라서 구하는 확률은 $1-\left(\dfrac{10}{120}+\dfrac{6}{120}\right)=\dfrac{13}{15}$이다.

→ $\dfrac{16}{120}=\dfrac{2}{15}$

27 [정답률 65%] 정답 ②

Step 1 주어진 조건을 이용하여 신뢰구간에 대한 식을 세운다.

자동차 회사에서 생산한 전기 자동차 100대를 임의추출하여 얻은 1회 충전 주행 거리의 표본평균이 $\overline{x_1}$일 때, 모평균 m에 대한 신뢰도 95 %의 신뢰구간은 (표본이 100개)

$$\overline{x_1}-1.96\times\frac{\sigma}{\sqrt{100}}\le m\le\overline{x_1}+1.96\times\frac{\sigma}{\sqrt{100}}$$

→ $\mathrm{P}(|Z|\le1.96)=0.95$임을 이용!

이므로 $a=\overline{x_1}-1.96\times\frac{\sigma}{10}$, $b=\overline{x_1}+1.96\times\frac{\sigma}{10}$

같은 방법으로 400대를 임의추출하여 얻은 1회 충전 주행 거리의 표본평균이 $\overline{x_2}$일 때, 모평균 m에 대한 신뢰도 99%의 신뢰구간은 (표본이 400개)

$$\overline{x_2}-2.58\times\frac{\sigma}{\sqrt{400}}\le m\le\overline{x_2}+2.58\times\frac{\sigma}{\sqrt{400}}$$

→ $\mathrm{P}(|Z|\le2.58)=0.99$임을 이용!

이므로 $c=\overline{x_2}-2.58\times\frac{\sigma}{20}$, $d=\overline{x_2}+2.58\times\frac{\sigma}{20}$

Step 2 σ의 값을 구한다.

$a=c$이므로 $\overline{x_1}-1.96\times\frac{\sigma}{10}=\overline{x_2}-2.58\times\frac{\sigma}{20}$

$\therefore\ \overline{x_1}-\overline{x_2}=0.196\sigma-0.129\sigma$
$=0.067\sigma$

이때 문제에서 $\overline{x_1}-\overline{x_2}=1.34$이므로

$0.067\sigma=1.34\qquad\therefore\ \sigma=20$

Step 3 $b-a$의 값을 구한다.

$$b-a=\left(\overline{x_1}+1.96\times\frac{\sigma}{10}\right)-\left(\overline{x_1}-1.96\times\frac{\sigma}{10}\right)$$

$$=3.92\times\frac{\sigma}{10}=3.92\times2=7.84$$

28 [정답률 25%] 정답 ①

Step 1 조건 (가)를 만족시키는 집합 X의 각 원소 x에 대하여 $f(x)$로 가능한 값을 모두 구한다.

조건 (가)에 의하여

$f(1)\ge1$, $f(2)\ge\sqrt{2}$, $f(3)\ge\sqrt{3}$, $f(4)\ge2$, $f(5)\ge\sqrt{5}$이므로

$f(1)$의 값은 1, 2, 3, 4

$f(2)$, $f(3)$, $f(4)$의 값은 2, 3, 4

$f(5)$의 값은 3, 4가 될 수 있다.

Step 2 치역이 될 수 있는 경우를 나누어 조건을 만족시키는 함수 f의 개수를 구한다.

(i) 치역이 $\{1, 2, 3\}$인 경우

$f(1)=1$, $f(5)=3$이어야 하므로

$2\times2\times2-1=7$ (→ $f(2)$, $f(3)$, $f(4)$가 모두 3인 경우)

(ii) 치역이 $\{1, 2, 4\}$인 경우

(i)과 동일하므로 7 (→ $f(2)$, $f(3)$, $f(4)$가 2 또는 3인 경우)

(iii) 치역이 $\{1, 3, 4\}$인 경우

$f(1)=1$이어야 하므로

$2\times2\times2\times2-2=14$ (→ $f(2)$, $f(3)$, $f(4)$, $f(5)$가 모두 3이거나 4인 경우)

(iv) 치역이 $\{2, 3, 4\}$인 경우

$f(1)$, $f(2)$, $f(3)$, $f(4)$는 2, 3, 4를 선택할 수 있으므로 3가지, $f(5)$는 3, 4를 선택할 수 있으므로 2가지이다.

$3\times3\times3\times3\times2=162$

이때 치역이 2개이거나 1개인 경우의 수는 다음과 같다.

(→ $f(2)$, $f(3)$, $f(4)$, $f(5)$가 3 또는 4인 경우)

(a) 치역이 $\{2, 3\}$인 경우

$f(5)$는 3만 가능하므로 $2^4-1=15$ (→ $f(1)$, $f(2)$, $\cdots$, $f(5)$의 값이 모두 3인 경우)

(b) 치역이 $\{2, 4\}$인 경우

(a)와 동일하므로 15

(c) 치역이 $\{3, 4\}$인 경우

$f(1)$, $f(2)$, $f(3)$, $f(4)$, $f(5)$ 모두 3 또는 4가 가능하므로

$2^5-2=30$

(d) 치역이 $\{3\}$인 경우, 1가지

(e) 치역이 $\{4\}$인 경우, 1가지

따라서 치역이 $\{2, 3, 4\}$인 경우의 수는

$162-(15+15+30+1+1)=100$

따라서 (i)~(iv)에 의하여 조건을 만족시키는 함수 f의 개수는

$7+7+14+100=128$

29 [정답률 15%] 정답 31

Step 1 $f(x)+g(x)=k$ (k는 상수)에서 $g(x)=k-f(x)$임을 이용하여 $g(x)$의 식을 구한다.

$$f(x)=\begin{cases}\frac{1}{12}x & (0\le x\le3)\\ \frac{1}{4} & (3<x<5)\\ -\frac{1}{4}x+\frac{3}{2} & (5\le x\le6)\end{cases}$$

→ $y=\frac{\frac{1}{4}}{3}x$에서 $y=\frac{1}{12}x$야.

→ 기울기는 $\frac{0-\frac{1}{4}}{6-5}=-\frac{1}{4}$이고 $y=-\frac{1}{4}(x-6)+0$에서 $y=-\frac{1}{4}x+\frac{3}{2}$이야.

이고 $f(x)+g(x)=k$에서 $g(x)=k-f(x)$이므로

$$g(x)=\begin{cases}k-\frac{1}{12}x & (0\le x\le3)\\ k-\frac{1}{4} & (3<x<5)\\ \frac{1}{4}x+k-\frac{3}{2} & (5\le x\le6)\end{cases}$$

→ $k-\left(-\frac{1}{4}x+\frac{3}{2}\right)=\frac{1}{4}x+k-\frac{3}{2}$

Step 2 $\mathrm{P}(0\le Y\le6)=\int_0^6 g(x)dx=1$임을 이용하여 상수 k의 값을 구한다.

$\mathrm{P}(0\le Y\le6)=1$이므로 $\int_0^6 g(x)dx=1$에서

$$\int_0^3\left(k-\frac{1}{12}x\right)dx+\int_3^5\left(k-\frac{1}{4}\right)dx+\int_5^6\left(\frac{1}{4}x+k-\frac{3}{2}\right)dx=1$$

$$\left[kx-\frac{1}{24}x^2\right]_0^3+\left[\left(k-\frac{1}{4}\right)x\right]_3^5+\left[\frac{1}{8}x^2+\left(k-\frac{3}{2}\right)x\right]_5^6=1$$

$$\left(3k-\frac{3}{8}\right)+\left(2k-\frac{1}{2}\right)+\left(\frac{11}{8}+k-\frac{3}{2}\right)=1$$

$6k-1=1$, $6k=2\qquad\therefore\ k=\frac{1}{3}$

Step 3 $\mathrm{P}(6k\le Y\le15k)=\mathrm{P}(2\le Y\le5)=\mathrm{P}(2\le Y\le3)+\mathrm{P}(3\le Y\le5)$임을 이용한다.

$\mathrm{P}(6k\le Y\le15k)=\mathrm{P}(2\le Y\le5)$ (→ $6\times\frac{1}{3}$, $15\times\frac{1}{3}$)

$=\mathrm{P}(2\le Y\le3)+\mathrm{P}(3\le Y\le5)$

$=\int_2^3\left(\frac{1}{3}-\frac{1}{12}x\right)dx+\int_3^5\frac{1}{12}dx$ (→ $k-\frac{1}{4}$에서 $\frac{1}{3}-\frac{1}{4}=\frac{1}{12}$)

$=\left[\frac{1}{3}x-\frac{1}{24}x^2\right]_2^3+\left[\frac{1}{12}x\right]_3^5$

$=\left(\frac{1}{3}\times3-\frac{1}{24}\times3^2\right)-\left(\frac{1}{3}\times2-\frac{1}{24}\times2^2\right)+\left(\frac{1}{12}\times5-\frac{1}{12}\times3\right)$

$=\left(1-\frac{3}{8}\right)-\left(\frac{2}{3}-\frac{1}{6}\right)+\left(\frac{5}{12}-\frac{3}{12}\right)$

$=\frac{5}{8}-\frac{1}{2}+\frac{1}{6}=\frac{7}{24}$

따라서 $p=24$, $q=7$이므로 $p+q=24+7=31$

✪ 다른 풀이 도형을 이용한 풀이

Step 1 $f(x)+g(x)=k$에서 $g(x)=k-f(x)$이고 $\int_0^6\{k-f(x)\}dx=1$임을 이용하여 k의 값을 구한다.

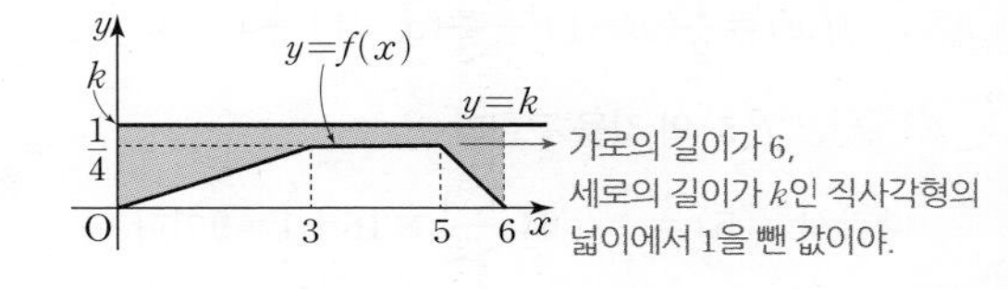

상수 k에 대하여 $f(x)+g(x)=k$에서 $g(x)=k-f(x)$이고

$\int_0^6 f(x)dx=1$, $\int_0^6 g(x)dx=1$이므로

$$\int_0^6 g(x)dx=\int_0^6 \{k-f(x)\}dx=\int_0^6 kdx-\int_0^6 f(x)dx$$

$$=\Big[kx\Big]_0^6-1=6k-1$$

위의 그림에서 $\int_0^6 g(x)dx$의 값은 색칠한 넓이이므로 직사각형의 넓이에서 1을 뺀 값이야. 따라서 $6k-1=1$로도 구할 수 있어.

따라서 $6k-1=1$이므로 $6k=2$ $\quad\therefore k=\frac{1}{3}$

Step 2 $\mathrm{P}(6k\le Y\le 15k)=\mathrm{P}(2\le Y\le 5)=\int_2^5 \{k-f(x)\}dx$임을 이용한다.

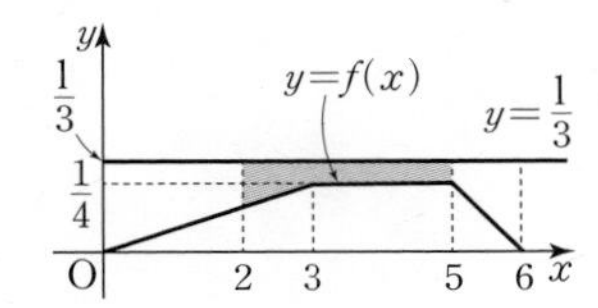

$$\mathrm{P}(6k\le Y\le 15k)=\mathrm{P}(2\le Y\le 5)$$

$$=3\times\left(\frac{1}{3}-\frac{1}{4}\right)+\frac{1}{2}\times\left(\frac{1}{4}-\frac{2}{12}\right)\times 1$$

$$=\frac{3}{12}+\frac{1}{24}=\frac{7}{24}$$

($y=\frac{1}{12}x$에 $x=2$ 대입 / 사각형의 넓이 / 삼각형의 넓이)

따라서 $p=24$, $q=7$이므로 $p+q=24+7=31$

30 [정답률 7%] 정답 191

Step 1 a_5, b_5의 값에 따라 그 값이 나올 확률을 각각 구한다.

주사위를 한 번 던져 나온 눈의 수가 5 이상인 사건을 A라 하면

$\mathrm{P}(A)=\frac{1}{3}$, $\mathrm{P}(A^C)=\frac{2}{3}$

이때, a_5, b_5의 값에 따라 그 값이 나올 확률을 표로 나타내면 다음과 같다.

a_5	b_5	확률
0	5	${}_5\mathrm{C}_0\left(\frac{2}{3}\right)^5$
2	4	${}_5\mathrm{C}_1\left(\frac{1}{3}\right)^1\left(\frac{2}{3}\right)^4$
4	3	${}_5\mathrm{C}_2\left(\frac{1}{3}\right)^2\left(\frac{2}{3}\right)^3$
6	2	${}_5\mathrm{C}_3\left(\frac{1}{3}\right)^3\left(\frac{2}{3}\right)^2$
8	1	${}_5\mathrm{C}_4\left(\frac{1}{3}\right)^4\left(\frac{2}{3}\right)^1$
10	0	${}_5\mathrm{C}_5\left(\frac{1}{3}\right)^5$

이 네 경우에 $a_5+b_5\ge 7$을 만족해.

Step 2 조건부확률을 이용하여 두 자연수 p, q의 값을 각각 구한다.

$a_5+b_5\ge 7$인 사건을 E, 자연수 $k(1\le k\le 5)$에 대하여 $a_k=b_k$인 사건을 F라 하면

$$\mathrm{P}(E)=1-\left\{{}_5\mathrm{C}_0\left(\frac{2}{3}\right)^5+{}_5\mathrm{C}_1\left(\frac{1}{3}\right)^1\left(\frac{2}{3}\right)^4\right\}$$

$$=1-\frac{1\times 32+5\times 16}{243}$$

$$=\frac{131}{243}$$

($1-\frac{112}{243}=\frac{243-112}{243}=\frac{131}{243}$)

$a_k=b_k$인 자연수 $k(1\le k\le 5)$가 존재하는 경우는 $a_3=b_3=2$뿐이다.

a_k의 값은 0을 포함한 짝수만 가능한데, $a_k=b_k=0$과 $a_k=b_k=4$를 만족시키는 자연수 k의 값은 존재하지 않아.

이때 $a_3=b_3=2$일 확률은 ${}_3\mathrm{C}_1\left(\frac{1}{3}\right)^1\left(\frac{2}{3}\right)^2=\frac{12}{27}$과

$$\mathrm{P}(E\cap F)=\frac{12}{27}\left(1-\frac{2}{3}\times\frac{2}{3}\right)$$

$$=\frac{12}{27}\times\frac{5}{9}=\frac{60}{243}$$

$a_5+b_5<7$인 $a_5=2$, $b_5=4$의 경우, 즉 4번째, 5번째 시행 모두 사건 A^C이 발생한 경우를 제외한 거야.

$$\therefore \mathrm{P}(F|E)=\frac{\mathrm{P}(E\cap F)}{\mathrm{P}(E)}=\frac{\frac{60}{243}}{\frac{131}{243}}=\frac{60}{131}$$

따라서 $p=131$, $q=60$이므로 $p+q=131+60=191$

미적분

23 [정답률 96%] 정답 ⑤

Step 1 극한의 성질을 이용한다.

주어진 식의 분자, 분모에 n을 각각 곱하면

$$\lim_{n\to\infty}\frac{\left(\frac{5}{n}+\frac{3}{n^2}\right)\times n}{\left(\frac{1}{n}-\frac{2}{n^3}\right)\times n}=\lim_{n\to\infty}\frac{5+\frac{3}{n}}{1-\frac{2}{n^2}}=5$$

24 [정답률 92%] 정답 ④

Step 1 $\{f(g(x))\}'=f'(g(x))g'(x)$임을 이용한다.

$f(x^3+x)=e^x$에서 $f'(x^3+x)\times(3x^2+1)=e^x$

$x^3+x=g(x)$라 하면 $\{f(g(x))\}'=f'(g(x))g'(x)$에서 $f'(x^3+x)\times(x^3+x)'=f'(x^3+x)\times(3x^2+1)$이야.

$3x^2+1>0$이므로 $f'(x^3+x)=\frac{e^x}{3x^2+1}$

Step 2 $x^3+x=2$를 만족시키는 실수 x의 값을 구한다.

$x^3+x=2$에서 $x^3+x-2=0$

$(x-1)(x^2+x+2)=0$ $\quad\therefore x=1$

(판별식)<0이므로 실근을 갖지 않아.

따라서 $f'(x^3+x)=\frac{e^x}{3x^2+1}$에 $x=1$을 대입하면

$$f'(2)=\frac{e}{3+1}=\frac{e}{4}$$

25 [정답률 76%] 정답 ②

Step 1 등비수열 $\{a_n\}$의 첫째항을 a, 공비를 r이라 하면 일반항은 $a_n=ar^{n-1}$임을 이용한다.

등비수열 $\{a_n\}$의 첫째항을 a, 공비를 r이라 하면

$a_{2n-1}-a_{2n}=ar^{(2n-1)-1}-ar^{2n-1}=a(1-r)r^{2n-2}$

$a_n^2=(ar^{n-1})^2=a^2r^{2n-2}$

Step 2 실수 α에 대하여 $\sum_{n=1}^{\infty}ar^{n-1}=\alpha$이면 $\frac{a}{1-r}=\alpha$임을 이용한다.

$$\sum_{n=1}^{\infty}(a_{2n-1}-a_{2n})=\sum_{n=1}^{\infty}a(1-r)r^{2n-2}=\frac{a(1-r)}{1-r^2}$$

첫째항이 $a(1-r)$, 공비가 r^2인 등비수열

$$=\frac{a(1-r)}{(1+r)(1-r)}$$

$$=\frac{a}{1+r}$$

급수가 수렴하므로 $0\le r^2<1$, 즉 $-1<r<1$

$$\therefore \frac{a}{1+r}=3 \quad\cdots\cdots ㉠$$

$$\sum_{n=1}^{\infty}a_n^2=\sum_{n=1}^{\infty}a^2r^{2n-2}=\frac{a^2}{1-r^2}$$

첫째항이 a^2, 공비가 r^2인 등비수열

$$\therefore \frac{a^2}{1-r^2}=6 \quad\cdots\cdots ㉡$$

Step 3 ㉠, ㉡을 연립한 후, $\sum_{n=1}^{\infty}a_n=\frac{a}{1-r}$임을 이용하여 그 값을 구한다.

㉡을 정리하면

$$\frac{a^2}{1-r^2}=\frac{a^2}{(1-r)(1+r)}$$

$$=\frac{a}{1-r}\times\frac{a}{1+r}$$

$$=\frac{a}{1-r}\times 3=6\ (\because ㉠)$$

$$\therefore \frac{a}{1-r}=2$$

이때 $\sum_{n=1}^{\infty}a_n=\frac{a}{1-r}$이므로 $\sum_{n=1}^{\infty}a_n=2$

26 [정답률 81%]

정답 ③

Step 1 분모, 분자를 각각 n^3으로 나누어 계산한다.

$$\lim_{n\to\infty}\sum_{k=1}^{n}\frac{k^2+2kn}{k^3+3k^2n+n^3}=\lim_{n\to\infty}\sum_{k=1}^{n}\frac{\left(\frac{k}{n}\right)^2\times\frac{1}{n}+2\left(\frac{k}{n}\right)\times\frac{1}{n}}{\left(\frac{k}{n}\right)^3+3\left(\frac{k}{n}\right)^2+1}$$

$$=\lim_{n\to\infty}\sum_{k=1}^{n}\left\{\frac{\left(\frac{k}{n}\right)^2+2\left(\frac{k}{n}\right)}{\left(\frac{k}{n}\right)^3+3\left(\frac{k}{n}\right)^2+1}\times\frac{1}{n}\right\}$$

$$=\int_0^1\frac{x^2+2x}{x^3+3x^2+1}dx$$

$$=\frac{1}{3}\int_0^1\frac{3x^2+6x}{x^3+3x^2+1}dx$$

→ $y=x^3+3x^2+1$에서 $y'=3x^2+6x$이므로 식을 변형했어.

$$=\frac{1}{3}\Big[\ln|x^3+3x^2+1|\Big]_0^1=\frac{\ln 5}{3}$$

→ $\ln|1+3+1|-\ln 1$

27 [정답률 55%]

정답 ①

Step 1 점 P의 시각 t에서의 위치를 구한다.

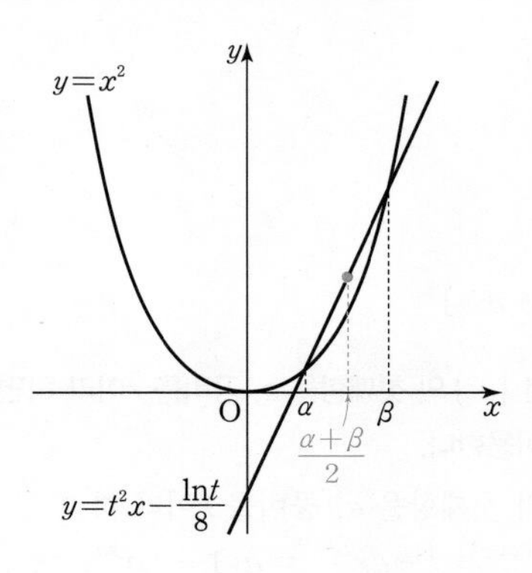

그림과 같이 곡선 $y=x^2$과 직선 $y=t^2x-\frac{\ln t}{8}$가 만나는 서로 다른 두 점의 x좌표를 각각 α, β라 하자.

방정식 $x^2=t^2x-\frac{\ln t}{8}$에서 $x^2-t^2x+\frac{\ln t}{8}=0$

x에 대한 이차방정식의 해가 α, β이므로 근과 계수의 관계에 의하여

$$\alpha+\beta=-\frac{-t^2}{1}=t^2$$

이때 두 점의 중점의 x좌표는 $\frac{\alpha+\beta}{2}=\frac{1}{2}t^2$

중점은 직선 $y=t^2x-\frac{\ln t}{8}$ 위의 점이므로 중점의 y좌표는

$$y=t^2\times\frac{1}{2}t^2-\frac{\ln t}{8}=\frac{1}{2}t^4-\frac{\ln t}{8}$$

따라서 점 P의 시각 t에서의 위치는

$$\begin{cases}x=\frac{1}{2}t^2\\ y=\frac{1}{2}t^4-\frac{\ln t}{8}\end{cases}$$

Step 2 점 P가 움직인 거리를 구한다.

$\frac{dx}{dt}=t$, $\frac{dy}{dt}=2t^3-\frac{1}{8t}$이므로 시각 $t=1$에서 $t=e$까지 점 P가 움직인 거리는

→ $(\ln t)'=\frac{1}{t}$

$$\int_1^e\sqrt{\left(\frac{dx}{dt}\right)^2+\left(\frac{dy}{dt}\right)^2}dt$$

$$=\int_1^e\sqrt{t^2+\left(2t^3-\frac{1}{8t}\right)^2}dt$$

$$=\int_1^e\sqrt{t^2+\left(4t^6-\frac{1}{2}t^2+\frac{1}{64t^2}\right)}dt$$

$$=\int_1^e\sqrt{4t^6+\frac{1}{2}t^2+\frac{1}{64t^2}}dt$$

$$=\int_1^e\sqrt{\left(2t^3+\frac{1}{8t}\right)^2}dt$$

$$=\int_1^e\left(2t^3+\frac{1}{8t}\right)dt=\left[\frac{1}{2}t^4+\frac{1}{8}\ln|t|\right]_1^e$$

$$=\left(\frac{e^4}{2}+\frac{1}{8}\right)-\left(\frac{1}{2}+0\right)=\frac{e^4}{2}-\frac{3}{8}$$

28 [정답률 55%]

정답 ②

Step 1 함수 $g(x)$를 미분한 후, 필요한 그래프를 그려본다.

함수 $g(x)$를 미분하면

$$g'(x)=3f'(x)-4\sin f(x)\times f'(x)$$
$$=f'(x)\{3-4\sin f(x)\}$$

$f'(x)=12\pi(x-1)$이므로

$0<x<1$에서 $f'(x)<0$, $1<x<2$에서 $f'(x)>0$

$y=3-4\sin f(x)$의 그래프를 그리기 위해 먼저 $\sin f(x)$의 그래프를 그려보면

$\sin f(x)=0$에서 $f(x)=n\pi$ (n은 정수)

$6\pi(x-1)^2=n\pi$, $(x-1)^2=\frac{n}{6}$

$\therefore\ x=1\pm\sqrt{\frac{n}{6}}$

따라서 $y=\sin f(x)$의 그래프는 다음과 같다.

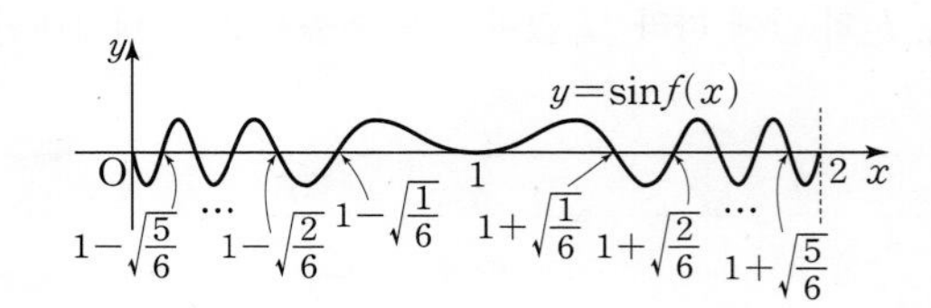

이를 이용하여 $y=3-4\sin f(x)$의 그래프를 그려보면 다음과 같다.

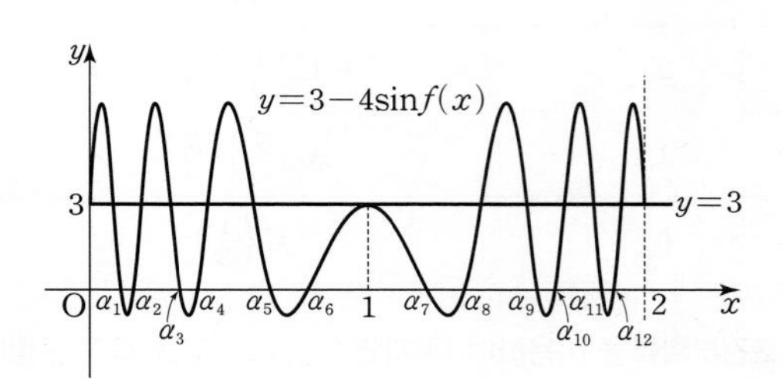

Step 2 함수 $g(x)$의 증가와 감소를 표로 나타내어 본다.

위 그림과 같이 함수 $y=3-4\sin f(x)$의 그래프와 x축이 만나는 점의 x좌표를 작은 수부터 순서대로 α_1, α_2, $\cdots$, α_{12}라 하자.

이때 함수 $y=g(x)$의 증가와 감소를 표로 나타내면 다음과 같다.

x	(0)	$\cdots$	α_1	$\cdots$	α_2	$\cdots$	α_3	$\cdots$	α_4	$\cdots$	α_5	$\cdots$	α_6	$\cdots$	1
$f'(x)$		$-$	$-$	$-$	$-$	$-$	$-$	$-$	$-$	$-$	$-$	$-$	$-$	$-$	0
$3-4\sin f(x)$		$+$	0	$-$	0	$+$	0	$-$	0	$+$	0	$-$	0	$+$	$+$
$g'(x)$		$-$	0	$+$	0	$-$	0	$+$	0	$-$	0	$+$	0	$-$	0
$g(x)$		↘	극소	↗	극대	↘	극소	↗	극대	↘	극소	↗	극대	↘	극소

→ 두 값의 곱의 부호가 $g'(x)$의 부호가 돼.

x	$\cdots$	α_7	$\cdots$	α_8	$\cdots$	α_9	$\cdots$	α_{10}	$\cdots$	α_{11}	$\cdots$	α_{12}	$\cdots$	(2)
$f'(x)$	$+$	$+$	$+$	$+$	$+$	$+$	$+$	$+$	$+$	$+$	$+$	$+$	$+$	
$3-4\sin f(x)$	$+$	0	$-$	0	$+$	0	$-$	0	$+$	0	$-$	0	$+$	
$g'(x)$	$+$	0	$-$	0	$+$	0	$-$	0	$+$	0	$-$	0	$+$	
$g(x)$	↗	극대	↘	극소	↗	극대	↘	극소	↗	극대	↘	극소	↗	

따라서 $0<x<2$에서 함수 $g(x)$가 극소가 되는 x의 개수는 7이다.

29 [정답률 24%] 정답 11

Step 1 $f(\theta)$를 구한다.

반원의 중심을 O라 하면

$f(\theta)=$(부채꼴 AOQ의 넓이)
　　$-$(삼각형 AOQ의 넓이)
　　$+$(삼각형 ARQ의 넓이)

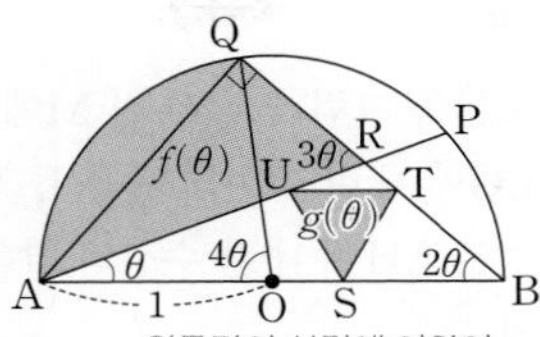

(부채꼴 AOQ의 넓이)$=\frac{1}{2}\times1^2\times4\theta=2\theta$ → 원주각의 성질에 의하여 $\angle AOQ=2\angle ABQ=4\theta$

(삼각형 AOQ의 넓이)$=\frac{1}{2}\times1\times1\times\sin4\theta=\frac{1}{2}\sin4\theta$

$\overline{AQ}=\overline{AB}\sin2\theta=2\sin2\theta$

$\angle ARQ=3\theta$이므로 $\overline{QR}=\overline{AR}\cos3\theta$ → 삼각형 ABR에서 외각의 성질을 이용했어.

(삼각형 ARQ의 넓이)$=\frac{1}{2}\times\overline{AR}\times\overline{AR}\cos3\theta\times\sin3\theta$

$=\frac{1}{2}\overline{AR}^2\cos3\theta\sin3\theta$

$\therefore f(\theta)=2\theta-\frac{1}{2}\sin4\theta+\frac{1}{2}\overline{AR}^2\sin3\theta\cos3\theta$

Step 2 $g(\theta)$를 구한다.

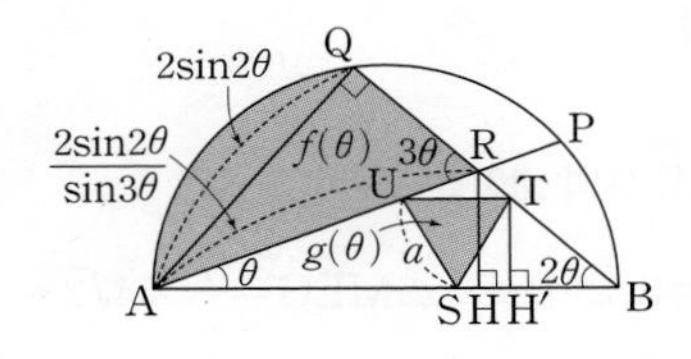

정삼각형 STU의 한 변의 길이를 a라 하자.

선분 UT와 선분 AB가 평행하므로 $\triangle RUT\backsim\triangle RAB$

점 R과 점 T에서 선분 AB에 내린 수선의 발을 각각 H, H′이라 하면 닮음의 성질에 의하여

$\overline{UT}:\overline{AB}=(\overline{RH}-\overline{TH'}):\overline{RH}$

이때 $\overline{RH}=\overline{AR}\sin\theta$이므로

$a:2=\left(\overline{AR}\sin\theta-\frac{\sqrt{3}}{2}a\right):\overline{AR}\sin\theta$ → 한 변의 길이가 a인 정삼각형의 높이

$\therefore a=\frac{2\overline{AR}\sin\theta}{\overline{AR}\sin\theta+\sqrt{3}}$

$\therefore g(\theta)=\frac{\sqrt{3}}{4}a^2=\frac{\sqrt{3}}{4}\left(\frac{2\overline{AR}\sin\theta}{\overline{AR}\sin\theta+\sqrt{3}}\right)^2$ → 한 변의 길이가 a인 정삼각형의 넓이

$=\frac{\sqrt{3}\,\overline{AR}^2\sin^2\theta}{(\overline{AR}\sin\theta+\sqrt{3})^2}$

Step 3 $\lim_{\theta\to0+}\frac{g(\theta)}{\theta\times f(\theta)}$의 값을 구한다.

$$\lim_{\theta\to0+}\frac{g(\theta)}{\theta\times f(\theta)}$$

$$=\lim_{\theta\to0+}\frac{\frac{\sqrt{3}\,\overline{AR}^2\sin^2\theta}{(\overline{AR}\sin\theta+\sqrt{3})^2}}{\theta\times\left(2\theta-\frac{1}{2}\sin4\theta+\frac{1}{2}\overline{AR}^2\sin3\theta\cos3\theta\right)}$$

$\overline{AR}=\frac{2\sin2\theta}{\sin3\theta}$이므로

$$\lim_{\theta\to0+}\frac{\frac{\frac{4\sqrt{3}\sin^2 2\theta}{\sin^2 3\theta}\times\sin^2\theta}{\left(\frac{2\sin2\theta}{\sin3\theta}\times\sin\theta+\sqrt{3}\right)^2}}{\theta\left(2\theta-\frac{1}{2}\sin4\theta+\frac{1}{2}\times\frac{4\sin^2 2\theta}{\sin^2 3\theta}\times\sin3\theta\cos3\theta\right)}$$

분자, 분모에 각각 $\frac{1}{\theta^2}$을 곱하면

$$\lim_{\theta\to0+}\frac{\frac{\sqrt{3}\times4\times\frac{4}{9}\times\left(\frac{3\theta}{\sin3\theta}\right)^2\left(\frac{\sin2\theta}{2\theta}\right)^2}{\left(2\times\frac{2}{3}\times\frac{3\theta}{\sin3\theta}\times\frac{\sin2\theta}{2\theta}\times\sin\theta+\sqrt{3}\right)^2}\times\frac{\sin^2\theta}{\theta^2}}{2-\frac{1}{2}\times\frac{\sin4\theta}{4\theta}\times4+\frac{1}{2}\times\frac{16}{3}\left(\frac{3\theta}{\sin3\theta}\right)^2\left(\frac{\sin2\theta}{2\theta}\right)^2\times\frac{\sin3\theta}{3\theta}\times\cos3\theta}$$

$$=\frac{\frac{\frac{16}{9}\sqrt{3}}{(0+\sqrt{3})^2}}{2-2+\frac{8}{3}}=\frac{2}{9}\sqrt{3}$$

따라서 $p=9,\ q=2$이므로 $p+q=11$

30 [정답률 11%] 정답 143

Step 1 $\int_a^b f(x)g'(x)dx=\Big[f(x)g(x)\Big]_a^b-\int_a^b f'(x)g(x)dx$임을 이용한다.

$\int_1^8 xf'(x)dx=\Big[xf(x)\Big]_1^8-\int_1^8\{1\times f(x)\}dx$

$=8f(8)-f(1)-\int_1^8 f(x)dx$ …… ㉠

Step 2 $x\ge1$인 모든 실수 x에 대하여 $g(2x)=2f(x)$임을 이용하여 $f(8)$의 값을 구한다.

조건 (나)에서 $g(2x)=2f(x)$ …… ㉡

㉡에 $x=1$을 대입하면 $g(2)=2f(1)=2$ ($\because f(1)=1$)

따라서 $g(2)=2$이므로 $f(2)=2$

㉡에 $x=2$를 대입하면 $g(4)=2f(2)=4$ ($\because f(2)=2$)

따라서 $g(4)=4$이므로 $f(4)=4$

㉡에 $x=4$를 대입하면 $g(8)=2f(4)=8$ ($\because f(4)=4$)

따라서 $g(8)=8$이므로 $f(8)=8$

Step 3 역함수의 정적분을 이용하여 $\int_1^8 f(x)dx$의 값을 구한다.

$\int_1^8 f(x)dx=\int_1^2 f(x)dx+\int_2^8 f(x)dx$

$=\int_1^2 f(x)dx+\int_2^4 f(x)dx+\int_4^8 f(x)dx$ …… ㉢

함수 $f(x)$의 역함수 $g(x)$에 대하여

$\int_2^4 f(x)dx+\int_{f(2)}^{f(4)} g(x)dx=4f(4)-2f(2)$이므로

$\int_2^4 f(x)dx+\int_2^4 g(x)dx=4\times4-2\times2$ → $16-4=12$

$\therefore \int_2^4 f(x)dx+\int_2^4 g(x)dx=12$ …… ㉣

조건 (나)에서 $g(2x)=2f(x)$이므로 $g(x)=2f\left(\frac{x}{2}\right)$

$\int_2^4 g(x)dx=\int_2^4 2f\left(\frac{x}{2}\right)dx$에서

$\frac{x}{2}=t$로 치환하면 $dx=2dt$

$\therefore \int_2^4 g(x)dx=\int_2^4 2f\left(\frac{x}{2}\right)dx=\int_1^2 4f(t)dt$ → $2f(t)\times2dt=4f(t)dt$

$=4\int_1^2 f(x)dx=4\times\frac{5}{4}=5$ → $\frac{5}{4}$

㉣에서 $\int_2^4 f(x)dx+5=12$이므로 $\int_2^4 f(x)dx=7$ → $\int_2^4 g(x)dx$

마찬가지로 $\int_4^8 f(x)dx+\int_{f(4)}^{f(8)} g(x)dx=8f(8)-4f(4)$이므로

$\int_4^8 f(x)dx+\int_4^8 g(x)dx=8\times8-4\times4$ → $64-16=48$

$\therefore \int_4^8 f(x)dx+\int_4^8 g(x)dx=48$ …… ㉤

$\int_4^8 g(x)dx=\int_4^8 2f\left(\frac{x}{2}\right)dx=\int_2^4 4f(t)dt$ → $\frac{x}{2}=t$로 치환했어.

$=4\int_2^4 f(x)dx=28$ → $\int_2^4 f(x)dx=7$이야.

㉤에서 $\int_4^8 f(x)dx+28=48$이므로 $\int_4^8 f(x)dx=20$

따라서 $\int_1^2 f(x)dx=\frac{5}{4}$, $\int_2^4 f(x)dx=7$, $\int_4^8 f(x)dx=20$이므로

㉢에서 $\int_1^8 f(x)dx=\frac{5}{4}+7+20=\frac{113}{4}$

Step 4 $f(8)=8$, $\int_1^8 f(x)dx=\frac{113}{4}$임을 이용한다.

㉠에서

$\int_1^8 xf'(x)dx=8\times8-1-\frac{113}{4}=\frac{139}{4}$ → $8f(8)$, $f(1)$, $\int_1^8 f(x)dx$

따라서 $p=4,\ q=139$이므로 $p+q=143$

기하

23 [정답률 92%] 정답 ②

Step 1 점 (a, b, c)를 xy평면, yz평면에 대하여 대칭이동하면 각각 점 $(a, b, -c)$, 점 $(-a, b, c)$임을 이용한다.

점 $A(2, 1, 3)$을 xy평면에 대하여 대칭이동하면 $P(2, 1, -3)$
점 $A(2, 1, 3)$을 yz평면에 대하여 대칭이동하면 $Q(-2, 1, 3)$

Step 2 좌표공간에서 두 점 (x_1, y_1, z_1), (x_2, y_2, z_2) 사이의 거리는 $\sqrt{(x_1-x_2)^2+(y_1-y_2)^2+(z_1-z_2)^2}$임을 이용한다.

$$\overline{PQ}=\sqrt{\{2-(-2)\}^2+(1-1)^2+(-3-3)^2}$$
$$=\sqrt{4^2+0+(-6)^2}$$
$$=\sqrt{52} \quad (\rightarrow 16+0+36=52)$$
$$=2\sqrt{13}$$

24 [정답률 93%] 정답 ③

Step 1 주축의 길이는 $2a$임을 이용한다.

쌍곡선 $\frac{x^2}{a^2}-\frac{y^2}{6}=1$에서 $\sqrt{a^2+6}=3\sqrt{2}$이므로
$a^2+6=18 \quad \therefore a=2\sqrt{3}$ ($\because$ a는 양수)
따라서 주축의 길이는 $2a=4\sqrt{3}$이다.

25 [정답률 78%] 정답 ⑤

Step 1 두 직선의 방향벡터를 이용하여 $\cos\theta$의 값을 구한다.

두 직선 $\frac{x+1}{2}=y-3$, $x-2=\frac{y-5}{3}$의 방향벡터를 각각 $\vec{u_1}$, $\vec{u_2}$라 하면
$\vec{u_1}=(2, 1)$, $\vec{u_2}=(1, 3)$

$$\therefore \cos\theta=\frac{|\vec{u_1}\cdot\vec{u_2}|}{|\vec{u_1}||\vec{u_2}|}=\frac{2\times1+1\times3}{\sqrt{2^2+1^2}\sqrt{1^2+3^2}}=\frac{\sqrt{2}}{2}$$
($\rightarrow \sqrt{5}\times\sqrt{10}=5\sqrt{2}$)

26 [정답률 46%] 정답 ②

Step 1 사각형 $AFBF'$을 두 삼각형으로 나누어 생각한다.

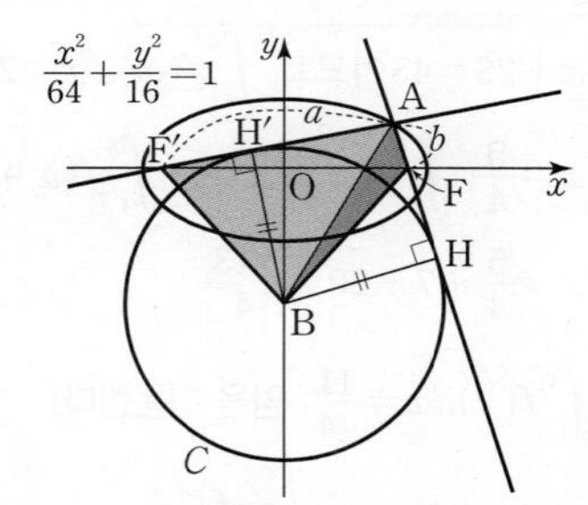

점 B에서 두 직선 AF, AF'에 내린 수선의 발을 각각 H, H'이라 하고, 원 C의 반지름의 길이를 r이라 하면
$\overline{BH}=\overline{BH'}=r$
$\overline{AF'}=a$, $\overline{AF}=b$라 하면 타원의 성질에 의하여 $a+b=16$ ($\rightarrow$ 장축의 길이)

$$\square AFBF'=\triangle ABF'+\triangle ABF$$
($\triangle ABF \rightarrow \frac{1}{2}\times\overline{AF}\times\overline{BH}$, $\triangle ABF' \rightarrow \frac{1}{2}\times\overline{AF'}\times\overline{BH'}$)
$$=\frac{1}{2}ar+\frac{1}{2}br$$
$$=\frac{1}{2}(a+b)r=8r=72$$
($\rightarrow \frac{1}{2}\times16\times r=8r$)

$\therefore r=9$

27 [정답률 85%] 정답 ④

Step 1 삼수선의 정리를 이용하여 점 M과 선분 EG 사이의 거리를 구한다.

오른쪽 그림과 같이 점 M에서 선분 EG에 내린 수선의 발을 I, 점 M에서 선분 EH에 내린 수선의 발을 J라 하자.
평면 EFGH를 α라 하면 $\overline{MJ}\perp\alpha$, $\overline{MI}\perp\overline{EG}$이므로 삼수선의 정리에 의하여 $\overline{JI}\perp\overline{EG}$

오른쪽 그림과 같이 점 H에서 선분 EG에 내린 수선의 발을 H'이라 하면
$\overline{EH'}=2\sqrt{2}$이므로 $\overline{HH'}=2\sqrt{2}$ ($\rightarrow$ $\triangle HEH'$에서 피타고라스 정리를 생각해.)
$\therefore \overline{JI}=\sqrt{2}$

따라서 삼각형 MJI에서 피타고라스 정리에 의해
$$\overline{MI}=\sqrt{\overline{MJ}^2+\overline{JI}^2}$$
$$=\sqrt{4^2+(\sqrt{2})^2}$$
$$=3\sqrt{2}$$

Step 2 삼각형 MEG의 넓이를 구한다.

$\overline{EG}=4\sqrt{2}$, $\overline{MI}=3\sqrt{2}$이므로 $\triangle MEG=\frac{1}{2}\times4\sqrt{2}\times3\sqrt{2}=12$

다른 풀이 코사인법칙을 이용한 풀이

Step 1 삼각형 MEG의 세 변의 길이를 각각 구한다.

삼각형 MEG에서
$$\overline{ME}=\sqrt{\overline{MA}^2+\overline{AE}^2}=\sqrt{2^2+4^2}=\sqrt{20}=2\sqrt{5}$$
$$\overline{EG}=\sqrt{\overline{EF}^2+\overline{FG}^2}=\sqrt{4^2+4^2}=\sqrt{32}=4\sqrt{2}$$
$$\overline{GM}=\sqrt{\overline{GD}^2+\overline{DM}^2}=\sqrt{(4\sqrt{2})^2+2^2}=\sqrt{36}=6$$
($\rightarrow$ 직각삼각형 CDG에서 $\overline{GD}=\sqrt{\overline{GC}^2+\overline{CD}^2}=\sqrt{4^2+4^2}=4\sqrt{2}$)

Step 2 코사인법칙을 이용하여 $\cos(\angle MEG)$의 값을 구한다.

$\angle MEG=\theta$ $\left(0<\theta<\frac{\pi}{2}\right)$라 하면
$$\cos\theta=\frac{(2\sqrt{5})^2+(4\sqrt{2})^2-6^2}{2\times2\sqrt{5}\times4\sqrt{2}}$$
$$=\frac{16}{16\sqrt{10}}$$
$$=\frac{1}{\sqrt{10}}$$

Step 3 삼각형 MEG의 넓이를 구한다.

$$\sin\theta=\sqrt{1-\cos^2\theta}$$
$$=\sqrt{1-\frac{1}{10}}$$
$$=\sqrt{\frac{9}{10}}=\frac{3}{\sqrt{10}}$$
$$\therefore \triangle MEG=\frac{1}{2}\times\overline{ME}\times\overline{EG}\times\sin\theta$$
$$=\frac{1}{2}\times2\sqrt{5}\times4\sqrt{2}\times\frac{3}{\sqrt{10}}$$
$$=12$$

본문 359쪽

28 [정답률 41%]

정답 ⑤

Step 1 보조선을 그은 후, 포물선의 정의를 이용하여 선분의 길이를 p에 대한 식으로 나타낸다.

포물선 $(y-a)^2=4px$의 초점 F_1의 좌표는 $(p,\ a)$, 포물선 $y^2=-4x$의 초점 F_2의 좌표는 $(-1,\ 0)$

점 F_1에서 x축에 내린 수선의 발을 H라 하면 $H(p,\ 0)$

오른쪽 그림과 같이 직각삼각형 F_1F_2H에서

$\overline{F_1F_2}=3$, $\overline{F_2H}=1+p$ ↳ $\overline{OF_2}+\overline{OH}=1+p$

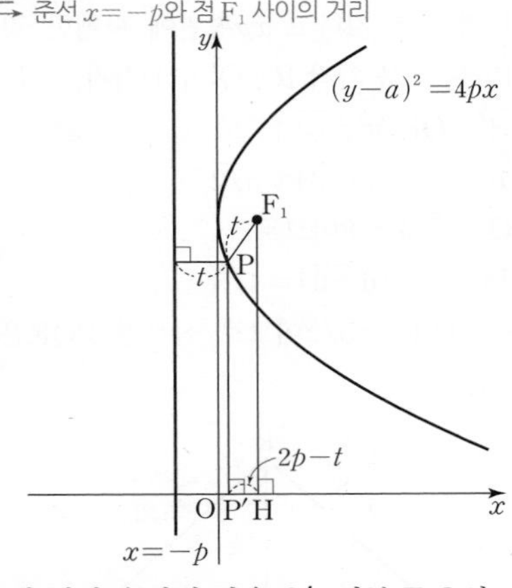

점 P에서 x축에 내린 수선의 발을 P′, 선분 F_1P의 길이를 t라 하면

포물선 $(y-a)^2=4px$에서 준선 $x=-p$와 점 P 사이의 거리가 t이므로 $\overline{P'H}=2p-t$

↳ 준선 $x=-p$와 점 F_1 사이의 거리

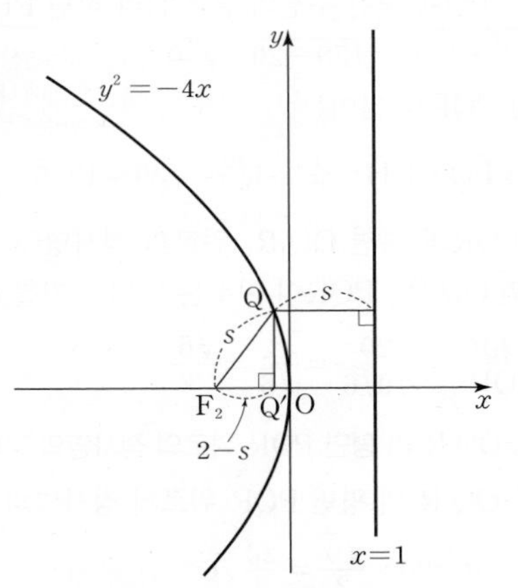

점 Q에서 x축에 내린 수선의 발을 Q′, 선분 F_2Q의 길이를 s라 하면

포물선 $y^2=-4x$에서 준선 $x=1$과 점 Q 사이의 거리가 s이므로

$\overline{F_2Q'}=2-s$

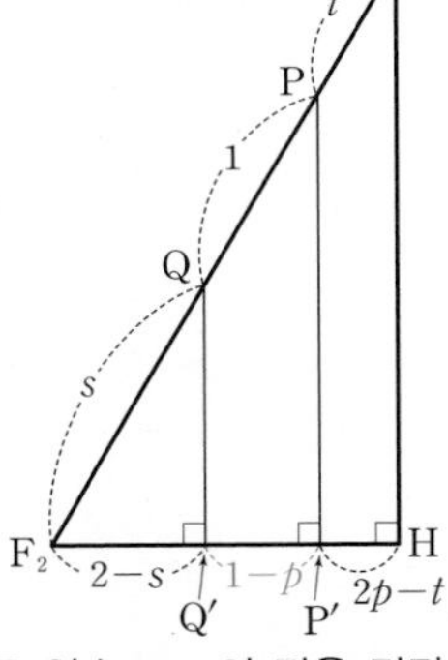

오른쪽 그림과 같이 직각삼각형 F_1F_2H에서

$\overline{F_1F_2}=3$, $\overline{PQ}=1$이므로 $s+t=2$

또한, $\overline{F_2H}=1+p$이므로 ↳ Step1에서 구했어.

$\overline{Q'P'}=1+p-(2-s+2p-t)$ ↳ $=2+2p-(s+t)=2+2p-2=2p$

$\quad=1+p-2p$

$\quad=1-p$

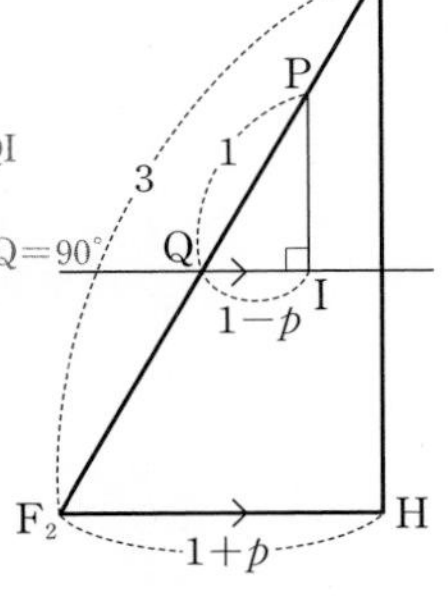

Step 2 닮음과 피타고라스 정리를 이용하여 두 양수 a, p의 값을 각각 구한다.

점 P에서 점 Q를 지나면서 x축과 평행한 직선에 내린 수선의 발을 I라 하면 직각삼각형 F_1F_2H와 직각삼각형 PQI는 닮음이고, 그 닮음비는 $3:1$이므로

↳ $\angle F_1F_2H=\angle PQI$ (∵ 동위각), $\angle F_1HF_2=\angle PIQ=90°$이므로 AA 닮음

$\overline{F_2H}:\overline{QI}=1+p:1-p=3:1$

$3(1-p)=1+p$, $3-3p=1+p$

$4p=2\qquad\therefore\ p=\dfrac{1}{2}$

직각삼각형 F_1F_2H에서 피타고라스 정리에 의하여

$\overline{F_1H}=\sqrt{\overline{F_1F_2}^2-\overline{F_2H}^2}=\sqrt{3^2-\left(\dfrac{3}{2}\right)^2}=\dfrac{3\sqrt{3}}{2}$

↳ $1+p$에서 $p=\dfrac{1}{2}$이므로 $\overline{F_2H}=1+\dfrac{1}{2}=\dfrac{3}{2}$

Step 3 a^2+p^2의 값을 구한다.

$a=\dfrac{3\sqrt{3}}{2}$, $p=\dfrac{1}{2}$이므로

$a^2+p^2=\left(\dfrac{3\sqrt{3}}{2}\right)^2+\left(\dfrac{1}{2}\right)^2=\dfrac{27}{4}+\dfrac{1}{4}=\dfrac{28}{4}=7$

29 [정답률 9%]

정답 100

Step 1 조건 (가)를 이용하여 점 P의 범위를 파악한다.

조건 (가)에서 $\overrightarrow{OP}=s\overrightarrow{OA}+t\overrightarrow{OB}\ (0\le s\le 1,\ 0\le t\le 1)$이므로

점 P는 평행사변형 OACB의 경계와 그 내부의 점이다.

Step 2 조건 (나)를 이용하여 s와 t 사이의 관계식을 구한다.

$\overrightarrow{BC}=\overrightarrow{OA}$이므로 조건 (나)의 식은

$\overrightarrow{OP}\cdot\overrightarrow{OB}+\overrightarrow{BP}\cdot\overrightarrow{OA}=2$ …… ㉠

$\overrightarrow{BP}=\overrightarrow{OP}-\overrightarrow{OB}$이므로 ㉠에 조건 (가)의 식을 대입하면

$(s\overrightarrow{OA}+t\overrightarrow{OB})\cdot\overrightarrow{OB}+\{s\overrightarrow{OA}+(t-1)\overrightarrow{OB}\}\cdot\overrightarrow{OA}=2$ …… ㉡

이때 $|\overrightarrow{OA}|^2=2$, $|\overrightarrow{OB}|^2=8$, $\overrightarrow{OA}\cdot\overrightarrow{OB}=\sqrt{2}\times 2\sqrt{2}\times\dfrac{1}{4}=1$임을 이용하여 ㉡을 정리하면

$s\overrightarrow{OA}\cdot\overrightarrow{OB}+t|\overrightarrow{OB}|^2+s|\overrightarrow{OA}|^2+(t-1)\overrightarrow{OA}\cdot\overrightarrow{OB}=2$

$s+8t+2s+t-1=2\qquad\therefore\ s=1-3t$

$0\le t\le 1$, $0\le s\le 1$에서 $0\le 1-3t\le 1$이므로 $0\le t\le\dfrac{1}{3}$

Step 3 점 P의 자취를 구한다.

$s=1-3t$를 (가)에 대입하면

$\overrightarrow{OP}=(1-3t)\overrightarrow{OA}+t\overrightarrow{OB}\ \left(0\le t\le\dfrac{1}{3}\right)$

↱ $0\le 3t\le 1$이므로 $0\le u\le 1$이야.

이때 $3t=u$라 두고 선분 OB를 $1:2$로 내분하는 점을 B′이라 하면

$\overrightarrow{OP}=(1-u)\overrightarrow{OA}+u\times\left(\dfrac{\overrightarrow{OB}}{3}\right)$

$\quad=(1-u)\overrightarrow{OA}+u\overrightarrow{OB'}\ (0\le u\le 1)$

따라서 점 P는 선분 AB′ 위의 점이다.

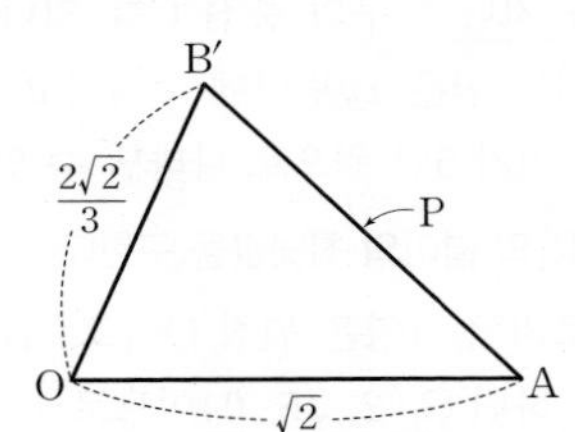

Step 4 $|3\overrightarrow{OP}-\overrightarrow{OX}|$의 최댓값과 최솟값을 구한다.

$|3\overrightarrow{OP}-\overrightarrow{OX}|=3\left|\overrightarrow{OP}-\dfrac{\overrightarrow{OX}}{3}\right|$이므로 점 O를 중심으로 하고 반지름의 길이가 $\dfrac{\overline{OA}}{3}$, 즉 $\dfrac{\sqrt{2}}{3}$인 원 위를 움직이는 점을 X′이라 하면

↳ 시점을 통일해 주기 위해 3을 절댓값 밖으로 빼 주었어.

$3|\overrightarrow{OP}-\overrightarrow{OX'}|=3|\overrightarrow{X'P}|$이고, 두 점 P와 X′의 자취는 다음과 같다.

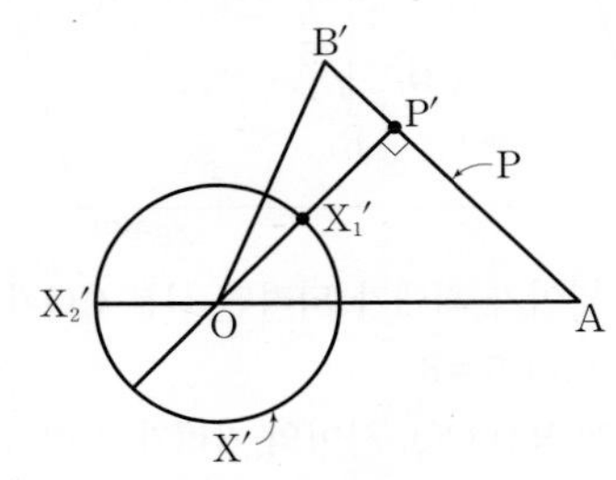

그림과 같이 직선 AB′에 수직이고 점 O를 지나는 직선 위의 점을 각각 X_1', P′이라 하고, 직선 OA 위의 점 중 원과 만나는 점을 X_2'이라 하자.

$3|\overrightarrow{X'P}|$의 값이 최대일 때는 점 X′이 X_2'에, 점 P가 A에 위치할 때이므로

$M=3|\overrightarrow{AX_2'}|=3\left(\sqrt{2}+\frac{\sqrt{2}}{3}\right)=4\sqrt{2}$

최소일 때는 점 X′이 X_1'에, 점 P가 P′에 위치할 때이므로

$m=3|\overrightarrow{X_1'P'}|=3\left(|\overrightarrow{OP'}|-\frac{\sqrt{2}}{3}\right)$ …… ㉢

삼각형 OAB′에서 코사인법칙을 이용하여 선분 AB′의 길이를 구하면

$\overline{AB'}^2=\left(\frac{2\sqrt{2}}{3}\right)^2+(\sqrt{2})^2-2\times\frac{2\sqrt{2}}{3}\times\sqrt{2}\times\frac{1}{4}=\frac{20}{9}$

$\therefore \overline{AB'}=\frac{2\sqrt{5}}{3}$

이때 삼각형의 넓이를 이용하면

$\cos(\angle AOB)=\frac{1}{4}$이므로 $\sin(\angle AOB)=\sqrt{1-\left(\frac{1}{4}\right)^2}=\frac{\sqrt{15}}{4}$

$\frac{1}{2}\times\overline{OA}\times\overline{OB'}\times\sin(\angle AOB)=\frac{1}{2}\times\overline{AB'}\times\overline{OP'}$

$\frac{1}{2}\times\sqrt{2}\times\frac{2\sqrt{2}}{3}\times\frac{\sqrt{15}}{4}=\frac{1}{2}\times\frac{2\sqrt{5}}{3}\times\overline{OP'}$

따라서 $\overline{OP'}=\frac{\sqrt{3}}{2}$이므로 ㉢에서

$m=3\left(\frac{\sqrt{3}}{2}-\frac{\sqrt{2}}{3}\right)=\frac{3}{2}\sqrt{3}-\sqrt{2}$

$\therefore Mm=4\sqrt{2}\left(\frac{3}{2}\sqrt{3}-\sqrt{2}\right)=6\sqrt{6}-8$

그러므로 $a=6$, $b=-8$이므로

$a^2+b^2=6^2+(-8)^2=36+64=100$

30 [정답률 9%]

정답 23

Step 1 점 Q가 위치하는 원을 파악한다.

평면 OPC는 z축을 지나고 구의 중심 C를 지나므로 구 S가 평면 OPC와 만나서 생기는 원은 xy평면에 수직이고 z축을 포함하는 평면 위의 반지름의 길이가 5인 원으로 나타낼 수 있다.

(직선 OP가 z축과 같아.)

Step 2 삼각형 OQ_1R_1의 넓이의 최댓값을 구한다.

점 P의 xy평면 위로의 정사영은 원점 O이고, 점 C의 xy평면 위로의 정사영을 C_1이라 하면 $C_1(2, \sqrt{5}, 0)$이므로

$\overline{OC_1}=\sqrt{2^2+(\sqrt{5})^2+0^2}=3$

(점 C의 좌표에서 z좌표만 0이 돼.)

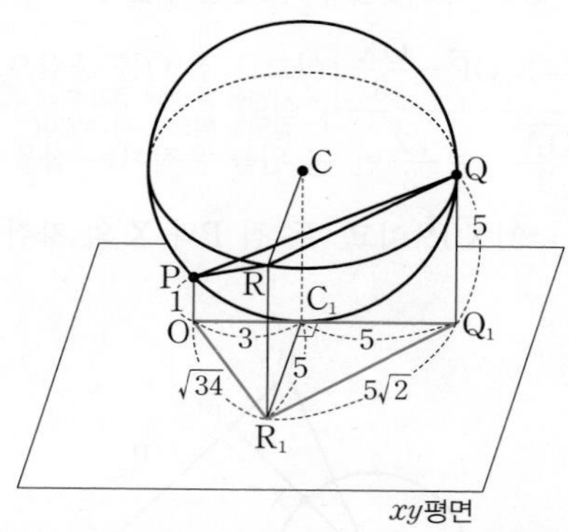

삼각형 OQ_1R_1의 넓이가 최대가 되려면 선분 CQ가 xy평면과 평행해야 하므로 $\overline{OQ_1}=3+5=8$

또한, 이때 점 R_1과 직선 OQ_1 사이의 거리가 최대이어야 하므로

(점 R_1과 직선 OQ_1 사이의 거리의 최댓값)$=\overline{R_1C_1}=5$

(이때 점 R이 점 C를 지나고 xy평면과 평행한 평면 위에 있게 돼.)

$\overline{OR_1}=\sqrt{3^2+5^2}=\sqrt{34}$ $\left(=\sqrt{\overline{OC_1}^2+\overline{C_1R_1}^2}\right)$

$\overline{R_1Q_1}=\sqrt{5^2+5^2}=5\sqrt{2}$

따라서 삼각형 OQ_1R_1의 넓이의 최댓값은

$\frac{1}{2}\times\overline{OQ_1}\times\overline{R_1C_1}=\frac{1}{2}\times8\times5=20$

Step 3 두 평면 OQ_1R_1, PQR이 이루는 각 θ에 대하여 $\cos\theta$의 값을 구한다.

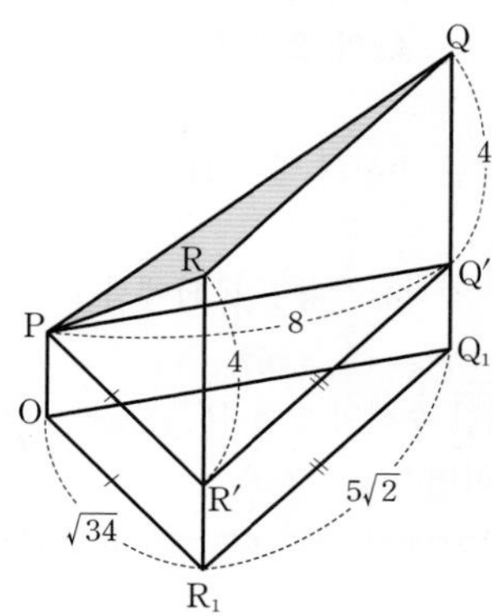

위 그림과 같이 점 P를 지나고 xy평면에 평행한 평면이 두 선분 RR_1, QQ_1과 만나는 점을 각각 R′, Q′이라 하자.

$\overline{RR'}=4$이고 $\overline{PR'}=\overline{OR_1}=\sqrt{34}$이므로

$\overline{PR}=\sqrt{\overline{RR'}^2+\overline{PR'}^2}=\sqrt{16+34}=5\sqrt{2}$

$\overline{QQ'}=4$이고 $\overline{PQ'}=\overline{OQ_1}=8$이므로

$\overline{PQ}=\sqrt{\overline{QQ'}^2+\overline{PQ'}^2}=\sqrt{16+64}=4\sqrt{5}$

이때 $\overline{QR}=\overline{Q'R'}=\overline{Q_1R_1}=5\sqrt{2}$이므로 삼각형 PQR은 $\overline{RP}=\overline{RQ}$인 이등변삼각형이다.

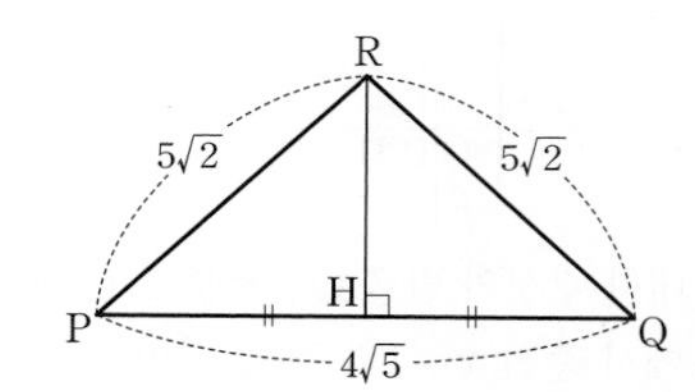

점 R에서 선분 PQ에 내린 수선의 발을 H라 하면 $\overline{PH}=\overline{QH}=2\sqrt{5}$

(이등변삼각형의 꼭짓점에서 밑변에 내린 수선의 발은 밑변을 수직이등분해.)

$\therefore \overline{RH}=\sqrt{\overline{RP}^2-\overline{PH}^2}=\sqrt{50-20}=\sqrt{30}$

따라서 삼각형 PQR의 넓이는

$\triangle PQR=\frac{1}{2}\times\overline{PQ}\times\overline{RH}=\frac{1}{2}\times4\sqrt{5}\times\sqrt{30}=10\sqrt{6}$

이때 삼각형 PQR의 평면 OQ_1R_1 위로의 정사영이 삼각형 OQ_1R_1이므로 두 평면 OQ_1R_1, PQR이 이루는 각의 크기를 θ라 하면

$\cos\theta=\frac{\triangle OQ_1R_1}{\triangle PQR}=\frac{20}{10\sqrt{6}}=\frac{2}{\sqrt{6}}=\frac{\sqrt{6}}{3}$

Step 4 삼각형 OQ_1R_1의 평면 PQR 위로의 정사영의 넓이를 구한다.

따라서 삼각형 OQ_1R_1의 평면 PQR 위로의 정사영의 넓이는

$\triangle OQ_1R_1\times\cos\theta=20\times\frac{\sqrt{6}}{3}=\frac{20}{3}\sqrt{6}$

$\therefore p+q=3+20=23$

28회 2023학년도 대학수학능력시험 정답과 해설

1	⑤	2	④	3	①	4	③	5	⑤
6	②	7	④	8	④	9	③	10	④
11	①	12	②	13	③	14	①	15	⑤
16	10	17	15	18	22	19	7	20	17
21	33	22	13						
확률과 통계				23	③	24	②	25	⑤
26	③	27	②	28	④	29	49	30	100
미적분				23	④	24	③	25	⑤
26	④	27	②	28	②	29	26	30	31
기하				23	⑤	24	③	25	④
26	②	27	①	28	②	29	12	30	24

01 [정답률 89%] 정답 ⑤

Step 1 지수법칙을 이용하여 간단히 한다.

$$\left(\frac{4}{2^{\sqrt{2}}}\right)^{2+\sqrt{2}}=\left(\frac{2^2}{2^{\sqrt{2}}}\right)^{2+\sqrt{2}}=2^{(2-\sqrt{2})(2+\sqrt{2})}=2^2=4$$

└→ $2^{2-\sqrt{2}}$

02 [정답률 88%] 정답 ④

Step 1 분모와 분자의 최고차항의 계수를 비교한다.

$$\lim_{x\to\infty}\frac{\sqrt{x^2-2}+3x}{x+5}=\lim_{x\to\infty}\frac{\sqrt{1-\frac{2}{x^2}}+3}{1+\frac{5}{x}}=\frac{\sqrt{1-0}+3}{1+0}=4$$

└→ $\lim_{x\to\infty}\frac{1}{x}=0$

03 [정답률 87%] 정답 ①

Step 1 공비를 구한다.

수열 $\{a_n\}$의 공비를 r이라 하면

$a_4+a_6=a_2r^2+a_4r^2=r^2(a_2+a_4)$에서 $\frac{15}{2}=30r^2$

$r^2=\frac{1}{4}$ $\quad\therefore r=\frac{1}{2}\ (\because r>0)$ → 공비가 양수라고 문제에서 주어졌다.

Step 2 a_1의 값을 구한다.

$a_2+a_4=a_2+a_2\times\left(\frac{1}{2}\right)^2=30$에서 ($a_4=a_2r^2$)

$\frac{5}{4}a_2=30$ $\quad\therefore a_2=24$

$\therefore a_1=\frac{a_2}{r}=24\times2=48$

04 [정답률 88%] 정답 ③

Step 1 곱의 미분법을 이용한다.

$g(x)=x^2f(x)$를 미분하면 $g'(x)=2xf(x)+x^2f'(x)$ ($2x$ ← $(x^2)'$)

$\therefore g'(2)=4f(2)+4f'(2)=4+12=16$

05 [정답률 70%] 정답 ⑤

Step 1 $\cos\theta$의 값의 부호를 파악한다.

$\cos\left(\frac{\pi}{2}+\theta\right)=\frac{\sqrt{5}}{5}$에서 $\cos\left(\frac{\pi}{2}+\theta\right)=-\sin\theta$이므로

$\sin\theta=-\frac{\sqrt{5}}{5}$

이때 $\tan\theta=\frac{\sin\theta}{\cos\theta}<0$이므로 $\cos\theta>0$이다.

Step 2 $\cos\theta$의 값을 구한다.

$\sin^2\theta+\cos^2\theta=1$이므로

$$\cos\theta=\sqrt{1-\sin^2\theta}=\sqrt{1-\left(-\frac{\sqrt{5}}{5}\right)^2}=\sqrt{\frac{20}{25}}=\frac{2\sqrt{5}}{5}$$

06 [정답률 89%] 정답 ②

Step 1 함수 $f(x)$가 $x=1$에서 극대임을 이용한다.

$f(x)=2x^3-9x^2+ax+5$에서 $f'(x)=6x^2-18x+a$

함수 $f(x)$가 $x=1$에서 극대이므로 → 다항함수 $f(x)$가 $x=k$ (k는 상수)에서 극값을 가질 때 $f'(k)=0$이다.

$f'(1)=6-18+a=0$ $\quad\therefore a=12$

Step 2 함수 $f(x)$가 $x=b$에서 극소임을 이용한다.

$f'(x)=6x^2-18x+12=6(x-1)(x-2)$

$f'(x)=0$일 때 $x=1$ 또는 $x=2$ $\quad\therefore b=2$

($x=1$ → 극대, $x=2$ → 극소)

따라서 $a+b=12+2=14$이다.

알아야 할 기본개념

극대와 극소의 판정

미분가능한 함수 $y=f(x)$에 대하여 $f'(a)=0$일 때 → 만일 $x=a$의 좌우에서 $f'(x)$의 부호가 바뀌지 않는다면, 함수 $f(x)$는 $x=a$에서 극값을 갖지 않아.

① $x=a$의 좌우에서 $f'(x)$의 부호가 $(+)$에서 $(-)$로 바뀌면 함수 $f(x)$는 $x=a$에서 극대이고, 극댓값은 $f(a)$이다.

② $x=a$의 좌우에서 $f'(x)$의 부호가 $(-)$에서 $(+)$로 바뀌면 함수 $f(x)$는 $x=a$에서 극소이고, 극솟값은 $f(a)$이다.

07 [정답률 72%] 정답 ④

Step 1 등차수열 $\{a_n\}$의 첫째항을 문자로 두고 이를 이용하여 일반항을 나타낸다.

등차수열 $\{a_n\}$의 첫째항을 a $(a>0)$라 하면 → 등차수열 $\{a_n\}$의 모든 항이 양수이다.

$a_n=a+(n-1)a=na$

Step 2 주어진 식을 정리하여 a의 값을 구한다.

$$\sum_{k=1}^{15}\frac{1}{\sqrt{a_k}+\sqrt{a_{k+1}}}$$

→ $\frac{\sqrt{a_k}-\sqrt{a_{k+1}}}{(\sqrt{a_k}+\sqrt{a_{k+1}})(\sqrt{a_k}-\sqrt{a_{k+1}})}=\frac{\sqrt{a_k}-\sqrt{a_{k+1}}}{a_k-a_{k+1}}$

$$=\sum_{k=1}^{15}\frac{\sqrt{a_{k+1}}-\sqrt{a_k}}{a}$$

$$=\frac{1}{a}\sum_{k=1}^{15}(\sqrt{(k+1)a}-\sqrt{ka})$$

$$=\frac{1}{a}\{(\sqrt{2a}-\sqrt{a})+(\sqrt{3a}-\sqrt{2a})+\cdots+(\sqrt{16a}-\sqrt{15a})\}$$

$$=\frac{1}{a}(\sqrt{16a}-\sqrt{a})=\frac{3}{\sqrt{a}}=2$$

└→ $=4\sqrt{a}$

$a=\frac{9}{4}$이므로 $a_4=4a=9$

08 [정답률 76%] 정답 ④

Step 1 곡선 밖의 점에서 그은 접선의 방정식을 이용한다.

곡선 $y=x^3-x+2$ 위의 점 $(t,\ t^3-t+2)$에서의 접선의 방정식은

$y-(t^3-t+2)=(3t^2-1)(x-t)$ → $y'=3x^2-1$에 $x=t$ 대입

이 직선이 점 $(0,\ 4)$를 지나므로

$4-(t^3-t+2)=(3t^2-1)(-t)$

$4-t^3+t-2=-3t^3+t$

$2t^3+2=0$ $\quad\therefore t=-1$

Step 2 접선의 y절편을 구한다.

따라서 접선의 방정식은 $y-2=2(x+1)$

$\therefore y=2x+4$

그러므로 접선의 x절편은 -2이다.

09 [정답률 71%]

정답 ③

Step 1 함수 $y=f(x)$의 그래프를 파악한다.

함수 $f(x)=a-\sqrt{3}\tan 2x$의 그래프는 다음과 같이 그릴 수 있다.

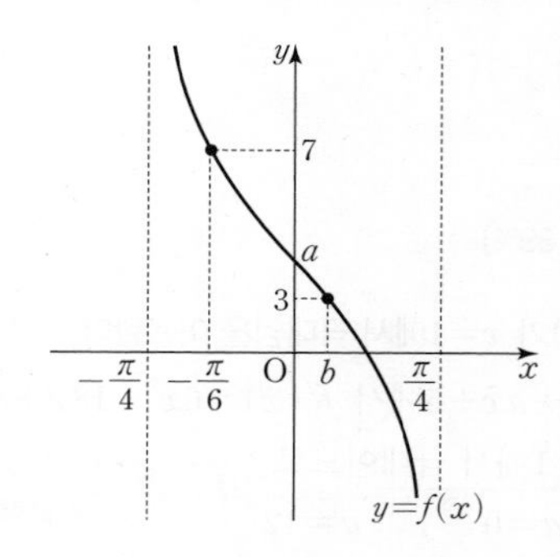

Step 2 주어진 최댓값과 최솟값을 이용하여 a, b의 값을 구한다.

함수 $f(x)$는 $x=-\frac{\pi}{6}$에서 최댓값 7을 가지므로

$f\left(-\frac{\pi}{6}\right)=a-\sqrt{3}\tan\left(-\frac{\pi}{3}\right)$

$=a+\sqrt{3}\tan\frac{\pi}{3}$ ← $\tan(-\theta)=-\tan\theta$임을 이용한다.

$=a+3$

에서 $a+3=7$ $\quad\therefore a=4$

함수 $f(x)$는 $x=b$에서 최솟값 3을 가지므로

$f(b)=4-\sqrt{3}\tan 2b=3$

$\sqrt{3}\tan 2b=1$, $\tan 2b=\frac{1}{\sqrt{3}}$ ← $\tan\frac{\pi}{6}=\frac{1}{\sqrt{3}}$임을 기억한다.

$2b=\frac{\pi}{6}$ $\quad\therefore b=\frac{\pi}{12}$

$\therefore a\times b=4\times\frac{\pi}{12}=\frac{\pi}{3}$

10 [정답률 75%]

정답 ④

Step 1 두 부분의 넓이가 같음을 이용하여 정적분에 대한 식을 세운다.

두 부분의 넓이 A, B가 서로 같으므로

$\int_0^2(-x^2+k)dx=\int_0^2(x^3+x^2)dx$

와 같이 식을 세울 수 있다.

Step 2 k의 값을 구한다.

$\int_0^2(-x^2+k)dx=\left[-\frac{1}{3}x^3+kx\right]_0^2=-\frac{8}{3}+2k$

$\int_0^2(x^3+x^2)dx=\left[\frac{1}{4}x^4+\frac{1}{3}x^3\right]_0^2=4+\frac{8}{3}=\frac{20}{3}$

즉, $-\frac{8}{3}+2k=\frac{20}{3}$이므로 $2k=\frac{28}{3}$ $\quad\therefore k=\frac{14}{3}$

11 [정답률 64%]

정답 ①

Step 1 크기가 같은 두 중심각에 대한 현의 길이는 같음을 이용한다.

$\angle BAC=\angle CAD$이므로 $\overline{BC}=\overline{CD}$

선분 BC의 길이를 k (k는 상수)라 하면 $\overline{CD}=k$

$\angle BAC=\angle CAD=\theta$라 하면 삼각형 ABC에서 코사인법칙에 의하여

$\overline{BC}^2=\overline{AB}^2+\overline{AC}^2-2\times\overline{AB}\times\overline{AC}\times\cos(\angle BAC)$

$k^2=5^2+(3\sqrt{5})^2-2\times5\times3\sqrt{5}\times\cos\theta$ $\quad\cdots\cdots$ ㉠

또한 삼각형 ACD에서 코사인법칙에 의하여

$k^2=(3\sqrt{5})^2+7^2-2\times3\sqrt{5}\times7\times\cos\theta$ $\quad\cdots\cdots$ ㉡

㉠, ㉡에서 $25+45-30\sqrt{5}\cos\theta=45+49-42\sqrt{5}\cos\theta$

→ $12\sqrt{5}\cos\theta=24$

$\therefore \cos\theta=\frac{2}{\sqrt{5}}$

Step 2 사인법칙을 이용하여 원의 반지름의 길이를 구한다.

㉠에서 $k^2=70-30\sqrt{5}\times\frac{2}{\sqrt{5}}=10$ $\quad\therefore k=\sqrt{10}$

또한 $\sin\theta=\sqrt{1-\left(\frac{2}{\sqrt{5}}\right)^2}=\frac{1}{\sqrt{5}}$이므로 원의 반지름의 길이를 R이라 하면 삼각형 ABC는 원에 내접하므로 사인법칙에 의하여

→ $\sin^2\theta+\cos^2\theta=1$에서 $\sin\theta>0$이므로 $\sin^2\theta=1-\cos^2\theta$, $\sin\theta=\sqrt{1-\cos^2\theta}$

$\frac{\overline{BC}}{\sin\theta}=\frac{\sqrt{10}}{\frac{1}{\sqrt{5}}}=2R$ $\quad\therefore R=\frac{5\sqrt{2}}{2}$

따라서 원의 반지름의 길이는 $\frac{5\sqrt{2}}{2}$이다.

12 [정답률 48%]

정답 ②

Step 1 $n-1\le x<n$일 때, 함수 $y=|f(x)|$의 그래프를 구한다.

주어진 조건에서 $n-1\le x<n$일 때,

$|f(x)|=|6(x-n+1)(x-n)|$

$=|6\{x-(n-1)\}(x-n)|$

이므로 함수 $y=|f(x)|$의 그래프는 오른쪽 그림과 같다.

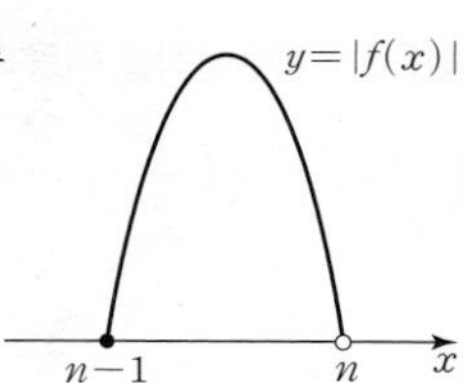

Step 2 열린구간 $(0, 4)$에서 정의된 함수 $g(x)$가 $x=2$에서 최솟값 0을 가짐을 이용하여 함수 $y=f(x)$의 그래프를 파악한다.

열린구간 $(0, 4)$에서 정의된 함수 $g(x)$가 $x=2$에서 최솟값 0을 가지므로

$g(2)=\int_0^2 f(t)dt-\int_2^4 f(t)dt=0$

즉, $\int_0^2 f(t)dt=\int_2^4 f(t)dt$이므로 열린구간 $(0, 4)$에서 가능한 함수 $y=f(x)$의 그래프는 다음과 같다.

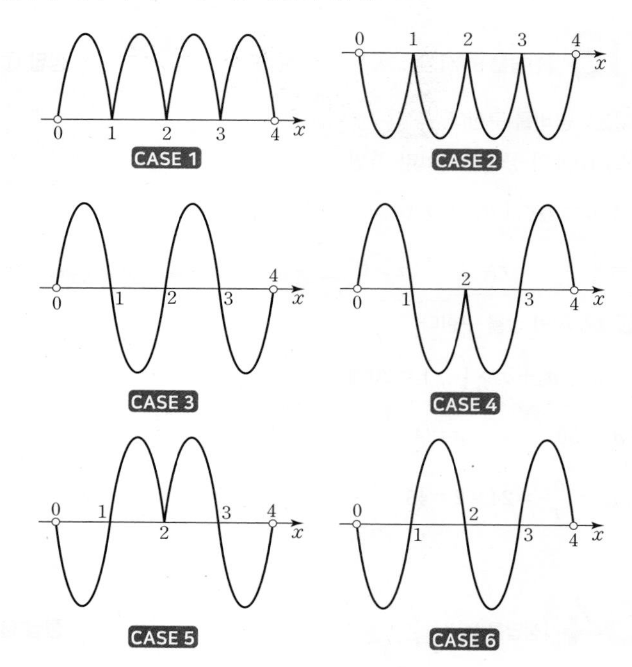

자연수 n에 대하여 $\int_{n-1}^{n}|f(x)|dx=A$라 하자.

열린구간 $(0, 4)$에서 함수 $y=f(x)$의 그래프가 CASE 1 또는 CASE 5 또는 CASE 6일 때, 함수 $g(x)$에서

$g(1)=\int_0^1 f(t)dt-\int_1^4 f(t)dt=-2A<0$ → $x\neq2$일 때 $g(x)\ge0$이어야 한다.

이므로 함수 $g(x)$의 최솟값이 $g(2)=0$이라는 조건에 모순이다.

또한, 열린구간 $(0, 4)$에서 함수 $y=f(x)$의 그래프가 CASE 2 또는 CASE 4일 때, 함수 $g(x)$에서

$g(3)=\int_0^3 f(t)dt-\int_3^4 f(t)dt=-2A<0$

이므로 함수 $g(x)$의 최솟값이 $g(2)=0$이라는 조건에 모순이다.

따라서 열린구간 $(0, 4)$에서 함수 $y=f(x)$의 그래프는 CASE 3과 같다.

Step 3 $\int_{\frac{1}{2}}^{4} f(x)dx$의 값을 구한다.

$\int_{\frac{1}{2}}^{4} f(x)dx=-\frac{A}{2}$와 같으므로

$\int_{\frac{1}{2}}^{4} f(x)dx=-\int_{0}^{\frac{1}{2}}|6x(x-1)|dx=\left[2x^3-3x^2\right]_0^{\frac{1}{2}}$

$=\frac{1}{4}-\frac{3}{4}=-\frac{1}{2}$ ↳ $-\int_0^{\frac{1}{2}}\{-6x(x-1)\}dx$

13 [정답률 62%] 정답 ③

Step 1 자연수 m의 조건에 따른 자연수 n의 개수를 각각 구한다.

(i) m이 제곱수인 경우

예를 들어, $m=4$라면 4^{12}의 n제곱근, 즉 $2^{\frac{24}{n}}$의 값 중에서 정수가 존재하도록 하는 2 이상의 자연수 n은 24의 약수이므로 조건을 만족시키는 자연수 n의 개수는 2, 3, 4, 6, 8, 12, 24의 7이다. (→ $(2^2)^{12}$의 n제곱근, 즉 2^{24}의 n제곱근)

$\therefore f(m)=7$

(ii) m이 세제곱수인 경우

예를 들어, $m=8$이라면 8^{12}의 n제곱근, 즉 $2^{\frac{36}{n}}$의 값 중에서 정수가 존재하도록 하는 2 이상의 자연수 n은 36의 약수이므로 조건을 만족시키는 자연수 n의 개수는 2, 3, 4, 6, 9, 12, 18, 36의 8이다. (→ $(2^3)^{12}$의 n제곱근, 즉 2^{36}의 n제곱근)

$\therefore f(m)=8$

(iii) m이 어떤 자연수의 거듭제곱이 아닌 경우

예를 들어, $m=2$라면 2^{12}의 n제곱근, 즉 $2^{\frac{12}{n}}$의 값 중에서 정수가 존재하도록 하는 2 이상의 자연수 n은 12의 약수이므로 조건을 만족시키는 자연수 n의 개수는 2, 3, 4, 6, 12의 5이다.

$\therefore f(m)=5$

Step 2 $\sum_{m=2}^{9} f(m)$의 값을 구한다.

$f(2)=f(3)=f(5)=f(6)=f(7)=5$, $f(4)=f(9)=7$, $f(8)=8$ 이므로

$\sum_{m=2}^{9} f(m)=5+5+7+5+5+5+8+7=47$

14 [정답률 20%] 정답 ①

Step 1 우극한의 정의를 이용하여 $h(1)$을 구한다.

ㄱ. $\lim_{t\to0+} g(x+t)=i(x)$라 하면

$i(x)=\begin{cases} x & (x<-1,\ x\geq1) \\ f(x) & (-1\leq x<1)\end{cases}$

$\therefore h(1)=i(1)\times i(3)=1\times3=3$ (참)

Step 2 함수 $f(x)$를 임의로 잡고 [보기]의 참, 거짓을 판별한다.

ㄴ.

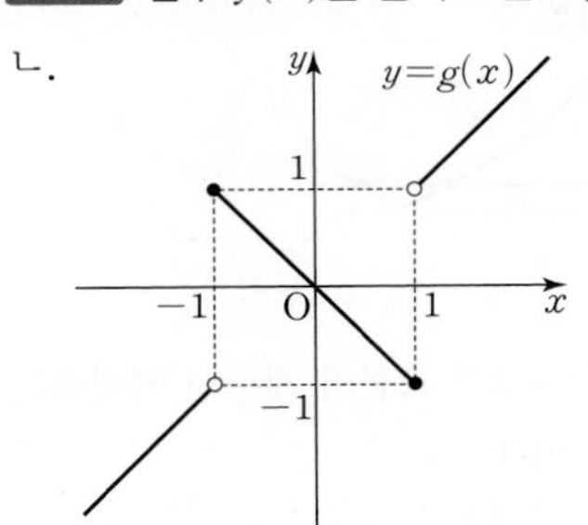

반례 $f(x)=-x$라 하자.

$x=-3$에서 함수 $h(x)$의 연속성을 조사하면 다음과 같다.

(i) $x\to-3-$일 때

$\lim_{x\to-3-} h(x)=\lim_{x\to-3-} i(x)\times i(x+2)$

$=(-3)\times(-1)=3$

(ii) $x\to-3+$일 때

$\lim_{x\to-3+} h(x)=\lim_{x\to-3+} i(x)\times i(x+2)$

$=(-3)\times f(-1)=-3$

(→ $\lim_{t\to0+} g(x+t)=i(x)$이므로 $\lim_{t\to2+} g(x+t)=\lim_{t\to0+} g(x+t+2)=i(x+2)$가 된다.)

(i), (ii)에서 $\lim_{x\to-3-} h(x)\neq\lim_{x\to-3+} h(x)$이므로 함수 $h(x)$는 $x=-3$에서 연속이 아니다. (거짓)

Step 3 x의 값의 범위에 따라 $h(x)$를 구하여 최솟값의 여부를 판별한다.

ㄷ. $h(x)=\begin{cases} x(x+2) & (x<-3) \\ xf(x+2) & (-3\leq x<-1) \\ (x+2)f(x) & (-1\leq x<1) \\ x(x+2) & (x\geq1)\end{cases}$

에서 $g(-1)=-2$이므로 $f(-1)=-2$이다.

따라서 함수 $h(x)$의 최솟값이 존재할 수 있는 x의 값은 -3, -1, 1이다.

(i) $x=-3$일 때

$\lim_{x\to-3-} h(x)=\lim_{x\to-3-} x(x+2)=3$

$\lim_{x\to-3+} h(x)=\lim_{x\to-3+} xf(x+2)=6$

$h(-3)=6$

따라서 함수 $h(x)$는 $x=-3$에서 최솟값을 갖지 않는다.

(ii) $x=-1$일 때

$-1\leq x<1$에서 함수 $(x+2)f(x)$는 감소하므로

함수 $h(x)$는 $x=-1$에서 최솟값을 갖지 않는다.

(iii) $x=1$일 때

$\lim_{x\to1-} h(x)=\lim_{x\to1-} (x+2)f(x)=3f(1)$

$\lim_{x\to1+} h(x)=\lim_{x\to1+} x(x+2)=3$

$h(1)=3$

이때 $f(1)<f(-1)=-2$이므로 $3f(1)<3$이다.

따라서 함수 $h(x)$는 $x=1$에서 최솟값을 갖지 않는다.

(i)~(iii)에서 함수 $h(x)$는 실수 전체의 집합에서 최솟값을 갖지 않는다. (거짓)

그러므로 옳은 것은 ㄱ이다.

15 [정답률 35%] 정답 ⑤

Step 1 수열 $\{a_n\}$의 규칙성을 파악한다.

3의 배수가 아닌 자연수 k에 대하여 $a_{n-2}=9k$라 하면

$a_{n-1}=3k$, $a_n=k$, $a_{n+1}=4k$, $a_{n+2}=5k$, $a_{n+3}=9k$, $a_{n+4}=3k$, $a_{n+5}=k$이다.

따라서 $n\geq3$인 모든 자연수 n에 대하여 $a_n=a_{n+5}$이다.

Step 2 a_6의 값이 3의 배수인 경우와 아닌 경우로 분류한다. (→ a_7의 값은 3의 배수가 아니므로, a_6의 값이 3의 배수인지 아닌지 따져 봐야 한다.)

(i) a_6이 3의 배수일 때

$a_7=40$이므로 $a_9=5\times40=200$

(ii) a_6이 3의 배수가 아닐 때 (→ Step 1에서 $k=40$, $n=7$이라고 생각하면 된다.)

$a_7=40$을 3으로 나눈 나머지는 1이므로 $a_7=a_6+a_5$에서 다음과 같이 나눌 수 있다.

① a_6을 3으로 나눈 나머지가 1이고 a_5가 3의 배수인 경우

$a_6=k$라 하면 $a_7=4k=40$이므로 $a_9=9k=90$

② a_5, a_6을 3으로 나눈 나머지가 모두 2인 경우

$a_6=a_5+a_4$에서 a_4는 3의 배수이다.

$a_5=k$라 하면 $a_7=5k=40$이므로 $a_9=3k=24$

따라서 a_9의 최댓값은 200, 최솟값은 24이므로

$M+m=200+24=224$

16 [정답률 84%] 정답 10

Step 1 로그방정식을 푼다.

$\log_2(3x+2)=2+\log_2(x-2)$에서

$\log_2(3x+2)=\log_2 4+\log_2(x-2)$

$\log_2(3x+2)=\log_2 4(x-2)$

$3x+2=4x-8$ $\therefore x=10$

(→ 밑이 2로 같으므로 진수끼리 비교한다.)

17 [정답률 88%] 정답 15

Step 1 부정적분을 이용하여 $f(x)$를 구한다.

$f'(x)=4x^3-2x$이므로 $f(x)=x^4-x^2+C$ (단, C는 적분상수)

이때 $f(0)=C=3$이므로 $f(2)=16-4+3=15$

→ $f(x)=x^4-x^2+3$

18 [정답률 85%] 정답 22

Step 1 $\sum_{k=1}^{5} a_k$의 값을 구한다.

$\sum_{k=1}^{5}(3a_k+5)=55$에서 $\sum_{k=1}^{5}3a_k+25=55$, $3\sum_{k=1}^{5}a_k=30$

→ $\sum_{k=1}^{5}5=5\times5=25$

$\therefore \sum_{k=1}^{5}a_k=10$

Step 2 $\sum_{k=1}^{5} b_k$의 값을 구한다.

$\sum_{k=1}^{5}(a_k+b_k)=\sum_{k=1}^{5}a_k+\sum_{k=1}^{5}b_k=32$에서 $\sum_{k=1}^{5}a_k=10$이므로

$\sum_{k=1}^{5}b_k=32-\sum_{k=1}^{5}a_k=32-10=22$

19 [정답률 67%] 정답 7

Step 1 함수의 그래프의 개형을 이용하여 조건을 만족시키는 k의 개수를 구한다.

→ 방정식의 해는 함수 $y=-2x^3+6x^2$의 그래프와 직선 $y=k$의 교점의 x좌표와 같다.

방정식 $-2x^3+6x^2=k$에서 $f(x)=-2x^3+6x^2$이라 하자.

$f'(x)=-6x^2+12x=-6x(x-2)$이므로

$f'(x)=0$일 때 $x=0$ 또는 $x=2$이다.

함수 $f(x)$의 증가와 감소를 표로 나타내면 다음과 같다.

x	$\cdots$	0	$\cdots$	2	$\cdots$
$f'(x)$	$-$	0	$+$	0	$-$
$f(x)$	↘	극소	↗	극대	↘

따라서 함수 $y=f(x)$의 그래프의 개형은 다음과 같다.

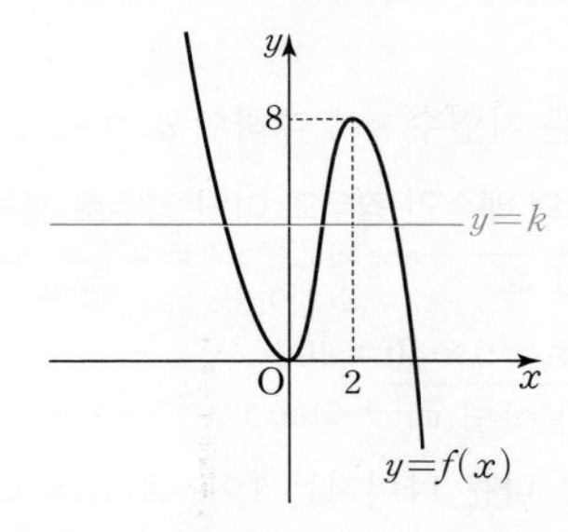

즉, $0<k<8$이므로 정수 k의 개수는 7이다.

→ $k=1, 2, 3, 4, 5, 6, 7$

20 [정답률 46%] 정답 17

Step 1 $v(t)$를 구한다.

조건 (나)에서 $t\ge2$일 때 $a(t)=6t+4$이므로

$v(t)=3t^2+4t+C$ (단, C는 적분상수) …… ㉠

이때 조건 (가)에서 $v(2)=16-16=0$

따라서 ㉠에서 $12+8+C=0$ $\quad\therefore C=-20$

→ $t\ge2$에서의 $v(t)$에 $t=2$ 대입

Step 2 점 P가 움직인 거리를 구한다.

따라서 점 P가 움직인 거리는

→ $0\le t\le2$에서 $v(t)\le0$

$$\int_0^3|v(t)|dt=\int_0^2(-2t^3+8t)dt+\int_2^3(3t^2+4t-20)dt$$

$$=\left[-\frac{1}{2}t^4+4t^2\right]_0^2+\left[t^3+2t^2-20t\right]_2^3$$

$$=(-8+16)+(27+18-60)-(8+8-40)$$

$$=8-15+24=17$$

21 [정답률 28%] 정답 33

Step 1 n의 값의 범위를 나누어 조건을 만족시키는 자연수 n의 값을 모두 구한다.

$h_1(x)=3^{x+2}-n$, $h_2(x)=\log_2(x+4)-n$이라 하면

$h_1(0)=9-n$, $h_2(0)=2-n$이므로 n의 값에 따라 함수 $y=f(x)$의 그래프를 구하면 다음과 같다.

(i) $n<2$ $(n=1)$일 때

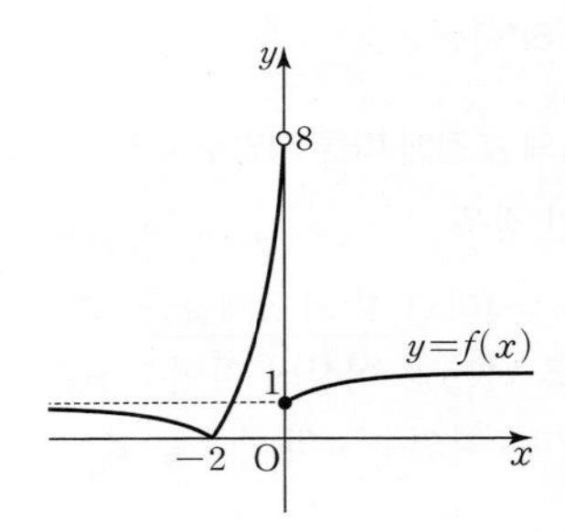

함수 $y=f(x)$의 그래프와 직선 $y=t$의 교점의 개수의 최댓값은 2이므로 함수 $g(t)$의 최댓값은 2이다.

(ii) $n=2$일 때

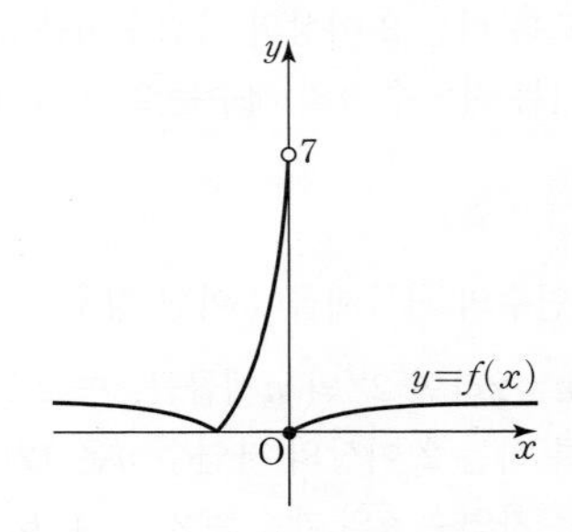

함수 $y=f(x)$의 그래프와 직선 $y=t$의 교점의 개수의 최댓값은 3이므로 함수 $g(t)$의 최댓값은 3이다.

(iii) $2<n\le5$일 때

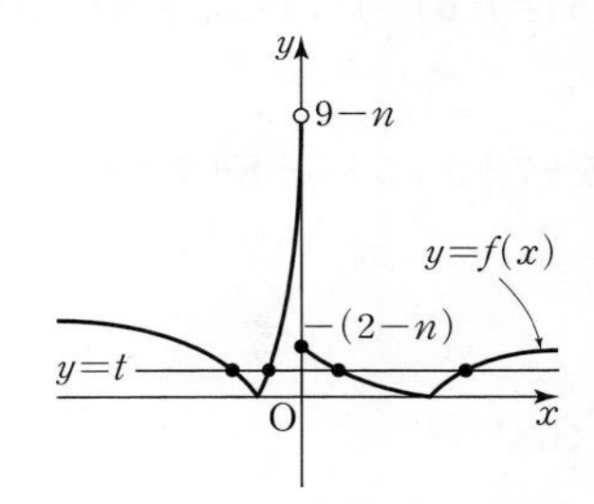

함수 $y=f(x)$의 그래프와 직선 $y=t$의 교점의 개수의 최댓값은 4이므로 함수 $g(t)$의 최댓값은 4이다.

(iv) $6\le n<9$일 때

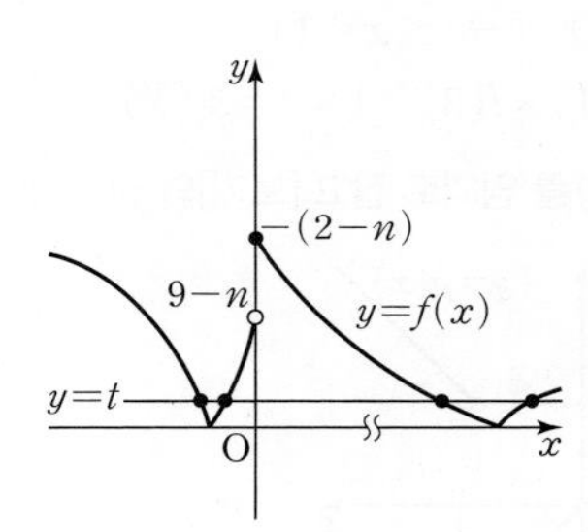

함수 $y=f(x)$의 그래프와 직선 $y=t$의 교점의 개수의 최댓값은 4이므로 함수 $g(t)$의 최댓값은 4이다.

(v) $n=9$일 때

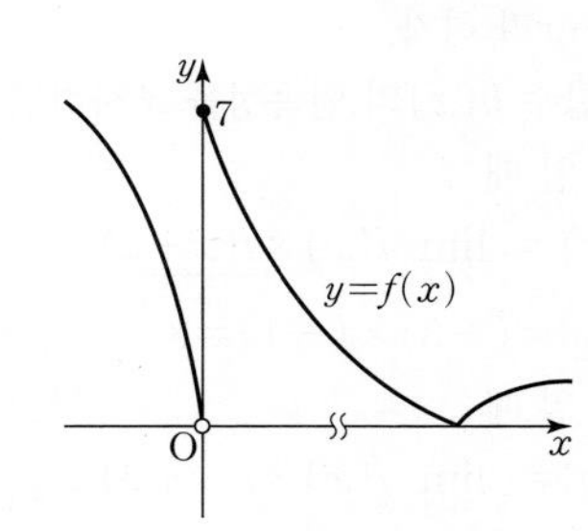

함수 $y=f(x)$의 그래프와 직선 $y=t$의 교점의 개수의 최댓값은 3이므로 함수 $g(t)$의 최댓값은 3이다.

(vi) $n>9$일 때

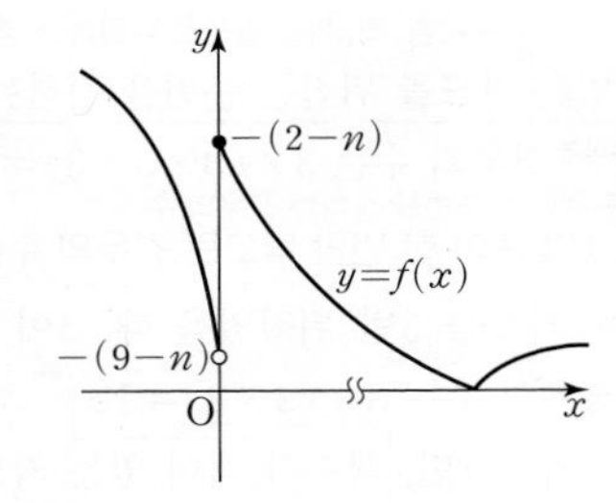

함수 $y=f(x)$의 그래프와 직선 $y=t$의 교점의 개수의 최댓값은 3이므로 함수 $g(t)$의 최댓값은 3이다.

Step 2 조건을 만족시키는 모든 자연수 n의 값의 합을 구한다.

(i)~(vi)에서 함수 $g(t)$의 최댓값이 4가 되도록 하는 모든 자연수 n의 값은 3, 4, 5, 6, 7, 8이므로 이 값의 합은 $\frac{6\times(3+8)}{2}=33$

첫째항이 3, 공차가 1인 등차수열의 제1항부터 제6항까지의 합

22 [정답률 6%] 정답 13

Step 1 조건 (가)의 의미를 파악한다.

조건 (가)에서 $f(x)-f(1)=(x-1)f'(g(x))$

$\therefore \frac{f(x)-f(1)}{x-1}=f'(g(x))$ ······ ㉠ → 평균변화율

즉, $f'(g(x))$는 두 점 $(1, f(1))$, $(x, f(x))$를 지나는 직선의 기울기와 같다.

Step 2 조건 (나)를 이용해 그래프를 그린다.

조건 (나)에서 함수 $g(x)$의 최솟값이 $\frac{5}{2}$이므로 두 점 $(1, f(1))$, $(x, f(x))$를 지나는 직선의 기울기는 $x\geq\frac{5}{2}$에서의 모든 $f'(x)$의 값으로 표현할 수 있다.

→ 이를 통해 두 점 $(1, f(1))$, $(x, f(x))$를 지나는 직선의 기울기가 $x=\frac{5}{2}$에서 최소임을 알 수 있다.

따라서 조건에 맞게 그래프를 그려보면 다음과 같다.

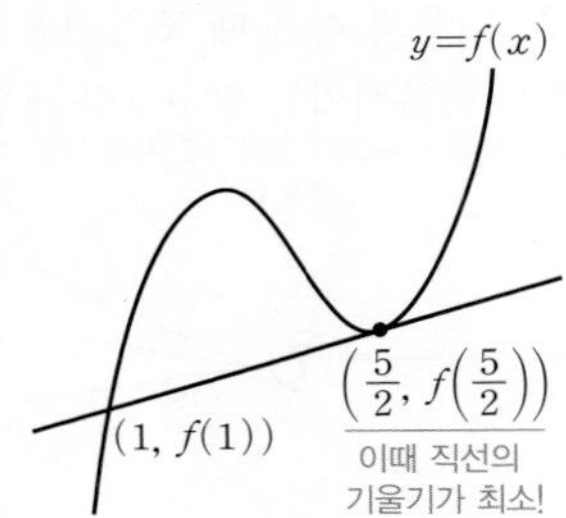

Step 3 $g(1)$의 값을 구한다.

두 점 $(1, f(1))$, $\left(\frac{5}{2}, f\left(\frac{5}{2}\right)\right)$를 지나는 직선의 방정식을 $y=ax+b$ (a, b는 상수)라 하면

$f(x)-(ax+b)=(x-1)\left(x-\frac{5}{2}\right)^2$ ······ ㉡

㉠에서 $\lim_{x\to1}\frac{f(x)-f(1)}{x-1}=\lim_{x\to1}f'(g(x))$이므로

$f'(1)=f'(g(1))$ → $g(x)$의 최솟값이 $\frac{5}{2}$이므로 $g(1)\neq1$이다.

㉡의 양변을 미분하면

$$\begin{aligned}f'(x)-a&=\left(x-\frac{5}{2}\right)^2+2(x-1)\left(x-\frac{5}{2}\right)\\&=\left(x-\frac{5}{2}\right)\left\{\left(x-\frac{5}{2}\right)+2(x-1)\right\}\\&=\left(x-\frac{5}{2}\right)\left(3x-\frac{9}{2}\right)\\&=3\left(x-\frac{3}{2}\right)\left(x-\frac{5}{2}\right)\end{aligned}$$

$\therefore f'(x)=3\left(x-\frac{3}{2}\right)\left(x-\frac{5}{2}\right)+a$ ······ ㉢

㉢에서 이차함수 $y=f'(x)$의 그래프의 대칭축이 $x=2$이므로 $g(1)=3$ → $f'(1)=f'(3)$

Step 4 $f(4)$의 값을 구한다.

㉡에서 $f(x)=(x-1)\left(x-\frac{5}{2}\right)^2+(ax+b)$

조건 (다)에서 $f(0)=-3$, $f(g(1))=f(3)=6$이므로

$f(0)=(-1)\times\left(-\frac{5}{2}\right)^2+b=-3$에서 $b=\frac{13}{4}$

$f(3)=2\times\left(\frac{1}{2}\right)^2+3a+\frac{13}{4}=6$에서 $a=\frac{3}{4}$

따라서 $f(x)=(x-1)\left(x-\frac{5}{2}\right)^2+\frac{3}{4}x+\frac{13}{4}$이므로

$f(4)=3\times\left(\frac{3}{2}\right)^2+\frac{3}{4}\times4+\frac{13}{4}=13$

확률과 통계

23 [정답률 87%] 정답 ③

Step 1 이항정리의 일반항을 이용한다.

$(x^3+3)^5$의 전개식의 일반항은 ${}_5C_r\times(x^3)^r\times3^{5-r}$

이때 x^9의 계수를 구해야 하므로 $r=3$

따라서 x^9의 계수는 ${}_5C_3\times3^{5-3}=10\times9=90$

→ ${}_5C_2=\frac{5\times4}{2\times1}=10$

24 [정답률 84%] 정답 ②

Step 1 네 자리의 자연수가 4000 이상이려면 천의 자리에 4 또는 5가 와야함을 이용한다.

일의 자리에 올 수 있는 숫자는 1, 3, 5이다.

천의 자리가 4인 네 자리 자연수 중 홀수의 개수는 ${}_5\Pi_2\times3=75$

천의 자리가 5인 네 자리 자연수 중 홀수의 개수는 ${}_5\Pi_2\times3=75$

따라서 구하는 경우의 수는 $75+75=150$

25 [정답률 79%] 정답 ⑤

Step 1 1−(여사건의 확률)을 이용한다.

주어진 사건의 여사건은 상자에서 임의로 3개의 마스크를 동시에 꺼낼 때, 꺼낸 3개의 마스크 모두 검은색 마스크일 경우이므로 구하는 확률은

$$1-\frac{{}_9C_3}{{}_{14}C_3}=1-\frac{\frac{9\times8\times7}{3\times2\times1}}{\frac{14\times13\times12}{3\times2\times1}}=1-\frac{3}{13}=\frac{10}{13}$$

26 [정답률 65%] 정답 ③

Step 1 $P(A\cup B)=P(A)+P(B)-P(A\cap B)$임을 이용한다.

사건 A는 임의로 3개의 공을 꺼냈을 때 흰 공이 1개, 검은 공이 2개인 사건이므로

→ 2개의 흰 공 중 1개, 4개의 검은 공 중 2개를 뽑는 경우

$P(A)=\frac{{}_2C_1\times{}_4C_2}{{}_6C_3}=\frac{12}{20}$

임의로 3개의 공을 꺼냈을 때 적혀 있는 수를 모두 곱한 값이 8인 경우는 2, 2, 2 뿐이므로

$P(B)=\frac{{}_4C_3}{{}_6C_3}=\frac{4}{20}$

사건 A, B가 동시에 일어나는 경우는 임의로 3개의 공을 꺼냈을 때 2가 적힌 흰 공 1개, 2가 적힌 검은 공 2개를 뽑는 경우이므로

$P(A\cap B)=\frac{{}_3C_2}{{}_6C_3}=\frac{3}{20}$ → 2가 적힌 흰 공을 뽑는 경우의 수는 1이다.

$\therefore P(A\cup B)=P(A)+P(B)-P(A\cap B)$

$=\frac{12}{20}+\frac{4}{20}-\frac{3}{20}=\frac{13}{20}$

27 [정답률 52%] 정답 ②

Step 1 σ의 값을 구한다.

샴푸 중에서 16개를 임의추출하여 얻은 신뢰도 95 %의 신뢰구간은 $746.1\le m\le 755.9$이므로

$\overline{x}-1.96\times\frac{\sigma}{4}\le m\le\overline{x}+1.96\times\frac{\sigma}{4}$에서 $\overline{x}=751$ → 746.1과 755.9의 평균으로 구할 수 있다.

$1.96\times\frac{\sigma}{4}=4.9$에서 $1.96\sigma=19.6$ $\quad\therefore \sigma=10$

Step 2 자연수 n의 최댓값을 구한다.

샴푸 중에서 n개를 임의추출하여 얻은 표본평균을 $\overline{x}'$이라 하면 99 %의 신뢰구간은

$\overline{x}'-2.58\times\frac{10}{\sqrt{n}}\le m\le\overline{x}'+2.58\times\frac{10}{\sqrt{n}}$ → $\mathrm{P}(|Z|\le 2.58)=0.99$

$\therefore b-a=5.16\times\frac{10}{\sqrt{n}}=51.6\times\frac{1}{\sqrt{n}}$

이때 $b-a$의 값이 6 이하가 되어야 하므로

$51.6\times\frac{1}{\sqrt{n}}\le 6$에서 $8.6\le\sqrt{n}$ $\quad\therefore 73.96\le n$

따라서 구하는 자연수 n의 최솟값은 74이다.

28 [정답률 60%] 정답 ④

Step 1 확률의 총합이 1임을 이용한다.

$\mathrm{P}(0\le X\le a)=1$이므로 $\frac{1}{2}\times a\times c=1$ → 그래프와 x축으로 둘러싸인 삼각형의 넓이이다.

$\therefore ac=2$ $\quad$ ······ ㉠

Step 2 $\mathrm{P}(X\le b)-\mathrm{P}(X\ge b)$를 a, b, c를 이용해 나타낸다.

$\mathrm{P}(X\le b)=\frac{1}{2}\times b\times c$, $\mathrm{P}(X\ge b)=\frac{1}{2}\times(a-b)\times c$이므로 → 삼각형의 넓이를 이용하면 된다.

$\frac{1}{2}bc-\frac{1}{2}(a-b)\times c=\frac{1}{4}$, $bc-\frac{1}{2}ac=\frac{1}{4}$

$\therefore bc=\frac{5}{4}$ $(\because$ ㉠$)$ $\quad$ ······ ㉡

Step 3 $\mathrm{P}(X\le\sqrt{5})=\frac{1}{2}$임을 이용한다.

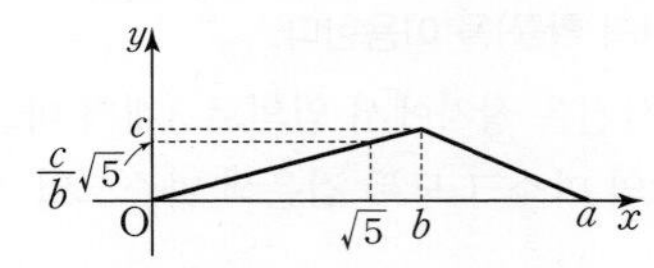

$0\le X\le b$에서 확률밀도함수의 식은 $y=\frac{c}{b}x$이므로 확률밀도함수의 그래프는 점 $\left(\sqrt{5},\ \frac{c}{b}\sqrt{5}\right)$를 지난다.

따라서 $\mathrm{P}(X\le\sqrt{5})=\frac{1}{2}\times\sqrt{5}\times\frac{c}{b}\sqrt{5}=\frac{5c}{2b}=\frac{1}{2}$

$\therefore b=5c$ $\quad$ ······ ㉢

Step 4 구한 식을 이용하여 a, b, c의 값을 구한다.

㉠~㉢에서 $a=4$, $b=\frac{5}{2}$, $c=\frac{1}{2}$이므로

$a+b+c=4+\frac{5}{2}+\frac{1}{2}=7$

29 [정답률 6%] 정답 49

Step 1 6장의 카드에 보이는 모든 수의 합이 짝수인 경우의 수를 구한다.

시행을 3번 반복했을 때 6장의 카드에 보이는 모든 수의 합이 짝수이려면 앞면에 홀수가 적혀 있는 카드만 3번 뒤집거나 홀수가 적혀 있는 카드 1번, 짝수가 적혀 있는 카드 2번 뒤집어야 한다.

(i) 앞면에 홀수가 적혀 있는 카드를 3번 뒤집는 경우
같은 카드를 중복하여 뒤집어도 되므로 구하는 경우의 수는 $3\times3\times3=27$ → 홀수는 1, 3, 5

(ii) 앞면에 홀수가 적혀 있는 카드 1번, 짝수가 적혀 있는 카드 2번 뒤집는 경우
홀수가 적혀 있는 카드를 뒤집는 순번을 정하는 경우의 수는 3이므로 구하는 경우의 수는 $3\times(3\times3\times3)=81$ → 홀, 짝, 짝을 일렬로 나열하는 경우의 수와 같다.

→ 1이 적혀 있는 카드를 뒤집는 순번을 정하는 경우의 수

Step 2 주사위의 1의 눈이 한 번만 나오는 경우의 수를 구한다.

홀수가 적혀 있는 카드를 3번 뒤집었을 때, 1이 적혀 있는 카드는 한 번만 뒤집는 경우의 수는 $3\times(2\times2)=12$ → 1을 제외한 홀수는 3, 5뿐이다.

홀수가 적혀 있는 카드 1번, 짝수가 적혀 있는 카드 2번을 뒤집었을 때, 1이 적혀 있는 카드는 한 번만 뒤집는 경우의 수는 $3\times(3\times3)=27$ → 1이 적혀 있는 카드를 뒤집는 순번을 정하는 경우의 수

따라서 구하는 확률은 $\frac{12+27}{27+81}=\frac{13}{36}$

$p=36$, $q=13$이므로 $p+q=49$ → 짝수는 2, 4, 6으로 3가지

30 [정답률 7%] 정답 100

Step 1 조건 (나)를 만족시키는 $f(1)$, $f(10)$의 값을 각각 구한다.

조건 (나)에서 $1\le x\le5$일 때 $f(x)\le x$이므로

$x=1$일 때 $f(1)\le1$ $\quad\therefore f(1)=1$

또한, $6\le x\le10$일 때 $f(x)\ge x$이므로

$x=10$일 때 $f(10)\ge10$ $\quad\therefore f(10)=10$

Step 2 조건 (다)를 만족시키는 $f(5)$, $f(6)$의 값에 따라 경우를 나눈 후, 중복조합을 이용하여 조건 (가)를 만족시키는 경우의 수를 각각 구한다.

조건 (다)에서 $f(6)=f(5)+6$이므로 $f(5)=1$, $f(6)=7$ 또는 $f(5)=2$, $f(6)=8$ 또는 $f(5)=3$, $f(6)=9$ 또는 $f(5)=4$, $f(6)=10$이다.

(i) $f(5)=1$, $f(6)=7$인 경우

① $1\le x\le5$일 때
조건 (가)에서 $f(x)\le f(x+1)$이고 $f(1)=f(5)=1$이므로 함수 f의 개수는 $f(2)=f(3)=f(4)=1$의 1이다.

② $6\le x\le10$일 때
$f(6)=7$, $f(10)=10$이므로 조건 (가)를 만족시키는 함수 f의 개수는 ${}_4\mathrm{H}_3={}_6\mathrm{C}_3=20$
그런데 함수 f가 다음과 같을 때 조건 (나)를 만족시키지 않으므로 모든 조건을 만족시키는 함수 f의 개수는 $20-6=14$

→ 7, 8, 9, 10의 4개의 숫자에서 중복을 허락하여 3개의 숫자를 택한 후, 크기순으로 $f(7)$, $f(8)$, $f(9)$에 각각 대응시키는 경우의 수

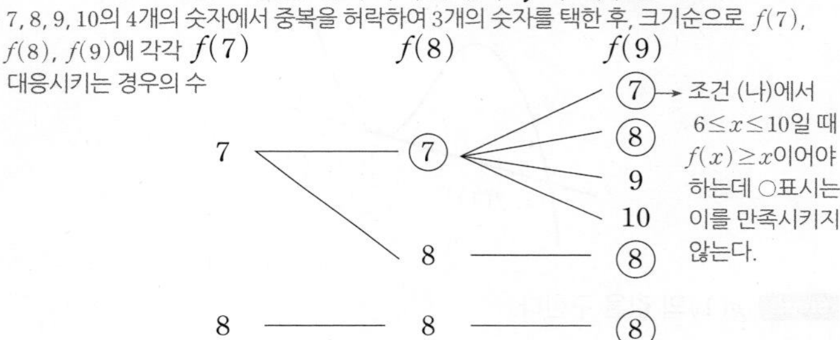

따라서 함수 f의 개수는 $1\times14=14$이다.

(ii) $f(5)=2$, $f(6)=8$인 경우

① $1\le x\le5$일 때
조건 (가)에서 $f(x)\le f(x+1)$이고 $f(1)=1$, $f(5)=2$이므로 조건 (가)를 만족시키는 함수 f의 개수는 ${}_2\mathrm{H}_3={}_4\mathrm{C}_3=4$ → 모든 경우에 조건 (나)를 만족시킨다.

② $6\le x\le10$일 때
$f(6)=8$, $f(10)=10$이므로 조건 (가)를 만족시키는 함수 f의 개수는 ${}_3\mathrm{H}_3={}_5\mathrm{C}_3=10$ → $f(6)=f(7)=f(8)=f(9)=8$, $f(10)=10$의 1가지
그런데 $f(9)=8$일 때 조건 (나)를 만족시키지 않으므로 모든 조건을 만족시키는 함수 f의 개수는 $10-1=9$

따라서 함수 f의 개수는 $4\times9=36$이다.

(iii) $f(5)=3$, $f(6)=9$인 경우 → (ii)의 ②, (ii)의 ①
(ii)의 경우와 함수 f의 개수가 동일하므로 36이다.

(iv) $f(5)=4$, $f(6)=10$인 경우
(i)의 경우와 함수 f의 개수가 동일하므로 14이다.

Step 3 함수 f의 개수를 구한다.

(i)~(iv)에 의하여 함수 f의 개수는 $14+36+36+14=100$

미적분

23 [정답률 89%] 정답 ④

Step 1 $\lim_{x\to0}\frac{\ln(x+1)}{x}=1$임을 이용한다.

$$\lim_{x\to0}\frac{\ln(x+1)}{\sqrt{x+4}-2}=\lim_{x\to0}\left\{\frac{\ln(x+1)}{x}\times\frac{x}{\sqrt{x+4}-2}\right\}$$
$$=\lim_{x\to0}\frac{\ln(x+1)}{x}\times\lim_{x\to0}\frac{x(\sqrt{x+4}+2)}{(\sqrt{x+4}-2)(\sqrt{x+4}+2)}$$
$$=\lim_{x\to0}(\sqrt{x+4}+2)=4$$
$(\sqrt{x+4})^2-2^2=x+4-4=x$

24 [정답률 78%] 정답 ③

Step 1 주어진 식을 정적분을 이용하여 나타낸다.

$$\lim_{n\to\infty}\frac{1}{n}\sum_{k=1}^{n}\sqrt{1+\frac{3k}{n}}=\frac{1}{3}\lim_{n\to\infty}\frac{3}{n}\sum_{k=1}^{n}\sqrt{1+\frac{3k}{n}}$$
$$=\frac{1}{3}\int_1^4\sqrt{x}\,dx=\frac{1}{3}\left[\frac{2}{3}x^{\frac{3}{2}}\right]_1^4$$
$\sqrt{x}=x^{\frac{1}{2}}$
$$=\frac{1}{3}\times\frac{2}{3}\times(4^{\frac{3}{2}}-1)=\frac{14}{9}$$
$=(2^2)^{\frac{3}{2}}=2^3=8$

25 [정답률 89%] 정답 ⑤

Step 1 분모, 분자를 각각 4^n으로 나누어 수열 $\{a_n\}$의 일반항을 구한다.

$2^{2n-1}=\frac{1}{2}\times4^n$이므로 $\lim_{n\to\infty}\frac{a_n+1}{3^n+\frac{1}{2}\times4^n}=\lim_{n\to\infty}\frac{\frac{a_n}{4^n}+\left(\frac{1}{4}\right)^n}{\left(\frac{3}{4}\right)^n+\frac{1}{2}}=3$

즉 $\lim_{n\to\infty}\frac{a_n}{4^n}=\frac{3}{2}$이므로 $a_n=\frac{3}{2}\times4^n$

$\therefore a_2=\frac{3}{2}\times4^2=24$

26 [정답률 72%] 정답 ④

Step 1 입체도형의 부피를 정적분을 이용하여 나타낸다.

입체도형을 x축에 수직인 평면으로 자른 단면의 넓이는
$(\sqrt{\sec^2x+\tan x})^2=\sec^2x+\tan x$
따라서 입체도형의 부피를 V라 하면
$$V=\int_0^{\frac{\pi}{3}}(\sec^2x+\tan x)dx=\Big[\tan x-\ln|\cos x|\Big]_0^{\frac{\pi}{3}}$$
$$=\left(\tan\frac{\pi}{3}-\ln\left|\cos\frac{\pi}{3}\right|\right)-(\tan0-\ln|\cos0|)$$
$\tan 0=0$, $\ln|\cos 0|=\ln1=0$
$$=\sqrt{3}-\ln\frac{1}{2}=\sqrt{3}+\ln2$$
$\ln\frac{1}{2}=-\ln2$

$\tan x=\frac{\sin x}{\cos x}$이므로
$\int\tan x\,dx=\int\frac{\sin x}{\cos x}dx=-\ln|\cos x|+C$
(C는 적분상수)

27 [정답률 68%] 정답 ②

Step 1 S_1의 값을 구한다.

선분 OP_1은 부채꼴 OA_1B_1의 반지름이므로 $\overline{OP_1}=1$
이때 $\overline{OC_1}:\overline{OD_1}=3:4$이므로 $\overline{OC_1}=\frac{3}{5}$, $\overline{OD_1}=\frac{4}{5}$
따라서 $\overline{C_1A_1}=1-\frac{3}{5}=\frac{2}{5}$
그러므로 직각삼각형 $P_1C_1A_1$에서
$$\overline{P_1A_1}=\sqrt{\left(\frac{4}{5}\right)^2+\left(\frac{2}{5}\right)^2}=\sqrt{\frac{20}{25}}=\frac{2\sqrt{5}}{5}$$
$\overline{OD_1}=\overline{C_1P_1}=\frac{4}{5}$
이때 삼각형 $P_1Q_1A_1$은 직각이등변삼각형이므로
$$\overline{P_1Q_1}=\overline{Q_1A_1}=\frac{2\sqrt{5}}{5}\times\frac{1}{\sqrt{2}}=\frac{\sqrt{10}}{5}$$
$$\therefore S_1=\frac{\sqrt{10}}{5}\times\frac{\sqrt{10}}{5}\times\frac{1}{2}=\frac{1}{5}$$

Step 2 새로 색칠되는 도형의 넓이가 이루는 등비수열의 공비를 구한다.

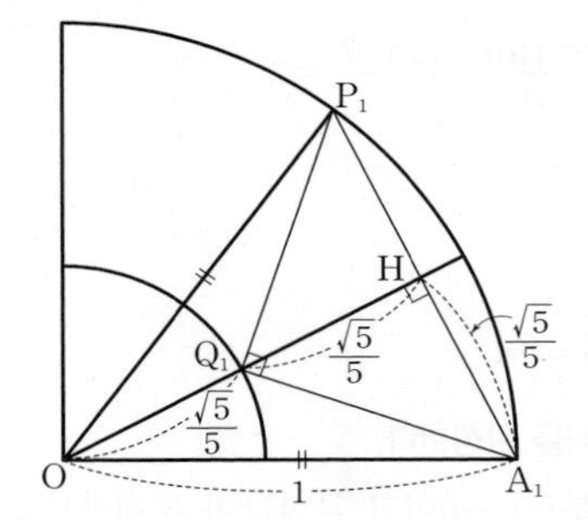

삼각형 P_1OA_1은 $\overline{P_1O}=\overline{OA_1}$인 이등변삼각형이다.
이때 점 O에서 선분 A_1P_1에 내린 수선의 발을 H라 하면
$\overline{A_1H}=\frac{\sqrt{5}}{5}$, $\overline{Q_1H}=\frac{\sqrt{5}}{5}$
이때 직각삼각형 HOA_1에서
$$\overline{OH}=\sqrt{\overline{OA_1}^2-\overline{A_1H}^2}=\sqrt{1-\left(\frac{\sqrt{5}}{5}\right)^2}=\frac{2\sqrt{5}}{5}$$
$$\therefore \overline{OQ_1}=\overline{OH}-\overline{Q_1H}=\frac{\sqrt{5}}{5}$$
즉, R_2에서 새로 그린 부채꼴의 반지름의 길이가 $\frac{\sqrt{5}}{5}$이므로
도형의 넓이의 비는 $1:\left(\frac{\sqrt{5}}{5}\right)^2=1:\frac{1}{5}$이다.

Step 3 $\lim_{n\to\infty}S_n$의 값을 구한다.

$$\lim_{n\to\infty}S_n=\frac{\frac{1}{5}}{1-\frac{1}{5}}=\frac{1}{4}$$

28 [정답률 44%] 정답 ②

Step 1 $f(\theta)$, $g(\theta)$를 구한다.

$\angle POB=2\theta$이므로 $f(\theta)=\frac{1}{2}\times1\times1\times\sin2\theta=\frac{1}{2}\sin2\theta$
직각삼각형 APB에서 $\overline{PB}=2\sin\theta$ — $\overline{AB}$가 반원의 지름이기 때문이다.
직각삼각형 AOS에서 $\overline{OS}=\tan\theta$
$\therefore \overline{CS}=1-\overline{OS}=1-\tan\theta$

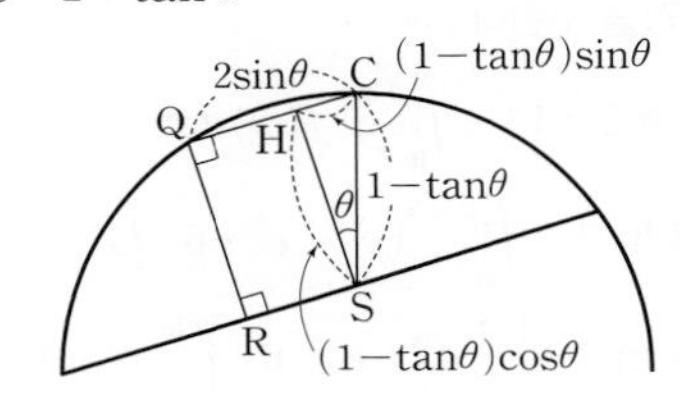

그림과 같이 점 S에서 선분 QC에 내린 수선의 발을 H라 하면
$\angle HSC=\theta$
$\overline{CS}=1-\tan\theta$이므로 직각삼각형 HSC에서
$\overline{CH}=(1-\tan\theta)\sin\theta$, $\overline{SH}=(1-\tan\theta)\cos\theta$
$\therefore \overline{QH}=2\sin\theta-(1-\tan\theta)\sin\theta=\sin\theta+\tan\theta\sin\theta$
따라서 $g(\theta)$를 구하면
$$g(\theta)=(\sin\theta+\tan\theta\sin\theta)(1-\tan\theta)\cos\theta+\frac{1}{2}(1-\tan\theta)\sin\theta\times(1-\tan\theta)\cos\theta$$
$$=(1-\tan\theta)\cos\theta\times\left(\frac{3}{2}\sin\theta+\frac{1}{2}\tan\theta\sin\theta\right)$$
$\tan\theta=\frac{\sin\theta}{\cos\theta}$
$$=(\cos\theta-\sin\theta)\left(\frac{3}{2}\sin\theta+\frac{1}{2}\tan\theta\sin\theta\right)$$

Step 2 극한값을 구한다.

$$\lim_{\theta\to0+}\frac{3f(\theta)-2g(\theta)}{\theta^2}$$
$$=\lim_{\theta\to0+}\frac{\frac{3}{2}\sin2\theta-(\cos\theta-\sin\theta)(3\sin\theta+\tan\theta\sin\theta)}{\theta^2}$$
$\sin2\theta=2\cos\theta\sin\theta$이므로 $\frac{3}{2}\sin2\theta=3\cos\theta\sin\theta$
$$=\lim_{\theta\to0+}\frac{\frac{3}{2}\sin2\theta-3\cos\theta\sin\theta-\sin^2\theta+3\sin^2\theta+\tan\theta\sin^2\theta}{\theta^2}$$

$$=\lim_{\theta\to0+}\frac{-\sin^2\theta+3\sin^2\theta+\tan\theta\sin^2\theta}{\theta^2}$$

$$=\lim_{\theta\to0+}\frac{2\sin^2\theta+\tan\theta\sin^2\theta}{\theta^2}=2$$

29 [정답률 28%] 정답 26

Step 1 $f(x)$의 식을 완성한다.

조건 (가)에서 (분모)⟶0이고 극한값이 존재하므로 (분자)⟶0이어야 한다. ($\lim_{x\to-\infty}e^x=0$)

즉, $\lim_{x\to-\infty}\{f(x)+6\}=\lim_{x\to-\infty}(ae^{2x}+be^x+c+6)=c+6$ (모두 0으로 수렴)

에서 $c+6=0$ $\quad\therefore c=-6$

$\lim_{x\to-\infty}\frac{ae^{2x}+be^x}{e^x}=\lim_{x\to-\infty}(ae^x+b)=1$에서 $b=1$

조건 (나)에서 $f(\ln 2)=0$이므로

$f(\ln 2)=ae^{2\ln 2}+e^{\ln 2}-6=4a+2-6=4a-4$ ($ae^{2\ln 2}=ae^{\ln 4}=a\times4^{\ln e}=4a$)

에서 $4a-4=0$ $\quad\therefore a=1$

따라서 $f(x)=e^{2x}+e^x-6$이다.

Step 2 구하는 정적분에 해당하는 부분을 그림으로 파악한다.

$f(x)=0$에서 $e^{2x}+e^x-6=0$

$(e^x-2)(e^x+3)=0$ ($e^x>0$이므로 $e^x+3=0$은 될 수 없다.)

따라서 $e^x=2$에서 $x=\ln 2$

$f(x)=14$에서 $e^{2x}+e^x-6=14$

$e^{2x}+e^x-20=0$ ($e^x>0$이므로 $e^x+5=0$은 될 수 없다.)

$(e^x-4)(e^x+5)=0$

따라서 $e^x=4$에서 $x=2\ln 2$

즉, 두 함수 $y=f(x)$, $y=g(x)$의 그래프를 그려보면 다음과 같다.

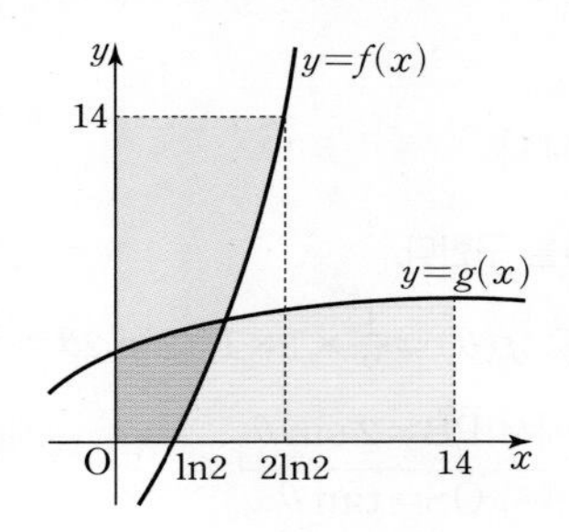

Step 3 정적분의 값을 구한다.

$$\int_0^{14}g(x)dx=2\ln 2\times14-\int_{\ln 2}^{2\ln 2}f(x)dx$$

$$=28\ln 2-\int_{\ln 2}^{2\ln 2}(e^{2x}+e^x-6)dx$$

$$=28\ln 2-\left[\frac{1}{2}e^{2x}+e^x-6x\right]_{\ln 2}^{2\ln 2}$$

$$=28\ln 2-\left(\frac{1}{2}e^{4\ln 2}+e^{2\ln 2}-12\ln 2\right)+\left(\frac{1}{2}e^{2\ln 2}+e^{\ln 2}-6\ln 2\right)$$

$$=28\ln 2-(8+4-12\ln 2)+(2+2-6\ln 2)$$

$$=34\ln 2-8$$

따라서 $p=-8$, $q=34$이므로 $p+q=26$

30 [정답률 11%] 정답 31

Step 1 $f(0)$, $f'(0)$에 대한 조건을 파악한다.

조건 (가)에서 함수 $h(x)$가 $x=0$에서 극댓값 0을 가지므로

$h(0)=g(f(0))=e^{\sin\pi f(0)}-1=0$에서

$e^{\sin\pi f(0)}=1$ $\quad\therefore \sin\pi f(0)=0$

따라서 $f(0)$은 정수이다.

$h'(0)=g'(f(0))\times f'(0)=0$에서 $f'(0)=0$

($g'(x)=e^{\sin\pi x}\times\cos\pi x\times\pi$이므로 $f(0)$이 정수이면 $g'(f(0))\neq0$이 된다.)

Step 2 $f(0)$의 값을 구한다.

$f(3)=\frac{1}{2}$, $f'(3)=0$이므로 함수 $y=f(x)$의 그래프를 그려보면 다음과 같다.

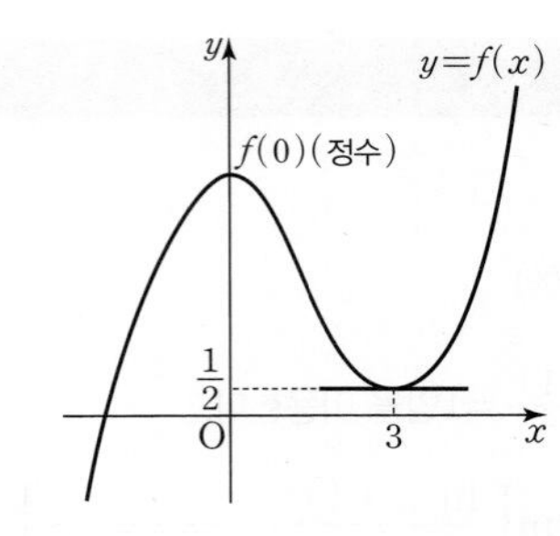

이때 조건 (나)에서 열린구간 $(0, 3)$에서 방정식 $h(x)=1$의 서로 다른 실근의 개수가 7이라고 했으므로

$h(x)=1$에서 $e^{\sin\pi f(x)}-1=1$

$e^{\sin\pi f(x)}=2$ $\quad\therefore \sin\pi f(x)=\ln 2$

열린구간 $(0, 3)$에서 함수 $f(x)$는 $\frac{1}{2}$ 초과이고 $f(0)$ 미만의 값을 함숫값으로 가지므로 실근의 개수가 7이 되려면 $f(0)=7$ 또는 $f(0)=8$이어야 한다.

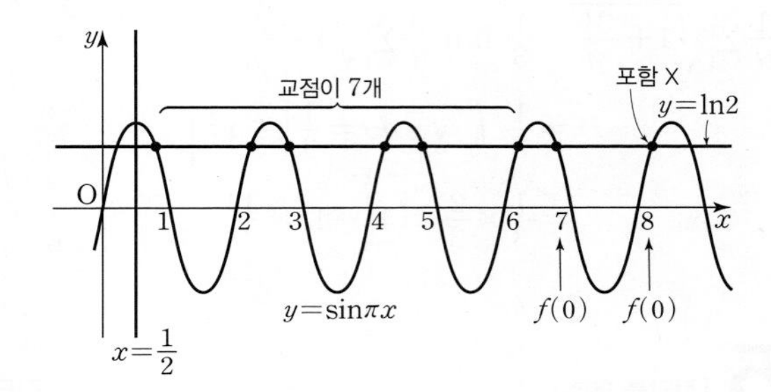

$g'(x)=\pi e^{\sin\pi x}\cos\pi x$에서 $g'(f(x))=\pi e^{\sin\pi f(x)}\cos\pi f(x)$

(i) $f(0)=7$일 때

$e^{\sin 7\pi}>0$이고 $\cos 7\pi<0$이므로 $g'(f(x))<0$

따라서 $g'(f(x))$는 $x=0$의 주위에서 음의 값을 갖는다.

또한 $f'(x)$의 부호는 양에서 음으로 바뀌므로 함수 $h(x)$의 증가와 감소를 표로 나타내면 다음과 같다.

x	$\cdots$	0	$\cdots$
$g'(f(x))$	$-$	$-$	$-$
$f'(x)$	$+$	0	$-$
$h'(x)$	$-$	0	$+$
$h(x)$	↘	극소	↗

따라서 $h(x)$는 $x=0$에서 극솟값을 가지므로 조건 (가)를 만족시키지 않는다.

(ii) $f(0)=8$일 때

$e^{\sin 8\pi}>0$이고 $\cos 8\pi>0$이므로 $g'(f(x))>0$

따라서 $g'(f(x))$는 $x=0$의 주위에서 양의 값을 갖는다.

또한 $f'(x)$의 부호는 양에서 음으로 바뀌므로 함수 $h(x)$의 증가와 감소를 표로 나타내면 다음과 같다.

x	$\cdots$	0	$\cdots$
$g'(f(x))$	$+$	$+$	$+$
$f'(x)$	$+$	0	$-$
$h'(x)$	$+$	0	$-$
$h(x)$	↗	극대	↘

따라서 $h(x)$는 $x=0$에서 극댓값을 가지므로 조건 (가)를 만족시킨다.

그러므로 (i), (ii)에서 $f(0)=8$이다.

Step 3 $f(2)$의 값을 구한다.

$f'(x)=ax(x-3)=ax^2-3ax$ (a는 상수)로 놓으면 ($f'(0)=f'(3)=0$임을 이용해 식을 세운다.)

$f(x)=\frac{1}{3}ax^3-\frac{3}{2}ax^2+C$ (단, C는 적분상수)

$f(0)=8$에서 $C=8$

$f(3)=\frac{1}{2}$에서 $9a-\frac{27}{2}a+8=\frac{1}{2}$

$-\frac{9}{2}a=-\frac{15}{2}$ $\quad\therefore a=\frac{5}{3}$

따라서 $f(x)=\frac{5}{9}x^3-\frac{5}{2}x^2+8$이므로 $f(2)=\frac{40}{9}-10+8=\frac{22}{9}$

$\therefore p+q=9+22=31$

기하

23 [정답률 90%] 정답 ⑤

Step 1 점 B의 좌표를 구한다.

점 A(2, 2, −1)을 x축에 대하여 대칭이동한 점 B의 좌표를 구하면 B(2, −2, 1)

→ 좌표공간의 점 (a, b, c)를 x축에 대하여 대칭이동한 점의 좌표는 $(a, -b, -c)$이다.

Step 2 선분 BC의 길이를 구한다.

두 점 B, C의 좌표는 각각 B(2, −2, 1), C(−2, 1, 1)이므로

$\overline{BC}=\sqrt{(-2-2)^2+\{1-(-2)\}^2+(1-1)^2}=\sqrt{25}=5$

24 [정답률 92%] 정답 ③

Step 1 포물선의 방정식을 구해 a의 값을 구한다.

주어진 포물선의 방정식은

$y^2=4\times\frac{1}{3}\times x \quad \therefore y^2=\frac{4}{3}x$

→ 초점이 $F(p, 0)$, 준선이 $x=-p$인 포물선의 방정식은 $y^2=4px$ (단, $p\neq0$)

점 $(a, 2)$가 이 포물선 위의 점이므로

$2^2=\frac{4}{3}\times a \quad \therefore a=3$

25 [정답률 80%] 정답 ④

Step 1 점 (2, 1)이 타원 위의 점임을 이용한다.

점 (2, 1)이 타원 $\frac{x^2}{a^2}+\frac{y^2}{b^2}=1$ 위의 점이므로 $\frac{4}{a^2}+\frac{1}{b^2}=1$ …… ㉠

Step 2 타원 위의 점에서의 접선의 방정식을 구한다.

타원 위의 점 (2, 1)에서의 접선의 방정식은 $\frac{2}{a^2}x+\frac{1}{b^2}y=1$

이 직선의 기울기가 $-\frac{1}{2}$이므로 $-\frac{\frac{2}{a^2}}{\frac{1}{b^2}}=-\frac{1}{2} \quad \therefore a^2=4b^2$ …… ㉡

㉡을 ㉠에 대입하면 $\frac{1}{b^2}+\frac{1}{b^2}=1 \quad \therefore b^2=2,\ a^2=8$

Step 3 두 초점을 구하여 초점 사이의 거리를 구한다.

타원의 두 초점의 좌표를 각각 $F(c, 0)$, $F'(-c, 0)$ $(c>0)$이라 하면

$c^2=a^2-b^2=6 \quad \therefore F(\sqrt{6}, 0),\ F'(-\sqrt{6}, 0)$

따라서 두 초점의 사이의 거리는 $2\sqrt{6}$이다.

26 [정답률 74%] 정답 ②

Step 1 점 P가 나타내는 도형을 찾는다.

두 점 P, Q와 원점 O에 대하여 $\vec{p}=\overrightarrow{OP}$, $\vec{q}=\overrightarrow{OQ}$라 하자.

$\vec{p}=(x, y)$라 하면 $(\vec{p}-\vec{a})\cdot(\vec{p}-\vec{b})=0$이므로

$(x-2, y-4)\cdot(x-2, y-8)=0$

$(x-2)^2+(y-4)(y-8)=(x-2)^2+(y-6)^2-4=0$

→ $y^2-12y+32=(y^2-12y+36)-4=(y-6)^2-4$

$\therefore (x-2)^2+(y-6)^2=4$

따라서 점 P는 중심이 (2, 6)이고, 반지름의 길이가 2인 원 위의 점이다.

Step 2 점 Q가 나타내는 도형을 찾는다.

$\vec{q}=\frac{1}{2}\vec{a}+t\vec{c}=\frac{1}{2}(2, 4)+t(1, 0)=(1+t, 2)$

즉, 점 Q는 직선 $y=2$ 위의 점이다.

→ 벡터 q의 x성분은 변하지만 y성분은 2로 일정

이때

$|\vec{p}-\vec{q}|=|\overrightarrow{OP}-\overrightarrow{OQ}|=|\overrightarrow{QP}|$
$=\overline{PQ}$

이므로 $|\vec{p}-\vec{q}|$의 최솟값은 2이다.

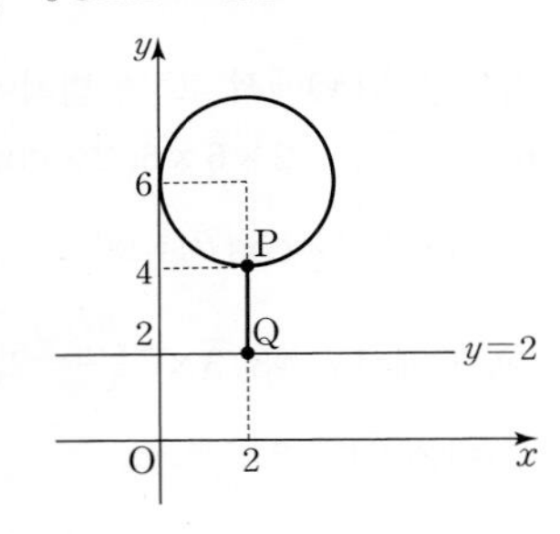

27 [정답률 75%] 정답 ①

Step 1 평면 α에 주어진 조건을 나타낸 후, $\cos\theta_2$의 값을 구한다.

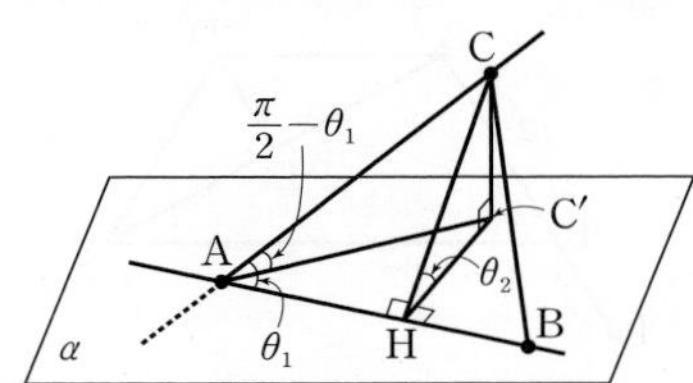

위의 그림과 같이 점 C에서 평면 α에 내린 수선의 발을 C′, 점 C′에서 직선 AB에 내린 수선의 발을 H라 하자.

삼각형 CAH에서 $\sin\theta_1=\frac{4}{5}$이므로

$\overline{AC}=5k\ (k>0)$라 하면 $\overline{CH}=4k$

→ $\cos\theta_1=\sqrt{1-\sin^2\theta_1}=\sqrt{1-\left(\frac{4}{5}\right)^2}=\sqrt{\frac{9}{25}}=\frac{3}{5}$

삼각형 CAC′에서 $\sin\left(\frac{\pi}{2}-\theta_1\right)=\cos\theta_1=\frac{3}{5}$이므로 $\overline{CC'}=3k$

→ $\sin\left(\frac{\pi}{2}-\theta_1\right)=\frac{\overline{CC'}}{\overline{AC}}=\frac{\overline{CC'}}{5k}=\frac{3}{5}$이므로 $\overline{CC'}=3k$이다.

따라서 삼각형 CHC′에서 $\sin\theta_2=\frac{\overline{CC'}}{\overline{CH}}=\frac{3}{4}$이므로

$\cos\theta_2=\sqrt{1-\sin^2\theta_2}=\sqrt{1-\left(\frac{3}{4}\right)^2}=\frac{\sqrt{7}}{4}$

28 [정답률 55%] 정답 ②

Step 1 주어진 조건을 이용하여 쌍곡선 C의 방정식을 양수 a만 포함하도록 나타낸다.

선분 PP′과 y축이 만나는 점을 H라 하면 삼각형 AP′P는 y축에 대하여 대칭이므로

$\overline{AP}:\overline{PP'}=5:6$에서 $\overline{AP}:\overline{PH}=5:3$

→ $\overline{PH}:\overline{AH}=3:4$이므로 쌍곡선 C의 점근선의 방정식은 $y=\pm\frac{4}{3}x$

이때 직선 AF는 쌍곡선 C의 한 점근선과 평행하므로 쌍곡선 C의 방정식은

$\frac{x^2}{(3a)^2}-\frac{y^2}{(4a)^2}=1$ (단, $a>0$)

Step 2 두 선분 $\overline{PF'}$, $\overline{FF'}$의 길이를 각각 양수 a로 나타낸다.

쌍곡선 C에서 두 초점 F, F′의 좌표를 구하면

$F(5a, 0)$, $F'(-5a, 0) \quad \therefore \overline{FF'}=10a$

또한, 쌍곡선의 성질에 의하여

$|\overline{PF'}-\overline{PF}|=$(쌍곡선 C의 주축의 길이)이므로

→ $2\times3a=6a$

$\overline{PF'}-1=6a \quad \therefore \overline{PF'}=6a+1$

Step 3 코사인법칙을 이용하여 a의 값을 구한다.

$\overline{PP'}\,/\!/\,\overline{FF'}$이므로 $\angle APP'=\angle AFF'$

$\cos(\angle AFF')=\cos(\angle APP')=\frac{\overline{PH}}{\overline{AP}}=\frac{3}{5}$

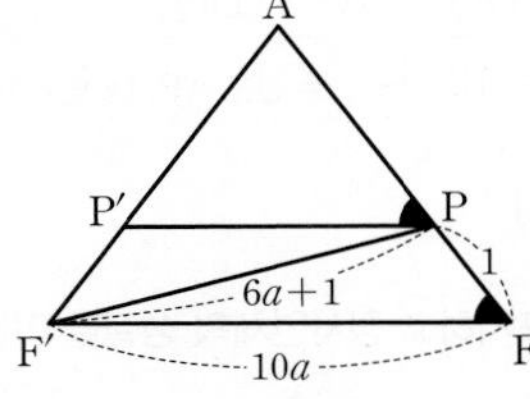

삼각형 PF′F에서 코사인법칙을 이용하면

$\cos(\angle PFF')=\frac{\overline{PF}^2+\overline{FF'}^2-\overline{PF'}^2}{2\times\overline{PF}\times\overline{FF'}}$

$=\frac{1^2+(10a)^2-(6a+1)^2}{2\times1\times10a}$

$=\frac{16a-3}{5}$

이 값이 $\frac{3}{5}$이므로 $\frac{16a-3}{5}=\frac{3}{5}$, $16a=6 \quad \therefore a=\frac{3}{8}$

Step 4 쌍곡선 C의 주축의 길이를 구한다.

따라서 쌍곡선 C의 주축의 길이는 $6a=6\times\frac{3}{8}=\frac{9}{4}$

29 [정답률 30%] 정답 12

Step 1 조건 (가)를 이용하여 점 P의 위치를 구한다.

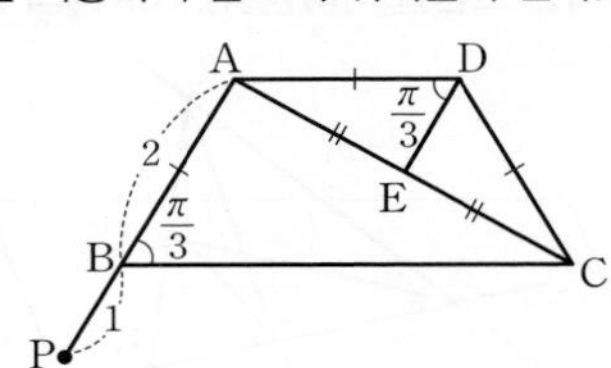

조건 (가)에서 $\overrightarrow{BP}=\frac{1}{2}\overrightarrow{AC}-\overrightarrow{AD}$ → 벡터의 방향과 그 크기가 모두 같아야 한다.

삼각형 ADC는 $\overline{AD}=\overline{CD}$인 이등변삼각형이므로 선분 AC의 중점을 E라 하면 두 선분 AC, DE는 수직이고, $\overrightarrow{BP}=\overrightarrow{DE}$이다.

이때 $\angle ADE=\angle CDE=\frac{\pi}{3}$이므로 $\overline{DE}=1$이고 점 P는 선분 AB의 연장선 위의 $\overline{BP}=1$을 만족시키는 점이다.
→ $\overline{DE}=\overline{AD}\cos\frac{\pi}{3}=2\times\frac{1}{2}=1$

Step 2 조건 (나)를 이용하여 점 Q의 자취를 구한다.

$\angle DCE=\frac{\pi}{6}$이므로 $\angle ACB=\frac{\pi}{6}$, $\angle BAC=\frac{\pi}{2}$
→ $\angle ACB=\angle BCD-\angle DCE$
→ 삼각형 ABC에서 $\angle BAC=\pi-\frac{\pi}{3}-\frac{\pi}{6}$

점 Q에서 선분 AC에 내린 수선의 발을 Q′이라 하면

조건 (나)에서 $\overrightarrow{AC}\cdot\overrightarrow{PQ}=\overrightarrow{AC}\cdot\overrightarrow{AQ'}=|\overrightarrow{AC}||\overrightarrow{AQ'}|=6$

이때 $\overline{AE}=\overline{AD}\sin\frac{\pi}{3}=\sqrt{3}$이므로 $|\overrightarrow{AC}|=\overline{AC}=2\sqrt{3}$
→ $2\times\frac{\sqrt{3}}{2}$

$\therefore |\overrightarrow{AQ'}|=\sqrt{3}$
→ $\angle BAC=\frac{\pi}{2}$이므로 점 P에서 선분 AC에 내린 수선의 발은 A이다.

즉, 점 Q′은 점 E와 같고, 점 Q는 직선 DE 위의 점이다.

Step 3 선분 QE의 길이를 구한다.

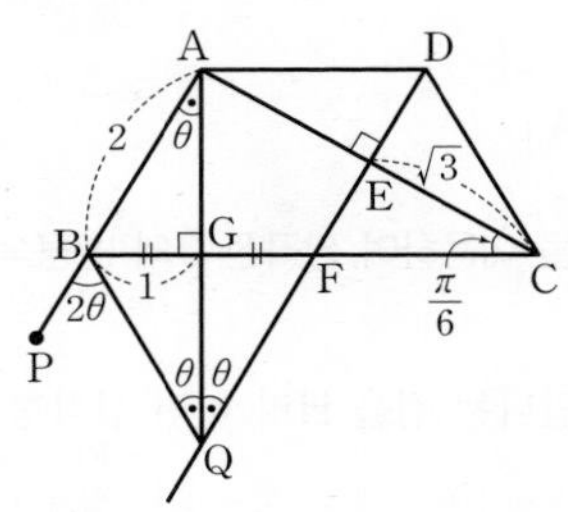

두 직선 AP, DQ가 평행하므로 $\angle PBQ=\angle BQD$
→ 평행선의 엇각의 성질

즉, 조건 (다)에 의하여 $\angle BQA=\frac{1}{2}\angle BQD$이다.

선분 BC와 두 선분 DQ, AQ의 교점을 각각 F, G라 하자.

삼각형 CEF에서 $\overline{CF}=\dfrac{\overline{CE}}{\cos\frac{\pi}{6}}=\dfrac{\sqrt{3}}{\frac{\sqrt{3}}{2}}=2$ → $\overline{CF}=2$이므로 $\overline{BF}=4-2=2$
→ $\cos(\angle ECF)=\cos(\angle ACB)$

정삼각형의 각의 이등분선의 성질에 의하여 $\overline{BG}=\overline{FG}=1$

즉, $\angle AGB=\frac{\pi}{2}$이므로 $\angle BAG=\theta$라 하면 $\sin\theta=\frac{1}{2}$
→ $\angle BAG=\angle BQG=\angle FQG$

$\therefore \theta=\frac{\pi}{6}$ → 조건 (다)에서 $2\theta<\frac{\pi}{2}$, $\theta<\frac{\pi}{4}$

따라서 삼각형 AQE에서 $\overline{QE}=\dfrac{\overline{AE}}{\tan\theta}=\dfrac{\sqrt{3}}{\frac{1}{\sqrt{3}}}=3$

Step 4 $\overrightarrow{CP}\cdot\overrightarrow{DQ}$의 값을 구한다.

$\therefore \overrightarrow{CP}\cdot\overrightarrow{DQ}=(\overrightarrow{CA}+\overrightarrow{AP})\cdot\overrightarrow{DQ}=\overrightarrow{CA}\cdot\overrightarrow{DQ}+\overrightarrow{AP}\cdot\overrightarrow{DQ}$

$=\overrightarrow{AP}\cdot\overrightarrow{DQ}=|\overrightarrow{AP}||\overrightarrow{DQ}|$ → 두 선분 CA, DQ는 서로 수직이므로 $\overrightarrow{CA}\cdot\overrightarrow{DQ}=0$

$=3\times4=12$ → 두 선분 $\overline{AP}$, $\overline{DQ}$는 서로 평행

30 [정답률 16%] 정답 24

Step 1 주어진 점을 표시하고 정사면체의 성질을 이용하여 길이를 구한다.

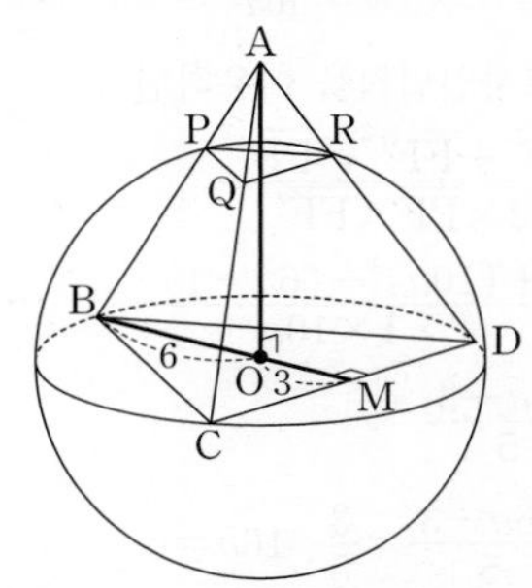

구의 중심을 O라 하면 이는 정삼각형 BCD의 외심과 일치하고, 정사면체의 꼭짓점 A에서 평면 BCD에 내린 수선의 발이다.

따라서 선분 CD의 중점을 M이라 하면 $\overline{BO}=6$이므로 $\overline{OM}=3$이다.

정삼각형 BCD에서 $\overline{BM}=9$이므로 → 정삼각형의 높이

$\overline{BC}=6\sqrt{3}$

따라서 정사면체 ABCD의 한 모서리의 길이는 $6\sqrt{3}$이다.

$\overline{AB}=6\sqrt{3}$이므로 직각삼각형 ABO에서 피타고라스 정리에 의해 $\overline{AO}=6\sqrt{2}$이다.

직각삼각형 ABO에서 $\angle ABO=\theta_1$이라 하면 $\cos\theta_1=\dfrac{\overline{BO}}{\overline{AB}}=\dfrac{1}{\sqrt{3}}$이고

삼각형 OBP에서 $\overline{OB}=\overline{OP}=6$이므로

코사인법칙에 의해

$6^2+\overline{BP}^2-2\times6\times\overline{BP}\times\cos\theta_1=6^2$

$\overline{BP}^2-4\sqrt{3}\,\overline{BP}=0$, $\overline{BP}(\overline{BP}-4\sqrt{3})=0$

$\therefore \overline{BP}=4\sqrt{3}$

따라서 $\overline{AP}=6\sqrt{3}-4\sqrt{3}=2\sqrt{3}$이다.

Step 2 삼각형 PQR의 넓이를 구한다.

두 평면 BCD, PQR이 서로 평행하므로 사면체 APQR 또한 정사면체이다.

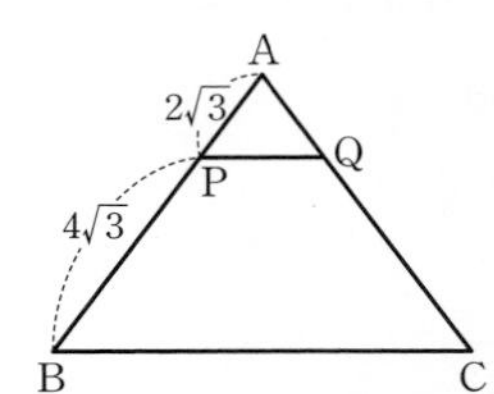

사면체 APQR의 한 모서리의 길이가 $\overline{AP}=2\sqrt{3}$이므로

$\triangle PQR=\frac{\sqrt{3}}{4}\times(2\sqrt{3})^2=3\sqrt{3}$ ⋯⋯ ㉠

Step 3 평면 α와 평면 PQR이 이루는 각의 크기를 구한다.

평면 α와 평면 PQR을 간단히 나타내면 다음과 같다. → 평면 ABM 기준

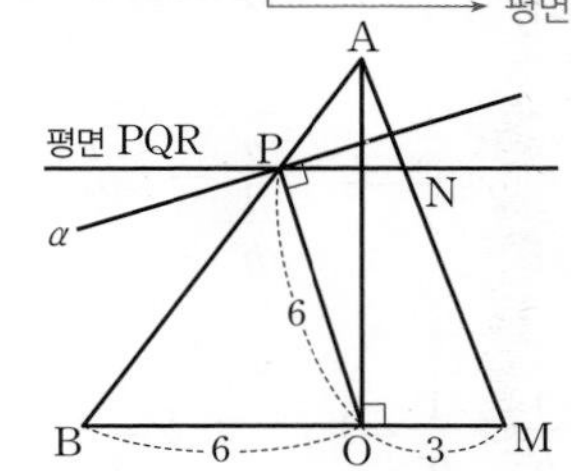

선분 QR의 중점을 N이라 하고 점 P를 지나고 직선 PO에 수직인 직선을 l이라 하면 두 평면 PQR, α가 이루는 각의 크기는 두 직선 PN, l이 이루는 각의 크기와 같다.

이 각의 크기를 θ_2라 하자.

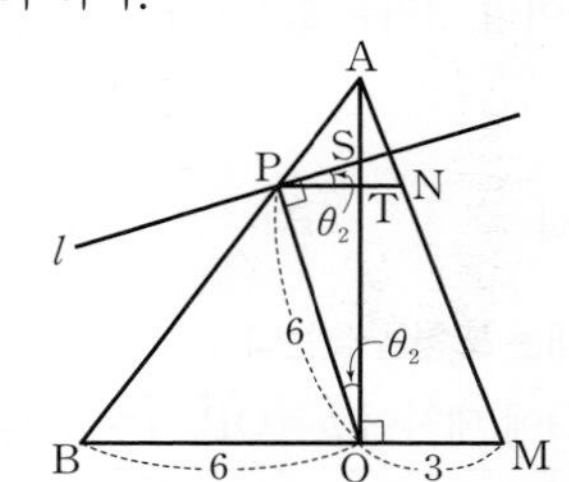

직선 l과 선분 AO가 만나는 점을 S, 선분 PN과 선분 AO가 만나는 점을 T라 하면 두 삼각형 PSO, TSP가 서로 AA 닮음이므로 $\angle SPT=\angle SOP=\theta_2$

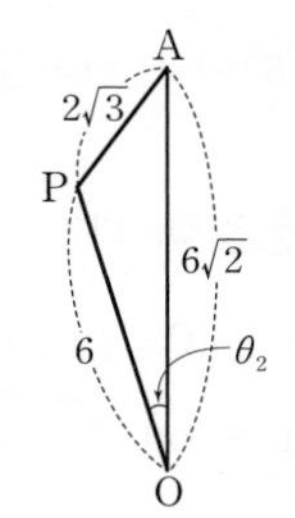

삼각형 APO에서 코사인법칙에 의해

$6^2+(6\sqrt{2})^2-2\times6\times6\sqrt{2}\times\cos\theta_2=(2\sqrt{3})^2$

$2\times6\times6\sqrt{2}\times\cos\theta_2=96$ $\therefore \cos\theta_2=\frac{2\sqrt{2}}{3}$ ⋯⋯ ㉡

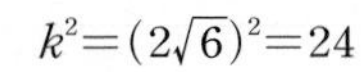

㉠, ㉡에서 $k=3\sqrt{3}\times\frac{2\sqrt{2}}{3}=2\sqrt{6}$이므로

$k^2=(2\sqrt{6})^2=24$

29회 2024학년도 대학수학능력시험 정답과 해설

1	①	2	④	3	②	4	①	5	④
6	④	7	⑤	8	②	9	④	10	②
11	①	12	③	13	①	14	①	15	③
16	2	17	8	18	9	19	32	20	25
21	10	22	483						

확률과 통계				23	③	24	④	25	⑤
26	②	27	②	28	④	29	196	30	673

미적분				23	③	24	②	25	④
26	③	27	①	28	②	29	162	30	125

기하				23	④	24	③	25	②
26	⑤	27	③	28	⑤	29	11	30	147

01 [정답률 93%] 정답 ①

Step 1 지수법칙을 이용한다.

$24=2^3\times3$이므로 (→ 소인수분해)

$\sqrt[3]{24}\times3^{\frac{2}{3}}=(2^3\times3)^{\frac{1}{3}}\times3^{\frac{2}{3}}$

$=2^{3\times\frac{1}{3}}\times3^{\frac{1}{3}+\frac{2}{3}}$

$=2\times3=6$

02 [정답률 92%] 정답 ④

Step 1 미분계수의 정의를 이용한다.

$f'(x)=6x^2-10x$이므로

$\lim_{h\to0}\frac{f(2+h)-f(2)}{h}=f'(2)$

$=6\times2^2-10\times2$

$=24-20=4$

03 [정답률 80%] 정답 ②

Step 1 $\sin\theta$의 값을 이용하여 $\tan\theta$의 값을 구한다.

$\sin(-\theta)=-\sin\theta=\frac{1}{3}$이므로 $\sin\theta=-\frac{1}{3}$

이때 $\frac{3}{2}\pi<\theta<2\pi$이므로 $\cos\theta>0$ (→ θ는 제4사분면의 각)

$\cos\theta=\sqrt{1-\sin^2\theta}=\sqrt{1-\left(-\frac{1}{3}\right)^2}=\frac{2\sqrt{2}}{3}$

$\therefore \tan\theta=\frac{-\frac{1}{3}}{\frac{2\sqrt{2}}{3}}=-\frac{\sqrt{2}}{4}$ ($\tan\theta=\frac{\sin\theta}{\cos\theta}$)

04 [정답률 91%] 정답 ①

Step 1 함수 $f(x)$가 $x=2$에서 연속임을 이용한다.

함수 $f(x)$가 $x=2$에서 연속이므로 $\lim_{x\to2+}f(x)=\lim_{x\to2-}f(x)=f(2)$

(→ 실수 전체의 집합에서 연속이므로 $x=2$에서도 연속이어야 한다.)

$4+a=6-a$ $\therefore a=1$

수능포인트

이 문제에서는 함수 $f(x)$가 실수 전체의 집합에서 연속이어야 한다고 했지만, $x=2$를 제외한 부분에서는 $f(x)$가 연속함수임을 알 수 있으므로 $f(x)$가 $x=2$에서 연속이 되도록 해주기만 하면 됩니다. $x=2$에서 연속이려면 $x=2$에서의 극한값과 함숫값이 존재하고, 이 두 값이 서로 같아야 함을 이용하면 됩니다.

05 [정답률 93%] 정답 ④

Step 1 $\int f'(x)dx=f(x)+C$ (C는 적분상수)임을 이용한다.

$f'(x)=3x(x-2)=3x^2-6x$에서

$f(x)=\int f'(x)dx=\int(3x^2-6x)dx=x^3-3x^2+C$

(단, C는 적분상수)

Step 2 $f(1)=6$임을 이용하여 함수 $f(x)$의 식을 구한다.

$f(1)=6$이므로 $f(1)=1-3+C=6$에서 $C=8$

따라서 $f(x)=x^3-3x^2+8$이므로

$f(2)=2^3-3\times2^2+8=8-12+8=4$

06 [정답률 88%] 정답 ④

Step 1 $S_4-S_2=3a_4$임을 이용하여 등비수열 $\{a_n\}$의 공비를 구한다.

$S_4=a_1+a_2+a_3+a_4$, $S_2=a_1+a_2$이므로

$S_4-S_2=a_3+a_4=3a_4$ $\therefore a_3=2a_4$

$a_4=\frac{1}{2}a_3$이므로 등비수열 $\{a_n\}$의 공비는 $\frac{1}{2}$이다.

Step 2 $a_5=\frac{3}{4}$임을 이용하여 a_1의 값을 구한다.

$a_5=a_1\times\left(\frac{1}{2}\right)^4$이므로 $\frac{3}{4}=a_1\times\frac{1}{16}$

$\therefore a_1=\frac{3}{4}\times16=12$

$a_2=a_1\times\frac{1}{2}=12\times\frac{1}{2}=6$이므로 $a_1+a_2=12+6=18$

07 [정답률 90%] 정답 ⑤

Step 1 함수 $f(x)$가 어디에서 극값을 갖는지 알아본다.

$f'(x)=x^2-4x-12=(x+2)(x-6)$

$f'(x)=0$에서 $x=-2$ 또는 $x=6$

함수 $f(x)$의 증가와 감소를 표로 나타내면 다음과 같다.

x	$\cdots$	-2	$\cdots$	6	$\cdots$
$f'(x)$	+	0	−	0	+
$f(x)$	↗	극대	↘	극소	↗

따라서 함수 $f(x)$는 $x=-2$에서 극대이고 $x=6$에서 극소이다. ($\alpha=-2$, $\beta=6$)

$\therefore \beta-\alpha=6-(-2)=8$

08 [정답률 80%] 정답 ②

Step 1 주어진 식을 이용하여 $f(x)$를 구한다.

$xf(x)-f(x)=3x^4-3x$에서 (→ $=3x(x^3-1)$)

$(x-1)f(x)=3x(x-1)(x^2+x+1)$

$\therefore f(x)=3x^3+3x^2+3x$

Step 2 $\int_{-2}^{2}f(x)dx$의 값을 구한다.

$\int_{-2}^{2}f(x)dx=\int_{-2}^{2}(3x^3+3x^2+3x)dx=2\int_{0}^{2}3x^2dx$

$=2\times\left[x^3\right]_0^2=16$

(→ $f(-x)=-f(x)$를 만족시키는 $f(x)$에 대하여 $\int_{-a}^{a}f(x)dx=0$ (a는 상수))

(→ $=2^3-0^3=8$)

알아야 할 기본개념

$y=x^n$의 부정적분

n이 0 또는 양의 정수일 때

$\int x^n dx=\frac{1}{n+1}x^{n+1}+C$ (단, C는 적분상수)

우함수, 기함수의 정적분

$y=f(x)$가 우함수, 즉 $f(x)=f(-x)$이면 (함수의 그래프를 그렸을 때 y축에 대하여 대칭)

$\int_{-a}^{a} f(x)dx=2\int_{0}^{a} f(x)dx$

$y=f(x)$가 기함수, 즉 $f(x)=-f(-x)$이면 (함수의 그래프를 그렸을 때 원점에 대하여 대칭)

$\int_{-a}^{a} f(x)dx=0$

주의 적분 구간이 $(-a, a)$일 때만 이용할 수 있다는 것을 명심해. 적분 구간이 이런 꼴이 아니면 원래 하는 방법대로 해야 해!

수능포인트

$y=x^n$에서 n이 홀수이면 기함수, n이 짝수이면 우함수입니다.

즉, n이 홀수이면 $\int_{-a}^{a} x^n dx=0$, n이 짝수이면 $\int_{-a}^{a} x^n dx=2\int_{0}^{a} x^n dx$ (기함수, 우함수)

가 됩니다. 이를 이용하면 적분 구간이 $(-a, a)$ 형태인 정적분을 조금 더 빠르고 쉽게 구할 수 있습니다.

09 [정답률 70%]

정답 ④

Step 1 내분점의 공식을 활용하여 내분점을 m에 대하여 나타낸다.

선분 PQ를 $m:(1-m)$으로 내분하는 점을 R이라 하면

$\mathrm{R}\left(\frac{m\log_5 12+(1-m)\log_5 3}{m+(1-m)}\right)$

이때 R(1)이므로 $\frac{m\log_5 12+(1-m)\log_5 3}{m+(1-m)}=1$

Step 2 로그의 성질을 이용하여 m의 값을 구한다.

$m\log_5 12+(1-m)\log_5 3=1$

$m(\log_5 12-\log_5 3)=1-\log_5 3$

$m=\frac{1-\log_5 3}{\log_5 \frac{12}{3}}=\frac{\log_5 \frac{5}{3}}{\log_5 4}=\log_4 \frac{5}{3}$ ($1=\log_5 5$, 로그의 밑 변환 공식)

$\therefore 4^m=4^{\log_4 \frac{5}{3}}=\left(\frac{5}{3}\right)^{\log_4 4}=\frac{5}{3}$

10 [정답률 62%]

정답 ②

Step 1 함수 $f(t)$를 구한다.

시각 $t\ (t\ge0)$에서의 두 점 P, Q의 위치를 각각 $x_1(t)$, $x_2(t)$라 하면 ($\int_0^t v_1(t)dt$, $\int_0^t v_2(t)dt$)

$x_1(t)=\frac{1}{3}t^3-3t^2+5t$, $x_2(t)=t^2-7t$

즉, 시각 $t\ (t\ge0)$에서의 두 점 P, Q 사이의 거리인 함수 $f(t)$를 구하면

$f(t)=|x_1(t)-x_2(t)|$

$=\left|\frac{1}{3}t^3-3t^2+5t-(t^2-7t)\right|$

$=\left|\frac{1}{3}t^3-4t^2+12t\right|$

$=\frac{1}{3}t^3-4t^2+12t$

($y=\frac{1}{3}t^3-4t^2+12t$에서 $y'=t^2-8t+12=(t-2)(t-6)$ $t=6$일 때 극소이므로 $\frac{1}{3}\times6^3-4\times6^2+12\times6=0$ 즉, $t\ge0$일 때 $\frac{1}{3}t^3-4t^2+12t\ge0$)

Step 2 두 양수 a, b의 값을 각각 구한다.

$f'(t)=t^2-8t+12=(t-2)(t-6)$이므로 시각 $t\ (t\ge0)$에서의 함수 $y=f(t)$의 증가와 감소를 표로 나타내면 다음과 같다.

t	0	$\cdots$	2	$\cdots$	6	$\cdots$
$f'(t)$	12	+	0	−	0	+
$f(t)$	0	↗	극대	↘	극소	↗

따라서 함수 $f(t)$는 구간 $[0, 2]$에서 증가하고, 구간 $[2, 6]$에서 감소하고, 구간 $[6, \infty)$에서 증가하므로 $a=2$, $b=6$이다.

Step 3 시각 $t=2$에서 $t=6$까지 점 Q가 움직인 거리를 구한다.

함수 $y=v_2(t)$의 그래프는 오른쪽 그림과 같다.

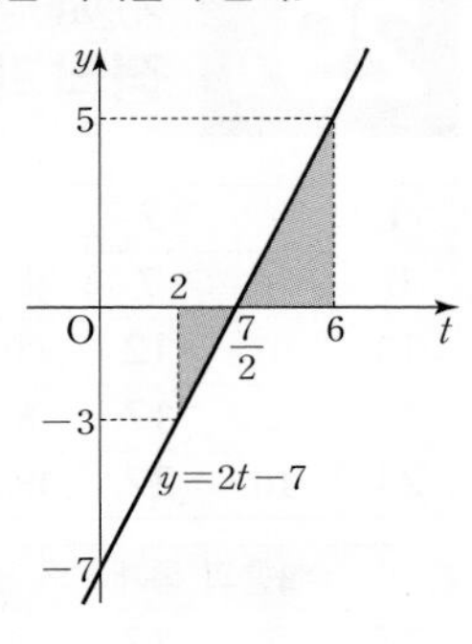

따라서 시각 $t=2$에서 $t=6$까지 점 Q가 움직인 거리는 ($\int_2^6 |v_2(t)|dt$)

$\frac{1}{2}\times\left(\frac{7}{2}-2\right)\times|-3|+\frac{1}{2}\times\left(6-\frac{7}{2}\right)\times5$

$=\frac{9}{4}+\frac{25}{4}=\frac{17}{2}$

11 [정답률 65%]

정답 ①

Step 1 $a_7=0$임을 안다.

$|a_6|=a_8$에서 $a_6=a_8$이면 등차수열 $\{a_n\}$의 공차가 0이므로 주어진 조건을 만족시키지 않는다.

즉, $a_6=-a_8$이므로 등차중항의 성질에 의하여

$2a_7=a_6+a_8=0 \quad \therefore a_7=0$

Step 2 등차수열 $\{a_n\}$의 공차를 구한다.

등차수열 $\{a_n\}$의 공차를 d라 하면 $a_7=0$이므로

$a_7=a_1+6d=0 \quad \therefore a_1=-6d$

$a_8=a_7+d=d$, $a_6=a_7-d=-d$

$\sum_{k=1}^{5}\frac{1}{a_k a_{k+1}}=\frac{1}{a_{k+1}-a_k}\sum_{k=1}^{5}\left(\frac{1}{a_k}-\frac{1}{a_{k+1}}\right)$ ($a_{k+1}-a_k=d$)

$=\frac{1}{d}\left\{\left(\frac{1}{a_1}-\frac{1}{a_2}\right)+\left(\frac{1}{a_2}-\frac{1}{a_3}\right)+\cdots+\left(\frac{1}{a_5}-\frac{1}{a_6}\right)\right\}$

$=\frac{1}{d}\left(\frac{1}{a_1}-\frac{1}{a_6}\right)=\frac{1}{d}\times\frac{a_6-a_1}{a_1a_6}$ ($a_6-a_1=5d$)

$=\frac{5}{6d^2}=\frac{5}{96}$

따라서 $6d^2=96$이므로 $d^2=16 \quad \therefore d=\pm4$

이때 $|a_6|=a_8$에서 $|a_6|>0$이므로 $a_8=d>0 \quad \therefore d=4$

Step 3 등차수열 $\{a_n\}$이 a_7에 대하여 대칭임을 이용하여 $\sum_{k=1}^{15}a_k$의 값을 구한다.

$\sum_{k=1}^{15}a_k=a_1+a_2+\cdots+a_6+a_7+a_8+\cdots+a_{13}+a_{14}+a_{15}$ ($a_1+\cdots+a_{13}=0$, $a_7=0$, $a_6+a_8=0$)

$=a_{14}+a_{15}=(a_7+7d)+(a_7+8d)=15d=60$

다른 풀이 등차수열 $\{a_n\}$의 일반항을 이용한 풀이

Step 1 동일

Step 2 동일

Step 3 수열 $\{a_n\}$의 일반항을 구한 후, $\sum_{k=1}^{15}a_k$의 값을 구한다.

$a_1=-6d$이므로 $d=4$, $a_1=-24$

이때 수열 $\{a_n\}$의 일반항을 구하면 $a_n=4n-28$

$\therefore \sum_{k=1}^{15}a_k=\sum_{k=1}^{15}(4k-28)=4\times\frac{15\times16}{2}-28\times15$

$=480-420=60$

12 [정답률 65%]

정답 ③

Step 1 조건을 만족시키는 t의 값을 구한다.

삼차함수 $y=f(x)$의 그래프는 $x=0$, $x=6$, $x=9$에서 x축과 만나고, 함수 $y=-(x-t)+f(t)$의 그래프는 기울기가 -1이고 점 $(t, f(t))$를 지나는 직선이므로 함수 $y=g(x)$의 그래프의 개형은 다음과 같다. (방정식 $\frac{1}{9}x(x-6)(x-9)=0$에서 $x=0$ 또는 $x=6$ 또는 $x=9$)

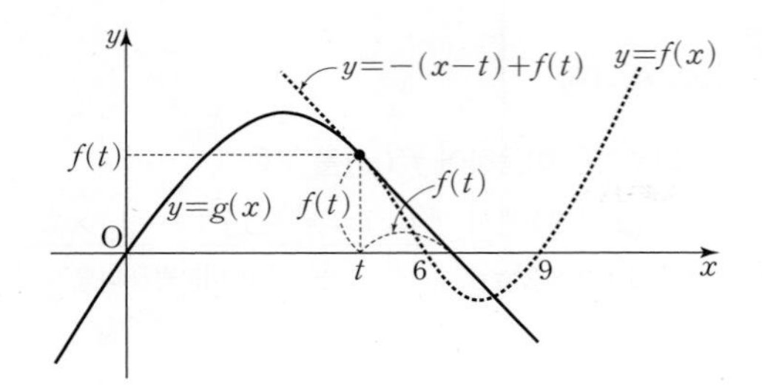

이때 함수 $y=g(x)$의 그래프와 x축으로 둘러싸인 영역의 넓이가 최대이려면 함수 $y=f(x)$의 그래프 위의 점 $(t,\ f(t))$에서의 접선의 기울기가 -1이어야 한다.

$f(x)=\frac{1}{9}(x^3-15x^2+54x)=\frac{1}{9}x^3-\frac{5}{3}x^2+6x$이므로

$f'(x)=\frac{1}{3}x^2-\frac{10}{3}x+6=\frac{1}{3}(x^2-10x+18)$

즉, $f'(t)=\frac{1}{3}(t^2-10t+18)=-1,\ t^2-10t+21=0$

$(t-3)(t-7)=0\qquad \therefore t=3\ (\because 0<t<6)$

Step 2 함수 $y=g(x)$의 그래프와 x축으로 둘러싸인 영역의 넓이의 최댓값을 구한다.

$t=3$일 때 함수 $y=g(x)$의 그래프와 x축으로 둘러싸인 영역의 넓이는

$f(3)=\frac{1}{9}\times 3\times(-3)\times(-6)=6$

$$\int_0^3 f(x)dx+\frac{1}{2}\times\{f(3)\}^2$$
$$=\int_0^3\left(\frac{1}{9}x^3-\frac{5}{3}x^2+6x\right)dx+\frac{1}{2}\times 6^2$$
$$=\left[\frac{1}{36}x^4-\frac{5}{9}x^3+3x^2\right]_0^3+18$$
$$=\frac{9}{4}-15+27+18=\frac{129}{4}$$

13 [정답률 58%]

정답 ①

Step 1 삼각형 ABC에서 코사인법칙을 이용하여 선분 AC의 길이 및 S_1의 값을 구한다.

$\overline{AC}=x$라 하면 삼각형 ABC에서 코사인법칙에 의하여

$\overline{AB}^2+\overline{AC}^2-2\times\overline{AB}\times\overline{AC}\times\cos(\angle BAC)=\overline{BC}^2$

$3^2+x^2-2\times3\times x\times\cos\frac{\pi}{3}=(\sqrt{13})^2$

$x^2-3x-4=0,\ (x+1)(x-4)=0$

$\therefore x=4\ (\because x>0)$

따라서 삼각형 ABC의 넓이 S_1은

$S_1=\frac{1}{2}\times\overline{AB}\times\overline{AC}\times\sin\frac{\pi}{3}=\frac{1}{2}\times3\times4\times\frac{\sqrt{3}}{2}=3\sqrt{3}$

Step 2 삼각형 ACD에서 삼각형의 넓이 공식을 이용하여 $\sin(\angle ADC)$의 값을 구한다.

$S_2=\frac{5}{6}S_1$에서 $S_2=\frac{5\sqrt{3}}{2}$이다.

한편, 삼각형 ACD의 넓이는 $\frac{1}{2}\times\overline{AD}\times\overline{CD}\times\sin(\angle ADC)$이므로

$S_2=\frac{1}{2}\times\overline{AD}\times\overline{CD}\times\sin(\angle ADC)$

$=\frac{1}{2}\times9\times\sin(\angle ADC)=\frac{5\sqrt{3}}{2}$ ← $\overline{AD}\times\overline{CD}=9$를 대입

$\therefore \sin(\angle ADC)=\frac{5\sqrt{3}}{9}$ …… ㉠

Step 3 삼각형 ACD에서 사인법칙을 이용하여 R의 값을 구한다.

삼각형 ACD에서 사인법칙에 의하여

$\frac{\overline{AC}}{\sin(\angle ADC)}=2R$

$\frac{4}{\frac{5\sqrt{3}}{9}}=2R\qquad \therefore R=\frac{6\sqrt{3}}{5}$ …… ㉡

㉠, ㉡에서 $\frac{R}{\sin(\angle ADC)}=\frac{\frac{6\sqrt{3}}{5}}{\frac{5\sqrt{3}}{9}}=\frac{54}{25}$

14 [정답률 25%]

정답 ①

Step 1 조건을 만족시키는 함수 $y=f(x)$의 그래프의 개형을 파악한다.

두 함수 $p(x)$, $q(x)$에 대하여

$p(x)=2x^3-6x+1,\ q(x)=a(x-2)(x-b)+9$라 하자.

$p'(x)=6x^2-6=6(x+1)(x-1)$이므로 함수 $y=p(x)$는 $x=-1$에서 극댓값 5, $x=1$에서 극솟값 -3을 갖는다.

이때 자연수 b의 값에 따른 함수 $y=f(x)$의 그래프의 개형은 다음과 같다.

($q(2)=q(b)=9$이므로 이차함수 $y=q(x)$의 그래프는 직선 $x=\frac{2+b}{2}$에 대하여 대칭이다.)

(i) $b=1$ 또는 $b=2$인 경우

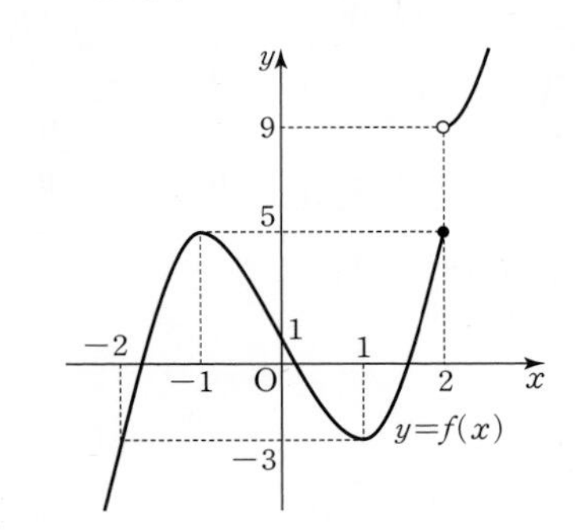

$$g(t)=\begin{cases}1 & (t<-3\text{ 또는 }t>9)\\ 2 & (t=-3\text{ 또는 }t=5)\\ 3 & (-3<t<5)\\ 0 & (5<t\le9)\end{cases}$$

$-3<k<5$일 때, $g(k)+\lim_{t\to k-}g(t)+\lim_{t\to k+}g(t)=9$이므로 조건을 만족시키는 실수 k의 값은 무수히 많다.

(ii) $b\ge3$인 경우

이차함수 $y=q(x)$의 최솟값($q\left(\frac{2+b}{2}\right)$)에 따른 함수 $y=f(x)$의 그래프의 개형은 다음과 같다.

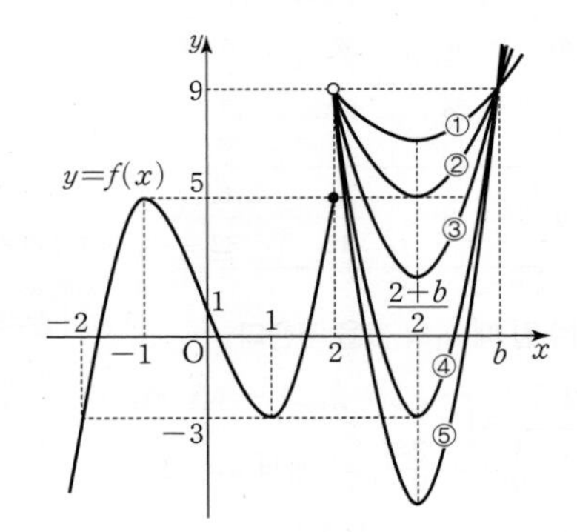

① $5<q\left(\frac{2+b}{2}\right)<9$인 경우

$-3<k<5$일 때, $g(k)+\lim_{t\to k-}g(t)+\lim_{t\to k+}g(t)=9$이므로 조건을 만족시키는 실수 k의 값은 무수히 많다.

② $q\left(\frac{2+b}{2}\right)=5$인 경우

$-3<k<5$일 때, $g(k)+\lim_{t\to k-}g(t)+\lim_{t\to k+}g(t)=9$이므로 조건을 만족시키는 실수 k의 값은 무수히 많다.

③ $-3<q\left(\frac{2+b}{2}\right)<5$인 경우

$-3<k<q\left(\frac{2+b}{2}\right)$일 때, $g(k)+\lim_{t\to k-}g(t)+\lim_{t\to k+}g(t)=9$이므로 조건을 만족시키는 실수 k의 값은 무수히 많다.

④ $q\left(\frac{2+b}{2}\right)=-3$인 경우

$k=-3$일 때, $g(k)+\lim_{t\to k-}g(t)+\lim_{t\to k+}g(t)=9$이다. ($g(k)=3$, $\lim_{t\to k-}g(t)=1$, $\lim_{t\to k+}g(t)=5$)

⑤ $q\left(\frac{2+b}{2}\right)<-3$인 경우

$q\left(\frac{2+b}{2}\right)<k<-3$일 때 $g(k)+\lim_{t\to k-}g(t)+\lim_{t\to k+}g(t)=9$이므로 조건을 만족시키는 실수 k의 값은 무수히 많다.

(i), (ii)에 의하여 주어진 조건을 모두 만족시키는 경우는 (ii)−④이다.

Step 2 a, b에 대한 관계식을 구한다.

$q(x)=a(x-2)(x-b)+9$에 대하여 $q\left(\frac{2+b}{2}\right)=-3$이므로

$q\left(\frac{2+b}{2}\right)=a\left(\frac{b-2}{2}\right)\left(\frac{2-b}{2}\right)+9=-3$

$-\frac{a}{4}(b-2)^2=-12$, $a(b-2)^2=48$

Step 3 두 자연수 a, b에 대하여 $a+b$의 최댓값을 구한다.

$a(b-2)^2=48$을 만족시키는 두 자연수 a, b의 값을 구하면 다음과 같다.

→ 이 값을 우선적으로 생각한다.

a	$(b-2)^2$	b	$a+b$
48	1	3	51
12	4	4	16
3	16	6	9

따라서 $a+b$의 최댓값은 51이다.

15 [정답률 65%] 정답 ③

Step 1 a_6이 홀수일 때 a_1의 값을 구한다.

(i) a_6이 홀수인 경우 → $a_{n+1}=2^{a_n}$에 $n=6$을 대입

$a_6+a_7=a_6+2^{a_6}=3$에서 $a_6=1$

$\therefore a_n=\begin{cases}\log_2 a_{n+1} & (a_n\text{이 홀수인 경우})\\ 2a_{n+1} & (a_n\text{이 짝수인 경우})\end{cases}$

위 식을 이용하여 a_5, a_4, a_3, a_2, a_1의 값을 각각 구하면 다음과 같다.

→ a_5가 홀수라 하면 $a_5=\log_2 a_6=\log_2 1$에서 $a_5=0$ 즉, a_5가 홀수라는 조건에 모순이다.

a_5	a_4	a_3	a_2	a_1
2	1	2	1	2
			4	8
	4	8	3	6
			16	32

→ a_1이 홀수라 하면 $a_1=\log_2 a_2=\log_2 16$에서 $a_1=4$ 즉, a_1이 홀수라는 조건에 모순이다.

Step 2 a_6이 짝수일 때 a_1의 값을 구한다.

(ii) a_6이 짝수인 경우 → $a_{n+1}=\frac{1}{2}a_n$에 $n=6$을 대입

$a_6+a_7=a_6+\frac{1}{2}a_6=\frac{3}{2}a_6=3$에서 $a_6=2$

$\therefore a_n=\begin{cases}\log_2 a_{n+1} & (a_n\text{이 홀수인 경우})\\ 2a_{n+1} & (a_n\text{이 짝수인 경우})\end{cases}$

위 식을 이용하여 a_5, a_4, a_3, a_2, a_1의 값을 각각 구하면 다음과 같다.

a_5	a_4	a_3	a_2	a_1
1	2	1	2	1
				4
		4	8	3
				16
4	8	3	6	12
		16	32	5
				64

→ a_1이 홀수인 경우 $a_1=\log_2 a_2=\log_2 8=\log_2 2^3=3$ 즉, a_1이 홀수라는 조건을 만족시킨다.

→ a_1이 홀수라 하면 $a_1=\log_2 a_2=\log_2 6$ 즉, a_1이 자연수라는 조건에 모순이다.

(i), (ii)에 의하여 모든 a_1의 값의 합은

$2+8+6+32+1+4+3+16+12+5+64=153$

16 [정답률 84%] 정답 2

Step 1 지수방정식의 해를 구한다.

$3^{x-8}=\left(\frac{1}{27}\right)^x$에서 $3^{x-8}=3^{-3x}$ → 밑이 3으로 서로 같으므로 지수도 서로 같아야 한다.

($\frac{1}{27}=\frac{1}{3^3}=3^{-3}$)

$x-8=-3x$ $\therefore x=2$

17 [정답률 91%] 정답 8

Step 1 곱의 미분법을 이용하여 $f'(x)$를 구한다.

$f(x)=(x+1)(x^2+3)$에서 $f'(x)=x^2+3+(x+1)\times 2x$ → 곱의 미분법을 이용

$\therefore f'(1)=1+3+2\times 2=8$

18 [정답률 85%] 정답 9

Step 1 $\sum_{k=1}^{10}a_k=A$, $\sum_{k=1}^{10}b_k=B$라 하고 식을 세운 후 B의 값을 구한다.

$\sum_{k=1}^{10}a_k=A$, $\sum_{k=1}^{10}b_k=B$라 하자.

$\sum_{k=1}^{10}a_k=2\sum_{k=1}^{10}b_k-\sum_{k=1}^{10}1$에서 $A=2B-10$ …… ㉠

$3\sum_{k=1}^{10}a_k+\sum_{k=1}^{10}b_k=33$에서 $3A+B=33$ …… ㉡

㉠을 ㉡에 대입하면

$6B-30+B=33$, $7B=63$ $\therefore B=9$

즉, $\sum_{k=1}^{10}b_k=9$

19 [정답률 38%] 정답 32

Step 1 $0<x<16$에서 함수 $y=f(x)$의 그래프를 그려본다.

함수 $f(x)=\sin\frac{\pi}{4}x$에 대하여 함수 $y=f(x)$의 그래프의 주기는 $\frac{2\pi}{\frac{\pi}{4}}=8$, 최댓값은 1, 최솟값은 -1이므로 $0<x<16$에서 함수 $y=f(x)$의 그래프는 다음과 같다.

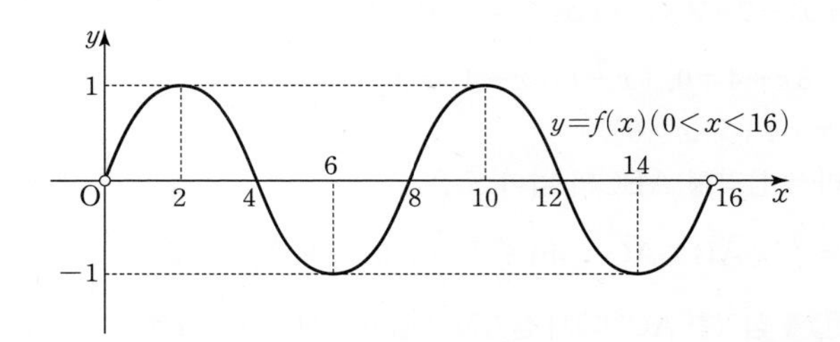

Step 2 함수 $y=f(x)$의 그래프는 직선 $x=2$에 대하여 대칭임을 이용하여 부등식 $f(2+x)f(2-x)<\frac{1}{4}$을 만족시키는 모든 자연수 x의 값의 합을 구한다.

함수 $y=f(x)$의 그래프는 직선 $x=2$에 대하여 대칭이므로 x의 값에 따라 $f(2+x)f(2-x)$의 값을 구하면 다음과 같다.

→ $x=1$이면 $f(3)f(1)=\sin\frac{3}{4}\pi\times\sin\frac{\pi}{4}=\frac{\sqrt{2}}{2}\times\frac{\sqrt{2}}{2}=\frac{1}{2}$

$x=3$이면 $f(5)f(-1)=\sin\frac{5}{4}\pi\times\sin\left(-\frac{\pi}{4}\right)=\left(-\frac{\sqrt{2}}{2}\right)\times\left(-\frac{\sqrt{2}}{2}\right)=\frac{1}{2}$

⋮

$f(2+x)f(2-x)=\begin{cases}\frac{1}{2} & (x=2k+1)\\ 1 & (x=4k)\\ 0 & (x=4k+2)\end{cases}$ (단, k는 정수)

이때 부등식 $f(2+x)f(2-x)<\frac{1}{4}$을 만족시키는 경우는 정수 k에 대하여 $x=4k+2$일 때이므로 $0<x<16$에서 조건을 만족시키는 자연수 x의 값을 모두 구하면 2, 6, 10, 14이다.

→ $0<x<16$에서 $0<4k+2<16$

$-2<4k<14$, $-\frac{1}{2}<k<\frac{7}{2}$

즉, 정수 k의 값이 0, 1, 2, 3일 때 자연수 x의 값은 2, 6, 10, 14이다.

따라서 모든 자연수 x의 값의 합은 $2+6+10+14=32$

20 [정답률 28%] 정답 25

Step 1 점 A의 좌표를 a에 대한 식으로 나타낸다.

$f'(x)=-3x^2+2ax+2$에서 $f'(0)=2$이므로 곡선 $y=f(x)$ 위의 점 O(0, 0)에서의 접선의 방정식은 $y=2x$ (→ 기울기가 $f'(0)=2$이고 점 O를 지나는 직선의 방정식)

점 A의 좌표를 구하기 위해 두 식 $y=-x^3+ax^2+2x$, $y=2x$를 연립하면

$-x^3+ax^2+2x=2x$, $-x^3+ax^2=0$, $-x^2(x-a)=0$ (→ $x=0$ 또는 $x=a$)

$\therefore$ A$(a, 2a)$ (→ 직선 $y=2x$ 위의 점)

점 A가 선분 OB를 지름으로 하는 원 위의 점이므로 지름에 대한 원주각의 성질에 의하여 두 직선 OA, AB는 서로 수직이다.

즉, 직선 OA의 기울기가 2이므로 직선 AB의 기울기는 $-\frac{1}{2}$이다.

곡선 $y=f(x)$ 위의 점 A에서의 접선의 기울기는 $f'(a)=-a^2+2$

따라서 $-a^2+2=-\frac{1}{2}$에서 $a^2=\frac{5}{2}$ $\quad\therefore a=\frac{\sqrt{10}}{2}$ ($\because a>\sqrt{2}$)

(→ $=$(점 A에서의 접선의 기울기)) (→ 수직인 두 직선의 기울기의 곱은 -1)

Step 2 직선 AB의 방정식을 이용하여 점 B의 좌표를 구한다.

점 A의 좌표가 A$\left(\frac{\sqrt{10}}{2}, \sqrt{10}\right)$이므로 직선 AB의 방정식은

$$y=-\frac{1}{2}\left(x-\frac{\sqrt{10}}{2}\right)+\sqrt{10} \qquad \cdots\cdots ㉠$$

㉠에 $y=0$을 대입하면 (→ 이때의 x의 값이 점 B의 x좌표이다.)

$$0=-\frac{1}{2}\left(x-\frac{\sqrt{10}}{2}\right)+\sqrt{10} \qquad \therefore x=\frac{5\sqrt{10}}{2}$$

따라서 점 B의 좌표는 B$\left(\frac{5\sqrt{10}}{2}, 0\right)$이다.

Step 3 $\overline{OA}\times\overline{AB}$의 값을 구한다.

$$\overline{OA}=\sqrt{\left(\frac{\sqrt{10}}{2}\right)^2+(\sqrt{10})^2}=\frac{5\sqrt{2}}{2},$$

$$\overline{AB}=\sqrt{\left(\frac{5\sqrt{10}}{2}-\frac{\sqrt{10}}{2}\right)^2+(0-\sqrt{10})^2}=5\sqrt{2}$$

$$\therefore \overline{OA}\times\overline{AB}=\frac{5\sqrt{2}}{2}\times5\sqrt{2}=25$$

다른 풀이 ∠OAB가 원의 지름에 대한 원주각임을 이용한 풀이

Step 1 동일

Step 2 동일

Step 3 ∠OAB$=90°$임을 이용하여 $\overline{OA}\times\overline{AB}$의 값을 구한다.

두 점 A, B의 좌표는 A$\left(\frac{\sqrt{10}}{2}, \sqrt{10}\right)$, B$\left(\frac{5\sqrt{10}}{2}, 0\right)$이므로 선분 OB를 지름으로 하는 원과 점 A의 위치 관계를 나타내면 오른쪽 그림과 같다.

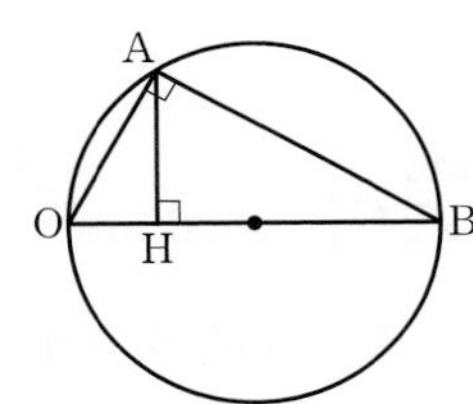

이때 ∠OAB는 원의 지름에 대한 원주각이므로 삼각형 OAB는 ∠OAB$=90°$인 직각삼각형이다.

점 A에서 선분 OB에 내린 수선의 발을 H라 하면 직각삼각형의 성질에 의하여

$$\overline{OA}\times\overline{AB}=\overline{AH}\times\overline{OB}=\sqrt{10}\times\frac{5\sqrt{10}}{2}=25$$

(→ $\overline{AH}$: 점 A의 y좌표, $\overline{OB}$: 점 B의 x좌표)

21 [정답률 38%] 정답 10

Step 1 함수 $y=f(x)$의 그래프를 그려 함숫값을 파악한다.

함수 $y=a\log_4(x-5)$의 그래프는 a의 값에 관계없이 점 (6, 0)을 지나므로 함수 $y=f(x)$의 그래프는 다음과 같다.

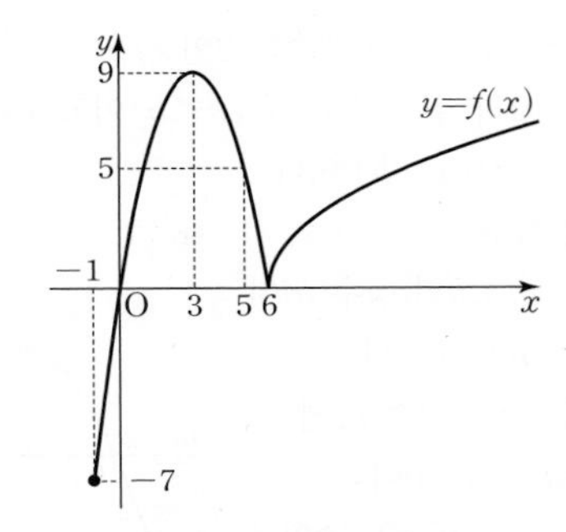

Step 2 a의 값의 범위에 따라 함수 $g(t)$의 최솟값을 구한다.

(→ $f(7)$의 값에 따라 함수 $g(t)$의 최솟값이 5보다 작을 수 있으므로 $f(7)=\frac{a}{2}$의 값이 5보다 작을 경우, 5보다 크거나 같을 경우로 나누어 생각한다.)

(i) $0<a<10$일 때

$f(7)=a\log_4 2=\frac{a}{2}$에서 $f(7)<5$이므로 함수 $y=f(x)$의 그래프는 다음과 같다. (→ $\log_4 2=\log_{2^2}2=\frac{1}{2}$)

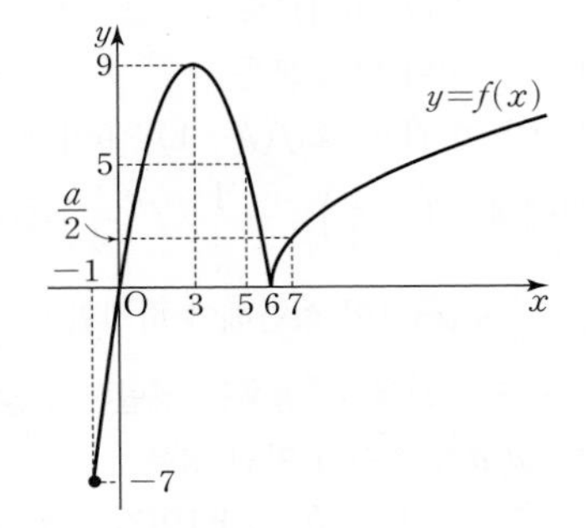

$$g(t)=\begin{cases} f(t+1) & (0\le t\le 2) \\ f(3) & (2<t\le 4) \\ f(t-1) & (4<t\le 6) \end{cases}$$
이고, $t>6$일 때 닫힌구간 $[t-1, t+1]$에서 함수 $f(x)$의 최댓값이 5보다 작은 경우가 존재하므로 함수 $g(t)$의 최솟값은 5보다 작다.

(ii) $a\ge10$일 때

$f(7)\ge5$이므로 함수 $y=f(x)$의 그래프는 다음과 같다.

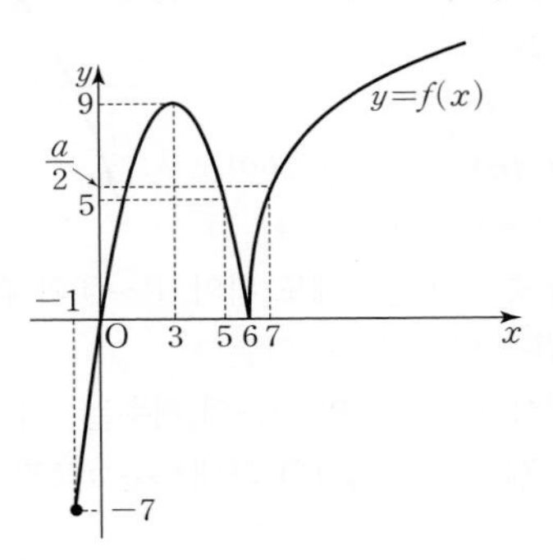

$$g(t)=\begin{cases} f(t+1) & (0\le t\le 2) \\ f(3) & (2<t\le 4) \\ f(t+1) & (t\ge 6) \end{cases}$$
이고, $4<t<6$일 때 닫힌구간 $[t-1, t+1]$에서 함수 $f(x)$의 최댓값은 5보다 크다.

이때 $g(0)=f(1)=5$이므로 함수 $g(t)$의 최솟값은 5이다.

(i), (ii)에 의해 $a\ge10$이므로 양수 a의 최솟값은 10이다.

22 [정답률 3%] 정답 483

Step 1 함수 $y=f(x)$의 그래프가 x축과 세 점에서 만나야 함을 확인한다.

(i) 방정식 $f(x)=0$의 실근의 개수가 1인 경우

방정식 $f(x)=0$의 실근을 a라 할 때, a보다 작은 정수 중 가장 큰 정수를 m이라 하면

$f(m)<0$, $m<a<m+2$이므로 $f(m+2)>0$

$\therefore f(m)f(m+2)<0$

따라서 방정식 $f(x)=0$의 실근의 개수는 1이 될 수 없다.

(ii) 방정식 $f(x)=0$의 실근의 개수가 2인 경우

방정식 $f(x)=0$의 실근이 a, b $(a<b)$이고 b가 중근이라 할 때, $f(x)=(x-a)(x-b)^2$이다.

① $b>a+1$인 경우

$m-2<a<m<b$인 정수 m이 존재하고 $f(m)>0$이다.

이때 $m-2<a$인 정수 m에 대하여 $f(m-2)<0$이다.

따라서 $f(m-2)f(m)<0$인 m이 존재하므로 주어진 조건을 만족시키지 않는다.

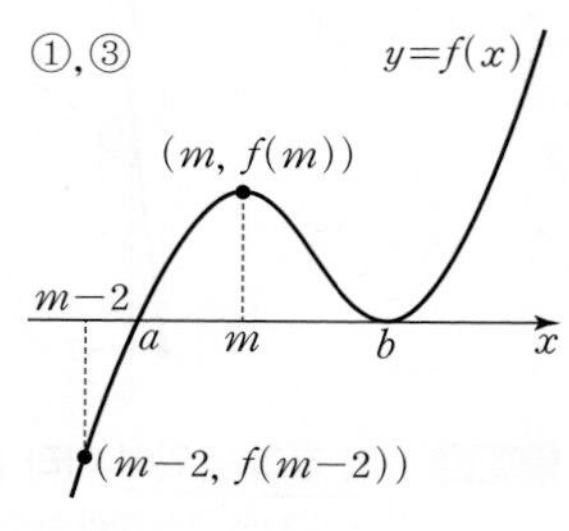

② $b=a+1$이고 a가 정수인 경우

함수 $f(x)$에 대하여

$f(a-1)<0$, $f(a+1)=0$이므로

$f(a-1)f(a+1)=0$이고,

$f(a-2)<0$, $f(a)=0$이므로

$f(a-2)f(a)=0$이 되어 모든 정수 k에 대하여 $f(k-1)f(k+1)\geq 0$이다.

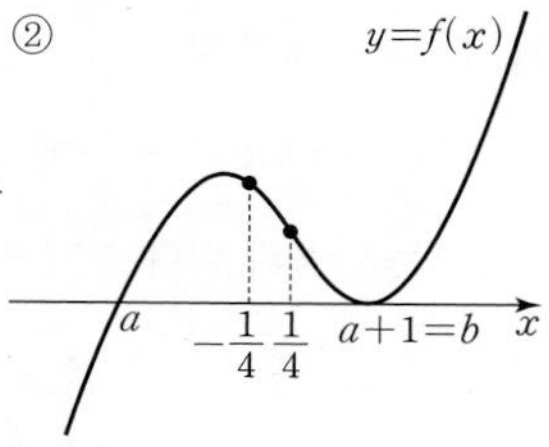

이때 조건에서 $f'\left(-\frac{1}{4}\right)=-\frac{1}{4}$, $f'\left(\frac{1}{4}\right)<0$이므로

$a<-\frac{1}{4}<\frac{1}{4}<a+1$이 성립해야 하지만 이를 만족시키는 a는 존재하지 않으므로 이 경우는 성립하지 않는다.

③ $b=a+1$이고 a가 정수가 아닌 경우

a와 b는 정수가 아니고 $b=a+1$이기에 $a<m<b$인 정수 m이 a와 b 사이에 존재한다.

즉, $f(m)>0$이고 $m-2<a$이므로 $f(m-2)<0$이다.

따라서 $f(m-2)f(m)<0$이므로 주어진 조건을 만족시키지 않는다.

④ $a<b<a+1$인 경우

a보다 작은 정수 중 가장 큰 정수를 m이라 하면 $f(m)<0$이고

$b<m+2$이므로

$f(m+2)>0$이다.

따라서 $f(m)f(m+2)<0$이므로 조건을 만족시키지 않는다.

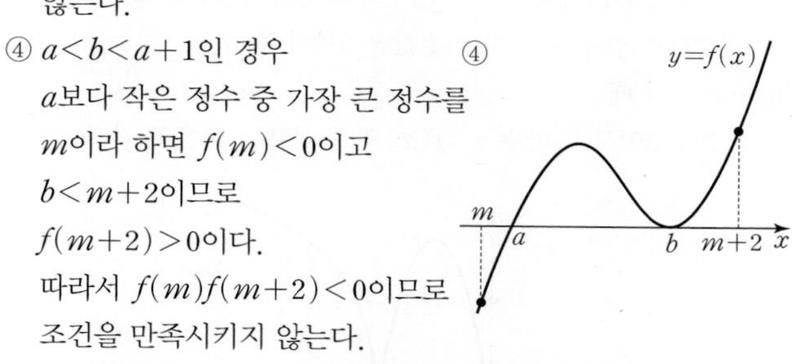

a $(a<b)$가 중근인 경우에도 위의 ①~④와 같이 나누어 생각하였을 때 조건을 만족시키지 않는다.

따라서 방정식 $f(x)=0$의 실근의 개수는 2가 될 수 없다.

(i), (ii)에 따라 함수 $y=f(x)$의 그래프는 x축과 세 점에서 만나야 한다.

Step 2 $f(0)=0$임을 파악한다.

(i) $f(0)>0$인 경우

조건에 의하여 $f(-2)\geq 0$이므로 $f(-1)>0$

이를 반복하면 0보다 작은 모든 정수 k에 대하여 $f(k)\geq 0$이므로 모순이다.

(ii) $f(0)<0$인 경우

조건에 의하여 $f(2)\leq 0$이므로 $f(1)<0$

이를 반복하면 0보다 큰 모든 정수 k에 대하여 $f(k)\leq 0$이므로 모순이다.

(i), (ii)에 의하여 $f(0)=0$

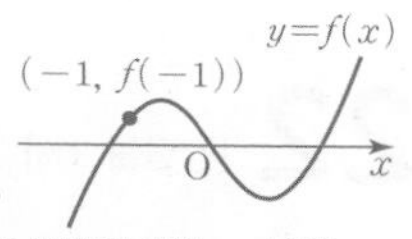

Step 3 $f(-1)=0$ 또는 $f(1)=0$임을 파악한다.

(i)과 같은 이유로 $f(-1)\leq 0$ → $f(-1)>0$이면 조건에 의해 -1보다 작은 모든 정수 k에 대하여 $f(k)\geq 0$이어야 하므로 불가능하다.

(ii)와 같은 이유로 $f(1)\geq 0$

이때 조건에 의하여 $f(-1)f(1)\geq 0$이므로 $f(-1)=0$ 또는 $f(1)=0$이다.

Step 4 $f'\left(-\frac{1}{4}\right)=-\frac{1}{4}$을 만족시키는 $f(x)$를 찾고 $f(8)$의 값을 구한다.

① $f(-1)=0$일 때

$f(x)=x(x+1)(x-a)$ (단, $a>0$) → $f'\left(-\frac{1}{4}\right)<0$, $f'\left(\frac{1}{4}\right)<0$이어야 하고 $f(0)=0$이므로 $a>0$이어야 한다.

$f'(x)=(x+1)(x-a)+x(x-a)+x(x+1)$

$$f'\left(-\frac{1}{4}\right)=\frac{3}{4}\times\left(-\frac{1}{4}-a\right)+\left(-\frac{1}{4}\right)\times\left(-\frac{1}{4}-a\right)+\left(-\frac{1}{4}\right)\times\frac{3}{4}$$

$$=-\frac{3}{16}-\frac{3}{4}a+\frac{1}{16}+\frac{1}{4}a-\frac{3}{16}=-\frac{1}{2}a-\frac{5}{16}$$

$-\frac{1}{2}a-\frac{5}{16}=-\frac{1}{4}$에서 $a=-\frac{1}{8}$이므로 $a>0$에 모순이다.

② $f(1)=0$일 때

$f(x)=x(x-1)(x-a)$ (단, $a<0$)

$f'(x)=(x-1)(x-a)+x(x-a)+x(x-1)$

$$f'\left(-\frac{1}{4}\right)=\left(-\frac{5}{4}\right)\times\left(-\frac{1}{4}-a\right)+\left(-\frac{1}{4}\right)\times\left(-\frac{1}{4}-a\right)+\left(-\frac{1}{4}\right)\times\left(-\frac{5}{4}\right)$$

$$=\frac{5}{16}+\frac{5}{4}a+\frac{1}{16}+\frac{1}{4}a+\frac{5}{16}$$

$$=\frac{3}{2}a+\frac{11}{16}$$

$\frac{3}{2}a+\frac{11}{16}=-\frac{1}{4}$에서 $a=-\frac{5}{8}$

따라서 $f(x)=x(x-1)\left(x+\frac{5}{8}\right)$이므로 $f(8)=8\times 7\times\frac{69}{8}=483$

확률과 통계

23 [정답률 90%]

정답 ③

Step 1 같은 것이 있는 순열을 이용하여 경우의 수를 구한다.

5개의 문자 x, x, y, y, z를 모두 일렬로 나열하는 경우의 수는

$\frac{5!}{2!\times 2!}=30$

→ x가 2개, y가 2개 있으므로 $2!\times 2!$로 나눈다.

24 [정답률 75%]

정답 ④

Step 1 두 사건 A, B가 서로 독립임을 이용한다.

$P(A^C)=2P(A)$에서 $1-P(A)=2P(A)$ ($3P(A)=1$) $\therefore P(A)=\frac{1}{3}$

두 사건 A, B는 서로 독립이므로

$P(A\cap B)=P(A)P(B)=\frac{1}{3}P(B)=\frac{1}{4}$ $\therefore P(B)=\frac{3}{4}$

25 [정답률 82%]

정답 ⑤

Step 1 전체 경우의 수를 구한다.

6장의 카드를 일렬로 나열하는 경우의 수는 $6!$

Step 2 여사건의 경우의 수를 구한다.

양 끝에 놓인 카드에 적힌 두 수의 합이 11 이상이 되는 경우를 구하면 양 끝에는 5와 6을 나열하고, 나머지 자리에 1, 2, 3, 4를 나열하면 되므로 경우의 수는 $2!\times 4!$

Step 3 확률을 구한다.

따라서 구하는 확률은 $1-\frac{2!\times 4!}{6!}=1-\frac{1}{15}=\frac{14}{15}$

26 [정답률 49%]

정답 ②

Step 1 확률변수 X의 확률분포를 표로 나타낸다.

4개의 동전을 동시에 던져서 앞면이 나오는 동전의 개수가 X이므로 X가 가질 수 있는 값은 0, 1, 2, 3, 4이다.
이때 확률변수 X의 확률질량함수는

$P(X=x)={}_4C_x\left(\frac{1}{2}\right)^x\left(\frac{1}{2}\right)^{4-x}(x=0,\ 1,\ 2,\ 3,\ 4)$

따라서 X의 확률분포를 표로 나타내면 다음과 같다.

X	0	1	2	3	4	합계
$P(X=x)$	$\frac{1}{16}$	$\frac{1}{4}$	$\frac{3}{8}$	$\frac{1}{4}$	$\frac{1}{16}$	1

Step 2 확률변수 Y의 확률분포를 표로 나타낸다.

$P(Y=0)=P(X=0)=\frac{1}{16}$

$P(Y=1)=P(X=1)=\frac{1}{4}$

$P(Y=2)=P(X=2)+P(X=3)+P(X=4)=\frac{11}{16}$

따라서 Y의 확률분포를 표로 나타내면 다음과 같다.

Y	0	1	2	합계
$P(Y=y)$	$\frac{1}{16}$	$\frac{1}{4}$	$\frac{11}{16}$	1

Step 3 $E(Y)$의 값을 구한다.

따라서 $E(Y)$의 값은 $0\times\frac{1}{16}+1\times\frac{1}{4}+2\times\frac{11}{16}=\frac{13}{8}$

27 [정답률 65%]

정답 ②

Step 1 모평균 m에 대한 신뢰도 95%의 신뢰구간을 구한다.

모평균 m에 대한 신뢰도 95%의 신뢰구간은

$\bar{x}-1.96\times\frac{5}{\sqrt{49}}\le m\le\bar{x}+1.96\times\frac{5}{\sqrt{49}}$ ($=1.96\times\frac{5}{7}=1.4$)

$\bar{x}-1.4\le m\le\bar{x}+1.4$ ($a\le m\le\frac{6}{5}a$와 같다.)

$\frac{6}{5}a-a=(\bar{x}+1.4)-(\bar{x}-1.4)$에서 $\frac{1}{5}a=2.8$ $\quad\therefore a=14$

따라서 $\bar{x}=a+1.4=15.4$이다.

28 [정답률 52%]

정답 ④

Step 1 시행을 4번 반복한 후 상자 B에 들어 있는 공의 개수가 8일 확률을 구한다.

시행을 4번 반복한 후 상자 B에 들어 있는 공의 개수가 8인 사건을 X, 상자 B에 들어 있는 검은 공의 개수가 2인 사건을 Y라 하자.
주머니에서 임의로 한 장의 카드를 꺼냈을 때 확인한 수가 1인 경우가 a번, 2 또는 3인 경우가 b번, 4인 경우가 c번 나왔다고 하자.
시행을 총 4번 반복하므로 $a+b+c=4$ …… ㉠
상자 B에 들어 있는 공의 개수가 8이어야 하므로
$a+2b+3c=8$ …… ㉡ (상자 B에 흰 공 2개, 검은 공 1개를 넣으므로 총 공 3개를 넣는다.)
㉡−㉠을 하면 $b+2c=4$이고, b, c는 모두 음이 아닌 정수이므로 이를 만족시키는 b, c의 순서쌍 $(b,\ c)$는 $(4,\ 0)$, $(2,\ 1)$, $(0,\ 2)$이다.
즉, 사건 X를 만족시키는 a, b, c의 순서쌍 $(a,\ b,\ c)$는 $(0,\ 4,\ 0)$, $(1,\ 2,\ 1)$, $(2,\ 0,\ 2)$이다. (㉠에서 $a=4-(b+c)$)

$\therefore P(X)=\left(\frac{1}{2}\right)^4+\frac{4!}{1!\times2!\times1!}\times\frac{1}{4}\times\left(\frac{1}{2}\right)^2\times\frac{1}{4}+\frac{4!}{2!\times2!}\times\left(\frac{1}{4}\right)^2\times\left(\frac{1}{4}\right)^2=\frac{35}{128}$

(4장의 카드 중 2 또는 3이 적힌 카드가 나올 확률은 $\frac{2}{4}=\frac{1}{2}$, 4장의 카드 중 4가 적힌 카드가 나올 확률은 $\frac{1}{4}$, 4장의 카드 중 1이 적힌 카드가 나올 확률은 $\frac{1}{4}$)

Step 2 $P(X\cap Y)$의 값을 구한다.

두 사건 X, Y를 모두 만족시키는 a, b, c의 순서쌍 $(a,\ b,\ c)$는 $(2,\ 0,\ 2)$뿐이므로
($a=c=0$, $b=4$인 경우는 상자 B에 들어 있는 검은 공의 개수가 4이고, $a=c=1$, $b=2$인 경우는 상자 B에 들어 있는 검은 공의 개수가 3이다.)

$P(X\cap Y)=\frac{4!}{2!\times2!}\times\left(\frac{1}{4}\right)^2\times\left(\frac{1}{4}\right)^2=\frac{3}{128}$

따라서 구하는 확률은 $P(Y|X)=\frac{P(X\cap Y)}{P(X)}=\frac{\frac{3}{128}}{\frac{35}{128}}=\frac{3}{35}$

29 [정답률 33%]

정답 196

Step 1 중복조합을 이용하여 $a\le b$, $b\le a$인 순서쌍의 개수를 구한다.

a, b의 대소 관계에 따라 경우를 나누어보면 다음과 같다.

(i) $a\le b\le c\le d$인 순서쌍의 개수
6 이하의 자연수 중에서 중복을 허락하여 4개를 택한 다음 크지 않은 순서대로 a, b, c, d를 정하는 경우의 수와 같으므로 조건을 만족시키는 순서쌍 $(a,\ b,\ c,\ d)$의 개수는

${}_6H_4={}_9C_4=\frac{9\times8\times7\times6}{4\times3\times2\times1}=126$ (${}_nH_r={}_{n+r-1}C_r$)

(ii) $b\le a\le c\le d$인 순서쌍의 개수
(i)의 경우와 같으므로 조건을 만족시키는 순서쌍 $(a,\ b,\ c,\ d)$의 개수는 126

Step 2 중복조합을 이용하여 $a=b$인 순서쌍의 개수를 구한다.

(iii) $a=b\le c\le d$인 순서쌍의 개수 ((i), (ii)에서 $a=b$인 경우가 중복되므로 이 경우를 제외해 주어야 한다.)
6 이하의 자연수 중에서 중복을 허락하여 3개를 택한 다음 크지 않은 순서대로 $a(=b)$, c, d를 정하는 경우의 수와 같으므로 조건을 만족시키는 순서쌍 $(a,\ b,\ c,\ d)$의 개수는

${}_6H_3={}_8C_3=\frac{8\times7\times6}{3\times2\times1}=56$

따라서 구하는 순서쌍 $(a,\ b,\ c,\ d)$의 개수는 $126+126-56=196$

다른 풀이 수열의 합을 이용하는 풀이

Step 1 c의 값이 $n(1\le n\le6)$일 때 가능한 a, b, d의 값의 경우의 수를 구한다.

$c=n(1\le n\le6)$일 때,
가능한 a의 값은 1, 2, …, n의 n개
가능한 b의 값은 1, 2, …, n의 n개
가능한 d의 값은 n, $n+1$, …, 6의 $6-(n-1)=(7-n)$개
따라서 $c=n(1\le n\le6)$일 때 조건을 만족시키는 순서쌍 $(a,\ b,\ c,\ d)$의 개수는 $n\times n\times(7-n)=7n^2-n^3$
그러므로 조건을 만족시키는 모든 순서쌍 $(a,\ b,\ c,\ d)$의 개수는

$\sum_{n=1}^{6}(7n^2-n^3)=7\times\frac{6\times7\times13}{6}-\left(\frac{6\times7}{2}\right)^2=637-441=196$

($\sum_{k=1}^{n}k^3=\left\{\frac{n(n+1)}{2}\right\}^2$)

30 [정답률 26%]

정답 673

Step 1 양수 t의 값의 범위를 구한다.

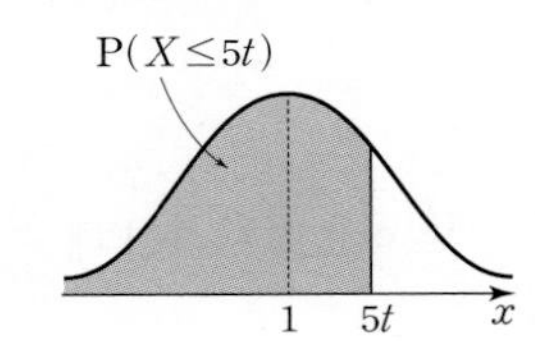

확률변수 X가 정규분포 $N(1,\ t^2)$을 따르므로 (평균이 1, 표준편차가 t)

$P(X\le5t)\ge\frac{1}{2}$에서 $5t\ge1$ $\quad\therefore t\ge\frac{1}{5}$

Step 2 표준정규분포표를 이용하여 k의 값을 구한다.

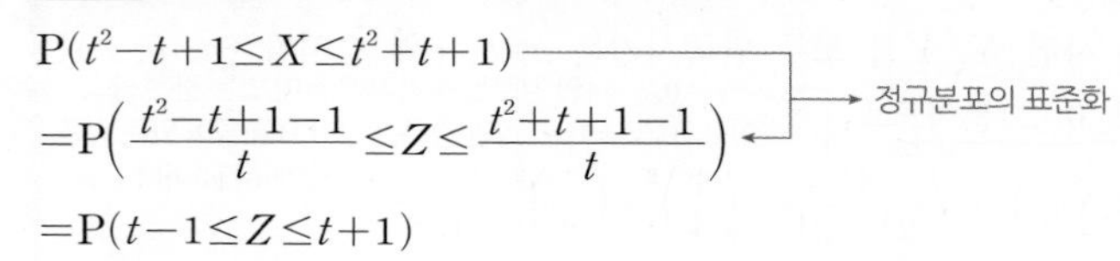

$\mathrm{P}(t^2-t+1\le X\le t^2+t+1)$

$=\mathrm{P}\left(\dfrac{t^2-t+1-1}{t}\le Z\le \dfrac{t^2+t+1-1}{t}\right)$ ← 정규분포의 표준화

$=\mathrm{P}(t-1\le Z\le t+1)$

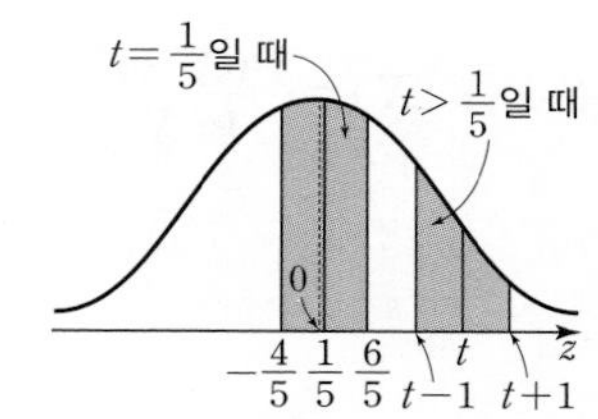

즉, t의 값이 0에 가까울수록 $\mathrm{P}(t-1\le Z\le t+1)$의 값이 커지므로 (0: 표준정규분포의 평균)

$t=\dfrac{1}{5}$일 때 최댓값을 갖는다.

$k=\mathrm{P}\left(-\dfrac{4}{5}\le Z\le \dfrac{6}{5}\right)=\mathrm{P}(-0.8\le Z\le 1.2)$

$=\mathrm{P}(0\le Z\le 0.8)+\mathrm{P}(0\le Z\le 1.2)$

$=0.288+0.385=0.673$

$\therefore\ 1000\times k=673$

미적분

23 [정답률 96%]

정답 ③

Step 1 주어진 식을 변형하여 극한값을 구한다.

$$\lim_{x\to 0}\frac{\ln(1+3x)}{\ln(1+5x)}=\lim_{x\to 0}\frac{\frac{\ln(1+3x)}{3x}\times 3x}{\frac{\ln(1+5x)}{5x}\times 5x}$$

$$=\lim_{x\to 0}\left\{\frac{\ln(1+3x)}{3x}\times\frac{5x}{\ln(1+5x)}\times\frac{3}{5}\right\}$$

$$=1\times 1\times\frac{3}{5}=\frac{3}{5}$$

← $\lim_{x\to 0}\dfrac{\ln(1+ax)}{ax}=1$ (단, $a\ne 0$)

24 [정답률 86%]

정답 ②

Step 1 $\dfrac{dx}{dt}$, $\dfrac{dy}{dt}$를 구한다.

$x=\ln(t^3+1)$, $y=\sin\pi t$를 각각 t에 대하여 미분하면

$\dfrac{dx}{dt}=\dfrac{3t^2}{t^3+1}$, $\dfrac{dy}{dt}=\pi\cos\pi t$

Step 2 $\dfrac{dy}{dx}$를 구한다.

$\dfrac{dy}{dx}=\dfrac{\frac{dy}{dt}}{\frac{dx}{dt}}=\dfrac{\pi\cos\pi t}{\frac{3t^2}{t^3+1}}$이므로 $t=1$일 때 $\dfrac{dy}{dx}$의 값은

$\dfrac{\pi\cos\pi}{\frac{3\times 1^2}{1^3+1}}=-\dfrac{2}{3}\pi$

25 [정답률 78%]

정답 ④

Step 1 역함수의 성질을 이용한다.

$g(x)$는 $f(x)$의 역함수이므로 $g(f(x))=x$이고, 이 식의 양변을 x에 대하여 미분하면

$g'(f(x))\times f'(x)=1\quad\therefore\ f'(x)=\dfrac{1}{g'(f(x))}$

← $g'(f(x))=0$이면 등식이 성립하지 않으므로 $g'(f(x))\ne 0$

Step 2 정적분을 이용하여 $f(x)$를 구한다.

$\dfrac{1}{g'(f(x))f(x)}=\dfrac{f'(x)}{f(x)}$이므로

← $f(x)=t$라 하면 $f'(x)dx=dt$ $\therefore\int\frac{f'(x)}{f(x)}dx=\int\frac{1}{t}dt=\ln|t|+C$

$\displaystyle\int_1^a\frac{1}{g'(f(x))f(x)}dx=\int_1^a\frac{f'(x)}{f(x)}dx=\Big[\ln|f(x)|\Big]_1^a$

$=\ln f(a)-\ln f(1)$

즉 $\ln f(a)-\ln f(1)=2\ln a+\ln(a+1)-\ln 2$

$\ln f(a)-\ln 8=\ln a^2+\ln(a+1)-\ln 2$ ($\because f(1)=8$)

$\ln\dfrac{f(a)}{8}=\ln\dfrac{a^2(a+1)}{2}$, $\dfrac{f(a)}{8}=\dfrac{a^2(a+1)}{2}$

$\therefore\ f(a)=4a^2(a+1)$

따라서 $f(2)=4\times 2^2\times 3=48$이다.

← 서로 역함수 관계인 두 함수 $f(x)$, $g(x)$가 양의 실수 전체의 집합에서 정의되므로 $f(x)>0$, $g(x)>0$

26 [정답률 75%]

정답 ③

Step 1 정적분을 이용하여 입체도형의 부피를 구한다.

$x=t\left(\dfrac{3}{4}\pi\le t\le\dfrac{5}{4}\pi\right)$일 때 입체도형을 x축에 수직인 평면으로 자른 단면은 한 변의 길이가 $\sqrt{(1-2t)\cos t}$인 정사각형이므로 단면의 넓이는 $(1-2t)\cos t$이다.

따라서 입체도형의 부피는

$\displaystyle\int_{\frac{3}{4}\pi}^{\frac{5}{4}\pi}(1-2t)\cos t\,dt$ ← 부분적분법 이용

$\displaystyle=\Big[(1-2t)\sin t\Big]_{\frac{3}{4}\pi}^{\frac{5}{4}\pi}-2\int_{\frac{3}{4}\pi}^{\frac{5}{4}\pi}(-\sin t)dt$

$=\left\{\left(1-\dfrac{5}{2}\pi\right)\times\left(-\dfrac{\sqrt{2}}{2}\right)-\left(1-\dfrac{3}{2}\pi\right)\times\dfrac{\sqrt{2}}{2}\right\}-2\Big[\cos t\Big]_{\frac{3}{4}\pi}^{\frac{5}{4}\pi}$

$=2\sqrt{2}\pi-\sqrt{2}$

← $=\cos\frac{5}{4}\pi-\cos\frac{3}{4}\pi=-\frac{\sqrt{2}}{2}-\left(-\frac{\sqrt{2}}{2}\right)=0$

27 [정답률 37%]

정답 ①

Step 1 $f(t)$를 구하고 곡선 $y=\dfrac{1}{e^x}+e^t$에 접하는 직선의 방정식을 구한다.

실수 t에 대하여 원점을 지나고 곡선 $y=\dfrac{1}{e^x}+e^t$에 접하는 직선과 주어진 곡선이 만나는 접점의 x좌표를 p라 하면 접점의 좌표는 $\left(p,\ \dfrac{1}{e^p}+e^t\right)$이다.

이때 $y'=-\dfrac{1}{e^x}$이므로 접선의 기울기는 $f(t)=-\dfrac{1}{e^p}$이다.

따라서 곡선 $y=\dfrac{1}{e^x}+e^t$에 접하는 직선의 방정식은

$y=-\dfrac{1}{e^p}(x-p)+\left(\dfrac{1}{e^p}+e^t\right)$

이 접선이 원점을 지나므로 $0=-\dfrac{1}{e^p}(0-p)+\left(\dfrac{1}{e^p}+e^t\right)$

$\therefore\ -(p+1)\dfrac{1}{e^p}=e^t$ ...... ㉠

본문 384쪽

양변을 p에 대하여 미분하면

$$e^t\frac{dt}{dp}=-\frac{1}{e^p}+(p+1)\frac{1}{e^p}=p\times\frac{1}{e^p}$$

이 식에 ㉠을 대입하면 $\frac{dt}{dp}=-\frac{p}{p+1}$ ...... ㉡

Step 2 $f(a)=-e\sqrt{e}$를 만족시키는 a에 대하여 $f'(a)$의 값을 구한다.

$f(a)=-e\sqrt{e}=-e^{\frac{3}{2}}$이므로 $t=a$일 때 $p=-\frac{3}{2}$ ($t=a$일 때 $f(a)=-\frac{1}{e^p}=-e^{\frac{3}{2}}$)

$f(t)=-\frac{1}{e^p}$에서 양변을 p에 대하여 미분하면 $f'(t)\frac{dt}{dp}=\frac{1}{e^p}$

이 식에 ㉡을 대입하면 $f'(t)\times\left(-\frac{p}{p+1}\right)=\frac{1}{e^p}$

$$\therefore\ f'(a)=e^{\frac{3}{2}}\times\left(-\frac{-\frac{3}{2}+1}{-\frac{3}{2}}\right)=-\frac{1}{3}e^{\frac{3}{2}}=-\frac{1}{3}e\sqrt{e}$$

위의 식을 $f'(t)=\frac{1}{e^p}\times\left(-\frac{p+1}{p}\right)$로 정리한 후 $t=a$, $p=-\frac{3}{2}$ 대입

28 [정답률 15%] 정답 ②

Step 1 함수 $f(x)$가 $x<0$에서 감소함수임을 안다.

함수 $y=f(x)$의 그래프의 개형을 구하기 위하여 도함수를 구하면

$f'(x)=-4e^{4x^2}-32x^2e^{4x^2}=-4(1+8x^2)e^{4x^2}$ ($1+8x^2>0$, $e^{4x^2}>0$이므로 $-4(1+8x^2)e^{4x^2}<0$)

이때 $f'(x)<0$이므로 함수 $f(x)$는 $x<0$에서 감소함수이다.

Step 2 상수 k의 값을 구한다.

조건을 만족시키는 함수 $y=f(x)$의 그래프의 개형은 다음과 같다.

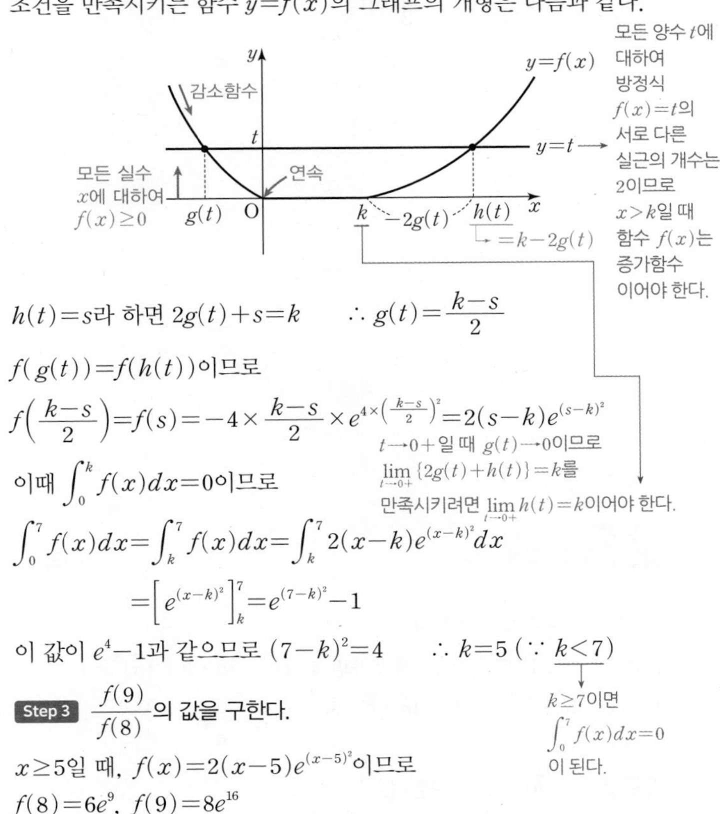

$h(t)=s$라 하면 $2g(t)+s=k$ $\quad\therefore\ g(t)=\frac{k-s}{2}$

$f(g(t))=f(h(t))$이므로

$f\left(\frac{k-s}{2}\right)=f(s)=-4\times\frac{k-s}{2}\times e^{4\times\left(\frac{k-s}{2}\right)^2}=2(s-k)e^{(s-k)^2}$

($t\to0+$일 때 $g(t)\to0$이므로 $\lim_{t\to0+}\{2g(t)+h(t)\}=k$를 만족시키려면 $\lim_{t\to0+}h(t)=k$이어야 한다.)

이때 $\int_0^k f(x)dx=0$이므로

$$\int_0^7 f(x)dx=\int_k^7 f(x)dx=\int_k^7 2(x-k)e^{(x-k)^2}dx$$
$$=\left[e^{(x-k)^2}\right]_k^7=e^{(7-k)^2}-1$$

이 값이 e^4-1과 같으므로 $(7-k)^2=4$ $\quad\therefore\ k=5\ (\because\ k<7)$

($k\geq7$이면 $\int_0^7 f(x)dx=0$이 된다.)

Step 3 $\frac{f(9)}{f(8)}$의 값을 구한다.

$x\geq5$일 때, $f(x)=2(x-5)e^{(x-5)^2}$이므로

$f(8)=6e^9$, $f(9)=8e^{16}$

$$\therefore\ \frac{f(9)}{f(8)}=\frac{8e^{16}}{6e^9}=\frac{4}{3}e^7$$

29 [정답률 15%] 정답 162

Step 1 주어진 식을 통해 r_1, r_2의 관계식을 파악한다.

등비수열 $\{a_n\}$의 첫째항을 a, 공비를 r_1이라 하고 등비수열 $\{b_n\}$의 첫째항을 b, 공비를 r_2라 하자.

두 급수 $\sum_{n=1}^{\infty}a_n$, $\sum_{n=1}^{\infty}b_n$은 각각 수렴하고 $a\neq0$, $b\neq0$이므로

$-1<r_1<1$, $-1<r_2<1$이다. (단, $r_1\neq0$, $r_2\neq0$)

또한 수열 $\{a_nb_n\}$은 첫째항이 ab, 공비가 r_1r_2인 등비수열이므로

$\sum_{n=1}^{\infty}a_nb_n=\left(\sum_{n=1}^{\infty}a_n\right)\times\left(\sum_{n=1}^{\infty}b_n\right)$에서 $\frac{ab}{1-r_1r_2}=\frac{a}{1-r_1}\times\frac{b}{1-r_2}$

$(1-r_1)(1-r_2)=1-r_1r_2$

$1-(r_1+r_2)+r_1r_2=1-r_1r_2$

$\therefore\ 2r_1r_2-r_1-r_2=0$ ...... ㉠

Step 2 주어진 식을 통해 r_1, r_2의 값을 구한다.

수열 $\{|a_{2n}|\}$은 첫째항이 $|a_2|$, 공비가 r_1^2인 등비수열이고 수열 $\{|a_{3n}|\}$은 첫째항이 $|a_3|$, 공비가 $|r_1^3|$인 등비수열이므로

$3\times\sum_{n=1}^{\infty}|a_{2n}|=7\times\sum_{n=1}^{\infty}|a_{3n}|$에서 $3\times\frac{|a_2|}{1-r_1^2}=7\times\frac{|a_3|}{1-|r_1^3|}$ ...... ㉡

(i) $-1<r_1<0$일 때

① $a<0$인 경우

$a_2>0$, $a_3<0$, $r_1^3<0$이므로 ㉡에서

$3\times\frac{ar_1}{1-r_1^2}=7\times\frac{-ar_1^2}{1+r_1^3}$

$3(1+r_1^3)=-7r_1(1-r_1^2)$, $3(1+r_1^3)=7r_1(r_1^2-1)$

$3(r_1+1)(r_1^2-r_1+1)=7r_1(r_1+1)(r_1-1)$

$3r_1^2-3r_1+3=7r_1^2-7r_1$

$4r_1^2-4r_1-3=0$, $(2r_1+1)(2r_1-3)=0$

$\therefore\ r_1=-\frac{1}{2}\ (\because\ -1<r_1<0)$

② $a>0$인 경우

$a_2<0$, $a_3>0$, $r_1^3<0$이므로 ㉡에서

$3\times\frac{-ar_1}{1-r_1^2}=7\times\frac{ar_1^2}{1+r_1^3}$

$3(1+r_1^3)=7r_1(r_1^2-1)$

즉, ①과 같으므로 $r_1=-\frac{1}{2}$

따라서 ①, ②에 의하여 $r_1=-\frac{1}{2}$이다.

이를 ㉠에 대입하면 $2\times\left(-\frac{1}{2}\right)\times r_2-\left(-\frac{1}{2}\right)-r_2=0$

$-r_2+\frac{1}{2}-r_2=0$ $\quad\therefore\ r_2=\frac{1}{4}$

(ii) $0<r_1<1$일 때

① $a<0$인 경우

$a_2<0$, $a_3<0$, $r_1^3>0$이므로 ㉡에서

$3\times\frac{-ar_1}{1-r_1^2}=7\times\frac{-ar_1^2}{1-r_1^3}$

$3(1-r_1^3)=7r_1(1-r_1^2)$

$3(1-r_1)(1+r_1+r_1^2)=7r_1(1-r_1)(1+r_1)$

$3+3r_1+3r_1^2=7r_1+7r_1^2$

$4r_1^2+4r_1-3=0$, $(2r_1-1)(2r_1+3)=0$

$\therefore\ r_1=\frac{1}{2}\ (\because\ 0<r_1<1)$

② $a>0$인 경우

$a_2>0$, $a_3>0$, $r_1^3>0$이므로 ㉡에서

$3\times\frac{ar_1}{1-r_1^2}=7\times\frac{ar_1^2}{1-r_1^3}$

$3(1-r_1^3)=7r_1(1-r_1^2)$

즉, ①과 같으므로 $r_1=\frac{1}{2}$

따라서 ①, ②에 의하여 $r_1=\frac{1}{2}$이다.

이를 ㉠에 대입하면 $2\times\frac{1}{2}\times r_2-\frac{1}{2}-r_2=0$

$-\frac{1}{2}=0$이므로 모순이다.

(i), (ii)에서 $r_1=-\frac{1}{2}$, $r_2=\frac{1}{4}$이다.

Step 3 $\sum_{n=1}^{\infty}\frac{b_{2n-1}+b_{3n+1}}{b_n}$의 값을 구한다.

$b_n=b\times\left(\frac{1}{4}\right)^{n-1}$이므로

$$\frac{b_{2n-1}+b_{3n+1}}{b_n}=\frac{b\times\left(\frac{1}{4}\right)^{2n-2}+b\times\left(\frac{1}{4}\right)^{3n}}{b\times\left(\frac{1}{4}\right)^{n-1}}=\left(\frac{1}{4}\right)^{n-1}+\left(\frac{1}{4}\right)^{2n+1}$$

$$\therefore \sum_{n=1}^{\infty}\frac{b_{2n-1}+b_{3n+1}}{b_n}=\sum_{n=1}^{\infty}\left\{\left(\frac{1}{4}\right)^{n-1}+\left(\frac{1}{4}\right)^{2n+1}\right\}$$

$$=\frac{1}{1-\frac{1}{4}}+\frac{\frac{1}{64}}{1-\frac{1}{16}}$$

$$=\frac{4}{3}+\frac{1}{60}=\frac{27}{20}$$

따라서 $S=\frac{27}{20}$이므로 $120S=120\times\frac{27}{20}=162$

30 [정답률 8%]

정답 125

Step 1 함수 $y=f'(x)$의 그래프의 개형을 알아본다.

$f'(x)=|\sin x|\cos x$에서

$$f'(x)=\begin{cases}\sin x\cos x & (\sin x\ge 0)\\ -\sin x\cos x & (\sin x<0)\end{cases}$$

$$=\begin{cases}\frac{1}{2}\sin 2x & (\sin x\ge 0)\\ -\frac{1}{2}\sin 2x & (\sin x<0)\end{cases}$$

→ $2\sin x\cos x=\sin 2x$에서 $\sin x\cos x=\frac{1}{2}\sin 2x$

두 함수 $y=\frac{1}{2}\sin 2x$, $y=-\frac{1}{2}\sin 2x$의 주기는 $\frac{2\pi}{2}=\pi$이므로 함수 $y=f'(x)$의 그래프의 개형을 $0\le x\le 2\pi$에서만 그려보자.

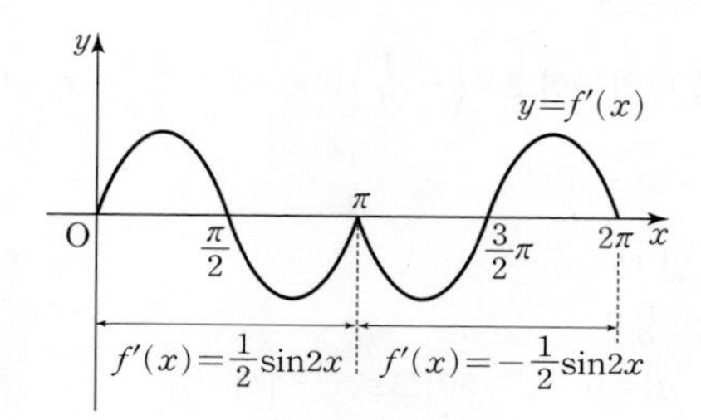

Step 2 함수 $y=f(x)$의 그래프의 개형을 이용하여 a_2, a_6의 값을 각각 구한다.

$h(x)=\int_0^x\{f(t)-g(t)\}dt$에서 $h'(x)=f(x)-g(x)$

$h'(x)=0$에서 $f(x)=g(x)$이므로 $f(a)=g(a)$이고, $x=a$의 좌우에서 $h'(x)$의 부호가 바뀌어야 한다.

→ $x=a$에서 함수 $h(x)$가 극값을 가진다.

즉, 점 $(a, f(a))$가 함수 $y=f(x)$의 그래프의 변곡점이어야 한다.

→ 변곡점이 아닐 경우 $x=a$의 좌우에서 $h'(x)=f(x)-g(x)$의 부호가 바뀌지 않는다.

함수 $y=f(x)$의 그래프의 개형을 그리면 다음과 같다.

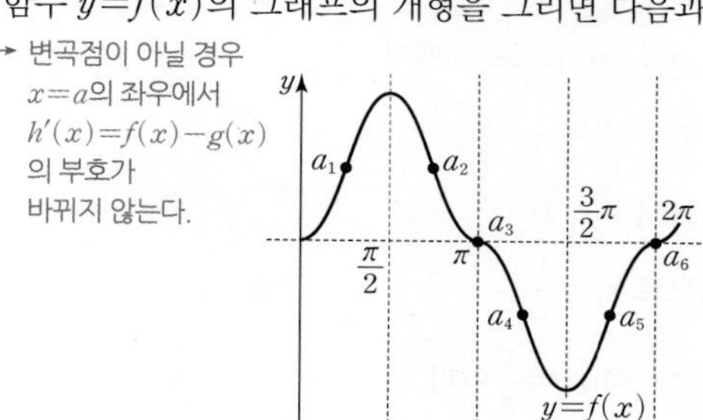

$$a_2=\frac{\frac{\pi}{2}+\pi}{2}=\frac{3}{4}\pi,\ a_6=2\pi$$

→ 함수 $y=f(x)$의 그래프는 $x=a_2$에서 변곡점을 가지므로 a_2는 $\frac{\pi}{2}\le x\le\pi$에서 $f''(x)=0$을 만족시키는 x의 값이다.

$$\therefore \frac{100}{\pi}\times(a_6-a_2)=\frac{100}{\pi}\times\left(2\pi-\frac{3}{4}\pi\right)=125$$

기하

23 [정답률 92%]

정답 ④

Step 1 두 점 A, B의 좌표를 통해 중점의 좌표를 구한다.

선분 AB의 중점을 M이라 하면 $M\left(\frac{a+9}{2}, \frac{-2+2}{2}, \frac{6+b}{2}\right)$

이 점의 좌표가 $(4, 0, 7)$이므로

$\frac{a+9}{2}=4$ $\quad\therefore a=-1$

$\frac{6+b}{2}=7$ $\quad\therefore b=8$

$\therefore a+b=-1+8=7$

24 [정답률 86%]

정답 ③

Step 1 양수 a의 값을 구한다.

점 $(\sqrt{3}, -2)$는 타원 $\frac{x^2}{a^2}+\frac{y^2}{6}=1$ 위의 점이므로

$\frac{(\sqrt{3})^2}{a^2}+\frac{(-2)^2}{6}=1$, $\frac{3}{a^2}=\frac{1}{3}$

→ $\frac{x^2}{a^2}+\frac{y^2}{6}=1$에 $x=\sqrt{3}$, $y=-2$ 대입

$a^2=9$ $\quad\therefore a=3$ $(\because a>0)$

Step 2 타원 위의 점 $(\sqrt{3}, -2)$에서의 접선의 기울기를 구한다.

타원 $\frac{x^2}{9}+\frac{y^2}{6}=1$ 위의 점 $(\sqrt{3}, -2)$에서의 접선의 방정식을 구하면

$\frac{\sqrt{3}}{9}x-\frac{2}{6}y=1$, $\sqrt{3}x-3y=9$ $\quad\therefore y=\frac{\sqrt{3}}{3}x-3$

따라서 접선의 기울기는 $\frac{\sqrt{3}}{3}$이다.

25 [정답률 82%]

정답 ②

Step 1 $\vec{a}\cdot\vec{b}$의 값을 구한다.

$|2\vec{a}-\vec{b}|=\sqrt{17}$의 양변을 제곱하면 $4|\vec{a}|^2-4\vec{a}\cdot\vec{b}+|\vec{b}|^2=17$

$4\times 11-4\vec{a}\cdot\vec{b}+9=17$, $4\vec{a}\cdot\vec{b}=36$

$\therefore \vec{a}\cdot\vec{b}=9$

Step 2 $|\vec{a}-\vec{b}|$의 값을 구한다.

$|\vec{a}-\vec{b}|^2=|\vec{a}|^2-2\vec{a}\cdot\vec{b}+|\vec{b}|^2=11-2\times 9+9=2$

$\therefore |\vec{a}-\vec{b}|=\sqrt{2}$

본문 385쪽

26 [정답률 73%]

정답 ⑤

Step 1 주어진 점을 그림에 나타낸다.

$\overline{AB}=\overline{A'B'}=6$이므로 두 직선 AB, A′B′은 평행하다. (이루는 각의 크기가 0°일 때 $\cos 0=1$)

따라서 직선 AB와 평면 α도 평행하다.

선분 AB의 중점 M의 평면 α 위로의 정사영이 M′이므로 다음과 같이 나타낼 수 있다.

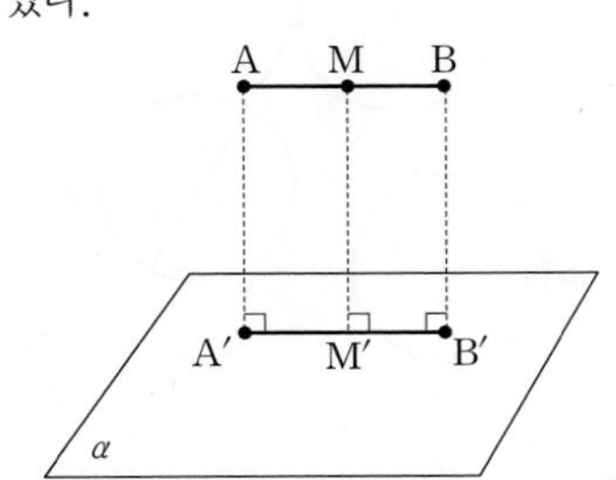

Step 2 두 평면 ABP, A′B′P가 이루는 각의 크기를 구한다.

$\overline{PM'}\perp\overline{A'B'}$, $\overline{PM'}=6$을 만족시키는 점 P를 나타내면 다음 그림과 같다.

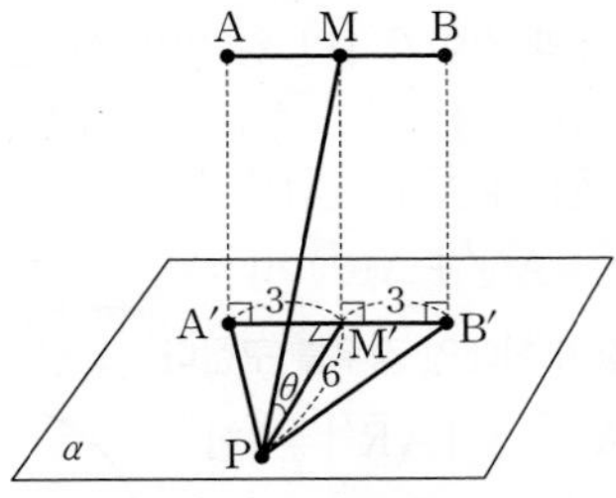

평면 α와 평면 ABP가 이루는 각의 크기를 θ라 하자.

삼각형 A′B′P의 넓이는 $\frac{1}{2}\times6\times6=18$이고, 평면 α 위에 있으므로

삼각형 A′B′P의 평면 ABP 위로의 정사영의 넓이는

$18\times\cos\theta=\frac{9}{2}$ $\quad\therefore \cos\theta=\frac{1}{4}$

Step 3 선분 PM의 길이를 구한다.

선분 PM의 평면 α 위로의 정사영은 선분 PM′이므로

$\overline{PM}\times\cos\theta=\overline{PM'}$에서 $\overline{PM}\times\frac{1}{4}=6$ $\quad\therefore \overline{PM}=24$

27 [정답률 48%]

정답 ③

Step 1 포물선의 성질을 이용하여 t의 값을 구한다.

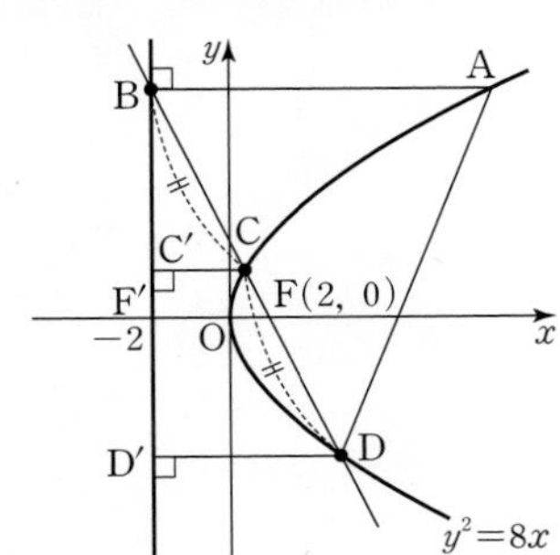

포물선 $y^2=8x$의 초점의 좌표는 F(2, 0)이고, 준선의 방정식은 $x=-2$이다. ($y^2=4\times2x$)

두 점 C, D에서 준선 $x=-2$에 내린 수선의 발을 각각 C′, D′이라 하자.

$\overline{CC'}=t\,(t>0)$라 하면 $\overline{DD'}=2t$이다. (두 삼각형 BCC′, BDD′은 서로 닮음이고 닮음비는 1 : 2이다.)

또한 포물선의 성질에 의하여 $\overline{CF}=t$, $\overline{DF}=2t$ ($=\overline{CC'}$, $=\overline{DD'}$)

$\overline{BC}=\overline{CD}=\overline{CF}+\overline{DF}=3t$

F′(−2, 0)이라 하면 두 삼각형 BCC′, BFF′이 서로 닮음이므로

$\overline{BC}:\overline{BF}=\overline{CC'}:\overline{FF'}$ ($\overline{BF}=\overline{BC}+\overline{CF}=3t+t=4t$)

$3t:4t=t:4$ $\quad\therefore t=3\ (\because t>0)$ ($4t^2=12t$, $4t^2-12t=4t(t-3)=0$)

Step 2 삼각형 ABD의 넓이를 구한다.

$\overline{BF'}=\sqrt{\overline{BF}^2-\overline{FF'}^2}=\sqrt{12^2-4^2}=8\sqrt{2}$ ($\overline{BF}=4t$) (점 B의 y좌표)

따라서 점 B의 좌표는 $B(-2,\ 8\sqrt{2})$이다. (점 B는 준선 $x=-2$ 위의 점이므로 x좌표는 -2)

점 A의 x좌표를 a라 하면 점 A는 포물선 $y^2=8x$ 위의 점이므로

$8a=(8\sqrt{2})^2$ $\quad\therefore a=16$ (점 A의 y좌표는 점 B의 y좌표와 같다.)

$\overline{BD'}=\sqrt{\overline{BD}^2-\overline{DD'}^2}=\sqrt{18^2-6^2}=12\sqrt{2}$ ($\overline{BD}=6t$, $\overline{DD'}=2t$)

따라서 삼각형 ABD의 넓이는

$\frac{1}{2}\times\overline{AB}\times\overline{BD'}=\frac{1}{2}\times\{16-(-2)\}\times12\sqrt{2}=108\sqrt{2}$

28 [정답률 35%]

정답 ⑤

Step 1 평면 β 위의 타원 C_2에서 선분의 길이를 구한다.

평면 β 위의 타원 C_2를 중심이 O가 되도록 좌표평면에 나타내면 다음과 같다.

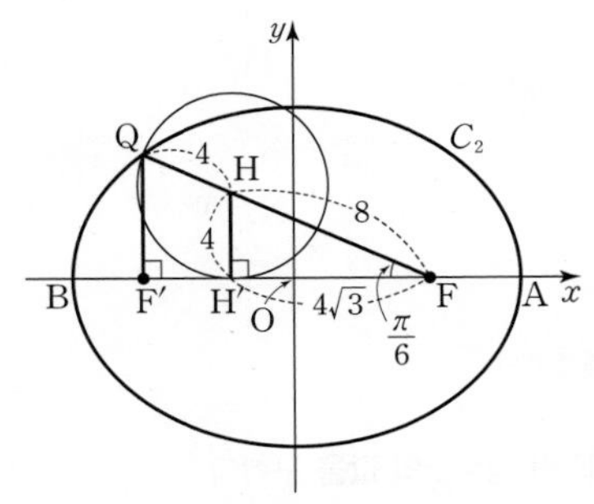

점 H에서 선분 AB에 내린 수선의 발을 H′이라 하면 점 H′은 중심이 H이고 반지름의 길이가 4인 원과 직선 AB가 접하는 점이므로 $\overline{HH'}\perp\overline{AB}$이다.

삼각형 FHH′은 $\angle HFH'=\frac{\pi}{6}$인 직각삼각형이고 $\overline{HH'}=4$이므로 ($=\angle HFF'$)

$\overline{HF}=8$, $\overline{H'F}=4\sqrt{3}$이다.

또한 $\overline{QH}=4$이므로 $\overline{FQ}=12$이고, 점 Q는 타원 C_2 위의 점이므로 타원의 정의에 의하여

$\overline{QF}+\overline{QF'}=18$ $\quad\therefore \overline{QF'}=6$ ((타원의 장축의 길이)$=\overline{AB}=18$)

삼각형 QFF′에서 $\overline{QF}=12$, $\overline{QF'}=6$이고 $\angle QFF'=\frac{\pi}{6}$이므로 삼각형 QFF′은 $\angle QF'F=\frac{\pi}{2}$인 직각삼각형이다.

따라서 $\overline{FF'}=6\sqrt{3}$이고, $\overline{F'H'}=6\sqrt{3}-4\sqrt{3}=2\sqrt{3}$이다.

$\overline{OF'}=\frac{1}{2}\times6\sqrt{3}=3\sqrt{3}$이므로 $\overline{OH'}=3\sqrt{3}-2\sqrt{3}=\sqrt{3}$ …… ㉠

Step 2 평면 α 위의 원 C_1에서 선분의 길이를 구한다.

평면 α 위의 원 C_1을 중심이 O가 되도록 좌표평면에 나타내면 다음과 같다.

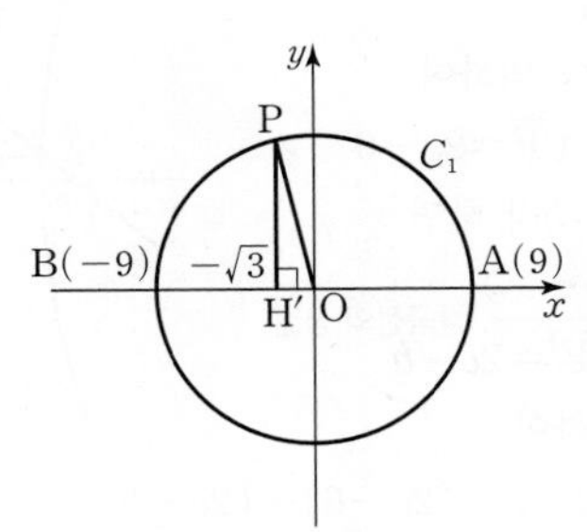

원 C_1의 반지름의 길이는 9이므로 $\overline{OP}=9$

㉠에서 $\overline{OH'}=\sqrt{3}$이므로 삼각형 OPH′에서

$\overline{PH'}=\sqrt{\overline{OP}^2-\overline{OH'}^2}=\sqrt{81-3}=\sqrt{78}$

Step 3 삼수선의 정리를 이용하여 $\cos\theta$의 값을 구한다.

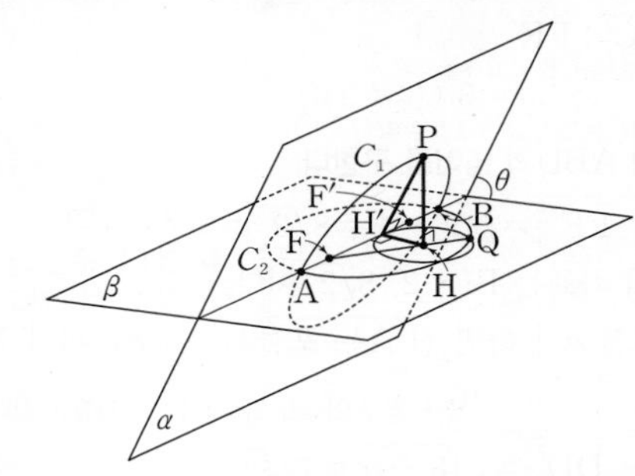

$\overline{PH}\perp\beta$이고 $\overline{HH'}\perp\overline{AB}$이므로 삼수선의 정리에 의하여 $\overline{PH'}\perp\overline{AB}$이다.

$\angle PH'H=\theta$라 하면 두 평면 α, β가 이루는 각의 크기는 θ이므로

$\cos\theta=\dfrac{\overline{HH'}}{\overline{PH'}}=\dfrac{4}{\sqrt{78}}=\dfrac{2\sqrt{78}}{39}$

29 [정답률 27%]

정답 11

Step 1 $\overline{PF}=\overline{FF'}$인 경우 c의 값을 구한다.

조건 (가)에서 점 P는 제1사분면 위의 점이므로 $\overline{PF'}>\overline{PF}$이다.

조건 (나)에서 삼각형 PF′F가 이등변삼각형이므로 $\overline{PF}=\overline{FF'}$ 또는 $\overline{PF'}=\overline{FF'}$이다.

(i) $\overline{PF}=\overline{FF'}$인 경우

$\overline{PF}=\overline{FF'}=c-(-c)=2c$

쌍곡선의 성질에 의하여

$\overline{PF'}-\overline{PF}=6$, $\overline{PF'}=2c+6$ → 주축의 길이

$\overline{QF}=a$, $\overline{QF'}=b$라 하면

$a-b=6$ …… ㉠

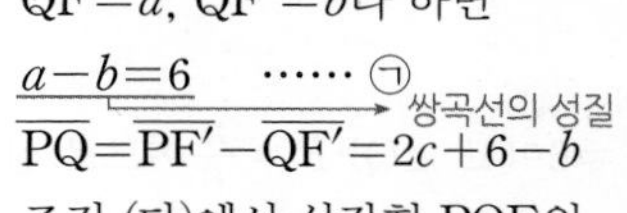

$\overline{PQ}=\overline{PF'}-\overline{QF'}=2c+6-b$

조건 (다)에서 삼각형 PQF의 둘레의 길이가 28이므로

$\overline{QF}+\overline{PF}+\overline{PQ}=a+2c+(2c+6-b)$

$=a-b+4c+6=28$ → ㉠에서 $a-b=6$

$4c=16$ ($\because$ ㉠) $\quad\therefore c=4$

Step 2 $\overline{PF'}=\overline{FF'}$인 경우 c의 값을 구한다.

(ii) $\overline{PF'}=\overline{FF'}$인 경우

$\overline{PF'}=\overline{FF'}=2c$

쌍곡선의 성질에 의하여

$\overline{PF'}-\overline{PF}=6$, $\overline{PF}=2c-6$

$\overline{QF}=a$, $\overline{QF'}=b$라 하면

$a-b=6$ …… ㉡ → 쌍곡선의 성질

$\overline{PQ}=\overline{PF'}-\overline{QF'}=2c-b$

조건 (다)에 의하여

$\overline{QF}+\overline{PF}+\overline{PQ}=a+(2c-6)+(2c-b)$

$=a-b+4c-6=28$ → ㉡에서 $a-b=6$

$4c=28 \quad\therefore c=7$

(i), (ii)에 의하여 모든 c의 값의 합은 $4+7=11$

30 [정답률 20%]

정답 147

Step 1 주어진 조건을 통해 점의 위치를 파악한다.

조건 (가)에서 점 P, Q, R은 각각 점 D, E, F를 중심으로 하고 반지름의 길이가 1인 원 위의 점이다.

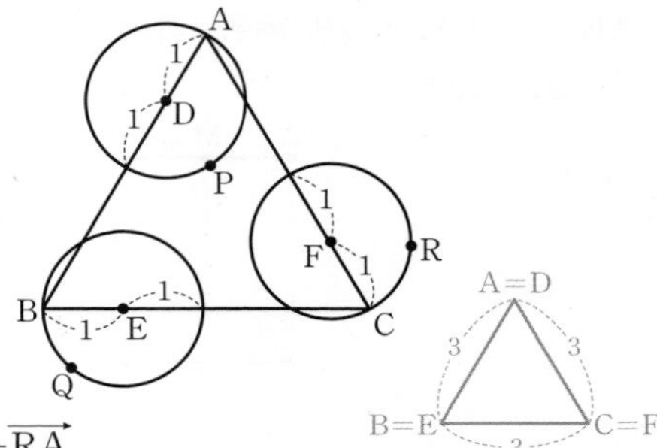

A=D, 3, 3, B=E, 3, C=F

$\overrightarrow{AX}=\overrightarrow{PB}+\overrightarrow{QC}+\overrightarrow{RA}$

$=(\overrightarrow{DB}-\overrightarrow{DP})+(\overrightarrow{EC}-\overrightarrow{EQ})+(\overrightarrow{FA}-\overrightarrow{FR})$

$=\overrightarrow{DB}+\overrightarrow{EC}+\overrightarrow{FA}-(\overrightarrow{DP}+\overrightarrow{EQ}+\overrightarrow{FR})$

$=\vec{0}-(\overrightarrow{DP}+\overrightarrow{EQ}+\overrightarrow{FR})$

벡터를 평행이동하면 위와 같은 정삼각형을 이루므로 $\overrightarrow{DB}+\overrightarrow{EC}+\overrightarrow{FA}=\vec{0}$

세 벡터 $\overrightarrow{DP}$, $\overrightarrow{EQ}$, $\overrightarrow{FR}$은 모두 반지름의 길이가 1인 원의 중심을 시점으로 하고 반지름의 길이가 1인 원 위의 한 점을 종점으로 하는 벡터이므로 시점을 A로 통일하고 종점을 각각 P′, Q′, R′이라 하면

$\overrightarrow{DP}+\overrightarrow{EQ}+\overrightarrow{FR}=\overrightarrow{AP'}+\overrightarrow{AQ'}+\overrightarrow{AR'}$

즉, $\overrightarrow{AX}=-(\overrightarrow{AP'}+\overrightarrow{AQ'}+\overrightarrow{AR'})$이다.

P′, Q′, R′은 원 위의 점이고 위치는 임의로 정한 것이다.

Step 2 $|\overrightarrow{AX}|$의 값이 최대인 경우를 구한다.

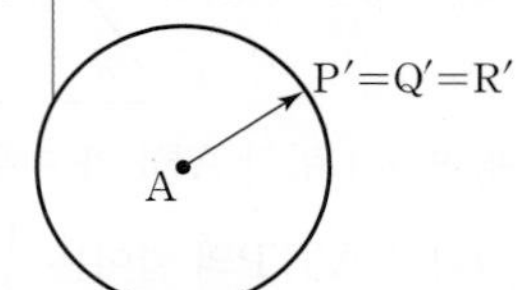

이때 $|\overrightarrow{AP'}|=|\overrightarrow{AQ'}|=|\overrightarrow{AR'}|=1$이고 $|\overrightarrow{AX}|$의 값이 최대가 되려면 세 벡터 $\overrightarrow{AP'}$, $\overrightarrow{AQ'}$, $\overrightarrow{AR'}$이 평행해야 하므로 세 점 P′, Q′, R′이 일치해야 한다. → 즉, 세 벡터가 모두 같아야 한다.

따라서 세 벡터 $\overrightarrow{DP}$, $\overrightarrow{EQ}$, $\overrightarrow{FR}$이 평행해야 한다.

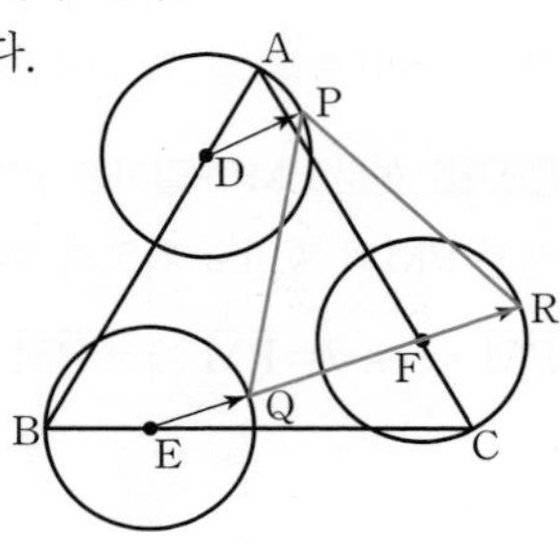

이때 점 P, Q, R은 오른쪽 그림과 같다.

세 벡터 $\overrightarrow{DP}$, $\overrightarrow{EQ}$, $\overrightarrow{FR}$은 모두 평행하며 크기가 같으므로 삼각형 PQR은 삼각형 DEF를 평행이동한 삼각형이고, 두 삼각형의 넓이는 같다.

이때 삼각형 PQR은 정삼각형이고 삼각형 BDE에서 코사인법칙에 의하여

$\overline{DE}^2=\overline{BD}^2+\overline{BE}^2-2\times\overline{BD}\times\overline{BE}\times\cos(\angle DBE)$

$=3^2+1^2-2\times3\times1\times\dfrac{1}{2}=7$

→ 삼각형 ABC는 정삼각형이므로 $\angle DBE=\dfrac{\pi}{3}$

따라서 $S=\dfrac{\sqrt{3}}{4}\times\overline{DE}^2=\dfrac{7\sqrt{3}}{4}$이므로

$\therefore\ 16S^2=16\times\left(\dfrac{7\sqrt{3}}{4}\right)^2=16\times\dfrac{49\times3}{16}=147$

본문 387쪽

30회 2025학년도 대학수학능력시험 정답과 해설

1	⑤	2	④	3	⑤	4	②	5	④
6	⑤	7	③	8	①	9	④	10	③
11	②	12	①	13	⑤	14	④	15	②
16	7	17	33	18	96	19	41	20	36
21	16	22	64						

확률과 통계				23	⑤	24	③	25	①
26	③	27	③	28	②	29	25	30	19

미적분				23	③	24	④	25	②
26	①	27	①	28	②	29	25	30	17

기하				23	③	24	④	25	③
26	①	27	①	28	④	29	107	30	316

01 [정답률 96%] 정답 ⑤

Step 1 지수법칙을 이용한다.

$\sqrt[3]{5}\times 25^{\frac{1}{3}}=5^{\frac{1}{3}}\times(5^2)^{\frac{1}{3}}=5^{\frac{1}{3}+\frac{2}{3}}=5$

02 [정답률 95%] 정답 ④

Step 1 미분계수의 정의를 이용한다.

함수 $f(x)=x^3-8x+7$에 대하여 $f'(x)=3x^2-8$이므로

$\lim_{h\to 0}\frac{f(2+h)-f(2)}{h}=f'(2)=4$

→ $f'(2)=3\times 2^2-8=12-8=4$

03 [정답률 92%] 정답 ⑤

Step 1 주어진 식을 k에 대한 식으로 변형한다.

등비수열 $\{a_n\}$의 공비가 $k\ (k>0)$이므로

$\frac{a_4}{a_2}+\frac{a_2}{a_1}=30$에서 $\frac{a_2\times k^2}{a_2}+\frac{a_1\times k}{a_1}=30$

→ $a_3=a_2\times$(공비)$=a_2\times k$, $a_4=a_3\times$(공비)$=a_2\times k^2$

$k^2+k-30=(k+6)(k-5)=0$

$\therefore k=5\ (\because k>0)$

04 [정답률 95%] 정답 ②

Step 1 함수 $f(x)$가 $x=-2$에서 연속임을 이용한다.

함수 $f(x)$가 실수 전체의 집합에서 연속이므로 $x=-2$에서도 연속이다.

즉, $\lim_{x\to -2+}f(x)=\lim_{x\to -2-}f(x)=f(-2)$

$\lim_{x\to -2+}f(x)=(-2)^2-a=4-a$

$\lim_{x\to -2-}f(x)=5\times(-2)+a=-10+a$

$f(-2)=4-a$

$4-a=-10+a$에서 $a=7$

→ $2a=14$

수능포인트

함수 $f(x)$가 $x=a$에서 연속일 때

① $x=a$에서의 극한값 $\lim_{x\to a}f(x)$가 존재하고

② $x=a$에서의 함숫값 $f(a)$가 존재하고

③ $\lim_{x\to a}f(x)=f(a)$

05 [정답률 92%] 정답 ④

Step 1 곱의 미분법을 이용하여 함수 $f(x)$를 미분한다.

$f(x)=(x^2+1)(3x^2-x)$를 미분하면

→ $f(x)=g(x)h(x)$를 미분하면 $f'(x)=g'(x)h(x)+g(x)h'(x)$

$f'(x)=(x^2+1)'(3x^2-x)+(x^2+1)(3x^2-x)'$

$=2x\times(3x^2-x)+(x^2+1)\times(6x-1)$

→ $(x^2+1)'=2x$, $(3x^2-x)'=3\times 2x-1=6x-1$

$=6x^3-2x^2+6x^3-x^2+6x-1$

$=12x^3-3x^2+6x-1$

$\therefore f'(1)=12\times 1^3-3\times 1^2+6\times 1-1=14$

06 [정답률 82%] 정답 ⑤

Step 1 $\cos\left(\frac{\pi}{2}+\theta\right)=-\sin\theta$임을 이용하여 $\sin\theta$의 값을 구한다.

$\cos\left(\frac{\pi}{2}+\theta\right)=-\sin\theta$이므로

$\cos\left(\frac{\pi}{2}+\theta\right)=-\sin\theta=-\frac{1}{5}\qquad\therefore \sin\theta=\frac{1}{5}$

Step 2 $\sin^2\theta=1-\cos^2\theta$임을 이용하여 답을 구한다.

→ $\sin^2\theta+\cos^2\theta=1$

$\frac{\sin\theta}{1-\cos^2\theta}=\frac{\sin\theta}{\sin^2\theta}=\frac{1}{\sin\theta}=\frac{1}{\frac{1}{5}}=5$

07 [정답률 93%] 정답 ③

Step 1 양변을 미분하여 함수 $f(x)$를 구한다.

→ $\left(\int_a^x f(t)dt\right)'=f(x)$ (a는 상수)

$\int_0^x f(t)dt=3x^3+2x$의 양변을 미분하면 $f(x)=9x^2+2$

→ $(3x^3+2x)'=3\times 3x^2+2=9x^2+2$

$\therefore f(1)=9\times 1^2+2=11$

수능포인트

함수 $f(t)$의 한 부정적분을 $F(t)$라 하면

$\int_0^x f(t)dt=\Big[F(t)\Big]_0^x=F(x)-F(0)$이 됩니다. 이때 이 식을 x에 대하여 미분하면 $F(0)$은 상수이기 때문에 0이 되고 $F(x)$는 $f(x)$가 됩니다.

08 [정답률 86%] 정답 ①

Step 1 로그의 성질을 이용하여 식을 계산한다.

$a=2\log\frac{1}{\sqrt{10}}+\log_2 20=2\log 10^{-\frac{1}{2}}+\log_2 20$

$=2\times\left(-\frac{1}{2}\right)\times\log 10+\log_2 20$ ($\log 10=1$)

$=-1+\log_2 20=\log_2 10$ ($=-\log_2 2+\log_2 20=\log_2\frac{20}{2}$)

$\therefore a\times b=\log_2 10\times\log 2=1$ ($\log 2=\log_{10} 2=\frac{1}{\log_2 10}$)

09 [정답률 89%] 정답 ④

Step 1 주어진 등식의 좌변과 우변을 각각 계산한다.

주어진 등식의 좌변을 계산하면

$\int_{-2}^{a} f(x)dx=\int_{-2}^{a}(3x^2-16x-20)dx$

$=\left[x^3-8x^2-20x\right]_{-2}^{a}$

$=(a^3-8a^2-20a)-(-8-32+40)$ ($-8-32+40=0$)

$=a^3-8a^2-20a$

우변을 계산하면

$\int_{-2}^{0} f(x)dx=\int_{-2}^{0}(3x^2-16x-20)dx$

$=\left[x^3-8x^2-20x\right]_{-2}^{0}$

$=0-(-8-32+40)=0$

즉, 주어진 등식을 정리하면 $a^3-8a^2-20a=0$ ($=0$)

$a(a^2-8a-20)=0,\ a(a+2)(a-10)=0$

$\therefore a=10\ (\because a>0)$ (a는 양수)

✪ 다른 풀이 정적분의 성질을 이용하는 풀이

Step 1 주어진 등식을 변형한다.

$\int_{-2}^{a} f(x)dx=\int_{-2}^{0} f(x)dx$에서

$\int_{-2}^{0} f(x)dx+\int_{0}^{a} f(x)dx=\int_{-2}^{0} f(x)dx$ → 양변의 $\int_{-2}^{0} f(x)dx$는 사라진다. (정적분의 성질을 이용)

$\therefore \int_{0}^{a} f(x)dx=0$

Step 2 양수 a의 값을 구한다.

$\int_{0}^{a} f(x)dx=\int_{0}^{a}(3x^2-16x-20)dx$

$=\left[x^3-8x^2-20x\right]_{0}^{a}=a^3-8a^2-20a$

$a^3-8a^2-20a=0$에서 $a(a^2-8a-20)=0$

$a(a+2)(a-10)=0\qquad \therefore a=10\ (\because a>0)$

10 [정답률 83%] 정답 ③

Step 1 함수 $f(x)$의 최댓값이 13임을 이용하여 자연수 a의 값을 구한다.

$-1\le\cos x\le1$이므로

$-a+3\le a\cos bx+3\le a+3$ (a, b는 자연수)

→ $-1\le\cos x\le1$에서 $-1\le\cos bx\le1$
각 변에 자연수 a를 곱하면
$-a\le a\cos bx\le a$
$-a+3\le a\cos bx+3\le a+3$

이때 함수 $f(x)$의 최댓값이 13이므로

$a+3=13\qquad\therefore a=10$

Step 2 함수 $f(x)$가 $x=\frac{\pi}{3}$에서 최댓값을 가짐을 이용하여 자연수 b의 값을 구한다.

함수 $f(x)=10\cos bx+3$이 $x=\frac{\pi}{3}$에서 최댓값을 가지므로

$\cos\frac{b\pi}{3}=1$

즉, $\frac{b\pi}{3}=2\pi,\ 4\pi,\ \cdots$ 이므로 $b=6,\ 12,\ \cdots$

따라서 자연수 b의 최솟값은 6이므로 $a+b$의 최솟값은 16이다.

11 [정답률 87%] 정답 ②

Step 1 점 P의 운동 방향이 바뀌는 시각을 구한다.

점 P의 시각 $t\ (t\ge0)$에서의 속도를 $v(t)$라 하면 $v(t)=3t^2-3t-6$

출발한 후, 점 P의 운동 방향이 바뀌는 시각을 $s\ (s\ge0)$라 하면 ($v(s)=0$이고, $t=s$를 기준으로 $v(t)$의 값의 부호가 반대여야 한다.)

$v(s)=3s^2-3s-6=0$

$3(s^2-s-2)=0,\ 3(s-2)(s+1)=0$

$\therefore s=2\ (\because s\ge0)$

따라서 점 P는 $t=2$에서 운동 방향이 바뀐다.

Step 2 $t=2$에서의 점 P의 가속도를 구한다.

점 P의 시각 $t\ (t\ge0)$에서의 가속도를 $a(t)$라 하면 $a(t)=6t-3$

따라서 $t=2$에서의 점 P의 가속도는 $a(2)=9$

→ 점 P의 시각 $t\ (t\ge0)$에서의 위치 x가 $x=t^3-\frac{3}{2}t^2-6t$이므로 $v(t)=\frac{dx}{dt}=3t^2-3t-6$

12 [정답률 76%] 정답 ①

Step 1 등차수열 $\{b_n\}$의 일반항을 구한다.

주어진 식에 $n=1$을 대입하면 $\sum_{k=1}^{1}\frac{a_k}{b_{k+1}}=\frac{a_1}{b_2}=\frac{1}{2}$

$a_1=2$이므로 $\frac{2}{b_2}=\frac{1}{2}\qquad\therefore b_2=4$

즉, 등차수열 $\{b_n\}$에 대하여 $b_1=2,\ b_2=4$이므로 $b_n=2n$ (첫째항이 2, 공차가 2인 등차수열)

Step 2 수열 $\{a_n\}$의 일반항을 구한다.

주어진 식에 $b_{k+1}=2(k+1)$을 대입한 후 정리하면

$\sum_{k=1}^{n}\frac{a_k}{2(k+1)}=\frac{1}{2}n^2,\ \sum_{k=1}^{n}\frac{a_k}{k+1}=n^2$

수열 $\left\{\frac{a_n}{n+1}\right\}$의 제1항부터 제$n$항까지의 합을 S_n이라 하자.

즉, $S_n=\sum_{k=1}^{n}\frac{a_k}{k+1}$이므로

$\frac{a_n}{n+1}=S_n-S_{n-1}=\sum_{k=1}^{n}\frac{a_k}{k+1}-\sum_{k=1}^{n-1}\frac{a_k}{k+1}$

$=n^2-(n-1)^2=2n-1$

$\therefore a_n=(n+1)(2n-1)=2n^2+n-1$ (단, $n\ge2$)

이때 $a_1=2+1-1=2$이므로 $a_n=2n^2+n-1\ (n\ge1)$

Step 3 $\sum_{k=1}^{5}a_k$의 값을 구한다.

$\sum_{k=1}^{5}a_k=\sum_{k=1}^{5}(2k^2+k-1)$

$=2\times\frac{5\times6\times11}{6}+\frac{5\times6}{2}-1\times5$

$=110+15-5=120$

13 [정답률 70%]

정답 ⑤

Step 1 함수 $f(x)$를 구한다.

전개 $f(x)=(x-1)(x-2)(x-a)$ (a는 상수)라 하면 → 함수 $f(x)$는 최고차항의 계수가 1이고 $f(1)=f(2)=0$

$f(x)=x^3-(a+3)x^2+(3a+2)x-2a$에서

$f'(x)=3x^2-2(a+3)x+3a+2$

$f'(0)=3a+2=-7$이므로 $a=-3$

$\therefore f(x)=x^3-7x+6$

Step 2 정적분의 성질을 이용하여 $B-A$의 값을 구한다.

$f(3)=12$이므로 직선 OP의 방정식은 $y=4x$ → P(3, 12) → (기울기)$=\frac{12}{3}=4$

점 Q의 x좌표를 k라 하면

$$B-A=\int_k^3 \{4x-(x^3-7x+6)\}dx-\int_0^k \{(x^3-7x+6)-4x\}dx$$

($=B$, $=A$)

$$=\int_k^3 (-x^3+11x-6)dx-\int_0^k (x^3-11x+6)dx$$

$$=\int_k^3 (-x^3+11x-6)dx+\int_0^k (-x^3+11x-6)dx$$

$$=\int_0^3 (-x^3+11x-6)dx$$

$\int_a^b f(x)dx+\int_b^c f(x)dx=\int_a^c f(x)dx$

$$=\left[-\frac{1}{4}x^4+\frac{11}{2}x^2-6x\right]_0^3$$

$$=\left(-\frac{81}{4}+\frac{99}{2}-18\right)-0=\frac{45}{4}$$

14 [정답률 48%]

정답 ④

Step 1 주어진 조건을 이용하여 삼각형 ADE와 삼각형 ABC의 각 변의 길이를 하나의 문자 k에 대하여 나타낸다.

$\overline{AD}:\overline{DB}=3:2$이므로 양수 k에 대하여 $\overline{AD}=3k$, $\overline{DB}=2k$라 하자.

$\sin A:\sin C=8:5$이므로

$\overline{BC}:\overline{AB}=8:5$

→ 삼각형 ABC에서 사인법칙에 의하여 $\frac{\overline{BC}}{\sin A}=\frac{\overline{AB}}{\sin C}$이므로 $\sin A:\sin C=\overline{BC}:\overline{AB}$

$\overline{BC}:5k=8:5 \quad \therefore \overline{BC}=8k$

→ $\overline{AB}=\overline{AD}+\overline{DB}=3k+2k=5k$

△ADE와 △ABC의 넓이의 비가 9 : 35이므로

→ 원 O의 반지름의 길이이므로 $\overline{AE}=\overline{AD}=3k$

$\frac{1}{2}\times\overline{AD}\times\overline{AE}\times\sin A:\frac{1}{2}\times\overline{AB}\times\overline{AC}\times\sin A=9:35$

$\frac{1}{2}\times 3k\times 3k\times\sin A:\frac{1}{2}\times 5k\times\overline{AC}\times\sin A=9:35$

$9k:5\overline{AC}=9:35 \quad \therefore \overline{AC}=7k$

Step 2 삼각형 ABC에서 코사인법칙과 사인법칙을 이용하여 양수 k의 값을 구한다.

삼각형 ABC에서 코사인법칙에 의하여

$$\cos B=\frac{(5k)^2+(8k)^2-(7k)^2}{2\times 5k\times 8k}=\frac{40k^2}{80k^2}=\frac{1}{2}$$

즉, $\sin B=\frac{\sqrt{3}}{2}$ → $\sqrt{1-\cos^2 B}=\sqrt{1-\left(\frac{1}{2}\right)^2}=\sqrt{\frac{3}{4}}=\frac{\sqrt{3}}{2}$

삼각형 ABC에서 사인법칙에 의하여

$\frac{\overline{AC}}{\sin B}=2\times 7$, $\frac{7k}{\frac{\sqrt{3}}{2}}=14 \quad \therefore k=\sqrt{3}$

(외접원의 반지름의 길이)

Step 3 삼각형 PBC의 넓이의 최댓값을 구한다.

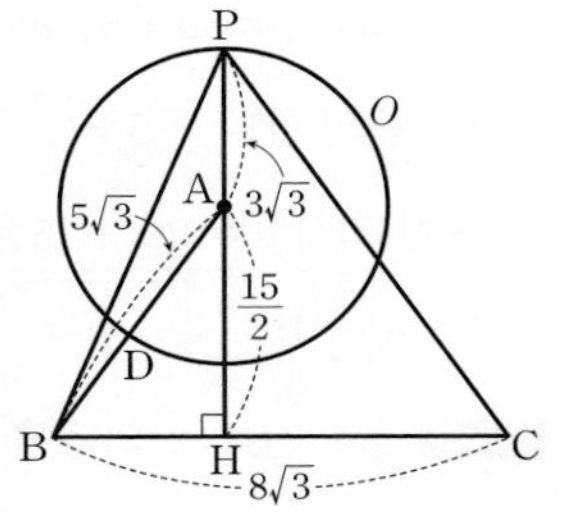

점 A에서 선분 BC에 내린 수선의 발을 H라 하면 오른쪽 그림과 같이 점 P가 점 A와 점 H를 지나는 직선 위에 있을 때 삼각형 PBC의 넓이가 최댓값을 갖는다.

→ 삼각형 PBC에서 선분 BC의 길이는 항상 $8\sqrt{3}$으로 일정하다. 즉, 점 P와 선분 BC 사이의 거리가 최대일 때 삼각형 PBC의 넓이가 최댓값을 갖는다.

이때 $\overline{PA}=\overline{AD}=3\sqrt{3}$,

→ 원 O의 반지름의 길이

$\overline{AH}=\overline{AB}\sin B=5\sqrt{3}\times\frac{\sqrt{3}}{2}=\frac{15}{2}$이므로

$$\triangle PBC=\frac{1}{2}\times\overline{BC}\times\overline{PH}=\frac{1}{2}\times 8\sqrt{3}\times\left(3\sqrt{3}+\frac{15}{2}\right)=36+30\sqrt{3}$$

15 [정답률 48%]

정답 ②

Step 1 함수 $g(x)$가 $x=0$에서 미분가능함을 이용한다.

함수 $g(x)$가 $x=0$에서 연속이므로 → 함수 $g(x)$는 $x=0$에서 미분가능하므로 당연히 연속이다.

$\lim_{x\to 0+} g(x)=\lim_{x\to 0-} g(x)=g(0)$

$\lim_{x\to 0+} g(x)=\lim_{x\to 0+} f(x)=f(0)$

$\lim_{x\to 0-} g(x)=\lim_{x\to 0-} (x^3+ax^2+15x+7)=7$

$g(0)=7$

$\therefore f(0)=7$ …… ㉠

또한 함수 $g(x)$가 $x=0$에서 미분가능하므로

$\lim_{x\to 0+} g'(x)=\lim_{x\to 0-} g'(x)$

$\lim_{x\to 0+} g'(x)=\lim_{x\to 0+} f'(x)=f'(0)$

$\lim_{x\to 0-} g'(x)=\lim_{x\to 0-} (3x^2+2ax+15)=15$

$\therefore f'(0)=15$ …… ㉡

㉠, ㉡에 의하여 $f(x)=px^2+15x+7$ ($p<0$)이라 할 수 있다.

Step 2 조건 (나)를 이용하여 함수 $g(x)$의 그래프의 개형을 생각한다.

→ $f(x)$의 최고차항의 계수는 음수

$$g(x)=\begin{cases} x^3+ax^2+15x+7 & (x\le 0) \\ px^2+15x+7 & (x>0)\end{cases}$$에서

$$g'(x)=\begin{cases} 3x^2+2ax+15 & (x<0) \\ 2px+15 & (x>0)\end{cases}$$

$h(x)=3x^2+2ax+15$라 하고, 이차방정식 $h(x)=0$의 판별식을 D라 하면 $\frac{D}{4}=a^2-45\ne 0$이므로 이차함수 $h(x)$의 그래프는 x축과 접하지 않는다.

→ 문제에서 $a\ne 3\sqrt{5}$

(i) 함수 $h(x)$의 그래프가 x축과 만나지 않을 때
함수 $g'(x)$의 그래프가 x축과 한 점에서 만나므로 조건 (나)를 만족시키지 않는다.

함수 $g'(x)$의 그래프를 x축의 방향으로 4만큼 평행이동

(ii) 함수 $h(x)$의 그래프가 x축과 서로 다른 두 점에서 만날 때
조건 (나)에 의하여 함수 $g'(x)$의 그래프와 함수 $g'(x-4)$의 그래프는 서로 다른 두 점에서 만나야 한다.
오른쪽 그림과 같이

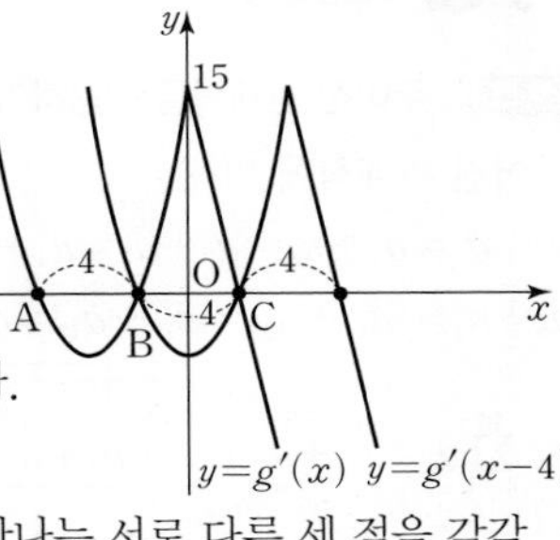

함수 $g'(x)$의 그래프가 x축과 만나는 서로 다른 세 점을 각각 A, B, C라 하고 점 A의 x좌표를 α라 하면 B$(\alpha+4,\ 0)$, C$(\alpha+8,\ 0)$

→ $h(x)=3x^2+2ax+15$

이차방정식 $h(x)=0$은 α, $\alpha+4$를 두 근으로 가지므로 근과 계수의 관계에 의하여

(두 근의 곱)$=\alpha(\alpha+4)=5$

$\alpha^2+4\alpha-5=(\alpha+5)(\alpha-1)=0 \quad \therefore \alpha=-5 \ (\because \alpha<0)$

(두 근의 합)$=-5+(-1)=-\dfrac{2a}{3} \quad \therefore a=9$

또한 직선 $y=2px+15$는 점 C(3, 0)을 지나므로

$0=6p+15 \quad \therefore p=-\dfrac{5}{2}$

일차함수 $f'(x)$

Step 3 $g(-2)$, $g(2)$의 값을 각각 구한다.

따라서 $g(x)=\begin{cases} x^3+9x^2+15x+7 & (x\le 0) \\ -\dfrac{5}{2}x^2+15x+7 & (x>0) \end{cases}$이므로

$g(-2)=-8+36-30+7=5$, $g(2)=-10+30+7=27$

$\therefore g(-2)+g(2)=32$

16 [정답률 90%]

정답 7

Step 1 로그방정식의 해를 구한다.

$\log_2(x-3)=\log_4(3x-5)$에서 로그의 진수 조건에 의하여

$x-3>0$, $3x-5>0 \quad \therefore x>3 \quad \cdots\cdots$ ㉠

$\log_2(x-3)=\log_{2^2}(3x-5)$ → $x>\dfrac{5}{3}$

$\log_2(x-3)=\dfrac{1}{2}\log_2(3x-5)$, $2\log_2(x-3)=\log_2(3x-5)$ → $=\log_2(x-3)^2$

$(x-3)^2=3x-5$, $x^2-9x+14=(x-2)(x-7)=0$

$\therefore x=7 \ (\because$ ㉠$)$

17 [정답률 91%]

정답 33

Step 1 부정적분을 이용하여 함수 $f(x)$를 구한다.

$f'(x)=9x^2+4x$이므로 $f(x)=3x^3+2x^2+C$ (단, C는 적분상수)

이때 $f(1)=6$이므로 $f(1)=3+2+C=6 \quad \therefore C=1$

따라서 $f(x)=3x^3+2x^2+1$이므로 $f(2)=24+8+1=33$

$f'(x)=ax^n+\cdots$일 때 $f(x)=\dfrac{a}{n+1}x^{n+1}+\cdots$

18 [정답률 80%]

정답 96

Step 1 주어진 관계식을 이용하기 쉽도록 짝을 지어준다.

주어진 관계식에 의해서

$a_1+a_5=a_2+a_6=a_3+a_7=a_4+a_8=12$

$a_9+a_{13}=a_{10}+a_{14}=a_{11}+a_{15}=a_{12}+a_{16}=12$

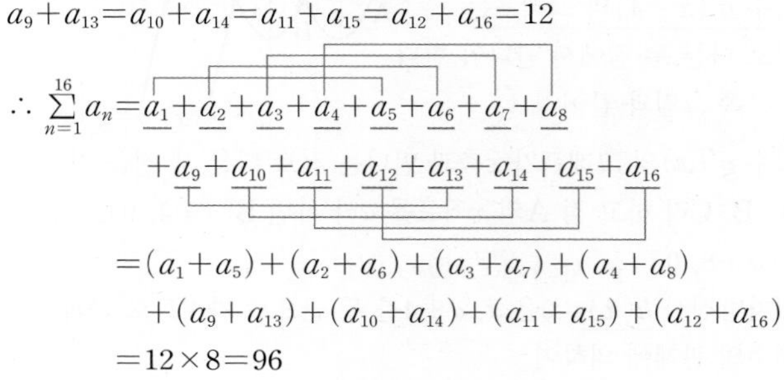

$\therefore \sum_{n=1}^{16}a_n=a_1+a_2+a_3+a_4+a_5+a_6+a_7+a_8$
$+a_9+a_{10}+a_{11}+a_{12}+a_{13}+a_{14}+a_{15}+a_{16}$
$=(a_1+a_5)+(a_2+a_6)+(a_3+a_7)+(a_4+a_8)$
$+(a_9+a_{13})+(a_{10}+a_{14})+(a_{11}+a_{15})+(a_{12}+a_{16})$
$=12\times 8=96$

19 [정답률 81%]

정답 41

Step 1 주어진 극댓값을 이용하여 양수 a의 값을 구한다.

$f'(x)=6x^2-6ax-12a^2=0$

$6(x^2-ax-2a^2)=0$, $6(x+a)(x-2a)=0$

$\therefore x=-a$ 또는 $x=2a$

즉, 함수 $f(x)$는 $x=-a$에서 극댓값, $x=2a$에서 극솟값을 갖는다.

함수 $f(x)$의 극댓값이 $\dfrac{7}{27}$이므로

$f(-a)=-2a^3-3a^3+12a^3=7a^3=\dfrac{7}{27} \quad \therefore a=\dfrac{1}{3}$

Step 2 $f(3)$의 값을 구한다.

$f(x)=2x^3-x^2-\dfrac{4}{3}x$이므로 $f(3)=54-9-4=41$

양수 a에 대하여 $-a<2a$이므로 함수 $y=f(x)$의 그래프의 개형은 다음과 같다.

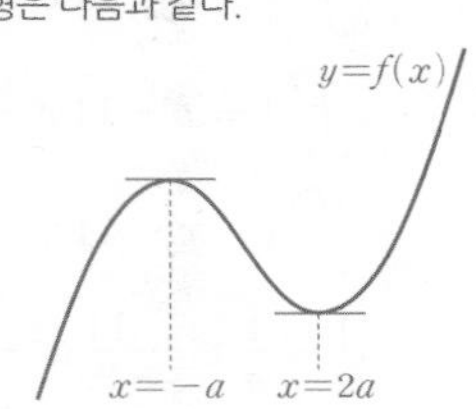

20 [정답률 21%]

정답 36

Step 1 k에 대한 방정식을 세운 후, $k5^k$의 값을 구한다.

곡선 $y=\left(\dfrac{1}{5}\right)^{x-3}$과 직선 $y=x$가 만나는 점의 x좌표가 k이므로

$\left(\dfrac{1}{5}\right)^{k-3}=k$, $5^{3-k}=k \quad \therefore k5^k=5^3$

양변에 5^k을 곱하면 $5^{3-k}\times 5^k=k5^k$, $5^{3-k+k}=k5^k$

Step 2 $f\left(\dfrac{1}{k^3\times 5^{3k}}\right)$의 값을 구한다.

$x>k$인 모든 실수 x에 대하여

$f(x)=\left(\dfrac{1}{5}\right)^{x-3}$이고 $f(f(x))=3x$이므로 $f\left(\left(\dfrac{1}{5}\right)^{x-3}\right)=3x$

$\therefore f\left(\dfrac{1}{k^3\times 5^{3k}}\right)=f\left(\dfrac{1}{(k5^k)^3}\right)=f\left(\dfrac{1}{5^9}\right)=36$

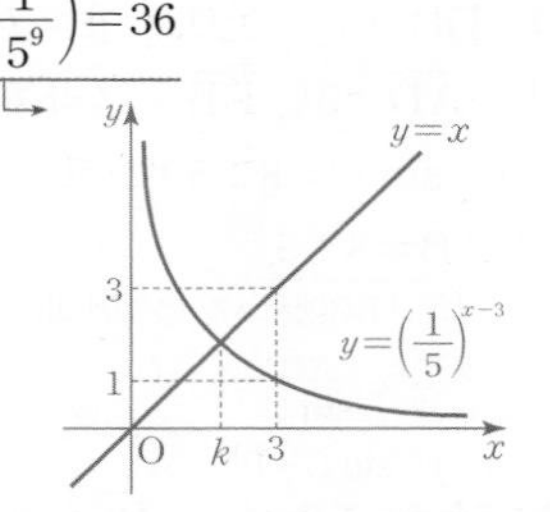

즉, $k<3$이므로 $f\left(\left(\dfrac{1}{5}\right)^{x-3}\right)=3x$에 $x=12$를 대입해도 된다.

21 [정답률 20%]

정답 16

Step 1 $x\to\alpha$일 때 (분모)$\to 0$이고 극한값이 존재하면 (분자)$\to 0$임을 이용한다.

삼차함수의 그래프는 x축과 적어도 한 개의 점에서 만난다.

방정식 $f(x)=0$의 한 실근을 k라 하면 주어진 조건에 의하여

$\lim\limits_{x\to k}\dfrac{f(2x+1)}{f(x)}$의 값이 존재해야 한다.

이때 (분모)→0이고 극한값이 존재하므로 (분자)→0이어야 한다.
즉, $\lim_{x\to k} f(2x+1)=0$에서 $f(2k+1)=0$

Step 2 a의 값의 범위를 구한다.

$k\neq 2k+1$인 경우 방정식 $f(x)=0$은 서로 다른 두 실근 k, $2k+1$을 가지므로 $\lim_{x\to 2k+1}\frac{f(2x+1)}{f(x)}$의 값이 존재하려면 $f(4k+3)=0$이어야 한다. (Step 1에서 했던 과정과 동일하다.)
($k\neq -1$)
같은 방법으로 하면
$f(k)=f(2k+1)=f(4k+3)=f(8k+7)=\cdots=0$
이므로 방정식 $f(x)=0$의 실근이 무수히 많아진다. (방정식 $f(x)=0$의 실근의 개수는 최대 3이다.)
즉, 방정식 $f(x)=0$은 $x=-1$만을 실근으로 갖는다.
$f(-1)=-1+a-b+4=0$ $\quad\therefore b=a+3$ $\quad\cdots\cdots$ ㉠
함수 $f(x)$에 ㉠을 대입하면
$f(x)=x^3+ax^2+(a+3)x+4$
$=(x+1)\{x^2+(a-1)x+4\}$

-1	1	a	$a+3$	4
		-1	$-a+1$	-4
	1	$a-1$	4	0

이때 $x^2+(a-1)x+4\neq(x+1)^2$이므로 이차방정식
$x^2+(a-1)x+4=0$은 $x=-1$을 중근으로 가질 수 없다. (상수항이 1)
즉, 이차방정식 $x^2+(a-1)x+4=0$은 실근을 갖지 않아야 한다. (실근을 갖게 되면 $f(x)=0$의 실근 중 $x=-1$이 아닌 것이 존재하게 되어 모순이다.)
이차방정식 $x^2+(a-1)x+4=0$의 판별식을 D라 하면
$D=(a-1)^2-4\times1\times4<0$
$a^2-2a-15<0$, $(a+3)(a-5)<0$
$\therefore -3<a<5$ (상수항이 4)

Step 3 $f(1)$의 최댓값을 구한다.

따라서 $f(1)=1+a+(a+3)+4=2a+8$이므로 $f(1)$의 최댓값은 $a=4$일 때 16이다.
(a는 정수이므로 a의 최댓값은 4)

22 [정답률 8%]

정답 64

Step 1 조건 (나)를 이용하여 $|a_1|\neq|a_3|$, $|a_2|\neq|a_4|$, $|a_3|=|a_5|$임을 알아낸다.

조건 (나)에 의하여 $|a_m|=|a_{m+2}|$인 자연수 m의 최솟값이 3이 되려면 $m=1$, 2일 때 $|a_m|\neq|a_{m+2}|$이고
$m=3$일 때 $|a_m|=|a_{m+2}|$이어야 하므로
$|a_1|\neq|a_3|$, $|a_2|\neq|a_4|$, $|a_3|=|a_5|$ $\quad\cdots\cdots$ ㉠
이어야 한다.

Step 2 $a_3=a_5$인 경우와 $a_3=-a_5$인 경우, $|a_3|$가 홀수인 경우와 짝수인 경우로 나누어 a_3, a_4, a_5, a_2, a_1을 순서대로 구한다.

$|a_3|=|a_5|$이므로 $a_3=a_5$ 또는 $a_3=-a_5$
따라서 다음과 같이 경우를 나누어 a_1을 구할 수 있다.

(i) $a_3=a_5$이고 $|a_3|$가 홀수인 경우
$|a_3|$가 홀수이므로 $a_4=a_3-3$ ((홀수)−(홀수))
이때 $|a_4|$는 0 또는 짝수이므로 $a_5=\frac{1}{2}a_4=\frac{1}{2}(a_3-3)=a_3$ ($a_3=a_5$)
$\frac{1}{2}a_3-\frac{3}{2}=a_3$, $-\frac{1}{2}a_3=\frac{3}{2}$
$\therefore a_3=-3$, $a_4=a_3-3=-3-3=-6$
$|a_2|$가 홀수인 경우, $a_3=a_2-3$에서 $a_2=a_3+3=-3+3=0$이므로 $|a_2|$가 홀수임에 모순된다.
$|a_2|$가 0 또는 짝수인 경우, $a_3=\frac{1}{2}a_2$에서
$a_2=2a_3=2\times(-3)=-6$이므로 조건 ㉠의 $|a_2|\neq|a_4|$에 모순된다. ($|a_2|=|a_4|=6$)
따라서 조건을 만족시키는 수열이 존재하지 않는다.

(ii) $a_3=a_5$이고 $|a_3|$가 0 또는 짝수인 경우
$|a_3|$가 0 또는 짝수이므로 $a_4=\frac{1}{2}a_3$

① $|a_4|$가 홀수인 경우
$a_5=a_4-3=\frac{1}{2}a_3-3=a_3$, $-\frac{1}{2}a_3=3$ ($a_3=a_5$)
$\therefore a_3=-6$, $a_4=\frac{1}{2}a_3=\frac{1}{2}\times(-6)=-3$
$|a_2|$가 홀수인 경우, $a_3=a_2-3$에서
$a_2=a_3+3=(-6)+3=-3$이므로 조건 ㉠의 $|a_2|\neq|a_4|$에 모순된다. ($|a_2|=|a_4|=3$)
$|a_2|$가 0 또는 짝수인 경우, $a_3=\frac{1}{2}a_2$에서
$a_2=2a_3=2\times(-6)=-12$ ($|a_2|\neq|a_4|$)
$|a_1|$이 홀수인 경우, $a_2=a_1-3$에서
$a_1=a_2+3=(-12)+3=-9$ ($|a_1|\neq|a_3|$)
$|a_1|$이 0 또는 짝수인 경우, $a_2=\frac{1}{2}a_1$에서
$a_1=2a_2=2\times(-12)=-24$ ($|a_1|\neq|a_3|$)
$\therefore$ $|a_1|=9$ 또는 $|a_1|=24$

② $|a_4|$가 0 또는 짝수인 경우
$a_5=\frac{1}{2}a_4=\frac{1}{2}\times\frac{1}{2}a_3=\frac{1}{4}a_3=a_3$
$\therefore a_3=0$, $a_4=\frac{1}{2}a_3=\frac{1}{2}\times0=0$
$|a_2|$가 홀수인 경우, $a_3=a_2-3$에서 $a_2=a_3+3=0+3=3$ ($|a_2|\neq|a_4|$)
$|a_2|$가 0 또는 짝수인 경우, $a_3=\frac{1}{2}a_2$에서
$a_2=2a_3=2\times0=0$이므로 조건 ㉠의 $|a_2|\neq|a_4|$에 모순된다. ($|a_2|=|a_4|=0$)
따라서 $|a_2|$는 홀수이고 $a_2=3$이다.
$|a_1|$이 홀수인 경우, $a_2=a_1-3$에서 $a_1=a_2+3=3+3=6$이므로 $|a_1|$이 홀수임에 모순된다.
$|a_1|$이 0 또는 짝수인 경우, $a_2=\frac{1}{2}a_1$에서
$a_1=2\times a_2=2\times3=6$ ($|a_1|\neq|a_3|$)
$\therefore$ $|a_1|=6$

(iii) $-a_3=a_5$이고 $|a_3|$가 홀수인 경우
$|a_3|$가 홀수이므로 $a_4=a_3-3$ ((홀수)−(홀수))
이때 $|a_4|$가 0 또는 짝수이므로
$a_5=\frac{1}{2}a_4=\frac{1}{2}(a_3-3)=\frac{1}{2}a_3-\frac{3}{2}=-a_3$, $\frac{3}{2}a_3=\frac{3}{2}$
$\therefore a_3=1$, $a_4=a_3-3=1-3=-2$
$|a_2|$가 홀수인 경우, $a_3=a_2-3$에서 $a_2=a_3+3=1+3=4$이므로 $|a_2|$가 홀수임에 모순된다.
$|a_2|$가 0 또는 짝수인 경우, $a_3=\frac{1}{2}a_2$에서 $a_2=2a_3=2\times1=2$이므로 조건 ㉠의 $|a_2|\neq|a_4|$에 모순된다. ($|a_2|=|a_4|=2$)
따라서 조건을 만족시키는 수열이 존재하지 않는다.

(iv) $-a_3=a_5$이고 $|a_3|$가 0 또는 짝수인 경우
$|a_3|$가 0 또는 짝수이므로 $a_4=\frac{1}{2}a_3$

① $|a_4|$가 홀수인 경우
$a_5=a_4-3=\frac{1}{2}a_3-3=-a_3$에서 $\frac{3}{2}a_3=3$
$\therefore a_3=2$, $a_4=\frac{1}{2}a_3=\frac{1}{2}\times2=1$

(a) $|a_2|$가 홀수인 경우
$a_3=a_2-3$에서 $a_2=a_3+3=2+3=5$ ($|a_2|\neq|a_4|$)
$|a_1|$이 홀수인 경우, $a_2=a_1-3$에서
$a_1=a_2+3=5+3=8$이므로 $|a_1|$이 홀수임에 모순된다.
$|a_1|$이 0 또는 짝수인 경우, $a_2=\frac{1}{2}a_1$에서
$a_1=2a_2=2\times5=10$ ($|a_1|\neq|a_3|$)
$\therefore$ $|a_1|=10$

(b) $|a_2|$가 0 또는 짝수인 경우
$a_3=\frac{1}{2}a_2$에서 $a_2=2a_3=2\times2=4$ ($|a_2|\neq|a_4|$)
$|a_1|$이 홀수인 경우, $a_2=a_1-3$에서
$a_1=a_2+3=4+3=7$ ($|a_1|\neq|a_3|$)
$|a_1|$이 0 또는 짝수인 경우, $a_2=\frac{1}{2}a_1$에서

$a_1=2a_2=2\times4=8$

$\therefore$ $\boxed{|a_1|=7}$ 또는 $\boxed{|a_1|=8}$

② $|a_4|$가 0 또는 짝수인 경우

$a_5=\frac{1}{2}a_4=\frac{1}{2}\times\frac{1}{2}a_3=\frac{1}{4}a_3=-a_3$에서 $\frac{5}{4}a_3=0$

$\therefore a_3=0,\ a_4=\frac{1}{2}a_3=\frac{1}{2}\times0=0$

이 경우 (ii)−②와 같다. → $a_3=0,\ a_4=0$이었다.

(i)~(iv)에 의하여 구하는 합은 $9+24+6+10+7+8=64$
(ii) (iv)

확률과 통계

23 [정답률 84%] 정답 ⑤

Step 1 이항정리를 이용하여 x^6의 계수를 구한다.

$(x^3+2)^5$의 전개식의 일반항은

${}_5C_n(x^3)^n\times2^{5-n}={}_5C_n\times2^{5-n}\times x^{3n}$ → $3n=6,\ n=2$

따라서 x^6의 계수는 $n=2$일 때이므로 ${}_5C_2\times2^3=80$

→ $=\frac{5\times4}{2}=10$

24 [정답률 76%] 정답 ③

Step 1 두 사건 A, B가 서로 독립임을 이용한다.

$P(A|B)=P(A)$이므로 두 사건 A, B는 서로 독립이다.

$P(A\cap B)=P(A)P(B)$이므로 $\frac{1}{2}P(B)=\frac{1}{5}$ $\quad\therefore P(B)=\frac{2}{5}$

$\therefore P(A\cup B)=P(A)+P(B)-P(A\cap B)=\frac{1}{2}+\frac{2}{5}-\frac{1}{5}=\frac{7}{10}$

→ 사건 B가 일어나는 것이 사건 A가 일어날 확률에 아무런 영향을 주지 않는다.

25 [정답률 67%] 정답 ①

Step 1 모평균 m에 대한 신뢰구간을 구한다.

구한 표본평균을 $\overline{X}$라 하면 모평균 m에 대한 신뢰도 95%의 신뢰구간은

$\overline{X}-1.96\times\frac{2}{\sqrt{256}}\le m\le\overline{X}+1.96\times\frac{2}{\sqrt{256}}$ (앞쪽 $=a$, 뒤쪽 $=b$)

$\therefore b-a=2\times1.96\times\frac{2}{16}=0.49$

→ $16=\sqrt{256}$

26 [정답률 82%] 정답 ③

Step 1 여사건의 확률을 이용한다.

임의로 3명의 학생을 선택할 때, 적어도 한 명이 과목 B를 선택한 사건을 X라 하면 3명 모두 과목 A를 선택한 사건은 사건 X의 여사건 X^C이므로

$P(X)=1-P(X^C)=1-\frac{{}_9C_3}{{}_{16}C_3}=1-\frac{3}{20}=\frac{17}{20}$

→ ${}_9C_3$: 과목 A를 선택한 학생 9명 중 3명을 선택하는 경우의 수

→ ${}_{16}C_3$: 전체 학생 16명 중 3명을 선택하는 경우의 수

27 [정답률 30%] 정답 ③

Step 1 확률분포표를 이용하여 $V(X)$의 값을 구한다.

주머니에서 임의로 1장의 카드를 꺼낼 때, 카드에 적혀 있는 수를 확률변수 X라 하자.

확률변수 X의 확률분포를 표로 나타내면 다음과 같다.

X	1	3	5	7	9	합계
$P(X=x)$	$\frac{1}{5}$	$\frac{1}{5}$	$\frac{1}{5}$	$\frac{1}{5}$	$\frac{1}{5}$	1

$E(X)=1\times\frac{1}{5}+3\times\frac{1}{5}+5\times\frac{1}{5}+7\times\frac{1}{5}+9\times\frac{1}{5}=5$

$E(X^2)=1^2\times\frac{1}{5}+3^2\times\frac{1}{5}+5^2\times\frac{1}{5}+7^2\times\frac{1}{5}+9^2\times\frac{1}{5}=33$

$V(X)=E(X^2)-\{E(X)\}^2=8$ → $=33-5^2=33-25$

Step 2 $V(\overline{X})=\frac{1}{3}V(X)$, $V(a\overline{X}+6)=a^2V(\overline{X})$임을 이용한다.

$\overline{X}$는 모집단에서 임의추출한 크기가 3인 표본의 표본평균이므로

→ 시행을 3번 반복해 나온 카드에 적힌 3개의 수의 평균

$V(\overline{X})=\frac{V(X)}{3}=\frac{8}{3}$

$V(a\overline{X}+6)=a^2V(\overline{X})=24$이므로

$\frac{8}{3}a^2=24,\ a^2=9 \qquad \therefore a=3(\because a>0)$

28 [정답률 59%] 정답 ②

Step 1 조건 (가), (나)를 이용하여 가능한 $f(1)$, $f(6)$의 값을 모두 구한다.

조건 (나)에서 $f(1)\le f(6)$ → $2f(1)\le2f(6)$에서 $f(1)\le f(6)$

6의 약수는 1, 2, 3, 6이므로 조건 (가)에 의하여 $f(1)=f(6)=1$ 또는 $f(1)=1,\ f(6)=2$ 또는 $f(1)=1,\ f(6)=3$ 또는 $f(1)=1,\ f(6)=6$ 또는 $f(1)=2,\ f(6)=3$ → $f(1)=3,\ f(6)=2$의 경우는 조건 (나)에 모순

Step 2 $f(1)$, $f(6)$의 값에 따라 경우를 나누고 함수 f의 개수를 각각 구한다.

(i) $f(1)=f(6)=1$일 때

조건 (나)에서 $2\le f(2)\le f(3)\le f(4)\le f(5)\le2$

따라서 이 조건을 만족시키는 함수 f의 개수는 $f(2)=f(3)=f(4)=f(5)=2$의 1이다.

(ii) $f(1)=1,\ f(6)=2$일 때

$2\le f(2)\le f(3)\le f(4)\le f(5)\le4$

$f(2)$, $f(3)$, $f(4)$, $f(5)$의 값을 정하는 경우의 수는 2, 3, 4 중에서 중복을 허락하여 4개를 선택하는 중복조합의 수와 같으므로 ${}_3H_4={}_6C_4=15$ → $={}_6C_2=\frac{6\times5}{2}$

따라서 이 조건을 만족시키는 함수 f의 개수는 15이다.

(iii) $f(1)=1,\ f(6)=3$일 때

$2\le f(2)\le f(3)\le f(4)\le f(5)\le6$

$f(2)$, $f(3)$, $f(4)$, $f(5)$의 값을 정하는 경우의 수는 2, 3, 4, 5, 6 중에서 중복을 허락하여 4개를 선택하는 중복조합의 수와 같으므로 ${}_5H_4={}_8C_4=70$ → $=\frac{8\times7\times6\times5}{4\times3\times2\times1}$

따라서 이 조건을 만족시키는 함수 f의 개수는 70이다.

(iv) $f(1)=1,\ f(6)=6$일 때

$2\le f(2)\le f(3)\le f(4)\le f(5)\le12$

$f(2)$, $f(3)$, $f(4)$, $f(5)$의 값을 정하는 경우의 수는 2, 3, 4, 5, 6 중에서 중복을 허락하여 4개를 선택하는 중복조합의 수와 같으므로 ${}_5H_4=70$ → $X=\{1, 2, 3, 4, 5, 6\}$이므로 함수 f는 6보다 더 큰 수를 치역으로 가질 수 없다.

따라서 이 조건을 만족시키는 함수 f의 개수는 70이다.

(v) $f(1)=2$, $f(6)=3$일 때

$4 \le f(2) \le f(3) \le f(4) \le f(5) \le 6$

$f(2)$, $f(3)$, $f(4)$, $f(5)$의 값을 정하는 경우의 수는 4, 5, 6 중에서 중복을 허락하여 4개를 선택하는 중복조합의 수와 같으므로 ${}_3\mathrm{H}_4=15$

따라서 이 조건을 만족시키는 함수 f의 개수는 15이다.

(i)~(v)에 의하여 함수 f의 개수는

$1+15+70+70+15=171$

29 [정답률 41%] 정답 25

Step 1 $\mathrm{P}(X \le x)=\mathrm{P}(X \ge 40-x)$를 이용하여 m_1의 값을 구한다.

모든 실수 x에 대하여 $\mathrm{P}(X \le x)=\mathrm{P}(X \ge 40-x)$이므로

$\mathrm{P}(X \le m_1)=\mathrm{P}(X \ge 40-m_1)=0.5$

$m_1=40-m_1$에서 $2m_1=40$ $\quad \therefore m_1=20$

Step 2 $\mathrm{P}(Y \le x)=\mathrm{P}(X \le x+10)$을 이용하여 m_2의 값을 구하고 $\mathrm{P}(15 \le X \le 20)$을 Y에 대하여 나타낸다.

$\mathrm{P}(Y \le m_2)=\mathrm{P}(X \le m_2+10)=0.5$에서 $m_1=m_2+10$ (m_2+10 → m_1이어야 한다.)

따라서 $m_2=m_1-10=20-10=10$이므로

$\mathrm{P}(15 \le X \le 20)=\mathrm{P}(X \le 20)-\mathrm{P}(X \le 15)$ ($\mathrm{P}(a \le X \le b)=\mathrm{P}(X \le b)-\mathrm{P}(X \le a)$)

($\mathrm{P}(X \le 15)=\mathrm{P}(X \le 5+10)=\mathrm{P}(Y \le 5)$)

$=\mathrm{P}(Y \le 10)-\mathrm{P}(Y \le 5)=\mathrm{P}(5 \le Y \le 10)$

($\mathrm{P}(X \le 20)=\mathrm{P}(X \le 10+10)=\mathrm{P}(Y \le 10)$)

Step 3 정규화를 이용하여 σ_2의 값을 구한다.

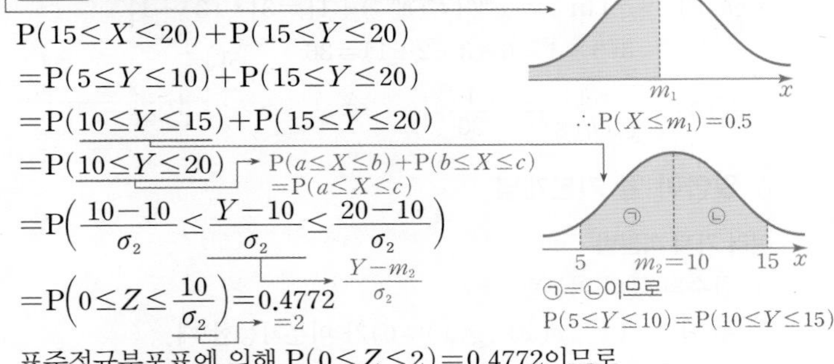

$\mathrm{P}(15 \le X \le 20)+\mathrm{P}(15 \le Y \le 20)$

$=\mathrm{P}(5 \le Y \le 10)+\mathrm{P}(15 \le Y \le 20)$

$=\mathrm{P}(10 \le Y \le 15)+\mathrm{P}(15 \le Y \le 20)$

$=\mathrm{P}(10 \le Y \le 20)$ ($\mathrm{P}(a \le X \le b)+\mathrm{P}(b \le X \le c)=\mathrm{P}(a \le X \le c)$)

$=\mathrm{P}\left(\dfrac{10-10}{\sigma_2} \le \dfrac{Y-10}{\sigma_2} \le \dfrac{20-10}{\sigma_2}\right)$ ($\dfrac{Y-m_2}{\sigma_2}$)

$=\mathrm{P}\left(0 \le Z \le \dfrac{10}{\sigma_2}\right)=0.4772$ ($=2$)

$\therefore \mathrm{P}(X \le m_1)=0.5$

㉠=㉡이므로 $\mathrm{P}(5 \le Y \le 10)=\mathrm{P}(10 \le Y \le 15)$

표준정규분포표에 의해 $\mathrm{P}(0 \le Z \le 2)=0.4772$이므로

$\dfrac{10}{\sigma_2}=2$ $\quad \therefore \sigma_2=5$

따라서 구하는 값은 $m_1+\sigma_2=20+5=25$

30 [정답률 33%] 정답 19

Step 1 조건을 만족시키는 경우를 구한 후 각각의 확률을 구한다.

주어진 조건을 만족시키는 경우는 다음과 같다.

주사위를 세 번 던져 나온 눈의 수가

(i) 3, 4, 5인 경우, 확률을 구하면 $3! \times \left(\dfrac{1}{6}\right)^3=\dfrac{1}{36}$ ($3!$: 세 수 3, 4, 5를 순서대로 나열하는 경우의 수)

(ii) 1, 2, 6인 경우, 확률을 구하면 $3! \times \left(\dfrac{1}{6}\right)^3=\dfrac{1}{36}$

따라서 구하는 확률은 $\dfrac{1}{36}+\dfrac{1}{36}=\dfrac{1}{18}$이므로 $p+q=19$

예를 들어, 주사위의 눈의 수가 순서대로 6, 1, 2였다면 탁자 위에 5개의 동전의 변화는 다음과 같다.
앞앞뒤뒤뒤 → 뒤뒤앞앞앞 → 앞뒤앞앞앞 → 앞앞앞앞앞

미적분

23 [정답률 96%] 정답 ③

Step 1 $\displaystyle\lim_{x \to 0}\frac{\sin x}{x}=1$을 이용한다.

$$\lim_{x \to 0}\frac{3x^2}{\sin^2 x}=\lim_{x \to 0}\frac{3}{\dfrac{\sin^2 x}{x^2}}=\lim_{x \to 0}\frac{3}{\left(\dfrac{\sin x}{x}\right)^2}$$

$$=\frac{3}{\left(\displaystyle\lim_{x \to 0}\frac{\sin x}{x}\right)^2}=\frac{3}{1^2}=3$$

($\displaystyle\lim_{x \to 0}\frac{\sin x}{x}=1$)

24 [정답률 92%] 정답 ④

Step 1 정적분을 계산한다.

$$\int_0^{10}\frac{x+2}{x+1}dx=\int_0^{10}\left(1+\frac{1}{x+1}\right)dx$$

($=\dfrac{(x+1)+1}{x+1}$)

($\dfrac{1}{x+1}=\dfrac{(x+1)'}{x+1}$임을 이용)

$$=\Big[x+\ln|x+1|\Big]_0^{10}$$

$$=(10+\ln 11)-(0+\ln 1)=10+\ln 11$$

($\ln 1=0$)

25 [정답률 90%] 정답 ②

Step 1 $\displaystyle\lim_{n \to \infty}\frac{na_n}{n^2+3}=1$임을 이용한다.

$$\lim_{n \to \infty}(\sqrt{a_n^2+n}-a_n)$$

$$=\lim_{n \to \infty}\frac{(\sqrt{a_n^2+n}-a_n)(\sqrt{a_n^2+n}+a_n)}{\sqrt{a_n^2+n}+a_n}$$ (분자의 유리화)

$$=\lim_{n \to \infty}\frac{n}{\sqrt{a_n^2+n}+a_n}$$

(분모, 분자에 $\dfrac{n}{n^2+3}$을 곱해준다.)

$$=\lim_{n \to \infty}\frac{\dfrac{n^2}{n^2+3}}{\dfrac{n(\sqrt{a_n^2+n}+a_n)}{n^2+3}}$$

$$=\lim_{n \to \infty}\frac{\dfrac{n^2}{n^2+3}}{\sqrt{\dfrac{n^2a_n^2}{(n^2+3)^2}+\dfrac{n^3}{(n^2+3)^2}}+\dfrac{na_n}{n^2+3}}$$

$$=\frac{1}{\sqrt{1^2+0}+1}=\frac{1}{2}$$

다른 풀이 $\displaystyle\lim_{n \to \infty}\frac{a_n}{n}=1$임을 이용하는 풀이

Step 1 $\displaystyle\lim_{n \to \infty}\frac{a_n}{n}$의 값을 구한다.

$\dfrac{na_n}{n^2+3}=b_n$이라 하면 $a_n=\dfrac{(n^2+3)b_n}{n}$

$\therefore \lim_{n\to\infty}\frac{a_n}{n}=\lim_{n\to\infty}\frac{(n^2+3)b_n}{n^2}=\lim_{n\to\infty}\left(\frac{n^2+3}{n^2}\times b_n\right)=1\times1=1$

→ $\lim_{n\to\infty}b_n=\lim_{n\to\infty}\frac{na_n}{n^2+3}=1$

Step 2 극한값을 구한다.

$\lim_{n\to\infty}(\sqrt{a_n^2+n}-a_n)$

$=\lim_{n\to\infty}\frac{(\sqrt{a_n^2+n}-a_n)(\sqrt{a_n^2+n}+a_n)}{\sqrt{a_n^2+n}+a_n}$

$=\lim_{n\to\infty}\frac{n}{\sqrt{a_n^2+n}+a_n}=\lim_{n\to\infty}\frac{1}{\sqrt{\frac{a_n^2}{n^2}+\frac{1}{n}}+\frac{a_n}{n}}$

$=\frac{1}{\sqrt{1+0}+1}=\frac{1}{2}$

→ $\lim_{n\to\infty}\frac{a_n^2}{n^2}=\lim_{n\to\infty}\left(\frac{a_n}{n}\right)^2=1$

26 [정답률 83%]

정답 ①

Step 1 $x=t\ (1\le t\le e)$에서의 입체도형의 단면의 넓이를 구한다.

입체도형을 x축 위의 $x=t\ (1\le t\le e)$에서 x축에 수직인 평면으로 자른 단면의 넓이를 $S(t)$라 하면

$S(t)=\left\{\sqrt{\frac{t+1}{t(t+\ln t)}}\right\}^2=\frac{t+1}{t(t+\ln t)}$

Step 2 치환적분법을 이용하여 입체도형의 부피를 구한다.

구하는 입체도형의 부피는

$\int_1^e S(t)dt=\int_1^e\frac{t+1}{t(t+\ln t)}dt=\int_1^e\frac{1+\frac{1}{t}}{t+\ln t}dt$

→ 분모, 분자를 모두 t로 나누었다.

$t+\ln t=s$로 치환하면 $1+\frac{1}{t}=\frac{ds}{dt}$이고

$t=1$일 때 $s=1$, $t=e$일 때 $s=e+1$이므로

$\int_1^e S(t)dt=\int_1^e\frac{1+\frac{1}{t}}{t+\ln t}dt=\int_1^{e+1}\frac{1}{s}ds$

$=\Big[\ln s\Big]_1^{e+1}=\ln(e+1)-\ln 1=\ln(e+1)$

→ $=0$

27 [정답률 48%]

정답 ①

Step 1 $g(0)=0,\ g'(0)=0$임을 이용하여 $f(1),\ f'(1)$의 값을 구한다.

$f(x)=x^3+ax^2+bx+c$ (a, b, c는 상수)라 하면

$f'(x)=3x^2+2ax+b$

곡선 $y=g(x)$ 위의 점 $(0, g(0))$에서의 접선이 x축이므로 → 기울기가 0

$g(0)=0$이고 $g'(0)=0$이어야 한다. → 점 $(0, g(0))$이 x축 위에 있다.

$g(0)=f(e^0)+e^0=f(1)+1=0 \qquad \therefore f(1)=-1$

$g'(x)=(f(e^x)+e^x)'=(e^x)'f'(e^x)+(e^x)'$ → $\{f(g(x))\}'=g'(x)f'(g(x))$

$=e^xf'(e^x)+e^x=e^x(f'(e^x)+1)$ → $(e^x)'=e^x$

이므로 $g'(0)=e^0(f'(e^0)+1)=f'(1)+1=0 \qquad \therefore f'(1)=-1$

Step 2 함수 $g(x)$가 역함수를 가지기 위한 조건을 파악하여 $f(x)$를 구한다.

함수 $g(x)$가 역함수를 가지려면 $g'(x)$가 모든 실수 x에 대하여 $g'(x)\ge0$이거나 $g'(x)\le0$이어야 한다. (→ 증가함수, → 감소함수)

$g'(x)=e^x(f'(e^x)+1)$에서 $e^x=t\ (t>0)$로 치환하면

$t(f'(t)+1)\ (t>0)$이다.

따라서 $t>0$에서 $t(f'(t)+1)\ge0$, 즙 $f'(t)\ge-1$이거나 $t>0$에서 $t(f'(t)+1)\le0$, 즉 $f'(t)\le-1$이어야 한다. (→ $f'(t)+1\ge0$, → $f'(t)+1\le0$)

$f'(t)=3t^2+2at+b$의 최고차항의 계수가 양수이므로 $t>0$인 모든 t에 대하여 $f'(t)\le-1$이 될 수 없다.

그러므로 $t>0$인 모든 t에 대하여 $f'(t)\ge-1$이어야 한다.

Step 1에서 $f'(1)=-1$이므로 오른쪽 그래프와 같이 함수 $y=f'(t)$의 그래프의 꼭짓점은 점 $(1, -1)$이다. → $t>0$에서 $t=1$일 때 $f'(t)$의 값이 최소이다.

$y=f'(t)$, y, O, 1, t, -1, $f'(t)$의 최솟값

$\therefore f'(t)=3(t-1)^2-1$ → $f'(t)=3t^2+2at+b$이므로 최고차항의 계수는 3

$=3(t^2-2t+1)-1$

$=3t^2-6t+3-1=3t^2-6t+2$

따라서 $2a=-6$에서 $a=-3$, $b=2$이므로 → $=3t^2+2at+b$

$f(x)=x^3-3x^2+2x+c$ → $f(x)=x^3+ax^2+bx+c$

$f(1)=-1$이므로

$f(1)=1-3+2+c=-1 \qquad \therefore c=-1$

$\therefore f(x)=x^3-3x^2+2x-1$

Step 3 역함수의 미분법을 이용하여 $h'(8)$의 값을 구한다.

$h'(x)=\frac{1}{g'(h(x))}$이므로 $h'(8)=\frac{1}{g'(h(8))}$ → 역함수의 미분법

→ $h(8)$은 $g(x)=8$을 만족시키는 x의 값이다.

$g(x)=f(e^x)+e^x=8$에서 $e^x=t\ (t>0)$로 치환하면

$f(t)+t=t^3-3t^2+2t-1+t=t^3-3t^2+3t-1=8$ → $f(t)=t^3-3t^2+2t-1$

$t^3-3t^2+3t-9=0,\ (t-3)(t^2+3)=0 \qquad \therefore t=3$

$t=e^x=3$에서 $x=\ln 3$이므로 $g(\ln 3)=8 \qquad \therefore h(8)=\ln 3$

$g'(x)=e^x(f'(e^x)+1)$이므로

$g'(h(8))=g'(\ln 3)=e^{\ln 3}\{f'(e^{\ln 3})+1\}=3\{f'(3)+1\}$

$=3(3\times3^2-6\times3+2+1)=36$

3	1	−3	3	−9
		3	0	9
	1	0	3	0

$\therefore h'(8)=\frac{1}{g'(h(8))}=\frac{1}{36}$

알아야 할 기본개념

여러 가지 미분법

(i) 함수의 몫의 미분법

두 함수 $f(x)$, $g(x)$ $(g(x)\ne0)$가 미분가능할 때

$\left\{\frac{1}{g(x)}\right\}'=-\frac{g'(x)}{\{g(x)\}^2}$, $\left\{\frac{f(x)}{g(x)}\right\}'=\frac{f'(x)g(x)-f(x)g'(x)}{\{g(x)\}^2}$

(ii) 합성함수의 미분법

두 함수 $y=f(u)$, $u=g(x)$가 미분가능할 때

합성함수 $y=f(g(x))$의 도함수는

$\frac{dy}{dx}=\frac{dy}{du}\cdot\frac{du}{dx}$ 또는 $\{f(g(x))\}'=f'(g(x))g'(x)$

(iii) 역함수의 미분법

미분가능한 함수 $y=f(x)$의 역함수가 존재하고 미분가능할 때

$\frac{dy}{dx}=\frac{1}{\frac{dx}{dy}}$

28 [정답률 31%] 정답 ②

Step 1 함수 $y=f(x)$의 그래프의 개형을 파악한다.

$f'(x)=-x+e^{1-x^2}$에서 $f''(x)=-1-2xe^{1-x^2}$

$f'(1)=-1+e^{1-1}=0$이고, $x<1$에서 $f'(x)>0$, $x>1$에서 $f'(x)<0$이므로 함수 $y=f(x)$는 $x=1$에서 극댓값을 갖는다.

또한 $x>0$일 때 $f''(x)<0$이므로 함수 $y=f(x)$의 그래프는 $x>0$에서 위로 볼록하다.

Step 2 적분을 이용하여 t에 대한 함수 $g(t)$와 그 도함수 $g'(t)$를 구한다.

점 $(t, f(t))$에서의 접선의 방정식은 $y=f'(t)(x-t)+f(t)$

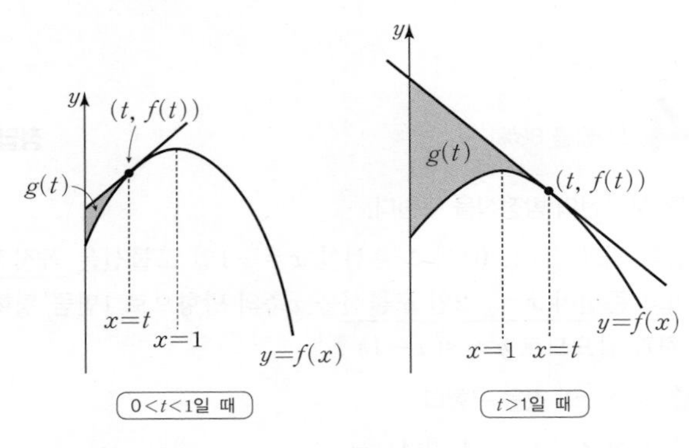

$$g(t)=\int_0^t\{f'(t)(x-t)+f(t)-f(x)\}dx$$
$$=\int_0^t\{f'(t)x-tf'(t)+f(t)-f(x)\}dx$$
$$=\left[\frac{1}{2}f'(t)x^2-tf'(t)x+f(t)x\right]_0^t-\int_0^t f(x)dx$$
$$=-\frac{1}{2}t^2f'(t)+tf(t)-\int_0^t f(x)dx$$

$\frac{d}{dt}\left(\int_0^t f(x)dx\right)=f(t)$

$$g'(t)=-tf'(t)-\frac{1}{2}t^2f''(t)+f(t)+tf'(t)-f(t)=-\frac{1}{2}t^2f''(t)$$

Step 3 $g(1)+g'(1)$의 값을 구한다.

$f'(1)=0$, $f''(1)=-3$이므로

부분적분법에 의하여 $\left[xf(x)\right]_0^1-\int_0^1 xf'(x)dx$

$$g(1)+g'(1)=-\frac{1}{2}f'(1)+f(1)-\int_0^1 f(x)dx-\frac{1}{2}f''(1)$$
$$=f(1)-\left[xf(x)\right]_0^1+\int_0^1 xf'(x)dx+\frac{3}{2}$$

$\left[xf(x)\right]_0^1=f(1)$

$$=\int_0^1(-x^2+xe^{1-x^2})dx+\frac{3}{2}$$
$$=\left[-\frac{1}{3}x^3-\frac{1}{2}e^{1-x^2}\right]_0^1+\frac{3}{2}$$
$$=-\frac{1}{3}-\frac{1}{2}-\left(-\frac{1}{2}e\right)+\frac{3}{2}$$
$$=\frac{1}{2}e+\frac{2}{3}$$

$\int_0^1 xe^{1-x^2}dx$에서 $x^2=v$로 치환하면
$2xdx=dv$
$\int_0^1 \frac{1}{2}e^{1-v}dv=\left[-\frac{1}{2}e^{1-v}\right]_0^1$
즉, $\left[-\frac{1}{2}e^{1-x^2}\right]_0^1$

29 [정답률 21%] 정답 25

Step 1 등비수열 $\{a_n\}$의 일반항을 구한다.

$$\sum_{n=1}^{\infty}(|a_n|+a_n)=\sum_{n=1}^{\infty}|a_n|+\sum_{n=1}^{\infty}a_n=\frac{40}{3}\quad\cdots\cdots ㉠$$

$$\sum_{n=1}^{\infty}(|a_n|-a_n)=\sum_{n=1}^{\infty}|a_n|-\sum_{n=1}^{\infty}a_n=\frac{20}{3}\quad\cdots\cdots ㉡$$

㉠, ㉡에서 $\sum_{n=1}^{\infty}|a_n|=10$, $\sum_{n=1}^{\infty}a_n=\frac{10}{3}$ ← $\frac{㉠+㉡}{2}$, $\frac{㉠-㉡}{2}$

등비수열 $\{a_n\}$의 첫째항을 a, 공비를 r $(-1<r<1)$이라 하면 $\sum_{n=1}^{\infty}|a_n|\neq\sum_{n=1}^{\infty}a_n$이므로 $-1<r<0$이다.

→ 급수 $\sum_{n=1}^{\infty}a_n$이 수렴하기 때문 → $a<0$이면 $0<r<1$일 때 $\sum_{n=1}^{\infty}|a_n|\neq\sum_{n=1}^{\infty}a_n$이지만 $\sum_{n=1}^{\infty}|a_n|=-\sum_{n=1}^{\infty}a_n$이 되어 ㉠에 모순이다.

$$\sum_{n=1}^{\infty}|a_n|=\frac{a}{1+r}=10,\ \sum_{n=1}^{\infty}a_n=\frac{a}{1-r}=\frac{10}{3}$$

→ $-1<r<0$이므로 등비수열 $\{|a_n|\}$의 공비는 $-r$

$$\frac{\frac{a}{1+r}}{\frac{a}{1-r}}=\frac{10}{\frac{10}{3}},\quad \frac{1-r}{1+r}=3$$

$1-r=3+3r\qquad \therefore r=-\frac{1}{2}$

$\frac{a}{1+r}=10$에 $r=-\frac{1}{2}$을 대입하면 $a=5$

$\therefore a_n=5\times\left(-\frac{1}{2}\right)^{n-1}$

Step 2 $\lim_{n\to\infty}\sum_{k=1}^{2n}\left\{(-1)^{\frac{k(k+1)}{2}}\times a_{m+k}\right\}$를 계산한다.

$$\lim_{n\to\infty}\sum_{k=1}^{2n}\left\{(-1)^{\frac{k(k+1)}{2}}\times a_{m+k}\right\}$$

→ 1부터 k까지의 합으로 생각하면 짝수인지 홀수인지 판단하기 쉽다.

$$=-a_{m+1}-a_{m+2}+a_{m+3}+a_{m+4}-a_{m+5}-a_{m+6}+a_{m+7}+a_{m+8}-a_{m+9}-a_{m+10}+a_{m+11}+a_{m+12}-\cdots$$
$$=-(a_{m+1}+a_{m+5}+a_{m+9}+\cdots)-(a_{m+2}+a_{m+6}+a_{m+10}+\cdots)+(a_{m+3}+a_{m+7}+a_{m+11}+\cdots)+(a_{m+4}+a_{m+8}+a_{m+12}+\cdots)$$
$$=-\sum_{n=1}^{\infty}\left\{5\times\left(-\frac{1}{2}\right)^m\times\left(\frac{1}{16}\right)^{n-1}\right\}-\sum_{n=1}^{\infty}\left\{5\times\left(-\frac{1}{2}\right)^{m+1}\times\left(\frac{1}{16}\right)^{n-1}\right\}+\sum_{n=1}^{\infty}\left\{5\times\left(-\frac{1}{2}\right)^{m+2}\times\left(\frac{1}{16}\right)^{n-1}\right\}+\sum_{n=1}^{\infty}\left\{5\times\left(-\frac{1}{2}\right)^{m+3}\times\left(\frac{1}{16}\right)^{n-1}\right\}$$
$$=-\frac{5\times\left(-\frac{1}{2}\right)^m}{1-\frac{1}{16}}-\frac{5\times\left(-\frac{1}{2}\right)^{m+1}}{1-\frac{1}{16}}+\frac{5\times\left(-\frac{1}{2}\right)^{m+2}}{1-\frac{1}{16}}+\frac{5\times\left(-\frac{1}{2}\right)^{m+3}}{1-\frac{1}{16}}$$

첫째항이 a_{m+4}, 공비가 $\left(-\frac{1}{2}\right)^4$인 등비급수의 합
첫째항이 a_{m+2}, 공비가 $\left(-\frac{1}{2}\right)^4$인 등비급수의 합
첫째항이 a_{m+3}, 공비가 $\left(-\frac{1}{2}\right)^4$인 등비급수의 합

$$=-\frac{16}{3}\times\left(-\frac{1}{2}\right)^m+\frac{8}{3}\times\left(-\frac{1}{2}\right)^m+\frac{4}{3}\times\left(-\frac{1}{2}\right)^m-\frac{2}{3}\times\left(-\frac{1}{2}\right)^m$$
$$=-2\times\left(-\frac{1}{2}\right)^m$$

첫째항이 a_{m+1}, 공비가 $\left(-\frac{1}{2}\right)^4$인 등비급수의 합

Step 3 주어진 부등식을 만족시키는 자연수 m의 값을 구한다.

즉, $-2\times\left(-\frac{1}{2}\right)^m>\frac{1}{700}$이므로 부등식을 만족시키는 자연수 m은 1, 3, 5, 7, 9이고 그 합은 25이다.

$=\left(-\frac{1}{2}\right)^{m-1}$

$\frac{1}{256}>\frac{1}{700}$, $\frac{1}{64}>\frac{1}{700}$, $\frac{1}{16}>\frac{1}{700}$, $\frac{1}{4}>\frac{1}{700}$, $1>\frac{1}{700}$

30 [정답률 18%] 정답 17

Step 1 조건 (가)를 이용하여 가능한 b의 값을 모두 구한다.

조건 (가)에서 $f(0)=\sin b=0$이므로 $b=k\pi$ (k는 정수)

$f(2\pi)=\sin(2\pi a+b)=2\pi a+b$

→ $\sin x=x$의 해, 즉 $y=\sin x$의 그래프와 직선 $y=x$가 만날 때는 $x=0$일 때뿐이다.

$2\pi a+b=0$, $b=-2\pi a$

이때 $1\le a\le 2$이므로 $-4\pi\le b\le -2\pi$

$\therefore b=-2\pi,\ -3\pi,\ -4\pi$ ($a=1$, $a=\frac{3}{2}$, $a=2$)

Step 2 조건 (나)를 만족시키는 a, b의 값을 구한다.

(i) $b=-2\pi$, $a=1$일 때

$f(x)=\sin(x-2\pi+\sin x)$에서

$f'(x)=\cos(x-2\pi+\sin x)\times(1+\cos x)$

$f'(0)=\cos(-2\pi)\times(1+\cos 0)=2$ → $=\cos 2\pi=1$

$f'(2\pi)=\cos 0\times(1+\cos 2\pi)=2$

이때 $f'(0)=f'(2\pi)$이므로 조건 (나)에 모순이다.

(ii) $b=-4\pi$, $a=2$일 때

$f(x)=\sin(2x-4\pi+\sin x)$에서

$f'(x)=\cos(2x-4\pi+\sin x)\times(2+\cos x)$

$f'(0)=\cos(-4\pi)\times(2+\cos 0)=3$ → $=\cos 4\pi=1$

$f'(2\pi)=\cos 0\times(2+\cos 2\pi)=3$

이때 $f'(0)=f'(2\pi)$이므로 조건 (나)에 모순이다.

(iii) $b=-3\pi$, $a=\frac{3}{2}$일 때

$f(x)=\sin\left(\frac{3}{2}x-3\pi+\sin x\right)$에서

$f'(x)=\cos\left(\frac{3}{2}x-3\pi+\sin x\right)\times\left(\frac{3}{2}+\cos x\right)$ ······ ㉠

$f'(0)=\cos(-3\pi)\times\left(\frac{3}{2}+\cos 0\right)=-\frac{5}{2}$ → $=\cos 3\pi=-1$

$f'(2\pi)=\cos 0\times\left(\frac{3}{2}+\cos 2\pi\right)=\frac{5}{2}$

$f'(4\pi)=\cos 3\pi\times\left(\frac{3}{2}+\cos 4\pi\right)=-\frac{5}{2}$

따라서 조건 (나)를 만족시킨다.

Step 3 $0<x<4\pi$일 때 함수 $f(x)$가 극대가 되는 x의 개수를 구한다.

㉠에서 $g(x)=\frac{3}{2}x-3\pi+\sin x$라 하면 $f'(x)=\cos(g(x))g'(x)$

모든 실수 x에 대하여 $g'(x)>0$이므로 실수 전체의 집합에서 함수 $g(x)$는 증가한다. → $-1\le\cos x\le1$이므로 $\frac{1}{2}\le\frac{3}{2}+\cos x\le\frac{5}{2}$ 즉, $\frac{1}{2}\le g'(x)\le\frac{5}{2}$

$0<x<4\pi$일 때 $-3\pi<g(x)<3\pi$ → $g(0)=-3\pi$, $g(4\pi)=3\pi$

$g'(x)\neq0$이므로 $f'(x)=0$에서 $\cos(g(x))=0$

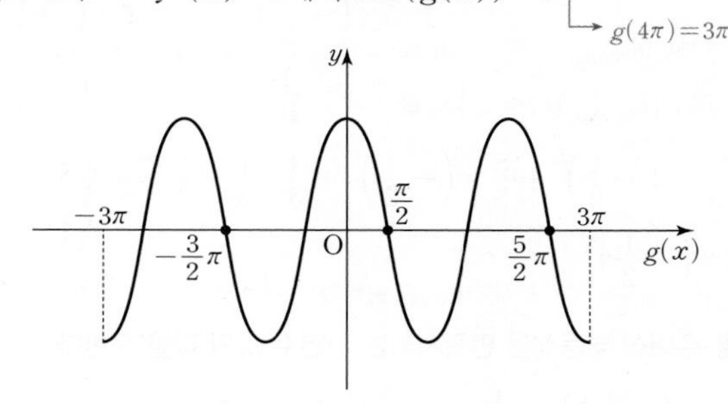

즉, 함수 $f(x)$가 극대가 되는 x의 개수는 3이므로 $n=3$

Step 4 α_1의 값을 구한다.

집합 A의 원소 중 최솟값을 가질 때는 $g(x)=-\frac{3}{2}\pi$일 때이다. → 함수 $g(x)$는 실수 전체의 집합에서 증가하므로 x의 값이 최소일 때 y의 값도 최소이다.

$\frac{3}{2}x-3\pi+\sin x=-\frac{3}{2}\pi$에서

$\sin x=-\frac{3}{2}x+\frac{3}{2}\pi$, $\sin x=-\frac{3}{2}(x-\pi)$ $\quad\therefore \alpha_1=\pi$ → $y=\sin x$의 그래프와 직선 $y=-\frac{3}{2}(x-\pi)$가 만날 때는 $x=\pi$일 때뿐이다.

$n\alpha_1-ab=3\times\pi-\frac{3}{2}\times(-3\pi)=\frac{15}{2}\pi$

따라서 $p=2$, $q=15$이므로 $p+q=17$

기하

23 [정답률 94%] 정답 ③

Step 1 벡터의 연산을 이용한다.

$\vec{a}+3\vec{b}=(k,\ 3)+(3,\ 6)=(k+3,\ 9)$ → 각 성분끼리 더해준다.

$(k+3,\ 9)=(6,\ 9)$이므로 $k+3=6$ $\quad\therefore k=3$

24 [정답률 88%] 정답 ④

Step 1 포물선의 방정식을 구한다.

꼭짓점의 좌표가 $(1,\ 0)$이고 준선이 $x=-1$인 포물선은 꼭짓점이 원점이고 준선이 $x=-2$인 포물선을 x축의 방향으로 1만큼 평행이동한 것과 같으므로 $y^2=8(x-1)$ → $y^2=-4\times(-2)x=8x$

Step 2 양수 a의 값을 구한다.

이 포물선이 점 $(3,\ a)$를 지나므로

$a^2=16$ $\quad\therefore a=4$ ($\because$ a는 양수)

✪ 다른 풀이 그래프를 이용한 풀이

Step 1 포물선의 성질을 이용하여 양수 a의 값을 구한다.

꼭짓점의 좌표가 $(1,\ 0)$이고 준선이 $x=-1$인 포물선의 초점은 $(3,\ 0)$이므로 주어진 포물선을 좌표평면 위에 나타내면 다음과 같다.

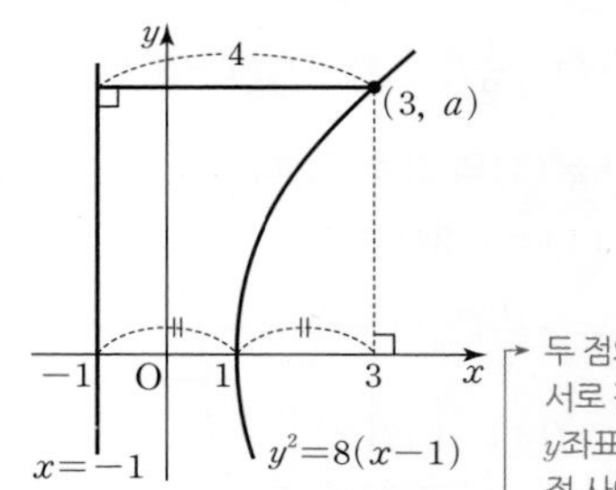

→ 두 점의 x좌표의 값이 서로 같으므로 두 점의 y좌표의 값의 차가 두 점 사이의 거리와 같다.

이때 포물선의 성질에 의하여 점 $(3,\ a)$에서 초점 $(3,\ 0)$까지의 거리와 점 $(3,\ a)$에서 준선 $x=-1$까지의 거리가 같으므로 $a=4$

25 [정답률 84%] 정답 ③

Step 1 z축 위에 있는 점의 (x좌표)$=0$, (y좌표)$=0$임을 이용하여 a, b의 값을 구한다.

선분 AB를 $3:2$로 내분하는 점을 P라 하면

$P\left(\frac{-12+2a}{3+2},\ \frac{-6+2b}{3+2},\ \frac{3c+12}{3+2}\right)$,

즉 $P\left(\frac{-12+2a}{5},\ \frac{-6+2b}{5},\ \frac{3c+12}{5}\right)$

점 P는 z축 위에 있으므로 → 점 P의 (x좌표)$=0$, (y좌표)$=0$

$\frac{-12+2a}{5}=0$에서 $a=6$

$\frac{-6+2b}{5}=0$에서 $b=3$

Step 2 xy평면 위에 있는 점의 (z좌표)$=0$임을 이용하여 c의 값을 구한다.

선분 AB를 $3:2$로 외분하는 점을 Q라 하면

$Q\left(\frac{-12-2a}{3-2},\ \frac{-6-2b}{3-2},\ \frac{3c-12}{3-2}\right)$,

즉 $Q(-12-2a,\ -6-2b,\ 3c-12)$

점 Q는 xy평면 위에 있으므로 $3c-12=0$에서 $c=4$ → 점 Q의 (z좌표)$=0$

$\therefore a+b+c=6+3+4=13$

26 [정답률 62%]

정답 ①

Step 1 타원의 접선의 방정식을 이용한다.

두 점 P, Q의 y좌표를 각각 y_1, y_2라 하면 $P\left(\frac{1}{n}, y_1\right)$, $Q\left(\frac{1}{n}, y_2\right)$

타원 C_1 위의 점 P에서의 접선의 방정식은 $\frac{x}{2n}+y_1y=1$이므로 이 접선의 x절편은 $2n$ → $\frac{x}{2n}+y_1\times0=1$에서 $x=2n$

타원 C_2 위의 점 Q에서의 접선의 방정식은 $\frac{2x}{n}+\frac{y_2y}{2}=1$이므로

이 접선의 x절편은 $\frac{n}{2}$ → $\frac{2x}{n}+\frac{y_2\times0}{2}=1$에서 $x=\frac{n}{2}$

즉, $\alpha=2n$, $\beta=\frac{n}{2}$이므로 주어진 부등식은 $6\le2n-\frac{n}{2}\le15$

$6\le\frac{3}{2}n\le15$ $\quad\therefore 4\le n\le10$

따라서 부등식 $4\le n\le10$을 만족시키는 자연수 n의 개수는 7이다.

알아야 할 기본개념

타원 위의 한 점에서의 접선의 방정식

타원 $\frac{x^2}{a^2}+\frac{y^2}{b^2}=1$ 위의 점 (x_1, y_1)에서의 접선의 방정식은

$\frac{x_1x}{a^2}+\frac{y_1y}{b^2}=1$

27 [정답률 47%]

정답 ①

Step 1 사면체 ABCD의 모서리의 길이를 구한다.

점 M은 선분 BC의 중점이므로

$\overline{BM}=\overline{CM}=2\sqrt{5}$

직선 BC가 평면 AMD와 수직이므로 → 두 선분 AM, DM 모두 평면 AMD 위에 있다.

$\overline{BC}\perp\overline{AM}$, $\overline{BC}\perp\overline{DM}$

삼각형 ABM에서

$\overline{AM}=\sqrt{\overline{AB}^2-\overline{BM}^2}=\sqrt{6^2-(2\sqrt{5})^2}=4$

삼각형 AMD는 정삼각형이므로

$\overline{AM}=\overline{DM}=\overline{AD}=4$

삼각형 ACM에서 $\overline{AC}=\sqrt{\overline{AM}^2+\overline{CM}^2}=\sqrt{4^2+(2\sqrt{5})^2}=6$

마찬가지로 삼각형 DBM에서 $\overline{BD}=6$, 삼각형 DCM에서 $\overline{CD}=6$

Step 2 삼각형 ACD에 내접하는 원의 넓이를 구한다.

점 C에서 선분 AD에 내린 수선의 발을 H라 하면 $\overline{CH}=\sqrt{6^2-2^2}=4\sqrt{2}$

따라서 삼각형 ACD의 넓이는

$\frac{1}{2}\times\overline{AD}\times\overline{CH}=\frac{1}{2}\times4\times4\sqrt{2}=8\sqrt{2}$ ⋯⋯ ㉠

→ 삼각형 ACD는 $\overline{AC}=\overline{CD}$인 이등변삼각형이므로 $\overline{AH}=\overline{DH}=2$

삼각형 ACD에 내접하는 원의 반지름의 길이를 r이라 하면 삼각형 ACD의 넓이는

→ 내접원의 중심을 O라 하면 $\triangle ACD=\triangle OAC+\triangle OCD+\triangle OAD$

$\frac{1}{2}r(\overline{AC}+\overline{CD}+\overline{AD})=\frac{1}{2}r\times16=8r$

$8r=8\sqrt{2}$ ($\because$ ㉠) $\qquad\therefore r=\sqrt{2}$

즉, 삼각형 ACD에 내접하는 원의 넓이는 2π이다.

Step 3 삼각형 ACD의 평면 BCD 위로의 정사영의 넓이를 구한다.

$\overline{BC}\perp\overline{AM}$, $\overline{BC}\perp\overline{DM}$이므로 점 A에서 평면 BCD에 내린 수선의 발을 N이라 하면 삼수선의 정리에 의하여 점 N은 선분 DM 위에 있다.

또한 삼각형 AMD가 정삼각형이므로 점 N은 선분 DM의 중점이다.

따라서 삼각형 ACD의 평면 BCD 위로의 정사영인 삼각형 NCD의 넓이는 $\triangle NCD=\frac{1}{4}\triangle BCD=2\sqrt{5}$

→ $\frac{1}{2}\times\overline{BC}\times\overline{DM}=\frac{1}{2}\times4\sqrt{5}\times4=8\sqrt{5}$

두 평면 ACD, BCD가 이루는 각의 크기를 θ라 하면

$\cos\theta=\frac{\triangle NCD}{\triangle ACD}=\frac{2\sqrt{5}}{8\sqrt{2}}=\frac{\sqrt{10}}{8}$ ($\because$ ㉠)

Step 4 삼각형 ACD에 내접하는 원의 평면 BCD 위로의 정사영의 넓이를 구한다.

삼각형 ACD에 내접하는 원의 평면 BCD 위로의 정사영의 넓이는

$2\pi\cos\theta=2\pi\times\frac{\sqrt{10}}{8}=\frac{\sqrt{10}}{4}\pi$

28 [정답률 33%]

정답 ④

Step 1 삼수선의 정리를 이용한다.

점 P에서 선분 AB에 내린 수선의 발을 H, 선분 AC에 내린 수선의 발을 I, 선분 AB의 중점을 M이라 하자.

$\overline{PM}=\overline{PI}=4$, → 원 O의 반지름의 길이

$\angle PHM=\angle PHI=90°$이므로

두 직각삼각형 PHM, PHI는 서로 합동이다. → 선분 PH는 공통이므로 RHS 합동 또한 $\overline{PH}\perp$(평면 ABC),

$\overline{PI}\perp\overline{AC}$이므로 삼수선의 정리에 의하여 $\overline{HI}\perp\overline{AC}$이다.

Step 2 선분 HI의 길이를 구한다.

$\angle BAC=\theta$, $\overline{HI}=x$라 하면

$\overline{MH}=\overline{HI}=x$이므로 → 두 직각삼각형 PHM, PHI는 합동

$\overline{AH}=4-x$ → $=\overline{AM}-\overline{MH}$

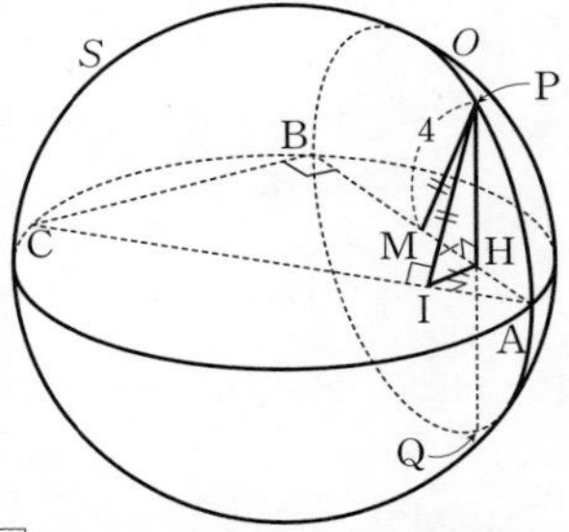

$\sin\theta=\frac{6}{10}=\frac{3}{5}$임을 이용하면 → $=\frac{\overline{BC}}{\overline{AC}}$

$\sin\theta=\frac{\overline{HI}}{\overline{AH}}=\frac{x}{4-x}=\frac{3}{5}$

$5x=12-3x \qquad\therefore x=\frac{3}{2}$

Step 3 선분 PQ의 길이를 구한다.

직각삼각형 PHI에서 $\overline{PI}=4$, $\overline{HI}=\frac{3}{2}$이므로

$\overline{PH}=\sqrt{\overline{PI}^2-\overline{HI}^2}=\sqrt{16-\frac{9}{4}}=\frac{\sqrt{55}}{2}$

$\therefore \overline{PQ}=2\times\overline{PH}=\sqrt{55}$

→ 점 Q에 대해서도 위와 같이 생각해보면 $\overline{QH}=\overline{PH}$이다.

29 [정답률 48%]

정답 107

Step 1 쌍곡선의 성질과 닮음의 성질을 이용하여 삼각형 PFQ의 각 변의 길이를 구한다.

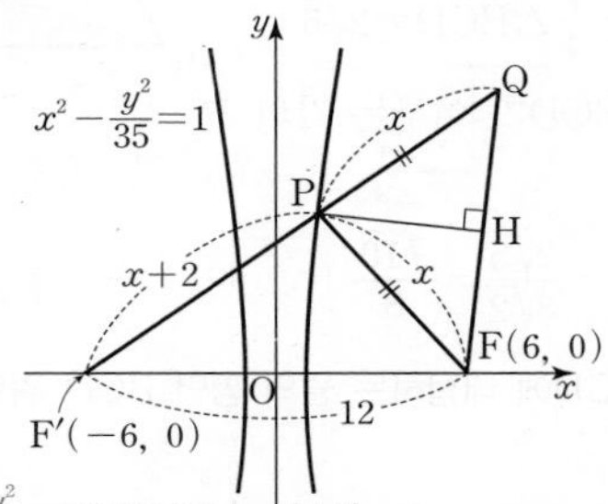

↳ 쌍곡선 $\frac{x^2}{a^2}-\frac{y^2}{b^2}=1$에 대하여 $c^2=a^2+b^2$

$c^2=1+35=36$이므로 $c=6$ ($\because$ $c>0$)

따라서 $\overline{\text{F'F}}=2c=2\times6=12$

↳ $\overline{\text{F'P}}-\overline{\text{PF}}=2a$

$\overline{\text{PQ}}=\overline{\text{PF}}=x$라 하면 $\overline{\text{F'P}}-\overline{\text{PF}}=2$이므로 $\overline{\text{F'P}}=\overline{\text{PF}}+2=x+2$

삼각형 QF′F와 삼각형 FF′P가 서로 닮음이므로

$\overline{\text{FF'}}:\overline{\text{PF'}}=\overline{\text{QF'}}:\overline{\text{FF'}}$에서 $12:x+2=2x+2:12$

$(x+2)(2x+2)=12\times12$, $2x^2+6x+4=144$

$2x^2+6x-140=0$, $x^2+3x-70=0$

$(x+10)(x-7)=0$ $\quad\therefore x=7$ ($\because$ $x>0$)

$\overline{\text{FF'}}:\overline{\text{FP}}=\overline{\text{QF'}}:\overline{\text{QF}}$에서 $12:7=16:\overline{\text{QF}}$

$12\times\overline{\text{QF}}=7\times16$ $\quad\therefore \overline{\text{QF}}=7\times16\times\frac{1}{12}=\frac{28}{3}$

Step 2 이등변삼각형 PFQ의 넓이를 구한다.

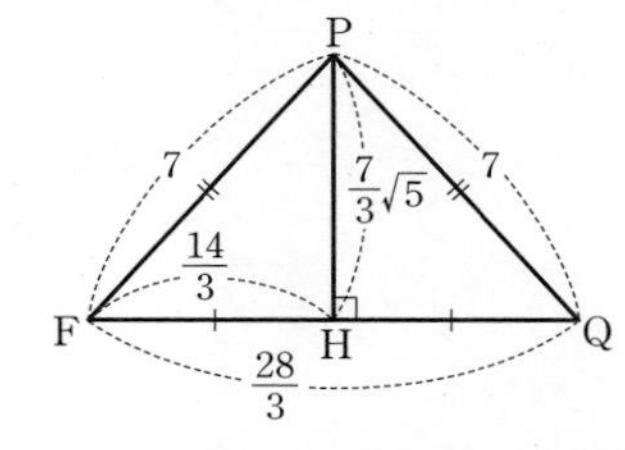

점 P에서 선분 FQ에 내린 수선의 발을 H라 하면 삼각형 PFH에서

$\overline{\text{PH}}=\sqrt{(\overline{\text{PF}})^2-(\overline{\text{FH}})^2}=\sqrt{7^2-\left(\frac{14}{3}\right)^2}=\sqrt{\frac{245}{9}}=\frac{7}{3}\sqrt{5}$

↳ 피타고라스 정리

따라서 삼각형 PFQ의 넓이는

$\frac{1}{2}\times\overline{\text{FQ}}\times\overline{\text{PH}}=\frac{1}{2}\times\frac{28}{3}\times\frac{7}{3}\sqrt{5}=\frac{98}{9}\sqrt{5}$

$p=9$, $q=98$이므로 $p+q=9+98=107$

30 [정답률 8%]

정답 316

Step 1 점 X가 나타내는 도형 S를 파악한다.

$|\overrightarrow{\text{XB}}+\overrightarrow{\text{XC}}|=|\overrightarrow{\text{XB}}-\overrightarrow{\text{XC}}|$의 양변을 제곱하여 전개하면

$|\overrightarrow{\text{XB}}|^2+2\overrightarrow{\text{XB}}\cdot\overrightarrow{\text{XC}}+|\overrightarrow{\text{XC}}|^2=|\overrightarrow{\text{XB}}|^2-2\times\overrightarrow{\text{XB}}\cdot\overrightarrow{\text{XC}}+|\overrightarrow{\text{XC}}|^2$

즉, $\overrightarrow{\text{XB}}\cdot\overrightarrow{\text{XC}}=0$이므로 점 X는 선분 BC를 지름으로 하는 원 위의 점이다.

↳ $\overrightarrow{\text{XB}}\cdot\overrightarrow{\text{XC}}=0$에서 $\angle\text{BXC}=90^\circ$이므로 원주각의 성질에 의하여 점 X는 선분 BC를 지름으로 하는 원 위의 점이다.

Step 2 주어진 도형을 좌표평면 위에 나타낸다.

선분 BC의 중점이 원점이 되도록 주어진 도형을 좌표평면 위에 나타내면 오른쪽 그림과 같다.

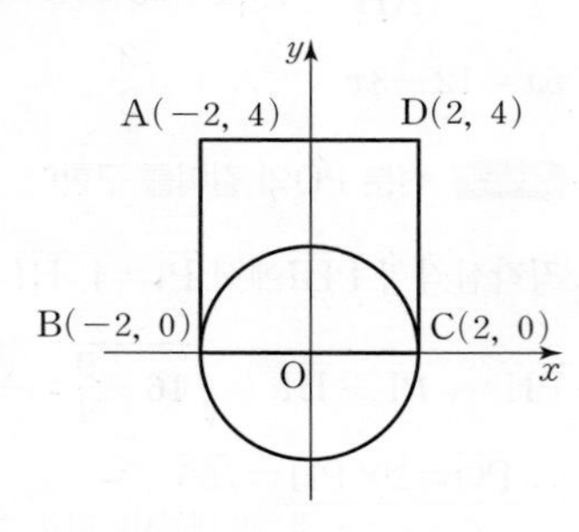

네 점 B, D, P, Q의 위치벡터를 각각 $\vec{b}$, $\vec{d}$, $\vec{p}$, $\vec{q}$라 하고

$4\overrightarrow{\text{PQ}}=\overrightarrow{\text{PB}}+2\overrightarrow{\text{PD}}$를 위치벡터를 이용하여 나타내면

$4(\vec{q}-\vec{p})=\vec{b}-\vec{p}+2(\vec{d}-\vec{p})$

$4\vec{q}-4\vec{p}=\vec{b}+2\vec{d}-3\vec{p}$, $\vec{q}=\frac{1}{4}(\vec{b}+2\vec{d}+\vec{p})$

$\vec{p}=(x, y)$라 하면

↳ 점 P는 원 S 위의 점이므로 $x^2+y^2=4$를 만족시킨다.

$\vec{q}=\frac{1}{4}\{(-2, 0)+2(2, 4)+(x, y)\}=\left(\frac{x+2}{4}, \frac{y+8}{4}\right)$

↳ $(-2, 0)=\vec{b}$, $(2, 4)=\vec{d}$

Step 3 $M\times m$의 값을 구한다.

$\overrightarrow{\text{AC}}\cdot\overrightarrow{\text{AQ}}=(4, -4)\cdot\left(\frac{x+10}{4}, \frac{y-8}{4}\right)$

$=x+10-(y-8)=x-y+18$

이때 점 P는 원 S 위의 점이므로 $x^2+y^2=4$

$x-y+18=k$라 하면 $y=x+18-k$

↳ 즉, $\overrightarrow{\text{AC}}\cdot\overrightarrow{\text{AQ}}=k$

k의 값이 최대이려면 직선 $y=x+18-k$가 원 S의 아래쪽에서 접해야 하고, k의 값이 최소이려면 직선 $y=x+18-k$가 원 S의 위쪽에서 접해야 한다.

↳ k의 값이 최대이려면 y절편인 $18-k$가 최소이어야 하고, k의 값이 최소이려면 $18-k$가 최대이어야 한다.

직선 $y=x+18-k$의 기울기는 1이므로 원 S에 접하고 기울기가 1인 접선의 방정식은 $y=x\pm2\sqrt{1+1^2}=x\pm2\sqrt{2}$

↳ 원 $x^2+y^2=r^2$에 접하고 기울기가 m인 접선의 방정식은 $y=mx\pm r\sqrt{1+m^2}$

즉, $18-k=\pm2\sqrt{2}$이므로 $M=18+2\sqrt{2}$, $m=18-2\sqrt{2}$

$\therefore M\times m=(18+2\sqrt{2})\times(18-2\sqrt{2})=324-8=316$

마더텅 대학수학능력시험 실전용 답안지

② 교시 수 학 영 역

※ 답안지 작성(표기)은 **반드시 검은색 컴퓨터용 사인펜만을 사용**하고, 연필 또는 샤프 등의 필기구를 절대 사용하지 마십시오.

결 시 자 확 인 (수험생은 표기하지 말 것.)

검은색 컴퓨터용 사인펜을 사용하여 수험번호란과 옆란을 표기

※ 문제지 표지에 안내된 필적 확인 문구를 아래 '필적 확인란'에 정자로 반드시 기재하여야 합니다.

필 적 확인란	

성 명	
수 험 번 호	

문 형	
홀수형	0
짝수형	0

※문제지 문형을 확인 후 표기

감독관 확 인 (수험생은 표기하지 말 것)	서 명 또는 날 인	본인 여부, 수험번호 및 문형의 표기가 정확한지 확인, 옆란에 서명 또는 날인

공 통 과 목

문번	답 란	문번	답 란
1	1 2 3 4 5	11	1 2 3 4 5
2	1 2 3 4 5	12	1 2 3 4 5
3	1 2 3 4 5	13	1 2 3 4 5
4	1 2 3 4 5	14	1 2 3 4 5
5	1 2 3 4 5	15	1 2 3 4 5
6	1 2 3 4 5		
7	1 2 3 4 5		
8	1 2 3 4 5		
9	1 2 3 4 5		
10	1 2 3 4 5		

※ 단답형 답란 표기방법

- 십진법에 의하되, 반드시 자리에 맞추어 표기
- 정답이 한 자리인 경우 일의 자리에만 표기하거나, 십의 자리 0에 표기하고 일의 자리에 표기

※ 예시
- 정답 100 → 백의 자리 1, 십의 자리 0, 일의 자리 0
- 정답 98 → 십의 자리 9, 일의 자리 8
- 정답 5 → 일의 자리 5, 또는 십의 자리 0, 일의 자리 5

16번, 17번, 18번, 19번, 20번, 21번, 22번, 29번, 30번: 백 | 십 | 일

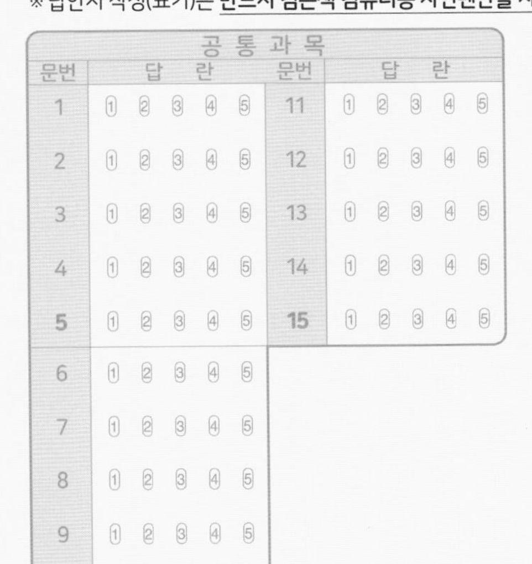

선 택 과 목

문번	답 란
23	1 2 3 4 5
24	1 2 3 4 5
25	1 2 3 4 5
26	1 2 3 4 5
27	1 2 3 4 5
28	1 2 3 4 5

마더텅 대학수학능력시험 실전용 답안지

② 교시 수 학 영 역

※ 답안지 작성(표기)은 반드시 검은색 컴퓨터용 사인펜만을 사용하고, 연필 또는 샤프 등의 필기구를 절대 사용하지 마십시오.

결 시 자 확 인 (수험생은 표기하지 말 것.)

검은색 컴퓨터용 사인펜을 사용하여 수험번호란과 옆란을 표기

※ 문제지 표지에 안내된 필적 확인 문구를 아래 '필적 확인란'에 정자로 반드시 기재하여야 합니다.

필 적 확인란

성 명

수 험 번 호

문 형 홀수형 0 짝수형 0

※문제지 문형을 확인 후 표기

감독관 확 인 (수험생은 표기하지 말 것) 서 명 또는 날 인 본인 여부, 수험번호 및 문형의 표기가 정확한지 확인, 옆란에 서명 또는 날인

공 통 과 목

※ 단답형 답란 표기방법

- 십진법에 의하되, 반드시 자리에 맞추어 표기
- 정답이 한 자리인 경우 일의 자리에만 표기하거나, 십의 자리 0에 표기하고 일의 자리에 표기

※ 예시
- 정답 100 → 백의 자리 1, 십의 자리 0, 일의 자리 0
- 정답 98 → 십의 자리 9, 일의 자리 8
- 정답 5 → 일의 자리 5, 또는 십의 자리 0, 일의 자리 5

선 택 과 목

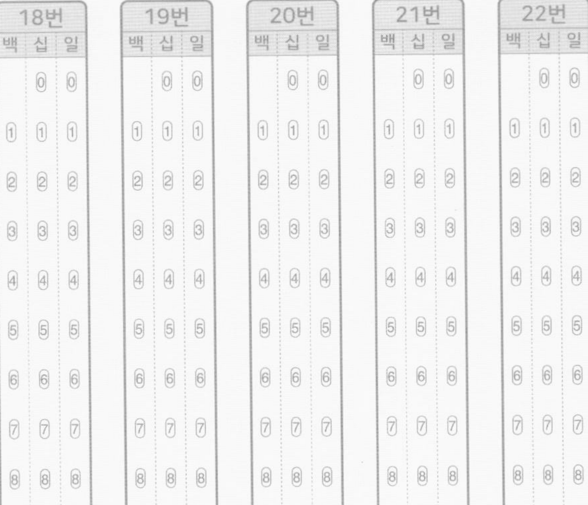

마더텅 홈페이지에서 OMR 카드의 PDF 파일을 제공하고 있습니다. 추가로 필요한 수험생분께서는 홈페이지에서 내려받을 수 있습니다.

이용방법 ① 주소창에 www.toptutor.co.kr 입력 또는 포털에서 마더텅 검색 ② 학습자료실 → 교재관련자료 → 고등 빨간책 과목 교재 선택 → OMR 카드 내려받기

마더텅 대학수학능력시험 실전용 답안지

※ 답안지 작성(표기)은 **반드시 검은색 컴퓨터용 사인펜만을 사용**하고, 연필 또는 샤프 등의 필기구를 절대 사용하지 마십시오.

②교시 수 학 영 역

결시자 확인 (수험생은 표기하지 말 것.)

검은색 컴퓨터용 사인펜을 사용하여 수험번호란과 옆란을 표기

※ 문제지 표지에 안내된 필적 확인 문구를 아래 '필적 확인란'에 정자로 반드시 기재하여야 합니다.

필 적 확인란

성 명

수 험 번 호

문형: 홀수형 / 짝수형

※문제지 문형을 확인 후 표기

감독관 확인 (수험생은 표기하지 말 것.) (서 명 또는 날 인) 본인 여부, 수험번호 및 문형의 표기가 정확한지 확인, 옆란에 서명 또는 날인

공 통 과 목

문번	답 란	문번	답 란
1	① ② ③ ④ ⑤	11	① ② ③ ④ ⑤
2	① ② ③ ④ ⑤	12	① ② ③ ④ ⑤
3	① ② ③ ④ ⑤	13	① ② ③ ④ ⑤
4	① ② ③ ④ ⑤	14	① ② ③ ④ ⑤
5	① ② ③ ④ ⑤	15	① ② ③ ④ ⑤
6	① ② ③ ④ ⑤		
7	① ② ③ ④ ⑤		
8	① ② ③ ④ ⑤		
9	① ② ③ ④ ⑤		
10	① ② ③ ④ ⑤		

※ 단답형 답란 표기방법

- 십진법에 의하되, 반드시 자리에 맞추어 표기
- 정답이 한 자리인 경우 일의 자리에만 표기하거나, 십의 자리 ⓪에 표기하고 일의 자리에 표기

※ 예시

- 정답 100 → 백의 자리 ①, 십의 자리 ⓪, 일의 자리 ⓪
- 정답 98 → 십의 자리 ⑨, 일의 자리 ⑧
- 정답 5 → 일의 자리 ⑤, 또는 십의 자리 ⓪, 일의 자리 ⑤

16번 / 17번 / 18번 / 19번 / 20번 / 21번 / 22번 / 29번 / 30번 (백 십 일)

선 택 과 목

문번	답 란
23	① ② ③ ④ ⑤
24	① ② ③ ④ ⑤
25	① ② ③ ④ ⑤
26	① ② ③ ④ ⑤
27	① ② ③ ④ ⑤
28	① ② ③ ④ ⑤

마더텅 대학수학능력시험 실전용 답안지

※ 답안지 작성(표기)은 반드시 검은색 컴퓨터용 사인펜만을 사용하고, 연필 또는 샤프 등의 필기구를 절대 사용하지 마십시오.

②교시 수 학 영 역

결시자 확인 (수험생은 표기하지 말 것.)

검은색 컴퓨터용 사인펜을 사용하여 수험번호란과 옆란을 표기

※ 문제지 표지에 안내된 필적 확인 문구를 아래 '필적 확인란'에 정자로 반드시 기재하여야 합니다.

필 적 확인란

성 명

수 험 번 호

문형: 홀수형 / 짝수형

※문제지 문형을 확인 후 표기

감독관 확인 (수험생은 표기하지 말 것.) (서 명 또는 날 인) 본인 여부, 수험번호 및 문형의 표기가 정확한지 확인, 옆란에 서명 또는 날인

공 통 과 목 (문번 1–15, 답 란 ① ② ③ ④ ⑤)

※ 단답형 답란 표기방법

- 십진법에 의하되, 반드시 자리에 맞추어 표기
- 정답이 한 자리인 경우 일의 자리에만 표기하거나, 십의 자리 ⓪에 표기하고 일의 자리에 표기

※ 예시

- 정답 100 → 백의 자리 ①, 십의 자리 ⓪, 일의 자리 ⓪
- 정답 98 → 십의 자리 ⑨, 일의 자리 ⑧
- 정답 5 → 일의 자리 ⑤, 또는 십의 자리 ⓪, 일의 자리 ⑤

16번 / 17번 / 18번 / 19번 / 20번 / 21번 / 22번 / 29번 / 30번 (백 십 일)

선 택 과 목 (문번 23–28, 답 란 ① ② ③ ④ ⑤)

MOTHERTONGUE 마더텅출판사 since1996.4.1.

마더텅 홈페이지에서 OMR 카드의 PDF 파일을 제공하고 있습니다. 추가로 필요한 수험생분께서는 홈페이지에서 내려받을 수 있습니다.

이용방법 ① 주소창에 www.toptutor.co.kr 입력 또는 포털에서 [마더텅] 검색 ② 학습자료실 → 교재관련자료 → (고등) (빨간책) (과목) (교재) 선택 → OMR 카드 내려받기

마더텅 대학수학능력시험 실전용 답안지

②교시 수 학 영 역

※ 답안지 작성(표기)은 **반드시 검은색 컴퓨터용 사인펜만을 사용**하고, 연필 또는 샤프 등의 필기구를 절대 사용하지 마십시오.

결 시 자 확 인 (수험생은 표기하지 말 것.)

검은색 컴퓨터용 사인펜을 사용하여 수험번호란과 옆란을 표기

※ 문제지 표지에 안내된 필적 확인 문구를 아래 '필적 확인란'에 정자로 반드시 기재하여야 합니다.

필 적 확인란

성 명

수 험 번 호

문 형

홀수형

짝수형

※문제지 문형을 확인 후 표기

감독관 확 인 (수험생은 표기하지 말 것)

(서 명 또는 날 인)

본인 여부, 수험번호 및 문형의 표기가 정확한지 확인, 옆란에 서명 또는 날인

공 통 과 목

문번	답 란	문번	답 란
1	① ② ③ ④ ⑤	11	① ② ③ ④ ⑤
2	① ② ③ ④ ⑤	12	① ② ③ ④ ⑤
3	① ② ③ ④ ⑤	13	① ② ③ ④ ⑤
4	① ② ③ ④ ⑤	14	① ② ③ ④ ⑤
5	① ② ③ ④ ⑤	15	① ② ③ ④ ⑤
6	① ② ③ ④ ⑤		
7	① ② ③ ④ ⑤		
8	① ② ③ ④ ⑤		
9	① ② ③ ④ ⑤		
10	① ② ③ ④ ⑤		

※ 단답형 답란 표기방법

- 십진법에 의하되, 반드시 자리에 맞추어 표기
- 정답이 한 자리인 경우 일의 자리에만 표기하거나, 십의 자리 ⓪에 표기하고 일의 자리에 표기

※ 예시

- 정답 100 → 백의 자리 ①, 십의 자리 ⓪, 일의 자리 ⓪
- 정답 98 → 십의 자리 ⑨, 일의 자리 ⑧
- 정답 5 → 일의 자리 ⑤, 또는 십의 자리 ⓪, 일의 자리 ⑤

16번 (백 십 일)

17번 (백 십 일)

18번 · 19번 · 20번 · 21번 · 22번 · 29번 · 30번 (백 십 일)

선 택 과 목

문번	답 란
23	① ② ③ ④ ⑤
24	① ② ③ ④ ⑤
25	① ② ③ ④ ⑤
26	① ② ③ ④ ⑤
27	① ② ③ ④ ⑤
28	① ② ③ ④ ⑤

마더텅 대학수학능력시험 실전용 답안지

②교시 수 학 영 역

※ 답안지 작성(표기)은 반드시 검은색 컴퓨터용 사인펜만을 사용하고, 연필 또는 샤프 등의 필기구를 절대 사용하지 마십시오.

결 시 자 확 인 (수험생은 표기하지 말 것.)

검은색 컴퓨터용 사인펜을 사용하여 수험번호란과 옆란을 표기

※ 문제지 표지에 안내된 필적 확인 문구를 아래 '필적 확인란'에 정자로 반드시 기재하여야 합니다.

필 적 확인란

성 명

수 험 번 호

문 형 홀수형 짝수형

※문제지 문형을 확인 후 표기

감독관 확 인 (수험생은 표기하지 말 것) (서 명 또는 날 인) 본인 여부, 수험번호 및 문형의 표기가 정확한지 확인, 옆란에 서명 또는 날인

공 통 과 목 / ※ 단답형 답란 표기방법 / 선 택 과 목

마더텅 홈페이지에서 OMR 카드의 PDF 파일을 제공하고 있습니다. 추가로 필요한 수험생분께서는 홈페이지에서 내려받을 수 있습니다.

이용방법 ① 주소창에 www.toptutor.co.kr 입력 또는 포털에서 마더텅 검색 ② 학습자료실 → 교재관련자료 → 고등 빨간책 과목 교재 선택 → OMR 카드 내려받기

마더텅 대학수학능력시험 실전용 답안지

※ 답안지 작성(표기)은 **반드시 검은색 컴퓨터용 사인펜만을 사용**하고, 연필 또는 샤프 등의 필기구를 절대 사용하지 마십시오.

② 교시 수 학 영 역

결시자 확인 (수험생은 표기하지 말 것.)

검은색 컴퓨터용 사인펜을 사용하여 수험번호란과 옆란을 표기

※ 문제지 표지에 안내된 필적 확인 문구를 아래 '필적 확인란'에 정자로 반드시 기재하여야 합니다.

필 적 확인란

성 명

수 험 번 호

				–				
	0	0	0		0	0	0	0
1	1	1	1		1	1	1	1
2	2	2	2		2	2	2	2
3	3	3	3		3	3		3
4	4	4	4	–	4	4		4
5	5	5	5		5	5		5
6	6		6		6	6		6
7	7		7		7	7		7
8	8		8		8	8		8
9	9		9		9	9		9

문형

홀수형 ⬯

짝수형 ⬯

※문제지 문형을 확인 후 표기

감독관 확인 (수험생은 표기하지 말 것.) (서 명 또는 날 인) 본인 여부, 수험번호 및 문형의 표기가 정확한지 확인, 옆란에 서명 또는 날인

공 통 과 목

문번	답 란	문번	답 란
1	① ② ③ ④ ⑤	11	① ② ③ ④ ⑤
2	① ② ③ ④ ⑤	12	① ② ③ ④ ⑤
3	① ② ③ ④ ⑤	13	① ② ③ ④ ⑤
4	① ② ③ ④ ⑤	14	① ② ③ ④ ⑤
5	① ② ③ ④ ⑤	15	① ② ③ ④ ⑤
6	① ② ③ ④ ⑤		
7	① ② ③ ④ ⑤		
8	① ② ③ ④ ⑤		
9	① ② ③ ④ ⑤		
10	① ② ③ ④ ⑤		

※ 단답형 답란 표기방법

- 십진법에 의하되, 반드시 자리에 맞추어 표기
- 정답이 한 자리인 경우 일의 자리에만 표기하거나, 십의 자리 ⓪에 표기하고 일의 자리에 표기

※ 예시
- 정답 100 → 백의 자리 ①, 십의 자리 ⓪, 일의 자리 ⓪
- 정답 98 → 십의 자리 ⑨, 일의 자리 ⑧
- 정답 5 → 일의 자리 ⑤, 또는 십의 자리 ⓪, 일의 자리 ⑤

16번, 17번, 18번, 19번, 20번, 21번, 22번, 29번, 30번

백	십	일
	0	0
1	1	1
2	2	2
3	3	3
4	4	4
5	5	5
6	6	6
7	7	7
8	8	8
9	9	9

선 택 과 목

문번	답 란
23	① ② ③ ④ ⑤
24	① ② ③ ④ ⑤
25	① ② ③ ④ ⑤
26	① ② ③ ④ ⑤
27	① ② ③ ④ ⑤
28	① ② ③ ④ ⑤

마더텅 대학수학능력시험 실전용 답안지

※ 답안지 작성(표기)은 반드시 검은색 컴퓨터용 사인펜만을 사용하고, 연필 또는 샤프 등의 필기구를 절대 사용하지 마십시오.

② 교시 수 학 영 역

결시자 확인 (수험생은 표기하지 말 것.)

검은색 컴퓨터용 사인펜을 사용하여 수험번호란과 옆란을 표기

※ 문제지 표지에 안내된 필적 확인 문구를 아래 '필적 확인란'에 정자로 반드시 기재하여야 합니다.

필 적 확인란

성 명

수 험 번 호

문형 홀수형 짝수형 ※문제지 문형을 확인 후 표기

감독관 확인 (수험생은 표기하지 말 것.) (서 명 또는 날 인) 본인 여부, 수험번호 및 문형의 표기가 정확한지 확인, 옆란에 서명 또는 날인

공 통 과 목 / ※ 단답형 답란 표기방법 / 선 택 과 목 / 16번 17번 18번 19번 20번 21번 22번 29번 30번

마더텅 홈페이지에서 OMR 카드의 PDF 파일을 제공하고 있습니다. 추가로 필요한 수험생분께서는 홈페이지에서 내려받을 수 있습니다.

이용방법 ① 주소창에 www.toptutor.co.kr 입력 또는 포털에서 [마더텅] 검색 ② 학습자료실 → 교재관련자료 → (고등) (빨간책) (과목) (교재) 선택 → OMR 카드 내려받기

마더텅 대학수학능력시험 실전용 답안지

※ 답안지 작성(표기)은 **반드시 검은색 컴퓨터용 사인펜만을 사용**하고, 연필 또는 샤프 등의 필기구를 절대 사용하지 마십시오.

②교시 수 학 영 역

결 시 자 확 인 (수험생은 표기하지 말 것.)

검은색 컴퓨터용 사인펜을 사용하여 수험번호란과 옆란을 표기

※ 문제지 표지에 안내된 필적 확인 문구를 아래 '필적 확인란'에 정자로 반드시 기재하여야 합니다.

필 적 확인란

성 명

수 험 번 호

문형: 홀수형 / 짝수형

※문제지 문형을 확인 후 표기

감독관 확 인 (수험생은 표기하지 말 것.) (서 명 또는 날 인) 본인 여부, 수험번호 및 문형의 표기가 정확한지 확인, 옆란에 서명 또는 날인

공 통 과 목

문번	답 란	문번	답 란
1	① ② ③ ④ ⑤	11	① ② ③ ④ ⑤
2	① ② ③ ④ ⑤	12	① ② ③ ④ ⑤
3	① ② ③ ④ ⑤	13	① ② ③ ④ ⑤
4	① ② ③ ④ ⑤	14	① ② ③ ④ ⑤
5	① ② ③ ④ ⑤	15	① ② ③ ④ ⑤
6	① ② ③ ④ ⑤		
7	① ② ③ ④ ⑤		
8	① ② ③ ④ ⑤		
9	① ② ③ ④ ⑤		
10	① ② ③ ④ ⑤		

※ 단답형 답란 표기방법

- 십진법에 의하되, 반드시 자리에 맞추어 표기
- 정답이 한 자리인 경우 일의 자리에만 표기하거나, 십의 자리 ⓪에 표기하고 일의 자리에 표기

※ 예시
- 정답 100 → 백의 자리 ①, 십의 자리 ⓪, 일의 자리 ⓪
- 정답 98 → 십의 자리 ⑨, 일의 자리 ⑧
- 정답 5 → 일의 자리 ⑤, 또는 십의 자리 ⓪, 일의 자리 ⑤

16번 / 17번 / 18번 / 19번 / 20번 / 21번 / 22번 / 29번 / 30번 (백 십 일)

선 택 과 목

문번	답 란
23	① ② ③ ④ ⑤
24	① ② ③ ④ ⑤
25	① ② ③ ④ ⑤
26	① ② ③ ④ ⑤
27	① ② ③ ④ ⑤
28	① ② ③ ④ ⑤

마더텅 대학수학능력시험 실전용 답안지

※ 답안지 작성(표기)은 **반드시 검은색 컴퓨터용 사인펜만을 사용**하고, 연필 또는 샤프 등의 필기구를 절대 사용하지 마십시오.

②교시 수 학 영 역

결 시 자 확 인 (수험생은 표기하지 말 것.)

검은색 컴퓨터용 사인펜을 사용하여 수험번호란과 옆란을 표기

※ 문제지 표지에 안내된 필적 확인 문구를 아래 '필적 확인란'에 정자로 반드시 기재하여야 합니다.

필 적 확인란

성 명

수 험 번 호

문형: 홀수형 / 짝수형

※문제지 문형을 확인 후 표기

감독관 확 인 (수험생은 표기하지 말 것.) (서 명 또는 날 인) 본인 여부, 수험번호 및 문형의 표기가 정확한지 확인, 옆란에 서명 또는 날인

공 통 과 목 (1–15)

※ 단답형 답란 표기방법

- 십진법에 의하되, 반드시 자리에 맞추어 표기
- 정답이 한 자리인 경우 일의 자리에만 표기하거나, 십의 자리 ⓪에 표기하고 일의 자리에 표기

※ 예시
- 정답 100 → 백의 자리 ①, 십의 자리 ⓪, 일의 자리 ⓪
- 정답 98 → 십의 자리 ⑨, 일의 자리 ⑧
- 정답 5 → 일의 자리 ⑤, 또는 십의 자리 ⓪, 일의 자리 ⑤

16번 / 17번 / 18번 / 19번 / 20번 / 21번 / 22번 / 29번 / 30번 (백 십 일)

선 택 과 목 (23–28)

MOTHERTONGUE 마더텅출판사 since1999 A.T.

마더텅 홈페이지에서 OMR 카드의 PDF 파일을 제공하고 있습니다. 추가로 필요한 수험생분께서는 홈페이지에서 내려받을 수 있습니다.

이용방법 ① 주소창에 www.toptutor.co.kr 입력 또는 포털에서 마더텅 검색 ② 학습자료실 → 교재관련자료 → 고등 빨간책 과목 교재 선택 → OMR 카드 내려받기

마더텅 대학수학능력시험 실전용 답안지

②교시 수 학 영 역

※ 답안지 작성(표기)은 **반드시 검은색 컴퓨터용 사인펜만을 사용**하고, 연필 또는 샤프 등의 필기구를 절대 사용하지 마십시오.

결시자 확인 (수험생은 표기하지 말 것.)

검은색 컴퓨터용 사인펜을 사용하여 수험번호란과 옆란을 표기

※ 문제지 표지에 안내된 필적 확인 문구를 아래 '필적 확인란'에 정자로 반드시 기재하여야 합니다.

필적 확인란

성 명

수 험 번 호

문형: 홀수형 / 짝수형

※문제지 문형을 확인 후 표기

감독관 확인 (수험생은 표기하지 말 것) (서 명 또는 날 인) 본인 여부, 수험번호 및 문형의 표기가 정확한지 확인, 옆란에 서명 또는 날인

공 통 과 목

문번	답 란	문번	답 란
1	① ② ③ ④ ⑤	11	① ② ③ ④ ⑤
2	① ② ③ ④ ⑤	12	① ② ③ ④ ⑤
3	① ② ③ ④ ⑤	13	① ② ③ ④ ⑤
4	① ② ③ ④ ⑤	14	① ② ③ ④ ⑤
5	① ② ③ ④ ⑤	15	① ② ③ ④ ⑤
6	① ② ③ ④ ⑤		
7	① ② ③ ④ ⑤		
8	① ② ③ ④ ⑤		
9	① ② ③ ④ ⑤		
10	① ② ③ ④ ⑤		

※ 단답형 답란 표기방법

- 십진법에 의하되, 반드시 자리에 맞추어 표기
- 정답이 한 자리인 경우 일의 자리에만 표기하거나, 십의 자리 ⓪에 표기하고 일의 자리에 표기

※ 예시
- 정답 100 → 백의 자리 ①, 십의 자리 ⓪, 일의 자리 ⓪
- 정답 98 → 십의 자리 ⑨, 일의 자리 ⑧
- 정답 5 → 일의 자리 ⑤, 또는 십의 자리 ⓪, 일의 자리 ⑤

16번, 17번, 18번, 19번, 20번, 21번, 22번, 29번, 30번 (백 십 일)

선 택 과 목

문번	답 란
23	① ② ③ ④ ⑤
24	① ② ③ ④ ⑤
25	① ② ③ ④ ⑤
26	① ② ③ ④ ⑤
27	① ② ③ ④ ⑤
28	① ② ③ ④ ⑤

마더텅 대학수학능력시험 실전용 답안지

②교시 수 학 영 역

※ 답안지 작성(표기)은 반드시 검은색 컴퓨터용 사인펜만을 사용하고, 연필 또는 샤프 등의 필기구를 절대 사용하지 마십시오.

결시자 확인 (수험생은 표기하지 말 것.)

검은색 컴퓨터용 사인펜을 사용하여 수험번호란과 옆란을 표기

※ 문제지 표지에 안내된 필적 확인 문구를 아래 '필적 확인란'에 정자로 반드시 기재하여야 합니다.

필적 확인란

성 명

수 험 번 호

문형: 홀수형 / 짝수형

※문제지 문형을 확인 후 표기

감독관 확인 (수험생은 표기하지 말 것) (서 명 또는 날 인) 본인 여부, 수험번호 및 문형의 표기가 정확한지 확인, 옆란에 서명 또는 날인

공 통 과 목 1–15 / 선 택 과 목 23–28 / 16번–22번, 29번, 30번

※ 단답형 답란 표기방법 (위와 동일)

마더텅 홈페이지에서 OMR 카드의 PDF 파일을 제공하고 있습니다. 추가로 필요한 수험생분께서는 홈페이지에서 내려받을 수 있습니다.

이용방법 ① 주소창에 www.toptutor.co.kr 입력 또는 포털에서 [마더텅] 검색 ② 학습자료실 → 교재관련자료 → (고등) (빨간책) (과목) (교재) 선택 → OMR 카드 내려받기

마더텅 대학수학능력시험 실전용 답안지

②교시 수학영역

※ 답안지 작성(표기)은 **반드시 검은색 컴퓨터용 사인펜만을 사용**하고, 연필 또는 샤프 등의 필기구를 절대 사용하지 마십시오.

결시자 확인 (수험생은 표기하지 말 것.)

검은색 컴퓨터용 사인펜을 사용하여 수험번호란과 옆란을 표기

※ 문제지 표지에 안내된 필적 확인 문구를 아래 '필적 확인란'에 정자로 반드시 기재하여야 합니다.

필적 확인란

성명

수험번호

문형: 홀수형 / 짝수형

※문제지 문형을 확인 후 표기

감독관 확인 (수험생은 표기하지 말 것) — 서명 또는 날인 — 본인 여부, 수험번호 및 문형의 표기가 정확한지 확인, 옆란에 서명 또는 날인

공통과목: 문번 1–15 답란 ① ② ③ ④ ⑤

※ 단답형 답란 표기방법

- 십진법에 의하되, 반드시 자리에 맞추어 표기
- 정답이 한 자리인 경우 일의 자리에만 표기하거나, 십의 자리 ⓪에 표기하고 일의 자리에 표기

※ 예시

- 정답 100 → 백의 자리 ①, 십의 자리 ⓪, 일의 자리 ⓪
- 정답 98 → 십의 자리 ⑨, 일의 자리 ⑧
- 정답 5 → 일의 자리 ⑤, 또는 십의 자리 ⓪, 일의 자리 ⑤

16번, 17번, 18번, 19번, 20번, 21번, 22번, 29번, 30번 (백 십 일)

선택과목: 문번 23–28 답란 ① ② ③ ④ ⑤

마더텅 대학수학능력시험 실전용 답안지

②교시 수학영역

※ 답안지 작성(표기)은 반드시 검은색 컴퓨터용 사인펜만을 사용하고, 연필 또는 샤프 등의 필기구를 절대 사용하지 마십시오.

결시자 확인 (수험생은 표기하지 말 것.)

검은색 컴퓨터용 사인펜을 사용하여 수험번호란과 옆란을 표기

※ 문제지 표지에 안내된 필적 확인 문구를 아래 '필적 확인란'에 정자로 반드시 기재하여야 합니다.

필적 확인란

성명

수험번호

문형: 홀수형 / 짝수형

※문제지 문형을 확인 후 표기

감독관 확인 (수험생은 표기하지 말 것) — 서명 또는 날인 — 본인 여부, 수험번호 및 문형의 표기가 정확한지 확인, 옆란에 서명 또는 날인

공통과목: 문번 1–15 답란 ① ② ③ ④ ⑤

※ 단답형 답란 표기방법

- 십진법에 의하되, 반드시 자리에 맞추어 표기
- 정답이 한 자리인 경우 일의 자리에만 표기하거나, 십의 자리 ⓪에 표기하고 일의 자리에 표기

※ 예시

- 정답 100 → 백의 자리 ①, 십의 자리 ⓪, 일의 자리 ⓪
- 정답 98 → 십의 자리 ⑨, 일의 자리 ⑧
- 정답 5 → 일의 자리 ⑤, 또는 십의 자리 ⓪, 일의 자리 ⑤

16번, 17번, 18번, 19번, 20번, 21번, 22번, 29번, 30번 (백 십 일)

선택과목: 문번 23–28 답란 ① ② ③ ④ ⑤

마더텅 홈페이지에서 OMR 카드의 PDF 파일을 제공하고 있습니다. 추가로 필요한 수험생분께서는 홈페이지에서 내려받을 수 있습니다.

이용방법 ① 주소창에 www.toptutor.co.kr 입력 또는 포털에서 [마더텅] 검색 ② 학습자료실 → 교재관련자료 → (고등) (빨간책) (과목) (교재) 선택 → OMR 카드 내려받기

마더텅 대학수학능력시험 실전용 답안지

※ 답안지 작성(표기)은 **반드시 검은색 컴퓨터용 사인펜만을 사용**하고, 연필 또는 샤프 등의 필기구를 절대 사용하지 마십시오.

②교시 수 학 영 역

결 시 자 확 인 (수험생은 표기하지 말 것.)

검은색 컴퓨터용 사인펜을 사용하여 수험번호란과 옆란을 표기

※ 문제지 표지에 안내된 필적 확인 문구를 아래 '필적 확인란'에 정자로 반드시 기재하여야 합니다.

필 적 확인란

성 명

수 험 번 호

문형: 홀수형 / 짝수형

※문제지 문형을 확인 후 표기

감독관 확 인 (수험생은 표기하지 말 것) (서 명 또는 날 인) 본인 여부, 수험번호 및 문형의 표기가 정확한지 확인, 옆란에 서명 또는 날인

공 통 과 목

문번	답 란	문번	답 란
1	① ② ③ ④ ⑤	11	① ② ③ ④ ⑤
2	① ② ③ ④ ⑤	12	① ② ③ ④ ⑤
3	① ② ③ ④ ⑤	13	① ② ③ ④ ⑤
4	① ② ③ ④ ⑤	14	① ② ③ ④ ⑤
5	① ② ③ ④ ⑤	15	① ② ③ ④ ⑤
6	① ② ③ ④ ⑤		
7	① ② ③ ④ ⑤		
8	① ② ③ ④ ⑤		
9	① ② ③ ④ ⑤		
10	① ② ③ ④ ⑤		

※ 단답형 답란 표기방법

- 십진법에 의하되, 반드시 자리에 맞추어 표기
- 정답이 한 자리인 경우 일의 자리에만 표기하거나, 십의 자리 ⓪에 표기하고 일의 자리에 표기

※ 예시
- 정답 100 → 백의 자리 ①, 십의 자리 ⓪, 일의 자리 ⓪
- 정답 98 → 십의 자리 ⑨, 일의 자리 ⑧
- 정답 5 → 일의 자리 ⑤, 또는 십의 자리 ⓪, 일의 자리 ⑤

16번, 17번, 18번, 19번, 20번, 21번, 22번, 29번, 30번 (백 / 십 / 일)

선 택 과 목

문번	답 란
23	① ② ③ ④ ⑤
24	① ② ③ ④ ⑤
25	① ② ③ ④ ⑤
26	① ② ③ ④ ⑤
27	① ② ③ ④ ⑤
28	① ② ③ ④ ⑤

마더텅 대학수학능력시험 실전용 답안지

※ 답안지 작성(표기)은 **반드시 검은색 컴퓨터용 사인펜만을 사용**하고, 연필 또는 샤프 등의 필기구를 절대 사용하지 마십시오.

②교시 수 학 영 역

결 시 자 확 인 (수험생은 표기하지 말 것.)

검은색 컴퓨터용 사인펜을 사용하여 수험번호란과 옆란을 표기

※ 문제지 표지에 안내된 필적 확인 문구를 아래 '필적 확인란'에 정자로 반드시 기재하여야 합니다.

필 적 확인란

성 명

수 험 번 호

문형: 홀수형 / 짝수형

※문제지 문형을 확인 후 표기

감독관 확 인 (수험생은 표기하지 말 것) (서 명 또는 날 인) 본인 여부, 수험번호 및 문형의 표기가 정확한지 확인, 옆란에 서명 또는 날인

※ 단답형 답란 표기방법

- 십진법에 의하되, 반드시 자리에 맞추어 표기
- 정답이 한 자리인 경우 일의 자리에만 표기하거나, 십의 자리 ⓪에 표기하고 일의 자리에 표기

※ 예시
- 정답 100 → 백의 자리 ①, 십의 자리 ⓪, 일의 자리 ⓪
- 정답 98 → 십의 자리 ⑨, 일의 자리 ⑧
- 정답 5 → 일의 자리 ⑤, 또는 십의 자리 ⓪, 일의 자리 ⑤

마더텅 홈페이지에서 OMR 카드의 PDF 파일을 제공하고 있습니다. 추가로 필요한 수험생분께서는 홈페이지에서 내려받을 수 있습니다.

이용방법 ① 주소창에 www.toptutor.co.kr 입력 또는 포털에서 마더텅 검색 ② 학습자료실 → 교재관련자료 → 고등 빨간책 과목 교재 선택 → OMR 카드 내려받기